Electric

전기용어사전

전기용어사전편찬위원회 엮음

영남대학교 교수 **김동희** 외 6

일진사

머 리 말

기술 문명의 급격한 발전에 힘입어 우리나라는 전기·전자 및 컴퓨터·통신분야에서도 눈부신 발전을 거듭하고 있다.

이에 힘입어 선진국과의 기술 교류가 활발해 지고 있고 전기·전자를 공부하고자 하는 전기공학도들에게도 필요한 지식이 매년 새롭게 요구되고 있다.

이와 같이 전기 분야의 지식은 전기 이론, 전기 기기, 송·배전, 전기 응용, 전기 회로, 전기 재료 전 분야 및 컴퓨터 계열을 기초로 하고 있기 때문에 관련 분야가 광범위하므로 영역의 한계가 또한 난해한 것이 사실이다.

현재 국내에서 전기에 관한 용어사전이 다소 간행되었으나 내용적으로 수준이 높거나 시대에 뒤떨어진 용어나 쉽게 이해하기 어려운 부분이 많아 불편을 겪어 왔다. 전기에 관한 지식을 습득하는데 있어서는 용어를 정확히 이해할 뿐 아니라 그 관련성을 충분히 터득하지 않으면 그의 지식이나 기술을 제대로 습득하기란 어렵다.

따라서 이 사전은 전기를 중심으로 전자, 정보통신, 자동제어, 반송 기술, 방송 기술 계열의 용어 11,000여 개를 선정 수록하여 정확한 정의와 명쾌한 해설을 하여 줌으로써 그 개념을 확실하게 숙지할 수 있도록 기술하였다.

부록으로는 단위환산표를 비롯하여 전기관련 주요 단위와 주요 인물 및 업적 등을 일목요연하게 정리하여 수록함으로써 편리하고 빠르게 찾아 볼 수 있도록 하였다.

우리가 의도한 바가 충분히 표현되지 못한 아쉬움도 있지만 그 동안의 경험을 살려서 펴낸, 노력의 결정인 이 책이 관련 분야의 연구인으로부터 학생에 이르기까지 효율적으로 활용하여 학업에 최대한 도움이 되길 진심으로 바란다.

끝으로 본 서 제작에 수고를 아끼지 않으신 **일진사** 여러분에게 진심으로 감사를 드린다.

편저자

일러두기

1. 용어의 수록 범위

전기 · 전자 관련 분야 및 정보 · 통신 전 분야를 대상으로 하여 일상생활에 가장 많이 사용되는 관련 용어를 광범위하게 수록하였다.

2. 구 성

- 표제어는 한글 자모순으로 배열하였고, 표제어에 대한 한문과 영문을 병기하여 독자의 이해를 높였다.
- 한 표제어가 여러 의미로 사용되는 경우 (1), (2) … 로 구분하여 해설하였다.
- 같은 표제어라 하더라도 다른 분야에서는 의미가 다르게 사용되는 등 의미가 혼동될 수 있는 표제어는 한문과 영문으로 표기하여 구분하였다.
- 표제어 중 영문 표기는 한글 자모순으로 배열하였다.
- 외래어의 한글 표기는 교육인적자원부 외래어 표기법에 따라 통일하였고, 학술 용어로 이미 굳어진 외래어 및 관용어는 그대로 수록하였다.
- ⇨(참조어) : 표제어와 관련하여 참조할 만한 단어는 해설 뒤에 ⇨로 표시하여 해설하였다.
- → (유사어) : 같은 표제어라도 다른 분야에서 다르게 사용되어 혼동될 우려가 있는 표제어에는 →를 두어 그 의미를 명확히 하도록 하였다.
- ⇐(동의어) : 표제어와 같은 의미로 사용되는 단어를 따로 ⇐로 표시하여 이해를 도왔다.
- ⇔(반대어) : 표제어와 반대의 의미로 사용되는 단어에는 ⇔로 표시하여 뜻을 비교할 수 있도록 하였다.
- 주 : 부연 설명이 필요하거나 유사한 의미를 갖는 등 의미가 혼동될 수 있는 표제어에는 주 표시를 하여 이해를 도왔다.

3. 기 타

- 「찾아보기」에서 한글 색인은 한글 자모 순으로 배열하였고, 영어 색인은 알파벳 순으로 배열하였다.
- 부록으로 단위환산표를 비롯하여 전기 · 전자 관련 기초 지식과 참고자료를 수록하였다.

차 례

ㄱ

가 (架, frame, rack, unit) 전기기계를 장치하는 금속제 선반, 통신용 장치에서는 패널을 꾸며 넣는 쇠틀을 말한다.

가감 (加減, adjustable) 어떤 값을 연속적으로 변화시켜서 목적하는 값에 정확하게 맞추는 것을 말한다.

가감속도 전동기 (加減速度電動機, adjustable speed motor) 정속도(定速度) 전동기의 일종으로, 그 회전 속도를 광범위하게 가감할 수 있는 것. 예를 들면 속도 비율 1 : 2 또는 1 : 3의 직류 분권 전동기를 말한다.

가감 인덕턴스 (加減——, adjustable inductance) 전류가 통하고 있는 상태에서 그 값을 바꿀 수 있는 인덕턴스를 이른다. ⇔ 고정 인덕턴스.

가감 저항 (加減抵抗, adjustable resistance) 전류가 통하고 있는 상태에서 그 값을 변경할 수 있는 저항을 이른다. ⇔ 고정 저항.

가감 저항기 (加減抵抗器, rheostat resistance) 저항선을 감아 거기에 탭을 내어서 저항값을 가감할 수 있게 한 저항기이다.

가감 저항변 (加減抵抗邊, rheostatic arm) ⇨ 가감 저항기.

가감 전압 발전기 (加減電壓發電機, adjustable voltage generator) 단자 전압을 넓은 범위로 가감할 수 있는 정전압 발전기이다.

가감 콘덴서 (加減——, adjustable condenser) 콘덴서의 한쪽 극을 움직일 수 있게 한 구조의 것으로, 정전용량의 값을 광범위하게 바꿀 수 있는 것을 말한다. ⇔ 고정 콘덴서.

가공 나선로 (架空裸線路, aerial bare line, open (wire) line) 통신용 선로에 있어서 나선을 가설한 선로를 말한다.

가공 도체 (架空導體, aerial conductor) ⇨ 가공 나선로, 안테나.

가공 색도 (架空索道, aerial cableway, aerial ropeway) 객차가 강색(鋼索)에 의해서 달리는 철도를 말한다.

가공선 (架空線, aerial wire, overhead line, overhead wire) ⇨ 가공 선로.

가공 선로 (架空線路, aerial line, overhead line, overhead wire) 지지물에 가설된 전선과 전선을 지지하는 지지물을 말한다.

가공 시설 (架空施設, aerial construction) 가공 송전선이나 가공 배전선처럼 땅 위에 설치되는 설비. 땅 속에 설치되는 것과 구별하고 있다.

가공 인입 (架空引入, aerial lead-in) 《안테나》 지표상에 설치되는 안테나의 인입선을 이른다.

가공 인입선 (架空引入線, service drop) (1) 케이블 또는 나선에서부터 전화 가입자들에게 인입되는 배선. (2) 가공 전선로의 지지물로부터 다른 지지물을 경과하지 않고 수용장소의 접속점에 이르는 가공 전선을 말한다.

가공 전선 (架空電線, aerial wire, overhead conductor, overhead wire) 전력을 송전하기 위하여 지지물에 가설된 도선이다.

가공 지선 (架空地線, overhead earth wire, overhead ground wire) 유도뢰 및 직격뢰에 대해서 가공 송전선을 보호할 목적으로 전선을 차폐하도록 지지물에 가설되는 도선을 말한다.

가공 케이블(架空——, aerial cable) 다심선 케이블 선로의 시설에 있어서 단거리이거나 계곡, 하천이 가로놓여 있어 지하 매설을 하기가 불편하거나 불리한 경우 또는 경제적인 측면에서 전주 위에 가설하는 케이블이다.

가공 케이블 선로(架空——線路, aerial cable line) 통신용 선로에 있어서 케이블을 가설한 선로이다.

가극성(加極性, additive polarity) 단상 변압기의 극성을 나타내는 방법의 하나. 고압 전선의 단자 U 및 저압 전선의 단자 u를 접속하여 변압기에 전압을 가한 경우 V 및 v사이의 전압이 U 및 V 사이의 전압보다 높을 때를 가극성이라고 한다. U 및 u가 외함(外函)의 대각선 상에 있다. 감극성에 대비되는 말이다.

가능 출력(可能出力, capability) 기기, 장치, 발전소, 전력계통 등이 규정된 조건하에서 주어진 시간에 감당할 수 있는 최대 부하를 말한다.

가능화 펄스(可能化——, enabling pulse) 회로에 어떤 종류의 다음 행동을 부여하는 펄스를 말한다.

가동(加動, cumulative) 동작 또는 작용이 가해지도록 움직이는 것을 말한다.

가동교 쇄정장치(可動橋鎖錠裝置, draw bridge locking device) 교각을 수평 또는 수직으로 움직일 수 있게 설계한 철도 교량에 있어서, 교량의 위치에 따라 열차의 통과 여부를 신호로 표시하기 위하여 설치된 쇄정 장치를 말한다.

가동 날개 수차(可動——水車, movable vane type turbine) 사용 수량에 따라서 러너 날개의 각도를 운전 중에 자동적으로 바꿀 수 있게 만든 수차. 카플란 수차는 이의 한 예이다.

가동 도파관 접합(可動導波管接合, motional waveguide joint) 도파관을 접합하는 한 방법으로, 가동적인 접합의 총칭. 도파관을 접합하려면 각종 방법이 있는데 가동적 접합을 총칭하는 말이다. 이 방법에는 회전형(rotary type), 만능형(universal type), 힌지형(hinge type)의 3종류가 있다. 회전형에 관해서는 회전 접합을 참조하기 바란다. 힌지 접속기는 접합부가 1평 내를 자유롭게 움직이는 구조를 가지며, 만능 접속기는 원추체 공간 내를 자유롭게 움직일 수 있는 구조로 되어 있는 것을 말한다. ⇨ 회전 접합(rotating joint), 초크 접속기(choke joint).

가동 복권 발전기(加動複捲發電機, cumulative compound generator) 복권 발전기에서 직권 계자 기자력이 분권 계자 기자력에 합쳐지는 것. 직권 계자 기자력의 크기에 따라서 과복권, 평복권, 부족복권의 3종류로 나뉜다.

가동 복권 전동기(加動複捲電動機, cumulative compound motor) 복권 전동기의 직권 계자 기자력이 분권 계자 기자력에 합쳐지도록 직권 권선이 감겨 있는 것. 보통 복권 전동기라고 하면 가동 복권 전동기를 이른다.

가동부(可動部, moving element, moving part) 계전기 또는 계기 등에서 동작할 때 움직이는 부분. 계전기에서는 가동철심, 계기에서는 가동코일, 가동자침 및 가동철편 등이 가동부이다.

가동자(可動子, movable element)《전위계》 전위계의 가동판 등을 말한다. 동작 소자로서 작동하고 측정량의 지시는 다른 방법으로 하는 경우가 많다.

가동 자석형(可動磁石形, moving magnet type) 계기의 동작 원리의 종별을 이른다. 고정 코일에 흐르는 전류에 의해서 생기는 자계와 그 자계 내에 있는 가동 자석과의 사이에 작용하는 힘으로 동작하는 것으로서, 주로 직류 검류계에 사용된다.

가동 자석형 계기(可動磁石形計器, moving magnet instrument) 가동 영구자석이 영구자석과 통전 코일, 혹은 복수개의 통전 코일에 의하여 생기는 합성 자계의 방향으로 그 자신을 방향짓는 작용을 이용한 계측기이다.

가동자침 검류계(可動磁針檢流計, moving magnet galvanometer, moving needle type galvanometer) 이 형식의 것은 전압감도가 높은 것을 얻기 쉽지만 일반적으로 쓰이지 않고, 특히 정밀한 측정을 필요로 할 때나 쓰인다. ⇨ 가동 자석형.

가동 접점(可動接點, traveling contact) 접극자의 운동으로 움직여져 동작하는 계전기 접점을 말한다.

가동 접촉자 (可動接觸子, movable contact, moving contact) 개폐 장치의 접촉 통전부 중 가동부분을 이른다.

가동 철편형 (可動鐵片形, moving-iron type) 계기의 동작원리에 따른 종별을 나타내는 것으로, 고정 코일에 흐르는 전류에 의해서 가동 철편에 생기는 힘으로 동작하는 것. 주로 교류에 사용되나 철편이 히스테리시스가 적은 질이 좋은 재료라면 직류에도 사용된다. 흡인형과 반발형 또는 그 복합형이 있다. 눈금은 0 부근을 제외하고는 거의가 평등 눈금에 가깝다.

가동 철편형 계기 (可動鐵片形計器, moving-iron type instrument) 하나 또는 복수의 고정 코일 속에 흐르는 전류가 하나 또는 복수의 연철편 또는 그것과 자기적으로 유사한 재료(적어도 그 중의 하나는 가동이다)에 작용하여 생기는 반작용에 의해서 동작하는 계기. 기계적인 구조는 여러 가지 있는데 예를 들면 플런저형, 밸브형, 반발형, 흡인형 등이 있지만, 현재는 그다지 사용되지 않는다.

가동 코일 (可動——, movable coil, moving coil) 구동 토크에 의해서 회전되는 코일. 여기에 지침 또는 거울을 붙여서 그 회전각의 눈금을 읽는다. 보통 알루미늄의 틀에 감기지만 고감도의 계기와 전류력계형 계기에서는 틀을 사용하지 않는다. 틀은 전자 제동의 구실도 한다. 비율계에서는 가동 코일로서 교차 코일을 쓴다.

가동 코일 검류계 (可動——檢流計, moving coil galvanometer) 가동 코일형의 검류계로, 미소 전류를 검지하기 위한 계기. 직류용과 교류용이 있다.

가동 코일 계기 (可動——計器, moving coil ammeter) 《계측기》 영구 자석의 계자 내에 자계에 직각인 축을 가진 회전 코일을 놓고, 코일에 측정하여야 할 전류를 흘림으로써 생기는 토크에 의해서 코일에 고정한 지침을 회전시켜 회전각을 눈금판에서 읽도록 한 것, 평균값형의 계기이다.

가동 코일 마이크로폰 (可動——, moving coil microphone) 가벼운 진동판에 접착된 가동 코일이 음파에 의해서 자기(磁器)갭 내에서 진동함에 따라 전압을 발생하는 형식의 마이크로폰. 현재 널리 쓰이고 있으며 다이내믹 마이크로폰이라고도 한다.

가동 코일 수화기 (可動——受話器, moving coil receiver) 가벼운 진동판에 접착된 가동 코일이 자기갭 내에서 흐르는 음성전류에 따라 진동하는 수화기. 주파수 특성은 양호하나 무겁고 값이 비싸므로 방송, 녹음용 모니터, 청력계 등에 쓰인다.

가동 코일 스피커 (可動——, moving coil loud speaker) 진동판 또는 원추형의 종이에 접착된 가벼운 코일을 자기갭에 넣고 그 코일에 흐르는 음성전류에 따라서 코일이 진동하여 소리를 내는 형식의 스피커. 진동판에서 혼을 통하여 소리를 방사하는 형과 원추형의 종이에서 직접 방사하는 형이 있다. 스피커 중에서 가장 널리 쓰이며, 다이내믹 스피커라고도 한다.

가동 코일형 (可動——形, moving coil type) 계기의 동작원리에 따른 종별을 나타내며, 영구자석을 갖는 가동 코일형을 뜻한다. 가동 코일에 흐르는 전류와 고정된 영구자석의 자계 사이에서 움직이는 힘으로 동작하는 원리의 것. 직류에 사용된다. 눈금 특성은 평등 눈금이다.

가동 코일형 전류계 (可動——形電流計, moving coil type ammeter) 가동 코일형의 동작원리로 작동하는 전류계. 직류로 동작한다.

가드 (guard) 절연재료의 절연저항 측정시 미주(迷走)전류가 검류계를 통하지 않도록 전원으로 유도하기 위하여, 또는 시료(試料) 콘덴서의 연용량(緣容量)의 영향을 적게 하여 유전율을 정확하게 측정하기 위하여 쓰이는 것을 말한다.

가드 대역 (——帶域, guard band) 주파수 분할 데이터 전송방식에 있어서 2개의 할당된 주파수 채널 사이의 빈(사용하지 않는) 주파수대를 이른다. 각 채널 사이의 상호 방해에 대하여, 또 2개 이상의 채널을 같은 판별기로 수신하는 경우에 그 동작의 안전에 대하여 여유를 주기 위하여 설치한 것을 이른다.

[주] 시분할 데이터 전송방식에 있어서 위의 경우와 같은 목적으로 각 바스트 사이에 설정되는 무신호 시간대를 가드 타임이라

고 한다.

가드 레일 (guard rail) 《철도》 교량, 건널목, 분기기, 곡선면 등에서 차량의 유도, 윤선로의 보호, 탈선 방지 또는 탈선 차량의 위험 방지 등을 목적으로 하여 본선 레일의 안쪽 또는 바깥쪽에 설치한 레일을 이르며, 고속 도로에서 중앙 분리대를 이르기도 한다.

가드 박스 (guard box) 공사 현장 등에서 재료의 보관 및 작업원의 휴식 등에 사용되는 조립식 가옥이다.

가드 전극 (── 電極, guard electrode) 전기 계기 혹은 계측회로에 배치되며 접속된 하나 또는 복수의 통전 요소로서, 바람직하지 않는 전류의 측정에 영향이 없는 측로로 돌리거나 혹은 측정하여야 할 전류만을 측정 전극에 흘리도록 하기 위한 것을 말한다.

가로 조명 (街路照明, street lighting) 통행로를 밝히기 위한 조명을 이르지만, 가로 조명이란 말은 일반적으로 쓰이지 않는다. ⇨ 도로 조명.

가로채기 (offering) 《전화》 시외 통화의 접속이나 가입자선의 시험 등을 위해서 통화 중에 있는 가입자선에 강제적으로 접속하는 것을 말한다.

가로채기 디스트리뷰터 (offering distributor) 전화교환에 있어서 시외 통화의 접속을 시내 통화보다 우선해서 접속하는 경우, 시외대의 교환수가 통화 중의 가입자선에 가로채기로 통화하기 위하여 가로채기 커넥터의 선택에 사용되는 상승 회전형 스위치이다.

가로채기 커넥터 (offering connector) 전화교환에 있어서 시외 통화의 접속을 시내 통화에 보다 우선적으로 접속하는 경우는 시외대에서 통화 중인 가입자선에 강제적으로 접속하여 통화하기 위해서 사용되는 커넥터이다.

가법 혼색법 (加法混色法, additive color process) 적색, 녹색, 청색의 3원색광을 적당한 비율로 가함으로써 임의의 색광을 얻는 것을 말한다.

㊟ 시안, 마젠타, 황색의 착색제를 적당한 비율로 혼색함으로써 임의의 색을 얻는 방법은 감법 혼색법이라고 한다. 이것은 혼색에 의하여 백색으로부터 특정한 색을 선택적으로 흡수하는 것으로서, 삼원색에 의해서 모든 색깔을 흡수하면 흑색이 얻어진다.

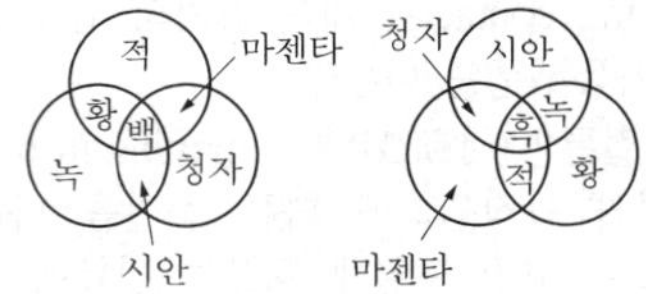

청자색, 녹색 및 적색은 각각 400~500, 500~600, 600~700의 파장역(단위 nm)의 스펙트럼색이다.
(가법 혼색)

황색, 마젠타 및 시안은 각각 청자색, 녹색 및 적색의 각 스펙트럼광을 흡수하는 물질을 나타내는 물체색이다.
(감법 혼색)

[가법 혼색법]

가변 릴럭턴스형 스텝 모터 (可變 ──, variable reluctance stepper motor) 연결 회전자를 가진 스텝 모터로서, 그 이빨(자극)은 고정자의 모든 자극에 대하여 동시에 맞물리는 일이 없도록 만들어져 있다. 고정자를 몇 개 극의 그룹으로 나누고, 그것들을 차례로 여자함으로써 회전자는 일정한 각도씩 스텝 회전한다.

가변 면적식 (可變面積式, variable area system) (1) 토키의 사운드 트랙에 있어서 녹음하는 방법으로, 가변 면적식과 가변 농도식(濃度式)이 있다. 가변 면적식은 소리의 파형을 면적의 크고 작음에 따라 녹음하는 방법이다. (2) 사진 전송의 초기 단계에서는 수신 주사선의 굵기를 수신화의 농담(濃淡)에 따라서 바꿀 수 있는 수신 기록방식을 사용한 때가 있었다. 이와 같은 경우에도 해당된다.

가변비 (可變費, variable cost) 설비의 운전 이용과 관련하여 변동하는 경비를 말한다.

가변비 주파수 변환기 (可變比周波數變換機, variable ratio frequency changer) 입력측과 출력측의 주파수 비율을 필요에 따라 어느 범위 내에서 자유롭게 변화시킬 수 있는 주파수 변환기. 동기, 비동기 주파수 변환기, 유도 주파수 변환기 등이 이에 속한다.

가변 용량 (可變容量, variable capacity) 어떤 전기회로에 있는 정전용량을 변화할 수 있게 한 것이다.

가변 유도기 (可變誘導器, variable inductor) 값을 변화할 수 있는 유도기. 자기 인덕턴스와 상호 인덕턴스가 있다.

가변 인덕턴스(可變—, variable inductance) 인덕턴스의 값을 바꿀 수 있게 한 것. 보통은 코일을 사용하여 탭의 전환이나 철심의 출입으로 인덕턴스의 값을 바꾼다. 또 2개의 코일의 결합도를 바꾸어서 하는 것도 있다.

가변 저항 (可變抵抗, variable resistance) 저항값을 바꿀 수 있는 저항기. 바꾸는 방법에는 접동자를 저항체 위로 슬라이딩 시켜서 바꾸는 것과 단자를 내어서 그것을 접촉자가 차례로 접촉해서 바꾸는 것이 있다. 전자는 저항값을 연속 변화시킬 수 있고, 후자는 단계적으로 변화시킨다.

가변 저항기 (可變抵抗器, rheostat) 그 값이 조정 손잡이나 그밖의 기구에 의해서 쉽게 변화할 수 있는 저항장치. 하나의 고정 단자와 또 하나의 가동 단자를 가지고 있으며, 전 가동 단자는 저항 위를 슬립운동 또는 변환에 의하여 변환되어 단자간의 저항값이 변화하도록 되어 있다.

가변 저항 밸브 (可變抵抗——, variable resistance arm) 휘트스톤 브리지의 4변 중 평형을 이루기 위하여 값을 가감하는 저항밸브. 이 밸브의 값에 비(比)를 곱하여 미지의 저항을 산출하므로 그 값은 엄밀하게 교정되어야 한다.

가변 증폭관 (可變增幅管, variable amplifier tube) 리모트 컷오프의 특성을 가진 다극관. 그리드 바이어스를 조정함으로써 증폭도를 크게 가감할 수 있다. 자동 음량조절방식에 이용된다. ⇨ 리모트 컷오프(remote cut-off).

가변 콘덴서 (可變——, variable condenser) 콘덴서의 용량을 바꿀 수 있게 한 것. 축의 회전으로 극판의 대향 면적이나 거리를 가감하는 형이 많으나 여러 개의 콘덴서를 전환하거나 결합을 바꾸어도 된다. ⇨ 바리콘.

가변폭 도파관 (可變幅導波管, squeezable wave guide) 레이더에서 도파관 내를 진행하는 무선 주파의 위상을 바꾸기 위하여 사용하는 가변폭의 단일 도체 도파관이다.

가변 표준기 (可變標準器, variable standard) 표준기는 보통 고정값을 가지고 있으나 시험 현장에서 상용하는 상용 표준기에는 사용하기 편리하게 하기 위하여 값을 바꿀 수 있게 한 것이 있다. 예를 들면, 가변 상호유도 표준기 등이 그러하다.

가산기(덧셈기) (加算器, adder) 두 수의 합을 만드는 회로이다. ⇨ 반(半)가산기(half adder), 전(全)가산기(full adder).

가산(덧셈) 증폭기 (加算增幅器, summing amplifier) 아날로그 계산기용 연산 증폭기로서, 그 출력전압 또는 전류는 복수의 입력전압 또는 전류의 가중 합계와 같다. 가중값은 입력선에서의 회로소자(보통 저항)의 값에 의해서 주어진다. 입력이 오직 1개인 때는 증폭기는 단순한 스케일러로 된다. ⇨ 연산 증폭기.

가상 극호 (假想極弧, ideal pole arc) 자극편 아래의 갭에 있어서 자속 분포 곡선과 가로축을 포함하는 면적과 같은 면적을 가지며 높이가 자속 분포 곡선의 최대값과 같은 장방형의 다른 한 변의 길이를 나타내는 값을 말한다.

가상 음극 (假想陰極, virtual cathode) 전자관의 음극에서 방출되는 전자방출이 풍부한 경우에는 공간 전하효과에 따라 음극 부근에 매우 속도가 느린 전자운(電子雲)이 생긴다. 이것을 가상 음극이라고 한다. 이 부근의 전위는 음극에서 V_m만큼 낮고 X_m만큼 떨어져 있다. 따라서 전자관의 특성을 계산하는 경우에는 그 값만큼 전위차가 증가하여 전극 간의 거리가 단축된 것으로 생각하지 않으면 안 된다. 음극부근 이외의 공간에서도 공간전하 때문에 전위가 현저하게 저하하여 전위 극소점이 생기는 경우에도 일반적으로 그것을 가상 음극이라고 부르는 것이 통례이다.

가선 (架線, stringing) 전선을 지지물에 매어 달아 송전 가능한 상태로 하는 것. 연선(延線)과 긴선(緊線)의 두 작업으로 이루어진다.

가선 기구 (架線器具, line hardware) 전선 또는 케이블을 가설하는 경우에 쓰이는 각종 기구를 이른다.

가섭선 (架涉線, strung wire) 지지물에 가설된 전선류이다.

가속 계전기 (加速繼電器, notching relay) 《전철》 주전동기를 자동 제어하는 경우 저항 가감 스위치, 주전동기 조합 스위치, 개자 스위치 등을 자동적으로 제어하여 제어단의 진행을 지배하는 계전기를 이른다. → 한류 계전기.

가속 그리드 (加速 ——, accelerating grid) 다극관 혹은 전자총에 있어서 전자에 고속도를 주기 위해 마련된 그리드. 예를 들면 4극관의 스크린 그리드는 그 일종이다.

가속기 (加速器, accelerator) 하전입자나 이온을 가속하여 고에너지 빔을 만들기 위하여 사용되는 장치. 빔을 집속하고 방향을 부여하기 위하여 자계가 이용된다. 입자원과 타깃 사이에 고전압을 부여하는 구조의 것으로는 얻어지는 최고 에너지에 한계가 있으므로 비교적 작은 가속 전압을 직렬로 연결한 것으로 가속하도록 한 것과 원형 궤도를 따라 가속하는 것이 많다. 입자가속기 일종으로 베타트론이 있다.

가속도계 (加速度計, accelerometer) 관성에 의한 반작용을 측정함으로써 직선 가속도 또는 각가속도를 측정하는 장치. 예컨대 케이스에 부착한 질량과 스프링의 조합으로 구성된 장치가 전체적으로 가속도를 받음으로써 케이스에 대한 질량의 상대 위치가 변화한다. 이 변화(변위)에서 비중력 가속도를 구할 수 있다.

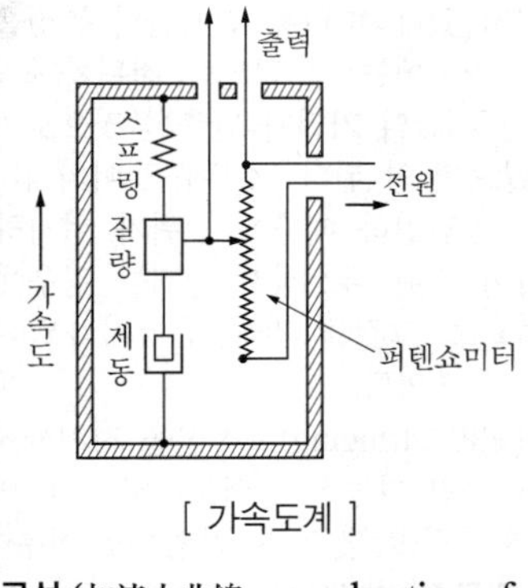

[가속도계]

가속력 곡선 (加速力曲線, accelerating force curve) 전동차가 어떤 중량을 견인하여 주행하는 경우 전동차가 발휘하는 인장력이 전 열차의 저항보다 큰 경우에는 열차는 가속되어 점차 속도를 증가한다. 이 가속하는 힘과 속도와의 관계를 나타낸 것이다.

가속 전극 (加速電極, accelerating electrode) 전자류 또는 이온류를 가속하기 위하여 높은 전압을 부가하는 전극이다.

가속 전압 (加速電壓, acceleration voltage) 전자나 이온 등을 가속하기 위하여 가하는 전압이다.

가솔린 기관 (—— 機關, gasoline engine) 가솔린을 연료로 사용하는 원동기이다.

가솔린 발전기 (—— 發電機, gasoline engine generator) 가솔린 엔진에 의해 구동되는 발전기. 플라이휠 효과를 크게 하거나 또 별도로 플라이휠을 붙여서 1회전 중의 토크를 가급적 균일하게 한 것을 말한다.

가솔린 전기 기관차 (—— 電氣機關車, gasoline electric locomotive) 가솔린 기관 및 그에 의해서 구동되는 발전기를 장치하고, 그 발전기를 전원으로 하는 전기 기관차이다.

가수 분해 (加水分解, hydrolysis) 물의 작용으로 일어나는 분해반응. $FeCl_3$ 수용액을 가열하면 가수분해 되어 $Fe(OH)_3$를 침전하는 것 등을 말한다.

가스 기관 (—— 機關, gas engine) 가스를 작동 유체로 하는 원동기이다.

가스 발생로 (—— 發生爐, gas producer) 주로 고체 연료를 불완전 연소시켜서 다량의 불연성 가스를 얻는 노를 말한다.

가스 발전소 (—— 發電所, gas power plant, gas power station) 가스가 갖는 열에너지를 열원으로 이용하는 발전소. 이와는 달리 가스 터빈 또는 가스 기관을 원동기로 하는 발전소는 가스터빈 발전소(gas turbine plant), 가스 기관 발전소(gas engine plant)라고 한다.

가스 방전 (—— 放電, gaseous discharge) 전자와 가스분자의 충돌로 생기는 이온운동에 의해서 통전하는 전기 전도형식을 이른다. 저압 가스 속에 2개의 전극을 놓고 전극 간에 전압을 인가함과 동시에 그 값을 서서히 증가시키면 최초 가스 속에 존재하고 있던 이온과 전자가 전극에 이끌려 μA 정도의 전류로 된다. 이들 입자가 가스분자와 충돌하여 이것을 이온화하지만, 전압이 높아지면 이러한 현상은 글로라고 불리우는 자기 유지성 방전으로 이행함과 동시에 전극 간

전압은 저하한다. 회로저항에 의해서 전류가 제한되지 않는다면 방전은 아크로까지 이행하여 위험한 상태로까지 증가한다. 따라서 안정된 아크를 유지하기 위해서는 회로에 적당한 값의 제한저항(안정저항)을 필요로 한다.

가스 버너 (gas burner) 가스 연료를 연소시키는 버너이다.

가스 봉입 (── 封入, gas charging) 케이블에 가스를 충전하는 것이다.

가스 봉입 광전관 (── 封入光電管, gas field photocell, gas-filled photo tube) 불활성 기체를 관속에 봉해 넣은 광전관. 음극에서 방출된 전자로 기체를 전리시켜서 생기는 이온류의 작용으로 감도가 진공 광전관의 수 배에 달한다. 단, 특성은 그다지 안전하지 못하며 시간의 지연을 발생하기 쉽다.

가스 봉입 방사 검출관 (── 封入放射檢出管, gas-filled radiation-detection tube) 입자가 입사되었을 때 관내에 발생하는 전리 현상을 이용하여 입자를 검출하는 전자관으로, 관내 중앙에 설치한 전극에 부여하는 전압의 크기에 따라 동작조건이 변화하며 ① 전리함, ② 비례 계수관, ③ 가이거 계수관 등의 특정적인 동작역이 생긴다. ① 전극에 모아지는 이온의 수, 즉 출력펄스의 크기는 전극 전압이 낮은 경우를 제외하고, 해방된 이온이 전부 전극에 모아져 포화역 혹은 전리함역을 부여한다. ② 전압이 높아져 가스 증배작용이 생기게 되면 출력펄스는 당초의 이온화 사상(事象)에 의해서 해방된 이온의 수에 비례하여 증가한 값을 소유하여 이른바 비례역을 부여하겠지만 전압을 더욱 높혀 나가면 비례관계는 점차 무너진다(한정비례역). ③ 드디어 눈사태현상이 발생하여 출력펄스의 크기는 당초 전리현상과 관계없이 일정하게 되고 가이거 뮐러역이라고 하는 평탄 출력역으로 이어진다.

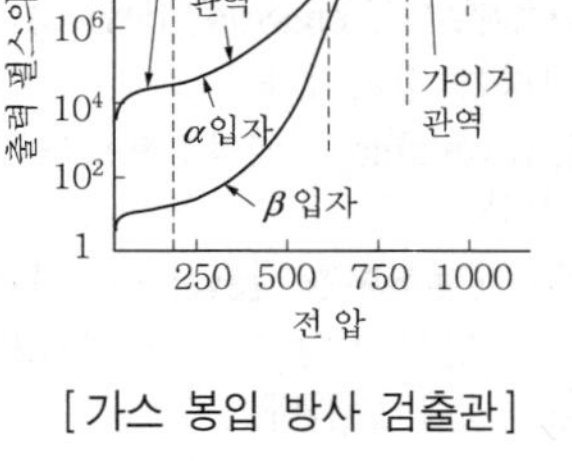

[가스 봉입 방사 검출관]

가스 봉입 전구 (── 封入電球, gas-filled lamp) 불활성 가스를 충전한 백열전구. 불활성 가스는 아르곤에 소량의 질소를 혼합한 것이 사용된다. 크세논, 크립톤 등이 성능은 좋지만 경제적 측면에서 특별한 경우 외에는 사용되지 않는다. 가스를 넣는 목적은 필라멘트의 증발을 억제하기 위함이지만 이를 넣음으로써 열전도와 대류에 의한 손실을 가져오기 때문에 필라멘트를 코일로 하여 방지하고 있다. 오늘날에 와서는 소용량을 제외하고는 거의 모든 전구에 가스가 봉입되어 있다.

가스 봉입 케이블 (gas-filled cable) 가스를 봉입한 케이블을 이르지만, 보통은 가스 케이블이라고 한다.

가스 실린더 허트 (gas cylinder hut) ⇨ 가스 케이블 허트.

가스압 케이블 (── 壓 ──, gas compression cable) 가스를 봉해 넣은 케이블. 보통 가스 케이블이라고 한다.

가스 재열기 (── 再熱器, gas reheater) 보일러의 연속 가스에 의해서 증기를 재열하는 장치이다. ⇨ 재열기.

가스 집속 (── 集束, gas focusing) 기체의 성질에 따라 다르지만 대체로 10^{-3}~10^{-4} mmHg 정도의 기체 속에 전자빔을 흘리면 전자빔과 기체의 충돌로 양이온이 생긴다. 이 양이온은 전자빔의 마이너스의 공간전하를 중화하여 가는 전자빔을 포착하는 구실을 한다. 이것을 가스집속이라 하며, 옛날의 브라운관에 많이 사용되었다.

가스 충전 (── 充塡, gas charging) ⇨ 가스 봉입.

가스 케이블 (gas-filled cable) 통신 케이블의 외장(外裝)에 바늘 구멍이 생겼을 경우 등에 수분이 침입하는 것을 방지하고 또 그것을 조기에 발견하기 위해 케이블 내에 가스를 압입(壓入)한 것을 말한다. 압입 가스로는 질소 가스나 건조 공기 등을 사용한다. 가스 누출의 검출법에는 케이블을 섹션(section)으

ㄱ

로 나누어 가스 누출 섹션의 압력 감소에 의해 격벽의 전기 접검을 닫는 것, 압입 가스의 유량 변화로 동작시키는 것 등이 있다. 이 방식은 동축 케이블에는 일찍부터 사용되었지만 최근에는 덕트(duct) 내의 시외(市外) 케이블 등에도 사용되고 있다.

가스 케이블 허트 (gas cable hut) 실린더 등을 항시 설치할 수 있게 만들어진 것을 가스 케이블 허트라고 한다. 눈이 많이 내리는 적설지대 등에서 실린더의 운반 등이 불편한 곳에서는 케이블 루트의 적당한 위치에 가스 케이블 허트를 설치하여 보수의 편의를 꾀하고 있다.

가스 크로마토그래피 (gas chromatography) 기체로 만든 시료를 전개용(시료성분으로 분리하기 위해) 운반체 가스로 송입하여 고체에 대한 흡착과 액체에 대한 용해도의 차를 이용하여 시료의 속도를 변화시켜 각 성분을 분리하는 장치를 이른다. ⇨ 크로마토그래피.

㊟ 활성탄, 실리카겔 등의 흡착 고체를 고정상으로 하는 것을 기(氣)-고(固) 크로마토그래피라고 하고, 분리칼럼의 내벽에 불휘발성 액체를 칠하여 그것을 고정상으로 한 것 등은 기-액 크로마토그래피라 한다(고정상이란, 시료의 이동속도를 변화시키는 등 물질을 유지하고 있는 부분이다).

가스 탱크 (gas reservoir) 가스를 저장하기 위한 탱크이다.

가스 터빈 (gas turbine) 고정된 노즐에서 연소에 의해서 발생한 가스 분류를 터빈 바퀴의 원주상에 설치한 브레이드에 분사하여 바퀴에 회전력을 부여하도록 한 것이다.

가스흐름 지시기 (—— 指示機, gas flow indicator) 가스의 흐름 방향을 지시하는 계기. 누출 구멍의 정밀 측정용으로 쓰인다.

가시 가청식 라디오 레인지 (可視可聽式 ——, visual aural radio range) 2개의 가시 코스와 2개의 가청 코스를 가지며, 그 가청 코스는 A-N부호에 의해서 구성되고, 이와 직교한 가시식 코스는 로컬라이저에 사용하고 있는 것과 같은 좌우형 지침 지시로 표시되는 것이다. 또 가청 부호를 병용함으로써 수신점이 가시 코스의 어느 쪽에 있는가를 판단할 수도 있다.

가시거리 (可視距離, line-of-sight distance, optical distance) 송·수신점을 겨우 볼 수 있는 거리. 전파적인 거리는 대기의 굴절이 있기 때문에 지구의 반지름을 4/3로 크게 한 것으로 생각하면 된다. $d_t = 4.10(\sqrt{h_1} + \sqrt{h_2})$ [km] (단, d_t : 가시거리 (전파적), h_1, h_2 : 송수신 공중선의 높이[m]이다).

가시식 무선 항로 표지 (可視式無線航路標識, visual radio range) 시각에 의한 계기에 의해서 항로를 판정하는 무선 표지의 방식. 예를 들면, 2조의 로프 또는 2조의 애드콕 안테나를 써서 두 방향으로 각각 f_1, f_2라는 상이한 주파수로 변조를 하여 같은 강도의 두 전파를 발사하고, 수신측에서 이 두 전파를 검파하여 이 출력을 f_1, f_2에 공진하는 공진자를 넣어서 이 진폭이 같게 되는 점을 오실로그래프 등으로 자신의 위치를 알 수 있는 표지를 말한다.

가시율 (可視率, visibility factor) 수신기의 출력에 접속한 이상(理想) 계기에 의해서 검출 가능한 최소 신호입력 및 동일한 수신기에 접속한 표시기를 통해서 오퍼레이터가 검출할 수 있는 최소 신호 전력과의 비율을 말한다.

가시 코로나 (可視 ——, visual corona) 눈에 보이는 코로나. 코로나의 망광(芒光)방전은 전위 경로가 크게 됨에 따라서 광휘(光輝)를 더하여 결국 눈으로 볼 수 있게 된다.

가압수형 경수로 (加壓水型輕水爐, pressurized water reactor) 약어 PWR, 경수로의 일종으로, 주냉각재인 경수의 비등을 방지하기 위해 노 전체를 압력용기 안에 수용하고, 노 안을 고압으로 유지하여 물의 포화온도를 높여 발생증기를 고온으로 하여 열효율을 높이고 있다. ⇨ 비등수형 경수로.

가압 장치 (加壓裝置, pressure device) 가스압을 인가하는 장치이다.

가역 (可逆, reversible) 역방향으로도 가능하다는 것이다.

가역 승압기 (可逆昇壓器, reversible booster) 승압기로 그 단자 전압을 +, −방향으로 바꿀 수 있는 것을 말한다.

가역 임피던스 (可逆 ──, reciprocal impedance) 두 임피던스 Z_1, Z_2가 $Z_1 Z_2=R^2$의 관계를 만족시킬 때 R에 대하여 서로 가역적이라고 한다. R은 순저항값이다.

가역 전극 (可逆電極, reversible electrode) 전해질 용액과 전극 사이에 평형 전위가 존재하고 있을 때, 전극 전위를 높이면 산화반응이 일어나고 낮게 하면 환원반응이 일어날 수 있는 부류의 전극이다.

가역 전동기 (可逆電動機, reversible motor) 그 회전방향을 정역(正逆)의 방향으로 바꿀 수 있는 전동기이다.

가역 전지 (可逆電池, reversible cell) ⇨ 2차 전지.

가역 투자율 (可逆透磁率, reversible permeability) 강자성체에서는 자기유도 B와 자계의 강도 H는 비례하지 않고 비가역적(非可逆的)으로 히스테리시스 루프를 그리지만 루프상의 극히 작은 범위에서는 가역으로 생각되며 $\mu_r=\lim\limits_{\Delta H\to 0}\dfrac{\Delta B}{\Delta H}$의 μ_r를 가역 투자율이라 한다. ⇨ 증분 투자율.

가열시험 (加熱試驗, heat test) 물체를 가열하여 그 품질, 특성 등을 시험하는 것을 말한다.

가열침 (加熱針, heating stylus) SN비를 개선하여 양호한 절삭을 하기 위해서 바늘 끝을 약 150℃로 가열하여 사용하는 원반 녹음의 절삭침. 직접 가열법과 간접 가열법이 있으며, 두 방법 모두 가열 코일에 전류를 통해서 가열한다.

가요 결합 (可撓結合, flexible coupling) 커플링의 일종으로, 가죽, 고무 등을 결합부분에 끼워서 회전방향 또는 축방향으로 다소의 여유를 준 것. 비틀림 진동을 흡수하여 양측의 중심이 약간 달라도 지장 없이 운전할 수 있다.

가요 관로 (可撓管路, flexible conduit) 아연도금을 한 쇠의 평평한 선을 나선상으로 감아서 만든 금속관으로, 자유로이 굽히거나 펼 수 있다.

가요 도파관 (可撓導波管, flexible waveguide) 비교적 자유로이 굽힐 수 있는 도파관을 굽히는 부분에서 큰 손실이 생기지 않게 특별히 제작된 것으로, 현재는 주로 짧은 도파관 소자로 쓰이고 있다.

가요선 (可撓線, flexible wire) 자유로이 굽히거나 펼 수 있는 선으로, 일반적으로 가는 연동선을 여러 줄 꼬아서 고무 피복을 한 것이다. 배선상 고정할 수 없는 장소에 널리 쓰인다.

가요성 (可撓性, flexibility) 타력에 의해서 굽혀질 수 있는 성질을 말한다. 잘 굽혀지느냐 그렇지 않느냐는 그 물질을 구성하는 물질의 영률 E 및 각 단면의 관성 모멘트 I에 의해 정해진다.

가요 외장 (可撓外裝, flexible armoring) 외장의 일종. 외장된 케이블에 가요성을 갖게 한 것을 말한다.

가요 접속 (可撓接續, flexible joint) 배선함 등에서 케이블과 가요 고무선을 접속하는 방법을 말한다.

가요 철탑 (可撓鐵塔, flexible tower) 전선로 방향의 강도를 무시하고 설계한 철탑이다.

가요 케이블 (可撓 ──, flexible cable) 가요성을 갖게 한 케이블이다.

가요 코드 (可撓 ──, flexible cord) 자유로이 굽힐 수 있게 여러 가닥의 가는 연동선을 종이, 면사, 고무 등으로 절연하고, 그 위를 면사 또는 견사(絹糸)로 편조한 것을 이르며, 전화선용으로 많이 사용되었다.

가용 양극 (可溶陽極, soluble anode) 전해를 할 때 전해액에 녹아 들어가는 양극. 보통 도금할 때의 양극이 이에 해당된다.

가우스 (gauss) 자속밀도의 전자 단위를 이르는 것으로, $1Wb/m^2$는 10^4gauss에 해당된다.

가우스의 법칙 (── 法則, Gauss law) 어떤 닫힌 면에 수직으로, 그 바깥쪽을 향한 전속밀도 벡터 D를 그 면 전체에 걸쳐 적분한 것은 그 면으로 둘러싸인 영역 안에 포함되는 전전하량 Q에 상등하다는 것을 설명한 법칙이다.

가음 (加音, summation tone) 주파수가 크게 다른 두 강한 소리를 동시에 들을 때 각각의 주파수 f_1, f_2의 소리 외에 f_1+f_2의 주파수의 소리가 희미하게 들리는 경우가 있다. 이것은 결합음(結合音)의 일종인데, 주파수가 원음보다 높기 때문에 마스크되기 쉬워 듣기 힘들다.

ㄱ

가이거 계수관 (—— 計數管, Geiger counter tube) 방사선 등의 높은 에너지 입자의 수를 측정하는 방전관이다.

가이드 베어링 (guide bearing) 수직형 회전기의 축받이의 일종. 회전자의 횡진(橫振)을 방지하기 위하여 회전자의 상부 및 하부(또는 하부에만 국한하는 경우도 있다)에 설치하는 원통형 축받이이다.

가이드 베인 (guide vane, wicket-gate) 날개의 작용으로 러너에 흘러드는 물의 양을 가감할 수 있는 구조의 반동수차 러너 외주의 문을 말한다.

가이드 파 (—— 波, guided wave) 하천의 물이 강기슭을 따라 흐르는 것처럼, 도선이나 도파관 등에 의해서 그 전파 통로가 규정되는 파동이다.

가이슬러관 (—— 管, Geissler tube) 냉음극 2극 방전관으로서, 보통 관의 양단에 원판형 전극을 봉해 넣었다. 배기회로에 접속되어 진공도의 대체적인 가늠을 하는 데 사용하고, 또 각종 저압 가스 중의 전자방전으로 인한 발광현상을 설명하거나 연구하기 위해 사용된다.

가입자 (加入者, subscriber) 일반 공중 통신용의 전신 또는 전화교환에 가입하고 있는 사람을 이른다.

가입자선 다중화방식 (subscriber loop (access line) multiplex system) 교환망에 있어서 집선기술과 시분할 다중화 전송방식을 결합하여 가입자와 로컬국 사이에 있는 로컬 네트워크의 용량 이상으로 다수의 가입자를 접속할 수 있도록 한 방식. 주파수 분할 다중화방식을 사용한 것도 있다.

가장 부설선 (假裝敷設船, converted cable ship) 본래는 부설선이 아닌 배를 임시로 위장해서 부설선으로 만든 것을 말한다.

가전자 (價電子, valence electron) 원자의 구조에서 그 가장 외각(外殼)을 차지하는 전자를 가리키며, 외각전자라고도 한다. 원자가 화학적 결합을 하는 경우, 이들 전자를 포기하거나 혹은 다른 원자로부터 이 각 안으로 끌어드리고, 이 각(殼)을 다른 원자의 전자와 공유함으로써 결합상태(공유결합)로 들어간다.

가전자대 (價電子帶, valence band) 특정한 원자핵에 구속되어 있는 가전자가 속하는 에너지대이다. 반도체 및 절연체의 경우는 금제대를 사이에 두고 전도대 아래쪽에 존재한다. 충만대라고도 한다.

가정용 계기 (家庭用計器, house-service meter) 교류 적산전력계 중 100V, 30A 이하의 단상 소형 계기는 대부분 일반 가정에 장착되어 있으므로 이 명칭이 붙었다.

가정용 전기냉장고 (家庭用電氣冷藏庫, home electric refrigerator, household electric refrigerator) 주로 가정에서 쓰이는 소형 냉장고로, 그 냉동기는 전동기로 구동되는 것. 전동기는 보통의 소형 단상 유도전동기를 사용하여 압축기를 벨트로 구동하는 개방형과 전동기와 압축기를 직결해서 이것을 밀폐한 셀 속에 넣은 밀폐형의 두 형식이 있다.

가정 전화 (家庭電化, domestic electrification) 가정에서 사용하는 열 또는 힘을 전기에 의존하는 것. 열로서는 취사·난방, 힘으로서는 세탁·청소 등, 그 밖에 냉장고와 냉방장치도 있다. 취급이 간단하고 제어가 용이하며 시간과 노력의 절약, 편리, 쾌적 및 위생적인 여러 장점이 있다.

가조정·가변속 전동기 (可調整·可變速電動機, adjustable varying speed motor) 그 속도는 연속적으로 제어할 수 있지만 어떤 부하에 대하여 어느 정도로 설정한 경우 부하가 변화하면 속도도 상당히 변화하는 특성의 전동기. 예를 들면 2차 저항을 제어하는 유도전동기, 계자 제어방식의 직류 복권전동기 등이 있다.

가청 경보 (可聽警報, audible alarm) 전신이나 전화 기기의 고장을 보수자에게 알리기 위하여 벨이나 버저 등의 가청 신호장치에 의한 경보를 말한다.

가청 라디오 레인지 (可聽 ——, aural radio range) 방위 정보를 가청음으로 하여 이용자에게 전하는 무선시설이다.

가청 범위 (可聽範圍, audible range, range of hearing) 사람의 귀가 소리로서 들을 수 있는 음파의 주파수 범위. 보통 16~20,000Hz의 소리가 들리지만 소리가 약할 때는 이

범위는 줄어든다. 개인이나 연령에 따라 다소의 차가 있다.

가청 신호 (可聽信號, audible signal) 전화 교환에 있어서 가청주파 신호음을 써서 하는 신호 또는 벨, 버저 등에 의한 신호를 말한다.

가청 신호반 (可聽信號盤, audible signal panel) 전화 교환기의 고장을 보수자에게 알리기 위해서 기계실이나 시험실에 장치하는 벨이나 버저 등의 가청 신호장치를 부착한 패널을 말한다.

가청 주파 발진기 (可聽周波發振器, audio frequency oscillator) 가청 주파수의 교류를 발생하는 장치. 진공관 발진기, 비트 주파 발진기, 음차 발진기 등 여러 가지가 있다.

가청 주파수 (可聽周波數, audio frequency) 사람의 귀로 들을 수 있는 범위 내의 주파수. 최저 가청음은 16~20Hz, 최고는 20,000 Hz부근으로 되어 있다.

가청 주파수 증폭기 (可聽周波數增幅器, audio (frequency) amplifier) 가청 주파수를 증폭하기 위한 증폭기. 저주파 증폭기(대개 라디오 수신기의 경우)라고 하는 경우도 있다.

가포화 리액터 (可飽和——, saturable reactor) 독립된 제어 자화력을 부여함으로써 인덕턴스를 변화시켜 출력회로의 전압-전류특성을 조정할 수 있는 리액터. 일반적으로 강자성 철심에 제어권선과 출력권선을 설치한 것을 2개 조립하여 사용한다. 두 출력권선의 접속 방법에 따라 직렬형, 병렬형이 있다.

가포화 철심 (可飽和鐵心, saturable core) 작은 여자전류로 쉽게 포화할 수 있는 철심을 말한다.

가황 (加黃, vulcanization) 생고무에 적당한 양의 황을 고르게 혼합하여 약 150℃에서 수십 분간 과열 증기 또는 과열 공기로 가열해서 고무와 황을 화합시키는 조작이다.

가황 고무 (加黃——, vulcanized rubber) 생고무를 가황한 것. 가황 고무는 탄성이 높고 잘 노화되지 않는다. ⇨ 가황.

각 (角, angle) 동일점으로부터 나온 2개의 반직선(그 점을 한 끝으로 하고, 다른 끝이 없는 직선)은 각을 이룬다고 한다.

각개 호출 (各個呼出, individual calling) 1회선에 다수의 전화기를 접속한 지령 또는 개별 전화 장치에서 각 전화기를 개별로 호출하는 것을 말한다.

각도 눈금 (角度——, angle index) 레이더의 브라운관 상의 방위 또는 앙각을 측정하는 데 사용하는 눈금을 뜻한다.

각도 분해능 (角度分解能, angular resolution) 두 목표 간의 각도 측정을 함으로써 그들 사이를 식별하는 레이더의 능력을 이른다. 일반적으로 목표가 별도로 분리하여 식별하는 최소 각도로 표현된다. 보통 안테나 빔의 각도폭 정도는 $\theta \fallingdotseq \lambda/D$ (단, λ : 사용파장, D : 안테나 개구면의 폭).

각도주 (角度柱, angle pole) 수평 각도 5°를 넘는 장소에 사용하는 전주로, 전 가섭선(全架涉線)의 상정 최대장력에 의해서 생기는 수평 횡분력(水平橫分力)에 견디어 낼 수 있는 지선으로 보강되어 있다.

각도 철탑 (角度鐵塔, angle (suspension) tower) 수평 각도의 어떤 장소에 사용하는 철탑으로, 수평각도 15°마다 사용하는 B철탑과 수평각도 30°마다 사용하는 C철탑이 있다. ⇨ 직선 철탑.

각도 편위 감도 (角度偏位感度, angular deviation sensitivity) 코스로부터의 각도 편위 변화량에 대한 코스 지시의 변화량의 비율이다.

각변위 (角變位, angular displacement) (1) 송전선에 있어서, 어느 기준 위치에서의 선로와 중성점 간의 전압과 그에 대응하는 부하의 선로 끝과 중성점 간의 전압 사이에 존재하는 위상각 차를 전기각으로 나타낸 것. (2) 다상 변압기에서 기준 고전압 단자와 그에 대응하는 저전압 단자 사이에 존재하는 위상각 차를 전기각으로 나타낸 것. 모두 선로의 중성점에 대한 전압이다.

각속도 (角速度, angular velocity) 운동점과 원점을 연결하는 직선이 그 평면상에서 원점을 통과하는 정직선(定直線)과 이루는 각도 θ가 시간 dt[s] 중에 각변위 $d\theta$[rad]만큼 변화하였다고 할 때 $\omega = d\theta/dt$ [rad/s]를 운동점의 원점 주위의 각속도라고 한다. 회전 운동의 경우에 사용한다.

각주파수 (角周波數, angular frequency) 주기

현상에 있어서 그 주파수를 f [Hz]로 하였을 때 $\omega = 2\pi f$ [rad/s]를 각주파수라고 한다. 이것은 단위 시간당의 위상각의 변화를 뜻한다. 정현파 교류의 경우는 $x = A\cos(\omega t + \varphi)$의 ω가 각주파수이다. 회전운동의 각속도와 비슷하지만 회전운동에서는 각주파수라고는 하지 않는다.

각철 (脚鐵, leg) 변압기 철심의 권선을 가진 부분을 이른다.

각형 히스테리시스 자성재료 (角形——磁性材料, magnetic material with square-loop hysteresis) 히스테리시스 곡선이 장방형에 가까운 형상을 한 자성재료, 예를 들면, 방향성 규소강, 니켈 퍼멀로이, 어떤 종류의 페라이트 등. 교류회로에 사용한 경우 일주기 중의 고임피던스 기간과 저임피던스 기간이 확실히 구분되고, 그 임피던스 비도 매우 크므로 교류전력의 제어와 펄스 발생기 등에 사용된다.

간격 (間隔, space) 전신부호의 구성 요소로서 마크의 반대 용어로 쓰인다. ① 모르스 전신에서는 마크의 신호를 구획하는 시간 및 자호를 구획하는 시간. ② 인쇄 전신에서는 수신기에서 수동적인 선택 조작을 일으키는 유의상태(有意狀態)에 대응한다. 표준의 조보식에서는 스타트 요소에 대응한다.

간격 부호 (間隔符號, spacing signal) 인쇄 전신에서 어와 어 사이 또는 여백을 유지하기 위하여 삽입하는 부호이다.

간격 전류 (間隔電流, spacing current) 전신 신호에서 복류(復流)를 사용하고 있는 경우에 기호와 기호 사이에 있는 전류. 반송 전신에서는 on-off의 상태를 사용하는 경우, 통신 휴지상태로 반송파를 흘리고 있는 경우를 스페이스 상태에 있다고 하는 경우가 있고, 인쇄 전신의 마크 상태와 반대로 말하는 경우가 있다.

간격파 (間隔波, spacing wave) 전신 부호에는 부호와 간격이 있고, 간격일 때의 전파를 발사하는 경우 이것을 간격파라고 한다. 이것을 보내고 있는 것으로는 FS통신방식, 옛날의 전호식 송신기, A2 전파에서 부호와 간격으로 변조 주파수를 바꾸는 것 등이 있다.

간극 코드화 (間隙——化, gap coding) 항행에서 정규 신호의 송신을 중단하고 이 중단 조작으로 전신형의 통보를 구성하여 정보를 전달하는 수단을 이른다.

간선 (幹線, main line, trunk line) (1) 총괄국, 중심국, 집중국 또는 그들 상호간을 연결하는 중계선. (2) 철조망의 근간을 이루는 선로. (3) 근간으로 되어 있는 송배전선이라는 뜻, 또는 인입 개폐기와 변전실의 저압 배전반에서 분기 보안장치에 이르는 전선로를 이른다.

간선로 (幹線路, main line) ⇨ 간선.

간섭 편파 (干涉偏波, cross polarization) 예를 들면 VHF파를 수평 편파로 방사했을 때 건물, 기타의 반사 또는 회절에 의해서 수직 편파성분이 생겨 편파면이 무너지게 된다. 이것을 간섭 편파라고 한다.

간이 평형 결선망 (簡易平衡結線網, compromise network) 전화 중계소에 있어서 종단장치 또는 2선식 중계기를 접속할 때 쓰이는 하이브리드 코일의 4선식측 평형용의 회로망이며, 전화 중계소로부터 제1 장하 코일까지의 구간이 약 0.5구간에 끝나는 장하케이블의 임피던스에 의사(擬似)한 것으로, 0.2구간에 상당하는 기본 결선망과 잔여구간을 완결하기 위한 빌딩 아웃 콘덴서(또는 보상용 콘덴서)로 이루어져 있다. 기본 결선망으로 0.2구간을 기준으로 하고 있는 것은 0.2구간에서 본 장하회선의 임피던스는 중간 정도의 주파수에서부터 회선의 차단 주파수 부근까지는 저항 R과 인덕턴스 L 및 용량 C의 병렬회로가 직렬로 접속된 2단자 회로망이 주는 임피던스에 근사하다는, 널리 알려진 원리에 바탕을 두기 때문이다. 또 빌딩 콘덴서의 사용은 1구간의 임피던스가 0.2구간의 임피던스와 그 사이 구간의 케이블의 선간용량만이 병렬로 된 것으로 보고, 그 용량에 상당한 만큼의 용량을 기본 결선망에 병렬로 접속하여 보상하기 위해서이다. 본 회로망은 케이블의 종류, 장하량에 따라서 여러 가지 모양의 것으로 분류된다.

간접법 (間接法, indirect method) 물상(物像)의 양을 측정하는 데 있어, 그 물상에 의하여 집결된 현상에 대한 정량적인 측정을 하여 그 현상과 물상과의 물리법칙에 바탕을 두고 산출하는 것을 말한다.

간접 사인 (間接——, concealed-lamp sign, indirect sign) 전기 사인의 한 형식으로, 광원을 문자의 뒤 또는 간판의 틀에 감추고 이들이 배면에서 부각되어 보이게 한 것. 유효거리는 300m정도까지이다. 짧지만 눈부시지 않고 차분한 아름다움을 지니며 모양도 보기 좋다.

간접조명 (間接照明, indirect illumination, indirect lighting) 실내 조명방식의 하나로, 광원에서 나온 광속의 거의 전부가 위쪽으로 가서 일단 천장이나 벽의 상부에 부딪치고, 그 빛을 2차 광원으로 하여 작업면을 비친다. 고른 조도분포, 그림자가 적은 조명상태를 얻을 수 있으나 실내의 상부만이 밝고 하부가 침침하거나 단조로운 느낌이 들 염려가 있다. 또 어떤 조도를 얻기 위한 전력이 비교적 많이 소요되는 것이 결점이다.

간접 주파수 변조 (間接周波數變調, indirect frequency modulation) 발진회로의 *L*, *C*를 음성 등으로 직접 변화시키는 것이 아니라 예를 들면 리액턴스관 등을 써서 주파수 변조를 하는 방식을 이른다.

간접 천이 (間接遷移, indirect transition) 결정내 전자가 빛을 흡수 또는 방출하여 에너지 준위를 천이할 때 포논의 흡수 또는 방출을 동반하는 등의 천이과정을 이른다. 실리콘이나 게르마늄에 있어서 볼 수 있다. 직접 전이에 대비되는 용어이다.

간판 조명 (看板照明, billboad lighting) 옥외에 세워지는 간판의 조명에는 그 부분에서 암을 길게 내고, 그 끝에 전구 또는 형광등을 금속제 반사갓 속에 넣은 것을 매어다는 것이 보통이다. 근자에는 반사형 투광전구도 사용된다.

간헐 기록계기 (間歇記錄計器, intermittent recorder) 일정한 시간 간격으로 제측량을 기록해 나가는 것으로, 기록방식에는 타점식(打點式)과 불꽃식 등이 있다. 기록에 큰 구동 토크를 필요로 하지 않는 것을 이용하여 열전대의 열기전력으로 동작하는 가동 코일식 타점기록 열전온도계 등이 만들어지고 있다.

간헐 동작 (間歇動作, sampling action) 《자동제어》 제동동작이 일정 시간 간격으로 행하여지는 것으로, 샘플링 동작이라고도 한다.

간헐 발진기 (間歇發振器, blocking oscillator) 진공관의 플레이트에서 그리드로 변성기를 통하여 정궤환을 걸고, 그리드측에 적당한 바이어스 전압과 *CR*회로를 포함하는 것으로, 정현파 발진기의 간헐발진을 극단적으로 일으키게 하는 이상 진동회로이다.

간헐 방전 (間歇放電, intermittent discharge) 축전지에 있어서 어떤 시간 간격을 두고 어느 단시간 동안의 방전을 말한다.

갈륨 비소 (gallium arsenide) 기호 GaAs. 직접갭형의 Ⅲ-Ⅴ족 화합물 반도체로, 비교적 큰 대역갭(300K에서 1.43 eV)과 큰 캐리어 이동도(전자로 0.86~10m^2/V·s)를 가지고 있다. 전자의 성질은 이 물질의 저항률을 높이고, 결정이 다른 영역을 격리하는 것을 용이하게 한다. 또 후자의 성질은 고속 동작의 반도체 디바이스를 만드는 데 매우 적합하다. 슈뢰딩거의 방정식은 전도체에 있어서 2중 축퇴를 나타내고, 전도대는 2 상태 구조를 가지고 있다. 즉, 전자의 약간은 실효질량이 작고 고속도를 가진 이른바 뜨거운 전자인데 이와 같이 이동도가 다른 캐리어의 공존(축퇴현상)은 건효과의 원인이 되고 있다. 갈륨비소는 불순물의 확산이 곤란하며, 상이한 종류의 전도영역을 만들려면 이온주입법이나 에피택시얼 생성법을 이용한다. 건 다이오드와 같은 마이크로파 디바이스 혹은 쇼트키 게이트 FET로서 고속 논리회로에 쓰인다. ⇨ 건 효과, 축퇴한 반도체.

갈륨 비소 레이저 (gallium arsenide laser) 갈륨비소의 접합부에 대하여 직각 방향으로 900nm 대의 빛을 방사하는 반도체 레이저. 마이크로 파대가 높은 주파수라도 직접 전류 변조할 수 있다. GaAs/GaAlAs 헤테로 접합 레이저는 상온동작이 가능한 반도체 레이저로서 광통신에 널리 사용되고 있다. 주 상기한 헤테로 접합 레이저에서는 주입된 캐리어는 헤테로 접합의 퍼텐셜 장벽에 의해서 가두어져 그 밀도가 증가하여 반전분포가 쉽게 발생하여 발진한다. 또 중앙의 GaAs의 굴절률이 양쪽 물질의 굴절률보다 크기 때문에 발생한 빛은 중앙부에 가두어져 전기한 캐리어 봉입효과와 어울려 발진에 필요한 threshold 전류를 끌어내리고 있다. ⇨ 반도체 레이저.

갈륨 인 (——燐, gallium phosphide) 대역갭이 2.4eV의 반도체로, 산소, 아연을 도프한 pn접합은 적색 발광 다이오드가, 질소를 도프한 pn접합은 녹색발광 다이오드가 얻어진다. GaP는 약어이다.

갈수기 (渴水期, dry season) 1년 중에서 하천의 유량이 비교적 적은 시기이다.

갈수년 (渴水年, dry year) 유량의 연중 평균값이 과거 수개년 간의 평균값 보다도 적은 해를 이른다.

갈수량 (渴水量, minimum flow (except ten days)) 1년 중 355일에서 더 내려가는 일이 없는 유량. minimum stream flow는 어느 기간 내에 있어서의 최저 유량이다.

감가 상각 (減價償却, depreciation) 고정 자산이 물리적 또는 진부화 등에 의해서 기능적으로 가치가 떨어지는 데 대해서 그 내용연수(耐用年數)내에 상각되는 것을 말한다.

감각의 레벨 (感覺——, sensation level) 어떤 주파수의 소리의 음압 P를 그 주파수의 소리의 최소 가청값의 음압 P_0와 비교하여 dB로 나타내었을 때, 즉 $20\log_{10}(P/P_0)$를 감각의 레벨이라고 한다. 소리의 세기의 감각량을 대표하는 것으로 정해졌으나 이제는 이 대신 소리의 크기의 레벨 또는 세기의 레벨이 쓰인다.

감결합 (減結合, decoupling) 궤환 작용을 방지하거나 감소하기 위하여 회로의 결합도를 낮추는 것. ⇨ 결합회로(coupling circuit).

감광 기록계기 (感光記錄計器, photographic recorder) 반조검류계 또는 지시계기의 가동부에 부착한 작은 거울에 빛을 보내서 반사시켜 이것을 감광지에 비추어 연속적으로 기록하는 장치를 말한다.

감광 기전효과 (感光起電效果, photogalvanic effect) 어떤 종류의 반도체를 빛으로 비추면 비추어진 부분과 비추어지지 않은 부분 사이에 전위차를 일으킨다. 이 전위차를 감광 기전력이라고 하며, 이 현상을 감광 기전 효과라고 한다. Coblenz가 발견한 후 Dember에 의해서도 발견되었으므로 뎀버 효과라고도 한다.

감광 보상률 (減光報償率, depreciation factor) 실내 기타의 조명시설에 의한 조도를 계산할 때 광원의 점등시간에 따르는 열화, 광원 및 조명기구의 오손에 의한 광속 감소 등을 고려하여 사용 광원의 광속에 미리 여유를 고려하는 것이 상식이다. 오손이 적은 경우 1.3정도, 형광등을 사용하는 경우는 형광등이 점등하지 않게 될 때까지의 시간은 매우 길지만 그 사이의 열화가 상당히 크므로 때로는 2.5라는 식으로 대체로 이들 사이의 수를 계산된 소요 광속에 곱한다. 이 수가 감광 보상률이다.

감극 (減極, depolarization) 전지가 전류를 흘리면 분극현상을 일으킨다. 이 작용을 제거하는 것이 감극이며, 산화제로 양극에 발생하는 수소를 산화하여 수소 이온의 발생을 방지한다.

감극성 (減極性, subtractive polarity) 단상변압기의 극성을 표시하는 방법의 하나로, 고압 권선의 단자 U와 저압 권선의 단자 u를 접속하고 변압기에 전압을 가하면 V와 v사이의 전압이 U와 V간의 전압보다 낮은 경우는 이것을 감극성이라고 한다. U와 u는 겉 케이스의 같은 쪽에 있다.

감극제 (減極劑, depolarizer) (1) 부하를 연결하여 전류를 흘리면 양극에서 발생하는 수소가 양극과의 사이에서 분극작용을 일으켜 역기전력을 발생하여 단자전압이 저하한다. 이것을 방지하기 위해 사용되는 산화제가 감극제이며 건전지의 종류에 따라 다르다. 수소와 화합하기 쉬운 이산화망간(MnO_2)(망간건전지), 산화제2수은(HgO_2)(수은전지) 등이 사용된다. (2) 실용 전지의 양극(陽極)에서 나오는 수소 때문에 일어나는 역기전력을 방지하기 위하여 사용하는 산화제. 고체(MnO_2), 액체(HNO_3), 기체(산소) 등. 활성탄을 흡착제로 하여 공기 중의 산소를 감극제로 사용하는 경우도 있다.

감는 틀 (bobbin, spool) 코일을 감을 때 사용하는 틀이다.

감도 (感度, sensibility) (1) 어떤 일정한 지시량의 변화를 주는 측정량의 변화값. 일반적으로는 그 값은 측정량의 크기로 나타낸다. (2) 측정기가 감지할 수 있는 최소의 측정값이다.

감동폭 (感動幅, working range) 《계전기》 전신용 계전기에 대해서 사용되는 용어. 최소 감동전류와 이때의 상태에서 큰 전류를 통한 오동작을 일으키지 않는 전류값과의 비를 말한다.

감마(γ) (gamma) 《단위》 지구 자계를 나타내는 단위. $\gamma=10^{-5}$가우스. 《방송》 텔레비전에 있어서는 실제의 모습과 재생상과의 콘트라스트의 관계를 나타내는 양으로, 영상의 임의점의 표면 휘도를 B_m, 재생상의 대응점 휘도를 B_m'라고 하면, 일반적으로 $B_m'=kB_m{}^r$ 여기서, 이 지수계수 γ가 감마이고, k는 비례정수를 나타낸다.

감마선(──線, gamma(γ)-rays) 원자 핵의 두 준위 사이에 양자 천이를 하였을 때 방사하는 전자기 방사선. X선 보다도 파장이 짧고 그 에너지는 10^4~10^7eV이다. 알파선, 베타선 보다도 투과능은 크고, 자계에 의해서 영향을 받지 않는다.

감사대(監査臺, service observation) 전화교환에 있어서, 가입자선, 중계선 또는 시외선 등의 일부에 접속하여 가입자의 전화의 사용 방법, 교환원의 교환업무 태도 및 교환기의 동작상태 등을 감시하여 그 결과를 집계해서 교환 서비스 개선의 자료 등을 얻기 위한 수동대이다.

감사선(監査線, observation line) 전화 교환에 있어서, 가입자의 전화 사용방법, 교환원의 업무상태 및 교환기의 동작상태 등을 점검하기 위하여 가입자선, 중계선 또는 시외선 일부에 접속되는 전화선을 말한다.

감사자(監査者, service observer) 전화 교환의 감사대에 있어서 가입자의 전화 사용방법, 교환원의 교환 취급법 및 교환기의 동작 등을 점검하는 사람이다.

감속(減速, slowing-down) 입자가 갖는 에너지를 감소시키는 것이다.

감속 신호(減速信號, reduced speed signal) 열차에 대하여 다음 신호기까지는 속도를 낮출 것을 명령하는 신호이다.

감속재(減速材, moderator) 탄성 충돌에 의하여 중성자의 속도를 낮출 목적으로 원자로 내에서 사용하는 물질이다.

감속 치차(減速齒車, reduction gear) 회전속도를 일정한 비율로 감속하기 위하여 사용하는 치차를 말한다.

감손 우라늄(減損──, depleted uranium) 천연 우라늄이 함유하고 있는 U_{235}의 함유비율 이하로 U_{235}의 성분이 감소하고 있는 우라늄을 이른다.

감쇠(減衰, attenuation, damping) 전송로에 흐르는 통화 세력의 감쇠의 정도를 나타내는 양으로, 송단, 수단의 전압 및 전류를 각각 V_1, V_2 및 I_1, I_2라고 하면, 그 감쇠량은 각 피상전력비의 대수로 나타낸다. 자연 대수를 잡은 경우의 단위를 네퍼라 하고, 사용 대수인 경우의 단위를 벨이라고 한다. 즉

$$\text{감쇠량} = \frac{1}{2}\log_e\left|\frac{V_1 I_1}{V_2 I_2}\right| \text{네퍼}$$

$$= \log_{10}\left|\frac{V_1 I_1}{V_2 I_2}\right| \text{벨}$$

실용상 주로 벨의 1/10, 즉 데시벨[dB]을 쓴다. 위와 같은 정의에 의해서 1네퍼 = 8.686 dB, 1dB = 0.1151네퍼이다.

감쇠 계수(減衰係數, damping coefficient) 감쇠 진동으로 진폭의 정도를 나타내는 계수. 예를 들면 L, C, R의 직렬회로의 전기 진동에서는 $R/2L$이 감쇠계수가 된다.

감쇠기(減衰器, attenuator) 저항소자로 구성되며, 감쇠량이 주파수에 관계없이 일정하고 위상량이 0인 4단자 회로망이다. 평형형과 불평형형이 있으며, 가변인 것은 다이얼이나 전건에 의하여 0.1dB에서 120dB까지 10진법으로 눈금을 매긴 것이다.

감쇠 길이(減衰──, attenuation length) 케이블처럼 고른 전기상수로 이루어지는 회로의 일부분의 길이 l을 생각하고, 한 끝에서 삽입되는 전류를 I_1, 다른 끝에서 삽입되는 전류를 I_2라고 하면 $I_2/I_1=e^{-\alpha l}$이 성립된다. α는 단위 길이의 전기상수에 의해서 정해지는 감쇠상수이고, αl은 이 구간의 전류의 감소를 나타내는 분량으로, 이것을 감쇠 길이라고 한다.

감쇠 대역(減衰帶域, attenuation band) 필터

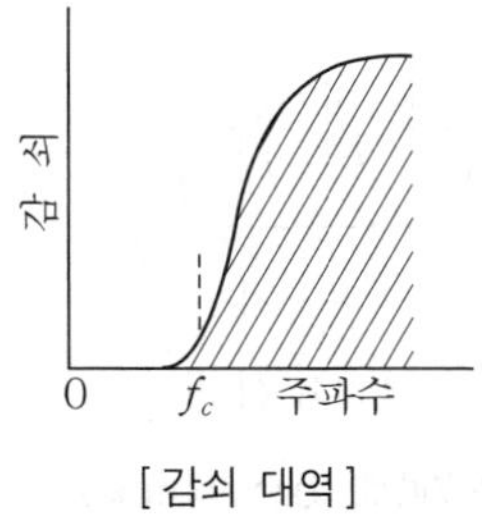

[감쇠 대역]

회로를 흐르는 전류가 감쇠를 하는 주파수 대역. 예를 들면, 저역 필터에서는 그림과 같이 차단 주파수보다 높은 주파수 영역을 말한다. 이에 대하여 전류를 감쇠하는 일 없이 통하는 영역을 통과대역이라고 한다. ⇔ 통과 대역(pass band). ⇨ 저역 필터(low pass filter).

감쇠 상수(減衰常數) (1) **attenuation constant** 같은 전기상수로 이루어지는 선로의 단위 길이의 입력전류 및 출력전류를 I_1, I_2라고 하면 $I_2/I_1=e^{-\alpha}$가 된다. 이 α를 감쇠상수라고 하며, 다음과 같은 식으로 주어진다.

$$\alpha=\sqrt{\frac{1}{2}\sqrt{(R^2+\omega^2L^2)(G^2+\omega^2C^2)}+\frac{1}{2}(RG-\omega^2LC)}$$

여기서, R : 단위 길이 왕복선의 저항, L : 단위 길이 왕복선의 인덕턴스, G : 단위 길이 컨덕턴스, C : 단위 길이당의 커패시턴스, ω : 각 주파수. (2) **damping constant** 감쇠진동의 감쇠율 α와 진동주기 T의 곱을 감쇠상수라고 한다. 감쇠상수 δ는 또 다음과 같이 생각할 수 있다. 다음의 전기적 감쇠진동의 식에 있어서

$$i=I_0e^{-\alpha t}=I_0e^{-\frac{R}{2L}t}$$

진동주기 T 후의 진동 진폭을 I_1, $2T$ 후의 진폭을 I_2, $3T$ 후의 진폭을 I_3, ……으로 하면,

$$\frac{I_1}{I_2}=\frac{I_2}{I_3}=\frac{I_3}{I_4}=......=e^{\delta}$$

그러므로,

$$\delta=\log_e\frac{I_1}{I_2}=\log_e\frac{I_2}{I_3}=......=\alpha T$$

⇨ 감쇠율.

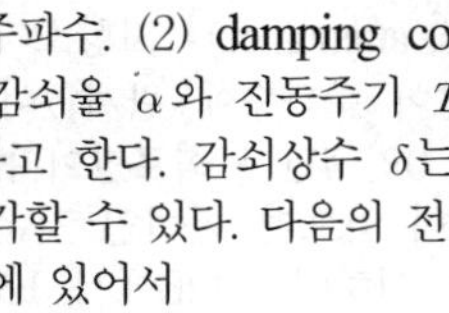

[감쇠 상수]

감쇠 시간(減衰時間, **decay time**) 과도상태에 있어서, 최초의 값에서 그 몇 퍼센트로 감쇠하기까지의 시간을 일반적으로 감쇠시간이라고 한다. 예를 들면, 저항부하의 이미터접지 접합형 트랜지스터의 베이스에 전류펄스를 가했을 때의 과도응답에 있어서, 컬렉터 전류가 최대값의 10%로 감소하는 시간을 말한다. 또 감쇠 흔들이의 자유진동에 있어서, 진폭이 60 dB 감쇠하기까지의 시간을 말한다. 음향공학에서의 잔향 시간과 같다. ⇐ 하강 시간(fall time). ⇨ 잔향 시간(reverberation time).

감쇠율(減衰率) (1) **damping factor** 전파나 음파의 진동처럼, 시간 t의 경과와 더불어 그 진동 진폭 I_0가 지수 함수적으로 감쇠하는 감쇠진동은 일반적으로 $i=I_0e^{-\alpha t}$로 나타내는데, 위 식의 α를 감쇠율이라 한다. 만일 진동회로로서 저항 R, 인덕턴스 L, 용량 C가 직렬로 접속된 경우를 생각하면, 감쇠율 $\alpha=\frac{R}{2L}$이 된다. ⇨ 감쇠상수(damping constant), 대수감쇠율(logarithmic decrement). (2) **attenuation factor, decrement** 이것은 감쇠상수와 완전히 같은 뜻으로 쓰인다. ⇐ 감쇠상수(attenuation constant).

감쇠 일그러짐(減衰——, **attenuation, distortion**) 감쇠량이 주파수와는 상관없이 일정하지 않기 때문에 신호의 성분파가 각각 상이한 감쇠를 받아 생기는 일그러짐을 감쇠 일그러짐이라 하며, 직선 일그러짐의 하나이다.

감쇠 진동(減衰振動, **damped oscillation**) 시간과 더불어 그 진폭이 점차 감소하는 진동. 기계적인 진동의 경우도 있고, 전기적인 진동의 경우도 있다.

감쇠파(減衰波, **damped wave**) 시간의 경과와 더불어 진폭이 감쇠하는 파. 불꽃 방전 등에 의한 전파가 이에 속한다.

감쇠 회로망(減衰回路網, **attenuation network**) 원하는 감쇠를 얻는 회로망을 말한다. 보통 그림과 같이 저항의 조합으로 이루어져 있으며, 평형 또는 불평형의 T형, π형, 격자형 등 여러 가지가 있다. 특성 임피던스를 Z_0, 감쇠량을 b네퍼라고 한다면 T형 회로의 소자 저항은

$R_1 = Z_0 \tanh \frac{b}{2}$, $R_2 = \frac{Z_0}{\sinh b}$ 가 된다.

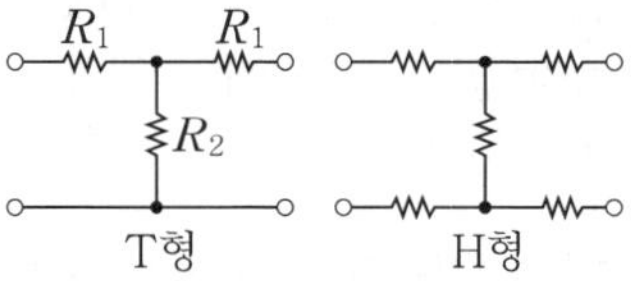

[감쇠 회로망]

감습 소자 (感濕素子, moisture sensitive element) 전기저항이 습도에 따라 변화하는 것을 이용한 습도검출 소자, 절연 베이스에 염화 리튬, 티탄화 셀륨 등을 적당한 바인더에 혼입시켜 도포한 것이 사용된다.

감시 (監視, monitor, supervision, supervisory) ⇨ 모니터.

감시 계전기 (監視繼電器, supervisory relay) 전화교환기에 있어서, 가입자의 통화상태를 체크하기 위한 계전기이다.

감시국 (監視局, monitor station) 많은 무선국의 운용을 감시하는 곳으로, 예를 들면 주파수 편차, 점유 주파수대 폭, 스퓨리어스 발사 혼신, 불법 무선국 등을 조사하는 곳이다. 정식으로는 monitoring station이고, 국제적인 기구일 때는 international을 붙인다.

감시 램프 (監視――, supervisory lamp) 공전식 교환에 있어서 가입자가 수화기를 들고 있는지 아닌지를 교환대에 표시하는 램프, 또는 자동식 교환에 있어서, 가입자가 수화기를 들고 있거나 각종 경보를 보수자에게 알리는 램프이다.

감시 레이더 부 (監視――部, surveillance radar element) 약어 SRE, 공항 부근에 소재하여, 그 지역 내에 있는 항공기의 방향 및 거리를 지시하는 레이더. ASR(airport surveillance radar) 또는 ACR(airfield control radar)라고도 한다.

감시선 (監視線, pilot wire) 선로의 감쇠손 변동에 대한 이득 조정법의 하나로 감시선식 자동 이득 조정법이 있다. 이것은 파일럿 와이어의 저항 변화에 따라서 중계기와 궤환회로에 삽입된 가변 임피던스를 변화시켜 이득을 증감하는 방법이다. 이와 같이 감시용에 쓰이는 선을 감시선이라고 한다.

감시선식 자동이득 조정장치 (監視線式自動利得調整裝置, pilot wire transmission regulator) 무장하 케이블에 있어서, 감시 통신로 방식에 대하여 실선을 감시 통신로에 사용하는 자동 이득 조정장치에서는 실선의 저항분을 그 장치의 브리지변(邊) 소자에 포함하여 실선 저항의 변화로 인하여 발생하는 브리지의 불평형 전류에 따라 계전기를 거쳐서 다른 가변 저항을 자동 조절하여 회선의 이득을 일정하게 하는 것을 이른다.

감시 신호 (監視信號, supervision, supervisory signal) 자동 교환기에 있어서, 가입자의 통화상태에 관하여 필요한 경우 보수자에게 주의를 주기 위한 신호이다.

감시 전류 (監視電流, pilot current) 감시 통신로에 흐르는 감시용 반송전류이다.

감시 전류 발진기 (監視電流發振器, pilot oscillator) 감시전류를 발생하는 발진기이다.

감시 전류 필터 (監視電流――, pilot filter) 감시 통신로의 감시전류 분리용 필터이다.

감시 제어 (監視制御, supervisory control) 하나의 지령소가 많은 지령소를 총괄하여 제어하는 방식으로, 전력계통, 통신계통 등에서 널리 운용되고 있다. 제어가 원활하고 적은 인원수로도 업무를 수행할 수 있다.

감시 주파수 (監視周波數, pilot frequency) ⇨ 파일럿 주파수.

감시 통신로 (監視通信路, pilot channel) 반송 통신방식에 있어서, 종합 레벨 또는 주파수 제어용 AGC 또는 AFC 등의 자동제어 장치를 동작시키기 위하여 필요한 하나의 반송파를 송단에서 수단까지 전송시키고, 도중의 각 국에서는 이것을 증폭, 정류하여 이들 장치를 동작시키는 것이다. 그 통신로를 파일럿 통신로라고 한다.

감압 (減壓, pressure reduction) 압력을 줄이는 것을 말한다.

감압 밸브 (減壓――) (1) reducing valve 압력을 감소시키기 위한 밸브. (2) regulator 가스를 고압의 봄베에서 케이블 기타에 충전하는 경우 봄베의 출구에 설치하여 소요의 인가 전압으로 감압하기 위하여 사용되는 것. 감압 밸브는 1단으로 감압하는 1단식과 2단으로 감압하는 2단식이 있으며, 전자

보다 후자가 고급이다.

감온 소자 (感溫素子, temperature transducer) 온도를 전기량으로 변환하는 트랜스듀서로, 저항온도계, 서미스터, 열전대, 실리콘 트랜스듀서, 액정 등이 있다.

감자 (減磁, demagnetization) 자속을 줄이는 것을 뜻한다.

감자력 (減磁力, demagnetizing force) 강자성체를 자계 안에서 자화할 때, 그 양단에 극이 생기기 때문에 작용하는 자력을 약하게 만들려고 하는 힘을 감자력이라 한다. 감자력은 자속밀도에 비례한다.

감자 암페어 회수 (減磁 —— 回數, demagnetizing ampere-turn) 예를 들면, 전기자 반작용 중 주자속과 반대방향으로 작용하여 감자 작용을 일으키는 기자력을 말한다.

감자율 (減磁率, demagnetizing factor) 강자성체를 자계 내에서 자화할 때 그 양단에 극이 생기기 때문에 자속 밀도 I에 비례하는 감자력 $-NI$가 작용한다. 이 N이 감자율이다.

감전 (感電, electric shock, electrification) 대전체에 접촉하거나 또는 방전으로 사람이나 짐승이 충격을 받는 것. 체내를 흐르는 전류가 큰 경우에는 세포를 파괴하고 심장에 큰 충격을 주어 죽음에 이르게 한다.

감채 상각 (減債償却, amortization) 일반적으로 감채 기금법에 의한 채무의 상각을 말하는데 우리나라의 경우 창업비, 사채 발행 차입금, 주식 발행비 같은 무형 자산의 상각을 감채 상각이라고 하여 고정 자산의 상각(감가 상각)과 구별하고 있다.

갓 고정기 (—— 固定器, shade holder) 전등갓을 소켓에 고시키는 장치. 놋쇠판 및 베이클라이트 등으로 만든다.

강관 (鋼管, steel pipe) 강철제의 관이다.

강대 (鋼帶, steel tape) 띠 모양으로 된 강철. 케이블 외장에 사용된다.

강대 외장 (鋼帶外裝, steel-tape armor, steel-type armoring) 케이블의 기계적 강도를 높이기 위하여 실시하는 강대에 의한 외장한 것을 이른다.

강대 외장 케이블 (鋼帶外裝 ——, tape-armored cable) 강대 외장을 한 케이블. 주로 지하매설 케이블용이다.

강선 (鋼線, steel wire) 강철로 만든 선이다.

강선 외장 (鋼線外裝, steel wire armor, steel wire armoring) 케이블의 기계적 강도를 증가시키기 위하여 강선으로 외장한 것을 이른다.

강심 알루미늄 연선 (鋼心 —— 撚線, aluminum cable steel reinforced (A.C.S.R.), steel-cored aluminum cable, aluminium-steel cable) 알루미늄 선의 기계적 강도를 증가하기 위하여 중심에 항장력 120 kg/mm^2 이상의 강선 또는 강연선을 넣은 것으로, 기계적 강도는 강심에, 도전성은 알루미늄에 감당시킨 것이다.

강유전 물질 (强誘電物質, ferroelectric material) 로셀염, 티탄산 바륨 같은 물질로, 자발적인 분극을 가지며 분극과 전계의 세기 사이에는 히스테리시스가 존재한다. 강자성 물질과 상사성(相似性)이 있으므로 강유전 물질이라고 일컬어진다. 자기 일그러짐 효과를 이용한 트랜스듀서, 자기증폭기 등과 유사한 용도에 적합하다.

강자성 공진 (强磁性共振, ferromagnetic resonance) 마이크로파 주파수 자성 물질의 겉보기 투자율이(가로방향의 일정 자계의 존재하에서) 원자 내의 전자궤도의 섭동에 따라 영향을 받는 현상이다. 마이크로 주파수가 섭동 주파수와 같아지면 공진이 일어나 겉보기 투과율은 날카로운 피크값을 나타낸다.

㈜ 공진주파수는 가로 방향의 정자계의 자속밀도 B에 관계하고, 공진점에서 자성체는 진동 자계로부터 에너지를 흡수하는데 그 공진 주파수 ω는 $\omega = \left(\frac{ge}{2m}\right)\sqrt{BH}$로 주어진다. 여기서, H : 자계의 세기, e, m : 전자의 전하와 질량, g : 거의 2와 같은 상수(단위는 모두 SI단위)이다.

강자성체 (强磁性體, ferromagnetic material, ferromagnetic substance) 투자율이 매우 큰 것이 특징인 자성 물질을, 투자율은 자화력에 대하여 비직선적으로 변화함과 동시에 비교적 작은 자화력에서 포화한다. 철, 코발트, 니켈 및 이들의 합금이 이와 같은 강자성 물질의 예이다. ⇨ 자성 물질.

강제 공랭 (强制空冷, forced-air cooling) 특별히 설치한 송풍기를 이용하여 냉각하는 방식이다.

강제 공랭관 (强制空冷管, forced-air cooled tube) 공기 압축기 또는 송풍기에 의해서 공기를 뿜어서 냉각시키는 전자관이다.

강제 배류 (强制排流, forced drainage) 그림과 같이 지하 매설 금속체와 양극 접지체 사이에 직류 전원을 설치하여 매설체로부터 흘러 나오는 전류를 상쇄하는 유입전류를 만들어 전식을 방지한다. ⇨ 선택 배류.

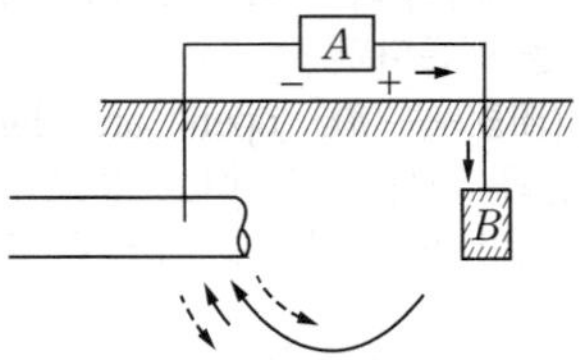

A : 강제 배류용 직류전원
B : 양극 접지체

[강제 배류]

강제 전류 (强制轉流, forced commutation) 인버터에 있어서, 직류 전력을 사이리스터 스위치 등으로 어떤 주기별로 하나의 회로에서 다른 회로로 전류하기 위해 지금까지 통전하고 있던 스위치를 턴오프하는 방법으로, 다음 두 가지가 있다. ① 스위치 전류를 적당한 방법으로 감소하여 이것을 유지전류 이하로 저하시키는 고갈법(starvation method) ② 스위치에 역전압을 공급하여 강제적으로 턴오프하는 방법. 이 중 ①은 자연 전류, ②는 강제 전류이다.

강제 진동 (强制振動, forced oscillation) 주기적인 외력에 의해서 계속되는 진동이다.

강제 통풍 (强制通風, forced draft) 송풍기에 의해서 대기압 이상의 압력으로 공기를 노(爐) 속에 불어 넣는 통풍방식. 이 통풍에 쓰이는 송풍기를 강제 통풍기(forced draft fan)라 한다.

강철탑 (鋼鐵塔, rigid tower) 전선로 방향 및 이것과 직각 방향의 하중을 함께 고려해서 설계된 철탑이다. ⇨ 가요 철탑.

강하율 수정 진입로 (降下率修正進入路, flare out) 착륙 충격을 경감할 수 있도록 진입로의 수직 성분을 수정한 항공기 진입로의 일부를 말한다.

강행 송전 (强行送電, forced line charging) 사고등으로 정전이 된 직후의 선로를 복구한 후 운전 전압으로 직접 충전하는 것. 배후에 안정된 전원이 있고, 송전 가능한 확률이 큰 경우에 사고를 조기에 복구하기 위해 실시한다. ⇨ 시험 송전.

강화 플라스틱 (强化 ——, fiberglass reinforced plastics) 약어 FRP, 글라스 섬유로 만든 기재(基材)에 에폭시 수지를 불포화 폴리에스테르를 함침한 것을 적층하여, 약간 가압하면서 가열·고화한 것. 가볍고, 인장, 휨, 압축 등에 강하기 때문에 절연 구조재로 이용된다.

개 (開, off) 폐로된 회로에 있어서, 도체를 열어 전류를 끊는 것을 말한다.

개거 (開渠, open channel, open-conduit, open flume) 윗면에 피복물이 없어 수면이 직접 대기와 접하고 있는 수로를 말한다.

개구비 (開口比, open area ratio) 전자 혼의 개구면과 인후부(咽喉部)의 면적 비율. 개구비의 크고 작음은 전자 혼의 방사특성에 관계된다. ⇨ 전자 혼(electro magnetic horn).

개구 시간 (開口時間, aperture time) A-D 변환기에 있어서, 변환기가 입력변화를 수용할 수 있는 (감응할 수 있는) 시간간격을 이른다. 보통 입력 아날로그 신호의 진폭이 변환기의 최소 유효 비트량(LSB)만큼 변화하는 시간이라고 간주되고 있다.

㊟ f [Hz]의 입력신호가 N비트의 2진수로 변환되는 경우에는 개구 시간 T_A는 $T_A = \frac{1}{2\pi f} \times 2^{-N}$으로 주어진다. 예를 들면, 변환 시간(실표 개구 시간) 24μs를 가진 12비트 변환기의 경우 최고 허용 입력주파수 f_{max}는 위의 식에 의해 $f_{max} = \frac{10^6}{2\pi \times 24} \times 2^{-12}$, 즉 1.6Hz가 된다. 샘플 홀드회로를 이용하여 T_A를 1ns로 하면 위의 f_{max}는 39 Hz가 된다.

개구 어드미턴스 (開口 ——, aperture admittance) 개구면 방사기에 있어서, 전자계 분포의 결과로 생기는 어드미턴스이다.

개구 효율 (開口效率, aperture efficiency) 전

자 혼, 전파 렌즈 등의 안테나의 유효 면적과 실제 개구면적과의 비. 이득을 G라 하고 개구면적을 S, 파장을 λ라고 하면, 개구 효율 $\eta = G\lambda/(4\pi S)$가 된다.

ㄱ

개극 시간 (開極時間, contact parting time, opening time) 차단기가 폐로상태에 있을 때 트립기구가 동작한 순간부터 아크 접촉자(아크 접촉자가 없는 경우에는 주접촉자)가 열리기 시작할 때까지의 시간을 말한다.

개도 (開度, opening) 《수차 수구》 유입량을 조정하는 니들 밸브, 안내 날개, 조정 밸브 등의 개구의 정도를 이른다.

개략도 (概略圖, schematic diagram) 전기회선, 방식, 회로 등의 구성을 주요 블록 단위로 나타낸 그림이다.

개량 공사 (改良工事, betterments) 가설 설비의 일부 대치 또는 개선으로 그 설비의 내용 연수의 연장, 용량의 증가, 유지비의 감소, 기타 효율의 향상을 도모하는 공사이다.

개로 (開路, open-circuit) 전기회로를 여는 것을 말한다.

개로 공중선 (開路空中線, open antenna) 루프 안테나처럼 폐회로를 이루고 있는 안테나에 대해서, 보통 안테나처럼 겉보기로 폐회로를 이루고 있는 안테나. 개로 공중선은 도선의 회로로서는 개로가 되지만 안테나로부터 공기를 통해서 변위전류가 흐른다고 생각할 수 있으므로 그 작용은 폐로 공중선과 같다고 볼 수 있다.

개로 시정수 (開路時定數, open-circuit time constant) 동기기의 전기자 권선이 개로상태에 있는 경우의 자계회로의 시정수. 그 평균값은 2극 터빈 발전기에서는 4.4s, 4극 터빈 발전기에서는 6.2s, 제어 권선이 있는 동기기는 5.6s, 제동권선이 없는 발전기는 6.6s이다.

개로 전기자 (開路電機子, open-coil armature) 전기자 권선이 그 자신으로 폐로가 되지 않고 부하회로를 통해서 폐로가 되는 전기자. 직류기에는 사용되지 않지만 교류기에는 사용된다.

개로 초기 과도 시정수 (開路初期過度時定數, open-circuit subtransient time constant) 동기기의 전기자 개로시의 제동권선 및 자극면 와류회로의 시정수를 이른다.

개방 (開放, disconnection, opening, release, open circuit) (1) 전기회로를 여는 것. (2) 교환기의 접속 또는 동작하고 있던 스위치, 계전기 등이 평상상태로 복귀하는 것을 말한다.

개방(급수)가열기 (開放(給水)加熱器, open(feed water) heater) 가열용 증기와 가열되는 급수가 섞이게 되어 있는 급수 가열기. 혼합 가열기라고도 한다.

개방 슬롯 (開放 ──, open slot) 회전기의 슬롯으로, 그 개구부의 폭이 슬롯 자체의 폭과 같은 것을 이른다.

개방 아크등 (開放 ── 燈, open arc lamp) 탄소 아크등과 같이 전극, 아크 통로 등이 대기 중에 개방되어 있는 것. 전극은 산화, 소모한다.

개방 온수기 (開放溫水器, open water heater) 일반적으로 쓰이지 않는 용어이다. ⇨ 개방 가열기.

개방 임피던스 (開放 ──, open circuit impedance) 4단자 회로망의 출력단자를 개방하였을 때 입력단자에서 본 임피던스. 이 개방 임피던스와 단락 임피던스(출력단자를 단락하였을 때 입력단자에서 본 임피던스)의 곱의 평방근은 해당 회로의 전달 임피던스와 같으므로 이 관계를 이용하면 회로망의 계산과 여러 가지 측정을 간단하게 할 수 있다. ⇨ 전달 임피던스 (transfer impedance), 단락 임피던스 (short circuit impedance).

개방 축전지 (開放蓄電池, open cell) 재래식의 유리조(槽) 또는 납을 씌운 목조(木槽)에 묽은 황산을 채워서 극판을 세운 축전지. 충전할 때 황산의 비말(飛沫)이 현저하게 발생하는 결점이 있다. 최근에는 밀봉형이 사용되고 있다.

개방형 (開放形, open type) 외피에 개구(開口)를 가지고, 기체 주위의 외기가 기내(機內)와 유통할 수 있는 구조의 형식이다.

개방형 전기 (開放形電機, open machine) 기체 내외의 통풍을 크게 저해하지 않는 정도로 외피에 개구(開口)를 갖는 구조의 전기기기를 이른다.

개방형 퓨즈 (開放形 ──, open fuse) 퓨즈의

선편(線片)을 대기 중에 노출한 채로 사용하는 구조의 퓨즈이다.

개별 호출 전화기 (個別呼出電話機, inter-call telephone) 1회선에 많은 전화기를 접속한 전화방식에서, 필요한 경우 그 개개의 전화기를 개별적으로 호출할 수 있는 기능을 가진 전화기이다.

개선도 (改善度, improvement factor) 《주파수 변조, 펄스시 변조》 출력의 피크신호 대 피크 잡음비가 입력의 그것에 비해서 개선되는 정도를 이른다.

개선 한계점 (改善限界点, improvement threshold) 주파수 변조에서는 변조지수에 따라서 신호 대 잡음비가 개선되지만 반송파의 크기와 잡음전압의 크기가 가까워지면 개선성을 잃는다. 이 한계가 되는 반송파와 잡음전압의 비를 이르는 것으로, 대체로 1 전후의 값이다.

개스킷 (gasket) 파이프 조인트에 플랜지 조인트를 사용할 때 플랜지의 접합면을 기밀하게 유지한다는 것은 작업상 곤란하기 때문에 그 사이에 끼워서 기밀을 유지하게 하는 것을 개스킷이라고 한다. 개스킷은 파이프 속을 통하는 유체에 침해되지 않음과 동시에 압력 및 온도에 대하여 탄성, 유연성을 가져야 하며, 강도를 잃지 않는 치밀한 재질을 필요로 한다. 고온 증기나 가스에는 금속 개스킷을, 저온의 경우에는 비금속 개스킷을 사용한다.

개심 PPI (開心 ——, open center PPI) PPI 표시에 있어서, 스코프의 중심으로부터의 표시 거리를 약간 벗어나게 하여 중심부를 연 표시이다.

개심형 (開心形, open core type) 철심의 자기 회로가 폐로가 아닌 것을 이른다.

개인 오차 (個人誤差, personal error) 측정하는 사람마다의 고유한 버릇으로 인하여 측정상 또는 조정상 생기는 오차이다.

개자로 (開磁路, open magnetic circuit) 폐로가 되어 있지 않는 전자기회로를 이른다.

개폐 (開閉, make and break) 회로 개폐기 등을 열거나 닫거나 하는 것을 이른다.

개폐기 (開閉器, switch) ⇨ 스위치.

개폐기실 (開閉器室, switchgear room) 차단기, 개폐기 및 모선 등을 설치한 구내를 이른다.

개폐기유 (開閉器油, switch oil) 유입개폐기, 유입차단기 등에 넣는 절연유를 이른다.

개폐기 투입 순서 (開閉器投入順序, sequence of switches) 전동기가 기동을 할 때 소정의 조작이 정확히 완료될 수 있도록 각종 개폐기, 기동기 등의 투입동작을 하는 순서를 말한다.

개폐 서지 (開閉 ——, switching surge) 전력계통에서 차단기의 개폐 조작으로 발생하는 이상 전압(異常電壓)으로, 지속시간은 매우 짧다 (수백μs ~ 수ms).

개폐소 (開閉所, switching station) 전력 에너지를 변성하지 않고 분배하기 위한 시설을 말한다.

개폐 시간 (開閉時間, switching time) (1) 스위치 소자(예를 들면 트랜지스터)에 있어서, 입력 펄스의 변화에 대한 출력 펄스의 응답 특성 시간을 이른다.

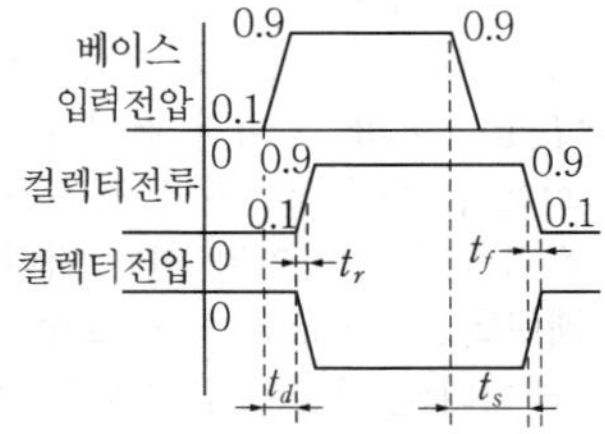

t_d : 뒤진 시간, t_r : 상승 시간 t_s : 축적 시간, t_f : 하강 시간, t_{on} : 온 시간($=t_d+t_r$), t_{off} : 오프 시간($=t_s+t_f$)

[개폐 시간]

(2) 《전력 계통》 강제 정전으로 개폐동작이 요구된 때부터 그 개폐동작이 완료되기까지의 경과 시간을 이른다.

개폐 신호 (開閉信號, keying signal) (1) 전건 등에 의해서 단속된 신호. (2) gate 개폐자를 제어하여 개폐자 입출력 사이에 정보를 통과시켜 주기 위한 신호이다. ⇐ 논리적 신호.

개폐자 (開閉子, gate) 하나의 출력과 여러 개의 입력을 가지며, 입력신호 상태가 어떤 정해진 조합에 대해서만 출력에 신호가 나타나게 한 회로이다. ⇐ 논리적 회로(AND circuit).

개폐 장치 (開閉裝置, switchgear) 회로를 개폐할 목적으로 사용되는 장치. 단로기, 나이프 스위치, 접촉기, 차단기 및 퓨즈 등으로 분리된다.

ㄱ

개폐 활차 (開閉滑車, snatch block) 옆 틀이 개폐될 수 있게 되어 있는 활차이다.

개폐 회로 (開閉回路, keying circuit) 신호 증폭 회로의 일부에 펄스 신호를 삽입하여, 그 기간에만 원하는 신호를 전달하거나 또는 정지시키는 역할을 하는 회로이다.

개행 (改行, line feed) 페이지식 수신을 하는 인쇄 전신기에 있어서, 1행마다 행을 바꾸는 것. 이것은 개행 부호에 의해 동작을 한다.

갤러핑 (galloping) 송전선에 빙설이 부착하여 전선의 단면이 편평하게 되어 바람이 불면 날개처럼 작용하여 전선의 진동이 조장되는 현상을 말한다.

갭 (air gap) 회전 전기의 회전자 철심과 고정자 철심 사이의 틈을 이른다.

갭 어드미턴스 (gap admittance) 간극에 있어서의 전자 빔의 어드미턴스와 그 간극의 정전 용량에 의한 서셉턴스의 합을 이른다.

갭의 길이 (gap length) 회전 전기의 고정자 철심과 회전자 철심(직류기의 경우는 계자 철심과 전기자 철심)사이의 최단 거리이다.

갭 충전 레이더 (── 充塡 ──, gap filler radar) 레이더의 주로브가 충분히 커버할 수 없는 영역(갭)을 다른 로브로 메우는 것을 갭 충전(gap filling)이라 하고, 그것을 위하여 사용하는 보조 레이더를 갭 충전 레이더라고 한다.

갭 효과 (── 效果, gap effect) 자기 녹음용 재생 헤드 간극의 크기가 재생 출력에 미치는 영향을 말한다.

갱신비 (更新費, renewals cost) 설비 또는 설비의 일부를 새것과 바꾸기 위해 필요한 비용을 말한다.

거래용 계기 (去來用計器, supply meter) 사용 전력의 계량을 위해서 수용가에 시설하는 거래용의 적산전력계, 최대수용 전력계 및 부속된 계기용 변성기 등을 말한다.

거리 게이트 (距離 ──, range gate) 레이더에 있어서, 선주사를 하기 위한 개폐장치를 말한다.

거리 계전기 (距離繼電器, distance relay) 고장점까지의 리액턴스를 측정하는 요소를 갖추고 있어, 동작시간이 고장점까지의 거리에 따라 변화하는 계전기이다.

거리 교정 (距離較正, range calibration) 레이더에 있어서 영상에서의 거리와 실제 거리와의 차를 교정하는 것이다.

거리 눈금 (距離 ──, range marker) 레이더에 있어서 거리를 측정하기 위한 마커 눈금이다.

거리 범위 (距離範圍, range (scale)) 《전파항법》 항법에 있어서는 거리를 표현하는 데 있어 range 보다는 distance를 쓴다. 그 이유는, range를 radio range의 뜻으로 쓰는 수가 있으므로 그것과의 혼동을 피하기 위해서 또한 거리의 단위로는 특별히 규정하지 않는 한 마일을 사용하고, 그렇게 할 수 없을 때는 특별히 규정한다. 거리의 측정법은 RHUMB LINE에 따르는 것을 통례로 하지만 이 great circle을 따라 측정하는 방법도 쓰이고 있다.

거리 분해능 (距離分解能, range resolution) 레이더에 있어서, 동일 방향으로 어떤 근접한 두 물표가 분리해서 스코프에 지시되는 능력을 말한다.

거리 전환기 (距離轉換器, range selector) 레이더에 있어서, 거리 범위를 전환하는 선택기를 이른다.

거리 지표 (距離指標, range index) 레이더의 브라운관 상에서 일정한 거리를 표시하기 위한 지표이다.

거리 측정장치 (距離測定裝置, distance measuring equipment) 질문기 및 응답기로 이루어지며, 질문기에서 응답기로 질문신호 전송과 응답기에서 질문기로 응답신호 궤환으로서 의해서 신호의 전송 왕복 전 시간을 측정함으로써 거리정보를 주는 항행 무선 지원 시설. 현재 쓰이고 있는 장치는 질문 주파수 963.5~986.0 MHz, 응답 주파수는 1,188.5~1,211.0 MHz로 운용되며, 채널구성은 이밖에 펄스 모드방식을 채용하고 있다.

거리 측정장치 응답기 (距離測定裝置應答機, DME transponder) 거리 측정장치의 일부이다. ⇨ 거리 측정장치.

거리 측정장치 질문기 (距離測定裝置質問機, DME interrogator) 거리 측정장치의 일부이다. ⇨ 거리 측정장치.

거리 표지 (距離標識, distance mark) 레이더 기술에 있어서, 특수한 신호 발생기로 발생되어 목표의 거리를 결정하는 데 사용하기 위한 레이더 표시기 상의 교정표지이다.

거리환 (距離環, range ring) PPI레이더에 있어서, 스코프 상에서 거리를 측정하기 위하여 환상 휘선(環狀輝線)을 눈금으로 표시하는 것을 말한다.

거치 (据置, setting) 기기를 사용하는 장소의 기초 위에 고정시켜, 사용할 수 있는 상태로 하는 것을 거치라 한다.

거치 축전지 (据置蓄電池, stationary battery) 전기통신, 배전반 기기의 조작 및 각종 예비 전원 등으로, 이동시키지 않고 일정한 장소에 두고 사용하는 축전지. 주로 양극은 플란테식이, 음극에는 페이스트식이 채용되고 있다. 밀폐형도 만들어지고 있다.

거치형 교환기 (据置形交換機, floor type switch board) 교환에 필요한 기기를 1개의 케이스 속에 조립, 바닥에 설치하여 교환 업무를 취급하게 한 교환기이다.

거친 조정 (── 調整, coarse adjustment) 전류, 전압, 위상 등을 조정하려면 조정을 빨리 하기 위해서 처음에는 대충으로, 그리고 점차 세밀하게 한다. 그 첫 단계의 조정을 뜻한다.

건 다이오드 (Gunn diode) GaAs와 같이 결정축의 어떤 방향에서 2개의 전도대를 가지고 있고, 그 최저 에너지 점(골짝)사이에 일정한 에너지 차이가 있어서 결정에 인가되는 전계가 낮을 때에는 아래 골에 있는 전자에 의해서 전류가 운반되지만 전압을 높여 나가면 전자 에너지가 증가하여 위의 골의 에너지를 가진 전자도 도전작용에 가세한다. 따라서 전류-전압특성에 부성(負性) 저항역이 생긴다. 이것은 반도체의 벌크 성질인데, 이러한 디바이스를 벌크효과 소자라고 한다. 미분 전도도 dI/dV가 음의 영역에서는 전계가 결정 내부에서 일정하지 않고 음극 부근에 고전계의 엷은층(도메인)이 만들어져 전류는 양극을 향하여 진행하고 여기서 소멸한다. 이와 같은 현상의 반복으로 전기 진동이 발생하며, 그 주파수는 도메인에서의 속도를 전극 간 거리로 나눈 값으로 100 MHz에서 10 GHz에 이른다. 건 효과는 GaAs외에도 InP, InSb, ZnSe, CaTe 등의 반도체에서도 볼 수 있다. ⇨ 건 발진기.

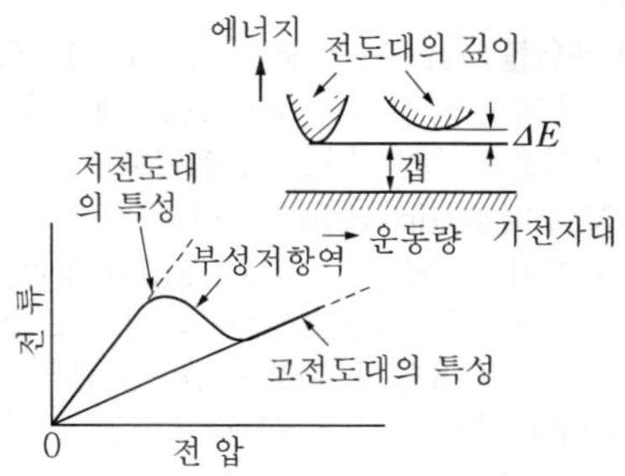

[건 다이오드]

건반 (鍵盤, keyboard) 전신기기에서 송출하고자 하는 문자기호를 건반을 써서 소정의 부호를 낼 수 있게 한 장치이다.

건반 송신기 (鍵盤送信機, keyboard transmitter) 전신의 송신기로서, 송신하고자 하는 문자기호 등을 건반에 의해서 부호로 송출할 수 있게 한 장치이다.

건 발진기 (Gunn oscillator) 건 다이오드를 사용한 고체 발진기로서, 보통 GaAs의 <100> 결정축 방향을 사용한 n^+ 기판 위에 n형 도체층과 n^+층을 에피택시얼 성장시켜 n^+nn^+ 구조로 한 다음 양단에 전극을 설치한 것을 사용한다. 발진기로서 10 GHz로 수백 mW 이상의 출력을 얻을 수 있다.

건설비 (建設費, construction cost, first cost, initial cost) 발전소, 송전선로, 변전소 및 배전선로 등, 전력공급 시설의 건설에 소요되는 비용으로, 자본적 지출로 경리되는 것을 이른다.

건식 변압기 (乾式變壓器, dry type transformer) 변압기의 절연과 냉각에 기름을 사용하는 방식은 기름이 가연성이기 때문에 지하 변전소나 빌딩 변전소 등 절대로 화재를 피하지 않으면 안 되는 장소에서 사용하기에는 부적당하다. 따라서 그러한 장소에서 사용하는 변압기에는 기름을 사용하지 않고 보통 공기 냉각식이 사용된다. 이것을 건식 변압기라고 한다. 규소수지의 발달로 상당히 높은 전압의 것, 중용량 정도의 것까지 만들 수 있게 되었다.

ㄱ

건식 정류기 (乾式整流器, dry type rectifier) 반도체와 도체의 접촉저항의 방향성을 이용한 정류기, 산화동 정류기, 셀렌 정류기 등이다.

건심 케이블 (乾心——, dry-core cable) 오일이나 혼합물 등을 충전하지 않은 케이블. 통신 케이블은 일반적으로 건심이다.

건전지 (乾電池, dry cell) 원리적으로는 르클랑셰 전지 {C(MnO_2)-NH_4Cl-Zn}와 같은 것으로, 단지 전해액(NH_4Cl)을 페이스트 모양으로 굳혀서 유동하지 않게 한 것. 감극제로서 MnO_2 대신 공기를 사용하는 것도 있다. ⇨ 공기 전지.

건조 (乾燥) (1) seasoning 생 목재를 그대로 쓰면 많은 비틀림과 금이 가므로 일정 기간 서서히 건조시키는 것. 건조기간은 목재의 사용 목적에 따라 다르다. 자연 건조의 경우 짧아도 수개월 정도, 긴 것은 수 년 또는 그 이상에 걸쳐서 건조시킨다. (2) desiccation, drying 기기 재료 등에 포함된 수분을 가열 등의 방법으로 제거하는 것이다.

건조제 (乾燥劑, desiccant) 수분을 제거하기 위하여 사용되는 흡수성이 강한 약품. 건조제로는 무수염화 칼슘, 진한 황, 실리카겔, 활성 알루미늄 등이 많이 사용된다.

건조 플래시오버 전압 (乾燥——電壓, dry flash-over voltage) 보통의 대기 중에서 고체 유전체의 표면 또는 그 주변을 통해서 불꽃 방전을 일으킬 때의 전압값이다. ⇨ 주수(注水) 플래시오버 전압.

건축화 조명 (建築化照明, architectural lighting) 조명기구를 실내에 별도로 설치하지 않고 천장, 벽, 기둥, 대들보 등, 건축 구조체로 볼 수 있는 것을 반투명 재료로 만들어 내부에 광원을 집어넣어서 비추는 조명 방법. 시공간(視空間)을 방해하는 조명 기구류가 없다고 하여 새로운 경향의 건축가에게 호평을 받았다. 1930년대 독일에서 새로운 건축양식이 나타나는 것과 동시에 일어났지만 형광등과 같이 열이 적은 광원이 출현한 현재는 별로 진귀한 방법은 아니다.

건 효과 (Gunn effect) n형 갈륨비소의 얇은 시료를 가로질러 큰 직류 전계를 부여하였을 때에 나타나는 현상. 직류 전계가 어느 문지방 값을 넘으면 코히어런트한 마이크로파 진동이 발생한다. 이것은 전도대에서 볼 수 있는 에너지 준위의 축퇴현상에 기인한 것으로, 상이한 이동도를 가진 캐리어가 집군(도메인이라고 한다)을 형성하는 데에 따른 것이다. 이들 도메인이 전계의 구배를 따라 캐리어의 이동도로 결정되는 비율로 이동하지만 저에너지 고이동도의 캐리어의 약간은 전계로부터 에너지가 공급되어 고에너지 저이동도의 캐리어로 변화하고, 이들이 저이동도의 도메인을 형성한다. 이들 도메인이 출력단에 있어서 마이크로파 에너지로 추출된다. ⇨ 건 다이오드, 갈륨 비소.

검루기 (檢漏器, ground detector) 고압 배전선로의 1선 지락사고 검출 등에 사용되는 장치로, 정전형과 전자기형의 두 종류가 있다. 정전형은 고압 선로에 접속되는 3개의 고정 전극과 접지된 3개의 가동전극 사이에 작용하는 정전력의 불평형에 의해서 접지사고를 검출하는 것이고, 전자기형은 접지변압기를 사용하는 것이다.

검류계 (檢流計, galvanometer) 매우 미약한 전류나 전압을 검출하는 계기로, 측정하고자 하는 전류의 전자기력 혹은 전류력에 의해서 회전기구를 회전시키면 회전부에 붙어 있는 지침이 지시하게 된다. 직류용과 교류용이 있다. 직류용에는 가동 코일 검류계와 충격 검류계가 있으며 전자(前者)에는 반조형(反照形)과 지침형이 있다. 교류용으로서는 진동 검류계가 있다. 어느 것이나 동작원리는 가동 코일형 계기와 같다. 갈바노미터라고도 한다.

검류계 분류기 (檢流計分流器, galvanometer) 검류계와 병렬로 접속하여 그 감도를 줄이기 위하여 사용하는 분류기. 검류계에는 전체 전류의 일부분만 흐른다.

검류계 상수 (檢流計常數, galvanometer constant) 넓은 뜻으로는 검류계의 감도를 의미하기도 한다. ⇨ 정접(正接) 검류계, 정현 검류계.

검전기 (檢電器) (1) detector, voltage detector) 전류, 전하, 전위의 유무를 검사하는 측정기의 총칭으로, 직류에서는 직류용 각종 검류계, 전위계 등을 이르고, 교류에서는 교류용 각종 검류계, 수화기, 검파기 등을 이른다. (2) electroscope 정전기의 검출에 사용된다. 가장 널리 사용되고 있는 것은 두 장의 알루미늄박 또는 금박을 사용한 것으로, 이것을 금속 막대 끝에 겹쳐서 매어달아 박이 대전하면 반발해서 벌어지므로 그 정도에 따라 물체의 대전상태를 알 수 있다.

검청 증폭기 (檢聽增幅器, checking amplifier) 전화 전송계의 접촉저항 측정은 실제로 사용되고 있는 것과 같은 미약 전류가 흐르는 상태로 할 필요가 있다. 따라서 미약 전류의 변화를 증폭하여 귀로 검청하거나 계기를 움직이게 하거나 한다. 또 고주파 측정은 헤테로다인에 의하여 가청 주파로 할 필요가 있다. 이와 같이, 미약 고주파 전류를 가청할 수 있게 증폭, 헤테로다인 검파 등의 기능을 가진 증폭기를 일반적으로 검청 증폭기라 한다.

검출부 (檢出部, primary means) 《자동제어》 제어량을 검출하여 기준 입력(설정값)과 비교할 수 있게 한 부분을 말한다.

검파 (檢波, detection) 본래 전기의 유무를 검출하는 것이지만 무선공학에서는 피변조파에서 부호 또는 음성 등의 신호성분을 가려내는 것을 말한다.

검파 계수 (檢波係數, coefficient of detection, detection coefficient) 검파기의 감도를 나타내는 계수로, 전자관의 특성에 따라 정해지는 양이다. 2승검파에 있어서, 검파출력은 입력 신호 전압의 제곱과 검파계수에 비례한다.

검파관 (檢波管, detector tube) 검파작용을 하는 전자관. 플레이트 검파, 그리드 검파를 하는 5극관 또는 3극관, 직접 검파를 하는 2극관 등이 있다.

검파기 (檢波器, detector) 검파작용을 하는 회로 또는 장치. 2극관, 3극관, 5극관을 사용하는 전자관 검파기, 반도체 결정을 사용하는 광석 검파기 등이 있다.

겉보기 높이 (apparent height, virtual height) 전리층 안으로 전파가 들어가면 전파의 군속도(群速度)가 공기 중에서 보다 감소한다. 따라서 연직(鉛直) 입사(수직 입사)의 방법에 의해서 전리층의 높이를 측정하는 경우, 전파가 전리층에서 반사되어 재차 지표로 돌아올 때까지의 시간은 같은 거리만큼 공기 중을 전파가 전파하는 시간보다 길게 마련이다. 높이를 측정하는 데는 그 시간만큼 전파가 공기 중을 전파한 것으로 관측되므로 실제의 높이보다는 깊게 관측되며, 이와 같이 관측된 높이를 말한다.

게이지 (gauge) (1) 철도 선로의 좌우 레일 두부(頭部)안쪽의 최단거리를 말한다. ⇐ 궤간. (2) 치수 압력 등을 측정하는 기구이다.

게이지 압 (── 壓, gauge pressure) 압력계에 의해서 나타내어지는 압력. 압력계는 보통 그 순간의 대기압과의 차압을 나타내게 되어 있으므로 실제 압력은 계기 압력에 대기압을 더한 값이 된다.

게이지 조정 (── 調整, gauging adjustment) 계전기와 선택기 등의 기계적인 운동거리, 갭 및 압력 등을 각각 해당 게이지를 써서 규정된 값이 되게 조정하는 것을 말한다.

게이트 (gate) 전기 계산기와 전자 계수장치에서, 일정한 시간만 신호의 통과를 허용할 필요성이 가끔 있다. 이와 같은 작용을 하는 것을 말한다.

게이트 빔관 (── 管, gate beam tube) 그림과 같은 특수한 전극 구조를 가진 주파수 변조파(FM파) 검파 전용의 진공관이다. 캐소드에서 방출된 전자가 차폐관이나 가속전극의 작용으로 빔 모양으로 되어 플레이트로 향해 흐리기 때문에 제1 제어 그리드, 제2 제어 그리드의 제어작용이 매우 급준(急峻)한 차단 특성을 가지며, FM파의 주파수 변별작용 이외에 진폭 제한작용과 저주파 증폭 작용도 할 수 있다. $6BN_6$이 그 대표적

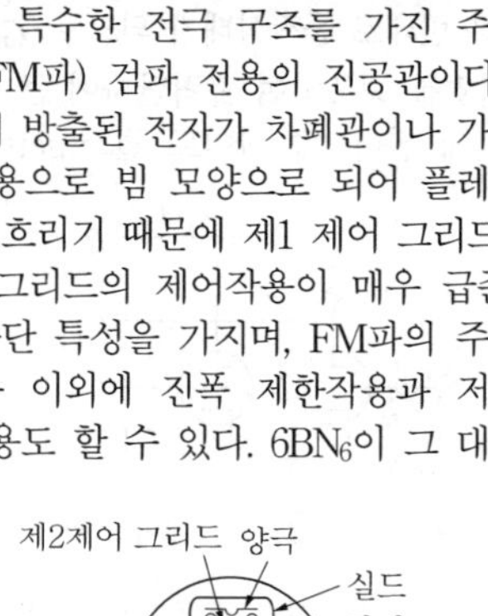

[게이트 빔관]

인 예로서 TV 수상기의 음성 검파 회로에 사용된 적이 있었지만 일그러짐이 크므로 최근에는 그다지 쓰이지 않는다.

게이트 어레이 (gate array) 논리 게이트 소자를 일정한 패턴으로 칩에 배열한 것으로, 유저의 요구에 따라 이들 게이트 소자 간에 소정의 접속 배선을 할 수 있게 되어 있는 제품을 이른다. 풀커스텀(완전 주문)에 비하여 생산효율과 가격이 유리하다.

게이트웨이 (gateway) (1) 국부적으로 닫힌 통신망과 그 외부의 망을 접속하는 접속 위치를 이른다. 예를 들면 비디오텍스망에 있어서 IP가 보유하는 계산기를 온라인 리얼 타임으로 접속하는 경우 등 그 접속점(정보의 출입구)을 이른다. (2) 게이트웨이 교환국 ⇨ 전송 계획(국제망의). (3)《항공기》 국제선의 이발착이 이루어지는 현관 공항(또는 도시)을 이른다.

게이트 증폭기 (── 增幅器, gate amplifier) 게이트 펄스가 인가되어 있는 동안만 신호 전압을 증폭하는 증폭기. 즉 그림과 같은 회로에 있어서, 전자관 V_2의 그리드 G_2는 항상 +의 고전압이 가해지고 있으므로 저항 R_k를 통해서 큰 그리드 전류가 흘러 전자관 V_1을 차단상태로 하고 있지만 G_2에 게이트 펄스가 인가되어 있는 동안은 V_2는 컷오프되고 V_1은 반대로 동작상태가 되므로 G_1에 인가된 신호를 증폭하여 출력단자에 큰 신호전압을 얻게 된다. ⇨ 게이트 펄스(gate pulse).

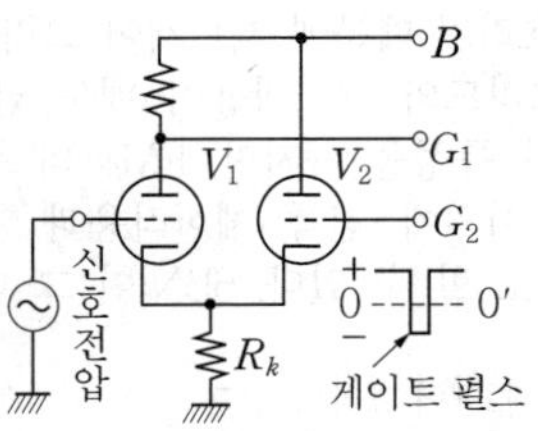

[게이트 증폭기]

게이트 펄스 (gate pulse) 게이트 회로에 인가되는 펄스상의 신호. 게이트 회로의 개폐를 제어하는 것으로, 게이트 펄스가 있는 기간의 입력신호가 도래하면 출력신호는 나타나지 않고 게이트는 닫혀진 것이 된다. 대개의 경우 펄스는 구형파이기 때문에 펄스 발생기로서는 플립플롭을 쓰는 경우가 많다.

게이트 회로 (── 回路, gate circuit) 게이트 신호가 어떤 회로의 게이트 입력단자에 인가되어 있는 시간 동안만 그 신호 입력단자에 가해진 신호를 신호 출력단자에 전달하거나 또는 그 동안만 신호의 전달을 저지하는 회로. 그림 (a)에는 그 대표적인 회로를 보였고, (b)에는 2극관을 사용한 앤드 게이트 회로(AND gate circuit)를 보였다. 3극관과 다극관을 사용하여도 게이트 회로를 실현시킬 수 있다. ⇨ 게이트 펄스(gate pulse), 게이트 증폭기(gate amplifier).

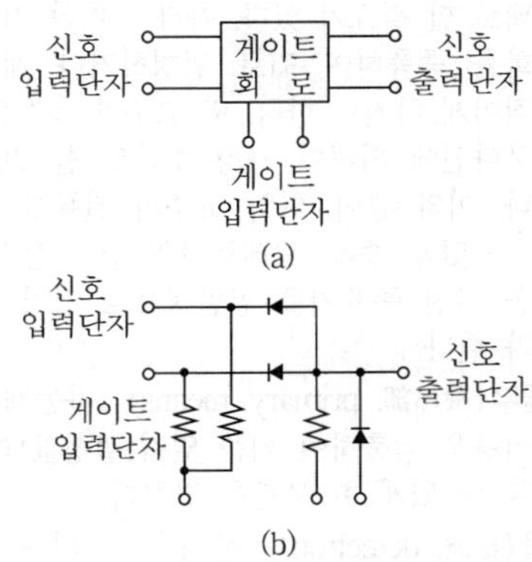

[게이트 회로]

게인 교점 주파수 (── 交點周波數, gain cross-over frequency) 피드백 제어계에서 일순 전달함수의 이득이 1, 즉 0 dB가 되는 점의 주파수를 말한다.

게터 (getter) 전자관 내의 진공도를 높일 목적으로 관 속에 설치하는 화학물질로, 가스를 흡착하는 성질이 현저한 금속체로 이루어진 것과, 마찬가지로 그와 같이 금속을 증착시킨 엷은 막으로 된 것이 있다. 전자를 벌크 게터, 후자를 플래시 게터라고 한다.

격리 유리관 (隔離 ── 管, glass tube separator) 전지의 격리판 대신 사용하는 유리관이다.

격리판 (隔離板, separator) 양 극판 사이의 단락을 방지하기 위하여 사용되는 것으로, 전해액에 가라앉지 않고 절연성이 있는 다공성의 엷은 판이 사용된다.

격막 (隔膜, diaphragm) 전해조(電解槽)에 있

어서, 양 전극 사이에 넣어 전극에서 생기는 물질이 혼합되는 것을 막는 다공질의 막을 이른다.

격벽용 아스팔트 (隔壁用 ——, pressure plug asphalt) 격벽 속에 충전되는 콤파운드의 일종으로, 보통 격벽에서는 아스팔트성 콤파운드를 주성분으로 사용한다.

격벽용 왁스 (隔壁用 ——, pressure plug wax) 격벽 속에 충전되는 콤파운드의 일종이다.

격시법 (隔時法, time interval system) 원격 측정에서 피 측정량에 따라 전송부호의 계속시간을 바꾸는 방법. 철도에서는 열차 운전 보안을 목적으로 선행 열차와 후속 열차를 일정한 간격으로 운전시키는 폐색방식을 이른다.

격실 (隔室, cell, compartment) 《발·변전소》 다른 물체와의 접촉, 사고의 파급을 방지하기 위한 목적으로 모선, 차단기, 단로기, 계기용 변성기 등을 다른 모선이나 기기류에서 격리하여 수납하는 칸막이 방을 이른다.

격자 결함 (格子缺陷, lattice defect) 결정에 있어서 완전한 격자의 구조적인 흐트러짐 부분. 예를 들면, 모원자가 불순물 원자로 치환되거나 격자의 중간 위치에 불순물이 끼어들거나 결정의 일부에 존재하는 단층 등이다.

격자형 저항기 (格子形抵抗器, iron-grid resistance) 특수한 주철제이고 가소성이 뛰어나 격자형으로 표면적이 큰 형태의 것. 전류용량 50A를 넘는 것에 사용한다.

격자형 표시관 (格子形表示管, grid indicator) 접극자에 백색 또는 흑백 무늬 모양의 표시편을 붙이고, 그 앞에 흑색의 격자창을 설치해서 평상시에는 표시편의 흑색부분이 격자창의 틈에 나타나고, 동작시에는 표시편의 백색 부분이 격자창의 틈에 나타나서 동작을 표시하는 직류에 의해서 동작하는 전화교환기용 전자형 표시기이다.

견고 관 (堅固管, ruggedized tube) 진동, 충격에 대해서 아주 튼튼하게 설계 제작된 전자관으로, 진동 중에도 잡음의 발생 및 특성의 변동이 별로 없어야 한다.

견인 (牽引, traction) 열차를 운전할 때 동력차가 다른 무동력차를 끄는 것을 말한다.

견인력 (牽引力, tractive effort, tractive force) 동력차 자신 및 그에 연결된 차량을 끄는 힘을 이른다.

결상 보호 (缺相保護, open phase protection) 다상 회로의 1상의 도체에 전류가 없어졌을 때에 목적 장치를 절리하도록 동작하거나 혹은 다상 회로의 하나 또는 그 이상의 상전압이 없어졌을 때에 목적 장치에 대한 전력공급을 저지하도록 하는 보호방법을 이른다.
㈜ 이와 같은 결상 사고로 인하여 동작하는 계전기를 결상 계전기라고 한다.

결선 (結線, connection) ⇨ 접속.

결합 (結合, coupling) 서로 전자적 또는 정전적으로 에너지의 수수가 가능하게 배치된 2개 또는 그 이상의 회로를 결합상태에 있다고 한다. ⇨ 결합회로(coupled circuit).

결합 계수 (結合係數, coefficient) (1)《진행파관》 간섭 공간을 통과하는 전자의 최대 에너지 변화량과 갭의 교류전압의 최대값에 전자의 전하를 곱한 값과의 비율. (2) 두 회로의 결합도를 나타내는 계수. 자기 인덕턴스 L_1, L_2를 갖는 두 코일이 상호 인덕턴스 M으로 결합되어 있을 때의 결합계수 k는 $k=M/\sqrt{L_1L_2}$로 주어진다.

결합도 (結合度, degree of coupling) 결합회로에 있어서, 결합의 정도를 나타내는 것으로, 보통 결합계수로 그 정도를 나타낸다. ⇨ 결합 계수(coefficient).

결합 라인 스위치대 (結合 —— 臺, combined line switchboard) 대(臺)의 한쪽 면에 가입자 라인스위치 유닛을, 다른 면에 커넥터 유닛을 실장한 자동교환기의 가입자용 발착신 장치이다.

결합 배선반 (結合配線盤, combined distributing board, combined distributing frame) 기본 배선반 및 중간 배선반의 기능을 조합하여 단자판이나 케이블의 경제성을 도모한 소규모의 공전식 또는 자동식 전화교환국용 배선반이다.

결합 제어 (結合制御, combination control) 둘 이상의 자동제어계가 결합되어 이들 사이에 간섭되는 자동제어를 말한다.

결합 조절기 (結合調節器, coupling iris) 도파관의 한 결합장치. 관의 단면 내에 설치한

ㄱ

창이 있는 도체판 칸막이를 말한다. 이 결합 조절기를 삽입하면 관 속에 병렬로 집중 L 및 C를 부가한 것이 되므로 도체판의 창의 크기를 적절히 조절함으로써 도파관에 특성이 상이한 다른 회로를 접속할 경우 임피던스 정합을 할 수 있다. ⇨ 나사 동조(screw tuner).

결합 지수 (結合指數, index of coupling) 결합 계수(coupling coefficient)를 이른다.

결합 커패시터 (coupling capacitor) 둘 또는 그 이상의 회로가 커패시턴스를 개입하여 결합하는 것. 특히 전력 회로로부터 통신 회로쪽으로의 방해작용은 두 회로 간의 부유 커패시턴스를 매개한 정권결합에 의하는 경구가 많다.

결합 코일 (結合——, coupling coil) 교류의 에너지를 전자적으로 전달하기 위하여 사용하는 코일의 조합. 무선 주파에 많이 사용된다.

결합 콘덴서 (結合——, coupling condenser) 결합용 콘덴서. 또 직류분을 저지하고 교류분만을 다음 단 증폭기나 안테나에 공급하는 경우에도 사용된다.

결합 콘덴서형 계기용 변압기 (結合——形計器用變壓器, coupling capacitor potential device) 주 콘덴서에 결합 콘덴서를 사용하는 콘덴서형 계기용 변압기. 공진 리액터를 전압 변성기의 1차측에 넣은 것을 1차 리액터형, 2차측에 넣은 것을 2차 리액터형이라고 한다.

결합 회로 (結合回路, coupled circuit) 서로 전자적 또는 정전적으로 에너지의 수수가 가능하도록 배치된 둘 또는 그 이상의 회로를 말한다. 결합회로는 유도결합에 의한 것, 경전결합에 의한 것, 또는 저항결합에 의한 것 등, 여러 종류가 있다.

겹침각 (——角, overlapping angle) 수은정류기에 의해서 정류를 하는 경우, 플레이트 전류의 상승과 끝과는 정류기용 변압기의 리액턴스 때문에 그 변화가 완만해져 두 양극의 전류는 어떤 기간 u만큼 겹쳐진다. 이 각을 겹침각이라고 한다. 이 기간 동안은 두 양극의 전위가 같게 되고, 그 값은 겹침이 없는 경우 두 양극의 전위의 평균이다. 그 때문에 직류전압은 겹침이 없는 경우보다 낮아진다. $u=-\alpha+\cos^{-1}(\cos\alpha-pXI_d/\pi E_{d_0})$ 여기서, α : 그리드 제어각, p : 상수(相數), I_d : 직류전류, E_{d_0} : 직류전압, X : 변압기 직류 권선측에 환산한 1상당의 등가 리액턴스.

경간 (徑間, span) 하나의 전선로에 있어서 서로 마주하고 있는 두 지지물(철탑 또는 전주) 사이의 거리를 이른다.

경계등 (境界燈, boundary light) 공항용 조명등의 일종. 이착륙에 적합한 구역의 경계를 지시하기 위한 것으로, 10~40 W 전구를 사용하고, 경계선 상에 100 m 이내의 등간격으로 설치된다. 광도 10 cd 이상, 백색이다.

경계 마커 (境界——, boundary marker) ILS의 마커 시설의 일종으로, 착륙 활주로의 진입 말단 부근의 코스에 설치하는 것. 사용 주파수 75 MHz, 변조 주파수 3,000 Hz, 목시(目視) 지시기간 3초, 식별 부호는 매초 6단점이고, 설치위치는 활주로 진입 말단에서 75 m 부근이다. 단, 최근의 ILS에서는 이것을 생략하고 고광도 활주로 등으로 대치하는 경향이 있다.

경계 신호 (警戒信號, restricted speed signal) 다음 신호기에 정지 표시가 있다는 것과 과주(過走) 여유 거리가 없는 것을 예견하여 열차의 속도를 줄여서 운전하게 하는 신호 표시를 말한다.

경동 (硬銅, hard copper) 상온 가공(常溫加工)에 의해 경도가 높아진 동을 말한다. 안테나, 개폐기 등에 사용된다.

경동선 (硬銅線, hard-drawn copper wire) 거칠게 빼낸 동선을 황에 담가서 표면의 산화동을 씻어 낸 다음 정상 온도에서 다이스를 통하여 늘린 선이다.

경동 연선 (硬銅撚線, hard-drawn copper stranded conductor) 경동선으로 된 여러 가닥의 소선(素線)을 꼬아서 합친 선. 그 치수는 보통 단면적으로 나타내고, 이것을 구성하는 소선의 직경 및 선의 수가 지정된다. 연선에는 동심, 집합, 평형의 여러 종류가 있다.

경로 지시 (徑路指示, routing) 전선로, 통신 선로 또는 전차선로 등, 선로의 경과지를 지시하는 것을 말한다.

경면 반사갓 (鏡面反射——, mirror reflector)

거울면에 의한 정반사를 이용해서 적당한 모양으로 형성하여 배광을 조정하도록 한 반사갓. 재료로는 유리 거울도 사용되지만 그것은 오히려 낡은 방법이고 현재는 알루미늄의 전해 연마면 또는 진공 증착면이 많이 사용되고 있다.

경보 (警報, alarm) 전기기기나 회선의 이상상태 발생 또는 이상상태 발생의 위험성을 램프나 벨 등으로 실무자에게 알리는 것을 이른다.

경보 램프 (警報——, alarm lamp) 전신 또는 전화기계의 고장을 보수자에게 알리기 위한 램프이다.

경보 신호 (警報信號, alarm signal) 전신이나 전화기계의 고장을 보수자에게 알리기 위한 신호이다.

경부하 (輕負荷, light-load) 전부하보다도 작은 부하를 말한다.

경부하 보상 (輕負荷報償, light-load compensation) 적산적력계의 경부하 오차를 없애기 위하여 오차를 발생하는 토크와 반대의 토크를 주는 것을 말한다.

경부하 보상장치 (輕負荷報償裝置, light load compensating device) 적산전력계의 경부하점 오차를 보상하는 장치. 경부하점의 오차는 마찰 기타의 원인으로 마이너스가 되므로 이를 보상하기 위한 것이다. 예를 들면 전압 자극면 밑에 금속 고리를 두어 부분적인 이동자제를 만들어서 한다.

경부하 조정 (輕負荷調整, light-load adjustment) 적산적력계의 경부하점에서 오차를 조정하는 것. 전압 자극에 금속환을 설치해서 부분적인 이동자계를 발생시켜 이것을 실제로 직각 방향으로 움직여서 가감한다.

경사각 (傾斜角) (1) tilt angle 레이더에 있어 수직면 내의 방사방향과 기준축(보통은 수평선)간의 각도를 말한다. (2) slope angle 수직면 내의 항행로와 수평면 사이의 각을 말한다.

경사 거리 (傾斜距離, slant distance) 고도에 차이가 나는 2점 간의 거리로, 지상거리에 대조적으로 쓰인다.

경사 공중선 (傾斜空中線, inclined antenna) 안테나 소자(1개 또는 여러 개)를 경사지게 친 안테나. 넓은 뜻으로는 수직 안테나의 일종이다.

경사 금박 전위계 (傾斜金箔電位計, tilted gold leaf electrometer) 경사진 금속판에 대하여 적당한 거리를 두고 금박을 내려뜨린다. 그리고 금속판에는 미리 전위를 가해 두고 박을 측정하려는 전극에 접속하면 박은 금속판쪽으로 끌리므로 그 이동량을 현미경으로 측정하여 전위를 알게 된다. 박의 흡인력은 금속판의 경사각, 박과의 거리 및 금속판과 박과의 사이의 전위차와 관계가 있다.

경사 압력계 (傾斜壓力計, pressure inclination gauge) 액주(液柱)를 사용한 미압계(微壓計)로, 미소한 압력 변화를 확대하여 지시할 수 있도록 액주가 비스듬히 부착된 것을 말한다.

경사 오차 (傾斜誤差, tilt error) 항행에 있어서 불균일한 고도로 인한 전리층 오차의 성분이다.

경사 조정 (傾斜調整, slope regulation) 장거리 전화 중계선에서는 선로의 감쇠량이 주파수의 증대와 더불어 증가한다. 따라서 온도 변화와 거리 변화에 따라 감쇠량의 변화는 주파수의 증대와 더불어 커지므로 이것을 보상하는 중계기의 이득을 주파수와 더불어 증대하는 경사를 갖는 조정을 필요로 한다. 이것을 경사 조정이라고 한다.

경사 효과 (傾斜效果, gap tilt effect) 자기녹음에서 헤드 간극의 기울기가 출력에 미치는 영향을 말한다.

경수로 (輕水爐, light water reactor) 감속재 및 냉각재로 보통의 물(경수)을 사용하는 원자로로, 현재의 동력용 원자로의 대부분이 경수로이다. 가압수형과 비등수형으로 구별된다.

경시 램프 (警示——, guard lamp) 자동교환기 등의 감시 선로장치에서 경보회로와 전원회로의 수리 등을 할 때 경보절단 전건 또는 전원전환 전건 등을 조작했다는 것을 나타내는 램프를 이른다.

경시 신호 (警示信號, guard signal) 신호표시에 의해서 제한속도를 지시하는 것으로, 진로를 지시하지 않는 속도신호법의 일종이다. 속도는 25 km/h로 제한하고, 상하부 모두 황적색 등으로 2개의 등이 있다.

경 알루미늄선 (硬——線, hard-drawn aluminium wire) 알루미늄의 선재를 상온 상태로 다이스를 통해서 가늘게 뽑은 선이다.

경연 (硬鉛, hard lead) 안티모닌 5~7%를 함유하는 납. 축전지 극판, 내산 펌프 등의 납합금 주물에 사용된다.

경외장 (輕外裝, light armoring) 외장의 정도를 말하는 것으로, 중외장(重外獎)의 대용어(對用語)로서 쓰인다. 일반적으로 육상용 외장을 말한다.

경장하 (輕裝荷, light loading) 100 km 이상의 거리에 사용한 장하방식. 삽입 인덕턴스의 양을 적게 한 것을 이른다.

경제 부하 (經濟負荷, economical load) 원동기는 일반적으로 사용되는 시간이 가장 길다고 생각되는 부하에서 최고 효율을 얻을 수 있게 설계된다. 이 최고 효율을 나타내는 부하를 경제 부하라고 한다.

경제 전력량 (經濟電力量, economy energy) 어떤 계통에서 비교적 값비싼 전력량 대신 다른 계통보다 경제적인 전원으로 발전된 전력량을 이른다.

경주로 (傾注爐, tilting furnace) 용해한 다음 노를 경사시켜 용해물을 흘려 보내는 형식의 노이다.

경질 고무 (硬質——, hard rubber) 에보나이트를 말하며 생고무에 약 30~70%의 황을 배합하여 가황한 것을 말한다.

경질 땜납 (硬質——, hard solder) 알루미늄에 구리, 니켈, 아연, 주석 등을 첨가한 것으로, 500℃ 정도에서 납땜한다. 연질 땜납에 비하여 신뢰성이 좋은 용착을 할 수 있다.

경질 비닐 전선관 (硬質——電線管, plastic conduit) 염화비닐을 주성분으로 한 공중합체(共重合體) 또는 염화비닐 수지를 주원료로 하여 압출 가공하여 만든 전선관. 금속제의 전선관에 비해서 절연성, 내부식성이 좋고 가볍다.

경질 페라이트 (硬質——, hard ferrite) 보자력이 크므로 영구자석 재료로 적합한 페라이트. 코발트 페라이트, 바륨 페라이트 등이 그 예이다.

경화 (硬化, hardening) (1) 예를 들면 강철을 담금질을 하여 경도를 높이는 것. (2) 석회, 석고, 시멘트 등을 물에 배합하여 굳히는 것을 이른다.

계 (界, field) 전기력, 자기력 등의 작용이 존재하는 공간. 예를 들어 전기력계는 전계, 자기력계를 자계라고 한다.

계기 (計器, meter) 계측하고자 하는 양의 현재의 값을 직접 측정, 지시 또는 기록하는 기구이다.

계기 상수 (計器常數, testing constant) 《적산계기》 적산 계기의 계기 상수를 나타내는 데는 다음의 두 종류가 있다. ① 회전자의 1회전당의 전력량을 나타낸 것으로, Ws/rev 또는 Wh/rev로 나타내며 이것을 구별할 때는 wattsecond constant, watthour constant라 한다. ② 1kWh에 대한 회전자의 회전수로서 rev/kWh로 나타낸다.

계기용 변류기 (計器用變流器, current transformer) 약어 CT. ⇨ 변류기.

계기용 변성기 (計器用變成器, instrument transformer) 그 2차 회로에 측정, 제어 또는 보호회로를 동작시키기에 적합한 크기의 전압(전류)을, 1차 회로의 그것과 어떤 일정 비율로 발생하는 변성기로서, 두 회로의 전압(전류)의 위상관계가 본질적으로 일정하게 유지되도록 설계된다.

계기용 변성기 보정률 (計器用變成器補正率, instrument-transformer correction factor) 전력계 또는 전력량계에 있어서, 실제의 와트 또는 와트시와 측정된 와트 또는 와트시를 기재한 변성비로 나눈 값의 비율. 보정률은 변성비 보정계수에 위상각 보정 계수를 곱한 것으로서, 특정한 1차회로 역률에 대한 것이다. 注 실제의 1차 와트 또는 1차 와트시는 측정한 와트 또는 와트시에 기재된 변성비 및 변성기 보정률을 곱한 것으로 주어진다.

계기용 변압기 (計器用變壓器, potential transformer) 약어 PT, 고전압을 직접 전압계로 측정하는 것은 위험하기도 하고 전압계의 절연으로 보아 매우 비경제적이다. 그 때문에 보통 2차측을 100V로 한 변압기를 사용한다. 이 용도에 사용하는 변압기를 계기용 변압기라고 한다. 6~10 kV까지의 옥내용, 110 kV까지에는 유입식을, 그 이상에는 애자형을 사용한다. 2차 권선은 100 V이다.

계기용 변압 변류기 (計器用變壓變流器, metering outfit) 변류기와 계기용 변압기를 한 케이스 속에 종합한 것으로, 적산전력계와 조합하여 전력측정을 할 때 변성장치로 사용된다.

계단권 (階段捲, stepped winding, split winding) 직류기 전기자 권선의 일종. 하나의 슬롯 속에 옆으로 줄지은 코일 변수가 둘 이상일 때 어떤 1개의 슬롯 상층에 함께 들어 있는 여러 개의 코일변을 약 1자극피치 떨어진 슬롯의 아래층에 연결할 때 2개의 스롯에 나누어 넣는 방법을 말한다. 정류를 개선하는 한 방법이다.

계량 연차 (計量連車, counter train) 지침형 계량장치의 지침의 회전 전달 치차기구의 전체를 이른다.

계량 장치 (計量裝置, register) 적산전력계의 전력량을 나타내는 장치로, 회전원판의 회전을 톱니바퀴를 통하여 이 장치에 전달하여 현자식(現字式) 또는 지침식으로 소비전력량 kWh를 나타낸다.

계량 장치 정수 (計量裝置定數, register constant) 적산전력계에서 계량장치의 지시를 kWh로 고치기 위한 승수(乘數)로, 치차비, 레지스터비 및 비치차(比齒車) 등, 세 가지 표시 방법이 있다.

계면 동전현상 (界面動電現象, electrokinetic phenomena) 고체, 액체 2상이 접하고 있을 때 그들 사이에 외부로부터 전압이 주어지면 위의 두 상이 상대적으로 이동하는 현상, 혹은 반대로 두 상을 상대적으로 이동시킴으로써 계면에 평향한 방향으로 전계가 나타나는 현상이다.

계면 활성제 (界面活性劑, surface active agent, surfactant) 용액으로 하였을 때 기체-액체, 액체-액체, 액체-고체 계면에 흡착하여 계면의 성질을 현저하게 변화시키는 성질, 즉 계면활성이 큰 물질. 분자 속에 친수성 및 친유성(親油性) 원자단을 가진 물질이다. 표면 활성제라고도 한다. 일반적으로 계면 활성제는 세척력, 분산력, 유화력, 가용화력, 습윤력, 살균력, 기포력, 침투력 등이 뛰어나 넓은 응력 분야를 가지고 있다. 계면 활성제는 비이온성인 것, 혹은 계면활성인 아니온 또는 카티온을 부여하도록 이온화하는 것, 혹은 양성 이온을 가진 것 등, 여러 가지가 있다. 도금 공정 등에서 탈지, 산처리, 그 외에 사용된다.

계산기 (計算器, calculator) 사칙 연산과 한정된 범위의 함수계산, 논리연산 등을 할 수 있으며, 데이터 및 명령을 수동으로 두드림으로써 동작하는 것으로, 프로그램 내장형은 아니다.

계산기 (計算機, computer) 반도체 회로소자(IC)를 써서 연산을 하는 계산기를 이른다. 아날로그식과 디지털식이 있다. 또 아날로그식과 디지털식의 장점을 겸비한 하이브리드 계산기도 있다. 전자계산기의 장점은 계산이 신속하고 기억용량이 크며 소형인 점에 있다. 초기 단계에는 수치 계산을 위해서만 만들어졌으나 세월이 경과함에 따라 그 성능이 비약적으로 향상되어 이제는 인간의 지능활동까지도 자동적으로 수행할 수 있는 것이 만들어질 단계에 까지 이르렀다.

계산 수용전력 (計算需用電力, billing demand) 공급 규정에 따라 수용 요금을 결정할 때 사용하는 수용 전력을 이른다.

계산척 (計算尺, slide rule) 고정척 및 슬라이딩자를 조합하여 곱셈, 나눗셈 또는 평방의 계산 등을 쉽게 할 수 있는 것. 일반용 외에 전기 기술자용 등이 있다.

계수 (係數, coefficient, factor) 예를 들면 온도계수, 팽창계수처럼 수식의 계수로 나타낼 수 있는 것에 쓰이는 용어이다.

계수관 (計數管, counter tube) (1) 개개의 전리사상에 응답하는 전자관으로, 그러한 사상의 발생 회수를 계산할 수 있는 것. 방사계수관이라고도 한다. (2) 하나의 신호 입력 전극과 10개 또는 그 이상의 출력 전극을 가진 전자관으로, 한 입력이 주어질 때마다 차례로 다음 출력 전극에 통전상태가 전환되는 것. 냉음극 계수관, 빔 전환관 등이 그 예이다. 계수, 데이터의 기억, 타이밍, 게이트작용 등에 이용된다.

계수기 (計數器, counter) 1회 이상 되풀이 해서 일어나는 현상을 계산하는 장치. 계수에는 플립플롭 회로를 사용한 2진식 계수 회로와 데카트론 등의 특수 전자관을 사용한 계수회로를 바탕으로 만들어진 것이 많다. ⇨

ㄱ

계수 회로(counter circuit).

계수 방전관 (計數放電管, decatrom) 입력 임펄스의 수에 따라 글로가 변위하는 구조의 냉음극 방전관. 싱글 펄스형과 더블 펄스형이 가장 보편적이다.

계수형 계산기 (計數形計算器, digital computer) 주판이나 타이거 계산기처럼 숫자 계산을 하거나 정보를 전달할 때 부호의 조합이나 숫자로 나타내어 그 사이 논리 연산을 전기적으로 고속도로 하는 장치. 탁상 계산기, 통계기 및 고속도 자동 계산기 등이 있다. 자동 계산기는 입출력 장치, 기억장치, 연산장치 및 제어장치로 이루어지며 미리 프로그램된 계산 순서를 기억함으로써 자동적으로 계산을 한다. ⇨ 상사형 계산기(analog computer).

계수 회로 (計數回路, counter circuit, counting circuit) 1회 이상 반복하여 일어나는 현상의 수를 계산하는 회로. 이 회로는 먼저 계수해야 할 현상을 펄스전압으로 변환하여 그 펄스전압의 수를 계산하는 회로가 많다. 플립플롭 회로(flip-flop circuit)를 사용한 2진식 계수회로, 2진회로를 변형한 n진 계수회로, 링 계수회로, 데카트론과 같은 특수 전자관을 이용한 10진 계수회로 등이 있다. 또 계수회로는 전자계산기와 분주기(frequency demultiplier) 등에 널리 사용된다. ⇨ 2진 회로(binary circuit).

계약 전력 (契約電力, contract demand) 공급사업자가 공급하는 데 동의한 수용전력이다.

계자 (界磁, magnetic field system) 《회전기》 고정자와 회전자를 이격시킨 공간(갭)에 회전기 동작에 필요한 자계를 확립하기 위한 구조로, 영구자석을 사용하는 경우도 있지만 보통 돌극 위에 집중하여 감은, 혹은 고정자 또는 회전자의 갭에 면한 평활면상에 분포하여 감은 권선(계자 권선)에 전류를 흘리므로써 주어지는 기자력(계자 암페어 턴)에 의해 갭 부분에 적당한 계자분포를 만들어내도록 한 것. 갭 자계는 공간에 고정되어 있는 경우와 갭 원주를 따라 마련한 3상 권선에 3상 전류를 흘려 발생하는 자계처럼 갭을 따라 일정 속도로 회전하는(회전 자계) 경우 등이 있다. 갭에는 계자권선 외에 전기자 권선에 흐르는 전류에 의해서 발생하는 전기자 반작용 계자가 있으며, 이것은 위에서 설명하는 계자 권선이 만드는 자계의 크기를 변화시키거나 혹은 분포가 일그러지도록 작용한다.

계자(가감) 저항기 (界磁(加減)抵抗器, field rheostat) 계자권선에 직렬로 접속한 가감 저항기. 전압제어 또는 속도제어 등에 사용한다.

계자 가속 계전기 (界磁加速繼電器, field accelerating relay) 계자 제어를 하는 직류 발전기에 있어서, 그 가속 또는 감속시에 주로 전기자 전류의 증감에 따라 계자 저항기를 단락 또는 삽입시키는 동작을 하는 계전기이다.

계자 권선 (界磁捲線, field winding) 주자극 또는 보극에 감은 권선이다.

계자극 (界磁極, field pole) 회전 전기에서 주자속 또는 보극 자속을 발생시키기 위한 자극이다.

계자 동손 (界磁銅損, field ohmic loss) 계자 권선 중에 발생하는 전류에 의한 동손이다.

계자 보호계전기 (界磁保護繼電器, field protective relay) 회전기에 계자 전류가 소정값 이하로 되었을 때 동작하는 계전기이다.

계자석 (界磁石, field magnet) 회전 전기가 동작하는 기초가 되는 자속을 발생시키는 자극이다.

계자 전류 (界磁電流, field current) 계자권선에 흐르는 전류이다.

계자 제어형 전동기 (界磁制御形電動機, field control motor) 계자 전류를 제어하여 속도를 제어하는 전동기이다.

계자 철심 (界磁鐵心, field core) 계자극의 코일을 감는 철심이다.

계자 코일 (界磁——, field coil) 《회전기》 자극에 계자속을 확립하기 위하여 설치한 권선을 이른다. 돌극의 경우도 있지만 원통 회전자를 가진 동기기에서는 한 쌍의 홈 그룹 속에 권선을 설치함으로써 이것을 계자 코일로 사용한다.

계장 (計裝, instrumentation) 계측, 자동제어, 자동연산, 데이터 전송, 데이터 처리 등을 목적으로, 필요한 데이터를 수집, 검출하고, 변환처리를 하기 위한 부품, 장치를 설계, 제조하여 그것을 목적하는 계통이나 플랜트에 적용하거나 운용하는 것을 말한다.

계전기(繼電器, relay) 전기적 입력의 유무, 대소 기타의 형태를 식별하여 다른 전기 회로의 개폐를 제어하는 전기기기이다.

계전기가(繼電器架, relay rack) 전화 교환기용의 계전기 장치를 실장하는 가(架) 또는 계전기 장치를 실장한 가를 말한다.

계전기군(繼電器群, relay group) 전화교환기에 있어서 일련의 회로동작에 필요한 계전기 및 저항, 콘덴서 등의 몇 개만을 한 장의 부착판에 설치한 기기를 이른다.

계전기 단속기(繼電器斷續器, relay interrupter) 전화교환기 등에 있어서, 1개 또는 여러 개의 계전기를 사용하여 그들의 자기 단속에 따라 전기회로의 단속을 할 수 있는 출력을 만드는 기기이다.

계전기 동작시간(繼電器動作時間, relay actuation time) 계전기에 있어서, 설정된 접점이 동작하는 시간으로, 다음과 같이 정의된다. (1) 초기 동작시간 : 열려 있던(닫혀 있던) 접점이 최초로 닫혀지기(열리기)까지의 시간. (2) 최종 동작시간 : 위의 (1)의 동작시간에 이어서 발생하는 접점의 진동이 종료되기까지의 전체 동작시간을 말한다.

계전기 스위치(繼電器——, relay switch) 계전기의 접극자로써 와이퍼를 뱅크접점 상에 접동시키게 한 전화교환용 소형 회전 스위치이다.

계전기식(繼電器式, relay system) 계전기식 자동 전화 교환방식이다.

계전 방식(繼電方式, relay system) 《전력》 전력 계통의 무정전 송전을 확보하기 위해서 고장 부분을 신속하게 차단하고, 기타 건전한 부분을 구하여 차단기 제어의 신경작용을 할 수 있게 하기 위하여 계전기를 적절하게 설치하는 방식이다.

계전식 배류기(繼電式排流器, electrolysis relay) 선택 배류기의 역류 방지장치로서 계전기를 사용한 것. 그림은 정식 전류가 흘러나오는 경우에 낮은 저항을, 역류에 대해서는 높은 저항을 주는 장치로서, 유극 계전기를 사용하고 있다.

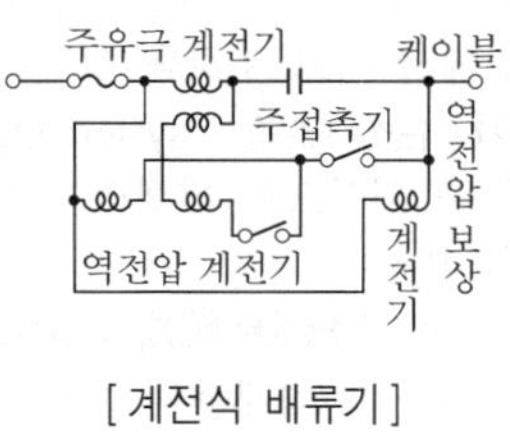

[계전식 배류기]

계전 연동장치(繼電連動裝置, relay interlocking machine) 계전기군의 동작에 따라 신호기와 전철기의 연동 동작을 하는 장치이다.

계절 변화(季節變化, seasonal variation) 수신지점에 있어서 전계강도가 계절에 따라 변화하는 현상을 이른다. 단파에서는 계절에 따라 전리층의 전자밀도가 변화하고 그에 수반해서 임계주파수가 변화하기 때문에 D 및 E층의 임계주파수는 각 계절에 따라서 태양의 천정각(天頂角)과 어떤 일정한 관계가 성립된다. 그러나 F층은 여름철 주간에 F_1층 및 F_2층으로 분리되어 있고, F_1층의 임계 주파수는 D층이나 E층과 동일하게 규칙적인 변화를 하지만 F_2층은 불규칙적이다. F_2층의 임계주파수는 주간에는 여름철에 낮고, 겨울철에는 높지만 야간에는 반대로 여름철에 높고 겨울철에는 낮다.

계절 요금제(季節料金制, seasonal rate schedule) 1년 중 어느 특정한 계절에 이용되는 전기에 대한 요금규정. 또는 연간의 계절에 따라 요금률이 다른 요금 규정을 말한다.

계절 저수(季節貯水, seasonal storage) 풍수기(豊水期)에서 갈수기로 넘어가는 저수이다.

계조(階調, gradation) 사진 전송이나 텔레비전에서 흑백 및 중간조(中間調)로 되는 농담(濃淡)의 정도를 시감각에 있어 밝음의 단계가 등간격(等間隔)으로 되는 단계로 만들어지고 있다. 이것은 일그러지지 않고 재현되는 것이 바람직하다. 또 사진 전송에서는 계조의 표현에는 30 dB 정도를 생각하면 실용상 충분하다고 본다.

계조 범위(階調範圍, tonal range) 사진 전송 및 텔레비전에 있어서 수신 또는 수상면의 흑백 중간조의 표현 가능한 범위. [dB]로 나타낼 수 있다.

계주(繼柱, spliced pole) 단계주, 인형주 등 2개 이상을 연결하여 사용한 전주. 단계주는 장력이 너무 걸리지 않고 장척(長尺)을 요하는 경우이고, 인형주는 상부 1개, 하부 2개를 조합한 것이다.

계철(繼鐵, york) (1) 회전 전기에서는 계자극을 부착하는 기계적 구조물이며 동시에 자기회로의 일부분이다. 보통 주강(鑄鋼) 또는 강판 조립의 구조로 된 것이다. 특수한 경우에는 엷은 강판(薄鋼板)일 때도 있다. (2) 변압기에서는 각 철심을 연결하는 자기회로로서, 엷은 강판으로 만든다. 요크라고도 한다. (3) heel piece 《계전기》 전자 계전기(電磁繼電器) 철심과 접극자를 연결하여 자기회로를 구성하는 철편를 말한다.

계철법(繼鐵法, york method) 《전자기 측정》 자기재료의 자화특성 및 히스테리시스 특성의 측정방법으로 단책형(短冊形) 또는 막대형 시료(試料)에 사용되는 것으로, 미리 만들어진 코일 속에 넣어서 측정하므로 권선에 손을 댈 필요가 없다. 이 경우 시료의 자화력을 무한 길이 코일 또는 링형 시료의 경우와 같이 하기 위하여 계철을 써서 여러 가지 자력 보상법이 강구되고 있다.

계측기(計測器, instrument) (1) 좁은 의미에서는 직지형(直指形)인 것, 즉 측정하여야 할 회로에 접속하여 그 회로의 에너지를 이용하여 장치의 가동기구를 구동하고, 지침이나 그 밖의 것에 의하여 피측량을 눈금판에 지시하도록 한 것. 보통 미터라고 한다. (2) 넓은 의미에서는 피측량을 수집, 검출, 처리하여, 표시하기 위한 부품. 장치를 일체화한 것을 말한다. 이 경우 (1)의 직지형 계기는 표시부의 1개 부품을 이른다.

계측용 증폭기(計測用增幅器, amplifiers for measurement) 브리지 출력, 일그러짐 게이지 출력, 낮은 레벨 전압 등을 증폭하기 위하여 사용되는 융통성이 풍부한 차동 입력 싱글엔드 출력의 증폭기. 두 개의 전압 폴로에 의해서 10 GΩ 정도의 고입력 임피던스를 갖게 하고 제3의 증폭기에 의해서 적당한 전압 이득과 큰 동상분 전압 배제비를 부여하고 있다. 따라서 양쪽 입력원의 소스저항의 10 kΩ 정도의 불평형은 문제가 되지 않는다. 이득의 조정이 쉽다.

㈜ 이와 같은 증폭기는 의료용 전자분야에 피검자와 측정기기(오실로스코프 등)를 격리하는 간단한 아이솔레이션 증폭기로서도 사용된다(OP 전원은 모두 건전지를 사용한다).

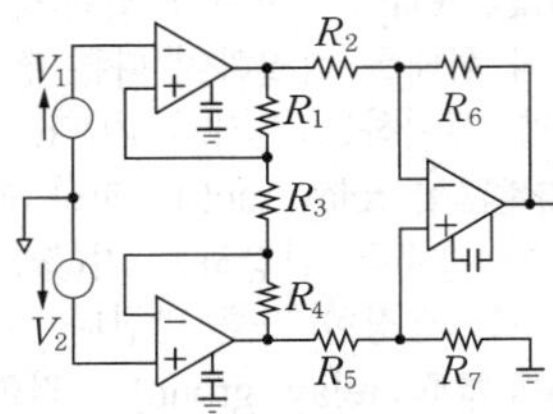

$R_1 = R_4 = 45\,\text{k}\Omega,\ R_3 = 10\,\text{k}\Omega$

$R_2 = R_5 = 10\,\text{k}\Omega, R_6 = R_7 = 100\,\text{k}\Omega$

$$V\text{out} = \frac{R_6}{R_2}\left(1 + \frac{2R_1}{R_3}\right)(V_2 - V_1)$$

[계측용 증폭기]

계측화(計測化, instrumentation) 계측기로 측정하여 기록 또는 계산하고, 또 그 기구를 이용하여 제어하는 것을 이른다.

계통(系統, system) 계(系)연 관련이 있는 일련의 것을 뜻하고, "계통"이란 접속된 모선, 전선로, 기계, 개폐장치 등의 집합체를 이른다.

계통 보증 출력(系統保證出力, assured system capacity) 계통 부하에 확실하게 공급할 수 있는 전력. 다른 계통과 전력 공급을 결정할 때는 이것을 계산에 넣고, 또 계통 소요의 예비 용량을 뺀 값이다.

계통손(系統損, system loss) 계통의 손실전력. 전원과 인도 계량점 간의 송전 손실, 배전 손실 및 분명하게 설명할 수 없는 손실전력으로 이루어진다.

계통 여력(系統餘力, surplus system capacity) 어떤 정해진 기간 동안의 계통의 보증출력과 피크 부하와의 차를 이른다.

계통 연락(系統連絡, system interconnection) 둘 이상의 전력 계통 간에 서로 전력을 융통을 할 수 있게 시설을 연결하는 것을 이른다.

계통 예비(系統豫備, system reserve) 계통 내의 설비의 공급력과 변전계약에 의한 공급력의 합에서 피크 부하를 뺀 값이다.

계통적 오차(系統的誤差, systematic error) 인지 가능한 원인으로 발생하며 보정할 수 있는 오차이다.

계통 전압 종별(系統電壓種別, system voltage classification) 전력계통의 공칭 전압의 종

별을 이르는 것으로 다음과 같이 구분한다(교류는 실효값). ① 저압 : 직류 750V 이하, 교류 600V 이하의 전압. ② 고압 : 직류 750V, 교류 600V를 넘고 7,000V 이하의 전압. ③ 특별 고압 : 7,000 V를 넘는 모든 전압. 㳊 특별 고압 중 187 kV, 220 kV, 275 kV를 초고압이라 한다. 또 500 kV 이상을 초초고압 이라 하지만 정식 호칭은 아니다.

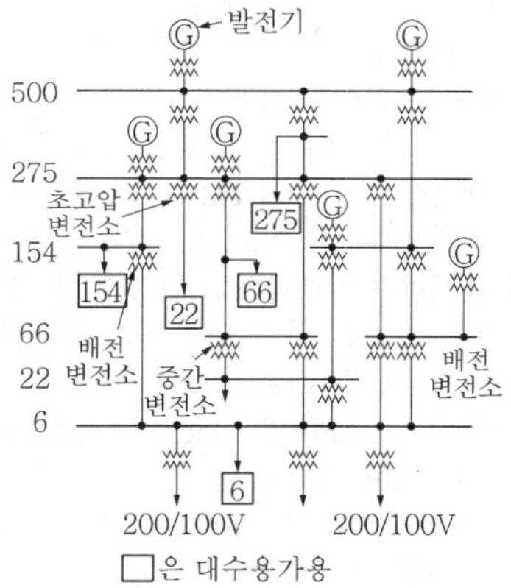

[계통 전압 종별]

계획 융통전력 (計劃融通電力, scheduled net interchange) 전력계통에서 연계선을 통하여 융통되는 실제의 전력 또는 전력량으로, 사전에 계획되고 또한 양해가 끝난 것을 말한다.

계획 주파수 (計劃周波數, scheduled frequency) 전력계통 또는 연계계통이 유지하여야 할 주파수이다.

계획 주파수 오프셋 (計劃周波數 ——, scheduled frequency offset) 이제까지 누적된 시간편차를 수정하기 위하여 계통의 계획주파수를 변경하는 그 양을 0.01Hz를 단위로 하여 표현한 것이다.

고 *Q*회로 (高 —— 回路, high-*Q*-circuit) Q가 높은 회로, 즉 동조가 날카로운 회로. 동조회로의 저항 R, 인덕턴스 L, 각 주파수 ω일 때 $Q=\omega L/R$로 주어진다.

고각 방사 (高角放射, high angle radiation) 단파의 경우 송신 공중선으로부터의 발사 각도가 큰 전파방사. 수신점이 비교적 가까운 경우에 행한다.

고경도 퍼멀로이 (高硬度 ——, hard Permalloy) Nb, Ti, V, Al 등을 가하여 경도를 높인 퍼멀로이. 여기서 말하는 고경도(高硬度)란 비커스 경도로 2×10^8 kg/m^2 정도 이상인 것을 말한다.

고광도 진입등 (高光度進入燈, high intensity approach lights) 짙은 안개나 또는 빗방울 등을 투과하기에 충분한 광도를 갖는 진입등이다.

고니오 광도계 (—— 光度計, goniophotometer) 광원, 조명기구, 매질 혹은 표면의, 방향에 따른 배광 특성을 측정하기 위한 광도계이다.

고니오미터 (goniometer) (1) 각도를 측정하기 위한 계기. 수학문제를 풀거나 송신(혹은 수신)된 두 신호방향 간의 방위차, 즉 위상차를 측정하기 위해 사용되기도 한다. 구조는 직각으로 배치된 두 고정 코일과 자유로이 회전할 수 있는 제3의 코일을 가진 것이 많다. (2) 2개의 직교하는 고정 코일의 안쪽 중앙에 탐색 코일을 둔 장치를 말한다. 2조의 고정 코일을 외부의 직교하는 2조의 루프 안테나에 접속하고 탐색 코일을 회전시키면 이 코일에 발생하는 기전력은 8자형 지향성을 나타내며, 탐색 코일을 회전시킴으로써 안테나를 회전시킨 것과 같은 효과가 얻어지므로 큰 안테나를 돌릴 필요가 없다. 이것은 방향 탐지기에 응용된다.

고도계 (高度計, altimeter, height indicator) 항공기에 설치되는 것으로 기압의 작용으로 해발을 기준으로 측정하는 것과 바로 밑의 대지로부터 고도를 측정하는 절대 고도계가 있다. 후자는 일반적으로 전파 고도계가 사용된다. 펄스식과 FM식 두 종류가 있다.

고도 측정용 레이더 (高度測定用 ——, height finding radar) 항공 교통관제를 위하여 동일 항공로를 비행 중인 항공기에 고도차를 지시하는 레이더로, 높은 정확도를 갖는다.

고리 퓨즈 (link fuse) 퓨즈 양단에 구리의 작은 조각을 납땜한 것. 또 아연이나 알루미늄으로 만든 판 모양의 퓨즈를 따내서 고리 모양으로 만든 것도 있다.

고무 (caoutchouc, pure rubber) 절연용 재료로 사용하는 고무는 다음 과정을 통하여 제조된다. 먼저 고무나무에서 얻은 수액(樹液)으로 생고무를 제조하면 빛이나 열에 대해서 약하므로 약 3%의 황을 섞어서 약 140℃로 가열한 이른바 연질 가황(軟質加黃) 고무로 만든다. 전선의 피복, 고무 테이프 등 용도가 다양하다.

고무 선 (── 線, rubber-covered wire) 주석 도금 동선을 고무 혼합물로 피복하고, 그 위에 고무 테이프를 감아서 가황을 한 다음 다시 무명 편조를 입히고 적색 절연성 내수질 콤파운드를 먹인 것. 사용 전압 600V 이하의 옥내용이며 심선은 주로 연동이다.

고무 외장 케이블 (── 外裝 ──, rubber sheathed cable) 고무 재킷 케이블(rubber jacket cable)과 같다. 수용가의 인입선 등에 사용한다.

고무 재킷 케이블 (rubber-jacket cable) 도체에 고무 혼합물을 피복하고, 고무를 먹인 테이프를 겹쳐 감은 다음 가황한다. 이것을 선심으로 하여 2~4선을 쥬트 등 섬유 물질을 개재시켜 원형으로 꼬고 고무 테이프를 감은 다음 고무 혼합물로 외장하여 다시 면사로 꼰 후 내수성 콤파운드를 함침시킨 것이다.

고무 절연선 (── 絶緣線, rubber insulated wire) 고무로 절연한 전선으로, 일반적으로 단심 또는 가는 것을 말하는데, 우리 나라의 경우 확실한 구별이 없다.

고무 절연 전선 (── 絶緣電線, rubber insulated wire) ⇨ 고무 절연선.

고무 케이블 (rubber-insulated cable) 도체에 고무 혼합물을 피복하고 그 위에 고무 테이프 또는 종이 테이프를 겹쳐 감아서 가황한 것을 선심으로 하여 면사 등으로 편조하고 용도에 따라 내수성 콤파운드를 함침시킨 것이다.

고무 테이프 (rubber-tape) 절연성 고무 혼합물을 압연하여 가황한 다음 그 표면에 고무풀을 바른 것. 전선, 케이블의 접속부 절연에 사용한다.

고방사성 (高放射性, high radioactive) 강한 방사능을 가지고 있다는 뜻이다.

고상권 (鼓狀捲, drum winding) 직류기 전기자 권선의 일종으로, 환상권의 경우에는 철심 안쪽의 코일변이 무효 코일이므로 이것을 유효 코일로 하기 위하여 하나의 코일의 양 코일변을 약 1자극 피치 떨어진 점의 바깥쪽에 감은 것. 이렇게 해서 모든 코일변이 유효 코일이 된다. 현재는 모두 이러한 권선법을 쓴다.

고성능 분리막 (高性能分離膜, high performance separation membrance) 혼합 기(액)체로부터 목적하는 물질을 선택적으로 분리하기 위하여 사용되는 막. 기체 분리막, 초여과막, 이온교환막, 역침투막, 투석막 등 여러 가지가 있다. 기체 분리막은 공기 중의 산소를 농후하게 하거나 폐가스에서 수소를 회수하기 위하여 사용된다. 예를 들면 폴리카보나이트막 등이다. ⇨ 역침투, 이온 교환.

고소 덕트 (高所 ──, elebated duct) 지표면 덕트에 대응하는 용어로, 이 보다 높은 대기 중에 존재하며 아래쪽에도 일정한 한계를 가지고 대지와 접촉하지 않는 덕트를 말한다. ⇨ 지표면 덕트(surface duct).

고속 계전기 (高速繼電器, high speed relay) 일반 계전기에 비해서 동작시간이 빠른 계전기, 미국규격(ASA)에서는 1/20초 이내의 것으로 지정되어 있다.

고속도 차단기 (高速度遮斷器, high speed circuit breaker) 차단속도가 빠른 차단기. 직류 교속도 차단기는 전류가 감소하기 시작하기까지 10 ms, 차단 종료까지 18 ms 정도의 것. 교류 고속도 차단기는 전 차단시간 5 사이클, 3 사이클의 것이 있다. 이들은 모두 단락이 일어났을 때 전류가 아직 그 최종값까지 상승하지 않는 동안에 이것을 억제 차단할 수 있다.

고속 소인 (高速掃引, fast sweep) 로런 수신기에 있어서 시간차 측정을 위하여 스코프면 상(像)의 일부를 확대한다. 이 주사선의 소인을 말한다.

고속 중성자 (高速中性子, fast neutron) 열 중성자에 비해서 매우 큰 에너지(대체로 10^5 eV 이상)를 갖는 중성자이다.

고속 중성자로 (高速中性子爐, fast reactor) 주로 고속 중성자에 의해서 분열 반응이 이루어지는 원자로이다.

고속 증식로(高速增殖爐, fast-breeder reactor) 감속재를 거의 혹은 전혀 사용하지 않는 원자로로, 노심은 고농도 연료를 사용하고, 나트륨 같은 액체 금속 냉각재를 사용한다. 노

속의 고속 중성자가 연료를 분열시켜 과잉 중성자는 연료 원물질을 분열성 동위원소로 변환한다. 증식률은 1 또는 그 이상이다.

고스트 (ghost(image), ghost signal) (1) 텔레비전에서 수상 화면이 정상 화상으로부터 벗어난 곳에 나타나는 2중~3중의 복화상. (2) 이미지 오디콘의 타깃에서 방출하는 고속도 2차 전자 때문에 나타나는 허상(虛像)을 이른다.

고신뢰관 (高信賴管, reliable tube) 사용함에 있어서 예상한 성능 그대로 동작하는, 즉 확률이 극히 높고 또한 장기간에 걸쳐 열화하지 않는 전자관이다.

고압 (高壓, high tension, high voltage) 저압을 넘고, 7,000V 이하의 전압을 말한다. 또 변압기에 있어서는 전압값에 관계 없이 변압기 권선 중 전압이 높은 쪽을 고압측이라고 한다. ⇨ 저압.

고압 권선 (高壓捲線, high tension winding, high voltage winding) 1차, 2차의 전압이 다른 경우 그 고압측의 권선이다.

고압 나트륨 램프 (高壓——, high-pressure sodium lamp) 점등 중의 증기압이 10^4 Pa 정도인 나트륨 증기 방전 램프이다.

고압 밀봉법 (高壓密封法, pressurization) 일반적으로 가스를 봉입하는 것을 말하는데, 케이블의 경우 가스가 봉입된 케이블을 가스 케이블이라 한다.

고압 수은 램프 (高壓水銀——, high pressure mercury lamp) 1~수 기압의 수은 증기압 방전에서는 저압의 경우와 달리 546.1 nm (녹색)와 517~519 nm(황색)의 스펙트럼이 강하게 방사되고 발광효율도 50 lm/W 정도로 좋아진다. 발광관 안의 증기압이 높기 때문에 기동 전압이 높고, 기동에 시간이 걸리지만 수명이 길고 1등당 광속도 크므로 넓은 장소의 조명에 적합하다.

고압 애자 (高壓碍子, high tension insulator) 고압 가공 배전선에서 사용하는 애자인데, 용도에 따라 고압 내장애자, 고압 핀애자, 고압 인류애자 등이 있다. 고압 애자는 적색 띠를 붙여 식별하도록 하고 있다.

고압측 (高壓側, high tension side) 1차측과 2차측의 전압이 다른 경우 전압이 높은 쪽을 고압측이라 한다.

고압 케이블 (高壓——, high-tension cable) 고압회로에 사용되는 케이블이다.

고압 코일 (高壓——, high-tension coil) 변압기처럼 1차와 2차의 전압이 다른 경우 그 고압측 코일을 이른다.

고압 회로 (高壓回路, high-tension circuit) 고압이 인가되어 있는 회로. 또 비교적 높은 전압이 인가되어 있는 회로를 이른다.

고역 필터 (高域——, high-pass filter) 차단 각주파수 ω_1보다 높은 주파수의 전류는 감쇠됨이 없이 자유로이 통하지만 낮은 주파수에 대해서는 큰 감쇠를 주는 필터. 그림의 (a)회로는 그 대표적인 T형 및 π형이고, 그림 (b)는 그 감쇠특성과 위상특성을 보인 것이다. 또 회로상수를 그림과 같이 택하면 공칭 임피던스 Z_0 및 차단 각주파수 ω_1은

$Z_0=\sqrt{\dfrac{L_2}{C_1}}$, $\omega_1{}^2=\dfrac{1}{4L_2C_1}$ 이 된다. ⇨ 저역필터(low pass filter).

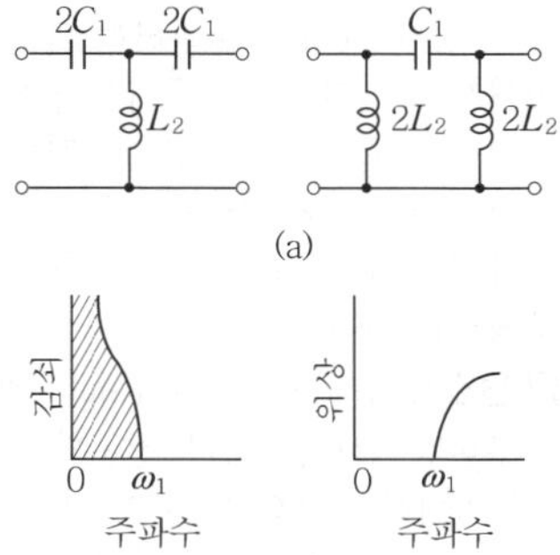

[고역 필터]

고온계 (高溫計, pyrometer) 높은 온도를 측정하기 위하여 사용되는 온도계. 예를 들면 적열상태(赤熱狀態)의 전자관 필라멘트의 온도를 측정하려면 필라멘트의 휘도를 표준 램프의 휘도와 비교해야 하는데, 여기에 사용하는 고온계를 광 고온계(optical pyrometer)라고 한다. 또 공시(供試) 물체의 열방사 에너지를 측정하여 그 물체의 온도를 아는 방사 고온계(radiation pyrometer)가 있다. 기타 백금 저항 온도계와 열전대를 사용한 고온계 등 여러 종류가 있다.

고용량 케이블 (高容量——, high capacitance cable) 일반 케이블의 정전용량보다 크게 제작된 케이블로, 장하 간격의 부족을 보상하는 것이 목적이다.

ㄱ

고유 변동률 (固有變動率, inherent regulation) 《자동제어》 지정된 조건에서 외란(外亂)에 의한 제어량 정상값 변화의 비율을 말한다.

고유 어드미턴스 (固有——, intrinsic admittance) 고유 임피던스의 역수를 이르는 것으로, 그 실수부를 고유 컨덕턴스, 허수부를 고유 서셉턴스라 한다. 이 단위는 mho로 표시한다. ⇔ 고유 임피던스.

고유음 (固有音, eigentone) 모든 진동체는 여러 가지 고유 진동수를 가지고 있으며, 이 고유 진동수로 진동하였을 때 발생하는 소리를 고유음이라 한다. 고유 진동수 중 가장 작은 것을 기본음이라 하고 다른 것을 상음(上音)이라고 한다.

고유 음향 임피던스 (固有音響——, specific acoustic impedance) 음파의 매질 중의 1점에서의 음압 p와 입자속도 v의 비 p/v를 이른다. 유체 매질을 전파하는 평면 진행파에 있어서는 p와 v는 동위상이며, 자유공간의 고유 음향 임피던스는 매질의 밀도 ρ와 전파 속도 c의 곱과 같은 실수이다. 이것은 매질 고유의 음향적 성질을 나타내기 때문에 이렇게 부른다.

고유 임피던스 (固有——, intrinsic impedance) 무한장 선로를 따라 전송되는 전압, 전류파의 비에서 선로의 특성 임피던스를 규정한 것을 균등 매질 내를 전파하는 평면 전자파에 적용한 Schelkunoff의 제안에 의한 임피던스. 즉 임의 매질의 투자율을 μ, 유전율을 ε, 도전율을 σ, 평면파의 각주파수를 ω라고 하면, 이 매질의 고유 임피던스 Z_0는 $Z_0 = \sqrt{\omega\mu/\omega\varepsilon - j\sigma}[\Omega]$으로 주어진다. 공기 중의 Z_0는 376.6Ω이다. 또 고유 임피던스의 실수부를 고유저항, 허수부를 고유 리액턴스라고 한다. ⇨ 특성 임피던스(characteristic impedance).

고유 자속밀도 (固有磁速密度, intrinsic induction) 고유의 자속 밀도이다.

고유 저항 (固有抵抗, resistivity, specific) ⇨ 저항률.

고유 주기 (固有周期, natural period) 고유 주파수의 역수이다. ⇔ 고유 주파수(natural frequency). ⇨ 진동 주파수(oscillation frequency).

고유 주파수 (固有周波數, natural frequency) 진동계 또는 진동회로가 자유진동을 하는 경우 그 진동 주파수를 그 계(係) 또는 회로의 고유 주파수라고 한다. 2차 진동계 $ax+bx+c=0$인 진동의 고유 주파수는 $f=\frac{\omega}{2\pi}=\frac{1}{2\pi}\sqrt{\frac{c}{a}-\left(\frac{b}{2a}\right)^2}$이다. ω를 고유 주파수라고 한다. 위의 식에서 $b=0$으로 한 경우(제동력이 없는 경우)의 f는 공진 주파수를 준다. 고유 주파수는 제동력이 클수록 공진 주파수보다 작아진다. 고유 주파수는 예를 들면 전기회로, 전기계기, 음차, 수정진동자, 동기기 등에 있다. ⇨ 고유 진동, 공진, 공진 주파수.

고유 진동 (固有振動, natural oscillation, natural vibration) 어떤 진동계가 진동하는 경우, 그 진동계가 갖는 본래의 진동을 말한다. 예를 들면 흔들이의 진동이나 용수철의 진동처럼 외력이 제거된 후에도 지속하는 진동을 말하며, 외력의 작용에 의해서 행하여지는 강제 진동과는 구별되어야 한다. 단, 이 진동은 일반적으로 감쇠 진동이 된다. ⇐ 자유 진동(free oscillation). ⇔ 강제 진동(forced oscillation). ⇨ 감쇠 진동(damped oscillation).

고유 투자율 (固有投資率, intrinsic permeability) 고유의 투자율을 이른다.

고유 파장 (固有波長, intrinsic wavelength, natural wavelength) 어떤 진동계가 고유 진동을 하고 있을 때의 파장을 말한다. 예를 들면, 공중선의 고유 파장이란 그 공중선이 고유 진동하고 있을 때의 공중선 상에 실리는 전류파의 파장을 가리키며, 1단 접지의 공중선에서는 그 공중선의 길이의 4배, 비접지 공중선의 경우에는 그 길이의 2배와 같다. 또 임의의 매질 내에 있어서의 전자(電磁)의 고유 파장을 가리키는 경우도 있다. 위의 경우에는 intrinsic wavelength라고 한다.

고음 스피커 (高音——, tweeter) 1개의 스피커로 가청주파의 전역을 담당하게 하는 것은 곤란하므로 전 대역을 둘 또는 셋으로 나누어서 고음부를 분담하는 스피커를 말한다. ⇨ 저음 스피커(woofer).

고 임피던스 계전기 (高——繼電器, high impedance relay) 계전기 권선의 임피던스를 특히 크게 하기 위하여 철심과 접극자 등을 특수한 재료와 구조로 만든 계전기이다.

고장 (故障, fault, trouble) ⇨ 장해.

고장선 (故障線, fault wire, faulty wire) 통신회선에 있어서 고장이 발생한 회선을 말한다.

고장선 수용 계전기군 (故障線收容繼電器群, hospital relay group) 자동교환기에 있어서 가입자선에 고장이 발생한 경우 그 회선을 시험대에 수용하며 회선상태를 표시하기 위한 계전기이다.

고장점 (故障點, fault point) 나선로, 지상 케이블, 해저 케이블 등의 통신선로에 있어서 고장이 발생한 지점을 이른다.

고장점 검출문제 (故障點檢出問題, trouble location problem) 검출문제 (check problem)를 써서 계산기의 어디에 고장이 있는가를 알았을 경우 고장점에 관한 정보를 얻을 수 있게 프로그램한 문제. 이 문제에 의해서 틀린 결과가 얻어지면 고장점을 알 수 있게 된다.

고장점 측정 (故障點測定, fault localization, localization of fault) 통신선로에 발생한 고장점의 위치를 선로 말단에서 검출하기 위한 측정법으로, 고장의 성격에 따라 측정방법이 다르다. 그 주요 방법으로는 다음과 같은 것이 있다. ① 정전용량 측정에 의한 단선점의 판정 ② 직류 브리지에 의한 혼선, 절연불량의 위치 판정, ⓐ 머리 루프법 ⓑ 바레이 루프법 ⓒ 피셔법 ③ 펄스의 반사법에 의한 이상점의 검출 ④ 선로의 위상량으로부터 이상점을 구하는 방법 ⓐ 입력 임피던스 주파수 특성의 햄프에 의한 방법 ⓑ 근단 누화 특성의 햄프에 의한 방법 등이 있다.

고장점 측정기 (故障點測定器, fault finder, fault localizer) 장거리 전화회선에 삽입되는 중계소는 무인화되는 경향이 있는데, 무인국의 장해의 종류 및 위치를 유인국으로 통보할 필요가 있다. 또 복잡한 기기 구성을 갖는 유인국의 기기는 장해의 경보와 동시에 그 위치를 명시하여 신속하게 수리할 수 있게 할 필요가 있다. 이와 같이 고장위치를 신속 정확하게 표시하는 기기를 고장점 측정기라고 한다.

고장점 표정장치 (故障点標定裝置, fault locator) 통신선로의 장해 발생점을 선로단에서 검출하기 위한 측정장치. ① 선로의 커패시턴스를 측정하는 것. ② 직류 브리지를 사용하여 임피던스를 측정하는 방법. ③ 펄스를 송신하여 그 반사펄스를 측정하는 방법 등이 있다. ⇨ 머리 루프법, 차압법.

고전압 아크 (高電壓——, high-tension arc) 음극에서 열전자 방출뿐만 아니라 이온 공간전하에 의한 전계의 힘을 빌려서 냉음극 방출도 하는 아크를 이른다.

고정 가스압계 (固定——壓計, fixed pressure gauge) 가스 케이블의 정해진 위치에 상시 설치되는 가스 압력계로, 측정 범위는 0~0.1kg/cm^{2}이다.

고정 결합기 (固定結合器, fixed coupler) 두 회로를 결합시키는 부분을 결합기라고 하는데, 가변 결합기와는 달리 결합도를 바꿀 수 없는 결합기를 말한다.

고정 광석 (固定鑛石, fixed crystal) 초기의 광석검파기는 사용할 때마다 가장 양호한 감도점을 찾으면서 사용하였었다. 그 후 미리 최량 감도점에 고정해서 밀봉한 것으로 개량되었다.

고정 날개 (固定——, stationary blade, stationary vane) 터빈 속에서 증기가 갖는 압력 에너지를 속도 에너지로 바꾸는 동시에 회전 날개에 대한 증기의 유입각도를 정하는 것으로, 충동 터빈에서는 이것을 노즐이라 하고, 반동 터빈에서는 회전 날개와 같은 모양을 하고 있으므로 회전 날개와 비유해서 고정 날개라고 한다.

고정 반응도 (固定反應度, built in reactivity) 원자로의 반응도는 원자로의 온도상승, 연료의 소모, 분열 생성물에 의한 중성자의 흡수 등에 의하여 저하하므로 노가 새롭고 깨끗한 경우의 증배율은 1보다 크다. 이 경우의 여분의 반응도를 고정 반응도라고 한다.

고정 볼스터 (固定——, fixed bolster) 보기

차에 있어서 받침틀의 횡목 중 차체의 전 중량을 지지하는 것으로, 이것이 고정된 것을 이른다.

고정비 (固定費, fixed cost) 원래는 설비의 운전 이용에 관계 없이 일정한 경비를 말하지만 최근에는 설비의 투입자금과 관련해서 지출되는 경비라 정의하고 있다. ⇨ 가변비.

고정 소수점법 (固定小數点法, fixed-point system) 계산기로 수치를 나타내는 경우 소수점의 위치가 정해져 있어 일정한 크기의 수치밖에 취급할 수 없는 방식을 말한다. 따라서 이 방식으로는 취급하는 범위를 벗어나는 수에 대해서는 적당한 수(예를 들면 10^{-m}, 10^{m})를 곱하여 유효 숫자가 지워지지 않게 대처할 필요가 있다. ⇨ 부동 소수점법.

고정 업무 (固定業務, point-to-point service) 일정한 고정 지점 사이의 무선통신 업무를 이른다.

고정 인덕턴스 (固定──, fixed inductance) 그 값을 바꿀 수 없는 인덕턴스를 이른다.

고정자 (固定子, stator) 회전 전기의 일부분으로, 운전상태에서 정지하고 있는 부분을 이른다. 단, 축받이부는 포함하지 않는다.

고정자 철심 (固定子鐵心, stator core) 고정자의 철심을 말한다.

고정 저항 (固定抵抗, fixed resistance) 저항값을 바꿀 수 없는 저항을 이른다.

고정 조명 (固定照明, built-in lighting) 조명기구가 실내의 건축과는 별도로 설치된다는 것이 아니고, 겉보기에 건축구조의 일부로 되어 있어 빛을 밝히는 조명방법. 건축화 조명과 거의 같다.

고정 커플링 (固定──, rigid coupling) 가요결합 또는 자재 결합에 대해서 서로 연결되는 양 축이 중심선이 정확하게 일치하고 있고, 상호 간에 상대운동이 없는 경우에 사용되는 결합을 말한다.

고정 코일 (固定──, fixed coil) 가동 코일에 대해서 고정되어 있는 코일을 말한다.

고정 콘덴서 (固定──, fixed condenser) 정전용량의 값을 바꿀 수 없는 콘덴서이다.

고정 통신 (固定通信, fixed communication, point-to-point communication) 지상의 고정점 간에 행하는 전기통신이다. ⇨ 고정 업무.

고조파 (高調波, higher harmonic(s)) 주기적인 일그러진 파(歪波)는 가장 낮은 기본 주파수의 정현파와 이 정수배 주파수의 다수의 정현파의 합으로 나타내어진다. 이 정수배의 주파수를 고조파라고 한다. 이들 고조파는 진폭 위상이 달라짐에 따라 다른 파형의 합성 일그러진 파를 만든다. ⇨ 조파.

고조파 저지 장치 (高調波沮止裝置, harmonic suppressor) 발진기 또는 증폭기에서 발생하는 고조파를 막기 위하여 사용하는 장치. 예를 들면 공중선의 입력회로에 저역 필터를 넣는 것 등은 이것이다.

고조파 증폭기(高調波增幅器, harmonic amplifier) 어떤 주파수의 입력을 증폭할 때 그에 포함되는 고조파 중 필요로 하는 고조파를 주로 증폭하는 증폭기이다.

고주파 (高周波, high-frequency) (1) 넓은 의미로는 높은 주파수를 보통 고주파라고 한다. 전력분야에서는 상용 주파수보다 높은 주파수를 말한다. 예를 들면, 200 Hz라도 고주파라고 하는 경우가 있다. (2) 무선통신용 주파수의 명칭으로서의 고주파(hf)는 3 MHz 내지 30 MHz의 주파수 범위를 말한다. ⇔ 저주파.

고주파 가열 (高周波加熱, high-frequency heating, radio heating) 고주파 가열은 유전가열과 유도가열을 총칭하는 것으로, 전자는 고주파의 유전체 손실을 이용하여 생고치의 살용(殺踊), 건조, 목재의 건조와 고무의 가황, 플라스틱의 열처리 및 접착 등을 하는 것으로, 수 MHz 이상의 비교적 높은 주파수가 쓰인다. 또 후자의 유도가열은 주로 와류손이나 표피효과를 이용해서 축과 톱니바퀴 등의 표면 담금질을 하는 데 이용되며 수 kHz 정도의 고주파가 사용된다. ⇨ 유전가열(dielectric heating), 유도가열(induction heating).

고주파로 (高周波爐, high-frequency furnace) 고주파 유도효과를 이용하는 노. 보통 원통형의 내화성 용기 주위에 1차코일을 나선형으로 감은 구조의 유도로이고, 2차측은 도가니에 넣은 용해되는 금속 자체 또는 유도성의 흑연 도가니이다.

고주파 반송 전신 (高周波返送電信, high frequency carrier telegraphy) 통례적인 음성 주파 반송전신에 대하여 반송파에 반송전화 주파대를 선택하는 전신 전송방식이며, 보통 초가청 반송전신이라 한다.

고주파 발생기 (高周波發生器, high-frequency generator) 약전분야에서는 고주파 발진기와 같은 뜻으로 쓰인다.

고주파 발전기 (高周波發電機, high-frequency generator) 상용 주파수보다 높은 주파수의 교류전력을 발생하는 발전기이다.

고주파 발진기 (高周波發振器, high-frequency oscillator) 저주파 발진기에 대응하여 그보다 높은 주파수의 발진기를 말한다. 무선 주파 발진기도 그 하나이다. 또 전력부문에서는 상용주파에 비해서 높은, 예를 들면 1,000 Hz의 발진기를 말할 때도 있다.

고주파 변성기 (高周波變成器, high-frequency transformer) 코일이 갖는 유도작용을 이용해서 하나의 회로에서 다른 회로로 고주파 에너지를 유도하기 위한 변성기를 말한다. 보통은 공심 코일에서 탭을 내거나 2개의 공심 코일을 결합하거나 하여 만든다. 최근에는 고주파 손실이 적은 페라이트 자심 등을 사용한 것이 많이 쓰인다.

고주파부 (高周波部, radio-frequency head) 가청주파수 이상의 주파수를 취급하는 부분을 말한다. 확정된 한계는 없지만 보통 10 kHz~20 kHz 상의 주파수를 radio frequency라 한다.

고주파 스퍼터링 (high-frequency sputtering) 타깃 물질을 이온 충격함으로써 그 물질의 원자, 분자를 털어내어 그 가까이에 놓여진 목적 물체의 면상에 부착시키는 스퍼터링에 있어서, 타깃과 전극 사이에 고주파를 부여하여 방전시키는 것. 직류 방전에서는 금속 스퍼터링밖에 행할 수 없지만 고주파를 이용하면 절연물의 스퍼터링도 할 수 있다.

고주파 5극관 (高周波五極管, high-frequency pentode) 제어 그리드와 플레이트 간의 정전용량을 극히 적게 하여 고주파 증폭에 적합하게 설계한 5극관이다.

고주파 유도로 (高周波誘導爐, high frequency induction heater) 가열하여야 할 차지(부하)에 유도작용으로 전류를 흘리도록 한 장치. 전류의 주파수는 5~500 kHz 정도의 고주파가 사용된다.

고주파 저항 (高周波抵抗, high-frequency resistance) 고주파가 되면 저항기를 형성하는 저항체의 분포용량과 임피던스의 작용이 현저하게 되므로 특히 정전용량과 인덕턴스를 갖지 않게 만든 저항기를 말한다.

고주파 저항기 (高周波抵抗器, high-frequency resistance) ⇨ 고주파 저항.

고주파 전력측정 (高周波電力測定, measurement of high-frequency power) 고주파 전력의 측정법에는 구별하여 두 가지 방법이 있다. 첫째는 부하의 전압과 전류에 비례한 성분을 2개의 콘덴서로 잡아내어 2개의 열전대를 사용하여 그들의 적(積)을 구하는 C-C형 전력계와 방향성 결합기와 열전대를 사용하여 진행 전력과 반사 전력을 측정하는 C-M형 전력계가 있다. 둘째로 부하 임피던스가 일정한 상태에서 사용되는 송신기의 출력 측정 등에 쓰이는 종단형 전력계와 수냉식 저항에 전력을 소비시켜 물의 온도 상승에서 간접적으로 전력을 측정하는 방법이나 서머스터 또는 배리스터에 전력을 소비시켜 그 저항값의 변화에 의해 간접적으로 전력을 측정하는 방법 등이 있다.

고주파 전압측정 (高周波電壓測定, measurement of high-frequency voltage) 고주파 전압의 측정기로서 필요한 조건은 입력 임피던스가 높아야 하고 소비 전력이 작고 피측정 회로의 동작을 혼란시키지 않아야 한다. 또한 주파수 특성이 양호하고 저주파에서 교정된 것이 그대로 고주파에 있어서도 사용될 수 있어야 한다는 것을 들 수 있다. 이와 같은 점을 만족시키는 계기로서 현재 가장 많이 사용되는 것은 진공관 전압계(특히 P형)이다.

고주파 증폭기 (高周波增幅器, high-frequency amplifier) 무선 주파를 증폭하는 장치이다.

고주파 측정 (高周波測定, high-frequency measurement) 보통 가청 주파수 이상의 주파수대에서의 각종 측정을 총칭하는 것을 이른다.

고증폭률 관(高增幅率管, high-mu tube) 증폭상수가 높은 3극관. 대체로 30 이상의 것을 말하는 경우가 많다. 4극관, 5극관에서는 극히 높은 증폭상수를 가지고 있으나 일반적으로 이와 같이 부르지는 않는다.

고 지엠 관(高——管, high gm tube) 비교적 상호컨덕턴스가 높은 소형관의 총칭. 제어 그리드가 정밀하여 고도의 제작기술이 요구된다.

고차 지연(高次遲延, time lag of higher order) 《자동제어》 인디셜 응답이 감쇠 진동형 또는 과제진동(過制振動) 상태가 되는 계(系)의 지연을 이른다.

고착 전압(固着電壓, sticking voltage) 음극선관에서 형광 스크린이 비도전성이므로 스크린이 음극에 대하여 갖는 최고의 전위를 이른다. 이 전위에서 2차 전자의 탈출비는 1이고, 이 전위보다 높아지려고 하는 스크린에 도달하는 빔전자에 대하여 스크린에서 탈출하는 2차 전자의 수가 줄어 스크린에는 음전하가 축적되기 때문에 전압이 인하되어 스크린 전위는 일정값에 고착한다.

고체 레이저(固體——, solid laser) 결정 또는 글라스 물질 중에 희토류나 전이금속 이온을 도브한 것을 활성 매질로 사용하는 광여기형 레이저이다. 루비 레이저, 글라스 레이저, YAG 레이저 등은 그 예이다. 고체 레이저는 보통 펄스 레이저로 사용되고 광증폭기과 조합하여 대출력 레이저로 이용되고 있다.

[주] 연속 발진하는 YAG 레이저 등도 있다. 연속 동작의 경우에는 4레벨 레이저 물질이 사용되고, 레이저 작용을 하는 아래쪽 레벨은 기저 레벨이 아니라 그보다 윗쪽에 있는 레벨이 사용된다. 따라서 평형상태에 있어서는 원자는 존재하지 않고 레이저 주파수의 방사를 흡수하는 일은 없다 (평형상태에서는 원자는 전부 기저 레벨에 있다).

고체 물리학(固體物理學, solid-state physics) 고체의 구조와 성질, 그리고 그것들에 결부된 현상을 규명하는 물리학의 한 분야. 고체의 성질과 현상이란, 구체적으로는 반도체, 초전도체, 광도전체 등과 그것들에 결부된 열과 전기의 전도체, 초전도효과, 광전효과, 열효과, 자기효과, 전계방출효과 등이다.

고체 전송음(固體傳送音, solid-borne sound) 공기 전달음에 대해서 사용하는 말로, 건축물의 바닥, 벽, 들보 등의 고체의 진동에 의해서 전해지는 소리를 이른다. 콘크리트의 격벽(隔壁) 등이 그 무게에 비해서 쉽게 소리를 통하는 원인은 고체 전달음 때문이다. 외부로부터의 고체 전달음을 완전 방지하려면 방 구조를 특별 배려할 필요가 있다.

고체 절연물(固體絶緣物, solid insulator) 절연물을 고체, 액체, 기체로 나눈 경우, 고체의 절연물을 말한다.

고체 주사(固體走査, solid state scanning) 주사처리의 일부 또는 전부가 고체 감광소자를 다수 배열한 것을 전자 전류(轉流) 함으로써 이루어지는 것. MOS 트랜지스터의 소스-기판 간의 pn접합을 포토다이오드로 하고, 게이트 전극에 주사 펄스를 보내서 포토다이오드의 커패시턴스를 충전하지만 이 충전 전하는 빛의 조사로 일부 방전한다. 다음 주사에서 이 방전분이 재충전되고, 그 충전 전류가 화상 신호로 꺼내진다. 이와 같은 소자를 다수 배열하여 고체 주사 장치가 만들어진다. 주사 펄스는 시프트 레지스터를 사용하여 일정 주기로 각 소자에 차례로 주어진다.

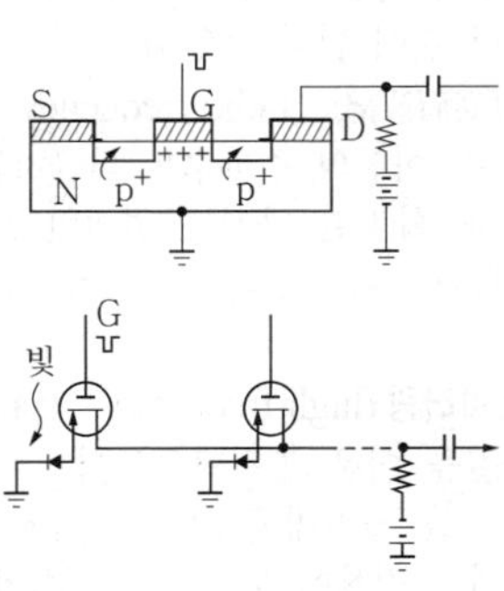

[고체 주사]

고체 카메라(固體——, solid-state camera) 감광성 타깃면이 CCD 어레이에 의하여 만들어지는 텔레비전 카메라를 말한다. 투사한 빛의 세기에 따라 발생한 전자-정공대 중 소수 캐리어가 CCD 전극의 전위 우물 속에 축적된다. 이 축적 전하는 CCD의 비감광성 부분에 전송되고, 다시 출력장치로 옮겨져 비디오 신호로 변환된다. 전송은 수평 및 수직 귀선 기간과 동기하여 이루어지도록 제어된다. ⇨ CCD, 이미지 센서.

고출력 형광 램프 (高出力螢光――, high-output fluorescent lamp) 고출력을 얻기 위하여 관 내에 온도 상승에 따른 수은 증기압의 상승을 방지하는 냉각기구를 가진 형광 램프. 고출력이란 60, 80, 110W를 의미하지만 60W의 것은 제외하고 80, 110W인 것은 관 길이가 일반적인 40W의 것보다 길어 각각 1500, 2368 nm이다.

고투자율 재료 (高透磁率材料, high permeable magnetic material) 투자율이 큰 강자성 재료로, 용도에 따라 초기 투자율, 최대 투자율, 저보자력, 고포화 자속밀도 등 특히 필요로 하는 특성이 다르기 때문에 그에 따라 재료의 조성도 달라진다. Si-Fe, Co-Fe, Ni-Fe, 페라이트 등 투자율이 높은 것이 전력용 및 통신용 변압기, 계전기, 그 밖의 기기, 차폐재, 필터 등에 사용된다.

고화 (枯化) (1) ageing, aging 백열전구, 방전등 등의 특성은 제조 직후에는 안정되어 있지 않다. 특히 특성을 측정하는 경우 안정을 시킨 다음에 측정할 필요가 있다. 예를 들면, 일반 조명용 전구에서는 120% 과전압으로 40분간 점등한다. (2) maturing 비교적 오랜 시간에 대한 물질의 변화를 말한다. 예를 들면 영구자석은 자화 직후부터 시간적 경과와 더불어 처음에는 갑자기, 차후에는 서서히 감소하여 일정한 값으로 낙착된다. ⇨ 에이징. (3) seasoning ⇨ 건조.

곡선 저항 (曲線抵抗, curve resistance) 차량이 곡선부를 통과할 때 차바퀴와 레일 사이에 생기는 저항이다.

골격틀 (骨格――, skeleton frame) 교류기의 고정자 틀이 골격 뿐이고 철심부의 곁이 대부분 노출되어 있는 구조의 틀을 말한다.

공가 (共架, joint use) 강전선로와 약전선로를 같은 전주에 첨가하는 것을 이른다.

공가주 (共架柱, joint pole) 공가된 전주를 이른다.

공간 간격법 (空間間隔法, space interval system) 철도에 있어서 열차의 운전 보안을 목적으로 같은 방향으로 운전하는 열차 사이에 절대적으로 일정한 공간적 간격을 갖게 하는 것을 원칙으로 하는 방식이다.

공간 스위칭 방식 (空間――方式, spaceswitching system) 채널 다중화가 시분할 방식이 아니고 주파수 분할로 이루어지는 시스템에서의 회선 교환에 대하여 말할 때의 용어. 입선에서 출선으로의 물리적 접속은 두 방식 모두 변하는 바는 없지만 다만 시분할 방식의 경우에는 입선과 출선으로 타임슬롯의 동기화를 행할 필요가 있는 데 반하여 주파수 분할의 경우에는 그럴 필요는 없고 다만, 공간적인 스위칭만으로 충분한 관계로 공간 스위칭이라 한다.

㈜ 위성통신 등에서의 공간분할 다중화 등과 혼동되기 쉬워 적절한 용어는 아니다.

공간 전하 (空間電荷, space charge) 임의의 디바이스에서, 주어진 공간 영역에 존재하는 전하. 반도체에 있어서는 p.n 두 층의 혼합부의 공핍층 영역에, 또 전자관에서는 음극을 둘러싼 공간 영역에 존재하는 부하를 의미한다. 이와 같은 영역(공간 전하 영역)은 0 바이어스 전압으로 평형되어 있는 디바이스에서 존재하며, 디바이스 전압이 주어졌을 때에 디바이스가 통전을 개시하기 위해 극복해야 할 전위장벽을 형성하고 있다. 공간 전하는 또 전자빔의 확장의 원인이 되어 속도 변조관 등에서 이군(離群)작용을 발생한다.

공간 전하 그리드 (空間電荷――, space charge grid) 낮은 플레이트 전압으로서 다극관을 동작시키기 위하여 음극과 제어 그리드 사이에 넣은 그리드. 낮은 +전압을 가하여 음극 주위의 공간 전하를 끌어내는 구실을 한다. 원칙적으로 높은 상호 컨덕턴스가 얻어지지 않으므로 별로 사용되지 않고 있다.

공간 전하 그리드관 (空間電荷――管, space charge grid tube) 제어 그리드와 음극 사이에 다른 하나의 그리드를 두고, 여기에 +전압을 가하여 전자를 가속하는 일종의 4극관. 낮은 플레이트 전압으로 동작시킬 수 있는 것이 특징이다.

공간 전하 효과 (空間電荷效果, space charge effect) 진공관에 있어서, 플레이트 전압이 충분히 높지 않은 범위에서는 음극으로부터의 전자군은 그 음전하에 의하여 음극 플레이트 간의 전위를 저하시켜 그에 따라서 플레이트 전류 자신의 크기를 제한하는 작용을 말한다.

ㄱ

공간 주파수 (空間周波數, spatial frequency) 어떤 양 또는 상태가 공간적으로 일정한 주기로 반복되는 경우, 그 공간 주기함수의 푸리에급수 표시에서의 기본파 및 그 고조파가 갖는 주파수를 이른다.

㈜ 영상처리에서 영상의 농담 정보 등의 경우에는 공간 주파수는 연속 스펙트럼이 되어 이산적인 주파수는 갖지 않지만 계산처리의 편의 등을 고려하여 영상에 공간 주기성을 가정하고, 이산적인 공간 주파수를 부여하는 일이 많다.

공간파 (空間波, space wave) 지표면의 영향이 미치지 않는 높이에 있는 안테나에서 발사되는 전파로, 직접파와 대지 반사파가 합성된 것을 공간파라고 한다. ⇨ 상공파, 간격파.

공간파 교정 (空間波較正, sky-wave correction) 항행에 있어서, 측정위치 데이터에 적용하는 공간파 전파(傳播)오차에 대한 교정. 교정량은 가상 위치 및 가상 전리층의 높이로 정해진다.

공급 (供給) (1) supply《자재》수용가의 요구에 따라 제공하는 것. (2) service《電力》일반의 요구에 따라 전기를 제공하는 것. 단지 수용 공급의 뜻에서 공급은 supply로 족하다.

공급 구역 (供給區域, service area) 《전력공급》 전기 사업자가 전기를 공급하거나 또는 공급하는 권리를 부여받은 지역을 이른다.

공급 릴 (供給──, supply reel) 전선을 감은 틀이다.

공급 전압 (供給電壓, service voltage) 수용가에 공급하는 전압이다.

공기 건전지 (空氣乾電池, air dry cell) 망간 건전지와 구조가 동일하지만 감극제는 이산화망간 대신 활성탄을 통하여 공기 중의 산소를 사용하도록 한 건전지. 합제(合劑)는 활성탄을 위주로 하고 아세틸렌 검은 분말을 풀에 이겨 가압 성형한 것을 사용한다. 망간 건전지에 비해서 용량이 크고 가볍다. 또 전압변동이 적고 자기방전도 적지만 다루기가 어려워 중부하에는 적합하지 않다.

공기관 (空氣管, air pipe, air vent) 압축 공기 등을 송출하는 관이다.

공기 냉각기 (空氣冷却器, air cooler) 냉각 매체로 공기를 사용하는 냉각기이다.

공기 분리기 (空氣分離器, deaerator) 보일러 급수에 산소가 포함되어 있으면 급수관 및 보일러가 부식되므로 그것을 제거하기 위하여 설치된 공기를 분리하는 장치. 일반적으로 탈기기(脫氣器)라고 한다.

공기 브레이크 (空氣──, air brake, pneumatic brake) 압축공기를 브레이크 실린더에 넣고 그 압력으로 피스톤을 압축하여 전달장치를 통해 브레이크 피이스를 차바퀴에 밀어 붙이는 장치를 이른다.

공기 습전지 (空氣濕電池, wet type air cell) 염화 암모늄액을 전해액으로 사용하는 습전지형의 공기 전지이다.

공기 시험 (空氣試驗, air test) 《덕트》덕트의 공기 누설시험을 이르며, 보통 1.5 kg/cm^{2}로 20분간 압력을 인가하여 누설이 없어야 한다.

공기 압축기 (空氣壓縮機, air compressor) 일정한 부피 안에 흡입한 공기의 부피가 점차 또는 급격하게 감소하여 작용되는 기계를 말한다. 회전형과 왕복형이 있다.

공기 예열기 (空氣豫熱器, air preheater) 보일러에 공급되는 연소용 공기를 미리 연소 가스의 폐열을 이용하여 가열하는 장치이다.

공기 이젝터 (空氣──, air ejector) 복수기, 탈기기 등에서 공기를 추출하여 외부에 배출하는 장치의 일종. 주요부는 노즐과 디퓨져이고, 노즐에서 디퓨져를 향하여 증기를 분사시켜 공기를 추출한다.

공기 저장기 (空氣貯藏器, air reservoir) 압축공기를 사용하는 기계가 동작시에 압력이 갑자기 저하하는 것을 막기 위하여 설치한 공기통이다.

공기 전지 (空氣電池, air cell) 1차전지의 하나로, 감극제로는 공기 중의 산소를 활성탄소 양극에 흡착 보유시켜 그것을 직접 이용하는 것. 음극은 아연을 사용한다. 염화 암모늄 또는 가성 소다를 전해액으로 하고, 습전지형과 건전지형이 있다. 기전력 1.1~1.45

V이다.

공기 절연 (空氣絶緣, air insulation) 공기가 절연체로서의 구실을 하고 있는 경우를 말한다.

공기 절연 케이블 (空氣絶緣——, air space cable) 폴리에틸렌 원판을 일정한 간격으로 배치하여, 중심 도체를 절연하고 있는 현재의 동축 케이블처럼 절연물의 실효 유전율이 1에 가장 가까운 케이블을 공기 절연 케이블이라고 한다.

공기 제동 (空氣制動, air damping) 공기의 마찰을 이용하여 제동하는 것으로, 선형(扇形) 제동과 피스톤 제동이 있다.

공기 제어 (空氣制御, pneumatic control) 공기 제동기에 의해서 주전동기를 제어하는 방식이다.

공기 조화 (空氣調和, air conditioning) 실내 공기를 인체에 극히 적당한 습도 및 온도로 유지하는 것을 말한다.

공기 차단기 (空氣遮斷器, air-blast circuit breaker, compressed-air circuit breaker) 고속 기류에 의한 아크열 및 이온의 소산(消散), 고기압에 의한 차단점 간의 고절연 내력을 이용하여 교류회로를 차단하는 것. 기름을 전혀 사용하지 않으므로 화재의 염려는 없으나 사용 기압이 10~20 kg/cm^2 정도이기 때문에 그 제어와 보수에 세심한 주의가 필요하다. 수천 V에서 초고압의 것까지 만들어지고 있다.

공기 콘덴서 (空氣——, air condenser) 공기를 유전체로 한 콘덴서. 이른바 바리콘도 대부분이 일종의 공기 콘덴서이다.

공기통 (空氣筒, air breather, breather) ⇨ 숨통.

공기 투입 장치 (空氣投入裝置, compressed-air closing mechanism) 차단장치의 투입 기구를 압축공기로 동작시키는 장치이다.

공기 펌프 (空氣——, air pump) 복수기 속에 들어온 공기를 배출하기 위하여 사용하는 펌프. 공기 펌프에는 왕복식 펌프, 회전식 펌프 및 이젝터가 있다.

공단 (空端, dead end) 설치되어 있는 코일의 일부만이 사용되고 있을 때 사용되고 있지 않는 다른 부분의 코일을 사선단(死線端) 또는 데드 코일이라고 한다.

공단 (空段, dead level) 스텝 바이 스텝식 자동 교환기의 실렉터 뱅크 중 실제 교환에 사용되고 있지 않는 단을 이른다.

공단 중계선 (空段中繼線, dead level trunk (line)) 자동 교환기의 실렉터에 있어서 실제로 사용되고 있지 않는 레벨, 즉 공단이 호출되었을 때 접속되는 중계선을 이른다.

공대 (空帶, empty band) 전자의 에너지대 구조에서, 전자에 의해 점유되어 있지 않은 에너지대를 이른다.

공대지 통신 (空對地通信, air-ground communication) 이 용어는 국제적으로는 사용 주파수에 상관없이 전파에 의한 대지(對地) 및 대공 통신을 뜻하는 데 쓰이고 있다.

공동 (空洞, cavity) 도체 벽으로 감싸인 공동. 이 공동을 마이크로파로 여진하면 도체 벽의 모양이나 크기로 규정되는 특정한 주파수에 공진하므로 마이크로파용 공진기로 많이 이용되고 있다. ⇨ 공동 공진기(cavity resonator).

공동 공진 (空洞共振, cavity resonance) 도체 벽에 감싸인 공동에 의한 전자파의 공진. 이 공진 모드 및 공진 주파수는 공동의 모양과 크기에 따라 규정된다. 도전재료로 공동벽을 만들면 방사손실(radiation loss)이 없으므로 Q는 크고 날카로운 공진특성이 얻어진다. 그러므로 마이크로파용 공진기로 널리 이용되고 있다. ⇨ 공동(cavity), 공동 공진기(cavity resonator), 공동파장계(cavity wavemeter).

공동 공진기 (空胴共振器, cavity resonator) 도체 벽에 둘러싸인 공동의 공진현상을 이용한 마이크로파용의 공진기. 이 공진기의 Q는 수천에서 수만에 이르지만 이것을 도파관이나 동축 케이블을 통해서 결합하면 겉보기의 Q는 수천 정도로 내려간다. 공동의 형상에는 원통형, 동축 원통형, 직방체, 도너츠형 등 여러 가지가 있고 그 용도도 파장계, 필터, 마이크로파의 여러 재료의 측정을 위시하여 클라이스트론의 공동과 하전입자의 가속기 (accelerator) 등에 널리 이용되고 있다. ⇨ 공진 공동.

공동 방사 (空胴放射, cavity radiation) 완전

방사체(흑체)의 방사 또는 그 방사전자파. 그 스펙트럼 밀도는 플랑크의 법칙으로 주어진다.

공동 상호 통신 (共洞相互通信, reverting call) 1회선에 2개 이상의 전화기를 접속한 공동 가입 전화에 있어서, 같은 가입자 회선에 접속된 가입자 상호 간의 통화를 이른다.

공동선 (共同線, party line) 2개 이상의 가입 전화기로 1회선의 가입자선을 공용하는 전화회선이다.

공동선 구성 (共同線構成, party-line arrangement) 디지털신호 전송계에서, 여러개의 전송로가 동일한 공통선로를 이용하여 시분할 동작하는 것을 이른다.

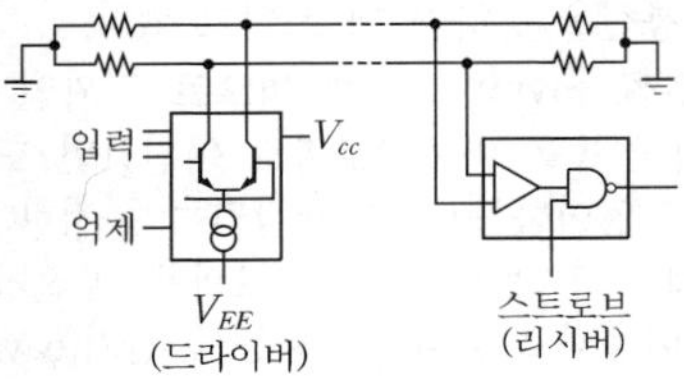

[공동선 구성]

공동 수신방식 (共同受信方式, community receiving system) (1) 라디오에 있어서는 1개 수신장치에 의해서 수신한 음성 전류를 분배 선로망에 의해서 가입자에게 전송하고, 가입자는 각자의 집에 설치한 스피커로 청취하는 방식을 이른다. 공동 청취방식이라고도 한다. (2) 텔레비전에 있어서도 1개 주(主)수신장치에서 분배하는 방식을 이르며, 각기 수상기를 가지고 시청하는 방식. 라디오의 경우와 달리 보통 프로그램 선택의 자유를 갖는다. 공동 시청방식이라고도 한다.

공동 자전관 (共洞磁電管, cavity magnetron) 자전관의 분할된 양극이 공동 공진기의 벽과 연결되어 있는 것. 분할 양극에서 도선으로 공진회로에 연결되는 것에 비해서 주파수가 높고 또 대전력을 얻을 수 있다. 공동 공진기의 모양에 따라 라이싱 선형(rising sun type), 베인형(vane type) 등이 있다.

공동 청취방식 (共同聽取方式, community receiving system) 《라디오》 ⇨ 공동 수신방식.

공동 파장계 (空洞波長計, cavity wavemeter) 공동 공진기를 이용한 마이크로파용 파장계. 이 파장계로서는 원통 공동을 TE_{011}파로 여진한 방식이 Q도 높고 판독 정도(精度)도 높아서 가장 널리 사용되고 있다. ⇨ 공동(cavity), 공동 공진기(cavity resonator).

공동 효과 (空洞效果, cavity effect) 《마이크로폰》 진동판이 마이크로폰 전면에서 조금이라도 속으로 들어가 있으면 이 오목한 부분의 공기가 어떤 주파수(고음역)에서 공진하여 진동판에 가해지는 음압이 오목하게 되어 있지 않을 때에 비해서 높아지는 현상을 말한다. 이것을 피하기 위하여 마이크로폰을 설계할 때에는 가급적 오목해지지 않게 한다.

공랭관 (空冷管, air cooled tube, radiation cooled tube) 공기의 자연 대류나 방사에 의해서 냉각하는 전자관이다.

공명 (共鳴, resonance) 본래는 소리의 공명기·현(弦)·진동판 등에 그 고유 주파수에 가까운 음파가 가해졌을 때 강제진동이 강하게 생겨서 울리는 것을 말한다. 전기 회로 등의 공진도 물리분야의 사람들은 공명이라고 한다.

공명 포획 (共鳴捕獲, resonance capture) 핵의 종류에 따라, 어떤 에너지 레벨에 있는 중성자에 대해서 그 포획 단면적이 공명적으로 증대하는 것을 말한다.

공명 흡음체 (共鳴吸音體, resonance absorber) (1) 헬름홀츠 공명자의 원리를 응용한 흡음체로, 비교적 작은 개구와 기밀한 공동으로 이루어져 있다. 경부(頸部)의 공기의 질량과 공동의 체적 탄성으로 단일 공진 기구를 형성한다. 공진주파수의 음파가 도래하면 경부의 점성저항 때문에 음향 에너지의 흡수가 이루어진다. 1개의 공동에 대해서 1개의 경부가 있는 것이 기본형(이것을 single resonator라고 한다)이지만 구멍이 뚫린 판과 같이 구멍(경부) 1개당의 공동과 경부로 공진계를 만드는 경우도 많다. 그밖에 세극형(細隙形)의 개구를 갖는 경부와 공동으로 공명 흡수를 하는 것도 있다. (2) 음악홀 등에서 저음에 대한 잔향 시간을 짧게 하기 위하여 흔히 사용되며, 예를 들면, 벽의 일부에 얇은 나무판으로 공명함을 만들어 두고 그것이 공명하는 주파수의 음의 세력을 흡수하게 한다.

공심 리액터 (空心――, air-core reactor, air core choking coil) 철심을 쓰지 않는 리액터. 보통 보빈 기타의 틀에 권선한 것을 이른다.

공심 변성기 (空心變成器, air-core transformer) 철심, 기타를 쓰지 않은 중공(中空)의 변성기. 무선 주파에서 많이 사용한다.

공심 초크 코일 (空心――, air-core choking coil) 제철심을 쓰지 않은 초크 코일이다.

공역 임피던스 (共役――, conjugate impedance) 주어진 임피던스에 대하여 공역 복소수의 관계에 있는 임피던스를 이른다. 즉, 그 저항분은 양자가 상등하고, 리액턴스분은 역부호를 가지고 있는(한편이 인덕턴스성, 다른 쪽이 커패시턴스성) 것을 말한다.

공역 종단 (共役終端, conjugate termination) 《선로》 종단장치의 입력 임피던스가 그 종단장치가 접속된 전원 또는 선로의 출력 임피던스와 함께 공역 복소수의 관계에 있는 경우의 종단법. 종단장치가 최대의 전력을 전원으로부터 공급되기 위한 조건이다.

공용 설비 (共用設備, common plant) 둘 이상의 사업 목적에 공통으로 사용되는 설비를 이른다.

공장 시험 (工場試驗, factory test, shop test) 공장에서 제품이 완성되었을 때 반출하기 전에 양부를 판정하기 위하여 일정한 규격에 기준하여 일단 공장에서 시험하는 것을 이른다.

공장 조명 (工場照明, factory illumination, factory lighting) 공장 조명의 목적은 작업을 쉽고 빠르게, 그리고 안전하게 할 수 있도록, 즉 생산능률을 높이고 사고 재해를 방지하여 생산성을 높이는 데 있다. 이 때문에 충분한 조도가 요구되고 부서지지 않고 밝기가 균일하여야 한다. 또 조명시설은 경제적이고 보수가 용이해야 한다.

공전 (空電, atmospherics, static) 좁은 뜻으로는 번개방전에 수반해서 발생하는 전파 잡음이고, 넓은 뜻으로는 강우, 눈바람, 태풍 등의 전선, 풍진(風塵) 등에 수반하는 방전에 의한 전파 잡음도 포함한다. 대기 잡음이라고도 한다. 강도는 번개방전에 의한 것이 압도적이며, 일반적으로 장파대가 가장 현저하고 중파, 단파로 됨에 따라서 약해진다. 초단파에서는 통신에 대한 방해는 거의 없다. 주기적인 변화로는 장파대에서는 여름철의 오후 및 야간에 극히 크고 일출, 일몰에 극히 적어지며 단파대에서는 방중에 커지고 정오 전후에 적제 생기지만 20MHz에서는 반대로 밤중에 적어진다. 또한 전리층을 꿰뚫고 우주를 지자기(地磁氣)의 자력선에 따라 전파하고 적도를 넘어서 다른 반구와의 사이를 왕복하는 공전도 있다. whistler static이라고도 한다.

공전식 (共電式, common-battery system) (1) 전신이나 전화장치용 전원을 개개의 기계장치가 있는 장소에 두지 않고 한 장소에 집중시켜 설비하는 방식. (2) 전화 가입자의 송화용이나 신호용의 전류를 교환국에 설비한 공통 전원에서 공급하고 국의 교환수에 의해서 교환 접속을 하는 수동 교환방식의 일종이다.

공전식 전화기 (共電式電話機, common-battery telephone set) 공전식 전화 교환방식에 사용되는 전화기이다.

공전 제거장치 (空電除去裝置, static eliminator) 무선통신에 있어서, 공전에 의해서 받는 잡음을 방지하기 위한 장치. 지향성 공중선, 예민한 동조장치, 공전끼리를 평형시키는 장치 등 여러 가지를 조합시켜 사용하지만 충분한 효과를 거두고 있는 것은 별로 없다.

공중 방전 (空中放電, atmospheric discharge) 대전체의 전계가 강한 부분으로부터 공중을 향해서 방전하는 현상을 이른다.

공중선 (空中線, antenna(미국), aerial(영국)) 공중선이란, 전파를 발사하거나 흡수하기 위하여 특별히 공중에 도선을 늘인 장치의 총칭으로, 안테나라고도 한다. 먼저 사용 목적별로는 송신 공중선과 수신 공중선으로 분리되고, 사용하는 파장에 따라 중장파 공중선, 단파 공중선, 초단파 공중선 또는 마이크로파 공중선 등으로 분류된다. 또 방사 특성에 따라 지향 공중선과 무지향 공중선 또는 전방향성 공중선 등으로 구별된다. 특히 마이크로파에 쓰이는 공중선은 도선보다

도판(導板)이나 도관으로 만들어지므로 그 형상도 여러 종류가 있다. ⟸ 안테나.

공중선계 (空中線系, antenna system) 송신기구 전체를 송신기의 본체와 본체의 출력단에서 궤전선을 통하여 공중선에 이르기까지의 기구로 분리하였을 때 이 후자의 기구를 총칭해서 공중선계라고 한다.

공중선고 (空中線高, antenna height) 지면으로부터의 엘리먼트의 높이를 이르며, 기계적인 높이이다.

공중선 궤전계 (空中線饋電系, antenna feeding system) 안테나와 그곳으로부터 떨어진 장소에 있는 송신기 또는 수신기와의 사이에 송전 또는 수전회로를 두고 전류를 공급하기 위하여 선로를 구성한다. 이 선로를 궤전선이라고 하며, 궤전방식에는 2선식, 4선식 및 동심 원관식(同心圓管式) 등이 있다.

공중선 동조소 (空中線同調所, antenna tuning house) 공중선과 궤전선의 정합회로를 수용하는 건물. 공중선 바로 밑에 설치된다. ⟸ 공중선 정합소 (antenna matching house).

공중선 방식 (空中線方式, antenna system) 공중선은 사용 주파수, 지향성 이득 등, 그 사용 목적에 따라 구성과 방식이 여러 가지가 있다. 이 구성, 방식을 총칭하여 공중선 방식이라 한다.

공중선 방위 (空中線方位, antenna bearing) 공중선으로부터의 방사 전계 또는 공중선으로의 입력이 최대가 되는 방향을 이른다.

공중선 상수 (空中線常數, antenna constant) 공중선을 등가적으로 직렬 임피던스 회로로 본 경우의 실효 인덕턴스, 실효 용량 및 실효 저항을 말한다. 이것은 사용하는 주파수에 따라 달라진다.

공중선 소자 (空中線素子, antenna element) 빔 안테나(beam antenna)의 각 방사 소자이다.

공중선열 (空中線列, antenna array) 빔안테나에 있어서, 그것을 구성하는 소자 안테나의 배열을 말한다. 예를 들면 소자 안테나 A_1, A_2, A_3…… 이 그림과 같이 배열되어 있을 때 이들의 소자 안테나를 총칭하여 공중선열이라 한다. 각 안테나의 엘리먼트는 방사 전력이 원하는 방향에 대해서 가해지도록 여진되고 있다.

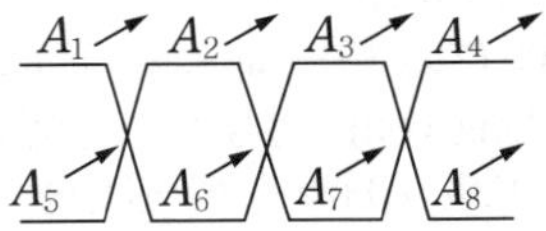

[공중선열]

공중선 용량 (空中線容量, antenna capacity) 안테나가 갖는 전기적 용량. 장파용 안테나에서는 그 실효용량 및 정전용량이 같기 때문에 그 정수 내지 성능을 나타낼 때 일반적으로 쓰인다.

공중선 이득 (空中線利得, antenna gain) 지향성 공중선의 양부를 나타내는 척도로, 등방성(等方性) 공중선이나 반파장 공중선 등을 기준으로 잡고, 여기에 가하는 것을 같은 입력을 지향 공중선에 가했을 경우의 방사 전력비 또는 전계 강도비를 일정 방향에 대해서 비교한 것이다. 만일 전력이득을 G, 전계이득을 Gf로 나타내면, G는 Gf의 제곱과 같이 $10\log_{10}G = 20\log_{10}Gf$가 된다.

공중선 인입 (空中線引入, antenna lead-in) 안테나의 가공 도체와 수신기 또는 송신기를 접속하는 도선을 이른다.

공중선 장가색 (空中線張架索, antenna halyard) 안테나를 전주 또는 탑 사이에 가설하는 경우 최상부에 철선(일반적으로 강연선을 사용한다)을 치고 여기에 안테나를 가설하는 것. 이 철선을 장가색이라고 한다.

공중선 저항 (空中線抵抗, antenna resistance) 이것은 손실저항과 유효한 방사저항의 합으로 되어 있다. 손실저항에는 도선 자체의 옴저항, 고주파저항 이외에 접지저항, 코로나손 등이 있으나 방사효율을 높이려면 이러한 손실저항을 가능한 한 경감시키지 않으면 안 된다.

공중선 전류 (空中線電流, antenna current) 공중선에 흐르는 고주파 전류. 보통의 회로에 흐르는 전류와는 다르며 일반적으로 시간과 장소의 함수가 된다. 지금 I_0를 공중선의 기부 전류, l을 선의 길이, x를 접지점에서 측정

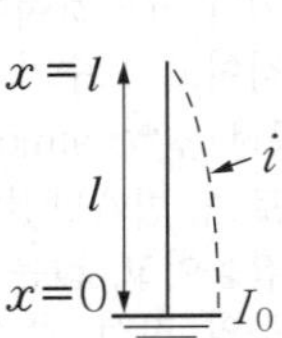

[공중선 전류]

한 길이라고 한다면, 접지 공중선 전류의 순시값은 $i=I_0 \sin 2\pi/\lambda(l-x)\sin \omega t$ 로 나타낼 수 있다. 또한 공중선은 대지와의 사이에 분포 용량을 형성하기 때문에 귀로전류는 변위전류를 형성한다.

공중선 정합소 (空中線整合所, antenna matching house) ⇨ 공중선 동조소.

공중선 지지물 (空中線支持物, antenna support) 안테나를 지지하는 것으로서, 안테나의 지선, 자립 철탑의 지지물을 말한다.

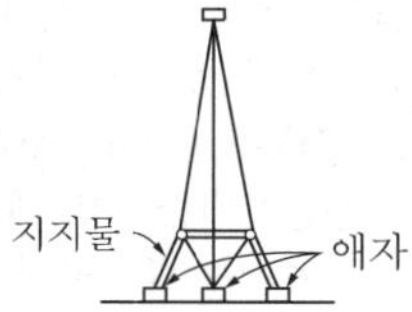

[공중선 지지물]

공중선 지향성도 (空中線指向性圖, radiation pattern) 공중선의 지향특성을 나타내는 그림으로, 공중선을 중심으로 하여 이 곳으로부터 일정한 거리가 떨어진 각 방향의 방사 전계를 나타낸 것이다. 보통 수평 지향특성과 수직 지향특성의 두 가지로 표시하게 되어 있다.

공중선 형상률 (空中線形狀率, antenna form factor) 이것은 공중선을 따라서 진동전류 i의 평균값 i_m과 그 최대진폭 I와의 비로 나타내는 것으로, 선의 길이를 l이라고 한다면 형상률은 $\alpha=l_m/I=(1/I)\int_0^l idx$로 주어지며, 실효고 h_e와의 사이에는 $h_e=\alpha l$의 관계가 있다. 예를 들면, 수직 접지공중선이 $\alpha=2/\pi$인데 대해서 그 고유파장을 늘리기 위하여 기저부(基底部)에 인덕턴스 코일을 삽입하면 공중선에 연하는 전류분포도 정현파형 대신 수직형으로 되어 $\alpha=1/2$이 된다. α가 작다는 것은 방사 능률의 저하를 나타내는 것이다.

공중선 효율 (空中線效率, antenna efficiency) (1) 안테나에 공급되는 전력과 안테나로부터 방사되는 전력의 비를 백분율로 나타내어 이것을 방사효율이라고도 한다. 방사 저항과 공중선 저항과의 비와 같다. (2) 중파 방송국의 경우 이론적으로 무한소의 안테나에 의한 전계강도와 현실의 공중선에 의한 전계강도와의 백분율을 공중선 효율이라고 하는 경우도 있다. 이 경우 1000분의 1파장 이상의 양호한 공중선에서는 100% 이상이 된다.

공중 위치 지시기 (空中位置指示器, airposition indicator) 항공기 기수방향, 대기속도(對氣速度) 및 경과시간을 바탕으로 하여 항공기 위치를 연속적으로 지시하는 기상 계산장치를 이른다.

공중 전기 (空中電氣, atmospheric electricity) 대기 중에 자연적으로 발생하는 여러 가지 전기 현상의 총칭. 뇌진기가 가장 많이 알려져 있다. 그 밖의 전기현상으로서는 대기 중에는 보통 상하를 향하는 전위차가 있고, 또 공기가 이온화됨에 따라 대기에는 전기 전도가 있다. 비가 내릴 때의 빗물에는 하전(荷電)이 있고, 뇌우(雷雨)의 경우는 배나 된다.

공중 통신망 (公衆通信網, public communication network) 일반 가입자의 전화 서비스, 텔렉스(가입 전신) 서비스 등을 위하여 구성한 통신회선을 이른다. 각각 public switched telephone network (PSTN) 및 public telegraph network라고 한다. 또 공중 전화망에 의해서 가입자에게 쌍방형(회화형)의 정보를 제공하는 공중 텔레텍스트망 (public teletext system), 공중 팩스망 등도 생각할 수 있다.

공진 (共振, resonance) 진동계에 외세를 가해서 진동시킬 때 강제 진동력의 주파수가 그 진동계의 공진 주파수와 일치하였을 때 진동계의 진폭이 가장 커지는 현상을 공진이라고 한다. 또한 제동력이 적은 진동계에서는 공진 주파수는 그 고유 주파수에 가깝고 이보다 약간 작다. 전기회로에서는 회로의 공진 주파수가 전원의 주파수와 같을 때 공진이 일어나고, 전압 또는 전류의 진폭이 최대가 된다. ⇨ 공진 주파수, 공진회로, 고유 주파수, 반공진.

공진 곡선 (共振曲線, resonance curve) 진동계나 공진회로의 공진점 부근의 주파수에 대한 진폭특성과 위상특성을 나타낸 것을 공진곡선이라 하고, 저항과 Q를 파라미터로 나타내는 것이 일반적이다.

공진 공동 (共振空洞, resonant cavity) 특정한 주파수로 전기적으로 공진하고 있는 공동. 즉 내부가 공동으로 되어 있는 금속 도체벽은 마치 소리의 공명함이 기체 진동의 공명기로 작용하는 것과 같이, 초고주파의 전기진동에 의해서 고유의 주파수를 갖는 공진기로 작용하는 것이다. 이 공동은 주위가 도체벽으로 포위되어 있으므로 방사손실도 없고 Q도 높아 마이크로파용의 공진기를 비롯하여 기타 널리 이용되고 있다. ⇨ 공동 공진기(cavity resonator), 공동 파장계(cavity wave-meter).

공진기 (共振器, resonator) 공진자와 같은 뜻으로, 약간 형태가 큰 것을 말한다. 예를 들면 공동 공진기 등이 그 일례이다.

공진 범위 (共振範圍, resonance range) 공진하는 주파수 범위이다.

공진 브리지 (resonance bridge) 인덕턴스, 커패시턴스 또는 주파수를 측정하기 위한 4암 브리지로, 직렬 또는 병렬로 접속된 인덕터와 커패시터는 전원 주파수에 대하여 공진하도록 조정된다.

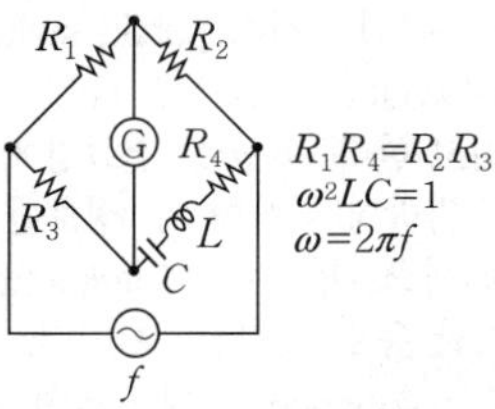

[공진 브리지]

공진선 (共振線, resonant line) 공진선이란 초고주파 영역에서 공진회로로 사용되는 선로를 말한다. 초고주파 영역에 있어서는 병행 2선이나 동축관의 길이가 여진파장 λ에 필적하고 적당한 크기로 된다. 특히 수단 개방으로 선의 길이가 $\lambda/4$의 홀수배와 같은 것이라든가 수단 단락으로 선의 길이가 $\lambda/4$인 짝수배의 것은 송단 임피던스가 극히 작고 직렬 공진작용을 한다. 반면에, 수단 개방으로 선의 길이가 $\lambda/4$의 짝수배와 같은 것, 또 수단 단락으로 선의 길이가 $\lambda/4$의 홀수배인 것은 송단 임피던스가 거의 무한대로 되어 병렬 공진작용을 하게 된다. 그러므로 이러한 성질을 이용하면 Q가 극히 높은 공진선과 반공진선이 얻어져 널리 이용된다.

공진 예도 (共振銳度, resonance sharpness, sharpness of resonance) 공진회로가 이루는 공진의 날카로움을 나타내는 양. 공진 곡선에 있어서 공진 주파수를 f_0, 공진전류를 I_0, 또 $I_0/\sqrt{2}=I$로 하여, 이 I에 대응하는 주파수를 f라고 한다면 $\Delta f=f-f_0$로 쓸 수 있으므로 공진예도, 즉 공진 회로의 Q는 $Q=\omega_0 L/R=1/R\omega_0 C=f_0/2\Delta f$가 된다.

공진자 (共振子, resonator) 어떤 진동전류의 주파수에 동조해서 전기적으로 진동하는 전기회로 소자를 공진자라고 한다. 수정진동자 등은 일종의 공진자이다.

공진 전류 (共振電流, resonance current) 직렬 공진때에는 회로에 흐르는 전류는 최대가 되며, 이것을 공진전류라고 한다. 이 경우에는 유도 리액턴스와 용량 리액턴스는 상쇄되므로 공진전류 I_0는 전원 전압을 V, 회로저항을 R로 하면 $I_0=V/R$가 된다. ⇨ 공진 전압(resonance voltage).

공진 전압 (共振電壓, resonance potential, resonance voltage) 직렬 공진시의 인덕턴스 코일 및 용량의 단자 전압을 각각 V_L, V_C라 하고, 저항의 단자 전압을 V_R이라고 하면

$V_L=j\omega LI_0=j(\omega L/R)V=jQV$,

$V_c=-j(1/\omega CR)V=JQV$,

$V_R=RI_0=V$

여기서 I_0는 공진 전류, V는 전원, Q는 회로의 Q이다. 즉 공진 전압 V_L 및 V_C는 전원 전압 V의 Q배가 된다. ⇨ 공진 전류(resonance current).

공진점 (共振点, resonance point) 공진이 생기는 점, 즉 공진 주파수를 관용적으로 공진점이라고 한다.

공진 조리개 (共振 ——, resonant iris) 그림과 같이, 도파관의 횡단면 상에 렌즈의 조리개와 같은 얇은 도체 창을 두고 그 부근에 전기적 또는 자기적 에너지를 축적할 수가 있어 등가적으로 리액턴스 회로를 삽입한 것과 같이 되므로 공진작용을 한다. 이와 같은 도체창을 공진 조리개라고 한다. 그림 (a)는 두 장의 금속판을 관내 전계에 평행하게 배치한 것으로 유도적이 되

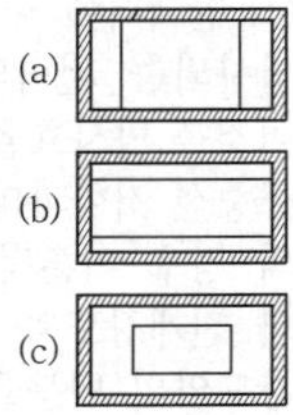

[공진 조리개]

고, 그림 (b)는 두 장의 금속판을 전계에 직각으로 배열한 것으로 용량적 성질을 가진다. 또 그림 (c)는 이들을 조합한 특성을 갖는다. ⇨ 정합 조리개(matching iris).

공진 주파수(共振周波數, resonance frequency) 진동계 또는 진동회로에서 제동력 또는 전기저항을 0으로 하였을 때의 고유 주파수를 공진 주파수라고 한다(⇨ 고유 주파수). 강제 진동력 또는 전원 전압의 주파수와 일치하였을 때 진동 또는 전류의 진폭은 최대가 된다. L, C, R의 직렬회로에서는 $f_0=2\pi\sqrt{1/LC}$ 가 공진 주파수이다. ⇔ 반공진 주파수.

공진 특성(共振特性, resonance characteristic) 콘덴서와 인덕턴스 코일에 의한 공진회로 또는 공동 공진기 등의 공진체의 중심 공진 주파수를 포함한 그 근방 주파수에 있어서의 전압, 전류, 전력의 주파수 특성을 말한다.

공진 표시기(共振表示器, resonance indicator) 동조회로가 희망하는 주파수에 공진한 것을 지시하는 장치. 네온관, 매직아이(동조 지시관), LED 또는 전압계, 전류계 등을 사용해서 만든다.

공진 회로(共振回路, resonance circuit) 주로 인턱턴스 L과 용량 C로 이루어지고 저항이 극히 작은 회로를 말한다. 이러한 회로를 그 유도 리액턴스 ωL과 용량 리액턴스 $\frac{1}{\omega L}$이 같이 될 수 있는 주파수의 전압으로 여진하면 공진현상을 일으키므로 공진회로라 하는 것이다. 이 R, L, C를 전원에 대해서 직렬로 접속한 것을 직렬 공진회로, 병렬로 접속한 것을 병렬 공진회로라고 한다. ⇨ 직렬 공진(series resonance), 병렬 공진(parallel resonance).

공차(公差, tolerance) 공칭값과 실제값이 일치하는 것이 이상적이지만 실제 일치한다는 것은 거의 불가능하다. 이 경우 어느 정도의 오차를 허용하느냐 하는 최대의 범위를 말한다. 절대값으로 말하는 경우와 비율 또는 백분율로 말하는 경우가 있다.

공칭 마력(公稱馬力, nominal horse-power) 선박용 왕복기관에 있어서, 기관의 검사료를 정하거나 거래상에 사용하는 마력 0.0052 $(D_h{}^2+D_i{}^2+D_l{}^2)$ [HP]. D_h, D_i, D_l은 고(高), 중(中), 저(低)실린더의 직경[cm]이다.

공칭 유기 기전력(公稱誘起起電力, nominal induced electomotive force) 동기 발전기의 부하시에 전기자 권선에 유기하는 기전력을 말한다. 1상에 대해서 부하시의 단자 전압을 V라고 하면, 공칭 유기 기전력은 $\dot{E}=\dot{V}+\dot{I}Z_s$로 나타낸다. 여기서 Z_s는 동기 임피던스, I는 부하 전류이다.

공칭 인입 토크(公稱引入 —, nominal pull-in torque) 동기전동기가 정격 주파수 및 정격 전압으로 기동 중에 유도 전동기로서 편의상 5%의 슬립에 있어서 이용할 수 있는 토크이다.

공칭 임피던스(公稱 —, nominal impedance) 정K형 필터에서는 직렬요소 Z_1과 병렬요소 Z_2 사이에 $Z_1Z_2=Z^2$를 만족시킬 때 이것을 정K형 필터라고 하고, 이 때의 K를 공칭 임피던스라 한다.

공칭 전압(公稱電壓, nominal voltage) 공칭하고 있는 전압. 실제 전압과는 꼭 일치하지 않는 경우가 있다.

공칭 정격(公稱定格, nominal rating) 전기철도용의 전원 기기에만 적용되는 정격이며, 그 정격으로 연속 사용하여 기기의 온도가 최종 일정값으로 된 다음 정격출력의 1.5배의 부하로 2시간 연속 사용할 때 권선 및 철심의 온도상승이 표준 정격으로 정해진 한도를 초과하는 것. 5 deg 이하에서 재차 뒤이어 정격출력의 2배인 부하로 1분간 사용해도 실용상 아무런 지장 없이 계속 사용할 수 있는 정격을 말한다.

공통 귀선(共通歸線, common return) 귀선을 공통으로 한 것이다. ⇨ 귀선.

공통 베이스(共通 —, common base) 2대 이상의 회전기를 조인트로 결합한 것을 설치하기 위한 베이스를 말한다.

공통 제어식(共通制御式, common control system) 전화 교환기에 있어 회선 접속장치의 대부분에 공통으로 소수의 제어장치를 두고, 접속 설정의 순간에만 이 제어장치에 의해서 접속장치의 동작이 제어장치에 의해서 접속장치의 동작을 제어하는 방식이다.

ㄱ

공통 지선 (共通支線, common stay) 눈바람이나 기타의 원인으로 선이 절단된 경우 양방향의 선로에 급격히 일어나는 장력의 불평형에 의한 피해를 국부적으로 막는 것을 목적으로 하는 것으로, 양 세로지선(縱支線)을 부착하기 곤란한 경우에 각 전주를 적당히 연결하는 지선을 이른다.

공핍층 (空乏層, depletion layer) 《반도체》 반도체 내부에서 캐리어가 결핍되어 있는 폭이 매우 좁은 층을 말한다. 예를 들어 pn 접합의 접합면에서는 p형 속의 다수 캐리어인 정공은 정공 농도가 작은 n형 속으로 확산하고 n형 속의 다수 캐리어인 전자는 반대로 p형 쪽으로 향해 확산한다. 그러나 n형 속에 확산한 정공은 거기에 다수 존재하는 전자와 결합하여 소멸하기 때문에 pn 접합의 접합부에 매우 가까운 n형 속에는 전자 농도가 매우 낮은 층이 생긴다. p형에 대해서도 이와 마찬가지로 생각할 수 있다. 또 이 때 p형 속의 공핍층 영역에는 음 이온의 전하가, n형 속의 공핍층 영역에는 양 이온의 전하가 나타난다. 물론 이들 두 전하의 합은 0이다. 이와 같은 뜻에서 공핍층을 공간 전하층이라고도 한다.

공핍층 커패시턴스 (空乏層 ──, depletion-layer capacitance) 《반도체》 캐리어가 존재하지 않는 공핍층 영역에서, 정공과 전자를 상실한 부동성 이온이 전기 이중층을 형성하여 마치 커패시터에서의 전극 권하처럼 거동하고 있으며, 이 공핍층 커패시턴스는 접합부에 대하여 외부로부터 공급되는 바이어스 전압에 의해 그 값이 변화한다.

공항 감시 레이더 (空港監視 ──, airport surveillance radar, surveillance radar element (ICAO), airfield control radar(영국)) 공항 또는 공항 부근에 설치해서 공항이 위치하고 있는 터미널 영역 내에 있는 각 항공기의 방위 및 거리를 지시하는 레이더. 터미널 영역 내에서 항공운항의 관제상 항공기의 발착을 위한 장소 및 항공 유도를 하기 위하여 사용된다.

공활성체 (共活性體, coactivator) 형광물질의 발광효율을 높이기 위하여 첨가되는 활성체와 함께 결정의 전기적 중성을 유지시키기 위하여 첨가하는 원자가가 다른 별도의 불순물이다.

과결합 (過結合, overcoupling) 동조 결합회로에 있어서, 결합계수가 0.5 이상인 밀결합을 하는 경우를 말한다. 이 경우에는 쌍봉공진특성을 갖는다. ⇨ 밀결합(close coupling).

과도 (過渡, transient) 정상적인 상태가 될 때까지의 도중을 뜻하는 것이다.

과도 단락 (過渡短絡, transient short-circuit) 돌발적인 단락. 예를 들면 동기발전전기의 과도 단락의 경우에는 그 단락전류는 직류분 및 교류분을 포함한다. 지속 단락에 대한 말이다.

과도 리액턴스 (過渡 ──, transient reactance) 동기기의 리액턴스의 하나로, 제동권선이 없는 경우의 과도전류에 대한 리액턴스이다. 무부하 발전기를 돌연 3상 단락한 경우 전기자에 흐르는 과도전류의 기본파 교류분의 단락 순시에서의 값을 제한하는 것이다. 평균값은 2극 터빈 발전기 0.15, 4극 터빈 발전기 0.23, 제동권선이 감긴 돌극기 0.37, 제동권선이 없는 돌극기 0.35이다.

과도 상태 (過渡狀態, transient state) 정상 상태에 이를 때까지의 상태이다.

과도 안정도 (過渡安定度, transient stability) 동기기가 어떤 부하로 운전되고 있을 때 과도현상이 발생한 경우 과도상태가 경과한 후에 더욱 안정된 운전을 계속할 수 있는 정도를 말한다.

과도 일그러짐 (過渡 ──, transient distorsion) 주파수 일그러짐 및 위상 등의 직선 일그러짐을 갖는 회로망이나 전송선에 둘 이상의 주파수 성분을 갖는 신호 파형을 통과시켰을 때 생기는 과도적인 파형 일그러짐을 말한다. 특히 펄스나 구형파와 같이 급격한 상승이나 하강을 갖는 파형의 급격한 변화에 이어서 생기는 파형 일그러짐을 말한다. ⇨ 과도 지연(transient delay).

과도 전류 (過渡電流, transient current) 회로가 과도상태일 때 흐르는 전류. 즉 회로를 개폐하거나 회로상수를 급변하거나 하는 순간에 회로 중간에 흐르는 전류를 말한다. 이와 같은 경우에는 전류가 정상적인 값에 이르는데 일정한 시간을 요한다. 그림에 보인 곡선은 어떤 회로에 일정한 직류전압을 가하고 스위치를 투입한 순간의 과도전류의 변화를 보인 것이다.

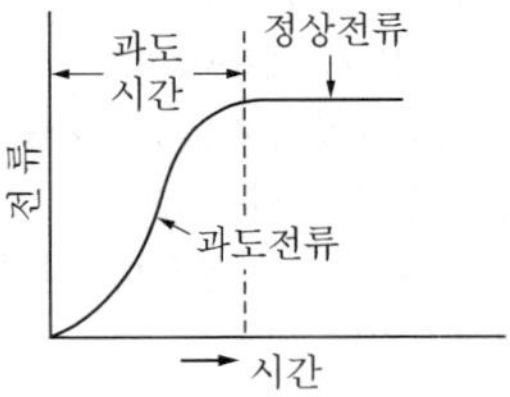

[과도 전류]

과도 전압 (過渡電壓, transient voltage) 회로가 과도상태에 있을 때의 전압이다.

과도 지연 (過渡遲延, transient delay) 리액턴스 회로망 등에 있어서, 회로의 개폐 또는 충격전류 등과 같은 급격한 변화에 따라서 생기는 과도적인 지연현상을 말한다. ⇨ 지연 회로망(delay network), 과도 일그러짐(transient distorsion).

과도 편차 (過渡偏差, transient deviation) 입력의 변화가 있은 다음의 과도상태에 있어서의 제어 편차를 말한다.

과도 현상 (過渡現狀, transient phenomena) 정상 상태로 되기까지의 도중에서 일어나는 현상을 이른다.

과변조 (過變調, overmodulation) 변조율이 100%(변도도 1) 이상이 되는 변조를 말하며 변조파에 일그러짐이 생긴다.

과보상 (過補償, overcompensation) 진폭, 위상 등을 소요의 진폭, 위상으로 보상하는 경우(예를 들면, 감쇠 등화기, 위상 보상기 등을 사용) 소정의 양 이상으로 보상시키면 일반적으로 일그러짐의 원인이 된다. 특히 위상의 과보상은 텔레비전, 모사전송에 있어 양호한 영상이 얻어지지 못한다.

과복권 발전기 (過複捲發電機, over-compound generator) 직류 복권 발전기의 일종으로, 전부하에서의 단자전압이 무부하 전압보다도 높아지는 특성의 발전기를 말한다.

과부하 (過負荷, overload) 기기 또는 장치가 감당하는 정상값을 초과한 부하를 과부하라 한다. 과부하가 되면 신호처리 회로의 신호는 일그러짐이 발생하고, 전력처리 회로에서는 구성 부품 등이 과열하게 된다.

㈜ 기기·장치 등은 보편적으로 그 정격 부하용량을 얼마간 초과하여도 이상을 발생하지 않고 운전할 수 있는 약간의 과부하 용량을 가지고 있는 경우가 많다.

과부하 계전기 (過負荷繼電器, overload relay) 애당초 설정된 과부하(전류, 전력, 온도 등)로서 동작하는 계전기, 부하의 성질에 따라 동작시간 지연이 도입되기도 한다.

과부하 내량 (過負荷耐量, overload capacity) 전기 기기가 어느 정도의 과부하에 견딜 수 있느냐 하는 정도를 말한다.

과부하 밸브 (過負荷——, overload valve) 증기 터빈에 규정 이상의 부하를 걸거나 또는 증기의 압력이나 온도가 내려간 경우라도 규정 출력을 내기 위하여 터빈에는 규정한 조건에서 최대 증기량 이상의 증거가 공급될 수 있게 여분의 밸브가 설치되어 있다. 이것을 과부하 밸브라고 한다.

과부하 요금제 (過負荷料金制, overload tariff system) 정해진 한도를 초과하여 사용하는 전력 또는 전력량에 대하여 추가 요금을 부과하는 요금제이다.

과부하 용량 (過負荷容量, overload capacity) ⇨ 과부하 내량.

과 샘플링 (過——, oversampling) 《이미지 센서》 검지기의 순시 시야에 상당하는 분량보다 수가 많은 화소를 검출기 출력으로 디지털화함으로써 고의적으로 센서에서 화소의 부분적인 중복을 발생시키는 것, 이것은 주사 방식에 따른 센서의 주파수 응답특성을 개선할 목적으로 많이 사용된다.

㈜ 나이키스트의 정리에 의하면 과 샘플링은 샘플링 조작으로 발생하는 불필요 주파수 성분을 이미지의 주파수역에서 고주파역으로 멀리 물리치는 효과가 있다.

과여자 (過勵磁, overexcitation) 정상적인 여자보다도 큰 여자전류를 가하는 것을 말한다.

과여진 (過勵振, overexcitation, over drive) 진공관식 고주파 증폭기에서, 진동전압을 그리드에 가하여 여진하는 경우, 그리드 전압 대 플레이트 전류곡선의 직선부 이상으로 그리드를 여진하는 것을 말한다. 이 경우에는 출력측에 파형 일그러짐이 생긴다. 또

때로는 여진이 지나치게 커서 그리드 전류가 흐르는 경우를 말한다. ⇐ 과여자(over excitation).

과열 (過熱, overheat) 소정의 온도 또는 정해진 온도의 한계를 초과하여 온도가 상승하는 것을 이른다.

과열 경보 (過熱警報, temperature alarm) 온도가 예정값에 이르면 경보를 내는 방식. 일반적으로 온도 경보라고 한다.

과열기 (過熱器, superheater) 《화력 발전》 고온 증기를 얻기 위하여 증발관에서 발생한 증기를 다시 가열하는 장치. 가열 방식에 따라 방사형, 접촉형 및 그 병용형이 있다.

과열도 (過熱度, degree of superheat) 증기는 그 압력에 상당하는 포화온도를 가지고 있는데, 어떤 압력에서 이 포화온도보다 높은 온도에 이른 증기를 과열 증기라 한다. 과열 증기온도 및 포화 증기온도의 차를 과열도라 한다.

과열점 (過熱點, hot spot) 《진공관》 전계 또는 자계로 인하여 전자빔이 전자관 내의 한 국부에 집중되어 생기는 가열점을 이른다.

과열 제지기 (過熱制止器, desuperheater) 과열 증기의 온도가 규정값 이상으로 올라가지 않도록 2개의 과열기의 중간에 설치하여 증기 중에 급수의 일부를 분사하거나 또는 표면 접촉형 열교환기에 의하여 과열도를 낮추는 장치. 일반적으로 가열 저감기라고 한다.

과열 증기 (過熱蒸氣, superheated steam) 그 압력에 상당하는 포화 온도보다도 높은 온도의 증기를 말한다. ⇨ 포화 증기.

과전력 계전기(過全力繼電器, overpower relay) 계통의 과전력으로 동작하는 계전기이다.

과전류 (過電流, excess current, over current) 허용 한계 이상으로 흐르는 전류이다.

과전류 계전기 (過電流繼電器, overcurrent relay) 동작기간 중에 계전기를 흐르는 전류가 그 설정값과 같거나 또는 그 이상으로 되었을 때 동작하는 계전기이다.

과전압 (過電壓, overvoltage) (1) 전기회로라든가 시설의 각부 상호간, 또는 각부와 대지 사이에 발생하는 정상값을 현저하게 초과한 전압으로, 각부의 절연 강도에 대한 허용값을 초과한 전압. (2) 전해 과정에서 이론적으로 주어지는 분해전압과 실제로 전극 간에 주어지는 전압의 차이 전압, 이것은 전류를 흘림으로써 전극이 분극을 발생하여 양극은 이론값보다도 보다 귀하게, 음극은 보다 천한 전위로 되기 때문이다.

과전압 계전기 (過電壓繼電器, overvoltage relay) 계전기에 부여되는 전압이 그 설정값과 같거나 또는 그 이상으로 되었을 때 동작하는 계전기이다.

과정류 (過整流, overcommutation) 전압 정류의 경우, 보극(補極)의 세기가 직선 정류에 대한 값보다 현저하게 세기 때문에 브러시에서의 단락전류의 변화가 현저하게 빠르고, 그 값이 정류 주기의 끝에서 코일 내의 전류값 보다도 절대값이 큰 값에 도달하는 변화를 하는 정류를 말한다.

과집군 (過集群, overbunching) 클라이스트론 등에 있어서 속도변조를 받은 전자류가 가장 적당한 위치보다 앞에서 가장 조밀한 집군상태가 되고, 가장 적당한 위치에서는 오히려 분산상태가 되는 것을 말한다.

과충전 (過充電, overcharge) 충전이 끝난 후 재차 충전을 계속하는 것으로, 전지의 수명을 단축하는 원인이 된다. 때로는 전지의 보수상 설페이션의 회복 등을 위해서 충전이 끝난 후 재차 낮은 전류로 충전하는 경우도 있다.

관내법 (管內法, pipe method) 음향 재료의 흡음률을 살피는 한 방법. 긴 파이프의 한 끝을 공시(供試) 재료로 막고, 다른 끝의 음원에서 파이프의 축방향으로 발사한 음파를 반사시켜 그 조건에서 흡음률을 산출한다.

관내 전압 강하 (管內電壓降下, tube drop) 열음극 방전관의 음극·양극간 전압을 특히 관내 전압 강하라고 한다.

관내 파장 (管內波長, guide wavelength, wavelength in waveguide) 도파관의 관축을 연하는 관내파의 파장. 여진파의 자유공간 파장을 λ_0, 도파관의 차단 파장을 λ_c라고 하면, 관내 파장 λ'는 다음 식으로 나타낸다. λ'는 λ_0보다 일반적으로 길다. $\lambda' = \lambda_0/\sqrt{1-(\lambda_0/\lambda_c)^2}$ ⇨ 차단 파장(cut-off wave length).

관로 (管路, conduit line, duct line) 《케이블》 ⇨ 케이블 관로.

관로식 (管路式, draw-in conduit system, duct line system) 지하 케이블을 안전하고 확실하게 보호하기 위하여 케이블을 지하 매설로 하지 않고 콘크리트 관, 철관, 도관(陶管), 트로프(trough) 등의 속에 부설하는 방법을 이른다.

관류 보일러 (once-through boiler) 《화력발전》 긴 관의 일단에서 펌프로 급수하고, 화로에 배치된 관 안에서 가열되어 증발·과열된 다음 관의 다른 끝에서 과열증기로서 터빈으로 보내지도록 되어 있는 보일러 구조. 보일러 동체가 없으므로 중량은 가볍고 열용량도 작기 때문에 시동·정지에 요하는 시간이 짧은 장점에 있지만 부하 변동에 대한 여유가 약간 부족하다. ⇨ 자연 순환 보일러.

관통 주파수 (貫通周波數, penetration frequency) 전파가 전리층 안에 들어오면 그 주파수 및 전자밀도로 인해서 어떤 정해진 굴절을 한다. 일반적으로 지상에서 발사된 전파는 전리층 안에서는 어떤 활(弧)을 그려서 재차 지상으로 되돌아오지만 주파수가 점점 높아지면 활의 곡률이 감소하고 특정 주파수 이상이 되면 다시는 지상으로 되돌아오지 않는다. 전파를 수직으로 발사했을 때의 그 한계의 주파수를 관통 주파수라고 한다.

관통형 변류기 (貫通形變流器, throughtype current tansformer, window type current transformer) 1차 도선으로 막대 모양의 도체를 그대로 이용하는 변류기. 2차 권선을 감은 철심의 창에 도체를 통해서 사용한다.

관형 전구 (管形電球, tube lamp) 유리구(球)를 가늘고 긴 파이프 모양으로 만든 전구로, 급전을 한 끝에서 통전하는 편(片)베이스와 양단에서 하는 양(兩)베이스가 있다. 예전에 진열장 등에 사용되었으나 지금은 형광등에 주로 쓰이게 되었다. 또 형광등 기구 안에 직류 점등의 예비등으로 부설되기도 한다.

관형 전등 (管形電燈, tube lamp, tubular lamp) ⇨ 관형 전구.

관형 전주 (管形電柱, tubular pole) 강철관을 전기 용접해서 조립한 전주이다.

관형 표시기 (管形表示器, tubular drop) 자석식 교환기의 접속 코드회로에 있어서 통화선에 병렬로 접속하여 통화 신호를 받기 위하여 사용하는 표시기. 관형 계철(繼鐵)을 써서 임피던스를 크게 하여 통화손을 적게 하고, 아울러 누화를 방지하는 구조의 것을 이른다.

광(빛) (光, light) 보통은 가시선이라는 뜻으로 사용되지만 때로는 자외선이나 적외선 등의 불가시선을 포함한 뜻으로 쓰이기도 한다. 가시선의 범위는 파장 0.0000 39 cm에서 0.0000 76 cm (즉 3,900～7,600 Å)까지를 이르며, 파장이 긴 쪽이 빨강이고 짧아짐에 따라 황색, 녹색, 청색, 보라색의 순서로 된다. 보라색보다 파장이 짧은 것을 자외선, 빨강색보다 파장이 긴 것을 적외선이라 한다. 이들은 모두 눈으로는 볼 수 없다. 태양광선과 같은 백색광은 이러한 빛을 혼합하거나 또는 3원색의 적색, 녹색, 청색을 혼합하면 된다.

광 검출기 (光檢出器, photodetector) 빛을 검출하여 그 강도를 전기신호로 변환하는 트랜스듀서를 이른다. 광전지(실리콘, 셀렌), 광도전 소자(황화 카드뮴, 셀렌화 카드뮴), 포토 다이오드, 포토 트랜지스터, 광전자 증배관, 광전관(진공, 가스입) 등이 있다.

광결합 (光結合, optical coupling) 두 개의 전기회로를 광전 변환소자와 광빔 또는 광파이버에 의해 결합하는 것을 이른다. ⇨ 광절연.

㈜ 한쪽 회로에서 나온 방사속 중 다른 쪽 회로로 들어가는 방사속의 비율에 따라 두 회로의 광결합도가 주어진다.

광 결합기 (光結合器, photocoupler) 발광 다이오드 등의 전기→광변화 소자를 발광부로 하고, 포토 트랜지스터 등의 광→전기 변환 소자를 수광(受光)부로 한 회로를 구성하여 전기신호를 발광부에서 빛으로 변환하고, 수광부에서는 다시 전기신호로 환원시키는 것을 말한다. 입력측과 출력측은 전기적으로 절연되어 있기 때문에 전압이 다른 회로 상호 간의 결합, 고내전압(高耐電壓)의 스위칭 소자 등에 쓰인다.

광 고온계 (光高溫計, optical pyrometer) 표준

이 되는 비교용 광원과, 그 광원에 대하여 밝기와 색깔을 맞추기 위한 적당한 장치로 구성된 측온장치. 온도를 측정할려고 하는 대상물을 별도 광원으로 하고 표준 광원과 비교 측정하여 온도를 결정한다.

광 기전효과 (光起電效果, photovoltaic effect) 투명한 도전성 막을 반도체 물질의 얇은 층으로 격리한 것에 전자방사를 부여함으로써 무부하 전위차를 발생하는 현상을 말한다. ⇨ 광전지.

광대 (光帶, light pattern) (1) 녹음판에 빛을 비추었을 때 볼 수 있는 띠 모양의 빛 무늬. (2) 예를 들면, 토기 녹음용의 광원처럼 극히 좁은 띠 모양의 간극에 구속된 광속을 이른다.

광대역 공중선 (廣帶域空中線, wide-band antenna) 넓은 주파수 범위에 걸쳐 비교적 고이득의 공중선. ① 단파대에서는 각 주파수에 대해서 일일이 궤전선과의 정합을 취하는 경우가 많다. ② 초단파대에서는 텔레비전의 송신 안테나, 수신 안테나와 같은 것을 말하며 주파수에 따라서 정합하지 않는다. ③ 마이크로파 통신에 사용되는 파라볼라, 레인지 안테나. 혼 리플렉터 등은 이에 속한다. ⇨ 다대역 공중선(multiband antenna).

광대역 전송 (廣帶域轉送, broad-band transmission) 주파수 분할방식에 의한 것이거나 시분할 방식에 의한 것이거나 초다중 통신을 하고자 하면 일반적으로 극히 넓은 주파수 범위의 전송로가 필요하게 된다. 이와 같은 전송 방식을 광대역 전송이라고 한다.

광대역 정합회로 (廣帶域整合回路, broad-band matching circuit) 넓은 주파수 범위에 걸쳐 정합을 할 수 있는 회로를 말한다. 특성 임피던스가 다른 분포상수 선로나 단면의 모양이 다른 도파관의 접합에 쓰이는 테이퍼 정합 등은 그 일례이다. ⇨ 테이퍼 정합(taper matching).

광대역 주파수 변조 (廣帶域周波數變調, wide-band frequency modulation) 다중 전화의 주파수 변조 등을 말한다.

광대역 증폭기 (廣帶域增幅器, wide-band amplifier) 텔레비전의 중간주파 증폭기 또는 영상증폭기 등과 같이 증폭 주파수대역이 넓은 증폭기. 결합 공진회로나 스태거회로 또는 저항 결합회로가 사용되며 필요에 따라 파킹 코일로 그 고주파 한계를 높인다.

광대역 케이블 (廣帶域 ──, broad-band cable) 텔레비전 신호전류 전송용 또는 초다중 통화로 반송식 전화용으로 사용하는 고주파에 있어서 감쇠량이 비교적 낮은 케이블로, 동축형 및 평형형이 있다.

광대역 필터 (廣帶域 ──, broad-band filter) 대역필터 또는 대역저지 필터의 통과대역폭 또는 저지대역폭이 비교적 넓은 필터. 보통 고Q 동조회로를 이용한 협대역 필터를 적당히 조합하여 만든다. ⇨ 협대역 필터(narrow-band filter).

광도 (光度, luminous intensity) 점광원의 어떤 방향의 광도란, 그 방향으로 그 광원에서 단위 입체각 내로 발산되는 광속이다(관측거리에 비해서 무시할 수 있는 크기의 광원에서 발산되는 광속은 한 점으로부터 오는 것이라고 생각하여도 무방하다). 광도의 단위는 칸델라(candela, 기호 cd)이다.

광도계 (光度計, photometer) 측광기라고도 한다. 측광용의 주요 장치인데, 시감, 물리의 두 종류로 나눈다. 전자는 측정되는 밝기와 표준적인 밝기를 비교하기 쉽게 만들어진 것이며 현재 룸머·브로쥰의 것이 널리 쓰인다. 후자는 빛에 의한 물리현상으로 빛의 강도를 측정하려는 것인데 광전 효과를 이용하는 것이 가장 많다. 측광기 중 특히 광도측정에 편리하게 만들어진 것을 광도계라 부르기도 한다.

광도분포 곡선 (光度分布曲線, candlepower distribution curve) 램프 또는 조명기구의 광 중심을 통하는 보통 연직면 또는 수평면 광도의 극좌표 분포를 부여하는 곡선으로, 각각 연직 및 수평 광도분포 곡선이라 한다. 배광 곡선이라고도 한다.

광도전관 (光導電管, photoconductive cell) ⇨ 광도전 소자.

광도전성 (光導電性, photo conductivity) 빛의 조사에 따라 반도체의 전기 전도도가 변화하는 성질을 말한다.

광도전 소자 (光度電素子, photo conductive cell) 빛의 조사에 따라 전기 전도도가 증

가하는 소자. 예를 들면, 셀레늄, 게르마늄, 황화연 등으로 만들어진 반도체 소자는 그 일례이다.

광도전체 (光導電體, photoconductor) 어두운 곳에서는 절연체에 가깝고 빛이 닿았을 때만 도전성을 나타내는 물질로서, 빛의 검출기나 릴레이 등으로서 계측, 제어에 사용된다. 대표적인 것은 황화 카드뮴(CdS)으로, 박막 또는 작은 단결정으로 하여 사용하며, 파장에 대해 시감도와 거의 같은 특성이 얻어진다. 황화 납(PdS)은 적외선에 대한 감도가 좋다. 다른 용도로서는 전자 사진에 셀렌(Se)이나 산화 아연(ZnO)이, 비디콘에 삼황화 안티몬(Sb_2S_3) 등이 쓰인다.

광도전형 축적관 (光度電形蓄積管, photo conductive storage tube) 광조사 또는 전자의 충격을 받아 그 도전율이 변화하는 물질의 성질을 이용한 축적관. 배면 전극상에 광도전 물질을 도포한 타깃이 있어 이것을 광이미지에 노출하거나 휘도 변조한 광빔이나 전자빔으로 주사하거나 하여 정보를 그 위에 축적한다. 이 정보는 리딩빔을 이용하여 주사함으로써 출력할 수 있다. 배면 전극에 이르는 전자의 수, 즉 출력신호의 세기는 각 축적 요소의 전도로 결정된다. 그리고 배면 전극에 접속된 부하저항에 흐르는 전류의 형태로 출력이 얻어진다.

㊟ 광도전형 축적관은 정전하형 축적관과 함께 많이 사용된다. 이 밖에 광방출 효과, 루미네선스, 포토크로믹 효과 등을 이용한 축적관도 있다.

광도전 효과 (光導電效果, photo conductive effect) 도체 또는 액체에 있어서, 전기 전도성이 방사에 의해서 영향을 받는 현상. 대부분의 반도체 금속과 그 화합물, 특히 셀렌, 텔루르와 그 화합물 등은 전자기 방사를 받아 그 도전율이 크게 변화한다.

㊟ 전자기 방사의 에너지 $h\nu$ 가 반도체의 일함수 이상이 되면 전자는 외부로 방출되지만 $h\nu$ 가 갭에너지 E_g 와 일함수의 중간값이면 전자기방사에 의해 생성된 전자-정공 때문에 반도체의 도전율은 현저하게 증가한다. 이것은 내부 광전효과라 하며, 갭에너지에 의해 결정되는 고유의 값을 가지고 있다. 어떤 종류의 반도체에서는 전자가 가전자대에서 억셉터 준위로 여기되어 가전자대에 정공을 남기거나 혹은 도너 준위에서 전도대로 여기되어 전자가 증가함으로써 발생하는 외인성 광도전성을 나타낸다. 광도전 물질에 있어서는 방사에 대한 리스펀스가 매우 빠르기 때문에 고속 스위치와 변조기로 많이 사용된다.

광도 표준기 (光度標準器, luminous standard) 1차 광도 표준기는 현재 흑체로(黑體爐), 즉 백금점의 흑체가 쓰이고, 2차 표준기로서는 보통 백열전구가 쓰인다.

광량 (光量, quantity of light) 광속의 시간 적분, 즉 $\int_0^t F dt$, 만일 이 시간 중 광속이 일정하면 F_t와 같다. 단위는 루멘시[lm / h]이다.

광밀폐 (光密閉, optical confinement) 《레이저》 반도체의 활성 영역에서의 빛의 굴절률과 이득을 그 주위의 영역보다 높게 하여 이 부분에 투사하는 빛의 에너지를 이 활성 영역 내에 봉쇄시킴으로써 동작효율을 높이는 것을 이른다. ⇨ 반도체 레이저, 갈륨비소 레이저.

광방사 (光放射, luminous radiation) 전자파로 방사되는 것 중 파장이 약 400~700 mμ의 부분, 즉 사람의 눈에 빛으로 느낄 수 있는 것을 말한다.

광 밸브 (光——, light valve) 사진 전송의 수신에 있어서, 사진 전류에 의해서 빛을 변조하기 위하여 사용하는 것이며 주로 자계 중에 친 선에 사진 전류를 통하여 움직여서 광원으로부터의 광속의 양을 변화시키는 방법이다.

광변조기 (光變調器, optical modulator) 빛에 의한 정보 전송의 목적에서 빛이 갖는 속성을 정보신호에 의해 변조하는 장치, 보통 전기 광학효과 등을 이용하여 빛의 세기를 변화시키는 경우가 많고, 레이저광의 경우에는 이와 같은 변조기를 공진기 내부 또는 외부에 두고 변조한다.

㊟ 펌프작용을 변화하여 레이저 활물질의 파라미터를 변조하는 이른바 직접 변조와는 구별된다.

광변조 방전관 (光變調放電管, glow modulator

tube) 광통신 또는 사진 전송용 광원에 사용하는 방전관. 방전 전류를 변화시켜 빛의 강도를 바꾼다. 양광주의 발광을 이용하는 것과 음극광을 이용하는 것이 있다. 전자는 열음극, 후자는 냉음극이다.

ㄱ

광 사이리스터 (光 —, light activated thyristor) 사이리스터를 트리거하기 위해 게이트 전력을 사용하지 않고 디바이스에 설치한 창을 통해서 외부로부터 조사되는 광 에너지를 이용한 것을 말한다.

광석 검파기 (鑛石檢波器, crystal detector) 검파기로 사용하는 반도체 다이오드의 속어. 옛날에 천연 광석을 써서 검파기를 만들었으므로 이 이름이 남아 있다.

광석 계면 (鑛石界面, crystal barrier) 결정의 내면 또는 표면에 있어서 전위분포의 특별한 상태를 이르지만 오늘날에는 '결정의 장벽'이라는 표현을 쓴다.

광석 변환기 (鑛石變換器, crystal converter) ⇨ 크리스털 믹서.

광석 3극관 (鑛石三極管, crystal triode) 초기 단계에 트랜지스터를 이와 같이 이름을 붙인 적이 있으나 현재는 쓰이지 않는다.

광석 잡음 발생기 (鑛石雜音發生器, crystal noise generator) 특별한 광석(반도체로서 검파작용을 하는 것)에 전류를 통하면 잡음을 발생하므로 이 잡음을 이용해서 잡음원으로 하는 장치이다.

광선 (光線, ray of light) 빛은 고른 매질 중에서는 직진한다. 그 경로를 광선이라고 한다.

광선식 (光線蝕, optical eclipse) 일식의 경우, 태양으로부터의 방사선 미립자에 의한 일식은 광학적인 일식보다 늦는다. 이것을 구별하기 위하여 광학적인 일식을 광선식이라고 한다.

광선 요법 (光線療法, phototherapy) 자외선, 적외선 등을 이용하는 의료법이다.

광선 전화 (光線電話, photophone, phototelephone) 광파를 사용해서 전화의 정보를 전달하는 통신방식. 이 광파로는 적외선, 가시선, 자외선이 사용된다. 광통신(光通信)이라고도 한다.

광속 (光束, flux of light, luminous flux) 시감도로 평가한 방사 에너지 흐름의 빠르기를 이른다. 단위는 루멘(lumen, 약어 lm). 각 방향으로 고르게 1칸델라씩을 내는 광원으로, 단위 입체각에 내는 광속을 1루멘이라 한다.

광속계 (光束計, integrating photomererer, lumenmeter) 광원의 전 광속을 측정하는 장치. 보통 구형(球形) 광속계가 사용되고 있다. ⇨ 구형 광속계.

광속 곡선 (光束曲線, flux curve) 루소도로 나타낸 배광곡선의 적분곡선. 연직각의 눈금에 대응해서 즉시 광속을 읽을 수 있다. 반사갓의 설계 등에 사용하면 편리하다.

광속 밀도 (光束密度, luminous flux density) 보통 광속의 면적에 대한 밀도를 뜻한다. 이것이 입사광속의 경우는 조도이고, 발산광속의 경우는 광속 발산도이다. ⇨ 조도, 광속발산도.

광속 발산도 (光束發散度, luminous emittance, luminous radiance) 발광면(1차 광원 또는 2차 광원)의 광속 발산도란, 발산하는 광속의 면적 밀도이다. 완전 확산면의 경우에는 휘도의 π배이다. 반사율 ρ인 면이 조도 E [lx]를 받으면 그 광속 발산도는 ρE [lm/m^2]가 된다.

광속법 (光束法, flux method, flux of light method) 조명설계에 있어서 평균 조도를 계산하는 한 방법. 실내에 있어서는 방의 면적 A, 평균 수명 조도 E, 조명률 U, 사용 광원 1등당의 광속 F, 등수 N, 감광보상률 D라고 할 때 $NFU=EAD$이다.

광스위치 (optical switch) 전기(자기)광학 효과를 이용하여 외부에서 인가한 전계에 의해 광빔을 온·오프하는 장치, 혹은 액정 물질의 광학적 성질이 외부로부터 주어지는 전계나 압력 등에 의해서 변화하는 현상을 이용한 스위치 등이 있다. 이들은 이른바 기계 스위치는 아니지만 광파이버 전송로는 사용하는 경우 등에서는 광빔을 온·오프하기 위해 파이버 자체를 전자석 등으로 기계적으로 전환하도록 한 기계 구동형도 있다. 또 레이저 발진 등에서 볼 수 있는 공진 장치의 Q값을 급격하게 변화시켜 광펄스를 발생시키는 Q스위치는 다른 형의 광스위치라고 할 수 있다. ⇨ Q스위칭.

광식각 (光食刻, photo-engraving) 실리콘 산화막으로 피복한 웨이퍼에 포토레지스트를 도포하여 마스크를 겹치고, 그 위에서 자외선을 조사하면 빛이 쪼인 부분의 레지스트는 중합반응으로 경화한다. 조사를 받지 않은 부분의 포토 레지스트를 제거하고 실리콘 산화막의 부식액을 써서 산화막을 선택적으로 제거하여 실리콘 표면을 노출시킨다. ㊟ 이 방법은 반도체에 국한하지 않고 금속과 절연물 등의 정밀한 식각에도 이용되고 있다.

광원 (光源, light source, luminous source) 전구, 양호, 태양 등 빛을 내는 물체 또는 장치를 이르며 광원의 밝기는 광속의 단위인 루멘(lm)으로 나타낸다.

광원색 (光原色, light source color) 광원에서 방출되는 빛의 색. 점광원의 색은 광원의 광도와 색도 좌표분에 의해서 정의된다. 확산을 가진 광원의 색은 그 루미네선스와 색도 좌표분에 의해서 정의된다.

광자 (光子, photon) 광양자를 전자 등과 같이 독자적 존재로 생각할 때는 광자라고도 한다.

광자기 메모리 (光磁氣 ——, optical magnetic memory) 자화로 인하여 편향면의 회전이 다른 자기 광학효과를 이용하여 자구를 판독하는 메모리이고, 기록은 레이저광에 의한 국부 가열로 이루어진다. MnBi막, YIG, GdCo 등이 개발되고 있다.

광전 감도 (光電感度, photoelectric sensitivity, photosensitivity) 입사 광속에 대한 광전류의 비. 보통 μA/lm으로 나타낸다.

광전관 (光電管, photo (electric) tube) 외부 광전효과(광전자 방출)를 이용한 일종의 2극 전자관. 진공형과 가스형이 있다. 음극에는 은세슘의 복합 광전면, 세슘과 안티몬의 합금 광전면 등이 있다.

광전 광도계 (光電光度計, photoelectric photo meter) ⇨ 광전 측광기.

광전기 (光電氣, photoelectricity) 빛에 의해서 생기는 전기현상의 총칭이다.

광전류 (光電流, photo (electric) current) 빛의 조사(照射)로 인하여 물질 속에 생긴 전자로 외부 회로에 흐르게 된 전류. 빛의 조사로 인하여 광전면(光電面)으로부터 방출된 광전자에 의한 것과 반도체 속에 생긴 전자와 정공(hole)에 의한 것이 있다.

광전 물질 (光電物質, photoelectric material) 광전효과를 일으키는 물질이다.

광전 분광법 (光電分光法, photoelectron spectroscopy) 약어 PS, 단일 파장의 자외선 또는 X선을 고체 혹은 기체 시료에 조사하여 그 결과 방출되는 광전자 에너지를 분석기에 걸어 그 스펙트럼 분포로부터 고체와 분자의 성질을 연구하는 방법. X선을 이용하는 방법을 XPS, 자외선을 이용하는 방법을 UPS라 부르고 있다.

광전 음극 (光電陰極, photocathode) 빛의 조사에 따라 전자를 방출하는 음극. 산화은의 면에 세슘의 얇은 층을 형성시킨 것(복합 광전면이라고 한다), 안티몬과 세슘의 합금층을 사용한 것(합금 광전면이라고 한다) 등이 있다.

광전자 (光電子, photoelectron) 광전효과에 의해서 원자로부터 해방되는 전자이다.

광전자 방출 (光電子放出, photoelectric emission) 조사된 빛의 에너지에 의해서 물체 표면으로부터 진공 중에 전자를 방출하는 현상. 예를 들면, 바륨, 세슘, 리튬, 칼륨 등은 진공 속에서는 빛의 조사로 전자를 방출한다.

광전자 증배관 (光電子增倍管, photomultiplier) 광전 음극과 양극 사이에 몇 개의 다이오드 전극을 가진 광전관을 이른다. 광전 음극의 전자류는 각각의 다이오드에 의해서 순차 반사되고, 동시에 2차 전자방사에 의한 전자를 추가하여 증배하면서 양극에 도달하며, 여기서부터 증폭전류가 얻어진다.

광전지 (光電池, photoelectric cell, photovoltaic cell) (1) 전류-전압 특성이 입사하는 방사의 함수로 변화하는 현상을 이용한 고체의 광감응 소자. (2) 광기전효과, 광도전 효과를 가진 소자를 이른다. 광도전 셀, 포토 트랜지스터, 광전지 등이 있다.
㊟ voltaic이란, 기전력을 발생하는 디바이스에 붙인 용어이고, 위의 (1), (2)를 합쳐서 보통 포토 셀이라 말한다.

광전 측광(光電測光, photoelectric photometry) 광전 측광기를 사용하는 측광법. 측광자의 개인적인 차이가 없고 신속하게 측정할 수 있는 이점이 있으므로 실용상 널리 사용되고 있으나 측광기의 성능에 대해서 주의를 요한다.

광전 측광기 (光電測光器, photoelectric photometer) 광전효과를 이용한 측정기. 광전관 또는 광전지를 이용하는 경우가 많다. 사용에 있어서 분광감도, 온도특성, 경시변화 등에 주의할 필요가 있다.

광전 컨덕턴스 (光電 ──, photoelectric conductance) 광전 현상으로 인하여 생기는 컨덕턴스를 이른다.

광전 한계 (光電限界, photoelectric threshold) 전자를 해방하는데 필요한 최소의 에너지를 E_0, 빛의 진동수를 ν, 플랑크의 상수를 h라고 할 때 $h\nu - E_0$가 광전자의 운동 에너지이고, $h\nu_0 = E_0$로 정하는 ν_0이상의 진동수의 빛의 흡수로 광전효과를 일으킨다. 이 ν_0가 광전효과를 일으키는 한계이며, 이것을 광전 한계라고 한다.

광전 효과 (光電效果, photoelectric effect) 물질에 방사 에너지가 주어지면 그 결과로 광자(光子)를 흡수하게 되고, 전자가 해방되는 현상. 전기적인 효과가 입사하는 방사에 의해 영향을 받는 광전효과로서는 다음 세 가지를 들 수 있다. ① 광 도전효과 : 빛에 의한 물질의 도전율의 변화. ② 광 방출효과 : 빛의 조사(照射)를 받는 물질로부터의 전자 방출. ③ 광 기전효과 : 빛에 의한 전지작용을 이른다.

광절연 (光絶緣, optical isolation) 전기회로의 한쪽 발광 소자의 출력을 포토 다이오드, 포토 트랜지스터 등으로 전기출력으로 변환하여 이것으로 제2의 전기회로를 구동하는 것. 두 회로는 광학적으로 결합되어 있지만 전기적으로는 절연되어 있다. ⇨ 광결합.

광점 (光點, light spot) 사진 및 모사 전송의 송신 또는 수신의 주사에 빛을 사용하는 경우 화소에 상당하는 크기로 한 광의 점을 이른다.

광조 (光條, striation) 방전현상에 있어서 생기는 특히 밝은 빛의 줄무늬를 이른다.

광 중성자 (光中性子, photoneutron) 광(photon, γ선 방사)에 의한 반응으로 원자핵에서 방출되는 중성자이다.

광 중심 (光中心, light center, luminous center) 광원의 광도를 구하는 데 있어 역승법칙에 의하는 경우 거리의 원점이 되는 점. 대개의 경우 발광부분의 기하학적 중심(重心)이다.

광집적회로 (光集積回路, optical integrated circuit) 광검출기, 광변조기, 광편향기, 광필터, 편향자 등 빛의 속성에 대하여 각종 변환처리를 실시하는, 즉 광회로 소자를 적당한 도파로와 함께 단일 기판에 집적함으로써 구성된 광회로계를 광집적회로라 한다. 신호 매체로서 반도체 레이저에 의한 발진파가 사용되며, 종래의 전자 회로에서의 집적화를 광회로로 실현한 것이다.

광파이버 (光 ──, optical fiber) 유리나 합성수지의 가느다란 투명 수지로, 단일 소선으로 하거나 또는 여러 가닥을 묶음한 케이블로 하여 정보신호라든가 광상(光像) 혹은 광파워 등을 전송하는 데 사용된다. 광섬유 또는 광학섬유라고도 한다. 소선의 굵기는 유리의 경우 3~60μm, 플라스틱은 100μm~10 mm 정도이다. 구조는 고굴절률의 코어(심선)에 저굴절률의 클래드를 씌우고 이것들을 광흡수성 재킷에 수용한 스텝 인덱스형과 중심에서 외주를 향하여 굴절률을 서서히 낮게 한 그레이드 인덱스(분포 굴절률)형이 있다. 빛은 파이버의 치수와 굴절률 분포에 관련된 각종 모드로, 코어 내를 전반사 또는 지그재그 행진을 반복하면서 저손실로 전송된다. 스텝 인덱스형의 코어 지름을 작게 하여 최저차 모드밖에 전파하지 못하는 것을 단일 모드 파이버라 하고, 모드 분산이 없이 전송대역을 넓게 취할 수 있는 등의 특색이 있다. 광파이버는 관전송을 수반하는 각 분야에서 이용되고 있고, 특히 통신로로 이용하는 경우, 경량일 뿐만 아니라 저 손실이므로 중계 간격을 길게 취할 수 있다. 누화와 유도장애의 우려도 없이 수 Mbps에서 Gbps의 전송속도가 가능하다.

광파이버 센서 (光 ──, optical fiber sensor) 광파이버가 단순히 빛의 전송로로만 쓰이지 않고 센서의 주요 부분으로 기능하는 것으로, 널리 빛을 응용한 원격 계측제어 시스템에서 주요 부분이 되고 있다. 파이버가 담당하는 역할에 따라 다음과 같은 용도를 생각할 수 있다. ① 파이버 전송로의 적당한 측정점에 놓여진 센서에 의해서 파이버 안을 전파하는 빛의 세기와 위상 혹은 모드가 변화하는 것을 수단에서 계측하는 것. 예를 들면 전기(전자기) 광학효과 센서. 혹은 측정 대상에서 방사되는(또는 광원에서의 투사광이 측정 대상에 의해 반사되어 얻어지는) 광정보를 파이버 끝에 부착한 플로브로 검지하여 그것을 수단에서 측정하는 것도 있는데, 예를 들면 레이저 도플러 속도계. ② 광파이버 자신이 센서로서의 속성을 가지고 있으며, 그 속을 전파하는 빛의 세기, 위상 등이 측정 대상의 영향으로 변화하는 것을 이용한 것으로는 광파이버 간섭계가 있다.

광학 거리 (光學距離, optical path length) 광굴절률 n이 되는 매질 속을 파장 λ인 파동이 t라는 시간에 거리 l을 진행하였을 때 $nl=ct$를 광학거리라고 한다. 이때 c는 진공 중의 파동 속도이다.

광학 광자 (光學光子, optical photon) 파장 200∼1,500 nm에 상당하는 에너지를 가진 광자이다.

광학 녹음기 (光學錄音器, photographic sound recorder) 음향신호를 영화 필름에 기록하기 위하여 광 빔을 변조하는 수단과 빔에 대하여 감광 필름을 일정 속도로 주행시키는 수단을 도입한 녹음장치. 음향신호는 영화 필름에 농담 변화 또는 면적 변화의 형태로 기록된다.

광학 쐐기 (光學——, optical wedge) 빛의 세기를 연속적으로 변화시키는 흡수 필터를 이른다. 광학 농도가 장소에 따라 연속적으로 변하는 물질, 혹은 흡수성은 일정하지만 두께가 쐐기 모양으로 변한 소자가 있다.

광학 재생기 (光學再生器, photographic sound reproducer) 광원, 광학계, 감광장치(광전지, 광도전 셀 등) 및 광학 녹음된 기록 매체(보통 필름)을 구동하는 기구를 가진 장치로서, 이 장치에 의해서 녹음된 정보가 거의 동형의 오디오 신호로 재생된다.

광학적 전달함수 (光學的傳達函數, optical transfer function) 약어 OTF, 광학계의 점상(点像) 강도분포(점 확산함수), 즉 광학계의 임펄스 응답함수의 푸리에 변환으로서, 전기신호 전송계의 전달함수와 그 뜻은 동일하다. 다만, 광학계에서는 2차원 영역에서 고려되는 일이 많다. 광학계의 결상 성능의 척도가 된다. ⇨ 확산함수, 임펄스 응답함수.

광학적 펌핑 (光學的——, optical pumping) 어떤 에너지 준위에 있는 원자군이 입사광을 흡수하여 그 에너지 준위가 높아지는 것. 레이저에서 활매질(결정이나 가스)에 에너지를 부여하는 경우 등에 이루어진다.

광학적 포논 (光學的——, optical phonon) 결정의 광학적 진동과 결부된 포논. 음향적 포논에 비하여 진동의 주파수가 높다.

광학 통로 (光學通路, optical path) 전자파는 파장이 짧음에 따라 그 퍼지는 성질은 광파의 성질에 가까워지고 그 진로도 같은 길을 추종하게 되는데, 전자파를 일종의 광파로 보고 그 통로를 구한 것을 광학 통로라고 한다.

광핵 반응 (光核反應, photonuclear reaction) 광 괴변이라고도 한다. 감마선, 엑스선 같은 고에너지의 광자가 원자핵과 충돌하여 생기는 반응. 광자에 의해 광중성자(photoneutron)와 광양성자(photoproton)가 방출되는 경우와 광자가 핵 속으로 흡수되어 고에너지화한 결과 붕괴되거나 경우에 따라서는 광핵분열(photofission)을 발생하기도 한다.

광 헤테로다이닝 (光——, optical heterodyning) 입사한 레이저빔 신호를 국부 여진 레이저빔과 헤테로다인하여 이것을 검출장치의 수광부에 투사하는 변환과정을 이른다. 검출장치는 상기한 두 빔의 주파수의 차이의 주파수를 가진 전류를 발생하고 이것을 보통 증폭기로 증폭한다.

광혼합 (光混合, optical mixing) 비직선 특성을 갖는 소자에 상이한 주파수 f_1, f_2의 파를 부여하면 그들 주파수의 정수배의 합의 고조파를 발생하는 것, 빛이라고 하여도 그 주파수는 적외역에서 자외역에 걸쳐 존재하고, 그 발생기구도 전자기파에 의해 물질 내의 속박전자에 유기되는 분극의 비직선성,

격자와 분자의 진동, 전도 전자 등의 비직선성이 관여한다. 광혼합은 한정된 종류의 레이저광으로부터 다른 파장의 강력한 코히어런트광을 만들어 내거나 적외선을 가시역으로 시프트하는데 사용된다. ⇨ 광 헤테로다이닝.

광화학 전지 (光化學電池, photochemical cell) 어떤 종류의 용액이 빛의 조사를 받은 부분과 받지 않은 부분 사이에 생기는 기전력을 이용한 전지로서, 빛의 에너지 측정 등에 사용된다.

광 흡수단 (optical absorption edge) 입사하는 방사의 파장이 감소하면 반도체의 대역갭을 가로질러 이루어지는 전자의 천이와 결부되어 광학적인 흡수가 갑자기 증대하는 그 임계파장을 이른다.

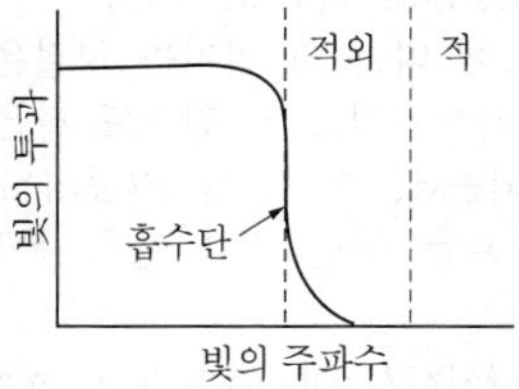

[광 흡수단]

괴변 (壞變, disintegration) (1) 방사성 원소가 방사선을 방출하여 다른 원소로 변화하는 현상. (2) 소립자가 다른 종류의 소립자로 변화하는 현상을 이른다.

교각 (交角, crossing angle) 가공 전선로와 도로, 철도, 궤도 기타의 가공 전선로 또는 가공 약전류 전선로가 교차되는 경우, 서로 이루는 각도를 교각 또는 교차각이라 한다.

교란방지 회로 (攪亂防止回路, anticlutter circuits) 필요 없는 반사파를 감쇠시켜 불필요한 반사파로 인하여 불명료화된 목표를 검출 가능하게 하는 회로. 보통 레이더에 사용된다.

교류(AC) (交流, alternating current) 약어 AC. 규칙적으로 일정한 주기를 가지고 크기와 방향을 바꾸는 전류를 말한다. 보통은 정현파형의 전류를 뜻한다.

교류 검류계 (交流檢流計, AC galvanometer) 미소한 교류를 검출하는 검류계. 진동검류계, 열선검류계, 열전대형 검류계 등이 있다.

교류 균압기 (交流均壓機, AC balancer) 단상 2선식 배선에서, 단상 3선식 배선을 얻기 위하여 사용하는 단권 변압기이다.

교류기 (交流機, AC machine) 교류 전력(무효전력을 포함)을 발생하거나 또는 변환하는 회전기 및 교류 전동기의 총칭이다.

교류 기전력 (交流起電力, AC electro-motive force) 시간적으로 크기와 방향을 주기적으로 변화하는 전위차를 발생하거나 또는 전류를 흘리는 원동력을 말한다. ⇨ 직류 기전력.

교류 바이어스법 (交流——法, AC biasing method) 자기 녹음에 있어서, 50~100kHz (최고 녹음주파수의 수배 이상)의 고주파로 녹음의 자계를 바이어스하고, 거기다 녹음하고자 하는 신호의 자계를 겹치는 녹음 방식. 일그러짐과 잡음이 극히 적고, 자화 곡선상의 동작범위가 넓은 것이 장점이다. 현재의 자기녹음에는 이 방식이 많이 쓰이고 있다. ⇐ 고주파 바이어스법, 교류 바이어스법. ⇔ 직류 바이어스법.

교류 발전기 (交流發電機, AC generator) 교류 전력을 발생하는 발전기. 동기 발전기와 비동기 발전기로 나누어지지만 보통은 전자의 것을 지칭한다.

교류 분권 전동기 (交流分捲電動機, AC shunt motor) 교류 정류자 전동기의 일종으로, 단상식과 3상식이 있으며 회전자 권선과 고정자 권선이 병렬 접속되어 있다.

교류 브리지 (交流——, AC bridge) 교류로 사용되는 브리지로, 직류와의 차이는 평형 조건이 저항분과 리액턴스분이 동시에 평행되지 않으면 안 되는 점에 있다. ⇨ 브리지.

교류 소거 (交流消去, AC erase) 《자기녹음 장치》 자기 헤드에 시간과 더불어 그 진폭이 점차 작아지는 교류전류를 흘려서 자기적인 기록을 소거하는 것을 이른다.
㊟ 상기한 자기 헤드를 소거 헤드(erase head)라고 한다. ⇨ 소거.

교류식 (交流式, alternating current system) 교류 전원에 의해서 자기의 운전을 하는 방식이다. ⇔ 직류식.

교류 아크 (交流——, AC arc) 교류로 발생하는 아크. 아크를 저주파 교류에서 발생하는 경우에는 전압의 변화에 대해서 온도 변화가 감응되지 않으므로 $i-v$ 특성(동특성)은 히스테리시스를 나타낸다.

교류 여자기 (交流勵磁機, AC exciter) 다상 유도기의 속도제어 또는 역률 개선을 목적으로, 이 2차 회로에 접속하고 슬립 주파수의 전력을 주 유도기와의 사이에 수수하는 다상 교류 정류자기기의 총칭이다.

교류 용접기 (交流鎔接機, AC welder) 누설 리액턴스가 특히 큰 용접 변압기를 사용한 아크 용접의 전원장치이다.

교류 자기 바이어스 (交流磁氣——, AC magnetic biasing) 자기녹음에 있어서, 교류(보통 신호주파수 범위에 비하여 충분히 높은 주파수를 가진 것)를 사용하여 하는 자기 바이어스를 이른다.

[注] 고주파 바이어스 자계는 보통 자성 녹음 매체의 보자력과 거의 같은 진폭을 가지고, 주파수는 기록헤드의 분해능에 비해서 충분히 높게 취한다. 이렇게 하여 녹음과는 관계없이 오직 전달함수(입력신호와 그에 의한 기록 결과의 관계)를 직선화하는 데 유용하다.

교류 전동기 (交流電動機, AC motor) 교류 전력에 의해서 동작하는 전동기. 동기 전동기와 비동기 전동기로 나누며, 후자는 다시 유도 전동기와 교류 정류자 전동기로 나눈다.

교류 전압 (交流電壓, AC voltage) 시간과 더불어 규칙적이고 주기적으로 그 방향과 크기를 변화하는 전압. 보통은 정현파형의 전압을 가리킨다.

교류 전위차계 (交流電位差計, AC potentiometer) 교류로 사용하는 전위차계. 유효분과 무효분 또는 크기와 위상각이 측정된다. 전자가 구해지는 것을 직각 좌표식이라 하고, 후자를 극좌표식이라 한다.

교류 정류자기 (交流整流子機, AC commutator machine) 정류자를 가진 교류기의 총칭. 정류자의 주파수 변환작용을 이용하여 고정자회로와 회전자 회로 사이에 전력의 수수를 하는 비동기기기의 일종이다. 전동기로 사용되는 것은 그 동기속도의 상하 광범위하게 속도를 제어할 수 있다. 다른 원동기로 운전하면 발전기와 주파수 변환기로서도 사용된다.

교류 정류자 전동기 (交流整流子電動機, AC commutator motor) 정류자를 가진 교류 전동기. 비동기 전동기로, 속도제어를 직류 전동기처럼 광범위하게 할 수 있다. 단상, 다상의 구별이 있으며, 직권 특성 및 분권 특성을 갖는 것이 주로 사용된다. 고정자에만 여자권선을 갖는 것과 회전자에만 갖는 것, 또 그 쌍방에 분배해서 갖는 것이 있고, 토크 발생에 필요한 전력을 회전자에 공급하는 것(직접 급전형), 간접 유도에 의해서 공급하는 것(간접 급전형) 및 두 방식 모두 양쪽에 의한 것(2중 급전형)이 있다.

교류 직권 전동기 (交流直捲電動機, AC series motor) 교류 정류자 전동기의 일종으로, 여자 권선과 전기자 권선이 직렬로 접속된 것. 단상인 것은 직권형, 보상 직권형, 유도보상 직권형이 있다. 다상인 것으로서는 여자 권선과 전기자 권선이 중간 변압기에 의해서 직렬로 접속되어 있는 것이 보통 사용된다. 직권 특성을 가지고 있다.

교류표시 계전기 (交流表示繼電器, AC indication relay) 신호보안용 계전기의 일종으로, 전철기가 정위(正位)인지 반위(反位)인지를 그 동작에 따라 표시하는 교류 전원의 계전기이다.

교류 회로 (交流回路, AC circuit) 교류 전원에 의해 교류 전압, 전류가 공급되는 회로로서, 저항 및 리액턴스의 조합으로 이루어진다.

교번 (交番, alternating) 시간과 더불어 규칙적이고 주기적으로 크기와 방향을 바꾸는 것을 이른다.

교번 자계 (交番磁計, alternating field) 주기적으로 그 세기와 방향을 바꾸는 자계를 이른다.

교정 (較正, calibration) 계기나 측정기에 눈금을 매기는 것을 이른다.

교정 곡선 (較正曲線, calibration curve) 눈금을 가로축에, 측정값을 세로축에 취한 곡선. 측정값 대신 보정 또는 보정률을 잡는 경우도 있다.

교정 마커 (較正——, calibration marker) (1) 계기류에 눈금을 매기는 장치. (2) 전기적 표준에 의해서 발사되는 펄스를 눈금으로 하여 측정을 편하게 하는 방법을 이른다.

ㄱ

교정 표지 (較正標識, calibration marker) 레이더에 있어서, 방위, 거리, 높이 및 시간을 가리키기 위한 표시기 상의 표지이다.

교조 광도계 (交照光度計, flicker photometer) 이색(異色) 측광기의 일종. 색깔이 다른 빛을 교대로 비추면 색깔의 감각이 없어지고 단지 조도의 차이만으로 빛나는 것을 느끼며, 이에 의해서 측광 평형을 잡을 수가 있다. 확도를 높이려면 비교면의 조도를 20~30 lx, 측광 시야(視野)를 2°, 그 주위에 25°의 보조 시야를 두고, 그 휘도를 측광시야에 거의 같게 하는 등의 주의가 필요하다.

교조 측광기 (交照測光器, flicker photometer) ⇨ 교조 광도계.

교직 양용 수신기 (交直兩用受信機, AC-DC receiver) 교류, 직류(전지의 경우를 뜻한다) 어느 쪽 전원을 사용해도 동작하는 수신기를 말한다.

교직 양용 전동기 (交直兩用電動機, universal motor) 극히 소용량의 단상 직권전동기는 직류 전력에 의해서도 동작할 수가 있다. 이것을 교직 양용 전동기라고 한다.

교차 (交叉, cross, crossing) (1) 도로나 철도 선로가 교차되는 것. 또는 전선로가 다른 전선로를 그 상부 또는 하부로 가로지르는 것. (2) 가공 나통신선의 누화 유도를 감소시키기 위하여 선의 위치를 서로 역전하는 것을 말한다. ⇨ 연가(撚架). (3) transposition 전기 기기의 코일 단면 치수가 누설자속에 대해서 직각 방향으로 큰 경우에는 도체 중의 전류의 분포 상태가 누설자속 때문에 비틀려져 직류를 통한 경우의 저항손보다도 여분의 저항손이 발생한다. 이것을 방지하기 위하여 자속과 직각 방향의 도체의 두께를 제한하고, 서로 절연된 많은 도체를 병렬로 해서 쓴다. 또 도체의 상호 위치를 도중에서 변전하여 권선의 전 길이에 걸친 자속 쇄교수를 각 회로 모두 평균시키는 것을 말한다.

교차 결선 (交叉結線, cross connection) 일반적으로 주요 회로가 결선도에 있어서 교차하는 결선을 말한다. 교차 접속이라고도 한다. 예를 들면, 정지 레오너드 방식의 교차 결선이 있다.

교차 계자 발전기 (交叉界磁發電機, crossfield generator) 그 동작특성이 주로 전기자 전류에 의해서 발생하는 교차 자속에 바탕을 둔 직류 발전기. 로젠베르크 발전기 등이 있다.

교차 구간 (交叉區間, transposition section) 음성 교차는 17,600 m를, 반송 교차는 3통화로용에 1,200 m 또 6통화로용은 640 m를 1차 구간으로 하고, 이 구간에 소요의 교차형식의 교차를 이룬다.

교차선 (交叉線, scissors crossing) 병행한 2 선로의 중앙부에서 두 전선이 교차하는 선이다.

교차 암페어 회수 (交叉 —— 回數, cross ampere-turn) 주 계자극의 축(직축)과 직각 방향의 축(횡축)방향의 기자력을 말한다.

교차 애자 (交叉碍子, transposition insulator) 전선을 교차할 때 사용하는 애자. 보통 앵글 애자 또는 새클 애자를 사용한다.

교차 자화 (交叉磁化, cross magnetization) 자화의 축이 주계자의 축과 직각 방향으로 된 것. 직류기에서는 브러시가 기계적 중성축에 있는 경우의 전기자 반작용, 동기기에서는 역률 1일 때의 전기자 반작용이다.

교차 접속 (交叉接續, cross connection) (1) 유사한 두 회로 또는 선로가 상호 교차하도록

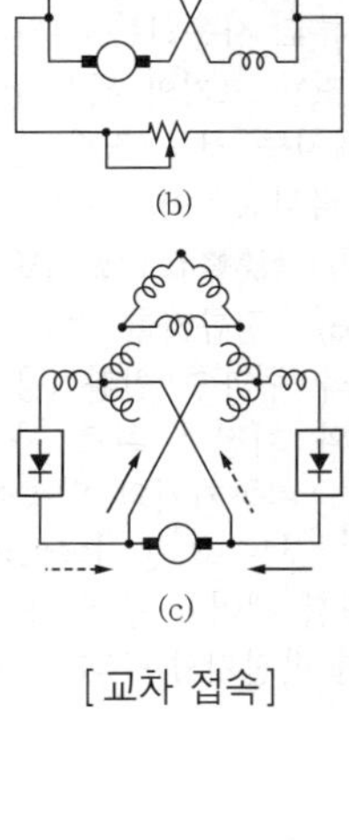

[교차 접속]

접속 배치되어 있는 것. 예를 들면 그림(a)는 병렬회로에 같은 방향으로 흐르고 있는 전류의 차(差)전류를 얻기 위해 변류기의 2차 회로를 교차 접속한 것이다. (2) 병렬 운전하고 있는 두 직류 직권전동기의 부하 분담을 균형시키기 위해 직권 계자가 서로 상대방 전동기의 전기자 전류에 의해 여자되도록 접속하는 것(그림 b). (3) 직류 전동기의 정지 레오너드 운전을 하기 위해 2대의 정류장치를 교차 접속하여 전동전류와 제동전류를 각각의 정류장치에서 나누어 전동기에 공급하도록 한 것(그림 c)이다.

교차주 (交叉柱, transposition pole) 선을 교차시키는 전주이다.

교차 철심형 (交叉鐵心形, crossed-core type) 2개의 철심이 서로 직각 방향이 되도록 ＋ 자형으로 배열된 것을 말한다.

교차 코일 (交叉——, cross coil) 공간적으로 어떤 각도로 조합시킨 2개의 코일. 예를 들면, 교차 코일형 역률계, 교차 코일형 비율계의 코일 등이 있다.

교차 형식 (交叉形式, transposition system) 나선을 교차 가선할 때 가장 합리적인 형식으로, 음성 교차와 반송 교차의 두 가지 형식이 있다.

교환 (交換, exchange) 많은 통신회로 및 기기 중에 필요한 것을 골라 그것을 상호 접속하는 것을 이른다.

구 간극 (球間隙, sphere gap) 크기가 같은 2개의 금속구를 서로 맞붙여서 절연하고 지지한 것. 상용 주파수, 교류 전압 및 충격 전압의 측정 등에 사용된다.

구간 통제국 (區間統制局, section control office) 반송 장치를 설치하고 있는 국으로, 지정된 반송구간을 총괄적으로 관리하고 있는 국이다. 통제하여야 할 반송구간의 보전 관리를 하여 장해를 분석하고, 항시 양호한 보전 서비스를 제공하는 책임을 지고 있다. 또 구간 통제국은 그 통제하는 구간에 관하여 채널의 수용환(收容換), 전송로의 시험방법 등을 관계국에 지시하는 권한을 갖는다.

구내 교환(構內交換, private branch-exchange) 같은 구내에 설치된 전화의 상호간 또는 구내의 전화와 일반 공중 통신망 간의 전화 교환을 이른다.

구동기 레벨 (驅動器——, trigger level) 응답기에 있어서, 송신기에 응답을 발사시킬 수 있는 수신기 최소 입력을 말한다.

구동력 (驅動力, driving force) 가동부를 움직이는 힘. 계기에서는 전자력, 정전력, 열 등이 그 원천이 된다.

구동 자석 (驅動磁石, driving magnet) ⇨ 구동 전자석.

구동 전자석 (驅動電磁石, motor magnet) 자동교환기 선택기구의 구동에 사용되는 전자석. 가동부를 움직이는 전자석이다.

구동점 임피던스 (驅動點——, driving-point impedance) n단자 회로망에서 j단자와 k단자 사이에서 측정한 구동점 임피던스를 이른다. 기준 단자 n도 포함하여 다른 단자는 모두 개방하여 둔다. j, k 두 단자에 대하여서는 다음 식이 성립한다.

$V_j = Z_{jj}\,I_j + Z_{jk}\,I_k,\ V_k = Z_{kj}\,I_j + Z_{kk}\,I_k$

따라서 $I_j = -I_k \equiv I_{jk}$ 이므로

위의 식에서 구동점 임피던스는

$T_{jk} = \dfrac{V_{j-}V_k}{I_{jk}} = Z_{jj} + Z_{kk} - (Z_{jk} + Z_{kj})$로 주어진다. ⇨ 회로망 함수.

구동 토크 (驅動——, driving torque) 가동부가 회전체인 경우 그 회전축 둘레가 받는 힘의 모멘트이다.

구면 베어링 (球面——, spherical bearing) 축받이와 축받이 받침의 접촉면이 구면을 이루고 있어, 축이 자동적으로 구심작용을 할 수 있는 축받이를 이른다.

구면파 (球面波, spherical wave) 전파원에서 본 전계 또는 자계의 위상이 같은 점의 궤적, 즉 전계 등위상면 또는 자계 등위상면이 구슬모양을 이루는 파동을 구면파라고 한다. 점전원이나 헬츠 발진기에 의하면 거의 구면파에 가까운 파동이 형성된다. ⇨ 평면파, 원통파.

구배 (勾配, grade, gradien) 《철도》 선로의 경사. 수평거리에 대한 고저 수직차(高低垂直差)의 비율을 가지고 그 정도를 나타낸다.

구배 저항 (勾配抵抗, grade resistance) 열차가 구배선을 오를 때 지구 인력에 따라 일어나는 저항이다.

ㄱ

구분 개폐기 (區分開閉器, section switch) 전기철도에 있어서, 전차선의 구분에 따라 그에 전류를 공급하는 궤전선도 구분하고자 할 때 궤전선에 삽입하는 개폐기를 말한다.

구분 애자 (區分碍子, section insulator) 어느 구간마다 선을 구분하여 상호 절연함으로써 고장 발생시에 전류가 차단되도록 한 애자. 전기철도의 트롤리선, 제3 레일 등의 구분에 사용되는 애자를 이른다.

구성도 (構成圖, block diagram) 전기설비를 구성하는 각 부분을 간단한 도형으로 표시하여 상호간을 선이나 화살표 등으로 연결해서 설비 전체의 구성을 나타낸 도면을 이른다.

구성 부품 (拘成部品, component) 기기를 구성하고 있는 부품. 예를 들면 라디오 수신기를 구성하고 있는 트랜지스터와 코일, 콘덴서 등을 말한다.

구속 시험 (拘束試驗, lock test) 유도전동기의 특성 계산 또는 원선도 작성에 필요한 시험의 하나. 회전자를 적당히 구속해서 회전하지 않게 하고 1차 단자에 적당한 전압을 가하여 1차 전류가 거의 정격 전류와 같은 값이 되도록 한다. 이 경우 1차측의 전압, 전류 및 전력을 측정하면 임피던스를 구할 수 있다. 회전자의 위치를 바꾸어 측정하여 그 결과를 평균한다.

구속 자화 조건 (拘束磁化條件, constrained magnetization condition, forced magnetization condition) 자기 증폭기의 입력회로에 있어서, 전원 주파수의 고조수(高調數) 전류가 저지되는 조건을 말한다.

구속 전파 (拘束傳播, guided propagation) 도선이나 도파관 속을 전파하는 전파(電波)처럼 퍼지는 방향이 구속되어 있는 퍼짐을 말한다.

구속 전하 (拘束電荷, bound charge) 전계 안에 있는 금속의 감응에 따라 생긴 전하 또는 콘덴서의 전극 간에 축적된 +, −가 서로 흡인하는 상태에 있는 전하를 말한다.

구원 케이블 (久遠 ──, relief cable) 전화용 시내 케이블에 있어서, 국에 가까운 케이블(보통 지하 케이블)은 5년간의 수용을 전망하여 설계하고 가입자에 가까운 배선 케이블(보통 가공 케이블)은 15년간을 내다보고 설계하는 것이 통례이다. 따라서 국이 가까운 쪽은 먼저 회선이 없어지므로 그 시기에 케이블을 더 포설하게 된다. 이와 같이 일부분만 증설하는 케이블을 구원 케이블이라고 한다.

구입 전력 (購入電力, purchased power) 다른 회사로부터 구입한 전력을 말한다.

구타 페르카 (gutta-percha) 동인도산 식물에서 채취한 고무로, 열가소성, 수중에서도 열화가 잘 되지 않아 해저 케이블의 절연물로 쓰인다. 단선 사고시에도 보통 고무처럼 늘어나지 않고 심선을 바다 속에 노출하므로 사고점의 측정이 용이하다.

구타 페르카 케이블 (gutta-percha cable) 구타페르카로 절연한 케이블. ⇨ 구타 페르카.

구형 광속계 (球形光速計, globe photometer, spherical photometer) 내면에 백색의 완전 확산 도료를 칠한 구(球)의 중심에 광원을 두고 구의 일부에 뚫린 관측창의 조도를 측정하여 다음 식에 의해 광속을 구하도록 한 장치이다.

$$F_t = \frac{E_t}{E_s} \cdot F_s$$

여기서, F_t : 피측정 광원의 광속, F_s =표준 광원의 광속, E_t : 피측정 광원의 조도, E_s: 표준 광원의 조도(단, 창에 직접 빛이 조사하는 것을 방지할 수 있는 구조로 되어 있다).

구형 도파관 (矩形導波管, rectangular wave guide) 단면이 장방형으로 되는 도파관. 실용되고 있는 것은 거의 이 구형 도파관을 표준 모드(dominant mode) TE_{10}파로 여진한 것이다. 지금 장방형의 긴 변의 길이를 a, 짧은 변의 길이를 b라고 하면 TE_{10}파에 대한 차단파장 λ_{co}는 $2a$가 되어 이보다 짧은 파장만을 통과시킨다. 또 m,n의 고차 모드의 차단파장은 TE_{mn}, TM_{mn}파 모두 $\lambda_{co} = 2/\sqrt{(m/a)^2 + (n/b)^2}$ 로 주어진다. ⇨ 원형 도파관(circular wave guide).

구형파 (矩形波, square wave) 시간에 대해서 진폭 곡선을 그리면 그 모양이 구형으로 되는 파를 이른다.

국부 공진 (局部共振, local resonance) 코일

이나 배선의 분포용량, 인덕턴스 등에 의해서 하나의 공진회로를 만들어 어떤 주파수에 공진하는 것을 이른다.

국부 궤환 (局部饋環, local feedback) 약어 LFB, 다단 증폭기에 있어서, 출력단에서 입력단으로 궤환하는 이외의 국부적으로 행하는 궤환을 이른다.

국부 발진기 (局部發振器, local oscillator) 일반적으로 입력 주파수 f_1을 f_2로 변환하기 위하여 f_1 f_2의 발진기를 사용해서 이것을 f_1과 혼합한다. 이 발진기를 국부 발진기라고 한다. 슈퍼헤테로다인 수신기에 사용되는 것은 하나의 좋은 예이다.

국부 송신기 (局部送信機, local transmitter) 어떤 국한된 작은 지역에만 송신하는 소규모 송신기를 이른다.

국부 전류 (局部電流, local current) 미약한 통신전류에 의해서 계전기를 동작시켜 그 국부회로에 의해서 기기를 동작시키게 한 계전기의 접점에 흘리는 전류이다.

국부 전지 (局部電池, local battery) 극판에 불균일한 부분이 있기 때문에 생성되는 단락전지로, 금속의 부식, 전지의 자기방전 등의 중요한 원인이 된다.

국부 조명 (局部照明, local illumination, local lighting) 등기(灯器)배치에 의한 조명의 종별. 작업장소 부근에 광원을 두고 가까이를 밝게 하는 방법. 경제적인 견지에서 시도되지만 광원으로 눈이 부시지 않게, 또 조명 전반을 병용하여 실내 전체를 상당한 조도로 유지할 필요가 있다.

국부 진동 (局部振動, local oscillation) 슈퍼헤테로다인 수신기와 헤테로다인 주파계 등에 있어서, 기기의 내부에 저장하는 발진기에 의하여 발생된 전기 진동이다. 또는 회로의 일부에 어떤 원인으로 발생한 전기 진동을 말하기도 한다.

국부 코일 (局部——, local coil) 《전기철도》 2원형(二元形) 계전기에 있어서, 상시 여자되어 있어 소비전력의 대부분을 부담시키고 있는 코일을 국부 코일이라 한다. 다른 쪽의 궤도회로 전류로 여자되어 있는 것도 궤도 코일이라고 한다.

국 부호 (局符號, office code) 자동교환에 있어서 상대국을 선택 접속하는 데에 사용되는 국의 부호이다.

국부 회로 (局部回路, local circuit) 예를 들면 고장이 발생했을 때 단락 등으로 인하여 원치 않는 회로를 형성하여 고장 전류를 흘릴 때 주회로에 대하여 이 고장 전류회로를 국부회로라고 한다. 송수신 계전기에 의해서 선로에 접속되어 있는 경우 국내측 회로를 말한다.

국선 전화기 (局線電話機, office telephone) 구내 교환기에 있어서 공중 통신망에 속하는 전화국의 가입 전화선에 사용되고 있는 전화기를 이른다.

국제 단위계 (國際單位系, international system of unit) 전기단위 국제회의의 결의에 따라 수은 저항원기 및 은 분리기에 의해서 결정되는 옴 및 암페어를 단위로 하는 전기 단위계를 말한다.

국제 모르스 부호 (國際——符號, international Morse code) 국제전기통신조약(1947년 애틀랜틱 시티)의 부속 전신규칙에 의해 정해진 모르스 부호. ① 장점은 단점의 3배, ② 문자를 구성하는 점과의 간격은 1단점과 같다. ③ 문자와 문자 사이의 간격은 3단점과 같다. ④ 단어와 단어 사이의 간격은 7단점과 같다.

국제 볼트 (國際——, international volt) 국제회의에서 결정된 전압 단위로, 1국제 옴의 전기저항을 갖는 도체에 1국제 암페어의 불변전류를 발생시키는 전압이다. ⇨ 국제 단위.

국제 암페어 (國際——, international ampere) 초산은 용액에 전류를 통해서 매초 0.00118 g의 은을 석출시키는 데 필요한 불변 전류를 1암페어로 정한 것이 국제 암페어이다.

국제 업무 (國際業務, international service) 다른 나라의 국간 또는 다른 나라에 속하는 이동국 간의 전기통신 업무를 이른다.

국제 옴 (國際——, international ohm) 국제회의에서 결정된 전기저항 단위로, 길이 106.3 cm, 질량 14.4521g으로 고른 절단 면적을 갖는 수은주의 얼음의 융해온도에 있어서의 저항값이다. ⇨ 국제 단위계.

국제 와트 (國際——, international watt) 1국

제 볼트의 전압으로 1국제 암페어의 불변전류를 흘렀을 때 1초간에 소비되는 전기 에너지이다.

국제 원자력기구 (國際原子力機構, International Atomic Energy Association) 약어 IAEA, 유엔 총회의 승인을 얻어 1957년에 설립된 국제기관. 원자력의 평화이용 촉진을 위한 연구개발, 응용, 정보교환, 시설의 제공과 조성, 안전보장조치의 실시 등, 제반 활동을 하고 있다. 오스트리아의 빈에 사무국을 두고 있다.

국제 원자시 (國際原子時, international atomic time) TAI. 1972년의 시작을 원점으로 세슘 원자시계에 의한 초를 적산하여 정한 국제적인 시각을 말한다. 지구 자전의 속도가 일정하지 않기 때문에 위의 시각을 윤초를 사용하여 수정하여 실제적인 시각으로 한 「협정 세계시」가 국제적으로 사용된다. 그리니치 표준시를 협정 세계시로 하고, 각 지역의 시각은 경도를 따라 정하고 있다.

국제 전기 통신 (國際電氣通信, International Telecommunication) 각기 다른 나라 사이의 전기통신(유선, 무선, 전기, 광선) 또는 다른 전자적 방식에 의한 모든 종류의 기호, 신호, 문서, 영상, 음향 또는 정보의 전송, 발사 또는 수신을 말한다.

국제 전기통신 연합 (國際電氣通信聯, International Telecommunication Union) 약어 ITU. 국제연합(UN)에 속하는 전문기관의 하나로, 국제 적인 전기통신의 개선과 합리적 운용을 위한 국제협력기관. 국제전기통신 조약에 따라 유지 운영되고 있다. 이 산하 기구로는 CCITT, CCIR, IFRB 등이 존재한다.

국제 전기표준 회의(國際電氣標準會議, International Electrotechnical Commission) 약어 IEC, 세계 각국의 전기공예 규격의 조정과 통일을 촉진하기 위하여 설치된 단체로, 한 나라에서 하나의 기관만이 가입 허용된다. 기구로는 이사회, 집행위원회, 전문위원회 및 중앙사무국(제네바)으로 구성된다.

국제조명위원회 (國際照明委員會, International Commission on Illumination, Commission Internationale de I'Eclairage) 약어 CIE, 조명에 관한 과학 및 기술에 대하여 여러 가지 문제를 다루는 국제 기구로 다음과 같은 활동을 하고 있다. ① 조명 및 조명기기에 관한 과학적, 기술적 및 공예와 관련된 모든 문제를 토의하며, 여러 나라 간에 이 분야의 정보를 교환하기 위한 국제적인 공개 토론회를 기획하는 일. ② 조명 및 조명기기의 계측에 관한 기초적인 기준 및 절차를 개발하는 일. ③ 조명 및 조명기기 분야의 국제 기준 및 국내 기준을 개발하는 데 있어서 원칙 및 절차 적용의 지침을 제공하는 일. ④ 조명 및 조명기기에 관한 과학적, 기술 및 공예와 관련된 모든 문제에 관한 기준, 보고서 및 다른 간행물을 작성하여 발행하는 일. ⑤ 조명 및 조명기기에 관한 과학적, 기술적, 표준화 및 공예와 관련된 모든 문제에 관여하고 있는 다른 국제 기관과의 접촉 및 기술적 협력관계를 유지하는 일 등을 하고 있다.

국제표준화기구 (國際標準化機構, International Organization for Standardization) 약어 ISO, 물자 및 서비스의 국제간 교류를 용이하게 하고, 아울러 지적, 과학적, 기술적 및 경제적 분야에서 국제간의 협력을 도모하기 위한 세계적인 표준화 및 그 관련 활동의 발전 개발을 도모하는 것을 목적으로 1947년 2월 23일에 설립된 비정부간 국제 기구로, 전기관계를 제외한 모든 분야의 규격을 제정하는 대표적인 국제 표준화기구이다.

굴곡 도파관 (屈曲導破管, bend waveguide) 도파관 속을 전파하는 전송파의 방향을 바꾸기 위하여 도파관의 일부를 원호형(圓弧形)으로 굽힌 도파관을 말한다. 굴곡 도파관은 그림과 같이 전계 E에 평행하게 굽히는 E굴곡과 자계 H에 평행하게 굽히는 H굴곡의 2종이 있다. 곧은 도파관에 비해서 전송특성이 약간 다르므로 도파관을 삽입한다. 일반적으로 고차 모드를 발생하며, 반사파를 발생한다. 특히 밀리파용 원형 도파관에서는 TE_{01}파와 TM_{11}파의 사이에 결합이 생겨 손실을 가져올 우려가 있다. ⇨ E굴곡(E

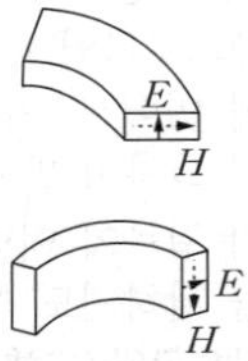

[굴곡 도파관]

bend), H굴곡(H bend), 코너 도파관(corner waveguide).

굴뚝 (chimney, stack) 연소에 필요한 통풍력을 주는 동시에 매연을 광범위하게 확산시키는 것으로, 적당한 높이와 직경을 가진 강판, 철근 콘크리트, 벽돌 등으로 만들어진다.

굴절 (掘折, refraction) 전자기파와 음파 등이 그 전파방향을 변화시키는 것. 즉 서로 다른 2종의 매질이 접해 있고, 그 한쪽에서 다른 쪽으로 전파, 빛, 음파 등이 침입할 때는 일반적으로 경계면에서 입사파의 일부는 반사하고 일부는 꺾여서 침입한다. 이 후자가 꺾여서 다른 매질 속에 들어가는 현상을 굴절이라 한다.

굴절각 (掘折角, angle of refraction) 어느 파동이 2개의 상이한 매질의 경계면에서 굴절하는 경우, 굴절에 의해서 생긴 파의 진행 방향이 경계면의 법선과 이루는 각을 말한다. 이때 2개의 매질이 같이 등방성일 때에는 굴절각 θ_2와 입사각 θ_1 사이에는 다음과 같은 Snell의 굴절의 법칙이 성립된다.

$$\frac{\sin\theta_1}{\sin\theta_2}=\sqrt{\frac{\varepsilon_1}{\varepsilon_2}}=\frac{n_2}{n_1}$$

여기서, $\varepsilon_1, \varepsilon_2$는 제1, 제2 매질의 유도율, n_1, n_2는 제1, 제2매질의 굴절률이다. ⇨ 입사각, 반사각.

굴절률 (掘折率, refracive index) 예를 들면 전파가 매질 Ⅰ(유전율 ε_1, 투자율 μ_2, 도전율 σ_1)에서 매질 Ⅱ(유전율 ε_2, 투자율 μ_2, 도전율 σ_2)에 입사하고 경계에서 굴절하여 매질 Ⅱ에 침입할 때,

$$n=\frac{\sin i}{\sin\varphi}=\sqrt{\frac{\{\mu_2\varepsilon_2-j(4\pi\sigma_2/\omega)\}}{\{\mu_1\varepsilon_1-j(4\pi\sigma_1/\omega)\}}}$$ 를 상대 굴절률이라고 하며 매질 Ⅰ가 진공일 때 이것을 단지 굴절률이라고 한다.

굴절 오차 (掘折誤差, refraction error) 항행에 있어서, 원하지 않는 굴절에 의하여 1개 또는 그 이상 전파경로의 굴곡을 일으킴으로써 발생하는 오차이다.

굴절파 (掘折波, refracted wave) 그림과 같이 서로 다른 종류의 매질이 서로 접해 있고 그 한쪽에서 다른 쪽으로 전파, 빛, 음파 등이 침입하려고 할 때는 일반적으로 경계면에서 입사파의 일부는 반사하고 일부는 꺾여서 다른 매질 속으로 침입한다. 꺾여서 침입하는 이 후자의 파를 굴절파라고 한다.

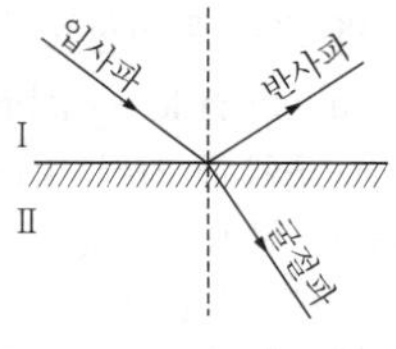

[굴절파]

굴착기 (掘鑿機, excavator) 땅을 파기 위해 사용되는 기계이다.

굽힘 시험 (── 試驗, bending test) 엷은 잎 모양의 것 또는 피막 등의 취약도를 판정하는 경우에 사용되는 시험으로, 재료에 따라 꺾어 접은 부분에 일정한 하중을 하거나 일정한 반경을 가진 금속 막대를 거쳐서 180°로 굴곡하거나 하여 굴곡부의 균열, 이합(離合)이라든가 금속판에 칠한 피막과 금속판의 접촉성을 시험한다.

권상기 (捲上機, winding machine) 광산에서 석탄이나 광석을 감아 올리거나 공사장에서 무거운 물건을 감아 올리는 기계를 말한다. 조작방법에 따라 가역(可逆) 운전방식과 정방향 방식이 있고, 권동(捲胴)의 모양은 원통형, 원추형, 원추 원통형 및 활차식이 있다. 전동기는 주로 권선형 3상 유도전동기가 사용되며, 2차 저항기에 의해서 속도 제어되지만 대용량의 것으로 세밀한 속도제어를 할 경우에는 직류 전동기가 사용되고, 워드 레오너드식 속도제어가 사용된다.

권선 (捲線, winding) 많은 코일을 철심에 적당히 배열하고, 이들을 적당히 접속한 것이다.

권선 계수 (捲線係數, winding factor) 분포권의 경우 분포계수와 단절계수(短節係數)의 곱을 권선계수라고 한다.

권선기 (捲線機, winding machine) 전기 기기의 코일을 감는 장치이다.

권선비 (捲線比, turn ratio) 변압기의 다른 권선 권수에 대한 1차권선 권수의 비이다.

권선 피치 (捲線 ──, winding pitch) 슬롯이 부가된 전기기기의 권선에 있어서, 하나의 코일변과 감는 순서로 다음 코일변과의 사이의 간격을 나타내는 것으로, 보통 슬롯의 수 또는 정류자편의 수로 표시한다.

ㄱ

권선형 기동 동기전동기 (捲線形起動同期電動機, salient-pole synchronous-induction motor) 돌극형 자극 머리(突極形磁極頭)에 슬립링에 접속된 기동용 다상 권선을 한 동기전동기를 말한다.

권선형 유도전동기 (捲線形誘導電動機, wound-rotor induction motor) 회전자에 권선과 슬립링을 가진 유도전동기를 말한다. 농형 전동기에 비해서 운전특성(슬립·효율)은 좋지 않지만 기동특성(기동전류, 기동토크)은 우수하다. 또한 2차 여자에 의해서 속도제어, 역률 개선도 할 수 있다.

권선형 전동기 (捲線形電動機, woundrotor type motor) ⇨ 권선형 유도전동기.

권선형 회전자 (捲線形回轉子, woundrotor) 《유도전동기》 회전자의 권선이 농형 권선이 아니고 고정자와 동상 동극의 분포권선을 가진 것을 말한다. 상수(相數)만큼의 슬립링이 필요하다.

권수 (捲數, number of turns) 코일의 권수를 이른다.

권철심 (捲鐵心, wound core, tape-wound core) 자성 재료의 얇은 띠를 링 모양으로 감아 만든 철심. 형상은 원형, 사각형 등이 있으며, 모두 감는 방향에 자기특성이 가장 양호하게 되는 재료를 사용하고 있다. 자로(磁路)에 이음새가 없으므로 손실이 적어 배전용 변압기 등에 적합하다.

㈜ 완전한 링 구조이면 권선을 하는 데 불편하므로 일단 링을 분할 절단하여 코일을 수용한 후에 절단면을 맞붙인 컷 코어도 있다.

권취 (捲取, coiling) 《해저선로》 부설선의 탱크에 케이블을 감는 것으로, 그 직경은 최소 2 m 이상, 긴 것은 목판을 층간에 넣어서 차례차례로 포갠다.

권틀 (捲型, coil formers, former) 코일을 감는 경우에 기준으로 사용하는 틀이다.

궤간 (軌間, gauge) 철도 선로의 좌우 레일 두부(頭部) 안쪽의 최단 거리를 말한다. ⇐ 게이지.

궤도 계전기 (軌道繼電器, track relay) 궤도회로에 접속되어서 차량 자체에 의해서 제어되는 계전기를 모드 궤도계전기라 한다. 열차의 유무와 위치, 레일 절손(折損)의 유무 등을 지시하고 또는 다른 전기 기기와 함께 동작하여 자동 신호기와 건널목 경보기를 동작하게 하는 것이다.

궤도 리액터 (軌道 ——, track reactor) 궤도회로를 차량의 차축이 단락되었을 때 단락전류를 제한하기 위하여 설치한 리액터이다.

궤도 변압기 (軌道變壓器, track transformer) 《전철》 교류 궤도회로에 있어서 궤도에 신호전류를 공급할 전원이 되는 변압기이다.

궤도 저항기 (軌道抵抗器, track resister) 궤도회로를 차량의 차축이 단락하였을 때 단락전류를 제한하기 위하여 설치한 저항이다.

궤도 회로 (軌道回路, track circuit) 궤도의 일정 구간을 전기적으로 절연하여 그 구간의 레일을 이용해서 전기회로로 만든 것. 자동 신호기 등의 전기회로로 쓰인다.

궤전 (饋電, feed) 안테나에 전력을 공급하는 것이다.

궤전 구간 (饋電區間, feeder section) 《전기철도》 전기철도에 있어서 변전소의 가공 전차선 전력 공급은 그 변전소의 크기에 따라 어떤 구역에 한정할 수 있게 되어 있다. 이 공급구역을 그 변전소의 궤전구간이라 한다.

궤전 메신저 (饋電 ——, feeder messenger wire) 《전기철도》 궤전선 겸용의 메신저이다.

궤전선 (饋電線, feederline) 《전기철도》 전차선 또는 제3레일 등에 변전소에서 전력을 공급하는 전선이다.

궤전선 변조 (饋電線變調, feeder modulation) 궤전선에 진공관 또는 방전관을 삽입하여 흡수 변조를 하는 것으로, 초고주파에 적합하다.

궤전 이어 (饋電 ——, feeder ear) 《전기철도》 궤전선과 전차선을 잇는 이어를 말한다.

궤전점 (饋電點, feeder point) 전기철도에 있어서 궤전선은 전차선 등에 대해 전력을 공급하기 위하여 곳곳에 두어 여기에 궤전 분기선을 접속한다. 이 접속점을 궤전점이라고 한다.

궤조 브레이크 (饋條 ——, truck brake) 브레이크 슈를 기계적, 공기적 또는 자기적으로 레일에 밀어 붙여 브레이크 효과를 얻는 장치를 이른다.

귀로 (歸路) (1) return(circuit) 전원에서 부

하로 전력을 공급하는 회로, 또는 선로에 있어서 전류가 되돌아온다고 생각되는 회로. 단일 선로의 경우는 접지측, 왕복선로에서는 마이너스측을 말한다. 때에 따라 접지부를 지칭하여 귀로라고 하는 경우도 있다. ⇐ 귀선. (2) return wire 전기철도에 있어서는 주행 궤조를 전기회로의 일부로 사용하는데, 이 궤조 및 여기에 접속하는 전선을 포함해서 귀로라고 한다.

귀선 (歸線) (1) fly-back line 텔레비전에서 주사기간 중 플라이백할 때에 그려지는 선으로, 보통 이것을 지우게 되어 있다. 하나하나의 주사선에 대한 귀선을 수평 귀선, 각 필드마다 밑에서 위로 복귀하는 기간에 그려지는 귀선을 수직 귀선이라고 한다. (2) return wire 《전기철도》 가공 단선식에 있어서 주행 레일을 전차선로 회로로 사용하는 경우 가공 선로에 대하여 이 레일을 귀선이라 한다. ⇐ 귀로.

귀전선 (歸電線, return feeder) 전기철도에서는 주행 레일을 용접하는 경우 이외는 그 이은 곳을 레일 본드로 교락(橋絡)하여 회로로 한다. 전차에서 나와 변전소까지 돌아가는 회로를 말한다.

귀환 (歸還, feedback) 전송계에 있어 제어된 출력 신호의 일부를 입력신호로 되돌려 입력으로 사용하는 것을 귀환이라 한다. ⇨ 피드백.

귀환 권선 (歸還捲線, feedback winding) 《자기 증폭기》 자기 증폭기에 있어서 귀환작용을 하게 하는 권선이다.

귀환율 (歸還率, feedback ratio) 《자기 증폭기》 귀환 권선의 암페어 회수와 출력 권선의 암페어 회수와의 비이다.

귀환 증폭기 (歸還增幅器, feedback amplifier) 증폭기 출력의 일부를 입력측에 되돌려서 하는 증폭기. 귀환의 상황에 따라 정부(正負)로 분류하고 각각의 특징을 갖는다. 특성을 광대역성으로 하거나 반대로 아주 협대역으로 할 수 있다.

귀환 코일 (歸還——, feedback coil) 전자(電磁) 귀환작용을 하기 위하여 출력의 일부를 입력측으로 귀환하기 위한 코일이다.

귀환 콘덴서 (歸還——, feedback condenser) 전기적 귀환작용을 시키기 위하여 사용하는 콘덴서이다.

규소강판 (硅素鋼板, silicon steel lamination) 규소를 1~5% 함유한 강판으로서, 탄소 기타의 불순물이 매우 적고, 전자기 특성이 양호하며 철손도 적다. 회전기, 변압기 등의 철심을 구성하기 위하여 적층하여 사용한다.

규소 동선 (硅素銅線, silicon bronze wire) 구리에 Sn 0.5~1%, Zn 0.5~1%를 가하고 탈산제로 Si를 사용한 것으로, 도전율은 떨어지지만 항장력은 늘어난다. 용도는 전기철도의 트롤리선, 장경(長徑)간의 통신선 등이 있다.

규소 수지 (실리콘 수지) (硅素樹脂, silicon resin) 유기 규소화합물의 일반명으로 쓰이는 미국 GE사의 상품명으로, 선상(線狀)의 중합체는 열가소성이어서 실리콘유, 실리콘 그리스, 규소 고무로 쓰이고 3차원 중합체는 열경화성이어서 절연 바니시, 적층판 등에 사용된다. 내열성, 내수성, 내한성이 뛰어나다.

규약 준도 (規約峻度, effective steepness, nominal steepness) 번개 또는 충격전압 파형의 파두(波頭) 전압의 시간적 상승률을 말한다. 평균 파두 준도를 나타내려면 파고값을 파두로 제한 값으로 한다.

규약 효율 (規約效率, commercial efficiency, conventional efficiency, efficiency by summation of losses) 전기기기의 효율 η를 각종 손실을 따로따로 측정 또는 계산해서 다음 식으로 구한 효율을 말한다.

η=출력/(출력+손실)

η=(입력 − 손실)/입력.

단, 이 경우 동선의 저항은 75℃(A종, E종 및 B종 절연의 경우), 115℃(F종 및 H종 절연의 경우)로 환산한 것을 사용하는 것으로 한다. 거래상 특별한 지정이 없으면 이 방법에 의해 산출한 것을 사용한다.

규정 잔향 시간 (規定殘響時間, normal reverberation time) 실내의 음향 에너지가 음원을 정지하기 전의 에너지의 $1/10^6$(60dB)로 감쇠하기까지의 시간을 규정 잔향시간이라 한다. 단위는 초. 단순히 잔향시간이라고 할 때는 규정 잔향시간을 가리킬 때가 많다.

규칙 일그러짐 (規則——, systematic distor-

ㄱ

tion, regular distortion) 전신부호의 변환점(특성 순간)이 규칙적으로 늘어나거나 축소하는 현상으로, 전송로의 일정한 레벨 변화, 주파수의 일정한 변화, 전원전압 변동, 증폭기의 이득 변화 또는 변복조 방식, 전송 대역 등 많은 직선 일그러짐에 의해서 일어난다. 바이어스 일그러짐, 특성 일그러짐 등은 규칙 일그러짐이며, 후자는 반드시 직선적이 아니고 변복조 방식에 따라서는 비직선적인 일그러짐이 된다.

균압 모선 (均壓母線, equalizing busbar, equalizer) 직류 복권(또는 직권)발전기의 안정된 병행운전을 할 수 있게 하기 위하여 각 기기의 전기자 권선과 직권 계자권선과의 접속점을 서로 접속하는 저저항의 도선을 말한다. 균압선(均壓線)이라고도 한다.

균압환 (均壓環) (1) equalizer, equalizing ring 다극 직류기의 전기자 권선이 중권인 경우에는 각 전기자 회로의 유기 기전력이 재료 또는 공작상의 원인으로 반드시 같게는 되지 않고 동일 극성의 브러시를 통해서 횡류가 흘러 불꽃 발생의 원인이 된다. 이것을 방지하기 위하여 각 회로의 등전위가 되는 점을 서로 접속한다. 이 접속 도체는 초기에는 고리모양을 하고 있었으므로 이런 명칭이 붙었다. 등전위가 되는 점은 k/p조이다(k : 정류자 편수, $2p$: 극수). 파권에서도 다중권일 때는 마찬가지로 말할 수 있다. (2) strapping 다분할 자전관은 양극의 고주파 전압의 위상이 같지 않으면 발진 능률이 저하하거나 주파수가 불안정하게 된다. 이것을 방지하기 위하여 양극을 하나 건너서 금속 고리로 단락한다. 이렇게 하면 가장 능률 좋은 π 모드를 발진하기 쉽게 된다. 이 금속 고리를 말한다.

균압환이 달린 자전관 (均壓環付磁電管, strapped magnetro) 균압환을 붙인 자전관. π 모드가 다른 발진 모드에서 분리하여 발진하기 쉽기 때문에 안정되고 능률도 좋다.

균일 수용 요금제 (均一需用料金制, flat demand rate schedule) 사용 전력량에는 상관 없이 수용전력에 따라 요금을 정하는 규정을 이른다.

균일 요율 요금제 (均一料率料金制, flat rate-tariff(영), straight-line meter rate schedule(미)) 사용 전력량에 일정한 요율을 부과하는 요금제. 이 내용으로 보아 균일 종량 요금제라고 하여 균일 수용 요금제(flat demand rate schedule)와 구별하는 편이 좋다.

균일 종량 요금제 (均一從量料金制, flat and meter rate schedule) 수용가 요금과 소비 전력량에 대한 요금의 두 요소로 이루어지는 요금규정. 균일 요율 요금제와 구별이 되지 않으므로 수용가 요금부 종량 요금 규정이라고 하는 편이 좋다.

균질로 (均質爐, homogeneous reactor) 분열성 물질과 감속재가 완전히 혼합되어 실질적으로 균질이라고 생각할 수 있는 형식의 원자로를 말한다. 이러한 형의 노에서는 분열성 물질은 감속재와 용액(solution), 공융 합금(eutectic), 현탁(懸濁) 등의 상태에 있다.

그늘 (radar shade) 《레이더 전파》 레이더에 있어서 반사 또는 흡수하는 매질이 개재하여 레이더 방사에서 차폐된 범위를 이른다.

그라운드 (ground) 전기회로 또는 장치의 적당한 곳을 대지에 대하여 의도적으로 접속하는 것. 대지 대신에 그에 대치될 만한 도체를 사용하는 수도 있지만 목적은 전압의 기준 점을 설정하기 위해서이며 인체의 안전을 확보하거나 기기의 확실한 동작을 보증하는데 있다. 접지, 어스, 지락이라고도 한다. 약어 GND. 사고 등으로 장치 또는 회로와 대지 사이에 전기적인 접속이 발생하여 장치나 회로의 동작에 지장을 끼치는 경우에는 지락이라고 한다.

그라운드 루프 (ground loop) 전기장치의 둘 또는 그 이상의 점(명목적으로는 등전위에 있어야 할)을 도전로로 접속하였을 때 형성되는 유해한 루프. 예를 들면 전기회로를 2개소 또는 그 이상의 점에서 접지하거나 하는 경우에 만약 접지점의 전위가 같지 않으면 대지 잡음이 낮은 레벨의 신회로에 침입하거나 고전압 시설로부터의 전자유도방해의 원인이 되기도 한다.

그라운드 브레이싱 (ground bracing) 전주가 외력에 의하여 경사 또는 쓰러지는 것을 방지하기 위하여 전주 밑에 통나무를 붙이는 것을 말하며, 보통 선로와 같은 방향으로 땅 속에 1개를 붙이나 선로의 각도, 전주의 종류, 폭풍, 적설지대, 지질, 설치장소 등에 따라 개수, 방향, 크기가 다르다. 또한 2개 이상은 서로 직각이 되게 붙인다.

그레츠 결선 (── 結線, Graetz connection) 단상 또는 3상의 전파 정류회로로, 변압기 2차 권선은 음·양의 반사이클에 모두 통전한다. 윗쪽의 정류기 그룹, 아래쪽의 정류기 그룹은 각각 중성점에 대하여 음 및 양의 출력전압을 공급한다. 중성점 접속은 불필요하다. 고전압 정류에 적합하다. ⇨ 반도체 정류기.

그로브 전지 (── 電池, Grove cell) Grove에 의하여 발명된 전지로, 다음과 같은 구성으로 되어 있다. 음극은 아연이고 전해액은 음극실에 묽은 황산을 쓰고 양극실에는 질산이 쓰이고 있다. 기전력은 1.96V이나 오늘날에는 전혀 쓰이지 않고 있다.

그리드 (grid) (1) 전자관의 캐소드와 플레이트 사이에 두어진 망상의 전극으로, 그 전위를 조정함으로써 전위분포를 변화하여 전자류를 제어하거나 정전결합을 적게 하는 작용을 한다. 구조와 사용 목적에 따라 많은 종류가 있다. 그리드 1개로 되어 있는 것을 3극관이라 하고, 그리드의 수가 증가함에 따라 4극관, 5극관이라 부른다. (2) 수은정류기에서는 아크를 통하는 구멍을 가지며, 아크로(路)에 두어진 전극을 말한다.

그리드 검파 (── 檢波, grid detection) 그리드 전류에 의한 정류작용을 이용한 검파 방식으로, 회로에 콘덴서 및 고저항(그리드 리크)의 병렬회로를 넣고 입력신호를 가한다. 그러면 콘덴서의 단자전압, 따라서 진공관의 바이어스가 신호의 엔벨로프에 따라서 변화하게 되어 이것이 증폭되어서 검파출력을 낸다. 미약한 신호에 대해서 감도가 좋다.

그리드 글로관 (── 管, grid glow-tube) ⇨ 릴레이 방전관.

그리드 리크 (── 管, grid leak) 그리드 회로의 콘덴서에 충전된 전하를 방출하기 위한 고저항. 발진기에서는 이것으로 적당한 바이어스 전압을 얻게 되어 있다. 검파기에서는 여기서 음성출력을 잡아낸다.

그리드 바이어스 (grid bias) 진공관의 컨트롤 그리드에 가하는 마이너스의 직류 전압으로서, 그리드 바이어스 전압이라고도 한다. 진공관의 동작점을 결정하는 것으로서, 저항과 콘덴서를 병렬로 접속한 회로를 캐소드에 접속하여 플레이트 전류에 의해 생긴 전압을 이용하는 자기 바이어스법과 별도로 직류 전원을 사용하는 고정 바이어스법이 있다.

그리드 벨 (grid bell) 판극관과 동축 공진 회로를 조합하여 발진회로를 구성시키는 경우 그리드에 접속되는 짧은 원통 도체를 말한다. 벨형이 된다는 뜻이다.

그리드 변조 (── 變調, grid modulation) 진폭 변조의 일종으로서 컨트롤 그리드 변조와 서프레서 그리드 변조가 있다. 고주파 증폭 회로의 피변조관의 그리드 전압을 신호파로 변화시켜 출력으로서 피변조파를 얻는 것이다. 피변조관의 플레이트 효율은 플레이트 변조보다 나쁘지만 변조에 요하는 전력이 작고 넓은 주파수 특성을 얻기는 쉽다. 반송전화나 TV의 영상 송상기 등에 사용된다.

그리드 손 (── 損, grid dissipation, grid loss) 그리드 전자가 돌입함으로써 생기는 전력 손실을 말한다.

그리드 역전류 (── 逆電流, inverse grid current) 그리드가 －로 바이어스된 경우에 그리드에서 흘러 나가는 방향의 그리드 전류를 말한다. 그 주요 원인은 ① 전리된 관내 잔류가스의 양이온에 의한 전류, ② 그리드 전자방출, ③ 절연 불량에 의한 누설전류 등이다.

그리드 용량 (── 容量, grid capacity) ⇨ 그리드 커패시턴스.

그리드 저항 (── 抵抗, grid resistance) 그리드 리크. 또는 진공관의 그리드 및 캐소드 사이의 실효저항을 말한다.

그리드 전류 (── 電流, grid current) 전자관의 그리드에 흐르는 전류. 그리드 전위가 캐소드에 대하여 ＋인 경우의 그리드 전류와 －인 경우의 그리드 전류가 있다. 전자는 발진의 경우 등에 생긴다. ⇨ 그리드 역전류.

그리드 전자방출 (── 電子放出, grid emission) 전자관을 사용하고 있으면 캐소드로부터의 열과 플레이트로부터의 역가열에 의해 그리드의 온도가 상승해서 전자방출을 하기에 이르게 되는 일이 있다. 이것은 그리드 전자방출이라고 한다. 일반적으로는 제어 그리드의 경우가 주이다. 이것은 가장 고온인 캐소드에 가장 가깝다는 것과 캐소드로부터의 증착물이 붙기 쉬운 것이 원인이다. 캐소드 온도를 낮춤으로써 이 현상을 감소시킬 수 있다.

그리드 접지 증폭기 (── 接地增幅器, grounded grid amplifier) 3극 진공관을 사용한 초단파용 증폭회로로, 그리드를 접지해서 사용한다. 전도 증폭기라고도 한다.

그리드 제어 (── 制御, grid control) 수은 정류기와 열음극 방전관은 방전로 중에 제어 그리드를 두고 여기에 가하는 전압을 제어함으로써 ① 직류 전압의 조정, ② 단락 전류 및 역호전류의 차단, ③ 직류에서 교류로의 전환, ④ 주파수 변환, ⑤ 직류변압 등을 할 수 있다. 캐소드와 플레이트 또는 다른 +전위에 있는 전극과의 사이에 그리드를 두고 그 전위를 변화함으로써 캐소드에서 생기는 전자류를 제어하는 것. 배후의 전극이 +전위에 있으면 그리드에 −전위의 범위에서 전력을 소비하는 일 없이 전자류를 제어할 수 있다. ⇨ 제어 그리드(control grid).

그리드 제어 수은정류기 (── 制御水銀整流器, grid-controlled mercury-arc rectifier) 제어 그리드를 가진 수은정류기이다. ⇨ 사이러트론.

그리드 제어 정류관 (── 制御整流管, grid controlled rectifier tube) 제어 그리드를 가진 정류관이다.

그리드 제한기 (── 制限器, grid limiter) 그리드 전류에 의한 전압강하를 그리드 바이어스로 하여 일정값 이상의 입력에 대하여 출력을 일정하게 제한한다.

그리드 진폭 (── 振幅, grid swing) 전자관의 그리드 회로에 인가되는 입력 신호전압의 진폭값이다.

그리드 커패시턴스 (grid capacitance) 전자관의 그리드와 다른 전극 전체 사이의 정전용량을 이른다.

그리디스터 (gridistor) 구심장력(求心張力)의 원리를 응용, 다채널 구조를 가진 전계효과 트랜지스터. 이것은 전계효과 트랜지스터와 소수 캐리어 주입 트랜지스터의 두 가지 장점을 모두 살린 트랜지스터이다.

극간 공소 (極間空所, interpole space) 돌극형 회전기의 주극과 주극 사이의 부분을 이른다.

극성 (極性, polarity) (1) 양(+)극이나 또는 음(−)극을 지칭하는 것. (2) 변압기에서는 단자의 결선방법에 따라 극성에 감극성과 가극성이 있으며, 전자가 표준이다. 이것을 확인하려면 고압과 저압의 상대하는 한쪽 단자를 연결하고 다른 1조의 단자 간에 전압계(V_2)를 삽입하여 고압측 단자에서 저압(V_1)으로 여자한 경우 V_2가 V_1보다 낮으면 감극성이고 높으면 가극성이다.

극성 계전기 (極性繼電器, polarity relay) 주로 전신에 사용하는 감도의 계전기로, 전자기회로에 영구자석을 사용한 것. 차동형, 브리지형 등이 있다. ⇨ 유극 계전기.

극성 반도체 (極性半導體, polar semiconductor) Ⅲ-Ⅴ족 화합물 반도체처럼, 이온 결합적인 결정이 부분적으로 포함되어 있는 반도체를 이른다.

극성 방향 계전기 (極性方向繼電器, polarity directional relay) 전압, 전류의 극성 방향에 따라 선택 동작하는 계전기이다.

극수 전환 전동기(極數轉換電動機, pole change motor) 유도전동기의 속도를 여러 단으로 바꾸는 경우에 사용되는 전동기로, 1차와 2차를 동시에 전환하지 않으면 안 되므로 보통은 농형이 사용된다.

극자외 검출기 (極紫外檢出器, EUV detector) 160 mm 정도의 자외선 측정에는 석영창을 이용한 광전자 증배관이 사용되지만, 파장이 더욱 짧은 EUV 역의 검출기는 창재료 LiF나 CaF_2를 사용하거나 창에 형광물질을 얇게 칠한 것, 혹은 창을 제거한 광전자 증배관이 사용된다. 또 입사 광자에 의한 가스의 이온화를 이용한 가스 카운터를 이용한 것도 있다. ⇨ 자외선 방사.

극자외 레이저 (極紫外 ──, extreme ultra violet (EUV) laser) 파장 200 nm에서 10 nm에 이르는 진공 자외역에서 장파장측의 절반(200 nm~100 nm)을 VUV, 단파장측의 절

반(100 nm~10 nm)을 EUV라고 구별하여 부르는 일이 많다. EUV 영역의 레이저가 EUV 레이저인데, 이와 같은 단파장역에서는 레이저 발진법과 측정법, 사용 광학재료 등에 많은 미해결 문제가 있으므로 응용분야의 개발도 앞으로의 과제이다. ⇨ 엑시머 레이저.

극저온 케이블 (極低溫——, cryogenic cable) 액체 질소를 가압하여 순환하면서 도체를 −190 ~ −179℃ 정도로 냉각함으로써 그 저항을 상온에서의 값보다 한 자리수 낮은 값으로 사용하도록 한 케이블. 초전도 케이블에 비하면 대전력 수송특성은 약간 떨어지지만 설비와 보수면에서 유리하다.

극좌표 곡선 (極座標曲線, polar curve) 극좌표로 나타낸 곡선이다.

극좌표 전위차계 (極座標電位差計, polar coordinate type potentiometer) 교류 전위차계의 하나로, 전압의 크기와 위상각을 측정하고, 전압의 동상분 및 직각분은 위의 측정값으로 계산하여 구하는 것이다. 드라이스데일-틴슬레이(Drysdale-Tinsley)전위차계 등은 이에 속한다.

극초단파 (極超短波, ultrashort wave) 극초단파는 현재의 UHF(데시미터파)에 해당되나, 과거 용법으로는 파장 1 m 이하의 전자파를 지칭하였다.

극판 (極板, plate) 《축전지》 전극이 되는 도체판. 용도에 따라 재질, 형태 등 여러 가지가 있다. 단지 실용 전지의 극판(특히 축전지)을 가리키는 경우도 있다.

극편 (極片, pole piece, pole shoe) ⇨ 자극편.

극한 작업 로봇 (極限作業——, robot engaged in extremely dangerous environment) 매우 위험한 장소 또는 인간이 견딜 수 없는 극한 환경, 예를 들면 원자력 발전소, 심해, 우주 등에서 작업하도록 만들어진 로봇을 이른다.

극한 전력 (極限電力, power limit) 송신선로를 통해서 주어진 송전단 전압 및 수전단 전압 하에서 전력을 전송할 경우 발전기가 동기를 유지하여 송전을 할 수 있는 극한적인 전력. 정태안정 극한전력(定態安定極限電力)과 과도안정 극한전력이 있다.

근가목 깊이 (根架木——, setting, setting depth) 《전주》 전주 또는 지선 등의 매설할 깊이. 전주의 경우는 보통 전길이의 1/5(단, 2.5 m 이하로 되어 있다).

근거리 에코 (近距離——, near echo) 지상파가 주 전파로서 도달할 때 전리층 반사파가 에코가 된다. 이것을 근거리 에코라고 한다. ⇨ 에코(echo), 지구 일주 에코(round-the-world echo), 역회 에코(reversed echo).

근거리 페이딩 지역 (近距離——地域, near fading area) 송신점에서 별로 떨어지지 않은 곳에서 전파를 수신하는 경우, 지표파와 공간파가 합성된 것을 수신하게 된다. 송신점과 어느 정도 가까운 곳에서 지표파는 공간파에 비해서 크지만 거리가 멀어짐에 따라 감쇠가 크므로 두 파의 세기가 가까워져서 양 파의 세기가 같은 정도가 되면 상호 간의 간섭이 문제가 되어 그 위치의 차이에 따라서 페이딩을 발생한다. 이것을 근거리 페이딩이라 하며, 주로 중파 방송에서 문제가 된다. 근거리 페이딩은 그 변화가 격심하고, 때로는 음성의 일그러짐도 동반하므로 방송국의 실용 구역은 이에 의해서 제한된다.

근교선 회로 (近郊線回路, toll circuit(영)) 전화교환에 있어서 대도시와 그 근교지 사이의 시외 전화선의 동작에 필요한 기기로 이루어지는 전기회로를 이른다.

근궤적 (根軌跡, root locus) 자동제어계에서의 오픈루프 전달함수 $G(s)H(s)$가 음의 실수값을 취하는 복소 주파수 s를 s평면에서 플롯하여 얻어지는 곡선. $G(s)H(s)=-1/K$이 되는 점은 특정 방정식 $KG(s)H(s)+1=0$의 근을 부여한다.

근단 누화 (根端漏話, near-end crosstalk) ⇨ 누화.

근자외선 (近紫外線, near ultraviolet rays) 자외선 중 파장이 광선에 가까운 부분. 파장이 짧은 쪽의 한계는 2,000~3,000Å이고, 학자에 따라 많은 차이가 있다. 태양광선 중에도 포함되고 인공 광원에 의해서도 비교적 간단히 얻어진다.

근적외선 (近赤外線, near infrared ray) 적외선(파장 780 nm에서 10^5nm 정도까지의 전자기파) 중 파장이 비교적 기시역에 치우친

부분으로, 대체로 가시단에서 $2.5\,nm\times10^4$ nm 정도까지를 가리킨다.

근전계 (筋電計, electromyograph) 근육의 수축으로 발생하는 근동작 전류를 검출하여 그것을 증폭 기록하는 장치. 얻어진 기록 파형을 근전도라고 한다.

㊟ 근전계는 10 Hz~3 Hz, 20 μV~20 mV의 전압 측정이 문제가 된다.

근접 관제 레이더 (近接管制 ——, approach control radar) 약어 ACR. 탐색 레이더라고도 한다.

근접 스위치 (近接 ——, proximity switch) 어떤 물체에 접근함으로써 조작부분이 동작하도록 설계된 스위치이다.

근접 에코 (近接 ——, near-by echo) 송신소에 비교적 가까운 지점의 단파대에서 발생하는 에코. 전리층 또는 지표면의 산란파에 의해서 생긴다. 따라서 전리층의 감쇠가 감소하는 저녁 때 가장 강해지며, 지연시간도 수십 ms에 이르는 경우도 간혹 있다. ⇐ 근거리 에코(near echo). ⇨ 지구 일주 에코(round-the-world echo).

근접 주파수 (近接周波數, near-by frequency) 어떤 주파수의 진동에 대하여 그 주파수에 가까운 다른 진동이 있는 것. 예를 들면, 수동 진동자에서 필요한 주파수에 접근한 주파수가 여러 개 발생한다. 이것을 근접 주파수라고 한다.

근접 효과 (近接效果, proximity effect) 많은 도체가 근접해서 배치되어 있는 경우 각 도체에 흐르는 전류의 크기와 방향 및 주파수에 따라 각 도체 단면에 흐르는 전류의 밀도분포가 변화하는 현상. 이 현상은 표피효과의 일종으로 볼 수 있으며 주파수가 높을수록, 또 도체가 근접해서 배치되어 있을 때일수록 현저하게 나타난다. ⇨ 표피효과(skin effect).

글라스 레이저 (glass laser) 결정이 아니라 망목상의 구조인 규산염, 인산염 등의 글라스 속에 활성물질로서 3가의 Nd 이온을 용입한 것을 사용한 레이저. Q스위칭과 모드동기작용에 의해 순간적으로 큰 펄스출력을 얻기에 적합하다(연속 동작에는 부적합하다). 파장은 규산염 글라스가 1.062μm, 인산염 글라스의 경우 1.054μm이다. ⇨ 탄산가스 레이저, 엑시머 레이저, Q 스위칭, 모드 동기.

글라스 테이프 (glass tape) 유리 실을 평직한 테이프형의 것으로, 여러 가지 두께와 폭의 제품이 있다. 용도는 생테이프로 또는 바니시를 함침시켜서 내열용 절연물로 전기기기의 코일을 감는데 쓰인다.

글로 (glow) 진공관에 있어서 전극, 유리관벽 등에서 가스가 발생하거나 사고로 인하여 미량의 공기가 혼입하면 전류를 흘렸을 때 진공관 내부에서 청자색의 미광(微光)을 내는 현상이다. 글로 방전에 있어서의 발광도 글로라고 한다.

글로 방전 (glow discharge) 글로 방전관의 저압 기체 속에서 일어나는 자속(自續) 방전의 일종으로서 정전압 특성이 있다. 방전시의 전류는 양 이온이 캐소드에 충돌할 때 방출되는 2차 전자에 의한 것으로서, 2차 전자는 관내 가스 분자와 충돌하면서 플레이트로 향한다. 충돌시의 전리 작용에 의해 가스 분자는 양 이온으로 된다. 또 이 때 가스 분자의 에너지 준위가 이전하므로 가스 기체 특유의 색체를 가진 발광현상을 나타낸다.

글로 방전관 (—— 放電管, glow discharge tube) 원통형 유리관의 양단에 한 쌍의 전극을 봉입하고 관 내에 불황성 가스를 수 mmHg 정도의 압력으로 봉입한 방전관이다. 크세논 램프, 네온 전구, 네온관 등, 정전압 방전관, 릴레이 방전관 등에 응용된다.

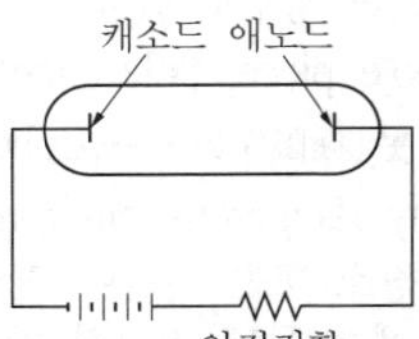

[글로 방전관]

글로브 (globe) 조명기구의 일종이며, 광원을 완전히 감싸는 것. 유리로 만들어진 것이 많다. 보통 조명용으로는 젖빛 유리를 사용하여 눈부심을 방지한다. 색유리를 사용한 것은 신호, 표지등에 사용된다.

글로브 박스 (glove box) 방사성 물질을 사용할 때, 그에 의한 오염을 막기 위하여 외부로부터 글로브(장갑)로 조작할 수 있도록 한 기밀 상자이다.

글로브 홀더 (globe holder) 글로브(등피)를 소켓 및 파이프, 쇠사슬 같은 용구에 메어달아 고정시키기 위한 쇠붙이이다.

글로 전구 (── 電球, glow lamp, glim lamp) 음극 글로를 이용한 방전등. 유리구(球)속에 2개의 전극을 가능한 한 가까이 봉해 넣고 네온 또는 아르곤 수십 mmHg를 봉입한 후, 베이스 내에는 수 1,000Ω의 직렬저항을 넣었다. 소비전력이 적으므로 야간등, 파일럿 램프 등에 또는 직류의 극성검사, 검전기 등에 사용된다.

글리치 (glitch) (1) 비교적 짧은 지속시간을 가지며 원점이 분명하지 않은 펄스상의 노이즈. (2) 《DA 변환기》 DA 변환기에서 입력 디지털양이 변화할 때 출력 아날로그양에 과도적인 스파이크와 오버슈트가 발생하는 것을 이른다.

금박 검전기 (金箔檢電器, gold-leaf electroscope) 금박 위를 지지 도체에 붙여서 수직으로 유지한 것으로, 여기에 전위, 즉 전하를 가하면 금박은 지지 도체에서 반발하여 벌어진다. 그 뒤쪽에 거울면을 갖는 눈금을 두어 움직임을 읽음으로써 가해진 전위의 대소를 알 수 있다.

금박 전위계 (金箔電位計, gold-leaf electrometer) 박(箔)전위계의 일종으로, 박에 금을 씌운 것이다. 금박을 금속선에 겹쳐서 매달고 이것을 대전하면 금박은 금속선에서 반발되어 열리므로 그 이동을 측정해서 전위를 안다.

금사 코드 (金絲 ──, tinsel cord) 헤드폰 도선 및 시험 도선으로 사용된다. 고도의 굴곡성을 가진 코드로, 튼튼하고 유연한 끈을 심으로 하여, 그 주위에 띠상의 엷은 금속박, 즉 금실을 감아붙인 것을 도체로 한다.

금속간 화합물 반도체 (金屬間化合物半導體, intermetallic compound semiconductor) 2개의 상이한 금속 원소의 원자가 결부하여 금속 결정을 구성한 반도체로서, 두 개의 금속이 함께 가(価)전자대를 채우기에 충분한 전자로 공급하고 있다. GaAs, InSb, InAs, GaP 라든가 InP, Bi_2Te_3 등이 그와 같은 화합물 반도체인데, 각각 특징적인 응용분야를 가지고 있다.

금속관 (金屬管, metallic conduit) 전선을 넣어서 배선을 하기 위하여 쓰이는 금속제 파이프. 보통 강철제인데 특후강(特厚鋼) 전선관, 후강 전선관, EMT 전선관, 박강 선관의 4종이 있다.

금속관 부속품 (金屬管附屬品, conduit fittings) 금속제 철선관에 사용되는 커플링, 새들, 아우트렛 박스 등, 금속관 공사를 할 때 필요한 부속품의 총칭이다.

금속 귀선 (金屬歸線, metallic return) 지기회로를 사용하는 단선식에 비하여, 선로 두 줄로 구성되는 복선식 전신회선을 말한다.

금속 렌즈 (金屬 ──, metal lens) 마이크로파와 같이 전파의 파장이 짧아지면 빛과 같이 렌즈를 사용해서 이것을 집속할 수 있다. 금속 렌즈와 유전체 렌즈는 그 대표적인 것이다. 금속 렌즈에는 E면형과 H면형의 두 종류가 있는데, 모두 얇은 금속판을 여러 장 평행으로 배치한 것이다. 전자는 이 사이를 통하는 전자파의 전계 E를 금속판에 평행으로 하고, 후자는 직각으로 한 것이다. 이렇게 해서 선형 전원에서 발생하는 원통파를 평면파로, 또 평면파를 원통파로 변환한다. ⇨ 유전체 렌즈.

금속 렌즈 안테나 (金屬 ──, metal lens antenna) 마이크로파를 금속 렌즈에 통과시킴으로써 집속하여 날카로운 지향성을 갖게 한 안테나이다. ⇨ 금속 렌즈.

금속 반사갓 (金屬反射 ──, metal reflector, metallic reflector) 강도가 요구되고 또 위쪽으로의 광속을 별로 필요로 하지 않는 경우에 사용된다. 재료는 법랑 철판, 도장된 얇은 강판, 알루미늄 등이 사용된다.

금속 브러시 (金屬 ──, metallic brush) 얇은 동판을 겹쳐 쌓은 것 또는 구리의 편선으로 만든 브러시. 매우 낮은 전압 (5V 정도)의 직류기에 사용한다.

금속 선피 (金屬線被, metal raceway) 전선을 수용해서 배선을 하기 위하여 사용하는 금속제의 선피로, 홈통형의 밑부분과 뚜껑으로 이루어져 있다. 보통 0.9 mm 정도의 연강판을 눌러 굽혀서 만들고, 안팎 모두 아연 도금을 한 다음 그 위에 투명한 에나멜을 칠한 것이다.

금속 선피 공사 (金屬線被工事, metal raceway work) 고무 절연전선 이상의 절연효력이 있는 것을 금속 선피 속에 수용해서 시설하는 공사로, 건조한 전개장소에 한해서 시설할 수 있다. 대개는 시설 및 진열장 등의 배선에 사용한다.

금속 안개 (金屬 ──, metal fog) 용융염에서 볼 수 있는 특이한 현상으로, 금속 덩어리를 용융염 속에서 녹이면 어떤 온도 이상에서 녹은 금속의 표면에서 색깔을 띤 안개 같은 것이 퍼져서 점차 용융염 속으로 확산한다. 이것은 전해 중 음극에 석출한 금속에 재용융으로서도 볼 수 있으며, 전해 효율 저하의 원인이 된다. 이와 같은 현상을 말한다.

금속 저항기 (金屬抵抗器, metallic resistor) 금속을 저항체로 사용한 저항기. 금속선으로는 망간, 콘스탄탄, 니크롬 등이 쓰인다.

금속 접촉 (金屬接觸, metallic contact) 금속과 금속이 접촉하여 전기 통로를 만드는 것이다.

금속 정류기 (金屬整流器, metal rectifier) 구리, 셀렌, 게르마늄, 실리콘 같은 금속으로 반도체화한 것을 사용한 정류기이다.

금속 진공관 (金屬眞空管, metal(sealed)tube) 금속을 관구(管球)로 사용한 전자관이다.

금속함 개폐기 (金屬函開閉器, safety switch, safety enclosed switch) 개폐기구를 금속제 박스에 넣고, 박스 밖에서 수동으로 개폐할 수 있는 구조의 개폐기이다.

금속화 (金屬化, metallizing) 도전성을 부여할 목적으로 글라스, 반도체, 자기 등의 표면에 금속의 박막을 디포지트하는 것. 금속과 그것을 디포지트하여야 할 바탕 물질에 따라 처리법과 도금법, 진공증착법, 음극 스퍼터링법 등 각기 다르다. 박막회로, IC 등의 본딩 패드와 접속선 성형 등의 경우에는 상기한 박막을 다시 적당한 마스크를 사용하여 에칭 처리한다.

금속화 고저항 (金屬化高低抗, metalized high resistance) 금속의 피막을 유리나 자기의 막대 통에 부착시킨 고저항. 진공 방전으로 피막을 붙이는 경우가 많다.

금속화지 (金屬化紙, metalized paper) 종이 표면에 아연 등의 금속을 증착시킨 것이다.

금속화 탄소 (金屬化炭素, graphitized carbon, metalized carbon) 1888년에 미국의 Dr. W, R. Whitney가 발명한 것으로, 탄소전구의 필라멘트용으로 전기로 속에서 고열하여 성능을 개선한 것. 이것을 사용한 전구가 GEM 전구인데, 텅스텐 전구의 출현으로 1918년부터 볼 수 없게 되었다.

금속 흑연 브러시 (金屬黑鉛 ──, metallic carbon brush, metalized graphite brush) 금속 가루(주로 구리)와 흑연 가루를 이겨서 성형 소결하여 만든 브러시. 금속 가루의 양은 90%의 것에서부터 50%(중량)의 것까지 있다. 저전압 직류기의 정류자, 유도전동기 또는 회전변류기의 슬립 링에 쓰인다.

금제대 (禁制帶, forbidden band) 전자의 에너지 대역으로, 주어진 물질의 전자는 이 대역내의 에너지를 가질 수 없다. 금지대라고도 한다.

금지 구역 (禁止區域, exclusion area) 원자로에 사고가 발생하였을 경우, 그 재해가 일반 국민에게 미치는 것을 방지할 목적으로 일반인의 출입과 민가의 건립을 금지하는 지역이다.

급랭 (急冷, quenching) ⇨ 담금질.

급속 충전 (急速充電, boosting charge) 긴급을 요할 때 단시간에 대전류 밀도로 하는 충전이다.

급속 화성 (急速化成, rapid formation) 단시간에 화성을 완료하는 것이다.

급수 (給水, feed water) 보일러에 공급하는 물이다.

급수 가열기 (給水加熱器, feed water heater) 보일러에 공급하는 물을 적당한 온도까지 예열하는 장치. 가열원에는 일반적으로 터빈의 추기(抽氣)가 쓰인다.

급수 정화기 (給水淨化器, feed-water purifier) 보일러에 공급하는 물은 플라이밍이나 스케일의 부착을 방지하기 위하여 극력 불순물이 배제된 것이어야 한다. 이를 위하여 보일러 급수를 정화하는 장치를 급수 정화기라고 한다.

급수 펌프 (給水 ——, feed(water) pump) 보일러 속에 물을 퍼 넣기 위한 펌프이다.

급전반 (給電盤, load-dispatching board) 전력계통의 각 발전소, 변전소의 운전상태, 주차단기의 개폐상태, 송전선로의 사용 상태, 저수지의 상태 등을 일목 요연하게 하여 급전업무를 수행하는 계기반이다.

급전선 (給電線, feeder) 변전소 또는 발전소로부터 수용지에 이르는 배전선로 중 분기선 및 배전 변압기가 없는 부분이다.

급전점 (給電点, feeder distribution center) 급전선 또는 부급전선이 접속되는 배전 중심점이다.

급전 지령소 (給電指令所, load-dispatching office) 전력계통의 종합적인 운전에 필요한 각종 지령을 내리는 것을 임무로 하여 설치된 기관이다.

급전 지령원 (給電指令員, load dispatcher) 병렬 운전하는 발전소의 전력발생 및 분배를 지시하는 사람을 이른다.

급정지 (急停止, scram) 원자로의 급정지. 보통 안전 막대를 떨어뜨려서 정지시킨다.

긍장 (亘長, distance) 《전선로》 전선로의 지정된 구간의 수평 거리를 이른다.

기간 상시 전력(期間常時電力, seasonal power) 연중 어떤 특정 계절 동안의 발전 전력 또는 이용 가능한 전력을 이른다.

기계 레버 (機械 ——, mechanical lever) 기계 연동장치에서 신호기 또는 전철기를 동작시키는 핸들이다.

기계 리액턴스 (機械 ——, mechanical reactance) 기계 임피던스의 허수분. 진동의 각 주파수를 ω라고 하면 질량 m의 기계 리액턴스는 ωm이고, 그 기계 임피던스는 $j\omega m$, 스티프니스 s의 리액턴스는 $-s/\omega$이다. 리액턴스가 +이면 진동속도의 위상은 힘의 위상보다 뒤지고, −이면 앞선다.

기계 부하 (機械負荷, mechanical load) 펌프라든가 송풍기처럼, 기계 동력에 의해서 동작하는 부하를 이른다.

기계 손 (機械損, mechanical loss) 회전 전기의 기계적 손실, 즉 풍손, 축받이 마찰 손, 브러시 마찰 손의 합을 말한다.

기계 신호기 (機械信號機, mechanical signal) 기계 신호기는 일반적으로 멀리 떨어진 곳에서 조종되며, 기계신호 레버를 써서 그 동작을 신호 암에 전하여 레버를 조작함으로써 신호 암의 조종을 한다.

기계실 (機械室, mechanical room) 회전기계가 설치되어 있는 공간을 이른다.

기계 에너지 (機械 ——, mechanical energy) 역학적인 양에 따라 정해지는 에너지로, 보통 운동 에너지와 퍼텐셜 에너지를 생각할 수 있다.

기계 연동기 (機械連動機, mechanical interlocking machine) 철도의 신호기와 전철기 사이를 철관 또는 철색(鐵索)을 따라 연결하여 레버를 조작함으로써 신호기 및 전철기가 기계적으로 작동하는 장치이다.

기계 임피던스 (機械 ——, mechanical impedance) 외부로부터 주어진 교번 기계력을 그 작용점에서의 힘의 작용방향 교번 속도로 나눈 것. 현상에 지체를 동반하므로 임피던스로서 복소수로 표현된다. 그 실수부를 기계저항, 허수부를 기계 리액턴스라고 한다. 단위는 모두 N·s/m이다. 또 CGS 단위의 dyn·s/cm를 기계옴이라 한다.

기계 저항 (機械抵抗, mechanical resistance) 기계 임피던스의 실수분을 이르며, 진동에 수반되는 손실을 나타낸다. 단위는 실용 단위로서는 Ns/m, CGS 단위로는 dyns/cm가 된다.

기계적 동조 (機械的同調, mechanical tuning) 클라이스트론 등의 발진관에서 공동의 모양 등을 기계적으로 변형함으로써 발진주파수를 변화시키거나 구하는 주파수에 동조시키는 것을 말한다.

기계적 부하 반환법 (機械的負荷返還法, mechanical back-to-back test) 2개의 상등한 회전기를 기계적으로 결합하고, 그 한쪽을 발전기, 다른 쪽을 전동기로 운전한다. 이 경우 계의 전 손실분을 기계 동력으로서 보조 전동기에 의해 계에 공급함으로써 대용량기의 실부하 시험을 비교적 작은 전원으로 할 수 있도록 한 시험방법이다. ⇨ 전기적 부하 반환시험.

기계적 양호도 (機械的良好度, mechanical factor of merit) 가동부분을 가진 계기에 있

어서, 가동부의 무게와 축받이 마찰의 관계를 나타내는 계수로, 설계의 양호성 또는 가동부분의 수명을 비교하는 가늠으로 제안된 바 있으나 보편성이 없으므로 그 조건을 잘 음미할 필요가 있다.

ㄱ

기계적 연동장치 (機械的連動裝置, mechanical interlocks) 이 장치는 연동 릴레이 및 항공 교통관제의 안전한 전달을 위하여 동작하는 신호등 방식을 갖는 통신 링크로 이루어져 있으며, 항공 교통관제 데이터 전달표시장치의 일부이기도 하다.

기계적 정류기 (機械的整流器, mechanical rectifier) 전기적 접점을 동기전동기의 회전 등에 의해서 교류와 동기적으로 개폐함으로써 교류를 직류로 정류하는 장치를 말한다. 코트렐 정류기(이것은 접점 대신 극과 부하측은 불꽃방전에 의해 이어진다.), 진동형 정류기, 접촉변류기 등은 이에 속한다.

기계적 중성축 (機械的中性軸, mechanical neutral axis) 직류기에 있어서 주극의 축과 직각 전기각이 만나는 축. 무부하인 경우의 중성축이다.

기계 전기 종합 파괴시험 (機械電氣綜合破壞試驗, combined mechanical and electrical strength test) 어떤 전압을 가한채로 기계적 파괴시험을 하거나 또는 일정한 기계적 일그러짐을 준채로 전기적 파괴시험을 하는 두 시험을 겹쳐 하는 시험을 이른다.

기계 주사 (機械走査, mechanical scanning) 기계적 방법으로 화면을 주사하는 것. 초창기에는 텔레비전에서 주로 이 방법이 사용되었다. ⇨ 전자 주사(electronic scanning).

기계 커패시턴스 (機械——, mechanical capacitance) 기계적 진동을 전기적 등가회로로 나타내었을 때 커패시턴스에 상당하는 것을 말한다. 즉 진동체의 어떤 1점에 단위당의 힘을 가했을 때 그 점의 탄성적인 변위로, CGS계의 단위는 cm/dyne이다.

기계 평형식 (機械平衡式, mechanical balance system) 3상의 전력회로에 있어서, 각 상전류에 의한 토크를 기계적으로 평형시켜 두고 그 평형이 무너졌을 때 동작하는 상평형(相平衡)용 계전기를 갖춘 방식이다.

기계 필터 (機械——, mechanical filter) 등가적으로 몇 개의 기계 공진기가 종속 접속된 것처럼 거동하는 금속 봉을 이른다. 압전형 변압기에 의해 이 필터의 입력단 또는 출력단에 전기적인 결합을 할 수 있다. 동작 주파수는 수백 kHz까지이고, 매우 선택도가 높은 슈퍼헤테로다인 수신기에서 중간주파 증폭부와 저주파 실렉터 등에 사용된다.

기계 효율 (機械效率, mechanical efficiency) 내연기관에서 (실제로 한 일)/(도시(圖示)한 일)을 말한다.

기구 효율 (器具效率, efficiency of luminaire) 《조명》 조명기구를 사용하면 반드시 빛의 손실이 따른다. 사용 광원의 전 광속에 대하여 조명기구에서 나오는 광속의 비율을 조명기구의 효율이라고 한다. 갓에서는 80~90 %, 유리 글로브에서는 70~80 % 정도이다.

기기 (機器, apparatus) 장치와 같은 것이지만 하나의 유닛으로 특정한 기능을 갖는 것을 말한다. 흡수형 주파계 등은 기기의 일례이다.

기기 잡음 (機器雜音, set noise) 각종 증폭기, 수신기, 발진기 등의 내부에서 발생하는 잡음을 총칭해서 기기 잡음이라고 한다. 이 잡음의 내용은 대부분 진공관 잡음, 저항 잡음 등이다.

기능 디바이스 (機能——, functional device) 얇은 평판 위에 장착된 혹은 얇은 기판 위에 새겨진 작은 회로나 부품으로서, 일정한 기능을 수행하는 능력을 가진 것. 예를 들면 플립플롭, 가감산기, 부호기, 계수기 등. 기능 부품이라고도 한다.

기대값 (期待値, expected value) (1) 랜덤 변수를 X로 하고 이 변수의 한 값을 x로 할 때 $\int_{-\infty}^{\infty} \pi p(x)dx$로 주어지는 값을 변수 X의 기대값이라 하며, 보통 $E[X]$라고 쓴다. $p(x)$는 확률밀도 함수로서 $p(x)\,dx$이다. (2) X의 함수 $f(X)$의 기대값도 마찬가지로 다음 식으로 정의된다.

$$E[f(X)] = \int_{-\infty}^{\infty} f(x)\,p(x)\,dx$$

기동 (起動, starting) ⇨ 시동.

기동기 (起動器, starter) ⇨ 시동기.

기동 변압기 (起動變壓器, starting transformer)

⇨ 시동 변압기.

기동 보상 (起動報償器, starting compensator) ⇨ 시동 보상기.

기동 부호 (起動符號, start signal) ⇨ 시동 부호.

기동 분배기 (起動分配機, start distributor) 전화 교환에서, 일군의 기기에 도래하는 오출을 각 기기에 치우치지 않도록 차례대로 배분하여 기동시키는 기능을 가진 스위치.

기동 저항 (起動抵抗, starting resistance) ⇨ 시동 저항.

기동 저항기 (起動抵抗器, starting rheostat) ⇨ 시동 저항기.

기동 전류 (起動電流, minimum running current) 《적산계기》 ⇨ 시동 전류.

기동 전압 (起動電壓, starting voltage) ⇨ 시동 전압.

기동 접촉기 (起動接觸器, starting contactor) ⇨ 시동 접촉기.

기동 토크 (起動 ——, starting torque) ⇨ 시동 토크.

기동 특성 (起動特性, starting characteristic) ⇨ 시동 특성.

기력 발전소 (汽力發電所, steam power station) 증기를 작동 유체로 사용하는 증기 터빈, 증기기관 등에서 발전기를 운전하여 발전하는 화력발전소의 대표적인 방식. 사용하는 연료에 따라 석탄 화력발전소, 중유 전소 화력발전소, 석탄과 중유의 혼합연소 화력발전소, LNG 화력발전소, LPG 화력발전소 등이 있다.

기록 계기 (記錄計器, grapher, graphic meter, recording meter) 시간과 더불어 변화하는 피측량을 도시하는 계량기이다.

기록관 (記錄管, memory tube, storage tube) 기록관은 정보를 그 속에 넣고 그 후 적당한 시간이 경과한 다음 꺼낼 수 있는 전자관으로, 구체적으로는 정보를 써서 유지하고, 후에 그것을 읽고, 또 최후에 지우고 다시 쓸 수 있게 하는 네 가지 작용을 해 낸다. 축적관이라고도 한다. 또 기억관이라 하는 경우도 있으나 지금은 거의 쓰이지 않고 있다.

기록기 (記錄器, register) 자동 교환용에 사용하는 임펄스의 수 또는 부호 등을 기록하는 기기이다.

기록 기구 (記錄機構, recording mechanism) 측정량을 기록기에 기록하는 기구이다.

기록기 실렉터 (記錄器 ——, recorder selector) ⇨ 기록기 파인더.

기록기 파인더 (記錄機 ——, register finder, recoder finder) 콜, 인디케이터 등에 있어서, 중계선 장치에서 빈 기록기를 선택하기 위한 회전스위치 및 계전기로 이루어지는 파인더를 이른다.

기록 자력계 (記錄磁力計, magnetograph) 자계의 세기를 측정 기록하는 계기이다. ⇨ 자력계.

기록 전력계(記錄電力計, recording wattmeter) 전력을 측정 기록하는 장치이다.

기록 전류계 (記錄電流計, recording ammeter) 전류를 기록하는 장치이다.

기록 전압계 (記錄電壓計, recording voltmeter) 전압을 기록하는 계기이다.

기록 주파계 (記錄周波計, recording frequency meter) 측정된 주파수를 자동적으로 기록하는 장치. 대개는 연속적으로 보내지는 기록지 위에 곡선을 기록하여 기록지 상의 눈금으로 주파수를 읽는다.

기록지 (記錄紙) (1) recording paper 모사 전송의 수신 기록에 사용하는 종이. 수신방식에 따라 방전 파괴 기록지와 전해식 기록지 또는 기계적으로 카본지에 의해서 기록하는 종이 등이 있다. (2) chart 띠형(帶形) 기록지, 원형 기록지 및 단권 기록지가 있다.

기류 (機流, dynamic current) 이상 상태일 때 흐르는 큰 전류이다.

기름 냉각기 (油冷却器, oil cooler) 온도가 높은 기름을 냉각하는 장치이다.

기름 분리기 (油分離器) 《차단기》 (1) muffler 유입 차단기의 공기 완충실 정상부의 작은 구멍을 통해서 장치되며, 가스와 기름을 분리해서 가스만을 방출하는 장치. 그 구조는 통로에 굴곡을 많게 한 것. 나선형으로 하여 원심력을 응용한 것, 복수개의 작은 공간을 순차 통과하도록 한 것 등이 있다. (2) oil separator 기름 속에 포함되어 있는 수분을 원심력으로 분리하는 장치이다.

기름 절연 (油絶緣, oil insulation) 기름을 주체로 한 절연을 이른다.

기름 제동 (油制動, oil damping) 기름으로 제동을 거는 것으로, 기록계기와 전자 오실로그래프에, 그리고 지시계기에서는 정전형 계기 등에 사용된다.

기름 확산 펌프 (油擴散 ――, oil diffusion pump) 진공 펌프의 일종으로, 증기압이 낮은 기름을 사용하여 10^{-6}~10^{-7}mmHg의 진공이 얻어진다. 기름을 증발시켜 노즐에서 분출하여 가스를 뺀다.

기밀 봉지 (氣密封止, hermetic seal) 반도체 디바이스를 외기로부터 완전 차단하여 용기 안에 밀폐하는 것으로, 습기와 이물질의 침입을 막아 기계적으로 디바이스를 보호한다. 주 금속, 세라믹, 글라스 등이 봉지재로 적합하며, 플라스틱은 적합하지 않다. 금속에 있어서는 코발의 열팽창 계수가 글라스와 비슷하기 때문에 금속·글라스계의 봉지재로 많이 사용되지만 열과 전기에 대한 전도성이 좋지 않으므로 도전 금속을 피복하여 사용하는 경우도 있다. 세라믹으로는 알루미나, 베릴리아 등이 많이 사용된다. 글라스는 값이 싸지만 방열성이 좋지 않다.

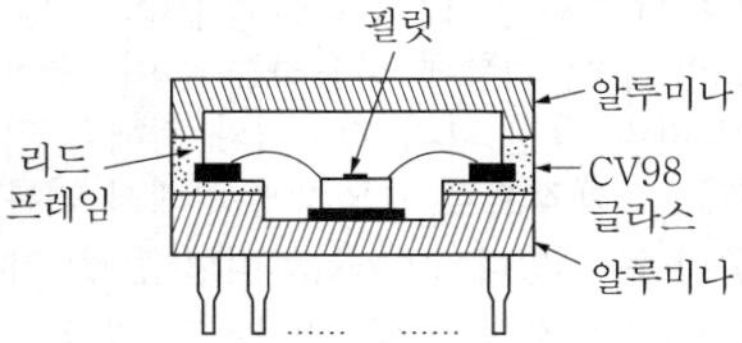

중공 DIP 패키지

[기밀 봉지]

기복 (起伏, fluctuation) 변동하는 것을 뜻한다.

기복 잡음 (起伏雜音, fluctuation noise) ⇨ 연속 잡음.

기본 단위 (基本單位, fundamental unit) 물상의 양을 나타내는 단위 중 기본이 되는 것으로, 역학적인 여러 양을 위해서는 길이, 질량 및 시간의 단위가 사용되고 있다. 전자기 현상을 위해서는 위의 세 단위 외에 진공의 투자율, 유전율 또는 전류의 단위를 도입하여 전자단위계 및 정전단위계 또는 실용 단위계가 쓰이고 있다. 또 열 현상을 위해서는 온도의 단위로 국제 온도눈금이 규정되어 있다.

기본 요금 (基本料金, standing charge(영)) kWh 요금을 제하고 kW요금, kVA요금, 수용가 요금 등이 고정된 요금의 합계액이다.

기본 주파수 (基本周波, fundamental frequency) 일그러진 파에 포함되어 있는 각 주파수 성분 중 기본파의 주파수를 말한다. ⇨ 기본파.

기본파 (基本波, fundamental wave) 임의의 주기성인 파는 다수의 정현파로 분해할 수 있다. 그 중의 주파수가 가장 낮은 것 또는 강제 진동력의 주파수와 같은 것을 말한다. ⇨ 조파.

기본 파장(基本波長, fundamental wavelength) 기본파의 파장을 이른다.

기부 전류 (基部電流, 《공중선》 base current) 수직 접지 공중선의 접지부 부근의 최대 전류 진폭을 말한다. 장·중파 공중선에서는 선의 길이에 비해서 사용 파장이 길기 때문에 접지형을 써서 유효 길이를 배로 하고 또 그 고유 파장을 늘리기 위해 접지부 부근에 큰 인덕턴스 코일을 삽입하는데, 접지부 부근은 전압은 낮지만 전류는 크므로 방사에 유효한 접지부 전류를 헛되게 동조용으로 소비하게 되어 좋지 않다.

기상 성장 (氣相成長, vapor growth) 재료의 염화물, 수소화물, 유기 화합물을 기상상태로 반응실로 보내어 화학반응과 열분해 등으로 기판 위에 결정을 생성시켜 반도체 디바이스를 만들어 내는 화학 퇴적법(chemical vapor deposition : CVD법)과 재료를 증기, 분자선, 이온선의 형태로 기판에 공급하여 퇴적시키는 물리 퇴적법(physical vapor deposition : PVD법) 등이 있다. 예컨대 전자의 예로는 실리콘 웨이퍼 위에 $SiCl_4$ 가스 등을 흘려 이것을 수소 환원하여 실리콘 단결정을 에피택시얼 성장시키는 방법 등이 많이 채용되고 있다. 기상 에피택시얼 성장(vaporphase epitaxy : VPE)이라고 한다.

기상 위성 (氣象衛星, meteorological satellite)

지상의 기상을 관측하여 그 데이터를 지상으로 송신하는 위성. 미국의 노아위성(NOAA satellite)은 정지위성은 아니지만 일본에서 사용하고 있는 해바라기 3호는 정지위성이다. 송신 기상 영상은 가시광에 의한 것과 적외선에 의한 것이 있다.

㊟ NOAA는 고도 약 850 km의 태양 동기궤도(위성 궤도가 항상 태양에 대하여 일정한 관계위치를 유지하고 있다)를 회전하고 있다.

기생적 포획 (寄生的捕獲, parasitic capture) 핵분열도 일으키지 않고 희망하는 원소도 만들지 않는 소비적인 중성자 흡수를 말한다.

기생 진동 (寄生振動, parasitic oscillation) 발진기 또는 증폭기의 경우 목적 이외의 주파수 진동을 발생하는 일이 있는데, 이것을 기생 진동이라고 한다. 정궤환에 의한 자기 발진의 경우에 많이 일어나며, 다이너트론과 블로킹에 의한 것에도 일어난다.

기생 트랜지스터 (寄生——, parasitic transistor) 정규 트랜지스터의 구조에 부수하여 발생하는 의도하지 않은 트랜지스터 구조. 다음 그림은 그 예인데, 음전위에 있는 p기판은 기생 트랜지스터의 컬렉터로 동작하고 있다. 정규 트랜지스터는 다이오드로 동작하도록 만들어져 있다.

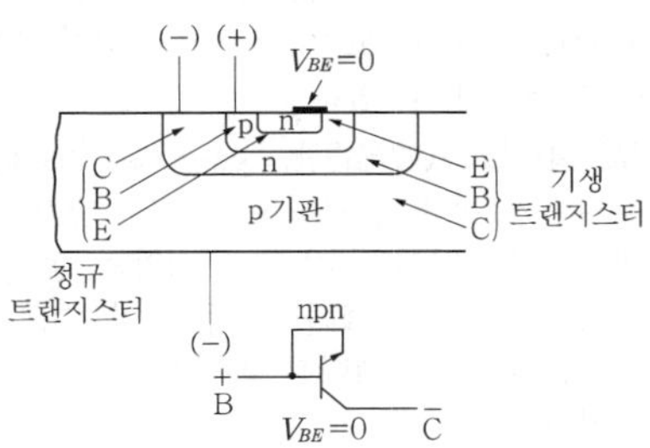

[다이오드 동작의 트랜지스터에서 발생하는 기생 트랜지스터]

기송관 (氣送管, pneumatic tube) 공기 압력에 의해서 서류, 전보 및 테이프 등을 보내기 위한 금속관. 최근에는 플라스틱제가 사용되고 있다.

기송 분배기 (氣送分配器, pneumatic distributor) 기송관에 의한 송달을 하는 경우 그 방향을 분배 지시하는 장치이다.

기수 분리기 (氣水分離器, steam separator) 수분을 포함한 증기에서 수분을 분리하여 제거하는 장치이다.

기시파 (記時波, timing wave) 오실로그래프 등으로 여러 가지 현상을 기록할 때 시간도 측정할 수 있게, 동시에 기록하는 파형이다.

기압계 (氣壓計, barometer) 어떤 지점의 기압을 측정하는 기계로, 토리첼리의 진공을 이용한 수은기압계를 주로 하며, 그밖에 아네로이드 청우계가 있다.

기억관 (記憶管, memory tube) 기록관의 일종으로 초기의 것이다. 음극선관의 형광면에 정보를 축적하는 것이며, 형광면에 전자빔을 닿게 하였을 때 발생하는 전하분포를 이용한다. 보통 형에는 전자총이 3개 있어 기록, 유지, 읽는 용도에 쓰인다. 기록면에는 두 정해진 전위를 유지할 수 있게 기록되므로 일정한 진폭의 펄스만이 기록된다. ⇨ 기록관 (storage tube).

기억 용량 (記憶容量, memory capacity, storage capacity) 기억장치에 저장할 수 있는 정보의 양을 말하며 보통 어수(語數), 자수(字數) 또는 비트수로 나타낸다. 일반적으로 장치를 크게 하면 기억 용량이 증가한다.

기억 장치 (記憶裝置, memory, storage) 계수형 계산기에 있어서 계산에 필요한 정보를 기억하는 장치를 말하며 write나 read는 제어장치의 명령에 의해서 이루어진다. 기억장치에는 계산기 본체에 사용되는 내부 기억 장치와 보조적으로 부설하는 외부 기억장치가 있는데, 어느 것이나 자성체의 자화상태의 변화를 이용하는 것이 많다. 전자에는 자심 기억장치가, 그리고 후자에는 자기 드럼이나 자기 테이프가 주로 사용된다.

기유도 전류 (起誘導電流, inducing current) 유도회로(induced circuit)에 전자 유도를 일으키게 하는 원인이 되는 전류. 변압기의 1차 전류 등은 그 일례이다. ⇨ 기유도 회로 (inducing circuit), 유도 전류(induced current).

기유도 회로 (起誘導回路, inducing circuit, inducting circuit) 유도회로에 전자유도를 일으키게 하는 회로. 결합회로의 1차 회로 같은 것은 그 일례이다. ⇨ 기유도 전류 (inducing current), 유도 회로(induced circuit).

기자력 (起磁力, magnetomotive force) 전자기 회로에 쇄교하는 전류와 권수의 곱을 말한다. 실용 단위는 암페어 또는 암페어 회수이다.

ㄱ

기전력 (起電力, electromotive force) 전위가 다른 2점 간에서는 전위가 높은 쪽에서부터 낮은 쪽으로 전기를 이동시키려는 힘이 작용한다. 이러한 힘을 기전력이라고 한다. 기전력의 단위로는 볼트가 쓰인다. ⇨ 역기전력(back electromotive force).

기준 레벨 (基準——, reference level) 전압, 전류, 전력 등의 크기를 비교하는 경우 어떤 일정량을 기준으로 하여 데시벨로 나타낼 때 그 기준이 되는 양을 기준 레벨 또는 제로 레벨이라고 한다. 전파의 전기장 강도는 1 μV/m, 전력은 1 mW, 그리고 마이크로폰의 감도의 경우는 음압 1 μV/ bar에 의해 1V의 출력 전압이 얻어진 때를 기준 레벨로 잡고 있다

기준선 (基準線, reference line) 각도 측정을 할 때 어떤 선으로부터 각도를 측정하며, 그 기준이 되는 선을 기준선이라 한다.

기준 온도 (基準溫度, reference temperature) 온도로 변화하는 양이 있는 경우, 어떤 정해진 온도에서의 값을 계산하는 기준이 되는 온도. 예를 들면, 동선의 저항값은 20℃를 기준온도로 한다. 기기의 온도시험에 있어서, 온도상승을 결정하기 위한 기준이 되는 주위 온도. 이 온도의 한도는 공기 또는 다른 가스체의 경우는 40℃, 물일 때는 25℃이다.

기준 입력 (基準入力, reference input) 《자동제어》 자동 제어계를 동작시키는 데 있어서 기준이 되는 입력 신호로서, 주피드백 양과 비교하기 위해 목표값을 기준 입력 요소에 의해 주피드백 양과 같은 종류의 양으로 변환한 것을 말한다.

기준 충격 절연강도 (基準衝擊絶緣强度, basic impulse insulation lebel) 약어 BIL. 송배전 계통에서 절연 협조의 기준이 되는 절연강도를 이른다. 계통의 공칭 전압과 절연 층수에 따라 각 기계에 대하여 BIL[kV]이 규정되어 있다.

㊟ BIL은 지정된 임펄스 전압의 파두값으로 나타낸 절연 레벨이며, 보통 1.2×50μS의 임펄스가 사용된다. 1.2는 파가 시작한 뒤 파두에 도달하기 까지의 시간, 50은 개시 후 파두를 거쳐 파두값의 절반까지 파고가 감쇠하기까지의 시간이다.

기중 개폐기 (氣中開閉器, air break switch) 공기 중에서 정격전류 정도의 전류 개폐를 할 수 있는 기구를 이른다.

기중 방전 (氣中放電, aerial discharge, gaseous discharge) 기체 중에서의 방전을 이른다.

기중 차단기 (氣中遮斷器, air circuit breaker) 공기 중에서 이상상태 때 개폐능력이 있는 기구를 이른다.

기지국 (基地局, base station) 육상 이동국의 상대편이 되어서, 통신하기 위한 이동하지 않는 무선국을 이른다.

기진력 (起振力, vibromotive force) 물체에 기계적 진동을 일으키게 하는 근원이 되는 교번적인 힘을 말한다. 전류를 흐르게 하는 근원이 되는 것을 기전력(electromotive force)이라고 하는 것과 같은 뜻이다. 기진력이 가해져서 물체가 진동하고 있을 때는 착력점(着力點)에서의 그 물체의 기계 임피던스와 속도의 곱이 반항 기진력(counter vibromotive force)이고, 이것과 기진력이 평형된다고 생각할 수 있다.

기체 절연물 (氣體絶緣物, gaseous insulator) 전기기기 등에 충전하여 절연과 냉각을 겸해서 쓰는 기체로 질소, 고기압의 공기, 최근에는 플루오르 화합물 등이 있으며, 주로 옥외용 변압기, 케이블 콘덴서 등의 절연에 쓰인다.

기초 (基礎, footing, foundation) 《철탑》 철탑이 붕괴되어 넘어지는 것을 방지하기 위하여 지하에 설치하는 구조물. 대별하여 콘크리트 기초와 토양 기초가 있다.

기초 볼트 (基礎——, foundation bolt) 기기를 기초에 고정할 때 미리 베이스를 기초위에 두고 베이스 위의 표면을 수평이 되도록 쇠 쐐기를 베이스와 기초 사이에 끼운다. 그리고 베이스를 기초에 볼트로 조인다. 이를 위한 볼트를 기초 볼트라고 하는데, 기초 볼트는 하단이 L자 모양으로 굽혀져 있으며

콘크리트로 굳혀 둔다.

기초 회로망 (基礎回路網, basic network) ⇨ 간이 평형 결선망.

기포 (氣泡) (1) buttling《축전지》 충전 완료 후의 과충전시 축전지의 양극에서 발생하는 가스에 의해서 전해액 윗면에 거품이 발생하는 현상. (2) foaming 보일러 속에 불순물이 있는 경우 수면에 거품이 생기는 것을 이른다.기호

기하 용량 (機何容量, geometrical capacity) 콘덴서의 전극 간에서 유전체를 제거한 진공 상태에서의, 즉 전극장치의 기하학적 치수 형상에 따라서 정해지는 정전용량이다.

기하학 오차 (幾何學誤差, geometrical error) (1) 지구가 편구(偏球)가 아니고 구체(球體)로서 취급함에 따르는 계통적 오차. (2) 전리층의 고도에 의한 오차와 같은 뜻으로도 사용된다.

기호 (記號, mark) 전신부호의 구성 요소로, space의 반대 용어로 쓰인다. (1) 모르스에 있어서는 모르스 인자기에 의해서 종이에 표를 찍는 단점 신호와 장점 신호에 대응한다. (2) 인쇄전신에 있어서는 수신 장치에서의 능동적인 선택 조작을 일으키는 유의상태에 대응한다. 조보식 자동전송에서는 테이프에 천공되어 있는 것에 대응한다. 또 이것은 스톱 요소에 대응한다.

기호법 (記號法, symbolic method) 교류의 전압, 전류, 임피던스, 어드미턴스 등을 복소수를 써서 계산을 편리하게 한 방법. 이로써 전압과 전류의 크기의 관계 뿐만 아니라 위상의 관계도 동시에 명확하게 할 수 있다.

기호 전류 (記號電流, marking current) 수신시가 동작상태에 있을 때의 선로전류의 크기와 극성을 이른다.

기호파 (記號波, marking wave) 전신에 있어서, 방사파 중 부호의 유효부분이 전송되고 있는 부분을 이른다.

기호 펄스 (記號 ──, marker pulse) 텔레타이프라이터에서, 텔레타이프라이터 선택기가 동작하는 신호 간격을 이른다.

긴급 신호 (緊急信號, alarm signal) 선박이 조난을 당하였을 때 조난부호(SOS)를 보내기 전 발신해서 긴급 자동 수신기를 동작시키기 위한 신호. SOS는 긴급 신호를 발신한 후 2분 뒤에 발신하도록 되어 있다.

길버트 (gilbert) 기자력의 CGS 전자단위. 1 전자 단위의 자기량을 갖는 점자극을 2점간에 옮기는 경우 1에르그의 일을 할 때 이 2점간의 자위차(磁位差)를 1길버트라 하고, 10/(4π)[AT]와 같다.

깁슨법 (──法, Gibson method) 수압 철관 내의 유수(流水) 속도에 변화가 있으면 수격작용(水擊作用)을 일으켜 관내의 수압에 변화가 나타나는 것을 이용하여 유량을 측정하는 방법을 이른다.

ㄴ

나노(n) (nano) 10^{-9}을 말한다. ⇨ 마이크로(micro).

나노 패럿(nF) (nanofarad) 정전용량의 단위. 패럿(F)의 10^{-9}배이다.

나노 헨리(nH) (nanohenry) 인덕턴스의 단위. 헨리(H)의 10^{-9}배이다.

나도체 (裸導體, bare conductor) 절연 피복을 하지 않은 도체이다.

나무 마개 (wooden plug) 나무로 만든 플러그이다.

나무 망치 (mallet) 나무로 만든 망치이다.

나비형 밸브 (── 形 ──, flap valve) 한 끝을 경첩으로 고정시키고 다른 쪽에 붙인 로프 또는 쇠사슬로 조작되는 평구형(平球形)의 밸브를 이른다.

나사못 (screw spike) 《철도》 레일 못의 일종으로, 줄기 부분에 나사를 내었으며 침목에 박아 넣게 되어 있는 것을 이른다.

나사 플러그 (screw plug) 전기 기구와 배선의 접속에 사용되는 접속기로, 전기 기구의 코드 끝에 붙여서 소켓에 비틀어 넣는 구조의 것을 이른다.

나선 (裸線, bare conductor, bare wire) 절연 피복을 하지 않은 전선이다.

나선 반송전화 (裸線搬送電話, open wire carrier telephone) 전송로에 나선을 사용하는 반송식 다중 전화방식을 이르며, 장하 케이블에 비해서 다중적으로 전송로를 이용할 수 있으나 S/N이 케이블보다 좋지 않으므로 국부 선로에 주로 사용된다.

나이키스트 레이트 (Nyquist rate) 독립된 신호를 지정된 채널을 통해서 지정된 상호 방해량을 초과함이 없이 전송할 수 있는 최대의 전송률을 이르며, 보드레이트(baud rate)와 같다. ⇨ 나이키스트의 정리.
㈜ 나이키스트 레이트의 역수를 나이키스트 기간 (Nyquist interval)이라고 한다.

나이키스트 선도 (── 線圖, Nyquist diagram) 시스템의 오픈 루프 전달함수 $KG(s)H(s)$의 진폭과 위상을 $s(=\sigma+j\omega)$ 경로의 함수로 그린 것. 특히 s가 허수축 위를 이동하는 경우에는 $s=j\omega$가 된다. 그리고 ω가 $-\infty$에서 $+\infty$로 변화하였을 때 $KG(j\omega)H(j\omega)$가 복소 평면상에서 그리는 궤적을 의미한다. 시스템의 안정 판별에 이용된다.

나이키스트의 정리 (── 定理, Nyquist theorem) W[Hz]의 대역폭을 가진 통신 채널에 전송할 수 있는 신호속도는 매초 2W 심벌이라는 내용의 정리(定理)이다.
㈜ 신호 속도(signaling rate)는 매초 전송할 수 있는 심벌(신호 요소)의 수이다. 따라서 보드 속도와 같다. 나이키스트의 정리에 따르면 2,400 Hz의 대역폭을 가진 채널에 전송할 수 있는 신호 속도는 매초 4,800 심벌이라는 내용의 정리이다. ⇨ 샘플링 정리.

나이프 스위치 (knife switch) 600V 이하의 교·직류회로의 개폐에 사용하는 직접 수동식 개폐기로서, 클립과 블레이드로 이루어져 있다.

나이프 에지 와이퍼 (knife edge wiper) 접촉 부분의 모양이 날 모양으로 된 자동 교환용 선택기구에 쓰이는 와이퍼를 이른다.

나이프형 지침 (── 形指針, knife shaped pointer) 지시계기의 지침의 일종으로, 끝이 날 모양으로 된 것. 정밀한 값을 읽는 계기로 쓰인다.

나트륨 등 (── 燈, sodium vapor lamp) 나트륨 증기 중의 방전을 이용하는 전등. 효율이 좋아 40~70 (lm/W)이고, D선은 시감도가 높은 5,89 nm의 빛이므로 안개 속의 투과력이 좋아 터널 안의 조명에 많이 쓰인다.

낙차 (落差, head) 원래는 수위의 차를 말한다. 경우에 따라서는 손실 낙차와 같이 수두(水頭)에 해당하는 뜻을 갖기도 한다.

낙하 전류 (落下電流, dropaway current) 정격 전류에서 전류를 점차 감소하여 접점이 막 떨어지려고 할 때의 전압이다.

낙하 전압 (落下電壓, dropaway voltage) 정격 전압에서 전압을 점차 감소하여 접점이 막 떨어지려고 할 때의 전압이다.

난기 예비 (暖機豫備, hot reserve) 온도나 그 밖의 상태가 곧 운전에 들어갈 수 있는 상태로 유지되고 있는 화력설비의 예비 출력을 말한다.

난반사 (亂反射, irregular reflection) 광학의 경우와 같이, 각 방면으로 고르게 전파가 반사하는 것을 말한다. 예를 들면, 대기에서의 난반사(가시 거리외 통신에 이용), 대지의 전파 반사 등이다.

난연 (難燃, flame resisting) 쉽게 타지 않는 것을 이른다.

난조 (亂調, hunting racing) (1) 일반적으로 기기 또는 장치의 동작이 불안정하기 때문에 일어나는 지속적인 진동상태를 말한다. (2) 자동제어에서는 제어량이 주기적으로 변화하는 상태를 사이클링이라고 하며, 계(系)의 안정성이 부족하기 때문에 생기는 좋지 않은 사이클링을 난조라고 한다. (3) 동기기는 관성 모멘트와 동기화 토크에 의해서 공진 주파수를 가지고 동기기에 가해지는 맥동 토크의 주파수가 공진 주파수에 가까우면 난조를 일으킨다. 이것을 피하기 위해 플라이휠을 다는 경우가 있다. (4) 발전기의 경우에는 원동기의 속도조절기가 지나치게 예민할 때에도 난조를 일으킨다. 직류 분권전동기는 보극 또는 전기자 반작용에 의한 감자작용이 큰 경우에 부하전류가 증가하면 오히려 속도가 상승하게 되고 따라서 운동특성이 불안정하게 되어 난조를 일으키는 수가 있다.

날 (blade) 나이프 스위치 및 단로기 등에 있어서 가동 접촉부와 고정 접촉부가 날모양으로 접촉하는 것으로, 그 가동 접촉부를 말한다.

남극 (南極, south pole) ⇨ 북극.

납땜 (soldering) 납을 써서 도선과 도선, 도선과 도체 또는 도체와 도체를 전기적으로 접속하는 것을 말한다.

납땜 이어 (soldered ear) 원형 트롤리선을 매다는 데 사용하는 이어의 일종으로, 이 쇠붙이에 트롤리선을 납땜하는 구조로 되어 있다.

납땜 인두 (soldering iron) 납땜 작업에 쓰는 인두로, 옛날에는 숫불 등으로 예열하여 쓰는 것도 있었으나 현재는 전열을 이용하고 있다.

납땜 접속 (── 接續, soldered joint) 납을 써서 전선을 이어 붙이는 것을 이른다.

납땜 조인트 (soldered joint) ⇨ 납땜 접속.

납땜 페이스트 (soldering paste) 납땜할 때 그 접촉부분이 산화되었거나 때가 묻어 있으면 납이 잘 붙지 않으므로 접촉부분을 깨끗이 하기 위하여 사용하는 것. 여기에는 송진(주로 약전용), 우지(牛脂 : 연공용) 등 산성을 갖지 않는 것이 쓰인다.

납땜 플럭스 (soldering flux) ⇨납땜 페이스트.

납짝 코드 (flat-braided cord) 옥내 코드의 일종으로, 연동선에 종이 테이프를 옆으로 감고, 고무 혼합물을 피복한 후 가황하여, 선심을 두 줄 평행으로 하여 면사를 거쳐서 평형하게 짠 코드를 말한다.

내 가스형 전기 (耐 ── 形電機, fumeresisting machine) 유해한 가스 중에서도 실용상 지장 없이 연속하여 사용할 수 있는 구조의 전기기기. 특수한 칠을 한 것이 많다.

내면 젖빛 전구 (內面 ── 電球, inside frosted lamp) 전구의 안쪽 면을 젖빛으로 한 전구. 전구의 바깥 면을 젖빛으로 한 전구에 비하여 광속의 손실이 적고 더러움이 덜 타는 이점이 있다. 광속의 손실은 바깥 면을 젖빛으로 한 전구가 6%인데 비하여 안쪽 면의 그것은 2%이다.

내무 애자 (內霧碍子, fog-type insulator) 송

배전 선로의 애자는 염분 또는 먼지 등이 부착하기 쉽고, 그렇게 되면 안개 등으로 습기를 머금어 절연이 열화되기 때문에 이것을 방지하기 위하여 특별히 설계된 애자를 말한다. 표면을 매끄럽게 만든 것, 주름을 많게 한 것 등, 여러 종류가 있다.

L

내부 상차각 (內部相差角, internal phase angle) 동기기에 부하가 걸렸을 때의 공칭 유도 기전력과 단자전압의 위상각을 말한다. 발전기에서는 단자전압의 위상의 늦음, 전동기에서는 단자전압의 위상의 앞서는 방향을 내부 상차각의 +의 방향으로 한다. 부하각이라고도 한다.

내부 수명 (內部壽命, volume life time) 《반도체》 균일한 반도체 내에서 소수 캐리어가 발생하고부터 재결합하기까지의 평균시간을 이른다.

내부 임피던스 (內部——, internal impedance) 전기 기기의 내부에 존재하는 임피던스이다.

내부 잡음 (內部雜音, internal noise) 수신기 또는 증폭기 내에서 발생하는 잡음. 이것은 일반적으로 초단 입력측의 저항잡음과 초단 진공관이 발생하는 잡음이 지배적이다.

내부 저항 (內部抵抗) (1) internal resistance 전지 또는 발전기 등에 있어서 I인 전류가 흐를 때 단자전압 V는 기전력 E보다도 낮다. 이 전압 강하는 내부 저항에 의한 것이라고 생각되며, 옴의 법칙에 따라 내부 저항 $r=(E-V)/I$로 나타낸다. (2) anode(plate) resistance 《전자관》 진공관의 플레이트와 캐소드 간의 교류적인 저항을 말한다. 즉 플레이트 전압-전류 특성의 기울기이며, 어떤 동작점에 있어서의 플레이트 전압의 작은 변화 ΔE에 대한 플레이트 전류의 변화를 ΔI라고 하면 $\Delta E/\Delta I[\Omega]$으로 주어진다. 진공관의 3정수의 하나로, r_p 또는 R_p의 기호로 나타내는 것이 보통이다.

내부 특성곡선 (內部特性曲線, internal characteristic curve) 외부 특성곡선에서의 단자전압 대신 유기 기전력을 잡아 이것과 부하전류와의 관계를 나타내는 곡선이다.

내분권 (內分捲, short shunt) 직류 복권기의 여자방식의 일종으로, 분권 계자 권선을 전기자 권선과 직권 계자 권선과의 접속점에 접속하는 것을 말한다. 발전기의 경우에 쓰이는 외분권에 대한 반대어이다.

내산 (耐酸, acid-proof) 산성 분위기에 침해되지 않는, 즉 산에 견디는 성질을 말한다.

내수선 (耐水線, water-proof wire) 수중에서도 절연이 나빠지지 않는 전선을 말하며 연피선은 완전한 내수성이지만 캡타이어 외장을 한 것과 내수질 도료 등으로 보호한 것은 단시간 내수성이다.

내수 외함 (耐水外函, water-tight case) 물의 침입을 방지하는 구조의 겉 케이스이다.

내습형 전기 (耐濕形電機, damp-proof machine) 습기가 기내에 침입하지 못하게 만들어진 전기 기계이다.

내알칼리 (耐——, alkali-proof) 알칼리의 증기에 닿아도 실용상 지장이 없는 것을 이른다.

내연 기관 (內燃機關, internal combustion engine) 기관 자신의 내부에서 연료의 연소가 이루어지는 원동기를 이른다.

내연력 (內燃力, internal combustion power) 내연기관에 의하여 얻어지는 동력이다.

내연력 발전소 (內燃力發電所, internal combustion power plant, internal combustion power station) 내연기관을 원동기로 하는 발전소이다.

내열 (耐熱, heat-proof) 고온에 견디는 것을 이른다.

내열시험 (耐熱試驗, heat test) 온도를 높인 상태에서 견딜 수 있는지를 알아보는 시험이다.

내열 음극 (耐熱陰極, refractory cathode) 전자관에 있어서 상당한 고온도에 두어도 대전류를 얻을 수 있도록 만들어진 열음극의 일종. ZrC, TiC, TaC, ThC_2, TaB, ZrB 등이 쓰인다. 일의 함수는 산화물 음극보다 조금 높아 1,700°K 정도에서 쓰인다.

내오존 (耐 ——, ozone-proof) 오존으로 인하여 열화하지 않는 것을 뜻한다.

내유 (耐油, oil-proof) 기름에 닿아도 실용상 그 특성이 열화되지 않는 것을 이른다.

내장 애자 (耐張碍子, dead-end insulator, strain insulator) 내장 부위에 사용되는 애자

로, 전선의 방향으로 설비되어 전선의 장력을 지지한다. 사용되는 가선 쇠붙이의 종류는 다르지만 애자 그 자체에는 특히 다른 점은 없다. ⇨ 현수 애자.

내장 지능 (內藏知能, embedded intelligence) 어떤 제품의 기능의 하나로 ROM에 의해서 고정적인 프로그램이 주어진 프로세서 혹은 컨트롤러로서, 그 제품의 일부로 내부에 입력되어 그 프로그램은 제품 수명이 다할 때까지 변경되지 않는다. 제품 사용자는 그러한 지능이 제품 속에 내장되어 있다는 사실을 특별히 의식할 필요는 없다. 프로세스 컨트롤러나 공업 로봇 등은 그러한 제품의 예이다. 동작 양식의 변경을 예정하여 프로그램을 RAM에 기록하는 일도 있는데, 이 경우에도 제품은 프로그램 변경형일지라도 “프로그래밍 가능한 것”(programmable) 이라는 뜻은 아니다.
㈜ 최근 하드웨어의 성능 향상과 가격의 현저한 하락이 위와 같은 의식을 보급시켰다.

내장 철탑 (耐張鐵塔, strain tower) 전선로 중 불평균 장력이 걸리는 곳에 사용되는 철탑. 보통 전선로의 직선부분(수평각 3°이하를 이루는 곳을 포함)에 있어서 그의 보강을 위하여 또는 지지물 양쪽의 경간의 차가 큰 곳에 사용된다. ⇨ 억류 철탑, 직선 철탑.

내장 클램프 (耐張──, dead-end clamp, strain clamp) 전선을 내장상태로 억류하기 위하여 사용하는 가선 쇠붙이로, 볼트로 조이는 형과 압축형이 있다. ⇨ 클램프, 현수 클램프.

내전압 시험 (耐電壓試驗, withstand voltage test) 전기 기기, 재료 등에 어떤 규정된 전압을 일정 시간 인가하여 그에 견딜 수 있는지 없는지를 알아보는 시험이다.

내진 전구 (耐震電球, mill-type lamp) 선박 등 진동이 있는 장소에서 사용되는 전구. 앵커의 수를 많게 하고, 재료와 구조도 내진적으로 되어 있다. 철도 차량용 전구도 내진형 전구인데 규격은 다르다.

내철형 (內鐵形, core type) 전자기 회로의 하나로, 전기회로가 2개인 구조의 변압기를 내철형 변압기라고 한다.

내측 코드 (內側──, inside cord, rear cord) 2개의 플러그를 쌍으로 하여 사용하는 쌍코드식 수동 교환대의 한 쌍의 접속 코드에 있어서 잭 패널에 가까운 쪽 코드를 이른다.

내호 (耐弧, arc-proof) 아크를 받아도 그로 인하여 열화하지 않는 것을 이른다.

냉각기 (冷却器, cooler) 가열한 공기, 기름 등을 냉각하는 장치이다.

냉각면 (冷却面, cooling surface) 내부에서 발생한 열을 발산시키는 표면이다.

냉각 방식 (冷却方式, cooling system) 전기기기 내부에서 발생한 열을 효과적으로 외부로 발산시키기 위한 방식. 그 냉각매체의 종류에 따라 풍냉식(공기), 유냉식(油冷式), 수냉식, 가스 냉각식(예를 들면, 수소)이 있다.

냉각수 (冷却水, cooling water) 열교환기의 열을 받는 쪽을 통과하는 물 및 과열 방지를 위해서 물 재킷 등을 통하는 물은 모두 냉각수라고 한다.

냉각재 (冷却材, coolant) 원자로 안을 냉각시키기 위해서 쓰이는 물질. 용융, 금속, 물, 기체 등이 쓰인다.

냉각지 (冷却池, cooling pond) 냉각용의 물을 충분히 얻을 수 없는 장소에서는 한 번 사용하여 따뜻해진 물을 못에서 냉각시켜 순환 사용하는데, 이 못을 냉각지라고 한다.

냉각 코일 (冷却──, cooling coil) 물, 기름 등의 냉각 매체를 통하게 하는 관을 코일 모양으로 감은 것. 예를 들면 변압기의 오일 속에 설치한 냉각된 물을 통하게 하는 관 등이 있다.

냉각탑 (冷却塔, cooling tower) 충분한 양의 냉각수를 얻지 못하는 곳에서는 한 번 사용하여 따뜻해진 물을 대기 속에서 분무 또는 적하(滴下)한 후 냉각시켜 다시 사용하기도 한다. 그러한 목적으로 만들어지는 탑 모양의 구조물을 말한다.

냉각통 (冷却筒, cooling dome) 가열한 유체를 냉각하기 위한 통모양의 장치이다.

냉기 예비 (冷機豫備, cold reserve) 운전 온도에는 이르지 않고 있으나 필요한 경우에는 운전할 수 있는 화력 발전소를 이른다.

냉동기 (冷凍機, refrigerator) 압축기, 응축기, 팽창 밸브, 증발기로 구성되며, 외부에서 일을 하여 압축기를 운전하고 저온도의 물체로부터 열을 흡수하여 그것을 고온의 장소(물 또는 공기)에 버리는 작용을 하는 것. 순환하는 냉매는 증발기에서 열을 흡수하고, 응축기에서 그 열을 방출한다.

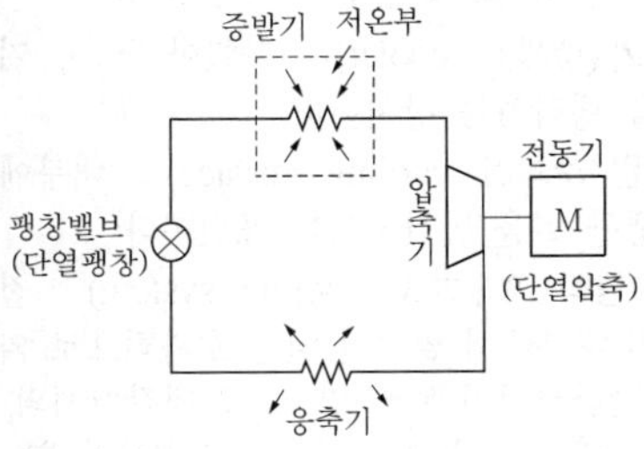

[냉동기]

냉열 시험 (冷熱試驗, temperature cycle test) 주로 애자류의 시험에서 시험품을 어떤 시간동안 열탕 속에 넣어 두었다가 다음에 즉시 냉수 속에 담가 둔다. 이것을 여러번 되풀이 하여 시험품 각부의 이상 유무를 확인하는 시험을 말한다.

냉음극 (冷陰極, cold cathode) 열음극에 대조되는 냉음극으로, 가열 전력을 쓰지 않고 전자방출을 하는 음극을 말한다. 주로 이온 충격에 의한 2차 전자방출을 이용한 것이다. 광전 음극도 넓은 뜻으로는 냉음극이라고 할 수 있다.

냉음극 방전램프 (冷陰極放電——, cold-cathode lamp) 글로방전의 동작모드를 가진 램프로서, 양광주(陽光柱)의 밝기를 이용한 것. 전자 흐름은 전계방출에 의해서 공급되고 전류 밀도는 낮다. 음극강하는 75~150V로 상당히 높다. 네온 램프, 광전관, 수은 정류관 등이 이것에 속한다.

냉음극 방출 (冷陰極放出, cold emission) 전계방출 (field emission)이라고도 하며, 음극 표면에 강한 전계가 가해지기 때문에 일어나는 전자방출을 말한다. 열전자 방출, 광전자 방출, 2차 전자방출 등에 대한 말이다.

냉접점 (冷接點, cold junction) 일반적으로 두 종류의 다른 금속의 두 끝을 결합해서 하나의 폐회로를 만들고, 그 두 접속점을 다른 온도로 유지하면 이 회로 내에 열기전력이 생겨 전류가 흐른다. 이 때 온도가 낮은 쪽의 접속점을 냉접점이라고 한다. 냉접점의 온도는 0℃로 유지되는 경우가 많다. ⇨ 열전대.

너트 (nut) 볼트와 한 짝이 되어서 고정시키는 데 쓰이는 것을 이른다.

넣다 (to close, to make) 전기회로에 전류를 통하기 위하여 전기접촉을 만드는 것을 이른다.

네른스트 등 (——燈, Nernst lamp) 세리아, 토리아 등이 고온에서 도체가 되는 것을 이용한 것으로, 처음에 이것을 외부에서 가열하고 고온이 되면 그 자신에 전류를 흘려 백열시켜 광원으로 한다. 1897년에 W. Nernst에 의해 발명되었으며 현재는 쓰이지 않는다.

네른스트 효과 (——效果, Nernst effect) 열자기 효과의 일종, 자속밀도 B의 자계 속에서 도체의 온도 기울기 $\triangledown T$가 주어지면 $\triangledown T$와 B의 두 벡터에 직각 방향으로 전계 E가 나타난다. $E=Q\triangledown T\times B$ 계수의 Q를 네른스트 계수라고 한다. 네른스트 효과는 홀 효과, 에팅하우젠 효과와도 밀접한 관계가 있다.

네사 글라스 (Nesa glass) 투명한 도전성 글라스에 대한 상품명. 도전성 도장부(塗裝部)를 통하여 통전함으로써 표면을 가열하여 습기가 응결하는 것을 방지하거나 부착한 빙설을 녹이거나 하는 데 사용한다.

네엘 온도 (——溫度, Néel temperature) 반강자성 및 페리 자성을 지닌 자성 물질에서, 그 자화율이 그 최대값에서 현저한 감소를 발생하는 온도, 예를 들어 페리 자성 물질은 네엘 온도 이하에서는 강자성 물질과 비슷한 성질을 나타내지만 네엘 온도를 넘는 고온에서는 열 교란 때문에 스핀의 분포가 교란되어 파라 자성을 나타내게 된다.

네오프렌 (Neoprene) 폴리클로로프렌의 상품명(듀퐁사)으로, 일종의 합성 고무이다. 케이블의 외장 등에 사용된다.

네온관등 (——管燈, neon tube lamp) 가늘고 긴 유리관 양단에 원통형 전극을 두고 수 mmHg 정도의 네온, 기타의 가스를 봉해 넣은 방전등으로, 양광주(陽光柱)의 빛을 이용한다. 주요 용도는 광고용의 네온 사인이지만 표지나 스트로보스코프로도 사용된다. 네온인 경우는 등적색 100 cd/m, 헬륨은 장미색 1cd/m, 수은은 청색 3cd/m, 여기에 형광물질을 써서 임의의 색깔을 얻는다. 점등시에는 네온 변압기라고 하는 누설 변압기를 사용한다. ⇨ 열음극, 네온 아크등.

네온관 전선 (——管電線, gas-tube sign cable) 네온 관등 회로의 고압측 배선에 쓰는 전선. 도체는 주석도금 연동선을 쓰고 절연체는 고무, 폴리에틸렌, 염화비닐 등이다. 외부 피복으로는 염화비닐, 클로로프렌(합성고무) 등이 쓰인다.

네온 변압기 (——變壓器, gas-tube sign transformer, sign lighting transformer) 네온관등을 점등할 때 사용하는 변압기. 자기누설 변압기로서, 높은 무부하 전압으로 램프를 시동하고 램프에 전류가 흐르면 급격히 단자전압이 저하하여 그 리액턴스에 의하여 안정기로서의 구실을 하게 된다. 관의 길이 1m당 1,000V 정도가 시동에 필요하며 보안상 15kV를 한도로 하고, 또 2차측 단락전류는 50mA 이하로 하고 있다.

네온 사인 (neon sign) 네온 기타 각종 가스의 방전관을 이용한 사인. 적색은 네온의 투명관, 청색은 아르곤. 수은의 혼합으로 투명관, 녹색, 황색, 백색, 진한 청색, 청백색 등은 아르곤·수은에 형광체를 섞는다. 유리관은 보통 지름 8, 10, 12, 15, 20, 25mm, 길이는 도안에 따르며, 여기에 네온 변압기에서 약 1,000V/m의 전압을 가한다. 가스압은 10~15mmHg, 전류는 15~20mA이다.

네온 아크등 (——燈, neon arc lamp) 열음극의 네온 관등. 지름 25mm, 길이 500mm 정도의 유리관 한 끝에 열음극을, 다른 끝에는 1(직류용) 또는 2(교류용)개의 양극을 두고, 네온 가스를 수 mmHg를 봉해 넣는다. 방전 전류 3A, 음극강하 20V이며 광도는 300cd 이상, 휘도가 크므로 표지등으로 쓰인다.

네온 전구 (——電球, neon glim lamp, neon glow lamp, neon lamp) 전구와 같은 유리구 속에 2개의 전극을 최소 거리 2~3mm 간격으로 두고, 네온 가스를 수십 mmHg을 봉해 넣고 또 베이스에는 수 kΩ의 직렬저항을 접속한다. 황적색의 음극 글로로 빛난다. 100V에서 10~20mA 정도의 전류가 흐르며, 소요 전력이 적기 때문에 철야등, 표시등으로 쓰인다. 특히 소형은 검전기로 이용된다.

네일 헤드 본딩 (nail head bonding) 《IC 제조》 가느다란 철선의 끝을 녹여 볼 모양으로 하고, 전극 패드 위에 못대가리처럼 찌그러뜨려 압착하는 방법, 접착에 방향성이 없으므로 다음 스태치 본딩 공정이 쉬워진다.

네트워크 방식 (——方式, network system) 《배전》 임의의 1점에 대하여 다수의 지점에서 공급할 수 있도록 전선로를 망상으로 접속하는 방식이다.

네트워크 배전 (——配電, network distribution) 배전 변전소에서 배전용 변압기에 이르는 고압 배전선, 그 곳에서부터 수용단에 이르는 저압 배전선 모두에 사용된다. 고압 배전선(1차 배전선)에서는 변전소로부터 급전선에 의해 공급되는 간선은 방사상, 환상, 망상 등의 네트워크 구성이 사용되고, 간선의 각 지점에서 분기선이 인출된다. 저압 배전선(2차 배전선)도 방사상이 많지만 환상, 망상인 경우도 있다. 또한 배전 변압기 2차측은 대부분의 경우 저압 퓨즈를 거쳐서 저압 간선을 연락(뱅킹)한다.

㈜ 고압, 저압계를 통하여 완전한 방사상(수지상) 구성을 하고 있는 경우는 네트워크가 아니다.

네퍼 (neper) 통화손 또는 이득의 단위의 일종. 전압비 또는 전류비의 자연 대수값으로 나타낸다. 1네퍼=8.686dB이다.

노멀 케이블 (normal cable) 자동 교환기의 커넥터 뱅크와 가입자선을 접속하는 케이블이다.

노멀 포스트 스프링 (normal post spring) 스트로우저식 상승 회전기구에 있어서 노멀 포스트에 두어 상승 단수를 식별할 수 있게 하기 위한 스프링이다.

노멀 핀 (normal pin) 상승 회전기구에 있어서 축의 회전방향에 있어서의 평상 위치를 결정하는 멈춤쇠이다.

노면처리 (路面處理, surface treatment) 케이블용 관로를 되묻은 다음 도로 표면을 처리하는 것. 그 방법은 도로의 중요도, 교통량 등에 따라서 여러 가지가 있으며, 자갈을 깔거나, 아스팔트에 의한 표면 처리, 간이 포장, 마카댐, 아스팔트, 콘크리트 등이 있다.

노면 철도 (路面鐵道, lever railway, surface railway) 도로면 위에 부설된 선로를 운전하는 철도를 이른다.

노모그램 (nomogram) 계산 도표라고도 하며 여러 변수 사이의 관계를 그림으로 표시해서 수치를 읽기에 편리하게 한 것이다.

ㄴ

노벽 (爐壁, furnace wall) 화로 주위의 벽을 이르며, 구조상으로 분류하면 내화 벽돌벽, 공기 냉각벽, 수냉각벽, 증기 냉각벽 등이 있다.

노심 (爐心, reactor core) 원자로 안의 핵 분열성 물질을 포함하는 영역을 말한다.

노 용적 (爐容積, furnace volume) 보일러 연소실의 연소에 유효한 용적을 말한다.

노이즈 저감법 (—— 低減法, noise reduction method) 《녹음》 주로 녹음 테이프의 히스노이즈(헤드와 테이프의 마찰 등으로 생기는 쏴악하는 연속 잡음) 등을 저감하는 방법. 돌비연구소(영국)의 돌비방식 dbx사(미국)의 방식 등이 많이 알려져 있다. 후자는 녹음할 때에 입력신호의 다이내믹 레인지를 압축하여 기록하고, 재생시에도 원래의 레인지로 신장함으로써 녹음시의 잡음레벨을 저하시키는 방법인데, 전자와는 달리 전 주파수역을 일률적으로 행하기 때문에 음질의 변화가 없다. ⇨ 돌비 방식.

노정압 발전 (爐頂壓發電, power generation using blast furnace top gas pressure) 열에너지 효율을 높이기 위해 제철소의 고로에서 나오는 배출 가스압을 이용하여 터빈을 회전하여 발전하는 발전방식. 배출 가스는 다시금 가열하는 경우와 하지 않는 경우가 있으나 후자의 방식이 많다.

노정차 (路程差, pathdifference) 가시거리 내의 전파 전파의 경우, 송신 안테나에서 직접 수신 안테나로 도달하는 직접파와 한 번 대지나 그 밖의 것으로부터 반사한 후에 수신 안테나에 도달하는 반사파의 전파 통로의 차를 말한다.

노즐 (nozzle) 압력 에너지를 속도 에너지로 전환시키는 장치. 끝이 가는 노즐, 끝이 벌어진 노즐, 평행 노즐 등이 있다.

노출 (露出, exposure) 조도(照度)의 시간 적분, 즉 $\int Edt$. 그 사이의 조도가 일정하다면 Et와 같다. 사진효과에 영향이 있는 양이다.

노출 배선 (露出配線, openwiring) 건축물의 조영재 표면에 노출된 배선이다.

노출 수차 (露出水車, open-flume water turbine) 케이싱을 갖지 않는 프란시스 수차. 즉 물은 수로에서 직접 안내 날개로 들어가 러너로 가게 되어 있다.

노출 콘센트 (露出——, surface plug receptacle) 벽면에 노출시킨 채 붙이는 콘센트이다.

노치 (notch) 제어기 등의 조작용 핸들을 이용하는 단이다.

노치 곡선 (—— 曲線, notch curve) 전동기의 기동특성을 명시하기 위하여 그려지는 곡선으로, 기동기의 노치 위치를 파라미터로 하여 가로축에 전동기 전류, 세로축에 속도와 토크를 나타낸 곡선이다.

노칭 계전기 (—— 繼電器, notching relay) 일정한 시간 간격을 두거나 일정한 조건에 따라서 어느 예정 횟수의 동작을 하여 일련의 동작을 완료하는 계전기이다.

노튼의 정리 (—— 定理, Norton's theorem) 선형 회로망의 두 단자 간의 단락전류가 I이고, 어드미턴스가 Y일 때 이 두 단자 간에 어드미턴스 Y'를 접속하였을 때의 Y' 양단의 전압은 $I/(Y+Y')$로 주어진다는 정리이다.

노 퓨즈 브레이커 (no fuse breaker) ⇨ 배선용 차단기.

노화 (老化, ageing, aging) 애자나 고무가 열화하는 것을 이른다.

녹음 (錄音, sound recording) 소리를 재생이 가능한 형태로 기록하는 것을 말한다. 녹음법에는 테이프식(종이 또는 합성수지의 테이프에 산화철분을 칠하고 음성 전류에 비례한 자계를 가하여 자화하는 방식), 원판식(커터를 써서 특수한 재료로 된 원판에 새겨 넣는 방식), 빛을 사용하는 방식(영화 필름의 일부 사운드 트랙에 음성 전류에 비례하는 투광도를 남기도록 감광시킨다) 등이 있다.

녹음 방송 (錄音放送, recorded program) 재방송을 위해서 또는 사정상 생방송을 할 수 없는 경우에 미리 녹음해서 보존해 둔 것을 재생하여 방송하는 것을 말한다.

녹음침 (錄音針, cutting stylus, recording stylus) 원판 녹음을 할 때 쓰는 커터 끝에 달려있는 바늘. 사파이어나 또는 특수강으로 만들어지며 바늘 끝은 여러 가지 모양이 있다.

녹화 (錄畵, picture recording) 텔레비전 영상 및 비디오 영상을 재생하기 위해 자기테이프에 영상을 기록하는 것. 녹화 매체로서는 이 밖에 영화 필름을 사용하는 키네스코프 녹화와 PCM 방식에 의한 비디오 디스크 녹화가 있다. 녹화에는 보통 녹음도 따른다.

논 로킹 전건 (——電鍵, non-locking key) 손으로 전건을 누르고 있는 동안만 접점이 동작하고 손을 놓으면 즉시 평상상태로 되돌아 가는 것을 이른다.

논리곱 (論理積, AND) (1)《논리 연산》 A, B가 2개의 스테이트먼트라고 하고 A와 B의 논리곱. A AND B는 A, B 어느 것이나 참일 때에만 참이며 적어도 하나가 거짓이면 거짓이다. (2) 스위칭 회로에서 상개 접점을 가진 두 개의 스위치 A, B의 직렬 접속을 이른다.

논리곱 회로 (論理積回路, and circuit gate) 2개 이상의 입력 단자에 논리 변수를 가했을 경우 출력 단자에 그 논리곱을 내는 회로를 말한다. ⇐ 앤드 회로(AND circuit), 개폐자(gate).

논리합 (論理合, OR) (1) A, B가 두 논리 스테이트먼트일 때, 이들의 논리합 A OR B는 A, B 모두 거짓일 때에만 거짓이고 적어도 하나가 참이면 참이다. 진리값표는 아래와 같다.

진리값표

A	B	A OR B
0	0	0
0	1	1
1	1	1
1	0	1

(2) 스위칭 회로에 있어서 OR논리는 상개 접점을 가진 두 스위치의 병렬 접속에 의해서 구체화 된다.

논리합 회로 (論理合回路, buffer, or circuit) 둘 이상의 입력단자에 논리변수를 가했을 경우 출력단자에 그 논리합을 내는 회로를 말한다. ⇐ 오어 회로.

논 폴 페어 (non-pole pair) 말하자면 6선용 완목의 가운데 회선과 같이 다선로로 전주를 사이에 끼는 것을 폴 페어라 하고 그 이외의 회선을 논 폴 페어라고 한다.

놀림 접점 (——接點, dead contact, idle contact) 계전기 또는 전건 단체로서 가지고 있는 접점조합 가운데 실제 장치에 조립되었을 때 쓰이지 않고 놀고 있는 접점을 이른다.

놀림 코일 (dummy coil) 직류기의 전기자 권선에 파권을 사용할 때에는 $y=(k\mp 1)p=$상수의 식을 만족시키지 않으면 안 된다. 단, $y=$합성 피치, $k=$정류자 편수, $p=$자극 대수. 이 식이 만족되지 않을 때에는 $\{(k-x)\mp 1\}/p=$정수가 되는 x를 구하고 x개의 코일을 정류자에 접속시키지 않고 놀려 둔다. 이렇게 놀려둔 코일을 놀림 코일이라고 한다.

놉 (knob) 옥내 배선에 쓰이는 애자의 일종으로, 전선을 여기에 묶어서 사용하는 것을 이른다.

놉애자 (——碍子, knob insulator) ⇨ 놉.

농담 전지 (濃淡電池, concentration cell) 전지의 양극을 이었을 때 전극에 화학변화가 일어나지 않고 성분 물질의 농도 변화만이 일어나서 전압을 발생하는 것을 말한다.

농도차 발전 (濃度差發電, power generation by salinity gradient) 하천이 바다로 흘러 들어가는 지점에서 담수(하천)의 염수(해수)에 대한 압력을 양자간의 정상적인 침투압보다도 크게 부여함으로써 양자를 가로막는 막을 통하여 물을 해수쪽으로 이동시키는 장치를 만들 수 있다. 이 현상은 역침투의 반대의 경우에 상당하여 항압침투(pressure retarded osmosis)라 하여, 외부에 대하여 일을 할 수 있다. 이것을 이용하여 터빈을 회전하여 발전하는 것을 농도차 발전이라 하는데 현재 세계 여러 나라에서 실험단계에 있다.

농사 전화 (農事電化, farm electrification,

rural electrificaion) 농사용의 각종 전기응용, 즉 경작·탈곡 등의 동력과 양잠·양계·온실·온상 등의 전열, 양잠·양계·재배 등의 광원으로의 응용이 이에 속한다.

농업 전열 (農業電熱, agricultural electric heating) 농사용의 전열 응용. 예를 들면 양계의 경우 부화와 병아리를 키울 때, 양잠에 있어서는 최청(催靑)·보온, 누에고치의 건조, 재차(製茶), 온실·온상·육묘 재배 등을 들 수 있다.

농촌 전화 (農村電化, farm electrification, rural electrification) ⇨ 농사 전화.

농축 (濃縮, enriched) 분열성 물질의 함유비율을 인공적으로 높이는 것. 예를 들면 천연 우라늄에서 U_{238}을 제거하거나 또는 천연 우라늄에 U_{235}, Pu_{239}, U_{233}을 더한 것을 농축 우라늄이라고 한다.

농형 공중선 (籠形空中線, cage antenna, sausage aerial) 여러 줄의 도선을 둥근 모양의 틀에 붙여서 바구니처럼 만든 장·중파용 안테나. 선단 부하를 크게 할 수 있도록 농형으로 만든 것이다.

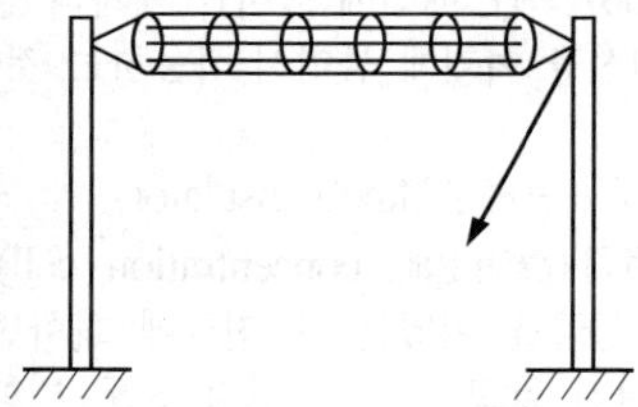

[농형 공중선]

농형 그리드 (籠形 ——, cage grid) 전자관 그리드 구조의 일종. 새장과 같은 모양을 한 것이다. 주로 송신관에 쓰이고 있다.

농형 유도전동기 (籠形誘導電動機, squirrel-cage induction motor, squirrel cage motor) 농형 회전자를 가진 유도전동기. 권선형 유도전동기에 비해서 기동 특성은 떨어지지만 운전특성은 좋다. 조작이 간단하고 가격이 싸다.

농형 자전관 (籠形磁電管, squirrel-cage magnetron) 양극을 바구니 모양으로 만든 자전관을 이른다.

농형 전동기(籠形電動機, squirrel-cage motor) ⇨ 농형 유도전동기.

농형 필라멘트 (籠形 ——, squirrel-cage type filament) 같은 길이의 많은 필라멘트 소자를 원통형으로 배열하고 양단을 단락환(短絡環)으로 고정한 구조의 직열형 음극이다. 주로 대형 송신관에 사용된다. 전구에 쓰는 필라멘트 계선(繼線)모양의 일종. 진공 전구의 내진형(耐震形)에 사용되었으나 현재는 쓰이지 않고 있다.

농형 회전자 (籠形回轉子, cage rotor, squirrel-cage rotor) 유도 전동기의 회전자의 일종. 철심의 슬롯에 나동 막대를 삽입하고 그 양단을 단락환(端絡環)으로 연결한 것. 또 구리 대신 알루미늄을 녹여 넣은 것도 있다.

높이의 등감 곡선 (—— 等感曲線, equal pitch contour) 일반적으로 소리의 높이는 주파수에 의해서만 정해지는 것이라 생각되고 있으나 엄밀하게 살펴 보면 주파수가 일정하더라도 세기를 바꾸면 높이의 감각(pitch)이 다소 변화한다. 이것을 나타내기 위하여 순음에 대해서 가로축에 세기의 레벨을 잡고, 세로축에는 일정한 높이의 감각을 주기 위하여 변화시켜야 할 주사수의 변화율을 잡아서 나타낸 곡선을 높이의 등감곡선이라고 한다.

높이의 변동 (—— 變動, bouncing motion) 《레이더》 레이더의 A스코프에서의 펄스 진폭의 변동을 이른다.

높이의 이득계수 (—— 利得係數, height gain factor) GCA방식의 높이에 대한 이득의 변화을 이른다.

높이 조절 (—— 調節, height control) 계기 착륙방식에 있어서의 높이의 조절을 이른다.

뇌격 (雷擊, lightning stoke) 낙뢰를 이르는 것으로, 선구방전(先驅放電)과 주방전을 제1격으로 한다. 이것이 단일 전격이며, 이것을 되풀이 하는 경우가 다중 뇌격이다.

뇌관 (雷管, detonator, torpedo) 폭약을 발화시키는 장치. 철도의 경우 발뇌(發雷)신호를 표시할 때 사용하는 것으로, 양철 등으로 만든 용기 속에 폭약을 채워 둔 것을 이른다.

뇌방전 (雷放電, lightning discharge) 천둥·번개를 몰고오는 구름으로부터 비교적 휘도가 약한 빛줄기를 내고 명멸하면서 차차 대지에 접근해 온다. 이것은 선구방전이며 대지에 이르면 대지 쪽에서 구름을 향해서 강렬한 주 기둥이 상승해 간다. 이것이 주 뇌방전이다.

뇌파계 (腦波計, electroencephalograph) 뇌의 활동전위를 두피부(頭皮部)에 붙인 전극 간의 전위차로 시정하고, 이것을 시간의 함수로 기록 표시하도록 한 의료용 측정장치이다. ㊟ 뇌파계에 있어서는 1~60Hz, 10~500 μV의 전압신호 측정이 문제가 된다. 뇌파의 시간적 변화 기록도를 뇌파도라고 한다.

누름쇠 (arm-tie) 전주의 완목을 평행하게 유지하기 위하여 상하의 완목을 고정시키는 철물. 또 이들이 기울어지는 것을 막기 위하여 전주에 받치는 철물을 누름쇠라고 한다.

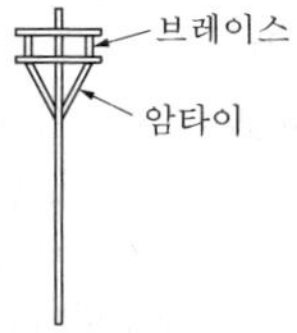

[누름쇠]

누산기 (累算機, accumulator) 입력되는 수와 미리 기억되어 있는 수 사이에서 가산 또는 감산을 하여 그 결과를 미리 기억되어 있던 수 대신 기억해 두는 회로. 어큐뮬레이터라고도 한다.

누산식 최대 수용전력계 (累算式最大需用電力計, cumulative demand meter) 최대 수용 표시기에서 표시장치가 누산식으로 되어 있으며 푸시버튼을 누름으로써 그 사이의 최대 수용 전력값이 지난 회까지의 누산값에 가산되어 표시되는 것을 이른다.

누설 (漏洩, leakage) 전기 장치에 있어서 예정하지 않았던 부분에 전류가 흐르는 것을 누설이라고 한다.

누설 계수 (漏洩係數, leakage coefficient) 계자 전류에 의해서 생기는 자속 ϕ_p가 전기자권선과 쇄교하는 자속 ϕ와 쇄교하지 않는 누설자속 ϕ_l로 이루어 진다고 하는 경우 $\rho=(\phi+\phi_l)=\phi_p/\phi$를 누설 계수라고 한다.

누설 리액턴스 (漏洩 ——, leakage reactance) 누설자속의 변화에 따라서 권선에 기전력이 유기된다. 이 기전력은 누설자속보다 90° 늦고 그 크기는 누설자속에 비례한다. 이 자속은 공기 속을 통하는 부분이 많아서 전류에 비례하므로 누설자속에 의해서 생기는 기전력은 리액턴스로 대표될 수 있다.

누설 불평형 (漏洩不平衡, leakage unbalance) 변조기 또는 복조기에 있어서 그것을 구성하는 엘리먼트의 불평형으로 반송파 또는 신호파의 누설을 초래하는 불평형이다.

누설손 (漏洩損, leakage loss) (1) 절연물 등의 누설전류에 의한 전력의 손실. (2) 누설자속 때문에 생기는 전기 에너지의 손실. (3) 송전선의 경우에는 코로나손, 애자 속의 유전체손 및 그 표면의 누설전류에 의한 손실 등의 합의 손실을 이른다.

누설 인덕턴스 (漏洩 ——, leakage inductance) 권선의 인덕턴스의 일부로서, 두 권선의 쇄교 자속수의 차에 관계한 것이다. 권선 #1(권선 N_1)의 전류 i_1에 의해서 권선 #1 및 #2(권선 N_2)에 쇄교하는 자속 쇄교수를 λ_{11}, λ_{12}로 할 때, 누설 인덕턴스는 다음 식의 L_l로 주어진다.

$$L_l=N_1\frac{\partial}{\partial i_l}\left(\frac{\lambda_{11}}{N_l}-\frac{\lambda_{12}}{N_l}\right)$$

누설 자속 (漏洩磁束, leakage flux) 예를 들면 변압기에 있어서 1차 권선과 쇄교하고 2차 권선과는 쇄교하지 않는 자속을 누설자속이라고 한다. 동기기에 있어서는 전기자 권선과 쇄교하고 계자 권선과는 쇄교하지 않는 자속을 말한다. 이와 같이 기기 동작의 기본이 되는 자속(주자속)에 대해서 한쪽 권선하고만 쇄교하는 자속을 이른다.

누설저항 (漏洩抵抗, leak resistance, leakage resistance) 전선로, 안테나, 콘덴서 등은 어느 것이든 절연이 충분히 고려되고 있으나 약간이긴 하지만 전류가 누설되면서 흐른다. 이 누설량을 저항값으로 나타낸 것을 말한다. 진공관 회로에서 충전을 방전시키기 위하여 고저항을 접속하는 경우가 있는데 이것을 가리키는 경우도 있다.

누설 전류 (累洩電流, leakage current) 절연물의 내부 또는 표면을 통해서 흐르는 미소 전류. 전기철도에 있어서는 가공 단선 또 제3레일식의 경우 귀선. 레일에서 누설되어 대지 또는 지하 매설물을 흐르는 전류를 이른다.

누승급수 해법 (漏乘級數解法, power series solution) 미분방정식의 해답을 얻는 데 쓰

L

이는 방법으로, 먼저 그 해답이 누승급수의 모양으로 나타난다고 가정하여 푸는 방법. 특히 변계수(變係數)의 두 자리 미분방정식을 푸는 데 쓰인다.

누음 (漏音, sound leakage) 소리가 새는 것을 이른다.

누적 선량 (累積線量, accumulated dose) 생체의 같은 부위가 반복하여 방사선 조사를 받는 경우의 선량의 합계량이다.

누전 (漏電, leak) 절연이 열화되어 전류가 새어 나가는 상태. 이것은 감전 및 화재의 원인이 될 수도 있다.

누화 (漏話, crosstalk, overhearing) 근접한 전화회선 사이에서 방해가 되는 세력이 새어들어서 일어나는 현상을 누화라고 하며, 원회선의 통화전달 방향과 같은 방향에 나타나는 것을 원단(遠端) 누화라 하고, 반대 방향에 나타나는 것을 근단(近端) 누화라고 한다. 누화의 크기는 회선에 따라 어디에서나 결정할 수가 있는 것인데 두 회선 모두 적당한 종단 결선을 했을 때 일정한 점에서 측정된 피상전력의 비의 대수(對數)의 1/10을 dB(또는 자연대수의 1/2을 네퍼)로 나타낸 것을 누화 감쇠량 또는 누화량이라고 한다. 위의 두 회선특성 임피던스가 같을 때 두 회선의 이점에 있어서의 전류비의 10^6배를 누화 단위라고 한다.

누화 결합 (漏話結合, crosstalk coupling) 두 회선 사이의 누화의 원인이 되는 전기적 결합을 말하며 이에는 정전 결합과 전자 결합의 두 가지가 있다. 결합이 회선의 길이방향에 일률적으로 분포했을 경우, 즉 킬로당 정전용량 불평형 C, 킬로당 상호유도량 m이 있다고 하면, 회선 킬로당 발생하는 누화는 $N_0 = j\omega(CZ_0/8 + m/2Z_0)$, $F_0 = j\omega(CZ_0/8 - m/2Z_0)$ 단, $\omega = 2\pi f$, f는 주파수, Z_0는 2회선의 각 임피던스, N_0는 근단 누화계수(극히 짧은 구간에 발생하는 직접 근단 누화를 킬로당으로 환산한 값), F_0는 원단 누화계수(킬로당의 평행에 의해서 발생하는 직접 원단 누화)이다.

누화계 (漏話計, crosstalk meter) 누화를 측정하려면 전송량의 경우와 마찬가지로 저항 감쇠기를 써서 조립하여 측정할 수 있는데 감쇠량이 크므로 배선, 변성기 등 정전 및 전자(電磁)결합이 누화량과 같은 정도가 되는 경우가 많아 측정에는 많은 어려움이 따른다. 이 어려움을 제거하기 위하여 배선이라든가 기타를 충분히 고려하여 누화측정기로 조립된 것을 누화계 또는 누화 측정기라고 한다. 누화계의 종류는 50-B 누화계, 51-A 누화계, 201 누화측정기, 지멘스식 누화 측정기, 복소 누화측정기 등이 있다.

누화 단위 (漏話單位, crosstalk unit) ⇨ 누화.

누화방지 커버 (漏話防止 ——, crosstalk proof cover) 전화교환기에 있어서 통화로 상호간의 누화를 방지하기 위하여 기기에 덮는 커버이다.

눈금 (scale) 계기의 지시를 읽기 위하여 눈금판에 그린 구획선. 눈금선의 분포에 따라 평등 눈금, 불균등 눈금, 대수 눈금 등이 있다.

눈금선 (—— 線, scale mark) 눈금선의 길이는 대(main), 중(middle), 소(short)의 3종류를 구분하여 쓰고 있으며, 그 길이의 비율과 굵기가 규정되는 경우도 있다. 판독을 정밀하게 할 필요가 있는 계기의 눈금 선의 굵기는 보통 0.15mm 이하이다.

눈금 설정 (—— 設定, calibration) ⇨ 교정.

눈금수 (—— 數, number of division) 눈금의 수를 말하며, 지시 계기에서는 계급에 따라서 눈금수가 규정되어 있다.

눈금의 길이 (scale length) 원호 눈금인 경우에는 지침의 회전 중심에 가까운 끝에 있어서 눈금선의 원호의 길이로 나타낸다.

눈금판 (—— 板, scale, dial) 눈금을 매긴 판이다. ⇨ 눈금.

눈부심 (glare) 눈이 순응하고 있는 빛과 크게 다른 빛을 받으면 불쾌한 느낌을 받아 물건을 선명하게 보지 못하게 된다. 이것이 눈부심이라는 현상이다. 이 눈부심을 막기 위해서는 시야 안에 빛의 과대한 대비가 없도록, 또 시간적으로도 빛이 큰 변화를 하지 않도록 한다.

뉴턴(N) (newton) 힘의 단위로, 질량 1kg의 물체에 1m/sec^2의 가속도를 주는 힘을 말한다. $1\text{N} = 10^5\text{dyn}$.

뉴트럴 필터 (neutral(density) filter) 파장에 대하여 선택적 흡수를 하지 않는 무채색 필터를 말한다. 입사광의 스펙트럼 특성을 변화하지 않고 다만, 휘도만을 감소하고자 하는 경우에 사용된다. ND필터라고도 한다.

뉴트로다인 (neutrodyne) 3극관 또는 트랜지스터를 써서 고주파 증폭을 할 경우 증폭작용이 불안정하게 되거나 기생진동을 발생한다. 이것을 막기 위해서 적당한 정전용량을 써서 궤환작용을 상쇄하도록 한 것을 뉴트로다인 또는 중화성이라고 한다.

뉴트로돈 (neutrodon) 3극관 또는 트랜지스터에 의한 고주파 증폭은 자기발진을 발생하기 쉬워 매우 곤란하다. 이 때문에 출력의 일부를 입력측에 결합하여 중화하는 방법이 이용된다. 이 중화용 콘덴서를 말한다.

능동 위성 (能動衛星, active satellite) 수신한 신호를 증폭하여 그것을 지상으로 반송하는 기능을 가진 통신위성을 이른다. 현재 실용되고 있는 통신위성은 대부분 이 부류의 위성이다.

㈜ 수동위성은 수신한 신호를 그대로 반사하여 지상으로 보내기만 하는 것이며 에코위성 등이 이에 속한다.

능동 필터 (能動——, active filter) 능동 요소를 구성 부품의 하나로 하는 필터, 연산증폭기의 회부 귀환회로에 적당한 회로망을 접속하여 전체로서의 전달특성에 필터로서의 성질을 가지게 한 것을 이른다.

능동 화상처리 (能動畵像處理, active (interactive) imagery) 계산기와 오퍼레이터가 회화형식으로 하는 화상처리. 보통 실시간 처리를 의미한다. 비 회화적(일방향)인 화상처리, 즉 수동적 화상처리의 대응어이다.

㈜ imagery는 좁은 뜻으로는 광학계에 의한 상형성(image formation)을 이르지만 넓은 의미로 화상처리(image picture processing)란 뜻으로도 사용되고 있다.

능동 회로망 (能動回路網, active network) 하나 또는 몇 개의 전원을 포함한 회로망. 따라서 이와 같은 회로망의 출력은 입력신호뿐만 아니라 전원의 전력과도 관계가 있다. ⇔ 수동회로망(passive circuit).

능동회로 반사 감쇠량 (能動回路反射減衰量, active return loss of echo) 2선식 증폭기를 포함한 전화회선에서는 2선식 증폭기의 이득 변동으로 인하여 반사 감쇠량이 실효적으로 변동한다. 이와 같이 능동회로에 의해서 지배되는 반사 감쇠량을 능동회로 반사 감쇠량이라 한다.

능형 교차 (菱形交叉, diamond crossing) 두 선로의 모양이 능형을 이루고 있기 때문에 능형 교차라고 한다.

늦음 (1) time lag 시간의 늦음을 말하며, 위상의 뒤짐이라든가 어떤 현상이 일어나는 시간의 지연 등에 쓰인다. (2) delay, lag 입력신호의 변화에 대해서 출력신호의 변화가 즉시 따르지 않고 지연이 생기는 현상이다.

니들 밸브 (needle valve) 펠톤수차의 수량을 조절하는 데 사용되는 밸브이다.

니켈 카드뮴 전지 (—— 電池, nickel-cadmium battery) 알칼리 축전지로서, 양의 활물질은 산화 니켈이고 음의 활물질은 카드뮴이다. 중부하 특성, 저온 특성에 우수하다. 개방전압 1.3V 정도이다.

니콜스 선도 (—— 線圖, Nichols chart) 《자동 제어계》 오픈 루프 전달함수의 루프 게인 대수값을 세로축에, 루프 위상각을 가로축에 취하여 그린 곡선이다.

㈜ 같은 그림 위에 폐루프 전달함수의 이득 및 위상각의 일정한 곡선이 일군의 직교(直交) 곡선으로 그려져 있으며 이에 의해서 오픈 루프 전달함수에서 폐루프 전달함수를 그림 위에서 구할 수 있다.

니크롬 (Nichrome) 드라이버해리스사의 상품명으로 니켈, 크롬, 경우에 따라서는 철을 함유한 합금이다. 고온에 견디는 고저항 재료로서 저항기, 전열선 등으로 사용된다.

니크롬선 (—— 線, nichrome wire) Ni에 Cr이나 또는 Cr과 Fe를 합한 니켈과 크롬의 합금선으로, 저항률이 크고 내열성이므로 전열용의 저항재료로 사용된다. 니크롬선에는 약 1,100℃까지 사용할 수 있는 제1종과 90℃ 이하에 사용되는 제2종의 두 종류가 있다.

니트 (nit) 휘도의 단위. 기호 nt. 1nt=1cd/m^2 =0.2919 foot-lambert이다.

니퍼 (nipper) 케이블선을 심선 절단, 가공할 때 사용하는 공구. 플라이어보다 작고 사용이 편리하다.

ㄷ

다고정자 적산전력계 (多固定子積算電力計, multistator watt-hour meter) 몇 개의 고정자가 회전자에 토크를 작용시키는 유도 적산 전력계이다.

다공동 클라이스트론 (多空洞—, multicavity klystron) 집군(集群)을 위한 공동을 다수(보통은 3~7) 사용한 클라이스트론. → 캐스케이드 클라이스트론(cascade klystron).

다공판 (多孔板, perforated panel) 금속 또는 나무의 얇은 판에 일정한 간격으로 많은 구멍(대부분은 원형)을 관통시켜 뚫은 것. 건축 음향에서 사용하는 것인데, 이것을 벽으로부터 일정한 거리만큼 떼어붙여 벽과의 사이에 생긴 공동부를 기밀하게 하면 구멍 부분의 공기의 질량과 공동의 체적 탄성으로 공명 흡음체를 만들 수 있다. 특정한 주파수의 음을 선택 흡수하고 싶을 때 사용한다. 그리고 로크울과 같이 다공질재의 표면 보호 또는 단순한 장식으로 사용하는 경우도 있다.

다국 접속 회선 (多局接續回線) (1) tie line ⇨ 연락선. (2) omnibus 1회선에 3국 이상의 국이 접속되어 있는 전화회선이다.

다극관 (多極管, multielectrode tube) 3극관보다도 전극수(특히 그리드의 수)가 많은 전자관. 4극관부터 8극관 정도까지 있다.

다극기 (多極機, multipolar machine) N극, S극이 각각 2개 이상인 회전 전기기기이다.

다극 발전기 (多極發電機, multipolar generator) N극, S극이 각각 2개 이상인 발전기를 말한다. 2극 발전기도 그 한 예다.

다극 수은 정류기 (多極水銀整流器, multianode mercury-arc rectifier) 1개의 용기 안에 공통의 음극과 2개 이상의 주 양극을 가진 수은정류기이다.

다니엘 전지 (—— 電池, Daniel cell) 아연, 황산, 아연 용액, 구리, 황산동 용액으로 된 가역 전지(Cu|$CuSO_4$|$ZnSO_4$, Zn)이다.

다단 반사 전파 (多段反射傳播, multiplehop transmission) 단파에 의한 원거리 통신에서 전파가 전리층 및 대지 간을 여러 번 반사하여 전파되는 현상을 이른다. ⇨ 제1E층파(one-hop-E).

다단 변조 (多段變調, compound modulation, multiple modulation, multistep modulation) 어떤 신호로 반송파를 진폭 및 주파수 또는 위상 변조한 파로서, 또 하나의 반송파를 변조하는 식으로 몇 번이고 반복하여 행하는 변조방식을 말한다. 예를 들면, 2단 진폭 변조로서는 한 번 진폭 변조한 파로써 다시 주파수가 높은 반송파를 진폭 변조하는 것을 말한다. ⇨ 복합변조(hybrid modulation).

다단 증폭기 (多段增幅器, multistage amplifier) 증폭기를 여러 단 종속한 것이다.

다대역 공중선 (多帶域空中線, multiband antenna) 서로 배수관계에 있는 주파수를 1개의 안테나로 송신 또는 수신을 할 수 있게 소자의 길이를 설계한 공중선을 다대역 공중선이라고 한다. 예를 들면 3.5MHz, 7MHz를 송신할 경우 3.5MHz에서는 반파장, 7MHz에서는 1파장의 공중선으로 사용하는 것으로, 아마추어 무선 등에서 널리 사용된다. ⇨ 광대역 공중선(wide band antenna).

다래프 (daraf) 1 패럿(F)의 역수와 같은 엘라스턴스의 단위이다.

다르손발 검류계 (—— 檢流計, Darsonval galvanometer) ⇨ 가동 코일형 검류계.

다리 (pin) 《진공관》 진공관에서 용기 밖으로 인출선이 나와 있는 부분. 소켓과 끼워 맞추도록 제작되는 것이 보통이다. 핀이라고도 한다.

다목적 댐 (多目的——, multipurpose dam) 발전용 뿐만 아니라 관개용 등, 다용도로 건설된 댐을 이른다.

다방 전압계 (多房電壓計, multicellular voltmeter) 정전형 전압계의 일종으로, 구동 토크를 증가시키기 위하여 많은 고정 극판과 회전 극판으로 되어 있는 지시계기. 정격이 낮은 것은 150V 정도부터 있다.

다상 (多相, poly phase) 동일 주파수이면서도 위상각을 달리하는 많은 기전력에 의하여 발생하는 교류이다.

다상 가열 (多相加熱, polyphase heating) 교류가열 진공관의 필라멘트를 홈을 작게 하기 위하여 다상 교류로 가열하는 것을 이른다.

다상 계기 (多相計器, polyphase meter) 다상 회로에 직접 사용되는 1개의 계기. 예를 들면 3상 교류 적산전력계 등이다.

다상 동기 발전기 (多相同期發電機, polyphase synchronous generator) 복수의 교류회로를 가지며 그것이 정해진 위상관계를 가진 셋 이상의 대칭 교류전기력을 출력단자에 발생하도록 만들어진 발전기이다.

다상 발전기 (多相發電機, polyphase generator) 다상 교류 전력을 발생하는 발전기이다.

다상 전동기 (多相電動機, polyphase motor) 다상 교류 전력을 소비하여 동작하는 전동기이다.

다상 전력 (多相電力, polyphase power) 2상 이상의 교류 전력이다.

다상 전력계 (多相電力計, polyphase wattmeter) 다상회로의 전력을 측정하는 장치이다.

다상 정류기 (多相整流器, polyphase rectifier) 2개 이상(보통은 3개)의 다이오드를 이용하는 정류기. 예를 들면 3개의 다이오드는 각각 1/3사이클의 위상각에 걸쳐 동작하며 보통 반파 또는 전파정류기 보다도 출력전류의 변화를 적게 한다.

다상 정류자 전기 (多相整流子電機, polyphase commutator machine) 다상 교류 전력을 발생하는 정류자 발전기 또는 다상 전력에 의하여 동작하는 정류자 전동기의 총칭이다.

다상 회로 (多相回路, polyphase circuit) 셋 이상의 출력(혹은 입력) 단자를 가지며 그 단자에 나타나는 (혹은 인가되는) 전압(혹은 전류)의 주기는 같지만 위상은 같지 않고 어떤 일정한 관계를 갖는 (보통 그 위상차의 합은 2π라디안이 된다.) 교류 회로. 그 파형은 반드시 같지는 않다.

다선식 (多線式, multiple-wire system) 인쇄전신부호의 각 단위를 시간적으로 순차 시계열로 하여 전송하는 것이 아니고, 각 단위를 그와 같은 다수의 선로로 동시에 전송하는 병렬 통신방식을 말한다. 일반적으로 실선이 다수 필요하기 때문에 불리하지만 속도가 빠르고 또한 전신 기계가 간단하다. CCITT에서는 2점 사이에 1개의 신호를 전송하는데 동일 방향으로 둘 이상의 통신로를 필요로 하는 것을 말한다.

다속도 동작 (多速度動作, multispeed floating action) 동작 신호의 크기에 따라서 조작량의 변화 속도가 셋 이상의 정하여진 값의 1개를 갖는 것을 말한다 .

다속도 전동기 (多速度電動機, change-speed motor, multispeed motor) 정속도 전동기의 일종으로, 그 회전속도를 여러 수단으로 변경할 수 있는 전동기를 말한다. 극수 전환 유도전동기는 그 대표적인 예이다. 2정류자형 직류 전동기는 다속도 전동기로 사용할 수 있다.

다수 공동선 (多數共同線, multiparty line, rural party line) 다수의 가입자 전화기로 1회선의 가입자선을 공용하는 전화 회선이다.

다수 공동 전화 (多數共同電話, subscriber's group service, multiparty telephone) 1회선의 가입자선에 다른 옥내에 있는 3개 이상의 가입 전화기를 접속한 전화이다.

다수 캐리어 (多數——, majority carrier) 《반도체》 평형상태에 있어서 캐리어 총수의 반 이상을 차지하는 형의 캐리어. 예를 들면 p

형 반도체 중의 정공, n형 반도체 중의 전도 전자가 이것이다. ⇨ 소수 캐리어(minority carrier).

다심 케이블 (多心──, multicore cable, multiconductor cable) 심선의 수가 2개 이상인 케이블을 총칭하여 말한다. 심선 사이에는 서로 절연되어 있고, 그 배열은 동심원 모양으로는 되어 있지 않다.

다 어드레스 지령 부호 (多──指令符號, multi-address(instruction) code) 2개 이상의 어드레스를 포함하는 지령. 가장 널리 사용되는 것은 3어드레스 방식이다. 1어드레스 지령 부호와의 우열은 간단히 가리기 어렵다. ⇨ 지령, 어드레스.

다운 리드 (down lead) 《방사특성 개선용》 방송 안테나 등의 전파 발사특성(주로 수평면의)을 개선하기 위하여 안테나 탑의 정상에서 끌어내리는 절연 도선을 이른다.

다운 타임 (down time) 어떤 장치가 고장으로 인하여 동작 불능으로 되어 있는 기간을 이른다. 점검 등 특수한 목적을 위하여 정지하고 있는 기간도 포함된다. ⇔ 업타임.
㈜ 보수 기간, 보급 대기시간 및 관리시간의 합계로서 다운타임을 정의하는 수도 있다.

다원 방송 (多元放送, network show) 여러 방송국의 스튜디오나 여러 지점에 마이크 또는 TV 카메라를 두고, 그 출력을 메인국에서 구성하여 하나의 프로그램으로 송출하는 라디오 및 TV의 방송 형식이다. 2원 방송, 릴레이 방송 등이 있다.

다위치 동작 (多位置動作, multiposition action) 《자동제어》 동작 신호의 크기에 따라 조작량이 셋 이상 정해진 값 중의 하나를 취하는 것을 이른다.

다이내믹 마이크로폰 (electrodynamic microphone) 강자기장 내에 두어진 도체가 음파에 의해서 진동하면 도체의 양 단자 간에 진동에 비례한 전압이 나타나는 것을 이용한 마이크로폰의 총칭. 사용하는 도체의 형태에 따라 명칭이 다르다. 즉 코일을 쓴 것은 가동코일 마이크로폰, 얇은 알루미늄 리본을 쓴 것을 리본 마이크로폰, 한 가닥의 선을 쓴 것은 인덕터 마이크로폰이라고 한다.

다이내믹 스피커 (dynamic loudspeaker, electrodynamic loudspeaker) 강자기장 내에 두어진 도체에 음성 전류를 통하여 전류에 비례한 기전력을 발생시켜서 음향 출력을 얻는 스피커의 총칭. 가동코일형 스피커라고도 한다. 코일의 임피던스는 낮으며 400Hz에서 4~16Ω 정도의 것이 많다. 전력증폭기와는 출력 트랜스로 결합한다. 자기장을 만드는데 있어서 영구자석을 사용하는 것과 전자석을 사용하는 것이 있다. 영구자석을 사용하는 것은 퍼머넌트형이라고 하는데 현재는 이 형의 것이 널리 사용되고 있다.

다이내믹 픽업 (electrodynamic pickup) 다이내믹 마이크로폰과 같은 원리로 동작하는 픽업이다.

다이너모 (dynamo) 초기의 직류 발전기로, 자석발전기와 구별하여 자력식 발전기 (dynamo-electric machine)를 이렇게 호칭했다.

다이너트론 (dynatron) 양극에서 생기는 2차 전자를 이용하여 양극 전류 대 양극 전압의 특성에 마이너스 저항의 특성을 갖게 한 전자관. 본래의 모양은 3극관이지만 4극관 기타에 있어서도 같은 특성을 가질 때 다이너트론 특성을 갖는다고 한다.

다이너트론 발진기(──發振器, dynatron oscillator) 다이너트론(부성 저항) 특성을 이용한 발진기. 예를 들면, 플레이트 저항이 부성인 진공관에 있어서 플레이트측의 병렬 공진회로의 공진 임피던스가 부성 저항의 절대값보다 클 때는 공진회로의 고유 주파수로 발진한다. 일반 발진기와 같이 궤환을 필요로 하지 않는 점이 특징이다.

다이너트론 주파계 (──周波計, dynatron frequency meter) 진공관의 다이너트론 특성(부성 저항)을 이용하면 쉽게 발진기를 구성할 수 있으므로 이 발진 주파수를 미리 정확하게 교정해 두어 이것과 비교하여 주파수를 측정하는 장치이다.

다이너트론 특성 (──特性, dynatron characteristic) 다이너트론과 같이 3극관 등의 어느 전극의 전류와 전압 사이에 부성저항이 있는 경우의 특성을 말한다. 플러스 그리드의 3극관에 있어서 플레이트 전압이 그리드 전압보다 낮은 경우의 플레이트 전류, 4극관의 경우는 플레이트 전압이 스크린 그리드 전압보다 낮은 경우의 플레이트 전류에 생기는 다이너트론 특성이 그 예이다. 발진에 이용하는 일도 있으나 진공관의 동작을 불안정하게 하는 원인이 되기도 한다. ⇨ 부성 저항.

다이노드 (dynode) 주요 기능이 2차 전자방출인 전극. 증배형 광전관 이라든가 어떤 형의 텔레비전 카메라관 등에서 사용되고 있다. ⇨ 전자 증배관(electron multiplier).

다이버시티 수신 (── 受信, diversity reception) 페이딩에 의해서 생기는 수신음의 변동 또는 소실을 최대한으로 피하기 위하여 사용하는 수신법이며, 다음 세 가지 방법이 있다. ① 공간 다이버시티(space diversity) : 페이딩의 상황이 장소에 따라서 달라지는 현상을 이용한 것. ② 주파수 다이버시티(frequency diversity). ③ 편파 다이버시티(polarization diversity) : 수신 전파의 편파면에 따라서 페이딩의 상황이 다른 것을 이용한 것이다.

다이얼 온도계 (── 溫度計, dial thermometer) 지침으로 지시하는 다이얼형 온도계이다.

다이얼 임펄스 (dial impulse) 자동 교환용 다이얼에 의해서 송출되는 숫자에 대응한 단속 임펄스이다.

다이오드 (diode) 진공관인 경우 2극관, 반도체 소자인 경우는 하나의 점접촉, 또는 하나의 접합으로만 이루어지는 소자를 말한다.

다이폴 (dipole) 서로 대응하는 극이 둘 있는 것을 말한다. 철편을 자계 내에 두었을 때 그 양단에 발생하는 자극이나 도선을 그 길이의 2배와 같은 파장의 고주파로 여자시켰을 때 양단에 발생하는 반대 부호의 전위 등을 말한다.

다이폴 발진기 (── 發振器, dipole oscillator) 점전하가 교대로 +, − 교번하여 전기 모멘트로 시간적 변화를 일으켜 이 변화의 속도를 빠르게 하면 전자파를 발생한다. 이것을 다이폴 발진기라고 한다.

다이폴 안테나 (dipole antenna) 안테나의 길이가 사용 파장의 1/2보다 짧은 경우에는 안테나의 중앙을 기준으로 하면 상하 또는 좌우의 선상 전위 분포의 극성은 언제나 반대가 되어 다이폴과 같이 작용하므로 이런 종류의 안테나를 다이폴 안테나라고 한다. ⇨ 더블릿 안테나.

다이플렉서 (diplexer) 텔레비전 안테나로부터 방사되는 소리와 영상의 채널 간섭을 방지하기 위하여 쓰이는 장치를 말한다. 슬라이드나 필름 영사기로부터의 두 빛을 거울을 써서 적당히 전환하여 1대의 필름용 TV 카메라에 가하는 장치이다.

다전압 발전기 (多電壓發電機, multivoltage generator) 단자 전압을 여러 단으로 변경할 수 있는 정전압 발전기를 뜻한다.

다전압식 (多電壓式, multivoltage system) 세 가닥 이상의 도선에 의하여 서로 다른 2종 이상의 전압으로 공급하는 방식. 예를 들면 A, B, C의 3선에 의하여 A, B 간은 100V, A, C 간은 200V를 공급한다.

다접점 계전기 (多接点繼電器, multicontact relay) 크로스바 자동 교환기의 커넥터 등에 사용하는 계전기이다.

다종 요금 계기 (多種料金計器, multiple tariff meter) 요금률이 시간에 따라서 다를 때 시계 기구에 의해서 계량장치를 전환하여 각 시간 내의 전력량을 따로따로 계량하는 계기이다.

다주파 발전기 (多周波發電機, multifrequency generator) 동시에 2종 이상의 주파수의 교류 전력을 발생하는 발전기이다.

다주파 부호식 (多周波符號式, multifrequency code system) 자동 교환용 선택신호의 전송에 복수 개의 주파수의 조합 부호를 사용하는 방식을 이른다.

다중 공진 (多重共振, multiple resonance) 진공 주파수가 약간 다른 2개의 결합회로로 된 회로에서, 주파수가 상이한 둘 이상의 공진을 이른다.

다중권 (多重捲, multiplex winding) 직류기의 전기자 권선의 일종으로, 중권(重捲)의 경우에는 $y=u_1-y_2=\pm m$, 파권(波捲)의 경우에는 $y=(k\pm m)/p=$ 상수와 같은 식으로 m이 둘 이상의 것을 말한다. 여기서, y : 합성 피치, y_1 : 뒤피치, y_2 : 앞피치, m : 임의의 상수, k : 정류자 편수, $2p$: 극수이다.

다중권 전위차계식 저항기 (多衆捲電位差計式抵抗器, multiturn potentiometric resistor) 저항소자가 보통 나선형으로 2~10회 감겨 있는, 정확한 권선형 전위차계식 저항기이다.

다중 노드 (多重 ——, major node, junction) 회로망 내에서 3개 이상의 소자가 함께 접속되어 있는 점을 이른다.

다중 반사 (多重反射, multipath reflection) 단파에 의한 원거리 통신 또는 초단파 통신에 있어서 전파가 전리층, 대지, 건축물 등에 의하여 반사되기 때문에 신호가 여러 통로를 경과하여 전달되는 현상을 말한다.

ㄷ

다중 반사 에코 (多重反射 ——, multiple reflection echo) 전리층 반사파가 지면과 전리층 사이를 정규 반사하는 이외에 그 이상의 횟수로 왕복한 후에 수신되는 반사파를 말한다. 이들 반사파는 정규 반사파에 비하여 송신점으로부터 수신점까지의 전파 통로가 다르기 때문에 그 도달 시각이 바뀌어서 마치 에코처럼 되어 수신되기 때문에 이와 같이 부른다.

다중 방식 (多重方式, multiplex system) 다중 통신에 사용되는 방식을 말하며 진폭, 주파수, 위상, 시간 또는 이들의 조합으로 전송로를 다중적으로 이용하는 통신 방식이다.

다중 범위 (多重範圍, multirange) 측정 범위가 2종 이상 있는 것으로, 눈금판 또는 다이얼이 같고 전환장치 등에 의하여 그것을 읽을 때 분수 또는 배수의 승률(乘率)을 곱하여 측정값을 구하는 것이다.

다중 빔 오실로스코프 (多重 ——, multibeam oscilloscope) 《CRT》 둘 또는 그 이상의 별개의 전자빔을 발생하는 오실로스코프로, 이들 빔은 별개로 혹은 함께 제어되도록 되어 있다.

다중 사용 (多重使用, multiplex) (1) 《통신》 동일 채널 위에서 둘 또는 그 이상의 메시지를 시분할적 혹은 주파수 분할적으로 송신하는 것. (2) 입출력 채널을 몇 개의 주변장치에 접속하고 그것을 구별하여 사용하는 것을 이른다.

㈜ 몇 개의 저속 동작의 I/O 장치로부터의 (또는 그러한 장치로) 데이터 바이트를 고속의 공통 채널에 순차 삽입하여(인터리브하여)전송함으로써 고속 다중 사용 채널은 복수의 서브 채널에 대하여 시분할적으로 I/O 동작을 할 수 있다. 이와 같은 동작 방법으로 고속 채널은 그것에 적합한 데이터 전송률로 동작하는 셈이다.

(3) 몇 가지 작용을 동시에 행하는 것. (4) 어떤 모듈을 복제하여 그것을 전체 시스템의 신뢰성을 높이도록 접속하여 사용하는 것이다.

다중 신호 (多重信號 ——, multiple signal) 송신소로부터 수신소에 이르는 전파는 일반적으로 단일이 아니며, 특히 원거리 통신에 있어서는 전리층과 지표 사이에서 여러 번 반사를 반복하여 여러 각도로 들어오는 많은 전파의 집체이다. 이들 개개의 전파는 각각 다른 통로를 통하여 오는 것이므로 도착 시각도 또한 같지 않다. 보통은 수 밀리포, 산란을 동반할 경우에는 수십 밀리포의 차를 갖는다. 이 현상을 다중 신호라고 하며, 일반의 무선 전신, 전화에서는 별로 장해가 되지 않지만 텔레비전이나 사진 전송 등의 경우에는 수상에 방해를 준다.

다중 에코 (多重 ——, multi echo) 에코에는 근거리 에코, 지구 일주 에코, 역회전 에코, 부근의 건물 및 산악 등으로부터의 반사파 등이 있으며, 이러한 에코가 겹쳐서 도달하는 경우를 말한다.

다중 이미터 트랜지스터 (多重 ——, multiemitter transistor) 하나의 베이스 영역에 복수개의 이미터를 확산하여 만들어 넣은 트랜지스터로서, TTL 게이트 등에서 사용된다. 다중 이미터 트랜지스터의 논리 동작은 DTL 게이트에서의 다이오드 게이트의 동작과 등가이지만 입력 신호가 전부 H신호인 때는 DTL의 경우와는 달리 트랜지스터는 이미터 폴로어로 동작하여 전류가 흐르지만 이미터와 컬렉터의 역할은 교체되어 전도 동작으로 된다.

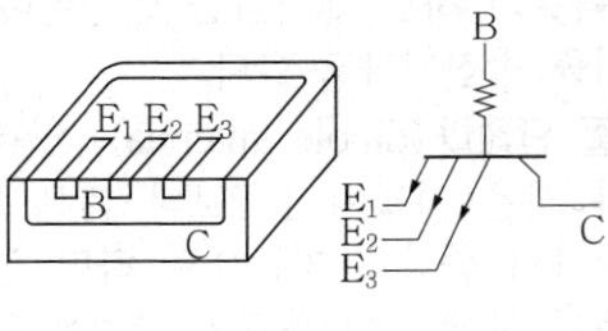

[다중 이미터 트랜지스터]

다중 전송 (多重傳送, multiplex transmission) 반송 통신방식에 있어서 반송파의 주파수, 위상 또는 시간 혹은 레벨을 이용하여 전송로를 다중적으로 사용하는 전송방식을 말한다. 일반적으로 주파수가 서로 다른 반송파를 사용하여 다중화한다.

다중 전신(多重電信, multichannel telegraphy, multiplex telegraphy) 주파수 판별방식에 의하여 전송로를 다대역으로 분할하는 공동회선 사용방법을 말하며, 통신로 수를 그 이상으로 하는 경우 다통신로(다중) 전신이라고 한다. 일반적으로 6, 12, 18 또는 24 통신로가 적용된다. 이 밖에 시분할, 위상분할 방식 등에 의하여 통신로를 다중화한다. 또한 직류 전신에서는 반송 전신의 1회선 방식을 2중 방식이라고 하는 것이 보통이다. CCITT에서는 1회선은 양방향 전송으로 2 통신로라고 한다.

다중 전화 (多重電話, multichannel telephony) 《전신》 반송파의 주파수, 위상, 혹은 진폭, 시간 또는 이들의 조합에 의해서 전송로 두 선을 다중화하여 2통화로 이상을 얻는 경제적인 통화방식이다. 종래의 장거리 통화 회선은 전부 반송식 다중 통신으로 경제성 외에 직선 일그러짐 및 비직선 일그러짐이 비교적 적고, 증폭 보상이 간단하며 전신 전화 공동 1회선에 수용할 수 있고, 각 통화로의 분기 합성이 간단한 여러 이점이 있다.

다중절 차단기 (多重切遮斷器, multibreaker, circuit breaker) 차단점을 증가할 목적으로 차단 부분을 2개 이상 가지며 이것을 직렬로 사용하는 차단기를 말한다.

다중 접지 (多重接地, multiple earth) 장파 대전력용의 송신 공중선에서는 넓은 면적에 지선망을 매설하고 그 각부에 접지선으로 접속하여 접지 저항을 줄이는 방법이다.

다중 채널 (多重 ——, multichannel) 《방송》 하나의 반송파에 여러 개의 방송을 실어서 보내는 방법이다.

다중 채널 액세스 (多重 ——, multiplexed channel access) 약어 MCA. (1) 예컨대 전화처럼 3kHz의 대역을 필요로 하는 메시지 신호를 주파수 분할 다중 액세스 기술에 의해서 1MHz의 대역폭을 갖는 전송로를 통하여 보내려고 하면 250개의 전화 채널을 동시에 사용하게 된다. (2) 화물 운송업 같은 자영 통신 시스템에 있어서 몇 개 지역 사업소에 설치한 지령국과 사업소 소속의 이동국(화물차량), 그리고 각 사업소를 총괄 제어하는 중앙 제어국 사이에서 위의 방식을 채용하고, 또 1건당의 최장 통화시간을 제한함으로써 수천 국의 통화를 효과적으로 제어할 수 있다.

㈜ 통신 위성에 의한 TDMA, FDMA 방식의 지상판이라고도 할 수 있지만 기술상의 제약은 비교되지 않을 만큼 적다.

다중 코스 (多重 ——, multiple course) 항해 방식에 따라 규정되는 1군(群)의 위치선 중의 하나로, 상한 식별이 가능한 것도 있지만 가능하지 않은 것도 있어 그 중 어느 하나를 코스선으로 선택한다.

다중 통로 (多重通路, multipath) 무선 통신을 하는 경우 송신점으로부터 수신점으로 전파가 전파하는 경우의 통로는 단일 통로가 아닌 E층, F층 또는 F_2층으로 반사하는 것 등, 여러 가지가 있다. 또 반사의 횟수도 1회 반사, 2회 반사, 그리고 M형, N형 반사 등 여러 가지가 있다. 이와 같은 많은 통로가 있는 경우를 다중 통로라고 한다. 이와 같은 다중 통로는 원거리 전파 전파의 경우는 대단히 복잡하다. 초단파 전파에 있어서도 불규칙한 대지, 산악, 건물 등으로 인한 반사의 결과 다중 통로가 존재하여 장해의 원인이 된다.

다중 통신 (多重通信, multiplex communication) 다중 통신로, 다중 통화로, 다중 통신에 어떤 다중 통화 방식을 이용한 통신을 말한다.

다중 통신로 (多重通信路, multichannel) 반송 통신 방식에 있어서 통신로 수를 많이 갖는 통신로를 이른다.

다중 트랙 레인지 (多重 ——, multiple track range) 2개의 근접한 동기 펄스국을 이용하는 지이(Gee) 방식을 적용하는 것으로, 항공기 내의 지시기는 사전에 몇 가지의 소정 시간 차로 설정되어 있으며, 그것을 선택함으로써 많은 근사적 평행 트랙을 비행할 수 있게 한 것이다.

다현상 오실로스코프 (多現像 ——, multitrace oscilloscope) 오실로스코프의 CRT에 있어서 단일 전자빔이 둘 또는 그 이상의 신호 채널에 의해서 교대로 사용되고, 스크린 상에 각 채널의 신호출력이 동시에 소인되도록 되어 있는 것을 이른다.
㊟ 각 채널에 대한 전자빔의 전환, 하나의 소인이 끝날 때마다 전환되는 것(alternate mode)과 1회의 소인 도중에 다수회 전환이 이루어지는(chop mode) 것이 있다.

ㄷ

단 (斷, off) 폐로된 회로에서 도체를 열어 전류를 단절하는 것을 이른다.

단 (段, stage) 터빈의 노즐 또는 고정 날개와 회전 날개의 1조를 하나의 단이라고 한다.

단간 차폐 (段間遮蔽, interstage shielding) 증폭기의 증폭단 간의 정전결합 또는 전자결합을 적게 하기 위하여 차폐하는 것을 단간 차폐라 한다.

단갭의 원리 (短——原理, short pass principle) 불꽃 방전에 있어서 방전 개시 전압은 Paschen의 법칙에 따르면 평등 전계 중에서는 기체 압력과 전극 간 거리의 곱 만으로 정해진다. 여기서 이 곱의 값이 극히 작은 범위에서는 방전 개시 전압이 극히 높은 것을 이용하여 전극 간의 간격을 작게 했을 때 높은 방전전압을 요하는 원리를 단갭의 원리라고 한다. 이 원리를 실제로 응용한 것으로서 냉음극 정류 방전관이 있다. ⇨ 파센의 법칙(Paschen's law).

단구권 (單口捲, single re-entrant winding) 직류기 전기자 권선의 일종으로 전기자 주변을 따라 단 하나의 폐회로를 만드는 권선을 말한다. 중권에서는 $y=y_1-y_2=\pm m$, 파권에서는$y=y_1+y_2=(k\pm m)/p=$상수에 있어서 m과 정류자 편수 k가 공약수를 갖지 않는 경우가 이에 상당하다. ⇨ 파권.

단권 변압기 (單捲變壓器, autotransformer) 각 상 1개의 연속된 권선을 가지며 그 일부가 1차 및 2차의 회로에 공통으로 되어 있는 변압기를 말한다. 공통 부분(분로 권선)에는 1차와 2차의 양 전류의 차가 흐르기 때문에 그 부분의 도선은 단면적이 작은 것으로 된다.

단극 발전기 (單極發電機, homopolar dynamo, unipolar dynamo) 직류 발전기의 일종으로, 전기자 권선은 축과 절연된 원통상 도체이고, 계자는 전기자 도체의 바깥쪽에 이것과 동심적으로 배치된 원통상의 철심과 이 철심에 감긴 권선으로 이루어지며 전기자 도체만이 회전한다. 자속은 전 원주에 대해서 모두 동일 방향으로 전기자 도체를 끊기 때문에 전기자 도체에는 동일 방향의 기전력을 발생한다. 본질적으로 저전압 대전류에 적합하다.

단극 수은정류기 (單極水銀整流器, single anode mercury-arc rectifier) 음극, 주 양극을 각각 1개씩 갖고 있는 정류 탱크(이것을 단극 정류 탱크라고 한다)로 구성된 수은정류기. 점호방식에 따라 이그나이트론 정류기와 익사이트론 정류기로 나눈다.

단극 스위치 (單極——, single-pole switch) 동시에 개폐할 수 있는 개폐 부분(극)이 1개인 스위치를 말한다.

단극 전압 (單極電壓, single electrode potential) 전극과 거기에 접촉하는 전해질 용액 사이에 생기는 전위차를 말한다.

단극 컷 아웃 (單極——, single-pole cutout) 1선의 전류가 어느 설정값 이상이 되면 자동적으로 그 회로를 차단하는 단극 개폐기. 우리나라에서는 주로 주상 변압기의 1차측에 다는 애자형 개폐기, 옥내 인입구에 다는 퓨즈가 달린 안전 개폐기를 컷 아웃이라고 한다.

단대연 쿼드 (短對撚——, short pair twist-quad) 절연된 두 심선을 쌍으로 꼬고 다시 그것들의 다수의 쌍을 집합한 것이 이른바 페어 케이블인데, 이 쌍을 구성하는 두 도체를 변압기를 통하여 일괄 단락하고, 마찬가지로 인접한 쌍에 대해서도 일괄 단락하여 양자로 왕복 도체로 하는 중신(重信) 회선을 구성하여 실제 쌍 수의 1.5배의 통화로를 구할 때에는 연선이 없는 평행 도체계가 되어 동일 케이블 내의 다른 중신 회선과의 사이에 큰 누화를 남기에 된다. 따라서 쌍으로 하여 꼰 것을 다시 그보다 긴 연선으로 꼬아서 누화의 경감을 꾀하고 있다. 이것을 단대연 쿼드라고 한다.

단독 제어 (單獨制御, single control) 주 전동기에 직렬로 저항을 접속하고 이 저항값을 바꾸어서 주 전동기에 가해지는 단자 전압을 변화시키는 제어방식이다.

단등형 신호기 (單燈形信號機, search light signal) 철도의 등광식 신호기의 일종으로, 단 1개의 광원을 상시 점등하여 기구 내 계전기의 가동 부분에 설치되어 있는 내열성 색유리를 통해서 두 가지 또는 세 가지로 신호표시를 하는 것을 이른다.

단락 (短絡, short, short-circuit) 전위차가 있는 2점 사이를 저항이 극히 작은 도체로 접속하는 것을 말한다. 보통 회로를 단락하면 큰 전류가 흘러 기기를 파손하므로 주의해야 한다. 또 전류계의 단자 등을 단락하여 이것을 보호하는 경우도 있다. ⇨ 완전 단락.

단락 (段落, stage) 터빈의 노즐 또는 고정 날개와 회전 날개의 한 조를 단락이라고 한다.

단락 과도 시정수 (短絡過度時定數, short-circuit time constant) 동기기의 시정수의 하나로, 전기자 권선이 폐로상태에 있는 경우 계자회로의 시정수이다. 그 평균값은 2극 터빈 발전기 0.6s, 제동 권선이 있는 것 1.6s, 제동 권선이 없는 것 2.0s이다.

단락 권선 (短絡捲線, short-circuit winding) 항시 사용상태에서 단락되어 있는 권선을 말한다. 예를 들면 유도 전동기의 농형 권선이다.

단락비 (短絡比, short-circuit ratio) 《동기기》 동기 발전기의 무부하 포화곡선에서 구한 정격전압에 대한 여자전류와 3상 단락 곡선에서 구한 정격전류에 대한 여자전류의 비이다.

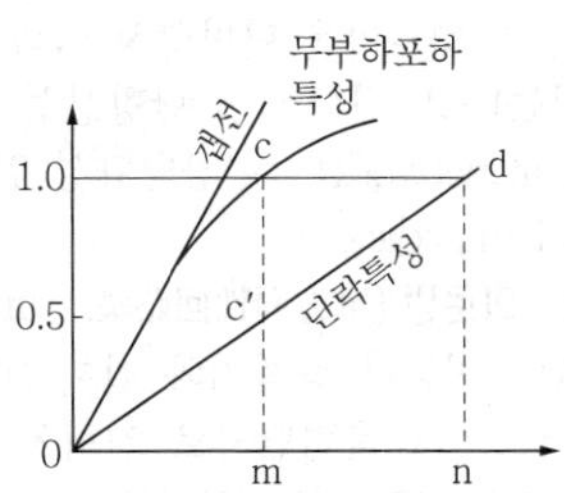

[단락비]

㈜ 위의 그림에서 단락비는 0m/0n으로 주어진다. 이것은 mc′/nd 또는 mc′/nc와 같다. 단락비는 파뮤닛 동기 임피던스의 역수와 같다. 최근의 동기기는 단락비가 0.5~0.6의 작은 값으로 설계된다(동기계).

단락 시험 (短絡試驗, short-circuit test) (1) 《변압기》 변압기의 한쪽 권선을 단락하고 다른 쪽 권선에 정격값의 10% 이하 정도의 전압 V_{sc}를 부여하여 정격전류가 흐르도록 한다. 단락전류 I_{sc} 및 입력 전력 W_{sc}를 측정한다. 1차측으로 환산된 임피던스는 $Z_e = V_{sc}/I_{sc}$로 주어진다. 또 실효저항은 $R_e = W_{sc}/{I_{sc}}^2$로 주어진다. 누설 리액턴스는 $X_e = \sqrt{{Z_e}^2 - {R_e}^2}$로 계산된다. (2) 《유도기》 회전자를 구속하고 정격 주파수의 저전압 V_{sc}를 고정자 권선에 부여한다(슬립링은 저저항 도선으로 단락하여 둔다). 입력 전력 W_{sc}와 단락전류 I_{sc}를 측정함으로써 실효저항, 누설 리액턴스를 계산할 수 있다. 회전자 구속시험이라고도 한다. (3) 《동기기》 저전압을 부여하여 전동기로서 운전한다. 여자전류를 변화하여 25% 과부하 정도의 전류를 취하도록 한다 (동작역률은 매우 낮다). 계자전류와 전기자 전류의 관계는 단락특성과 매우 비슷하다. 입력에서 기계손을 제함으로써 부유 부하손을 포함한 동손을 구할 수 있다.

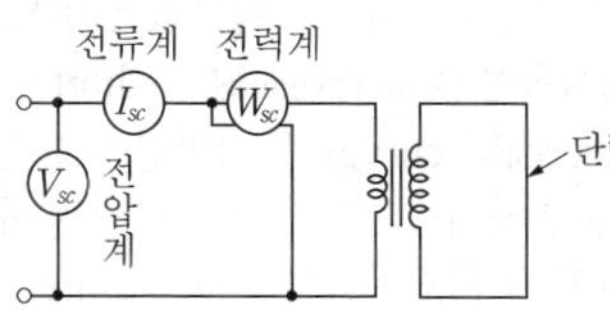

[단락 시험]

단락 어드미턴스 (短絡——, short-circuit admittance) 4단자 회로망의 동작은 다음의 두 방정식으로 주어진다. 첨자 1, 2는 각각 입력량, 출력량을 의미한다. $I_1 = y_{11}E_1 + y_{12}E_2$, $I_2 = y_{21}E_1 + y_{22}E_2$, y_{11}, y_{22}를 각각 단락 입력 어드미턴스, 단락 출력 어드미턴스라 하고 y_{12}를 단락 순방향 어드미턴스, y_{21}을 단락 역방향 어드미턴스라고 한다. 출력단을 단락($E_2 = 0$)으로 함으로써 $y_{11} = I_1/E_1$, $y_{21} = I_2/E_1$에 의해서, 또 입력단을 단락($E_1 = 0$)함으로써 $y_{12} = I_1/E_2$, $y_{22} = I_2/E_2$에 의해서 각각의 파라미터가 구해진다.

㊟ 이와 같은 정의는 일반 n단자망의 경우에도 확장할 수 있다.

단락역률 (短絡力率, short-circuit power-factor) 예를 들면, 유도전동기의 구속시험의 경우처럼 단락 상태에서의 역률을 이른다.

단락 임피던스 (短絡 ―, short-circuit impedance) 유도전동기 또는 변압기의 단락시험을 할 때 구하게 되는 임피던스이다.

단락전류 (短絡電流 ―, short-circuit current) 단락회로에 흐르는 전류를 말한다. 전압을 유지하고 있는 동기발전기를 갑자기 단락시키면 그 순간에 큰 전류가 흐르며 그 크기는 시간의 경과와 더불어 점차 감소하여 마침내는 일정한 값에 이른다. 이 값은 전기자 단자를 미리 단락하여 갑자기 단락되었을 경우의 여자전류와 같은 여자전류를 준 경우의 단락전류, 즉 단락 특성곡선에서 구해지는 값과 같다. 이것을 지속 단락전류라고 한다. 이에 대하여 갑자기 단락되었을 때의 전류를 과도 단락전류라고 한다.

단락초기 과도시정수 (短絡初期過度時定數, short-circuit subtransient time constant) 동기기의 시정수의 하나로, 전기자 권선이 폐로상태에 있는 경우의 제동권선 및 와전류 회로의 시정수이다. 그 평균값은 0.053s이다.

단락 특성곡선 (短絡特性曲線, short circuit characteristic curve) 동기발전기를 정격 속도로 운전하여 그 단자를 단락시켜 두고 여자전류를 변화한 경우에 여자전류의 함수로서 단락전류의 값을 나타내는 곡선을 말한다. 3상 발전기의 경우에는 3상 단락, 2선간 단락, 1상 중성점간 단락의 세 가지 경우가 있다. 일반적으로 이들은 직선이다.

단락편 (短絡片, short bar) 전위차가 있는 2점 간을 단락하기 위하여 사용하는 임피던스가 극히 작은 도체 막대를 말한다. 레첼선을 단락하기 위하여 사용하는 도체 막대는 그 한 예이다. ⇨ 레첼선(Lecher wire).

단락환 (端絡環, end-ring) 유도 전동기의 농형 권선 또는 동기기의 제동 권선의 양단을 서로 단락하는 링이다.

단락환 (短絡環, short-circuit ring) 단락된 링을 이른다.

단량체 (單量體, monomer) 중합체의 출발물질 또는 중합체(重合体)를 구성하는 반복단위를 말한다. 예를 들면 폴리 스티롤의 단량체는 스티롤이다.

단레일 궤도회로 (單 ―― 軌道回路, single rail track circuit) 궤도회로를 구성하는 양쪽 레일 중 한쪽 레일 홈의 이은 곳을 절연한 것이다.

단로기 (斷路器, disconnecting switch) 어떠한 형태로든 부하전류를 제거한 후 회로를 절리하기 위한 장치. 따라서 단로기 양쪽에서 회로는 기계적으로 구분되므로 점검, 수리 등에 편리하다.

단류기 (斷流器, line breaker) 특히 주회로를 폐로 또는 개로하기 위하여 설치된 1개 또는 여러 개의 직렬 접촉기이다.

단류식 (單流式, single current system) 전신부호의 마크와 스페이스 모두 동일극성의 전류를 사용하는 전신방식. 개전식(開電式)과 폐전식(閉電式)이 있다. 개전식은 동작하지 않을 때 회로에 전류를 흘리지 않는 방식이고, 폐전식은 반대로 무통신 상태에서 회로에 전류를 흘리는 방식이다. 단류식은 양극성의 전류를 사용하는 복류식의 대응어이다.

단방향성 임피던스 (單方向性 ――, unilateral impedance) (1) 정류기와 같이 인가전압의 극성에 따라 다른 임피던스 특성을 나타내는 것을 말한다. (2) 4단자 회로망에 있어서 한쪽 단자로부터 다른 단자로 전력을 공급하는 경우에는 감소가 거의 없고 그 역방향의 전력수송에 대하여는 큰 감쇠를 나타내는 경우, 그 회로망을 단방향성 임피던스 특성을 갖는다고 한다. ⇨ 단방향성 회로망(unilateral network), ⇔ 양방향성 임피던스(bilateral impedance).

단방향성 회로망 (單方向性回路網, unilateral network) 진공관 증폭기와 같이 회로망의 입력단자로부터 출력단자로 전력을 수송하는 경우는 감쇠가 없고, 그 역방향의 전력수송에 대하여서는 큰 감쇠를 주는 회로망을 말한다. 마이크로파 회로에 있어서 페라이트를 사용한 자이레이터(gyrator)나 아이솔레이터(isolator)도 단방향성 회로로 볼 수 있다. ⇨ 단방향성 임피던스(unilateral impedance), ⇔ 양방향성 회로망.

단상 (單相, single phase) 하나의 회로망에 있어서, 하나의 교류전압과 그에 대응하는 전류만이 있는 경우를 단상 교류라고 한다. 다상식에 대응하는 용어이다.

단상 단락 (單相短絡, single-phase short circuit) 3상회로의 3선 중 2선 간의 단락을 말한다.

단상 반파 정류 접속 (單相半波整流接續, single phase half-wave rectifier connection) 단상 교류전류의 1사이클 중 플러스의 반 사이클에서만 통전하고 나머지 반 사이클은 통전을 저지하는 등의 정류기 접속. 효율이 나쁘고 고조파 성분이 많으므로 특수한 경우 이외에는 사용되지 않는다. ⇨ 반도체 정류기.

단상 발전기 (單相發電機, single-phase generator) 단상 교류전력을 발생하는 발전기이다.

단상 변압기 (單相變壓器, single phase transformer) 단독으로 단상 전력을 변성하는 변압기이다.

단상 브리지 정류접속 (單相 —— 整流接續, single-phase bridge rectifier connection) 4개의 정류셀을 브리지회로의 4개의 암에 사용한 정류회로 접속이다. ⇨ 반도체 정류기.

단상 운전 (單相運轉, single phasing) (1) 다상 회전기에 있어서, 전원이 실질적으로 단상으로 되어 있는 따위의 이상 운전상태. (2) 권선형 유도 전동기에 있어서, 1차측을 단상 전원으로 여자하고 2차회로에 적당한 저항을 삽입하여 운전하는 제동동작. 단상 제동이라고 한다.

단상 유도전동기(單相誘導電動機, single phase induction motor) 단상 교류 전력으로 작동하는 유도전동기이다.

단상 전동기(單相電動機, single phase motor) 단상 교류전력에 의해서 작동하는 전동기이다.

단상 전력 (單相電力, single phase power) 단상식에서의 전력을 말한다. 실효전압 V_e, 실효전류 I_e, 그리고 역률을 $\cos\varphi$라고 하면, 단상전력 $P = V_e \cdot I_e \cos\varphi$이다.

단상 정류자 전기 (單相整流子電機, single-phase commutator machine) 단상 전력의 발생과 변환 또는 동력으로의 변환을 하는 교류 정류자기의 총칭이다.

단상 회로 (單相回路, single phase circuit) 단상 교류 전원에 접속한 회로이다.

단색광 (單色光, homogeneous light, monochromatic light) 단 하나의 파장만을 갖는 빛. 스펙트럼의 1파장만을 꺼내거나 또는 선 스펙트럼을 내는 광원에 필터를 사용하여 만들어지며 분광 측광 등에 사용된다.

단색 방사 (單色放射, homogeneous radiation, monochromatic radiation) 단 하나의 파장만을 갖는 방사이다. ⇨ 단색광.

단색 방사 에너지 (單色放射 ——, homogeneous radiation energy) 방사 에너지의 파장이 어떤 특정한 것에만 한하는 것을 이른다.

단색 텔레비전(單色 ——, monochromatic television) (1) 다채로운 컬러 텔레비전에 대하여 단색(흑백, 좀더 넓게 말하면 백색과 녹색)으로 화상을 재현하는 것. (2) 흑백 텔레비전을 말하는 경우도 있다. ⇨ 컬러 텔레비전(color television).

단선 (斷線, breaking of wire, disconnection) 선로가 서로 접속되어 있지 않은 상태를 말한다. 통신회로에서는 아직 교류적으로 연결되어 있지 않은 경우인데 실선적으로 접속되어 있는 경우도 있다. 특히 반송식 통신방식에서는 후자의 상태가 전자보다 현저하게 많다.

단선 (單線, solid wire) 단심의 도선으로, 극히 일반적으로 사용되는 선. 연선(꼰선)에 대응한 것으로, 가요성이 적기 때문에 굵은 것이라든가 빈번하게 꺾었다 폈다 하는 곳에는 적합하지 않다.

단선 검류계 (單線檢流計, string galvanometer) 자석의 극간 공간에 1개의 금속선을 늘이고 여기에 전류를 흐르게 하면 자계와 직각 방향으로 이동하므로 그 이동 거리를 현미경으로 읽는다. 동기가 대단히 짧아 거의 속시(速示)이다.

단선 결선도 (單線結線圖, skeleton diagram) 배선, 전기기계 기구 등의 전기적인 연관을 상수, 선수 및 공간적 위치와는 관계없이 한 줄의 선으로 나타낸 것을 말한다.

ㄷ

단선 구간 (單線區間, single rail track territory) 단선 운전을 하는 구간. 단선 운전 구간이라고도 한다.

단선 수명 (斷線壽命, burn-out life) 전구나 진공관 등의 필라멘트가 절단하기까지의 수명. 효율 저하를 고려한 수명과 구별한다.

단선식 (單線式, single-trolley system) 《전차선》 전기 철도에 있어서 전차, 전기 기관차에 대한 전력 전송방식의 하나로, 궤도 상에 궤도를 따라 한 가닥 전차선을 가설하는 방식. 이 전차선으로부터 전류는 차량 내의 전동기를 운전한 후 하부의 주행용 레일을 통하여 변전소로 되돌아 간다.

단선식 선로 (單線式線路, single wire line) 1선과 대지 사이에서 전신통신을 하는 가장 간단한 방식으로, 모르스 또는 복류식 인쇄 전신회선으로서 주로 사용된다.

단선식 신호기 (單線式信號機, single wire signal) 철도에 있어서 신호기와 레버 사이에 한 줄의 철선을 포설하여 레버의 운동을 신호기에 전달해서 완목을 동작시키는 구조의 신호기이다.

단선율 (斷線率, burnout rate) 《전구·진공관》 전등을 N개 점등하여 어떤 시간 내에 그 중 n개가 점등하지 않게 되었을 때 이 시간 중의 단선율이 n/N이라고 한다. 생잔율(生殘率)은 단선율의 적분값을 1에서 뺀 것과 같다. 수명은 거의 정규 분포이지만 그때 단선율은 거의 오차 함수로 나타낸다.

단선 접속도 (單線接續圖, single-line diagram) 단선을 간단히 나타낸 접속도이다.

단선조 (單線吊, unifilar suspension) 가동 자침형 검류계의 자침은 명주실 또는 석영사로, 가동코일형 검류계의 코일은 인청동선으로 각각 매어달고 있는데, 이들은 한 줄씩 매어 달았기 때문에 단선조라고 한다. 또 가동 코일형 진동 검류계에는 단선조와 2선조가 있다.

단선 회로 (單線回路, earth return circuit, earthed circuit, grounded circuit) 보통 두 줄의 도체로 통신로를 구성하는데, 대지를 이용하여 한 줄의 선으로 통신로를 구성하는 회로이다.

단속 계전기 (斷續繼電器, flashing relay, flasher relay) 섬광식 건널목 경보기에 쓰이며, 경보 등의 점멸에 사용하는 계전기이다.

단속기 (斷續器, interrupter) 계전기의 자기 단속 또는 기계적으로 회전하는 캠 등에 의해 전화 교환기나 전기 신호장치의 동작에 필요한 단속을 발생하는 장치이다.

단속도 동작 (單速度動作, single-speed floating action) 《자동제어》 동작신호가 어느 특정 범위, 즉 중립대를 넘었을 때 일정한 속도로 조작량을 증감하는 것을 말한다.

단속비 (斷續比, impulse ratio) 《통신》 자동 교환 등에 사용하는 임펄스의 절단시간과 접촉시간의 비. 표준 단속비는 절단시간 2에 대하여 접촉시간 1이다.

단속 사용 (斷續使用, intermittent duty) 실질적으로 일정한 부하로 기기의 온도 상승이 아직 일정값에 이르지 않은 범위의 어떤 시간 동작시킨 후 무부하로 하고, 기기의 온도 상승이 아직 최종값까지 강하하지 않은 범위의 어떤 시간이 경과한 후 다시 전화와 같은 부하를 가하여 이후 불규칙한 간격으로 동작 및 무부하 운전을 되풀이 하는 사용을 말한다.

단속 신호 (斷續信號, intermittent ringing, interrupted ringing) 전화교환에 있어서 호출 상태 회로를 호출하는 경우에 사용하는 단속된 신호이다.

단속 전류 (斷續電流, interrupted current) 전신이나 전화 교환기의 동작 도중에 사용하는 단속된 전류이다.

단속 지기 (斷續地氣, interrupted earth) 전신이나 전화 교환기의 동작 도중에 사용하는 단속된 지기이다.

단순 목표 (單純目標, simple target) 레이더에 있어서 반사신호의 진폭이 목표의 국면에 따라 변화하지 않는 반사 표면을 갖는 목표. 예를 들면, 금속구 등이다.

단시간 부하 연속 사용 (短時間負荷連續使用, continuous duty with short-time loading) 전기기기에 일정한 부하를 걸어 운전하는 경우에, 그 온도상승이 일정하게 되지 않는 범위에서 어느 지정 시간 계속하여 운전하고, 기기의 운전을 정지시키지 않고 무부하 운전을 계속하여 온도 상승이 무부하인 경우의 온도 상승까지 강하하는 것을 기다려 다음 번의 부하를 걸어서 사용 하는 것을 말한다.

단시간 사용 (短時間使用, short-time duty) 실질적으로 일정한 부하를 걸어 전기기기를 그의 온도상승이 최종 일정값에 도달하지 않는 범위에서, 지정 시간동안 계속 운전한 후 운전을 정지하고 다음 운전을 그의 온도가 주위 온도까지 떨어진 후에 운전을 하는 그러한 사용을 말한다.

단시간 정격 (短時間定格, short-time rating) 기기를 냉각된 상태에서 사용하기 시작하여 지정된 일정한 단시간 지정 조건 하에서 사용할 때, 그 기기에 대한 표준 규격으로 정하여지는 온도상승 등의 제한을 넘지 않는 정격을 말한다.

단시간 충전 (短時間充塡, accelerated charging) 케이블에 가스 충전을 하는 한 방법. 단시간에 충전을 필요로 할 때 행한다. 보통 1.0 ~1.5kg/cm^{2}의 압력이 쓰인다.

단시정수 회로(短時定數回路, fast time constant circuit) 레이더에 있어서 교란의 저주파 성분을 판별하여 폭이 좁은 신호를 강조해서 꺼내기 위하여 사용하는 단시정수의 회로이다.

단식 커티너리 조가 (單式 —— 吊架, simple catenary suspension) 커티너리 조가의 일종으로, 메신저가 1조인 것을 말한다.

단신법 (單信法, simplex telegraphy) 단신회로를 적용한 전신통화방식이다.

단신 통신 (單信通信, simplex working) 단신회로에 의한 전신통신이다.

단신호기 (端信號器, terminal ringer) 반송식 전화회선의 단말에는 시외대로부터의 16Hz 또는 다이얼 펄스를 각 반송 통화로대에 옮기기 위한, 그리고 그 반대의 전송을 하기 위한 주파수 변환장치를 필요로 한다. 이것을 단신호기라고 한다.

단신 회로 (單信回路, simplex circuit) 전기통신의 회선 구성방식의 하나로, 송신과 수신을 교대로 하고, 동시 통신이 불가능한 전신 회선 구성이다. 일반적으로 1선과 대지를 이용하는 단선식이 널리 이용되고 있다.

단실린더 터빈 (single cylinder turbine) 전단락이 하나의 케이싱에 들어 있는 터빈을 말한다.

단심 케이블 (單心 ——, single core cable) 1심 도체를 갖는 케이블이다.

단안정 간헐 발진기 (單安定間歇發振機, single-shot blocking oscillator) 단안정 트리거회로로 동작하도록 구성된 간헐 발진기. 트랜지스터는 안정상태에서는 컷오프하고 있지만 트리거 입력을 부여하면 통전을 개시하여 컬렉터에 방형파 출력을 발생하다.

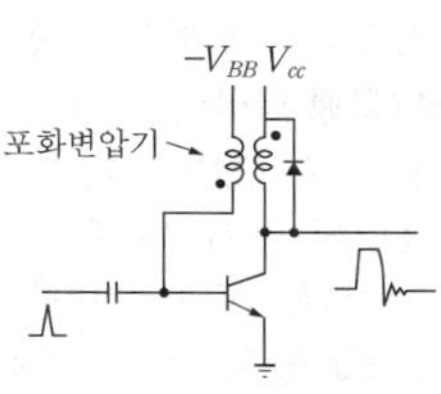

[단안정 간헐 발진기]

단안정 멀티바이브레이터 (單安定 ——, single-shot multivibrator, monostable multivibrator) 단안정 트리거회로로 동작하도록 바꾸어진 멀티바이브레이터. 단발 멀티라고도 한다. 그림에서 보는 컬렉터 결합형 단안정 멀티바이브레이터의 동작은 다음과 같다. ① 안정상태에서는 Q_1이 통전, Q_2가 오프되어 있다. C는 그림의 극성으로 충전되어 있다. ② 트리거 입력이 부여되면 Q_1의 베이스 전위가 인하되고 그 결과 Q_1은 오프, Q_2는 반대로 온된다. ③ 그러나 C의 전하가 Q_2를 통하여 방전됨으로써, 또 Q_1은 온하여 정상상태로 복귀한다. 출력펄스 지속시간은 R_1C로 결정된다.

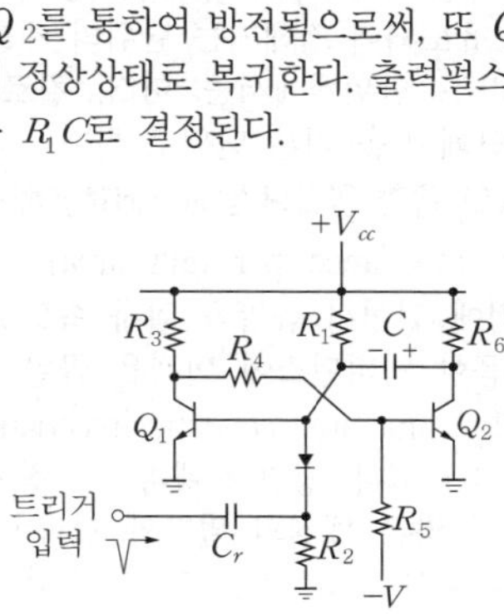

[단안정 멀티바이브레이터]

단액 전지 (單液電池, single-fluid cell) 한 종류의 전해액으로 구성되는 전지. 예를 들면 르클랑셰 전지이다.

단에너지 과도현상 (單——過渡現象, single energy transient) 저항·용량 또는 저항·인덕턴스를 조합한 회로와 같이, 에너지를 축적하는 요소가 다만 1종으로 제한되어 있는 회로에 있어서의 과도현상을 말한다. ⇨ 복에너지 현상(double energy transient).

단열 팽창 (斷熱膨脹, adiabatic expansion) 기체가 외부와의 사이에 하등 열을 수수하는 일 없이 어떤 압력에서 이 보다 낮은 다른 압력까지 팽창하는 변화를 말한다.

단원자층 음극 (單原子層陰極, monoatomic layer cathode) 금속 표면을 다른 원자층으로 피복하면 표면에 전기 2중층이 형성되어 일의 함수가 변한다. W의 표면을 Cs, Rb, Ba, Sr, Th, Zr, Hf 등의 단자층으로 덮으면 일의 함수가 감소하여 전자방출이 용이하게 된다. 실용적으로는 W의 표면을 Th으로 피복한 것이 사용된다. 이것을 토륨 텅스텐 음극이라고 한다.

단위 (單位, unit) (1) 양(量)의 비교 기준으로 하는 크기. ⇨ 단위계. (2) 전신에서는 부호 구성의 기본 단점(短點) 길이를 말한다. 일반적으로 기계 공구 등에서 한 세트의 기구의 조합을 말할 때도 있다.

단위계 (單位系, system of unit) MKS 단위계, cgs 정전단위계, cgs 전자단위계 등과 같이, 기본이 되는 여러 개의 양의 단위를 최초에 적당히 정함으로써 모든 양의 단위가 각각 유도되어 정해지는 단위의 계를 말한다. MKS 단위계에서는 미터, 킬로그램(초 및 암페어)을 기본 단위로 한다.

단위 면적의 음향 임피던스(單位面積音響——, acoustic impedance per unit area) 음장 내의 1점에 있어서 음압을 입자 속도로 나눈 것. 음향 임피던스에 면적을 곱한 것에 상당하므로 unit area acoustic impedance라고 바뀌게 되었다. 평면 진행파의 음장에 있어서는 이 양은 매질의 밀도와 전파속도의 곱, 즉 매질의 고유 음향 임피던스와 같게 된다.

단위법 (單位法, per unit system) 전기회로의 여러 가지 계산을 하는 경우 전압, 전류, 임피던스 등을 어떤 기준값을 1로 나타내는 방법이다.

단위 부호 (單位符號, unit signal) 인쇄 전신기의 부호는 5단위(영문), 6단위(국문) 등이 널리 쓰이고 있는데, 일정한 길이의 펄스의 조합으로 마크 또는 스페이스에 의해서 구성된다. 그 단위가 되는 부호의 길이를 대상으로 하여 생각하는 경우에 쓰인다.

단위 함수 (單位函數, unit function) $t<0$에 대해서는 0, $t>0$에 대해서는 1의 값을 갖는 함수로서, 다음 기호로 나타낼 수 있다.

$$1=H(t)=n(t)=\begin{cases} 0, & t<0 \\ 1, & t>0 \end{cases}$$

이것을 일반화 하면

$$H(t-\tau)=n(t-\tau)=\begin{cases} 0, & t<\tau \\ 1, & t>\tau \end{cases}$$

가 되고 또 복소 적분을 써서 다음과 같이 나타낼 수도 있다.

$$H(t)=\frac{1}{2\pi j}\int_{c-j\infty}^{c+j\infty}\frac{e^{pt}}{p}dp(c>0)$$

→ 충격 함수(impulsive function).

단위 호출 (單位呼出, unit call) 전화 트래픽 단위의 하나이다.

단음 명료도 (單音明瞭度, sound articulation) 낱말을 구성하는 발음상의 최소 단위를 단음이라고 한다. 단음 명료도는 음의 전송특성의 양부를 나타내는 하나의 양이며, 많은 단음을 무의미하게 발음하여 청취자에 의하여 정확하게 받아 들여진 수와 전체의 수와의 비로 나타낸다.

단(일)방향성 마이크로폰 (單(一)方向性——, unidirectional microphone) 주로 한쪽 반구 영역에서 오는 음향에 응답하는 마이크로폰으로서, 측면 또는 후방의 음을 픽업하지 않는 것을 말한다.

단일 요금구역 (單一料金區域, unit fee area) 1회의 통화요금이 단위 요금인 전화 통화구역이다.

단일 인입설비 (單一引入設備, single service) 한 수용가에 대하여 전기를 공급하기 위한 1조의 인입설비. ⇨ 2종 인입설비, 2중 인입설비.

단일 제어 (單一制御, unicontrol) 《무선》 ⇨ 단일 조정.

단일 조정 (單一調整, unicontrol) 증폭회로,

발진회로, 검파회로 등의 주파수대의 전환 또는 동조를 개별적으로 하지 않고 하나의 핸들 또는 다이얼로 하는 것. 송신기, 수신기 어느 쪽이든 상관 없으나 보통은 슈퍼헤테로다인 수신조작에 있어서 1개의 연동 바리콘으로 동조할 수 있게 끔 소요 주파수 대역 내의 3점에서 완전 조정하는 것을 말한다.

단일 종량제 요금 (單一從量制料金, flat rate) 《전력》 균일 종량제(flat-rate tariff)로 부과되는 요금. 균일 종량제 요금이라고 바꾸어 말하는 편이 좋다.

단일 채널 단신방식 (單一——單信方式, single, channel simplex) 동일 주파수 채널을 사용하는 국간에 있어서 단신통신을 하는 방식이다.

단자 (端子, terminal) 전기회로의 끝. 전기기기에서는 각종 권선의 종단부이다.

단자 기호 (端子記號, terminal marking) 단자에 붙이는 기호이다.

단자반 (端子盤, terminal board) 전기회로의 접속점이나 시험할 경우의 분기점에 설치하는 여러 개의 단자를 절연물에 설치한 반을 이른다.

단자 본드 (端子——, terminal bond) 무단자 본드에 대하여 단자를 레일의 복부에 구멍을 뚫은 레일 본드(레일을 전기적으로 연결하는 도체를 말하며, 전차 운전용 전류의 귀로를 레일에 의하는 경우에 쓰인다)이다.

단자 전압 (端子電壓, terminal voltage) 전기기기의 단자의 전압이다.

단자판 (端子板) (1) terminal strip 많은 소자로 이루어지는 전기회로에서는 적당한 구획을 만들어 회로를 정돈할 필요가 있다. 구획마다 다른 구획과의 결합에 편하게 쓰이는 것이 단자판이며, 구획의 크기에 따라 반내(盤內)단자판, 반(盤)단자판 또는 가(架)단자판 등으로 불리우고 있다. (2) terminal assembly, terminal block 《전기기기》 전기기계의 도선의 외부 회로와의 접속점이나 시험할 때 분기점에 설치하는 여러 개의 소형 단자를 합성수지의 성형으로 접합 고정하거나 또는 절연물을 끼워서 조합시켜 이것을 나무 또는 페놀수지 적층판 등의 기판에 붙인 것을 말한다.

단자함 (端子函, terminal box) 전기회로의 접속점이나 시험할 때의 분기점에 두는 단자를 수용하는 박스이다.

단전지 (端電池, end cell) 방전 중 전압의 저하와 더불어 보조전지를 차례로 직렬로 접속하고 충전할 때에는 전압 상승과 더불어 절리시켜 전압을 일정하게 한다. 이러한 목적으로 사용되는 보조 전지이다.

단절 계수 (短節係數, short pitch factor) 단절권의 경우에는 전절권의 경우에 비해서 코일의 양단 간의 유기 기전력의 크기가 작아진다. 그 정도를 나타내는 계수를 단절권 계수라 하며, 다음 식으로 나타낸다. $k_p = \sin \beta\pi/2$ (단, β는 단절의 정도를 나타내는 소수이다).

단절권 (短節捲, fractional pitch winding, short pitch winding) 코일의 양변 간의 피치가 1자극 피치보다 짧은 코일을 사용한 권선을 말한다. 직류기의 경우에는 정류를 개선하고, 교류기의 경우에는 파형을 개선하는 효과가 있다. 또한 코일의 구리의 양을 적게 한다.

단절연 (段絶緣, graded insulation) 매우 높은 전압의 중성점 접지방식. 변압기의 권선의 경우에는 선로단에서 중성점에 이르는 전위의 분포를 직선적이 되게 설계하면 권선의 절연도 이에 부응해서 선로에서 중성점에 가까와짐에 따라 점차 저감할 수가 있다. 이러한 절연방식을 단절연이라고 한다.

단절연 케이블 (段絶緣——, grade insulated cable) 절연 내량을 고르게 한 케이블. 고압용 지하 케이블의 절연은 전체가 균질일지라도 더욱 충분한 절연 내력을 갈게 하려면 매우 두꺼운 것으로 하지 않으면 안 된다. 그러나 도체 가까이에 고유전율 물질을 쓰고, 바깥쪽에는 저유전율의 물질을 쓰면 절연 내력의 분포를 고르게 하고, 또 같은 고절연 내력에 대하여 두께를 되도록 엷게 할 수 있다.

단점 주파계 (單點周波計, one-point wavemeter) 단일 주파수에 대해서만 측정할 수 있는 주파수계이다.

단접속 (端接續, end connection) 코일의 끝 상호 간의 접속이다.

단접점 (單接點, single contact) 한 짝의 접점 스프링에 각각 1개의 접점을 붙여서 마주 보게 한 전기 기기의 접점이다.

단주 (單柱, single pole) 전주 하나를 단독으로 사용한 전주. 가장 일반적인 사용법이기도 하다.

단중권 (單重捲, simplex winding) 직류기 전기자 권선의 일종으로, 중권의 경우에는 $y=y_1-y_2=\pm1$, 파권의 경우에는 $y=y_1+y_2=(k\mp1)p=$ 상수의 관계가 성립하는 권선을 말한다. 여기서, y : 총합 권선피치, y_1 : 뒤피치, y_2 : 앞피치, p : 극의 쌍수, k : 정류자 편수이다.

단중 철선 외장 케이블 (單重鐵線外裝 ——, single wire armored cable) 연피 위에 좌상(座床) 쥬트 또는 좌상선을 깔고 철선을 꼬아서 한 겹으로 감고, 또 외부 쥬트 또는 종이 끈을 감아 방부성 혼합물을 충분히 함침시킨 케이블. 해저 케이블이나 하천 횡단용, 입갱(入坑)용 케이블처럼 장력이 요구되는 경우에 쓰인다.

단지향성 공중선 (單指向性空中線, unidirectional antenna, unilateral antenna) 한 방향으로만 강하게 전파를 방사하거나 또는 수신하는 능력을 가진 지향성 공중선을 이른다. ⇨ 쌍향 공중선.

단축선식 (單軸先式, unipivot pattern) 《계기》 계기의 가동부 축의 한쪽이 피보트를 형성하고, 축받이 돌로 받치고 있는 계기의 가동부 지지방식으로, 가동부는 스스로의 무게로 늘어뜨려져 있다. 케임브리지 폴 계기회사(영국)의 제품이 유명하다.

단측파대 (單側波帶, single side-band) 변조에 있어서 상하 측파대 중의 한쪽을 말한다. ⇨ 측파대.

단측파대 송신(單側波帶送信, single side band transmission) ⇨ 단측파대 전송.

단측파대 수신 (單側波帶受信, single side band reception) 피변조 양 측파대 중 상부 또는 하부의 단측파대만을 전송하는 통신의 수신 방식을 말한다.

단측파대 전송 (單側波帶傳送, single side band transmission) 상부 또는 하부의 단측파대만을 송신하는 통신방식이다. ⇨ 단측파대 수신.

단층권 (單層捲, single layer winding) 슬롯이 있는 회전기에서 하나의 슬롯 중에 1개의 코일변만을 넣은 권선을 말한다. 직류기에는 이런 종류의 것은 없다. 교류기의 쇄권은 이에 속한다. 2층권의 대응어이다.

단코일 (端——, end-coil) 권선의 코일 중 단자에 가장 가까운 코일이다.

단투 (單投, single-throw) 개폐장치에 있어서 회로가 오직 1조의 2단자 접점의 동작에 의해서 개폐되는 것을 말한다.
주 3단자를 갖고 있으며 공통 단자로부터 다른 두 단자 중 어느 하나로 전환되는 쌍투형의 대응어이다.

단투 스위치 (單投 ——, single throw switch) 나이프 스위치의 일종으로, 1조의 클립과 날로 되어 있으며, 회로를 개폐하는 것을 말한다.

단파 (短波, short wave) 전자파를 장파, 중파, 중단파 등으로 분류하던 시대에 (1929년 CCIR결의) 6MHz에서부터 30MHz사이를 단파라고 하였다. 현재의 HF대(high frequency, 3MHz부터 30MHz)를 보통 단파라고 하는 경우도 있다. 중거리, 장거리의 각종 통신, 해외방송 등에 쓰인다.

단판 (端板, end plate) 철심 양단에서 겹쳐 쌓은 철판을 죄기 위하여 사용되는 강판이다.

단평면 필라멘트 (單平面 ——, monoplane type filament) 전구 필라멘트의 계선(繼線)의 일종. 단일 평면 내에 계선한 것으로, 직선상 필라멘트는 측광 표준 전구에 쓰이고 코일 필라멘트(단코일, 2중 코일)는 영사용 전구, 스폿 라이트용 전구로 사용된다.

단프라이빗 뱅크 (single private bank) 1개의 와이퍼조에 대하여 1개의 뱅크 접점을 대응시킨 프라이빗 뱅크를 말한다.

단향 동작 (單向動作, simplex operation) 데이터를 회선상에 미리 정하여진 일방향으로만 전송할 수 있는 방식. 단신(單信) 동작이라고도 한다.

단향 송신 (單向送信, unidirectional transmission) 한쪽 방향의 통신을 말한다. 예를 들면, 전신에 의한 신문 방송 등은 이에 속한다.

단향 2로 통신법 (單向二路通信法, diplex operation) 송신과 수신을 별개의 회선을 써서 동시에 2방향 통신을 할 수 있게 한 통신 방법이다.

단향 전류 (單向電流, unidirectional current) 도체를 흐르는 전류의 방향이 시간과 더불어 변화하지 않는 전류. 단향전류에는 직류와 맥동 전류가 있다.

닫다 (to close, to make) 전기회로에 전류를 흘리기 위해서 끊어진 회로를 이어 주는 것을 말한다.

담금질 (quenching) 금속을 고온도로 가열한 다음 물 또는 기름 속에 신속하게 투입하여 갑자기 냉각시키는 것. 이것은 주로 강철의 경도를 증가시키기 위해서 이용한다.

답사 (踏査, reconnaissance) 전선로를 건설함에 앞서 측량의 준비로서 예정 지역을 실사하여 전선로 경과 지점을 정하는 작업이다.

당량 도전율 (當量導電率, equivalent conductivity) 용질 1g 당량의 수용액 $1cm^3$의 전기저항이다.

대 (臺, board) 기기나 부품을 나무 또는 금속제의 가(架)대에 설치한 것으로, 주로 수동 교환대나 시험대 등, 사람 손에 의하여 다루는 것에 쓰인다.

대 (對, pair) 통신회로를 구성하는 두 가닥의 도체. 쌍이라고도 한다.

대각 결선 (對角結線, diametrical connection) 3상에서 6상으로 변환하는 변압기 결선의 일종으로, 2차측에 중성점을 만들지 않고 각 상의 양단 6개로 6상을 얻는다. 6상 회전변류기의 전원용으로 쓰인다.

대각재 (對角材, cross bracing) 《철탑》 철탑의 주 주재(主柱材)를 접속하는 수평 부재 중 대각적으로 사용되는 부재를 이른다.

대공 관제 (對空管制, air control) 항공기의 안전한 운항과 이착륙을 돕기 위한 교통 관제이다.

대공 레이더 (對空 ——, air search radar) 항공기의 동향을 감식하기 위한 레이더이다.

대규모 집적회로 (大規模集積回路, large scale integrated circuit) 약어 LSIC. 다수의 집적회로군을 한 장의 기판 위에 상호 배선하여 대규모의 집적화를 한 것을 뜻한다.
㈜ 한 장의 기판 위에 1,000개 이상의 소자를 갖는 것, 혹은 100개 이상의 논리회로를 짜 넣은 것 등, 대규모의 내용은 반드시 명확하지만은 않다. ⇨ VLSI

대기 굴절 (大氣屈折, atmosphere refraction) 전파가 대류권 내를 전파할 때 대기의 기압, 기온, 습도 등의 영향으로 굴절한다. 이것을 대기 굴절이라고 하며, 초단파대 이상의 높은 주파수의 전파가 이 영향을 받는다. 이 굴절률은 다음 식에 의하여 계산된다.

$$(\upsilon-1)\cdot 10^6=(79/T)(P-et\cdot 4800l/T)$$

여기서, υ : 대기의 굴절률, P : 기압(mb), e : 수증기 장력(mb), T : 절대 온도이다.

대기 덕트 (大氣 ——, atmospheric duct) 어떤 온도와 습도의 조건하에서 실제 도파관과 마찬가지로 무선주파수의 전파를 유도하는 대기층을 이른다. 일정 주파수 대역에서는 감쇠는 매우 작으므로 보통 수신역보다 훨씬 먼 지점에서 수신할 수 있다.
㈜ 대기 덕트는 곧잘 접지 덕트라고도 불리운다. 그 이유는 덕트의 밑면은 지표면으로 되어 있기 때문이다. 덕트 효과는 마이크로파 영역에서 현저하지만 20MHz 이하의 낮은 주파수역에서도 존재할 수 있다.

대기층 (atmospheric layers) 지구를 둘러싼 대기는 그 물리 · 화학적 성질에 따라 몇 가지 특징적인 층으로 나눌 수 있으며, 특히 고도에 대한 대기온도의 변화로 인한 다음과 같은 분류가 잘 알려져 있다(단위는 킬로미터). ① 대류권 : 지상 10~20 ② 성층권 : 지상 20~50 ③ 중간권 : 지상 50~80 ④ 열 권 : 지상 80~600 ⑤ 외기권 : 지상 600~

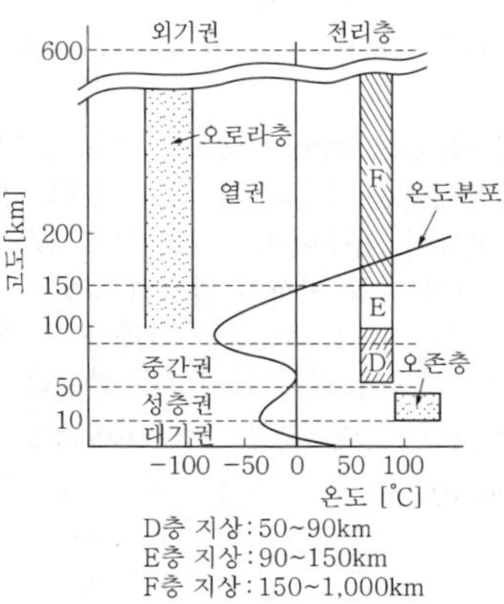

D층 지상 : 50~90km
E층 지상 : 90~150km
F층 지상 : 150~1,000km

[대기층]

성층권의 상한에서 볼 수 있는 비교적 고온의 층은 오존에 의한 자외선 흡수의 결과로 생기는 것이다. 오존층, 전리층, 오로라층도 많이 사용되는 용어이다.

대기 흡수 (大氣吸收, atmospheric absorption) 대기권에서의 전파 흡수현상인데, 위성통신 등에서는 긴 우주 전파거리에 의한 손실 이외에 대기권 안에서도 다음과 같은 원인으로 인한 전파의 흡수 손실이 있다. ① 산소분자. ② 수증기. ③ 비, 안개, 구름, 눈, 등의 기상 조건. ④ 공간에 분산하는 자유전자 등이다. 산소분자에 의한 흡수는 60 GHz 부근에 예리한 피크를 가지고 있으며, 또 수증기에 의한 흡수는 21 GHz 부근에 있다. 양자의 중간인 30 GHz대에는 전파 흡수가 비교적 적은 이른바 "불투명한 전파의 창"이 있다. ④의 전자(電子)에 의한 흡수는 주로 100 MHz 이하에서 현저하고, UHF와 SHF 역에서는 거의 문제되지 않는다. 종합적으로 300 MHz에서 10 GHz의 UHF 및 SHF대는 전파의 창이며, 이곳이 위성통신 등에 이용되는 대역이다. 40 GHz 이상에서는 대기 흡수가 현저하며, 지표 공간을 이용하는 이른바 밀리파 통신에는 부적합하다.

㈜ 가시광의 전역과 이것을 넘어 290 nm 정도까지의 자외역은 빛에 대한 창(optical window)이지만 다시 이것을 넘어 200nm보다 짧은 파장의 전자기파는 대기 중의 오존에 의해 흡수되어 버린다. 적외선의 경우는 대기 중의 수증기에 의해서 흡수되지 않는 8~11 μm의 파장역을 적외 윈도 (IR window)라고 한다. 이 외에 3.5~5 μm에도 작은 창이 있다.

대류권 (對流圈, troposphere) 지구 표면에서부터 약 12 km까지의 영역을 이른다. 대기의 대류현상이 이루어지고 있으므로 끊임없이 여러 가지 기상 변화가 발생하고 있다. 초단파 및 그보다 파장이 짧은 전파가 이 영역을 통하면 기상에 의해서 영향을 받는다.

대류권 전파 (對流圈傳播, tropospheric propagation) 지상 수 km 이하를 대류권이라 하고, 특히 초단파 이상의 전파 특성은 대류권 내의 굴절률의 높이에 따른 변화, 즉 기상조건(주로 수증기의 함유량 및 온도의 변화)과 관계가 있다. 빛이 대기 중에서 굴절하는 것과 마찬가지로 전파도 대기 중에서 굴절한다. 그 굴절률은 일반적으로 높이와 더불어 거의 직선적으로 감소하는데, 전파(傳播)의 계산상 지구 반경을 도입하여 굴절률을 수정한 수정 굴절률을 쓴다. 이 수정 굴절률과 높이의 관계를 나타낸 것을 M곡선이라 하여, 다음 식으로 나타낸다.

$$M=(n+h)/(a-1)\times10^6 \fallingdotseq (97P/T)+(3.8+10^5 e/T^2)+(0.157h)$$

여기서, h : 지상의 높이, a : 지구반경, P : 대기압, T : 절대온도, e : 수증기 압력이다. 이 전파에는 대체로 네 가지의 형이 있다. ① 지구의 등가반경의 증감이라고 생각되는 것, ② 반사라고 생각되는 것, ③ 라디오 덕트라고 생각되는 것, ④ 산란에 의한다고 생각되는 것 등이다.

대류 난방기 (對流暖房器, convection type heater) 전기 난방기의 한 형식으로, 발열체에 의해서 발생하는 대부분의 열을 공기의 대류 작용으로 전달하여 실내의 온도를 높게 하는 것. 발열체의 온도는 비교적 낮으며 200~400℃이다. 발열체의 수명이 길고, 화재의 위험이 작은 점 등이 장점이다. 방 전체를 난방하는데 적당하지만 환기량이 많은 실내에는 경제적이지 못하다.

대류 전류 (對流電流, convection current) 대전체가 이동함으로써 발행하는 전류. 어떤 정지하고 있는 면을 단위 시간에 통과하는 전하와 같다.

대리석 (大理石, marble) 석회암 중 연마하여 아름답게 다듬은 것, 또는 조각재로 쓸 수 있는 것을 말한다. 전기 분야에서는 주로 배전반에 쓰인다.

대비 (對比, contrast) 보고자 하는 물체와 그 주위 물체 상태의 차이. 대부분의 경우 색깔의 밝기에 대하여 말한다. 밝기의 대비는 목적물의 광속 발산도가 L_0, 주위의 광속 발산도가 L_B일 때 $(L_B-L_0)/L_B$ 또는 L_0/L_B로 나타낸다. 조도가 공통이면 이들은 반사율의 관계$(\rho_B-\rho_0)/\rho_B$, ρ_0/ρ_B로 나타낸다.

대비 광도계 (對比光度計, contrast(type) photometer) 광도계에 있어서 측광 시야를 세로로 2등분하고 각각을 다시 안팎 둘로 나누어 왼쪽의 속과 오른쪽의 바깥, 왼쪽의 바깔과 오른쪽의 속이 각각 스크린의 같은 쪽에 따르도록 한 것으로, 좌우 모두 가운데에 오는 광로(光路)에는 투명 유리 한 장을 넣어서 바깥보다도 좀 어둡게 하고 있다. 이 방법은 등휘(等輝) 광도계보다는 측광 확도가 좋아진다.

대비 측광기 (對比測光器, contrast(type) photometer) ⇨ 대비 광도계.

대수 감쇠율 (對數減衰率, logarithmic decrement) 감폭 진동에 있어서 인접한 같은 방향 진동의 최대 진폭의 비의 자연대수를 말한다.

대수 눈금 (對數——, logarithmic scale) 상용 대수에 비례한 길이로 눈금을 매긴 것을 대수 눈금이라고 한다. 보통 눈금에 비하여 자릿수가 많은 수치를 표시하는 경우에 편리하다. 대수 방안지와 계산척 등은 모두 대수 눈금을 사용한 것이다.

대수 모드 (對數——, logarithmic mode) 대수 함수적인 변화를 하는 것을 일반적으로 대수 모드라고 한다. 물리량의 장소에 대한 분배방법이 대수 함수로 표시되는 경우에 널리 쓰인다. ⇨ 정현 모드(sine mode), 지수함수 모드(exponential mode).

대수 증폭기 (對數增幅器, logarithmic amplifier) 연산 증폭기에서 피드백 소자로 트랜지스터를 사용하여 $V_{out}=K\log V_{in}$이라는 특성을 갖게 한 것이다.

㊟ 그림의 회로에서 $I_{in} \fallingdotseq I_c = K_1 \exp(\lambda V_{BE})$라는 관계가 있으므로

$$V_{out} = -\left(\frac{V_{in}}{K_1 R}\right) V_{BE} = \frac{1}{\lambda}\ln$$

의 관계가 얻어진다. λ는 p/kT, 즉 열전압의 역수로, 실온에서는 거의 40이다. 그래서 위의 식은 $-V_{out}=0.06\log_{10} V_{in}+K$가 된다. 실제 증폭기에서는 상수가 약간 다르다.

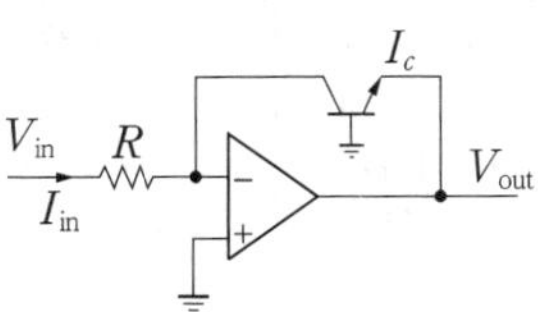

[대수 증폭기]

대시 포트 (dash-pot) 계전기 등에서 플런저가 벗어날 때의 급동(急動)을 없애기 위하여 플런저에 직결된 피스톤 형식의 것을 오일 속에서 운동하게 한 것이다.

대시 포트 계전기 (—— 繼電器, dash-pot relay) 기름통 속에 둔 피스톤에 의해서 플런저에 제동을 걸어 동작시간을 느리게 한 계전기이다.

대애자 (臺碍子, base insulator) 중부하용의 애자, 공중선 철탑의 무게를 받치고 대지와 다른 물체의 표면에서 철탑을 전기적으로 절연하기 위해 사용된다

대역 (帶域, band, zone) (1) 어떤 주파수에서 다른 주파수 간의 주파의 폭. (2) 전신, 전화의 교환망에 있어서, 전국을 지형이나 트래픽 분포 등에 따라서 구분하여 적당한 지역마다 단국(端局)을 두고, 그 위에 집중국, 중심국, 총괄국을 두어 교환 접속의 간명화, 통화손의 합리적인 배분 및 요금 부과의 합리화를 도모하여 통신망의 경제적 운영을 도모하기 위해 구획을 짓는 것을 말한다.

대역 등산 (帶域登算, zone metering) 자동 교환망의 요금 부과법으로서, 지역별로 구획을 두고 그 구획 간의 거리에 따라 단위 요금 또는 그 상수배의 통화요금을 도수계에 등산하는 것을 이른다.

대역 방식 (帶域方式, zone system) ⇨ 대역.

대역 소거 필터 (帶域消去——, band-rejection filter, band-stop filter) 특정한 두 주파수, 즉 차단주파수 f_1 및 f_2 사이에 있는 어떤 주파수 대역의 전류는 전부 저지하지만 그 밖의 주파수에 대해서는 감쇠 없이 자유로이 통하게 하는 필터를 이른다. ⇨ 대역 필터(band-pass filter).

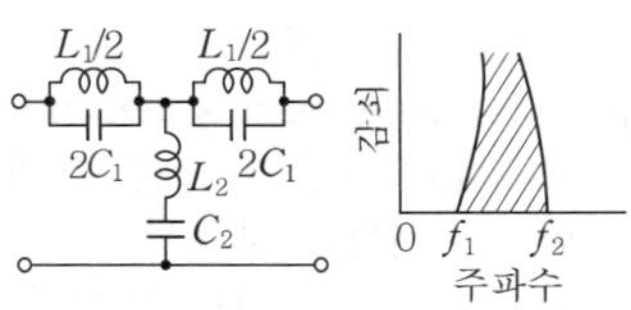

[대역 소거 필터]

대역 전송방식 (帶域傳送方式, sideband transmission system) 정보를 지닌 신호로 반송 주파수를 변조하여 얻어지는 측파대를 전송

하는 전송방식. 반송방식(carrier system)이라고도 한다. 베이스 밴드 전송방식 및 PCM 방식과 대비된다.

대역폭 (帶域幅, bandwidth) 신호전류에 포함되는 성분 주파수의 최대값에서 최소값을 뺀 수를 그 신호전류의 주파수 대역폭 또는 대역폭이라 하며, 통신을 하기 위하여 전송계는 이보다도 넓은 대역폭을 필요로 하게 된다. 예를 들면, 음성의 전송계는 300~3,400 Hz, 즉 3,100 Hz의 대역폭이 필요하다.

대역 필터 (帶域 ──, band-pass filter) 특정한 두 주파수, 즉 차단 주파수 f_1 및 f_2 사이에 있는 주파수 대역의 전류는 감쇠 없이 자유로이 통하지만 그 이외의 모든 주파수에 대해서는 큰 감쇠를 주는 특성을 갖는 필터를 말한다. 그림은 그 대표적인 T형 대역 필터의 결선도와 감쇠특성을 보인 것이다. ⇨ 대역 소거 필터.

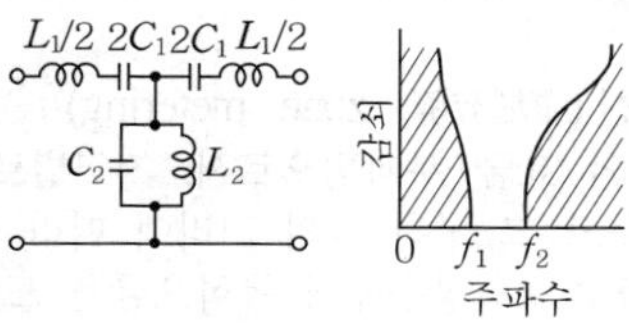

[대역 필터]

대역 회선 (帶域回線, final route) 전화 교환망에 있어서, 어떤 국에서 그 교환망 내의 임의의 국에 이르는 많은 접속경로 중 중계 도수가 적은 모든 경로의 회선이 사용 중인 경우 최종적으로 선택되는 대역 단계에 따라서 질서 있게 설치된 회선을 이른다.

대음극 (對陰極, anticathode) X선관의 타깃의 별명. 고속도의 전자가 충돌하여 X선을 발생하는 전극을 말한다.

대입문 (代入文, assignment statement) 《계산기 프로그램》 실행 때 우변 식의 값에 따라 좌변에 표시하는 것의 값을 치환하는 작용을 하는 문장. FORTRAN에서는 지정된 변수 또는 배열 요소에 값을 부여하는 것으로, 산술 대입문, 논리 대입문, ASSIGN 문이 있다. ALGOL에서는 우변의 산술식 또는 논리식의 값을 그 좌변의 변수나 수속명에 부여하는 작용을 한다. 예를 들면 Pascal에서의 대입문은 다음과 같은 구문도로 주어진다. 그림에서 :=은 대입 연산자로서 변수에 대하여 부여된 메모리 로케이션에 우변의 식의 값을 격납할 것을 표시하고 있다.

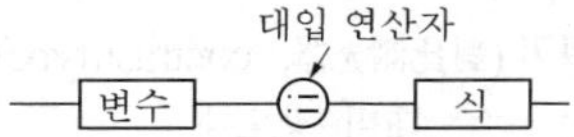

[대입문]

대전력 방송 (大電力放送, high-power broadcasting) 공중선 전력이 큰 방송. 일반적으로는 전력 50 kW 이상을 말한다.

대전 미립자 (帶電微粒子, charged corpuscle) 예를 들면 태양면 상에서 폭발할 때 반사되는 작은 입자. 원자, 전자 등으로 이루어지며 대전하고 있다.

대전체 (帶電體, charged body) + 또는 −의 전하를 띤 물체를 말한다. 예를 들면, 유리와 송진을 마찰하면 유리는 양전하를 대전하고 송진은 음전하를 대전한다. 이 경우 유리와 송진은 대전체이다.

대주기 (大周期, major cycle) 직렬 전송형의 계산기에 있어서 주어진 축적 위치에 순차 도달하는 시간 간격을 말한다. ⇨ 소주기.

대지 (大地 ──, earth, ground) 지구의 토지. 보통 그 전위를 0으로 한다.

대지 도전율 (大地導電率, earth conductivity, ground conductivity) 도전율이란 도전체의 단위 부피의 저항의 역수, 즉 고유저항의 역수로 나타내는 것으로, 단위 부피의 컨덕턴스를 말한다. 대지는 일반적으로 도체와 유전체와의 복합체라 생각되므로 대지에도 도전율이 있으며 마른 땅과 습지는 그 값이 다르다.

대지의 상태	도전율(×10^{-5})[℧/m]
바 닷 물	5,000
물 논 · 습 지	15
평지 · 시가지	8
밭 · 낮은 언덕	6
구 릉 · 밀 림	2
산 악 · 황무지	1

대지 용량 (對地容量, earth capacity) 대지와의 사이의 정전 용량을 이른다.

대지 잡음 (大地雜音, ground noise, background noise) 공전에 의한 잡음이나 그 밖의 순간적 잡음이 아니고, 언제나 일정한 수신기 고유의 잡음 또는 송신기 고유의 잡음을 말한다. 이것은 필요한 신호의 배경 같은 상태로 끊임없이 들리므로 백노이즈라고도 하며, 송신기에서 보내지는 것과 수신기 내에서 발생하는 것 두 가지가 있다. 주로 진공관 잡음, 저항, 전원 등에서 생기는 것이다.

대지 저항 (大地抵抗, earth resistance, ground resistance) 대지의 어떤 2점 간의 저항을 가리키는 경우도 있다.

대지 전압 (大地電壓, voltage to ground) 어떤 점과 대지 사이의 전위차이다.

대지 전위 (大地電位, earth potential, ground potential) 대지가 가지고 있는 전위. 보통은 0전위로 간주되고 있다.

대지 정수 (大地定數, ground constant) 대지가 전자파의 여러 현상(주로 전파 전파, 공중선 지향 특성 등)에 영향을 주는 전기적 상수를 총칭하여 말한다. 대지 도전율, 대지 유전율 등을 가리킨다. ⇨ 대지 도전율.

대척점 (對蹠點, antipodal point, antipode) 지구상에서 지구의 중심에 대하여 정반대에 상당하는 점을 말한다.

대척점 효과 (對蹠點效果, antipode effect) 무선의 송수신소가 지구의 대척점에 있을 경우 그 두 지점을 연결하는 큰 원은 수없이 존재한다. 이 때문에 이 사이를 단파로 연락하려고 하면 그 전파통로는 많이 존재할 가능성이 있다. 이 경우 수신점에는 전파가 각 방면으로부터 도래하여 수신 전계 강도는 전파거리가 커짐에도 불구하고 그에 비하여 크고, 또 도래방향을 탐지하려고 해도 그 방향이 불명확하거나 또는 그 방향이 계절, 시간 등에 따라 거의 전 방향에 걸쳐서 변화한다. 이러한 특이한 현상을 대척점 효과라고 한다.

대총괄국 (大總括, national center) 《미국의 전화망》 한 나라의 시외 전화교환망을 구성하는 다수의 총괄국 중 특히 국제통화의 접속들을 다루는 중요한 총괄국을 이른다.

대칭 (對稱, symmetry) 선 또는 점을 중심으로 한 좌우 동일한 형을 이루는 것. 전자를 선 대칭, 후자를 점 대칭이라고 한다.

대칭분 (對稱分, symmetrical component) 대칭 좌표법을 사용하여 불평형 3상회로를 대칭회로로 치환할 때 각 상의 전압, 전류, 임피던스의 대칭이 되는 성분을 각각 영상분, 전상분, 역상분이라고 하며, 이들을 대칭분이라고 한다.

대칭 장해파 전압 (對稱障害波電壓, line-to-line noise influence voltage) 송배전 선로의 선간에 존재하는 장해파 전압을 이른다.

대칭 좌표법 (對稱座標法, method of symmetrical coordinates) 비대칭 불평형의 다상회로에서 전압 또는 전류를 대칭분의 합이라고 생각하여 행하는 전기회로의 전압, 전류 등의 계산방법을 이른다.

대칭파 (對稱波, symmetrical wave) 교류 파형에서 위상각 x에 있어서의 파고값 y의 값과 $x+\pi$에 있어서의 y의 값이 크기가 같고 부호가 반대인 때를 대칭파라고 한다.

대칭 편향 (對稱偏向, balanced deflection, symmetrical deflection) 브라운관 등에서 대향형 편향 전극의 전위 변화가 대지전위에 대하여 대칭적인 경우의 편향. 마주보고 있는 편향 전극의 중성점이 접지되어 있는 경우가 이것이다.

대칭 회로망 (對稱回路網, symmetrical network) 그림과 같이 좌우 대칭적인 4단자 회로망을 말한다. 이때의 영상 임피던스 및 반복 임피던스는 좌우 어느쪽에서 보거나 같다. ⇔ 비대칭 회로망. ⇨ 영상 임피던스, 반복 임피던스.

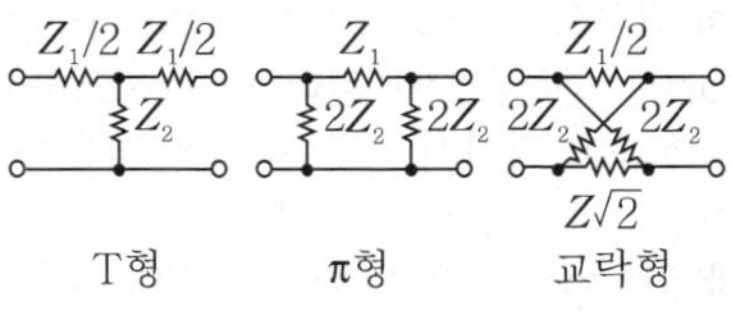

[대칭 회로망]

대케이블 (對──, paired cable, twin cable) 심선 두 줄을 평등하게 쌍으로 집합하여 만들어진 케이블, 주로 시내 케이블용으로 쓰인다.

대형 기록지 (帶形記錄紙, band chart, continuous chart) 기록지의 일종. 구멍이 두 개

인 것과 하나인 두 종류가 있다. ⇨ 기록지.

대형 베이스 (大形——, goliath base, mogul base) 전구, 방전등 등의 베이스로, 300W 이상의 것에 쓰인다. 나사식 베이스의 경우는 지름이 약 39mm이다.

대형 보정 (臺形補正, keystone correction) 대형 일그러짐을 보정하여 올바른 구형으로 하는 것. 그렇게 하려면 수평 편향용 톱니파형으로 진폭 변조하여 라스터가 역대형(逆臺形)이 되도록 전자선을 편향시킨다.

대형 유도전압 조정기 (對形誘導電壓調整器, double induction regulator) 3상 유도전압 조정기에 의해서 1차, 2차 회로의 전압에 상차가 생기는 것을 피하기 위하여 상회전 방향과 다른 2대의 조정기를 1차를 병렬, 2차를 직렬로 접속한 것. 1차 전압과 직각 위상의 전압성분은 2대로 상쇄하여 위상변위는 일어나지 않는다.

대형 일그러짐 (台形——, keystone distortion, trapezoidal distortion) 아이코노스코프에서는 모자이크면과 전자선 축의 기울기 때문에 라스터의 모양이 일그러져 대형을 이룬다. 이것을 대형 일그러짐이라고 한다.

댐 (dam) 흐름을 막기 위하여 하천, 계곡 등을 가로질러 축조하는 대규모의 둑을 이른다.

댐수로식 발전소 (—— 水路式發電所, dam and conduit type power plant) 수로식 발전소라고도 한다. 수로식과 댐식의 혼합형이며, 댐에 의한 낙차와 수로에 의한 낙차를 아울러 이용하는 방식의 발전소. 혼합식 발전소라고도 한다.

댐식 발전소 (—— 式發電所, dam type power plant) 하천을 가로질러 댐을 축조하고, 물의 흐름을 막아서 높은 수위를 이용하여 발전하는 방식의 발전소이다.

댐퍼 (damper) 일반적으로 어떤 진동에 저항을 주어서 빨리 진동을 멈추게 하는 장치. TV 수상기에서는 편향 코일이 귀선 소거의 기간 중에 일으키는 자유진동을 억제하기 위하여 코일에 병렬로 장치한 댐퍼관을 줄여서 말한다. 댐퍼관에는 보통 2극관을 쓴다. ⇐ 제동기(제동기 보일러의 연도, 풍도 등의 유량을 조정하는 풍호이다).

더미 플러그 (dummy plug) 회선 끝에 특성 임피던스에 상당하는 저항값을 삽입한 플러그를 써서 종단시키기 위하여 쓰는 플러그. 600Ω의 것, 75Ω의 것 등이 있다.

더브테일 (dove-tail) 전기자 철판, 계자극 철판 등이 비둘기 꼬리와 같은 돌기와 그에 대한 홈으로 상대방에 붙일 수 있게 되어 있는 것이 많다. 이 돌기부분을 더브테일이라고 한다.

더블 브리지 (double bridge) 직류 브리지의 일종으로, 저저항 측정에 쓰인다. ⇨ 켈빈 브리지.

더블러형 (——形, doubler type) 《자기증폭기》 자기궤환형 자기증폭기의 일종. 반파형 회로를 교류 전원 및 부하를 공유하도록 접속하고 각 반파마다 교대로 동작시켜서 교류 출력을 얻는 회로 형식이다.

W동선 (—— 銅線, copper-weld wire) ⇨ 웰드선

더블릿 (doublet) ⇨ 쌍극자.

더블릿 안테나 (doublet antenna) 그림과 같이 같은 길이의 전선(일반적으로 경동선을 사용) 두 줄을 일직선이 되게 수평 또는 수직으로 가설하고, 그 중앙부에서 궤전 또는 전력을 얻어내는 안테나. 각 전선의 길이는 사용 파장의 1/4 또는 1/2로 하는 것이 보통이며, 그림에 보인 것과 같은 전류, 전압의 분포를 한다. 보통 그림 (a)의 것을 반파장 다이폴, 그림 (b)와 같은 것을 1파장 다이폴이라고 한다. 최근 그 구별이 석연치 않아서 더블릿이라고 하지 않고 다이폴이라는 말이 많이 쓰인다.

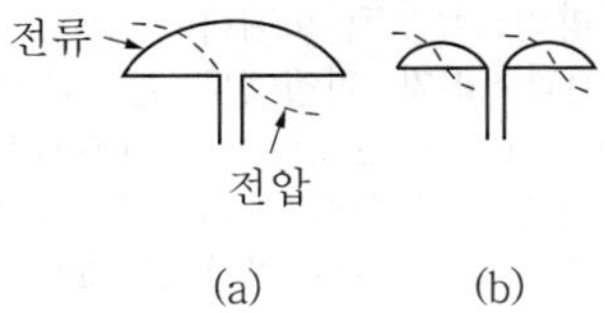

[더블릿 안테나]

더블 이어 (double ear) 홈이 있는 트롤리선의 접속에 쓰이는 쇠붙이의 일종으로, 스플라이서라고도 한다.

더빙 (dubbing) (1) 녹음한 것을 다른 녹음반이나 테이프에 재녹음하는 것. (2) 영화에서는 소리의 2중 녹음이나 복합 녹음을 말한다.

덕트 (1) (duct)《전파》 전파가 대기 중을 전파할 때 지표를 따르듯이 만곡하면서 진행하고, 그 만곡의 곡률반경은 지구의 반경보다 커지는 것이 보통인데 때로는 그 곡률반경이 지구의 반경보다 작아지는 일이 있다. 이러한 현상이 일어나는 대기의 층을 전파의 덕트라고 한다. (2)《케이블》 전선, 케이블류를 수용하는 홈이다.

덕트구 (—— 口, duct entrance) 맨홀, 핸드홀 등에 있어서 관로의 출구를 덕트구라고 한다.

덕트 전파 (—— 傳播, duct propagation) 라디오 덕트에 의해서 전파가 전파하는 것을 말한다. ⇨ 덕트.

덕트 편 (—— 片, duct piece) 예를 들면 철심 부분의 냉각을 위하여 공기 또는 기름의 통로를 만들기 위하여 끼워 넣는 금속제의 간격편을 뜻한다.

덕트 폭 (—— 幅, duct width) VHF 이상의 전파는 어떤 기상상태에서 전파 통로가 굴절하여 전파 에너지는 어떤 대기층에 갇혀서 이른바 라디오 덕트를 형성한다. 그리고 이 층의 두께를 덕트폭이라고 한다. 덕트의 형성, 상태는 높이에 대한 굴절률의 변화를 나타내는 M곡선으로 추정할 수 있으며, 접지형, S형 접지 S형의 세 가지로 분류한다.

덤프 (dump) (1) 디지털 계산기에서, 기억장치의 어떤 부분의 내용이 일부 또는 전부를 다른부분에 (예를 들면 내부 기억장치에서 외부 기억장치로) 프로그램에 의해서 전이하는 것, 혹은 전이된 데이터를 이른다. (2) 계산기에서, 모든 전력을 제거하는 것으로서 그것이 우연이 한 것이든 의도적으로 이루어진 것이든 문제가 안 된다.

덤퍼 다이오드 (dumper diode) 오실로스코프나 텔레비전의 소인회로를 톱니파 전압으로 여진하였을 때, 여진용 트랜지스터가 오프한 기간에 회로의 축적 에너지를 방출하고 이것이 소산되도록 하기 위해 사용되는 다이오드. 덤퍼가 없을 때 전류의 급격한 차단으로 발생하는 고전압 및 유해한 진동을 억제하여 축적 에너지의 원활한 처리를 하기 위한 것이다.

데드 로드 (dead load) 데드손을 발생하는 부하이다.

데드링 (dead ring)《플러그의》 플러그 잭에 꽂는 순간 플러그의 칩에 의해서 잭의 칩과 링이 단락되는 것을 방지하기 위하여 플러그의 칩과 링 사이에 두어진 절연된 고리 모양의 쇠붙이를 이른다.

데드 섹션 (dead section) 전기용어로서는 전기를 통하지 않는 구간을 뜻하지만, 철도 설비에 있어서는 ① 자동신호용 전류를 통하는 레일, ② 단선식 전기철도에 있어서 차량으로부터 변전소로 되돌아가는 전류를 통하는 레일, ③ 전기철도의 트롤리선 등에 이것이 존재한다.

데드손 (—— 損, dead loss) 출력의 유무에 불구하고 존재하는 손실을 이른다.

데드 스폿 (dead spot)《음향》 극장 등에서 어떤 특정한 좌석에 앉으면 무대에서 그다지 멀지 않아도 소리가 작아 잘 들리지 않는 일이 있다. 이러한 장소를 데트 스폿이라고 한다. 직접파와 벽으로부터의 반사파의 간섭이 원인이다.

데드 스프링 (dead spring) 계전기 또는 전건 단체가 가지고 있는 접점의 조합 중 실제 장치가 조립되었을 때 사용되지 않고 있는 접점의 스프링을 이른다.

데드 엔드 (dead end)《스튜디오》 연주실에서 불필요한 잔향이 일어나지 않게 하기 위해 실내의 일부, 특히 어떤 벽면을 흡음률이 높은 흡음재로 시공하여 그곳으로부터의 소리의 반사를 없애는 일이 있다. 그 부분을 말한다. 한편 데드 엔드가 있으면 다른 쪽이 라이브라도 반대음의 반복이 없으므로 불필요한 잔향이 없어진다. ⇔ 라이브 엔드.

데드 코일 (dead coil) 부분 단체로서 가지고 있는 복수 개의 코일 중 실제의 장치에 결합되었을 때 사용되지 않고 비어 있는 코일이다.

데드 타임 (dead time) 입력신호가 변화한 후 출력신호의 변화가 인정될 때까지 경과하는 시간이다.

데리모터 (deri-motor) 교류 단상 정류자 전동기의 일종. 반발 전동기에 속한다. 고정자 권선축에 고정한 한 쌍의 브러시 $B_1 B_1'$와 정류자 둘레를 이동할 수 있는 다른 한 쌍브

ㄷ

러시 B_2B_2'가 있고, B_1과 B_2, B_1'와 B_2'가 이어져 있다. 그 각각의 브러시축 사이의 각을 ρ라고 하면 $\rho=0$일 때 토크는 0이고, 브러시를 그 위치에서 이동하면 이동 방향과 반대 방향으로 전동기는 회전한다. 속도제어를 세밀하게 할 수 있다.

ㄷ

데릭 크레인 (derrick crane) 선회할 수 있는 수직 기둥의 뿌리 부분에서 비스듬히 하중을 선단에 현수하는 지브를 붙이고 이것을 회전 기둥의 꼭대기 부분에서 여러 줄의 와이어 로프로 받쳐 그 반경을 자유로이 변화할 수 있는 형식의 것. 권상 운동과 더불어 3종의 동작은 모두 와이어 로프로 1대의 3동권(三胴捲) 윈치에 의해서 조작된다. 각종 수륙 연락 하역장, 건축물과 대규모 건축물의 현장 조립작업 등 가시설용으로 쓰는 일이 많다.

데시(d) (desi) 1/10을 뜻하는 것. 데시미터, 데시벨 등이 있다.

데시벨(dB) (decibel) 송수단의 전력비의 대수를 취한 단위가 Bel이며 그 10분의 1을 데시벨이라고 한다. 즉,

$$\mathrm{dB}=10\log_{10}\frac{P_1}{P_2}=20\log_{10}\left|\frac{V_1}{V_2}\right|20\log_{10}\left|\frac{I_1}{I_2}\right|$$

데이터 통신 (── 通信, data communication) 부호화된 정보를 어떤 장소, 사람 또는 장치로부터 다른 장소, 사람 또는 장치로 통신회선(전파에 의한 링크의 경우도 있다)에 의해서 전달하는 것. 대부분의 데이터 통신은 보통 전화회선을 이용하고 있지만 전용 광대역 채널을 사용하는 것도 있다. 중앙의 계산기와 먼 곳의 단말장치 사이를 연결하여 데이터 통신을 하는 사례가 많은데, 계산기와 단말장치의 수가 많고 회선이 복잡한 네트워크를 구성하는 경우에는 특정한 데이터 소스와 데이터 싱크 사이에 필요한 통신로를 설정하기 위해 네트워크의 교환점에서의 데이터 교환이 필요하다.

데카미터파 (── 波, decameter wave) 10 m에서 100 m까지의 파장 또는 3 MHz까지의 주파수의 전자파를 말한다. HF전파이다.

데카 방식 (── 方式, deca system) 주로 유럽 지역에서 사용되며 CW위상차 측정에 의한 쌍곡선 항법방식. 사용 주파수는 80~158 kHz이며 위치측정 정확도가 매우 높다.

델린거 현상 (── 現象, Dellinger phenomena) 단파통신이 갑자기 장해를 받아 단시간 동안 수신 전계강도가 저하 또는 모두 두절해 버리는 현상을 말한다. 1935년에 J. H. Dellinger가 이 현상을 발견하여 특히 그것이 태양 자전주기의 2배인 55일마다 일어나는 경향이 있다는 것을 지적하였다.

델빌 송화기 (── 送話器, delville transmitter) 자석식 전화기에 사용되던 탄소 송화기. 직경 약 1mm의 구슬모양의 탄소 알맹이를 사용하므로 감도는 좋지만 잡음이 발생하기 쉽고 음질도 나쁘다. 이제는 사용되지 않고 있다.

델타 변조 (── 變調, delta modulation) 약어 DM. 아날로그 신호를 2진수로 부호화하는 일종의 PCM 방식인데, 일반 PCM 방식보다 장치를 간편화할 수 있어 저품질의 통신로에 사용된다.

도관 (陶管, earthenware pipe) 지하 관로에 철관 대신으로 사용하는 것으로, 내수성 도관이다. 보통 취급하기 편리하도록 짧고 또 구멍이 많은 관이다.

도관로(陶管路, earthenware conduit, earthenware duct) 도관을 사용하는 지하 관로이다.

도금 (鍍金, plating) 물체 위에 금속의 얇은 층을 만드는 것. 전기도금은 전류를 써서 용액으로 금속을 석출하고, 화학도금은 환원제에 의해서 금속(Ag, Ni)을 석출시킨다.

도너 (doner) 《반도체》 반도체에 있어서 전자 전도를 일으키게 하는 불순물을 말한다. 게르마늄에 대해서는 5개의 원소가 이것이 될 수 있다.

도래각 (到來角, arrival angle) 공중파가 수신 안테나에 도달하는 경우 그 공중파 에너지의 주부분이 도래하는 방향을 수평선을 기준으로 하여 측정한 각이다.

도래 방위 (到來方位, arrival bearing) 일반적으로 전파가 도래하는 방향을 나타내기 위하여 쓰이는 용어이다.

도래파 (到來波, incoming wave) 멀리서 어떤 지점에 전파되어 온 파이다.

도로 조명 (道路照明, street lighting) 도로에서 교통안전, 범죄 예방 등을 목적으로 하여 설치되는 조명. 조도는 수 럭스 내지 수십

럭스. 옥내 조명과는 달리 비교적 고용량의 광원을 상당한 간격을 두고 설치한다. 최근에는 400W 또는 700W의 수은등이 주로 쓰이게 되었다.

도로 횡단 지선 (道路橫斷支線, overroad stay) 도로측을 향해서 도로와 직각으로 지선을 치는 경우 그림과 같이 도로 맞은 편에 지주를 세워서 지선을 치지 않을 수 없다. 이 경우의 지선을 도로횡단 지선이라고 한다.

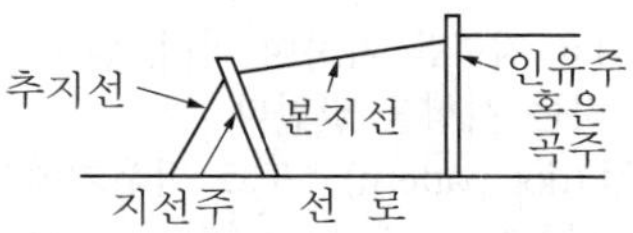

[도로 횡단 지선]

도면 (圖面, drawing) 기계 기구를 제작하는데 필요한 사항을 표기한 것으로, 전체 조립도, 부분 조립도, 부분도, 접속도 등으로 구분된다. 가공, 조립에 사용될 뿐 아니라 견적, 원가계산, 부품의 표준화 등, 경영부문에도 사용된다.

도상 (道床, ballast) 《철도》 철도 선로의 자갈, 쇄석 등을 깐 부분을 이른다.

도상 누전 저항 (道床漏電抵抗, ballast leakage resistance) 《전기철도》 레일에서 도상으로 흐르는 누설전류에 대한 전기저항을 이른다.

도선 (導線, conductor) 전류를 흘리기 위한 선으로, 구리, 알루미늄선 등이 쓰인다.

도선망 (導線網, network of conductors) 분기회로 등을 가진 좀 복잡한 분포상수 선로를 말한다. 집중 정수로 이루어지는 회로를 회로망이라고 하는데 반하여 분포 상수로 이루어지는 회로를 도선망이라고 한다.

도선 인덕턴스 (導線──, lead inductance) 극히 짧은 길이의 리드선을 갖는 인덕턴스를 말한다. 극초단파 영역에서는 이러한 인덕턴스가 주는 유도 리액턴스를 무시할 수 없게 된다.

도수계 (度數計, call meter, register) 전화 통화 도수 등을 기록하기 위하여 들어오는 임펄스에 의해서 전자석이 동작하여 단위 숫자를 표시하는 숫자 바퀴를 1숫자분씩 회전하여 10에 이를 때마다 상위 자리에 상당하는 숫자 바퀴를 동작시켜서 여러 자리의 계수 표시를 하는 기기이다.

도수구 (導水溝, race) 수력 발전소에서 보는 바와 같은 ,수력 기계에 물을 유입시키거나 혹은 유출시키기 위한 수로(水路)이다.

도수로 (導水路, headrace) 취수구에서 수조(水槽)까지의 수로를 이른다.

도약 계전기 (跳躍繼電器, jumping relay) 입력 전압이 어떤 값을 넘으면 갑자기 출력이 생기고, 또 어떤 값보다 감소하면 갑자기 출력이 0이 되는 회로를 이용한 계전기이다.

도약 진동 (跳躍振動, relaxation oscillation, Kipposcillation) 평형 상태의 급격한 전위(轉位)에 의해서 일어나는 진동. 예를 들면 멀티바이브레이터의 진동 등을 말한다.

도어 놉(진공)관 (──(眞空)管, doorknob tube) 도어의 핸들 놉 모양과 비슷한 일종의 초단파용 3극관이다.

도어 놉형 변환 (──形變換, doorknob transition) 동축 케이블과 도파관의 결합용 파형 변환의 일종으로, 그 형상이 도어의 손잡이 모양을 하고 있기 때문에 이러한 이름이 붙었으며, 광대역의 변환특성이 얻어진다.

도어 놉형 콘덴서 (doorknob capacitor) 크기와 형체가 도어 놉과 흡사하며 플라스틱으로 피복한 전압용의 콘덴서이다.

도입선 (導入線, leading-in wire) 인입에 쓰이는 도선을 말하며, 가입자에 인입하는 경우에는 옥외 인입선을 쓴다. 보통 두 가닥의 경동선을 고무 또는 PVC 등으로 피복한 것이다.

도입선 인덕턴스 (導入線──, lead-in inductance) 도입선이 갖는 아주 작은 인덕턴스이다.

도전 개스킷 (導電──, conductive gasket) 차폐의 이음눈에서 무선 주파수의 전파 누설을 감소시키기 위해 사용되는 연한 금속 개스킷이다.

도전 결합 (導電結合, conductive coupling) 저항 결합이나 인덕턴스에 의한 직접 결합처럼, 두 회로가 도전적으로 직접 결합되어 있는 것과 같은 결합 형식을 말한다. ⇐ 직접 결합. ⇔ 유도 결합.

도전 도장 (導電塗裝, conductive coating) 회

전기에 있어서 코일변의 홈쪽에 도포하는 도전 페인트로, 커패시턴스 전류. 누설전류를 절연 표면에서 접지된 철심으로 달아나게 하기 위한 것이다.

도전 브리지 (導電――, conductivity bridge) 극히 작은 저항을 측정하기 위해 사용하는 일종의 켈빈 브리지이다.

도전성 모자이크 (導電性――, conductive mosaic) 텔레비전 촬상관의 모자이크 광전면과 신호판의 중간에 있는 절연물을 광도체로 바꾸어 광전자 방사 특성을 개량한 것이다.

도전성 수지 (導電性樹脂, conductive resin) 적당한 수지를 매체로 하고, 그 속에 동이나 탄소 등의 미립자를 분산시킨 반도전성의 물질이다.

도전율 (導電率, conductivity, specific conductance) 저항률(고유 저항)의 역수를 말한다. 따라서 실용 단위는 모우 매 미터(℧/m)이다. 길이가 l(m), 단면적이 고르게 S(m^2)이고, 도전율이 σ(℧/m)인 물체의 컨덕턴스는 $G=\sigma S/l$(℧)가 된다. 또 전류 밀도 i, 전계의 세기 E와의 사이에는 $i=\sigma E$인 옴의 법칙이 성립된다. 전선의 경우에는 퍼센트 도전율이 널리 쓰인다.

도전율 분석기 (導電率分析器, electrical conductivity analyzer) 용액, 슬러지, 습한 고체 등의 도전율을 측정하기 위해 사용하는 교류 저항 브리지 장치이다.

도전율 텐솔 (導電律――, conductivity tensor) 행렬의 곱의 법칙에 따라 전계 벡터를 가하면 전류밀도 벡터를 주는 텐솔을 이른다.

도전 페인트 (導電――, conductive paint) 적당한 용매에 은과 구리, 혹은 탄소 같은 미립자 분말을 섞어서 만든 도료로, 인쇄 저항기를 만들거나 절연물 표면의 대전 방지 도료로 사용된다.

도체 (導體) (1) conductor 일반적으로는 전기 또는 열을 잘 통하는 물체를 이르며 은, 구리, 쇠, 알루미늄 등이 이에 속한다. (2) electric conductor 전기를 전달할 목적으로 쓰이는 물체를 지칭하며, 은, 구리, 알루미늄, 쇠 또는 구리를 주체로 하는 합금 등이 쓰인다.

도체 레일 (導體――, conductor rail) 제3 레일식 전기철도에 있어서 궤도의 측면에 설치된 가전압 레일이다.

도통 상태 (道通狀態, continuity) 전기회로의 모든 성분이 연속적으로 양호한 접촉을 유지하고 있는 것. 따라서 저항은 낮아지고 회로의 컨덕턴스는 높다.

도통 시험 (導通試驗 continuity test) 접속 부분에 단선인지 아닌지를 간단하게 시험할 때 직류 저항을 가하여 미터, 벨 등에 지시하게 하는 시험을 말한다.

도트 패턴 (dot pattern) 도트 발생기에서 얻어지는 신호에 의해서 수상관의 형광 스크린에 생기는 작은 광점. 컬러 수상관의 스크린에서는 이것들은 적, 녹, 청색 빛의 도트이다. 모든 빔이 이들 도트에 정확하게 집속되면 백색 패턴이 얻어진다.

도파관 (導波管, wave guide) 도전율이 높은 중공 도관으로 이루어지는 마이크로파의 전송로를 말한다. 단면 형상으로는 구형, 원형 등 여러 가지가 있으나 그 전송 모드에 따라서 단면 치수에 대하여 전송을 불능케 하는 차단 주파수가 있다. 이 차단 주파수보다 높은 주파수의 전송파에 대해서는 감쇠가 극히 적고 관 내에 들여 보낼 수 있는 전력 용량이 큰 것이 특징이다. 마이크로파의 전송로로 널리 이용되고 있다.

도파관 리액턴스 감쇠기 (導波管――減衰器, waveguide reactance attenuator) 도파관의 절단 단면 치수로 정해지는 차단파장보다 약간 긴 파장으로 사용하는 지수적 감쇠를 주는 리액턴스 감쇠기를 말한다. 그림은 원형 도파관용 피스톤형 용량 감쇠기 (a)와 인덕

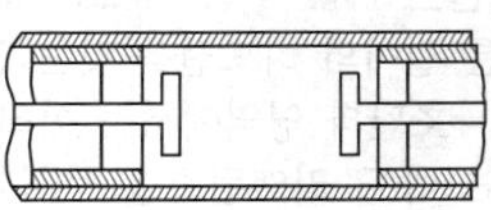

(a) TM_{01}파

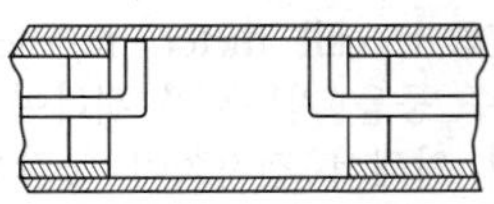

(b) TE_{22}파

[도파관 리액턴스 감쇠기]

턴스 감쇠기 (b)를 보인 것이다. ⇨ 도파관 저항 감쇠기.

도파관 방사기(導波管放射器, waveguide radiator) 도파관 그 자체를 사용한 방사기를 말한다. 도파관의 개구단이 공간을 향하게 함으로써 지향성을 갖는 방사기가 되는데 그 개구단에 적당한 슬릿을 연결하거나 혼을 붙여서 방사 이득의 증가를 도모하고 있다.

도파관 분파기(導波管分波器, waveguide branching filter) 차단 주파수가 다른 여러 개의 도파관 필터를 써서 주파수 대역에 순응해서 마이크로 파를 분기하는 회로장치를 말한다. 예를 들면 그림에 보인 바와 같이 통과형 도파관 필터 $f_1 f_2 f_3, \cdots$ 과 페라이트를 포함하는 4단자 순환회로를 조합시킨 마이크로 분파기는 그 한 예이다. ⇨ 도파관 필터.

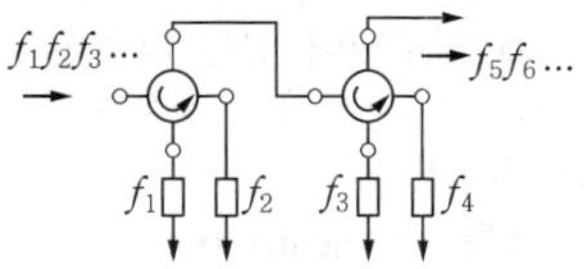

[도파관 분파기]

도파관 분할기(導波管分割器, waveguide power divider) 도파관 내의 전송 전력을 분할하는 분기회로 장치를 말한다. 분할기로서 T형 또는 Y형 접합부를 쓰면 주회로의 전송전력을 절반씩 분할할 수 있다. ⇨ T접합부, Y접합부.

도파관 상수(導波管常數, waveguide constant) 도파관의 치수에 따라서 정해지는 여러 가지 상수를 말한다. 예를 들면 차단 파장, 관내 파장, 특성 임피던스, 위상 속도 등을 가리킨다.

도파관 저항 감쇠기 (導波管抵抗減衰器, waveguide resistance attenuator) 유리나 베이클라이트 등의 유전체에 금속 피막 또는 그래파이트를 칠한 저항판을 도파관의 관내 전계 중에 삽입하여 전송파 에너지를 감쇠시키는 장치를 말한다. 그림은 TE_{10}파로 여진된 구형 도파관 내에 이 감쇠기를 삽입한 것으로, 저항판을 전계의 가장 큰 관의 중앙부에 두면 감쇠는 최대가 된다. ⇨ 도파관 리액턴스 감쇠기.

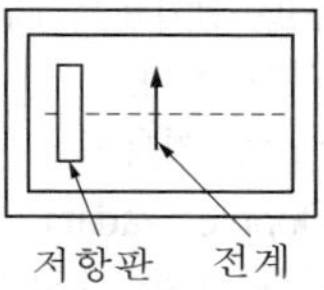

[도파관 저항 감쇠기]

도파관 전환기 (導波管轉換器, waveguide switch) 도파관에 의한 전송파를 여러 개의 분기 회로로 전환하는 장치를 말한다. 그림에 보인 것은 T형 전환기의 한 예로, 금속판 C_1, C_2를 교대로 개폐함으로써 주회로 Ⅰ에서 온 전송파를 분기회로 Ⅱ 또는 Ⅲ에 교대로 보낼 수 있다. 그림의 M은 정합 조리개이다. ⇨ 회전 접합(rotary joint).

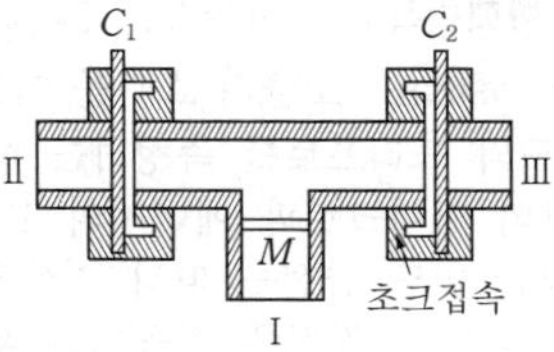

[도파관 전환기]

도파관 필터 (導波管 ——, waveguide filter) 도파관 소자로 만든 필터, 도파관계의 진폭 주파수 특성을 바꾸는 데 쓰인다.

도파기 (導波器, wave director) 수신용 다이폴 안테나의 수 분의 1파장 앞에 놓여지는 무급전 소자. 주 로브 방향에서 안테나 열의 이득을 높이는 데 사용된다.

도파기 소자 (導波器素子, director element) 공중선 부근에 공중선보다 약간 짧은 도체 막대를 두면 서로의 간섭작용으로 공중선에서 방사되는 에너지를 도체 막대 방향으로 유도하게 되는데, 이 도체 막대를 도파기 소자라고 한다. ⇨ 도파기.

도파선 (導波線, field waveguide, G. string) 단일 도선. 유전체를 실상태로 한 것과 유전체로 피복한 것 등이 있다. 전자계를 전송하기 위한 것이다.

도판트 (dopant) 반도체를 p형 또는 n형으로 하기 위해, 혹은 이미 존재하는 불순물의 효과를 보상하기 위해 첨가하는 불순물이다. ㊟ 석영광 파이버 등에서 그 굴절률을 변화시키기 위해 소량 첨가하는 Ge, P, B 등의 원소도 도판트라고 한다.

도표 (圖表, chart) ⇨ 기록지.

도플러 레이더 (Doppler radar) 목표와 레이더의 상대 운동에 의한 에코의 도플러 시프트를 이용하여 운동 목표의 속도를 측정하도록 한 레이더. 연속파, 펄스파 모두 사용할 수 있다.

도플러 방식 (── 方式 Doppler system) 레이더에 있어서 도플러 효과를 이용하여 정보를 얻는 방식을 이른다.

도플러 시프트 (Doppler shift) 도플러 효과에 의해 파의 관측 주파수가 변화하는 것. 변화분을 헤르츠로 나타낸다. 도플러 주파수라고도 한다.

도플러 항행방식 (── 航行方式, Doppler navigation system) 도플러 효과를 이용하여 대지 속도와 드리프트를 측정하는 항행 방식. 펄스상의 마이크로파 에너지의 4가닥 빔을 가상 피라미드 능선을 따라 지상에 방사한다(피라미드의 정점에 항공기가 위치한다). 진행방향을 향하여 방사되는 빔의 에코는 위쪽으로 도플러 시프트(주파수의 상승)를 받고, 반대로 뒤쪽 빔의 에코는 아래쪽으로 도플러 시프트를 받는다. 드리프트에 의해서도 좌우 빔의 에코 사이에 도플러 시프트가 발생한다. 이러한 시프트를 계산기에 걸어 항행 데이터를 산출한다. 이 방식은 시계가 나쁘거나, 지상국에 의존하지 않고도 모든 고도에서 사용할 수 있다.

도플러 효과 (── 效果, Doppler effect) 주파수의 발생원과 관측자 사이의 상대적인 운동에 의해서 발생하는 관측파의 주파수 변화. 관측되는 주파수는 파원(波源)과 관측자의 거리가 단축되고 있을 때는 파원의 주파수보다 높아지고, 거리가 멀어지고 있을 때는 파원의 주파수보다 낮아진다. 음파, 전파 모두 관측된다. 도플러 시프트라고도 한다.

도형 (圖形, pattern) ⇨ 패턴.

도히티 증폭기 (── 增幅器, Doherty amplifier) RF 선형 증폭기로서, 두 증폭 구간이 있으며 이들 두 입력 및 출력이 모두 1/4 파장의 이상회로(移相回路)로 결합되어 있다. 입력 신호의 최대 진폭의 절반 이하의 입력에서는 제1 구간의 증폭기만이 동작하고, 입력 레벨이 증가하면 제2 구간의 증폭기가 동작을 개시한다. 또 최대 입력에서는 두 구간이 부하전력의 절반씩을 분담하여 동작한다. 대전력의 송신기에서 사용된다.

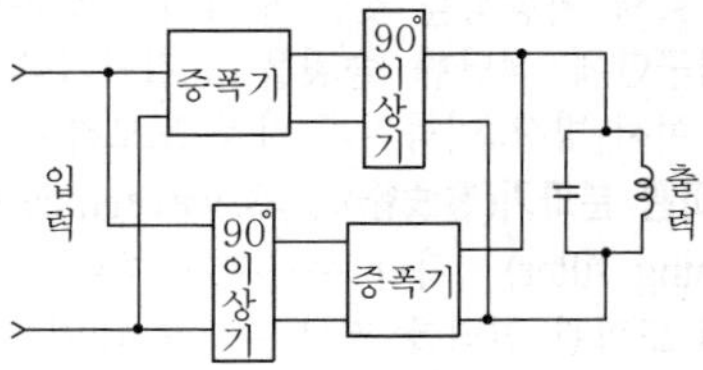

[도히티 증폭기]

독립 측파대 전송 (獨立側波帶傳送, independent sideband transmission) 반송파를 변조하여 얻어지는 반송 주파수의 상하 측파대는 서로 무관하며, 이들은 두 별개의 변조 입력신호에 결부되어 있는 따위의 것. 반송 주파수 자신은 전송되는 경우도 있고 억압되는 경우도 있다.

독물질 (毒物質, (nuclean) poison) 중성자에 대하여 매우 큰 흡수 단면적을 가진 물질을 이른다.

독작용 (毒作用, poisoning) 노 속에 축적되는 분열 생성물 중에는 특히 중성자 흡수 단면적이 큰 것이 있어, 이것이 비생산적으로 중성자를 흡수하여 원자로의 반응도를 감쇠하는 작용을 말한다.

돌극성 (突極性, saliency) 돌극형 동기기에 있어서, 세로축 리액턴스와 가로축 리액턴스가 같지 않기 때문에 생기는 성질을 말한다. 출력을 나타내는 식,

출력 $P_2 = \frac{EV}{x_d}\sin\delta + \frac{(x_d - x_q)}{2x_d x_q}\sin 2\delta$ 에 있어서 제2항이 이에 해당한다. 여기서, E : 공칭 유기기전력, V : 단자전압, x_d : 세로축 리액턴스, x_q : 가로축 리액턴스이다.

돌극 전기 (突極電機, salient-pole machine) 계자극이 돌출한 구조의 동기 기계를 말한다. 동기 발전기에서는 원통 계자형의 것과 돌극형의 것이 있는데 구조도 극히 다르지만 전기적 특성도 매우 다르다. 돌극기는 돌극성을 가지고 있다.

돌비 방식 (── 方式, Dolby system) 돌비

연구소(영국)에서 개발한 테이프 기록에서의 잡음 경감방식. 잡음 성분이 많은 고음역의 약한 신호를 강화하여 녹음하고, 재생 때는 그 강화한 몫만큼 본래로 되돌리게 한 것으로 10 dB 정도 SN비를 개선할 수 있다. 돌비방식에도 위의 방식 외에 저주파수역에서도 잡음 경감을 시도한 것이 있고 또 다른 방식으로는 오디오 전역에 걸쳐 주파수대를 몇 부분으로 나누어 경감하는 방식 등, 몇 가지 방식이 있다. ⇨ 노이즈 저감법.

돌입 전류 (突入電流, inrush current, rush current) 선로, 변압기, 전동기, 콘덴서 등의 회로의 개폐기를 투입했을 때 볼 수 있듯이, 순간적으로 증가하지만 즉시 정상상태로 복귀되는 과도전류를 말한다.

동경 (動徑, radius vector) 점의 위치를 나타내기 위하여 쓰는 벡터로, 어떤 점을 중심으로 하여 도는 벡터이다.

동극의 (同極──, homopolar) (1) 전기적으로 대칭인. (2) 같은 전하분포를 갖는다는 뜻으로 쓰인다.

동기 (同期, synchronism) (1) 동기 전동기가 부하 등의 변수에 의존하지 않고 인가전력의 주파수에 직접 관계된 속도로 운전되는 상태 (2) synchronous 같은 속도 및 같은 위상을 유지하여 회전하는 것을 이른다.

동기 검정기 (同期檢定器, synchronism indicator, synchroscope, synchronoscope) 두 계통의 전압의 위상을 측정 또는 표시하는 계기. 램프를 쓰는 동기 검정 등 외에 지시계기에서는 가동 코일계, 가동 철편형, 정전형 등이 있다.

동기 검정등(同期檢定燈, synchronizing lamp) 동기 기기의 회전이 올바른가 어떤가를 스트로보에 의해서 검정하기 위하여 쓰는 일정 주파수로 점멸하는 램프를 말한다.

동기 검파 (同期檢波, synchronous detection) 헤테로다인 검파에 있어서 국부 발진기의 주파수 및 위상을 입력신호의 중심 주파수의 그것과 일치시킨다. 입력신호와 이 국부 발진신호를 곱하여 입력정보를 추출하는 방식. 검파에 필요한 동일 주파수, 동일 위상의 반송파를 만들어 내기 위하여 필요한 정보는 송신신호와 함께 보내질 필요가 있으며 따라서 반송파는 억압할 수 없다. 보통 전 반송파와 단일 측파대를 송신한다.

동기 계전기(同期繼電器, synchronizing relay) 두 교류 전원의 위상각 및 주파수가 설정된 범위 내에 일치 할 때 동작하는 계전기이다.

동기기 (同期機, synchronous machine) 평균 속도가 인가전압 또는 발생전압의 주파수에 비례하는 교류 기기이다.

동기 리액턴스 (同期──, synchronous reactance) 동기기의 전기자 반작용과 전기자 누설 리액턴스를 일괄하여 전기자 단자에서 본 하나의 등가 리액턴스로 간주하였을 때, 이것을 동기 리액턴스라고 한다. 그 평균값은 원통형 회전자 발전기 1.10, 돌극 발전기 1.15, 동기 조상기 1.80(모두 단위법)이다.

동기 발전기(同期發電機, synchronous generator) 기계 동력을 전기 출력으로 변환하는 동기 교류 발전기로서, 정속도로 운전하여 일정 주파수의 교류전력을 발생한다. 자계는 직류로 여자된다.

동기 변류기 (同期變流機, synchronous converter) 전동기와 발전기 권선이 하나의 전기자 상에 조합되어 하나의 자계에 의해서 여자되는 교환기. 보통 교류를 직류로 변환하기 위해 쓰인다.

동기 상수 변환기 (同期相數變換機, synchronous phase converter) 교류 전력을 받아서 이것과 동일 주파수로 상수가 다른 교류 전력으로 변환하는 동기기를 말한다.

동기 소인 (同期掃引, synchronized sweep) 오실로스코프에 있어서 입력신호가 없을 때는 자주 모드에 있고, 입력신호가 들어오면 그에 의해서 트리거 신호를 얻어 동기화 되는 소인법이다.

동기 속도 (同期速度, synchronous speed) 《회전기》 1차 권선에 의해 발생하는 자속이 갭을 따라 회전하는 회전속도를 이른다. 자극수를 p, 교류 주파수를 f, 동기속도를 n_s [rpm]으로 하면 $n_s = 120f/p$ 이다.

동기 승압기 (同期昇壓器, synchronous booster) 동기 발전기를 회로에 직렬로 접속하여 그 회로의 전압을 가감하는 경우, 그 직렬로 접속한 동기기를 동기 승압기라고 한다. 단,

ㄷ

이 경우에는 그 승압기는 그 회로에서 동력을 받은 동기 전동기로 운전하지 않으면 안 된다.

동기 신호 (同期信號, synchronizing signal) 송수신간 동작 보조를 맞추기 위하여 송신측에서 수신측으로 송출되는 전기 신호. 텔레비전이나 전송 사진에서는 주사의 동기를 잡기 위하여 동기신호가 보내진다.

동기 신호 발생기 (同期信號發生器, synchronizing signal generator) 동기 신호를 발생하는 일종의 발진기 또는 거기에 부가한 기기를 이른다.

동기 역변환기 (同期逆變換器, synchronous inverter) ⇨ 회전 변류기.

동기 와트 (同期——, synchronous watt) 유도전동기의 2차측 입력으로, 전동기 토크에 동기속도 n_s를 곱한 것과 같다. 따라서 동기 와트는 전동기 토크를 나타내는 척도로 사용할 수 있다.

동기 운전 (同期運轉, synchronized operation) 두 회로계를 같은 위상, 같은 속도로 회전시키는 것을 말한다. 또 넓은 뜻으로는 회전계가 아니라도 동기적으로 두 계가 동작하는 것을 말한다.

동기 인입 (同期引入, pull in) 동기 전동기가 동기속도에 가까워져서 여자를 가했을 때에 자체 및 부하의 관성을 이겨내어 동기에 들어가는 것을 말한다.

동기 임펄스 (同期——, synchronizing impulse) 동기를 유지하게 하기 위하여 이용하는 임펄스이다.

동기 임피던스 (同期——, synchronous impedance) 동기기의 전기자 권선의 동기 리액턴스 x_s와 저항 γ_a에서 $\sqrt{x_s^2 + r_a^2}$ 의 식으로 구한 임피던스를 말한다.

동기 장치 (同期裝置, synchronizer) 동기를 유지시키기 위한 장치이다.

동기 전동기 (同期電動機, synchronous motor) 교류전력을 기계 동력으로 변환하는 동기기. 계자는 직류로 여자된다.

동기 전력 (動起電力, motional electromotive force) 회로의 전체 또는 일부가 자기장 안에서 운동할 때 발생하는 기전력이다.

동기 전류 (同期電流, synchronizing current) 동기를 유지하게 하기 위하여 공급하는 전류이다.

동기 정류기 (同期整流機, synchronous rectifier) 진동형 정류기의 일종으로, 저압 직류를 고압 직류로 변성하는 장치이다. 진동자에 인버터용 접점 외에 정류용 접점을 갖추어 변압기의 고압측 교류를 동시에 정류시키는 것이다.

동기 정류자 (同期整流子, synchronous commutator) 영위법을 사용하여 회로의 저항 및 리액턴스의 평형상태를 구하는 장치. 4개의 정류자편으로 이루어지는 정류자를 4극의 동기 전동기로 운전한다. 정류자편은 교대로 2개의 슬립 링에 접속되어 있다. 측정하고자 하는 교류 전압을 링 사이에 접속하고 서로 90°떨어지게 둔 정류자 상의 2조의 브러시를 각각 검류계에 접속한다. 1조의 브러시로부터의 검류계의 지시는 저항에 대하여 예민하게 작용하고 다른 1조의 브러시로부터의 검류계의 지시는 리액턴스에 대하여 예민하게 작용한다.

동기 조상기 (同期調相機, synchronous phase modifier) 전력계통에서 역률을 개선하기 위해 그 계자전류를 조정하여 영역률의 진상 또는 지상 전류를 취하면서 보통 무부하로 운전하는 동기 전동기를 이른다. 동기 진상기(synchronous capacitor)라고도 한다.

동기 조정 (同期調整, hold control, synchronizing) 텔레비전 수상기에 있어서 영상을 송상측과 동기시키기 위한 조정장치를 이른다.

동기 주파수 (同期周波數, synchronizing frequency) 동기용 전류의 주파수, 주로 사진 및 모사 전송의 동기를 유지시키기 위하여 동기 전동기에 공급하는 전류의 주파수를 말하며, 독립 동기인 경우 각 동기 주파수의 안정도는 $\pm 5 \times 10^{-6}$이다.

동기 주파수 변환기 (同期周波數變換機, synchronous frequency changer) 동기 발전기와 동기 전동기를 연결한 조합으로 교류 전력을 어떤 주파수에서 다른 주파수로 변환하는 것을 말한다. 정비(定比) 주파수 변환기, 가역 주파수 변환기이다. 여자(勵磁)의 가감으로 양 기의 역률을 임의로 조정할 수 있으므로 계통의 역률 개선에도 도움을 줄 수 있다. 부하, 주파수 및 전압 변동에 대해서 동기가 벗어날 염려가 있다.

동기 진상기 (同期進相機, synchronous condenser) 항시 동기 속도로 무부하 운전하고, 여자를 가감하여 진상의 무효전력을 취하여 회로의 역률을 개선하는 회전기를 이른다.

동기 콘덴서 (同期 ――, synchronous capacitor) 동기 전동기의 일종으로, 기계적 부하를 부여하지 않고 운전하여 큰 알선전류를 잡아내는 것. 콘덴서와 마찬가지 작용을 하여 특히 교류 전력계통의 역률 개선과 전압 조정에 사용된다.

동기 토크 (同期 ――, synchronous torque) 《회전기》 회전자 전류에 의한 n사이클 자계(N, S 자극이 n회 반복되는 자계)의 고정자에 대한 회전속도는 회전자의 슬립에 따라 변화하지만 만약 그것이 고정자 전류에 의해서 발생하는 n사이클 자계와 같은 속도로 회전하는 경우에는 동기 토크가 발생한다. 슬립 1에 의해서 발생하는 것을 정지시 동기 토크라 하고, 그 이외의 슬립으로 발생하는 것을 회전시의 동기 토크라 한다. 㽷 고정자와 회전자의 자계의 사이클수가 일치하지 않으면 토크는 발생하지 않는다.

동기 펄스 (同期 ――, synchronizing pulse, marker pulse) 동기를 유지시키기 위하여 이용하는 펄스이다.

동기 페이딩 (同期 ――, synchronous fading) 변조된 전파에서는 반송파 외에 측파대가 존재하므로 이것이 전파할 때 받는 페이딩 중 특히 반송파와 측파대 강도의 변동이 대체로 같은 경우의 페이딩을 말한다. 선택성 페이딩과는 달라 통신의 전동기 페이딩이라 주파수에 걸쳐서 강도의 변동이 고르게 일어나므로 이에 대해서는 AVC가 유효하게 동작한다.

동기화 (同期化, synchronization) 사진 전송과 텔레비전 등 주사를 필요로 하는 기술에는 송신계와 수신계 사이에 주사의 위상과 속도를 엄밀하게 대응시킬 필요가 있다. 이러한 수단을 동기라고 한다. 사진 전송에서는 동기 전동기에 의하여 송수신 원통의 회전방향과 속도를 일치시키고 있다. 또 국부 발진의 주파수를 제어 주파수로 인입 동기 주파수를 얻는 등, 동기를 유지시키는 것을 동기화한다고 한다. 동기기의 병행 운전에 있어서 그 하나를 다른 하나와 그 전압, 주파수 및 위상을 맞추어 병렬로 투입하는 것을 말한다.

동기화력 (同期化力, synchronizing power) 동기기가 병행운전 중에 그 1대가 어떤 원인으로 동기를 벗어나려고 할 때 그것을 동기로 되돌리려는 힘을 말한다.

동기화 전류 (同期化電流, synchronizing current) 동기화력을 발생하기 위한 전류이다.

동도 (洞道, telephone-tunnel) 케이블 선수(線數)가 장래 20선 이상 될 것이 예상되는 곳은 관로형식보다는 터널식으로 하여 그 벽면에 케이블을 수용하는 편이 경제적이고 또한 보수하기도 쉽다. 이 터널을 동도라고 한다.

동 도금 (銅鍍金, copper plating) 보통 황상동욕, 청화동욕에 의해서 전착시킨다.

동력 (動力, power) 단위 시간에 하는 기계적 일의 양. 단위는 [W] 또는 [kW]이다.

동력계 (動力計, dynamometer) 회전기의 동력을 측정하는 장치. 장치의 팔에 작용하는 하중과 회전속도를 측정하여 팔의 길이로부터 동력을 계산할 수 있다.
㽷 동력계의 전기자를 그 출력을 측정하고자하는 원동기에 직결하여 구동한다. 동력계의 자기틀 전체는 축받이로 지지되어 어떤 범위에 걸쳐 회전할 수 있다. 자기틀에 설치한 팔에 가한 추를 가감하여 동력계의 발생토크가 원동기의 구동에 평형하도록 하여 토크를 측정한다.

동력로 (動力爐, power reactor) 동력원으로 사용되는 원자로로서, 발생열을 증기로 변환하여 터빈 발전기에 의해 발전한다. 물을 냉각재로 사용하는 경우에는 고온·고압의 1차 냉각수를 밖으로 유도하여 2차 냉각수에 열을 옮기고, 이것을 이용하는 가압수형(PWR)과 노 내에서 직접 증기로 하여 그것을 이용하는 비등수형(BWR)이 있다. ⇨ 가압수형 경수로, 비등수형 경수로.

동력 연동장치(動力連動裝置, power interlocking device) 동력에 의해서 조작하는 연동 장치이다.

동력 전철기 (動力轉轍機, switch machine) 전자력, 전동력 또는 압축 공기력 등에 의해서 조작되는 전철기이다.

동력 투입 조작 (動力投入操作, power closing operation) 차단기의 투입을 수동이 아닌 전동기 또는 압축 공기 등의 동력에 의해서 조작하는 것을 이른다.

동력 회로 (動力回路, motor circuit) 제어 장치를 접속하는 제어회로에 대하여 주 동력선 회로를 말한다.

동물 전기 (動物電氣, animal electricity) 동물체에서 발생하는 전기로, 전기 가오리, 전기 메기 또는 전기 장어와 같은 것은 상당한 고전압을 발생한다. 전류는 신경 및 근육에서 얻어진다.

동부하선 (動負荷線, dynamic load) 전자관이나 트랜지스터 회로에 있어서, 신호의 변화 사이클에서의 출력전류와 전압의 모든 시점에서의 동작점의 궤적을 이른다. 교류 부하선이라고도 한다.

동상 (同相, in-phase) (1) 같은 각주파수를 갖는 두 교번량을 각 순시에 같은 최대값, 최소값을 잡도록 변화할 때 이들의 교번량은 동상이라고 한다. 즉 위상각이 0인 두 교번량을 말한다. 예를 들면, 저항만을 포함하는 교류회로의 전압, 전류는 위상차가 없으므로 동상이라고 할 수 있다. ⇨ 위상각(phase angle), 위상차(phase difference). ⇔ 역상(opposite phase). (2) 같은 주파수를 가진 두 교류량, 예를 들면 전압이나 전류가 동시에 최대값과 최소값을 잡도록 변화하는 경우 이들의 교류량은 동상이라고 한다. 순저항 부하에 있어서의 전압, 전류는 동상이 된다.

동상 모드 전압 (同相——電壓, common-mode voltage) 장치의 두 입력단자에 공통으로 나타나는 출력의 기준점(보통은 어드)에 대한 전압을 말한다.

동상분 (同相分, in-phase component) 교번량은 일반적으로 서로 직각의 위상차를 갖는 두 성분으로 나누어서 생각할 수 있다. 지금 두 교번량, 예를 들면 전압 E와 전류 I를 생각하고, 그 사이에 θ라는 위상차가 있는 경우에, 전압을 기준으로 잡아 전류 I를 전압과 동상의 성분 I_R과 90°의 위상차를 갖는 성분 I_L로 나누면 동위상의 전류 I_R을 전압에 대하여 동상 성분이라고 한다. ⇨ 역상.

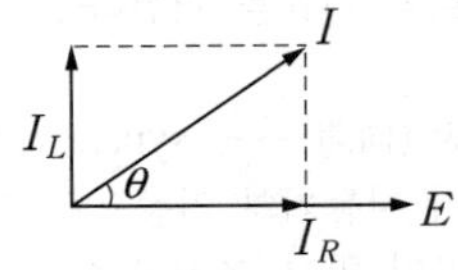

[동상분]

동상분 방해 (同相分妨害, common-mode interference) 전송선로 양쪽의 신호 도체와 공통된 기준면(대지) 사이에 나타나는 방해전압으로서, 대지에 대하여 양 선에 나타나는 이 방해 전압은 등대(等大)하고 또한 동위상이다.

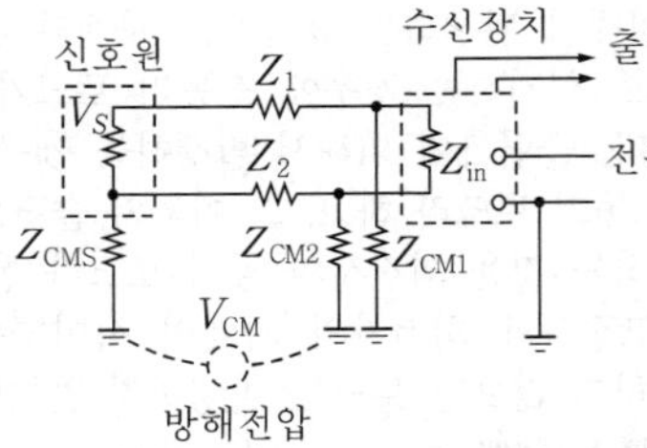

[동상분 방해]

㊟ 선로, 전원, 수신기 입력회로 등에서의 각종 불평형으로 인하여 동상 방해전압의 일부가 차동적 방해전압으로 변환되는 일이 있다. 이것을 동상분 변환이라고 한다.

동상분 배제비 (同相分排除比, common-mode rejection ratio) (1) 증폭기, 기타 장치가 정규 모드의 입력신호에 대하여서는 정상으로 동작하면서 동상 모드의 입력신호에 대하여서는 이것을 제거하여 출력단에 발생시키지 않는 능력을 이르는 것으로, 동상 모드 방해전압 V_{CM}과 그에 의해서 발생한 출력단 전압 V_O(증폭기의 경우는 입력측으로 환산된 값 V_O/G_A)의 비로 주어진다.

$$\text{동상분 배제비} = V_{CM}\frac{G_A}{V_O}$$

여기서, G_A : 증폭기 이득이다.

㈜ 전압은 피크값으로 측정하는 수도 있지만 보통은 실효값을 사용한다. 배제비는 대수를 취하여 데시벨로 표현하는 수도 있다. (2) 오실로스코프에 있어서, 평형된 회로 입력단에 부여한 동상 모드 신호에 대한 편향계수와 정규 모드 입력신호에 대한 편향계수의 비이다.

동상분 전위차계 (同相分電位差計, inphase potentiometer) 직각 좌표 전위차계의 동상분(저항분)을 나타내는 부분이다.

동색 측광 (同色測光, homochromatic photometry) 시험되는 광원과 표준등 또는 비교등의 광색이 같은 경우로서, 시감 측광은 되도록 이 상태로 유도하여 행하여진다.

동선 (銅線, copper wire) 일반적으로 전류를 통할 수 있는 전선으로서 구리를 그 재료로 한 것. 연동선, 경동선, 반경동선, 주석도금 동선이 있다. 도전율은 1913년, 만국전기공예위원회에서 정해진 표준 연동(20℃, 길이 1m, 1mm^{2}의 균일 단면적을 갖는 표준 연동의 저항을 1/58Ω=0.017241Ω, 밀도 8.89)을 100%로 하여 비교한 백분율로 나타낸다.

동손 (銅損, copper loss, ohmic loss) R[Ω]의 저항을 갖는 재료에 직류 I[A]가 흘렀을 경우 그 재료에 I^2R[W]의 열이 발생한다. 이것을 동손이라고 한다.

동 슬리브 (銅 ——, copper sleeve) 매킨타이어 슬리브라고 한다. 보통 나선의 접속에 사용되는 것으로, 경동제 파이프 모양의 것. 양쪽에서 선을 삽입하여 2.5~3회 비틀어서 전기적, 기계적으로 완전하게 접속한다.

동시 로브 방식 (同時 —— 方式, simultaneous lobing) 레이더에 있어서 동시에 그리고 부분적으로 겹쳐진 신호 로브의 수신 에너지를 이용하는 방위 결정 기술이며, 이 경우 목표로부터 2개의 수신 신호의 상대 위상 또는 상대 전력이 등위상 또는 등신호 방향으로부터의 목표의 각도 변위량이 된다.

동시 방송 (同時放送, simultaneous broadcasting) 같은 장소에서 다른 주파수로 같은 프로그램을 방송하는 것을 말한다.

동시성 회로(同時性回路, isochronous circuits) 같은 공진 주파수를 갖는 회로이다.

동시 송수신 (同時送受信, simultaneous transmission and reception) 전신 전화 동시 송수신법 또는 쌍신 통신법을 가리키는 경우와 좀더 넓은 의미에서 전신 전화의 어느 것인가가 동시에 송신, 수신이 가능한 회선 구성 방식을 말하는 경우도 있다. 후자의 경우에서는 유선, 무선을 가리지 않는다.

동시율 (同時率, coincidence factor) 《전력 계통》 일군의 전력 수용점의 총 수용전력의 최대값과 그룹 각개 수용점에서의 최대 수용전력 총합의 비율을 이르는 것으로, 동일 공급점에서 동일 기간에 측정한 것. 개개 수용점의 최대 수요가 동일 시간대에 집중하여 발생한다면 동시율은 최대값 1이 되지만 보통은 1보다 작다.

동시(최대) 수용전력 (同時(最大)需用電力, coincident demand) 어떤 임의의 수용과 동시에 일어나는 다른 수용전력 또는 이러한 동시 수용의 합을 가리키기도 한다.

동시 측정 (同時測定, simultaneous measurement) 《가스압 점검법》 가스 누설 구멍의 정밀 점검법 중의 한 방법으로, 누설 구멍의 측정구간에 여러 점의 마노미터를 설치하여 동시에 압력을 측정하는 방법. 이 방법에 의하면 시간의 오차를 없앨 수 있다.

동심 권선 (同芯卷線, concentric windings) 저전압 권선이 철심 바깥쪽에 원통형으로 감겨 있고, 그 바깥쪽에 다시 고전압 권선이 원통상으로 감겨 있는 변압기 권선이다.

동심 슬립 링 (同心 ——, concentric slip ring) 동심원상으로 배치된 절연물과 도전물질로 구성된 큰 슬립 링 장치이다.

동심 연선 (同芯撚線, rope-lay conductor) 심선 주위에 전선군을 나선상으로 한층 또는 그 이상의 층수로 감아붙여서 제작한 케이블이다.

동위 운반체 (同位運搬體, isotopic carrier) 운반체로서 목적하는 핵종(核種)의 동위체를 사용하는 것을 뜻한다.

㈜ 운반체란 화학적 또는 물리적인 프로세스를 통하여 트레이서를 함께 운반하는 물질로서, 그 때문에 트레이서의 동위체가 많이 사용된다.

동위상 파면 (同位相波面, phase front) 파원

(波源)에서 본 전계 또는 자계의 위상이 같은 점의 궤적은 진행 전자파의 파동면을 형성하기 때문에 동위상 파면이라고 한다.

동위 원소 (同位元素, isotope) 원자번호가 같고 질량수가 다른 핵종은 서로 동위체이다. 동위원소라고도 한다. 예를 들면 천연에 존재하는 우라늄은 원자 번호가 234, 235, 238의 3종의 동위원소가 있다.

㊟ 질량수의 차이는 핵 속의 중성자 수의 차이에 의한 것으로서, 특정한 핵종에서의 중성자의 수와 양성자 수(이것은 변하지 않는다)의 차이를 동위원소 수(isotopic number)라 한다. 불안정한 동위원소는 방사성 동위원소라 한다.

동위원소 트레이서 (同位元素——, isotopic tracer) 목적하는 원소 동위원소를 사용한 트레이서. 동위원소로서는 방사성 동위원소 또는 안정 동위원소를 사용한다.

동작 감도 (動作感度, dynamic sensitivity) 일반적으로 미소 변화분 또는 교류 성분에 대한 감도를 말한다. 광전관, 포토 트랜지스터 등에 있어서 빛의 맥동 변화분에 대한 감도 등은 그 한 예이다. 또 유극 계전기에 있어서 그것이 확실하게 동작하는 최소 전류값을 이른다.

동작 감쇠량 (動作減衰量, working attenuation) 전원의 내부 임피던스 Z_s와 같은 부하 임피던스를 전원에 접속한 경우, 이 부하에 주어지는 피상 전력과 4단자망을 거쳐서 부하 임피던스 Z_r을 접속한 경우의 수단 피상전력의 비로 주어지는 감쇠량을 동작 감쇠량이라고 한다.

동작개시 시간 (動作開始時間, attack time) 《제한 증폭기》 제한 증폭기는 입력이 어떤 레벨보다 클 때는 그 크기에 대응하여 증폭기의 이득이 줄어드는 특성을 가지고 있다. 이 증폭기가 이득 제한의 동작을 시작하여 증폭기의 이득이 줄어드는 경우 그에 도달해야 할 이득의 값의 99% 또는 90% 또는 $1/e$(e=2.71828…)이 되기까지 걸리는 시간을 동작 개시시간이라고 한다.

동작 범위 (動作範圍, working range) ⇨ 감동폭.

동작 선도 (動作線圖, perfomance chart) 전류, 전압, 출력, 발진 주파수, 자계 등을 파라미터로 하여 정리한 선도. 자전관 등의 특성을 나타내는 데 많이 사용된다.

동작 속도 (動作速度, working speed) 《계전기》 전기 기기 또는 선로에 고장이 발생했을 때 계전기가 동작하여 기기의 손상을 경감하고, 또는 고장 발생 구간을 신속히 차단하는 경우 그 동작을 하는 속도를 이른다.

동작 시간 (動作時間, operating time) 계전기 기타의 전자기구(電磁機構)의 권선에 전류를 통한 순간부터 그 기구가 소정의 기능을 다하기까지의 시간을 이른다.

동작 시험 (動作試驗, performance test) 실제 사용상태에서 동작을 시켜서 특성을 시험하는 것이다.

동작 신호 (動作信號, actuating signal) 《자동제어》 기준 입력과 주 피드백량과의 차로 제동계의 제동동작을 일으키게 하는 근본이 되는 신호를 이른다.

동작 압력 (動作壓力, working pressure) 《통신》 가스 봉입 케이블에 있어서 가스의 압력이 내려갔을 경우 그것을 검출하여 경보를 울리기 위한 접촉기가 동작하기까지에 이르는 가스의 압력이다.

동작 저항 (動作抵抗, dynamic resistance) 동작하고 있을 때의 장치의 전기 저항이다.

동작 전류 (動作電流, operating current) (1) 계전기, 기타의 전자기구(電磁機構)의 권선에 전류를 흘렸을 경우 그 기구가 동작하는 전류값. (2) working current 전화용 계전기 등의 회로에 실제로 흐르는 전류를 말한다.

동작 전압 (動作電壓, operating voltage) 동작할 때의 전압. 또는 동작 중의 전압을 이른다.

동작 책무 (動作責務, operating duty) 《차단기》 계통에 차단기가 사용되는 경우에는 차단-투입-차단이라는 동작이 되풀이 된다. 이러한 일련의 연속 동작을 동작 책무라고 한다.

동작 책무 시험 (動作責務試驗, operating duty test) (1) 장치에 부여된 동작 책무를 확인하기 위한 시험. (2) 피뢰기에 있어서 특정수의 충격 전압을 부여하여 그 계통에서의 동작상태를 시뮬레이트하여 실시하는 시험을 이른다. 피뢰기는 정격 주파수가 지정된 전압의 전원에 접속하여 시험한다. (3) 전력계통에서 사용하는 차단기에 있어서, 정해진 형태에서의 차단, 투입의 일련의 동작시험을 이른다.

동작 콘덴서 전위계 (動作 —— 電位計, dynamic condenser electrometer) 감도가 양호한 전압측정기. 이 측정기 중에서는 인가전압에 의해 발생하는 전하를 운반하는 물체가 정전계 중을 전후로 움직이므로 그 결과 발생하는 교류신호에 의해 전압을 관측한다.

동작 특성 (動作特性, performance characteristics) (1) 동작시키고 있는 동안에 손실이 증가하여 효율이 나빠져서 출력이 줄어드는 관계를 말한다. (2) 제어장치에의 입량(入量)인 피제어량과 그 출량인 조절부 변위와의 관계와 같은 것을 말한다.

동저항 (動抵抗, dynamic resistance) 그 전압 전류 특성이 비직선성을 나타내는 장치 혹은 부품에 있어서, 특성 곡선상의 어느 점에서의 미소 전압변화와 이에 대응하는 전류변화의 비로서, 특성곡선의 그 점에서의 기울기에 비례하는 양을 이른다.

㈜ 제너 다이오드의 항복전압 영역 등에서의 동작에 관계되는 중요한 파라미터이지만 교류로 동작시켰을 때의 동저항 $\Delta V_{rms} / \Delta I_{rms}$와 직류에 대한 동저항 $\Delta V_{DC}/\Delta I_{DC}$에서는 그 값은 상당히 다르므로 그 구별을 명확하게 할 필요가 있다. ⇨ 항복 임피던스.

동적 축차제어 (動的逐次制御, dynamic sequential control) 계수형 계산기에 있어서, 계산 진행과정에서 지령 또는 지령이 수행되는 순서 또는 그 양자를 변경할 수 있게 한 연산 수행의 방법을 말한다.

동전기 (銅電機, copper machine) 전기 장하의 값이 큰 전기기기를 동전기라고 한다.

동전기 (動電氣, dynamic electricity, galvanic electricity) 정전기에 대하여 쓰이는 말로, 움직이는 상태에 있는 전기(전류)를 말한다.

동전학 (動電學, electrokinetics) 전하에 대한 운동의 연구. 특히 전기회로 중의 정상(定常) 전류와 전계, 자계 중의 대전입자의 운동에 관한 연구를 이른다.

동정 (動程, performance) 《전구・전등》 전구, 형광등, 수은등 등의 광원이 점등시간이 경과함에 따라 광속, 소비전력, 효율 등의 특성을 변화시키는 것을 말한다. 전력과 광속 모두 감소하지만 광속의 감소가 큰 것이 통례이다. 또 그 변화는 초기에 심하다.

동정 곡선 (動程曲線, performance curve) 《전구・전등》 점등시간을 가로축에 잡아서 그린 곡선으로, 광원의 동정을 나타내는 것을 말한다.

동조 (同調) (1) tuning 전기적 또는 기계적으로 자유진동을 하는 것에 이 자유진동에 가까운 주기의 에너지를 가하면 현저하게 큰 진동을 한다. 이것을 동조라고 한다. (2) syntony 두 진동회로가 같은 공진 주파수를 갖는 상태를 말한다.

동조 계전기 (同調繼電器, tuned relay) 특정한 한 주파수의 전류에 대하여 응답을 한정하는 계전기로서, 기계적 또는 그 밖의 방식의 공진장치를 갖는다.

동조 공중선 (同調空中線, tuned antenna) 특정 주파수에 동조시킨 송신 또는 수신 공중선을 말한다.

동조기 (同調器, tuner) 어떤 주파수에 동조하도록 한 인덕턴스와 용량이 조합된 부품이다. 많은 주파수로 동조할 수 있게 이것을 여러 개 배열하여 전환할 수 있게 한 것도 있다.

동조 다이얼 (同調 ——, tuning dial) 인덕턴스 또는 정전 용량을 바꾸어서 동조를 잡을 때 이 가변량을 지시하게 한 다이얼. 눈금에서 바로 동조 주파수를 읽을 수 있는 것과, 따로 표 또는 곡선을 갖추어서 읽는 것이 있다.

동조 변압기 (同調變壓器, tuned transformer) 관계되는 회로소자가 1차측에 공급되는 교류 주파수로 공진하도록 조정된 변압기. 따라서 2차 전압은 공진하지 않는 경우보다 높은 값에 이른다.

동조봉 (同調棒, tuning wand) 절연체의 막대로, 끝쪽에 놋쇠로 된 플러그, 다른 쪽 끝에 분말 철심이 있다. 수신기 배열의 점검에 사용된다.

동조 신호 (同調信號, harmonic ringing) 다수 공동가입 전화방식에 있어서, 신호 전류의 주파수에 동조하여 소요의 전화기의 벨만을 울리게 한 신호의 방법을 말한다.

동조의 예도 (同調──銳度, sharpness of tuning) ⇨ 공진의 예도.

동조 전령 (同調電鈴, harmonic ringer) 가동부의 고유 진동수를 특정한 주파수의 전류에 동조하는 구조로 한 자석 전령을 말한다.

동조 코일 (同調──, tuning coil) 동조회로의 인덕턴스 코일이다.

동조 콘덴서 (同調──, tuning condenser) 보통 인덕턴스와 콘덴서를 조합하여 동조회로를 만드는데, 이 때의 콘덴서를 말한다. 이 콘덴서는 고정형과 가변형의 두 종류가 있다.

동조 표시음 (同調表示音, tuning note) 실제의 프로그램을 보내기 전에 수신측에서 동조를 잡을 수 있도록 송신기로부터 송출하는 일정한 가청음을 말한다.

동조 회로 (同調回路, tuning circuit) 어떤 주파수에 동조하는 회로를 말한다. 이것은 코일과 콘덴서를 조합한 회로이다. 한쪽 또는 양쪽을 가변으로 하여 여러 가지 주파수에 동조할 수 있는 것도 있다.

동집중 (動集中, dynamic convergence) 전자빔의 집중점이 주사기간을 통하여 지정된 면상에 있는 등의 집중 프로세스를 이른다. 동집중이 잘 되지 않으면 집중점의 궤적은 빔의 편향 중심에서 일정 반지름의 구면 위를 움직이게 되어 편향각도로 인해 지정된 면에서의 어긋남이 일정하게 되지 않는다.

동축 (動軸, driving axle) 동륜을 붙인 차바퀴이다.

동축 공동 (同軸空洞, coaxial cavity) 중공원통 도관의 중심부에 동축 도체를 가진 공동으로, 그 직경이 여진파장과 같은 정도가 되면 공진 공동으로 동작하게 된다. 중심 도체가 있기 때문에 Q는 공동 공진기의 Q보다 약간 낮지만 축의 길이와 공진파장 사이에 직선적인 관계가 있으므로 공진기나 파장계로 널리 사용되고 있다. ⇨ 공동 공진기.

동축 공중선 (同軸空中線, coaxial antenna) 초단파 수직편파 무지향성 공중선의 일종으로, 동축선로의 원통 바깥쪽에 이것과 평행으로 $\lambda/4$의 길이를 가진 한 줄 또는 두 줄의 도제 또는 원통 슬리브를 붙인 것이다.

동축 궤전선 (同軸饋電線, coaxial feeder) 송신기에서 발생한 고주파 에너지를 안테나로, 또 안테나에서 포착한 전자파를 수신기에 능률적으로 이끌기 위하여 사용하는 전송선을 궤전선이라고 하는데, 동축 궤전선이란 이러한 목적을 위하여 사용하는 동축형 전송선을 말한다. 평행 2선 등에 비하여 특성 임피던스는 낮지만 불평형 선로이기 때문에 평형형 공중선에 접속하는 경우 정합을 잡기가 불편하다. ⇨ 평행 2선형 궤전선.

동축선 (同軸線, coaxial line) 동축형의 전송선로로, 내부 도체와 외부 도체가 있으며, 텔레비전 신호 또는 다중 전화신호 등의 고주파 에너지를 손실이 적게 전송한다. 장거리 전송용의 경우는 케이블로서 내외 도체의 위치를 기계적으로 정확하게 유지하여 감쇠량을 적게하기 위하여 폴리에틸렌, 스테어타이트 등의 절연물을 내부 도체에 장착하여 사용한다. 궤전선으로서는 동축관, 동축 케이블 또는 코드로 사용된다.

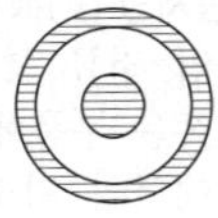

[동축선]

동축선 동조기 (同軸線同調器, coaxial line tuner) 길이가 반파장에 상당하는 동축선을 사용한 동조기이다.

동축선 발진관 (同軸線發振管, coaxial line oscillator tube) 동축선 공진기의 외관(外管), 내관을 적당히 변형하여 복공동 클라이스트론과 같이 발진시키는 극초단파관. 동축선의 길이를 바꿈으로써 광범위하게 발진 주파수를 변화시킬 수 있다. 드리프트 클라이스트론의 일종이다.

동축선 전환기 (同軸線轉換器, coaxial line switch) 마이크로파 등을 중간 주파로 낮춘 채널을 전환하는 경우의 동축선에 의한 전환기이다.

동축 스위치 (同軸──, coaxial switch) 동축 케이블 간의 접속을 바꾸는 스위치. 안테나, 송신기, 수신기, 기타 고주파 장치에 이르는 동축 케이블 간을 임피던스 부정합을 일으킴 없이 접속할 수 있다.

동축 케이블 (同軸──, coaxial cable, concentric cable) 데이터통신에 사용되는 전송선로의 일종이다. 한쪽 도체는 안쪽 중심에 위치하여 다른 쪽 도체인 바깥쪽 금속관과는 절연되어 있다.

동축 콘덴서 (同軸——, coaxial capacitor) ⇨ 원통 콘덴서.

동축 파장계 (同軸波長計, coaxial wavemeter) 동축 공진 선로를 이용한 파장계이다.

동축 필터 (同軸——, coaxial filter) 동축선의 공진특성을 이용한 필터를 말한다. UHF 송수신기에서 안테나에 이르는 궤전선 도중에 삽입하여 측파대의 제거, 혼신 방지용 등에 널리 쓰이고 있다. ⇨ 공진선.

동 케이블 (銅——, copper cable) 유연성을 증진시키기 위해, 큰 단일 선 대신에 사용하는 다수의 가느다란 동선으로 된 케이블을 말한다.

동태 안정도 (動態安定度, dynamic stability) 자동 전압조정기와 같은 자동장치를 갖는 경우의 안정도를 말한다.

동특성 (動特性, dynamic characteristic) 부품, 회로, 장치 등의 동작에서, 입력의 시간 변화가 출력에 영향을 미치는 경우의 동작 특성을 이른다. 장치 등의 동작조건이 일정하게 유지되고 입력의 시간변화가 문제가 되지 않을 정도로 서서히(준 정적으로) 변화한 경우의 특성, 즉 정특성(靜特性)과 대비된다. 동특성으로 많이 사용되는 것은 입력의 주파수 변화에 대한 장치의 주파수 특성이며, 이것이 수학 함수로서 혹은 일군의 특성 곡선으로서 도식적으로 주어진다. 비선형 장치의 경우는 동작이 궁극적으로 안정할 것을 조건으로 동특성을 생각할 수 있다.

동평형 (動平衡, dynamic balancing) 회전체의 평형의 일종으로, 정(靜)평형의 대응어. 정평형은 회전체의 축을 수평한 두 가닥의 레일 위에 가로 누이고 중심에 기울어짐이 있으면 기울어져 있는 측이 밑이 됨으로써 불평형을 알게 된다. 동평형은 시험기에 설치된 회전체를 회전시켜서 중심의 불평형이 있으면 진동을 발생함으로써 불평형을 알 수 있다. 회전체를 자신의 축받이 위에서 회전시켜서 하는 시험은 결국 이것과 같다.

동하중 (動荷重, dynamic load) 동력학적으로 가해지는 하중으로, 교번 하중·반복 하중·충격 하중·이동 하중 등을 이른다.

동환 (銅環, copper collar) 전자계전기의 철심에 끼우는 고리모양의 구리 조각으로, 철심 속의 자속의 변화에 의해서 생기는 와류에 의해서 완동 또는 완복 작용이 얻어진다.

되감기 (back turn) 《변성기》 변류기의 경우에는 2차 권수를 변류비의 비율보다도 약간 감소하여 여자전류의 영향에 의한 오차를 보상한다. 또 계기용 변압기의 경우에는 1차 권선을 변압비의 비율보다도 약간 줄인다. 이러한 것을 되감기라고 하는데, 이 값은 보통 1% 내외이다.

두더지 방어 케이블 (——防禦——, gopher protected cable) 두더지로 인한 피해를 방지하기 위하여 특히 경외장(輕外裝)을 한 케이블을 말한다.

두부 베이스 (頭部——, top base) 전자관의 머리 쪽에 설치된 베이스이다.

두 줄 감기 (bifilar winding) 저항기의 권선 방법의 하나. 2개의 선을 평행으로 감고 인접하는 선의 전류의 방향이 서로 반대가 되도록 감는 방법을 말한다.

둔동조 (鈍同調, broad tuning, flat tuning) 동조회로의 Q가 낮은 것을 말한다. 이와 같은 경우 동조곡선은 동조점 부근에 있어서도 완만하게 된다.

뒤진 각 (——角, angle of lag) 두 교번 벡터양 $\dot{A}, \dot{B}$가 $\dot{A}=|A|e^{j\omega t}$, $\dot{B}=|B|e^{j(\omega t+\phi)}$인 관계에 있을 때 $\dot{A}$는 $\dot{B}$보다 뒤지고 있다고 하며, 이를 뒤진각이라고 한다. ⇨ 위상각, 앞선 각.

듀메트 선 (——線, dumet wire) 연질 글라스에 대한 봉입용 금속선의 일종이다. 듀메트선은 Ni-Fe 합금선을 심선으로 하며, Cu를 피복하고 또 그 두께를 적당히 하여서 글라스와의 팽창계수를 일치시킨 것. 특히 Cu의 표면은 이산화동으로 하였으며, 이것이 글라스에 녹아들어 쐐기의 역할을 하기 때문에 잘 봉착(封着)한다.

드럼 길이 (drum length of cable, reel length of cable) 《케이블》 케이블 피스 길이라고도 하며, 일반적으로 케이블의 표준 길이에 접속부분의 길이를 포함한 것을 말한다. 1드럼에 감는 케이블의 길이는 시내 케이블 250m 또는 500m, 시외 케이블 250m, 국내

ㄷ

케이블 250m가 일반적이다.

드럼 제어기 (—— 制御器, drum controller) 가동 접촉부분이 원통면 상에 배치된 제어기이다.

드레인 (drain) (1) 방전시에 전지에서 공급되는 전류, 그밖에 전원에서 부하에 공급되는 전류. (2) MOS FET에서의 한쪽 전극을 이른다.

ㄷ

드레인 밸브 (drain valve) 예를 들면 탱크 아래쪽에 설치하여 내부의 물 또는 오일을 빼내기 위한 밸브를 이른다.

드레인 콕 (drain cock) 예를 들면 탱크 내부의 물 또는 오일을 빼내기 위한 콕을 이른다.

드로퍼 (dropper) 《전기철도》 전기철도에 있어서 복식 커티너리 현수법에 의하여 트롤리선을 조가할 때 보조 메신저를 주 메신저에서 매어 내리는 선을 말한다.

드리프트 (drift) (1) 동기기의 조정장치 오차가 부품의 열화, 온도변화, 기타 불규칙한 변동 때문에 오랜 기간 동안에 변동하는 것. 허용 가능한 최대 드리프트는 일정 조건하에서 일정 시간 내에 발생하는 일정한 변화로 주어진다. (2) 《제어》 일정 기준 입력하에서 비교적 오랜 기간 동안에 발생하는 바람직하지 않는, 그러면서도 완만한 출력 변동을 이른다. 드리프트는 보통 측정되는 변수의 최대 측정값의 백분율로 주어진다. (3) 《아날로그 계산기》 계산기 소자에서 서서히 변동하는 오차. (4) 전원에서의 장기간의 안정성. (5) 《반도체》 인가 전압하에서 반도체 내부를 캐리어가 이동하는 것을 말한다.

드리프트 속도 (—— 速度, drift velocity) 전계의 영향하에서 이동하고 있는 전자(또는 정공)의 평균 속도. 이것은 전자관이나 반도체 내부에서의 정미의 전류를 부여한다.

㊟ 전류 밀도 J는 캐리어의 전하 q, 농도 n, 드리프트 속도 v에 의하여 $J=q(nv-D\nabla n)$로 주어진다. 여기서 D는 확산계수이다.

드리프트 이동도 (—— 移動度, drift mobility) 균일한 반도체 속을 단위 전계에 의해서 캐리어가 이동하는 평균 이동 속도. 단순히 이동도라고도 한다. 단위는 예를 들면 $m^2/V \cdot S$이다.

드리프트 자동 보상 회로 (—— 自動補償回路, automatic balancing circuit) 저속도형, 상사형 계산기의 연산 증폭기에서 직류 고이득 증폭을 하기 위하여 드리프트를 적게 하도록 자동적으로 드리프트를 보상하는 회로이다. ⇨ 드리프트.

드리프트 트랜지스터 (drift transistor) (1) 2개의 평행 평면 접합부를 가진 트랜지스터로, 중간의 베이스 영역은 경사진 저항률을 가지고 있으며 이것에 의하여 고주파에 대한 응답 특성을 개선하고 있는 것. (2) 확산 합금형의 트랜지스터를 지칭한다. 즉 반도체 웨이퍼에 가스 확산에 의해 베이스 영역을 만들고 그 위에 합금 접합부를 설치하여 구성한 트랜지스터. 고유 반도체 영역을 가진 PNIP 구조의 것도 있다.

드리프팅 (drifting) 음조나 주파수가 시간과 더불어 점차 변화하는 것을 말한다.

등가 리액턴스(等價 ——, equivalent reactance) 등가 임피던스의 리액턴스분이다.

등가 반경 (等價半徑, effective radius) 지구 표면의 대기층을 전파가 전파할 때 높이에 따라 대기의 밀도가 다르기 때문에 전파는 기하학적으로 직진하지 않고 지표에 따라 약각 만곡하면서 진행한다. 이 때문에 전파 통로를 구할 때에는 지구의 반경을 어느 배율만큼 증가하여 전파가 직진하는 것으로 가정하면 작도와 계산이 간단해진다. 이와 같이 가정했을 때 지구의 반경을 등가 반경이라고 한다. 표준 대기의 경우 등가 반경은 $4/3R$(R은 실제의 지구 반경)이 된다.

등가 스티프니스 (等價 ——, equivalent stiffness) 음향기 등에 사용되는 기계적 진동체의 기계 임피던스를 논할 때 진동체의 1점에 착안하여 주파수 범위를 적당히 한정하면 L, C, R의 집중 상수를 조합한 등가회로를 생각할 수 있다. 이 등가회로의 C의 역수에 의하여 나타내어지는 스티프니스를 말한다.

등가 어드미턴스 (等價 ——, equivalent admittance) 등가 임피던스의 역수이다.

등가 임피던스 (等價 ——, equivalent impedance) 내부에 기전력을 포함하지 않는 회로망 또는 기기의 어느 단자에서 본 임피던스 및 어떤 회로의 등가회로를 생각했을 때의 그 임피던스를 말한다.

등가 저항 (等價抵抗, equivalent resistance) 회로 전체에 분포되어 있는 개개 저항체의 저항값과 같은 전력 손실을 발생하는 집중 저항을 이른다.

등가 정현파 (等價正弦波, equivalent sine wave) 일그러진 파와 같은 실효값 및 기본 주파수를 갖는 가상적인 정현파를 그 일그러진 파의 등가 정현파라고 한다.

등가 주기선로 (等價周期線路, equivalent periodic line) 균일한 선로에 대한 등가회로로, 주어진 주파수에서 단말 또는 대응하는 접합점에서 측정하였을 때, 원래의 균일한 선로와 동일한 전기적 기능을 갖는 주기적인 선로를 이른다.

등가 질량 (等價質量, equivalent mass) 음향 기기 등에서 실제 진동에 기여하는 겉보기 질량을 말한다. 예를 들면, 주변을 조인 원형 평면 진동판의 가동부분의 질량을 M이라고 하면, 공진보다 충분히 낮은 주파수에 대해서는 등가 질량 $m = M/5$이 된다. 스피커에서는 가동 부분의 질량 M에 콘과 더불어 운동하는 공기의 질량 m_a가 가해져서 $m = M + m_a$가 등가 질량이 된다.

등가 T 회로 (等價——回路, equivalent T circuit) 등가 π회로와 비슷한 등가회로인데, 그 중 3조의 임피던스 소자가 T형으로 결선된 것을 이른다.

등가 π회로 (等價——回路, equivalent π circuit) 선로 또는 복잡한 4단자망을 이론적으로 다루기 쉽게 하기 위하여 생각하는 등가 4단자 회로로서, 양쪽 단자에서 보아 전파 상수와 임피던스가 원래의 회로와 같고, 그 중에 있는 3조의 임피던스 소자가 π형으로 결선된 것을 이른다.

등가 행정 (等價行程, equivalent path) 송신소를 나온 전파가 전리층에서 반사되어 수신소에 도달할 때까지의 시간에 진공 중의 광속도를 곱한 것을 그 전파통로에 대한 등가 행정이라고 한다. 이것은 전파가 전리층 내에서도 진공 중의 광속도와 같은 속도로 전파한다고 가정한 경우의 전파의 진로의 길이이다. 전리층 내의 전파의 전파속도는 광속도보다 작으므로 등가 행정은 언제라도 실제의 전파 통로보다 길다.

등가 회로 (等價回路, equivalent circuit) (1) 전 주파수대에 걸쳐서 특성이 같은 회로망을 등가라고 하고, 등가인 회로를 등가 회로망이라고 한다. (2) 어떤 회로망에 대해서 특정한 주파수 또는 주파수 범위에서 특성이 같은 회로망을 그 주파수에 있어서의 등가회로망이라고 한다. 복잡한 계산이나 해석을 할 경우 이와 같은 회로망을 사용하면 편리한 경우가 많다. ⇨ 의사 회로. (3) 자기계, 역학계, 열계, 음향계 등의 과도현상 또는 진동현상을 나타내는 미분방정식이 전기회로의 그것과 같은 형식이기 때문에 전기회로에 유추하여 해석하거나 설계하거나 할 때가 있다. 이 경우에 이상과 같은 계(系)에 등가인 전기회로를 등가회로라고 한다.

등가 회로망 (等價回路網, equivalent network) 회로망 이론에 있어서, 단자에서 보아 성질이 같고 구조를 달리하는 회로망을 말한다. 특성이 주어졌을 경우 이에 대한 등가 회로망은 무수히 존재하며, 그것을 구하기 위하여 $2n$ 단자망 이론 등이 쓰인다.

등감 곡선 (等感曲線, isophonic contour) 《음향》 주파수가 다른 순음은 세기(단위 면적을 통과하는 파워)가 같을지라도 귀로 청취한 세기의 감각량(음의 크기)은 같지 않다. 이 관계를 명시하기 위하여 가로축에 순음의 주파수를 대수척도로 잡고, 세로축에 음의 세기를 대수척도로 잡아서 같은 감각이 생기는 점을 연결하는 곡선을 그린 것을 등감곡선이라고 한다.

등감도대 (等感度帶, equisignal sector) 두 무선신호의 감도차가 구별되지 않는 공간의 범위를 말한다.

등광 신호기 (燈光信號機, light signal) 전구의 빛에 의해서 신호 표시를 하는 표시기로, 등의 색깔 및 배열 위치에 따라 여러 가지 표시를 하는 것을 말한다.

등 대 관 (燈臺管, lighthouse tube) 그림에서와 같이 음극, 그리드, 양극의 봉판(封板) 외경이 점차 작아지게 만들어진

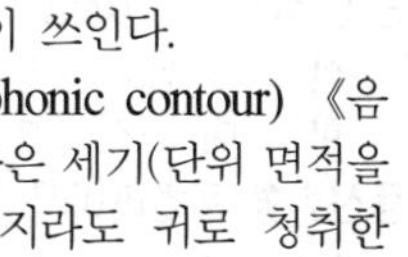

[등대관]

일종의 판극관으로, 등대의 모양과 비슷하기 때문에 이렇게 부른다. 동축회로에 간단히 삽입하거나 빼낼 수 있게 되어 있다.

등렬 신호기 (燈列信號機, position light signal) 백색 전등을 여러 개 배치하고 그 점등위치에 따라 신호의 표시가 되는 신호기이다.

등방성 공중선(等方性空中線, isotropic antenna) 그 방사 방향의 여하에 상관없이 지향특성이 균일한 이상적 공중선을 말한다. 공중선의 지향성이나 이득을 이론적으로 구하는 경우의 표준 공중선으로 많이 쓰인다.

ㄷ

등방위각 선 (等方位角線, isogonic line) 지자기 방위각의 같은 점을 잇는 곡선을 등방위각선이라고 한다.

등복각선 (等伏角線, isoclinic line) 지자기 복각의 같은 점을 잇는 곡선을 등복각선이라고 한다.

등분 눈금 (等分——, uniform scale) 등간격을 등분하게 매긴 눈금을 이른다.

등산 철도 (登山鐵道, mountainous railway) 등산, 또는 산 정상을 관광할 목적으로 경사가 급한 지대에 선로를 시설한 철도를 이른다.

등신호형 로컬라이저 (等信號形——, equisignal localizer) 로컬라이저 코스선에 있어서, 두 송신신호가 같은 진폭이 되는 대역의 중심에 있고, 그 대역에서의 편차는 이들 신호의 레벨에 있어 불평형으로 검출되는 등속의 로컬라이저이다.

등압법 (等壓法, equal pressure method)《가스압 점검법》가스 누설 구멍의 정밀 측정법의 한 방법이다.

등온 팽창 (等溫膨脹, isothermal expansion) 가스체가 그 온도를 변화하는 일 없이 이루어지는 팽창이다.

등위상대 (等位相帶, equiphase zone) 두 무선신호의 위상차를 식별할 수 없게 되는 범위 내에 있는 공간상의 영역을 말한다. ⇐ 등위상 대역.

등위상 대역 (等位相帶域, equiphase zone) ⇨ 등위상대.

등전계 강도곡선 (等電界强度曲線, equifield intensity curve) 송신소를 중심으로 하여 전계강도가 같은 지점을 연결한 곡선으로, 전계강도 실측 분포도라고도 한다. 전계강도를 미터(m)당의 볼트(V)로 표시할 때는 equifield strength라고 하는 편이 정확하다.

등전계 강도선 지도 (等電界强度線地圖, field strength contour map) 송신소를 중심으로 하여 전계의 세기가 같은 지점을 연결하는 곡선을 그린 지도. 여러 종의 전계의 세기에 대하여 곡선을 그리면 그 국의 전파 전파상황은 대체로 명백해지며 특히 방송에 있어서는 방송국의 효과를 알 수 있다. 또 어느 정도의 수신기 또는 안테나를 사용하는 것이 적당한지를 한 눈으로 판단할 수 있어서 매우 중요한 역할을 한다.

등전계 곡선 (等電界曲線, coverage contour) 평면상 전계의 분포상태를 그림으로 나타낼 경우, 전계가 같은 세기의 측정점을 이어서 만든 곡선. 전계강도 지도에 기입된 전파의 세기가 같은 지점을 연결하여 만든 곡선이다.

등전위 (等電位, equipotential) 전위가 같은 것을 나타내는 형용사로, 전위가 같은 점의 궤적이 직선상 또는 면상(面狀)을 형성할 때 등전위선(equipotential line) 또는 등전위면(equipotential surface)이라고 한다.

등전위면 (等電位面, equipotential surface) 3차원 전계 중에 가상되는 면으로, 그 위의 각 점이 등전위에 있는 것을 이른다.

등전위선 (等電位線, equipotential line) 2차원 전계 중에 가상되는 선으로, 그 위의 각 점이 등전위에 있는 것을 이른다.

등전자 트랩 (等電子——, isoelectronic trap) 결정을 형성하는 원자가 이것과 전자가가 같은 다른 원자로 치환된 경우, 이 불순물 원자를 등전자 트랩이라고 한다. 예컨대 GaAs의 결정에서 As와 상등한 전자가를 가진 V족의 P가 As와 치환되어 결정 내에 들어온 경우에는 P가 등전자 트랩이다.
㈜ 등전자란 원자핵의 외각 가전자의 수가 동등하다는 뜻이다.

등조도 곡선(等照度曲線, equiluminous curve, isolux curve) 조명시설을 할 때 평명도에 투사하여 조도가 같은 점을 연결한 곡선. 축대칭 광원이 반사가 없는 장소에 놓여 있을 때는 공심원(共心圓)이 된다.

등조도선 (等照度線, equiluminous line, isolux line) ⇨ 등조도 곡선.

등주 (燈柱, lamp post) 옥외에 쓰이는 등기(燈器), 주로 도로 조명기구를 지지하기 위한 기둥. 주철제 또는 강관제가 많았으나 최근 콘크리트도 쓰이고, 간단한 것으로는 목제도 있다. 요즘에는 경합금제, I형 강제도 사용되고 있다.

등폭 (登幅, climbing space) 사람 또는 기기의 승강에 지장이 없도록 전주를 따라 망 표면에서 최상위의 전용 부분까지 수직으로 설치된 틈이다.

등피 잡이 (燈皮——, globe hodler) 글로브(등피)를 소켓 및 파이프, 쇠사슬 등의 매어다는 용구에 고정시키기 위한 쇠붙이이다.

등화 (等化, equalization) 주로 주파수 이득 특성을 직선으로 하기 위하여 반대 특성의 회로를 삽입하는 수단을 말한다.

등화기 (等化器, equalizer) 회선의 주파수, 손실 특성에 경사를 가지고 있는 회선에 반대의 주파수 손실 특성을 갖는 회로망을 삽입하여 특성의 등화를 하게 한 것이다.

등화 펄스 (等化——, equalizing pulse) 비월 주사를 하고 있는 현재의 TV신호에서는 주사선이 정확한 위치를 잡도록 수직 동기신호의 전선에 특정한 구형파를 삽입한다. 이 특정한 신호를 등화 펄스라고 한다.

등휘 광도계 (等輝光度計, equality of brightness photometer) 룸머-브로쥰 광도계(Lummer-Brodhun Photometer)의 한 형식. 시험, 비교 두 등에 의하여 비추어지는 측광 시야의 휘도가 같게 되었을 때 평형이 얻어지게 되어 있다. 이것을 개량한 대비 광도계는 정확도가 높다.

등휘 측광기 (等輝測光器, equality of birghtness photometer) ⇨ 등휘 광도계.

D급 증폭기 (——級增幅器, amplifier, class D) 입력 펄스신호에 의해서 마크스페이스 비가 변조된 방형파 출력을 발생하는 펄스 폭 변조형 증폭기이다. 위의 방형파에 의해서 푸시풀 스위치를 동작시킴으로써 한쪽 스위치는 높은 입력 레벨로, 또 다른 쪽은 낮은 입력 레벨로 동작한다. 그리고 궁극의 출력 전류는 입력 펄스 전류에 비례하게 된다. 이 동작 모드는 효율이 높지만 일그러짐을 방지하기 위하여 극단적인 고속 스위칭 동작을 필요로 하는 결점이 있다.

dB_m (decibels above 1 milliwatt) 전기 통신에서 사용되는 전력의 절대 측정단위. 0 dB_m은 1mW에 상등하도록 눈금이 새겨져 있다. 따라서 1W는 30 dB_m이다.

㈜ 신호 전송계에서는 기준 전력레벨 P_0가 1mW이므로 전압의 경우는 기준 레벨로서 $V_0=\sqrt{600\Omega\times 1\text{m}}=0.775\text{V}$를 택한다. 600Ω 종단 회선 이외의 회선에서도 위의 전압 V_0를 기준으로 선택하여 사용하는데 이 경우는 dBs, dBv라는 단위 기호를 사용한다.

디스아코모데이션 (disacomodation, DA) 《페라이트》 소성 후 또는 소자 후에 있어서 초기 투자율이 시간과 함께 감소하는 현상. 소자 후 t_2에서 t_1 사이에서 비투자율의 변화량을 Δ_μ로 할 때 $\text{DF}=\dfrac{\Delta_\mu}{\mu^2}\cdot\dfrac{1}{\log(t_2/t_1)}$로 주어지는 DF를 디스아코모데이션 계수라고 한다.

D 스코프 (D-scope) 레이더에 있어서 거리의 대략적인 추정을 하기 위하여 블립이 수직으로 늘어나게 한 C 스코프를 말한다.

디스크 실 (disc-seal) 원판 모양의 금속과 유리를 봉착(封着)하는 것을 말한다.

디스크리미네이터 (discriminator) 위상 또는 주파수의 중심으로부터의 변화를 식별하는 장치. 무선통신에 있어서는 변조된 주파수의 전파를 진폭 변화로 변환시키는 회로장치를 말한다.

디스트리뷰터 (distributor) ⇨ 가로채기 디스트리뷰터.

디스트리뷰터 셸프 (distributor shelf) 디스트리뷰터를 탑재하는 셸프이다.

DC (direct current) ⇨ 직류.

DF (direction finder) ⇨ 방위 측정기.

DM 케이블 (DM cable) 중신 케이블을 이르며, 창시자 Dieselhorst 및 Martin의 머리글자를 딴 명칭이다. 대연심선(對燃心線)을 다시 꼬아서 복대(複對)쿼드로 한 것을 집합하여 케이블 심으로 한 케이블이다.

디젤 기관 (——機關, diesel engine) 압축점화기관이라고 하는 것으로, 높은 압력으로 압축되어서 고온으로 되어 있는 공기 중에 연료를 분사하여 연소시키는 식의 내연 기관이다.

디젤 동차 (── 動車, diesel-car) 디젤 기관에 의해서 구동되는 차량이다.

디젤 발전기 (── 發電機, diesel-engine generator) 디젤 엔진을 원동기로 한 발전기를 말한다. 1회전 중의 토크가 고르지 않기 때문에 큰 플라이휠 효과를 가진 회전자가 필요하다.

ㄷ

디젤 발전소 (── 發電所, diesel power plants, diesel power station) 디젤 기관을 원동기로 하는 발전소이다.

디젤 전기 기관차 (── 電氣機關車, diesel electric locomotive) 디젤기관 및 이에 의해서 구동되는 발전기를 탑재하여 이 발전기를 전원으로 하는 전기 기관차이다.

디지타이저 (digitizer) 평판 위에 그려진 문자나 도형의 위치 좌표를 디지털적으로 검출하여 X, Y 좌표 정보로 출력하는 장치. X-Y 플로터와 그래픽 디스플레이의 입력으로 사용된다.

디지털 (digital) (1) 이산적인 형 또는 양으로 주어진 데이터 혹은 물리량을 의미하는 용어. (2) 부호로 주어진 이산적인 수의 정보를 이른다.

㈜ 아날로그에 대비되는 용어로서, 양자의 본질적인 차이는 대상으로서의 수 또는 물리량이 이산적인가 연속적인가 하는 점이다.

디지털 계산기 (── 計算器, digital computer) 이산적인 데이터에 대하여 4칙계산이나 논리연산 등의 데이터 처리를 하는 계산장치로서, 방대한 양의 계산처리를 고속으로 행할 수 있다. 보통 2진 숫자가 사용되고, 계산기라고 하면 이것을 가리킨다.

디지털 메모리스코프 (digital memoryscope) 《계측 장치》 아날로그 입력신호를 고속도의 A-D 변환기에 의하여 디지털 부호로 변환하여 기억장치에 축적한다. 필요에 따라서 이것을 D-A변환기를 통하여 최초의 아날로그 신호로 역변환하고 CRT 상에 재현하도록 한 축적형 오실로스코프를 이른다. 축적 정보에 대해서는 여러 가지 연산처리를 행할 수도 있으므로 융통성이 풍부한 다기능의 측정장치도 실현할 수 있다. ⇨ 축적형 오실로스코프.

디지털 변조 (── 變調, digital modulation) 오리지널 아날로그 신호를 표본화하고 다시 양자화한 후에 2진 또는 다진 부호로 변환하는 변조법으로, PCM, DPCM, ΔM, PNM 등이 있다. 부호화된 신호는 그대로 베이스 밴드로 전송하는 경우도 있지만 반송파를 상기 부호화 신호로 변조하여 다단 변조의 형태로 전송하는 경우도 있다. PCM-AM(그다지 사용하지 않는다), PCM-PM, PCM-FM 등이 그러하며, 각각 ASK, PSK, FSK라 불리운다. 다진 신호의 경우는 다값 PCM, 다상 PSK 등이 있다.

㈜ 디지털 변조방식은 펄스 재생중계 등으로 장거리 전송에 있어서도 내잡음성을 손상하지 않지만 이에 오류 정정방식 등을 부가하면 더욱 내잡음성이 향상된다.

디지털 비교기 (digital comparator) 비교되는 값으로 프리세트된 디지털 수의 각 자리수를, 다른 카운터 입력단에서 송부한 카운터수의 각 자릿수와 각각 비교하여 전부 동등하게 되기까지 카운트를 진행하도록 한 디지털 장치를 말한다.

디지털-아날로그 변환기 (── 變換器, digital analog converter) 약어 DAC, 디지털량을 대응하는 아날로그량으로 변환하는 장치. 보통 연산 증폭기를 사용한 덧셈기의 입력에 2^n으로 중첩된 한 쌍의 저항, 혹은 사다리꼴 구조의 저항회로를 사용하여 이에 병렬 디지털 입력전압을 부여한 것이 많다. 직렬 입력의 경우에는 적분기를 사용한다.

디지털 IC (digital IC) 입력, 출력 모두 바이너리 전압(예를 들면 +5V와 0V)만을 변수로 하여 동작하는 집적회로를 말한다.

디지털 전압계 (── 電壓計, digital voltmeter) DVM, 입력 아날로그 전압을 일정 주기로 샘플하고 이것을 디지털 값으로 변환하여 표시 혹은 기록하도록 한 전압측정기를 말한다.

디지털 전화 (── 電話, digital telephone) 현재 음성신호에 의해서 아날로그 방식으로 이루어지고 있는 전화 통화를 PCM 기술에 의해서 디지털 신호로 변환하여 전송하도록 한 것으로, 회선과 교환시설은 디지털 신호를 대상으로 한 것이 된다. 디지털화로 회선의 이용률 향상, 전화기의 기능과 서비스의 다양화 등이 이루어진다. ⇨ 음성 패킷 교환.

디지털 펄스 변조 (——變調, digital pulse modulation) 아날로그 신호에서 채취한 샘플값(또는 인접한 두 샘플값 사이의 차분)을 이산적인 값으로 양자화하고, 이것을 펄스 수와 2진 펄스부호로 부호화하는 것. 펄스수 변조, 펄스부호 변조, 델타 변조, 차분펄스 변조 등이 있다. 아날로그 펄스 변조와 대비되는 용어이다.

디지트 위치 (——位置, digit position) 디지털 전송계에 있어서 각 디지트는 신호의 진폭, 주파수, 위상 등의 속성의 이산적인 상태로 전송된다. 그리고 이러한 디지트 표현이 전송로에서 차지하는 시간적인 또는 공간적인 위치를 디지트 위치라고 한다. 예컨대 전송계의 일시적인 동기 벗어남(pull out) 때문에 일련의 디지트 위치에서 신호가 상실되는 (또는 반대로 그 위치에 들어오는) 것을 슬립(slip)이라 한다.

디처 (ditcher) 지하 케이블을 부설하기 위하여 도로변을 따라서 도랑을 파는 기계이다.

D 층 (——層, D-layer) E층 아래 대체로 지상 60~90 km 부근에 존재한다고 생각되는 이온화한 부분. 주간에 단파의 공간파가 전파할 때 이 부분에서 흡수된다. 또 이른바 장파는 이 곳에서 반사된다고 한다. 야간에는 거의 소실하는 것 같다.

디코미터 (decometer) 데카 항행방식에도 사용되며 관측점이 위치하는 위치선을 표시하기 위한 위상계이다.

디코히어러 (decoherer) 코히어러는 예를 들면, 유리관 속에 금속 가루를 봉해 넣은 것으로, 고주파 전압을 가하면 도전성을 띤다. 이 성질을 이용하여 전파의 검출을 할 수 있는데, 한 번 도전성을 띠면 기계적 진동을 가하지 않는한 고저항으로 회복하지 않는다. 이 기계적 진동을 주는 장치를 말한다.

디텍터 바 (detector bar) 전철기의 도중 전환을 방지하기 위하여 쓰이는 것을 말한다.

디텐트 (detent) 래칫기구에 있어서, 래칫에 의해서 톱니바퀴를 구동하여 축을 보낸 다음 축이 되돌아오지 않도록 톱니에 물리는 쇠붙이를 말한다.

DTL (diode transistor logic) 다이오드, 트랜지스터, 저항 등으로 구성한 디지털 IC 게이트이다. DCTL이나 RTL에서 고민되는 전류 호깅이 해결되었다. 또 레벨 시프트 다이오드에 의해서 잡음 배제성을 높일 수 있다. 그러나 TTL의 출현으로 수요는 오히려 TTL로 옮겨가고 있다.

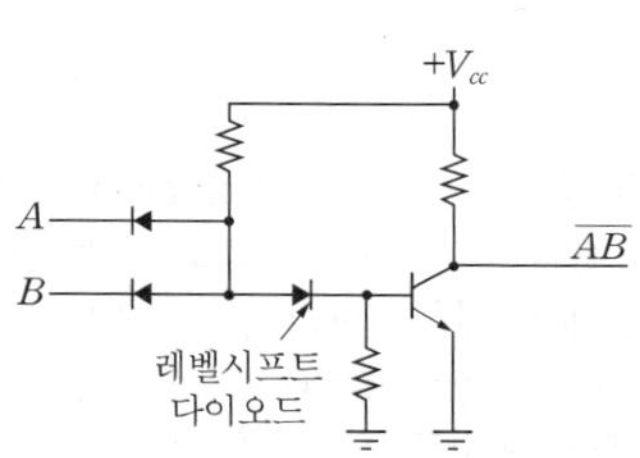

[DTL]

디포커싱 (defocusing) 정확하게 초점이 맞지 않은 것을 이른다. ⇐ 블루밍(blooming).

디플렉터 (deflector) 커티너리 현수방식의 트롤리선의 분기 또는 교차 지점에 사용하는 것으로, 팬터그래프가 이 지점의 트롤리선 아래를 통과하는 경우, 팬터그래프가 꽂히지 않도록 그 중앙부에 한 줄 또는 강철 막대를 둔다.이 짧은 트롤리선 또는 강철 막대와 트롤리선을 동일 수평면에 두기 위한 연결용 쇠붙이를 디플렉터라고 한다.

땜납 (solder) Sn : Pb가 37 : 63~95 : 5의 성분을 갖는 합금으로, 용융 개시 온도는 182℃이지만 용융 완료 온도가 그 성분에 따라 182℃(63 : 37의 경우)~252℃(37 : 63의 경우)로 달라진다. 전자는 강관의 접속, 후자는 수도 연관, 양철의 땜 작업에 쓰인다.

땜납 흡인기 (——吸引器, solder gobbler) 프린트 회로판에서 고장 부품 등을 제거하는 경우에 사용하는 공구로, 부품을 고정시키고 있는 땜납을 녹이는 동시에 녹은 땜납을 스포이트 등으로 흡인하여 제거함으로써 주위의 건전한 부품이 땜납 등으로 단락사고를 발생하지 않도록 한다. 스니파라고도 한다.

ㄹ

라그랑주 승수 (── 乘數, Lagrange's multiplier) 조건부 함수의 최대화 또는 최소화 문제에 대한 해석수법의 일종. 예를 들면, $z=f(x, y)$를 $g(x, y)=0$이라는 조건 아래서 최대 또는 최소로 하는 것 같은 x, y의 값을 구하기 위하여 라그랑주 승수 λ를 도입하여 $w(x, y)=f(x\,y)+\lambda g(x, y)$라는 함수 $w(x, y)$를 생각하고, $\partial w/\partial x=0, \partial w/\partial y=0$, $g(x, y)=0$ 이라는 세 식에서 x, y, λ를 구할 수 있다.

라디오고니오미터 (radiogoniometer) 서로 직각 방향으로 배치된 2조의 루프 공중선(Bellini-Tosi antenna)에 각각 2개씩 쌍이고, 또한 서로 직각으로 배치된 2조의 고정 코일 안쪽에 제 3의 코일을 두고 이것을 연직축(鉛直軸)을 중심으로 회전할 수 있게 한 장치인데 도래 전파의 입사방향을 위의 2조의 고정 코일의 합성자계 안에 있는 회전 코일의 위치에서 판별하는 전파탐지 방식을 말한다.

라디오그래피 (radiography) 가시광으로는 볼 수 없는 물체 내부의 구조를 방사성 물질에서 방출되는 X선이나 감마선 같은 물체를 투과하는 능력이 강한 방사선을 이용하여 사진(라디오그래프)으로 찍어내는 기법을 이른다.

라디오 덕트 (radio duct) 표준 상태의 대기는 높이와 함께 유전율이 감소하는데 어떤 기상 상태에서는 이와는 반대의 경향을 보이는 대기층이 생기기도 한다. 이 경우 VHF 이상의 높은 주파수의 전파는 강하게 굴절하고 전파 에너지는 그 층 안에 갇혀서 매우 먼 가시거리 밖까지 전파된다. 이 현상을 라디오 덕트 전파라고 하며, 이 대기층을 라디오 덕트라고 한다. 라디오 덕트에는 접지성 덕트와 비접지성 덕트가 있는데, 덕트에 갇히게 되는 전파의 파장은 덕트의 두께, 유전율의 분포경향에 따라 제한되고 마이크로파 쪽이 VHF파보다도 전파하는 기회가 많다. 따라서 라디오 덕트는 주로 마이크로파 통신 및 레이더 등에 영향을 미친다고 생각할 수 있다.

라디오 링크 (radio link) 무선 송신기 및 수신기 사이에 설정된 통신로를 이른다. 2방향(FDX) 채널의 경우는 각 방향에서 다른 주파수를 사용한다. 위성통신의 경우에는 지상국으로부터 위성으로의 채널을 업 링크, 반대 방향으로의 채널을 다운 링크라고 한다.

라디오 메릿 (radio merit) (1) 좁은 의미로는 국제전화회선 등의 양부를 말하는 단어로서 0에서 5까지의 숫자로 나타낸다. 이것이 3 이상이면 실용할 수 있다. (2) 넓은 뜻으로는 무선전신에 있어서 전송의 값 또는 업무의 상태 등을 나타내기 위하여 국제적으로 FRAME 코드(음향 통신용), SINPO 코드가 있다. 무선전화용은 RISAFMON, RAFISBENQO가 있지만 최근에는 SINPFEMO가 널리 쓰이고 있어 이것을 말한다.

라디오 비컨 (radio beacon) 어떤 고정된 장소에 설치한 무지향성 무선 송신국으로, 특성적인 신호를 발사하면 항공기 또는 선박이 자신의 방향 탐지기로 그 신호를 수신함으로써 방위정보를 얻을 수 있게 한 것. 상시 동작하고 있는 것도 있고, 질문 신호에 응답하여 방위(경우에 따라서는 거리)에 관한 정보를 제공하는 것도 있다.

라디오 윈도 (radio window) 대략 50 GHz에서 15 MHz(파장으로는 6 mm에 20 m) 사이에 걸친 주파수대로서, 이 범위의 전파는 지구 밖의 우주로부터 지구로 혹은 그 반대로 전리층에서 반사되거나 감쇠됨이 없이 자유로이 통과할 수 있다. 10 GHz 이상에서는 강한 비 등은 전파 전파에 상당한 영향을 미친다. 일부 텔레비전 채널 또는 전파천문학에서 사용하는 주파수는 위의 창 대역에 있으므로, 예컨대 장거리에 텔레비전 방송을 중계하는 경우 등에는 서치라이트를 필요로 한다. ⇨ 대기 흡수.

라디오 장해 (── 障害, radio interference) 라디오 수신을 할 때 장해가 있는 것을 말한다. 수신기의 고장, 전기 잡음 및 혼신에 의한 방해 등이 그 원인이 된다.

라디오 존데 (radiosonde) 항공기나 기구, 연 또는 낙하산 등에 기상 지원 업무의 자동 무선발신기를 장비하고 그 곳에서 발사되는 전파의 주파수, 변조 주파수, 기타의 신호요소를 지상에서 수신하여 상공의 기압, 기온, 습도의 변화를 관측하게 한 것을 말한다.

라디오 컴파스 (radio compass) ⇨ 방위 측정기.

라디오테르미 (radiothermy) 초단파 치료처럼 인체에 무선 전파를 대고 그 열작용에 의해서 치료하는 방법을 이른다.

라디오 필 (radio pill) 작은 발진기와 측정기를 내장한 캡슐로, 이것을 삼켜서 소화기관을 지나 몸 밖으로 회수되는 동안 필요한 정보를 송신하고, 몸 밖에서 그것을 수신하도록 한 것. 에코 캡슐(echo capsule)이라고도 한다.

라디칼 (radical) (1) 원자와 분자의 내부 전자가 기저상태에서 여기된 상태를 나타내는 화학용어. 다른 전자나 이온에 의하여 충돌되거나 혹은 촉매 등의 작용으로 여기되어 다른 물질과 반응하기 쉬운 것 같은 상태. (2) 유리기(자유기)와 동의어. ⇨ 라디칼 반응.

㊟ 화합물에 있어서 특정한 원자집단으로 행동하고, 그대로의 형태로 화학반응에 관여하는 원자 그룹(atom group)과 위의 radical은 종래 애매하게도 모두 기(基)라 불리웠다. 일반적으로는 atom group을 기라 하므로 radical의 경우는 유리기(자유기)라 하여 구별할 필요가 있다.

라디칼 반응 (── 反應, radical reaction) 공유 결합하고 있는 화합물(대부분의 유기 화합물이 그러하다)의 결합이 절단되어(개열이라 하고 있다) 유리기를 발생하는 반응. X−Y → X· +Y·

㊟ ·는 기전자를 의미한다. 공유합을 만들고 있는 한 쌍의 전자가 모두 어느 한쪽 물질에 붙은 형태로 개열하는 경우는 한쪽이 양이온, 다른 쪽이 음이온이 되므로 이것을 이온 반응이라고 한다. $X-Y \rightarrow X^{+}+Y:^{-}$ 또는 $X:^{-}+Y^{+}$ ⇨ 유리기.

라만 레이저 (Raman laser) 물질에 강한 여기광을 조사하여 유도 라만산란(산란광의 증폭현상)을 일으켰을 때 발생하는 조사광과 주파수가 다른 스펙트럼 성분, 즉 스토크스선 또는 반스토크스선의 주파수로 코히어런트광을 발생하도록 한 레이저를 이른다.

라우에 반점 (── 斑點, Laue spot) 연속 X선을 금속판의 가는 구멍을 통해서 단결정의 작은 조각에 쪼이면 수 cm 떨어진 사진 건판에는 결정 내의 격자점에 산란한 X선이 간섭을 일으켜 사진 건판 위에 많은 흑점이 얻어진다. 이것을 라우에 반점이라고 한다.

라이덴 병 (── 甁, Leyden jar) 콘덴서의 일종으로, 그 구조는 유리병의 측면 및 바닥 안팎을 은박으로 바른 것으로, 뚜껑 중앙을 통해서 넣은 금속 막대 끝에는 쇠사슬을 달아매어 안쪽 은박에 접속되어 있다. Leyden 대학의 Musschenbrock (1746년)이 처음으로 이것을 써서 방전 실험을 했다.

라이브 (alive, live) 전기회로에 전압이 인가되어 있음을 뜻하는 말이다.

라이브 엔드 (live end) 《방송》 스튜디오나 음악당 등에서 특히 반향을 준 벽면을 이른다.

라이브 프론트반 (── 盤, live-front switch board) 패널 표면에 전압, 전류의 도선이 나와 있는 것을 이른다.

라이스 마이크로폰 (Reiss microphone) 탄소 알맹이를 사용한 마이크로폰의 일종으로, 구조가 간단하고 감도와 주파수 특성도 매우 좋지만 습기의 영향을 쉽게 받고 잡음도 많다. 예전에는 많이 사용되었었으나 다른 종류의 마이크로폰이 발달해서 이제는 과거의 것이 되었다.

라이트 요금 (—— 料金制, right demand rate) 부하율을 감안하는 요금제의 일종으로, 사용 전력량을 최대 수용전력에 따라 두 블록 또는 수 스텝으로 나누어 점감 요율을 과하는 요금제를 말한다.

라인 뱅크 (line bank) 자동 교환용 선택기의 통화로용 뱅크이다.

라인 스위치 (line switch) 자동 교환에 있어서 가입자선에서 실렉터 또는 실렉터에서 국간 중계선 등을 선택하기 위하여 사용되는 비숫자 선택기이다.

라인 스위치대 (—— 臺, line switch board) 자동 교환기의 라인 스위치와 부속 기기를 장치한 대 또는 라인 스위치 유닛 2조를 조립한 대이다.

라인 스위치 셸프 (line switch shelf) 자동 교환기의 라인 스위치를 장치한 셸프이다.

라인 스위치 유닛 (line switch unit) 자동 교환기에 있어서 라인 스위치 100개와 부속 기기를 갖춘 가입자용의 단위 기기이다.

라인 와이퍼 (line wiper) 자동 교환기용 선택기의 통화로용 와이퍼이다.

라인 파인더 (line finder) 자동 교환에 있어서 발호한 가입자선을 1차 실렉터에 접속하기 위하여 뱅크측에 가입자선, 와이퍼측에 1차 실렉터를 접속시켜 기호(起呼)회선을 탐색하는 기능을 가진 비 숫자 선택기이다.

라쿠르 모터 (Lacour motor) 3상 분권 전동기의 일종으로, 고정자에 1차 권선과 탭이 나와 있는 조정 권선이 수납되어 탭을 전환해서 속도제어를 한다. 또한 보조 변압기를 이용해서 힘의 역률조정도 한다.

라펠 마이크로폰 (lapel microphone) 연설하는 사람이 움직이면 마이크로폰과 입과의 거리가 변화하여 음량에 강약의 변화가 생기는 것을 막기 위해서 연설하는 사람의 옷깃이나 단추구멍 등에 달아 사용하도록 만들어진 가볍고 작은 마이크로폰이다.

라플라스 변환 (—— 變換, Laplace transformation) $s=\sigma+jw$를 파리미터로 하여 $F(s)=\int_0^\infty f(t)e^{-st}dt$로 주어지는 함수 $F(s)$를 $f(t)$의 라플라스 변환 함수라고 한다. 이 변환에 의하여 정계수(定係數)의 선형 미분방정식은 s에 관한 대수방정식으로 되어, 풀기 쉬운 형식을 부여하여 준다. $f(t)$와 $F(s)$의 대응을 부여하는 편리한 표를 이용할 수 있다.

㈜ 역변환은 복소적분 $f(t)=\frac{1}{2\pi j}\int_c F(s)e^{st}ds\,(t>0)$로 주어진다. c는 복소 s평면에 있어서 $F(s)$의 모든 근을 좌측에 보듯이 허축에 평행으로 그은 적분로이다.

랄랜드 전지 (—— 電池, Lalande cell) 5~18%의 가성소다를 전해액으로 하고 산화동판을 양극, 수은을 칠한 아연판을 음극으로 한 전지. 기전력은 1~1.1V이다.

람베르트 (Lambert) 광속 발산도의 일종으로, $1\text{m}/\text{cm}^2$. 측광학자 Johann Heinrich Lambert의 이름을 따서 명명한 것인데 현재는 별로 쓰이지 않고 있다.

람베르트의 여현법칙 (—— 餘弦法則, Lambert cosine law) 확산성의 발광면은 1차, 2차를 불문하고 빛나는 방향에 대해서 거의 일정하다. 측광학의 아버지라고 불리우는 Lambert가 이러한 면에 대해서 일정하게 빛난다고 가정해서 조명 계산을 했다. 그림에서 완전 확산면에 있어서 N방향, P방향에서 보았을 때의 휘도는 상등하므로 $F/S=F'/S'$이지만 $S'=S\cos\theta$이므로 $F'=F\cos\theta$로 된다.

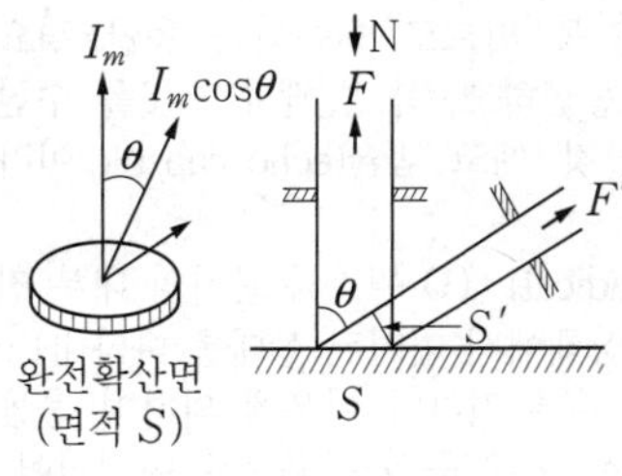

[람베르트 여현법칙]

래깅 (lagging) 터빈, 보일러 등의 보온부분 표면을 덮는 외피를 이른다.

래덕스 (radux) 쌍곡선상 위치선을 지탱하는 위상 비교형의 장거리용 CW 저주파 항행방식이다.

래드 (rad) (1) 흡수선량의 단위로서, 1rad는 물질 1g당 100 erg의 흡수가 있는 경우를 의미한다. 그리고 1 rad = 100 erg/g = 10^{-2} J/kg이지만 SI단위에서는 그레이(gray, 기호 Gy)가 사용된다. 1 Gy = 100 rad (2) 평면각 라디안의 단위 기호. 1 라디안(radian, 기호 rad)은 원의 주상에서 그 반지름의 길이에 상등한 길이의 호를 절취하는 두 가닥 반지름 사이에 포함되는 평면각으로 1 rad = 57.29578도이다.

래드럭스 (radlux) 광속 발산도의 단위로서, 1 m^2당 1 lm의 광속을 발산하는 면의 광속 발산도이다. 기호 rlx이다.

래마크 (ramark) 레이더 주파수로 연속적으로 신호를 발사하여 레이더 표시기 상에 방위 지시를 나타내게 하는 고정 시설을 이른다.

래셔 (lasher) 공구의 일종. 연관 또는 연피를 끼우거나 또는 모양을 수정하기 위한 나무 망치. 윷 모양으로 된 것에 자루를 단 형태이다.

[래셔]

래스터 (raster) 영상 입력이 가해지지 않고 있을 때 텔레비전의 수신 화면에서 볼 수 있는 주사광선의 궤적도. 수평 편향 및 수직 편향 때문에 만들어지고 동일 광도의 주사선이 전 화면에 똑같이 그려진다.

래스터 주사표시 (── 走査表示, rasterscan display) 《그래픽 표시》 표시 스크린의 전연을 커버하는 방형 매트릭스, 즉 래스터 시퀀스의 각 도트(화소)를 표시 컨트롤러에 의해서 제어하여 주어진 입력 이미지 정보를 스크린 위에 플롯하는 방법이다. 랜덤 주사 표시와 대비되는 것으로, 후자는 표시하여야 할 문자, 선분, 원호 등에 대한 필요한 정보가 주어져 있으며 이것으로 표시장치의 빔을 제어하여 직접 벡터를 그려 나가는 것이다. 래스터 주사 표시법은 리얼한 도형을 그릴 수 있다. 표시장치도 값싼 것이 보급되고 있으며 용도가 늘어나고 있다. 다만, 결점은 그 분해도가 낮고 주사변환(scan conversion), 즉 데이터 베이스에 축적되어 있는 이미지 정보의 세부를 정확하게 스크린에 표시하는 도트패턴의 계산법(래스터 표현의 변환법)이 복잡하여 변환시간이 오래 걸리는 점이다. 그래서 매우 정밀을 요하는 도면, 고도의 대화를 필요로 하는 입체도의 설계, 실시간의 애니메이션 표시 등, 특수한 경우는 여전히 랜덤 주사법이 사용되고 있다.

래치 (latch(*n., vt.*)) (1) 《계전기》 수동 또는 전자적 조작에 의해서 리세트되지 않는 한 폐상태(또는 개상태)를 취한 그대로 움직이지 않게 되는 기구를 가진 계전기. 동사로 사용할 때는 위와 같이 시정(施錠)하는 것. (2) 《계산기》 보통 D형 플립플롭을 요소로 하여 구성된 레지스터로서, 클록이 주어짐으로써 그 시점에서 입력측에 존재하고 있던 데이터를 받아들여 이것을 다음 클록이 주어지기까지(그 사이에 입력변화가 있거나 없거나 상관 없이) 출력단에 계속 유지한다. 계산기에서 데이터 버스 위의 데이터를 받아들여 이것을 유지하기 위하여 사용된다. 동사로 사용할 때는 (데이터를) 받아들인다(latch into)고 한다.

래치 쇄정 (── 鎖錠, latch locking) 철도의 신호기 또는 전철기를 조작하는 레버를 다룰 경우, 레버에 래치가 있어서 연동조건이 충족되어 있으면 이 래치를 잡고 레버를 움직일 수 있으나 조건이 충족되어 있지 않으면 레버를 움직이기 전에 래치를 쥐어도 래치의 움직임은 기계적으로 저지되어 있어 레버를 조작할 수 없다. 이 래치의 움직임만을 쇄정하고 레버의 움직임은 쇄정하지 않는 것을 래치 쇄정이라고 한다.

래칫 기구 (── 機構, ratchet mechanism) 래칫간(桿) 또는 래칫차(車)를 전자석 등의 동력으로 움직이는 갈고리로 구동하여 톱니를 멈춤으로써 그 위치를 유지하는 형태의 자동 교환용 선택기 등의 기구이다.

래칫차 (── 車, ratchet wheel) 자동 교환기의 선택기 등에 사용되는 래칫식 구동 기구에 있어서 갈고리에 의해서 구동되어 와이퍼축을 전진시키는 톱니바퀴를 말한다.

래트 레이스 회로 (── 回路, rat race circuit) 전화에 사용하는 하이브리드 코일과 비슷한 작용을 하는 초고주파용 회로를 이르며, 도파관을 둥근 고리모양으로 한 것이다. 하이브리드 링이라고도 한다.

래티스형 필터 (lattice-type filter) 그림과 같이 여러 가지 임피던스를 브리지형으로 결선한 회로망으로 이루어지는 필터를 말한다. 일반적인 정K형이나 유도M형에 비해서 임의의 특성의 것을 간단히 만들 수 있는 이점이 있다. 저역 필터, 고역 필터 또는 지연회로 등 각종의 것을 쉽게 만들 수 있다. ⇨ 정 K형 필터(constant K-type filter), 유도 M형 필터(derived M-type filter), 사다리형 필터(ladder type filter).

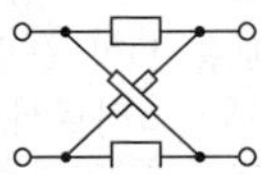

[래티스형 필터]

래티스형 회로망 (── 形回路網, lattice-type network) 그림과 같이 4개의 임피던스 소자 Z_1, Z_2, Z_3, Z_4를 브리지형으로 접속한 4단자망을 말한다.

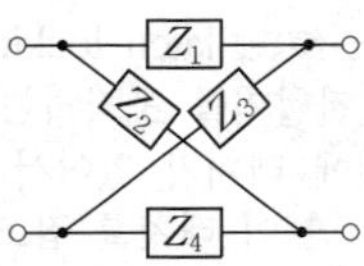

[래티스형 회로망]

랙 레일 (rack rail) 급경사진 철도에서 특수 장치된 기관차의 톱니바퀴와 맞물리게 제작된 톱니가 달린 레일이다.

랙 철도 (── 鐵道, rack railway) 랙 레일을 부설한 철도이다.

랜덤 변수 (── 變數, variate) 허용 가능한 값의 집합(세트) 속의 임의의 값을 지정된 확률로 취득할 수 있는 변수를 이른다. 보통 숫자 변수처럼 다만 허용된 값의 집합 속에서 취득할 수 있다는 것만이 아니라 그것이 어느 정도의 확률로 나타나는가도 지정된다.

랜덤 액세스 (random access) 임의의 시각에 임의의 어드레스 기억을 기입 또는 판독할 수 있는 기억의 방식. 대기시간 0의 방식이라고 할 수 있다.

랜덤 접속 (── 接續, random connection, random joint) 시험 접속을 하지 않고 불평형 용전량(不平衡容電量) 및 상호 용전량을 되도록 균일하도록 임의의 상대와 접속하는 방법. 현재는 그다지 쓰이지 않는다.

램 (Random Access Memory) 약어 RAM, 데이터의 입력과 검색이 가능한 반도체 메모리를 말한다. 검색만이 가능한 롬과 대비해서 이용되는 분야가 넓다. 램에는 데이터 보존방식에 따라 다이내믹 램(DRAM)과 스태틱 램(SRAM)의 2종류가 있다. 다이내믹 램은 스태틱 램보다 구조가 간단하기 때문에 집적도를 높일 수가 있다. 그러나 데이터 보존을 위해 일정 시간마다 데이터의 재입력(리플래시) 동작이 필요하다. 스태틱 램은 리플래시 동작이 필요 없으며, 액세스 속도가 고속이라는 이점을 가진다. 단, 가격이 높기 때문에 다이내믹 램 쪽이 광범위하게 사용되고 있다.

램 보드 (Random Access Memory board) PC에서 사용할 수 있는 메모리 용량을 증가시키기 위한 보드. 노트형 PC에서는 메모리 카드, 데스크탑형 PC에서는 메모리 보드라고도 한다. PC 본체의 메모리 전용 슬롯에 끼워서 사용한다. MS-DOS와 같이 통상 640kB의 메모리 영역 밖에 취급할 수 없는 운영체제에서는 EMS용으로 사용된다. 윈도즈나 OS/2와 같이 보다 큰 메모리 영역을 취급할 수 있는 OS에서는 프로텍트 메모리로 이용된다. 램보드에는 일반 확장 슬롯에 증설하는 타입의 제품도 있다. 그러나 i 386 이후의 CPU를 탑재한 기종에서는 확장 슬롯에 증설한 경우, 메모리의 액세스 속도가 매우 느려지기 때문에 현재는 거의 이용되고 있지 않다.

램 카드 (RAM card) 휴대용 워드프로세서, 노트형 PC 등에서 사용되는 카드형 기억장치로 램을 내장한 것이다. 내부 메모리의 확장에 사용되고 있는 것과 교환 매체로 사용되고 있는 것이 있다. 전자는 데스크탑형 PC용 메모리 확장 보드의 노트형 PC판이라 해도 좋다. 본체의 메인 메모리를 확장하는데 사용하기 때문에 증설 램 카드라고도 불린다.

램프 신호 (── 信號, lamp signal) 철도에 있어서 색등으로 열차의 진행, 정지 또는 서행의 운행조건을 표시하는 신호이다.

램프 어댑터 (lamp adapter) 소켓에 직접 램프를 꽂지 않고 그 사이에 넣는 것. 대형 소켓에 일반형 베이스의 램프를 꽂을 경우에 쓰이는 것이 가장 많은데 보통 소켓에 일반형 베이스의 램프를 꽂을 경우에 사용하여 빛의 중심 위치를 조절하기도 한다.

램프 잭 (lamp jack)　전화 교환기 등에서 램프를 붙이기 위하여 사용하는 접점 스프링을 조합한 전기기구이다.

램프 전압형 (—— 電壓形, ramp voltage type) 《A-D 변환기》 아날로그-디지털 변환법의 한 형태로, 램프전압이 영전압을 크로스하는 시점에서 입력전압 V_{in}과 같게 되기까지 사이의 클록 펄스를 계수하는 방법. 왼쪽 부분은 이와 같은 계수를 일정 주기로 반복하기 위한 샘플링 회로로, 카운터의 표시를 읽음과 동시에 적당한 시간 경과 후에 표시를 클리어하여 다음 램프전압을 기동시킨다.

램프 패널 (lamp panel)　전화 교환기 등에서 램프를 붙인 판을 이른다.

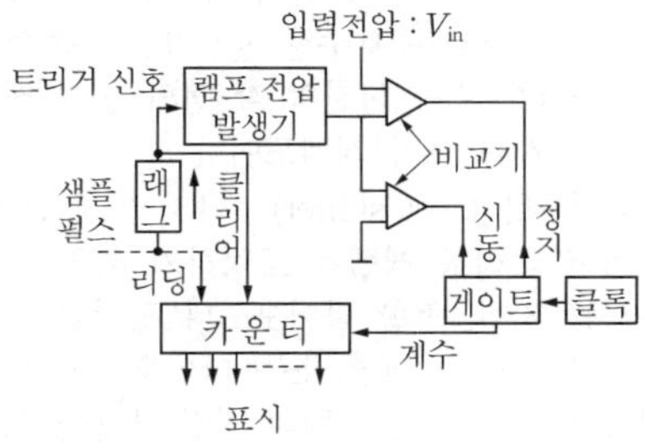

[램프 전압형]

램프 효율 (—— 效率, lamp efficiency)　전등의 효율은 출력을 루멘, 입력을 와트로 하여, 즉 와트당 루멘 [lm/W]으로 나타낸다. 일반 조명용 전구에 있어서는 10~20, 형광등에 있어서는 약 60, 고압 수은등에 있어서는 약 30[lm/W]이다.

랩 조인트 (lap joint)　변압기 철심의 계철(繼鐵)과 각철(脚鐵)을 이은 부분에 있어서 각 부분의 철판을 한 장씩 지그재그형으로 겹쳐서 조립한 구조를 말한다.

랭킨 사이클계 (—— 系, Rankine-cycle system)　대형 우주선용의 발전방식으로 고려된 것으로, 원자로 또는 태양열 수집장치가 액상 금속을 열전달 매체로 하여 열교환기를 통해서 하나의 루프를 형성하고, 다른 한쪽의 루프에 있어서는 같은 또는 종류가 다른 딴 액체의 금속이 증발하여 터빈 발전기를 운전한 후에 방열기 안에서 액화하여 순환하도록 되어 있다.

㊟ 랭킨 사이클은 기력발전소에서 기본적인 열사이클이다. 단순한 랭킨사이클에서는 콘덴서로부터 공급되는 물을 단열 압축하여 보일러 속에서 가열·증발하고 다시 과열기에서 과열증기로 하여(등압 가열) 터빈 안에서 열팽창시켜 일을 끝낸 증기를 콘덴서로 물로 환원시킨다(등온·등압 냉각). 열효율을 높이기 위해 재열, 재생 과정을 거치는 것이 일반적이다. ⇨ 재열 사이클, 재열 재생 사이클.

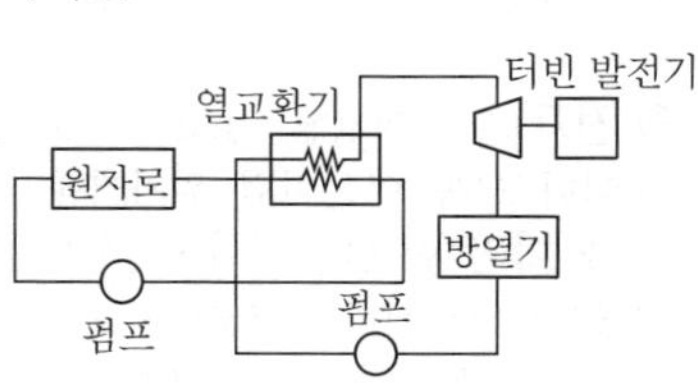

[랭킨 사이클계]

러그 (lug)　극판의 상부에 있는 돌출부로, 이것으로 극판을 전조(電槽)에 매어 단다.

러너 (runner)　수차, 터빈, 펌프 등의 축을 제외한 회전부분을 말한다.

러링고 폰 (laryngophone, neck telephone)　목에 대어서 발성시 목의 진동을 픽업하는 마이크로폰. 명료도는 좋지 않으나 항공기의 승무원이 사용하면 마이크로폰이 시계를 방해하거나 산소흡입에 방해가 되지 않게 할 목적으로 만들어졌다.

러버 밴디지 (rubber bandage)　폭 약 10 cm, 길이 수십 cm로 재단한 고무 띠이다. 케이블작업 중도에 연피를 절개한 채 잠시 방치할 때 노출된 부분을 단단히 감아 습기의 침입을 일시적으로 막는다.

럭스 (lux)　조도의 단위이다. 루멘 매 m^2 [lum /m^2] 또는 광도 1cd의 점광원에서 1m의 점에 있어서의 법선조도. 약어는 lx이다.

럭스계 (—— 計, luxmeter)　휴대에 편리하며 튼튼하고 손쉽게 쓸 수 있도록 만들어진 광도계. 시감(視感) 측정용에는 오래 전부터 Macbeth 조도계, Sharp-Millar 조도계 등이 사용되었으나 현재는 광전지식(光電池式)이 널리 쓰인다. ⇨ 조도계.

럼블 (rumble) 디스크 레코딩에 있어서 턴테이블의 다이내믹 평형이 완전하지 않기 때문에 발생하는 저주파 노이즈를 이른다.

레귤러 실렉터 (regular selector) 시내 통화 접속에 필요한 기능을 가진 실렉터로, 스트로저식 자동 교환기에서 가장 많이 사용되는 실렉터이다.

레날드 선 (Lenard rays) 음극선은 그것이 닿는 벽에 엷은 알루미늄판을 붙인 창을 설치하면 투과해서 외부로 그것을 잡아낼 수 있다. 이 선은 Lenard(1894년)가 처음으로 실험했기 때문에 레날드 선이라 부르게 되었다.

레독스형 전지 (—— 形電池, redox battery) 철 이온이나 크롬 이온처럼 원자가를 바꾸는 성질을 가진 이온의 산화・환원반응(레독스 반응)에 의해서 동작하는 전지. 충방전 효율이 높고, 수명이 길기 때문에 선진국 등에서는 이것을 이용한 고성능・대용량의 전지(현재의 양수발전소를 대신할 만한)의 개발 연구가 진행되고 있다.

㊟ 레독스란 reduction-oxidation (환원-산화)의 축합어이다.

레버 (lever) 연동장치에 있어서 신호기 또는 전철기를 동작시키는 핸들이다.

레버 쇄정 (—— 鎖錠, lever lock) 철도의 신호기 및 전철기를 조작하는 레버를 조작할 경우 연동조건이 갖추어지지 않았을 때 그 레버의 운동을 기계적 또는 전기적으로 저지하는 장치이다.

레버 스프링 (lever spring) 수평형 계전기 및 스트로저 자동교환기 등의 접점 조립에 사용되는 가동 스프링이다.

레버 표시등 (—— 表示燈, lever light) 연동장치의 레버에 전기 쇄정장치를 시설한 경우 담당자가 레버의 전환 여부를 인지하기 위하여 설비된 등을 이른다.

레베카 (rebecca) 레베카-유레카(rebecca-eureka)로 된 2차 레이더의 기상 질문기이다.

레벨 (level) 통화계통 중에 어떤 점의 레벨이란, 그 점에 있어서의 음성전력을 특정 기준전력과 비교한 값으로 표시하고, 보통 데시벨로 나타낸다. ⇨ 제로 레벨(zero level).

레벨계 (—— 計, level meter) 일반적으로 AC 출력(전압, 전류, 전력)을 [dB]로 직접 읽는 계기로서, 증폭기와 정류기 및 온도보상회로로 구성된다. 드물게 대수 지시하는 범위를 확대하기 위하여 대수 지시회로를 두는 경우가 있다.

레벨 기록장치 (—— 記錄裝置, level recorder) 레벨 기록기를 말한다. 일반적으로 가변 주파수 발진기와 레벨계 및 전기눈금 회로를 포함하고 있으며, 전송 주파수특성 등을 자동 평형장치에 의해서 기계적으로 자동기록시키는 장치이다. 눈금은 [dB]이고, 직접 읽을 수 있으며 또한 기록할 수 있다.

레벨도 (—— 圖, level diagram) 장거리 전화(선) 선로에 있어서 각 반송파 또는 측파대가 전송로를 전파하는 경우 전송로의 각 점, 예를 들면 중계소에 있어서의 송수신 레벨은 일반적으로는 보수상 일정값을 유지하는데, 중계소 또는 회전의 각 점의 통신 레벨값을 도시한 표가 레벨도이다.

레벨 시프터 (level shifter) 디지털 게이트에 있어서 논리값 레벨을 조정하기 위하여 사용되는 저항, 접합 다이오드나 정전압 다이오드로서 이들 저항 또는 다이오드의 전압 강하로 입력 또는 출력의 전압 레벨을 조정한다. 그림의 경우 정전류원의 작용으로 출력 레벨은 입력 레벨보다 대체로 rI_{E1} 만큼 인하되어 있다.

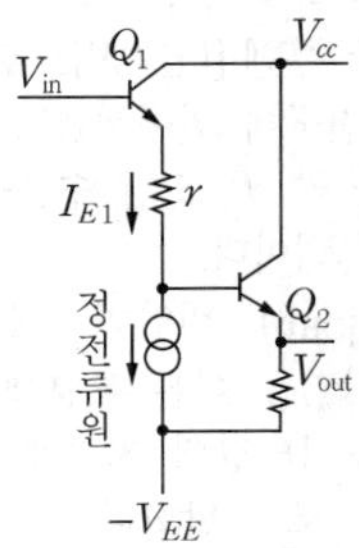

[레벨 시프터]

레벨 지시기 (—— 指示器, level indicator) 라디오, 텔레비전의 영상 또는 음성의 전송계한 점에 있어서의 레벨을 지시하기 위한 계기이다.

레시스트 (resist) (1)《도금》 음극 또는 도금판의 일부에 그 표면을 비도전성으로 하기 위하여 사용하는 물질. (2)《프린트판》 프린트 배선판의 제조공정에서 배선 패턴을 에칭액(부식액)의 작용으로부터 보호하기 위해 사용하는 내산성의 비도전성 도료이다.

레오택시얼 성장 (── 成長, rheotaxial growth) 높은 표면 이동도를 갖는 유체층 위에 실리콘 다이오드나 트랜지스터를 만들기 위하여 사용되는 화학적인 증착기술. 결정은 유동층 위의 실리콘의 최초 결정의 방향을 그대로 연장한 형태로 성장한다. 보통 세라믹 기판 위에 글리스막을 만들고, 그것을 가열하여 유동상으로 하여 그 위에 $SiCl_4$를 수소 환원함으로써 실리콘 결정을 성장시킨다.

레이더 (radar) 전자 에너지를 송출하여 목적물로부터의 귀환파(歸還波)를 이용해서 목적물의 거리 및 방향을 결정하는 전파 탐지 및 거리측정 방식의 일반적 명칭이다.
㊟ 1차 레이더 및 2차 레이더라고 하는 용어는 귀환신호가 각각 반사파에 의한 경우와 입사신호에 의하여 응답 비컨을 구동한 결과에 바탕을 둔 2차 신호의 송신에 의한 경우에 사용된다.

레이더 그림자 (radar shadow) 레이더에 있어서 개입 반사 매개물 또는 흡수 매개물에 의한 레이더 조사로부터 차폐된 영역이며, 이 영역은 레이더 표시기 상에서 목표가 없는 영역으로 나타나게 된다.

레이더 동작지수 (── 動作指數, radar performance figure) 레이더 송신기의 펄스 전력과 수신기에 의하여 검출이 가능한 최소 신호전력과의 비이다.

레이더 방식 (── 方式, radar system) ⇨ 레이더.

레이더 방정식 (── 方程式, radar equation) 1차 레이더의 송·수신 전력 및 안테나 이득을 반사 면적 및 레이더 목표 거리에 관계를 지우는 수학적 표현을 이른다.

레이더 보안 비컨 (radar safety beacon) 레이더 질문신호를 수신하여 적당한 응답신호를 송신하는 기상 레이더 응답기로, 레이더 보안 비컨이라고 하는 술어는 특히 기상설비를 이르는 기본적인 지상 레이더에 부가되거나 또는 레이더와는 별도로 존재하는 지상 질문 장치를 포함하는 경우도 있다.

레이더 비컨 (radar beacon) 1차 레이더의 질문에 대해서 동작하는 응답기를 말하며 예를 들면 2.5 cm의 무선 주파대에서 동작하는 기상 레이더가 질문하고 지상 레이더 응답기로부터의 응답을 수신하는 방식에 있어서의 지상부분에 적용되는 술어. 기상 레이더 표시기에는 레이더 비컨의 상대 방위 및 그와 동시에 거리 척도에 따라서 그 거리상에 강력한 반사상 또는 브립이 나타난다.

레이더 조작장치 (── 操作裝置, radar pilotage equipment) 식별이 가능한 지표(地標)의 방위 및 거리를 결정하기 위하여, 그리고 다른 이동체의 상대 위치를 지시하기 위하여 1차 레이더 기술을 이용하는 이동체 탑재용 설비를 말한다.

ㄹ

레이더 중계 (── 中繼, radar relay) 레이더에 있어서 떨어져 있는 위치에 레이더 영상신호와 특유한 동기신호를 중계하기 위한 장치를 말한다.

레이돔 (radom) 레이더 돔을 이르는 것으로, 레이더의 공중선계를 넣는 둥근 유전체 건물 또는 덮개를 말한다. 정식으로는 radome이다..

레이디스트 (raydist) 이동체로부터 발사된 CW신호가 3개 또는 그 이상의 지상국에서 수신되어 수신신호의 위상 비교가 이루어져 이에 의하여 이동체의 위치를 결정하는 항행 방식이다.

레이디얼 대차 (── 臺車, radial truck) ⇨ 레이디얼축 대차.

레이디얼축 대차 (── 軸臺車, radial truck) 대차 지지법의 일종으로, 차축이 서로 평행한 위치에 고정되지 않고 일정한 범위 내에서 자유로이 움직일 수 있는 구조의 것을 말한다.

레이스웨이 (raceway) 전선, 케이블, 모선 등을 수용하고 기계적으로 보호하기 위한 금속 또는 절연물의 홈을 말한다. 전선, 케이블은 홈 안에 느슨하게 고정되어 있다. 덕터라고도 한다.

레이싱 (racing)《자동제어》 자동조정을 하는 계(系) 안에 에너지를 축적하는 부분을 포함하는 경우 조정 감도를 어느 한도 이내로 하면 제어량이 규정값의 상하로 진동하여 멈추지 않는 현상이 생긴다. 이것을 레이싱 또는 난조라고 한다. 제어장치를 피제어계에 접속한 것 만으로 자려적으로 계가 발진하는 경우와 외란(外亂)이나 추종 목표의 급변에 대해서 과대한 타려진동을 일으키는 경우가 있다. ⇐ 난조(hunting).

레이아웃 (layout) 《해저선로》 해저 케이블을 감아들일 때 바깥쪽에서 안쪽으로 원형으로 감아 가는데, 1층이 다 감기고 맨 안쪽에서 맨 바깥쪽으로 가는 것을 레이아웃이라고 한다.

ㄹ

레이윈 (rawin) 라디오 존데의 일종으로, 풍향 또는 풍속을 측정하는 것. 기구의 위치를 매 분 측정하고 수평 이동에서 그 고도에 있어서의 1분간 평균 풍향, 풍속(수평 성분만)을 결정한다. 기구의 위치는 발진기로부터의 전파를 방향 탐지하여 구하는 방위각 ϕ, 양각 θ 및 레이더 방식에 의하여 구하는 직거리 r의 세 요소로 결정된다. radio windflight의 축어이다.

레이저 (light amplification by stimulated emission of radiation) 약어 LASER, 입력전력을 매우 좁은 강력한 코히어런트광 또는 적외선으로 변환하는 능동 전자장치. 입력전력은 광학적 공진장치의 내부의 원자를 높은 에너지 준위로 여기하고, 그것을 유도방출로 위상이 가지런한 광파로 변환하여 방사한다. 광학 메이저라고도 한다. 고체 레이저, 가스 레이저, 다이오드 레이저 등 여러 종류의 것이 있다. 레이저 작용은 고체, 액체, 가스체 그 어느 속에서도 행할 수 있다. 최초로 개발된 레이저는 루비 레이저로서, 결정 내의 크롬 이온의 두 에너지 준위 사이의 천이를 이용한 것이다. 반전분포는 광조사 에너지에 의해서 실현되었다. 고체 레이저로서는 루비 레이저 외에 YAG 레이저, 글라스 레이저 등이 있다. 액체 레이저는 액체 속에 활성물질을 함유하는 레이저로, 그 대표적인 것은 색소 레이저이다. 가스 레이저는 가스체 속의 연속적인 방전으로 여기되며 필요한 반전분포인 가스이온의 충돌 또는 전자와 이온의 충돌에 의해서 만들어진다. 기체 레이저로서는 아르곤 레이저, 탄산가스 레이저, 헬륨·네온 레이저 등이 많이 알려져 있다. 반도체 레이저는 소형이고 튼튼하며 값도 싸다. GaAs의 접합 다이오드로서 전류의 주입으로 반전분포를 만들고 있다. 대부분의 다이오드 레이저는 출력은 펄스이지만 연속파를 발생하는 것도 있다. 레이저는 방출된 방사를 거울로 매질 안을 왕복 반사시키면서 증폭 발진시킬 수 있다. 응용면은 광통신, 홀로그래피, 정밀 계측, 각종 가공, 의료, 동위체 분리, 핵융합 등 널리 각 분야에 이르고 있다. ⇨ 펌핑, 아르곤 레이저, 이온 레이저, 글라스 레이저, 갈륨비소 레이저, 극자외 레이저, 고체 레이저, 반도체 레이저, 분자 레이저, 분포귀환형 레이저.

레이저 가공 (── 加工, laser machining) 대출력 레이저에 의해서 재료의 구멍 뚫기, 절단, 용접 등을 가공하는 것. 가공용 레이저로서는 CO_2 레이저, YAG 레이저, 글라스 레이저 등이 이용된다.

레이저 도플러 속도계 (── 速度計, laser Doppler velocimeter) 약어 LDV, 광파의 도플러효과를 이용한 속도계. 운동 물체에 레이저광을 조사하고 그 산란광의 주파수 변화로 운동 물체의 속도를 측정하도록 한 것이다.

레이저 동위체 분리 (── 同位體分離, laser isotope separation) 레이저에 의해서 특정한 동위체 원자 또는 그것을 포함하는 분자를 선택적으로 여기하여 분리하거나 혹은 농축하는 것. 우라늄 원자 농축법으로 주목을 받고 있다.

레이저 메스 (laser scalpel) 의료 분야에 대한 레이저의 한 가지 이용법으로, 모세혈관이 많은 환부 등의 수술을 레이저의 열 작용에 의한 지혈효과를 이용하여 능률적으로 행할 수 있다. 탄산가스 레이저가 위주이지만 아르곤, YAG(이트륨, 알루미늄, 가넷) 등의 것도 사용된다.

㊟ 레이저광의 단백 응고효과를 이용하여 눈을 치료하는 레이저 코애귤레이터(laser coagulator)도 보급되었다.

레이저 어닐링 (laser annealing) 《반도체 가공》 이온 주입으로 반도체 표면에 생긴 결정 결함부를 레이저 에너지에 의한 열처리로 재결정시켜 수복하는 것. 액상으로 에피택시얼 성장시키는 경우에는 고출력 펄스 레이저를, 또 고체상에서 행하는 경우에는 연속파 레이저가 이용된다.

레이저 핵융합 (── 核融合, laser fusion) 중수소 D와 삼중 수소 T로 이루어진 연료 펠렛에 레이저 에너지를 부여하여 펠렛이 관성에 의하여 정지하고 있는 사이 핵융합 반응을 일으키게 하는 것. 레이저 에너지에 의해 타깃(펠렛) 표면에서 주위로 분출하는 플라스마의 반작용으로 타깃은 압축(폭축이라고 한다)되어 중심부의 고밀도화한 부분에서 핵융합 반응이 이루어진다.

㈜ 이 방식은 중수소 플라스마를 자계에 의해서 밀폐되는 방식과 대비되는 다른 방식이다. 반응(D-T 반응이라 한다.)은

$$D^2+T^3 \rightarrow He^4(3.52)+n^1(14.06)$$

으로 주어진다. ( )의 숫자는 반응으로 입자가 얻은 에너지[MeV]이다. 발생 에너지가 플라스마에 부여한 열에너지를 웃돌기 위하여 필요한 조건은 이른바 로슨 조건(Lawson cond- ition)으로 주어진다. 한편, 핵융합을 실현시키는 관성 밀폐방식은 중수소와 삼중 수소로 된 중심부의 타깃에 고출력 레이저광을 조사하여 플라스마를 분출시키고, 그 반작용으로 중심부를 압축하여 고체 밀도의 10^3 ~10^4배의 초고밀도 플라스마를 발생시켜 핵융합 반응을 일으키려고 하는 것이다. ⇨ 핵융합, 플라스마 봉입.

레이컨 (racon) 레이더 비컨(radar beacon)을 약한 말이다.

레인 (lane) 《전파항법》 항행에 있어서 인접 위치선으로 둘러싸이는 면이 동일 값의 주기적 매개인자를 가지고 있는 주기적인 지시항행 매개인자, 예를 들면 데카레인이다.

레인지 (range) 항행에서 사용할 때 라디오 레인지를 뜻한다.

㈜ 항행에 있어서 레인지를 거리와 동의어로서는 사용하지 않는다.

레인지 유닛 (range unit) A형 표시를 한 레이더이다.

레일리 산란 (── 散亂, Rayleigh scattering) 빛의 파장과 비교하여 그 크기가 미세한 입자에 의한 빛의 산란을 이른다. 산란광의 세기는 빛의 파장의 4제곱에 역비례하므로 미세 입자를 포함하는 매질 중에서는 청색광은 적색광에 비하여 보다 강하게 산란된다. 조사광과 다른 방향에서는 대기는 파랗게 보인다는 틴들효과(Tyndall effect)는 레일리 산란의 결과로 설명된다. 또 두꺼운 대기층을 통하여 보는 낙조는 스펙트럼의 청색부가 산란하여 빼앗기기 때문에 붉게 보이는 것도 마찬가지 원인에 의한다. ⇨ 미 산란.

레일리 원판 (── 圓板, Rayliegh disc) 소리의 강도를 측정하는 장치로, 소리의 진행방향에 45° 경사지게 원판(운모 등)을 수정의 실로 달아매고 음파를 가하면 원판에는 음의 강도에 비례하는 토크를 발생하고 원판은 음파의 진행방향으로 수직이 되는 쪽으로 회전한다. 이 토크를 영위법 또는 편위법에 의해서 측정하여 소리 강도의 절대 측정을 한다. 측정이 복잡해서 최근에는 그다지 쓰이지 않고 있다.

레일 본드 (rail bond) 레일에 귀선전류를 흐르게 할 때 레일 사이의 이은 곳의 전기 저항을 작게 하기 위하여 이웃하는 레일의 끝 부분을 전기적으로 접속하기 위하여 쓰이는 도체이다. ⇨ 귀선.

레일 본드 압축기 (── 壓縮機, rail bond compressor) 압단(壓端) 본드를 레일에 압접(壓接)하기 위하여 쓰이는 압축기이다.

레일 임피던스 (rail impedance) 《철도신호》 궤도회로를 구성하는 레일 부분의 임피던스이다.

레일 접촉기 (── 接觸器, treadle) 건널목의 경보장치 등에 사용하는 것으로, 열차가 그 설치장소를 통과할 때 레일이 짓눌려 가라앉는 작용을 이용하여 전기회로의 접점을 단속 접속시켜서 다른 전기기계를 동작시키는 것을 이른다. ⇐ 트롤리.

레일 클립 (rail clip) 레일의 콘크리트 침목에 붙일 때 레일 하단을 누르는 쇠붙이이다.

레조나트론 (resonatron) UHF대에서 극히 큰 출력을 발생하는 일종의 빔 4극 관으로, 제어그리드, 차폐 그리드를 교류적으로 접지하고 음극-제어 그리드 간에 입력측 공진기, 차폐 그리드-플레이트 간에 출력측 공진기

를 접속하여 발진 또는 증폭을 하게 할 수 있다. 제2차 세계대전 중 레이더 방해용으로 미국에서 처음 실용화된 것이며 350~650 MHz의 주파수 범위에서 50 kW의 지속파 출력을 발생했다.

레지스터 비 (―― 比, register ratio) 계량장치의 최저위 지침 또는 숫자 바퀴가 1회전하는 사이에 회전자축의 웜 또는 피니온과 물려 있는 톱니바퀴의 회전수이다. 약어는 Rr이다.

레헬선 (―― 線, Lecher wire) 짧은 파장의 발진기에 있어서 그 출력회로에 평행한 두 줄의 직선 도체를 접속하여 여기에 정재파(standing wave)를 발생하게 하고, 그 전류 또는 전류의 파절(波節)의 간격을 측정함으로써 발진 주파수를 구할 수 있다. 이 직선 도체를 레헬선이라 한다. 레헬은 그 길이에 따라 고유 파장이 있으므로 이것을 공진회로로 쓸 수 있으며 마이크로파의 발진기로 이용된다.

ㄹ

레티클 (reticle) (1) 망원경 또는 그밖의 광학 측기의 대물 렌즈 초점에 놓여진 가느다란 선, 와이어 등의 구조. 십자선이라고도 한다. (2) 《반도체》 집적회로를 제조하는 공정에서 사용되는 망상의 마스크 패턴을 말한다.

렌츠의 법칙 (―― 法則, Lenz's law) 전자(電磁) 유도작용에 의해서 회로에 발생하는 유도전류는 언제나 유도작용을 일으키려는 원인을 막으려는 방향으로 흐른다는 법칙이다.

렘 (rem) 'roentgen equivalent man'의 약어로, 인체에 미치는 영향을 비교해서 정한 방사선 양의 단위. 고전압 X선에 의하면 같은 생물학적 작용이 일으키는 임의의 전리(電離) 방사선의 양을 말한다.

렙 (rep) roentgen equivalent physical을 줄인 용어로, X선과 γ선을 제외한 다른 전리 방사선의 양을 나타내는 단위이다.

로가톰 (logatom) 명료도 시험을 할 때 사용하는 음절이며, 에스페란트어의 자음·모음·자음인 무작위 조합으로 만들어진다.

로가톰 명료도 (―― 明瞭度, logatom articulation) 로가톰을 써서 명료도 시험을 할 때의 명료도(수화자가 틀림 없이 알아 들은 수의 백분율로 나타낸다)를 말한다.

로드 갭 (rod gap) 방전 갭의 일종으로, 충격파(표준파, 정극성)의 고전압 측정에 쓰인다. 12.5 mm 평방의 모난 막대를 잘라 그 절단면을 맞대어서 수평으로 배치한다. 볼 갭보다 장치가 간단한 점이 특징이다.

로딩 (rodding) 《관로》 관로 부설 후 또는 낡은 관로에 끌어들이기 전에 티셸 와이어 브러시, 보빈, 걸레 등을 철사로 관로 안을 통하게 하는 통과시험을 하여 관로의 상태를 조사하는데 이 철선을 통하기 위하여 로드 따위를 이은 것을 밀어 넣는다. 이것을 로딩이라고 한다.

로란 (long-range navigation) LORAN, 항공기, 선박 등에 대한 장거리 무선 항행 원조방식으로, 지역적으로 떨어진 복수의 송신국으로부터 송신된 동기 펄스를 이용한다. 이들 펄스가 도달하는 시간차를 측정함으로써 쌍곡선으로 주어지는 위치선이 얻어진다. 두 위치선의 교점으로 위치가 결정된다. 표준적인 로란은 1800~2000 kHz 사이의 주파수로 동작한다.

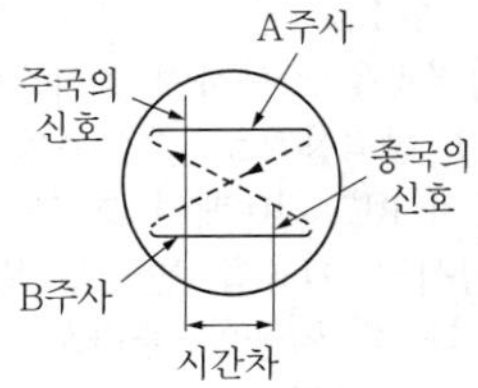

[로란 수신기스코프에서의 시간차 측정]

로란도 (―― 圖, loran chart) 로란 송신국과 그 한 쌍의 송신국에 의한 위치선을 인쇄한 해도로, 각 위치의 선에는 그에 따른 국부호와 시간차가 기입되어 있다.

로란망 (―― 網, loran network) 전 세계의 주요 해면은 거의 로란 서비스 범위로 덮여 있다. 이 로란 위치의 선의 조합을 말한다.

로란 방식 (―― 方式, loran system) ⇨ 로란.

로봇 (robot) 입력신호 또는 주위 환경 조건 등을 검출하는 센서를 갖추고, 측정 결과에 따라 자신이 적절한 반응 또는 행동을 일으키는데 필요한 조작·유도장치 및 프로그램 등을 내장하고 있는 기계 시스템을 말한다

(⇨ 인공지능). 로봇을 그 적용 분야에 따라 나누면, ① 산업용 ② 극한 작업용 ③ 서비스용 등이다. ①은 공장에서 생산을 자동화하여 생산성을 높인다. 단순한 노동으로부터 인간을 해방하려는 목적에서 사용되는 것이다. ②는 우주, 심해, 지하, 원자력 발전소, 고온로 등, 인간의 작업환경으로서는 극단적 또한 위험한 장소에서 사용되는 것이다. ③은 서비스 산업, 정보산업, 가정 등 환경면에서는 엄격하지 않지만 상당히 고도의 인텔리전스가 요구되는 분야이다. ⇨ 극한 작업 로봇.

로봇 공학 (── 工學, robotics) 로봇 공학의 정의 및 그 포함하는 분야는 아직 확정적이 아니지만 초기의 단순한 머니퓰레이터(manipulator)로부터 현재는 이동성(mobile, locomotive)을 가진 로봇까지 가세되고, 또 내부에 들어가는 프로그램도 고정 프로그램형(fixed programmed)에서 주위 환경에 순응하여 행동하는 적응형(adaptive), 그리고 인공지능을 내장한 인텔리전트 로봇까지 있다. ⇨ 인텔리전트 로봇.

로브 (lobe) 다이폴 안테나에서 발사되는 전파 에너지는 축과 각 θ를 이루는 방향에 대해서 $\sin^2\theta$에 비례하는데 다이폴 안테나를 여러 개 조합한 안테나계에서 방사되는 에너지는 여러 개의 방향 극대, 극소값을 갖는다. 이와 같은 안테나의 지향특성의 도형은 여러 개의 갈라진 조각으로 이루어져 있다. 이 조각 하나하나를 로브라고 하고, 에너지가 가장 많이 방사되는 방향의 로브를 주엽(main lobe), 그 양쪽에 나타나는 비교적 작은 에너지의 로브를 측엽(side lobe)이라고 한다.

로브 구역 (── 區域, lobe region) 초단파 이상의 안테나의 수직면 지향성에는 많은 최대, 최소점이 생긴다. 하나의 최소점에서 다음 최소점까지를 로브라 하고, 대지 위에서부터 제1, 제2 ……라고 세는데, 그 한 로브의 범위를 로브 구역이라고 한다.

로브 전환 (── 轉換, lobe switching) 시간적으로 안테나의 방사 전계의 어깨를 바꾸거나 또는 전환함으로써 주어진 방향으로 송신하고 또는 주어진 방향으로부터 수신되는 신호가 방향의 함수로서 진폭 변조되는 방향탐지 또는 방향성을 부여하는 수단을 말한다.

$\rho-\theta$ 항행방식 (── 航行方式, rho-theta navigation system) 항행방식의 유효 범위 내에서 임의의 코스선을 부여하는 계산기를 사용하는 충분한 확도를 갖는 데이터를 주는 극좌표 항행 방식을 이른다.

로셸염 (── 鹽, rochelle salt) 주석산 칼리소다($NaKC_4H_4O_6 \cdot 4H_2O$)로, 사방정형(斜方晶形) 기둥 모양의 대결정을 인공적으로 육성할 수 있다. 옛 부터 압전효과가 극히 큰 것으로 유명하며 픽업, 마이크로폰 등에 쓰인다. 단, 조해성(潮解性), 풍해성이 강하므로 방습처리를 완전히 하지 않으면 불안정하다.

로제트 (rosette) 코드를 천장에 달아매기 위하여 천장에 다는 것을 이른다.

[로제트]

로젠베르크 발전기 (── 發電機, Rosenberg generator) 특수 직류 발전기의 한 종류로, 분권식과 직권식이 있다. 분권식은 정전압 특성이며 열차의 전등 전원 등에 사용된다. 직권식은 정전류 특성을 가지며 용접용으로 사용된다.

로컬 네트워크 (local line network, loop network) 전화국(단국)에서 가입자에게 이르는 케이블 선로를 말한다. 도중에 설치한 플렉시블 캐비닛(필요한 접속반이나 기기를 수용하는 내후 하우징)을 경계로 국측과 가입자측을 다른 명칭으로 부르는 수도 있다.

로컬라이저 (localizer) 《ILS》항공기가 착륙할 때 활주로의 중심선에서 측방으로 벗어나는 것을 정정하도록 유도하기 위한 신호를 보내는 무선시설이다.

㊟ 108~112MHz의 반송파를 90Hz와 150Hz의 두 신호로 각각 진폭 변조한 것을 한 쌍의 지향성 안테나에서 방사하여 얻는 반송파 로브 C와 피변조파에서 반송파를 억압한 것을 다른 안테나 어레이에서 방사하여 얻는 측대파 로브 S를 중합(重合)하는 것으로 유도한다. ⇨ 활주로 로컬라이저 비컨.

로컬라이저 상한 (── 上限, localizer sector) 등신호(等信號) 로컬라이저에 있어서 동일한 어떤 값의 변조도 차(difference in depth of modulation)를 갖는 로컬라이저로부터의 두 줄의 방사선 사이에 포함된 상한을 이른다.

로컬라이저 코스선 (—— 線, localizer on course line) 로컬라이저를 통하는 수직면 내의 선. 이 선의 어떤 한쪽에는 서로 반대인 센스의 지시가 수신된다.

로컬 에너지 (local energy) 지역에 있는 자연 에너지를 조직적으로 개발하여 그 지역의 산업용, 일반 가정용, 지역 냉난방용 등에 공급하도록 한 것. 지역의 특수성과 환경조건에 따라 이용되는 에너지 형태는 태양광, 태양열, 풍력, 지열, 해양 에너지, 바이오매스 연료 등, 다양하지만 용량적으로는 원자력이나 화석연료에 의한 대용량 집중형 에너지에 비하여 작고, 경제성도 떨어진다. 그러나 지역민의 합의에 기초한 에너지의 일관된 개발과 이용이 용이하며 에너지의 대부분은 환경에 나쁜 영향을 주지 않기 때문에 앞으로 에너지 총 수요량에서 차지하는 로컬 에너지의 비중은 10% 이상이 기대된다. ⇨ 소프트 에너지 패스.

ㄹ

로크 아웃 (lockout) (1) 어떤 장치가 동작하는 경우 그에 지장을 초래하는 다른 장치의 동작을 억제하는(배제하는) 것. (2) 멀티 포인트방식의 데이터 통신에 있어서 대화하는 상대 이외의 단말은 송신 데이터를 수신할 수 없도록 하는 것. (3) 데이터 베이스에서 같은 레코드를 동시에 갱신하려고 하는, 혹은 동일한 레코드를 확보하려고 하는 유저 상호 간의 트러블을 방지하기 위해 보통 소프트웨어에 의해 구현되는 기능. 시스템은 유저 리퀘스트를 접수한 순번에 따라 자동적으로 우선권을 부여함으로써 발생할지도 모르는 컨텐션도 각 유저는 알지 못하게 한다. 로크아웃 기능이라고 한다.

로크아웃 자유 (—— 自由, lockout-free) 《개폐기》 수동조작 레버를 폐(閉) 위치에 유지하고 있어도 로크아웃 기구가 작용하도록 되어 있는 것. 로크아웃 기구란, 정해진 일련의 동작을 완료한 뒤에 접점을 개로 위치에 로크하는 장치이다. 즉 폐로할 수 없도록 로크하는(불가능하게 하는) 것이다.

로크오실레이터 검파기 (—— 檢波器, locked-oscillator detector) 일종의 주파수 판별기로서, 진폭변조에는 응답하지 않고 따라서 주파수 판별에 앞서 리미터에 걸 필요는 없다. 입력회로에 FM신호의 중심 주파수에 동조한 탱크회로를 가진 디바이스를 사용하고, 평균 출력전류는 입력 신호 주파수에 의해서만 변화하도록 되어 있다. FM 검파기로 사용된다.

로크 인 (locking-in) (1) 서로 결합하고 있는 두 발진계 주파수의 한쪽 또는 양쪽 모두 그 주파수가 두 정수의 비율 관계가 되도록 시프트시키고, 또한 이것을 자동적으로 유지하는(밀폐하는) 것(ANSI)을 이른다.
㈜ 한쪽 발진기는 자주 발진기이고 소요 주파수로 끌어 넣을 수 있어야 한다. (2) 레이더 안테나에 의해서 타깃을 자동 추적하는 것. 로킹, 로킹 온이라고도 한다. (3) 국부 발진기에서 발진한 제어 신호와 동기한 입력신호에 대해서만 응답하는 유형의 검출기(lock-in detector, lock-in amplifier)의 동작을 말한다.

로킹 아크로 (rocking arc furnace) 아크로체를 수평축을 중심으로 하여 어느 각도 요동시킬 수 있는 것으로, 내부의 피용물을 고르게 교반하는 효과가 있다.

로터리 스위치 (rotary switch) 손잡이의 회전에 따라 개폐하는 구조의 스위치. 노출형이 많다.

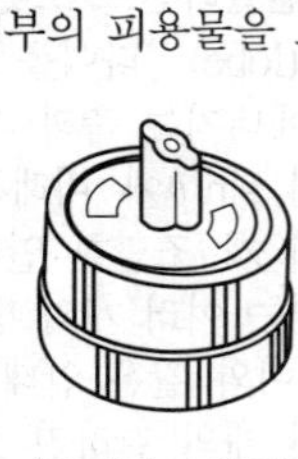
[로터리 스위치]

로터리식 (—— 式, rotary system) 원호상(圓弧狀)으로 배열된 뱅크접점 위를 회전하는 와이퍼에 의해서 선택 접속을 하는 회전 스위치를 주체로 한 파워드리분식 자동 교환방식으로, 유럽에서 널리 사용되고 있다.

로프 구동 (—— 驅動, rope driven) 두 축 사이에 동력을 전하는 장치의 하나이다. 원형 단면의 가죽 로프, 3개 또는 4개로 꼰 면 로프 또는 삼(麻) 로프를 사용한다. 쐐기작용을 이용한 것이며, 로프가 가요성이 풍부하므로 복잡한 경로에서 운동을 전하는데 쓰인다. 큰 동력의 경우에 가끔 쓰이기도 한다.

록 너트 (rock nut) 금속관 부속품의 일종으로, 아우트렛 박스와 전선관의 접속 부분에 쓰는 너트이다.

록 로드 (rock rod) 전철기의 선단 레일을 쇄정하여 밀착 확보하기 위해서 쓰이는 로드이다.

록심 슬리브 (rockseam sleeve) 방열형 산화물 음극의 슬리브의 일종이며, 니켈판을 접어서 만든 이은 곳이 있는 통이다. ⇨ 심리스 슬리브(seamless sleeve).

록 외장 (── 外裝, locked armoring) 철사 외장의 방법으로 피치를 조밀하게 해서 세로 방향의 힘을 강하게 한 것이다. Z형 외장이라고도 한다. 주로 독일에서 쓰이고 있다.

록커 (rocker) 정류자 위에 부착된 브러시의 위치를 동시에 원주방향으로 이동시키는 장치를 말한다.

록킹 키 (locking key) 손으로 손잡이를 눌러 일단 동작시키면 손을 떼어도 그대로 동작을 계속하는 키를 말한다.

록필 댐 (rock-fill dam) 암석을 쌓아 올리고 그 표면과 내부에 차수벽을 설치하여 구축한 댐. 재료를 구하기 쉽고 경제적이며, 지반이 다소 연약한 장소에서도 설치할 수 있다.

롤러 (roller) 롤러 베어링용의 전동체(轉動體). 크롬강 또는 니켈 크롬강으로 만들어지며, 경도는 록웰 63 이상의 것이다.

롤러 베어링 (roller bearing) 볼 베어링의 볼 대신 특수강제의 원통형 롤러를 사용한 베어링으로, 볼 베어링보다도 큰 동력용으로 적당하나 고속도에는 견디지 못한다.

롤링 댐 (rolling dam) 원통형의 긴 롤링 게이트를 피어 사이에 설치하여 물을 막는 댐. 게이트의 개폐는 게이트의 일단 또는 양단에 있는 쇠사슬 또는 로프로 하게 된다.

롤 오프 (roll-off) 시스템 또는 부품의 진폭-주파수 특성에 있어서, 그 평탄부분을 넘어 주파수가 높은 쪽으로(혹은 낮은 쪽으로) 변화하였을 때 진폭이 서서히 작게 감쇠하는 것을 이른다.

㊟ $1/[1+j(\omega/\omega_n)]$이라는 1차 뒤진 회로는 코너 주파수 ω_n을 넘어 주파수가 높아지면 거의 20dB/데케이드(혹은 1옥타브당 6dB)의 경사로 그 진폭 이득이 롤오프한다.

롬 (read only memory) 약어 ROM, 마이크로 프로그램용 기억으로 급속히 발전한 반도체 메모리로서, writing이 되지 않거나 혹은 writing에 오랜 시간을 요하는 read 전용 기억소자. 소자 구성은 반도체 RAM과 거의 같다. ROM은 크게 나누어 기억정보 고정의 read전용 바이볼러와 MOS의 마스크 ROM, writing 동작에 의해서 기억 정보를 설정할 수 있는 PROM으로 구분할 수 있다. ⇨ 반도체 메모리.

롬빅 안테나 (rhombic antenna) 도선을 능형으로 치고 대각선의 한 끝에서 진행파 전류를 공급하고 다른 한 끝에 파동저항을 넣은 지향성 공중선. 능형 공중선이라고 한다. 넓은 주파수 범위에 걸쳐서 양호한 지향성을 유지하므로 광대역 공중선으로 쓰인다. 능형의 한 변의 길이는 수 파장(2~10λ) 정도이고, 간단한 나무 기둥으로 훌륭한 특성을 얻을 수 있다.

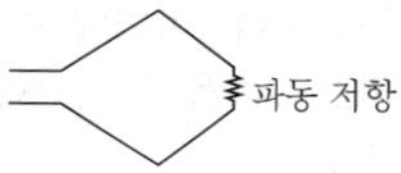

[롬빅 안테나]

뢴트겐 (γ) (roentgen) X선 또는 γ선의 양을 나타내는 단위. 표준 온도, 표준 기압에 있어서의 공기 1cc 중에 1 esu의 + 또는 − 의 전기 [2.083×10^9 이온 대(對)]가 생기는 데 필요한 방사선양과 같다. 이것은 또 공기 1g당 83 에르그의 에너지 흡수량과 같다.

루멘 (lumen) 광속의 단위. 1cd의 광도를 가진 등방성의 점광원으로부터 단위 입체각 내에 방사되는 광속을 말한다. 혹은 1cd의 광도를 가진 등방성 광원으로부터 방사되는 전 광속의 $1/4\pi$의 광속. 기호 lm이다.

루멘시 (── 時, lumen-hour) 광량의 단위. 1루멘의 광원이 1시간에 내는 광량을 1루멘시라고 한다.

루미네선스 (luminescence) 온도방사 이외의 발광을 말한다. 빛, 자외선에 의한 형광, 인광, 전기장 및 그 밖의 X선 등의 방사선, 화학 변화 등에 의한 발광이 그것이다. 가열에 의해서 여기(勵起)되는 발광도 있으나 그 밖에 모두 열과 관계가 없다. 방전등의 빛은 루미네선스이다.

루버 (louver) 광원 앞의 직사광을 제거하기 위한 가는 조각. 전구에는 동심원형의 것,

형광등에는 격자모양 또는 평행판이 쓰인다.

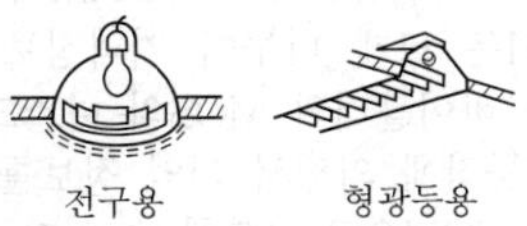

[루버]

루비 레이저 (ruby laser) 루비 결정 내 크로뮴 이온의 에너지 준위의 천이를 이용하여 강력하고 미세한 코히어런트 광(적색)을 발생하도록 한 고체 레이저. 펌프작용은 섬광관을 사용하여 광학적으로 이루어진다.

루소도 (── 圖, Rousseau diagram) 평균 연직 배광에서 광속을 구하는 도식 해법. 직교축에 있어서 가로축에 광도를 고른 눈금으로 하고, 세로축에는 연직각 θ의 함수곱 $1-\cos\theta$를 눈금한다. 여기에 배광을 기입하면 곡선과 좌표 1측을 둘러싸는 면적이 광속에 비례한다.

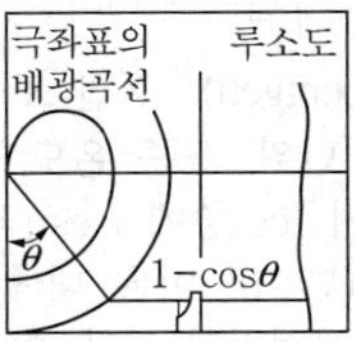

[루소도]

루스 접촉 (── 接觸, loose contact) 통신 기기 내의 배선 접속시에 생기는 접촉 불량, 예를 들면 코드의 플러그 부분이나 납땜부의 불량 등이 있어 장해 발생의 원인이 된다.

루스 케이블 (loose cable) 전기적 특성을 좋게 하기 위하여 심선에 주름을 잡은 절연지를 감은 케이블을 말한다.

루트 (route) (1) 본 선로가 두 줄 이상 설치되어 있어 상하행 열차의 선로를 구별해서 운전하는 경우, 그 규정된 방향의 열차가 통과해야 할 선로. (2) 열차가 진행해야 하는 선로 구역을 말한다.

루트 선정 (── 選定, route planning) 전화 선로의 설계를 할 때 그 경과지의 선정을 하는 것을 이른다.

루틴 (routine) 계수형 계산기가 수행하는 연산의 계열 또는 이 연산을 결정하는 지령의 계열을 이른다. ⇨ 상용 지령군(常用指令群), 서브루틴.

루프 (loop) 이것은 다음 세 가지의 뜻이 있다. (1) 파절(波節)의 반대인 파복(波復)이라는 뜻으로, 정재파의 진폭 최대점을 가리킨다. (2) 환상(環狀) 회선을 말한다. (3) 안테나를 약해서 루프라고 부르는 경우도 있다.

루프 결합 (── 結合, loop coupling) (1) 유도결합에 있어서 1차측 또는 2차측의 결합 코일이 1회 감은 코일로 만들어졌을 경우를 말한다. (2) 마이크로파 회로에서 도파관이나 공동 공진기와 동축 선로를 결합하는 경우, 동축 선로의 안도체(內導體)를 루프 모양으로 굽혀서 바깥 도체와 접속하고 그 루프와 쇄교하는 마이크로파 자계 성분에 의해서 결합시키는 방법을 말한다. ⇨ 유도 결합(inductive coupling).

루프 다이얼 (loop dialing) ⇨ 루프 임펄스.

루프 선로 (── 線路, loop line) 선로가 고리 모양으로 접속되는 것, 또는 왕복시켰을 경우의 선로를 말한다.

루프 시험 (── 試驗, loop test) 장해 회선을 시험할 경우 다른 끝에서 두 심선을 단락하고 브리지의 이론을 응용해서 장해점을 검출하는 방법인데, 머리 루프법, 바아레 루프법 등이 있다.

루프 임펄스 (loop impulse) 자동 교환에 있어서 선택기 등을 동작시키기 위하여 회로의 전류를 단속하는 경우 왕복 2선을 루프로 하여 이것을 개폐해서 만들어지는 임펄스이다.

루프 저항 (── 抵抗, loop resistance) 하나의 회선에 있어서 다른 끝을 단락하여 한쪽 끝에서 본 환상회로의 저항. 왕복선을 루프 모양으로 하여 잰 저항을 이른다.

루프 전달함수 (── 傳達函數, loop transfer function) 폐루프 제어계에 있어서 복귀 신호의 라플라스 변환과 그에 대응하는 오차 신호의 라플라스 변환의 비로 주어지는 전달함수. 루프 일순 전달함수라고도 한다. ⇨ 일순 전달함수.

룩셈부르크 효과 (── 效果, Luxemburg effect)

두 종류의 전파가 전리층의 같은 장소에서 반사되는 경우 한쪽이 대전력이면 전리층의 비직선성에 의하여 대전력 전파의 변조가 다른 전파에 혼입하는 현상을 말한다. 이 현상은 1933년 스위스의 중파 방송을 네덜란드에서 수신했을 때 룩셈부르크의 대전력국의 방송이 혼신되어 들렸을 때가 최초였으므로 이 명칭이 붙었다.

룰 커브 (operating rule curve) 과거의 경험을 바탕으로 하여 장래의 운전에 가장 좋은 결과를 줄 수 있는 방법을 나타내도록 연구된 저수지의 운전기준 곡선을 말한다.

룸머-브로둔 입방체 (—— 立方體, Lummer-Brodhun cube, Lummer-Brodhun prism) 시감 측정기 중 가장 보편적으로 쓰이는 룸머-브로둔 측광 두부의 주요부. 2개의 전반사 프리즘을 조합하여 2개의 시험판의 빛남을 동시에 시야에 넣어서 비교할 수 있게 되어 있다. 등휘형(等輝形)이 원래의 것인데 후에 이것을 2조 배열하고 각각 그 중앙을 조금 어둡게 하여 휘도를 좋게 한 대비형도 만들어졌다.

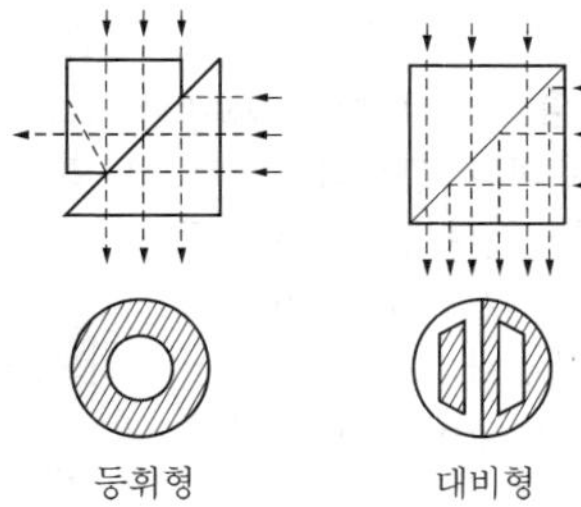

[룸머-브로둔 입방체]

룸 모터(loom motor) 직기(織機)를 운전하는 전동기를 말한다. 전동기와 직기의 연결은 클러치에 의한 것과 직접 룸스위치로 기동, 정지를 하는 것도 있다. 클러치에 의한 것은 문제가 없으나 룸 스위치는 직기의 지레에 의해서 조작된다. 이 경우는 기동 토크가 커야 된다. 전동기는 6극 또는 8극이며 직기에 부착시키는 방법은 특수하여 부착법이 현저하게 제한된다.

르클랑셰 전지 (—— 電池, Leclanche cell) 1863년에 Leclanche가 발명한 1차 전지인데 음극에 Zn, 전해액에 NH_4Cl, 감극제로는 MnO_2를 사용한 습전지의 일종. 기전력 1.5V, 내부저항 1~5Ω이다.

리가먼트 (ligament) 계기의 가동부에 토크를 주지 않고 전기량을 도입하기 위하여 사용되는 극히 가는 도선, 예를 들면 검류계 하부의 가는 스파이럴 도선, 자속계의 전류 도입용의 가는 선 등이다.

리니어 IC (linear integrated-circuit) 아날로그 신호를 처리하는 집적회로로서, 디지털 IC에 대비하는 용어. 대표적인 제품으로는 연산증폭기(오퍼레셔널 앰프), 아날로그 비교기, AF증폭기, RF증폭기, 통신용 증폭기, 전압조정기, 타이머, 아날로그-디지털 변화회로 등이 있다.

리니어 모터 (linear motor) 유도 전동기를 축을 따라 절개한 평면상에 전개한 것 같은 구조로, 고정자와 리액션 레일로 구성되고, 레일방향의 직선적인 구동력을 발생시키도록 한 것. 자기부상열차는 고정자와 리액션 레일의 한 쪽을 차체에, 다른 쪽을 지상에 장치한다. 동력 전달에는 차륜의 점착력을 필요로 하지 않으므로 차륜을 레일에서(자기력 등에 의해서) 약간 부상시킴으로써 고속 운전할 수 있다.

리더 케이블 방식 (—— 方式, leader cable system) 선박 항로의 바닥이나 항공기의 항로에 따라 부설된 케이블로서, 안개가 짙은 때 선박과 항공기에 대한 안내를 위해서 교류를 보낸다. 선박과 항공기는 적당한 수신장치에 의하여 이 케이블로부터의 유도로 신호를 잡는다. 이 방식을 감시 케이블 방식(pilot cable system)이라고도 한다.

리드 릴레이 (reed relay) 작고 가느다란 글리스관 속에 봉입한 자성재료의 설편상(舌片狀) 접점을 가진 계전기로서, 관 바깥쪽에 설치한 여자코일에 전류를 흘려 접점을 닫도록 한 것을 이른다.

리드선 (—— 線, lead wire) 일반적으로는 도선을 가리키지만 특히 진공관, 전구 등에서 스템부를 관통하여 관구(管球)의 안팎을 연락하는 도선을 말한다.

리드 아웃 (lead-out groove) 《녹음》 픽업을 도출하는 레코드반, 녹음반의 마지막 홈을 이른다.

리드 인 (lead-in groove) 《녹음》 레코드의

음구의 출발점이 무변조이고 음구 간격도 커진 것을 말한다. 자동 레코드 연주 교환장치에서 픽업이 맨 끝에 내려져도 재빨리 변조부로 갈 수 있게 한 것이다.

리모트 배치 처리방식 (—— 處理方式, remote batch system) 통신선으로 원방에 있는 단말장치를 중앙의 배치처리 시스템에 온라인으로 결합하여 처리하는 방식이다.

리모트 센싱 (remote sensing) 원격 대상물의 각종 정보를 레이저, 전파, 그밖의 수단을 이용하여 측정 또는 수집하는 것. 측지위성에 의해서 지구 표면의 지형과 식물 분포 등을 탐사하기도 하고 다른 천체의 환경, 지형 등에 관한 정보를 탐사 위성을 이용하여 관측하는 것 등은 그 예이다.

리모트 컷 오프 (remote cut-off) 다극관의 제어 그리드 저압 대 플레이트 전류특성의 하부가 그리드 전압의 −쪽으로 멀리 뻗어 있는 것. 가변 증폭관은 이 특성을 갖고 있다. 제어그리드의 눈의 피치를 불균일하게 한 것을 이른다. ⇔ 샤프 컷 오프(sharp cut-off), ⇨ 가변 증폭기.

리미트 스위치 (limit switch) 가령 엘리베이터가 어떤 위치를 지나서 가동하면 위험이 따른다. 이런 때 자동적으로 정지할 필요가 있으며, 이 목적에 사용되는 개폐장치를 말한다.

리벳 (rivet) 강판을 죄어 맞추기 위하여 사용하는 연강봉(軟鋼棒)의 한쪽 끝에 머리가 달려 있는 것으로, 이것을 빨갛게 달구어서 리벳 구멍을 통하여 강판을 합치고 다른 쪽 끝을 손 또는 동력으로 두들겨 찌그러뜨려서 죄어 맞춘다. 두랄루민판에는 알루미늄 리벳을, 동판에는 구리 리벳을 사용한다.

리벳 조인트 (rivet joint) 예를 들면 보일러, 고압 용기, 굴뚝, 교량, 건물 등의 강재를 이을 때 리벳을 사용하는 것을 말한다. 주로 기밀을 요하는 경우라든가 강도를 요하는 경우에 쓰인다. 리벳 조인트는 주로 리벳의 전단력을 받게 하고 인장력을 받지 않게 한다.

리본 마이크로폰 (ribbon microphone) 알루미늄박 등의 리본을 좁고 긴 자기(磁氣) 틈에 두어 음파를 받는 진동체와 기전력을 발생하는 도체의 두 가지 구실을 겸한 마이크로폰. 리본의 양 면에 음압을 받는 형을 벨로시티 마이크로폰이라 하고, 한 면만 음압을 받는 구조의 것은 압력형 리본 마이크로폰이라 한다.

리본 본드 (ribbon bond) 엷은 리본 모양의 구리조각을 겹쳐 쌓은 층편(層片)의 양 끝에 단자를 붙인 본드를 말한다.

리본 선 (—— 線, ribbon line) 편평한 단면을 갖는 도선으로 된 선로. 휴대용이며 여러 가지 목적에 쓰인다.

리본 케이블 (ribbon cable) 자동 교환기의 실렉터와 커넥터 등의 많은 뱅크 복식선의 뱅크 단자에의 접속부분을 단자에 납땜하기에 편리하도록 구부려서 끌어내고 그 밖의 부분은 절연하여 리본 모양으로 짠 케이블을 말한다.

리사지 (litharge) 일산화납(PbO)을 일컫는다. 이것은 전기저항이 크고, 옥사이드 필름 피뢰기에서 방전을 저지하는 작용을 한다.

리샘플링 (resampling) 오리지널한 샘플링 이미지에서 장소를 바꾼 샘플점의 값을 구하고 그에 의해서 원래 영상의 축소 혹은 확대된 이미지를 다시 구축하는 것을 말한다.

리서쥬 도형 (—— 圖形, Lissajous figure) 2개의 정현파를 합성하여 그린 도형. 기계적으로 하는 것과 음극선관으로 하는 것이 있다. 보통 주파수 또는 위상 비교에 쓰인다.

리셉터클 (receptacle) 《램프》 전구 또는 나사식 플러그를 비틀어 꽂는 일종의 소켓. 보통 노출형이다.

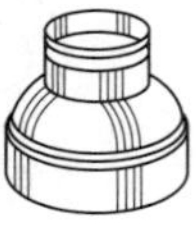

[리셉터클]

리솔버 (resolver) 싱크로 또는 유사한 장치로서, 그 회전자는 기계적으로 구동되어 회전자 각도의 정현 또는 여현에 상당한 전기 출력을 발생하도록 되어 있다. 직각 좌표 성분과 극좌표 성분 간의 변환을 할 수 있다. 정현-여현 발생기라고도 한다.

리스펀스 (response) 어느 계(系)의 신호를 가했을 때 그 계의 응답 정도를 나타낸다. 입력의 주파수를 바꾸었을 때의 주파수 리스펀스, 입력에 스텝 전압을 가했을 때의 인디셜 리스펀스 등이 일반적으로 쓰인다.

리스펀스 곡선 (—— 曲線, response curve,

audiogramm) 인간의 귀의 리스펀스 특성을 나타내는 곡선이다.

리지듀얼 (residual) 《계전기》 전자 계전기의 복구특성을 좋게 하기 위하여 접극자가 동작했을 때 접극자와 철심의 자극면 사이에 남는 틈을 말한다.

리시버 (receiver) 공기 탱크, 증기 탱크류를 말한다.

리액터 (reactor) 교류회로에 있어서 큰 유도 리액턴스에 의해 무효전력을 흡수하기 위해 사용되는 것으로, 교류와 직류가 겹친 회로에서 교류분에 대해서만 리액턴스를 주는 것을 목적으로 한 기기를 이른다. 구조적으로는 공심형, 폐로 철심형, 에어갭형 등 3종류가 있다.

리액터 접지계 (── 接地系, reactor grounded system) 《전력 계통》 리액터를 통하여 접지한 계통으로, 리액터의 리액턴스 값은 1선 접지 고장시에 접지점을 흐르는 용량성 전류가 리액턴스를 흐르는 유도성 전류에 의해 중화되는 값으로 선정된 것. 이렇게 하여 접지고장으로 인하여 발생하는 아크 전류는 자기 소멸할 수 있다.

리액터 접지방식 (── 接地方式, reactor grounded neutral system) 접지용의 리액터 또는 변압기를 통하여 중성점을 접지하는 방식이다.

리액턴스 (reactance) 교류회로에 있어서 임피던스의 허수분을 말하며, 단위는 옴으로 나타낸다. 예를 들면 저항 R, 인덕턴스 L, 용량 C가 직렬로 접속된 교류회로의 임피던스 Z는 $Z=R+j(\omega L-1/\omega C)=R+j(X_L-X_C)$가 되는데, 위 식의 (X_L-X_C)를 리액턴스라고 한다. 또 $X_L=2\pi fL$을 유도 리액턴스, $X_C=1/(2\pi fC)$를 용량 리액턴스라고 한다. ⇨ 임피던스(impedance). ⇔ 서셉턴스(susceptance).

리액턴스 감쇠기 (── 減衰器, reactance attenuator) 고주파 전압의 감쇠기로서 리액턴스를 사용한 것을 말한다. 일반적으로는 용량성의 리액턴스가 쓰인다.

리액턴스 강하 (── 降下, reactance drop) 리액턴스 회로에 교류가 흐르는 경우 그 단자간에서 강하하는 전압을 말한다.

리액턴스 결합 (── 結合, reactance coupling) 저항 결합에 대해서 하는 말이며, 두 회로를 리액턴스를 써서 결합하는 경우를 말한다. 유도 결합이나 용량 결합은 리액턴스 결합의 한 예이다. ⇨ 저항 결합(resistance coupling).

리액턴스 계전기 (── 繼電器, reactance relay) 일종의 거리 계전기로서, 계전기 설치점과 고장점 간의 회로의 리액턴스에 의해서 동작하는 계전기이다.

리액턴스 관 (── 管, reactance tube) 발진기의 공진회로에 병렬로 접속되어 인덕턴스 또는 커패시턴스와 같은 작용을 하도록 한 진공관이다. 그 제어 그리드에 가하는 신호 전압에 따라 리액턴스의 크기가 달라지므로 주파수 변조에 쓰인다. 그림은 그 일례로, 플레이트 전류 교류분은 플레이트 전압 교류분에 비하여 위상이 약 90°뒤지므로 인덕턴스로 작용한다.

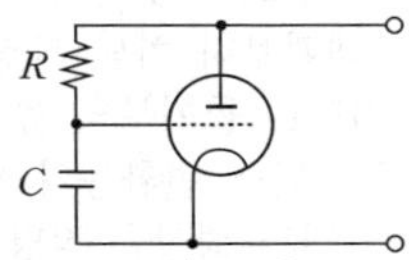

$1/\omega_C \ll R$

[리액턴스 관]

리액턴스관 변조기 (── 管變調器, reactance tube modulation) 리액턴스관을 써서 주파수 변조를 하는 방식을 말한다.

리액턴스 전압 (── 電壓, reactance voltage) 정류를 받는 코일의 자기 유도계수를 L, 상호 유도계수를 ΣM, 단락전류를 i로 한다면, 정류시에 단락코일에 유기되는 전압은 $-(L+\Sigma M)di/dt$이다. 이 값을 리액턴스 전압이라고 한다. 이 값이 어떤 값을 넘으면 불꽃이 없는 정류는 곤란하게 된다.

리액턴스 회로망 (── 回路網, reactance network) 선형(線形) 수동 회로망의 각 소자에 저항분이 없고, 리액턴스, 즉 인덕턴스와 용량만으로 구성되어 있을 때 그 회로망을 리액턴스 회로망이라고 한다. 특히 리액턴스 2단자 회로망에 있어서는 그 2단자 임피던스 $Z(\lambda)$는

$$Z(\lambda)=\frac{\alpha_0+\alpha_2\lambda^2+......+\alpha_{2n}\lambda^{2n}}{\lambda(\beta_1+\beta_3\lambda^2+......+\beta_{2n-1}\lambda^{2n-1})}$$ 가 된다. 여기서 $\lambda=j\omega$이다. 이른바 무손실 회로망(nondissipated network)이란 바로 이것이다.

리어(RIAA) 특성 (── 特性, RIAA characteristic) RIAA(Record Industry Association of America)에서 제정한 레코드의 녹음 특성으로, 커터침의 진폭이 저주파역에서는 인접 홈으로 벗어나지 않도록 녹음장치의 출력을 내리고 또 고주파역에서는 신호가 침잡음에 매몰되는 일이 없도록 출력을 높혀 녹음하는 그 이득 주파수 특성이다. 이와 같은 레코드를 재생할 때에는 위와는 반대의 특성을 가진 등화기(보상 장치)를 사용하여 전체의 주파수 특성을 평탄하게 하여 줄 필요가 있다.

리지 도파관 (── 導波管, ridge waveguide) 구형 도파관 내의 위 바닥면(上底面) 또는 아래 바닥에 돌기한 도체를 삽입한 도파관. 돌기부가 높고 폭이 넓을수록 용량이 증가하여 특성 임피던스가 낮아지므로 돌기부가 없는 구형 도파관보다 차단 파장을 짧게 할 수 있다. 그러므로 돌기부의 높이에 테이퍼를 붙이면 임피던스 변환용의 테이퍼 접속기가 되고, 그 단면 형상을 적당히 선택하면 광대역 전송로용으로 사용할 수 있다.

리츠선 (── 線, litz wire) 가는 절연 전선, 예를 들면 에나멜선을 여러 가닥 꼬아서 한 줄로 하고, 그 위에 절연 피복을 한 것이다. 인덕턴스의 표준기 등에 사용되며, 표피작용을 적게 하여 주파수 오차를 작게 한다.

리치 (reach) 계전기에 있어서 그 설치장소에서 측정한 거리 또는 회로 임피던스에 의해서 주어지는 보호 범위를 말한다.

리캔스 (leakance) 누설 컨덕턴스라고도 한다. 선로 등의 누설을 나타내는 상수이다. 기호로서는 G가 쓰이며, 단위는 [℧]이다.

리케 선도 (── 線圖, Ricke diagram) 마그네트론 등의 초단파관의 출력 및 주파수 특성은 부하 임피던스에 의해서 변화하므로 스미스 선도상에 부하 임피던스를 변화시켰을 때의 등출력(等出力) 및 등주파수 곡선을 나타내면 그 특성을 한 눈으로 알 수 있다. 이 곡선군을 리케 선도라고 한다.

리크 검출기 (── 檢出器, leak detector) 진공의 기밀 누설을 검출하기 위한 장치. 보통 질량 분석관과 헬륨 가스를 쓰고, He의 이온만이 특히 검출될 수 있도록 그 전자계를 조정해 둔다. 검출하는 곳에 헬륨을 내뿜을 때 만약 리크가 있으면 민감하게 질량 분석관에 감지하게 되므로 즉시 검출된다.

리크 저항기 (── 抵抗器, leak resistance) 전하를 통과시키는 저항기로, 그리드 리크저항과 같은 것을 이른다.

리튬 전지 (── 電池, lithium cell) 금속 리튬을 애노드로 하고, 비수(非水) 전해질을 사용한 1차 전지이다. 2.8V의 높은 셀전압, 300 Wh/kg을 넘는 고에너지 밀도(수은전지의 4배 이상)를 가지며 −55℃에서, +75℃의 온도 범위에서 동작한다. 보존 수명도 길고, 방전 특성도 평탄하다. 미래의 전지로 주목을 받고 있으나 다만 리튬은 물과 격렬하게 반응하고, 리튬 및 유기 전해질과 적합하는 양호한 캐소드 물질이 발견되지 않아 패키징이 어려운 점 등 실용화에는 어려움이 많다.

리트랜스미터 (retransmitter) 수신한 전신 부호를 자동적으로 다시 보내는 송신기이다.

리페드 케이블 (lepeth cable) 폴리에틸렌 피복 위에 납피복을 씌운 구조의 케이블. 특히 피뢰용으로 설계된 것을 말한다.

리플 (ripple) 리플 전압 및 리플 전류의 총칭이다.

리플 백분율 (── 百分率, ripple percentage) ⇨ 맥동률.

리플 전류 (── 電流, ripple current) 직류 전류에 겹친 교류분, 교류 전류의 기본파와 겹친 고조파분을 말한다. ⇨ 맥동 전류(pulsating current).

리플 전압 (── 電壓, ripple voltage) 직류 전압에 겹친 교류전압, 교류의 기본파 전압에 겹친 고조파 전압을 말한다.

리플 주파수 (── 周波數, ripple frequency) 리플 전압 또는 전류의 주파수를 말한다. 예를 들면, 평활회로를 쓰지 않고 60Hz 교류를 정류해서 얻은 직류의 리플 주파수는 반파정류인 경우는 60Hz, 양파정류인 경우는 120Hz가 된다.

리플 탱크법 (——法, ripple tank method) 실내 음향에서 실내 음파 분포를 상사법으로서 실험적으로 아는 방법의 한 가지. 알려고 하는 방과 같은 형태의 물통에 물을 담고, 그 수면의 1점(실내의 스피커 위치와 비슷한 위치)에서 물결을 일으켜 그 잔물결의 분포를 살핀다.

리피터 (repeater) 《자동교환》(1) 자동교환 방식에서는 국과 가입자, 또는 국과 국 사이의 다이얼 임펄스가 선로 손실로 감쇠하기 때문에 도중에 릴레이 그룹을 삽입하여 재생한다. 복국지 자동교환망에 있어서 국간 중계선의 출측 또는 입측에 설비되어 임펄스, 감시신호 기타 각종 신호를 중계하는 동시에 국내 중계선의 3선을 국간 중계선의 2선으로 변환하는 기능이 있는 스위치. (2)《전파항법》 레이더에 있어서 표시기만을 증설하는 일이 있다. 이것을 리피터라고 한다.

리피터 셸프 (repeater shelf) 《자동교환기》 자동교환기의 리피터를 실장하는 셸프 또는 리피터 적당수를 실장한 셸프를 이른다.

리히텐베르크 도형 (——圖形, Lichtenberg figure) 사진 인화지를 높은 과도전압에 의해서 발생한 방전에 노출시킴으로써 전계에 비례한 상을 기록한 것. 방전 지점에서 사방으로 퍼지는 선을 가진 도형이다. 서지전압의 기록 등에 사용된다. 클리도노그래프(klydonograph)라고도 한다.

릴 (reel, drum) 케이블 또는 전선류의 운반을 용이하게 하기 위하여 그 전선 또는 케이블을 감는 북 모양의 것. 금속제와 목제가 있으며 큰 것은 지름이 수 미터나 된다.

릴레이 방전관 (——放電管, gas filled relay tube, cold cathode gas triode) 냉음극 3극 방전관에서 음극 근방에 기동극이 있어 이것과 음극간의 보조방전(이 때 흐르는 소전류를 전이전류라고 한다)에 의해서 양극의 방전개시 전압을 낮추는 성질을 갖는 방전관. 보통 양극에는 방전개시 전압 이하의 전압을 가해 두고 기동극에 +전압을 가하여 전이전류를 흘려서 방전시킨다. ⇐ 그리드 글로관.

릴리스 링크 (release link) 스트로저식 상승 회전기구의 더블 도크의 돌기부에 맞물려서 더블 도크의 주축의 교합(絞合)을 제어하는 스프링 조각이며, 평상 위치에서는 더블 도크를 주축에서 메어내고 상승 전자석이 동작하면 더블 도크를 주축과 맞물려서 주축의 복구를 막고 복구 전자석이 동작하면 다시 더블 도크와 주축의 교합을 벗겨서 와이퍼 주축을 평상 위치로 복구시킨다.

림 드라이브 (rim drive) 턴 테이블의 가장자리에서 그것을 회전시키는 방식을 말한다.

링 (ring) 플러그의 환상 접촉 도체 또는 이에 대응하여 접속되는 잭의 접촉 스프링을 말한다.

링 모터 (ring motor) 링 정방기용(精紡機用)으로 쓰이는 전동기로서, 데리모터 또는 2중 농형 유도전동기가 쓰인다. 속도를 광범위하게 제어할 필요가 있으므로 후자의 경우는 벨트로 구동한다.

링 변조기 (——變調器, ring modulator) 4개의 다이오드가 링을 구성하듯이 접속되고, 링의 4개 접속점에 입력 및 출력회로가 접속된 것. 평형형의 변조기, 복조기 또는 위상 검출기로 사용된다.

링 시간 (——時間, ring time) 레이더에 있어서 에코상자의 출력이 규정 레벨 이상으로 남아 있는 기간. 이 링 시간은 레이더 설비의 특성을 측정하는데 쓰인다.

링 실 (ring seal) 원판 모양 또는 원통 모양의 금속과 유리를 봉해 맞춘 구조. 판극관, 유리 클라이스트론, 대형 송신관 등에 쓰이고 있다.

링 실관 (——管, ring sealed tube) 금속관, 송신관 등에서 링 모양의 도체와 유리로 봉한 진공관을 말한다.

링잉 시간 (—— 時間, ringing time) 레이더에 있어서 에코상자의 출력이 규정 레벨 이상으로 남아 있는 기간을 말한다.

링잉 효과 (——效果, ringing effect)《레이더》 레이더에 있어서 에코상자에 생기는 출력을 말한다.

링 카운터 (ring counter) 2진 카운터(플립플롭) 또는 유사한 2안정 요소를 고리상으로 접속한 것으로, 주어진 시점에서 링 속의 하나의 요소만이 지정된 상태(예컨대 1출력)를 취하도록 되어 있는 것. 입력이 계수될 때마다 지정된 상태는 링 안을 순차 순환한다. 고리상 계수기라고도 한다.

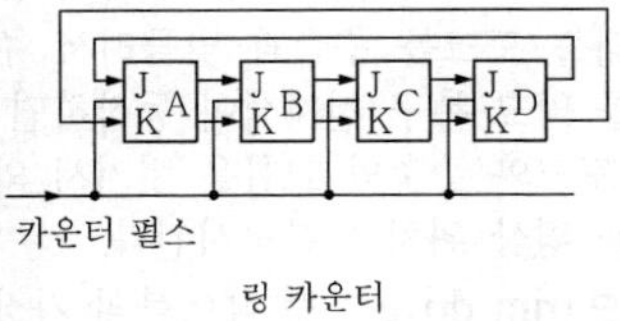

[링 카운터]

링크 팩 기억역 (── 記憶域, link pack area), 약어 LPA. (1) 가변수 태스크 다중 프로그래밍(MVT)에 있어서 시스템 라이브러리로부터의 재입 가능 루틴을 격납하고 있는 주기억 영역. (2) 가상 기억 오퍼레이팅 시스템에서의 가상 기억영역으로, 재입 가능 루틴을 격납하고, 초기 프로그램 로딩 시점에서 로드되어 시스템의 모든 태스크에 의해 동시 병렬적으로 이용된다.
㈜ 복수의 유저가 공용하는 링크팩역(IBM 370에서 사용된)에는 오퍼레이팅 시스템의 관리기능을 프로세스화한 (빈번하게 사용되는) 복수의 리엔트란트 루틴이 상주하고 있으며, 각 유저 프로그램은 필요한 파라미터를 인도하여 이에 제어를 넘긴다. 그 때마다 프로세서의 처리환경이 변화하여 링 케이지를 위한 오버 헤드가 증가한다. 공용 루틴을 상주시키는 대신에 필요할 때마다 시스템 비 상주역에 로드하는 경우도 있다. OS 관리에 의하지 않는 유저 프로그램 주도적인 인프로세스 처리는 위와는 대립되는 다른 방법이다.

링 트랜스레이터 (ring translator) 링 모양의 자심에 변환해야 할 입력정보와 변환된 출력정보에 대한 도선을 쇄교하여 출력정보를 얻도록 한 크로스바 자동 교환방식 등에 쓰이는 트랜스레이터인데, 미국의 벨 전화연구소가 발명한 것이다.

링 트립 계전기 (── 繼電器, ringing trip relay) 자동 교환기의 커넥터 등에 있어서 피호출자가 응답한 경우 호출신호를 정지하기 위하여 사용되는 계전기이다.

링 헤드 (ring head) 자성 재료를 고리모양으로 만든 헤드(녹음 헤드)이다.

ㅁ

마그네시아 절연 시스 선 (—— 絶緣 —— 線, magnesiainsulated metal sheathed wire) 도체를 중심으로 외부를 금속관으로 둘러 싸고 그 사이에 절연물로서 마그네시아를 충전한 절연선이다.

마그네트론 (magnetron) ⇨ 자전관.

마그네틱 스피커 (electromagnetic loud speaker) 철심을 갖는 코일에 음성 전류를 통하여 가동철편을 진동시켜서 진동판을 구동하는 스피커의 총칭. 원추형과 혼형이 있다. 또 인덕터 스피커도 이에 속한다.

마노미터 (manometer) 유체의 압력을 측정하는데 쓰이는 기기의 총칭. 대기의 압력 측정에 쓰이는 것은 기압계, 저압의 측정에는 진공계가 쓰인다.

마력 (馬力, horse power) 약어 HP, 공률의 단위. 영(영국) 마력 HP는 0.746 kW, 불(프랑스) 마력 PS는 0.7355 kW에 상당하다.

마스크 맞춤 (mask alignment) 포토 에칭 공정에서 웨이퍼의 기존 패턴 위에 다시 사진 마스크를 겹치고 자외선을 쬐어 패턴을 형성하는 것. 증착 스퍼터링에 있어서도 마찬가지로사진 마스크를 차례로 연속적으로 겹쳐 맞추는 것을 말한다.

마스크 얼라이너 (mask aligner) 《반도체 제조》 회로 패턴을 그린 포토 마스크와 실리콘 웨이퍼를 정확하게 위치 맞추기 기능을 가진 노광장치를 이른다.

마스크 효과 (—— 效果, masking effect) 마스킹에 의해서 생기는 효과. 음성 중 자음은 높은 주파수 성분으로 되어 있으므로 주위의 소음에 의해서 마스크되기 쉽고, 명료도가 저하하는 원인이 된다.

마스킹 (masking) 갑, 을 두 음이 들리고 있을 때 갑의 음의 세기를 일정하게 유지하고, 을의 음의 세기를 증가시켜 나가면 결국에는 갑의 음이 을의 음에 흡수되어 들리지 않게 된다. 이것을 마스킹이라 하고, 을의 음이 갑의 음을 마스크했다고 한다. 순음에서는 주파수가 낮은 음은 높은 음을 쉽게 마스크 하지만 반대로 높은 음은 낮은 음을 마스크하기가 어렵다.

마스터 미터 (master meter) 마스터 미터법에 있어서 기준으로 하는 계기이다.

마스터 미터법 (master-meter method) 적산 전력계의 시험을 할 때 동일 형식, 동일 정격의 계기를 동시에 여러 개 시험하는 경우는 그 중의 1개 또는 미리 준비해 둔 동일 형식, 동일 정격의 것을 잘 시험해서 그 오차를 확인해 두고, 이것과 다른 계기에 동시에 동일한 전력을 가해서 그 회전각을 비교하여 시험하는 방법이다. 회전자의 주변에는 100등분의 눈금이 매겨져 있으므로 10회전시키면 눈금 하나의 차는 0.1%에 상당하다.

마스터 PPI (master PPI) PPI의 중심의 송신 펄스에 의한 휘점을 없애는 회로를 말한다.

마시이젠 표준 (—— 標準, Matthiessen's standard) 이것은 동선 저항의 표준이며 2종류가 있다. 하나는 원형이고 고른 단면적을 갖는 길이 1m, 직경 1mm의 것이 0℃에서 0.0203 국제 옴을 갖는 동선. 다른 하나는 질량 1g이고 같은 단면적을 갖는 길이 1m의 것이 0℃에서 0.14173 국제 옴을 갖는 동선이다. 전자를 미터 · 밀리미터 표준, 후자를 미터 · 그램 표준으로 구별한다.

마운트 (mount) ⇨ 설치.

마이너 스위치 (minor switch) 디렉터나 코일 인디케이터의 숫자 축적 등에 사용되는 뱅크접점 10조의 정위형 회전 스위치로, 정위치의 복귀는 복구 전자석의 동작으로 래칫기구의 멈춤쇠를 벗겨서 한다.

마이다 (midar) 거리 수십 m 정도의 비교적 근거리에 이동 목표가 있을 경우 그것을 탐지하고자 하는 일종의 레이더로서, 그 원리는 파원(波源)과 목표 사이에 정재파 전계를 만들어 두고 목표가 이동한 경우의 정재파 분포의 변동으로 탐지하려는 방식을 말한다. 사용 주파수는 주로 VHF대이다.

마이스너 발진기 (── 發振器, Meissner oscillator) 독일의 무선공학자 마이스너가 발명한 발진 회로. 플레이트 코일과 그리드 코일을 직접 결합하지 않고 독립한 하나의 동조회로를 중개로 해서 플레이트측에서 그리드측으로 궤환을 하게 되어 있다.

마이스너 효과 (── 效果, Meissner effect) 초전도체를, 초전도성을 나타내게 하는 데 필요한 온도 이하로까지 냉각하면 그 물질은 완전한 반자성을 나타낸다. 그리고 유기된 자화는 외부로부터 주어져 자계를 상쇄시키고, 물질 내부에는 자속이 발생하지 않는다. ⇨ 초전도성.

마이카 (mica) ⇨ 운모.

마이카나이트 (micanite) 경질 또는 연질의 벗긴 마이카를 적당한 접착제로 붙여서 가열 압축하여 만든 판으로, 사용 목적에 따라 여러 종류가 있다. 일반 전기 절연용, 정류자 세그먼트용, 기타 전열기의 내열 절연용에 사용된다.

마이카 스플리팅 (mica splittings) 생 마이카를 얇게 벗긴 것으로, 두께는 0.01~0.035 mm. 마이카나이트, 테이프류의 원료가 된다. ⇨ 생 마이카.

마이카 콘덴서 (mica condenser) 유전체로서 마이카를 사용한 콘덴서. 절연 특성이 좋은 것이 장점이며 고압 회로, 고주파 회로 등에 사용된다.

마이크 (mike) 마이크로폰의 약어이다.

마이크로(μ) (micro) 마이크로파라고 하듯이 작다든가 미세하다는 뜻의 형용사로 쓰인다. 또 어떤 단위의 100만분의 1을 나타내기 위하여 쓰이기도 하는데, 예를 들면 패럿의 10^{-6}을 마이크로패럿(μF)이라고 하듯이, 접두어로 쓰이는 경우도 있다.

마이크로 그루브 녹음 (── 錄音, micro groove recording) 원반 녹음의 하나로, 장시간 레코드의 녹음을 말한다. 보통 레코드의 주된 차이는 홈의 수가 보통 레코드일 때 96~120/in(약 38~47줄/cm)인데 비하여 마이크로 그루브 녹음에서는 224~300/in(약 88~118줄/cm)인 점과 홈의 피치가 좁기 때문에 고음에서도 홈의 곡률반경은 그다지 작지 않으므로 녹음 특성은 고음까지 거의 정진폭으로 할 수 있다는 점이다. 또 음반 재료로는 잡음을 줄이기 위하여 합성 수지가 쓰인다.

마이크로 마이크로($\mu\mu$) (micro-micro) 수의 10^{-12}제곱을 말하며 약어는 $\mu\mu$이다. 피코(pico)와 같다.

마이크로 모터 (micromotor) 음향 기기, 측정 기기, 자동제어 기기, 계산기 주변 기기 등에서 사용되는 소형 전동기로 입력 3W 이하의 것, 최대 치수 50 mm 이내인 것. 미니어추어모터(미국)라고도 한다. 치수, 무게당의 출력이 크고 제어성, 효율, 신뢰성이 좋은 것이 요구된다. 전원은 보통 직류(건전지)가 사용된다.

마이크로 미터 (micrometer) 보통 미소한 길이를 측정하는 계측기를 이르지만 전기적으로 용량이나 인덕턴스를 길이의 변환에 대응시킨 것도 있다. 바늘의 직경, 얇은 판의 두께 등을 측정하는 데 사용된다.

마이크로 볼트(μV) (microvolt) 전압의 단위. 볼트[V]의 100만분의 1(10^{-6} V)이다.

마이크로 스위치 (microswitch) 소형의 스위치를 말하며, 미소한 충격으로도 잘 동작하고 상당히 큰 전류의 개폐를 할 수 있는 것을 말한다.

마이크로 스트립 (microstrip) 그라운드 프레인에 대하여 평행으로 지지된 단일 스트립 도체로 이루어진 마이크로파 전송 선로를 이르며, 스트립 전송로라고도 한다.

마이크로 암페어(μA) (microampere) 전류의 단위. 암페어[A]의 100만분의 1(10^{-6} A)이다.

마이크로 암페어계(──計, microammeter, microamperemeter) 눈금에 마이크로 암페어가 매겨져 있어 직접 이것을 지시하는 지시계기를 말한다.

마이크로 옴($\mu\Omega$) (microohm) 저항의 단위. 옴[Ω]의 100만분의 1(10^{-6} Ω)이다.

마이크로 와트(μW) (microwatt) 전력의 단위. 와트[W]의 100만분의 1(10^{-6} W)이다.

마이크로 일렉트로닉스 (micro electronics) ME, 전자빔 리소그래피 등 초미세한 가공기술과 그것을 구사하여 만들어지는 VLSI나 각종 전자부품 및 장치에 의해서 전개되는 일렉트로닉스 신분야에 대한 총괄적인 용어를 말한다.

마이크로파 (──波, microwave) 주파수 3,000 MHz 이상의 전파, 즉 SHF 및 EHF를 가리키지만 수십 MHz 정도의 UHF를 뜻하는 경우도 있다. 마이크로파 또는 극초단파라고도 하며, 빛과 같은 직진성을 갖는다. 규칙적인 반사를 하므로 단거리 통신이나 중계에 의한 초다중 장거리 통신 외에 레이더나 각종 무선 응용에 이용된다.

마이크로파 스위치 (microwave switch) 크게 나누어 다음의 4종류가 있다. ① 기계적 스위치 : 플런저, 회전기구, 벤, 셔터, 흡수용 소자 등을 사용하여 동축 선로와 도파관 내를 전파하는 신호나 파워를 전환, 채널링, 흡수, 단락 혹은 측로하도록 한 것이다. ② 다이오드 스위치 : PIN 다이오드 등 마이크로파로 동작하는 다이오드를 외부 바이어스에 의해서 제어하는 스위치이다. ③ 페라이트 스위치 : 전파로 속에 설치한 페라이트 소자를 외부 자계에 의해서 제어하여 전파에너지를 무손실로 통과시키거나 흡수하는 것이다. ④ 가스 스위치 : 전리성 가스를 채운 용기 안에 전극을 약간의 거리를 두고 배치하고, 외부 신호에 의해서 가스방전을 발생시켜 파워를 단락하도록 한 것이다.

마이크로파 조기경보 레이더 (──波早期警報──, microwave early warning radar) 고분해능 및 대교통 취급 용량을 주는 다수의 지시기를 가진 특수한 대전력, 장거리 조기경보 레이더를 이른다.

마이크로파 착륙방식 (──波着陸方式, microwave landing system) 《항공 전자》 약어 MLS. 종전의 ILS를 대신하여 개발한 마이크로파를 사용한 착륙 방식. 1978년 4월 ICAO 회의에서 미국의 TRBS (time reference scanning beam) 방식을 국제 표준으로 채용하기로 결정했다. 그전까지의 계기착륙방식(ILS)은 UHF, VHF의 반송파를 변조한 것으로 유도하였지만 마이크로파를 이용함으로써 고도 20도, 방위 ±40도의 범위에서 진입로를 임의로 설정할 수 있는 등의 이점이 있다.

마이크로 패럿(μF) (microfarad) 정전용량의 단위. 패럿[F]의 100만분의 1(10^{-6} F)이다.

마이크로 포닉 잡음 (── 雜音, microphonic noise) 진공관에 기계적인 충격 또는 진동을 주었을 때 발생하는 일종의 진공관 잡음으로, 전극의 진동으로 기인하는 것이다.

마이크로폰 (microphone) 음향 세력을 전기 세력으로 변환하는 기기로, 담화, 음악 등을 전기로 변환하거나 음장(音場)의 측정, 음향의 분석 등에 쓰인다. 용도에 따라 동전형, 정전형, 압전형 등이 있다. 단, 전화용 송화기는 마이크로폰에 포함하지 않고 transmitter라고 한다.

마이크로폰 버튼 (microphone button) 탄소형 마이크로폰에서는 기계 진동을 전기저항의 변화로 변환하는 부분이 작은 원판형으로 만들어져 진동판에 부착되어 있으므로 이것을 마이크로폰 버튼이라고 한다.

마이크로폰 잡음 (──雜音, microphone noise) 입력음이 없을 때라도 마이크로폰 자체에서 발생하는 잡음. 일반적으로 마이크로폰 잡음은 작을수록 좋다.

마이크로폰 해머 (microphone hammer) 진공관을 쓰지 않는 간단한 음차발진기. 음차의 일부에 탄소를 포함하는 마이크로폰 버튼이 부착되어서 그 출력으로 음차를 전자적으로 구동하여 자려 진동을 발생하도록 되어 있다.

마이크로 헨리 (μH) (microhenry) 인덕턴스의 단위. 헨리[H]의 100만분의 1(10^{-6} H)이다.

마이크 붐 (mike boom) 라디오 드라마, 영화, 텔레비전의 스튜디오 등에 있어서는 마이크를 긴 막대 끝에 매어 달아서 출연자의 위쪽 적당한 위치로 가지고 갈 수 있게 한다. 이 막대를 마이크 붐이라 하고, 바퀴가 달린 받침대에 부착하여 승강, 이동을 자유자재로 할 수 있게 되어 있다.

마이크 스탠드 (mike stand) 마이크로폰을 장치하는 스탠드. 바닥 위에 두고 사용하는 형과 테이블 위에 올려놓고 사용하는 형의 두 종류가 있다. 바닥 또는 테이블의 진동이 마이크 스탠드를 통해서 마이크로폰으로 전달되지 않게 방진(防振)할 필요가 있다.

마일러 (Myler) 폴리에스테르 플라스틱 막에 대한 듀퐁사의 상품명이다. 일반 절연물로 혹은 자기 테이프의 기체(基體) 재료로 많이 사용된다.

마진 (margin, marge) 《전신》 전신 기계의 정상적인 복조를 주는 일그러짐의 최대를 말하며, 실효 마진, 공칭 마진, 이론 마진 등이 있다. 또 조보기에 대해서는 동기 마진 등이 있다. CCITT에서는 신호가 올바르게 원문으로 변환되는 경우 신호의 복조에 영향을 주는 최대의 일그러짐을 말한다.

ㅁ

마찰 보상 (摩擦補償, friction compensation) 적산전력계의 회전자의 마찰 토크와 같은 구동 토크를 회전자에 주어 마찰의 영향을 상쇄할 수 있게 하는 것을 이른다. ⇨경부하 보상장치.

마찰 브레이크 (摩擦——, frictional brake) 기계적 마찰에 의해서 회전체의 운동 에너지를 흡수하여 회전을 정지하는 장치를 이른다.

마찰 서열 (摩擦序列, frictional series) 열중(列中) 임의의 두 물체를 마찰하면 상위에 있는 것은 +로, 하위에 있는 것은 −로 대전하도록 차례로 배열한 열을 말한다.

마찰손 (摩擦損, friction loss) 회전기에서 베어링 및 브러시의 마찰에 의한 손실이다.

마찰 저항 (摩擦抵抗, frictional resistance) 마찰에 의해서 생기는 반항력이다.

마찰 전기 (摩擦電氣, frictional electricity) 성질이 다른 두 물체를 서로 마찰하면 각각 +, −의 전기를 일으킨다. 예를 들면 에보나이트를 모피로 마찰하면 에보나이트는 −에, 모피는 +로에 대전한다.

마찰 커플링 (摩擦——, friction coupling) 마찰 커플링이란, 양 축단의 결합부를 원추형으로 하고, 그 원추면의 마찰에 의해서 동력을 전달한다. 간헐적으로 회전하거나 과하중이 걸리는 것을 방지하고자 할 때 사용한다. 마찰면은 주철, 목재 또는 가죽을 사용한다.

마찰 클러치 (摩擦——, friction clutch) 서로 잇는 양 축단의 결합부를 원추형으로 하고 그 원추면의 마찰에 의해서 동력을 전동하는 것을 말한다. 간헐적으로 회전하거나 과하중이 걸리는 것에 구애받지 않을 때 사용한다. 마찰면은 주철 또는 목재, 가죽을 안에 댄다.

마찰 토크 (摩擦——, friction torque) 마찰에 의해서 생기는 반항 토크를 말한다.

마팅게일 (martingale) 지지물과의 사이가 좁은 짧은 지선을 말한다.

막대 자석 (棒磁石, bar magnet) 막대 모양의 자석. 정자기량(正磁氣量)이 존재한다고 여겨지는 극을 양극(陽極) 또는 N극, 다른 극을 음극(陰極) 또는 S극이라고 부른다. 자속은 N극으로부터 나와 S극으로 들어간다. 자기량을 자극의 세기라고 말하는데, 양(兩)극의 세기는 서로 같으며 부호는 상반된다.

만능 분류기 (萬能分流器, universal shunt) 검류계의 감도를 바꾸기 위하여 쓰는 분류기를 이르며, 검류계의 단자에 저항을 접속하고 측정회로를 그 저항의 한 끝과 전저항의 1/m점에 접속할 때는 검류계의 저항에 관계없이 검류계에 흐르는 전류는 1/m이 된다. 다만 측정회로의 저항이 상당히 클 때이다. 또한 이 때 검류계 회로의 저항도 거의 일정하게 되므로 검류계의 저항에 작용이 바뀌지 않는 특징이 있다.

만능 임피던스 브리지 (universal impedance bridge) 브리지에 표준기 커패시터와 발진기를 자장하고, 스위치에 의해서 브리지 구성을 호이스트 스톤 브리지, 맥스웰 브리지, 하이브리지 등으로 전환하여 각각 저항, 인덕턴스, 커패시턴스 등을 측정할 수 있게 한 것이다.

만능 전건 (萬能電鍵, universal key) 필요에 따라 임의의 접점 조합의 것이 구성되는 가장 일반적으로 쓰이는 미국 웨스턴 전기 회사제의 실용 전건의 일종이다.

만능 코드 회로 (萬能——回路, universal cord

circuit) 수동 교환기에 있어서 양쪽의 코드가 똑 같은 기능을 가진 쌍코드식 접속의 코드 회로이다.

망 (網, network) ⇨ 회로망.

망가닌 (manganin) Cu 84%, Mn 12%, Ni 4%의 합금, 저항의 온도계수가 극히 작으므로 표준 저항기, 정밀 전기계기 등에 쓰인다.

망간 건전지 (―― 乾電池, manganese cell) 르클랑셰 전지를 이른다. 전지를 그 양극의 활물질의 금속명으로 부르는 수가 있는데, 이 경우는 그것이 이산화 망간이다(도전율을 높이기 위해 약간의 카본을 혼합했다). 반응에 물을 필요로 하기 때문에 전극 합제 중에 이것을 포함시키고 있다. 공칭전압 1.5V이고 저온에서는 용량이 떨어진다. 방전특성은 수하성을 나타낸다.

㊟ 반응은 아래 식과 같다.

양극 : $2MnO_2+H_2O+2e \rightarrow Mn_2O_3+2OH^-$

음극 : $Zn+2OH^- \rightarrow ZnO + H_2O + 2e$

망 브러시 (網 ――, gauze brush) 직류계의 정류자에 사용하는 브러시의 하나로, 가는 동선의 망으로 형성된 것. 극히 저전압(예를 들면 5V)용에 사용된다.

망상 그리드 (網狀 ――, mesh grid) 전자관 그리드의 하나로, 그물 모양으로 만들어진 것이다.

망전류 (網電流, mesh current) 그물 모양의 결선에 있어서 인접하는 2단자 간을 흐르는 전류이다.

맞대기 용접 (―― 熔接, butt welding) 저항 용접의 한 방법. 클램프를 전극으로 하고 저전압 대전류를 흘려서 전선이나 철근의 끝이 녹았을 때 밀어 붙이고 전류를 끊는다. 또 처음에는 떼어 놓고 서서히 접근시켜서 양자 사이에 불꽃을 튀겨 그것을 벌려서 막 녹았을 때 눌러 붙인다.

맞대기 저항용접 (―― 抵抗熔接, butt resistance welding) 전선이나 철재의 끝을 대전류로 녹인 다음, 전류를 끊고 양단을 밀어 붙여 가압·압착하는 일종의 저항 용접법이다.

매뉴얼 (manual) 전기 기기나 방식의 사용 설명서이다.

매니폴드 (manifold) 봉입 밸브를 여러 개 병렬로 부착시킨 분기관이다.

매분 회전수 (每分回轉數, revolutions per minute) rpm, 회전기의 회전속도를 나타내는 용어로, 1분간의 회전수를 이른다.

매설 공중선 (埋設空中線, buried antenna, underground antenna) 절연선을 땅 속 또는 물 속에 매설한 공중선이다.

매입 온도계 (埋込溫度計, embedded temperature detector) 슬롯 내부의 코일의 온도를 측정하려면 조립하기 전에 수색 코일 또는 열전대를 코일에 접속시켜서 매입하여 저항값의 변화를 브리지로 읽거나 또는 열기전압을 밀리볼트계 등으로 측정하여 온도를 안다. 이러한 온도계를 말한다.

매입층 (買入層, buried layer) 반도체 기판 내부에 형성된 주위와는 도전율, 도전형식 등이 다른 반도체층 또는 금속층, 보통 트랜지스터에서 컬렉터 전류 통로의 저항을 줄이기 위하여 사용된다.

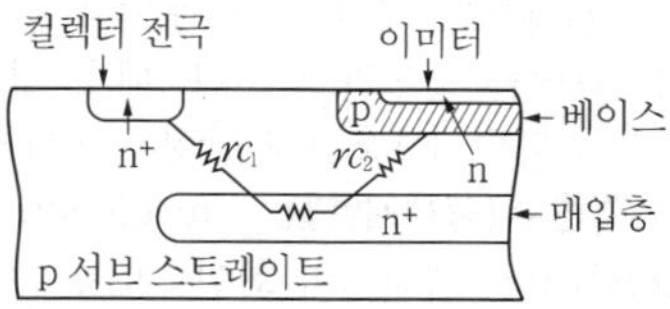

[매입층]

매입 콘센트 (埋入 ――, flush plug receptacle) 벽에 매입하여 설치하는 콘센트로, 표면은 벽면과 평평하게 된다.

[매입 콘센트]

매입형 (埋込型, flush type) 배전반에 매입하여 설치하는 형태의 것. 지시 전기 계기에서는 대형에 OF(전면 총 유리), CE(눈금면 유리), 소형에는 SA(각), SC(원)의 종류가 있다.

매직 T (magic T) 그림과 같이 TE_{10}파로 여진한 구형 도파관 (1), (2)의 측벽에 H분기 (3), E분기 (4)를 부착한 것을 말한다. 주회로 (1) 및 (2)의 부하가 정합되어 있는 경우에는 분기 (3)에서 들어온 TE_{10}파는 (1)과 (2)에 동상으로 등분하게 분류하지만 (4)에는 전혀 흘러들지 않는다. 분기 (4)에서 들어온 파는 (1)과 (2)에 등분하게 흐르지만 위상은 반대가 되고 (3)에는 전혀 흘러들지 않는다. 이 회로는 유전체 상수의 측정 등에 널리 쓰이고 있다.

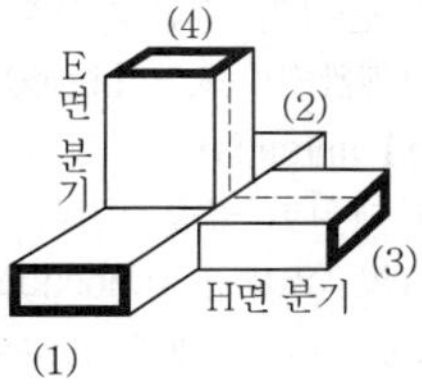

[매직 T]

매초 상수 (每秒像數, number of pictures per second) 텔레비전에서 1초동안에 전송되는 완전 화상수를 말한다.

매초 코일수 (每秒——數, load per second) 《지하 케이블》 지하 선로 내의 전파 전파속도를 나타내는 단위로, 전파가 1초동안에 통과하는 장하코일점의 수를 가지고 나타낸다.

매초 필드수 (每秒——數, number of fields per second) 1회의 비월 주사로 완성되는 거친 화면을 필드라고 한다. 매초 필드수란 이 필드 화면이 1초간에 완성되는 매수이다.

매초 회전수 (每秒回轉數, revolutions per second) rps, 회전기의 회전속도를 나타내는 용어로, 1초 동안의 회전수를 말한다.

매클레오드 진공계 (——眞空計, McLeod gauge) 진공도를 측정하기 위한 장치로서 10^{-1}~10^{-5}mmHg 범위의 측정을 할 수 있다. 보일의 법칙을 이용한 것으로, 영구 기체에만 사용할 수 있다. 다른 진공계의 표준으로 되어 있으나 항시 지시를 하는 것은 아니다.

매킨타이어 슬리브 (McIntire sleeve) 전선의 매킨타이어 접속에 쓰이는 동관제 슬리브. 강선용은 내외면에 주석 도금을 한다.

매킨타이어 접속 (——接續, McIntire joint) 전선 접속의 한 방법으로, 동관제 슬리브 내에 접속되는 전선 양단을 겹쳐서 삽입하고 염회기(捻回機)로 소요 회수만큼 비튼다.

맥동량 (脈動量, pulsating quantity) 발전기에 있어서 기계적, 전기적, 자기적으로 불균형인 경우에는 발생 전압에 맥동을 일으킨다. 이 경우 최대 전압과 최소 전압의 차를 맥동량이라고 하며, 이것을 평균값으로 제한 것이 맥동률이다.

맥동률 (脈動率, pulsation factor) 직류 전압의 맥동의 비율을 나타내는 것으로, 리플 전압과 직류 평균 전압과의 비를 백분율로 나타낸 것을 말한다. ① 직류 발전기의 경우, $\frac{E_{max}-E_{min}}{E_{mean}}\times 100\%$ 여기서, E_{max} : 맥동전압의 최대값, E_{min} : 맥동 전압의 최소값, E_{mean} : 직류 맥동전압의 평균값. ② 수은 정류기의 경우, $P_n=\frac{E_n}{E_d}\times 100\%$ 여기서 P_n : 제n조파의 맥동률, E_n : 제n조파의 리플 전압 파고값, E_d : 직류 전압 평균값, $P=\sqrt{\Sigma P_n{}^2}$, P : 종합 맥동률이다.

맥동손 (脈動損, pulsation loss) 회전자 또는 고정자에 슬롯이 있는 기계에서는 슬롯에 의해서 상대하는 철심의 자속밀도에 맥동을 일으켜 와전류손을 위주로 하는 손실을 발생한다. 이것을 맥동손이라고 한다.

맥동 전류 (脈動電流, pulsating current) 직류 전류에 교류 전류가 겹쳐서 맥동하는 전류이다.

맥스웰 (Maxwell) 자속의 전자 단위로, 1웨버의 10^{-8}배. J. C. Maxwell의 이름을 딴 것이다.

맨드렐 (mandrel, mandril) 디젤 대신 쓰는 것. 철관 이외의 도관(陶管) 또는 콘크리트관에 디젤을 쓰면 관로가 파손되므로 원형 또는 각형의 나무로 만든 맨드렐을 쓴다. 전자관 제조에 있어서 그리드나 나선형의 음극 등을 감는데 쓰이는 권심 치구이다.

맨홀 (manhole, splicing chamber) 지하 전선로의 접속, 분기 및 배관 등을 하고 고장시에는 시험 또는 수리를 하기 위하여 사람이 들어가서 작업할 수 있게 한 노면 밑의 시설을 말한다.

맹역 (盲域) (1) fade area, fade zone 마이크로파의 전파에 있어서 어떤 구간은 전파가 도달하지 않게 되고 그보다 먼 곳에서 다시 전파가 강해지는 경우가 있다. 전파가 없어지는 이 구간을 맹역이라고 한다. 그림은 S형 덕트의 경우인데, 사선부분이 맹역이다. (2) fade area 로런 또는 데카 방식에 있어서 측위가 곤란한 구역을 말한다.

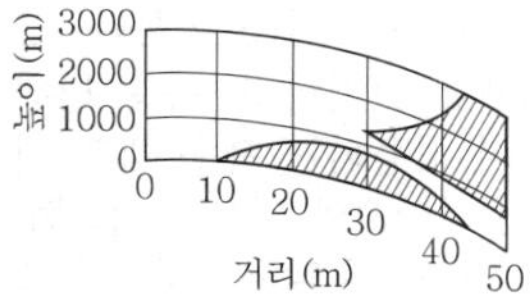

[S형 덕트의 맹역]

맹역도 (盲域圖, fade chart) 로런 또는 데카 방식에 있어서 맹역을 나타낸 도표이다.

머니퓰레이터 (manipulator) 방사능이 강한 물질을 취급하는 장치로, 사용자가 방사능의 재해를 받지 않도록 하기 위해서 방어벽을 사이에 두고 취급자의 손이나 손가락처럼 움직이는 원격 조작장치를 말한다.

머드 (mud, slime) 전해에 있어서 양극, 음극 또는 격막 등의 근방에 고이는 진흙상태의 물질을 말한다.

머리 루프 (Murray loop) 통신선로의 접지 고장점을 표정하기 위해서 브리지형의 회로를 구성하고 그 평형조건에서 고장점까지의 거리 x를 다음 식으로 구하는 방식.

$$x=\frac{R_2L(r_1+r_2)}{2r_2(R_1+R_2)} \quad L=x+y$$ 여기서, r_1, r_2는 선로의 상, 하 선의 단위 길이당의 저항이다.

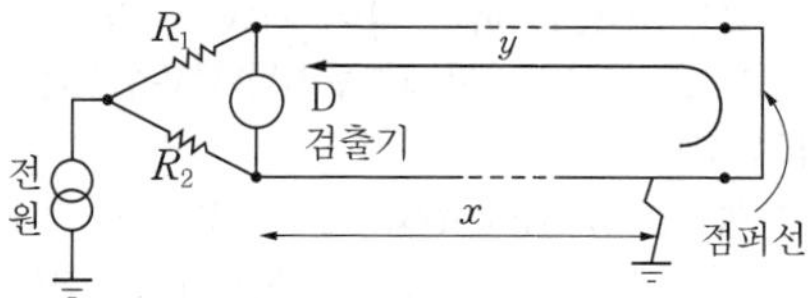

[머리 루프]

머시닝 센터 (machining center) MC, 자동 공구 교환장치(automatic tool changer : ATC)를 가지고 있으며, 필요에 따라 공구를 교환하고 구멍뚫기, 속파기, 나사치기, 면깎기 등 여러 종류의 가공을 기계 한 대로 할 수 있는 일종의 만능 공작기계이다. 가공은 계산기에 의해서 수치 제어되고 있으며 필요한 설계 데이터를 입력함으로써 자동 프로그래밍 장치가 가공 순서를 정한 NC 테이프를 만들고, 그에 의하여 기계가공이 자동적으로 이루어지도록 되어 있다.

먼셀 표색계 (── 表色系, Munsell color system) 먼셀 색상, 먼셀 채색도, 먼셀 휘도의 세 변수(먼셀밸류)에 대한 균일한 시각적 변화폭으로 새겨진 눈금을 가진 색 표시계를 이른다. 정상인 색감도를 갖고 주광에 순응한 관측자가 주광으로 비쳐진 시료를 보았을 때의 물체 색깔의 색상, 포화도, 명도는 먼셀계의 표색과 비교하여 주어진다.

注 색상은 적색(R), 황색(Y), 녹색(G), 청색(B), 보라색(P) 및 그들의 중간색에 의해서 10개로 분할되고, 이것을 원판 상의 부채꼴 영역으로 표시한다. 원판의 중심에서 부터 바깥 테두리를 향하여 동심원으로 포화도(채색도)를 구분 표시한다. 또 휘도는 원판에 직각으로 세운 중심축 위에 흑색(반사율 0%)을 0, 백색(반사율 100%)을 1로 하고, 그 중간에 각종 회색을 시각적으로 일정한 스텝으로 구분 표시한다.

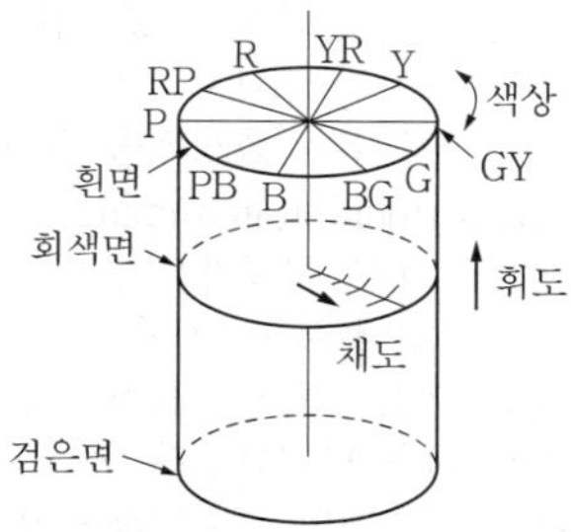

[먼셀 표색계]

먼지 방지용 외함 (── 防止用外函, dust-proof case) 먼지 때문에 내부 기구의 기능이 저해되지 않는 구조의 겉 케이스. 리코보좀 분말로 그 효과를 시험하는 방법 등이 고려되고 있다.

멀티 바이브레이터 (multivibrator) 두 능동 소자를 써서 제1의 소자가 도통하고 다른 소자가 단절되는 상태, 또는 이와 반대의 동작을 상호 반복하는 것으로, 출력에 고조파를 많이 포함하고 또 외부 동기가 용이한 등의 특징을 갖고 있다. 펄스 기술에는 극히 유용한 회로이다.

멀티 스튜디오 (multistudio) 하나의 조정실을 둘러싸고 둘 이상의 연주실이 배치되어 그들 연주실을 나누어서 사용하여 복잡한 연출의 프로를 효과적으로 제작할 목적으로 만들어진 1조의 연주실을 말한다.

멀티 스펙트럼 스캐너 (multispectral scanner) MSS, 대상물에 의한 방사의 파장범위를 몇 개의 대역(보통 4 또는 11)으로 나누고 각 평면 반사경의 진동 등을 이용하여 주사해서 검출하도록 한 방사계의 검출방식. 예컨대 LANDSAT 3에서는 방사를 500 nm에서 1,100 nm에 이르는 4개의 스펙트럼 대역으로 나누어 각 채널마다 6개의 검출기(따로 온도방사계도 사용한다)로 검출하고 있다.

멀티유닛 국 (multiunit office) 가입자선 단자 10,000을 단위로 하여 2개 이상의 단위를 수용한 전화 교환국을 말한다.

멀티탭 (multiple-tap, lamp adaptor) 하나의 콘센트에서 동시에 수많은 전기기구를 사용할 수 있는 구조의 접속기이다.

ㅁ

멀티톤 방식 (multitone system, tones transmission) 하나의 신호에 대하여 음성주파수의 정현파 톤 신호를 복수 개 조합한 것을 송신하고, 수신측에서 협대역 필터에 의해서 선택 수신하도록 한 신호방식을 말한다.

멀티프로그래밍 (multiprogramming) 계산기에 있어서 그 내부 기억장치에 몇 가지 프로그램을 기록하여 두고, 적시 어느 프로그램에서 다른 프로그램으로 제어를 전환하여 아이들링(유휴)을 방지하도록 한 것. 한 처리 장치로 복수 개의 프로그램을(인터럽트 등의 수법으로) 겉보기상 동시에 실행할 수 있다. 프로그램 전체의 흐름을 총괄적으로 제어하는 프로그램을 주제어 프로그램이라고 하는데 복수의 프로그램에 대하여 주기억력을 어떻게 할당하는가의 문제도 이 속에 포함된다. IBM의 360 계산기의 오퍼레이팅 시스템에서의 제어 프로그램은 ① 한 시점에서 하나의 작업(또는 태스크)을 실행하는 경우, ② 일정수(혹은 가변수)의 태스크의 실행을 관리하고 이것들에 자원을 할당하는 경우의 두 가지가 있으며 각각 PCP (primary control program), MFT (MVT) [multiprogramming with a fixed (variable) number of tasks]라 하고 있다.

멀티플라이어 (multiplier) (1)《곱셈기》 두 디지털 입력을 차례로 받아들이고 그것들의 곱을 출력하는 모듈 혹은 두 아날로그 신호를 받아들여 그것들의 곱에 비례하는 출력을 발생하는 따위의 모듈을 이른다. (2)《배율기》 전압계에 있어서 그 측정 범위를 확대하기 위하여 사용되는 복수 개의 탭이 붙은 저항기로서 전압계와 직렬로 접속하여 탭 위치를 바꿈으로써 같은 전압계로 복수의 다른 전압 범위의 전압을 측정할 수 있게 한 것을 말한다. (3) 2차 전자 증배관이다.

멀티플 배전 (——配電, multiple distribution) 배전 방식은 부하의 접속방법에 따라서 직렬, 멀티플, 방사형 및 네트워크로 나뉘며 멀티플은 1개의 정전압 회로에 다수의 부하가 병렬로 접속되는 방식을 말한다.

멍키 채터 (monkey chatter) 근접한 두 주파수의 신호가 수신되어서 반송파 상호의 비트로 인한 높은 음색의 방해음을 말한다.

메가 (M, mega) 100만을 뜻하는 접두어를 이른다.

메가 바 (megavar) 약어 MVar, 10^6바. 1바[Var]는 1볼트 암페어[VA]로서, 무효 전력의 크기를 나타내는 데 쓰이며 1MVar는 1,000 kVA이다.

메가볼트 암페어 (megavoltampere) 약어 MVA, 교류의 전압과 전류의 곱을 피상전력이라 하고 볼트암페어[VA]로 나타낸다. 이의 100만배, 즉 100만VA를 메가볼트 암페어[MVA]라고 한다.

메가 와트 (megawatt) 약어 MW, 전력의 단위. 와트[W]의 100만배, 즉 100만W를 1MW라고 한다.

메가 헤르츠 (megahertz) 약어 MHz, 주파수의 단위. 106헤르츠 [Hz]를 1MHz라고 한다. ⇨ 헤르츠.

메거 (megger) 수동 발전기를 내장하고 주로 메그옴[MΩ] 이상의 절연저항을 측정하는 계기. 최근에는 발전기 대신 트랜지스터 발전기와 승압용 변압기를 내장한 것이 쓰이고 있다.

메그옴 (megohm) 약어 MΩ, 고저항, 절연 저항을 나타내는 저항의 단위. $1M\Omega = 1\times10^6\Omega$ 이다.

메그옴 감도 (——感度, megohm sensitivity) 검류계의 반사경과 스케일의 거리를 1m로 하고 검류계에 직렬로 저항을 접속하여 이에 1V의 전압을 가했을 때 스케일 상에

1mm의 지시를 발생하는 직렬 저항의 값을 MΩ으로 나타낸 것이다.

메니 발진기 (—— 發進器, Meny oscillator) 프랑스의 무선 공학자 메니가 고안한 회로로, 초단파 반결합 발진기의 푸시풀 회로의 일종. 플레이트 코일과 그리드 코일은 단지 양쪽 진공관의 플레이트끼리, 그리드끼리를 결합시킨 도선만으로 형성되며 그 각각 중심점은 캐소드에 접속된다.

메신저 (messenger cable, messenger wire) 가공 케이블이나 트롤리선의 조가(吊架)에 커티너리 방식을 채용했을 때의 트롤리선을 지지하는 강연선. 가공 케이블의 경우는 케이블 중량에 따라 여러 단면적의 것이 사용된다. 소선(素線)은 2.3~3.5mm 정도의 것을 7개 꼬아서 구성한다.

메신저 클램프 (messenger wire clamp) 조선(吊線)을 전주 등에 억류시킬 때 조선의 단말을 본 조선과 밀접하게 연결하기 위하여 사용되는 주철제의 쇠붙이를 말한다.

메이저 (microwave amplification by stimulated emission of radiation) MASER, 유도·방출작용에 의해서 동작하는 낮은 잡음의 증폭기 또는 발진기. 주파수는 마이크로파역 뿐만 아니라 적외역에서 가시역에 미치는 것도 있다. 메이저 물질로서 암모니아 가스나 루비 결정 등이 사용된다.

메이크 브레이크 접점 (make-(before) break contact, MBB contact) 쌍투형 접점인데 한쪽 회로가 끊어지기 전에 다른 한쪽 회로의 접점이 닫치도록 되어 있는 것을 말한다.

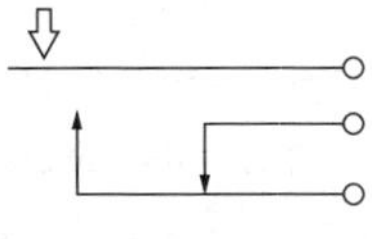

[메이크 브레이크 접점]

메이크 브시 계전기 (—— 繼電器, make busy relay) 전화 교환에 있어서 각종 회선이나 교환수의 좌석 등에 호가 들어오는 것을 방지하는 경우에 사용되는 계전기이다.

메이크 브시 전건 (—— 電鍵, make busy key) 전화 교환에 있어서 사용하는 전기회로를 외부에서 접속되지 않게 하는 경우에 사용되는 전건을 말한다.

메이크 비포 브레이크 접점 (—— 接點, make-before-break contact) 3매의 접점 스프링으로 되어 있어 동작시에는 먼저 메이크 접점이 닫히고 이어서 브레이크 접점이 열리는 접점의 조합을 말한다.

메이크 접점 (—— 接點 , make contact) 동작하지 않을 때 열리고 동작한 경우 닫히는 접점 조합을 말한다.

메카트로닉스 (mechatronics) 지능 매입형 공작 기계, 머시닝 센터, 산업용 로봇 등으로 대표되듯이 기계와 일렉트로닉스가 결부한 공학 기술을 의미하는 합성어. 계산기나 전자제어장치를 조합함으로써 기계가 갖는 기능과 성능, 정도 등이 향상하기 때문에 이러한 경계 영역의 제품이 많이 개발되게 되었다.

메탈백 형광면 (aluminized screen, metal-backed screen) 텔레비전 수상관에서 스크린의 형광막 층의 전자총측에 알루미늄 박막을 증착하여 설치한 것. 빔의 전자는 쉽게 알루미늄막을 뚫고 나가 형광막을 자극하여 화상을 만든다. 알루미늄은(알루미늄막에 없으면 관내로 되돌아온다) 빛을 외부로 반사하여 화상의 휘도와 콘트라스트를 개선한다.

메탈클래드 개폐 장치 (—— 開閉裝置, metal-clad switchgear, metal-enclosed switchgear) 모선, 접속 및 계기용 변성기 등을 하나의 장갑실 내에 폐쇄하고 소요 1차 단로기, 2차 단로기와 함께 격리·이동할 수 있는 차단기 또는 다른 단로장치를 포함하는 강철제 구조로 된 개폐장치를 말한다.

멜라민 수지 (—— 樹脂, melamine resin) 멜라민과 포름알레히드의 축합체로, 내아크성이 뛰어나므로 스위치 커버 등에 사용되고 혹은 에나멜선용의 바니시를 만드는 재료로 사용된다.

면권선 (綿捲線, cotton-covered wire) 도체에 면사를 한 겹 또는 두 겹으로 긴밀하게 옆으로 감은 것으로, 일반 전기 기기의 권선에 사용한다.

면적 효과 (面積效果, area effect) 잔향실에서 흡음률을 측정할 때 시료(試料)의 면적의 대소에 따라 또는 동일 면적일 때에도 시료의 분산 방법에 따라서 흡음의 값이 달라지는 것을 말한다.

면 절연선 (綿絶緣線, weather-proof wire) 도체에 꼰 면사를 한 겹 또는 두 겹으로 편조하여 흑색의 내후성 혼합물을 함침한 것으로, 배전선, 인입선, 옥내 배선 등에 사용한다.

면절연 전선 (綿絶緣電線, cotton-insulated wire) 도체에 꼰 면사를 한 겹(1중 절연 전선) 또는 두 겹(2중 절연 전선)으로 편조하여 흑색의 내후성 콤파운드를 함침한 것으로, 배전선, 인입선, 옥내 배선 등에 사용한다. 면 테이프라고도 한다.

면 편조 (綿編租, cotton braid) 전선 등의 절연용으로 꼰 면사를 편조하면서 피복하는 것을 말한다.

명도 (lightness) 대상 물체의 빛에 대한 성질의 하나로, 대상 물체가 투사된 빛을 얼마만큼 투과하는가 혹은 반사하는가를 부여하는 것이다.

명령 (命令, command, order) (1) 수행해야 할 연산을 지정하는 것으로, 지령은 이 명령과 어드레스로 이루어져 있다. 명령을 구성하는 부호를 연산 부호라고 한다. ⇨ 지령, 연산 부호. (2) 지령(instruction)의 결과로 생기는 여러 개의 신호 또는 신호 무리의 집합의 하나이다.

명료도 (明瞭度, articulation, articulation score) 전화 통화의 질적 양부를 양적으로 나타내는 데 쓰이며 다수의 음절, 단음 단어를 측정코자 하는 전달계를 경유해서 보내고 수화자가 틀림없이 받은 수의 백분율로 나타낸다. 음절 명료도, 단음 명료도, 단어 명료도 등이 있었으나 오늘날에 와서는 모두 쓰이지 않고 있다.

명음 (鳴音, singing) 아래 그림의 2선식 중계기에 있어서 선로와 평형용 결선망(N)과의 임피던스가 평형되어 있으면 서(동)행 증폭기의 출력에서 동(서)행 증폭기의 입력으로의 감쇠량 $S_1(S_2)$이 무한대가 되어 양 방향의 전송이 독립적으로 이루어지지만 만약 불평형이면 S_1, S_2는 유한이 되어 순환전류에 대한 손실은 S_1+S_2, 이득은 G_1+G_2가 되므로 $G_1+G_2>S_1+2_2$가 될 때는 발진 상태가 되어 어떤 주파수의 명음을 발생하고 $G_1+G_2<S_1+2_2$가 될 때 명음을 내지 않는다. 특히 $G_1+G_2=S_1+2_2$가 되는 한계점을 명음점이라고 한다. 또 사용 상태에서 명음을 일으킬 때까지의 이득의 여유를 명음 여유라고 하며, 명음 안정도로 나타낸다. 즉, 양쪽 증폭기의 이득을 사용값에서 서로 조금씩 올려서 명음을 일으키고 명음이 끝날 때까지 이득을 낮춘다. 그 평균 이득 증가를 ΔG_1, ΔG_2라고 하면 명음 안정도는 (1/2)($\Delta G_1+\Delta G_2$)가 된다.

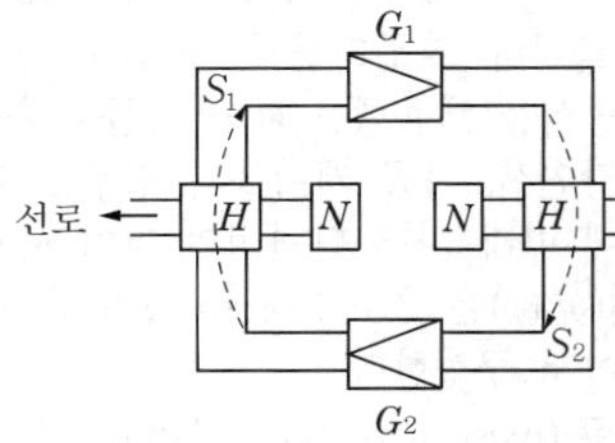

[명음]

명음 방지 장치 (鳴音防止裝置, antisinging device) 4선식 회선의 이득을 높여서 특히 잔류손을 경감하고자 할 때 또는 무선회선을 4선식 회선에 포함하기 위하여 레벨 변동이 대폭일 때는 하이브리드 접합점의 반향 감쇠량 부족 때문에 4선식 회선의 루프가 발진상태로 된다. 이것을 막기 위하여 무통화시에 1방향 또는 양 방향의 전송손을 증가하여 통화시 통화 방향만의 전송을 감소시키는 장치가 쓰인다. 이것을 명음 방지 장치라고 하며, 음성의 세력으로 릴레이 등을 동작시켜서 통화방향의 전송손을 감소시키는 것을 보더스라고 한다.

명주 (silk) 견사를 말하며, 그 전기적 성질은 무명이나 양모보다 좋아 권선용 등에 쓰인다.

명주 권선 (── 捲線, silk-covered wire) 도체에 가늘게 꼰 명주실을 한 겹 또는 두 겹으로 긴밀하게 감은 선. 전기 기기의 코일 등에 쓰인다.

명주 파이버 (cocoon fiber) 가잠(家蠶)이나 야잠(野蠶)의 누에고치에서 얻는 동물질 섬유. 정제(精製)한 것은 무명, 양모에 비해서 전기적 성질이 양호하다. 명주 권선으로서 피복에 쓰인다.

명판 (銘板, name plate, rating plate) 기기의

정격 및 지정 조건을 기록한 것으로, 황동판이 사용되고 있다.

모(℧) (mho) 어드미턴스의 실용 단위. 옴(Ω)의 역수이다.

모 계전기 (── 繼電器, mho relay) $R-X$ 동작도에서의 동작 특성이 원점을 지나는 원이 되는 거리 계전기로서, 특성은 $Z=K\cos(\theta-\alpha)$로 주어진다. 여기서 K, α는 상수이고 θ는 입력 전압이 입력 전류에 대하여 갖는 앞선 각이다.

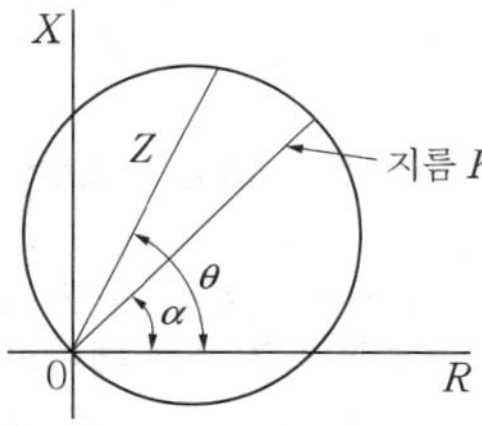

계전기 동작범위

[모 계전기]

모관 전위계 (毛管電位計, capillary electrometer) 전기 모세관 현상을 이용하여 전위차를 측정하는 전위계이다. 계면(界面)을 형성하는 2개의 액체로 수은과 묽은 황산을 쓴다.

모국 (母局, key station, master station) 텔레비전이나 라디오 방송국에서 프로를 방송망으로 내 보내는 근원이 되는 국을 이른다.

모너럴 (monaural, monophonic) (1) 한쪽 귀만 사용하는 것. (2) 단일 채널에 의해서 전송, 기록되거나 혹은 청취되는 음향에 대한 용어. 모노포닉이라고도 한다.

㊟ 반대어는 바이너럴(binaural) 및 스테레오포닉인데 이것은 두 채널에 의해서 전송되는 음을 의미한다. 입체감(원근감)이 있는 음으로 들을 수 있다.

모노사이클릭 기동 전동기 (── 起動電動機, monocyclic-start induction motor) 소형 단상 유도전동기의 기동방법으로서, 고정자 권선을 3상 권선으로 하고 그 두 단자를 직접 선로에 연결하고, 선로 간에 분로로 접속한 저항과 리액턴스를 직렬로 접속한 것의 저항과 리액턴스의 결합점에 다른 1개의 단자를 연결하는 방식을 채용한 것을 말한다. 수십W까지의 소형 전동기에 한한다.

모노사이클릭 시동 전동기 (── 始動電動機, monocyclic-start induction motor) ⇨ 모노사이클릭 기동 전동기.

모노스코프 (monoscope) 텔레비전 방식에 있어서 표준의 패턴(영상)을 보내기 위하여 전용으로 만들어진 촬상관의 하나이다.

모니터 (monitor) (1) 통신 중 또는 사용 중에 있는 회선(무선도 포함)이나 송신기 및 기타의 장치에 대하여 통신 및 기타에 지정이 없도록 그 일부를 꺼내서 양부를 살피는 것. 라디오나 텔레비전이 양호하게 중계되고 있는지 어떤지를 조정실에서 상시 살피거나 또는 통신 중의 무선 전파가 옳은지 어떤지를 살피는 것을 모두 모니터라고 한다. ⇐ 감시(supervision, supervisory, monitor). (2) 연속적으로 또는 일정한 간격을 두고 방사능의 감도를 측정하여 그것이 허용한계 내에 있는지 아닌지를 감시하기 위한 장치이다.

모니터 잭 (monitor jack) 전기통신 회선의 통신상태를 통신에 영향을 주지 않고 감시하기 위하여 회선에 접속한 잭이다.

모니터 증폭기 (── 增幅器, monitoring amplifier) 시험기 또는 감시기용의 증폭기이다.

모듈 (module) (1) 각종 전기 부품을 표준 치수를 조립하여 배선하고, 표준 단자를 부착하여 구성한 것. 일정한 기능을 갖지만 다른 동종의 모듈과 조합하거나 전체 장치 중에서 일부의 역할을 분담한다. (2) 《계산기》 프로그램 단위로, 하나의 별개 프로그램으로서 다른 마찬가지의 프로그램과 조합하거나 어셈블러나 콤파일러에 로드할 수 있는 것.

모드 (mode, wave mode) (1) 전자파 등의 진동 상태를 이른다. 자유공간이나 2선식 선로를 따라 전파되는 전자파는 TEM파라 불리듯이 전기적으로나 자기적으로 횡파(橫波)이고 그 모드는 간단하지만 도파관 내를 전파하는 파는 전기적 횡파(TE파) 또는 전자기적 횡파(TM파)가 되며 그 모드를 나타냄에 TE_{mn}, TM_{mn}라는 기호를, 또 공동 공진기의 경우에는 TE_{lmn}, TM_{lmn}라는 기호를 사용한다. l, m, n의 첨자는 경계 조건이 정하는 전자계의 고유값으로서, 구형 도파관에서는 m, n은 x, y의 횡단면 좌표를 연하는 전계 또는 자계 변화의 반주기 수를 나타낸다. 원형 도파관에서는 m은 원주방향에 연한 전계 또는 자계 변화의 1주기의 수, n은 반경 방향에 연한 변화의 반주기의 수를 나타낸다. TE파, TM파 대신 H파, E파라고 하는 경우도 있다. (2) 반사형 클라이스트론에서 전자가 공진 공동의 간격을 통해서 재차 이 간극으로 복귀할 때까지의 주행각이 $2(n+3/4)\pi$부근에서 발진하는 경우 이 n의 값을 붙여서 0, 1, 2, 3……의 모드 진동이라 할 때가 있다. ⇨ 진동 모드.

모드 도표 (── 圖表, mode chart) 공동 공진기의 치수 a, b, c 와 공진 주파수 f 및 관내 모드 l, m, n의 관계를 모드 별로 직선으로 표시한 도표를 말한다. 공동 공진기를 파장계로 사용할 경우 및 측정하는 공진이 어느 모드에 속하는가를 확인할 경우 등에 편리하다. ⇨ 모드(mode), 공동 공진기(cavity resonator).

모드 동기 (── 同期, mode locking) 다모드 발진 레이저에 있어서 인접한 모드의 공진 주파수 차(모드 간격) Δf가 상등하도록 변조기(모드로커)에 의해서 동기가 걸려 있을 때의 발진 모드 동기 발진이라고 한다. $1/\Delta f$의 주기로 큰 진폭을 가진 펄스 출력이 얻어진다.

㈜ 발진의 전 스펙트럼 폭을 $\Delta\nu$로 하면 펄스의 시간폭은 대체로 $1/\Delta f$로 단축된다. 동기를 걸려면 비직선 효과를 이용하여 모드끼리 상호작용을 부여할 필요가 있으며, 이것은 레이저 자신의 내부에서 자동적으로 행하여지는 자기동기의 경우 혹은 외부로부터 Δf의 신호를 부여하여 강제 동기시키는 경우 등이 있다.

모드 변환 (── 變換, mode transformation) 도파관 내의 전송파의 모드를 변환하는 것을 말한다. 예를 들면 원형 도파관의 TE_{01}파를 구형 도파관의 TE_{20}파로 변환하는 경우 원형 도파관의 단면 형태를 원형에서 타원으로, 다시 구형으로 서서히 변형하여 모드 변환을 하는 경우와 도중에 모드 필터 등을 삽입해서 모드 변환을 하는 경우가 있다.

모드 분리 (── 分離, mode-separation) 여러 가지 진동 모드 속에서 특정 모드파를 분리하는 것. 예를 들면 도파관 내의 복잡한 파동 모드 속이라면 모드 필터 등을 써서 특정 TE_{01}파만을 빼내는 것이라든가 자전관에 있어서 동작 조건의 약간의 변화로 진동 모드가 비약하는 것을 피하기 위하여 플레이트 주변에 홈을 만들어 균압환(均壓環)을 묻어서 특정한 모드만을 분리하는 것을 말한다.

모드 분산 (── 分散, mode dispersion) 《광파이버》 다모드 전송 파이버에 있어서, 각 모드의 전파속도, 따라서 도착 시점이 다르므로써 발생하는 송신 펄스폭의 확산(펄스 분산)을 이른다. 적당한 굴절률 프로파일을 가진 파이버를 사용하면 분산을 줄일 수 있다.

모드 순도 (── 純度, mode purity) 도파관 내를 전송하는 파동 모드의 순도를 말한다. 예를 들면 구형 도파관을 원형 도파관으로 접속하는 경우에는 적당한 테이퍼를 붙여서 반사손이 없도록 하는 것인데, 이 때 원형 도파관에는 원하는 모드의 파만이 아니라 다른 모드의 파도 혼입될 우려가 있다. 이와 같은 경우에 모드 필터를 써서 원하는 TM_{01}파만을 통과시키고 다른 모드는 저지하는데 이 경우의 관내 모드의 순도를 말한다. ⇨ 모드 필터(mode filter).

모드 실렉터 (wave mode selector) 도파관 내의 전송파의 파형을 순화하기 위하여 모드 분리에 의해서 특정한 모드의 파만을 선출하는 장치를 말한다. ⇨ 모드 분리(mode separation).

모드 필터 (mode filter) 도파관 내에 전송되는 특정한 모드의 전자파만을 저지할 수 있는 필터를 말한다. 그림은 원형 도파관의 TE_{01}, TM_{01} 모드의 전계분포에 같은 선형 스크린을 나타내는데 이와 같은 모드 필터를 원형 도파관 내의 일부에 삽입하면 전자의 경우에는 TE_{01}파를, 후자의 경우는 TM_{01}파를 저지할 수 있다. ⇨ 모드(mode).

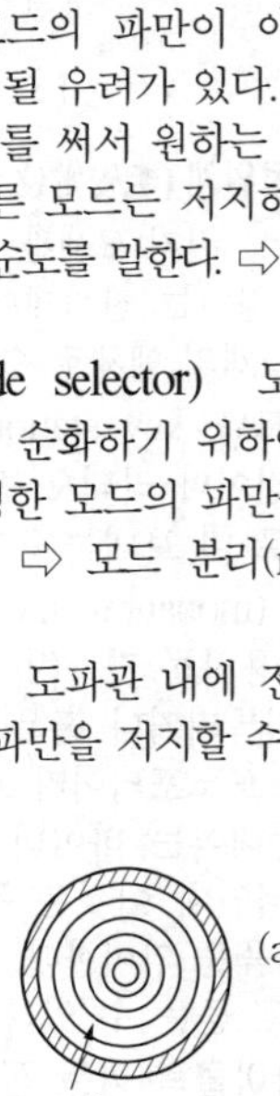

[모드 필터]

모디파이드 인덱스 (modified index) 대기 중

을 진행하는 초단파 이상의 전파는 대기의 유도율 분포에 따라 굴절한다. 그러나 이 전파 통로의 굴절을 논할 경우의 수정 굴절지시 M은 다음과 같은 식으로 정의된다.

$M=(n-1+h/a)\times10^6$

여기서, n : 대기의 굴절률, a : 지구의 실제 반경, h : 지상의 높이이다.

모래 뿌리기 장치 (——裝置, sander) 차체에 설치한 모래 상자로부터 레일면 가까이로 끌어낸 철관으로 공전(空轉) 방지를 위하여 베일과 동륜(動輪) 사이에 모래를 뿌리는 장치이다.

모르스 부호 (——符號, Morse code) 도트(점)와 대시(선)의 조합으로 구성된 메시지 전달용 부호로, 모르스(미국)에 의해 고안된 것이다. 이것을 약간 수정한 것이 국제 모르스 부호로 널리 사용되고 있다. A에서 Z까지의 문자, 0에서 9까지의 숫자, 이에 구두점, 그 밖의 것이 부호화되어 무선전선에 사용되고 있다. 부등장 부호이다(캐릭터를 구성하는 도트와 대시의 수의 합계가 캐릭터에 따라 동일하지 않다).

모르스 인자기 (——印字機, Morse ingwriter, Morse inker) 모르스 부호를 인자하는 전신 수신기이다.

모르스 전건 (—— Morse key) 모르스 부호를 손으로 두드려 보내기 위한 전건이다.

모사 전송기 (模寫電送機, facsimile equipment) 팩시밀리에 쓰이는 송신 및 수신용 기기이다.

모선 (母線, bus, bus bar) 여러 개의 전원 또는 공급 회로가 접속되는 도체이다.

모선 격실 (母線隔室, bus compartment) 다른 물건이 접촉하는 것을 막기 위한 목적으로 만든 모선을 넣기 위한 칸막이실이다.

모선 구분 리액터 (母線區分——, bus sectionalizing reactor) 고장시의 전류값을 제한할 목적으로 다른 계통에 연결되는 같은 전압의 두 모선 사이에 사용되는 한류 리액터를 말한다.

모선 전압조정기 (母線電壓調整機, bus regulator, bus voltage regulator) 모선의 전압을 일정하게 유지하기 위한 장치. ⇨ 피더 전압 조정기.

모셔널 임피던스 (motional impedance) 전기 음향 변환기의 전동판이 진동함으로써 전기 단자에 생기는 임피던스, 자유 임피던스를 Z_f, 제지 임피던스를 Z_d라고 하면 모셔널 임피던스 Z_m은 벡터곱으로 $Z_m=Z_f-Z_d$, 모셔널 임피던스를 전기적으로 측정함으로써 변환기에 관한 여러 양을 계산할 수 있다.

MOS 인버터 (MOS inverter) MOS, 논리회로의 기본 게이트로, 입력신호를 레벨 시프트 없이 직접 입력 게이트에 접속할 수 있기 때문에 엔한스먼트형이 사용된다. 그리고 풀업저항(이것도 MOS 트랜지스터)을 통하여 음전원에 접속된다.

㊟ 전원 전압이 음이기 때문에 보통 음논리로 되지만 CMOS를 사용하면 전원이 양전압으로 되고 논리동작도 양논리로 된다.

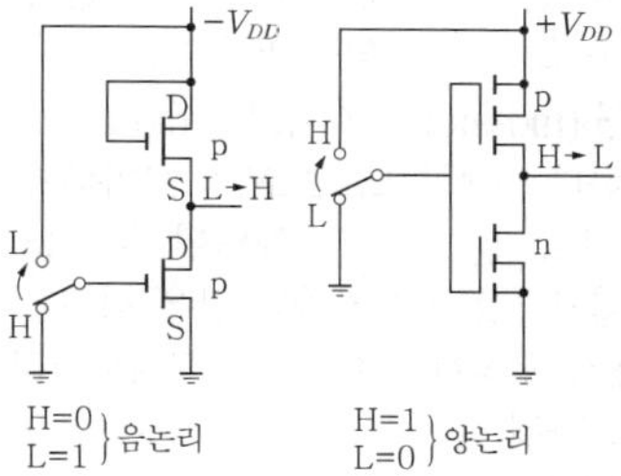

[MOS 인버터]

MOS-FET (metal-oxide semiconductor field-effect-transistor) 그 게이트가 반도체층에서 엷은 산화 실리콘막에 의해서 격리되어 있는 전기효과 트랜지스터로서, 접합형처럼 바이어스트 전압에 의해서 입력 임피던스가 저하하는 일은 없다. 디플레이션 모드로 동작하는 것은 게이트가 영전압일 때 채널은 도통상태에 있지만 게이트에 음바이어스를 부여하여 캐리어를 결핍시킴으로써 불도통 상태로 제어할 수 있다. 엔한스먼트 모드로 동작하는 것은 역순이며, 게이트가 영전압인 때는 채널은 불도통 상태에 있지만 게이트에 양바이어스를 부여함으로써 캐리어를 증강하여 도통상태로 제어할 수 있다. 채널은 상기한 두 형태의 어느 경우에도 n형, p형 모두 사용할 수 있다. 절연 게이트 FET라고도 한다.

모아레 (moiré) (1) 2개의 규칙적인 강도분포의 패턴을 겹쳤을 때 그 조밀의 차이에 따라 생기는 줄무늬 모양. (2) 《텔레비전》 피사체의 패턴과 그것을 촬상·재생하는 과정에서 존재하는 별종의 패턴(컬러 수상관의 라인 및 형광 도트패턴 등)간의 간섭으로 발생하는 불필요한 패턴을 이른다.

모음 (母音, vowel) 우리 말의 10개의 단모음(單母音)과 12개의 복모음(復母音), 영어의 a, e, i, o, u 따위를 말한다. 각 모음에는 특유한 스펙트럼이 있어 그에 의해서 듣는 사람이 모음을 판별하여 인식할 수 있게 된다. 이 특유한 스펙트럼을 폴멘트라고 하며, 발음하는 기음의 주파수와는 관계가 없다.

모의 모선 (模擬母線, mimic bus) 《전력》 발전소, 변전소 등에 있어서 그 발전소, 변전소의 송배전 계통의 송전 상항을 조작자가 쉽게 알 수 있도록 배전반 표면에 설치된 계통 모선의 모의를 말한다.

모자이크 (mosaic) 모자이크막(mosaic screen)을 말한다. 아이코노스코프의 모자이크 전극처럼 서로 전기적으로 절연된 무수한 작은 광전 입자군을 마이카판과 같은 절연판 위에 배열해서 구성한 것이다. ⇐ 모자이크막, 모자이크 타깃.

모터 보팅 (motor boating) 증폭기나 변환기에서 바람직하지 않는 진동인데, 매우 낮은 가청주파수에서 반복되는 펄스로 나타낸다. 보통 공통된 전원 공급회로를 통해서 스테이지 간에 과도한 정귀환이 걸림으로써 많이 발생한다. 음향장치 등에서는 스피커를 연결하면 위와 같은 펄스로 인하여 모터보트 엔진과 같은 소리를 낸다.

모터 사이렌 (motor siren) 전동기로 구동하는 사이렌이다.

모터 스위치 (motor switch) 구동력을 소형 전동기에서 얻어 충격동작이 없는 평활한 운동을 하는 전화 교환용 선택 스위치를 말한다.

목 마이크로폰 (throat microphone) 발성이 자유스럽지 못한 사람이 사용하는 마이크로폰. 목 부분에 꼭 대고 발성에 따른 목의 진동을 픽업한다.

목제 선피 (木製線被, wooden raceway) 건축물 안에서 전선을 수납하여 배선을 하기 위해서 사용되는 목제의 선피. 졸참나무, 떡갈나무, 나왕처럼 단단한 목재로 제작하고 내외면에 내수질(耐水質)의 칠을 한 것으로, 2선용과 3선용이 있다.

목제 세퍼레이터 (木製 ──, wood separator) 축전지의 전극판 사이에 삽입하는 목제의 간격판이다.

목주 (木柱, wooden pole) 목제의 전주. 여러 가지 굵기와 길이가 있다. 용재(用材)로서는 삼나무, 노송나무, 전나무, 당송, 가문비나무 등이 사용되며, 부식과 해충 등을 방지하기 위하여 보통 황산동, 크레오소트 등의 방부제를 주입해서 사용한다.

목표 (目標, marker, target) 레이더에 있어서 좁은 뜻으로 레이더 수객 또는 감시의 목적물. 넓은 뜻으로는 레이더 장치에 반사 에너지를 되돌려 보내는 독립된 목적물을 이른다.

목표치 (目標値, command) 《자동제어》 제어계와 상관 없이 밖에서 설정 또는 변화되는 양의 값. 제어량을 그것과 일치시키는 것이 제어계의 목적인 것이다.

몬테칼로법 (Monte-Carlo method) 일련의 물리적인 문제를 풀기 위해 일련의 통계적 실험을 하는 방법. 이 실험은 램덤수에 대하여 수학적 조작을 함으로써 이루어진다. 통계적인 문제에 직접 이용되는 사례가 많다.

몰 (mole) 물질의 양의 SI 단위, 기호 mol. 임의의 물질 1몰은 6.023×10^{23}개(아보가드로수)의 입자를 포함하고 있다. 다만, 입자가 원자냐 분자냐 하는 종별은 명시할 필요가 있다.

몰드(형) 음극 (──(形)陰極, molded cathode) 음극의 지금(地金) 금속 분말에 전자방출원이 되는 물질을 분말로 하여 섞고, 이것을 프레스 소결한 열음극, 예를 들면 $BaCO_3$ 분말을 W 또는 Ni 분말 속에 넣고 여기에 활성체로서 Ti, Zr, W, Ta, C 등의 분말을 약간 넣는다. 대전류의 전자방출을 얻을 수 있고, 이온 충격에 강한 이점이 있다.

몰레스킨 (finishing cloth, moleskin, wiping cloth) 연공(鉛工)을 할 때 용융 땜납을 연피에 밀착시키는 마무리를 하기 위하여 사용하는 헝겊조각으로, 둘로 접어서 5 cm 평방 정도의 크기. 두더지의 가죽이 쓰인다.

몰 전도율 (——傳導率, molecular conductivity) 극간 거리가 1cm되는 그릇에 1몰의 전해질을 용해시켰을 때 그 용액이 나타내는 전도율. 액의 희석도(稀釋度)에 따라 여러 가지 값을 갖는다.

무공 틀 (無孔——, solid frame) 교류 회전기의 틀의 구조가 구멍이 없는 것을 말한다.

무구속 속도 (無拘束速度, runaway speed) 수차의 무구속 속도를 가리키는 경우가 많다. 이것은 지정된 유효낙차에 있어서 수차가 무부하로 회전할 수 있는 최대 속도를 말한다. 수차와 직결된 발전기는 이것에 견딜 수 있는 기계적 강도를 갖지 않으면 안된다. 펠톤 수차 180%, 프란시스 수차 165~210%, 프로펠러 수차 185~220%이다.

무궤도 공중선 (無軌道空中線, parasitic antenna) 궤전선을 사용하지 않은 공중선. 마이크로파 중계 회선에 사용되는 안테나에 있어서는 도래 전파의 방향과 반사 전파의 방향이 미리 규정되어 있는 경우가 많다. 이 때 평판형 반사기 등을 설치하여 이에 의해서 도래 전파를 받아서 능률적으로 목적 방향에 발사할 수 있게 하고 있으며, 보통 안테나와 같이 궤전선을 사용하지 않으므로 이렇게 호칭하게 되었다. 또 고주파 전원을 포함하지 않으므로 비여진(非勵振) 공중선이라고도 한다.

무궤도 전차 (無軌道電車, trackless trolley car, trolley bus) 자동차를 구동하는 전원을 트롤리선에서 얻는 전기 자동차이다.

무궤전 중계 (無饋電中繼, passive relay) 송신기, 수신기 등 전원을 필요로 하는 장치를 일체 사용하지 않고 행하는 무선 중계. 마이크로 회선에서 금속 반사판식이 실용화되고 있으며, 스팬이 비교적 작고 또 도중에 산이 가로막고 있을 경우에 사용된다.

무극 계전기 (無極繼電器) (1) neutral relay 입력에 의해서 생기는 자력을 이용하는 계전기로, 입력이 가해지지 않을 때 자극을 수반하지 않는 계전기. (2) nonpolarized relay 영구 자석에 의한 자기회로를 갖지 않는 전자 계전기이다.

무대용 조광기 (舞臺用照光機, stage dimmer) 무대 조명용 광원의 광도를 조절하는 장치. 배열전구용의 간단한 것, 또는 구식은 단순한 직렬 저항인데 보통은 단권 변압기 또는 리액터이다. 현재는 형광등도 조광을 할 수 있게 되었는데 2~3가지 방식이 있다.

무대 조명 (舞臺照明, stage lighting) 설비로서는 위쪽에 보더 라이트, 서스펜션 라이트, 플라이 갤러리 스폿라이트, 크라우드 머신 등, 아래쪽에 후트 라이트, 측면에 스트립 라이트, 박스 라이트, 사이드 스폿라이트, 뒤쪽에 호리츠온 라이트 등을 장치하며, 이들을 무대 가까운 곳에 있는 전기실에서 제어한다. 이들 시설의 전부 또는 일부는 조광기에 넣어진다. 이러한 조명의 조작은 각본과 무대장치에 따라서 연출 의도하에 짜여진 플랜에 따라 이루어지며 기술이라기보다 오히려 예술이다.

무료 통화 (無料通話, no-charge call) 전화국 사이의 업무용 통화나 가입자로부터 전화업무에 관한 전화, 즉 종전의 안내 전화처럼 요금이 부과되지 않는 통화이다.

무료 회선 (無料回線, free line) 전화에 관한 문의나 신고의 접수 등, 전화 업무상의 통화에 사용하는 요금을 부과하지 않는 회선이다.

무방위각 선 (無方位角線, agonic line) 지구 자기장의 자오면과 지리학상의 자오면 사이의 각도, 즉 방위각이 0이 되는 지점을 연결한 선을 말한다.

무방향성 규소강대 (無方向性硅素鋼帶, nonoriented silicon steel strip) 결정 배열에 방향성을 갖지 않은 규소 강대로, 열간, 냉간 압연법에 의해서도 만들 수 있다.

무변성기 출력 (無變成器出力, output transformer less) OTL, 단일 불평형 부하에 대하

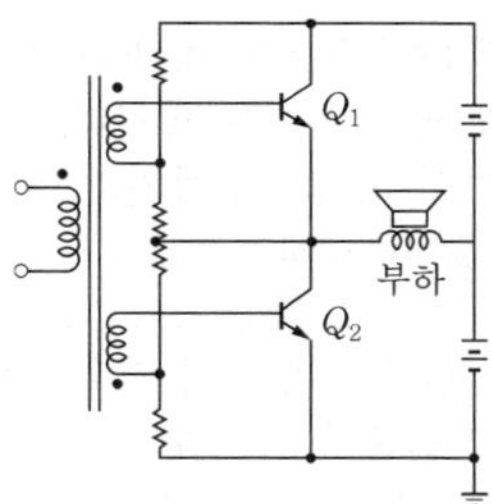

[무변성기 출력]

여 푸시풀 동작에 의해서 출력을 부여하는 회로이지만 출력변성기는 사용하지 않는 것. 특징은 ① 변성기가 없기 때문에 일그러짐, 주파수 특성이 떨어지지 않는다. ② 전원에 대하여 2개의 트랜지스터가 직렬이므로 전압 스트레스가 적다. ③ 부하임피던스도 제약되지 않는다.

㈜ 상보형 트랜지스터를 사용하여 입력 변성기를 생략한 것도 있다.

무복각 선 (無伏角線, aclinic line) 지구 자력과 자오면 사이의 각도, 즉 복각이 0이 되는 지점을 연결하는 지구상의 선. 자기적도(磁氣赤道)라고도 하며, 지구상의 자오선과 거의 일치한다.

무부하 (無負荷, no-load) 부하가 걸려 있지 않은 것을 말한다.

무부하 속도 (無負荷速度, no-load speed) 전동기를 정격 전압, 정격 주파수에서 무부하로 운전한 경우의 속도, 직류 분권 전동기의 경우 그 계자전류는 정격상태의 값으로 유지하고 무부하로 한 경우의 속도를 말한다. 직권 전동기는 이론상 손실이 없으면 무부하 속도는 무한대가 된다.

무부하손 (無負荷損, no-load loss) 전동기의 경우에는 무부하 상태에서 정격전압, 정격주파수하에서 정격속도로 운전한 경우의 전동기의 입력을 말한다. 즉, 이 값은 철손, 기계손, 여자 전류에 의한 손실의 합이다. 변압기의 경우에는 2차측을 개로로 하고 1차측에 정격주파수의 정격전압을 가했을 때의 1차측의 입력을 말한다. 즉 이 값은 철손과 여자 전류에 의한 동손의 합이다.

무부하시의 Q (無負荷時——, no-loaded Q, unloaded Q) 공진회로에 부하가 없을 때 그 회로가 가지고 있는 Q의 값이다.

무부하 시험 (無負荷試驗, no-load test) 무부하 운전에 의한 시험을 말하며, 무부하손을 측정할 수 있다. 유도전동기의 경우에는 원선도(圓線圖)를 구하는 데 필요한 시험이며 여자 전류 및 그 위상, 그리고 무부하손을 산출할 수 있다. 변압기의 경우에는 여자 전류, 철손의 산출이 가능하다.

무부하 운전 (無負荷運轉, no-load running, running light) 무부하 상태에서 운전하는 것을 말한다.

무부하 전류 (無負荷電流, no-load current) 전동기의 경우는 무부하 상태에서의 정격주파수, 정격 전압하에 정격 속도로 운전한 경우에 선로에서 흘러드는 전류(단, 직권성의 것을 제외). 변압기의 경우에는 2차를 개로하고 2차 전압을 정격값으로 유지하였을 때의 1차 유입 전류를 말한다.

무부하 전압 (無負荷電壓, no-load voltage) 발전기의 경우 정격상태로 운전하고 있을 때 그대로의 계자 회로의 상태에서 무부하로 하였을 때의 단자전압. 변압기의 경우는 2차측의 정격상태가 되게 하는 2차 전압으로 유지하고 무부하로 하였을 때의 2차 단자전압을 말한다.

무부하 특성 곡선 (無負荷特性曲線, no-load characteristic curve) 직류 발전기 또는 동기 발전기의 기본적 특성의 하나로, 무부하 상태에 있어서 정격속도로 운전한 경우의 계자전류와 단자전압과의 관계를 나타내는 곡선을 말한다. 전압이 낮은 동안은 단자전압은 계자전류에 비례하지만 전압이 높아짐에 따라서 점차 계자전류에 대해서 전압이 증가하는 비율이 감소한다. 무부하 포화곡선이라고도 한다.

무부하 포화곡선 (無負荷飽和曲線, no-load saturation curve) ⇨ 무부하 특성곡선.

무불꽃대 (無——帶, no-spark zone) 직류기의 정류의 정도를 판정하기 위한 하나의 가늠이 되는 것. 보극에 +, −의 방향으로 다른 직류 전원에서 여자 전류를 첨가하고, 각 부하 전류에 대하여 브러시에서 불꽃이 발생하는 한도의 +, −의 첨가 전류의 값을 구하여 가로축에 부하 전류, 세로축에 첨가 전류를 잡아 각 부하 전류에 대한 +의 첨가 전류의 값을 연결한 곡선과 −의 첨가 전류를 연결한 곡선을 포함한 구역을 무불꽃대라고 한다. 이 구역의 대소 또는 이 구역의 분포상태에 따라서 정류의 정도를 판정할 수 있다. 또 이것은 직류기 본체와 브러시와의 총합 결과가 나타나는 것이므로 브러시 정류 능력의 비교도 가능하다.

무사 (multiple unit steerable antenna) MUSA, 단파의 선택성 페이딩을 경감하기 위하

여 전파의 도래방향을 따라서 일렬로 능형 안테나를 여러 개 세우고, 그 각각의 안테나 출력을 검파해서 위상을 조정, 합성하여 수직 지향성을 매우 날카롭게 하거나 또는 자동적으로 가장 적당한 방향을 향해서 효과적으로 합성 수신하는 방식을 말한다. 미국과 영국 간의 단파 무선 전화회선의 개선에 미국 ATT회사가 채용한 것이다.

무선 (無線, wireless) 전자파를 공간에 발사하여 정보를 송·수신하는 것이다.

무선 방식 (無線方式, radio system) 통신을 하는 데 있어서 선로를 사용하는 유선방식보다는 무선에 의한 방식을 무선방식이라고 한다.

무선 방위 (無線方位, radio bearing) ⇨ 전파표지.

무선방위 측정 (無線方位測定, radio direction finding) 무선 신호의 도래 방향을 결정하여 방위 측정을 하는 것를 말한다.

무선 방위 측정기 (無線方位測定器, radio direction finder) ⇨ 방위 측정기.

무선 방향 탐지 (無線方向探知, radio direction finding) 지향성 안테나 장치를 써서 전파 발사원의 방향만을 탐지하는 무선 측위를 말한다.

무선 방향 탐지국 (無線方向探知局, radio direction-finding station) 다른 무선국으로부터의 송신에 대하여 그 방향만을 결정하기 위한 무선 측위국이다.

무선 사진 전송 (無線寫眞電送, radio photo (graphy)) 무선회선에 싣는 사진 전송이다.

무선 위치표지 (無線位置標識 , market beacon signal) 항공기에 대해서 항법 지원을 위하여 지상의 정점 위치를 표시하는 전파 표지를 하는 것이다.

무선 자기방위 지시기 (無線磁氣方位指示器, radio magnetic indicator) 이동체의 기수방향, 상대 방위, 자방위 및 항행 목적을 위해서 이용하고 있는 무선국의 옴니방위를 조합하여 표시기에 지시하는 지시계기이다.

무선 자동조종 결합장치 (無線自動操縦結合裝置, radio-autopilot coupler) 전기적 항행 신호에 의해서 자동 조종장치를 동작시키는 장치를 말한다.

무선 전보 (無線電報, radiogram, radiotelegram) 국제 무선규칙의 정의에 따르면 이동국에서 발신하거나 또는 도착하는 전보로서, 그 경과 통로의 전부 또는 일부가 이동업무의 무선 통신로에 의해서 전송되는 것을 말한다.

무선 전신 (無線電信, radiotelegraphy, wireless telegraphy) 전송로가 무선으로 된 전신통신방식. 일반적으로 장·중파 및 단파가 사용된다. 주로 국제 전신이다. 국내는 멀리 떨어진 낙도와의 초단파, 유선 장해시에 사용하는 초단파 및 소수의 단파 전신회선이 있다.

무선 전신기 (無線電信機, wireless telegraph) 무선 전신을 하는 기계이다. ⇨ 무선전신 (wireless telegraphy).

무선 전화 (無線電話, radio telephony) 전파를 이용하여 음성 기타의 음향을 보내거나 또는 받는 데 사용하는 통신이다.

무선 제어 (無線制御, radio control) 먼 곳에 있는 물체나 장치를 전선 등을 사용하지 않고 특정 신호를 전달하여 작동시키는 것. 전파, 광선, 음파 등을 생각할 수 있으나 현재 널리 쓰이고 있는 것은 전파이다. 이 전파를 사용해서 제어하는 것을 말한다.

무선 주파수 (無線周波數, radio frequency) 10 kHz 이상 300,000 MHz 범위의 주파수를 말하며, 다음과 같이 구분하고 있다. VLF 30 kHz 이하, LF 30~300 kHz, MF 300~30,000 kHz, VHF 30~300 MHz, UHF 300~3,000 MHz, SHF 3,000~30,000 MHz, EHF 30,000~300,000 MHz.

무선 주파수 스펙트럼 (無線周波數——, radio frequency spectrum) 전자파의 주파수는 10 Hz에서부터 X선, γ선, 우주선의 10^{18}Hz 이상에 이르지만 무선 주파수 스펙트럼은 무선으로 취급되는 10 kHz(파장 30km)~300,000 MHz(파장 1mm) 사이를 말한다.

무선 주파 증폭기 (無線周波增幅器, radio frequency amplifier) 음성주파 증폭기에 대응하는 용어로, 전파의 주파수를 증폭하는 증폭기를 말한다. 고주파 증폭기라고도 한다.

무선 중계국 (無線中繼局) (1) radio relay station 송신국과 수신국 간의 거리가 먼 경우, 중간에 제3의 무선국을 설치하여 그 곳에서 한번 수신한 다음 다시 수신국으로 송신하는 경우가 있다. 이 제3의 무선국을 무선 중계국이라고 한다. (2) regional station 한 지방을 대상으로 하여 지방적인 프로그램을 방송하는 국을 말한다. 가령, 영국에서는 지방국과 전국적 프로그램을 방송하는 전국국(national station)으로 구별하고 있다.

무선 중계방식 (無線中繼方式, radio relay system) 송신국과 수신국 간의 거리가 먼 경우 중간에 무선국을 설치하여 거기서 일단 수신하고 다시 전파로 수신국으로 송신하는 경우가 있다. 이와 같은 방식을 말한다. VHF, 마이크로 통신에 폭넓게 쓰이고 있다.

ㅁ

무선 측위 (無線測位, radio location) 헬츠파의 직선 전파특성(傳播特性), 정속성(定速性)에 의하여 얻을 수 있는 하나 또는 그 이상의 항행 좌표의 결정을 말한다.

무선 통신 (無線通信, radio communication) 전자파에 의한 통신, 즉 전자파를 이용하는 모든 종류의 기호, 신호, 문서, 영상 및 음향 또는 정보의 송신 및 수신과 전송을 총칭한다.

무선 통신로 (無線通信路, radio channel) 공간을 전파하는 전자파를 쓰는 통신로를 말한다.

무선 팩시밀리 (無線——, radio facsimile) 무선 회선에 실는 팩시밀리를 말한다.

무선 표지 (無線標識, radio beacon, radio phare) 무지향성 무선 송신시설이며, 무선 방위측정을 위한 표준 신호를 발사한다.

무선 표지국 (無線標識局, radio beacon station) 무선 표지 신호를 발신하는 국이다.

무선 항행국 (無線航行局, radio navigation station) 항공기 또는 선박 등에 대하여 그 항행 중의 위치 혹은 방향의 결정 또는 장애물을 탐지하기 위한 무선 측위를 하는 국을 말한다.

무선 항행방식 (無線航行方式, radio navigation system) 전파를 이용한 항행방식으로, 방사형 항행방식, 쌍곡선 항행방식, 원형 항행방식 등이 있다.

무선 항행 육상국 (無線航行陸上局, radio navigation land station) 무선 항행국의 하나로, 이동 중의 운용을 목적으로 하지 않는 무선 항행업무의 국을 말한다. ⇨ 무선 항행국(radio navigation station), 무선 항행 이동국(radio navigation mobile station).

무선 항행 이동국 (無線航行移動局, radio navigation mobile station) 항행 중인 선박, 항공기의 위치 혹은 방향 결정과 항행상의 장애물을 탐지하기 위하여 선박, 항공기에 설치한 무선국을 말한다.

무선 호출기 (無線呼出器, radio paging, bellboy, pocket bell service) 소형 휴대 무선 수신기(pager, bleeper, pocket bell)를 내장하고 있으며, 발신자의 호출이 있으면 가장 가까운 전화기에 가서 응답 연락을 취하는 방식. 속칭 삐삐라고도 한다.

무심 탄소봉 (無心炭素棒, solid carbon) 아크등용 탄소봉으로, 주변과 중심부가 고른 것. 아크의 안정을 유지하기가 어렵기 때문에 현재는 유심형(有心形)으로 바뀌고 있다.

무어 관등 (——管燈, Moore tube lamp) 1904년에 D. McFarlan Moor에 의해 개발된 방전등. 저압 가스의 방전관으로, 길이는 20~60 m, 5,000~6,000 V, 수백 mA, 질소를 넣은 것은 대홍황색(帶紅黃色)이고, 효율은 비교적 좋다. 탄산가스를 넣은 것은 효율이 나쁘지만 천공광(天空光)에 가깝다. 취급이 불편하기 때문에 별로 발전하지 못하고 역사적인 것에 불과하다.

무왜 (無歪, distortionless) 일그러짐이 없는 것을 말한다. 즉 회로나 기기의 출력 신호 파형이 입력 신호 파형과 완전히 같은 경우를 말한다. ⇨ 무왜 회로.

무왜 조건 (無歪條件, distortionless condition) 무왜 회로를 구성하기 위한 필요 조건을 말한다. 이것은 지연회로의 조건과 완전히 같으며, 그 감쇠가 주파수에 관계없이 일정해야 하고, 위상 상수도 주파수와 직선적 관계에 있을 필요가 있다. 예를 들면, 분포 상수 선로에서 단위 길이당의 저항, 인덕턴스, 용량 및 리액턴스를 각각 R, L, C, G라 하면 $RC = GL$이 무왜 조건인데, 그때의 감쇠상수 $\alpha = \sqrt{RG}$가 되고, 위상 상수 $\beta = \omega\sqrt{LC}$가 되어 위의 필요 조건을 만족시킨다. ⇨ 무왜 회로(distortionless circuit), 지연 회로(delay circuit).

무왜 최대 출력 (無歪最大出力, maximum undistorted power output) 저주파의 전력 증폭관에 있어서 일그러짐을 작은 값으로 억제했을 경우 부하저항 기타의 동작조건을 적당히 했을 때 얻어지는 최대의 출력을 말한다.

무왜 출력 (無歪出力, distortionless power output) 증폭기 등에 있어서 출력을 크게 하면 비직선 일그러짐이 발생하는데, 일그러짐 없이 낼 수 있는 최대 출력을 말한다.

무왜 회로 (無歪回路, distortionless circuit) 그 출력신호 파형이 입력신호 파형과 똑같은 회로를 말한다. 무왜 회로로서는 지연회로와 마찬가지로 그 감쇠가 주파수에 관계없고 또 일정해야 하며, 위상 상수가 주파수와 직선적 관계에 있어야 한다. 그 필요 조건에 대해서는 무왜 조건의 항을 참조. ⇨ 지연회로(delay circuit), 무왜 조건(distortionless circuit).

무유도 권선 (無誘導捲, non-inductive winding) 하나의 권선 또는 한 구간의 권선에서 발생하는 자속이 이웃 권선 또는 이웃 구간의 권선이 만드는 자속에 의해서 상쇄되도록 감음으로써 인덕턴스를 갖지 않도록 한 권선을 말한다.

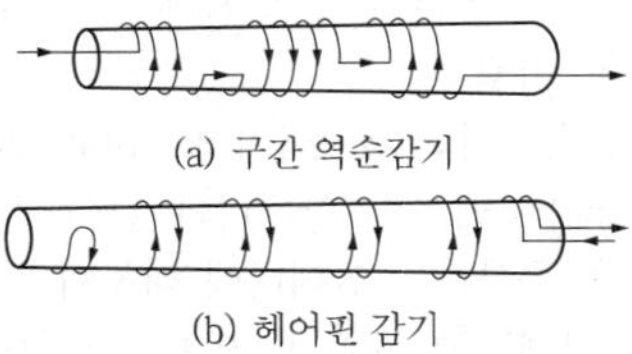

(a) 구간 역순감기

(b) 헤어핀 감기

[무유도 권선]

무유도 도체 (無誘導導體, inductionless conductor) 권선의 인덕턴스 및 권선 간의 정전 용량을 적게 하고, 더욱이 그들에 의한 리액턴스가 일정한 주파수에서는 거의 상쇄되도록 감은 도체를 말한다.

무유도 부하 (無誘導負荷, non-inductive load) 인덕턴스가 없는 부하. 실제로는 리액턴스가 저항에 비하여 무시할 수 있는 부하를 말한다.

무유도 저항 (無誘導抵抗, non-inductive resistance) 인덕턴스가 없는 저항을 말한다. 실제로는 인덕턴스가 전혀 없는 저항은 있을 수 없지만 실용상 인덕턴스의 영향이 저항에 대하여 무시할 수 있는 저항을 말한다. 권선형 저항기라도 무유도 권선으로 하면 인덕턴스는 매우 적어지지만 탄소 피막 저항기나 슬라이드 저항기는 거의 무유도 저항기라고 볼 수 있다.

무유도 회로 (無誘導回路, non-inductive circuit) 인덕턴스가 없는 회로를 말한다. 엄밀하게 말하면 인덕턴스가 없는 회로는 없지만 인덕턴스의 영향이 저항에 비하여 무시할 수 있는 정도의 회로를 말한다. 따라서 같은 회로일지라도 사용 주파수에 따라서 무유도 회로로 볼 수 없는 경우도 있다.

무음 방전 (無音放電, silent discharge) 코로나와 같은 소리를 내지 않는 방전이다.

무음 아크 (無音——, silent arc) 유음 아크에 대해서 소리를 내지 않는 아크이다.

무인국 (無人局, unattendant office, unattended station) 자동화되어서 보수원, 조작원 없이 원격조정으로 동작하는 통신소이다.

무인 발(변)전소 (無人發(變)電所, unattended station) 근무원을 두지 않는 발(변)전소이다.

무잡음 녹음 (無雜音錄音, noiseless recording) 필름 토키로 녹음할 때 녹음되는 음이 작아졌을 때는 평균 투광도를 줄여서 필름의 흠이나 먼지에 의한 잡음을 없애는 녹음법을 말한다.

무장하 반송전화 (無裝荷搬送電話, nonloaded cable carrier telephony) 전송로에 무장하 케이블을 사용하는 반송식 다중 전화 방식을 말하며 장하 케이블에 비해서 다중적으로 전송로를 이용할 수 있고 전파 시간이 빠르기 때문에 원거리 통신에 적합하다는 등의 장점이 있다.

무장하 케이블 (無裝荷——, non-loaded cable) 장하를 하지 않은 케이블, 장거리 회선 전화용 케이블로서는 전송 품질(위상 일그러짐, 반향 현상 등)의 면에서 장하를 하지 않는 것이 바람직하며 주로 반송용 케이블로서 사용되는 것이다.

무장하 회로 (無裝荷回路, non-loaded circuit)

무장하 케이블을 사용하는 통신로 또는 통화 회로이다.

무전압 계전기 (無電壓繼電器, no-voltage relay) 전원 전압이 없어졌을 때 동작하는 계전기이다.

무전원 소멸형 (無電源消滅形, voratile) 계산기의 전원이 정지했을 때 그 때까지 축적되어 있던 정보가 소멸하는 기억 장치의 성질. 자연형 기억기, 정전 기억관이 이것이다. ⇨ 무전원 유지형.

무전원 유지형 (無電源維持形, non voratile) 계산기의 전원이 정지해도 그 때까지 축적되어 있던 정보가 그대로 남게 되는 기억 장치의 성질. 자심 기억 장치가 이것이다. ⇨ 무전원 소멸형.

ㅁ

무접점 릴레이 (無接點——, static relay) 기계 접점 대신에 반도체의 성질을 이용하여 실효적으로 회로를 개폐하도록 한 정지형 계전기. 무접점이란 접점 기능을 갖지 않는다는 뜻은 아니다.

무정위 (無定位, astatic, nonhoming) 일정한 위치라든가 방향성을 갖지 않는 것. 따라서 스스로는 위치를 바꾸는 성질이 없다.
㊟ 자동 제어 장치에 있어서는 무정위 장치는 입력에 의하여 출력 위치가 끊임없이 변화하고 일정의 평형 위치는 갖지 않는다. 일정의 기동 위치(home position)를 갖지 않는다는 뜻에서 논 호밍이라고도 한다.

무정위 검류계 (無定位檢流計, astatic galvanometer) 외부 자계에 대하여 무정위로 한 검류계이다. 가동 자침형 검류계에서는 동일 축에 극성이 반대인 2개의 자침을 붙여 지구 자계를 포함한 외부 자계에 대하여 무정위로 하여 검류계의 감도를 증대시킴과 동시에 외부 자계의 영향을 받지 않게 한다.

무정위 스위치 (無定位——, non-homing switch) 자동 교환기에 있어서 평상시 정지 위치가 정해져 있지 않은 스위치, 즉 와이퍼가 항상 임의의 위치에 있는 스위치를 말한다.

무정위 제어 (無定位制御, astatic control) 《자동제어》 자기 평형성이 없는 제어를 뜻한다.

무정위 제어 대상 (無定位制御對象, controlled system without selfregulation) 《자동제어》 자기 평형성이 없는 제어 대상을 뜻한다.

무정위형 라인 스위치 (無定位形——, nonhoming type line switch) 자동 교환기에 있어서 평상시 정지 위치가 정해져 있지 않은 라인 스위치, 즉 와이퍼가 상시 임의의 위치에 멎는 라인 스위치를 말한다.

무정전 전원장치 (無停電電源裝置, uninterruptible power equipment) 통신, 방송, 병원, 전자 계산기, 설비 등의 전원은 고도의 안정성과 신뢰성을 요구하고, 단시간의 정전도 허용하지 않는 경우가 많다. 이것에 부응하는 전원으로서, 평상시에는 상용 교류 전원으로부터 정류 장치, 역변환 장치, 일그러짐 보정 회로 등을 거쳐 부하에 교류를 공급하고 있으며, 더우기 정류 장치 출력에 축전지를 접속하여 부동 동작시킴으로써 정전시에는 이 축전지로부터 인버터를 거쳐 계속하여 전력을 공급하도록 한다. 정전시에 수 Hz의 무전원 기간이 허용되는 것 같은 경우는 상시에 교류계로부터 직접 공급하고 정전시에는 회로 전환기에 의하여 축전기에 의한 공급 회로로 전환하는 방식을 취할 수 있다. 장시간 정전에 대비하여 엔진 발전 설비를 갖는 경우도 있다.

무조건 비월(無條件飛越, unconditional Jump) 차례가 정해진 어드레스의 계열에서 축차 지령을 받는 계수형 계산기에 있어서 반드시 순서를 뛰어 넘은 애드패스에 어떤 지령을 선택케 하는 것을 말한다. ⇨ 비월 지령, 조건부 비월.

무주사 공중선 (無走査空中線, non-scanning antenna) 레이더 안테나와 같이 회전해서 공간을 주사하는 안테나에 대하여 주사하지 않는 안테나를 말한다. 보통의 안테나는 모두 이에 속한다.

무지향성 (無指向性, nondirectional) 전자파 혹은 음파가 공간 등의 매체에 발사될 때 모든 방향에 같은 에너지로 발사되는 상태를 말한다.

무채색 (無彩色, achromatic color) 회색의 색조(명암의 차), 채도가 없으므로 흑, 백 및 중간색인 회색뿐이다.

무통화시 송출 (tone-on idle, tone idle) 시외 다이얼 방식에서 감시 신호를 회선이 비어 있을 때 회선에 송출하여 두고, 회선이 사용될 때는 신호 전류를 정지하는 것. 이러한 송출형식은 장치가 비교적 간단하고 대역 밖 주파수의 신호 장치를 갖는 전송로에 대하여 사용되고 다이얼 펄스나 다주파 부호를 이용하는 방식이 아니다.

㊟ 위 방식과는 반대의 방식, 즉 통화시 송출 방식(tone-off idle, tone busy)은 결점이 많아 이제는 사용되지 않고 있다.

무편위 감도점 (無偏位感度點, flat spot) 항행 방식에 있어서 크로스오버(cross over) 영역에 의하여 생기는 편차 감도 증가분이 0이 되는 점을 말한다.

무폐새 (無閉塞, non-blocking) 철도에 있어서, 폐새 제한을 하지 않는 것을 말한다.

무한대 모선 (無限大母線, infinite busbar) 대용량 전력 계통의 모선이며, 이것에 접속되는 부하에 관계없이 모선의 전압, 주파수가 일정값을 유지한다고 간주되는 것. 이러한 계통은 겉보기상 내부 임피던스가 없고, 또 회전에 대한 관성이 무한대인 것 같은 큰 발전기와 등가라고 생각할 수 있다.

무향실 (無響室, anechoic room, dead room) 자유 공간과 같은 조건에서 음향 기기의 측정을 하기 위하여 안쪽을 무반사로 하고, 또 외부로부터의 진동과 소음을 완전히 차단할 수 있게 설계한 방. 벽은 2중 격벽으로 하고 안쪽 벽은 두꺼운 다공질(多孔質) 흡음층으로 덮여 있다. 또한 dead room이라는 용어는 잔향이 비교적 적은 방이라는 뜻으로도 쓰인다.

무효분 (無效分, reactive component, wattless component) 유효성분과 위상이 90° 다르고 실제로 전력을 형성하지 않는 성분을 말한다. 예를 들면, 저항 R, 인덕턴스 L, 용량 C를 포함한 교류 회로에 전압 V를 가한 경우 그 회로에 흐르는 전류 I는 공여 전압 V와 동상의 성분인 $I\cos\phi$와 90° 위상의 진상 혹은 지상의 성분인 $I\sin\phi$로 나뉘는데 전자를 유효분, 후자를 무효분이라고 한다. 무효분은 회로의 L 또는 C에 의해서 생기는 것이며 I에 의한 것은 유효분보다 90° 위상이 뒤지고 C에 의한 것은 위상이 90° 앞선다. 이들 무효분은 공여 전압과 공진하여 무효전력 $VI\sin\phi$를 형성하며, 단지 L 또는 C에 에너지를 축적할 뿐이고 전력 소비는 되지 않는다. ⇔ 유효분(active component).

무효 속도 (無效速度, blind speed) 레이더의 MTI에 사용될 때 펄스 간격 사이에 있어서 파장의 1/2 또는 그 정수배만큼 이동하는 이동 목표의 방사형 속도를 말한다. 이 속도로 이동하는 목표는 MTI에 있어서 고정 목표와 마찬가지로 상쇄되어서 나타나지 않는다.

무효율계 (無效率計, reactive factor meter) 무효율을 지시하는 계기이며 원리는 역률계와 같다.

무효 저수량 (無效貯水量, dead storage) 이용되는 최저 수위보다도 아래 부분의 저수량을 말한다.

무효 전력 (無效電力, reactive power) 교류회로에 있어서 L과 C에 교번 전류를 흘렸을 때와 같이 전원으로부터의 에너지의 수수는 반주기마다 되풀이되어 실제로는 아무런 일도 하지 않고 열소비를 수반하지 않는 전력을 말한다 즉, 피상 전력 중에서 실제로 일을 하지 않는 전력을 지칭한다. 지금 교류 전압, 전류의 실효값을 V 및 I라 하고 위상각을 ϕ라 하면 피상 전력은 VI가 되고, 유효 전력 및무효 전력은 각각 $VI\cos\phi$ 및 $VI\sin\phi$로서 나타낼 수 있다. ⇨ 피상 전력(apparent power), 유효 전력(active power).

무효 전력계 (無效電力, var meter) 무효 전력을 지시하는 계기이다.

무효 전력 계전기 (無效電力繼電器, reactive power relay) 무효 전력이 어느 예정값에서 동작하는 계전기이다.

무효 전류 (無效電流, reactive current, wattless current) 인가 전압과 위상이 90° 다른 전류. 이 전류는 실제로 전력을 형성하지 않으므로 무효 전력이라고 한다. ⇨ 유효 전류(active current).

문자 기입 다이얼 (文字記入 —, lettered dial) 숫자외에 알파벳 등의 문자를 함께 기입한 자동 교환용의 다이얼이며 디렉터식 자동교환 방식 등에 사용된다.

문자반 (文字盤, number plate) 자동 교환용

다이얼이 송출하는 임펄스에 대응하는 숫자 또는 문자를 기입한 고정반을 말한다.

물가 조항 (物價條項, commodity price clause) 요금 규정에 있어서 물가 또는 물가 지수가 어떤 정해진 값에서 변동하였을 때 전기 요금의 조정을 규정하는 항목이다.

물리 수광기 (物理受光器, physical receptor) 방사가 입사하였을 때 그것에 의하여 측정 가능한 물리효과를 발생하는 것 같은 소자 또는 측정 용구를 말함. 분광 감도가 파장에 의하지 않고 일정하며 또한 안정된 것이 바람직하다. 서머파일을 사용한 열형 수광기, 실리콘 다이오드를 사용한 광전형 수광기 등이 흔히 사용된다.

물리 측광 (物理測光, physical photometry) 물리 현상을 이용하는 측광이다.

물리 측광기 (物理測光器, physical photometer) 빛에 의한 물리 현상을 이용하는 측광기. 광전 효과(광전관, 광전지), 감광 저항, 볼로미터, 열전대열, 사진 등이 쓰인다. 현재 가장 실용적인 것은 광전 효과에 의한 것이다.

물부하 (水負荷, water load) 마이크로파 전력을 측정하는 열량 측정법에서의 정합 부하를 이르는 것으로 입사하는 전자기파의 에너지를 흡수하여 관 내의 물 흐름의 온도를 상승시킨다. 이 온도 상승에서 부하가 흡수한 전력 혹은 에너지를 구할 수 있다.

물 재킷 (water jacket) 수냉 송신관의 양극에 삽입해서 내부에 냉각수를 통하게 하여 양극을 냉각시키기 위한 금속 용기이다.

물 저항기 (水抵抗器, water rheostat) 식염 등을 용해시킨 수중에 전극을 넣고 물의 저항을 이용한 저항기이다.

물질 이동 (物質移動, mass transportation, mass transfer) 용해도가 온도에 따라서 다른 것이 원인이 되어 액체 환류로의 고온 부분에서는 물질이 액체로 녹아 들어 저온부에서 석출하여 그 결과로서 물질이 이동하는 것을 말한다.

물 차단기 (水遮斷器, water circuit breaker) 수중에서 차단하는 차단기. 수증기는 수소 다음으로 냉각 작용 기타의 소호력이 강하고 물의 컨덕턴스가 재기 전압을 감쇠시켜서 그 상승률을 완화하는 작용도 하므로 소호하기 쉽다.

물 터빈 (water turbine) ⇨ 수차.

물표 (物標, target) 레이더에 있어서 반사 에너지가 레이더에 되돌아오는 목적물을 말한다.

물표 방위 (物標方位, target bearing) 레이더 등에 있어서 목표의 방위를 가리키기 위하여 사용하는 용어이다.

물표의 구성 (物標——構成, composition of target) 레이더에 있어서 그 물표로부터의 반사 신호는 물표의 구성에 따라 다르며 일반적으로 복잡한 모양을 한 콤플렉스 타깃에서 각부로부터의 반사 신호가 합성되고 또 평균된 것이 수신 입력 전력이 된다.

뮤 동조 (——同調, mu-tuning, permeability tuning) 자심을 코일에서 넣었다 뺐다하여 인덕턴스를 변화시켜 이것으로 회로를 동조하는 방법을 말한다.

뮤 메탈 (mu-metal) 고투자율 재료의 하나로, Ni 75%, Fe 20%, Cu 5%의 합금을 말한다.

뮤팅 (muting) (1) 디지털 오디오 기록에 있어서 발생하는 샘플링 오차를 보정하는 방법의 하나. 오차를 발생한 개소를 무조건 0 신호로 하여 버리는 방법. 점자화 직전의 샘플값을 그대로 사용하는 홀드법이나 전후의 몇몇의 샘플값을 사용하여 행하는 보간법에 비하여 가장 간단하다. (2) 증폭기 등에 있어서 적당한 SN비를 갖지 않은 따위의 입력 신호를 억압하는 것을 말한다.

미끄럼 접촉 (——接觸, sliding contact) 전기 기기의 접속 또는 개폐 방법으로서 고정 접촉편 상에 가동 접촉자를 압착 접촉시키고 가동 접촉자는 접촉면에 평행으로 운동하여 접촉면을 접동하는 형식의 접촉이다.

미니맥스 테스트 (minimax test) 《그래픽스》 2개의 다각형이 겹쳐지는지 어떤지를 테스트하기 위하여 각 다각형의 각 정점의 x, y 좌표를 비교하는 대신에, 이들의 다각형이 내접하는 장방형의 x, y 좌표의 최대값과 최소값이 겹쳐지는지 여부를 테스트함으로써 테스트를 고속으로 할 수 있게 한 것. 위와 같은 장방형을 가리켜 경계 박스(bounding box)라고 한다.

㈜ 경계 박스가 일부 겹쳐져도 다각형이 바로 겹쳐져 있다고는 말할 수 없는 경우가 있으며 이것이 이 방법의 결점이다.

미니멈 퍼즈 (minimun pause) 자동 교환용 다이얼 또는 임펄스 송출기에 의해서 임펄스를 송출하는 경우 어떤 임펄스열과 다음의 임펄스열 사이에 일어날 수 있는 최소의 시간 간격이며 보통 다이얼을 사용한 경우는 연속해서 1을 가장 빨리 회전한 경우 약 0.6s이다.

미니어튜어관 (—— 管, miniature tube) ⇨ mT관.

미동조 (微同調, fine tuning) 동조가 날카로운 것, 또는 동조가 완전하게 잡혀 있는 것을 말한다.

미등 (尾燈, tail lamp, tail light) 차량의 뒷부분에 설치하는 표지등(標識燈). 비교적 작은 전구를 쓰고 빨간 빛깔의 유리를 씌운다. 자동차용은 번호판의 조명을 겸하는데 이 때는 백색광으로 한다.

미리어미터파 (—— 波, myriametric wave) VLF(very low frequency)와 같은 뜻으로, 주파수 10~30kHz(파장 30~10km)의 전파를 말한다.

미립자 식 (微粒子蝕, corpuscular eclipse) 여러 과학자들의 주장에 따르면 태양은 광선 이외의 미립자도 발사하고 있는 것으로 믿어지고 있다. 그 상세한 내용에 관해서는 아직 밝혀진 것이 없지만 만일 태양에서 항상 중성의 미립자가 발사되고 있다고 한다면, 태양에서 보아 달의 배후에는 빛의 그림자와 마찬가지로 미립자의 그림자, 즉 미립자가 도달하지 않는 부분이 생겨 지구가 이 속으로 들어가면 미립자가 도달하지 않게 된다. 이것이 미립자식이다. 이 미립자가 전리층의 전리에 어떠한 영향을 미치는가를 알기 위하여 일식 때에 여러 번 관측하였지만 그 결과 이렇다 할 이상은 인지되지 않고 있다. 그러므로 태양에서 항상 중성 미립자가 방출되고 있느냐의 여부는 의문이며, 설사 방출되고 있다 하더라도 전리층에 인지할 만한 정도의 영향을 주지 않고 있음이 분명하다.

미믹 계통선 (—— 系統線, mimic bus) 발전소, 변전소 등에 있어서 그 발전·변전소 송배전 계통의 송전 상황이 조작자가 쉽게 알 수 있도록 배전반 표면에 설치된 계통 모선의 모의(模擬)를 이른다.

미분(쇄)기 (微分(碎)機, pulverizer, pulverizing mill) 석탄을 잘게 부수는 기계. 화력 발전소에는 보통 미분탄기 또는 분탄기라고 부른다.

미분기 (微分器, differentiator) 출력이 입력 신호의 미계수(微係數)에 비례하도록 한 장치이다.

미분 동작 (微分動作, derivative action) 조작량이 동작 신호의 미분값에 비례하는 것. 생략하여 D동작이라고도 한다.

미분 선별 (微分選別, differentiation selection) 등진폭(等振幅)으로 첫 상승 경사가 다른 둘 이상의 펄스 전압을 미분 회로에 가하면 그 출력측에서 진폭이 다른 펄스 전압을 얻을 수 있다. 이와 같은 진폭 분리에 의한 펄스 전압의 선별 방법을 말한다. ⇨ 미분 회로(differentiation circuit).

미분 시간 (微分時間, rate time) PO 또는 PIO 제어장치에 단위 속도의 동작 신호를 가했을 때 P동작(비례 동작)에 의한 조작량이 D동작(미분 동작)에 의하여 빨라지는 시간을 말한다.

미분탄 (微分炭, pulverized coal) 미분기에 의하여 잘게 부서진 석탄이다.

미분탄 버너 (微分炭 ——, pulverized coal burner) 미분탄을 태우는 버너이다.

미분 투자율 (微分透磁率, differential permeability) 자성체의 자화 곡선 상의 임의 접점에 있어서의 구배(勾配)를 말한다.

미분 회로 (微分回路, differentiation circuit) 그 출력파형이 입력파형의 미분형이 되는 따위의 회로를 말한다. 그림 (a)의 입출력 전압을 각각 e_1, e_2 저항 R을 흐르는 전류를 i, 콘덴서 C의 단자 전압을 e_c라고 한다면

$$e_2 = iR = RC\frac{de_c}{dt} \fallingdotseq RC\frac{de_1}{dt}$$

또 그림(b)에 있어서도 마찬가지로

$$e_2 = L\frac{di}{dt} = \frac{L}{R}\cdot\frac{de_R}{dt} \fallingdotseq \frac{L}{R}\cdot\frac{de_1}{dt}$$

가 되는데 전자의 경우는 $1/\omega C \gg R$, 후자의 경우는 $R \gg \omega L$의 관계가 성립되는 주파수

범위에서 양자 모두 미분 회로로 동작한다. ⇔ 적분 회로(integration circuit).

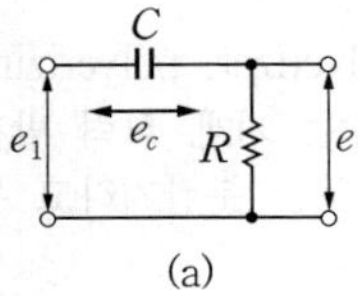

[미분 회로]

미 산란(Mie scattering) 전자기파(특히 레이더파)의 파장 λ와 같은 정도의 크기의 입자에 의한 산란 현상, 반지름 a의 단순한 구(球)에 의한 산란 단면적 σ와 $2na/\lambda$의 관계를 그린 곡선에서 $2\pi a/\lambda$가 매우 작은 레일리 영역과 이것이 매우 큰 광학 영역의 중간인 미 영역(공진역이라고도 함)에서는 σ는 λ의 감소와 함께 궁극값 πa^2의 상하를 진동적으로 변화하면서 광학역에 접근한다.

미젯 콘덴서(midzet condenser) 극히 소형인 가변 콘덴서이다.

미주 전류(迷走電流, stray current) 선로 포유 용량이나 절연 불량 등으로 회로를 흐르는 전류의 일부가 외부로 흘러 나가는 것. 가해지는 전압 및 취급 주파수가 높아질수록 이 전류는 커진다. 누설 전류라고도 한다. ⇐ 표유 전류(stray current).

미주 전자(迷走電子, stray electron) 전자관 내부에서 정규적인 통로 밖으로 튀어 나온 전자를 말한다. 이것은 잡음의 원인이 되기도 하고 관벽을 과열시키기도 하며 특성에 변화를 주기도 한다.

미터 계전기(—— 繼電器, meter relay) 가동 코일 또는 가동 철편형 전기 계기의 원리를 응용하여 그 지침에 접점을 부착한 고감도 계전기이다.

미터그램 저항률(—— 抵抗率, metergram resistivity) 1g의 질량을 고른 단면적으로 1m 길이로 늘렸을 때의 전기 저항이다.

미터 브리지(meter bridge) 비례변에 1m의 슬립선을 사용한 슬립선 브리지이다.

미터 암페어(meter ampere) 이것은 송신 공중선의 파복 전류의 암페어 수 I에 실효고의 미터수 h를 곱한 것으로, 이 곱은 공중선 효과라 하고 방사 전력 사이에는 다음과 같은 관계가 있다. 즉, 다이폴 안테나의 방사 전력은 $I^2R_r = I^2 \times 160\pi^2\left(\frac{h_e}{\lambda}\right)^2 = 160\pi^2\frac{I^2h_e^{\ 2}}{\lambda^2}$와 같이 쓸 수 있으므로 공중선 효과 Ih_e는 동일 파장 λ에 대해서 말하면 방사 전력의 평방근, 바꾸어 말하면 수신 전계강도에 비례한 것이 된다. ⇐ 공중선 효과.

미터파(—— 波, meter wave) 1m에서 10m까지의 파장. 즉, 30MHz에서 300MHz까지의 주파수(VHF)의 전자파를 말한다.

믹서 다이오드(mixer diode) 다이오드가 갖는 비직선성을 이용하여 신호파를 중간 주파수의 파로 변환하기 위하여 사용하는 변환 다이오드를 이른다. 마이크로파 수신기에서의 주파수 변환에 사용하는 쇼트키 접합 다이오드 등은 그 예이다.

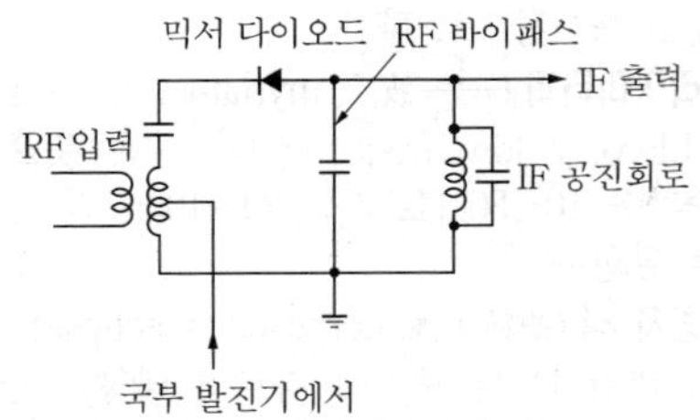

[믹서 다이오드]

믹스드 하이스(mixed highs) 시각의 특성을 이용하여 화상의 세부나 윤곽 등과 같이 화상 전류의 주파수가 높은 부분은 색을 쓰지 않고 흑백만으로 표현하고 화상이 비교적 넓은 면적에 대해서만 색을 붙이는 컬러 텔레비전 방식을 말한다.

밀(mil) 1,000분의 1인치. 1밀 = 1밀리 인치이다.

밀결합(密結合, close coupling, tight coupling) 결합계수가 0.5 이상이고 비교적 큰 에너지를 전달할 수 있는 결합을 말한다. 같은 공진 주파수를 갖는 2개의 동조회로를 밀결합하면 쌍봉 공진(雙峰共振) 특성을 얻을 수 있는데 이 경우를 특히 과결합이라고 한다. ⇨ 과결합(over coupling). ⇔ 소결합(loose coupling).

밀도 변조 (密度變調, density modulation) 진공관에 있어서 변조하기 위하여 플레이트 전류를 제어하는데 전자 밀도를 제어하여 하는 변조를 말한다.

밀러 적분기 (Miller integrator) 밀러 효과에 의해서 생긴 커패시턴스를 이용한 적분기이다. 커패시터가 병렬로 연결된 고이득의 증폭기를 가진 RC충전 회로이다. 출력전압 V_{out}와 입력 전압 V_{in}의 관계는

$$V_{out} = -\frac{1}{RC}\int_0^t V_{in}\,dt + V(0)$$

로 주어진다. $V(0)$은 $t=0$에서의 커패시터 전압이다.

밀러 효과 (── 效果, Miller effect) 그림에서와 같은 증폭기에 있어서 입력 회로의 임피던스를 Z_i로 하면 이것은 $Z_i = V_1/I_1 = V/(1-A_v)$로 주어진다. 여기서 A_v는 증폭기의 전압 증폭률이다. Z가 커패시턴스라고 하면 위의 식은 입력 커패시턴스가 패드백 커패시턴스에 의해 증가하는 것을 의미하고 있다. 이것이 밀러 효과이다.

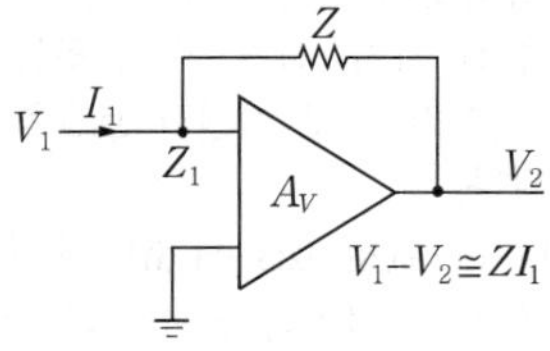

[밀러 효과]

밀리 (milli) 1,000분의 1을 뜻하는 접두어이다.

밀리미터 파 (── 波, millimeter wave, millimetric wave) 1 mm에서 10 mm까지의 파장. 즉 30,000 MHz에서 300,000 MHz까지의 주파수(EHF)의 전자파를 말한다.

밀리 볼트 (millivolt) mV, 전압의 단위. 볼트[V]의 1,000 분의 1(10^{-3}V)을 말한다.

밀리 볼트계 (── 計, millivoltmeter) 눈금에 밀리볼트가 매겨져 있고, 직접 이것을 지시하는 지시 계기이다.

밀리 선번호 (── 線番號, metric wire gauge, millimeter wire gauge) 전선의 단선(單線)의 굵기를 나타내는 데 미터식 표시법을 사용한 것으로, 직경 최대 12 mm, 최소 0.1 mm의 사이를 42단계로 구분해서 번호가 아니라 mm로 나타낸 것이다.

밀리 암페어 (milliampere) mA, 전류의 단위. 10^{-3} 암페어[A]를 1 밀리암페어[mA]라고 한다. ⇨ 마이크로 암페어(microampere).

밀리 암페어계 (── 計, milliammeter) 눈금에 밀리 암페어[mA]를 매기고 직접 이것을 지시하는 계기이다.

밀리 와트 (milliwatt) mW, 전력의 단위. 와트[W]의 1,000분의 1 [10^{-3}W]을 말한다.

밀만의 정리 (Millman's theorem) 병렬 접속된 복수의 전압원이 있고 그 내부 임피던스와 기전력을 각각 Z_i, E_i ($i=1, 2, \ldots, n$)로 한다. 테브난의 정리를 사용하면 이것은 ΣY_i라는 병렬 어드미턴스를 가진 $\Sigma E_i Y_i$라는 하나의 전류원과 등가이다. 다만, $Y_i = 1/Z_i$로 한다.

밀접 배치 공중선열 (密接配置空中線列, closely spaced array) 다소자 야기 안테나의 소자의 배열에 대해서 쓰이는 말이다.

밀착 연결기 (密着連結器, tight coupler) 연결면에 빈틈이 없는 구조로 되어 있는 연결기를 특히 밀착 연결기라고 한다.

밀폐(급수) 가열기 (密閉(給水)加熱器, closed (feed water) heater) 가열용의 증기와 가열되는 급수가 직접 혼합하지 않도록 유로(流路)가 각기 구별되어 있는 급수 가열기. 표면 가열기라고도 한다.

밀폐 스위치(密閉 ──, enclosed knife switch) 금속 케이스 속에 넣은 나이프 스위치를 이른다.

밀폐 온수기 (密閉溫水器, closed water heater) 밀폐 가열기. 일반적으로 사용되지 않는 용어이다.

밀폐 축전지 (密閉蓄電池, enclosed cell) 밀폐되어 있어서 충전시의 방말(防沫) 및 발생가스를 직접 방출하지 않는 방폭구조의 거치형 축전지. 일반적으로 에보나이트 전조(電槽)를 사용한다.

밀 풋 저항률 (── 抵抗率, mil-foot resistivity) 직경 1/1,000인치, 길이 1 피트의 도체의 전기 저항. 동선에서는 20℃에서 10.371 Ω이다.

ㅂ

바 (bar) 압력의 단위로 차원은 $[ML^{-1}T^{-2}]$. 1 bar는 10^6dyne/cm^{2}로, 1 기압과 거의 같다. 음압을 나타낼 때는 마이크로바 [μbar], 즉 dyne/cm^{2}를 쓰는 경우가 많지만 마이크로를 생략하고 단지 바라고만 쓰는 경우도 있다. Newton/m^{2}는 10^{-5} bar 또는 10μbar와 같다.

바 (var) 무효전력의 크기를 나타내는 단위. 1 바는 1 볼트 암페어(VA)이다.

바늘 간극 (── 間隙, needle gap) 2개의 전극으로서, 바늘과 바늘 또는 바늘과 평판을 마주보게 하여 전압측정 등에 쓰인다.

바니시 (varnish) 아마인유와 같은 건성 기름 또는 알코올과 같은 용제에 수지나 아스팔트질 등을 용해한 것을 말하며, 전기 절연용 바니시로 전기 기기의 쇠붙이, 철판, 코어 절연, 코일 함침 등에 쓰인다.

바니시 바이어스 테이프 (varnished bias tape, lino tape) 바니시 바이어스 테이프는 양질의 면포를 사선으로 끊어서 잇고, 여기에 절연 바니시를 칠하여 건조한 것을 소정의 폭으로 자른 것. 전기 기기, 통신 기기, 전기공사, 그 밖의 전기 절연용에 쓰인다.

바니시 실크 (varnished silk) 바니시 실크는 양질의 면포에 절연 바니시를 칠하여 건조시켜서 만든 것으로, 전기 기기, 통신 기기, 계측기, 그 밖의 전기 절연용에 쓰인다.

바니시 실크 테이프 (varnished silk tape) 바니시 실크 테이프는 바니시 실크를 소정의 폭으로 세로 방향으로 끊어서 만든 것으로, 전기 기기, 통신 기기, 계측기, 그 밖의 전기 절연용에 쓰인다.

바니시 클로스 (varnished cloth) 바니시 클로스는 양질의 면포에 절연 바니시를 칠하여 건조해서 만든 것으로, 전기 기기, 통신 기기, 케이블, 그 밖의 전기 절연용에 쓰인다.

바니시 클로스 테이프 (varnished cloth tape) 바니시 클로스를 소정의 폭으로 세로 방향으로 끊어서 만든 것으로, 전기 기기, 통신 기기, 케이블, 그 밖의 전기 절연용에 쓰인다.

바니시 튜브 (varnished cotton tube) 바니시 튜브는 양질의 면사로 짠 슬리브에 절연 바니시를 함침하여 건조시켜서 만든 것으로, 계측기, 통신 기기, 전기 기기, 또는 장치의 배선 등 전기절연 및 기계적 보호를 목적으로 사용된다.

바다 접지 (── 接地, sea earth) 해저 케이블과 통신장치를 접속하는 경우의 임피던스 정합 및 육지에서의 전기적 장해를 피하기 위하여 육지에서 되도록 멀리 떨어진 해저에 펴서 설치한 접지를 이른다.

바닥 면적 (── 面積, floor space) 기기를 설치할 때 차지하는 바닥 위의 면적이다.

바르크하우젠 효과 (── 效果, Barkhausen effect) 자기 재료의 막대에 자화 코일과 권수가 많은 픽업 코일을 감고, 픽업 코일의 출력을 고(高)증폭기에 이끌어서 스피커를 접속한 다음, 직류의 자화전류를 아주 천천히 연속적으로 변화시키면 스피커에서 클릭이 들린다. 이것이 바르크하우젠이 발견한 효과인데, 자계가 연속적으로 변화하더라도 자성 재료 속의 자구(magnetic domain)의 회전이 비 연속적으로 일어나기 때문에 자화의 변화는 비 연속이라는 사실의 증거로 여겨지고 있다.

바리오미터 (variometer) 2개의 코일을 직렬로 접속하고, 그 한쪽을 다른 쪽의 내부에서 자유로이 회전할 수 있게 하여 결합도를 바꾸어 합성 인덕턴스를 연속적으로 바꿀 수 있게 한 장치이다.

바리콘 (variable condenser) 《소형 가변 콘덴서》 ⇨ 가변 콘덴서.

바 발생기 (——發生器, bar generator) 시간적으로 등간격으로 배열된 펄스를 발생하는 신호 발생기. 텔레비전 스크린 상에 정지된 막대상의 테스트 패턴을 발생하도록 동기가 취하여져 있다. 컬러 바 발생기의 경우는 컬러 텔레비전 수상기의 스크린 상에 이들 바가 여러 가지 다른 색깔로 발생한다.

바빗 메탈 (Babbitt metal) 베어링 축에 대한 면에 주입(鑄入)하여 마찰을 적게 하는 합금의 하나. Sn을 주성분으로 하는 3~10%의 Cu, 3~15%의 Sb의 합금이다.

바운스 (bounce) 로런 수상기에 있어서, 브라운관 상의 주국 및 종국의 펄스 진폭이 변동하는 것을 말한다.

바이메탈 (bimetal) 열팽창 계수가 서로 다른 두 장의 금속판을 용착 또는 납땜한 것으로, 온도가 높아지면 한쪽 면이 다른 면보다 더 늘어나서 만곡이 생기므로 그 끝에 접점을 마련함으로써 전기회로의 개폐 등에 이용한다.

바이메탈 선 (——線, bimetallic wire) 두 종류의 금속을 용착하여 만든 전선으로, 강선을 중심으로 하고 외부를 구리로 피복한 것. 항장력을 크게 하여 장경간 (長徑間) 등에 쓰이도록 한 선이다.

바이메탈 조정기 (——調整器, bimetal regulator) 바이메탈을 이용하여 전원회로 또는 저항 등을 단속해서 항온함 (恒溫函) 속의 온도가 일정하게 유지되도록 한 장치이다.

바이브로미터 (vibrometer) 진동하는 피스톤의 진동판에 가동 코일과 측정 코일이 감겨져 있어, 음압을 측정하는 경우에는 음원을 구동하는 전원으로부터 구동 코일에 전류를 통하여 그 크기와 위상을 가감해서 진동판을 정지시키고, 그 전류값에 역계수(力係數)를 곱하여 음압에 평형하는 힘을 계산한다. 측정 코일은 진동판이 정지한 것을 알기 위한 것이 목적이지만 변압기의 작용으로 가동 코일로부터 유도되는 기전력을 제거하기 위하여 보상 코일이 마련되어 있다. 음압 측정 이외에 표준 음원, 음향, 임피던스 측정에도 쓰인다.

바이스 (vice) 가공해야 할 재료를 끼워서 지지하는 공구의 일종이다.

바이어스 (bias) 전자관 또는 트랜지스터를 사용함에 있어서 미리 동작 기점을 정해 두기 위하여 어떤 전극에 미리 가해두는 전압 또는 전류를 말한다.

바이어스 권선 (—捲線, bias winding) 《자기 증폭기》 자기 증폭기에 있어서, 증폭 특성 곡선 상의 평균 동작점을 임의의 양만큼 변이시키기 위한 권선이다.

바이어스 벨 (bias bell) 공동 가입 전화에 있어서 다이얼 임펄스 송출 중의 순시전압 등으로 인한 벨의 울림을 막기 위하여 스프링으로 벨의 접극자를 한 쪽으로 치우게 한 자석 벨이다.

바이어스 일그러짐 (bias distortion) 비대칭 일그러짐이라고도 한다. 전신부호의 변환점의 변화, 즉 파형의 파두 또는 파미 부분에서 신축이 생기는 전신파의 일그러짐. 일반적으로 증폭도, 계전기의 조도(調度), 반송 주파수 등의 변화, 전신 전압의 변화 또는 전송로의 레벨 변동 등, 규칙적인 원인에 기인하는 직선적인 파형 일그러짐이며, 어느 정도 보상이 가능하다.

바이어스 저항 (——抵抗, biasing resistance) 진공관의 그리드를 음극의 전위보다 −의 값으로 동작시키기 위하여 음극회로에 저항기를 삽입해서 그 전위 강하에 의해서 부성(負性)을 갖게 하는데, 이 저항을 바이어스 저항이라고 한다.

바이어스 저항기 (—抵抗器, biasing resistor) 진공관의 음극회로에 저항을 삽입하여 이곳을 통하는 전류에 의하여 발생한 전압 강하를 그리드 바이어스로 이용할 수 있게 한 경우 여기에 사용하는 저항기를 이른다.

바이어스 전압 (——電壓, bias voltage) 전자관 회로에서는 그리드 전압을 −로 유지하기 위하여 일정한 −의 직류 전압을 그리드에 인가한다. 이것이 바이어스이다. 또 계

ㅂ

전기 회로에서는 계전기의 조도(調度)를 포함한 바이어스 일그러짐을 0으로 유지하기 위하여 계전기의 바이어스 권선에 직류를 가해서 전자적(電磁的)으로 바이어스를 건다. 특히 전신용 계전기의 경우는 바이어스 일그러짐을 보상하는 데에 쓴다.

바이어스 전지 (── 電池, bias battery, biasing battery) 바이어스 전압을 공급하기 위한 전지이다.

바이어스 조사 (── 照射, bias lighting) 아이코노스코프를 동작시킬 때 그 뒤쪽에 있는 별도의 광원의 빛으로 모자이크면의 뒤쪽으로부터 유리벽의 안쪽을 비치는 것을 이른다. ⇐ 배면 조사.

바이패스 (by-pass) 《가스압 점검법》 가스 케이블 등의 가스압을 조사하는 방법에서 사용하는 측로(側路)의 관로를 말한다.

바이패스 콘덴서 (by-pass condenser) 고주파 전류에 대하여 높은 임피던스를 나타내는 것에 병렬로 결합하여, 고주파에 대해서는 낮은 임피던스를 나타내어 고주파를 손쉽게 통과시키고, 저주파 교류에 대해서는 높은 임피던스를 나타내는 콘덴서를 말한다.

바인드 선 (── 線) (1) tie wire 애자 등에 선을 붙들어 매는 선. (2) binding wire 《회전 전기》 회전자의 권선이 원심력으로 인하여 튀어나오는 것을 막기 위해서 사용하는 강선 또는 비자성 금속선을 이른다.

바탕 색 (── 色, natural colored) 바탕 색의 유리는 무색의 유리 바탕에 적당한 착색제를 가해서 용융시켜 만든 것이다. 착색제로는 금·산화 제1동·셀레늄 등이 사용되고, 그 염류는 적색, 산화 제2철 및 산화 망간 셀레늄 등은 다갈색, 산화 크롬 및 크롬 염류는 녹색, 산화 코발트, 산화 니켈, 산화 제2동은 청색에 사용된다.

박강판 (薄鋼板, sheet iron, sheet steel) 순철 또는 규소강 등의 자성체의 얇은 판을 지칭하는 것으로, 전기회로의 변압기, 변성기, 초크 코일의 자심재료로 쓰인다.

박 검전기 (箔檢電器, leaf-electrometer) 알루미늄 또는 금박 검전기 등의 총칭으로, 박의 열림으로 또는 이동량으로 전위를 측정하는 계기이다. ⇨ 검전기.

박명시 (薄明視, mesopic vision) 명소시(明所視)와 암소시의 휘도 조건을 가진, 즉 거의 3.0~0.03nt 사이의 시각상태. 추상체와 간상체 양쪽이 작용하고 있다.

박스 프레임 (box frame) 교류 회전기의 틀의 구조가 상자 모양을 한 것을 말한다.

박지 피복선 (薄紙被覆線, thin rice paper covered wire) 안피지를 감아서 절연한 도선이다.

반 (盤, board, panel) 기기나 부품을 실장하는 기판, 가대(架臺) 또는 여기에 기기를 실장한 것을 이른다.

반가산기 (半加算器, half-adder) 2진 신호(0, 1)에 대하여 2개의 입력과 2개의 출력을 가지고 출력 신호가 입력 신호에 대하여 다음 도표에 있는 회로. 이것을 2개 쓰면 직렬형 가산기가 된다. 10진법의 경우도 같은 기능을 갖는 회로를 만들 수 있으나 내부회로가 약간 복잡해진다.

입력	A	0	0	1	1
	B	0	1	0	1
출력	S	0	1	1	0
	C	0	0	0	1

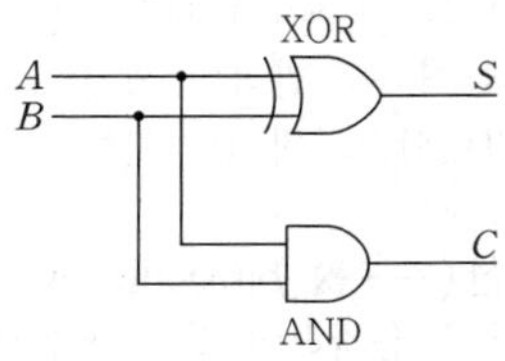

[반가산기]

반간접 조명 (半間接照明, semi-indirect illumination, semi-indirect lighting) 등기(燈器)의 배광 분류 중의 한 형식. 하반구 광속(下半球光束)이 전 광속의 10~40%, 상반구 광속은 90~60%의 것이다.

반감기 (半減器, (physical) half-life) 방사성 물질에서 원자수가 절반까지 붕괴하기까지의 기간. 즉, 방사성 물질의 방사능이 절반이 되기까지의 시간 $t_{0.5}$를 이른다. 붕괴상수 λ 및 평균 수명 τ는 다음의 관계로 맺어진다. $t_{0.5} = \ln 2/\lambda = 0.693/\lambda = 0.603\tau$ 물리적 반감기라고도 한다.

반값 각 (半値角, half power angle) 안테나

의 지향성을 나타낼 때 쓰이는 각도로, 지향성의 최대 방향에서 절반의 전력으로 감소하는 방향까지의 각으로 나타낸다.

반결합 (反結合, back coupling) 일반적으로 출력회로의 일부 에너지가 그 입력 회로 쪽에 공급되는 것을 말한다.

반경류 터빈 (半徑流——, radial flow turbine) 증기가 회전날개 속을 통과하는 방향이 축에 대해서 방사형의 반경 방향인 터빈이다.

반경 알루미늄 선 (半硬——線, semihard-drawn aluminum wire) 경(硬) 알루미늄선 및 연(軟) 알루미늄선의 중간 강도인 알루미늄선을 이른다. ⇨ 알루미늄 선.

반 공진 (反共振, antiresonance) ⇨ 병렬 공진.

반공진 주파수 (反共振周波數, antiresonance frequency) 병렬 공진 주파수를 이른다.

반공진 회로 (反共振回路, antiresonant circuit) 병렬 공진회로를 이른다.

반구간 임피던스 (半區間——, mid-section impedance) 통신 선로에 일정한 간격으로 유도 코일을 삽입하는 이른바 집중 장하선로에 있어서, 양단이 장하 간격의 중간점에서 끝나는 경우를 반구간 방식이라고 하고, 이 경우의 선로측의 임피던스를 반구간 임피던스라고 한다. 또한 양단이 코일의 절반인 경우를 반선(半線)방식이라 하고, 이 경우의 임피던스를 반코일 임피던스라고 한다.

반구형 접점 (半球形接點, dome shaped contact) 반구형으로 된 전기 기기의 접점이다.

반 금속 (半金屬, metalloid, semimetal) 전자의 에너지대 구조에 있어서, 가전자대의 상단부가 전도대 하단부와 일부 중복되어 있고(대역 갭이 음이라고 한다) 소수의 전자와 같은 수의 정공이 만들어져 그 이동도가 비교적 크기 때문에 금속과 반도체의 중간적인 성질을 나타내는 물질을 이른다. 다만 반도체와는 달리 전자와 정공의 수는 온도에 따라 변화하지는 않는다. Sb, As, Bi, 그래파이트 등, 혹은 HgSe와 같은 화합물이 그 예이다.

반 단선 (半斷線, partial disconnection) 선로의 심선이 단선상태로 되어 있으나 불시로 접속되는 상태의 장해를 이른다.

반도 원자 (反跳原子, recoil atom) 원자핵이 붕괴되면 각 방출 세편(細片)은 같은 운동량을 받는다. 무거운 원자핵이 가벼운 세편을 방출하고 있는 경우에는 무거운 잔류 핵은 비교적 저속으로 되돌아간다. 이 잔류 핵을 반도 원자라고 한다.

㊟ 충돌로 인하여 혹은 다른 입자의 방출을 동반하는 핵반응 프로세스에 의해서 운동을 개시한 입자를 반도 입자라고 한다. 또 핵붕괴로 인하여 방출되는 방사 때문에 원자핵의 반도가 인정되는 경우, 그 방사를 반도 방사라고 한다.

반도 전자 (反跳電子, recoil electron) 다른 입자와 충돌하여 운동 에너지를 얻은 전자를 이른다.

반도전형 촬상관 (半導電形撮像管, semi conductive pickup tube) 아이코노스코프 모자이크의 중간물로서, 절연물 대신 반도체를 사용한 텔레비전 촬상관을 말한다.

반도체 다이오드 (半導體——, semiconductor diode) 비대칭적인 전압-전류 특성을 가진 2개의 극을 가진 반도체 소자를 말한다. 크리스털 다이오드, 광석 검파기 등도 이에 포함된다.

반도체 레이저 (半導體 ——, semiconductor laser) 반도체의 가전자대와 전도대 사이에 캐리어의 반전 분포를 발생시켜 전자와 정공의 재결합 발광을 이용하여 레이저 작용을 하게 하는 것. 여기는 pn 접합의 캐리어 주입이나 전자선, 빛 등의 조사에 의한다. 반도체 레이저는 소형·고효율 레이저이고,

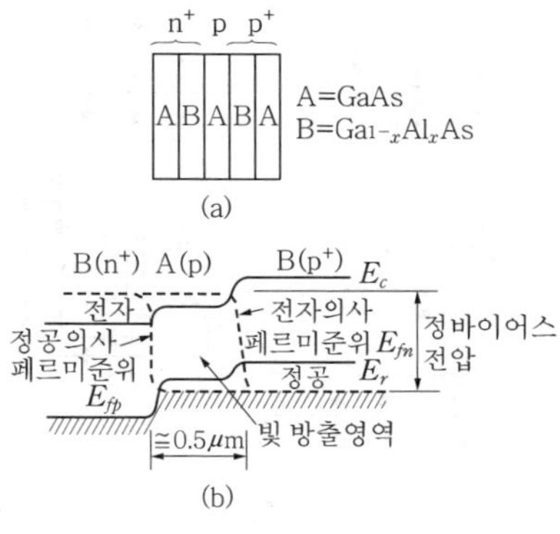

[반도체 레이저]

특히 분포 귀환형 구조를 채용함으로써 단일파의 안정된 발진을 시킬 수 있다. 광 IC에서의 중요한 디바이스이다. 그림은 GaAs와 $Ga_{1-x}Al_xAs$의 pn 헤테로 접합을 만들고, 이들의 굴절률의 차이를 이용하여 중앙의 GaAs층에 빛을 가두어 넣도록 한 레이저 디바이스이다. ⇨ 광집적 회로.

반도체 방사선 검출기 (半導體放射線檢出器, semiconductor radiation detector) 반도체 물질을 검지 요소로 사용한 방사선 검출기. 예를 들면 리튬이 실리콘이나 게르마늄의 내부에서 드리프트하도록 한 것을 사용하여 감마선, 기타의 방사선을 검출한다.
㊟ 감마선, X선 등의 방사선(광자)은 리튬을 확산한 실리콘 또는 게르마늄의 PIN 검출기에서 펄스 전기 출력으로 인출된다. 에너지 분해능은 가이거 계수관 보다 좋다.

반도체 장치 (半導體裝置, semiconductor device) 주요 기능이 반도체에 의존하는 전자장치. 예를 들면, 반도체 다이오드, 트랜지스터, 셀렌 정류기, 이산화동 정류기 등이다.

반도체 정류기 (半導體整流器, semiconductor rectifier) 반도체 다이오드 또는 스택을 분압기, 전류 밸런서, 서지 흡수장치, 기타 필요한 보조장치와 함께 일체로 조립한 정류장치로 여러 가지 회로 구성이 있으며 그 기본적인 것은 표와 같다.

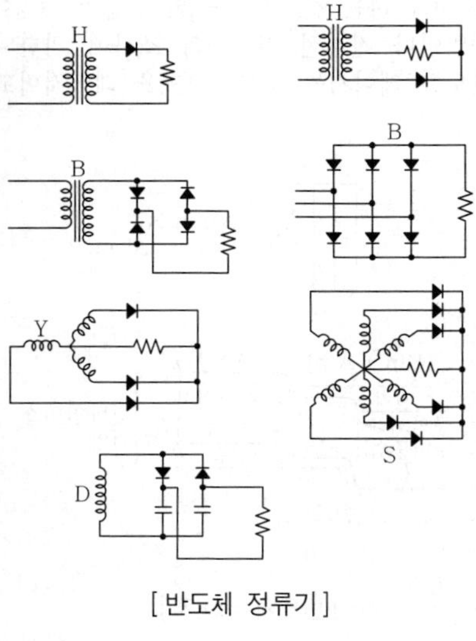

[반도체 정류기]

[반도체 정류기의 회로 구성]

회 로	기호	셀의 조합
반파회로	H	111 H
센 터 탭	C	211 C
브 리 지	B	411 B, 611 B
Y형	Y	311 Y
스타형	S	611 S
배전압형	D	211 D

셀의 조합에서 세 자리의 숫자의 뜻은 왼쪽에서부터 다음과 같다. ① 정류회로 요소의 수 ② 각 회로 요소에서의 셀의 수 ③ 각 회로 요소에서의 병렬 셀의 수를 이른다.

반도체 정류기 스택 (半導體整流器——, semiconductor rectifier stack) 정류 특성을 가진 하나 또는 복수 개의 다이오드에 설치구나 냉각장치 등을 일체화하여 단자 접속을 설치한 것. 이것은 정류기의 서브 어셈블리이지 정류기 그 자체는 아니다.

반동축 공동 (半同軸空洞, re-entrant cylindrical cavity) 공동 내의 일부에 집중 용량이 형성되는 동축 공동의 변형으로 볼 수 있는 공동을 말한다. 오목형 공동의 하나로 생각할 수도 있다. 용량 부하 공동(capacity loaded cavity).

반동 터빈 (反動——, reaction turbine) 노즐과 고정 날개 뿐만 아니라 회전날개로 압력을 강하시켜 그 반동으로 회전되는 터빈을 말하는데, 실제로는 터빈 전체를 통해서 본 반동도(회전 날개에서 전열 낙차에 대한 단열 열낙차의 비율)가 0.5 이하인 것을 충동터빈, 그 이상인 것을 반동 터빈이라고 한다.

반 반위 (半反位, half reverse) 쇄정방식(鎖錠方式)에 쓰이는 전기 레버의 실렉터의 정위와 반위 사이에 있는 점으로, 그 상태로는 관계 전철 레버는 해정(解錠)되지 않는다.

반발 기동 유도전동기 (反撥起動誘導電動機, repulsion start induction motor) 단상 유도 전동기의 하나로, 가동시에는 반발 전동기로 기동하고, 기동 후에는 정류자를 원심력으로 조작하는 개폐기에 의해서 자동적으로 단락하여 단상 유도전동기로 운전한다. 기동 토크가 크다.

반발 유도전동기 (反撥誘導電動機, repulsion induction motor) 단상 유도전동기의 하나로, 회전자에 농형 권선과 반발 전동기의 회전자 권선을 가지며, 운전 중에도 두 권선은 그대로 작용하고 있는 전동기를 말한다. 기동 토크가 크지만 속도 변동률도 크다.

반발 전동기 (反撥電動機, repulsion motor) 유도 보상형의 직권 정류자 전동기에서, 보상 권선과 전기자 권선의 역할을 뒤바꾼 것 같은 전동기로서, 정류자에 접촉하는 브러시는 단락되어 있다. 기동 토크는 매우 크고, 속도 토크 특성은 직권 특성을 가지므로 소용량 권선기와 권상기 등에 적합하다. 토크는 브러시 각도에 따라 크게 변한다.

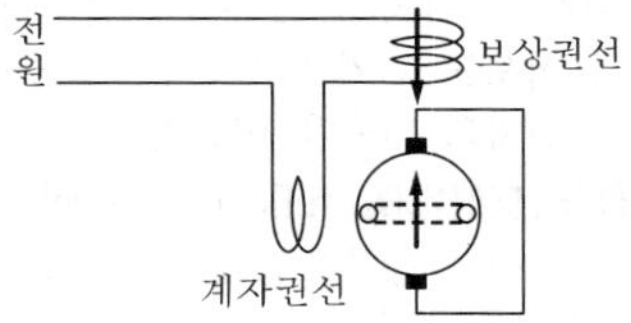

[반발 전동기]

반발형 (反撥形, repulsion type) 계기의 동작 원리를 나타내는 가동 철편형의 하나로, 측정하고자 하는 전류를 통한 고정 코일의 자계 중에 고정 철편과 가동 철편을 두고 상호의 반발력으로 가동 철편이 변위하여 지시를 하는 원리의 것이다.

반복도 (反復度, repetition rate) 전화 통화의 양부를 종합적으로 측정하기 위하여 실제의 통화를 방청해서 수화자가 양해할 수 없기 때문에 반문을 하는 시간을 측정하여 그 시간적 비율을 반복도라고 한다. 이것이 적을수록 통화가 양호한 것은 사실이지만 반복도는 거의 실용되지 않고 있다.

반복 사용 (反復使用, duty-cycle operation, periodic duty) 부하가 주기적으로 변화하는 사용을 말한다.

반복 임피던스(反復 —, interactive impedance) 4단자 회로의 한 쌍의 단자 간에 접속했을 때 다른 쪽 한 쌍의 단자 사이에서 보아 같은 임피던스가 얻어질 수 있는 것. 4단자 회로가 대칭적일 때는 두 쌍의 단자 간의 반복 임피던스는 같고, 이것은 영상 임피던스, 특성 임피던스와 일치한다.

반부하 (半負荷, half load) 정격 출력의 1/2에 달하는 부하를 말한다.

반사 (反射, reflection) 빛이 매질 간의 경계에서 본래의 매질로 되돌아오는 현상. 이 때 경계 면에 세운 법선에 대해서 입사, 반사의 양 광선은 동일 평면 내에 있고, 또 같은 각을 이룬다. 유리, 금속 등의 매끄러운 면이 공기 중에 놓여졌을 때 이 반사가 이루어지며, 정반사라고 한다. 또 종이 기타에서 반사 광선은 이들 면에서 새로이 발산되는데 이것을 확산 반사라고 한다.

반사각 (反射角, angle of reflection) 매질 속을 진행하는 파가 다른 매질과의 경계면에 입사하여 반사가 생길 때, 반사 파의 진행 방향과 그 경계 면의 법선이 이루는 각을 말한다. 경계면의 凹凸이 파장에 비해서 무시할 수 있는 경우는 이 반사파와 동일 평면 내를 진행하고, 또 반사각은 입사각과 같은 값을 갖는다. ⇨ 입사각(incident angle, angle of incidence), 굴절각(angle of reflection).

반사 감쇠량 (反射減衰量, return loss) 전송 선로에 있어서, 임피던스 정합이 불완전하기 때문에 반사로 인해서 일어나는 손실이다.

반사경이 달린 형광면 (反射鏡附螢光面, mirror backed fluorescent screen) 형광체를 칠하고 그 위에 알루미늄의 엷은 막을 입힌 텔레비전 수상용의 형광면을 이른다. ⇐ 금속막적 형광면(metal backed fluorescent screen).

반사 계수 (反射係數, reflection coefficient) 전송 선로의 수단(受端)에서 부하 임피던스 Z_r이 선로의 특성 임피던스 Z_0와 같지 않으면 수단에서 반사가 일어나 입사파의 일부는 반사파로서 송전단으로 되돌아간다. 그러므로 입사파에 대한 반사파의 벡터비에 따라서 반사의 대소가 정해지는데, 선로상의 임의의 점에 있어서의 입사파 전압을 V_i, 반사파 전압을 V_r이라고 하면, 전압 반사계수 r은 $r = V_r / V_i = (Z_r - Z_0)/(Z_r + Z_0)$이 된다. 또한 다른 매질이 상접하는 경계 면에 대한 반사계수는 양 매질의 고유 임피던스를 각각 Z_{01}, Z_{02}라고 하면, 위의 식과 같은 $r = (Z_{02} - Z_{01})/(Z_{01} + Z_{02})$가 된다. ⇔ 투과계수.

반사계수 선도 (反射係數線圖, reflection coefficient chart) 전송 선로의 방정식을 반사

계수를 써서 나타낼 경우, 반사계수에 대한 전압, 전류, 입력 임피던스 등의 여러 양의 관계를 도시한 선도를 말한다.

반사기 (反射器) (1) reflector 빛이나 전자파를 단일 방향으로 방사시키기 위하여 방사기 부근에 설치되는 금속판 또는 선을 말한다. (2) **antenna reflector** 공중선의 후방, 여진파장의 1/4과 같은 위치에 공중선보다 약간 긴 도체 막대를 두면 방사 에너지를 공중선의 전방 방향으로 집중시켜 단방향 방사특성을 갖게 된다. 이 경우 후방에 둔 도체 막대를 반사기, 공중선을 투사기라고 한다. 반사기로서는 이와 같은 도체 막대 외에 금속판 또는 금속망을 방사선형으로 접어서 만들고, 그 초점에 공중선을 배치하면 파라볼라형 반사판이 얻어진다. ⇨ 투사, 도파기. (3) **bowl** 조명기구의 일종. 갓 또는 반사갓을 거꾸로 한 모양을 이루고, 광원에서 나오는 빛의 대부분 내지는 전부를 위쪽으로 보내서 반간접 또는 간접 조명에 쓰인다. 재료는 유리, 합성 수지, 금속 등이다.

반사 난로 (反射煖爐, electric radiant heater) ⇨ 전기 반사 난로.

반사 변조 (反射變調, reflection modulation) 《전하 축적관》 반사된 리딩 빔이 축적면의 축적 전하에 의한 정전계의 영향을 받아 변조되는 것. 이 반사 빔에서 적당한 전자 수집 장치를 사용하여 정보를 얻어낼 수 있다.
㊟ 보통 리딩 빔은 저속으로 축적면에 접근하고, 이곳에서 집전장치(컬렉터)를 향하여 (타깃의 전하 패턴에 따라) 선택적으로 반사하도록 되어 있다.

반사 소자 (反射素子, reflector element) 안테나의 구동소자의 앞쪽에서 떨어진 방향에 위치하는 무급전의 소자로, 반사방향에 대한 지향성 이득을 증대시키는 것을 목적으로 한 것이다.

반사손 (反射損, reflection loss) 이종 매질(異種媒質)의 불연속 면에서 입사파 에너지의 일부가 반사되기 때문에 생기는 에너지 손을 말한다. 즉 입사파 에너지에서 반사파 에너지를 뺀 것은 투과 에너지와 같으므로 입사파 에너지에 대한 투사파 에너지의 비를 데시벨로 나타낸 것이 반사손이 된다. ⇨ 입사파(incident wave), 투과파(transmitted wave).

반사 오차 (反射誤差, reflection error) 항행에 있어서 원하지 않는 반사에 의하여 수신기에 도래하는 전파 에너지로 인한 오차를 이른다.

반사율 (反射率, reflection factor, reflectance) (1) 발전기에서 특정한 부하에 대하여 부정합 상태로 주어지는 부하 전류와 발전기와 부하가 그 임피던스를 정합 시켰을 때 얻어지는 부하전류의 비. (2) 어떤 면에 의해서 반사하는 전체의 광속과 입사 광속과의 비. (3)《반사형 클라이스트론》 리플렉터 영역으로 들어오는 전자에 대하여, 그곳에서 반사하는 전자의 비율을 이른다.

반사 전극 (反射電極, reflector, repeller) 전자빔을 원래의 방향으로 반사하는 전극으로, 전자 빔보다 −의 전위로 유지된다. 일반적으로 반사형 클라이스트론의 반사 전극을 말한다.

반사체 (反射體, reflector) 중성자가 원자로 밖으로 누출하는 것을 막을 목적으로 노심(爐心)을 둘러싼 구조물이다.

반사파 (反射波, reflected wave) 매질이 다른 경계면이나 선로 상수가 다른 전송 선로의 접합부에서는 입사파의 일부는 반사되어 일반적으로 반사파를 형성한다. 이 때 입사파 진폭에 대한 반사파 진폭의 비를 반사 계수라고 하여 반사의 정도를 나타낸다. 또 반사 조건에 따라 반사파는 입사파보다 일반적으로 위상이 뒤진다. ⇔ 투과파.

반사파 억제기(反射波抑制器, echo suppressor) 항행장치에 있어서 간접 반사경로를 거쳐서 도달하는 지연 펄스를 제거하려는 목적에서 하나의 펄스를 수신하고부터 일정 기간 동안 장치를 무감도 상태로 하는 회로이다. ⇐ 반향 저지장치.

반사형 클라이스트론 (反射形——, reflex klystron) 그림과 같이 공동에 의해서 속도변조를 받은 전자류를 반사 전극에 의거하여 원래의 공동으로 되돌려 보낸다. 이 때 반사 전극의 위치 및 전압을 적당히 하면 전자류는 다시 갭에서 밀도 변조류가 되어 같은 공동에서 발진출력을 꺼낼 수 있다. 즉 복공동 클라이스트론의 궤환작용을 전자류에 의해서 하도록 하는 발진 클라이스트론이며, 반사 전극의 전압으로 비교적 쉽게 주파수를 바꿀 수 있다.

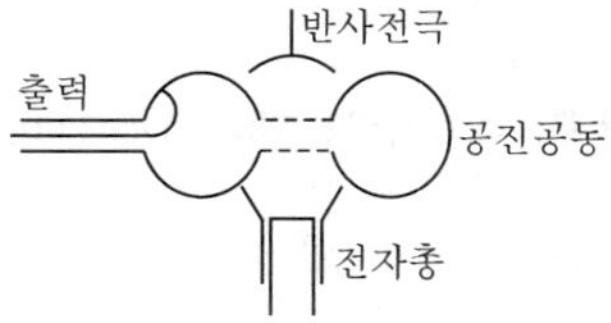

[반사형 클라이스트론]

반송 방식 (搬送方式, carrier system) 반송파의 진폭, 주파수, 위상 또는 시간을 신호파로 변조하여 신호를 전송하는 통신방식, 전송로를 다중화하는 경우나 특수 통신방식, 예를 들면 비밀 통신방식 등에 채용된다. 좁은 뜻으로는 음성 주파로 진폭변조를 한 다중 통신방식을 반송방식이라고 한다.

반송 전류 (搬送電流, carrier current) 반송식 통신방식에 있어서, 변조기나 복조기에 공급되는 단일 주파수의 전류를 반송전류라 하고, 신호파로 변조되어서 피변조파로 상하 양 측파대에 신호 주파를 추이하거나 상하 양 측파대에서 원 신호파를 얻는 데 쓰인다.

반송 전신(搬送電信, carrier telegraphy, carrier-current telegraphy) 반송방식 중 신호파가 전신파인 경우의 반송 통신방식을 반송 전신이라고 한다.

반송 전화 (搬送電話, carrier-current telephony, carrier telephony) 통화로에 각각 다른 주파수를 반송파로 사용하고, 송단 및 수단에서 각 통화로마다 적당한 필터에 의해서 그들의 반송 주파를 각 통화로에 선별하여 1 회선으로 다수의 통신로를 얻는 전화방식을 이른다.

반송 주파수 (搬送周波數, carrier frequency) 음성 주파수로 임의의 단일 주파수를 변조하면 양 성분 주파수의 합과의 차가 생겨서 단일 주파수의 상, 하 측파대에 음성 주파가 옮겨진다. 이렇게 해서 음성 주파대의 전류를 반송 주파대로 옮기기 위하여 쓰이는 단일 주파수를 반송 주파수라고 한다.

반송 주파 증폭기 (搬送周波增幅器, carrier frequency amplifier) 반송식 다중 전화회선계에 있어서, 변조에 의하여 반송 주파대역에 배열된 다수 통화로를 동시에 증폭하는 증폭기를 반송 주파 증폭기라고 하며, 12, 24, 60, 480, 960, 1860 통화로 등이 사용되고 있다. 각 통화로 간의 상호 간섭을 막기 위하여 비직선 일그러짐이 적을 필요가 있다.

반송 중계장치 (搬送中繼裝置, carrier-frequency repeater equipment) 반송식 다중 전화 회선에 있어서, 중계소 간의 선로 감쇠량을 보상하기 위하여 쓰이는 증폭계를 반송 중계 장치라고 하며, 반송 주파 증폭기와 등화기로 구성된다.

반송 케이블(搬送 ―, carrier-frequency cable) 반송 주파대역(4 kHz 이상)에 쓰이는 케이블로, 대(對)케이블과 동축 케이블로 구별된다. 전자는 쌍의 구조로 되어 있어 저주파에서는 누화 결합을 저지하기가 용이하나 고주파에서는 곤란하다. 후자는 불평형이므로 저주파에서는 누화 결합이 크지만 고주파에서는 외부 도체의 차단으로 누화 결합은 무시할 수 있다. 대 케이블은 50 kHz까지, 동축 케이블은 60 kHz 이상에 쓰이고 있다.

반송파 (搬送波, carrier(wave)) 반송 통신방식의 변복조기에 공급하는 반송전류를 말한다. 넓은 뜻으로는 신호파에 대한 반송파이며 신호파를 전송하는 데 필요한 반송파용의 고주파 전류를 이른다.

반송파 공동방식 (搬送波共同方式, common carrier system) 반송 통신방식에 쓰이는 반송파의 발생 방법에는 각 통신로마다 단독 발진기를 사용하는 방식과 공동 공급용 펄스파의 고주파를 써서 각 통신로에 중복 공용하는 방식이 있다. 후자를 공동 방식이라고 한다.

반송파 누설 (搬送波漏洩, carrier leak) 반송 통신방식의 송단에 있어서 변조기에서 전송로로 누설하는 반송파를 말한다.

반송파 누설방식 (搬送波漏洩方式, carrier leak system) 통신에 필요한 측파대 이외에 반송전류도 전송하는 반송 전화방식으로, 수신측에 복조용 반송 주파원을 필요로 하지 않기 때문에 간단히 완전 동기의 수신을 할 수 있지만 비화성이 결여되고 많은 양의 전송로를 필요로 하는 결점이 있다.

반송파 대 잡음비 (搬送波對雜音比, carrier to

ㅂ

noise ratio) 반송식 통신에 있어, 어떤 통신로의 반송파 레벨과 잡음 레벨의 차 또는 전자와 후자의 전압(전류)의 비를 말한다.

반송파 레벨 (搬送波 ──, carrier level) 반송파 출력의 크기의 레벨이다.

반송파 발진기 (搬送波發振器, carrier oscillator) 반송파를 발생하는 발진장치이다.

반송파 스윙 (搬送波 ──, carrier swing) 주파수 변조 또는 위상 변조파에서 최저 순시 주파수에서 최고 순시 주파수까지의 전체의 주파수의 진폭을 이른다.

반송파 억압 (搬送波抑壓, carrier suppression) (1) 송신기에 있어서, 보통 변조를 행한 후 반송파를 억압하는 것. 수신기에 있어서는 복조에 앞서 다시금 반송파를 삽입하여야 한다. ⇨ 반송파 재삽입. (2) 송신하여야 할 변조파가 없을 때에는 반송파를 억압하는 것. 송신기 상호 간의 간섭을 막기 위하여 선박 등에서 사용되는 방식이다.

ㅂ

반송파 억압방식 (搬送波抑壓方式, carrier suppression system) 반송파의 발생을 억압한 변조 또는 복조방식이다.

반송파 잡음 레벨 (搬送波雜音 ──, carrier noise level) 의도적인 변조를 하지 않음에도 불구하고 무선 주파수 신호의 바람직하지 않는 변동으로 인하여 생기는 잡음 레벨을 이른다. 잔류 변조라고도 한다.

반송파 재삽입 (搬送波再(插)入, carrier reinsertion) 국부 발진기에 의하여 발진한 반송파를 수신한 반송파 억압 단측파대 신호와 혼합하여 소망하는 진폭 변조파를 재구성하여, 복조할 수 있는 상태를 준비하는 것을 이른다.

반송파 저지 송신 (搬送波沮止送信, suppressed carrier transmission) 평형 변조기 등에 의해서 반송파를 저지하여 송신하는 방법이다.

반송파 저지 전송 (搬送波沮止傳送, suppressed carrier transmission) 피변조에는 일반적으로는 반송파 Ω, 상하 양측파대 Ω+ω의 3배가 포함되지만 Ω±ω의 양 측파대 또는 Ω−ω(또는 Ω±ω)의 단측파대만을 전송하는 반송방식을 이른다.

반송파 전송 방식 (搬送波傳送方式, carrier transmission system) 피변조파 중 반송파와 양측파대 또는 단측파대를 전송하는 반송통신 방식의 일종. 수단에서 반송파를 발생시킬 필요가 없으며, 간이 반송 통신방식에 쓰인다.

반시한 계전기(反時限繼電器, inversetime relay) 입력량과 동작시간이, 적어도 동작범위의 본질적인 영역에 있어서 역관계를 가지고 있는 따위의 계전기이다.

반역 그레이딩 (反逆 ──, partial reversed grading) 자동 교환기에 있어서, 정위 선택을 하는 일군에 실렉터의 출선 일부에 역그레이딩을 하는 것을 말한다.

반원형 심선 (半圓形心線, semicircular conductor) 《케이블》 단면이 반원형을 이루고 있는 도체, 전력 케이블에 사용된다.

반위 (半位, reverse) 《신호기》 정위치의 반대의 위치이다.

반위 접점 (反位接點, reverse contact) 철도에 있어서 신호, 전철기, 전철기를 조작하는 레버, 각종 표시, 기타 계전기 등의 보안장치의 동작에 있어서 반위를 표시하는 경우에 동작하는 접점을 이른다.

반응도 (反應度, reactivity) 원자로가 임계상태에서 벗어나는 정도. 즉 증배율 −1을 이른다.

반응 땜납 (反應 ──, reaction solder) 알루미늄을 용착시키기 위한 땜납으로, 알칼리 금속의 할로겐화물에 Zn, Sn, Cd 등의 염화물을 혼합한 것이다. 알루미늄에 도포하여 고온으로 가열함으로써 납땜한다.

반 2중 (半二重, half duplex) 2중 통신회선용과 단신 회선을 접속하여 단신 통신을 하는 회로방식이다. 텔렉스 전신회선은 이것을 쓰고 있다.

반자동식 전화교환기 (半自動式電話交換機, semiautomatic telephone switch board) 전화교환을 취급함에 있어서, 국의 교환수가 발호자의 요구를 듣고 그 후의 조작은 교환수가 자동 교환기를 동작시켜서 행하는 방식에 쓰이는 교환 기계를 이른다.

반자동 신호기 (半自動信號機, semiautomatic signal) 반자동 폐색 신호기의 약어로, 자동 폐색 신호기의 신호제어의 일부분을 수동으로 한 것이다.

반 자성체 (半磁性體, diamagnetic material, diamagnetic substance) 자계 내에 놓여진 경우에 자력선의 인입측이 양극(陽極 : N극)이고 나오는 쪽이 음극(陰極 : S극)으로 대자하는 물질을 말하며, 비투자율은 1보다 약간 작다. 예를 들면 안티몬, 구리, 비스머스, 수소, 염소, 물 등이다.

반작용 전동기 (反作用電動機, reaction moter) 계자를 주지 않아도 자극의 돌극성 때문에 토크를 일으켜 동기속도로 운전을 할 수 있는 교류 전동기를 말한다. 역률은 낮지만 여자가 필요 없으므로 동기속도를 필요로 하는 수 10W 출력의 소형 전동기로 사용된다. 단상의 것은 자기 기동은 할 수 없으나 외부에서 동기속도로 돌려 주면 동기 전동기로 운전을 계속한다.

반장하 간격 (半裝荷間隔, half-coil spacing) ⇨ 반장하 구간.

반장하 구간 (半裝荷區間, half loading section) 코일 장하 선로의 종속성을 유지하기 위하여 쓰이는 종단구간을 이르며, 표준 장하 간격의 1/2이다.

반장하 코일 (半裝荷 ——, half coil) 표준 장하 구간에서 종단되는 선로에 사용되는 장하 코일, 표준 장하 코일의 1/2의 유도량으로 되어 있다.

반전 (反轉, inversion) 음성의 주파수 스펙트럼을 반전시키는 것을 말한다. 음성 주파수로 높은 일정한 가청 주파수를 변조하여 그 낮은 측파대만을 잡아내면 원래의 낮은 쪽 주파수는 반대로 높은 주파수로, 높은 쪽 주파수는 낮은 주파수로 변환되어 음성 스펙트럼을 반전시킬 수 있다.

반전 증폭기 (反轉增幅器 ——, inverting amplifier) 연산 증폭기의 기본적인 회로구조의 하나로서, 다음의 그림과 같은 회로이다. 증폭기 본체의 입출력 임피던스를 각각 R_{in}, R_{out}로 하면 그림의 증폭기의 입출력 임피던스는 각각 R_1 및 $R_{out}/(1+A\beta)$로 된다. 여기서 A는 증폭기 본체의 전압 이득이고 $\beta=R_1/(R_1+R_2)$이다. 폐루프 전압이득 A_c는 $A_c=-\dfrac{R_2}{R_1}\left(1-\dfrac{1}{A\beta}\right)$이며, $A\beta \gg 1$이면 $A_c \fallingdotseq -R_2/R_1$이다. 출력전압 극성은 반전한다. ⇨ 폐루프 이득, 비반전 증폭기.

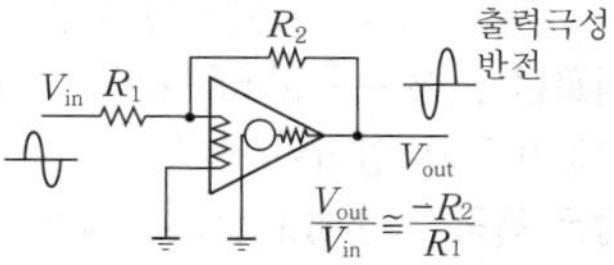

[반전 증폭기]

반 전지 (半電池, half-cell) 임의의 액체에 금속체 또는 다른 도전체(전극)가 침전된 상태, 또는 농도가 다른 용액이 접한 상태를 반전지라고 한다. 이들은 단일 상태에서는 전위의 측정을 할 수 없고, 측정하고자 하면 다른 반전지가 완성하는 기지(旣知) 전위의 반전지와 조합하여 측정한다.

반 접지 (半接地, imperfect earth) 접지판과 대지 간에 접속저항을 가진 경우의 접지 또는 선로의 1점이 유한한 저항을 가지고 접지한 장해를 말한다.

반 정위 (半定位, half normal) 전기철도의 연동 장치 중에 각종 전기 쇄정방식이 쓰이고 있다. 이 쇄정방식에 사용되는 전기 레버 실렉터의 정위와의 사이에 있는 점으로, 이 상태에서는 관계 전철 레버는 해당되지 않는다.

반조 검류계 (反照檢流計, reflecting galvanometer, mirror galvanometer) 가동부분에 작은 반사경을 붙여, 여기에 빛을 대어서 반사시켜 스케일 상에 초점을 맞추어 전류를 검출하는 형식의 검류계. 초점을 잡으려면 반사경 자체가 오목 거울로 되어 있는 것과 반사경을 평면으로 전방에 볼록렌즈를 둔 것의 두 가지 방법이 있다.

반 중계소 구간 (半中繼所區間, half repeater section) 중계소 구간의 중간을 말하는데, 장하 케이블 방식에서는 중계소에 출입하는 케이블 단말은 꼭 반구간에 선정하고 다른 반구간은 콘덴서를 단말에 삽입하여 보상하는 것이 일반적이다. 또 60 ch방식에서는 25 km의 중계소 구간을 12.5 km의 1/2로 줄여서 무인 중계소를 삽입하고 있다.

반직접 조명 (半直接照明, semi-direct illumination, semi-direct lighting) 등기(燈器)의

배광 분류 중의 한 형식. 하반구 광속이 전 광속의 60~90%, 상반구 광속은 40~10%의 것을 말한다. 글로브, 루버가 붙은 형광등 기구 중에는 이에 속하는 것이 많다.

반코일 임피던스 (半——, mid-coil impedance) ⇨ 반구간 임피던스.

반투명 광전 음극 (半透明光電陰極, semitransparent photocathode) 유리면 상 또는 마이카면 상에 박막 반투명으로 만든 광전 음극. 뒷면에서 광상(光像)을 대어 광전자 방출을 시키는데 적합하며, 촬상관 기타에 널리 사용되고 있다.

반 TR 스위치 (反——, anti-TR switch, anti-TR box) 송수신 공용 안테나를 쓸 때 사용하는 가스 방전식 스위치. 수신기간 중 송신기를 안테나에서 분리시킨다.

반파 공중선 (半波空中線, half-wave antenna) 길이가 반 파장이고 중앙에 궤전점이 있는 선형(線形)의 공중선. 궤전점에서 본 임피던스는 약 73Ω이고 전류 분포는 여현 형이다. 또 저항 특성은 공중 선에 직각 방향을 기준으로 하여 이 방향에서 각도 θ를 측정하면 $\cos\left(\frac{\pi}{2}\sin\theta\right)/\cos\theta$가 되며, 이른바 8자형 지향특성을 나타낸다. 다른 공중선의 이득의 표준으로 쓴다. 반파장 다이폴이라고도 한다.

[반파 공중선]

반파장 (半波長, half wave length) 전자파의 파장의 1/2 길이를 말한다.

반파 정류 (半波整流, half-wave rectification) 단상 교류를 정류하는 경우 1개의 플레이트와 1개의 음극을 사용한 경우에는 양극의 +전위인 반사이클(0~π까지)은 전류가 통하지만 다른 반사이클(π~2π까지)에는 전류가 통하지 않는다. 이와 같은 방식을 반파 정류라고 한다. 다상 교류의 경우에도 1상에 대하여 −의 반사이클이 정류되지 않는 경우에는 마찬가지로 반파 정류라고 한다. 양파 정류에 대비되는 용어이다.

반파 정류관 (半波整流管, half wave rectifier tube) 교류의 반사이클만을 통하게 함으로써 정류를 하는 전자관. 직류 전원으로 사용하려면 리플을 경감시키기 위하여 적당한 필터를 병용할 필요가 있다.

반파형 (半波形, half wave type) 《자기 증폭기》 자기 궤환형 자기증폭기의 하나로, 하나의 출력 권선과 하나의 반파 정류기를 전원 및 부하를 직렬로 접속하여 증폭작용을 하는 회로방식을 말한다.

반폐 슬롯 (半閉——, semi-enclosed slot) 슬롯의 개구부(開口部)가 슬롯의 폭보다 현저하게 좁은 형의 슬롯. 직류기의 경우에는 고속도기에서 코일이 원심력 때문에 튀어나올 위험이 있는 경우에 사용한다. 교류기에서는 파형의 개선, 맥동의 저감, 여자전류의 저감 등의 목적으로 사용한다.

반향 (反響, echo) 반사파가 직접파보다 훨씬 뒤져서 청취자 또는 마이크로폰에 도달하기 때문에 직접파와 분리되어 들리는 것을 반향이라고 한다. 인간의 귀는 약 50ms 이내에 도착하는 반사파를 직접파와 분리하여 들을 수 없다고 한다. 잔향은 지연시간이 다른 무수한 반사파가 겹친 것이며, 분리하여 들을 수 없는 것이 반향과는 다르다.

반향 감쇠량 (反響減衰量, echo attenuation) 2선식 중계기의 양 선로방향 및 4선식 회로의 종단에는 양 방향의 전압을 분리 결합하기 위하여 하이브리드 코일이 사용된다. 하이브리드 코일에 있어서의 선로측과 평형 결선망측의 임피던스에 불평형이 있으면 일방향 전압의 일부분은 이 점에서 다시 역방향으로 되돌려져서 이른바 송화자 반향이 되는데, 이 반향의 정도를 나타내는 데 송단에 있어서의 통화 레벨과 반향 레벨의 차를 가지고 나타낸다. 이 레벨 차를 반향 감쇠량이라고 한다. 반향의 방해 정도는 이밖에 반향과 통화 사이의 시간의 지연, 반향과 통화와의 주파수차(반송회선인 경우)에 의거해서 판단된다.

반향 저지 장치 (反響沮止裝置, echo suppressor) 항법에 있어서 1개의 펄스를 수신한 다음 일정한 기간 장치의 감도를 저하시켜 간접 반사 통로에서 오는 지연 펄스를 제거하는 장치를 말한다. ⇐ 반사파 억제기.

반 혼선 (半混線, partial contact) 선로 장해의 하나로, 직접 혼선이 아니고 어느 정도의 저항값을 가지고 혼선하는 것을 이른다.

반환 부하법 (返還負荷法, loading-back method, pumping back method) 전기 기기의 온도시험 또는 효율시험을 하는 경우에 같은 정격의 것이 2개 있을 때는 그것을 적당히 기계적 및 전기적으로 접속하여 그 손실에 상당하는 전력을 전원으로부터 공급하는 방법을 말한다.

반환 부하시험 (返還負荷試驗, pump-back test, loading-back method) 2대의 유사한 회전기를 기계적으로 결합하고 또한 양자 모두 전원에 병렬로 접속한다. 두 기기의 전체 손실분이 전원에서 입력으로 받아들일 뿐 전부하 전력은 두 기기 사이를 순환한다. 이러한 상태에서 두 기기의 실부하 시험을 할 수 있다. ⇨ 전기적 부하 반환시험.

발광 다이오드 (發光——, light emitting diode) LED, 과잉 전자·정공쌍의 재결합으로 빛을 발광하는 pn 접합 다이오드. GaAs와 같은 직접 갭 반도체에 있어서 빛의 방출 효과가 좋고, 그러한 재료로 만들어진 다이오드에 정방향 바이어스를 부여함으로써 빛의 양은 소수 캐리어, 즉 바이어스 전류에 비례한다. 빛의 색깔(주파수)은 갭 에너지에 따라 결정되므로 이것은 재료에 따라 다르다. 저전압 동작의 표시장치로 널리 사용되고 있다.

발광 중심 (發光中心, luminescence center) 결정 내에서 발광에 관계되는 불순물이나 격자 결함 혹은 그 복합물 등을 이른다. 반도체에서의 도너와 억셉터, 등전자 트랩, 불완전 껍질을 가진 전이금속과 희토류 이온 등이 있다.

발광체 (發光體, luminous body) 빛을 발하는 물체, 광원과 같다. 스스로 온도방사, 루미네선스에 의해서 빛을 발하는 것을 1차 발광체, 외부로부터 빛을 받아서 그것을 반사 또는 투과시킴으로써 빛을 발하는 것을 2차 발광체라 하기도 한다.

발광 효율 (發光效率, luminous efficiency) 광원의 발광 효율이란, 물체에서 나오는 방사속에 대한 광속의 비이다. 실용상으로는 보통 방사되는 와트당 루멘으로 나타내는데, 전등의 효율과 혼돈해서는 안 된다.

발달 조사 (發達調査, development study) 각종 사항의 발달을 조사하는 것으로, 그 수단으로서는 통계적 처리를 하는 것이 가장 유효하다.

발라타 (balata) 중남미 일부 지방에서 자라는 적철과(赤鐵科) 밈소프스속 식물에서 얻는 유액을 응고시킨 것으로, 탄화수소 수지가 주성분이다. 통신용 해저 케이블의 도체 위에 보통 3층 압출 피복하는 데 쓰인다.

발뢰 신호 (發雷信號, detonating signal) 음향 신호의 하나로, 신호용 뇌관의 폭음이 정지 신호의 표시를 하는 것을 이른다.

발사 (發射, radiation) 전자파를 공간으로 방사하는 것이다.

발산 (發散, divergence) (1) 무한 급수가 수속(收束)되지 않을 때 이것은 발산한다고 한다. (2) 임의의 벡터계(界) A가 주어졌을 때 어떤 1점 P에 있어서 그 주위에 생각할 수 있는 미소 체적(微小體積) Δv를 포함하는 작은 폐곡면 (小閉曲面) S의 면적 dS의 외향 법선방향 단위 벡터를 n이라고 하면 $\lim\limits_{\Delta v \to o} \frac{\int\int A \cdot ndS}{\Delta v}$라는 양이 유한의 값을 가질 때 이것을 그 점에 있어서의 A의 발산이라 하고 $\mathrm{div}A$ 또는 $\Delta \cdot A$라는 기호로 나타낸다. 이것을 직각 좌표로 나타내면 $\mathrm{div}A = \frac{\partial A_x}{\partial x} + \frac{\partial A_y}{\partial y} + \frac{\partial A_z}{\partial z}$가 된다. 이 정의에서 명백한 바와 같이 P점에 벡터의 원천이 있을 때에만 이것은 값이 있으므로 자기 유도의 발산은 항상 0이고 전기 변위의 발산은 그 곳에 있어서의 전하 밀도를 나타낸다.

발산도 (發散度, emissive power) 어떤 물체의 단위 표면적을 통과하여 단위 시간마다 발산하는 방사 에너지의 양을 말한다. 수치적으로는 방사밀도와 같다.

발산율 (發散率, emissivity) 어떤 물체의 발산도와 같은 온도의 흑체의 발산도의 비. 수치적으로는 흡수율과 같다. 어떤 파장에 대하여 물체의 발산도와 같은 온도의 흑체의 발산도의 비를 스펙트럼 발산율 또는 단색 발산율이라고 한다. 물체의 전 발산도(파장에 대해서)와 같은 온도의 흑체의 전 발산도의 비를 전 발산율이라고 한다.

발생로 가스 (發生爐——, producer gas) 석탄이나 코크스 등을 가스 발생로에서 불완전 연소시켜 만들어내는 가연성 가스이다.

발열량 (發熱量, calorific value, heat value) 연료의 단위 질량(1kg) 또는 단위 체적($1m^3$)이 완전히 연소할 때 발생하는 열량. 보통 고체 연료 및 액체 연료에 대해서는 $kcal/Nm^3$를 단위로 하여 나타내고 있다. 연료 중의 수소는 연소하여 수증기가 되지만 수증기의 잠열(潛熱)은 보통 연소 가스와 함께 대기 중으로 발산되어서 이용할 수 없으므로 이 잠열을 빼 낸 것을 참 발열량 (眞發熱量) 또는 저위 발열량이라 하고, 전체 열량을 총수열량(總數熱量) 또는 고위 발열량(高位發熱量)이라 하여 구별하고 있다.

발열체 (發熱體, heating element, heating unit) 전열기, 저항로(抵抗爐)의 주요 부분. 고유 저항이 크고 융점이 높으며, 산화가 잘 안 되고 온도 계수가 작은 것이 바람직하다. 금속은 니크롬선, 비금속에서는 탄소 또는 석영 등의 혼합물이 쓰인다.

발염 신호 (發炎信號, fusee signal) 불꽃을 내어 열차의 정지 신호를 나타내는 것을 말한다.

발염 아크 (發炎——, flaming arc) 빛에 색깔을 가하거나 또는 광도를 높이기 위하여 탄소 전극 내에 충전물을 부가한 아크이다.

발전 (發電) (1) generating station, power station) 전기 에너지를 발생시키기 위한 기계와 장치의 집합체를 말한다. (2) power plant (1) 및 부속시설을 포함해서 말한다. (3) generation 다른 에너지를 써서 전기 에너지를 생산하는 것을 말한다.

발전기 (發電機, generator) 터빈, 수차, 전동기, 가솔린 엔진 등에 의해서 구동되어 기계적 에너지를 전기적 에너지로 변환하는 회전 전기 기계 직류기, 유도기도 발전기로 사용할 수 있지만 보통 발전을 목적으로 사용하는(특히 대용량 발전에 사용하는) 발전기는 예외 없이 동기 발전기이므로 일반적으로 발전기라고 하면 이 동기 발전기를 의미한다. 직류 발전기는 전동기에 가변 직류전력을 공급하기 위해 사용하는 일이 많고 직류 전력이 필요하면 그것은 동기 전동기의 출력을 정류하여 사용한다. 사이리스터처럼 제어능력이 있는 정류기를 사용하면 직류 발전기도 불필요하다.

발전단 가치 (發電端價値, at-site value) 수용단(需用端)가치에서 발전소와 수용단 간의 송전 비용을 뺀 것으로, 나타내는 발전 지점에 있어서의 전력가치를 말한다. ⇨ 수용단 가치.

발전동기 (發電動機, dynamotor) 계자부분과 전기자 철심은 공통이고, 독립된 2조의 전기자 권선(직류기의 경우는 정류자)을 가지고 있어 어떤 종류의 전력을 다른 종류의 전력으로 변환하는 회전기를 말한다.

발전소 부하율 (發電所負荷率, station load factor) 어떤 기간 내의 발전소의 실체 최대 출력에 대한 평균 출력의 비이다.

발전소 용량 (發電所容量, station capacity) 발전소가 지정된 조건에서 주어진 시간 발전할 수 있는 최대 전력을 지칭하며, 최대 출력, 피크 출력, 상시 출력 등으로 구별된다. 발전소 출력이라고 하는 경우도 있다.

발전소 이용률 (發電所利用率, plant factor, plant ratio) 어떤 기간 내의 그 발전소에 설치되어 있는 기계의 정격 출력의 합계에 대한 발전소 평균 부하의 비를 말한다. ⇨ 운전 이용률, 설비 사용률.

발전 수력 풀 (發電水力——, hydraulic power pool) 저수 중 발전용으로 돌려지는 부분. 발전용 저수 부분이라고 하는 편이 알기 쉽다.

발전용 보일러 (發電用——, boiler for power generation) 연료의 연소열을 이용하여 고온·고압의 수증기를 발생하는 장치로서, 일반으로 화로(증발관), 과열기, 절탄기, 공기 예열기, 통풍장치, 급수장치 등으로 구성된다. 화력 발전소에서 사용되는 수관식 보일러는 보일러수의 순환방식에 따라 자연순환 보일러, 강제순환 보일러, 관류 보일러로 분류한다.

발전용 저수 (發電用貯水, power storage) 저수지에 저수되어 있는 물 중에서 발전용으로 지정된 부분을 이른다.

발전 장치 (發電裝置, generating set) 발전기와 그것을 구동하는 원동기로 이루어지는 장치를 이른다.

발전 전력 (發電電力, generated output) 발전기에서 발생되는 전력이다.

발전 전력량 (發電電力量, generated energy) 발전기에서 발생되는 전력량이다.

발전 제동 (發電制動, dynamic braking) 전동기를 일시적으로 발전기로 동작시켜 운동에너지를 전력으로 변환하여 그 전력을 전기자 회로에 접속한 부하 저항에서 소비시키는 제동방식이다.

발진 (發振, oscillation) 자력 진동의 발생 또는 그 상태를 발진이라고 한다. 진동의 형태로는 조파 진동과 이장 진동으로 구별된다. 원리적으로 부성 저항에 의한 것과 궤환에 의한 것이 있다. ⇨ 자려 진동, 조파 진동, 이장 진동, 발진기.

발진관 (發振管, oscillating tube(valve)) 발진 작용을 목적으로 하는 전자관. 송신기의 주 발진기, 수신기의 국부발진기, 측정기의 고주파원, 기타 많은 용도가 있다. 보통 3극관이 사용되며 마이크로파에는 목적에 따라 클라이스트론, 마그네트론 등이 사용된다.

발진기 (發振器, generator, oscillator) 어떤 주파수의 전압 또는 전류를 발생시키는 장치를 발진기라고 한다. 발진을 일으키는 형식에 따라 자려 발진기와 수정 발진기 등으로 분류하고 사용되는 장치에 따라 진공관 발진기와 트랜지스터 발진기로 분류된다. 또 발진의 출력 파형에 따라 사인파 발진기와 구형파 발진기 및 펄스 발진기 등으로 분류하고 발진주 파수에 따라 저주파 발진기, 고주파 발진기로도 분류한다.

발췌 (拔萃, sampling) 많은 개수의 물건을 낱낱이 조사하는 대신 몇 개를 뽑아내어 표본삼아 조사하는 경우가 흔히 있다. 이 표본으로 뽑아 내는 것을 발췌라 한다.

발칸 파이버 (vulcanized fiber) 무명을 주원료로 한 종이를 염화아연 용액으로 처리한 후 물로 씻어내고 건조하여 강한 압력을 가해서 만든 것을 말한다.

발판 못 (pole step) 전주의 승강을 용이하게 하기 위하여 전주에 부착하는 쇠로 된 굵은 못. 보통 50 cm 간격으로 설치한다.

밝기 (brightness, luminance) 휘도 (輝度)라고도 한다. 발광면의 어떤 방향의 밝기란 그 방향에 있어서의 발광면의 정사형 면적(正射形面積)에 대한 광도의 밀도이다. 광원을 눈으로 직접 보았을 때의 밝기, 또는 눈부심의 느낌과 관계가 있다. 단위는 cd/cm^2 (이것을 스티르브 sb라고도 한다). 또는 cd/m (니트 nit). ⇨ 광속 발산도.

방류 (放流, discharge) 유체를 방출하는 것을 말한다.

방말 외함 (防沫外函, splash-proof case) 물방울이 떨어져도 기능에 아무런 장해를 가하지 않도록 방호한 구조의 외함이다.

방말유 (防沫油, spray-proof oil) 비말 방말층에 쓰이는 유동 파라핀 따위의 기름이다.

방말형 전기 (防沫型電機, splash-proof machine) 개방형의 경우 연직으로 100°이내의 각도로 오는 물방울 및 이물(異物)이 직접 내부에 침입하는 일이 없고 또 기체의 면을 따라서나 면에 반발되어서 침입하지 않는 구조의 회전기이다.

ㅂ

방사 (放射, radiation) 에너지가 전달되는 한 형식으로, 공간이나 진공 중에서도 진행한다. 전자파의 성질과 입자의 성질을 아울러 갖는다. 방사라는 말은 경우에 따라서는 방사 현상, 방사선, 방사밀도, 방사속을 뜻하기도 한다. 또 좁은 뜻으로는 방사의 특수한 경우, 즉 X선, γ선 등에 한정되는 경우도 있다.

방사 감쇠율 (放射減衰率, radiation decrement) 진동 회로로부터 방사가 있기 때문에 해당 회로의 진동 에너지가 감소하는 정도를 이른다. 지금 진동회로의 저항을 R, 인덕턴스를 L, 진동전류의 최대값을 I_0라 하면, 감쇠율은 $\alpha=R/(2L)$이 되고, 회로의 소비 에너지는 $(I_0^2R)/2$가 되지만 방사가 크면 R도 커지고 에너지의 감소 정도도 커진다. ⇨ 감쇠율(damping factor), 감쇠상수(damping constant).

방사 강도 (放射强度, radiant intensity) 단위 시간에 점 방사원에 어떤 방향으로 방사되는 방사 에너지를, 그 방향을 포함한 단위 입체각당의 방사속으로 환산한 값. 기호 I_e, 단위 W/sr이다.

방사계 (放射計, radiometer) (1) 방사 에너지를 측정하기 위한 계측기. 예를 들면 볼로미터, 마이크로 방사계, 서모파일 등. (2) 마이크로파 열방사나 이와 유사한 약한 광대역의 신호(잡음과 구별하기 어려운 것 같은)를 검출하기 위한 수신기. 신호는 주기적이 아니어도 좋고, 사전에 성질을 알지 못하는 것이라도 상관 없다.

㊟ 방사계 등으로 방사를 측정하는 것을 라디오메트리(radiometry)라고 한다.

방사고 (放射高, radiation height) 이것은 실효고(effective height)와 동의어로서, 보통 방사고 보다는 실효고란 용어을 많이 쓴다. 어떤 공중선에 대하여, 그 공중선에 흐르는 최대 전류와 같은 전류를 각 부분에 고르게 흘렸다고 가상한 수직 공중선을 생각하고, 이 두 공중선이 그 설치 장소로부터 충분히 떨어진 지점의 수신점에 대하여 같은 전계 강도를 주거나 또는 충분히 떨어진 송신점으로부터 양 공중선에 같은 수신 유기전압을 얻을 수 있을 때, 이 가상 수직 공중선의 높이를 전자(前者)의 공중선의 방사고라고 한다.

방사 고온계(放射高溫計, radiation pyrometer) 측정하여야 할 물체 또는 원천에서 발생하는 방사전력을 열 전대, 서모파일, 볼로미터 그 밖의 검출기 위에 집중시켜 그것을 전기출력으로 변환하여 계기로 지시하게 하는 고온계를 이른다. 방사온도계(radiation thermometer)라고도 한다.

방사기 (放射器, radiator) 안테나처럼 전자파의 송수신을 위하여 사용되는 장치를 말한다. 광파에 대해서도 같은 뜻으로 쓰인다. ⇐ 방사체.

방사기 손 (放射器損, radiator loss) 옴손, 고주파에 의한 표피효과 손, 지저항 손 및 코로나 손 등을 종합한 것을 방사기 손이라 한다. 방사기 압력에서 이 방사 손실을 뺀 것이 방사전력이 되므로 방사기 효율을 높이려면 방사기 손실을 될 수 있는 한 경감하도록 하지 않으면 안된다.

방사능 (放射能, radioactivity, activity) (1) 방사선원의 세기, 단위 시간에 붕괴하는 핵종의 수, 혹은 단위 시간당 관측되는 신틸레이션 또는 그밖의 효과의 수로 표시된다.

㊟ 방사능의 단위는 퀴리(기호 Ci)이지만 SI 단위에서는 베크렐(Bq)이 사용된다. 1 Ci $= 3.7\times10^{10}$ 붕괴/초$= 3.7\times10^{10}$ Bq (2) 핵종이 방사성 붕괴를 하는 성질을 이른다.

방사도 (放射度, emissive power) ⇨ 발산도.

방사량 (放射量, radiometric quantity) 전자기 방사의 절대적인 전자기 특성과 결부된 측정을 함으로써 얻어지는 측정량으로, 측광량, 즉 인간의 시감이 개입하는 측정량과 대비되는 것. 양자의 대응은 다음 표에 보인 것과 같다.

[방사량과 측광량의 대응]

방 사 량	측 광 량
방사 에너지	광 에너지(광량)
$\int \Phi_e dt$ [J]	$\int \Phi_v\, dt$ [lm·s]
방사속 ϕ_e [W]	광속 ϕ_v [1m]
방사 발산도(근원의)	광속 발산도
$M_e = \frac{d\Phi_e}{dS}$ [W/m²]	$M_v = \frac{d\Phi_v}{dS}$ [1m/m²]
방사강도	광도
$I_e = \frac{d\Phi_e}{d\Omega}$ [W/sr]	$I_v = \frac{d\Phi_v}{d\Omega}$ [1m/m²]
방사휘도	루미넌스(휘도)
$L_e = \frac{d\Phi_e}{dA}$ [W/m²·sr]	$L_v = \frac{d\Phi_v}{dA}$ [1m/m²·sr]
방사 조도(수면의)	조도(일루미넌스)
$E_e = \frac{d\Phi_e}{dS'}$ [W/m²]	$E_v = \frac{d\Phi_v}{dS'}$ [1m/m²]

dS : 방사면의 면소

dS': 방사면을 받는 면의 화소

$d\Omega$: 방사원의 면소를 포함하여 주어진 방향으로 만들어진 미소 원추의 입체각

dA : 주어진 방향에서 본 방사원의 겉보기 면소. 면적 dS의 법선과 주어진 방향이 이루는 각도를 ϕ로 할 때, $dA = dS\cos\theta$

방사 빔 전환관 (放射——轉換管, radial beam commutator tube) 보통 전자관처럼 원통형의 음극 주위에 회전용 전극이나 타깃 전극을 원통면에 연해서 설치하여 전자 빔이 반경 방향을 향하도록 한 구조의 전환관이다.

방사상 전력망 (放射狀電力網, radial feeder system) 공통 전력원으로부터 개개 급전선이 방사상으로 분기되어 있는 전력계통. 가장 보편적으로 사용되고 있는 방식이다.

㊟ 인접 선로를 그 도중 또는 말단에서 맞대어, 이곳을 상시 개방의 차단기로 접속시켜 둠으로써 선로 고장이 발생했을 때 송전

경로를 전환할 수 있도록 한 것이 있으며, 이것은 일견 환상망처럼 보이지만 사실은 방사상이다.

방사상 정류자 (放射狀整流子, radial commutator) 브러시에 접촉하는 면이 축과 직각 방향의 평면 구조인 정류자를 말한다. 전류가 적은 고속도인 것에 쓰이는 경우도 있다.

방사선 (放射線) (1) radioactive ray 항행에 있어서 방위를 부여하는 무선 항행시설에 의하여 규정되는 많은 방사상 위치선 중의 하나로, 시설에서 본 그 선상 각 점의 방위(보통 자방위)로 나타낸다. (2) radiant ray 물체로부터 방출되는 에너지 및 그 파동을 총칭하여 방사라고 한다. 열선, 가시 광선, 적외선, X선, γ선 등은 각각 파장 범위를 달리하는 방사선이다.

방사선계 (放射線計, dosage meter) 방사선의 양을 측정하는 실용적인 측정기이다.

방사선 두께계 (放射線厚計, radioactive thickness gage) 금속관이나 탱크 벽의 두께를 그 한쪽에서 방사선을 이용하여 측정하는 장치. 감마선의 빔을 어느 각도로 벽에 입사하여, 반사하여 되돌아오는 산란파를 검지기로 측정하여 두께를 구한다.

방사선량 (放射線量, dose, dosage) 특정한 면적, 부피 또는 물체에 입사하는 방사선의 양을 말한다. 단위로서 X선, γ선에 있어서는 r(뢴트겐)이, β선에 있어서는 rep(렙)이 쓰인다.

방사선(에 의한) 분해 (放射線——分解, radiolysis) 방사선에 의하여 물질이 화학적으로 분해하는 것을 말한다.

방사선 화학 (放射線化學, radiation chemistry) 높은 에너지의 방사선이라든가 입자가 물질에 미치는 화학적 작용을 이른다.

방사성 (放射性, radioactive) 방사선 붕괴(원자핵이 입자를 사출하거나 전자파를 내서 자연스럽게 붕괴)하는 성질이 있다는 뜻이다.

방사성 동위원소 (放射性同位元素, radio isotope) 엄밀하게 말하면, 방사성의 동위 원소라는 뜻이지만 일반적으로는 방사성 핵종(放射性核種)과 같은 뜻으로 쓰이고 있다. 약어는 RI이다.

방사성 동위체 (放射性同位體, radioisotope) 약어 RI, 어떤 원소의 동위체 중 방사성 붕괴를 하는 것. 다수의 원소가 10개에 이르는 방사성 동위체를 보유하며, 이것들은 사이크로트론이나 원자로 내에서 인공적으로 만들어진다. 트레이서로서 또는 전리 방사원으로서 각 방면에 널리 응용되고 있다.

방사성 물질 (放射性物質, radioactive substance) α선 β선 또는 γ선을 방사하는 원소를 함유하는 물질을 이른다.

방사성 원소(放射性元素, radioactive element) 자발적으로 붕괴하여 각종 방사선과 입자를 방출하는 원소로서, 라듐, 토륨, 우라늄 등이 그 예이다.

방사성 폐기물 (放射性廢棄物, radioactive waste) 방사성을 함유한 폐물질로, 원자로에서 나온다. 사용한 연료를 재처리 (reprocessing)하여 유용한 성분을 제거한 나머지를 폐기물이라고 한다.

방사속 (放射束, radiant flux) 단위 시간에 공간을 전파하는 방사 에너지. 기호는 Φ_e, 단위는 W이다.

방사손 (放射損, radiation loss) 《공중선》 안테나로부터 방사되는 전력은 반드시 목적 방향으로 유효하게 이용되고 있다고는 할 수 없다. 또 궤전선에도 다소의 방사가 따르지만 이것은 안테나의 지향 특성을 혼란시킬 뿐 아무런 효과도 없다. 이와 같이 방사에 의한 방사전력 중 유효하게 이용되지 않는 전력을 방사 손실이라고 한다.

방사 시간축 (放射時間軸, radial time base) PPI표시에 있어서 스코프의 중심에서 방사상으로 소인하는 시간축을 말한다.

방사 에너지 (放射——, radiant energy) 전파, 열파, 광파 등 전자기파 형태로 방사되는 에너지를 이른다.

방사율 (放射率, emissivity) ⇨ 발산율.

방사 임피던스 (放射——, radiation impedance) 《공중선》 공중선을 고주파 전원으로 여진하면 공중선은 전원에 대해서 어떤 임피던스 부하로 작용한다. 이 임피던스를 쓰면 공중선을 일반 회로와 마찬가지로 다룰 수 있고, 또 이것은 방사에 의한다고 생각되므로 방사 임피던스라고 한다. 공중선이 1개 단독으로 존재하는 경우에는 방사 임피던스로서 자기방사 임피던스만을 생각하면 되지만 2개 이상의 공중선이 방사 결합상태에 있는 경우에는 동시에 상호방사 임피던스도 생각하지 않으면 안 된다. ⇨ 상호방사 임피던스.

방사 재결합 (放射再結合, radiation recombination) 반도체 등에서 전자와 정공이 재결합할 때 방사를 동반하는 경우에 대한 용어이다.

㊟ 비방사 재결합의 경우에는 전자가 가지고 있던 에너지는 열로 되어 소산한다.

방사 재결합 중심 (放射再結合中心, radiation recombination center) pn 접합의 주입 캐리어나 광 여기된 전자-정공쌍이 재결합할 때 격자결함이나 불순물에 의한 에너지 준위를 중개하여 간접적으로 재결합이 이루어지는 경우에, 재결합에 관하여는 격자결함과 불순물을 가리켜 재결합 중심이라고 하며, 에너지 구조에서 금제대 안에 깊은 준위를 형성한다. 구리와 철 등이 재결합 중심을 만든다.

방사 저항 (放射抵抗, radiation resistance) 공중선의 방사 저항은 방사 전력을 그 공중선의 파복전류의 실효값의 제곱으로 나눈 상(商)을 말한다. 따라서 방사저항을 R_r, 방사전력을 P_r로 하고, 공중선의 파복 전류의 실효값을 I로 하면 $R_r=P_r/I^2$이 된다.

방사 전력 (放射電力, radiation power) 주어진 방사체를 둘러싼 큰 구면에서 단위 시간에 유출하는 전 방사 에너지를 가리키는 것. 따라서 어떤 공중선의 방사 전력을 구하려면 해당 공중선을 둘러싸는 큰 구면을 생각하고, 그의 미소 표면 ds에 있어서의 포인팅 벡터의 동경(動徑) 방향 성분을 P_r로 하고, 이것을 전 표면에 대해서 적분한 것이 구하는 방사전력 W_r이 되므로 $W_r=\int P_r\,ds$로 나타낼 수 있다.

방사 전자계 (放射電磁界, radiation field) 전파의 방사체, 예를 들면 안테나 가까이에서는 정전계, 유도 전계 및 방사 전계가 있고, 이에 수반하여 유도 및 방사 자계가 존재한다. 그러나 수 파장 이상의 거리가 되면 방사 전계 및 방사 자계가 방사의 주성분이 된다. 이 전계 및 자계는 서로 관련하여 존재하므로 일괄해서 방사 전자계, 약해서 방사 전계라고 한다. 지금 방사체로서 헬츠 쌍극자를 생각하면, 자유공간 내의 쌍극자로부터의 방사는 다음 식으로 나타낸다. 제 1항은 정전계, 제 2항은 유도전계, 제3항은 방사전계를 나타낸다.

$$E=\left\{\frac{30\lambda}{j2\pi d^3}+\frac{30}{d^2}-\frac{j60\pi}{\lambda d}\right\}I_0\,l\sin\theta$$

[V/m] [MKS] 여기서, λ : 파장, d : 쌍극자로부터의 거리, I_0 : 쌍극자 중심의 전류, l : 쌍극자의 길이, θ : 쌍극자의 축과 이루는 각, $j=\sqrt{-1}$. 또한 전계 E와 자계 H와의 사이에는 $E=1.20\pi H$의 관계가 있다.

방사 조도 (放射照度, irradiance, radiant flux density) 어떤 면을 향하여 조사되는 방사속의 면 밀도 $d\Phi/dS$이고, 단위는 W/m^2. 빛의 경우의 조도(일루미넌스)에 상당한 것이다.

방사체 (放射體, radiator) 전자파를 발산하는 물체. 예를 들면 온도방사를 하는 물체 등도 포함된다. ⇐ 방사기.

방사 카운터 (放射 ——, radiation counter) 핵방사로 인하여 발생하는 이온화 현상의 수를 계수함으로써 그것을 검지 또는 측정하기 위해 사용하는 계측기. 예를 들면, 가이거 계수관, 신틸레이션 계수관 등이다.

방사 화학 (放射化學, radio chemistry) 방사능을 가진 물질에 관한 화학이다.

방사 효율 (放射效率, radiation efficiency) 안테나에서 방사되는 전파의 전력과 안테나에 공급되는 전력의 비를 안테나의 방사효율이라고 한다. 전자는 안테나의 기부 전류(基部電流)의 제곱에 방사저항 R_r을 곱한 것이고, 후자는 안테나의 기부 전류에 안테나 회로의 전저항 R_a를 곱한 것이므로, 이 방사효율은 R_r/R_a로 나타낸다. R_a는 안테나 도선의 고주파 저항, 접지저항, 방사저항, 연장 코일 및 결합 코일의 저항 등을 모두 합한 것이므로 방사 효율을 좋게 하기 위해서는 방사 저항 이외의 저항을 될 수 있는 한 적게 하면 된다.

방사 휘도 (放射輝度, radiance) 어떤 면의 한 점의 어떤 방향에 대한 방사 휘도는 그 점

ㅂ

을 에워싸는 면소로부터 나와(혹은 그곳에 도달하거나 또는 그곳을 통과하여) 주어진 방향을 포함하는 원추 요소 내에 방사되는 방사속을 원추의 입체각과 주어진 방향으로의 면소의 투영 면적과의 곱으로 나눈 값이다. 단위는 W/(sr · m^2)이다.

주 이것은 빛에서의 루미넌스에 대응하는 양이다.

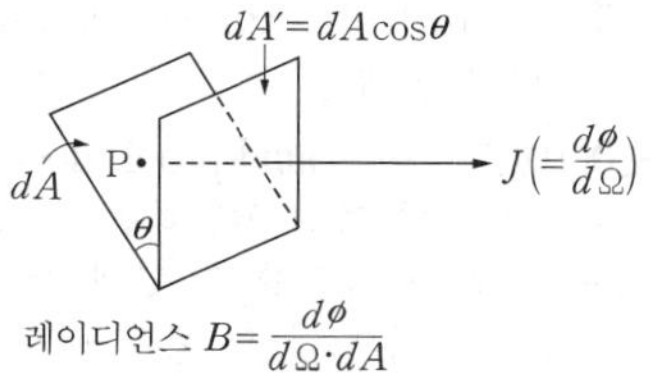

[방사 휘도]

방송파 (放送波, broadcast wave) 방송 전파. 라디오와 텔레비전 방송에 쓰이는 전파. 초단파(FM용) 방송의 특수한 것을 제외하면 535~1,605 kHz의 주파수대(표준 방송대)이다. 텔레비전 방송 전파는 100 MHz 전후의 VHF 대가 쓰이고 있다.

방송 회선 (放送回線, program circuit) 특히 방송용으로 쓰인다. 특성이 좋은 회선이다.

방수로 (放水路, tailrace) 수차에서 나온 물을 다른 발전소의 취수구나 또는 원래의 하천으로 돌려 보내기 위한 수로를 이른다.

방수벽 (防水壁, bulk head) 《해저 선로》 ⇨ 벌크 헤드.

방수벽 표지 (防水壁標, bulk head mark) 《해저 선로》 ⇨ 벌크 헤드 표이지.

방수 외함 (防水外函, water-proof case) 물이 끼에 의해서 내부 기구의 기능이 저해되지 않도록 방호한 구조의 겉 케이스를 이른다.

방수형 전기 (防水型電機, water-proof machine) 어느 방향으로부터 외피에 주수(注水)를 하여 기체 내부가 침수되지 않는 전폐형(全閉形) 구조의 전기 기기, 주수 시험은 기체로부터 3 m 떨어진 곳에서 안지름이 25 mm 이상의 파이프를 써서 수두(水頭) 10 m의 수압으로 여러 방향에서 모두 15분 동안 하는 것으로 한다.

방습 (防濕, moisture-proof) 기체 안에 습기가 침입하는 것을 막기 위한 구조의 것이다.

방습 외함 (防濕外函, moisture-proof case) 습기로 말미암아 내부 기구의 기능이 저해되지 않도록 방호한 구주의 겉 케이스이다.

방식 (防蝕, corrosion-proof) 유해한 가스 분위기에서 운전하여도 실용상 지장이 없는 형식. 실제 사용에서는 적절한 방식 도료를 칠한 방법 등이 쓰인다. ⇨ 방식 케이블.

방식 구성도 (方式構成圖, block(schematic) diagram) 전기설비를 구성하는 각 부분을 간단한 도식으로 나타내어, 그들 상호 간을 선과 화살표로 연결하여 설비 전체가 구성되어 있는 방식을 나타내는 도면이다.

방식 케이블(防蝕 —, corrosion-proof cable, corrosion protected cable) 방식용으로 특별히 설계된 케이블이다. ⇨ 방식 피복.

방식 피복 (防蝕被覆, corrosion protective covering) 케이블 연피의 부식을 막기 위하여 연피 위에 방식성 아스팔트, 고무, 합성 고무 등의 방식층을 씌우는 것을 말한다.

방열기 (放熱器, radiator) 전기 난방을 목적으로 전류에 의하여 고온도로 되어 열을 방출하는 기기이다.

방열기형 변압기 (放熱器型變壓器, radiator-type transformer) 열의 발열을 좋게 하기 위하여 방열기를 장착한 유입 변압기를 지칭한다.

방열 날개 (放熱 ——, radiation fan) 열의 방열면을 크게 하기 위하여 설치된 부분이다.

방열 음극 (放熱陰極, indirectly-heated cathode) 전자관의 열음극이 그 내부에 있는 다른 히터에 의해서 가열되는 형식의 음극. 대부분이 산화물 음극에 쓰인다. 히터는 알루미나 도포에 의해서 절연된다. 이 음극의 장점은, 음극온도가 비교적 균일하고 음극면이 동일 전위에 있는 점 등이다.

방열형 서미스터 (放熱型 ——, indirectly-heated thermistor) 감열체(感熱體)로 서미스터를 사용할 때 방열체와 서미스터가 전기적으로 절연되어 있는 것이다.

방열형 진공관 (放熱形眞空管, heater type tube) 열전자 방출을 하는 음극과 그것을 가열하는 히터가 따로따로 되어 있는 전자관이다.

ㅂ

방위 (方位, azimuth, bearing) 기준점에 있어서의 방향을 말하며, 기준점과 다른 한 점을 연결하는 직선과 기준선 사이의 각도를 수평각으로 나타낸다. 그 각도는 보통 기준선으로부터 시계 방향으로 측정한다.
[주] 항행에 있어서는 azimuth와 bearing이 같은 뜻을 나타내기도 하지만 엄격히 말해서 bearing은 지구항행(terestrial navigation)에 주로 쓰이고, azimuth는 전체 항행(celestial navigation)에 주로 쓰인다.

방위각 (方位角) (1) magnetic declination 자기 자오면과 지구 자오면 사이의 각. (2) azimuth ⇨ 방위.

방위각계 (方位角計, declinometer) 어떤 지점에 있어서의 지구 자기장의 방위각을 측정하여, 그 점의 등방위각 선을 정하는데 사용되는 기계(방위각은 자기 자오선과 지리학상의 자오선 사이의 각)이다.

ㅂ

방위각 오차 (方位角誤差, azimuthal error) PPI에 있어서, 레이더 공중선의 회전에 따른 방위각의 오차를 말한다.

방위 고정 PPI (方位固定——, azimuth stabilized PPI) 이동체가 향하고 있는 방위에 관계없이 기준 방위가 지시기에 관해서 고정되어 있는 PPI를 말한다.

방위 마크 (方位——, bearing mark) 레이더 브라운관의 영상에 방위를 부여하기 위한 지표를 말한다.

방위 분해능 (方位分解能, bearing resolution) 레이더에 있어서 동일 거리에 어떤 근접된 물표가 분리되어 스코프 상에 직시되는 능력을 말한다. ⇐ 방위 판별도.

방위 오차 (方位誤差, bearing error) 어떤 전파를 방위 측정기로 포착하여 그 도래방향을 측정하였을 때, 그 측정값과 그 전파의 발사원의 방향과의 차를 이른다. 또한 방위 측정기에 생기는 방위 오차에는 편파 오차, 교란 오차, 기구적 오차 등을 생각할 수 있으며, 이들을 오차의 성질상으로 나누어 2분원(二分圓) 오차, 4분원 오차, 8분원 오차 등으로 분류하기도 한다.

방위 지시기 (方位指示機, bearing indicator) ADF 등으로 브라운관 스코프 상에 방위를 지시하도록 한 것을 이른다.

방위 측정기 (方位測定器——, direction finder) 약어 DF, 전파의 전기적 또는 자기적 벡터의 방위를 측정함으로써 무선신호의 도래 방향을 결정하는 장치이다.

방위 커서 (方位——, bearing cursor) PPI에 있어서 목표의 방위를 측정하기 위하여 브라운관의 스코프 상에 자유로이 회전하는 십자선을 말한다.

방위 판별도 (方位判別度, azimuth discrimination) ⇨ 방위 분해능.

방음 도어 (防音——, sound-proof door) 무향실, 잔향실 등의 출입구에 다는 문. 방 밖의 소음을 충분히 차단할 수 있게 강구되어 있다. 방송 스튜디오, 극장 등의 문도 방음 도어이다.

방음실 (防音室, sound-proof chamber) 방송 스튜디오, 레코드 취입실처럼 밖으로부터의 소음과 진동을 충분히 차단한 방. 내부의 소음 발생과 그 반사를 적게 하기 위하여 안쪽 벽에 흡음재를 사용하므로 잔향이 적은 무향실을 방음실이라고 하는 경우도 있지만 본래의 정의는 외부로부터 음향 전달을 차단한 방을 가리킨다.

방적형 전기 (防適形電機, drip-proof machine) 연직에서 15°이내의 각도로 낙하하는 물방울이 직접 또는 기체의 면을 따라 혹은 이에 반발되어서 기체 안에 들어가 철심 또는 절연물과 접촉되는 일이 없게 만든 전기 기기이다.

방전 (放電, discharge) 《electric》 대전체가 전기를 잃는 현상을 말한다. 예를 들면, 충전된 콘덴서의 양 극판을 단락할 때 또는 축전지의 양 극에 도체를 접속하여 전류를 흘리는 경우의 현상. 또 방전이라는 말은 강한 전계 하에 기체 등의 절연체를 통해서 전하가 이동하는 경우에도 쓰이는데, 코로나 방전, 글로 방전, 아크 방전, 불꽃 방전 등이 있다.

방전 가공 (放電加工, electric-discharge machining) EDM, 음으로 대전한 가공 전극의 고주파 방전으로 피가공물(양전극)에서 금속을 침식 제거하는 금속 가공법을 이른다. 전해액은 사용하지 않지만 가공은 오일 속에서 행하고, 침식한 금속을 세척하는 동시에 피크 에너지가 축척되는 것을 기다려 방전이 이루어지도록 한다.

방전 개시 전압 (放電開始電壓, firing potential) 전극 간에 인가하는 전압을 승압할 때 전압과 함께 암류가 증가하여 어떤 값 이상에서 지속방전에 들어간다. 이 전압을 방전개시 전압이라고 한다. 열음극 방전관은 약 수십 V, 냉음극 방전관은 조건에 따라 80V 전후에서 수백 V에 이른다. 대기 중에서는 전극 간극 1cm일 때 평등 전계에서는 30 kV, 불평등 전계에서는 수 kV 정도이다.

방전 갭 (放電 ――, discharging gap) 불꽃 발진기에 쓰이는 것과 같은 불꽃을 일으키는 전극의 갭이다.

방전 곡선 (放電曲線, discharge curve, discharging curve) 전지를 일정한 전류로 방전했을 때의 전압과 시간과의 관계를 그래프로 나타낸 것이다.

방전관 (放電管, discharge tube) 방열 현상을 이용한 전자관의 총칭, 열음극관, 냉음극관 등이 있다.

방전관 잡음 발생기 (放電管雜音發生器, discharge tube noise generator) 사이러트론 같은 열음극 방전관의 이온 전류에 의한 잡음을 증폭한 잡음원으로, 이온의 전극 간 통과 길이를 증대시키기 위해 자기장을 가해서 특정한 주파수대에 잡음 세력이 집중되지 않도록 하고 있다. 잡음의 세력분포는 약 1MHz 정도까지는 평탄하지만 주파수의 증가와 더불어 감소하므로 증폭기의 특성을 고주파에서 증대시킴으로써 약 4 MHz까지 세력 분포가 평탄한 잡음 발생기를 얻을 수 있다. 에너지 분포가 평탄한 백잡음(白雜音)은 다중 통신회선을 시험하기 위한 의사 신호로 쓰인다.

방전관 정류기 (放電管整流器, discharge tube rectifier) 양극, 음극을 기밀한 용기 속에 봉해 넣고 용기 속을 고도의 진공으로 배가한 후 아르곤, 크세논 등의 가스, 수은 증기 등을 봉해 넣어 이들의 가스, 증기의 저기압에서의 방전을 이용한 정류기를 말한다. 열음극 방전관, 냉음극 방전관으로 분류한다. 이러한 형의 것은 음극에서 방출된 전자가 양극의 +전계에 의해서 고속도로 양극으로 주행하는 도중 내부에 봉해 넣은 기체 원자와 충돌하여 그것을 전리해서 새로이 전자와 양 이온을 발생시킨다. 이 경우 전자는 전류를 통하는 주체가 되고, 양 이온은 전자에 의한 −의 공간전하를 없애는 역할을 한다.

방전관 펄스 발생기 (放電管 ―― 發生器, line type pulser) 펄스의 하나로, 마그네트론과 같은 피크 대전력 부하에 펄스 전압을 공급하는 방법에서 그림과 같이 길이가 l, 특성 임피던스 Z_0인 수전단 개방선로를 미리 직류전압 V로써 충전해 두고 사이러트론 또는 방전 간격 스위치 S에 의해서 부하저항(마그네트론과 같은 것) $R=Z_0$를 통하여 그 회로를 방전하면 부하의 단자에는 전압 $V/2$, 펄스폭 $T=2l/c=2l\sqrt{LC}$인 구형 펄스가 형성되는 것을 이용한 것이 펄스 발생기이다. 위 식의 c는 광속도, L 및 C는 전송선로의 단위 길이당의 인덕턴스 및 용량이다. ⇨ 진공관 펄스 발생기.

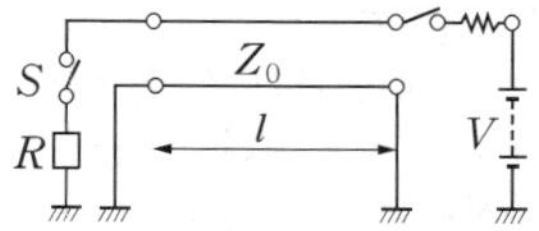

[방전관 펄스 발생기]

방전등 (放電燈, discharge lamp) 저압 또는 고압의 기체(증기) 안에서 전극 간에 전기방전을 일으키게 함으로써 발광을 얻는 램프이다.

방전율 (放電率, discharge rate) (1) 축전지의 경우 시간 만큼 일정한 전류로 방전을 지속할 때 그 방전율은 x시간율이라 하고, 또 그 전류를 x시간율의 전류라고 한다. (2) 불꽃 방전의 경우, 같은 상태하에, 같은 값의 전압을 n_0회 인가하는 경우 불꽃을 일으키는 횟수를 n이라 하면 n/n_0을 방전율이라고 한다.

방전 전류 (放電電流, discharge current) 방전할 때의 전류이다. ⇨ 방전.

방전 전압 (放電電壓, discharge voltage) 방전할 때의 전압이다. ⇨ 방전.

방전 종기 전압 (放電終期電壓, final discharge voltage) 전지를 충전할 경우 어떤 규정 전

압 이하로 해서는 안 되는 전압을 말한다. 종기 전압으로서는 방전 말기에 갑자기 강하를 시작하는 전압값 또는 방전 초기전압(방전 개시시의 전압)의 90%를 택한다.

방전 형성 시간 (放電形成時間, formative time lag) 전극 간에 일정한 전압을 가하고 나서 전로(全路) 파괴가 일어나기까지의 시간을 말한다. 이온 주행 시간에 따라 지배되므로 가스압과 종류에 따라 다르다. 보통 100μs 이하 정도이다. ⇨ 이온화 시간(ionization time).

방진 커버 (防塵 ──, dust-proof cover) 기기 내부에 먼지가 들어가는 것을 방지하기 위한 커버이다.

방진형 외함 (防塵形外函, dust-proof case) ⇨ 먼지 방지용 외함.

방진형 전기(防塵形電機, dust proof machine) 도전부, 축받이부 등에 먼지가 침입할 수 없는 구조의 전기 기기를 이른다.

ㅂ

방출 (放出, emission) 《전자》 전자의 방출체로부터 전자가 방출하는 현상을 말한다. 방출체로서는 진공관의 음극, 예를 들면 옥사이드 캐소드, 트리에티드 텅스텐 또는 광전관의 산화세슘 음극 등이 있다. 이들로부터 전자를 방출시키려면 전자는 히터에 의해서 가열하고, 후자는 빛에 의해서 에너지를 가한다.

방출 밸브 (放出 ──, release valve) 《철도》 공기 브레이크의 보조 공기 탱크 상부에 부착한 밸브로, 이 밸브를 열어서 보조 공기 탱크 내의 압력 공기를 배제하면 브레이크를 풀 수 있다.

방출 전류 (放出電流, emission current) 전자관의 음극에서 방출되는 전자에 의해서 흐르는 전류이다.

방출 퓨즈 (放出 ──, expulsion fuse) 파이버 통 한 끝을 금속 통으로 밀폐하고, 다른 한 끝을 개방하여 통 속의 퓨즈선 부분을 정격 전류에 일치되도록 가늘게 하여 거기에서 용단이 진행되게 한 퓨즈. 아크열로 통의 내벽이 분해 발생하는 가스의 급격한 압력으로 소호한다.

방출형 피뢰기 (放出形避雷器, expulsion-type arrester) 소호실이 있는 피뢰기로, 그 속에 속류를 가두어 넣고 가스발생 물질 또는 소호제와 접속시켜 선로단의 전압을 억제하여 속류를 차단하도록 한다. 외부의 직렬 갭 또는 한류 저항이 부설되어 있을 때에는 그것까지 포함하여 방출형 피뢰기라고 한다.

방측 음 (防側音, antiside tone) 전화기 등의 측음 발생을 줄이게 하는 것이다.

방측음 회로 (防側音回路, antiside tone circuit) 측음의 발생을 방지할 수 있게 한 전화기 등의 회로이다.

방치 부식 (放置腐蝕, shelf corrosion) 방치한 그대로의 상태에서 화학 변화, 전기 분해 등을 일으켜 녹이 나거나, 썩거나 하는 현상을 이른다.

방치 시험 (放置試驗, shelf test) 각종 전자장치 또는 그 장치에 사용하는 부품, 재료 등을 방치함으로써 어떤 변화가 일어나는가를 시험하는 것을 이른다.

방폭형 전기 (防爆形電機, explosion-proof machine) 폭발성 가스가 존재하는 탄광 내에서 사용하는 전기 기계로, 기내(機內)에서 폭발이 있을지라도 광 내의 폭발을 유발하지 않는 구조의 기기이다.

방해 (妨害) (1) disturbance 혼신이나 전파 잡음으로 인하여 생기는 수신 방해. (2) jamming 레이더의 브라운관 상에 나타나는 잡음의 영상. (3) crossfire 직류 전신회선 상호 간의 유도방해를 말한다. 전화 또는 반송 통신에서 누화에 대하여 전신에서는 누신(漏信)이라고 하는 경우가 있다.

방해 대책 (妨害對策, antijamming) 레이더의 브라운관 상에 나타나는 잡음의 영상을 방지하는 방법이다.

방해 대항 (妨害對抗, antijamming) ⇨ 방해 대책.

방해 레벨 (妨害 ──, interference level) 수신에 방해를 주는 레벨. 이 레벨은 방해하는 전파의 종류 및 방해를 받는 전파의 종류에 따라 바뀐다.

방해 패턴 (妨害 ──, jamming pattern) 레이더의 브라운관 상에 나타나는 잡음의 영상이다.

방향 (方向, direction) 어느 한 점의 다른 1점에 대한 공간 상의 상대 위치. 단, 거리와는 무관하다.

㊟ 방향은 3차원, 2차원의 어느 경우이든 상관없다.

방향 계전기 (方向繼電器, directional relay) 2개 이상의 벡터양(전류, 전압)의 관계 위상에 의해서 동작하는 계전기이다.

방향 레버 (方向 ——, traffic lever) 단선 운전을 하는 구간에서 자동 폐색식을 시행할 때 열차를 운전하는 방향을 정하기 위하여 대향(對向) 열차에 대한 폐색구간의 양단의 정차장 또는 정차장 구내 레버 취급소 상호간에 한 쌍으로 설치하는 레버를 말한다. 1 폐색구간에서 열차의 운전방향을 정하기 위하여 사용한다.

방향성 결합기 (方向性結合器, directional coupler) 2개의 도파관을 측면 또는 상하면에서 등지게 합치고, 거기에 적당한 구멍을 만들어 주면 한쪽 도파관(주관)의 한쪽에서 온 파만이 제2의 도파관(측관)에 전달되고 역방향에서 온 파는 거의 측관에 전달되지 않는다. 이와 같이 방향성을 갖는 결합기를 말한다. 방향성 결합기는 여러 가지 형식이 있으며, 주관과 측관과의 공동 벽에 $\lambda/4$ 파장의 간격을 두고 작은 구멍을 뚫은 2공형(二孔形)이 가장 많이 쓰이고 있다. 동축 선로용 방향성 결합도 같은 원리에 의하여 실현된다.

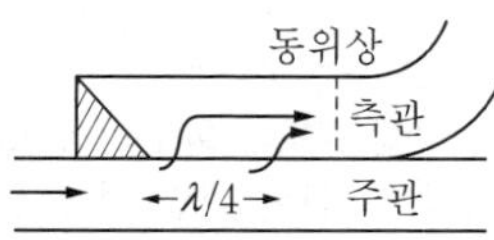

[방향성 결합기]

방향성 과전류 보호 (方向性過電流保護, directional-overcurrent protection) 소정의 값을 초과하는 과전류와 기준 입력에 대한 사전에 정하여진 위상과 다른 위상 관계에 의해서 보호되는 장치 내부의 이상상태가 검지되도록 되어 있는 보호방식이다.

방향 탐지기 (方向探知機, direction finder) DF, 무선 전파신호가 도래하는 방향을 결정하기 위해 회전하는 루프 또는 날카로운 지향성을 가진 안테나를 사용한 방향 탐지장치. 목표로부터 직접 방사된 신호를 이용하며 반사파나 재방사파는 사용하지 않는다.

방향 필터 (方向 ——, directional filter) 1방향으로 전송할 때에만 필터의 작용을 하고, 역방향의 전송에 대해서는 아무런 작용을 미치지 않는 장치. 페라이트를 포함하는 도파관 등은 그 일례이다.

방형파 응답 (方形波應答, square-wave response) 《촬상관》 폭이 같은 흑백 교대의 막대로 된 테스트 패턴에 의해서 주어지는 출력신호의 피크-피크값과 테스트 패턴에서 흑, 백으로 얻어지는 신호의 차 출력과의 비를 이른다.

㊟ 막대가 수평 주사 방향에 대하여 직각으로(세로로) 늘어서 있을 때에는 수평방향의 방형파 응답이 관측되고, 또 막대가 수평주사방향과 평행으로 가로로 상하 겹쳐져 있을 때에는 주사에 의해서 수직 방향의 방형파 응답이 관측된다.

방형파 인버터 (方形波 ——, square wave inverter) (1) 전압 전류형의 인버터에 있어서는 직류 전원은 커패시터가 병렬 접속되어 임피던스가 매우 작은 정전압원으로 작용한다. 출력 전류는 부하에 따라 크기와 위상이 변화하지만 출력 전압은 부하에 거의 상관없이 크기가 일정한 방형파이다. (2) 전류 전류형(電流轉流形)의 인버터에 있어서는 직류 전원은 큰 직렬 리액터에 의해서 임피던스가 지극히 큰 정전류원으로 작용한다. 교류 출력 전류는 방형파이고 전압은 부하의 역기전력 또는 인버터가 접속된 교류계통의 전압이다.

배가 시간 (倍加時間, doubling time) 증식로(增殖爐)에 있어서 연료 인벤토리가 2배가 되는 데 요하는 시간, 또는 원자로의 출력이 2배의 크기가 되는 데 요하는 시간을 이른다.

배경 (背景) (1) background 라디오 방송에서 연출효과를 높이기 위하여 작게 겹쳐 넣는 음악이나 소리. 보통 배음이라고 한다. (2) back, back drop 텔레비전 방송에 있어서 출연자 후방에 설치한 무대장치보다 더 안쪽에 설치되는, 풍경 등을 그린 것이다. ⇐ 배음.

배관 (配管, piping, pipe arrengement) 부설되어 있는 관로군(管路群)을 이른다.

배광 (配光, distribution of light, light distribution) 어떤 공간에 있어서 광원에서 나오는 빛의 분포 상태. 많은 광원, 예를 들면 전구, 형광등 또는 이들을 사용하는 어떤 종류의 조명기구에서는 배광이 광원의 축에 관해서 거의 대칭이다.

배광 곡선 (配光曲線, luminous intensity distribution curve) 광원을 포함하는 어떤 면 내의 각 방향에 대한 광도분포를 그린 곡선. 보통 광원을 원점으로 하는 극좌표로 표시된다. ⇨ 광도분포 곡선.

배기 (排氣, exhaust steam) 동작이 끝난 다음 증기 터빈, 증기기관 또는 증기 기계로부터 배출되는 증기를 말한다.

배기공 (排氣孔, exhaust hole) 공기 또는 가스를 배출하기 위한 구멍을 말한다.

배기기 (排氣機, exhauster) 미분탄기(微粉炭機)로 분쇄된 미분탄을 1차 공기와 함께 흡출하여 버너를 통해서 보일러 내에 보내기 위한 송풍기. 일반적으로 배기기 또는 배출기라 한다.

ㅂ

배기 터빈 (排氣——, exhaust steam turbine) 복수기가 없는 증기 기관이나 증기 해머 및 증기 프레스 등의 배기를 작동 유체로 해서 동작하는 저압 증기 터빈을 말한다. 일반적으로 배기(排氣) 터빈이라고 한다.

배럴 스테이브형 안테나 (barrel stave type antenna) 회전 포물면의 상하를 잘라낸 모양의 반사기를 갖는 안테나이다.

배류 (排流, drainage) 레일의 전식(電蝕)을 경감하기 위한 목적에서 레일의 특정한 부분을 바다나 대지에 접지 하여 귀선 전류의 일부를 흘리는 것을 말한다.

배류기 (排流器, drainage) ⇨ 배류 시설.

배류선 (排流線, drainage lead) 전기 철도의 귀선 회로에 있어서, 배류를 목적으로 설치된 도선이다.

배류 시설 (排流施設, drainage) 전기 철도에 있어서, 배류를 목적으로 접지 된 전극 등의 설비를 이른다.

배류 접속 (排流接續, drainage connection) 레일의 전식을 경감하기 위한 목적에서 레일의 특정 부분을 바다나 육지에 접지해서 귀선 전류의 일부를 배류시키기 위한 접속이다.

배류 코일 (排流——, drainage coil) 선택 배류기(지하 케이블의 전식 방지용)의 계전기 권선을 배류 코일이라고 한다.

배리스터 (varistor) 비 직선적인 전압-전류 특성을 가진 2단자 반도체 소자의 하나. 좁은 뜻으로는 실리콘 카바이드 가루를 점토와 함께 소결(燒結)한 모양의 것을 가리키고, 넓은 뜻으로는 일반적인 반도체 다이오드도 이것에 포함된다.

배면광 (背面光, back light) (1) 텔레비전이나 영화를 촬영할 때 피사체의 주변부가 배경에서 뚜렷하게 떠오르게 하기 위하여, 카메라쪽에서 보아 피사체 배면에서 카메라쪽을 향해서 보내는 역광의 조명. (2) 배경을 비치는 조명광. (3) 2위 현시(二位現示)의 완목식 신호기가 설치되어 있는 정차장 또는 신호소에서 야간 신호기의 표시상태를 확인하기 위하여 신호기에 설치된 설비로서, 신호기 배면의 백색광을 이용하여 신호 암의 동작과 관련하여 빛을 차단해서 표시를 하는 장치로 되어 있다.

배면 방사 (背面放射, back radiation) 지향성 안테나에 있어서, 지향 방향과 반대쪽에 전파가 방사되는 것을 말한다.

배선 (配線, wiring) (1) 전신 전화장치 기기에 있어서 각 구성 부품, 패널 광체 또는 래크 상호간 등을 접속하여 회로, 방식, 회선을 구성하기 위한 도선을 말한다. 각 도선은 그 접속 장소, 방향, 부품, 회로의 종별 등을 잘 알 수 있게 하기 위한 색별 선종 등이 보통 채용된다. (2) 전기를 사용하는 구역 전체 장소에 시설하는 전선 및 이것을 지지 또는 보관 저장하는 공작물을 말한다.

배선도 (配線圖, wiring diagram) 배선을 하기 위하여 색별 등으로 회로, 배선, 부속품, 수량 등을 나타낸 회로도이다.

배선 박스 (配線——, distributing box, distributing head) ⇨ 배선함.

배선반 (配線盤, distributing board, distributing frame) 전신이나 전화국에 있어서, 외선과 국내의 기계 장치간 또는 국내의 기계 장치 상호 간에 있어서, 양 방향으로 각각 필요한 순서로 배열된 회선을 수용하여 양 방향의 회선 상호 간을 필요한 순서로 접속하고 또 외선에 대한 보안기 및 시험 단기(試驗彈器)등을 부착한 철가(鐵架)로서, 메인 배선반, 중간 배선반 등이 있다.

배선 애자 (配線碍子, distributing insulator) 인입선의 배선용에 쓰이는 애자. 일반적으로 다구(多構)애자가 쓰인다.

배선용 차단기 (配線用遮斷器, molded-case circuit breaker) 과부하 및 단락보호를 겸한 차단기로, 몰드 케이스 안에 수용된 것. 과부하에 대하여서는 지연 트립하고, 또 단락에 대하여서는 순시 트립특성을 가지고 있다. 지연 트립은 열동형, 전자기형 모두 있지만 순시 트립은 전자기형이다. 노퓨즈 브레이커라고도 한다.

배선주 (配線柱, distributing pole) 케이블 선로에 있어서, 단자함 또는 배선함이 부착되어 있는 전주로, 여기서부터 가입자까지 고무선 또는 나선으로 배선된다.

배선 케이블 (配線──, distributing cable) 국에서 가입자까지 연장되는 케이블 중 그 쌍수가 200쌍 이하인 것을 말한다.

배선 퓨즈반 (配線──盤, distributing fuse pannel) 퓨즈를 장치한 배선반을 이른다.

배선함 (配線函, box head, cable pot head, distributing head, protected cable terminal) 통신용 배선 케이블의 말단 또는 도중에서 나선으로 분기하는 경우에 사용하는 장치로, 보안 및 접속의 목적으로 쓰인다. 많은 단자와 퓨즈 및 피뢰기를 갖는 원통형의 케이스에서 절연선에 의하여 나선과 접속된다. 보통 전주에 설치되며 5~30쌍 용량의 것이다.

배선함 인입구 (配線函引入口, pot head tail) 배선함에서 인출되어 있는 스탭 케이블을 말한다.

배수 (背水, backwater) 댐으로 말미암아 상류 쪽의 수위가 평소의 하천 수위보다 융기하여 생기는 웅덩이를 뜻한다.

배수 (排水, drainage) 불필요하게 된 물을 흘려 보내 없애는 것를 말한다.

배수 면적 (排水面積, drainage area) ⇨ 유역 면적.

배압 터빈 (背壓──, back-pressure turbine) 증기가 터빈을 떠날 때의 압력이 대기압보다 높은, 즉 배압을 가진 터빈을 이른다. 이 터빈은 제조공장 등에서 동력 외에 저압의 작업용 증기가 필요한 경우에 사용된다. 또 이른바 톱 터빈도 배압 터빈이다.

배율 (倍率, multiplying factor) 《분류기》 전류계의 측정 범위를 확대하기 위하여 분류기를 병렬로 접속했을 때, 계기 고유의 눈금에 곱하는 수이다.

배율기 (倍率器, voltage range multiplier) 《계측기》 기정의 측정 범위를 초과하여 그 전압범위를 확대하기 위해 사용하는 특수한 형의 직렬 저항, 또는 임피던스 장치를 말한다.

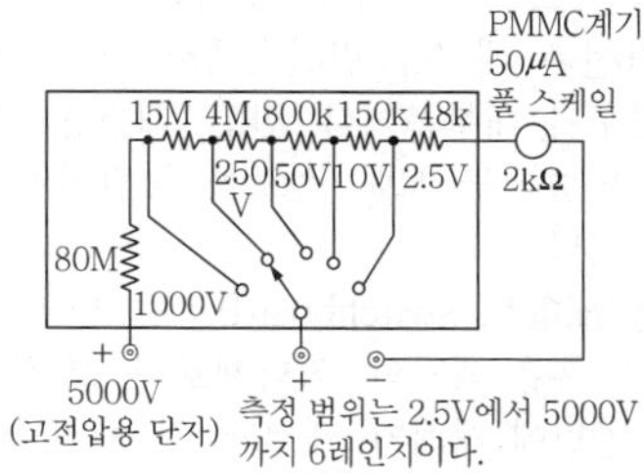

[배율기]

배음 (背音, background sound, background music) 대사를 주로 하고, 그와 겹쳐서 작은 음으로 연주되는 음악이나 그 밖의 효과음 등을 말한다.

배음 (倍音, harmonic) 《음향》 악음이 최저 주파수를 갖는 순음(기음)과 그 정수배의 주파수의 순음으로 구성되어 있을 때 기음 이외의 음을 배음이라고 한다.

배전 (配電, (power) distribution) 배전용 변전소에서 수용 장소까지 전기를 공급하는 것. 배전 변전소에서 고압 배전선, 변압기, 저압 배전 선로를 거쳐 인입선에 이르는 전 선로를 뜻한다.

배전 간선 (配電幹線, distributing main) 수용가의 인입선에 전기를 공급하는 전선로이다.

배전기 (配電器, distributor) 점화장치를 2개 이상 가지고 있는 내연기관에 있어서, 캠 돌기부를 실린더 수와 동일한 정다각형의 것을 엔진의 캠축으로부터 전도축(傳導軸)을 거쳐 회전시켜 각 실린더의 발화 위치에서 점화시킬 수 있게 되어 있다.

배전망 (配電網, distribution network) 배전용 변전소에서 수용단에 이르는 배전 선로망으로서, 보통 다음 세 가지로 구분하고 있다. ① 급전선(피더), ② 간선, ③ 분기선. 급전선은 배전용 변전소에서 간선에 이르기까지의 도중에 부하가 접속되어 있지 않는 부분이고, 간선은 급전선에 접속하여 분기선을 분기시키는 중요한 선로이다. 분기선은 적당한 위치에서 간선에서 분기하여 수용단까지 연장되어 있는 선로이다. 배전망의 구성에는 방사상 방식, 루프 방식이 있다. 전자는 간선과 분기선을 방사상으로 연장하여 나가는 방식이고, 후자는 간선이 고리 모양으로 되어 있는 것이다.
㊟ 간선은 배전용 변전소에서 직접 인출되는 경우가 대부분이다. 한편, 배전용 변전소에서 인출되는 모든 선로를 급전선이라 하기도 한다.

배전반 (配電盤, switchboard) 큰 단일 패널, 프레임 혹은 패널의 집합체로서, 그 한쪽 면 또는 양면에 개폐기, 계전기, 각 종 보호장치, 계측기 및 모선 등을 설치한 것. 그러나 현재 배전반의 개념은 그 기능을 넓게 포함하는 다음과 같은 것으로 변했다. 즉, "전기계통에서 그 제어·감시 및 보호를 하기 위해 필요한 개폐기, 단로기, 계측기, 계전기, 그 밖의 기기를 모아 그것을 유기적으로 결합한 시스템"으로, 따라서 반(盤)이라는 명칭은 적절하지 못한 느낌이 들지만 대신할 적당한 용어가 없는 것도 사실이다.

배전반실 (配電盤室, control room, panel room) 계측 제어용 배전반이 설치되어 있는 방을 말한다.

배전 변압기 (配電變壓器, distribution transformer) 일반적으로 수용 지점에서 고압을 저압으로 체강하는 변압기를 지칭한다. 주상 변압기라고도 하며, 용도의 성질상 전일 효율이 좋은 것이 요구되므로 철손이 적은 철심이 이용된다.

배전 변전소 (配電變電所, distribution substation) 송전선에 의해서 수용단 가까이에 보내진 전력을 다시 배전 전압으로 변압하여 수용가에 전기를 분배하는 변전소를 이른다.

배전선 (配電線, distribution line) 발전소 또는 변전소로부터 다른 발전소 또는 변전소를 거치는 일 없이 직접 수용가에 이르는 선로이다.

배전 선로 (配電線路, distribution line) ⇨ 배전선.

배전손 (配電損, distribution loss) 배전 선로에서 발생하는 전력 손실을 말한다.

배전압 정류관 (倍電壓整流管, voltage doubler tube) 음극을 별도로 한 쌍2극(雙二極)정류관으로, 배전압 정류에 편리하게 만들어진 것이다.

배전압 정류접속 (倍電壓整流接續, voltage doubler rectifier connection) 변압기를 사용하지 않고도 전원 전압의 약 2배의 직류 출력이 얻어지는 정류기 회로. 반파 정류회로에 있어서 통전이 저지되는 반사이클 기간에 커패시터를 충전하고 그것을 다음 반사이클의 출력 전압으로 상승시켜 부하에 공급하도록 한 것. 전파형(全波形)으로 하기는 쉽다. 또 3배 이상의 정류 전압을 얻는 전압 증배기도 만들 수 있다.

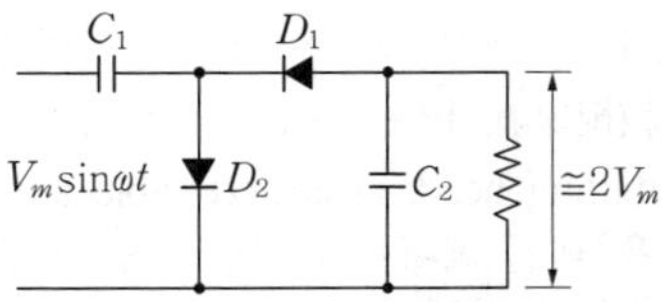

[배전압 정류접속]

배전 전압 (配電電壓, distribution voltage) 배전 회로의 정격 전압을 이른다. 이 전압 계급에 따라 배전선은 저압 배전 선로, 고압 배전 선로, 특별고압 배전 선로로 구별된다.

배전 중심 (配電中心, center of distribution) 《배전망》 급전점으로서, 배전 재료의 사용량을 최소로 하기 위해 부하의 중심에 가까운 최적한 고정점이 선택된다.

배전함 (配電函, switch box) ⇨ 스위치 박스.

배타적 논리합 (排他的論理合, exclusive OR) A, B가 두 논리적 스테이트먼트라 하고, 배타적 논리합 A, B 모두 참(또는 거짓)인 때는 거짓이고 어느 한편이 참, 다른 한편이 거짓일 때에는 참이다. 기호 XOR.
㊟ NOT exclusive OR을 가리켜 exclusive

AND (XAND) 또는 일치 게이트(coincidence gate)라고 한다.

A B	A XOR B
0 0	0
0 1	1
1 0	1
1 1	0

배털럼 게터 (batalum getter) 플래시 게터의 하나로, 탄탈 리본에 탄산 바륨을 칠한 것. 전자관 내에서 이것을 가열하면 탄탈의 환원 작용으로 순수한 바륨이 증발하여 게터 작용을 한다. ⇨ 게터(getter), 플래시 게터(flash getter).

배판 (背板, background) 《철도》 철도의 색등 신호기에서 그 색등이 명확하게 식별될 수 있게 색등의 뒷면에 설치한 판이다.

배플 (baffle) 스피커를 장치하는 판자(대부분이 목재)를 말한다. 스피커의 겉에서 나온 소리와 뒤에서 나와 배플을 돌아서 나오는 소리가 서로 간섭하지 않도록 하는 데 목적이 있다. 배플의 효과를 충분히 얻으려면 스피커 중심으로부터 배플 주변까지의 길이를 적어도 필요 최저 주파수 파장의 1/4 이상으로 하지 않으면 안된다. 라디오 수신기의 캐비닛은 테두리를 접어 구부린 배플의 작용을 한다.

배후 전력 (背後電力, back power) 《전력계통》 수전점에서 전원측을 보았을 때의 전원 전력을 이른다. 수전용 차단기의 차단용량을 결정할 때에 사용된다.

백그라운드 조정기 (── 調整器, background control) 컬러 텔레비전에 있어서 3색 수상관의 입력으로 색신호의 직류 레벨을 조정하기 위하여 사용하는 퍼텐쇼미터. 이 퍼텐쇼미터의 조정 손잡이의 설정으로 색 형광체가 발생하는 평균(백그라운드의) 밝기가 결정된다.

백그라운드 처리 (── 處理, background processing) 《계산기》 실시간 처리에 있어서, 우선도가 높은 처리가 없는 경우에 우선도가 낮은, 예를 들면 통계 계산 같은 것을 하는 것. 이 백그라운드 처리 도중에 우선도가 높은 처리(포어그라운드 처리)가 발생하면 처리는 후자로 전환된다.

백 로브 (back lobe) 안테나의 지향성을 극좌표로 그렸을 때 주(主)로브와 반대 방향에 있는 부(副)로브를 말한다.

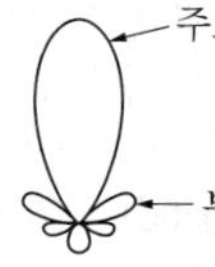

[백로브]

백반 (白斑, facula) 태양면 상의 백반을 말하며 태양 활동의 극대기에는 흑점과 함께 그 수 및 크기가 증가한다. 백반은 태양 내부에서 면상으로 넘쳐 나오는 작열 가스가 뭉쳐 올라온 정상부라고 생각되고 있다.

백 본 선 (── 線, back born wire) 전기철도의 궤도 곡선부에 있어서, 가공선의 곡률을 궤도곡률과 일치시키기 위하여 바깥쪽에서 잡아당기는데, 이 잡아당기는 선의 기선(基線)이 되는 것을 말한다.

백분율손 (百分率損, percentage loss) 전력손실과 전력의 비율을 %로 나타낸 것이다.

백열 (白熱, incandescence) 물체가 높은 온도가 되어 백색에 가까운 빛을 내는 상태가 되는 것을 말한다.

백열 아크등 (白熱 ── 燈, incandescent arc lamp) 직류용 탄소 아크등에 있어서는 발생 광속의 85%는 양극, 10%는 음극에 의해서이고, 전호(電弧) 자신의 그것은 불과 5% 내외에 지나지 않는다. 전호는 오히려 전류를 운반하는 구실만 한다. 즉 빛은 양극의 백열에 의한다.

백열 음극 (白熱陰極, incandescent cathode) 고온(약 2,500°K 이상)으로 가열하여 열전자를 방출시키는 음극. 예를 들면 송신관용 순 텅스텐 음극은 이에 속한다.

백열 전구 (白熱電球, incandescent lamp) 금속의 가는 선 (필라멘트)이 전류에 의해서 가열되어 온도방사를 하는 것을 이용한 광원. 현재는 필라멘트로는 텅스텐 선을 코일 모양으로 한 것, 또는 2중 코일로 한 것을 사용한다. 유리구 안에는 불활성 가스, 아르곤에 소량의 질소를 혼합한 것이 봉입된다.

백 접점 (── 接點, back contact) 계전기가 작동하여 접점을 여는 경우 가동 접점에 상대되는 접점, 즉 브레이크 접점의 조합을 이른다.

백 포치 효과 (── 效果, back-porch effect) 트랜지스터에 있어서, 입력신호가 없어져도 잠시 컬렉터 전류가 지속하는 것. 이것은 베이스 영역에서 소수 전하의 출력효과에 의한 것으로, 다이오드에서도 볼 수 있다.

밴드 (band) 《고체론》 고체 내의 전자 에너지의 분포는 에너지가 낮은 곳에서는 각 에너지 준위(準位)는 이산적인 성질을 띠고 있으나 에너지가 늘어남에 따라 어떤 범위의 에너지 값을 얻을 수 있게 되고, 더구나 이 에너지대의 폭은 증가한다. 이 에너지대를 밴드라고 하며, 이것을 논하는 것이 대역론이다.

밴드 마이크로폰 (band microphone) 동전형(動電型) 마이크로폰의 하나. 마이크로폰 앞면에 밴드 모양의 가벼운 진동판이 강자장(强磁場) 내에 매달려 있고, 그 배후는 공동부로 닫혀져 있다. 공동의 모양과 크기, 밴드 자체의 공진 주파수를 적당하게 하여 이의 단일 또는 합성 공진을 가청 주파수대에 4개 분포하여 발생되도록 하고 있다. 이로써 감도가 향상되고 주파수 특성을 평탄화할 수 있다.

밴드 브레이크 (band brake) 강철 또는 가죽 밴드를 회전체에 부착시킨 주철 또는 주강제의 브레이크 고리 주변에 감고, 레버로 밴드에 인장력을 주어서 밴드와 브레이크 고리와의 접촉면에 생기는 마찰력을 이용하여 회전체의 제동에 사용하는 것이다. 브레이크 고리 대신 가요 결합의 플랜지, 권동(捲胴) 또는 차바퀴를 사용하기도 한다.

밴드 스펙트럼 (band spectrum) 전자기파의 주파수가 어떤 폭으로 연속하여 존재하는 경우를 밴드 스펙트럼이라고 한다. 분자 발광 등의 경우가 이것이다. 선(線) 스펙트럼에 대응한 용어이다.

밴드 스프레드 (band spread) 예를 들면 수신기 등의 동조를 손쉽게 하기 위하여 그 동조 다이얼이 커버하는 주파수대 중의 어떤 좁은 주파수대 부분만을 다이얼의 눈금 전체에 펼치는 것을 말한다.

밴드 차트 (band chart) ⇨ 대형 기록지.

밴드 폭 (—— 幅, band width) 《고체론》 고립 원자는 원자핵에 속박되므로 전자가 얻을 수 있는 에너지는 양자수에 정해진 하나의 준위라고 생각되는 것이, 고체 원자와 같이 상호 간격이 작아지면 인접 원자의 상호 작용으로 어떤 넓이를 갖게 된다. 이것이 밴드 폭이다. 이 폭은 전자가 각 원자에 강하게 결합되어 있을수록 좁고, 성길수록 넓어진다.

밸브 커넥터 (valve connecter) 《가스 점검법》 밸브에 마노미터 등을 연결시킬 때 결합기로 사용하는 것을 말한다.

밸브 코어 (valve core) 밸브의 심에 두어지는 것으로, 패킹이 부속되어 있다.

뱅크 (bank) 자동 교환용 선택기의 출선 접속을 위하여 절연물을 사이에 두고 집합된 다수의 접점 단자의 무리이다. ⇨ 변압기 뱅크.

뱅크 단자 (—— 端子, bank terminal) 자동 교환용 선택기의 뱅크의 출선을 접속하는 단자이다.

뱅크 로드 (bank rod) 스트로저식 자동 교환기의 상승 회전기구에 있어서 뱅크를 스위치에 고정시키기 위한 금속 막대이다.

뱅크 복식 케이블 (—— 複式 ——, bank multiple cable) 자동 교환용 선택기의 출선을 접속할 때 같은 용도의 2개 이상의 뱅크를 서로 복식으로 접속하기 위한 케이블을 이른다.

뱅크 접점 (—— 接点, bank contact) 자동 교환용 선택기의 뱅크 와이퍼와 접촉하는 부분을 이른다.

뱅크 지지쇠 (—— 支持 ——, bank supporter) 스트로저식 자동 교환기의 상승 회전기구를 사용한 스위치 셀프에 있어서, 스위치의 빈 위치에 상당하는 뱅크를 떠받치기 위하여 뱅크와 셀프 사이에 장치하는 쇠붙이이다.

뱅크 청소기 (—— 淸掃機, bank cleaner) 자동 교환용 선택기의 뱅크 접점의 청소를 하는 도구이다.

뱅크 테일 (bank-tail) 스트로저식 자동 교환기의 실렉터와 커넥터의 뱅크 복식을 외부 회선에 접속하기 위한 단자판에 이끄는 선조를 묶은 부분을 이른다.

뱅크 포선 (—— 布線, bank wiring) 자동 교환용 선택기의 출선을 접속할 때 같은 용도의 2개 이상의 스위치 뱅크를 서로 복식으로 접속하기 위한 포선이다.

뱅킹 (banking) 《배전 변압기》 같은 고압 회선에 접속되어 있는 2대 이상의 배전 변압기의 2차측을 병렬로 접속하는 것을 말한다.

뱅킹 손 (── 損, banking loss) 스토커에서는 부하가 없어졌을 경우 화덕 위에 남아 있는 불을 다음 점화를 쉽게 하기 위해 묻어 두는데, 그 사이의 열손실을 말한다.

버그 (bug) 레이더 쏘나 등에서 방위를 나타내는 작은 유표(遊標)를 말한다.

버니싱 (burnishing surface) 녹음침의 절삭면의 하나로, 음구를 낸 다음에 그 흠의 면을 잘 손질하여 재생시의 잡음을 적게 하기 위한 면을 이른다.

버니어 다이얼 (vernier dial) 주 다이얼의 회전을 세밀하게 하기 위하여 따로 붙인 다이얼, 또는 전기적으로 미소한 변화를 하는 기구를 움직이는 다이얼을 말한다.

버니어 제어 (── 制御, vernier control) 분해능을 향상시키기 위한 방법. 버니어 제어량은 전체 동작범위의 백분율로, 혹은 실제 범위에 대한 백분율로 표현된다. 예를 들면, 조정 다이얼의 경우는 조정 손잡이의 1회전으로 주조정 축을 약간의 각도 만큼 회전시켜 그것을 미세하고 정확한 조정을 하게 한 것이다.

버니어 콘덴서 (vernier condenser) 가변 콘덴서 중에서 용량값을 크게 바꾸는 부분과 따로 세밀한 변화를 시키는 부분을 가진 콘덴서를 말한다.

버랙터 (varactor) 그 커패시턴스 값이 인가 전압의 함수인 2단자 반도체 디바이스. 절연층으로 경계된 반도체 표면의 공간전하 영역이 전압에 의해서 영향을 받기 때문이다. 파라메트릭 증폭기와 주파수의 자동제어에 사용된다.

버레터 (barretter) 극히 가는 직선의 철사, 예를 들면 백금선을 써서 여기에 고주파 전류 등을 통하여 발열에 의한 저항값의 변화를 일으키게 하는 것. 이 저항값의 변화를 직류 브리지 등으로 측정하여 전압이나 전력을 측정한다.

버블 자구 (── 磁區, bubble domain) 올소페라이트 $ReFeO_3$의 단결정 막의 용이 자화축이 막 두께 방향으로 있는 경우에, 막에 직각으로 부여한 자계에 의해서 이 자계와 역방향으로 자화된 작은 거품상의 자구가 생기고, 이것이 안정된 상태로 존재하는 동시에 외부전류에 의하여 제어되어, 막 내를 이동할 수 있으므로 계산기와 NC 머신의 기억장치로 사용되고 있다.

㈜ Re는 $4f$ 속의 희토류 금속, 예를 들면 Tb, Yb 등이다.

버스트 플래그 (burst flag) 《컬러 텔레비전》 크로미넌스 부반송파원에서 컬러 버스트를 만들기 위하여 사용하는 키잉(게이트) 신호를 이른다.

㈜ 컬러 영상신호에서 컬러 버스트를 빼내기 위하여 사용하는 게이트 장치를 버스트 게이트(burst gate)라 한다.

버저 (buzzer) 경보기의 하나로, 벨과 마찬가지로 전자적(電磁的)으로 접극자(아마튜어)를 진동시키는데, 벨을 두드리지 않고 아마튜어의 충돌하는 소리를 연속하여 울리게 한다. 교류용 버저에는 진동판을 두드리는 방식의 것도 있다.

버저 발진기 (── 發振器, buzzer oscillator) L과 C로 이루어지는 병렬 공진회로에 직렬로 버저를 접속하여 직류 전원에 연결하고, 이 직류 전압을 버저로 단속하여 회로를 여진(勵振)해서 고주파의 감쇠 진동을 얻는 장치이다.

버저 주파계 (── 周波計, buzzer wavemeter) ⇨ 버저 주파수계.

버저 주파수계 (── 周波數計, buzzer wavemeter) 코일과 콘덴서를 조합한 회로를 버저로 여진하여 감폭 전파를 발생한다. 이 발진 주파수를 미리 교정하여 두고 주파수계로 한 것을 말한다.

버저 파장계 (── 波長計, buzzer wavemeter) ⇨ 버저 주파수계.

버즈 (buzz) 텔레비전의 음성회로에 발생하는 붕하는 저주파 잡음으로, 수상기의 고장이나 AGC의 조정 불량 등으로 발생한다. 인터캐리어 수신방식에 있어서는 중간 주파까지 동시에 변환되는 음성신호와 화상신호가 서로 간섭하여 버즈를 발생하는 사례가 많다.

버즈스틱법 (── 法, buzzstick method) 활선(活線)상태에서 애자의 전위분포를 측정하여 불량 애자를 검출하는 방법을 말한다.

버킷 (bucket) 버킷과 같은 모양을 한 것. 즉 펠톤 수차의 버킷, 콘베이어의 버킷 등. 프란시스 수차의 회전날개를 버킷이라고 하는 경우도 있다.

버터플라이 발진기 (—— 發振器, butterfly oscillator) 버터플라이라고 하는 교묘한 발진기를 사용한 초고주파 발진기. 콘덴서의 극판이 나비모양을 하고 있으므로 이렇게 불린다.

버터플라이 밸브 (butterfly valve) 밸브 동체를 관통한 1개의 축 주위에 원형의 밸브체가 90°회전해서 개폐하는 방식의 밸브를 말한다.

버터플라이 회로 (—— 回路, butterfly circuit) 3극관 UHF 발진기로 사용되며, 정전용량과 동시에 와전류에 의한 차폐작용을 써서 인덕턴스를 가감하여 동조범위를 넓히는 회로이다. 버터플라이형 극판을 가지고 있기 때문에 이렇게 호칭한다.

ㅂ

버튼 스템 (button stem) 전자관의 스템부분의 인출선이 대개 원형으로 배열되어 있는 스템. MT관, 금속 진공관 같은 스템에는 이것이 쓰이고 있다.

버퍼 (buffer) 충격을 막기 위한 것으로, 탄력성이 있는 물질. 스프린 완충기, 오일 완충기 등 그 용도에 따라 여러 가지가 사용되고 있다.

번개 (lightning) 전하를 띤 구름 상호간 또는 구름과 대지 사이에서 불꽃 방전을 일으키는 천연 현상을 말한다.

번업 (burn-up) 원자로 안에서 핵연료 원자가 중성자에 의해서 분열·소모되는 것을 말한다.

번역기 (飜譯機, translator) 인쇄 전신부호에 의해서 수신한 천공 테이프를 몰스 부호의 테이프로 고치거나 그 반대로 하는 장치. 또는 일반적으로 부호를 분자로 번역하는 장치를 말한다.

벌채 (伐採, tree trimming) 선로를 새로 가설할 때 통로의 방해가 되는 수목이나 그 가지 등을 벌채하는 것을 말한다.

벌크 게터 (bulk getter) 전자관 내에서 고온으로 가스를 흡착하는 금속이 선상 모양이나 또는 판 모양으로 게터로 쓰일 때 그것을 벌크 게터라고 한다. 탄탈, 지르콘, 티타늄 등이 쓰인다.

벌크 헤드 (bulk head) 연피 케이블 등에 있어서 장해가 발생하여 케이블 내부가 침수되었을 때 그 침수의 확대를 막기 위한 격벽으로, 점성 혼합물이 쓰이고 있다. 보통 500~1,000 m마다 설치하고 있다.

벌크 헤드 표지 (—— 標識, bulk head mark) 해저 케이블의 방수벽이 어느 부분에 있다는 것을 확인할 수 있도록, 외장 철선 위에 두어진 표지로서, [B1]등의 부호가 새겨져 있다.

범용 스냅 스위치 (汎用 ——, AC-DC generaluse snap-switch) 교류, 직류 모두 사용할 수 있는 일반용 스냅 스위치로, 다음과 같은 부하를 제어할 수 있다. ① 정격 전압에서 암페어 정격을 넘지 않는 저항부하. ② 정격 전압에서 암페어 정격의 1/2을 넘지 않는 유도부하. ③ 125 V에서 암페어 정격을 넘지 않는 텅스텐 램프 부하.

법선 조도 (法線照度, normal illumination) 점광원에 의해서 어떤 점이 받는 법선 조도란 입사각 0의 방향의 조도이다. 기호 E_n

법정 단위 (法定單位, legal unit) 법률로 정해져 있는 단위를 이른다.

베드스프링형 안테나 (—— 形 ——, bedspring type antenna) 철망으로 된 반사기 앞에 다이폴 안테나를 나란히 세운 지향성 안테나이다.

베릴륨 동 (—— 銅, beryllium copper) 베릴륨에 구리를 2% 정도 첨가한 합금. 인장강도가 구리의 3배 정도이고 탄성도 크다. 내마모성이 뛰어나 용수철, 베어링, 용접용 전극 등에 이용된다.

베릴리아 자기 (—— 磁器, beryllia ceramics) 원자로에 있어서 감속재 또는 반사 물질로 사용되는 자기. 중성자 포획 단면이 작으므로 그밖의 원자로 재료로도 유용하다. 베릴리아 자기는 또 전기적, 기계적으로 우수한 절연물이고 열전도성도 좋기 때문에 전기장치에서 방열장치용 재료로 매우 적합하지만 값이 비싸다.

베벨 구조 (—— 構造, beveled structure) 반도체의 표면을 pn 접합면에 대하여 적당한 각도만큼 경사시킴으로써 역방향으로 바이어스되었을 때의 표면 전계를 접합부 내부의 전계보다 작게 하여 애벌란시 항복(avalanche breakdown) 이 접합부 내부가 아니라 반도체 표면에서 최초로 발생하는 일이 없도록 한 것이다.

㊟ pn접합의 불순물 농도가 낮은 영역을 향하여 면적이 작아지도록 경사지게 한 것을 양베벨 구조, 그 반대의 경우를 음베벨 구조라고 한다.

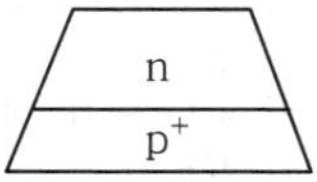

[베벨 구조]

베어링 대 (── 臺, bearing stand) 회전 전기 기기의 축받이를 부착하기 위하여 틀과 독립해서 설치한 받침을 말한다.

베어링 메탈 (bearing metal) 축과 축받이의 접촉 부분의 마찰을 경감하기 위하여 축받이 안쪽에 붙이는 연질의 주석, 납 등의 합금을 말한다.

베어링 보석 (── 寶石, bearing jewel) 계기의 축받이에 사용하는 보석으로, 주로 홍옥, 청옥이 쓰이며, 값싼 것으로는 베릴륨과 유리도 쓰인다. 보석은 아니지만 베릴륨 강(鋼)도 축받이로 쓰인다.

베이 (bay) 전신 전화장치를 능률적으로 각 국소에 설치하기 위하여 사용하는 가대(架臺)로서, 일반적으로 장치의 부품을 꾸며 넣은 패널 또는 광체(筐體)를 일정한 길이의 사다리꼴 선반 또는 랙에 끼워 넣은 것으로 많은 부품을 수용(收容)할 수 있어 널리 이용되고 있다. 각 가열은 일정한 간격이 있다. 가(架)에는 상자 모양의 것도 있는데, 여기에는 일정한 크기의 작은 패널을 끼우는 것으로, 소형화 시설에는 이것을 사용한다. 각 가열은 2조씩 서로 배면 방향으로 설치하므로 전자보다 훨씬 수용력이 증가한다.

베이스 (base) 전기 기기를 설치할 때에 기초와 기기 사이에 삽입하여 기초의 단위 면적에 대한 압력을 완화하고, 기기의 설치를 견고하게 하기 위한 주철제 또는 강판 용접 조립제의 받침. 베이스 전극, 베이스 영역 또는 이 두 가지를 겸한 호칭이다.

베이스 (base, lamp base) 《진공관 · 전구》 전구, 방전등, 진공관 등의 끝에 붙여서 소켓에 꽂을 수 있게 한 것. 전구, 수은등의 것은 돌려서 꽂는 것과 밀어 넣는 형의 두 가지가 있고, 크기는 여러 종류가 있다. 형광등은 바이핀형, 라디오 세트용 진공관은 여러 개의 핀을 갖는 삽입형이 있다.

베이스 로드 발전소 (── 發電所, base load station) 기본 부하를 담당하기 위하여 운전하는 발전소이다.

베이스 밴드 (base band) 특정한 반송파를 변조하기 위하여 사용되는 모든 신호에 의해서 점유된 주파수 대역을 이른다. 예를 들면 텔레비전 전송에 있어서 복합 영상 신호에 의해서 점유되는 베이스 밴드는 6 MHz로 되어 있다. 또 반송 통신에 있어서, 변조된 모든 무반송파를 포함하는 주파수 대역 등도 베이스 밴드라고 불리운다.

㊟ 데이터 전송에 있어서, 변조 전(또는 복조후)의 신호, 즉 데이터 신호 그 자체를 베이스 밴드 신호라고 한다.

베이스 부하 (── 負荷, base load) 주어진 기간 내의 최저 부하를 말한다.

베이스 영역 (── 領域, base region) 《트랜지스터》 트랜지스터의 주체가 되는 소수 캐리어가 주입되거나 끌어내어지는 영역을 말하며, 3극 트랜지스터에서는 이미터와 컬렉터 사이의 영역이다.

베이스 전극 (── 電極, base electrode) 《트랜지스터》 베이스 영역에 옴 접촉 또는 많은 캐리어 접촉을 한 전극이다.

베이스 접지형 (── 接地形, common-base type) 《트랜지스터》 베이스 전극을 교류적으로 접지하고, 이미터 입력을 부여하여 컬렉터에서 출력을 얻도록 한 회로구조. 입력 저항이 작고 출력 저항이 크다. 전압 이득은 크지만 전류 이득은 1 이하이다. 일종의 가제어(可制御) 정전류원으로 사용된다.

베이스 확산 저항 (── 擴散抵抗, base spreading resistance) 트랜지스터에 있어서, 그 동작을 하고 있는 베이스 영역에 접하고 있지만 직접 트랜지스터 동작에는 관계하지 않고, 다만 내부 베이스단자 b′와 실제 베이스 전극 B를 연결하는 전류 통로로 되어 있는, 가볍게 도브한 베이스 물질의 저항이다.

베이스 확산형 트랜지스터 (── 擴散形 ──, diffused base transistor)　컬렉터가 되는 기판에 대하여, 확산기술에 의해서 베이스를 만들어 넣도록 한 트랜지스터 구조. 메사형, 플레너형 같은 트랜지스터 구조에 사용된다.

베이클라이트 (bakelite)　석탄산과 포름알데히드의 축합물로, Bakeland의 발명에서 유래되는 상품명이지만 석탄산계 수지의 총칭으로 널리 쓰이고 있다. 전기 절연재료로 중요하며 용제에 녹여서 도료로도 쓰인다.

베이킹 바니시 (baking varnish)　전기 기기의 코일의 함침, 코어의 절연, 에나멜 동선 등에 사용하는 가열 건조성의 바니시로, 보통 와니스라고도 한다. 그 조성은 수지, 건성유(보일유, 중합유), 용제(휘발유, 솔벤트나프타)로 되며, 또 아스팔트를 혼입할 때도 있다.

베인형 계전기 (── 形繼電器, vane-type relay)　교류로 동작하는 코일을 가진 철심의 공극 안에 삽입된 날개형 밸브가 코일 전류의 어떤 크기에 따라 접점을 닫는 등의 동작을 한다.

베인형 자전관 (── 形磁電管, vane-type magnetron)　양극 구조가 그림과 같은 형태를 한 자전관을 이른다.

[베인형 자전관]

베타 (beta, β)　이미터 접지형 트랜지스터에서 정방향 교류 전류이득. 컬렉터 전압을 일정하게 유지하고 베이스 전류를 변화시켰을 때, 그 변화분 Δi_b에 대한 컬렉터 전류의 변화분 Δ_{ic}의 비. $h_{fe}=\Delta i_c/\Delta i_b$ (V_c : 일정)

注 베이스 접지형 트랜지스터의 정방향 전류이득을 h_{fb}로 하면 $h_{fe}=-h_{fb}/(1+h_{fb})$의 관계가 있다. h_{fb}는 1에 가까운 음의 값이고 따라서 h_{fe}는 보통 수십 정도의 양의 값이다.

β선 (── 線, beta rays)　방사선 물질에서 나오는 방사선의 한 종류로, 투과성은 크지만 전리작용은 작다. 음극선처럼 전계와 자계의 작용을 받아 그 통로가 굽는다.

벡터 (vector)　크기와 방향을 가진 양을 말한다.

벡터곱 (── 積, vector product)　2개의 벡터양 A와 B의 크기를 각각 A, B라 하고, 그 사이의 각을 θ라고 하면 그 벡터곱 $A\times B$ (A, B라고도 쓴다)는 벡터양 C가 되고, 그 방향은 A와 B를 포함하는 면에 수직으로 오른손 나사의 법칙에 따라 그 크기는 A와 B를 2변으로 하는 평행 사변형의 면적 $AB\sin\theta$와 같게 된다. 그러므로　$A\times B=C=C_1 AB\sin\theta$($C_1$은 C의 단위 벡터) 이 관계에서 $A//B$이면 $A\times B=0$, $A=B$이면 $A\times A=0$.

또, $A\times B\begin{vmatrix} i & j & k \\ A_x & Z_y & Z_z \\ B_x & B_y & B_z \end{vmatrix}=-B\times A$

⇨ 스칼라곱(scalar product).

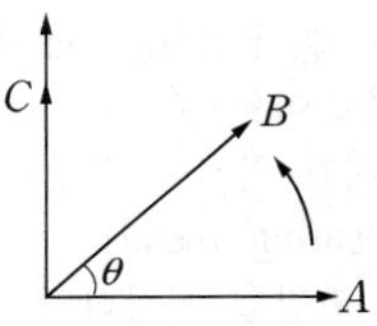

[벡터곱]

벡터도 (── 圖, vector diagram)　임으로 벡터양 V는 $V=a+jb=r\angle\theta$로 나타내며, 그 크기와 방향은 각각 $r=\sqrt{a^2+b^2}$, $\theta=\tan^{-1}b/a$가 되는데, 이 관계를 그림과 같이 직각 좌표계 또는 극좌표계로 나타낸 그림을 말한다. 때로는 둘 이상의 벡터양의 관계를 나타낸 것을 가리키는 경우도 있다.

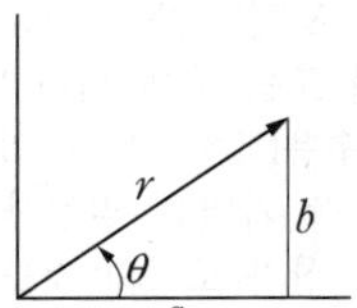

[벡터도]

벡터양 (── 量, vector quantity)　3차원 공간에 있어서, 크기와 방향을 가진 양. 벡터양 A를 직각 좌표 x, y, z를 써서 나타내기 위하여 단위 벡터 i, j, k를 선정하고 각 축 위의 성분을 A_x, A_y, A_z라고 하면 $A=iA_x+jA_y k A_z$가 되고, 그 크기 A는 $|A|=A=\sqrt{A_x^2+A_y^2+A_z^2}$ 가 된다. ⇨ 스칼라양(scalar quantity).

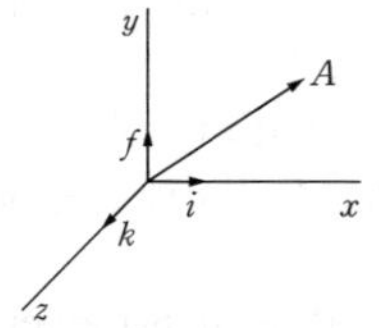

[벡터양]

벤드 (1) **normal bend** 금속관 공사 중의 굴곡 부분에 사용되는 구부러진 금속제의 관으로, 금속관 부속품의 하나이다. (2) **bend** 직선 항행방식에 있어서 규정 코스가 직선에서 이탈하는 것을 말한다.

[벤드]

벤치 보드 (bench board) 벤치 모양의 배전반을 말한다.

벤트 (vent) (1) 퓨즈에 있어서, 차단시에 발생한 가스 등을 방출하기 위한 가스 방출 구멍. (2) 회전기에 있어서, 공기가 출입하는 통기공을 이른다.

벤트 안테나 (bent antenna) 긴 수평 부분이 있는 역 L형 안테나로, 굽은 방향으로 다소의 지향성이 있는 아래 그림과 같은 안테나이다.

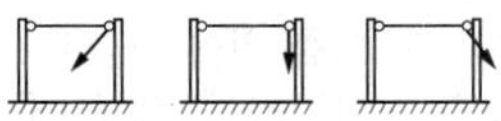

[벤트 안테나]

벨 (1) **bell, electric bell** 전령. (2) **bel** 전송손 또는 이득의 단위로 Alexander Graham Bell을 기념하여 제정한 것으로, B/10의 dB를 단위로 사용한다. ⇨ dB.

벨로시티 마이크로폰 (velocity microphone) 음압 경도 마이크로폰의 하나로, 가늘고 긴 자기 공극(gap)사이에 지그재그의 주름을 잡은 리본을 치고, 음압은 이 리본의 양면에 가해지는데, 그 위상차에 따라 구동력을 발생하여 리본은 자기장(磁氣場)의 방향과 직각 방향으로 진동하여 전압을 유기한다. 8자형의 지향성을 가지며, 방송용 등으로 널리 쓰인다.

벨로즈 형 (—— 型, bellows type) 계전기 등을 동작시키는 경우 접극자의 동작에 제한을 주기 위하여 사용되는 풀무를 이용한 형식을 말한다.

벨리니 토시 안테나 (Bellini-Tosi antenna) 서로 직각으로 교차하는 2개의 개로식(開路式) 또는 폐로식 고정 코일 안테나로, 거기에 각각 결합되고 또한 서로 직각의 위치에 놓인 2개의 고정 코일 중에서 회전할 수 있는 코일의 방향에 따라서 안테나의 지향성이 정하여지는 것을 말한다.

[벨리니 토시 안테나]

벨마우스 (bellmouth) 나팔 모양의 입구이다.

벨 변압기 (—— 變壓器, bell transformer) 전령, 벨, 기타의 신호장치용 전원으로, 2차 전압을 4~6V 정도로 낮추는 소형 변압기. 1차 전압은 150V 이하, 2차 전압은 25V 이하, 2차 단락전류는 3A 이하로 규정되어 있다. 다만 벨 변압기의 2차측 전로(二次側 電路)에 2A 이하의 자동 차단기를 시설할 때는 굳이 2차 단락전류를 3A 이하로 하지 않아도 된다.

벨 테스트 (bell test) 전신 전화장치의 전류 유통회로를 시험하기 위하여 표시기에 벨 및 건전지를 써서 도통을 조사하는 방법이다. 시험법이 간단하므로 많이 쓰인다.

벨트 (belt) 회전부분 상호 간에 동력을 전하기 위하여 사용하는 가죽, 고무 또는 무명재의 띠 모양의 것을 가리킨다. 평(平)벨트와 V벨트가 있다. 평벨트는 정확한 속도비를 얻기 어렵지만 전동(傳動) 2축의 거리가 멀 때 사용하기 편리하다. V벨트는 축의 거리가 가깝고 감속비가 클 때 적합하다.

벨트 구동 (—— 驅動, belt-driven) 회전 전기 기기를 구동하거나 또는 회전 전기 기기에 의해서 다른 것을 구동하는 데 있어 벨트 바퀴를 사용하는 방식. 벨트는 가죽, 고무, 무명 등으로 만든다. 전동 2축의 거리가 멀 때에는 평벨트가, 축의 거리가 가깝고 감속비가 클 때에는 V벨트가 적합하다.

벨트 자기 누설 (—— 磁氣漏洩, belt leakage) 슬롯이 있는 교류기의 치단(齒端) 자기누설의 일부로, 상수(相數)가 한정되어 있기 때문에 생기는 것이다.

벨트 절연 (—— 絶緣, belt insulation) 두 가닥 또는 세 가닥의 선심을 갖는 케이블에 있어서, 각 도체 위를 절연지로 코어 절연을 한 다음 개재물과 함께 원형으로 꼬고 다시 그 위에 입힌 절연이 벨트 절연이다.

벨트 케이블 (belted cable, belt insulated cable) 보통 20 kV 이하에 가장 많이 쓰이는 전력 케이블로, 함침지(含浸紙)로 절연하고, 다시 벨트 절연을 한 다음 연피 및 외장을 한 것이다.

벨트 풀리 (belt pulley) 벨트를 구동하는 경우 벨트를 걸기 위하여 축에 장치하는 바퀴. 주철제, 경합금제, 철판제, 목제 등이 있다.

벽 부싱 (壁 ——, wall bushing) 건축물, 벽 또는 바닥을 관통해서 부착하는 부싱이다.

변 (邊, arm) 《브리지의》 저항이나 리액턴스를 능형으로 접속하여 브리지를 형성할 경우의 각의 부분을 이른다.

ㅂ

변동률 (變動率, regulation) 정격 상태에서의 단자전압(속도)과 무부하 상태에 있어서의 단자 전압(속도)의 차의 정격 단자전압(속도)에 대한 비를 전압(속도) 변동률이라고 한다. 이 경우, 그 밖의 조건은 불변으로 한다.

변동 부하 (變動負荷, fluctuating load) 시간적으로 끊임 없이 크기가 변화하는 부하를 말한다.

변류 (變流, current transformation) 전류의 크기를 바꾸는 것, 또는 직류와 교류를 서로 변환하는 것을 이른다.

변류기 (變流器, current transformer) 약어 CT, (1) 계기용 변성기로서, 그 1차 권선은 측정 혹은 제어해야 할 전류를 통하고 있는 회로에 대하여 직렬로 접속된다. 어떤 종의 변류기에서는 1차 권선은 케이블 또는 모선 도체로서, 전자기 회로와 링크하여 권수 1의 실효 1차 권선을 구성하고 있다. (2) 철심을 감은 고정된 1차 권선을 가진 변성기로서, 2차 권선도 이것과 절연되어 철심상에 고정되어 설치되고, 전체로서 일체화되어 있다. 이 밖에 윈도형, 브리지형 등도 있다.

변부하 연속 사용 (變負荷連續使用, varying duty) 기기의 동작을 정지하는 일 없이 변동하는 부하에서 연속 운전하는 사용을 말한다.

변색 형광 (變色螢光, tenefrescence) 여기(勵起)의 정도에 따라 색조가 변화하는 형광이다.

변성기 (變成器, transformer) 통신 전송계에 있어서 주로 임피던스 정합에 사용하는 기기를 말한다.

변성기 결합 (變成器結合, transformer coupling) 증폭기에 있어서, 다음 단의 증폭기와의 결합에 변성기를 사용하는 방식을 말한다.

변성기 증폭기 (變成器增幅器, transformer amplifier) 고주파, 저주파의 증폭법에 있어서 다음 단의 증폭기와의 결합에 변성기를 사용하는 방식의 증폭기를 말한다.

변성비 (變成比, ratio of transformation, transformation ratio) 변압기의 무부하에 있어서의 1차 단자전압과 다른 단자전압과의 비를 말한다.

변성 장치 (變成裝置, potential device) ⇨ 변압 장치.

변속도 전동기 (變速度電動機, varying speed motor) 급여 전압, 주파수를 일정하게 유지하는 경우, 회전속도가 부하에 의해서 넓은 범위로 변화하는 전동기를 말한다. 예를 들면 직류 직권 전동기가 이에 속한다.

변수의 속성 (變數 —— 屬性, attributes of variables) 《계산기 프로그램》 계산기에서 사용되는 변수는 그 이름 외에 다음과 같은 속성을 가지고 있다. ① 형, ② 값, ③ 유효범위(스코프), ④ 수명. 유효 범위란, 프로그램 명령이 미치는 변수의 범위로서, 그 범위 안에서 변수는 알려져 있으며, 따라서 이것을 조작할 수 있다(변수의 가시 범위라고 한다). 또 수명(life time)이란, 변수의 값을 격납한 기억역이 그 변수와 연결되어 있는 기간이다. 보통 변수가 선언되면 이후 줄곧 프로그램 실행 중에는 그 스코프가 그대로(그 변수에 같은 이름으로 다른 선언이 이루어지기까지) 적용된다. 이것을 동적인 스코프 연결(dynamic scope binding)이라 한다.

변압 (變壓, voltage transformation) 하나의 회로에서 전압을 받고, 다른 회로에 다른 값의 전압을 변성하여 보내는 것을 말한다.

변압기 (變壓器, transformer) 연속적인 운동 부분을 갖지 않고, 전자 유도작용에 의해서 전압을 변성하는 장치를 말한다.

변압기 기전력 (變壓器起電力, transformer electromotive force) 유도 기전력 중 도체가 정지하고 있고 자속 쇄교수의 시간적 변화에 따라 생기는 기전력을 말한다. 변압기는 이것을 이용한 것이다. 변압기 기전력은 교류기에도 있으나 전력과 동력의 변환에는 필요하지 않다.

변압기 맨홀 (變壓器——, transformer vault) 지중 배전 선로에서 변압기를 수용하기 위하여 설치된 맨홀이다.

변압기 뱅크 (變壓器——, transformer bank) 어떤 상수(相數)의 전력을 변성하는 1조의 변압기를 말한다. 예를 들면, 3대의 단상 변압기로 3상 전력을 변성하는 경우에는 그 3대의 1조를 1뱅크라고 한다.

변압기 실 (變壓器室, transformer room) 변압기를 설치하는 실내를 말한다.

변압기 오일 (變壓器油, transformer oil) 광유를 분류 정제(分溜精製)해서 얻어지는 절연유의 일종. 주로 변압기의 절연과 냉각을 목적으로 사용된다.

변압기 코일 (變壓器——, transformer coil) 변압기의 철심에 감은 코일을 말한다.

변압비 (變壓比, ratio of transformation, transformation ratio) ⇨ 변성비.

변압손 (變壓損, transformation loss) 변압기로 전압 변환을 할 때 변압기 내부에 생기는 동손과 철손을 말한다. 임피던스의 부정합에 의한 반사손이다.

변압 장치 (變壓裝置, potential device) 전압을 변경시키는 장치이다.

변압 정류기 (變壓整流機, transverter) ⇨ 트랜스버터.

변압 탑 (變壓塔, transformer kiosk) 저압 회로망에 전기를 공급하기 위하여 변압기를 수납하는 곳을 말한다.

변위 (變位, displacement) 물체의 위치, 면적 또는 부피가 보통 상태에서 조금 변화한 경우 그 변화량을 변위라고 한다. 또 전기 변위를 가리키는 경우도 있다. ⇐ 전기 변위(electric displacement).

변위 오차 (變位誤差, displacement error) 공칭 코스 또는 공칭 그라이드 패스에 대하여 0 DDM인 점의 각도적 또는 거리적 변위를 말한다.

변위 전류 (變位電流, displacement current) 유도체를 구성하고 있는 각 분자는 전계가 없을 때는 +, −의 전하가 섞여서 중화상태에 있지만 여기에 전계가 작용하면 그 강도에 따라 양전하와 음전하로 분리되어 쌍극을 형성하게 된다. 지금 이 전계의 세기가 시간적으로 급변하면 전하의 크기도 변화하여 이동을 하게 된다. 이와 같은 전계의 변위에 따라 유도체 속을 흐르는 전류를 변위 전류라고 한다. 그러므로 변위 전류 중에 i_d는 전기 변위 D의 시간적 변화로 나타낼 수 있고, 또 유전체 중의 전계의 세기를 E, 유전율을 ε이라고 하면,

$$D=\varepsilon E \text{에서 } i_d=\frac{dD}{dt}=\varepsilon\frac{dE}{dt}$$

⇨ 전기 변위(electric displacement).

변전 (變電, trasformation of electric energy) 송배전 전력을 각각 적당한 전압으로 승강하는 것을 말한다.

변전소 (變電所, electric power substation) 전력의 집중, 분배, 변성 등을 하는 곳으로, 구외에서 전송되어 오는 전력을 구내에 시설한 변압기, 회전기, 변류기 등에 의해서 변성하여 그것을 구외로 전송하는 장소를 말한다.

㈜ 용도별로 나누면 전력사업용, 전철용, 자가용 등이 있고, 전압 계급별로는 1차 변전소, 2차 변전소, 배전 변전소 등이 있다. 배전 변전소의 배전 변압은 6.6 kV 또는 3.3 kV 이다.

변전소 출력 (變電所出力, substation capacity) 변전소의 변성 용량. 보통 설치되는 변성기의 합계. kVA로 나타낸다.

변전압 발전기 (變電壓發電機, varying voltage generator) 부하 전류와 더불어 단자 전압이 현저하게 변화하는 발전기를 이른다.

변조 (變調, modulation) 고주파 지속 진동 전류(반송파)를 음성 또는 기타의 신호로 변조하는 것. 진폭 변조, 주파수 변조, 위상 변조 및 펄스 변조 등이 있다.

변조계 (變調計, modulation meter) 송신기의 변조도를 지시하는 장치로, 변조율 %를 직

ㅂ

접 읽을 수 있게 되어 있다. 대부분은 송신기 최종단에서 출력의 일부를 꺼내서 정류하여 미터를 지시하게 한다.

변조관 (變調管, modulating tube, modulation tube, modulator tube) 진폭 변조를 하는 경우, 변조 전력을 공급하는 진공관을 말한다. 플레이트 변조의 경우는 피변조관과 같은 크기의 진공관을 필요로 하지만 그리드 변조에 있어서는 훨씬 적은 전력이 필요할 뿐이므로 소형 진공관으로도 가능하다. ⇨ 피변조관(modulated tube).

변조기 (變調器, modulator) 변조하는 장치. 고주파의 진폭 또는 주파수 등을 그보다 낮은 신호로 변화시켜 주는 것을 변조라고 한다.

변조기 평형 조정기 (變調器平衡調整器, carrier leak balancer) 반송 통신방식의 평형 변조기에 있어서, 소자가 고르지 않기 때문에 생기는 캐리어 리크 등을 억압하기 위하여 쓰이는 조정기. 가변 저항을 캐리어의 삽입점에 쓰고 있다.

ㅂ

변조도 (變調度, degree of modulation, modulation degree, percentage modulation) 진폭 변조에 있어서, 무변조시의 반송파의 진폭을 I_0라 하고, 변조시의 진폭이 I_0보다 $\pm I_m$ 변화한 경우 I_m/I_0을 지칭한다. %로 나타낼 때는 변조율이라고 한다.

변조도 차 (變調度差, difference in depth of modulation) 변조 신호를 갖는 중복 로브를 사용한 지향 지시방식(예를 들면 ILS)에서 쓰이는 용어로, 큰 쪽 신호의 변조율에서 작은 쪽 신호의 변조율을 빼고, 그것을 100으로 제한 것을 말한다. 따라서 코스 상에서는 0코스의 만곡은 동일 방향에 있고, 거리에 따라 그 값이 변화함으로써 나타내어진다.

변조 소자 (變調素子, modulation element) 변조기를 구성하는 소자, 예를 들면 링 변조기의 각 변에 있는 정류기를 말한다.

변조 속도 (變調速度, modulation speed, modulation rate) 초를 단위로 하여 측정한 변조의 최소 유의 간격의 역수이고, 단위는 보[B]이다.

변조 손 (變調損, modulation loss) 변조에 있어서의 손실을 말한다.

변조용 발진기 (變調用發振器, modulation generator) 신호 발생기에 있어서, 내부 변조용으로 가청 주파수를 발생시켜 이에 의해서 주 발진기에 의한 고주파를 변조하기 위한 것을 말한다.

변조율 (變調率, percentage modulation) 변조도를 퍼센트로 나타낸 것을 말한다.

변조의 깊이 (變調 ——, depth of modulation) (1) 지향성 안테나계의 두 로브의 전계 강도의 차와 큰 쪽의 전계의 세기와의 비를 공간의 어느 점에 대하여 구한 것. 무선 유도 방식에 있어서, 방향을 결정하는 데에 사용된다. (2) 빛의 변조에 있어서, 변조광의 최대 및 최소의 세기를 I_{max}, I_{min}으로 할 때, 다음 식의 m으로 주어지는 양을 이른다.

$$m = \frac{2(I_{max} - I_{min})}{(I_{max} + I_{min})}$$

변조 일그러짐 (變調 ——, modulation distortion) 변조파가 변조기 또는 증폭 특성이 적당하지 못하기 때문에 일그러지는 현상을 이른다.

변조 잡음 (變調雜音, modulation noise) 무변조시에는 나타나지 않지만 변조만 하면 송신기의 출력측에 나타나는 잡음을 이른다. 특히 신호 전류 파형의 비대칭으로 생기는 경우가 많다.

변조적 (變調積, modulation product) 증폭기에 있어서, 비직선 특성 때문에 입력 주파수의 각 성분 이외에 각 성분의 결합파를 발생하게 한다. 이 결합파를 변조적이라고 한다.

변조 주파수 (變調周波數, modulation frequency) 변조를 하기 위한 신호파의 주파수이다.

변조 주파수비 (變調周波數比, modulation frequency ratio) 변조 주파수 대 반송 주파수의 비이다.

변조 지수 (變調指數, modulation index) 주파수 변조 및 위상 변조에 있어서, 변조의 정도를 나타내는 계수이다. 위상 변조의 경우에는 최대 위상 편이를 $\Delta\theta$라고 하면, $\Delta\theta$가 그것이고, 주파수 변조시에는 최대 주파수 편이를 $\Delta\omega$로 하고 변조 주파수를 p라고 하면 $\Delta\omega/p$가 그것이다.

변조 지시기 (變調指示機, modulation indicator) 변조도를 항상 지시하게 한 계기. 변조도를 직접 읽을 수 있다.

변조 특성 (變調特性, modulation characteristic) 변조에 있어서 잡음, 일러짐률, 변조 각 주파수에 대한 주파수 특성, 변조의 직선성 등을 이르며, 입력 신호파와 피변조파 출력과의 관계의 양부를 나타내는 것이다.

변조파 (變調波, modulated wave) 변조된 지속 전파를 이른다. 변조방식에는 진폭 변조, 주파수 변조 등, 여러 방식이 있는데 그에 따라서 변조파의 파형은 현저하게 다르다. ⇨ 변조(modulation).

변환관 (變換管, converter tube, frequency converter tube) 슈퍼헤테로다인 수신기에 있어서, 고주파 신호를 중간 주파로 변환하는 작용을 하는 전자관으로, 자기의 전극계 일부로 발진을 하여 따로 국부 발진관을 필요로 하지 않는 것. 5개의 그리드를 가진 것이 많이 사용되고 있다.

변환기 (變換機) (1) converter 전력의 상수(相數)또는 주파수를 바꾸는 장치를 말한다. 그러나 통속적으로는 교류 전력을 직류 전력으로, 또는 그 반대로 직류 전력을 교류 전력으로 바꾸는 장치를 말한다. (2) transducer 일반적으로 어떤 장치에서 에너지의 공급을 받아 동작하여 다른 장치에 세력을 공급하는 장치이다. 무선에서는 반송 주파수를 바꾸는 장치, 또는 전송로의 임피던스를 바꾸는 장치가 있다.

변환 손 (變換損, conversion loss) 슈퍼헤테로다인 수신기의 주파수 변환에서의 손실을 말한다.

변환 컨덕턴스 (變換──, conversion conductance) 슈퍼헤테로다인 수신에 사용하는 주파수 변환용 전자관에 있어서, 수신해야 할 무선 주파의 입력신호 전압과 그에 의해서 발생한 출력 중간 주파 전류와의 비를 말한다.

변환 효율 (變換效率, conversion efficiency) (1) 교류-직류 변환장치에 있어서, 입력 전력 P에 대한 직류 출력전압 E_{DC}와 출력전류 I_{DC}의 곱의 비. 즉, $E_{DC} I_{DC} / P$. (2) 광전 변환장치에 있어서, 이용할 수 있는 출력전력과 광전 변환 장치의 유효 변환부분에 입사한 전 입사속과 비. 이 비는 입사광의 분광 분포와 접합부 온도에 따라 변화한다. (3) 크라이스트론 발진기에 있어서, 고주파 출력전압과 전자 빔에 공급된 직류 전력과의 비. (4) 정류기에 있어서, 일방향의 전압·전류 곱의 평균값과 교류측에서의 입력전력의 비를 말한다.

병렬 (竝列, parallel) 2개 이상의 회로(전원 또는 임피던스)의 각 2단자가 모두 공통의 2단자에 접속되는 것으로, 각 회로의 단자압은 같게 된다.

병렬권 (竝列捲, multiple winding) 직류기의 전기자 권선. 중권(重捲)과 같다.

병렬 공진 (竝列共振, parallel resonance) 전원에 대하여 인덕턴스 L과 용량 C가 병렬로 접속되어 있는 회로는 전원의 각 주파수가 $\omega_0 = 1\sqrt{LC}$와 같을 때 임피던스는 최대가 되고 와전류는 최소가 된다. 이 상태를 병렬 공진이라고 하며, ω_0를 병렬 공진 주파수라고 한다. 그림과 같이 코일에 저항이 있는 경우 는 $\omega_0 = \sqrt{\sqrt{1+2CR^2}/L/(LC)-(R/L)^2}$ 일 때 임피던스는 최대가 된다.

또 $\omega_0 = \sqrt{1(LC)-(R/L)^2}$ 일 때 E와 I는 동상이 되는데, 이것도 병렬 공진이라고 한다. ⇐ 반공진, 전류 공진.

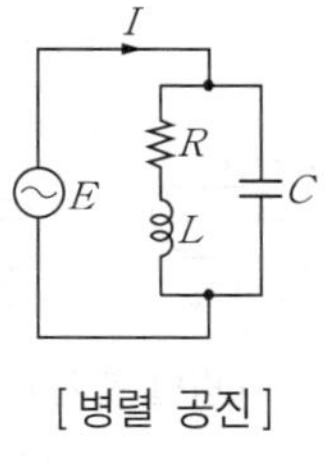

[병렬 공진]

병렬 궤전 (竝列饋電, parallel feed) 공중선의 중점(접지 공중선에서는 접지점)이 아니고 서로 대응하는 2점에서 공중선에 병렬로 궤전하는 것을 말한다. ⇨ 병렬 궤전 공중선.

병렬 궤전 공중선 (竝列饋電空中線, shunt excited antenna, shunt feed antenna) 공중선의 중점이 아니고 서로 대응하는 2점에서 병렬로 궤전한 공중선을 이른다. 그림 (a)는 접지탑 공중선의 어떤 지상의 높이 A점에 단선 궤전선을 궤전하는 병렬 궤전을 나타내고 있다. 페이딩 방지효과는 있으나 단선 궤전선으로부터의 방사, 접지 손실의 증가 등의 결점도 있다. 그림 (b)는 수평 다이폴 안테나를 병렬 궤전한 것으로, 방사 임피던스를 궤전선 임피던스에 쉽게 정합시킬 수 있다.

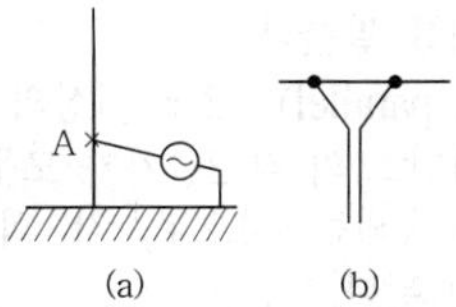

[병렬 궤전 공중선]

병렬 궤환 증폭기 (竝列饋還增幅器, shunt feed-back amplifier) 《자기 증폭기》 2개의 출력 권선을 병렬로 접속한 외부 궤환 증폭기이다.

병렬단 영상 임피던스 (竝列端映像 ——, mid-shunt image impedance) 사다리꼴 회로망의 병렬 소자를 중앙에서 절단하여 그 곳에서 오른쪽 또는 왼쪽을 본 영상 임피던스를 말한다.

병렬 분기 (竝列分岐, parallel branch) 도파관 분기회로에 있어서 H 분기를 이른다. H분기는 그림과 같이 주회로에 대해서 분기회로를 병렬로 삽입하게 되므로 병렬 분기라고 한다. ⇐ H 분기, ⇨ 직렬 분기(series branch).

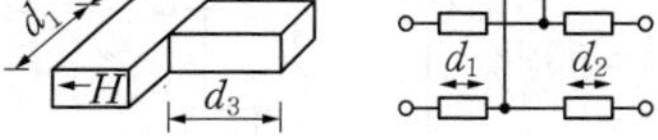

[병렬 분기]

병렬 4단자망 (竝列四端子網, parallel twoterminal pair network) 2개의 4단자망은 입력 및 출력단이 병렬 접속되었을 때, 병렬 접속이라고 표현한다. 입력단이 직렬, 출력단이 병렬이면 직렬-병렬이라고 한다. 또 입력단이 병렬, 출력단이 직렬이면 병렬-직렬 접속이다.

㊟ 병렬 접속의 경우에는 합성 4단자망의 어드미턴스 매트릭스는 각 회로망의 어드미턴스 매트릭스의 합으로 주어진다.

병렬식 (竝列式, multiple system) 배전선로에 있어서, 부하를 병렬로 접속하여 공급하는 방식을 말한다.

병렬식 4칙 연산기 (竝列式四則演算器, parallel arithmetic unit) 4칙 연산기에서, 각 자리의 숫자에(보통 동시에)연산을 행하게 하는 장치를 자리마다 가지고 있는 것. 연산 소자의 연산 속도가 늦을 때 유리하다. 직렬식 4칙 연산기이다. ⇨ 직렬형 가산기, 병렬형 가산기.

병렬 아크등 (竝列 ——燈, multiple arc lamp) 저압 회로에 병렬로 점등할 수 있게 만들어진 아크등. 직렬용과 같이 고장시에 회로에서 분리하는 장치가 필요하지 않는 대신 아크의 특징을 살릴 수 없다.

병렬 용장 (竝列冗長, parallel redundancy) 동일 기능을 가진 2개 이상의 장치가 병렬로 동작하는 것에 의하여 생기는 용장성을 말한다.

㊟ 2개의 병렬 장치의 경우에 각각의 신뢰성 함수를, 예컨대 R_1, R_2라고 하면 전체 시스템의 신뢰성 R_S는 다음 식으로 주어진다. $R_S = 1(1-R_1)(1-R_2)$, 이때, $R_1 = 0.8$, $R_2 = 0.9$이면 $R_S = 0.98$로 되어 신뢰성이 향상된다.

병렬 저항 (竝列抵抗, parallel resistance) 어떤 회로에 병렬로 접속한 저항을 말한다. 또 주회로나 기기에 흐르는 전류를 체감할 목적으로 사용되는 병렬 저항을 특히 분로 저항이라고 하는 경우가 있다. ⇨ 분로 저항(shunt resistance). ⇔ 직렬 저항(series resistance).

병렬 전송 (竝列傳送, parallel transmission) 용어의 각 문자를 각기 다른 경로로 전송시키는 정보 전송방식. 하나의 경로로써 시간적으로 직렬로 전송하는 직렬 방식에 비하여 정보 속도는 빨라진다. ⇨ 직렬 전송.

병렬 접속 (竝列接續, multiple connection, parallel connection) 2개 이상의 전원이나 부하 등을 병렬로 접속하는 것을 말한다.

병렬 트랩 (竝列 ——, shunt trap) 무선의 수신기에서 방해 전파를 제거하고자 할 때 그 주파수에 대한 직렬 공진회로를 신호 전파의 주회로에 병렬로 접속하여 분로시키는 것을 말한다. ⇨ 웨이브 트랩(wave trap).

병렬형 (竝列形, parallel connected type) 《자기 증폭기》 자기 증폭기에 있어서 2개의 출력 권선을 병렬로 접속한 회로 형식이다.

병렬형 가산기 (竝列形加算機, parallel adder) 가산할 수의 자릿수와 같은 입력 단자대를 가지고 합에 필요한 자릿수와 같은 출력 단자를 가지며 동시에 두 수의 합을 구할 수 있는 가산기. 반가산기 또는 완전 가산기를 써서 그림과 같이 구성한다.

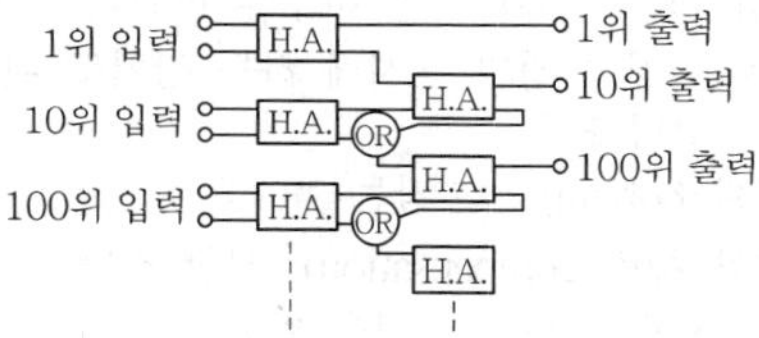

(a) H.A. : 반가산기

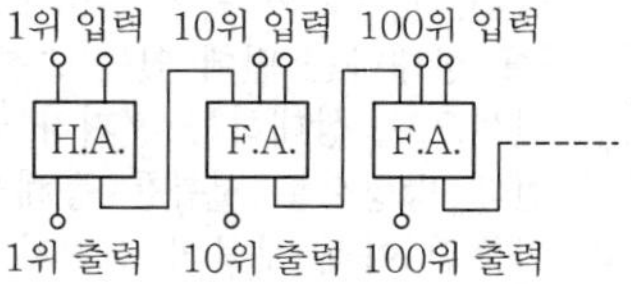

(b) F.A. : 전가산기

[병렬형 가산기]

병렬 회로 (竝列回路, parallel circuit) 2개 이상의 소자를 전원에 대하여 병렬로 접속한 회로를 병렬 회로라 한다. ⇨ 분로(shunt circuit). ⇔ 직렬회로(series circuit).

병축 권 (竝軸捲, axial winding) 축에 평행으로 감은 권선을 말한다.

병행 운전 (竝行運轉, parallel operation. parallel running) 2대 이상의 전기 기기를 병렬로 접속하여 공통의 부하에 전력(동력)을 공급하는 것을 말한다.

병형 베이스 (竝形 ——, medium base) 일반 조명 전구의 경우는 200W 이하에 쓰이는 베이스로, 나사식 베이스에 있어서는 외경 26.33 mm, 길이 24.6 mm이다.

보가드 (vogad) 'voice operated gain adjusting device'의 약어로, 음성 전류에 의해서 자동 이득 제어를 한 다음 송수신의 레벨을 조정하여 음성을 듣기 쉽게 하는 장치이다. ⇨ 보다스.

보간 발진기 (補間發振器, interpolating oscillator, interpolation oscillator) 보간법에 의해서 주파수 측정을 할 때 사용하는 중개 발진기이다.

보강대 (補强帶, reinforcing band) 관로, 탱크 등의 보강을 목적으로 거는 띠모양의 구조물이다.

보건 물리학 (保健物理學, health physics) 전리성 방사선의 유해한 작용으로부터 인체를 보호하는 것을 다루는 학문이다.

보극 (補極, commutating pole, interpole) 회전기의 중성대 부분의 전기가 반작용을 상쇄하고 또 전압 정류를 하기 위하여, 정류 자속을 발생시키기 위하여 사용하는 극을 말한다.

보극 권선 (補極捲線, interpole winding) 보극에 감은 권선이다.

보극부 전기 (補極附電機, interpole machine) 보극이 있는 전기 기계를 말한다.

보극 철심 (補極鐵心, interpole core) 보극의 철심을 보극 철심이라 한다.

보극 코일 (補極 ——, interpole coil) 보극에 감은 코일을 이른다.

보급수 (補給水, make-up water) 증기 원동기에서는 보일러의 불로 또는 도중의 누설 등으로 물이 없어지므로 증화기(蒸化器)에 의해서 만들어지는 증류수 또는 순수를 보급한다. 이것을 보급수라고 한다.

보급 출력 (補給出力, supplemental capacity) 수력발전소의 출력이 감소하는 갈수기의 전력 보급을 목적으로 하는 출력으로, 상시 출력을 넘는 출력 또는 그 기간을 통해서 매일 일정한 시간을 정해서 상시 피크 출력을 초과하는 출력을 보급 출력이라 한다.

보기 대차 (—— 臺車, bogie truck) 차바퀴 2축 또는 3축을 1조로 한 대차로, 차량 무게의 일부를 부담하는 동시에 대차가 그 중심을 축으로 하여 수평면 내에서 차체와 자유롭게 움직일 수 있는 것을 말한다.

보기 차 (—— 車, bogie car) 보기 대차라고 부르는 2축 또는 3축을 가진 짧은 대차 2조를 써서 그 위에 차체를 얹은 차를 말한다.

보다스 (VODAS) 《무선 전화 방식》 'voice operated device anti-singing'의 약어로, 장

거리 무선 전화 등에서는 페이팅에 의한 레벨 변동 때문에 하이브리드 회로로 유선계의 2선식 전화에 접속하면 울림과 에코를 발생하는 경우가 있다. VODAS는 수화 때에는 송화회로를, 또 송화할 때는 수화회로를 음성 조작형 개폐장치에 의해서 자동적으로 절단하는 방식이다. 예를 들면, 무선 전화와 유선 전화를 연결할 때 명음(鳴音 : singing)과 반향 등의 방해를 방지하기 위하여 평소에는 수화 회로만 동작하게 해 놓고, 송화할 때는 송화 회로에 의하여 송신회로를 동작시켜서 수화측을 단락하여 항상 한 방향의 통화만이 가능하게 한다. 다만, 페이딩이나 잡음으로 VODAS가 효과적으로 기능하지 않는 사례가 많으므로 음성의 주파수와 진폭의 각 정보를 분류하여 보내어 페이딩에 의한 중계 손실의 변동을 작게 하는 린콤펙스 방식이 표준화 되었다.

보더 라이트 (border light) 《무대》 무대 조명 기구의 하나. 무대 정면 위에 드리우는, 가로가 길고 폭이 좁은 검은 막에 숨겨진 공간에 설치되어 무대 전체를 조명한다. 금속제로 홈통 모양을 하고, 작은 칸으로 칸막이 되어 각 칸에 전구를 넣는다. 이 앞 면에 색 젤라틴을 넣는다. 색은 보통 백색, 적색, 황색, 청색이며 이것을 조광기에 의해서 조임, 조도 및 색을 변화시킨다.

보드 (baud) 전신의 통신 속도를 나타내는 단위로, 프랑스의 Baudot가 5단위의 인쇄 전신부호를 고안한 것에 유래하여 그 이름에서 딴 것이다. 이것은 전신 부호 하나의 단위 간격의 매초당 속도에 해당한다. 가령 단위 간격이 20 ms일 때는 50보드라고 하며, 현재의 인쇄 전신의 속도는 CCITT에서는 50보드로 규정하고 있다.

보드 페이드 (board fade) 텔레비전의 영상 조정 장치의 조작에서 신호를 점차 약하게 하여 화면에 나타나 있는 영상을 점점 엷게 해 가면서 없애는 것을 말한다.

보류 쇄정 (保留鎖錠, stick locking) 철도의 신호기가 일단 진행 신호 또는 주의 신호를 표시한 다음은 그 레버를 정위치로 되돌아가지 않게 쇄정시켜 열차가 그 신호기 내에 진입하거나 또는 한시 해정기를 쓰지 않으면 해정할 수 없는 구조의 장치이다.

보류 시간 (保留時間, holding time) 전화의 호출이 회선이나 기기를 점유하고 있는 시간을 이른다.

보류 시간 기록기 (保留時間記錄器, holding time recorder) 전화 회선이나 교환기기의 보류시간을 기록지 또는 도수계 등으로 기록하는 기계이다.

보류 신호기 (保留信號機, stick signal) 반자동의 신호기에 있어서, 주의 또는 진행 표시가 일단 정지 표시로 된 다음은 레버를 정위치에 되돌리고 또 이것을 반위로 하기까지는 계속 정지 표시케 하는 장치로 된 것을 말하다.

보빈 (bobbin) ⇨ 감는 틀.

보상 (補償, compensation) 결함 또는 부족을 개선 또는 메우는 것을 말한다.

보상 권선 (補償捲線, compensating winding) 예를 들면, 직류기의 주자극편(主磁極片)의 전기자에 상대하는 면에 있는 슬롯 안에 설치한 권선으로, 상대하는 전기자 권선의 전류와 반대 방향으로 전류를 통해서 거기에 따라 자극편 아래 부분의 전기자 반작용을 상쇄하는 작용을 한다. 이로써 플래시 오버를 방지하고 또 광범위하게 전압(발전기) 또는 속도(전동기)로 제어할 수 있다. 교류 정류자기에도 이에 상당하는 권선이 있다.

보상기 (補償器, compensator) 토크 등을 보상하는 장치를 이른다.

보상 도선 (補償導線, compensating wire) 《열전대》 냉접점(기준 접점)을 측온 접점보다 떨어진 장소에 놓기 위해 열전대 소선의 연장으로 사용되는 특수한 연장 도선을 이른다. 열기전력 특성이 열전대 소선을 닮고 값이 저렴한 재료가 사용된다.

㈜ 그림의 변환기는 열전대의 열기전력(또는 측온 저항체의 저항 값)을 전기 신호로 변환하는 기구이다.

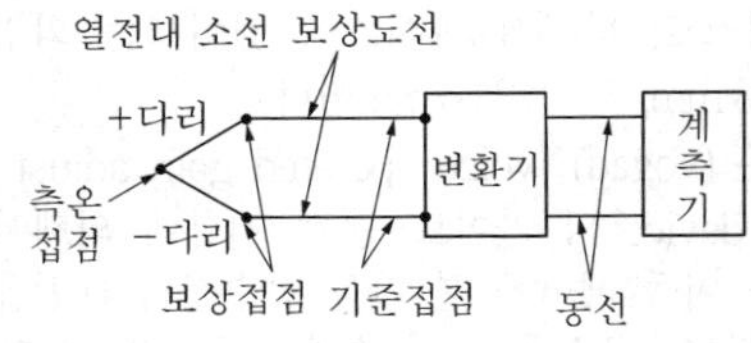

[보상 도선]

보상 반발 전동기 (補償反撥電動機, compensated repulsion motor) ⇨ 애트킨슨 모터.

보상의 정리 (補償——定理, compensation theorem) 선형 회로망 중의 임의의 폐회로에 흐르고 있는 전류가 I인 경우, 그 폐회로의 자기 임피던스 Z가 다른 자기 및 상호 임피던스를 변화하지 않도록 δZ만큼 변화하였을 때 각 망로(網路)를 흐르는 전류의 변화는 다른 기전력을 모두 0으로 하고, 대신 자기 임피던스의 변화한 망로에 $-\delta ZI$인 보상 기전력을 δZ와 함께 Z에 직렬로 가했을 때 각 망로에 흐르는 전류와 같다는 정리이다.

보상 케이블 (補償——, building-out cable) 장하 케이블의 종단, 장하구간 정전용량의 부족분을 보상하기 위한 것으로, 고용량 케이블이 쓰인다.

보상 코일 (補償——, compensating coil) 예를 들면 전기 계기 등에서 마찰에 의한 오차를 보상하기 위한 토크를 발생시키는 코일을 말한다.

보상 콘덴서 (補償——, building-out condenser, compensating condenser) ⇨ 간이 평형 결선 망.

보상 필터 (補償——, compensating filter) 특히 보상 회로망, 즉 감쇠 등화기나 위상 보상회로용으로 사용되는 필터를 말한다. ⇨ 보상 회로망(compensating circuit).

보상형 만능 분류기 (補償形萬能分流器, compensating universal shunt) 검류계용 분류기의 하나로, 만능 분류기에 대하여 측정회로의 전 저항이 일정하게 될 수 있게 보상한 것이다. 이 분류기는 검류계 회로의 저항은 변화하므로 제동작용은 조금 변화한다.

보상형 분류기 (補償形分流器, compensating shunt) 검류계 분류계의 일종. 회로측에서 본 검류계 회로의 합성 저항이 분류기의 배율을 바꾸어도 일정하게 한 것. 측정 회로의 저항이 작을 때 또는 충격법으로 자속을 측정하는 경우에는 측정 회로의 전 저항이 변화하지 않으므로 편리하다.

보상 회로망 (補償回路網, compensating network) 회로망을 통과하는 신호 파형은 그 회로망의 전파 특성이 일반적으로 주파수의 함수가 되므로 모든 직선 일그러짐, 즉 감쇠 일그러짐이나 위상 일그러짐을 나타낸다. 이것을 본래의 신호 파형으로 복원시키기 위하여 사용되는 회로망을 보상 회로망이라고 한다. 보통 감쇠 일그러짐을 보상하는 회로를 감쇠 등화회로 또는 진폭 보상회로, 위상 일그러짐을 보상하는 것을 위상 보상 회로라고 한다. ⇨ 감쇠 일그러짐(attenuation distortion), 위상 일그러짐(phase distortion), 보상 필터(compensating filter).

보색 (補色, complementary color) 임의의 색광과 가색함으로써 백색광을 발생하게 되는 색광을 최초의 색광에 대한 보색이라고 한다.

보수 (補數, complement) 계산기에서 보통 음(負)의 수를 표현하기 위해 만들어진 수로, 보수를 사용함으로써 감산을 가산으로 대치할 수 있다. 기수(其數) 빼기 1의 보수와 참 보수(기수의 보수)의 두 종류가 있다.

보수율 (保守率, maintenance factor) 조명시설의 조도를 계산할 때, 광원의 사용에 따른 열화, 광원 및 조명 기구의 오손으로 인한 감광을 경제적으로 허용할 수 있는 한도를 각각 M_1, M_2로 하고, 이들의 곱 M을 보수율 및 유지율이라고 한다. 보통 설계에 있어서는 평균 조도에서 구해지는 광속을 M으로 나눈 설계값으로 한다. 종래 쓰이고 있던 감광 보상률(⇨ 감광 보상률)의 역수라고도 볼 수 있으나 경제적 관점에서 볼 때 약간 다르다.

보안기 (保安器, protector) 《통신》 ⇨ 보안 장치.

보안 장치 (保安裝置) (1) protective device 번개나 다른 전기설비와의 혼촉 등의 사고로 전기설비에 고장이 발생하는 것을 방지하는 장치. (2) safety device, safety appliance 열차 운전 상의 안전, 차량 입환작업의 정확, 신속을 기할 목적으로 장치된 여러 가지 설비를 이른다.

보안 통신설비 (保安通信設備, communication equipment for maintenance) 전력 계통의 운용 및 보수에 필요한 지시, 연락 등에 사용하는 통신설비로, 유선통신, 전력선 반송,

무선통신, 극초단파에 의한 통신 등이 있다.

보온재 (保溫材, heat insulator) 고온체의 표면에서 열이 방산되는 것을 막기 위한 목적으로 사용하는 열 절연재를 이른다.

보일러 (steam boiler, steam generator) 밀폐한 용기 속에 물을 넣고 가열하여 대기압보다 높은 압력의 증기를 만드는 장치를 말한다.

보일러 실 (──室, boiler room) 보일러를 수용하는 건물을 말한다.

보자력 (保磁力, coercive force) 자성재료가 반복하여 대칭으로 자화된 상태에서 자속밀도가 0이 되었을 때의 자화력의 세기를 말한다.

보자자 (保磁子, keeper of magnet) 자석을 보존하는 경우에, 양극 간에 연철편을 걸치게 하여 공극을 닫은 상태로 해 둔다. 이 연철편을 지칭한다.

ㅂ

보정 (補正, correction) 보다 진실에 가까운 값을 얻기 위하여 읽은 값 또는 계산값에 더하는 값이다. 이것은 진실 값에서 측정값을 뺀 것으로, 오차와는 부호가 반대이다.

보정 곡선 (補正曲線, correction curve) 가로 축에 눈금을, 세로 축에 보정을 잡은 곡선을 말한다.

보정 렌즈 (補正──, correcting lens) 슈미트 렌즈를 사용하는 투사 수상기에서 구면 수차를 보정하기 위하여 쓰는 판상의 렌즈이다.

보정률 (補正率, correction factor) 진실값에서 측정값을 뺀 값, 즉 보정값을 측정값으로 나눈 값이다.

보조 (補助, auxiliary) 주체가 되는 것이 고장일 때라든가 또는 주체에 부가해서 사용되는 경우를 이른다.

보조 계량 (補助計量, submetering) 아파트 등에서 사용 전력량을 거주자에게 분배하기 위하여 전력회사의 적산계기 외에 별도로 각 가구에 계기를 장치하여 계량하는 것을 이른다.

보조 계전기 (補助繼電器, auxiliary relay) 어떤 계전기의 접점에 의해서 2차적으로 동작하여 그 접점에서 원래의 계전기의 동작을 보조하는 계전기이다.

보조 공기통 (補助空氣筒, auxiliary air reservoir) 자동 공기 제동기의 제동 통에 부속되는 공기통으로, 3동 밸브를 통해서 제동통에 들어가 제동작용을 하도록 되어 있는 것을 말한다.

보조 귀선 (補助歸線, auxiliary return) 《전기철도》 단선식 또는 제3 레일식 전기철도에서 지상 레일의 누설 전류가 땅속 매설관에 미치는 장해를 적게 하기 위하여 레일을 따라서 도상(道床) 속에 전선을 매설하여 곳곳에서 레일에 접속되는 경우가 있다. 이 접속선을 보조 귀선이라고 한다.

보조 기억장치 (補助記憶裝置, secondary memory, auxiliary memory) 《계산기》 (1) 주기억 장치를 보조하는 기억장치. 자기 테이프, 자기 드럼 등은 그 예이다. (2) 주기억 장치를 보조하는 소용량의 기억 장치이다.

보조 메신저 (補助──, auxiliary messenger wire) (1) 각주를 통하는 장소에서는 조선은 기둥의 바깥쪽을 통하게 설치되지만 케이블은 안쪽에 가설되기 때문에 안쪽에 걸어서 통과시키는 가설선을 말한다. (2) 복식 커티너리 현수 방법으로 트롤리선 상부에 상하 2단으로 가설한 메신저에 트롤리선을 현수하는데, 그 상부의 것을 주 메신저, 하부의 것을 보조 메신저라고 한다.

보조 모선 (補助母線, auxiliary busbar) 주 모선을 대용할 수 있는 도체를 이른다.

보조 믹서 (補助──, auxiliary mixer) 《통신》 보조적 역할을 하는 믹서(사람과 기기)를 이른다.

보조 선 (補助線, auxiliary conductor) 보조 배선함에 수용되어 있는 케이블 심선으로, 장래 보조적으로 사용하는 것을 말한다.

보조 스위치 (補助──, auxiliary switch) 메인 스위치를 보조하는 스위치이다.

보조 실렉터 (補助──, auxiliary selector) 자동 교환기에 있어서, 시외 통화의 신청이나 번호 조사 등의 특수 서비스를 접속하기 위한 선택 장치에서, 특수 3차 실렉터 다음 단계에 설비하여 특수 4차 실렉터로 사용되는 실렉터. 가입자의 발신에 있어 때때로 유사 임펄수가 발생해도 그것을 흡수하여 정상적인 특수 서비스 회선에 대한 접속을 가능하게 하기 위하여 사용되는 것을 말한다.

보조 접점 (補助接點, auxiliary contact) 주 개폐기와 함께 운동하는 보조 회로용 접점이다.

보조 접촉자 (補助接觸子, auxiliary contact) 개폐장치의 접촉부분에 있어서, 폐로 중 전류를 흐르게 해야 할 부위가 개폐시의 아크로 인하여 손상하는 것을 막기 위해 아크가 발생하는 부위를 별도로 설치하는 경우가 많다. 이 아크 발생부의 접촉자를 보조 접촉자 또는 아크 접촉자라고 한다.

보조 지선 (補助支線, auxiliary stay) 지선을 친 다음 느슨해지지 않게 완전히 시설하기 위하여 그림과 같이 칠 때 지선을 가설하는 거리를 단축하기 위하여 사용하는 전선으로, 중간에 장선기(張線器)를 넣는다.

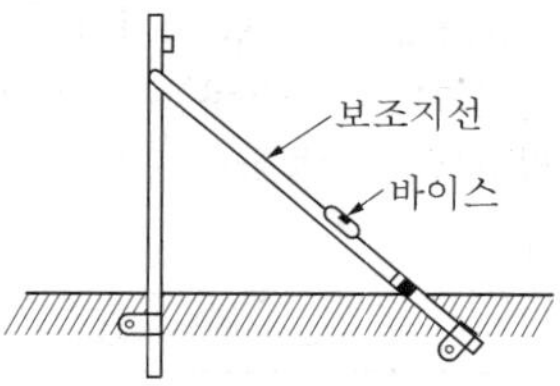

[보조 지선]

보조 집중국 (補助集中局, auxiliary toll center) 시외 전화망을 구성하는 집중국의 구역 안에 일부 단국을 집중국적 역할을 하게 하는 전화 교환국을 말한다.

보조 콘덴서 (補助——, auxiliary capacitor) 측정, 기타의 목적에 사용되는 콘덴서이다.

보존 저수 (保存貯水, conservation storage) 장차 사용할 목적으로 저수지에 축적해 두는 저수를 이른다.

보증 용량 (保證容量, dependable capacity) 수력의 갈수시에 있어서 정미 출력과 실제로 또는 예비로 신뢰할 수 있는 화력의 정미 가능 출력. 그리고 상시 구입 전력의 합계에서 상시 책임을 제한 것. 모두 계통의 연간 피크시의 값이 된다.

보증 효율 (保證效率, guaranteed efficiency) 기기를 거래할 때 제조자가 보증하는 효율을 이른다.

보청기 (補聽器, hearing aid) 난청자가 사용하는 일종의 확성장치. 마이크로폰, 증폭기, 전지를 포켓에 넣고 소형 수화기는 귀속에 꽂아서 사용한다. 음량 조정뿐만 아니라 난청의 종류(청력도)에 따라 음질 조정을 해두는 것이 바람직하다.

보통 대형 (普通對形, ordinary twin type) 《전화 케이블》 전화 케이블의 심선 구성에 있어서, 대응하는 대(對)와 평등하게 일정한 피치로 꼰 모양의 구성으로, 재래식 시내 전화용 케이블 등에 사용되었었으나 현재는 성형 쿼드를 사용하고 있다.

보호 각 (保護角, cut off angle) 갓, 반사갓에 있어서 광원을 가리는 정도를 나타내는 값. 광원과 갓의 테두리를 잇는 직선이 수평면과 이루는 각을 말한다. 통상적인 작업상태에서는 시선이 수평보다 약간 아래를 향하고 있으며 시선에서 30°의 범위가 특히 눈부심을 느끼므로 보호각은 25° 이상이 요구된다.

보호 계전기 (保護繼電器, protective relay) 송전선, 기기의 손상 및 위험 등, 바람직하지 않은 상태를 검출하여 적당한 개폐기를 조작해서 완전한 경보를 전하는 것을 주요 기능으로 하는 계전기이다.

보호 망 (保護網, guard net) 특별고압 전선의 낙하, 약전류 전선 또는 고저압 전선의 혼촉 기타 위험을 방지하기 위하여 양자 사이에 설치되는 금속선으로 만든 망이다.

보호비 (保護比, protective ratio) PR, 피뢰기로 보호하여야 할 장치의 절연 내력과 피뢰기의 보호레벨의 비. 보호비에서 1을 뺀 값을 백분율로 나타낸 것을 보호 여유라고 한다. 보호 여유 = (보호비 − 1)×100이다.

보호선 (保護線, guard wire) 가공선이 단선하여 위로 튕기거나 낙하할 때 그것을 보호할 수 있도록 가설된 접지 도체이다.

보호 장치 (保護裝置, protective device) 전기기기에 대한 접속 도선을 거쳐 외부로부터의 이상 상태로 인한 기기의 손상을 막기 위하여 또는 전기 기기의 내부에 있어서의 자기손상 또는 외부와의 접속 도선을 거쳐서 외부의 전기 기기에 손상을 미치는 것을 막기 위하여 그 회로 내에 설치되는 장치를 말한다.

보호 협조 (保護協調, protection coordination)

ㅂ

보호장치와 보호되는 기기 또는 선로 사이에 지정된 협조관계가 유지되고 있는 것. 보호장치로서는 감도만 좋아서는 안되며, 일관성 이상 전압 등에 대하여서는 즉각 트립하지 않으므로 적당한 지연 특성을 갖게 하는 것도 필요하다. 또 고장의 성질, 고장점의 원근, 고장 범위 등에 따른 선택 보호기능도 요구된다.

보호형 전기 (保護形電機, protected machine) 회전부분 및 도전부분에 대하여 이물이 우연히 접촉되지 않도록 보호된 구조의 전기기기를 말한다.

보호환 (保護環, guard ring) 절연저항 또는 정전용량을 측정할 때 쓰는 전극이 원판형을 이룰 때 쓰이는 고리 모양의 보호 고리이다.

복각 (伏角, inclination, magnetic dip) 《지자계》 지구 자력의 방향과 수평면 사이의 각을 이른다.

복공동 클라이스트론 (複空洞 —, double cavity klystron) 그림과 같이 입력 공동에 의하여 속도 변조를 받은 전자류가 적당한 길이의 유통 간격을 거치면 집군 작용에 의해서 밀도 변조를 받은 전자류가 된다. 이 위치에 출력 공동을 설치한 초고주파 증폭관이다. 또 출력 공동에서 적당한 위상으로 입력 공동으로 궤환하면 발진관으로도 된다.

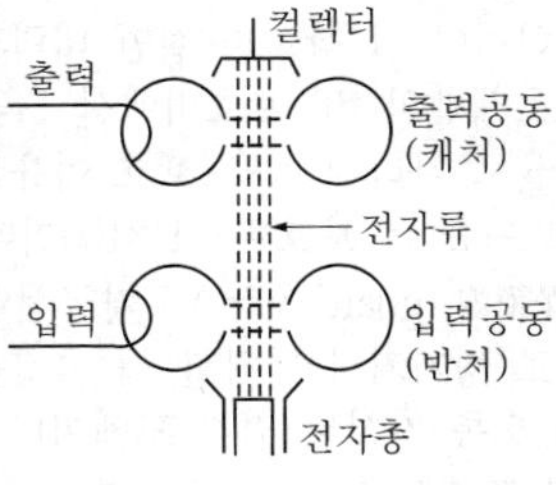

[복공동 클라이스트론]

복구 경보 (復舊警報, release alarm) 자동 교환기의 선택기가 사용 후 복구할 때 고장 때문에 완전히 복구되지 않는 경우, 그것을 보수자에게 알리기 위한 경보이다.

복구 계전기 (復舊繼電器, release relay) 스트로우저식 자동 교환기의 실렉터와 커넥터의 B계전기처럼 스위치의 복구를 하는 계전기이다.

복구권 (複口捲, multiply re-entrant winding) 직류기 전기자 권선의 하나로, 다중권에 있어서 m과 k가 공약수를 가진 것을 말한다. ⇨ 다중권.

복구 시간 (復舊時間, releasing time) 계전기 기타의 전자 기구가 일단 동작한 다음 그 권선의 전류를 복구전류 이하가 되도록 회로를 바꾸고 나서 그 동작이 복구할 때까지의 시간을 말한다.

복구 신호 (復舊信號, release signal) ⇨ 복구 경보.

복구 전건 (復舊電鍵, resetting key) 동작 중의 전기회로를 평상 상태로 되돌리는 경우에 사용하는 전건이다.

복권 (復捲, compound-wound) 직류기에 있어서 여자가 분권, 직권 두 양식의 권선에 의해서 주어지는 것. 두 권선의 기자력이 서로 가하여지도록 작용하는 것을 가동 복권, 반대 방향으로 작용하는 것을 차동 복권이라고 한다.

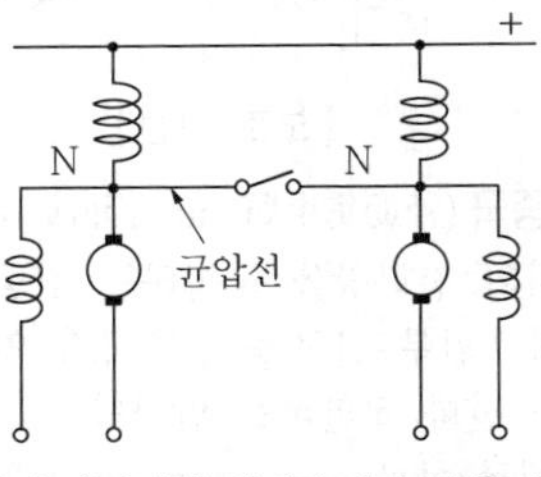

복권 발전기의 병렬운전과 균압 접속

[복권]

복권 발전기 (複捲發電機, compound generator) 분권 권선과 직권 권선의 양쪽 계자 권선을 가진 발전기를 말한다. ⇨ 가동복권 발전기, 차동복권 발전기.

복권 전동기 (複捲電動機, compound motor) 분권 권선과 직권 권선의 양쪽 계자권선을 가진 전동기를 말한다. ⇨ 가동복권 전동기, 차동복권 전동기.

복귀 권선 (復歸捲線, retrogressive winding) 직류기의 전기자 권선의 하나로, 중권(重捲)인 경우에는 $y=y_1-y_2=-m$, 파권(波捲)인 경우에는 $y=y_1+y_2=(k-m)/p=$상수로

나타내어지는 것을 말한다.

복귀 시간 (復歸時間, reset time) 자동 차단기 등이 어떤 사고로 개방되었을 경우, 다음에 차단기가 닫쳐서 그 기능이 복귀하기까지의 시간을 이른다.

복귀 신호기 (復歸信號機, slot signal) 《철도 신호》 신호기 완목의 축에 전기 복귀기를 설치하여 열차가 진입하면 자동적으로 정지 신호를 표시하는 신호기를 이른다.

복귀 장치 (復歸裝置, return mechanism) 조속기 등, 어떤 기구가 동작했을 때 원상태로 복귀하는 장치를 말한다.

복대형 (複對形, multiple twin type) 《전화 케이블》 D.M, 쿼드라고도 한다. 2조의 심선으로 이루어지는 기본형의 대(對)에서 2개를 다시 꼰 형으로 구성되어 있으며, 중신 회선, 실회선 간의 누화 결합이 적다.

복대형 케이블 (複對形 ──, twist pair type telephone cable) 쌍으로 꼰 심선을 다시 둘로 꼰 구조의 케이블이다. 중신 누화(重信漏話)를 경감하는 데 효과가 있다.

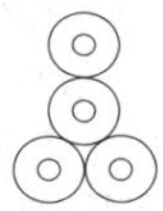

[복대형 케이블]

복도체 (複導體, bundle conductor, double conductor) 코로나 발생 전압을 높일 목적으로 1상(一相)의 도체로 두 선 이상의 전선을 적당한 간격으로 배치 조합시킨 것. 조합되는 전선이 두 선일 때는 double conductor 또는 twin conductor, 세 선일 때는 triple conductor라고 한다.

복동조 공중선 (複同調空中線, multiple tuned antenna) 장·중파용 공중선의 하나로, 접지 저항을 적게 하기 위하여 수평부를 여러 개 같게 분할한 장소로부터 인하선을 내어 접지 코일을 거쳐 각각 병렬로 접지하는 것을 말한다.

복동조 필터 (複同調 ──, double tuned filter) 동조 회로를 2개 가지고 있는 필터를 말한다.

복 등산 (複登算, multifee registration, multimetering) 1회를 접속할 때 통화 대역이나 통화 시간에 따라서 2회 이상 도수계를 동작시키는 것을 말한다.

복 레일 궤도회로 (複 ── 軌道回路, double-rail track circuit) 《철도》 궤도회로를 구성하는 양쪽 레일을 모두 결합 절연을 한 것이다.

복 렌즈 (複 ──, doublet lens) 색등식 신호기에 있어서, 렌즈는 보통 안팎 두 장의 조합으로 되어 있다. 이것은 광속의 이용률을 높이고, 초점 거리를 짧게 하며, 외부로부터의 빛의 환영을 방지하기 위해서이다.

복류 발전기 (複流發電機, double-current generator) 계자 부분과 전기자 철심을 공통으로 하여, 둘 이상의 전기자 권선을 가지고 2종 이상의 전력을 동시에 발생하는 발전기를 말한다. 전기자 권선은 공통으로 되어 있어도 상관 없다.

복류식 (複流式, double-current system) 통신 부호의 마크와 스페이스로 통신 전류의 방향을 교대로 교환하는 전신 통신방식이다.

복류식 단신회선 (複流式單信回線, double current simplex circuit) 통신 전류는 그 방향을 전환하는데 송신과 수신이 동시에 이루어지지 않는 회선. 예를 들면 반송 전신로와 결합된 직류 전신로는 이것을 쓰고 있다.

복류식 브리지 2중 (複流式 ── 二重, double-current bridge) 브리지 2중 방식에 있어서, 통신 전류가 복류인 경우를 이른다.

복류식 차동 2중 (複流式差動二重, double-current differential duplex) 차동 2중 방식에 있어서, 통신 전류가 복류인 경우를 이른다.

복류 전건 (複流電鍵, double-current key) 《전신》 일반 2접점 전건에 대하여 접점이 4개 있고, 동시에 전류의 방향을 역전시킬 수 있는 전건이다. 이 전건을 사용하면 전지 1조로 복류식 통신이 가능하다. 현재는 전지를 2조 써서 중점을 접지하고, 단류 전건으로 복류식 통신을 하므로 별로 쓰이지 않고 있다.

복 본드 (複 ──, double bond) 본드를 레일에 부칠 때 하나의 레일을 잇는 곳에 2개를 붙인 것이다.

복 상 (複像, multiple image) 텔레비전 화면 등에서 볼수 있는 좌우로 벗어나서 나타나는 같은 모양의 영상군. 2개의 동형 영상군은 다중 상이라고도 한다. 또 그 중에서 가장 원하는 영상 이외의 것을 고스트라고 한다. 복 상은 텔레비전 전파의 반사파와 전송 계통 사이에 반사현상이 있을 때 나타난다.

복선식 (複線式, double-trolley system) 《전차선》 전기철도에 있어서 전차, 전기 기관차에 대한 전력 전송방식의 하나로, 궤도 위를 따라서 두 선의 전차선을 가설하여, 한쪽 선을 전차에 보내서 전동기를 운전하고, 그 전류는 다른 쪽의 선을 통해서 변전소로 복귀한다.

복선 회로 (複線回路, metallic(return) circuit) 두 줄의 선로로 구성하는 직류 전신회로를 말한다. 잡음이 적고 비교적 일그러짐이 적은 선로이다. 보통 음성전화 회선의 하부 대역에서 직류 전신회로를 얻는 경우에 간혹 사용된다.

복소 겉보기 투자율 (複素——透磁率, complex apparent permeability) 자속 밀도 B와 자화력 H의 비를 부여하는 복소량. 양자 사이에는 보통 와전류에 의한 위상의 엇갈림이 존재한다. 부등방성 매질의 경우에는 겉보기 투자율은 매트릭스로 된다.

㊟ 자심에 감겨진 코일의 임피던스를 $Z=R+j\omega L$로 하면, 이것을 $Z=j\omega(\mu'-j\mu'')L_0$로 표현함으로써 $L=\mu' L_0, R=\omega\mu''L_0$의 관계가 얻어진다. $(\mu'-j\mu'')$는 복소 투자율이다.

복소수 (複素數, complex number) 실수 및 허수로 되는 수이다.

복소 전력 (複素電力, complex power) 전압, 전류에 대하여 다음과 같은 복소수 표현을 사용하는 것으로 한다. $V=Ve^{j(\omega t+\theta)}$, $I=Ie^{j\omega t}$. 이 경우 전력은 $P=V^*I=VI\cos-jVI\sin\theta$로 표현되고, 이것을 복소 전력이라고 한다. V^*은 V의 공역 복소수이다. 위의 식 우변의 실수부는 유효전력을, 허수부는 무효전력을 부여한다. P로는 VI^*를 사용하여도 되지만 그 경우는 무효전력 앞의 부호가 +로 된다.

복소 주파수 (複素周波數, complex frequency) 회로망을 해석 또는 합성하기 위하여 회로망의 시간 함수 $f(t)$에 라플라스 변환을 함으로써 파라미터 s에 관한 $F(s)$인 함수가 얻어진다. s는 일반적으로 복소수로서 $s=\sigma+j\omega$로 놓고, 이것을 복소 주파수라고 한다. 특히 $\sigma=0$인 경우에는 라플라스 변환에 의한 문제의 풀이는 $f(=\omega/2\pi)$라는 주파수로 변화하는 시간 함수의 정상 풀이를 부여해 준다.

㊟ 회로함수를 복소 주파수의 함수로 다룸으로써 복수 함수가 갖는 수학적 제반 특성을 회로망 해석에 도입하여 이용할 수 있다.

복수 (復水, condensate) 증기가 복수기에 의해서 냉각 응축되어 물로 되돌아온 것을 말한다.

복수관 (復水管, condenser tube) 표면 복수기에서 냉각된 물을 유통하기 위한 세관(細管)이다.

복수기 (復水器, (steam) condenser) 복수 터빈 속에서 소임이 끝난 증기를 냉각, 응축하여 물로 되돌아가게 하는 동시에, 증기의 응축으로 얻어지는 고도의 진공으로 작동 증기의 종압(終壓)을 낮추어서 열 낙차를 크게 하는 구실을 하는 것. 복수기에는 표면 복수기, 분사 복수기 등이 있다.

복수 펌프 (復水——, condensate pump) 복수를 높은 진공 상태하에 있는 복수기 속에서 대기압의 곳으로 끌어내기 위한 펌프이다.

복식 커티너리 현수 (複式——懸垂, compound catenary suspension) 커티너리 현수의 하나로, 메신저를 상하 2단으로 갖는 것을 말한다.

복식 터빈 (複式——, compound turbine) 여러 열의 회전날개를 갖는 터빈을 복식 터빈이라고 한다. 속도 복식, 압력 복식, 속도 압력 복식으로 나뉜다.

복 에너지 과도현상 (複——過渡現象, double energy transient) L과 C로 구성되어 있는 어떤 회로에, 직류 전원을 인가하면 가해진 에너지는 L과 C에 교대로 축적되어서 진동을 일으킨다. 이와 같이, 두 부분에 에너지가 교대로 축적된 결과 생기는 진동형의 과도현상을 복 에너지 과도현상이라고 한다.

복조 (複調, demodulation) 변조에 대하여 복조가 있는데, 일반적으로 변조의 반대의 수단을 하는 것. 1차 변조에는 1차 복조를, 2차 변조에는 2차 복조를, 미분 변조에는 적분 복조를 또는 이 반대를 쓴다. 검파라고도 한다.

복조 감도 (複調感度, demodulation sensitivity) 《주파수 변조》 단위의 주파수 편이량의 변조를 받은 입력신호가 복조기에 주어졌을 때, 복조기 출력단에 얻어지는 복조신호의 레벨을 이른다.

注 복조기는 진폭변동 입력에 대하여서는 응동하지 않는 것이어야 한다.

복조기 (複調器, demodulator) 주로 단축파대에 의해서 전송된 주파수 대역에, 변조에 쓰인 주파수와 같은 반송파를 가하여 신호파를 얻는 장치이다. ⇨ 검파기.

복 프라이빗 뱅크 (複——, double private bank) 2선으로 된 1조의 와이퍼에 대하여 2개의 뱅크 접점을 대응시킨 프라이빗 뱅크를 말한다.

복합 관 (複合管, multiunit tube) 1개의 진공용기 속에 2조 이상의 전극계를 꾸며 넣은 전자관, 예를 들면 2극 5극관, 쌍 3극관 등이 있다.

복합 군 (複合群, composite group) 통신 선로의 복합군이란, 서로 다른 분포상수, 따라서 서로 다른 특성 임피던스 및 전파 상수를 갖는 여러 개의 선로가 임의로 접속된 것을 지칭한다.

복합 목표 (複合目標, complex target) 레이더에 있어서 레이더의 분해능보다도 작은 다수의 각 반사면이 집합하여 이루어지는 목표를 말한다.

복합 변조 (複合變調) (1) hybrid multiplex modulation 반송파를 진폭 변조와 위상 변조, 진폭 변조와 주파수 변조처럼 다른 변조 형식을 조합하여 다중 통신을 하는 방식. (2) composite modulation 둘 이상의 변조 작용을 조합해서 하는 것으로, 예를 들면 스크린 변조와 플레이트 변조를 동시에 하는 것을 말한다.

복합 사이클 발전 (複合——發電, combined cycle power generation) 증기 터빈과 더불어 가스 터빈을 설치한 화력 발전방식. 액화천연 가스(LNG) 등으로 우선 터빈을 운전하고, 가스 터빈에서 발생하는 고온 가스를 회수장치로 유도하고 그것으로 증기를 발생시켜 이번에는 증기 터빈을 운전한다. 이러한 복잡 발전으로 발전효율을 50% 정도로 높일 수 있는 동시에 다시 지역 냉난방 등의 조합으로 에너지를 유효하게 이용할 수 있기 때문에 로컬 에너지 개발의 중요한 한 방식이다. ⇨ 커뮤니티 발전, 로컬 에너지.

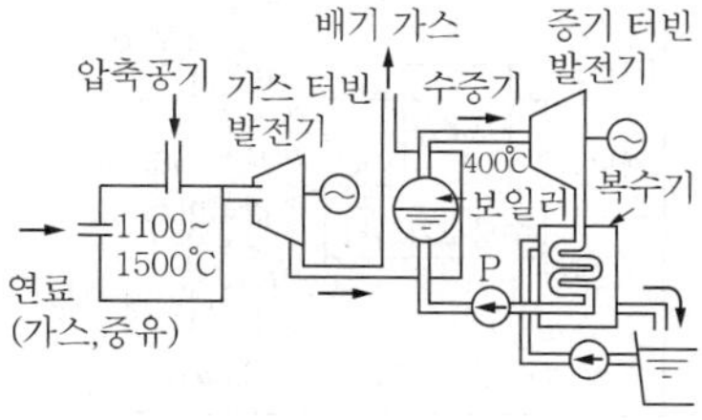

[복합 사이클 발전]

복합 스피커 (複合——, compound loudspeaker) 가청 주파수대를 고음부와 저음부로 나누어 각각 음역에 적합한 2종의 스피커를 갖춘 것을 이른다. 이것은 2개의 각각 다른 스피커로 구성되는 경우도 있으나 구동부분을 공통으로 하는 것도 있다. 전자의 것이 특성이 좋다.

복합 신호 (複合信號, composite signal) (1) 흑백 텔레비전 영상 신호에 수평 및 수직의 동기 신호, 귀선 소거 신호를 함께 하여 얻어진 복합 신호. (2) 복합 컬러 영상 신호를 이른다. (3) FM 스테레오에서, 주반송파를 변조하기 위한 복합 신호. 즉, 좌우 스테레오의 합 신호, 차 신호의 두 측파대, 파일럿 신호 및 SCA 신호를 이른다.

복합 신호기 (複合信號器, composite ringer) 시외 전화회선의 신호기로, 2,300 Hz 이외의 주파수를 억압용으로 사용하여 2,300 Hz에 동조시키는 신호기를 이른다. 증(增) 여파기의 원리를 사용한 것도 있다.

복합 음 (複合音, compound tone) ⇨ 합성 음.

복합 주 (複合柱, coupled pole) 2개의 목주를 조합하여 조립된 전주. 그 형에 따라 A주, H주, 井자형 등이 있다.

복합 컬러 영상신호 (複合——映像信號, composite color signal) 컬러 영상신호에 모든 귀선소거 및 동기화 신호를 가한 복합 신호로서, 휘도 신호, 크로미넌스 신호(I, Q 양 신호), 수직 및 수평 동기펄스, 수직 및 수평

ㅂ

귀선 소거펄스 및 컬러 버스트 신호에 의해 구성된다.

㈜ 상기한 복합 컬러 영상 신호에서 휘도신호, 크로미넌스 신호를 제외한 모든 신호를 복합 컬러 동기신호라고 한다.

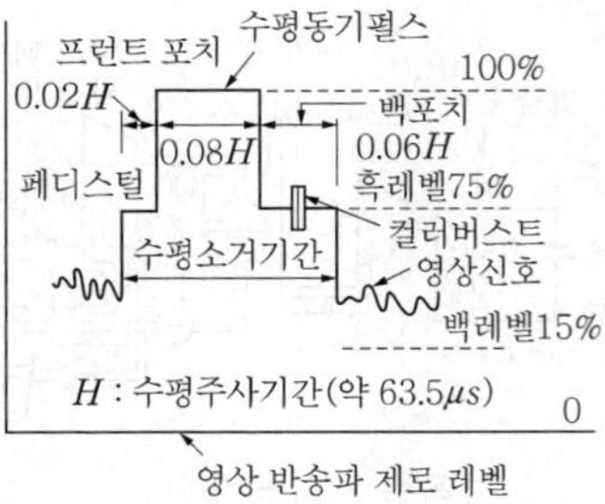

[복합 컬러 영상신호]

복합 케이블 (複合——, composite cable) 종류가 다른 심선 지름 또는 구조의 도체를 수용한 케이블을 말한다.

복합 필터 (複合——, composite filter) 1개 섹션의 필터로는 원하는 특성을 얻을 수 없는 경우, 여러 가지 특성을 갖는 섹션을 접속하여 목적을 이루도록 한다. 이와 같은 필터를 지칭한다. 예를 들면 정K형 섹션과 유도 M형 섹션을 조합하여 복합 필터를 만드는 경우, 각 섹션은 전달 상수(transfer constant)는 다르지만 특성 임피던스가 같게 되도록 접속하여 원하는 특성을 얻는다. ⇨ 정K형 필터(constant K type filter), 유도 M형 필터(derived M type filter).

복호기 (復號器, decoder) 펄스부호 변조방식(PCM)의 복조에 쓰이는 장치로, PCM 부호를 받으면 그에 상당하는 출력전압을 발생하는 것을 말한다. 일명 부호 해독기 또는 아군 식별 장치라고도 하며, 샤논랙식, 스미스식 등이 있다. ⇨ 펄스부호 변조(pulse code modulation(PCM)).

본드 (bond) 철도의 귀선 전류 또는 신호 전류를 흐르게 하는 레일의 어느 부분에 있어서, 그 전기 저항을 경감하기 위하여 별도로 전선을 가지고 이음매를 넘어 양 레일을 접속시켜 전류를 이 전선 속을 통하게 한다. 이 전선을 본드라고 한다.

본드 시험기 (——試驗器, (rail) bond tester) 본드의 전기 저항을 측정하는 계기이다.

본드 자석 (——磁石, bonded magnet) 희토류 코발트 자석의 하나로 $SmCO_5$ 등의 분말재를 플라스틱 등으로 고체화시킨 것. BH 에너지 밀도가 크고, 가공성도 좋다.

볼로미터 (bolometer) 온도 변화에 따라 전기 저항이 변화하는 것을 이용하여 열량을 측정하는 계기이다.

볼로미터 법 (——法, bolometric technique) 측정하고자 하는 미지의 RF 전력에 의해서 온도 민감한 저항소자(볼로미터) 내에 소비되는 전력과 같은 전력을, 그 같은 저항소자 안에서 소비하는 직류 또는 저주파 교류 전력을 측정함으로써 RF 전력을 측정하도록 한 측정기법 볼로미터는 보통 브리지 회로에 짜넣어 저항 변화를 고감도로 측정하도록 하고 있다.

볼로미터 브리지 (bolometer bridge) 볼로미터의 저항을 그 1변에 갖는 브리지 측정기로서, 평형형과 비평형형이 있다. 평형형은 측정하여야 할 마이크로파 전력이 부여되기 전과 주어진 뒤의 저항 변화를, 비교변에 부여하는 직류 바이어스 전력에 의해서 자동(또는 수동)으로 보상하여 브리지를 평성시키는 것으로, 바이어스 전력의 변화가 마이크로파 전력의 변화를 준다. 비평형형은 RF 전력을 흡수한 볼로미터의 저항 변화에 의한 브리지의 불평형 정도를 그대로 RF 전력의 척도로 한다.

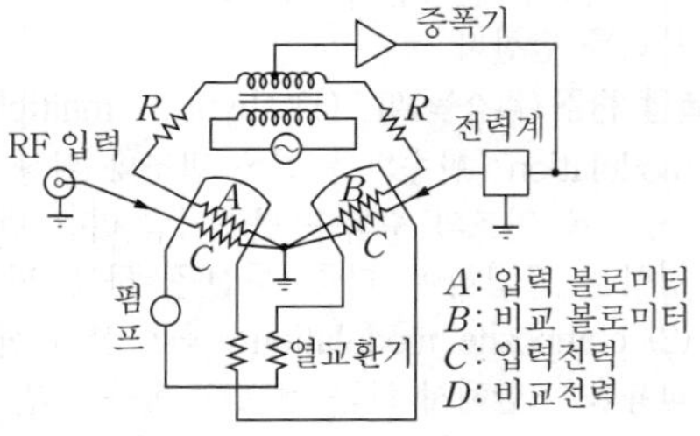

[볼로미터 브리지]

볼륨 (volume) (1) 전기회로의 복잡한 음성 주파수의 크기를 표준의 음량 지시계로 측정하여 구한 값을 이른다. 그리고 그 값은 음량 단위(VU)로 주어진다.

㈜ 음량이라고 하는 것은, 소리의 세기 혹은 전기 진동의 크기 모두를 의미하는 애매한

용어이다.
(2) 하나의 단위로 부착 혹은 제거되는 기억 매체. 예를 들면 자기 테이프 또는 디스크팩 등이다.

볼륨 유닛 (volume unit) 음성 전류(전압)의 단위를 이른다. 0 볼륨 유닛은 정류형 전압계에 있어서 내부저항 3,900 Ω이고 3,600 Ω의 외부 저항을 직렬로 접속하여 1.288 V(+4 dB)를 가했을 때 전체 눈금의 70%를 가리키는 점을 0볼륨 유닛(0 VU)으로 한다.

볼링 앨리 시험 (── 試驗, bowling alley test) 백열 전구 필라멘트의 기계적 강도를 시험하는 한 방법. 직경 3 cm 안팎의 유리로 된 공을 경사면을 따라 굴려서 그 말단 가까이에 놓인 전구를 맞춰 필라멘트의 단선을 검사하는 것. 경사면에는 전구와의 거리가 눈금으로 새겨져 있다.

볼 소켓형 (── 形, ball-and-socket type) 현수 애자형의 하나로, 애자를 연결한 부분의 쇠붙이 모양에서 이름 지어졌다. 명칭이다. ⇨ 클레비스형.

볼스터 (bolster) 《차량》 보기차에 있어서, 차량의 전 중량을 받치는 것을 볼스터라고 한다.

볼 애자 (── 碍子, ball insulator, globe insulator) 선을 서로 접속할 때 양자를 전기적으로 절연할 목적으로 사용하는 애자를 말한다.

볼 축받이 (── 軸受, ball bearing) 축과 고정자 부분 사이에 특수강으로 만든 볼을 배열하고, 이 볼의 굴림을 이용하여 정지 마찰 계수를 크게 경감한 축받이를 이른다. 볼의 배열은 단열과 복열이 있다. 기동, 정지를 빈번하게 하거나 가벼운 하중의 것에 적당하다.

볼타의 파일 (Voltaic pile) 볼타(1800년)가 서로 다른 금속 사이에 염류(鹽類) 용액을 삽입하면 이 두 종류의 금속 사이에 기전력이 생긴다는 것을 알았다. 이것을 볼타의 파일이라고 하며, 전지의 시초이다.

볼타 효과 (── 效果, Volta effect) 서로 다른 두 종류의 금속을 접촉시킨 다음 얼마 후에 떼어서 각각을 검사해 보면 + 및 −로 대전하는 것을 Volta가 발견하였으므로 이 현상을 볼타 효과라고 한다. 접촉에 의한 전위차는 두 도체의 형상과 크기에는 관계가 없으며 일정한 온도에 있어서는 두 도체의 종류에 따라 정해진다. 또 두 종류의 금속을 직접 또는 다른 금속을 사이에 두고 접촉시켜도 항상 그 사이에는 일정한 기전력이 발생한다.

볼트 (volt) 전위차의 실용 단위. 1 암페어의 일정한 전류가 흐르고 있는 도체의 두 점 사이에서 소비되는 전력이 1와트일 때 그 두 점 사이의 전위차가 1 볼트이다.

볼트 암페어 (voltampere) VA, 전압과 전류(모두 실용 단위)의 곱으로, 직류의 경우에는 전력의 단위(와트)와 같고, 교류의 경우는 피상 전력의 단위(바)와 같다. 이것을 1,000배로 한 킬로볼트 암페어 [kVA]가 일반적으로 쓰인다.

봄바더 (bombarder) 높은 에너지를 가진 입자 또는 광자의 흐름을 타깃에 충돌시켜 주는 것을 봄바더라고 하고, 그 효과는 다음과 같다. ① 고속 전자류를 이용하여 2차 전자를 방출시키거나 목적물을 가열시키고, 형광과 X선을 발생시키기도 한다. ② 전자 또는 그 밖의 고속 입자에 의해서 원자를 괴변시킨다. ③ 유도 가열을 이용하여 전극을 가열하고 불순물 가스를 증발시킨다.

봉인 장치 (封印裝置, sealing device) 검사 후 내부에 손을 대지 않게 하는 경우가 많은데 지시계기나 측정기류에서는 제조자 또는 시험소에서 납 등으로 봉인을 한다. 적산용 전기 계기에서는 법규에 따라 검사원이 검정 봉인을 하여 그 사용을 인정하고, 또 접속 단자반을 전력회사가 봉인하여 도용을 방지하기도 한다.

봉입 압력 (封入壓力, charged pressure) 《가스 케이블》 케이블에 충만된 가스가 가스 구간에서 평형상태가 되었을 때의 평균 압력을 규정하여, 이 압력을 봉입 압력이라고 한다. 보통 20℃에서 600 g/cm^{2}의 가스압을 쓰고 있다.

봉함 수은 정류기 (封緘水銀整流器, sealoff mercury-arc rectifier) ⇨ 수은정류기.

봉함용 콤파운드 (封緘用 ──, sealing compound) 아스팔트를 주성분으로 한 수지 및 식물유 등을 가해서 만든 고형물이며, 통신용 콘덴서 변성기 또는 초크의 봉합용으로 쓰이는 것을 말한다.

봉합 용접 (封合熔接, seam welding) 저항 용접의 한 방법. 롤러 전극 2개 사이에 금속판을 끼우고 전극을 서서히 돌리며 이동시켜서 용접한다.

부 (負, negative) ⇨ 음.

부가 시간 (附加時間, access time) 지연 기억 회로에 있어서는 입력, 판독의 경우, 용어의 최초의 위치가 돌아올 때까지 기다리지 않으면 안 된다. 이 대기 시간을 말한다.

부가 질량 (附加質量, additional mass) 진동판이 진동하면 그에 따라 매질 입자도 움직이므로 진동판은 실효적으로 무겁게 된다. 이 실효 질량과 진동판 자체의 질량의 차를 부가 질량이라고 한다. 모양이 간단한 진동판이 피스톤 운동을 할 때는 방사 리액턴스로 계산할 수 있다. 또한 수화기 등의 기계 상수를 측정할 때 공진 주파수를 변화시키기 위하여 진동판에 부가하는 기지 질량을 부가 질량이라고 하는 경우도 있다.

ㅂ

부 궤전선 (副饋電線, auxiliary feeder, sub-feeder) 《전기철도》 전기철도에 있어서 궤전선이 많이 있을 때 그 일부의 것을 전차선에 직결하여 궤전선(보조 궤전선)으로서 직접 접속하고 다른 것은 직결한 궤전선과 개폐기를 통해서 접속하고, 변전소는 여기에 전력을 보내는 경우가 있다. 이 경우 직결된 궤전선을 부 궤전선 또는 보조 궤전선이라고 한다.

부 궤전선 (負饋電線, negative feeder) ⇨ 부극 궤전선.

부 궤환 (負饋還, negative feedback, reverse feedback) 증폭기의 주파수 특성을 좋게 하고 또 잡음을 감소시키는 궤환 증폭법으로, H. Black이 발명한 것. 증폭기의 이득을 $\dot{\mu}$, 궤환율을 $\dot{\beta}$라고 하면, 궤환 증폭기의 이득 $\dot{A}$는 $\dot{A}=\dot{\mu}/(1-\dot{\mu}\dot{\beta})$로 주어진다. 충분히 $|\dot{\mu}\dot{\beta}| \gg 1$이면 $|\dot{A}|=|\dot{\beta}^{-1}|$이 되어 $\dot{\mu}$와는 관계가 없다. $Re(\dot{\mu}\dot{\beta})<0$을 부 궤환이라고 한다.

부 궤환선 (負饋還線, negative feeder, return feeder) 《전기철도》 단선식 전기철도에 있어서 차량으로부터의 전류를 통하는 주행 레일의 굵기가 충분하지 않을 때, 그 전류 전송을 돕기 위하여 변전소로부터 전선을 끌어내어 그것을 적당한 장소에서 레일에 접속하는 경우가 있다. 이 전선을 부 궤환선이라고 한다.

부극 궤전선 (負極饋電線, negative feeder) 전기 철도에 있어서, 전동기 전류의 귀선으로 주행 궤조를 이용하는데, 누설전류에 의한 전식의 영향을 경감하기 위하여 변전소의 부극에서 급전선을 끌어내어 그것을 주상에 가설하여 궤조의 각 점과 접속한 것을 말한다.

부 글로 (負――, negative glow) 글로 방전으로 음극 전면에 나타나는 광휘(光輝)부분. 음극과의 사이에는 크룩스 암부가 있으며 전자는 이 부분의 강한 전계로 가속되어 부 글로 부분에서 주된 전리와 여발(勵發)이 행하여진다.

부 급전선 (副給電線, auxiliary feeder) ⇨ 급전선.

부 단자 (負端子, negative terminal) ⇨ 음단자.

부담 (負擔, burden) 계기용 변성기의 2차 단자 사이에 접속된 부하로, 정격 2차 전류 또는 정격 2차 전압에의 볼트 암페어 출력으로 나타낸다. 정격 부담과 사용 부담이 있다.

부담 오차 (負擔誤差, loading error) 신호원 또는 트랜스 듀서가 그것에 접속된 부하에 의해서 받는 오차를 이른다. 부하 임피던스 범위 내의 임의의 지정된 부하 임피던스 범위 내의 임의의 지정된 부하에서의 출력과 출력단을 개방하였을 때의 출력의 차를 최대 출력의 백분율로 표현한다.

부도체 (不導體, non-conductor) 전기가 통하지 않는 물체를 말한다.

부동 (浮動, floating) 축전지를 그 기전력보다 약간 높은 전압으로 충전해 가면서 병렬로 전류를 출력하여 사용하는 것. 이것은 전원의 변동을 축전지가 흡수하여 언제나 일정한 전압을 부하에 가한다.

부동 구조 (浮動構造, floating construction) 방음실, 스튜디오 등에 외부에서 바닥, 벽

등의 구조물을 통해서 들어오는 고체음을 차단하기 위하여 방 전체를 스프링 또는 고무 등으로 받치는 구조를 이른다.

부동 바닥 (浮動 ——, floating floor) 음향 처리상 건축물 자체를 통하여 진입하는 음을 차단하기 위해서 외곽 건축물과의 고정점을 되도록 적게 하여 음향적으로 뜨게 만든 바닥을 이른다.

부동 반송파식 (浮動搬送波式, floating carrier system) 무선 전화 송신기에 있어서, 진폭변조를 하는 경우에 무변조시 및 변조가 얕은 부분의 반송파를 자동적으로 제한하는 방식이다. 그림과 같이 변조의 깊이에 따라서 반송파의 크기가 변화하여 변조도는 대체로 상당히 깊은 값으로 일정하게 된다. 이 방식에 따르면 변조파 중의 음성세력은 보통 방식과 하등 변함이 없으므로 전력은 경제적이고 또 반송파의 잡음도 감소하는 이점이 있다.

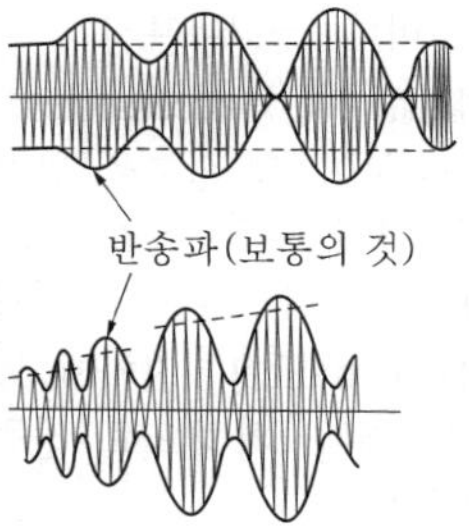

[부동 반송파식]

부동 소수점법 (浮動小數點法, floating point system) 수를 표현하는 경우, 2조의 숫자로 나타내어 그 1조로는 수열, 다른 1조로 기수점의 위치를 나타내는 방법. 이 후자의 수를 폭지수라고 한다. 만능형 계산기에서는 프로그래밍 작성상 고정 소수점법보다 유리하다.

부동 시간 (不動時間, dead time) 《자동제어》 입력 신호가 변화하고부터 출력 신호의 변화가 인정되기까지 경과하는 시간을 이른다.

부동 전지방식 (浮動電池方式, AC floating storage-battery system) 교류 전원과 축전지, 정류장치를 조합한 것으로, 축전지는 상시 충전되고, 동시에 부하장치를 동작시키기 위한 전류를 공급하고 있는 것을 말한다.

부동 접지 (浮動接地, floating ground) 트랜스 듀서 또는 측정장치에 있어서, 신호 회로 및 전원의 접지를 장치의 새시(프레임)에서 절연하는 것. 전원의 접지와 신호 회로의 접지도 보통은 접지한다.

부동 축전지 (浮動蓄電池, floating battery) 축전지를 충전용 기기와 병렬로 접속하고 축전지 1개당 2.15~2.25 V의 전압을 가하여 자기 방전을 보충할 정도의 작은 전류로 충전을 해서 언제나 충전상태를 유지한다. 그리고 상시의 작은 부하는 충전 기기에서, 일시적인 큰 부하는 축전지로부터 공급되게 한 것을 말한다.

부동태 (不動態, passive state, passivity) 금속 표면에 불용성 산화, 기타의 박막이 생성하여 침해를 받지 않게 된 상태를 이른다.

부등률 (不等率, diversity factor) 어떤 계통 또는 그 일부에서 개개의 최대 수용의 합, 그 계통 또는 일부의 합성 최대 수용에 대한 비를 이른다.

부 로브 (副 ——, minor lobe) 안테나의 지향성을 극좌표로 그리면 그림과 같이 여러 개의 열편(裂片)으로 된 도형이 얻어지는데, 이 중 주 로브 이외의 로브를 부 로브라고 한다.

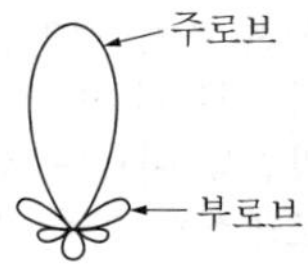

[부 로브]

부 바이어스 (負 ——, negative bias) 전자관의 동작점을 정하기 위하여 주로 신호전압을 가하는 제어 전극에 미리 가해 두는 마이너스 전압을 이른다.

부 반송파 (副搬送波, subcarrier) 다른 반송파를 변조하기 위한 변조파로 되는 반송파를 가리킨다. 즉, 신호에 의해서 변조된 부반송파가 다시 주 반송파를 변조하게 된다. 예를 들면 배(配) 컬러 텔레비전에서의 크로미넌스 부 반송파를 이른다.

부변조 (負變調, negative modulation) 텔레비전 전파의 변조에 있어서 어두운 부분의 전파가 강해지게 하는 변조법을 이른다.

부변조기 (副變調器, submodulator) 변조기의 앞 단에 있는 변조 주파(음성 또는 영상의)의 증폭기이다.

부변조 신호 전송 (負變調信號傳送, negative

transmission) 송신 출력의 진폭이 증가할 때 수상(受像)이 어두어지고 감소할 때 밝아지게 변조하는 것을 부변조라고 한다. 텔레비전 전송에서는 영상과 동기신호를 동일 반송파로 AM변조를 하는데 0~70%가 영상, 70~100%가 동기 신호로서 반송파를 100%로 변조하는 것을 가리킨다.

부분 공통 제어식 (部分共通制御式, partial common control system) 공통 제어식 자동 교환기에 있어서, 선택과 접속을 취급하는 기기를 여러 개의 계제(階梯)로 나누어 각 계제별로 선택과 접속장치의 동작을 제어하는 공통 장치를 두는 방식을 이른다.

부분 반사 (部分反射, partial reflection) 빛이나 전자파가 서로 다른 매질의 경계면이나 같은 매질이라도 그 성질이 급격히 변화하는 곳에서 부분적으로 반사되는 현상을 이른다.

ㅂ

부분 방전 (部分放電, partial discharge) 절연물 표면에서 고전계에 의한 부분적인 표면 방전 또는 절연물 내부에 존재하는 공극이나 기포에 발생하는 내부 방전 등의 부분 방전을 이르는 것으로, 여기서부터 전압 스트레스에 의한 절연물의 열화가 진전된다. 전기 집진장치 등에서 집진극에 모아지는 입자층의 저항률이 매우 높은 때에는 입자층 표면에서 방전극을 향하여 역 코로나 방전(역전리)이 발생하고, 전계강도가 강해지면 입자층 전면에서 역 이온이 방전극을 향하여 방출되어 입자 전하를 중화하여 집진 기능이 상실된다.

부분 부동 (部分浮動, partial floating) 축전지의 일부분을 발전기 또는 정류기와 병렬로 부동 접속으로 하고, 기타는 그대로 전원으로 사용하는 방법을 이른다.

부분 부하 (部分負荷, partial load) 정격 부하 미만의 부하를 이른다.

부분 음 (部分音, partial tone) 주파수가 서로 다른 둘 이상의 순음을 합성함으로써 생기는 소리를 합성 음이라 하고, 이 합성 음을 구성하는 하나 하나의 순음을 부분 음이라고 한다.

부분 장하 (部分裝荷, partial loading) 케이블의 전 회선이 아니고, 그 일부의 회선에만 장하하는 것을 이른다.

부분 표시 (部分表示, sector display) 레이더에 있어서 보통 사용되는 것으로, 레이더 전 사용 범위 중의 일부분에만 한정하여 그 정보를 표시하는 방식. 이 표시부분은 보통 선택이 자유롭다.

부 빔 (副 ——, side beam) 공중선에 있어서 주방향의 지향성 이외에 생기는 작은 빔을 이른다.

부산 전력 (副産電力, byproduct power) 발전을 전업으로 하지 않는 사업에서 부수적으로 생산하는 전력을 이른다.

부성 온도 특성 (負性溫度特性, negative temperature characteristic) 저항체의 온도가 상승하면 저항값이 감소하는 특성을 이른다.

부성 저항 (負性抵抗, negative resistance) $E=-RI$의 관계를 충족시키는 저항을 이른다. 위 식의 변수가 미분 형식을 갖는 경우도 있으며, 이것은 아크 및 다이너트론 특성과 같은 것이다. ⇨ 부 특성.

부속품 (附屬品) (1) accessories 전기 기기 본체에 부속하여 그 성능을 완전한 것으로 하는 부품. 예를 들면, 전동기의 벨트차 등. (2) fittings 기기에 붙이는 부품을 이른다.

부수차 (附隨車, trailer) 전차에 있어서 원동력의 설비가 없는 차량으로, 전동차와 결합되어 사용된다.

부 순차 (副順次, subroutine) ⇨ 상용 지령군.

부스터 (booster) ⇨ 승압기.

부스터 증폭기 (—— 增幅器, booster amplifier) 수신기나 증폭기 등에서 필요한 크기의 감도와 출력이 얻어지지 않을 때 그 앞이나 뒤에 부가하여 감도와 출력을 보상하기 위하여 쓰이는 증폭기. 줄여서 부스터라고도 한다.

부스터 회로 (—— 回路, booster circuit) (1) 자동 교환기에 있어서, 가입자 도수계를 동작시키는 경우 등, 순간적으로 국내 중계선의 제 3선의 전압을 승압하는 경우에 쓰이는 회로. (2) 3개의 권선으로 이루어지는 변압기와 송화기, 수화기 및 평형용 저항을 써서 송화기로부터의 전류가 수화기에 흐르지 않도록, 즉 측음이 생기지 않도록 변압기의 3개의 변압비를 택한 전화기의 회로로, 이러한 회로에서는 송화기에 의해서 생긴 전압은 변압기에 의하여 승압되어서 선로에 가해진다.

부식 (腐蝕, corrosion, etching) 금속이 화학적 또는 전기 화학적으로 용해 또는 녹이 슬어서 소모되는 것을 이른다.

부싱 (bushing) (1) 금속관 부속품의 하나로, 관 끝에 두어 전선의 인입, 인출을 하는 경우 전선의 절연물을 다치지 않게 하기 위하여 사용하는 것. 사용 장소에 따라서 금속제의 부싱과 절연성의 부싱이 있다. (2) 유입 변압기, 유입 차단기 등, 겉 케이스를 뚫고 도선을 통하는 경우에 사용하는 절연 물(보통 세라믹) 관을 이른다.

[부싱]

부싱 변류기 (—— 變流器, bushing current transformer) 1차 도체 및 1차 절연에 변압기나 차단기의 부싱을 이용하는 변류기이다.

부 여자기 (副勵磁機, subexciter) 발전기의 여자 전원으로 다른 여자기(주 여자기)를 사용하여 그 주 여자기의 여자전류를 별개의 자려 여자기로부터 공급하는 방식으로, 그 자려 여자기를 부 여자기라고 한다. 자동 전압조정기를 사용함에 있어 또 즉응 여자방식을 채용함에 있어서 효과가 있다.

부 원기 (副原器, substandard) 계량법에서는 미터 조약에 따른 미터 및 킬로그램의 원기에 의하여 제조된 것을 부 원기라고 한다.

부이 (buoy) 해저 케이블 공사에 사용하는 부표(浮漂)로, 부설 루트의 선정, 양륙 작업시의 연선(沿線), 케이블 끝의 확인 등을 위하여 사용된다.

부이 램프 (buoy lamp) 야간에 부표(浮漂)의 위치를 확인할 수 있도록 부표 위에 장치한 램프. 점멸 방식에 따라 여러 가지 형이 있다.

부이 로프 (buoy rope) 부이가 흘러가지 않도록 부이와 무거운 추 또는 해저 케이블을 잇는 로프. 보통 마닐라 로프가 사용된다.

부이 체인 (buoy chain) 부이가 흘러가지 않도록 부이와 무거운 추 또는 다른 구조물을 잇는 쇠사슬을 이른다.

부저항 (負抵抗, negative resistance) ⇨ 부성 저항.

부전기 (負電氣, negative electricity) ⇨ 음전기.

부정 (否定, negate) NOT 라는 논리동작을 하는 것. A를 어떤 논리적 스테이트먼트로 할 때 그 부정은 $\overline{A}$로 표현한다. A가 진실이면 $\overline{A}$는 거짓이고, A가 거짓이면 $\overline{A}$는 진실이다.

㊟ 이러한 부정논리는 전기적으로는 인버터로 구체화된다.

부정 곱 (否定積, NAND) (1) 《논리 연산》 A와 B가 2개의 논리 스테이트먼트라 하고, 이들의 부정 곱 NAND(A, B)는 적어도 한 쪽 스테이트먼트가 거짓일 때에 연산 결과는 양이다. 그리고 모든 스테이트먼트가 진실이면 연산 결과는 거짓이 된다. (2) 스위칭 회로에서 NAND 접속은 상개 접점을 가진 두 개의 스위치의 병렬 접속으로 주어진다. $\mathrm{NAND}(A,B)=\overline{A \cdot B}=\overline{A}+\overline{B}$이다.

부정시 전력량 (不定時電力量, secondary energy) 《수력 발전》 수력 발전소의 총발 전량에서 상시 전력량을 뺀 나머지 발전량을 이른다.

부정 오차 (不定誤差, variable error) ⇨ 우연 오차.

부정합 (不整合, mismatching) 전기 에너지의 전달 회로에서, 한 부분에서 다른 부분으로 옮길 때 전 에너지가 전달되지 않고 반사가 생기는 접속상태를 부정합이라고 한다.

부정합 (否定合, NOR) (1) 《논리 연산》 A, B가 2개의 논리스테이트먼트일 때, A NOR B라는 논리연산은 A, B 모두가 거짓이라면 진실이고, 적어도 하나가 참이면 거짓이다. (2) 스위칭 회로에서, 상폐 접점(常閉接点)을 가진 두 스위치 $\overline{A}, \overline{B}$를 직렬로 접속한 것. $\mathrm{NOR}(A, B)=\overline{A} \cdot \overline{B}=\overline{A+B}$이다.

부 조정실 (副調整室, studio control booth, studio control room) 연주실 옆에 차단음 유리창을 통하여 내부를 볼 수 있게 되어 있고, 음성, 영상 관계의 전기 기기를 갖추어 연주실에서 연주되는 프로그램을 전기적인 기술 조절을 하는 방을 이른다.

부족 보상 (不足補償, undercompensation) 예를 들면 적산 전력계에서, 위상 보상을 할 때 전압 자속과 전류 자속 사이의 위상각이 90° 보다 작은 것을 이르며, 부하 전류가 지상 전류일 때 계량의 오차는 마이너스가 된다.

부족 복권 발전기 (不足復捲發電機, under compound Generator) 복권 발전기에서 직권 자계의 기자력이 부족하기 때문에 정격 부하일 때의 단자 전압이 무부하 전압보다도 낮은 것을 말한다.

부족 부하 계전기 (不足負荷繼電器, underload relay) 부하가 예정값보다 낮아졌을 때 동작하는 계전기이다.

부족 여자 (不足勵磁, underexcitation) 정격 상태에 대한 여자 보다도 적은 여자를 이른다.

부족 전력 계전기 (不足電力繼電器, underpower relay) 예정한 전력 또는 그 이하의 전력으로 되었을 때 동작하는 계전기를 이른다.

ㅂ

부족 전류 계전기 (不足電流繼電器, undercurrent relay) 계전기를 통하는 전류값이 그 정정값(整定價)과 같거나 또는 그 이하가 되었을 때 동작하는 계전기를 이른다.

부족 전압 계전기 (不足電壓繼電器, under-voltage relay) 계전기에 걸리는 전압값이 그 정정값(整定價)과 같거나 또는 그 이하가 되었을 때 동작하는 계전기를 이른다.

부족 전압 보호 (不足電壓保護, undervoltage protection) 전압의 저하 또는 결손으로 동작하며, 주 회로에 대한 전력 공급을 차단하도록 하는 장치의 작용. 이 장치의 목적은 부하장치의 자동적인 재기동을 방지하는 데 있다. 약간의 전압 저하로는 동작하지 않도록 설계되어 있다.

부족 정류 (不足整流, under commutation) 직류기의 전압 정류인 경우에, 정류 전압이 직선 정류에 대하는 것 보다 현저하게 부족하여 이 때문에 단락 전류의 변화가 크게 늦어진 것을 부족 정류라 한다.

부주입 주 (不注入柱, untreated wood pole) 방부재를 사용하지 않은 목주(木柱)를 이른다.

부지 데시메일 (bougie decimale) 옛날 프랑스에서 사용되었던 광도 단위. 현재의 10 cd 와 거의 같다.

부착 계수 (附着係數, attachment coefficient) 상층 대기를 구성하는 질소와 산소는 태양의 자외선 등으로 자유전자와 이온으로 전리하는데, 전리에 의해서 생긴 자유전자는 다시 이온과 재결합하거나 중성분자 또는 원자에 부착하여 부 이온을 형성한다. 이 부착작용으로 생기는 이온 생성률 I는 단위 체적 중의 자유 전자수 N과의 사이에 Chapman의 이론에 의하면 다음과 같다. $I=dN/dt+\beta N$ 이 식에서 비례 상수를 부착 계수라고 한다.

부트스트랩 (bootstrap) 음극 결합의 하나로 캐소드 폴로를 써서 콘덴서를 정전류로 충전하여 직선 소인 전압을 얻는 회로이다.

부트스트랩 회로 (—— 回路, bootstrap circuit) 음극 결합회로의 일종. 보통 캐소드 폴로와 달리 그리드와 어스 사이에 입력 전압을 가하고, 1 이상의 이득이 얻어진다. 음극의 전자방사와 플레이트의 열손실에 대한 요구가 경감되는 특징이 있다.

부특성 (負特性, negative characteristic) 전압과 전류의 관계를 나타내는 특성의 기울기가 마이너스일 때, 즉 한 쪽이 증가하면 다른 쪽이 감소하는 특성을 말한다. 아크 방전에 있어서의 전압-전류 특성, 4극관에 있어서의 다이너트론 특성, 반도체 소자로서의 더블 베이스 다이오드, 4층 다이오드, 애자끼 다이오드 등이 있다.

부표준 (副標準, sub standard) ⇨ 2차 표준기.

부품 (部品, parts) 기기의 본체를 구성하는 부분품을 이른다.

부 PPI (副 ——, remote PPI) 레이더 장치에 있어서 주 PPI로부터 떨어진 지점에서 동시에 표시되는 PPI를 말한다.

부하 (負荷, load) 전력 또는 동력을 소비하는 것. 그 전력 또는 동력을 이르기도 한다.

부하 곡선 (負荷曲線, load curve) 부하의 시간적인 변동상태를 나타낸 곡선. 대부분의 경우 1일 동안의 시간적인 변동을 나타낸다.

부하선 (負荷線, load line) 부하 임피던스의 단자 간 전압이 부하 전류에 의해서 변화하는 관계를 나타낸 곡선. 전자관이나 트랜지스터의 특성 곡선상에 기입되고, 지정된 부하 임피던스에서 입력신호에 의해서 출력신호 전압이 어떻게 변화하는가를 도상에서 구할 수 있다.

부하 손(負荷損, load loss) 부하 전류에 따라서 증감하는 손실을 이른다.

부하시의 Q(負荷時──, loaded Q) 공진회로에 부하를 걸었을 때는 일반적으로 무부하일 때 보다 Q의 값이 저하한다. 이 상태의 Q를 이른다. 무부하의 Q를 Q_0, 부하시의 Q를 Q_L이라고 하면, $Q_L=1/Q_0+g/Q_{ext}$가 된다. Q_{ext}는 '외부의 Q'이고 g는 부하의 컨덕턴스이다.

부하시 전압 조정기(負荷時電壓調整器, on-load voltage regulator) 직렬 변압기와 전압조정 변압기 및 부하시 탭 전환장치를 결합한 것으로, 직렬 변압기의 전압조정 변압기와 부하시 탭 전압을 전환장치에 의해서 변화시켜 선로의 전압을 조정하는 목적에 사용되는 것을 말한다. LRA (load ratio adjuster)라고도 한다.

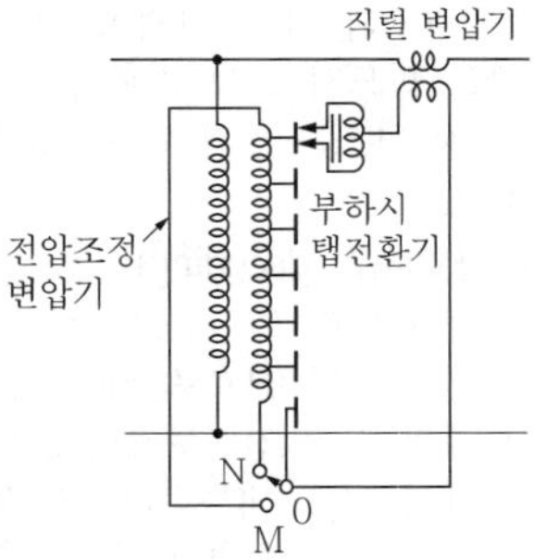

[부하시 전압 조정기]

부하시 전압 조정장치(負荷時電壓調整裝置, load-ratio adjuster, on-load voltage ratio adjuster) 부하상태에 있어서, 전압을 조정할 수 있는 장치를 이른다.

부하시 탭 전환장치(負荷時──轉換裝置, on-load tap changer) 변압기의 탭 전환을 부하 상태인 채로 할 수 있는 장치를 말한다.

부하시 탭 전환 변압기(負荷時──轉換變壓器, on-load tap changing transformer) 부하를 건 상태에서 탭의 전환을 할 수 있는 장치가 붙은 변압기를 이른다.

부하 시험(負荷試驗, load test) 부하를 걸어서 특성을 구하는 시험이다.

부하율(負荷率, load factor) 어떤 기간 중 부하의 평균과 최대의 비율. 보통 %로 나타낸다.

부하율 요금제(負荷率料金制, load factor rate schedule) 부하율에 따라 전력량 요금을 다르게 하는 것을 규정한 요금 규정이다.

부하 저항(負荷抵抗, load resistance) 부하로 사용하는 저항이다.

부하 전류(負荷電流, load current) 부하를 걸어 줌으로써 전기 기기에 흐르는 전류를 이른다.

부하 정합(負荷整合, load matching) 부하회로의 출력 임피던스를 조정하여 전원에서 부하로 공급되는 전력이 최대가 되도록 하는 것이다.

㊟ 최대 수수 조건은 전원 임피던스와 부하 임피던스가 공역(共役) 복소수의 관계를 만족시킬 때 얻어진다.

부하-주파수 조정(負荷-周波數調整, load-frequency control) 《전력계통》 규정된 지역 내의 발전기 출력을 계통 주파수의 변화 또는 연계선 부하의 크기에 따라 조정하는 것. 계통 주파수 또는 다른 지역 간의 전력 융통량을 소정 한도 이내로 유지하도록 하는 것이 목적이다.

㊟ 중기적인 경제적 견지에서 이루어지는 경제 장부하 배분법에 대하여 이 부하-주파수 조정(LFC)은 단시간의 수요 변동을 조정하기 위한 것이며, 구체적으로는 연계선 바이어스제어(TBC), 정 연락선 전력제어(FTC), 정주파수 제어(FFC) 등, 몇 가지 방법이 있다.

부하 중심(負荷中心, load center) 어떤 지역 내의 부하가 그 점에 집중하고 있다고 생각할 수 있는 점. 부하 중심에 변전소 또는 급전점을 설치하여 배전하면 전력량이 가장 적고, 혹은 각 부하의 전압이 가장 균일하게 된다.

부하 증가율(負荷增加率, rate of load growth) 전력 부하의 증가 비율이다.

부하 지속 곡선(負荷持續曲線, load duration curve) 어떤 기간 내의 부하를 시간적 순위에는 관계 없이 크기의 순으로 배열한 곡선도. 이와 같은 도표에서는 세로 눈금은 부하의 크기, 가로 눈금은 그 세로 눈금으로 나타내는 크기의 부하보다도 큰 부하가 나타나는 빈도를 나타내게 된다.

부하 특성 곡선 (負荷特性曲線, load characteristic curve) 직류 발전기, 동기 발전기에서 정격 속도로 부하 전류(동기 발전기의 경우는 역률도)를 일정하게 유지한 경우의 계자 건류와 단자 전압과의 관계를 나타내는 곡선을 말한다.

부하 포화곡선 (負荷飽和曲線, load saturation curve) 《회전기》 지정된 부하 전류에서 측정된 회전기의 포화곡선. 동기 발전기의 경우에는 이것을 정격 속도로 운전하고, 여기에 일정 역률, 일정 전류의 부하를 걸었을 때, 계자전류와 발전기 단자 간 전압의 관계로 주어진다.

㊟ 무부하 포화곡선과 영역률 전부하 포화곡선이 주어지면 그것으로부터 임의 역률의 전부하 포하는 도상에서 작도할 수 있다.

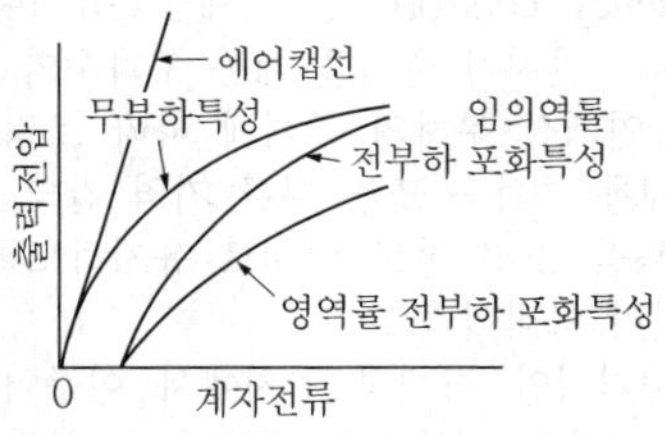

[부하 포화곡선]

부호 관 (符號管, pulse coding tube) PCM (pulse code modulation)의 부호화에 쓰이는 음극선관의 하나로, 전자빔의 통로에 2진 부호에 따른 창이 있는 차폐판을 두고, 부호화를 하는 것이다. 선상(線狀)빔을 써서 가로 세로로 편향하여 직렬 부호를 얻는 것과 판상(板狀) 빔을 써서 세로 방향으로만 편향하여 병렬 부호를 얻는 것이 있다. 또 부호화의 창의 배치에 따라서 보통 2진 부호 외에 교번 2진 부호를 얻을 수도 있다. ⇨ 펄스 부호 변조(pulse code modulation(PCM)).

부호기 (符號器, coder) 어떤 통신 내용을 전하는 신호를 어떤 형식의 부호로 변환하여 전송하기 위해서 그 신호를 부호로 변환하는 회로를 부호기라 한다.

부호 변환기 (符號變換機, signal converter) 부호 단위가 다른 두 통신회선을 접속하여 통신을 하기 위해서 사용하는 부호의 변환 장치. 5~6 단위 또는 모르스 부호-인쇄 부호, 현파 부호(現波符號)-모르스 부호 등의 변환기가 있다.

부호 수동 반사기 (符號受動反射器, coded passive reflector) 레이더 수신기에 지시를 나타내기 위하여 전파를 반사하는 것을 목적으로 하고, 또 미리 정해진 부호에 응하는 가변적 반사성을 가진 장치를 말한다.

부호의 단위 길이 (符號 — 單位長, unit duration of signal, unit length of signal) 단위의 길이는 일반적으로 ms로 나타낸다. 50보우의 속도인 경우 1단위 부호의 길이는 20 ms 이다. ⇨ 단위 부호.

부호 일그러짐 (符號 —, signal distortion) 전신 부호에 변환점(특성 순간)이 부호의 신축에 따라 변화 이동하는 것으로, 마진의 감소 또는 장해의 원인이 되는 것이다. CCITT에서는 변조의 유의 간격이 그 이론적 계속 시간을 반드시 모두 정확하게 가지고 있지 않을 때 변조는 전신 일그러짐을 받고 있다고 한다.

부호 해독 (符號解讀, decoding) (1) 부호의 종류와 수치에 따라 일정한 방식으로 부호화된 부호를 원래의 신호로 되돌리는 것을 말한다. 따라서 인쇄 전신부호나 모르스 부호를 보통의 문자로 되돌린다든지 PCM부호를 원래의 수치로 재현시키는 것을 말한다. (2) 많은 부호 중에서 일정한 부호만을 선별하여 보통의 신호로 되돌린다든지, 암호를 보통의 문자로 되돌리는 것을 말하는 경우도 있다.

부호 해독기 (符號解讀器, decoder) 《아군 식별장치》 아군 식별장치의 트랜스폰더 수신기부에서 영상신호를 선별하여 규정 부호에 대해서만 동작 신호를 보내는 장치를 지칭한다. ⇨ 트랜스폰더(transponder).

부호화한 프로그램 (符號化 —, coded program) 계수형 계산기를 써서 문제를 풀기 위해 순서지어진 절차를 부호화하여 만든 지령군을 뜻한다. ⇨ 프로그램.

부활 전극 (復活電極, keep alive electrode) 냉음극 방전관의 기동 전에 미리 전하를 공급하기 위한 보조 전극. TR관의 부활 전극을 특히 이그나이터라고 부르고 있다.

북극 (北極, north pole) 막대 자석의 중앙을 실로 매달아 자유로이 움직이게 했을 때 북쪽을 가리키는 극을 북극 또는 정극 또는 N극이라 하고, 남쪽을 가리키는 극을 남극 또는 부극 또는 S극이라고 한다. 자석이 가리키는 북은 지구의 북극 방향과는 약간의 차이가 있다.

북방 고정 도식 위치 지시기 (北方固定圖式位置指示器, north-stabilized) PPI 방위 고정 평면 위치 지시기에 있어서, 기준 방위를 북으로 한 것이다.

분광 광도계 (分光光度計, spectro photometer) 시험 광원과 표준 광원의 스펙트럼 강도를 비교하는 장치. 재료의 반사율, 투과율을 측정하는 데에도 쓰인다. 광원, 콜리미터, 모노크로미터, 측광기 등으로 되어 있다.

분광 분포 (分光分布, spectral distribution) 파장의 함수로서의 방사량 분광 분포 밀도. 보통 상대 분광 분포의 경우를 의미한다.

분광 투과율 (分光透過率, spectral transmittance) 특정한 파장 λ에서의, 혹은 λ와 $\lambda+\Delta\lambda$간의 좁은 파장 폭에서 입사속에 대한 투과속의 비를 이르는 것으로, 투과의 형태는 반구 투과, 확산 투과, 정 투과 등 모든 경우에 적용된다.

분광 특성 (分光特性, spectral characteristics) 파장과 기타 여러 가지 변수 간의 관계를 부여하는 것으로, 대부분은 특성도로서 표현된다. 예를 들면 음극선관의 형광면에서 방사되는 단위 파장 폭당의 방사 파워와 파장과의 관계 등이다.

분권 (分捲, shunt winding) ⇨ 분권 권선.

분권 권선 (分捲捲線, shunt winding) 복권기의 계자 권선 중 전기자와 병렬로 접속되어 이는 권선이다.

분권 발전기 (分捲發電機, shunt generator) 주계자(主界磁) 권선이 전기자 권선과 병렬로 접속되어 있는 구조의 발전기를 말한다.

분권 아크등 (分捲——燈, shunt wound arc lamp) 탄소 아크등의 기동, 전극의 공급, 조정등을 자동적으로 하기 위한 전자석이 아크에 병렬로 접속되어 있는 것으로, 정전압 회로용에 사용된다.

분권 전동기 (分捲電動機, shunt motor) 주계자(主界磁) 권선이 전기자 권선과 병렬로 접속되어 있는 구조의 전동기이다.

분권 코일 (分捲——, shunt coil) 복권기의 분권 계자 권선의 코일이다.

분권형 (分捲形, shunt-wound) 직류기에 있어서 여자가 전동기의 경우에는 전기자와 병렬로, 또 발전기의 경우에는 부하와 병렬로 접속된 권선에 의해서 주어지는 경우를 이른다. 여자 권선이 별개의 전원에 접속되는 경우도 이에 포함된다.

분극 (分極, polarization) (1) 유전체에 전계를 가하면 원자를 구성하는 음 양의 전하 또는 이온이 서로 반대 방향으로 변위하여 쌍극자 모멘트를 일으킨다. 이것이 분극이며, 그 종류로서는 이온 분극, 원자 분극, 전자 분극, 쌍극자 분극이 있다. (2) 전해시의 생성물로 인하여 극이 생기는 것을 분극 현상이라고 한다. 전극에 석출한 물질이 다시 이온이 되려는 경향 때문에 역기(逆起) 전력을 일으켜 단자 전압은 저하한다.

분극의 세기 (分極——, intensity of polarization) 유도체에 전압을 가하여 분극을 일으켰을 때 유전체의 단위 체적당의 모멘트를 분극의 세기라고 하며, 단위 체적 내의 전하와 전기 변위의 곱이다. 단위는 MKS 단위로 쿨롬/m^2이다.

분극제 (分極劑, polarizer) 《화학》 용액을 전해하면 전극에는 생성물이 집적되어 이온의 농담(濃淡)이 생겨 역기전력이 발생함으로써 전류를 저지하려고 한다. 이러한 작용을 촉진시키기 위하여 더하는 물질을 분극제라고 한다.

분기 (分岐) (1) branch 전선로를 간선으로부터 가지 모양으로 연장하는 것. (2) turnout point 철도 선로에 있어서 하나의 기본선에서 다른 선로가 갈라지는 것을 이른다.

분기선 (分岐線, branch line) 간선에서 분기된 선을 말한다.

분기 선로 (分岐線路, branch line) 철도 선로에 있어서 하나의 선로로부터 갈라진 선로를 말한다.

분기 소켓 (分岐——, current tap socket) 소켓의 본체에서 수구(受口)를 늘리기 위하여 엽에 수구를 한 개 더 낸 것을 말한다.

[분기 소켓]

분기 케이블 (分岐——, branch cable) 케이블 간선으로부터 가지 모양으로 연장된 케이블이다.

분기함 (分岐函, dividing box) 케이블의 분기선을 꺼내는 접속 상자이다.

분기 회로 (分岐回路, branch circuit) (1) 주회로에서 분기한 회로. ⇨ 주회로(main circuit), 지선(branch line). (2) 분기 보안 장치에서 부하에 이르는 사이의 전로(電路)이다.

분로 (分路, shunt(circuit)) 병렬회로의 한쪽 분기회로를 다른 회로에 대하여 분로라고 한다. 때로는 병렬회로 그 자체를 가리키는 경우도 있다. 가령 그림에서 보는 바와 같은 전류계 A에 흐르는 전류를 체감(遞減)할 목적으로 전류계의 저항 보다 훨씬 저항이 작은 저항 R을 전류계의 분로로 사용하는 경우 등이 있다. ⇨ 병렬회로(parallel circuit).

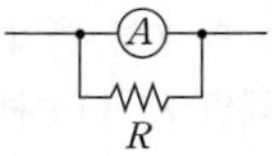

[분로]

분로 리액터 (分路——, shunt reactor) 장거리 송전선에서 송전선의 충전 전류를 없애기 위하여 송전단 또는 수전단에 설치하는 리액터이다.

분로 손 (分路損, shunt loss) 분로를 설치했기 때문에 생기는 손실이다. ⇨ 분로(shunt).

분로 저항 (分路抵抗, shunt resistance) 어떤 회로에 병렬로 접속되어 있는 저항기 또는 그 저항값을 이른다.

분로 콘덴서 (分路——, shunt capacitor) 어떤 전로에 흐르는 전류의 일부를 분류시키기 위하여 그 전로와 병렬로 접속한 콘덴서이다.

분류 가감기 (分流加減器, diverter) 전류가 통하고 있는 상태에서 분류기의 저항값을 변화시킬 수 있는 것을 말한다.

분류기 (分流器, shunt resistor) 전류계의 최대 눈금값을 초과하는 전류를 측정하기 위해 피측정 전류의 일정 비율만을 전류계에 흘리기 위하여 계기와 병렬로 사용하는 분로 저항을 이른다. 이 저항은 계기에 내장하는 경우와 밖에 부착하는 경우가 있다.

㈜ 분류기는 보통 4단자 구조를 하고 있으며, 그 중 2개는 전류 단자이고 나머지 2개는 전압 단자이다. 이처럼 단자를 나누는 것은 접촉저항, 열기권력 등으로 인한 오차의 도입을 방지하기 위해서이다.

분류 시험 (噴流試驗, jef test) 부식성 용액을 도금면에 분류시켜 도금층을 녹인 시간에 따라 도금의 두께를 측정하는 시험법이다.

분류 코일 (分流——, shunt coil) 어떤 회로에 병렬로 접속하여 그 회로의 전류의 일부를 분류시키기 위한 코일이다.

분류함 (分類函, shunt box) 전류계용의 분류기를 넣은 박스를 이른다.

분리 회로 기법 (分離回路記法, detached contact method) 전기 기기의 구성 요소, 예를 들면 하나의 계전기를 구성하는 권선이나 접점을 분리하여 나타내는 전기회로의 기법으로, 주로 전화 교환기의 회로도에 쓰인다.

분무 실드관 (噴霧——管, spray shield tube) 전극 구조를 외부와 정전적으로 실드하기 위하여 관구 바깥 면에 분무법에 의해서 금속 피막이 형성되어 있는 전자관. 분무되는 금속 재료로서는 알루미늄, 납, 아연, 구리 등이 쓰인다.

분배 밸브 (分配——, distributing valve) 수차의 안내 날개를 움직이기 위한 터보 모터의 압유(壓油)의 유입(流入)방향을 수차 속도에 따라 변화시키는 밸브이다.

분배점 (分配点, distribution point) (1) 《전화망》 로컬 라인망에서의 끝점으로, 여기서부터 가입자 댁으로 루프가 뻗어 있다. 미국에서는 ready access terminal이라고 한다. (2) 《CATV》 기간 네트워크(또는 헤드 엔드)로부터 가입자로의 분기 케이블 또는 지선 케이블(spur cable)로 신호를 공급하는 공급점을 이른다.

분산 (分散, dispersion) (1) 어떤 매질 속을 음파나 광파가 진행하는 속도가 파장 또는 진동수에 따라 변화하는 현상(예를 들면 빛의 분산, 소리의 분산). 일반적으로 유전율, 투자율, 탄성률 등의 물질 상수가 주파수에 따라 달라지는 현상을 말한다. (2) 1상(相)의 물질 속에 다른 물질이 미립상으로 되어 산재하는 현상을 이른다.

분상 (粉像, dust figure) 에보나이트와 같은 절연판 표면에 발생한 연면(沿面) 방전의 모양은 유황과 연단(鉛丹)의 분말을 부착한 상태로 알 수 있다. 백색 유황 분말은 양전하가 있는 곳에, 적색의 연단 분말은 음전하가 있는 곳에 부착한다. 분상은 건판 또는 필름을 사용하는 리히텐베르그상(像)과 더불어 대체적인 전압 최대값의 기록 도형을 얻는 방법으로서 이용된다.

분상 (分相, phase splitting) 1개의 상(相)에서 위상을 달리하는 두 가지 자속을 만드는 것이다.

분상기 (分相器, phase splitter) 1개의 상(相)에서 위상을 달리하는 두 가지 자속을 만드는 장치를 말한다.

분상 유도 전동기 (分相誘導電動機, split-phase induction motor) 단상 유도 전동기의 하나로, 평소 주 1차 권선 외에 보조 권선을 사용하여 이들에 의해서 회전 자계를 발생하게 하는 것. 단지 기동시에만 보조 권선을 사용하는 것은 분상기동 유도전동기라고 한다. 보통 두 권선은 90°의 전기각을 이루고 감기며 저항, 리액턴스의 차이에 따라 회전 자계를 발생한다.

분상 장치 (分相裝置, phase splitting device) 단상 전동기 또는 유도형 과전류 계전기에 있어서 저항, 콘덴서, 변류기 등에 의해서 가한 단상 전류를 불완전한 2상 전류로 변환하여 토크를 발생시킨다. 이러한 장치를 말한다.

분상형 (分相形, split-phase type) 1개의 상에서 위상을 달리하는 두 가지 자속을 만드는 방식을 이른다.

분석 도수계 (分析度數計, analysis meter) 자동 교환기의 실렉터 출선의 글레이딩군(群)에 있어서, 셀프마다 넘치는 호출을 분석 집계하기 위하여 각 셀프의 제11번 접점에 접속된 통계용 도수계이다.

분수 마력 전동기 (分數馬力電動機, fractional horse-power motor) 1마력 미만의 출력을 갖는 전동기이다.

분수 장하 코일 (分數裝荷──, fractional loading coil) 종단의 장하 간격 길이가 표준이 아닐 때 선로 임피던스를 정합할 목적으로 장하 선로의 종단에 규정 유도량 이외의 잔여 유도량을 부가하는데 사용하는 장하 코일이다.

분수 조파 (分數調波, fractional harmonic, subharmonic) ⇨ 저조파.

분수 증폭 정수관 (分數增幅定數管, fractional-mu tube) 증폭 상수 μ가 1보다 작은 3극으로, 개념적으로는 플레이트와 그리드를 치환한 것을 생각하면 되지만, 실제로는 그리드의 열에 대한 고려가 필요하다. 자려 발진기로 하면 그리드 회로에 고압의 직류 바이어스 전압이 얻어지므로 직류 변압기로서 이용 가치가 크다.

분수 홈 권선 (分數──捲線, fractional slot winding) 교류기 고정자 권선의 하나로, 1극 1상의 슬롯의 수가 정수가 아닌 것. 이 방식의 것은 기전력의 파형을 개선하는 효과가 있다.

분압계 (分壓計, potentiometer) 저항의 양단에 전압을 가하고, 그 한 끝과 저항의 도중에서 낸 단자 또는 저항 위를 슬라이딩 브러시 사이의 전압을 꺼내어 임의의 크기의 전압을 얻으려 하는 것을 말한다.

분압기 (分壓器, potential divider, voltage divider) 그림과 같이 저항기의 양 끝에 어떤 전압을 가하고, 그 도중에서 1개소 이상의 탭을 내어 전압 강하에 의한 탭과 한 끝과의 사이의 전압을 꺼내는 장치. 이것에는 고정 탭식, 다수 개의 탭을 내어 갖가지 다른 전압을 내게 하는 것, 또는 슬라이딩 접점을 써서 임의의 전압을 얻으려는 전위차계식 등 여러 종류가 있다. 저항기 대신 콘덴서 또는 리액터를 사용하는 방식도 있다.

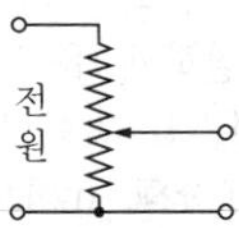

[접동 접점식 분압기]

분압기 전류 (分壓器電流, bleeder current) 분압기를 사용할 때 부하의 여하에 상관없이

ㅂ

분압기 속을 흐르고 있는 전류. 이 값이 부하에 요하는 전류에 비하여 클수록 부하의 대소에 따른 전압 변동률은 작아진다.

분압 함 (分壓函, volt box) 전위차계로서 표준 전지의 전압 (1.0183V 정도)보다 높은 전압을 측정할 때 피측정 전압을 분압하는 것을 가리킨다. 보통 1.500 V 이하이며, 비(比)가 정확하게 교정되어 있다.

분열 (分裂, fission) 원자핵이 대체로 같은 2개의 조각으로 나눌 수 있는 것. 일반적으로 분열과 거의 동시에 중성자와 γ선이 나온다.

분열 단면적 (分裂斷面績, fission cross section) 핵 분열이 일어나는 확률이다. ⇨ 흡수 단면적.

분열성 (分裂性, fissile, fissionable) 분열할 수 있다는 뜻이다.

ㅂ

분열성 물질 (分裂性物質, fissionable material) U^{233}, U^{235}, Pu^{239}와 같이 열중성자를 포획함으로써 분열하고 동시에 매우 강력한 에너지를 방출하는 물질이다.

분자 (分子, molecule) 원자의 집합체로, 화학물질로서는 최소의 단위로 믿어진다.
주 분자는 O_2나 H_2 처럼, 같은 종의 원자가 집합하여 구성되는 경우도 있고, H_2O, H_2SO_4처럼 종류가 다른 원자가 모여 구성되는 경우도 있다. 또 분자라는 개념은, 기체 또는 묽은 용액 안에서는 존재하지만 고체에서는 명확하게 지정하기가 어렵다.

분자 레이저 (分子 ——, molecular laser) 기체 분자(N_2, CO, CO_2, NH_3 등)를 활성 매질로 하는 레이저. 진공 자외에서 원적외에 이르는 넓은 파장 범위로 많은 종류의 분자 레이저가 있다.

분자로 계전기 (分磁路繼電器, shunt field relay) 무극 계전기의 자기회로에 분기 자로를 만들고, 그에 의한 자극과 주자로의 자극 작용으로 확실하게 유극 동작하게 하는 전자 유극 계전기를 말한다.

분자 분극 (分子分極, molecular polarization) 물질에 고유한 양으로, 물질이 정전장에 놓였을 때의 분극되기 쉬운 정도를 가리킨다. 지금 어떤 물질의 유전율을 ε, 분자량을 M, 밀도를 ρ라고 하면, 분자분극 P는 다음 식과 같다.

$$P=\frac{\varepsilon-1}{\varepsilon+2}\cdot\frac{M}{\rho}=\frac{4}{3}\pi N\left(\alpha+\frac{\mu^2}{3kT}\right)$$

여기서, N은 아보가드로수(數), α는 분자의 분극률, μ는 영구적 쌍극자 능률(무극성 물질에서는 $\mu=0$), k는 볼츠만 상수, T는 절대 온도. 이것으로 분자의 쌍극자 능률을 구할 수 있다.

분자빔 주파수 표준 (分子 —— 周波數標準, molecular-beam frequency standard) 주파수 표준장치의 하나로, 분자의 밀리미터파 공진 스펙트럼 선에 의해서 표준 주파수가 확립되도록 되어 있는 것을 이른다.

분자 일렉트로닉스 (分子 ——, molecular electronics) 단순히 전자기 현상 뿐만 아니라 빛, 열 등을 포함한 모든 물성 현상도 대상으로 하고, 그 이용을 고려하여 기능 블록을 실현하기 위한 기술 및 이론의 탐구. 이 기능 블록은 그 입·출력 특성만이 대응 전자회로의 그것과 등가이며, 블록 자체는 기능적으로나 공간 구조적으로도 전자 회로와는 전혀 다르다.

분전반 (分電盤, load center, panel board) 인입선이 가옥의 인입구에서 전력량계를 거쳐 인입되는 분전반을 이른다. 퓨즈반, 차단기반이라고도 한다(구조에 따라). 이 분전반에는 옥내의 모든 배선에 대한 주간(主幹) 개폐기와 여기서 분기하는 각 분기회로의 보호퓨즈, 배선 차단기 등이 설치된다.
주 110/220 V의 3선식의 경우에는 세 가닥의 체를 갖는 케이블로 인입 되는데, 그 중의 한 가닥은 중성 선으로서 분전반 내의 중성 모선에 접속된다. 중성 모선은 배전선의 접지점에 접속된다.

분젠 전지 (—— 電池, Bunsen cell) Bunsen에 의해서 발명된(1841년)전지로, 다음과 같은 구성으로 되어 있다. 양극은 카본, 음극은 아연, 전해액은 묽은 황산이고, 소극제로는 질산을 사용하고 있다. 기전력은 1.94 V이지만 사용하지 않을 때는 전극을 전해액으로부터 끌어내어 놓아야 하는 불편이 있어 오늘날에는 전혀 쓰이지 않는다.

분주기 (分周器, frequency demultiplier) 어떤 주파수에서 그 주파수와 정수비의 관계를 갖는 낮은 주파수를 꺼내는 장치. ⇐ 주파수 분할기.

분파기 (分波器, branching filter) 상이한 주파수의 전력을 주파수에 따라 분리 또는 합성하기 위해 사용되는 장치. 주파수 분할 다중 통신방식에 있어서 회선의 도중에서 일부 회선을 분기하거나 삽입하기 위해 분파기로서 통과대역(또는 저지대역)이 넓고 감쇠특성이 예민한 필터를 사용한다. RF대에서는 매직 T 등의 하이브리드 회로, 혹은 서큘레이터와 필터를 조합한 것 등이 사용된다. 분기 필터라고도 한다.

분포 계수 (分布係數, distribution factor) 분포권(分布捲)에서는 1상의 가전력은 각 코일에 유기하는 기전력의 대수 합(代數合)보다 작다. 이 작은 비율을 나타내는 계수.
분포권 계수 k_d= (각 코일의 기전력의 기하학적 합)/(각 코일의 기전력의 대수합)

$$k_d = \frac{\sin\frac{\pi}{2_m}}{n\sin\frac{\pi}{2_{mn}}}$$

m : 상수
n : 1극 1상의 슬롯 수
(상대 각 : $\pi/3$인 경우)

분포권 (分布捲, distributed winding) 슬롯이 붙은 전기 기기에 있어서, 1상대(一相帶)의 코일을 2개 이상의 슬롯으로 나누어 감는 권선방식. 직류기의 전기자 권선도 분포권의 일종이다. 그 계자 권선도 자극에 모아서 감지 않고 여러 개의 슬롯으로 나누어서 감은 경우는 역시 분포권이다.

분포 귀환형 레이저 (分布歸還形 ──, distributed feedback laser) 다발진형 레이저에 있어서, 하나의 파장만 빼내어 증폭하기는 매우 곤란하다. 분포 귀환형에서는 GaAs 등의 레이저 매질의 활성층이 주기적인 요철 구조를 가지고 있고, 그로부터 반사하는 반사 광파의 위상이 일치하여 하나의 파가 강화되도록 되어 있다.

분포 상수 (分布常數, distributed constant) 집중 상수에 상대되는 것으로, 송전선이나 통신선처럼 저항, 인덕턴스, 용량 등의 상수가 한 곳에 집중되어 있지 않고 선로를 따라 골고루 분포되어 존재하는 경우를 이른다. 따라서 분포 인덕턴스, 분포용량 등의 크기를 나타내는 데에도 단위 길이 당의 인덕턴스가 몇 마이크로 헨리라는 식으로 표현한다. 또 분포상수가 선로의 어떤 부분에서나 똑같은 것을 균등 분포상수라고 하고, 그렇지 않은 것을 불균등 분포상수라고 하는 경우도 있다. ⇨ 분포상수회로(distributed constant circuit), ⇔ 집중 상수.

분포 상수 회로 (分布常數回路, distributed con- stant circuit) 집중 상수회로에 상대되는 것으로, R, L, C 등의 상수가 한 곳에 모여 있지 않고 선로를 따라 골고루 분포되어 있는 회로. 가령 평행 2선식 선로에 있어서 단위 길이의 저항, 인덕턴스, 용량, 리액턴스를 각각 R, L, C, G라 하고, 수단(受端)으로부터 측정하여 거리 x가 되는 점에 선소(線素) d_x를 생각할 때, 전류 I에 의하여 d_x에 발생하는 전압 $-I(R+j\omega L)d_x$는 전압의 감소량 $-dV$와 같고, 또 이 부분의 선간 전류 $-V(G+j\omega C)d_x$는 $-dI$와 같으므로 이 두 관계에서 분포상수 선로의 기본식을 유도할 수 있다. ⇨ 분포상수(distributed constant), 집중 상수회로(lumped constant circuit).

분포 상수 회로 (分布常數回路, distributed parameter circuit) 인덕턴스 및 커패시턴스가 파장과 같은 정도인 물리적인 거리 전체에 걸쳐 분포되어 있다고 생각되는 회로. 기준점 x_1에서 x 방향으로 길게 뻗은 균일 선로상의 전압, 전류는 다음과 같은 식으로 주어진다. $V(x) = V(x_1)\cosh\gamma(x-x_1) - Z_0 I(x_1)\sinh\gamma(x-x_1)$, $I(x) = I(x_1)\cosh\gamma(x-x_1) - [V(x_1)/Z_0]\sinh\gamma(x-x_1)$ 여기서 γ는 선로의 전파상수, Z_0은 특성 임피던스로, 모두 선로의 분포 파라미터 및 파동의 주파수 함수이다.

분포 용량 (分布容量, distributed capacity) 한 곳에 집중되어 있지 않고 골고루 분포되어 있는 용량. 가령 송전선이나 통신선과 같은 분포상수 회로에 있어서, 용량이나 코일의 권선 간에 분포되어 있는 용량을 가리킨다. 또 안테나도 대지와의 사이에 형성되는 분포 용량에 의하여 변위 전류를 만든다. ⇨ 분포 상수 회로(distributed constant), 분포 인덕턴스(distributed inductance).

분포 인덕턴스 (分布 ──, distributed inductance) 송전선이나 통신선 같은 분포상수

선로 상에 형성되는 인덕턴스. ⇨ 분포상수(distributed constant), 분포 용량(distributed capacity).

분할관 (分割管, split pipe) 지하 관로가 절손된 경우 보강하기 위하여 사용하는 것으로, 형태는 관을 축방향으로 두 쪽으로 나눈 것인데 관로의 절손 부위를 상하로 끼워서 볼트로 조이도록 되어 있다.

분할 궤도 회로 (分割軌道回路, cut section) 계전기 동작의 안정도, 평소 조정의 난이(難易)등으로 1궤도 회로의 길이에는 제한이 있다. 그러므로 1폐색 구간이 그 이상으로 길 때에는 2개 또는 3개의 궤도회로로 분할하는 경우가 있다. 이것을 분할 궤도회로라고 한다.

분할극 회전 변류기 (分割極回轉變流機, split pole converter) 특수한 구조의 회전 변류기로, 주자극(主磁極)이 원주 방향으로 2개 또는 3개로 분할되어 있고, 여자 권선으로서 주권선 및 조정 권선을 가지며, 조정 권선의 여자방법으로 캡에 있어서의 자속밀도의 분포상태를 바꾸어 교류측 전압과 직류측 전압의 비를 바꾸는 구조의 것을 말한다.

분할 양극 (分割陽極, split anode) 자전관에 사용되는 양극의 구조에 관한 것으로, 2구분 이상으로 분할된 양극이다.

분할 양극 자전관 (分割陽極磁電管, split anode-magnetron) 원통을 축방향으로 여러 개로 분할하고 거기에 공진회로를 붙인 자전관이다.

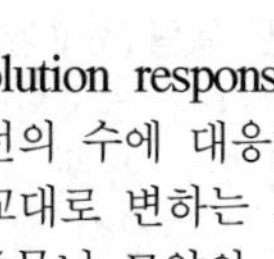

[분할 양극 자전관]

분해능 응답(分解能應答, resolution response) (1)《촬상 장치》 지정된 선의 수에 대응하는 상등한 너비의 흑, 백 교대로 변하는 세로의 막대로 만들어지는 줄무늬 모양의 테스트 패턴에 의해서 주어지는 p-p 출력신호 진폭과 테스트 패턴에서의 흑, 백 막대와 같은 휘도의 폭 넓은 흑, 백의 세로 막대에 의해서 주어지는 p-p 출력신호 진폭의 비.
㊟ 주사는 수명으로 이루어진다.
(2)《표시 장치》 그 반주기가 지정된 선의 굵기에 상당하는 방형과 테스트 신호에 의해서 p-p 출력 휘도와 이 신호와 같은 진폭으로 큰 면적의 흑과 큰 면적의 백을 발생하는 방형파 테스트 신호에 의해 발생하는 p-p 출력 휘도의 비.
㊟ 표시장치에서의 분해능 응답(비교적 선수가 많은 경우의)을 가리켜 더러는 세부대조(detail contrast)라고도 한다.

분해 시간 (分解時間, resolving time) 항행방식에 있어서 시간 측정에 의해서만 두 사상(事象)을 분리 식별할 수 있는 최소 시간 간격을 이른다.

분해 전압 (分解電壓, decomposition voltage) 실제로 전기 분해를 하기 위한 최소의 전압을 이르며, 이론상 필요로 하는 전압보다도 큰 값을 취한다. 전기 분해를 할 때 Pt를 양극으로 하여 전류와 전압의 그래프를 그리면 전류는 어떤 전압에 도달하면 급격히 흘러 나간다. 이 점의 전압을 분해 전압으로 한다. 강산(强酸 : 염산을 제외), 강산기(强酸基)의 1규정액 분해 전압은 모두 대개 1.7 V를 가리킨다.

불가시 방사 (不可視放射, invisible radiation) 전자파 내의 파장 약 400~700 mμ의 것은 시감(視感)이 생기고, 이 부분은 협의의 빛이지만 그 이외는 시감이 생기지 않으므로 불가시 방사이다. 빛에 가까운 것으로는 자외선 및 적외선이 있다.

불가시 방사선 (不可視放射線, invisible rays) ⇨ 불가시 방사.

불감대 (不感帶, blind sector) 레이더에 있어서 반사파가 입감하지 않는 구역을 이른다.

불감동 전류 (不感動電流, non-operating current) 계전기, 기타 전자 기구의 권선에 흘려도 기구가 동작을 시작하지 않는 전류 값을 이른다.

불감쇠 진동 (不減衰振動, undamped oscillation) ⇨ 지속 진동.

불감쇠 파 (不減衰波, undamped wave) 진폭이 시간과 더불어 감쇠하지 않는, 즉 일정 진폭을 지속하는 주파수를 이른다. 지속 진동과 같다.

불감 지대 (不感地帶, blind zone) 레이더에 있어서 반사파가 입감하지 않는 지역을 이른다.

불규칙 일그러짐 (不規則 ──, fortuitous distortion, irregular distortion) 잡음, 주파수 변동 등의 원인으로 전신 부호의 변환점(특성 순간)이 불규칙적으로 변동함으로써 생기는 일그러짐을 말한다. 규칙적이 아닌 우발적 원인에 의한 불규칙 동작 및 방해 등으로 인하여 일어난다. 일반적으로는 파두, 파미에 있어서의 이 변화를 $\Delta t_1, \Delta t_2$라고 하면 불규칙 일그러짐 ε는 $\varepsilon=\sqrt{\Delta t_1{}^2+\Delta t_2{}^2}\,/\tau_p$ (단, τ_p는 단점 시간으로 주어진다.)

불균등 반사 감쇠량 (不均等反射減衰量, structural return loss) 통신 회선에 있어서 통화 세력의 반사는 회선에 포함되어 증폭기, 변성기, 기타 각종 기기와 선로와의 접속점에 있어서의 임피던스의 부정합으로 기인하는 것이 대부분이지만 이밖에 선로 자체에서도 약간 일어난다. 이것은 선로의 구조가 길이의 방향을 따라 균일하지 않기 때문에 선로 내부에 있어서의 각 부의 임피던스에 불균등성을 일으키기 때문이다. 이와 같은 불균등성에 기인하는 반사 감쇠량을 불균등 반사 감쇠량이라고 한다.

불꽃 (spark) 불꽃 방전에 따르는 빛을 지칭한다. 불꽃 방전이라는 뜻으로도 쓰인다. 회전기에서는 정류자와 브러시 사이에 발생하는 불꽃을 이른다.

불꽃 갭 (spark gap) 불꽃 방전을 일으키게 하기 위하여 설치하는 전극의 갭을 이른다.

불꽃 구 (── 球, spark ball) 불꽃을 튀겨서 고전압의 크기를 측정하는 경우에 쓰는 구형(球形) 금속 전극이다.

불꽃 방전 (── 放電, spark discharge) 기체 내의 방전의 경우 전극 간의 전압이 어떤 값 이상으로 되면 전자나 이온의 충돌로 인하여 전리작용이 급격하게 일어나 갑자기 매우 큰 전류가 흐르게 되고 동시에 강한 소리와 빛을 동반하게 된다. 이것을 불꽃 방전이라 이르며, 예컨데 번개는 대규모의 불꽃 방전인 셈이다.

불꽃 소거 콘덴서 (── 消去 ──, spark quenching condenser) 접점 개폐시에 발생하는 에너지를 흡수하여 불꽃을 없애기 위해서 넣는 콘덴서를 이른다.

불꽃 연락 (── 連絡, spark-over) 불꽃이 한쪽 금속 전극에서 다른 금속 전극으로 절연물의 표면을 따라 연락하는 것을 이른다.

불꽃의 길이 (spark length, spark distance) 불꽃 방전을 일으키는 경우의 불꽃의 길이 또는 불꽃을 일으키는 전극 간의 최단 거리를 이른다.

불꽃의 뒤짐 (time lag of spark) 불꽃 갭에 불꽃 전압 이상의 전압을 가하여도 즉시 불꽃을 일으키지 않고 다소 시간적으로 지체가 생긴다. 이것이 불꽃의 뒤짐이다.

불꽃 저항 (── 抵抗, spark resistance) 양 전극 간에 불꽃이 발생한 상태에서의 전극 간의 전기 저항을 이른다.

불꽃 전압 (── 電壓, sparking voltage) 불꽃 방전을 일으키기 위하여 양 전극 간에 가하는 전위차이다. 또 직류기 정류자의 브러시에 불꽃을 발생시키는 전압을 이른다.

불꽃 지우개 (spark killer) 릴레이의 로컬 접점에는 인덕턴스를 포함하는 부하가 있을 경우 접점의 개폐에 따라 스파크를 발생하여 접점을 손상시키므로 C 및 R을 접점 사이에 삽입하여 불꽃을 없도록 하는 것을 이른다.

불량 대 (不良對, defective pair) 여러 가닥의 케이블을 제조하는 경우, 불과 1~2 가닥의 불량 때문에 그 케이블을 불합격품으로 하는 것은 비경제적이므로 어떤 일정한 수 이내라면 특성이 나쁜 가닥이 발생해도 문제시 하지 않기로 하고 있다. 이 불량 가닥의 율을 불량률이라고 한다.

불량 도체 (不良導體, bad conductor) 전기적으로 보아 전기를 잘 통하는 물질, 예를 들면 금속류와 전기를 거의 통하지 않는 절연체류의 중간에 있는 물질. 반도체와 같은 것도 이에 속한다.

불량 애자 (不良碍子, faulty insulator) 절연층에 균열 등이 생겨서 절연 능력이 떨어진 애자를 이른다.

불변 부하 (不變負荷, steady load) 발전기 부하의 경우에는 그 저항 또는 임피던스가 일정한 것. 전동기의 경우에는 그 토크가 일정한 것을 이른다.

불변 저항 (不變抵抗, constant resistance) 변

화하지 않은 저항, 즉 브리지 등에서 가변 저항변에 대한 불변 저항변 등을 이른다.

불변 회전 자계 (不變回轉磁界, constant rotating field) 대칭 다상 권선에 대칭 다상 전류를 가했을 때 생기는 회전자계를 이른다.

불소 수지 (弗素樹脂, fluororesin) 폴리에틸렌의 에틸렌 4개의 수소 모두 또는 3개의 수소가 플루오르로 치환된 것. 내열성, 내약품성이 뛰어나 절연 재료로 사용되고 있다. 불소 수지란 예전에 사용했던 용어이고 이제는 플루오르 수지라고 한다.
㈜ 테플론이라는 용어는 4플루오르 폴리에틸렌 수지의 상품명(du Font)이다.

불순물 (不純物, impurity) 《반도체》 반도체 내에서 도너 또는 억셉터가 될 수 있는 원자를 가리키기도 하지만 더 엄밀한 의미에서 다음과 같은 3종을 포함하고 있다. ① 결정을 구성하는 원소 이외의 다른 원자, ② 화합물에 있어서 화학량론적(化學量論的) 조성에 대하여 과 또는 부족 원자, ③ 정규 결정 격자점에 대하여 과 또는 부족 원자를 이른다.

불순물 반도체 (不純物半導體, extrinsic semiconductor) 전기적 성질이 불순물에 의해서 특정지어진 반도체. 외인성(外因性) 반도체라고도 한다. 불순물의 종류에 따라 p형과 n형의 두 종류가 가 있다. ⇨ p형 반도체(p-type semiconductor), n형 반도체(n-type semiconductor).

불안정 (不安定, unstable) 안정되지 못한 상에 있는 것을 이른다.

불연 (不燃, non-combustible, non-inflammable) 연소가 되지 않는 것을 이른다.

불연속 동작 (不連續動作, discontinuous action) 《자동제어》 제어 동작이 불연속적으로 행하여지는 것을 이른다.

불용성 양극 (不溶性陽極, insoluble anode) 전해시 전해액 중에 불용의 양극, 물전해(水電解)시 Ni, Fe, 크롬 도금시의 납 등, 백금, 카본, 흑연은 일반적인 불용성 양극이 된다.

불통 (不通, service interruption) 전신이나 전화 회선이 고장으로 인하여 통하지 않게 되는 것을 이른다.

불평등 전계 (不平等電界, non-uniform electric field) 전계 강도의 분포가 고르지 않은 전계. 예를 들면 침대(針對) 평판 전극이 만드는 전계와 같은 것을 이른다.

불평등 전자계 (不平等電磁界, non-uniform electromagnetic field) 전자계가 고르게 분포 되어 있지 않은 계(界)를 이른다.

불평형 (不平衡, unbalance) 전신에서는 2중 통신방식의 평형도 불량, 전화에서는 사이드톤의 불평형, 전송에서는 하이브리드의 불평형, 복조기의 반송파 누설 또는 무선의 보다스에 있어서의 반향 전류 등, 모두 이종회로(異種回路), 전송로의 접속에 있어서의 임피던스 불평형으로 인한 직선 또는 비직선적인 누신(漏信), 누화, 잡음 또는 반향을 총칭한다.

불평형 변조기 (不平衡變調器, unbalanced modulator) 반송파의 반 사이클마다 신호의 감쇠가 동일하지 않는 변조기를 이른다.

불평형 부하 (不平衡負荷, unbalanced load) 다상 회로에서 각 상의 부하가 같지 않은 경우를 말한다. 푸시풀 증폭기 등에 있어서도 각 진공관의 부하가 같지 않은 경우를 이른다.

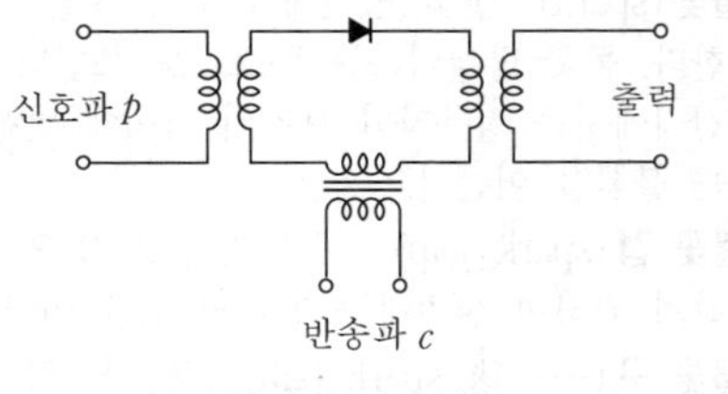

[불평형 변조기]

불평형 회로 (不平衡回路, unbalanced circuit) 송전선이나 통신선 등에서 대지에 대한 정전 용량의 평형이 잡히지 않은 선로 또는 회로를 지칭한다. 병행 선로를 평형 선로라고 이르는 데 대해서, 동축 선로를 불평형 선로라고 하는 경우도 있다. 브리지 회로로 측정을 할 때 인체효과나 표유 용량으로 평형이 잡히지 않는 경우를 말하기도 한다. ⇨ 표유 용량(stray capacity).

불평형 회로용 계기 (不平衡回路用計器, unbalanced-load meter) 다상 회로에 있어서 각 상의 부하가 불평형이라도 이론상 사용할 수 있는 원리의 계기를 이른다.

불포화 전지 (不飽和電池, unsaturated cell) ⇨ 불포화 표준 전지.

불포화 표준 전지 (不飽和標準電池, unsaturated standard cell) 전해액을 불포화로 한 카드뮴 전지로서, 액 중의 $CdSO_4$의 양은 4℃에서 포화할 수 있게 만든 것으로, 포화형에 비해서 기전력의 안정도가 약간 떨어지지만 온도계수가 거의 0이고, 언제나 1.0186 V이다.

불활성 가스 (不活性——, inert gas) 화학작용을 일으키지 않는 가스. 예를 들면 헬륨, 아르곤, 네온 등을 이른다.

붓츠홀츠 계전기 (——繼電器, Buchholtz's relay) 유입형(油入形) 변압기의 탱크 속에 발생한 가스의 양 및 유동에 의해서 작동하는 계전기로, 권선 단락, 철심 고정 볼트의 절연 열화, 탭 전환기의 고장 등을 검출하는 데 쓰인다.

붕괴 (崩壞, radioactive decay) (1) 원자핵이 α, β 또는 γ선 등을 방출하여 다른 원소의 원자핵으로 바뀌는 현상을 붕괴라고 한다. (2) disintegration (1)의 방사성의 붕괴 외에 고 에너지 입자의 충돌로 일어나는 핵의 변화(induced disintegration)도 포함된다.

붕괴 생성물 (崩壞生成物, daughter, decay product) 방사성의 원자핵이 붕괴하여 생긴 핵을 말한다. 붕괴 전의 물질을 parent, 붕괴 후의 생성물을 daughter라고도 한다.

붕규산 유리 (硼珪酸——, bore-silicated glass) 붕산(B_2O_2), 규산(SiO_2)을 주성분으로 하는 유리. 파이렉스 유리, 텔렉스 유리는 이에 속한다. 전기적 성질은 일반 유리 중 가장 좋고, 팽창계수는 작다. 무선 기기의 절연용 부품, 기타 애자에 쓰인다.

뷰겔 (bow collector, collecting bow) 집전하기 위해서 가선과 접촉시키는 부분이 활 모양으로 된 전차 집전장치를 이른다.

뷰잉 후드 (viewing hood) 브라운관에 덮개를 씌워서 외부로부터의 빛을 차단하여 브라운관 상의 영상을 보기 쉽게 하는 것을 이른다.

브라운관(CRT) (——管, Braun tube, cathode-ray tube) 전자총에서 나온 전자빔을 형광막에 대어서 광점을 만들고, 편향판 또는 편향 코일에 의해 전계적 또는 자계적으로 이 전자빔을 편향시켜 그에 응한 광점의 궤적을 관측할 수 있게 한 전자관. 측정용, 텔레비전용, 레이더용 등 각종 브라운관이 있다. 독일의 물리 학자 K. F. Braun의 발명으로 이 명칭이 붙었다.

브라운 안테나 (Brown antenna) 그림과 같이 동축 궤전선의 중심 도체를 그대로 1/4 파장 늘여서 반사체로 하고, 그밖에 2~4 줄의 1/4파장의 지선을 설치한 안테나. 주로 초단파에 쓰이며, 무지향성으로 비교적 폭이 넓은 주파수 특성을 가지고 있다.

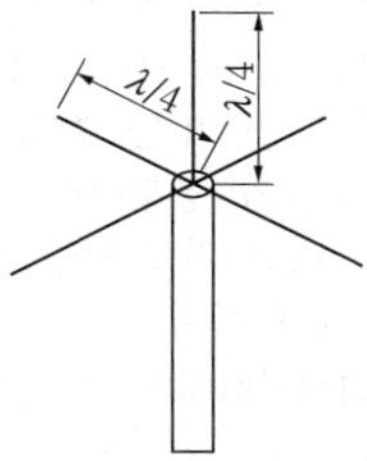

[브라운 안테나]

브라이들 링 (bridle ring) 나선 상태의 전선을 배선함에 끌어들일 때 고무선에 의해서 완목 및 전주를 따라 흩어지지 않게 배선하기 위하여 링을 붙여서 그 속을 통하게 한다.

브라인 (brine) 열을 운반하는 매체로, 증발기를 통하는 냉매에 의해 냉각되어 피 냉각물에 냉동효과를 전달하는 부동액이다. 염화 칼슘 수용액 등이 사용된다.

㈜ 프레온 가스 같은 냉매와는 달리 잠열 형태로 열을 이동시키는 것이 아니라 현열 형태로 이동시키므로 상태 변화는 수반하지 않는다.

브래킷 (bracket, insulator bracket) (1) 축받이 브래킷, 브러시 보전기 홀더 브래킷처럼, 기계의 틀 측면에 장치한 돌출된 부분으로, 각각 축받이 또는 브러시 홀더를 지지하는 것. (2) bracket arm 선을 적당한 높이 간격으로 가섭(架涉)하기 위하여 전주에 장치하는 횡목, 금속제의 횡판 또는 애자를 전주 또는 건축물 등에 설치할 때 사용하는 금속제의 쇠장식. (3) wall lamp 벽, 기둥 등 연직면에 장치하는 조명 기구를 이른다.

브래킷 베어링 (bracket bearing) 회전기의 틀에서 축방향으로 나온 브래킷에 장치한 축받이를 말한다. 중용량 이하의 것에는 주로 이 축받이가 사용된다.

브래킷 신호기 (——信號機, bracket signal) 철도의 신호기를 설치할 때 그 위치의 지형,

ㅂ

전망, 소속 선로의 상태 등에 따라 전망이 좋도록 브래킷 위에 설치된 신호기를 이른다.

브래킷 패널 (bracket panel) 병렬 배전반의 바깥쪽 위에 설치된 소형의 패널로, 계기류가 설치되어 있다.

브래킷 현수 (—— 懸垂, bracket suspension) 전기철도에 있어서 트롤리선의 조가(吊架) 방법의 하나로, 복선 궤도의 중앙에 세운 센터 폴 또는 궤도의 한 쪽에 세운 측주(側柱)의 상부에서 궤도 위 기둥에 직각으로 내민 가로대에 트롤리선을 조가하는 방법을 이른다.

브러시 (brush) 회전자와 외부 회로 사이에 통전하기 위하여 정류자 또는 슬립 링의 표면 상에 장치하는 것. 탄소질, 흑연질, 금속 흑연질, 금속질의 구별이 있다.

브러시 기울기 (brush inclination) 회전 전기 기기에 있어서 브러시를 정류자 또는 슬립링에 장치하는 경우에 브러시의 중심 선과 중심선의 정류자 등에 접하는 점에 있어서의 법선(法線)과의 사이의 각도. 0°, 15°, 20°, 37°. 슬립 링의 경우는 0°가 많고 정류자의 경우는 가역 회전일 때는 0°또는 15°가 적당하다. 0~20°까지의 경우는 브러시의 정류자면과의 사이의 각도의 둔각쪽에서 예각쪽으로, 37°일 때는 그 반대 방향으로 회전하는 것이 바람직하다.

브러시 마찰손 (—— 摩擦損, brush friction loss) 회전 전기 기기에 있어서 브러시와 정류자 또는 슬립 링 사이의 마찰로 인한 손실 $W=9.81\mu vpF$[W] 여기서, μ : 마찰 계수, v : 주변속도 [m/s], F : 브러시의 면적 [cm^2], p : 브러시의 압력 [kgw/cm^2].

브러시 방전 (—— 放電, brush discharge) 코로나 방전의 하나로, 가는 발광 선조의 신전(伸展)반복으로 되어 있다. 이 발광 선조를 스트리머라고 한다.

브러시 앞선 각 (—— 角, brush-lead) 정류자 면상에 브러시를 설치하는 경우에, 기계적 중성측에서 회전방향으로 벗어나게 한 양(각도 또는 정류자 편수로 나타낸다)을 이른다.

브러시의 후퇴 (—— 後退, backward brush-lead, negative brush-lead) 정류자 면상에 브러시를 설치하는 경우에 기계적 중성측으로부터 회전 반대 방향으로 벗어나게 한 양을 이른다.

브러시 저항손 (—— 抵抗損, brush resistance loss) ⇨ 브러시 접촉손.

브러시 접촉손 (—— 接觸損, brush contact loss) 회전 전기 기기에 사용하는 브러시의 접촉 저항으로 인한 전기손. 이것은 실측이 곤란한데 일반적으로 다음과 같이 정한다. 탄소 또는 흑연질 브러시에서는 한 쌍의 +, −의 브러시에 대하여 $2\times I$[W]. 여기서 I는 전류[A]. 금속 흑연질 브러시에서도 마찬가지로 $(1/2)\times I$[W]이다.

브러시 홀더 (brush holder) 회전 전기 기기에 있어서 브러시를 정류자 또는 슬립 링 표면의 적당한 위치에 장치하여 적당한 압력으로 그의 면에 접촉하도록 하기 위하여 마련하는 장치로, 브러시가 들어가는 상자와 스프링 및 스프링 조절기구를 갖추고 있는 것을 이른다.

브레이싱 (bracing) 보강을 위하여 수직재 또는 수평재로 비스듬히 붙여지는 재료이다.

브레이스 (brace) 구조물 등에 사용하는 지주, 철근 등을 이른다.

브레이크 (brake) 기계의 운동을 멈추거나 또는 속도를 완화하기 위하여 쓰이는 장치를 이른다.

브레이크 관 (—— 管, brake pipe) 공기 브레이크에 있어서, 차량의 제동작용을 관통시키기 위하여 마련된 공기 관을 이른다.

브레이크 마력 (—— 馬力, brake horsepower) 회전 기기의 축단에 발생하는 유효 마력이다.

브레이크-메이크 접점 (—— 接点, breake-(before) make contacts, BBM contact) 조합 접점으로, 하나의 접점이 상대쪽 접점에서 열린 뒤에 제3의 접점에 닫치도록 되어 있는 것. 트랜스퍼 접점과 같다. ⇨ 메이크-브레이크 접점.

브레이크 밸브 (brake valve) 열차 또는 차량의 브레이크를 기관사 또는 운전사가 조종하기 위하여 기관차 기타의 동력차에 설치하여 압력공기의 공급 배제를 가감할 수 있는 것을 이른다.

브레이크 슈 (brake shoe) 회전체의 브레이크

호일, 회전축 등에 밀어 붙여서 제동효과를 발생하게 하는 제동장치의 부분을 이른다.

브레이크 실린더 (brake cylinder) 동력을 이용하는 제동장치에 있어서, 그 제동력의 근본이 되는 공기압으로 피스톤을 동작시키는 장치이다.

브레이크 인 (break-in) 모르스 통신에 있어서 단점과 장점의 간격 또는 각 단어의 간격시에 있어서는 송신기에서 전파를 발사하지 않으므로 그 사이 수신기는 다른 입력신호를 수신할 수 있다. 따라서 수신기를 언제나 동작 상태로 두면 수신자가 잘못 들었을 때에는 자기의 송신 전건을 두드려서 상대방에 신호를 보내도록 하면 상대방은 이것을 수신하여 그 부분을 반복 송신할 수 있으므로 보통의 방법과 같이 전문 종료까지 반복 정정을 기다릴 필요가 없어 능률적인 통신을 할 수 있는데, 이러한 방식을 말한다.

브레이크 접점 (── 接點, break contact) 동작하지 않을 때 닫혀 있고, 동작하면 열리는 접점 조합을 이른다.

브레이킹 토크 (breaking-torque) ⇨ 제동토크.

브레이톤 사이클 방식 (── 方式, Brayton cycle system) 원자력 발전방식인데, 발전 사이클을 통해서 열전달 매체가 가스체 그대로 존재하는 것. 터빈을 나온 냉각 가스는 열교환기와 방열기를 지나면서 더욱 냉각되고 또한 압축되어 원자로로 보내지고 거기서 재열된다.

㊟ 가스 터빈은 압축기, 연소기, 터빈 및 열교환기로 구성되며, 작동 유체가 계 밖에서 투입되어 계 밖으로 방출되는 개방형과 계 안에 가두어지는 밀폐형이 있다. 사이클은 두 정압(가열 · 냉각) 변화와 두 단열(압축 · 팽창) 변화로 되어 있다.

브루스터 각 (── 角, Brewster's angle) 굴절률의 비가 n인 서로 다른 두 균등 매질의 경계면에 $\tan\theta=n$인 입사각 θ로 입사하는 평면 전자파의 반사파는 완전히 입사면에 수직인 직선 편파가 되고, 또 반사파와 굴절파는 서로 수직인 방향으로 진행하게 된다. 이와 같은 광학적 현상은 1815년에 Brewster에 의해서 발견되었으므로 이 입사각 θ를 브루스터 각 또는 편광 각(polarizing angle)이라 한다. 굴절률이 1.57인 유리의 편광각은 약 57.5°이다.

브리지 (bridge) 회로망의 일종. 하나의 분기에 기전력이 있고 다른 분기에 검전기가 있을 때, 또 다른 분기회로의 전기 상수를 적당히 가감하여 검전기의 지시를 0으로 할 수 있다. 이 경우 완전히 평형하고 있을 때는 기전력과 검전기를 바꾸어도 검전기의 지시는 0을 나타내어 평형이 무너지지 않는다. 저항, 용량, 인덕턴스 등의 측정, 기타에 널리 쓰인다. ⇨ 브리지 회로.

브리지 메거 (bridge megger) 절연 저항계에 휘트스톤 브리지의 비례변과 가감 저항변을 내장시켜 전환 스위치로 발전기를 브리지의 전원, 지시계를 검전기로 사용하여 0.01Ω정도까지의 낮은 저항값을 측정할 수 있게 한 것. 가감 저항기의 부분은 외부에서 부가하는 것도 있다. 또한 발전기의 전압도 낮은 전압, 예를 들면 100V로 전환할 수 있다.

브리지법 (── 法, bridge method) 브리지 회로를 써서 전기량을 측정하는 방법이다.

브리지 와이퍼 (bridge wiper) 뱅크 접점 위를 슬라이딩하는 경우에 인접하는 뱅크 접점 간을 교락하면서 나가는 구조의 와이퍼이다.

브리지 2중 (── 二重, bridge duplex) 휘트스톤 브리지 회로의 한쪽 암 소자를 전신 선로에 접속시키고, 송신 전신 전류에 대하여 평형을 잡고, 수신 전류에 대해서는 브리지의 등전위 단자에 삽입한 수신기를 동작시키는 동시 송수신 방식이다. 일반적으로 해저 전신 회로에 사용된다.

브리지 접속 (── 接續, bridge connection) 브리지 회로의 결선을 이른다.

브리지 정류기 (── 整流器, bridge rectifier) 4개의 소자를 브리지형으로 접속한 전파(全波) 정류기를 이른다. 마주 보는 한 쌍의 접속점에 교류 전압을 인가했을 때 다른 또 한 쌍의 마주 보는 접속점에서 직류 전압을 이끌어 낼 수 있다.

브리지 콘덴서 (bridging-condenser) 고주파를 통하기 어려운 코일이라든가 저항기에 고주파를 통할 목적으로 병렬로 접속한 콘덴서이다.

ㅂ

브리지형 계전기 (── 形繼電器, bridge-type relay) 영구 자석에 의한 자속을 접극자 공극에 주는데, 영구 자석으로 공극을 교락하여 행하는 브리지형 자기회로 구성의 유극 계전기를 이른다.

브리지형 수정 발진기 (── 形水晶發振器, bridge stabilized quartzoscillator) 그림과 같이 증폭기 출력의 일부가 브리지를 통해서 정귀환된 구조의 발진기. 브리지의 한 변에는 수정 발진자, 그 마주 보는 변에는 비직선 저항(백열 전구)이 사용된다. 수정 진동자가 공진하고 있을 때는 브리지의 입력과 출력 사이의 위상차는 180°가 된다. 비직선 저항은 브리지를 자동적으로 평형시켜 진폭 제한을 한다.

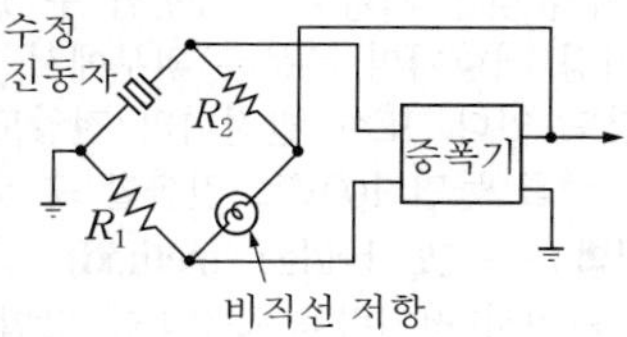

[브리지형 수정 발전기]

브리지 회로 (── 回路, bridge circuit) (1) 4개의 임피던스를 마름모 꼴로 접속하고, 마주 보는 코너를 전원 분기와 검출기 분기로 브리지한 회로. 브리지가 평형되면 검출기 분기에 전류가 흐르지 않는다.

(2) 변압기 2차 회로의 두 부분(1차 권선을 1로 했을 때 각각 n_1, n_2)에 임피던스 L, N을 그림과 같이 접속한 회로. 브리지가 평형되면 그림의 M 분기에는 전류가 흐르지 않는다.

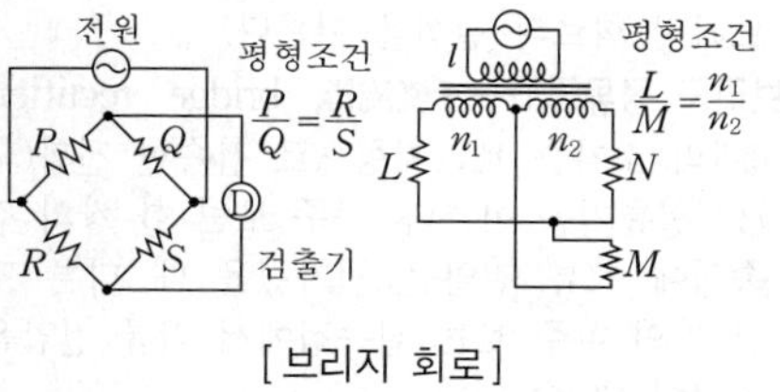

[브리지 회로]

브리타니아 접속 (── 接續, Britannia joint) 경동선 상호, 철선 상호, 동선과 철선, 동 피복 강선 상호, 동 피복 강선과 동선 등의 접속에 쓰이는 방법. 감아붙인 선으로서 1.2~1.8 mm 정도의 동선, 또는 철선을 나선상으로 감는다.

V 결선 (── 結船, open-delta connection, V-connection) 3상 Δ결선의 1변에 상당하는 변압기를 제외한 상태에서, 3상 전력을 공급하고 있는 경우의 변압기 결선을 이른다. Δ결선인 경우의 출력에 대하여 V결선으로 하면 출력 용량은 57.7%로 저하하지만 Δ-Δ 결선 변압기의 1대가 고장이 나도 그대로 전력을 공급할 수 있으므로 많이 사용된다. 또한 V결선에 의한 변압기의 이용률(용량에 대한 실제 출력비)은 86.6%이다. ⇨ V 접속.

V 곡선 (── 曲線, V-curve) 동기기에 있어서 부하, 전력, 전기자 전압을 일정하게 하고 전기자 전류와 계자 전류의 관계를 그린 곡선. 발전기에서 계자 전류를 증가시켜 나가면 전기자 전류는 앞선 위상에서 역률 1,0에서의 최저 전기자 전류를 거쳐 뒤진 위상에 이르는 V자 곡선을 그린다. 전동기의 경우는 위의 경우와 위상의 관계가 뒤바뀌어진다. ⇨ 위상 특성 곡선.

V 빔 (V-beam) V형 안테나를 가로형 및 세로형으로 배열하면 단일 지향성의 빔 공중선이 된다. 이 경우의 빔을 이른다.

VCO (voltage controlled oscillator) 발진 주파수가 인가 전압의 변화와 더불어 변화하도록 되어 있는 발진기를 이른다.

VHF 옴니 레인지 (VHF omnirange) 옴니 레인지는 수평면 내 360°에 걸쳐서 회전하는 지향성 신호를 발사하는 단위 값 송신시설로, 그 신호의 특성은 신호의 회전에 따라서 변화하고, 수신장치에서는 그 가변 신호원으로부터의 수신 위치로 변환하며 그것을 지시하도록 한 것이다. 이 옴니 레인지에 VHF를 사용한 것을 VHF 옴니 레인지라 하고, 이것을 약해서 VOR이라고 한다. 현재 사용하고 있는 VOR은 112~118MHz로 운용되며, 카디오이드 패턴을 30 Hz로 회전하여 얻어지는 가변 위상 신호와 9,960 Hz의 부반송파를 30Hz로 주파수 변조하여 얻어지는 기준 신호로 반송파를 진폭 변조한 것으로 이루어진다.

VHF 전방향 레인지 (── 全方向 ──, VHF omnirange) 약어 VOR. 무지향성 기준 변조파

와 이것과 동일 주파수의 회전 지향성 가변 조파를 발사하여, 기준 위상과 가변 위상의 비교로 전방향의 위치선을 결정할 수 있는 것으로, VHF로 동작하는 무선 항법시설을 이른다.

VLS법 (—— 法, vapor liquid solid method) 실리콘 기판 위에 금속의 공정 합금 액상을 만들고 이것에 사염화 실리콘이 가스를 흘려서 공정(共晶) 액상에서 결정을 성장시키는 방법을 VLS방법이라 한다.

VLSI (very large scale integration) LSI 보다 더욱 대규모로 만들어진 집적회로(혹은 집적화)를 이른다. LSI와의 경계는 명확하지 않지만 예를 들면 칩에 십만 개의 트랜지스터를 짜넣은 것 등은 VLSI로 불리운다.

VLF (very low frequency) 무선 주파수 스펙트럼에 있어서 3~30 kHz의 대역을 뜻한다.

VOR (VHF omnirange) ⇨ VHF 전방향 레인지.

VU 계 (—— 計, volume unit indicator, VU meter) 방송, 녹음 등에서 음성의 전압을 측정 감시하기 위한 레벨 미터. 지시가 음성의 레벨에 충실하게 추종할 필요가 있으며, 지침의 제동이 규정되어 있다. 이 눈금의 척도는 dB인데, 이 경우 UV(volume unit)라고 한다. 미터는 정류형 전압계이고, 내부저항은 3,900Ω이고, 3,600Ω의 외부 저항을 통하여 1,000 Hz, 1.288 V(+4UV)의 정현파 전압을 가했을 때 전 눈금의 70%를 지시한다. 이 점을 0 VU로 눈금을 매기고, 읽을 때 4VU를 더해서 읽는다.

V 접속 (—— 接續, open-delta connection, V-connection) 2대의 단상 변압기로 3상 전력을 변성하는 방식의 하나로, 단상 변압기 2대를 직렬로 접속하고, 그 1조의 변압기의 양단 및 2대의 접속점의 3점을 3상 회로에 접속하는 방식을 이른다. 이 방식으로 변성할 수 있는 전력은 각각의 변압기의 용량을 P라 하면 $0.866\times 2P$이다. 3각 접속의 3대의 단상 변압기 중 1대를 제거한 경우에 사용된다.

V 지선 (—— 支線, V-stay) 두 줄의 지선이 지면 가까이에서 하나로 모아져서 V자형으로 되어 있는 것을 이른다.

VTR (video-tape-recorder) 텔레비전의 비디오 신호를 자기 테이프에 녹화하고, 이 프로그램을 뒤에 재방송하도록 하기 위한 녹화장치. 또 프로그램 녹화 재생과 시판 테이프 재생 및 비디오 카메라를 사용하여 프로그램을 제작하고, 그것을 재생할 수 있는 가정용 비디오 테이프 레코더를 VTR이라 한다.

V형 빔 레이더 (—— 形, V-beam radar) 2개의 부채꼴 빔을 사용하여 거리, 방위 및 고도를 결정하는 3차원 레이더 방식이다.

V형 안테나 (—— 形 ——, V-type antenna) V형으로 공중선 소자를 치고, 그 기부에 궤전선과 결합시키는 공중선을 이른다. V형 안테나에는 정재파 V형 안테나와 진행파 V형 안테나의 두 종류가 있다. 정재파 안테나는 그림 (a)와 같은 것으로, 축 방향으로 쌍향성의 지향 특성을 갖는다. 진행파 V형 안테나는 그림 (b)와 같이, 공중선의 종단을 특성 임피던스로 종단한 것이다. 특히 광대역 공중선으로서는 진행파 V형 안테나가 사용되고 있다.

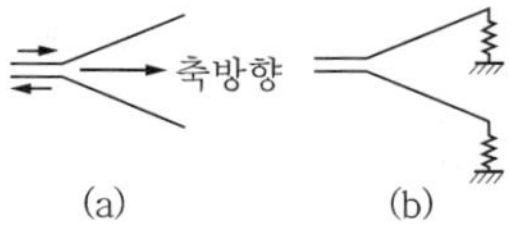

[V형 안테나]

V형 측표 (—— 形測標, range notch) 레이더의 PPI 표시에 있어서, 거리를 나타내기 위한 V형의 지표를 이른다.

블랙 테이프 (black tape) 면 또는 스프(레이용) 천에 점착성 흑색 고무 혼합물을 양면에 바른 테이프로, 점착성이 있어 전선, 케이블 등의 접속부의 절연용에 쓴다.

블랭킷 (blanket) 원자로의 노심(핵연료)을 둘러싸듯 배치된 연료 또는 연료원 물질을 포함하는 물질(천연 우라늄, 토륨 등)을 이른다.

블랭킷 에어리어 (blanket area) 송신소와 매우 가까운 관계로 그 전파의 전계 강도가 극히 큰 곳에서는 강전계 때문에 다른 방송을 청취하기가 곤란하다. 그 구역을 이른다.

블레이드 래치 (blade latch) 《스위치》 스위치가 투입된 경우 벗겨지는 것을 방지하기 위하여 거는 고리를 이른다.

블레이드 클립 (blade clip, blade jaw) 블레이드 조라고도 한다. 나이프 스위치, 단로기의 폐로인 경우에 날을 끼우는 부분을 이른다.

블로 녹스 안테나 (blow-knox antenna) 철탑 그 자체를 안테나로 사용하는 방송용의 페이딩 방지용 안테나의 일종이다.

블로 램프 (blow lamp, soldering lamp) 토치 램프를 이른다.

블로 아웃 코일 (blow out coil) 개폐장치를 개로할 때 소호(消弧)하는 방법으로 자력에 의해서 아크의 길이를 넓혀서 아크 전압을 높인다. 이 자계를 만들기 위한 코일을 블로 아웃 코일이라 한다.

블로킹 발진기 (── 發振器, blocking oscillator) ⇨ 간헐 발진기.

블록 요금 규정 (── 料金規定, block rate schedule) 수용 전력이라든가 전략량을 여러 블록으로 나누어 각 블록에 다른 요율을 부과하는 요금 규정을 이른다.

블록 종량 요금제 (── 從量料金制, block meter rate) 사용 전력량을 몇 개 블록으로 나누어 각 블록의 전력량에 부과되는 1kWh 당의 요금을 이른다.

블록 콘덴서 (block condenser) 여러 개의 콘덴서를 조합하여 하나의 덩어리로 한 것. 대부분은 귀선을 공통으로 접지하여 사용한다.

블루밍 (blooming) (1) 브라운관의 화면을 밝게 하기 위하여 빔 전류를 크게 하면 빔의 단면적이 커져서 빔의 촛점이 날카롭지 못하게 되는데, 이러한 원인으로 화상의 하이라이트에서 주사선이 굵어져 화상이 선명하지 않게 되고, 과도한 신호가 가해지거나 휘도나 콘트라스트를 무작정 높인다거나 하면 이런 현상이 일어난다. (2) 신호 강도의 증가에 따라 생기는 블립(스폿)의 크기의 증가를 이르며, 이것은 휘도 변조 표시를 사용하고 있는 항행 방식에 있어 정보를 전하는데 쓰인다.

블리더 저항 (── 抵抗, bleeder resistance) 부하전류 변화에 의해서 전압 변동을 일으키는 것을 방지하기 위하여 부하의 여하를 불문하고 언제나 일정한 전류를 통하게 하는 저항을 이른다.

블립 (blip (PIP)) 레이더 표시에 있어서 목표가 나타남으로써 생기는 전자 빔의 편향 또는 발광 휘점을 이른다.

비 (比, ratio) 2개의 수 또는 같은 종류의 두 양 A, B에 대해서 B가 0이 아닐 때 A가 B의 몇 배가 되느냐 하는 관계를 B에 대한 A의 비라고 한다.

비가역 회로 (非可逆回路, non resiprocal circuit) 가역 정리에 따르지 않는 회로. 예를 들면, 트랜지스터 등의 능동 소자를 포함하는 회로를 이른다.

비검파기 (比檢波器 ratio detector) 주파수 판별기의 하나로, 포스터 시리 판별기 회로에서 정류기의 한 방향이 반대 방향으로 된 것. 이 회로는 주파수 변조파 입력의 진폭 변화에는 비교적 감응하지 않는 이점이 있으며, 따라서 진폭 제한기는 필요하지 않다.

비공진 리액터 (非共振 ──, dissonance reactor) 소호(消弧) 리액터와 같은 목적으로 사용되는 중성점 접지 리액터로서, 이 리액터의 인덕턴스가 송전선의 3선 일괄의 대지 정전용량과 회로 주파수에 대하여 공진 조건에서 벗어나 있는데 소호의 목적을 두는 리액터를 이른다.

비공진 변압기 (非共振變壓器, non-resonating transformer) 변압기 단자에 진행파가 도달하면 일부는 반사하고 일부는 권선 내에 침투하여 내부 전위 진동을 일으킨다. 이 진동은 당초 전위 분포와 정상 전위 분포 간에 차가 없으면 발생하지 않는다. 내철형 다중 동심 배치 변압기에 있어서 다수의 원통형 코일을 겹치고, 그 안쪽과 바깥쪽에 차폐통을 설치하면 전위 분포는 거의 직선적으로 된다. 이와 같은 구조의 변압기를 비공진 변압기라고 한다.

비교등 (比較燈, comparison lamp) 치환법으로 측광을 할때 쓰이는 광원. 즉 표준등과 비교등을 비교하고, 비교등과 시험등을 비교하여 간접적으로 시험등을 표준등과 비교한다. 이로써 표준등의 사용 시간을 절약할 수 있고 또 측광기 고유의 오차를 어느 정도 없앨 수 있다.

비교법 (比較法, comparison method, relative method) 피 측정량을 같은 종류의 양과 직

접 비교해서 측정하는 방법을 이른다.

비교 자석 (比較磁石, relative magnet) 자극의 강도를 측정하는 경우에 비교용으로 사용하는 자석이다.

비교 전극 (比較電極, reference electrode) 전극 전위를 측정하기 위해 그 용액에 대하여 항상 일정 전위를 유지하고, 이것을 기준으로 할 수 있는 전극. 비교 전극과 임의의 전극를 조합하여 두 전극 간의 전위차를 측정함으로써 목적하는 전극의 전극 전위를 측정할 수 있다. 대조 전극이라고도 한다.
㈜ 비교 전극으로서는 표준 수소 전극, 칼로멜 전극 등이 사용된다.

비교 주파수 (比較周波數, comparison frequency) 비교 교정용 발진기의 주파수를 이른다.

비교 측정 (比較測定, relative measurement) 측정되는 것과 원칙적으로 같은 종류의 것을 표준으로 하여 그것과 비교하는 측정방법이다.

비균질로 (非均質爐, heterogeneous reactor) 분열성 물질과 감속재가 균질 일정하게 혼합되어 있지 않고, 각 부분이 구별될 수 있는 배치로 되어 있는 원자로. ⇨ 균질로.

B급 증폭 (── 級增幅, class B amplification) 그리드 바이어스 전압값을 플레이트 전류의 차단점에 정하고, 플레이트 전류는 입력 교류의 반주기만 흐르도록 조정한 증폭기. 플레이트 효율은 높지만 플레이트 전류는 일그러지므로 플레이트측에 동조회로를 삽입하여 정현파만을 선택하여 무선주파 증폭 또는 푸시풀 접속을 한 음성 증폭 등에 쓰인다.

B급 푸시풀 증폭기(── 增幅器, class B push-pull amplifier) B급 동작의 두 증폭기를 푸시풀 접속하여 양자가 입력신호의 반주기씩 교대로 부하에 전류를 공급하도록 한 것. A급 동작과 같은 정도의 일그러짐으로 큰 출력 전력을 얻을 수 있다. 오디오 장치의 전력 증폭단 등에서 사용된다.

비닐 선 (── 線, polyvinyle chloride wire) 도체를 염화비닐 또는 염화비닐과 질산 비닐의 공중합체(共重合體)를 주성분으로 한 혼합물로 절연 피복한 전선. 전기적 성질이 좋은 관계로 고무 절연선과 마찬가지로 옥외, 옥내의 배선 및 코드로 사용된다.

비닐 수지 (── 樹脂, vinyl resin) 비닐기(基)를 가진 화합물의 중합(重合)으로 얻어지는 수지. 염화비닐 수지(P.V.C)는 염화비닐을 중합하여 만든 수지로서, 가소제를 첨가한 연질의 제품은 전선의 절연 피복, 절연 튜브, 테이프 등의 재료로, 경질 제품은 전선관 등의 재료로 쓰인다.

비닐 절연 전선 (── 絶緣電線, thermoplastic covered wire) 주석 도금을 하지 않은 동선을 염화비닐 수지 혼합물로 피복한 전선. 고무 절연 전선과 마찬가지로 사용 전압 600 V 이하, 옥내용으로서 심선은 주로 연동이다. 고무 절연 전선과 비교하여 초기의 절연 저항은 낮지만 내유성, 내연성, 내수성, 내약품성 등은 매우 뛰어나다.

비닐 튜브 (polyvinyl chloride tube) 염화 비닐 수지를 주성분으로 한 혼합물로 만든 튜브. 내연성이고 내유(耐油), 내로화(耐老化), 내약품성이 뛰어나며 유연성이 풍부하여 전기 기기, 통신 기기, 계측기 등의 배선 절연용으로 쓰인다.

비 단로형 퓨즈 (非斷路形 ──, nondisconnecting fuse) 퓨즈 유닛 또는 퓨즈 홀더와 그것을 직접 받기 위한 클립을 가진 퓨즈 지지물로 구성된 어셈블리. 단로기로 사용하기 위한 기구는 갖고 있지 않다.

비대칭 (非對稱, asymmetrical, unsymmetrical) 점, 직선 또는 평면에 관해서 대칭적으로 되어 있지 않는 것을 이른다.

비대칭 공중선 (非對稱空中線, asymmetrical antenna) 구조상 어떤 방향으로 특별히 강하게 전파를 방사하고, 또 받을 수 있는 안테나를 이른다. 현재는 별로 쓰이지 않는다.

비대칭 장해파 전압 (非對稱障害波電壓, line-to-ground noise influence voltage) 송배전 선로와 대지 간에 존재하는 장해파 전압이다.

비대칭 측파대 전송 (非對稱側波帶傳送, asymmetrical sideband transmission) 진폭 변조법을 사용하는 반송 통신방식에 있어, 한쪽 측파대를 다른 쪽 측파대에 대해서 비대칭으로 억압하거나 또는 이것을 완전히 제거하여 반송파 및 다른 측파대만을 남기게 하는 변조 방식으로, 각각을 비대칭 측파대방식 또는 단측파대 제거방식이라고 한다. 모두 전송 주파수 대역의 축소를 주된 목적으로 한 것이다.

비 대칭파 (非對稱波, asymmetrical wave) 교번전압, 전류 또는 전파에 있어서 영선(零線) 양쪽의 +, − 파형이 대칭적으로 되어 있지 않은 것을 이른다.

비대칭 회로망 (非對稱回路網, dissymmetrical network) 회로망을 구성하는 각 소자의 배열이 좌우 비대칭적이거나 또는 그림과 같이 배열상으로는 대칭적이지만 대칭 소자의 값이 같지 않은 4단자 회로망을 이른다. 이 경우에는 단자 1-1′에서 오른쪽을 본 경우와 단자 2-2′에서 왼쪽을 본 경우의 영상 임피던스는 다른 값을 나타낸다. 또 4단자 상수도 $A \neq D$가 된다. ⇔ 대칭 회로망(symmetrical network). ⇨ 영상 임피던스(image impedance).

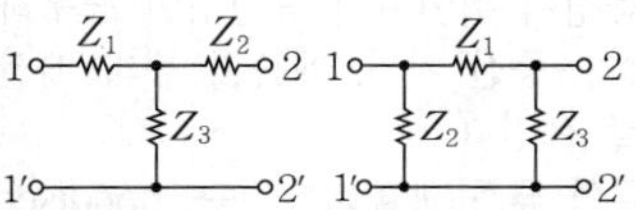

[비대칭 회로망]

BWG (Birmingham wire gauge, Stubs' wire gauge) 《선번호》 영국에서 채용하고 있는 선 번호이다.

비돌극기 (非突極機, cylindrical rotor machine, non-salient pole machine) 계자극이 돌극이 아니고 원통형으로 된 것을 이른다. 터빈 발전기는 이와 같은 형식의 것이 많다. 직축(直軸)과 횡축의 자기 저항이 같고, 기계적으로는 풍손(風損)이 적다. 유도기, 교류 정류자기도 이에 속한다.

비돌극 회전자 발전기 (非突極回轉子發電機, cylindrical-rotor generator) 고속 터빈으로 구동되는 교류 발전기로서, 원통형의 강제 회전자 속에 여자 권선이 매입되어 있다.

비동기 (非同期, asynchronous) 정상적인 회전 속도가 동기 속도 이외의 속도로 회전하는 것을 이른다.

비동기기 (非同期機, asynchronous machine) 정상적인 회전 속도가 동기 속도가 아닌 속도로 회전하는 교류기를 이른다.

비동기 동작 (非同期動作, asynchronous operation) 《데이터 전송》 각 데이터 유닛이 비트 또는 펄스 (즉 start 및 stop 신호)에 의해 프레임화 되는 데이터 전송방식. start 비트가 수신 단말의 타이밍 장치를 트리거하면 수신장치는 이후에 이어지는 캐릭터를 일정 시간 간격으로 수납되는 비트열로 판독한다. 캐릭터를 마감하는 stop 키드에 의해 수신장치는 리세트되고 다음 캐릭터의 도래에 대비하여 대기 상태로 들어간다. 텔레프린터와 같은 저속 디바이스에 사용되는 동작 방식이다. 이와 같은 비동기 신호를 이용하여 동작하는 송·수신 디바이스를 일반적으로 비동기 단말이라고 한다. 이와 같은 단말은 데이터 유닛(캐릭터, 워드, 블록 등)이 전송되지 않는 유휴 기간 중에는 송·수양 단말의 동기를 유지할 필요는 없다.

비동기 발전기 (非同期發電機, asynchronous generator) 정상적인 운전 상태에서 동기 속도가 아닌 속도로 회전하는 교류 발전기를 이른다. 유도 발전기, 교류 정류자 발전기 등이 있다.

비동기 임피던스 (非同期 ——, asynchronous impedance) 비동기 속도로 운전하고 있는 회전기의 전압을 그것과 같은 주파수의 전류 성분으로 제한 값을 이른다. 다만, 전압은 정현파이고, 각 상은 평형되어 있는 것으로 한다. 이 임피던스의 값은 슬립에 따라 다르다.

비동기 전동기 (非同期電動機, asynchronous motor) 정상적인 운전 상태에서 동기 속도가 아닌 속도로 회전하는 교류 전동기를 이른다. ⇨ 유도 전동기, 교류 정류자 전동기.

비동기 조상기 (非同期調相機, asynchronous phase modifier) 무부하 운전을 하는 권선형 유도 전동기와 그 2차측에 접속한 교류 여자기를 주체로 하여 2차측 여자를 가감함으로써 진상 또는 지상 전류를 발생하여 송전 선로의 역률을 조종하는 것을 가리킨다.

비동기 주파수 변환기 (非同期周波數變換機, asynchronous frequency changer) 권선형 유도기를 주기(主機)로 하여, 이것을 외부에

서 기계적으로 운전해서 2차측에 변환된 주파수를 얻는 것이다. 이 변환기는 다른 종류의 것에 비하여 가격이 싸고 조작이 쉬우며, 또 비교적 효율이 좋다. 그 회전방향은 회전자계와 반대 방향쪽이 높은 주파수를 얻는데 기계적 에너지도 적고 변환기의 극수가 적어도 된다.

비동기 진상기 (非同期進相機, asynchronous condenser) 무부하 운전을 하는 권선형 유도 전동기와 그 2차측에 접속한 교류 여자기를 주체로 한 것으로, 2차측 여자를 가감함으로써 진상 전류를 발생하여 송전 선로의 역률를 개선하는 것을 이른다.

비동조 공중선(非同調空中線, aperiodic antenna) 송수신 주파수에 동조하고 있지 않은 공중선을 이른다. 송신의 경우는 효율이 좋지 않으므로 보통 사용하지 않지만 수신의 경우에는 간편하고 신호 대 잡음비가 그다지 악화하지 않으므로 가끔 쓰인다.

비동조 회로 (非同調回路, aperiodic circuit) 동조 또는 공진을 일으키지 않는 회로이다.

비등수형 경수로 (沸騰水形輕水爐, boiling water reactor) BWR, 원자로 안에서 냉각재인 경수를 비등시켜 이것을 기수 분리기로 유도하고, 여기서 증기와 포화수를 분리한 후 증기 터빈으로 도입하여 발전을 하는 방식. 열효율은 좋지만 방사능 장애에 대한 주의를 요한다.

비디오 매핑 (video mapping) 어떤 영역의 지도를 레이더 표시상에 전자적으로 겹치는 수단을 이른다.

비디오 소프트 (video soft) 녹화를 한 비디오 테이프로, 상품으로 판매되고 있다.

비디오 송신기 (── 送信機, video transmitter) 영상 송신기를 이른다. 텔레비전 방송에 있어서는 그 영상을 송신하기 위한 송신기를 가리킨다.

비디오 신호 (── 信號, video signal) 영상 신호를 이른다. 영상 주파수를 포함하는 전기 신호이다.

비디오 주파수 (── 周波數, video frequency) 영상 주파수. 영상 신호에 포함되는 주파수로서, 0~수 MHz의 범위를 이른다.

비디오 주파 증폭기 (── 周波增幅器, video frequency amplifier) ⇨ 영상 증폭기.

비디오 증폭기 (── 增幅器, video amplifier) 영상 증폭기. 영상 신호를 증폭하기 위한 광대역 특성을 가진 증폭기를 이른다.

비디오 폭 확장 (── 幅擴張, video stretching) 항법 무선에 있어서 영상 펄스의 길이를 증가시키는 수단을 이른다.

비디콘 (vidicon) 광전도 효과를 이용한 촬상관의 하나. 산업 텔레비전, 필름 송상 등에 쓰인다.

비 땜납 접속 (非 ── 接續, solderless joint) 전기 도체를 접속함에 있어 땜납을 쓰지 않고 두 도체를 압착, 압입 또는 접속쇠로 접속하는 것을 이른다.

비례 감도 (比例感度, sensitivity) 《자동제어》 단위 계단형 동작 신호에 대한 조작량 중 비례동작에 의하는 것을 이른다.

비례 계수관 (比例計數官, proportional counter tube) 비례 영역에서 동작하도록 설계된 방사 계수관. 즉, 1카운트 당 집전되는 전하는 최초의 이온화 사상에 의해서 발생한 전하량에 비례하도록 그 값을 조정한 고전압이 부여된 계수관이다. 비례 상수는 10~1,000이다.

비례 동작 (比例動作, proportional position action) 《자동제어》 조작량이 동작 신호의 현재 값에 비례하는 것. 약해서 P동작이라고도 한다.

비례 박스 (比例 ──, ratio box) 브리지의 비례변을 하나의 상자에 넣은 것을 이른다.

비례 범위 (比例範圍, proportional region) 《자기 증폭기》 증폭 특성 곡선에 있어서, 입력과 출력이 직선 관계를 갖는 영역을 이른다.

비례 변 (比例邊, ratio arm) 휘트스톤 브리지의 평형 조건을 $a=\frac{c}{b}d$로 하고, a를 미지 저항, d를 가변 저항으로 했을 때 c/b의 비를 형성하는 c, b의 저항변을 비례 변이라고 한다.

비례 제어 (比例制御, proportional control) 자동 제어계에 있어서, 계의 수정 동작량이 계의 오차의 값에 비례하는 제어법이다.

ㅂ

㊟ 오차를 ε으로 하고 상기한, $K_1\varepsilon$의 수정 동작량에 대하여 다시 $K_2 d\varepsilon/dt$를, 경우에 따라서는 $K_3\int\varepsilon dt$를 부가하는 수도 있다.

비례 추이 (比例推移, proportional shifting) 유도 전동기에 있어서, 2차 회로의 저항이 r_2인 경우의 슬립-토크 특성이 주어져 있을 때, 2차 저항을 p배 하였을 때 얻어지는 특성은 위의 특성 곡선에서의 각 토크에 대응하는 슬립 값을 p배 하여 다시 그림으로 써 구하여 진다는 것이다.

㊟ 토크는 r_2/s의 함수이며 r_2p/sp에 의해서 토크가 불변이라는 것을 의미하고 있다. 이러한 관계는 토크 이외에 전류, 역률 등에 대하여서도 존재한다.

비례 한도 (比例限度, limit of proportionality) 2종의 양 사이에 있어서 비례적인 관계로 서로 변화하는 범위의 한도를 뜻한다.

ㅂ

비말 방지층 (飛沫防止層, antispray film) 비말 방지를 위하여 흘리는 기름의 층. 유동 파라핀 등이 쓰인다.

비밀 전보 (秘密電報, secret telegram) 암호를 사용한 전보 또는 해독할 수 없는 기술적 수단을 써서 전송하는 전보를 이른다.

비밀 통신방식 (秘密通信方式, privacy communication system) 통신의 비밀을 유지하기 위하여 당사자 이외는 통신 내용은 물론 통신하고 있는 사실마저 눈치채지 못하게 하는 방식. 그 방법은 전화의 경우는 주파수 조작에 의한 것으로, 주파수 반전, 주파수 분할 및 주파수 편이 등 여러 방식이 있고, 진폭 조작에 의한 것으로는 진폭파형 반전 방식, 진폭파형 결제(欠除)방식 등, 여러 방식이 있다. 이 방식을 적당히 조합하여 사용하는 경우가 많다. 전신의 경우는 변조 주파수 전환방식 등이 있다. 또 SSB통신도 일종의 비밀 통신방식이지만 이 경우는 각 채널을 분할하여 반전, 혼합 및 변환 등을 한 다음 이것을 각 채널 상호 변환 등을 하고 또한 이들의 조합을 차례로 바꾸어 나가는 방법(미국에서는 A4-privacy 방식이라고 한다)도 있다.

비반전 증폭기 (非反轉增幅器, non-inverting amplifier) 연산 증폭기의 기본적인 회로구조의 하나로, 아래 그림에서와 같이 접속된 것. 증폭기 본체의 입출력 임피던스를 각각 R_{in}, R_0로 하면, 폐루프의 입출력 임피던스는 각각 $R_{\text{in}}(1+A\beta)$ 및 $R_0/(1+A\beta)$로 된다. A는 증폭기 본체의 전압 이득이고 β는 $R_3/(R_3+R_4)$와 같다. 또 $R_{\text{in}} \gg R_3+R_4$, $R_0 \ll R_4$로 한다. 특징은 다음과 같다. ① 입력 임피던스가 크다. ② $A\beta \gg 1$이면 폐루프 전압 이득 $V_{\text{out}}/V_{\text{in}}$은 거의 $(R_3+R_4)/R_3$과 같고 1보다 크다. ③ 동작 주파수 대역이 넓다. ④ 출력 극성은 입력 극성과 같다(반전 하지 않는다).

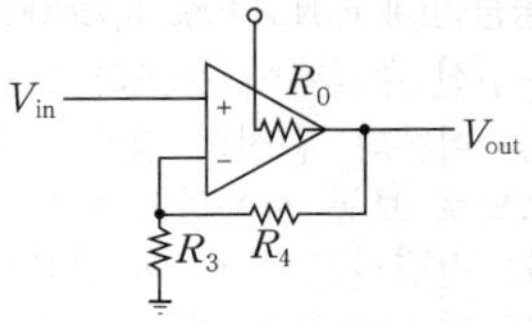

[비반전 증폭기]

비방사 재결합 (非放射再結合, nonradiative recombination) 반도체에 있어서, 정공과 전자가 재결합할 때 방사를 수반하지 않는 것. 전자가 가지고 있던 에너지는 열로 산일된다.

비방사 천이 (非放射遷移, nonradiative transition) 원자에 있어서, 어떤 에너지 준위에서 다른 에너지 준위로 방사를 동반하지 않고 천이하는 것. 이 에너지 차는 고체 내의 원자와 전자의 진동 혹은 플라스마 내의 그 운동 에너지에 의해서 공급된다(혹은 그것으로 변환하여 소산된다). ⇨ 오제 효과.

비버리지 안테나 (Beverage antenna) 지상 수 m의 높이에 1~2 파장에 상당하는 길이의 수평 공중선을 전파의 진행 방향에 일직선으로 길게 가설한 지향 수신 안테나로, 주로 장파 수신에 쓰인다. 안테나의 개방단(開放端)은 파동 임피던스(surge impedance) R과 같은 저항을 거쳐서 접지된다.

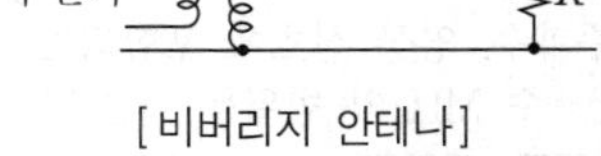

[비버리지 안테나]

비상 발전기 (非常發電機, emergency generator) 대형 빌딩 또는 영화관 등에서 정전이 되었을 때 자동적으로 운전을 시작하여 전력을 공급하는 발전기. 내연기관에 의해서 구동되는 것이 많다.

비상 브레이크 (非常——, emergency brake) 《철도차량》 열차를 운전하는 중에 예기하지 못한 돌발적인 사고가 발생했을 때 또는 승무원이 필요에 따라 열차를 긴급히 정지시키고자 할 때의 제동방법. 또는 그러한 목적에서 사용하는 브레이크를 이른다.

비상 스위치 (非常——, emergency switch) 비상시에 회로를 개폐하기 위한 스위치이다.

비상시 공급 (emergency service) 비상 사태에서만 사용할 것을 목적으로 가해지는 공급. 일반적으로 한정된 값 이하의 전력을 공급한다.

비상시 운전 (emergency operation) 긴급 사태에 직면하여 운전하는 것을 이른다.

비상 전원장치 (非常電源裝置, emergency power supply) 상용 전력 계통에서 공급을 받고 있는 전원장치에서, 공급 계통이 고장일 때 비상용으로 사용되는 예비 발전 설비로, 전지, 디젤 발전기 등이 사용된다.

비상 전지 (非常電池, emergency cell) 전신이나 전화 기계장치 등의 전원이 정전이나 기타 비상시에 전압 강하를 보상하기 위하여 사용하는 전지이다.

비상 조속기 (非常調速機, emergency governer) 터빈의 회전수가 어떤 원인으로 규정속도의 110%를 넘어서면 작동하여 증기를 차단할 수 있게 장치되어 있는 특별한 조속기를 이른다.

비상 직통 공기 브레이크 (非常直通空氣——, emergency straight air brake) 공기 압축기에 의해서 공기 저장기 내에 저장된 압축 공기를 직통 공기관을 통하여 직접 브레이크 실린더로 보내서 브레이크 작용을 시키는 것을 이른다.

비상 토출구 (非常吐出口, emergency vent) 비상시에 용기 속의 액체 또는 가스를 토출시키는 곳, 또는 장치를 이른다.

비상 통신 (非常通信, emergency traffic) 비상 상태가 발생하였을 때 혹은 발생의 우려가 있는 경우에, 인명 구조와 교통 및 정보 연락의 확보를 위하여 이루어지는 통신이다.

비상 호출 (非常呼出, emergency call) 돌발적인 사태로 인하여 평상시보다 월등하게 많은 전화 호출을 이른다.

비선형 연산 요소 (非線形演算要素, nonlinear computing element) 비선형 방정식을 해석하는 경우에 필요한 상사형 계산기의 회로. 곱셈기, 함수 발생기, 진폭 제한기 등이 이것이다. ⇨ 함수 발생기, 곱셈기.

비선형 회로망 (非線形回路網, nonlinear network) 출력량이 입력량에 직선 비례하지 않는 회로망. 이와 같은 회로망에 있어서는 중합의 이론이 적용되지 않고, 또 회로의 상태는 입력 신호의 진폭에 따라 변화한다.

비 소비량 (比消費量, specific consumption) 예를 들면, 전구의 효율을 나타내기 위하여 오래 전에 사용되었던 것으로, 보통 수평 광도당 와트로 나타내고 있다.

ㅂ

B 소인 (——掃引, B trace) 레이더의 B 표시에서 안테나 회전과 동기하는 수평축 소인을 이른다.

비 숫자 스위치 (非數字——, non numerical switch) 다이얼 숫자에 의해서 제어되지 않고 일군의 출선 중에서 빈(空) 출선을 자동적으로 선택하는 자동 교환의 스위치. 즉 라인 스위치, 라인 파인더 등과 같은 스위치를 이른다.

B 스코프 (B scope) ⇨ B 표시.

비 시감도 (比視感度, spectral luminous efficiency) 특정한 측정 조건하에서 같은 밝기의 감각을 발생하는 파장 λ 및 λ_m의 두 방사가 있을 때, 전자의 방사속에 대한 후자의 방사속의 비. 파장 λ_m은 이 비의 최대값이 1이 되도록 선정한다.

BC 숫자 스위치 (——數字——, BC digit switch) 자동 교환의 디렉터 방식에 있어서, 전화 번호의 제2, 제3의 숫자에 따라 상승 회전하고, 이것을 축적하여 송출 숫자를 제어하는 상승 회전 스위치이다.

BCO 계전기 (——繼電器, bridge cut-off relay) 공전식 또는 자동식 교환기의 가입자선 장치에서 호출 또는 호출을 당하였을 때 통화선을 교락(橋略)하고 있는 선로 계전기를 절단하여 통화 중의 동작을 계속하는 계전기를 이른다.

BCO 시험 (── 試驗, bridge cut-off test) A형 자동 교환기의 가입자선 회로에 있어서의 BCO 계전기의 동작시험이다.

BS (Brown and Sharp wire gauge) 《선번호》 미국에서 채용하고 있는 선번호의 방식으로 AWG와 같다.

***B/H* 곡선** (── 曲線, *B/H* curve) 자성체를 자화하였을 때의 자화력 H와 이에 대응하는 자속 밀도 B를 각각 직각 좌표의 가로축 및 세로축에 그린 곡선을 이른다. 이 곡선의 경사는 투자율 μ를 가리키므로 이 곡선은 철심 코일의 설계와 투자율의 계산 등에 널리 쓰인다. ⇨ 자화력(magnetization force), 자속 밀도(magnetic flux density).

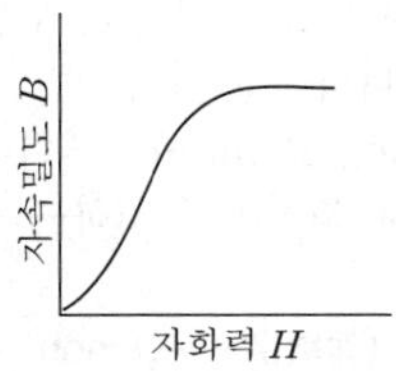

[*B/H* 곡선]

B 엘리미네이터 (B eliminator) 전공관의 플레이트 전원을 B 전원이라고 하며, 이제까지는 건전지 또는 축전지를 사용하여 왔는데 교류 정류 전원장치에 의해서 이 B 전지를 생략할 수 있게 한 것을 이른다.

비여진 공중선 (非勵振空中線, passive antenna) 여진된 공중선에 근접 설치되어 직접 전원으로 여진되지 않고, 여진 공중선의 유도로 여진을 받는 공중선. 반사기 또는 도파기를 이른다. 이들을 조합하여 지향성 공중선으로 쓰는 예로는 야기 안테나가 있다.

비여진 소자 (非勵振素子, parasitic element) 하나의 여진된 안테나 가까이에 여진되지 않은 도체를 두면, 후방에 둔 경우 방사 에너지를 강하게 할 수 있다. 이와 같은 여진 도체를 이른다. 후방에 두고 전파를 반사시키는 도선을 반사기(reflector), 전방에 두고 강하게 만드는 경우를 도파기라고 한다.

비열 (比熱, specific heat) 공업적으로는 단위 질량의 물체의 온도를 섭씨 1도(1 deg)만큼 높이는 데 필요한 열량을 이르며, 보통 J/(kgdeg) 단위로 나타낸다. 물리적으로는 물체의 열용량과 물의 열용량의 비를 비열이라 하고 단위는 무차원이다.

비오-사바르의 법칙 (── 法則, Biot-Savart's law) 도선에 전류 I가 흐르고 있을 때 도선 상의 선소(線素) dx에 의하여 공간의 1점 P에 발생하는 자계의 세기 H를 주는 법칙으로, 다음 식과 같이 나타낸다.

$$dH=\frac{I\sin\theta}{4\pi\gamma^2}dx$$

여기서, γ는 dx와 P점 사이의 거리. θ는 선소 dx에 있어서의 접선이 γ와 이루는 각이다.

BOT (beginning of tape) 릴에 감겨진 테이프의 시작 단, 즉 릴의 가장 바깥쪽(허브에서 가장 멀리)에 있는 말단부. 이 부분에 마이커를 설치하여 자동 검지하여 테이프의 움직임을 제어한다. 이를 위한 마이커를 BOT 마이커라 한다.

비 외장 케이블 (非外裝 ──, inarmored cable) ⇨ 연피 케이블.

비월률 (飛越率, interlacing ratio) 비월 주사의 경우, 예를 들면 한 줄 건넜을 때를 비월률로 2 : 1이라고 한다. ⇨ 비월 주사.

비월 주사 (飛越走査, interlaced scanning) 텔레비전 화면을 주사하는 경우 주사선을 차례로 주사하지 않고 처음에는 먼저 몇 줄 건너서 주사하고, 2회째에는 나머지 주사선을 마찬가지로 비월 주사한다. 그리고 제3회 째에는 또 나머지를 같은 방법으로 주사한다. 이와 같은 식으로 1회의 주사에서는 전 주사선 수의 몇 분의 1로 거칠게 화면을 주사하고, 그 거친 몇 장으로 완성된 1장의 화상을 만드는 주사방법을 이른다. 오늘날의 TV는 한 줄 건너서 비월 주사하고 그 두 장으로 완성된 1장의 화상을 만들고 있다.

비월 지령 (飛越指令, transfer instruction) 계산기가 자동적으로 행하는 지령의 순서를 바꾸는 것을 이른다. 무조건 비월 지령은 다음 지령을 비월지령이 지령하는 기억장소에서 골라내고, 조건부 지령은 계산 중에 생기는 어떠한 조건을 만족할 때에만 비월을 하고 그렇지 않은 경우에는 보통 순서에 따라 다음 지령을 수행한다.

비 유리 단위계 (非有理單位系, irrational system of units) 전자기에 관한 단위계 중 정전 단위계, 전자 단위계 등은 비유리 단위계에 속하는 것이다. cgs 정전 단위계에서는 진공 중에서 2개의 단위 전하가 단위 거리의 간격에 있을 때의 흡인력에 의하여 역학적 여러 양과 관계 지워지고, cgs 전자 단위계에서는 진공 중에서 2개의 단위 전하가 단위 거리에 있을 때의 힘으로 역학적 여러 양과 관련되고 있다. 그 때문에 평행판 콘덴서의 정전용량의 식 또는 자계의 세기와 전류의 식이 4π를 포함하고 있다. MKS 단위의 제안자는 이것을 불합리하다고 하여 비유리 단위계라 칭하고, 유리 단위계를 제창하였다. 보통 쓰이는 MKS 단위계는 유리 단위계이지만 비유리의 MKS 단위계도 존재한다.

비 유전율 (比誘電率, specific inductive capacity) 물체의 유전율 ε 및 진공 유전율 ε_0와의 비 $\varepsilon/\varepsilon_0=\varepsilon_r$을 비유전율이라고 한다. 이것을 측정하려면 평판 콘덴서의 극판 사이에 임의의 유전체를 삽입하였을 때의 용량을 C, 이것을 제거하고 공기 또는 진공상태로 했을 때의 용량을 C_0로 하면, C와 C_0의 비에서 그 물체의 비유전율을 구할 수 있다. ⇐ 비 유전율(relative permittivity (relative dielectric constant)). ⇨ 비 투자율(relative permeability).

[비유전율]

물 질	ε_r
공 기	1
유 리	5.4~9.9
마이카	5.6~6.0
단 물	81

비율계 (比率計, ratio meter) (1) 2개의 전기적 양의 비를 직접 지시하는 계기로, 가동 코일형, 가동 철편형, 전류력계형 등이 있다. 이 계기는 그 원리를 이용하여 예를 들면 옴계, 주파수계 등, 여러 가지 계기가 제작되고 있다. (2) counting rate meter 전리 현상이 일어나는 평균적 비율을 연속적으로 지시하는 장치를 이른다.

비율 제어 (比率制御, ratio control) 목표값이 어떤 다른 양과 일정한 비율관계를 가지고 변화하는 경우의 추치제어(追値制御)를 이른다.

비율 차동 계전기 (比率差動繼電器, percentage differential relay, ratio differential relay) 2개 또는 그 이상의 같은 종류의 전기량의 벡터차가 예정 비율을 넘었을 때 동작하는 계전기를 이른다.

비의 오차 (比誤差, ratio error) 계기용 변성기의 공칭 변성비의 백분율 오차를 이른다.

비 자동 구간(非自動區間, nonautomatic block section) 비자동 폐색식을 채용하고 있는 열차 운전 구간을 이른다.

비 자성체 (非磁性體, non-magnetic material, non-magnetic substance) 강 자성체 이외의 자성이 약한 물질 또는 전혀 자성을 갖지 않는 물질을 이른다.

B 전원 (── 電源, B power supply) 전자관의 플레이트 직류 전압을 주는 전원을 이른다.

B 전지 (── 電池, B battery) 전자관의 플레이트 전원으로 쓰이는 전지를 이른다.

비점 (飛點, flying spot) ⇨ 비점 주사.

비 점결탄 (非粘結炭, non-caking coal) 점결성이 없는 석탄. ⇨ 점결탄.

비점 주사 (飛點走査, flying spot scanning) 텔레비전에서 주사용 광점을 피사체에 대서 그곳에서부터 반사광 또는 투과광을 광전관에 이끌어 화상 신호를 만드는 주사방식을 이른다.

비접지 계통 (非接地系統, isolated neutral system) 임피던스가 매우 높은 지시·계측 장치 또는 보호장치를 제외하고는 의도적으로 대지에 접속되어 있지 않은 전력계통을 이른다.

비접지 방식 (非接地方式, insulated(neutral) system) ⇨ 비접지 계통.

비 정현파 (非正弦波, non-sinusoidal wave) 그 파형이 정현파가 아닌 파를 총칭해서 비정현파라 한다. 예를 들면, 구형파, 3각파, 대형파(臺形波) 등의 파형을 가리켜 일반적으로 비 정현파라고 한다. ⇔ 정현파.

B종 절연 (── 種絶緣, class B insulation) 허용 최고 온도 130℃에 충분히 견딜 수 있는 재료로 구성된 절연을 이른다. 가령 마이

카, 석면, 유리 섬유 같은 재료를 접착재료와 함께 써서 구성한 것이다.

비중계 (比重計, bydrometer) 비중을 측정하는 기구. 일반적으로 측정하고자 하는 액체 속에 넣어서 그 비중을 직접 읽을 수 있게 한 것. 축전지의 전해액(電解液)의 비중을 측정하는 데도 쓰인다.

BG (background sound) ⇨ 배음.

비 직선 누화 (非直線漏話, non-linear cross-talk) 반송식 통신에서처럼 통신로를 다중으로 사용하는 경우에는 필터 소자, 변성기, 증폭기, 군 변조기 등의 비직선 일그러짐 때문에 어떤 통화로에서 다른 통화로에 누화를 일으킨다. 이것은 통화로에 존재하는 불순 정현파(누설 반송파 등)와 통화로 성분파가 비직선 일그러짐에 의한 혼변조를 받아서 다른 통화로의 위치로 벗어나게 되기 때문이다. 이와 같은 누화를 비직선 누화라고 한다.

비 직선 일그러짐 (非直線——, non-linear distortion) 전송계 중에 포함되는 저항, 인덕턴스 또는 용량이 전압에 따라 변화함으로써 생기는 일그러짐 전압으로서, 전압 전류 특성은 비직선이 된다 이 때문에 회로 중에 고조파를 발생하여 파형을 일그러지게 하는데, 일그러짐의 크기를 나타내는 출력의 정현파의 실효값과 그 출력 중에 포함되는 고조파(또는 혼변조 성분)의 실효값과의 비율을 쓴다. 즉 $k=\left\{\sqrt{\Sigma A_i n^2}/(A_1)\right\}\times 100\%$. 여기서 $n=2, 3..., A_i=$정현파의 실효값. 이것을 비율이라고 하며, dB 또는 네퍼로 나타낸다.

비 진동 (非振動, aperiodic, non-oscillatory) 공중선을 동조시키지 않는 것, 회로의 저항 때문에 감쇠하여 진동적으로 되지 않는 것, 계기의 지침이 진동적이 아니고 직접 정지하는 것 등을 이른다.

비 진동 감쇠 (非振動減衰, aperiodic damping) 인덕턴스 L, 저항 R인 코일 및 정전 용량 C인 콘덴서로 구성되는 진동회로에 있어서, 저항이 커서 $R^2>\frac{4L}{c}$이면 콘덴서에 전하를 주어서 스위치를 닫은 경우 전류는 진동하지 않고 어느 정도 커지면 점차 감소되는 현상을 이른다.

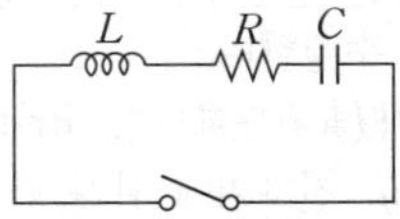

[비진동 감쇠]

비 진동 방전 (非振動放電, non-oscillatory discharge) 전기 방전을 하는 경우 회로의 저항이 작을 때는 진동적이 되지만 회로의 저항이 현저하게 클 때는 비진동적으로 된다. 그러한 방전을 이른다.

비 축적형 촬상관(非蓄積形撮像管, non-storage camera tube) 축적 효과가 없는 촬상관. 축적 효과가 없으므로 축적형에 비하면 감광도가 나쁘다. ⇔ 축적형 촬상관.

비 출력 (比出力, specific power) 원자로 안에 있는 연료의 단위 중량당의 출력을 이른다.

비 치차 (比齒車, ratio gear) 계량 장치의 기어의 조합 중 계기의 계기 상수나 승률에 의해서 변경되는 조합의 것. 약어 R_g

B-K 진동 (——振動, B-K oscillation, Barkhausen-Kurz oscillation) 3극관에서 그리드에 +전압을 가하고 음극과 플레이트를 유지할 때 음극으로부터 방출된 전자는 그리드의 앞 뒤를 왕복 진동하여 일종의 고주파 전자진동 현상이 일어난다. 독일의 바르크하우젠과 쿠르츠에 의해서 발견되었다.

비컨 (beacon) 항공의 안전을 도모하기 위하여 표지용으로 비행장 또는 항공로에 설치하는 등대. 1~2 kW 정도의 전구에 반사경, 렌즈 등을 이용하며 광도는 수천 내지 수만 칸델라. 용도와 규정에 따라 점멸, 회전하는 것, 색광(色光)을 내는 것이 있다.

비탄성 충돌 (非彈性衝突, inelastic collision) 초등 역학에서 다루는 완전 탄성체의 충돌에서는 충돌 후에 튀어 돌아오는 운동 에너지는 충돌 전의 운동 에너지와 같지만 완전 탄성체가 아니면 충돌 중에 변형하기 때문에 에너지의 일부는 열 등으로 변환되어 튀어 돌아오는 일이 적어진다. 전자 스위치, 계전기 접점의 채터링을 방지하려면 어떤 수단으로라도 바탄성 충돌로 할 필요가 있다.

비튜먼 (bitumen) 석유 정제를 할 때 부산물로 얻는 타르, 피치 등의 총칭. 아스팔트 보다 넓은 뜻으로 쓰인다.

비튜먼 절연선 (—— 絶縁線, bitumen insulated wire) 도체를 절연하는 데 있어 고무 대용으로 비튜먼을 사용한 절연선. 내유(耐油), 내산성이 뛰어나며, 주로 광산 등에서 쓰인다.

비트 (beat) 접근한 두 주파수의 파동을 조합하면 합성파의 진폭이 주기적으로 커졌다 작아졌다 하는 현상을 말한다.

비트 (bit) 《단위》 정보 이론 등에서 쓰이는 정보량을 나타내는 단위. 즉 2자 택일(二者擇一)을 하나의 정보 단위로서 1비트로 한다. 예를 들면, 32의 정보 표시 요소가 있는 경우는 하나의 표시 요소마다의 정보량은 5비트이다.

비트 수신 (—— 受信, beat reception) 도래 전파의 주파수에 근접한 주파수를 국부적으로 발생시켜 그것을 혼합 검파함으로써 두 주파수 차의 주파수, 즉 비트 주파수의 출력을 얻는 수신법을 이른다 비트 주파수를 가청 주파수로 하면 지속 전파의 가청 수신을 할 수 있다.

비트 주파 발진기 (—— 周波發振器, beat frequency oscillator) 2개의 고주파 발진기를 사용하여 그 주파수의 차의 비트를 발생시켜 이것을 검파하여 비트 주파수의 교류 출력을 얻는 방식의 발전기. 보통 저주파 가변 발진기로 사용한다. 또한 슈퍼헤테로다인 수신기에서 A전파의 수신을 위하여 제2 검파에서 비트 수신을 하는데, 이를 위한 국부 발진기를 이른다.

비트 주파수 (—— 周波數, beat frequency) 주파수가 근접한 두 주파수의 진동을 겹칠 때 양 주파수의 차로 진동하는 파가 생긴다. 이것을 비트라 하고, 그 진동수를 비트 주파수라 한다.

비파괴 검사 (非破壞檢査, non-destructive inspection) 검사하고자 하는 물체의 내부 결함을 물체를 절단하거나 파괴하지 않고 검사하는 것. 초단파 또는 방사선에 의한 탐상기(探傷器)가 사용된다.

비파괴 판독 (非破壞判讀, non-destrucive reading) 기억소자에 정보를 기억시켜 두고 여기에 판독 신호를 가하여 판독했을 때 정보가 그대로 소자에 남는 것. 자기드럼, 특수한 자심 기억장치 등이 이것이다. ⇔ 파괴 판독.

비퍼 (beeper) (1) 간단한 원방 제어장치로, 무인 표적기와 그 밖의 것을 제어하기 위하여 반송파를 서로 다른 AF로 변조한 것을 사용한다. 각 변조파는 다른 온・오프 장치를 제어하도록 되어 있다. (2) 무인 항공기나 미사일을 원방 제어로 유도하는 오퍼레이터를 비퍼라 한다.

bps (bit per second) 매 초당의 비트 수이다.

비활성 슬리브 (非活性 ——, passive sleeve) 산화물 음극의 기체(基體) 금속인 Ni로, 활성 물질을 포함하지 않는 것. 최고의 전자방출에 이르려면 좋은 진공도와 장시간의 활성화가 필요한데, 중간층이 발생할 염려가 없으므로 특성은 안정하다.

빈 시간 (—— 時間, idle time) 전신이나 전화의 회선 또는 기기가 쓰이고 있지 않은 시간. 즉, 유휴시간을 이른다.

빈 중계선 (—— 中繼線, idle trunk(line)) 비어 있는 중계선을 이른다.

빌보드 공중선열 (—— 空中線列) 한 장의 큰 반사판 앞에 1/4~1/3 파장의 간격으로 많은 다이폴 안테나를 나란히 세운 지향성 안테나를 이른다.

빌트인 퍼텐셜 (built-in potential) 확산 전위와 같은 뜻의 용어이다. ⇨ pn 접합.

빔 (1) beam 브라운관이나 빔 출력관과 같이 캐소드로부터 나온 전자가 탐조등의 빔처럼 일직선으로 비교적 날카로운 선상(線狀)이 되어 달리는 것. 빔 공중선이나 마이크로파 공중선에서 발사된 전파가 사방으로 퍼지지 않고 어떤 방향으로 집중되어 진행하는 것. (2) light beam 투광기에 의해서 강하고 가늘게 죄어 나오게 한 광선의 집합. 언뜻 보기에 경계가 뚜렷한 것 같으면서 사실은 어렴풋하기 때문에 최대 광도의 몇 분의 1인가가 되는 곳을 빔 테두리라고 규약(規約)한다. 보통 옥외 조명용의 투광기에서는 이것을 1/10, 반사형 투광 전구에서는 1/2, 그 밖에 용도에 따라 1/5로 하는 경우도 있다.

ㅂ

빔 결합 계수 (── 結合係數, beam coupling coefficient) 전자가 틈을 통과하는 동안 그 속도가 거의 변하지 않는다고 할 때, 밀도 변조를 받은 전자 빔이 틈을 통과할 때 유기하는 유도 전류와 최초 빔 중의 교류 전류와의 비이다.

빔 리드 (beam lead) 《반도체 제조법》 칩 전극의 배선용 리드를 미리 웨이퍼 위에 도금 등으로 형성하여 두고, 불필요한 부분을 제거하여 내다지 모양의 리드를 형성한 것으로, 이것을 기판 도전부에 열 압착한다. ⇨ 와이어 본딩.

빔 반사기 (── 反射器, beam reflector) 빔 안테나에 있어서, 뒤쪽의 방사를 저지하고 앞쪽의 방사를 증대시키기 위하여 사용하는 반사기를 이른다. 이 반사기는 목적 방향과 반대쪽에 주(主) 공중선의 뒤쪽 $\lambda/4$ 사이를 두고 설치하는 것이 보통이다. ⇨ 빔 안테나 (beam antenna).

빔 부하 계수 (── 負荷係數, beam loading coefficient) 회로에서 본 전자 빔의 등가 어드미턴스는 전자 빔의 주행 시간이 적을 때는 그 주행 시간에 대체로 비례하지만 주행 시간이 증가함에 따라 이보다 적은 값이 된다. 이 비례하는 값보다 적게 되는 비율을 빔 부하 계수라 한다.

빔 부하 임피던스 (── 負荷 ──, beam loading) 전자 빔이 회로와 작용할 때 그 점에 있어서 회로에 등가적으로 부하되는 전자 빔의 임피던스를 이른다.

빔 부하 컨덕턴스 (── 負荷 ──, beam loading conductance) 전자 빔이 회로와 작용할 때 그 점에 있어서 회로에 등가적으로 부하되는 전자 빔의 컨덕턴스 성분를 이른다.

빔 스폿 (beam spot) 음극 선관의 음극으로부터 방출된 전자군을 전자 렌즈로 집속했을 때 형광면 또는 타깃면 상에 맺는 전자군 점(群點)을 이른다.

빔 안테나 (beam antenna) 전파를 어떤 방향으로만 강하게 내어 신호를 멀리까지 보내기 위하여, 또는 어떤 방향의 수신 감도를 특히 좋게 하기 위하여 단위 안테나를 적당하게 배치한 안테나를 이른다.

빔 자전관 (── 磁電管, beam magnetron) 음극으로부터의 전자류가 빔 형태로 양극 안에 보내지는 구조의 자전관을 이른다.

빔 잡음 (── 雜音, beam noise) (1) 전자 빔의 드리프트 에너지를 이용하는 마이크로파관 등에 있어서, 빔에서 전기 회로 안으로 끼어드는 잡음. (2) 예리한 방사 빔을 이용하는 전자 항행 방식에 있어서, 이상적인 시스템 성능을 저해하는 외부 교란으로서, 이것은 빔 구부러짐, 부채꼴 퍼짐, 라프네스 등의 종합 효과이다.

빔 전류 (── 電流, beam current) 자유 공간에 있어서 다발로 된 전자의 흐름. 넓은 뜻으로 음극선도 이에 포함된다.

빔 집속 (── 集束, beam convergence) (1) 전계 또는 자계를 조정하여 전자 빔을 집속시키는 것. (2) 3전자총 컬러 텔레비전 수상관에 있어서 3가닥의 빔을 섀도 마스크의 구멍 위치에서 일치하도록 빔을 조정하는 것을 이른다. ⇨ 섀도 마스크.

빔 출력관 (── 出力管, beam power tube) 4극관에서 제1 그리드와 제2 그리드의 눈을 맞춘 전력관이다. 두 그리드의 전자 렌즈 작용으로 음극에서 나온 전자는 부채꼴로 수속(收束)된 빔상이 되어 플레이트에 이른다. 그러므로 플레이트의 2차 전자 현상을 막을 뿐만 아니라 5극관보다도 플레이트 특성의 어깨의 모양을 날카롭게 할 수 있는 이점이 있어 비교적 대출력을 꺼낼 수 있다. 일반적으로 제2 그리드와 플레이트 사이에는 빔 성형 전극이 있으므로 5극관의 기호로 나타내는 수도 있다.

빔 컨덕턴스 (beam conductance) 전자 빔의 직류 전류와 직류 전압과의 비를 이른다.

빔 폭 (── 幅, beam width) 공중선의 지향 특성을 나타내려면 송신점 또는 수신점을

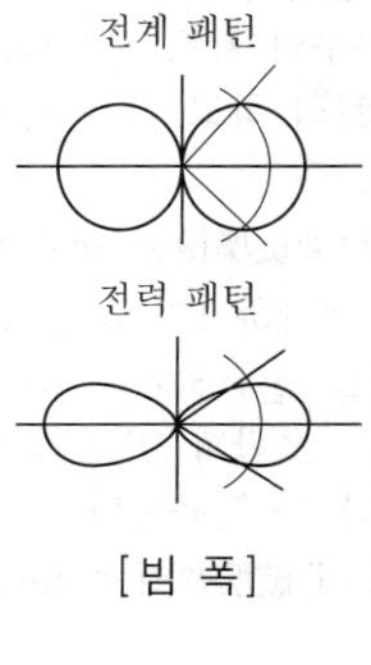

[빔 폭]

중심으로 한 극좌표를 그려서 각 방향의 벡터의 길이를 전계 강도 또는 방사 전력에 대하여 나타내는 것이 통례이다. 빔 폭이란, 그림과 같이 전계 강도로 그린 지향 특성에서는 주(主)빔 최대값의$1/\sqrt{2}=0.707$의 방향의 2선 사이에 끼인 각도로 나타내고, 방사 전력으로 그린 지향 특성에서는 주 빔 최대값의 절반 방향의 2선 사이에 끼인 각도로 나타낸다.

빔 형 (── 形, beam shape) 빔 공중선이나 마이크로파 공중선의 방사 전계 특성은 빛의 빔처럼 날카롭게 되는데, 빔이 그리는 모양을 빔 형이라 한다. 예를 들면, 레이더 공중선에서는 목표를 수색하기 위하여 선형(扇形) 빔이나 원추형 빔을 그리게 한다. ⇨ 선형 빔.

빗형 필터 (comb filter) 주파수역에서 빗살과 같은 선택 감쇠 특성을 가진 필터를 이른다. 일정 간격으로 교대로 배치(interleave)되어 있는 두 신호는 위의 빗형 필터에 의해 분리할 수 있다.

빙결 방지기 (氷結防止器, de-icer) 빙결을 방지하는 장치. 예를 들면 비행기 날개 등에는 히터가 비치되어 있다.

빙설 하중 (氷雪荷重, ice load, ice loading) 전선에 빙설이 부착해서 생기는 중량 및 풍압 하중의 증가분을 빙설 하중이라 한다.

빛의 속도 (── 速度, velocity of light) 자유 공간에서의 빛의 속도는 $c = 2.99792458\times 10^8$ m/s이다. 특수 상대론에 의해, 이 속도는 보편적인 물리 상수이고, 자유 공간에서 이것을 초과하는 물체 속도는 없다. 그리고 관측자의 속도와는 관계 없이 정해진다. 빛뿐만 아니라 모든 전자기 방사는 자유 공간을 이 속도로 전파하며, 방사파로서의 파장 λ와 진동수 ν는 $c=\lambda\nu$의 관계로 맺어져 있다. 공기, 물 등 특정한 매질 속의 광속은 그 매질의 굴절률의 영향으로 값이 변화한다. 물질의 질량 m과 m에 결부된 에너지 E 사이에는 아인슈타인의 $E=mc^2$의 관계가 성립한다.

㈜ SI 단위계에서의 기본 단위의 하나인 길이의 단위 미터는 종래 크립톤 원자가 방출하는 특정 방사의 진공 중의 파장을 써서 정의하였지만 현재는 시간의 단위 [초]와 위의 광속 c를 이용하여 "1미터는 빛이 진공 속을 1초 동안에 진행하는 거리인 2. 99792458분의 1이다" 라고 정의하게 되었다(1958년).

빛의 역학 당량 (── 力學當量, mechanical equivalent of light) 광속을 작업률 단위로 표현한 값으로서, 최대 시감도를 가진 파장 555 nm의 1루멘의 광속에 대응하는(등가한) 작업률은 1/683 와트이다. 다른 표현을 빌리면 주파수 540.1×10^{12} Hz(공기 속에서의 파장이 거의 555 nm)의 단색 방사는 빛으로의 변환 효율이 최대여서, 1/683 와트의 방사속이 1루멘의 광속으로 변환된다. 이 방사속을 방사 당량이라 하고, 1.46×10^{-3} 와트/루멘과 같다.

ㅂ

4각 코일 (四角——, square coil) 네모꼴을 한 코일. 코일 안테나(coil antenna)는 제작 편의상 이러한 모양의 제품이 많다.

사고율 (事故率, outage) 사고 발생률은 여러 가지 분류 방식이 있으며, 사고가 발생하는 유형별 비율, 도수 비율, 시간율 등이 많이 사용된다.

4극관 (四極管, tetrode) 음극과 양극 사이에 2개의 그리드를 가진 전자관. 차폐 그리드 4극관이 가장 많고, 특수한 것으로는 제1 그리드를 공간 전하 그리드로 사용하는 것도 있다.

사다리형 필터 (ladder-type filter) 그림과 같이 직렬변과 병렬변으로 이루어지는 같은 회로를 여러 개 순차 접속하여 얻어지는 필터. 이 종류의 필터는 쉽게 정K형으로 바꾸어 놓을 수 있으므로 설계도 간단하고, 특성도 좋은 것이 얻어진다. ⇨ 격자형 필터(lattice-type filter), 사다리형 회로망(ladder-type network).

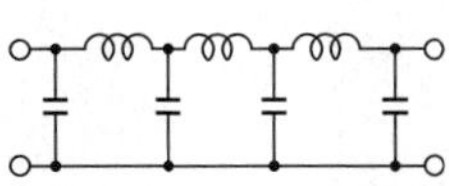

[사다리형 필터]

사다리형 회로망 (——形回路網, ladder-type network) 그림과 같이 Z와 Y로 대표되는 직렬 소자와 병렬 소자가 서로 엇갈리게 반복적으로 여러 개 접속된 회로를 말한다. 필터와 감쇠기 또는 전송선로의 등가회로 등에 주로 쓰인다. ⇨ 사다리형 필터(ladder-type filter).

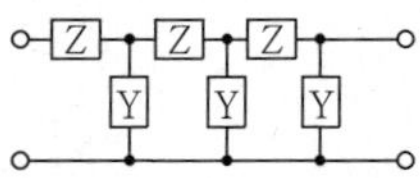

[사다리형 회로망]

4단자 감쇠량 (四端子減衰量, four-terminal attenuation) 증폭기 등을 포함하지 않는 패시브한 4단자 회로망에 있어서, 수전단에 출력 영상 임피던스를 접속하였을 때 송전단에서의 피상 전력과 수단에 있어서 피상전력의 비율로 정의되는 감쇠량을 이른다.

4단자망 (四端子網, four terminal network) 외부에 접속하는 단자가 4개 있는 임의의 회로망으로, 그 중 2개의 단자는 입력 단자이고 다른 2개는 출력 단자이다. 4단자 회로망이 전원이나 전자관 등을 포함하지 않는 수동 회로망인 경우에는 입력 전압, 전류 E_1, I_1과 출력 전압, 전류 E_2, I_2 사이에는 $E_2=AE_1+BI_1$, $I_2=CE_1+DI_1$의 관계가 있다. 여기서, A, B, C, D는 모두 다 전압 및 전류와 관계가 없고 회로망의 구조에만 관계하는 상수인데 $AD=BC$라는 관계가 있다. ⇨ 2단자망(two terminal network).

사면반 (死面盤, dead-front switch-board) 대전부분이 반면에 나타나지 않는 방식의 배전반을 이른다.

4분원 오차 (四分圓誤差, quadrantal error) 원주 상의 등간격 4점에서 0이 되는 정현파 모양의 오차이다.

4분의 1 파장 정합 (四分之一波長整合, Q-matching) 길이 4분의 1파장으로 특성 임피던스 Z_0인 선로의 한 끝에 Z_r인 임피던스를 접속했을 경우, 다른 한 끝에서 본 임피던스

Z_s는 $Z_s = Z_0{}^2/Z_r$이 된다. 위 식의 Z_0는 보통 순저항으로 간주되므로 $Z_0{}^2$은 실수가 되고, 따라서 Z_s와 Z_r은 복소수로서 같은 구실의 함수에 있는 셈이므로 $Z_r = R + jX_L$이면 $Z_s = R - jX_L$이 된다. 이 성질을 임피던스 변성기에 이용하면 2개의 다른 임피던스 정합을 도모할 수 있다. 예를 들면, 안테나와 급전선 간의 정합을 할 경우 등에 사용된다.

4분의 1파장 공중선 (四分之一波長空中線, quarter-wave antenna) 장·중파대에서 그 파장의 1/4의 도선을 대지에 접지하여 세우면 대지 상에 생기는 그 전기 영상 때문에 전장 1/2 파장의 안테나와 등가가 되어 그 파장으로 공진하게 된다. 또 초단파대에서도 파장에 비해서 충분히 큰 도체 위에 1/4 파장의 방사체에 설치하면 같은 이유로 등가 1/2 파장 안테나를 형성하게 된다. 이와 같이 설계된 안테나를 1/4 파장 안테나라고 한다. 전자는 1/4 파장 접지 안테나, 후자는 휩 안테나 등이 그 한 예이다.

4분의 1파장 변성기 (四分之一波長變成器, Q-section transformer, quarter-wavelength transformer) Q 정합의 원리를 이용한 임피던스 변성기를 이른다.

4분의 1파장 선로 (四分之一波長線路, quarter-wave line) 길이가 4분의 1파장과 같은 전송 선로를 이르며, 보통 Q 정합의 원리에 의해서 임피던스 변성용으로 쓰인다. ⇨ Q 정합, Q 부분.

4선식 (四線式, four-wire system) 전화 회선에 중계기를 삽입하고 회선을 연장하여 가는 경우, 가는 것과 오는 것을 반대 방향으로 따로따로 중계기에 접속하는 방법으로, 반송 전화 회선과 반송 전신 회선 등은 이 방식에 의한다. 또 사진 전송 등의 회선 작성에는 단국에서 그대로 가입자까지 4선식으로 연장한다.

4선식 교환 (四線式交換, four-wire switching) 장거리 시외 중계교환 등에 있어서 통화손을 기준값 이하로 하기 위하여 4선식 시외 회선을 2선식으로 고치지 않고, 4선식 그대로 접속을 하는 전환 교환기로, 총괄국 및 중심국에서 중계 교환에 사용된다.

4선용 암 (四線用——, four-wire arm) ⇨ 4선용 완목.

4선용 완목 (四線用腕木, four-wire arm) 4선의 전선을 가설할 수 있게 설계된 완목이다.

4중 전신 (四重電信, quadruplex telegraphy) 1회선으로 동시에 양 방향으로 2회선에 해당하는 독립 통신을 할 수 있는 전신방식. 현재는 시분할 4중 전신 방식이 있고, 일반적으로 반송 전신에 의한 다중 통신으로 대치되었다.

사업용 발전 (事業用發電, utility generation) 전기 사업(일반의 수용에 의해서 전력을 판매 및 공급하는 사업)용의 전력 계통에 의해서 발전된 전력이다.

사용 압력 (使用壓力, working pressure) 장치의 평상 상태에서 사용하는 압력이다.

사용 전압 (使用電壓) (1) working voltage 실제로 사용하는 전압. (2)《전력》 service voltage 기기, 전기재료 등에 사용되는 정격 전압을 이른다.

사용 조건 (使用條件, working conditions) 기계, 장치, 회로 등의 운전 특성, 사용 특성을 결정하는 조건을 이른다.

사운드 트랙 (sound track) 토키 필름에 녹음할 경우, 화면 옆에 폭 2.54 mm의 띠 모양의 부분을 사운드 트랙으로 남기고 여기에 녹음한다.

사운딩 (sounding) 수심을 측정하는 것을 이른다.

사이드 로브 (side lobe) 안테나 지향성의 수평방향 패턴 중 주 빔 이외의 방향으로 방사되는 것을 이른다. 일반적으로 특정 방향에 전파를 발사하는 경우는 이것이 적은 쪽이 효율이 높고 또 다른 혼신을 주지 않는다. 특히 선박용 레이더 등의 안테나에 있어서는 주 로브에 대해서 −25 dB 이상으로 억제할 필요가 있으며, 이것이 크면 허상이 생겨 도형 판단을 어렵게 하는 경우가 있다.

사이러트론 (thyratron) 열음극 그리드 제어 방전관이다. 관 속에 수은이 들어 있는 것과 아르곤 가스가 들어 있는 것이 있는데, 전자는 고압에도 사용할 수 있고, 후자는 저압 전용이다. 제어 정류장치로서 그리드가 있는 수은 정류기와 같은 용도이다.

사이리스터 (thyristor) 셋 또는 그 이상의 pn 접합부로 구성되고, 주전압·전류 특성이 적어도 한 상한에서 온·오프의 두 안전상태를 유지하며, 오프에서 온으로의 전환 또는 그 반대의 전환을 행할 수 있는 반도체 소자. 역저지 3단자 사이리스터의 약어로 사용되는 경우가 많다. 게이트 전류에 의해 스위칭 동작이 이루어지고 있다.

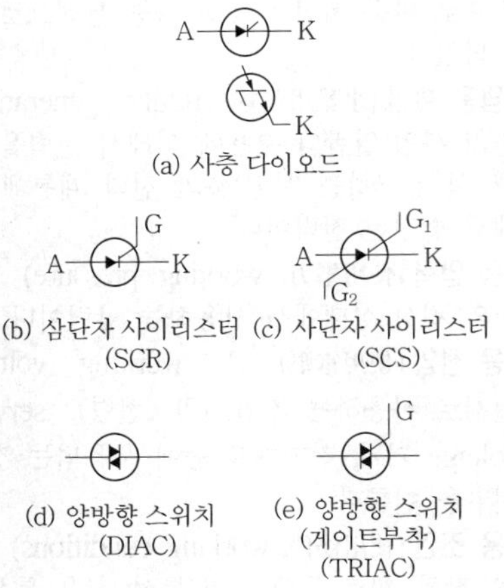

[사이리스터]

사이리스터 레오나드방식 (thyristorlized Leonard system) 직류기만에 의한 레오나드 제어장치의 주전동기를 제외한 다른 일부 또는 전부를 사이리스터 정류장치(3상의 균일 또는 혼합 브리지 회로가 많다)로 치환한 것. 가역 운전의 경우에는 ① 역병렬 정류 접속의 2조의 정류회로로 계자전류를 제어한다. ② 전기자 회로를 역병렬 접속 또는 교차(+자) 접속의 2조의 정류회로로 구성하여 전기자 전류의 크기, 방향을 연속 제어한다. ③ ①의 방식에 있어서 주회로 전환기를 사용하여 전기자 전류의 방향을 전환한다. 등의 방법이 사용된다. ⇨ 역병렬 접속.

사이리스터 모터 (thyristor motor) 직류 전동기의 우수한 속도제어 성능을 정류자와 브러시에 의한 기계적인 정류기구를 사용하지 않고 사이리스터 장치와 동기 전동기에 의해서 실현시킨 것으로, 직류식과 교류식의 두 방식이 있다. ① 직류식 사이리스터 모터는 교류 전원의 전력을 정류기에 의하여 직류 전력으로 변환하고, 그것을 인버터에 의해 전동기 주파수의 교류로 변환하여 전동기의 슬립링을 거쳐 그 회전 전기자에 공급하는 것으로, 전기자와 계자(고정자)의 위치 관계를 직류 전동기의 경우와 같은 관계가 되도록 인버터에 위상 제어를 한다. 회전 계자형의 경우에는 전기자(고정자) 회로에 상기한 정류기-인버터 장치를 사용하여 그 주파수와 위상을 제어한다. ② 교류식 사이리스터 모터는 상기한 정류기-인버터 장치 대신에 사이클로 컨버터 장치를 사용한 것이다. 사이리스터 모터는 보수가 용이하고 제어성이 좋은 전동기로서 각 산업 분야에 널리 사용되고 있다.

사이리스터 스택 (thyristor stack) 하나 또는 복수 개의 사이리스터를 전압 평형용의 저항, 서지 흡수용 커패시터, 다이오드, 냉각장치 등과 함께 일체로 조립한 집합체를 말한다.

사이클 (cycle) ⇨ 헤르츠.

사이클링 (cycling) 제어량이 주기적으로 변화하는 상태. 바람직하지 못한 사이클링을 난조(亂調)라고 한다.

사이클 매초(c/s) (── 每秒, cycles per second) 주파수의 단위로, 1초 간의 교번 진동 사이클 수를 이른다. 그러나 오늘날에는 헤르츠(Hz)가 주로 쓰이게 되었다. ⇨ 헤르츠.

사이클 카운터 (cycle counter) 전자석 등을 이용하여 단속 회수 또는 주파수 등을 적산하는 장치이다.

사이폰 레코더 (siphon recorder) 전신 부호의 직류 출력을 기록지에 신호로 기록하기 위한 현파기(現波器)의 일종, 기록하는 펜에 공급되는 잉크를 사이폰으로 하게 되어 있다.

사이폰 여수로 (── 餘水路, siphon spillway) 사이폰식 구조의 여수로이다.

사인 (sign) 형태, 색깔, 소리 등에 의해서 철도 등의 종사원이 상호 간에 주고 받는 통신을 이른다.

사재 (斜材, diagonal bracing) 《철탑》 철탑, 철주의 주재(主材)를 연결하는 부재 가운데서 수평면에 대하여 경사진 것을 이른다. ⇨ 대각재.

사중 (死重, dead weight) 자중(自重). 조정할 수 없는 무게를 이른다.

사진 적외선 (寫眞赤外線, photographic IR) 적외 컬러 필름 또는 적외 흑백 필름으로 검지할 수 있는 파장 700~900 nm 범위의 적외선을 이른다.
[주] 적외 컬러 필름은 적색, 녹색, 청색의 세 감광층으로 되고, 이 중 적색 감광층은 파장 700~900 nm 근적외선에, 그리고 녹색, 청색의 각 감광층은 각각 녹색, 청색의 빛에 반응한다. 사진 처리는 물론 감법 혼색으로 이루어진다.

사진 전송 (寫眞電送, photo-telegraphy, telephoto) 팩시밀리의 하나로, 사진 또는 영상을 주사하여 그 흑백의 변화를 전류의 변화로 변환하여 송신하고, 수신측에서 이 전류를 빛의 강약으로 변환하여 감광지(최근에는 일반 종이로도 가능하다)나 필름에 소부하여 본래의 문자 또는 영상을 재생하는 방식을 이른다.

사진 측광 (寫眞測光, photographic photometry) 사진 감광제가 노출 시간, 노출 때의 조도에 따라 흑화의 정도를 달리하는 것을 이용하는 것을 말한다.

사진 측광기 (寫眞測光器, photographic photometer) ⇨ 사진 측광.

4칙 연산기 (四則演算器, arithmetic element, arithmetic organ, arithmetic unit) 가산기, 누산기, 계수 회로, 시프트 레지스터 경우에 따라 곱셈, 뺄셈 회로를 포함하는 4칙 연산을 하는 계수형 계산기의 부분을 이른다.

4침법 (四針法, four-point probe) 의료용 전자 측정에서, 잡음이나 접촉 저항으로 인한 방해를 배제하여 생체 측정을 하기 위하여 통전 회로와 전압 픽업 회로의 단자를 분리하여 4개의 탐침을 사용하여 측정하는 방법. 바깥 쪽 전극쌍에 정전류원에서 통전하고, 안 쪽 전극쌍 사이의 전압을 연산 증폭기에 의해 측정한다. 4탐침법이라고도 한다.

사티콘 (saticon) 셀렌을 주 재료로 한 비정질의 복합층으로 된 광도전 타깃을 사용한 광도전형 촬상관, 동작 기구는 비티콘과 같지만 가시역에서 균일한 분광감도 특성을 가지고 있다.

사하중 (死荷重, dead load) 부가적인 하중이 없는 상태에서 이미 걸려 있는 하중. 예를 들면 자중과 같은 것이다.

사후 보전 (事後保全, corrective maintenance) 고장이 발생한 후에 실시하는 보전. 장치가 규정된 동작성능 수준 이하로 저하하는 따위의 고장을 즉시 수리하여 정상 상태를 회복시키는 보전행위로서, 사전에 계획을 세워 실시하는 정비와는 다르다. ⇨ 예방 보전.

산 (酸, acid) (1) 《수용액계》 물에 녹였을 때 $H^+(aq)$ 이온을 만들 수 있는 물질이다. 그러나 자유 이온 $H^+(aq)$는 수중에서는 단독으로 존재하지 않고 물의 분자에 강하게 결합하여 옥소늄 이온 $H_3O^+(aq)$라고 하는 분자종을 만들고 있다. $HCl(g)+H_2O \rightarrow H_3O^+(aq)+Cl^-(aq)$, $H_3O^+(aq) \leftrightarrow H^+(aq)+H_2O$. (2) 다른 물질에 대하여 프로톤 H^+을 부여할 수 있는 물질을 일반으로 산이라 한다. 프로톤은 (1)의 경우와 달리 반드시 수화(水和)된 종이 아니어도 된다. $NH_4^+ \rightarrow NH_3+H^+$, $NH_3 \rightarrow NH_2^-+H^+$. 위의 반응식에서 반응에 관여하는 산의 상대를 염기라고 한다. 산-염기 반응은 서로 공역적인 산과 염기 간의 프로톤의 이동이라 생각할 수 있다. (1)의 수용액의 경우에는 염기를 가리켜 알칼리라 하기도 한다. (3) 산의 정의는 H^+의 이동을 수반하지 않는 다음과 같은 경우에까지도 확장된다. $BrF_2^+ + F^- \rightarrow BrF_3$, $BrF_3 + F^- \rightarrow BrF_4^-$ 이 경우는 상대편에서 음이온을 받는 것이 산이다. (4) 산이란, 반응에 있어서 전자 억셉터(수용체)가 되는 것이다 (Lewis 정의). 따라서 다음 반응에서의 $AlCl_3$은 산이다. $AlCl_3 + Cl^- \rightarrow (AlCl)^4$.
[주] 산, 염기 반응은 결국 그 반응에 관여하는 산과 염기 사이의 전자 혹은 양·음 이온의 이동에 지나지 않는다.

산가 (酸價, acid value) 지방(脂肪) 1g 속에 함유된 유리 지방산을 중화시키는데 필요한 KOH의 mg수를 이른다. 유지의 품위를 정하는 중요 기준의 하나이고, 식용유로 사용하기 위해서는 산가가 1 이하여야 한다.

산란 (散亂, scattering) (1) 입자와 광자(光子)가 다른 입자 또는 물체와 충돌하여 그 방향을 바꾸는 것. (2) 《음파》 전파 경로의 매질의 불균일성 때문에 음파가 흩어지는 것. (3) 《전파》 전파가 상공의 전리층에 의해서 산란하는 것을 이른다.

㊟ 산란이란, 불규칙한 변화를 뜻하는 말로, 방향 뿐만 아니라 주파수, 편파면 등의 변화도 포함된다. 주파수(파장) 변화를 수반하지 않는 것으로는 레일리(Rayleigh) 산란, 미 산란(Mie scattering) 등이 있고, 수반하는 것으로는 라만산란(Raman scattering), 콤프톤 산란(Compton scattering) 등이 있다.

산란 단면적 (散亂斷面績, scattering cross section) 입자 또는 광자가 다른 입자에 충돌하여 방향을 바꾸는 것을 산란이라 하고, 산란이 일어나는 확률을 산란 단면적이라 한다.

산란 대역 (散亂帶域, scatter band) 펄스 방식에 있어서, 동일한 공칭 무선 주파수로 동작하는 다수의 질문 주파수로 점유되는 전 대역의 폭을 이른다.

산란파 (散亂波, scattered wave) 단파의 도약 거리 내에서 지표파가 도달하지 않는 곳에도 약한 전파가 존재한다. 이것을 산란파라 하는데, 도래 방향이 일정하지 않고 강도도 변동이 매우 심하다. 이것은 산란 반사 때문이라고 한다. UHF나 VHF에서는 가시거리를 넘으면 급격히 감쇠하지만 가시거리의 2~3배 정도의 거리에서 다시 감쇠가 완만하게 된다. 이것은 대기의 난류에 의하여 굴절률이 부분적으로 다르기 때문에 산란 반사하는 것이라고 생각되며, 이 현상을 이용하여 가시거리의 통신이 가능하게 되었다.

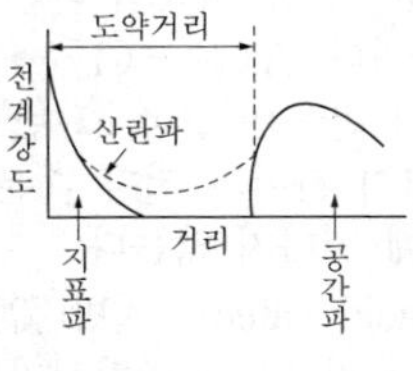

[산란파]

산란파 통신 (散亂波通信, scatter communication) 전파가 대류권 또는 낮은 전리층에서 굴절하였을 때에 생기는 산란 효과를 이용한 통신. 굴절률의 불규칙한 변동으로 인한 산란으로 VHF 신호의 도달 거리를 수평 전파의 경우에 대하여 넓힐 수 있다. 25~60 MHz의 전파에 의해서 1,300 km 정도의 도달거리가 얻어진다. 저주파를 사용하는 통신에 비하여 대역 폭이 넓어지므로 대기 또는 전리층의 교란의 영향을 별로 받지 않는다.

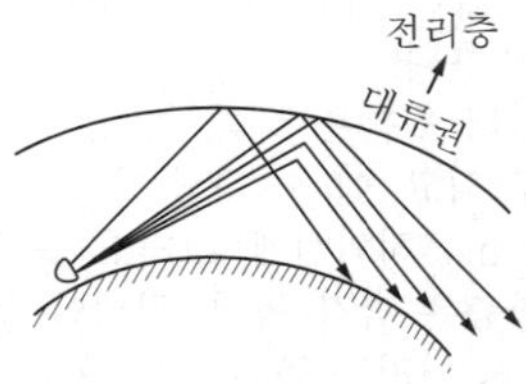

[산란파 통신]

산란 효과 (散亂效果, shot effect) 진공관에 있어서 음극의 전자군이 플레이트에 도달할 때 절대로 연속이 아니고 하나하나가 따로 흩어져 있는 것을 이른다. 이 때문에 플레이트 전류에는 엄밀히 말해서 잡음이 생긴다. 이것이 바로 산탄 잡음이다.

산소 과전압 (酸素過電壓, oxygen overvoltage) 전해 과정에서 양극에서 산소 가스가 발생할 때 이론 값 보다도 어떤 값 만큼 여분으로 +의 전압을 부여하지 않으면 가스가 발생하지 않는다. 이 여분의 +전압의 값을 산소 과전압이라 하고, 전극 재질 및 그 표면상태 등에 따라서 정해진다.

산악 전파 (山岳傳播, mountainous propagation) 전파의 전파로에 여러 산들이 있을 때 이 전파를 산악 전파라고 한다. 특히 초단파나 마이크로 파대에서는 산이 있으면 음영(陰影)효과로 인하여 전계 강도는 낮아진다. 그러나 산을 잘 이용하면 산이 없을 때 얻을 수 있는 전계 강도 보다도 높은 강도가 얻어진다.

산악 효과 (山岳效果, mountain effect) 울퉁불퉁한 지형에서의 전파의 전파(傳播) 영향을 이르는 것으로, 그 반사로 인하여 예컨대 방향 탐지기의 지시에 오차가 생긴다.

산탄 잡음 (散彈雜音, shot noise) 전류가 반도체 접합부를 통과할 때, 혹은 열전자 방출의 불규칙한 거동에서 발생하는 잡음. 평균 직류 전류를 I, 전자의 전하를 q, 생각하고 있는 잡음 대역폭을 Δf 라 하면 잡음전류 I_n은 $I_n = \sqrt{2qI\Delta f}$ [A] (실효값)으로 주어진다 (단, 단위는 SI 단위이다).

㊟ 산탄 잡음은 저항의 열잡음과 마찬가지

로 넓은 대역폭을 가진 화이트 노이스이다.

산화동 정류기 (酸化銅整流器, copper oxide rectifier, cupric oxide rectifier) 순 동판의 표면에 산화 제1동의 절연층을 만든 것으로, 아산화동에서 구리를 향해서는 전류가 통하기 쉽지만 역방향으로는 통하기 어려운 점을 이용한 정류기이다. 아산화동의 표면에는 납 같은 부드러운 금속판을 압착하거나 엷은 도금을 하거나 또는 녹기 쉬운 금속을 용해해서 부착시킨다. 외부 회로에 대해서는 동 기판(銅基板)이 +표시면 전극이 −가 된다. 1개당 4~7V, 온도는 60℃가 한계이다. 최대 피크 내역 전압은 12V이다.

산화물 세라믹스(酸化物 —, Oxide ceramics) 알루미나(산화 알루미늄), 실리카(산화 규소) 등 천연 무기 재료를 정제하여 만든 고순도의 세라믹스이다. 전기 절연성이 좋은 관계로 전자부품 재료로 많이 사용된다. 또 내열성, 내식성 등이 우수하므로 절삭공구, 바이오 세라믹스 등으로도 이용 분야가 넓다. 복수의 금속 산화물을 혼합한 복합 산화물 세라믹스도 개발되었다.

산화물 음극 (酸化物陰極, Oxide(coated) cathode) 1904년 Wehnelt에 의해서 발견된 열음극으로, 전자 방출 능률이 좋아 거의 모두가 소형 진공관에 쓰이고 있다. BaO, SrO, CaO의 혼합물인데, 직접 필라멘트를 피복하는 직렬형과 산화물을 슬리브에 발라 그것을 간접으로 다른 히터로 가열하는 방열형이 있다. 이것은 Ba, Sr, Ca의 탄산염과 질화면(窒化綿)을 바인더로 하여 질산 알루미늄 속에 현탁시켜 볼밀로 분쇄한 후 N_1의 기본 금속 위에 칠하고 진공관에 조립해서 배기 중에 가열하여 산화물로 한다. 진공관을 봉해 넣고 게터를 넣은 다음 음극을 사용 온도보다도 고온으로 가열하여 활성화한다. 이로써 산화물의 일부가 금속 원자로 되어 열전자를 방출하게 된다. 사용 온도는 1,050°K 전후이다.

산화물 자석 (酸化物磁石, Oxide magnet) 예를 들면 Fe_3O_4(자철광)와 $CoFe_2O_4$(아철산 코발트)의 분말을 각 50%씩 혼합하여 필요한 형태로 압착한 후 1,000℃에서 소결(燒結)하여 300℃에서 산화한 자석이다.

산화 수은 전지 (酸化水銀電池, mercury oxide cell) 수은의 산화물이 감극작용을 하고 있는 따위의 1차 전지를 이른다.

산화은 전지 (酸化銀電池, silver-oxide cell) 은의 산화물에 의해서 감극작용을 하도록 한 전지. 1가의 산화은 전지는 수은 전지와 거의 같은 정도의 에너지 밀도를 가지고 있지만 출력 전압은 그보다 높아 약 1.5V이다. 활성이 강한 2가의 산화은을 감극 작용성 캐소드로 사용한 것은 면적이 넓은 아연 애노드와 함께 1가의 것보다 5할 가까이 큰 에너지 밀도를 실현할 수 있다. 출력 특성은 평탄하여 디지털 시계, 보청기, 카메라 등 전자 기기의 전원으로 매우 적합하지만 비싼 것이 결점이다.

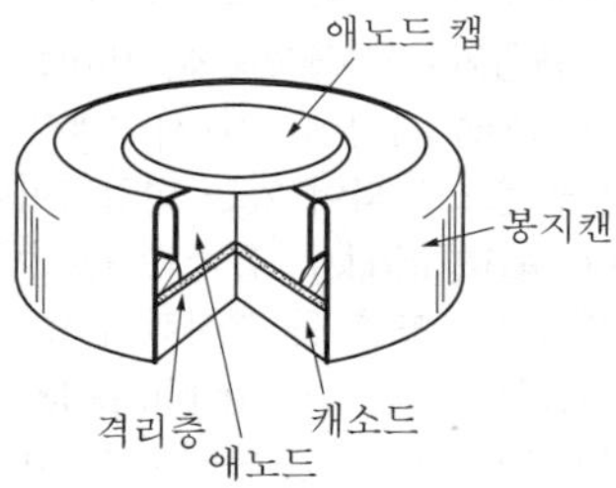

[산화은 전지]

산화 티타늄 자기 (酸化 —— 磁器, titanium oxide porcelain) 산화 티타늄을 주성분으로 한 자기는 유전율이 비교적 크고, 또 고주파 손실이 적기 때문에 고주파 회로용 유도체로 많이 쓰인다.

살균 램프 (殺菌 ——, germicidal lamp) 파장 260 nm 부근의 자외선을 발광하는 램프. 자외선 투과 글라스를 보통 형광 램프의 외관에 사용한 것이 이와 같은 목적에 사용되고, 그 살균 효과 때문에 식품 공장, 수술실, 지하실 등에서 사용된다.

3각 결선 (三角結線, delta connection) 3상 교류방식에서 실용되는 결선의 한 방식으로, 각 상을 차례로 직렬로 결합한 것을 이른다.

3각 3각 결선 (三角三角結線, delta-delta connection, △-△ connection) 변압기의 3상 결선의 한 방식으로, 1차측, 2차측 모두 △형으로 결선 한 것을 이른다.

3각 성형 결선 (三角星形結線, delta-star connection, △-Y connection) 변압기의 3상

결선의 한 방식으로, 1차측을 △형, 2차측을 Y형으로 결선한 것을 이른다.

3각 접속 (三角接續, delta connection) ⇨ 3각 결선.

3각주 (三角柱, triangle pole) 3개의 나무 기둥을 3각형으로 배치한 전주이다.

3각 철심 (三脚鐵心, three leg core) 《변압기》 권선을 감은 3개의 다리와 그 양단을 연결하는 계철에 의해서 폐자로를 구성하는 변압기 철심을 이른다. 내철형과 외철형이 있으며, 두 종류 모두 얇은 규소 강판을 적층하여 만든다.

3권선 변성기 (三捲線變成器, three-winding transformer) ⇨ 하이브리드 코일.

3권선 변압기 (三捲線變壓器, three-winding transformer) 1상에 대해서 3개의 다른 독립된 권선으로 되어 있는 변압기이다.

3극관 (三極管, triode) 음극과 플레이트 사이에 제어 그리드를 둔 전자관이다.

3극 스위치 (三極——, triple-pole switch) 동시에 개폐할 수 있는 전로(電路)의 각 선에 대한 개폐 부분(극)이 3개인 스위치를 말한다.

3단 스위치 (三段——, three heat switch, triple heater switch) 《전열기》 전열기의 전열선 2회선을 병렬로 연결해서 전 용량으로 하고, 1회로만을 써서 1/2 용량으로 한 다음, 이번에는 두 회로를 직렬로 해서 1/4 용량으로 하여 3단으로 조절 사용하는 스위치를 이른다.

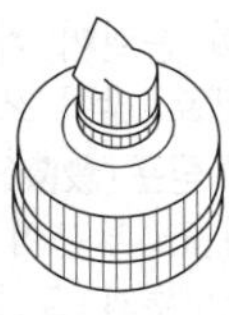

[3단 스위치]

3레벨 메이저 (three level maser) 3개의 에너지 준위를 사용한 메이저 장치. f_{31}이라고 하는 주파수의 충분한 방사가 시료에 부여되면 1과 3 레벨의 분포는 일반적인 볼츠만 분포에서 떨어져 레벨 3이 속하는 원자수 N_3이 레벨 1에 속하는 원자수 N_1과 거의 같게 된다(포화 상태). 이와 같은 상태에서 레벨 2와 레벨 1 사이에서는 반전 분포가 생겨 f_{21}인 주파수의 신호 증폭이 이루어진다. 같은 원리의 레이저도 있다. 펌프 에너지를 공급하여 신호 증폭을 하는 장소로서 공동 공진기를 사용하는 것과 도파관 내에서 진행파관의 원리를 이용하는 것이 있다. 저잡음 마이크로파 증폭기로서 초 원거리 레이더, 우주 통신, 전파 천문 분야 등에 사용된다.

㊟ 3 레벨 동작에서는 기저 레벨의 원자수를 줄이는 동시에 레벨 2의 획득 원자를 증가시켜 여기 방사를 시키기 위하여 외부 여기 에너지를 충분히 강하게 할 필요가 있다. 3레벨 동작에서의 이 고유한 낮은 에너지 효율을 극복하기 위해 기저 레벨의 상부에 다시 레이저 작용에 관여하는 다른 에너지 준위(그 곳에 존재하는 원자수는 매우 적다)를 갖는 물질을 사용한 4레벨형도 있다.

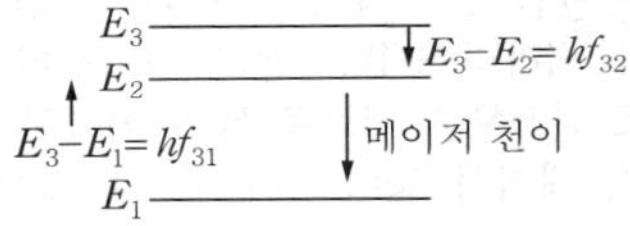

[3레벨 메이저]

3로 스위치 (三路——, three-way switch) 3개의 단자를 가진 전환용 스냅 스위치이다.

3부 요금제(三部料金制, three-part rate schedule) 다음 3 요소로 구성되어 있는 요금 규정. ① 수용가 요금, ② 수용전력 요금, ③ 전력량 요금이 있다.

3상 (三相, three phase) 위상이 120°씩 틀리는 각속도가 같은 3개의 정현파 교류를 이른다.

3상 단락 (三相短絡, three-phase short-circuit) 교류 3상 회로의 모든 상을 단락하는 것을 이른다.

3상 발전기 (三相發電機, three-phase generator) 3상 교류전력을 발생하는 발전기이다.

3상 변압기 (三相變壓器, three-phase transformer) 단독으로 3상 교류 전력을 변성하는 변압기이다.

3상 4선식 (三相四線式, three-phase four-wire system) 4개의 도선으로 3상 기기에 전기를 공급하는 방법인데, 도선 중 1개는 중성점에, 다른 3개는 각각 3개의 상에 접속된다.

3상 3선식 (三相三線式, three-phase three-wire system) 3 가닥의 도체에 의해 3상 전기를 공

급하는 방법을 이른다.

3상 여자기 (三相勵磁器, three-phase exciter) 3상 유도 전동기의 1차 무효전력 또는 속도 제어를 할 목적으로 그 2차 회로에 접속하여 슬립 주파수의 전력을 주 유도기 사이에 수수하는 3상 정류자기의 총칭이다.

3상 전동기 (三相電動機, three-phase moter) 3상 교류 전력에 의해서 동작하는 전동기를 이른다.

3상 정류자기 (三相整流子機, three phase commutator machine) 3상 교류 전력을 발생하는 정류자 발전기 및 3상 교류 전력에 의해 동작하는 정류자 전동기의 총칭이다.

3상 회로 (三相回路, three-phase circuit) 위상이 120°씩 틀리는 3개의 교류 기전력에 의해서 전력이 공급되는 회로. 회로는 3선 혹은 4선의 도체로 구성되고, 전원과 부하는 모두 원칙적으로 성형 또는 3각항 결선법으로 접속된다.

㊟ 4선식인 경우는 1가닥의 선은 전원의 중성점에 접속한 다음 접지를 한다. 이 중성선과 다른 3가닥의 도선 중 어느 한 선 사이에서 단상 부하를 취할 수 있다.

3선식 (三線式, three-wire system) 배전 방식의 하나로, 3상 3선식, 단상 3선식 등, 선로의 수를 3선으로 하는 방식을 이른다.

3선식 계기 (三線式計器, three-wire meter) 3선식 전기 방식에 사용되는 계기. 보통 단상 3선식, 3상 3선식, 2상 3선식이 있다.

3선식 발전기 (三線式發電機, three-wire generator) 단독 직류 발전기에서 +, −의 양 단자 외에 중성점 단자를 만들어 3선식 배전을 할 수 있게 한 발전기를 이른다. 이 중성점 단자는 전기자 권선의 대각선상의 두 점 사이에 리액터를 접속하고, 이 리액터의 중점에서 인출한다.

3선식 회전 변류기 (三線式回轉變流機, three-wire rotary converter) 단독의 회전 변류기 중에서 직류 3선식 배전을 할 수 있는 구조의 것으로, 중성점 단자는 부속 변압기의 중성점에서 끌어낸다.

3심 케이블 (三心——, three core cable) 심선이 세 가닥으로 된 케이블이다.

3위식 (三位式, three position system) 3위식 신호기를 사용하여 열차 또는 차량의 진행 조건을 지시하는 신호 방식이다.

3위식 신호기 (三位式信號機, three position signal) 신호기 암의 위치 또는 등의 색깔 혹은 백색등의 배열 위치의 등에 따라 정지, 주의 및 진행 세 가지의 신호 표시를 하는 신호기를 이른다.

3 전압계법 (三電壓計法, three volt-meter method) 3개의 전압계를 사용하여 단상 교류회로의 전력을 측정하는 방법. 마찬가지로 전류계를 사용한 방법을 3전류계법이라 한다.

① 3전압계법 : 부하와 직렬로 저항 R_s를 접속하고, R_s의 전원 쪽과 부하 쪽의 전압을 각각 V_1, V_2로 한다. 또 R_3 양단의 전압을 V_3으로 할 때, 부하 전력 P_L 및 역률은 다음 식으로 주어진다.

$$P_L = \frac{1}{2R_s}\ (V_3{}^2 - V_1{}^2 - V_2{}^2)$$

$$\cos\phi = \frac{P_L}{V_2 V_3 / R_s}$$

② 3전류계법 : 부하와 병렬로 저항 R_p를 접속하고, R_p의 전원 쪽과 부하 쪽 전류를 각각 I_1, I_2로 한다. 또 저항 R_p를 흐르는 전류를 I_3으로 하면,

$$P_L = \frac{1}{2} R_p (I_3{}^2 - I_1{}^2 - I_2{}^2)$$

$$\cos\phi = \frac{P_L}{R_p I_2 I_3}$$

3차관 (三叉管, tee tube) T자관이라고도 한다. T형 분기를 하는 경우에 쓰이는 조인트이다.

3차 권선 (三次捲線, tertiary winding) 3권선 변압기에서, 용량이 최소인 권선을 이른다.

3차원 레이더 (三次元——, volumetric radar) 다수 목표의 3차원 위치 데이터를 발생할 수 있는 레이더이다.

3차 전류 (三次電流, tertiary current) 3권선 변압기의 3차 권선에 흐르는 전류를 이른다.

3차 전압 (三次電壓, tertiary voltage) 3권선 변압기의 3차 권선의 단자 전압을 이른다.

3차 코일 (三次——, tertiary coil) 3권선 변압기의 3차 권선의 코일을 이른다.

3차 회로 (三次回路, tertiary circuit) 3권선

ㅅ

변압기의 3차 권선의 회로를 이른다.

삽입 베이스 (插入 ——, bayonet base, bayonet cap, swan base) 전구용 베이스의 일종. 소켓에 꽂고 작은 모서리만 회전하면 핀으로 고정되고 전기적 접촉도 할 수 있게 되어 있다. 영국에서는 일반적으로 쓰이고 있다. 우리 나라에서는 차량용 전구에 주로 쓰이고 있다.

삽입 소켓 (插入 ——, bayonet socket, swan socket) 전구용 소켓의 한 종류. 삽입 베이스를 받아들여 핀과 홈으로 전구를 고정하고, 전기적 접촉도 할 수 있게 되어 있다.

삽입 손 (插入損 ——, insertion loss) 전송회로 중에 어떤 회로망이 들어감으로써 수단의 전류가 변화한 정도를 감쇠량으로 나타낸 것을 이른다.

삽입 플러그 (插入 ——, attachment plug, plug cap) 전기 기구와 배선의 접속에 사용하는 기구로, 전기 기기의 코드 끝에 연결하여 콘센트에 끼워 넣는 구조의 것을 이른다.

[삽입 플러그]

삽입형 계전기 (插入形繼電器, plug-in type relay) 판이 설치된 소정 위치에 삽입함으로써 미리 판에 설치된 접촉자와 계전기의 접촉자가 자연히 접촉되는 구조로 되어 있는 계전기이다.

상 (像, image) 광원에서 나온 공심 광선속(光線束)이 반사, 굴절된 후 다시 집합하는 것을 가리켜 상을 맺는다고 한다. 이 위치에 광원에 대응하여 나타나는 형체를 광원의 상이라고 한다.

상 (相, phase) ⇨ 위상.

상간 격리 (相間隔離, phase segregation) 모선, 기기 등을 각 상마다 벽이나 메탈 클래드 방식 등으로 완전 격리하는 것을 이른다.

상간 리액터 (相間 ——, interphase reactor) 이것은 전력용 수은 정류기의 변압기 결선에 있어서 60°의 위상차를 갖는 2조의 성형 결선의 각 중성점 간을 잇는 중점 탭이 있는 리액터를 이른다. 수은 정류기의 각 양극에는 2조의 성형 결선의 각 단자를, 음극과 리액터 중점 사이에는 부하를 연결한다. 이와 같이 하여 2조의 3상 병렬로 운전한다. 이 결선을 2중 성형 6상 결선이라 한다. 변압기의 이용률이 좋고, 전압 변동률이 작을 뿐만 아니라 출력 전압의 리플이 작고, 아크 전압이 낮은 등의 장점이 있다. 12상 전류의 경우에는 상간 리액터를 3개 사용한다.

상간 변압기 (相間變壓器, interphase transformer) 2개 또는 그 이상의 단순한 정류기(맥동 전압의 위상이 서로 어긋나 있다)를 병렬 동작시켜 전압 맥동을 평활화할 목적으로 사용하는 단권 변압기 혹은 상호 결선한 몇 개의 리액터로 구성된 장치이다. ⇨ 전류군.

[주] 정격 부하에서 각 권선의 실효값 전압(전류), 주파수, 위상 제어량은 정격 사항으로 제작자로부터 주어진다.

상개 접점 (常開接点, normally open contact, NO contact, a contact) 평상시에는 개로되어 있으나 여자함으로써 폐로하는 접점, a접점이라고도 한다.

[주] 위의 접점과는 반대로, 상시 폐로되어 있고 여자함으로써 개로하는 접점을 상폐 접점, 혹은 b접점이라 한다.

상공파 (上空波, sky-wave) 송신 안테나에서 발사되어 전리층 또는 대류권에 의해서 반사되어 다시 지상으로 되돌아오는 전파를 이르며, 각각 전리층 반사파(ionospheric-wave) 또는 대류권파(tropospheric-wave)라고 한다. sky-wave라고 하는 말은 현재 쓰이지 않고 있다. ⇨ 공간파(space-wave).

상공파 보정 (上空波補正, sky-wave correction) 전파 항법에 있어서, 관측된 위치에 대해서 상공파에 의한 오차를 보정하는 것을 이른다.

상공파 이용 범위 (上空波利用範圍, sky-wave range) 상공파(전리층, 대류권 전파) 중 주로 전리층 전파에 의해 통신할 수 있는 범위를 이른다. 즉 페이딩 구역 이원(以遠)에서 전리층 전파에 의한 전파가 통신에 미치지 않을 만큼 감쇠할 때까지의 범위를 이른다.

상관기 (相關器, correlator) 수학적인 상관 함수의 계산을 근사적으로 하여 잡음 중에서 약한 정보 신호를 분리하는 데에 사용되는 전자장치. 자기 상관기, 상호 상관기 등이 있다. 상관형 수상 장치(correlation-type receiver)라고도 한다.

상규 사용 상태 (常規使用狀態, normal service condition) ⇨ 정상 사용 상태.

상규 음극 강하 (常規陰極降下, normal cathode fall 1mmHg) ⇨ 정상 음극 강하.

상규 자화 곡선 (常規磁化曲線, normal magnetization curve) ⇨ 정상 자화 곡선.

상눈금 (high scale) 높은 눈금을 이른다.

상단 부호 (上段符號, figure signal) 인쇄 전신의 건반에 있어서, 하나의 부호를 2단으로 사용하는 경우의 shift 부호로, 주로 숫자나 기호가 주어진다.

상당 증발량 (相當蒸發量, equivalent evaporation) 임의의 상태로 발생하는 증기량을 100℃의 포화수로부터 건계 포화증기를 발생하는 양으로 환산한 것을 이른다. 즉, 상당 증발량 [kg/h]$=Q(i_2-i_1)/538.8$ 여기서, Q는 증발량 [kg/h], i_1은 급수의 엔탈피, i_2는 증기량의 엔탈피이다.

상대 (相帶, phase belt) 동기기 또는 유도기의 권선에 있어서, 어떤 1상에 속하는 부분의 범위를 상대라 한다.

상대 공기 밀도 (相對空氣密度, relative airdensity) 표준 대기에 대한 공기 밀도의 값이다.

상대 방위 (相對方位, relative bearing) 기준선의 방향을 이동체가 향하는 방향으로 취한 방위를 이른다.

상대 복소 유전상수 (相對複素誘電常數, relative complex dielectric constant) 주어진 구조의 두 전극 사이가 지정된 유전체로 메워져 있을 때의 전극 간 어드미턴스를 유전체가 진공으로 치환되었을 때의 전극 간 어드미턴스로 제한 값. $\varepsilon_r{}^*=\varepsilon'_r-j\varepsilon''_r=(G+j\omega C)/j\omega C_0$ 여기서, $j\omega C_0$: 진공 어드미턴스(실제로는 서셉턴스), G : 주어진 유전체의 컨덕턴스 , $j\omega C$: 그 서셉턴스.

상대 습도 (相對濕度, relative humidity) 공기의 건습(乾濕) 정도를 이르는 것으로, 일정 부피의 공기 중에 실제로 포함되어 있는 수증기량과 그 공기가 당시의 온도에서 포함할 수 있는 최대 수증기 양(포화 수증기량)의 비율을 백분율로 나타낸 것. 이것은 건습구 온도계의 지시를 가지고 건습 공식을 써서 계산할 수 있다.

상대 압력 (相對壓力, relative pressure) 어떤 벽면 안팎에 압력이 있는 경우, 그 차의 압력을 이른다.

상대 오차 (相對誤差, relative error) 어떤 양에 대한 비율로 나타낸 오차. [근사값(또는 측정값)－참값]/(참값)으로 주어지며, 백분율로 나타낸다.

상대 원자 질량 (相對原子質量, relative atomic mass) 천연으로 생산되는 원소의 평균 질량을 탄소 12의 1/12의 값을 단위로 하고, 이에 대한 상대값으로 나타낸 값. 따라서 무명 수이고, 그램이라든가 킬로그램 등의 단위는 갖고 있지 않다. 탄소 12의 질량을 12,000으로 하여 이에 대한 상대값으로 나타냈을 때는 원자량(atomic weight, at, wt)이라고 하지만 원자의 실제 질량이 아닌 것은 위에서 설명한 바와 같다. ⇨ 원자 질량 단위.

상류 편익 (上流便益, upstream benefits) 하류를 개발함으로써 상류 시설이 받는 편익. 예를 들면 하류에 설치된 조정지로 인하여 상류의 물 사용 제한이 해결되는 편익 등을 이른다.

상 반복수 (像反復數, picture repetition rate) 텔레비전에서 1초간에 전송되는 화상 수이다. ⇐ 매초 상수(picture number per second).

상반 정리 (相反定理, reciprocity theorem) 어떤 회로의 임의의 분기점 P에 기전력 E를 인가하였을 때, 다른 분기점 Q에 흐르는 전류를 I_Q라 하면, 반대로 같은 기전력 E를 분기점 Q에 인가하였을 때 P점에 흐르는 전류 I_P가 I_Q와 같으면 상반 정리가 성립된다고 한다. 이 정리가 성립하는 회로를 상반 회로, 성립하지 않는 회로를 비상반 회로라 한다. 일반적으로 이와 같은 상반 관계는 평행 상태에 있는 물리량 전반에 걸쳐 성립하고, 그들이 갖는 공통적인 표현 형식으로 통일적인 증명도 가능하다.

상보형 트랜지스터 (相補形——, complementary transistor) 도전 형태가 다른 두 트랜지스터, 즉 pnp형과 npn형 트랜지스터를 이른다.

상부선 (上部線, up line) 전시 회선에 사용되었던 용어로, 전류방향을 정하기 위하여 보통 중심국으로 향하는 방향을 상부선으로 한다. 상부선을 향해서 플러스 전류를 흘리도록 하고 있다.

상사형 계산기 (相似形計算機, analog computer) 계산에서 다루는 수치를 길이, 전압, 전류 등의 물리량으로 변환하여 그 물리량 사이에 작용하는 물리적 법칙에 따라 연산을 하는 기계를 이른다. ⇐ 아날로그 계산기, ⇨ 계수형 계산기(digital computer).

상쇄 비 (相殺比, cancellation ratio) 레이더의 MTI방식에 있어서, MTI에 의한 상쇄 후의 고정 목표 신호 전압과 MTI 상쇄를 거치지 않은 동일 고정 목표 신호 전압과의 비율을 이른다.

상쇄 코일 (相殺——, bucking coil) 다른 코일에 의해서 만들어지는 자계와 반대의 자계를 만들도록 감겨져 배치된 코일. 예를 들면 스피커의 햄버킹 코일 등이다.

상수 변환 (相數變換, phase conversion, phase transformation) 주파수를 바꾸지 않고 교류의 상수를 변환하는 것을 이른다. 예를 들면, 단상 교류에서 3상 교류를 얻기 위하여 단상 모터와 3상 발전기를 직결하면 단상을 3상으로 변환할 수 있으므로 상수 변환이라 할 수 있다.

상수 변환기 (相數變換機, phase converter) 다상 또는 단상의 교류 전력을 다른 상수의 동일 주파수의 교류 전력으로 변환하는 회전기를 이른다.

상순 (相順, phase sequence) 다상 교류 전압 또는 전류의 순시값이 +의 최대값에 이르는 순서를 이른다.

상승 과도 진동 (上昇過渡振動, building up transient) 하나의 정상 상태로부터 다른 정상 상태로의 변화가 전기회로를 통하여 전송되는 경우에는 그 전송계의 전송량의 주파수 특성에 따른 과도 시간을 필요로 한다. 예를 들면, 전신 부호에 있어서 하나의 정상 상태인 전류 0인 순간부터 전건의 조작으로 일정 전류를 통하여 전류값이 일정값에 도달하기까지에는 그 전송계에 의해서 정해지는 과도 시간을 필요로 한다. 이 시간을 상승 시간이라 하고, 상승 시간에 따르는 진동적인 경과를 상승 과도 진동이라 한다.

상승 뱅크 (上昇——, vertical marking bank) 상승 회전기구에 있어서, 상승 레벨의 판별을 하는 경우에 사용하는 뱅크이다.

상승 오프 노멀 스프링 (上昇——, vertical off-normal spring) 자동 교환용 선택기로 사용되는 상승 회전 스위치에 있어서, 그 상승 동작의 제1보에서 동작하는 접점을 개폐하는 스프링을 이른다.

상승 와이퍼 (上昇——, vertical wiper) 상승 회전 기구에 있어서 상승 레벨을 판별하는 경우에 사용하는 와이퍼이다.

상승 전자석 (上昇電磁石, vertical magnet) 《자동 교환기》 상승 회전 스위치의 상승운동을 하게 하는 구동 전자석이다.

상승 정리 (上昇定理, convolution theorems) 두 개의 함수 $f_1(t)$, $f_2(t)$가 각각 적당한 실수 r_1, r_2에 대하여 라플라스 변환,

$$L[f_1(t)] = \int_0^\infty f_1(t)\exp(-st)dt = F_1(s),\ R_e(s) > \gamma_1$$

$$L[f_2(t)] = \int_0^\infty f_2(t)\exp(-st)dt = F_2(s),\ R_e(s) > \gamma_2$$

를 가질 때,

$$L[f_1(t),\ f_2(t)] = \frac{1}{2\pi j}\int_{r-j}^{r+j\infty} F_1(s-\sigma)\cdot F_2(\delta)d\sigma\ \gamma > \gamma_2,\ R_e(s-\delta) > \gamma_1$$

이 성립된다. 또 반대로 그 라플라스 변환이 $F_1(s)\cdot F_2(s)$가 되는 함수는 다음 식으로 주어진다.

$$L\left[\int_0^t f_1(t-\tau)\cdot f_2(\tau)d\tau\right] = F_1(s)\cdot F(s)$$

이들을 모두 라플라스 변환에서의 상승 정리하고 한다. 같은 정리가 푸리에 변환에서도 볼 수 있다.

상시 공급 (常時供給, fixed service) 《전력》

상시 전력을 공급하는 것. 상시 전력에 해당하는 정식 영어 단어는 없다. 내용적으로는 오히려 일반 공급 규정에 의한 보통 service가 이에 해당한다.

상시 수력 (常時水力, continuous power) 연속적으로 출력할 수 있는, 즉 최악의 수력 조건에서 낼 수 있는 수력 발전의 출력이다.

상시 전력 (常時電力, firm power) 사고의 경우는 예외로 하고, 상시 어떤 경우에나 사용할 수 있는 전력이다.

상시 전력량 (常時電力量) (1) primary energy 상시 수력에 대응하는 전력량. (2) firm energy 상시 전력에 대응하는 전력량이다.

상시 출력 (常時出力, firm output) 긴급할 때까지도 포함하여 상시 이용할 수 있는 전력. 전력 공급자는 자신의 계통에서 감당할 수 있는 출력 이외에(필요하다면 다른 계통과 계약하여) 예비 출력을 확보해 둘 필요가 있다.

상시 피크 출력 (常時——出力, firm peak capacity) 조정지 또는 저수지를 갖는 발전소에서 1년 중 355일 이상 매일 일정 시간에 한하여 발생하는 출력을 이른다.

상 신호 (像信號, picture signal) 텔레비전에서 전송되는 영상의 명암에 대응한 강약을 가진 전기 신호이다.

상용 기기 (常用機器, machine in normal service) 상시 사용되는 기계 기구를 이른다.

상용 시험 (商用試驗, commercial test) 많은 기계 기구, 재료 등의 시험은 각각 표준 규격이 제정되어 있지만 상용 거래에 있어서는 당사자 간의 합의로 일부 생략된 규격에 따라 시험하는 경우가 있다. 이것이 상용 시험이다.

상용 주파수 (商用周波數, commercial frequency) 전력을 판매할 때에 사용되는 주파수, 즉 60Hz이다.

상용 지령군 (常用指令群, subroutine) 계수형 계산기에서 사용되는 계산 절차의 일부로, 예를 들면 평방근을 구하거나 accumulator의 내용을 프린트하거나 하는 연산 도중에 빈번하게 필요로 하는 프로그램을 이른다. 이들을 일일이 작성하는 불편을 없애기 위해서 라이브러리로 보존하여 주 프로그램을 작성할 때 2~3의 지령만으로 상용 지시군을 사용할 수 있게 고안되어 있다. ⇨ 루틴(routine).

상용 표준기 (常傭標準器, working standard) 표준기는 1차 표준기, 2차 표준기 및 상용 표준기로 구별되어 유지, 관리되고 있다. 상용 표준기는 직접 시험에 사용되는 것으로, 원칙적으로 2차 표준기에 의해서 비교 교정된다.

상용 회선 (商用回線, commercial circuit) 일반 사람이 이용할 수 있는 통신 회선. 전용 회선 등에 대한 반대 말이다.

상음 (上音, overtone) 합성음을 구성하는 개개의 순음(부분음) 중에서 주파수가 최저인 것을 기본음이라 하고, 기본음 이외의 부분음을 상음이라 한다. ⇨ 기본 음.

상자성체 (常磁性體, paramagnetic substance, paramagnetic material) 비투자율이 1보다 약간 큰 것으로, 산소, 망간, 백금, 주석, 알루미늄 등이 상자성체이다.

상자형 광도계 (箱子形光度計, box photometer) ⇨ 상자형 광속계(일반적으로는 쓰지 않는 용어).

상자형 광속계 (箱子形光束計, box photometer) 광원의 전 광속을 측정하기 위하여 구형(球形)광속계와 근사하게 하여, 대형 또는 염가의 것이 필요한 경우에 사용된다. 사용할 때는 충분한 주의가 필요하다.

상자형 음극판 (箱子形陰極板, box-type plate) 연축전지에서 연강(鉛鋼)과 경연제(硬鉛製) 격자를 박스 모양으로 만들고, 여기에 페이스트를 충전한 음극판이다.

상자형 전자 혼 (箱子形電磁——, box horn) 도파관에서 전파를 방사하는 전자 혼의 하나로, 방사기가 박스 모양을 하고 있는 것을 이른다.

상자형 측광기 (箱子形測光器, box photometer) ⇨ 상자형 광속계.

상 전류 (相電流, phase current) 전원 또는 부하의 각 상을 흐르는 전류이다.

상 전압 (相電壓, phase voltage) 다상계, 보통 3상계에서 각 상에 주어지는 전압(각 상을 흐르는 전류)을 이른다. 선 전압(선 전류)과 많이 대비되지만, 엄격히 말해서 선 전압(선 전류)은 위와 같은 계의 전송 선로(송전 선로)의 임의의 2선조 간의 전압(임의의 선조를 흐르는 전류)을 의미한다. 선로단에 접속되는 기기의 접속이 고리상인가 방사상(성형)인가에 따라 선 전압(전류)과 상 전압(전류)의 크기와 위상관계는 다르게 된다.

㊟ 파유닛법은 복잡성을 해소하기 위해 계통 전체를 통하여 단일 기저량(보통 기저 전압과 기저 전력)을 설정하고, 계통의 제반량을 모두 이 기저량에 대한 분수값으로 표현한 것인데, 발전기, 변압기, 부하의 접속법과 구간 전압값 등과는 상관없는 해석을 가능하게 한다.

상 증폭 아이코노스코프 (像增幅——, image-amplifier iconoscope) 모자이크 판을 저속 주사하는 경우에는 전자 빔의 제어에, 또 고속도 주사의 경우에는 타깃에서 방출하는 2차 전자 전류의 제어에 사용할 수 있게 만든 아이코노스코프이다.

상측파대 (上側波帶, upper side-band) 피 변조파 중에는 상하 양 측파대가 포함되는데, 그 중 주파수대가 높은 쪽 측파대만을 이르는 것이다.

ㅅ

상층 대기 (上層大氣, upper atmosphere) 일반적으로 지상 약 100 km 이상의 전리층(약 100 km의 E층 및 약 200 km 이상에 있는 F층)의 영역을 이른다. 이들 층 중에서 특히 F층은 단파의 원거리 통신의 경우 주된 반사층으로 알려져 있다. 야광운 및 극광도 이 영역에 포함되어 있다. 최근에는 상층 대기라는 말은 별로 쓰이지 않는다. ⇨ 전리층(ionosphere), 대류권(troposphere).

상치 신호기 (常置信號機, fixed signal) 일정한 장소에 고정 설치되어 암 또는 등(燈)으로 신호를 나타내어 열차 또는 차량에 운행 조건을 전달하는 신호기를 이른다.

상 평형 계전기 (相平衡繼電器, phase balance relay) 어떤 평형 다상 회로의 1상의 값이 정상 회로의 값과 비교하여 차이가 발생하면 동작하는 계전기를 이른다.

상하 선피 (床下線被, underfloor duct, underfloor raceway) ⇨ 플로어 덕트.

상한 전위계 (象限電位計, quadrant electrometer) 정전 전위계의 일종. 고정 전극이 4 상한으로 나누어져 있기 때문에 이러한 이름이 붙었다. 서로 마주 보는 상한 전극의 전위를 V_1, V_2라 하고, 가동 전극의 전위를 V_N이라고 하면, 가동 전극은 V_1과 V_N, V_2와 V_N 사이의 정전력에 의해서 지시한다. V_N과 V_2를 같은 전위로 하는 것을 동전적(同電的) 사용법, V_N을 고전위로 하여 V_1 V_2의 차를 고감도로 측정하는 것을 이전적(異電的) 사용법이라 한다.

상한 표시 (象限表示, sector display) 레이더에 있어서, 레이더의 전 유효 영역만 표시되는 한정 표시로, 보통 그 표시 상한은 선택이 자유롭다.

상향 전이 주파수 (上向轉移周波數 roll-off frequency) 녹음의 주파수 특성 곡선이 직선 부분에서 상향으로 전이하는 주파수이다.

상호 교정 (相互較正, mutual calibration) 송화기, 수화기, 마이크로폰의 감도를 교정할 때 이미 교정된 표준기와 비교하여 교정하는 것이 아니라, 1개 변환기의 송화 감도와 수화 감도의 비율이 그 구조, 설계 등에는 상관없이 일정하다고 하는 상반의 정리(reciprocity theorem)를 응용하여 교정하는 것. 3개의 전기 음향 변환기를 마련한 다음(그 중 적어도 2개는 가역적) 2개씩 커플러를 써서 음향적으로 결합시켜서 수화기의 전기 입력 단자에서 송화기의 전기 출력 단자까지의 감쇠를 전기적으로 측정한 다음 이번에는 짝을 바꾸어서 세 번 측정하여 계산에 의해서 세 가지 감도를 절대적으로 구할 수가 있다. 미국에서는 reciprocity calibration이라고 한다.

상호 리액턴스 (相互——, mutual reactance) 상호 인덕턴스 M에 각 주파수 ω를 곱한 ωM을 이른다. 즉 결합회로의 1차 전류 및 2차 전류는 상호 리액턴스의 크기에 따라 크게 영향을 받는다. ⇨ 상호 인덕턴스(mutual inductance), 결합회로(coupled circuit).

상호 반사 (相互反射, interflection, inter-reflection) 빛이 벽, 천장 그 밖의 반사면에서 다중 반사를 반복한 뒤, 작업면 기타 지정된 면에 도달하는 것. 반사율 ρ_a, ρ_b인 두 평행면 사이에서 상호 반사를 반복하는 파에 의하여 A면에 입사하는 총 광속은 A면의 최초의 입사 광속을 Φ로 하면 $\Phi/(1-\rho_a \rho_b)$로 된다.

상호 방사 임피던스 (相互放射——, mutual radiation impedance) 방사 결합상태에 있는 2개 이상의 공중선에 대해서는 각 공중선이 단독으로 존재하는 경우의 자기방사 임피던스 외에 각 공중선 상호 간의 상호 방사 임피던스가 있다. 지금 1-공중선의 단자에 흐르는 파복 전류 I_1에 의하여 2-공중선의 개방 단자에 유기하는 기전력을 V_{12}라고 하면, 각 공중선 간의 상호 방사 임피던스 Z_{21}은 $Z_{21} = -(V_{21}/I_1)$으로 나타낸다.

상호 변조 (相互變調, cross modulation, intermodulation) 어떤 주파수의 기본파 또는 그 고조파와 다른 주파수의 기본파 혹은 그 고조파가 비직선 회로에 가하여질 때, 그 합 또는 차의 다른 주파수를 발생하여 다른 통신로에 대하여 잡음 방해를 주는 현상을 이른다.

상호 변조 곱 (相互變調積, intermodulation product) 증폭기, 전송계 등에서 둘 이상의 주파수 성분의 신호가 가하여 졌을 때 그 증폭기, 전송계가 갖는 비직선성으로 인하여 이들 신호의 주파수의 합 또는 차의 신호를 가진 주파수 성분이 발생하는 것을 이른다.

상호 변조 누화 (相互變調漏話, intermodulation crosstalk) 회로의 비직선 특성 때문에 생기는 상호 변조 현상에 의한 누화를 이른다.

상호 변조 잡음 (相互變調雜音, intermodulation-noise) ⇨ 상호 변조 잡음 분포.

상호 변조 잡음 분포 (相互變調雜音分布, intermodulation noise dispersal) 광대역 주파수 분할 변조방식(FDM)에서 상호 변조의 결과 생기는 변조곱을 상호 변조 잡음이라 하는데, 이로 인하여 예컨대 통신(방송) 위성의 용량이 제약되는 것을 방지하기 위하여 잡음 분산이라는 방법이 이용된다. 텔레비전 방송의 경우는 텔레비전 신호의 영상 반송파를 주파수가 낮은 삼각파로 주파수 변조함으로써 변조곱을 트랜스폰더의 대역 전체에 분산시키는 것이다.

상호 유도 (相互誘導, mutual induction) 유도적으로 결합되어 있는 2개의 회로가 있고, 한쪽 회로에 흐르는 전류의 세기가 변화하면 다른 회로에 쇄교하는 자력선 수도 변화하므로 여기에 유도 전류를 발생하게 한다. 이와 같은 현상을 상호 유도라고 한다. ⇨ 자기 유도(self induction).

상호 유도 계수 (相互誘導係數, coefficient of mutual induction) 2개 또는 그 이상의 도선 회로가 있고 그 중 1개의 회로에 1단위의 정상 전류를 통하였을 때 다른 1개의 회로에 발생하는 자속 쇄교수를 이른다. 이것은 개개의 회로의 크기, 형상, 상호 위치 등의 기하학적 양 및 회로의 주위 물질의 투자율에 따라 정하여지는 상수이다.

상호 인덕턴스 (相互——, mutual inductance, coefficient of mutual induction) 유도적으로 결합되어 있는 2개의 회로가 있어, 한쪽 회로에 흐르는 전류의 세기가 변화하면 다른 회로에 쇄교되는 자력선도 변화하기 때문에 그곳에 유도전류가 발생한다. 지금 제1 회로에 흐르는 전류를 I라 하고 제2 회로에 쇄교하는 자력선 수를 ϕ라고 하면 $\phi \propto I$가 되는데, 이로 인하여 $\phi = MI$의 관계를 얻고, 비례상수 M을 상호 인덕턴스라고 한다. 이 M은 양 회로의 코일의 크기, 형상 및 결합 상태 등에 따라 좌우되며, 거기에 흐르는 전류의 대소에는 관계가 없다. 또 L_1, L_2를 양 코일의 인덕턴스, k를 결합 계수라고 하면 $M = k/\sqrt{L_1 L_2}$의 관계를 얻는다. M의 실용 단위는 헨리이다. ⇨ 유도계수(coefficient of induction), 자기 인덕턴스(self inductance).

상호 임피던스 (相互——, mutual impedance) 다단자 회로망의 한 쌍의 단자 간의 개방 전압과 다른 한 쌍의 단자에 흐르는 전류의 비(단, 그 밖의 모든 단자쌍은 개방하여 둘 것), 입력 전류와 출력 전압의 관계에 따라 상호 임피던스의 부호는 음, 양의 어느 하나를 취한다.

상호 컨덕턴스 (相互——, mutual conductance, transconductance) 무부하시의 3극관의 제어 그리드 전압의 미소 변화에 대한 플레이트 전류의 변화 비율을 이른다. 즉 증폭관으로서의 능률의 양부를 가늠하는 것이라고 생각된다. 진공관의 3정수의 하나로서, 보통 g_m

으로 나타낸다.

상호 통신 (相互通信, two-way communication) 동시에 양방향 통신이 가능하고 2개의 단향(單向) 통신로 또는 2개의 장치로 이루어져 있으며 1커넥션의 통신을 위하여 조합된 통신로 방식. 2중 통신방향은 이것을 말한다.

상호 통신방식 (相互通信方式, inter communication system) 보통 인터콤이라고 한다. 예를 들면 스튜디오와 조정실 또는 조정실 상호 간의 지령이나 연락을 위하여 설치하는 일종의 구내 통화장치의 총칭. 텔레비전 스튜디오에서는 많은 사람이 긴밀한 연락을 취할 필요가 있으므로 사용하기에 편리하도록 이들 장치는 텔레비전이나 카메라 제어기 등 영상 기기 속에 장치되어 있다.

상 회전 (相回轉, phase rotation) E_1, E_2, E_3, …를 벡터도로 표시하였을 때 E_1, E_2, E_3, …의 순으로 위상이 변화하고 있다고 하면, 그 위상 변화의 방향을 상 회전 방향이라 하고 시계의 회전 방향이 표준이다. 다상 교류 전류에 대하여도 같다.

ㅅ

상 회전 계전기 (相回轉繼電器, phase rotation relay) 다상 교류 전압의 상 회전이 반대로 되었을 때 동작하는 계전기이다.

색 (色, color, colour) 빛의, 특히 시각적으로 포착된 파장 성분에 대한 일반명, 빛은 일종의 전자기파로서 파장(또는 주파수)과 그 파장 성분이 갖는 에너지에 의해서 논할 수 있다. 에너지가 특정 파장에 집중한 경우가 단색광이고 가시 범위에 걸쳐 균일하게 분포한 경우가 백색광이다. 일반적으로는 380 ~ 720 nm에 이르는 가시 범위의 어느 특정한 하나 또는 두 부분에 특히 에너지가 치우쳐 분포함으로써 눈에 적황색이라든가 녹청색이라는 상이한 색깔의 빛으로 시각에 작용하게 된다. 빛의 색깔은 그 빛의 발생 기구에 따라 좌우되어 백열 전구와 같은 온도방사에 의한 것과 방전 램프 등의 경우와는 스펙트럼 분포가 다르다. 색은 광원 자신의 방사광에 의한 광원색과 물체가 적당한 광원으로 비추어져 생기는 물체색이 있다. 물체색 중에서 흑색·백색 및 회색(중간색)처럼 밝기만 있고 색상이 없는 것을 무채색이라 하고 색상이 있는 것을 유채색이라 한다.

색 감각 (色感覺, color sensation) 빛의 파장의 차이는 사람이 그것을 보았을 때 색깔을 느끼는 원인이 된다. 물리적 현상의 색 자극이 심리적 현상인 색 감각으로 된다. 색 감각은 관찰자의 개성 및 그 상태에 따라 변화하는데, 표준적인 관찰자가 일정한 표준 조건에서 빛을 보았을 때 느끼는 색 감각은 일정한 방사에 대해서는 일정하게 마련이다. 색 감각에는 밝기, 색상(적색, 황색……과 같은 채색의 종류), 채도(彩度 : 채색이 없는 것에서부터 맑은 색에 이르는 정도)의 세 가지 속성이 있다.

색 군 (色群, color group) 색깔을 분류하였을 때 색상, 채도, 명도 등 여러 가지를 분류할 수 있는데, 그 목적에 따라 군별(群別)로 지적하는 수가 있다.

색상 (色相, hue) 색깔의 감각에 대한 하나의 속성으로, 그 색깔이 붉은가 푸른가 하는 구별을 하게 하는 것. 주요 파장(또는 그 보파장)에 대응하는 것이다.

㊟ 흑색, 백색, 그리고 그 중간색인 회색은 색상으로 간주하지 않는다.

색 소거 회로 (色消去回路, color killer circuit) 컬러 텔레비전 수상기에 있어서, 흑백 텔레비전 방영을 수상하고 있을 때 크로미넌스 채널을 통하여 신호가 전달되지 않도록 크로미넌스 채널의 증폭기에 자동적으로 음(負)바이어스를 부여하여 그것을 커트 오프하는 회로를 이른다.

색 식별 (色識別, color code) 심선 절연층에 각종 색으로 착색하여 사용할 때의 식별을 용이하게 한다.

색 온도 (色溫度, color temperature) 광원의 색도(色度)와 같은 색도로 동작하고 있는 완전 방사체(흑체)의 동작 온도(K)를 이른다.

색채 조명 (色彩照明, color lighting) 조명용의 빛으로 백색 이외에 색광을 사용하는 것으로, 장식, 광고 등의 목적에 사용된다. 그 수단으로서는 착색 전구, 방전등 또는 색 필터가 사용된다.

샌드위치 권선 (—— 捲線, sandwich winding) 변압기의 코일을 교대로 겹쳐서 배치한 권선을 이른다. 외철형 변압기는 전부, 저압 대전류의 내철형은 간혹, 이 권선을 사용한다.

샌드위치 배치 (—— 配置, sandwich arrangement) 변압기 코일의 배치 방법의 하나. 1차 및 2차 코일을 축방향으로 서로 겹쳐서 배치한 것을 이른다.

샌드 펌프 (sandpump) 모래를 퍼올리는 펌프이다.

샘플값 제어계 (—— 値制御系, sampled-data control system) 시간에 대하여 불규칙적인 불연속 시점에서 제공된, 혹은 관측된 데이터(아날로그나 디지털 등, 모든 형태의 것이 있을 수 있다)에 의하여 동작하는 제어계를 이른다.

샘플링 동작 (—— 動作, sampling action) 일정 시간 간격으로 제어 동작을 하는 것. 간헐 동작이라고도 한다.

샘플링 오실로스코프 (sampling oscilloscope) 고속도로 반복하는 신호 파형을 저속화하여 CRT의 스크린에 표시하도록 한 파형 관측 장치. 주기 T의 고속 변화 신호를 $nT+\alpha$라는 주기로 샘플하고, 그 샘플값을 밝은 휘도의 스포트로 하여 CRT 스크린에 투영한다. α의 값을 약간 치우치게 함으로써 앞의 샘플점보다 약간 위상이 엇갈린 점이 샘플되어 역시 스크린 위에 휘점을 발생한다. 이와 같은 동작을 반복함으로써 신호 파형은 위치가 조금씩 어긋난 점의 집합으로서 스크린 위에 그려진다.

샘플링 정리 (—— 定理, sampling theorem) (1) 영에서 W(Hz)까지의 주파수 대역 안에 그 전체의 에너지가 포함되어 있는 정보를 T(s) 사이의 간격으로 반복하여 샘플링하는 경우에, 샘플된 함수에서 당초의 정보를 완전 회수하기 위하여서는 샘플링 주파수 $1/T$는 적어도 $2W$(Hz)이어야 한다. (2) 대역 폭이 W(Hz) 이하이고, 지속 시간이 $T(s)$사이에 걸치는 정보 함수가 있었다고 하면, 이 함수는 D개$(=2WT)$의 샘플에 의하여 완전 기술하는 것이 가능하다. D는 이 정보를 완전 표현하기 위하여 사용하는 벡터 공간의 차원 수(자유도)이다.

㊟ (1)에서, 샘플링 주파수를 $2rW(r>1)$로 증가시켰다고 하면 정보 전송로의 통과 대역 W 내부의 잡음 전력은 샘플링하지 않은 경우의 입력 전력 안의 잡음에 비하여 $1/r$로 감소한다. (즉, 샘플링으로 SN비가 향상된다)는 사실이 있다.

샘플 평균값 (—— 平均値, sample mean) 측정값의 모(母)집단에서 불규칙하게 n개의 샘플을 추출하고, 그것을 $x_1, x_2, \ldots, x_n$으로 할 때, 다음 식으로 주어지는 $\bar{x}$를 샘플 평균값이라 한다. $\bar{x}=\frac{1}{n}\sum_{i=1}^{n}x_i$ 여기서, n을 샘플 사이즈라고 한다. $\bar{x}$는 모집단의 평균값 μ에 대한 추정값이다.

샘플 홀드 회로 (—— 回路, sample-and-hold circuit) 아날로그-디지털 변환 장치의 입력에 부가되어, 입력 전압을 샘플하여 유지하고, 유지된 전압을 변환 장치가 변환을 끝내기까지 그대로 지속하는 회로를 이른다.

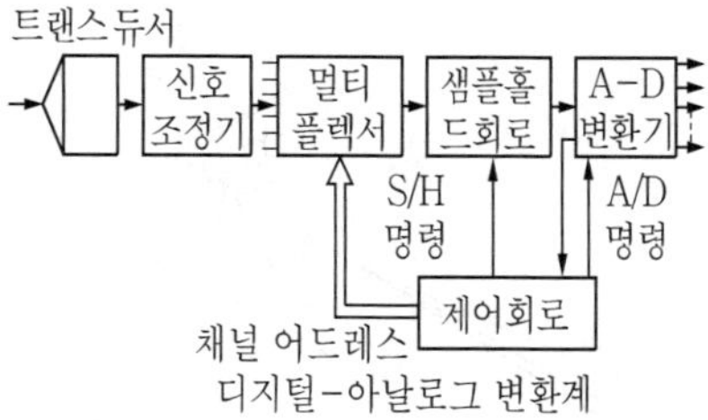

[샘플 홀드 회로]

생 마이카 (生 ——, natural mica) 자연 상태에서 생산되는 마이카 광석을 모암에서 캐내어 불순물과 손상부를 잘라 낸 마이카 덩어리. 두께는 보통 3.2~0.4 mm이다. 금 마이카 및 백 마이카의 두 종류가 있고 콘덴서, 소형 정류자용 세그먼트, 내열 절연 와셔, 발동기 플러그용 등에 사용된다.

생체 실드 (生體 ——, biological shield) 원자로 등의 방사능에 의한 재해로부터 생물을 보호하기 위한 장벽. 일반적으로 두꺼운 콘크리트 벽을 설치하여 방사선의 누출량을 억제 한다. 생체 차폐, 생물 차폐라고도 한다.

샤프 벤드 (sharp bend) 급격한 굴곡을 뜻하며, 일반적으로 노멀 벤드에 비해서 굴곡 반경이 작은 전선관용의 곡관을 지칭한다.

샤프 컷 오프 (sharp cut-off) 3극관 등의 제어 그리드 전압 대 플레이트 전류 특성이 그다지 만곡하지 않고 비교적 직선에 가까운 모양의 것을 이른다. ⇔ 리모트 컷 오프 (remote cut off).

샹들리에 (chandelier) 다등식 조명 기구, 중세에 유럽에서 궁전의 조명에 양초를 가지 모양의 등기에 붙여서 점등하는 방법이 쓰이고 있었으나 전구가 출현하고서도 이러한 장소에 옛 풍습을 모방한 조명이 많이 쓰이고 있었다. 샹들리에란 명칭도 역시 양초에서 유래되었다.

섀도 마스크 (shadow mask) 《컬러 텔레비전 수상관》 3색 수상관의 내부를 구성하고 있는 부품의 하나로, 형광면 앞에 설치된 얇은 금속판을 이른다. 이 판에는 다수의 구멍이 뚫어져 있으며 적색, 녹색, 청색의 세 가닥 전자 빔이 각 색깔의 형광 도트에 정확하게 입사하도록 그 위치가 정해져 있다. 아파튜어 마스크라고도 한다.

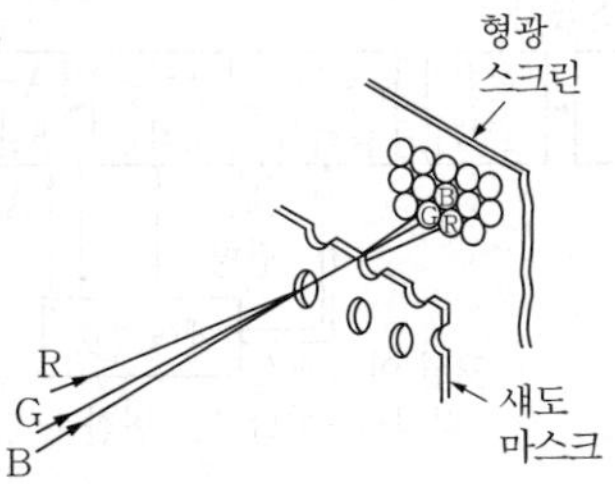

[섀도 마스크]

섀시 (chassis) 전차・자동차・마차 등의 차대, 라디오의 받침, 항공기의 각부(脚部) 등을 섀시라고 한다.

섀클 (shackle) 고압 또는 저압 선로의 인류(引留)지점에 사용하는 애자이다.

섀클 애자 (—— 碍子, shackle insulator) ⇨ 섀클.

서모 그래프 (thermograph) 생체에서 방사되는 적외선(중심 파장은 약 $10\mu m$)을 적외선용 반도체 수광기를 사용하여 측정해서, 생체 표면 및 내부의 온도분포를 구하려는 계측기를 이른다.

서모스탯 (thermostat) 일정한 온도를 유지시키기 위한 장치. 이것은 온도에 따라서 변화하는 기능을 가지며, 그에 의해서 온도가 변하지 않도록 한다. 감온체로는 수은, 톨루엔, 팽창계수가 다른 2개의 금속을 조합한 것 (바이메탈), 벨로형 등이 쓰인다.

서모스탯형 (—— 形, thermostatic type) 온도의 변화를 이용하여 동작시키게 되어 있는 형식의 것을 이른다.

서모폰 (thermophone) 표준 마이크로폰의 감도를 절대 측정하기 위하여 만들어진 음원. 그 원리는 극히 엷은 금박 리본에 직류와 교류를 통하게 하고, 그 발열에 의한 공기의 맥동적 팽창에 의해서 음압을 발생시킨다. 절대 교정은 가능하지만 부정확하고 다루기가 매우 불편하므로 쓰이지 않게 되었다.

서미스터 (thermistor) 온도에 따라서 저항값이 현저하게 변하는 저항체. 이것을 이용하여 여러 가지 측정기와 제어기가 만들어진다.

서미스터 마운트 (thermistor mount) 서미스터를 붙이기 위한 받침대이다.

서보 기구 (—— 機構, servomechanism) 제어량이 기계적 위치나 각도인 자동 제어계를 이른다.

서보 모터 (servomoter) 예를 들면, 증기 터빈의 조정 밸브나 수차의 안내 날개의 개폐를 하는 기계장치. 원통과 피스톤으로 되어 있으며, 조속기에 의해서 동작하는 배압 밸브에서 공급되는 압력유를 피스톤에 작용시킨다.

서보 증폭기 (—— 增幅器, servoamplifier) 서보계에 포함되어 있는 증폭기를 이른다. 따라서 전압과 전력 등의 전기량의 증폭기 뿐만 아니라 공기압과 유압, 토크 등의 증폭기도 포함하여 지칭한다.

서비스 에리어 (service area) 특히 방송 무선 전화에서 쓰이는 용어로, 어떤 방송국의 라디오 방송이 실용적으로 청취할 수 있는 범위의 지역을 그 방송국의 서비스 에리어라고 한다.

서비스 팩터 (service factor) 일반용 교류 전동기의 계수(係數)로, 지정된 사용 조건에서 허용되는 부하 용량은 이 계수를 전동기의 정격 전력에 곱함으로써 구할 수 있다.

서비스 헤드 (service head) 터미널 피팅의 하나로 금속제 전선관의 수직 배치 상단에 부착하여 관 속에 빗물이 들어가지 않도록 한 설치구로, 인입구에 사용된다(상품명 서비스 캡, 엔트런스 캡 등이 있다).

서셉턴스 (susceptance) 교류회로의 어드미턴스 Y는 YG = $-jB$로 나타낼 수 있다. 이 식에서 B가 서셉턴스이다. B의 부호는 유도성일 때 + 용량성일 때 −로 된다. 실용 단위는 모(mho)이다. 병렬 회로의 계산에 사용하면 편리하다.

서지 (surge) 서지 전압, 서지 전류를 가리키는 것이다.

서지 전압 (── 電壓, surge voltage) 단시간 안에 격렬하게 변화하는 과도적인 전압을 이른다. 또 그와 같은 전류를 서지 전류라 한다. 낙뢰로 인하여 송전선에 유기된 이상 전압은 그 전형적인 예이다.

서지 전압 발생기 (── 電壓發生器, surge generator) 서지 전압을 발생하는 장치로, 보통 변압기, 정류기, 커패시터 등을 조합하여 커패시터의 일군을 병렬로 충전하고, 그것을 직렬회로로 전환하여 방전하는 것이 많다.

서지 전압 억압기 (── 電壓抑壓器, voltage-surge suppressor) 전기 기기에서 내부 요인 또는 외부 요인으로 발생하는 서지 전압을 감쇠시키기 위하여 사용되는 장치. 커패시터, 저항, 비직선 저항이나 그 조합이 사용된다.

서지 탱크 (surge tank) 《수력발전》 압력 수로와 수압관의 접속 지점에 설치되는 조압용 수조(水槽)로, 발전소 부하에 급격한 변동이 발생했을 때 발생하는 수격작용(水擊作用)을 수조의 수위 증감으로 바꾸어 흡수하도록 한 것이다.

서지 파고 전류계 (── 波高電流計, surge crest ammeter) 서지 전류의 파고값을 측정하는 계기. 한 예로 가동 코일 계기(⇨ 가동 코일형)의 자석 계철(繼鐵)에 홈을 만들고, 서지 전류에 의해서 자화된 자강편(磁鋼片)을 끼워서 계기의 지시로 그 잔류 자기를 측정하여 파고값을 알아 내는 것이 있다.

서지 흡수기 (── 吸收機, surge absorber) 선로의 이상 고압 진행파의 준도(峻度)를 완화하고, 또 파고값을 경감시키기 위하여 피뢰기와 콘덴서를 조합한 것을 이른다.

서치라이트 (searchlighting) 목적물에 연속적으로 레이더 빔을 투사하는 행위를 이른다.

서큘러 밀 (circular mil) 1서큘러 밀이란, 지름 1mm(1/100 in)의 원의 면적과 같은 것을 이른다. 1서큘러 밀 = $5.067\times10^{-4}\text{mm}^2$ = 0.7854 평방 밀.

서큘레이터 (circulator) 도파관의 부품. 복수개의 포트를 가지고 있으며 하나의 포트에서 보내진 전자기 에너지는 편파면을 회전하면서 관 속을 진행하여 다른 포트에서 출력하도록 되어 있는 비가역 디바이스. 편파면을 회전하기 위하여 관축 방향으로 자계를 부여하고, 이 자계 안에 페라이트 봉을 두어 패러데이 회전을 발생시킨다.

㊟ 레이더의 송수 전환기에 있어서는 서큘레이터에 의해 안테나를 송신기와 수신기 사이에서 전환하도록 한 것도 있다.

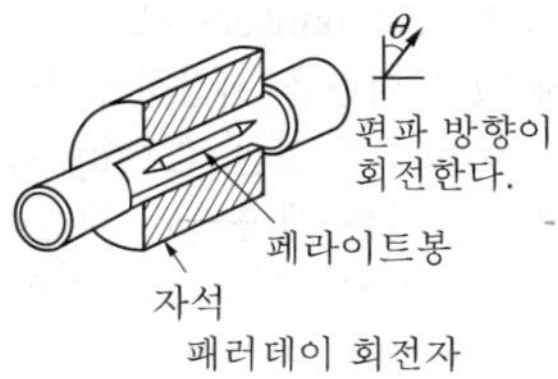

[서큘레이터]

석면 (石綿, asbestos) 섬유상의 광물을 솜(綿)처럼 만든 것으로, 공업용에 사용되는 것은 주로 사문석(蛇文石)의 일종이다. 주로 보온, 내화 재료(耐火材料)로 사용되고, 전기적으로는 내열 절연 재료로 쓰인다.

석면 관 (石綿管, asbestos tube) 석면 섬유로 만들어진 원통형의 관으로, 내경 3.2~30 mm, 길이는 1개가 10~30 m 정도이다. 열, 전기의 절연물로서 전선 등의 피복에 쓰인다.

석면 선 (石綿線, asbestos-covered wire) 도체에 석면을 피복하여 내열 도료를 칠한 것. 주로 출력이 크고 내열성을 요하는 기기의 권선에 사용한다.

석방 (釋放, release) 《차단기》 전자력으로 제어를 하고 있는 트리핑을 이른다. ⇨ 트리핑.

석영 수은등 (石英水銀燈, quartz lamp) 석영관을 사용한 수은등의 한 종류. 수은 증기압은 1기압 정도. 자외선, 근자외선이 강하므로 석영 태양등이라고도 하여 옛부터 의료용으로 사용되었다.

석영 유리 (石英——, quartz glass) 수정 또는 규석 분말을 약 1,800℃에서 가열 용융하여 만들어지는 것으로, 전기적 및 화학적 성질이 우수하고 열팽창이 작으며 자외선을 잘 투과시킨다.

석유 발동기 (石油發動機, oil engine) 석유를 연료로 사용하는 내연기관을 이르며, 석유기관이라고도 한다.

석출물 (析出物, sludge) 절연유가 방전 현상 또는 화학 변화로 인하여 사용 중에 점차 변질하여 생성되는 것으로, 용제에도 녹지 않는 납(蠟)모양의 물질이다.

석탄 건조기 (石炭乾燥機, coal drier) 습기를 다량으로 함유한 석탄을 사용하기에 앞서 건조시켜 습기를 제거하는 장치를 이른다.

석탄조 (石炭槽, coal bunker) 보일러실의 전면 상부에 있는 석탄을 저장하는 곳이다.

선 (線) (1) wire ⇨ 전선. (2) ray 광선, 기하 광학에서의 기본 개념으로, 직진하는 광에너지의 1차 근사로 사용되는 기하학적인 선이다. 등방성 매질 내에서는 광선은 광파동의 파두에 대하여 직각 방향을 향하고 있다. (3) 방사선, X선 및 γ선 같은 전자기파와 α선, β선, 중성자선 등의 입자의 흐름의 총칭. 후자는 입자선이라 하기도 한다.

ㅅ

선간 거리 (線間距離, (conductor) spacing) 전선 간의 거리로, 전압, 경간(徑間) 지지물의 고저의 차, 전선의 종류 및 크기, 애자의 종류, 전선의 배열, 기상조건 또는 작업의 편리성 등에 따라 결정된다.

선간 전압 (線間電壓, line voltage) 다상 교류 결선에 있어서, 서로 이웃하는 도선의 전압을 이른다. 대칭 n상의 경우 상전압을 E_p, 선간 전압을 E_l이라고 하면, 성형 접속의 경우는 $E_l = 2E_p \sin \pi / n$, 환상(環狀) 접속의 경우는 $E_l = E_p$가 된다. 송전선과 배전선의 전압을 선간 전압이라고 부르는 경우도 있다. ⇨ 상 전압(phase voltage).

선 감도 (線感度, line sensitivity) 텔레비전 촬상관인 아이코노스코프에서 모자이크면 광전자의 유효한 축적은 주사를 받기 직전에 이제까지 주사된 +전위에 광전자가 잘 수집되기 때문이다. 이것을 선 감도라고 한다.

선단 장치 (線端裝置, line terminal equipment) 장거리 통신방식에 있어서, 선로와 단국장치, 예를 들면 반송 전화장치, 음성 증폭기 등과 전송로 사이에 있는 어떤 방향 필터, 선로 필터, 공통 증폭기 또는 하이브리드 등을 수용한 장치를 이른다.

선도 (線圖, diagram) 회로의 접속도나 전개도처럼 선을 가지고 그려진 도면을 이른다.

선 동기 (線同期, line synchronization) ⇨ 수평 편향.

선량계 (線量計, dosimeter, dose meter) 받은 방사선의 양을 검지하는 장치이다.

선량 측정 (線量測定, dosimetry) 방사선량의 측정법. 보통 방사에 의해서 발생하는 전리 작용을 이용한 측정법이 많이 사용된다. ① 사진 필름을 방사선에 노출하여 그 흑화도로 피 조사 선량을 측정하는 것을 사진법이라고 한다. ② 고 에너지 방사는 PVC와 perspex(시트상으로 성형된 아크릴 수지재의 상품명) 같은 중합 물질의 전기적, 광학적, 기계적 성질의 변화를 이용하여 측정할 수 있다. 플루오르화 리튬(LiF)은 방사선을 받아 가열되어 이른바 서머 루미네선트한 출력광을 발생하므로 광증배관에 의해 조사 선량의 적산값을 알 수 있다. 화학적인 선량 측정으로는 특정한 용액의 조사에 의한 광 농도(광 투과율)의 변화를 이용한 선량계, 선량률계 등이 있다.

선로 (線路, line) 전력을 공급하기 위해서 또는 통신 전류를 보내기 위해서 만든 도선과 그 지지물 등의 시설을 이른다.

선로 건설 (線路建設, line construction) 선로 건설 예정지의 측량이 끝나고, 전선로 경과 지점이 결정된 후 보수로 옮기기까지의 공사를 선로 건설이라 한다. 즉 통화량, 송전량에 견주어 경제적이고 장해가 적을 뿐만 아니라, 보수에 유리한 선로를 설계하는 것이 가공 선로이고, 필요한 전주를 세우고 지하 선로이면, 지면을 굴착하여 맨홀 등을 만들어 두 지점 간의 통신 또는 송전을 할 수 있는 상태가 됨으로써 건설이 끝난다.

선로 고장점 측정법 (線路故障点測定法, line-fault localization) 송전선 선로의 고장점을 표정하는 방법인데, ① 고장점에서 발생하는 서지를 송전선 양단에서 수신하여 그 도달 시간의 차이로부터 고장점 거리를 표정한다. ② 고장 검출 계전기에 의해서 직류 또는 교류의 펄스를 송출하여, 고장점에서 반사하는 펄스를 송출점에서 검출하여 레이더의 원리로 고장점 거리를 표정하는 펄스 레이더 방식 등이 있다.

선로 긍장 (線路亘長, line length) 가공 및 지하 전선로의 배선 길이를 뜻한다. 다시 말해서, 가공 선로에서 긍장이라 함은, 선로의 2점 사이의 경간(徑間, 지지물 사이의 수평거리)을 지칭하고, 지중 선로에서는 두 점 사이의 케이블 경간을 뜻한다.

선로 답사 (線路踏査, line location) 전선로를 건설하고자 할 때 예정 지역을 실제 답사하여 전선로의 경과 지점을 결정하는 작업. 경과 지점을 선정하고자 할 때 긍장의 단소(短小), 건설 후의 순시의 용이성, 각도점의 감소, 철도 선로, 도로 및 다른 전선로와의 거리, 건설작업의 편익성 등에 유의할 필요가 있다.

선로 변성기 (線路變成器, line transformer) 전화 교환에서 주로 국내의 회로와 외선의 임피던스 정합을 목적으로 삽입하는 변성기이다.

선로 상수 (線路常數, line constant) 전화 케이블 또는 가공 전화선 등에 있어서는 저항, 용량, 인덕턴스 등이 선로 각부에 분포되어 있다. 이와 같은 회로 상수를 분포 상수라고 한다. 분포 상수가 선로의 어떤 부분에나 균등한 경우 단위 길이에 대한 왕복 저항 R, 1 선조(線條)에서 다른 선조에의 단위 길이에 대한 누설 컨덕턴스 G, 단위 길이의 왕복선의 인덕턴스 L, 단위 길이의 선간 용량 C 등을 선로의 1차 상수라고 한다. 또 이들 1차 상수로부터 유도되는 감쇠상수 β, 위상상수 α 및 특성 임피던스 $\dot{Z}_0$ 등을 2차 상수라고 한다.

선로 손 (線路損, line loss) 전선로를 통하여 전력을 전송하는 경우. 그 전선로 자체에서 발생하는 전력의 손실. 통신 회선에 있어서는 선로부분에 의해서 생기는 전송 손실을 뜻한다. 단위는 데시벨(dB) 또는 네퍼(Np)로 나타낸다.

선로 순회 (線路巡回, route inspection) 전화 선로에 발생하는 장해를 사전에 발견하기 위하여 실시하는 정기적 또는 부정기적 순시를 이른다.

선로 유효 길이 (線路有效長, effective length of track) 《철도》 정차장 내에 설치되어 있는 각 선로의 차량 수용 능력을 이른다.

선로 전공 (線路電工, lineman) 시내 및 시외의 통신 선로를 건설 보수하기 위하여 일하는 작업원을 이른다.

선로 전압 강하 (線路電壓降下, line drop) 전 선로를 통하여 전력을 전송하는 경우, 그 전선로 내에서 발생하는 전압의 저하를 이른다.

선로 전압 강하율 (線路電壓降下率, percentage line drop) 송전단과 수전단 간의 전압의 차이, 즉 선로전압 강하를 수전단 전압으로 나누어 %로 나타낸 것을 이른다.

선로 전지 (線路電池, line battery) 국부 전지에 대하여 선로측에 송신전류를 공급하기 위한 전지이다.

선로 증폭기 (線路增幅器, line amplifier) 장거리 통신방식에 있어서 선로측에 삽입하는 각 통신로 공통의 증폭기를 이른다.

선로 필터 (線路——, line filter) 주로 선로를 다중적으로 이용하는 경우, 선로측에 넣는 필터이다.

선박국 (船舶局, ship station) 선박에 설치된 이동 무선국. 이동 중 또는 특정 지점이 아닌 곳에 정지하고 있는 동안에 운용한다. 입항 중에는 특별히 정해져 있는 경우를 제외하고는 운용할 수 없다.

선박용 검류계 (船舶用檢流計, marine galvanometer) 선박 내에서 사용하기 위하여 경사에 대해서 보호한 검류계이다. 가동 코일은 상하로 장선으로 늘이고 중심(重心)을 지지축에 일치시켜 선박의 동요로 인한 가동 코일의 진동을 낙타의 털 등을 이용하여 멈추도록 되어 있다. 사리반의 선박용 검류계는 고전적으로 유명하다.

선박용 레이더 (船舶用——, marine radar) 선박에 설치하는 항해용 레이더이다.

선 번호 (線番號, wire gauge) 표준 선의 굵기의 종류를 그 지름 또는 단면적이 아닌 번호로 나타낸 것으로, BS(또는 AWG : 미국), SWG 및 BWG(영국) 등이 있다.

선별기 (選別器, selector) 물질을 크고 작음에 따라, 또는 질적인 양부 등, 그 목적에 따라 나누는 것을 이른다.

선 스펙트럼 (線――, line spectrum) 순수에 가까운 단색광군으로 이루어진 스펙트럼으로, 원자에 의한 것을 말한다. 휘선(輝線) 스펙트럼이라고도 한다. 중성 원자선을 강하게 내는 것으로 아크 방전, 진공 방전, 염광(焰光)이 있으며, 이온 원자에 의한 선을 강하게 내는 것으로는 불꽃 방전이 있다.

선 전류 (線電流, line current) (1) 전송로를 흐르는 전신 전화의 통신 전류를 이른다. 직류이든 또는 방송이든 상관 없다. (2) 다상 교류 결선에 있어서, 상전류에 대하여 접속점에 흘러 들어가는 선로 전류를 이른다.

선 전위계 (線電位計, fiber electrometer) 가는 금속 선을 전극의 하나로 사용한 것으로, 그 선의 이동을 현미경으로 관측하여 미소한 전위를 측정한다.

선조 (線弔, fiber suspension) 계기의 가동부분을 가는 선으로 매단 것으로, 선으로는 금속선이나 용융 석영선에 금속을 스퍼터한 도체를 사용하는 경우와 용융 석영선을 그대로 사용하는 것, 견사 등의 부도체를 사용한 경우가 있다. 또 제어 토크를 주는 경우와 주지 않는 경우가 있다.

선조 (線條, filament) 전자관의 직렬형 음극의 별칭. 텅스텐, 토륨 텅스텐 또는 산화물을 칠한 것 등이 있으며, 구조는 단선, V자형, W자형 또는 농형 등 여러 가지가 있다. 전구에서는 전류에 의해서 백열하는 텅스텐의 가는 선을 말한다. ⇐ 필라멘트.

선조 계전기 (線條繼電器, line relay) 자동 신호보안용 계전기의 하나로, 신호 표시의 제어, 다른 전기 기기의 동작제어 또는 그 표시용으로 사용되는 원형 계전기의 총칭이다.

선 주사 (線走査, linear scanning) 레이더의 PPI에 있어서, 반경 방향으로 행하는 주사를 뜻한다

선 주파수 (線周波數, line frequency) 텔레비전에서 1초 간에 그리는 주사선의 수이다.

선출 신호 (選出信號, selective signal) 다수 공동 가입 회선에 있어서, 호출하고 싶은 전화기의 벨만을 울리게 하고 다른 전화기의 벨은 울리지 않게 하는 호출 신호를 이른다.

선출 회로 (選出回路, selector circuit) 수신기의 동조회로는 모두 일종의 선출회로로 쓰이는데, 대역 선택회로를 가리키는 경우가 많다.

선택 계전기 (選擇繼電器, selective relay) 평행 2회선 송전 계통의 고장선을 선택 차단하는 등, 선택 동작을 시키기 위하여 사용되는 계전기를 이른다.

선택 공진 (選擇共振, selective resonance) 회로가 어떤 하나의 주파수에 대해서만 공진하고 있는 경우를 이른다.

선택도 (選擇度, selectivity) 공진 곡선에 있어서 $I_1/I_m=1/n$(보통 $n=\sqrt{2}$로 한다)의 관계에서 I_1에 대한 주파수를 f_1으로 하고, 공진 전류 I_m에 대한 주파수를 f_0로 할 때, 다음 식의 S를 선택도라 한다. S가 클수록 공진은 날카롭다. $S=f_0(f_0-f_1)=\omega_0/(\omega_0-\omega_1)$

선택 바 (選擇――, select bar) 크로스바 스위치의 선택을 하기 위하여 교차점마다 선택용의 핑거를 붙여 선택 전자식에 의해서 동작하는 바를 이른다.

선택 방사 (選擇放射, selective radiation) 방사선의 스펙트럼 분포가 파장에 대해서 고르지 않은 것, 즉 어떤 파장에서는 강하고 어떤 파장에서는 약한 것 등, 아래 그림은 어떤 온도에서의 흑체와 텅스텐 램프의 분광 방사 곡선 및 분광 방사율을 나타낸 것이다.

[주] 파장에 따라 분광 방사율이 틀리는 방사체를 선택 방사체라 한다.

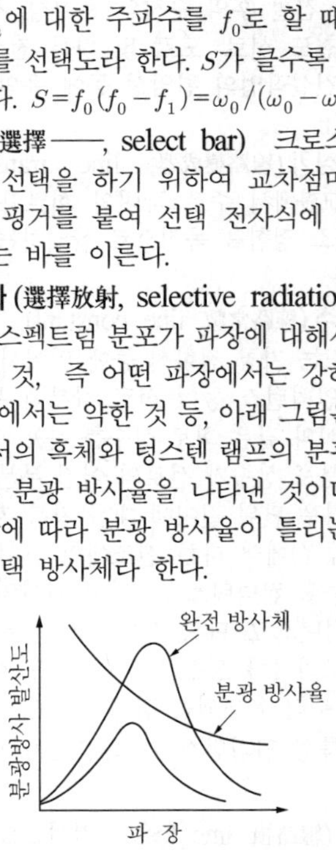

[선택 방사]

선택 방출 (選擇放出, selective emission) 광전자 방출에 있어서, 어떤 특정한 진동수 범위의 빛에 대하여 현저한 방출량을 나타내

는 성질을 이른다.

선택 배류(選擇排流, directional drainage) 지하 매설 금속구조(예컨대 관로)의 전식을 방지하기 위하여 구조물에 유입한 전류를 도체를 사용하여 직접 배류하는 경우, 매설 구조물이 배류회로 입력단에 대하여 고 전위이면 배류회로를 형성시키고, 반대로 배류회로 입력단에 대하여 저 전위이면 배류회로를 개방하도록, 배류에 대하여 방향성을 부여하는 것. 배류기는 전류의 방향을 판별하는 밸브작용(정류성)을 가지고 있다.

선택 성장(選擇成長, selective growth) 결정 기판 위에 선택적으로 결정을 성장시키는 것으로, 성장을 저지하는 영역에는 실리콘의 산화막 또는 질화막 등을 형성시켜 둔다.

선택 전자석(選擇電磁石, select magnet) 크로스바 스위치의 선택 바를 구동하는 전자석이다.

선택 차동 계전기(選擇差動繼電器, selective differential relay) 2회로 이상의 보호에 쓰이는 차동 계전기로, 선택성을 갖는 것을 이른다.

선택 펄스(選擇 ——, selector pulse) 일련의 현상 중 1개 현상을 선정 식별하기 위하여 사용하는 펄스이다.

선택 페이딩(選擇 ——, selective fading) 페이딩 중에 극히 작은 주파수 차이에 대해서도 심하게 그 상태가 다른 것이 있다. 변조 전파가 이와 같은 페이딩을 받으면 측파대(side band) 중의 약간의 차이로 페이딩 상태가 변화한다. 이 때문에 음성 신호에 심한 일그러짐이 생겨서 음질이 악화되는 경우가 있다. 이것이 선택성 페이딩이다. ⇨ 동기 페이딩(synchronous fading).

선택 혼신(選擇混信, selective interference) 선택 페이딩이 일어날 때, 근접한 주파수의 전파에 의한 혼신으로, 마이크로파 통신에 많다. ⇨ 선택 페이딩(selective fading).

선택 흡수(選擇吸收, selective absorption) 어떤 온도에서 어떤 물체에 빛을 쪼이면 그 빛의 파장의 장단에 따라 일반적으로 흡수율이 달라진다. 이와 같은 현상을 이른다.

선택 흡음(選擇吸音, selective absorption) 실내의 음향 특성을 개선하기 위하여 공명(共鳴) 작용을 이용한 흡음기를 설치하는 경우가 있다. 이와 같이, 어떤 특정 진동수의 소리 및 음역(音域)을 흡수하는 작용을 이른다.

선형(扇形, sector form) 계기의 가동 소자 형태의 일종. 휴대용 계기의 외형의 일종이다.

선형 공중선(扇形空中線, fan antenna) (1) 여러 가닥의 선이 마치 부채를 세운 것처럼 위쪽을 향해서 퍼져 있는 그림 (a)와 같은 안테나를 이른다. (2) 그림 (b)와 같이 많은 도선으로 이루어진 부채꼴 도선 2조를 한 평면상에 배치하고, 그 정점에서 궤전하는 안테나. 이것은 그림의 l이 대략 0.3~0.6λ(λ는 파장) 범위에서 임피던스와 지향성이 크게 변화하지 않으므로 광대역 안테나로 사용할 수 있다. 또 도선군(導線群) 대신 부채꼴의 도체편(導體片)을 쓸 수도 있다. 초단파용이다.

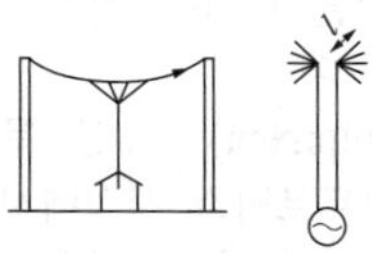

[선형 공중선]

선형 도체(扇形導體, sector conductor) 단면이 부채꼴 모양으로 된 도체를 이른다.

선형 빔(扇形 ——, fan beam) 《공중선》 안테나에서 반사되는 전파 빔이 예를 들면, 수평 방향으로만 날카롭고 연직(鉛直) 방향으로는 완만한 특성을 나타낼 때, 그 지향성 패턴은 부채꼴이 되어 선형 빔을 나타낸다고 한다. 이와 같은 특성은 마이크로파의 레이더 안테나에 의하면 쉽게 얻어진다.

선형 소인(線形掃引, linear sweep) 음극선 오실로그래프의 시각축 소인이 일정 방향에 대해서 시간에 정비례하는 경우 선형 소인이라고 한다. 정전류로 콘덴서를 충전 또는 방전하면 직선성을 가진 톱니파형을 얻을 수 있다. 예를 들면, 펜타스트론 회로 등은 좋은 예이다.

선형 심선(扇形心線, sector conductor) 《케이블》 전력용 케이블의 3심 및 4심의 심선에 쓰이는 부채꼴 모양의 꼰 선을 이른다.

선형 연산 소자(線形演算素子, linear computing element) 입력 전압의 가감, 미적분 등 선형 연산을 하는 회로, 보통 이용되는 것은 고이득 증폭기를 사용한 궤한 연산회로이다.

선형 철선 외장 (扇形鐵線外裝, segment strip armoring) 케이블의 연피 보호를 위해서 강대(鋼帶) 나 철선 혹은 동선으로 외장을 한 케이블의 하나로, 3심의 경우 그 각각이 부채꼴을 하고 있는 것이다.

선형 편출 (扇形編出, fanning) 《배선》 전신 또는 전화 교환국에서 국내 케이블 등을 단자판에 배선할 경우에 심선을 부채꼴로 짜 내는 것을 이른다.

선형 편출 단자판 (扇形編出端子板, fanning strip) 전신 또는 전화 교환국에서 국내 케이블 등을 시설하는 경우, 부채꼴로 짜낸 한 줄 또는 여러 줄의 심선을 보기 좋게 단자에 이끌기 위하여 구멍을 뚫은 나무 판 위에 절연된 많은 단자를 겹쳐 쌓아서 붙인 단자판을 이른다.

설비 (設備, equipment) 유선, 무선 혹은 전력 또는 일렉트로닉스 시설에서 하나의 독립된 기능을 나타내는 부분을 하나의 종합된 기구로 구성한 것을 장치라고 한다. 예를 들면 수신장치, 발진장치, 전원장치 등으로 불린다.

설비 사용률 (設備使用率, utilization factor) 어떤 계통 또는 계통의 일부에서 설비의 정격 용량에 대한 최대 수용의 비율을 이른다. ⇨ 발전소 이용률, 운전 이용률.

설비 용량 (設備容量, installed capacity) 설치한 기기의 명판 정격의 합계로 나타내는 용량, 설비 출력이라고도 한다.

설비 이용률 (設備利用率, capacity factor) 기계 또는 장치의 정격(보통 명판 정격)에 대한 기간 중의 평균 부하의 비를 이른다. ⇨ 발전소 이용률.

설정 (設定, setting) (1) 장차가 소망하는 동작 성능을 발휘할 수 있도록 조정하는 것으로, 주어진 입력량에 대하여 그 동작위치를 설정하는 것이다. (2) 기기를 소정 위치 또는 기초 위에 그 기능을 십분 발휘할 수 있도록 설치하는 것. 거치(据置)라고도 한다. (3) 기기나 계전기 등이 소망하는 성능을 발휘할 수 있도록 그 조정기구의 위치를 정하는 것, 혹은 차단기가 그 값으로 트립 동작하도록 전류값을 결정하는 것. 또는 그 전류값. 정정(整定) 혹은 정정값이라 한다.

설정 오차 (設定誤差, setting error) 조정 오차로 인하여 혹은 시험, 측정기술의 제약 등으로 인하여 발생하는 실제 동작 성능과 이상(理想) 성능 사이의 괴리를 이른다.
㈜ 설정된 장치의 동작 성능과 이상 동작성능 간의 괴리를 설정 한계(setting limitation)라 한다. 이것은 조정장치의 성능 한계를 부여한다.

설정치 (設定値, set point) 《자동제어》 프로세스 제어의 목표값을 설정값이라고도 한다.

설치 (設置, mounting) 전기 기기의 부품을 모아서 설치판에 붙이거나 개개의 장치를 모아서 장치대(裝置台) 등에 붙이는 것을 이른다.

설편 (舌片, tongue) 《계전기》 유극 계전기의 접극자의 운동으로 양쪽 접점 사이를 왕복 운동하는 금속편. 전자파의 부호에 따라 접점회로를 개폐하여 같은 보호를 재현시키는 중계 작용을 한다. 1장 내지 3장의 얇은 금속편을 접극자에 부착시킨 것으로, 접점에 접하는 부분은 백금, 이리듐, 오스뮴 등의 산화, 마모가 적은 접점 합금을 리벳으로 부착하고 있다.

섬광 (閃光, flash) 순간적으로 번쩍이는 빛. 등대 기타의 신호, 표시로 사용하여 주의를 끈다. 사진 촬영용 광원으로도 이용된다.

섬광 신호 (閃光信號, flashing light signal) 섬광을 내어서 정지 신호를 표시하는 것이다.

섬광 전구 (閃光電球, flash lamp, photoflash lamp) 사진 촬영용으로 단시간에 큰 광도를 낼 수 있게 만들어진 것, 알루미늄박 또는 가는 선을, 산소를 봉해 넣은 유리구(球) 속에 넣고 저전압으로 가열되는 전극에 의해서 여기에 착화한다. 수십 밀리 세컨드 동안에 수천 내지 수만 1/s의 광량을 발생한다.

섬프 (thump) 키 섬프(key thump) 또는 키 클릭(key click)을 말하며, 이것은 전건의 단속 조작으로 전기회로에 발생하는 급격한 전류 변화에 의해서 수화기에 생기는 급준한 소리를 말한다.

섭동 (攝動, perturbation) 고전역학이나 양자

ㅅ

역학계의 운동을 기술하는 해밀턴 함수 또는 연산자가 비교적 간단한 주부(主部) 외에 작은 부가 항을 포함하는 경우 이것을 전자(前者)가 정하는 운동에 작은 흩어짐을 가하는 것으로 간주하여 섭동이라고 하고, 이것을 다루는 이론을 섭동론이라 한다. 이 이론은 작은 원인으로부터 작은 결과가 예상되는 모든 계통에 적용되므로 방정식 자체의 섭동 외에 경제에 있어서의 그것까지 포함하여 꽤 넓은 범위에 걸쳐서 근사적(近似的)인 주요 수단을 주고 있다.

성능 계수 (性能係數, figure of merit) 《자기 증폭기》 자기 증폭기의 전력 증폭을 A_p와 제어회로의 시정수 T의 비 $m=A_v/T$를 이른다. 이것은 철심의 질에 따라 결정된다.

성능 지수 (性能指數, figure of merit) 3극관 또는 다극관의 경우, 상호 컨덕턴스를 전극간 용량(입력 용량+출력 용량)으로 나눈 값을 이른다. 이 값은 그 전자관을 사용한 증폭기의 이득과 대역폭의 곱에 비례하므로 될 수 있는 한 큰 것이 광대역관으로서는 좋다. 수정 발진자인 경우 $M=(\omega_0 C_0 R_1)^{-1}$로 나타내는 값을 말한다. ω_0는 직렬 공진 각주파수, C_0, R_1은 등가회로의 상수이다. 이 값은 일반적으로 수정 발진자의 발진의 세기와 직렬 공진형 발진회로의 수정 제어 범위의 넓이를 나타내는 값이다.

성단 (成端, termination) 전송계나 전송 기기의 단말은 반사 현상을 피하도록 각각 특성 임피던스에 가까운 임피던스로 종단하여 동작하게 되어 있다. 또 이런 시험은 항상 반사 현상을 수반하지 않도록 종단할 필요가 있다. 이와 같이 전송계와 전송 기기에 큰 반사 현상이 생기지 않도록 특성 임피던스에 가까운 임피던스로 종단하는 것을 성단이라고 한다.

성단 저항 (成端抵抗, terminating resistance) 전송계와 전송 기기는 각각 설계의 기준 임피던스를 가지고 있어, 그것이 특정 저항값에 가까울 때 단말과 분기점은 반사 현상을 피하기 위하여 그 저항값에서 종단한다. 이 저항을 성단 저항이라 하고, 음성전화의 기기에서는 600Ω이 쓰이고 있다.

성단 플러그 (成端 ——, terminating plug) 통신 회선에서 시험을 위하여 계(系)를 중도에서 분단할 때 분단점이 개방상태가 되지 않도록 서로의 종단 임피던스(일반적으로는 기준값의 저항)를 갖는 플러그를 삽입한다. 이러한 목적으로 쓰이는 플러그를 종단 플러그라 한다.

성장 접합 (成長接合, grown junction) 《반도체》 용융상태에서 결정을 성장시킬 때 만들어지는 접합. 그로운 정크션이라고도 한다.

성층 (成層, layup) 《케이블》 케이블 심선의 연입(撚入)을 말한다. 대연(對撚) 또는 쿼드로 연입을 하고, 또 이들을 원도형(圓壔形)으로 모아 층이 지게 꼬는 것을 말한다.

성층권 (成層圈, stratosphere) 지구를 둘러싸는 대기는 상층으로 올라갈수록 온도가 저하하고 지상 12km 부근에서는 −53℃에 이른다고 한다. 그 이상이 되면 온도는 일정하고 이 근처 부분을 성층권이라고 한다. 이에 대해서 지구 표면과 성층권 사이의 층을 대류권이라고 한다. 또 성층권보다 상공으로 감에 따라 공기의 밀도는 현저하게 희박해지는데, 태양 전파의 영향을 받아 전리(電離)되므로 전리층이라고 한다.

성층 브러시 개폐기 (成層 —— 開閉器, laminated brush switch) 엷은 금속을 겹친 접점이 있는 개폐기이다.

성층 철심 (成層鐵心, laminated core) 철심이 엷은 철판을 겹쳐 쌓아서 만들어진 것을 말한다. 철손실을 경감하기 위해서 또는 여자 전류의 변화에 대해서 자속의 뒤짐을 경감하기 위해서 사용한다.

성형 결선 (星形結線, star connection) ⇨ 성형 접속.

성형권 (成形捲, former-wound) 성형틀에 의해서 감은 것을 말한다.

성형권 코일 (成形捲 ——, formed coil, formerwound coil) 성형권으로 감은 코일을 말한다. 이 방식의 것은 완전한 절연, 성형이 가능하다.

성형 도체 (成形導體, formed conductor) 어떤 형상으로 굽힌 도체를 이른다.

성형 삼각 결선 (星形三角結線, star-delta connection) 변압기의 3각 결선의 하나로, 1차를 성형, 2차를 3각형으로 결선한 것이다.

성형-성형 결선 (星形星形結線, star-star connection) 변압기의 3상 결선의 하나로, 1차, 2차 모두 성형으로 접속한 것이다.

성형 연쇄망 (星形連鎖網, star chain) 3개 또는 그 이상의 종국(從局)이 대칭적으로 주위에 배치되어 있는 주국(主局)을 포함하는 무선 항행계를 이른다.

성형 절연물 (成形絶緣物, molded insulation) 유기 수지류, 기타 가열 성형할 수 있는 절연물을 성형 가공한 것. 보통 분말을 성형 가열해서 만든다.

성형 접속 (星形接續, star connection) 다상 교류 방식의 실용적 결선으로, 각 상의 기점을 전부 한 곳에 결합한 것을 이른다. 3상에서는 그림과 같이 된다.

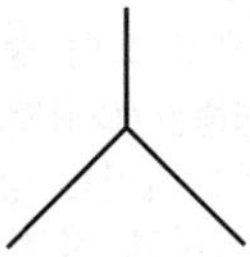

[성형 접속]

성형 케이블 (星形 ——, star quad cable) 성형 쿼드를 집합하여 케이블 심으로 한 케이블로, 대(對)케이블에 비하여 케이블 단면적을 작게 할 수 있는 장점이 있다.

성형 쿼드 (星形 ——, star quad) 4가닥의 심선을 정방형의 정점에 위치하도록 평등하게 꼬아서 구성한 쿼드를 이른다. 쿼드 안의 4가닥의 선은 2가닥씩 쌍으로 되어 있다. 시내 케이블에 사용된다.

세공 전해 (細孔電解, electrostenolysis) 다공질(多孔質) 또는 세공이 있는 격막(隔膜)에서 중금속염의 수용액을 두 실(室)로 나누어 각 실에 전극을 넣어서 직류를 통하면, 격막의 양극을 향하는 면은 음극과 같이 작용하여 금속 또는 그 산화물을 유리한다. 또 음극을 향하는 면에서는 가스(산소)의 발생을 볼 수 있다.

세기의 레벨 (intensity level) 물리적인 소리의 세기 I를 어떤 기준의 세기 I_0와 비교하여 $10\log_{10}(I/I_0)$ dB로 나타낸 것을 세기의 레벨이라고 한다. 보통 I_0는 10^{-16}W/cm^{2}이고 1,000 Hz의 순음의 최소 가청값에 가까운 값으로 택한다. 이것을 음압으로 고치면 0℃, 1기압의 상태에서는 0.000204 μbar가 된다.

세라믹스 (ceramics) 열처리하여 제조된 비금속의 무기 재질 고체 재료. 내열, 내식, 내마모성이 뛰어난 특성을 가지고 있으며. 금속이나 플라스틱과는 달리 전연성과 가소성이 없기 때문에 소망하는 형상, 치수 정확도의 재료 부품을 만드는데 어려움이 있다. 그러나 최근에는 고도로 정선된 원료를 사용하여 정밀하게 제조된 화학 조성이 가능하여 잘 제어된 성형, 소성법 덕분에 우수한 치수 정도를 가진 고성능 세라믹을 만들 수 있게 되었다. 이것을 뉴세라믹 또는 파인 세라믹이라 부르고 있다.

세라믹 연료 (—— 燃料, ceramic fuel) 산화물, 카바이드, 질화물과 같이 고온에도 견딜 수 있는 핵 연료를 이른다.

세라믹 자석 (—— 磁石, ferromagnetic ceramics) 세라믹과 자성체 분말을 가압 소결하여 만든 영구 자석이다.

세라소이드 변조 (serrasoid modulation) 톱니파 전압과 변조 입력 전압을 비교하여 일치된 점에서 펄스를 송출하도록 한 펄스 위치 변조법이다. 변조 품질은 톱니파 전압의 직선성에 좌우된다. FM 방송기의 음성 변조에 사용된다.

세로 셸프 (vertical type shelf) 자동 교환기의 스위치류를 수직으로 여러 개 설치하여 필요한 배선을 한 셸프이다.

세로의 이군 (—— 離群, longitudinal debunching) 전자류가 집군(集群)하면 공간 전하 등의 작용으로 이군한다. 이 때에 자계 등에 의하여 전자의 운동이 구속되어 있으면 전자는 전자류의 방향으로 이군한다. 이와 같이, 전자류와 같은 방향에 대한 이군을 이른다.

세류 충전 (細流充電, trickle charge) 전지의 단속적인 미량 방전 또는 자체 방전을 보상하기 위하여 8시간율 방전 전류의 0.5~2% 정도의 일정한 전류로 충전을 계속하는 것을 이른다.

세미 브리지식 (—— 式, semibridge system) 해저 전신용 의사(擬似) 케이블 구성 구간의 CR회로 소자를 절약하기 위하여, 삽입하는 인덕턴스 회로를 사용한 의사 케이블에 의한 해저 전신 2층중 평형방식을 이른다.

세밀 조정 (細密調整, fine adjustment) 전류, 전압, 위상, 주파수 등을 조정하는 경우 최종적으로 세밀하게 하는 것을 이른다.

세밀 지연 (細密遲延, fine delay) 로런 방식에 있어서, 종국(從局)의 발사 펄스를 정확하게 주국(主國)의 발사 펄스에 동기시키기 위한 회로를 두어 그 가장 세밀한 곳에서 약 10~300 μs 사이의 시간을 선택하는 것을 이른다.

세부의 콘트라스트 (細部――, detail contrast) 작은 면적(小面積) 콘트라스트이다.

세이빈 (sabin) 흡음력의 단위. 흡음재(吸音材)의 면적과 흡음률의 곱을 흡음력이라 하고, 세이빈은 그 단위이다. 면적은 feet로 측정하며 미터로 측정하기도 한다. 이 경우에는 특히 m-sabin이라 표기한다. 흡음력 n m-sabin이란, 그 흡음재와 단위 흡음재(흡음률 1에서 면적 $1m^2$)를 비교하면 전자(前者)의 흡음 효과가 n배라는 것을 뜻한다.

세장 비 (細長比, slenderness ratio) 재료의 길이 (l)와 그 회전 반경 (r)의 비 (l/r). 철탑 부재(鐵塔部材)의 강도 설계에 사용된다.

SECAM (sequential couleurà mémoire) 프랑스에서 개발된 컬러 텔레비전 방식으로, 러시아에서도 채용되고 있다. 두 색소 신호가 시퀀셜에 전송되는 점이 NTSC나 PAL의 동시식과 다르다. 주사선 수는 625선, 필드 주파수는 50 Hz이다.

세퍼러블 플러그 (separable attachment plug) 삽입 플러그와 소켓 등에 꽂기 위한 보디를 결합한 것이다.

세퍼레이터 (separator) 축전지의 양극과 음극 사이에 넣는 격판(隔板). 두 전극이 접촉하는 것을 막고, 전류는 통하지만 불순물이 두 전극을 단락하는 것을 막는 것이다. 그 외에 물질을 선별하는 장치를 뜻하기도 한다.

세형 베이스 (細形――, candelabra base) 전구의 베이스의 일종. 직경 약 12 mm로서, 크리스머스 장식용 전구, 기타 5W 정도의 것에 쓰인다.

섹셔널 드라이브 방식 (sectional drive system) 압연기와 초지기의 전동기 운전에서, 각 구간을 공통의 축으로 구동하는 대신 별개의 전동기에 의해서 운전하는 방식. 각 전동기의 속도차(드로)는 엄밀하게 제어할 필요가 있기 때문에 자동적인 비례적분 제어 등이 이루어진다.

섹셔널라이저 (sectionalizer) 고압 배전선에서 사용되는 차단 능력이 없는 유입 개폐기로, 리크로저의 부하 쪽에 설치되고, 리크로저의 개방동작 횟수보다 1~2회 적은 횟수로 리크로저의 개방 중에 자동적으로 개방 동작한다.

㈜ 리크로저는 개폐로 기구를 가진 차단기로서, 고장에 대하여 순시 및 지연 개방을 몇 번인가 조합한 동작을 하도록 되어 있다.

섹터 (sector) 전기 철도의 연동장치 중에서 각종 전기 쇄정(電氣鎖錠) 방식이 쓰인다. 이 쇄정 방식에 사용되는 양인(兩引) 전기 레버에 직결되어 움직이는 부분으로서, 패인 곳이 있어 그 곳을 쇄정 전자석의 쇄정자가 쇄정하도록 되어 있다.

센서 (sensor) 항법에 필요한 정보를 감지(感知)하는 항법 장치의 일부분을 이른다.

센스 (sense) 항해에 있어서 무선 운항시설의 지시(예를 들면 항공기와 방위 시설과의 기하학적 위치 관계)의 변화와 전파 항법장치의 지시(예를 들면 계기 지침의 움직임)의 변화 방향 관계 및 180°의 앰비기티(ambiguity)의 해결을 부여하는 어떤 종류의 항해 설비의 특성을 이른다.

㈜ 위의 설명에서 "관계"라고 하는 것은 다음과 같은 것이다. 즉 특정 항해 시설이 0 중심형의 계기를 포함하며, 조종사는 그 계기의 지침이 좌측으로 기울어진 것을 관측했다고 하자. 이때 이동체를 좌측으로 조종해야 할 것을 의미하는 지시로 해석해야 할 것인가 또는 이동체가 이미 코스선의 좌측에 있으므로 항해 오차를 교정하기 위하여 우측으로 조종해야 된다는 지시로 해석해야 될 것인가 하는 등의 상대 관계가 있으며, 또한 상하의 불확정성에 관해서도 마찬가지로 해명해야 할 관계가 있다.

센싱 (sensing) 지시의 센스를 결정하는 동작을 이른다. ⇨ 센스.

센터 드라이브 (center drive) 원판 녹음 기기의 회전 구동력을 턴테이블의 중심축에 가해서 녹음판을 회전시키는 방식이다. ⇐ 축구동. → 림 드라이브.

센티 (centi) 100분의 1을 뜻하는 접두어이다.

센티미터 파 (── 波, centimeter wave, superhigh frequency(SHF)) 주파수 3,000~30,000 MHz의 전파. 파장으로 치면 1~10 cm의 전파로서 마이크로파 통신이나 레이더에 사용된다.

셀 (cell) (1)《전지》 화학 에너지를 전기 에너지로 변환하는 1차 또는 2차 전지의 단체(單體) 및 방사 에너지를 전기 에너지로 변환하는 태양 전지, 광화학 전지 등의 단체. (2)《계산기》 계산기 내에서 사용되는 기억장치의 소자로, 단위 정보를 축적하는 것. (3)《원자로》 비균질로의 소영역의 하나. 모든 셀은 같은 기하학적 형상과 같은 중성자 특성을 가지고 있다.

셀렌 광전지 (── 光電池, selenium cell) 철판 위에 셀렌의 얇은 막을 입히거나 증기로 밀착시켜 적당한 열처리로 결정화(結晶化)하고, 다시 그 표면에 금속 반투명의 막을 형성시킨 것. 금속막과 철판 사이에 전류계를 접속하고 금속막 면에서 빛을 조사(照射)하면 철판으로부터 흘러나와 금속막에 흘러드는 전류가 생긴다. 1lm당 100 μA 이상의 감도를 얻을 수 있으며, 사진의 노출계, 조도계 등에 쓰인다.

셀렌 정류기 (── 整流器, selenium rectifier) 반도체 정류 소자의 일종. 니켈 도금한 철 또는 알루미늄의 기판 위에 용융한 셀렌을 아주 얇게 바르거나 또는 진공로 안에서 셀렌을 증발 부착시키고, 다시 이것을 열처리하여 금속화시켜 그 위에 녹기 쉬운 합금을 용융 부착(附着)한 것이다. 이 정류기의 정류작용은 셀렌 박층과 녹기 쉬운 금속과의 접촉면에 있으며 전류는 셀렌 박층(薄層)에서 녹기 쉬운 금속 쪽으로는 통하기 쉽고 그 반대 방향의 전기 저항은 대단히 높다. 정격 역전압은 한 장에 교류 25~30V, 전류밀도는 자냉에서 약 50 mA/cm^2, 풍랭에서 100~200 mA/cm^{2}이다.

셀로판 (cellophane) 비스코스를 응고욕 속에서 압출하여 엷은 막상(膜狀)으로 셀룰로오스를 재생시킨 투명한 필름. 포장용으로 사용된다.

셀룰로이드 (celluloid) 니트로 셀룰로오스 약 75%, 장뇌(樟腦) 약 25%의 고용체(固溶體), 투명하며 비중은 약 1.4, 인화성이 결점이다.

셀비우스 진상기 (── 進相機, Scherbius advancer) 권선형(捲線形) 유도 전동기의 역률 개선을 위하여 2차 여자를 할 경우, 그 전원으로 사용하는 회전 전기(電機)로, 고정자기는 없고 정류자를 가진 전기자 바깥쪽에 고리 모양의 철심을 끼운 것. 이것을 다른 전동기로 구동하는데, 본기(本機)의 기전력은 전기자 반작용에 의한 자속을 전기자 권선이 끊어서 발생되는 것이며, 전류보다 90° 위상이 앞서 있다. 유도 전동기의 2차측을 본기의 정류자에 접속하면 본기로부터 유도 전동기의 2차 권선에 2차 전압보다 90°앞선 전류를 공급하여 역률을 개선한다.

셀시우스 (Celsius) (1) 셀시우스 온도 (2) 셀시우스 온도의 단위. 기호 ℃이다.

㊟ 미터법의 센티도는 물의 어는 점과 끓는 점을 각각 0도 및 100도로 하고, 그 사이를 100 등분한 것인데, 셀시우스도는 물의 삼중점(0.01센티도)을 저기준점으로 하고 있기 때문에 센티도와 약간 틀린다. SI 단위에서는 셀시우스도를 사용한다.

셀신 (selsyn) 기계적 연결이 곤란한 2개 이상의 회전축을 전기적으로 연결하여 동기 운전, 각 위치(角位置)의 전달 등을 시키기 위하여 사용되는 회전기의 총칭, 셀신은 본래 상품명이므로 최근에는 싱크로(synchro)로 불리우고 있다.

셀신 모터 (selsyn motor) 기계적으로 연결이 곤란한 2개 이상의 회전체에 대해서 전기적으로 동일 또는 일정한 속도비로 동기 운전을 시키는 장치의 하나. 다상 또는 단상 권선형 유도 전동기 2대를 사용하며, 1차측은 동일 전원에, 2차측은 서로 접속한다.

셀신 장치 (── 裝置, selsyn device) 셀신 모터를 사용하여 동기 운전을 하는 장치이다.

션티드 콘덴서 (shunted condenser) 2중 전신 방식에 있어서, 선로 임피던스와 평형시키기 위하여 삽입하는 콘덴서로서, 주로 브리지 2중 통신으로서 해저 전신에 사용된다. 또 장하 케이블에서의 중계소 부근의 장하 구간 조정 보상용으로 삽입하는 콘덴서를 지칭하는 경우도 있다. 또 검파 회로의 출력측에 삽입한 바이패스 콘덴서를 지칭하기도 한다.

셰링 브리지 (schering bridge) 교류 브리지의 하나로, 정전 용량 및 손실각의 정밀 측정에 쓰인다.

셰이딩 (shading) 암영(暗影) 일그러짐이라고도 한다. 텔레비전 카메라의 성능상 수상 화면에 나타나는 원상(原象)에 없는 명암의 얼룩을 이른다.

셰이딩 보정 신호 (── 補正信號, shading correction signal) 셰이딩을 보정하는 신호를 이른다.

셰이딩 코일 (shading coil) 철심의 일부분에 설치한 단락 코일을 이르는 것으로, 그 목적은 철심 속의 자속이 변화하는 경우, 그 코일 내에 흐르는 와전류 때문에 그것이 있는 부분의 자속 변화가 그것이 없는 부분의 자속 변화보다 시간적으로 뒤진다는 것을 이용하는 것이다. 단상 유도기의 기동에 사용한다.

셰이딩형 전동기 (── 形電動機, shaded-pole motor) 단상 유도전동기로, 주권선과 그것에 대하여 그 자기축을 엇갈리게 한 1개 또는 그 이상의 굵은 단락 권선(셰이딩 코일이라 한다)이 있으며, 이 속에 유도되는 전류에 의한 자계가 주권선 자계와 함께 회권 자계를 만들도록 되어 있다. 따라서 기동 권선이나 이상(移相) 커패시터는 불필요하다. 테이프 레코드, 레코더 플레이어, 소형 팬 등의 낮은 토크 부하를 구동하는 데 사용한다.

소거 헤드 (消去 ──, erasing head) 자기(磁氣)녹음장치의 자극(磁極)의 하나. 이미 녹음되어 있는 녹음 테이프에 새로 녹음하려고 하는 경우, 테이프가 녹음 헤드를 통과하기 전에 먼저 녹음되었던 것을 자기적으로 소거할 필요가 있다. 이를 위한 자극을 소거 헤드라고 한다. 이 헤드의 자력(磁力)으로 테이프는 포화점 이상으로 자화되어 녹음이 소거된다.

소결합 (疎結合, loose coupling) 전자적으로 결합된 두 회로에서, 제1 회로의 전류에 의해 제2 회로에 유기된 전류가 제1 회로에 미치는 반작용이 거의 생략될 정도의 미약한 결합을 뜻한다.

소국 (小局, minor office) 소규모의 전신이나 전화국을 이른다.

소내 공급설비 (所內供給設備, auxiliary power supply) 조명, 펌프 동력, 기타 소내용 전력을 공급하기 위하여 발전소에 설치된 발전기 및 변압기를 뜻한다.

소내 발전기 (所內發電機, house generator) 발전소의 소내용 전원으로 주발전기와는 별도로 설치되는 발전기. 주발전기의 축에 직결되는 경우와 별도의 원동기로 구동되는 경우가 있다.

소내용 (所內用, station service) 발전소 내의 사용에 충당하기 위한 보조 기기 및 기타 시설을 이른다.

소내 터빈 (所內 ──, house-turbine) 소내 발전기를 구동하기 위한 구동 전용 터빈이다.

소너 (sonar) 'sound navigation and ranging'의 축합어. 수중의 음향 에너지를 이용하여 수중의 물체 또는 물속 현상에 관한 정보를 얻으려고 하는 장치 혹은 기법이다.

소다 전지 (── 電池, soda cell) 전해액으로 가성 소다를 사용한 전지. 그 구성은 양극 카본, 음극 아연, 감극제로는 공기 속의 산소를 이용하여 양극 카본 내의 가는 구멍으로 도입한다. 기전력은 1.4~1.5V이고, 전압 변동률이 적고 또 자기 방전이 적은 이점이 있다.

소리 굽쇠 (tuning fork) ⇨ 음차.

소리의 세기 (sound intensity) 진행파 음파에 대해서 단위 면적을 통과하는 power로 나타내며, 그 단위로는 W/m^2, W/cm^2 또는 $erg/(s \cdot cm^2)$를 사용한다.

소리의 크기 (loudness) 소리에 의해서 유기된 청각의 크기를 나타낸다. 물리적인 소리의 강약이 아니라 귀로 느끼는 소리의 크고 작음을 이른다.

소리 크기의 등감곡선 (── 等感曲線, equal loudness contours) 귀의 감도는 주파수에 따라 다르기 때문에 같은 강도의 소리를 듣더라도 주파수가 다르면 크기가 다르게 들린다. 귀에 같은 크기로 들리는 소리의 세기의 주파수 특성 곡선을 가리켜 소리 크기의 등감 곡선이라고 한다. 소리 크기의 0 dB은 $10^{-16}W/cm^2$이다.

소리 크기의 레벨 (loudness level) 소리의 크기, 즉 소리의 강약의 감각량과 비슷한 것을 데시벨로 나타낸 척도이다. 1,000 Hz 순음(純音)에 대해서는 그 세기의 레벨(10^{-16}W/cm^2 기준) 자체를 크기의 레벨이라 하고, 다른 소리에 대해서는 1,000 Hz의 순음과 비교해서 똑같은 크기라고 판단되는 1,000 Hz 순음의 세기의 레벨을 가지고 그 소리의 크기의 레벨이라고 한다. 일일이 1,000 Hz의 순음과 비교하는 수고를 덜기 위하여 다른 순음에 대해서는 소리 크기의 등감 곡선의 평균값을 옳은 것으로 하여, 소리 크기의 레벨을 그림에서 구하게 되어 있으며, 둘 이상의 순음의 집합인 합성음에 대해서는 소리 크기의 레벨의 합성 법칙이 주어져 있다. 소음의 척도 폰(phon)은 크기의 레벨과 대체로 같지만 합성 법칙에 2승 평균을 채용하고 있는 점이 다르다.

소립자 (素粒子, elementary particles) 소립자는 광자(光子), 레프톤(lepton), 그리고 하드론(hadron)의 3종이라 간주한 때도 있었으나 최근에는 하드론 역시 쿼크(quark)라고 하는 몇 종류의 보다 기본적인 입자로 구성되는 복합 입자라고 믿게 되었다. 한편, 자연계의 기본적인 상호 작용력으로는 중력(만유인력), 전기력, 약한 작용력 및 강한 작용력의 4가지를 생각할 수 있으며, 이러한 기본력을 매개하는 입자를 게이지 입자라 한다. 광자는 전기력을 매개하는 게이지 입자이다. 또 핵력(核力)과 같은 강한 힘을 매개하는 쿼크와 같은 게이지 입자를 글루온(gluon, 아교 입자)라 한다. 약한 상호력은

[소립자의 종류]

입자			평균수명(초)	질량 MeV/C^2	비고
광자			안정	0	·스핀은 1(보존 입자)
레프톤		전자 e 뉴트리/ν μ입자	안정 안정 2.2×10^{-6}	0.511 0 105.7	·약한상호 작용을 하는 페르미온 입자 ·쿼크구조는 갖지 않는다.
하드론	중간자	π입자 κ입자 τ입자	$\sim10^{-23}$	~135 ~500 548.8	·강한 상호작용을 한다. ·스핀은 0(보존입자) ·쿼크, 반쿼크에 의해 구성된다.
	바리온(중입자)	핵자 {양자 p, 중성자 n}	안정 932	938.3 939.6	·입자 및 중간자를 방출하여 핵자가 된다. ·페르미온의 총칭
		하이페론 {Λ, Σ, Ξ, Ω}	$\sim10^{-10}$	1115.6 ~1672.5	·강한 상호작용을 한다. ·쿼크, 반쿼크에 의해 구성된다

β입자와 μ입자(즉 레프톤), 혹은 K중간자(하드론) 등의 붕괴 때 나타나는 힘이다. 쿼크는 전자의 전하의 1/3 또는 2/3의 전하를 가진 기본 입자라 간주되고 있지만 자유 쿼크가 존재하는지, 또 그 종류는 몇 가지인지 아직 밝혀져 있지 않다.

소멸 (消滅, annihilation) (1) 입자와 그 반입자가 하나가 되어 하나 또는 그 이상의 광자(光子)로 변환되는 것, 예를 들면 전자와 양전자가 하나로 되어 광자로 되는 것, 쌍생성의 반대 현상이다. (2) 정지 질량(복수)이 하나가 되어 전자 방사로 변환되는 것. 전자와 양전자가 결합하여 소멸할 때에는 대부분의 경우 0.5 MeV의 에너지를 가진 2개의 광자로 되고, 이에 상당하는 전자기 방사가 발생한다. 이 전자기 방사를 소멸 방사선이라 한다.

소멸 시간 (消滅時間, decay time) 어떤 시간적으로 안정된 양이 어떤 동기로 감소하기 시작하고부터 그것이 소멸되었다고 인정될 때까지에 요하는 시간을 이른다. 예를 들면, 펄스 회로의 스위치를 개방한 후 펄스파가 소멸할 때까지의 시간 등을 가리킨다. ⇐ 하강 시간(fall time).

소멸 전압 (消滅電壓, extinction voltage) 방전관 등에 있어서 방전을 정지하였을 때의 단자 전압이다.

소비자 (消費者, consumer) ⇨ 수용가.

소선 (素線, strand) 《연선》 연선을 만들기 위하여 꼬여 있는 한 가닥 한 가닥의 날선.

소손 (燒損, burning) 탄소 송화기에서는 탄소 입자 상호의 접촉점에 상시 직류가 통하고 있는데, 접촉점에서는 전류 밀도가 높기 때문에 상당한 온도상승이 있다. 따라서 과잉 전류가 흐르면 접촉점이 소손되어 탄소 송화기의 성능이 침해된다.

소수 캐리어 (小數 ——, minority carrier) 평형 상태에서의 캐리어 총수의 절반 이하를 차지하는 형태의 캐리어. 예를 들면 p형 반도체 중의 전도전자, n형 반도체 중의 정공(正孔)이 그것이다.

소수 캐리어 축적 시간 (小數 —— 蓄積時間, minority carrier storage time) 반도체 스위치에 있어서, 입력 펄스의 하강 부분이 최

대 진폭의 10% 하강한 점에서 출력 펄스의 하강 부분이 최대 진폭의 10% 하강하기까지의 지연 시간 t_s로, 이것은 접합부에 축적되어 있는 소수 캐리어가 역바이어스에 의해 제거되는 데에 시간이 걸리기 때문이다. 㘽 축적 시간에 이어서 턴 오프 시간의 제2 부분인 하강시간 t_f가 있다.

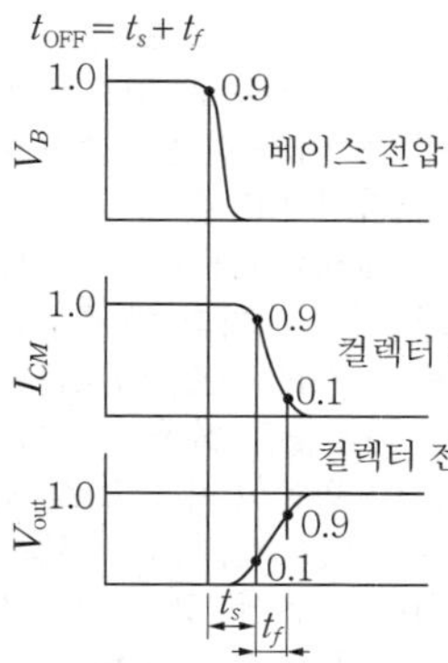

[소수 캐리어 축적 시간]

소스 공통형 증폭기 (── 共通形增幅器, common sourse amplifier) 전계 효과 트랜지스터를 사용하여 입력 신호가 게이트와 소스 간에 주어지고 출력은 스렌과 소스 사이에서 얻어지도록 한 증폭기회로. 입력 임피던스가 크고 출력 임피던스는 중간 정도 또는 상당히 크다. 전압 이득은 1보다 크다.

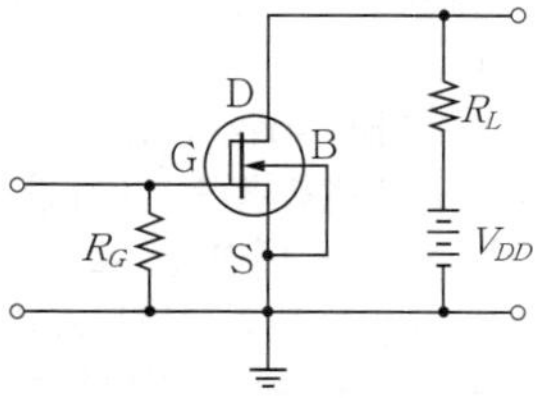

[소스 공통형 증폭기]

소 시정수 회로 (小時定數回路, fast time constant circuit) 약어로 FTC라고 한다. 레이더에서 클레터 제거에 사용되는 것으로, 미분회로이며 큰 점의 신호를 작은 점의 신호로 한다.

소 에너지 계전기 (小 ── 繼電器, low energy relay) 소비 전력이 특히 작은 계전기로서, 저세력(低勢力) 계전기라고도 한다.

소유량형 차단기 (小油量形遮斷器, low oil-content circuit breaker) 유입 차단기의 소요 유량을 작게 하기 위하여 고안된 것으로, 소호실(消弧室)을 애관 속에 수납하고 그것을 대지에 대한 절연 가대(絶緣架台) 위에 올려 놓은 것을 이른다.

소음 (騷音, noise) 듣는 사람에게 있어서 바람직하지 못한 소리. 즉 필요한 소리를 듣는 것을 방해하고 사람을 고달프게 하며, 또는 청기(聽器)에 손상을 주기도 하는 소리를 이른다.

소음계 (騷音計, noise meter) 소음의 크기를 측정하는 계기. 지시 소음계는 마이크로폰과 증폭기 및 지시 계기로 구성되어 있으며, 측정값은 폰으로 읽는다. 소음의 세기가 아니라 크기를 표시하기 때문에 귀의 감도의 주파수 특성과 비슷한 보상 회로가 들어 있다. 단, 이 주파수 특성은 소음 레벨에 따라 다르기 때문에 3단계로 변환하며, 지시 계기의 시정수도 귀의 그것과 맞출 수 있게 되어 있다. 구형(舊形) 소음계에서는 표준음과 소음을 비교하여 같은 크기가 되도록 표준음을 가감하여 그 다이얼 눈금에서 소음의 크기를 읽기도 했었다.

소음기 (消音器, silencer) 내연기관의 배기음(이른바 폭음)을 없애기 위하여 쓰이는 것으로, 기관의 배기관 도중에 삽입하여 단속적인 배기의 흐름을 가급적 평활하게 해서 가청 주파의 성분을 저지한다.

소음 레벨 (騷音 ──, sound level, noise level) 음장 내의 어느 점에서의 음향(소음) 레벨은 가중값이 주어진 음압 레벨이며, ANSI의 소음 및 그밖의 음의 레벨계 <Z 243-1944>에 지정된 것. 계기의 지시는 지정된 주파수 가중값과 적분 시간에 의해 가청 주파수 범위 전체에 걸쳐 적분된 음압(데시벨)을 부여한다. 장치는 마이크로폰, 증폭기, 주파수 가중 회로망 등으로 구성되며, 근사적으로 소리의 크기의 레벨을 표시한다.

소 이온 시간 (消 ── 時間, deionization time) 가스가 든 방전관에서, 양극 전류가 차단되고 나서 격자 전극이 제어 기능을 회복하

ㅅ

기까지의 시간. 수은 온도, 양극 전류, 격자 전위 등 각종 파라미터가 영향을 주므로 이들 파라미터를 명확하게 한 곡선으로 부여하는 것이 바람직하다.

소 이온 작용 (消── 作用, deionization effect) 방전을 유지하고 있는 전압을 제거한 후 방전 공간 중의 전자, 이온의 밀도가 감소되어 가는 과정, 쌍극 확산, 재결합 등이 그 내용이다.

소인 (掃引, sweep, sweepage) 전기 현상의 시간적 변화를 조사하기 위하여 시간에 대하여 규칙적으로 변화하는 전압 또는 전류를 이용하여 전자 회로에서의 현상을 조작하는 것을 이른다. 레이더, 텔레비전, 파형 측정 등의 분야에서 사용된다.

소인 반복수 (掃引反復數, sweep recurrence rate) 텔레비전, 레이더 또는 팩시밀리 등에서 화면을 구성하기 위한 전자 빔 혹은 기계적 주사기구를 반복 동작시키는 비율을 이른다.

소인 발진기 (掃引發振器, sweep oscillator) 음극선관의 전자 흐름을 주기적으로 편향(偏向)시키기 위하여 쓰이는 발진기이다.

소인 선 (掃引線, sweep trace) 전기회로에 발생하는 현상을 표시하기 위하여 브라운관의 편향관에 가해진 규칙적인 전압 또는 전류에 의해서 전자 빔을 규칙적으로 편향시켜서 형광막 상에 영출(映出)된 전기 현상에 대응한 선형(線形)의 영상. 텔레비전, 레이더, 브라운관 오실로스코프 등의 브라운관 면에 영출된 가느다란 선이 이에 해당된다. 보통은 이 규칙적인 전압 또는 전류로는 톱니파 또는 3각파가 사용된다.

소인선 분리 (掃引線分離, trace separation) 로런 수신기의 스코프에서의 소인을 상부 주사선과 하부 주사선으로 나누는 것이다.

소인 회로 (掃引回路, sweep circuit) 소인을 위하여 필요한 전압 또는 전류를 만드는 회로이다.

소인 휴지 시간 (掃引休止時間, sweep holdoff, sweep recovery time) 소인과 다음 소인 사이의 휴지 기간으로, 그 사이 소인 회로, 트리거 회로는 동작을 정지한다. 소인 회복 시간이라고도 한다.

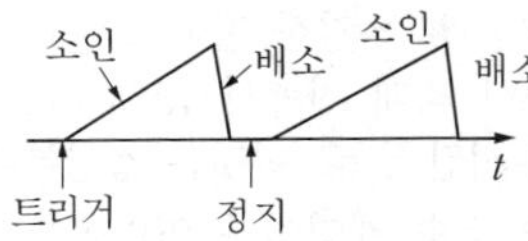

[소인 휴지 시간]

소자 (消磁, degaussing) 자화된 자성체의 전자기를 제거하는 것, 보통 충분히 큰 교번 자화력을 부여한 다음 그 크기를 점차 감소시켜서 결국에는 제로로 함으로써 완전히 소자할 수 있다. 이와 같은 목적으로 상용하는 장치를 소자기라고 한다.

소자 (素子, element) (1) 원소, 즉 특정한 질량(원자량)을 가진 원자의 한 종류를 지칭한다. 예를 들면 산소, 질소, 아르곤, 구리, … 와 같은 것. 이것들은 화학적으로는 최소의 단위이고 화학 반응의 수단으로서는 이 이상 분해할 수 없다. (2) 소자, 부품 등을 막연하게 표현하는 용어. 장치 전체로서의 기능에 대하여 부분적으로 관여하는, 예를 들면 안테나 소자, 전자관 전극. 논리 요소, 축전지 셀…… 등. (3) 데이터 요소, 일군의 데이트 아이템의 구성 요소, 예를 들면 한 주일 중의 한 요일, 4계절 중의 봄이라든가 여름이라는 요소를 이른다.

소전력 라디오 비컨 (小電力──, MH-radio beacon) 전력 50 W 이하의 라디오 비컨이다.

소켓 (socket, lamp holder, tube socket) 전구 또는 전자관을 꽂는 경우 수구(受口)가 되는 부품, 베이스의 모양에 따라 여러 가지 형식이 있다.

소크 전류 (──電流, soak current) 계전기 기타 전자기구(電磁機構)의 전류값을 측정할 때 자성체의 히스테리시스로 인한 영향을 제거하기 위하여 미리 자기 포하에 달하는 값의 암페어 회수의 기자력으로 여자하는 경우의 전류값이다.

소프트 (soft) 공학적으로는 ① 변화가 완만한, ② 효과가 약하다. 등의 뜻으로 쓰인다. 예를 들면 ①의 경우는 소프트 스타트(변화를 적게 하여 서서히 시동한다), 연착륙(감속 수단을 써서 차량이나 로켓을 서서히 착륙시킨다) 같은 경우에 사용된다. 또 ②의 경우는 연 X선(파장이 길고 투과력이 약한 X선), 연 초전도 물질(매우 약한 자계에서 초전도성이 상실되는 초전도체) 등에 사용된다.

소프트 에너지 패스 (soft energy path) 태양, 풍력, 조력(조류나 조석), 바이오매스 연료 등, 널리 지구상에 분포된 자연 에너지에 의한 공급방식을 소프트 에너지 패스라고 한다. 자연 에너지는 고갈하지 않는 혹은 재생 가능한 에너지이고, 또 환경을 오염하지 않는 청정 에너지이기도 하다. 다만, 지구상에 분산하여 저밀도로 분포되어 있으므로 그것을 집중하는 기술이 어렵고, 개발에는 많은 비용을 요한다. 이에 비하여 석유, 석탄, 등의 화석 연료, 원자력 등에 의한 집중적인 에너지 공급방식을 하드 에너지 패스라고 한다. 에너지 자원은 유한하고 환경 오염의 원이기도 한다.

소프트웨어 (software) (1) 데이터 처리 시스템의 동작에 관한 프로그램, 절차 및 관련되는 서류, 프로그래머는 이와 같은 소프트웨어에 의해서 계산기와 대화할 수 있다. (2) 사용자가 계산기를 유효 적절하게 사용할 수 있도록 제작자로부터 제공되는 각종 프로그래밍 지원수단, 예를 들면 어셈블러, 제너레이터, 서브루틴, 라이브러리, 컴파일러 등이 있다. (3) 특정 프로그램을 테이프 또는 디스크에 기록한 것으로, 상품으로 판매되고 있는 것을 이른다.

소형 베이스 (小形——, miniature base) 소형 전구에 사용되는 베이스이다.

소형 변압기 (小形變壓器, miniature transformer) 극히 소형으로 만들어진 변압기. 소형이기 때문에 특성을 좋게 하기 위하여 투자율이 크고, 또 손실이 적은 철심이 사용된다.

소형 신호기 (小形信號機, dwarf signal) 신호기를 형태에 따라 분류한 것으로, 입환 신호기 등이 이에 속한다.

소형 전구 (小形電球, miniature lamp) 크리스마스 트리용으로 솔방울형, 횃불형, 기타 변형된 전구, 휴대 전등용 미니 전구, 라디오 패널용 전구 등 크기가 작고 또 대부분 저전압으로 점등되는 것을 이른다.

소호 (消弧, extinction of arc) 아크를 끄는 작용이 있는 것을 이른다.

소호각 (消弧角, extinction angle) 자기증폭기에서 출력 권선 전류의 순서값이 0이 될 때까지의 전기각을 이른다.

소호 리액터 (消弧——, arc-suppression coil, ground fault neutralizer, petersen coil) 송전선의 중성점 접지방식의 하나로, 계통의 중성점과 대지 사이에 접속되는 리액터를 가리킨다. 송전선이 1선 지락되었을 때의 지락 전류의 대부분을 차지하는 용량분을 상쇄하여 지락 아크를 완전히 소멸시켜 정전 및 지락으로 인한 이상 전압의 장해를 방지하는 것으로, $\omega^2\cdot 3C\cdot L=1$을 만족시키는 인덕턴스 L을 갖는 리액터이다. $\omega=2\pi f$, C=송전선의 3선을 일괄한 대지 정전 용량이다.

소호 변압기 (消弧變壓器, arc-suppressing transformer) 소호 리액터를 송전선의 중성점에 접속하는 경우, 적당한 위치의 변압기의 중성점을 이용할 수 없는 경우에는 접지용 변압기를 두어 그 중성점을 접지하고, 또 이 접지용 변압기 2차측에 리액터를 결합시킨다. 이 둘을 하나로 묶은 구조의 것을 소호 변압기라고 한다.

ㅅ

소호실 (消弧室, arc extinguish chamber, explosion chamber) 전력 개폐장치에서 전류를 차단하는 경우에 오일, 압축공기, 분해가스 등의 소호작용을 유효 적절하게 하기 위하여 적당한 구조를 가진 실(室) 안에서 소호를 도모할 때 그 실을 소호실이라 한다.

소호 전압 (消弧電壓, extinction voltage of arc) 예를 들면 방전관이나 아크등에 있어서, 방전을 정지하기에 이르는 전압. 이것은 방전을 지속시키는 데 필요한 전압보다는 낮다.

속 (束, flux) (1) 역선(力線)속. 힘의 장에서의 역선의 세기를 부여하는 것. (2) 방사속. 공간을 전파하고 있는 방사의 단위 시간당의 에너지. 예를 들면 광속(루멘), 음속(와트). (3) 입자속. 단위 체적당의 입자의 수와 그 평균 속도의 곱(입자속 밀도와 같은 뜻)이다

속관 (束管, tube, tube of flux) 닫힌 선상의 각 점을 통하는 역선(力線)으로 둘러싸이는 공간 부분이다.

속단 스위치 (速斷——, quick-break switch) 스프링을 사용하여 차단할 때의 동작을 신

속하게 할 수 있도록 한 나이프 스위치이다.

속도 거리 곡선 (速度距離曲線, speed distance curve) 열차의 운전 상태를 나타내는 곡선으로, 거리, 즉 열차의 위치에 대한 속도를 나타내는 곡선이다.

속도계 (速度計, speedmeter) 회전체의 속도를 측정하는 장치로, 축단에 설치해서 직접 회전수를 읽는 것. 소형 발전기를 가지고 있어 그 유기 기전력이 회전수에 비례하는 것을 이용하여 그 전압을 읽는 것(눈금은 회전수), 또는 축에서 벨트 구동으로 운전하는 것 등이 있다.

속도계용 발전기 (速度計用發電機, tachometer dynamo, tachometer generator) 발전기의 유기 기전력이 회전수에 비례하는 것을 이용하여 속도를 측정하기 위하여 사용되는 소형 발전기이다.

속도 계전기 (速度繼電器, fast relay, speed relay) 특정한 속도로 동작하는 계전기이다.

속도 기전력 (速度起電力, speed electromotive force) 도체와 자속의 상대적 운동에 의해서 도체에 유도되는 기전력이다.

ㅅ

속도 변동률 (速度變動率, speed regulation, speed variation) 《전동기》 일정한 전원 전압, 계자전류에서, 부하를 그 정격값보다 서서히 감소하여 제도로 했을 때의 전동기의 속도 변화를 정격 부하시의 속도의 백분율로 나타낸 것이다.

속도 변조 (速度變調, velocity modulation) (1) 음극에서 방출된 전자 빔의 전자기에 대하여 입력 신호에 부응해서 속도의 시간적인 변화가 주어지는 변조법. 변조된 전자는 음극에서 양극을 향하여 진행하는 사이에 밀도 변조로 변한다. 이것을 번팅(집군)작용이라 한다. (2) 텔레비전에서, 전자 빔의 세기는 일정하고 스크린에서의 휘도 변화는 휘점의 주사 속도의 변화에 의해 주어지는 방식을 이른다.

속도 변조관 (速度變調管, velocity modulated tube, velocity variation tube) 전자 흐름의 속도를 고주파 전계에 의해서 변조하고, 집군(集群)작용을 이용하여 발진, 증폭을 시키는 극초단파 관. 단, 보통은 클라이스트론과 동의어로 쓰이고 있다.

속도 변화 주사 (速度變化走査, variable speed scanning) 촬상관의 주사 빔의 편향 속도를 촬상 중인 그림 화소(畵素)의 휘도에 따라 변화시키는 주사방식이다.

속도 시간 곡선 (速度時間曲線, speed-time curve) 열차의 운전상태를 나타내는 곡선의 하나로, 시간과 속도의 관계를 나타내는 것이다.

속도 제어 (速度制御, speed control) 전동기, 전차 등의 회전 속도, 주행 속도 등을 제어하는 것이다.

속도 제한 신호 (速度制限信號, restricting signal) 철도 선로가 전철기(轉轍器), 곡선, 기타 특수 사정으로 특히 열차의 운전 속도를 제한할 필요가 있는 경우 그 시단(始端)에 설치하는 신호를 이른다.

속도 제한 장치(速度制限裝置) (1) speed limiting device 회전기가 어느 지정된 속도를 초과하는 것을 방지하는 장치. (2) over speed limiter 회전기가 위험 속도에 달하는 것을 방지하기 위한 장치이다.

속도 조정률 (速度調定率, speed regulation) 《계통》 전력 계통의 주파수는 계통 발전기의 회전수로 정해진다. 규정 주파수(정격 회전 속도)를 F_N, 무부하시의 주파수를 F_0으로 하면 다음 식으로 주어지는 ε를 속도 조정률이라 한다. $\varepsilon=\dfrac{F_0-F_N}{F_N}$

㊟ 계통 안에서 발생한 전압 불평형량은 $\Delta P=\Delta G-\Delta L$로 주어진다. ΔG는 발전량 증가분이고 ΔL은 부하 증가분이다. ΔP에 인한 계통 주파수 변화를 ΔF라 하면 $\Delta F=(K_G+K_L)\ \Delta F-K\Delta F$의 관계가 있다. K를 전력 계통 상수라 하고, 단위는 보통 MW/0.1 Hz이다.

속도 특성 곡선 (速度特性曲線, speed characteristic curve) 전동기의 특성 곡선의 하나로, 정격 전압, 정격 주파수에서 부하 전류의 함수로 속도를 나타낸 곡선이다.

속도형 제어 대상 (速度型制御對, floating type controlled system) 《자동제어》 조작량 또는 외란(外亂)의 일정값에 제어량의 변화 속도의 일정값이 대응하는 무정위형(無定位型)

제어 대상이다.

속동 계전기 (速動繼電器, quick acting relay, quick operating relay) 신속하게 동작하는 계전기이다.

속류 (續流, follow current) 《피뢰기》 방전 현상이 끝난 후에 전력 계통에서 공급되어 계속 피뢰기에 흐르는 전류를 이른다.

속시 (速示, dead-beat) 계기에 피측 전기량을 부여하였을 때 지침이 과도하게 오래 움직이거나 잠동(潛動)이 생기지 않고 정지하는 상태를 말한다. 가동 코일형 검류계에서는 이 때의 외부 저항값을 외부 임계 제동 저항이라 한다.

속시 검류계 (速示檢流計, dead-beat galvanometer) 가동 부분의 운동이 속시적인 검류계를 이른다.

속응 여자 (速應勵磁, quick-response excitation) 송전 계통의 과도 안정도를 증대시키기 위하여 여자기의 정상 전압(頂上電壓)을 높게 하고, 전압 상승률이 큰 것을 사용한다. 이 방식을 속응 여자라고 한다.

손 (損, loss) (앞에 형용사가 붙는 경우) 손실과 같은 뜻으로, 쓰인다. 예를 들면 동손(銅損), 철손 등이 있다.

손 감기 (hand wound) 전기 기기의 권선을 손으로 직접 기기의 철심에 감은 것을 이른다.

손 구멍 (hand hole) 맨홀은 작업자가 그 속에 들어가서 작업을 할 수 있지만 핸드 홀은 소형이므로 작업을 지상에서 한다.

손류 (損流, loss current) 유도작용 등에 의해서 발생한 전류로, 완전히 손실이 되는 전류. 또 흐르기만 하고 유효한 일은 하지 않는 전류를 이른다.

손실 (損失, loss) 에너지를 이용하는 경우 그 일부는 유효하게 이용되지 않고 도중에서 쓸모 없이 상실된다. 주로 열 에너지로 상실되는 경우가 많은데 동손, 철손, 유전체 손, 연피 손, 풍손, 마찰 손 등이 그 대표적인 예이다. 이 때 손실 앞에 형용사가 붙을 때에는 손(損)이라 한다. 예를 들면 동손, 철손 등이 있다.

손실 각 (損失角, loss angle) 콘덴서의 손실을 나타내는 것으로, 주파수를 f, 정전 용량을 C, 손실을 주는 등가 직렬 저항을 ρ라고 하면, 손실각 δ는 $\tan\delta=\omega\rho C$로 주어진다. 마이카 콘덴서에서는 보통 1,000 Hz에서 $(2\sim 8)\times 10^{-4}$ 라디안 정도이다.

손실 정접 (損失正接, loss tangent) (1) 물질의 복소 유전 상수($\varepsilon'-j\varepsilon''$)의 허수부와 실수부와 비율 $\tan\delta$를 이른다. (2) 절연계의 유전 손실과 무효 전력과의 비율을 이른다.

손율 (損率, loss factor) (1) 동기 조상기처럼 출력이 0인 것에 대해서는 효율이 0이 되기 때문에 손실의 피상 입력에 대한 비율을 가지고 손실의 비율을 나타내며, 이것을 손율이라 한다. (2) 고주파 유전 가열에서는 유전체의 유전율과 유전체 역률의 곱을 이르는데, 유전체의 종류, 성질, 상태, 주파수, 온도 등에 따라 변화한다.

솔레노이드 (solenoid) (1) 전선을 가는 피치로 코일상으로 감아 만든 중공 원통상의 구조, 코일에 통전함으로써 원통 내에 발생하는 자계를 이용한다. (2) 가동 철심을 함유한 자로 구조와 그것을 자화하는 코일을 가진 장치인데, 코일을 직류 또는 교류로 여자함으로써 가동 철심은 코일 중앙에 흡입되도록 힘을 받는다. 전기-기계 변환장치로서, 계전기 접점과 전자(電磁) 밸브의 개폐부 등을 제어하는데 사용된다.

솔리드 백 송화기 (—— 送話器, solid back transmitter) 탄소분(炭素粉)을 사용한 송화기의 하나로, 철로 된 평면 진동판을 사용하고 기계 진동을 전기 진동으로 변환하는 변환부는 카본 버튼이라고 하는 유닛에 통합되어 있다. 공전식 및 구형 자동 전화기에 사용되었다.

솔리드 저항기 (—— 抵抗器, solid resistor) 탄소와 자기 및 합성 수지의 혼합물 또는 산화물로 만들어진 반도체를 막대 모양으로 하여 양단에 도선을 붙인 저항기이다.

솔리드 케이블 (solid type cable) 그림과 같은 단면의 케이블을 솔리드형 케이블이라 하며 전력용으로 사용한다. 내부 절연물에는 파라핀계 및 나프틴계 탄수화물을 주성분으로 하는 중질(重質) 광유와 수지의 혼합액이 함침되어 있다. 솔리드 케이블로는 위에 든 것 외에도 H케이블이 있다.

ㅅ

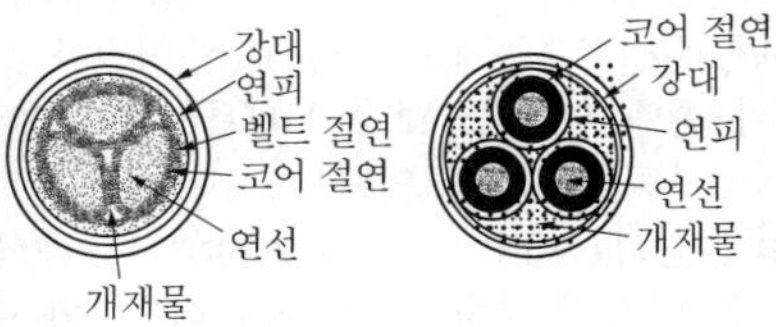

[솔리드 케이블]

솔 플레이트 (sole plate) 베이스와 똑같은 목적으로 사용하는 강판(鋼板) 접합 구조의 받침대이다.

송단 임피던스 (送端 —, sending-end impedance) 그림과 같은 4단자 회로망에서 단자 $1-1'$에서 수단(受端)측을 본 임피던스를 송단 임피던스라한다. 수단에 접속되어 있는 부하 임피던스를 Z_r, 4단자 상수를 A, B, C, D라고 하면, 송단 임피던스 Z_1은 $Z_1=(AZ_r+B)/(CZ_r+D)$가 된다. ⇔ 수단(受端) 임피던스.

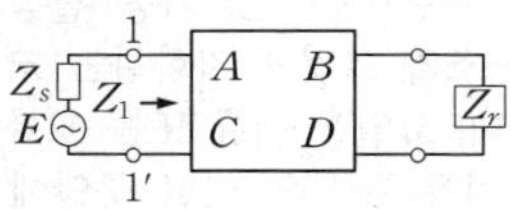

[송단 임피던스]

송량 장치 (送量裝置, transmitter) 《원격측정》 원격 측정하는 경우에 관측값을 부호 또는 주파수, 진폭 등으로 변환하여 정해진 방법으로 수단(受端)에 송신하는 장치이다.

송수 전환기 (送受轉換器, duplexer) ⇨ TR 스위치이다.

송신 (送信, transmission) ⇨ 전송.

송유식 변압기(送油式變壓器, forced oil transformer) 유입 변압기의 냉각 방식으로, 외함 속의 오일을 펌프로 외부에 끌어내어 외부에서 물 또는 공기에 의해서 냉각시켜 공기 분리기, 오일 여과기 등을 통하여 외함의 하부로 되돌리는 변압기를 이른다. 오일의 속도가 빠르기 때문에 방열 효과가 높으므로 결국 변압기가 소형이 된다. 수냉식인 경우에는 양이 많으면 바다물이라도 좋고 유압이 수압보다 높기 때문에 만일 수냉관에 고장이 생겨도 물이 기름 속으로 들어오는 일이 없다. 펌프는 축받이의 누유(漏油)를 방지하기 위하여 기름 속에서 회전하는 방식을 사용한다.

송전 (送電, power transmission) 일반적으로는 전기를 보낸다는 뜻으로 쓰이고 있으나 배전과 구별할 필요가 있는 경우에는 발전소 또는 변전소로부터 다른 발전소 또는 변전소로 전력을 보내는 것을 뜻한다.

송전 계통 (送電系統, transmission system) 송전을 위한 전선로 및 관련 설비를 지칭한다.

송전단 (送電端, sending end) 송전 선로의 발전소 쪽에 가까운, 즉 전기를 보내는 쪽의 단자를 이른다. ⇨ 수전단.

송전망 (送電網, transmission network) 임의의 한 점에 대하여, 다수의 점으로부터 공급할 수 있도록 망형(網形)으로 연계된 송전선으로 구성되어 있는 송전 계통을 이른다.

송전반 (送電盤, outgoing panel) 송전에 필요한 계기, 제어개폐기, 보호계전기 등을 설치한 배전반을 이른다.

송전선 (送電線, transmission line) 발전소에서 생산된 전력을 어느 거리 만큼 떨어져 있는 부하점까지 보내기 위하여 사용되는 선로이다. ⇐ 송전 선로.

송전 선로 (送電線路, transmission line) 발전소 또는 변전소로부터 다른 발전소 또는 변전소로 전력을 보내는 전선로이다.

송전 손 (送電損, transmission loss) 송전 설비에 의해서 전력을 수송하는 경우 설비 자체에 의해서 생기는 손실 전력을 이르며, 변압기손, 선로의 동손, 코로나손, 애자의 누설손 등으로 분류된다.

송전 손실 계수 (送電損失係數, transmission loss coefficient) 전력 계통의 각 발전소에서 계통의 복합부하에 주어지는 전력과 결부하여, 계통 내에서 발생하는 전 손실을 부여하는 식에서 사용되는 계수. 각 발전기의 유효 출력을 $P_i (i=1, 2, ..., n)$로 하고, 이것은 무효 출력 Q_i에 비례하는 것으로 하여 $Q_i / P_i = \gamma_i$로 한다. 계통손실 P_{loss}는 $P_{\text{loss}} = \sum_{i,j} B_{ij} P_i P_j$의 2차 형식으로 주어지며, B_{ij}를 손실계수라 한다. B_{ij}는 발전기 전압 V, 위상각 ψ(기준 발전기에 대한 상대 위상), γ의 함수이다.

송전 용량 (送電容量, transmission capacity)

송전 선로의 수송력의 연속 최대 정격. 즉 지장이 생기지 않는 한도로 연속 송전할 수 있는 최대 전력을 말하며, 선로의 안전 전류, 전압 변동률, 안정도, 부대시설의 용량 등에 따라 결정된다.

송전 전압 (送電電壓) (1) transmission voltage 송전 계통의 공칭 전압. (2) sending voltage 송전단의 전압이다.

송출 레벨 (送出——, outgoing level) 송단에 있어서의 반송파 또는 피 변조 축파대의 송신 레벨이다.

송파기 (送波機, cable transmitter)《해저 전신》해저 전신용 송신기를 이르며, 현파(現波) 부호를 천공 종이 테이프를 사용하여 자동적으로 송신하는 장치이다.

쇄교 (鎖交, interlinkage) 자력선 등이 코일과 교차하는 것을 이른다.

쇄구동 (鎖驅動, chain-driven) 회전기를 구동할 때 체인을 사용하는 것. 두 축의 회전수 비율은 일정하다. 단, 체인이 바퀴에 다각형으로 감기므로 순간의 각속도는 일정하지 않다. 큰 하중을 전달하는 데 적합하며 치차 구동을 사용할 때에는 축의 거리가 너무 길고 벨트 구동으로 하기에는 너무 짧은 경우에 적합하다.

쇄권 (鎖捲, chain winding) 동기기의 전기자 또는 유도기 고정자 권선의 권선법의 일종. 이 방식은 단층권(單層捲)으로 전절권(全節捲), 정수(整數) 홈감기에서만 가능하며, 코일의 형태는 안쪽 코일, 바깥쪽 코일 각각에 대하여 1극 1상당의 슬롯수와 같은 종류의 것이 필요하다.

쇄상 스토커 (鎖床——, chain grate stoker) 엔드리스 체인 그 자체가 화상(火床)을 구성하고 있는 스토커. 고체 연료는 이동하는 체인 위에 공급되고 체인 위에서 착화되어 연소한 후 재가 되어 뒤쪽에 있는 재떨이 통으로 보내진다.

쇄정 (鎖錠, lock) 어떤 조건이 구비되기까지 동작을 저지하는 것을 이른다.

쇄정 장치 (鎖錠裝置, locking device) 쇄정하는 장치이다.

쇄정 전자석 (鎖錠電磁石, lock magnet) 전기 레버의 쇄정자에 연결되는 전자석이다.

쇼란 (shoran) 'short range navigation'의 약어로, 두 고정점의 트랜스폰더와 이동체의 펄스 송수신기를 사용한 정밀 위치 결정방식을 이른다.

쇼클레이 다이오드 (Shockley diode) pnpn 4층 사이리스터로, 일 방향의 다이오드 스위치로 동작하는 것. 전압-전류 특성의 제1 상한에서 브레이크오버에 의해 오프상태에서 온상태로 이행한다. 제3 상한은 역저지 특성을 나타낸다.

쇼트키 다이오드 (Schottky diode) n형 반도체와 금속을 접속시켜 금속을 플러스, 반도체를 마이너스로 전압을 공급하면 반도체에서 금속에 열 전자 (핫 캐리어)가 주입된다. 정공은 관여하지 않으므로 접합부에 소수 캐리어의 축적이 없어 고속 동작의 다이오드가 얻어진다. 반도체로는 실리콘이나 갈륨 비소가, 또 금속으로는 몰리브덴, 티탄, 금 등이 사용된다. 용도는 고주파 검파, 스위칭 트랜지스터의 스위칭 속도의 개선, 음저항 디바이스의 제조 등이다. ⇨ 핫 캐리어 다이오드.

쇼트키 TTL (Schottky TTL) 고속도 TTL이다. 텍사스사의 54S/74S 계열로 만들어졌다. 트랜지스터의 베이스에서 컬렉터에 쇼트키 다이오드를 클램프로 접속한 것을 사용하여 트랜지스터의 축적 시간 감소를 도모하고 있다. 평균 전달 지연은 2 ns이고 평균 소비 전력은 게이트당 20 nW이다.

쇼트키 효과 (——效果, Schottky effect) (1) 열전자관의 애노드 전류가 리차드슨의 식으로 주어지는 값 이상으로 증가하는 것. 이것은 애노드에 의해 캐소드 표면에 만들어지는 전계에 의해 캐소드의 일 함수가 낮은 값으로 끌어내려지기 때문이다. 쇼트키 방출이라고도 한다. (2) 금속 표면이 반도체와 접촉한 경우 접합부에 쇼트키 장벽이 생기는데, 이 경우에도 일 함수의 저하를 발견할 수 있다. 이 저하는 반도체의 표면상태에 좌우되는데, 보통 위의 (1)의 경우에 비해서 작다.

수격 작용 (水擊作用, water hammering) 관속을 가득히 흐르는 물을 밸브로 갑작스레 차단하면 밸브 바로 앞의 관속 압력이 급상승하는 현상을 이른다.

ㅅ

수관 (水管, water pipe) 물을 통하게 하는 파이프이다.

수관 보일러 (水管——, water tube boiler) 다수의 수관 속으로 물이 흐르고, 그 바깥 쪽으로는 가스가 순환하는 형태의 보일러이다.

수급 계기 (需給計器, utility meter) 전기 판매에 쓰이는 계기의 총칭이다.

수냉 노벽 (水冷爐壁, water-cooled furnace wall) 그 내면에 수관을 배열하여 보일러 물을 순환시켜서 냉각할 수 있게 되어 있는 노벽을 이른다.

수냉 변압기 (水冷變壓器, water-cooled transformer) 변압기의 케이스에 기름을 넣고, 그 속에 수냉관을 설치하여 주로 이 물에 의해서 변압기의 철심 및 권선에서 발생한 열을 외부로 발산시키는 구조의 변압기이다.

수냉 진공관 (水冷眞空管, water cooled tube) 양극(陽極)을 냉각시키기 위하여 물을 사용하는 대형 송신용 진공관으로, 구리로 만든 통 모양의 양극이 외부에 노출되어 있고, 이곳을 물 재킷에 끼워 그 사이로 냉각수를 흐르게 하여 사용한다.

수단 임피던스 (受端——, receiving end impedance) 그림과 같은 4단자 회로에서 단자 $2-2'$에서, 송단측을 본 임피던스를 말한다. 4단자 상수를 A, B, C, D로 하고, 송단에 접속되어 있는 임피던스를 Z_s라 하면 수단 임피던스 Z_2는 $Z_2=(B+DZ_s)/(A+CZ_s)$가 된다. ⇔ 송단 임피던스.

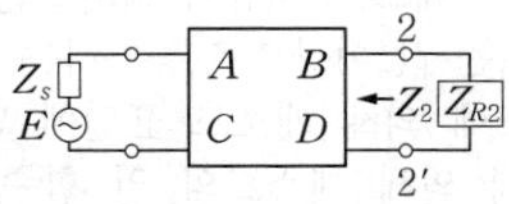

[수단 임피던스]

수동 (手動) (1) manual operation 전기통신이나 전력용 회선 및 기기의 선택, 접속, 개폐 등 사람의 손에 의한 동작 조작. (2) manual, hand-operated 인력으로 조작하는 구조의 조작을 이른다.

수동 교환 (手動交換, manual exchange) 사람의 손으로 하는 전신 또는 전화 회선의 교환 접속을 이른다.

수동 발전기 (手動發電機, hand generator) 원동기 대신 인력으로 회전시키는 발전기를 이른다.

수동 복귀 계전기 (手動復歸繼電器, hand reset relay) 계전기에서 그 접점을 수동으로 처음의 상태로 복귀시키는 구조로 된 것을 이른다.

수동 브레이크 (手動——, hand brake) 인력으로 작동하는 브레이크이다.

수동식 (手動式, manual system) 전기 통신이나 전력용의 회선 및 기기의 선택, 접속, 개폐 등을 손으로 다루는 방식을 이른다.

수동 투입 조작 (手動投入操作, manual closing operation) 개폐기류를 전자석, 전동기, 압축공기 등으로 투입하는 것에 비하여 수동으로 투입하는 것을 이른다.

수동 회로망 (受動回路網, passive network) 회로 소자로서, 전원이나 증폭기 등의 전력 공급원을 포함하지 않는 회로를 이른다. 즉 저항, 인덕턴스, 콘덴서, 변성기 등의 결합만으로 이루어진 회로를 이른다. ⇔ 능동회로 (active network).

수두 (水頭, water head) 수주(水柱)의 높이. 수주가 그 바닥면에 미치는 압력은 수주의 높이에 비례하므로 유체가 갖는 위치, 속도 및 압력 에너지를 수두에 의해서 나타낼 수 있다.

수량 장치 (受量裝置, receiver) 《원격 측정》 원격 측정 계통에서의 수신장치를 이른다.

수력 (水力, hydraulic power, water power) 물이 가지고 있는 원동력. 즉 물이 갖는 위치 에너지, 속도 에너지를 이용함으로써 얻는 동력을 이른다.

수력 발전소 (水力發電所, hydroelectric power station) 물이 갖는 위치 에너지를 수차의 기계 에너지로 바꾸어 그것을 발전기로 전기 에너지로 변환하는 발전방식을 사용하고 있는 발전소. 수력 발전소의 종류는 낙차와 유량의 확보 여부에 따라 크게 나뉘어진다. 낙차에 따라서는 저 낙차 (35m정도 이하), 중 낙차 (35~250m 정도), 고 낙차 (250m 이상) 발전소로 나누고, 낙차를 얻는 방법에 따라 수로식, 댐식, 댐 수로식 발전소로 구별된다. 그리고 유량의 이용 방법에 따라 유입식 발전소, 조정지식 발전소, 저수지식 발전소, 양수 발전소 등이 있다.

수력 장치 (水力裝置, hydraulic set) 수력 에너지를 사용하는 원동기이다.

수력 지점 (水力地點, water power site) 수력을 이용하는 설비를 설치할 수 있는 지점. 취수 지점과 발전소 지점을 합쳐서 표현한다.

수력 커플링 (水力——, hydraulic coupling) 구동축과 피동축에 각각 임펠러를 달아 이들 사이에 기름 등의 유체를 채워, 구동축이 펌프가 되고 피동축이 수차가 되어서 회전하도록 되어 있는 커플링. 일반적으로 유체 커플링이라고 한다.

수력 효율 (水力效率, hydraulic efficiency) 수차에 들어간 물의 공급 수두에 대한 러너에 주는 수두의 비율을 말한다. 두 수두의 차이는 수차의 가이드실 및 러너에 있어서의 손실 수두이다.

수로 (水路, water channel, water conduit) 물을 유통시키기 위한 통로이다.

수로교 (水路橋, aqueduct) 계곡, 하천을 횡단하여 수로가 통과할 수 있도록 하기 위한 다리이다.

수로식 발전소 (水路式發電所, conduit type power plant) 완만한 기울기의 수로를 통하여 하천의 물을 도입하고, 발전 지점에서 높은 낙차를 얻는 방식의 발전소이다.

수리공 (修理工, repair man) 전기 기기나 선로 설비 등의 고장을 수리하는 사람을 이른다.

수리비 (修理費, repair cost, repair expense) 건물, 구조물, 기계장치 등이 안전하고 유효하게 그 본래의 기능을 다하기 위하여 필요로 하는 수리에 관한 경비로, 당해 시설의 내용 연수(耐用年數)를 법정 내용 연수로 유지시키는 데 필요한 것이다.

수명 (壽命, life) (1) 기계 부품이 일정한 동작 조건에서 그 정격 특성이 어느 한도까지 저하될 때까지의 동작 시간을 수명이라 한다. (2) 전등의 수명은, 사용을 시작하고부터 점등이 되지 않을 때까지의 점등 시간 또는 그 이전에 광속이 어떤 값까지 감퇴될 때까지의 점등 시간을 뜻한다. 일반 조명용 전구에서는 규정 초광속의 80%, 형광등에서는 그 60%로 한다.

수명 시험 (壽命試驗, life test) (1) 부품 또는 기기의 수명을 점검하기 위한 시험. (2) 전구, 방전등 등의 수명을 측정하는 경우에는 성질상 전부 발취시험을 한다. 통상적인 예로, 단자 전압을 일정하게 하고 실시하지만 전구에 있어서 수명과 전압의 관계를 알고 있는 경우에는 과전압하에서 실시한다.

수명 지수 (壽命指數, life exponent) 백열 전구의 특성식을 지수형으로 기재했을 때 효율 η와 수명 T의 관계 $T=c\eta^k$에서의 k를 수명 지수라고 한다. 보통 전구에서는 약 6.5~7.5 정도이다. 수명 시험을 과전압하에서 실시하고 단시간 내에 끝내는 경우에 필요한 수이다.

수문 (水門, sluice, water gate) 물이 흐르는 것을 제지 또는 조정하기 위한 문비(門扉)를 갖는 구조물을 이른다.

수색 레이더 (搜索——, search radar) 수색 범위 내에 목표가 진입하면 즉시 스코프에 그것을 나타내는 레이더이다.

수색 코일 (數索——, exploring coil, search coil) 자속을 측정하기 위한 유효 면적과 권수를 알고 있는 코일이다. 이것은 자속계에 접속하였다가 자기장에서 끌어내면 자속계의 지시는 코일이 있었던 장소의 자속수에 권수를 곱한 것을 나타내는 것으로, 자속 밀도를 알 수 있다.

수소 과전압 (水素過電壓, hydrogen overvoltage) 전해에 따라서 음극에서 수소 가스가 발생할 때 이론 값보다 어느 값 만큼 여분의 부전압을 가하지 않으면 가스가 발생하지 않는다. 이 여분의 부(負)의 값을 수소 과전압이라 하고, 전극의 재질 및 그 표면 상태 등에 따라 정해진다.

수소 냉각기 (水素冷却機, hydrogen cooled machine) 냉각 매체로 수소를 사용한 회전기. 가스밀(gas-tight)한 배관과 열교환기를 가지고 있으며, 순환하고 있는 수소로부터 열교환기가 열을 흡수하도록 되어 있다.

수소 냉각형 전기 (水素冷却型電機, hydrogen-cooled machine) 냉각 매체로 수소를 사용한 회전 전기(電機), 수소의 밀도가 공기의 약 7% 이므로 소음, 풍손이 극히 적고 열전도율, 열전달률이 공기보다 크기 때문에 냉

ㅅ

각효과가 좋다. 따라서 동일 기계에서 공기의 경우 약 25%의 출력을 증가시킬 수 있다. 또 산소가 없기 때문에 절연물의 열화가 적고 화재의 염려도 없다. 대용량 터빈 발전기와 고속도의 동기 조상기에 이용된다.

수소-산소 연료 전지 (水素-酸素燃料電池, hydrogen-oxygen fuel cell) 수소 연료가 셀의 애노드 쪽으로 삽입되어 전극의 공공부(空孔部)로 침입하고, 여기서 촉매 물질의 작용으로 전해질과 반응하여 전극에 전자를 해방하고, 이 전자가 외부 회로를 통하여 캐소드로 돌아온다. 반응의 부산물은 물이다.

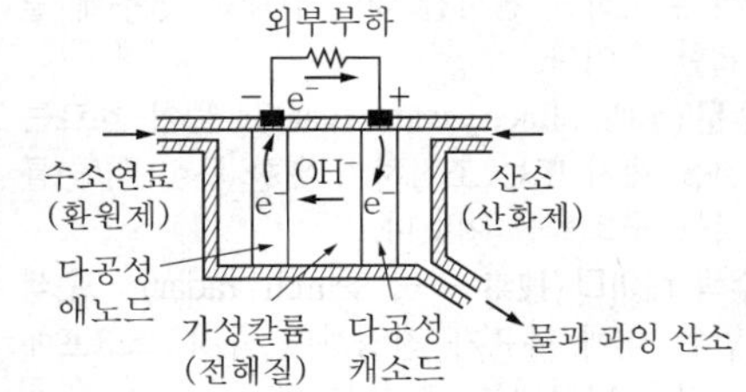

음극반응: $H_2 + 2OH^- \longrightarrow 2H_2O + 2e^-$

양극반응: $O_2 + H_2O + 2e^- \longrightarrow HO_2^- + OH^-$

$$HO_2^- \longrightarrow OH^- + \frac{1}{2}O_2$$

[수소-산소 연료 전지]

ㅅ

수소 저장 합금 (水素貯藏合金, alloys for hydrogen accumulation) 냉각과 가압으로 수소를 흡수(열방출도 수반)하여 수소 화합물을 만들고, 반대로 가열과 감압으로 수소를 방출(열흡수도 수반)하여 원래의 상태로 복원하는 합금으로, Fe-Ti, La-Ni_5 등이 실용적으로 주목되고 있다. 에너지로서의 수소의 저장과 수송용에, 혹은 방열·흡열효과의 냉난방에 대한 응용 등, 여러 가지 용도가 연구되고 있다.

수소 전극 (水素電極, hydrogen electrode) 작은 백금반 또는 선에 백금흑(白金黑)의 분말을 부착시킨 것으로, 아래 반을 피검액에 담그고, 위 반은 1기압의 수소 기류 속에 있도록 한 것이다. 이것이 활량(活量) 1인산에 잠긴 상태에 있으면 어떤 온도에 있어서나 전위 0으로 규정한다. 이것을 수소 눈금(hydrogen scale)이라 한다.

수소 환원법 (水素還元法, hydrogen reduction method) 《반도체》 실리콘의 할로겐화물을 수소 가스 속에서 가열 환원하여 실리콘 결정을 기상 성장시키는 방법이다. $SiCl_4 + 2H_2 \rightarrow Si + 4HCl$와 같은 반응이 많이 사용된다.

수송 용기 (輸送容器, casker, coffin) 방사성 물질을 수송하는 데 사용되는 차폐 재료로 만들어진 무거운 상자. 보통 납이나 두꺼운 강재(鋼材)로 만들어진다.

수신 (受信, reception) 신호파를 수신하는 것을 이른다.

수신관 (受信管, receiving tube) 주로 라디오, 텔레비전 또는 무선 수신기 등에 사용되는 소형 전자관을 뜻한다.

수신국 (受信局, receiving station) ⇨ 수신소.

수신기 (受信機, receiver) 신호를 수신하는 장치. 무선 수신기가 가장 보편적이기는 하나 고속도 유선 전신의 기록장치와 오토메이션에도 수신기라는 말이 사용된다.

수신기 게이트화 (受信機——化, receiver gating) 수신 동작을 필요로 하는 기간에만 수신기의 하나 또는 그 이상의 각 단에 동작 전압을 가하는 것을 이른다.

수신소 (受信所, receiving station) 무선 통신 업무에 있어서 수신에만 전용되는 국이다.

수신자 (受信者, listener) (1) 수신하는 사람. (2) 라디오와 텔레비전 방송의 경우는 청취자 또는 시청자를 뜻한다.

수신 전력 (受信電力, received power) 전자계(電磁界) 내에 있는 공중선이 전자파에서 흡수한 전력 가운데서 그 공중선에 결합되어 있는 부하에 흡수되는 전력을 뜻하며, 나머지는 그 공중선에서 재방사되는 전력(산란 전력, scattered power)이 된다. 공중선과 부하의 결합이 잡혀 있을 때는 수신 전력과 산란 전력(散亂電力)이 같으며 모두 흡수한 전력의 절반이다(공중선에 옴손이 없는 경우).

수압 (水壓, water pressure) 물이 주는 압력을 말한다.

수압관 (水壓管, penstock) 수로에서 발전소 안의 수차까지 물을 수송하기 위하여 그 사이에 부설되는 관로를 이른다.

수압 시험 (水壓試驗, hydraulic test) 압력 용기, 압력관 등에 물을 가득 채우고, 그 압력을 규정된 시험 압력까지 높혀서 실시하는 누설 시험을 이른다.

수용 (需用, demand) 《전력》 장치 또는 계통의 단자에서 어떤 정해진 기간 내의 평균 부하. 기간의 단위로는 보통 1시간, 30분, 15분 등이 쓰인다.

수용가 (需用家, consumer) 《전력》 자신이 사용할 목적으로 전기를 구입하는 고객을 뜻한다.

수용가 요금 (需用家料金, customer charge) 수용 전력, 수용 전력량에 상관 없이 정기적으로 수용가가 지불하여야 할 요금을 이른다. ⇨ 수용 전력 요금, 전력량 요금.

수용 계량장치 (需用計量裝置, demand register) 적산형 최대 수용 적산 전력계의 계량장치를 이른다. 이 계량 장치는 최대 수용 전력계의 계량 지시 장치와 kWh의 계량 장치가 한 몸체로 되어 있고, 또 누산형(累算形)은 최대 수용 전력의 누산기구 및 그 계량 장치와 kWh 계량 장치가 한 몸체로 되어 있다.

수용단 가치 (需用端價値, at market value) 《전력》 전기의 가치를 그에 대신하는 화력 발전의 원가로 계산하는 예와 같이, 전력 수용단의 가치를 그에 대신하는 다른 전력의 생산비 및 분배비용으로 나타낸 것이다.

수용률 (需用率, demand factor) 어떤 전력계통의 최대 수용 전력과 그 계통에 접속된 전체 부하(설치 부하 용량)의 백분율, 즉

$$\frac{\text{최대 수용전력 (kW)}\times 100}{\text{설비부하의 정격 용량의 총계(kW)}}$$

를 이른다.

㊟ 위의 비율은 공급 설비 용량에 대한 그 이용 효율이라고 보았을 때는 설비 이용률(utilization factor)이라 한다.

수용 시한 (需用時限, demand interval) 수용 전력 측정의 기초가 되는 시간이다. 적산형 수용계에서는 평균 전력이 되풀이 계량되는 주기로 표시되고, 열형 수용계에서는 전압 회로에 정격 주파수의 정격 전압을 가하고 나서 소자를 열적 평형 상태로 한 다음 일정 전력을 가하여 지시값이 최종 지시값의 90%에 이르기까지의 시간으로 나타낸다. 시한으로서는 15분, 30분, 60분 등이 있다.

수용 시한 표시기 (需用時限表示器, demand interval indicator) 적산형 수용계에서 레버가 움직이기 시작하고부터 수용 시한이 얼마나 지났는가를 표시하는 것인데, 작은 지침이 경과 시간을 가리키도록 되어 있다.

수용 전력 (需用電力, demand) (1) 특정 시간에 걸쳐 적산된 부하 수용전력. (2) 특정 시간 동안 평균된 수전단 부하. 수용량은 kW, kVA, kvar, A 등의 단위로 나타낸다.

수용 전력 요금 (需用電力料金, demand charge) 수용전력의 규모와 특성에 따라 지불되는 요금을 이른다. ⇨ 수용가 요금, 전력량 요금.

수용 지침 (需用指針, demand pointer) 《지시형 수용 전력계》 레버에 의해서 추진되며, 레버가 퇴행(退行)할 때에는 그 자리에 머물러 측정 기간 중의 수용 전력의 최대값을 가리키는 지침이다.

수용 표시기 (需用表示器, demand indicator) 수용 전력을 표시하는 계기이다. ⇨ 최대 수용 전력계.

수위 지시기(水位指示機, water-level indicator) 수면의 위치를 나타내는 표지(標識)이다.

수율 (輸率, transference number, transport number) 전해질 용액에 전류를 통하면 음 이온은 양극으로, 양 이온은 음극을 향해서 이동하여 양 이온으로 전기를 운반한다. 이때의 양쪽 이온이 전기를 운반하는 분담 비율을 수율이라 한다. 이온가가 같은 음·양 두 이온의 평균 속도를 각각 v^-, v^+라 하면 $v^+/(v^+ + v^{-1})$가 양이온의 수율. $v^-/(v^+ + v^{-1})$가 음이온의 수율이 되며, 양자의 합은 항상 1이다. KCl 용액 등에서는 수율은 각각 약 0.5로 같지만 일반 전해질에서는 음·양 이온의 수율이 다르고 H^+, OH^- 이온의 수율은 대단히 크다.

수은등 (水銀燈, mercury-arc lamp, mercury-vapor lamp) 수은 증기 중의 방전을 이용한 광원-증기압 0.01 mmHg 정도의 저압, 약 1기압의 고압, 10 내지 200 기압의 초고압의 것이 있으며, 저압에서는 자외부의 2,537Å의 선이 강하여 형광등, 살균등으로 사용되고, 고압, 초고압은 그대로 쓰인다. 고압 수은등에는 형광 도료를 사용하여 광색을 개선한 것도 있다.

수은 보일러 (水銀 ——, mercury boiler) 수

ㅅ

은을 증발시켜 수은 증기를 만드는 보일러이다.

수은 봉함 (水銀封緘, mercury seal) 수은정류기의 용기와 덮개 사이처럼, 기밀(機密)을 유지해야만 하는 곳의 패킹 재료로 수은을 사용한 것을 이른다.

수은 순변환 장치 (水銀順變換裝置, mercury power rectifier) 수은 정류기와 부속 변압기를 결합한 장치로, 교류 전력을 직류 전력으로 변환하는 장치이다.

수은 스위치 (水銀——, mercury switch) 유리 용기 속에서 전극 사이를 수은으로 단락 또는 차단하는 구조의 것으로, 관 속에 수소나 불활성 가스를 채우거나 또는 진공으로 한다.

수은 스위치 인터록 (水銀——, mercury switch interlock) 수은 스위치를 이용하여 그것을 경동(傾動)시킴으로써 생기는 수은 스위치의 개폐를 이용한 전기적 연동장치이다.

수은 아크 (水銀——, mercury arc) 수은의 방전으로 인한 아크. 열전자 또는 전계 전자(電界電子)의 방출로, 음극 강하는 극히 작다. 수은 방전등, 수은 정류기 등에 사용된다.

수은 아크 램프 (水銀——, mercury arc lamp) 고압 수은 증기 중의 아크 방전의 양광주를 광원으로 하는 방전등. 수은·아르곤 가스를 봉입한 석영제의 발광관이 질소를 봉입한 글라스제 외구에 싸여 있다. 효율이 좋고 청백색의 강한 빛을 방사하므로 공장, 도로의 조명과 투광기, 복사기용 광원 등으로 사용된다. 외구 내면에 형광물질을 칠하여 붉은 색을 가한 것, 증기압을 더욱 높여 백색성을 강화한 초고압 수은등도 있다.

수은 아크 변환장치 (水銀——變換裝置 mercury-arc power converter) 수은 순변환 장치, 수은 역변환장치, 수은 정류기를 사용하는 주파수 변환장치의 총칭이다.

수은 역변환 장치 (水銀逆變換裝置, mercury inverter) 수은 정류기와 변압기를 결합한 장치로, 직류 전력을 교류 전력으로 변환하는 것을 이른다.

수은 응축기 (水銀凝縮器, mercury condenser) 수은 증기 터빈 발전소에서의 수은 증기의 응축기로, 대부분의 경우 이것은 증기 터빈의 보일러 구실을 하고 있다.

수은 저항 표준기 (水銀抵抗標準器, mercury standard) 국제 옴의 결정에 사용되는 원기(原器)로, 국제 옴은 길이 106.3 cm, 질량 14.4521 g이고 균일한 절단 면적을 갖는 수은주의 얼음이 녹는 온도에서의 불변 전류에 대한 전기 저항이라고 규정하고 있다.

수은 전동기형 (水銀電動機形, mercury motor type) 직류 전량계 및 적산 전력계의 일종. 수은 속에 떠 있는 방사형의 홈이 있는 구리의 원판 속에 흐르는 전류와 분로 권선에 의해서 생기는 자속에 의해서 토크를 발생시켜 원판이 전압과 전류에 비례하여 회전한다.

수은 전지 (水銀電池, mercury cell) 아말감 아연을 음극으로, 탄소와 수은의 산화물을 양극으로 사용한 전지로, 전해액은 가성칼륨 또는 가성 소다액이다. 개방 전압은 1.35~1.4 V이고, 전압의 안정성이 좋다. 또 수명은 길다. 고온 동락에 우수하고 진동과 충격에도 강하다. 경부하 용도와 전압 표준기로 많이 이용된다.

수은 정류기 (水銀整流器, mercury-arc rectifier, mercury vapor rectifier) 수은 증기의 밸브작용(양극이 음극에 대해 정전위일 때만 전자류가 음극에서 양극으로 흡수된다)을 이용하는 장치. 단극 정류 탱크로 이루어지는 것을 단극 수은 정류기라 하고, 다극 정류 탱크를 사용한 것을 다극 수은 정류기라 한다. 철제, 유리제, 풍랭, 수냉 등의 구별이 있으며, 전력 변환에 사용된다. ⇨ 수은 아크 변환장치.

수은 터빈 (水銀——, mercury turbine) 수은 증기로 회전시키는 터빈이다.

수은 풀 (水銀——, mercury pool) 액체 수은을 모아둔 곳을 이른다.

수은 피뢰기 (水銀避雷器, mercury arrester) 진공 또는 네온, 아르곤 등의 기체를 채워서 2개의 수은 전극을 봉입한 피뢰기이다.

수은(확산)펌프 (水銀(擴散)——, mercury (vapor) diffusion pump) 수은을 가열하여 생긴 증기를 노즐에서 분출시켜 기체의 확산을 일으켜 배기시키는 진공 펌프. 10^{-4}~10^{-5} mm Hg의 진공을 얻을 수 있다.

수저 케이블 (水底——, subaqueous cable) 해저, 하천 또는 호수에 부설되는 케이블을 이른다. 통신용 심선과 그것을 보호하기 위하여, 또는 인양, 부설에 필요한 강도를 갖게 하기 위한 외장선으로 구성되어 있다. 외장은 그 정도에 따라 천해선, 중해선 및 심해선 등으로 구별된다.

수전단 (受電端, receiving end) 송전 선로의 부하측, 즉 전기를 받는 쪽의 단자이다. ⇨ 송전단.

수전반 (受電盤, incoming panel) 수전에 필요한 계기, 제어 개폐기, 보호 계전기 등을 설치한 배전반을 이른다.

수정 공진자 (水晶共振子, crystal resonator) 압전 특성을 가진 수정판 혹은 막대는 날카로운 공진 특성을 나타낸다. 이와 같이 공진 특성을 이용하는 수정의 진동체를 이르며, 수정 필터, 수정 주파수계 등에 사용된다.

수정 발진기 (水晶發振器, crystal oscillator) 보통은 수정의 압전기 효과(피에조 전기효과)를 이용한 발진기. 적당한 방향과 각도로 잘라낸 수정판은 그 치수에 따라 정해지는 일정한 압전 진동을 일으키며, 그것을 이용한 발진기는 우수한 안정도를 얻을 수 있다.

수정 발진자 (水晶發振子, quartz oscillator) 발진 소자로 수정을 사용한 것을 말한다. 수정은 온도, 기타에 의한 진동 주파수의 변동이 작기 때문에 안정된 발진 주파수를 얻고자 할 때 사용된다.

수정 시계 (水晶時計, crystal clock) 수정 발진기가 주파수 안정이 좋은 점을 이용하여, 발진 주파수를 특히 일정하게 유지하도록 만들고, 그 주파수를 분주(分周)하여 저주파의 동기 전동기를 운전해서 시계 기구를 구동하는 것을 이른다.

수정 신호 (修正信號, correcting signal) ⇨ 수정 전류.

수정 유지기 (水晶維持器, quartz plate holder) 수정 진동자를 그 진동 모드에 따라 가장 잘 진동하도록 유지하는 유지기이다.

수정 전류 (修正電流, correcting current) 다중 전신 기기의 동기를 유지하기 위하여 사용하는 전류이다.

수정 제어 (水晶制御, crystal control) 보통은 이른바 수정 발진기에서 수정 진동자를 사용하여 발진 주파수를 일정하게 유지하는 것을 말한다.

수정판 (水晶板, quartz plate) 진동체로 사용하는 수정 진동자의 판을 이른다. 수정을 진동체로 할 때에는 그 진동 상태에 따라 X판, Y판, R판, R′판 등이 있다.

수정 필터 (水晶——, crystal filter) 회로 소자로서 보통 인덕턴스 코일이나 콘덴서 대신 수정 공진자를 사용하는 필터를 이른다. 특성상 차단 주파수 부근의 감쇠 특성이 날카롭고 대체로 통과 또는 저지 대역폭이 좁기 때문에 협대역 필터에 적당하다. 주파수 특성도 정확하고 온도 특성도 좋기 때문에 널리 쓰이고 있다. ⇨ 협대역 필터(narrow band filter).

수중 공중선 (水中空中線, submerged antenna) 절연 도선을 수중에 넣고 그것과 물 사이의 용량을 이용하는 안테나이다. ⇨ 매설 공중선(underground antenna, buried antenna).

수중 조명 (水中照明, underwater lighting) 집어등(集魚燈) 중에는 어종, 어법에 따라 수중에 넣어서 점등하는 것이 있다. 또 수영장의 조명용으로 수중에 등구(燈具)를 넣어 조명하는 방법이 있으나 경기용으로는 부적당하므로 단지 관객 본위인 경우에만 사용된다.

수중형 전기 (水中型電機, submersible machine) 수중에서 지정 압력으로 지정 시간 동안 지장 없이 연속 사용할 수 있는 전기 기기를 수중형 전기라 한다.

수증기 (水蒸氣, steam) 물이 증발하여 기체가 된 것. 증기(vapour), 기체(氣體), 가스 등과 구별하기 위하여 일반적으로 수증기, 증기 또는 기(汽)라는 문자가 쓰인다.

수지 (樹脂, resin) 복잡한 유기산과 그 유전체로 이루어진 것으로, 그 대부분은 침엽수에서 분비하여 고화(固化)시킨 것 또는 곤충에서 분비한 것이다. 로진, 코발, 호박, 세락 등이 있으며 절연 바니시의 제조 등 전기 절연체로 사용된다.

수직 공중선 (垂直空中線, vertical antenna) 이것은 대지에 대하여 수직으로 늘어뜨리는 공중선의 총칭인데, 보통 중·장파용 공중선의 대표적 형식이기도 하다. 그 기저부(基底部)를 접지해서 사용하면 선상(線上) 전류, 전압 분포는 그림과 같이 된다. 즉 전류 분포는 바닥 쪽이 최대이고 상부가 최소, 전압 분포는 반대로 정상부가 최대이고 바닥 쪽이 최소가 되는 정현파형이다.

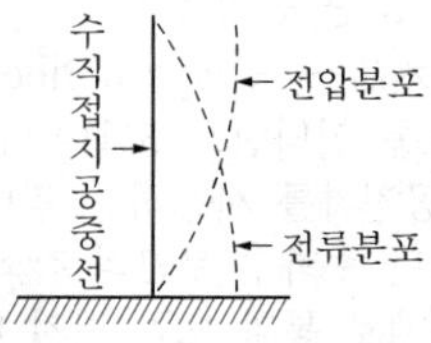

[수직 공중선]

수직 귀선 기간비 (垂直歸線期間比, vertical retrace ratio) 수직 방향에 대한 귀선 기간비이다.

수직 귀선 소거 신호 (垂直歸線消去信號, vertical blanking signal) 수직 귀선을 소거하기 위하여 텔레비전 신호에 삽입하는 신호이다.

ㅅ

수직 동기 (垂直同期, vertical synchronization) 텔레비전 수신기 등에서 영상의 세로 방향 주사(走査)의 보도(步度)를 송상측(送像側)과 일치시키는 것을 이른다.

수직 동기 신호 (垂直同期信號, vertical synchronizing signal) 수직 동기를 취하기 위한 신호이다.

수직 동기 조절 (垂直同期調節, vertical hold control) 텔레비전 수상기의 수직 방향의 동기를 조절하는 것을 이른다. ⇨ 수평 동기 조절(horizontal hold control).

수직 선간 거리 (垂直線間距離, vertical separation, vertical spacing) 두 가닥의 전선 사이의 수직 거리. 즉, 2선 간의 높이의 차를 이른다.

수직 소인 (垂直掃引, vertical sweep) 텔레비전에서 영상을 주사할 때 주사선을 위해서 아래로 편이(偏移)시키는 운동을 이른다.

수직 위치 조절 (垂直位置調節, vertical centering control) 음극 선관의 수직 방면 화상의 위치 조절을 이른다. ⇨ 수평 위치 조절(horizontal centering control).

수직 입사 (垂直入射, vertical incidence) 종류가 다른 매질의 경계면에 입사하는 파동이 경계면에 대하여 수직으로 입사하는 것을 말한다. 이 경우에는 입사는 아무런 굴절 없이 제2 매질로 진입한다. 또 두 매질의 고유 임피던스가 같을 때에는 경계면에서 반사되는 일이 없다. ⇨ 고유 임피던스(intrinsic impedance).

수직 입사 흡음 계수 (垂直入射吸音係數, normal incident absorption coefficient) 흡음물에 평면파가 수직으로 입사한 경우의 흡음률을 이른다. 잔향실법(殘響室法)으로 측정한 흡음률은 실내의 벽 등에 실용되는 경우의 흡음률은 다른 수치를 나타내므로 별로 바람직하지 못하다. 그러나 측정이 간단하고 또 입사 방향이 규정되어 있기 때문에 이론적으로도 취급하기 쉬워 간혹 사용된다.

수직 증폭기 (垂直增幅器, vertical amplifier) CRT에서, 수직 방향의 진동을 발생하는 신호를 증폭하기 위한 증폭기. 주파수 범위가 넓고 직선성이 좋은 증폭기가 요구된다.

수직축 수차 (垂直軸水車, vertical shaft water turbine) 주축이 수직으로 되어 있는 수차를 이른다.

수직축 터빈 (垂直軸——, vertical shaft turbine) 축 방향이 수직인 터빈이다.

수직 편파 (垂直偏波, vertically polarized ware) 편파면이 지면에 대하여 수직이 되는 전파를 이른다. 수직 안테나에서 방사되는 지상파는 이에 속한다.

수직 편향 (垂直偏向, vertical deflection) 음극 선관에 있어서 전자 빔을 세로 방향으로 편향하는 것을 이른다. 이것을 실현시키려면 음극 선관의 상하 한 쌍의 편향판에 +, −의 적당한 전력을 가하면 된다. ⇨ 수평 편향(horizontal deflection).

수직형 발전기 (垂直形發電機, vertical type generator) 축 방향이 수직인 발전기이다.

수차 (收差, astigmatism aberration) (1) 렌즈에서의 일종의 구면 수차로, 물체의 어떤 점에서 나온 빛이 그 영상의 대응하는 점에 접속하지 않는 것. (2) 빔 전자관의 일종의 결함으로, 빔이 흔들렸을 때 빔 내의 전자가 다른 축 평면(빔에 직각인 평면)에 초점을 맺기 때문에 스크린 면의 스포트는 그 모양이 일그러지고 또 영상이 흐려진다.

수차 (水車, hydraulic turbine, water turbine, water wheel) 수력, 즉 물이 지닌 압력 수두와 속도 수두에 의해서 회전하는 원동기를 이른다.

수차 발전기 (水車發電機, water-turbine generator) 수차에 의해서 구동되는 발전기이다.

수차 조절 (收差調節, astigmatism control) 레이더의 브라운관 상에 생기는 영상의 수차를 조절하는 것을 이른다.

수치 거리 (數値距離, numerical distance) 지표파의 전파식(傳播式)을 구하기 위해서 대지의 손실을 고려하여 수치 거리 ρ의 개념을 도입하였다. 대지의 유전율과 도전율을 ε (esu), σ(emu)로 나타내면 $\rho=\frac{1}{2}j\left(\frac{m_1}{m_2}\right)^2 m_1 r$, $m_1=\frac{\omega^2}{c^2}$, $m_2=\frac{\epsilon\omega^2+j\sigma\omega}{c_2}$가 되고, 파원(波源)에서 r (km) 떨어진 점의 수신 전계(受信電界) E는 $E=120\pi\frac{I_0 H}{r\lambda}S(\rho)$ (V/ m) 가 된다. 여기서 I_0, H는 안테나의 파복(波腹) 전류의 최대값(A)와 실효 높이(m)를 나타내고, λ는 사용 파장(m)으로 $S(\rho)=\frac{2+0.3\rho}{2+\rho+0.6\rho^2}$가 된다.

수팅 (sooting) 전자관의 금속 양극의 열방산을 좋게 하기 위하여 양극 표면(예를 들면 Ni 양극 표면)에 탄소 피막을 입히는 것을 말한다. 탄소 피막을 입히려면 탄산 수소를 기체 상태에서 열분해하여 탄소를 금속면 위에 침착(沈着)시키면 된다.

수평 강도 (水平强度, horizontal intensity) 힘 또는 전자계(電磁界) 벡터의 수평 방향 성분을 이른다. ⇐ 수평 분력(horizontal component).

수평 공중선 (水平空中線, horizontal antenna) 수평 방향으로 설치하여 수평 편파를 방사하는 안테나이다.

수평 귀선 기간비 (水平歸線期間比, horizontal retrace ratio) 텔레비전의 수평 주사점 귀선 시간의 선 주사(線走査) 주기에 대한 백분비이다.

수평 귀선 소거 신호 (水平歸線消去信號, horizontal blanking signal) 수평 귀선을 소거하기 위하여 텔레비전 신호에 삽입되는 신호이다.

수평 동기 신호 (水平同期信號, horizontal synchronizing signal) 텔레비전에서 수상측을 항상 송상측과 동기 상태에 두기 위하여 송상측에서 텔레비전 신호의 각 한 줄의 주사선 끝에 삽입하여 전송하는 펄스상의 구형파 신호. 현재의 텔레비전에서는 귀선 기간에 흑방향으로 이 신호를 삽입한다. ⇨ 수직 동기 신호(vertical synchronizing signal).

수평 동기 조절 (水平同期調節, horizontal hold control) 텔레비전 수상기의 수평 방향의 동기를 조절하는 것을 이른다. ⇨ 수직 동기 조절(vertical hold control).

수평면 조도 (水平面照度, horizontal illumination) 어느 점의 조도의 연직 성분. 이 점을 통하는 수평면에 수직이기 때문에 이와 같이 부른다. 실내 조도에 있어서는 작업면 상 각 점의 수평면 조도의 평균값을 고려할 때가 많다.

수평 선간 거리 (水平線間距離, horizontal spacing, horizontal separation) 두 전선 간의 수평 간격을 이른다.

수평 성분 (水平成分, horizontal component) 힘이나 전자계 벡터의 수평방향 성분을 말한다. 특히 지구 자기에서 이와 같은 말이 쓰인다. ⇐ 수평 강도(horizontal intensity).

수평 소인 (水平掃引, horizontal sweep) 텔레비전 등에 있어서 화면을 가로 방향으로 주사하는 것을 이른다. ⇨ 수직 소인(vertical sweep).

수평 위치 조절 (水平位置調節, horizontal centering control) 음극 선관의 수평방향 영상의 위치 조절을 이른다. ⇨ 수직 위치 조절(vertical centering control).

수평재 (水平材, horizontal strut) 철탑에서 수평으로 사용되는 압축재, 즉 수평 부재(部材)중 주주재(主柱材)의 바깥 쪽을 연결하는 것을 이른다.

수평 증폭기 (水平增幅器, horizontal amplifier) 《오실로스코프》 시간축 소인용 전압을 증폭하는 증폭기, 수직 증폭기에 비해서 간단한 증폭기로 대용할 수 있다.

수평 지선 (水平支線, horizontal stay) 전주에서 다른 전주로 수평으로 연결한 지선. 공통 지선이라고도 한다.

수평 편파 (水平偏波, horizontally-polarized wave) 직선 편파로서 전제 E가 대지에 대하여 평행을 이루는 파를 수평 편파라 한다. 수평 공중선에서 방사되는 전파는 이에 속한다. ⇨ 직선 편파, 수직 편파.

수평 편향 (水平偏向, horizontal deflection) 음극선관에 있어서, 전자 빔을 가로 방향으로 편향시키는 것을 말한다. 이것을 실현시키는 데는 음극선관의 좌우 한 쌍의 편향판에 +, −의 적당한 전압을 가하면 된다. ⇨ 수직 편향.

수평 하중 (水平荷重, horizontal load) 기계적 하중의 수평 분력을 이른다.

수평 해상도 (水平解像度, horizontal resolution) 텔레비전 영상의 수평 방향의 해상도, 해상력이라 하는 경우도 있다.

수하 공중선 (垂下空中線, trailing antenna) 항공기용 공중선의 일종, 항공기 하부에 있는 권취기(捲取器)에서 선단에 추를 달아 나선(裸線)을 늘어뜨린 것으로, 중파대에서 사용하였으나 현재는 항공기는 중파대의 통신 설비를 갖지 않으므로 거의 쓰이지 않고 있다.

ㅅ

수하 특성 (垂下特性, drooping characteristic) 부하 전류의 증가에 따라 출력측 단자 전압이 현저하게 저하하는 특성을 이른다.

수화 (水和, hydration) 용질 분자(溶質分子) 또는 이온이 수용액 안에서 그 주위에 여러 개의 물 분자를 끌어 당겨서 결합하여 하나의 분자군을 형성하는 현상을 수화라 한다.

숙성 (熟成, ageing, aging) 물질을 적당한 온도로 장시간 방치하여 화학적 변화를 일으키게 하는 것을 이른다.

순간 시험 (瞬間試驗, flash test)《가스압 점검법》절연 내력 시험에서 동작전압보다 매우 높은 전압을 순간적으로 가해서 절연을 시험하는 것이다.

순간 자동 이득 조절(瞬間自動利得調節, instantaneous automatic gain control) 약어 IAGC, 레이더에서 서로 다른 입력 펄스의 진폭을 대체로 일정한 출력 진폭으로 하기 위하여 증폭기의 이득을 순간적으로 자동으로 조절하는 것을 이른다.

순도 (純度, purity) (1) 원색이 얼마나 순수한가, 즉 다른 두 원색이 혼입되어 있지 않는 정도를 나타내는 척도. (2) CIE의 색도도에서 샘플 색깔을 기준의 표준광과 비교하는 데 이바지하는 두 거리의 비율을 이른다.

순방향 바이어스 (順方向——, forward bias) 다이오드에 있어서, 전류가 흐르기 쉬운 방향으로 주어진 외부 전압. pn 접합의 p 반도체에 양, n 반도체에 음의 전압을 공급함으로써 pn접합부의 공핍층 전압이 작아져 전류가 증가한다.

순방향 전류 (順方向電流, forward current) 반도체 정류기 등에서 전류가 흐르기 쉬운 방향의 전류를 이른다.

순방향 회복시간 (順方向回復時間, forward recovery time) 반도체 다이오드에서, 순방향 바이어스가 갑자기 주어진 뒤에 순방향 전류가 지정된 크기에 도달하기까지의 소요 시간이다.

순변환 장치 (順變換裝置, power rectifier) 교류를 직류로 변환할 목적으로 사용하는 수은 정류기와 변압기 등, 1조의 장치를 이른다.

순시값 (瞬時値, instantaneous value) 시간과 더불어 변화하는 양의, 임의의 순서 때의 값을 이른다. 예를 들면, 전류의 최대값을 I, 주파수를 ω라 할 때 임의의 시각 t 때 교번 전류의 순시값 i는 $i=I\sin\omega\tau$로 나타낸다. ⇨ 실효값(effective value), 평균값(mean value).

순시 과부하 (瞬時過負荷, momentary overload) 순간적으로 걸리는 정격을 초과하는 부하이다.

순시 부하 (瞬時負荷, momentary load) 기기에 걸리는 순간적인 부하를 이른다.

순시 신장기 (瞬時伸張器, instantaneous expander) 신호의 순시 진폭을 신장하는 신장기. 순시 압축기와 조합해서 사용하며, 주로 펄스 통신에 적용된다.

순시 압축기 (瞬時壓縮器, instantaneous compressor) 신호의 레벨 범위를 압축하는 장치 중에서 신호의 순시값을 직접 압축하는 장치이다. ⇔ 순시 신장기.

순시 자동 이득 제어기 (瞬時自動利得制御器,

instantaneous automatic gain control) 레이더에 있어서 입력 펄스 피크 진폭이 달라도 출력 펄스 피크 출력을 본질적으로 일정하게 하도록 각 펄스에 대하여 증폭의 이득을 자동적으로 조정하는 장치의 일부. 그 자동 조정작용은 펄스가 증폭기를 통과하는 시간 내에 동작하는 데 충분한 속도를 갖는 것이어야 한다.

순시 주파수 (瞬時周波數, instantaneous frequency) 주파수가 시간적으로 변화하는 경우, 어느 시각에 있어서의 주파수를 이른다.

순시 편이 제어 (瞬時偏移制御, instantaneous deviation control) (1) 위상 변조파는 일반적으로 변조 주파수가 높아지면 그에 비례하여 등가 주파수 변조파의 주파수 편이가 증가하기 때문에 최대 주파수 편이를 규정값으로 하기 위하여 순시 편이 제어를 한다. 그 방법은 입력 신호파를 미분한 후 클리퍼 회로를 통하여 최대값을 억제한 다음, 적분 회로에 의해서 원래의 신호로 환원하고, 그에 의해서 변조를 하는 장치를 이른다. (2) 주파수 변조인 경우의 주파수 변조파는 일반적으로 변조기에 들어오기 전에 진폭 제한 증폭기를 사용하여 주파수 편이를 규정 값 이내에 들게 한다. 일반적으로 instantaneous deviation control이라고 하면 (1)의 경우를 가리키지만 넓은 뜻으로는 (2)의 경우도 포함하여 지칭하는 경우도 있다.

순음 (純音, pure tone, simple tone) 음파의 파형이 순 정현 파형인 음을 순음이라 한다.

순응 (順膺, accomodation) (1) 눈이 어떤 거리로부터 다른 거리에 대하여 촛점을 바꾸게 하는 작용. (2) 생체 조직에서, 전기적 자극이 주어진 후에 볼 수 있는 자극에 대한 생체 반응의 문지방 값이 높아지는 현상. 일종의 관습 혹은 불감성이다.

㊟ 어떤 크기의 자극을 갑자기 준 경우에 비하여 서서히 자극을 강하게 하였을 때, 후자의 경우가 보다 큰 자극량에 견딜 수 있다는 사실도 일종의 순응이다. 빛에 대한 눈의 반응도 마찬가지이다.

순응 조명 (順應照明, adaptational lighting) 주간에 자동차를 운전할 때 터널 출입구(특히 입구) 등에서 경험하는 급격한 명암 변화로 생기는 과도적인 시각 저하를 경감하기 위해 명암 변화를 완화시키는 조명법이다.

㊟ 터널에 접근하고 있는 차가 전방에 터널을 발견하기 직전에 순응하고 있던 휘도, 즉 근접역 휘도와 터널 안의 휘도가 시각 저하나 불쾌감을 동반하는 일 없이 지속되도록 설계할 필요가 있다.

순자 궤적 (純紫軌跡, purple boundary) CIE 색도도에서 스펙트럼 궤적의 두 끝점을 잇는 직선. 이 직선 상의 색깔은 빛의 스펙트럼 한계 범위 안에서 할당하여야 할 주파장을 갖지 않기 때문에 비 스펙트럼 색이라 말하기도 한다. 그러나 스펙트럼 궤적(말굽형의 궤적) 상의 어떤 스펙트럼 색에 대한 보색으로 표현할 수 있다. 예를 들면 500 nm 점에서 백색점 E를 통하여 연장한 직선이 순자 궤적과 교차하는 점의 파장은 500 C(500 nm의 보파장)로 표현한다.

순전류 (順電流, forward current) 정류성을 가진 접합부를 통해서 순방향(낮은 저항을 나타내는 방향)으로 흐르는 전류이다.

순차 주사 (順次走査, progressive scanning) 화면을 주사하는 경우 주사선의 배열을 쫓아 차례로 주사하는 것을 이른다. ⇔ 비월 주사(interlaced scanning).

순환 기억 (장치) (循環記憶(裝置), circulating memory) 정보를 지연시켜서 출력으로부터 입력으로 순환 재생시키는 기억방법 또는 장치이다.

순환 수 (循環水, circulating water) 복수기 등에 사용되는 냉각 용수이다.

순환 전류 (循環電流, circulating current) 그림과 같은 R, L, C로 구성되는 병렬 공진 회로에서 주전류를 I, 각 분기 전류를 I_L, I_C로 하면 공진때에는 I_L과 I_C는 크기가 같고 위상이 역상이 되기 때문에 분기회로를 순

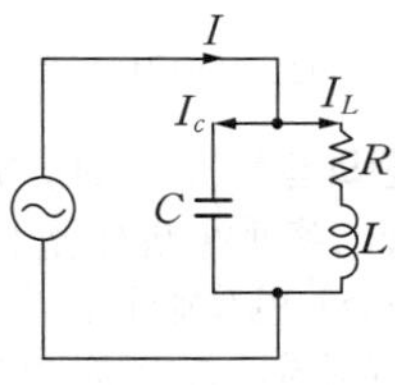

[순환 전류]

환하는 전류가 형성되며, 이 전류를 순환 전류라 한다. 이 때 순환 전류는 주전류의 Q배와 같다. 여기서 Q는 회로의 Q이고 $Q=\omega L/R=1\omega CR$의 관계가 있다.

순환 펌프 (循環——, circulating pump) 복수기에 냉각수를 보내는 펌프. 또 넓은 뜻으로는 유체(流體)가 순환하는 곳에 쓰이는 펌프는 모두 순환 펌프라 할 수 있다.

숨통 (air breather, breather) 공기 구멍이라고도 한다. 유입 변압기는 주위 온도 및 부하의 변화에 따라 기름의 온도가 변화하므로 그 부피가 변화하여 외함 내의 기압과 대기압 간에 차가 생겨서 공기가 케이스를 출입하고, 그로 인하여 외계의 습기를 흡입하여 기름이 열화하게 된다. 이것을 방지하기 위하여 탈수제를 거쳐 공기를 흡입시킨다. 이 장치를 숨통이라 한다.

숫자 차 (數字車, digit wheel) 현자형(現字型) 계량 장치를 형성하는 톱니바퀴로, 원통형 부분의 표면에 0~9의 숫자가 기입되어 있다.

ㅅ

슈미트 트리거 회로 (——回路, Schmitt trigger circuit) 원리적으로는 2안정 회로와 마찬가지이지만 정귀환의 루프 이득을 약하게 하여 리미터 동작을 하도록 한 것으로서, 정현파 입력 신호를 정해진 플러스와 마이너스의 진폭 값으로 트리거하여 방형파를 발생시키거나 입력 신호의 레벨파를 발생시키기도 하고 입력신호 레벨의 비교 선택 등을 한다.

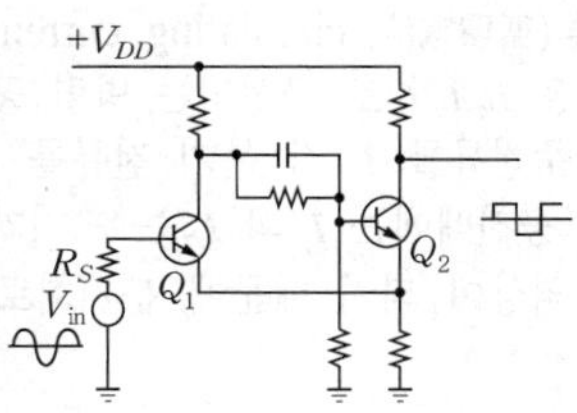

[슈미트 트리거 회로]

슈테판-볼츠만의 법칙 (——法則, Stefan-Boltzmann's law) 흑체의 방사 발산도 J, 즉 흑체 표면의 단위 면적에서 단위 시간에 방사되는 방사 에너지는 그 절대 온도 T의 4제곱에 비례하는 것을 설명한 법칙. 식은 $J=\sigma T^4$로 주어진다.

슈퍼게인 안테나 (supergain antenna) 수평 무지향성 텔레비전 방송용 안테나이다. 그림과 같은 반사판의 전면 약 0.3λ되는 곳에 반파장 더블릿을 달고 궤전점의 상하에 λ/4의 트랩을 더블릿에 병렬로 접속하여 리액턴스 소자로 작용시키고, 이를 그 하나의 유닛으로 해서 철탑의 4면에 그림과 같이 배치하고 있다. 동·서 엘리먼트와 남·북 엘리먼트의 급전 위상은 90° 엇갈리게 하는 것이 많지만 동상으로도 사용한다. 전력의 이득을 크게 하기 위하여 여러 단 겹쳐서 사용한다. 전력 이득은 1단당 0.8~1.0(수치)이다.

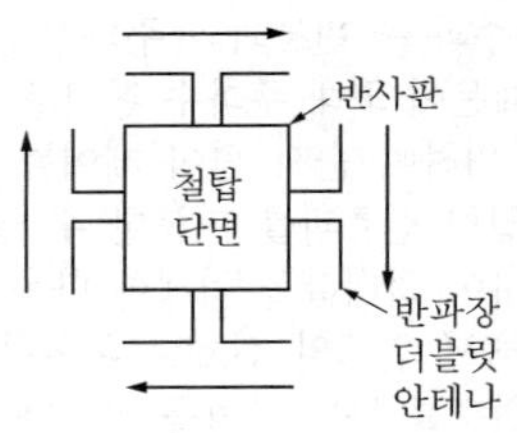

[슈퍼게인 안테나]

슈퍼말로이 (supermalloy) 투자율이 매우 큰 강자성 합금의 상품명이다. 이 재료는 통신용, 계측용 같은 기기의 자성 재료로 사용된다.

슈퍼턴스타일 안테나 (superturnstile antenna) 수평 편파용의 무지향성 송신 안테나로, 광대역 특성을 가지고 있으며 텔레비전 방송에 사용된다. 별명 배트윙 안테나(Batwing antenna). 소자를 서로 90°씩 간격을 두어 결합하고, 이득을 크게 할 경우에는 여러 단 겹친다. 전력 이득은 1단당 1.1 내지 1.2(수치)이다.

슈퍼 트렁크 피더 (super-trunk feeder) 《CATV》 CATV망에서 헤드엔드 상호간 또는 헤드엔드와 1차 분배점 사이를 접속하는 급전 케이블. 2차 분배점과 분배점(DP)간 또는 헤드엔드에서 직접 DP로 접속하는 것을 트렁크 피더라고 한다. ⇨ 분배점.

슈퍼헤테로다인 (superheterodyne) 도래 전파를 수신기 내에 있는 국부 발진기의 출력과 비트시켜(헤테로다인 변환) 도래 전파보다 훨씬 낮은 무선 주파수로 변환하여 안정하게 증폭해서 수신하는 방식이다.

슈퍼헤테로다인 수신 (── 受信, superheterodyne reception) 슈퍼헤테로다인 수신기를 써서 수신파를 중간 주파수의 신호로 변환하고, 그로부터 이것을 검파(복조)하는 수신 과정. 안테나에서 수신하는 신호의 주파수는 다를지라도 이들은 일정한 중간 주파수(예를 들면 455 kHz)로 변환되기 때문에 선택도, 감도를 향상시키는 것이 쉽고, 스트레이트 수신에 비해서는 훨씬 뛰어난 수신 방식이다.

슈퍼헤테로다인 수신기 (── 受信機, superheterodyne receiver) 슈퍼헤테로다인의 원리를 이용한 수신기이다.

스냅 스위치 (snap switch) 로터리 스위치, 푸시버튼 스위치, 텀블러 스위치 등, 스프링 작용을 이용한 소형 개폐기의 총칭, 전등의 점멸, 전열기의 개폐 등에 쓰인다.

스냅 오버 (snap over) 재료의 교류 시험법과 관련하여 사용되는 경우에, 방전을 지속하여야 할 전원이 고장으로 인하여 발생하는 준 섬락 내지 준 불꽃 연락으로서 시험 전압은 공급이 지속되지 않으므로 재료의 절연 내력이 회복되는 것을 이른다.

스냅 오프 다이오드 (snap-off diode, step-recovery diode) 《반도체》 플레너 에피택시얼 다이오드로서, 다이오드가 통전하고 있을 때는 전하가 접합부에 가까운 장소에 축적되도록 처리되어 있다. 역전압을 공급하면 축적 전하에 의해서 다이오드는 스냅 동작으로 저지상태가 된다. 펄스파와 고조파를 발생시킬 목적에 사용한다.

스너버 (snubber) 반도체 정류소자 등에 있어서, 소자에 공급되는 서지 전압이나 링잉 전압을 흡수하기 위하여 소자에 병렬로 접속된 RC 직렬 분기이다.

㈜ 다이오드 기타의 비직선 소자를 사용하는 수도 있다. 또 소자에 흐르는 전류의 급격한 변화를 방지하기 위해 직렬로 사용하는 작은 인덕턴스도 스너버로 포함시키는 수도 있다. 스너버란 충격 방지구를 이른다.

스러스트 베어링 (thrust bearing) 축방향의 압력을 지탱하는 베어링. 소형에는 볼베어링 등이 사용되지만 수직축 수차 발전기의 경우에는 회전체의 전 중량 및 물의 추력을 받기 때문에 특수한 구조의 것이 필요하다. 킹즈베리식, 스프링식 등이 있다.

스로잉 파워 (throwing power) 음극에 금속이 전착(電着)할 때 및 양극에서 금속이 용해할 때, 전류분포의 균일도를 말한다. 표현법은 여러 가지가 제안되고 있다.

스미스 곡선 (── 曲線, Smith curve) 스미드 방안지(도표) 위에 그려진 곡선을 이른다. ⇨ 스미스 차트(Smith chart).

스미스 어드미턴스 차트 (Smith admittance chart) 궤전선에 있어서 수단(受端) 임피던스와 선로의 길이를 알고 송단 임피던스를 구하는 원선 도표이다.

스미스 임피던스 차트 (Smith impedance chart) 전원 주파수나 선의 길이 혹은 부하 임피던스를 변화시켰을 때 입력 임피던스를 구하는 경우 등에 사용되는 원선 도표이다.

스미스 차트 (Smith chart) 궤전선에 있어서 수단 임피던스와 선로의 길이를 알고, 송단 임피던스를 구하는 원선 도표이다.

스위치 (switch) 전기 회로의 개폐기를 이른다.

스위치 관 (── 管, switch tube) 회로 또는 정보를 전환하기 위하여 사용하는 전자관의 총칭이다. 예를 들면 무선 항법에서 TR tube가 이에 속하며 이것을 송수 전환관이라고도 한다. ⇐ 전환관.

스위치 박스 (switch box) 금속관 공사 부품의 하나로, 매입형 스위치 또는 콘센트를 장치할 수 있게 만들어진 철제 박스이다.

스위치 어저스터 (switch adjuster) 전철기의 선단 레일의 밀착도를 적당히 조절하기 위한 것이다.

스위치 커버 (switch cover) 방진 및 외부로부터의 기계적 손상을 방지하기 위하여 스위치를 덮는 커버이다.

스위치 프레임 (switch frame) 《상승 회전 스위치》 상승 회전기구의 구성 부품을 설치하는 기대(基臺)를 이른다.

스위칭 레귤레이터 (switching regulator) 스위칭 소자에 의해서 직류를 단속하고, 그 단속 주기를 혹은 1주기 내의 온·오프 시간비를 변화시킴으로써 부하에 공급하는 평균 전류를 조정하도록 한 직류 전원장치를 이른다.

스위프 레코드(sweep record) 가청 주파의 주파수를 연속적으로 변화시키는 것을 녹음한 레코드, 전기 음향 기기 등의 특성을 측정하는 데 사용한다.

스위프 제너레이터(sweep generator) 그 주파수가 주어진 주파수 범위(f_1 f_2) 사이를 어느 일정한 시간율로 반복 변화하는 RF 전압을 발생하도록 설계된 시험용 발진기. 오실로스코프로 주파수 응답을 관찰하려고 하는 기기와 부품에 대하여 그 입력 신호를 부여하기 위하여 사용된다. 스위프 오실레이터(소인 발진기)라고도 한다.

스카프 접속(── 接續, scarf joint)《해저선로》도체 주위를 납땜하여 그 부분을 비스듬히 잘라내고, 이것을 다시 맞대서 납땜하고 다시 그 위에 바인드선을 밀접하게 감는 접속 방법을 이른다.

스칼라곱(── 積, scalar product) 두 벡터양 A와 B가 있어서, 그 크기를 각각 A, B, 그 사이의 각을 θ라고 하면, 스칼라 곱은 다음 식과 같은 스칼라양이 된다.

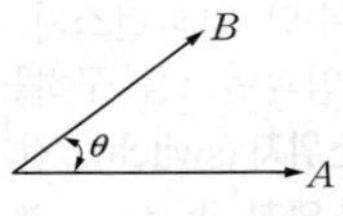

[스칼라곱]

$A \cdot B = (A, B) = B \cdot A = AB\cos\theta$, 이 관계에서 $A \perp B$ 이면 $A \cdot B = 0$, $A /\!/ B$ 이면 $A \cdot B = AB$, $A = B$ 이면 $A \cdot A = A^2 = A^2$, 또 $A \cdot B = A_x B_x + A_y B_y + A_z B_z$ ⇨ 벡터곱(vector product).

스칼라양(── 量, scalar quantity) 크기만 있고 방향이 없는 양을 이른다. 좁은 뜻에서의 양이란 스칼라양만을 지칭하였으나 벡터양이나 텐솔양을 고려할 필요가 있어서 이들과 구별하기 위하여 크기만을 갖는 양을 스칼라양이라 부르게 되었다. ⇨ 벡터양(vector quantity).

스칼라 퍼텐셜(scalar potential) 정전계는 $\Delta \times E = 0$를 만족하고, 따라서 전계 E는 어느 스칼라 퍼텐셜 V의 기울기로 주어진다. V는 전하의 분포로 정해지는 스칼라 함수이다.

㊟ 정자계도 위를 모방하여 자하(비 실재량)의 분포로 계산되는 스칼라 퍼텐셜 V_m을 이용하여 논하는 수가 있으나 이것은 바람직하지 않다.

스커트 다이폴 안테나(skirt dipole antenna) 동축 케이블의 외부 도체를 궤전점에서 회절하여 1/4 파장의 바깥 원통을 붙인 다이폴을 이른다. 이 외부 원통에 동축 케이블의 외부 도체를 흐르는 급전류를 흘림으로써 이 도체를 방사 소자로서도 이용하는 것이다.

스커트 베이스(skirted base) 전구, 방전등 등에 쓰이는 베이스로, 결(스커트)이 있는 것. 유리와의 접착 강도, 기타에 의해서 쓰인다.

스케일(scale) 규산, 칼슘 및 마그네슘의 염류 기타가 침착(沈着)한 관석(罐石) 또는 물때. 이것이 부착하면 전열면의 과열, 열의 전도가 떨어진다.

스코트 결선(── 結線, Scott connection) 3상 전력을 2상 전력으로 변환하기 위한 결선으로, 단상 변압기 2대를 사용한다. 한쪽 변압기(주 변압기)의 1차 권선 중성점에 탭을 내고 거기에 다른 변압기의 일단을 연결하여 이 단자로부터 전 전압의 86.6% 지점에 탭을 내어 이 탭과 주변압기의 양 단자를 3상 전원에 접속한다. 양 변압기의 2차 권선에서 2상 전력이 얻어진다. 변압기의 이용률은 86.6%이다.

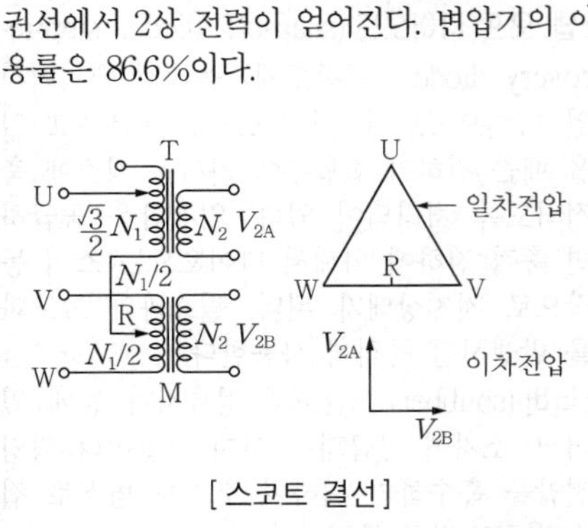

[스코트 결선]

스코포니 텔레비전 방식(── 方式, scophony television system) 영국 스코포니 회사에서 시도한 초음파 광 밸브를 광 제어기로 사용한 기계 주사방식의 텔레비전 수신 방식이다.

스코프(scope) 음극선관 오실로스코프(단, 일반 표시는 포함하지 않는다).

스퀠치(squelch) 신호 입력이 없을 때에는 자동적으로 저주파 증폭기를 다 죄어서 잡음을 없애도록 만든 회로이다.

스퀠치 회로(── 回路, squelch circuit) VHF대 수신기에 쓰이는 잡음 소거회로이다.

스퀸트(squint) 레이더에 있어서 다음 어느 것을 뜻하는 모호한 용어. (1) 로브 전환 안테나에 있어서의 2개의 주 로브 축 사이의 각. (2) 안테나 방사 축과 특정한 기하학 축, 예를 들면 반사기의 축과의 사이의 각도 차를 이른다.

스큐이드 슬롯(skewed slot) 회전기의 슬롯이 축방향과 평행하지 않은 구조의 것을 이른다. 정류의 개선, 파형의 개선, 소음의 방지 등의 효과가 있다.

스크램(scram) 원자로에 마이너스의 반응도가 급격히 강하되어 예상하지 못한 노의 정지가 일어나는 것. 보통 소정 중성자 속에 이르렀을 때, 혹은 다른 위험한 상태가 발생했을 때 안전봉이 낙하하여 노가 정지한다.

스크램블(scramble) 신호를 적당한 방법으로 부호화 혹은 암호화하여 일반 수신자에게는 이해할 수 없도록 하는 것. 유료 TV의 경우에는 계약자의 수상기에는 전파를 스크램블되기 이전의 상태로 복원하는 장치(decoder, descrambler)를 설치하고 있다. 위성방송의 경우도 유료 방식을 취한다면 역시 방송 전파를 스크램블할 필요가 있다. ㊟ 스크램블에 사용하는 장치를 스크램블러(scrambler)라고 한다.

스크레이퍼(scraper) 공구의 일종이다.

스크루 동조기(── 同調, screw tuner) 《도파관》 공동 내의 전계에 평행으로 나사를 삽입하고, 나사의 길이를 변화함으로써 공동 내에 용량 부하를 병렬로 삽입한 것과 같은 효과를 얻어 세밀 조정을 하는 동조기이다.

스크루 셸(screw shell) 나사식 소켓의 베이스이다.

스크루 앵커(screw anchor) 땅 속에 매설하는 부분이 스크루 모양으로 되어 있는 지선용의 쇠붙이. 돌려 박기가 쉽지만 장력에 대해서는 큰 저항력을 지니고 있다.

스크린(screen, trash rack) 수로에 흘러드는 낙엽, 지푸라기 등을 제어하기 위하여 설치한 격자형 쇠그물. 눈이 성근 것을 rack, 고운 것을 screen이라 한다.

스크린 그리드(screen grid) 다극판의 제어 그리드와 플레이트 사이에 정전 용량을 줄이기 위하여 삽입한 그리드를 이른다. 제2 그리드라고도 한다. 직류적으로는 정전압을 걸지만 사용 주파수에 대해서는 음극과 같은 전위로 할 필요가 있다. ⇐ 차폐 그리드.

스크린 리플렉터(screen reflector) 안테나 소자의 후방에 지향 특성을 좋게 하기 위하여 반사기로서 쇠망을 사용한 것. SHF, VHF, HF대의 반사기로 사용되는 경우가 많다.

스타인메츠 상수(── 常數, Steinmetz's constant) 부피 $1cm^2$의 철심 내에 생기는 히스테리시스손으로, 스타인메츠는 실험식 $W = \eta \cdot f \cdot B_m{}^n \times 10^{-7}$(W)를 제안하였다. 여기서, f: 주파수. $B:M$ 자속밀도의 최대값(맥스웰/cm^2). η : 히스테리시스 계수(0.03 ~ 0.08). 위 식의 n이 스타인메츠 상수로, 약 1.6이다.

스태거 동조(── 同調, stagger tuning) 동조 주파수를 조금씩 엇갈리게 한 동조회로를 여러 단 조합하여 전체적으로 소요 주파수 대역폭을 얻고자 하는 동조방식이다. 텔레비전 수상기의 중간주파 증폭기에 널리 사용되고 있다.

스태거 동조회로(── 同調回路, stagger tuning circuit) 비디오 중간 주파 증폭기에서와 같이, 광대역의 진폭-주파수 응답 특성을 얻기 위하여 서로 다른 두 주파수에 동조하여 동작하는 두 동조회로를 나란히 배치하여, 전체적으로 응답 특성을 넓히는 것. 즉, 단일 동조 직결 증폭기를 복수 개 사용하여 그 중심 주파수를 약간 어긋나게 하여 광대역을 얻고 있다.

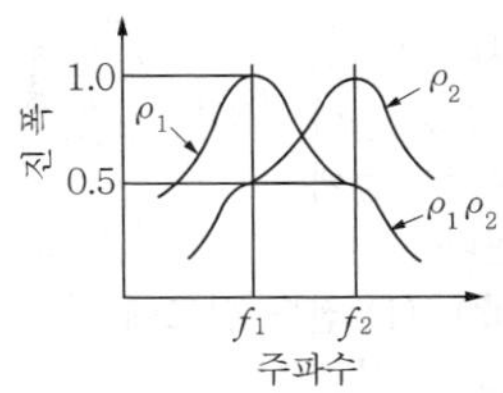

[스태거 동조회로]

ㅅ

스태거링 (staggering) 다극 직류기에서는 극성이 같은 브러시가 2개소 이상 배열되어 있다. 이 경우 정류자면에서 브러시가 같은 길목에 배치되어 있으면 정류자면의 마모가 심해지기 때문에 그것을 회피하기 위하여 브러시를 조금씩 축 방향으로 쏠리게 배치하는 것을 이른다.

스태거 회로 (── 回路, stagger circuit) 중간 주파 증폭회로의 한 방식. 서로 다른 단일 동조 증폭기를 여러 단 조합하여 전체적으로 소요 주파수 대역 범위에서 고른 증폭도를 가지며 또 선택도가 높은 회로이다.

스태틱 레지스터 (static register) 정보를 정적으로 유지해 두는 레지스터를 이르며, 지연형 레지스터 이외의 것은 모두 이것이다. ⇐ 지연형 레지스터.

스태플 (staple) ㄷ자 모양의 금속제 기구, 전주, 통나무, 건물 등에 철선이나 동선을 묶거나 포선(布線)할 때 헐거워지거나 떨어지지 않도록 박는 것을 이른다.

스택 안테나 (stacked antenna) 공중선의 지향 특성 또는 이득을 개선하기 위하여 같은 종류의 공중선을 여러 단 쌓아 올린 것. TV 방송에 사용되는 슈퍼게인, 슈퍼턴스타일, 턴스타일 등의 공중선은 약 $\lambda/2$의 간격으로 쌓아 올렸다.

스탤패스 케이블 (stalpath cable) 외피에 강(鋼), 알루미늄과 폴리에틸렌을 사용한 케이블이다.

스탭 동조기 (── 同調機, stab tuner) 《도파관》 동축선, 병행 2선 또는 도파관 등의 전송 선로에서 특수한 스탭 분기회로를 두어 동조를 취하도록 한 것을 이른다. ⇨ 스터브.

스터드형 (stud type) 반도체 디바이스의 외형의 일종인데, 나사를 친 스터드에 의해서 방열장치 등에 장치하도록 되어 있다. 주로 전력용 디바이스 등에서 사용된다.

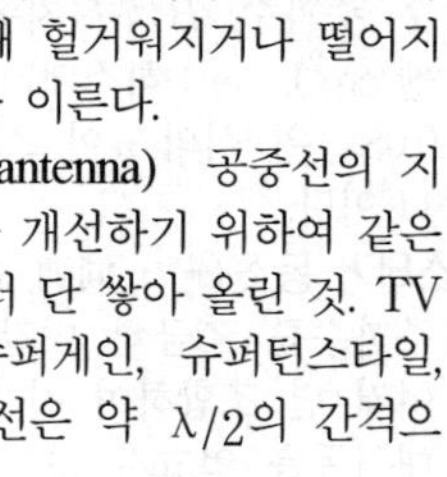

[스터드형]

스터브 (stub) (1) 전송 선로에 병렬로 접속되는 짧은 분기 선로로, 그 원단은 개방 또는 단락함으로써 주선로의 임피던스를 안테나 혹은 송신기 임피던스에 정합시키는 작용을 한다. (2) 도파관 또는 공동(空胴) 공진기에서, 1/4파장 길이로 돌출된 금속 봉으로, 절연 지시 봉으로 동작하는 것. 1/4파장의 스터브는 무한대의 리액턴스로 동작한다.

㊟ 스터브란, 본래 나무 토막, 치근 등, 굵고 짧은 것을 뜻한다.

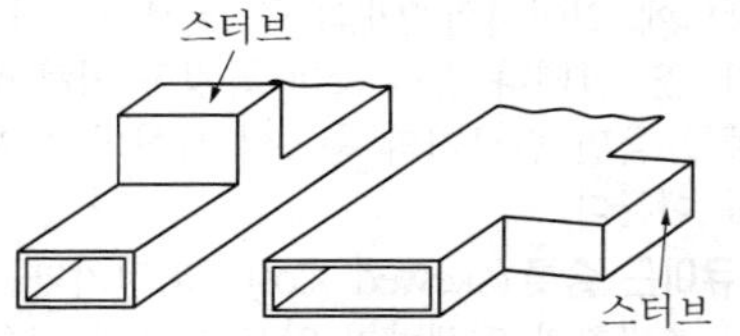

(a) E면 스터브 (b) H면 스터브

[스터브]

스터브 암 (stub arm) 평행 2선이나 동축선 등의 전송로와 도파관에서, 접합점으로부터 전원측 입력 임피던스의 정합을 취하기 위하여 마련한 분기회로를 이른다. ⇐ 스터브(stub). ⇨ 정합 스터브(matching-stub).

스터브 케이블 (stub cable) 단자함 또는 장하 코일함에 부속하여 본 케이블과의 접속에 사용하는 케이블을 이른다.

스테어타이트 (steatite) 활석을 주성분으로 한 것으로, 기계적 강도가 크고 유전율이 작으며, 전기 절연성이 크기 때문에 무선 주파용 애자로 사용된다.

스테퍼 모터 (stepper motor) 펄스 입력에 의해서 동작하는 일종의 디지털 전동기. 회전각도, 회전 속도는 입력된 펄스의 수와 펄스 반복 레이트에 비례하고 있는 것. 모터는 일종의 리액턴스 모터인데, 고정자에 다상 권선을 채용하고 이것에 일정한 시퀀스로 펄스를 부여함으로써 회전자(보통 권선이 없는 이가 있는 구조)는 리액턴스가 낮은 안정 위치를 구하여 스텝상으로 회전한다.

스테핑 릴레이 (stepping relay) (1) 다위치형 계전기로, 슬라이딩 접점이 일련의 고정 접점면을 차례로 스텝상으로 건너감으로써 각종 회로를 전환하게 되는 것. 보진형(步進形) 계전기라고도 한다. (2) 많은 회전 위치를 가진 계전기로서, 치차(ratchet)로 동작하여 접점 위치를 차례차례 전환하는 것을 이른다.

스텔라레이터 (stellarator) 'stellar generator'

의 약어. 제어되는 열핵 반응을 조사하기 위한 계측장치로서, 자기 코일로 둘러싸인 글리스관 내의 전리 가스가 플라스마 핀치효과로 수백만 도의 스텔라 온도(별의 온도)로 높혀진다.

스템 (stem) 전자관의 관구(管球)로부터 인출선을 기밀하게 인출하는 부분을 이른다. 버튼 스템과 손잡이 스템이 있다.

스텝 렌즈 (step lens) 초점 거리를 가깝게 하기 위해서, 또 중량을 경감할 목적에서 거울면을 결이 지게 한 신호용 렌즈의 일종이다.

스텝 볼트 (step bolt) 작업자가 승강에 편리하도록 일정한 간격을 두고 전주에 설치하는 막대 모양의 금속제 발판이다.

스텝 아웃 계전기 (── 繼電器, step out relay) 병렬 교류 전원의 동기 이탈로 동작하는 계전기. 일명 동기 이탈 계전기라고도 한다.

스텝 응답 (── 應答, step response) 계측장치, 제어장치 등에서, 입력값이 어떤 값에서 다른 값으로 그 레벨을 스텝상으로 변화하였을 때 출력측에 발생하는 응답을 이른다. 주 스텝 변화가 발생하고 나서 계 출력이 최종 정상값(또는 그 일정 비율)에 이르기까지의 시간을 스텝 응답 시간이라 한다.

스텝 종량 요금제 (── 從量料金制, step meter rate) 스텝 종량 요금제란, 다음 예와 같이 사용 전력량의 과다에 따라 전 전력량에 일률적으로 적용되는 단가를 체감하는 방법이지만, 사용 전력량이 증가하면 오히려 요금 지불액이 감소하는 불합리가 생기는 경우가 있다. 현재 우리 나라에서는 이 요금제를 전혀 채용하지 않고 있다.

스토니 수문 (── 水門, Stoney gate) 문체와 파이어(pier)가 접하는 면에 마찰 방지용으로 여러 개의 연결된 롤러를 삽입한 수문이다.

스토커 (mechanical stoker) 석탄을 기계적으로 공급하여 연속적으로 연소시키는 장치이다.

스토크스 법칙 (── 法則, Stokes law) 방사에 의해서 여기된 루미네선스 파장은 여기하는 방사의 파장보다도 항상 크다는 것을 설명한 법칙이다.

스톤식 전류 공급 회로 (── 式電流供給回路, stone transmission bridge) 공전식 및 자동식 전화 교환기에서 초크 코일을 사용한 송화 전류 공급회로. 스톤이 발명한 것이다.

스톤 회로 (── 回路, Stone circuit) ⇨ 스톤식 전류 공급 회로.

스톱 핀 (stop pin) 《계전기》 전자 계전기의 접극자와 철심의 자극면에 접극자가 동작했을 때 자기회로에 잔류 공극을 만들기 위하여 접극자에 붙이는 비 자성 재료로 만든 핀을 이른다.

스톱 로그 (stop log) 문주(門柱)의 홈에 각재를 여러 단 끼워 넣어서 문비(門扉)로 하는 수문을 이른다.

스톱 밸브 (stop valve) 전개(全開) 또는 전폐(全閉)의 상태에서 사용하며, 유량 조정을 하지 않는 밸브를 이른다.

스톱 접속 (── 接續, stop joint) 유입 케이블의 일종인 조인트이다.

스트랩 (strap) 목주에 지선을 결박할 때 목주를 상하지 않게 보호하기 위하여 사용하는 네모진 철판을 이른다.

스트레이트 접속 (── 接續, straight joint, straight splice) 케이블 심선을 접속하는 경우 층마다 트레이서 다음을 기점으로 하여 심선 번호순으로 차례로 접속하는 방법. 보통 접속이다.

스트레인 게이지 (strain gauge) 일그러짐을 측정하는 계기. 저항선 스트레인 게이지가 가장 많이 알려져 있다. 일그러짐 감응 소자를 휘트스톤 브리지의 일변 또는 복수 변에 사용하여 일그러짐에 의한 저항 변화, 따라서 브리지 불평형으로 인한 전압을 직접 또는 증폭 측정한다.

스트로보법 (── 法, stroboscopic method) 회전체의 회전수 또는 주파수를 빛을 이용하여 측정하는 방법을 말한다. 원주를 등분한 모양의 스트로보 판을 붙여서 회전시키고 여기에 측정하려는 주파수의 전압(펄스 모양의 전압을 사용할 때가 많다)으로 점등한 방전관으로 비추어서 측정한다.

스트리킹 (streaking) 텔레비전의 수신 화상이 가로로 꼬리를 끄는 현상. 과도하게 밝은 하이라이트 부분이 있거나 수평 방향으로 긴 막대 모양의 부분이 있으면 그것이 희게 또는 검고 긴 꼬리를 그어서 나타나는 현상.

ㅅ

증폭기 등의 저주파역 특성이 나쁠 때 나타난다.

스트리핑 (stripping) (1) 표적 원자핵에 충돌하는 원자핵의 핵자가 표적 핵에 의해서 포획되지만 복합핵을 형성하기까지에는 이르지 않는 핵 반응을 지칭한다. 예를 들면 낮은 에너지 중양자(重陽子)가 그 중성자를 일부 표적 핵에 부여하지만 입사입자는 당초의 운동량을 거의 상실함이 없이 당초의 방향으로 운동하는 경우 등이다. (2) 혼합액 중에서 보다 증발하기 쉬운 여러 성분을 제거하여 잔여 성분의 순도를 높이는 것. 분별 증류(분류)법, 혹은 혼합액을 불활성 가스와 접촉시켜 가벼운 물질을 가스 속에 확산시키는 방법 등이 있다. (3) 예를 들어 인쇄 회로를 만드는 행정에서 금속 피막 중의 불필요 부분을 에칭으로 제거하는 것. (4) 전선에서 그 절연 피막을 벗겨내는 것을 이른다.

스트립 전송로 (—— 傳送路, strip-type transmission line) 넓이가 있는 도전성 평면 위, 또는 두 면의 중간에 배치한 띠상 도체로 만들어진 마이크로파 전송 선로. 마이크로파 스트립이라고도 한다.

㈜ 스트립 도체는 상대 도체 또는 어드 사이를 낮은 손실의 유전체로 격리되어 있다. 스트립 도체는 보통 프린트 배선 기술에 의해 유전체상에 인쇄된다.

스트링 (string) 연결된 1조의 현수 애자를 이른다.

스트링 포인터 (string pointer) 지시 계기의 지침의 일종. 지침의 끝을 활 모양으로 하고 거기에 실을 친 것이다. 정밀하게 읽기 위하여 고안되었다.

스트링 효율 (—— 效率, string efficiency) 애자련(碍子連)의 플래시오버 전압을 애자 1개당의 플래시오버 전압과 일련의 개수의 곱으로 나눈 값을 말한다. 연 효율(連効率)이라고도 한다.

스티렌 수지 (—— 樹脂, styrene resin) 폴리스티렌이라고도 한다. 스티렌의 중합(重合)으로 얻어지는 열 가소성의 무색 투명한 수지이다. 전기적 성질이 극히 좋아 무선 통신 기기, 고전압용 절연 부품 등에 사용된다.

스티프니스 (stiffness) 스프링 등의 탄성적 복원력(復元力)은 일그러짐이 없는 상태에서의 변위에 비례하므로 스프링의 세기를 나타내는 데는 복원력÷변위를 쓰고, 이것을 스티프니스라 한다. 단위는 (dyn/cm), (Newton/m) 등. 일반 스프링에서는 스프링 상수라고 하지만, 음향 기기의 진동체에 관한 경우에는 스티프니스라 한다.

스파이더 (spider) (1) 중형 이상의 회전기에서는 회전자 철심을 직접 축에 설치하는 것은 경제적으로나 공작상으로나 불리하다. 따라서 축과 철심 사이에 주철, 주강, 또 먼저 스파이더에 조합하여서 그것을 축에 설치한다. (2) spider map 가입자 인입선 선도. 배선주에서 각 가입자 댁까지의 인입선 위치를 기입한다.

스파이더 본딩 (spider bonding) 《반도체 제조》 작은 칩에서 끌어내는 다수의 리드선을 소정 방향과 위치가 되도록 성형한 프레임을 만들어 두고, 칩의 전극과 이 프레임의 대응 부분을 겹쳐서 적당한 방법으로 본드함으로써 다수의 리드선을 한꺼번에 접속한다. 이것은 금속 박을 핫에칭 또는 기계 가공으로 소정 형상으로 만든 것으로, 칩과 외부 단자를 전기 접속하는 역할을 한다.

스파이더 웹 코일 (spider-web coil) 겉 모양이 거미집 모양처럼 생긴 코일. 깊이 패인 평판에 절연 동선을 감은 것을 이른다.

스파이럴 코일 (spiral coil) 소용돌이형으로 감은 코일. 예를 들면 저전압 대전류의 변압기 코일이다.

스파크리스 정류 (—— 整流, sparkless commutation) 브러시 밑에서 불꽃이 발생하는 일이 없는 정류를 이른다.

스팬 선 (—— 線, span-wire) 전기 철도에서는 트롤리선을 조가(吊架)하게 되는데, 스팬 선 조가 방식을 채용할 때, 이 조가용의 선을 스팬 선이라 한다.

스팬 선 달기 (—— 線 ——, span-wire suspension) 전기 철도의 트롤리 선 조가(吊架) 방법의 하나. 궤도의 양 바깥쪽에 전주를 세우고, 그 사이에 궤도를 횡단하여 직각으로 철선, 즉 스팬 선을 치고 거기에 전차선을 매다는 방법이다.

스퍼터링 (sputtering) 글로 방전에서의 가스

이온의 충돌로 전극재료를 방출시켜 다른 물질의 표면에 부착시켜 막을 형성하는 것. 금속 마스터를 만들 때 사용되며 오리지널 위에 스퍼터링으로 만든 도전층 위에 다시 도금 처리로 두꺼운 막을 형성한다.

스페이서 (spacer) 예를 들면, 도체와 도체가 직접 접촉하지 않도록 그 사이에 끼우는 절연물이다.

스페이스 팩터 (space factor) ⇨ 점적률.

스펙트럼 (spectrum, spectra) (1) 복잡한 파형의 파의 성분의 진폭(경우에 따라서는 위상도)을 주파수의 함수로 구한 것. (2) 빛 등이 매질 중에서 주파수의 함수로 분산하여 생긴 결과. (3) 특정한 상황 아래서 어떤 물질에서 방사되는 또는 물질이 흡수하는 전자기 방사의 주파수 특성. 방사(또는 흡수)되는 전자기 방사의 주파수 분포, 세기 등에 따라서 그 물질을 특정지을 수 있다. (4) 어떤 입자 빔이 갖는 에너지 분포, 속도 분포, 질량 분포 등을 이른다.

㊟ 스펙트럼 분포 곡선의 가로 축은 이처럼 반드시 주파수에 국한되는 것은 아니다.

스펙트럼 레벨 (spectrum level) 음파, 전자파 등을 주파수의 차이에 따라 분해하여 주파수 순으로 배열한 것이 스펙트럼이다. 스펙트럼 레벨은 그 주파수의 단위 대역(예컨대 음파에서는 1사이클)내에 포함되는 에너지 밀도의 레벨을 뜻한다. 그 레벨(dB)은 보통을 기준으로 하는 레벨을 0으로 하고, $10\log_{10} E/E_0$로 나타낸다. 단, E는 그 때의 에너지, E_0는 기준이 되는 에너지이다.

스펙트로그램 (spectrogram) 분광기로 얻을 수 있는 스펙트럼을 촬영한 사진. 파장 눈금을 넣어서 휘선(輝線)과 흡수대의 위치를 명백하게 할 수도 있고 또 그 농도를 측정하여 분광 측광할 수도 있다.

스포래딕 E층 (── 層, sporadic E layer) 지상 약 100~200 km의 E층 영역에 돌발적으로 출현하는 전리층으로, Es층이라고도 한다. 이 층의 전자밀도는 시간적으로 대단히 변화하기 쉽고, 너무 강렬한 경우 수십 MHz까지의 전파는 전부 반사되고 또 경사전파(傾斜傳播)의 경우에는 수십 MHz의 주파수로 원거리까지 전파할 때도 있다. 일부 전파는 관통하고 일부 전파는 반사하는 이온화된 구름과 같은 경우도 있다.

스포트 라이트 (spot-light) 투광기의 하나로, 주로 옥내에서 사용되는 것. 판매대나 진열장에서 전반 조명 외에 특정 상품에 대한 액센트를 주기 위하여 사용하는 것은 200 W정도이다. 볼록 렌즈로 집광하는 것과 반사형 투광 전구 등이 있다. 극장, 영화의 촬영, 텔레비전의 연출 등에 사용되는 것은 5 kW, 10 kW 등이 있으며, 집광계(集光系)는 최근에는 프레넬 렌즈가 많다.

스포트 전개 함수 (── 展開函數, spot spread function) 스포트 입력을 광학계를 통하였을 때 결상면에 얻어지는 광량 분포(필름이나 인쇄지에서는 농도 분포)를 이른다. 광학계의 특성을 평가하는 척도의 함수이고, 선형 전송계에서는 임펄스 전달 함수에 상당한 것을 이른다. ⇨ 임펄스 응답 함수.

스풀 (spool) ⇨ 감는 틀.

스퓨리어스 리스펀스 (spurious response) 수신기에 있어서 목적으로 하는 주파수 이외의 주파수에 대하여 어느 정도의 감도를 가지고 있을 때 그에 대한 특성을 이른다.

스퓨리어스 방사 (── 放射, spurious radiation) 소요 신호를 전송하는 데 필요한 방사 외에 송신 및 수신 설비로부터 방사되는 불필요한 전파의 총칭. 이것은 일반적으로 조파(調波) 방사 및 기생 방사로 되어 있다. 조파 방사에는 고조파 방사, 저조파 방사, 분수 조파 방사가 있다. 또 기생 방사는 소요 방사에 대하여 일정한 함수 관계가 없는 것이다. 스퓨리어스 방사는 다른 통신에 방해를 주는 것이기 때문에 가급적 억제하여야 한다.

스퓨리어스 출력 (── 出力, spurious output) 발생기 출력 중에 포함되는 일정한 진폭과 주파수를 가진 신호로서, 기본 주파수에 대하여 조파 관계를 갖지 않는 것. 이 정의에는 변조에 의한 측파대 성분(의도적인 것, 혹은 잔류 변조, 즉 반송파 잡음 등)은 제외되고, 험(hum), 리플 등도 포함되지 않는다.

스프레이 플레이트 (spray plate) 충전할 때 발생하는 전해액의 산무(酸霧)나 자연 증발로 인하여 전해액이 감소하는 것을 방지하기 위해서 전해액 윗면에 유층(油層) 등을 만들어

예방하는 것. 유동 파라핀 등이 쓰인다.

스프링 (spring) 스프링의 재료로는 강(鋼)이 가장 우수한 특성을 가지고 있지만 전기 기계 기구에는 인청동(燐靑銅)이 사용된다. 형태는 평형, 나선형, 원추형 등이 있다.

스프링 벤더 (spring bender) 계전기나 선택 기구 등을 구성하는 스프링의 장력을 가감하기 위하여 스프링의 휨을 조정하는 도구이다.

스프링 제어 (── 制御, spring control) 계기의 제어장치의 하나로, 금속 스프링의 탄성을 이용한 것이다. 나선형 스프링이 가장 많이 쓰이고 있으나 선형(線形) 및 그 밖의 것도 사용되고 있다.

스플릿 페어 (split pair) 엇갈리게 접속된 페어를 이른다.

스피드 링 (speed ring, stay ring) 세로 축의 반동 수차에는 수차 커버를 보강하고 또 수류를 정리할 목적으로 안내 날개 상하의 판 사이에 많은 날개 모양의 구절을 가이드 벤 바깥쪽에 설치하고 있는데 그것을 스테이 벤이라 한다. 이 상하의 판 및 스테이 벤을 총칭하여 스피드 링이라 한다.

ㅅ

스피커 (speaker) 전기 진동을 음향 진동으로 변환하여 음파를 공간으로 방사하는 기기. 가동 코일 콘형 및 가동 코일 혼형이 주로 사용된다. 그 밖에 전자형, 압전형(壓電形), 정전형 등도 있다.

스필 전류 (── 電流, spill current) 차동 보호 회로에서 계기용 변류기(CT)의 1차 전류의 차이에 따라 2차 회로에 흐르는 전류로, 이것이 계전기에 흐른다.

슬라이더 (slider) 팬터그래프의 상부에 설치한 금속판. 트롤리선과 접동하면서 집전하는 것을 이른다.

슬라이드 선 (── 線, slide wire) 슬라이드 접촉자를 슬라이드 시킴으로써 저항값을 변화시키기 위한 저항선이다.

슬라이드 와이어 브리지 (slide wire bridge) 비례변에 슬라이드 선을 사용한 휘트스톤 브리지. 슬라이드 선을 따라 저항값을 직접 눈금으로 읽을 수 있다. 측정 범위는 보통 ×1, ×10, ×100의 3종으로 전환되고, 측정 정도(精度)는 중앙에서 약 1% 정도이다. 검전기는 지침형 검류계를 사용하지만 버저를 내장하면 수화기로도 사용된다.

슬라이드 요금제 (── 料金制, sliding-scale tariff system) 전기 요금을 제품의 판매 가격이라든가 전기를 사용하는 회사의 수익에 비례시켜 증감하기로 규정한 요금제이다.

슬라이드 저항기 (── 抵抗器, slide rheostat) 절연틀에 저항선을 한 겹으로 감고, 그 표면에 브러시를 슬라이드시켜 저항을 변화시키는 것으로, 전원의 가감에 가장 많이 사용된다. 단심과 복심이 있으며, 복심은 단심 저항기를 2개 수용한 것인데 직렬, 병렬로 접속을 바꾸어 가감 범위를 넓힌 것이다.

슬라이서 (slicer) 정현파나 펄스 파형의 상하를 전기적으로 절단하여 출력측에 그 나머지의 파형을 잡아내는 전자 회로이다.

슬랙 (slack) 해저 케이블에 있어서 도상(圖上)거리 l에 대하여 실제 케이블 길이는 $l(1+m)$을 필요로 한다. 이 m을 슬랙이라 한다. 슬랙은 케이블의 중량, 수심 등에 따라서 설계하며, 인양시의 장력을 좌우하게 된다.

슬러지 가스 발전 (── 發電, power generation using sludge gas) 하수 등의 오니에서 발생하는 메탄 가스를 연료로 사용하는 발전법. 하수 처리장 등에서는 폭기(산소 공급) 작업 등에서 사용되는 전력의 일부는 이 발전으로 조달할 수 있다.

슬러그 동조기 (── 同調器, slug tuner) 《입체회로》 도전성이 좋은 금속, 예를 들면 놋쇠의 막대와 구리의 막대, 원판 또는 고리 모양의 도체를 코일과 결합하여 그 위치를 변화시킴으로써 실효적으로 인덕턴스를 변화시켜 동조를 얻는 방식을 이른다. 또 동축선로의 일부에 2개의 유도 슬러그를 삽입하고, 그 간격을 변화시킴으로써 동조를 잡는 방식을 이르기도 한다. 전자는 중파·단파대에, 후자는 주로 UHF대에 쓰인다. ⇨ 슬러그 정합(slug matching).

슬러그 정합 (── 整合, slug matching) 그림과 같은 동축선의 일부에 2개의 유전체 슬러그를 삽입하고, 그 길이 l_1을 $\lambda/4$와 같게 한다. 또 슬러그 간격 l_2를 적당히 조정함으로써 부하 임피던스로 만들어지는 반사파를 없애려는 정합 방법을 이른다. 유전체 슬러그 대신 금속 슬러그를 사용하는 슬러그 정합방식도 있다.

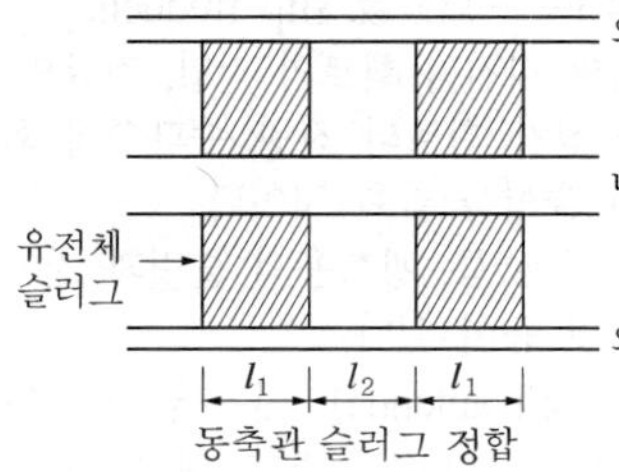

[슬러그 정합]

슬레이트 (slate) (1) 점토 또는 혈암(頁岩)이 변성한 것으로서 쉽게 엷은 판으로 분리할 수 있는 것. (2) 석면과 시멘트를 압착하여 판 모양으로 만든 것이다.

슬롯 (slot) 회전 기기에 있어서, 코일변을 넣기 위하여 철심에 만든 홈을 이른다.

슬롯 공중선열 (── 空中線列, slot array) 같은 슬롯 안테나를 가로 세로 적당한 간격으로 동일 평면상에 배치하면 빔 안테나의 경우와 마찬가지로 이득이 증대하여 매우 예민한 지향 특성을 얻을 수 있다. 예를 들면, 슬롯 안테나를 9개 그림과 같이 배치하면 그 이득은 1개인 경우의 5~6배로 늘어난다. ⇨ 슬릿 안테나.

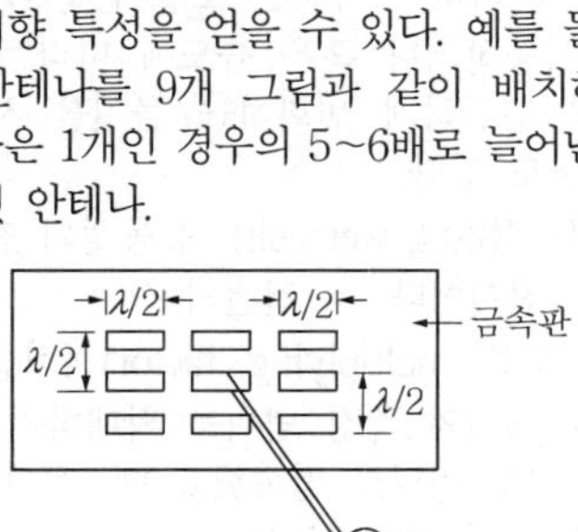

[슬롯 공중선열]

슬롯 도파관 이상기 (── 導波管移相器, slotted waveguide phase shifter) 도파관의 상부 관벽에 관축 방향으로 슬롯을 설치하고, 그곳에서 그래파이트를 칠한 유전체 판을 전계와 평행하게 삽입하면 그 삽입 면적에 따라 관내 파의 위상을 바꿀 수 있다. 이와 같은 이상기를 슬롯 도파관 이상기라고 한다. 그 구조는 플랩형 감쇠기와 같다. ⇨ 플랩형 감쇠기.

슬롯부 전기자 (── 附電機子, slotted-core armature, toothed armature) 전기자 철심에 슬롯을 갖는 전기자를 이른다. 현재의 전기 기기의 대부분은 이에 속한다.

슬롯 자기 누설 (── 磁氣漏洩, slot leakage) 슬롯 내의 도체에 의해서 만들어지는 누설 자속 중 슬롯을 가로질러 갭을 통하지 않는 것을 이른다.

슬롯 절연 (── 絶緣, slot insulation) 슬롯의 벽에 직접 설치하여 코일변과 슬롯벽 사이의 절연을 목적으로 한 것. 또 이 절연은 코일변을 슬롯에 넣을 때 잘 들어가게 하여 코일 절연의 손상을 방지하는 목적도 있다.

슬롯 피치 (slot pitch) 한 슬롯의 중앙에서 인접 슬롯의 중앙까지의 간격을 슬롯 피치라 한다. 직경 D, 슬롯 수를 N이라고 하면 슬롯피치 $C=(\pi D)/N$이다.

슬루스 게이트 (sluice gate) 문비를 상하로 움직여서 개폐하는 수문이다.

슬루윙 속도 (── 速度, slewing rate) (1) 《전원》 레귤레이터의 응답 타이밍의 척도이다. 전원의 출력단 전압의 최대 변화율 $\Delta E/\Delta T$이고, 정현파 변화의 경우에는 $\pi f E_{pp}$로 주어진다. E_{pp}는 정현파의 피크값이다. (2) 《연산 증폭기》 큰 입력 신호에 대하여 연산 증폭기가 얼마나 빨리 추종할 수 있는가, 그 성능의 척도이다. 슬루윙 속도를 S로 하면 $S=2\pi f E_p \times 10^{-6}$[V/μs]로 주어진다. 여기서, f : 완전한 정현파 출력이 얻어지는 최대 주파수, E_p : 어떤 방향에 대한 최대 전압 스윙이다.

㊟ 슬루윙 속도를 초과하여 증폭기를 구동하면 정현파 입력은 삼각형 출력으로 된다. 또 f가 높아지면 산의 높이가 낮아진다. 보통 연산 증폭기에서는 S=0.1~1,500V/μs이다.

슬리브 (sleeve) (1) 전선 또는 부품을 덮는 절연용 튜브. (2) 방열형 산화물 음극의 기대(基台) 금속으로서, 보통 니켈로 만들어진다. 단면은 원, 타원, 네모꼴 등 여러 가지가 있다. 활성 물질을 함유한 것을 활성 슬리브라 한다. (3) 계전기의 경우, 철심의 전 길이에 걸쳐 그것을 둘러싸 설치한 통형의 도체(단락 코일)로서, 자로의 자속감소 또는 증가속도를 지연시키기 위한 것이다.

ㅅ

슬리브 안테나 (sleeve antenna) 약 λ/4의 수직 안테나와 약 λ/4의 슬리브로 구성된 동축 안테나. 동축부는 안테나의 하반부로 작용한다. 궤전선으로는 75Ω의 동축 케이블을 사용한다. 정합 장치는 불필요하다. 지향성은 수직 편파 무지향성이고 초단파용 공중선으로 사용된다. ⇨ 스커트 다이폴 안테나이다.

슬리브 장하 (—— 裝荷, sleeve loading, splice loading) 장하 선로에 있어서 케이블 접속 연관(鉛管) 내에 장하 코일을 장치하는 방법으로, 소형 코일을 막대 모양으로 꾸며 넣은 것. 철제의 코일함 등은 불필요하다. 시내, 시외 케이블에 쓰인다.

슬리브 접속 (—— 接續, sleeve joint, sleeve splice) (1) 매킨타이어 슬리브를 사용하여 상호 도선을 접속하는 방법. (2) 관로 구간에서 케이블 접속점이 맨홀 등이 아닌 경우에 접속부를 보호하기 위하여 사용하는 접속관. ⇨ 스커트 다이폴 안테나.

ㅅ

슬리브 조인트 (sleeve joint, sleeve splice) ⇨ 슬리브 접속.

슬립 (slip) (1) 회전기의 동기 속도와 실제 속도의 차이를 동기 속도로 제한한 값. 대부분 백분율로 나타낸다. (2) 회전 자계의 속도와 회전자 속도의 차이를 매분 회전수로 나타낸 것이다.

슬립계 (—— 計, slip meter) 슬립을 측정하는 장치이다. 시험하고자 하는 유도 전동기의 동기 속도와 동일하게 되는 치차 기구를 소형 동기 전동기에 설치하여, 그것과 피 시험기의 회전계를 차동 치차로 연결하고, 동기 전동기와 피 시험기를 동일 전원으로 운전하여 슬립을 차동 치차의 회전수로 계수한다.

슬립 링 (collector ring, slip ring) 회전자와 외부 사이에 전류를 유도(誘導)하기 위해 사용되는 동 합금제 또는 철제의 링이다.

슬립 전력 (slip power) 유도 전동기의 2차 회로(회전자 회로)에 공급되는 전력으로, 슬립 주파수를 가지고 있는 것을 이른다.

슬립 조정기 (—— 調整器, slip regulator) 권선형 유도 전동기의 2차측 외부 회로에 접속하는 가감 저항기로, 이것을 조정함으로써 전동기의 슬립, 따라서 속도를 조정할 수 있다. 그리드 저항기, 물 저항기를 사용하는 경우가 많다.

슬립 주파수 (—— 周波數, slip frequency) 유도 전동기의 회전자 회로의 전압, 전류의 주파수로, 고정자 회로의 전원 주파수에 회전자 전류의 슬립을 곱한 것이다.

슬릿 (slit) 좁은 틈. 광학용의 슬릿과 전자기파용의 슬릿 등이 있다.

슬릿 안테나 (slit antenna) 얇은 금속판 일부에 길이 약 λ/2의 좁은 틈을 내고, 그 상하 중앙을 2선식 궤전선을 매개하여 여진하면 좁은 틈과 직각으로 다이폴 안테나를 놓은 경우와 거의 같은 방사 특성을 얻을 수 있다. 이것을 슬릿 안테나라고 한다. 종래의 안테나의 방사 특성이 주로 선상 전류 분포특성에 기인한다고 본다면 이 방식에서는 자류(磁流)분포에 의한다고 간주할 수 있으므로 자류 안테나라고도 한다. ⇐ 슬롯 다이폴.

습도계 (濕度計, hygrometer) 대기 중에 포함되어 있는 습기의 양을 측정하는 계기. 건습구 습도계와 노점 습도계가 있다. 또 습도에 따라 신축하는 모발(毛髮)이나 리본을 사용하거나 혹은 습도에 따라 전기 저항이 민감하게 변화하는 물질을 사용하는 것 등도 있다.

습전지 (濕電池, wet cell) 유동성의 전해액을 갖는 전지이다. ⇔ 건전지.

승률 (乘率, multiplying factor) 《적산계기》 적산 계기의 측정 범위를 확대하기 위하여 분류기를 병렬로 접속했을 때, 계기 고유의 kWh 지시값에 대하여 곱하는 수이다.

승산기 (乘算器, multiplier) (1) 계수형 계산기에서는 2개 이상의 입력수의 곱(부호를 포함)을 출력으로 내는 회로로, 특별히 고속도가 요구되는 경우 이외에는 가산의 되풀이로 한다. (2) 상사형 계산기에서는 2개의 입력 전압의 곱에 비례하는 출력 전압을 만드는 회로. 감쇠기, 2승 특성 소자, 변조, 특수 편향관 등이 사용된다.

승압기 (昇壓器, booster, boosting transformer) 회로에 직렬로 접속하여 그 전압을 +, −방향으로 가감함으로써 회로 전압을 광범위하게 제어하는 변압기이다.

승압기가 달린 회전 변류기 (昇壓機附回轉變流機, synchronous booster converter) 동기 승압기를 회전 변류기의 축에 설치한 회전 변류기. 직류측의 전압을 광범위하게 제어할 수 있다.

승주기 (昇柱器, pole climber) 발판 못이 없는 목주에 오르고 내리기 위하여 양쪽 신발에 붙이는 공구이다.

승홍 주입 (昇汞注入, kyanizing) 목주에 방부제로 승홍($HgCl_2$, 염화 제2수은)을 주입하는 것을 이른다.

시각 (視角, angle of vision, visual angle) 어떤 물체의 시각이란, 그 물체가 눈에 들어오는 각을 말한다. 이것은 안저(眼底)에 생기는 상의 크기에 비례하기 때문에 물체의 겉 모양의 크기에 해당한다.

시각 (視覺, vision) 눈에 의한 감각. 명암의 느낌과 색의 판별을 기본으로 하며, 그로부터 형태, 원근의 느낌도 생긴다.

시각 신호 (視覺信號, visual signal) 시각을 통하여 하는 신호를 이른다. 시각 신호에는 표시판, 수기, 색등(色燈), 등렬(燈列), 섬광등이 쓰인다.

시간계 (時間計, hour meter) 시간을 재는 계기로, 특히 초를 재는 것을 초시계라 한다.

시간별 변화 (時間別變化, hourly variation) 자연 현상 등의 1시간 동안의 변화를 이른다.

시간 쇄정 (時間鎖錠, time lock) A, B의 레버 상호간, 쇄정하는 A의 레버를 정위치로 복귀하고 해정되는 상태가 된 B의 레버는 아직 일정 시분을 경과하기까지 해정되지 않는 연쇄를 이른다.

시간 위상 (時間位相, time phase) 예를 들면, 송전선을 흐르는 교류 전류는 시간 t 및 위치 x의 함수이다. 즉, $i=f(t, x)$이다. 만약 x가 일정하다면 i는 t 만의 함수가 된다. 이 경우의 전류 위상을 시간 위상이라 한다.

시간적 감도 제어기 (時間的感度制御器, sensitivity time control) 미리 규정된 시간 함수에 따라 무선 수신기의 증폭도를 변화시키는 부분을 이른다.

시간 축 (時間軸, time base) 시간과 더불어 변화하는 물리량 $f(t)$를 직각 좌표 상에 나타낼 경우, 시간 $f(t)$를 가로 축에, 그 물리량를 세로 축에 표시하는데, 시간을 나타내는 가로 축을 시간 축이라 한다. (2) 이 $f(t)$를 브라운관의 형광면에 나타내기 위해서 사용하는 톱니파형 전류라 한다.

시간축 발진기 (時間軸發振器, timing axis oscillator) 음극선 오실로스코프의 수평 편향판 또는 수평 편향 코일에 가하는 톱니파 전압 또는 전류의 발진기이다.

시감도 (視感度, spectral luminous efficiency) 파장 λ의 방사에 대한 시감도 $k(\lambda)$는 그 파장에 대한 광속의 분광밀도 $F(\lambda)$를 그에 대한 방사속의 분광밀도 $\Phi(\lambda)$로 나눈 것이다. $k(\lambda)=F(\lambda)/\Phi(\lambda)$단위는 루멘 매 와트[lm/W]이다.

㈜ $k(\lambda)$의 최대값은 $\lambda=555$ nm에서 얻어지고 그 값은 680 lm/W이다. 시감도에 대하여 예전에 사용했던 luminosity라는 용어는 현재 밝기를 의미하는 심리적 용어로 남아 있다.

시계 기구 (時計機構, clock mechanism) 시계의 지침 등을 일정한 속도로 작동시키기 위하여, 중력 또는 스프링 등의 동력을 조속기의 작용으로 속도를 일정하게 유지하면서 운전 축에 전하는 기구이다.

시계형 계기 (時計形計器, clock meter) 적산 전력계의 일종. 전압 코일을 시계 흔들이의 하단에 설치하여 전류 코일을 그와 마주 보게 고정하고, 그 사이의 전자력을 중력에 가하거나 감하여 흔들이의 진동을 제어하도록 한 것이다. 아론(Aron)형으로 알려져 있지만 오늘날에는 사용되지 않는다.

시그널 콘덴서 (signaling condenser) 해저 전신회선의 수단(受端)에서 해저선에 전송된 충전 전류를 콘덴서를 통하여 미분하고 펄스파로 통신 속도를 높이거나 또는 파형을 성형하기 위하여 삽입하는 콘덴서를 지칭한다.

시동 (始動, starting) 정지하고 있는 전동기를 회전하기 위한 조작을 이른다. ⇨ 기동.

시동기 (始動器, starter) 시동용 저항기와 전류에 따라 그 저항을 조정할 수 있는 장치를 조합한 것. 수동식과 자동식이 있다.

시동 변압기 (始動變壓器, starting transformer) 교류 전동기를 기동할 때 공급 전압

을 안전된 값으로 낮추기 위한 변압기이다.

시동 보상기(始動補償器, starting compensator) 동기 전동기, 유도 전동기 등을 기동할 때 전 전압을 직접 전동기의 단자에 인가하면 큰 돌입 전류가 흘러 전동기와 전원에 손상을 입힐 염려가 있으므로 기동할 때에는 안전한 낮은 전압으로 내려서 전동기에 가하고, 점차 그 전압을 높여 최후에 정격 전압으로 한다. 이 목적으로 사용하는 단권 변압기를 시동 보상기 또는 기동 보상기라 한다.

시동 부호(始動符號, start signal) 인쇄 전신기에 쓰는 부호에 부가되어 있는 한 단위로, stop signal에 대응하는 것이다.

시동 저항(始動抵抗, starting resistance) 회전기를 시동할 때 큰 전류가 흐르는 것을 배제하기 위하여, 또 그 외의 소요 목적을 위하여 회로에 넣는 저항이다.

시동 저항기(始動抵抗器, starting rheostat) 전동기를 기동할 때 전원 전압을 직접 전동기의 단자에 가하면 대단히 큰 시동 전류가 흘러 그 전동기를 손상시키거나 선로에 교란을 주게 된다. 그것을 막기 위하여 직류 전동기에서는 직렬로, 권선형 3상 유도 전동기에서는 2차 슬립 링 사이에 가감할 수 있는 저항기를 접속한다. 3상 유도 전동기에서는 이 저항에 의해 기동 토크를 증대할 수도 있다.

시동 전류(始動電流) (1) starting current 정격 주파수, 정격 전압으로 전동기를 기동할 때 전동기에 흘러드는 전류를 이른다. 기동장치를 사용했을 때에는 기동장치에 흘러드는 전류. (2) minimum running current 적산 전력계의 회전자가 정격 전압, 정격 주파수, 역률 1로 회전을 시작하고, 또 1회전 이상 회전을 계속 하는데 요하는 최소의 전류값이다.

시동 전압(始動電壓, starting voltage) 전동기를 기동할 때 단자 간에 가하는 전압이다.

시동 접촉기(始動接觸器, starting contactor) 대용량 전동기의 기동에 사용되는 전자(電磁) 접촉기로, 주간(主幹)제어기 등에 의해서 동작된다.

시동 토크(始動——, starting torque) 전동기가 기동하는 순간 발생하는 토크. 이 값이 부하가 요구하는 토크보다 크지 않으면 전동기는 그 부하를 지고 기동할 수 없다. 직권 전동기는 기동 토크가 가장 크다.

시동 특성(始動特性, starting characteristic) 전동기가 기동할 때의 특성. 기동 토크, 기동 전류 등이 문제가 된다.

시레그 모터(Schrage motor) 3상 분권 정류자 전동기의 하나로, 회전자가 같은 슬롯에 1차 권선과 조정 권선을, 고정자에 2차 권선을 설비한 것이다. 조정 권선은 정류자에 접속되고, 브러시를 통하여 고정자 권선의 슬립 주파수의 조정 전압을 공급한다. 고정자는 각 상 각각 독립된 권선이고, 그 양단은 브러시에 접속되어 있다. 그 브러시 간의 간격을 조정함으로써 특성을 여러 가지로 바꿀 수 있다.

시료(試料, sample) 시험하려고 하는 재료가 많이 있어, 그 전부를 시험하기가 어려운 경우 그 중에서 필요한 양만을 발췌한 일부분의 시험 재료를 이른다.

시멘팅(cementing) 시멘트로 물건을 이어 맞추는 것을 이른다.

시뮬레이션(simulation) 실물에 의한 실험이 도의적, 경제적, 시간적으로 어렵거나 또는 불가능할 때 물리적 또는 논리적 모델을 사용한 모의 실험을 시뮬레이션이라 하고 특히 논리적 모델을 프로그램 하여 계산기로 조작하는 것을 컴퓨터 시뮬레이션이라 한다.

시방(示方, specification) 기기를 구입할 때 그 기기의 종류, 정격 사항, 시험, 보증 사항, 납기 등에 대한 조건을 기록한 명세서이다.

시방서(示方書, specification) 시방을 기록한 문서이다.

시벨트(sievert) RBE 선량(등가 선량)의 SI 단위, 기호 Sv. 1Sv=100렘이다.

㊟ 흡수 선량과 등가 선량(선량 당량이라고도 한다)과의 혼동을 피하기 위하여 1979년 채용이 결정된 조립 단위이다. RBE는 'relative biological effectiveness'의 약어이다.

시변조(時變調, time modulation) 펄스 변조의 일종. 펄스의 위치, 위상, 폭, 등을 변조하는 방식의 총칭이다.

시분할(時分割) (1) time division 주파수를 분할하는 대신 신호를 시간적으로 분할하여 펄스로 송신하고, 수신측에서 종합하여 본래의 신호파를 재현하는 방식을 이른다. 이렇게 하면 하나의 통신로에 속하는 펄스와 펄스 간의 휴지 시간을 이용하여 다른 통신로의 펄스를 넣을 수 있으므로 시간적으로 엇갈리게 한 다중 통신을 할 수 있다. 그림에 보인 1, 2, 3, … 6은 각각 다른 통신로의 신호인데, 이것을 따로따로 변조한다. 1주기마다 보내지는 폭이 넓은 펄스는 동기용으로 보내지는 동기 펄스이다. 펄스의 폭에는 제한이 있으므로 수십 개 이상의 통신로를 만드는 것은 곤란하다. ⇨ 주파수 분할(frequency division). (2) time sharing 한 장치를 두 가지 이상의 목적을 위해 사용함으로써 겉보기에 동시에 동작이 이루어지는 것처럼 하는 것. 예를 들면 동일한 계산기로 몇 가지 다른 프로그램에 대하여 시분할적으로 사용하거나 혹은 동일 전송로를 여러 통화를 위해 시분할 사용하는 것을 이른다.

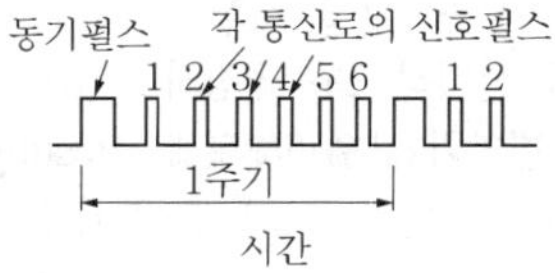

[시분할]

시분할 방식 (時分割方式, time division system) 다중 통신 방식의 하나로, 통로를 시간별로 전송하는 방식이다. 보통은 펄스 통신방식을 사용한다. PAM, PCM, PDM, PFM, PNM, PPM 등이 사용된다. ⇨ 주파수 분할방식.

시소 계전기 (時素繼電器, time element relay) 부세되고 나서 일정 시간을 경과하여 전기 회로를 구성하거나 또는 소세(消勢)되고 나서 일정 시간이 경과하여 접점을 여는 구조의 계전기이다.

시송전 (試送電, trial line charging) 송전선 사고의 복구 조작법으로 최초 저전압으로 충전하고 서서히 전압을 높여 정격값으로 상승시키는 방법이다. 강행 송전이 부적당하거나 불가능한 경우에만 실시된다. 시송전은 대상 선로를 단독으로 발전기 또는 조상기로 실시하기 때문에 용량에 따라서는 자기 여자 현상 등을 일으키는 수도 있으므로 시송전 발전소는 미리 지정해 두어야 한다.

시스템 공학 (── 工學, system engineering) 약어 SE, 복잡하고 규모가 큰 시스템의 설계, 개선, 운용 등을 위한 학문. 오퍼레이션즈 리서치, 시스템 해석, 제어 공학, 경학 공학, 인간 공학, 전자·정보 공학 등이 관련되고, 시스템 공학, 영역도 통신, 전력, 교통, 도시, 기업 등 매우 광범위하다.

시시 접촉 (時時接觸, intermittent contact) 심선의 일부가 다른 심선과 때때로 접촉하여 혼선을 일으키는 장해를 이른다.

시시 지기 (時時地氣, intermittent earth) 심선의 일부가 때때로 접지되는 장해를 이른다.

시시 혼선 (時時混線, intermittent contact) ⇨ 시시 접촉.

시야 (視野, field of view, visual field) 눈을 움직이지 않고도 볼 수 있는 범위를 이른다. 보통 시선으로부터 위로 60°, 아래로 70°, 안쪽으로 60°, 바깥쪽으로 100°인데 이것은 백색인 경우이고 청색, 적색, 녹색의 순으로 좁아진다.

시 오차 (視誤差, parallax reading error) 눈금을 읽을 때 눈금판과 지침이 떨어져 있기 때문에 눈의 위치에 따라서 읽는 값이 달라지는 것을 시 오차라 한다. 시 오차를 적게 하기 위해서는 눈금판에 거울을 달아 지침을 그 거울에 비치고 상과 일치시켜서 읽는다. 0.5급 이상의 지시 계기에는 보통 거울이 붙어 있다. 광시식 계기(光示式計器)에서는 시차가 생기지 않는다.

시온 도료 (示溫塗料, thermo-paint) 온도의 정도에 따라 색깔이 변화하는 도료로, 이것을 기기 등에 칠해 두면 그 색깔의 변화로 온도를 가늠할 수 있다.

시정 범위 (視程範圍, line-of-sight coverage) 시력에 의해서 볼 수 있는 범위를 이른다.

시정수 (時定數, time constant) (1) 1차 자연계의 인디셜 응답에 있어서, 출력 신호 변화가 정상 최종값의 63.2%에 이르는 시간. (2) 전기 회로에 갑자기 전압을 가했을 경우 전류는 점차 증가하여 마침내 일정한 값에 도달한다. 이 때의 증가의 비율을 나타내는 것으로, 정상값의 63.2%에 달할 때까지의 시간을 초로 표시한다. 전압을 제거했을 때도 이 반대가 성립된다.

시퀀스 (sequence, sequencing) (1) 순서(order)를 지칭한다. (2) 몇 가지 아이템을 어떤 기준에 따라 공간적 또는 시간적으로 순서를 정하여 배열하는 것. 숫자를 크기 순으로 혹은 문자를 알파벳 순으로 배열하거나 계산기의 명령을 일정한 순서로 배열하여 축차 실행하는 것이다.

㊟ 둘 또는 그 이상의 사상이 시간적으로 중복되지 않고 생기는 것이 sequential인데, 두 사상이 연속하여(다른 사상이 그 사이에 끼어들지 않고)생기는 경우는 연속(consecutive) 이라고 한다.

시퀀스 컨트롤러 (sequence controller) 입력 신호의 프로그램에 따라 복수의 출력전 중 특정한 하나를 선택 구동하도록 한 선택 스위치 회로망으로, 다음과 같은 방식이 있다. ① 회전 드럼형 ② 크로스바형 선택 스위치(또는 핀보드 방식) ③ 카드 리딩 방식 ④ 테이프 리딩 방식 등이 있다.

시프트 (shift) 자리(桁) 이동과 같다.

ㅅ

시프트 레지스터 (shift register) 곱셈과 나눗셈을 할 때 숫자의 윗 자리 혹은 아래 자리 쪽으로 임의의 자릿수만큼 벗어나게 하는 회로. 가감산과 숫자의 시프트의 되풀이로 대부분의 계산기의 곱셈, 나눗셈을 할 수 있다.

시프팅 (shifting) 《로런》 로런에 있어서 고장 신호로 스코프상의 영상을 이동시켜서 알리는 방법을 이른다.

시한 (時限, time limit, time period, time interval) 《수용 표시기》 시한이란 최대수용 전력계에 도입된 시간 요소를 이르는 것으로(보통 15~30분 정도) 측정 기간 중 각 시한마다 평균 수용의 최대값을 표시하는 것이 최대 수용 전력계이다.

시한 소자 (時限素子, timing element) 최대 수용 전력계에서는 시간 요소를 도입하는 기구이고, 그 주된 역할은 수용 시한을 결정하는 것이다. 기타 전기 소자의 지시를 늦추는 기구와 기록지 등에 시간 간격을 연속적으로 기록하는 기구 등 여러 가지가 있다.

시한 장치 (時限裝置, timing device) ⇨ 시한 소자.

시한 전동기 (時限電動機, timing motor) 시한을 주는 동기 전동기. 전압은 정격 전압의 80% 이상에서 이상 없이 동작하고, 피상 전력 손실은 정격 전압, 정격 주파수로 5 VA 이하이어야 한다. ⇨ 시한 소자.

시험 (試驗, test) 기계, 기구, 부품, 재료 등의 성능을 조사하여 양부 또는 결함을 검사, 실험, 측정하는 것으로, 그 항목은 피 시험물에 따라 여러 가지로 구분된다.

시험기 (試驗器, set tester, tester) 저항, 직류 전압, 직류 전류, 교류 전압을 하나의 지시계로 전환하여 측정할 수 있는 것. 지시계는 1mA 이하의 직류 계기를 쓰고, 교류에 대해서는 정류기를 병용한다. 피측량은 위에 열거한 것 외에 정전 용량 등을 추가한 것도 있다.

시험 단자 (試驗端子, testing terminal) 예를 들면 지시 저항 온도계의 규격에는 계기의 눈금 교정 시험을 할 때 계기 내부에 있는 조정 저항이 장해가 되지 않도록 측정 단자 외에 별도로 교정 시험을 하기 위한 시험 단자를 설비하도록 규정하고 있다.

시험용 변압기 (試驗用變壓器, testing transformer) 전기 기기의 절연 내력시험 또는 절연 재료의 절연 파괴시험의 전원으로 사용하는 변압기. 전압은 높지만 전류가 작아 일단을 항상 직접 접지해서 사용하는 경우가 많으므로 권선 구조, 절연 방법, 내부 배치에 특별한 고려를 하였고, 전위 기울기의 감소, 내부 진동의 억제를 도모하고 있다. 500 kV 이상의 것은 2개 이상의 단위로 나누어 종속 접속한다.

시험용 클램프 (試驗用——, test clamp) 선조(線條) 도중에서 양쪽으로 구분하고, 시험할 수 있도록 하기 위한 클램프. 보통 나사로 고정시키는 쇠붙이를 사용한다.

시험 장치 (試驗裝置, testing device, testing set) 전기 회로의 각종 측정을 하는 계기 및 계기군으로 구성되는 측정계(測定系)등, 시험에 쓰이는 장치를 이른다.

시험 전류 (試驗電流 test current) 기기의 수명시험 등을 하는 경우에 쓰이는 전류의 값으로, 보통 사용 전류보다 훨씬 큰 전류를 흘린다.

시험 전압 (試驗電壓, test voltage) 내압시험을 할 때 쓰이는 전압을 이른다. 기기에 따라 다르지만 사용 전압의 수 배를 잡는 것이 일반적이다.

시험 접속 (試驗接續, test joint, test splice) 케이블 선로에서 누화를 경감시키기 위하여 그 원인이 되는 전자 결합, 불평형 용량 등을 경감할 수 있도록 측정 결과에 따라 교차 접속한다.

시험 주 (試驗柱, test pole) 나선로에서 구분 시험을 용이하게 하기 위하여 어느 구간마다 회선을 구분하여 그것을 시험 쇠붙이를 통하여 상, 하 부분에 접속하고 있다. 이 구분하는 장치가 설치되어 있는 전주를 이른다.

시험편 (試驗片, test piece) 시험하기에 적합한 치수, 모양의 것을 시험하고자 하는 재료로 작성한 것이다.

신장 PPI (伸張——, stretched PPI) PPI 표시에 있어서 스코프의 극좌표상의 각도 눈금을 균일하게 하지 않고 특정 부분의 각도만을 확대한 표시이다.

신축 조인트 (伸縮——, expansion joint) 온도 변화에 따른 신축으로 생기는 무리한 응력을 피하기 위해서 관로에 설치하는 조인트. 고무 조인트, 파형 조인트, 밴드 조인트 등이 있다.

신코페이션 (cycle syncopation) 교류 회로에 있어서 사이리스터 등을 사용하여 복수 개의 연속 반 사이클을 교대로 온・오프함으로써 하는 부하 전류의 조정법. 버스트 점호(burst firing)라고도 한다.

신틸레이션 (scintillation) 어떤 종류의 물질(예를 들면 황, 아연)에 방사선을 쪼이면 섬광을 발생하는 것을 이른다. 레이더 표시에 있어서 목표의 평균 위치로부터의 신속하고 현저한 이동이 일어난다.

주 이것은 목표상의 실효 반사점의 이동에 한정되지 않는 경우는 포함하지 않는다.

신틸레이션 계수관 (——計數管, scintillation counter) 방사선에 의해서 발광하는 물질과 광전 증폭관을 설치하여 섬광의 수를 전자류로 바꾸어서 계량하여 방사선의 양을 계측하는 장치이다.

신틸레이션 스펙트로미터 (scintillation spectrometer) 신틸레이션 검출기를 사용하여 방사선의 에너지 스펙트럼을 측정하는 장치이다.

주 형광 물질을 이용하여 검출하여야 할 방사에 의해서 형광물질 중에 상실되는 에너지에 비례하는 수의 광학 광자를 해방하는 형광 물질을 사용한 신틸레이션 카운터를 만들면 광전자 증배관의 양극에 발생하는 출력 펄스는 형광 물질 속에 해방된 에너지에 비례한다. 형광 물질층을 두껍게 하여 검출하여야 할 입자의 에너지를 전부 흡수하도록 하면 출력 펄스는 검출하여야 할 입자의 총 에너지에 비례한다. 이 경우에 출력 펄스를 그 높이에 따라 선별함으로써 신틸레이션 스펙트로미터가 얻어진다.

신틸레이터 (scintillator) 방사선이 조사됨으로서 섬광을 내는 물질이며, 방사선 검출에 사용된다.

신호 강도 (信號强度, signal strength) 도래 전파의 세기이다.

신호기용 발진기 (信號器用發振器, ringer oscillator) 전신 또는 전화 교환의 호출 신호 전원에 사용하는 발진기이다.

신호 대 클러터 비 (信號對——比, signal-clutter ratio) 레이더 이동 목표 표시장치(MTI)에 있어서, 목표로부터의 평균 에코 전력과 동일 장치 내에 존재하는 클러터원으로부터의 평균 수신 전력의 비율이다.

신호 램프 (信號——, signal lamp) (1) 신호기의 전등. (2) 수신호에 사용하는 등기(燈器)를 이른다.

신호 레버 (信號——, signal lever) 철도의 연동 장치에서 신호기를 동작시키는 레버이다.

신호 레벨 (信號——, signal level) 전송계의 임의의 점에서 신호 전류의 세력을 신호 레벨이라 하고, 보통 1 mW를 기준으로 한 데시벨로 나타낸다. 즉 1 [mW]는 0 dB, 10 [mW]는 10 dB, 100 [mW]는 20 dB, 0.1 [mW]는 −10 dB이다.

신호 발진기 (信號發振器, signal oscillator) 수신기, 증폭기를 시험하기 위하여 그에 필요한, 이미 알고 있는 전압의 각종 주파수를 발생하는 측정장치. 이 신호는 변조되어 있을 때도 있다.

실드 (shielding, screening) ⇨ 차폐.

실드 링 (shielding ring) 애자련(碍子連) 전

체의 전위 분포를 평등하게 하여 이상 전압에 대한 애자련의 내압력을 높이고, 또한 애자를 보호할 목적으로 애자련에 설치하는 고리 모양의 쇠붙이이다. ⇐ 아크 링.

실드 선 (── 線, shielding wire) ⇨ 차폐선.

실드 케이블 (shielded cable) ⇨ 차폐 케이블.

실드 케이스 (shielding case) 차폐용 상자 또는 덮을 수 있게 만든 것. 특별히 지적하지 않을 때에는 전기적 실드로 전기 도체를 지칭하지만 자기 차폐, 기타도 있다.

실란 (silane) 기호 SiH_4, 무색의 기체로, 끓는점이 낮고, 실리콘의 에피택시얼 성장 등에 사용된다.

실렉터 (selector) (1) 하나의 입구와 복수의 출구(또는 그 반대로 복수의 입구와 하나의 출구)를 가진 스위치로서, 선택 신호에 의해 복수의 출구(또는 입구)의 하나를 골라내는 기능을 가진 것. ⇨ 선택 게이트. (2) 상태를 질문하여 그 응답에 따라 복수의 가능한 동작 중 하나를 택하여 이것을 개시하는 장치. (3) 회로나 장치에서 진폭, 위상, 시점 등, 특정한 성질을 골라내는 장치이다. ⇨ 스트로보법.

실렉턴스 (selectance) 선택률이라고도 한다. 선택도의 정도를 나타내는 말이다.

실루엣 효과 (── 效果, silhouette effect) 도로 조명에 있어서는 대체로 조도가 별로 높지 않으므로 물체가 배경이 되는 도로면 보다도 어두운 그늘이 되어 보인다. 그 효과를 이른다.

실리카 (silica, SiO) 석영이 대표적이다. 자외부에서 적외부에 걸쳐 투명하므로 프리즘 등에 쓰인다. 보통은 불순물로 착색되어 있다. 실리카를 탈수하여 입상(粒狀)으로 한 것을 실리카 겔이라고 하는데, 뛰어난 흡착제로서 수분, 용제의 흡착, 회수에 쓰이고, 또 재생할 수도 있다.

실리콘 (silicon) 기호 Si, 원자 번호 14의 반도체 원소. 실리카(SiO_2)로서 자연계에 풍부하게 존재하며 반도체 재료로서는 가장 많이 사용되고 에너지 갭은 300 k에서 1.09 eV, 또 전자의 이동도는 $0.15m^2/V \cdot s$이다.

실리콘 광전지 (── 光電池, silicon photocell) 실리콘에 예컨대 비소를 첨가하여 n형 반도체층을 형성하고 그 위에서 붕소를 도프하여 n형 반도체를 만든다. 이렇게 하여 형성된 pn 접합층에 빛을 투사하면 광자가 이 부분을 여기하여 전자와 정공의 흐름이 발생한다.

실리콘 다이오드 (silicon diode) 실리콘의 결정으로 만든 다이오드이다.

실리콘 수지 (── 樹脂, silicon resin) 상품명(GE사, 미국)이지만 유기 규소 화합물의 일반명으로 사용되고 있다. 선상의 중합체는 열가소성이어서 실리콘유, 실리콘 그리스, 규소 고무 등으로 되고 또 3차원 중합체는 열경화성이므로 절연 바니시, 적층판 등으로 사용된다. 내열성, 내수성, 내한성이 우수하다.

실부하 시험 (實負荷試驗, actual loading test) 전기 기기의 온도시험 등을 할 때 실제로 정격 출력에 상당한 출력을 내어서 하는 시험을 이른다.

실시간 동작 (實時間動作, real time operation) 입력에 수치가 주어지면 즉각 필요한 연산을 수행해 나가는 계산기의 동작을 이르는데, 측정기, 제어장치 등과 일체가 되어 사용되는 계산기에 요구되는 조건이 된다. 종전에는 실시간 동작을 하는 것은 대개 상사형이었으나 연산 속도가 고속화됨에 따라 계수형도 사용되기에 이르렀다.

실온 (室溫, room temperature) 실내 온도를 가리키는 것으로, 시험 규정 등에서는 기준 온도의 뜻으로 사용된다.

실용 단위 (實用單位, practical unit) 실용 단위계에 속하는 단위를 실용 단위라 한다. 예전에는 국제 실용 단위계가 사용되었으나 현재 사용되고 있는 실용 단위계는 절대 단위계이다. ⇨ 절대 단위.

실용 수명 (實用壽命, service life, working life) ⇨ 유효 수명.

실 이용률 (室利用率, room utilization factor) 《조명》 작업면에 받는 광속과 조명 기구에서 방사되는 광속의 비율. 상호 반사율(interflectance)이라고도 한다.

㊟ 조명률(coefficient of utilization)이라고 하는 경우에는, 조명 기구 내의 램프에 의해 발생하는 광속에 대한 것이므로, 위와 같은 기구에 의한 광속과는 다르다.

실장 (實裝, mounting) 기기 혹은 부품을 기판 또는 가대(架臺) 등에 부착하여 실제로 사용할 수 있도록 배치하는 것을 이른다.

실장 예비 (實裝豫備, mounted spare) 예비품이 설치 장소에 실장되어서, 간단한 조작으로 즉시 실용할 수 있는 상태에 있는 것을 이른다.

실 절연 케이블 (絲絶緣——, textile insulated cable) 에나멜 피막을 갖는 도체상에 견사나 면사를 긴밀하게 감아서 절연층으로 하는 심선을 집합하여 케이블 심으로 한 케이블. 국내 케이블에 사용한다.

실제 감쇠량 (實際減衰量, net attenuation) ⇨ 실효 전송량.

실제 발전량 (實際發電量, net generation) 총 발전량에서 발전소 사용 전력량을 뺀 값이다. ⇨ 총발전량.

실제 치자속 밀도 (實際齒磁束密度, actual tooth density) 슬롯이 달린 기계의 철심의 이(齒) 부분에 실제로 통하는 자속을 이의 단면적으로 나눈 값. 이의 자속 밀도가 1.7 Wb/m² 정도 이상이 되면 이부분의 자기 포화 때문에 일부분의 자속은 슬롯 부분 등을 통하므로 이들 부분을 통하는 자속을 제외하고 실제로 이 부분만을 통하는 자속에 대한 자속 밀도를 지칭한다.

실제 효율 (實際效率) (1) intrinsic efficiency 효율비(efficiency ratio), 즉 이론적인 일에 대한 유효한 일의 비(比)를 실제 효율 또는 유효 효율(effective efficiency)이라고 할 때가 있었으나 오늘날에는 거의 쓰이지 않는다. (2) net efficiency 실제 발전량과 발전소 입력 에너지의 비율을 이른다.

실측 효율 (實測效率, efficiency by input-output test) 기기의 입력과 출력을 직접 측정하여 출력/입력을 효율로 하지만 이 방법은 출력 및 입력을 정확하게 측정하기가 매우 어렵기 때문에 일반적으로 규약 효율을 사용한다. 또 이 방법에서는 권선의 온도에 대해서는 별도로 권선의 기준 온도(75℃ 또는 115℃)의 값으로 환산할 필요는 없다.

실 퓨즈 (wire fuse) 선형의 퓨즈, 대개 납이 사용된다.

실험국 (實驗局, experimental station) 과학 또는 기술의 개발을 위한 실험을 하기 위해서 개설된 무선국. 실용하지는 않는 것이다.

실호 (失弧, misfiring) 격자 제어 수은 정류기에서 격자에 정전위를 가하여 양극에 통전시켜야 할 때 통전하지 않는 현상. 인버터로 사용하고 있을 때 실호가 생기면 단락 상태가 된다.

실회선 (實回線, side circuit, physical circuit) 케이블에서 4가닥의 심선으로 된 연합 요소에 성형 쿼드와 DM 쿼드가 있다. 성형 쿼드는 4개의 선조가 정방향의 정점에 있도록 평등하게 꼬아 합친 것으로, 대각으로 있는 두 선조는 실회선(측회선)을 형성한다. DM 쿼드는 2쌍을 꼬아 합친 것으로, 각 쌍이 실회선을 형성한다. 지금 그림에서 1-2, 3-4를 각각 실회선이라 하면, 그림에 표시한 바와 같이 변성기를 사용함으로써 실회선 1-2, 3-4와는 전혀 독립된 회선 5-6을 얻을 수 있다. 이것을 실회선에 대비하여 중신 회선이라 하고, 이와 같은 구성을 중신 구성이라 한다.

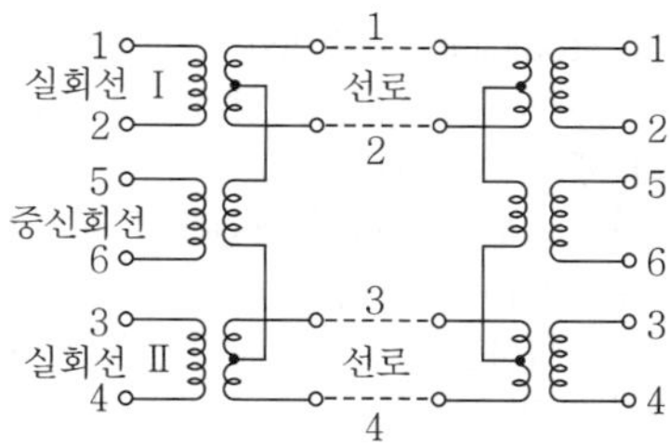

[실회선]

실효 감쇠량 (實效減衰量, effective attenuation) ⇨ 실효 전송량.

실효값 (實效價, root-mean-square value, RMS value) 임의 주기파의 순시값의 1주기에 걸친 평균값의 제곱근을 이른다. 정현파의 경우에는 그 최대 진폭의 0.707배가 된다. 교류의 실효값과 그 크기가 같은 직류 전류는 동일 저항에 흘렸을 때 그 교류 전류와 같은 열량을 발생한다.

실효 길이 (實效——, effective length) 안테나에서 동일 전계 강도를 주는 단위. 다이폴의 길이와 균일 전류의 곱을 안테나 전류 최대점의 전류로 나눈 전기적 길이를 이른다.

ㅅ

실효 높이 (實效, effective height)《공중선》 어떤 공중선의 전류 분포가 그림과 같은 경우, 그 기부전류(基部電流) OA와 고른 전류 분포를 갖는 원 공중선과 같은 방사효과를 나타내는 가상 공중선의 높이를 원 공중선의 실효 높이라 한다. 지금 원 공중선의 전류 분포를 $i=I_0 \sin\frac{2\pi}{\lambda}(l-x)$ 라 하고 I_0을 기부 전류라고 하면 그 실효 높이 h_e는 $h_e=\frac{1}{I_0}\int_0^l idx=\frac{2}{\pi}l$ 이 된다.

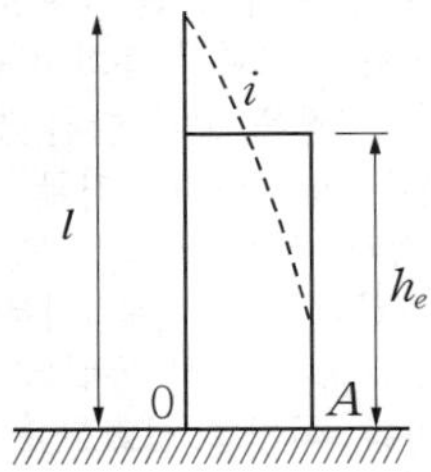

[실효 높이]

ㅅ

실효 등방 방사 전력 (實效等方放射電力, effective isotropically radiated power) 약어 EIRP, 목적하는 방향을 향하여 방사되는 전파의 세기를 나타내는 양으로, 송신기 + 실제 안테나계에 의하여 공간의 주어진 장소에 주어지는 것과 같은 전력 밀도를 그 장소에 부여하는 송신기+등방성 안테나계의 송신 전력을 이른다. 송신기 전력이 10 kW, 안테나의 이득이 5,000이라면 EIRP는 50 MW이다.

실효 리액턴스 (實效──, effective reactance) 회로에 교류 전압 V를 가하여 전류 I가 흐를 때, 그 전력 및 무효 전력을 각각 P_a 및 P_r이라 하면 P_a/I^2는 실효 저항이고, $-P_r/I^2$은 실효 리액턴스이다.

실효 면적 (實效面積, effective area)《공중선》 수신 공중선 부근에 도래되는 입사파의 전력 밀도를 P_r, 그 공중선의 부하로 흡수되는 전력을 W라 하면, P_r에 대한 W의 비, 즉 W/P_r을 그 공중선의 실효 면적이라 한다. 또 부하에서 흡수되는 최대 전력을 W'라 하면 $W' \times P_r$을 그 공중선의 최대 실효 면적이라 한다. 예를 들면, 반파장 공중선의 최대 실효 면적은 $0.13\lambda^2$이 되므로 $0.13\lambda^2 \fallingdotseq \lambda/2 \times \lambda/4$의 관계에서 $\lambda/2$를 한변으로 하고 $\lambda/4$를 다른 변으로 하는 구형에 상당한 면적을 통과하는 도래파에서 에너지를 포착하게 된다.

실효 방사 전력 (實效放射電力, effective radiated power) (1) 안테나 입력 전력과 안테나의 전력 이득의 곱. 단위는 kW. (2) 안테나에 공급되는 전력과 주어진 방향에 대한 안테나의 상대 이득을 곱한 것. 공급 전력 P와 상대 이득 G를 각각 데시벨로 나타낸 경우에는 실효 방사전력 [dB]는 $P+G$로 주어진다.

㊟ 급전선에 손실이 있으면 이것은 공제한다.

실효 어드미턴스 (實效──, effective admittance) 실효 임피던스의 역수를 가리킨다. ⇨ 실효 임피던스(effective impedance).

실효 인덕턴스 (實效──, effective inductance) ⇨ 피상 인덕턴스.

실효 일그러짐 (實效──, effective distortion) 전신 일그러짐은 어떤 전신회선에 있어서 반드시 일정하지는 않고, 그 회선의 일그러짐 양의 빈도 분포가 구하여지면 편이상 정해지는 실효값이 있다. 예를 들면, 정규 분포라면 표준 편차가 구해지면 그 양이 실효 일그러짐이다.

실효 임피던스 (實效──, effective impedance) 교류 회로의 입력단, 또는 장치와 부품의 두 단자 사이에서 측정한 실제 임피던스를 이른다. 부유 커패시턴스, 부유 인덕턴스, 포피 효과, 누설 전류 등은 주파수가 높아짐에 따라 점차 증가하고, 따라서 실효 임피던스는 고주파역과 저주파역에서 상이하다.

실효 저항 (實效抵抗, effective resistance) 교류 회로에는 직류 저항 외에 콘덴서의 유전체 손, 코일의 권선틀로 사용한 절연물, 부근의 도체에 발생하는 와전류에 의한 여러 가지 전력 손이 발생한다. 이 전체 손실이 전부 그 저항 중에서 생긴 것으로 간주하여 산출된 저항이다.

실효 전송 당량 (實效傳送當量, effective transmission (equivalent)) 장거리 전화 회선에서처럼, 증폭기, 선로 등의 이득 회로와 손실 회로가 차례로 종속된 전기 회로에 있어서, 입력단과 출력단만을 주목해서 전송 능률을 표준 전송 회로의 전송량을 단위로 생각할 때, 이것을 양단 간의 실효 전송당량이라 한다.

실효 전송량 (實效傳送量, effective transmission rating) 실효 전송 당량에 있어서 양단의 전력비로 전송 능력을 나타낸 것을 실효 전송량이라 하고, 절대값은 잔류 손 또는 잔류 이득이라 한다.

실효치 (實效値, effective value, root mean square value, RMS value) 어떤 파형의 실효값이란, 순시값의 제곱을 1주 기간으로 평균한 값의 평방근을 말한다. 정형파에서는 최대값의 $1/\sqrt{2}$이다.

실효 투자율 (實效透磁率, effective permeability) 가로 축에 전류 실효값을, 세로 축에 자속 밀도를 취하여 그린 자화 특성 곡선에서의 자속 밀도와 전류 실효값의 비율이다.

심구 농형 전동기 (深溝籠型電動機, deep-slot squirrelcage motor) ⇨ 심구 전동기.

심구 전동기 (深溝電動機, deep-slot motor) 3상 농형 유도 전동기의 일종. 회전자의 슬롯이 폭에 비해서 깊은 구조로 된 것인데, 기동 전류를 억제하여 기동 토크를 크게 하는 효과가 있다. 기동시에 회전자에서의 자속의 주파수는 1차 주파수와 같으므로 대부분의 기동 전류는 도체의 바깥쪽 리액턴스가 낮은 부분을 통한다. 따라서 기동시에는 도체의 저항이 높은 것과 같은 결과가 되어 기동 특성을 개선한다.

심리스 슬리브 (seamless sleeve) 방열형(傍熱形)산화물 음극의 슬리브의 하나로, 니켈판으로 만들어낸 이은 곳이 없는 통을 이른다. ⇨ 록심 슬리브(rockseam sleeve).

심벌 레이트 (symbol rate) 디지털 통신에 있어서 전송되는 매 초의 심벌 수. 변조 속도와 같은 뜻이다. ⇨ 변조 속도.

심블 (thimble) 선 따위(전선, 지선, 메신저)의 억류 지점에 클램프 대신 또는 지선을 접속할 때 사용되는 단면에 가지 모양의 홈이 있는 쇠붙이를 이른다.

심선 (心線) (1) core 절연 전선 또는 케이블의 중심부에 있는 도선. (2) conductor 케이블의 심선으로 사용되는 도체를 이르며, 절연물을 포함하지 않는다.

심선 절연 (心線絶緣, core insulation) 케이블의 심선이 되는 도체의 절연을 가리키는 것으로, 리봉지(紙) 또는 펄프, 폴리에틸렌, 발포 폴리에틸렌 등이 사용된다.

심전계 (心電計, electrocardiograph) 심장 근육 활동으로 발생하는 기전력을 생체 표면에서의 2점 간의 전위차로 검출하여 증폭한 후, 기록지에 파형으로 표시하도록 한 장치이다.

㈜ 측정하여야 할 전기량은 0.1~200 Hz, 0.1~4 mV의 전압 파형이며 이와 같은 신호 전압을 분극 전압이나 잡음에서 분리하는 것, 생체의 안전을 확보하는 것이 심전계를 포함한 모든 의료용 측정기가 갖추어야 할 요건이다.

심해선 (深海線, deep sea cable) 심해부(400 m) 이상에 사용되는 해저 케이블. 외장 철선으로 강선(鋼線)을 사용하며, 항장력을 증가함과 동시에 바깥 지름(外徑)을 작게 하여 중량을 가급적 감소시키는 구조로 되어 있다.

10진 저항기 (十進抵抗器, decade resistance) 가변 저항기의 한 종류. 각 다이얼의 저항값이 10진법으로 변화하게 되어 있는 것이다.

싱글 엔드 증폭기 (── 增幅器, single-ended amplifier) 입력도 출력도 모두 그 단자 쌍의 한 쪽이 접지 되어 있는 증폭기이다.

싱글엔드형 (single-ended type) (1) 전기회로 또는 장치의 단자 쌍의 한 쪽에서만 입력이 주어지거나 혹은 출력되는 구조에 대한 용어. 다른 한 쪽 단자는 보통 접지되지만 경우에 따라서는 대지에 대하여 일정한 바이어스 전압을 갖는 (driven-off ground) 경우 혹은 부동하고 있는 수도 있다. 이에 대하여 두 단자 모두 액티브한 구조를 더블 앤드형이라 한다. 양쪽 단자의 신호는 대부분 차동적으로 작용한다. 이러한 경우에는 양쪽 단자에 공통으로 들어가는 신호는 회로(또는 장치)에 대하여 방해를 준다(⇨ 동상분 방해). (2) 차량 등에서 그 한 쪽 끝에서만 제어하도록 되어 있는 제어방법 또는 장치. 양단에서 제어할 수 있는 더블 엔드형의 대응어. (3) 《계산기》 한쪽 끝에서만 데이터를 격납하거나 혹은 꺼낼 수 있는 구조의 대기행렬 스택, 어느 끝에서도 데이터를 출입할

ㅅ

수 있다. 더블 엔드형 큐(deque)의 대응어. (4) 패키지의 한 쪽에만 외부 접속선이 인출되어 있는 부품 구조. 싱글 인 라인 패키지로서 SIP라 하며 양쪽으로 인출선 배열을 가진 DIP와 대비된다.

싱크 (sink) (1) 소스(에너지 발생원)로부터 에너지를 수취하는(흡수하는) 장치 또는 장소. (2) 벡터장에서, 소스로부터의 역선 속이 거기서 끝나는 장소. (3) 전계효과 트랜지스터에 있어서, 소스 전극에서 공급되는 전자 또는 정공을 받아들이는 전극, 드레인 전극(drain electrode)이라고 하며, 보통 D라는 기호로 표현한다.

싱크로 (synchro) 《전기》 선로를 이용하여 회전위치 또는 회전운동을 먼 곳에 전달하기 위해 사용되는 일종의 회전 전기(電機). 일종의 퍼텐쇼미터이지만 싱크로의 회전부분(회전자)은 퍼텐쇼미터의 슬라이더와는 달리 습동 마찰 등이 없고 동작 정도(精度)가 매우 높다. 목적에 따라 보통 송단·수단에서 같은 형의 싱크로가 짝으로 송·수신계를 구성하고 있다. 이 밖에 각도/전압 변환기로서의 제어 변압기, 각도의 차이를 전압으로 변환하는 차동 송신기, 고정자와 회전에 주어진 전압의 차이에 비례한 출력 토크를 발생하는 차동 수신기 등이 있다.

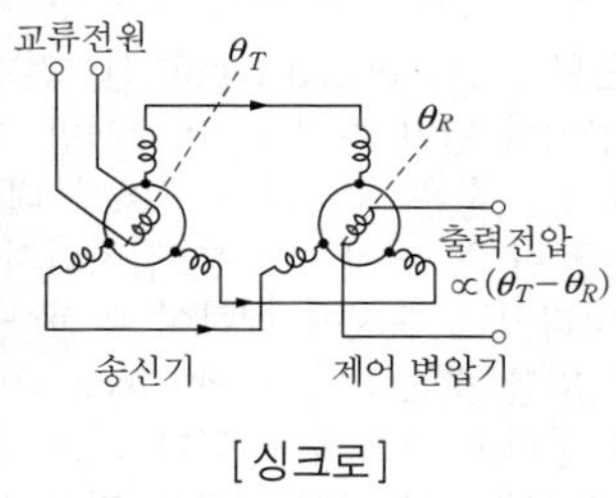

[싱크로]

싱크로스코프 (synchroscope) 《레이더》 (1) 브라운관 오실로스코프의 하나로서, 트리거 오실로스코프 또는 펄스용 오실로스코프라고도 한다. 입력 신호는 브라운관의 수직축에 가해지는 동시에 트리거 회로에 가해져서 트리거 펄스를 발생하여 톱니파 발생회로의 시동을 제어한다. 이것을 트리거 소인이라고 하는데, 그 때문에 시간 축은 항상 피측정 파형과 동기한다. 순간적인 현상이나 불규칙한 주기의 파형, 과도 현상의 측정이 용이하다. 또 파형의 일부를 확대할 수 있고 전압, 주파수의 정량(定量) 측정이 가능한 등의 특징이 있다. 주파수 특성이 양호하며 DC~수백 MHz의 주파수 대역을 가진 것이 있다. 일그러짐이 없는 측정이나 관측을 할 수 있다. (2) 동기 검정기, 즉 두 주기량이 동기하고 있는지 여부를 지사하는 측정기이다.

쌍곡선 전자 혼 (雙曲線電磁——, hyperbolic horn) 쌍곡선형을 한 전자 혼으로, 도파관의 개방단에 설치하여 사용된다. 이와 같은 모양으로 하면 도파관의 특성 임피던스와 공간의 고유 임피던스의 정합을 하는데 매우 효과가 있다. 따라서 마이크로파의 방사 효율도 높아진다. ⇨ 전자 혼.

쌍극 극판 (雙極極板, bipolar electrode) 양극과 음극 중간에 두어진 극판으로, 양극판을 향하는 면은 −로, 음극판을 향하는 면을 +로 작용하는 극판이다.

쌍극자 (雙極子, dipole) (1) 분자 구조가 비대칭인 물질은 분자 속의 +, −의 전하가 크기는 같지만 중심(重心)은 약간의 거리를 두고 존재한다. 이것을 쌍극자라고 하며, 분자가 이러한 상태에 있는가 어떤가는 유전율이나 유전정접(tan δ) 등의 성질과 깊은 관계가 있다. (2) 반대 부호의 같은 양의 전하 또는 자극이 극히 가까운 거리에서 서로 대치하는 것을 이른다.

쌍대 회로망 (雙對回路網, dual network inverse network) 어떤 n포트 회로망의 임피던스 매트릭스가 다른 n포트 회로망의 어드미턴스 매트릭스와 같을 때(임피던스 매트릭스의 역수와 같을 때) 전자는 후자의 쌍대(雙對)라고 한다. 포트의 내부 구조에 대해서는 별로 묻지 않지만 내부 구조까지 언급한 가장 엄밀한 정의도 있다(회로망 합성 등의 견지에서는 후자의 정의가 바람직하지만). 플래너 회로(교차 브랜치 없이도 동일 면상에 그릴 수 있는 회로)에 대하여서는 그 상대 회로는 확실히 있지만 플래너가 아닌 것이나 변압기(상호 인덕턴스)를 포함하는 회로 등에서는 쌍대 회로가 존재하지 않는다. 특히 2단자의 경우에는 R^2를 정상수로 하여 $Z_a \cdot Z_b = R^2$의 관계가 있을 때 양자는 쌍대이다.

쌍안정 회로 (雙安定回路, bistable circuit) 두 안정 상태를 유지하고, 트리거에 의해서 어느 상태로도 이행할 수 있는 회로를 이른다. 플립플롭 등이 있다.

쌍와류 수차 (雙渦流水車, twin spiral water turbine) 1개의 축상에 2개의 러너를 얹은 와권형 케이싱의 프란시스 수차. 일반적으로 2륜 와권 수차라고 한다.

쌍원추 전자 혼 (雙圓錐電磁——, biconical horn) 공축 원추를 2개 서로 마주보게 한 전자 혼으로, 마이크로파를 수평면 내에 각 방향으로 고르게 방사시키는 데 효과가 있다.

쌍자관 (雙子管, twin tube) 동일 관구 속에 같은 종류의 전극계를 2조 봉해 넣은 복합관이다.

쌍자 접점 (雙子接點, twin contact) 각 접점 스프링 끝에 접점을 2개 붙이고 서로 마주 보는 두 스프링의 적어도 한쪽을 두 갈래로 해서 2조의 접점을 병렬로 접속한 것과 같은 효과를 갖게 하여 접점 신뢰도를 높게 한 전기 기기의 접점이다.

쌍자 코일 (雙子—— twin coil) 변압기의 판 코일을 2개 마주 붙이고 안쪽에서 접속한 것. 변압기의 권선을 조립하려면 쌍자 코일을 절연통 위에 겹쳐 쌓고 그 바깥쪽에 나와 있는 인출선을 차례로 접속한다.

쌍정 (雙晶, twin crystal) 동일 물질의 2개의 결정이 결합하고 있는 것. 수정 진동자에서는 쌍정의 부분은 쓰이지 않는다.

쌍 축선식 (雙軸先式, double-pivoted pattern) 《계기》 계기의 가동부 축 양단이 피보트를 형성하여 축받이로 받치고 있는 형태의 가동부 지지방식 등을 쌍축선식이라 한다.

쌍투 스위치 (雙投——, double throw switch) 나이프 스위치의 하나로, 1개의 날과 2조의 클립이 있어 날을 어느 쪽 클립으로 젖히느냐에 따라 회로가 전환이 되는 것을 이른다.

쌍향 공중선 (雙向空中線, bilateral antenna) 180°다른 2방향으로만 가장 강하게 전파를 반사 또는 수신할 수 있게 만들어진 안테나이다.

쌍향 정류기 (雙向整流器, double-way rectifier) 정류기에 있어서 교류 전압 회로와 그것에 도전적으로 연결된 정류회로 분기 간에 전류가 양 방향으로 흐르는 경우를 이른다. 쌍향인가 단향인가는 정류기가 그에 연결되는 정류기 변압기의 권선을 흐르는 전류에 어떠한 영향을 주는가를 의미하는 용어이다. 쌍향 정류기는 브리지 정류기라고도 한다.

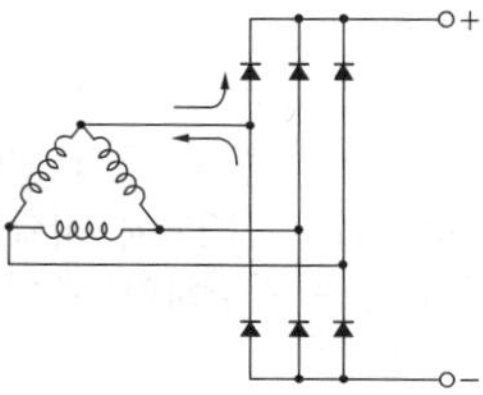

[쌍향 정류기]

쐐기 (wedge) 슬롯의 개구부(開口部) 홈에 끼워서 코일변이 튀어 나오는 것을 방지하기 위한 합성 수지, 파이버 등의 부품을 이른다.

C급 증폭 (——級增幅, class C amplification) 그리드 바이어스 전압값을 B급보다 더 깊게 정하여 평상시에는 플레이트 전류가 없고 그리드 입력이 있을 때에만 입력 교류의 반주기보다 한층 짧은 시간만 플레이트 전류를 흘리도록 조정하는 것으로, 플레이트 효율이 높아 무선 주파 증폭기, 주파수 체배기 등에 쓰이지만 일그러짐이 많기 때문에 음성 주파 증폭에는 쓰이지 않는다.

CW (continuous wave) ⇨ 지속 파.

C동조 (——同調, C tuning) 공진회로를 구성하는 요소 중의 콘덴서의 용량을 바꾸어서 동조를 잡는 것을 이른다.

C 스코프 (C scope) 레이더에 있어서 목표가 블립으로 나타나 수평 좌표로 방위를, 수직 좌표로 고저각을 지시하도록 한 구형 표시를 가리킨다.

CCD (charge coupled device) 실리콘 기판 위에 산화막 절연층을 매개하여 전극 어레이가 만들어져 있으며, 전극과 기판 사이에 전압을 잇달아 부여하여 다른 방법으로 만든 소수 캐리어(표면 전하)를 전송해 나가는 것으로, 시프트 레지스터나 촬상장치 등에 사용된다. 전하 결합 소자라고도 한다.

C.I.E. (International Commission on Illumi-

ㅅ

nation) ⇨ 국제 조명 위원회.

C.I.G.R.E. (Conference International des Grands Reseaux Elcetrique) ⇨ 국제 송전망 회의.

CMOS (complementary metal-oxide semiconductor) p 채널의 MOS 트랜지스터와 n 채널의 그것을 서로 절연하여 동일 칩에 만들어 넣어 양자가 상보적으로 동작하도록 한 것. 소비 전력은 μW 정도이고 동작은 고속, 잡음 배제성이 좋다. 전원 전압의 넓은 범위에서 동작하고, TTL에 적합하며 동일 회로 내에서 공존 가능하다. 팬아웃 용량도 크다.

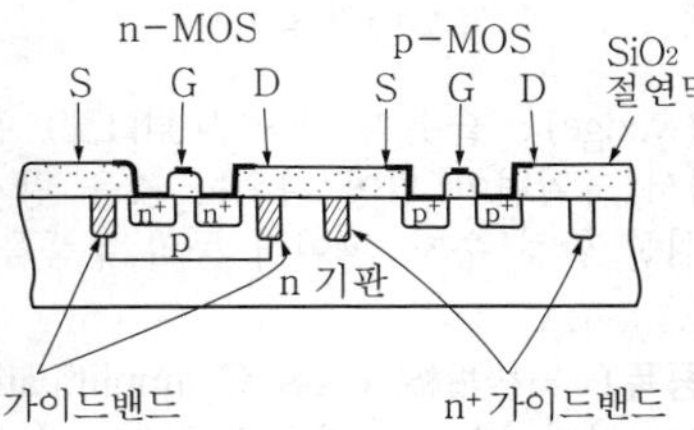

[CMOS]

C종 절연 (—— 種絶緣, class C insulation) 허용최고 온도 180℃ 초과에 충분히 견딜 수 있는 재료로 구성된 절연을 이른다. 예를 들면, 생 마이카, 석면, 자기 등을 단독으로 써서 구성한 것, 또는 접착 재료와 함께 사용한 것을 이른다.

CGS 전자 단위 (—— 電磁單位, cgs electromagnetic unit) 길이, 질량 및 시간의 단위로 각각 cm, g 및 sec를 쓰는 경우, 서로 같은 두 세기의 자극을 진공에서 1cm를 떼어 놓았을 때 그 사이에 작용하는 힘이 1다인이 되는 자극의 세기를 단위로 정한 단위계이다.

CGS 정전 단위(—— 靜電單位, cgs electrostatic unit) 전자기 현상을 나타내기 위한 단위계의 하나로, 진공의 유전율을 1로 하는 cgs 단위계이다. 길이, 질량 및 시간의 단위에 각각 cm, g 및 sec를 쓰는 경우 2개의 서로 같은 크기의 전하를 진공 중 1cm 떼어 놓았을 때 그 사이에 작용하는 힘이 1다인이 되는 크기의 전하를 단위 정한 단위계이다.

C층 (—— 層, C layer) 지상 500 m 내지 10 km 이하의 이른바 대류권 이하의 높이에서 대기의 온도 분포상태가 급변하고 있는 경우, 여기에 대기의 유전율의 불연속 면을 발생하여 이곳으로부터 전파가 부분 반사하는 현상을 보일 때가 있다. 이 반사층을 C층이라고 한다. 단, 오늘날에는 C층이 존재하지 않는다는 학설도 있다.

C표시 (—— 表示, C display) 레이더에 있어서 목표가 블립으로 나타나 수평 좌표로 방위, 수직 좌표로 고저각(高低角)을 지시하게 한 구형 표시를 이른다.

아날로그 (analog) (1) 연속적으로 변화하는 물리량 혹은 그와 같은 양에 의해서 동작하는 장치. (2) 연속적으로 변화하는 물리량에 의해서 표현된 데이터에 관하여 사용되는 형용사를 이른다.

注 아날로그는 디지털에 대한 용어로서, 본질은 이산적이 아니라 연속적이란 뜻이다.

아날로그 계산기 (—— 計算器, analog computer) 풀어야 할 문제의 미분 방정식과 등가한 전기회로를 구성하여 적당한 초기 조건하에 회로를 동작시켜 방정식 풀이에 상당한 회로 전압의 시간적 변화를 오실로스코프나 플로터에 그리도록 한 것. 오실로스코프 상의 파형이 정지된 것처럼 보이도록 현상은 일정한 주기로 반복된다. 회로의 구성 요소는 적분기, 계수기, 가산기 등이고, 이들은 연산 증폭기에 의해 만들어진다. 상사 계산기라고도 한다.

아날로그-디지털 변환기 (—— 變換機, analog-to-digital converter) (1) 연속 변화량의 함수인 연속 신호(아날로그 신호)를 그에 대응성을 갖는 일련의 이산적인 수치열로 변환하는 장치. (2) 아날로그 양을 어떤 종류의 수치 출력 혹은 부호로 변환하여 출력하는 장치. 장치에 대한 입력 신호는 피 측정량 자신 또는 그로부터 유도된 아날로그 신호이다.

注 A-D 변환이라고도 한다. ⇨ 전압 주파수 변환형, 축차 비교법, 램프 전압형.

아날로그 레코딩 (analog recording) 오디오용 카세트 테이프 레코더를 사용하여 디지털 신호를 아날로그 기록/재생하는 경우가 많은데, 그 경우의 부호화 방식으로는 다음과 같은 것이 있다. ① 단일 톤 온 오프(single-tone ON-OFF) ② 주파수 시프트 키잉(FSK) ③ 펄스 비(pulse ratio)인데 이것은 다시 두 가지로 구별한다. (a) single-tone, (b) dual-tone ①은 비트 1에 대하여 하나의 톤(저주파수 신호)을 대응시켜 비트 0을 무기록으로 하는 것이다. 이 방식은 테이프 속도의 영향을 받기 쉬워 거의 사용되지 않는다. ②는 비트 1, 0에 대하여 각각 상이한 주파수를 사용하는 것으로, 역시 테이프 속도의 영향을 받기 쉽기 때문에 600 bps 정도의 저속기에서 사용된다. ③의 (a)는 ①의 단일 톤 온 오프와 마찬가지의 것이나 다만, 비트 1에 대하여서는 비트 시간 길이(유의 간격)의 2/3 정도, 또는 비트 0에 대하여서는 1/3 정도만큼 모두 동일 톤으로 기록하는 것이다. 이 방식은 테이프 주행 속도 변화의 영향을 받기 어렵고 또 테이프 기록에서 재생용 클러크 펄스를 인출할 수 있는 이점도 있다. ③의 (b)는 ③의 (a)와 마찬가지이고 다만, 비트 1, 0에 대하여 별도의 톤을 사용하여 기록하는 점이 다르다. 800 bps 정도의 전송 속도가 가능하고 소형 계산기용 테이프로 많이 사용되고 있다. 페이즈 록트 루프 기구를 사용하면 전송 속도를 2,400 bps 정도로 높일 수 있다 ⇨ 페이즈 록트 루프.

아날로그 변조 (—— 變調, analog modulation) 아날로그 신호를 반송파(예를 들면 정현파 또는 주기 펄스열)로 변조하는 것. 정현파의 경우에는 진폭 변조(AM), 각도 변조(FM, PM)가 있고, 펄스열의 경우에는 펄스 진폭 변조(PAM), 펄스 시간 변조(PTM) 등이 있다.

아네모미터 (anemometer) 풍속을 측정하는 계측기. 가열된 가는 선의 저항이 풍속으로 인하여 변화하는 것을 이용한 열선형 아네모미터 등이 그 예이다.

아닐린 수지 (—— 樹脂, aniline resin) 아닐린과 포르말린의 축합으로 생성되는 열경화성 수지. 내열성은 별로 좋지 않지만 흡수성이 적고 고주파 특성이 뛰어나 전자 부품의 절연물로 사용된다.

아르곤 레이저 (argon laser) 저압 아르곤 가스의 아크 방전을 증폭 촉매로 사용한 연속 발진 레이저. 근적외에서 녹색의 가시역에 걸쳐 매우 강한 레이저 발진을 얻을 수 있으므로 용도가 광범위하다. 다만, 큰 입력 전력을 필요로 하는 결점이 있다.

아르파넷 (Advanced Research Project Agency Network.) 약어 ARPANet, 미국 국방성 하부 기관인 ARPA에 의해서 건설된 축적 재송형 광역 패킷 교환망. 처음에는 자원 공용을 목적으로 계산기 상호를 연결하는 네트워크였지만 현재는 각종 단말장치도 액세스할 수 있는 회화형 고속 전미 메시지 교환망, 즉 (통신) 서브 네트이다. 각지의 계산기 센터(호스트 계산기)와 세브 네트는 IMP (interface message processor)를 매개하여 간접적으로 연결되어 있으며, 세브 네트 기능은 포스트 계산기에 의해 아이소레이트 되고 있다.

㊟ 유럽에서는 ECC 가맹국에 의해 위와 마찬가지의 EURONet망이 구성되어 있다.

아마인 유 (亞麻仁油, linseed oil) 아마의 씨에서 추출하는 건성유의 일종. 절연 도료, 콤파운드의 원료로 쓰인다.

아마추어 무선국 (—— 無線局, amateur radio station) 개인적으로 무선 통신에 흥미를 갖는 사람이 정식으로 허가를 받아 운영하는 무선국. 정식으로는 아마추어국(amateur station)이라 한다.

아마추어 무선 업무 (—— 無線業務, amateur radio service) 금전상의 이익을 위해서가 아니라 오로지 개인적인 무선 통신의 흥미로 행하는 자기 훈련, 통신 및 기술적인 연구 업무. 정식으로는 아마추어 업무(amateur service)라 한다.

아머 로드 (armor rod) 클램프로 파악된 부분의 전선이 소선(素線)으로 절단되는 것을 방지하기 위하여 감아 붙이는 전선과 같은 종류의 재료로 된 보강선이다.

아몰퍼스 (amorphous) 원자 배열이 규칙적인 구조, 즉 결정 구조를 하지 않는 고체 물질. 용융에 있어서는 일정한 융점을 나타내지 않고 서서히 연화하여 연속적으로 액상으로 된다. 무정형 탄소, 고무상 황, 글라스, 플라스틱, 고무 등이 비정질의 예이다. 아몰퍼스 재료, 무정형 물질이라고도 한다. 최근, 아몰퍼스의 자성체와 반도체 등이 새로운 기능 재료로 각광을 받고 있다. ⇨ 비결정체.

아몰퍼스 금속 (—— 金屬, amorphous metal) 용해한 금속을 급랭함으로써 만들어지는 비정질의 금속. 자기 특성이 좋기 때문에 고성능의 자기 헤드로, 또 철손이 적기 때문에 변압기 철심 등으로 사용된다.

㊟ 제조법은 용액에서 도금법으로 기체로부터 진공 증착, 스퍼터링, 화학 기상 성장하거나 혹은 고상으로부터 이온 주입, 전자빔 조사 등으로 이루어지는 방법이 있다.

아몰퍼스 반도체 (—— 半導體, amorphous semiconductor) 칼코겐 원소(S, Se, Te)의 일종 또는 2종 이상을 주성분으로 하는 칼코겐계 글라스(아몰퍼스 칼코게나이드라고도 한다)와 SiH_4 가스를 플라스마 안에서 분해하여 작제하는 아몰퍼스 실리콘으로 대별된다. 응용분야는 전기적 메모리, 광 메모리, 포토 레지스트, 전자 사진, 촬상 디바이스, 태양 전지 등이 있다.

아몰퍼스 자성체 (—— 磁性體, amorphous magnetic substance) 희토류 전이 금속계 합금과 전이 금속-메타로이드계 합금으로, 기계적 강도가 크고 투자율이 크기 때문에 종래의 규소강이나 퍼멀로이 등에 대체되는 재료로 각광을 받고 있다.

아몰퍼스 태양 전지 (—— 太陽電池, amorphous solar cell) 비정질 실리콘을 사용한 태양 전지. 단결정 실리콘을 사용한 것에 비하여 광전 변환효율은 떨어지지만 가격이 저렴하므로 전원으로 유망시 되고 있다.

㊟ 비정질 실리콘은 실란가스(silanes, silicon hydrides)를 기판 위에 600℃ 정도의 온

도로 증착하여 만들기 때문에 제조 단가가 싸고 광전 변환율도 10% 정도로 될 전망이 있어 kW당의 전력 단가가 1,000원 이하로 된다면 원자력 발전에 대항할 수 있으리라 전망된다.

아방 식별 장치 (我方識別裝置, identification friend or foe(IFF), radio recognition equipment) 아군 및 적군의 항공기를 식별하기 위한 2차 레이더 장치이다.

아비터 ((bus)arbiter) 《계산기》 다중 프로세서계의 각 프로세서가 공통 시스템 버스를 통하여 기억장치 등의 시스템 자원을 공유하고 있는 경우, 버스 사용에 대한 각 프로세서의 요구가 경합하는 경우에는 어떤 것에 우선 사용권을 줄 것인가 하는 버스 제어를 할 필요가 있다. 각 프로세서가 버스에 대하여 직렬로 접속되느냐 혹은 병렬로 접속되느냐에 따라 우선 순위의 재정 메커니즘이 다르다. 전자의 경우에는 데이지 체인 구성이, 또 후자의 경우에는 프로세서 전부를 통괄 제어하는 REQ/ACK 엔코더·디코더가 사용되고, 리퀘스트에 대한 승낙 여부의 재정을 하게 된다. ⇨ 데이지 체인.

아세틸 셀룰로오스 (acetylcelulose) 셀룰로오스의 질산 에스테르, 인견, 안전 필름, 절연 등에 쓰인다.

아스팔트 (asphalt) 고체 또는 반 고체의 역청질 혼합물로, 주성분은 복잡한 탄화수소이다. 아스팔트는 천연적으로 생산되는 것과 석유를 정제할 때 잔류물로 얻어지는 것이 있다. 콤파운드의 원료 및 도료의 배합제로 사용된다.

아스팔트 권 강관 (—— 捲鋼管, asphalt covered steel pipe) 쥬트 권 강관과 마찬가지로, 강관의 부식을 방지하기 위하여 아스팔트를 쥬트, 면포 등에 함침시켜서 감아 붙인 것이다.

아연 도금 (亞鉛鍍金, galvanization, galvanizing) 전해 또는 용융 아연 속에 침지하여 철강제품 표면에 아연의 엷은 층을 형성시키는 방법을 이른다.

아연 도금 강관 (亞鉛鍍金鋼管, galvanized steel pipe) 강관의 부식을 방지하기 위하여 강관에 아연 도금을 입힌 것을 이른다.

아연 도금 강선 (亞鉛鍍金鋼線, galvanized steel wire) 강선에 아연 도금을 입힌 것. 강도를 필요로 하는 가공(架空) 도선, 기타 지선, 지선(支線), 바인드선(地線), 케이블의 외장선(外裝線)으로 사용된다.

아연 도금 철선 (亞鉛鍍金鐵線, galvanized iron wire) 용해된 아연 속에 철선을 통해서 도금한 선으로, 강도를 필요로 하는 가공 도선 지선(支線), 지선(地線), 바인드선 및 해저선, 지중 케이블의 외장선(外裝線)으로 사용된다.

아연 피복법 (亞鉛被覆法, sherardizing) 아연 분말 및 적당한 첨가제를 가한 가루 속에 금속을 파묻고, 밀폐된 용기 속에서 가열시켜 아연을 금속 표면에 승화, 침투시켜 합금층을 만든다. 이렇게 함으로써 금속 표면의 방식 효과를 얻는다.

아우트렛 (outlet) 배전 계통에서 부하 장치에 전력을 공급하기 위한 전류를 끌어내는 취출구로, 리셉터클이라고도 한다. 보통 아우트렛 박스를 사용하고, 박스 안에서 접속이 이루어지며 표면에 플러그 삽입구가 나와 있다.

㈜ 콘센트란 말은 일본 말에서 유래된 것이다.

아우트렛 박스 (outlet box) 금속관 부속품의 하나로, 배선 중의 아우트렛에 설치하는 함을 이른다.

아이들 (idle) (1) 《데이터 통신》 회선과 단말장치가 통신에 사용되지 않고 유휴 상태에 있는 것. (2) 정보 내용에 변경을 가함이 없이 데이터 흐름 속에 가하거나 혹은 데이터 흐름에서 제거할 수 있는 코드. 유휴 문자 또는 공백 문자(mull character)라고 한다. (3) 기기 등의 본질적 기능과는 상관없는 다른 이유에 의해서 사용되는 부품. 예를 들면, 회전기의 유휴 도체(회전자 전기 회로의 일부는 아니고 오히려 회전자의 동평형을 취하기 위하여 사용된다). (4) 아이들 주파수를 이른다.

아이 볼트 (eye bolt) 볼트의 머리 부분이 굵은 고리 모양으로 되어 있는 것으로, 기기 또는 대형 부품을 운반할 때 기기의 아이 볼트용 나사 구멍에 비틀어 끼우고 굵은 고리 부분에 로프를 통해서 달아 올린다.

아이 볼 표시기 (—— 表示器, eye-ball indicator) 접극자에 눈알 모양의 표시 조각을 붙여서, 동작시에는 이 표시 조각의 백색부가 표면에 나타나서 동작을 표시하는, 직류에 의해서 동작하는 전화 교환기 또는 전기 신호장치용 전자형 표시기이다.

아이소토프 전지 (—— 電池, isotope battery, atomic cell) 라디오 아이소토프의 붕괴로 얻어지는 열 에너지를 이용한 열전지 혹은 열전 발전기를 이른다. 열전 장치의 효율을 높이기 위하여 창연·텔루르, 납-텔루르 등의 열전 물질대가 사용된다.

㈜ 라디오 아이소토프는 원자로에서 발생되는 방사성 폐기물의 이용을 생각할 수 있다.

아이솔레이션 확산 (—— 擴散, isolation diffusion) 동일 웨이퍼 안의 상이한 디바이스를 분리 격절하기 위해 pn접합을 확산하여 만들어 넣은 것. 그림의 한가운데의 p^+ 확산을 한 아이솔레이션을 경계로 하여, 오른쪽은 npn 트랜지스터, 왼쪽은 A-B 간의 p채널 저항이다. 저항은 n형의 격리함에 수용되어 기판과의 사이에 역바이어스가 걸린 2중 pn접합으로 격리되어 있다. 저항과 트랜지스터의 컬렉터 C도 역바이어스 pn접합으로 격리되어 있다.

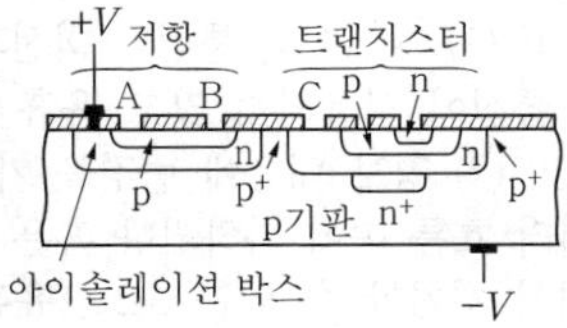

[아이솔레이션 확산]

아이솔레이터 (isolator) 어떤 방향에 대하여서는 전자기파를 거의 감쇠 없이 전송시키고(순방향), 반대 방향에 대하여서는 그 전력을 흡수하는 비가역적인 2개구 수동소자. 전송 선로 중의 반사파로 인한 전송 일그러짐의 제거, 임피던스 정합, 혼변조의 방지, 발진 주파수의 안정화 등에 사용된다.

아이 스코프 (I scope) ⇨ I 표시.

I 신호 (—— 信號, I signal NTSC) 컬러 텔레비전 방식에서 영상 신호의 색도 정보를 부여하는 신호(크로미넌스 신호)의 하나로, 주로 색차 시력이 높은 오렌지-시안축이라고 하는 색좌표 축의 색을 나타내는 신호를 이른다. 대역폭은 1.5 MHz이다. 이것과 90° 위상이 엇갈린 다른 색도 신호를 Q신호(녹색-마젠타축)라 하고, 대역폭은 0.5 MHz로 제한하고 있다.

IC 제조공정 (—— 製造工程, fabrication process of IC) 기본적으로는 실리콘 웨이퍼 표면을 산화물 절연 층으로 피복한 것에 레지스트 층을 만들고, 마스크를 통해서 노광한 후 에칭, 이온 주입 또는 확산 등의 공정을 거쳐 기능 층을 형성한다. 다시 레지스트 층을 만들고, 각 마스킹 층마다 위와 같은 프로세스를 반복하여 최종 칩을 완성하게 된다. 각 마스킹 패턴은 설계의 결과로서 자기 테이프 등에 기억된 데이터 세트를 사용하여 광학적 수법으로 만들어지거나 혹은 데이터 세트에 의해 전자 빔을 조작하여 직접 묘화하는 방법이 있다.

***IR* 강하 보상** (—— 降下補償, *IR* drop compensation) 직류 전동기 제어계에 있어서, 전기자 회로는 저항과 전기자 전류에 의한 전압 강하(따라서 이에 상당한 속도 강하)를 일부 또는 완전히 보상하는 것. *IR*강하를 검출하여 그에 비례하는 전류로 전동기 계자의 여자를 수정한다.

㈜ 전동기 속도 $=(V-IR)/k\Phi$, 여기서, V : 전동기의 단자 전압, Φ : 계자 자속, k : 상수이다.

ISDB (integrated service digital broadcasting) 디지털 방송용의 광대역 전송로에 라디오, 텔레비전, 문자 방송, 고정밀도 텔레비전(HDTV), 팩시밀리 방송 등을 디지털 신호로서 다중화하여 종합적인 서비스를 제공하려고 하는 구상을 이른다.

ISDN (integrated services digital network) 종합 정보통신망은 음성과 데이터를 디지털 신호로 바꾸어 실어 나른다. 따라서 ISDN은 음성과 데이터의 손실이 많은 기존 전화 회선보다 많은 양의 정보를 전달할 수 있다. 현재 일반 전화선으로 낼 수 있는 최고 속도는 이론상 56 kbps(초당 5만 6천 비트를 전송할 수 있는 속도). 그러나 56 kbps 모뎀으로는 실제로는 40 kbps대의 속도밖에 낼 수 없어 체감 속도는 기존 32 kbps 모뎀과 큰 차이가 없다. 이에 대해 2개의 64 kbps급 채널을 갖고 있는 ISDN은 최고 1백28 kbps의 빠른 속도를 만끽할 수 있다. 한 채널로 데이터 통신을 하면서 다른 채널로 전화나 팩스를 자유롭게 이용할 수도 있다.

IFRB (International Frequency Registration Board) 국제 주파수 등록 위원회.

INS (1) inertial navigation system《관성 항법》 항행 차량의 이동에 따르는 가속도를 적분하여 이동 거리를 구하는 일종의 자동 항법. (2) information network system《고도 정보통신 시스템》 종합 정보 네트워크에 대한 NTT의 구상을 이른다.

ILS (instrument landing system) 계기 착륙 방식의 약어. ILS라는 말은 일반적으로 다음 장치를 가진 전압용 전자시설의 특수한 방식을 뜻한다. ① 무선 주파수대 108~112 MHz 내에서 운용되는 로컬라이저. ② 무선 주파수대 328.6~335.4 MHz 내에서 운용되는 글라이드 슬로프 신설. ③ 무선 주파수 75 MHz로 운용되는 ILS 마커. 일반적인 용어로서의 계기 착륙방식은 활주로의 연선(延線)을 방위적으로 결정하여 활주로의 최적 접지점에 유도하기 때문에 슬로프면(2도에서 5도 사이의 임의의 각도)을 규정하는 빔을 규정하기 위하여 지상 송신기 및 고정 지향성 안테나를 사용하는 형태의 무선방식에 적용된다. 그러나 일반 용어인 계기 착륙방식은 위의 ILS에는 적용되지 않는다.

ILS 마커 (ILS marker) 75 MHz의 무선 항행국에서 신호에 따라 로컬라이저 코스를 따른 특정한 영역이 규정되는 것으로, 이 때문에 ILS 마커는 부채꼴의 전계를 수직 면 내에 방사하고, 그 주축은 비행로에 직교하며 전계의 수평 단면은 대략 타원형을 이룬다. 또한 이 ILS 마커는 각 설치 위치에 따라 외측, 중간 및 경계 마커가 있다.

IOCS (input-output control system)《계산기》 주 기억장치와 외부 대량 기억장치 간의 데이터 전송을 제어하는 서브루틴으로, 시스템의 엑세크티브 프로그램의 일부로서 시스템 모니터에 의해 제어되어, 데이터 파일의 입출력 처리, 버퍼 관리, 포맷 처리, 패킹/언패킹 등, I/O 제어에 필요한 여러 가지 마크로 루틴을 포함하고 있다. 키보드를 통하여 유저와 회화하면서 수시 제어 시스템을 모니터로 옮겨 실시간에 I/O 제어를 할 수도 있다(배치처리도 할 수 있지만). 유저는 간단한 커맨드로 IOCS를 호출만 하고 실제 일은 IOCS에 맡겨 자신은 그의 응용 프로그램에 전념하면 된다.

㊟ DOS 등에서는 BIOS(basic I/O system), IO SYS 등으로 불리우는 시스템 소프트웨어가 주변 기기 간에 데이터 입·출력을 관리한다.

I/O 인터페이스 (I/O interface) 《데이터 전송에서의》 계산기 시스템 버스와 주변 장치사이의 버퍼로 기능하는 장치. 시스템 버스로 사용되는 프로토콜은 보통 각종 주변장치에서 사용되고 있는 그것과는 다르지만 I/O 인터페이스를 사용함으로써 주변장치는 버스 구조와 무관하게 설계할 수 있다. 마이크로 컴퓨터 시스템에서는 LSI에 의해 서포트된 이와 같은 I/O 인터페이스가 컴퓨터 메이커에 의해 제공되고 있다. 또 디스크와 같은 고속 디바이스의 경우에는 인터페이스에 보조용 DMA 컨트롤러를 설치한 데이터의 고속 블록 전송방식이 사용된다.

I/O포트 (I/O port) 계산기 프로세서와 주변 입출력장치 사이의 정보를 수수하는 채널은 보통 양 방향성 데이터 버스이다. 입출력 장치에서 이 데이터 버스에의 인터페이스부를 포트라고 한다. I/O 장치는 데이터를 축적하거나 수수하거나 혹은 단순히 프로세서에 대하여 I/O 장치 내외에서 어떤 상태가 발생한 사실을 통보하는 기능을 가지고 있다.

IOP (input-output processor) 《계산기》 개개의 주변장치(PD)가 CPU와 교신 연락하는 대신에 모든 I/O 장치와의 사이의 교신연락을 일괄하여 대행하는 전용 프로세서를 이른다. I/O 컨트롤러 혹은 데이터 채널이라고도 한다. 주기억장치(MS)는 CPU, IOP의 어떤 프로세서와도 DMA 방식으로 교신할 수 있다. IOP는 각 주변 장치와 주 기억장치 사이에서 이루어지는데 데이터 수수를 제어하지만, 주변 장치의 데이터 포맷은 MS 및 CPU의 데이터 포맷과는 일반적으로 다르므로 IOP는 각 PD로부터의 데이터 워드를 MS의 데이터 포맷으로 다시 구성하는 작업도 하고 있다.

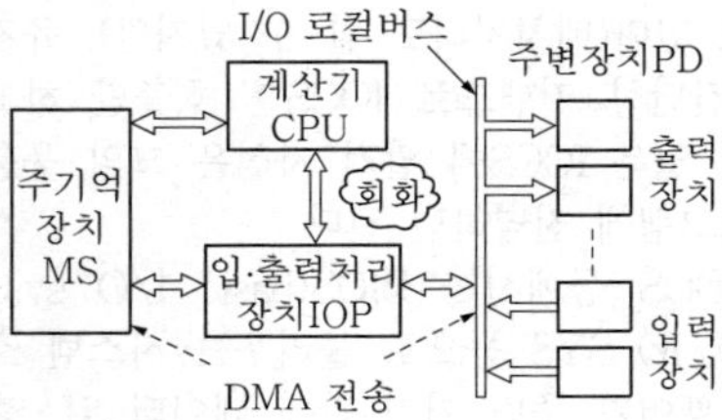

입·출력 처리장치(IOP)와 계산기 CPU의 교신 연락
[IOP]

IEC (International Electrotechnical Commission) ⇨ 국제 전기 표준회의. 전기에 관한 국제적인 표준을 정하는 기구로, 스위스에 본부를 두고 있다.

IEEE (Institute of Electrical and Electronics Engineers) 미국 전기 전자학회.

IEEE-488 버스 당초 Hewlett-Packard사에서 개발되고 IEEE에 의해서 표준으로 승인된 버스 구조이다. HPIB, GPIB, ANSI bus 등 여러 가지 이름으로 불리우고 있다. 버스는 8가닥의 쌍방향 데이터 라인, 핸드셰이크 신호도 포함하여 8가닥의 인터페이스 제어 라인을 가지고 있다. 15대까지의 단말 기기를 접속할 수 있고, 최대 연장은 20 m이다. 데이터 전송 속도는 보통 250~500 kbps 정도이다.

아이코노스코프 (iconoscope) 1933년에 미국 RCA사의 츠오르킨 박사가 특허를 취득한 텔레비전 촬상관. 전자식 텔레비전 방식은 이 발명으로 인하여 가능하게 되었다. 진공판 속에 있는 한 장의 감광 모자이크 면에 광학상을 결속시키면 모자이크 면에서 그것에 대응한 전자상이 만들어지고, 그 면을 주사하는 전자선으로 영상 전류를 뽑아내는 구조로 되어 있다.

아이템 (item) (1) 하드웨어 집합체의 계층의 개개 요소를 가리켜 하는 말. 즉 시스템, 서브 시스템, 장치, 러크, 디바이스, 부품 등의 계층에 있어서 임의의 어떤 집합에서의 개개 구성 요소를 이른다. (2) 정보 단위의 계층을 구성하고 있는 개개 요소의 경우도 마찬가지로서, 뱅크, 파일, 레코드, 블록, 필드, 캐릭터, 바이트, 비트 같은 집합에서의 구성 요소를 이른다. 예컨대 파일을 구성하는 아이템으로서의 몇 개의 레코드 등. 항목이라고도 한다.

㊟ 어떤 하나의 집합체를 구성하고 있는 요소가 데이터라면 그것을 데이터 아이템이라 한다.

I²L (integrated injection logic) 세로로 배치한 npn 트랜지스터 Q_2는 다중 컬렉터와 함께 인버터로 동작하고, 가로로 배치된 pnp 트랜지스터 Q_1은 정전류원 및 능동부하로 동작한다. 예전의 DCTL을 상보형 등가회로로서 1개 칩에 압축한 것이라고 볼 수 있다. 논리 동작은 다중 인버터이고, 출력은 오픈 컬렉터 출력과 같다. 그리고 $\overline{A}$ 출력과 $\overline{B}$ 출력을 컬렉터끼리 접속하면 $\overline{A}\,\overline{B}$, 즉 $\overline{A+B}$의 출력이 얻어진다. 속도 전력 곱은 1~0.1 pJ이고 실장 밀도는 매우 크게 취할 수 있다. MTL이라고도 한다.

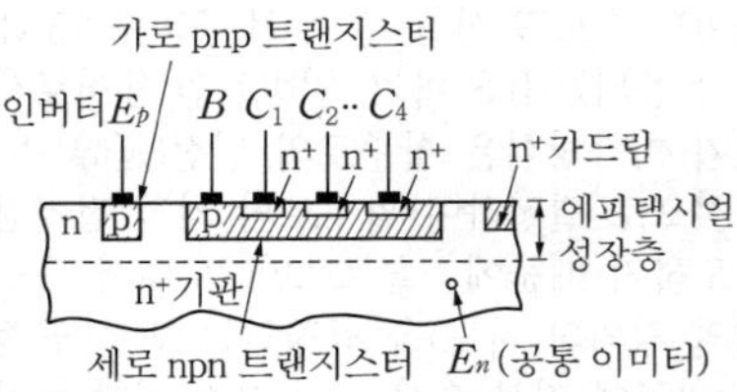

세로 npn 트랜지스터(다중 컬렉터형)은 인버터로 동작하고, 가로 pnp 트랜지스터는 전류 소스와 부하를 겸하고 있다(옴 저항 불필요).

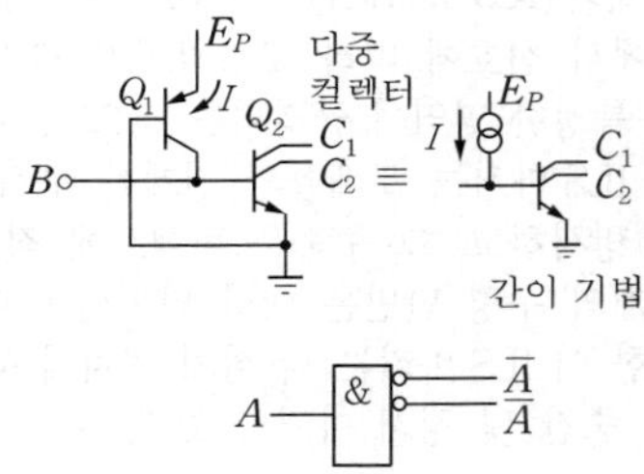

간이 기법

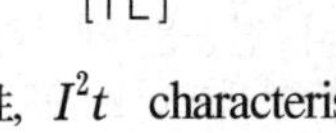

그림 기호

[I²L]

I^2t 특성 (── 特性, I^2t characteristic) 《퓨

즈》 어떤 지정된 조건에서 일정 시간 퓨즈를 통하여 흐르는 I^2t 값을 이른다. 일정 시간이란, 퓨즈의 용단 시간, 아크 시간 혹은 전체의 차단 시간 모든 경우를 생각할 수 있다. 용단 I^2t 특성은 특정 전류 파형과 관계가 있고, 아크 I^2t 특성은 특정한 전압 파형과 회로 임피던스와 관계가 있다.
㈜ 용단 시간+아크 시간=차단 시간이다.

IT적 (── 積, IT product) 배전선에서의 유도작용을 나타내는 것으로, 전류 실효값에 전화 영향률(TIF)을 곱한 것이다.

아이 패턴 (eye patterns) 《PCM 전송》 전송되는 비트 흐름에서 볼 수 있는 심벌 간 방해는 수신 에러의 원인이 된다. 이러한 류의 에러는 전송 대역폭의 좁음이 영향을 미치고 있다. 또 잡음도 에러 수신의 원인이다. PCM 전송의 동작 성능을 시각에 의해 정성적으로 부여해 주는 것이 아이 패턴이다. 오실로스코프의 시간 축을 비트 레이트와 동기하여 트리거하고, 타임 슬롯 기간만큼 소인함으로써 스크린에 연속된 각 비트의 파형이 겹쳐져 전체로서 한가운데가 빈 둥근 눈알 같은 패턴이 그려진다(펄스 파형이 이상적이라면 패턴은 상하 2 가닥의 수평선이 될 것이다). 심벌 간 방해나 잡음이 많아지면 눈 중앙의 빈 부분이 적어져(눈이 닫혀져) 대역 제한상황과 잡음의 양 등이 정성적으로 주어진다.

I 표시 (── 表示, I display) 레이더 안테나가 정확하게 목표를 향하고 있을 때 목표는 완전한 원으로 표시되며 그 반경이 목표까지의 거리에 비례한다. 그러나 정확하게 목표를 향하고 있지 않을 때는 원은 호(弧)가 된다. 또 그 길이는 방향 오차에 역 비례하며, 목표의 각도 위치는 방향 오차의 지시 방향과는 역 방향이 된다.

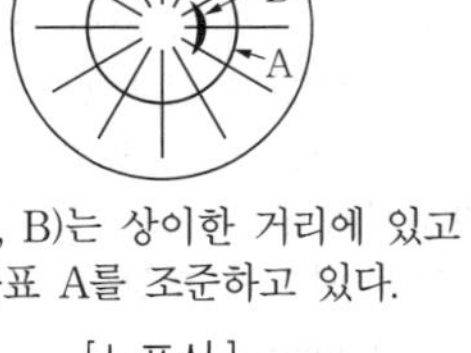

두목표(A, B)는 상이한 거리에 있고 레이더는 목표 A를 조준하고 있다.

[I 표시]

IPAD (integrated Process for Aerospace-vehicle Development) 미국 항공우주국(NASA)이 보잉사와 계약하여 1976년부터 실시한 항공 우주 기기 개발을 위한 CAD/CAM 종합 시스템이다. 계산기 유틸리티는 IBM과 CDC가 제공하였다. 시스템 소프트웨어는 OS 외에 데이터 관리, 그래픽스, 데이터 조작 등을 하는 것으로 구성되어 있다.

I 형 레일 (── 形 ──, I-rail) 단면이 I자 모양을 하고 있는 레일을 이른다.

아인슈타인의 법칙 (── 法則, Einstein's law) 광전 장치는 광자를 흡수함으로써 광전자를 방출하는데, 그 광전자의 운동 에너지는 광자의 에너지 ($h\nu$)에서 일 함수 p를 뺀 값과 같다는 것을 기술한 법칙. 즉, $\frac{1}{2}mv^2 = h\nu - p$의 식으로 표현된다.

아일랜드 (island) 반도체 직접회로의 기판 안에서 전기적으로는 기판과 격리된 반도체 편 영역. 격리는 역바이어스를 부여한 pn 접합에 의한 방법, SiO와 같은 절연막에 의한 방법 혹은 에어 갭에 의한 방법 등이 있다.

아일릿 (eyelet) 프린트판 또는 단자판에 관통하여 사용하는 중공의 통으로, 판 위의 부품의 접속선을 통하여 판 양면의 전기 접속을 하기 위해 혹은 기계적으로 지지하기 위해 사용한다.

아치 댐 (arch dam) 댐이 받는 수압 하중을 수평 방향의 아치 작용으로 양안(兩岸)의 지주, 측벽에 전달하도록 아치형으로 설계된 댐이다.

아카이브 (archive) 파일의 일종이지만 사용 빈도가 적은 정보를 기록 보존하기 위한 목적으로 한 것. 마이크로 필름 등이 많이 사용되고, 그 보존을 위한 표준(미국 표준국에서 제정한 것)도 있다.

아크 (arc, electric arc) 아크 방전의 약어. 또 아크 방전의 양광주가 겉보기로는 양적극 간에 호상(弧狀)의 불꽃을 통한 것처럼 되어 있는 것을 이른다.

아크 가이드 (arc guide) 수은 정류기의 주양극부 주의를 둘러싼 강판으로 된 통으로, 양극 전류가 통하는 방전로를 만들고, 또 여분의 수은 증기가 양극의 작용을 저해하지 못하도록 하는 데에 사용된다.

아크 강하 (── 降下, arc drop) 아크 속의 전압 강하를 이른다. 음극 강하, 양광주 강하 및 양극 강하의 세 부분으로 이루어져 있다. 양광주 강하는 충돌로 인한 기체 또는 증기의 전리로 소비되는 에너지를 나타내며, 그 전위 경도의 값은 방전 전류, 기압 또는 증기압, 아크 통로의 단면적 등에 의해서 변화한다. 수은 정류기의 아크 전압은 15 내지 30V이다. ⇨ 음극 강하, 양극 강하.

아크 계전기 (── 繼電器, arc interlocking relay) 전호(電弧)가 남아 있는 동안에 전원의 전환을 방지하도록 동작하는 계전기이다.

아크 등 (── 燈, arc lamp, arc light) 아크 방전을 이용한 전등. 전극의 재료에 따라 탄소 아크등, 수은 아크등, 네온 아크등, 크세논 아크등 등이 있다. 단순히 아크등이라고 하면 탄소 아크등을 지칭하는 경우가 많다.

아크 로 (── 爐, arc furnace) 아크에서 발생하는 고열을 이용한 전기로의 일종이다.

아크릴 수지 (── 樹脂, acryl resin) 아크릴산 에스테르 또는 메타 아크릴산 에스테르의 중합 에스테르에 의해서 만들어진 열가소성의 글리스상 수지. 절연 재료로는 적합하지 않지만 투명을 필요로 하는 부분 등에 사용된다.

아크 링 (arcing ring) 차단기가 차단할 때 소호(消弧)하기 위하여 아크의 발을 작용시켜 아크의 길이를 늘리도록 특별히 설치된 고리 모양의 부분이다.

아크 방전 (── 放電, arc discharge) 아크 방전은 기중 방전의 최종 단계의 것으로, 방전 전류가 크고, 전압 강하가 낮다. 일반적으로 전압·전류 특성은 부특성이고 양광주는 플라스마라고 불리는 상태로 되어 있다.

아크 손 (── 損, arc loss) 아크 방전을 유지하기 위하여 두 전극 간에서 소비되는 전력이다.

아크 슈트 (arc chute) 아크를 봉쇄하여, 다른 부분에 손상을 주는 것을 방지하기 위하여 차단기 속에 두는 절연 격벽의 집합체이다.

아크 시간 (── 時間, arcing time) 차단장치 등에 아크 접촉자의 개리(開離) 순간부터 모든 극의 전류가 차단되는 순간까지의 시간을 이른다.

아크 에너지 (arc energy) 아크 시간 중에 아크에 공급된 총 전기 에너지이다.

아크 용접 (── 鎔接, arc welding) 금속을 용접하는 방법의 일종. 금속 모재와 전극 사이에 발생한 아크 열로 금속을 가열하여 용융 접합시키는 것. 전극 재료는 텅스텐처럼 녹지 않는 것과 전극을 구성하는 금속이 녹아서 그것이 모재에 용착하는 것들이 있다.

아크의 길이 (arc length) 전극 간에 이어진 아크의 길이이다.

아크 전압 (── 電壓, arc voltage) 용접 아크에 가해지는 전압이다.

아크 절단 (── 切斷, arc cutting) 전기 아크로 발생하는 열을 이용하는, 금속의 열 절단법의 일종이다.

아크 접지 (── 接地, arcing ground) 개폐 이상 전압과 번개 등으로 인하여 전선로의 절연이 파괴되어 전선과 지지물 및 가공지선 사이가 아크에 의해 단락된 상태를 이른다.

아크 접촉자 (── 接觸子, arcing contacts) 주 접촉자가 열렸을 때 아크를 그곳으로 옮겨 주 접촉자가 아크로 인하여 손실, 마모되는 것을 방지하고, 또 주 접촉자가 닫쳐지기 전에 그곳에 아크를 발생시키기 위하여 설치한 보조 접촉자이다.

아크 특성 (── 特性, arc characteristic) 아크의 전류 i, 전압 V, 전극 거리 l 사이에는 근사적으로 다음 식이 성립된다. $V=a+bl+(c+dl)/i$ (Ayrton 부인의 실험식), a, b, c, d는 전극, 기체의 종류에 따른 상수, l은 양극 화구(火口)의 모서리에서 측정한 값이다.

아크 혼 (arcing horn) (1) 애자 또는 애자연이 플래시오버할 때 아크로 인하여 애자가 손상되는 것을 방지하기 위하여 그 것들과 병렬로 설치된 뿔 모양의 전극. (2) 전자 접촉기 등에서, 접점의 선단부에서 바깥쪽으로 아크가 이것을 따라 확산하도록 설치한 금속 구조로서, 접점의 소모를 방지하고 아크가 소멸되기 쉽게 하기 위한 것. (3) 차단기의 차단시에 소호하기 위하여 아크의 발을 작용시켜서 아크의 길이를 늘리도록 특히 설치된 네모진 모양의 부분을 이른다.

아키텍처 (architecture) 계산기의 주요 구성 요소, 즉 연산장치, 내부 기억장치, 각종 레지스터, 제어 유닛, 그것과 외부 기억장치, 입출력 장치, 내부·외부 버스 구조와 그것들의 제어장치 등을 어떻게 결합하고, 배치하여 전체로서 어떠한 용량과 성능을 가진 것으로 구성하는가 하는 것을 내용으로 하는 계산기 전체의 구성을 이른다. 계산기를 분류하는 경우에 편리하게 적용되는 개념이다.

아트워크 (artwork) 집적회로의 제조 공정의 일부로, 적색 수지를 칠한 마일러의 시트를 제도기로 커트하고, 불필요한 부분의 수지를 벗겨 집적회로의 마스크 패턴 원도를 만드는 작업 공정, 혹은 그러한 원도를 지칭한다. 이 원도를 축사함으로써 레티클, 즉 망상의 마스크 패턴이 만들어진다.

아티팩트 (artifacts) 《컴퓨터 그래픽》 부적정한 영상 샘플링의 결과로 계산기에서 만들어지는 화상의 결함, 특히 상의 경계선이 톱니 모양으로 되는 것. 에일리어스와 동의어이지만 영상처리 분야에서 사용되고 있다.
㈜ artifact란, 인위적인 생성물이라는 뜻이다.

악음 (樂音, musical sound, tone) 정해진 높이의 감각을 주는 소리. 일정한 주기로 같은 파형을 반복하는 소리를 이른다. 현악기, 관악기, 목소리 등으로, 자연계에는 거의 존재하지 않는다.

안내 극 (案內極, guide electrode) 계수 방전관의 음극과 양극 사이에 있는 보조극. 보통 공통으로 연결되어 있으며, 입력 펄스가 여기에 가해진다. 싱글 펄스형은 3조의 안내극이, 더블 펄스형은 2조의 안내극이 있다. ⇨ 계수 방전관.

ANSER(안서) (automatic answer network system for electrical request) 기업과 일반 가정의 전화기를 전화망으로 거래 은행이나 증권사의 호스트 계산기에 온라인으로 연결하여 음성으로 거래와 금융정보에 관한 문의를 계산기에 입력하고, 계산기에 의한 화답을 다시금 음성으로 변환하여 회답하도록 한, NTT에 의한 음성 대조 응답 시스템. 링크 중간에 음성 응답장치(ARE)와 제어장치(ARC)를 가진 변환 제어장치가 필요하다.

안서 백 (answer back) (1) 가입 전신에서 발신 가입자의 호출에 부응하여 착신 가입자의 댁내 장치에서 자동적으로 착신 가입자를 표시하는 약호가 발신 가입자에게 반송되는 것을 이른다. (2) 데이터 전송에 있어서, 적당히 분할한 블록에 대하여 그 블록의 송신이 끝날 때마다 수신쪽에서 미리 정해 놓은 확인 부호를 반송하여 착오의 유무와 재전송 여부를 송신자에게 전하는 것을 이른다.
㈜ 이 안서 백 기능은 발신자가 자기를 표시하는 약호를 상대방에게 전하는 데에도 사용된다.

안전 관 (安全管, bursting tube) 유입 변압기의 겉 케이스 내에서 이상 현상이 발생하여 열로 인하여 기름이 급격히 팽창했을 때, 그 압력으로 겉 케이스가 폭발하는 것을 방지하기 위하여 겉 케이스 상부에 설치한 안전장치. 관 모양으로 되어 있고, 그 마개는 0.25 기압 정도에서 터지지 않는 유리판 등으로 닫혀 있다.

안전 로프 (安全——, safety rope) 높은 곳에서 작업을 할 때 작업자를 보호하기 위하여 그 작업자의 허리를 구조물에 붙잡아 매는 로프이다.

안전 막대 (安全——, safety rod, scram rod) 보통의 제어장치로 제어할 수 없는 경우에 긴급히 원자로를 정지시키기 위하여 장치하는 제어 막대이다.

안전 밸브 (安全——, relief valve, safety valve) 용기 안의 압력이 일정한 값을 초과하였을 경우에, 위험 방지를 위하여 내용물을 외부로 도피시켜서 압력의 상승을 제한하는 밸브이다.

안전 벨트 (安全——, safety belt) 높은 곳에서 작업할 때 작업자를 보호하기 위하여 작업자 몸과 구조물 또는 발판을 묶는 띠이다.

안전 신호 (安全信號, safety signal) 육해공 모든 교통 기판 및 각종 기기 등에서 안전함을 알리는 신호이다.

안전율 (安全率, factor of safety, safety factor) 구조 재료의 허용 응력의 기준 강도와 허용 응력의 비율을 이른다. 그 허용 응력의 기준 강도로는 그 재료의 극한 강도를 취하는 경우가 많다. 그 값은 다음 표와 같다.

ㅇ

정 하 중	동 하 중		충 격
	반복 응력	교번 응력	
주 철 4	6	10	15
강 철 3	5	8	12
목 재 7	10	15	20

안전 장치 (安全裝置, safety device) 안전을 유지하기 위한 장치이다.

안정 (安定, stability) ⇨ 안정도.

안정 계수 (安定系數, stability factor)《트랜지스터》 컬렉터 차단 전류 I_{co}의 변화에 대한 컬렉터 전류의 변화 비율 $S=dI_c/dI_{co}$, S는 회로 구성에 따라 변화한다. 이미터 공통 회로를 예로 들면, 고정 바이어스의 경우는 α값만으로 결정되지만 이미터 회로와 베이스 회로에 자기 바이어스를 부여하게 되면 S는 훨씬 작아진다(온도에 대한 트랜지스터 동작이 안정화된다).

안정 권선 (安定捲線, stabilizing winding) 직류기의 동작을 안정시키기 위하여 계자(界磁)에 감은 권선. 예를 들면, 분권 전동기에 설비된 근소한 직권 권선을 이른다.

안정 권선부 분권 전동기 (安定捲線附分捲電動機, stabilized shunt motor) 분권 전동기는 부하 전류가 큰 경우에는 전기자의 반작용 때문에 그 운전이 불안정하게 된다. 이것을 방지하기 위하여 근소한 직권 계자 권선을 설치한 것을 이른다.

안정 극한 전력 (安定極限電力, stability power limit) 동기 발전기의 안정도를 말할 때 그 극한의 전력을 이른다.

안정기 (安定器, ballast, stabilizer) 기기의 동작을 안정시키기 위하여 사용되는 장치를 말한다. 예컨대, 방전등용 안정기, 전원의 출력 전압을 일정하게 유지하기 위하여 삽입하는 전압 안정기 및 CR 발진기의 암의 하나에 서미스터를 삽입하여 그 발진 출력을 안정하게 하는 장치 등을 가리킨다.

안정도 (安定度) (1) stability ① 기기의 어떤 정도의 부하까지 안정된 운전을 할 수 있는가 하는 비율을 이른다. ② 직류기에서는 (이에 필요한 AT+갭에 필요한 AT)÷(자극편하의 전기자 AT)를 안정도라고 한다. ③ 자동제어에서는 난조를 일으키기 어려운 정도를 이른다. (2) constancy《계기》 표준기에서는 어떤 기간 내에 얻어진 각 교정 때의 값이 그 기간의 교정값의 평균값에서 벗어나는 정도 또는 신뢰도, 즉 재현성이 기대되는 정도와 같은 뜻으로도 사용된다.

안정 부궤환 증폭기 (安定負饋還增幅器, stabilized negative feedback amplifier) H. Black에 의해서 발명된 것으로, 증폭기의 후단에서 전단으로 궤환량을 역상으로 하여 그 분량만큼 증폭기의 이득을 내려서 잡음량을 억제하는 방식이다.

안정 요소 (安定要素, stable element) 비행할 때의 이동체의 운동에 상관 없이 원하는 방향을 유지하는 계기 또는 장치이다.

안정 저항 (安定抵抗, ballast resistor) 전류가 증가하면 저항값이 증가하여 회로 전류를 거의 일정하게 유지하도록 동작하는 저항이다. ㈜ 저항 대신에 램프를 사용한 경우에는 안정 저항관이라 한다.

안정 저항관 (安定抵抗管, ballast lamp, ballast tube) 전원 전압이나 부하가 어떤 범위에서 변동하더라도 회로에 흐르는 전류가 거의 일정하게 되도록 그 회로에 직렬로 넣어서 사용하는 것으로, 많은 수소를 봉해 넣은 유리관 속에 철선 가닥을 둘러 친 것이 사용된다.

안정 코일 (安定──, ballast coil) 회로의 전류를 제한하기 위하여 저항 작용을 하는 코일이다.

안정화 (安定化, stabilization) 항행에서 이동체의 운동에 관계 없이 원하는 방향을 유지하는 것을 이른다.

안정화 전원장치 (安定化電源裝置, stabilized power supply) 보통 상용 교류 전원(60 Hz, 100/200V)에서 어떠한 수단을 강구하여 에너지 변환을 하여 필요한 안정 성능을 가진 교류 또는 직류의 전력을 만들기 위한 전원장치. 요구되는 성능으로서는 ① 전압 레귤레이션이 좋을 것, ② 유해한 리플이나 잡음을 포함하지 않을 것. ③ 부하장치에 위해를 주지 않도록 보호 대책이 강구되어 있을 것. ④ 신뢰성이 높을 것. ⑤ 장기 안정성이 좋을 것 등이다.

안테나 (antenna) ⇨ 공중선.

ㅇ

안테나 단면적 (—— 斷面績, antenna cross section) 마이크로파 수신용 안테나의 정격으로, 안테나에 의해서 수신기에 주어지는 에너지와 같은 에너지를 수취할 수 있도록 입사 전파에 직각으로 놓여진 수신판의 면적으로 표현된 것을 이른다.

안테나 실효 높이 (—— 實效高, antenna effective height) (1) 안테나의 방사 중심이 실효 대지 수준에서 갖는 높이. (2) 수직 안테나에서, 수직 부분의 전류 분포 $I(x)$의 모멘트를 입력 전류 I_0로 나눈 값, 즉 $h_{eff} = \frac{1}{I_0}\int_0^H I(x)\,dx$로 주어지는 h_{eff}를 이른다. 여기서 h는 안테나의 물리적인 높이이다. 주 위의 안테나에서 방사되는 직선 편파를 수신하고 있는 동일한 배치의 안테나에 있어서 안테나 끝에 생기는 개방 전압을 전파의(안테나에 평행한) 전계 강도로 나눈 값을 수신 안테나의 실효 높이라고 한다.

안테나 콘덴서 (antenna condenser) 안테나 회로에 직렬로 삽입하여 회로의 용량을 감소시켜, 공진 주파수를 증가시키려는 목적의 콘덴서. 또는 안테나계의 용량과 병렬로 삽입하여 전 용량을 증가시켜서 안테나 회로의 공진 주파수를 낮추려는 목적의 콘덴서이다.

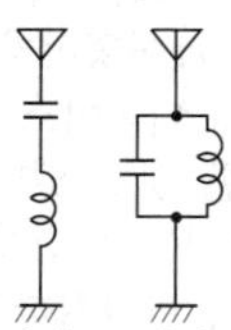

[안테나 콘덴서]

안티몬 연 (—— 鉛, antimonial lead) 안티몬 5~10%를 함유한 합금판. 경연(硬鉛)이라고도 한다. 연축전지의 전극 기판이 된다.

안티코히러 (anticoherer) 전파가 작용하면 저항이 증가하는 장치. 예전에 사용된 일이 있다. 현재 이 용어는 사용되지 않는다.

알고리즘 (algorithm) 《계산기》 어떤 문제를 유한 회의 스텝으로 풀기 위한 명확하게 규정된 법칙, 혹은 소정의 수순의 집합, 예를 들면 $\sin x$를 어떤 확률로 구하기 위한 계산 수순의 전체를 기술한 것 등이다. 산법(算法)이라고도 한다.

알골(ALGOL) (algorithmic language) 대수 계산이나 논리 연산 처리를 하는 경우에 적합한 프로그램 언어. 1960년에 ALGOL 60으로서 문법서가 제정되었다. 그 후 ALGOL 68도 발표되었다.

알니코 자석 (—— 磁石, Alnico magnet) Al, Ni, Co의 합금으로, 높은 보자력의 영구 자석 재료. 안정성은 좋지만 기계 가공에 적합하지 않다. 주조법으로 제작된다.

알루마이트 선 (—— 線, alumite wire) 알루미늄 선의 내식성을 좋게 하기 위하여 표면에 알루마이트 피막을 형성한 것. 이로써 내열성과 전기 절연성이 향상된다.

알루미나 (alumina) Al_2O_3(산화 알루미늄). α, β, γ 등 여러 가지 형태가 있다.

알루미나 자기 (—— 磁器, alumina porcelain) 고순도의 알루미나(Al_2O_3)를 아크로에서 용해하여 만든 자기로, 커런덤 자기라고도 한다. 주성분은 α 알루미나(커런덤)이다. 화학 약품에 침해되지 않고 열 충격에 강하며 전기 절연성이 뛰어날 뿐만 아니라 넓은 주파수 범위에 걸쳐 유전 손실도 적다. 전자 부품의 고온부에서 전기 절연과 이그니션 플러그 등에 사용된다.

알루미늄 땜납 (aluminum solder) 아연, 주석의 염화물에 칼륨, 나트륨, 리튬 등의 할로겐화물을 혼합한 것. 알루미늄과 함께 가스 불에 가열하여 아연, 주석과 알루미늄을 치환하여 떼어 붙인다.

알루미늄 모선 (—— 母線, aluminum bus) 발전소와 변전소에서 전원 또는 배전 회로 등을 접속하기 위하여 사용되는 알루니늄제의 굵은 선 또는 판이다.

알루미늄 반응 땜납 (—— 反應 ——, aluminum reaction solder) Zn, Sn의 염화물에 K, Na, Li, NH_4 등의 할로겐화물을 혼합한 것. Al에 붙여서 가스 불로 420~430℃로 가열하면 Zn, Sn 등이 Al과 치환하여 떨어져 붙는다.

알루미늄부 형광면 (—— 附螢光面, aluminized fluorescent screen) 표면에 알루미늄의 얇은 막을 입혀서 이온 번을 방지하고 화면의

ㅇ

콘트라스트가 좋아지도록 한 형광면으로, 텔레비전 등에 사용한다. 이렇게 한 브라운관(메탈백관)은 높은 양극 전압을 사용할 수 있고 빛의 효율이 좋으므로 대단히 밝은 화면을 얻을 수 있다. 오늘날 메탈백에는 대부분이 알루미늄을 사용하기 때문에 알루미늄부 형광면을 메탈백 형광면의 동의어로 사용하는 경우가 많다.

알루미늄 선 (——線, aluminum wire) 순도 99.5% 이상의 알루미늄의 선. 구리와 비교하면 도전율은 구리의 약 60%, 비중은 약 1/3인 2.7이다. 대부분은 경알루미늄 연선으로서, 가공 배전선, 가공 급전선 및 모선으로 사용된다.

알루미늄 피뢰기 (——避雷器, aluminumcell arrester) 밸브형 피뢰기의 하나로, 표면에 작용 박막을 화성시킨 알루미늄 전극판을 V형 또는 W형의 원추형으로 한 것을 절연물을 끼워서 겹치고, 붕산 암모늄을 주체로 한 전해액 속에 담가 놓는 것. 직류 회로용으로는 직렬 갭을 생략할 수 있고 교류 회로용에서는 이것을 설치할 필요가 있다. 정기적(가령 매일 1회)으로 충전하여 화성 막의 소실을 방지한다.

알루미늄 합금선 (——合金線, aluminium alloy wire) 알루니늄에 아주 적은 양의 Si, Mg, Fe 등을 혼합한 합금으로, 알루드라이, A합금 또는 알루미늄 합금선, 알루듐, 아메텍은 이에 속한다. 대략적인 항장력은 25～43 kg/mm^{2}이고 도전율은 48～57×10^6 mho/m이다.

R 스코프 (R-scope) 레이더 표시 방식의 일종. 현재는 사용되지 않고 있다.

RS-232C 인터페이스 (RS-232C interface) 모뎀과 그에 결부된 데이터 단말 장치의 인터페이스에 관한 EIA의 표준 규격. 전원 또는 신호 전압의 크기, 여유도, 종단 임피던스, 신호의 상태와 극성 관계 등이 자세하게 규정되어 있다.

㊟ 마이크로 컴퓨터와 모뎀 및 텔레타이프라이터 등의 주변 장치를 인터페이스하고 있는 UART의 직렬 데이터 입·출력은 TTL 신호로서 장거리 전송에는 적합하지 않다. 그래서 TTL 신호를 전송에 적합한 신호로 변환할 필요가 있다. 이와 같은 신호 변환에 관한 EIA 표준으로서 RS-232C와 20 mA 전류 루프의 두 가지가 있다. 전자는 RS-232C 라인 드라이버 및 레시버에 의해 신호의 전압 레벨 변경을, 또 후자는 광 커플러를 사용하여 UART 입출력 신호와 20 mA 입출력 간의 변환을 하고 있다.

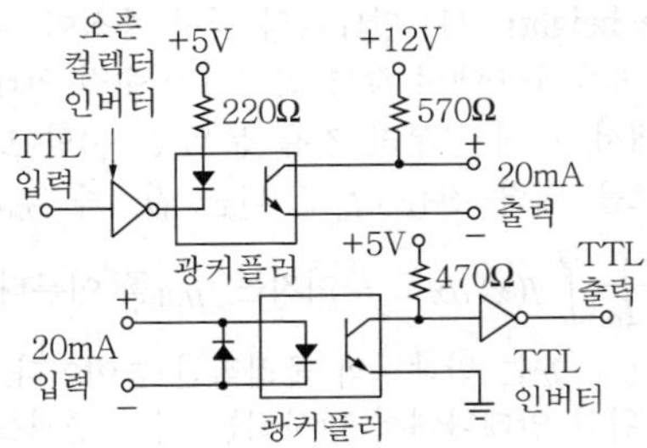

RS-232의 커넥터는 송·수신과 제어에 관한 여러 가지 기능을 갖는 25핀의 DB25가 많이 사용된다(간이형으로서 5핀, 8핀 등의 것도 있다).

[RS-232 인터페이스]

R-S 플립플롭 (R-S flip-flop) 플립플롭의 하나로, 두 개의 NOR 게이트의 각 출력을 상대편 입력에 피드백함으로써 얻어진다(NAND 게이트를 사용하는 수도 있다). R=S=1의 경우는 Q=$\overline{Q}$=0이 되므로 이러한 입력조합은 제외할 필요가 있다. 이 플립플롭은 R(reset), S(set) 또는 프리세트, 클리어 우선 입력 변화로 그때마다 출력이 변화하는 비동기 제어형이지만 별도로 클록 입력을 이용하여 디바이스나 시스템과 동기 동작시키도록 한 것도 있다. 부정(不定) 출력을 갖는 것은 RS 플립플롭의 사용을 제약하므로 이것이 바람직하지 않을 때는 JK 플립플롭을 사용하면 된다.

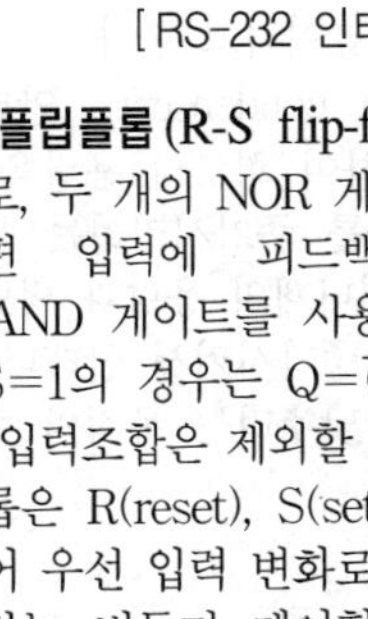

진리값표(동기동작)

RS	Q_{n+1}
0 0	Q_n
0 1	1
1 0	0
1 1	부정

clear=0 : Q=0
preset=0 : Q=1

[R-S 플립플롭]

RALU (register-ALU) 《마이크로 컴퓨터》

비트 슬라이싱의 이론에 따라 2 또는 4비트의 레지스터 칩(이것을 슬라이스라고 한다)을 병렬로 사용하고, 필요한 연산은 모두 이 슬라이스 유닛을 조합한 것으로 하도록 한 ALU(연산장치)를 지칭한다. 계산기 CPU의 연산장치가 몇 개 슬라이스로 세로로 나누어져 있다고 생각하면 된다. 예를 들면 16비트 마이크로 프로세서의 연산부는 4개의 4비트 세로 나눔 슬라이스(vertical slices)에 의해 구성할 수 있지만 각 슬라이스는 연산에 필요한 모든 레지스터군(레지스터 파일이라 한다)과 연산 기능이 짜여져 있다.
㊟ 파일은 예를 들어 4비트 길이의 16의 레지스터군을 수용한 RAM이고, 개개의 레지스터는 4비트 어드레스에 의해 액세스할 수 있지만 동시에 두 레지스터에 액세스할 수 있도록 상이한 어드레스를 2곳의 입구에서 동시에 부여할 수도 있도록 되어 있다.

RHI 표시 (—— 表示, range-height indication) 레이더 표시의 하나로, 브라운관 상의 가로축을 수평 거리, 세로 축을 고도로 잡은 지시기이다.

RGB 단자 (—— 端子, RGB terminals) 계산기와 그래픽스 시스템 등에 있어서, 표시 장치(VDU)로 사용할 수 있도록 일반 컬러 TV 수상기에 특별히 설치한 어댑터의 신호 입력용 R(적색), G(녹색), B(청색)의 세 단자. 실제로는 수평, 수직 편향 회로를 위한 H, V입력 및 접지단자도 포함한 8핀 접속기구 등이 사용된다.
㊟ R, G, B를 각각 1비트로 표시하는 경우에는 2^3, 즉 8종류의 색표시를 할 수 있지만, 각 원색을 4비트를 16계 조로 구분하면 이들 조합에 의해 16^3, 즉 4,096색에 의한 색 표시를 할 수 있다. 거의 연속적인 색 표시를 할 수 있다는 의미에서 아날로그 RGB라고 하며, 필요한 커넥터 핀 수도 많아진다.

알칼리-망간 건전지 (—— 乾電池, alkali-manganese dry cell) 망간 건전지와 같은 활물질의 조합인데, 전해액은 가성칼리 또는 가성소다인 점이 다르다. 감극제로는 이산화 망간을 사용한다. 중부하에 적합하고 수명이 길기 때문에 각종 기기의 전원으로서 많이 사용된다. 알칼리 건전지라고도 한다.

알칼리 축전지 (—— 蓄電池, alkaline bettery) 가성칼륨, 가성소다 같은 강 알칼리 전해액을 사용한 전지의 총칭, 산화은-아연 전지, 니켈-카드뮴 전지, 은-카드뮴 전지 등이 있다. 중부하에 견디고 저온에서도 사용이 가능하다. 반면 수명은 길지만 방전시의 전압이 1.2 V로 약간 낮고 값도 비싼 편이다.

알칼리 탈지 (—— 脫脂, alkaline cleaning) 알칼리성 용액을 사용하여 피 도금물을 세척(주로 탈지)하는 것. 알칼리 세척이라고도 한다.

알파 (alpha, α) 《트랜지스터》 베이스 접지형 트랜지스터의 정방향 전류 이득으로, 컬렉터 전압을 일정하게 유지하여 두고 이미터 전류를 변화시켰을 때 이에 대한 컬렉터 전류 변화분의 비로 다음과 같이 정의된다.

$$\alpha = h_{fb} = \Delta i_c / \Delta i_e$$

㊟ h_{fb}는 주파수에 대하여 다음과 같은 근사식으로 표현된다.

$$h_{fb} = \frac{h_{fbo}}{1 + j(f/f_a)}$$

h_{fbo}는 1 kHz (저주파역에서의 대표값)에서의 h_{fb}의 값이고 f_a는 알파 컷오프 주파수라고 한다.

알파 계수관 (—— 計數管, alpha counter tube) 주로 알파 입자를 검출하기 위한 체임버로 구성된 전자관. 보통 비례 영역에서 동작하고 베타 선이나 감마 선에 의한 펄스를 판별하기 위해 펄스 파고에 따른 선별을 하고 있다. 알파 전리함이라고도 한다.

알파뉴메릭 (alphanumeric) 문자와 숫자(경우에 따라서는 또 다른 약간의 캐릭터)를 포함시킨 캐릭터의 세트. 영(榮) 숫자라고도 한다.
㊟ alphabetic과 numeric을 줄여서 만든 조어인데 alphameric이라고도 한다.

알파 모자이크 코딩 (alphamosaic coding) 텍스트나 도형을 중앙 계산기에 축적하고 필요에 따라 전송하여 단말 장치에서 표시하도록 한 방식에서, 전송로의 대역이 좁은 경우에 많이 사용되는 이미지 부호화법인데 공중 전화망을 이용하는 videotex 등에 많이 이용된다. 분해능은 낮다.
㊟ videotex의 표준 부호화 방식에서는 표시하여야 할 이미지를 63개의 그래픽 문자

를 조합하여 형성한다. 각 그래픽 문자의 스페이스는 2×3 비트의 매트릭스로 만들어지고 있으며, 그 종류는 2^6, 즉 64이다(단, 올백을 제외하면 63).

알파 붕괴 (—— 崩壞, alpha decay) 어떤 원자핵에서 알파 입자가 방출되었을 때 발생하는 방사성의 붕괴작용. 붕괴 생성물은 최초의 핵종에서 질량수가 4개 적고, 그리고 원자 번호가 둘 작은 새로운 핵종이다.

α선 (—— 線, αrays, alpha rays) 방사성 물질이 붕괴할 때에 방출되는 방사선의 일종. 입자로 이루어지며 양전기를 띠고 있다. 또 전계 또는 자계에서는 굴곡하며 기체를 이온화하고 자신은 속도가 감소된다.

알파 입자 (—— 粒子, alpha particle) 질량수 4, 원자 번호 2인 헬륨 원자의 원자핵. 2개의 양자와 2개의 중성자를 가지고 양으로 대전한 입자로서, 어떤 종류의 방사성 원소 혹은 동위체로부터 방출되고, 전해능은 크지만 투과력은 약하다.

알파 지오메트릭 코딩 (alphageometric coding) 이미지 정보를 축적, 전송하여 표시하기 위하여 사용되는 부호화 방식의 일종. 호(弧), 점, 다각형 등의 선 긋기(line drawing)를 포함한 복잡한 도형의 작성이나 음영 작성에 적합한 부호화법이다. 이러한 이미지를 공중 전화망 같은 비교적 협대역의 전송로를 사용하여 전송하는 videotex 방식 등의 경우에는 이미지 정보를 효과적으로 보내기 위하여 묘화 명령을 사용하여 부호를 압축하도록 한다. 알파 모자이크 코딩보다도 융통성이 많지만 전송에 시간을 요하고 또 단말의 복호화 장치도 복잡하게 되는 결점이 있다. ⇨ 알파 모자이크 코딩.

㊟ 묘화 명령 부호는 복잡한 영상을 단순한 도형의 조합으로 표현하기 위하여 사용하는 부호로서, 협대역 채널로 전송할 수 있도록 고안된 것이다.

알파 포토그래프 표시방식 (—— 表示方式, alphaphotographic display system) 문자와 도형을 텔레비전과 마찬가지로 화소로 분해하여 도트 패턴으로 전송하여 표시하는 방식. 알파 모자이크 방식이나 알파 지오메트릭 방식처럼 코드화는 하지 않는다. 이들 양자에 비하여 전송 속도는 가장 느리지만 영상 품질은 컬러 텔레비전의 그것과 동등하다. 우리 나라와 같이 한자, 한글 문자를 사용하는 나라의 텔레텍스트 전송에는 적합하지만 문자의 종류가 적은 구미에서는 코스트에 따라 그 필요성이 좌우된다. 영국에서는 BT가 Picture Prestel의 이름으로 1980년에 이 방식을 공개하였지만 보급은 늦어지고 있다. 일본의 캡틴방식(문자방송의 경우도)은 위의 방식에 문자 코드를 조합한 코드 패턴 하이브리드 방식을 채용하고 있다.

R판 (—— 板, R-cut) 수정의 r 면에 평행하게 자른 진동자. 상온에서 주파수 온도계수가 작고, 수정 발진자로 많이 사용된다.

알페드 케이블 (alpeth cable) 통신용 케이블에서 연피(鉛被)를 사용하는 대신 다음과 같은 구조로 한 것. 즉 미리 테이프의 폭방향으로 걷 모양의 주름을 잡은 알루미늄 테이프에 의해서 케이블의 심을 세로 방향으로 감싸고, 그 테이프의 겉면 및 겹친 부분에는 풀 모양의 폴리이소부틸렌을 칠하고 그 위에 폴리에틸렌을 피복한 것으로, 필요한 경우에는 다시 외장을 한다.

rps (revolutions per second) ⇨ 매초 회전수.

rpm (revolutions per minute) ⇨ 매분 회전수.

암 (arm, cross arm) 애자 등을 지지하기 위하여 전주 등에 부착하는 나무 조각, 완목, 완금 등을 이른다.

암거 (暗渠, culvert, closed conduit,) (1) 케이블 등을 수용하기 위해 지하에 설비한 터널 구조로, 철근 콘크리트로 만들고 내부에는 조명, 배수, 환기 등의 부대설비도 수용되어 있다. (2) 지면을 굴착하여 만든 홈에 덮개를 씌우고, 그 위에 표토를 씌운 것. 전선로 또는 수로로 사용된다.

암모니아 메이저 (ammonia maser) 두 레벨간의 유도 방출을 이용한 마이크로파 발진기. 두 개의 역전 에너지 상태의 윗쪽 에너지 상태에 있는 암모니아 분자의 빔을 반전 주파수에 동조하고 있는 공동 공진기 속을 통과시키면 분자는 일정한 확률로 낮은 에너지 상태로 천이하여 약간의 방사를 발생하지만, 이 방사가 공동 안에서 반사하면서 다른 분자에 작용하여 코히어런트한 방사로 급속하게 입상한다. 방사의 주파수는 암모니아의 반전 주파수(2.387014×10^{10}Hz)이고, 그 폭도 4×10^{3}Hz 정도의 좁은 폭이다.

암스트롱 발진기(—— 發振器, Armstrong oscillator) 그리드 및 플레이트 회로를 각각 동조하는 회로. 재결합은 진공관의 그리드·프레이트 간의 정전 용량에 의해 이루어진다.

암시 어드레스 지정(暗示 —— 指定, implied addressing) 계산기 명령의 연산부가 암묵적으로 오퍼랜드의 어드레스를 지정하고 있는 것을 이른다.

암영(暗影, black spot) 아이코노스코프로 촬영할 때 원상(原像)에 없는 명암(明暗)이 수상 화면에 나타나는 경우가 있다. 그 명암의 얼룩을 이른다. 아이코노스코프의 광전면에서 나오는 2차 전자가 불균일하게 광전면으로 되돌아오지 않기 때문에 일어난다. ⇐ 셰이딩.

암전류(暗電流) (1) dark current 광전관이나 촬상관의 광전 음극에 방사속이 주어지지 않을 때에 흐르는 전극 전류를 이른다. 정확하게는 전극 암전류라 하는 표현이 맞다. (2) idling current 입력 신호가 없을 때 회로 또는 증폭기에 대하여 전원에서 공급되는 전류를 이른다.

암 타이(arm-tie, cross arm brace) 완목(완금)을 전주에 부착하였을 경우 그 경사를 방지하기 위하여 아래쪽에서 비스듬히 받치는 부재(部材)이다.

암페어(A)(ampere) 전류의 세기에 대한 실용 단위(기호 A). 진공 속에 1m의 간격으로 평행하게 놓인 두 줄의 무한히 길고 극히 가는 도선을 흐를 때, 그 도체의 길이 1m마다 2×10^{-7} 뉴턴의 힘이 생기는 일정한 전류의 세기를 1암페어(A)라고 한다. 옛 국제 단위에서는 질산은의 수용액을 통과할 때 매초 0.0011800 g의 은을 유리시키는 일정한 전류를 1암페어로 정했었다. ⇨ 암페어 회수.

암페어 도체 수(—— 導體數, ampere conductors) 어떤 면을 따라 배열된 도체 수와 그 개개의 도체에 흐르는 전류(암페어)의 곱이다.

암페어 수(—— 數, amperage) 암페어의 단위로 나타낸 전류값이다.

암페어 시(—— 時, ampere-hour) 암페어 단위의 전류와 시(時) 단위의 시간을 곱한 값이다.

암페어 시 용량(—— 時容量, ampere-hour capacity) 축전지의 용량을 정하기 위하여 사용되는 것으로, 축전지의 방전 전류의 암페어 수와 사용 시간의 곱으로 나타낸다. 즉 축전지가 완전히 충전된 상태에서 그 전지의 단자 전압이 규정 전압(방전율에 따라서 정해진다)으로 강하하기까지의 방전되는 전기량을 가리키는 것이다. 예컨대 10시간 방전율에서 20 암페어 시 용량의 축전지를 2 암페어 부하로 사용하면 10시간을 사용해서 약 1.8 볼트가 된다.

암페어 시 효율(—— 時效率, ampere-hour efficiency) 암페어 시 출력의 암페어 시 입력에 대한 비율을 %로 나타낸 것. 충전 후에 전지를 정전류 I로 방전시키고, 규정된 종지 전압까지 방전하여 그에 소요된 시간을 t, 다음에 I'의 전류로 충전을 하여 충전 완료에 t'시를 요했다고 하면 효율은 $(It/I't')\times 100$ %이다.

암페어 용량(—— 容量, ampere-capacity) 도체 또는 도선에 전류를 흘리면 도체 저항으로 인하여 발열하며, 그 크기는 전류의 제곱에 비례하므로 전류가 커지면 커질수록 온도가 상승한다. 특히 장시간 연속해서 흘릴 경우에는 도체의 피복물이 소손되거나 도체가 녹는 경우도 있다. 그러므로 각종 전기기기를 사용할 때 안심하고 흘릴 수 있는 전류의 크기를 그 기기의 암페어 용량이라고 한다. ⇐ 전류 용량.

암페어의 법칙(—— 法則, Ampere's law) 전류가 흐르고 있는 도체 주위에는 자계가 발생하며, 자계의 방향을 오른 나사의 회전 방향으로 잡으면 전류의 방향은 그 나사의 진행 방향이 된다는 것을 설명한 법칙이다. ⇐ 암페어의 오른 나사의 법칙.

암페어의 오른 나사의 법칙(—— 法則, Ampere's righthanded screw law) 도체 주위에 발생하는 자력선에 관한 오른 나사의 법칙을 이른다. 즉 전류가 흐르는 방향을 나사의 진행 방향으로 잡으면 자력선은 전류에 직각이 되는 평면 내에 오른 나사의 방향으로 흐른다.

[암페어의 오른 나사의 법칙]

암페어의 적분 법칙 (── 積分法則, Ampere's integration rule) 자계의 원천은 기자력이고, 장 안에서 그 관계는 다음 적분으로 주어진다는 법칙. $\int_c H \cdot dl = \int_s J \cdot ndS$, S는 고찰점을 에워싸는 작은 면이고, C는 그 주연 곡선이다. dl은 주연의 소편, dS는 면상의 요소, 그리고 n은 dS의 법선 벡터이다.
[주] 맥스웰은 패러데이의 법칙과 함께 위의 법칙을 미분 방정식으로 고쳐 쓸 때 오른변의 전류 J는 도전 전류만이 아니라 변위 전류도 포함하여 일반화하였다.

암페어의 주회 적분의 법칙 (── 周回積分法則, Ampere's circuital law) 임의의 폐회로를 흐르는 전류I에 의해서 어떤 점에 발생하는 자계 H는 이 회로를 테두리로 하여 세기가 전류의 크기 I와 같은 자각(磁殼)으로 인한 자계와 같다. 이것으로 폐회로의 권회수를 N으로 하면 다음 식이 유도된다. $\oint Hds = NI$, 이것이 암페어의 주회 적분의 법칙이다.

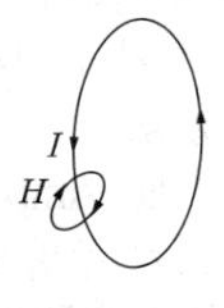

[암페어의 주회 적분의 법칙]

암페어 회수 (── 回數, ampere-turn) 권선의 회전수와 권선을 흐르는 전류의 곱. 권선의 기자력을 부여한다.

암페어 회수의 법칙 (── 回數法則, law of equal ampere-turns) 《자기증폭기》 자기증폭기의 기본 법칙으로서, 정류된 부하 전류의 평균 직류 기자력은 직류 제어권 선측의 직류 기자력과 같다는 법칙이다.

암플리다인 (Amplidyne) 전기자 반작용 여자형 발전기의 하나로, 미국 GE사의 상품명. 발전기 계자 권선에 공급된 약간의 입력전력 변화를 전기자 회로에서의 큰 출력 전력 변화로 증폭하는 회전기형의 증폭장치이다.
[주] 보상 계자 권선에 의해 가로축에 작용하는 전기자 반작용을 상쇄하고, 횡축 단락회로에 흐르는 전류에 의해 발생하는 주 자속에 의해 부하 회로에 증폭된 출력을 발생한다.

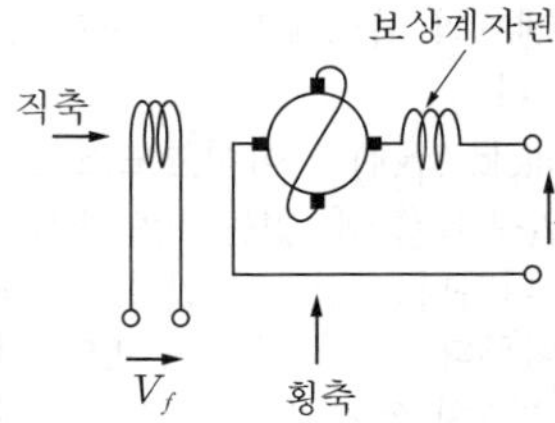

[암플리다인]

암호 전보 (暗號電報, cipher telegram) 전송 도중에 쉽게 해독할 수 없는 방법으로 보내지는 전보를 이른다.

압단 본드 (壓端 ──, compressed terminal bond) 구리로 만든 단자를 본드 자체에 용접하여 그것을 레일의 부착 구멍에 꽂아 넣고 압축하여 레일에 접착시키는 본드이다.

압력 경도 마이크로폰 (壓力傾度 ──, pressure gradient microphone) 진동판이 그 양면에 가해지는 음압의 위상차에 의해 음을 받아 진동하는 마이크로폰. 벨로시티 마이크로폰은 그 일종이다. 강력한 자기장에 있는 리본 모양의 진동판이 양면 모두 음장에 노출되어 있다. 그 특징으로는 리본면에 평행 방향에서 오는 음파에는 감도가 제로이고, 8자 모양의 지향 특성을 갖는다.

압력계 (壓力計, pressure gauge) 압력을 측정하는 계기이다.

압력 계전기 (壓力繼電器, pressure relay) 유체 또는 가스체의 압력에 의해서 동작하는 계전기이다.

압력 등화 (壓力等化, pressure balancing) 가스 구간에 있어서 압력이 평형된 상태이다.

압력 마이크로폰 (壓力 ──, pressure microphone) 마이크로폰에서 진동판 한쪽 면만이 음압을 받지만 뒷면은 케이스에 의해서 차단되어 있어 음압을 받지 않는 마이크로폰. 가동 코일 마이크, 콘덴서 마이크는 보통 이에 속한다. 지향성을 거의 갖지 않는 것이 특징이다.

압력 분포도 (壓力分布圖, pressure distribution chart) 가스 구간의 압력 분포를 그래프로 도시한 것이다.

압력 시간법 (壓力時間法, pressure-time method) 가스 케이블의 누설 구멍 탐색 방법의 하나로, 압력 강하의 상태를 시간적으로 측정해서 누설 구멍의 위치를 결정한다.

압력 시험 (壓力試驗, pressure test) 압력 용기, 배관 등에 사용 압력 이상의 압력을 걸어서 그 강도가 충분한지의 여부를 시험하는 것을 이른다.

압력 조정기 (壓力調整機, pressure regulator) 수차(水車)의 부하 급변시 수압관 내에 이상 수압의 상승이 발생하지 않도록 조속기의 동작과 기구적으로 연결되어서 안내 날개의 전폐(全閉)와 동시에 방수로로 물을 방출하도록 제작된 장치를 이른다.

압력 터널 (壓力 ——, pressure tunnel) 벽면 전체에 수압이 걸려 있어서 물이 천단(天端)까지 충만되어 흐르는 터널을 이른다.

압분 자심 (壓粉磁心, dust core) 투자율이 큰 재료의 분말(粉末)을 절연성 점착제(粘着劑)와 섞어서 압축 성형한 자심. 고주파 손실이 적기 때문에 고주파용 인덕터, 변성기 등에 이용된다.

압심 케이블 (壓心 ——, pressed-core cable) 케이블 절연체에 외부로부터 간접적으로 높은 압력을 가함으로써 절연체 내에 기포 및 가스가 발생하는 것을 방지하고, 전리 작용을 억제하여 절연 내력을 증가시키는 것을 특징으로 한 것이다.

압연기 (壓延機, rolling mill) 금속을 압연하기 위한 장치. 보통 서로 반대 방향으로 회전되는 2대의 롤러 사이에 금속을 통과시킴으로써 압연한다.

압연 전동기 (壓延電動機, mill motor) 제철용 압연기를 운전하는 전동기로서, 전기적 및 기계적으로 강력한 것을 필요로 한다. 종래에는 유도 전동기가 널리 사용되었으나 연속 대강(帶鋼) 압연기술 발달과 더불어 직류기가 많이 쓰이게 되었다. 워드 레오나드식과 일그너식이 사용된다.

압전 (壓電, piezo-electric) 특수한 결정체, 예컨대 수정을 결정의 축에 대하여 특별한 각도로 잘라 내어 압축하거나 늘리거나 하면 대전되고 전압을 가하면 휜다. 이 성질을 압전 효과라고 한다.

압전 결합기 (壓電結合器, piezo-coupler) 압전 효과를 갖는 것. 예컨대 수정 진동자를 사이에 두고 두 회로를 결합하는 장치를 이른다.

압전 공진자 (壓電共振子, piezo-resonator) 압전효과를 이용한 공진자. 현재는 대부분 수정이 사용된다. ⇨ 수정 공진자.

압전기 (壓電氣, piezo-electricity) 수정, 로셸염(鹽) A.D.P 등은 전압을 인가해서 전기 분극하면 일그러지는 성질과 반대로 일그러뜨리면 전기 분극이 생기는 두 가지 성질을 갖는다. 이와 같이 압력과 관련되는 전기 현상을 압전기라 한다.

압전 마이크로폰 (壓電 ——, piezo-electric microphone) 음파를 전기 진동으로 변환시키기 위하여 로셸염 등의 압전 현상을 사용하는 마이크로폰이다.

압전 물질 (壓電物質, piezo-electric materials) 압전효과를 나타내는 유전(및 비유전) 결정, 예를 들면 수정, 로셸염, 티탄산 바륨 등. 또 어떤 종류의 세라믹스 등에도 압전성을 나타내는 것이 있다. 초음파 진동자, 기계 필터, 착화 소자 · 압력 · 전기 트랜스듀서로서 각종 계측기 등에 사용된다.

압전 발진기 (壓電發振器, piezoelectric oscillator) 그 발진 주파수가 압전 결정이 갖는 성질에 따라 결정되고, 매우 안정적으로 동작하는 발진기. 적당하게 컷트된 압전 결정을 커패시터의 두 전극 사이에, 기계적 부담이 가급적 적도록 마운트한 것을 사용한다. 발진 회로에서 사용되는 경우 다음 두 가지 형이 있다. ① 크리스털(수정) 발진기 ② 크리스털 제어 발진기, 전자는 위의 크리스털을 공진 탱크의 커패시턴스로 사용하는 것이고, 후자는 크리스털을 크리스털의 고유 진동수에 대략 동조된 공진회로에 결합하여, 그에 미치는 스프링 효과에 의해 발진 주파수의 드리프트를 방지하도록 한 것이다.

압전 상수(壓電常數, piezo-electric constant) 특수한 결정체, 예컨대 수정, 로셀염 등은 현저한 압전 현상을 나타내고 있다. 이 현상을 나타내는 각 결정체 특유의 상수를 이른다.

압전 스피커(壓電 ——, piezo-electric loud-speaker) 전기 진동을 음파로 변환하기 위하여 압전 현상을 이용하는 스피커. 압전체로는 로셀염이 많이 사용되고 있다.

압전율(壓電率, piezo-electric modulus) 압전체에 전기 분극을 주면 그에 비례한 응력이 생기는 경우의 비례 계수. 이것은 일그러짐을 주었을 때 그에 비례하는 전계가 생기는 경우의 비례 계수와 같다. 다만, 압전율 혹은 piezo-electric modulus의 정의(定義)는 저자에 따라 다른 경우도 있다.

압전 저항 소자(壓電抵抗素子, piezoresistive element) 압력을 가함으로써 저항률이 변화하는 감압소자. 실리콘이나 게르마늄의 얇은 편을 사용한 것, 혹은 기판 위에 반도체 박막을 형성시킨 것들이 있다.

압전 제어(壓電制御, piezo-electric control) 자려 발진기는 발진 주파수가 변동되기 쉽기 때문에 압전효과를 가진 결정체(무선 통신용으로서는 수정이 사용된다)를 사용해서 발진 주파수가 일정하게 되도록 제어하는 것을 이른다.

압전 픽업(壓電 ——, piezo-electric pickup) 로셀염, 티탄산 바륨 등의 압전체는 일그러짐을 주면 전기적인 분극을 일으킨다. 이 성질(압전 현상)을 이용해서 레코드의 바늘 진동을 전기 진동으로 바꾸는 픽업이다.

압전 효과(壓電效果, piezo-electric effect) 압전 결정에 압력 또는 비틀림 힘이 작용함으로써 결정의 상대하는 두 면 사이에 전압이 발생하는 현상. 혹은 반대로 결정이 상대하는 두 면 사이에 전압을 부여함으로써 그 전압의 주파수에서 변화하는 일그러짐이 발생하는 현상을 이른다.

압축(壓縮, compression) (1) 신호를 전송할 때 그 레벨 변화의 폭을 작게 하기 위하여 신호의 진폭에 따라 그 실효 이득을 변화시키고, 보다 작은 진폭의 신호에 대해서는 보다 큰 실효 이득을 주는 것. (2) 텔레비전에서, 영상 신호의 어떤 한 레벨의 이득을 같은 신호의 다른 레벨의 이득에 견주어 줄이는 것. (3) 오실로스코프의 유효 화면을 벗어났을 때 편향계수(감도의 역수)를 증가시키는 것을 이른다.

압축(영상의)(壓縮, picture compression) 영상 정보를 전송로를 통하여 보내거나 기억 축적하는 경우에 영상 정보를 가급적 적은 비트수로 표현 가능하게 하는 것. 원 영상과 수상 장치의 공간적 분해능 및 회색 정도의 분해능을 고려하여 영상을 샘플한다. 그 샘플(화소)의 크기와 샘플에서의 회색 농도의 양자화 정밀도가 변하지만 그래도 보다 적은 비트수로 가급적 충실하게 영상을 보내기 위하여 다음과 같은 방법이 있다. ① 영상 변환법(transform compression) ② 예측법(predictive compression) ③ 하이·로법(high-low compression) ③의 것은 영상 전체를 저역 필터로 소프트하게 하는 동시에 별도로 고역 필터로 에지(흑백이 급변하는 장소)정보를 추출하고 그것들을 조합하는 방법으로 비트 수를 줄이는 방법이다.

압축 강도(壓縮强度, compressive strength) 공업 재료로 규정된 시험편을 만들어 그것을 재료 시험기에 걸어 하중을 0에서부터 서서히 증가시키면서 압축시험을 하여 재료가 파괴될 때까지 나타나는 최대 응력을 압축 강도라 한다.

압축 공기 콘덴서(壓縮空氣 ——, compressed-air condenser) 콘덴서의 유전체로서 공기를 3~8 기압 정도로 압축한 것을 사용하면 내전압이 높은 것을 얻을 수 있다.

압축 눈금(壓縮 ——, suppressed scale) 계기 눈금의 하나로, 같은 눈금 길이로 일부분을 정밀하게 읽어내기 위하여 그다지 필요하지 않는 다른 부분을 압축, 즉 밀접하게 한 것이다. 가장 많은 것은 0 부근을 압축시킨 것과 최대 지시측을 압축한 것이다.

압축 도체(壓縮導體, compact stranded wire) 《케이블》 연선(撚線)을 만들 때 바깥쪽에서 압력을 가하여 압축함으로써 소선(素線) 간의 틈을 감소시켜 도체의 점적률(占積率)을 높이고, 그 바깥 지름을 작게 한 것을 이른다.

압축 응력(壓縮應力, compressive stress) 물

체 내의 가상면 상의 임의의 점의 응력이 그 작용면의 법선 방향으로 작용하는 수직 성분 중, 그 작용이 물체 내부에서 서로 밀어붙이는 것을 압축 응력이라 한다.

압축 접속 (壓縮接續, compression joint) 전선과 동일한 재질로 만들어진 슬리브에 접속하려는 전선의 양단을 삽입한 다음 외부에서 슬리브를 압축하여 접속하는 방법이다.

압축 질소 콘덴서 (壓縮窒素 ——, compressed nitrogen condenser) 압축 질소를 봉해 넣은 콘덴서. 내전압이 높아진다.

압출법 (押出法, pasted process) 텅스텐 필라멘트를 만드는 방법으로, 매우 고전적인 방법이다.

압출 필라멘트 (押出 ——, pasted filament, squirted filament) 1902년 비엔나의 A. Just 및 F. Hannaman이 발명한 텅스텐 필라멘트. 텅스텐은 전연성(展延性)이 없기 때문에 선으로 만들기가 어려웠으므로 분말을 풀같은 것과 섞어서 선에 바른 다음 풀같은 물질만을 태워 없애서 만들었다. 10년쯤 후에 인선(引線) 텅스텐이 나타나 대체되었다.

앙각 (仰角) (1) elevation angle 대상을 보는 관측자의 시선이 수평면과 이루는 각. (2) wave angle《전파》 수신 안테나에 들어오는 전파의 각도 또는 송신 안테나에서 나가는 전파의 방향과 지면 사이의 각도를 이른다.

앞선 각 (——角, angle of lead) 두 교번 벡터양 $\dot{A}$와 $\dot{B}$가 $\dot{A}\,|\,A\,|\,e^{j\omega t}$, $\dot{B}\,|\,B\,|\,e^{j(\omega t-\varphi)}$의 관계에 있을 때 $\dot{A}$는 $\dot{B}$보다 앞서 있다고 하고, 이 ϕ를 앞선 각이라 한다. ⇔ 뒤진 각(angle of lag). ⇨ 위상각(phase angle).

앞 피치 (front pitch) 직류기의 전기자 권선에서 정류자 쪽에 서로 접속되어 있는 두 코일변 사이의 피치를 이른다. ⇨ 권선 피치, 후 피치, 합성 피치.

애관 (碍管, porcelain tube, wall tube insulator, insulating tube, (porcelain)bushing) 자기로 만든 짧고 작은 관으로, 이 속에 전선을 통하여 다른 물체로부터 절연하는 것을 이른다.

애널라이저 (analyzer) (1) 편광을 검출하거나 테스트하기 위한 니콜 프리즘 또는 그밖의 장치. 검광자(檢光子)라고도 한다. (2) 전자 장치의 전압, 전류를 시험하기 위하여 시험 부분을 케이블과 플러그에 의해 인출하여 측정하도록 한 측정장치. 세트 애널라이저라고도 한다. (3) 각종 분석을 하는 장치에 대한 일반명. 예를 들면 주파수를 분석하는 스펙트럼 애널라이저 등이 있다.

애노드 (anode) ⇨ 양극.

애노드 폴로어 (anode follower) 전자관 회로에서, 애노드에서 그리드로 강한 귀환이 걸려, 출력 전압이 입력 전압과 거의 같을 뿐만 아니라 또한 역극성이 되는 구성을 이른다.

애뉼러 링 트랜지스터 (annular ring transistor) 고리 모양의 가드 링을 가진 바이폴러 트랜지스터로서, 과잉 누설 전류와 출력 커패시턴스의 증가를 방지하도록 한 것이다.

㈜ 트랜지스터의 표면 보호에 사용하는 SiO_2에 불가피하게 포함되는 산화물 이온(정전하)의 영향으로 pnp 트랜지스터의 컬렉터 p영역 표면에 음전하가 유기되어 실효적으로 베이스 n영역이 컬렉터 표면을 칩 바깥 가장자리까지 늘어나는 것을 방지하기 위하여 컬렉터에 낮은 저항의 p^+ 링(채널 스토퍼라고 한다)을 설치한다. 채널 스토퍼는 MOS 집적회로의 서브스트레이트에서도 기생 트랜지스터의 형성을 방지하기 위해 사용된다.

애도콕 안테나 (Adocock antenna) 대칭으로 배치된 4개의 수직 안테나의 출력을 고니오미터에 도입하고, 고니오미터를 회전시킴으로써 전파의 도래 방향을 측정하는 방향 탐지용 안테나이다. 루프 안테나보다 실효고가 크다. 영국의 F. Adocock이 고안한 것으로서 방향 탐지의 약간의 오차를 경감시키기 위해 전기장의 수직 성분에 대해서만 감도를 갖도록 하였다.

애벌란시 (avalanche) 단일 입자 또는 광량자가 복수 개의 이온을 발생하고, 이들 이온이 가속 전계에 의해 충분한 에너지를 얻어 다시 많은 이온을 만들어내는, 즉 이온화가 누적적으로 진행하는 것. 다운젠트 애벌란시라고도 한다. 가이거 계수관, 애벌란시 다이오드, 인패트 다이오드 등에서 볼 수 있다.

애벌란시 포토 다이오드 (avalanche photodiode) 항복전압 이상의 전압에 역바이어스가 주어진 pn접합 포토 다이오드로, 외부 전자방사가 부여되어 전자-정공쌍을 발생하고, 이것이 애벌란시 현상에 의해서, 증배된다. 항복전압 이하의 전압(애벌란시를 발생하지 않는)에서의 광전류 I_0에 대하여 애벌란시 항복에 의해 증배된 광전류 I의 증배율 I/I_0를 광 증배율(photomultiplication)이라 한다. 쇼트키 포토 다이오드도 역시 애벌란시 영역에서 동작한다. ⇨ 포토 다이오드.

애벌란시 항복 (── 降伏, avalanche breakdown) 《반도체》 인가 전계의 작용으로 자유전하 운반체의 누적적인 증배작용을 발생하는 일종의 항복현상. 이것은 역 바이어스된 pn접합에서 발생하고, 항복을 발생하는 전압 임계값은 접합부 양쪽 두 종류의 반도체층에서의 도핑 농도와 접합부 공핍층의 두께에 따라 다르다.

주 애벌란시 항복은 비교적 높은 전계에서 발생하고, 전하 운반체의 증배작용을 동반하지만 제너 항복의 경우는 도핑 농도가 높고, 전하 운반체의 증배현상은 볼 수 없다. 다른 항복 기구이다.

애자 (碍子, porcelain insulator) 전선을 지지하는 자기 또는 유리제의 절연물이다.

애자 연 (碍子連, insulator chain) 직렬로 접속된 여러 개의 애자의 엮음을 이른다.

애자 장치 (碍子裝置, insulator device) 전기 도체를 절연하여 지지하기 위한 절연체와 이것과 일체로 조립된 금구 및 아크 혼으로 된 절연 지지물. 핀 애자, 현수 애자, 지지 애자, 장간 애자로 분류된다. 재질은 자기가 주로 사용되지만 글라스제도 있고 최근에는 폴리머제도 개발되었다.

애자 핀 (碍子 ──, insulator pin, insulator spindle) 애자를 완목 또는 완철 등에 붙이기 위하여 애자에 붙인 핀. 끝은 나사로 되어 있다. 애자에 접착되어 있는 것과 나사로 박는 형이 있다.

애자형 변류기 (碍子形變流器, porcelain-clad type current transformer) 고압용 변류기로, 적은 유량 또는 불연성의 합성유를 사용하고, 변류기와 대지 간의 절연에 애자를 사용한 것을 이른다.

애자형 차단기 (碍子形遮斷器, porcelain-clad circuit-breaker) 차단부를 절연유 실내에 수용하고, 차단부와 대지 간의 절연을 대(臺)애자로 한 것으로, 소호, 조작 방식. 형태는 여러 가지 있으나 유량은 탱크형보다 수 분의 1 내지 수십 분의 1이다. 기름을 전혀 사용하지 않고 압축 공기 분무식(噴霧式)도 있다.

애지머스 (azimuth) (1) 방위각. (2) 자기 기록의 재생에서 헤드 갭이 테이프에 대하여 바르게 위치하지 않고 각도가 어긋남으로써 생기는 재생 손실(애지머스 손실)을 이른다. (3) FM 기록에서 재생 때 헤드가 인접 트랙에 걸쳐 이동할 때 두 트랙에서 신호를 픽업하지 않도록 보통 가드 밴드를 설치하지만, 기록 밀도를 높이기 위해 이 가드 밴드를 생략하는 일이 있다(무가드 밴드 기록). 이 경우 기록 트랙과 헤드 갭 사이에 각도차를 주어 (2)의 애지머스 손실을 이용하여 인접 트랙에서 신호를 수습하지 않도록 한다. 그것을 위한 애지머스 각을 이른다.

애트킨슨 반발 전동기 (── 反撥電動機, Atkinson motor) 단상 교류 정류자 전동기의 하나로, 브러시는 단락되어 있다. 고정자에 여자 권선과 보상 권선을 가지며, 여자 권선의 탭 전환과 공급 전압의 조정으로 속도 제어를 한다.

애퍼처 (aperture) (1) 전자, 빛, 전파, 그밖의 방사가 그 곳을 통하여 주어지는 개구부분을 이른다. CRT의 전자총에서 애퍼처는 전자빔의 치수를 결정하고, 텔레비전 카메라에서의 애퍼처는 촬상관에 입사하는 빛의 양을 제어하는 렌즈의 실효 직경이다. 전자 폰의 개구부와 포물 방사면의 치수, 형상은 마이크로파 안테나의 애퍼처를 결정한다. (2) 안테나의 외부 전계를 계산하기 위해 안테나 표면 또는 그 가까이에 예상한 가상면으로서, 그 면 위의 전계를 적당히 정하여 계산을 간이화한다. 따라서 애퍼처는 최대 방사방향에 대하여 직각인 4각형 또는 원 등을 사용하는 일이 많다. (3) 데이터 처리장치에서 사용되는 마스크 또는 필터의 일부로, 그 부분에서는데이터는 마스크되지 않고 통과가 허용되도록 되어 있다.

애플리케이션 프로그램 (application program) (1) 《계산기》 엔드 유저를 위한 특정 응용 문제를 실행하는 프로그램(또는 일련의 프로그램)을 이른다. 계산기 자체 혹은 그 오퍼레이팅 시스템(OS)에 관한 시스템 프로그램과는 구별된다. (2) 《데이터 통신》 통신계에 의해서 전송되는 텍스트에 대한 프로그램을 지칭. 통신 시스템의 관리에 속하는 일, 예를 들면 전송 착오의 체크, 다이얼로그 관리, 어드레스 부여, 방향 설정, 링크 제어 등에 대한 프로그램은 아니다.

액상 성장 (液相成長, liquid growth) 액상 상태의 반도체로부터 기판 위에 에피택시얼하게 결정을 성장시키는 것. 낮은 융점의 Ga, In 등을 용매로 하여, 이 속에 고온으로 Ⅲ-Ⅴ족 화합물을 포화까지 용해시켜 두고, 그것을 기판 결정 위에 접촉시켜 서냉하면서 에피택시얼 성장시키는 것. 액상 에피택시(liquid phase epitaxy)법이라고도 한다. ⇨ 에피택시얼 성장.

액세스 (access) (1) 어떤 것에 접속하는 것, 혹은 그러기 위한 수단·방법, 경로, 입구 등. 예를 들면 계산기 기억장치에 대하여 데이터를 수수할 경우라든가 통신회선을 이용하는 경우의 이용방법, 권리 등과 관련하여 많이 사용되는 용어이다. 호출이라고도 하지만 call의 경우도 그렇게 말하고 있으므로 액세스라고 하는 편이 좋다. (2) 《프로그램 언어》 다른 데이터를 간접적으로 참조하기 위한 형식(포인터 타이프)에 대한 Ada의 예약어. 예를 들면 type REFERENCE is access CELL.

액세스 시간 (――時間, access time) (1) 제어장치가 기억장치에 대하여 데이터를 요구한 다음 그것이 얻어지기까지의 소요 시간, 즉 리딩 시간 혹은 제어장치에 의해 기억장치에 데이터의 입력이 요구되고 나서 실제로 입력이 완료되기까지의 소요 시간, 즉 기록 시간을 이른다. 대기 시간과 전송 시간으로 구성된다. 호출 시간이라고도 한다. (2) 기억 장치의 특성의 하나로, 기억 장치와 정보 교환을 하기 위한 소요 시간을 이른다. 그 시간의 처음과 끝을 어디에서 정하는가에 대해서는 반드시 명확한 정의가 확립되어 있지 않다.

액셉터 (acceptor) (1) 반도체 결정의 내부에 정공이 생기는 그와 같은 불순물을 이르며, p형 반도체는 이것이 들어간 것이다. 그 이유는 불순물에 의해 가전자대(價電子帶)의 바로 위에 액셉터 준위(準位)라고 불리는 에너지 준위가 만들어지고 상온에서 가전자대로부터 이 준위에 전자가 이동하여 가전자대에 정공이 생기기 때문이다. 예를 들면 실리콘(Si)이나 게르마늄(Ge)의 결정 속에 존재하는 갈륨(Ga)이나 인듐(In)은 액셉터로 작용한다. (2) 《반도체》 순수한 반도체에 첨가함으로써 정공의 수를 증가시키는 불순물을 이르는 것으로, 알루미늄, 갈륨, 인듐 등이 그러한 물질이다. 이와 같은 불순물을 첨가한 반도체의 도전작용은 주로 정공에 의한 것이므로 이것을 p형 반도체라 한다. (3) 인덕턴스와 커패시턴스의 직렬회로의 임피던스 값이 특정 주파수, 즉 공진 주파수에서 최소로 될 때 이와 같은 회로는 그 주파수의 액셉터라 한다. 반대로 병렬 공진회로의 경우 이회로는 그 병렬 공진회로의 리젝터(rejector)이다.

액정 (液晶, liquid crystal) 어떤 종류의 방향족과 지방족의 유기 화합물은 자연상태에서는 불투명한 액체이지만 일정한 질서 있는 구조를 하고 있고, 결정성을 나타내므로 액정이라 불리워지고 있다(mesomorphic 상태를 가지고 있다고도 한다). 이러한 물질은 고도의 비대칭성(가늘고 긴 분자라든가 평판 상태를 한 분자)의 분자 구조를 가지고 있으며, 저온에서는 거의 회전하지 못한다. 2차원의 규칙 배열(층 구조)을 가진 콜레스테릭(cholesteric) 및 스메틱(smetic)이라 불리우는 액정과 1차원에서만 일정한 배열을 나타내는 네마틱(nematic) 액정 등이 있다. 액정 물질은 외부로부터 열, 전계, 자계 등을 부여함으로써 그 분자 배열이 변화하기 때문에 광학적 성질, 예를 들면 편광성, 산란성, 굴절률, 색상 등이 변하고, 투사광을 변조하는 성질을 가지고 있다. 특히 네마틱 액정은 엷은 형의 표시장치로서 낮은 전압에서 동작하고 소비 전력이 적은 이점 등이 있기 때문에 일렉트로닉스 분야에서 널리 이용되고 있다. 또 콜레스테릭 액정은 착색

한 편광을 산란하여 온도 센서로 이용되고 있다. 또 각종 가스에 접촉하여 색깔이 변하기 때문에 가스 검지기 등에 사용된다. 액정은 낮은 온도 특성이 나쁘고, 텔레비전 수상 등에 사용되기 위하여서는 구동방식, 분해능, 컬러표시법 등 개선의 여지가 많다. 액정의 다른 한 분야로서 액정 폴리머로부터 만들어지는 섬유(du Pont사의 Kevlar (aramide fiber)같은 것) 등은 그 강도와 내열성으로 인하여 주목을 받고 있다.

액체 저항기 (液體抵抗器, liquid resistor) 액체를 저항체로 하는 저항기. 대전력에는 식염수가 사용되는 경우도 있다. $10^8\Omega$ 이상의 고저항의 표준으로 예컨대 피크린산 등이 사용되기도 한다.

액체 절연물 (液體絶緣物, liquid insulator) 파라핀유, 절연유처럼 액상을 한 전기의 절연물이다.

액체 제동 (液體制動, liquid damping) 가동체를 제동하는 방법의 하나. 오일 또는 글리세린을 사용한다. 이 방법은 기록 계기와 특히 큰 제동을 필요로 하는, 예컨대 정전형 계기 등에 사용된다.

ㅇ

액체 퓨즈 (液體——, liquid fuse) 전력 퓨즈의 하나로, 주로 유리관 속에 4염화 에틸렌 같은 액체를 넣고, 그 속에 가용 요소와 스프링으로 끌어들이는 가요(可撓) 도체가 있어 과부하일 때 전호(電弧)를 액 속에 늘여 차단하는 구조의 퓨즈이다.

액추에이터 (actuator) (1) 소망하는 동작을 발생시키기 위한 기구를 이른다. (2) 계전기 따위의 전자기 장치에서 전기 에너지를 기계적 작업으로 변환하기 위한 부분이다.

액티베이션 (activation) (1) 전자관의 음극 또는 타깃에서 전자 방출을 시키거나 혹은 그것을 강화하기 위하여 이루어지는 처리. (2) 중성자의 충돌로, 혹은 그 밖의 방사로 방사능을 발생시키는 처리. (3) 도금 작업에서 도금되는 물체 표면의 부동태를 파괴하는 것을 목적으로 하는 처리. (4) 제조된 전지에 액을 가해서 전지로서 동작 가능한 상태로 하는 것. (5) 원자계에 충분한 에너지를 부여하여 기저 상태에서 여기 상태로 높혀 목적으로 하는 반응에 참가시키는 것. (6)《계산기》 프로그램을 구성하는 몇 가지의 모듈 중의 하나 혹은 복수의 모듈에 기동 정보를 부여하여 계산기가 실행할 수 있는 상태로 하는 것을 이른다.

액티베이션 레코드 (activation record)《계산기》 계산기를 구사하기 위해 필요한 데이터, 주변 기기, 기억역 등의 자원 할당을 받은 프로그램 유닛은 실행하여야 할 제반명령을 포함한 코드 세그먼트와 유닛을 프로그램 실행의 흐름 속에서 다른 프로그램 유닛과 관련을 짓기 위한 각종 정보, 시스템 정보 등으로 구성된다. 후자를 액티베이션 레코드라 이르는데 그 명칭과 내용은 각 사례에 따라 상이하다.

㊟ 프로그램 유닛은 단위로 다루어지는 프로그램 블록으로, 세그먼트, 모듈, 프로세스, 루틴, 태스크, 수속(프로시저) 등 각양 각색의 이름으로 불리워져 혼동하기 쉽다. 액티베이션 레코드 역시 그러하다. 이 프로그램 유닛의 액티베이션(기동)에 관한 모든 정보, 즉 액티베이션 레코드는 프로그램에 의해 만들어진 모듈 연결 정보로서 스택 등에 격납된다. 스택 내의 액티베이션 레코드(스택 프레임이라고도 한다)를 프로그램에서 계산기 내로 옮겨(소프트웨어에서 분리하여) 하드웨어로 하여금 처리시키려는 방식도 있다.

액티브 풀 다운 (active pull-down) 회로의 어떤 특정한 곳을 트랜지스터 등의 능동 소자에 의해 어스 또는 음전원에 접속하는 것. 보통 저항을 사용하여 풀다운하는 경우에 비해 전류 이득과 동작 속도를 개선할 수 있는 효과가 있다(소비 전력의 증가를 감내하여).

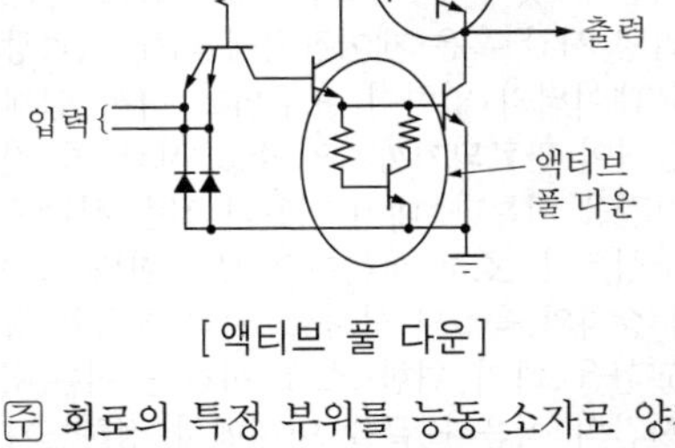

[액티브 풀 다운]

㊟ 회로의 특정 부위를 능동 소자로 양전원에 접속하는 것을 액티브 풀 업이라고 한다.

저항 부하로 풀 업하는 방법에 비하여 출력 이득을 높이고, 출력 임피던스를 낮추는 효과가 있다.

앤더슨 브리지 (Anderson bridge) 맥스웰-윈 브리지의 변형으로, 자기 인덕턴서를 커패시턴스와 저항에 의해서 측정하는 것. 브리지의 평형은 주파수와 관계가 없다.

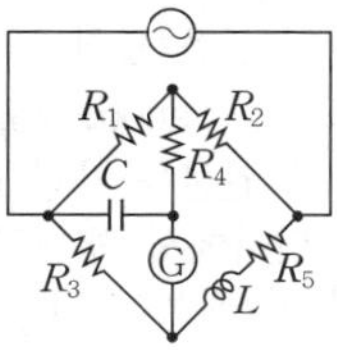

$$R_1R_5=R_3R_2$$
$$L=CR_3\left\{R_4\left(1+\frac{R_2}{R_1}\right)+R_2\right\}$$

[앤더슨 브리지]

앤드 게이트 (AND gate) 논리 연산에서의 논리 곱을 구체화하는 전자적 스위치, 소자, 회로를 이른다. 논리 변수는 보통 레벨이 다른 두 전압에 의해서 대표되고, 게이트는 이들 전압의 조합 입력에 대하여 AND 동작을 하도록 만들어져 있다.
㈜ MOS, DTL, TTL 등 여러 가지 종류의 게이트가 만들어져 있는데 편의상 AND 자체보다는 그 출력을 반전한 NAND 게이트로 만들어지는 일이 많다.

앤드 회로 (—— 回路, AND circuit) 둘 이상의 입력과 하나의 출력을 갖는 논리회로로, 모든 입력이 1일 때에만 출력 1이 생기고, 다른 조합의 입력에 대해서는 출력이 0이 되도록 동작한다.

앰비규티 (ambiguity) 《전파항법》 항법에서 항법 좌표가 1점, 1방위, 1위치의 선 또는 1위치 면보다 이상을 규정할 때 얻어지는 상태를 이른다.

앵커 (anchor) 백열 전구의 필라멘트를 지지하는 것. 보통 몰리브덴의 가는 선으로 만들어진다.

앵커 블록 (anchor block) 전주와 안테나 철탑 등의 지선을 억류하기 위하여 땅 속에 튼튼하게 매입한 억류대이다. ⇨ 근가목 (지주의) 깊이.

앵커 애자 (—— 碍子, anchor insulator, terminal insulator) 전선을 억류하는 데 사용하는 애자. 강한 장력에 견디어 낼 수 있게 일반적으로 새클 애자가 사용된다.

앵커 이어 (anchor ear) 전선을 전주 등에 억류할 때 사용하는 이어이다.

야간 부하 (夜間負荷, night load) 야간에 조명과 냉·난방을 위주로 하는 부하. 주간 부하에 대응하여 일컫는다.

야간 효과 (夜間效果, night effect) 루프 안테나를 사용해서 장파 및 중파의 방향 탐지를 하는 경우 주간에는 대체로 그 목적을 달성할 수 있으나 밤이 되면 측정한 방향과 참 방향이 일치하지 않고 그 방향이 변동한다. 그러한 현상을 야간효과(야간 오차라고도 한다)라 한다. 그 원인은 중파 및 장파에서는 주간은 지표파를 주로 수신하지만 야간은 전리층에서 돌아오는 공간파의 강도가 커져서 그것을 수신하게 되고 전리층에 일단 들어간 전파는 타원 편파로 되는 등의 영향으로 그 전기력에 수평분이 생겨 전기력에 수평분을 갖게 되는 루프 안테나의 지시 방향이 어긋나게 되기 때문이라고 생각된다. 이것을 피하기 위해서는 애드콕 안테나 등이 사용된다.

야기 공중선열 (—— 空中線列, Yagi array) ⇨ 야기 안테나.

야기 안테나 (Yagi antenna) 1926년 일본의 Yagi(八木) 박사가 발명한 안테나. 궤전된 반파장 다이폴의 전방 약 1/4λ의 곳에 반파장 또는 그보다 긴 도체 막대를 두면 반사기가 되는 원리를 이용한 지향성 안테나로서, 도체 막대를 증가시킴으로써 지향성을 날카롭게 할 수 있다. 구조가 간단하기 때문에 VHF, UHF 통신에 널리 사용되고 있다.

약도 (略圖, skeleton-diagram) 건물의 골조, 전선로의 지지물 등의 부재(部材) 배치 상태를 부재의 굵기에 상관 없이 선화(線畵)로 나타낸 것. 일반적으로 골조도라고 한다.

약여자 계전기 (弱勵磁繼電器, field economizing relay) 계자(界磁) 또는 계자 코일의 과열을 방지하기 위하여 그 회로에 저항기를 삽입한 계전기이다.

약화 계자 제어 (弱化界磁制御, field weakening control) 주 전동기의 계자를 약화시켜 속도를 상승시키는 방법으로, 전 계자에서의 속도보다 더욱 고속도를 필요로 할 때 사용한다. 계자 제어에서는 계자 코일의 중간에 탭을 두어 코일의 일부를 분리하는 방법과 계자 코일에 병렬로 유도저항 또는 무유도 저항을 접속하여 계자 전류의 일부를 분류시키는 방법이 있다.

양 (陽, positive) 음(陰)에 대응하는 것이다. ⇨ 음.

양광주 (陽光柱, positive column) 글로 방전에서 패러데이 암부와 양극 글로 사이에 위치하는 부분에서 균일한 발광을 볼 수 있다. 이 구간에서 전자와 양이온이 다량으로, 더욱이 거의 같은 밀도로 존재하므로 전위의 기울기는 거의 없으며 플라스마라고도 한다. 네온사인의 발광은 주로 이 양광주에 의한다.

양극 (陽極) (1) positive electrode, positive pole 두 전극 사이에 전류가 흐를 때 그 전위의 높은 쪽 전극을 이른다. 방전, 전기화학, 전자관 등에 있다. (2) 전지에서는 전류가 흘러 나가는 쪽의 전극 또는 전해의 경우는 외부에서 전류가 흘러 들어오는 쪽의 전극을 이른다. (3) anode, plate 전자관에서 +전위가 주어지고 음극으로부터 전자류를 받는 역할을 하는 전극을 이른다. 전자류의 운동 에너지는 여기에서 잃게 되어 열로 바뀌므로 양극 온도의 상승을 방지하기 위하여 방열 날개를 붙인다든지 하여 열 방산을 좋게 하기 위한 구조로 한다. 대전력관에서는 수랭식, 강제 공랭식 등이 있다. 양극 재료로서는 Ni, Fe, Cu, Mo, Ta, 흑연 등이 사용된다. ⇐ 플레이트(plate).

양극 강하 (陽極降下, anode drop, anode fall) 방전 중인 양극 앞에 전자층이 있어서 4~6V 정도의 전압 강하가 있다. 이것을 양극 강하라고 한다 이것은 양극으로 향하는 전자군이 그 부성 공간전하를 이겨내어 양극에 도달하기 위하여 필요한 에너지를 공급하는 것이다. 이 값은 양극의 재질, 그 형상, 온도, 전류, 진공도 등에 따라 변화한다.

양극 검파 (陽極檢波, anode detection, plate detection) ⇨ 플레이트 검파.

양극 글로 (陽極——, anode glow) 글로 방전에서 양극 바로 앞에 나타나는 빛이 강한 층. 양극 부근의 전자 밀도가 회로 전류를 공급함에 있어서 충분하지 못할 때 다시 양극 직전의 전리가 필요하게 되어 나타난다.

양극 방열기 (陽極放熱器, anode radiator) 대형 관이나 소형 관을 막론하고 양극 손실이 큰 것의 양극 열 방산이 좋아지도록 만들어진 방열판, 냉각기 등을 말한다.

양극 밸런서 (陽極——, anode balancer) 한 조의 서로 결합한 권선을 가진 리액터로서, 동일한 변압기 단자에서 병렬로 동작하고 있는 각 양극에 이 권선이 접속되어 각 양극전류를 평형시키도록 동작한다.

주 각 양극의 전류가 상등할 때에는 리액터는 임피던스를 나타내지 않지만 전류가 불평형이 되면 각 회로에는 불평형을 해소시키는 방향의 전압이 유기된다.

양극 봉함 (陽極封緘, anode seal) 수은 정류기의 양극에서 도선을 외부로 끌어내는 부분은 내열성과 절연 내력이 크고, 외기가 스며들지 않는 기밀성을 유지해야 한다. 또 수은의 침입을 받지 않고 가스를 방출하지 않아야 한다. 이러한 성질을 가진 것을 양극 봉함이라고 한다.

양극 산화 (陽極酸化, anode oxidation) 전해질 용액을 전해할 때 일반적으로 양극에서는 산화가 생기고 음극에서는 환원이 일어난다. 목적물을 양극 쪽으로 하여 전해할 때 양극 산화라고 한다.

양극 선 (陽極線, anode rays) 진공 방전에서 양극으로부터 방출되는 양 이온의 흐름. 이것은 전자 또는 음 이온의 충돌로 양극 물질 원자가 양 이온으로서 튀어나오는 현상이다. 일반적으로 원자핵 또는 양 이온 빔을 가리킬 때도 있다.

양극 손 (陽極損, anode(plate) dissipation, anode(plate) loss) ⇨ 플레이트 손.

양극 슬림 (陽極——, anode slime) 금속을 전해 제련할 때 양극실 또는 양극의 하부 등에 양극에 포함되어 있던 불용성 물질이 괴는데, 이것을 양극 슬림이라고 한다.

양극 액 (陽極液, anolyte) 전해조(電解槽)를 격막 등으로 음극실과 양극실로 막았을 때,

양극실에 포함되는 전해액 또는 양극 근처의 액을 이른다.

양극 인덕턴스 (陽極——, anode inductance) 진공관의 플레이트와 그 도입선이 갖는 인덕턴스를 이른다.

양극 전류 (陽極電流) (1) anode current 수은 정류기의 한 양극을 흐르는 전류. (2) plate current 전자관의 플레이트 전류를 이른다. p상(相) 정류기의 각 양극의 양극전류는 높이 I_d(부하 전류), 폭 $2\pi/p$의 장방형이 된다. 그러나 이것은 변압기 및 수은 정류기의 전압 강하를 무시하고, 또 부하 회로의 인덕턴스가 무한대인 경우이다.

플레이트 전류의 평균값

$$I_0=\frac{1}{2\pi}\int_{-\pi/p}^{\pi/p} I_d\,d\theta=\frac{I_d}{p}\,[\mathrm{A}]$$

플레이트 전류의 실효값

$$I_2=\sqrt{\frac{1}{2\pi}\int_{-\pi/p}^{\pi/p} I_d{}^2\,d\theta}=\frac{I_d}{\sqrt{p}}\,[\mathrm{A}]$$

양극 판 (陽極板, anode plate, positive plate) 양극이 될 도체 물질로 만들어진 판. 용도에 따라 재질, 형상 등 여러 종류가 있다. 연 축전지에서는 PbO_2(페이스트형, 또는 Pb 판상에 화성한 것)가 사용된다.

양극 효과 (陽極效果, anode effect) 융해염(融解鹽)이 전해할 때 볼 수 있는 현상으로, 전해에 수반하지 않는 양극 표면이 발생 가스의 얇은 층으로 하고 그로 인하여 여기에서 전자 전도에 의해 전류는 아크를 이루고 통과하며 욕전압(浴電壓)이 현저하게 높아지는 현상을 이른다. 알루미늄의 전해공업 등에도 이 현상이 일어나 능률 저하를 초래한다.

양단법 (兩端法, overlap method) 《측정》 측정 선로의 양단을 교대로 접지하고, 양 단 공동 값의 부전류 허영법(虛零法)으로 교대로 측정한다. 장해점에 가까운 쪽에서 삽입 저항 R을 가감하여 양단의 수치가 같게 될 때까지 측정하면 $x=(L-R)/2$, $y=(L+R)/2$, 여기서 L은 선로저항, x, y는 한쪽 끝 또는 다른 끝에서 피 측정 점까지의 거리이다. 이것을 앤더슨-케네리의 접지 양단법이라 한다.

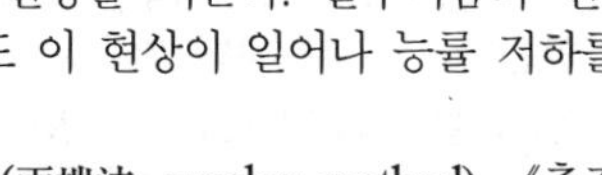

[양단법]

양단자 (陽端子, positive terminal) 양극판에 이어져 전류를 이끌어 내거나 충전시에 전류를 흘려 넣는 접속 부분을 이른다.

양도체 (良導體, good-conductor) 금속과 같이 전기를 잘 통하는 물체이다.

양륙 (揚陸, landing) 《해저선로》 해저 케이블의 끝을 육상으로 올리는 작업을 이른다.

양륙실 (揚陸室, cable house) 《해저선로》 ⇨ 케이블 하우스.

양면 모자이크 (兩面——, two-sided mosaic) 아이코노스코프의 한쪽 편 모자이크를 개량하여 모자이크 소립자를 양면적으로 배열하고, 광전자 집극(集極)과 주사(走査) 전자선에 의한 2차 전자의 집극을 분리해서 동작 능률을 높인 일종의 주사 전자선 타깃이다.

양면 접속 (兩面接續, front-back connection) 배전반 등에서 계기, 계전기, 스위치 등을 부착한 반(패널)의 표면 및 뒷면에서 전기적 접속을 하는 것을 이른다.

양 방향성 임피던스 (兩方向性——, bilateral impedance) 단 방향성 임피던스의 대어(對語)로, 인가 전압의 극성에 상관 없는 보통 임피던스를 이른다. 또 입력 단자에서 본 임피던스와 출력 단자에서 본 임피던스가 서로 같은 보통 회로망이 나타내는 임피던스를 말한다. ⇨ 단 방향성 임피던스.

양 방향성 회로망 (兩方向性回路網, bilateral network) 단 방향성 회로망의 대어로서, 보통 회로망을 이른다. ⇔ 단 방향성 회로망(unilateral network), ⇨ 양 방향성 임피던스(bilateral impedance).

양성자 (陽性子, proton) 중성자와 함께 보통의 물질 및 원자핵의 구성 요소로서, +로 대전한 소립자, 질량은 약 938 Mev(메가 전자볼트), 스핀은 1/2이다.

양수 발전소 (揚水發電所, pumped storage hydroelectric power station) 《수력발전》 심야의 잉여 전력을 이용하여 물을 저수지

ㅇ

로 퍼 올리고, 피크 부하시에 그 물을 이용하여 발전하는 발전소. 처음에는 풍수 때에 전력으로 양수한 물을 갈수시에 발전에 이용하는 계절 조절용이었지만 현재는 수력 발전의 주력으로 사용되기도 한다.

양은 (洋銀, nickel silver, german silver) 동 50~70%, 니켈 10~30%, 아연 5~30%의 합금. 탄성이 있고 가공이 용이할 뿐만 아니라 내식성도 있으므로 계전기의 도전 용수철이나 저항선으로 많이 사용된다.

양이온 (陽——, cation, positive ion) 여발(勵發)에 의해서 전자를 잃은 상태에 있는 분자. 전기화학에서는 양전하를 가진 원자 또는 원자단을 말한다.

양이 효과 (兩耳效果, binaural effect) 음장 내에서 소리를 두 귀로 들음으로써 방향감 및 입체감이 나타나는 것을 말한다.

양자 (量子, quantum) (1) 어떤 물리량에서, 양의 값이 이 단위의 정수배로 제한되어 있는 하나의 단위를 이른다. 예를 들면, 각 운동량의 양자는 플랑크(plank) 상수를 2π로 나눈 것과 같다. (2) 장(場)과 파동의 양자화 결과로서의 에너지와 질량, 운동량, 각운동량 같은 입자적 특성을 갖는 존재. 예를 들면 포톤은 전자기장의 양자이고 포논은 격자 진동의 양자이다.

양자 일렉트로닉스 (量子——, quantum electronics) 물리의 여러 가지 에너지 상태와 원자 혹은 분자 내부의 운동 및 결정 중의 여러 가지 현상 등을 응용할 목적으로 연구하는 전자공학의 한 분야. 실제 응용례로, 원자상 수수 매서(maser)와 세슘 원자빔, 공진기 레이저 등이 있다.

양자화 (量子化, quantization) 아날로그양, 즉 단절 없이 연속된 변화량을 일정한 폭 Δ로 불연속적으로 변화하는 유한 개의 레벨로

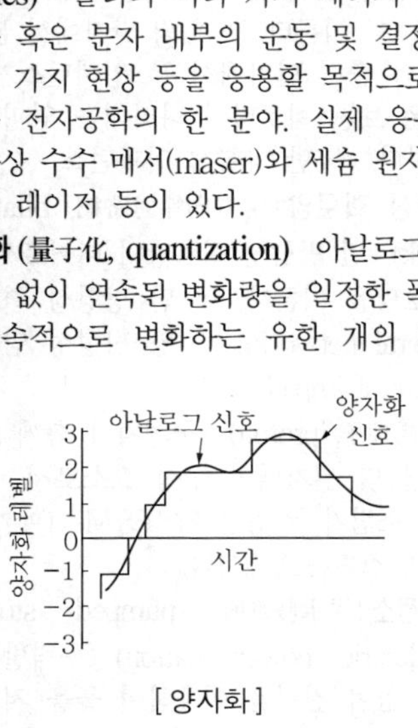

[양자화]

구분하고, 각 레벨에 대하여 각각 유니크한 값을 부여하는 것. 어떤 특정한 레벨에 속하는 폭 Δ의 범위 내의 모든 아날로그양은 그 레벨에 부여된 특정값으로 대치할 수 있다. 예를 들면, 1.5~2.5 범위의 모든 아날로그양에는 2라는 값이 주어진다.

양전기 (陽電氣, positive electricity) 전기에는 음, 양의 두 종류가 있으며, 수소의 원자핵이 갖는 전기와 같은 종류의 전기를 양전기라 한다.

양전자 (陽電子, positron, positive electron) 전자와 거의 같은 크기의 질량과 +의 전기 소량을 갖는 입자. 앤더슨(1932년)이 윌슨 안개 상자에 의해서 발견했다.

양전하 (陽電荷, positive charge) +의 전하를 이른다.

양초형 전구 (洋燭形電球, candle lamp) 주로 장식용으로 사용되며 유리구가 촛불 모양을 한 전구. 대개 10W 전후 또는 그 이하이다.

양측대 (兩側臺, double sided board) 전화 교환기 등을 설치하는 장치가(裝置架)에서 양측에 스위치류를 실시하는 구조의 받침을 이른다.

양측파대 전송 (兩側波帶電送, both side-band transmission, double side-band transmission) 신호파로 반송파를 변조하면 두 성분 주파수의 합과 차로 상 측파대와 하 측파대를 얻을 수 있다. 이 양 측파대를 전송하는 방식을 양 측파대 전송이라고 한다. 반송 주파수도 동시에 전송할 필요가 있는 외에 점유 주파대가 넓으므로 고급 회선 이외에 사용되지 않는다. ⇨ 단측파대 전송.

양 토출 스파이럴 수차 (兩吐出——水車, double discharge spiral water turbine) 러너의 양쪽에서 방류되는 소용돌이 모양의 외피를 가진 수차이다.

양화 수신 (陽畵受信, positive receiving) 사진 전송에서 프로마이드지 등에 직접 양화로 수신하는 수신 방법이다.

어군 탐지 (魚群探知, fish detection) 선박에서 초음파 펄스를 발사하여 고기떼의 반사 펄스를 수파(受波) 기록하여 어군의 크기라든가, 종류, 깊이 등을 탐지하는 것이다.

어넌시에이터 (annunciator) 다수의 파일럿

램프 또는 드롭 표시기로 구성된 가시 신호 장치로서, 각 램프 또는 표시기는 그것이 접속되어 있는 회로에 존재하고 있는(혹은 존재하였던)상태를 표시하도록 되어 있다.
㊟ 램프 대신에 계전기를 사용하는 경우도 있다. 이와 같은 계전기를 어넌시에이터 릴레이라고 한다.

어닐링 (annealing) 풀림이라고도 한다. 적당한 온도로 가열한 후 서서히 냉각시키는 열처리를 말한다. 어닐링을 함으로써 가공으로 인하여 받은 내부 구조의 일그러짐을 없앨 수 있다.

어댑터 (adapter) 기기에 부품을 붙여서 사용할 수 있게 하기 위하여 사용되는 중개 기구이다.

어도 (魚道, fish way) 강을 거슬러 오르거나 내려가는 어족의 통로. 댐 등지에 설치되는 설비를 이른다.

어드레스 (address) (1) 숫자와 문자의 조합으로 표현된 이름, 라벨 등의 식별 수단이다. 이것을 이용하여 레지스터, 기억장치의 특정 로케이션 혹은 기타 필요한 데이터가 있는 장소 또는 상대방이 지정된다. (2) 명령의 일부로, 명령에 관계된 연산수의 로케이션을 지시하고 있는 부분. 따라서 이것은 파일에서 색인과 같은 역할을 한다. (3) 메시지의 수신처. 만약 어드레스가 사람이면 그 사람을 가리켜 어드레스라 한다. (4) 계수형 전자계산기에서는 연산에 필요한 지령 또는 수치를 기억 장치에 입력하거나 출력할 때 기억장소를 지정하기 위한 번호를 이른다.

어드레스 레지스터 (address register) 계산기에서 어드레스가 축적되어 있는 레지스터이다.

어드레스 모드 (address mode) 계산기 명령어의 명령 코드와 결부된 오퍼랜드가 기억장치와 레지스터의 어디에 수용되어 있는가, 혹은 어떻게 하여 그 소재가 주어지는가를 나타내는 것으로, 다음과 같은 여러 가지 어드레스 모드가 있다. ① 명령어의 어드레스부가 오퍼랜드 그 자체이다(즉치 어드레스). ② 명령어의 어드레스부가 오퍼랜드의 어드레스이다(직접 어드레스). ③ 명령어의 어드레스부가 오퍼랜드의 어드레스의 어드레스이다(간접 어드레스). ④ 명령어의 어드레스부에 다른 레지스터와 카운터의 값을 가하거나 기타 변경을 하거나 함으로써 오퍼랜드의 실효 어드레스를 얻는다(상대 어드레스). ⑤ 스택(제로 어드레스)을 사용한다. ⑥ 함의 어드레스. ⑦ 연상 어드레스. ⇨ 인덱스 어드레싱.

어드레스 변경 (—— 變更, address modification) 계산기 명령의 어드레스부를 변경하는 프로세스. 계산기가 이제까지 실행하여 온 그 결과에 의해서 어드레스의 변경이 일어날 수 있다. 그리고 이것은 간접 어드레스 혹은 프로그램에 의한 어드레스 변경처럼 자동적으로 이루어진다. ⇨ 인덱스 어드레싱.

어드미턴스 (admittance) 어드미턴스 Y는 임피던스 Z의 역수이고, 그 실수부 G를 컨덕턴스 , 허수부 B를 서셉턴스라 한다. 단위는 mho로 나타낸다. 그리고 저항 R, 리액턴스 X 사이에 다음과 같은 관계가 있다.

$$Y = G - jB = \frac{1}{Z} = \frac{1}{R + jX} = \frac{R}{R^2 + X^2} - j\frac{X}{R^2 + X^2}$$

⇔ 임피던스(impedance).

어드미턴스 매트릭스 (admittance matrix) 다단자 회로망에서 각 단자쌍(포트)의 전류를 같은 단자쌍 또는 다른 단자쌍의 전압과 결부시키는 매트릭스를 이른다. 4단자망의 경우에는 두 개 포트의 전압, 전류를 각각 V_1, I_1 및 V_2, I_2라 하여,

$$\begin{bmatrix} I_1 \\ I_2 \end{bmatrix} = \begin{bmatrix} Y_{11} & Y_{12} \\ Y_{21} & Y_{22} \end{bmatrix} \cdot \begin{bmatrix} V_1 \\ V_2 \end{bmatrix}$$

의 관계가 주어진다. 매트릭스의 요소 Y_{ij}를 가리켜 단락 어드미턴스라 한다. 특히 Y_{11}, Y_{22}는 각각 입력, 출력 어드미턴스이고, Y_{12}, Y_{21}은 각각 순방향, 역방향의 전달 어드미턴스이다.

어드미턴스 선도 (—— 線圖, admittance chart) 어드미턴스와 주파수의 관계를 나타내는 도표이다.

어드바이저리 시스템 (advisory system) 지도라고 하기 보다는 오히려 사용자와의 빈번한 회화를 통하여 조언 권고를(그 조언을 하기에 이른 경위 설명과 함께) 함으로써

ㅇ

자세한 상담에 임하는 형태의 익스파트 시스템이다.

어드밴스 볼 (advance ball) 원판 녹음의 커터가 홈(음구)을 깊게 파지 않도록 조절하기 위하여 커터 바늘 뒤에 붙어 있는 볼이다.

어레이 (array) (1) 구조나 기능면에서 공통적으로 사용되는 요소와 장치 또는 패널 등을 복수 개 조합한 것. 예를 들면 안테나 어레이, 어레이 트랜지스터. (2) 계산기 프로그램에 있어서 같은 성질을 가지며, 규정된 규칙에 따라 나열된 요소의 집합으로 이루어진 문법 단위. 이름에 따라 식별되고, 차원과 그 크기를 지정함으로써 결정된다. FORTRAN에서는 배열, COBOL에서는 표라고 한다. 배열도 변수와 마찬가지로 이름, 형식, 사이즈에 따라 다음과 같이 선언된다. 예를 들면 a : array(1 … 20) of real, x : array(1 … 30, 1 … 10) of integer. 후자는 2차원의 배열이다.

어레이 프로세서 (array processor) 특정한 응용에 대해서만 고속 처리가 가능하도록 설계된 특수 연산 프로세서. 일반적으로 벡터형 데이터의 각 요소에 동일한 조작을 실시하는 작업을 병렬적으로 실행하도록 설계되어 있다. 병렬 처리의 방식에 다라 다수의 동일 처리 요소를 나열하고, 각 처리 요소를 벡터 각 요소에 할당하여 동일한 조작을 실행시키는 공간적 병렬 처리방식과, 조작 내용을 축차 처리하는 복수의 스테이지로 분할하여 파이프라인 처리방식을 사용하는 시간적 병렬 처리방식을 채용한 시스템이 있다.

어베일러블 전력 (── 電力, available power, exchangeable power) 회로망의 어떤 포트에서 그 종단 임피던스를 여러 가지로 변화시켰을 때 포트에 유입(혹은 포트에서 유출)하는 전력의 극한값으로서 $pe = \overline{e^2}/4R$로 주어진다. 여기서 $\overline{e^2}$는 포트의 개방 전압의 2승 평균값이고, R는 내부 임피던스의 실수부이다. 그림과 같은 회로망에서 신호원의 어베일러블 전력 P_{AG}는 $e_G{}^2/4R_G$이고, 트랜스듀서 출력단에서도 마찬가지의 어베일러블 전력 P_{AO}를 정의할 수 있다. 트랜스듀서의 입력 어드미턴스 및 부하의 어드미턴스 실수부를 각각 G_I, G_L로 하면, 트랜스듀서 및 부하에 대한 공급 전력은 각각 $P_i = \overline{e_1{}^2}\ G_I$, $P_0 = \overline{e_2{}^2}\ G_L$이 된다. $G_A = P_{AO}/P_{AG}$, $G_T = P_O/P_{AG}$를 각각 계의 어베일러블 전력 이득 및 트랜스듀서 전력 이득이라고 한다.

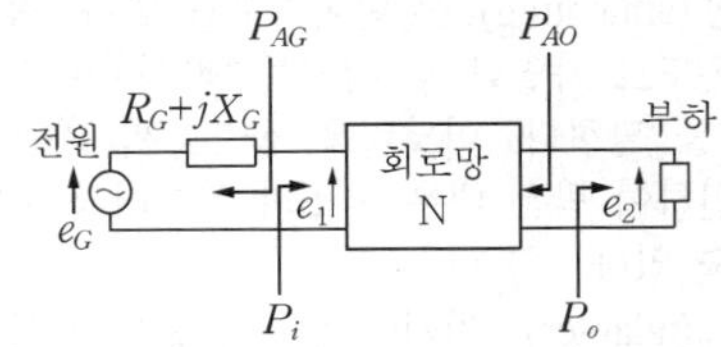

[어베일러블 전력]

어베일러빌리티 (availability) (1)《신뢰성》 장치 또는 계가 어떤 특정 시점에서 그 기능을 수행할 수 있는 상태에 있는 확률, 이용도라고도 한다. 동작시간(기능 수행 가능한 시간)을 U, 휴지 기간(기능을 수행하지 못하는 기간으로, 예방 보전기간을 제외)을 D로 할 때 어베일러빌리티$= \dfrac{U}{U+D}$ 혹은 D의 평균 시간을 $\overline{D}$로 하면, 위의 식은 MTBF / (MTBF + $\overline{D}$)로 주어질 수도 있다. (2)《전화》 교환망에서 발호점에서 도달할 수 있는 착호점의 수. 액세시빌리티라고도 한다.

어셈블러 (assembler) 어셈블러 언어, 즉 심벌릭한 언어로 쓰여진 원시 프로그램을 기계 코드에 의한 프로그램(목적 프로그램)으로 번역하는 번역 프로그램을 이른다. 원시 프로그램의 기본적인 명령은 기계 코드에 의한 명령과 보통 1대 1의 대응을 하고 있지만 마크로 명령이라 불리우는 것은 복수의 기계 코드 명령에 대응하고 있다. 그러나 컴파일러의 경우와는 달리 어셈블러에서는 이것은 예외적인 것이다. 목적 프로그램을 실행하는 계산기를 사용하여 번역을 하느냐 다른 종류의 계산기로 하느냐에 따라 그 번역 프로그램을 각각 셀프 어셈블러, 크로스 어셈블러라고 한다.

어셈블리어 리스트(assembly language listing) 컴파일러나 어셈블러와 같은 번역 프로그램에 의해서 옵션으로 만들어지는 것인데, 위와 같은 프로그램이 만든 기계어에 의한 출력(목적) 프로그램에 추가하여 프로그래머가 이해할 수 있는 어셈블리 언어에 의한 프로그램도 양자의 대응을 명확하게 하여 일람표로 만든 것. 어셈블리 프로그램 속에 필요한 의사 명령(어셈블러 디렉티브)을 삽입하여 둠으로써 어셈블러는 이것을 사용하여 목적 프로그램을 출력할 수 있다. 이와 같은 리스트는 프로그래머가 프로그램의 디벡이나 수정 변경 등의 작업을 어셈블리어의 레벨로 할 수 있으므로 매우 편리하다.
[주] 기계어 프로그램에서 원래의 어셈블리어의 프로그램(니모닉 코드)으로 되돌리는 프로세스를 역 어셈블이라 한다.

어셈블리어의 문장 (—— 文章, assembly-language statement) 심벌(알파 뉴메릭의 문자 몇 개로 구성되는)을 사용한 어셈블리어의 문장은 보통 라벨과 명령 및 데이터의 각 난(필드)으로 구성된다. 라벨은 그 문장이 격납되는 기억장치의 로케이션을 표시하는 이름이다. 명령 코드는 필요한 오펠랜드를 포함하는 것과 명령만인 경우(오펠랜드 어드레스를 갖지 않는)가 있다. 또한 주석란을 설정하는 일도 있는데 이것은 문장을 알기 쉽게 하기 위한 것으로, 문장 자체는 아니고 어셈블러도 이것은 무시한다.

어카운팅 머신 (accounting machine) 다수의 유저에 대하여 시분할 방식으로 서비스하는 계산기에 있어서, 각 이용자의 계산기 사용량(입력량, 사용시간 등)을 측정 평가하여 그 정도에 따라 부과금 기록을 출력하는 기능을 가진 부과금 처리 머신 시스템을 이른다. 회계기라고도 한다.
[주] 기계의 사용 상황을 추적하여 그것을 기록하고, 부과금 데이터를 출력하는 일을 부과기능(accounting function)이라 한다.

어큐뮬레이터 (accumulator) 《계산기》 연산 장치에 있는 주요 레지스터로서, 4칙 연산, 논리 연산 등의 결과를 기억하는 것. 보통 어떤 수치를 기억하고 있다가 딴 곳에서 수치가 들어오면 두 값의 대수 함으로 이것을 대치한다. 기억된 값에 대하여 자릿수 보내기, 보수화 등의 조작도 할 수 있다. ⇨ 누산기.

억류 (抑留, anchor) 《케이블》 가공 케이블의 단말 또는 지하 케이블과 가공 케이블의 접속점은 큰 장력이 작용하므로 기계적으로 충분히 세게 억류시킬 필요가 있다. 이것을 키에블 억류라고 하며, 그 전주를 억류주라고 한다.

억류주 (抑留柱, dead-end pole, terminal pole) 전선을 억류하는 전주를 이른다.

억류 지주 (抑留支柱, anchor strut) 억류주를 보강하기 위하여 장력 방향으로 붙이는 지주이다.

억류 철탑 (抑留鐵塔, dead-end tower) 전선로 중 전 가설선을 억류하는 장소에 사용하는 철탑이다.

억셉터 (accepter) 산・염기 반응 또는 산화・환원 반응에서 상대로부터 전자를 공급 받는 물질. 전자 수용체라고도 한다. 또 전자 도너(리간드라고도 한다)와 배위 결합을 만드는 원자, 분자 또는 이온으로서, 이들은 전자가 결핍되어 있기 때문에 전자 도너에서 전자가 공여된다. 예를 들면 $[Co(NH_3)_6]^{+++}$의 착화합물에서 코발드 이온은 억셉터이고 암모니아는 전자 도너이다.

억제 그리드 (抑制 ——, suppressor grid) 5극관의 스크린 그리드와 플레이트 사이에 있는 그리드로서, 제3그리드라고도 한다. 보통 음극 전위와 같게 한다. 고속 전자가 플레이트에 충돌하여 나오는 2차 전자를 되돌려 보내는 것이 주목적이며, 플레이트 전압의 큰 변화에 대해서도 2차 전자에 의한 악영향을 방지할 수 있어 동작 범위를 넓힐 수 있으므로 대출력을 낼 수가 있다.

억제 시간 지연 (抑制時間遲延, suppressed time delay) 응답기의 참 위치(眞位置)의 기하학적 변위(變位)를 전기적으로 나타내기 위하여 펄스의 발사 시간에 대한 시간 척도의 영점의 특정한 범위를 이른다.

언더컷 마이카 정류자 (—— 整流子, under-cut commutator) 정류자의 정류자편용 마이카를 동편(銅片)면에서 1.5 mm 정도 홈통을 파서 하이 마이카 현상이 일어나지 않게 한 구조의 정류자이다.

언더플로 (underflow) (1) 아래 자리 넘침이라고도 한다. 계산의 결과 표현할 수 있는 (혹은 기억할 수 있는) 최소 자리의 양보다도 작은 어떤 양이 얻어진 경우에 생기는 상태, 부동 소수점 수의 경우에는 기억할 수 없는 큰 마이너스의 지수는 이 아래 자리 넘침을 낳는다. (2) 빈 리스트에서의 데이터의 취출 동작으로, 에러 동작이라 생각된다. ㊟ 마찬가지로 충만 리스트에 대한 데이터의 기록은 오버플로를 낳는다.

언더피드 스토커 (underfeed stoker) 고체 연료를 화격자(火格子) 밑으로 서서히 밀어 넣어 레토르트 속에서 건류(乾留)시킨 다음 화층(火層) 위로 밀어 올려 연소시키는 구조의 스토커이다.

언도 (undo) 한 번 실시한 작업을 최소하고 직전의 상태로 복귀시키는 기능으로, 워드 프로세서 등에서 이루어지는 편리한 조작이다. 직전에 행한 조작을 다시 한번 반복하는 리피트 조작과 함께 많이 이용된다.

언듈레이터 (undulater) 현파 부호를 기록하는 레코더이다.

언와인드 (unwind) 《계산기》 프로그래밍에 있어서 루틴의 루프를 그것과 등가한 직선적인 명령 시퀀스로 바꾸어 만드는 것. 재작성은 계산기에 의해 어셈블리, 제너레이션 또는 컴파일레이션 과정에서 자동적으로 이루어진다. 전개라고도 한다. 언와인드 된 프로그램은 하우스키핑적인 명령은 일체 불필요하게 되고, 상세하고 명확한(explicit) 형태로 주어진다. 결과적으로 오퍼레이팅 시간은 줄지만 필요한 기억 장소가 늘어난다.

언층 광전지 (堰層光電池, blocking layer photo cell) 셀렌 광전지와 아산화동 광전지 같은 정류작용을 하는 장벽(barrier layer)을 가진 광전지를 지칭한다. 언층이라는 말은 옛 표현이고, 현재는 장벽이라 표현하고 있다.

언팩 (unpack) 팩된 데이터의 각 섹션을 나누는 것. 예를 들어 테이프 기록이나 계산기 워드의 여러 가지 섹션을 나누어 그것들을 별개의 로케이션에 기억하는 것. 언팩 된 몇 개 데이터는 보통 레코드, 블록 등의 각 포맷 필드에 상당하므로 언팩이라는 것은 일종의 추출 동작이다.

얼라인먼트 (alignment) 《인쇄전신기》 인쇄 전신기의 수신 자호가 고르지 않거나 상하 기복이 있어서는 수신 품위를 잃게 되므로 그러한 일이 없도록 조정할 필요가 있는 가늠을 이른다.

얼랑의 식 (── 式, Erlang's formula) 즉시식 교환에서 호출이 손실로 되는 확률을 산출하기 위하여 Erlang이 생각해 낸 식으로, 무한 개(無限個)의 입선에서 순 우연적으로 생기는 호출량 a를 유한 개의 출선 n에 가했을 경우에 호출이 손실로 되는 확률 B는 다음 식으로 나타낸다.

$$B=\frac{\dfrac{a^n}{n!}}{1+a+\dfrac{a^2}{2!}+\dfrac{a^3}{3!}+\cdots\cdots+\dfrac{a^n}{n!}}$$

얼리 효과 (── 效果, Early effect) 바이폴러 트랜지스터에서, 이미터-베이스 간 전압을 일정하게 유지한 상태에서 컬렉터-베이스 간 전압을 증가하면 베이스 층이 얇아져서 이미터 전류가 증가한다. 혹은 이미터 전류를 일정하게 하고 컬렉터-베이스 간 전압을 증가하면 이미터-베이스 간 전압이 낮아진다. 이와 같은 효과를 지칭한다.

업무 일지 (業務日誌, log) 발전 · 변전소의 운전 상태, 예를 들면 전력, 전압, 전류 등의 배전반 기록, 기기의 운전 또는 정지 기록 등을 일정한 양식에 따라 매일 기록하는 것. 일반적으로 운전 일지라고 한다.

업무 통화 (業務通話, service call) 전화 업무상의 통화를 이른다.

업종별 요금제 (業種別料金制) 수용가의 사업 종류 또는 용도에 따라서 다른 요율(料率)을 적용하는 것을 정한 요금 규정이다.

에나멜 (enamel) 법랑질 에나멜, 도료 에나멜, 시저 에나멜의 3종으로 구별된다. 주로 전기 절연 재료로 사용되는 것은 시저 에나멜이고, 이것은 가열 건조 바니시를 고온에서 피도물(被塗物)에 여러 번 구어 붙인 것으로, 에나멜 선에 많이 사용된다.

에나멜 반사 갓 (── 反射 ──, enameled reflector) 얇은 강판을 늘여 성형하고, 여기에 유리질의 법랑 에나멜을 구어붙여 방청(防錆)과 광학적 성능을 갖게 한 조명용 반사 갓. 보수가 용이하기 때문에 주로 공장 조명에 쓰인다.

에나멜 선 (── 線, enameled wire) 도체 표면에 수지, 건성유(들기름, 동유, 아마인유)

및 용제를 주성분으로 하는 도료를 칠해서 구어 붙인 것으로, 전기 기기, 통신 기기 및 전기 계기 등의 권선, 배선에 쓰인다.

에너지 (energy) 일을 할 수 있는 능력을 말하는 것으로, 세력이라고도 한다. 높은 곳에 있는 물체는 낮은 곳에 있을 때에 비해서 보다 큰 위치의 에너지를 가지고, 움직이고 있는 물체는 운동 에너지를 갖는다. 외력의 작용을 받지 않는 물체의 경우 운동 에너지와 위치 에너지의 합은 언제나 일정하다.

에너지 갭 (energy gap) 반도체의 에너지 분포에서, 가전자대의 가장 상단과 전도대 가장 하단 사이의 에너지 범위(금제대)를 이른다. ⇨ 에너지 준위도.

에너지 곡선 (—— 曲線, energy curve) 킬로와트시, 마력시, 킬로그램 미터, 칼로리 등과 같은 에너지와 다른 변수 사이의 관계를 나타내는 곡선, 킬로와트시와 시간이 관계한 경우에는 보통 발전량 곡선이라든가 부하 곡선이라고 한다.

에너지 손 (—— 損, energy loss) 2점 간을 전력이 이동하는 경우에 생기는 입력 전력량과 출력 전력량의 차이를 이른다. ⇨ 전력손.

에너지 준위도 (—— 準位圖, energy level diagram) 세로 축에 양자화계(量子化系) 입자의 에너지를 취하여, 이들 에너지 준위를 수평선으로 표시하는 것이다.
㊟ 가로 축을 물질 표면에서부터의 깊이로 하여, 깊이에 따른 에너지 준위의 변화를 곡선으로 표시하는 수도 있다.

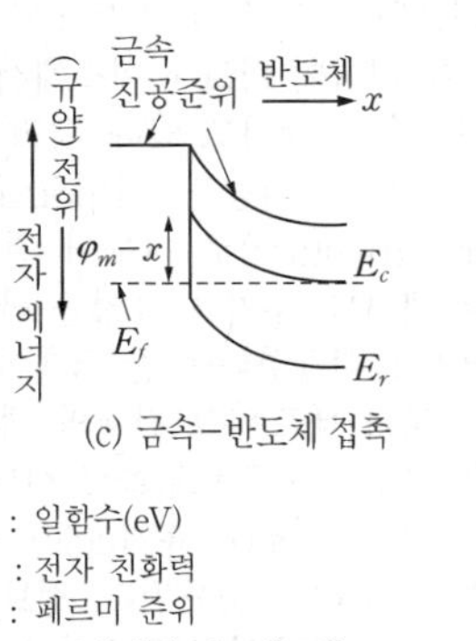

ϕ_m : 일함수(eV)
x : 전자 친화력
E_f : 페르미 준위
$\phi_m - x$: 금속에서 반도체로의 전자류에 대한 전위 장벽

[에너지 준위도]

에디슨 다이나모 (Edison dynamo) 초기의 직류 발전기의 일종이다.

에디슨 베이스 (Edison base) 전구용 베이스의 일종, 나사를 틀어서 전구를 멈추게 되어 있는 것. 일반적으로 많이 사용된다.

에디슨 소켓 (Edison socket, screw socket) 소켓의 하나로, 전구, 플러그 등을 고정하여 전기적 접촉을 하는 부분이 나사로 되어 있는 것. 크기에 여러 종류가 있으며 키가 달린 것과 없는 것, 또는 쇠사슬이나 버튼으로 점멸을 하는 것 등이 있다.

에디슨 효과 (—— 效果, Edison effect) 금속 또는 반도체를 높은 온도로 가열할 때 전자가 열적으로 자극되어 고체 내부의 속박으로부터 풀려나는 데 충분한 에너지를 얻어 외부로 튀어 나가는 현상을 이른다.

에러 검출부호 (—— 檢出符號, error detecting code) 부호가 어떤 특정한 구성법에 의해 만들어져 있고, 만약 무엇인가 표현의 잘못이 생기면 구성 법칙에 모순되기 때문에 잘못을 발견할 수 있도록 되어 있는 것. 수직, 수평의 홀 짝 검사를 하는 것과 반송 대조를 하는 것들이 있다.

에러 버스트 (error burst) 데이터 전송에 있어서, 전송되는 일군의 비트 중에서 잘못된 비트가 비교적 집중하여 생기는 것(잘못된 두 비트 사이에 끼워지는 옳바른 비트수가 항상 어떤 값 이하이다). 어떤 버스트에서의 최후의 에러 비트와 다음 버스트의 최초의 에러 비트 사이를 가로막는 올바른 비트의 수도 버스트를 셀 때에는 지정하여야 한다.
㊟ 버스트란, 지정된 그리고 특정한 기준에 따라 그룹으로서 정리된 캐릭터의 집합이다.

에러 버스트 정정 (—— 訂正, error-bust correction) 데이터 전송에서 단기간에 집중적으로 에러가 발생하는 이른바 에러 버스트에 대한 정정 행위로서 ① 군(群) 대조방식 ② 재송 정정방식 ③ 순회 부호방식 등이 있다.

에러 정정 부호 (誤謬訂正符號, error correcting code) 특정한 몇 가지 검사 조건에 합치하도록 만든 부호로서, 이들 복수 개의 검사를 함으로써 부호 속의 오류만이 아니고 오류를 발생하고 있는 개소를 발견, 그리고 이것을 정정할 수 있는 것 같은 것. 부호의 비트 수에 따라서 필요한 검사 비트 수도 이것과 어떤 관계를 가지고 있다. 해밍 부호는 오류 정정 부호의 예이다.

에르그 (erg) CGS 단위계에서 일과 에너지의 단위. 1 erg = 1 dyn · cm = 10^{-7} J이다.

에르스텟 (oersted) 자기장의 세기 또는 자화력의 CGS 전자 단위로, 1 전자 단위의 세기의 자극에 1다인이 힘을 미치는 자기장의 세기를 1 에르스텟이라고도 한다.

에릭슨식 (—— 式, Ericsson system) 스웨덴의 에릭슨사에서 제작한 회전 방사형 선택기를 사용한 파워 드리븐식 자동 전화교환 방식을 이른다.

에뮬레이션 (emulation) 어떤 계산기가 다른 종류의 계산기용으로 작성된 프로그램을 특별한 기구와 프로그래밍 기법을 이용하여 그대로 실행할 수 있도록 하는 것을 이른다. 㕑 에뮬레이션을 하는 장치 또는 프로그램을 가리켜 에뮬레이터(emulator)라고 한다. 에뮬레이션은 서로 다른 기종의 프로그램 호환성을 갖게 하기 위한 수단이다. 프로그램 시뮬레이션(대상에 대한 소프트웨어 모델을 만들고, 그것을 계산기로 작동하여 그 상태를 시뮬레이트하는)의 일종이라고도 생각 할 수 있지만, 에뮬레이터는 보통 마이크로 프로그래밍 기능 등에 의해 고속화를 꾀하고 있다. 에뮬레이터는 예를 들면 마이크로 컴퓨터를 개발하는 경우 등에 MDS(마이크로컴퓨터 개발 시스템)의 일부로서 강력한 디버깅 루트를 제공한다(과대한 진단장치나 진단 프로그램은 불필요).

에바네센트(파) 결합 (——(波)結合, evanescent (wave) coupling) 높은 굴절률을 갖는 2개의 매질 A1, A2의 경계면에 낮은 굴절률의 엷은 층을 삽입하여 접촉시켰을 때 A1측에서 전 반사의 임계각 이상의 각도로 경계면에 입사한 빛은 얇은 층 안에 에바네센트파를 발생하여도 그곳에서 급속하게 감쇠되고 만다. 그러나 매우 얇은 층인 경우에는 그곳을 관통하여 반대쪽 A2쪽에 나타나 A1, A2 간에 이른바 에바네센트 결합이 생긴다. 예를 들어, 매우 얇은 크래딩 층으로 격리된 2가닥의 병행 광 파이버선 등에서는 이와 같은 결합을 볼 수 있다. 터널링 결합이라고도 한다. ⇨ 대기층, 전리층.

에보나이트 (ebonite) 생고무에 30% 전 후의 황을 섞은(가황) 경질 고무의 총칭. 흑색 경질로, 내산, 내알칼리성이 강하여 용기, 파이프류로 사용된다. 또 절연 재료로도 사용된다.

에보나이트 클래드 전지 (—— 電池, ironclad battery) 양극판은 다수의 가는 틈이 있는 에보나이트 판의 중심에 납-안티몬 합금제 심을 가지며, 그 주위에 산화연, 연분 등의 분말을 충전하여 화성한 것. 또 음극판은 격자형으로서 페이스트식 양극판과 비슷한 것으로 되어 있다.

에사키 다이오드 (Esaki diode) ⇨ 터널 다이오드.

SWG (British standard wire gauge, standard wire gauge) 《선번호》 전선 굵기의 치수를 나타내는 영국의 규정. 굵기는 #7/0 (지름 12.70 mm)에서 #50 (지름 0.0254 mm)까지 있다.

SDLC (synchronous data link control) 국제적으로 알려져 있는 HDLC에 따라 IBM이 정한 데이터 전송 제어절차로서 포인트 투 포인트, 멀티포인트(분기식) 및 루프의 각종 데이터 링크에 대하여 링크 베이스에서의 데이터 전송 순서를 규정하고 있다. 링크 상의 스테이션(노드)은 그 기능을 1차(primary), 2차(secondary, tributary)로 나누어 전자는 링크의 통괄 제어를, 후자는 요청을 받았을 때 전송 제어만을 취급한다(중간 스테이션을 갖는 전체 경로나 네트워크 전체의 제어는 별도의 더욱 고준위의 프로토콜로 한다). 전송 상태는 준비(transient), 휴지(idle) 및 전송(active)의 세 상태로 분류된다. 정보의 그룹화는 프레임 및 프레임 시퀀스의 두 레벨에서 한다. 후자는 ARQ를 이용하여 에러를 체크하기 위해 송수 시퀀스의 계수를 하고 있다. ⇨ SNA, 자동 재송요구.

SCR (silicon controlled rectifire) 역저지 3단자 사이리스터의 별칭으로, 상품명(GE사)이다. 실리콘 제어 정류기라고도 한다. ⇨ 사이리스터.

SCS (silicon controlled switch) pnpn 4층의 각 층에서 단자를 낸 4단자 역저지 사이리스터이다.

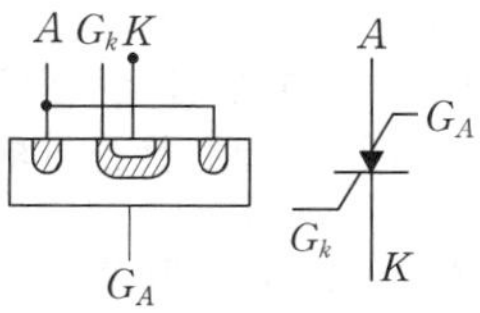

[SCS]

SCA (Subsidiary Communication Authoiza-tion) FM 방송을 다중화하여 BGM 서비스 등을 제공하는 것을 규정한 FCC 1955 규칙을 이른다. 이 목적을 위해 사용하는 채널로는 당초 25~75 kHz 사이의 주파수가 사용되었지만 현재의 FM 스테레오 주파수대가 23~53 kHz로 늘어났기 때문에 SCA대는 그 위쪽의 67 kHz(측파대는 ±7 kHz)가 사용되고 있다.

SI 단위계 (—— 單位系, Systeme International d'Unites) 1960년 제11회 국제도량형 총회에서 결정된 국제적인 단위계. 기계량과 전기량 뿐만 아니라 열, 빛, 화학계의 제반 양도 포함한 통일적인 절대 단위계로, 7개의 기본 단위, 2개의 보조 단위, 그리고 그 단위들의 조립된 조립 단위로 구성되어 있으며, 시간을 예외로 하는 10진계이다.

SIP (single-in-line package) 패키지의 한쪽에서만 핀이 1열로 나와 있는 구조로, 핀 수가 비교적 적은 소형 패키지에 사용하는 구조이다.

SRE 'surveilance radar element(감시 레이더부)'의 약어이다.

SSI 'sector scan indicator(선형 주사 지시기)'의 약어이다.

SS/TDMA (satellite switched TDMA) 위성 통신에서 복수의 송수신용 스포트 빔을 설정하여, 복수의 트랜스폰더(중계기)와 빔의 접속 교체를 위성 안에서 하도록 한 것. TDMA 방식에서 다른 장소에서 동일 주파수를 다중 사용함으로써 위성의 이용 효율이 향상된다.

SHF (super high frequency) ⇨ 센티미터파.

SHM 'ship's heading marker(선수(船首)마커)'의 약어이다.

SN비 (—— 比, signal-to-noise ratio) (1) 신호값과 잡음값의 비율. 보통 임펄스성 잡음의 경우에는 피크값으로, 불규칙한 잡음의 경우에는 실효값으로 나타낸다. 그리고 애매성을 회피하기 위해 피크값인지 실효값인지를 명시하는 표현이 바람직하다. 비율은 데시벨로 표시한다. (2) 촬상관에 있어서, 피크피크 출력 신호전류와 출력 전류의 실효값 잡음의 비율 (3) 텔레비전 전송장치의 임의의 점의 SN비는, 동기신호를 포함한 비디오 신호의 최대 피크피크 신호와 잡음 전압의 실효값의 비율을 데시벨로 나타낸 것으로 주어진다. (4) 특정한 스피치 에너지 스펙트럼의 일부와 같은 대역 내의 잡음의 비율 (5) 녹음・재생장치에서 신호 출력전력과 전 통과대역의 잡음전력의 비율을 이른다.

㈜ 비디오 신호의 실효값, 랜덤 잡음의 피크피크 값은 모두 측정이 어렵기 때문에 이와 같은 양을 사용하지 않는 위와 같은 정의에 따른다.

SNA (system network architecture) 통신 제어 유닛, 단말 제어 유닛, 네트워크 중간에 있는 집배신 유닛 등의 인텔리전트 노드를 포함하는 통신 네트워크를 조직하고, 제어(관리)하기 위하여 1974년에 IBM에 의해 정해진 통일적인 아키텍쳐를 이른다. SNA가 갖는 아키텍쳐 개념은 다음과 같은 것이다. ① 네트워크 기능을 상이한 몇 개의 인텔리전트 노드로 분산시킨다. ② 각 노드의 기능을 명확하게 정리하여 논리적인 계층 구조를 형성시킨다. ③ 논리 채널 개념에 의한 접속 기능의 독립성. ④ SDLC (synchronous data link control)에 기초한 데이터링크 제어의 표준화. 소스 또는 싱크로서의 원방 단말과 호스트 계산기의 유저 프로그램 사이에는 네트워크를 통하여 채널이 만들어지지만 SNA에서의 이러한 채널은 소스와 싱크에 인터페이스 한다. 네트워크 어드레스가 붙은 한 쌍의 유닛 NAU(논리적 네트워크 포트) 사이에 형성된다. 이와 같은 포트에 대하여 유저 프로그램이나 단말은 식별명을 사용하여, 또 네트워크 제어 프로그램은 네트워크 어드레스에 의해 이것을 인용하게 된다. 이처럼 어드레스가 붙은 유닛은 경로를 지정함으로써 네트워크의 임의의 다른 어드레스가 붙은 유닛에 액세스할 수 있다. 전송 제어 서브 시스템은 이들 두 유닛(논리 포트) 간의 물리적 경로를 선택하여 이를 제어한다. ⇨ NAU.

SL 케이블 (SL-cable) 심선을 절연지로 절연하고 그 위에 절연 콤파운드를 함침(含浸)한다. 여기에 연피를 한 선심 세 가닥을 주트의 개재물과 함께 원형으로 꼬아 그 바깥 둘레에 외장한 케이블을 말한다. 외장에는 연피, 강대(鋼帶) 등이 있다.

S연 (── 撚, left-hand lay) 선을 시계의 회전방향으로 꼬는 방법(오른쪽으로 꼰다)을 이른다. 선의 일부가 S자 모양으로 보이므로 S연이라 한다.

SOS (1) radio distress signal 조난 신호. (2) silicon on sapphire 사파이어의 격자 상수가 실리콘의 격자 상수와 흡사한 점을 이용하여, 사파이어 기판 위에 실리콘 결정을 성장시키는 것. 실리콘 층을 선택적으로 부식시켜 제거할 수 있기 때문에 사파이어 기판 위에 완전하게 절연된 다수의 CMOS의 섬을 고 밀도로 완성시킬 수 있다. 다이내믹 시프트 레지스터의 제조 등에 이용된다.

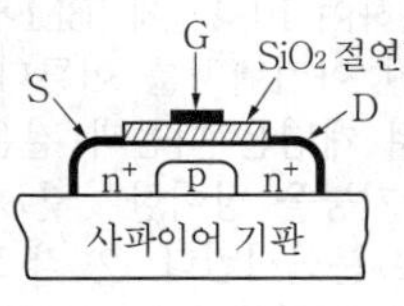

[SOS]

SO 케이블 (SO-cable) 3심 케이블에서 원형으로 완성시키기 위한 개재물을 절약한 모난 3각형의 케이블을 말한다. SL형 등에도 응용할 수 있다.

S1 오퍼레이팅 시스템 (S1-Operating System) Multi-Solution Inc. (미국)가 개발한 16/32 비트 계산기용의 범용 OS로서, 기존의 DOS의 많은 기능을 갖추어 C, Pascal, FORTRAN77, BASIC 등 여러 가지 언어를 서포트하고 있다. 68000, 280 등의 기종으로의 이식(하드 대응)을 완료하고 다른 기종으로의 이식 작업도 진행하고 있다. 시스템은 서브 시스템이라 불리우는 독립된 기능 단위에 의해 모듈화되어 여러 가지 기능의 선택·결합, 교환, 제거 등이 자유롭기 때문에 동일 기종으로 여러 가지 "OS판"을 사용할 수 있다. 멀티 유저, 멀티태스크 기능과 멀티 프로세서계도 서포트 할 수 있다. 각 모듈(서브 시스템)은 시스템 콜에 의해 프로그램 내로 호출되어 태스크와 메시지 등의 생성·소거(CREATE/DESTROY), 데이터의 판독 기록 (READ/WRITE), 상태의 설정·참조(SET/GET) 등이 이루어진다. 시스템 콜에 의해 만들어지는 제어 블록은 프로그래머가 직접 그것을 인용할 수는 없지만 작성되면 그것은 시스템으로부터 이름에 의해 통지를 받도록 되어 있다. S1시스템의 컴파일러는 시스템 기술 언어(SL)에 의해 기술되고 있으며 중간 코드(IL)로 번역된다. 이 IL이 각 계산기의 마이크로 프로세서(MPU)에 의존한 코드 제너레이터에 입력되어 목적 언어로 번역되는 이중 수법을 씀으로써 C, FORTRAN, Pascal … 등의 고급 언어와 68000, 80286, 8086/8, 32032, … 등의 기종이(이 오퍼레이팅 시스템을 통하여) 호환성을 가질 수 있다.

SE (sound effect) ⇨ 음향 효과.

SEC관 (── 管, secondary electron conduction camera tube) 광전 음극, SEC 타깃, 전자빔 주사장치 등으로 구성되는 촬상관. 광전면의 광학상에 따라 생긴 광전자류를 고전압으로 가속하여 SEC 타깃에 결상시킨다. SEC 타깃은 고속 전자를 투과하는 도전막과 다공질의 절연막으로 되어 있으며, 가속된 광전자류는 다공질 절연막 속에서 다수의 2차 전자를 방출하면서 에너지를 상실하여 타깃의 주사측에 증배된 양전하가 축적된다. 이것을 저속 전자빔으로 주사하여 출력을 얻도록 하고 있다. ⇨ 2차 전자 도전 작용.

ST관 (── 管, ST- tube) 소형 진공관으로, GT관보다는 크다. 베이스는 핀의 수에 따라

X형(4개), Y형(5개), Z형(6개), T형(7개) 등이 있다. 고주파용 다극관에서는 제어 그리드 단자를 머리 부분의 베이스에 낸 것이 많다. 이제는 거의 쓰이지 않는다.

ST 링크 (ST ink, studio transmitter link) STL이라고도 쓰고, 또 그렇게 부른다. 연주소와 송신소 간의 연락회선(장치를 포함). 텔레비전에서는 대개 마이크로파가 사용된다.

STC (sensitivity time control) 《레이더》 레이더에서 근거리 해면 반사를 억제하기 위하여 펄스 발사 후 일정 시간 수신기 감도를 낮추는 것을 이른다.

STL (studio trnasmitter link) ⇨ ST 링크.

***S* 파라미터** (*S* parameter) 도파관과 마이크로파 영역 트랜지스터의 동작을 부여하는 4단자 회로망 모델의 파라미터로서 $E_{1r}=S_{11}E_{1i}+S_{12}E_{2i}$, $E_{2r}=S_{21}E_{1i}+S_{22}E_{2i}$ 에서의 S_{jk}를 이른다. S는 scattering의 머리 글자. 여기서 E_{1i}, E_{1r} 은 입력단자에서의 입사파와 반사파, E_{2i}, E_{2r} 은 출력단자에서의 입사파와 반사파. S_{11}은 입력단 반사계수, S_{21}은 정방향 전달계수, S_{22}는 출력단 반사계수, S_{12}는 역방향 전달계수이다.

에어 갭 (air gap) 두 물체 간의 공기의 간극. 구슬 모양 또는 바늘 모양의 전극에서는 각각 마주 본 두 불꽃 간극을 이른다.

에어로졸 (aerosol) 가스(특히 공기) 속에 100 μm에서 0.01 μm 크기의 고체 또는 액체의 입자가 안개 상태로 분산되어 있는 것. 에어로졸, 연물질이라고도 한다. 입자의 크기는 가시광을 포함하는 근적외역에서 근자외선역에 이르는 전자기 방사의 파장과 같은 정도이고 이들 전자기파에 대하여 이른바 틴들 산란이 발생한다. 암시야 현미경, 고분자의 분자량 측정, 정전 사진에서의 에어로졸 현상 등, 용도가 다양하다.

에어 체크 (air check) AM과 FM 방송을 수신하여 그것을 테이프에 기록하는 것. 본래 방송국 자신이 자국 방송 프로그램을 모니터할 목적으로 하고 있던 업무를 의미하는 용어를 전용한 것이다.

에어턴 페리권 (—— 捲, Ayrton-Perry winding) 가정 주파수 이상의 고주파용 저항기의 감는 방법의 하나로, 자기 용량과 자기 인덕턴스를 적게 하는 권선법. 얇은 권선판에 한 줄은 오른쪽으로 감고 한 줄은 왼쪽으로 서로 인접하게 감아 양단을 병렬로 접속한다.

A급 증폭 (—— 級增幅, class A amplification) 진공관 E_g-I_p특성 곡선의 직선 부분에서 동작하도록 그리드 바이어스 전압값을 정해서 하는 증폭. 플레이트측에 일그러짐이 없는 파형을 재현하는 데 쓰인다. 플레이트 효율은 낮고, 저주파 증폭에 사용된다.

Ada (에이다) 수치계산, 시스템 프로그래밍, 거기다 실시간 · 동시 병행처리 등에 적합한 고급 프로그래밍 언어. 표기법, 제어 구조 등이 Pascal과 비슷하며 GOTO문과 루프를 끊기 위한 exit 문도 가지고 있다. 데이터 타이프는 정적 · 동적의 구별을 확실하게 하고 있다. 유닛 레벨에서의 제어, 즉 수속과 함수의 호출, 병행 기동(concurrent activation), 예외사상의 처리(exception handling) 등을 한다. Ada는 매입 계산기계에 대한 새로운 표준 언어로서 미국 국방성이 주도하여 개발한 것이다.

㈜ Ada는 약자가 아닌 사람 이름이므로 ADA라고 쓰지 않는 것이 좋다(Pascal에 대하여서도 같다)는 의견도 있다.

A.W.G. (American wire gauge) 《선번호》 BS (Brown & Sharp wire gauge) 선번호의 별칭. 직경 0.46 in(11.68 mm)를 #4/0으로 하고 0.005″(0.1270 mm)를 #36으로 하여 이 사이를 등비급수(等比級數)를 이루는 단계로 나눈 것이다.

ADF (automatic direction finder) ⇨ 자동 방위 측정기.

AMOS (avalanche injection MOS) 채널 길이가 짧은 MOS에서 소스, 드레인 근방에서 애벌란시 증배작용을 발생시켜 열 전자를 산화막 속에 주입하여 트랩에 축적하고, 이것에 의해서 한계값 전압이 변하는 것을 이용하여 정보를 기억하는 것. 기억의 소거는 X선으로 한다.

AVC (automatic volume control) ⇨ 자동 음량 조절.

A 소인 (—— 掃引, A trace) 로런 수신기에

서 브라운관상에 주국의 펄스는 상부에, 종국(從局)의 펄스는 하부에 영상한다. 이 경우 주국의 펄스를 항상 상부에 두므로 전소인의 반을 A소인이라고 한다.

A 스코프 (A-scope) ⇨ A표시.

AC (alternating current) ⇨ 교류.

ACR (approach control radar) ⇨ 근접 관제 레이더.

A.C.S.R. (aluminum cable steel reinforced) ⇨ 강심 알루미늄 연선.

ACH (automated clearinghouse) 은행 간의 어음 교환 업무를 전기 통신망에 의해서 자동화한 것. 국내 은행 간의 ACH 외에 외국은행과의 사이에 이루어지는 국제 어음교환(international clearing), 예를 들면 SWIFT, CHIPS 등이 있으며, 광역 국제 통신망을 이용하여 이루어지고 있다.

ACK (acknowledge) 《데이터 전송》 송신측에 대하여 수신측에서 긍정적 응답으로 보내지는 전송 제어용 캐릭터. 정확하게 접속되었다. 데이터가 오차 없이 수신되었다라는 내용을 전달한다.

AS (automatic synchronizer) ⇨ 자동 동기 장치.

ASV 'air-to-surface vessel(기상 대 물(水) 레이더)'의 약어이다.

ASC (automatic selectivity control) ⇨ 자동 선택도 제어.

AFC (1) automatic fidelity control ⇨ 자동 충실도 제어. (2) automatic frequency control ⇨ 자동 주파수 제어.

A 엘리미네이터 (A eliminator) 진공관의 필라멘트 또는 히터를 가열하기 위한 전원을 A전원이라고 하고, 종래 A전지를 사용하였으나 교류 전원에서 변압기로 체강(遞降)하여 전환하도록 하여 전지를 생략하도록 한 장치이다.

AOQL (average outgoing quality) 《발췌 검사 방식》 발췌 방법으로 불합격된 로트를 모아 전량 검사를 하여, 거기서 발견된 불량품은 전부 정상품과 교체하여 합격 로트와 함께 출하하는 방식. 수검 전 품질 p (p는 로트의 불량품률)에 대하여 위의 방식으로 얻어지는 평균 출하 품질의 최대값이 AOQL 이다.

A 전원 (—— 電源, A-power supply) 전자관의 음극을 가열하는 데 요하는 전력을 공급하는 전원이다. ⇨ B 전원.

A 전지 (—— 電池, A battery) 전자관의 음극을 가열하기 위한 전력을 공급하는 전원으로서의 전지이다.

a 접점 (—— 接点, a contact) 《개폐기》 주장치가 기준 위치에 있을 때 개방되어 있는 접점. 프론트 접점이라고도 한다. b접점과 대비된다.

A종 절연 (—— 種絶緣, class A insulation) 허용 최고 온도 105℃에 충분히 견딜 수 있는 재료로 구성된 절연, 예컨대 무명, 명주, 종이 등의 재료로 구성되며 바니시류를 함침시키거나 기름 속에 함침시킨 것을 이른다.

A주 (—— 柱, A frame, A pole) 2개의 기둥을 A자 모양으로 조립한 전주이다.

A 주사 (—— 走査, A scan) ⇨ A표시.

AGC (automatic gain control) ⇨ 자동 이득 제어.

에이징 (aging) (1) 각종 부품과 장치에서 어떤 일정 기간, 경우에 따라서는 적당한 스트레스를 준 상태에서 그 특성이 본질적으로 일정한 상태로 안정되기까지 보존하여 두는 것. (2) 부품과 장치가 사용 중에 그 특성이 변화하는 것. 경시 변화라고 한다. (3) 중성자가 감속하는 과정. (4) 《OS》 다중 프로그램의 경우 프로그램의 리소스 사용의 우선도를 그 대기 시간의 길이와 함께, 또는 리소스의 요구가 끊어진 횟수에 따라 높혀 나가는 프로세스. 우선도가 한계 상태가 되면 시스템은 그 프로그램의 요구가 만족되기까지(리소스의 취급을) 다른 프로그램에 할당하지 않고 다시 다른 프로그램에서 리소스를 회수하는 일도 있다.

H 기상 질문기를 사용하여 2개의 지상 응답 비컨으로부터의 거리를 측정하는 레이더 항행방식이다.

H 결합 (—— 結合, H coupling) 마이크로파 회로 소자 간의 결합의 하나로, 자계 H에 의해 이루어지는 결합을 이른다. 도파관의 H분기 회로에는 주로 이 종류의 결합이 이루어진다. ⇨ E결합, H분기.

H 모드 (H-mode) ⇨ TE 모드, H파, TE파.

H 벤드 (H bend) 굴곡 도파관의 하나로, 관 내 자계 H에 평행한 면 내에서 원호형(圓弧形)으로 굽힌 것을 이른다. H벤드는 전송계의 일부에 유도성의 병렬 리액턴스를 삽입한 것과 등가적으로 된다. ⇨ 굴곡 도파관(bend wave guide), E벤드.

H 분기 (—— 分岐, H branch) 구형 도파관의 분기방법에는 T분기, Y분기 등 여러 가지 종류가 있으며, 판 내 자계 H에 평행한 면 내에 분기회로를 갖는 T분기와 Y분기를 이른다. H분기는 2선식 선로에 단일 스터브와 같이 주회로에 병렬로 분기회로를 접속시킨 것이 되므로 임피던스 정합용 스터브 회로나 전력 분할용 회로로 사용된다. ⇨ E분기(E branch), T접합부(T-junction), 병렬 분기(parallel branch).

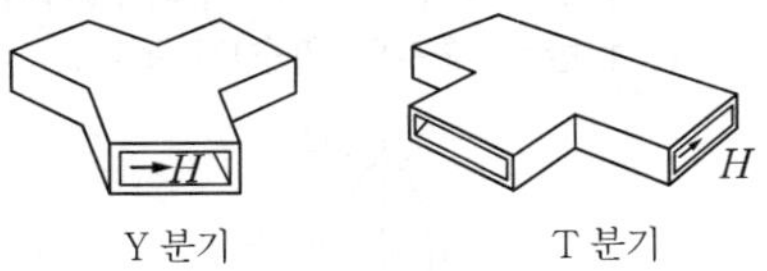

[H분기]

H 스코프 (H-scope) ⇨ H 표시.

H 시설 (—— 施設, H facility) 200~1,750 kHz의 무선 주파수로 동작하고 항공로 상에 설치하여 비행 유도를 하거나 또는 공항 부근에 설치하여 진입 지원을 하는 라디오 비컨으로, 보통 그 전력에 의한 구분을 다음과 같은 부호로 한다. H : 2kW보다 낮고 50W까지의 전력의 라디오 비컨, HH : 2kW 이상의 전력의 라디오 비컨, MH : 50W보다 낮은 전력의 라디오 비컨을 이른다.

H종 절연 (—— 種絶緣, class H insulation) 허용 최고 온도 180℃에 충분히 견딜 수 있는 재료로 구성된 절연을 이른다. 예컨대 마이카, 석면, 글라스 섬유 등의 재료를 규소수지 또는 동등한 성질을 지닌 재료로 이루어지는 접착 재료와 함께 사용한 것을 이른다. 고무형 및 고체형의 규소수지 또는 동등한 성질을 가진 재료를 단독으로 사용하는 경우도 있다.

H 주 (—— 柱, H-frame, H pole) 거의 수직으로 세워진 2개의 전주에 전선을 지지하는 수평 암이 부착되어 있는 형태의 전주이다.

H 케이블 (H-cable) 코어 절연한 심선 위에 금속화지(金屬化紙) 또는 구리 테이프의 실드를 한 다음, 원형으로 편조하여 연피 및 외장을 한 구조의 케이블. 22kV 내지 44kV에 사용된다. 발명자의 머리 글자 H를 따서 명명한 것이다.

H 파 (—— 波, H-wave) ⇨ TE 파, TE 모드, H 모드.

H 표시 (—— 表示, H display) 레이더에서 고저각의 지시를 포함할 수 있게 개조한 B 표시로서, 목표는 2개의 근접한 불립으로 나타나고 그들은 단휘선(短輝線)으로 연결되어 그 휘선의 경사가 목표의 고저각의 정현에 비례할 수 있게 한 것이다.

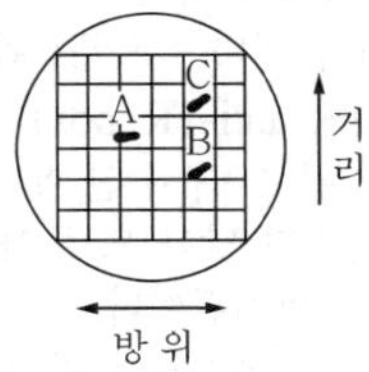

[H 표시]

HTL (high threshold logic) 제너다이오드 등을 스위칭 트랜지스터에 직렬로 접속하여 잡음에 대한 한계값 전압을 높게 한 논리 게이트로, 전원 전압도 보통 TTL의 3배인 15V를 사용한다. 잡음 여유는 5V(표준형의 TTL에서는 1V)이고, 잡음이 많은 환경에서 사용하기에 적합하다. 높은 한계값 논리 게이트이다.

에이콘 관 (—— 管, acorn tube) 도토리 모양의 진공관이라고도 불리는 소형 수신관, 직경 약 2cm 정도의 사기 그릇을 2개 합친 것과 같은 유리관 속에 작은 전극계를 봉해 넣고, 이은 곳에서 방사상으로 인출선을 내고 있다. 초단파의 발진 증폭용으로 최초로 실용화된 것이다.

[에이콘 관]

AQL (acceptance quality level) 공정을 평균하여 만족하다고 생각되는 최대 불량률 한계, 예를 들면 P_0[%] AQL이라고 하면

P_0 [%] 이하의 불량률을 가진 제품 로트를 정식 합격으로 하는 발취 검사방식이다. 발취 검사에서의 제로 가설 H_0로서 사용된다.

ATR (anti-TR, anti-transmit receiver) ⇨ ATR 관.

ATR 관 (── 管, anti-TR tube, ATR tube) 레이더용 전환 방전관. 레이더에서는 송수신 회로가 공용이기 때문에 펄스를 송신할 때에는 수신회로를 닫고 반사파를 수신할 때에는 송신회로의 임피던스를 무한대로 하여 손실을 적게 한다. ATR 관은 송신측에 삽입하고 λ/4의 공진회로에 가스를 봉해 넣어 창을 통해서 도파관에 접속한다. 송신시에는 창에서 방전이 일어나며 회로에 영향을 주지는 않으나 수신시에는 방전이 없으므로 λ/4의 T회로가 되어 수신회로에서 본 송신측의 임피던스가 무한대가 된다. ⇨ TR 관.

ATR 함 (── 函, anti-TR box) 레이더 등에서 수신파가 왔을 때 수신 에너지가 송신측(보통 임피던스가 낮다)으로 가지 않도록 하기 위한 전환 방전관이다.

에이펙스 (apex) 전파가 전리층에 의해서 반사되어 전파될 때, 그 각 반사점을 이른다.

A 표시 (── 表示, A display) 레이더에서 시간축을 나타내는 선에 대하여 수직 편향으로 목표가 나타나는 표시. 이 경우 목표 거리는 시간축의 한 끝에서 수직 편향까지의 수평 위치로 지시하고, 수직 편향의 진폭은 신호 강도의 함수이다.

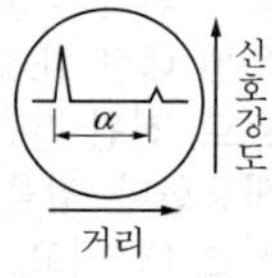

[A 표시]

APC (automatic phase control) ⇨ 자동 위상 제어.

A형 진동 (── 形振動, A type oscillation) 비분할 또는 2분할 마그네트론에 임계값에 가까운 자계를 주었을 때 일어나는 진동이다.

에일리어스 (alias) (1) PCM 통신 링크에서 신호 주파수와 샘플링 주파수 간의 비트작용으로 생기는 바람직하지 않은 스프리어스 신호. ⇨ 에일리어싱. (2) 프로그램 모듈을 인용할 수 있는 환경 내에 있는 2개의 다른 변수가 동일한 데이터 오브젝트를 중복하여 표현하고 있는 것을 이른다.

㊟ 프로그래밍 언어에서 말하는 변수는 데이터가 격납되어 있는 기억역의 이름을 이르는 것으로, 위의 경우는 동일한 데이터를 어떤 변수명과 그 별명으로 부르고 있는 것이 된다. 그러므로 명사로 사용할 때는 "별명"이라 한다.

에일리어싱 (aliasing, frequency folding) 입력 신호를 샘플하는 경우에 최소 샘플링 주파수 f_s는 신호에 포함되는 최고 유효 주파수 W의 2배 이상이어야 한다(나이키스트 샤논의 정리). 만약 $2W$ 이하의 빈도로 샘플하면 샘플된 신호의 스펙트럼은 입력 신호의 스펙트럼 위에 그 고스트를 중첩하고, 필터 기타로 고스트을 제거할 수 없다. 이것을 에일리에이싱 또는 주파수의 중첩이라고 한다.

㊟ 시간 함수가 아니라 예를 들면 영상 처리의 경우처럼 공간 함수(이미지)를 생각할 때에는 상기 주파수는 공간 주파수(이미지의 공간적 반복 주기의 역수)가 된다.

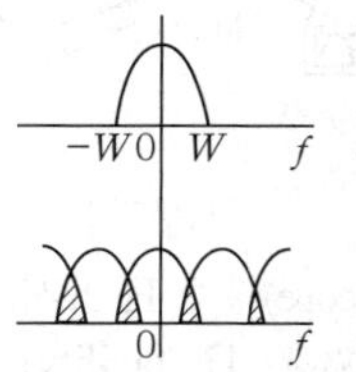

샘플링 레이트 $1/T$이 $2W$ [Hz]보다 작으면 입력신호의 스펙트럼에 그 고스트가 겹쳐진다.

[에일리어싱]

에지 회절 (── 回折, edge diffraction) 전파가 산맥을 횡단하여 전파하는 경우는 산맥이 나이프 에지 모양을 하고 있어 완전 도체에 가까운 것으로 간주할 수 있어 회절의 이론을 적용할 수 있는데, 이러한 회절을 이른다. 그림은 그 결과를 나타낸 것으로, 자유 공간의 전계 강도를 1로 하면 가시 위치에서는 0.5, 그늘에 해당하는 부분은 0.5보다 점차 낮

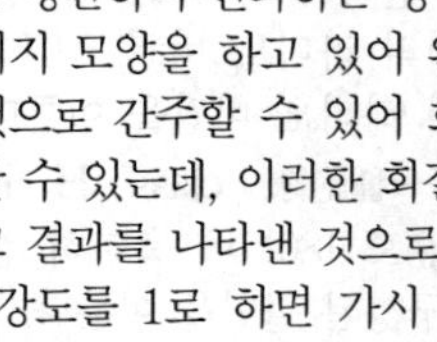

[에지 회절]

아지고 직시 영역에서는 강약의 무늬가 생겨 프레넬 존으로 나누어진다.

에지 효과 (―― 效果, edge effect) (1) 절연물의 절연 파괴시험을 하는 경우, 그 파괴가 전극의 직하가 아니라 전극 가장자리에서 연면 방전으로 파괴에 이르는 현상. 파괴 전압은 이 효과가 없는 경우에 비하여 떨어진다. (2) 커패시터를 구성하는 2개의 전극판의 가장자리에서 전기력선이 극판에 수직이 아니고 바깥쪽으로 만곡하여 내미는 것. 이 효과를 제거하기 위하여 예를 들어 가드링 등을 사용할 필요가 있다. (3) 《텔레비전》 수상관에서 재생상의 명암 경계부에 나타나는 의사 패턴. (4) 《음향》 시료 면적이 작은 흡음재로서 음의 회절 때문에 흡착률이 외견상 1보다 큰 값을 나타내는 현상. 이것도 재료의 주변 길이와 면적의 비에 관계된다.

에칭 (etching) 물질 표면의 선택된 부분에 희망하는 패턴을 발생시키기 위하여 산이나 기타 부식제를 사용하여 화학적으로 부식시켜 제거하는 것. 반도체 집적회로의 제조공정 등에서 사용된다. 에칭에는 웨트에칭, 드라이에칭(플라스마 에칭), 이온 밀링의 세가지 방법이 있다. 웨트에칭은 에칭액을 사용하는 것으로 비용이 적게 들고 선택성도 좋지만 표면을 더럽히고 또 레지스트를 언더컷 하기 쉽다. 플라스마 에칭에는 중성 플라스마를 사용하는 것과 하전 플라스마를 사용하는 것이 있다. 언더컷은 현저하게 감소되지만(특히 후자의 경우) 선택성은 떨어진다. 최후의 이온 밀링은 이온 빔으로 레지스트를 제거하는 것으로, 선택성, 정밀도는 좋지만 작업이 느리고 또 양 레지스트의 경우에만 사용할 수 있다(음 레지스트에서는 두께가 변동하기 때문에 언더컷하기 쉽다).

에코 (echo) 《전파》 무선 통신에서는 전파로가 하나가 아닐 때 최초에 도착하는 전파 이외의 전파는 소리의 반향과 비슷하므로 에코라고 한다. 예컨대 지구의 반대쪽을 돌아오는 전파 또는 레이더 등에서 반사체로부터 되돌아오는 전파를 이른다.

에코 검출함 (―― 檢出函, echo box) 《레이더》 레이더에서 사용되는 교정된 Q가 높은 공진 공동으로, 송신 펄스 전력의 일부를 저장하여 펄스를 송신 종료 후 저장 에너지를 점차 수신계로 공급하는 것을 이른다.

에코 머신 (echo machine) 라디오 방송 등의 프로그램을 만드는 경우, 반향이 없는 장(場)의 발생음에 전기적으로 반향을 붙이는 장치. 주로 자기 녹음 테이프를 사용해서 헤드 간의 시간적 지연을 이용하는 것이 사용된다.

에코 소거회로 (―― 消去回路, echo suppression circuit) 《레이더》 ⇨ 반향 저지 장치.

에코실 (―― 室, echo room) 라디오 방송에서 프로그램에 반향을 가하여 특수 효과를 내기 위하여 사용되는 방. 벽면의 반사를 좋게 해 두고 스피커로 프로그램을 그 실내에 방사하여 마이크로폰으로 다시 받는다.

에코 체크 (echo check) 《데이터 전송》 전송의 정확성을 체크하기 위해 수신한 데이터를 송신측으로 반송하여 최초의(송신 전의) 데이터와 비교하여 확인하여 보는 것. 루프 체크라고도 한다.

에코 함 (―― 函, echo box) 레이더에서 송신 펄스 출력의 일부를 축적하여 펄스 방사를 완료한 후에 수신계에 이 에너지를 점차 공급하는, 눈금이 매겨진 공진 공동을 이른다.

에클스 조르단 회로 (―― 回路, Eccles Jordan circuit) 쌍안정 회로의 일종. 한번 동작하면 정상 상태로 되고, 자기 복귀하지 않는다.

에틸 셀룰로오스 (ethyl cellulose) 셀룰로오스(섬유소)와 에틸 알코올의 에스테르로, 실제 제조에는 알칼리 섬유소에 에테르 클로라이드를 작용시킨다. 전기적 성질이 양호하여 전선의 도료, 접착제 등에 사용된다.

에팅하우젠 효과 (―― 效果, Ettingshausen effect) 자계 안에서 도체에 전류가 흐르고 있을 때, 자계와 전류의 두 벡터 어떤 것에 대하여서도 직각 방향으로 온도 기울기 ΔT가 나타나는 효과, $\Delta T = PJ \times B$, 여기서 J: 전류밀도, B: 자속밀도, P: 에팅하우젠 계수. P는 보통 양의 값이지만 철 등에서는 음의 값이다. 상기한 효과는 홀 효과, 네른스트 효과 등과 밀접한 관련이 있는 일종의 열 자기효과이다.

에폭시 수지 (―― 樹脂, epoxy resin) 열경화성의 합성 수지. 높은 압력을 필요로 하지 않는 유입 수지로, 또 접착제와 무용제 바니시로 특히 적합하다. 적당한 온도에서 중합이 발생하여 쉽게 몰드 성형할 수 있다. 글라스 섬유, 아스베스트 등을 충전하여 혹은 판상의 물질과 함께 적층판이나 성형품을 만들 수 있다. 고전압 스위치 기어장치의 절연물로 유용하다.

FD (fade down) ⇨ 페이드 다운.

F 스코프 (F scope) 레이더에서 레이더 안테나가 목표를 향하고 있을 때 목표가 중앙 블립에서 나타나 수평 및 수직 조준 오차는 각각 블립의 수평 및 수직 편위로서 지시되는 표시를 말한다.

FCC (Federal Communication Commission) 미국 연방 통신 위원회. 라디오, 텔레비전, 팩시밀리, 전신·전화 등의 통신 방식에 대하여 규제하는 권한을 가지고 있다.

FI (fade in) ⇨ 페이드 인.

FM 대역폭 (—— 帶域幅, bandwidth of FM signal (by Carson's rule)) 주파수 $f_m(=\omega_m/2\pi)$의 정현파로 주파수 변조한 신호는 반송 주파수 ω_c의 성분을 좌우하여 주파수 $(\omega_c \pm k\omega_m)$의 무한히 많은 측파대 성분을 포함하고 있다(k는 양상수). 그러나 실제 문제로서 신호전력의 대부분은 $B_c \cong 2(\beta+1)f_m$이라는 대역폭 내의 신호 성분에 포함되어 있다. 여기서 β는 변수 지수로서 $\beta f_m = \Delta f$는 최대 주파수 편이이다. 대역폭에 관한 위의 법칙을 카슨의 법칙이라고 한다.

㊟ $\beta \ll 1$이면 FM 대역은 AM 신호의 그것과 그다지 변하지 않지만(협대역 FM계)가 $\beta \gg 1$이 되면 FM 대역은 AM방식의 그것에 비하여 $(\beta+1)$배나 넓은 대역을 차지하게 된다(광대역 FM계).

FM 방송대 (—— 放送帶, frequency-modulation broadcast band) FM 방송에서는 200 kHz의 대역폭을 가진 채널이 사용된다. 이들 대역은 그 중심 주파수로 불리어지지만 방송에서는 76~90 MHz(미국에서는 88~108 MHz)에 걸쳐 200 kHz씩으로 설정되어 있다.

FM 잡음 (—— 雜音, FM noise) 광대역 비디오 신호 등의 FM 전송방식에서 계의 송단에 혼입한 백색 잡음은 수단 신호의 복조단계에서 그 고조파 성분이 강조되어 f^2에 비례한 스펙트럼 밀도를 갖게 된다. 그리고 수단의 SN비를 송단의 그것과 비교하여 보면 그 값은 β^2에 비례하는 것을 알 수 있다. β는 변조파(정현파로서)의 주파수 편이와 신호의 베이스 밴드 주파수와의 비 $\Delta f/f_M$이다. 따라서 출력단의 SN비를 개선하기 위하여서는 β를 크게 하는, 바꾸어 말하면 계의 전송 대역폭 B를 크게 취할 필요가 있다(Carson의 법칙). 그러나 이것은 잡음 전력이 신호 전력에 비해서 작은 경우의 일이다. 만약 전송 대역폭이 넓고, 잡음 전력이 상대적으로 큰 경우에는 오히려 β를 작게 억제하지 않으면 안 된다. 최초에 기술한 바와 같이 f^2에 비례하는 잡음을 억압하기 위하여서는 송단에서 사전에 고조파 성분을 강조하여 두고, 수단에서 이것을 해제하는 것이 유효하다. 특히 오디오 신호와 같이 저주파 성분에 비하여 고조파 성분의 스펙트럼 밀도가 본질적으로 낮은 신호의 경우에 유효하다. ⇨ FM 대역폭.

FMS (flexible manufacturing system) 제조 공장에서 사용되는 각종 공작기계, 로봇, 반송기계 등을 계산기에 의해 제어, 운용하여 생산에서의 조작성, 융통성, 기동성 등을 높히고 특히 다품종 소량 생산의 생산성 향상을 노린 것이지만 최근에는 대량 생산 분야에서도 채용되고 있다. CAD/CAM을 그 기반으로 하고 있지만 전 공장을 공장 LAN으로 결합하여 강력한 통신망을 구축하여 기동적인 시스템을 실현하고 있다. LAN은 OSI에 준거한 표준 프로토콜을 채용하여 다양한 기기의 LAN에 대한 접속을 용이하게 하기 때문에 미국에서는 GM사 등의 제창으로 계산기, 공작기계, 제어기기, 통신 기기 등과 그 유저인 항공기, 자동차, 농업기계의 화학제품, 식품 등의 각 메이커의 협력으로 생산 자동화용 프로토콜(MAP)이 만들어지고 있다. MAP는 manufacturing automation protocol의 약어이다.

FO (fade out) ⇨ 페이드 아웃.

F종 절연 (—— 種絶緣, class F insulation) 허용 최고 온도 155℃에 충분히 견딜 수 있

는 재료로 구성된 절연을 일컫는다. 예컨대 마이카, 석면, 유리 섬유 등의 재료를 실리콘, 알키드 수지 등의 접착 재료와 함께 사용해서 구성된 것을 이른다.

F 층 (── 層, F layer) 지상 약 200 km 내지 400 km의 상공에 있는 전리층. 여름철의 주간은 F_1, F_2의 상하 두 층으로 나뉘는 것이 보통이며, 겨울철 및 야간은 두 층이 합쳐져서 하나의 층이 된다.

FTC (fast time constant) ⇨ 소 시정수 회로.

F 표시 (── 表示, F display) 레이더에 레이더 안테나가 목표를 향하고 있을 때, 목표가 중앙 블립으로 나타나 수평 및 수직 조준 오차는 각각 블립의 수평 및 수직 편위로 지시되게 하는 4각형 표시를 이른다.

에피택시얼 성장 (── 成長, epitaxial growth) 적당한 기판 위에 결정 축을 갖추어 결정을 박막상으로 성장시키는 방법으로, 바탕 결정과 성장 결정이 동일한 경우를 호모 에피택시, 다른 경우를 헤테로 에피택시라 한다. 에피택시얼 성장은 기법에 따라 기상법(VPE법), 액상법(LPE법). 고상법(SPE법)으로 분류된다.

에피택시얼 확산 메사 트랜지스터 (epitaxial diffused-mesa transister) p형 반도체 위에 n형 반도체의 엷은 층을 확산하여 만들고, 그것을 베이스로 하여 거기에 또 합금법으로 이미터를 만들어 넣는다. 주변의 불필요한 부분을 에칭으로 제거하여, 메사 구조로 한다. 또한 p형 반도체는 저항이 작은 기판 위에 에피택시얼 고저항층을 생성시켜 이것을 컬렉터로 한다.

㊟ 이와 같은 구조는 고전압에 견디고, 또한 고주파 특성이 좋은 특징이 있다.

에피택시얼 확산 플레너 트랜지스터 (epitaxial diffused planar transistor) n형의 저저항 기판 위에 같은 n형 에피택시얼 고저항층을 성장시켜, 그것을 컬렉터로 한 플레너 트랜지스터, 내전압성, 고주파 특성이 우수하여 신뢰성도 좋다.

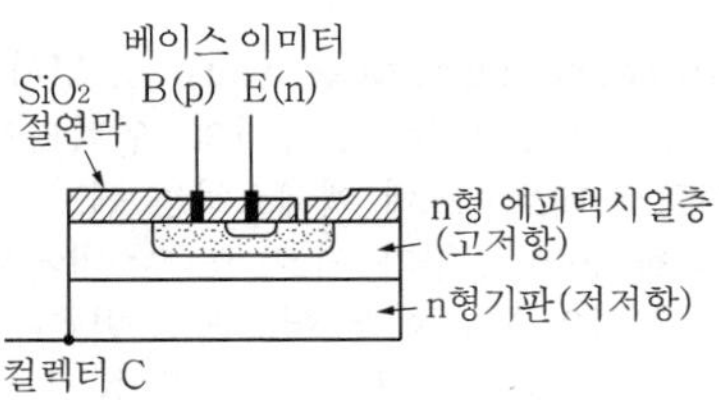

[에피택시얼 확산 플래너 트랜지스터]

X 선 (── 線, X-ray) 자외방사와 감마선 두 역에 걸쳐 nm에서 pm 정도의 파장을 가진 전자기 방사이다. 충분한 에너지를 가진 전자를 물질에 충돌시키면 전자 에너지가 상실되어 물질 특유의 파장을 가진 특성 X선이 방사된다. 또 전자가 핵에 접근하면서 급속히 감속하고 있을 때에도 일종의 제동 방사 X선이 나온다. X선은 가스 속을 통과할 때 가스를 이온화하고, 또 고체 속을 통과시키면 장소에 따른 흡수도의 상차가 사진 건판 등에 이미지로 얻어진다. 따라서 물질의 결정 구조 등을 조사하는 라디오그래피와 X선 검지기, 의학 분야의 진단과 방사선 치료 등에 응용된다. X선을 사용한 리소그래피도 있다.

X선관 (── 線管, X-ray tube) X선을 발생시키기 위한 전자관으로, 음극과 타깃(대 음극)으로 이루어진다. 뢴트겐관 또는 쿨리지관이라고도 한다.

XAND (exclusive AND) NOT XOR과 같다. A, B의 두 입력의 경우에는 $AB+\overline{A}\,\overline{B}$로 주어진다. 일치 게이트라고도 한다.

X판 (── 板, normal cut, X-cut) 천연 수정의 3개 결정축 가운데 X축(6각주형 결정의 하나의 각과 중심을 잇는 축)에 대해서 직각으로 엷은 판 모양으로 잘라낸 진동자. 수정 발전기에 사용된다.

엑스퍼트 시스템 (expert system) 약어 ES, 교육, 의료, 법률 등으로 대표되는 고도의 전문 기술 분야의 지식에 대한 데이터 베이스를 축적하여 제기된 문제에 대하여 이러한 축적 데이터를 구사하여 진단이나 추론을 하여 유효한 결론·대책을 제공하는 계산기 이용법으로, 로봇 공학(robotics) 등과 함께 인공 지능(AI)의 주요한 한 분야이다. 이른바 전문가의 지식이나 노하우를 효과적으로 이끌어내어 곰곰히 생각하여 계산기에서의 지식 표현으로 고쳐 써서 이것을 계산기에 축적하는 동시에 그것을 이용하기 위한 소프트웨어를 설계하는 KE (knowledge engineer)라고 하는 기술자의 역할은 중요하므로 ES의 성패는 주로 KE가 담당하고 있다고 해도 좋다.

㊟ 같은 시스템으로서 어드바이저리 시스템이라는 것이 있으나, 이것은 위의 ES와 그 "성격"이 약간 다르다. 이른바 전문가는 이 ES를 적대시하여 개발에 대한 협력을 거부하거나 또는 믿음직스러운 조수(intelligent assistant)로서 활용할 것인가, 환자, 문제 의뢰인, 학생 등의 클라이언트가 전문가에 대하여 갖는 절대 복종 관계나 컴플렉스가 이에 의해서 해소되거나 AI의 앞으로의 발전에 맡겨야 한다.

엑시머 레이저 (excimer laser) 여기상태에서만 존재하는 분자에 의한 레이저로, 여기상태에서 단파장 방사를 하여 기저상태로 천이한 분자는 곧 해리하여 버리므로 반전 분포가 지속하여 고효율, 대출력 단파장 레이저를 얻게 된다.

엑시트 (exit) (1) 《계산기》 슈퍼 바이징 프로그램에 대한 마크로 명령으로, 실행 프로그램의 종료를 알리는 것. 슈퍼 바이징은 이에 의해서 사용 종료의 기억력 해방 등 필요한 종료처리를 한다. (2) 반복 루틴에서 루프 종료 조건에 따라 루틴에서 제어를 다른 장소로 옮기는 경우의 루프 탈출 명령(의사 명령)을 뜻한다.

㊟ 조건에 따라 루프의 도중에서 탈출하는 것은 forward GOTO 문으로도 가능하지만 Ada에서는 GOTO의 무제한 사용에 의한 프로그램 에러를 염려하여 제한된 형의 exit를 사용하여 루프로부터 탈출한다.

엔드리스 솔레노이드 (endless solenoid) 끝이 나오지 않게 코일을 나선형으로 감은 것을 이른다.

엔드 투 엔드 방식 (—— 方式, end-to-end signaling) 망의 종단에서 중간 노드(교환점)을 거쳐 수단까지 전체의 신호로를 형성하여 필요한 접속 정보를 송·수 양단에서 직접 교환하는 방식. 이에 대하여 송단에서 시작하여 다음 노드까지의 구간을 확립하고, 이 노드에 필요한 정보를 전하고, 전해진 노드는 이에 이해 그 다음 노드를 결정하고 이것에 전달하는, 이렇게 하여 수단에 이르는 신호법을 링크 바이 링크 방식이라 한다.

N MOS (n-channel MOS) MOS 트랜지스터에 있어서 채널에 n형을 사용한 것을 이른다.

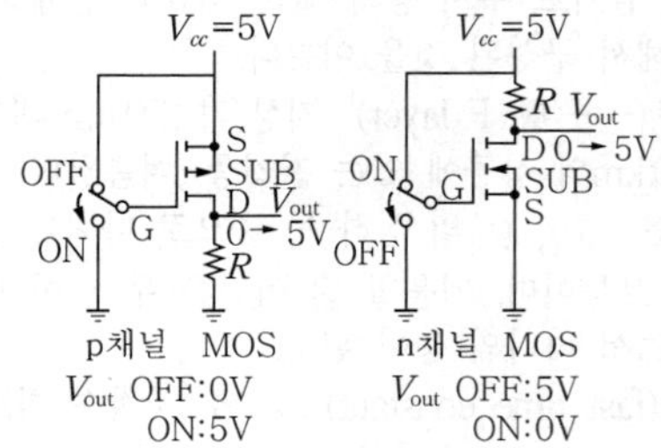

[N MOS]

엔벨로프 (envelope) (1) 전자관의 유리 또는 금속 용기를 이른다. 관구(벌브)라고도 한다. (2) 변조된 반송파 신호의 파형의 정점을 연결하여 얻어지는 곡선. $y(t)=V(t)\sin(wt+\theta)$라는 파에 있어서는 파라미터 θ 를 적당히 변화시킴으로써 시점 t에서의 엔벨로프는 $V(t)$로 주어진다. 포락선이라고도 한다. (3) 공중 데이터에 있어서 망의 조작에 필요한 디지트와 함께 1바이트를 구성하는 일군의 바이너리 디지트를 가리킨다.

N 스코프 (N-scope) ⇨ N 표시.

NRZ (nonreturn to zero) 기록·재생에서의 하나의 모드로서, 기록된 데이터의 각 아이템 뒤에서 신호가 반드시 제로로 복귀하지 않는 것. 따라서 중성(휴지) 위치는 없다. 디지트 1은 하나의 진폭 레벨이고, 또 디지트 0은 다른 진폭 레벨(극성은 동극성인 때도 역극성인 때도 있다)로 표현된다. 제로 복귀 모드에 비하여 기록 속도를 빠르게 할 수 있다.

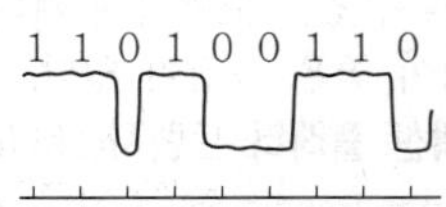

[NRZ]

NAU (network addressable unit) IBM이 제공하는 SNA 네트워크에서의 인텔리전트 노드로서 네트워크에 액세스하는 엔드 유저에 대한 논리 창구가 되고, 또 망 내에서는 다른 임의의 NAU에서 어드레스 번호에 따라 액세스 되도록 되어 있는 것. NAU로서는 SSCP(system service control point),

PU(physical unit), LU(logical unit)의 3종류의 유닛이 있다. SSCP로서 지정된 NAU는 적어도 하나의 PU를 가지고 있다. 그리고 PU와 SSCP는 짝이 되어 망의 물리 구성이나 자원 할당 등의 매니지먼트를 한다. LU는 앤드 유저가 SNA에 액세스할 때의 논리 창구이다. 또 네트워크가 엔드 유저를 위하여 LU 서로를 연락하는 SSCP 서비스를 하는 경우의 창구로도 된다. ⇨ SNA.

엔진 발전기 (—— 發電機, engine generator) 내연기관에 의해서 구동되는 발전기를 이른다. 1회전 중의 토크가 고르지 않기 때문에 전압의 주기적 변동, 난조 등이 일어날 염려가 있으므로 회전부의 플라이휠 효과를 충분히 할 필요가 있다.

엔코딩 (encoding) 각종 정보를 재현시킬 수 있는 가장 적합한 전송 파형으로 변환하는 것을 말한다. 전신의 모르스 부호도 그 하나로, 정보를 숫자화하는 것도 그것을 지칭하는 것이다. 또 이 개념에는 변조도 내포되어 있다.

엔트로피 (entropy) (1) 《열역학》 가스, 증기 등의 열역학적 프로세스에서 에너지 Q, 절대온도 T, 분자의 운동량 등이 어떤 상태를 취하는 확률, 혹은 에너지가 이용 가능한 에너지가 되지 않게 되는 현상 등을 기술하기 위한 일종의 상태량. (2) 《정보 이론》 하나의 정보 메시지당의 평균 정보량을 이른다. 음 엔트로피라고도 한다. (3) 열역학계에 있어서 이용 불가능한 에너지 혹은 정보계에 있어서 이용할 수 없는 정보량을 이른다. 전자의 경우에서는 계의 완전 불활성 상태(토탈 엔트로피 상태)에서 그것은 최대이고, 후자에서는 완전 무정보 상태(제로 엔트로피 상태)에서 그것이 최대로 된다.

㈜ 각각 p_1, p_2 …… 인 발생 확률을 갖는, 전체적으로 M개의 메시지 m_1, m_2, …가 있다고 한다. 상당히 긴 전송시간 사이에 전체로서 N개의 메시지가 보내졌다고 하면 이들 메시지의 전 정보량 I는 $I=\sum_{i=1}^{M} p_i N \ln(1/p_i)$로 주어진다. 그리고 1 메시지당의 평균 정보량, 즉 엔트로피 H는 $H=I/N=\sum_{i=1}^{M} p_i \ln(1/p_i)$로 주어진다.

엔트리 (entry) (1) 어떤 아이템 또는 아이템의 모임 속에 참가(가입)하는 그 입구(장소) 또는 참가 방법(수속). (2) 아이템의 집합에서의 하나의 구성 요소(아이템). 예를 들면 어떤 워드 리스트 중의 하나의 워드, 프로그램 중의 하나의 문장(기술항). 수표에서의 개개의 수치 등. (3) 단말장치에서 CPU로 들어오는 입력에 관하여 많이 사용된다. 엔트리 블록에 들어가 여기서 처리를 기다리고 있는 입력을 이른다.

엔트리점 (—— 点, entry point) 계산기 루틴에 있어서 그 제어가 행하여지는 장소, 즉 최초에 실행하여야 할 명령의 어드레스 또는 라벨(식별자)을 이른다. 루틴은 여러 가지 상이한 엔트리점을 가지고 있으며 이들은 각각 루틴이 상이한 목적에 대응하고 있다. 입구점이라고도 한다. 부 루틴에서 주루틴으로 들어가는 장소는 재입점(reentry point)이라 한다.

NTSC (National Television System Committee) 미국의 텔레비전 표준방식 검토위원회. 이곳에서 규정된 표준 방식이 NTSC 방식이다. 주사선 수는 525, 필드 주파수는 60(59.94)Hz, 라인 주파수는 15.750(15.734)Hz이다. 부 반송파 주파수는 3.579545 MHz, 음성 반송파 주파수는 4.5 MHz이다.

㈜ 위의 ( ) 안의 숫자는 컬러 텔레비전의 경우의 값이다. 이 방식은 일본, 캐나다, 멕시코 등에서 채용되고 있다. ⇨ PAL 방식, SEC AM.

엔티티 (entity) 《계산기》 프로그램에 의해서 다루어지는 대상, 즉 변수, 부 프로그램, 스테이트먼트 등의 구성 요소를 이른다. 이들 엔티티는 속성이라 불리우는 성질을 가지고 있다. 예컨대 변수이면 이름, 형, 그 값이 격납되어 있는 기억역 등이고, 또 부 프로그램이면 이름, 가 파라미터, 파라미터 수수법 등이다. 이들 엔티티를 처리하기 전에 각 속성을 명확하게 지정하는 것을 연결이라고 한다. ⇨ 변수의 속성.

N 표시 (—— 表示, N-display) K형 표시와 비슷한 것으로, 목표는 수평 시간축에서 한 쌍의 수직 편향 또는 블립으로 나타나고 방향은 수직 편향의 상대 진폭에 의해서 지시된다. 또 목표 거리는 기선(基線)을 따라서 가

조(可調) 페디스털 신호를 움직여 이것을 수직 편향의 수평 위치에 일치시킴으로써 결정한다. 페디스털 제어기는 거리로 교정한다.

엔한스먼트형 MOS-FET (enhancement type MOS FET) 게이트-소스 간 전압 V_{GS}가 영인 때에는 통전하지 않지만 게이트가 바이어스 전압을 부여하면 채널 전하가 증가하여 도전성이 좋아지도록 동작하는 MOS 전계효과 트랜지스터. n 채널형(전자 전도형), p 채널형(정공 전도형)의 2종류가 있다. 注 그림의 p채널형에서 게이트에 마이너스 전압(소스 S에 대하여)을 부여하면 채널 전류가 증가한다.

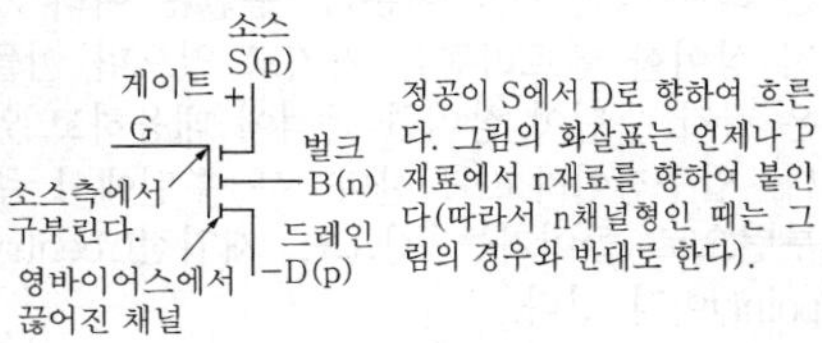

[p채널 엔한스먼트형 MOS-FET 심벌]

n형 반전층 (── 形反轉層, n-typeinversion layer) n형 반도체의 표면 가까이에 유기된 n형 도전층을 이른다. p형 반도체의 표면 가까운 곳에 양전하층이 있으면 반도체 표면 가까이의 에너지대가 아래쪽으로 끌어당겨져 구부러지기 때문에 전도대가 페르미 준위 E_F에 접근하여 반도체 내부에 자유 전자가 유기되기 때문이다.

注 p형 반전층의 경우는 위와 반대로 n형 반도체 표면 가까이의 음전하층 때문에 반도체 표면 바로 아래에 유기되는 p형 도전층(반전층)이며, 에너지 준위가 위의 경우와 반대 방향으로 표면층에서 구부러져 가(価) 전자대가 페르미 준위에 가까워진다.

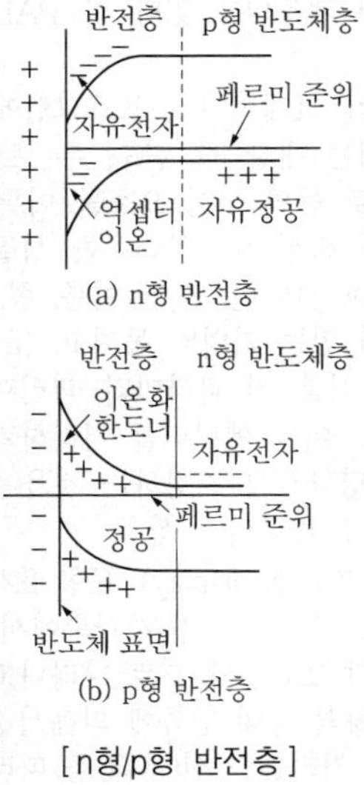

[n형/p형 반전층]

엘라스턴스 (elastance) 정전 용량의 역수. 단위는 패럿을 거꾸로 한 다래프(daraf)이다.

엘리베이터 (elevator, lift) 승객, 화물 등을 실은 승강 박스를 로프로 매어 달고 그 로프를 전동력으로 감거나 풀거나 하여 승강 박스를 수직으로 승강하는 장치를 이른다.

엘리베이터 모터 (elevator motor) 엘리베이터 운전용 전동기로, 기동 토크가 크고 소음이 적으며 또 관성 모멘트가 작은 것이 요구된다. 저속도 또는 중속도의 엘리베이터에는 농형 유도 전동기가, 고속도용에는 직류 전동기(레오나드식)가 사용된다. 일반적으로 속도에 대하여 정(定) 토크가 요구된다.

엘스 룰 (else rule) 《계산기》 특정한 조건에 대하여 그 경우에 취할 행동을 규정한 결정표에서의 룰이며, 그것에 대하여서는 명확한 행동을 규정할 수 없는 조건인 경우의 룰을 이른다.

L 스코프 (L-scope) 레이더에서 목표가 두 수평 블립으로 나타나는 것으로, 하나는 중앙 수직 시간축 오른쪽에, 다른 하나는 왼쪽에 퍼지는 표시. 레이더 안테나가 정확하게 목표를 향하고 있을 때 좌우 양 블립은 같은 진폭을 가지고, 떨어져 있을 때는 양 진폭의 상대값이 방위 오차를 나타낸다. 시간축 상의 신호 위치가 목표 거리를 나타낸다. 방위 조준 대신 고저 조준을 사용할 때 표시는 90° 회전한다.

LCD (liquid-crystal display) 액정을 사용한 표시 장치이다. ⇨ 액정.

LSI (large scale integration) ⇨ 대규모 집적 회로.

LASCR (light-activated semiconductor controlled rectifier) pnpn 4층 소자에 전압을 인가하여 중앙의 J_2 접합부에 빛을 조사하면 전자 정공대가 유기되고 이들은 각각 전계에 의해 그림과 같이 이동하여 디바이스를 온 상태로 변환한다.

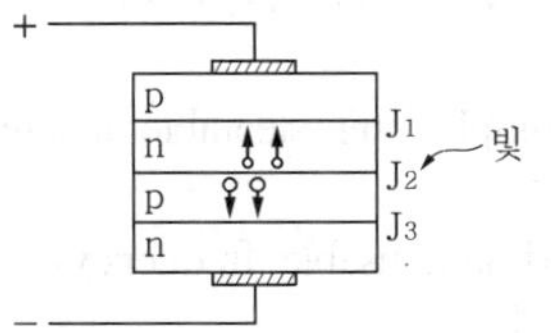

[LASCR]

LF 로런 (low-frequency loran) 주간에는 로런의 유효 범위가 증가하기 때문에 장파를 사용하는 로런방식을 이른다.

LFB (local feedback) ⇨ 국부 궤환.

LF/MF 4코스 라디오 레인지 (LF/MF four course radio range) 조종사가 200~415 kHz 대역에서 동작하는 수신기를 사용해서 위치 선정 및 비행을 할 수 있는 4개의 항행 코스를 규정하는 라디오 레인지로서, 이러한 4개의 코스는 등진폭의 A 및 N 신호의 조합으로 가청적인 연속음으로 규정된다. 또한 이 레인지로부터의 송신파는 자동 방향 탐지기의 사용에도 도움이 되며 조종사는 이 자동 방향 탐지기를 사용할 때 조종석의 시각 계기 지시를 이용해서 레인지국의 궤환 동작을 하고, 무선 방위정보를 자방위 정보와 조합시킴으로써 조종사는 자기의 위치하는 항행 위치선을 결정할 수 있다. 이 레인지의 국은 보통 기상 방송도 한다. 그러나 이 방식의 라디오 레인지는 공전의 영향을 크게 받는 결점을 가지므로 점차 VOR로 대체되고 있다.

LNG (liquified natural gas) 대기압 아래서 약 −160℃로 냉각하여 액화한 천연 가스이다. 부피가 0℃인 때의 약 1/600로 되기 때문에 저장과 수송이 편리하다.

LNG 냉열 발전 (—— 冷熱發電, LNG thermal energy conversion) 액화 천연 가스(LNG)는 −162℃의 액체이기 때문에 연료로 이용할 때에는 바다물 등으로 가온 증발시켜 가스로서 사용한다. 이 증발 과정을 이용한 온도차 발전 방식인데 석유 화력발전에 비하여 현재 아직은 가격이 비싸다. ⇨ 복합 사이클 발전.

LP 모드 (linearly polarized mode) 《광파이버》 코어와 그 주위의 클래드재의 굴절률의 차가 작을 때, 도파 모드 중에서 퇴축하고 있는 복수의 모드의 1차 결합으로 직선 편광이 얻어진다. 이 모드를 이른다. 기호 $LP_{\nu\mu} = HE_{\nu+1,\mu} \pm EH_{\nu-1,\mu} = TEM_{\nu,\mu-1}$

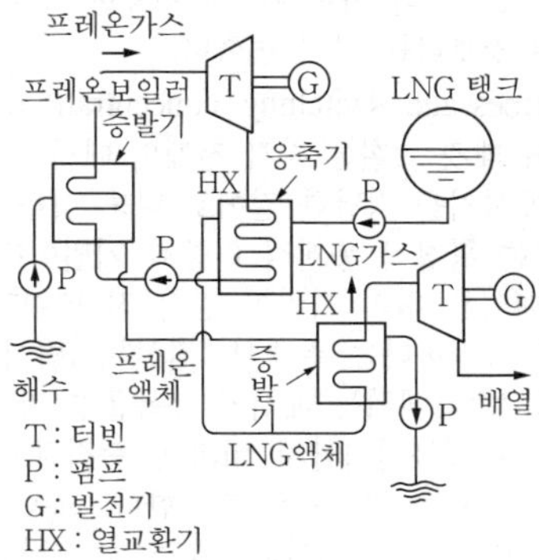

[LNG 냉열 발전]

LP 반 (—— 盤, LP record, long play record) 1948년 미국의 콜럼비아 회사에서 새로 발매했을 당시의 long playing microgroove record의 약어. 합성수지 비닐라이트, 1인치당 224~300의 음구수(音溝數)를 가지며 1면의 연주 시간이 최장 50분 정도나 되는 장시간 연주 미세구(微細溝) 레코드이다.

LPG (liquified petroleum gas) 석유 정제과정에서 얻어지는 C_3 및 C_4 탄화수소의 혼합물. 상업적으로는 커머셜 부탄 (85% 부탄과 그 밖에 프로판, 펜탄 등)과 커머셜 프로판(92% 프로판과 그 밖에 에탄 및 부탄)의 2종류가 있다. 공업용 혹은 가정용으로 튼튼한 용기에 넣어 저장 혹은 이송된다. 액화는 가압 또는 냉동에 의해 이루어지고 열량은 $1m^3$당 약 10만 kJ이다.

MR 부호화 (—— 符號化, modified READ (relative element address designate) coding) 《팩시밀리》 2차원 부호화 방식의 하나로 기주 주사선(각 주사선은 1,728 도트 길이)은 MH 부호화 방식으로 송신하고 이것에 이어지는 3가닥의 주사선에 대해서는 그 앞의 주사선의 흑, 백 상태의 차를 부호화하여 보내도록 한 것이다.

㊟ 이 부호화 방식은 CCITT의 GⅢ 고속 팩시밀리 규격에 있어서 부호 압축을 위해 사용되어 7, 7가닥/mm의 고분해능을 실현하고 있다.

MS-DOS (Microsoft-Disk Operating System) 마이크로 소프트사가 개발한 16비트 퍼스널 컴퓨터용의 DOS로서 IBM의 퍼스널 컴퓨터에 채용되었기 때문에 널리 보급되어 한때 16비트기용 DOS의 주류를 차지했었다. 최근판은 UNIX의 아이디어를 채용한 내용으로 초기 것보다는 많이 변했다.

MSC (message switching concentration) MSC와 패킷 교환은 각각 전체의 메시지 또는 긴 메시지를 적당한 길이로 나눈 것을 다중화하는 확장된 통계적 다중화 기법이다. 한편 대기용 버퍼 기억이 입력 전 데이터 블록을 축적한다는 뜻에서 "집선" 기법이기도 하다. MSC에서는 메시지 블록을 그것이 완전히 어셈블되기까지 버퍼에 축적하고, 그곳에서 고속 회선으로 전송한다. 고속 회선은 가변 길이의 데이터 프레임을 적당한 어드레스와 제어 정보를 붙여 송신한다. 각 프레임 내의 데이터는 보통 같은 한 쌍의 송·수 단말과 결부된 것이다.

MA (modulated amplifier) ⇨ 피 변조 증폭기.

MAOS (metal aluminum oxide semiconductor) 절연 게이트형 트랜지스터이지만 질화 실리콘을 사용한 MNOS 대신에 산화 알루미늄의 절연 게이트로 한 것이다.

MAP (manufacturing automation protocol) ⇨ FMS

MHD 발전 (—— 發電, magnetohydrodynamic generation) ⇨ 전자 유체 발전.

MNOS (metal-nitride oxide semiconductor) 기억 내용을 전기적 수단으로 변경할 수 있는 RMM(read mostly memory), 즉 EA ROM (electrically alterable ROM)의 일종이다. 각 셀은 MOS 트랜지스터이고, 그 일부에 광학적으로 소거할 수 있는 ROM의 경우와 마찬가지 구조의 신호 게이트 전극이 있다. 신호 게이트 중앙부와 기판 사이에는 2개의 상이한 절연물의 층(보통 SiO_2와 Si_3N_4)이 있고, 그 계면에 전하가 축적된다. 전하 패턴은 부동 게이트의 메모리의 경우와 마찬가지로 기록되고, 게이트에 전압을 부여함으로써 소거된다(선택 소거도 할 수 있다). 다른 형의 EAROM으로서 비정질 반도체(글라스상 반도체)에 이해 전하 패턴을 유지시키도록 한 것도 있다. 이 경우는 강한 전류 펄스에 의해 패턴 전체를 소거함과 동시에 새로운 패턴을 기록하는 것이다.

MO 외형 (—— 外形, MO outline) JEDEC의 표준 외형으로, 주로 IC 디바이스에 사용되는 것. 기호 MO에 이어서 번호를 붙여 표시한다.

MUSA (multiple unit steerable antenna) ⇨ 무사.

MUF (maximum usable frequency) ⇨ 최고 사용 주파수.

MK 강 (—— 鋼, MK magnet) ⇨ 알니코 자석.

MKS 단위 (—— 單位, MKS unit) MKS 단위계의 단위를 뜻한다.

MKS 단위계 (—— 單位系, MKS system of units) 기본 단위로 미터, 킬로그램, 초를 사용하고, 이들의 조합으로 다른 단위를 정한 단위계, 실용 단위계이다. ⇨ 절대 단위계.

mT 관 (—— 管, mT tube, miniature tube) 전부 유리로 된 소형 관. 버튼 시스템의 인출선을 그대로 핀으로 하고 있으며 7핀과 9핀의 두 종류가 있다. 관구(管球)의 직경은 약 19 mm와 22 mm가 있다. ⇐ 미니어처관.

MTI (moving target indication) ⇨ 고정 반사 소거.

MTI 목표 시도 (—— 目標視度, MTI target indication visibility) 레이더의 고정 목표 제거장치에서 목표가 최적 방사형 속도로 이동하고 있을 때 이 목표에서 발생하는 신호 강도와 특정 방사형 속도로 비행하고 있는 동일 목표로부터의 신호 강도와의 비율로 나타낸 고정 목표 제거장치 회로 특성의 한 인자. 단, 이 인자는 목표가 교란 속에 존재하고 있지 않을 때에만 작용한다.

MTI 준교란 시도 (—— 準攪亂視度, MTI subclutter visibility) 고정 목표 제거장치에 의해서 얻어지는 신호 대 교란 전력비에서의 이득을 이른다.

MTF (modulation transfer function) (1) 《광학 전송계》 광학적 전달 함수(OTF)의 절대값. (2) 《사진 필름》 피사체의 미세 부분의 재현 능력, 즉 분해능 응답을 부여하는 성능량, 강도가 공간적으로 정현파 상태로 분포하는 입력광에 필름을 노출하여 얻어진 필름 면상의 농도분포로부터 입력광의 콘트라스트(모듈레이션이라고도 한다) C에 대한 필름 면의 유효 노광의 그 C'의 비 C'/C를 입력광의 공간 주파수의 함수로 나타낸 것. (3)《영상 처리》영상 전송계의 공간주파수 특성을 나타내는 것으로 적당한 테스트 차트(예를 들면 복수의 세로 막대선의 집합)를 원영상으로 보내고, 수상 패턴의 공간주기 내의(미크로포도미터를 측정한) 최대, 최소의 각 농도를 각각 D', D''로 하여 $C=(D'-D'')/(D'+D'')$로 주어지는 양 C를 공간 주파수 f의 함수로서 표시한 것이다. ⇨ 분해능 응답.

㊟ (3)의 MTF의 정의는 (2)의 경우처럼 정규화하여도 된다.

엠파시스 (emphasis) 음악 등의 음성 신호는 일반적으로 높은 주파수역의 에너지는 적다. 라디오 방송이나 녹음에 있어서 신호 대 잡음비를 높이기 위하여 고의로 음성신호의 고주파역의 레벨을 올리는 것을 엠파시스라 한다. ⇨ 디엠파이스, 엠파시스 회로.

엠파시스 회로 (—— 回路, accentuator, emphasizer) 엠파시스를 하기 위하여 사용하는 회로. 그 주파수 특성은 고역(高域) 레벨이 높다.

M 표시 (—— 表示, M-display) 시간축에 따라 가조(可調) 페디스털 신호를 이동시켜 목표 신호 편향의 수평 위치와 일치시킴으로써 목표 거리를 결정할 수 있는 일종의 A표시로, 페디스털을 움직이는 제어기는 거리로 교정하고 있다.

M형 전자관 (—— 形電子管, M-type tube)《마이크로파 관》 전자 빔이 직류 자계와 그에 직교하는 직류 전계가 존재하는 공간을 그 어떤 것에 대하여서도 직각 방향으로 주행하는 사이에 지파회로와 간섭하여 마이크로파의 증폭 또는 발진을 하는 전자관. 직류 전계의 퍼텐셜 에너지가 RF 출력 전력으로 변환되는 것으로서, 효율이 높아 50~80%이지만 이득은 중 정도로 O형관과는 대조적인 성질을 가지고 있다.

엡스타인 법 (—— 法, Epstein's method) 철손을 측정하는 표준 시험법. 시료 철판을 정사각형 재료에 조립하여 이것에 측정용 코일을 설치한 것을 사용한다.

여기 전압 (勵起電壓, excitation potential, excitation voltage) 원자 또는 분자를 구성하는 바깥쪽에 있는 전자는 외부로부터의 자극, 예컨대 입자의 충돌 또는 방사 흡수 등에 의해서 높은 에너지 준위(準位)로 전이한다. 이것을 여기상태라고 한다 일반적으로 원자 또는 분자가 여기하기 때문에 흡수해야 될 일정 에너지에 해당하는 전자 볼트의 값을 여기 전압 또는 공명퍼텐셜이라고 한다.

여발 전압 (勵發電壓, excitation potential, excitation voltage) ⇨ 여기 전압.

여수로 (餘水路, spillway, wasteway) 발전소의 사용 수량이 갑자기 감소된 경우에 수조(水槽) 등에서 여분의 유량을 방출시켜 흘려보내기 위하여 설치한 수로를 이른다.

여수토 (餘水吐, overflow) 수력발전소에서 취수량이 남았을 때 수압관에 넣지 않고 하류로 방류하는 곳으로, 수로 또는 조정지에 설치하고 여수로를 통해 하류로 흘려 버린다.

여유 출력 (余裕出力, capability margin)《전력 계통》 전원의 부하에 대한 용량과 계통의 부하 책무와의 차이로서, 계획적 보전, 긴급 정전, 예정 밖의 수용 부하 등에 대응할 수 있는 여유분을 이른다.

여자 (勵磁, excitation) 권선에 전류를 통해서 자속(磁束)을 발생시키는 것을 이른다.

여자기 (勵磁機, exciter) 주 발전기 또는 주 전동기의 계자 권선에 여자 전류를 공급하기 위한 별개의 발전기를 여자기라고 한다.

여자 임피던스 (勵磁 ——, exciting impedance) 변압기나 유도기의 등가회로에 있어서 여자전류가 전원에 병렬로 접속된 임피던스 분기를 흐르는 것이라 가정하여 그 임피던스 값을 이른다.

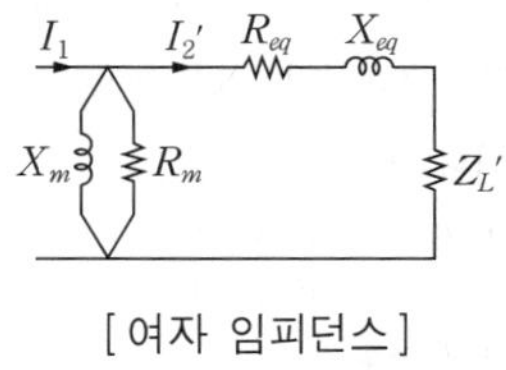

[여자 임피던스]

여자 전류 (勵磁電流, excitation current) 변전기, 전압조정기 등에서 여자를 하기 위한 전류로, 적당히 선정한 권선의 정격전류의 백분율 또는 퍼센트 값으로 주어진다.

여진 (勵振, drive, excitation) 증폭용 진공관의 그리드에 입력 전압을 가하는 것을 이른다. 진동회로에 진동 에너지를 가하는 것을 가리키는 경우도 있다.

여진관(勵振管) driving tube, exciter tube) 전력 증폭관의 앞 단에 사용하여 전력 증폭관에 필요한 여진 전력을 공급하는 것을 이른다.

여진기(勵振器 driver, exciter) 여진 전력을 공급하기 위한 발전기나 발진관 또는 증폭관 장치를 이른다.

여진 소자(勵振素子, driven element)《공중선》 공중선을 구성하는 부분에서 고주파 전류의 공급으로 전파의 발사 또는 수신에 기여하는 부분을 이른다. 하나의 공중선은 하나 또는 둘 이상의 소자에 의해서 구성된다.

여진 전력(勵振電力, exciting power)《그리드》 전력 증폭관에서 그리드를 여진하기 위하여 앞 단의 진공관으로부터 공급되는 전력. 일부는 그리드 손실이 되고 일부는 바이어스를 주는 저항에 의해서 소비된다. 또한 그리드 접지 증폭기에서는 이 밖에 여진 전력의 일부 출력 전력이 되어 전력 증폭관의 부하에 주어진다. 또 초고주파용 전진관의 여진에 있어서는 일부가 음극 역가열(逆加熱) 때문에 소비되는 일도 있다.

여현 법칙(餘弦法則, cosine law) 구면 3각법에서는 일반적으로 임의의 변의 여현은 다른 두 변의 여현의 곱과 그 두 변의 정현 및 두 변의 협각의 여현의 곱의 합과 같다. 이것을 여현의 법칙이라고 한다. 따라서 그림의 부호에서 다음의 식이 얻어진다.

$$\cos\phi = \cos\frac{\pi}{2}\cos\theta + \sin\frac{\pi}{2}\sin\theta\cos\varphi = \sin\theta\cos\varphi \quad \cdots\cdots(1)$$

$$\cos\frac{\pi}{2} = \cos\theta\cos\phi + \sin\theta\sin\phi\cos a \quad \cdots(2)$$

위의 두 식에서

$$\frac{\cos a}{\cos\phi} = -\frac{\cos\theta\cos\phi}{\sin\theta\sin^2\theta} = -\frac{\cos\theta\cos\varphi}{1-\sin^2\theta\cos^2\varphi} \quad \cdots\cdots(3)$$

의 관계가 얻어진다.

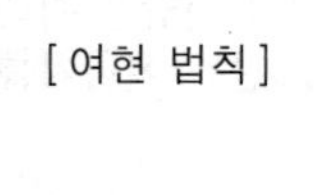

[여현 법칙]

여호(勵弧, excitation) 수은 정류기에서는 음극점이 소멸하면 이것이 10^{-9}s라는 극히 짧은 시간이라도 동작이 멈춘다. 이것을 방지하기 위해서 주 양극 외에 여호극(勵弧極)을 설치하고 여호극과 음극 사이에 항상 전류를 통해 둔다. 이것을 여호라고 한다.

여호 극(勵弧極, exciting anode) 수은 정류기의 음극점의 소멸을 방지하기 위하여 여호 전류를 흐르게 하기 위한 양극을 말한다. 흑연제가 일반적으로 쓰인다. ⇨ 여호.

여호 리액터(勵弧——, excitation arc reactor, excitation choking coil) 수은 정류기의 여호 회로에 접속하는 리액터이다.

여호 전류(勵弧電流, excitation arc current)《정류기》 수은 정류기의 음극점의 소멸을 방지하기 위하여 여호극과 음극 사이에 흐르게 하는 전류. 최저 5A가 필요하다. ⇨ 여호.

역 가열(逆加熱, back heating)《음극》 대단히 높은 주파수로 전자관을 동작시킬 때 음극 앞면의 전계가 어떤 위상인 때 음극을 나온 전자가 플레이트에 도달하기 전에 전계의 위상이 변화하여 전계로부터 에너지를 빼앗아 다시 음극으로 되돌아와 이것에 충격을 가함으로써 음극을 가열하는 현상. 마그네트론이나 판극관에 나타난다.

역 거리 곡선(逆距離曲線, inverse distance curve) 자유 공간을 전파가 전파하는 경우의 거리 대 전계강도 곡선을 이른다. 이 경우 전계강도는 거리에 역비례 한다.

역 과전류 계전기(逆過電流繼電器, reverse overcurrent relay) 변전소에서 수전하고 있는 송전선의 송단(送端)의 차단기가 어떤 원인으로 개방된 경우 직류측이 다른 변전소와 병렬로 되어 있는 경우에는 직류측에서 전류가 역류한다. 이것을 검출하는 계전기이다.

역 기전력(逆起電力, counter electromotive force, back electromotive force) (1) 시스템 내부에서 정해진 방향으로 흐르는 전류를 저지하도록 작용하는 실효 기전력. 역학계의 작용에 대한 반작용의 관계에 대응한다. (2) 전동기에서, 회전자가 계자 중을 회전함으로써 회전자 회로에 발생하는 전원에 대항하는 극성을 가진 유도 기전력이다.

역 기전력 계전기(逆起電力繼電器, counter

electromotive force relay) 역기전력에 의해서 동작하는 계전기이다.

역 다이오드 (逆——, backward diode) 양자(量子) 역학적 터널 효과를 이용한 다이오드로서, 역방향 저항이 매우 작고 전하 축적 효과가 작은(따라서 고주파 특성이 좋은) 다이오드이다.

㊟ 보통 pn 접합과는 역극성의 외부 전압으로 전류가 많이 흐르기 때문에 이 명칭이 붙었다.

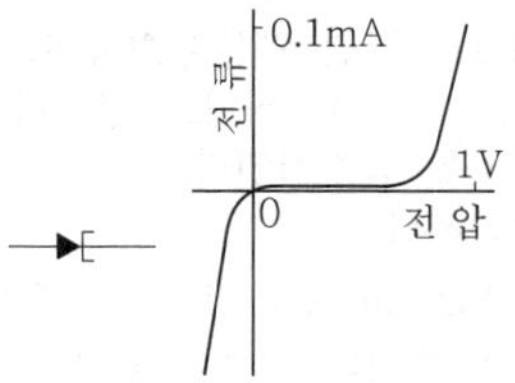

[역다이오드의 특성과 기능]

역 다중화 (逆多重化, inverse multiplexing) 복수의 저속 회선을 병렬 사용함으로써 고속 전송로를 만들어내는 것. 예컨대 N bps 2선식 회선을 2개 병렬로 하여 $2N$ bps 4선식의 논리 전송로를 형성시킬 수 있다.

역도통 사이리스터 (逆導通——, reverse conducting thyristor) 사이리스터와 다이오드의 역병렬 접속을 실리콘 기판 내에 일체로 만들어 넣는 디바이스이다. 턴 오프 시간이 매우 짧아 고속의 전력용 스위칭 소자로 사용된다.

역력 계전기 (逆力繼電器, reverse power relay) 전기 에너지가 흐르는 방향이 반대로 되었을 때 동작하는 계전기이다.

역류 (逆流, reverse current) 보통 동작하고 있는 전류의 방향과는 반대로 흐르는 전류를 이른다. ⇐ 역전류(inverse current).

역류 계전기 (逆流繼電器, reverse current relay) 예정 방향과는 역방향으로 흐르는 전류에 의해서 동작하는 계전기를 이른다.

역류 차단기 (逆流遮斷器, reverse-current circuit breaker) 직류 차단기로서 전류의 방향이 반대인 경우에도 동작하는 것을 이른다.

역률 (力率, power-factor) 교류 회로에서 전압의 실효값을 V, 전류의 실효값을 I, 유효 전력을 P로 하면 $pf=P/(VI)$를 역률이라 한다. 전압이 정현파이고 전류가 의파인 경우는 I의 기본파분을 I_1, V와 I_1과의 위상차를 φ로 하면, 위의 식은 $pf=\cos\varphi I_1/I$가 된다. $\cos\varphi$를 기본파 역률이라 하고, I_1/I를 이상 역률이라고 한다.

역률 개선 (力率改善, power-factor improvement, phase compensation) 송배전 계통의 역률 또는 유도 전동기의 역률이 지상(遲相)인 경우에 이것을 역률 1에 접근시키고 또는 진상(進相)에까지 진행시키는 것을 이른다. 송배전 계통의 경우에는 조상기, 정전 콘덴서를, 유도 전동기의 경우에는 2차 여자 또는 콘덴서에 의해서 역률을 개선한다.

역률계 (力率計, power-factor indicator, power-factor meter) 보통 역률을 직접 지시하는 계기를 이르며, 눈금은 역률로 매겨져 있다. 전류력계 또는 가동 철편 역률계형(可動鐵片力率計形)이 많이 사용되고 있다. 지시 계기 외에 영위법(零位法)에 의한 직독식도 있다.

역률 조정 계전기 (力率調整繼電器, power-factor regulating relay) 역률이 소정값에서 벗어났을 때 동작하는 계전기이다.

역률 조항 (力率條項, power-factor clause) 역률에 의해서 요금 조정을 하는 것을 규정하고 있는 요금 규정의 조항이다.

역률 특성 (力率特性, power-factor characteristic) 예컨대 적산 전력계나 계기용 변성기에 있어 역률에 대하여 오차가 변화하는 특성을 이른다.

역방향 바이어스 (逆方向——, reverse bias) 다이오드에 있어서 전류가 거의 흐르지 않는 방향으로 주어진 외부 전압. pn 접합의 n 반도체에 양, p 반도체에 음의 전압을 부여함으로써 전자와 정공이 각각 단자쪽으로 끌어당겨져 공핍층이 확장되어 전류는 거의 흐르지 않는다.

역변환 장치 (逆變換裝置, power inverter) 직류를 교류로 변환할 목적으로 사용하는 수은 정류기와 변압기 등의 일조의 장치를 이른다.

역병렬 접속 (逆竝列接續, inverse-parallel

connection, back-to-back connection, anti-parallel connection) (1) 2개의 정류 소자를 한쪽 소자의 음극을 상대 소자의 양극에 서로 접속하여 만들어지는 병렬회로 접속. 각 소자는 교류의 반 사이클씩 교대로 동작한다. (2) 두 쌍의 정류회로가 공통 부하에 대하여 역병렬로 접속되는 것. 예를 들면 직류 전동기를 가역 운전을 하기 위해 사이리스터 회로를 두 조 역병렬 접속한 것 등이다.

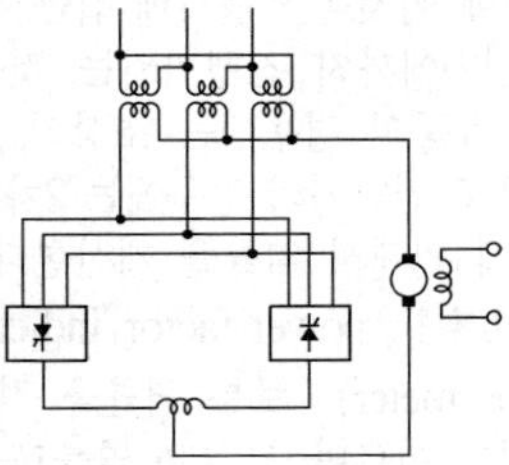

[사이리스터의 역병렬 접속에 의한 직류 변동기의 가역운동]

역 사이폰 (逆——, inverted siphon) 수로가 폭 넓은 오목한 곳을 횡단할 때 사용하는 V자형 압력 수로이다.

역상 (逆相, antiphase, opposite phase) ⇨ 역 위상.

역상 계전기 (逆相繼電器, negative phase relay) 상(相) 회전 방향의 역전으로 인한 전동기의 역전을 막고 또는 1상의 단선에 대하여 전동기의 과열을 예방하기 위한 보호용 계전기로, 적산 전력계와 같은 구조의 전압 계전기이다.

역상 리액턴스 (逆相——, negative phase-sequence reactance) 동기기의 불평형 현상, 난조(亂調), 과도 현상에서의 동작 특성을 대칭 좌표법으로 다루는 경우에 사용되는 리액턴스. 상(相) 회전 방향이 정상(正相)과 상반되는 평형 3상 전류(역상 전류)에 대한 것으로, 역상 전류가 만드는 회전 자계가 회전자의 회전 방향과 반대인 경우의 리액턴스이다. 이 경우 회전 자계는 회전자에 대하여 동기 속도의 2배의 속도로 쇄교하므로 이 값은 회전자 구조의 영향을 많이 받는다.

역상분 (逆相分, negative phase-sequence component) 대칭 좌표법에서 V_2는 원 전압과 위상의 순서가 반대로 되므로 역상분이라고 한다. ⇨ 영상분.

역 승압기 (逆昇壓器, negative booster) 가공 단선(架空單線) 또는 제3궤조(第三軌條)식 전기 철도에서는 주행 궤조를 전기 회로의 일부로 사용한다. 이 경우 변전소로부터 원거리가 되면 궤조를 용접 또는 본드로 전기적 접촉을 잘 하여도 궤조의 전위가 높아져 귀전류(歸電流)는 대지에 분류하여 지하 매설 금속체를 부식한다. 이것을 방지하기 위하여 직류 타여자 발전기 또는 직권 발전기를 승압기로서 절연 귀선과 변전소 부극 모선(負極母線) 사이에 직렬로 접속하여 궤조 중의 전위차를 감소시킨다. 이 승압기를 역 승압기라고 한다.

역 시한 (逆時限, inverse time) 계전기에서 그 동작량의 증가와 더불어 동작 시간이 감소하는 것을 일컫는다.

역 암페어 회수 (逆——回數, back ampere-turn) 주 계자속(主界磁束)을 상쇄하는 방향의 기자력을 이른다.

역 에코 (逆—— reversed echo) 무선 통신은 대체로 대권로(大圈路)의 거리가 짧은 쪽의 전파를 사용하고 있으며 전리층의 상태에 따라서 대권로의 먼 거리쪽을 통해서 전파가 전파되어 온다. 이것을 역 에코라고 한다. 도달 시간이 다르기 때문에 역 에코가 들어오면 방해가 된다.

역 L형 안테나 (逆——形——, inverted L-type antenna) 주로 장파 및 중파대에서 사용되는 안테나. 수평부와 수직부를 가지며 수직부의 하부에서 궤전(饋電)한다.

역용 회전 변류기 (逆用回轉變流機, inverted rotary converter, inverter) 회전 변류기를 사용하여 직류 전력을 교류 전력으로 변환하는 경우, 이것을 역용 회전 변류기라고 한다.

역 위상 (逆位相, antiphase, opposite phase) 같은 각주파수를 가진 두 교번량(交番量)에서 한쪽이 최대값을 가질 때 다른 쪽은 최소값을 갖는 것처럼, 항상 위상각이 180°다른 경우 이들의 교번량은 역위상에 있다고 한다. 예컨대 두 교번량 A, B가 그림에 보인 바와 같이 변화한다고 하면 이들 A와 B는 역위상의 관계에 있다고 한다. ⇨ 위상각(phaseangle). ⇔ 동상(inphase).

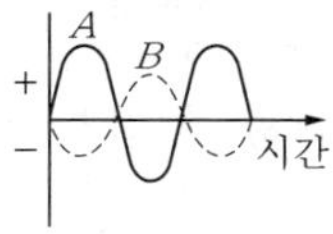

[역 위상]

역 2승의 법칙(逆二乘法則, inverse-square law) 전하 사이에 작용하는 전기력, 구면파 음장(球面波音場)의 소리의 강도, 점광원(點光源)으로부터의 빛의 조도(照度) 등은 거리의 제곱에 역비례 한다. 이러한 현상을 지배하는 법칙을 역 2승의 법칙이라고 한다.

역저지 3단자 사이리스터(逆阻止三端子——, reverse-blocking triode thyristor) 양극이 음극에 대하여 플러스 전위에 있을 때에만 스위치 온하고, 반대로 양극이 음극에 대하여 마이너스 전위에 있을 때에는 역저지 상태를 나타내는 따위의 3단자 사이리스터이다.

역전류(逆電流, inverse current)《정류기》 (1) 정상 동작전류의 방향과는 역방향으로 흐르는 전류. (2) 역전압을 가했을 때 흐르는 전류. (3) 역저지 또는 역통전형 사이리스터에서(음극에 대하여) 마이너스의 양극 전압을 주었을 때 흐르는 디바이스의 주 전류. (4) 정류기에서 역방향으로 흐르는 전류이다.

역전 방지 계전기(逆轉防止繼電器, plugging relay) 역전 제동시 역전을 방지할 목적으로 사용하는 계전기이다.

역전 제동(逆轉制動, counter-current braking, plugging) 유도 전동기 또는 직류 전동기의 제동의 하나로, 역회전 방향으로 접속을 전환하여 제동하는 방식. 이 경우 과전류를 방지하기 위하여 회로에 직렬로 저항을 접속한다. 정지한 순간에 회로를 열지 않으면 역방향으로 회전이 시작된다.

역전 층(逆轉層, inversion layer) 일반적으로 기온 역전층(temperature inversion layer)을 말한다. 기온 역전층이란 대류권 내에서는 기온이 평균하여 대체로 일정하지만 상층으로 갈수록 낮아진다. 그 비율은 평균 −6.5℃/km 정도이지만 기온 체감률은 부분적으로 보면 반드시 일정하지는 않고 반대로 높이와 더불어 기온이 상승하는 수도 있다. 이와 같이 바뀌는 것을 이른다. 이와 같은 기온 역전층은 대류권 전파(對流圈傳播)나 전파(電波)의 전파에 영향을 미친다.

역 조정지(逆調整池, reregulating reservoir) 다른 저수지 또는 발전소로부터 흘려 내린 유량을 재조정하는 저수지를 이른다.

역 증폭률(逆增幅率, reciprocal of amplification factor) 3극관 등의 증폭률의 역수를 이른다.

역침투(逆浸透, reverse osmosis) 정상적인 침투압 보다도 높은 압력을 가해 막을 통하여 용제를 이동시킴으로써 용액 중에서 용질을 분리하는 것. 해수의 담수화, 화학 플랜트에서의 폐수의 리사이클 처리, 폐기물의 분리, 유용 물질의 회수 등에 이용된다. 최근에는 밀크와 쥬스 같은 음료의 농축과 수소 제거에도 이용된다.

역탐(逆探, countermeasure) 다른 레이더에서 발사된 전파를 탐지하는 것을 이른다.

역 토크(逆——, counter torque) 구동 토크에 대하여 반대로 움직이는 토크. 예를 들면 마찰 토크 등이 있다.

역 플래시오버(逆——, backward flashover) 철탑이나 가공 지선이 대지 전위로 유지되고 있는 시설이 낙뢰로 인하여 그 전위가 상승하여 송전선에 대하여 역으로 플래시오버하는 현상을 이른다.

역호(逆弧, arc back, back firing) 수은 정류기의 양극은 정상적 운전 상태에서는 그 자신이 전자를 방출하는 일이 거의 없이 밸브 작용을 가지고 있지만 양극에 대해서 전압을 받고 있는 동안에 어떤 원인으로 양극에 음극점이 생겨 그곳으로부터 전자 방출이 이루어지면 다량의 전류가 거꾸로 양극에 흘러 들어가 밸브작용(瓣作用)이 없어져서 정류기로서의 기능을 상실하게 된다. 이 현상을 역호라고 한다. 수은 정류기의 정격은 역호의 발생 한도에 따라 결정되는 경우가 많다.

역 회로망(逆回路網, inverse network) 두 2단자 회로의 임피던스의 곱이 주파수에 상관없이 일정한 저항의 제곱과 같을 때 이 두 2단자 회로는 서로 역 회로망이라고 한다.

연가 (撚架, coordinated transpositions) (1) 유도결합을 감소시키기 위해 전원이나 통신 회로의 도중에서 송전선 또는 통신선의 위치를 서로 치환하는 것. (2) 근접한 약전선에 대한 유도 장해를 방지하고 또 각 상 도체의 선로상수를 균형시킬 목적으로 도체의 배치를 적당한 구간에서 서로 치환하는 것을 이른다.

연가식 (撚架式, transposition) 전선로 도중에서 전선의 위치를 서로 치환하는 것을 이르며, 송전선에서는 각 상이 인덕턴스 및 대지 정전 용량을 평형시키고 잔류 전압을 가급적 억제하여 통신선에 대한 유도 장해를 방지하고 또 직렬 공진을 방지하기 위하여 행한다. 통신 선로에 있어서도 유도 장해를 방지하기 위해 연가를 한다. 각 전주에서 4각형의 가섭 위치의 4선을 단위로 하여 4스팬(span)마다 일주하도록 각 선의 위치를 우회전 방향으로 옮겨서 가설한다. 현재 통신선에서는 그다지 쓰이지 않는다.

연결 소켓 (連結――, gang socket) 2개 이상의 소켓을 1조로 하여 1개의 받침이나 판에 부착시킨 것을 이른다.

연결 스위치 (連結――, gang switch) 2개 이상의 스위치가 연결되어 있으며 동시에 동작하는 것을 말한다.

연결 콘덴서 (連結――, gang condenser) 2개 이상의 가변 콘덴서의 축을 연결하여 동시에 용량을 바꿀 수 있도록 한 것을 이른다. 동일 용량으로 변화하는 것과 일정한 비율만큼 벗어나서 변화하는 것이 있다.

연 경비 (年經費, annual charge, annual expense) 1년 동안에 필요로 하는 경비를 이른다.

연계선 (連繫線, interconnection tie) 두 전력 계통을 상호 접속하는 공급 선로를 이른다. 이 연계선을 통하여 보통은 일방향에만 전력이 공급된다.

연공 (鉛工, plumber) 연피 케이블의 접속공이다.

연공 접속 (鉛工接續, leaded joint, lead sleeve joint) 케이블의 접속 부위를 연관으로 밀봉하는 접속을 이른다.

연도 (煙道, flue) 연소 가스가 보일러에서 나와 굴뚝을 지날 때까지의 통로를 말한다.

연도 가스 (煙道――, flue gas) 연도를 통하는 배기 가스를 이른다.

연동 (連動, interlock) 둘 또는 둘 이상의 동작을 관련시키는 것으로, 어떤 조건이 구비되었을 때 동작을 진행시키는 것을 말한다.

연동 계전기 (連動繼電器, interlocking relay) 궤도 계전기의 하나로, 다만 전기적으로 동작할 뿐만 아니라 좌우 2개의 코일이 있어서 기계적으로 상호 연쇄하는 장치가 있는 계전기이다.

연동기 (連動機, interlocking machine) 《전기철도》 신호 레버 및 전철 레버를 한 곳에 모아 레버 상호 간에 연쇄 관계를 주고 신호기 및 전철기를 조작하는 기계를 이른다.

연 동선 (軟銅線, annealed copper wire) 상온에서 가공한 동선을 약 600℃의 가열로 속에서 가열하여 서서히 식혀서 만든 것을 이른다. 만국 표준 연동의 도전율은 58×10^4mho/cm(20℃)이고, 이 도전율을 100%로 하고 있다.

연동 신호기 (連動信號機, interlocking signal) 《철도신호》 전철기에 연동하도록 만들어진 신호기이다.

연동 장치 (連動裝置, interlocking device) 《철도신호》 철도 신호기 및 전철기의 레버를 한 곳에 모은 연동기를 써서 그에 의해서 신호기, 전철기 등 레버 상호 간의 연쇄를 하는 장치를 이른다.

연동 제어 (連動制御, gang control) 가변 콘덴서 또는 가변 저항 등을 2개 이상 연결하여 하나의 조정용 손잡이로 동시에 제어할 수 있는 것을 이른다.

연동 폐새기 (連動閉塞機, controlled manual block machine) 철도에 대한 보안을 위하여 신호기와 연동시켜서 폐새하는 기계이다.

연동 폐새식 (連動閉塞式, controlled manual block system) 철도의 폐새식의 하나로, 폐새기와 신호기를 연동시킨 가장 안전한 보안방식이다.

연락관 (連絡管, crossover) 증기 터빈에서 고압 케이싱과 저압 케이싱 사이를 연락하는 증기관을 이른다.

연락선 (連絡線, link line, tie line) 2개의 다

른 선로를 잇는 회선 또는 국과 가입자 및 하부국 사이를 잇는 회선을 이른다.

연락 운전 (連絡運轉, coordinated operation) 여러 계통의 발전소, 송전 설비를 한 계통처럼 운전하는 것을 이른다.

연락 점퍼 (連絡——, tie jumper) 선로와 국내 장치는 각각 다른 배선관 또는 단자판에 수용되고, 그 단자판 사이를 적당히 접속함으로써 신호와 국내 장치와의 임의 조합을 하기가 쉽다. 이와 같이 배선판 또는 단자판 사이의 연락을 하는 도선을 연락 점퍼라고 한다.

연락 케이블 (連絡——, tie cable) 《전화국》 전화국의 배선반 또는 스위치 보드 사이의 연락용 케이블이다.

연료 (燃料, fuel) 대기 중에서 쉽게 연소하고 그 연소열을 경제적으로 이용할 수 있는 물질의 총칭. 이 밖에 최근에는 원자력의 개발로 핵 연료라고 하는 말이 쓰이게 되었다.

연료 경제 (燃料經濟, fuel economy) 발전소에 대한 모든 화학 에너지 입력과 정미 전기 출력과의 비율. 보통 1kW·h당의 BTU 값으로 나타낸다.

㈜ BTU(British Thermal Unit)는 열량의 단위이다. 1 BTU=0.252 kcal=1.056 kJ

연료 대체 가치 (燃料代替價値, fuel replacement value) 연료 대체 전력의 가치로, 보통 치환되는 발전소의 증가분 발전비에 의해서 나타낸다.

연료 대체 전력 (燃料代替電力, fuel replacement energy) 연료에 의해서 발전되는 전력량에 대신하는 전력으로, 보통 수력에 의한 전력을 말한다.

연료비 (燃料費, fuel charge, fuel cost) 화력 발전소의 발전용 증기를 발생시키는 데 사용되는 연료, 즉 석탄 및 연료유 그리고 점화용 중유, 콜타르 및 숯 등의 조연재료(助撚材料)의 비용으로, 난방용, 욕탕용 및 수리 공장 등에 사용되는 석탄은 제외된다.

연료비 조항 (燃料費條項 fuel clause) 요금 규정으로 연료비가 기준 액에서 변동하는 경우 전기 요금을 조정하도록 정한 부분이다.

연료 소비량 (燃料消費量, fuel consumption) 주어진 기간 내에 소비되는 연료의 양을 이른다.

연료원 물질 (燃料源物質, fertile material) 중성자를 흡수하여 핵 연료가 되는 물질을 이른다. 즉 U_{238}과 Th_{282}이다.

연료 인벤토리 (燃料——, fuel inventory) 어떤 시기에 있어서 원자로 내의 연료의 잔존량을 이른다. 금액으로 표시되는 경우가 많다. 원자로 내 뿐만 아니라 예비품 수송 도중이나 재처리 공정에 있어서 홀드업도 포함해서 인벤토리라고 하는 경우도 있다.

연료 전지 (燃料電池, fuel cell, fuel battery) 탄소의 연소에 의한 유리(遊離) 에너지 변화를 직접 전기적으로 이용하여 전기 에너지를 얻는 전지. 수소와 산소를 백금 촉매를 가진 전극에 주어 화학 에너지를 직접 전기 에너지로 변환하는 전지가 제작되고 있다.

연면 거리 (沿面距離, creeping distance) 불꽃 방전을 일으키는 두 전극 간 거리를 고체 유전체의 표면을 따라서 그 최단 거리로 나타낸 값이다.

연면 방전 (沿面放電, creeping discharge) 예를 들면, 절연물에 2개의 전극을 두고 인가 전압을 점차 높혀 나가면 전극 둘레에서 절연물 표면을 따라 불꽃을 발생하여 결국에는 전극 간에서 섬락하게 된다. 이것을 연면 방전이라고 한다.

연 발진 (軟發振, soft oscillation) C급 동작의 발진기는 동작 효율은 좋지만 오직 바이어스를 C급으로서의 동작점에 고정하여 두면 작은 입력 신호 레벨에서는 발진하지 않는(경발진 한다)수가 있다. 그래서 발진이 어느 정도 확립되기까지는 A급 동작을 하게 하고 발진이 확립된 다음 C급으로 이행시키도록 함으로써 A급과 마찬가지의 연발진 조건을 실현할 수 있다.

연변 효과 (緣邊效果, edge effect) 고체 절연물의 절연 파괴시험을 할 때 파괴를 일으키기 전에 전극의 가장자리에서 연면 방전을 일으켜 절연물을 국부적으로 열화시킨다. 그 파괴는 전극의 바로 아래가 아니라 전극의 가장자리 및 외부에서 일어나는 현상을 말한다. 이런 경우는 파괴 전압은 낮아진다.

연별 변화 (年別變化, annual variation) 해를 거듭함에 따라 변화(전리층의 전자 밀도 등)

하는 것을 이른다.

연 부하곡선 (年負荷曲線, annual load curve, yearly load curve) 세로 축에 부하, 가로 축에 기간을 잡고, 1년 동안의 부하의 변동을 나타낸 곡선을 이른다.

연 부하율 (年負荷率, annual load factor, yearly load factor) 1년 동안의 평균 수용 전력과 같은 기간 중의 최대 수용 전력의 비율을 이른다.

연산 부호 (演算符號, operation code) 수행해야 할 연산 내용을 나타내는 부호로, 여기에 어드레스를 가하여 한 단어로 한 것이 지령이다.

연산 증폭기 (演算增幅器, operational amplifier) 선형 연산 요소로 쓰는 궤환 증폭기. 보통 60 내지 100 dB의 이득이 요구되므로 직류 증폭기의 경우에는 드리프트의 문제가 일어난다. 반복형의 계산기이면 반복 주파수 이상의 교류 증폭기가 되므로 비교적 간단히 실현 가능하다.

연상 기억 (連想記憶, associative storage, content address memory) 약어 CAM, (1) 목적하는 데이터의 기억 장소가 그 번지(절대, 상대)나 이름 등이 아니고 그 내용에 따라 얻어지는 기억장치 또는 그 구조. 내용 어드레스 메모리라고도 한다. (2)《생체공학》한 쌍의 패턴을 기억하고 있고, 한 쪽을 입력함으로써 다른 쪽을 출력하는 기능을 이른다. 쌍을 만드는 패턴이 동일한 경우를 자기 상기, 다른 패턴일 때를 관련(상호) 상기라고 한다.

㊟ 기억장치 전체를 연상형으로 하면 값이 비싸지므로 일부 부분에 대하여서만 이 방식을 적용하는 것이 보통이다. IBM에서는 테이블 루크어사이드 버퍼(table lookaside buffer)라고 명명한 디바이스를 사용하여 연상 기억형의 고속 액세스에 의해 프로그램 어드레스에 대응하는 실 기억장치 내의 어드레스를 구하도록 하고 있다. 이러한 방법이 효과적인 것은 캐시의 경우와 마찬가지로 프로그램에서 참조되는 실기억장치 영역이 국소화되어 있고, 시간과 더불어 그 장소를 너무 바꾸지 않는 경우에 한정된다.

연상 매핑 (連想——, associative mapping) 주기억 장치에서 어드레스를 고속으로 탐색하기 위하여 연상 기억방식을 이용하는 경우가 있다. 연상 기억장치에는 어드레스와 함께 그 내용(데이터)도 기록하여 둔다. 주기억 어드레스와 연상기억 어드레스를 맞대어 매치하는 것이 발견된 경우에는 CPU는 그 내용(데이터)을 즉시 이용할 수 있다. CPU 어드레스를 태그, 인덱스의 두 필드로 분할하고 인덱스 필드의 어드레스를 캐시 메모리의 어드레스와 맞대어 만약 일치되는 것이 있으면 캐시로부터 필요한 데이터를 바로 알 수 있다(그러나 태그가 일치되고 있지 않으면 그 데이터는 구하려는 것과 다르다). 세트 연상형 캐시(set associative cashe)에 있어서는 캐시 메모리는 동일 인덱스에서 태그가 다른 복수의 워드를(그 내용과 함께) 격납하고 있으므로 히트 확률이 더욱 향상된다.

연색성 (演色性, color rendering) 어떤 빛으로 물체를 비추어 보았을 때 보이는 물체의 색감을 연색성이라고 한다. 연색성에 영향을 미치는 광원의 성질은 주로 그 분광 에너지 분포이고, 기준의 광원, 예를 들면 CIE의 C광원과 현재 대상이 되고 있는 광원으로 조명하여 보아 그 차이로 연색성을 판단한다.

연선 (撚線, stranded cable, stranded conductor, stranded wire, twisted wire) 단선을 꼬아 합친 것을 이른다. 단선에 비해서 잘 휘고 다루기 용이하다. 연선은 그 꼬는 방법에 따라 다음의 다섯 가지로 나눈다. ① 동심 연선. ② 복합 연선, 여러 가닥의 연선을 다시 꼬아 합친 것. ③ 결속 연선은 다수의 가는 선을 한 다발로 하여 같은 방향으로 꼬아 합친 것으로, 각 소선은 층을 이루지 않고 평행하게 한다. ④ 평형 연선은 단선을 평형으로 꼬아 합친 것으로 면 권선 등으로 하여 대전류 기기에 사용. ⑤ 중공 연선은 중심을 공동으로 한 1층 또는 2층의 연선으로, 고압 송전선용으로 코로나 방전 방지의 목적으로 단면적에 비해서 바깥 지름을 크게 하였다. 또 통신용 케이블의 경우 심선이 연선으로 구성된 케이블을 이르며, 큰 강도가 요구되는 경우 도체 물질(구리 혹은 알루미늄)은 강심선 주위에 꼬아 합쳐지며 그렇지 않을 경우는 삼(麻)으로 된 심선 주위에 만들어진다.

연선 본드(撚線——, strand wire bond) 가공 케이블은 메신저 와이어에 걸쳐진 케이블 행거에 의해서 지지되고 있는데 이 때 전력선이 메신저 와이어에 혼촉되면 케이블 연피와 행거와의 사이에 접촉 불량으로 스파크를 일으켜 연피를 손상시키게 된다. 이것을 방지하기 위해서 소정의 위치에서 메신저 와이어와 케이블 연피를 확실하게 단락시켜 두는 공법이 쓰일 때가 있다. 이 단락용 연선을 본드라고 한다.

연성(延性, ductility) 탄성 한계를 넘은 힘으로 물체가 파괴되지 않고 늘어날 수 있는 성질을 이르며, 일종의 영구 변형을 일으키는 성질이다. 이 성질의 척도로는 신장률, 단면 축률이 쓰인다.

연소(燃燒, combustion) 연료 중의 탄소, 수소, 황 등이 공기 중에서 산소와 화합하여 탄산가스, 증기 및 이산화탄소가 된다. 이 때 다량의 열을 발생하는 현상을 이른다.

연소실(燃燒室, combustion chamber) 연료가 공기와 혼합하여 완전히 연소되도록 시설한 공간이다.

연소율(燃燒率, combustion rate) 연료가 연소되는 비율. 스토커(stoker)에서는 보통 화상(火床) 면적 $1m^2$당 매시의 연료량을 kg으로 나타낸다. 또 미분탄, 액체 및 가스체 연료인 경우에는 버너 1개당의 매시 연소량으로 나타내는 경우도 있다.

연속 동작(連續動作, continuous action)《자동제어》 제어 동작이 연속적으로 되는 것을 이른다.

연속 방전(連續放電, continuous discharge) 연속적으로 발생하는 방전을 뜻한다.

연속 번호(連續番號, consecutive number) 연속되는 전화 가입자 번호를 뜻한다.

연속 사용(連續使用, continuous duty) 전기기기에 일정한 부하를 걸어서 운전할 경우에 그 온도 상승이 일정하게 되는 범위의 시간 이상으로 계속해서 운전하는 것을 이른다.

연속 수선(連續搜線, continuous hunting) 무정위형(無定位形) 회전 라인 스위치 등에 있어서, 출선이 전부 통화 중인 상태에서 호출이 있을 경우 빈 선이 반전될 때까지 와이퍼가 연속 회전해서 선을 찾는 동작을 말한다.

연속 잡음(連續雜音, fluctuation noise) 도체 내 전자의 열 교란 잡음, 진공관 고유의 잡음 및 회로 소자의 전류 잡음 등은 불규칙적인 연속 파형이며, 넓은 주파수대에 걸친 연속 스펙트럼을 갖는 잡음이다. 이들을 연속 잡음이라고 한다.

연속 장하(連續裝荷, continuous loading) 통신 선로의 전송 손실을 감소할 목적에서 자기유도 코일을 삽입 부가하는 것을 장하라고 하는데, 장하 방법으로서는 일정한 간격마다 유도 코일을 삽입하는 집중 장하 또는 코일 장하와 도체 위에 자성 재료를 평등하게 감는 방법이 있다. 이 후자의 장하 방법을 평등 장하 또는 연속 장하라고 한다.

연속 정격(連續定格, continuous rating) 지정된 조건 아래에서 연속 사용할 때 그 기기에 관한 표준 규격에 정해져 있는 온도 상승이나 그 밖의 제한을 초과하는 일이 없는 정격을 말한다.

연속 제어(連續制御, sequential control) 중앙의 제어 오퍼레이터가 통신망 내의 각 국에 연속적으로 통신을 구하고 또한 각 국에서 연속적으로 통신을 할 수 있게 함으로써 텔레타이프 통신망의 운용 능률을 증가하기 위하여 미국의 CAA 고정통신 방식의 일부로 사용되고 있는 것. 각 국에 대한 통보는 중앙의 제어국으로부터 요구될 때까지 텔레타이프 안에 저장되고 중앙의 제어점에서는 통신망의 각 국에 대해서 할당한 코드 문자를 이용하고 통신망의 각 국이 이것을 수신하면 자동적으로 통보를 송신하게 되어 있다.

연쇄 반응(連鎖反應, chain reaction) 반응에 필요한 작용이 반응 자체 내에서 이루어지는 반응을 이른다. 예를 들면 분열성 물질은 중성자를 포착하면 핵 분열을 하게 되는데, 이 핵 분열에 의해서 여러 개의 중성자가 생기며 이 새로운 중성자는 다음 핵 분열 반응을 일으키는 원인이 된다.

연 알루미늄선(軟——線, annealed aluminium wire) ⇨ 알루미늄선.

연 2선식 전송선(撚二線式傳送線, twisted pair

ㅇ

transmission line) 서로 꼬은 심선을 다시 두 쌍 꼬아 합친 구조의 것으로, 중신 누화를 경감시키는 데 효과가 있다.

연입률 (撚入率, lay ratio) 한 가닥 여러 가닥 선을 중심으로 하여 주위의 다른 소선을 여러 층으로 꼬아서 합친 동심 연선에 있어서, P를 연선 피치, x를 연선을 구성하는 소선의 길이라고 하면, 연입률은 다음 식으로 나타낸다. 연입률$=(x/P)-1$이다.

연 자성체 (軟磁性體, soft magnetic material) 감자하기 쉽고 히스테리시스 손실이 적은 자성 재료이다. 잔류 자속값이 작고 히스테리시스 곡선은 매우 가늘고 길며, 그 면적은 작다. 가공성이 좋고 기계적으로도 연한 재료가 많지만 규소분이 많은 규소강처럼 단단한 것도 있으므로 연자성 재료라고 해서 모두 기계적으로 연한 것은 아니다.

연장국 (延長局, extended station) 다중 회선의 일부를 상대국에서 다시 다음 단계의 국까지 연장하여 통화로를 구성한 국을 말한다.

연장 코일 (延長——, extension coil)《브리지》 피 측정물과 표준기를 2변으로 하고 슬라이딩 저항선을 다른 2변으로 하는 브리지에 있어서, 측정 감도를 양호하게 하기 위하여 슬라이딩 저항선의 양단에 삽입한 저항선 코일을 이른다.

연장 패드 (延長——, elongation pad) 반송장치의 2선식 부분에 들어 있는 패드. 4선식 송신 입력 레벨을 일정하게 하기 위한 조정 장치이다.

연직면 조도 (鉛直面照度, vertical illumination) 어떤 점의 조도의 수평 성분. 이 점을 통하는 연직면에 수직이기 때문에 이렇게 연직면 조도라 한다. 이와 같은 연직면은 무수하게 있으므로 그 방향을 지정할 필요가 있다.

연직 배광 곡선 (鉛直配光曲線, vertical distribution curve of light) 광원의 중심을 통하는 연직면 내의 배광을 나타내는 곡선도. 보통 극좌표가 쓰인다.

연직 하중 (鉛直荷重, vertical load) 선로의 지지물에 가해지는 하중 중에서 연직 성분을 이른다.

연축전지 (鉛蓄電池, lead accumulator, lead storage battery) 대표적인 2차 전지의 하나로, 전해액 $d=1.1\sim1.3$의 묽은 황산용액, 양극에 PbO_2, 음극에 Pb를 사용한다. (PbO_2 $|H_2SO_4|$Pb). 기전력은 약 2V이다.

연피 (鉛被, (lead) sheath) 케이블 심선의 절연층을 보호하기 위해서 쓰는 연 피복이다.

연피 선 (鉛被線, lead-covered wire, lead-sheathed wire) 주석 도금한 연동선에 고무 혼합물을 피복한 면 테이프를 겹쳐 감은 다음 가황하고, 그 위에 연피를 한 것이다.

연피 손 (鉛被損, lead loss, sheath loss) 시스 속을 환류하는 전류에 의해 케이블에 발생하는 에너지 손이다.

연피 케이블 (鉛被——, lead covered cable, lead sheathed cable, inarmored cable) 케이블 주위에 케이블 심선이 외부 습기의 영향을 받지 않도록 연피를 씌운 케이블을 이르며, 가공, 지상에 사용된다 비 외장 케이블이라고도 한다.

연형 계기 (緣形計器, edgewise instrument) 계기의 눈금면이 지시에 대해서 직각을 이루고 있어 옆에서 지시를 읽을 수 있는 형의 계기이다. 연형 계기의 눈금은 지시 계기에서는 80°보다 큰 각에 걸쳐서는 안 된다고 규정하고 있다.

연회 (撚回, twisting) ⇨ 연선.

연회 슬리브 접속 (撚回——接續, twisted sleeve joint) 매킨타이어 슬리브를 써서 도선을 접속하는 방법으로, 나선의 접속에 쓰인다.

열 가소성 (熱可塑性, thermoplasticity) 온도 가열에 의해서 가소성이 나타나 자유로이 변형될 수 있게 되고, 또 냉각하면 다시 굳어진다. 또 그 사이에 아무런 화학적 변화를 일으키지 않는 성질을 이른다.

열 경화성 (熱硬化性, thermosetting property) 가열하면 일단 연화(軟化)하지만 가열을 계속하면 점차 경화하여 그것과 같은 정도의 온도에서는 다시 연화하지 않게 되는 성질을 갖는다. 플라스틱의 축중합체(縮重合體) 등이 나타내는 성질이다.

열 교란 (熱攪亂, thermal agitation) 절대 0도

(−273℃) 이상의 온도를 갖는 물질은 (절대 0도 이하는 존재하지 않는다) 모두 내부의 원자나 분자가 불규칙한 열운동을 하고 있는데, 이것을 열 교란이라 한다.

열 교란 잡음 (熱攪亂雜音, thermal agitation noise) 열 교란은 온도에 의한 대전 입자의 운동이라고 생각되므로 미약하기는 하지만 전기적 잡음이 된다. 증폭도가 큰 증폭기에서는 입력측의 열교란 잡음이 문제가 된다.

열 기관 (熱機關, heat engine) 고온·고압의 열 에너지를 정역학적(靜力學的)으로 기계적 일로 변환하는 원동기이다.

열 기전력 (熱起電力, thermoelectromotive force) 두 종류의 금속 접합점에 온도차를 주면 열전 효과(제벡 효과)로 인하여 그 사이에 발생하는 기전력을 이른다. 열 기전력의 크기는 열전대를 이루는 금속의 종류와 접점 사이의 온도차에 따라 다르다.

열다 (to break, to open) 전기회로를 개폐기 등으로 여는 것을 이른다.

열 대류 (熱對流, heat convection) 열량을 띤 유체의 이동에 따라서 열이 이동하는 것이다.

열동 계전기 (熱動繼電器, thermal relay) 전류의 열효과에 의해서 동작하는 계전기이다.

열 루미네선스 (熱——, thermoluminescence) 어떤 고체 물질이 전리 방사를 받아 내부의 전자가 해방되고, 그것이 고체 물질의 결함부에 트랩되어 있는 경우에 이 고체 물질이 가열되면 그 에너지에 의해서 가시 방사가 방출된다. 이것이 서모루미네선스이다.

열방사 (熱放射, thermal radiation) 원자, 분자 등의 물질 입자의 열 진동에 의해서 방사 에너지를 방출하는 현상. 적외역의 전자 방사를 의미할 때가 많다. 온도 방사라고도 한다.

열 방사체 (熱放射體, temperature radiator, thermal radiator) 그 방사속 밀도(방사 발산도)가 그 온도와 물질, 그리고 표면 특성에 따라서 결정되고, 과거의 경력에는 관계하지 않는 방사체이다.

열 변환기 (熱變換器, thermal converter) 열전대를 사용하여 교류를 직류로 변환하는 장치이다. 이것을 이용한 열전 전력계가 있으며, 교류 전력의 원격 측정 등에 사용된다.

열 분류기 (熱分流器, thermal shunt) 열전대와 가열선을 가진 분류기로서, 고주파 전류계에 외부에서 부가되거나 내장된다.

열분해 (熱分解, thermal decomposition) 화합물이 열에 의해 분해되어 저분자로 되는 것. 예를 들면 실리콘의 수소 화합물 혹은 할로겐 화합물을 열분해하여 실리콘을 에피택시얼 성장시킬 수 있다.

열 사이클 (熱——, heat cycle) 한 상태에서 출발하여 도중에서 여러 가지 열적 변화를 거친 다음 다시 원상태로 되돌아오는 상태 변화를 이른다.

열 사진법 (熱寫眞法, thermal imaging thermography) 대상으로 하는 상을 그것이 방사하는 적외선에 의해 만들어내는 사진법. 적당한 렌즈계를 가진 촬상관, 예컨대 적외 이미지 변환관 등으로 촬상할 수 있어 야간 촬영 등에 사용된다. 또 체내의 이상 온도 부위를 발견하는 진단 기구로도 사용된다. 온도의 연속 기록을 만드는 장치를 온도기록계(thermography)라고 한다.

열선 (熱線, heat ray) 적외선과 같다. 이것은 전자파의 일부인데 파장은 약 0.8～400 μ의 범위이다.

ㅇ

열선 검류계 (熱線檢流計, hot-wire galvanometer) 2개의 저항선을 꼬아 그 중심에 반사경을 달고 아래 위에 친다. 거울의 상하 양 부분은 서로 반대로 꼬여 있다. 이 저항선에 전류를 통하면 줄(Joule)열 때문에 선이 늘어나 꼬임이 풀리려고 하기 때문에 거울은 회전한다. twisted strip galvanometer 라고도 한다.

열선 마이크로폰 (熱線 ——, hot-wire microphone) 온도에 따라 전기 저항이 변화하는 가는 선을 가열하여 음장(音場) 중에 두면 음파에 의한 공기의 진동으로 가는 선이 냉각되어 저항이 변하므로 마이크로폰으로 이용할 수 있다. 소형화할 수 있으므로 가는 관 속의 입자 속도 등을 측정하는 데 편리하지만, 냉각은 주파수에 따라서도 변하여 고음에서는 감도가 떨어지므로 낮은 주파수의 측정 이외에는 쓰이지 않는다.

열선 전류계 (熱線電流計, hot-wire ammeter) 전류의 가열 작용에 의한 전선의 열팽창을 이용하여 전류값을 지시하게 하는 계기이다.

열선형 (熱線形, hot-wire type) 계기의 동작 원리에 따른 종별을 나타내는 것으로, 열형(熱形)의 일종. 전류를 통하면 저항선이 열에 의해 팽창하는 원리를 이용한 것이다. 직류와 교류의 지시는 같고, 상당한 고주파까지 사용된다. 눈금 특성은 전류계에서는 불평등이고, 0 부근에서 축소한다.

열선형 계기 (熱線形計器, hot-wire instrument) 전류를 통하고 있는 도선이 열로 인하여 팽창하여 늘어나는 것을 이용하여 전류를 측정하는 열-전기형 계기이다.

열 소비량 (熱消費量, heat consumption) 열기관 또는 화력 발전소 등에서 어떤 주어진 일정 기간에 소비된 열량을 이른다.

열 소비율 (熱消費率, fuel economy, heat rate) 단위 출력당의 열 소비량을 이르는 것으로, 보통은 kcal/kWh로 나타낸다.

열 수송 (熱輸送, heat transport) 유체의 강제 순환(forced circulation)에 의해 열을 어떤 점에서 그것과 떨어진 다른 점으로 보내는 것을 이른다.

열 시정수 (熱時定數, thermal time constant) 가열 또는 냉각이 1차 방정식으로 주어지는 현상에서의 시정수로서 $T=sM/(\alpha A)$로 주어진다. 여기서 M은 온도 변화에 관여하는 물체의 질량, s는 그 비열 [J/kg·K], α는 표면의 열방사 계수 [W/m^2·K], A는 방열 면적 [m^2]이다.

열 실드 (熱——, thermal shield) 반사체에 가깝고 그 바깥쪽에 장치되는 차폐의 하나로, 노심(爐心)에서 나오는 방사선에 의해서 운반되는 에너지의 대부분을 제거하고 생체 실드가 열로 손상하지 않도록 방호하는 벽이다.

열 에너지 (熱——, heat energy) 열을 가리킨다.

열 여기 전류 (熱勵起電流, thermal generation current) 반도체 pn 접합에 역방향 바이어스 전압을 부여하면 접합부의 강한 전계에 의해 소수 캐리어가 열 평형한 경우의 그것보다 농도가 감소한다. 이를 보충하기 위하여 소수 캐리어가 열 여기되고 그 결과 발생하는 전류를 이른다.

열역학의 법칙 (熱力學——法則, laws of thermodynamics) 열역학에서의 기본 법칙으로, 다음의 4가지 법칙으로 정리되어 있다. (1) 제0 법칙 : 어떤 닫힌 계 내의 복수 부분에서 그들 사이에 정미의 열교환이 없는 경우에는 이들 부분은 모두 같은 온도에 있다. (2) 제1 법칙 : 임의의 계에 열의 형태로 주어진 에너지는 계가 행하는 행사와 계의 내부 에너지 변화의 합과 같다(에너지 보존의 법칙). (3) 제2 법칙 : 열은 저온계에서 고온계로, 계 상태의 변화를 동반하지 않고는 이동할 수 없다(비가역 프로세스). (4) 제3 법칙 : 모든 계는 유한의 정 엔트로피를 보유하고 절대온도 0도에서 0이 된다.

열외 중성자 (熱外中性子, epithermal neutron) 열중성자 보다도 에너지가 좀 높은(100분의 수 eV~10^{2}eV 정도) 중성자를 이른다.

열 용량 (熱容量, heat capacity) 물체의 온도를 1℃만큼 상승시키기 위하여 필요한 열량으로, 그 물체의 비열에 물체의 질량을 곱한 것이다.

열 음극 (熱陰極, hot cathode) 열전자를 방출하기 위한 음극. 순 텅스텐 음극, 토륨 텅스텐 음극 및 산화물 음극의 세 종류가 있다. 이들은 그 자신에 직접 전류를 통하여 가열되거나 간접으로 가열된다. 사용 온도는 각각 대체로 2,500°K, 1,900°K, 1,050°K이다.

열음극 가스 봉입 정류관 (熱陰極——封入整流管, hot-cathode gas filled rectifier tube) 기체를 봉해 넣은 정류용 방전관으로, 수은 증기를 봉해 넣은 것과 구별한다. 봉해 넣은 가스압이 높은 것이 보통이며 주로 저압용에 쓰인다. 텅거 정류관은 그 대표적인 예이다. 최근 크세논 가스를 0.5~0.7mmHg 정도의 저기압으로 봉해 넣은 고전압용의 것이 있다. ⇨ 텅거 정류관.

열음극 가스 봉입 정류기 (熱陰極——封入整流器, hot-cathode gas filled rectifier) ⇨ 열음극 가스 봉입 정류관.

열음극 그리드 글로관 (熱陰極——管, hot-cathode grid glow tube) 불활성 가스를 봉해 넣고 열음극과 그리드를 갖춘 방전관. 발광의 제어를 할 수 있다.

열음극 방전관(熱陰極放電管, hot-cathode discharge tube) 열음극을 갖는 방전관. 열음극 수은 정류관, 텅거 정류관 등은 이에 속한다.

열음극 방전 램프(熱陰極放電 ——, hot-cathode lamp) 전극이 백열 온도로 동작하고, 음극 전압 강하가 상당히 낮은(10~20V) 방전 램프. 음극 전류 밀도가 높고, 램프 전류는 수 A를 흘릴 수 있다. 음극을 백열상태로 유지하기 위한 에너지는 회로 요소 혹은 관 내 아크로 주어진다.

열음극 수은 정류관(熱陰極水銀整流管, hot-cathode mercury vapor rectifier tube) 수은을 소량 봉해 넣은 정류용 열음극 방전관이다. 관 내부의 수은 증기압은 포화 증기압으로 관벽 온도의 최저 부분(보통 베이스보다 1cm 위)에서 지배되며 10^{-3}~10^{-2}mmHg 이다. 따라서 역내압이 높아 고전압용으로 사용된다. 10~15kV까지 안전하게 사용할 수 있다. 산화물 음극을 사용한다.

열음극 수은 정류기(熱陰極水銀整流器, hot-cathode mercury-arc rectifier) ⇨ 열음극 수은 정류관.

열음극 정류관(熱陰極整流管, hot-cathode rectifier tube) 열음극을 사용한 정류관의 총칭. 진공형은 소형 수신관에서부터 고압용의 케노트론까지 있으며, 전류 용량은 적다. 전류 용량이 큰 것은 발전을 이용한 것으로, 텅거, 열음극 수은 정류관이 이에 속한다.

열음극 정류기(熱陰極整流器, hot-cathode rectifier) 산화물 음극 등 열음극을 갖는 정류관을 이른다.

열 자기효과(熱磁氣效果, thermomagnetic effect) 도체나 반도체의 전하 운반체는 통전작용과 함께 열전도 작용에도 관계하고, 또 자계가 존재하면 전류와 열류도 자계의 작용을 받아 네른스트 효과, 에팅하우젠 효과 등을 나타낸다.

열 잡음(熱雜音, thermal noise) 도체 내의 자유 전자 또는 반도체 내의 전자와 이온 등의 불규칙적인 열운동에 의한 잡음을 이른다. 잡음 전압의 크기의 제곱, 평균값은 저항값과 절대 온도에 비례한다.

열전 검류계(熱電檢流計, thermo-galvanometer) 열전형의 검류계로, 고주파 측정에 사용되지만 특수한 경우 외에는 사용되지 않는다.

열전 계전기(熱電繼電器, thermorelay) 열기전력을 이용한 계전기이다.

열전 고온계(熱電高溫計, thermostatic pyrometer) ⇨ 열전 온도계.

열전기(熱電氣, thermoelectricity) 성질이 다른 금속선을 양단에서 접합하여 루프 회로를 만들고, 두 접합점에 온도차를 주면 루프 전류가 흐른다. 이 현상을 열전기라고 한다. 열전 온도계는 이 현상을 이용한 것이다.

열전능(熱電能, thermoelectric power) 열전대 한 쪽의 접합부 온도를 일정하게 유지하고 다른 접합부의 온도를 1℃ 변화할 때 열기전력이 변화하는 것을 이른다. 전류가 A 금속에서 B금속으로 흐를 때 A는 B보다 열전능이 크다고 한다.

열 전달(熱傳達, heat transfer) 유체와 그에 접하는 고체 벽면 사이에서 이루어지는 열의 이동을 이른다.

열전대(熱電對, thermocouple) 한 쌍의 서로 다른 종류의 금속 도선을 두 점에서 결합한 것으로, 이들의 결합점(접점)이 서로 다른 온도로 유지될 때 열전 효과로 인해 온도차에 비례한 기전력이 발생한다. 이것을 온도 측정에 이용한 것을 열전대라 한다. 금속의 조합에 따라 예컨대 백금-백금로듐, 크로멜-아루멜, 철-콘스탄탄 등 많은 종류가 있다. ㊟ 온도를 측정하고자 하는 점에 놓여지는 접점을 측온 접점, 일정한 기준 온도로 유지되는 접점을 기준 접점이라 한다. 기준점은 측온점처럼 직접 접속되지 않고 보통 동선에 의해 계측기나 기타 부하에 접속된다. ⇨ 보상 도선.

열전대열(熱電對列, thermopile) 열전대를 여러 개 직렬로 접속한 것으로, 방사 에너지의 측정에 많이 사용된다. ⇨ 열전대.

열전대형 진공계(熱電對形眞空計, thermocouple vacuum gage) 진공도를 측정하고자 하는 분위기에 열전대를 놓고, 그 측정 접점을 정전류를 통하고 있는 히터로 가열한다. 접점의 온도는 측정 접점 주위에 존재하는 가스의 열전도 작용(따라서 진공도)에 따라서 변화하고, 따라서 열전대의 기전력은 진공압을 부여한다. 10^{-1}~10^{-3}mmHg의 압력을 측정할 수 있다.

열전도 (熱傳導, heat conduction) 열이 물체를 전도하여 고온의 곳에서 저온의 곳으로 이동하는 것을 이른다.

열전도 (熱電圖, thermoelectric diagram) 각종 금속의 납(鉛)에 대한 열기전력과 온도와의 관계를 나타낸 도면을 이른다.

열전도율 (熱傳導率, thermal conductivity, heat conductivity) 물체의 단위 면적을 통하여 단위 시간에 전달되는 열량을 위의 면에 직각인 방향의 온도 기울기 성분으로 나눈 값. 열류 I는 $I=\lambda Ad\theta/dx$[W]로 주어진다. 여기서, λ : 열전도율, A : 열류에 직각인 면, $d\theta/dx$: 온도 기울기, 열전도율의 단위는 W/K · m이다.

열전류 (熱電流, thermoelectric current) 열전기력에 의한 전류이다.

열 전류계 (thermal ammeter) 전류의 발열 작용을 이용한 전류계이다.

열전 발전기(熱電發電器, thermoelectric generator) 열류(熱流)와 전기회로에서 전하 담체와의 직접 간섭으로 열 에너지를 전기 에너지로 변환하는 장치(전기 회로에는 온도차가 존재할 필요가 있다)이다.

열전압 (熱電壓, thermal voltage) 반도체 분야에서 많이 사용되는 상수로서, $V_T=kT/q$로 주어진다. 여기서 T : 동작 온도 [K], k : 볼츠만 상수, q : 전자의 전하량. 상온에서는 V_T는 20mV와 같다 (또 $1/V_T \fallingdotseq 40$이다).

열전열 (熱電列, thermoelectric series) 각종 금속을 열전능의 크기의 순으로 배열한 서열을 이른다.

열전 온도계 (熱電溫度計, thermoelectric thermometer) 1개 또는 복수 개의 열전대를 사용한 전기식 온도계로서, 측온 접점을 온도를 측정하고자 하는 물체에 접촉시켜 기준 접점의 온도는 기지의 온도를 사용한다.

열전자 (熱電子, hot electron) 열평형 상태의 수보다 지나치게 많이 존재하는 전자로서, 금속의 경우에는 페르미 준위보다 높은 에너지를 갖는 전자이다. 반도체의 경우에는 전도대의 하단보다 높은 에너지를 가진 것을 의미한다. 열전자(또는 정공)는 광 여기, 양자역학적 터널효과, 순 바이어스된 pn 접합부를 가로질러 주입된 소수 캐리어, 비금속의 경우에는 높은 가속 전계 및 순 바이어스된 금속－반도체 접합에서의 쇼트키 방출 등으로 만들어진다.

열 전자관 (熱電子管, thermionic tube) 전자원(電子源)으로서 열전자 방출을 하는 열음극을 쓰고 있는 전자관. 현재 실용되고 있는 대부분의 전자관은 이것이다.

열전자 발전기 (熱電子發電器, thermionic generator) 회로의 일부가 진공 또는 가스 분위기이고, 그 양단의 온도차가 일정하게 유지되고 있는(따라서 전극 간에 일정한 열류가 존재하는) 등속의 발전장치, 가열된 음극에서 전자가 증발하여 진공 또는 가스체 속을 다른 쪽의 냉전극을 향하여 흘러서 부하를 통하여 음극으로 귀환한다.

열전자 방출 (熱電子放出, thermionic emission) 열전자를 방출하는 현상. 방출 전자류 밀도 i_s는 음극의 재질, 표면 상태, 온도 T[K]에 관계하여 다음 식으로 나타낸다. $i_s=AT^n\varepsilon^{-e\varphi/kT}$ 여기서, φ는 일의 함수, k는 볼츠만 상수, n은 금속에서는 2, 반도체에서는 5/4이다.

열전자 전도 (熱電子傳導, thermionic conduction) 열전자에 의해서 공간 내에서 전기 전도를 발생하는 현상을 이른다.

열전자 전류 (熱電子電流, thermionic current) 전자관 내에서 열전자 방출에 의해 발생한 전류를 이른다. 2극관에 있어서 플레이트 전압이 낮은 동안은 열전자류는 플레이트 전압의 3/2 승에 비례하고, 고전압에서는 포화값에 이른다.

열전자 정류관 (熱電子整流管, thermionic rectifier tube) 전자원으로서 열음극을 쓰고 있는 정류용 진공관. 2극 진공관, 케노트론 등이 있다.

열전자 정류기 (熱電子整流器, thermionic rectifier) 진공관 안에 여러 개의 양극과 1차 전자를 방출할 수 있는 음극을 가지고 있는 것을 이른다.

열전 전류계(熱電電流計, thermo-ammeter) 열전형의 전류계로, 주로 고주파에 사용한다. 패널용의 고주파 전류계는 주파수 100 MHz까지, 전류는 5 mA~100 A까지의 것이 있다. ⇨ 열전형.

열전 접점(熱電接點, thermojunction) 성질이 다른 금속의 접합점은 온도에 따라서 기전력을 발생한다. 이 현상을 이용하여 온도를 측정하거나 전류에 의한 발열을 이용하여 고주파 전류를 측정한다.

열전지(熱電池, thermal cell) (1) 바이메탈 접합을 불꽃에 쬐이므로써 기전력을 발생하도록 한 것. (2) 열을 가함으로써 고체 전해 물질이 녹아 활성화 되는 따위의 보존 전지이다.

열전형(熱電形, electrothermic type, thermoelectric type) 계기의 동작 원리에 따라 종별을 나타내는 것으로, 1개 또는 2개 이상의 열전대를 직접 또는 간접으로 가열하여 발생한 열전류를 적당한 직류계기, 예를 들면 가동 코일형 계기에 흘려서 지시케 하는 원리의 계기이다. 직류, 교류 양용으로 쓰이며, 특히 고주파용으로 적합하다.

열전 효과(熱電效果, thermoelectric effect) 톰슨 효과, 제벡 효과처럼 열과 전기의 관계에 대한 각종 효과의 총칭이다.

열 접점(熱接點, hot junction) 일반적으로 2종의 다른 금속의 양단을 결합하여 하나의 폐회로를 만들고, 두 접속점에 온도차를 주면 이 회로 내에 열기전력을 발생하여 전류가 흐른다. 이 때 온도가 높은 쪽의 접속점을 열접점이라고 한다.

열 정산(熱精算, heat balance) 원동기 등에서 열의 발생, 흡수, 손실 등을 상세하게 분석하여 그 분포 상태를 명백히 하는 것을 열 정산이라 한다.

열 중성자(熱中性子, thermal neutron) 주위의 매체와 열평형 상태에 있거나 혹은 그에 가까운 상태에 있는 중성자. 상온에서의 에너지는 0.025 ev, 평균 온도는 2.2×10^3m/s이다.

열 중성자 단면적(熱中性子斷面積, thermal cross section) 열 중성자에 대한 단면적이다.

열중성자로(熱中性子爐, thermal reactor) 주로 열 중성자에 의해 반응이 이루어지는 원자로이다.

열 중성자 증식로(熱中性子增殖爐, thermal breeder reactor) 토륨 232와 우라늄 233을 함유한 연료를 사용한 원자로. 운전함에 따라 연료는 최초보다 많은 우라늄 233을 함유하게 된다. 반응은 ${}_{90}\mathrm{Th}^{232}+\mathrm{n}\rightarrow{}_{90}\mathrm{Th}^{233}\xrightarrow[\beta]{}{}_{91}\mathrm{Pr}^{233}\xrightarrow[\beta]{}{}_{92}\mathrm{U}^{233}$로 주어진다.

열 코일(熱——, heat coil) 규정 전류값 이상의 전류가 장시간 흐르면 가열되어서 납용착부가 녹아 회로를 차단하는 저항선 코일로 된 것. 전화 회선이 다른 선과 혼선되거나 하여 어떤 값 이상의 전류가 일정시간 이상 흘렀을 경우에 동작하는 장치이다.

열 통과(熱通過, heat transmission) 하나의 유체에서 고체 벽을 사이에 두고 다른 유체에 열을 전달하는 경우를 이른다.

열 폭주(熱暴走, thermal runaway) 온도 상승이 전류의 증가를 야기하고, 그것이 또 온도 상승의 원인이 된다는 일종의 정귀환의 연쇄 반응으로, 결국 파국상태에 이르는 현상. 트랜지스터와 사이리스터의 오프 상태의 전류는 접합 손실 P_B에 의해서 접합부의 온도를 높이고, 또 전류를 증가시키므로 온상태에서의 손실 P_0와 P_B의 합을 웃도는 방열 능력을 디바이스에 부여하지 않으면 열 폭주한다.

열형(熱形, thermal type) 계측기의 동작 원리에 따른 종별을 의미한다. 지시 계기에서는 열선형 또는 열전형, 최대 수용 전력계에서는 바이메탈형이 있다. 직류, 교류 양용이며 실효값을 나타낸다.

열형 전력 변환기(熱形電力變換器, thermal power converter) 전압 및 전류 입력단자를 가진 열형 변환기로, 변환기 출력단에 발생하는 기전력이 입력단에 주어지는 전력의 척도가 되는 것을 이른다.

열형 최대 수용 전력계(熱形最大需用電力計, thermal demand meter) 바이메탈의 특성을 이용한 지동형(遲動形) 최대 수용 전력계이다.

열화(劣化, deterioration) 부품과 재료의 품

질 또는 특성이 나빠져가는 것을 이른다.

염분법(鹽分法, brine method, salt solution method) 흐르는 물 속에 일정한 농도의 소금 용액을 일정한 비율로 주입하고, 하류에서 충분하게 혼합한 다음 흐르는 물을 떠서 그 농도를 측정하여 계산에 의해서 유량을 구하는 방법을 이른다.

염산 고무(鹽酸——, hydrochlorinated rubber) 생고무를 벤졸 또는 4염화 탄소에 녹이고 여기에 염산을 통하면 생성된다. 내수성, 내유성이 커서 전선 또는 케이블의 피복 재료로 적합하다.

염수 분무 시험(鹽水噴霧試驗, salt spray test) 염수를 분무함으로써 전자 부품, 반도체 디바이스 등의 내식성을 시험하는 것을 이른다.

염수 속도법(鹽水速度法, salt-velocity method) 어떤 거리를 두고, 각 한 쌍의 전극을 설치하고 상류에서 염수를 주입하면 이것이 전극을 통과할 때 전류가 급증하는 것을 이용하여 유속을 구하여 유량을 산정하는 방법이다.

염 표준기(炎標準器, flame standard) 측광용 1차 표준기로 화염을 발생하는 것. 예를 들면, 패턴등(燈), 헤프넬등 등과 같은 것인데, 현재의 흑체(黑體) 표준기가 국제적으로 채용되기 이전의 것을 이른다.

염화 고무(鹽化——, chlorinated rubber) 생고무를 클로로포름에 녹여서 염소를 통하여 만들어진다. 백색 분말 모양이며 벤젠 등에 녹여 내수성의 피막을 생성한다.

염화 아연 전지(鹽化亞鉛電池, zinc chloride cell) 르클랑셰 전지와 마찬가지로 전극 물질은 카본과 아연이지만 전해질로는 염화아연만을 사용한 전지이다. 큰 전류에서 사용하여도 분극 작용은 매우 적다. 셀 전압은 1.5V이다. 저온 특성은 르클랑셰 전지보다 우수하다. 높은 에너지 밀도, 수명이 길고 값싼 전지이다.

염화아연 주입(鹽化亞鉛注入, burnetizing) 건전지의 수명을 회복시키기 위하여 열화 아연의 용액을 주입하여 일시적으로 재생시키기는 방법을 이른다.

염화아연 주입 주(鹽化亞鉛注入柱, zinc-chloride impregnated pole) 염화 아연을 방부제로 주입한 목주이다.

영구 격벽(永久隔壁, pressure testing plug) 《가스압 점검법》 영구적으로 설치되는 가스 격벽 함침용 콤파운드와 충전용 콤파운드를 써서 작성된다. 보통 가스 케이블의 9~18km마다 만들어지며, 가스 구간이 구성된다. 최근에는 상온 혼합물을 사용하는 경우가 있다.

영구 상태(永久狀態, permanent state) 상태를 결정하는 모든 상태량이 시간적 불변으로 유지된 상태, 정상 상태와 같다.

영구 자석(永久磁石, permanent magnet) 자화력을 제거해도 오래도록 잔류 자속이 남는 자석, 탄소강, 텅스텐 자강, MK 자강, NKS 자강, 소결 알루니코 등으로 만들어진다.

영동 전위(泳動電位, migration potential) 전기 영동장치에서 액 중의 입자를 한 쪽에서 다른 쪽으로 이동시키면 양쪽 전극 간에 전위차가 생긴다. 이 전압을 영동 전위라고 한다. 이 현상은 전기 영동 현상의 역방향 현상이다.

㊟ 입자의 이동이 중력에 의해 생기는 경우에는 침강 전위라고 한다.

영 레벨(零——, zero level) 전력, 전압 또는 전류 등을 비교하는 경우에 일정한 전력, 전압 또는 전류를 기준으로 데시벨 또는 네퍼로 나타낸다. 이 기준이 되는 점을 영 레벨 또는 기준 레벨이라고 한다. ⇐기준 레벨(reference level). ⇨ 전력 레벨(power level).

영 비트(零——, zero-beat) f_1 및 f_2의 두 종류의 주파수를 겹칠 때는 서로 간섭하여 $f_0=f_1\sim f_2$의 이른바 비트 주파수가 발생한다. 지금 $f_1=f_2$일 때는 $f_0=0$이 되고 이것을 검파해도 수화음은 전혀 없게 된다. 이와 같은 경우를 영 비트라고 한다.

영 비트 수신(零——受信, zero-beat reception) 재생 수신기를 발진상태에 두고 도래 전파의 주파수와 일치시켜 영 비트에 조정해서 수신하는 것. 감도는 좋아지지만 불안정하고 명료도는 떨어진다. 또 공중선으로부터의 재방사에 의해서 조정 중 혹은 조정도가 벗어났을 경우 부근의 수신기에 방해를 주는 일이 있다.

영상 계전기 (零相繼電器, zero-phasesequency relay) 회로의 전류, 전압 또는 전력의 영상분에 대응하여 기능하는 계전기이다.

영상 반송파 (映像搬送波, picture carrire) 《텔레비전》 표준 NTSC 방식 텔레비전 신호의 대역(6 MHz)의 하한 주파수에서 1.25 MHz 만큼 높은 곳에 있는 반송 주파수로서, 루미넌스 반송파라고도 한다. 이것은 휘도 정보를 전송하기 위한 반송파이다.
㈜ 영상 반송파 주파수보다 더 높은 3.58 MHz의 곳에 크로미넌스 부반송파, 4.5 MHz 높은 곳에 음성 반송파가 있으며, 각각 크로미넌스 정보, 음성 정보를 전송한다.

영상분 (零相分, zero-phase-sequence component) 대칭 좌표법에 의해서 비대칭 불평형 3상 회로에서 각각 그 전압(전류) $\dot{V}_a$, $\dot{V}_b$, V_c를 다음과 같이 대칭분 $\dot{V}_0$, $\dot{V}_1$, $\dot{V}_2$ 로 나타낼 때 이 $\dot{V}_0$을 a 상을 주로 한 영상분이라고 한다. $\dot{V}_a = \dot{V}_0 + \dot{V}_1 + \dot{V}_2$, $\dot{V}_b = \dot{V}_0 + a^{-1}\dot{V}_1 + a^{-2}\dot{V}_2$, $\dot{V}_c = \dot{V}_0 + a^{-2}\dot{V}_1 + a^{-4}\dot{V}_2$ 단, $a = \cos 2\pi/3 + j \sin 2\pi/3$ 또 $\dot{V}_1$을 정상분(正相分), $\dot{V}_2$를 역상분(逆相分)이라고 한다.

영상 전달상수 (映像傳達常數, image transfer constant) 전송 회로망이 그 영상 임피던스로 종단되었을 때의 입력 전압/출력 전압의 자연 대수값과, 입력 전류/출력 전류의 자연 대수값의 산술 평균을 이른다. 대칭적인 전송 회로망의 경우에는 전달상수는 전파상수와 같다.

영상 증폭기 (影像增幅器, video amplifier) 영상 주파수를 증폭하는 기기이다. ⇐ 비디오 증폭기, ⇨ 비디오 주파 증폭기(video frequency amplifier).

영상 축적관 (映像蓄積管, image storage tube) 정보가 보통 가시광의 형태로 도입되고 그것이 전하 패턴의 형태로 축적되는 형식의 축적관으로, 이 패턴은 필요한 시점에서 가시 출력으로 읽을 수 있다.

영위법 (零位法, null method, zero method) 계기의 지시가 0이 되게 장치를 가감하여 측정하는 방법이다. 예를 들면, 천칭, 브리지, 전위차계 등에 의한 방법이다.

영위 보정 (零位補正, zero correction) 계기 지침의 0 위치가 눈금의 0점과 일치하지 않을 경우에 계기의 지시 값에 맞추는 보정을 뜻한다.

영위 복귀장치 (零位復歸裝置, zero resetting device) 적산형 최대 수용 전력계를 수용 신한의 끝에 0위로 되돌리는 장치이다.

영위점 (零位點, zero point) 지시 계기 등에서 영위를 표시하는 점이다. 영위점은 기계적인 영위와 일치하는 경우도 있으나 단지 기준으로 하는 점을 가리키는 경우도 있다.

영위 조정 장치 (零位調整裝置, zero adjuster) 계기에 구동력을 주고 있지 않을 때의 지침 위치를 눈금의 영위에 맞추는 장치. 제어장치를 갖는 계기에는 붙어 있는 것이 원칙이다.

영 입력 전류 (零入力電流, quiescent current) 《자기증폭기》 자기 증폭기에 있어서 입력이 0일 때의 출력 전류를 뜻한다.

영 전위 (零電位, zero potential) 전위가 없는 것을 뜻한다. 또 대지와 같은 전위에 있는 것을 영전위라고 하는 경우도 있다. ⇨ 대지 전위(earth potential).

영점 용량 (零点容量, minimum capacity, zero capacity) 《콘덴서》 가변 콘덴서의 다이얼을 0으로 했을 때의 콘덴서의 정전 용량을 이른다.

영점 저항 (零點抵抗, zero resistance) 가변 저항기 등에서 다이얼을 0으로 해도 단자 사이에 아주 적은 저항이 남을 때의 그 저항을 이른다. 주로 접속 저항과 도선 저항이다. 디케이드 저항 상자 등에서는 그 저항값의 교정 성적에 0점 저항을 포함할 경우와 포함하지 않는 경우를 명기하고 있으므로 정밀한 측정을 할 때에는 주의하지 않으면 안 된다.

예동조 (銳同調, sharp tuning) 동조가 날카롭다는 뜻. 동조 회로의 첨예도 Q(quality factor)가 높을수록 동조가 날카롭다.

예방 보전 (豫防保全, preventive maintenance) 정기 점검과 조기 수리로 고장 발생을 미연에 방지하고 설비를 항상 정상 상태로 유지하는 것. 설비의 고장으로 인한 휴지라든가 그로 인하여 부수되는 여러 가지 기회 손실을 없애는 것이 목적이다. 고장 발생 후에 하는 사후 보전에 대응하는 용어이다.

예방 보전 계수 (豫防保全係數, coefficient of preventative maintenance) 예방 보전으로 사고를 미연에 방지하는 방법을 강구할 때 사용된다.

예비 공급 (豫備供給, stand-by service) 평상시에 사용되는 것은 아니지만 상용 공급원 대신 또는 보급을 목적으로 사용할 수 있게 되어 있는 공급을 이른다.

예비 기기 (豫備機器, stand-by machine, reserve machine, spare machine) 상용 기기에 고장이 발생했을 경우 그것을 대신하여 또는 부하가 일시적으로 증가하였을 경우에 상용 기기의 보조로 사용되는 기기를 이른다.

예비대 (豫備對, extra pair) 시내 케이블에서 공칭 대수(公稱對數) 이외에 예비로 수용되어 있는 페어를 이른다.

예비 발전소 (豫備發電所, auxiliary power station, reserve power station, stand-by power station, stand-by power plant) 다른 전원에 고장이 발생하였을 경우 등, 부족한 전력 공급을 목적으로 하는 발전소이다.

예비 변전소 (豫備變電所, auxiliary substation) 변전소가 고장 또는 과부하인 경우 계통에 전력을 공급하는 것을 목적으로 하는 변전소. 이동식 변전소가 그 용도에 투입되기도 한다.

예비 선 (豫備線, spare wire) 공칭 케이블 대수 이외에 임시 또는 예비로 설치되어 있는 여분의 심선을 이른다. 또 현재 사용하지 않고 예비 상태로 두어지고 있는 케이블의 심선을 이른다.

예비 선로 (豫備線路, spare line) 송배전 선로를 정지하지 않으면 안 될 경우에 공급에 지장을 가져오지 않도록 예비로 별도 설치되어 있는 선로를 이른다.

예비 설비 (豫備設備, stand-by facility) 항상 사용되는 것은 아니지만 상용 설비 대신 또는 상용 설비의 보조로 이용되는 설비를 이른다.

예비 송신기 (豫備送信機, auxiliary transmitter) 사용되는 송신기가 고장이 났을 때 그것을 대신하여 같은 기능을 발휘하기 위하여 미리 준비된 송신기를 뜻한다.

예비 용량 (豫備容量, margin capacity, reserve capacity) 사고가 발생한 경우 또는 수요량이 예상 외로 증가한 경우에 공급원이 될 수 있는 출력으로, 계통의 가능 출력에서 피크 전력을 뺀 값. 예비 출력이라고도 한다.

오동유 (梧桐油, tung oil, china wood oil) 중국의 오동 열매에서 짜낸 기름으로, 약간 달고 특유한 냄새를 풍긴다. 도료유 중에서 가장 건조가 빠르고 내습성 및 내부 건조성을 필요로 하는 절연 바니시로서는 중요한 원료의 하나이다.

오디오 (audio) (1) 라틴어로 "내가 듣는다"는 뜻. 인간의 청취 범위, 즉 15~20,000 Hz 정도까지 범위의 주파수를 포함하는 신호, 장치 혹은 현상에 관하여 사용되는 용어. (2) 소리에 관계되는 것에 대한 속어이다.

오디오미터 (audiometer) 청취 능력을 측정하는 계측기. 가변의 교정 출력을 가진 발진기로서, 넓은 범위의 주파수(오디오 톤)를 발생한다. 녹음된 스피치 음을 사용하는 경우도 있다. 이것을 이어폰을 통하여 귀에 전하여 청력 손실을 측정하도록 되어 있다. ⇨ 청력계.

오디오 비주얼 (audio-visual) 약어 AV, 음향과 영상을 결합한 것 시스템과 그에 관계되는 제품 등에 대한 용어. 시청각 교육 기기(CAI, CMI)의 개발에서 시작하여 각종 음향 영상 제품과 그 관련 부품이 개발되었다. 그리고 이러한 AV 시스템과 기기에 대하여 공통된 경향은 디지털 기술의 도입으로 고성능화 추세에 있다. 레이저로 대표되는 옵토일렉트로닉스의 진보도 AV 분야의 급진전에 크게 기여하고 있다.

㈜ 종래 독립적으로 진전되어 온 오디오 제품 분야와 영상 기기 분야가 제품 개발에서 판매에 이르는 여러 가지 측면에서 전략적으로 결합하여 시장에 우위를 구축하려고 하는, 이른바 전략적 제휴(strategic alliance) 방식은 AV분야 뿐만 아니라 컴퓨터 주변 기기, 통신 네트워크 결합 분야 등에서도 볼 수 있는 최근의 현저한 경향이다.

오디오 카세트 인터페이스 (audio cassette in-

terface) 오디오 카세트 장치를 마이크로컴퓨터의 간단한 외부 기억장치로 사용하기 위한 직렬 액세스형 인터페이스. 오디오 신호/2진 신호의 변환이 필요하며 그것은 FSK 또는 턴버스트 변환(턴 신호를 0, 1에 대응하여 온 오프 키잉하는 것)에 의해서 한다.
㊟ 인터페이스의 테이프 포맷은 캔사스 시티 인터페이스(Kansas City Interface)로서 표준화된 것이 있으며 0(스페이스)과 1(마크)에는 각각 1.2 kHz 및 2.4 kHz을 배당하고 있다.

오디콘 (orthicon) 텔레비전 촬상관의 일종. orthiconoscope를 약해서 RCA사에서 명명(命名)한 것인데, 아이코노스코프에서 진보시킨 것이다. 이것을 다시 개량한 것이 이미지 오디콘이다.

오로라 (aurora) 남북 양극지방에 나타나는 발광 현상으로, 공중 전기의 영향에 의한 남극광을 auroraaustralis, 북극광을 aurora-borealis라고 한다 이것은 태양으로부터 오는 대전 미립자(帶電微粒子)가 지구의 양극지방에 침입하면 양극지방 상공의 대기의 원자 또는 분자와 충돌해서 이들을 전리함으로써 일어난다 이 때문에 양극 지방의 E층 전자 밀도는 이상적으로 증대하고 자기 폭풍우라는 통신 열화 현상이 발생하는 일이 있다.

오로라대 (── 帶, auroral zone) 남북의 두 자극을 중심으로 한 오로라 발생지대를 이른다. 보통 오로라 출현의 최대 지점에 대하여 어떤 비율로 오로라를 볼 수 있느냐 하는 표시법에 의해서 나타내며, 일반적으로 남북 약 50~60°이상의 높은 위도(高緯度) 지대이다.

오른손 법칙 (── 法則, right-hand rule) 오른손 엄지 손가락, 둘째 손가락 및 가운데 손가락을 서로 직각이 되게 벌리고 엄지 손가락을 운동방향, 둘째 손가락을 자계의 방향과 일치시키면 가운데 손가락이 가리키는 방향으로 유기 기전력이 발생한다는 것이 플레밍의 오른손 법칙이다.

오리엔테이션 (orientation) 《인쇄전신》 (1) 동기 방식에서 수신장치의 동작 지연 또는 신호 전파 시간의 측정에 사용하며, 송신 디스트리뷰터와 수신 디스트리뷰터의 회전 상호간의 일정한 위상차를 이른다. (2) 수신기의 마진 개선에 사용하며, 수신기의 캠 슬리브 정지 위치의 회전 각도를 말한다.

오버라이트 (overwrite) 표시장치나 기억장치에 정보를 기록하는 경우 어떤 장소에 기록되어 있는 정보 위에 중복 기록함으로써 원래의 정보가 소실되어(파괴되어) 버리는 따위의 기록방법. 이미 기록된 정보를 다음으로 보낸 뒤에 새로운 정보를 기록하는(따라서 기존 정보는 소실되지 않는다) 인서트(삽입)와 구별된다.
㊟ 디스크 파일을 계산기에 로드하여 변경처리한 뒤에 같은 파일명으로 세이브(디스크로 돌려보냄)와 로드하는 앞의 데이터는 오버라이트되어 남지 않는다.

오버랩 (overlap) 인쇄 전신기의 수신 기구에 사용되고 있는 기능으로, 인자(印字) 동작은 부호의 선택 동작에 이어서 하게 되며 이 사이 선택 기구의 동작이 속박되어 부호 선택으로 이행될 수 없으면 수신 능률이 나빠진다. 따라서 인자 동작을 하고 있는 동안에 다음 부호의 선택을 함께 할 수 있게 한 기능을 말한다.

오버레이 프로그램 (overlay program) 오버레이를 하는 프로그램. 오버레이란, 이전에 어떤 세그먼트가 차지하고 있던 기억 영역을 다른 세그먼트가 대신하여 차지하는 것. 프로그램은 즉 오버레이 세그먼트로 분할되어 있으며, 오버레이 관리 프로그램 OS에 의해 필요한 세그먼트가 수시 보조기억장치에서 주 기억장치로 로드된다(연결 편집 프로그램에 의해 필요한 정보가 OS에 주어지고 있다). 주 기억장치에 상주하는 OS는 프로그램의 최초의 루트 세그먼트 ROOT를 로드하고, 계속하여 필요한 다른 세크먼트를 로드하여 실행한다.
㊟ 그림은 오버레이 프로그램의 한 예로, 전체로서 나무의 구조를 하고 있다. 그림에서 A, B, C의 세 개의 세그먼트는 서로 배타적이며, 예컨대 A가 주 기억장치에 로드될 때는 B, C는 로드되지 않는다. A의 실행이 끝나면 다음으로 주 기억장치에 호출되는 것은 A1 또는 A2(이 둘도 서로 배타적이다)이다. 예를 들면 ROOT→A→A1이라는 경로(어떤 말단 세그먼트와 ROOT를 연결

하는 일련의 세그먼트의 길을 의미)가 주 기억장치에 로드되어 실행될 때는 다른 경로는 주 기억장치에 들어갈 수 없다. 현재, 주 기억장치에 어떤 경로의 실행이 끝나면 그것에 대체되어 다른 경로가 주 기억장치에 들어갈 수 있다.

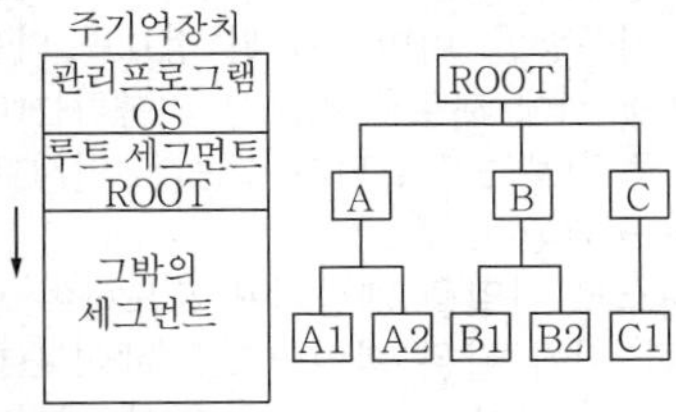

[오버레이 프로그램]

오버로드 (overload) 《계산기 프로그램》 같은 이름을 프로그램 안에서 다른 의미로 사용하는 것. 총칭(generic)이라고도 한다. 예를 들면 3원색을 열거한 두 가지(열거) 형의 COLOR와 LIGHT가 그 요소명으로 청(靑)을 사용한 경우, 이름은 같은 청일지라도 한 쪽은 색제의 청, 다른 쪽은 빛의 청이어서 양자는 다른 실체이다. 또 같은 연산자 "+" 일지라도 오퍼랜드에 따라 그 실체는 변할 수 있다. 오버로드는 편리한 면도 있지만 반면 사용법에 따라 프로그램을 판독을 매우 어렵게 하여 애매하게 한다.

오버리치 (overreach) 《보호 계전기》 계전기의 보호 범위가 계전기의 설정에 따라 주어진 범위를 넘어 그 바깥쪽으로 확대되는 것을 이른다.

㈜ 단락 고장 발생 초기의 과도 직류 전류 등 때문에 거리 계전기가 본 거리가 실제 거리에 비해 작아지는 경우 등에는 계전기는 설정 범위를 넘는 바깥쪽 지점의 고장으로 동작하게 되어 이른바 오버리치 상태로 된다.

오버슈트 (overshoot, total over shoot offset) 《자동제어》 계단형 입력 편차에 대해서 제어량이 목표값을 초과한 후 먼저 취하는 과도 편차의 극값(極値)을 이른다.

오버슈팅 (overshooting) 《전류》 텅스텐 전구의 필라멘트는 상온도에서는 전기 저항이 적으므로 점등 시초에는 정격보다 큰 전류가 흐른다. 저항의 변화만을 생각하면 이것은 십수 배가 될 것이나 실제는 배선의 저항, 전원의 전압 변동 등으로 인하여 그 정도는 되지 않는다. 그 시간은 1/10초 정도이다.

오버커팅 (overcutting) 원판 녹음에서 홈의 커트가 과대(즉 과대 녹음)한 것을 이른다.

오버플로 (overflow) (1) 다룰 수 있는 양의 범위를 넘는 처리 결과를 낳는 상태, 예를 들면 레지스터가 취급할 수 있는 수의 범위를 넘는 계산 결과를 낳는다든가, 프로그램의 크기가 기억장치의 기억 용량을 초과했을 경우 등. (2) 레지스터에 있어서 오버플로의 결과 생기는 수를 이른다. ⇨ 언더플로.

오버행 (overhang) 《픽업》 픽업의 지지축 중심과 바늘 끝 및 턴테이블의 중심을 일직선으로 하였을 경우의 바늘 끝과 턴테이블 중심 사이의 거리를 이른다.

오버홀 (overhaul) 기계를 분해하여 점검하는 것을 뜻한다.

오브젝트 (object) 《계산기》 시스템을 구성하는 각 요소를 이른다. 오브젝트의 속성과 특성은 그 시스템에 있어서 정의되어 있다. 속성이란 오브젝트의 명칭, 형, 자격(capability), 값 등이다. 계산기 프로그램의 경우에는 오브젝트를 데이터 오브젝트와 수속 오브젝트로 구별한다.

오브젝트용 언어 (——言語, object oriented language) 어떤 작업(thing)을 하기 위한 프로시저가 하여야 할 작업의 기술에 의해 액세스되는 프로그래밍 언어. 로봇 공학 분야에서는 태스크용 언어(task oriented language)라고 한다.

오실로그래프 (oscillograph) 전류 또는 전압의 파형을 관측하기도 하고 기록하기도 하는 장치로서 전자식과 음극선식이 가장 많이 사용된다. 전자식은 NS의 자극 사이에 2개의 가는 인청 동선이 쳐 있고, 그 두 선에 걸쳐서 작은 반사경이 부착되어 있다. 선은 스프링으로 위 아래로 붙어 있고 고유 진동수는 1,000~6,000 Hz 정도이다. 선은 그 곳을 흐르는 전류에 의해서 흔들리므로 이 진동을 반사경에 의해서 이것과 동기적으로 회전하고 있는 회전거울 위에 상을 맺게 하면 파형이 정지(靜止)되어 보인다.

오실로그램 (oscillogram) 오실로그래프로 기록한 것을 이른다.

오실로스코프 (oscilloscope) 전기, 빛, 음향 등의 진동상태를 눈에 보이게, 또는 기록할 수 있게 한 장치이다.

OIS (office information system) 개개의 OA 기기에 의한 효율화와 속도 향상을 도모하는 것이 아니라 오피스 개념을 구성하는 정보 시스템 전체의 종합적인 효율화, 최적화를 꾀하는 방식을 이른다.

OR 게이트 (OR-gate) 많은 입력을 가진 게이트로서, 입력 신호에 따라 그 논리합 OR 연산을 한 출력을 부여하도록 만들어진 것이다.

오어 회로 (── 回路, OR circuit) ⇨ 논리합 회로.

OA 기기 (── 器機, devices and equipment for office-automation) 오피스 오토메이션과 관련하여 이용할 수 있는 모든 하드웨어 리소스인데, 현재 시장에서 입수할 수 있는 것으로는 다음과 같은 것이 있다. ① 각종 컴퓨터, 프로세서, 매입형 인텔리전스 등. ② 타이프라이터, 키보트, 프린터, 표시 장치, 레코더 등. ③ 파일, 자기 디스크(테이프), 마이크로 필름 장치, 사진, 광디스크 등. ④ 전화, 텔렉스, 팩시밀리, 전자 우편, 전자식 구내 교환기(EPBX), 로컬 에리어 네트워크(LAN) 등이 있다.

OF 케이블 (oil-filled cable) 케이블 내에 대기압 이상의 압력으로 절연유를 항상 충만시켜 밀봉한 방식의 케이블로, 40 kV 정도 이상의 고전압에 사용된다.

오염 (汚染, contamination) 방사성 물질이 원하지 않는 장소에 부착 또는 혼입하는 것을 이른다.

오염 제거 (汚染除去, decontamination) 방사성 물질에 의한 오염을 제거하는 것을 이른다.

오웬 브리지 (Owen bridge) 4개의 암을 가진 교류 브리지로, 미지 인덕터를 포함하는 암과 이웃한 암은 커패시터와 저항이 직렬로 된 것으로 구성되고, 미지 인덕터의 대항변은 제2의 커패시터이고 남은 제4의 암은 저항이다. 자기 인덕턴스를 커패시턴스와 저항에 의해 측정할 수 있다.

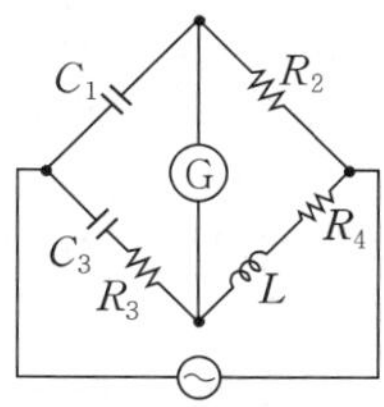

[오웬 브리지]

OEM (original-equipment manufacturer) 어떤 제조회사(A사)의 제품으로서(혹은 그 회사의 브랜드명으로) 발매하는 제품 또는 그 일부를 수주하여 A사에 납품하는 다른 제조 회사(B사)를 이른다.

오일 덕트 (oil duct) 예컨대 변압기의 철심 부분에 있는 냉각용 오일의 통로이다.

오일 링 (oil ring) 원통형 축받이의 윤활유를 축받이 면에 공급하여 주기 위하여 사용하는 황동제의 링이다.

오일 버너 (oil burner) 연료유 연소용의 버너를 이른다.

오일 시험용 콕 (── 試驗用 ──, oil sampling cock) 변압기 등의 케이스 밑부분에 콕이 있어서 그 콕에서 소량의 기름을 빼내어 그 변압기의 열화 정도를 시험한다. 이를 위한 콕을 이른다.

오일 필터 프레스 (oil filter press) 변압기유 안에 수분 또는 석출물(析出物)이 함유된 경우 그것을 제거하기 위한 장치로 전동 오일 펌프의 압력으로 오일을 여러 장의 흡수지를 통과하도록 하는 구조로 되어 있다. 석출물은 흡수지에 부착되고, 수분은 흡수지가 흡수한다.

오제 (auger) 전주 또는 지선의 구멍을 굴착할 때 사용하는 기계이다.

오제 효과 (── 效果, Auger effect) 원자가 여기된 에너지 레벨에서 낮은 에너지 레벨로, 방사를 수반하지 않는 대신 전자를 방출하여 천이하는 것. 예를 들면 전도대의 전자가 가전자대로 이동하는 동시에 에너지를 다른 자유 전자 또는 정공에 부여하는 것을 이른다.

㊟ 오제효과에서 광량자에 의해 원자로부터

방출된 전자를 오제 전자라고 한다. 이 전자는 대응하는 방사성 전이에서의 X선 광량자의 운동 에너지와 방출 전자의 결합 에너지의 차와 같은 에너지를 가지고 있다.

오존 발생기 (── 發生器, ozonizer) 공기 또는 산소의 무음 방전으로 산소를 오존으로 변화시키는 장치이다.

5중 2선 부호 (5中2選符號, two-out-of five code) 각 10진 디지트가 5개의 비트로 표현되지만, 그 표현에 있어서 2개의 비트는 1종류(예컨대 1)이고, 나머지 3개의 비트는 다른 종류(즉 0) 같은 것(⇨ 표). 이것은 에러 검출 능력을 가진 부호이다. 5에서 2를 취하는 부호이다.

10진수	2/5부호	10진수	2/5부호
0	11000	5	01010
1	00011	6	01100
2	00101	7	10001
3	00110	8	10010
4	01001	9	10100

오차 (誤差, error) 측정값에서 참값을 뺀 값을 뜻한다.

오차 곡선 (誤差曲線, error curve) 가로축에 눈금, 세로축에 오차를 취한 곡선을 이른다.

오테크 발전 (── 發電, ocean thermal energy conversion(OTEC) power generation) ⇨ 해양 온도차 발전.

오토다인 (autodyne, self-heterodyne) 헤테로다인 검파를 할 때에 그 검파하는 진공관 또는 트랜지스터를 동시에 발진작용까지도 겸하게 한 수신 방식을 이른다.

오토다인 수신 (── 受信, autodyne reception) 발진기와 믹서를 겸한 장치를 사용하여 헤테로다인 수신을 하는 수신법. 조작이 간단하고 감도도 좋지만 발진 주파수가 약간 불안정하기 때문에 전신의 비트 수신 등에 사용된다.

오토매톤 (automaton, automata) 입력에 대하여 응답(또는 출력)을 할만한 판단과 정보처리를 하는 자동 기계의 수학적 모델을 이른다. 모델은 일반적으로 몇 개의 부호로 된 입력과 출력 및 출력에 관여하는 내부 상태로 표현된다. 알고리즘과 시퀀스 동작의 학문적 체계가 되고 있다.

오퍼랜드 (operand) (1) 연산수. 연산되는 수로, 보통 명령 코드의 어드레스부에서 발견된다. (2) 연산의 대상이 되는 것. A+B라는 연산에서는 A를 제1오퍼랜드, B를 제2오퍼랜드라고 한다.

오퍼레이션스 리서치 (operations research, operational research) 수학적인 해석으로 매니지먼트에서의 보다 논리적인 예측과 결정을 가능하게 하는 수법의 총칭. 구체적으로는 선형(비선형) 계획법, 정보론, 대기론, PERT법, 몬테카를로법, 시스템 공학 등에 공통된 과학적 수법이 이용된다. 이에 의해서 문제에 대한 최적한 대응과 매니지먼트가 달성된다.

오퍼레이팅 시스템 (operating system) 약어 OS, 오퍼레이팅 시스템(OS)은 주변 장치까지 포함한 계산기를 효과적으로 사용하기 위해 유저에게 제공되는 소프트웨어로서, 유저 자신의 애플리케이션 소프트웨어와 구별하여 시스템 소프트웨어라고 하기도 한다. 유저는 하드웨어와 함께 이 시스템 소프트웨어가 서포트됨으로써 주변 장치의 복잡한 조작과 데이터 관리 등의 일에서 해방될 수 있다. 그러나 OS는 초기의 계산기처럼 매우 고가이므로 이것을 효과적으로 사용하기 위한 자원의 할당과 그 사용법, 다중 프로그램의 관리와 멀티 유저에 대한 대응 등, 주로 계산기에 적합한 작업에서 최근에는 유저의 생산성 향상(오버 헤드 작업의 감축)을 도모하기 위한 온갖 서비스의 제공으로 중점이 옮겨져 왔다. OS는 인터럽트 처리, 메모의 관리, 프로세스 스케줄링 등 계산기 하드웨어 조작과 관련되는 이른바 커넬 부분과 이것을 포함하여 유저에게 인터페이스하여 데이터(파일)의 관리, 작업 제어, 코맨드 언어에 의한 각종 유틸리티 처리 등의 서비스를 제공하는 슈퍼스트럭쳐로 구성되고, 유저는 다만 이 슈퍼스트럭쳐와 관련하여 그 서포트를 받는다. 퍼스널 컴퓨터에서 사용되는 DOS 등에서는 시스템 소프트웨어 외에 텍스트 에디터, 디버그/트레이스, 카피 등의 각종 유틸리티, 인터프리터·컴파일러 등의 번역 루틴 등도 애플리케이션 프로그램과 함께 커넬을 호출하여(시스템 콜이라고 한다) 그 처리를 받도록 되어 있다.

계산기의 사용 환경, 유저의 계산기에 대한 어프로치 방법(배치처리, 회화형, 실시간 처리 등), OS의 대응(TSS, 포어그라운드와 백그라운드의 사용 구분, 다중 처리 등) 등에 따라 OS의 구체적 내용도 다양하므로 간단한 설명은 불가능하다.

오프 노멀 (off-normal) 정위치를 가진 선택 기구가 정위치를 벗어나 있는 것을 이른다.

오프 노멀 스프링 (off-normal spring) 자동 교환용 선택기의 오프 노멀 기구에 의해서 동작하는 접점 스프링이다.

오프 노멀 접점 (── 接點, off normal contact) 자동 교환용 선택기의 오프 노멀 기구에 의해서 동작하는 접점을 이른다.

오프 마이크 (off-mike) 마이크를 정상 위치에서 멀리 하는 것을 이른다. ⇔ 온 마이크(on-mike).

오프 피크 부하 (── 負荷, off-peak load) 피크 시간 이외의 부하이다.

오프 피크 전력량 (── 電力量, off-peak energy) 공급자가 규정하는 경부하 시간 내에 공급되는 전력량을 뜻한다.

오피스 오토메이션 (office-automation) 약어 OA, 각종 정보처리와 관리, 전송, 기록의 분류·보존·검색과 같은 업무에 계산기에 의한 대용량 정보 기억능력과 고속도의 연산처리, 검색, 번역 등의 기능 등이 도입되게 되어 오피스 오토메이션이라 불리우는 기업 내 정보의 자동화 관리 환경의 정비활동이 활발하게 이루어지게 되었다. 정보에는 이른바 부호 정보와 함께 비부호화 정보, 예를 들면 이미지 정보도 부가되는 경향이 있는데, 다만 이들 데이터/텍스트와 이미지만으로는 그것을 다루는 기기와 정보 속도 등이 상당히 다르고, 2종 정보의 변환(문자의 인식과는 반대로 문자의 조립) 기술에도 문제가 남아 있다.

옥내 배선 (屋內配線, interior wiring, house wiring) 건축물 내에 시설하는 전선 또는 그것을 지지 또는 보장(保藏)하는 공작물을 이른다.

옥내 변압기 (屋內變壓器, indoor transformer) 옥내에 설치하여 사용하는 변압기를 이른다. 즉 비 바람에 맞을 염려가 없으므로 구조상 옥외용 보다도 간략하게 된다. 단, 옥내에서는 화재를 반드시 피하지 않으면 안되므로 건식(乾式) 또는 무연성유(無燃性油)를 사용한 것이 바람직한 경우가 있다.

옥내 변전소 (屋內變電所, indoor substation) 주요 설비가 옥내에 설치되어 있는 변전소를 이른다.

옥내 선 (屋內線) (1) interior wire 옥내 배선에 사용하는 선. (2) substation wire《전화》 일반적으로 가입자 옥내의 전화기 가설에 사용하기 위한 것으로, 편조(編組) 고무선, PVC선 등이 주로 사용된다.

옥내 설치 (屋內設置, indoor location) 기기 등을 옥내에 설비하는 것을 말한다.

옥내 조명 (屋內照明, interior illumination, interior lighting) 옥내를 조명하기 위한 시설로, 옥외의 조명과 다른 점은 광원이 눈에 가깝기 때문에 눈부심에 대한 배려가 한층 더 필요하다. 또 조도 분포가 고르게 되어야 한다. 광원은 비교적 낮은 용량으로 하고, 등의 수를 많이 해야 하며, 실내 각 면에 의한 반사를 이용해서 조도 및 광속 발산도의 분포 상태를 개선하고 조명의 효율을 높일 수 있어야 한다.

옥내 케이블 (屋內 ──, house cable) 옥내 배선에 사용되는 케이블이다.

옥내 회로 (屋內回路, interior circuit) ⇨ 옥내 배선.

옥사이드 필름 피뢰기 (── 避雷器, oxide-film arrester) 밸브형 피뢰기의 일종. 셀(cell) 내에 과산화납의 분말을 채운 것. 셀의 전극관 안쪽의 바니시 막의 약점을 과산화납의 분해 생성물인 일산화납으로 막는다. 충전 방전은 이 일산화납층(一酸化鉛層) 부분에서 행하여 진다.

옥외 가선 (屋外架線, outside wiring) 전력을 공급하기 위하여 발·변전소로부터 수용가에 이르는 동안, 또는 전화국에서 각 가입자에 이르기까지에 가설되는 전선의 총칭. 전선 배치의 형식으로 분류하면 가공식과 지중식이 있다.

옥외 공중선 (屋外空中線, outdoor antenna) 옥외에 가설하는 공중선. 옥내 공중선에 대응해서 사용된다.

옥외 배선 (屋外配線, outside wiring) ⇨ 옥외 가선.

옥외 변압기 (屋外變壓器, outdoor transformer) 옥외에 설치하는 것으로서, 비바람을 맞아도 지장이 없는 구조의 변압기를 이른다.

옥외 변전소 (屋外變電所, outdoor substation) 설비의 대부분이 옥외에 설치되어 있는 변전소를 이른다.

옥외 설치 (屋外設置, outdoor location) 가입자 보안기는 옥외와 옥내에 설치되는 것이 있는데, 옥외 설치란 그런 종류의 것을 이른다.

옥외 조명 (屋外照明, exterior illumination, exterior lighting) 옥외, 즉 지붕이 없는 장소의 조명. 조명 기구가 비바람을 맞게 되고, 또 설치하기 위해서는 기둥이나 탑 등이 필요한 점이 옥내와 다르다. 대부분의 경우 조도 계산을 할 때 주위의 반사를 고려하지 않아도 된다.

옥외 철구조 (屋外鐵構造, outdoor structure) 도선, 기기 등을 지지하기 위해서 옥외에 설치되는 철강제의 구조물을 이른다.

옥탈 베이스 (octal base) 주로 GT관이나 금속관에 사용되는 다리가 8개인 베이스로서, 중앙에 가이드가 있다. 8개가 다 필요 없을 경우에는 적당히 줄인 것도 있으나 상대적 배치는 변하지 않는다.

온 더 플라이 인자 장치 (—— 印字裝置, hit-on-the fly printer) 활자가 이동하면서 인자하는 구조의 임팩트 프린터이다.

온도계 (溫度計, thermometer) 온도를 측정하는 계기의 총칭. 그 종류로는 팽창식(알코올, 수은 온도계), 전기식(열전대형, 저항형), 광학식(광 고온계) 등이 있다.

온도 계수 (溫度係數, temperature coefficient) 어떤 값의 온도 1 deg의 변화에 대한 변화율. 예를 들어 저항률, 유전율, 점도(粘度) 등의 온도 1 deg의 변화에 대한 변화율은 각각 그 온도 계수로 정해진다.

온도 계전기 (溫度繼電器, temperature relay) 예정된 온도에서 동작하는 계전기이다.

온도 동조 (溫度同調, thermal tuning) 《클라이스트론》 클라이스트론의 공진 주파수를 변화시킬 때 그 공동을 전열로 가열하고, 팽창을 이용해서 발진 주파수를 변화시키거나 주파수의 자동 안정화에 이용하는 방법이다.

온도 방사 (溫度放射, temperature radiation) 높은 온도의 물체에서 전자파를 방사하는 것. 온도가 다른 두 물체 간에는 높은 온도의 것에서부터 낮은 온도의 것으로 에너지의 흐름이 있다. 특히 1,000℃ 전후를 넘는 물체에서는 이것이 현저하고, 방사되는 전자파도 가시 범위(可視範圍)의 것을 포함하게 된다. 보통 물체의 온도 방사의 모양은 흑체(黑體) 방사에 가까운 것이 많다.

온도 보상형 정전압 다이오드 (溫度補償形定電壓——, temperature compensated VR diode) 낮은 전압의 전압 기준 다이오드의 항복 전압의 온도계수 K_T의 마이너스 값을 가지고 있고, 또 높은 전압의 것은 플러스의 온도계수를 가지고 있다. 온도에 의한 항복 전압의 변화를 감소시키기 위하여 다음의 대책을 강구한다. ① 다이오드를 정온조 안에서 동작시킨다. ② 온도계수 K_T가 플러스, 마이너스의 디바이스를 조합하여 전체로서 $K_T \fallingdotseq 0$이 되도록 한다. ③ 기준 장치의 제조 단계에서 온도보상 수단을 강구해 둔다.

온도 상승 (溫度上昇, temperature rise) 기기를 동작시킴으로써 주위 온도보다 상승한 온도를 이른다.

온도 시험 (溫度試驗, heat test, temperature test) 전기 기기를 정격 상태로 운전하여 기기 각부의 온도 상승을 살피기 위한 시험. 이 온도 상승이 규정 한도를 넘지 말아야 한다. 부하 방법으로는 실부하법, 등가 부하법 등이 있다.

온도 역전 (溫度逆轉, temperature inversion) 하층 대기 안에서는 일반적으로 온도는 높아짐에 따라서 차차 저감(低減)하지만 기상 상태에 따라서 어떤 높이까지는 높이에 따라 온도가 상승하는 일이 있다. 예컨대 야간에 대지가 식어서 지표 가까운 곳의 온도가 내려가는 일이 있다. 이와 같은 현상을 온도 역전이라고 한다. 이러한 현상이 일어나면 덕트를 형성하는 일이 있다. 온도 역전의 종류는 크게 나누어 앞에서 지적한 야간 역전, 이류성 역전(移流性逆轉), 침강성 역전(沈降

性逆轉)이 있다.

온도 잡음 (溫度雜音, temperature noise) 모든 저항체(도체를 포함)는 그 종류에 상관없이 그 자체의 절대 온도에 비례한 잡음을 발생한다 그 잡음을 온도 잡음이라고 한다. 이 잡음의 평균값은 $e^{-2}=4KTRB$로 나타낸다. 여기서, T는 절대온도, K는 볼츠만 상수, R은 저항값, B는 측정기의 밴드 폭이다.

온도 특성 (溫度特性, temperature characteristic) 온도 변화로 인해서 생기는 특성의 변화를 이른다. 예컨대 형광등 광도의 온도 특성, 계기오차의 온도로 인한 변화, 또는 절연물체, 저항선 등의 저항의 온도 특성 등이 있다.

온도 퓨즈 (溫度——, thermal fuse) 일종의 퓨즈이지만 통전으로 인한 발열 때문에 용단하는 것이 아니고 주위 온도가 규정값을 초과함으로써 용단하는 것, Sn 58, Bi 30, Pb 12로 조성된 것이 많고, 용단 온도(℃)는 100, 110, 120, 130 등이 있다.

온라인 (online) 주어진 장치에 관하여, 이 장치를 제어함으로써 동작하는 다른 장치 혹은 주어진 장치에 작용하여 직접 데이터를 수수하는 다른 장치에 대하여 사용되는 용어로서, 직결이라고도 한다. 직결된 두 장치 간에 데이터를 전송하는 과정에서 인력의 개입은 불필요하다. 예를 들면 프린터와 같은 단말 장치가 중앙 처리장치(CPU)에 의해서 제어되거나 혹은 CPU에 작용하여 데이터를 수수하고 있는 상태를 이른다. ⇔ 오프 라인.

㈜ 온라인은 중앙 처리장치와 원방 단말기가 물리적, 전기적으로 결합되어 데이터를 곧바로 수수할 수 있는 상태이지만 반드시 실시간 처리하는 것을 조건으로 하고 있지는 않다. 실시간 처리를 하고 있는 경우는 온라인 리얼타임(on-line real-time)이라고 한다.

온라인 금전 출납 시스템 (—— 金錢出納 ——, on-line teller system) 예금 계정과 차입금 계정의 트랜잭션이 이 시스템에 의해 매우 단시간에 처리될 수 있는 온라인의 금전 출납 시스템을 이른다. 은행 창구의 출납계 조작 단말기는 중앙의 계산기와 온라인의 고속 파일에 접속되어 있어 실시간적인 트랜잭션 처리가 이루어진다.

온라인 기억장치 (—— 記憶裝置, online storage) CPU의 직접 제어 아래 것에 놓여진 (따라서 직접 CPU에 액세스할 수 있다.) 기억 장치를 이른다. 카드 판독 장치의 입력 호퍼에 있는 카드 디크는 온라인이지만 파일 캐비닛에 수용되어 있는 카드 등은 오프라인 기억장치(offline storage, self storage)이다.

온 마이크 (on-mike) 정상 위치에서 수음(收音)하는 것을 이른다. ⇔ 오프 마이크(off-mike).

온 오프 제어 (—— 制御, ON-OFF control, maximum-effort control, bangbang control) 대표적인 비직선 제어로, 제어계에서의 오차 e(기준 입력에서 출력을 뺀 값)의 정, 부에 따라 제어 장치가 $u=(e/|e|)$ u_{max}로 주어지는 최대의 제어력 u를 부여하도록 되어 있는 것. 서모스탯에 의한 온도 제어 등이 그 예이다.

옴(Ω) (ohm) 저항 또는 임피던스의 단위. 저항에 1A의 전류가 흘렀을 때 1V의 전압 강하가 발생하는 저항값이다. 기호는 Ω이다.

옴계 (—— 計, ohmmeter) 전기 저항을 측정하기 위한 지시 계기. 가동 코일 비율계형 또는 가동 코일형 계기를 사용하며, 눈금은 옴으로 매겨져 있다. 자장(自藏)한 직류 전원으로 측정한다. 높은 저항을 측정하는 것은 메거(절연 저항계)라 하고, 눈금은 매그옴으로 매겨져 있다.

옴 계전기 (—— 繼電器, ohm relay) 거리 계전기의 일종. 계전기의 입력 전압. 전류에서 얻어지는 임피던스와 위상각에 의해 거리를 판단한다. 동작 조건은 $Z\cos(\theta-\alpha)=K$로 주어

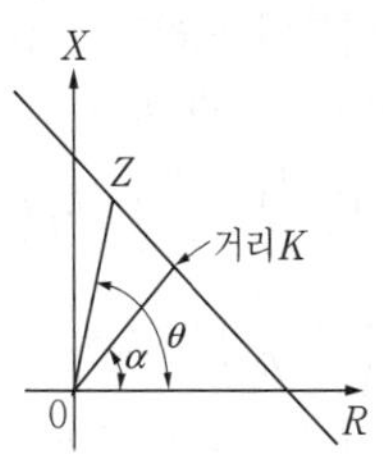

[옴 계전기의 동작 특성]

진다. 여기서 K, α는 상수, θ는 전압과 전류 간의 위상 차이다.

옴의 법칙(――法則, Ohm's law) 회로의 저항 R에 흐르는 전류 I는 저항의 양단에 가해진 전압 E에 비례하고 저항 R에 역비례한다는 법칙. 이 법칙은 직류나 교류 모든 회로에 적용되지만 비직선 회로에는 적용되지 않는다. 교류 회로의 경우는 R 대신에 임피던스를 사용하고 전압, 전류는 순시값, 실효값, 최대값 모두 상관 없다.

옴 저항(――抵抗, ohmic resistance) 저항체를 갖는 저항이 옴의 법칙에 따라 저항을 나타내는 경우를 이른다.

옴 접촉(――接觸, ohmic contact) (1) 순저항성의 접촉을 이른다. 즉 동작 범위 전체에 걸쳐 그 전압-전류 특성이 직선 비례 관계를 가지고 있는 접촉. (2) 《반도체》 두 재료의 접촉부에서 그 전압 강하가 그 곳을 흐르는 전류에 직선 비례하는 경우의 접촉을 이른다. 전압의 극성에 따라 그 곳을 흐르는 전류의 크기가 다른 것 같이, 즉 정류성은 없다.

옵셋(offset) (1) 제어계에서, 소망하는 출력 상태와 실제 출력상태의 차이의 정상값. 잔류 편차라고도 한다. 피드백 제어계에서 옵셋은 계에 고유한 성질이다. (2) 어떤 파형의 기준 레벨이 제로 레벨과 다른 경우에 이 두 레벨의 차를 말한다. (3) 트랜스듀서의 입력과 관계가 없는 일정한 오차 출력이지만 가끔 바이어스 출력을 의미하는 수도 있다.

㈜ 그림과 같은 연산 증폭기에서 I_B는 평균 바이어스 전류이고 I_{OS}는 바이어스 전류의 옵셋이다. 또 V_{OS}는 옵셋 전압, 즉 입력 신호 V_S가 없을 때에 출력측에 발생하는 전압 V_{out}을 입력측으로 환산한 것이다. V_{OS}, I_{OS} 모두 온도와 더불어 드리프트 한다. 신호 입력이 없을 때($V_S=0$)의 출력 전압은

$$V_{\text{out}} = V_{OS}\left(1+\frac{R_f}{R_1}\right)+R_f I_B - \left(1+\frac{R_f}{R_1}\right)R_2(I_B+I_{OS})$$

이지만, 만약 $R_2 = R_1 R_f / (R_1 + R_f)$가 되도록 R_2를 선정하면 앞의 식은 다음과 같이 되어 I_B에 무관하게 된다.

$$V_{\text{out}} = \left(1+\frac{R_f}{R_1}\right)V_{OS} - R_f I_{OS}$$

(4) 거리 계전기에 있어서 계전기의 기본적인 동작을 부여하는 R-X 선도상의 위치에서의 동작 특성의 엇갈림. (5) 송전선의 3상을 철탑에 현가할 때 상, 중, 하의 각 선을 수평방향으로 상호 어긋나게 하는 그 거리를 이른다. (6) 퍼텐쇼미터의 슬라이더가 제로 출력 위치로 회전했을 때 남는 잔류 저항. 끝저항 옵셋이라고도 한다.

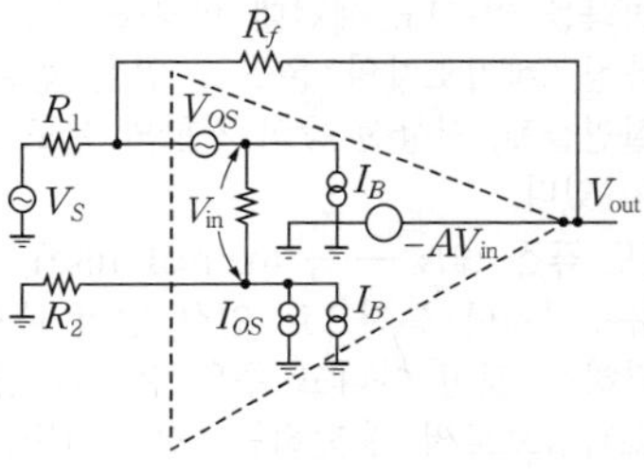

[옵셋]

옵셋 캐리어 방식(――方式, offset carrier system) 동일 채널 주파수로 방영되는 두 텔레비전 전파가 지역에 따라 간섭이 생겨 화면이 흐트러지는, 즉 동일 채널 방해를 해소하기 위해 두 송신국의 반송 주파수를 선주파수의 $(n+1/2)$배로 하는 것. 다만 n은 플러스 정수로 한다.

㈜ 방송국이 둘 이상인 경우에는 선주파수의 2/3, 4/3의 옵셋 주파수를 사용한다.

옵토 일렉트로닉스(optoelectronics) (1) 광학과 일렉트로닉스 양자에 관계된 디바이스의 개발 및 그 응용에 관한 과학 기술분야. 광전 공학이라고도 한다. (2) 광학 현상과 전자기 현상의 두 현상을 이용하여 정보를 수집, 처리 또는 전달하는 것과 관련한 기술 또는 공학이다.

옹스트롬(ÅngstrÖm) 길이의 실용 단위로 기호는 [Å]이다. 1[Å]은 10^{-10}m(100억분의 1 m)이다. 길이가 매우 짧으므로 빛의 파장 등에 쓰인다.

와권 도파관(渦捲導破管, coiled wave guide) 나선형으로 도선을 감은 마이크로파용 전송로로, 그 바깥 쪽에는 그림과 같은 높은 저

항 물질의 원통을 씌운 것이 많다. 보통 원형 도파관과는 달리 내부의 전자계는 도선을 따라서 나선형으로 비틀려서 전파하여 일종의 낮은 속도 회로를 구성한다. 밀리파를 원형 도파관으로 전송할 경우의 모드 필터로 유력하다. ⇨ 모드 필터(mode filter), 저속파 회로(slow wave circuit).

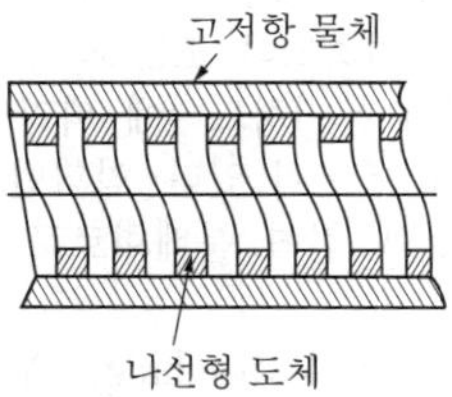

[와권 도파관]

와권 비스무트 선 (渦捲──線, bismuth spiral) 비스무트는 자계의 세기에 따라 그 전기 저항이 변화하므로 그 성질을 이용하여 자계의 세기를 측정하는 데 이용한다. 순수한 비스무트 선을 무유도성으로 소용돌이 모양으로 감은 것이다. 측정할 때에는 온도로 인한 영향을 조심해야 한다.

와권 수차 (渦捲水車, spiral water turbine) 케이싱이 와권으로 된 수차이다.

와권 주사 (渦捲走査, spiral scan) 레이더 등에 있어서, 브라운관의 주사를 나선형으로 하는 것. 즉 안테나의 최대 방사 방향이 나선형으로 나타난다.

와권 차실 (渦捲車室, spiral casing) 물이 수압관에서 수차로 들어갈 때의 통로인 수차 케이싱이 와권형으로 된 것을 이른다.

와그너 접지 (──接地, Wagner ground) 교류 브리지와 함께 사용되며, 높은 임피던스를 측정하는 경우의 표유 커패시턴스에 의

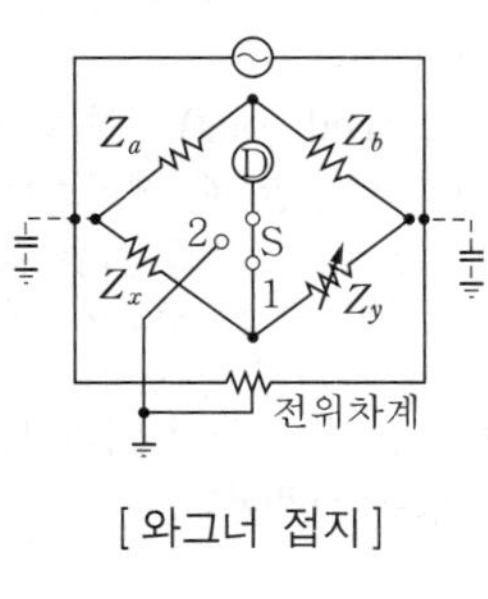

[와그너 접지]

한 오차를 최소로 하기 위한 것. 브리지 공급 전원에 병렬로 전위차계를 접속하고, 그 가동 탭을 접지함과 동시에 탭 점이 브리지의 검출회로와 같은 전위가 되도록 탭 위치를 조정한다. 이렇게 하여 검출회로는 영 전위로 되어 표유 커패시턴스의 영향이 검출회로에 미치지 않는다.

와류 버너 (渦流──, turbulent burner) 연료가 버너에서 분출되어 노 속에 들어갈 때 고정 날개 또는 회전 날개에 의해서 와류를 형성하여 연료와 공기의 혼합을 좋게 해서 완전 연소가 되게 하는 구조의 버너이다.

Y 결선 (──結線, Y-connection) 3상 방식의 결선의 하나. 각 상의 기점(起点)을 한 곳에 결합하여 Y형으로 한 결선을 이른다.

와이어 드로잉 (wire drawing) 예컨대 가는 동선을 제조할 때에는 홈통이 있는 롤에 걸어 거친 선으로 압연한 것을 상온에서 베이스를 통하여 가는 선으로 만든다. 이것을 와이어 드로잉이라고 한다.

와이어랩 접속 (──接續, wirewrap connection) 납땜하지 않는 전선 접속법으로, 나권선을 날카로운 각을 가진 장방형 단자에 전동 또는 수동 공구로 장력을 주면서 감아 붙이는 방식이다.

와이어 로직 (wired-logic) TTL NAND 게이

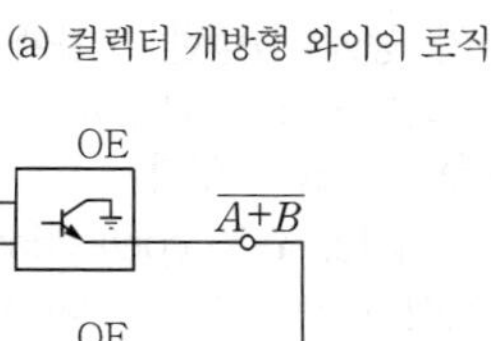

(a) 컬렉터 개방형 와이어 로직

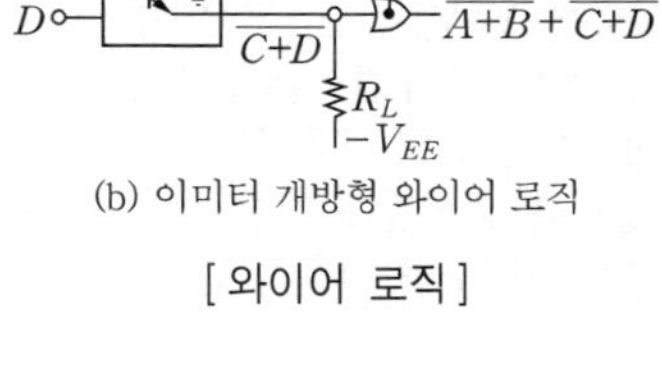

(b) 이미터 개방형 와이어 로직

[와이어 로직]

ㅇ

트나 I^2L 게이트는 컬렉터 개방상태(OC)로, 즉 풀업 저항 없이 공급되는 수가 많다. 이러한 게이트를 복수 개 그 출력단에서 접속하고, 이것을 전원에 대하여 공통의 풀업 저항을 통하여 접속하는 따위의 사용법으로서, 전체로서의 논리 동작은 개개의 게이트 출력의 AND 접속과 등가하다. 마찬가지로 ECL NOR 게이트도 이미터 개방상태(OE)로 공급되고, 이들 복수의 ECL을 적당한 공통 풀다운 저항으로 와이어 접속함으로써 전체로서 개개 게이트의 OR 접속과 등가한 동작을 한다.

와이어리스 본딩 (wireless bonding) 반도체 칩을 그 기판 위에 와이어를 사용하여 외부 접속하는 와이어 본딩법과 대비되는 것으로, 와이어 이외의 다른 접착법을 사용한 것. 플립 칩법, 빔 리드법 등이 있다. ⇨ 플립 칩 본딩.

와이어 본딩 (wire bonding) 반도체 펠레트의 전극부와 리드 프렘 또는 스템 위에 설치한 도체층 사이를 가는 금이나 알루미늄의 선으로 접속하는 것으로, 열 압착과 초음파 본딩법이 사용된다. ⇨ 플립 칩 본딩, 빔 리드.

와이어 브러시 (wire brush) 가는 선을 짜 맞춘 브러시로, 인쇄 전신기의 디스트리뷰터에 사용된다.

와이어 스프링 계전기 (—— 繼電器, wire spring relay) 접점 스프링에 굵기 및 성능이 균일한 가는 선을 써서 자로(磁路) 및 접점 스프링의 구동방법을 개량하여 속동(速動), 고감도, 낮은 소비전력, 무조정, 장수명 등의 고성능 계전기이다. 공통 제어식 크로스바 자동 교환기 등에 적당한 전자계전기인데, 미국 벨 전화연구소가 실용화한 것이지만 이제는 사용되지 않고 있다.

Y-Y 결선 (—— 結線, Y-Y connection) 변압기의 3상 결선의 일종. 1차와 2차 모두 성형(星形)으로 한 것을 말한다. 3상 결선의 기본형으로서 Y-Y, Δ-Δ, Y-Δ 및 Δ-Y의 4종이 있으며, Y-Y결선은 3차 Δ결선을 둔 Y-Y-Δ 결선으로 사용되는 경우가 많다. Y-Y 결선은 중성점을 접합할 수 있는 이점이 있으며, 제3조파 전류가 선로에 흐르므로 통신선에 유도 장해를 줄 염려가 있다.

Y 접속 (—— 接續) (1) Y-connection ⇨ Y 결선. (2) Y-splice 케이블을 두 방향으로 분기하는 경우에 사용하는 접속방법. 접속부가 Y형으로 되어 있다.

Y 접합부 (—— 接合部, Y-junction, Y-section) 도파관의 분기회로의 하나로, Y자형의 분기를 가진 접합부를 말한다. 전계 E가 포함된 면 내에서 분기하느냐 또는 자계 H에 평행한 면 내에서 분기하느냐에 따라 E분기와 H 분기의 두 종류가 있다. 임피던스 정합용의 스텁회로와 전력 분배회로로 사용된다. ⇨ E 분기.

Y 정합 (—— 整合, Y-matching) Y 접합부를 사용하여 임피던스 정합을 취하는 것을 말한다. ⇨ Y-접합부, T 정합.

Y 종 절연 (—— 種絶緣, class Y insulation) 허용 최고 온도 90℃에 충분히 견디는 재료로 구성된 절연을 이른다. 예컨대 무명, 명주, 종이 등의 재료로 구성된 바니시류를 합침하지 않고 또는 기름을 먹이지 않는 것을 이른다.

Y 지선 (—— 支線, Y-stay) V 지선이라고도 한다. 넓은 범위에 걸쳐 장력(張力)을 받을 경우 또는 특히 강한 장력을 받는 전주에 사용되는 지선으로, V 또는 Y형을 이른다.

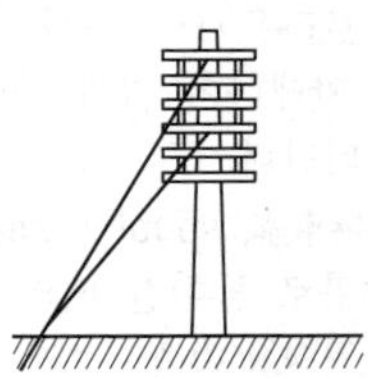

[Y 지선]

Y 판 (—— 板, Y cut, parallel cut)《수정》 수정의 Y축에 직각으로 끊어 낸 얇은 판. X 축에는 평행이 된다.

와이프 조인트 (wiped joint) 연피 케이블을 접속하기 위해 납땜할 때 페이스트 모양으로 녹은 땜납을 몰스킨으로 직접 대면서 정형하는 납땜 방법. 녹은 땜납에 직접 닿기 때문에 고도의 숙련이 필요하다. 소요되는 기구가 간단하므로 주상(柱上)에서나 맨홀 안에서의 작업에 사용된다.

와전류(渦電流, eddy current) 도체 내부에 자속 변화로 인하여 유도되는 전압에 의해 흐르는 전류. 변압기의 권선이나 철심에 발생하는 와전류는 여자전류의 일부이므로 변압기 손실의 하나라 생각할 수 있다. 발견자의 이름을 따서 푸코 전류라고도 한다.

와전류 브레이크(渦電流——, eddy current brake) 회전체의 축에 직결한 금속판을 자계 중에서 회전시켜 그 금속판에 생긴 전류에 의해서 제동하는 장치를 이른다.

와전류 손(渦電流損, eddy-current lose) 와전류에 의한 전력 손실을 와전류 손이라 한다. 전기 기기의 와전류 손이란, 철심 중에서의 전류에 의한 손실이 대부분이고 도체 중 또는 구조부의 금속부 내에 생기는 와전류 손은 표유 손(漂遊損)에 포함시킨다.

와트(W)(watt) 일의 율(전력, 동력, 열류 등)의 실용 단위. 1초 동안에 1줄의 일을 하는 것을 1와트라고 한다. 10^3 와트를 킬로와트 [kW], 10^6 와트를 메가와트 [MW], 10^{-3}와트를 밀리와트 [mW]라고 한다.

와트 수(——數, wattage) 전기 기구 등에 소비되는 와트 수이다.

와트 시(——時, watt-hour) 전력량의 실용 단위로, 와트 수와 시간의 곱으로 표시된다. 예컨대 100 W의 전구를 1시간 사용하면 100 Wh의 전력량을 소비한 것이 된다. 또한 1 J은 1Ws 이므로 1Wh는 3,600 J과 같다.

와트시 효율(——時效率, watt-hour efficiency) 축전지에서 와트시 출력의 와트시 입력에 대한 비율을 %로 나타낸 것. 충방전 중의 단자 전압의 평균값을 각각 E' 및 E라 하고, 전류, 시간을 각각 I', t', 및 I, t라고 하면 효율은 $(EIt/E'I't')\times 100\%$이다.

왁스(wax) 이것은 고급 지방산과 고급 1가 알코올과의 에스테르를 이른다. 일반적으로 외관상 납(蠟)모양으로 되어 있는 물질을 지칭한다.

왁싱(waxing) 전기 부품의 절연성을 좋게 하고 또 습기의 침입을 막기 위하여 가열 융해된 납(蠟 : 목적에 따라서 각종 납을 사용한다) 속에 담가서 납을 부착시켜 부품을 보호하는 것. 콘덴서, 코일, 케이블 등에 널리 사용된다.

완동 계전기(緩動繼電器, slow-acting relay, slow-operating relay, time delay relay, time lag relay) 계전기의 동작 전류를 가하고부터 접점이 개폐할 때까지 어느 시간을 요하는 구조의 계전기이다.

완목(腕木) (1) blade, semaphore 그 형상, 착색 및 위치에 따라서 신호를 표시하기 위한 신호기의 기둥 위에 부착된 장방형 판. (2) arm, crossarm, wooden crossarm 전선, 애자를 부착시키는 횡목. 2선용, 4선용, 6선용, 8선용 등이 있다.

완목 신호기(腕木信號機, semaphore signal) 장방형 판을 완목으로 주상(柱上)에 부착하여 주간에는 암의 형상, 착색 및 위치에 의해서 신호를 나타내고, 야간에는 등광(燈光)의 색깔로 신호를 표시하는 것을 이른다.

완복 계전기(緩復繼電器, slow releasing relay) 복구가 더딘 계전기를 이른다.

완연선(緩燃線, slow-burning wire) 전선의 피복에 불이 붙어도 완만하게 타는 전선의 총칭. 절연 전선의 편조(編組)에 내화성(耐火性) 혼합물(예컨대 페인트, 염화 나프탈린)을 사용한 것이다.

완전 단락(完全短絡, dead-short-circuit) 전로 중의 두 점이 저항이 극히 작은 도체로 연결된 상태를 이른다.

완전 방사체(完全放射體, full radiator, perfect radiator) 입사하는 모든 방사를 완전 흡수하는 물체. 이와 같은 물체는 어떤 온도에서 평형 상태에 있을 때 그 온도로 결정되는 최대량의 방사를 하고 있다. 흑체라고도 한다.

㊟ 일정 온도로 유지된 공동의 불투명한 내벽은 그 곳에 투사하는 모든 에너지를 흡수하고 그것을 또 전부 방사하고 있다. 따라서 같은 온도로 이루어지는 다른 모든 온도 방사체와 비교하여 주파수 스펙트럼 전역에 걸쳐 최대의 방사 발산도를 가지고 있다. 가시역에서는 거의 방사를 하지 않는 저온의 경우(그러므로 광원은 아니다)에도 완전 방사체로서의 위의 성질은 변하지 않는다.

완전 변조(完全變調, complete modulation) 반송파를 변조하는 경우 변조의 깊이를 점차 깊게 하여 변조파의 최대 진폭과 반송파의 진폭이 같게 되었을 때, 즉 100% 변조한 때를 완전 변조라고 한다.

완전 접지 (完全接地, dead earth, dead ground) 접지 저항이 극히 낮아 저항값을 0으로 간주할 수 있을 정도의 접지를 이른다.

완전 지기 (完全地氣, dead earth)⇨ 완전 접지.

완전 확산 (完全擴散, complete diffuser) 모든 방향으로 동일한 휘도를 방사한 광속을 다시금 반사하여 물체상을 전혀 형성하지 않는 상태로 하는 확산을 이른다.

완전 확산면 (完全擴散面, perfect diffuser) 모든 방향으로 동일한 휘도를 가진 반사면 또는 투과면. 균일 확산면이라고도 한다. 특히 반사율 또는 투과율이 1인 이상적인 경우를 완전 확산면이라 하기도 한다.

완전 흑체 (完全黑體, perfectly black body) 입사하는 방사를 남김 없이 흡수하는(흡수율=1) 물체. 완전 흑체 방사는 람베르트의 여현 법칙에 따른다. 즉 전 발산능(發散能)은 슈테판-볼츠만의 법칙에, 온도의 분광분포는 플랑크의 법칙에 따른다. 방사선을 통하지 않는 온도가 고른 주벽(周壁)으로 둘러싸인 공간을 만들고 그 주벽의 일부에 작은 구멍을 뚫으면 이 방사는 흑체 방사에 가깝다.

완철 (腕鐵, arm, crossarm, steel crossarm) 전선 등을 지지하기 위하여 전주의 상부 가까이에 직각으로 붙어있는 앵글 스틸을 이른다.

완충 관 (緩衝管, buffer tube, buffer valve) 발진관 다음에 삽입하여 후단 회로의 상황에 따라 발진 주파수가 영향을 받는 것을 막는 역할을 하는 전자관을 이른다.

완충 증폭기 (緩衝增幅器, buffer amplifier) 완충 회로로 사용되는 증폭기. 이것은 증폭기의 단방향성을 이용하는 것으로, 주발진기와 변조기 또는 전력 증폭기와의 중간에 삽입되는 경우가 많다. ⇨ 완충회로(buffer circuit), 단방향성 회로망.

완충 축전지 (緩衝蓄電池, buffer battery) 부하 회로(전원 회로)에 병렬로 접속하여 부하가 갑자기 변화하는 경우에 그 변동분을 흡수하여 안정된 운전을 하기 위한 축전지를 이른다.

완충 회로 (緩衝回路, buffer circuit) 두 회로 Ⅰ·Ⅱ를 종속 접속하는 경우 후단의 회로 Ⅱ가 전단의 회로 Ⅰ에 반작용을 끼치지 않도록, 양자의 중간에 삽입하는 회로를 이른다. 이 목적을 위해서는 단방향성의 회로를 사용할 필요가 있으므로 보통 4단자 회로에서는 진공관(전자관)을, 또 마이크로파 회로에서는 페라이터를 이용한 자이레이타가 사용된다. 단방향성 회로가 얻어지지 않는 경우에는 약 10 dB 정도의 감쇠기를 완충용으로 사용하는 경우도 있다. ⇨ 단방향성 회로망(unilateral network), OR회로(계산기).

완화 곡선 (緩和曲線, transition curve)《철도》 열차가 직선에서 곡선으로 들어갈 때는 심하게 동요한다. 이것은 곡률 반경이 무한대에서 급변하기 때문이며, 이것을 막기 위하여 곡선과 직선 사이에 삽입하는 곡선을 완화 곡선이라 한다.

외란 (外亂, disturbance) 《자동제어》 제어계의 상태를 바꾸려는 외적 작용이다.

외래 잡음 지수 (外來雜音指數, external noise factor)《전파 전파》 외부 잡음 강도를 합리적으로 표현하기 위하여 내부 잡음에 관한 잡음 지수와 같은 이론을 도입한 것으로, 다음과 같이 정의된다. 즉, P_{an}을 외래 잡음 전계 내에 두어진 무지향성 안테나의 유능 전력이라고 하면 외래 잡음지수 $\overline{EN}$은 $\overline{EN}=\dfrac{P_{an}}{KTB}$ 이다. 여기서, K는 볼츠만 상수, T는 절대 온도, B는 대역폭[Hz].

외부 궤환형 (外部饋還形, external feedback type, self excitation type)《자기 증폭기》 자기 증폭기에서 출력의 함수인 제어 자화력을 출력 권선과는 따로 마련한 궤환 권선을 통하여 가해줌으로써 증폭 작용을 하는 회로 방식을 이른다.

외부 도체 (外部導體, outer conductor)《동축 케이블》 동축 케이블의 바깥쪽 도체를 이른다.

외부의 Q (外部——, external Q) 공진회로에 외부 부하를 가한 경우 Q가 변화한다. 그 변화하는 비율을 나타내는 양으로, 다음과 같이 정의된다. 무부하시의 Q를 Q_0, 부하시의 Q를 Q_L, 외부 부하의 컨덕턴스를 g로 하면, 외부의 Q_{ext}는 $Q_L = \frac{1}{Q_0} + \frac{g}{Q_{ext}}$가 된다. 즉 Q_{ext}는 결합도를 나타내는 것으로서 Q_{ext}가 높을수록 부하에 의한 Q의 저항은 적다.

외부 임계 제동 저항 (外部臨界制動抵抗, external critical damping resistance) 검류계 등에 임계 제동을 주는 전 회로 저항 중 계기의 내부 저항을 제외한 단자의 외부 회로 저항을 말한다.

외부 임피던스 (外部——, external impedance) 전기회로에서 어떤 회로망을 중심으로 하여 생각했을 경우, 그 외부에 접속된 임피던스를 이른다.

외부 잡음 (外部雜音, external noise) 《통신기기》 내부 잡음에 대하여 사용되는 용어로, 수신기와 증폭기의 내부에서 나오는 잡음이 아니고 외부로부터 들어오는 잡음. 예를 들어 인공 잡음, 공전, 우주 잡음 등을 이른다. ⇔ 내부 잡음(internal noise).

외부 저항 (外部抵抗, external resistance) 계기 또는 측정기에서 보아 단자의 바깥쪽에 접속되는 저항. 열전 온도계에서는 열전대, 보상 도선 및 도선 등. 또 저항 온도계에서는 도선 및 측온 저항체의 내부 도선 등으로 이루어지는 회로 부분의 저항을 이른다. ⇨ 임계 제동 외부 저항.

외부 특성 곡선 (外部特性曲線, external characteristic curve) 직류 발전기를 정격 속도로 운전하고, 정격 부하 전류인 때 정격 단자 전압을 발생하도록 여자 전류를 정하고 그 여자 회로의 저항을 일정하게 유지하면서 부하 전류를 변화시켰을 때의 부하 전류와 단자 전압과의 관계를 나타내는 곡선을 이른다.

외부 회로 (外部回路, external circuit) 전기회로에서 어떤 회로망을 중심으로 하여 생각한 경우, 그 외부에 접속된 회로를 이른다.

외분 권 (外分捲, long shunt) 직류 복권기의 여자방식의 하나로, 분권 계자 권선을 전기자 권선과 직권 계자 권선을 직렬로 접속한 바깥쪽에 접속하는 방식. 전동기의 경우에는 이것을 사용한다.

외선 (外線, line wire) 전화국에서 가입자에 이르는 전선을 총칭하여 이른다. 전선 배치의 형식으로 나누면 가공식과 지하식이 있다.

외인성 반도체 (外因性半導體, extrinsic semiconductor) 캐리어 농도가 불순물과 관계있는 반도체. 불순물 반도체라고도 한다.

외장 (外裝, sheath, armor, armour) 넓은 뜻으로는 케이블의 절연 피복층에서 바깥쪽에 씌우는 보호 피복의 총칭. 그 목적은 케이블 절연층에 습기 기타 해로운 물질이 침입하는 것을 방지하고, 케이블을 기계적 외상(外傷)으로부터 보호하는 동시에 기계적 강도를 크게 하기 위하여 사용된다. 재료로는 면사, 견사, 베실, 석면, 석면사, 납, 강대, 아연 도금 철선, 강선, 인청동선, 캡타이어 고무, 주트, 침윤용 콤파운드 등이 사용되고 최근에는 각종 플라스틱 재료도 사용되고 있다. 좁은 뜻으로는 철선 또는 강대 외장(鋼帶外裝)을 가리킨다.

외장 강대 (外裝鋼帶, armoring tape) 케이블을 외장하는 데 사용하는 강대. 일반적으로 지하 매설용 케이블에 사용된다.

외장 철선 (外裝鐵線, armoring wire, sheathing wire) 케이블을 외장하는 데 사용되며, 아연 도금을 하여 타르에 담근 철선 또는 강선. 보통은 원형 선이지만 평형 선, Z형 선도 있다. 일반적으로 하천을 복월(伏越)하거나 암반(岩盤)이 많은 지대 등 특히 강도를 요하는 매설 케이블에 사용된다.

외장 케이블 (外裝——, armored cable) 외상(外傷)으로부터 보호하고 장력에 견딜 수 있게 철선 또는 강대(鋼帶)로 연피를 보호한 케이블을 이른다.

외철형 (外鐵形, shell type) 변압기의 형식의 하나로, 1차 및 2차 권선을 둘 이상의 자기회로가 둘러 싸고 있는 구조의 것을 말한다. ⇔ 내철형.

외측 회전 발전기 (外側回轉發電機, outerfield generator, outer-pole generator) 동기발전기의 하나로, 계자 부분이 바깥쪽에 있어서 이것이 회전하게 되어 있는 구조의 것을 말한다. 이 부분은 플라이휠 효과가 크기 때문에 엔진 발전기로 사용된다.

외피 (外被, housing) 기기를 감싸는 바깥쪽의 구조를 이른다.

외함 (外) 《변압기》 (1) tank 유입 변압기의 바깥쪽 철제 탱크를 이른다. (2) case 계측기의 동작 부분을 수납하여 보호하기 위한 케이스를 이른다.

외형도 (外形圖, profile map) 초단파, 극초단파 또는 마이크로파의 전계 강도를 계산하는 경우, 지형의 영향을 평가하기 위하여 송신점과 수신점을 포함한 수직 평면에서 절단한 단면도를 이른다.

왼손의 법칙 (—— 法則, left-hand rule) 왼손의 엄지 손가락, 둘째 및 가운데 손가락을 서로 직각으로 벌리고 가운데 손가락을 전류의 방향, 둘째 손가락을 자속의 방향과 일치시키면 엄지 손가락은 전류를 통하는 도선에 작용하는 힘의 방향을 가리킨다는 것이 플레밍의 왼손의 법칙이다.

요구 할당 다원 접속방식 (要求割當多元接續方式, demand-assignment multiple access system) 《위성통신》 지역적으로 분산되어 있는 국이 하나의 통신위성을 공용하여 통신하는 방식, 채널 사용에 대한 요구는 지방 각 구에서 시간에 따라 변화하므로 이 다원 접속은 변화하는 요구에 부응하여 다이내믹하게 할당되어야 한다.

요금 (料金, charge, tariff) 편익의 공여(供與)에 대해서 지불되는 금전. tariff는 원래 요금 규정, 용어, 조건 등을 인쇄한 것을 뜻한다.

요금제 (料金制, rate system, tariff system) 전기 요금 체계 결정의 기준. 그 기본적인 형식에는 정액제, 종량제(從量制) 및 수용 요금제의 3종이 있으며, 실제로는 이 세 가지가 적당히 조합되어 있다.

요동로 (搖動爐, rocking furnace) 노를 진동시키는 형식의 노이다.

요동 볼스터 (搖動 ——, swing bolster) 보기 대차에서 차체를 지지하는 들보로서 상요동 볼스터와 하요동 볼스터가 있다. 차체 하중은 상요동 볼스터에서 볼스터 스프링을 거쳐서 하요동 볼스터로 전해지고 또 링크, 스프링 등을 거쳐서 차축에 전해지게 되어 있으므로 차체에 가해지는 진동, 충격이 경감된다.

요동축 장치 (搖動軸裝置, end play device) 브러시에 의해서 정류자 또는 슬립 링 면이 마모하여 흠이 패일 때가 있다. 이것을 방지하기 위하여 전기자를 축 방향으로 요동시키는 장치를 이른다. 그 구조는 전자식과 기계식이 있다.

요소 수지 (尿素樹脂, urea resin) 요소와 포름알데히드를 축합(縮合)하여 얻어지는 합성 수지. 열 경화성이며 무색 투명, 임의로 착색할 수 있다.

요크 (yoke) 《애자용》 2련 이상의 현수 애자를 지지물 또는 전선 클램프에 부착하는 경우에 사용하는 쇠붙이. 2련 요크, 3련 요크 등이 있다.

요형 공동 (凹形空洞, re-entrant cavity) 공동 내의 일부에 집중 용량이 형성되는 오목한 모양의 공동을 일컫는다. 그림에 그 대표적인 예를 보여 주고 있다. 이러한 종류의 공동에는 높은 Q를 바랄 수는 없으나 공진 주파수를 광범위하게 바꿀 수 있으므로 클라이스트론 공동이나 마이크로파용 파장계로 많이 사용되고 있다. ⇨ 용량부하 공동 (capacity loaded cavity), 반동축 공동 (re-entrant coaxial cavity).

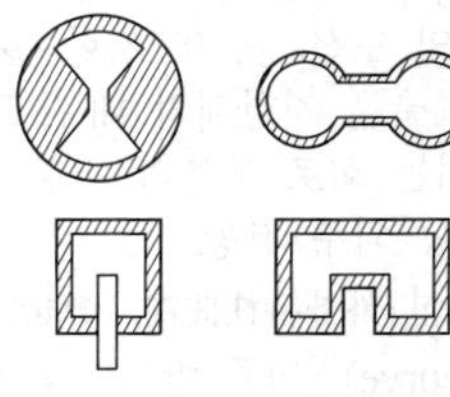

[요형 공동]

요형 공동 발진기 (凹形空洞發振器, re-entrant oscillator) 오목한 모양의 공동을 사용한 발진기, 클라이스트론 발진기는 그 예이다.

욕 전압 (浴電壓, bath voltage) 전해를 할 때 전해조의 두 극 간에 주는 전위차로, 전해질, 욕온 등 여러 가지 조건에 따라 각각 다르며, 분극 저항과 옴 저항을 포함한다.

용기 상수 (容器常數, cell constant) 도전율 (κ)를 구하는 식 $\kappa = l/aR$에서 l은 전극 간 거리, a는 전류가 통과하는 용액의 단면적이라 하면, 일정한 용기에 대해서 l/a은 일정하며, 이것을 용기 상수라 하여 κcm^{-1}로 나타낸다. 단, R은 용액의 저항이다.

용단(鎔斷, fusing) 《퓨즈》 퓨즈, 전선 등이 대전류에 의해서 녹아 끊어지는 것을 이른다.

용단 스위치(溶斷——, fusible disconnecting switch) 전력 퓨즈를 병용한 스위치로서, 작은 부하용의 차단기가 없는 개폐보호 장치이다.

용단 시간(溶斷時間, melting time) 퓨즈에서 과전류가 전류 감응 요소를 절단하기 위한 소요 시간. 용단 전류가 흐르기 시작한 순간부터 가용체가 용단하여 아크가 발생하기까지의 시간이다.

㊟ 아크가 소멸하기(전류가 차단되는)까지의 시간이 아크 시간이고, 용단 시간에 아크 시간을 더한 것이 퓨즈의 동작 시간이다. 동작 시간 = 용단 시간 + 아크 시간으로 나타낸다.

용단 전류(溶斷電流, fusing current) 어떤 특별한 조건에서 퓨즈, 전선 등이 실제로 용단되는 최소 한도의 전류를 이른다.

용단 지시기(溶斷指示器, blown fuse indicator, fuse alarm) 퓨즈가 동작하여 용단되었을 때, 그 용단된 것을 외부에서 쉽게 알 수 있도록 설치된 장치이다.

용량(容量, capacity) 기계 기구 등의 능력 또는 용기의 용적 등을 뜻한다. 또 콘덴서에서는 정전 용량, 열의 경우는 열 용량 등으로 사용된다.

용량 감쇠기(容量減衰器, capacity attenuator) 리액턴스 감쇠기 중 용량성 리액턴스를 사용한 감쇠기를 이른다.

용량 결합(容量結合, capacity coupling, capacitive coupling, condenser coupling) 다대(多對) 케이블의 각 심선과 대지 간의 어드미턴스가 같지 않으면 대지 귀로 전류 간의 차에 의해서 심선 간에 누화(漏話) 결합이 생긴다. 이 가운데 용량분에 의한 것을 용량 결합이라고 한다.

용량계(容量計, capacity meter) 무선공학에서 다만 용량이라고 하면 정전 용량을 가리킬 때가 많다. 이것은 측정 단자에 콘덴서를 접속한 것으로, 그 정전 용량을 다이얼, 또는 미터로 직독(直讀)할 수 있는 것이 만들어지고 있다.

용량 계수(容量係數, coefficient of capacity) 정전장(靜電場)에서 하나의 도체가 갖는 전하는 그 도체의 전위에 비례하며, 그 비례 계수를 일컫는다.

용량 공중선(容量空中線, capacity antenna) 공중선의 임피던스가 사용 주파수에서 용량선으로 되는 안테나를 이른다. ⇐ 콘덴서 안테나.

용량 부하 공동(容量負荷空洞, capacity loaded cavity) 반동축 공동처럼 공동의 일부에 전기력선이 밀집하도록 특별히 연구하여 용량을 부하로 만든 공동을 말한다. 이렇게 하면 공동의 Q는 얼마간 내려가며 공진 주파수가 낮아지고 때에 따라서는 가변할 수 있다. ⇨ 요형 공동(re-entrant cavity).

용량분(容量分, capacitive component) 교류 회로의 임피던스를 예시한 도면에서 유효분과 $-90°$ 위상을 달리하는 무효분을 이른다. 무효분은 회로의 인덕턴스 또는 용량에 의해서 발생되며, 정전 용량에 기인하는 무효분을 용량분이라고 한다. ⇨ 무효분, ⇔ 유도분.

용량 불평형(容量不平衡, capacity unbalance) 측정 등에서 표유 용량의 불평형 등을 이른다.

용량 브리지(容量——, capacity bridge) 정전 용량을 측정하기 위한 교류 브리지를 용량 브리지라고 한다. 비례 저항 암과 표준 용량을 갖춘 것이 많이 사용되고 있다.

용량성(容量性, capacitive) 교류 회로의 리액턴스분이 −일 때 그 회로는 용량성이라고 한다. ⇔ 유도성.

용량성 리액턴스(容量性——, capacitive reactance, condensive reactance) 교류 회로에서 정전 용량에 의해서 발생하는 리액턴스를 일컫는다. 단위는 옴(Ω)으로 나타낸다. 이 때 용량을 C, 주파수를 f 라고 하면 용량 리액턴스 X_c는 다음과 같다. $1/(2\pi fC) = 1/\omega C$가 된다.

용량성 부하(容量性負荷, capacitive load) 용량성 리액턴스가 유도성 리액턴스보다 큰 부하를 이른다. 이 경우에는 부하에 흐르는 전류는 전압보다 위상이 앞서 있으며 앞선 전류를 형성한다. ⇔ 유도성 부하(inductive load).

ㅇ

용량성 서셉턴스(容量性——, capacitive susceptance) 용량 리액턴스의 역수로, 단위는 모(mho)로 나타낸다. 이 때 용량을 C, 주파수를 f 라고 하면 용량 리액턴스는 $1/\omega C$ 이므로 용량 서셉턴스는 $\omega C = 2\pi f C$[mho]가 된다. ⇨ 용량성 리액턴스(capacitive reactance), 서셉턴스(susceptance). ⇔ 유도 서셉턴스(inductive susceptance).

용량성 회로(容量性回路, capacitive circuit) 용량성 리액턴스가 유동성 리액턴스보다 큰 회로를 이른다. 이 회로에서는 전류쪽 전압보다 위상이 앞서고 있다. ⇔ 유도성 회로(inductive circuit).

용량 장하 공중선(容量裝荷空中線, capacity loaded antenna) 안테나의 정상부에 우산 모양 또는 둥근 고리 모양의 도체를 붙여서 공중선 용량을 증가시켜 실효 길이를 높게 한 것과 같은 효과가 있게 한 것. 주로 방송용 송신 공중선에 사용된다.

용량 접지(容量接地, capacity ground) 송신 안테나에서 접지저항으로 상실하는 손실을 적게 하기 위하여 사용되는 방법의 하나. 공중선 밑의 대지와 평행으로 절연된 도선망을 공중선 수평부의 투영(投影) 면적보다 약간 넓은 범위에 걸쳐 가선(架線)하고, 여기에 공중선 기저부를 접속한다. 공중선 수평부와 이 도선망 사이에 하나의 콘덴서를 형성하여 전기력선이 대지에 직접 작용하지 않도록 하므로 대지 중에 잃는 손실은 적어진다. 이 장치는 카운터포이즈라고도 하며, 수신 안테나에서도 접지가 불량할 때는 이 방법에 따르는 경우가 많다.

용적 효율(容積效率, volumetric efficiency) 피스톤의 행정 부피에 대한 흡입 흡기의 부피의 비. 일반적으로 체적 효율이라고 한다.

용접(熔接, welding) 금속을 접합하는 방법의 하나로, 가스 용접, 전기 용접에는 접합하는 곳에 대전류를 통하여 접촉저항에 의한 열을 이용하는 저항 용접(베트 용접, 스폿 용접, 심 용접의 3종류가 있다)과 용접되는 금속 두 조각과 용접봉 사이에 아크를 발생시켜 용접봉 자신을 녹여서 붙이는 아크 용접이 있다.

용접기(熔接機, welding machine) 아크 용접의 전원장치로 교류, 직류 양 방식이 있다. 교류식은 용접 변압기가 주체이고, 직류식은 용접 발전기 또는 정전압 발전기에 직렬 저항을 사용한 것이 있다. 직류 아크는 교류 아크에 비해서 본질적으로 안정되어 있으며, 용접봉의 개량으로 100A에서는 아크 안정에 관해서는 교류는 직류와 거의 같고 200A 이상에서는 교류쪽이 좋다. 더우기 직류식이 교류식보다 훨씬 값이 비싸다.

용접 레일 조인트(熔接——, welded rail joint) 레일을 용접하여 이은 곳을 말한다.

용접 발전기(熔接發電機, welding generator) 아크 용접용 전원으로 사용하는 특수한 직류 발전기로, 그 외부 특성은 아크의 전압·전류 특성에 맞도록 현저한 수하특성의 것이 필요하다. 즉 무부하 전압 50~70V, 정격 부하인 경우 20~35V, 단락시는 0V와 같은 특성의 발전기이다.

용접 변압기(熔接變壓器, welding transformer) 아크 용접용 전원으로 사용하는 변압기로, 정전압 변압기에 직렬 리액터를 사용한 것과, 누설 리액턴스가 큰 특수 변압기가 있다.

용접 본드(熔接——, welded bond) 레일에 용접을 하여 붙이는 본드를 이른다.

우레아 수지(——樹脂, urea resin) ⇨ 요소 수지.

우산형 발전기(雨傘形發電機, umbrella type generator) 수직형 동기 발전기에서 스러스트 축받이를 회전자 스파이더의 하부에, 또 안내 축받이도 하부에 두거나 스러스트 축받이가 겸용하고 있다. 이 때문에 축받이 브래킷의 형상이 매우 작아져서 발전기 전체로서의 높이가 보통 수직형 구조의 것보다 훨씬 낮아지고, 조립도 용이하게 된다. 단, 낮은 속도의 것에 한해서 응용할 수 있다.

우산형 접속(雨傘形接續, single-wrap cable splice) 우산 조인트(umbrella joint, sunburst joint)라고도 한다. 비교적 굵은 연선(撚線)의 접속 방법으로, 접속하려는 연선 끝 10 cm 정도를 방사형으로 푼 것을 서로 짜 맞추어 감아서 접속한다.

우연 오차(偶然誤差, accidental error) 규명할 수 없는 원인에 의해서 일어나고 보정

(補正)할 수 없는 오차를 이른다.

우주선 (宇宙線, cosmic rays) 우주에서 지구로 날아 들어오는 투과성이 매우 강한 방사선. 우주선은 대부분 양전하를 가진 원자핵이고, 90% 이상은 양이다. 그 밖에는 헬륨, 탄소, 산소 등의 핵이다. 이러한 1차 우주선이 고층의 공기와 충돌하여 플러스, 마이너스의 대전 입자를 생성하고, 그것이 붕괴하여 또 전자, 뉴트리노, 감마선 등의 2차 우주선을 발생한다.

우주 속도 (宇宙速度, space velocity) 인공위성과 같은 물체를 지구에서 쏘아 올릴 때에 요구되는 속도를 이른다. 지구와의 고도에 따라 다르며, 지표 가까이에서는 약 7.9 km/s이지만 고도가 높게 되면 발진 속도는 이보다 낮아도 된다. 이것을 제1 우주속도라고 하는데, 지구의 인력권을 탈출하는 데 필요한 속도(탈출 속도), 즉 제2 우주속도(11.2 km/s)와는 다르다. ⇨ 탈출 속도.

㈜ 물체가 태양계를 탈출하는 데 필요한 속도(16.7 km/s)를 제3우주속도라고 한다.

운동 에너지 (運動——, kinetic energy) 고전역학에서는 질량 m의 질점의 속도가 v일 때 질점이 $mv^2/2$의 운동 에너지를 갖는다고 한다. 상대성 이론에서는 $m_0 c^2(1/\sqrt{1-v^2/c-1})$를 운동 에너지라고 한다. 단, m_0은 질점(質點)의 정지 질량(靜止質量), c는 진공 중의 광속도이다.

운모 (雲母, mica) 운모는 전기적 및 열적 성질이 우수하여 전기 절연재료 중 중요한 것. 주로 백운모(인도산), 호박운모(캐나다산)가 운모 테이프, 마이카지, 마이카 나이트 등으로 사용된다.

운전 (運轉, operation) 동작시키는 것을 뜻한다.

운전 가능률 (運轉可能率, availability factor) 설비가 운전되거나 또는 운전 준비상태에 있는 시간의 총 시간수에 대한 비율이다.

운전 곡선 (運轉曲線, running curve) 열차를 운행할 때 시간을 가로축에, 속도 및 거리 또는 필요에 따라서 주 전동기 전류와 운전 전력량을 세로축에 나타낸 것, 또는 시간 기준 곡선과 거리를 가로축에, 속도 및 시간 또는 필요에 따라서 주 전동기 전류와 운전 전력량을 세로축에 나타낸 거리기준 곡선의 두 방식이다.

운전비 (運轉費, operating cost, operation expense, running charge, running cost) 수·화력 발전소, 송전 선로, 변전소, 배전 선로 등 전력 공급시설을 직접 운용하는 데 필요한 경비. 인건비, 연료비, 보수비, 유지비 등이 그 주된 내용이고, 지불 이자라던가 감가상각비 등의 지본비, 제세공과금 및 일반 관리비(분담 관련비)는 포함되지 않는다. 또한 좁은 의미에서는 보수비는 유지비에 포함되고 운전비에서 제외되는 경우도 있다.

운전비 고정분 (運轉費固定分, fixed operating cost) 투자와 관련이 없는 경비 중 설비의 운전 이용으로 인하여 변화하지 않는 일정한 부분을 이른다.

운전 예비 (運轉豫備, spinning reserve) 모선에 접속되어 즉각 부하를 가동할 수 있는 상태에 있는 예비 발전력을 이른다.

운전율 (運轉率, operation factor) 총시간에 대하여 어떤 기계 또는 장치가 실제로 운전된 시간의 비율을 이른다. ⇨ 운전 가능률.

운전 이용률 (運轉利用率, output-factor) (정격 출력×운전 시간)에 대한 실제 발전량의 비를 이른다. ⇨ 발전소 이용률, 설비 사용률.

운전 정지 (運轉停止, shut down) (1) 운전되고 있는 기계를 정지시키는 것. (2)《원자로》 원자로를 임계 미만의 상태로 하여 연쇄 반응을 정지시키는 조작을 이른다.

운탄기 (運炭機, coal conveyer) 석탄을 연속적으로 운반하는 장치. 벨트 콘베이어, 버킷 엘리베이터 등이 있다.

울트라 팩스 (ultra-fax) 미국의 RCA회사에서 실험을 한 고속도 모사 전송방식이다.

워드-레오나드 방식 (—— 方式, Ward-Leonard system) 직류 전동기의 속도 제어방식의 일종으로, 주 전동기는 타려식이고 이 전동기의 전원으로 타려식의 가감전압 직류 발전기를 장치한다. 주 전동기의 여자 전류를 최대로 하고 발전기의 단자전압을 0에서 서서히 상승시키면 주 전동기는 기동저항 없이 조용히 기동한다. 발전기의 단자전압의 제어에 의해서 주 전동기의 속도를 단계 없이 제어할 수 있다. 주 전동기의 역전은 발전기 단자전압의 극성을 반대로 함으로써 할 수 있다.

워키 토키 (walkie-talkie) (1) 미국의 동명 회사에서 제조한 건전지로 작동하는 휴대용 소형 송수신기. 보행 중에도 푸시버튼 조작으로 통화가 가능하며 VHF와 UHF로 작동하는 것이 많다. (2) 우리 나라에서는 보통 명사화되어 동형의 것이 일반화되어 있다.

원격 계기 (遠隔計器, telemeter) ⇨ 원격 지시계.

원격 제어 (遠隔制御, remote control) 먼 곳에 있는 기기를 전기적 또는 기계적으로 제어하여 전원의 개폐, 온도의 승강, 그 밖의 조정을 하는 것을 이른다. 전기적으로 하는 방법으로는 유선에 의한 방법과 무선에 의한 방법이 있다. 일렉트로닉스의 발전으로 최근에는 이 방면의 실용화가 큰 진전을 보이고 있다.

원격 제어 변전소 (遠隔制御變電所, telecontrolled substation) 멀리 떨어진 곳에서 시동, 조정, 정지를 할 수 있는 변전소를 이른다.

원격 지시 (遠隔指示, distant indication, remote indication) 제어 지점 또는 감시 지점에서 원격 지점의 물리량(物理量)을 지시하게 하는 것을 이른다.

원격 지시계 (遠隔指示計, telemeter) 원격 측정을 하기 위한 측정(송량), 전송 및 수량(受量) 장치의 총칭이다.

원격 측정(遠隔測定, remote metering, telemetering) 측정해야 할 물상(物象)의 양을 멀리 떨어진 곳에서 측정하는 것을 이른다.

원격 측정 장치 (遠隔測定裝置, remote measuring equipment) 중앙 국에서 그 계통의 다른 원격 지점의 상황을 감시하거나 제어하기 위하여 마련된 측정장치를 이른다.

원격 통신 액세스법 (遠隔通信──法, telecommunication access method) ⇨ TCAM.

원기 (原器, primary standard) 원기는 단위를 표시하는 최고의 표준기이다. 1차 표준기는 원기로부터 값을 옮긴 표준기 또는 표준을 유지하고 있는 경우의 최고의 표준기를 말한다. ⇨ 상용 표준기.

원단 누화 (遠端漏話, far-end crosstalk) ⇨ 누화.

원단 후비 보호 (遠端後備保護, remote backup) 《계통 보호》 일종의 후비 보호로서, 1차 보호기능을 가진 전기소와는 다른 전기소에 의해 보호가 이루어지는 것이다. ⇨ 자단 후비 보호.

원동기 (原動機, prime mover) 수력, 풍력, 화력 등의 에너지를 기계 에너지로 변환하는 장치이다.

원동력 (原動力, motive power) 운동 동작을 일으키는 원천의 힘을 이른다.

원료 물질 (原料物質, source material) 미국 원자력 위원회에서는 천연 우라늄, 토륨, 기타 따로 정하는 물질을 지칭하고 있으며 일반적으로 연료원 물질(fertile material)과 같은 뜻으로 사용되는 경우가 많다.

원방 감시 제어 (遠方監視制御, supervisory remote control) 중앙의 제어소와 원방의 많은 피 제어소 사이에 소수의 전송 회선을 통하여 감시, 계측 및 제어를 하는 것, 또는 그러한 목적의 장치를 이른다.

원방 신호기 (遠方信號機, approaching signal, distant signal) 상설 신호기의 하나로서, 주체가 되는 신호기, 즉 장내 신호기, 출발 신호기, 폐새 신호기 및 원호 신호기 앞에 설치하여 주체 신호기의 신호 표시상태를 열차에 미리 알리는 역할을 하는 신호기를 이른다.

원선도 (圓線圖, circle diagram) (1) 회전기나 시스템의 동작 특성을 부여하는 원형의 궤적. 유도 전동기에 있어서 임피던스 파라미터가 일정하다고 치고, 슬립 s가 변화하면 전동기 전류 페이서,

$$I_1 = I_0 + \frac{V_2}{(R_1 + jX_1) + \left(\frac{R'_2}{s} + jX'_2\right)}$$

의 궤적은 원을 그린다. 이와 같은 원선도에서 입력, 손실, 토크, 출력, 효율 등을 도상에서 구할 수 있다. (2) 일정 전압 V로 동작하는 동기 전동기의 기계 동력을 P로 하면, $P = VI\cos\phi - I^2R$의 관계가 성립한다. ϕ는 전압 V, 전류 I 간의 위상차이다. 일정 동력으로 동작하는 전동기 전류는 어떤 정점(定點)을 중심으

로 하여 $\rho=(V/2R)\sqrt{1-m^2}$ 의 반경을 갖는 원선도상을 움직이는 것을 알 수 있다. m는 P/P_{max} 이다.

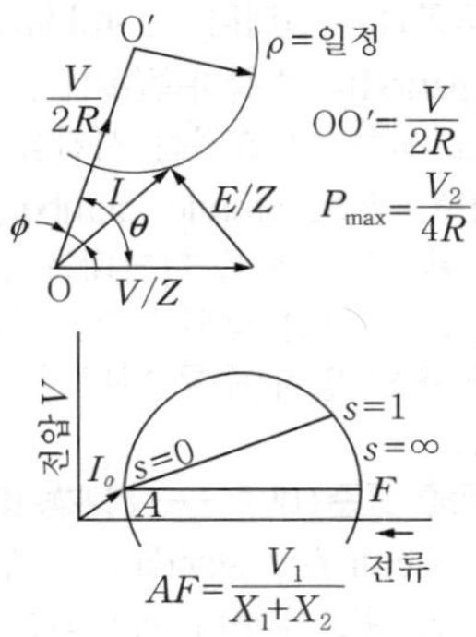

[원선도]

원소 (元素, element) 복잡한 물질을 분리할 때 물리적 또는 화학적으로 더 이상 분해할 수 없는 극한 상태의 것을 원소라고 한다.

원심력 계전기 (遠心力繼電器, centrifugal relay) 어떤 일정한 회전수가 되면 원심력에 의해서 동작하는 계전기이다.

원심력 펌프 (遠心力——, centrifugal pump) 원동기에 의해서 회전되는 임펠러의 원심 작용에 의해서 액체에 에너지를 공급하며, 일반적으로는 과대한 운동 에너지만으로는 그 이용도가 낮으므로 임펠러를 통과한 후에 분기(分岐) 통로를 두어 주류의 속도를 줄여서 압력이 증가하도록 한다. 흡입관이 만수되어 있지 않으면 양수가 되지 않는다.

원심 분리 (遠心分離, centrifuge separation) 《동위체의》 원심력 장에서 혼합 기체 중 가벼운 질량의 것이 중심에 모이는 성질을 이용하여 동위체를 분리하는 방법이다.

원심 조속기 (遠心調速機, centrifugal governor) 회전심력에 의해서 동작하는 조속기구를 사용한 속도 제어장치이다.

원인 불명 시험 중 회복 (原因不明試驗中回復, test come clear) 전기 통신 기기와 회선의 고장시에 원인을 발견하기 전에 장해가 제거되어 평상 상태로 회복되는 것으로, 흔히 TCC라고 한다.

원자 (原子, atom) 원소의 최소 입자로, 화합물을 만들 수 있는 것. 같은 종의 원자가 집합한 것이 원소이고 이종(異種)원자가 집합한 것이 화합물이다. 구성 원자의 종류와 수, 그리고 그들의 배치에 따라 여러 가지 화합물이 만들어진다.

㈜ 원자는 원자핵이라는 입자핵과 그것을 에워싼 하나 또는 복수 개의 주회(周回) 전자로 성립된다. 원자핵은 보통 양성자와 중성자로 구성되어 있다.

원자가 (原子價, valence) 원자가 다른 원자와 직접 결합할 수 있는 능력을 부여하는 수로, 일반적으로 원자의 최외각(最外殼) 궤도를 차지하는 전자의 수와 관계가 있다.

원자량 (原子量, atomic weight) 산소 원자의 질량을 16.0000으로 하여 각 원자의 상대적 질량을 나타낸 값이다. 더 엄밀하게 표현하면 화학과 물리학에서는 산소의 기준값을 얻는 방법이 다르므로 값이 약간 다르다. 후자는 전자의 1.000272배가 된다.

원자력 (原子力, atomic power, nuclear power) 원자핵의 융합 또는 분열에서 방출되는 에너지에 의해서 얻어지는 동력이다.

원자력 발전소 (原子力發電所, nuclear power station) 원자핵 에너지를 열 에너지로 변환하고, 그 에너지에 의해서 증기를 발생한 터빈을 회전시켜 전력을 발생하는 발전소이다.

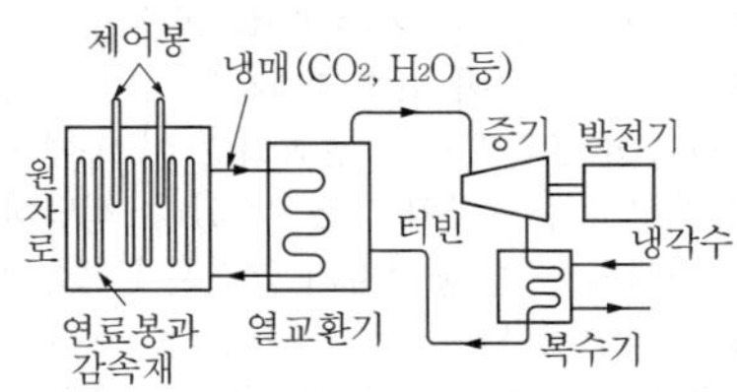

[원자력 발전소의 구성]

원자력 전지 (原子力電池, nuclear battery) 방사성 물질의 에너지가 태양 전지 또는 그 밖의 에너지 변환기에 의해서 전기 에너지로 변환되는 등의 1차 전지를 이른다.

원자로 (原子爐, nuclear reactor) (1) 개략적으로 표현하여 중간 정도 크기의 원자핵은 큰 원자핵에 비해서 보다 견고하게 결합되어 있으며, 따라서 무거운 원자의 핵이 중 정도 질량의 두 핵으로 분열됨으로써 상당한 에너지가 해방되게 된다. 우라늄 235는 중성자를 받아들여 우라늄 236이 되지만 이것은 불안정하여 곧 분열하게 된다. 그 결과 2~3개의 중성자가 해방되어 이들과 핵분열편은 해방 에너지를 운동 에너지로 바꾸고, 또 약간은 감마 방사로 방사된다. 해방되는 전 에너지는 1 kg당 7.5×10^{13}J이다(석탄의 경우는 1 kg당 4×10^{7}J). 분열성 핵종에서 에너지를 제어하면서 취출하기 위해서는 해방된 중성자가 다시금 분열을 발생시키고, 그것이 지속되도록 반응을 연쇄시켜 나갈 필요가 있다. 현재 해방된 에너지는 열이 되어 발전에서 연료로 이용되고 있다. (2)《원자로의 형식》U 235 혹은 Pu 239를 연료로 사용하는 원자로는 분열함으로써 발생하는 고속 중성자를 사용하므로 고속로(fast reactor)라 한다. 천연 우라늄은 약 0.7%의 U 235를 함유하고, 해방된 중성자가 U 238을 만나기 이전에 감속되도록 하여 U 238이 중성자를 흡수하지 않도록 하여 주면 대부분의 중성자는 U 235와 만나 다른 분열을 야기시킬 수 있다. 이와 같은 중성자를 열 중성자라 하고, 열 중성자를 사용하는 원자로를 열 중성자로라 한다. 고속로의 경우에는 감속재를 사용하지 않는다. 중성자와 분열성 원자의 충돌 빈도는 천연 우라늄에 함유되는 Pu 239 혹은 추가하는 U 235의 양을 증가하여 고속 중성자에 의한 분열 기회를 많이 함으로써 높이고 있다. 이렇게 하여 고속 중성자는 자기 지속 연쇄 반응을 확립해 나갈 수 있다. 이 고속로에서는 코어는 천연 우라늄의 프랑케트로 포위되고 이 속에 약간의 중성자가 도망쳐 나올 수 있다. 적당한 조건 아래서 이들 중성자의 약간은 U 238에 의해 포착되어 Pu 239로 변환된다. 코어 내의 연료를 농축하는 데 있어 필요 이상의 프로토늄이 생산되므로 고속 증식로라고 한다. (3)《원자로의 분류》원자로는 다음과 같은 여러 가지 관점에서 분류할 수 있다. ① 중성자의 에너지 영역 : 0.1 Mer 이상의 고속 중성자로, 0.1 eV 이하 열 중성자까지의 중속 중성자로, 열 중성자로, 실용화된 것의 대부분은 열 중성자로이다. ② 사용 목적 : 연구용, 시험용, 동력용, 열이용, 생산용. 동력용은 발전용과 함선 추진용으로 나눌 수 있고, 생산용은 2차 연료를 생산하는 전환로, 생산된 2차 연료가 그 자신을 위해 소비한 연료보다 많은 경우에는 증식로라 한다. ③ 핵 연료 : 천연 우라늄형, 농축 우라늄형. ④ 냉각재 : 수냉각형, 가스 냉각형. ⑤ 감속재 : 경수로(가압수형, 비등수형), 중수형, 흑연로가 있다.

원자로의 주기 (原子爐周期, e-folding time, reactor period) 중성자속(中性子束)이 e(2.718)배로 되는 데 요하는 시간을 이른다.

원자 번호 (原子番號, atomic number) 주기율표에서 원소의 순위를 나타내는 번호. 원자 구조상으로 보면 핵외(核外) 전자의 수, 즉 원자핵 속의 양자 수를 나타내는 것으로 생각된다.

원자 빔 주파수 표준 (原子 —— 周波數標準, atomic-beam frequency standard) 예를 들면 세슘과 같은 원소로부터 유도되는 정확한 주파수를 부여하도록 한 주파수 표준 장치. 이것은 공명 흡수 현상을 이용하여 원소의 핵자기 모멘트를 측정함으로써 이루어진다. 즉, 원소가 그 원자 스펙트럼 선의 주파수와 같은 주파수 방사가 부여되어 공진을 발생하면 원소는 에너지 양자를 흡수하여 인가 주파수가 원소에 의해서 결정되는 고유 주파수와 일치한 사실을 나타낸다. 이 주파수 또는 그 조파 주파수를 표준 주파수로 하여 다른 장치를 교정하기 위해 이용한다.

원자 시계 (原子時計, atomic clock) 세슘, 수소 등의 원자가 RF 전자계 내에서 나타내는 핵 공명현상의 불변성을 이용한 주파수(혹은 시간)의 정확한 표준기를 이른다. 가스 메이저에서 암모니아 분자의 발진 주파수를 이용한 것도 있다.

원자 에너지 (原子 ——, atomic energy, nuclear energy) 원자 핵이 반응(융합, 분열 등 핵이 변화하는 반응)할 때 방출되는 에너지이다.

원 자외선 (遠紫外線, far ultraviolet rays) 자외선 중 파장이 광선보다 훨씬 짧은 부분을 이른다. 긴 쪽의 한계는 학자에 따라서 다르나 2,000~3,000 Å 이고, 짧은 쪽은 X선에 인접한다. 지상의 태양 광선에는 포함되지 않고 인공적으로 얻기도 그다지 쉽지 않아 응용 면에서는 의미가 적은 부분이다.

원자 질량 단위 (原子質量單位, atomic mass unit, a.m.u.) 탄소 12인 원자 1개 질량의

1/12과 같은 질량인 단위, 돌턴(dalton)이라는 단위 명이 주어졌다. ⇨ 상대 원자 질량.

원자 표준 (原子標準, atomic standard) 어떤 물리량의 단위를 정의하는 표준으로서, 원자가 갖는 물리적 성질을 이용한 것이다. ⇨ 원기.

원자 핵 (原子核, atomic nucleous) 원자 중에서 가장 질량이 큰 부분으로, 그 반지름(m)은 $r = CA^{1/3}$으로 주어진다. A는 질량수이고 상수 C는 1.5×10^{-15}이다. 핵(nuclei)은 핵자(nucleon), 즉 양성자와 중성자의 집합체이다. 동일 원소에서 핵 안의 양성자의 수는 원자번호 Z라 하고, 이에 중성자 수 N이 부가되어 여러 가지 동위체가 만들어진다. 동위체에서 N과 Z의 합이 전술한 질량수 A이다. 원자핵은 Z와 A를 각각 하부(下付) 또는 상부 첨자(添字)로 사용한 원소 기호로 표현할 수 있다. 원자핵은 Ze라는 정전하를 갖고, 이것은 그 바깥쪽을 에워싼 전자의 음전하의 총수와 같다. 핵자는 핵력에 의해 대략 구상(球狀)의 영역 안에 봉쇄되어 있다. 핵력이 작용하는 범위는 핵반경 r보다 작은 범위이다. 주어진 원자핵의 질량은 구성 핵자의 정지 질량의 총합보다 항상 작다. 이 질량차는 원자핵을 구성하기 위해 필요한 에너지로 변환된 것이다. 이 질량 손실(mass defect, mass loss)과 등가한 에너지를 핵의 결합 에너지라 한다. 자연계에 존재하는 원자는 안정된 핵을 가지고 있지만 방사성의 원자는 불안정한 핵을 가지고 있으며, 핵 변환이 생겨 원자번호 Z가 변하여 화학적으로 다른 원자를 만들어낸다. 인공핵은 높은 에너지의 하전 입자(양성자, 중성자 등) 혹은 중성자 등을 갖는 안정 핵의 충격으로 만들어낼 수 있다. 이와 같은 충돌 프로세스를 핵 반응이라고 한다.

원주 렌즈 (圓柱——, cylindrical lens) 원주의 일부에서 잘라낸 것과 같은 렌즈로, 축에 직각인 방향의 상(像)의 길이를 작게 하는 데 사용된다.

원지점 (遠地点, apogee) (1) 지구 위성의 타원 궤도에서 지구로부터 가장 먼 지점. (2) 탄도 미사일의 궤적에서 지구로부터 가장 먼 점(최고 고도점)을 이른다.

원추 전자 혼 (圓錐電子——, conical horn) 전자 혼의 하나로, 보통 원형 도파관과 조합하여 마이크로파를 방사하는 데 사용된다.

원추 주사 (圓錐走査, conical scan) 레이더용 안테나의 빔을 원추형으로 회전시키는 것을 원추 주사라고 한다. 목표물을 정밀하게 포착하기 위한 한 방법이다. 하나의 빔을 고정축에 대하여 대칭적으로 작은 원추 모양으로 회전시킨다. 이 때 목표물이 회전축 위에 있으면 수신 신호 강도는 일정하게 되고, 한쪽으로 기울어져 있으면 수신 신호는 변화한다. 이와 같이 빔을 주사함으로써 목표의 편위(偏位)를 정밀하게 검출(檢出)할 수 있다. 주로 사격용 레이더에 사용된다.

원추 혼 (圓錐——, conical horn) 원추형의 두꺼운 금속각(보통 알루미늄 주물)으로 된 혼으로, 원추의 축과 수직인 대소 두 개구(입 및 목)를 갖는다. 익스퍼텐셜 혼에 비하면 주파수 특성이 나쁘다.

원통 공중선 (圓筒空中線, cylindrical antenna) 초단파 또는 극초단파용 무지향성 공중선으로, 원통 도체에 좁은 틈을 두고 내부에서 궤전(饋電)한다.

원통 도파관 (圓筒導波管, cylindrical waveguide) 절단면이 원형이고 중공 원통 도관으로 만들어진 도파관. ⇐ 원형 도파관(circular waveguide). ⇨ 도파관(waveguide).

원통 자전관 (圓筒磁電管, cylindrical magnetron) 원통형의 양 극을 가진 자전관이다.

원통 주사 (圓筒走査, drum scanning) 《팩시밀리》 원통에 원화 또는 기록지를 감고 원통을 회전시키면서 동시에 축방향으로 천천히 이동시켜 화면 전체를 주사하는 것. 원통 회전에 의한 주사를 주 주사, 축방향의 이동에 의한 주사를 부 주사라고 한다.

원통 코일 (圓筒——, cylindrical coil) 변압기 코일의 하나로, 완성된 외형이 원통형을 이루는 것을 이른다. 평각 동선을 절연통에 직접 또는 덕트 조각을 거쳐서 한 끝으로부터 각 회마다 밀접하게 솔레노이드 모양으로 감은 것을 이른다.

원통 콘덴서 (圓筒——, cylindrical condenser) 전극을 원통 동심원적으로 배치한 콘덴서이다.

원통파 (圓筒波, cylindrical wave) 전파원에서 본 전계 또는 자계의 위상이 같은 점의 궤적(軌跡), 즉 전계 등위상면 또는 자계 등위상면이 원통 모양을 형성하는 파동을 원통파라고 한다. 정전류 선상 전원에 의해서 거의 원통파에 가까운 파동이 형성된다. ⇨ 평면파, 구면파.

원통형 반사기 (圓筒形反射器, cylindrical reflector) 이것은 일명 원통 파라볼라 반사기(cylindrical parabolic reflector)라고도 한다. 금속판을 원통 파라볼라 모양으로 구부린 반사기로, 마이크로파용 안테나로서 널리 사용되고 있다. 이 때 한 장의 금속판을 사용하는 대신 전계 방향과 일치하는 방향으로 도선을 적당한 간격을 원통모양으로 배열해도 된다.

원판 녹음 (圓板錄音, disc recording) 회전하는 원판 위에 커터로 음파의 파형에 따르는 홈을 파서 녹음하는 것. 주로 축음기에 사용되며 왁스의 원반에 녹음한 것을 복제하여 많은 음반(레코드)을 제조한다. 음반의 재료는 셀락 또는 합성 수지이고 그 질의 양부가 음반의 잡음, 수명 등에 크게 영향을 미친다.

원판 브레이크 (圓板――, disc brake) 접촉면이 원판형인 브레이크. 원판은 강철 또는 청동제로 하고, 직물을 뒤에 붙이기도 한다.

원판 신호기 (圓板信號機――, disc signal) 둥근 표시판을 기둥 위에 설치하고, 그 표시판의 착색(着色)과 방향에 따라서 신호를 표시하는 것. 야간에는 완목식 신호기처럼 색등(色燈)을 사용한 것이다.

원판 절연 케이블 (圓板絶緣――, disc insulated cable) 동축 케이블 심선의 위치를 중심에 고정하기 위하여 원판에 의해서 절연한 동축 케이블이다.

원편파 (圓偏波, circular polarized wave, circularly polarized wave) 진폭이 서로 같고 위상이 90°다른 수평 편파와 수직 편파를 조합하면 그 합성 전계의 진폭 및 방향은 파동의 진행과 더불어 변화하고, 이것을 임의의 횡단면상에 투사하면 원형이 되므로 원편파라고 한다. 또한 이 때 파동의 진행 방향에 대한 파면의 회전방향이 시계식인 것과 반시계식인 것이 있으며, 전자를 우선(右旋) 원편파, 후자를 좌선 원편파라고 한다. ⇨ 수평 편파, 수직 편파.

원 포인트 픽업 (one-point pickup) 1점 수음(一點收音), 즉 단 하나의 마이크로폰으로 수음하는 것을 이른다.

원 핍 구역 (――區域, one-pip-area) 레이더 표시기의 브라운관에서 펄스 폭과 방위 분해능에 의해서 정해지는 최소 면적을 말한다. 브라운관 상의 위치에 따라 달라진다.

원형 결선 (圓形結線, mesh connection, ring connection) 다상방식(多相方式)에서 각 상을 순차 직렬로 결합한 것이다.

원형 도체 (圓形導體, round conductor) 단면이 둥근 도체 또는 케이블의 원단면을 가진 심선을 이른다.

원형 도파관 (圓形導波管, circular waveguide) 원단면의 도파관을 이른다. 제 m, n 모드 차단 주파수 f_{mn} 및 차단 파장 λ_{mn}은 관 반지름을 a로 하면 $f_{mn}=\dfrac{u_{mn}}{2\pi a\sqrt{\epsilon\mu}}$, $\lambda_{mn}=\dfrac{2\pi a}{u_{mn}}$ 로 산출된다. 여기서 u_{mn}은 TE 파에 대해서는 $J_m'(u)=0$, TM_{mn} 파에서는 $J_n(u)=0$의 제 m 번째의 근(根)이다. 위 식에서 유도되는 TE_{11} 파는 구형 도파관의 TE_{10}파와의 파형 변환이 용이하며 차단 파장도 가장 길어서 각종 용도가 있고 또 파장과 더불어 감쇠가 적어지는 TE_{01}파가 앞으로 밀리파의 전송에 유력하다. ⇨ 도파관.

원형 시간축 (圓形時間軸, circular timing axis) 음극선관(브라운관)상에 원형의 시간축을 만들면 수형 편향일 때의 3.14배의 길이가 되므로 정밀 측정 등에 사용된다.

원형 심선 (圓形心線, round conductor) 《케이블》 ⇨ 원형 도체.

원형 자석 (圓形磁石, ring magnet) 고리 모양의 자석, 즉 무단 자석(無端磁石)을 이른다. 끝의 감자력(減磁力)의 영향이 나타나지 않는 것을 이른다.

원형 접속 (圓形接續, mesh connection, ring connection) ⇨ 환상 접속, 환상 결선.

원형 케이블 (圓形――, round cable) 단면이 둥근 케이블이다.

원형 트롤리선(圓形 —— 線, circular trolley wire) 원형의 단면적을 갖는 트롤리선이다.

월경 데이터 유통(越境——流通, transborder data flow) 약어 TDF, 광역 데이터망이 발달함에 따라 예컨대 유럽 나라에서 볼 수 있는 것처럼 비교적 쉽게 국경을 초월하여 데이터가 유출입하고, 혹은 역외에서 축적되어 기밀유지의 입장에서 바람직하지 않는 사태가 발생하는 반면 통신, 정보의 자유를 주장하는 입장 사이에서 다툼과 마찰이 일어나 조정을 필요로 하게 되었다. 경제협력개발기구(OECD)의 각료이사회에서 1985년 4월에 데이터 유통의 자유 원칙을 확인하는 선언이 채택되어 국제망의 운용에 대한 지침이 제시되었다. 그러나 프라이버시 보호 문제와도 얽혀 간단하게는 결론이 나지 않았다.

월년 저수(越年貯水, hold-over storage) 갈수년(渴水年)의 갈수기에 사용할 목적으로 풍수년에서 이월되는 저수를 이른다.

월맨 회로(—— 回路, Wallman circuit) 다단 증폭기를 일컫는다. ⇨ 종속 증폭기.

월별 변화(月別變化, monthly variation) 전계강도, 지구 자기, 기상 요소 등, 장기간에 걸쳐서 변동하는 양의 변동 상태를 알기 위해서 각 달의 평균을 단위로 하여 그 변동을 표시하는 경우를 월별 변화라고 한다.

월 부하 곡선(月負荷曲線, monthly load curve) 1개월간의 부하 변동을 나타내는 곡선이다.

월 부하율(月負荷率, monthly load factor) 1개월간의 평균 수용 전력과, 그 기간 중의 최대 수용 전력의 비율을 이른다.

웜 스타트(warm start) (1) 이전에 초기화(初期化)한 입·출력 데이터 기억역의 재사용이 허용되는 계산기 재 스타트를 이르는 것으로, 시스템 리스타트라고도 하여 콜드 스타트와 대비된다. (2) 이전에 초기화한 링크팩 영역의 내용을 사용하여 행할 수 있는 (실행 프로그램의) 재 스타트를 이른다. (3) 《DOS》 시스템의 콜드 스타트할 때는 계산기에 내장하는 초기 프로그램 로더(ROM 등에 기억되어 있는)에 의해서 디스크에서 시스템 프로그램(DOS, BIOS, 커맨드 프로세서 등)을 내부 기억장치에 로드할 필요가 있는데, 이것은 한번 실행하면 이후의 시스템 리스트트는 WBOOT라고 하는 웜 스타트 루틴을 호출함으로써 행할 수 있다.

웨버(Wb)(weber) SI 단위계의 자속 단위로, 1회 감은 회로에 쇄교하는 자속이 0이 되었을 때 그 회로에 1볼트의 기전력을 발생하는 경우 그 자속을 1웨버(기호 Wb)라고 한다.

웨버(베버)-페히너의 법칙(——法則, Weber-Fechner's law) 인간의 청각 S가 소리의 자극량 I의 대수값에 비례하는 것을 기술한 법칙. 자극량의 변화 ΔI에 의해 청각량이 ΔS 만큼 증가했다고 하면, $\Delta S = K\Delta I/I$의 함수가 있다. K는 비례 상수이다.

웨스턴 전지(—— 電池, Weston cell) ⇨ 표준 전지.

웨이브 안테나(wave antenna) 지상 수 미터 높이에 1~2 파장에 해당하는 길이의 수평 공중선을 전파의 진행방향과 일직선으로 길게 가선한 지향 수신 안테나. 주로 장파 수신에 사용된다. 안테나의 개방단(開放端)은 파동 임피던스와 같은 저항을 거쳐 접지된다.

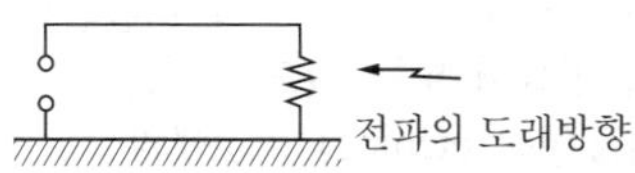

[웨이브 안테나]

웨이브 트랩(wave trap) 궤전선의 일부에 병렬로 부착된 임피던스 정합용의 분로를 이른다. ⇨ 정합 스터브(matching stub), 스터브 암(stub arm).

웨이트(WAIT) 《계산기》 멀티스레드의 계산기 처리에 있어서 어떤 사상의 발생을 기다려 태스크 A의 실행을 일단 중지하고 계산기 제어를 다른 태스크 B에 인도한 상태. 혹은 위와 같이 제어를 B에 넘기기 위해 A가 슈퍼바이저에 대하여 발행하는 마크로 명령(혹은 프리미티브)을 이른다.

㊟ 멀티스레드란, 동시 병렬적으로 처리할 수 있는 복수 개의 경로(태스크)를 갖는 프로그램이다. WAIT를 발행함으로써 오퍼레이팅 시스템의 요소는 프로세스 A의 액티베이션 레코드(A의 실행에 관계하는 모든 정보의 레코드) 속에 프로세스 속행이 불가능하

다는 것을 기록하고, A에서 프로세서(계산기 하드웨어)를 제거한다. 이 WAIT 상태가 해제되기 위하여서는 프로세스 B에서 오퍼레이팅 시스템에 대하여 SIGNAL 혹은 POST 마크로가 발행되는 것이 필요하다. 이와 같은 마크로는 프로세스 사이에서 공용 자원을 적정하게 사용하기 위하여 실행, 정지를 양자 간에서 조정하기 위하여서도 필요하다.

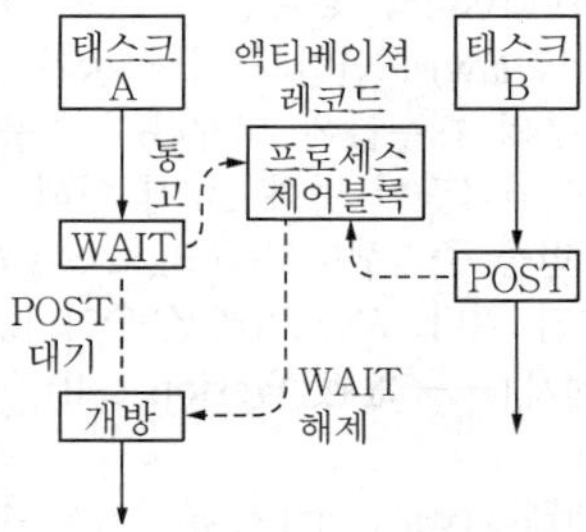

[태스크 A, B 간의 연락]

웨이퍼 (wafer) 반도체(실리콘)의 얇은 판으로 그 위에 트랜지스터와 다이오드 등의 미소 회로나 IC를 만들기 위한 기판. 웨이퍼는 다이스로 절단한 다음 각 다이스에 트랜지스터나 다이오드 혹은 그러한 간단한 회로 부분을 만들어 넣는 일도 있다.

웨트 에칭 (wet etching) ⇨ 에칭.

웰드선 (—— 線, copper-weld wire) 강철선 주위에 동층(銅層)을 융착 피복한 쌍금속선으로, 구리의 높은 도전율과 강철의 높은 장력 강도를 병용하고, 또 구리에 의해서 강선의 방청(防銹)을 예방한 도선이다.

위너 필터 (Wiener filter) 선형으로 인과율을 침범하지 않는(입력에 선행하여 출력을 발생하는 일이 없는) 계에 있어서, 계입력(정상 랜덤 과정에서 생긴 신호로, 잡음을 포함하고 있다고 한다)에서의 신호 성분과 잡음을 포함한 계의 전 출력 사이의 2승 평균 오차가 최소인 계를 위너 필터라고 한다. 위너 필터는 두 부분으로 구성되어 있으며 앞 단은 전 입력신호의 스펙트럼 밀도를 균일(백색)화하기 위한 전처리용 필터(prewhitening filter)이고, 후단 부분이 실제로 2승 평균 오차를 최소로 하는 작용을 한다. ㊟ 계가 인과율을 침범하지 않기 위해 입력의 자기 상관 함수를 델타 함수로 하여 장래 입력과 현재(및 과거) 값과의 관계를 끊기 위하여 백색 스펙트럼을 가진 입력을 필요로 한다. 앞 전단에 사용한 전처리용 필터는 이를 위한 것이다.

위너-힌친의 정리 (—— 定理, Wiener-Khintchine's theorem) 랜덤 변수 $\dot{X}$의 자기 상관함수 R_x와 주파수 스펙트럼에서의 파워 밀도의 분포 ϕ_x를 결부시키는 다음과 같은 관계를 부여한 정리.

$$\phi_x(\omega)=\frac{2}{\pi}\int_0^{\infty}R_x(\tau)\cos\omega\tau d\tau$$

$$R_x(\tau)=\int_0^{\infty}\phi_x(\omega)\cos\omega\tau d\omega$$

자기 상관성이 약할 때는 파워는 넓은 주파수 범위에 걸쳐 분포한다. 그 극단한 경우가 백색 잡음(자기 상관성이 거의 없다)으로, 넓은 주파수 범위에 고르게 분포한 에너지 밀도를 가지고 있다.

위데만 효과 (—— 效果, Wiedemann effect) 세로 방향의 자계에 원형으로 둘러싸인 원형 자계를 합성하면 자기 일그러짐 막대에 비틀림이 생기게 된다. 이런 현상을 위데만 효과라고 한다.

위상 (僞像, false image) 레이더에서 가짜 에코에 의해 나타나는 스코프상의 상(像)을 지칭한다.

위상 (位相, phase) 하나의 전기적 또는 기계적 파의 어떤 임의의 기점(起點)에 대한 상대적인 위치. 보통은 1사이클을 360° 또는 2π 라디안으로 해서 각도로 나타낸다. 정현파 $e=E_m\sin(\omega)t\pm\varphi$ 에서 $t=0$을 기준으로 하면 $\pm\varphi$가 위상이다. ⇨ 위상각.

위상각 (位相角, phase angle) (1) 주기 파동이 기준 시각 혹은 기준 위치에서 시간, 공간적으로 진행해 나가는 상태를 주는 양. 평행선로나 도파관의 어떤 단면을 통과하는 공간파의 위상각은 파동이 시간, 공간적으로 정현파 상태로 변화하는 것으로 하여 $(\omega t-\beta z+\theta)$로 주어진다. 여기서 $\omega=2\pi f$, $\beta=2\pi/\lambda$는 각각 각주파수 및 정파 상수의 허수부(위상 상수)이고, θ는 $t+0$, $z=0$에서의 위상각이다. 파동은 w/β의 위상 속도로 z의 정방향으로 진행한다. (2) 《변류기》

계기용 변류기에서, 지정된 2차 단자에서 나가는 전류와 지정된 1차 단자에서 들어오는 전류 간의 위상각. 2차 전류가 1차 전류보다 앞서 있을 때는 그 위상각을 플러스로 한다. (3)《변성기》 계기용 변압기에서, 지정된 단자에서 다른 한쪽 단자에 이르는 2차 전압과 이에 대응하는 1차 전압 간의 위상각. 2차 전압이 1차 전압보다 앞서 있을 때는 그 위상각은 플러스로 생각한다.

위상계 (位相計, phase indicator, phase meter) 동일 주파수 아래서의 두 교류값 사이의 위상차를 측정하는 계기이다.

위상 등화기 (位相等化器, phase equalizer) 긴 선로나 복잡한 회로 등에서는 주파수와 더불어 위상이 변화하여 이른바 위상 일그러짐이 생긴다. 이 특성을 보상하여 필요한 모든 주파수에 대해서 바른 위상을 유지하게 하기 위하여 삽입되는 회로를 위상 등화기라 한다. 예를 들면, 그림과 같은 격자형 위상 등화기의 위상량을 β라고 하면

$$\tan = \frac{\beta}{2} = \frac{\omega L}{2Z_0} = \frac{X_1}{2Z_0},\ Z_0 = \sqrt{\frac{L}{C}}$$

그러므로 $\beta = (2n+1)\pi$라는 주파수에서는 X_1은 ∞가 되고, $\beta = 2n\pi$인 주파수에서는 X_1은 0이 된다. β의 주파수 특성에서 L 및 C의 값을 적절히 정하면 된다. ⇨ 위상 보상기(phase compensator).

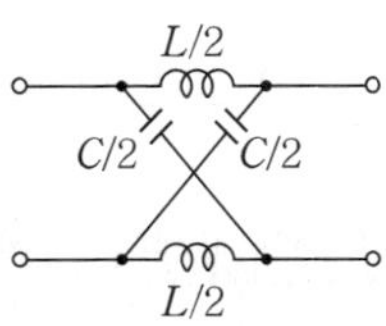

[위상 등화기]

위상 반전기 (位相反轉器, phase splitter) 단일 입력 신호를 일정한 위상차 (보통 180°)를 가진 별개의 두 신호로 바꾸어 출력하는 회로, 푸시풀 증폭기의 드라이버 등에 사용된다.

위상 발진기 (位相發振器, phase oscillator) 발진 주파수에서 증폭기의 출력과 입력 사이에 1 스테이지당 180°의 홀수 배의 위상 엇갈림이 있는 회로를 접속함으로써 만들어지는 발진기를 이른다. 상기한 위상 엇갈림이 RC 회로망에 의해 실현된 것을 이상형(移相形) RC 발진기라고 한다.

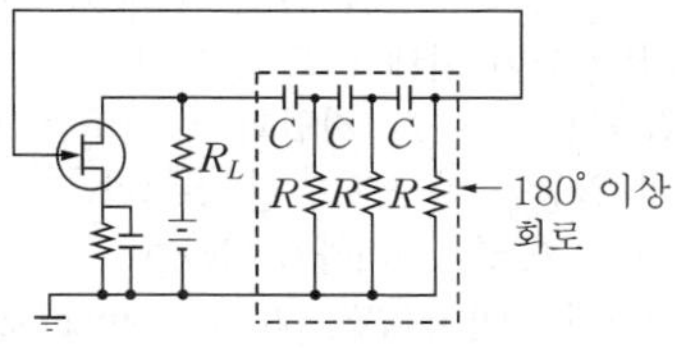

[위상 발진기]

위상 변조 (位相變調, phase modulation) 변조 전류에 의해 반송파의 위상을 변화시키는 변조방식을 이른다.

위상 변조 검파 (位相變調檢波, phase modulation detection) 위상 변조파를 복조하여 송단 신호를 회복하는 프로세스로서, 이에는 다음의 두 방식이 있다. ① 고정 기준 검파(fixed-reference detection). ② 차동 검파(differential detection), 전자는 송단 신호의 위상을 부여하기 위한 기준 위상을 수단에서 어떠한 방법으로 이용할 수 있도록 한 것이고, 후자는 기준 위상을 사용하지 않고 잇달아 수신한 신호 사이의 위상 변화를 검출하고 그것에 의해서 복조하는 것이다.

위상 변조기 (位相變調器, phase modulator) 정현파 반송파의 위상각을 그 기준값에서 변조파 전압에 부응하여 변화시키도록 한 장

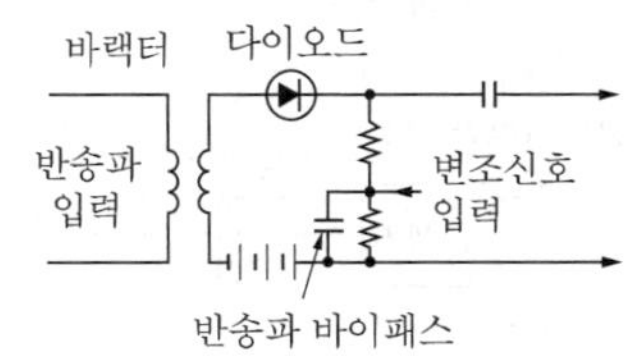

(a)

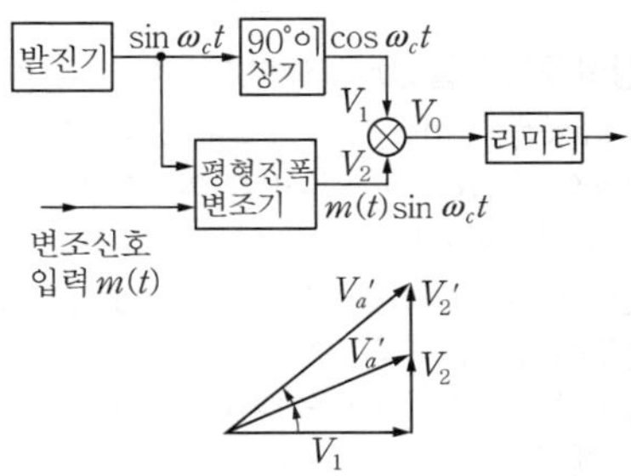

(b) 암스트롱 방식

[위상 변조기]

치. 그림 (a)는 바랙터 다이오드에 부여하는 변조파 전압에 따라 반송파의 위상을 변화시키도록 한 것이고, 그림 (b)는 발진기 출력을 변조파 전압에 의해 진폭 변조한 것을 그것과 90°위상이 다른 전압과 합성하여 합성 전압의 위상을 바꾸도록 한 것이다(리미터는 잔류 진폭 변조를 제거하기 위하여 사용한다).

위상 보상기 (位相補償器, phase compensator) ⇨ 위상 보상 장치.

위상 보상 장치 (位相報償裝置) (1) phase compensating device 위상을 규정값으로 정확하게 맞추기 위한 장치. 예컨대 교류 적산 전력계에서는 전압 자속은 전류 자속에 대해서 90°지연시키지 않으면 안 되며, 이를 위한 하나의 방법으로 전압 또는 전류 철심에 단락 코일 또는 단락 고리(短絡環)를 둔다. (2) phase compensator 주로 장하 케이블에 의한 전송로의 위상 일그러짐을 보상하는 회로망이다.

위상 비교기 (位相比較器, phase comparator) 동일 주파수인 두 파의 위상차를 검출하는 장치. 예를 들면 두 파를 곱셈을 하여 적당한 필터로 고주파(반송파)를 제거함으로써 위상차에 비례한 출력을 얻을 수 있다.
㊟ 입력이 정현파이면 출력은 $\sin(\theta_1-\theta_2)$에 비례하지만 입력이 방형파이면 출력은 $(\theta_1-\theta_2)$에 비례한다.

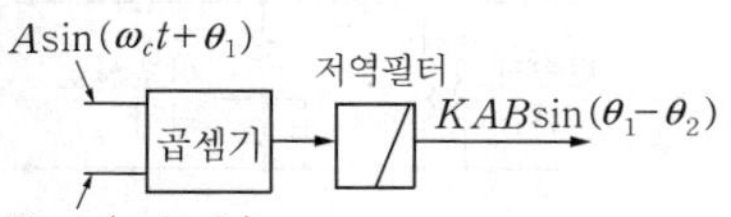

[위상 비교기]

위상 비교식 로컬라이저 (位相比較式 ——, phase localizer) 《ILS》 활주로의 중심 선이 두 신호의 등위상대(等位相帶)의 중심인 로컬라이저를 말한다.

위상 상수 (位相常數, phase constant) 전송 선로에서 전파상수(傳播常數)의 허수부를 이른다. 이것은 선로를 따라서 파동이 진행할 때의 위상의 지연을 나타내는 것이므로 파동이 1파장 앞서면 2π 라디안의 위상의 지연을 초래하게 되며, 따라서 위상 상수 $\beta=2\pi/\lambda$가 된다. 또 왕복 선로 단위 길이당의 저항, 인덕턴스, 리액턴스 및 용량을 R, L, G, C로 하면,

$$\beta=\frac{\omega\sqrt{LC}}{\sqrt{2}}\sqrt{\left(1-\frac{RG}{\omega^2 LC}\right)+\sqrt{\left(\frac{R^2}{\omega^2L^2}+1\right)\left(\frac{G^2}{\omega^2C^2}+1\right)}}$$

로 쓸 수 있으므로 저주파수에서 $\beta=0$, 초고주파 영역에서는 $\beta\fallingdotseq\omega\sqrt{LC}$ 가 된다. ⇨ 전파 상수, 감쇠 상수.

위상 속도 (位相速度, phase velocity) 《파동》 파의 법선을 따라 등위상면이 움직여 나가는 속도. 도파관 내에서는 위상 속도는 자유 공간에서의 지자기파의 속도(= 3×10^8m/s)보다는 크다.

위상 수정기 (位相修正器, phase corrector) 동기 회전계에서 위상이 부합되지 않는 것을 수정하는 장치이다.

위상 시프트 키잉 (phase-shift keying) 약어 PSK, 위상 변조 방식으로서, 변조 함수에 의해 변조된 파의 순시 위상이 어떤 정해진 몇 가지 값 사이를 변화하도록 되어 있는 것. 예를 들면 4상 위상 변조를 하는 2,400 bit/s의 모뎀에서는 다이비트 11, 10, 00, 01을 각각 45°, 135°, 225°, 315°의 4개 위상으로 위상 변조를 한다. 변조 속도는 1,200보이다.

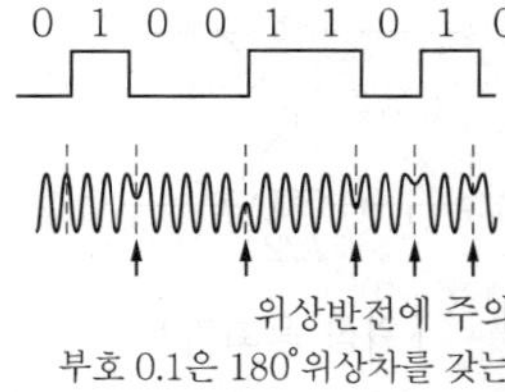

[위상 시프트 키잉]

㊟ 아날로그 신호의 경우는 위상의 약간의 변화를 빠르게 전송하고, 또한 검출하는 것이 곤란하기 때문에 위상 변조는 이용되지 않지만 디지털 신호의 경우는 위의 상태의 수가 적기 때문에 데이터 전송 속도가 빠른 위상 변조방식이 선호되고 있다. 그러나 상수를 늘리면 잡음과 일그러짐이 증가하므로

특히 통신 위성의 경우 등에서는 4상 PSK 이상은 거의 이용되지 않는다.

위상 여유 (位相餘裕, phase margin) 전송로의 위상 일그러짐의 허용 한도이다.

위상 일그러짐 (位相——, phase distortion) 직선 일그러짐의 하나로, 어떤 회로망에 신호 파형을 통과시켰을 때 출력 파형과 입력 파형 사이에 생기는 위상 편이가 주파수에 따라 달라지는 것을 말한다. 일반적으로 음성 신호인 경우는 그다지 문제가 되지 않지만 텔레비전이나 사진 전송처럼 눈으로 판별하는 경우에는 위상 일그러짐은 중요한 영향을 주게 된다. ⇨ 직선 일그러짐(linear distortion), 위상 편이(phase deviation).

위상 제어 (位相制御, phase control) 교류 계통에서 전압과 전류의 위상 관계를 제어하는 것. 수은 정류기의 양극의 점호 위상을 제어하는 것을 이른다. ⇨ 제어 그리드, 점호자.

위상 조정 (位相調整, phase adjustment) 적산 전력계에서 전압 코일, 전류 코일의 자속 간의 위상이 90°가 되도록 조정하는 것. 그 한 방법으로 전압 철심 일부에 단락 권선 또는 금속 고리(金屬環)를 장치하고, 세밀 조정은 단락 권선의 권수와 저항값을 가감하거나 또는 별도로 전류 철심에 감은 단락 권선으로 한다.

위상 조정 변압기 (位相調整變壓器, phase compensating transformer) 환상(環狀) 계통의 전력 조류(潮流) 제어의 경우 유효 전류의 분포를 제어하기 위하여 성형(星形)전압과 직각 위상의 조정 전압을 공급하는 변압기이다.

위상 차 (位相差, phase difference) 같은 각 주파수를 가진 두 교번량에서 그 파형의 최대값(또는 최소값) 사이에서 측정한 시간차를 이르는 것으로, 보통 전기 각으로 나타낸다. 이때 두 파형 중 어떤 한 쪽 파형을 기준으로 하여도 무방하다. ⇨ 위상각(phase angle).

위상 특성 곡선 (位相特性曲線, phase characteristic curve) 동기 전동기의 특성의 하나로, 정격 전압, 정격 주파수로 운전하고 일정한 부하에 대해서 여자 전류를 변화한 경우에 전기자 전류의 값을 여자 전류의 함수로서 나타낸 곡선을 이른다. 이 곡선은 V형을 이루고 있어 V곡선이라고 한다. 전기자 전류의 최소값의 점은 역률 1의 점이고, 이보다 여자 전류가 큰 부분은 앞선 역률(進力率), 작은 부분은 뒤진 역률(遲力率) 부분이다.

위상 판별기 (位相辨別器, phase discriminator) (1) 위상 변화에 따라서 그에 비례하는 진폭 변화를 발생하도록 구성된 장치이다. 위상-진폭 변환 장치라고 생각할 수도 있다. 위상 변조 수신기에 있어서 복조기의 전단에 있는 회로이다. (2) 입력 신호와 기준(혹은 그 밖의 특정한) 신호 사이 위상차에 따른 출력을 발생하는 장치. 위상 대신에 주파수를 이용할 때는 주파수 판별기라고 한다.

위상 편이 (位相偏移, phase deviation) 반송파의 위상을 변조파의 크기에 비례하여 변화시켜서 전송하는 통신방식을 위상 변조 방식이라고 하고, 이 경우의 위상 편이를 phase deviation이라고 한다. 반송파의 위상과 최대 위상 변이의 비를 위상 변조의 변조율이라 한다.

위성 (衛星, satellite) (1) 텔레비전국이 그 담당 구역의 어떤 부분의 신호 강도를 개선하기 위하여 설치하는 부스터 혹은 트랜스레이터를 이른다. 위성국이라고 한다. (2) 지구, 달 그밖의 전체의 일정한 궤도 위를 선회하는 인공의 비행 물체로, 과학 관측, 기상, 통신, 방송, 측지 등, 각종 위성이 있다. ⇨ 인공 위성.

위성 방송 수신기 (衛星放送受信機, satellite broadcast receiver) 위성 방송을 수신하는 수신기는 12 GHz대의 미약한 전파를 수신하는 지향성 파라볼라 안테나, 수신파를 1 GHz대의 중간 주파수로 변환하는 컨버터 및 수신 장치로 구성되어 있다. 수신 장치에 있어서 튜너로 목적국을 선택하고 영상 신호와 음성 신호를 분리하여 각각 필요한 복조 처리를 거쳐 수상기로 도입된다.

위성 태양 발전 (衛星太陽發電, satellite solar-power generation) 약어 SSPG, 정지 위성에 장치한 태양 전지 등의 발전 설비에 의한 발생 전력을 마이크로파 혹은 레이저 전력으로 변환하여 지상으로 보내서, 실용적인 형태의 전력으로 다시 변환하여 초전도 코일 등에 축적한 다음, 소비처로 배전하려고 하는 일련의 에너지 공급 계획을 이른다.

위성 통신(衛星通信, satellite communication) (1) 인공 위성을 중계국으로 하는 지구국 간의 통신방식. (2) 통신 위성에 국한하지 않고 모든 인공 위성과 지구국 간의 통신을 이른다.

위성 항행(衛星航行, satellite navigation) 위성을 관측하여 선박의 위치를 결정하거나 혹은 위성을 중계 장치로 하여 기지국과의 통신으로 항해에 필요한 제반 정보를 교환하는 항해법을 이른다.

㊟ 미국 해군이 개발한 항해위성(NNSS)이 있는데, 항공기가 수신하기 적합하도록 현재 전 지구적인 항해방식(global positioning system, GPS)이 개발되었다.

위수(位數, digit) 교차의 소밀(疎密)을 나타내는 것으로, digit 1 또는 digit 2라고 한다. 숫자가 클수록 교차 간격이 길다.

위치(位置, position) 3개의 항행 좌표의 특정한 값에 따라 결정되는 이동체의 위치를 이른다.

위치면(位置面, surface of position) 어떤 항행 좌표의 일정값으로 규정되는 면이다.

위치 방식(位置方式, position system)《원격 제어》 전송 방법으로서 둘 또는 그 이상의 전기량 사이의 위상의 관계 위치 또는 크기의 관계를 이용하는 원격 측정 방식이다.

위치 서보계(位置——系, positional servomechanism) 하나 또는 몇 개의 입력 신호에 따라 기계 축의 회전각이 제어되도록 되어 있는 자동 제어계. 대부분의 경우 축은 입력 신호의 값에 직선 비례하여 제어된다.

위치 에너지(位置——, potential energy) 물체가 자기의 위치를 유지함으로써 생기는 에너지. 중력에 반해서 높은 위치에 있는 물체가 갖는 에너지, 탄성력에 반하여 변위함으로써 갖는 에너지, 또 전하가 높은 전위의 위치에 있음으로써 갖는 정전 에너지도 위치 에너지 또는 퍼텐셜 에너지라고 한다.

위치의 선(位置——線, line of position) 약어 LOP, 일정값의 항행 좌표로 규정되는 두 위치면의 교차 선으로 생기는 선이라 정의되는 것. 보통 하나의 특정한 점을 통과하는 선을 이른다. 따라서 항행상의 위치는 두 위치 선과 만난 점으로서 정해진다.

위치 제어계(位置制御系, positioning control system) 제어계에서, 주어진 목적 위치에 도달하기 위해서만 제어 동작이 요구되고, 도중의 변화 경로의 제어는 하지 않는 것. 위치 결정 제어계, 축점 제어계(point-to-point system)라고도 한다.

위치 조정(位置調整, justification) 원하는 패턴을 얻을 수 있도록 어떤 기준의 위치 또는 선에 대하여 디지트를 좌우(상하)로 빗겨서 그 위치를 조정하는 것. 예를 들면 인자(印字)에 있어서도 용지의 좌우 가장자리가 가지런히 되도록 인자 위치를 교정하거나 레지스터에서 가장 윗자리 (가장 아래 자리)의 디지트가 소정 장소에 오도록 시프트하거나 하는 것을 이른다.

㊟ PCM 다중화 전송방식에서는 위치조정은 다른 의미로 사용된다.

위탐지(僞探知, false contact) 레이더의 브라운관에서 물표(物標)가 존재하지 않는 장소에 영상을 만드는 것을 이른다.

윈(빈)브리지(Wien bridge) 4암의 교류 브리지로, 2개의 인접한 암에는 커패시터가 각각 저항과 직렬 및 병렬로 접속된 것이다. 다른 2개의 암은 무유도성의 저항인 것. 미지 커패시턴스를 저항과 주파수에 의해서 구할 수 있다. 미지 인덕턴스를 마찬가지로 하여 구하는 윈의 인덕턴스 브리지도 있다.

윈(빈)의 변위 법칙(——變位法則, Wien displ--acement law) 흑체의 분광 방사 발산도 L_λ를 파장 λ와 온도 T의 함수로서 수학적으로 부여한 법칙. $L_\lambda = c_1\lambda^{-5}e^{-(c_2/\lambda T)}$ 혹은 이로부터 유도되는 다음과 같은 표현을 이른다.

$L_m/T^5 = b$, $\lambda_m T = b'$, 여기서 L_m은 최대의 분광 방사 발산도이고 λ_m은 최대의 방사 발산을 발생하는 파장이다. 또 b, b'는 상수이다. 위의 식에서 보인 바와 같이 λ_m은 흑체 온도 T에 역비례하고, 온도가 높아지면 분광 에너지 분포 곡선의 산은 스펙트럼의 파장이 짧은 쪽 끝을 향하여 변위한다.

윈체스터 디스크(Winchester disk) 데이터를

기록·출력하는 헤드와 디스크가 일체로 된 것으로, IBM이 채용함으로써 주목을 받게 되었다. 소형이지만 용량은 크다.

윈치 (winch) ⇨ 권상기.

유공률 (有孔率, porosity) 구멍이 뚫려 있는 판에 있어서, 구멍의 총면적이 구멍 부분을 포함한 전체의 면적에 대한 비율을 이른다.

유공 전극 렌즈 (有孔電極——, aperture lens) 평면 전극에 둥근 구멍이 뚫려 있는 일종의 전자 렌즈를 이른다.

유극 계전기 (有極繼電器, polar relay, polarized relay) 영구 자석을 사용하여 미소 입력에도 고감도가 되도록 만든 계전기(유극 전자 계전기)이다.

유극 음향기 (有極音響器, polarized sounder) 모스 통신에 사용하는 음향기를 고감도로 하기 위해 자기회로에 영구 자석을 사용한 음향기이다.

유극 전송 (有極傳送, polar transmission) (1) 텔레타이프라이터 신호를 전송함에 있어서, 마크 신호를 일 방향으로 흐르는 전류로, 또 스페이스 신호를 (같은 크기의) 역 방향으로 흐르는 전류로 나타내는 전송 방식. (2) 가청 주파 신호의 경우에는 세 가지 다른 상태를 이용하여, 그 중 둘은 마크와 스페이스를, 나머지 하나는 무신호 상태를 나타내는 전송법이다.

㈜ 무극 전송의 경우에는 위의 (1)에서 마크 신호는 일방향으로 흐르는 전류이고 또 스페이스 신호는 무전류 상태로 나타낸다. (2)의 경우는 두 상태를 사용하고, 그 중 하나는 스페이스 및 무신호의 양쪽 상태를 나타내는 전송법이다.

유기 가소물 (有機可塑物, organic plastics) 열, 압력 또는 양자에 의해서 성형할 수 있는 고분자 화합물의 총칭이다.

유기 반도체 (有機半導體, organic semiconductor) 도전율이 이상하게 큰 유기 분자 결정 물질이고, 그 밖에는 반도체에 공통된 성질을 가지고 있다. 안트라센 등이 그 한 예이다.

유냉 변압기 (油冷變壓器, oilcooled transformer) 냉각 매체로 오일을 사용한 변압기를 이른다. 권선 및 철심에서 발생한 열은 기름의 대류로 외함을 거쳐 공기 중으로 방출된다.

유능 전력 (有能電力, available power) 《전기통신》 전원과 부하측 임피던스 사이에서 정합의 조건이 성립한다고 가정했을 경우에, 부하측에서 얻을 수 있는 전력을 이른다.

유니티 커플러 (unity coupler) 《다중 궤환 증폭기》 2개의 증폭기(증폭도 μ_1, μ_2, 반결합비 β_1, β_2로 한다)를 조합한 2중 반결합 증폭기에서 $\mu_1\beta_1=1$인 조건하에서는 제1증폭기는 μ_1, μ_2에 관계하지만 제2증폭기의 이득은 β_2만으로 주어진다. 이 경우 $\mu_1\beta_1=1$을 만족시키는 제1증폭기를 유니티 커플러라고 한다.

유니폴러 (unipolar) (1) 펄스부호 전송회로에서 사용되는 펄스 형식으로, 음, 양 어느 한 쪽 극성의 펄스만을 이용하는 것. (2) 논리 회로에서 로직의 참, 거짓의 두 진리값에 대하여 같은 극성의(레벨은 다르다) 전압 혹은 전류, 또는 한쪽 극성과 무극성의 두 전압 혹은 전류를 대응시키는 표현 형식. (3) FET처럼 전자, 정공, 2종류의 캐리어 중 어느 한쪽 캐리어만으로 동작하는 반도체 디바이스이다.

유니플로 기관 (——機關, uniflow engine) 흡기구와 배기구가 각각 별도로 되어 있는 기관이다.

유닛 (unit) 통신용 장치에서는 철가(鐵架)에 꾸며지는 패널 또는 광체(筐體)의 한 단위를 가리킨다.

유닛 변전소 (——變電所, unit substation) 변압기와 배전반을 하나의 유닛으로 한 간단한 배전용 자동 변전소를 이른다.

유닛 스위치 (unit switch) 주로 대용량인 경우에 사용한다. 구조는 고정 및 가동의 두 주 접촉자, 가동 접촉자를 움직이는 전자 공기장치 및 아크를 없애는 소호(消弧)코일, 아크슈트 등으로 이루어진다. 가동 접촉자는 전자 코일의 동작으로 압력 공기의 실린더에 대한 통로를 열어 피스톤에 의해서 움직이도록 되어 있다. 소용량의 것으로는 압력 공기를 사용하지 않는 전자식도 있다.

유닛 케이블 (multiple unit cable, unit cable)

ㅇ

시내 전화 케이블에서 400쌍 이상의 것은 보통 100쌍으로 유닛을 만든다. 층으로 배열하여 원통형으로 모아 이것을 꼬아서 케이블 심으로 한 것이다. 즉 400쌍의 케이블은 100쌍의 유닛 4개를 배열하여 그 위에 납을 씌운다. 유닛 케이블은 전화국에서 나오는 시내 전화의 간선에 사용되며 400쌍에서 2,400쌍까지 있다.

유도 (誘導, induction) 정전 유도나 전자 유도를 총칭하여 유도라고 한다. ⇨ 정전유도, 전자유도(electromagnetic induction).

유도 (裕度, tolerance) ⇨ 공차.

유도 가열 장치 (誘導加熱裝置, induction heater) 가열하고자 하는 부하 속에 유도작용으로 전류를 흘려, 부하가 갖는 저항으로 가열하는 장치를 이른다.

유도 결합 (誘導結合, inductive coupling) 두 회로를 유도적으로 결합한 것이다. ⇐ 전자 결합, ⇨ 정전 결합.

유도 계수 (誘導係數, coefficient of induction) 자기 유도 계수와 상호 유도 계수를 합해서 유도 계수라고 한다. 또 정전학에서는 n개의 도체가 각각에 있어서 $V_1,\ V_2$의 전위를 가질 때 각 도체가 갖는 전하는

$Q_1 = q_{11} V_1 + q_{12} V_2 + \cdots + q_{1n} V_n \cdots$

$Q_n = q_{n1} V_1 + q_{n2} V_2 + \cdots + q_{nn} V_n$

으로 표시된다. 이들 계수 중 첨자(添字)가 다른 것을 유도 계수라 하고, 또 첨자가 같은 것은 용량 계수라고 한다.

유도기 (誘導機, induction machine) 유도 전동기, 유도 발전기 등의 총칭이다.

유도 기전력 (誘導起電力, induced electromotive force) 전자 유도에 의해서 발생하는 기전력을 이른다. 변압기와 발전기에서 발생하는 기전력이나 도래 전파에 의해서 수신 공중선에 발생하는 기전력 등은 그 예이다.

유도 동기 전동기 (誘導同期電動機, synchronous induction motor) 양호한 기동 특성을 얻기 위한 특수 동기 전동기로서, 회전자는 유도 전동기의 권선형 회전자와 같은 구조로 되고, 기동시에는 권선형 유도 전동기로서의 양호한 기동 특성을 이용하여 동기 속도 가까이에 이르렀을 때 이 회전자에 직류 여자를 주어 동기화시켜서 동기 전동기로 사용하는 것이다.

유도로 (誘導爐, induction furnace) 전자 유도작용에 의해서 전기 에너지를 열로 변환하여 이용하는 전기로이다.

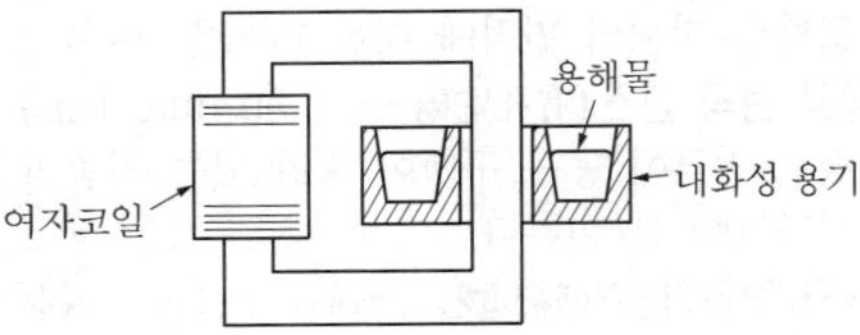

[유도로]

유도로 등 (誘導路燈, taxiway light) 공항에서 에이프론(여객의 승강과 화물을 싣고 내리는 장소)에서 활주로에 이르는 도중의 유도로에 설치되는 표지등. 10~60W 전구를 넣어 청색 또는 녹색의 빛을 내며, 유도로 주변 또는 중심 선과 직선 부분에서 60 m 간격으로 설치된다.

유도뢰 (誘導雷, induced lightning) 뇌운에 의해서 축적된 전하로 송전선에 유도된 역극성의 전하가 송전선 이외의 장소로 낙뢰로 인해 해방되어 송전선 위를 좌우로 진행파가 되어 진행하는 현상을 이른다.

유도 리액턴스 (誘導——, inductive reactance) 임피던스를 복소수로 표시했을 때 $Z=R+jX$의 모양이면 R은 저항이고 X는 유도성 리액턴스이다. 또 $Z=R-jX$이면 X는 용량성 리액턴스이다.

유도 무선 (誘導無線, inductive radio) 공간을 전파하는 전파에 의하지 않고 통신선이나 철도의 레일 등을 도체로 이용하여 여기에 송·수신용 안테나를 유도적으로 결합해서 행하는 무선 통신. 소전력으로 통신이 가능하고 일반 공간에 전파를 발사하는 일은 적다.

유도 발전기 (誘導發電機, induction generator) 유도 전동기의 고정자를 전원에 접속한 채 그 회전자를 다른 힘에 의해서 동기 속도 이상의 속도로 같은 방향으로 회전시키면 2차 권선에 유도되는 기전력의 방향이 반대가 된다. 따라서 2차 전류의 방향도 반대가 된다. 1차 권선에는 이 2차 전류의 기자력을 상

쇄하도록 전동기로 한 경우와 반대 방향의 전류가 흐른다. 즉 발전기가 된다. 이것을 유도 발전기라고 한다. 동기 발전기보다 구조가 간단하고 취급이 용이하지만, 여자전류를 선로에서 얻는 것이 문제이다.

유도 방출 (誘導放出, induced emission) 양자 역학계에서, 고유한 두 에너지 준위 간의 전이가 자발적이 아니라 어떤 외부장의 작용으로 초래되는 것. 유도 방출은 코히어런트한 방사를 발생시키기 위한 수단이다. 강제 천이라고도 한다.

㈜ 광자(光子)를 흡수하여 어떤 특정한 준위로 여기된 원자가 자발적으로 원래의 준위로 복귀하지 않은 사이에 같은 에너지를 가진 광자(즉 특정한 파장을 가진 파속)에 의해서 같은 파장의 위상이 가지런한 새로운 파장을 발생한다(유도 방출)는 현상은 빛을 증폭하는 레이저의 기초 원리인데, 초기에는 마이크로파에 시도하여 성공한 것이다.

유도 방해 (誘導妨害, inductive disturbance, inductive interference) 통신 선로가 외부 시설에 의해 받는 피해 중의 하나이다. 강전류 선로와의 거리 간격의 부적당, 전차선의 불꽃, 낙뢰 또는 강전류 선의 고장 등으로 인하여 발생한다. 시가지에서는 전등 인입선의 접촉으로 인하여 피해를 받는 경우가 많다.

유도 부하 (誘導負荷, inductive load) 부하 임피던스의 리액턴스가 +인 부하를 이른다. 이 때 부하 전류는 전압보다 위상이 뒤진다.

유도분 (誘導分, inductive component) 교류 회로의 임피던스도(圖)에서 유효분과 +90° 위상을 달리하는 무효분을 이른다. 무효분은 회로의 인덕턴스 또는 용량에 의해서 발생하며, 인덕턴스에 기인하는 무효분을 유도분이라고 한다. ⇔ 용량분(capacitive component), ⇨ 무효분(reactive component).

유도 분류기 (誘導分流器, inductive shunt) 분류기의 회로에 유도성을 갖게 한 것으로, 이 회로의 시정수(時定數)를 주 회로의 시정수에 맞게 한 것이 적당하다.

유도성 (誘導性, inductive) 전기 회로의 성질 판정에 유효한 용어로, 만약 그 회로가 유도성인 경우는 뒤진 전류(遲電流)가 흐르고 용량성인 경우는 앞선 전류(進電流)가 흐른다고 간주되기 때문이다. 또 공진회로의 공진점이나 반 공진점을 경계로 하여 일반적으로 그 회로의 리액턴스는 유도성에서 용량성으로 또는 용량성에서 유도성으로 전이한 것이다.

유도성 회로 (誘導性回路, inductive circuit) 유도성 리액턴스가 용량성 리액턴스보다 큰 회로를 이른다.

유도 시험 (誘導試驗, induced test) 전기 기기의 권선의 절연 내력(耐力) 시험을 하는 한 방법. 공시(供試) 권선 중에 소정의 시험 전압과 같은 기전력을 발생시켜서 주로 권선의 선 간에 과전압을 인가하는 시험이다. 이 경우 과전압의 유기(誘起)에 의한 철심의 과여자를 방지하기 위하여 120 Hz 이상의 고주파를 사용한다.

유도 m형 필터 (誘導 m形──, derived m type filter, m-derived filter) 정 K형 필터에서 유도된 필터를 지칭한다. 즉 인덕턴스와 용량으로 이루어지는 필터의 원형으로 간주되는 정 K형을 개량해서 병렬 혹은 직렬 공진을 이용하여 차단 주파수 부근의 감쇠 특성을 급준화(急竣化)하려는 필터이다. 그림은 유도 m형 필터의 T형 접속을 도시한 것이다. 여기서 Z_{1K}, Z_{2K}는 정 K형의 직렬변과 병렬변 임피던스이고 m은 1 이하의 임의의 상수이다. 이 값에 따라서 필터의 특성이 좌우된다. m=1일 때는 정 K형에 상당하다. ⇐ 유도형 필터(derived type filter). ⇨ 정 K형 필터(constant K type filter).

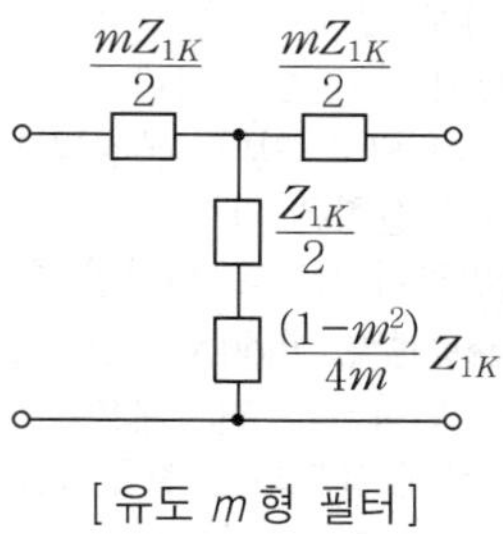

[유도 m형 필터]

유도자 (誘導子, inductor) 자기 또는 상호 인덕턴스의 표준으로 사용되는 코일이다. 1차 표준기는 대리석, 용융 실리카 등의 원통에 나동선을 한 겹 감고, 그 인덕턴스는 원통 지름, 피치, 길이, 동선의 지름 등의 기하학적 치수에서 계산하여 결정된다. 2차 표준기 및 상용 표준기에 대해서는 표준 인덕턴스의 항을 참조한다.

유도 자계 (誘導磁界, induction field) 일반적으로 유도 전자계라고 하며, 자계에만 주목하여 유도 자계라고도 한다. ⇐ 유도 전자계.

유도자형 교류 발전기 (誘導子形交流發電機, inductor type generator) 전기자, 계자가 모두 정지하고 주변에 자성강과 비자성 물질을 엇갈리게 배치한 유도자가 전기자 권선 가까이를 회전하여 전기자 권선과 쇄교하는 자속을 변화시켜서 권선 중에 기전력을 유지시키는 발전기. 회전자에 권선이 필요치 않으므로 고주파 전력의 발생에 적합하다.

유도 전계 (誘導電界, induction field) 일반적으로 유도 전자계라고 하며, 전계에만 주목해서 유도 전계라고 하는 경우도 있다. ⇐ 유도 전자계.

유도(전기)로 (誘導(電氣)爐, induction furnace) 전자 유도작용을 이용한 용해로이다.

ㅇ

유도 전동기 (誘導電動機, induction motor) 상대적으로 회전할 수 있는 서로 독립된 2개의 권선을 가지고 있으며, 그 하나의 권선(고정자 권선)에서 다른 권선(회전자 권선)에 전자 유도작용에 의해서 에너지를 전하여 회전하고, 정상 운전 상태에서 동기 속도와 다른 속도로 회전하는 교류 전동기이다. 유도 전동기에는 정류자가 없고 또 있어도 정상 운전 상태에서는 사용하지 않는 것이 보통이다. 단상, 다상 및 농형, 권선형이 있다.

㈜ 이 전동기는 구조가 간단하고 견고하여 다방면에 사용되고 있다. 본질적으로 정속도기이지만 권선형은 외부 저항을 이용하여 매우 광범위하게 속도를 변화할 수 있다.

유도 전류 (誘導電流, induced current) (1) 시간적으로 변화하는 전자계를 부여함으로써 도체 내부에 유도되는 전류. (2) 신호 회로가 방해 전자계와 결합을 유지함으로써 신호 회로 내에 유도되는 전류. (3) 유도뢰에 의해서 전기회로 또는 전기 시설에 유도되는 전류를 이른다.

유도 전압 시험 (誘導電壓試驗, induced voltage test) 공시(供試) 기기의 권선에 적당한 주파수의 전원에 의해서 소정의 시험 전압과 같은 기전력(또는 역기전력)을 발생시켜 주로 권선의 층간에 과전압을 가하는 시험을 이른다.

유도 전압 조정기 (誘導電壓調整器, induction regulator) 동작 원리가 권선형 유도 전동기와 같은 정지기(靜止器)로, 입력측에 접속된 분로 권선과 회로에 직렬로 접속된 직렬 권선을 가지고 있으며, 양자의 상대 위치를 변화시킴으로써 출력측 전압을 조정하도록 한 장치이다. 단상형과 3상형이 있다.

㈜ 분로 권선 외에 이와 직각인 위치에 단락 권선을 가진 것도 있다. 이 권선에 의해서 직렬 권선의 기자력 중 분로 권선축과 직각인 성분을 상쇄하여 직렬 권선의 누설 리액턴스를 감소시키도록 한 것도 있다.

유도 전자계 (誘導電磁界, induction field) 더블릿 안테나에서 발생되는 전자계는 더블릿으로부터의 거리를 r이라고 하면 r^{-3}, r^{-2}, r^{-1}에 비례하는 3개의 성분으로 이루어져 있고, 더블릿 부근에서는 r^{-3}과 r^{-2}에 비례하는 성분이 r^{-1}에 비례하는 성분보다 훨씬 우세하다. 이에 반해서 더블릿보다 몇 파장 이상 떨어진 지점에서는 r^{-1}에 비례하는 성분이 우세하게 된다. 전자의 지점을 유도 전자계, 후자를 방사 전자계라고 한다. ⇐ 유도 전계, 유도자계, ⇨ 방사 전자계.

유도 절연 시험 (誘導絶緣試驗, induced insulation test) 변압기 권선에 소정의 시험 전압과 같은 기전력을 발생시켜, 권선의 선간, 층간에 과전압을 가하는 시험인데, 120 Hz 이상의 고주파를 사용한다.

유도 조정 (誘導調整, telephone interference coordination) 강전 시설에서 약전 시설, 주로 전기통신 시설에 대한 유도 방해를 양분문 간에서 연락 협조하여 그 대책을 강구는 것을 이른다.

유도 출력관 (誘導出力管, inductive output tube) 전자류의 밀도 변화를 유도작용으로 공동 공진기에 출력을 가하는 기구의 증폭관으로서, 최초로 고안된 것이다.

유도 케이블 (誘導——, leader cable) 케이블 주위에 자기장이 확립되어 그에 의해서 추적할 패스를 만드는 케이블에 의해서 이루어지는 항공 지원시설이다.

유도 코일 (誘導——, induction coil, Ruhmkorff coil) 1차 권선만 가진 것과 1차, 2차 양 권선 것을 가진 것이 있다. 전자는 일종의 리액터로서, 전기 에너지를 받아서 가급적 많은 자기 에너지로 변환하여 최후에 급격히 다시 전기 에너지로 교환하도록 설계되어 있다. 그리고 회로를 갑자기 열었을 때 발생하는 불꽃의 열을 이용하는 것으로 내연 엔진의 점화에 사용된다. 후자는 1차 권선을 전지에 접속하고 이 때 흐르는 전류에 의해서 철심 중에 자속을 발생시켜, 그 자속이 어떤 값에 도달하면 그 자력에 의해서 1차 회로가 열리도록 접점이 작용하여 2차 권선에 높은 전압을 발생시킨다.

유도 협조 (誘導協助, inductive coordination) 유도 방해를 방지하기 위해 전력 시설과 통신 시설 사이에 서로 배치, 설계, 건설, 운전, 보전 그 밖의 여러 면에서 협조하여 방해 제거를 꾀하는 것을 이른다.

유도형 (誘導型, induction type) 계기의 동작 원리에 따른 형의 종별을 나타내는 것으로, 하나 또는 그 이상의 고정 권선에 의해서 발생하는 자속과 전자 유도에 의해서 가동부의 도체 내에 발생한 전류 사이의 힘에 의해서 동작하는 원리의 것. 주로 상용 주파수에 쓰이며, 교류 적산 전력계, 전력용 계전기, 배전용 지시계기 등에 사용된다.

유도형 계전기 (誘導型繼電器, induction type relay) 회전 자계 또는 이동 자계 내에 두어진 도체 원판에 유도 작용으로 발생하는 토크를 이용하는 계전기이다.

유도형 계측기 (誘導形計測器, induction instrument) 계측기의 하나 또는 복수 개의 고정 코일에 흐르는 전류에 의해서 발생하는 자계와 가동(대부분은 회전)부분에 전자유도 작용에 의해서 흐르는 전류 사이에 작용하는 토크에 의해서 동작하는 계측기, 주로 상용 주파수로 사용되며, 교류 전력량계, 배전반용 지시 계기, 전력 계전기 등에 사용된다.

유도형 필터 (誘導型——, derived type filter) ⇨ 유도 m형 필터.

유동 간격 (遊動間隔, drift distance) 전자류가 유동하는 간격을 뜻한다. ⇨ 유동 공간 (drift space).

유동 공간 (流動空間, drift space) 전자류가 어떤 작용을 받거나 또는 어떤 작용을 한 후 다음 작용을 받거나 또는 하기까지 사이에 비행하는 공간. 예를 들면, 클라이스트론의 입력 공동과 출력 공동 사이의 공간 같은 것을 이른다.

유동 클라이스트론 (流動——, drift klystron) 복공동 클라이스트론의 공동을 적당한 형태로 택하고, 또한 그 공동 안에 드리프트 스페이스를 설치하여 단일 공동으로 한 발진관이다. ⇨ 동축선 발진관(coaxial line oscillator tube).

유량 (流量, quantity of flow) 임의의 단면을 정해진 시간 안에 통과하는 유체의 부피 또는 무게. 하천이 있는 지점에서 횡단면을 단위 시간당 흘려 내려 보내는 물의 양을 이른다.

유량계 (流量計, flow meter) 기체, 액체의 흐르는 양을 계량하는 장치이다.

유량 곡선 (流量曲線, discharge curve) 유량과 다른 변수(예를 들면 수위, 날짜, 시간 등)의 관계를 나타낸 선도(線圖)이다.

유량 누가 곡선 (流量累加曲線, mass curve of stream flow) 유량 누가값과 시간의 관계를 나타내는 곡선이다. 시간은 예를 들면 1일을 단위로 주어진다. 적산 유량 곡선이라고도 한다.

유량도 (流量圖, hydrograph) 세로 좌표에 매일의 유량, 가로 좌표에 연간을 일력의 순으로 기입한 곡선도이다.

유량 측정 (流量測定, hydrometry) 하천의 유량을 측정하는 것을 이른다.

유료 통화 (有料通話, chargeable call) 요금이 부과되는 통화이다.

유리구 (——球, lamp bulb) 전구, 방전등 등의 유리구는 발광 부분의 환경을 외계로부터 보호하는 것이 중요한 목적이다. 또 여기에 광학적인 역할을 갖게 하기도 한다. 예를 들면 불투명하게 해서 빛을 연하게 하거나 실드빔 전조등(前照燈) 같은 투광기의 성능을 갖는 것도 있다.

유리 권선 (—— 捲線, fiber-glass covered wire) 도체에 글라스 실을 한 겹 또는 두 겹으로 가로로 감아서 내열성 콤파운드를 칠한 것으로, 출력의 증대, 내열성을 요하는 기기의 권선으로 사용한다.

유리 단위계 (有理單位系, rational system of units) 이것은 cgs 단위계에서는 전기량 및 자기량에 관한 쿨롱의 법칙 및 비오-사바르의 법칙을 나타내는 식의 분모에 4π가 붙는 단위계이다. 또 MKS 단위계에서는 유리 단위계를 가리키는 경우가 많으며, 진공의 $\mu_0=4\pi\times10^{-7}$, $\varepsilon_0=10^7/4\pi c_0{}^2$이 된다. 여기서, c_0는 빛의 진공 중의 속도로, 3×10^8m/s 이다.

유리 섬유 (—— 纖維, glass fiber) 무알칼리 글라스를 백금로에서 녹여 작은 구멍으로부터 인출하여 섬유로 만든 것. 전기 절연용 글라스 실(糸), 기타 축전지의 격리판, 합성 수지의 기재(基材) 등으로 사용된다. ⇨ 유리실.

유리실 (glass yarn) 유리 섬유를 연사기(撚糸機)로 제사(製糸)한 것으로서, 연사는 100 ~1,000개의 단섬유(單纖維)로 구성되고, 호칭은 길이 1,000 m에 대한 중량 그램수로 나타낸다. 용도는 글라스 테이프, 글라스 크로스, 글라스 슬리브 또는 전선 피복에 사용한다.

유리제 수은 정류기 (—— 製水銀整流器, glass tube mercury-arc rectifier) 용기로 글라스를 사용한 수은 정류기를 이른다. 소, 중 용량의 것에 국한되며, 철제의 것과 비교할 때 건설비가 싸고 부속 장치가 적으며 다루기 간단한 것이 장점이다. 단, 수명이 짧고(수만 시간 정도) 취급상 파손할 위험성이 있다.

유리커 (eureka) 2차 레이더 방식인 레베커 유리커(rebecca-eureka)의 지상 응답기(地上應答機)를 말한다.

유리 콘덴서 (glass condenser) 콘덴서의 유전체로 글라스를 사용한 것이다.

유리 편조선 (—— 編組線, fiber-glass braided wire) 도체에 글라스 실을 짜서 피복한 것. 주로 내열용으로 사용된다.

유면계 (油面計, oil gauge) 축받이 등의 유량을 외부에서 보이도록 한 장치이다.

유목로 (流木路, log chute, log sluice, log way) 목재 등을 흘려 보내기 위하여 댐 지점에 시설되는 물길이다.

U본드 (U bond) 궤도 회로의 송수전단에서 변압기, 계전기 등의 기기를 레일에 접속하기 위하여 레일에 박는 U자형의 본드를 이른다. ⇨ 레일 본드.

유선 방송 (有線放送, wire broadcasting) 일반 대중의 직접 청취를 목적으로 유선을 사용하여 1구역 내에 음성 또는 음악(방송을 포함)을 송출하여 수신하게 하는 통신방식. 이것은 공동 청취, 가두 방송, 라디오탑, 유선방송 전화 등 여러 종류가 있다. ⇨ 무선 방송(wireless broadcasting), 라디오 방송 (radio broadcasting).

유선 전신 (有線電信, wire telegraphy) 유선에 의한 전신 통신방식의 총칭. 직류, 음성 주파, 초가청(超可聽), 가청하(可聽下) 각 전신방식이 있고, 교류 전신은 일반적으로 반송 전신이라 불린다.

유선 전화 (有線電話, wire telephone) 전화 가입자 또는 교환국 사이를 접속하는 전송로로서 유선 선로를 사용하는 전화이다.

유선 중계 (有線中繼, wire relaying) 전신, 전화, 방송뿐만 아니라 일반적으로 전기 신호를 유선 선로를 통하여 중계하는 것을 이른다.

유속계 (流速計, current meter) 흐름의 속도를 측정하는 계기. 유속에 비례하여 회전하는 회전 날개를 장치하여 단위 시간당의 회전수를 계산해서 유속을 안다.

유속계법 (流速計法, current meter method) 유속계에 의한 유량의 측정법이다.

유심 탄소봉 (有心炭素棒, cored carbon) 아크등용 탄소봉으로, 내부에 구멍을 뚫고 거기에 금속염을 함침시킨 탄소를 넣었다. 이로써 아크를 안정시키고 효율 및 광색(光色)을 개선한다. 금속염으로서는 플루오르화 칼슘, 플루오르화 세슘 등이 사용된다.

U.R.S.I. 'International Scientific Radio Union, Union Radio-Scientifique International(국제 전파과학 연합)'의 약어이다.

유압 (油壓, oil pressure) 기름의 압력을 이른다.

유압 케이블 (油壓 ——, oilostatic cable, oil compression cable) 3심 연피 케이블의 연피를 벗겨내고 미리 깔아 둔 철판 속에 넣어서 12~14 기압의 절연유를 이 철판 속에 압입하는 방식의 케이블로서, 66~132 kV 정도의 것에 사용된다.

유압 탱크 (油壓 ——, pressure-oil tank) 높은 곳에 두고 그 자연 낙차에 의해서 축받이 등에 급유하는 오일 탱크이다.

유약 (釉藥, glaze) 자기 표면에 입히는 유리질의 하나로, 규석, 장석, 석회암 기타를 원료로 한 것. 1,200℃ 정도로 녹인 것을 박막 상태로 자기면에 입힌다.

유역 면적 (流域面積, catchment area, drainage area) 분수령으로 둘러싸여 내린 비가 모여드는 영역. 집수(集水) 면적 또는 배류역이라고도 한다.

유입 (油入, oil-filled, oil-impregnated) 고압 전기 기기나 케이블 등에서 충전부와 비충전부 사이의 절연을 높이거나 혹은 기기가 동작할 때 발생하는 아크 등을 냉각하여 소멸시키기 위하여 필요한 부분을 기름에 담구거나 혹은 고압유에 의해 용기 안에 함침시키는 것(펌프에 의해서 기름을 순환시키는 경우도 있다), 이러한 기기는 유입이라는 접두사를 붙여 부르는 것이 보통이다. 건식 —, 진공식 — 등과 대비된다. 예를 들면 유입 개폐기, 유입 변압기, 유입 부싱 등이다.

유입 개폐기 (油入開閉器, oil switch) ⇨ 유입 차단기.

유입 변압기 (油入變壓器, oil immersed transformer) 권선 및 철심을 오일 속에 함침(含浸)시켜서 냉각과 절연을 위하여 오일을 사용하는 변압기이다.

유입 부싱 (油入 ——, oil-filled bushing) 도체와 자기 외각 사이에 성층 절연물의 통을 동심적으로 삽입하고, 그 사이에 절연유를 삽입한 부싱. 이 오일은 순환하여 냉각작용도 한다. 고전압의 것에도 널리 사용된다.

유입식 발전소 (流入式發電所, run-off-river (type power) plant) 하천 유량을 조절함이 없이 그대로 발전에 이용하는 발전소를 이른다.

유입 차단기 (油入遮斷器, oil circuit breaker) 차단 부분이 오일 속에 있는 차단기를 이른다. 오일 속의 아크로 오일은 대부분이 수소, 그 밖에 소량의 C_2H_2, CH_4 등을 포함한 가스와 유리 탄소로 분해된다. 수소 가스는 냉각작용이 크고, 아크에 가스, 오일을 뿜으면 더욱 소호작용이 촉진된다. 탱크형, 애자형으로 구별된다.

유입 콘덴서 (油入 ——, oil condenser) 종이 콘덴서의 내압을 높이기 위하여 절연유를 함침시킨 콘덴서, 고압 회로 등에 사용된다.

U자형 자석 (U字型磁石, horse shoe magnet) U자형의 영구 자석으로, 지시 전기 계기의 제어 자석으로 많이 사용된다. 보자력(保磁力)이 비교적 작은 것은 대부분 이 U자형 자석이다.

유전 가열 (誘電加熱, dielectric heating) 유전체에 고주파 전자계를 부여함으로써 유전체 분자 내부에 발생하는 마찰 열손실을 이용하는 가열법. 교류의 주파수는 10~30 MHz가 보통이다. 비금속을 고르게 가열할 수 있고 가열 제어도 용이하므로 목재와 아교의 건조 등에 이용된다.

유전 변위 (誘電變位, dielectric displacement) ⇨ 전기 변위.

유전 분극 (誘電分極, dielectric polarization) 유전체는 보통 전기적으로 중성이지만 전계가 작용하면 전자와 핵의 상호 위치의 변위, 이온의 이동 또는 유극성 분자의 회전이 생겨 외견상 +, −의 양극을 갖게 된다. 이러한 현상을 유전 분극이라고 한다. 분극에는 전자, 원자, 이온 및 쌍극자의 각 분극이 있다.

유전 속 (誘電束, dielectric flux) 유전체 중의 한 점에서 어떤 면적 안을 통과하는 패러데이관을 이른다.

유전 손 (誘電損, dielectric loss) 유전체에 고주파 전계를 가했을 경우에 발생하는 손실을 이른다. 그 값은 $P=2\pi f C_0 E^2 \varepsilon_s \tan\delta$로 주어진다. 여기서, f는 주파수, C_0은 유전체를 제거했을 때의 정전 용량, ε_s는 비유전율이다. 고주파 절연 재료에서는 이 손실에 따르는 발열로 인한 연소, 변형, 변질 또는 절연 저하로 인한 장해 등에 대해서 주의할 필요가 있으며, 이 특성을 고주파 가열 등에 이용하면 여러 가지 효능이 있다. ⇨ 유전체 감쇠(dielectric attenuation), 고주파 가열(radio heating).

유전손 각 (誘電損角, dielectric loss angle) 유전체에 고주파 전계를 인가했을 때 흐르는 전류가 무손실인 경우의 전류(순전한 변위 전류로, 인가 전압에 대하여 90° 위상이 앞서 있다)에 대하여 뒤지는 각도 δ를 이른다.

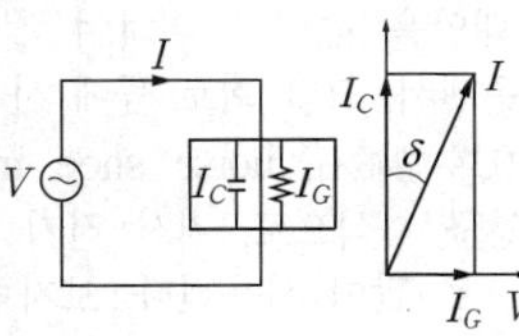

[유전손 각]

유전 손실 (誘電損失, dielectric loss) 유전체에 시간적으로 변화하는 전계가 주어졌을 때 내부에서 전기 에너지가 열로 변환되는 시간율을 이른다. 유전체의 단위 용적당 발생 열량은 $W=\frac{5}{9}\varepsilon'' f V^2 \times 10^{-12}$ [W/cm³]으로 주어진다. 여기서, V는 실효값 전계[V/cm], f는 주파수, ε''는 손실 인덕턴스이다.

유전손 율 (誘電損率, dielectric loss factor) 유전체에 고주파 전계 E를 인가하면 단위 체적당 $\frac{\omega}{2}\varepsilon E^2 \tan\delta$의 손실이 발생한다. 식 중에서 유전율 ε과 $\tan\delta$는 유전 물질 고유의 값이다. 유전체 손이 적은 재질은 ε과 $\tan\delta$의 곱의 작은 것을 뜻한다. 따라서 유전체 손의 크기의 척도로 $\varepsilon \tan\delta$를 유전 손율이라고 한다. ⇨ 유전손 각(dielectric loss angle), 유전 역률(dielectric power factor).

유전 역률 (誘電力率, dielectric power factor) 유전 위상각 θ의 여현, 즉 $\cos\theta$를 뜻한다. 이 θ와 유전손 각 δ 사이에는 $\theta=90°-\delta$의 관계가 있고, δ가 적을수록, 다시 말하면 θ가 90°에 가까울수록 유전 역률이 작고 유전체 손이 적어진다. ⇨ 유전 위상각(dielectric phase angle), 유전손 각(dielectric loss angle).

유전 위상각 (誘電位相角, dielectric phase angle) 유전체에 고주파 전계를 인가했을 때 생기는 변위 전류는 이상적으로는 전계보다 위상이 90° 앞서야 되지만 실제는 유전체 저항 등 때문에 이보다 어느 정도 적은 θ 만큼 앞서게 된다. 이 θ를 유전 위상각이라 하고, 유전손 각 δ와의 사이에 $\theta=90°-\delta$의 관계가 있다. δ는 보통 유전체에서는 극히 적은 값을 가지며 θ는 90°보다 극히 적은 값이 된다. ⇨ 유전손 각(dielectric loss angle).

유전율 (誘電率, Permittivity) 유전 물질에서 전속밀도 D와 인가 전계강도 E의 비로 주어지는 양. 기호는 ε이다. 진공 중의 유전율을 ε_0로 하여 $\varepsilon/\varepsilon_0=\varepsilon_r$을 상대 유전율이라 한다.

㈜ 등방성 물질에서는 유전율은 스칼라양이지만 이방성 물질에서는 이것은 텐솔양이 된다.

유전의 일그러짐 (誘電 ──, dielectric strain) 결정체인 수정, 티탄산 바륨과 같은 유전체를 전계 중에 두었을 때 생기는 신축(伸縮)을 이른다.

유전 정접 (誘電正接, dielectric loss tangent, dielectric dissipation factor) 유전손 각 δ의 정접, 즉 $\tan\delta$를 뜻한다. 유전 위상각을 θ라고 하면 δ가 극히 작은 경우에는 근사적으로 $\tan\theta \fallingdotseq \cos\theta$의 관계가 성립된다. 이것은 절연체의 손실의 정도를 나타내는 중요한 양인데, 유전체에 의해서 각각 고유의 값이 된다. 일반적으로 온도나 습도가 상승하면 이 값은 상승하고, 주파수가 높아지면 이 값은 감소하는 경향이 있다. ⇨ 유전손 각(dielectric loss angle), 유전 위상각(dielectric phase angle), 유전 역률(dielectric power factor).

유전체 (誘電體, dielectric) 전기의 절연물로 사용되는 물질. 유전체에 전계 E가 작용하면 유전체는 전기 분극 P를 발생한다. 그리고 유전체 내부의 전속 밀도 D는 $D=P+\varepsilon_0 E$로 주어진다. 강유전체에 있어서는 $\varepsilon_0 E$에 비해서 전기 분극 P는 지극히 크고, 또 일반적으로 전계 E의 비직선 함수이다.

유전체 감쇠(誘電體減衰, dielectric attenuation) 유전체에 파동 전계 $E_0 \sin(\omega t - kr)$을 가했을 때, 매질 속을 흐르는 전류를 일단 변위 전류라고 보고, 그 밀도를 MKS 단위계로 $\partial D/\partial t$로 두면, 전기 변위는 $D = D_0 \sin(\omega t - \delta - kr) = \varepsilon' E_0 \sin(\omega t - kr) - \varepsilon'' E_0 \cos(\omega t - kr)$이 되어 전계보다 δ만큼 위상이 뒤진다. 그 때문에 유전체 내에 단위 체적당 단위 시간마다 $\frac{\omega}{2}\varepsilon' |E_0|^2 \tan\delta$

(단, $\tan\delta = \varepsilon''/\varepsilon'$) 만큼의 에너지가 열로 변하여 소실된다. 따라서 파동 전계는 그 손실에 따라 감쇠하므로 유전체 감쇠라고 한다. ⇨ 유전체 손(dielectric loss), 유전손 각(dielectric loss angle), 유전손 율(dielectric loss factor).

유전체 공중선(誘電體空中線, dielectric antenna) 유전체 중의 전파의 위상 속도가 자유 공간의 속도보다 뒤지는 것을 이용한 마이크로파용 방사기의 일종이다. 원형 또는 구형의 도파관 끝에 적당한 길이의 유전체 막대를 붙여 두면 그 속을 통과한 전파의 위상과 도중에서 누설된 전파의 위상을 전파 방향과 직각인 면상에서 같게 할 수 있으며, 지향성은 도파관뿐인 경우보다도 날카롭고 이득도 증가시킬 수 있다.

유전체 렌즈(誘電體——, dielectric lens) 광학계의 볼록 렌즈처럼 폴리스티렌 또는 폴리글라스의 유전체로 성형하면 마이크로파를 집속할 수 있다. 이와 같은 장치를 유전체 렌즈라고 한다. ⇨ 금속 렌즈.

유전 흡수(誘電吸收, dielectric absorption) 불완전한 유전체에서는 직류 전압이 부여된 후 서서히 전류가 감소하고, 그것이 장시간 계속되는 수가 있다. 이것은 유전체에서 플라스, 마이너스의 전하가 분리되고, 그것이 유전체 내부의 어떤 영역에 축적되기 때문이다.

유전 히스테리시스(誘電——, dielectric hysteresis) 강자성체의 자기 히스테리시스와 같이 티탄산 바륨 자기와 같은 강유전체에는 전계의 세기 E와 그에 의해 발생하는 전속밀도 D 사이에 히스테리시스 현상이 있다. 이것을 유전 히스테리시스라고 한다. D와 E는 히스테리시스 루프를 그린다.

UJT(unijunction transistor) 반도체의 n형 막대 한 쪽에 p합금 영역을 가진 구조의 트랜지스터. 막대 양단의 베이스와 p영역에 전극이 설치된다. p영역의 단자와 음의 베이스 단자 사이에 사이러트론과 같은 특성을 볼 수 있다. 두 베이스 단자 간에 전압을 부여함으로써 혹은 p영역의 바이어스 전압을 변화시킴으로써 ON 상태로 트리거되어 p영역의 바이어스를 리세트함으로써 오프된다.

유지 계전기(維持繼電器, stick relay) 특별한 계전기는 아니며, 유지회로를 형성하는 계전기를 유지 계전기라고 한다.

유지비(維持費, maintenance cost, maintenance charge) 설비를 양호한 상태로 유지하기 위하여 필요로 하는 수리비, 또는 유지를 위하여 어떤 기간 중에 지출되는 경비를 이른다.

유지 시간(維持時間, holding time) 전기 기기 또는 회선에 자기 또는 외부로부터 가해진 조건에 따라 발생한 새로운 상태가 계속 유지되는 시간을 이른다.

유지 전류(維持電流, holding current) 계전기, 기타의 전자 기구가 일단 동작한 다음 그 권선의 전류를 감소하여도 그 동작을 계속 유지하는 전류값을 이른다.

유지 전자석(維持電磁石, holding magnet) 예를 들면, 크로스바 스위치를 사용하는 동안 수직 유닛의 동작을 유지하는 전자석이다.

유지 코일(維持——, holding coil, locking coil, retaining coil) 한번 동작한 계전기의 동작상태를 유지하기 위한 코일이다.

유지 회로(維持回路, holding circuit, locking circuit, retaining circuit, stick circuit) 계전기를 주체로 한 전기 회로에서 어떤 신호 입력에 의해 일어난 동작 상태를 그 입력이 제거된 후까지 유지하도록 구성된 회로이다.

유탁(乳濁, milking) 액체 속에 다른 액체 또는 가스체의 거품 등이 분산하여 액이 흐려져 유백색으로 되는 것을 이른다.

유통 시험(流通試驗, flow test) 유체의 유동을 조사하는 시험을 총칭해서 이른다.

유한 요소법(有限要素法, finite element method) 연속 물리계에서 현상을 해명하기 위한 근사법으로, 계를 이산적인 접점에서 결합한 이산 요소의 유한한 집합체로 치환하여, 이 이산계에서 성립하는 물리 법칙을 다루는 것이다. 전자계산기로 처리하기에 알맞는 형태이기 때문에 복잡한 전자계, 열 분포계, 유체계 등을 풀 수 있다.

유황 곡선 (流況曲線, duration curve of flow) 어떤 기간 중의 유량을 시간적 순서와는 상관없이 큰 값의 것부터 작은 값의 것으로 차례로 배열한 곡선도이다.

유효 거리 (有效距離) (1) operating distance 무선 통신이 가능한 거리를 말한다. (2) range《조명》 등대, 표시등 등에서는 이것을 인식할 수 있는 최대 거리. 해상의 등대 거리에서는 조도가 0.16×10^{-6} lx가 되는 것으로 한다. 탐조등의 경우는 조사된 물체가 보이는 거리이고, 이것은 예를 들면 배경이 어두운 곳에서 사람의 집단을 발견하는데 육안으로 6 lx, 쌍안경으로 3.5 lx, 대형 선박은 쌍안경으로 0.2 lx를 요한다고 하며, 이 기준에 의해서 정해진다.

유효 낙차 (有效落差, effective head, net head) 총 낙차에서 수로(水路)의 구배 또는 마찰수두(水頭)에 의한 손실 낙차를 뺀 낙차를 이른다.

ㅇ

유효 범위 (有效範圍) (1) service area 양호한 무선 통신을 할 수 있는 범위를 말한다. ⇐ 통달 범위(coverage), ⇨ 서비스 에어리어(service area), 커버리지. (2) coverage《전파항법》 항행 지원 시설의 신호가 유효하게 이용되는 범위. 보통 항행 시설과의 거리로 표시된다.

유효분 (有效分, active component) 교류 회로에서 공여 전압과 동상의 전류 성분 또는 회로를 흐르는 전류와 동상인 전압 성분을 일컫는다. ⇔ 무효분(reactive component).

유효 수명 (有效壽命, service life, useful life) 기구 및 시설을 유효하게 충분한 기능을 발휘하여 안전하게 사용할 수 있는 시간적 길이로, 내용 연한(耐用年限)이라고도 한다. 물리적, 경제적 두 측면에서 규정된다.

유효 영역 (有效領域, service area) 항행 지원 시설이 유효한 범위를 이른다.

유효 용량 (有效容量, service capacity) 서비스를 할 수 있는 능력을 이른다.

유효 저수 (有效貯水, live storage) 데드 워터(흐르지 않는 물) 위쪽의 저수, 즉 사용에 충당되는 저수이다.

유효 저수 용량 (有效貯水容量, effective storage capacity) 《발전소》 총 저수 용량에서 데드워터(dead water)를 뺀 값. 즉, 실제로 사용할 수 있는 저수량을 이른다.

유효 전력 (有效電力, effective power) 작동에 실제로 일에 도움이 되는 전력을 이른다. 지금 교류 회로의 전압, 전류의 실효값을 각각 V, I 라고 하고 양자 간의 위상차를 θ 라고 하면 $VI\cos\theta$ 로 주어지는 양. 이것은 부하에서 실제 유효한 일로 변화하는 전력이며, 무효전력, 겉보기(피상)전력 등에 대비되는 용어이다.

유효 전류 (有效電流, active current) 교류회로에서 공급 전압과 동상인 전류를 말한다. 즉, 유효전력이 되는 전류이다. 예를 들면 R, L, C를 포함하는 회로에 교류 전압을 인가했을 때 그 회로에 흐르는 전류는 인가 전압 V와 동상인 성분 $I\cos\phi$와 90° 위상이 다른 성분 $I\sin\phi$ 로 나뉘어지며, 전자를 유효 전류, 후자를 무효 전류라고 한다. 단, ϕ 는 전압 V와 전류 I의 위상각이다. ⇔ 무효 전류(reactive current).

유효 측정 범위 (有效測定範圍, effective range, useful range) 《측정기》 계기에서 지시 범위 중 규격의 정확도를 보증하지 않으면 안 되는 범위를 이른다. 지시 계기, 기록 계기, 온도계 등에 쓰이고 있다.

유효 코일 (有效──, active coil) 유휴 자속과 쇄교하여 기전력을 발생하는 코일을 이른다.

유휴 통신 모드 (遊休通信──, idle communication mode of operation) A, B의 두 국(예를 들면 두 계산기) 사이에서 텍스트의 수수가 이루어지지 않는 기간에도 양자의 동기를 유지하기 위한 유휴 정보가 보내지는 동작 모드로, 흘러보내는 아이들 데이터는 테스트 패턴, 2진부호 1의 연속, 혹은 SYN 등 미리 약속된 문자 부호 등이다. 이 전송 모드는 주종 관계가 없는 데모크래틱 모드로서

A, B국이 일정 기간 역할을 바꾸어 상대국의 동작과 선로의 상황을 체크한다.

6극관 (六極管, hexode) 음극과 양극 외에 4개의 그리드를 가지고 있는 진공관. 혼합관으로 쓰인다.

6단위 부호 (六單位符號, six unit code) 인쇄 전신 부호의 한글용이다. 스페이스 및 마크의 6개 엘리먼트로 성립되어 있다. 조보식에서는 이 밖에 스톱 및 스타트의 두 엘리먼트가 부가되어 실제는 8단위로 되어 있다. 6단위 부호의 조합은 $2^6=64$이며 상, 하 또는 상, 중, 하의 시프트를 사용하여 그 2배 또는 3배에 가까운 부호를 대응시킬 수 있다.

6상 (六相, six phase) 전압 또는 전류의 위상이 60°씩 다른 교류를 이른다.

6숫자식 (六數字式, six digit system) 과거의 전화 교환망에서 6숫자를 이용해서 선택한 방식이다.

육지 반사 (陸地反射, land return) 《레이더》 지상면의 불규칙성으로 인하여 생기는 레이더의 브라운관 상에 나타나는 반사 또는 반사상(反射像)을 이른다.

윤곽 제어 (輪廓制御, continuous tool path control) 수치제어 공작 기계의 2축 또는 3축의 운동을 동시에 관련지음으로써 공작물에 대한 공구의 경로를 끊임없이 제어하는 방식을 이른다.

윤활유 (潤滑油, lubricating oil) 회전기 등의 접촉면 마찰을 덜기 위하여 사용하는 오일. 광물성, 식물성 등, 여러 종류가 있다.

윤활재 (潤滑材, lubricant) 기계류의 고정된 부분과 회전부분 간의 접촉면 마찰을 감소하려는 목적으로 사용하는 재료. 반 고체와 액체가 사용되며 그리스, 기계유, 터빈유, 다이나모유 등이 있다.

율 (率, factor) 같은 종류의 양의 비율은 율로 나타내어진다. 예를 들면, 효율 같은 것을 이른다.

융너 전지 (—— 電池, Jungner battery) 알칼리 축전지의 일종, 음극에는 쇠, 카드뮴 혼합물을 사용하는 점이 같은 알칼리 전지인 에디슨 전지와 다르다.

융통 전력 (融通電力, interchange power) 어떤 전력회사의 계통과 다른 전력회사의 계통 사이에 수전 또는 송전되는 전력. 융통 전력량은 총 수전량과 총 송전량으로 나뉜다.

융합 (融合, fusion) 원자핵과 원자핵 또는 원자핵과 입자가 융합하여 1개의 원자핵이 되는 것을 융합이라 한다.

융합 주파수 (融合周波數, fusion frequency) 망막에 대하여 잇달아 변화를 주는 영상의 변화 주파수로서, 이 이상 높은 주파수에서는 영상의 휘도나 색채가 차례로 변화하는 그 변화를 식별할 수 없게 되어 균일한 영상으로 인식되게 된다. 그 임계 주파수를 융합 주파수라고 한다. 이에는 표시 장치의 감쇠 특성도 크게 관계된다.

융해 석영 (融解石英, fused quartz) 석영을 일단 녹여 유리 모양으로 냉각시킨 것. 내약품성 및 내열성이 매우 우수하다

융해 염 (融解鹽, fused salt) 상온에서 고체인 소금을 고온으로 유지하여 녹인 것. 보통 이온 전도성을 나타내며, 수용액보다 전도성(電導性)이 높다.

융해 전해 (融解電解, fusion electrolysis) 융해염에 적당한 극을 설치하여 전압을 인가했을 때의 전기화학 반응 현상을 이른다.

은폐 배선 (隱蔽配線, concealed wiring) 건축물의 조영재(造營材) 내부 및 조영재로 둘러싸인 공간 부분에 시설되는 배선을 이른다.

음 (陰, negative) (1) 두 종류의 전기를 구별하는 경우에 한쪽을 양(陽) 또는 정(正)이라 하고, 다른 쪽을 음(陰) 또는 부(負)라 한다. (2) 전류가 출입하는 2개의 전극 중 전위가 높은 쪽을 양 또는 정이라 하고, 전위가 낮은 쪽을 음 또는 부로 구별한다.

음 (音, tone, sound) 사운드도 톤도 모두 소리이다. 그러나 sound는 일반적으로 소리의 물리적 현상을 포함하지만 tone은 청각을 대상으로 한 소리로, 높이의 감각을 줄 수 있는 음파 또는 그와 같은 음의 감각 그 자체를 이른다.

음극 (陰極) (1) cathode 전자관에서, 전자를 방출시키는 전극을 지칭한다. 방출 원리에 따라 분류하면 텅스텐 필라멘트, 토륨 텅스텐 필라멘트, 산화물 음극 등의 열음극 및 광전 음극, 산화물 음극 등의 냉음극이 있다. 가열 방식은 직열형 및 히터를 별도로

설치한 방열형(榜熱形) 등이 있다. ⇐ 캐소드(cathode). (2) cathode, negative electrode, negative pole 어떤 장치에 전류가 유입하는 전극과 유출하는 전극이 있을 때, 전위가 낮은 쪽의 전극을 음극이라고 한다. 전해에서는 양이온이 방전하는 전극, 1차 전지에서는 전류가 유입하는 전극, 그리고 수은 정류기에서는 전류가 유출하는 전극이 음극이다.

음극 강하 (陰極降下, cathode drop, cathode fall) 글로 방전 및 아크 방전에서는 음극 직전에서 비교적 큰 전위 강하가 있다. 이것을 음극 강하라 한다. 글로 방전에서는 60 내지 500 V 정도, 아크 방전에서는 5 내지 20 V 정도이다.

음극 결합 (陰極結合, cathode coupling) 증폭기 등으로 캐소드에서 출력을 잡아내 저절로 결합하는 것을 이른다.

음극 광 (陰極光, cathode light) 스퍼터하기 쉬운 음극 재료를 사용할 때 음극 직전에 그 재료의 스펙트럼을 가진 빛이 관측된다. 이것을 음극 광이라 하고, Mg, Ce 등에서는 강한 빛을 얻는다.

ㅇ

음극 궤환 증폭기 (陰極饋還增幅器, cathode feedback amplifier) 그리드를 입력 단자로 하는 음극(캐소드) 접지형의 전자관 증폭회로로 궤환을 할 때 차동(差動) 동작의 방법으로 궤환 전압을 양극과 어스 사이에 삽입하는 형태를 이른다. 전형적인 것으로는 캐소드 폴로어 증폭기가 있다.

음극 글로 (陰極——, cathode glow) 글로 방전에서 음극 직전의 아스톤 암부(暗部)의 바로 다음에 위치하는 발광 부분을 이른다.

음극 방식 (陰極防蝕, cathodic protection) 금속의 방식을 전기 화학적으로 하는 방법으로, 방식하는 금속을 음극에 연결하여 부식액 안에 적당한 양극을 설치하고 이것을 외부 전원의 +극에 연결한다. 외부 전원을 사용하지 않을 때는 양극으로는 특수한 아연 합금을 사용하며, 단락시킨 것을 회생 양극으로 한다. 선박, 교량, 화학장치 등의 방식에 널리 사용된다.

음극 방식 방법 (陰極防蝕方法, cathodic protection) 금속에 외부에서 전류를 가하거나 또는 용액 속에서 전류가 발생하는 것과 같은 이종(異種) 금속을 연결하여 목적하는 금속을 음극으로 분극시켜 부식을 방지하는 방법을 이른다.

음극 선 (陰極線, cathode rays) 음극에서 방출된 전자를 고전압으로 가속하여 발생하는 가는 전자의 흐름을 말한다. 브라운관 등은 이 음극선을 응용한 것이다.

음극 선관 (陰極線管, cathode-ray tube) 약어 CRT, 브라운관과 동의어이다. 영국 및 미국에서는 결코 브라운관이라고 하지 않는다. 키네스코프는 음극 선관의 RCA 상품명이다.

음극선 오실로그래프 (陰極線——, cathoderay oscillograph) ⇨ 음극선 오실로스코프.

음극선 오실로스코프 (陰極線——, cathode-ray oscilloscope) 음극 선관을 사용하여 그 편향판 또는 편향 코일에 임의 파형의 전압, 전류를 가하여 형광판 상에 도형을 그리게 하거나 또는 이것을 관찰하기 위한 전자 장치를 이른다. 이 때 전자 빔의 편향을 편향판을 이용하여 정전적으로 하는 것과 편향 코일을 사용하여 전자적으로 행하는 것이 있다. 전자를 정전 편향형, 후자를 전자 편향형이라 한다. ⇐ 브라운관 오실로그래프, 음극선 오실로그래프.

음극 암부 (陰極暗部, cathode dark space) 크룩스 암부의 별칭이다. ⇨ 크룩스 암부.

음극 액 (陰極液, catholyte) 격막으로 전해조(電解槽)를 음극실 및 양극실로 가로 막을 때 음극실에 포함되는 전해액 또는 음극 부근의 액을 일컫는다.

음극 인덕턴스 (陰極——, cathode inductance) 전자관의 음극 도선을 포함하는 음극 회로의 인덕턴스이다.

음극 전류 (陰極電流, cathode current) 전자관의 음극 회로에 흐르는 전류. 이것은 음극에서 유출하는 전자 전류의 총계이다. 직열 진공관에서는 필라멘트 전류와 겹치게 되므로 이 값이 비교적 큰 것에서는 주의가 요구된다.

음극점 (陰極點, cathode spot) 아크의 음극 단부를 이른다. 아크의 방전 전류는 여기에 국부적으로 집중되고 음극점은 점상(點狀)으로 높은 온도로 되어 있다. 강한 빛을 발사하는 일이 많다. 여기에서 다량의 전자가 방출되어 아크를 유지한다. 전류가 많을 때는 2개 이상의 음극점이 생길 때가 있다.

음극 접지 증폭기 (陰極接地增幅器, grounded cathode amplifier) 일반적인 음극 측을 접지하는 진공관 증폭기를 이르며, 이 용어는 그리드를 접지하는 그리드 접지 증폭기에 대해 사용된다.

음극 판 (陰極板, negative plate) 음극이 될 수 있는 도체 물질로 만든 판으로, 용도에 따라 재질, 형상 등 여러 가지가 있다.

음극 활성률 (陰極活性率, cathode activity) 산화물 음극을 사용한 전자관의 음극의 양호한 정도를 나타내는 하나의 특성이다. 히터 전압을 정격값보다 일정한 비율(통상 10%)만 저하시켰을 때의 상호 컨덕턴스를 처음의 정격 상태에서 상호 컨덕턴스로 나눈 값을 일컫는다. 이밖에 양극전류, 음극전류로 정의하는 경우도 있다. 일반적으로 활성률이 좋은 진공관은 우량품이라고 말할 수 있으므로 예방 보수의 가늠으로 편리하다.

음단자 (陰端子, negative terminal) 직류의 −극에 접속되는 단자이다.

음량 (音量, sound volume) 소리의 질은 문제 삼지 않고 크기만을 나타내는 표현. 전기회로에 전송되고 있는 소리를 VU계(計)로 측정했을 경우의 음량은 단지 volume이라고 한다.

음량계 (音量計, sound volume indicator) 지정된 전기 특성 및 기계 특성을 가지고, 음성이나 음악에 대응하는 복잡한 전기 파형의 볼륨을 지시하기 위해 특별히 정해진 눈금을 붙인 계측기. 눈금은 기준 볼륨에 대한 데시벨 값으로 매긴다. 기준 볼륨은 계측기를 600 Ω의 저항에 접속하고, 1,000 Hz에서 1 mW의 전력 소산을 하고 있을 때 0 dB를 지시하도록 조정된다.

음량 단위 (音量單位, volume unit) 약어 VU, 전기회로에 있어서 음량을 정량화하기 위하여 사용되는 단위. 소리의 크기는 기준 음량과의 비율을 데시벨로 나타낸 것이다. 표준 음량계로 측정한 경우 이외는 VU라는 단위를 사용하여 그 결과를 표시하여서는 안되게 되어 있다.

음량 일그러짐 (音量 ――, volume distortion) 통화 음량이 직선적으로 변질하지 않는 것을 이른다.

음량 조절 (音量調節, volume control) 라디오 수신기나 음성 증폭기 등의 출력을 가감하여 소리의 크기를 희망하는 크기로 맞추는 것을 이른다.

음량 지시기 (音量指示器, volume indicator) ⇨ 음량계.

음상 (音像, acoustic image, image, sound image) 반사면에 대하여 실제 음원과 반대쪽의 같은 거리에 있다고 생각되는 가상의 음원. 실제 음원과 동일 주파수에서 동일 위상을 가지고 있다고 생각된다. ⇐ 음향 영상.

음색 (音色, timbre, tone color) 소리의 높이와 세기가 같은 음일지라도 사람의 귀에 다르게 들리는 경우에는 음색이 다르다고 한다. 단음(單音)의 경우에는 배음(倍音)이 포함되는 정도. 즉, 스펙트럼으로서 음색을 나타낸다.

음성 다중 방송 (音聲多重放送, voice multiplexed broadcasting) 음성 주파수대의 빈 영역을 이용하여 메인 프로그램의 음성과는 별도의 음성도 아울러 방송하는 다중 방송 방식. 스테레오 방송, 2개 국어(billingual) 방송 등은 그 예이다.

㊟ 음성 채널에 수평 주사 주파수의 2배인 31.468 kHz의 부 반송파를 설정하고, 그것을 음성의 부 채널 신호로 주파수 변조하여 주 채널 신호와 함께 하여, 전체적으로 4.2 MHz의 반송파를 주파수 변조하여 송신하고 있다. FM 방송의 경우에는 38 kHz의 부 반송파를 차 신호(L−R)로 평형 변조하고, 이에 (L+R) 신호를 더한 것으로 주 반송파(4.2 MHz)를 주파수 변조하여 보내고 있다. ⇨ 파일럿 부반송파.

음성 단국장치 (音聲端局裝置, voice frequency terminal equipment) 음성 주파수대 300～2,700 Hz(또는 300～3,400 Hz)까지의 상용(商用) 전화용 증폭기를 포함한 2선식 종단(終端)장치, 신호장치 등을 수용하는 중계장치를 이른다.

음성 반전 방식 (音聲反轉方式, speech inversion system) 음성 스펙트럼을 반전시킨 비밀 통신방식의 일종. 음성을 적당한 주파수의 반송파(搬送波)로 변조하여 얻어지는 주파수 스펙트럼 중에서 반송파 및 상측파대를 제거하면 그 하측파대는 완전히 주파를 반전한 형태로 남아 통화는 전혀 해독할 수 없게 된다. 수신측에서 송신측의 반송 주파수를 가해서 복조(復調)하면 원음을 재생시킬 수 있다. 이 방식은 비교적 간단하게 복조할 수 있으므로 고도의 비밀성을 유지할 수는 없다.

음성 변조 (音聲變調, voice modulation) 전건(電鍵) 변조에 대한 용어. 음성이나 그 밖의 소리에 의한 변조를 뜻한다.

음성 신호 (音聲信號, voice signal) 특히 텔레비전에서 영상 신호에 대하여 일컬어지는 용어로, 음성을 전달하는 전기 신호이다.

음성 IF회로 (音聲 —— 回路, sound IF detector) 《텔레비전 수상기》 영상 검파회로 출력(또는 이것을 증폭한 것)에서 4.5 MHz의 음성 IF신호를 빼내 그것을 증폭하는 회로. 회로는 위의 4.5 MHz에 동조하고 있으며 60 kHz의 대역폭을 가지고 있다. 출력은 비검파기 등으로 복조하여 AF 신호를 잡아낸다. 그리고 AF 증폭한 상태에서 스피커를 드라이브한다.

ㅇ

음성 인식 (音聲認識, speech recognition) 입력 음성에 포함되는 언어 정보를 기계적으로 추출하여 그 의미 내용을 인식하는 것. 원리적으로 분류하면 음성에 포함되는 언어적 특징에 관한 표준 패턴을 미리 기억하였다가 이것과 음성 입력을 비교하여 유사성에 기초하여 인식 판정하는 형식과, 표준 패턴을 사용하지 않고 음향 분석 결과에 기초하여 음소 기호의 양자 택일적인 판정을 반복하여 최종적으로 언어로서의 인식 판정을 하는 형식이 있다.

음성 주파수 (音聲周波數, speech frequency, voice frequency) (1) 인간의 음성에 포함되어 있는 주파수. (2) 지금은 가청 주파수와 같은 뜻으로 쓰는 경우가 많다. ⇨ 가청 주파수(audio frequency), 저주파(low frequency).

음성 주파 전신 (音聲周波電信, audio frequency telegraphy, voice frequency telegraphy) 둘 이상의 음성 주파수를 사용해서 전송로를 다중화(多重化)하는 반송식 다중 전신방식을 이른다. 일반적으로 300~2,700 Hz 또는 300~3,400 Hz까지의 주파대를 써서 4선식에서는 12, 18, 24 각 통신로를 얻는 것이 있고, 2선식에서는 5~12 통신로를 얻는 각 방식이 있다. 오늘날의 반송 통신방식, 장거리 전신방식은 모두 음성주파 다중 전신방식이다. 드문 일이긴 하지만 음성 전화와 공존해서 그 대역 안에 1통신로를 취하는 방식도 가끔 쓰이며 독일에서는 중간에, 일본에서는 상부 대역에 적용되는 것이 있다.

음성 주파 중계장치 (音聲周波中繼裝置, voice-frequency repeater equipment) 음성 주파수대(音聲周波數帶) 300 ~ 2,700 Hz (또는 300 ~ 3,400 Hz)까지의 상용(商用) 음성 전화용 증폭장치를 이른다.

음성 증폭기 (音聲增幅器, audio amplifier, speech amplifier, voice amplifier) 음성 주파수를 증폭하는 증폭기. 오늘날에는 음성의 뜻이 가청 주파 전역에 확장되었으므로 가청 주파 증폭기와 같은 뜻으로 쓰이게 되었다. ⇨ 가청 주파수 증폭기, 저주파 증폭기.

음성 패킷 교환 (音聲 —— 交換, voice packet switching) 음성 정보를 패킷 교환망을 이용하여 전송하는 것. 패킷망은 본래 디지털 데이터 전송을 목적으로 하고 있지만 음성 정보도 경제적으로 전송할 수 있다는 것을 알게 되었다. 먼저 음성 아날로그 신호를 PCM 기법으로 디지털 정보로 변환하고 패킷화하여 보낸다. 20 ms 정도의 패킷 전송 지연은 전화에 의한 보통 회화에는 거의 지장을 주지 않는다.

음성 합성 (音聲合成, speech synthesis) 음성(파형)을 인간의 직접적인 발성 또는 그것을 녹음한 것을 직접 재생함이 없이 만들어내는 것을 이른다. 원리적으로 분류하면, 단어를 단위로 하여 사전에 녹음되어 있는 음성 파형을 결합시키는 녹음 편집방식, 단음절·단음 또는 1피치 단위의 음성 소편 파형을 연결하는 소편 편집 합성방식, 발생된 음성 파형을 일단 분석하여 정보 요소 형태로 변환·기록하고, 그것을 원래의 음성으로 복원하는 분석 합성방식 및 분석 합성 처리를 더욱 고도로 보편화한 순수 합성방식이 있다.

음압(音壓, sound pressure) 매질(媒質) 내를 음파가 전파(傳播)할 때에는 매질 내에 진동적인 압력 변화가 생긴다. 이 압력 변화를 음압이라고 한다. 실용 단위는 N/m^2, cgs 단위는 dyn/cm^2이다.

음압 감도(音壓感度, pressure sensitivity) 마이크로폰의 전기 출력(보통 기전력)과 입력음이 느끼는 부분에 실제로 작용하고 있는 음압의 비율. 음압 리스펀스라고도 한다.

음압계(音壓計, sound pressure meter) 음압을 측정하는 계기이다. 음압을 마이크로폰으로 받아서 증폭, 정류한 후 정류형 전류계로 읽는다. 미리 교정해 놓고 사용한다.

음압 교정(音壓較正, pressure calibration) 음장(音場)에 마이크로폰을 두면 마이크에 의한 음파의 회절 및 기타 사정으로 인하여 마이크로 진동판 표면에 가해지는 음압은 마이크를 두기 전의 음장 음압과는 다른 것으로 되는 것이 보통이다. 실제로 마이크에 가해지고 있는 음압과 출력 개방 전압의 비율을 음압 리스펀스라고 하며, 이것을 교정하는 것을 음압 교정이라고 한다. 이에 대해서 음장 음압과 출력 개방 전압과의 비율을 음장 교정(音場較正 ; field calibration)이라 한다.

음압 레벨(音壓――, sound pressure level) 음압의 대소(大小)를 나타낼 때에 어떤 기준의 음압을 정한 다음, 그에 대한 비율을 dB로 나타낸 것. 기준 음압은 명기해 둘 필요가 있으며 청각과 관계가 있는 문제에서는 2×10^{-4} μbar를, 수중 음향 문제에서는 1 μbar를 사용하는 일이 많다.

음영(陰影, shadow) 빛, 소리 또는 전파 등이 장해물에 가로막혀 도달하지 못하는 부분. 예를 들면 산림, 산악, 건물 등이 장벽이 되어 그 그늘은 음영이 된다. 특히 VHF 이상의 전파는 이러한 그늘에서는 그 전계 강도가 감쇠하여 통신 불능인 때가 많고, 경우에 따라서는 강하게 되는 수도 있다. ⇨ 음영 손(shadow loss, obstacle gain).

음영률(陰影率, shadow factor) 전파(電波)의 전파(傳播)에서 평활 구면(平滑球面) 상을 전파할 때 얻는 전계강도 및 평면상을 전파하여 얻는 전계강도의 비율을 일컫는다. 단, 다른 인자는 동일한 것으로 한다. 이것은 Burrows의 전계강도 산출의 기초식 중에 사용되고 있는 계수로서, 초단파대 이상의 전파 전파시 필요한 것이다. ⇨ 음영손(shadow loss).

음영 손(陰影損, shadow loss) 초단파 통신에서는 전파의 회절(回折)현상에 의해 한 눈으로 볼 수 있는 거리 밖까지 통신이 가능하며 ① 대지가 만곡되어 있기 때문에 전파 손이 평면 대지에서 보다 커진다(음영률), ② 산악과 같은 knife edge 및 screen에 의한 회절에 의해서도 전파 손은 커진다. 이것은 한 눈으로 볼 수 있는 거리 밖일 때 이득이 되는 수도 있다(obstacle gain). ⇨ 산란, 음영률, 회절손.

음원(音源, sound source) 소리를 발생시키는 근원을 음원이라 한다.

음원의 레벨(音源――, source level) 음원에서 단위 거리 떨어진 만큼 점의 음의 세기로, 기준 레벨을 초과하는 값을 데시벨로 측정한 것. 음원의 레벨을 S로 하여 $S=10\log_{10}(I_0/I_r)$ [dB]로 주어진다. 여기서, I_0는 음원에서 단위 거리점의 소리의 세기, I_r은 기준의 세기. I_r로서는 보통 1,000 Hz의 최저 가청 음압 2×10^{-5} Pa에 대한 파워 밀도 $10^{-12}W/m^2$가 사용된다.

음위계(音位計, sound level meter) 음위계는 미국의 ASA(American Standard Association) 규격에 의한 음량 측정기로, 일종의 소음계(騷音計)이다. dB의 눈금이 매겨져 있다.

음 이온(陰――, anion, negative ion) 마이너스의 전하를 가진 원자 및 원자단을 이른다.

음자(音子, phonon) ⇨ 포논.

음장 교정(音場較正, field calibration) 마이크로폰의 감도는 유기 전압(誘起電壓) 음압으로 나타내며, 마이크로폰을 놓아야 될 점의 음압과는 차이가 있다. 마이크로폰을 놓기 전의 음장 음압을 입력으로 하여, 마이크로폰의 감도를 교정하는 것을 음장 교정이라 한다. 이에 비해서 마이크로폰에 실제로 가해지고 있는 음압을 입력으로 교정하는 것을 음압 교정이라고 한다.

음전기 (陰電氣, negative electricity) 부(음)성의 전기를 이른다. 전자를 가진 전기, 전해질 용액 안의 수산(水酸) 이온, 산기(酸基) 이온의 전기는 이 종류에 속한다.

음전하 (陰電荷, negative charge) 전하란 물질이 지니고 있는 전기라는 뜻이다. 따라서 물질이 음전기를 지닌 경우 음전하를 갖는다고 한다.

음차 (音叉, tuning fork) 네모꼴 단면의 금속 막대를 U자형으로 굽혀서 손잡이를 단 형태의 것이다. 이것을 두들기면 고유 진동수로 진동하여 그 음을 방사한다. 간단한 주파수 표준으로 악기의 조절 또는 발진기에 쓰인다.

음차 발진기 (音叉發振器, tuning fork controlled oscillator) 소리 굽쇠로 발진 주파수를 제어한 발진기. 소리 굽쇠와 마이크로폰의 조합 또는 진공관을 이용한 것 등이 있다.

음파 (音波, acoustic wave, sound wave) 탄성적 성질을 지니고 있는 물질 속을 압력 변화, 밀도 변화, 물질의 변위가 전파하는 현상을 일반적으로 탄성파(彈性波)라 하고, 그 중에서 사람의 귀에 청각을 느끼게 하는 것을 음파라고 한다. ⇨ 초음파.

음향 광학효과 (音響光學效果, acousto-optic effect) 초음파와 빛의 상호 효과로서, 초음파 빔의 방향을 따라 발생하는 매질의 굴절률의 주기적인 변화 때문에 초음파 빔에 대하여 가로 방향에서 입사하는 광 빔이 굴절 혹은 회절하는 현상. 매질로서는 석영, 칼루코겐 글라스, GaAs 등이 알려져 있으며, 음향 광학적인 편향기(deflector), 변조기, 필터 등이 만들어지고 있다.

음향 리액턴스 (音響 ——, acoustic reactance) 음향 임피던스의 허수부(虛數部). 단위는 음향 임피던스와 같다.

음향 변성기 (音響變成器, acoustic transformer) 혼형 확성기에서는 혼의 목부분 단면적은 진동판의 실효 면적보다도 작게 되어 있으며 이 부분은 전기적으로 유추(類推)하면 변성기와 같다. 면적비를 p로 하면 힘은 p배가 되고 속도는 $1/p$로, 기계 임피던스는 p^2배로 변성된다. 그래서 이 부분을 음향 변성기라고 한다.

음향 부하 (音響負荷, acoustic load) 음향 기기가 음파를 방사할 때 매질에서 받는 반작용을 지칭한다. 매질이 존재하지 않는 경우에는 진동해도 음파가 나오지 않으므로 무부하이고 매질이 존재하면 음향적으로 부하가 걸려 있다고 생각할 수 있다.

음향 신호 (音響信號, acoustic signal, audible signal) 음향에 의해서 표시되는 신호를 이른다.

음향 신호기 (音響信號機, acoustic signal) 벨, 버저, 사이렌 등을 써서 철도 건널목에서 열차의 접근을 경보하는 장치를 음향 신호기라 한다.

음향 임피던스 (音響 ——, acoustic impedance) 음장 내의 한 면에 대해서 그곳 음압을 체적 속도로 나눈 것을 이른다. 체적 속도란, 매질의 입자 속도의 법선(法線) 성분과 그 면적과의 곱을 말한다. 체적 속도는 음압에 비례하므로 전자를 전류에, 후자를 전압에 유추해서 그 비율을 음향 임피던스로 하는 것이다.

음향 임피던스 밀도 (音響 —— 密度, acoustic impedance density) 음장 내의 한 점에서 음압을 입자 속도로 나눈 것. 외국에서는 이 말을 쓰지 않고 있다. 음압×면적을 입자 속도로 나눈 것을 음향 임피던스라고 하며, 그것을 면적으로 나누면 음압÷입자 속도가 되므로 이것을 음향 임피던스 밀도라고 한다.

음향 저항 (音響抵抗, acoustic resistance) 음향 임피던스의 실수부(實數部). 단위는 음향 임피던스와 같다.

음향 주파수 (音響周波數, acoustic frequency) 소리의 주파수로서, 그 단위는 헤르츠[Hz]. 악음(樂音)은 일정한 주파수를 갖는다. 그러나 일정한 주파수를 갖지 않는 소리도 있는데, 그것은 비악음이라고 한다.

음향 출력 (音響出力, sound output) 확성기 등의 방사기에서 실제로 음향 에너지로 방사되는 파워를 뜻한다.

음향 측심 (音響測深, echo sounding) 주로 불가청(不可聽) 주파수의 음향 펄스를 물 속에 방사하여 물 밑바닥에서 돌아오는 반사

펄스를 수신해서 펄스의 왕복 시간으로 물 깊이를 측정하는 방법을 이른다.

음향 측심기 (音響測深機, echo sounder) 주로 초가청(超可聽) 주파수의 음향 펄스를 물속에 방사하고 해저로부터의 반사파를 수신하여 펄스의 왕복 시간으로 바다 깊이를 측정하는 기계. 항해 중에 수심을 연속 기록하는 기록식 측심기가 많이 사용되고 있다.

음향 커플러 (音響——, acoustic coupler) 《데이터 통신》 데이터 단말장치(DTE)를 전화망에 결합하는 트랜스듀서로서, 데이터 신호는 음향파로 변환되고 또 전화 회선에서 받은 음향파(단말 장치용의)는 데이터 신호로 변환된다. 그래서 DTE는 전화의 송수기를 사용하여 먼 곳의 단말장치 또는 호스트 계산기와 교신할 수 있다.

음향파 디바이스 (音響波——, acoustic wave device) 신호처리 시스템에서 사용되는 디바이스로서, 음파가 작은 음향 물질을 전파하면서 여러 가지 기능을 수행하도록 만들어져 있다. 단일 반도체 칩에 지연선, 필터, 증폭기, 믹서 등의 제반 기능을 만들어 넣을 수 있다. 음파는 벌크 물질의 내부를 전파하는 것과 물질 표면을 따라 전파하는 것이 있다. 전자는 CdS와 같은 압전성을 가진 반도체가 전기 신호에 의해서 음파를 발생하고, 그것이 반도체 전도 전자와 간섭하도록 되어 있다. 이 전자는 외부에서 주어지는 직류 전계에 의해 가속되어 큰 운동 에너지가 주어지고, 이 에너지가 음향장과의 간섭으로 무선 주파수 에너지로 변환된다. 음파가 표면파로서 압전 물질 표면을 전파하는 것에서는 그로 인하여 발생하는 전계가 표면에 접근하여 놓여진 반도체 중의 도전 전자와 간섭하여 벌크의 경우와 마찬가지 동작을 한다. 압전 물질과 반도체의 이격 거리는 손실이 작아 가장 효율적으로 동작하도록 결정한다.

㊟ 위와 같은 음향파 디바이스는 반도체 집적회로, 광회로와 혼성화함으로써 더욱 새로운 회로계로 집적화가 이루어지게 된다. ⇨ 광집적회로.

음향 필터 (音響——, acoustic wave filter) 여러 가지 주파수 음파를 분리하는 장치. 전기 음향 변환장치를 사용하여 음향 필터는 전기 회로와 결합할 수 있다.

음향학 (音響學, acoustics) 소리에 관한 과학. 소리의 발생, 전파, 효과 등을 대상으로 한다.

음향 효과 (音響效果, sound effect) 라디오, 텔레비전의 드라마 등에서 음향을 적당히 사용하여 극의 효과를 높이는 것이다.

음향 효율 (音響效率, acoustic efficiency) 확성기 등에서 전기 입력 파워에 대한 음향 출력 파워의 비율을 이른다.

응답기 응답 능률 (應答機應答能率, transponder reply efficiency) 응답기가 유효하다고 인정한 질문수와 응답기에 의해 실제로 발사된 응답수의 비율을 이른다.

㊟ 유효라고 인정되는 질문은 적당히 코드화된 것 또는 신호가 조합되어 식별 가능한 코드를 우연히 구성하게 되는 것 중 어떤 한 가지를 포함한다. 이 후자는 통상 통계적으로 산출한다.

응답 비컨 (應答——, responder beacon) ⇨ 트랜스폰더

의료용 전자 공학 (醫療用電子工學, medical electronics) 약어 ME, 생체의 생리 활동에 의해서 발생하는 온도, 압력, 전압, 전류와 그 변화를 진단, 치료, 연구 등에 이바지 하기 위하여 유효한 관찰·계측장치를 개발하거나 그 밖의 의학 분야에 대한 일렉트로닉스의 각종 응용을 연구 개발하는 공학 분야를 말한다.

㊟ 측정 대상이 생체이기 때문에 안전성 확보가 무엇보다 가장 긴요하다. 또 측정량은 보통 극히 미약하여 분극 전압이나 잡음에 매몰되기 쉬우므로 고성능 기기가 요구된다. 심전계, 뇌파계, 근전계, 심음계, 혈압계 등의 개발, 원격측정 제어, 데이터 처리와 병원관리 등 분야가 광범위하다.

의사 공중선 (擬似空中線, artificial antenna, dummy antenna, phantom antenna) (1) 실제로 사용하는 안테나와 같은 값의 저항, 인덕턴스, 용량의 집중 소자로 구성되어 있는 회로에서, 그에 가해지는 에너지는 전파로서 발사되지 않고 회로 내에서 열로 없어지도록 한 것. (2) 수신기의 시험에 사용하는 표준 안테나도 일종의 의사 안테나이다.

의사 글라이드 패스 (擬似——, false glide

path) 활주로 중심선을 포함하는 수직면 내에서 글라이드 패스를 구성하는 점의 궤적 이외에서 DDM이 0으로 되는 점의 궤적을 이른다.

의사 부하 (擬似負荷, artificial load, dummy load, phantom load) 전기적 출력 회로에 실제의 부하와 같은 전력을 소비하는 저항 부하를 삽입하는 경우가 있다. 이것을 의사 부하라고 한다.

의사 부호 (擬似符號, false signal) ⇨ 의사 신호.

의사 선로 (擬似線路, artificial line) 최근에는 음성주파 무장하(無裝荷) 케이블을 사용하는 일이 별로 없으므로 의사 케이블로서 특성 임피던스 및 전송 손이 일정한 저항 감쇠기를 사용할 때가 많다. 이와 같은 저항 감쇠기를 예전에는 의사 선로라 호칭했었다.

의사 신호 (擬似信號, false signal) 실제로 수신되는 신호 외에 신호로 잘못 수신되는 잡음유도 등을 이른다.

의사 에코 (擬似——, false echo) 레이더의 지시기에 나타나는 반응 중 진실한 목표 이외의 반응을 이른다. 전투기 등에서 고의로 금속 테이프 등을 살포하여 자기의 목표를 기만하는 방법도 있다.

의사 회로 (擬似回路, artificial circuit) 실제 회로와 같은 값의 저항, 인덕턴스 및 용량을 가진 회로를 이른다. 실제 선로나 회로가 대규모이기 때문에 실현 곤란한 경우와 시험용 또는 평형용에 사용되는 것으로서 분포 상수 회로 대용으로 집중 상수를 사용한 의사회로를 비롯하여 의사 안테나, 의사 케이블 등, 여러 가지가 있다. ⇨ 등가 회로.

의사 회로망 (擬似回路網, artificial network) 전신에서는 2중 통신에 필요한 선로 임피던스에 대한 평형용 의사 회로망이 있으며, 전화에는 통화 당량을 비교하기 위한 표준 선로로서의 의사 회로망이 있다. 또한 전송에는 2선식 또는 4선식 회선의 종단 장치로서 선로 임피던스의 평형용 결선망이 있다.

의색 (擬色, pseudo color, false color) 《영상》 상의 본래의 색깔이 아니라 상이 갖는 데이터를 표현하기 위해 그것에 부여하는 색깔을 이른다. 위성 영상(satellite imaginery) 등에서 사용한다.

이간 거리 (離間距離, clearance, separation) 전선과 다른 전선, 또는 수목, 건조물 등과의 접근 거리를 이른다.

이격 거리 (離隔距離, separation) ⇨ 이간 거리.

E결합 (——結合, E coupling) 마이크로파 회로소자 간의 결합의 하나로, 전계 E에 의해서 결합이 이루어지는 것을 이른다. 도파관의 E분기 회로에서는 주로 이 형의 결합이 이루어진다. ⇨ H결합(H coupling), E분기(E branch).

2구간법 (二區間法, two-section method) 《가스압 점검법》 가스 누설 구멍의 정밀 측정법의 하나로, 한 끝에서 일정한 압력을 가해 넣고 양단과 중간 1점의 압력 분포로 누설 구멍을 탐지하는 방법을 이른다.

2구권 (二口捲, doubly re-entrant winding) 직류기 전기자 권선의 일종. 다중권(多重捲)이고 또한 두 독립된 폐회로를 이루고 있는 권선을 이른다. 중권(重捲)의 경우는 $y=y_1-y_2=\pm m$, 파권의 경우는 $y=(k\pm m)/p=$ 상수로서, m과 정류자 편수(片數) k가 2라는 공약수를 가진 경우에 해당한다. 여기서, y는 합성 피치, y_1은 뒤피치, y_2는 앞피치, p는 극대수, m은 임의의 상수이다.

이군율 (離群率, debunching factor) 집군(集群)한 전자 흐름이 공간 전하(電荷) 등의 영향으로 이군하는 경향을 나타내는 것으로, 클라이스트론의 이론 계산에 쓰이는 계수이다. 전자 흐름(電子流) I_0, 전자의 속도 v_0, 빔의 반지름을 a로 하면, 이군율 h는, $(ha)^2=\frac{1}{\pi\varepsilon_0}\frac{e}{m}\frac{I_0}{v_0{}^3}$의 관계가 있다.

이군 작용 (離群作用, debunching, debunching action) 집군한 전자군이 그 공간 전하 등의 영향으로 집군이 흩어지는 작용을 이군 작용이라 한다.

2권선 변압기 (二捲線變壓器, two-winding transformer) 1상(相)에 대하여 2개의 다른 독립된 권선으로 이루어져 있는 변압기이다.

이그나이트론 (ignitron) 단극 수은 정류기로, 점호자(點弧子)에 의해 교류의 각 사이클마다 음극점을 새로 발생시키는 것을 이른다. 음극점을 발생하는 시점을 양극 전압의 위상에 대해 조정하여, 제어 그리드와 마찬가지로 직류 전압을 제어할 수 있다. 또 점호자 입력을 단절하고 고장 전류를 갑자기 차단할 수도 있다. 음극점을 사이클마다 새로이 만들게 되므로 음극점이 기벽(器壁) 위에 기어오를 염려가 없어 기벽과 음극을 절연할 필요가 없다. 단, 주양극(主陽極)의 점호를 돕고 점호자에 전류가 통하는 시간을 적게 하여 이것을 보호하기 때문에 전력용은 보조 점호극을 설치하여 반 사이클 통전하는 것도 있고. 사용 전압에 따라 그리드를 설치한 것도 있다.

이그젝큐티브 루틴 (executive routine) 다른 루틴의 로딩(주기억 장치에 대한 기록)과 그 실행을 제어하는 루틴을 이른다. 데이터 처리 시스템에서 작업의 흐름을 조직화하고 또한 조정하여 전체 오퍼레이팅 시스템 또는 프로그램의 일부를 구성하는 것이다. 작업 흐름의 제어, 여러 언어 간의 번역, 프로그램의 에러와 계산기 에러의 진단과 정정, 우선 할당, 데이터의 검사, 그 밖의 하우스키핑 처리는 이 루틴에 의해 이루어진다.

2극관 (二極管, diode) 음극과 양극만으로 되어 있는 전자관. 정류관이나 검파관으로 사용된다.

2극기 (二極機, bipolar machine) N극 1개와 S극 1개로 되어 있는 회전기를 이른다. 다극기의 특성을 2극기로 치환(置換)하여 생각하면 이해하기 쉽다.

2극 스위치 (二極 ——, double-pole switch) 동시에 개폐되는 전로의 각 선에 대한 개폐 부분(극)이 2개인 스위치를 이른다.

2극 컷 아웃 (二極 ——, double-pole cutout) 2극으로 되어 있는 컷 아웃의 일종이다.

이너턴스 (inertance) 관성에 따른 음향 리액턴스를 각속도 ω로 나눈 것. 등가 회로에서는 인덕턴스로 대표된다.

이니셜라이즈 (initialize) (1) 《계산기 프로그램》 변수에 대하여 프로그램 중에서 그것을 사용하기에 앞서 초기값을 세트하는 것. (2) 프로그램, 시스템 혹은 하드웨어 장치를 그 당초 상태로 프리 세트하는 것, 또는 그것을 위하여 이용되는 프로그램 혹은 회로(이니셜라이즈). 예를 들면 계산기의 카운터, 레지스터, 스위치 등의 상태를 모두 그 초기 상태로 설정한다. (3) 《디스크》 새로운 디스크에 정해진 포맷에 따라 트랙, 섹터의 영역을 기입하고 디스크 드라이브에 의해서 데이터의 입력, 출력을 잘 할 수 있도록 프리 세트하는 것을 이른다.

[注] 이니셜라이즈를 하는 프로그램을 이니셜라이저 루틴(initializer routine)이라 한다.

2단 동작 계전기 (二段動作繼電器, two-step relay) 2조의 접점군(接點群)으로 분할되어 하나는 작은 입력에 의해서 동작하고 다른 하나는 큰 입력에 의해 동작하는 구조의 계전기이다.

2단자망 (二端子網, two-terminal network) 외부에 접속하는 단자가 2개 있는 임의의 회로망을 지칭한다. ⇨ 4단자망(four terminal network).

이더넷 (Ethernet) 미국의 DEC, Intel 및 Xerox사가 공동으로 개발한 최초의 LAN의 하나로, Xerox사의 프로토타입을 기본으로 만들어졌다. 이더넷은 최대 1,024 단말 사이에서 최장 2.5 km 거리의 통신을 10 Mbs의 데이터 레이트로 할 수 있다. 전송로는 동축 케이블의 루프이고, 여기에 모든 유저 단말이 인터페이스하고 있다. 네트워크 아키텍처는 제어 계층 기저의 두 레벨, 즉 물리층과 데이터층을 포함하고 있으며, 그보다 높은 계층은 유저장치(계산기와 유저 단말) 속에 포함된다. 이 종류의 LAN은 전송 에러율이 작고, 버스트 지향의 트래픽을 높은 피크 데이터 전송률로 다수의 유저 간에 보낼 수 있도록 만들어져 있다. 모든 유저는 망에 대하여 동등한 액세스권을 갖지만 동시 발생 데이터의 충돌 같은 사태가 발생하지 않도록 설계상 배려가 되어 있다.

[注] 버스트 지향 데이터 트래픽이란, 평상시에는 낮은 레벨의 통신량으로 동작하고 있지만 단시간만 망의 허용 통신량에 가까운 버스트 상태의 트래픽이 나타나는 데이터 전송의 성질을 의미하고 있다.

이도 (弛度, dip, sag) 《전선 등의》 엄밀하게는 dip과 sag 사이에는 다음과 같은 다른 점이 있다. dip는 1경간 중의 도체의 최고점과 최저점의 수직 거리를 뜻하고 sag는 두 지지점을 연결하는 직선과 조하선(弔下線) 간의 최대 수직 거리를 이른다.

이동 (移動, migration) 《이온》 전해질(電解質) 용액에 음·양의 양 전극을 삽입하여 전류 회로를 닫으면 용액 중의 음 및 양 이온은 각각 양극 및 음극을 향해서 이동한다. 그리고 이온 전류가 흐른다.

이동 고정자틀 (移動固定子——, cradle frame) 회전기의 고정자 틀이 회전 방향으로 어떤 범위 내에서 이동할 수 있는 구조의 것을 이른다.

이동도 (移動度, mobility) 기체, 액체, 고체 중에서 전자, 음이온, 양이온 등이 전계강도 E의 전계작용에 따라 전계의 방향으로 속도 v로 이동할 때 $k=v/E$를 이동도라 한다. 전자, 이온, 주위 조건 등에 따라 각기 값이 다르다.

이동 변전소 (移動變電所, mobile substation) 상용 발전소가 고장이 발생하였을 때 또는 임시적인 증가 부하에 대해 전력을 공급할 목적으로 설치되는 변전 설비로, 차량에 적재하여 필요한 장소까지 이동하며 사용하는 것을 이동 변전소라 한다.

이동 시간 (移動時間, transit time) 《계전기》 계전기의 설편(舌片)이 한쪽 접점에서 다른 쪽 접점으로 이동하는데 요하는 시간. 전신 일그러짐의 원인이 된다.

이동 자계 (移動磁界, shifting(magnetic) field) 시간과 더불어 자극의 위치가 이동하는 자계. 자극이 원주를 따라 이동할 때는 회전자계이며, 이동 자계의 특별한 경우이다.

이동 자계형 (移動磁界形, shifting field type) 계기의 동작 원리 중 유도형의 일종인데, 측정하고자 하는 전류에 의해 이동 자계를 발생시켜서 그 자계 안에 있는 금속판을 움직이는 원리의 교류 적산 전력계는 가장 대표적인 예이다.

이득 (利得, gain) 증폭기, 수신기, 공중선 등에서 입력의 전압 또는 전력에 대하여 출력의 전압 또는 전력의 비율을 이득이라고 한다. 공중선의 경우는 표준 더블릿 공중선에 대해서 얼마나 감도가 커지는가를 나타내는 값을 이득이라 한다. 일반적으로 이 이득은 데시벨 기호로 나타내고 있다.

이득 여유 (利得餘裕, gain margin) 이득의 허용값에서 변화해도 좋은 여유도를 이른다.

이득 자동 저하 (利得自動低下, gain turn down) 응답기에서 송신기의 과부하를 방지하기 위하여 사용되고 있는 것으로, 일정량 이상의 질문을 받았을 때 수신기의 이득을 자동적으로 저하시켜 질문 수신을 차단하는 제어를 이른다.

이득 제어 (利得制御, gain control) 증폭기 또는 수신기 등에서 그 이득을 조절하는 것을 이른다. 이 조절에는 자동적으로 하는 경우와 수동적으로 하는 경우가 있다.

EDMOS (enhancement driver depletion load MOS) MOS-FET로 만들어진 인버터 게이트에서 드라이버를 엔한스먼트형으로, 부하를 디플레이션형으로 하여 부하의 게이트 전극을 출력 단자에 접속한 것. 부하의 MOS 트랜지스터가 정전류 특성을 가지므로 동작 특성이 좋아 논리회로에 널리 사용되고 있다.

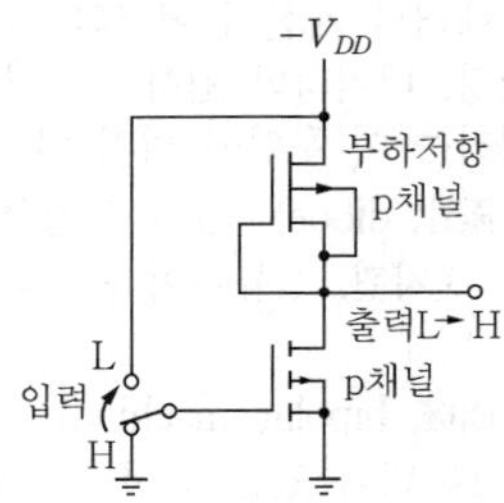

[EDMOS]

2로 스위치 (二路——, two-way switch) 개로(開路) 위치를 갖지 않는 단극(單極)의 전환 스위치이다.

이론 마진 (理論——, theoretical margin) 완전한 동작 상태에 있는 경우의 전신 기기의 구조에서 정해진 이상적인 기계라면 무왜 부호(無歪符號)에 대해서는 50% 마진이 있다.

이론 수력 (理論水力, theoretical water power) 사용 수량과 유효 낙차에 의해서 주어지는 이론적 동력. 지금 사용 수량을 Q [m^3/s], 유효낙차를 H [m]라고 하면, 이론 수력은 9.8 QH [kW]이다.

이면 배선 (裏面配線, back wiring) 배전반 표

면에 부착된 계기, 계전기, 단로기 등을 그 뒷면에서 접속한 전선이다.

이면 접속(裏面接續, back connection) 예를 들면, 배전반 등에서 표면에 부착하는 계기, 계전기 등의 전기 접속을 뒷면에서 하는 것을 이른다.

이면 접속형(裏面接續形, back connection type) 배전반 등에서 그 접속을 반의 뒷면에서 하는 형식의 것을 이른다.

E면 지향 특성(—— 面指向特性, E-plane pattern) 전계 E를 포함하는 면 내에서의 지향 특성. 예를 들면, 수직 안테나에 대해서 생각하면 안테나를 포함하는 수직면 내의 방사 지향 특성을 이른다.

E 모드(E mode) ⇨ TM모드. ⇨ E파 (E wave), TM파 (transverse magnetic wave).

이미디어트 액세스(immediate access) (1) 정보를 기록 장치의 로케이션 또는 레지스터에 기록하거나 혹은 출력할 때 데이터의 다른 부분에 의한 지연, 특히 데이터 그 자신의 일부에 의한 지연 등을 수반함이 없이 입력, 출력을 할 수 있는 것. 즉, 처리가 축차적이 아니고 병렬적으로 이루어지는 것. 즉시 액세스라고도 한다. (2) 액세스(호출) 시간이 짧은 것, 혹은 데이터의 전송이 비교적 빠른 것. (3) 입·출력 장치나 연산 장치에 직접 결합된 레지스터처럼 다른 장치에 직결되어 즉시 이용할 수 있는 장치를 이른다.

이미디어트 어드레스(immediate address) 《계산기 명령》 명령의 어드레스부가 연산 수의 어드레스가 아니라 연산 수의 값 바로 그것을 직접 지시하는 것. 즉, 명령어의 명령부(operation part)는 같은 명령어의 어드레스부에 작용하는 동작, 예를 들면 COMPARE 같은 연산 동작을 지정하고 있다. 즉 값 어드레스 또는 영 레벨 어드레스라고도 한다. 예를 들면 LOAD ACCUMULATOR, IMMEDIATE 005134라는 명령어는 누산기에 005134를 기록할 것을 지시하고 있으나 이 경우 005134는 (비록 어드레스부에 있지만) 수치이지 어드레스는 아니다.

이미지(image) (1) 영상, 사진상, 물리적인 성질, 예를 들면 방사, 전하, 반사성 등의 공간 분포를 동일한, 또는 다른 물리적인 성질의 공간 분포로서 사상(寫像)시킨 것. 사상 과정은 광속(光束), 전하 그 밖의 수단으로 수행된다. (2) 다른 매체 위에 형성 혹은 기억된 것과 동일한 0, 1 어레이를 카드 구멍의 유무(카드 이미지), 자심의 자화 방향의 음양(코어 이미지)으로 표현한 것. (3) 텔레비전 수상기나 팩시밀리 기록장치 등에 의해 재생된 영상 또는 화상을 이른다.

㊟ 이미지는 보통 평면상의 유한한 영역에서 정의된 2변수의 연속 함수 $I(x, y)$로 주어진다. 이미지가 사진이라면 함수 I의 값은 보통 0과 1의 중간값으로 정규화된 농담 계조를 준다. 이미지가 맵인 경우에는 I는 심벌 또는 색의 집합 요소의 값을 취한다. 사진과 같은 연속 화상의 디지털 이미지는 주어진 화상을 가로 세로 $m \times n$ 가닥의 선에 의해 작은 장방형의 분해능 요소, 즉 화소로 분할하고, 각 화소에 그 장소의 회색 톤의 대표 값 $t_i (i-1, 2, \cdots, s)$를 대입함으로써 얻어진다. 화소의 2차원 세트($m \times n$ 배열)는 디지털 이미지의 영역(domain)이고, 회색 톤의 세트는 계조 범위이다.

이미지 관(—— 管, image tube) 광학상(光學像)의 조사로 광전 음극면에서 방출되는 광전자의 흐름을 전자 렌즈로 형광면상에 결상시킴으로써 가시상을 재출(再出)하는 전자선관을 이른다. 이미지 변환관이라고도 한다.

㊟ 광전 음극면에 입사하는 이미지는 광학상 뿐만 아니라 X선, 감마선, 자외선 같은 조사상(照射像)인 경우도 있다.

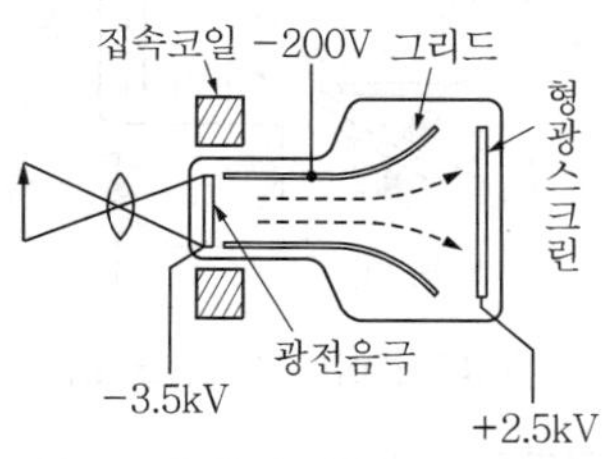

[이미지 관]

이미지 복원(—— 復元, image restoration) 2차원의 이미지 $f(u, v)$가 $h(x-u, y-v)$의 열화 함수를 가진 이미지 처리장치에 의해 처리되어 열화된 이미지 $g(x, y)$를 발생하였을 때, 당초 이미지 g 를 복원하는 방법으로,

ㅇ

f, g 및 h 사이에 있는 컨볼류션 관계에 푸리에 변환을 실시함으로써 복원 함수는 h의 푸리에 변환 H의 역수로 되는 것을 알 수 있다. $1/H$를 역필터, 재구성 필터 등으로 부르고 있다.

㈜ 열화가 전혀 없는 이미징 장치의 경우는 h는 델타 함수이고 H는 1이 된다. 즉, 출력 이미지는 오리지널 이미지 바로 그것이며 복원 필터는 불필요하다.

이미지 센서 (image sensor) CCD로 대표되는 영상 검지 디바이스로서, CCD의 경우에는 동전 크기의 칩에 10만 개 이상의 검지 요소를 가지고 있으며, 칩 면에 초점을 맺은 영상이 개개의 요소상에 전하 패킷으로 축적된다. 이들 패킷은 전하 전송 기구에 의해 고속으로 출력되어 변환 처리된 후에 영상으로서 표시된다. CCD에서의 요소는 검출 어레이로서 또 축적, 출력 등을 위하여 영역을 나누어 사용된다. 고체 텔레비전과 관련하여 개발된 것으로, ITV, 텔레비전 전화방식, 우주 탐사 기기 등에 사용되고 있다.

이미지 아이코노스코프 (image iconoscope) 감광면(광전 음극)에 의해서 전자 상이 만들어져 별개의 축적 타깃 한쪽 면에 집속 되지만 그것이 같은 쪽에서 고속도 전자 빔에 의해 주사되어 전기 신호로 출력되도록 되어 있는 촬상관을 이른다.

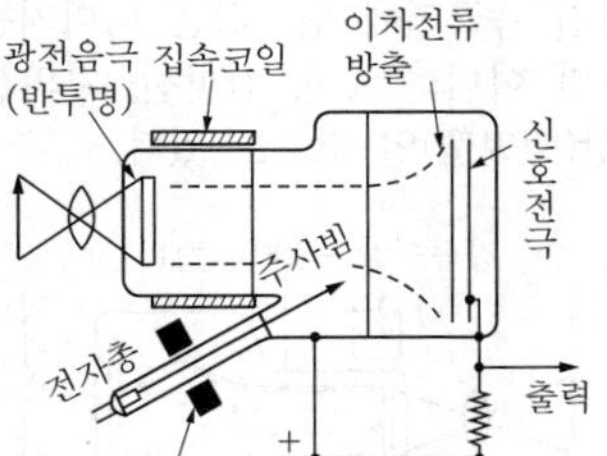

[이미지 아이코노스코프]

이미지 압축 (—— 壓縮, image compression) 《이미지 처리》 이미지가 가지고 있는 모든, 또는 거의 모든 정보를 상실함이 없이 이미지를 기억하는 데 필요한 기억력, 혹은 이미지를 전송하는 데 요하는 시간을 줄이는 것을 뜻한다.

이미지 오르시콘 (image orthicon) 감광성 표면에 의해 전자 영상이 형성되고, 이것이 별개 축적 타깃에 집속되고 그 위에 전하 패턴을 축적한다. 이 패턴을 타깃의 반대 쪽에서 저속 전자 빔으로 주사하여 전기 신호로 끌어내는 구조의 촬상관. 이미지 오르시콘은 고감도이고, 분광 감도는 사람 눈과 가깝다. 또 응답성도 좋다.

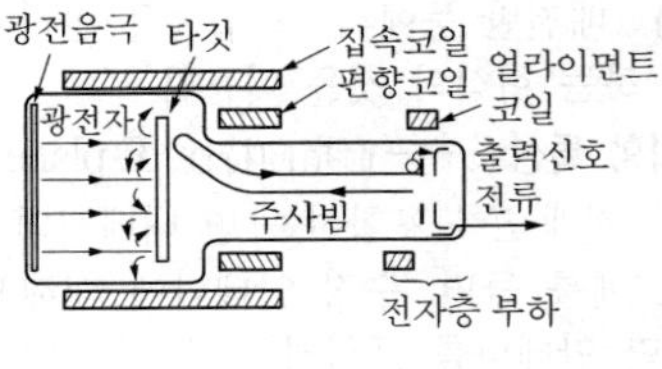

[이미지 오르시콘]

이미터 (emitter) 《트랜지스터》 전하 캐리어를 트랜지스터의 베이스 영역에 주입하는 작용을 하는 영역. 이 주입 캐리어는 베이스 영역에서는 소수 캐리어이다.

이미터 결합 로직 (—— 結合 ——, emitter-coupled logic, ECL) 고속 동작의 논리 게이트로서, TTL의 동작지연이 10 ns정도인 데에 비해 2 ns이다. 동작은 본질적으로 비포화 동작이고, −5.2V의 전원에서 동작하여, 저레벨, 고레벨 출력은 각각 −1.67 V 및 −0.9 V이다. NOR 게이트로서 공급된다. 전류모드 로직이라고도 한다.

이미터 결합 증폭기 (—— 結合增幅器, emitter-coupled amplifier) 《트랜지스터 증폭기》 컬렉터 접지형(CC)과 베이스 접지형(CB)의 두 개의 증폭기가 이미터저항 R5에 의해 결합한 것으로, 두 증폭기의 장점을 겸한 특성을 가지고 있다. 즉, 출력 임피던스가 높고, 또 전압이득, 전류이득은 각각 CB형 및 CC형의 그것을 가지고 있다. 집적회로로 만들어져 RF 증폭기 등에 사용된다.

이미터 접지형 (—— 接地形, common-emitter type) 《트랜지스터》 교류적으로 이미터 전극을 접지하고 베이스에 입력을 부여하여 컬렉터에서 출력을 얻도록 한 회로구성. 트랜지스터 회로로서 가장 보편적으로 사용되는 것으로, 전압, 전류 및 전력이득 모두 컬렉터접지형, 베이스접지형 보다 크다. 입력임피던스, 출력임피던스는 위의 두 형의 중간이다.

이미터 접합 (── 接合, emitter junction) 《트랜지스터》 소수 캐리어를 베이스영역에 주입하기 위해 순방향 바이어스 전압을 부여하는 접합부를 이른다.

이미터 폴로어 (emitter follower) 이미터와 신호접지 SG 사이에 부하가 접속된 단일 트랜지스터 증폭 회로. 베이스, 이미터, 대지를 통하는 회로는 출력전압을 100% 입력측에 부귀환하고 있다. 이득은 1에 매우 가깝고, 출력신호의 극성은 입력의 그것에 추종한다(반전하지 않는다). 컬렉터 접지라고도 한다.

이미터 확산 (── 擴散, emitter diffusion) 《트랜지스터》 이미터 영역을 확산으로 만드는 것으로, 이미터 효율을 높이기 위해 가급적 표면농도를 높게 하여 확산한다.

이미턴스 (immitance) 임피던스 및 어드미턴스를 총칭하여 이른다.

2 반작용법 (二反作用法, two reaction method) 돌극형 3상 동기기에서는 돌극(突極) 때문에 수직축과 가로축의 자기 저항이 현저하게 다르다. 따라서 전기자 반작용도 각 축에 대하여 동일하지 않기 때문에 전류를 수직축 및 가로의 두 전류분으로 나누어 생각하고, 또 동기 리액턴스도 수직축 전류와 가로축 전류로 나누어서 계산하는 방법을 이른다.

2배 정도의 수 (二倍精度數, double-precision number) 계수형(計數形)계산기에서 보통 쓰이는 수의 2배의 유효숫자 자릿수를 갖는 수를 이른다.

E 벤드 (E bend) 굴곡 도파관의 하나로, 관내 전계 E에 평행하고 원호상으로 구부린 것을 말한다. ⇨ 굴곡 도파관.

2부 요금제 (二部料金制, two-part rate schedule) 수용 전력에 대한 요금과 사용 전력량에 대한 요금의 두 요소로 되어 있는 요금 규정을 이른다.

E 분기 (── 分岐, E branch) 4각형 도파관의 분기 방법에는 T분기, Y분기 등 여러 가지방법이 있는데, 관내 전계 E를 포함하는 면 내에 분기회로를 갖는 T분기와 Y분기를 지칭한다. 이 분기법은 주 회로에 직렬로 분기회로를 접속한 것이 된다. ⇨ H분기(H branch), 직렬 분기(series branch), T 접합부(T-junction).

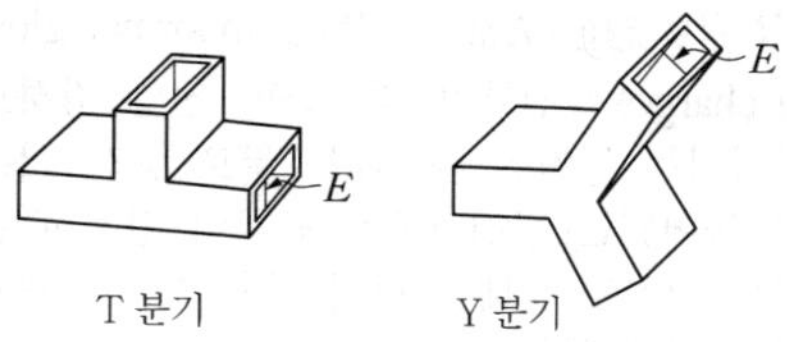

[E 분기]

EVR (electronic video recording) 영화 필름의 녹화와 같은 것이지만 그것과 상관이 없는 독자적인 기록방식을 채용하고 있다. CBS사(미국)가 1967년에 개발하였다. 화소수는 매초 60이고 TV의 필드 수와 맞추어 비점 주사관 등에 의해 필름에 연속 기록한다. 영상은 전기 신호로 기록되어 재생되므로 컬러 신호를 전기적으로 만들어 부호화하여 기록할 수도 있다.

이산 작용 (離散作用, debunching action) 집군(集群)된 전자가 다시 분산되는 작용을 이른다.

2상 (二相, two phase) 서로 90°의 상차(相差)를 갖는 교류 전기 방식이다. 단상 전동기를 기동하거나 3상 유도 전동기를 단상 운전하는 경우 콘덴서에 의해 단상에서 2상으로 위상을 바꾼다.

이상 (異常, abnormal, anomalous) 변칙적인 또는 이례적인 현상을 이른다.

이상 (移相, phase shift, phase-shifting) 위상을 변화시키는 것을 이른다. 예를 들면, 그림과 같은 교류 브리지 회로에서 r_1 및 r_2가 같을 때 저항 R 또는 용량 C를 변화하면 출력 단자 전압 E_0의 위상은 입력 단자 전압 E에

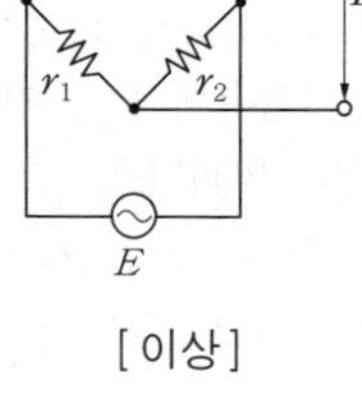

[이상]

ㅇ

대해 $\theta=2\tan^{-1}\dfrac{1}{\omega CR}$만큼 위상을 변화하는 이상기(移相器)가 얻어진다.

이상 글로 방전 (異常—— 放電, abnormal glow discharge) 전류가 증가하면 전압 강하도 증가하는 성질을 나타내는 글로 방전. 가스가 들어있는 방전관에서 음극이 완전히 글로로 덮히는 상태를 넘어 더욱 전류가 증가하면 발생한다.

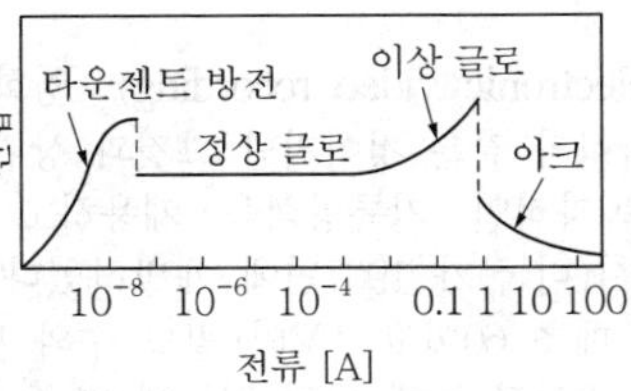

[음극 방전관의 전류・전압 특성]

이상기 (移相器, phase shifter) (1) 다상 유도 전압 조정기와 거의 같은 구조로, 1차 및 2차 권선은 각각 1차 및 2차 회로에 연결되고, 2차 전압의 크기를 바꾸지 않고 위상을 연속적으로 변화할 목적으로 사용하는 기기를 이른다. (2) 보통 LC 이상회로를 사용하며, 이상을 위해 변압기를 사용하는 경우에는 이 변압기를 이상 변압기라 한다.

2상 발전기 (二相發電機, two-phase generator) 2상 교류 전력을 발생하는 발전기이다.

2상 변압기 (二相變壓器, two-phase transformer) 단독으로 2상의 교류 전력을 변성하는 변압기이다.

이상 변성기 (理想變成器, ideal transformer) ⇨ 이상 변압기.

이상 변압기 (理想變壓器, ideal transformer) 에너지의 축적과 손실이 없는 변압기로서, 권선의 직류 저항이 없으며 와류 손(渦流損) 및 히스테리시스 손, 그리고 누설 인덕턴스는 물론 자기 임피던스는 무한대이다. 이상(理想) 변압기의 2차측에 Z_2의 부하 임피던스를 접속하고 1차측에 V_1인 전압을 가하면 1차측에서 본 임피던스 $\dot{Z}_1=\dot{V}/\dot{I}_1$, $\dot{V}_1/\dot{V}_2=n_1/n_2$, $\dot{I}_1/\dot{I}_2=n_2/n_1$, $\dot{Z}_2=n_1{}^2/n_2^2$, $\dot{I}_1$, $\dot{I}_2$는 1차측 및 2차측 전류, V_2는 2차 단자 전압, n_1, n_2는 1차, 2차 권수이다. 이상 변압기의 실현은 어렵지만 변압기, 회로망 이론 또는 등가회로를 해석할 때 고려된다.

이상 변압기 (移相變壓器) (1) rotable phase adjusting transformer 1차 권선에 대하여 2차 권선의 위치를 회전 이동시키면서 조정함으로써 1차 전압에 대하여 2차 전압이 임의의 바람직한 위상 관계를 갖도록 할 수 있는 변압기를 이른다. 이와 같은 변압기의 1차 권선은 대칭 다상 분포 권선을 가지고 있으며 다상 전원에 의해 전압이 주어진다. (2) phase-shifting transformer 정류기용 변압기의 교류 권선에 부여하는 전압의 위상을 적당히 어긋나게 하기 위해 사용하는 변압기로서, 교류쪽 및 직류쪽의 고조파 성분의 크기를 감소시키기 위한 것이다.

이상 스토커 (移相 ——, traveling-grate stoker) 이동하는 엔드리스 체인 위에 로스틀(火格子)을 적재한 스토커를 이른다. ⇨ 쇄상(鎖床) 스토커.

이상 음극 강하 (異常陰極降下, abnormal cathode fall) 이상 글로 방전 상태에서 전류 밀도와 더불어 음극 강하가 증가하는 것을 이른다.

이상 E층 (異常E層, abnormal E layer) 보통 스포래딕 E층(sporadic E layer)이라 한다. 전리층은 D, E, F 각 층 모두 보통 규칙적인 특성을 나타내며, E층 중에는 전파 전파(傳播)에 중대한 영향을 미치는 불규칙적인 현상을 나타내는 것이 있다. 이것을 스포래딕 E층이라 한다(보통 약어로 Es라 한다). 이 층이 출현하면 정상적인 E층의 임계 주파수보다도 높은 주파수에서 E층의 반사가 이루어진다. Es층은 자주 출현하지만 그 성질 및 원인은 아직 알려지지 않고 있어 출현을 예보하기 곤란하다. 대체로 여름철에 가장 많다. 또 날씨에 따라서도 그 변동이 대단히 심하다.

이상 장치 (移相裝置, phase-shifting device) 전압과 전류 또는 전압 상호 간의 위상 각에 차이를 생기게 하기 위한 조정 장치이다.

2상 전동기 (二相電動機, two-phase moter) 2상 교류 전력에 이해서 동작하는 전동기이다.

이상 전압 (異常電壓, abnormal voltage) 정상 전압과는 별도로 발생하는 큰 전압으로, 이것이 정상 전압에 가해져서 바람직하지 않는 상태를 발생할 우려가 있는 전압이다.

이상 전파 (異常傳播, non-standard propagation) 해면 상공의 기상 상태는 표준 상태와는 다르다. 해면에서 높이 올라가도 굴절률이 감소하지 않거나 때로는 굴절률이 증가하는 경우도 있다. 이 상태는 가시 거리가 단축된 것에 해당한다. 또 지표상 10~100 m 이내에 불연속적인 습윤 대기층이 형성되면 그곳을 통과하는 전파를 가둬 두는 현상이 나타난다. 이와 같은 경우에는 보통 가시 거리의 수 배 정도까지 전파의 전파 영역이 확대된다. 이러한 전파(傳播)를 이상 전파(異常傳播)라고 한다. 주로 마이크로파에서 이러한 현상이 일어난다.

2상한 전위계 (二象限電位計, two-segment electrometer system) 두 절연된 반원형의 고정 전극을 현(弦)과 마주보게 고정하고, 이것에 대하여 같은 방법으로 두 장의 반원형 가동판을 서로 절연하게 배치한다. 고정 극판을 보조 전원으로 +, −로 충전하고, 가동 극판에 피측 전위차를 가하면 가동 극판은 반발하여 회전하므로 피측 전위차를 측정할 수 있다.

이색 측광 (異色測光, heterochromatic photometry) 시험되는 광원과 표준등 또는 비교등이 광색을 달리하는 경우, 시감 측광할 때 곤란하다. 색 차이가 적을 때는 직접 비교하지만, 색 차이가 많을 때는 중간 색의 몇 개 광원을 두고 단계적으로 비교하는 법, 필터를 사용하는 법, 반짝임을 이용하는 교조 측광(交照測光)법 등에 의한다.

2선식 (二線式, two-wire system) 전송로에 실선 2가닥을 사용하여 동시 송・수신 통신을 가능하게 하는 통신방식, 음성 회선의 2선식과 반송 회선의 2선식이 있다. 후자는 왕복 반송파를 변화시키며 주파수에서는 4선식으로 사용되는 것이 보통이다. 반송파를 동일하게 하고 상하 양 측파대를 왕복으로 사용하는 경우도 있다.

2선식 선로 (二線式線路, two-wire line) 왕복 2선으로 되어 있는 전송 선로를 이른다. 그 대표적인 것에는 평행 2선식과 동축선식이 있다. 귀로를 대지로 하는 단선식 선로와 도파관(導波管)과 같은 특수한 전송 선로를 구별하기 위하여 사용되는 용어이다.

2선식 중계기 (二線式中繼器, two-wire repeater) 2선식 회선에 적용하는 중계기로서, 일반적으로 음성용이 많다. 음성 중계기에는 2-1형, 2-2형, 2-3형 방식 등이 있다. 반송용에는 방향 필터를 사용하여 서행(西行), 동행(東行) 전송로를 분리한다. ⇨ 2선식 회선.

2선식 회선 (二線式回線, two-wire circuit) 2선식으로 되어 있는 전송로를 이른다. 서행(西行), 동행(東行)의 분리 방법에는 하이브리드 코일, 브리지, 선로 또는 방향 필터 등을 병용한다.

2선 접지 (二線接地, two-line ground) 다른 상(相)의 두 전선에 동시에 접지 사고가 발생하는 것을 지칭한다. 송전 선로에 1선 지락이 일어나는 경우 다른 상에 다시 역섬락(逆閃絡)이 일어나거나 또는 아크가 발생하여 다른 선으로 옮겨지는 현상을 이른다.

2선 현수 (二線懸垂, bifilar suspension) 진동 검류계에서 가동부를 두 가닥의 가는 금속선으로 친 것을 이른다.

2속도 전동기 (二速度電動機, two-speed moter) 정속도 전동기의 하나로, 회전 속도를 2단으로 변경할 수 있는 전동기이다.

2승 가변 콘덴서 (二乘可變 ——, square-law condenser) 가동판의 회전 각도의 2승에 비례하여 정전 용량이 변화하는 콘덴서이다. 동조 주파수는 정전용량의 평방근에 역비례하므로 이 형의 콘덴서를 사용하면 동조 주파수는 콘덴서의 회전 각도에 역비례하게 되어 주파수의 눈금이 등분 눈금으로 되는 장점이 있다.

2승 검파 (二乘檢波, square-law detection) 출력 전류가 입력 전압의 제곱에 비례하는 특성을 가진 검파법. 진공관 특성의 만곡부(彎曲部)를 사용하는 그리드 검파, 플레이트 검파는 입력 신호가 너무 커질 때는 이에 속한다. 검파 출력에 제2 조파 일그러짐을 일으킨다.

2승칙 복조기 (二乘則復調器, square-law demodulator) 반송파를 가진 두 측파대의 신

호는 이것을 비선형 회로망을 통과시킴으로써 복조할 수 있다. 이와 같은 비직선 복조법은 선형 동기 복조법에 비하여 국부 반송파를 만들어내는 회로를 가질 필요가 없으므로 그 점은 동기 복조기보다 유리하다. 특히 출력 신호(전압 또는 전류) y가 입력 신호(전압 또는 전류) x에 대하여 $y=kx^2$(k는 상수)의 함수를 갖는 비선형 복조기를 2승칙 복조기라고 한다.
㊟ 입력 신호가 강하면 동기 복조기와 2승칙 복조기 모두 잘 동작하지만 후자는 변조 신호가 너무 강하면 베이스 밴드 신호에 일그러짐이 발생한다. 신호가 약한 경우에는 2승칙 복조기는 출력 SN비가 입력의 그것에 비하여 급속하게 약화하는 한계값이 있다(동기 복조기에서는 그것은 없다).

2심 케이블 (二心 ――, two-core cable) 심선이 두 가닥인 케이블이다.

2심 코드 (二心, double conductor cord) 두 가닥의 심선으로 되어 있는 가요 코드를 이른다.

2액 전지 (二液電池, double-fluid cell) 2종의 전해액으로 구성된 전지, 예를 들면 다니엘 전지 ($Cu|CuSO_4|ZnSO_4|Zn$)이다.

이어 (ear) 트롤리선을 설치하거나 접속 또는 트롤리선에 전류를 유입하는 등 여러 가지 목적을 위하여 전차선에 직접 가설하는 철제품의 총칭이다.

EA ROM (electrical alterable ROM) EP ROM의 일종이지만 자외선이 아니라 전기적으로 재작성이 가능한 PROM. 이것에는 MNOS, 2층 게이트 MOS 등이 있다. ⇨ ROM, PROM.

EHF (extremely high frequency) 무선 주파수 스펙트럼에 있어서 30~300 GH_2 대역의 전자파(밀리미터파)를 뜻한다.

EFTS (**전자식 금전대체방식**, electronic fund transfer system) 금융자금 정보를 어떤 장소에서 다른 장소로 대체하기 위한 전자식의 자동화 장치와 네트워크로 된 시스템으로, 다양한 형태의 자동화 프로젝트를 포함하고 있지만 특히 다음 세 가지가 많이 알려져 있다. ① 자동 어음 교환장치(automated clearing house, ACH) ② 자동 자금 이동장치(automated teller machine(ATM), cash dispenser(CD)) ③ 뱅크포스 시스템(bank POS/EFTS).
㊟ 통화 기능으로 보아 신용 판매 카드를 플라스틱 머니라고 하는데, 이것과 마찬가지로 위와 같은 기능을 전자 머니(electronic money)라고도 한다.

ENQ (enquiry) 데이터 전송에서 상대국의 응답을 구하는 전송제어 부호. 식별을 위한 WRU(who are you)로서 혹은 상대국의 상태를 알기 위하여 사용한다. 상대국은 ACK(긍정) 또는 NAK(부정)로 답한다.

EL 소자 (―― 素子, electro luminescence cell) ZnS와 같은 발광 물질의 분말에 약간의 활성제(동, 알루미늄 등)를 첨가한 것을 플라스틱 안에 분산시킨 것을 발광층으로 하고, 이것을 전극 사이에 끼운 구조의 전계 발광 소자. 한쪽 전극은 도전 글라스를 녹여 붙인 것을 사용한다. 표시장치 등에 사용한다.

이온 (ion) 1개 또는 여러 개의 전자를 상실(또는 획득하여) 따라서 양 또는 음의 전하를 가진 원자 혹은 원자단을 이른다. 이온은 일반적으로 전해질의 용액 속에 존재하고 있다. 또 융해된 혹은 가스상의 이온 물질 안이라든가 고압 방전, 전자 빔 등의 전기적 교관에 직면하는 가스체 안에 존재하는 경우도 있다. 또 NaCl와 같은 이온 결정 내의 원자의 경우에도 인정된다. 이 경우 Na^+가 이것을 에워싼 6개의 Cl^-에 의해, 또 각 Cl^-는 이것을 에워싼 6개의 Na^+에 의해 전기적으로 결하고 있으므로 결정은 각개 분자의 집합체는 아니다.

이온 교환 (―― 交換, ion exchange process) 물 속에 함유된 각종 이온을 이온 교환 수지로 흡착 치환함으로써 순수를 얻는 처리법을 이른다. 양 이온 교환 수지 R−H는 Na^+, K^+, Ca^{2+} 등을 흡착하고 또 음이온 교환 수지 R-OH는 Cl^-, SO_4^{2-}, HCO_3^- 등을 흡착한다. 예를 들면, 수중의 염분은 R−H+R−OH+NaCl → R−Na+R−Cl+H_2O 라는 반응으로 흡착되어 순수가 얻어진다. 수지의 치환용량이 포화되면 엷은 염산이나 가성 소다로 처리하면 치환작용은 회복된다.

이온 농도 (―― 濃度, ion concentration) 용액 중의 이온의 농도. mol/litre로 표시된다.

이온 레이저(ion laser) 원자 이온의 전이성을 이용한 레이저로, 예를 들면 아르곤 이온(Ar^+) 레이저가 잘 알려져 있다. 중성 원자 레이저 보다도 짧은 파장(가시역에서 자외역)에서 강하게 발진하는 것이 많다.

이온 반도체(——半導體, ionic semiconductor) 기저대와 그에 이웃한 여기대의 에너지 간격이 조성 분자의 전해 전리 에너지보다도 큰 물질. 외부로부터 주어진 에너지에 의해서 분자가 분해되어 이온 전도가 생긴다. 그리고 전자와 정공보다도 이온 쪽이 보다 많이 전도 작용에 기여하고 있다.

이온 번(ion burn) (1) 자기 편향형의 CRT 스크린 중앙부에서 형광체의 소국부가 강한 음이온의 충돌로 비활성화하여 변색하는 것. 이온 트랩을 사용하면 전자총에서 방출되는 전자 빔 속에 포함되는 이온을 포획하여 이온 소손을 방지할 수 있다. (2) ⇨ 이온 스폿.

이온빔(ion beam) 단일 원에서 고전압에 의해 취출되는 이온 흐름을 이른다. 예를 들면 사이클로트론에서는 장치의 중앙에서 방출된 이온은 원형 궤도를 그리며 회전하는데, 이것과 동기하여 주어지는 RF 교번 전계와 이들에 직각으로 작용하는 전자계에 의해 빔이 가속되어 강력한 원형 빔을 형성한다.

이온 스폿(ion spot) (1) CRT의 스크린 중앙 부근에 이온 번으로 형성된 어두운 스폿(국부 결함). (2) 촬상관 혹은 이미지관의 타깃 또는 광전 음극이 이온의 충격을 받아 발생하는 기생적인 신호를 이른다.

이온 에칭(ion etching, ion milling) 진공 중에서 물질에 고속 이온을 충돌시켜 물질 표면의 미세 패턴 가공 등을 하는 것을 이온 에칭이라 한다.

이온 영동(——泳動, ion migration) 전위차를 부여함으로써 전해액 속을 이온이 이동하는 것을 이른다.

이온 전류(——電流, ionic current) 이온의 이동에 따르는 전류를 이른다.

이온 주입(——注入, ion implantation) 이온을 가속하여 물질 내에 충돌 침입시킴으로써 그 물질의 성질을 제어하거나 새로운 재료를 합성하거나 하는 것. 처리는 비교적 저온에서 할 수 있고 또한 정밀한 제어를 할 수 있지만 주입 깊이는 가속 전압에 따라 제약되어 그다지 깊게는 할 수 없다. 고주파용 트랜지스터의 베이스와 이미터를 형성하는 데에 이용된다. 이온 타입이라고도 한다.

이온 집속(——集束, ion focusing) 가스 집속이라고도 한다. 관내(管內) 이온의 +의 공간 전하로 전자선을 집속하는 것을 이른다.

이온 충격(——衝擊, ion bombardment) 진공관 내의 잔류 가스가 이온화하여 전극에 충격을 주는 것을 뜻한다.

이온 트랩(ion trap) 이온 번이 되지 않겠끔 만든 브라운관에서는 이온을 포함한 전자선이 처음 유리관 두부(頭部)에 부딪치게 조립되어 있으며, 그 방향을 자석으로 굽혀 전자선만을 형광면 쪽을 향하게 한다. 이온은 이때 방향이 굽지 않으므로 형광면에 부딪치지 않는다. 이 자석을 이온 트랩이라 한다.

이온풍 전압계(——風電壓計, ionic wind voltmeter) 중공(中空)의 구상 전극(球狀電極) 내부에 저항선을 봉해 넣고, 이 전극과 다른 쪽의 전극 사이에 고전압을 가하면 이온풍이 생겨 구상 전극은 냉각되어 저항선의 저항이 변화하므로 이것을 브리지로 검출해서 전압을 지시하는 것이다. 또 卍형 풍차에 높은 전압을 가해 이온풍으로 회전하려는 토크를 이용한 것도 있다.

이온화(——化, ionization) (1) 중성 원자 혹은 분자가 양 또는 음의 전하를 얻어 대전하는 것. 전리라고도 한다. 이온은 전해질을 적당한 용매 속에 용해하였을 때 혹은 가스 속에서는 적당한 방사(X선, α선, β선 등)을 부여하였을 때 발생한다. (2) 유전체 내부의 전기 스트레스가 과대하게 되어, 이 부분에서 발생하는 이온화 작용으로, 완전한 항복 상태에 이르기 전 단계이다.

이온화 시간(——化時間, ionization time) 방전관에 양극 전압을 가하고 나서 방전 전류가 정상 값에 이를 때까지의 시간. 통계적 시간 지연과 방전 형성 시간의 두 가지 내용을 내포한다. 가스의 종류, 압력, 외부 조사(外部照射) 등에 따라 달라진다. ⇨ 방전 형성 시간(formative time lag).

이온화 율 (── 化率, ionization rate) 단위 부피의 가스에 대하여 단위 시간에 발생하는 서로 반대되는 전하를 가진 이온 쌍의 수를 이른다.
㊟ 전자가 규정된 압력과 온도의 가스 속을 단위 길이만큼 이동하였을 때 발생하는 서로 반대되는 전하를 가진 이온 쌍의 수의 평균값으로 표현하는 수도 있다.

이온화 전위 (── 化電位, ionization potential) ⇨ 전리 전압.

이온 활량 (── 活量, ion activity) 가스나 용액의 화학 반응에서 물질의 겉보기 실효 농도를 이른다. 분자간 인력 등의 영향을 받는 실제 반응계에서는 이상계(理想系)를 고려하여 실제 농도를 써서 한 계산과 실험 결과는 대부분의 경우 일치하지 않는다. 그래서 농도 대신에 활량 a_r을 사용한다(첨자 r은 복합상에서의 r번째 성분이란 것을 나타낸다). 실제 계와 (동일 온도 T의) 표준계의 화학 퍼텐셜을 각각 μ_r, μ_{ro}로 하고, 가스 상수를 R로 하면 a_r는 다음 식으로 정의할 수 있다. $\mu_r - \mu_{ro} = RT \ln a_r$. 용액의 경우에는 a_r 대신에 $x_r f_r$을 사용한다. x_r은 용액 내의 성분 r의 농도(몰 분율), f_r은 활량 계수이다.

이완 시간 (弛緩時間, relaxation time) (1) 금속 내부에서 전자가 산란되어 운동량을 상실할 때까지 주행하는 주행 시간. (2) 계가 외부로부터 일정한 에너지를 부여받아 불안정한 상태에 있을 때 적당한 계기에 의해서 원래의 안정상태로 복귀할 때의 복귀시간을 이르며, 계의 구성 파라미터에 의해 결정되는 값을 가지고 있다.
㊟ 시간에 대하여 지수적으로 평형 상태로 복귀하는 경우에는 지수 함수 변화의 시상수(전 변화량의 36.8%로 되기까지의 시간)와 같다.

2요소 볼로미터 장치 (二要素 ── 裝置, dual-element bolometer unit) 두 볼로미터 요소를 적당한 마운트 위에 부착한 것으로, 이들 요소는 바이어스 전력에 대하여서는 실질적으로 직렬로 되어 있고 RF 입력 전력에 대하여서는 병렬로 동작하고 있다.
㊟ 바이어스 전력은 볼로미터가 지정된 주위 조건에서, 지정된 저항값으로 동작하기 위해 필요한 직류(또는 저주파 교류) 전력이며, 측정하여야 할 RF 전력은 이 바이어스 전력의 변화로 치환된다.

2원 계전기 (二元繼電器, two-element relay) 국부 코일과 궤도 코일로 되어 있으며, 국부 코일에 이해 생긴 자속은 날개 또는 원판에 와류를 발생시키고 여기에 궤도 코일 전류에 의해 생긴 자속이 작용하여 토크를 일으키는 계전기이다.

2위치 계전기(二位置繼電器, two-position relay) 두 조건을 반응하는 접점을 갖는 계전기. 예를 들면 전류의 유, 무만으로 접점을 개폐하는 계전기를 이른다.

2위치 동작 (二位置動作, two-position action) 《자동제어》 조작량이 정해진 두 값 중 한 값을 갖는 것을 말한다.

2위치 식 (二位置式, two-position system) 완목(腕木) 신호기 또는 등렬(燈列) 신호기의 등렬이 수평과 45°의 두 위치에서 작용하며 또 색등(色燈) 신호기가 적색과 녹색의 2색으로 신호를 표시하는 방법이다.

2유체 발전 (二流體發電, binary cycle generation) 《지열 발전》 증기와 함께 분출하는 열수도 발전에 이용하기 위하여 낮은 비점의 프레온, 암모니아 등의 작업 유체를 이용하여 열교환기에 의해 이들 유체를 증발시켜 얻어지는 압력도 증기압에 더하여 터빈에 부여하도록 한 발전 방식을 이른다.

이음 판 (── 板, fish plate) 레일의 연접(連接)에 사용하는 강철제의 첨계쇠를 이른다.

이장 진동 (弛張振動, relaxation oscillation) 한 평형 상태에서 다른 평형 상태로 과도 현상이 주기적으로 반복됨으로써 발생하는 진동이다. 멀티 바이브레이터, 블로킹 오실레이터 등도 이 이장 발진기의 일종이다.

2전력계법 (二電力計法, two wattmeter method) 단상 전력계 2개를 사용하여 3상 회로의 전력을 측정하는 방법. 3상은 불평이라도 측정할 수 있다.

2전자류 증폭관(二電子流增幅管, double stream amplifier tube) 속도가 다른 전자류가 평행으로 흐르는 경우에는 그 경계면에서 초고주파의 증폭작용이 일어난다. 이 작용을 이용한 고주파의 증폭관을 이른다.

2전자류 증폭기(二電子流增幅器, double stream amplifier) 진행파관의 하나로, 두 전자 빔 상호 간에 고주파 에너지를 주고 받음으로써 증폭된다.

2정류자 발전기(二整流子發電器, double commutator generator) 대전류의 직류 발전기는 설계상 1개의 정류자로는 제작이 불가능한 경우가 있다. 이 경우 계자부분, 전기자 철심은 공통으로 하고 1/2 전류에 대한 전기자 권선을 2조로 하여 각각 정류자에 접속하고 이것을 병렬로 사용한다. 또 고전압의 경우에도 1/2 전압의 전기자 권선을 2조로 하여 이것을 직렬로 사용한다. 이것을 2정류자 발전기라 한다.

2정류자 전기(二整流子電機, double commutator type machine) 2개의 정류자를 가진 발전기 및 전동기의 총칭이다.

이조(離調, detuning) 동조 회로의 용량, 인덕턴스 또는 양자를 변화해서 동조를 벗어나게 하는 것을 이른다.

이조 증폭회로(離調增幅回路, stagger-amplifier circuit) 스태거 회로(staggered circuit)를 가진 증폭회로. 어떤 대역폭(帶域幅)을 균일하게 증폭하기 위해서 각 단의 동조 주파수를 조금씩 변화시켜서(스태거 해서)증폭하는 회로이다. ⇨ 스태거 증폭(stagger amplification).

2종 요금계(二種料金計, double-tariff(system) meter) 전기 요금률을 시간에 따라 두 종류로 구별하고 있는 경우에 사용하는 적산전력계이다. 보통 2조의 계량장치를 가지며, 부속되어 있는 타임 스위치에 의해 교대로 동작한다. 2개의 적산 전력계와 타임 스위치를 조합한 것도 있다.

2종 요금용 계량장치(二種料金用計量裝置, two rate register) 하루 동안의 전력 사용에 대하여 시간에 따라 2종의 다른 요금을 적용하기 위한 계량장치이다.

2종 요금제(二種料金制, double-tariff system) 1일 중 시간에 따라 다른 두 가지 전력량 요율(電力量料率)로 계산하는 요금제이다.

2종 인입 설비(二種引入設備, dual service) 한 수용가에 공급하기 위해 시설되는 특성 또는 용도를 달리하는 2조의 독립된 인입 설비를 이른다.

E종 절연(——種絶緣, class E insulation) 허용 최고 온도 120℃에 충분히 견딜 수 있는 재료로 구성된 절연을 이른다.

2중 검파 수신(二重檢波受信, double detection reception) 슈퍼헤테로다인 수신방식의 하나로, 2개의 중간 주파수를 가진 것을 이른다. 변환 이득을 낮추지 않고 영상(影像) 방해를 피하기 위해서이다.

2중권(二重捲, duplex winding) 직류기 전기자(直流機電機子)의 권선의 한 방식. 중권(重捲)에서는 $y=y_1-y_2=\pm m$, 파권(波捲)에서는 $y=(k\mp m)/p=$ 정수(整數) 여기서, y는 합성 피치, y_1은 뒤(後)피치, y_2는 앞(前)피치, k는 정류자 편수(整流子片數), m은 임의의 상수. 이 식에서 $m=2$의 것을 2중권이라고 한다.

2중 궤전(二重饋電, duplex feeding) 하나의 공중선에서 두 종류의 전파를 동시에 발사시키기 위해서 그 공중선에 두 종류의 고주파 전류를 동시에 공급하는 것을 이른다.

2중 궤환 증폭기(二重饋還增幅器, duplex feedback amplifier) 입력측으로 주 궤환 회로와 유니티 커플러라고 하는 다른 궤환 회로의 두 회로에서 하는 증폭기. 전자는 부 궤환에 의해 이득 및 특성의 결정, 무왜(無歪) 안정화의 작용을 하고, 후자는 정 궤환 작용으로 주 궤환을 충분히 걸 수 있게 증폭률을 증가시키고 있다.

2중 농형 유도 전동기(二重籠形誘導電動機, double squirrelcage induction motor) 농형 유도 전동기의 하나로, 회전자의 슬롯에 상하로 두 종류의 도체를 배열하고, 바깥쪽의 도체를 높은 저항의 것(합금), 안쪽의 도체를 낮은 저항의 것(동)을 사용하여 2중의 농형으로 한 것. 기동할 때에는 전류가 바깥쪽으로 모이므로 높은 저항의 코일을 사용한 것과 같은 효과가 있어 운전할 때에는 안쪽의 낮은 저항 코일에 전류가 흐른다. 즉 농형 전동기의 기동 특성을 개선한 것이 된다.

2중 농형 전동기(二重籠形電動機, duoble squirrelcage motor) ⇨ 2중 농형 유도 전동기.

2중 눈금 (二重──, double scale) 같은 눈금을 2배의 측정 범위, 예를 들면 1/10 또는 10배로 읽게 한 것이다.

2중 메이크 접점 (二重──接點, double make contact) 3매의 접점 용수철로 되어 있으며, 동작했을 경우에 3매의 용수철 접점이 접촉해서 메이크 접점을 2중으로 닫는 접점 조합을 이른다.

2중 면 권선 (二重綿捲線, double cotton-covered wire) 도체에 면(綿)의 편연사(片撚糸)를 2중으로 옆으로 감은 것. 이 경우 감는 방향은 상하 층이 서로 반대이다. ⇨ 면 권선.

2중 명주 권선 (二重明紬捲線, double silk-covered wire) 도체에 견사를 서로 반대 방향으로 2중으로 감은 것으로, 일반 전기 기계 기구의 권선에 쓰인다.

2중 모선 (二重母線, double bus) 2중으로 접속한 모선. 즉 같은 접속, 같은 목적으로 사용되는 2조의 모선을 이른다.

2중 범위 (二重範圍, double range) 측정 범위가 2종류 있는 것을 이른다. ⇨ 다중 범위.

ㅇ

2중 변조 (二重變調, double modulation) 신호 전류로 하나의 무선 주파 전류(이것을 부반송파라고 한다)를 변조시켜 이에 의해서 얻은 변조 무선 주파 전류로 다시 반송파를 변조하는 방식을 말한다. ⇨ 다단 변조 (multiple modulation, multistep modulation).

2중 브레이크 접점 (二重──接點, double break contact) 3장의 접점 용수철로 되어 있고, 보통 3장의 용수철 접점이 접촉하여 브레이크 접점을 2중으로 닫고 있는 접점 조합을 이른다.

2중 3각 결선 (二重三角結線, double delta connection) 교류 3상 결선의 일종, 세모꼴로 접속된 각 상의 두 병렬 결선을 이른다.

2중 성형 결선 (二重星形結線, double star connection) 교류 3상 결선의 일종. 성형으로 접속된 각 상이 두 가지 병렬 결선으로 되어 있는 것을 이른다.

2중 성형 케이블 (二重星形──, double star-quad cable) 4쌍을 각각 정방형의 정점이 되게 평등하게 꼬아서 쿼드로 한 케이블이다.

2중 애자 (二重碍子, double insulator) 그림과 같이 절연이 잘 되도록 하기 위해서 2중으로 주름이 잡혀 있는 애자. 일반적으로 나선(裸線)의 애자로 많이 쓰이고 있다.

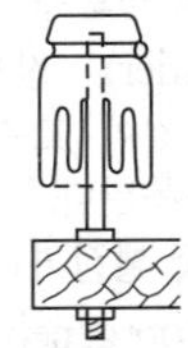

[2중 애자]

2중 에코 (二重──, double echo) 에코가 하나뿐이 아니라 지구를 다시 한 차례 돌아와서 2중으로 된 에코를 이른다.

2중 연피 (二重鉛被, double-lead-covering) 예를 들면 케이블의 외피에 장해가 생기더라도 어떤 일정한 수의 회선만은 절연 불량이 되지 않도록 그 회선 다발을 연피(鉛被)로 싸고 그 위에 일반 케이블 쌍을 모아 그 위에 다시 한 번 외피로서 납을 피복하는 구조를 이른다.

2중 인입 설비 (二重引入設備, duplicate service) 한 수용가에 대해서 설비되는 같은 용량, 같은 특성을 가지고 각각 별개의 전원에서 공급되는 두 인입 설비를 이른다.

2중 접점 (二重接點, double connection) ⇨ 쌍자 접점.

2중 철선 외장 케이블 (二重鐵線外裝──, double wire-armored cable) 세로로 된 갱도에서 사용하는 케이블의 일종. 수직 높이 300~500 m의 수직 갱도에서 사용되는 벨트 케이블이다.

2중 컵 애자 (二重──碍子, double cup insulator) 스크류 커팅 2중 애자로, 컵 부분이 2중으로 되어 있다. 가공(架空) 통신 선로에 쓰인다.

2중 코일 (二重──, double coil) ⇨ 2중 코일 필라멘트.

2중 코일 필라멘트 (二重──, coiled-coil filament, double coil filament) 가스가 들어 있는 전구에서는 대류(對流)에 의한 열손실을 적게 하기 위해서 필라멘트를 코일 모양으로 하는데, 이 코일을 다시 코일 모양으로 하면 한층 더 좋아진다. 또 이것으로 광원의 면적을 작게 할 수 있으므로 영사용 등 광학계용으로 적합하다.

2중 평면 필라멘트 (二重平面 ——, biplane type filament) 영화 촬영용 투광기, 영화와 슬라이드의 영사기 등, 광학계(光學系)와 함께 쓰이는 전구 필라멘트의 계선(繼線)의 일종. 피조면(被照面)에 필라멘트의 상이 생기므로 그 밝기의 분포를 고르게 하기 위하여 정방형에 가까운 평면으로 계선하고 또한 각 세그먼트 사이를 메우기 위해서 같은 계선을 조금씩 빗나가게 배치하였다.

2중 평형 변조기 (二重平衡變調器, double balanced modulator) 변조 신호 $m(t)$에 의해서 $A_c \cos \omega_c t$를 진폭 변조하는 경우에, 평형 변조기로는 출력측에 반송파 성분이 나오지 않지만 변조 신호 $m(t)$는 포함될 수 있다. $m(t)$ 성분도 억압되고, 따라서 출력측에는 측파대 성분만이 나타나는 변조기를 이중 평형 변조기라고 한다.

2중 확산형 트랜지스터 (二重擴散型 ——, double-diffused transistor) 베이스와 이미터를 각각 컬렉터 위에 축차 확산법으로 만든 트랜지스터. 소망하는 불순물 농도를 가진 상이한 층을 만들기 위하여 확산 온도와 시간을 정밀하게 제어한다. DMOS 등이 이 예이다.

2진법 (二進法, scale of two) 기수법(記數法)의 하나로, 숫자로는 0과 1의 두 숫자만을 사용한다. 따라서 10진법에서의 2는 (10), 3은 (11), 4는 (100), 5는 (101)… 등으로 표시된다.

2진화 10진법 (二進化十進法, binary coded decimal system) 2진수의 4자리를 사용하여 10진법의 한 자리를 나타내는 수의 표현법이다. 따라서 자기 검사 부호로서 사용할 수 있고 또 연산회로 구성상 유리한 사용 방법이다.

2진 회로 (二進回路, binary circuit) 0과 1의 두 종류의 숫자를 사용하여 임의의 실수를 $\sum_{i-\infty}^{+\infty} a_i 2^i$, $a_i = 1$ 또는 0으로 나타내는 방법을 2진법이라 한다. 두 안정 상태를 갖는 플립플롭(flip-flop) 회로와 같은 것은 각의 안정 상태를 2진법의 기본 숫자 0 및 1에 대응시킬 수 있으므로 이것을 2진회로라 한다. 2진 회로를 적당히 접속하면 2진법 숫자의 표시나 계수(計數) 등을 할 수 있다.

2차 공기 (二次氣空, secondary air) 연료의 연소에 필요한 공기로, 1차 공기에 이어 공급되는 것을 2차 공기라 한다. ⇨ 1차 공기.

2차 권선 (二次捲線, secondary winding) 변압기의 부하측에 접속되는 전선을 이른다. 유도 전동기의 회전자 권선이 이에 속한다.

2차 레이더 (二次 ——, secondary radar) 동일 또는 다른 무선 주파수의 자동적 재발사를 사용하는 레이더 방식이다. 즉 반사파를 이용하여 목표의 존재를 탐지하는 장치를 1차 레이더라고 한다. 발사된 전파를 수신하고 다시 이것과 동일 또 다른 주파수의 전파를 재발사하는 장치와 1차 레이더를 조합하여 사용하면 단순한 반사 전파보다도 훨씬 강력한 전파를 1차 레이더에 보낼 수 있고, 레이더의 이용 분야도 확대할 수가 있다. 이 경우 1차 레이더에 해당하는 장치를 질문기(interrogator)라 하고, 이 전파를 수신하여 발사하는 장치를 응답기(transponder)라고 한다. ⇨ 1차 레이더(primary radar), 트랜스폰더.

2차 방출 (二次放出, secondary emission) 어떤 종류의 1차 방출이 있고, 그것이 특정한 물질에 작용하여 같은 성질 혹은 다른 성질의 방출을 발생하는 현상. 물질 원자에 고속 원자가 충돌하여 X선이 방사되는 현상도 그 한 예인데, 이 X선이 1차 방출로서 고체 물질에 충돌하여 2차 X선을 방출하거나 혹은 형광 물질에 부딪쳐 가시 광선을 방사한다. 또 감광성 물질에 X선, 자외선, 가시광 등이 입사하여 광전자를 2차 방출하는 것도 잘 알려져 있다.

2차 뱅킹 (二次 ——, secondary banking) 같은 고압선에서 공급되는 인접한 배전 변압기의 2차측을 연락하는 것. 단상 3선식 회로

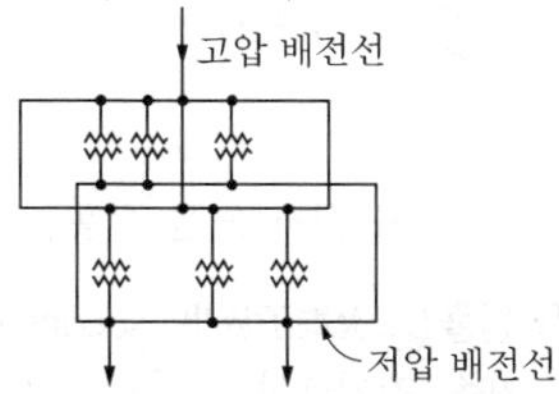

[2차 뱅킹(환상형)]

ㅇ

또는 전등·동력 공용의 3상 3선식 회로에 사용된다. 변압기 용량을 감소하고, 저압측 전압을 평균화하며 부하 증가에 대하여 융통성을 갖게하는 이점이 있다.

2차 변전소(二次變電所, secondary substation) 1차 변전소에서 2차 송전선으로 보내진 전력을 받아서 강압(降壓)하는 변전소를 이른다.

2차 전류(二次電流, secondary current) 2차 권선에 흐르는 전류이다.

2차 전압(二次電壓, secondary voltage) 2차 권선에 유기되는 전압이다.

2차 전자(二次電子, secondary electron) (1) 입사된 전자에 의해서 2차 방출이 이루어지고 있는 표면에서 빠져나가는 전자를 이른다. (2) 1차 방사선과 물질의 상호 작용에 의해 방출되는 전자를 이른다.

㊟ 이 경우 입사 전자는 1차 전자인 셈이다.

2차 전자 도전 작용(二次電子導電作用, secondary electron conduction) 약어 SEC, 외부로부터 주어진 전계의 작용으로 저밀도 구조 물질의 입자 간의 공간을 통하여 자유 2차 전자에 의해서 고체 중의 전도 작용과는 다른 형태로 전하가 운반되는 것. 예를 들면 전하의 증폭과 기억을 관장하는 위와 같은 2차 전자 도전층(SEC층)과 배면 전극판으로 구성되는 타깃을 사용한 촬상관에 있어서는 광전 음극에 발생한 전자 영상이 상기한 타깃상에 결상하여 신호 전류로 변환된다. ⇨ SEC관.

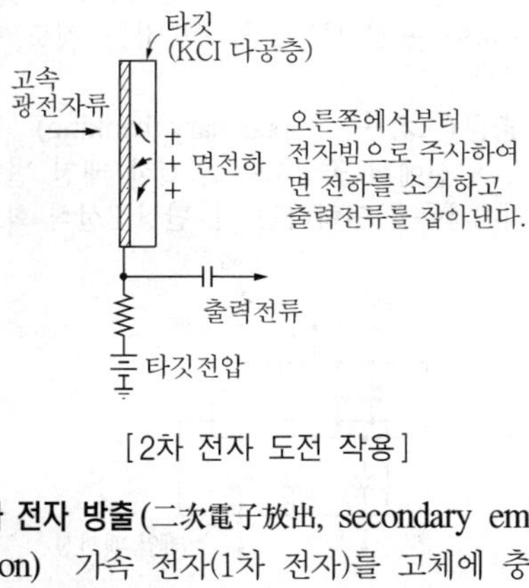

[2차 전자 도전 작용]

2차 전자 방출(二次電子放出, secondary emission) 가속 전자(1차 전자)를 고체에 충돌시켰을 때 고체에서 2차적으로 전자를 방출하는 현상. 2차 전자는 다음 세 가지로 이루어진다. ① 1차 전자가 탄성적으로 반발하는 것, ② 1차 전자가 비탄성적으로 반사되는 것, ③ 고체 내의 전자가 1차 전자의 에너지에 의해 방출되는 것. 엄밀한 의미에서 2차 전자 방출은 ③의 경우이다. 1차 전자류를 I_1, 2차 전류를 I_2라 할 때 $I_2/I_1=\delta$를 2차 전자 이득이라고 한다.

2차 전자 증배관(二次電子增倍管, secondary electron multiplier) 반사 전극(다이오드)에서 2차 전자 방출에 의해 음극으로부터의 전자류를 증폭하게 되는 구조의 전자관. 1회의 반사로 입사 전자 1개당 복수 개의 전자를 방출하고, 다이오드를 9개 정도 사용하는 보통 구조에서는 전자류 증폭률은 10^5~10^7이나 된다. 광전관이나 텔레비전 촬상관에 사용된다.

2차 전지(二次電池, secondary cell) ⇨ 축전지.

2차 코일(二次——, secondary coil) 2차 전선을 형성하는 코일을 이른다.

2차 표준기(二次標準器, secondary standard, sub standard) 상용 표준기를 교정하기 위한 표준기로, 그 값은 1차 표준기에 의해 교정된다. ⇨ 상용 표준기.

2차 항복 현상(二次降伏現象, secondary breakdown) 트랜지스터의 컬렉터-이미터 간 전압을 증가해 나가면 항복 현상으로 인해 컬렉터 전류가 증가하지만 그 후 전압이 저하함과 동시에 전류가 다시 급증하는 현상. 이것은 전압 항복 현상이 아니고 베이스층에서의 국부 과열로 야기되는 전류 증대 현상인데, 고전압 대전류의 전력용 트랜지스터에서 일어나기 쉽다.

㊟ 2차 항복을 발생한 트랜지스터의 이미터-컬렉터 간에 걸리는 전압을 2차 항복 전압이라 한다.

2차 회로(二次回路, secondary circuit) 전기적 에너지를 부여하는 1차 회로에 대하여 이것을 직접 받아 에너지를 소비하는 부하 회로를 이른다. 변압기의 2차측 부하 회로가 그 한 예이다. ⇨ 1차 회로(primary circuit).

E층(——層, E-layer) 지상으로부터 100 km 정도의 곳에 생성된다고 믿어지는 전리층. 중단파 이하의 주파수가 주로 반사된다.

2층권 (二層捲, double-layer winding) 슬롯(slot)이 붙은 전기 기기의 권선의 하나로, 각 슬롯에 상하 2층으로 코일변을 감는 것을 이른다. 교류기의 쇄권(鎖捲)이외는 전부 2층권이다.

E파 (—— 波, E wave) ⇨ TM파, TM 모드(TM-mode), E 모드(E-mode).

E파 안테나 (—— 波 ——, E wave antenna) 전자파의 진행 방향에 자계 성분이 있고 전계성분이 없는 파를 TM파 또는 E파라 한다. E파를 송수하는 데 적합한 안테나를 E파 안테나라고 한다. ⇔ H파 안테나.

E표시 (—— 表示, E display) 레이더에서 목표는 블립으로 나타나고 수평 좌표에 의해 거리, 수직 좌표에 의해 고도를 나타내게 한 구형(矩形) 표시를 이른다.

EPBX (electronic private branch exchange) 종래의 PBX(구내 교환기)를 시분할 디지털 전송망에 적합되도록 한 것으로, 기업 내의 인하우스 정보망과 외부 정보망을 교환함에 있어 기억 장치에 의해 종래보다 다양화한 정보교환 서비스를 할 수 있는 축적 교환기능을 갖고 있다. ⇨ 구내 교환.

EPROM (erasable and programmable ROM) 자외선 등의 조사로 소거할 수 있고, 재기록할 수 있는 PROM. 이에는 FAMOS, 2층 게이트 MOS 등이 있다.

익사이드 축전지 (—— 蓄電池, excide battery) 안티몬 납의 격자에 페이스트를 충전한 페이스트 극판을 음극판을 사용한 연 축전지이다.

익사이트론 (excitron) 단극 수은 정류기의 일종. 점호는 기동할 때에만 점화장치에 의해서 하고, 그 후에는 여호극(勵弧極)에 의해서 항시 음극점을 연속적으로 유지하는 구조를 이른다.

익스팬더 (1) expander 디지털 IC 게이트의 입력수를 증가하기 위한 전용 IC로, 상대쪽 게이트의 익스팬더 단자에 접속한다. (2) expandor. ⇨ 콤팬더.

익스포넨셜 혼 (exponential horn) 두꺼운 금속의 껍질(보통 알루미늄 주물)로 된 혼으로, 작은 쪽의 개구(목) 면적을 S_0, m을 상수로 할 때, 개구에서 x인 거리의 단면적 S는 $S=S_0 e^{mx}$로 나타내어진다. 차단 특성을 가지며, 어떤 주파수 이하는 전달할 수 없으나 주파수 특성이 좋기 때문에 스피커에 널리 실용되고 있다.

인가 압력 (印加壓力, impressed pressure) 물체에 가해진 압력. 때로는 인가 전압과 같은 의미로 사용되는 수도 있다. ⇨ 인가 전압.

인가 전압 (印加電壓, applied voltage, impressed voltage, impressed electro-motive force) 전기 회로의 단자 간에 공급되는 전원 전압을 이른다.

인공 방사성 동위체 (人工放射性同位體, artificial radioactive isotope) 어떤 원소의 방사성 동위체 중, 인공적인 핵 변환으로만 얻어진 것을 이른다. ⇔ 자연 방사성 동위체.

인공 번개 (人工 ——, artificial lightning) 전기 기기 및 기타 전기 공작물에 대한 뇌전압에 의한 절연 파괴 또는 섬락 현상을 관찰하는 경우에, 실제 번개를 대신해서 시험할 수 있도록 뇌 실측(雷實測)에서 얻은 뇌전압의 파형을 고려해서 정해진 표준 파형을 갖게 한 충격 전압이다.

인공 잡음 (人工雜音, man-made noise) 인공적인 잡음. 예를 들면 전기 기계, 형광등 따위에서 발생하는 잡음을 이른다.

인공 조명 (人工照明, artificial illumination, artificial lighting) 자연 광에 의한 것 이외의 조명. 현재는 거의 전등(백열 전구, 방전등)에 의존하고 있다.

인공 지각 (人工知覺, artificial perception) 표시된 문자를 기계장치가 광학적으로 검지한 다음 문자에 관하여 자기가 갖고 있는 지식 중에서 검지한 문자에 가장 비슷한 문자를 골라내는 능력을 이른다. 표시된 문자와 소유한 문자 중에서 가장 비슷한 문자 사이의 차이가 일정한 한계값을 넘으면 그 것은 새로운 문자로서 기억 속에 추가한다. 검지도, 차이의 판단도 경험에 기초하는 것이므로 이러한 장치는 일종의 학습계이다.

인공 지능 (人工知能, artificial intelligence) 약어 AI, 보통 인간의 지능과 결부된 것 같은 기능, 예를 들면 추리, 학습, 적응, 논증, 자기 계발 같은 것을 할 수 있는 장치 또는 기계를 이른다.

㊟ 인간은 자신이 갖고 있는 육체적 능력을 향상하기 위하여 각종 도구라든가 기계를 발명하여 사용한 것처럼, 인간의 지적 능력을 보완하고 그 한계를 넓히기 위한 수단으로 사용하는 계산기, 혹은 그것을 유효하게 사용하기 위한 소프트웨어에 관한 기법 등을 이르는 경우도 많다.

인광 (燐光, phosphorescence) 조사(照射)를 중지해도 상당히 긴 시간 발광을 계속하는 방사 루미네선스의 일종이다.

인광체 (燐光體, phosphor) ⇨ 형인광체.

인덕턴스 (inductance) 자기 인덕턴스 및 상호 인덕턴스의 총칭. 그 단위는 헨리로 나타낸다. ⇨ 자기 인덕턴스, 상호 인덕턴스.

인덕턴스 동조 (—— 同調, inductance tuning) 인덕턴스 및 커패시턴스인 주파수에 동조시킬 때 인덕턴스를 바꾸어 동조시키는 것을 인덕턴스 동조라고 한다. 인덕턴스를 바꾸는 데는 공심(空心)인 때는 탭에 따르거나 바리오미터식에 의하고, 자심(磁心)이 들어 있는 경우는 자심의 투자율을 바꾸는 수가 있다.

인덕턴스 코일 (inductance coil) 전기 회로에서 인덕턴스를 나타내는 회로 부분. 이 인덕턴스는 도선의 권수(捲數)와 감은 지름의 제곱에 비례하고, 권폭에 역비례 한다.

인덱스 (index) (1) 유사한 양의 배열에서 특정한 요소를 지정하기 위해 사용하는 기호. 예를 들면 $A(1)$, $A(2)$, $\cdots A(n)$에서 괄호 안의 숫자 1, 2, … n을 이른다. (2) 파일이나 레코드 같은 대량의 데이터 속의 특정한 요소를 인용하기 위한 순서 리스트로, 요소를 식별하고, 로케이트하며, 탐색 혹은 검색하기 위한 키세트와 어드레스를 나타낸 것. 색인. (3) 인덱스 레지스터. (4) 색인 순서 편성 데이터 세트의 각 레코드를 로케이트하기 위한 카탈로그 구조의 표. (5) 반도체 패키지의 와부 접속 핀의 배열 번호의 기준 위치를 나타내는 표지, 오목, 노치 등을 이른다. (6) 인덱스 홀.

인덱스 어드레싱 (indexing method) 《계산기》 명령의 어드레스부에 무엇인가 변경을 가하여 실효 어드레스를 얻는 방법으로, 다음과 같은 기법이 있다. ① 명령의 어드레스부를 부호가 붙은 수로 간주하고 그것에 프로그램 카운터의 현재 지시를 가하여 실효 어드레스로 한다. ② ①의 프로그램 카운터 대신에 지표 레지스터에 수용되어 있는 수를 사용한다. 혹은 포인터를 사용하여 간접 어드레싱을 하는 경우에는 다음과 같은 방법이 있다. ⓐ 포인터의 어드레스를 변경한다(일련의 각 리스트에 포인터를 이동시켜서 실효 어드레스를 지정한다)(⇨ 그림 ⓐ). ⓑ 포인터 로케이션은 고정하여 두고 그 내용에 지표 레지스터의 수를 더하여 실효 어드레스를 변경한다(⇨ 그림 ⓑ). 전자를 프리 인덱스법, 후자를 포스트 인덱스법이라 한다. ⓒ 자심 기억장치가 지정한 하나(또는 복수)의 로케이션을 레지스터로 사용하고, 이 기억 레지스터에 자동적으로 인크리멘트 동작(+1 또는 −1을 가하는 것)을 하게 하여 실효 어드레스를 얻는 이른바 오토 인덱스법도 있다.

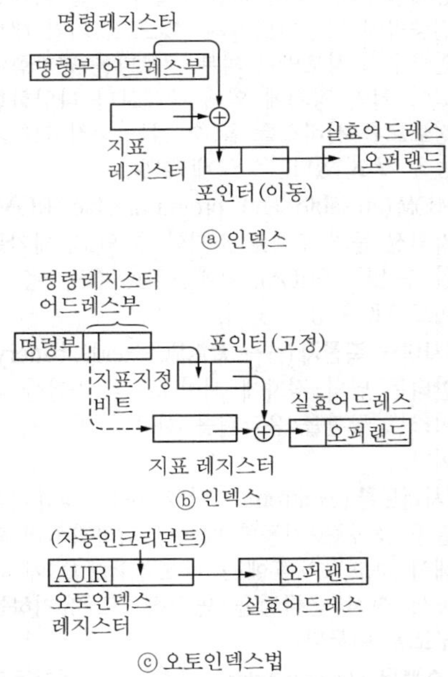

[인덱스 어드레싱]

인디셜 응답 (—— 應答, indicial response) 단위의 크기를 갖는 계단형 입력으로 인하여 생기는 자동 제어계 또는 회로망의 응답을 이른다.

인 라인 (in-line) (1) 데이터 처리에서, 미리 편집하거나 분류하지 않고 닥치는 대로 행하는 것을 인 라인 처리라고 한다. 인 라인 시스템에 있어서는 트랜지션은 도착하는 대로 차례로 처리된다. (2) 코딩에서, 일련의 명령 세트가 나타날 때마다 그것을 양으로(직선적으로) 써서 프로그램을 만드는 것을 인 라인 코딩이라고 한다. 즉, 루프를 사용하지 않고 일직선의 프로그램으로 하는 까닭에 실행 시간은 짧아도 되지만 기억력을 많이 사용하고 또 제너레이터를 사용하지 않으면 코딩이 까다롭다.

인류 철탑 (引留鐵塔, dead-end tower) 전선로의 끝. 예를 들면 발전소의 송전단 등에서 가선 전체를 인류하는 곳에 사용하는 철탑을 이른다.

INMARSAT(인마르새트) (International Maritime Satellite Organization) 국제 해사 위성기구. 해사통신에 대하여 위성에 의한 서비스를 제공하기 위하여 설치된 조직, 1979년에 조약이 발효하고 1982년에 운용을 시작했다.

인버스 베타 (inverse beta) 트랜지스터에서, 이미터와 컬렉터를 정상 동작의 경우와는 반대로 하여 사용하였을 때의 이미터 접지 단락전류 증폭률 $h_{FE\,\mathrm{INV}}$ 를 이른다. 보통 경우의 h_{FE} 보다 상당히 작다.

인버스 필터 (inverse filter) ⇨ 이미지 복원.

인벤토리 (inventory) 임의의 시점에서의 원자로 내에 있는 어떤 물질의 총량을 이르며, 그 물질이 연료인 경우 연료 인벤토리라 한다.

인상 분선관 (引上分線管, lifting pipe) 지하 케이블을 가공 케이블로 끌어올릴 때 맨홀에서 인상주(引上柱)에 이르는 철관 또는 강관의 관로를 이른다.

인상 전류 (引上電流, pickup current) 《계전기》 전류 계전기에서 낮은 전류로부터 점차 전류를 증가시켜 접점이 접촉하려고 할 때의 전류이다.

인상 전압 (引上電壓, pickup voltage) 《계전기》 전압 계전기에서 낮은 전압으로부터 점차 가압해서 접점이 접촉하려고 할 때의 전압이다.

인선 필라멘트 (引線——, drawn-wire filament) 전구의 텅스텐 필라멘트는 옛날에는 무르고 약한 것이었으나 1908년 미국 GE사의 W. D. Coolidge가 가연성(可延性) 텅스텐을 발명하여 인선 텅스텐을 필라멘트로 하는 것을 가능케 하였다. 따라서 코일 필라멘트도 만들 수 있게 되어 오늘에 이르렀다.

인수 시험 (引受試驗, acceptance test) 제품을 인수할 때 일정한 규격에 적합한지 여부를 검사 시험하는 것. 전체를 시험하는 경우와 발췌 시험을 하는 경우가 있다.

인양 (引揚) (1) pickup 장해를 수리하기 위하여 해저선(海底線)을 부설선으로 인양하는 것. (2) uplift 인접한 지지물에 현저한 고저 차가 있는 경우에 전선의 장력(張力)에 따라 낮은 쪽의 지지물에 작용하는 인양력을 이른다.

인입 (引入, lead-in, leading-in) 선로에서 국내 또는 옥내로 인입하는 것을 이른다.

인입 개폐기 (引入開閉器, service entrance switch) 인입점 이후의 최초의 개폐기. 분기회로의 회선수가 적은 경우에는 동일 개폐기를 인입 개폐기와 분기 개폐기를 겸하도록 하거나 또는 전동기 회로에서는 인입 개폐기, 분기 개폐기, 수동 개폐기의 3자를 겸하게 하는 수가 있다.

인입관 (引入管, leading-in tube) 케이블을 국(局)에 인입할 때 사용하는 관이다.

인입구 (引入口, service entrance) (1) 가입자 선로를 가입자 구내에 인입하는 삽입구를 이른다. 가입자 고무선의 인입구. 지하 케이블, 가공 케이블의 케이블 인입구 등 여러 가지가 있다. (2) 전로(電路)의 인입점에서 인입용 개폐기까지 이르는 사이의 전로가 가옥의 바깥벽을 관통하는 부분을 인입구라 한다.

인입선 (引入線, incoming line, service drop) (1) 배전선에서 분기하여 수용가의 인입구까지의 배선. 서비스 드롭이라고도 한다. (2) 송전선로 중 말단의 인류 철탑에서 변전소 철구(鐵構) 까지의 접속선 또는 본선에서 도중에 분기하여 변전소로 들어가는 선을 이른다.

인입 애자 (引入碍子, lead-in insulator) 인입선을 묶어 붙일 때 사용하는 애자이다.

인입 주 (引入柱, leading-in pole) 수용가에

가입자에 인입하기 위한 최후의 전주. 이 전주에서 인입선이 수용가의 건물까지 인입된다.

인입 토크 (引入 ——, pull-in torque) 동기 전동기의 토크의 하나로, 기동하여 정격 전압, 정격 주파수의 원점에서 그 속도가 거의 동기 속도에 이르렀을 때 직류 여자를 주어 동기로 끌어들일 수 있는 최대의 부하 토크를 이른다. 공칭 인입 토크란, 같은 조건 아래에서 유도 전동기로서 5%의 슬립에서 이용할 수 있는 토크를 이른다.

인입함 (引入函, leading-in box, pull-in box) 단자함. 가입자 인입선을 인출하는 함을 인입함이라 한다.

인자 (因子, factor) 수 또는 식을 곱했을 때 그 결과를 곱(積), 그 개개의 것을 인자라고 한다.

인조 흑연 (人造黑鉛, artificial graphite) 낮은 회분 코크스 또는 무연탄을 원료로 하고 이것을 2,200℃이상으로 강하게 가열하여 흑연화한 것을 말한다. 전극, 브러시 등에 사용된다.

인청동 선 (燐青銅線, phosphorbronze wire) 구리에 주석 10% 이하와 미량의 인을 가한 합금. 계기와 같은 전류를 통한 상태에서 사용하는 스프링으로 쓰인다.

인체 용량 (人體容量, body capacity) 인체를 전기 회로에 가까이 하면 회로와 인체 사이에 정전 용량이 형성되는데, 이 용량을 이른다.

인체 효과 (人體效果, body effect) 고주파 회로에 인체를 가까이 하면 회로와 인체 사이에 생기는 정전 용량 때문에 동조가 벗어나거나 발진 주파수가 바뀌거나 하는 현상을 이른다.

인출부 (引出部, leader) 《자기 테이프》 테이프 릴의 시작 공백 부분을 이른다. 경우에 따라서는 어떤 종류의 마크, 예를 들면 구멍, V형 홈, 전도성 또는 자화 부분 등 식별이 용이한 안표나 때로는 테이프에 수록되어 있는 내용의 표제가 기입되어 있는 수가 있다.

인출선 (引出線, outgoing line) 《송·배전선》 발전소, 변전소에서 인출하여 송전선, 배전선에 전력을 이송하기 위하여 인출되는 전선을 이른다.

인출형 (引出形, drawer type) 차단기 등을 외함(外函)에 수납하는 구조로 된 개폐장치에서 수납물을 보수 점검의 목적을 위하여 인출할 수 있는 구조물이다.

인출형 배전함 (引出形配電函, truck-type switchgear box) 개폐장치 등을 보수 점검하기 위하여 쉽게 인출할 수 있는 구조의 배전함을 이른다.

인코히어런트 광 (——光, incoherent light) 파장 및 위상이 가지런하지 않은 빛을 이른다. 백열 전구에서 방사되는 빛 등이 그 예인데, 여러 가지 파장 범위의 전자(電磁) 방사로 구성되고 각 방사는 시간적으로나 공간적으로나 일관성은 없다. 확산성이 강하고, 에너지를 집중하기가 곤란하다. 다색 광이라고도 한다.

인크리멘탈 덤프 (incremental dump) 디스크 파일 등에서 정보의 손상이나 상실을 방지하는 대책으로 상당한 빈도로 정기적으로 파일 정보의 일부를 덤프(프린트 아웃)하는 것. 여기서 지적한 일부란 가장 가까운 과거에 행하여진 덤프 이후에 변경이 있었던 파일을 이르는 것으로서, 이것이 테이프 등에 카피된다. 이 인크리멘탈 덤프는 트랜잭션에서 동적인 추적 감사 수단을 제공하는 것이며, 전 회의 덤프 시점까지는 추적 가능하다(그 이후의 트랜잭션은 상실될지도 모르지만 덤프 주기를 짧게 하면 손실은 감소한다).

인터로게이터 (interrogator-responsor) ⇨질문.

인터리브 (interleave) (1) 어떤 아이템 또는 사상의 시퀀스 요소를 하나 또는 그 이상의 다른 아이템 또는 사상의 시퀀스 요소와 교대로 배치하고 더욱이 각 시퀀스 모두 그 독자성을 손상하지 않도록 하는 것. (2) 컬러 텔레비전에 있어서 복합 컬러 신호를 전송하는 경우에 크로미넌스 신호의 에너지 대역을 휘도 신호의 에너지 대역 사이에 끼워 넣어 전송하는 것. 주파수 끼워 넣기 또는 대역 공유(band sharing)이라고도 한다. (3) 계산기에 있어서 둘 또는 그 이상의 프로그램을 서로 상대의 프로그램 속에 적당히 인터리브시켜 다중 처리하는 것을 이른다.

인터캐리어 수신방식 (—— 受信方式, intercarrier receiving system) 텔레비전 수신의 한 방식으로, 영상용 및 음성용의 중간주파 증폭기를 별도로 비치하지 않고 하나의 증폭기를 공용하는 방식이다. 음성 출력은 영상 검파기를 통해서 꺼낼 수 있다. 중간주파 증폭기 1조가 생략되므로 수신기가 그만큼 간단하게 되고 또 국부 발전기의 주파수 변동에 따르는 음성 출력의 일그러짐이 없는 것이 장점이다.

인터프리터 (interpreter) (1) 원시 언어로 쓰여진 문장을 하나씩 통역하여 이것을 실행한 뒤 다음 문장으로 옮겨 다시 통역하여 실행하는 처리를 반복하는 계산기 프로그램. (2) 입력 데이터 스트림을 리딩하여 RAM에 기억함과 동시에 스트림 속에 포함되는 제어 정보를 판단하고, 이것을 제어 리스트로서 따로 기억하여 처리할 수 있도록 준비하는 장치. 리더 인터프리터라고도 하고, 대체로 아웃푸트 라이터(output writer)와 페어 동작한다. (3) 커맨드 인터프리터 회화형 처리를 하는 계산기 시스템 등에서, 유저와의 인터페이스로부터 주어지는 커맨드를 해석하고 그 요구하는 기능을 실행하는 장치. XENIX와 같은 오퍼레이팅 시스템은 「셸」이라고 하는 커맨드 인터프리터를 가지고 있으며, 시스템 오퍼레이션, 텍스트 처리, 파일 관리 등 매우 광범위한 기능을 한다.

인터프리터 루틴 (Interpreter routine) 이그젝큐티브 루틴으로 유사 명령과 오퍼랜드의 일련의 시퀀스에 대하여 차례차례로 조작하는 서브루틴으로 만들어져 있다. 하나의 서브루틴을 실행할 때마다 EXIT 의사 명령에 의해 필요한 후처리를 한 연후에 다음의 서브루틴 처리로 옮기도록 한다.

인터프리터 언어 (—— 言語, Interpretive language) 유사 코드를 이용하여 쓰여진 언어로서, 인터프리터에 의해 통역되어 계산기를 제어하는 것. BASIC, Prolog. LISP, 거기다 LOGO 등 인공 지능 연구, 컴퓨터 그래픽스 등 특수 용도에 사용되는 것에 많다. 프로그램을 작성하지 않고(programless) 직접 커맨드를 입력하거나 메뉴에서 특정한 것을 선택하여 지정하여도 계산기는 이것을 실행하여 필요한 메시지를 되돌려 준다. 이른바 회화형의 기능을 가지고 있다.

인테그리티(완전성) (integrity) (1) 《데이터 세트》 데이터가 갖는 속성으로서, 데이터 세트가 그 자신 모순 없이(즉 해슈 합계의 검사가 정확하고) 또 그것이 포함되는 전체 시스템과도 양립되어 있는(즉 타당성 검사에 적합한) 것이 입증된 것을 뜻한다. (2) 《계산기 프로그램》 프로그램이 갖는 본체의 폼으로서, 전체 프로그램을 이 고유한 폼에 맞추어 몇 가지 성분(프로그램 모듈)으로 분해하는 것은 복잡한 프로그램을 구성하고 있는 각각 독립된 몇 가지 요소와 그들의 결합 상태를 확실하게 하므로 시스템을 의해하는 강력한 실마리를 준다.

인텔리전트 단말 (—— 端末, Intelligent terminal) 소형 계산기를 가진 단말 (보통 CRT 단말)로서, 거의 계산기로서의 기능을 가지고 있으며 로컬 데이터 단말로 사용되고 있다. 트랜잭션의 정리 편집, 데이터의 간단한 처리 등을 하고 RJE 스테이션, 집신장치, 클러스터 제어장치(cluster control unit) 등의 기능을 아울러 가지고 있다.

인텔리전트 로봇 (intelligent robot) 감각 기능 및 인식 기능에 의해 행동 결정할 수 있는 로봇, 지능 로봇 내지 지식 로봇이라고도 한다.

INTELSAT(인텔새트, International Telecommunication Satellite Consortium) 국제 상업 통신 위성기구. 1964년에 설립되어 국제 협약에 의해 현재 100여개 국가가 출자하여 공동 운영하고 있으며, 인공 위성에 의한 지구 규모(러시아를 제외)의 전기통신(상업 베이스에 의한)업무를 담당하고 있다. 위성(정지 위성)은 1965년에 발사된 INTE LSAT I (Early Bird)을 시작으로 II, III, IV, IVa, V 등 잇달아 쏘아올려 현재 대서양, 태평양, 인도양을 통하는 적도면 상에 전 지구적인 동서 통신 링크를 형성하고 있다. 위성에 대한 송신은 6 GHz 대 및 14 GHz 대이고, 또 위성에서의 수신은 4 GHz 대 및 11 GHz 대로 이루어지고 있다.

㊟ 인텔새트 V는 1980년부터 발사되어 현재 대서양 위에 9개, 인도양과 태평양 상공에 3개가 활동하고 있으며 전화 12만 회선

분의 능력을 가진 인텔새트 VI를 비롯한 많은 통신 위성이 1988년부터 1990년 사이에 5개나 발사되었다.

인프라스트럭쳐 (infrastructure) (1) 국가, 사회의 경제 기반이 되는 구조, 혹은 시설, 예를 들면 철도, 통신망, 항공망 등, 정보화 사회의 도래와 함께 국내는 물론 전 지구 규모의 통신구조 기반의 정비가 급선무이다. (2) 《OS》 계산기 오퍼레이팅 시스템의 기능을 양파 모양의 계층 구조에 비유, 그 중심부에서 주로 계산기 하드웨어의 관리에 관련되는 카넬(핵)과 이것을 포용하여 유저와의 인터페이스 층에서 그 서비스 요구를 처리하는 상부 구조(슈퍼스트럭쳐)로 형성된다고 생각할 수 있다. 반대로 유저측에서 보면 OS는 그의 응용 프로그램 내에서 발행하는 시스템 콜이나 키보드에서 입력되는 커맨드에 인터페이스하고 있는 양파의 표피에 피복되어 그 내부에 복잡한 하부 구조(인프라스트럭쳐)를 포장하고 있지만 유저는 이것들에 직접 액세스할 수는 없고 또 그럴 필요도 없다.

인픽스 표기법 (—— 表記法, infix notation) 오퍼레이터와 오퍼랜드를 교대로 배열하여 1차원의 식을 작성하는 방법. 오퍼레이터는 그 바로 옆에 이어지는 오퍼랜드에 작용한다. 애매성을 피하고자 할 때는 괄호로 묶는다. 중위 표기법, 삽입 표기법이라고도 한다. 폴랜드 기법과 대비된다. 예를 들면 $(A+B)\times C$이다.

인화점 (引火點, flashing point) 시험기 안의 시료(예를 들면 절연유)에 온도계를 삽입하고 시료(試料)를 서서히 가열하면서 직경 약 4 mm의 시험 불꽃을 2초 이내에 제거하고 시료면에 첫번째 인화를 확인했을 때의 온도를 인화점이라고 한다.

인히어런트 어드레스 모드 (inherent address mode) 함의 어드레스(레지스터 어드레스) 모드와 동의어이다.

일 (work) 질점(質點)에 힘을 작용시켜서 힘의 방향으로 변위를 생기게 하면 그 힘이 일을 했다고 한다. 일의 단위로서는 줄(MKS 단위) 또는 에르그(cgs 단위)가 있다.

일괄 처리 (一括處理, batch processing) ⇨ 배치 처리.

일그너 방식 (—— 方式, Ilgner system) 타려 직류(他勵直流) 전동기의 운전방식의 하나로, 그 전원 설비인 유도 전동 직류 발전기에 큰 플라이휠과 슬립 조정기를 붙이고 직류 전동기의 부하가 급변할 때에도 전원보다는 거의 일정한 전력을 공급하고 그 전력의 과부족은 플라이휠로 처리할 수 있게 한 방식을 말한다.

일그러짐 (distortion) 원래 신호파와 다른 신호파가 재생되는 것을 일그러짐이라 하고, 전송계의 감쇠특성 및 위상특성에 의한 것을 직선 일그러짐, 고주파 성분의 발생에 의한 것을 비직선 일그러짐이라고 한다. 텔레비전과 같은 파형 전송에 대해서는 전자가, 반송 다중 전화와 같은 주파수 전송에 대해서는 후자가 주로 방해의 원인이 된다.

일그러짐 감쇠 등화량 (—— 減衰等化量, distortion transmission impairment) 전송로의 일그러짐으로 인해 통화의 자연성이 상실되거나 잡음이 발생하거나 하기 때문에 명료도가 저하되는 것을 일그러짐 전송 품질 열화라고 한다.

일렉트로 루미네선스 (electroluminescence) 약어 EL, 가스 속에 방전함으로써, 혹은 고체 안에 전계, 전자 빔, X선 그 밖의 방사를 부여함으로써 생기는 루미네선스이다.

일렉트로 마이그레이션 (electro-migration) LSI 기술에서, 배선 금속막 중의 전류 밀도의 증대, 칩당의 소비전력 증대로 인한 디바이스 온도 상승으로 캐리어부에서 전극 구성 원자로 금속막 중의 물질 이동이 일어나는 것. 단선으로 인한 신뢰 저하의 원인이 된다.

일렉트로 세라믹스 (electro ceramics) 파인 세라믹스 중에서 일렉트로닉스 분야에 사용되는 것을 말한다. 산화 알루미늄(알루미나)을 원료로 하는 IC 기판이나 패키지, 티탄산 바륨, 티탄산 스트론튬을 재료로 하는 커패시터, 압전 세라믹스를 사용하는 필터, 진동자, 초음파 계측기 등이 그 예이다. 총 생산량 중에서 60%가 이 일렉트로닉스 분야에서 사용되고 있다.

일렉트로 팩스 (electrofax) 전자 사진장치의 일종에 대한 상품명. 기록지에 직류 고전압을 가하여 산화 아연의 도포층에 음전하를 대전시킨다. 이것에 빛을 투사하면 빛이 쪼인 부분만 음전하가 감소하여 화상에 대응하는 전하 잠상이 생긴다. 여기에 현상 분말을 브러시로 문지르면 빛이 쪼이지 않은 부분에만 분말이 부착하여 상이 나타난다. 이것을 열처리하여 정착시킨다.

일렉트론 볼트(electron volt) eV는 에너지의 단위이다. 1V의 전위차가 있는 곳을 1전자가 정속도로 이동하는 경우에 이루어지는 일의 양을 이른다. ⇨ 전자 볼트.

일류 댐(溢流——, overflow dam) 홍수 때는 물이 댐을 넘쳐 흘러내리도록 만들어진 댐이다.

일률(——率, power) 단위 시간 내에 하는 일을 일컫는 것으로, 공률(工率)이라고도 한다. 전기적인 파워를 전력이라 하고, 기계적인 파워를 동력이라고 한다. 실용 단위는 와트, 킬로와트이고, 예전에는 마력(馬力)도 사용하였다.

일리미네이터(eliminator) 생략한다는 뜻. 수신기 등에서 교류 전원에서 변압, 정류 등을 하여 전지를 쓰지 않아도 되게 하는 장치를 이른다.

일린버(elinver) 열 팽창 계수를 특히 작게 하기 위하여 만들어진 자성(磁性) 합금. 발진기용 음차(音叉) 등에 쓰인다.

일반용 전동기(一般用電動機, general-purpose motor) 개방형 전동기로, 40℃의 연속 정격을 가지며 표준 정격, 표준 동작특성, 기계 구조로 설계되고, 계열화되어 제공되며, 보통 동작 조건하에서 특정 용도에 한정됨이 없이 이용할 수 있는 전동기. 범용 전동기라고도 한다.

일 변화(日變化, diurnal variation) 전계강도 등의 하루 동안의 변화를 뜻한다. 이것은 계절에 따라서도 변화한다. ⇨ 일별 변화(daily variation).

일별 변화(日別變化, daily variation) 자연 현상 등의 하루하루의 변화 상태를 이른다.

일부하 곡선(日負荷曲線, daily load curve) 하루 동안 부하의 변동을 나타낸 곡선을 이른다. 보통 세로 좌표(縱座標)에 부하, 가로 좌표에 시간을 취한다.

일 부하율(日負荷率, daily load factor) 하루 중의 최대 수용 전력에 대한 평균 수용 전력의 비율을 이른다.

일순 전달 함수(一巡傳達函數, open-loop transfer function) 폐루프 자동 제어계에서 루프를 1개소에서 열었을 때 그 일단에서 타단에 이르는 경로에서 얻어지는 전체의 전달함수. 이것은 오픈 루프 이득이기도 하다. 귀환 이득이라고도 한다.

1시간 정격(一時間定格, one-hour rating) 기기를 냉각상태에서 시작하여, 1시간 지정 조건하에서 사용할 때 그 기기에 대한 표준 규격이 정하는 온도 상승, 기타의 제한을 넘지 않는 정격을 이른다.

일의 당량(——當量, mechanical equivalent) 서로 같은 에너지의 변화를 가져오는 일의 양 A와 열량 Q의 비율을 일의 당량이라 이른다. 일을 줄로, 열량을 칼로리로 측정할 때, 일의 당량 J는 $J=A/Q=4.18605$ 줄/칼로리이다.

일의 함수(——函數, work function) 열전자 방출 또는 광전자 방출 등에서 전자가 고체 표면의 전위의 장벽을 넘어 외부로 튀어나오려면 어떤 값 이상의 에너지가 필요하다. 이 때 고체 내의 전자가 갖는 에너지 준위(準位)로서 페르미 준위를 쓰고, 페르미 준위에서 고체 외부의 진공 중에 전자를 가져오는 데에 요하는 에너지의 크기를 일의 함수라고 한다. 보통 전자 볼트[eV]를 단위로 사용한다. 텅스텐에서는 4.52 eV, 토륨 텅스텐에서는 2.63 eV, 산화물 음극에서는 1.1 eV이다.

1중 견 권선(一重絹捲線, single silk covered wire) 도체에 가늘게 꼰 명주실을 외겹으로 옆으로 감은 절연선. 소형 전기 기기, 계기 등의 권선에 사용된다.

1중 면 권선(一重綿捲線, single cotton covered wire) 도체에 40~100번의 면사를 외겹으로 옆으로 감은 절연선으로, 평각선도 있다. 전기 기기의 권선에 사용된다.

1차 공기(一次空氣, primary air) 최초로 연료와 접촉하는 공기를 이른다. 스토커식 보일러에서는 스토커 밑에서 불어 넣는다. 미

ㅇ

분탄 연소식 보일러에서는 미분탄기 속에 넣은 석탄을 건조시키는 동시에 분쇄된 석탄과 혼합하여 버너를 통해서 노(爐) 속에 들어가고, 버너 주위에서 들어오는 2차 공기와 같이 연소한다.

1차 권선(一次捲線, primary winding) 변압기의 전원 측에 접속되는 선을 말한다. 유도 전동기의 전원 측에 접속되는 권선을 1차 권선이라 한다.

1차 냉각수(一次冷却水, primary cooling water) 냉각수가 부적당할 때, 특히 증류수로 냉각할 필요가 있는 경우 등, 냉각회로를 1차 및 2차로 나누어 그 부적당한 냉각수를 2차 회로에 흘려서 2차 냉각회로의 증류수를 냉각하고, 그 증류수로 피 냉각 물을 직접 냉각시키는 경우가 있다. 이 경우의 앞단의 냉각수를 1차 냉각수라고 한다.

1차 레이더(一次——, primary radar) 2차 레이더에 대응하는 용어로, 궤환 신호로는 반사파를 사용하는 레이더를 이른다.

1차 방출(一次放出, primary emission) 《전자 방출》 면의 온도, 면이 받는 방사 혹은 면에 주어진 전계에 의한 전자의 방출 현상. 1차 방출에서의 방출 전자를 1차 전자(primary electron)이라 한다.

ㅇ

1차 변전소(一次變電所, primary substation) 발전소에서 초고압 또는 특별 고압의 장거리 송전선(1차 송전선)으로 수용지점 인근에 보내진 전력을 최초로 수전하여 변압하고, 송전선의 전압보다도 낮은 전압으로 다른 변전소에 공급하는 변전소를 이른다.

1차 전류(一次電流, primary current) 1차 권선에 흐르는 전류를 이른다.

1차 전압(一次電壓, primary voltage) 1차 권선의 단자에 가하여지는 전압. ⇨ 1차 권선.

1차 전자(一次電子, primary electron) 2차 전자에 대해 열전자, 광전자 등 다른 전자의 충격에 의하지 않고 1차적으로 발생하는 전자를 이른다.

1차 전지(一次電池, primary battery, primary cell) 방전 후 외부에서 전류를 가해도 원래의 상태로 될 수 없는 전지. 충전, 방전을 반복하여 사용할 수 있는 2차 전지에 반대되는 말. 분젠 전지, 르클랑셰 전지, 소다 전지, 공기 전지, 건전지 등이 있다.

1차 지연(一次遲延, time lag of first order) 인디셜 응답이 단일 지수 함수형 변화를 나타내는 계열의 지연을 이른다.

1차 코일(一次——, primary coil) 1차 권선을 형성하는 코일을 이른다. 변압기, 유도 전동기에 사용된다.

1차 표준기(一次標準器, primary standard) ⇨ 원기.

1차 회로(一次回路, primary circuit) 전기적 에너지를 하나의 회로에서 다른 회로로 전하는 경우 전원을 포함한 회로를 1차 회로라 한다. 변압기를 예로 들면, 전원을 포함하는 입력 회로를 1차 회로라 한다.

일출형 자전관(日出形磁電管, risingsun magnetron) 양극의 모양이 그림과 같이 장단 2종의 홈을 가진 자전관. 보통 짧은 쪽의 홈이 동조함으로써 발진을 일으킨다.

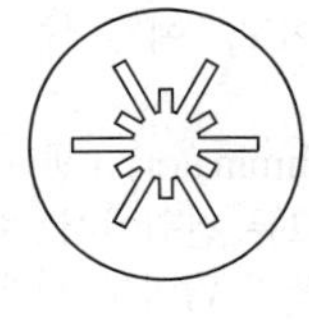

[일출형 자전관]

일치 회로(一致回路, coincidence circuit) 둘 또는 그 이상의 입력 단자를 가진 회로로서 각 입력 단에 신호가 동시에 혹은 어떤 짧은 시간 Δt 동안에 연속적으로 주어졌을 때 출력 단에 신호가 발생하도록 되어 있는 것. 동시 회로라고도 한다. 이와 같은 회로에 의해서 사상을 계수하는 계수기를 일치(동시) 계수기라고 한다. 예를 들면, 적당히 배치된 두 방사 검출기의 출력 펄스에 의해서 이 일치 계수기를 동작시켜 입사·방사의 방향을 알 수 있다.

㈜ 위와 같은 다입력 회로에서 입력 신호를 단 하나의 입력 단에서 받았을 때에만 출력 신호를 발생하고, 복수의 신호를 각 입력 단에서 동시에 혹은 어떤 단시간 Δt 동안에 집중적으로 받았을 때는 출력 신호를 발생하지 않는 회로를 불일치(비동시) 회로라 한다. 이와 같은 회로와 연결된 계수기를 불일치(비동시) 계수기라 한다.

일 함수 (一函數, work function) 고체의 페르미 준위와 고체 외부의 자유 공간의 에너지(진공 준위) 간의 에너지 차 Φ[eV]를 이른다. 이것은 절대 영도에서 전자를 고체로부터 공간으로 해방하기 위한 소요 에너지이다.

임계 (臨界) (1) threshold 어떤 값 이상에서 비로소 자극을 느낀다거나 들린다거나 광전 효과를 나타내거나 하는 따위의 그 한계를 임계라 한다. (2) critical《원자로》일정 한도의 연쇄 반응을 지속할 수 있는 한계를 이른다. 이에는 즉발 임계(prompt critical)와 지발 임계(delayed critical)가 있다. 전자는 지발 중성자의 도움 없이 즉발 중성자만으로 연쇄 반응을 지속할 수 있는 한계. 후자는 지발 중성자에 의해서 연쇄 반응을 지속할 수 있는 한계를 이른다. 단지 임계라고 하는 경우에는 보통 지발 임계를 가리킨다.

임계각 (臨界角, critical angle) 그림과 같이 매질(媒質) Ⅰ(유전율 ε_1, 투자율 μ_1, 도전율 σ_1)에서 매질 Ⅱ(유전율 ε_2, 투자율 μ_2, 도전율 σ_2)의 경계면에 전파가 입사하는 경우

$$n = \sqrt{\frac{\mu_2\left(\varepsilon_2 - j\dfrac{4\pi\sigma_2}{\omega}\right)}{\mu_1\left(\varepsilon_1 - j\dfrac{4\pi\sigma_1}{\omega}\right)}} < 1$$

이고, $i = \sin^{-1} n$인 입사각에서는 입사파의 전 에너지가 반사되어 Ⅱ의 매질에는 침입하지 않게 된다. 이 각도를 전반사의 임계각이라고 한다.

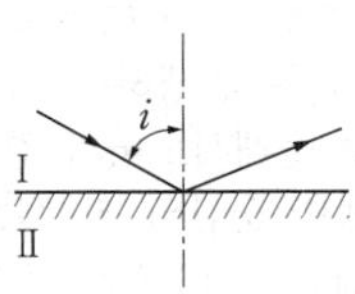

[임계각]

임계 감쇠 (臨界減衰, critical damping) 전류계와 같은 지시 계기에서 구조에 따라 전류를 통하면 지침이 지나치게 흔들리기 때문에 지시점의 앞 뒤를 몇 차례나 왕복하여 빨리 정지하지 않거나 또는 전류를 통해도 지침이 천천히 움직여서 신속하게 지시점에 도달하지 않거나 하여 읽기 어려울 때가 있다. 전자는 제동이 지나치게 약하고, 후자는 제동이 너무 잘 듣기 때문이다. 임계 감쇠는 바로 이 중간에 있는 제동을 이른다. 그 밖에 진동계와 전기 회로에서 비 진동적인 것과 진동적인 것의 경계의 상태를 이른다.

임계량 (臨界量, critical mass) 원자로를 임계상태에 이르게 하는 분열성 물질의 중량을 임계량이라 한다.

임계 미만 (臨界未滿, sub-critical) 증배율(增倍率)이 1 이하이며, 연쇄 반응을 지속할 수 없는 상태를 말한다.

임계 속도 (臨界速度, critical speed) (1) 터빈의 회전수가 그 고유 진동수에 공진하여 회전체가 심하게 진동하고, 경우에 따라서는 그것을 파괴하기에 이르는, 이 임계 속도에서의 속도. (2) 회전기에서, 회전축의 가로 진동 때문에 회전자의 진동 진폭이 최대가 되는, 그 때의 회전 속도. 회전자 진동이 축의 비틀림으로 인한 경우의 임계 속도는 임계 비틀림 속도이다.

임계 실험 (臨界實驗, critical experiment) 원자로 또는 임계 집합체를 임계로 하여, 그 임계량이나 임계의 크기를 결정하고, 출력을 높이지 않는 상태에서 원자로의 특성을 측정하는 것을 이른다.

임계 압력 (臨界壓力, critical pressure)《증기 곡선》물을 가열하여 증기를 만드는 프로세스에 있어서, 압력이 증가함에 따라 증기 발생의 잠열이 차츰 감소하여 드디어 0으로 된 임계점의 압력을 임계 압력이라 하고 또 임계점의 온도를 임계 온도라고 한다. 임계 압력은 225.6 kgf/cm^2 (=22.124 MPa), 또 임계 온도는 374.15℃이다.

임계 온도 (臨界溫度, critical temperature) (1) 초전도 물질에서 전류가 흐르지 않고 외부 자계가 주어져 있는 상태에서 그 온도를 초과하면 물질은 보통 저항을 나타내고 또 그 온도 이하에서는 초전도성을 나타낸다. (2) 축전지에서 그 용량이 돌연 변화를 발생하는 임계적인 전해액 온도. (3) ⇨ 임계 압력.

임계 임펄스 플래시오버 전압 (臨界 —— 電壓, critical impulse flashover voltage) 특정한 조건하에서 공시 절연물 주위의 매체를 통하여 주어진 에너지의 절반을 플래시오버

시키는 임펄스 전압의 파고값을 이른다.

임계 저항 (臨界抵抗, critical resistance) 직류 분권(直流分捲) 발전기의 계자회로(界磁回路)의 저항이 어떤 값 이하가 아니면 전압의 확립은 일어나지 않는다. 이 한계의 저항을 임계 저항이라 한다. 또 직권 발전기의 경우에는 부하회로의 저항에 대해서도 같다.

임계 전압 (臨界電壓, critical voltage) 피뢰기나 정류기처럼 어떤 규정 전압에서 갑자기 방전이 시작되어 동작할 경우 그 동작 개시 전압을 임계 전압이라고 한다.

임계 제동 외부 저항 (臨界制動外部抵抗, critical damping resistance external) CDRX, 검류계의 지침에 대하여 임계제동 조건을 부여하기 위해 검류계 외부 회로가 가져야 할 저항 값을 이른다.

임계 주파수 (臨界周波數, critical frequency) 전리층을 이용한 무선 통신에서의 임계 주파수로, 그 이하의 주파수에서는 전리층에 대하여 직각으로 입사하는 전파 성분은 반사되고, 그 이상의 주파수에서는 전리층을 돌파하여 나가게 되는, 그 천이 주파수이다.

임계 파장 (臨界波長, critical wavelength) 임계 주파수를 파장으로 나타낸 것이다. ⇨ 임계 주파수.

임시 공급 (臨時供給, temporary service) 건설 공사용, 축전(祝典) 또는 전시 등, 비교적 짧은 기간의 임시적 부하에 대한 전기 공급이다.

임패트 다이오드 (IMPATT diode, impact avalanche and transit time diode) 반도체 pn 접합에 역바이어스 전압을 부여하였을 때 공핍층의 눈사태 증배로 인하여 발생하는 캐리어가 적당한 길이의 공핍 영역을 드리프트할 때의 주행 시간에 따른 위상 뒤짐에 바탕한 음성 저항을 이용한 고체 발진소자를 이른다. 마이크로파 및 밀리파 영역에서 고출력이 얻어진다.

임펄스 응답 함수 (── 應答函數, impulse response function) 입력측에 단위의 임펄스 신호를 부여하였을 때의 계의 출력으로, 보통 $h(t)$라 쓴다. 임의의 입력 $x(t)$를 부여하였을 때의 출력 $y(t)$는 계가 선형 특성을 갖는 것으로 하고, 위의 $h(t)$를 사용하여 선형 회로의 중첩성을 이용하여 다음과 같은 중첩 적분으로 주어진다.

$$y(t)=\int_{-\infty}^{t} h(t-\tau)x(\tau)\,d\tau$$

혹은 $t-\tau=\lambda$로 하여 변수를 변경하면 위의 적분은 다음과 같이 고쳐 쓸 수 있다.

$$y(t)=\int_{0}^{\infty} h(\lambda)x(t-\lambda)d\lambda$$

㈜ 위의 두 적분으로 주어지는 $y(t)$를 $h(t)\times x(t)$로 쓰고, 이것을 $x(t)$와 $h(t)$의 콘볼루션이라고 한다. 이 경우 τ의 시점에서 주어진 단위 임펄스에 대한 선형계의 응답 $h(t-\tau)$는 τ의 시프트에 대하여 불변이라는 것이 가정되어 있다. ⇨ 전개 함수.

임펄스 전류 (── 電流, impulse commutation) 사이리스터 인버터 등에서 통전 사이리스터의 전류를 회로의 다른 분기로 전류하는 경우에 LC 공진을 이용하여 임펄스상의 역전압을 발생하고, 이것을 통전 사이리스터에 인가하여 턴 오프 시키는 것. 혹은 통전 사이리스터에 직렬로 넣은 인덕터에 외부로부터 역전압 펄스를 유도시켜 전류시키는 수도 있다.

임펄스 주파수식 (── 周波數式, impulse-frequency system) 《원격측정》 전송 방법으로서 전기적 임펄스의 주파수를 사용하는 원격(遠隔) 측정방식을 이른다.

임펄스 플래시오버 전압 (── 電壓, impulse flashover voltage) (1) 특정한 조건 아래서 바깥 둘레의 매체를 통하여 플래시오버를 발생하는 임펄스 전압의 파고값. (2) 공시 재료의 전극 간 주위의 공기 또는 액체를 통하여 전로 절연 파괴를 발생하는 임펄스의 파고값. 다만, 파두 플래시오버의 경우에는 플래시오버를 발생한 순간의 전압값이다.

임피더 (impedor) L, C, R을 가진 회로에 접속하는 장치를 이른다.

임피던스 (impedance) 교류 회로에서 인가전압 $\dot{V}$ 및 회로에 흐르는 전류 $\dot{I}$의 비율을 임피던스라고 한다. 일반적으로 복소량(複素量)으로 나타내며, 그 단위는 [Ω]으로 나타낸다. 예를 들면 저항 R, 인덕턴스 L, 용량 C가 직렬로 접속되어 있는 회로의 임피던스 $\dot{Z}$는 $\dot{Z}=\dot{V}/\dot{I}=R+jX=R+j(\omega L-1/\omega C)$

가 되고 그 절대값은 $|\dot{Z}| = \sqrt{R^2+X^2} = \sqrt{R^2+(\omega L-1/\omega C)^2}$ [Ω]이 된다. 여기서 X는 리액턴스이다.

임피던스 강하 (—— 降下, impedance drop) 임피던스에 교류가 흐를 때 그 단자 사이에 강하하는 전압을 이른다.

임피던스 결합 (—— 結合, impedance coupling) 두 회로가 공통의 임피던스를 통해서 결합되는 것을 이른다. 이 때 공통의 임피던스로서는 저항, 용량, 자기 또는 상호 인덕턴스 등의 단순한 것이 아니고, 이들의 조합으로 이루어지는 임피던스의 경우를 말한다. ⇨ 리액턴스 결합(reactance coupling), 저항 결합(resistance coupling).

임피던스 결합 증폭기 (—— 結合增幅器, impedance coupled amplifier) 진공관 증폭기에서 앞단의 플레이트 부하 임피던스에 발생하는 전압 강하를 다음 단 진공관의 그리드에 결합하는 것을 이른다. 이른바 임피던스 용량 결합을 이른다.

임피던스 계전기 (—— 繼電器, impedance relay) 일종의 거리 계전기로, 계전기 설치점과 고장점 간의 회로의 임피던스에 따라 동작하는 계전기를 이른다.

임피던스 변성기 (—— 變成器, impedance transformer) 임피던스의 변환을 목적으로 한 변성기를 지칭한다. 지금 내부 임피던스 Z_1, 기전력 E인 전원을 부하 임피던스 Z_2에 접속하려면 그림에 보인 바와 같이 임피던스 변성기를 사용하여 변성비 n을 $n=N_2/N_1=\sqrt{Z_2 Z_1}$로 계산하면 정합이 잡힌다. ⇨ 임피던스 정합(impedance matching).

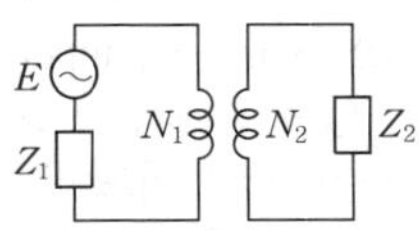

[임피던스 변성기]

임피던스 보정 회로망 (—— 補正回路網, impedance correction network) 어떤 회로망의 임피던스를 특정한 임피던스 특성과 같이 할 수 있게 보정하기 위하여 삽입하는 회로망을 지칭한다.

임피던스 본드 (impedance bond) 직류 전화(電化)구간에서 레일을 귀선(歸線)으로 사용하는 경우, 복레일 궤도 회로의 경계에 설치한 레일 연결점 절연 지점에 전차 전류를 흘리고 궤도 회로용의 전류를 통하지 않게 하기 위하여 사용하는 일종의 변압기이다.

임피던스 불평형 (—— 不平衡, impedance unbalance) 둘 이상의 임피던스가 서로 같지 않은 불평형의 상태에 있는 것을 말한다. 예를 들면, 케이블의 각 심선이 대지에 대해서 나타내는 용량이 서로 같지 않은 경우를 이른다.

임피던스 불평형 측정기 (—— 不平衡測定器, impedance unbalance measuring-set) 통상 선로의 어드미턴스의 불평형을 측정하고 그 불평형을 보상하도록 전송로 단말에 보상값을 삽입한다.

임피던스 브리지 (impedance bridge) 휘트스톤 브리지의 원리로 고주파의 임피던스를 측정하는 장치. 무선 주파에 대해서는 평형을 이루게 되어 있다.

임피던스 와트 (impedance watt) 변압기 한쪽 권선을 단락하고 다른 쪽 권선에 낮은 전압을 부여하여 단락 권선에 정격 전류를 흘렸을 때 다른 쪽 권선에서의 전압과 전류의 곱을 이른다.

㈜ 보통 2차측 권선을 단락하고 정격 1차 전류를 흘렸을 때의 1차 전압(임피던스 전압)과 1차 전류의 곱으로 주어진다.

임피던스 전압 (—— 電壓, impedance voltage) (1) 변압기에서, 두 권선 중 한쪽을 단락하고 다른 한쪽 권선에 정격 전류를 흘리기 위해 이 권선에 부여해야 할 전압을 임피던스 전압이라 한다. 이 전압은 측정을 하고 있는 쪽 권선의 정격 전압 파유닛 값 또는 퍼센트로 나타낸다. (2) 정전류 변성기에서, 단락한 2차 코일에 정격 2차 전류를 흘리기 위해 필요한 1차 전압의 측정값. 정격 1차 전압의 파유닛 값 또는 퍼센트로 나타낸다. (3) 정격 옴 임피던스와 정격전류의 곱. 이것은 한류 리액터의 경우 등에 사용되는 정의이다.

임피던스 정규화 (—— 正規化, impedance normalization) 전송선의 1점에서 본 입력 임피

던스 Z를 그 선로의 특성 임피던스 Z_0으로 나눈 Z/Z_0 값으로 나타냄을 뜻한다. 선로상의 임피던스는 선로의 특성 임피던스를 기준으로 하는 경우가 많고, 더욱이 정규화하면 그 값이 수치로 되므로 편리하기 때문이다. 예를 들면, 특성 임피던스가 Z_0이 되는 무손실 선로의 수단(受端)에 Z_γ인 부하 임피던스를 접속한 경우, 수단에서 길이 l 만큼 떨어진 점의 입력 임피던스를 정규화하면 $Z/Z_0 = (Z + jZ_0 \tan\beta L)/(Z_0 + jZ_r \tan\beta L)$이 된다.

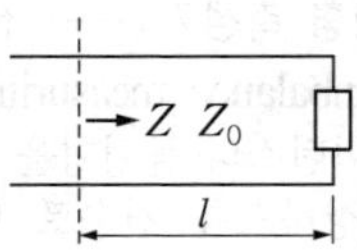

[임피던스 정규화]

임피던스 정합(──整合, impedance matching) 전원의 내부 임피던스 혹은 송전선의 특성 임피던스와 이들에 접속된 부하 임피던스가 공역 복소수의 관계를 만족시키고 있는 상태를 가리킨다. 이와 같은 상태에서 전원에서 부하로 주어지는 전력은 최대(반사 전력은 최소)이고 일그러짐도 매우 작아진다.

임피던스 함수(──函數, impedance function) 수동 선형(受動線形) 회로망(passive linear network)에서 어떤 분기회로 i에 기전력 $E_i(t)$를 삽입하였을 때 다른 분기회로 j에 흐르는 전류 $I_j(t)$는 과도현상도 포함하여 p 함수에 따라 다음 식으로 나타낼 수 있다. $I_j(p) = \dfrac{l}{Z_{ij}(p)} E_i(p)$, 이 때 $Z_{ij}(p)$를 임피던스 함수라 한다. 단, 초기 조건이 $t=0$일 때는 전부 0이 된다.

임피던스 행렬(──行列, impedance matrix) n단자 회로망의 각 단자의 전압, 전류는

$$E_1 = Z_{11} I_1 + \cdots\cdots + Z_{1n} I_n$$
$$\cdots\cdots\cdots\cdots\cdots\cdots\cdots\cdots$$
$$E_n = Z_{n1} I_1 + \cdots\cdots + Z_{nn} I_n$$

이 되며, 이것을 매트릭스로 표시하여

$$[E] = [Z][I],\ [Z] = \begin{bmatrix} Z_{11} \cdots Z_{1n} \\ \cdots\cdots \\ \cdots\cdots \\ Z_{n1} \cdots Z_{nn} \end{bmatrix}$$

이 $[Z]$를 임피던스 매트릭스라 한다. 여기서 Z_{ii}는 E_i가 가해지는 단자에서 볼 때 다른 모든 단자를 개방하였을 때의 임피던스이다. 또 Z_{ij}는 전 단자를 개방하여 j단자에 전류 I를 가했을 때 i단자에 $-Z_{ij}$의 전압이 발생하는 것을 뜻한다. ⇨ 행렬(matrix).

입갱 케이블(入坑──, borehole cable, main shaft cable) 광산의 갱도를 따라 수직으로 길게 부설되는 케이블로, 기계적 강도를 특히 강하게 한 것이다.

입력(入力, input) 기기 등에 외부에서 들어오는 전력 또는 동력을 이른다.

입력 갭(入力──, input gap) 클라이스트론 등에서 전자류에 속도 변조를 걸기 위하여 고주파 전계를 발생하는 전극의 간극을 이른다. ⇨ 출력 갭(output gap).

입력 갭 전압(入力──電壓, input gap voltage) 캐스케이드 클라이스트론의 입력측 갭의 전압을 이른다. 이 용어는 별로 쓰이지 않고 있다.

입력 변성기(入力變成器, input transformer) 증폭기의 입력 측에 있는 변성기. 주로 임피던스의 정합을 위해서 또는 전압 승압을 위해서 쓰인다.

입력 선로 필터(入力線路──, input line filter) 전력선 반송방식에서 중계기나 단국(端局)의 수신기와 전력선 사이에 삽입되는 선로 필터. 잡음 전류의 통과를 저지하기 위해서 사용된다. ⇨ 선로 필터(line filter).

입력 어드미턴스(入力──, input admittance) 전기 회로의 입력 측에서 그 회로를 보았을 때의 입력 단자 간의 어드미턴스를 이르며 입력 임피던스의 역수(逆數)이다.

입력 임피던스(入力──, input impedance) 전기 회로의 입력 단자에 어떤 전압을 인가했을 경우 그 입력 단자에 발생한 전류로 나눈 값을 입력 임피던스라고 한다. ⇨ 입력 어드미턴스.

입력 잡음 온도(入力雜音溫度, input noise

temperature) 회로망 또는 증폭기에 전원을 접속하였을 때 회로망 또는 증폭기 자체가 발생하는 잡음을 전원의 저항 R의 잡음 온도 T_0에 포함시켜 T_0를 T_0+T_e로 하였을 때의 증가분 T_e를 가리킨다. $T_e=T_0(F-1)(F \geq 1)$여기서 F는 회로망 또는 증폭기의 잡음 지수이고, T_0는 표준 상태에서 290°K이다.

[주] 여기서는 스포트 잡음, 즉 잡음 스펙트럼 중의 특정한 좁은 주파수 부분 Δf에서의 잡음을 고려하고 있다.

입력 커패시턴스 (input capacitance) 진공관의 입력 단자 간의 정전 용량. 음극 접지형 증폭관에서는 제어 그리드와 음극, 히터, 제 2 그리드, 실드 등 교류적으로 음극과 같은 전위가 되는 전극 전체와의 사이의 직접 정전 용량이며, 그리드 접지형 증폭관에서는 음극과 제어 그리드 기타와의 사이의 직접 정전 용량이 된다.

입방형 광속계 (立方形光束計, cube photometer) 구형 광속계(球形光束計)의 구슬 대신에 입방체를 쓴 것. 설비비의 절약, 기타 목적으로 근사적으로 쓰인다.

입사각 (入射角, angle of incidence) 어떤 매질 속을 전진하는 파(波)가 다른 매질과의 경계면에 입사할 때 그 진행 방향과 경계방면의 법선(法線)이 이루는 각을 입사각이라 한다. 입사각은 보통 예각을 이루는 것이라 간주되고 있다.

입사파 (入射波, incident wave) (1) 이종(異種)의 매질이 접해 있을 때 그 경계로 향해서 진행하는 파를 말하며, 일반적으로 입사파는 경계면(또는 점)에 있어서 그 일부를 반사하고 나머지는 투과하는 현상을 나타낸다. (2) 전송 회로에 있어서 입력 단자에서 출력 단자로 향하는 파를 말한다.

입상 케이블 (立上——, riser cable) 지하 케이블에서 M.D.F에의 입상(立上)에 쓰이는 케이블. 용도에 따라 붙여진 이름이다.

입자 속도 (粒子速度, particle velocity) 매질(媒質)의 미소 부분이 음파에 의해 진동하는 속도를 입자 속도라고 하며, 분자 속도라고도 한다. 이 경우의 입자 또는 분자라고 하는 낱말은 매질의 미소 부분을 뜻할 뿐이며 매질의 분자 그 자체와는 관계가 없다. 또한 음향 에너지가 공간을 전파해 가는 속도, 즉 음속은 입자 속도와는 전혀 무관하다.

입체각 (立體角, solid angle) 한 점에서 어떤 곡면(曲面)을 보았을 때의 입체적인 각을 말한다. 지금 곡면을 S, 그 면적 요소를 dS, 한 점 P에서 dS까지의 거리를 r, dS의 법선과 r을 이루는 각을 α로 하면, P점에서 본 S의 입체각 ω는 $\omega=\int_s \frac{\cos\alpha}{r^2}dS$에 의해서 정의되며, 단위는 스테라디안[sr]이다. P점을 감싸지 않는 폐곡면(閉曲面) S 전체에 대해서 잡은 입체각은 제로이고, 또 P점을 감싸는 폐곡면 S 전체에 대해서 잡은 입체각은 4π [sr]이다.

입체 회로 (立體回路, microwave (transmission) circuit) 마이크로파처럼 극히 파장이 짧은 파를 통하는 회로는 3차원의 입체적인 회로 기구로 다루지 않으면 안 되므로 마이크로파용의 회로를 입체 회로라고 한다. 마이크로파의 전송계, 공진계 또는 방사계로 간주되는 도파관, 공동 공진기(空洞共振器) 및 안테나 기타 각종 회로 및 회로 소자는 모두 입체 회로라 간주할 수 있다.

잉여 전력량 (剩餘電力量, dump energy) 수력, 풍력 등에 의해서 발전되는 전력량 중 직접 소비되는 양을 초과함으로써 저장, 보관이 불가능한 전력량을 이른다.

잉킹 (inking) 《컴퓨터 그래픽스》 도형 입력 장치를 작동시켜 그 이동 궤적을 일정 간격마다 샘플하고, 각 샘플점을 도트로 스크린에 표시함으로써 임의의 도형을 그릴 수 있다. 종이와 펜에 의한 묘화를 닮은 이러한 기법을 잉킹이라 한다.

자가용 발전 (自家用發電, non-utility generation) 스스로의 사업용 목적에 사용하기 위한 발전이다.

자가용 시설 (自家用施設, non-utility electric installation, private installation) 전기 사업용이 아닌 자기 사업 목적의 전기공작물 시설을 이른다.

자강편 (磁鋼片, magnetic link) 탄소강의 엷은 판을 적층한 것을 절연통 안에 수용한 것으로, 충격 전류를 자화 모멘트의 형태로 남아 검자계로 그 전류값을 추정할 수 있다.

자계 (磁界, magnetic field) 운동하는 전하에 대하여 전자기력이 미치는 공간 영역. 자석 또는 통전 도체의 근방에 발생한다. 지구 자체가 하나의 자석이므로 지상에는 소위 말하는 지구 자계가 존재한다.

자계 강도 (磁界强度, magnetic field intensity) 자계의 세기를 나타내는 벡터양을 말한다. 세기 m 인 자극에 F 의 힘이 작용하는 자계의 강도를 H 라 하면 $F=mH$ 의 관계가 있다. 또 전류에 의한 자계 강도는 그 자계의 방향으로 일주한 선적분(線積分)이 이것과 쇄교한 전류의 세기와 그 쇄교 회수에 비례한다. ⇐ 자계의 세기(magnetic field intensity), ⇨ 전계 강도(electric field intensity).

자계의 세기 (磁界 ——, field intensity, magnetic field intensity) 자석 상호, 전류 상호, 기타 자력이 작용하는 장소를 자계라 하고 그 크기를 자계의 세기라 한다. 즉 자계에 있어서 정지된 단위 전자극에 작용하는 힘을 이른다. 또 전자파에 의한 전자계는 자계와 전계로 나누어 생각할 수 있는데, 그 자계의 세기를 지칭하는 경우도 있다. 그 MKS 단위는 암페어 회수 매 미터[AT/m]로 측정되며, 전자 단위인 에르스텟의 $4\pi \times 10^{-3}$배에 상당하다. ⇐ 자계강도(magnetic field intensity).

자계 집속 (磁界集束, magnetic focusing) 전자 빔의 집속 방법의 하나로, 자계와 직각 방향으로 운동하는 전자가 회전력을 받는 것을 이용해서, 음극선관의 전자총에서 발사한 전자 빔을 다시 형광판 상의 1점에 접속시키려는 것이다. ⇔ 전계 집속(electrostatic focusing).

자계 편향 (磁界偏向, magnetic deflection) 전자 빔을 자계에 의해서 편향시킴으로써 자계 편향에 대응한다. 수차(收差), 일그러짐도 전계와 마찬가지로 생기지만 수차는 전계보다 작다. ⇨ 전계 편향(static deflection).

자구 (磁區, magnetic domain) 강자성 결정 내에 발생한 자발성 영역으로, 영역 내에서는 자기 모멘트가 모두 어느 방향을 향하여 포화되어 있다. 자구의 치수 형상은 재질과 처리법에 따라 다르다. 자구와 자구의 경계면을 블로호의 벽(bloch wall)이라 한다.

자국 전단 (磁局前端, leading pole-tip) 자극편의 회전 방향의 선단을 이른다.

자극 (磁極, magnetic pole) 자석의 N극(북극)과 S극(남극)을 이른다.

자극단 (磁極端, pole-tip) 자극편의 원주 방향의 끝을 자극단이라 한다.

자극면 (磁極面, pole-face) 자극이 전기자와 상대하는 면을 이른다.

자극의 세기 (磁極 ——, strength of magnetic pole) 자석의 자극의 세기를 이른다. 1 AT

/m의 자계 중에 두어졌을 때 1N의 힘을 발생하는 자극의 세기를 1웨버[Wb]라 하며 이것이 자극의 세기의 실용 단위이다. ⇨ 쿨롱의 법칙.

자극편 (磁極片, pole piece, pole shoe) (1) 영구자석 또는 전자석 끝부분에 설치한 자성 재료편으로서, 주로 동작 갭의 자계 분포를 바람직한 분포로 하기 위해 적당한 현상으로 한 것. (2) 전기자와 마주한 계자극 부분으로서, 회전기 갭의 형상을 조절하고 자기 저항을 제어하기 위한 것을 이른다.

자극 피치 (磁極——, pole pitch) 하나의 주자극 중앙에서 인접 주자극 중앙까지의 전기자 표면 거리를 이른다. 지름을 D, 극수를 $2p$라 하면, 자극 피치 $\tau=\pi D/2p$가 된다.

자극호 (磁極弧, pole arc) 자극편의 전단에서 후단까지의 길이. 보통 전기자 지름으로 환산한다. 경우에 따라서는 자극 피치에 대한 %로 표시할 때도 있다.

자극 후단 (磁極後端, trailing pole-tip) 자극편의 회전 방향과 반대 방향인 계자극의 끝을 이른다.

자기 (磁氣, magnetism) 철, 강, 기타 자성 물질이 공통적으로 가지고 있는 물리적 성질로, 자력선을 발생하여 전류와 그 밖의 자성 물질에 대하여 작용력을 미친다.

자기 (磁器, porcelain) 보통 자기라고 하면 점토, 규산질 및 장석질 원료로 만들어진 저주파용 애자, 애관 등이 만들어진다. 또 고주파용 자기로는 활석 자기(스테어타이트), 콘덴서용 자기로는 산화 티탄 자기 등이 있다.

자기 가열 (自己加熱, self-heating) 계측기에 전류를 흘렸을 때 내부의 전력손으로 인하여 발생하는 열에 의해서 온도가 상승하는 현상이다. 그러므로 계측기를 사용하거나 교정할 때에는 시험 전류를 통한 다음 각 부분의 온도가 일정하게 될 때까지 방치할 필요가 있다. 그 시간은 지시 계기에서는 15분, 적산 계기에서는 30분으로 잡고 있다.

자기 감자 (自己減磁, self-demagnetization) 영구 자석, 특히 막대형 자석에서는 다른 자계의 영향을 받지 않아도 감자작용이 일어난다.

자기 감자계 (自己減磁界, self-demagnetizing field) 자기 감자의 자계를 이른다.

자기 감자력 (自己減磁力, self-demagnetizing force) 자기 감자작용의 세기를 이른다.

자기 공명 (磁氣共鳴, magnetic resonance) 정자계 내의 입자가 갖는 자화의 재차운동(才差運動)이 외부 교류 자계의 주파수에 공명하였을 때, 입자가 전자 에너지를 강하게 흡수하여, 흡수 스펙트럼을 나타내는 현상인데, 입자가 전자인가 혹은 핵자인가에 따라 전자 스핀 공명(ESR), 핵자기 공명(NMR)이라 일컬어지고 있다. 물질의 내부 구조의 규명 등에 이용되고 있다.

자기 관측소 (磁氣觀測所, magnetic observatory) 지구 자기를 측정하는 곳이다.

자기 광학효과 (磁氣光學效果, magneto-optic effect) 물질의 광학적 성질이 외부로부터 주어진 자계의 영향으로 변화하는 현상으로서, 다음과 같은 것이 있다. ① 제만 효과 : 자계 내에서 물질의 스펙트럼선이 퍼지는 현상 ② 패러데이 효과 : 자계 중에서 편광의 편파면이 변화하는 현상 ③ 커 효과 : 평면 편파광이 자화된 면에서 반사하여 타원 편파광으로 되는 현상이다.

㊟ 특히 ②의 패러데이 효과는 마이크로파 전송에서 각종 장치에 이용되고 있다.

자기 궤환형(自己饋還形, auto-excitation type, self-saturation type) 《자기 증폭기》 자기 증폭기에 있어서 출력 권선과 직렬로 접속된 반파 정류기에 의해서 출력의 함수인 제어 자화력을 출력 권선 자신을 통해서 가하여 증폭작용을 하는 회로 형식이다.

자기 극성 (磁氣極性, magnetic polarity) 자극의 N극 또는 S극을 지칭하는 것이다.

자기 녹음 (磁氣錄音, magnetic sound recording) 음성을 테이프 또는 와이어에 자기적으로 기록하여 보존하는 것을 이른다.

자기 녹음기 (磁氣錄音機, magnetic recorder) 녹음 매체로 강선 또는 강대 등의 자성체를 동작시켜 신호 전류의 강약에 따라 녹음매체를 신호전류 파형의 강약에 대응시켜 자화하여 신호를 잔류 자기로 기록하는 장치이다.

자기 누설 (磁氣漏泄, magnetic leakage) 자성체에 권선을 하여 전류를 흘리면 자속이 발생하는데, 자성체의 투자율은 특히 큰 것일지라도 10^4을 초과하지 않는다. 따라서 자속의 일부는 자성체의 밖을 통한다. 자속을 집속하기 위해서 투자율이 큰 자성체를 사용하여도 그 밖으로 자속이 샌다는 뜻에서 누설이라 한다.

자기누설 계수(磁氣漏洩係數, dispersion coefficient, magnetic leakage coefficient) 계자 전류에 의해서 발생하는 자속 ϕ_p는 전기자 권선과 쇄교하는 자속 ϕ와 쇄교하지 않는 자속 ϕ_l로 나눌 수 있다. $p=(\phi+\phi_l)/\phi=\phi_p/\phi$를 자기 누설 계수라 한다. 이 값은 1.1~1.4 사이이다.

자기누설 변압기(磁氣漏洩變壓器, leakage transformer) 누설 자속에 대해서 낮은 자기 저항의 통로를 주는 구조의 변압기. 큰 누설 리액턴스를 필요로 하는 경우 예를 들면 아크 용접용이나 네온관 점등용으로 사용된다.

자기 다이오드(磁氣 ──, magnetodiode) 주입 캐리어의 재결합 효과를 이용한 자계 검출 소자로서, 자계의 방향이 일정할 때, 인가하는 바이어스 전류의 극성에 따라 소자의 저항이 현저하게 변화하는 다이오드 특성을 가지고 있다.

자기동 동기 전동기(自起動同期電動機, self start synchronous motor) ⇨ 자시동 동기 전동기.

자기람(磁氣嵐, magnetic storm) 태양 표면의 활동이 활발해져 하전 입자가 많이 방사되면 그것이 지구 가까이에 도달하여 지자기의 영향으로 인하여 진로가 구부러져 양극 부근에 모여 환상 전류로 된다. 이로 인하여 지자기가 산란되는 현상을 자기람 또는 자기 폭풍이라 한다. 이 현상으로 전리층의 전자밀도는 F층에서는 이상 저하하고, E층에서는 이상 증가를 초래하여 HF대의 전파는 심하게 감쇠를 받아 통신불능 사태를 초래하게 된다. 보통 2~3일 정도 계속되는 경우가 많다. 또 이와 같은 전파 장해는 극지대에서 발생하여 점차 위도가 낮은 지역으로 퍼져 나가기 때문에 이를 사전에 예지할 수 있다.

자기량(磁氣量, quantity of magnetism) 자화된 물체의 내부 및 표면에 존재하는 분극전하에 상당한 자기적 양을 이른다. 자하(磁荷)라고도 한다.

자기 렌즈(磁氣 ──, magnetic lens) 고른 자계중을 전자가 진행하는 경우, 그에 작용하는 자계는 전자의 운동방향과 직각인 성분뿐이므로 전자 궤도는 나선형을 그리게 된다. 이때 나선 운동의 주기 T는 전자의 속도에는 상관없이 자계의 세기 H만이 관계되며 $T=(2\pi/1.76)(1/H)$[sec]로 표시된다. 전자 발사원을 동시에 출발한 전자는 1주기 후에는 다시 1 정점에 집속하게 된다. 이와 같이, 자계 작용에 의해서 전자를 집속했다가 발산하기도 하는 전자장치를 자기 렌즈라 하며, 전자 현미경이나 음극선 오실로스코프에 많이 이용되고 있다. ⇔ 전계 렌즈(static lens).

자기 리액턴스(自己 ──, self-reactance) 자기 인덕턴스의 교번 전압에 대한 리액턴스를 이르며, 자기 인덕턴스를 L[H], 교번 전압의 주파수를 f[Hz]로 하면, 자기 리액턴스 x[Ω]는 $x=2\pi fL$이다.

자기 모멘트(磁氣 ──, magnetic moment) (1) 자화된 자성체에서, 자화의 세기 m의 체적 적분값을 이른다. (2) 전류 루프에서, 루프가 에워싼 면적과 루프 전류의 곱을 이른다.

자기 바이어스(磁氣 ──, magnetic bias) 《자기 기록》 기록 매체를 자화하기 위하여 신호 자계에 중첩하여 부여되는 일정한 부가 자계를 이른다. 이것은 매체에 기록되는 잔류 자속밀도가 입력 신호의 진폭에 직선 비례하도록 하기 위하여 주어지는 것이다.
㊟ 바이어스 자계는 신호 주파수 보다도 충분히 높은 주파수의 교류 자계를 사용하는 교류 바이어스와 직류 자계를 사용하여 하는 직류 바이어스가 있다.

자기 바이어스(自己 ──, self-bias) 제어 그리드의 바이어스 전압으로서 음극 회로에 넣은 적당한 값의 저항의 전압 강하를 이용하는 방식을 이른다.

자기 바이어스법(磁氣 ── 法, magnetic biasing) 계전기 기타의 자기회로에 있어서, 적당한 사용 상태로 자기회로를 유지하기 위하여 계전기 등의 권선에 전류로 바이어스

시켜 두는 방식. 또는 자기 녹음장치의 직류 바이어스법을 이른다.

자기 반발 (磁氣反撥, magnetic repulsion) 영구 자석 등에서, 같은 종류의 극이 서로 반발하는 것. 이에 대해서 다른 극끼리는 서로 흡인한다.

자기 방전 (自己放電, self-discharge) 전지가 갖고 있는 전기량이 유효한 일에 사용되지 않고 자연 소실되는 현상을 이른다.

자기 변동 (磁氣變動, magnetic variation) 지구 자계의 수평 분력, 방위각, 경각 및 지구 자극의 위치가 연(年) 또는 일(日)을 주기로 하여 연속적으로 조금씩 변화하는 것. 돌발적인 변화는 자기폭풍이라 한다.

자기 부싱 (磁器 ——, porcelain bushing) 도체 주위에 자기제 애관을 씌운 부싱. 30 kV 이하에 사용된다.

자기 분로 (磁氣分路, magnetic shunt) 적당한 양의 자속을 측로시키기 위하여 사용되는 자성 재료편으로, 보통 계측기에서 눈금을 조정할 목적으로 사용된다.

자기 분로자 (磁氣分路子, magnetic shunt) 주요 자로의 분기로 또는 분기하기 위하여 만든 자성체를 이른다. 자기 분로에 사용되는 재료는 단지 분로만이 목적이라면 분로의 효과에 따라 적당한 자성 재료를 사용하면 되지만 온도 보상을 목적으로 할 때에는 온도에 따라 투자율이 변화하는 것을 사용한다.

자기 분리 (磁氣分離, magnetic separation) 액체 속에 자성 미분말을 혼합한 자성 유체는 자계의 유무에 따라 고체상과 액상으로 변화한다. 이것을 응용하여 폐액 속의 미량 중금속(Cr, Mn, Zn 등)을 페라이트나 가닛으로 포집하고, 이것을 강자계의 구배 속으로 유도하여 분리하는 것. 오수처리에 응용되고 있다.

자기 성능 값 (磁氣性能値, magnetic figure of merit) 각종 자기장치에 사용되는 자성재료의 자기효율 지표인데, 재료의 겉보기 투자율의 실수부와 자기 소산 계수에 의해서 결정되는 값이다.

㊟ 저항 R_P와 인턴턴스 L_P의 병렬 접속의 복소 투자율 μ는,

$$\frac{1}{Z}=\frac{1}{j\omega\mu L_0}=\frac{1}{j\omega L_0}\left(\frac{1}{\mu_p{}'}-\frac{1}{j\mu_p{}''}\right)=$$

$\frac{1}{R_p}+\frac{1}{j\omega L_p}$에서 $R_p=\omega\mu_p{}''L_0$, $L_p=\mu_p{}'\ L_0$가 된다. 자기 소산 계수 $\tan\theta_h=R_p/\omega L_p=\mu_p{}''/\mu_p{}'$이고, 자기 성능값은 $\mu_{p'}/\tan\theta_h=\mu_p{}'^2/\mu_p{}''$ 이다.

자기 소산 계수 (磁氣消散係數, magnetic dissipation factor) 자성재료의 손실각 여접(cotangent) 또는 히스테리시스 각의 정접을 이른다.

㊟ $\tan\theta_h=I_m/I_w$ 로 주어진다. I_m은 자화 전류 I_0의 자속과 동상의 전류 성분이고, 또 I_m 은 그것과 직각 방향의 전류 성분이다.

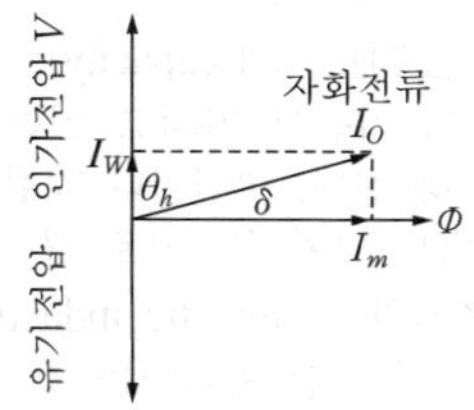

[자기 소산 계수]

자기 소호 (磁氣消弧, magnetic blow-out) 차단기를 차단할 때 아크를 없애기 위해서 자계에서 아크를 불어 퍼지게 하여 아크의 길이를 증가시켜 아크 전압을 높이는 방식을 이른다.

자기 소호 피뢰기 (磁氣消弧避雷器, magnetic blow-out arrester) 직류 회로에 사용되는 피뢰기처럼 속류 차단이 곤란한 경우에 자기소호 장치를 붙인 피뢰기를 이른다.

자기 손실각 (磁氣損失角, magnetic loss angle) 강자성 철심을 가진 인덕터 권선에 흐르는 전류의 여자 전류를 I_m, 손실 전류를 I_w 로 할 때, 권선 전류 I_0와 I_m 사이의 각도 δ를 자기 손실각이라 한다.

㊟ 상기 전류는 모두 전원 전압의 기본 주파수를 가진 성분이다. I_0와 I_w 사이의 각도 θ_h를 히스테리시스 각이라 하고, 이것은 손실각에 대한 여각이다(즉 $\theta_h=\pi/2-\delta$). ⇨ 자기 소산 계수.

ㅈ

자기 여효 (磁氣余效, magnetic after-effect) 순철, 규소강, 페라이트 등에서 특히 저자속밀도 레벨에서 많이 볼 수 있는 자화의 뒤진 현상을 이른다. 뒤진 기구의 차이에 따라 확산 자기 여효, 열동요 자기 여효 등이 있다.

자기 왜형 발진기 (磁氣歪形發振器, magneto striction oscillator) 니켈, 인버메탈(invar metal), 모넬메탈(monel metal) 등을 자기장 안에 두면 기계적 일그러짐을 받게 되는데, 이것을 자왜 현상이라고 한다. 이들 자왜봉을 진공관 발진기의 반결합부L_1, L_2에 삽입한 발진기를 이른다. 이 발진 주파수는 주로 자왜 금속봉(磁歪金屬棒)의 고유 주파수에 지배되며 수백 Hz 내지 수백 kHz 정도의 매우 안정된 발진을 한다.

자기 용량 (自己容量, self-capacity) 회로나 회로 소자 그 자신이 가지고 있는 용량을 자기 용량이라 한다. 코일이나 저항기가 갖는 분포 용량도 자기 용량으로 볼 수 있다.

자기 유도 (磁氣誘導, magnetic induction) 물질을 자계 안에 두면 자화되는 것, 혹은 자화되는 정도. 즉, 자속 밀도를 뜻한다.

자기 유도 (自己誘導, self-induction) 코일에 흐르는 전류가 변화하면 그에 따라 자속이 변화하므로 전자 유도에 의해서 코일 내에 유기 기전력이 발생한다. 이것을 자기 유도라 한다. 지금 권수 n인 코일의 인덕턴스 L은 그곳에 흐르는 전류를 I[A], 자속을 ϕ[Wb]로 하면 $L=n\phi/I$[H]가 되는데 코일을 통과하는 자속에 변화가 있으면 이것을 방해하는 방향으로 전류를 흘리려고 하는 유기 기전력 V가 코일의 단자에 나타나므로 $V=-L(dI/dt)=-n(d\phi/dt)$[V]가 된다. ⇨ 상호 유도(mutual induction).

ㅈ

자기 유도 계수 (自己誘導係數, coefficient of self-induction) 하나의 도선 회로에 1단위의 정상 전류를 흘렸을 때, 그 회로 자신에 발생하는 자속 쇄교수를 말한다. 이 값은 회로의 크기, 형태 등의 기하학적 양 및 회로 주위의 물질의 투자율에 따라 정해지는 상수이다.

자기 유지 회로 (自己維持回路, self hold circuit) 단일 펄스 입력에 의해서 온 상태로 되고, 그 이후 온 상태를 유지하는 일종의 기억성을 가진 회로를 이른다.

자기 유체 발전 (磁氣流體發電, magneto hydrodynamic power generation, MHD power generation) ⇨ 전자 유체 발전.

자기 유체 역학 (磁氣流體力學, magneto hydrodynamics) 약어 MHD, 플라스마는 전도성을 갖는 압축성 혹은 비압축성의 유체로 취급할 수 있다. 그래서 수력학의 원리를 이와 같은 플라스마 현상에 응용하여 플라스마와 자계의 관계를 조사하는 학문 분야가 생겨났다. 이것이 자기 유체역학이라고 하는 분야이다. 유체 자기학이라고도 한다.

자기 이방성 (磁器異方性, magnetic anisotropy) 방향에 따라 자기적 성질이 틀리는 것을 자기 이방성이라 한다.

자기 이온 효과 (磁氣——效果, magnetoionic effect) 지구 자계와 대기 중의 이온화 현상의 조합 효과로, 전자파의 전파에 대하여 영향을 미친다. 예를 들면, 직선 편파가 전리층에 입사하여 지구 자계의 영향으로 두 타원 편파로 나뉘어지는 현상 등이 알려져 있다.

자기 인덕턴스 (自己——, self-inductance) 도선 주위에 생기는 자속 ϕ는 그곳에 흐르는 전류 I에 비례하므로 $\phi \propto I$ 라 쓰고 $\phi = LI$의 관계를 얻는다. 이 비례상수 L은 자기 인덕턴스라 하며, 전류의 크기에 상관없는 형태 계수이고 도선의 형태에 의해서만 결정된다. 따라서 권수 n인 코일의 인덕턴스 L은 자속을 ϕ[Wb], 전류를 I[A]로 하면 $L=\phi n/I$[H]가 된다. 또 L의 실용 단위는 henry이다. ⇨ 상호 인덕턴스(mutual inductance).

자기 일그러짐 현상 (磁氣——現象, magnetostriction phenomena) 강자성 물질이 자계의 영향으로 기계 일그러짐을 발생하는 현상. 강자성 물질을 결정축에 대하여 어떤 방향으로 자화하는 경우에 필요로 하는 부등방성 에너지에 의해서 물질 내에 발생하는 내부 스트레스가 원인이다. 위와는 반대로 기계 스트레스를 주면 강자성 물질의 자화가 변화한다. 강자성 물질의 막대에 축방향의 자계를 부여하면 막대는 늘어나거나 혹은 오무라든다. 변형, 예컨대 구부려진 막대는 그 축방향에 부여한 자계의 영향 아래 곧바로 펴지려 하고 비틀어진 막대도 마찬가지 조건 아래서 곧게 펴지려고 한다. 전자를 Guilleman 효과, 후자를 Wiedemann 효과라 한다.

자기 임피던스 (自己——, self impedance) (1) 《회로망》 수동적인 그물눈 또는 루프의 임피던스로서, 회로의 다른 모든 그물눈은 개방되어 있고 전기적 결합이 없는 것으로 한다. (2) 회로망의 어느 한 쌍의 단자의 전압과 그 단자로부터 유입하는 전류의 비율, 다른 단자수는 개방하여 둔다. (3) 《방사 소자》 안테나 소자의 임피던스로서, 다른 소자는 전부 개방하여 두는 것으로 한다.

자기 작용 (磁氣作用, magnetic action) 자석에서 같은 극끼리는 반발하고 다른 극 사이에는 흡인하는 작용을 이른다. 코일에 전류를 흘리면 자계가 발생하여 자석과 같은 자기작용이 나타난다.

자기 장하 (磁氣裝荷, magnetic loading) 회전 기기의 갭의 자속밀도를 이른다. 변압기의 경우에는 철심 중의 자속밀도이다.

자기 재료 (磁氣材料, magnetic material) ⇨ 자성체.

자기 재폐로 방식 (自己再閉路方式, self reclosing systems) 송전 계통에서 사고로 인하여 차단기가 동작한 다음 일정 시간 후에 자동적으로 재투입하여 송전을 재개하는 방식. 보통 20～30 Hz의 시간을 두고 재투입한다. 재폐로 회수는 보통 1회 뿐이다.

자기 저항 (磁氣抵抗, magnetic reluctance) 투자율을 μ, 자기회로의 단면적을 S, 회로에 연한 길이를 l 이라 하면, 자기 저항은 $l/(\mu S)$로 나타내며, 단위는 암페어 회수 매 웨버 [AT/Wb]이다.

자기 저항 효과 (磁氣抵抗效果, magnetoresistance effect) 반도체에서 저항률이 반도체에 주어진 자계에 의해서 변화하는 현상. 자기 저항소자(예컨대 InSb, InAs 등)가 비교적 약한 자속밀도 B의 자계가 주어지면 그 저항 R은 무자계의 경우의 값 R_0에 대하여 $R=R_0(1+mB^2)$의 관계로 증가한다. m을 자기저항 계수라고 한다. 강자계에서는 B^2가 B로 된다.

자기적 처녀상태 (磁氣的處女狀態, magnetic virgin state) 이제까지 한번도 자화 되지 않은 상태에 있는 자성체, 또는 모든 잔류 자기가 제거된 상태에 있는 자성체를 이른다.

자기 전사 (磁氣轉寫, magnetic printing, magnetic transfer) 자기 녹음 매체에 녹음된 신호가 근접하여 놓여진 같은 매체의 다른 부분 또는 다른 매체로 옮겨지는 것. 일종의 누화 현상이다.

자기 점성 (磁氣粘性, magnetic viscosity) 강자성체에 약한 자계를 작용시킨 경우, 그 자계에 상당하는 자화에 도달하기까지에는 어떤 시간을 요한다. 이 시간적 지연 현상을 자기 점성이라 한다.

자기 제동 (磁氣制動, magnetic damping) 자석의 자극 간 공극에 알루미늄 등의 금속판을 삽입하여, 금속판의 이동으로 그 속에 발생하는 와전류와 자계 간에 발생하는 역토크로 제동시키는 것. 제동 계수는 자계의 세기의 제곱에 비례한다.

자기 증폭기 (磁氣增幅器, magnetic amplifier) 가포화 리액터를 단독으로 또는 다른 회로 요소와 조합해서 사용함으로써 증폭 작용 또는 제어작용을 하는 장치를 이른다.

자기 지도 (磁氣地圖, magnetic map) 지구 표면의 지자기의 편각, 수평 자력, 복각의 분포를 나타낸 도면. 등편각 선도, 등복각 선도, 등수평 자력 선도 등이 있다.

자기 지연선 (磁氣遲延線, magnetic delay line) 자기파의 전파 시간에 따라 지연 동작을 부여하는 따위의 지연선을 이른다. 금속 매체를 따라 자기 에너지를 전파하여 나가는 속도가 빛의 속도에 비하여 느린 것을 이용한 것으로, 정보를 담은 파가 이와 같은 선로에서 순환을 반복하여 소정의 시간 기억된다.

자기 차단기 (磁氣遮斷器, magnetic blow-out circuit breaker) 교류 고압 기중 차단기로, 소호에 자기 소호를 응용한 것이다.

자기 차폐 (磁氣遮蔽, magnetic shield) 고투자성 물질로 전기 기기(주로 계측기나 전자 장치)의 일부 또는 전부를 외부와 자기적으로 차단하는 것을 이른다.

자기 처크 (磁氣 ——, magnetic chuck) 전자 흡인력을 이용하여 동작하는 처크이다.

자기 측정 (磁氣測定, magnetic measurement) 자기에 관한 측정, 주로 공간에 있어서의 자력의 측정과 자기 재료의 측정이다. 후자에 관해서는 $B-H$ 곡선의 측정과 철손 측정이 공업적으로 중요하다.

자기 카드 (磁氣 ——, magnetic card) 표면에 자성을 입힌 카드로, 적당한 영역을 자화하여 데이터를 기억시킬 수 있도록 되어 있다.

자기 커패시터 (磁器 ——, ceramic capacitor) 스테아타이트 혹은 티탄산 바륨 같은 자기를 유전체로 사용한 커패시터인데, 조성비를 변화시키면 커패시턴스의 온도계수도 변화한다. 세라믹 판의 상하 또는 중공의 통 내외 양면에 은 전극을 소부하여 단자를 끌어낸다. 소자의 모든 표면은 절연 도료로 보호한다.

자기 컴퍼스 (磁氣 ——, magnetic compass) 자침에 의해서 자기 자오선의 방향을 지시하는 장치이다.

자기 코스 (磁氣 ——, magnetic course) 자화를 기준선의 방향으로 했을 때의 코스이다.

자기 콘덴서 (磁器 ——, ceramic condenser) 광물질의 연소물을 유전체로 사용한 콘덴서. 예를 들면, 산화티탄 또는 티탄산 바륨의 양면에 금속체를 구어 붙여 콘덴서로 사용한다. 고주파 회로 또는 고압 회로에 사용된다.

자기 클러치 (磁氣 ——, magnetic clutch) 전자 흡인력을 이용하여 동작하는 클러치이다.

자기 탐광 (磁氣探鑛, magnetic prospecting, magnetic exploration) 땅 속의 광물체의 존재를 지상에서 자기적으로 탐색하는 방법. 강자성체가 함유된 광물은 다른 암석에 비해서 자화율이 크고, 그 광상 부근에는 지구 자기의 세기 및 방향이 교란되어 있다. 따라서 지표에서 지구 자계를 관측함으로써 광상(鑛床)의 위치를 추측할 수가 있다.

자기 통풍형 전기 (自己通風形電機, self-ventilated machine) 자기 회전자의 선풍 작용 또는 회전자에 설치한 날개에 의해서 통풍하는 방식의 회전 전기 기기를 이른다.

자기 편차 (磁氣偏差, magnetic deviation) 컴퍼스 기수방향(compass heading)과 자기 기수방향(magnetic heading) 사이의 각도차를 이른다.

자기 평형성 (磁氣平衡性, self-regulation) 조작량 또는 외란(外亂)의 일정값에 대응해서 제어 대상 그 자신으로 제어량이 일정값으로 정착되는 성질을 자기 평형성이라 한다.

자기 평형식 (磁氣平衡式, magnetic balance system) 두 교류 전류 또는 전압을 비교하는 경우 가운데에 평형 검출용 변성기를 사용하여 여기에 3개의 권선을 감고, 그 하나에 피 시험전류(또는 전압)를, 다른 하나에 검전기, 예를 들면 진동 검류계를 접속한다. 그리고 나머지 권선에는 피 시험 전류에 의한 평형 검출용 변성기의 기자력을 상쇄하도록 보상 전류를 흘린다. 검전기에 전류가 흐르지 않게 되었을 때의 보상전류의 크기 및 위상각으로부터 피 시험 전류 또는 전압값을 구한다. 이 방식을 자기 평형식이라 하고, 교류 전위차계 혹은 계기용 변성기 시험장치에 사용된다.

자기 평형형 (磁氣平衡形, magnetic balance type) 유극 계전기의 접극자에는 영구 자석에 의한 자력이 평형 소거되어 나타나지 않도록 브리지형 자로의 교락회로에 접극자를 삽입하여 통신 전류에 의한 자기만으로 동작하도록 한 것. 차동형 보다 월등하게 감도가 좋다.

자기 포화 (磁氣飽和, magnetic saturation) 쇠를 자화하는 경우 자화력을 점차 증가시켜 주면 자속 밀도도 증가하지만 어느 점 이상이 되면 자화력을 증가해도 자속밀도는 거의 증가하지 않게 된다. 이러한 현상을 자기 포화라 한다. 이 특성은 자성체의 종류에 따라 다르다.

자기학 (磁氣學, magnetics) 전자기를 다루는 학문이다.

자기 합금 (磁氣合金, magnetic alloy) 자성을 지닌 합금. 철 알루미늄 합금, 규소강, 니켈 철 합금 등 여러 가지가 있다.

자기 헤드 (磁氣 ——, magnetic head) 전기 신호를 자기 상태로 하여 자성체 안에 축적하거나 혹은 그렇게 축적된 신호 정보를 전기 신호로 변환하여 재생(혹은 소거)할 수 있는 변환장치를 이른다. 일종의 전자석으로서,

자기 테이프, 자기 드럼, 자기 디스크의 자성막 면에 접근하여 고정되어 동작한다.

자기 회로 (磁氣回路, magnetic circuit) 전자(電磁) 장치의 자속의 거의 전부를 수용한 공간 영역으로서, 그러기 위해 자성재료 구조가 많이 사용되므로 그 구조 자체가 자기회로를 구성하고 있다. 자기회로 내에 발생하는 자속 ϕ, 회로에 작용하는 기전력 U, 자기회로의 자기저항 R 사이에는 전기회로의 옴의 법칙과 비슷한 $U=R\cdot\phi$ 라는 관계가 성립한다.

자기 흡인 (磁氣吸引, magnetic attraction) 극성을 달리하는 두 자극 간의 흡인력. 쿨롱의 법칙에 따라 그 힘은 거리의 제곱에 반비례하고, 자기량에 비례한다.

자기 히스테리시스 (磁氣——, magnetic hysteresis) 강자성 물질에서 자화력을 증가하거나 혹은 감소했을 때, 그에 의해서 발생하는 자속밀도의 변화 사이에 일의적인 대응성이 없고, 따라서 자속밀도는 자화력의 증가, 감소에 대하여 상이한 경로를 따라 변화하는 것을 이른다.
㊟ 히스테리시스는 변화 자계에 의한 자속밀도 응답의 지연과 물질 내부 분자의 내부마찰에 따른 히스테리 손실을 수반한다.

자냉식 변압기 (自冷式變壓器, self-cooled transformer) 건식의 경우는 철심 및 권선의 주위가 공기에 의해서, 또 유입식에서는 기기가 외함 또는 외함에 설치된 방열기 표면의 공기에 의해서 자연 냉각되는 방식의 변압기이다.

자단 후비 보호 (自端後備保護, local backup) 《보호계전기》 후비 보호를 위한 계전기 및 차단기가 1차 보호를 위한 계전기 및 차단기와 같은 전기 국소에 있는 것. 원단 후비 보호에 대비되는 용어이다.

자동 건널목 문비 (自動——門扉, automatic crossing gate) 열차가 건널목에 접근하거나 또는 통과했을 때 자동적으로 닫히고 열리는 건널목 문비를 이른다.

자동 금전 수불기 (自動金錢受拂器, automated tellers, ATM) 은행의 현금 수불 업무를 무인화하기 위한 장치로, 은행 내에 설치되는 경우가 많지만 다른 장소에 설치하기도 한다. 이용자는 카드를 사용하여 터치동작 등으로 현금을 인출(CD)하거나 예입하며, 다른 이용자의 구좌로 계좌이체도 할 수 있다. 은행으로서는 업무의 간소화는 물론 서비스 지역의 확대, 영업 시간의 연장, 그리고 결과적으로 업무 자체를 확대하는 효과가 있다.
㊟ unmanned tellers, vestibule banking 같은 용어도 있으며, 모두 같은 뜻이다.

자동 급전 시스템 (自動給電——, automatic power dispatching system) 고속 대형 계산기를 사용하여 경제부하 배분, 주파수 제어, 전압, 무효전력 제어 등을 각 지점에 배치된 계측장치와 제어 기기를 정보 전송망에 접속하여 구성된 전력계통 운용 제어시스템이다.

자동 동기 장치 (自動同期裝置, automatic synchronizer) 레이더에 있어서 공중선의 회전과 브라운관의 주사를 자동 동기 시키는 장치를 이른다.

자동 동조 (自動同調, automatic tuning) 다이얼을 돌리지 않고 기계적 또는 전기적으로 동조를 취하는 것을 이른다.

자동 바이어스 (自動——, auto bias) 자기 바이어스와 같은 뜻으로 쓰이는 경우가 많다. 그러나 굳이 구별한다면 그리드 여진(勵振)이 가해졌을 때 발생하는 그리드 전류의 직류분이 그리드 회로에 삽입된 저항을 흐름으로써 전압 강하로 주어지는 그리드 바이어스를 이른다.

자동 발전소 (自動發電所, automatic power station) 기동, 운전제어 및 정지가 자동적으로 이루어지는 발전소를 이른다.

자동 방위 측정기 (自動方位測程器, automatic direction finder) 약어 ADF, 수신 신호의 도래방향을 자동적, 연속적으로 측정하게 한 장치. 그 방향은 보통 가시적으로 주어지도록 되어 있다.

자동 방향 탐지기 (自動方向探知機, automatic direction finder) 수신 신호의 도래방향 측정을 자동적으로, 그리고 연속적으로 하는 방향 탐지기. 그 데이터는 일반적으로 가시적으로 지시된다.

자동 변전소 (自動變電所, automatic substation) 자동적으로 시동, 정지 및 조정할 수

있는 변전소를 이른다.

자동 보일러 제어 (自動——制御, automatic boiler control) 약어 ABC, 연료의 연소뿐만 아니라 급수 및 증기 온도의 조정까지도 포함한 보일러 전체의 자동 제어를 뜻하는 것으로, 이를 자동 연소제어(ACC)에 대응하여 자동 보일러 제어(ABC)라고 한다.

자동 복귀 계전기 (自動復歸繼電器, automatic reset relay) 계전기의 동작부분이 동작 완료 후 자동적으로 원래의 위치로 복귀하는 구조의 계전기이다.

자동 선택도 제어 (自動選擇度制御, automatic selectivity control) 약어 ASC, 자동적으로 선택도를 제어하는 회로를 뜻한다.

자동 송신 (自動送信, automatic transmission) 전신에 있어서 천공(穿孔) 테이프를 써서 자동적으로 송신하는 방식을 이른다.

자동 스위치 (自動——, automatic switch) 전기회로의 개폐기를 인위적 조작 없이 자동적으로 하는 것이다.

자동 시동기 (自動始動機, automatic starter) 푸시버튼 개폐기, 계전기, 전자 접촉기, 주간 제어기를 자동적으로 축차 동작시켜서 전동기의 기동을 자동적으로 하는 장치를 이른다. 시한식과 한류식이 있다. 전자는 단지 시간적으로 기동이 진행하는 것, 후자는 속도가 상승하여 역기전력이 증가하고 기동 전류가 어느 정해진 값으로 떨어졌을 때 다음의 노치로 진행하는 방식이다.

자동 식별 표지 (自動識別標識, marker light) 폐새 신호기를 출발 신호기와 명확하게 식별할 수 있도록 폐새 신호기에는 주야 구별 없이 백색등 1개를 첨장(添裝)하여 이를 표시하고 있다. 이것을 자동 식별 표지라 한다.

자동식 자리 올림 (自動式——, self-instructed carry) 자리 올림의 필요가 생긴 경우 외부로부터 신호를 필요로 하지 않고 자동적으로 자리 올림 연산을 진행하는 자리 올림 방식이다.

자동 신호 장치 (自動信號裝置, automatic signaling apparatus) 사람의 힘을 필요로 하지 않고 자동적으로 열차의 자체 위치에 의해서 신호를 현시하는 것으로, 그 주요 부분은 궤도 회로, 궤도 계전기, 신호기구, 신호기 제어 계전기 및 그 부속품들과 전기적 결선으로 이루어져 있다. 자동 폐새신호장치 또는 자동 폐새장치. 사람의 손에 의존하지 않고 자동적으로 신호를 보내는 전화 교환용 기기등을 이른다.

자동 연동장치 (自動連動裝置, automatic interlocking device) 철도에 있어서 연동장치를 제어할 때 사람의 손을 요하지 않고 열차 자체가 제어해서 자동적으로 폐새 동작을 하는 것을 자동 연동장치라 한다.

자동 연소 제어 (自動燃燒制御, automatic combustion control) 보일러의 부하에 따라서 증기 압력을 일정하게 유지하도록 연료 및 연소에 필요한 공기량의 조절을 자동적으로 제어하는 것을 이른다.

자동 위상 제어(自動位相制御, automatic phase control) 약어 APC, 자동적으로 위상을 제어하는 회로를 이른다.

자동 음량 조절 (自動音量調節, automatic volume control) 자동적으로 음량을 가감하는 것 및 그 회로. 수신기에서는 수신된 반송파의 강도에 따라 음성 출력을 자동적으로 조정해서 항상 일정하게 하는 장치를 말한다.

자동 이득 제어 (自動利得制御, automatic gain control) 약어 AGC, 전송회로의 특성 변화 등으로 인한 통신 레벨의 변동을 자동적으로 막고, 출력 레벨을 일정하게 유지하는 것을 이른다.

자동 이득 조절 (自動利得調節, automatic gain control) 저주파, 중간주파, 고주파 등의 증폭기에서 그 증폭도를 자동적으로 제어하는 것을 말한다. 일반적으로 그 출력 전압의 일부를 초단의 증폭용 진공관의 그리드 바이어스 전압으로 궤환시켜서 한다.

자동 인하기 (自動引下器, retriever) 트롤리선과의 접촉을 끊을 목적으로 집전 장치를 자동적으로 인하하는 장치를 이른다.

자동 장력 조정장치 (自動張力調整裝置, automatic tension balancer) 전차선, 조가선의 장력을 온도에 상관없이 자동적으로 일정하게 유지하여 집전상태를 양호하게 유지하기 위해서 사용하는 장치이다. 전선의 말단에 장력 평형용의 추를 내려뜨리는 방식과 기온에 따라 오일의 팽창, 수축을 이용해서 피스톤을 움직여 전선의 온도에 따른 신장을 흡수시키는 방식이 있다.

자동 재송 요구(自動再送要求, automatic repeat request, automatic request for repetition) 약어 ARQ, 에러 검출 부호를 사용하여 데이터의 에러를 자동적으로 발견하여 그 재송을 요구하는 방식. ① 정지 확인형(stop and wait) ② 연속형(continuous)의 두 방식이 있다. ①은 1블록 송신할 때마다 수단으로부터의 긍정 또는 부정을 의미하는 제어 문자가 보내져 오는 것을 기다려 긍정(ACK)이면 다음 블록을 보내는 방법이다. ②의 경우는 예를 들어 연속하여 8개의 블록에 3비트의 코드 번호를 붙여 보내고 수단에서는 에러가 있는 블록은 그 코드 번호와 함께 부정 문자(NAK)를 반송한다. 이렇게 하면 송신 쪽에서는 그 번호의 블록까지 되돌려서 거기서부터 송신을 반복(풀백방식)한다. 혹은 에러 블록만 재송하는 방식도 있다.

자동 재투입(自動再投入, automatic reclosing) 차단기나 개폐기 등이 사고로 인하여 개방된 경우 다시 자동적으로 투입하는 것을 이른다.

자동 전류 기록계(自動電流記錄計, automatic current-recording meter) 전류값을 자동적으로 기록하는 계기. 기록 방식으로는 계기의 지침에 펜을 달아서 직접 용지에 기록하는 것, 착색 리본을 통해서 지침을 두들임으로써 인점(印點)을 기록하는 것, 보조 동력을 통하여 토크를 증폭해서 기록하는 것 등이 있다.

자동 전송 조정기(自動傳送調整器, automatic transmission regulator) 장거리 전화 회선은 적당한 거리 간격으로 다수의 중계 증폭기를 삽입할 필요가 있다. 이들 중계기의 진공관 열화, 전압 변동으로 인한 이득 변동 및 케이블의 온도 변화로 인한 감쇠량 변동 때문에 회선의 잔류 감쇠량이 변동한다. 이것을 일정한 폭 내로 억제하기 위해서 출력 레벨이 일정한 편차 안에 억제되도록 자동적으로 이득을 제어하는 중계기가 쓰인다. 이것을 자동 전송 조정기라고 한다.

자동 전신(自動電信, automatic telegraphy) 주로 모르스 부호에 의한 전신이 점차 자동화될 무렵에 사용되었던 용어로, 테이프에 구멍을 뚫어서 고속도로 신호를 송수하는 방식을 이른다.

자동 전압 조정 계전기(自動電壓調整繼電器, automatic voltage regulating relay) 예정된 전압보다 상승 또는 하강했을 때 동작하는 계전기이다.

자동 전압 조정기(自動電壓調整器, automatic voltage regulator) 부하 속도 변동 등으로 인한 발전기 단자 전압의 변동을 자동적으로 보상하여 정밀하고 일정하게 유지하는 장치. 구비해야 할 요건은 전압 변동에 민감하게 반응해야 하고 제어 속도가 커야 하며, 난조 방지가 완전할 것, 제어 범위가 넓어야 한다. 진동형, 저항기형, 무접점형으로 구별된다. 약어로 AVR이라고도 한다.

자동 점멸기(自動點滅器, flasher) 전기 사인에 유동감을 주기 위해서 그 부분부분을 자동적으로 점멸시키는 장치. 절연 물체의 회전 드럼에 동판을 감고 거기에 브러시를 접촉시켜 동판의 형태를 적당히 해서 점멸시킨다.

자동 제어(自動制御, automatic control) (1) 사람의 조작 없이 제어를 하게 하는 것. (2) 물체, 프로세스, 기계 등의 어떤 양을 부여하는 목표값과 일치시키기 위해서 그 양을 검출하여 목표와 비교하고, 그 결과에 따라서 정정 동작을 자동적으로 시키는 것을 뜻한다.

자동 제어계(自動制御系, automatic control system) 제어 대상과 제어 장치로 구성된 폐(閉)루프로, 자동 제어가 수행되고 있는 계를 이른다.

자동 제어 장치(自動制御裝置, automatic controller) 제어량을 목표량과 일치시키도록 제어 대상에 조작을 가하는 장치이다.

자동 조정기(自動調整器, automatic regulator) 전압, 속도 등을 자동적으로 일정하게 유지하기 위해서 사용하는 장치이다.

자동 주파수 제어(自動周波數制御, automatic frequency control) 약어 AFC, 주파수를 자동적으로 제어하는 것. 예를 들면 SSB 방식에서 파일럿 주파수를 수신하고 그에 의해서 수신기의 국부발진 주파수를 제어하는 것을 말한다.

자동 즉시 방식 (自動卽時方式, direct distant dialing, DDD(미국), subscriber trunk dialing, STD(영국)) 《전화》 가입자가 시외 교환기를 직접 다이얼하여 상대 가입자를 호출할 수 있는 전화 서비스를 이른다.

자동 차단기 (自動遮斷器, automatic circuit breaker) 이상 상태가 발생했을 때 자동적으로 트립장치가 작동하는 차단기이다.

자동 추적 (自動追跡, automatic tracking) 여하한 특성의 신호에도 자동적으로 추종해 가는 서보 메커니즘의 동작을 이른다.

자동 충실도 제어 (自動充實度制御, automatic fidelity control) 약어 AFC, 자동적으로 충실도를 제어하는 장치이다.

자동 트립 (自動――, automatic trip) 차단기, 개폐기 등을 사람의 손을 빌리지 않고 보호 계전기 등의 동작에 의해서 자동적으로 트립하는 것을 이른다.

자려 (自勵, self-excited) 회전기에서 그 여자가 회전기 출력의 일부를 사용하여 주어지고 있는 것을 이른다.

㊟ 자려 교류 발전기는 급격한 부하 변동에 대한 속응성이 좋아, 별개 직류 여자기를 사용하는 방식에 비하여 많은 이점을 가지고 있다.

자려 교류 발전기 (自勵交流發電機, self-excited AC generator) 여자기 없이 자신의 발생 전력을 정류해서 여자하는 교류 발전기를 총칭하여 자려 교류 발전기라 한다. 복권 특성이 있는 것을 자려 복권 교류 발전기라 하고, 약칭하여 자려 교류 발전기라고도 한다.

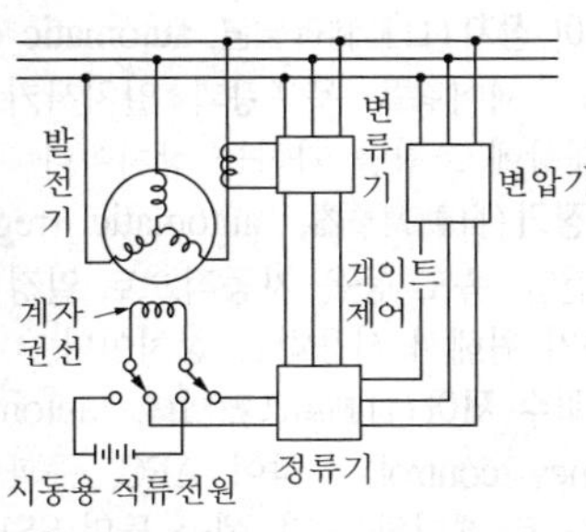

[자려 교류 발전기]

자려 발전기 (自勵發電機, self-excited generator) 자기의 전기자에 발생한 기전력에 의해서 여자 전류를 계자 권선에 공급하여 동작하는 발전기이다.

자려 발진 (自勵發振, self-oscillation) 외부로부터 여진되지 않아도 자체 내에서 궤환 작용을 하여 진동을 지속하는 발진을 이른다.

자려 전동기 (自勵電動機, self-excited motor) 여자 전류와 전기자 전류를 같은 전원에서 받아서 동작하는 전동기이다.

자려 진동 (自動振動, self-oscillation) 하나의 발진기로, 그 출력의 일부를 입력에 궤환시켜서 그것으로 진동을 지속시키는 발진을 자려 진동 또는 자려 발진이라 하다.

자력계 (磁力計, magnetometer) 자계의 세기를 측정하는 계기. 작은 자석을 탄성이 없는 견사로 매달아 축받이로 지지한 형의 것과 탄성을 가진 금속의 가는 선 혹은 용융 석영사로 매달리게 한 형의 것이 있다. 진동수나 진각(振角)으로 자계의 세기를 구한다.

자력선 (磁力線, magnetic line of force, line of magnetic force) 자계의 분포상태를 나타내는 편의상 가상한 곡선으로, 그 선상의 임의의 점에 있어서의 접선이 항상 그 점의 자계의 시계의 방향을 나타내게 된 선이다.

자력선 관 (磁力線管, tube of magnetic force) 어떤 곡선을 가상했을 경우, 그 선상의 임의의 점에서의 접선이 자계의 방향을 나타내는 선을 자력선이라 한다. 또 자력선관이란, 합쳐진 선의 각 점을 통하는 자력선에 둘러싸이는 공간 부분을 말한다.

자력선도 (磁力線圖, magnetic figure) 자계의 분포를 나타내기 위해서 자계 중에 가상된 곡선으로 나타낸 그림이다.

자로 (磁路, magnetic path) 자속(磁束)의 통로이다.

자류 (磁流, magnetic current) 자기 회로를 통하는 자기의 흐름을 이르며, 전기 회로의 전류에 해당하는 것이다.

자류 발전소 (自流發電所, natural flow station) 하천의 유량에 의존하여 발전하는 발전소를 이른다. 주파수 변동에 상관없이 유량에 상당한 발전량을 제공한다.

자립 철탑 (自立鐵塔, self-supporting tower)

⇨ 강철탑.

자방위 (磁方位, magnetic bearing) 자북(磁北)을 기준선의 방향으로 한 방위를 이른다.

자복 계전기 (自復繼電器, self-restoring relay) 일반적으로 유지회로의 전류를 끊음으로써 계전기는 복구되며, 본 계전기는 철판을 사이에 두고 앞쪽에 복귀 코일을, 뒤쪽에 동작코일을 가지고 있다. 키를 눌러서 복귀 코일에 전류를 흘려 비로소 복구하는 계전기이다.

자복 표시기 (自復表示器, self-restoring drop) 기동 권선에 전류가 흐르면 동작하여 필요한 표시를 하고, 그 복귀는 사람의 손에 의존하지 않고 복귀 권선에 전류를 통해서 자동적으로 평상 상태로 되돌아가도록 한 자석식 교환기용 표시기를 이른다.

자석 (磁石, magnet) 강자성체를 자기적으로 분극한 것으로, 철, 니켈 등을 끌어당기고, 또 막대형으로 된 것은 중심(重心)이 되는 곳에서 매달면 막대는 대체로 북쪽을 가리킨다.

자석 발전기 (磁石發電機, magneto generator) 내연기관의 점화장치로 쓰이는 영구 자석을 이용한 교류 발전기. 1차 및 2차 코일, 콘덴서, 배전기 등이 한 몸으로 되어 있다. 점화는 항상 동기이고 충분한 에너지를 가지며 방전에 필요한 고전압을 발생하는 것이 요망된다.

자선기 (磁選機, magnetic separator, magnetic ore-separator) 각종 재료가 혼재하는 중에서 전자석의 흡인작용을 이용하여 자기재료를 선별하는 장치. 습식과 건식이 있다. 습식은 흙탕물 상태의 액체 중에서, 건식은 주로 벨트 컨베이어로 운반되는 재료 중에서 자기 재료를 선별하기 위해서 사용한다.

자성 쐐기 (磁性――, magnetic wedge) 동기 발전기. 유도 전동기의 개방 슬롯은 전압 파형의 개선, 표면 손의 경감 및 여자전류의 감소를 목적으로 자기 재료를 주체로 한 쐐기를 사용하는 때가 있다. 이것을 이른다. 누설 리액턴스는 증가한다.

자성체 (磁性體, magnetic substance, magnetic material) 비투자율이 극히 큰 물질을 강자성체라 한다. 또 비 투자율이 1보다 약간 큰 것을 상자성체라 하고 1보다 약간 적은 물질을 반자성체라 한다. 이들을 총칭해서 자성체라 한다.

자속 (磁束, magnetic flux) 어떤 면을 지나는 자력선의 수를 그 면을 통과하는 자속이라 한다. 자속의 MKS 단위는 웨버이고 전자 단위인 맥스웰의 10^8 배에 해당한다. 이 때 자속 밀도 B가 단면 S의 법선 방향과 이루는 각을 θ라 하면 자속 ϕ는 $\phi = \int_s B \cos\phi dS$ 로 된다. ⇨ 웨버.

자속계 (磁束計, fluxmeter) 가동 코일형 전류계의 제동 코일을 거의 0에 가깝게 하여 제동을 크게 하고 동기를 길게 해서 보통 40 s 이상으로 한 것이다. 단자에 수색 코일을 접속하여 코일을 자계에서 빼내면 자속계가 지시한다. 지시는 자속 수에 수색 코일의 권수를 곱한 것이 나타난다. 그러므로 눈금은 맥스웰 턴으로 나타내게 된다.

자속 밀도 (磁束密度, magnetic flux density) 작은 전류 루프에 대하여 $\boldsymbol{T} = IS\boldsymbol{n} \times \boldsymbol{B}$라는 토크를 발생하는 토크량 $\boldsymbol{B}$를 이른다. $\boldsymbol{n}$은 루프에 대한 법선이고 S는 루프 면적, I는 루프 전류이다.

㊟ 이 정의는 자성 물질 내부의 자속밀도의 정의로는 사용되지 않으므로 그 경우에는 같은 장소에 작용하는 자화력과의 관계에 따라 정의한다($\boldsymbol{B} = \mu \boldsymbol{H}$).

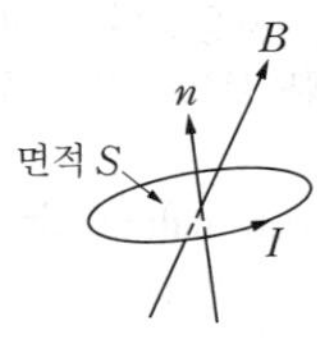

[자속 밀도]

자속선 (磁束線, line of magnetic induction) 자기 유도의 방향과 크기를 나타내기 위한 가상된 선으로, 그 선의 방향으로 자기 유도의 방향을 또는 선의 수로 자기 유도의 크기를 나타낸다.

자속 쇄교수 (磁束鎖交數, flux linkage) 코일을 구성하고 있는 각 권선과 링크(쇄교)하는 자속의 총합으로, N개의 권선으로 구성된 코일의 자속 쇄교수 λ는 각 권선에 링크하는 자속을 각각 $\phi_1, \phi_2, \cdots, \phi_n$으로 하면 $\psi=\phi_1+\phi_2+\cdots+\phi_n$으로 주어진다. 만약 $\phi_1=\phi_2=\cdots=\phi_n\equiv\phi$이면 $\psi=N\phi$로 된다.

자시동 동기 전동기 (自始動同期電動機, self start synchronous motor) 그 단자에 전압을 가할 경우 자기의 기동 권선에 의한 기동 토크에 의해서 기동하는 동기 전동기를 말한다. 동기 전동기의 기동 토크는 대체로 극히 적으므로 무부하 또는 경부하가 아니면 기동이 되지 않는다.

자연 건조 바니시 (自然乾燥——, air drying varnish) 상온에서 건조시키는 형의 바니시 도료이다.

자연 누설 (自然漏洩, natural leakage) 《가스압 점검법》 가스 케이블의 핀홀 이외로부터의 불가피한 누설을 이른다.

자연 방출 (自然放出, spontaneous emission) 여기 상태에 있는 원자, 분자 등이 외부로부터 입사한 전자계와 무관하게 보다 낮은 에너지의 정상 상태로 전이할 때 전자기파가 방출되는 것을 이른다.

자연 순환 보일러 (自然循環——, natural circulation boiler) 포화 온도에서 물과 증기의 밀도차에 의해서 자연 순환하는 드럼형 보일러. 증기의 압력, 온도가 높아지면 물과 수증기의 밀도차가 작아져 순환력이 약하게 되므로 이것을 보완하기 위하여 순환 경로 도중에 펌프를 사용하여 강제 순환시키는 것을 강제 순환 보일러라고 한다. ⇨ 관류 보일러.

자연 통풍 (自然通風, natural draft) 온도차로 인하여 생기는 자연 대류에 의해서 통풍을 하는 것을 말한다.

자연 통풍방식 (自然通風方式, natural air cooling system) 기기 또는 장치에서의 공냉방식을 이르는 것으로, 발생한 내부의 열은 냉각 표면에서 주위 공기의 자연 작용으로 빠져나가도록 되어 있다.

자외선 (紫外線, ultraviolet rays) 전자파의 일종. 가시 광선의 단파 장단(380 mμ)에서 약 10 mμ에 이르는 범위의 방사선을 자외선이라 한다. 비교적 장파장의 것을 근자외선, 단파장인 것을 원자외선이라 한다.

자외선 레이저 (紫外線——, ultraviolet laser) 우라늄 농축, 핵융합, 초미세 가공 등을 할 때 광원으로 사용되는 단파장의 강력한 레이저를 이른다.

자외선 방사 (紫外線放射, ultraviolet radiation) 전자방사 중에서 가시광의 상단(파장 380 nm)에서 X선 영역(파장이 대략 20 nm 정도)에 이르는 파장 범위의 방사를 이른다. 보통 글라스는 이 영역에서는 불투명이 되므로 광학 분야에서는 투과 목적에는 석영이 사용된다. 파장이 더욱 짧아지면 공기 중에서도 투과하지 못한다. 자외선 영역의 세분류에 대하여서는 확정된 것이 없지만 파장이 긴 것에서부터 자외선(UV), 근자외선(NUV), 원자외선(FUV), 극자외선(EUV 또는 XUV) 등의 명칭이 사용된다. 또 별도로 진공 자외선 (200 nm～10 nm) 등의 명칭도 사용되고 있다.

자위차 (磁位差, magnetic potential difference) 자계 중의 두 점에 있어서 단위 크기의 자극이 보유하는 정(靜)에너지의 양의 차. 즉, 두 점에 있어서의 자위차를 가리킨다.

자유 공간 (自由空間, free space) 무한하게 넓게 퍼져가는 진공의 공간을 자유 공간이라 한다. 경우에 따라서는 진공 이외의 균등 매질로 이루어지는 무한 공간을 가리키는 경우도 있다. 무한히 긴 선로에 있어서와 같이, 전자파나 전자계의 문제를 다룰 경우에 도움이 되는 이상(理想) 공간이라고 생각할 수 있다. 자유 공간은 다음과 같은 성질을 가지고 있다. ① 온도가 0K이다. ② 굴절률이 1이다. ③ 전자기파는 c의 최대 속도를 가지고 있다. ④ 특정한 전기의 상수 ε_0와 자기 상수 μ_0를 갖는다. $\varepsilon_0=8.85418+10^{-12}$ F/m, $\mu_0=4\pi\times10^{-7}$ H/m$=1.25664\times10^{-6}$ H/m 따라서 다른 매질 공간에 대한 표준을 제공하고 있다.
㊟ 자유 공간에서의 전자기파의 전파속도 u는 광속도 c와 같다. $u=1/\sqrt{\varepsilon_0\mu_0}=2.99792458\times10^{8}$[m/s]. ⇨ 자유 공간 전계 강도(free space field intensity).

자유 공간 전계 강도 (自由空間電界强度, free space field intensity) 자유 공간에 있어서의 전계 강도를 이른다. 예를 들면, 전자파

ㅈ

가 전파하는 실제 공간은 무한히 넓게 퍼지는 등방성 매질이라고 간주할 수 있으며 그 중에 장해물이 있는 경우 장해물 부근을 제외한 전파상 영향이 없는 공간을 지칭한다. ⇨ 자유공간(free space).

자유 임피던스 (自由 ──, free impedance) 전기 음향 변환기의 진동판이 자유롭게 진동할 수 있는 상태(진공 중)에서 그 전기 단자에서 측정한 임피던스이다. 정규된 음향 부하가 플러스된 상태의 임피던스를 노멀 임피던스라 하고, 이것을 자유 임피던스라고도 한다.

자유 자화 조건 (自由磁化條件, unconstrained magnetization condition, free magnetization condition) 《자기 증폭기》 자기 증폭기의 입력 회로에 전원 주파수의 고주파 전류가 자유로이 흐를 수 있는 회로 조건이다.

자유 전자 (自由電子, free electron) 금속 내에서 금속 원자의 가전자는 원자의 속박을 벗어나서 금속 내를 자유로이 움직일 수 있는 상태에 있으며, 이것을 자유전자라 한다. 양자론에서는 넓은 뜻에서 자유 전자를 전도 전자(conduction electron)라 한다.

자유 전하 (自由電荷, free charge) 전계에 의해서 구속되어 있지 않은 전하를 자유 전자라 한다. ⇔ 구속 전하(bound charge).

자유 진동 (自由振動, free oscillation) 외부에서 가해진 힘이 제거된 후에도 지속되는 진동을 자유진동이라 한다.

자유 행정 (自由行程, free path) 많은 입자가 충돌하면서 운동하는 경우 그 개개의 충돌 사이에 진행하는 곧은 행정을 이른다. 이것은 일정하지 않고 확률적으로 분포하며 그 평균을 평균 자유 행정이라 한다.

자이로 주파수 (── 周波數, gyro-frequency) 하전 입자가 자계가 존재하는 곳에서 다른 외력을 받지 않고 운동할 경우에는 그것은 자력선의 주위를 도는 나선형의 운동이 된다는 것은 잘 알려진 사실이다. 이 경우 입자의 단위 시간 중의 회전의 수를 자이로 주파수라 한다.

자장 계기 (自藏計器, self-contained instrument) 배율기, 분류기, 계기용 변성기 등 측정에 필요한 부품이 전부 기내에 내장되어 있어, 특별히 부속물을 필요로 하지 않는 계기를 이른다.

자재 결합 (自在結合, universal coupling) 서로 연결하는 양 축이 같은 평면상에 있으며 그 중심선이 어떤 각도(<30°)로 교차되는 경우의 전동 장치를 이른다.

자재 구 (自在球, cord adjusting ball) 코드의 길이를 적당한 길이로 늘리거나 줄이는 둥근 것으로서, 두 구멍이 뚫려 있는 것을 지칭한다.

자전관 (磁電管, magnetron) 그림과 같이 음극 주위에 여러 개로 분할한 양극을 두고 이들 양극에는 소요 주파수에 동조하는 공진 회로를 붙이고, 다시 지면에 수직 방향으로 자계를 가하면 음극에서 나온 전자는 회전하면서 양극에 도달한다. 이 때 공간 전하는 여러 개의 전자극을 형성한다. 이 전자극이 회전함으로써 양극의 공진회로에 초단파 발진이 발생한다. 이와 같은 초단파 발진관을 일컫는다. 그 양극의 구조에 따라서 일출형(rising sun type), 활차형(vane type), 농형(cage type) 등이 있다. ⇐ 마그네트론.

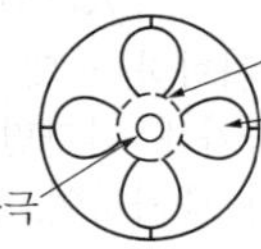

[자전관]

자조 계기 (自照計器, illuminated-dial instrument) 계기의 내부를 조명하여 눈금을 밝게 한 것을 이른다.

자주 주파수 (自走周波數, free running frequency) (1) 외부로부터 동기화 펄스를 부여받지 않고 자기가 가지고 있는 주파수에 의해서 발진하고 있을 때의 주파수를 이른다. (2) 오실로스코프의 자주 소인 모드에서의 소인 주파수, 외부의 신호에 의해서 동기화되어 있는 일은 없다.

자축 (磁軸, magnetic axis) 자석의 양극을 잇는 직선을 자축이라 한다.

자침 (磁針, magnetic needle) 자화되어 있는 바늘. 지자기의 작용으로 지상의 방향을 아는 데 사용된다.

자하 (磁荷, magnetic charge) 자극의 세기를 이른다.

자화 (磁化, magnetization) 자성체가 전자기를 띤 상태가 되는 것. 상자성체나 반자성체를 자장 안에 두면 자화된다.

자화 곡선 (磁化曲線, magnetization curve) 어떤 물질 내의 자계의 세기와 자화의 세기 또는 자속 밀도와의 관계를 나타내는 곡선이다.

자화력 (磁化力, magnetizing force) 물체를 자화하는 자계의 세기로, 보통 H로 나타낸다.

자화선 (磁化線, line of magnetization) 자성체가 자화되고 있을 때 자속선 밀도에 해당하는 선이 그 내부에 같은 밀도로 연속되고 있다고 간주하여, 그 가상의 폐선을 자화선이라고 한다.

자화율 (磁化率, susceptibility) 등방 매질의 강자성체에서는 자화의 세기 J의 방향과 자계의 세기 H의 방향이 일치하고 있으므로 $J=x_m H$라는 관계가 성립되며, 계수 x_m을 자화율이라 한다.

자화의 사이클 (磁化——, cycle of magnetization) 자성체를 자화하는 데 있어서 최초 자계의 세기를 증가해 나가면 자속밀도는 어떤 곡선을 따라 증가하여, 어떤 A점에 이른다. 다음에 자계의 세기를 점차 감소시키면서 0을 거쳐서 반대 방향으로 자계를 강하게 해 나가면 어느 B점에 이른다. 다음에 자계를 줄여서 0을 거쳐 정 방향으로 증가하면 1순환하여 A점에 돌아온다. 이것이 자화의 사이클이다.

ㅈ

자화의 세기 (磁化——, intensity of magnetization) 강자성체 내에서 자계의 방향으로 전향한 단위 자석의 자속 밀도를 나타낸 것이다.

자화 전류 (磁化電流, magnetizing current) 유도 전동기 또는 변압기에서 소요의 자석이 발생함으로써 권선에 흐르는 전류를 이른다.

작업면 (作業面, work plane) 《조명》 작업이 진행되는 평면으로, 그 면상에서 조도가 측정되거나 혹은 지정된다. 특별히 지정하지 않는 한 이 평면은 바닥에서부터 76 cm (30인치) 위에 놓여진 평면으로 간주된다.

작용 면적 (作用面積, active area) 《전극》 실제로 화학반응에 관계되는 극판의 표면적을 이른다.

잔류 (殘留, residual) 상태가 변화하였을 경우에 변화 전의 양의 일부가 남아 있는 것을 이른다.

잔류 감쇠량 (殘留減衰量, residual attenuation) 잔류 감쇠량은 네트 손 또는 종합 감쇠량이라고도 한다. 전화 회선의 양단을 600 Ω로 종단한 경우의 감쇠량을 이른다. 회선 중의 중계기 그 밖의 이득량과 선로, 감쇠량을 빼고 남는 감쇠량을 의미한다. 잔류 감쇠량의 측정은 손실 측정과 같으며, 회선의 공칭 잔류 감쇠량을 정하려면 보통 1,000 Hz를 사용한다.

잔류 손 (殘留損, net loss) ⇨ 실효 전송량.

잔류 용량 (殘留容量, residual capacity) 될 수 있는 한 정전 용량을 갖지 않도록 연구해서 감은 저항기 또는 인덕턴스에 남아 있는 정전 용량을 이른다.

잔류 자기 (殘留磁氣, remanence, residual magnetism) 자성체에 자계를 가해서 자화시킨 후 자계를 제거하여도 자화는 완전히 소멸되지 않고 어느 정도 남아 있다. 남아 있는 자화에 의한 이 자기를 잔류 자기라 한다. 히스테리시스 현상에 기인한다. 영구자석은 잔류 자기를 이용한 자석이다.

잔류 전압 (殘留電壓, residual voltage) 전기기기에 있어서 철(鐵)회로의 잔류 자기로 인하여 발생하는 전압이다.

잔류 전하 (殘留電荷, residual electric charge) 유전체는 전계를 인가하면 분극이 생겨 분극 전하가 발생하며, 인가 전계를 제거하여도 모든 분극 전하가 소멸되지 않고 얼마간 남는다. 이 남는 전하를 잔류 전하라 한다.

잔류 정재파 비 (殘留定在波比, residual standing-wave ratio) 슬롯 선로가 무반사 신호원에서 급전되고, 완전하게 무반사 장차로 종단되어 있을 때의 정재파비(SWR)의 측정값을 이른다. 이 측정값 속에는 비 사이클릭한 잔류 프로브 픽업과 선로 감쇠는 포함되지 않는다.

잔류 측파대 전송 (殘留側波帶傳送, vestigal side-band transmission) 비대칭 측파대 통신의 하나로, 텔레비전 전송과 같은 광대역 전송의 경우 반송파의 일부와 한쪽 측파대의 대부분을 제거한 나머지를 전송하는 통신 방식이다.

잔류 편차 (殘留偏差, offset) 《자동제어》 정상 상태에 이른 후에 남는 제어 편차. 자동제어계의 정위성(定位性)에 의한 잔류 편차를 옵셋이라 한다.

잔상 (殘像, after image) 빛의 자극이 있는 동안은 광각이 있고 자극이 갑자기 없어져도 1/10초 정도는 광각이 남아 있다. 이 광각이 없어진 후 남아 있는 광각을 잔상이라 한다.

잔자성 (殘磁性, retentivity) 물체를 자화시킨 후 자화력을 제거하여도 어느 정도의 자화 상태를 나타낼 때는 잔자성이 있다고 한다.

잔토 (殘土, surfaces) 지하 구조물, 관로 건설 때문에 파헤쳐진 흙을 건설 직후 다시 원상태로 메웠을 때 남는 흙이 생긴다. 이 남는 흙을 잔토라 한다.

잔향 (殘響, reverberation) 실내에서 발생하고 있는 소리를 갑자기 정지시켜도 얼마간 소리가 들린다. 이처럼 음원을 정지시켜도 실내에 남는 소리를 잔향이라 한다. 잔향은 시간에 따라 감쇠하며, 감쇠가 서서히 진행되면 청취가 명료하지 않게 되고 반대로 빨리 진행되면 실내의 음압 레벨이 떨어진다.

잔향계 (殘響計, reverberation meter) 잔향을 직시(直視)할 수 있거나 또는 잔향 시간을 직독할 수 있는 계기를 이른다. 잔향 시간을 지침으로 나타내게 한 것, 오실로그래프를 사용하여 잔향을 그대로 나타내는 것, 고속도 레벨 미터를 사용하여 종이 위에 펜으로 잔향 파형을 그리는 것 등 여러 종류가 있다.

잠동 (潛動, creeping, shunt running) 《적산계기》 무부하에서 회전자가 회전하는 것을 잠동이라 한다.

잠동 저지 장치 (潛動沮止裝置, anticreep device) 적산 전류계의 잠동을 저지하는 장치. 회전자에 지름 1mm 내외의 작은 구멍을 뚫어 놓고, 그것이 자극 아래에 왔을 때 회전자의 잠동이 끝난다. 또 회전자 축에 연철(軟鐵)의 작은 조각을 달고, 전압 코일이 자속의 일부와의 사이에서 움직이는 지극히 작은 흡인력을 이용한 것도 있다.

잠상 (潛像, latent image) (1) 사진 건판에서 노광 또는 그 밖의 에너지를 부여하여 가시상으로 변환하기 전의 입력상. (2) 작은 커패시턴스가 모자이크상으로 모인 면상에 전하의 형태로 축적된 이미지를 이른다.

㊟ 위의 잠상이 물리적 혹은 화학적 수단에 의해서 가시상으로 변환하는 것을 현상이라고 한다.

잡음 (雜音, noise) 전기통신 회선에 혼입하여 정보 전달을 방해하는 복잡한 음향. 회로의 전기적 불안정, 회로의 열 교란, 공전(空電), 인공적 장해 전파 또는 교류 등이 그 원인이다. TV 등의 수신 화면에 나타나는 복잡한 화상도 잡음이라고 한다.

잡음계 (雜音計, noise meter) 유선 통신 등에 있어서 전기 회로의 잡음을 측정하는 계기. 공중의 음장에서 사용하는 noise meter는 소음계라 한다.

잡음 억제기 (雜音抑制器, noise silencer) 충격성 잡음 전압이 발생했을 때 일시적으로 증폭도를 저하시키는 장치이다.

잡음전파 강도 (雜音電波强度, noise field intensity) 전파 잡음의 강도를 말한다. 잡음의 종류에 따라, 또 방해하는 통신의 종류에 따라 허용되는 잡음 강도는 다르며, 가급적 없는 것이 바람직하다.

잡음 제한기 (雜音制限器, noise limiter) 희망하는 신호의 파고값 이상의 강한 잡음 파형의 첨두 부분을 잘라버리는 회로를 이른다.

잡음 지수 (雜音指數, noise factor, noise figure) 장치의 출력단에서의 단위 대역폭당의 잡음 전력 P_{NO}와 입력단의 성단저항(온도 290 K에서)의 잡음전력 P_{NI}의 비율을 데시벨로 나타낸 것. 단, 장치의 이득을 G로 하고 P_{NO}는 입력 측으로 환산한 것으로 한다. 잡음지수 $F(f) = 10\log_{10} P_{NO}/GP_{NO}$.

㊟ 입력단과 출력단에서 주파수가 다를 때에는 각 단의 주파수를 사용한다. G는 그와 같은 조건에서의 이득이다.

장 (場, field) ⇨ 계(界).

장거리 송전선 (長距離送電線, long distance transmission line) 멀리 떨어진 수용지로 송전하기 위한 전선로이다.

장거리 케이블 (長距離——, long distance cable) 장거리 회선을 구성하기 위해서 사용되는 케이블. 현재는 거의 동축 케이블, 반송 케이블을 사용하며 고주파에 대한 특성을 충분히 고려해서 만들어진다.

장경간 (長徑間, long span) 철탑과 철탑 사이의 간격이 긴 것을 이른다.

장 대연 쿼드 (長對撚——, long pair twist quad) 구조는 PM 쿼드와 같으며 특히 연정(撚程)을 길게 한 것이다.

장력계 (張力計, tension meter, tension gauge) 해저 케이블 부설선 등에 설비되는 것으로 전선 통로에 장치되어 전선의 장력을 지침으로 지시하도록 한 것을 이른다.

장벽 (障壁, barrier layer) 《반도체》 이동할 수 있는 캐리어의 전하 밀도가 도너 및 억셉터의 정미(正味)의 전하 밀도를 중화하는 데 불충분한 영역을 말하며, 공핍층(depletion layer)이라고도 한다. 반도체의 접합부는 그 일례이다.

장선기 (張線器, wire grip, vice) 전선을 가선함에 있어서 적당한 딥(dip)을 취하기 위해서 전선을 당길 때 사용하는 기구. 전선을 잡아서 고정시키고 나사로 죄는 구조이다.

장식 조명 (裝飾照明, decorative illumination) 작업을 하기 위하여 빛을 조명하는 것이 아니라 장식을 목적으로 사용하는 것. 피조체의 대면이나 측면에서 투광 조명 또는 광원을 배치하여 아름다운 빛을 연출한다.

장의 세기 (field intensity, field strength) 전계(電界) 또는 자계(磁界)의 세기를 이른다.

장입 (裝入, charging) 원료를 노 속에 장입(裝入)하는 것이다.

장 잔광성 형광체 (長殘光性螢光體, long persistence phosphor) 전자선 충돌 등의 자극을 제거한 후 장시간 형광의 발광을 계속하는 형광체를 이른다.

장주 (裝柱, assembling) 《목주》 전주에 완금, 발판 못, 배선함, 어스선, 조가점 막대 등을 설치하는 것. 혹은 설치한 전주를 지칭한다.

장치 (裝置, apparatus, equipment) 유선, 무선 혹은 전력 또는 일렉트로닉스에 있어서 하나의 독립된 기능을 나타내는 부분을 하나의 덩어리로 구성한 것을 이른다. 예컨대 수신장치, 전원장치 등으로 표현된다.

장파 (長波, long wave) 전자파를 장파, 중파, 중단파 등으로 분류한 시대에(1929년 CCIR 결의) 10 kHz에서 100 kHz 사이를 장파라고 규정했다. 현재의 주파수 구분은 VLF(10~30 kHz), LF(30~300 kHz)로 되어 있다. 무선에서는 특수 통신, 항행 지원 업무 등에 사용되는 주파수이다.

장하 (裝荷, loading) 적당한 유도량을 선로에 부가하여, 그 유도량을 증가시켜 선로 손실을 경감하는 것으로, 집중 장하와 평등 장하가 있다.

장하 간격 (裝荷間隔, coil spacing) 장하 코일의 삽입 간격을 이르는 것으로, 방식에 따라 차이가 있는데 일반적으로 약 2 km가 표준이다.

장하 공중선 (裝荷空中線, loaded antenna) 방송용 공중선의 하나로, 수직 공중선의 정상부에 용량 리액턴스를 접속하여 공중선을 등가적으로 높게 한 것을 말한다.

장하 구간 (裝荷區間, loading section) ⇨ 장하 간격.

장하 맨홀 (裝荷——, loading manhole) 장하 코일을 설치하는 맨홀을 이른다.

장하점 (裝荷點, loading point) 장하 코일을 설치하는 위치를 이르는 것으로, 방식에 따라 다르지만 일반적으로 약 2 km 간격으로 설치한다.

장하 케이블 (裝荷——, loaded cable) 적당한 유도량으로 장하된 케이블을 이르며, 무장하 케이블에 비하여 선로 손실이 적다.

장하 코일 (裝荷——, loading coil) 선로의 장하에 사용되는 유도 코일을 이르는 것으로, 일반적으로 적당한 갯수를 모아 철제 용기에 들어 있다.

장하 코일함 (裝荷——函, loading coil pot) 장하 코일을 수용하는 용기를 지칭하며, 일반적으로 철제로 되고 내부의 코일은 스텁 케이블에 의하여 끌어낼 수 있게 되어 있다.

ㅈ

장하 코일 해트 (裝荷——, loading coil hat) 장하 코일함을 수용하는 콘크리트 또는 철제의 작은 집을 이른다.

장하 해트 (裝荷——, loading hat) ⇨ 장하 코일 해트.

장하 회선 (裝荷回線, loaded circuit) 장하된 회선을 지칭한다.

장해 (障害, fault, trouble) 오자(誤字), 누화, 불통 등의 원인이 되는 잡음, 유도, 일그러짐(직선 일그러짐, 위상 일그러짐, 전신 일그러짐, 비직선 일그러짐 등), 전신 전화 기계의 불량 등으로 인한 신호의 불완전 수신 상태의 원인이 된다.

장해 구간 (障害區間, fault section, faulty section) 사고가 발생하여 정상적인 사용이 불가능하게 된 선로의 구간을 이른다.

장해 등 (障害燈, obstruction light) 항로에 장해가 되는 물체에 부착되는 표지용 등(燈). 적색의 부동광(不動光)으로 광도는 10 cd 이상으로 규정하고 있다. 굴뚝, 급수탑, 건물, 철탑 등에 설치된다.

장형 광도계 (長形光度計, bar photometer) 가장 보편적인 광도계의 형식. 길이 약 3 m 또는 그 이상의 받침으로 되어 있다. 시감으로 측광하는 경우에는 양단에 시험등, 표준등 또는 비교등이 있고 그 중간에 측광기가 설치된다. 이들의 위치를 조절하여 측광 평형을 얻고, 미리 설정해 둔 척도에 의하여 이들 사이의 거리를 측정한 다음 계산에 의해서 시험등의 광도를 구한다. 물리측광에 의하는 경우도 이에 준한다.

장형 측광기 (長形測光器, bar photometer) ⇨ 장형 광도계.

재결합 (再結合, recombination) 《이온》 기체 중에 존재하는 전자 또는 음이온 및 양이온이 그 운동 도중에 서로 영향 범위에 다가오면 상호 인력 때문에 서로 합쳐져서 다시 중성의 원자 또는 분자로 복귀하는 것을 재결합이라 한다.

재결합 계수 (再結合係數, recombination coefficient) 프라스마 중의 전자와 이온이 단위 시간에 결합하는 비율. $t=0$ 에서 전자와 이온의 수가 각각 n_0이고 $t=t$ 에 있어서 그 것이 n이 되었다고 하면, 재결합 계수 α는 다음 식으로 나타낼 수 있다.

$$\alpha=\frac{1}{t}\left(\frac{1}{n}-\frac{1}{n_0}\right)$$

재결합기 (再結合器, recombinator) 원자로 안에서 방사선 작용으로 화학 분해한 감속재, 냉각재를 다시 원래의 화합물로 환원시키는 장치를 이른다.

재결합 방사 (再結合放射, recombination radiation) 반도체에 있어서, 전도대의 전자와 가전자대의 정공이 재결합하여 방출되는 방사. 가전자대와 전도대 사이에서 혹은 이들 두 에너지대에 접근한 억셉터 준위와 도너 주위 사이에서 실제 반전 분포가 발생하면 유도방출과 레이저 증폭(또는 발진)이 이루어진다.

재결합 중심 (再結合中心, recombination center) 반도체의 금제대(禁制帶)안에 존재하는 에너지 준위로, 전도체의 전자 또는 가전자대의 정공(正孔)이 이 준위를 매개하여 간접 재결합(포획 재결합) 한다.

㊟ 재결합 중심을 매개하지 않는 재결합을 직접 재결합이라 한다.

재귀 함수 (再歸函數, recursive function) 그 자신을 사용하여 정의된 수학 함수를 이른다. 즉, 오퍼랜드와 오퍼레이터(연산자)에 의해 정의되는 함수에서 오퍼랜드가 함수 자신을 포함하고 있는 것을 이른다. 예를 들면 $e^x=\int_{-\infty}^{x} e^x dx$ 이다.

㊟ 실제로 계산하여 구하는 경우에는 정확성이 떨어지는 근사 함수를 사용하여 상기와 같은 재귀 관계식으로부터 보다 정확한 함수를 구하는 조작을 반복함으로써 소망하는 정밀도의 함수값을 구할 수 있다.

재기 전압 (再起電壓, restriking voltage, transient recovery voltage) 차단기, 개폐기 등의 한 극을 차단한 직후 그 극의 양 단자 사이 혹은 극의 각 차단점 사이에 나타나는 과도 전압을 이른다.

재냉기 (再冷器, recooler) 기기의 냉각 매체를 다시 냉각하는 장치이다.

재단파 (裁斷波, chopped wave) 어떤 레벨 이하로 진폭을 제한한 전류 또는 전압파를 이른다.

재단파 전압 (裁斷波電壓, chopped voltage impulse) 임펄스 전압에 있어서, 그 파형의 꼬리 부분이 어느 점에서부터 급격하게 감쇠하고 있는 것으로, 그 형태를±$(T_f \times T_t)$ $(T_d \times T_C)$는 [μs]로 주어진다. 여기서T_f : 규약 파두 길이, T_t : 규약 파미 길이, T_d : 규약 재단점까지의 시간, T_c : 규약 재단 길이이다(⇨ 전 충격파 전압). 이와 같은 재단파는 임펄스 전압 발생기의 출력 단자에 재단 갭을 접속한 것에서 발생한다. 갭은 유공구 갭이 사용된다. 특히 높은 임펄스 전압을 재단하는 경우에는 갭을 복수 개 직렬로 한 다단식 재단 갭이 사용된다.

재방사 (再放射, reradiation) 수신파 안테나를 통해서 받은 전파의 일부를 다시 핵(核) 안테나에서 방사하는 것. 예컨대 안테나의 지향 특성을 단향성으로 하기 위해서 쓰이는 반사기처럼 투사기로부터 방사된 에너지의 일부를 받아서 재방사할 경우와 패시브 안테나처럼 도래파를 받아 그 방향을 바꾸어 재방사할 경우 등에 쓰인다. 또 고주파 수신기가 없는 재생 수신기에 있어서 재생을 충분히 활용하면 수신파 안테나로 받은 전파의 일부를 핵 안테나로부터 재방사하게 된다.

ㅈ

재생 (再生, regeneration) 핵분열에 의한 중성자의 재생, 연료원 물질이 중성자를 흡수함으로써 이루어지는 핵연료의 재생, 사용이 끝난 연료의 재처리에 의한 재생 등 상실한 것을 다시 생산한다는 뜻이다.

재생 가능 에너지 (再生可能——, renewable energy) 고갈할 우려가 없는 자연 에너지를 사용하여 재생산할 수 있는 에너지를 이른다. 예를 들면 태양 에너지로 식물이나 해조류에 의해 만들어지는 바이오매스 연료 등이다. 석유, 석탄 같은 화석 연료와 우라늄 등의 원자 연료와 대비된다.

재생로 (再生爐, regenerative reactor) 핵연료를 재생산하면서 핵 연쇄 반응에 의해서 에너지를 방출하는 원자로이다.

재생 사이클 (再生——, regenerative cycle) 터빈 중간의 적당한 단락에서 추기(抽氣)한 증기에 의해서 급수를 가열하는 열사이클이다.

재생 장치 (再生裝置) (1) reproducer 천공카드로 읽은 데이터를 그대로 또는 일부 혹은 전부를 변경 제작하여 다른 카드에 천공하여 만들어 내는 장치 (2) playback system 녹음·녹화된 신호를 재생하는 장치. (3) magnetic reproducer 기록 매체의 자기 변화를 전기 신호로 변환하는 장치. 자기(磁氣) 재생 장치라고도 한다.

재생 코일 (再生——, tickler coil) 재생식 수신방식(주로 검파 회로에 쓰인다)에서 플레이트 회로에 코일을 넣어 그리드 회로에 결합하여 재생할 때의 코일을 말한다.

재생 특성 (再生特性, reproducing characteristic) 녹음 매체의 상태 또는 형상의 변화량에 대한 재생장치의 출력신호 특성. 보통 주파수 특성을 의미하는 경우가 많다. 플레이백 특성이라고도 한다.

재생형 퓨즈 (再生形——, renewable fuse) 가용체가 용단(熔斷)된 경우 가용체를 넣는 용기를 다시 재생하여 가용체를 바꿀 수 있는 구조의 퓨즈를 이른다.

재열기 (再熱器, reheater) 재열 사이클에 있어서 고압단(高壓段)과 저압단 사이에서 증기를 재과열하는 장치. 재열기는 열원에 따라서 가스 재열기와 증기 재열기로 분류된다.

재열 사이클 (再熱——, reheating cycle) 보일러의 증기 압력이 높아지면 이것을 터빈 안에서 진공까지 팽창시키기 위해서는 큰 날개와 대용량의 복수기가 필요하게 되므로 터빈의 팽창단 도중에서 증기를 추출하여 재가열함으로써 발전소의 열효율을 높일 수 있다. 이것을 재열 사이클이라고 한다.
㈜ 추출한 증기를 보일러의 급수가열 등에 이용하는 경우에는 이것을 재생 사이클이라고 한다.

재열 재생 사이클 (再熱再生——, reheat regenerative cycle) 보통 랭킨사이클 대신에 터빈에 의해 어느 압력까지 팽창한 증기를 다시 보일러에 복귀시켜 재열기로 재열한 다음 다시 터빈으로 보내 팽창시키는 것. 터빈에서 복수기로 가는 증기의 일부를 추기하여 급수 가열기로 보내 열효율을 높이고 있다.

재점호 (再點弧, restriking) 《차단기》 충전 전류를 차단할 때 전류파의 제로 위치에서 일단 소멸된 아크가 재기 전압 때문에 극간에 다시 발생하는 것. 영전류 기간이 계통의 정규 주파수의 1/4 사이클 또는 그 이상 지속할 때가 재점호인데, 그 이하의 경우와 구별한다.

재처리 (再處理, reprocessing) 사용이 끝난 핵연료를 화학 처리나 야금 처리해서 쓰고 남은 것과 분열성 물질을 회수하여 분열 생성물을 제거하여 핵연료로 다시 사용할 수 있게 하는 것을 뜻한다.

재투입 (再投入, reclosing) 차단기가 사고로 인하여 차단된 후에 일정한 간격을 두고 자동적으로 투입하는 것을 말한다. 이것은 정전 시간을 단축하고 송전선의 안정도를 높이기 위해 고속도이어야 한다.

재투입 기간 (再投入期間, reclosing interval) 자동 재폐로장치에서 자동적인 개로 동작과 이에 이어지는 자동적인 재폐로 동작 사이의 회로 개방 시간을 이른다. 재폐로 기간이라고도 한다.

재투입 시간 (再投入時間, reclosing time) 자동 고속도 재투입을 하게 하는 보호용 차단기의 재투입 시간은 고장 발생으로 인하여 차단하기 위한 트립장치가 동작하고 나서 일단 차단한 다음 다시 투입되어 아크 접촉자가 재접촉하기까지의 시간을 말한다. 이 시간은 고장 아크의 자연 소멸이 확실히 행하여지는 한 짧을수록 좋은데, 최근의 115~230 kV급의 것에서는 0.3~0.4 S 정도이다.

재폐로 계전기 (再閉路繼電器, reclosing relay) 회로를 자동적으로 재폐로 하는 계전기이다.

재폐로 퓨즈 (再閉路——, reclosing fuse) 둘 또는 그 이상의 퓨즈 홀더, 퓨즈 유닛 또는 퓨즈 링크의 조합으로, 어떤 퓨즈가 동작하면 자동적으로 다음 퓨즈가 회로에 접속되도록 되어 있는 것. 따라서 퓨즈 링크 또는 퓨즈 유닛을 교환하지 않고도 복구할 수 있다.

재활성화 (再活性化, reactivation) 전자방출이 열화된 전자관에서 음극의 활성화 조작을 하며 전자 방출량을 부활시키려는 조작. 음극의 고온 가열, 게터막(膜)의 재가열 같은 방법이 있으며, 반드시 성공한다고는 할 수 없다.

잭반 (——盤, jack board) 전기 회로의 접속이나 시험을 위한 잭판을 다수 겹쳐서 부착시킨 반이다.

잭판 (——板, jack strip) 잭을 5개, 10개, 20개씩 모아서 하나로 합쳐 조립한 판이다.

잭함 (－函, jack box) 전기 회로의 접속이나 시험을 위한 잭을 수용한 함이다.

저감 용량 (低減容量, reduced capacity) 변압기에 탭을 설치할 경우에 정격 출력으로 연속 사용하고자 할 때 온도상승 측면에서 이에 견딜 수 없을 경우에는 어느 정도 용량을 낮추어서 사용하지 않으면 안된다. 이 경우 낮춘 용량을 말한다.

저감 용량 탭 (低減容量——, reduced capacity tap) 변압기에 탭을 설치할 경우 정격 출력으로 연속 사용하려면 온도 상승의 점으로 보아 견딜 수 없는 탭을 말한다. 이와 같은 경우에는 저감 용량으로 사용할 필요가 있다.

저속 중성자 (低速中性子, slow neutron) 열중성자와 같은 의미로 사용되는 경우도 있고, 또 열중성자와 열외중성자(10^2eV까지)를 포함해서 말할 경우도 있다.

저속파 회로 (低速波回路, slow wave circuit) 전송 회로의 일종으로, 특히 파동의 진행 속도를 늦추게 한 구조를 갖는 회로를 말한다. 예컨대 장하 코일 선로 등은 그 한 예이다. 마이크로파용 진행 도파관의 도파 코일이나 단일 도선상에 유전체 피복한 G라인, 관벽의 안쪽에 같은 피막이나 홈 등을 마련한 도파관처럼 표면파를 이용하는 것은 모두 저속파 회로라 생각할 수 있다. ⇨ 와권 도파관(coiled waveguide), 도파선(wire waveguide).

저수량 (低水量, nine-month flow) 1년을 통하여 275일간은 이보다 낮아지지 않는 유량을 이른다.

저수 용량 (貯水容量, reservoir capacity) 저장할 수 있는 물의 총 용량. 즉, 어느 표고까지의 저수지의 총 공간 용적을 이른다.

저수위 저하 (貯水位低下, draw-down) 저수지의 물을 빼낸 결과 생기는 저수지 수위의 차를 이른다.

저수지 (貯水池, storage reservoir) 풍수기의 잉여 수량을 저장하여 그것을 갈수기에 이용하는 것과 같이, 자연 유량을 계절적으로 조절하기에 족한 용량을 가지고 있는 못(池)을 저수지라 한다.

저수지식 발전소 (貯水池式發電所, storage station, reservoir-type power station) 댐에 의한 인조 담수호 또는 천연 호소를 저수지로 하여, 하천 유량의 연간 조정 또는 계절 조정이 가능한 용량을 담수한 수력 발전소를 이른다.

저압 (低壓, low tension, low voltage) 직류 750 V 이하, 교류 600 V이하의 전압을 이른다.

저압 계통 (低壓系統, low voltage system) 600V 이하의 교류 전압, 750V 이하의 직류 전압으로 동작하는 전기 계통을 이른다.

저압 권선 (低壓捲線, low-tension winding, low-voltage winding) 변압기와 같이 1차, 2차의 권선이 있을 경우에 전압이 낮은 쪽을 일컫는다.

저압 인류 애자 (低壓引留碍子, shackle-type strain insulator, low tension anchor insulator) 절연체가 다대(茶臺) 모양 또는 실패 모양을 한 인류 애자를 이른다.

저압측 (低壓側, low tension side) 변압기와 같이 1차, 2차가 있을 경우에 전압이 낮은 쪽을 일컫는다.

저압 케이블 (低壓——, low tension cable) 저압 회로에 사용되는 케이블이다.

저압 코일 (低壓——, low tension coil) 변압기와 같이 1차, 2차 코일이 있을 경우에 그 저압측의 코일을 일컫는다.

저압 회로 (低壓回路, low tension circuit) 전압이 저압(600V 이하의 교류 또는 750V 이하의 직류)인 회로를 이른다.

저역 필터 (低域——, low pass filter) 차단 각주파수 ω_1보다 낮은 주파수의 전류는 감쇠 없이 자유로이 통하며 높은 주파수에 대하여는 큰 감쇠를 주는 필터를 말한다. 그림에 보인 회로는 그 대표적인 T형 및 π형이다. 그림 (b)는 그 감쇠 특성과 위상 특성을 나타낸 것이다. 또 회로 상수를 그림과 같이 선택하면 공칭 임피던스 Z_0 및 차단 각주파수 ω_1은 $Z_0 - \sqrt{L_1/C_2}$, $\omega_1{}^2 = 4/L_1 C_2$와 같이 된다. ⇨ 고역 필터(high-pass filter).

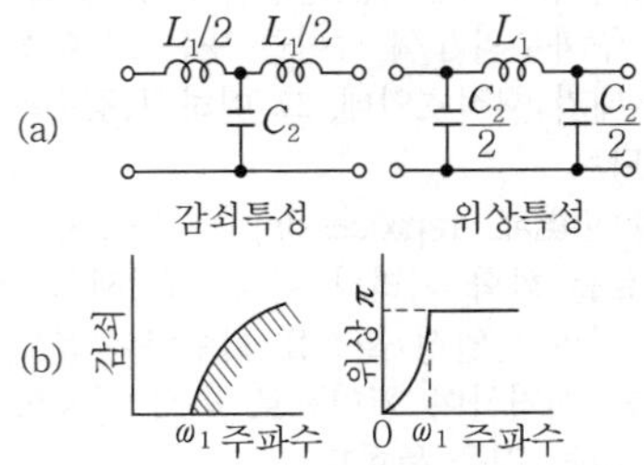

[저역 필터]

저용량 케이블 (低容量——, low capacitance cable) 심선(心線) 사이 또는 심선과 실드 사이의 정전 용량이 적은 케이블을 이른다.

저잡음 케이블 (低雜音——, low noise cable) 회로 상호 간을 접속하는 케이블에 있어서 케이블이 기계적인 구부림이나 충격, 진동 등을 받아 발생하는 유전체와 내부 도체와의 접촉면의 상대적인 접촉 또는 떨어짐 때문에 생기는 마찰 전기 잡음(tribo-electric noise)을 방지하기 위하여 유전체 표면에 도전성 칠을 한 것을 이른다.

저잡음 프론트 엔드 (低雜音——, low-noise front-end) 위성 통신, 레이더 등에서 수신 장치의 프론트 엔드는 RF 증폭기의 경우도 있고, 믹서의 경우도 있는데 이들 장치에서 사용되는 다이오드와 증폭 소자의 잡음 지수는 수신장치의 성능에 중대한 영향을 미친다. 마이크로파 증폭기로서의 파라메트릭 증폭기는 확실히 우수하며 특히 K대역에서도 그 잡음 지수는 그다지 나빠지지 않는다. 그러나 실리콘 바이폴라 트랜지스터 등도 저L대역에서는 십분 저잡음이며 GaAs FET의 경우 등은 냉각하여 열잡음을 줄여 줌으로서 고주파 대역에서도 충분히 실용이 되므로 종전에 비하여 극저온 동작의 파라메트릭 증폭기에 의존할 필요는 적어지고 있다.

저전압 계전기 (低電壓繼電器——, low voltage relay) 계전기에 가해지는 전압이 예정값 이하로 되었을 때 동작하는 계전기이다.

저전압 아크 (低電壓——, low tension arc) 가열된 음극으로부터 단원자 가스 또는 금속 증기 중에 열전자류를 보낼 때에는 전극

간의 전위차가 가스의 전리 전압값과 같은 정도의 낮은 값으로 아크 방전을 일으킨다. 이것을 저전압 아크라고 한다.

저조파 (低調波, subharmonic, fractional harmonic) 기본 주파수 f에 대하여 $f/2$, $f/3$, $(3/5)f$,…… 등의 주파수 조파를 말한다.

저주파 (低周波, low frequency) 고주파에 대하여 낮은 주파수를 일반적으로 저주파라 한다. 전력(예컨대 전기로)에서는 상용 주파수를 저주파라 하고 통신부문에서는 가칭 주파수를 저주파라 하는 경우가 많다. ⇔ 고주파.

저주파 건조 플래시오버 전압 (低周波乾燥——電壓, low frequency dry-flashover voltage) 지정된 조건하에서 전극 간의 공기를 통하여 파괴적인 지속 방전을 발생하는 전압(실효값)을 이른다.

저주파 로 (低周波爐, low-frequency furnace) 상용 주파 전력을 이용하는 유도로. 보통 전자 결합 효과를 크게 하기 위하여 철심을 가지고 있다.

저주파 주수 플래시 오버 전압 (低周波注水——電壓, low-frequency wet-flashover voltage) 전극 간의 공기를 통하여 지속적인 파괴 방전을 발생하는 전압(실효값)으로, 지정된 저항률을 가진 물을 지정된 비율로 주수한 경우의 값이다.

저주파 증폭기 (低周波增幅器, low-frequency amplifier) 일반적으로 음성 주파수의 범위를 증폭하는 증폭기를 말한다. 이것은 고주파 또는 무선 주파수의 증폭기에 대응하는 용어로 사용된다.

저주파 트랜스 (低周波——, audio frequency transformer) AF 회로를 결합하기 위하여 사용되는 철심이 든 변성기. 오디오 트랜스라고도 한다.

저지 콘덴서 (沮止——, blocking condenser, stopping condenser) 발진기의 플레이트 회로 등에 사용하며 직류를 저지하고 교류만을 통과시키기 위한 콘덴서이다.

저 클리어런스 영역 (低——領域, low clearance area) 계기 진입방식에 있어서 저 클리어런스점(low clearance points)만을 포함한 영역을 이른다.

저항 (抵抗, resistance) 장치 또는 재료가 직류 전류의 흐름에 대하여 나타내는 저지효과. 교류 회로에서는 저항은 임피던스의 한 성분이다.

저항 감쇠기(抵抗減衰器, resistance attenuator) 저항 소자의 조합으로 구성되어 있는 감쇠기를 말한다. 회로 중에 삽입하여 소정의 감쇠를 얻기 위하여 사용되는 데 이 장치를 삽입하였기 때문에 회로의 특성이 변화하지 않도록 그 입력 및 출력 임피던스는 그것을 접속하는 양 회로의 출력 및 입력 임피던스와 각각 동일하게 취하고 있다. 주요한 종류로서 T형, π형, H형 등이 있다. ⇨ 감쇠 회로망(attenuation network).

저항 감쇠율 (抵抗感衰率, resistance decrement) 진폭이 시간과 더불어 감소하는 감폭 진동에 있어서 서로 옆에 있는 진동 진폭의 비율이 일정한 경우에 그 값의 자연대수를 저항 감쇠율이라 한다.

저항 강하 (抵抗降下, resistance drop, ohmic drop) 저항의 양단에 발생하는 전압 강하를 이르는 것으로, 전류를 I, 저항을 R이라 하면 IR이 이에 해당한다.

저항 결합 (抵抗結合, resistance coupling) 저항을 연결한 회로망을 말하며, 어떤 경우에는 저항 용량 결합 증폭기를 약해서 말할 경우에 사용된다.

저항 결합 증폭기 (抵抗結合增幅器, resistance coupled amplifier) 진공관 증폭기의 단 사이의 결합 방법에 있어서 앞 단의 플레이트 회로에 저항 부하를 접속하고 그 단자 전압을 다음 단의 그리드에 직접 또는 콘덴서를 통하여 결합하는 증폭기를 말한다.

저항계 (抵抗計, resistance meter, ohm meter) 회로 저항을 측정하는 측정기. 직렬형과 병렬형이 있으며, 전자는 전원(보통 전지)과 가동 코일형 전류계가 직렬로, 또 후자는 그것이 병렬로 접속되어 있다. 저항계로만 만들어진 것도 있지만 전류, 전압 측정회로와 함께 저항 측정회로도 하나의 세트 속에 설치되어 만능형으로 제공된 것도 많다. VOM미터라든가 멀티미터 등이 바로 그러하다. 또 절연 저항처럼 특히 고저항을 측정하는(따라서 전원도 수동 발전기 등을 사용한다) 저항계는 절연 저항계, 메거라고 한다.

저항 계전기 (抵抗繼電器, resistance relay) 선형 임피던스형의 거리 계전기로, R-X선도상에서 그 동작은 정저항의 직선으로 주어진다. 즉, 동작 특성은 $R=K$ 또는 $Z\cos\theta=K$로 주어진다. 여기서 θ는 입력 전압이 입력 전류에 대해 갖는 리드각, K는 상수이다. ⇨ 옴 계전기.

저항 고온계 (抵抗高溫計, resistance pyrometer) ⇨ 저항 온도계.

저항관 (抵抗管, resistance tube) 관형의 저항기. 예컨대 아스베스트, 운모 등의 고온에 견딜 수 있는 절연물 위에 저항선을 감고 그 위에 절연 콤파운드를 칠하여 만든 것, 애관 위에 저항선을 감고 그 위에 에나멜을 칠하여 도금한 것 등이 있다.

저항기 (抵抗器, resistor) 일정량의 저항값을 갖도록 설계·제조된 디바이스를 이른다. 회로에서 전류를 제한하거나 혹은 전압 강하를 부여하기 위해 사용된다. 저항체라고도 한다. 속성으로서의 저항과 혼돈하지 않으려면 단지 저항이라고도 한다.

저항 라이저 (抵抗——, resistance lead) 정류자에 의한 정류의 경우에 단락 전류가 과대하게 되는 것을 방지하기 위하여 전기자 코일과 정류자편 사이의 라이저를 저항재료로 만든 것을 말한다.

저항로 (抵抗爐, resistance furnace) 저항체에 전류를 통함으로써 발생하는 열을 이용하는 노로 다음과 같은 것이 있다. ① 노벽에 장치한 금속, 비금속 저항체에 의해 가열하여 비교적 낮은 융점의 금속 제조와 열처리를 하는 것. ② 인조 흑연, 카보런덤을 제조하는 경우처럼, 용해염을 저항체로 융해하여 전해에 의해 제조하는 것이 있다.

저항률 (抵抗率, resistivity) 단위 용적의 물질이 전류에 대하여 나타내는 저항. 도선의 경우에는 도선을 따라 선정한 2점간의 도선 길이를 l, 도선 단면적을 A로 하여 그 저항 R이 $R=\rho l/A$로 주어지면 ρ를 저항률이라 한다. 비저항은 옛날 용어. 단위는 $\Omega\cdot$m이다.

[주] 저항률의 역수를 도전율이라 한다.

저항 분압기 (抵抗分壓器, resistance type potential divider) 저항으로 만들어진 분압기로서, 직류용의 경우에는 절연 불완전으로 인한 누설과 자기 과열, 온도계수에 주의하여야 하고. 교류용에서는 잔류 인덕턴스에 기인한 위상각 등에 주의하여야 한다.

저항 비 (抵抗比, resistance ratio) 기기의 권선에 교류를 통하여 측정한 저항값은 표피작용 때문에 직류로 측정한 저항값보다 크고 교류인 경우의 저항을 직류인 경우의 저항에 대한 비율을 저항비라 한다.

저항 선 (抵抗線, resistance wire) 저항을 얻기 위하여 만들어진 선을 말한다. 금속으로는 니크롬선, 어드밴스선 등이 쓰인다. 탄소는 금속은 아니지만 저항으로 많이 사용되며 이것을 선조로 한 것도 저항선이라 할 때가 있다.

저항 손 (抵抗損, ohmic loss, resistance loss) 저항에 의해서 소비되는 전력 손실. 저항을 통하는 전류를 I, 저항값을 R이라 하면 I^2R이 저항 손이다.

저항 온도계 (抵抗溫度計, resistance thermometer) 저항을 검출 요소로 하는 온도계로, 저항은 온도의 정확한 기지 함수로 교정되어 있다. 그림은 브리지 구조의 저항 온도계를 도시한 것이다. 측온점과 브리지를 연결하는 접속선의 저항이 브리지 평형 조건에 영향을 주지 않도록 3선식 구조를 사용하고 있다.

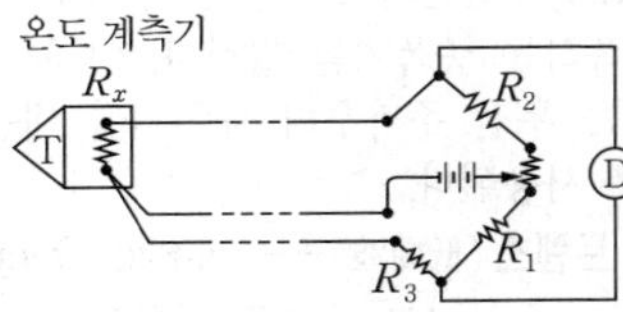

[저항 온도계]

저항 용접 (抵抗熔接, resistance welding) 용접하고자 하는 금속을 겹쳐 놓고 가압하면서 전류를 흘려 접촉부를 녹는점 이상으로 가열하여 녹여서 일체화하는 방법. 봉합 용접, 점 용접, 충격 용접 등이 있다.

저항자 (抵抗子, resistance unit) 전기 회로의 전압이나 전류를 조정하기 위하여 사용되는 저항기로, 굳이 정확한 저항값을 알 필요는 없는 것. 예를 들면 탄소 저항기와 물(水)저항기 같은 것이다.

저항 접지 계통 (抵抗接地系統, resistance grounded neutral system) 중성점이 저항을 통하여 접지되어 있는 전력 계통을 이른다.

저항 접지 방식 (抵抗接地方式, resistance grounded neutral system) 중성점을 저항을 통하여 대지에 접속하는 방식을 이른다.

저항 정류 (抵抗整流, resistance commutation) 정류자에 의해서 정류를 할 경우에 브러시의 접촉 저항에 의해서만 양호한 정류를 얻는 방법을 저항 정류라 한다.

저항 제동 (抵抗制動, rheostatic braking) 전동기가 갖는 운동 에너지에 의해서 발생한 전기 에너지가 가변 저항기에 의해서 제어되고, 소비되는 일종의 다이내믹 제동작용을 저항작용이라 한다.

저항 제어 (抵抗制御, rheostatic control) 전기자 회로에 직렬로 저항을 접속하여 전동기의 속도를 제어하는 것을 이른다.

저항 증폭기 (抵抗增幅器, resistance amplifier) 저항 용량 증폭기의 약어이다(⇨ 저항 결합 증폭기). 엄밀하게 말하면 저항만을 사용한 직접 결합 증폭기를 이른다.

저항 진공계 (抵抗眞空計, hotwire manometer, resistance manometer) 가열선 저항의 변화를 이용한 진공계이다. 기체의 열전도율은 기압에 따라 변화하는 것이므로 이것이 가열선의 온도에 따라 저항값에 영향을 미치는 것이다.

저항체 (抵抗體, resistor) 전기 저항을 갖게 한 전기회로의 부품을 말한다.

저항판 부하 (抵抗板負荷, resistance card load) 도파관 내부의 전계가 큰 위치에 베이클라이트판이나 유리판의 표면에 아카닥 도료를 칠하여 저항 피막을 형성하게 하여 저항 부하로 한 것을 말한다. 그림은 TE_{10}파에 대하여 전계가 가장 큰 중앙 판축상에 해당 저항판을 설치한 상태를 보인 것으로, 이 판의 설치 위치를 병행으로 이동시키면 그 감쇠량이 변화하고 양 벽면 가까이에서 감쇠가 최소로 된다. ⇨ 도파관 저항 감쇠기.

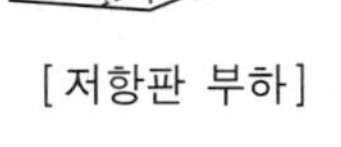

[저항판 부하]

저항함 (抵抗函, resistance box) 저항기를 넣은 상자. 보통은 외부로부터 저항값을 가감할 수 있고, 또한 그 값을 알 수 있게 한 것이 많다.

저항형 전압 조정기 (抵抗形電壓調整器, rheostatic voltage regulator) 발전기의 전압 변동에 따라 발전기 또는 그 여자기의 계자 저항기를 자동적으로 조정하여 발전기 전압을 조정하는 조정장치를 지칭한다.

적분기 (積分器, integrator) (1) 어떤 변수의 다른 변수(보통 시간)에 대한 적분값에 비례하는 출력을 발생하는 따위의 임의의 장치. (2) 그 출력 파형이 본질적으로 입력 파형의 시간 적분과 상등한 트랜스듀서. (3) 저역 필터를 이르는 막연한 호칭이다.

주 적분기는 보통 가산 기능도 아울러 갖고 있다. 이것을 적분-가산 모듈이라고 한다.

적분 동작 (積分動作, integral action) 《자동제어》 조작량이 동작 신호의 적분에 비례하는 것. 약해서 I 동작이라고도 한다.

적분 시간 (積分時間, reset time) 《자동제어》 PI 또는 PID 제어장치에 계단형 동작 신호를 가했을 경우 P동작(비례 동작)에 의한 조작량 변화를 I동작(적분 동작)만으로 일으키는 데 필요한 시간을 이른다.

적분 이득 (積分利得, storage gain) 레이더 안테나의 회전속도에 따라서 브라운관 상의 휘도(輝度)가 달라지는데, 이것은 형광막의 축적 효과와 관계가 있다. 최소 검출 휘도와 이 축적 효과에 의한 휘도의 비율을 이른다.

적분 회로 (積分回路, integration circuit) 적분회로란 출력 파형이 입력 파형의 적분형이 되는 회로를 말한다. 지금 그림(a)의 입출력 전압을 각각 e_1, e_2, 콘덴서를 흐르는 전류를 i, 저항 R의 단자 전압을 e_R로 하면

$e_2 = \frac{1}{C}\int idt = \frac{1}{RC}\int e_R dt \fallingdotseq \frac{1}{RC}\int e_1\, dt$가 되고 그림 (b)에 있어서도 마찬가지로 $e_2 = iR = \frac{R}{L}\int e_L dt \fallingdotseq \frac{R}{L}\int e_1\, dt$ 가 되지만 전

ㅈ

자의 경우는 $R \gg \frac{1}{\omega C}$, 후자의 경우는 $\omega L \gg R$의 관계가 성립되는 범위에서는 어느 것이나 적분 회로로 동작한다. ⇔ 미분 회로.

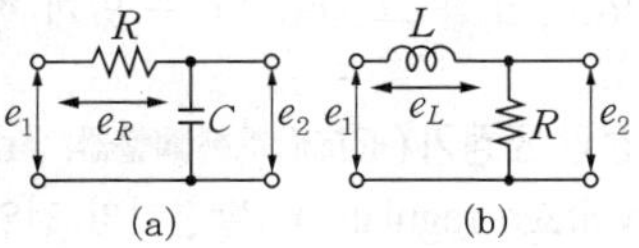

[적분 회로]

적분 효과(積分效果, storage effect) 레이더용 브라운관에 있어서 도래한 펄스 에너지가 축적되어 상(像)이 밝게 보이는 것을 적분 효과라 한다.

적산 계기(積算計器, integrating meter) 어떤 기간 중의 전기적 제반량을 적산하는 계기로, 적산 전류계, 적산 전력계 등이 이에 속한다.

적산 무효 전력계(積算無效電力計, reactive kilovolt-ampere-hour(kVAh) meter) 무효 전력을 시간에 대해서 적산 계량하는 계기이다. ⇨ 무효 전력계.

적산 수량 곡선(積算水量曲線, mass curve of water quantity) 가로 좌표에는 어떤 시기를 기점으로 하여 역일(歷日), 요일 또는 시각을, 세로 좌표에는 유량의 적산값을 취하여 만들어진 곡선. 적산 유량곡선이라고도 한다.

적산 전력계(積算電力計, energy meter, integrating wattmeter, watt-hour meter) 전기 공급 사업에 있어서 종량 요금제에 따라서 거래에 사용되는 계기로, 사용 전력량[kWh]을 재는 적산 계기이다. 교류용으로서는 오로지 유도형이, 또 직류용에는 수은 및 정류자 전동기형이 쓰인다.

적산 전류계(積算電流計, ampere-hour meter) 전류를 시간에 대해서 적산 계량하는 계기이다.

적산 초과 전력계(積算超過電力計, excess meter) 어떤 양을 초과해서 사용하는 전력만을 적산 계량하는 계기. 시판 계기에는 초과 전력량만을 계량하는 것과 전 전력량과 초과 전력량을 각각 개별 표시기에 동시에 계량하는 것이 있다.

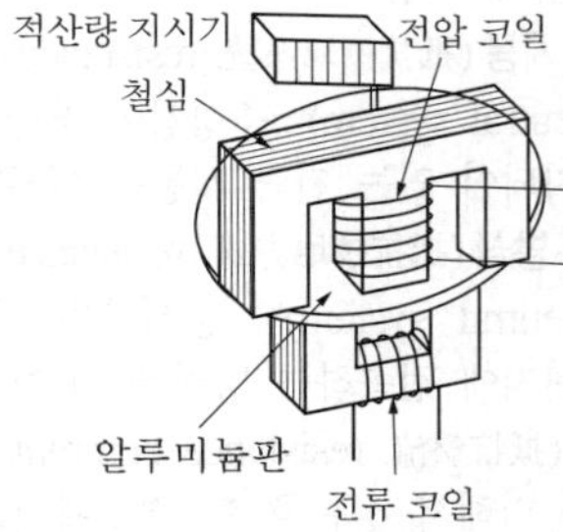

[적산 전류계]

적산 피상 전력계(積算皮相電力計) (1) volt-ampere-hour(VAh) meter 피상 전력량 [kVAh]을 계량하는 계기로, 3상 전압의 평형을 전제로 하고 역률(力率)의 어떤 범위 내에서 [kVAh]의 근사치를 계량하는 것이라면 유도형 적산 전력계를 적당하게 사용함으로써 얻어진다. (2) apparent-energy meter 피상 전력량을 계량 적산하는 계기이다.

적산형 최대 수용 전력계(積算形最大需用電力計, integrating demand meter) 기간 중의 부하를 적산하는 형의 최대 수용 전력계로, 적산기구는 적산 전력계를 사용한다.

적산 회전계(積算回轉計, revolution counter) 회전수를 적산하는 계기이다.

적외 방사(赤外放射, infrared radiation) 파장 780～10^6nm까지 범위의 방사를 이른다. 일반적으로 자외선과 달리 적외선 에너지는 파장 기준으로 평가하는 것이 아니라 어떤 면에 입사하는 방사 에너지에 따라 평가한다. 적외선 가열, 적외선 사진, 적외선 건조 등에 응용된다.

㊟ 블랙라이트를 자외선이나 적외선의 뜻으로 사용하는 종래의 표현은 폐지되었다. 적외역은 다시 근적외역(780～1,500 nm), 중적외역(1,500～10^4nm), 원적외선역(10^4～10^6nm)으로 구분할 수 있다.

적외선(赤外線, infrared rays) 전자파 중에서 파장이 0.8～400μ 범위에 있는 것을 적외선이라 한다. 5μ보다 파장이 긴 것은 원적외선이라 하고 헤르츠파의 영역과 겹친다. 단파장의 것은 근적외선이며 빛과 함께 발생하는 일이 많고 특히 백열 전구, 탄소 아크등은 그 유력한 근원이다. 물체, 생체 내에 진입을 잘 하므로 가열, 건조, 의료, 미용 등에 응용된다.

적외선 가열 (赤外線加熱, infrared heating) 보통 필리멘트 전구를 저온으로 점등하였을 때 얻어지는 적외선 방사를 이용하여 가열하는 것. 잉크, 아교, 바니시, 페인트 등을 건조하거나 냉동 식품을 해동하거나 혹은 의료 목적 등에 사용된다.

적외선 스펙트럼 (赤外線――, infrared spectrum) 분자의 진동상태의 변화, 에너지 천이 등에 의해서 발생하는 적외 영역의 흡수 스펙트럼과 발광 스펙트럼으로서, 이 스펙트럼을 이용하여 분자 구조의 결정과 정량(정성) 분석을 할 수 있다.

㊟ 흡수 스펙트럼은 연속 스펙트럼 광이 어떤 물질을 통과할 때 스펙트럼의 일부가 이 물질에 흡수되기 때문에 그곳이 어둡게 보이는 것, 또 발광 스펙트럼은 원자와 분자가 여기상태에서 낮은 에너지 상태로 전이할 때 생기는 스펙트럼 선이다.

적외선 전구 (赤外線電球, infrared ray lamp) 적외선을 건조, 가열, 의료, 미용 등의 목적에 이용하기 위한 근원으로서의 전구. 조명용 전구보다도 필라멘트의 온도를 낮게 2,000~2,500° K로 설계하고 파장 1.2~1.5μ의 적외선을 많이 내고 수명을 길게 하였다. 반사갓을 별도로 쓰는 형과 쓰지 않는 반사형이 있다. 또 의료용은 눈부심을 막기 위해서 적색 유리구에 넣어져 있다.

적용 구역 (適用區域, availability) 《공급 규정》 공급 규정이 적용되는 지역, 지대 또는 부락. availability에는 이밖에 "전기가 공급되는 시간 또는 기간"이란 뜻도 있다.

적용 단체 (適用團體, rateschedule group) 《공급 규정》 동일 요금 규정이 적용되는 사회 그룹을 뜻한다.

적용 범위 (適用範圍, applicability) 공급 규정 적용상의 수용가의 종류 또는 용도의 형태를 이른다. ⇨ 적용 구역.

적응계 (適應系, adaptive system) 생물 조직이 다른 환경 또는 변화하는 환경에서 생존할 수 있도록 환경 변화에 적응하여 자기 개조를 하는 것을 적응이라고 하는데, 일반으로 어느 시스템이 그 환경이나 입력 변수의 미지의 변화에 대하여 그에 적합하도록 시스템 파라미터를 변화하도록 구성되어 있을 때, 이와 같은 시스템을 적응계라고 한다. 그 경우에 과거의 경험을 참고로 하여 파라미터를 변경하는 계를 학습계라 하고 있다.

적응 제어 (適應制御, adaptive control) 특성이 충분히 인지되어 있지 않은 제어 대상, 또는 조업 중에 특성이 변동하는 제어 대상에 대하여 컨트롤러를 자동적으로 적응시켜 통상의 피드백 제어보다도 높은 성능을 얻는 것을 목적으로 하는 제어 방식을 이른다.

적응 필터 (適應――, adaptive filter) 랜덤으로 생겨서 잡음에 매몰된 일정 파형의 신호에 대하여 정확하게 응답하도록 그 자신의 파라미터를 조정하는 필터. 필터는 파형의 존재 혹은 형상의 예비 지식 없이도 동작한다.

적층 건전지 (積層乾電池, layerbuilt dry cell) 편평한 형상의 망간 건전지를 적층하여 소형으로 고전압을 얻도록 한 전지를 이른다. 전극은 아연판에 탄소 분말을 불어 붙임으로써 음양 두 극이 등을 맞대어 접속된 형태인데, 감극용 혼합물(합제)의 중앙부에 삽입되어 있다.

적층 광전지 (積層光電池, block-layer photocell) 셀렌 광전지, 이산화동 광전지, 실리콘 포토 다이오드 등과 같이, 반도체의 전위 장벽에 있어서 광기전력 효과(내부 광전효과라고도 한다)를 이용하는 광전지를 뜻한다.

적층 전지 (積層電池, layer-built cell) 망간 건전지와 원리적으로 같은 것으로, 이것을 다시 소형 편평(小形扁平)하게 하여 다수 겹쳐 쌓아 구성한 것. 전류 용량은 고전압을 필요로 하는 곳에 잘 쓰인다.

적층 절연물 (積層絶緣物, laminated insulation) 셀락 혹은 페놀수지 등을 교착제(膠着劑)로 하여 헝겊 또는 종이를 맞추어 발라서 경화시킨 것을 이른다.

적층 철심 (積層鐵心, laminated core) 변압기, 회전기 등의 전자기 회로를 얇은 강판을 적층하여 구성한 것. 각 강판(lamination)은 그 표면을 산화물이나 바니시로 처리하고,

층간 절연을 강화하여 자속 변화로 인한 와전류를 억제함으로써 손실을 경감한다.

적층 형광막(積層螢光膜, cascade screen) 형광막의 조성(組成)이 균일하지 않고 종류가 다른 재료를 층 모양으로 구성시켜 발광 효과와 잔광성(殘光性)의 증대를 도모한 것이다.

전개 정리(展開定理, expansion theorem) 불변 전압을 일반적인 회로에 가한 경우의 기호적인 해법에 관한 공식으로 Heaviside에 의한 것이다.

전개 함수(展開函數, spreading function) 광학 결상계나 사용한 사진 감광재의 성질에 따라 근원의 물점(object point)이 계의 결상면에서 어떠한 패턴의 상이 되는가를 부여하는 함수. 물점이란, 퍼짐을 무시할 수 있는 2차원의 광학원으로 이해된다. 감광 재료의 경우는 유제의 조성에 따른 빛의 물리적 산란, 현상에 의한 광학적 전개 등이 포함되지만 어느 경우이든 전개 함수는 물점에서 상(이미지)에 이르는 결상계의 전달 성능을 부여하는 것으로서, 전기신호 전송계의 임펄스 응답 함수에 상당하는 것이다.

전건(電鍵, key) 사람의 손에 의해서 조작하여 접점 스프링 등을 동작시켜서 전기 회로의 개폐 또는 전환을 하는 기기를 지칭한다.

ㅈ

전격(電擊, electric shock) ⇨ 감전.

전계(電界, electric field) 대전체가 존재하는 공간 각 점의 전기적 상태를 나타내는 양을 말한다. 즉 공간의 각 점에 정지하는 단위 전하에 작용하는 힘이라고 정의되며, 전계 E라는 장소에 놓여진 정지 전하 e에 작용하는 힘은 eE가 된다. 그러므로 정전계에서는 정전 퍼텐셜을 ϕ라고 하면 $E=-\mathrm{grad}\,\phi$가 되어 쿨롱의 법칙에 따르는 힘의 계(界)가 된다. 또 전자계에서는 스칼라 퍼텐셜 ϕ와 벡터 퍼텐셜 A에서 $E=-\mathrm{grad}\phi-\partial A/\partial t$로 유도된다. 전계의 세기는 MKS 단위 V/m로 나타낸다. ⇨ 전계강도(electric field strength), 전파강도(electric field intensity).

전계 강도(電界强度, field strength) 전계 강도 및 자계 강도 또는 그 어느 쪽일 때에도 쓰는 말인데 실제로는 전계만을 지칭하는 경우가 많다. 또 intensity를 전력 크기의 뜻으로 쓰는 경우도 있으므로 이 경우에는 strength와 혼동하지 않도록 주의한다.

전계 강도 지도(電界强度地圖, field strength map) ⇨ 전파 강도 지도.

전계도(電界圖, graphical representation of radio field strength) 전계 강도의 분포를 도식으로 표시한 것. 보통 동일 전계 강도의 점을 이어서 등전계선으로 하여 나타낸다.

전계 렌즈(電界——, static-lens, electrostatic lens) 전위경도가 있는 고진공의 전계 내를 전자 빔이 진행하면 Snell의 법칙에 따라 전자궤도가 굴절을 받기 때문에 광학 렌즈의 경우와 마찬가지로 전자의 집속 및 발산을 할 수 있다. 이런 목적으로 만들어진 전자장치를 전계 렌즈라고 한다. 예컨대 그림에 있어서 A를 0 전위의 전자 발사원으로 하고 B 및 C를 A에 대하여 +전위로 유지하면 그림과 같은 등전위면이 얻어지므로 A에서 발사된 전자 빔은 발산을 받아 광학에 있어서의 오목 렌즈의 작용을 한다. 이것은 전자현미경(electron microscope) 등에 이용된다. ⇔ 자계 렌즈(magnetic lens).

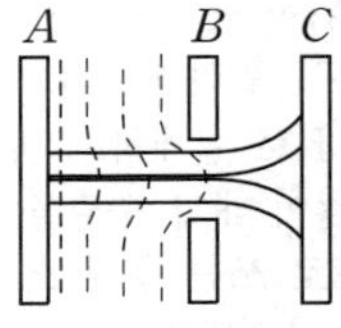

[전계 렌즈]

전계 방출(電界放出, field emission, cold emission) 방출면의 높은 전위 구배(전계)에 의해 직접 전자가 방출되는 것을 이른다.

㊟ 음극을 가열함으로써 방출하는 이른바 열전자 방출은 아니다. 외부 전계는 쇼트키의 영상 전하에 의한 표면 전위의 벽의 인하를 초래함과 동시에 강한 전계에서는 벽이 얇아져 터널 효과도 전자 방출을 돕게 된다.

전계의 세기(電界——, radio-field strength) 전자파 통로에서의 임의의 점의 전계의 세기로, 단위는 μV/m 또는 mV/m로 나타내는 경우가 많다. 100 MHz를 넘는 정도의 전자파의 원방계(프라운호퍼역)에서의 전계의 세기 E는 $E=\sqrt{pZ_0}$ [V/m]로 주어진다. 여기서 p는 방사 전력속의 밀도 [W/m^2], Z_0는 자유 공간의 임피던스(377Ω)이다.

전계 전자 렌즈(電界電子——, electro-static electron lens) 정전계로 구성된 전자 렌즈이다.

전계 집속(電界集束——, electrostatic focusing, static focusing) 적당한 분포의 전계(전계 렌즈)에 의해서 전자 빔을 집속하는 것. 하전 입자에 있어서 전위의 변화는 빛에 대한 굴절률의 변화에 상당하므로 적당한 전계를 만들어 주면 광학의 경우의 렌즈나 프리즘의 작용을 시킬 수 있다. ⇐ 정전 집속.

전계 편향(電界偏向, static deflection) 전자 빔을 전계에 의해서 편향시키는 것. 보통은 전자 빔의 진행 방향에 직각으로 전계를 가하여 편향시킨다. ⇨ 자계 편향(magnetic deflection).

전계 효과 트랜지스터(電界效果——, field effect transistor) 약어 FET, 소스에서 드레인에 이르는 채널(전류 통로)의 전기 저항이 두 게이트 전극에 의해서 통로에 직각으로 부여된 전계에 의해 변조되는 트랜지스터, 위의 직각 방향의 전계에 의하여 두 게이트 사이의 공핍층(절연층) 두께가 변화하기 때문에 채널의 단면, 따라서 채널 저항이 변화하고 그 곳을 통하는 전류가 제어된다.

전공 스위치(電空——, electropneumatic switch) 전자력에 의해서 공기 밸브를 동작시켜 공기력으로 동작하는 스위치를 말한다.

전공 연동장치(電空連動裝置, electropneumatic interlocking device) 철도에 있어서 전기 연동기를 사용하여 신호기, 전철기를 전기 및 압축 공기에 의하여 조작하는 구내 보안장치를 이른다.

전공 전철기(電空轉轍機, electropneumatic switch machine) 전기 및 압축 공기를 동력으로 하여 전철기를 전환하여 쇄정(鎖錠)에 의해서 조작하는 제어기이다.

전공 제어기(電空制御機, electropneumatic controller) 전기 및 압축 공기에 의해서 조작하는 제어기이다.

전구(電球, electric lamp) 백열 전구의 약어이다.

전구 수차(前口水車, frontal water turbine) 수차 축의 방향에 있어서, 수압관으로부터 도수(導水)되는 형태의 외피를 갖는 프란시스 수차를 이른다.

전극(電極, electrode) (1) 그 곳을 통하여 전류가 진공, 가스, 전해질, 반도체 등의 영역에 출입하는 도체 부분을 이른다. (2) 《전기 화학》 전해질 내의 이온과 외부 전기회로 사이에 전기량을 수수하는 도체부분. 예를 들면 전지에서는 전극 표면에서 전해질 내의 이온에 의한 도전작용과 외부 회로의 전자에 의한 도전작용이 여기서 입체(入替)된다. (3)《전자관》그 전계에 의해 전자 또는 이온을 방출하고, 수집하며 혹은 그 이동을 제어하는 도체 요소. (4)《반도체》그 전계에 의해 전자나 정공을 방출하거나 수집하고, 혹은 그 이동을 제어하는 요소. (5) 《생물 일렉트로닉스》 생물 일렉트로닉스 분야에서 사용되는 측정용(접촉) 금속편을 뜻한다.

전극간 용량(電極間容量, inter-electrode capacitance, inter-electrode capacity) 전자관의 전극 상호 간에 존재하는 정전 용량을 말한다. 일반적으로는 정전적 용량을 가리키지만 동작 상태에서는 전자류가 있기 때문에 얼마간 증가한다. 특히 음극과 제어 그리드 간의 용량의 증가가 크다. 증폭관으로서는 상호 컨덕턴스에 비해서 이 용량이 가급적 적은 것이 바람직하다.

전극기(轉極器, reversing switch, pole changes) 2개의 회로 사이의 접속 극성을 반대로 할 때에 사용하는 스위치이다.

전극 전위(電極電位, electrode potential) 전극이 용액에 접하는 계면에 발생하는 전위차를 전극 전위라 한다.

전극 활물질(電極活物質, electrode active material) 전지의 전극 반응에 관여하는 물질을 이른다. 양전극의 활물질은 산화제로서 PbO_2, MnO_2, Ni_2O_3 등의 고체 물체가 많이 사용된다. 음전극의 활물질은 환원제로서 아연이나 납 같은 비(卑)금속이 가장 보편적으로 사용되고 있다. 단순히 활물질이라고도 한다.

전 금속 자전관(全金屬磁電管, all metal magnetron) 양극을 위시하여 진공 용기도 금속으로 된 자전관. 주로 공동 자전관은 이 형의 것이 많다.

전기(電氣, electricity) 에너지의 한 가지 형태로, 플러스, 마이너스의 두 종류가 있으며 발생하는 형태에 따라 압전기, 접촉 전기, 열전기 등 여러 종류가 있다.

전기각(電氣角, electrical angle) 회전기에 있어서 그 원주상의 두 점의 중심에 대해서 이루는 각을 실제로 측정한 각(기계각)의 p배로 나타내면 극수가 다른 경우에 대하여 편리한 경우가 많다. 이 기계각을 p배 한 것을 전기각이라고 한다. 여기서 p는 극대수이다.

전기 거리(電氣距離, electrical distance) 2점 간의 거리를 그들 점 사이의 자유공간을 전자파가 전파하는 데 요하는 시간으로 나타낸 것이다.

㊟ 전기 거리의 편리한 단위는 광 마이크로 세컨드(light microsecond), 즉 약 300 m이며, 이 단위를 사용할 때 전기 거리는 수치적으로는 μs로 나타낸 전파 시간과 같다.

전기 계기(電氣計器, electric meter) 전기에 관련된 여러 양을 측정하는 계기. 전압계, 전류계, 전력계, 적산 전력계 등이 그 예이다.

ㅈ

전기 계통(電氣系統, electric system) 물리적으로 접속되어 마치 하나의 조직처럼 운전되는 전력 시설의 모임을 말한다. 전력계통이라고도 한다.

전기 공학(電氣工學, electrical engineering) 전기의 여러 현상에 관한 응용 및 기술을 연구하는 공학의 한 분야이다. 최근에는 이 분야에서 통신공학, 전자공학 등을 분리하여 다루기도 한다.

전기 권상기(電氣捲上機, electric winding machine) 전동기로 조작되는 권상기를 말한다.

전기 기계(電氣機械, electric machine) 항시 회전하여 전력을 발생시키거나 또는 전력을 받아서 회전하며 동작하는 기계를 이른다.

전기 기계식 연동장치(電氣機械式連動裝置, electromechanical interlocks) 기계식 연동장치(mechanical interlocks)를 지칭하는 것이다.

전기 기관차(電氣機關車, electric locomotive) 전기 동력에 의해서 운전되는 기관차를 뜻한다.

전기 기구 회로(電氣器具回路, appliance circuit) 6A 이하의 소형 전기 기구(가정용 전기 기구 등)에 전기를 공급하는 회로를 이른다.

전기 기기(電氣機器, electrical machinery and apparatus) 전력에 의해서 동작하는 회전 기계 및 정지(靜止) 기구이다.

전기 도금(電氣鍍金, electroplating) 전기 분해에 의한 전착(電着)을 이용하여 음극 물체의 표면을 금속 박층으로 감싸는 것. 구리, 니켈, 크롬, 아연, 카드뮴, 금, 은 등이 사용된다.

전기 도금조(電氣鍍金槽, electroplating bath) 전기 도금을 할 때의 전해 용기를 뜻한다.

전기 동(電氣銅, electrolytic copper) 전해 정제에 의해서 얻어지는 구리. 순도가 높아 도선으로 많이 쓰인다.

전기 동력계(電氣動力計, electric dynamometer) 직류기 또는 교류 정류자기를 사용한 동력계이다.

전기 드릴(電氣 ──, electric drill) 전동기에 의해서 동작하는 일종의 송곳이다.

전기량(電氣量, quantity of electricity) 전하의 양을 이르는 것으로, 단위는 쿨롬(C). 1 암페어의 전류가 1초간 흘렀을 때에 해당하는 전기량을 1쿨롬이라 한다. 또 전기량을 암페어 초로 나타내기도 한다.

전기 레버(電氣 ──, electric lever) 철도에 있어서 전력을 이용하여 신호기, 전철기를 조작하는 레버이다.

전기력(電氣力, electric force) 전계에 있어서의 전하에 가해지는 힘. 이것은 전계의 세기와 전하량에 비례한다.

전기력선(電氣力線, electric line of force, line of electric force) 전계의 분포상태를 나타내기 위하여 편의상 가상한 곡선으로, 그 선상의 임의의 점에 있어서의 접선이 항상 그 점의 전계의 세기의 방향을 나타내는 선이다. 전기력선 밀도는 그 점의 전계의 세기를 나타낸다.

전기력 선관(電氣力線管, tube of electric force) 어떤 곡선을 생각했을 경우, 그 선상의 임의의 점에 있어서의 접선이 항상 그 점의 전계의 세기의 방향을 나타내는 선이 전기력선이며, 전기력 선관이란, 닫힌 선의 각 점을 통하는 전기력선에 포함된 공간 부분을 말한다.

전기로(電氣爐, electric furnace) 전기에 의한 발열을 이용한 노. 아크로, 저항로, 유도로 등이 있다.

전기로용 변압기(電氣爐用變壓器, furnace transformer) 전극식 전기로용에 사용하는 특수한 구조의 변압기. 아크의 길이에 따라 저압측 전압은 50~200V 정도. 대전류이므로 인출선은 하나로 묶으면 리액턴스가 과대하게 되고 또 전류가 편재하여 와전류손이 증가하므로 +, −를 가급적 세분하여 엇갈리게 꾸미게 한다. 2차 단락의 기회가 많고 부하의 변동이 심하므로 권선은 큰 기계력을 빈번하게 받는다.

전기 모멘트(電氣——, electric moment) +, −의 서로 같은 전하 $+e$, $-e$가 극히 작은 간격 l을 사이에 두고 존재하는 다이폴에 있어서, −의 전하에서 +의 전하로 향하고, 또 크기가 el인 벡터를 그 다이폴의 전기 모멘트라고 한다. 공간의 좁은 영역에 e_1, e_2, … 라는 전하가 있어 각각의 위치 벡터를 r_1, r_2,… 로 할 때 $\Sigma e_i = 0$이면 그 전기 모멘트는 $\Sigma e_i r_i$로 나타낸다. 또 전기 모멘트가 시간적으로 빨리 변화하면 전자파가 방사된다. ⇨ 다이폴(dipole).

전기 반사 난로(電氣反射煖爐, electric radiant heater) 난방용 전열기. 발열체로는 니크롬선 또는 탄소를 바탕으로 한 것이 쓰이며 반사관에 의해서 열을 일정한 방향으로 향하게 하는 반사형과 열을 공기의 대류작용으로 실내에 전하는 대류형이 있다.

전기 방식(電氣防蝕, electrolytic protection) 매설된 금속관 등의 전식을 방지하기 위해 양극 전위를 낮추고 음극 전위를 높여주는 것. 이를 위해서는 다음의 방법을 이용한다. ① 매설된 금속관에 외부 전원에서 방식전류를 흘린다. ② 금속관보다 낮은 전위가 될 만한 보조 전극을 사용하여 두 전극 간에 발생하는 기전력에 의해서 방식 전류를 흘리는 방식법을 이용한다.

전기 변위(電氣變位, electric displacement) ⇨ 전속 밀도.

전기 보일러(電氣——, electric boiler) 전기에 의한 발열을 이용한 보일러. 전기 전용으로 설계된 전용 보일러와 석탄, 기타의 연료를 쓰는 보일러와 병용하는 병용 보일러가 있다.

전기 분석(電氣分析, electroanalysis) 전해할 때 분해 전압이 용액의 종류, 농도 등에 따라 다르므로 이온의 혼합 용액을 적당한 욕전압(浴電壓)으로 전해하여 용액 중에서 한 종류의 물질만으로 분리 석출시켜서 하는 화학 분석법. 석출한 물질을 칭량(秤量)하여 정량 분석할 수도 있다.

전기 분해(電氣分解, electrolysis) 전극에서 전해질을 향해서, 혹은 그와는 반대로 전해질에서 전극을 향하여 전류를 흘림으로써 화학 변화를 발생하는 것. 애노드에서의 화학 변화는 애노드 금속의 용해, 산소, 염소, 그 밖의 가스의 발생이다. 또 캐소드에서의 화학 변화는 수소의 발생과 전해질이 금속염의 용액인 경우에는 금속 성분의 석출이 이루어진다. 전기 도금, 전기 주물, 전해 연마 등에 응용되거나 혹은 보통 물을 전기분해로 농축하여 중수를 만들 듯이 동위원소를 분해하는 데 사용된다.

㈜ 전해계에서는 이온 도전체와 전자 도전체에 의해 전류길이 폐성되어 있다. 음극에서는 환원 반응, 양극에서는 산화 반응이 각각 장소를 달리하여 발생한다. 반응하는 물질의 양과 전기량 사이에는 패러데이의 법칙이 성립한다. 고순도의 물질을 얻을 수 있다. 전류 밀도를 바꾸어 반응 속도를 변화시킬 수 있는 특징 등이 있다.

전기 브레이크(電氣——, electric brake) 전동기에 회전과 역방향 토크를 발생시켜서 제동작용을 하게 하는 장치를 이른다.

전기 사업(電氣事業, electric utility, electric undertaking) 전기 사업법에 의하면 일반 전기사업과 발전사업으로 규정하고 있으며,

전기를 발전하거나 타인이 발전한 전기를 구입하여 일반의 수요에 응하여 전기를 공급하는 사업을 일반 전기사업이라 하고, 발전한 전기를 일반 전기사업자에게 공급함을 주된 목적으로 하는 사업을 발전사업이라 한다.

전기 설비 (電氣設備, electric installation) 전기 기기와 장치, 전선로 등을 포함한 것을 총칭하여 전기 설비라 한다.

전기 소비 기구 (電氣消費器具, electric appliance) 난방용, 조리용, 미용용 기타에 쓰이는 전열 기구라든가 냉방, 청소, 세탁, 조리 기타에 쓰이는 소형 전동기 응용 기구, 라디오, TV의 세트, 소형 공구 등, 주로 가정, 점포, 사무실 등에 있어서 콘센트 또는 전등 소켓에서 전원을 얻어서 쓸 수 있는 기기를 이른다.

전기 손 (電氣損, electrical loss) 기계 손 등에 대응하여 표현하는 경우에는 각종 전력 손실의 합계를 뜻한다.

전기 쇄정 (電氣鎖錠, electric locking) 신호기 및 전철기를 조작하는 경우 연동 조건이 충족되어 있으면 레버는 자유로이 운동하지만 조건이 갖추어져 있지 않을 때 레버의 운동을 전기적으로 저지하는 것을 말한다.

전기 쇄정기 (電氣鎖錠器, electric lock) 철도에 있어서 전력에 의해서 조작되는 쇄정기이다.

전기 습도계 (電氣濕度計, electric hygrometer) 주위 외기의 습도를 전기적으로 측정하는 계기. 습도에 따라 저항 혹은 커패시턴스가 변화하는 따위의 막을 센서로 사용하는 것 혹은 습도에 따라 막이나 선의 신축에 의한 변위를 전기적으로 검출하는 것 등이 있다.

전기 식각 (電氣蝕刻, electro-graving) 적당한 금속판 표면에 절연성의 잉크 또는 바니시로 그림이나 모양 등을 그려 건조한 다음 이 판을 양극으로서 전해하면 전해액에 노출된 부분이 용해하여 그림을 그린 부분은 돌기하여 남는다. 이러한 조각을 말한다.

전기 신호기 (電氣信號機, electric signal) 전력을 이용하여 신호를 현시(現示)시키는 것. 전동기에 의해서 완목(腕木)을 움직이는 완목식 및 계전기를 작동시켜 그 접점으로 전구를 점멸시키는 등광식 등의 전기 신호기가 있다.

전기 아연 도금 (電氣亞鉛鍍金, electrogalvanizing) 황산 아연 또는 청화 아연 액에 전류를 통하여 음극의 강철 제품에 아연 박층을 전착(電着)시키는 것을 이른다.

전기 야금 (電氣冶金, electrometal lurgy) 전해 야금법과 전열 야금법으로 나누어지며, 전류의 화학작용, 열작용을 이용하여 행하여지는 야금법이다.

전기 에너지 (電氣——, electrical energy) 전기 에너지는 물체가 대전상태에 있기 때문에 갖는 에너지. 지금 여러 개의 도체로 이루어지는 체계를 생각하여 각 도체의 퍼텐셜을 ϕ_1, ϕ_2, … 전기량을 각각 q_1, q_2, …로 하면 에너지 $U=1/2\sum\phi_i q_i$ 가 된다.

전기 역학 (電氣力學, electrodynamics) 전류를 통한 도체 간에 힘이 작용하는 현상 등을 연구하는 학문을 이른다.

전기 연동기 (電氣連動機, electric interlocking machine) 신호기 및 전철기를 전기에 의해서 조작하는 연동기를 이른다.

전기 열량계 (電氣熱量計, electro calorimeter) 외부에 대하여 열을 차단한 상자 속에 삽입된, 예컨대 유전체 손이 발생되는 피 측정물의 발열에 의해서 상승한 상자 속의 온도를 측정한다. 다음에는 별도의 상자 속에 넣어진 전열선에 전류를 통하여 앞서와 같은 온도 상승을 주는 전력을 측정하면 피 측정물에 생기는 전력 손을 알 수 있게 된다. 또 물질의 비열(比熱)의 측정도 할 수 있으며 이러한 목적으로 사용되는 장치를 지칭한다.

전기 영동 (電氣泳動, electrophoresis) 용기 안에 물 또는 기타 액체를 넣고 그 속에 그것과 혼합되지 않는 다른 액 또는 고체의 미립자, 액체의 기포 등을 부유시킨다. 그리고 전극을 삽입하여 직류 전압을 인가하면 액 속의 입자는 대전함과 동시에 전극에 이끌려 액 속을 이동한다. 물질에 따라 대전 극성이 다르고, 따라서 영동하는 전극도 음극을 향하는 것과 양극을 향하는 것이 있다. 전자를 cataphoresis, 후자를 anaphoresis라 한다.

전기 영동 도장 (電氣泳動塗裝, electrophoretic painting) 전기 영동을 이용하여 예컨대 자동차 보디 같은 크고 복잡한 표면의 초벌칠을 하는 것. 아크릴, 에폭시 등의 수용성 수지산 염을 전해질로 사용하여 수지산 이온이 양극으로 영동하여 양극에서 비수용성 수지산으로 표면에 석출된다.

전기 영상(電氣影像, electric image) 도체 평면의 위쪽 h 높이의 장소에 놓여진 전하 Q에 의해서 발생하는 전계는 그 전하와 도체 평면에 대한 거울상 위치 $-h$에 놓여진 전하 $-Q$에 의해서 만들어지는 전계(도체 평면은 제어한다)와 같다. $-Q$를 Q에 대한 영상(影像)이라 한다.

전기 요금 규정(電氣料金規程, electric rate schedule) 사용 전기량에 대한 요(금)율과 그 적용에 관한 조건을 규정한 것이다.

전기용 고무 장갑(電氣用——, rubber insulated gloves) 고압 전선로의 활선 작업할 때에 양손에 착용하는 고무제 장갑을 말한다.

전기용 고무 테이프(電氣用——, insulating rubber tape) 절연성 고무 혼합물을 헝겊 모양으로 압연하고, 그것을 가황한 다음 그 표면에 고무 풀을 칠한 것. 점착성이 있어 전선, 케이블 등의 접속부 절연용으로 사용한다.

전기 용접(電氣熔接, electric welding) 전기 저항열 또는 아크열을 이용하여 금속을 용접하는 방법을 이른다.

전기 윈치(電氣——, electric winch) 전동기로 조작되는 윈치. 둥근 동체에 감은 와이어 로프를 수동 또는 전동기를 이용하여 톱니바퀴를 거쳐 감음으로써 하중을 올리거나 내리거나 하는 장치를 윈치라 한다.

전기 육추기(電氣育雛器, electric brooder) 전열을 이용하여 병아리를 키우는 장치. 예를 들면 계란에서 부화한 병아리를 최초 1주일간은 실온 38°로 유지하는 따위 등에 사용된다.

전기 음향 변환기(電氣音響變換機, electro acoustic transducer) 전기 에너지를 음향 에너지로 변환하거나 또는 음향 에너지를 전기 에너지로 변환하는 장치의 총칭. 확성기, 수화기, 송화기, 마이크로폰 등은 모두 전기 음향 변환기이다.

전기 음향학(電氣音響學, electroacoustics) 음향학을 전자기학의 입장에서 고찰하는 학문. 전자기학에 있어서 이미 아는 개념 또는 사실에 적당한 등가적 치환을 하여 음향학의 규명에 도움이 되게 하는 것과 전기 음향 변환기에 관한 학문을 포함한다.

전기 2중층(電氣二重層, electric double layer, electrical double layer) +, −의 전하가 한 면의 겉과 뒷면에 극히 근접하여 연속적으로 분포하고, 면의 각 점에서 단위 면적 중에 포함되는 +, −의 전기량의 절대값이 같은 것을 이른다.

전기자(電機子, armature) 전자(電磁)장치에서 고정 부분에 대하여 회전 혹은 이동운동에 의해서 전기-기계 에너지 변환 또는 회로의 개폐 등을 하는 부분. 전동기, 발전기에서의 회전자, 전자석, 계전기에서의 가동철심, 바이브레이터, 버저 등의 진동부분을 이른다.

주 크레파형 전자석 등에는 접극자(接極子)라고 한다.

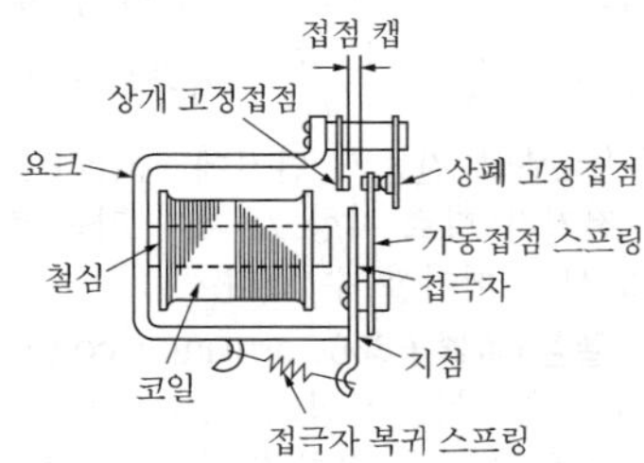

[전기자]

전기자 권선(電機子捲線, armature winding) 전기자에 감은 권선이다.

전기자 동손(電機子銅損, armature ohmic loss) 전기자 권선에 전류가 흐름으로써 발생하는 동손. $I_a{}^2 r_a$[W]. 여기서 I_a는 전기자 전류[A], r_a는 전기자 권선의 저항[Ω]이다.

전기 자동차(電氣自動車, electromobile) 전동력에 의해서 구동되는 자동차로, 그 전력은 자체에 적재한 축전지 또는 태양 전지로 얻는다.

전기자 반작용(電機子反作用, armature reaction) 발전기, 전동기에서, 전기자 전류에 의해서 발생하는 자속이 주계자 자속에 미치는 반작용, 반작용 계자는 주자계의 자기 분포를 일그러지게 하고, 그 결과 전동기 속도 및 발전기의 전압 변동률 등에 영향을 미친다.

전기자 시정수 (電機子時定數, armature time constant) 전기자 회로의 시정수를 이른다.

전기 자이로 컴퍼스 (電氣——, electric gyro compass) 나침반에서 팽이를 고속도로 운전시켜 중력과의 상호 작용으로 선박의 방향 여하를 불문하고 기준 방향을 정하는 것으로, 팽이의 회전을 전기로 구동하는 것. 일반적으로 자이로 컴퍼스라고 한다.

전기자 전류 (電機子電流, armature current) 전기자 권선에 흐르는 전류를 이른다.

전기자 전압 제어 (電機子電壓制御, armature voltage control) 직류 전동기의 속도를 전기자 권선에 부여하는 전압의 크기를 변화시킴으로써 제어하는 것을 뜻한다.

㊟ 직류 전동기의 속도 n은 계자 자속 Φ에 역비례하고 전기자 내의 역기전력 E에 비례한다. $n=k\dfrac{E}{\Phi}=k\dfrac{V-IR}{\Phi}$, 따라서 속도 n은 외부로부터 전동기 단자에 공급하는 전압 V, 전기자 회로 저항 R, 계자 자속 Φ 등을 변화시켜 제어할 수 있다.

전기자 철심 (電機子鐵心, armature core) 전기자 권선을 감는 철심. 0.35 mm 또는 0.5 mm의 규소 강판을 겹쳐 쌓아서 만든다. 강판은 슬롯 등을 펀치하고 어닐링(annealing)해서 일그러진 곳을 없애고 표면을 절연(바니시 또는 종이)하여 사용한다.

전기자 철판 (電機子鐵板, armature core disc, stamping core plate) 전기자를 구성하는 규소 강판으로서, 원형(또는 부채꼴)로 펀치한 것을 이른다.

전기자 코일 (電機子——, armature coil) 전기자 권선을 구성하는 코일이다.

전기자 특성 곡선 (電機子特性曲線, armature characteristic curve) 직류 발전기에 있어서 부하 전류를 변화했을 때 정격 전압을 발생시키기 위한 계자전류의 변화를 나타내는 곡선을 말한다. 계자 조정 곡선이라고도 한다.

전기자 플랜지 (電機子——, armature flange) 전기자 철심을 조이기 위한 주철 또는 주강제의 고리 모양의 부품. 끝이 플랜지로 되어 있고 코일이 원심력으로 튀어나오는 것을 방지하기 위하여 이 부분에 절연물을 끼워서 바인드선으로 조인다.

전기 장치 (電氣裝置, electric apparatus) 주로 정지 상태에서 사용하는 전기 기구 또는 소형 전기 기구. 엄격한 정의는 없다.

전기 장하 (電氣裝荷, electric loading) 어떤 면을 따르는 암페어 도체 수를 말한다. 예를 들면 전기자 주변 1극당의 암페어 도체 수, 또는 단위 길이당의 암페어 도체 수(최후의 것을 비전기 장하라고 하기도 한다).

전기 저항 (電氣抵抗, electric resistance) ⇨ 저항.

전기적 부하 반환 시험 (電氣的負荷返還試驗, electrical back-to-back test) 2개의 상등한 회전기를 기계적으로 결합하여 양자 모두 전원에 전기적으로는 접속한다. 전원으로부터의 입력 전력은 두 회전기에서 소비되는 전 손실을 부여한다. 홉킨스 시험법이라고 하는 시험법이다.

㊟ 회전기뿐만 아니라 변압기에도 적용할 수 있는 시험법인데, 섬프너 시험법(Sumpner's method)이 그것이다.

전기 적정 (電氣適定, electrometric titration) 반응의 종점을 알기 위하여 전기적 측정에 의해서 하는 적정법. 전도도, 전위차, 고주파 등에 의한 것이 있다.

전기적 조파 분석기 (電氣的調波分析器, electric harmonic analyzer) 임의의 파형을 그 성분인 다수의 정현파로 분해하고 그 고조파 번수(주파수), 강도 등을 구하는 장치이다.

전기적 중성 축 (電氣的中性軸, electrical neutral axis) 직류기에 있어서 부하 전류가 흐른 상태에서 중성축. 보극(補極)이 없는 기계에서는 발전기의 경우는 회전 방향으로, 전동기의 경우는 회전과 반대 방향으로 기계적 중성축보다 이동한다.

전기 전철기 (電氣轉轍機, electric switch machine) 전기의 힘으로 조작되는 전철기를 이른다.

전기 제련(電氣製鍊, electrorefining) 금속을 전해하여 제련하는 것을 이른다.

전기 제어(電氣制御, electric control) 전기 장치에 의한 제어이다.

전기 조명(電氣照明, electric lighting) 전기 에너지에 의해서 온갖 조명기구를 통해 밝기를 창출하는 것. 장식 조명, 실내 조명, 운동 경기장 조명 등은 모두 전기 조명이다.

전기 진동(電氣振動, electric oscillation) 일반적으로는 전계의 진동을 뜻한다. 이 경우에는 자기장의 진동도 수반하여 전자파를 발생시킨다. 전기적 장치에 의해서 전기 진동을 일으키려면 인덕턴스, 정전 용량 및 전기 저항의 적당한 값을 갖는 전기회로를 사용한다.

전기 집진(電氣集塵, electric precipitation) 일반적으로 가스 또는 액체 중에서 그 속에 부유하는 고체나 액체 입자를 전기의 작용으로 제거하거나 또는 채집하는 것을 이른다.

전기 철도(電氣鐵道, electric railway) 전기 동력으로 운전되는 철도이다.

전기 철판(電氣鐵板, electrical sheet) 전기 기기의 철심을 형성하기 위하여 사용되는 규소 강판 및 기타 철판의 총칭이다.

전기 추진(電氣推進, electric(ship) propulsion) 선박의 추진력으로 전동기를 사용하는 방법을 말한다. 전동기로서는 유도 전동기, 동기 전동기, 직류 전동기를 사용하는 방식이 있다.

전기 침투(電氣浸透, electroendosmose, electroosmosis) 유리 그릇 안에 초벌 구이한 원통을 놓고, 물을 붓고 전극을 담구어 직류 전압을 인가하면 물이 양극실에서 음극실을 향하여 초벌구이 원통의 다공벽을 통하여 흐른다. 이것이 전기 침투인데, 탈수 목적에서 많이 사용되고 있다.

전기 크레인(電氣——, electric crane) 전동기에 의해서 동작하는 기중기를 이른다.

전기 탐광(電氣探鑛, electric exploration, electric prospecting) 지표면에서 땅 속으로 전기를 흘려 그 전기 저항의 변화로 지하에 매설된 광물이라든가 수맥 등을 탐사하는 것을 이른다.

전기 투석(電氣透析, electrodialysis) 전해질이 부착되어 있는 고체상 물질에서 전해질을 제거하기 위해 그것을 막으로 싸고 바깥쪽에 물을 흘려 전해질만을 막을 통과시켜 바깥으로 잡아내는 것을 투석이라 한다. 전해조를 두 장의 격막으로 갈라 3칸으로 바깥쪽 칸에 각각 양, 음 전극을 설치하여 그 사이에 직류를 흘려 중앙 칸에 공급한 액의 양, 음 이온을 영동으로 막을 통하여 두 바깥쪽 칸으로 분리 제거하는 전기 투석이 많이 이용된다.

㊟ 탈염, 폐당밀, 혈청 등의 정제, 기타 세척이라든가 폐액에서 필요한 물질을 회수하는 데 이용되고 있다.

전기 호이스트(電氣——, electric hoist) 소규모의 하역 운반 기계. 용량 500~5,000 kg 정도의 것으로, 높은 곳에 가설된 단궤도에 매달아 이동시켜서 사용한다. 전동기는 밑에서 와이어를 끌어당겨 조작한다.

전기 화학(電氣化學, electrochemistry) 화학 분야 중 이온과 관계가 있는 전해질 용액, 이온화한 기체, 고체 등, 전기와 관련이 있는 화학 및 전열로 얻어지는 고온에 있어서의 화학을 전기화학이라 한다.

전기 화학 당량(電氣化學當量, electrochemical equivalent) (1) 《원소, 화합물, 기체, 이온》 전해 반응에서, 1C의 전기량에 의해 석출되는 물질의 양. (2) 단위 전기량에 의해서 100%의 효율로 산화 또는 환원되는 원소(또는 그 그룹)의 양이다. ⇨ 패러데이의 법칙.

전기 화학렬(電氣化學列, electrochemical series) 금속을 표준 전극 전위 순으로 배열한 것을 지칭하며, 금속이 용액에서 서로 치환하는 난이성을 나타낸다. 용해하기 쉬운(양성의) 순으로 들면 K, Na, Ca, Ba, Mg, Al, Mn, Zn, Fe, Ni, Sn, Pb, H, Cu, Hg, Ag, Pt, Au. 동(銅) 이온을 함유하는 액에 철판을 넣으면 쇠가 녹아서 구리가 치환 석출된다.

전기 화학 상수(電氣化學常數, electrochemical constant) 전기 화학과 특히 관련이 있는 여러 상수. 예를 들면 1F=96485.3 coul/g 당량이라든가 $E_0^{H2}=0$ 등이다.

전기 회로(電氣回路, electric circuit) 전류의 통로로 사용되는 도체계를 말한다. 그 중에 저항, 인덕턴스, 커패시턴스, 트랜지스터, 변압기, 전원 등을 포함하고 있는 경우도 있다.

전기 효율 (電氣效率, electrical efficiency) 전기적 손실만을 고려한 효율을 이른다.

전기 흑연 브러시 (電氣黑鉛――, electrographite brush) 각종 탄소의 미분을 주성분으로 하여 만들었으며 최후에 전기로 속에서 2,500℃ 정도로 가열 처리하여 흑연화한 브러시를 말한다. 불순물의 함유량이 적고 전류 용량이 크며 마찰 계수가 작고 접촉 저항이 크므로 브러시로서 성능이 가장 우수하다.

전단파 (剪斷波, shear wave) 탄성 매질 내에서의 음파인데, 매질 요소는 파에 의해서 변형하지만 용적은 변하지 않는다. 수학적으로 전단파는 그 속도 벡터가 제로 발산을 갖는 파이다. 등방성 매질 내의 전단 평면파는 횡파이다.

전달 어드미턴스 (傳達――, transfer admittance) 전달 임피던스의 역수로, 회로망의 어떤 분기에 E라는 전압을 인가한 경우에 그에 따라서 다른 분기에 I라는 전류가 흘렀다고 하면 I/E의 비를 이른다. ⇔ 전달 임피던스(transfer impedance).

전달 임피던스 (傳達――, transfer impedance) 회로망의 어떤 분기에 전압 E를 가했을 경우에 다른 분기에 I라는 전류가 흘렀다고 하면 I/E의 비율을 일반적으로 전달 임피던스라고 한다. 예를 들면 4단자 회로망의 입력 단자에 E라는 전압을 인가했을 경우에 출력 단자에 흐르는 전류를 I라고 하면 이 E/I를 지칭한다. ⇔ 전달 어드미턴스(transfer admittance).

전달 정수 (傳達定數, transfer constant) 4단자 회로의 입·출력측을 그 영상 임피던스로 종단(終端)하고, 그 하나의 영상에 흐르는 전류 I_1과 회로를 나오는 전류 I_2 사이에는

$$\frac{I_1}{I_2}=e^{\theta_{12}},\ 즉\ \theta_{12}=\log_e\frac{I_1}{I_2}$$

이라는 관계가 있다. 이 θ_{12}를 전원측에서 본 전달 정수라 한다. 마찬가지로 반대 방향에서 본 전달 정수도 생각할 수 있는데 이것은 θ_{21}로 나타낸다. 만일 회로가 영상 임피던스 이외의 임피던스로 종단된 경우에는 전달 정수는 $\theta_{12}=\log_e\sqrt{(V_1I_1)/(V_2I_2)}$, 이 때 V_1, V_2는 입·출력 단자에 있어서의 전압이 된다.

전달 특성 (傳達特性, transfer characteristic) 4단자 회로망의 하나의 분기에 가한 전압과 그에 의해서 다른 분기로 흐르는 전류의 관계를 나타내는 특성을 말한다. 예를 들면 진공관의 그리드에 가한 전압과 플레이트에 흐르는 전류 관계를 나타내는 특성 같은 것을 말한다. ⇨ 전달 임피던스(transfer impedance).

전도 (傳導, conduction) 열 또는 전기가 물체 내를 이동하는 현상. 전기 전도는 전자 전도와 이온 전도로 구별된다.

전도대 (傳導帶, conduction band) 고체의 에너지 스펙트럼에서 전자가 자유로이 운동할 수 있는 상태에 있는 범위를 이른다. 전도대는 보통 비어 있거나 혹은 그 일부가 전자에 의해 점유되어 있다.

㊟ 전도체는 보통 반도체나 절연체에 있어서만 의미 있는 용어인데 가전자에 의해서 점유된 가전자대로부터 일정한 에너지 간격(금제대라고 한다)에 의해 떨어져 있다. 도체의 경우에는 전도대와 가전자대를 구별할 만한 중간의 금제대가 없다.

전도 손 (傳導損, conduction loss) 도체 중에 전도 전류를 흘렸을 때 생기는 손실. 이 중에는 옴 손 외에 와전류 손과 표피 효과에 의한 고주파 손실 등도 포함된다.

전도 전류 (傳導電流, conduction current) 도체의 2점 간에 전위차가 있는 경우에 도체를 흐르는 전류를 전도 전류라 한다. 전류에는 이밖에도 변위 전류와 대류 전류가 있으므로 구별할 필요가 있다.

전도 전자 (傳導電子, conduction electron) 고체 내에서 에너지를 얻어 원자의 속박에서 벗어나 자유로이 움직일 수 있는 상태가 된 가전자를 전도 전자라 한다.

전도형 증폭기 (轉倒形增幅器, inverted amplifier) 진공관의 그리드측을 접지하고 캐소드 쪽에 입력 전압이 걸리게 한 증폭기. 그리드가 접지되기 때문에 출력·입력 사이가 정전 차폐되고 거기다 부궤환이 걸리기 때

문에 안정도가 좋다.

전동(電動, electrically driven) 전동기에 의해서 동작되는 형식의 것을 이른다.

전동기(電動機, electric motor) 전기 에너지를 기계 에너지로 변환하는 회전기. 전동기는 회전 원리에 따라 분류하면 ① 직류 전동기, ② 유도 전동기, ③ 동기 전동기, ④ 교류 정류자 전동기 등이 있지만 예를 들면 유도 동기 전동기처럼 ②, ③을 합체화한 것, 또는 ③의 변형인 레래크턴스 모터 및 워드레오나드 장치처럼 ①, ②의 복합기 등도 있어 그 종류가 매우 다양하다. 소형 교류기인 경우는 전원도 3상이 아닌 단상이 많고, 따라서 유도 전동기일지라도 기동 토크가 없기 때문에 기동 토크를 부여할 필요에서 다양한 형이 존재한다. 전동기의 특성은 동작 원리와 구조에 따라 결정되며 토크-속도 특성으로서 토크와 속도 관계가 직각좌표에서 상한도로서 4개의 상한으로 표현된다. 전동기 정격은 열 특성과 요구되는 기계적 조건에 따라 결정되므로 결과적으로 부하의 성질과 운전 조건에 따라 크게 좌우된다. 보통 용도에는 ②의 유도 전동기가 가장 적합하고 또 많이 사용된다. ③은 정격속도, 고역률을 요구하는 것에, 그리고 ①, ②는 정밀, 광범위한 속도제어를 필요로 하는 특수 용도에 사용된다. 그러나 이들이 갖는 제어성이라든가 주파수 변동 능력도 사이리스터 변환장치 등에 의해 외부에서 서포트 가능하므로 전동기에 요구되는 것은 이와 같은 복잡한 기능이 아니라 단순한 기계 토크 및 동력에 국한되는 추세에 있다.

전동기 부하(電動機負荷, motor load) 발전기의 부하로 전동기를 운전하는 경우를 말한다.

전동기 투입 장치(電動機投入裝置, motor closing mechanism) 차단기의 투입을 전동기에 의해서 행하는 장치를 이른다.

전동기형 계전기(電動機形繼電器, motor type relay) 유도 전동기와 같은 원리로 소형 전동기가 만들어지고 있으며, 전동기의 회전에 의해서 접점을 개폐하여 각종 전기회로를 개폐하는 계전기를 이른다.

전동 발전기(電動發電機, motor-generator) 전동기와 발전기를 기계적으로 직접 결합하여 어떤 종류의 전력을 다른 종류의 전력으로 변환하는 장치를 이른다.

전 동작형 조정기(前動作形調整器, forward-acting regulator) 자동 조정기는 에너지의 전송계와 그 출력을 입력의 변동에 관계 없이 일정하게 유지하도록 동작하는 제어계로 구성되며, 제어계를 제어하는 에너지가 입력(원인)측에서 취해지는 것을 전 동작형 조정기, 출력(결과)측에서 취해지는 것을 후 동작형 조정기라 한다.

전동차(電動車, motor car) 전동기 및 제어용 각종 장치를 설치하여 동력차로 운행하거나 또는 다른 차량을 견인(牽引)하는 궤도 차량을 전동차라 한다.

전등(電燈, electric lamp, electric light) 전기에 의한 등화. 전류에 의한 발열의 온도 방사를 이용하는 백열 전구, 전호에 의한 전극 발열의 온도 방사를 이용하는 아크등(특히 탄소 아크등), 가스, 수은 증기 등속의 방전에 의한 루미네선스를 이용하는 방전등 등으로 나뉜다.

전등갓(電燈——, shade) 조명 기구의 일종. 광원의 위쪽을 덮는 반 투명체. 글라스, 합성 수지, 종이 및 직물 등으로 만든다. 금속판으로 만든 불투명한 것은 특히 반사갓이라고 하여 구별한다.

전등 부하(電燈負荷, lamp load) 전등만을 부하로 하는 경우를 이른다.

전등 소켓(電燈——, lamp socket) ⇨ 소켓.

전등 코드(電燈——, lamp cord) ⇨ 코드.

전등 회로(電燈回路, lamp circuit) 백열 전등, 형광등 등에 전기를 공급하는 회로이다.

전량 감도(電量感度, coulomb sensitivity) 단위 편향(偏向)을 일으키는 데 요하는 쿨롬으로 나타낸 감도. 충격 검류계의 감도는 그 일례인데, 반사경과 눈금판의 간격을 1m로 했을 때의 반사경상의 1mm 편향에 대한 쿨롬, 즉 [C/mm]으로 나타낸다.

전량계(電量計, coulometer) 통전한 전기량을 측정하는 계기로, 석출한 금속의 양 또는 유리한 가스량과 전기 화학 당량으로 전기량을 알게 되어 있다.

전력(電力, electric power) (1) 단위 시간당

의 전기 에너지 양을 지칭하는 것으로, 단위는 와트(기호 W)로 나타낸다. 직류의 경우는 그 전압과 전류의 곱으로 주어지지만 교류의 경우는 전압 실효값과 전류 실효값의 곱(피상전력이라 한다)에 이들 사이의 위상차 θ로 결정되는 역률 cosθ 를 곱한 것으로 주어진다. 또 피상전력×sinθ를 무효전력이라 한다. 이것을 전원과 리액턴스성 장치 사이에서 수수되는 전력인데, 위에서 지적한 전력(유효전력)과는 구별된다. (2) 동력이나 전열, 조명 등 별개의 에너지 형태로 변환되어 소비되는 수용전력을 의미하며, 그 수요량과 수용의 성질에 따라 업무용, 임시 사업용 등, 여러 가지 명칭을 붙여 호칭하고 있다. 또 공급 조건에 따라 상시전력, 기간 상시전력, 임시전력, 심야전력 등으로 나누기도 한다. 전력은 발생과 소비가 거의 동시에 이루어지기 때문에 그 수급 조정은 공급측으로서는 중요 관심사에 속하고, 공급계통의 구성과 운용은 안정되고 확실한 공급 확보와 경제성 측면에서 운용된다. 또 전력은 상품으로서 공익성도 내포하고 있으므로 필요한 법적 규제도 받게 된다.

전력 가치 (電力價値, capacity value) 발전단 가치 또는 수용단 가치 중 전력에 할당되는 부분을 이른다. ⇨ 전력량 가치.

전력계 (電力計, wattmeter) 전기 회로에 대한 유효 전력의 크기를 측정하는 계기. 전력계로서는 전류력계형 전력계가 많이 사용된다. 원리는, 계기의 고정 코일에 부하 전류를 통하고 가동 코일에 부하 전압을 인가하면 부하 전력에 상당한 구동 토크가 발생하여 지침은 전력을 지시한다.

전력 계전기 (電力繼電器, power relay) 예정된 전력값에서 동작하는 계전기이다.

전력 계통 (電力系統, electric power system) 많은 발전소, 변전소, 송·배전선 및 부하가 일체화되어 전력의 발생 및 이용이 이루어지는 시스템을 이른다.

전력량 (電力量, electric energy) 전력이 시간과 함께 한 일의 양. 단위는 [Wh], [kWh]이다.

전력량 가치 (電力量價値, energy value) 수용단 가치 또는 발전단 가치 중 전력량에 할당되는 부분을 이른다.

전력량 곡선 (電力量曲線, integrated energy curve) 세로 좌표에 수용 전력을, 가로 좌표에는 그 수용 전력을 초과하는 부분의 수용 전력량을 나타내는 곡선도. 좌표 눈금은 [kW], [kWh] 또는 최대 수용전력, 총수용전력량에 대한 %로 나타낸다.

전력량 요금 (電力量料金, energy charge) 수용 전력량에 따라서 지불되는 요금이다. ⇨ 수용가 요금, 수용 전력 요금.

전력 레벨 (電力——, power level) 전기 통신 회선의 어느 점을 통과하는 전력을 기준 전력과 비교해서 그 점이 몇 dB 또는 몇 네퍼의 전력 레벨에 있다고 한다. 보통 기준 전력의 점이 기준 레벨이 되므로 이것을 0 레벨로 하여 다른 전력 레벨을 정한다. ⇨ 기준 레벨, 영 레벨, 데시벨, 네퍼(neper).

전력 리스펀스 (電力——, power response) 전기 음향 변환기에 대하여 그 전기 임피던스를 고려에 넣은 감도로서, 임피던스 Z가 현저하게 다른 형식의 변환기의 감도를 비교하는 데 편리하다. 송화기 마이크로폰의 경우는 입력 음압을 p, 출력 개방 전압을 E로 하면 $E/p\sqrt{Z}$로 나타내고, 그 단위는 $[\mathrm{V}/\mu\,\mathrm{bar}\sqrt{\Omega}]$이다. 수화기, 확성기에 대해서는 개방 전압을 E, 출력 음압을 p로 하면 $p\sqrt{Z}/E$로 나타내고, 그 단위는 $[\mu\mathrm{bar}\sqrt{\Omega/V}]$이다.

전력반 (電力盤, power panel) 전기 기계에 전력을 공급하기 위하여 필요한 개폐기, 계기, 보호장치 등을 설치한 기기 장치반을 이른다.

전력 반값 폭 (電力半値幅, half power width) 안테나의 지향성을 나타내는 가늠이 되는 각으로, 방사 전력으로 그린 지향 특성에서는 주 빔의 최대값의 1/2인 방향의 2선 간에

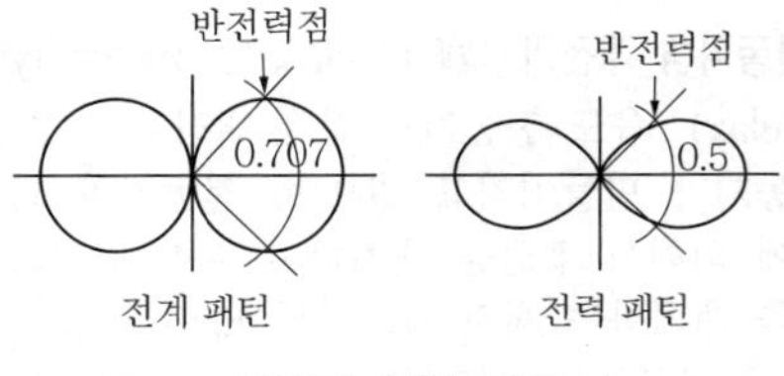

[전력 반값 폭]

낀 각도로 나타낸다. 또 전계 강도로 그린 지향 특성에서는 주 빔의 최대값의 $1/\sqrt{2}$인 방향의 선 간에 낀 각도로 나타낸다. ⇐ 전력 반값 각(half power angle).

전력 방향 계전기(電力方向繼電器, directional power relay) 전력이 흐르는 방향과 일치하여 동작하는 계전기이다.

㊟ 전압과 전류의 동상 성분으로 구성되는 전력에 대하여서만 동작 토크를 발생하는 등의 방한성 요소를 가지고 있다. 계전기의 동작은 전압을 기준으로 하고 이에 대한 전류의 위상각(역률각)에 따라 그림과 같은 동작 범위로 주어진다. 각종 역률에서 계전기가 동작하는 최소 전류는 그림의 동심원으로 주어진다.

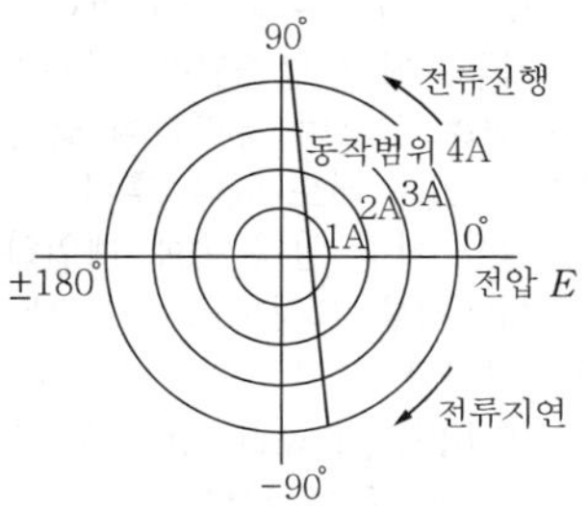

[전력 방향 계전기]

전력 변압기(電力變壓器, power transformer) 송전선 또는 비교적 대전력의 배전선에 사용하는 변압기이다.

전력 변환소(電力變換所, power conversion station) 교류 전력을 직류 전력으로, 혹은 그 반대로 변환하거나 교류 전력의 주파수를 변경하기 위한 설비를 갖춘 장소. 주파수를 변경하기 위한 경우는 주파수 변환소라고 한다.

전력 분할기(電力分割器, power divider) 전력량을 임의의 비율로 분할할 수 있는 분기 장치를 이른다.

전력선(電力線, power line) 전력을 전송하기 위하여 사용하는 송전선로 및 배전선로를 총칭하는 표현이다.

전력선 반송 계전방식(電力線搬送繼電方式, power-line carrier relaying) 보호 계전방식에서 전력선 반송 통신을 이용하는 것이다.

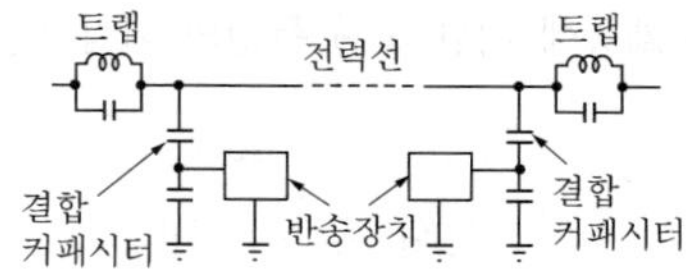

[전력선 반송 계전방식]

전력손(電力損, capacity loss) 2점 간의 전력 이동에 따르는 입력 전력과 출력 전력의 차를 이른다. ⇨ 에너지 손.

전력 스펙트럼 밀도(電力──密度, power spectrum density) 잡음 전력의 주파수 밀도. 잡음 전압을 $n(t)$, 잡음 전력의 주파수 밀도를 $S(f)$로 하면 $\overline{n(t)^2}=\int_0^\infty S(f)df$의 관계가 있다. $n(t)$가 1Ω인 저항에 주어지는 전압이라고 하면 위의 왼쪽 변은 저항에 의해서 소비되는 평균 전력이고 $S(f)$는 그 주파수 밀도 [V^2/Hz]이다. 위의 식 왼쪽 변의 평방근을 잡음 전압의 실효값이라고 한다.

㊟ 위의 식과 같은 관계를 부여하는 것을 퍼시벌의 정리라고 한다. 스펙트럼 잡음 전압(실효값)의 단위는 $V/\sqrt{Hz}$로 표현한다.

전력 연계(電力連係, power system interconnection) 전력 계통을 서로 연락하여 전력을 융통하는 것. 전력의 발생과 공급을 계통 전체로서 가장 효율적, 경제적으로 운용할 수 있고, 전력의 안정 공급을 위한 소요 예비력을 최소로 할 수 있다.

㊟ 전력 연계는 전력회사가 자사 내에서 행하는 TBC와 같은 것과 복수의 전력회사 간에 이루어지는 FFC 같은 것이 있는데, 그것은 각 사의 공급 능력 등에 따라 결정된다. ⇨ 정주파수 제어(FFC), 정연락선 전력 제어(FTC).

전력 원선도(電力源線圖, power circle diagram) 송전 계통의 송전단, 수전단의 전압을 일정하다 하고, 수전단 전압에 대한 송전단 전압의 앞선각을 θ로 하면, 송전 전력 P_s+jQ_s 및 수전 전력 P_r+jQ_r는 각각 유효 전력 P 및 무효 전력 Q를 가로축 및 세로축 성분으로 하는 직각 좌표상에서 일정 반지름의 원으로 주어진다. 원의 중심, 반지름, $\theta=0$의 위치는 선로 파라미터로 구할 수 있다. 이와 같은 원선도로부터 정전압

ㅈ

송전 계통에 대한 송전 특성의 어림값을 구한다.

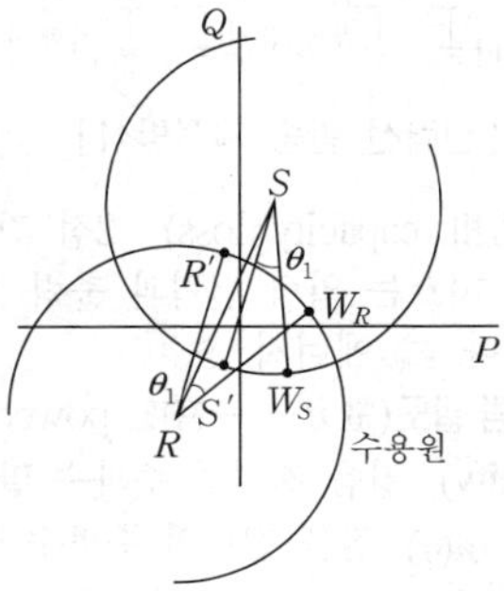

[전력 원선도]

전력 융통 운영(電力融通運營) (1) wheeling service 어떤 계통의 송전설비를 다른 계통의 전력을 보내기 위하여 사용하는 것. 위탁 송전이라고 할 수도 있다. (2) interchange power ⇨ 융통 전력. (3) relay power 한 전력회사가 수전하여 바로 다른 회사로 넘기는 전력을 이른다.

전력 조류 제어(電力潮流制御, power flow control) 전력 계통에서 유효 전력, 무효 전력의 흐름을 제어하여 계통 전체의 고효율 운전을 도모하는 것. 송전선에 있어서는 무효 전력 조류를 경감하여 고역률로 운전하는 것이 바람직하며 그러기 위해 부하점 가까이에 조상기나 커패시터를 설치하도록 한다.

전력 증폭(電力增幅, power amplification) 입력측에 가해진 전력이 출력측에 어느 정도 증폭되는가를 나타내는 척도로, 예를 들면 전자 회로에 있어서 그리드 입력에 대한 플레이트 출력의 비율을 전력 이득이라고 한다. ⇨ 전압 증폭.

전력 증폭관(電力增幅管, power tube(valve)) 특히 전력 증폭용으로 설계 제작된 전자관으로, 스피커 등을 동작시키기 위한 저주파용 전력 증폭관, 송신기에 쓰이는 고주파용의 전력 증폭관 등이 있다. 좁은 뜻으로는 전자만을 가리키는 경우도 있으며 전압 증폭관과 상대적으로 쓰인다.

전력 증폭기(電力增幅器, power amplifier) 전력관을 사용한 종단 증폭기이다.

전력 증폭도(電力增幅度, power amplification) 《자기 증폭기》 출력 전력의 변화분과 그에 대응하는 입력 전력의 변화분의 비를 이른다.

전력 케이블(電力——, power cable) 전력용 지중 송전, 배전 및 인입용 케이블을 이르며 벨트 종이 케이블, SL케이블, OF케이블, 가스 케이블 및 합성고무 케이블 등이 있다.

전력 풀(電力——, electric power pool) 지역적인 기반에 서서 연계 운용되는 둘 이상의 전력계통을 이른다.

전력 퓨즈(電力——, power fuse) 고압 회로에 사용되는 퓨즈로, 차단시에 발생하는 아크로 끄기 위한 구조로 되어 있다. 종류로는 방출 퓨즈와 한류 퓨즈 등이 있다. 전자는 카드릿드에 개구부가 있어 차단시의 아크가 이 개구부에서 방출된다. 가용편이 스프링에 이끌려 있으며 용단하여 급속히 끊어지게 되어 있는 것도 있다. 후자는 가느다란 실버 선을 석영 입자 속에 매입하여 두고 아크 에너지를 그것으로 흡수 냉각하여 소호하는 것이다.

전력 회로(電力回路, power circuit) 전기 기기에 전력을 공급하기 위한 전원 기기로 이루어지는 전기 회로를 이른다.

전령(電鈴) (1) electric bell 전기적으로 작동하는 벨. (2) ringer 전기적 입력을 받아서 벨을 울리게 하는 가청 신호를 발생하는 기기이다.

전류(轉流, commutation) (1) 정류기에 있어서 어느 양극으로부터 다음 양극으로 아크가 이동하는 현상을 이른다. (2) 자기 증폭기에 있어서 출력 권선에 가하여진 교류 전압이 −인 기간에도 궤환용 정류기로 +방향 전류가 흐르는 현상을 뜻한다.

전류(電流, electric current) 전하가 이동하는 현상을 표현하는 것으로, 양전하 이동의 방향이 전류의 방향이다. 단위 시간에 어떤 면을 통하여 이동하는 전하의 총량을 그 면을 통하는 전류의 세기 또는 단지 전류라고 한다. 실용 단위는 암페어[A]이다.

전류 감도(電流感度, current sensitivity) (1) 검류계의 전류 감도는 눈금판에서 1mm의 편향에 대한 전류값으로 나타낸다. (2) 수화기, 스피커 등에 대하여 약속된 위치에 발생하는 출력 음압을 구동 전류로 나눈 것을 말한다. 단위는 [μbar/A]. 데시벨로 나타내고 있는 경우는 1A의 전류로 구동했을 때 1 μbar를 발생하는 가상의 전기 음향 변환기의 전류 감도를 0dB로 하고 있다.

전류계 (電流計, ammeter, ampere meter) 전류를 측정하는 계기. 눈금은 보통 마이크로 암페어, 밀리 암페어, 암페어 또는 킬로 암페어로 매겨져 있다.

전류 계전기 (電流繼電器, current relay) 예정된 전류값에서 동작하는 계전기이다.

전류군 (轉流群, commutating group) 정류회로 요소 및 그에 도전적으로 접속된 교류전압 공급 회로의 일군으로, 이 그룹의 직류 전류는 그룹 내에서 인접한 정류회로 요소 간에 차례로 받고 주도록 되어 있는 것을 이른다.

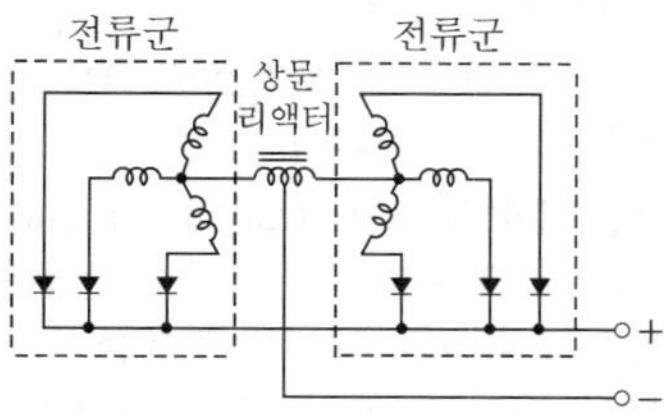

[전류군]

전류궤환 증폭기 (電流饋還增幅器, current feedback amplifier) 출력 전류에 비례한 전압을 입력측에 궤환시키는 부궤환 증폭기를 이른다.

전류력 (電流力, electrodynamic force) 서로의 전류에 의해서 흡인 또는 반발하는 힘을 이른다.

전류력계 (電流力計, electrodynamo-meter) 각각 전류를 통한 고정 코일과 가동 코일 사이에 작동하는 힘을 이용하는 것을 동작 원리로 하는 계기이다.

전류력계형 (電流力計型, electro dynamic instrument) 하나 또는 복수의 가동 코일과 하나 또는 복수의 고정 코일의 각각 전류 사이에 작용하는 힘에 의해서 동작하는 계기를 이른다. 철심과 차폐를 가지고 있는 것과 없는 것이 있다. 또 제어 토크도 가지고 있는 것과 갖지 않는 것이 있다. 비율계와 역률계는 후자의 경우이다. 전류, 전압, 전력 등을 측정하는 데 사용된다.

전류 리스펀스 (電流──, current response) 수화기, 스피커 등에서 약속된 위치에 발생하는 음압을 구동 전류로 나눈 것. 단위는 [μbar/A]. 전류 감도와 같은 것으로, 전류 리스펀스라고 하면 그 주파수 특성을 뜻하는 경우가 많다.

전류 밀도 (電流密度, current density) 도체를 흐르는 전류 I를 그 유선(流線)에 직각 방향의 단면적 S로 나눈 I/S를 전류밀도라고 한다. 따라서 그 단위는 [A/m^2]로 나타낸다. 균일 도체에 직류를 흘린 경우의 전류 밀도는 도체 단면의 어느 곳에서도 같지만 교류를 흘렸을 경우에는 표피 효과(skin effect)에 의해서 도체의 표면에 가까운 곳일수록 전류 밀도가 커지고 또 주파수가 높아지면 이 경향은 더욱 현저하게 된다. ⇨ 표피 효과.

전류 방식 (電流方式, current system) 《원격측정》 전송 방법으로서 전류를 사용하는 원격 측정방식을 이른다.

전류 분배 (電流分配, current division) 《전자관》 캐소드의 전자류가 플레이트나 그리드 등의 둘 이상의 전극으로 분할되어 흐르는 것을 말한다.

전류 시간 곡선 (電流時間曲線, current time curve) 시간과 전류의 관계를 나타낸 곡선이다.

전류 용량 (電流容量, current capacity) 도선에 안전하게 흘릴 수 있는 전류의 값을 이른다. 이 전류값보다 큰 전류를 흘리면 도선에는 저항이 있으므로 온도 상승을 초래하여 주위 피복물의 열화를 초래할 우려가 있다. 특히 전기 기기에 있어서는 절연의 저하와 소손 등에 대하여 깊이 고려하지 않으면 안 된다. 그러므로 장기간 연속하여 흘릴 수 있는 전류를 안전 전류라고 한다. ⇐ 안전 전류, 암페어 용량(ampere capacity).

전류의 세기 (電流──, current intensity, current strength) 어떤 면을 통하여 단위 시간에 이동하는 전하의 총량을 그 면을 통하는 전류의 세기라 한다.

전류 제한기 (電流制限器, current limiter) 정

격 전압 110 V, 정격 전류 5~30 A, 단극 또는 2극의 브레이커(S 브레이커라 한다)로, 구조는 배선용 차단기와 비슷한 것이다.

전류 증폭 (電流增幅, current amplification) 특히 전류값에 착안한 증폭을 이른다.

전류 증폭도(電流增幅度, current amplification 《자기 증폭기》 출력 전류의 변화분과 그에 대응하는 입력 전류의 변화분의 비율을 이른다.

전류 증폭률 (電流增幅率, current amplification factor) 《트랜지스터》 바이어스 일정, 출력 단락의 조건 아래서 출력 신호 전류의 입력 신호 전류에 대한 비를 이른다.

전류 천칭 (電流天秤, ampere balance) 전류력계형 전류계의 하나로, 고정 코일과 가동 코일 사이에 작용하는 힘을 무거운 추로 평형시켜서 측정하여 코일에 흐른 전류값을 구하는 것이다. 또 무거운 추의 위치에서 전류값을 직독(直讀)할 수 있게 한다.

전류 초감도 (電流初感度, current sensibility) 《계기》 검류계와 같은 계측기로, 영위점에서 기울기를 감지할 수 있는 최소의 전류값 또는 영위점에서 1 mm 기울어지는 데 요하는 전류값을 이른다.

전류 코일 (電流――, current coil) 계기의 전류 회로에 있는 코일을 이른다.

ㅈ

전류파 (電流波, current wave) 도선 속를 파동으로 전송되는 전류를 전류파라 한다. 송전선이나 통신선 또는 안테나와 같은 분포 상수 선로를 전파하는 전류는 공간을 전파하는 전자파와 마찬가지로 일종의 파동이라고 생각되므로 전류파라 표현한다.

전류 평형 계전기 (電流平衡繼電器, current balance relay) 한 쪽 전류값이 예정된 목표의 전류값이 되었을 때 동작하는 계전기를 이른다.

전류 평형 리액터 (電流平衡 ――, current balancing reactor) 반도체 정류기에 있어서 병렬 접속된 정류 요소 간에 전류를 알맞게 배분하기 위해 사용하는 평형용 리액터를 이른다.

전류 평형형 (電流平衡形, current balance type) 원격 측정 방식에 있어서 송량측에서 측정량에 따라 발생한 전류가 전송 선로를 통하여 수량 계기 내부를 거쳐 송량측으로 되돌아오는 것을 확인하면서 송량측에서 평형을 잡아 나가는 방법을 이른다.

전류 회로 (電流回路, current circuit) 계기의 경우에는 부하전류를, 또는 이에 상응하는 전류를 통할 수 있는 회로에서는 계기 단자 간의 부분을 말한다.

전류 효율 (電流效率, current efficiency) 어떤 소정의 물질이 전기 화학적 과정에서 발생하는 데 필요한 이론적 전기량과 실제로 소비한 양과의 비율을 이른다.

전리 (電離, ionization) 기체 또는 액체의 분자, 원자가 전기를 띤 원자 또는 원자단(이온)으로 되는 것을 이른다.

전리도 (電離度, ionization degree) 전해질의 일부가 분리되어 음·양 이온이 되는 경우에 이온화하는 비율을 이른다.

전리 유지회로 (電離維持回路, keep-alive circuit) TR 또는 ART 스위치에서 주방전의 개시 시간을 단축 할 목적으로 잔류 전리를 발생하는 회로를 이른다.

전리 전류 (電離電流, ionization current) 기체를 전리함으로써 생긴 이온에 전계를 작용시킴으로써 흐르는 이온 전류를 이른다.

전리 전압 (電離電壓, ionization potential) 전자의 속도가 기체 분자 또는 원자와 충돌하여 이것을 전리할 수 있는 최저의 값일 경우 그 전자에 그 속도와 운동 에너지를 주기 위하여 필요로 하는 전위차를 이른다.

전리 진공계 (電離眞空計, ionization vacuum gauge) 기체의 전리도가 그 압력으로 변화하는 것을 이용한 진공계. 3극 진공관을 그대로 쓸 수 있다. 바깥쪽의 플레이트를 양극으로 하고 그리드를 음전위로 하여 여기에 이온을 모으는 것이 보통이며, 그 반대의 사용법도 있다. 음극 재료는 W(텅스텐)가 좋다. 측정 범위는 10^{-3}~10^{-7}mmHg, 특별한 것은 10^{-11}mmHg에 미친다. 두 장의 판 모양으로 된 전극 중앙에 필라멘트를 배치한 것, 양극에 해당하는 원통상 그리드 중심에 W선의 집(集)이온 전극을 두고 바깥쪽에 필라멘트를 배치한 것, 방전을 사용한 냉음극의 필립스형 등이 있다.

전리층 (電離層, ionosphere) 지구를 둘러싸

고 고도 약 50 km(성층권의 가장 윗부분)에서 1,000 km에 걸쳐 전리된 대기로 덮여 있다. 질소와 산소의 분자가 우주로부터 전리성 방사, 특히 태양의 자외선과 X선에 의해서 원자, 이온, 자유 전자 등으로 분리되어 있다. 보통 D, E, F층으로 분류하고 있으며, D층은 고도가 가장 낮고(지상 50~90 km), 저온도의 자유 전자를 포함하며 저주파수 전파를 반사한다. E층(커티너 헤비사이드층)은 대략 지상 90~150 km를 점하고 있으며 중파를 반사한다. F층은 150~1,000 km의 최상부를 점하고 있다.

전리층 고도 오차 (電離層高度誤差, ionosphere height error) 항행에 있어서 지상 경로와 전리층 경로 사이의 기하학적 형상의 차이에 따라서 생기는 종합 전리층 오차의 계통적 성분을 이른다.

전리층 교란 (電離層攪亂, ionospheric storm (disturbance)) 전리층 상태가 심히 흩어지는 현상으로, 이 결과 전리층 반사를 이용하는 통신이 곤란 또는 불가능하게 되기도 한다. 이것은 태양면이 국부적 이상 활동을 할 때 방사선이 이상 전리를 일으켜 흡수 영역의 전자 밀도를 증가시키기 때문이다. 태양에 비쳐진 지구 반면(半面)에서 일어난다고 한다. 또 이 때 방사된 대전 미립자는 주로 극지방에 모여 지자계를 흩어지게 하여 자기람형의 교란을 일으킨다. 이러한 현상은 여러 가지 선구현상(先驅現狀)을 나타내며 현재는 어느 정도 정확하게 예측할 수 있는 경우도 있다.

전리층 예보 (電離層豫報, ionospheric prediction) 전리층의 변화를 과거의 데이터를 바탕 등으로 예상한 것으로, 이 예보를 이용해서 어떤 지점 간의 무선 통신을 하는 경우에 어떤 주파수가 좋은가 미리 알 수 있다.

전리층 오차 (電離層誤差, ionospheric error) 항해에 있어서 전리층에서 반사한 항해용 신호를 수신함으로써 생기는 계통적 및 불규칙 오차의 총칭. 이것은 ① 전파 경로의 변동, ② 전리층의 불균일한 고도, ③ 전리층 내의 불균일한 전파에 기인하는 것으로 생각된다.

전리 함 (電離函, ionization chamber) 전리작용을 하는 방사선의 양을 측정하는 장치를 이른다.

전리 확률 (電離確率, ionization probability) 기체 중에 전자파 또는 전자 등을 투사하면 기체의 일부는 투사한 전자파 또는 전자 등의 에너지를 흡수하여 이온을 발생한다. 이 때 실제로 발생하는 이온의 수와 투사한 에너지를 모두 완전히 흡수하였다고 가정한 경우에 생기는 이온의 수의 비율을 전리 확률이라고 한다.

전면 단자형 (前面端子形, front terminal type) 계기의 전면에 접속 단자가 있는 형을 이른다. ⇨ 전면 접속형.

전면 접속형 (前面接續形, front connection type) 계기가 부착된 상태에서 전면에서 접속할 수 있도록 한 구조의 것. 교류 적산전력계를 예로 들면, 많은 가정용 계기는 이 형에 속한다.

전 반사 (全反射, total reflection) 어떤 매질에서 다른 매질에 파동이 전해질 때에 입사각을 어떤 각도보다 크게 하면 입사파는 경계면에서 전부 반사되어 다른 매질에 진입하지 못하는 현상을 말한다. 또 그 각도를 임계각이라 한다. ⇨ 부분 반사(partial reflection).

전반 조명 (全般照明, general illumination, general lighting) 실내 조명에서 광원을 배치하는 한 형식. 상당히 넓은 실내에 적당한 크기의 광원을 수 많이 규칙적으로 배치하여 조도 분포를 고르게 한다. 공장, 사무실, 백화점 등에 많이 쓰인다.

전반 확산 조명 (全般擴散照明, general diffuse illumination, general diffuse lighting) 전반 확산형 배광. 즉 하반구 광속이 40~60%를 차지하도록 한 배광을 가진 등기(燈器)를 사용한 조명. 형광등 기구로 위쪽과 아래쪽 모두에 빛을 내는 것과 전구용의 젖빛 유리 글로브를 사용한 조명이 그 예이다.

전 방출 전류 (全放出電流, total emission) 음극 전체에서 방출되는 열 전자 전류를 말하며, 보통 2극관 접속에서 충분히 높은 양극 전압을 주었을 때의 포화 전류값으로 나타낸다.

전 방향 (全方向, omnidirectional) 360°의 전

방위각에 걸쳐서 공간에 무수한 전파의 통로를 주는 발사 방식을 이른다.

전 방향 비컨 (omnidirectional beacon) 모든 방향으로 동등하게 무선 신호를 방사하는 비컨. 송신파의 지향 특성을 회전하면서 회전각에 관한 적당한 형태의 정보를 송신한다. 수신국은 이것을 받아 송신국의 방위를 결정할 수 있다. 선박용 비컨, VOR 등이 그 예이다.

전 방향성 (全方向性, isotropic) 《전파》 입체적인 전 방향에 대하여 성질이 같은 것을 이른다. ⇨ 등방성 공중선.

전 방향성 공중선 (全方向性空中線, omnidirectional antenna) 《전파》 앙각에 대해서는 지향성을 가지고 있지만 방위에 대해서는 본질적으로 무지향성인 공중선을 이른다.

전부동 (全浮動, full floating) 축전지 전부를 발전기 또는 정류기에 병렬로 접속하고 부동의 상태로 사용하는 것을 이른다.

전부 동환 (前部銅環, armature end slug) 《계전기》 전자 계전기를 완동(緩動)하기 위해서 접극자단에 설치한 구리의 고리를 이른다.

전부하 (全負荷, full load) 정격 출력에 상당하는 부하를 뜻한다.

전부하 전류 (全負荷電流, full load current) 정격 부하인 경우의 전류를 이른다.

ㅈ

전부하 조정 (全負荷調整, full load adjustment) ⇨ 중부하 조정.

전부하 효율 (全負荷效率, full load efficiency) 정격 부하 상태에서의 효율을 이른다.

전선 (電線, electrical wire, electric wire) 선인작업으로 만들어낸 가는 도전선으로, 전기의 통로로 사용되는 것. 외피를 절연물로 피복한 것을 절연 전선이라 한다. 큰 것은 케이블이라 불리고 있다.

전선관 (電線管, conduit tube) 저압 옥내 배선 공사에서 전선을 수용하기 위해 사용하는 강제의 금속관, 또는 경질의 염화비닐 등을 사용한 합성수지 관을 이른다.

전선관 공사 (電線管工事, conduit work) 금속제의 전선관을 시설하고, 그 속에 전선을 수용하여 시설하는 배선공사.

전선로 (電線路, line) ⇨ 선로.

전선 배치 (電線配置, conductor configuration) 가선하는 전선의 회선수, 경간, 경과지의 지세, 기타 외부 조건을 고려하여 배치되는 것으로, 3각 배열, 수평 배열, 수직 배열이 있다.

전선 연장 (電線延長, conductor length) 전선로의 지정된 구간에서 전선의 연길이, 즉 3상 3선식 2회선의 송전 선로의 긍장이 100 km이면 그 회선 연장은 200 km, 전선 연장은 600 km가 된단. ⇨ 긍장.

전선 접속 (電線接續, wire jointing, wire splicing) 전선을 접속하는 것. 옥내 배선의 접속방법으로서는 전선과 전선을 직접 꼬거나 감거나 또는 조인트선으로 양 전선을 감아서 납땜을 하는 방법이 있다. 또 전선의 용량이 큰 경우에는 슬리브, 와이어 커넥터를 써서 접속한다.

전속 (電束, electric flux) 전기력선의 집속체. 단위 단면을 직각으로 관통하는 전기력선의 수를 전속 밀도라 한다. ⇨ 전기력선.

전속 밀도 (電束密度, electric flux density) 유전체에 전계를 부여함으로써 그 안에 발생하는 전하의 변위에 관계된 벡터양. 등방성이고 또한 균일한 유전체인 경우에는 주어진 전계 E와 같은 방향을 향하고, 그 값은 εE로 주어진다. $D=\varepsilon E$, 여기서 ε는 유전체의 정기 상수이고, 전속밀도의 단위는 C/m^2이다.

㈜ 부등방성(不等方性) 유전체인 경우에는 위의 ε는 텐솔양이 되고, D와 E는 반드시 같은 방향으로 향하지 않는다.

전송 (傳送, transmission) 일반적으로 신호를 송단에서 송출하는 것을 송신 또는 전송이라고 한다. 유선, 무선을 가리지 않는다.

전송 방식 (轉送方式, transfer system) 전신의 중계방식. 수신 천공된 테이프를 재송신하여 목적하는 회선에 전송하는 방식. 전송 방법에는 여러 가지가 있다.

전송선 (電送線, transmission line) 《통신》 전신, 전화 등의 신호 전류를 먼 곳까지 보내기 위하여 설치된 통신 선로를 말한다. ⇐ 전송 선로.

전송 선로 (傳送線路, transmission line) 모든 전송선을 뜻하는 것으로, 특히 선로에 중점을 두는 경우에 이와 같이 부른다.

전송 손 (傳送損, transmission loss) 전기 통신에 있어서 전송계의 입·출력 간의 손실을 이르며 dB로 나타낸다.

전송 트립 계전방식 (轉送――繼電方式, transfer trip relaying) 일종의 원방 트립 동작으로, 통신 채널을 이용하여 트립 신호를 계전기 설치 지점에서 원방 장소의 계전기에 전송하여 그곳 차단기를 트립하는 것을 이른다.

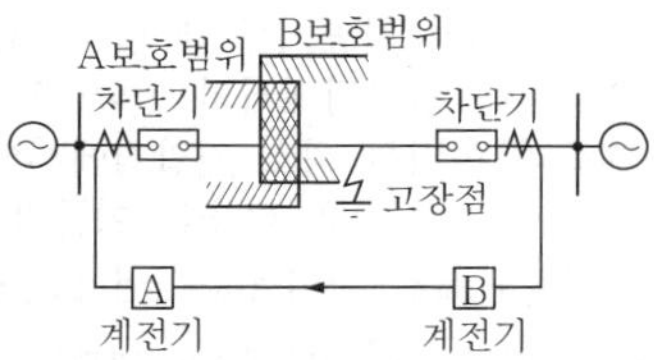

[전송 트립 계전방식]

전송 특성 (傳送特性, transmission characteristic) 전력, 신호 또는 정보(information) 등을 전송 선로를 통하여 전송하는 경우의 입력 단자와 출력 단자에 있어서 전압, 전류 등의 여러 양과의 관계를 이른다.

전송 품질 (傳送品質, transmission performance, transmission quality) 회선의 사용 상태에서 통화 전송상 그 회로의 양호도를 이른다.

전송 품질 지수 (傳送品質指數, transmission performance rating) AEN(명료도 등가 감쇠량) 결정용의 기준계. S.R.A.E.N.의 전부 또는 일부를 지금 생각하고 있는 장치로 대치했을 때 이것과 등가인 전송 품질을 얻기 위하여 S.R.A.E.N.에 삽입 또는 제거해야 할 부가적 감쇠량의 값을 이른다.

전송 회선 (傳送回線, transmission line) 송전선이나 통신선을 회로론적으로 다루는 경우에 쓰이는 명칭이다.

전송 효율 측정기 (傳送效率測定器, transmission measuring set) 전송계의 이득, 감쇠량, 위상량 등을 측정하는 측정기를 전송효율 측정기라 한다. 발진기, 증폭기, 가변 저항 감쇠기, 평형 변성기, 지시 계기, 전건 등으로 이루어진다.

전시 조명 (展示照明, display lighting) 전시된 물체에 대한 조명. 가장 일반적인 방법은 형광등을 사용하여 전반적으로 균일한 조도를 주고, 여기에 전구를 사용한 스폿 라이트로 액센트를 주는 조명이다.

전식 (電蝕, electrolytic corrosion) 레일을 귀선으로 하여 사용하는 경우 대지에 유출하는 누설 전류의 전기분해 작용에 의해서 부식되는 일이 있다. 이것을 전식이라고 한다.

전압 (電壓, voltage) (1) 어떤 2점 간의 임의의 경로를 따라 전계 강도와 경로 요소와의 스칼라 곱 $E \cdot dS$를 적분한 것. (2) 전력 계통에서, 도체와 대지 간 또는 선 간의 전위의 차를 전압이라 한다.

전압 감도 (電壓感度, voltage sensitivity) (1) 검류계의 감도를 나타내는 것으로, 반조 검류계에서는 거울과 척도의 거리를 1m로 한 경우의 척도 상의 1mm에 대한 전압(V)으로 나타낸다. 또 지침형인 경우는 눈금의 한 눈에 대한 전압을 나타낸다. 가동 코일형에서는 전압 감도=(전류 감도×임계 제동 저항), 가동 자침형에서는 전압 감도=(전류 감도×검류계 저항). (2) 전압 리스펀스와 같은 뜻이지만 전압 감도라고 하는 경우에는 그 주파수 특성보다도 특정한 주파수에서의 값을 중시하고 있는 경향이 있다.

전압 강하 (電壓降下, voltage drop) (1) 송전단 전압과 수전단 전압의 차. 송전선의 임피던스와 그 곳을 흐르는 전류의 곱은 전압 강하의 벡터값이다. (2) 저항 또는 인덕턴스에 흐르는 전류로, 강하하는 전압을 가리키는 경우를 말한다.

전압계 (電壓計, voltmeter) 전압을 측정하는 계기. 원리 및 구조상 전류계와 같지만 전압계는 계기에 흘리는 전류를 작게 할 필요가 있으므로 민감한 전류계 요소에 직렬의 고저항이 접속된다. 각종 형식이 있으나 보통 직류에는 가동 코일형 계기, 저주파의 교류에는 가동 철편형 계기와 정류형 계기, 교직 양용에는 전류력계형 계기, 고주파에는 열전형 계기나 전자 전압계 등이 사용된다.

전압계식 검루기 (電壓計式檢漏器, voltmeter type ground detector) 전압계(정전형 또는 전자형의)를 사용하는 검류 장치를 이른다.

전압 계전기 (電壓繼電器, voltage relay) 예

정된 전압으로 동작하는 계전기이다.

전압 궤환 증폭기 (電壓饋還增幅器, voltage feedback amplifier) 출력 전압의 일부를 부궤환하는 증폭기이다.

전압 리스펀스 (電壓 ——, voltage response) 전기 음향 변환기의 리스펀스의 하나로, 마이크로폰 송화기의 경우는 음압 대 개방 전압의 비, 스피커, 수화기의 경우는 단자 전압 대 출력 음압의 비로, 보통은 그들 비의 주파수 특성을 이른다.

전압 방식 (電壓方式, voltage system) 《원격 측정》 전송방법으로서 전압을 사용하는 원격 측정방식이다.

전압 변동률 (電壓變動率, voltage regulation) 발전기, 변압기 등의 부하로 인한 단자전압의 변화의 정도를 나타내는 것으로, 발전기의 경우는 속도(주파수), 단자전압, 부하 전류, 역률이 정격값일 때의 계자회로의 저항값을 그대로 유지하고 무부하로 했을 때의 정격 전압에 대한 단자 전압의 변동비를 뜻한다. 변압기인 경우에 2차측의 전압, 전류, 그리고 주파수 및 역률을 정격값으로 유지했을 때 그 1차측 단자 전압을 바꾸는 일 없이 변압기를 무부하로 한 경우의 2차 전압의 변동의 비를 이른다. 이것을 백분율로 나타낸다.

전압 변동 범위 (電壓變動範圍, regulation of voltage) 정전압 방전관의 전류 규격의 최소값과 최대값에서의 방전 유지 전압의 차를 가리킨다. 동작 범위에서의 내부 저항의 가늠으로, 보통 2~3V이다.

전압 비 (電壓比, voltage ratio) 변압기의 전압비는 무부하에 있어서의 1차 단자 전압과 2차 단자 전압의 비를 가리킨다.

전압 상승률 (電壓上昇率, voltage build-up-rate) 시간에 대한 전압의 상승 곡선을 구하고, 전압 상승의 비율을 V/s로 나타낸 것을 이른다.

전압 전류계 (電壓電流計, voltammeter) 전압과 전류를 전환하여 측정하는 데 쓸 수 있고 값을 직독할 수 있는 계기를 이른다. ⇨ 전압계, 전류계.

전압전류 특성 (電壓電流特性, volt-ampere characteristic) 전압 변화에 대한 전류의 변화 관계를 나타내는 것으로, 전압과 전류의 관계가 직선적이 아닌 경우에는 이 특성은 매우 중요하다.

전압 정류 (電壓整流, voltage commutation) 정류자에 의한 정류의 경우, 단락 코일 중의 리액턴스 전압을 상쇄하기 위하여 이 코일 중에 리액턴스 전압과 반대 방향의 전압을 유기시켜서 정류를 양호하게 하는 방법을 말한다.

전압 정재파 비 (電壓定在波比, voltage standing wave ratio) 약어 VSWR, 도파관, 동축 케이블 혹은 기타 전송 선로에 발생하는 정재파에서, 최대 전압점에서의 전압(또는 전계)의 진폭과 인접한 최소 전압점에서의 전압(또는 전계)의 진폭의 비율을 이른다.

전압 조정 (電壓調整, voltage adjustment, voltage control, voltage regulation) 전압을 원하는 값으로 조정하는 것. 또는 원하는 일정 전압으로 유지하게 하는 것을 뜻한다.

전압 조정기 (電壓調整器, voltage regulator) 발전기 및 기타 전원의 전압을 입력 전압의 변동 혹은 부하 변동에 상관 없이 요구된 한도 내로 유지하는 기능을 가진 장치. 자동 전압조정 장치라고도 한다. 사용 목적에 따라 조정기의 용량과 동작 원리, 사용 부품 등이 다양하다.

전압 조정 변압기 (電壓調整變壓器, voltage regulating transformer) 조정하여야 할 회로의 전압과 위상각을 단계적으로, 그리고 부하를 정지하는 일 없이 전환하는 탭을 가진 변압기를 이른다.

전압-주파수 변환형 (電壓-周波數變換形, voltage-to-frequency conversion type) A-D 변환기의 한 변환 형식으로, 입력 전압값에

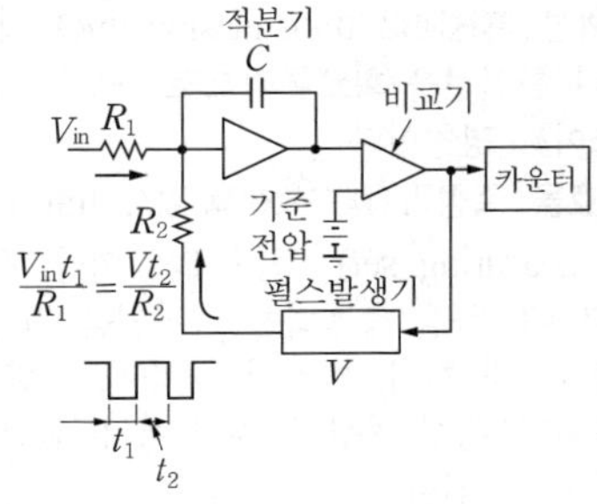

[전압-주파수 변환형]

직접 비례한 주파수를 발생하고, 일정 시간 중에 발생하는 반복수를 계수하도록 한 것. 그림에서 입력 전압 V_{in}에 의해 적분기의 커패시터 C에 충전한 전하를 펄스 발생장치의 출력으로 방전하는데, 그 충·방전 사이클, 따라서 카운터의 계수량은 입력전압 V_{in}에 비례한다.

전압 증폭(電壓增幅, voltage amplification) 직류 또는 고전압의 증폭을 이른다.

전압 증폭기(電壓增幅器, voltage amplifier) 어떤 증폭기에서 입력의 전압을 증폭하는 장치. 이 증폭기에는 일반적으로는 전압 증폭용 진공관 장치나 트랜지스터 장치가 쓰이지만 자기회로를 쓰는 것도 있다. 또 주파수적으로는 저주파의 것, 고주파의 것이 있다.

전압 증폭도(電壓增幅度, voltage amplification factor) 증폭기의 출력 전압의 변화분과 그에 대응하는 입력 전압의 변화분의 비율을 이른다.

전압 차동 계전기(電壓差動繼電器, voltage differential relay) 두 전압의 불평형이 어떤 값에 이르렀을 때 동작하는 계전기이다.

전압 코일(電壓——, pressure coil, voltage coil) 예를 들면 전력계, 계전기 등에서 전압과 전류로 동작하는 요소를 갖는 경우, 전압 요소가 되는 코일은 전압 코일이라 한다.

전압 평형 계전기(電壓平衡繼電器, voltage balance relay) 두 전압의 차이가 예정값을 넘었을 경우 동작하는 계전기이다.

전압 폴로어(電壓——, voltage follower, noninverting buffer) 오픈 루프 이득 A를 갖는 직류 차동 증폭기에서, 출력 전압을 직접 증폭기 입력($-$) 단자에 피드백 접속한 것으로, 출력 전압 V_0는 입력 $(+)$단자의 전압 V_2와 그 크기가 거의 같고 극성도 반전하지 않는다(⇨ 비반전 증폭기). 실효 폐루프 임피던스 $\Delta V_2/\Delta I$는 AZ_{CM}과 상등하게 매우 크다. 여기서 ΔI는 입력 전류 변화, Z_{CM} $(-)$ 또는 $(+)$단자의 대지 임피던스(동상 모드 임피던스)이다. 출력 임피던스는 매우 작다.

전압 표준관(電壓標準管, voltage reference tube) 정전압 방전관의 일종. 전류는 거의 소비하지 않는 대신 유지 전압의 안정에 극도로 주의를 기울인 방전관. 진공관과 조합하여 정전압 회로에 쓰인다.

전압 회로(電壓回路, potential circuit, pressure circuit, voltage circuit) 예를 들면 제어회로 등에서 전압에 의해서 제어되는 회로와 전류에 의해서 제어되는 회로가 있는 경우 양자를 구별하여 전압에 의해서 제어되는 회로를 전압 회로라고 한다.

전열(電熱, electric heating) 전기에 의한 발열을 공업용, 가정용 등에 이용하는 것으로, 그 방법으로서는 대상물 자신에 전도 또는 유도에 의하여 직접 전류를 통하거나 또는 적당한 도체에 전류를 통하여 그 열을 이용하는 것, 전호(電弧)에 의한 발열을 이용하는 것도 있다.

전열(傳熱, heat transfer) 열 이동이라고도 하며, 열이 고온의 장소에서 저온의 장소를 향하여 이동하는 것. 전열의 방법에는 전도, 대류, 방사의 세 가지가 있다.

전열 공학(電熱工學, electrothermics) 전기적 에너지와 열적 에너지의 변환을 연구하는 학문으로, 실제로는 열이 전기로 변환되는 경우와 전기에서 열로 변환되는 경우가 있다. 전자에는 열전대가 있고 후자에는 아크 용접, 적외선 건조 등이 있다.

전열기(電熱器, electric heating appliance, electric heater) 전류에 의한 발열을 이용하는 장치의 하나. 보통 고유 저항이 크고 융점이 높으며 잘 산화하지 않는 도체에 전류를 통하도록 하고 있다. 난방, 온수, 다리미, 기타 공업, 농업에 응용된다. 제어가 쉽고 효율이 높으며 소음, 연기, 재, 수증기, 불꽃 등을 발생하지 않아 편리하고 쾌적하며 위생적이다.

전열면(傳熱面, heating surface) 고체 벽을 거쳐서 열을 전하는 경우, 이 고체 벽면을 이른다.

전열법(電熱法, electrothermics) 전류의 발열작용을 이용하는 야금법으로, 보통 연료로는 얻을 수 없는 높은 온도를 쉽게 연동적으로 발생할 수 있다.

전열선(電熱線, heating wire) ⇨ 발열체.

전열 회로 (電熱回路, heater circuit) 전열기에 전기를 공급하는 회로이다.

전 용량 탭 (全容量——, full capacity tap) 변압기 권선에 탭이 있을 때 정격 출력으로 연속 사용에 견딜 수 있는 탭을 이른다.

전용망 (專用網, private network) 특정 기업 또는 유저 그룹에 의해 전용 목적으로 구축되어, 운용되는 임의의 통신망을 이른다. 공중 회선의 일부를 포함하는 경우도 있지만 그것도 전용 목적으로 제1종 통신업자로부터 임대하는 것으로 기업을 위하여 (혹은 기업 자신에 의해)운영된다.

전용 비디오 텍스 (專用——, private videotex system) (1) 기업 내의 스템 간의 정보 교환을 목적으로 하여 공중 전화망의 일부를 빌려 구축한 그 기업 전용의 비디오텍스 시스템을 이른다. 기업의 하도급이나 대리점 혹은 특정 거래처 사이의 비디오텍스 통신도 포함되는 경우가 있다. (2) 정보 제공자(IP) 혹은 정보 서비스 회사가 특정 지구나 구내의 유저를 대상으로 구축하여 종량 요금제로 제공하는 비디오텍스 서비스를 이른다. 전국의 불특정 유저를 대상으로 하여 정액 요금으로 서비스 하는 캡틴과는 운용 형태가 다르다.

전용압 (電溶壓, electrolytic solution tension, electrolytic solution pressure) 역사적으로 금속이 하전한 이온으로 되어서 용액에 녹는 경향을 나타내는데, 용액의 침투압과 비슷한 표현을 한 것을 이른다.

전용 자산 (專用資産, specific investment) 《공급규정》 특정한 수용가가 전용 또는 주로 사용하는 시설을 위하여 투자하는 고정 자본을 지칭한다.

전용 채널 (專用——, cleared channel) 《방송》 어떤 무선국(방속국)에만 할당되어 그 국에서 독점적으로 사용할 수 있는 통신로(주파수대)를 이른다.

전용 텔레비전 (專用——, closed circuit television) 약어 CCTV, 특정 시청자를 대상으로 한 텔레비전으로, 일반의 방송 텔레비전에 대응하는 용어, 폐쇄회로 텔레비전이라고도 한다. 보통은 상업용 텔레비전(ITV)을 의미한다.

전용 통신로 (專用通信路, cleared channel) 전화 및 전선을 전용자가 이용하도록 할당한 통신로이다.

전용 회선 (專用回線, personal circuit) 특정 상사(商社) 등에 전속되는 전신 전화 회로 또는 전신 전화 전송로만을 시설하고 이것을 임대하는 회선을 이른다. 보통 leased line이라고 한다.

전원 (電源, power supply) (1) 장치, 시스템 등에 전력을 공급하는 장치. 발전기, 전지, 기타를 의미하지만 부하가 요구하는 전력의 형태(직류인가, 교류인가, 그 주파수 등), 전압, 전류, 전력 레벨, 안정도 등에 적합하도록 하기 위한 제반 장치(정류기, 인버터, 안정 전원장치, 각종 보호장치 등)를 포함한 것을 의미하는 경우도 많다. (2) 전력의 자원을 이른다.

전원 변압기 (電源變壓器, power transformer) 통신장치를 운전하기 위한 전력을 상용 전원에서 얻는 경우에 쓰이는 변압기. 수신기 내부 등에 있는 소형에서부터 송신기용의 대전력용까지 있다.

전원 전환 계전기 (電源轉換繼電器, power transfer relay) 항시 사용하는 전원과 예비용 전원을 전환할 목적으로 사용되는 계전기이다.

전원 회로 (電源回路, power circuit) 전기 통신, 기타 전기를 이용하는 기기에 전력을 공급하기 위하여 필요한 기기로 이루어지는 전기회로를 이른다.

전위 (電位, electric potential) 전계 내에서 단위 양전하를 A점에서 B점으로 옮길 때 전하에 작용하는 전기력에 반항하면서 일을 하는 경우는 B점 쪽이 A점보다 전위가 높고, AB 2점은 전위차를 갖는다고 한다.

전위 강하 (電位降下, fall of potential) 전기 회로의 전위 강하를 이른다.

전위 강하법 (電位降下法, fall of potential method) 도체의 저항을 측정하는 경우 도체에 기지 전류를 통하여 그 도체의 양단에 발생하는 전위차를 측정하여 옴의 법칙으로 저항을 구하는 방법을 전위 강하법이라 한다.

전위 경도 (電位傾度, potential gradient) 전계에서 2점 간의 전위차를 그 거리로 나눈 것으로, 전계의 세기를 나타낸다.

전위계 (電位計, electrometer) 전류를 거의 사용하지 않고 전압을 측정하는 계측기. 예전에는 측정하고자 하는 전압과 대전 물체 사이에 작용하는 정전력을 이용한 형식이 사용되었으나 최근에는 입력 임피던스가 지극히 큰(제어 컨덕턴스가 작은) 증폭기가 사용된다. 입력 전류 옵셋과 잡음이 극히 작은 것에 의해서 매우 작은 직류 전압(전류)을 고정밀도로 측정할 수 있다.

전위 계수 (電位係數, coefficient of potential) 도체 군이 일정한 위치에 배열되어 있을 때 그 중의 1개에 전하를 주면 모든 도체에 각각 그 전하에 비례한 전위 변화를 발생한다. 이 비례 상수를 각각의 조합에 관한 전위 계수라고 한다.

전위 차 (電位差, potential difference) 2점 간의 전위차 또는 0전위에서 어떤 점까지의 전위를 이른다.

전위차계 (電位差計, potentiometer) (1) 3개의 단자를 가진 저항기로 하거나 또는 복수의 슬라이드 접점을 가지고 있어 조정 가능한 분압기로서 동작한다. (2) 미지의 기전력 또는 전위차를 측정하기 위해 균일한 저항선에 기지의 전류를 흘려 얻게 되는 기지 전압을 미지 전압과 비교하여 영위법으로 미지 전압을 구하도록 한 것. 교류 전압의 경우에는 전압의 크기 뿐만 아니라 위상 관계도 비교할 필요가 있으며, 측정은 직류 전압의 경우보다 복잡하다. ⇨ 극좌표 전위차계, 직각 좌표 전위차계.

전위 평형식 (電位平衡式, potential balance system) 예를 들면, 휘트스톤 브리지로 저항을 측정하는 경우 검류계의 0점을 구하는데 이것은 전위의 평형된 상태를 이용한 것이다.

전이 전류 (轉移電流, transfer current) 릴레이 방전관의 어떤 양극 전압하에서 양극-음극 간이 방전을 개시되는 데 필요한 시동 전극 전류를 특히 이와 같이 말한다. ⇨ 릴레이 방전관.

전이 주파수 (轉移周波數, turnover frequency) (1) 정속도의 원판 녹음에 있어서는 진폭이 증대하여 옆의 골에까지 들어가지 않게 어느 특정한 주파수(300~1,000Hz 사이로 선정된다) 이하에서는 정진폭 녹음을 채용한다. 이 전환 주파수를 말한다. (2) 증폭기의 주파수 특성을 어떤 주파수를 기준으로 하여, 그 상하에서 주파수에 따라 이득을 올리거나 내리거나 할 때가 있다. 이 기준이 되는 주파수(500 Hz 부근이 많다)를 전이 주파수라 한다.

전이 특성 (轉移特性, transfer characteristic) 《방전관》 방전관 내에서 어느 1쌍의 전극 간의 방전이 다른 1쌍의 전극 간의 방전으로 이동하는 현상에 관한 특성을 전이 특성이라 한다. 예를 들면, 기동 전극의 방전에서 주 방전으로 이행하는 것과 같은 경우의 특성이다.

전 일그러짐 (全──, total distortion) 선로나 회로, 기타 각종 기기 등에서 발생하는 일그러짐을 총괄해서 이른다.

전일 효율 (全日效率, all day efficiency) 하루 동안의 에너지 효율을 이르는 것으로, 24시간 중의 출력에 상당한 전력량을 그 전력량과 그 날의 손실 전력량의 합으로 나눈 것을 말한다.

전자 (電子, electron) (1) 최소량의 음의 전하를 가진 소립자로서, 그 질량은 수소원자 질량의 약 1/1,837이다. $m_e = 9.109 \times 10^{-31}$kg. (2) 전자의(형용사). 전자에 의해 동작하는, 전자를 포함한 전자를 발생하는 등의 내용을 함유하는 형용사. electronic이라고도 한다. 예를 들면 전자 총, 전자 방출, 전자 관, 전자 빔 등을 이른다.

전자 개폐기 (電磁開閉器, electro-magnetic switch) 전기 접촉기와 과부하 보호장치 등을 하나의 용기 안에 수용한 것으로, 전동기 회로 등의 개폐에 사용되는 것을 이른다.

전자 검루기 (電磁檢漏器, electromagnetic ground detector) 전자형 전압계 또는 접지변압기와 전압계를 사용하여 비접지 계통의 접지 사고의 유무 및 그 정도를 지시하게 하는 장치를 이른다. ⇨ 정전 검루기.

전자 결합 (電磁結合) (1) inductive coupling, magnetic coupling 하나의 회로에서 다른 회로로 전력을 이송하기 위하여 두 회로를 결합하는 경우 자력선의 매개로 전자적으로 결합하는 방식. 변압기 결합은 그 일례이다. ⇐ 유도 결합, ⇨ 정전결합. (2) electromagnetic coupling 공중선 간의 방사결합과 같이 전기적으로나 자기적으로나 완전 결합 상태에 있는 것을 말한다. ⇨ 방사 결합.

전자 결합 발진기(電子結合發振器, electron coupled oscillator) 다극관을 써서 2개의 그리드로 발진회로를 만들어 전자류를 그 발진으로 제어하여 플레이트 회로에 출력을 내도록 한 발전기를 이른다.

전자계(電磁界, electromagnetic field) 전하는 공간에 전계를 만들고, 이동하는 전하, 즉 전류는 그 주위를 둘러싼 자계를 형성한다. 반대로 변화하는 자계에는 전계가 수반하는 것도 알려져 있다. 이처럼 전계와 전자계의 상호 작용이 존재하는 공간 영역을 전자계라 한다. 전자계는 전계의 세기 E, 전속 밀도 D, 자계의 세기 H 및 자속밀도 B의 4개 벡터량에 의해 맥스웰의 전자 방정식으로 정식화되어 있다.

전자 계전기(電磁繼電器, magnetic relay, electromagnetic relay) 전자적으로 조작되는 계전기, 특별히 지정하지 않는 한 전자 접촉기의 여자 코일 그밖에 자기적으로 동작하는 장치의 여자 회로를 개폐하는 따위의 접점을 가진 계전기로, 접점의 개폐는 계전기의 여자 코일의 전류를 온·오프하여 이루어진다.

전자 공기 브레이크(電磁空氣 ——, electromagnetic air brake) 자동 공기 브레이크의 장점에 전자 밸브를 부가하여 그 작용으로 자동 공기 브레이크의 감도 및 기동성을 한층 좋게 한 것을 이른다.

전자관(電子管, electron tube) 기밀성 용기 속을 진공으로 하거나 혹은 그 위에 약간의 가스를 봉입한 다음, 그 분위기 내에서 양극 및 음극의 두 전극 간에 전자류를 발생시켜 이것을 적당한 방법으로 제어하도록 한 장치. 두 전극만을 갖는 전자관은 원래 정류성을 가지고 있고, 이들 사이에 제어 전극을 사용한 것은 증폭, 변조, 복조, 발진 등의 여러 기능을 가진 것을 만들 수 있다. 음극선관, 광전관, 가스든 방전관 등도 넓은 뜻에서는 전자관이다.

전자관 계전기(電子管繼電器, electronic relay) ⇨ 전자 스위치.

전자 광학(電子光學, electron optics) 전계 중의 전자의 운동은 장소에 따라 굴절률이 달라지는 경우의 기하 광학에서의 광선의 진행법과 같은 법칙에 지배되므로 전자선에 대해서도 광학과 마찬가지로 반사, 굴절 및 결상(結像)을 논할 수 있다. 또 자계를 사용하는 경우에는 전자 궤도의 선회 및 상의 회전이라는 것을 제외하면 기하 광학과 비슷하여 마찬가지로 반사, 굴절 및 결상을 시킬 수 있다. 이것을 다루는 학문의 한 분야를 전자 광학이라고 한다.

전자 교환방식(電子交換方式, electronic switching system) 전화의 접속 교환을 전자적으로 하는 방법. 교환기를 구성하고 있는 계전기, 상승 회전 스위치, 크로스바 스위치 같은 전기 기계적 장치를 거의 모두 전자부품으로 대치한 것과 통화로 장치에는 종전의 전기 기계 부품을 사용하고, 접속의 제어, 통화로의 감시만을 전자화한 반전자식이 있다.

전자극(電磁極, electron pole) 자전관(磁電管)의 양극과 음극 사이의 전자구름처럼 전자가 어떤 작용을 받아서 막대모양으로 모여 마이너스의 전하극을 만드는 것을 말한다.

전자기학(電磁氣學, electromagnetics, electro magnetism) 전기적, 자기적 현상에 대해서 연구하는 물리학의 한 분야. 즉 쿨롱의 법칙이 발견된 이래 볼타의 전퇴(電堆)에 의해서 지속 전류가 얻어지고 또 에르스텟의 의해서 전기의 자기작용이 발견되어서 전류의 측정이 가능하게 됨에 따라 전자기학도 점자 체계화되어 원격작용론이 발달하였다. 이에 대해 패러데이는 장(場)의 이론을 제창하고 전자유도를 발견한 맥스웰은 이것을 수식화하여 전자기학은 일단 완성을 보았다. 이후의 발전은 미시적 입장에서의 연구와 실제 문제에 적용하기 위한 연구에 속한다.

전자 단위(電磁單位, electromagnetic unit) cgs단위 (길이의 단위 cm, 질량의 단위 g, 시간의 단위 s)계에서 진공 중 1cm 떨어져 있는 두 단위 자기량 사이에 작용하는 쿨롱 힘이 1다인과 같은 자기(磁氣)의 양을 단위로 정한 것이다.

ㅈ

전자대 생성(電子對生成, pair production, pair creation) 광자가 원자핵, 전자 등의 근방의 강전계 속을 가로지를 때 그 영향을 받아 전자와 양전자(포지트론)로 변환하는 것을 이른다.
㊟ 전자대 생성 프로세스에서 감마선, 기타 광자가 흡수되는 것을 전자대 생성 흡수라고 한다.

전자 동조(電子同調, electronic tuning) 발진관의 전자의 속도를 바꿈으로써 발진 주파수를 변화시키는 것을 이른다.

전자 렌즈(電子——, electron lens) 전자선의 결상을 수반하는 집속이나 발산을 하는 전계 또는 자계 및 그러한 전계, 자계를 만드는 장치를 전자 렌즈라고 한다. 결상의 수차(收差) 등은 광학과 마찬가지로 논할 수 있으나 자계에 의한 상의 회전 및 전자 빔의 공간 전하 및 속도 분포에 대해서는 광학과 동일하게 다룰 수는 없다. ⇨ 전계 렌즈(electrostatic lens).

전자력(電磁力, electromagnetic force) 전류는 그 둘레에 자계를 만든다. 따라서 전류와 그 자계 내에 있는 자석 사이에는 힘이 작용한다. 이것을 전자력이라고 이른다.

전자류(電子流, electron current) +전위에 끌려서 동일 방향으로 흐르는 다수의 전자로 이루어지는 전류를 말한다.

전자 마이크로 미터(電子——, electronic micrometer) 약간의 기계 변위를 전기량으로 변환하여 측정하는 전자 측정·지시장치. 고속측정이 가능하고 원격 측정, 다점 측정에 적합하며 자동 정치수 장치 등 기계의 자동 제어계에도 짜넣어진다. 변위를 인덕턴스 변위로 변환하는 등의 트랜스듀서가 많이 사용된다.

전자 밀도(電子密度, electron density) 단위 체적 내에서의 전자의 수를 이른다.

전자 방출(電子放出, electron emission) 전극에서 주위 공간으로 열, 빛, 고전계 등에 의해서 전자를 해방하는 것. 간단하게 에미션이라고도 한다.

전자 변환 컨덕턴스(電子變換——, electronic transconductance) 다(多)그리드 변환관 등과 같이 국부 발진 전류와 신호 전류가 관 안에서 전자적으로 결합되는 방식의 변환 컨덕턴스이다.

전자 볼트(電子——, electron volt) 전자, 이온, 소립자 등의 에너지를 나타내는 단위. 1 전자 볼트란, 전자가 진공 중에서 1V의 전위차로 가속되어 얻어지는 에너지. $1eV = 1.602 \times 10^{-19}J$이다.

전자 브레이크(電磁——) (1) magnetic brake 전자기에 의해서 제어되는 마찰 브레이크. (2) solenoid brake 솔레노이드의 자력저항에 의해서 회전운동을 지연시키거나 정지시키는 장치를 이른다.

전자 빔(電子——, electron beam) 거의 동일한 속도로, 동일한 방향으로 진행하는 전자의 가는 흐름을 전자 빔이라 한다.

전자 빔 가공(電子——加工, electron-beam machining) 약어 EBM, 전자선을 대어 고온을 발생시켜 불순물의 금속을 증발, 제거시키는 가공법. 진공 중에서 한다.

전자 빔 용접(電子——熔接, electron-beam welding) 고도로 집중된 열원을 만들기 위해 10^{-3}mmHg(0.1333 파스칼(pascal)) 이하의 고진공에서 고속 전자선을 사용한 물질의 접합 기술, 우주 공간에서 사용된다.

전자 사태(電子沙汰, electron avalanche)《반도체》 반도체 중에 생긴 강한 전계에 의해서 캐리어가 충분히 가속되어 결정 내의 원자와 충돌하여 새로운 캐리어를 발생하는 과정(課程)이 누가적으로 되풀이 되어 일어나는 전류의 증대 현상을 이르며, 기중 방전(氣中放電)에도 같은 현상이 있다.

전자석(電磁石, electromagnet) 철심에 감은 코일을 여자함으로써 자속을 발생하는 것. 전기 기계의 자극은 이에 속한다. 또 흡인력을 발생하여 접편(接片)과 목적물을 기계적으로 연결하거나 목적하는 물체를 접편으로 흡인하는 것. 전자는 전자 접촉기, 전자 브레이크, 전자 클러치 등이고 후자는 자기 선별기 등이다.

전자 수화기(電磁受話器, electromagnetic receiver) 전류 코일을 갖는 영구 자석의 자극에 약간의 공극을 사이에 두고 진동판을 설치하여 전류 코일에 음성 전류를 흘렀을 때 발생하는 전자적 흡인력의 변화에 의해

ㅈ

서 진동판을 움직여 귀와의 사이의 공간에 음압을 발생시키는 구조의 수화기를 말한다. 전화용, 무선 통신용에 사용되며 주파수 범위는 대체로 3kHz 이하이다.

전자 스위치(電磁——, electromagnetic switch) 접촉기와 조작 전자석 및 과부하 운동 장치를 하나의 함(函) 속에 수용한 것으로, 전동기 기타의 회로 개폐에 사용된다.

전자 스위치(電子——, electronic switch) 전자관이나 트랜지스터 등을 사용해서 전자적으로 회로의 개폐 및 계전을 하는 것. 또는 그 장치를 이른다. ⇐ 전자 계전기.

전자식 전압계(電子式電壓計, electronic voltmeter) 다이오드와 직류 계기를 조합하여 측정하고자 하는 신호를 다이오드로 정류하여 직류 계기로 지시시키는 계기. 주파수의 영향이 적어 무선주파의 영역까지 사용이 가능하다. 또 전자 회로의 미소 전압 측정도 가능하여 일반으로 고주파 회로용으로 널리 사용되고 있다.

㊟ 옛날에는 다이오드 대신에 진공관이 사용되었으므로 진공관 전압계(VTVM)라고 불리기도 한다.

전자 어드미턴스(電子——, electronic admittance) 예를 들면 클라이스트론의 공동 공진기의 갭에서의 경우와 같이 거기에 전자류가 존재함으로써 새로이 생기는 고주파 어드미턴스이다.

전자 에너지(電磁——, electro-magnetic energy) 전파, 열파, 광파, X선 기타의 전자방사에 의해서 운반되는 에너지를 이른다.

전자 오실로그래프(電磁——, electro-magnetic oscillograph) 전자 작용을 이용하여 전류의 파형을 관측하거나 기록하거나 하는 장치. 강한 자석의 극 가까이에 전류를 통하는 철사 또는 코일을 설치하고, 이 철사 또는 코일의 편향을 광학적 또는 기계적 레버로 확대한다.

전자 우편(電子郵便, electronic mail) 우편물을 접수한 뒤 수신인에게 배송하기까지의 각 단계마다 기존의 전기통신 설비와 요원을 효과적으로 비치한 것으로, 텔레타이프를 이용하는 미국식, 팩시밀리를 이용하는 서구식 등이 있다.

전자 유극 계전기(電磁有極繼電器, electro-polarized relay) 전자 계전기에서 동작 권선 외에 철심에 극성을 주는 권선을 가지며, 이 권선에 전류를 흘림으로써 유극작용을 갖게 하는 계전기이다.

전자 유도(電磁誘導, electro-magnetic induction) 코일에 쇄교하는 자속의 시간적 변화율과 코일의 권수에 비례하여 코일 내에 기전력이 발생하는 현상을 이른다.

전자 유량계(電磁流量計, electromagnetic flowmeter) 전자적인 원리에 의해서 유체의 흐름에 지장을 주지 않고 그 유량을 측정할 수 있도록 한 측정기. 다만, 유체는 도전성이 있는 것에 한한다.

㊟ 유체의 유속을 v, 유체에 주어지는 자속밀도를 B로 하면 양자에 직각 방향으로 $v \times B$의 기전력이 발생하는 것을 이용한 측정기이다.

전자 유체 발전(電磁流體發電, magneto hydrodynamic generation) 고온·고속의 도전성 유체(플라스마나 용융 금속)를 강한 자계 속에서 주행시켜 그 때 발생하는 기전력을 이용하는 직접 발전법. 원리는 전자 유량계의 그것과 동일하다. MHD 발전이라고도 한다(고온 플라스마를 이용하는 경우는 MPD 발전). 유체로서 등유, 중유 등의 연소가스를 사용할 때는 그 열해리만으로는 충분한 도전성이 얻어지지 않으므로 이온화 전압이 낮은 세슘, 칼륨 등의 알칼리 금속을 1% 정도 시드(seed)로 첨가하여 사용한다. 고온의 알칼리 이온에 견딜 수 있는 내열·내식 재료가 필요하다. 아직 실용화되지는

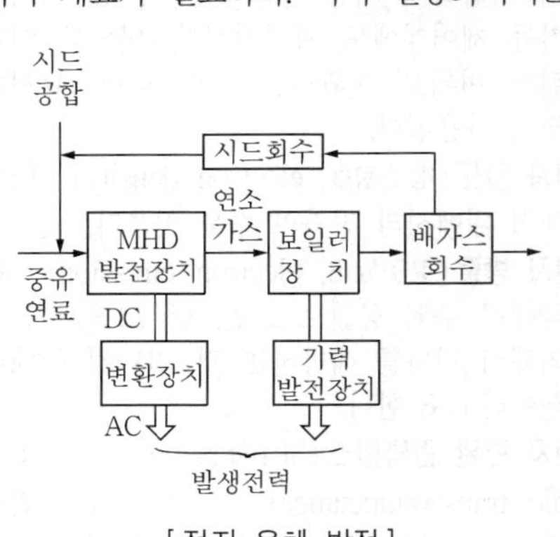

[전자 유체 발전]

않고 있다.

전자 임피던스(電磁——, electronic impedance) 진공관 등에서 전자가 발진, 증폭 등의 작용을 외부 회로에 미치는 경우 그 외부 회로에서 본 전자의 등가적인 임피던스를 말한다. 보통은 개개의 전자에 대하여 사용되는 것이 아니고 전자류, 전자운, 공간 전하 등에 대하여 사용된다.

전자 전류(電子電流, electronic current) 전자의 흐름에 의하여 생기는 전류이다.

전자 전환(電子轉換, electronic switching) 진공관, 방전관, 크리스털 다이오드, 트랜지스터, 파라메트론 등의 전자장치를 사용해서 전기 회로를 개폐 또는 전환하는 것을 말한다.

전자 접촉기(電磁接觸器, electro magnetic contactor) 전자석으로 제어되는 개폐기로, 대전류를 개폐하는 경우가 많기 때문에 소호장치를 갖춘 것이 많다. 개폐 빈도와 전기적 · 기계적인 수명에 따라 여러 가지 종류가 있다. 전동기 회로의 개폐 등에 쓰인다.

전자 제어기(電磁制御器, electromagnetic controller) 전자석으로 조작되는 제어기이다.

전자 주사(電子走査, electronic scanning) 기계적 방법에 의하지 않고 전자를 전기 자기적으로 편향시켜서 주사하는 것을 이른다.

전자 주행각(電子走行角, electron transit angle) 전자가 어떤 거리를 나르는 데 요하는 시간을 그 시간 동안에 진행하는 고주파 전자계의 위상 각으로 나타낸 각도이다.

전자 증배관(電子增倍管, electron multiplier) 열음극 또는 광전 음극에서 방출되는 1차 전자가 차례로 여러 개의 다이오드에 충돌하면서 여기서 2차 전자를 방출시켜 이 2차 전자가 차례로 증배되어 크게 증대함으로써 최후에 수집 전극에 이르는 진공관이다. 광전관이나 텔레비전 촬상관에 응용된다. ⇐ 2차 전자 증배관(secondary electron multiplier).

전자 진동(電子振動, electronic oscillation, electron oscillation) 전자가 외부 회로나 공간 전하 등의 작용으로 일어나는 진동이다.

전자 차폐(電磁遮蔽, electromagnetic shielding) 어떤 한정된 공간을 전자적으로 외부와 차단하는 것을 말한다. 이 차단에는 투자율이 큰 자기 재료가 쓰인다.

전자총(電子銃, electron gun) 진공 중에 전자선이 방사하는 부분. 음극, 제어 전극, 가속 전극 등으로 구성되어 있다.

전자 친화력(電子親和力, electron affinity) (1) 전자가 원자 또는 분자와 결합하여 음이온으로 될 때 해방되는 에너지를 이른다. 대부분의 원자와 분자는 양의 전자 친화력을 가지며, 음 이온 쪽이 중성 상태보다 안정하다. (2) 반도체에 있어서, 전도대의 하단과 진공 준위(반도체 외부의 자유 공간의 에너지 준위)와의 차를 이른다. ⇨ 일 함수. 주 (2)는 보통 χ라고 하는 심벌로 표현된다. 또한 단위는 모두 eV이다.

전자 커플링(電磁——, electromagnetic coupling, magnetic coupling) 전자 유도작용에 의해서 토크를 전달하는 커플링. 예를 들면 한쪽 축에는 직류로 여자한 돌극형 자극을 배열하고 다른 쪽 축에는 유도 전동기의 회전자와 같은 구조의 것을 설치하여 조합하고 한쪽을 회전시키면 다른 쪽은 유도 전동기와 같은 원리로 슬립 속도에 상당한 속도만큼 낮은 속도로 회전하여 토크를 전달할 수 있다. 여자 전류를 끊으면 곧 결합을 풀 수 있다.

전자 투입장치(電磁投入裝置, solenoid-operated closing mechanism) 차단기의 투입에 전자 솔레노이드의 흡인력을 이용하는 장치를 이른다. 전원은 대부분이 직류이고 코일의 인덕턴스 때문에 전류의 상승 속도가 억제되어 대형인 경우에는 투입 시간이 1s 가까이 걸린다.

전자파(電磁波, electromagnetic wave) 전계 또는 자계의 주기적 변화에 의한 전자, 전자 방사의 파를 전자파라고 한다. 그 진동 주파수가 특히 높은 것에 열파와 광파가 있다. 보통 전계와 자계의 주기적 변화는 전자파의 전파방향에 직각인 평면 내에 일어나므로 전기자기적 횡파를 형성한다.

전자파관(電子波管, electron wave tube) 전자 빔을 따라서 진행하는 공간 전하파를 이용하여 증폭, 발진을 하게 하는 극초단파관. 2차 전자류 증폭관, 가속 감속형 증폭관, 저항변형 증폭관 등이 있다.

전자 파동 (電子波動, electronic wave) 전자류에 따라서 존재하는 공간 전하의 파동. 일반적으로 고른 속도 v_0을 가지고 흐르는 전자류에는 $\omega_p=\sqrt{\eta\rho_0/\varepsilon_0}$ 인 플라스마 파동이 있다. 여기서 η는 전자의 전하와 질량의 비, ρ_0은 공간 전하, ε_0은 진공의 유전율이다. 이와 같은 전자류에 ω라는 각주파수의 교란을 주면 $\beta=(\omega\pm\omega_p)/v_0$이라는 위상 속도를 가진 전자 파동이 전파된다.

전자 펌프 (電子——, electromagnetic pump) 파이프 안에서 도전성의 액체를 이송하기 위해 액체 속에다 파이프와는 직각으로 큰 전류를 흘려준다. 이 전류가 파이프에 직각인 방향으로 주어진 자계와 작용하여 이 전류가 흐르고 있는 도전성 액체에 파이프를 따라 밀어내게 하는 힘을 미치게 한다. 원자로의 냉각계통 배관 속에서 액체 금속 나트륨을 이송하는 경우 등에 사용한다.

전자 현미경 (電子顯微鏡, electron microscope) 진공 용기 안에서 전자 빔이 전자 렌즈에 의해서 집속 제어되어 얇은 시료를 통해 형광막을 향하여 방출된다. 시료는 그 각 점의 밀도에 비례하여 전자를 흡수하고 따라서 시료를 통과한 전자빔은 전자에 의해서 그려진 시료상을 제공한다. 이 상이 다른 렌즈에 의해 확대되어 형광 스크린에 사출되거나 혹은 사진 필름에 기록된다.

㊟ 광학 현미경의 전자적 아날로지이지만 전자의 파장이 매우 짧기 때문에 해상력이 매우 크다.

전자 혈압계 (電子血壓計, electronic manometer) 혈관의 압력을 측정하는 장치로, 탐침이나 카테텔을 혈관 안에 넣어 측정하는 직접법과 외부에서 간접적으로 측정하는 방법이 있다. 후자의 경우 팔뚝 위에 가압포를 감고 그 곳에 압력을 가하여 혈관음을 청진기로 듣게 된다. 전자식은 가·감압을 자동화하고 혈관음을 마이크로폰으로 픽업하여 증폭한 다음 적당한 방법으로 표시 또는 기록하도록 하고 있다.

전자 혼 (電磁——, electromagnetic horn) 금속 도체로 만들어진 혼은 음향 혼과 같이 마이크로파를 공간에 보내는 작용이 있다. 도파관의 개방단에 전자 혼을 설치해 두면 선로에서의 테이퍼 접속과 같은 관계로 관내 전자파는 짜내듯 방출되어 일정한 방향으로 날카로운 지향성을 갖게 된다.

전전압 기동 전동기 (全電壓起動電動機, full voltage starting motor) ⇨ 전전압 시동 전동기.

전전압 시동 전동기 (全電壓始動電動機, full voltage starting motor) 직접 정격 전압을 단자 간에 가하여 기동하는 전동기. 직류 전동기는 극소 용량의 직권 전동기 이외는 반드시 직렬로 기동 저항을 접속하여야 하므로 주로 유도 전동기에 대해서 적용된다. 농형에서는 4 kW까지, 특수 농형에서는 10 kW까지는 보통 전전압 기동으로 사용된다.

전절권 (全節捲, full pitch winding) 코일의 양변 간의 피치가 정확하게 1자극 피치와 같은 코일을 사용한 회전기의 권선을 이른다.

전조 (電槽, battery jar) 전지의 전극 및 전해액을 넣어 두는 그릇이다.

전주 (電鑄, electroforming) 전기 도금법을 이용하여 물체를 묘사하는 방법이다.

전주 (電柱, mast, pole) 전선을 가설하기 위한 지지물로, 목주, 콘크리트주, 철주 등이 있다.

전주 갓 (電柱——, cap) 빗물 등으로 인한 전주의 부식을 막기 위하여 전주의 말구(정상)에 씌우는 접시 모양의 금속물이다.

전주 장구 (電柱裝具, pole fittings) 전주에 장치되는 모든 재료를 이른다. 예를 들면 발판, 번호판 등을 이른다.

전지 (電池, battery, galvanic cell) 산화-환원 반응에 따른 에너지 방출을 전기 에너지로 끌어내는 장치를 이른다. 화학 전지라고도 한다. 양극(cathode)과 음극(anode)으로 불리는 전극(electrode)가 있고 각각 집전체와 반응 재료인 활물질(active material)로 구성되어 있다. 활물질을 전부 반응시키면 사용 불가능한 1차 전지와 충전하면 반복 사용할 수 있는 2차 전지 또는 축전지가 있다. 또 배터리는 둘 또는 그 이상의 축전지를 연결하여 소정의 에너지를 얻도록 한 장치이다.

㊟ 태양 전지, 원자력 전지 등은 물리적으로 에너지를 변환시키므로 물리 전지라고 하며, 화학 전지와 구별하기도 한다.

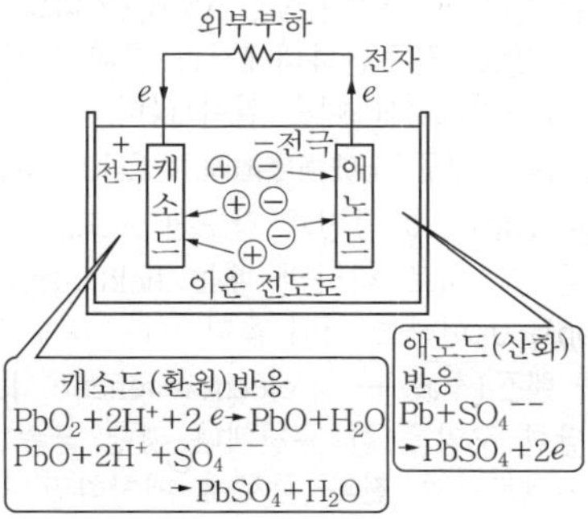

[전지]

전 지기(全地氣, dead earth) 완전히 접지한 것을 뜻한다. 저항이나 용량을 통해서 접지한 경우와는 구별하는 경우에 쓰인다.

전지 손(電池損, battery loss) 자석식 전화기에서 송화용 전지로 인한 통화 손을 뜻한다.

전지 시험기(電池試驗器, cell tester) 전지의 기전력, 내부 저항 등을 체크하기 위한 시험기이다.

전진파(前進波, advancing wave) $(1/v^2)(\partial^2 x/\partial t^2)=\partial^2 x/\partial t^2$ 인 파동 방정식의 풀이는 일반적으로 $x=f_1(x-vt)+f_2(x+vt)$와 같은 임의 함수 f_1과 f_2의 합으로 나타내며, 위의 식의 제1항 $f_1(x-vt)$는 $+x$ 방향에 $v=x/t$의 속도로 진행하는 파동을 나타내고, 제2항 $f_2(x+vt)$는 $-x$ 방향으로 역시 $v=x/t$의 속도로 진행하는 파동을 나타낸다. 이 때 $+x$ 방향으로 진행하는 파를 전진파, $-x$ 방향으로 진행하는 파를 후진파라 한다. ⇔ 후진파.

전차(電車, electric car, tramcar) 주 전동기에 의해서 구동되며 여객, 화물 등을 적재 운반하는 차량을 이른다.

전차 전동기(電車電動機, traction motor, tramcar motor) 전기 철도 구동용의 전동기를 이른다. 특히 구조상 통풍, 진동, 습기, 먼지 등에 배려를 하였으며, 직권 전동기가 가장 많이 사용된다.

전착(電着, electrodeposition) 전해에 의해서 전해액 중의 이온이 석출되어 전극에 부착하는 것. 주로 금속 이온의 방전에 의한 금속 전착을 이르며, 유기물의 전착(수지상, 고무상 중합 전착), 화합물의 전착(예를 들면 MnO_2)을 이르는 경우도 있다.

전철기(轉轍器, switch) 열차를 한 궤도로부터 다른 궤도로 이동시키는 데 사용되는 분기 장치를 이른다.

전철용 변전소(電鐵用變電所, railway substation) 전기 철도의 전원을 얻기 위하여 설치된 변전소이다.

전철 주 전동기(電鐵主電動機, railway motor, traction motor) 전동차의 동력용 전동기를 뜻한다.

전 충격파 전압(全衝擊波電壓, full impulse voltage) 비 주기적인 과도 전압으로, 급속하게 그 최대값으로 상승하고, 또 대부분의 경우 비교적 서서히 하강한다. 파두부에 접하는 직선이 그 전 길이의 0.3~0.9까지 상승하는 시간을 t_f로 하면 그림의 t_1은 $1.67t_f$와 상등하다. 파미를 도중에서 절단한 재단파(그림의 점선부)에 대하여 구별한 용어이다.

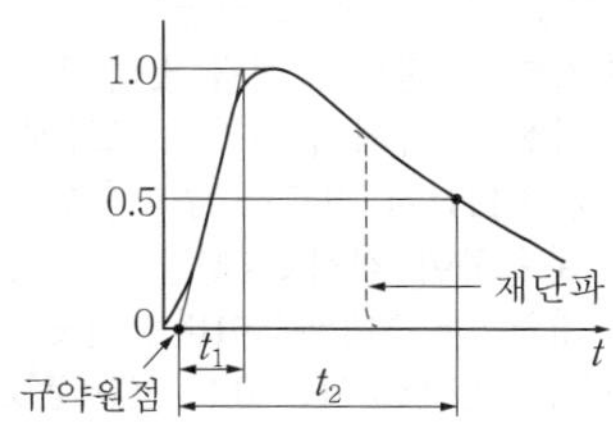

[전 충격파 전압]

전치 등화기(前置等化器, pre-equalizer) 전송로의 손실 주파수 특성을 증폭기로 보상하는 경우 그 이득 주파수 특성을 증폭기 앞에 2단자망을 높은 주파수 특성을 균일하게 한 후 증폭하는 경우 이에 사용되는 2단자 등화기를 뜻한다.

전치 보상기(前置補償器, predistorter) 주파수 변조의 초단파 이동 송신기에서, 위상 변조기를 사용하고 있는 경우 순수한 주파수 변조파를 발사하기 위해서 미리 신호파의 주파수 특성을 바꾸기 위한 특수한 주파수 특성을 가진 회로를 전치 보상기라 한다.

전치 증폭기(前置增幅器, head amplifier) 예

를 들면 안테나와 수신기부, 마이크로폰과 증폭기를 접속할 경우에, 접속선에서의 신호 대 잡음비의 감소를 피하기 위해서 안테나 또는 마이크로폰의 바로 뒤에 삽입하는 증폭기를 이른다.

전치 터빈 (前置——, top turbine) 고온 고압의 터빈을 놓고 그 배기를 저압 저온의 증기 터빈을 사용할 경우 이 고온 고압의 터빈을 전치 터빈 또는 톱 터빈이라고도 한다.

전 통과 회로망 (全通過回路網, all pass network) 전파 상수(傳播常數)의 실수부, 즉 감쇠 상수가 0인 리액턴스 4단자 회로망을 지칭한다. 그림은 그 일례이다.

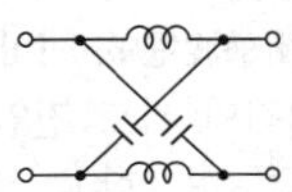

[전 통과 회로망]

전파 (全波, full wave) 교류의 정부 양파(正負兩波)를 전파라 한다.

전파 (電波, radio wave) 도체 속의 전류가 3 kHz에서 3 THz 범위로 진동함으로써 방사되는 전자기파. 전파는 대략 빛의 속도로 공간을 전파한다. 국제 전기통신 조약에서는 3 kHz에서 3 THz에 이르는 주파수를 9개 대역으로 분할하여 각각 명칭을 부여했다(각 대역의 대역폭은 1데케드이다). 별도로 MIL STD 463(1972년)에서는 0.1~100 GHz 대역을 0.1, 0.25, 0.5, 1, 2, 3, 4, 6, 8, 10, 20, 40, 60, 100의 각 주파수(GHz) 점에서 구획하여 A에서 M까지의 13개 대역을 설정하였다.
㈜ 예전에는 CCIR(1929년)에 의해 장파(100 kHz 이하), 중파(100~1,500 kHz), 중단파(1.5~6 MHz), 단파(6~30 MHz), 초단파(30 MHz 이상)으로 분류하였으며 현재도 간혹 사용되는 경우가 있다. 또 VHF에서 EHF에 이르는 마이크로파에 대해서는 문자에 의한 대역 세분류가 있다.

전파 강도 (電波强度, field intensity) 전파 전파시에 전파의 세기를 단위 면적당의 에너지로 나타낸 것. 즉 포인팅 벡터이다. 이의 평방근이 전계 강도가 된다. 주로 마이크로파 전송에서 사용된다. ⇨ 전계 강도.

전파 강도계 (電波强度計, field intensity meter) 임의의 지점에서 전파의 세기를 측정하는 측정기. 장파에서부터 초단파에 이르는 범위에서는 전계의 세기 [μV], [V/m]로 나타내는 일이 많고, 극초단파대에서는 단위 면적 내의 에너지로 나타내는 일이 많다.

전파 강도 지도 (全破强度地圖, field intensity map) ⇨ 등전계 강도선 지도. 전계강도를 [V/m]로 나타낼 때는 field strength map로 표현하는 것이 옳다.

전파 렌즈 (全波——, electromagnetic lens) 적당한 모양을 한 유전체나 평행 금속판을 마이크로파의 전파 통로에 배치하면 광학 렌즈와 마찬가지로 전자파를 집속(集束)시키는 작용을 나타내게 되므로 이러한 장치를 전파 렌즈라 한다. 즉 유전체(誘電体) 내를 진행하는 전파의 속도는 공기 중에서의 속도보다 외관상 얼마간 빨라진다는 데 착안하여 이들의 통로 차(通路差)를 그림과 같이 적당히 유지하는 모양으로 하면 유전체 렌즈와 금속판 렌즈가 얻어진다. ⇨ 유전체 렌즈, 금속 렌즈.

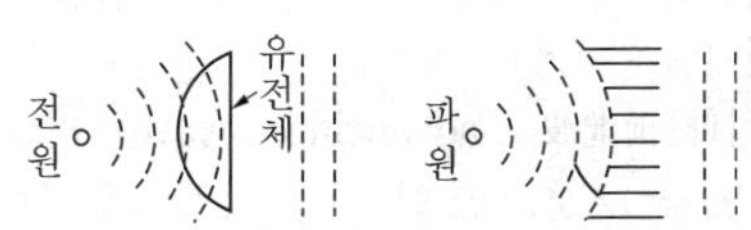

(a) 유전체 렌즈 (b) 금속판 렌즈

[전파 렌즈]

전파로 (傳播路, propagation path) 전파가 전하는 통로를 뜻한다. 일반적으로 전파는 2점 사이의 최단 거리를 진행하는 것이라고 생각되므로 지구상의 2점 사이를 생각하면 이 2점을 포함하는 대기권 코스를 따라서 전파하게 된다. 전파하는 방법은 지표를 따라서 전파하는 경우, 공간을 직접 전파하는 경우 및 전리층 또는 지상에서 반사하여 전파되는 경우 등이 있다.

전파 상수 (傳播常數, propagation constant) 선로 또는 매질의 전송 특성으로서, 선로나 매질이 그 속을(또는 그 선로나 매질을 따라) 전달되는 파에 미치는 영향을 주는 복수량이다. 송단, 수단의 전압을 각각 V_s, V_r로 하면 $V_r = V_s \exp[-(a+ib)l]$로 주어진다. 그리고 $r = a + jb$ $b = 2\pi/\lambda$를 전파 상수라 한다. 실수부 a는 감쇠 상수, 허수부 b는 위상 상수이고 λ는 매질 중의 전자파의 파장이다(l은 선로 길이). V_r, V_s를 음압이라 생각하여도 같은 관계가 성립된다.

전파 속도 (傳播速度, ray velocity) 전파가 전파(傳播)하는 속도를 이르는 것으로, 대기 중에서는 광속도(3×10^{10}cm/sec)와 같다. 절리층과 같은 전리된 기체 내를 전파하는 경우는 파의 에너지 전달 속도는 대기 중에서보다 늦어진다.

전파 손 (傳播損, propagation loss) 평면 대지를 따라서 전파가 전파하는 경우, 대지가 완전한 도체가 아니고 유한한 도전율을 가지고 있기 때문에 완전 도체로서 계산한 전계 강도보다 낮은 값이 되는 손실을 이른다.

전파 임피던스 (電波——, wave impedance) 전기 회로의 임피던스 개념을 전자파에 원용한 것으로, 전압과 전류의 관계가 전계와 자계의 관계와 비슷하다는 데서 유도된 것이다. 예를 들면 자유 공간의 평면파에 있어서는 전계E와 자계 H사이에는 $E = Z_0 H$ ($Z_0 = 376.6$)의 관계가 있으며 Z_0이 핵(核) 임피던스에 해당한다. 도파관 내의 E파라면 $E = Z'$, H (단, $Z' = Z_0 \dfrac{\lambda}{\lambda_g}$) 여기서, λ는 여진 파장, λ_g는 관내 파장이다.

전파 전파 (電波傳播, radio wave propagation) 전파가 공간을 진행하는 것을 이른다.

전파 정류 (全波整流, full-wave rectification) 단상 교류를 정류할 경우에 A_1, A_2의 두 양극과 1개 음극을 사용하여 A_1의 정전위인 반 사이클은 A_1에 전류가 통하고, A_2의 정전위인 다른 반 사이클에는 A_2에 전류가 통해서 양 반 사이클을 정류하는 방식. 3상 교류인 경우도 같다.

전파 정류관 (全波整流管, full-wave rectifier tube) 1개 음극 주변에 2개의 양극을 배치한 정류관으로, +, −의 교류 어느 것에 대해서도 부하와 같은 방향의 맥류를 흘리는 것을 이른다. ⇨ 반파 정류.

전파 표지 (電波標識, radio beacon, radio phare) 무선 방향탐지용의 식별 가능한 신호를 발사하는 시설. 보통 무지향성의 송신 장치를 사용한다.

전파 항법 (電波航法, radio navigation) 전파의 직진성. 정속성을 이용하여 이동체의 위치를 결정하여 목적지로 유도하는 방법을 뜻한다.

전파 흡수체 (電波吸收體, wave absorber) 전파를 흡수시키는 물질. 전파 흡수체로는 반사가 없고 손실이 큰 것이 요구된다. 그것은 복수 유전율 ε과 복소 투자율 μ가 같고 또한 $\tan\delta = \tan\delta_\varepsilon + \tan\delta_\mu$가 클 필요가 있으므로 이러한 특성을 가진 재료를 적절히 혼합하면 된다. ⇨ 흡수체(absorber).

전폐 외선형 (全閉外扇形, totally enclosed fan cooled type) 전폐형 전기 기기에서 동축상에 외피의 바깥쪽에 부착된 선차(扇車)에 의해서 외피 표면을 냉각시키는 구조의 것이다.

전폐 외선형 전기 (全閉外扇形電機, totally enclosed-fan-cooled machine) ⇨ 전폐 외선형.

전폐형 전기 (全閉形電機, totally enclosed machine) 기체 둘레의 외기가 기내에 유통하지 않도록 외피가 폐쇄된 구조의 회전기이다.

전하 (電荷, electric charge) 모든 전기 현상의 근원이 되는 실체를 이른다. 전기량은 2개의 정전하 사이에 작용하는 척력, 인력의 크기로 결정된다. 실존하는 전하는 항상 전기 소량(電氣素量) e의 정수배로 되어 있다.

전하 감소법 (電荷減少法, loss of charge method) 고저항 측정법의 하나로, 콘덴서를 충전하고 그 충전 전하를 측정 저항을 통하여 방전시킨 다음 어느 시간 후 잔류하고 있는 전하를 충격 검류계 또는 전위계로 측정하여 처음에 충전했을 때부터의 전하의 감소값에서 저항값을 구한다.

전해 밸브 (電解——, electrochemical valve) 전해액 속에 담근 2개의 전극으로 되어 있어 전류를 한쪽 방향으로만 통하는 것. 예를 들면 전해 콘덴서의 양극이다.

전해 분석 (電解分析, electrolytic analysis) 금속이 석출하는 전위가 각각 다르므로 그 차이를 이용하여 공존하는 여러 가지 금속 이온을 전해에 의해서 분리하는 것을 이른다.

전해 산화 (電解酸化, electrolytic oxidation) 전해액 중 양극에서 일어나는 반응으로 다음과 같이 분류된다. ① 이온가의 변동, (예를 들면 $Fe^{++} \rightarrow Fe^{+++}$), ② 음이온의 중합(예를 들면 $HOS_4^{--} \rightarrow H_2S_2O_3$), ③ 산소의 부가($KCl \rightarrow KClO_3$), ④ 비전해질(유기물)의 산화. 사용하는 전극 금속, 전해 조건에 따라 반응의 진행 과정을 어느 정도 제어할 수 있으며 또 화학적 산화법에 비해서 생성물을 순수하게 뽑아낼 수 있다.

전해 세정 (電解洗淨, electrolytic cleaning) 적당한 통 속에서 금속을 전극으로 하여 전해 처리를 하여 표면의 유지라든가 스케일 등을 제거하는 것. 음극 세정, 양극 세정, PR법 등이 있다. 전해 탈지라고도 한다.

전해 알칼리 (電解——, electrolytic alkali) 식염의 전해에 의한 가성소다 또는 그것에 이어지는 가성소다회의 제조 공업을 뜻한다.

전해액 (電解液, electrolyte) 전해질을 용매에 용해시킨 용액을 이른다.

전해 연마 (電解硏磨, electrolytic polishing) 연마하고자 하는 금속을 양극으로 하고 불용성 금속을 음극으로 하여 전해액 안에서 행하는 연마작업을 이르는 것으로, 가느다란 선, 정밀 부품 등을 연마하여 마무리하는 데 사용된다. ⇨ 전기 분해.

전해 연삭 (電解硏削, electrolytic grinding) 전해액 속에 2개의 전극을 두고 그 사이에 전압을 가하면 양극이 용해하고 음극에 금속이 석출된다. 이 경우 가공물을 양극으로 하고, 양극 생성물을 기계적으로 제거하면서 연삭하는 방법을 이른다.

전해 저항 (electrolytic resistance) 전해액의 전기 저항. 보통 가청 주파수 브리지로 측정된다.

전해 전량계 (電解電量計, coulometer, voltameter) 패러데이의 법칙을 응용하여 측정하고자 하는 회로 도중에 전해질 용액을 삽입하여 통과한 전기량에 비례해서 일어나는 양극의 중량 변화 또는 용적 변화, 가스 발생량으로 전기량을 측정하는 장치를 이른다.

전해 정류기 (電解整流器, electrolytic rectifier) 적당한 전해액 안에서 Al에 엷은 산화 피막이 생성되면 정류작용이 생기는 것을 이용한 정류기이다.

전해 정제 (電解精製, electrolytic refining) 구리, 납, 니켈 등의 엉성한 금속을 주조하여 그것을 양극으로 하고 목적하는 금속의 적당한 소금 수용액을 전해액으로 하여, 전해하여 음극에 순수한 금속을 얻는 것. 예를 들면 구리를 정제하는 경우에는 조동(粗銅)을 양극으로 하고 엷은 구리의 종판(種板)을 음극으로 하여 질산동의 전해액을 사용하여 전해한다.

양극 : $Cu \rightarrow Cu^{2+} + 2e$

음극 : $Cu^{2+} + 2e \rightarrow Cu$

의 반응으로 음극에 순동이 석출된다.

전해조 (電解槽, electrolytic cell, electrolyer) 전해를 할 때 전해액을 넣는 그릇이다.

전해질 (電解質, electrolyte) 수용액으로 하거나 혹은 가열 융해했을 때 이온으로 해리(dissociate)하는 물질. 해리의 강약에 따라 강전해질과 약전해질로 나누어진다. ⇨ 전기 분해, 융해 전해.

전해 채취 (電解採取, electrowinning) 원광석에서 적당한 방법으로 소요 금속을 전해액 안에 추출하고, 이것을 불용성 양극으로 전해하여 음극에 순수 금속을 석출시키는 방법. 아연, 카드뮴, 망간, 니켈 등이다.

전해 철 (電解鐵, electrolytic iron) 파쇠를 양극으로 해서 황산철과 염화물의 혼합액에서 전해에 의하여 석출시킨 쇠로, 순도가 높고 자기적 성질이 우수하다.

전해 추출 (電解抽出, electroextraction) 전해에 의해서 광석 속에서 금속을 추출하는 것을 이른다.

전해 콘덴서 (電解——, electrolytic capacitor, electrolytic condenser) 전해액에 금속, 예를 들면 알루미늄의 전극을 넣어서 전기 분해하면 표면에 절연성의 유전 피막이 형성된다. 이러한 방법으로 만든 콘덴서를 전해 콘덴서라고 한다. 소형 대용량의 것을 쉽게 만들 수 있으나 고주파 손실이 크므로 주로 저주파 또는 상용 주파 회로에 사용된다. 음극, 양극 모두 피막을 갖게 한 것을 교류용 전해 콘덴서라고 하여 단상 유도전동기의 기동용에 사용된다.

전해형 피뢰기(電解形避雷器, electrolytic lightning arrester) 화성막이나 화학 작용을 이용한 피뢰기를 이른다.

전해 환원 (電解還元, electrolytic reduction) 전해액 중 음극에서 일어나는 환원 반응으로, ① 이온가의 변동 ② 산소 원자의 감소 ③ 비전해질(유기물)의 환원으로 분류된다. ⇨ 전해 산화.

전화 (電化, electrification) 동력, 열 등을 다른 에너지원에서 얻던 것을 전기 에너지로 치환하는 것. 예를 들면 가정 전화, 농사 전화, 철도 전화 등이 있다.

전환 (轉換, cut-over) 어떤 전원 또는 회로를 다른 전원 또는 회로로 바꾸는 것을 이른다.

전환 계전기 (轉換繼電器, switching relay, transfer relay) (1) 상시, 동작시 모두 접점을 갖는 계전기로, 전원의 전환 등을 목적으로 사용된다. (2) 전화 교환기 등에서 회선을 전환하기 위하여 사용되는 계전기. (3) 자동 교환기 스위치의 통화선을 출선에 연장하는 계전기이다.

전환관 (轉換管, commutator tube, switching tube) 옛날에는 많은 회로를 전자적으로 고속도로 순차 전환하는 전자관을 말했으나 현재는 전환과 동시에 전류 제어, 변환, 계수 등의 기능을 아울러 수행하는 것도 전환관이라 한다.

전환기 (轉換器, switch box) 전화 교환이나 가입자의 집 안에 있는 전화기의 전환 등에 사용하기 위하여 1개 또는 여러 개의 전건을 수용한 상자를 이른다.

전환로 (轉換爐, converter) 원자로 중에서 1개의 핵분열이 일어나면 여러 개의 중성자가 방출된다. 연료 중의 연료원 물질(fertile material)의 원자가 이 중성자를 포획(捕獲)하면 연료원 물질은 핵연료로 변환된다. 이와 같이 연료원 물질이 핵연료로 변환되는 원자로를 전환로라 한다. 단, 일부에는 이와 같은 노(爐)의 내부에서 소모되는 연료와 새로 생기는 연료가 서로 다른 종류일 때(예를 들면 U_{235}를 소모하여 Pu를 만들 경우)만을 converter라고 하는 경우도 있다. ⇨ 증식로.

전환 모선 (轉換母線, transfer bus) 주 모선 회로의 예비로 사용할 수 있게 만들어진 모선을 이른다.

전환반 (轉換盤, cross board, cross box) 개방형 배전반의 일종. 경사반 위에 제어개폐기, 신호등, 계기용 개폐기 등을 부착한 것으로, 별도로 수직 부분을 조합한 것도 있다.

전환반 허트 (轉換盤——, cross board hut) 전환반 전체를 뜻한다.

전환 복조회로 (轉換復調回路, switching detection circuit FM) 스테레오 복조회로의 일종이다. FM 스테레오 방송은 좌·우 신호의 합신호와 차(差) 신호를 38 kHz의 부반송에 의해 주파수 다중화하여 보내고 있으나 이를 수신측에서 38 kHz의 비율로 좌회로와 우회로로 전환하여 복조하도록 한 것. 합성파 신호를 직접 처리할 수 있고 합신호와 차신호 사이의 위상 엇갈림을 염려할 필요도 없으므로 현재의 FM 스테레오 튜너의 가장 일반적인 방식으로 되어 있다.

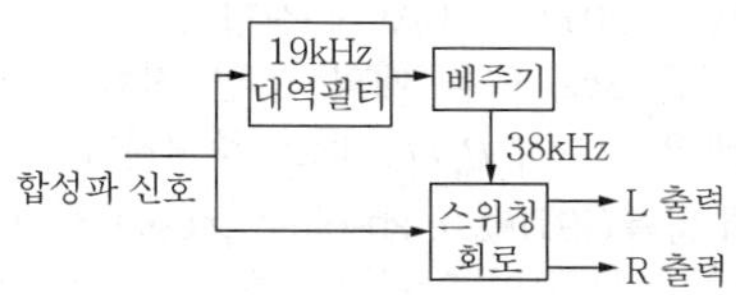

[전환 복조회로]

전환비 (轉換比, conversion ratio) 전환로(轉換爐)에서는 분열성 원자가 1개 분열할 때마다 생기는 새로운 분열성 원자의 수를 이른다.

전환 쇄정기 (轉換鎖錠器, switch and lock movement) 기계 운동장치에서의 전철기 전환 쇄정용의 장치를 이른다.

전환 스위치 (轉換——, change-over switch, circuit changing switch) 쌍투(雙投) 스위치는 회로의 전환에 사용할 수 있다. 이와 같이 사용하였을 때 전환 스위치라고 한다.

전환 접점 (轉換接點, change-over contact, transfer contact) 3장의 접점 스프링으로 이루어지며, 동작시에는 먼저 브레이크 접점이 열리고 잇달아서 메이크 접점이 닫히는 접점 조합을 이른다.

절 (節, node) 정재파 진폭의 최소점을 이른다.

절단 (切斷, disconnecting, disconnection) 전선이나 회로 등의 접속을 끊는 것을 이른다.

절대 검류계 (絶對檢流計, absolute galvanometer) 정접 검류계 및 정현 검류계로 그 토크를 계산해서 전류의 절대 측정에 사용되는 것. 현재는 거의 사용되지 않고 있다.

절대 단위 (絶對單位, absolute unit) 길이의 단위를 미터, 질량의 단위를 킬로그램, 시간의 단위를 초, 전류의 단위를 암페어로 정하고, 그 밖의 양의 단위를 4개의 기본 단위에서 유도하여 정한 단위계를 절대 단위계라 한다. 절대 단위계는 MKSA 단위계 또는 단지 실용 단위계라고도 불린다. 1949년 1월 1일 이후는 국제 실용 단위계를 폐지하고 이것이 국제적인 실용 단위계로 사용되고 있다. ⇨ 국제 단위.

절대 레벨 (絶對——, absolute level) 일정한 전력을 기준으로 정한 레벨이 절대 레벨이다. 1 mW의 전력을 0 dB로 한 절대 레벨 +10 dB은 10 mW, +20 dB은 100 mW, −30 dB은 1μW에 상당하다. 즉, 기준 전력을 P로 했을 때의 P_x인 전력의 절대 레벨은 $1\log_{10}P_x/P_0$ dB로 주어진다.

절대 압력 (絶對壓力, absolute pressure) 대기압을 포함한(영 압력에 대한) 전체의 압력. 절대 압력에서 대기압을 제한 것을 게이지 압력이라 한다. 대기압(1 atm)=76cmHg=1013.25 hPa(헥토파스칼)이다.

ㅈ

절대 어드레스 (絶對——, absolute address) (1) 계산기 설계자에 의해서 계산기의 메모리 로케이션, 레지스터 혹은 디바이스 등에 부여된 특정 주소. 이것은 설계된 계산기에 고유한 것으로, 일정 법칙으로 쉽게 도달할 수 있도록 되어 있다. (2) 계산기에 있어서 특정한 메모리 로케이션을 부여하는 문자나 기호의 조합으로, 변경되지 않는 것. 특정 어드레스(specific address)라고도 한다.

절대 오차 (絶對誤差, absolute error) (1) 오차를 포함하고 있는 양과 같은 단위량으로 표현된 오차의 크기를 절대 오차라 한다.
㈜ 측정량의 경우에는 측정값 M에서 참값 T를 뺀 값 $E(=M-T)$이다. 공급량인 경우에는 공급량 Q에서 설정량(또는 정격 값) S를 뺀 값 $E(=Q-S)$이다. 표준기의 값은 공급량으로 간주한다.
(2) 오차의 절대값, 즉 플러스, 마이너스의 부호를 고려하지 않고 크기만을 의미하는 용어이다.

절대 온도 (絶對溫度, absolute temperature) 열역학적 척도로 측정한 온도. −273.16℃를 절대 영점으로 하여, 셀시우스 온도와 다음의 관계로 주어진다. 절대온도 T=셀시우스 온도 t+ 273.16. 켈빈 온도라고도 한다.
㈜ 온도 간격(온도차)은 절대 온도에서나 셀시우스 온도에서나 같고 단위는 켈빈(기호 K)이다. 셀시우스 온도에서의 온도차는 ℃를 사용해도 무방하다.

절대 음감 (絶對音感, sense of absolute pitch) 악음의 높이를 다른 음과 비교하지 않고 감각으로 판단하는 능력. 대다수의 사람은 이 능력을 갖지 못한다.

절대 전위 (絶對電位, absolute potential) 무한한 원점의 전위를 기준으로 한 전위. 전위차에 대한 어휘이다.

절대 전위계 (絶對電位計, absolute electrometer) 표준 전지 등을 사용하지 않고 기본양을 사용하여 전위차를 절대 측정한다는 의미에서 "절대"라는 접두사를 붙인 전위계. 평행 금속판 사이에 측정하고자 하는 전압을 부여하고, 양 판 간에 작용하는 힘을 측정하는 원리의 것이다. ⇨ 절대 측정.

절대 측정 (絶對測定, absolute measurement) 계측계에서 기본 단위로 주어지는 양과 비교함으로써 이루어지는 측정. 절대라는 용어는 정밀도, 정확도 등을 의미하는 것은 아니다. 예를 들면, 기본 단위인 거리(길이)와 시간 측정에 바탕한 속도 측정은 절대 측정이지만, 그 밖의 물리량과의 관계를 이용하여 속도를 측정하는 스피드미터 등을 사용한 측정은 절대 측정이 아니다.

절분 측정법 (切分測定法, weir method) 수로(水路) 도중에 둑을 설치하여 물이 그곳을 넘어서 흐르게 하고, 이 월류(越流) 부분의 치수를 측정함으로써 그 유량을 산정하는 방법을 절분 측정법이라 한다.

절선 함수 발생기(折線函數發生器, function fitter) 상사형 계산기에서 필요로 하는 함수 $f(x)$의 몇 개의 점 $x_1 \cdots, x_n$을 억제하고 이 사이의 함수값(函數値)을 직선으로 맺어서 근사시킨 함수를 발생하는 장치. 비교적 간단하고 값이 싼 함수 발생기이다. 탭이 달린 퍼텐쇼미터와 전동기를 이용하는 것, 다수의 바이어스 전압을 건 2극관을 사용해서 도통 부분의 직선성으로 만드는 것 등이 실용되고 있다.

절연 (絶緣, insulation) 도체 간의 전류의 왕래를 저지시키는 것을 이른다.

절연 격벽 (絶緣隔壁, insulating barrier) 도전부 주위에 설치되는 절연재의 차단벽이다.

절연 귀선 (絶緣歸線, insulated return) 단선식 전기철도 레일에 접속하는 전선, 즉 귀선 중 전기적으로 절연되어 있는 것을 이른다. 보조 귀선 및 음극 궤전선 중 피복선을 사용한 것 또는 가공선으로 된 것을 가리킨다.

절연 내력 (絶緣耐力, dielectric strength) 유전체에서, 전기적 고장 혹은 절연물 파괴가 발생할만한 전계(전위 경도)를 이른다. 보통 두께 방향의 V/mm로 주어진다.

절연 내력 시험 (絶緣耐力試驗, dielectric strength test) 절연물이 어느 정도의 전압에 견딜 수 있는지를 확인하는 시험. 이에는 어떤 전압을 가해서 점차 승압하여 실체로 파괴되는 전압을 구하는 파괴시험과 어느 일정한 전압을 규정된 시간 동안 가해서 이상 유무를 확인하는 내전압 시험의 두 종류가 있다.

절연대 (絶緣臺, insulating stand) 충전 부분을 취급자라든가 전기 기기를 대지로부터 전기적으로 절연할 목적으로 사용하는 받침대. 절연체로는 주로 애자를 사용한다.

절연 레일 조인트 (絶緣——, insulated rail joint) 철도의 궤도회로를 형성하는 구간과 다른 구간과는 전기적으로 절연할 필요가 있다. 이 목적으로 절연된 레일의 연결점을 이른다.

절연물 (絶緣物, insulator, insulating material) 전류 또는 전하의 유통을 저지하는 물질 또는 물체를 이른다.

절연 바니시 (絶緣——, insulating varnish) 다음과 같은 종류가 있다. ① 자연 건조 바니시 ⓐ 정 바니시, ⓑ 유성 바니시 ② 가열 건조 바니시 ⓐ 수지계 바니시, ⓑ 아스팔트계 바니시, ⓒ 에나멜선용 바니시, ⓓ 접착용 바니시 ③ 합성 수지 바니시.

절연 박지 (絶緣薄紙, tissue paper) 피복 전선, 바니시 페이퍼, 마이카 제품 등에 사용되는 두께 0.02~0,06 mm 정도의 절연지를 이른다.

절연 변압기 (絶緣變壓器, isolating transformer) 절연을 목적으로 사용하는 변압기이다.

절연 볼트 (絶緣——, insulating bolt) 볼트의 나사가 없는 부분에 예를 들면 파이버와 같은 절연물을 감은 것. 그 볼트에 의해서 죄어진 부품 간을 절연시킬 수 있다.

절연 선 (絶緣線, insulated wire) 전선을 고무, 종이, 면사, 견사 등으로 피복하거나 또는 에나멜, 합성 수지 등을 칠하여 전기 절연을 한 것을 이른다.

절연 슬리브 (絶緣——, insulating sleeve) 면사를 납(蠟)으로 광택을 낸 것으로, 편조한 광택 슬리브, 보통 면사, 가스사(糸), 견사 등으로 편조한 면 슬리브, 가스 슬리브, 견(絹) 슬리브 등이 있고, 바니시 튜브용, 기타 도체의 피복 절연물로 사용된다.

절연 시험 (絶緣試驗, insulation test) 절연물 또는 전기장치 등의 절연 저항, 절연 내력, 유전 역률 등의 시험을 망라하여 절연시험이라 한다.

절연 알루미늄 선 (絶緣——線, insulated aluminum wire) 동선과 같게 고무 또는 면사 등으로 피복한 알루미늄 전선. 동선에 비해서 도전율은 61%, 비중은 약 1/3이다.

절연 왁스 (絶緣——, insulating wax) 카르나우바(carnauba)납, 밀랍, 셀신, 목랍 등이 있고, 절연 도료, 콤파운드 등에 사용된다.

절연 유 (絶緣油, insulating oil, insulation oil) 전기 기기의 절연을 목적으로 하는 오일로, 원유로부터 분할 증류해서 얻는다. 유입 케이블, 유입 콘덴서, 유입 변압기, 유입 차단기 등에 사용된다.

절연 재료 (絶緣材料, insulating material) 절대적이라고는 할 수 없지만 거의 전기를 통할 수 없는 재료를 이른다. 유기, 무기 합성 등 여러 가지 종류가 있다.

절연 저항 (絶緣抵抗, insulation resistance) 직류 전압을 인가했을 때 발생하는 전류에 대하여, 그 절연물에 의해서 주어지는 저항값. 만일 전압을 부여한 후 상당한 시간이 경과하여도 전류가 정상 상태로 되지 않을 때에는 절연물이 전하를 흡장하는 성질을 가지고 있으므로 온도, 습도, 흡수 속도 등에 따라 절연 저항의 영향이 달라진다.

절연 저항계 (絶緣抵抗計, insulation resistance tester) 주어진 온도, 전압 아래서 절연물의 옴저항을 측정하는 저항계이다.

절연저항 시험기 (絶緣抵抗試驗器, insulation resistance tester) 절연저항은 일반적으로 대단히 높기 때문에 고저항을 지시할 수 있도록 장치한 계기. 절연저항은 가해지는 전압에 따라서 그 값을 달리하기 때문에 지정된 고압 직류를 사용한다. ⇨ 절연 시험.

절연 전선 (絶緣電線, insulated wire) 도체를 절연물로 피복한 전선을 이른다. ⇐ 절연선.

절연 접속함 (絶緣接續函, insulation joint box) 피접속 케이블의 연피를 접속부에서 전기적으로 차단할 수 있는 구조의 것을 이른다.

절연지 (絶緣紙, insulating paper) 한지와 양지가 사용된다. 절연 박지, 콘덴서지, 크라프트지, 케이블지, 업소벤트지, 레드로프지, 피시지 등이 주로 사용되고 있다.

절연체 (絶緣體, insulator, insulating material) ⇨ 절연물.

절연 커플링 (絶緣——, insulating coupling) 동력을 전달하는 동시에 양 축을 전기적으로 절연하는 것을 목적으로 한 커플링을 이른다.

절연 콤파운드 (絶緣——, insulating compound) 수지 또는 아스팔트질 등을 주성분으로 하는 혼합물. 자연 건조성과 가열 건조성이 있다. 용도로서는 함침용, 충전용 등이 있다.

절연 클램프 (絶緣——, insulating clamp) 지선, 조가선(弔架線) 등을 절연하기 위해서 절연 부분을 갖는 클램프를 이른다.

절연 테이프 (絶緣——, insulating tape) 전기 기기, 통신 기기, 기타 전선, 케이블 및 그 접속 부분 등의 절연에 사용되는 테이프를 총칭하는 것으로, 종이, 면(綿), 견(絹), 고무, 유리 섬유, 바니시, 마이카, 석면 등 여러 종류가 있다.

절연 파괴 시험 (絶緣破壞試驗, dielectric breakdown test) 절연 재료를 적당한 전극 사이에 삽입해서 전압을 가하여 몇 볼트에서 파괴되는가를 측정하는 시험. 재료의 사용 목적에 따라서 직류, 상용 주파 교류, 고주파, 충격파 등의 전원이 사용된다.

절연 파괴의 세기 (絶緣破壞——, dielectric breakdown strength) 절연 재료의 단위 두께에 대한 파괴 전압값을 이르는 것. 파괴시험을 실시하는 재료의 두께에 따라서 kV/cm(공기 등), kV/mm(판형 절연물류) 또는 V/0.1mm(절연 바니시류) 등으로 표현된다.

절연 협조 (絶緣協調, insulation coordination) 《송전계통》 계통이 노폭되는 정규 또는 이상적 지속성 혹은 일관성의 전압에 대하여 계통을 보호하기 위해 피뢰기의 제한 전압을 정하고, 그에 대하여 기기의 절연강도를 설정함으로써 모든 기기에 그와 동등 또는 그 이상의 내력을 갖게 함과 동시에 기기의 중요도와 보호장치로부터의 원근에 따라 적정한 내압차를 설정하여 계통 전체로서 조화가 잡힌 절연을 실시하는 것을 뜻한다.

절탄기 (節炭器, (fuel) economizer) 보일러의 배기 가스의 여열을 이용하여 급수 가열을 하면 경제적이므로, 이 급수 가열기를 특히 절탄기라고 부르고 있다.

점검 등 (點檢燈, inspection lamp) 점검을 목적으로 제작된 휴대용의 소형 등화이다.

점검 전건 (點檢電鍵, check key) 대체로 회로가 정상적으로 동작하고 있는가의 여부를 조사하기 위한 전건이다.

점결탄 (粘結炭, caking coal) 석탄을 건류하여 코크스를 만들 때 굳은 다공성의 코크스를 생성하는 석탄을 이른다.

점광원 (點光源, point source of light) 피조점과의 거리에 비해서 크기를 무시할 수 있는 광원. 점광원에 대하여는 조도의 역 2승 법칙이 성립되므로 크기가 있는 광원에 대해서도 조도가 역 2승 법칙에 의한 값에 비하여 무시할 수 있는 정도의 차라면 이것을 점광원으로 간주한다.

점도 (粘度, viscosity) 유체의 점성의 정도를 나타내는 것으로, 그 단위 포아즈(P)는 유체 내에서 1m에 대하여 1m/s의 속도 기울기가 있을 때 그 속도 기울기 방향으로 수직인 면에서 속도의 방향에 1m에 대하여 0.1 N의 힘의 크기의 응력을 일으키는 점도. 또 동적 점성의 단위 스토크스는 $1P \cdot cm^3/g = 10^{-4}\ m^2/s$이다.

점등관(點燈管, glow switch, starter lamp) 예열 기동형 열음극 형광등을 기동하기 위해서는 음극인 필라멘트에 전류를 흐르게 하고 더워졌을 때 양전극에 기동전압을 인가해야 한다. 이 목적에 사용되는 것으로, 전환 스위치 역할을 하는 것이 점등관이다. 네온 또는 아르곤을 봉입하고 바이메탈로 된 방전관으로 최초의 글로 방전을 하고, 그 국부가열로 바이메탈이 다른 극에 접촉하여 램프의 음극으로 통전하고 접촉이 끊어져 램프가 기동한다.

점등의 방향(點登方向, burning position) 전등을 점등할 때 이것을 어느 방향으로 향하게 하는가를 이르는 말. 램프의 구조 등에 따라 점등 방향이 광속과 수명에 영향을 미칠 때가 있다.

점멸 사인(點滅——, flashing sign) 전기사인의 광원의 일부 또는 전부를 점멸시키는 것. 이렇게 함으로써 사람의 시선을 이끌거나 호소력을 더하게 된다.

점멸 신호(點滅信號, flicker signal, flash signal, flashing signal) 신호용 램프를 점화하거나 끄거나 하는 신호를 이른다.

점성(粘性, viscosity) 액체의 끈기의 정도를 점성이라 한다. ⇨ 점도.

점 용접(點鎔接, spot welding) 저항 용접의 한 방법. 금속판을 포개어 마치 나무판을 못으로 접합하는 요령으로, 판을 전극 사이에 끼워 큰 전류를 흐르게 하여 눌러 붙인다.

점적률(占積率, space factor) 어느 정해진 공간 면적 중 유효한 부분의 면적이 차지하는 비율을 말한다. 슬롯 안에 도선을 배열할 경우에는 슬롯 전 면적에 대한 그 도선이 차지하는 면적의 비율을 이른다.

점접촉 다이오드(點接觸——, point contact diode) 반도체와 금속을 점상으로 접촉시킨 다이오드. 접합 다이오드와 대조된다.

점접촉 트랜지스터(點接觸——, point contact transistor) 1개 베이스 전극과 2개 또는 그 이상의 점접촉 전극을 갖는 트랜지스터를 이른다.

점정합 표시(點整合表示, pip matching display) 항해에서 수신 신호가 1쌍의 불립으로서 나타나 그 특성을 비교하여 소망하는 양의 측정을 하는 표시(예를 들면 KL 또는 N표시)이다.

점착 계수(粘着係數, adhesion coefficient) 동력차의 바퀴와 레일 사이의 마찰계수를 이른다.

점퍼(jumper) (1) 회로의 두 점 또는 단자 간을 접속하기 위한 길이가 짧은 접속 도선. 예를 들면 프린트 기판 위의 인쇄 배선의 결손부분을 접속 보수하기 위한 도선도 점퍼라 한다. (2) 송전선 철탑의 완금 양쪽에서 인류한 전선에 애자를 휘감아 접속하기 위한 휘돌림 선. 혹은 옥외 철 구조에서 위와 같은 목적으로 사용되는 선을 이른다.

점호(點弧, ignition) 수은 정류기의 수은 음극 중에 음극점을 만들어 양극의 아크 방전을 유발하는 것을 점호라 한다. 이 방법에는 점호극을 사용하는 것과 점호자를 사용하는 것이 있다.

점호 각(點弧角, firing angle) 《자기 증폭기》 자기 증폭기에서 출력 권선 전류의 순시값이 급격히 증가할 때의 전기각을 이른다.

점호 극(點弧極, ignition anode) 수은 정류기를 점호하기 위한 양극(陽極)을 이른다. 이것은 흑연, 쇠 또는 수은 유치형의 양극으로서 이것을 수은 음극에 접촉시켜 점호극으로부터 수은 음극을 향하여 전류를 통하게 하여 놓고 양자를 떼어 놓으면 그 때의 최종 접촉점에서의 고전류 밀도와 수은 증기압의 국부적 상승에 의해서 불꽃을 발생하고 이에 따라 음극점을 발생한다.

점호식 폴링(點呼式——, roll call polling) 미리 지정된 리스트에 의해서(단말 장치의 물리적 배치와 상관없이) 일정한 순서로 이루어지는 폴링으로, 리스트가 완료되면 폴링은 재개된다. 점호식은 특정한 단말 장치, 예를 들면 데이터 양이 많은 라인 프린터에 대하여 우선성을 줄 수 있는 점이 순차식 폴링보다 우수하다.

점호자(點弧子, ignitor) 수은 정류기의 점호의 경우에 탄화 규소나 탄화 붕소와 같은 반도체의 역원추형을 수은 음극 속에 담그고 여기에 피크 전류를 가하면 수은과의 잠겨진 경제의 메니스커스 부분에서 음극점이 발생하고, 이것이 주 양극의 아크 방전을 유발한다. 이 역원추형의 것을 전류 점호자라고 한다. 이밖에 전압 점호자, 진동 점호자 등이 있으며, 그다지 실용화되지는 않고 있다. 점호자는 이것들의 총칭이며 보통은 전류 점호자를 가리킨다. 이것은 교류 매 사이클의 점호가 가능하며 또 여호극을 생략할 수도 있고 그 점호 시점을 양극 전압의 위상에 대하여 조정하여 그리드 제어와 마찬가지로 직류 전압 등의 제어를 할 수 있다.

점호 전압 (點弧電壓, striking voltage of arc) 두 전극 간에 전압을 가하여 점차 상승하는 경우 양 전극 간에서 기체의 전기적 파괴가 일어나는 동시에 아크를 발생할 때의 전압을 이른다.

점화 코일 (點火 ——, ignition coil) 자석 발전기식 점화장치의 부품으로, 1차 및 2차 코일을 가지고 있는 고전압 발생장치. 유도 코일, 고압 코일 또는 점화 코일이라고도 한다.

접극자 (接極子, armature) 《계전기》 전자(電磁)계전기의 철심의 자력에 의해서 흡인되어 접점을 구동하고 개폐하게 하는 가동 철편을 이른다.

접극자 단 (接極子端, armature end) 전자계전기의 접극자가 있는 쪽을 이른다.

접극자 동정 (接極子動程, armature stroke, armature travel) 전자계전기의 접극자가 운동하는 거리를 이른다.

접극자 멈춤 (接極子 ——, armature stop) 전자계전기의 접극자의 운동 범위를 제한하는 멈춤쇠을 뜻한다.

접극자 벤더 (接極子 ——, armature bender) 접극자 암을 굽혀서 계전기를 조정하는 공구이다.

접극자 비 (接極子比, armature ratio) 전자계전기의 접극자 지지점에서 흡인력이 가해지는 점 및 스프링을 누르는 점에 이르는 거리의 비율을 뜻한다.

접극자 사이드 플레이 (接極子 ——, armature side play) 전자계전기의 접극자의 운동을 원활하게 하기 위해서 마련된 접극자의 축방향의 여유를 이른다.

접극자 플레이 (接極子 ——, armature play) 전자 계전기의 축받이형 접극자의 운동을 원활하게 하기 위해서 마련된 접극자의 여유를 이른다.

접근 쇄정 (接近鎖錠, approach locking) 고속도로 운행하는 열차에 대한 신호기에 일단 진행 또는 주의 신호를 현시(現示)한 후 후속 열차가 신호기의 후방 일정한 거리까지 진행해 왔을 때 그 진행 현시(現示)를 정지 신호로 변경했다 하더라도 다시 정해진 일정 시간이 끝날 때까지는 그 진로상의 전기를 전기적으로 쇄정해 두는 것을 접근 쇄정이라 한다.

접선파 (接線波, tangential wave) (1) 마주보는 두 면의 두 짝, 즉 네 벽에 둘러싸인 실내에서 다음과 같은 식으로 나타내어지는 주파수를 갖는 공명파. $f = c/2\sqrt{(n_x/l_x)^2 + (n_y/l_y)^2}$ 여기서, f : 주파수, c : 음속, n : 자연수, l : 대향면 간의 거리. (2) 직 6방형의 방에는 3종의 고유 진동이 존재하며, 그 1종은 실내를 음파가 대향하는 한 쌍의 면에 평행으로 왕복 순환이다. 이것을 접속파라고 한다.

접속 (接續, connection, joint, junction, splicing) 《배선》 전선과 전선의 접속. 직접 납땜하는 방법, S형 슬리브에 의한 방법, 와이어 커넥터에 의한 방법 등이 있다.

접속구 (接續具, splicer) 케이블을 접속할 때 사용하는 공구이다.

접속도 (接續圖, connection diagram) 전기회로의 연결 방식을 보여주는 도면이다.

접속료 (接續料, connection charge) 수용가의 시설을 공급자의 시설에 접속함에 있어서 수용가가 지불해야 할 일정액의 요금을 이른다.

접속 박스 (接續 ——, connection box, joint box, junction box) 케이블을 서로 접속하는 경우에 케이블을 보호하기 위하여 사용하는 주철재의 커버. 금속관 공사에서 전선을 접속하는 곳에 설치하는 상자를 이른다.

접속 부하 (接續負荷, connected load) 계통 또는 계통의 일부에 접속된 전기 사용 장치의 정격의 합계를 이른다.

ㅈ

접속 슬리브 (接續——, connecting sleeve, splicing sleeve) ⇨ 슬리브.

접속 연관 (接續鉛管, lead sleeve) 연피 케이블 접속부의 바깥쪽을 감싸기 위한 연관이다.

접속 이어 (接續——, splicing ear) 이 쇠붙이 양쪽에서 원형 트롤리선을 끼고 위쪽으로 끌어 올려 나사로 고정하는 구조로 되어 있는 이어. 이렇게 해서 두 트롤리선이 전기적으로 접속되는 동시에 지지된다.

접속점 (接續點, node) 《네트워크 배전》 네트워크에서 어떤 다수 도체의 접속점. ⇨ 네트워크 배전.

접속 플러그 (接續——, connecting plug) 통신기 등에서 자주 외부 회로와 접속이 필요한 곳, 예를 들면 전화 교환대 등에서는 접속 코드 끝에 전기회로를 구성하는 삽입 막대를 붙이고 접수구에 삽입하여 전기회로를 접속하고 있다. 이 삽입 막대를 플러그라 하고, 접수구를 접속 잭이라 한다.

접속함 (接續函, connection box) ⇨ 배선 박스.

접수 시각 (接受時刻, booking time) 전보 혹은 국제 전화를 접수한 시각을 뜻한다.

접점 (接點, contact) (1) 두 도체가 좁은 면적 안에서 서로 접촉하는 부분. (2) 예를 들면 계전기에서 출력 전기회로의 개폐를 하는 양도전성(良導電性)의 금속으로 되어 있는 전기적 접촉 부분을 이른다.

접점 간격 (接點間隔, contact separation) 전기 기기의 서로 마주보는 1개조의 접점이 열려 있는 상태인 접점 간격을 이른다.

접점 뱅크 (接點——, contact bank) 전화 교환기 등에 사용되는 절연물을 끼고 집합된 다수의 접점 단자군(端子群)을 이른다.

접점 압력 (接點壓力, contact pressure) 전기 기기의 상대하는 1조의 접점이 닫혀 있는 상태에서의 접촉 부분의 압력을 뜻한다.

접점 장해 (接點障害, contact fault) 접점면의 먼지나 마모로 인하여 접점이 정상적 접촉을 하지 않는 것을 접점 장해라 한다.

접점 저항 (接點抵抗, contact resistance) 계전기나 전건(電鍵) 등의 접점 접촉부의 저항을 이른다.

접점 정렬 (接點整列, contact alignment) 전기 기기의 서로 마주보는 접점의 배열을 이른다.

접점 추종 (接點追從, contact follow) 전기 기기의 접점 스프링의 동작 또는 복구에 있어서 가동 접점이 상대편의 접점에 정확하게 접촉한 후 다시 이동하는 거리를 이른다.

접지 (接地, earth, earthing ground, grounding) 회로의 일부 또는 기기의 외함 등을 대지와 같은 0전위로 유지하기 위해 땅 속에 설치한 매설 도체와 도선으로 잇는 것. 공중선 회로의 접지, 차폐 접지 및 피뢰기, 변압기 등의 보안 접지 등이 있다.

접지 계전기 (接地繼電器, ground relay) 접지 고장이 있을 때 동작하는 계전기이다.

접지 계통 (接地系統, grounded system) 중성점을 저항 또는 리액터를 통해서 접지하고 있는 전력 계통을 뜻한다.

접지 공중선 (接地空中線, grounded antenna, earthed antenna) 접지를 갖는 안테나 방식을 이른다. 보통 표준 방송 주파수 이하의 주파수에 사용한다. ⇔ 비접지 공중선.

접지관 (接地管, ground-pipe) 전기 기기의 접지를 할 때 접지 전극으로 지하에 매설되는 판을 이른다. ⇨ 접지판.

접지 단자 (接地端子, earth terminal) 기기의 어떤 부분을 접지하기 위하여 설치된 단자이다.

접지망 (接地網, ground net) 접지용으로 사용하는 금속망 또는 동선을 망형(網形)으로 매설한 것도 있다.

접지 매트 (接地——, ground mat) 접지를 이상적으로 하기 어렵기 때문에 지면에 금속망을 깔고 사용하는 경우가 있다. 이 금속망을 이른다.

접지 변압기 (接地變壓器, grounding transformer) 중성점 접지방식을 채용할 경우 중성점을 접지해야 할 적당한 변압기를 얻을 수 없을 때는 소호(消弧) 리액터와 거의 같은 용량의 3상 지그재그형 절연 변압기를 사용해서 그 중성점을 접지한다. 이 변압기를 접지 변압기라고 한다.

접지봉 (接地棒, earth bar, drop bar, ground rod) (1) 접지할 수 있게 대가 또는 기기에 설치되어 있는 금속 봉. (2) 땅 속에 묻은 금

속 봉으로서 간단한 접지용으로 사용되는 것을 이른다.

접지 사고(接地事故, ground fault) 뇌해(雷害), 다른 물체와의 접촉, 사용 애자의 열화(劣化) 등으로 인하여 전선로와 대지 사이의 절연이 파괴되어 전류가 대지에 흐르는 사고를 뜻한다.

접지선(接地線, earth wire) 대지 또는 이에 해당한 금속체에 접속하기 위한 선이다.

접지 장치(接地裝置, earthing device) 접지를 하는 방법으로 지판(동관, 동판)을 사용한 심굴(深堀)접지 지선(동선)을 둘러치는 지선 매설 접지 또는 접지 코일을 사용한 다중 접지 등이 있다. 또 송신기 등에서 접지를 포함한 회로의 접지측을 지칭한다.

접지 저항(接地抵抗, earthing resistance, grounding resistance) 동판이나 동봉 같은 접지 전극과 대지 간의 접촉 저항을 이른다. 지금 A, B 두 점 간의 대지 저항은 그림에서와 같이 무수한 저항체가 병렬로 접속되어 있다고 간주할 수 있으므로 합성 저항값은 0이라 생각할 수 있다. 따라서 A−B 간의 저항값은 A점과 B점의 접지 저항의 합이고, A−B 간의 대지의 저항은 0이라 간주하여 3자 간의 저항을 측정하여 1점의 접지 저항을 구한다.

ㅈ

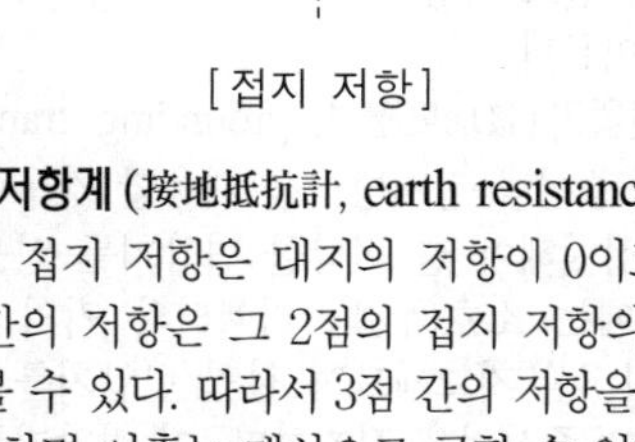

[접지 저항]

접지 저항계(接地抵抗計, earth resistance meter) 접지 저항은 대지의 저항이 0이므로 2점 간의 저항은 그 2점의 접지 저항의 합이라 볼 수 있다. 따라서 3점 간의 저항을 두 번 측정하면 이후는 계산으로 구할 수 있다. 즉, 그림과 같이 측정하고자 하는 접지 지점 A에서 떨어진 지점 B, C 의 두 곳에 접지봉을 박고, 물을 부어 땅에 물기를 머금게 한 다음 A−B, A−C, B−C 간의 저항을 측정하면 목적하는 1 접점의 접지 저항값을 알 수 있다. 지금 A-B 간의 저항이 R_{1-2}, B−C 간 및 C−A 간의 저항이 R_{2-3}, R_{3-1}이라고 하면 A, B, C 3 지점의 접지 저항 R_1, R_2, R_3은 각각 다음 식으로 구할 수 있다.

$$R_1 = \frac{R_{1-2} + R_{3-1} - R_{2-3}}{2}$$

$$R_2 = \frac{R_{2-3} + R_{1-2} - R_{3-1}}{2}$$

$$R_3 = \frac{R_{3-1} + R_{2-3} - R_{1-2}}{2}$$

이와 같은 측정장치를 접지 저항계라 하며, 이 방법에 의하면 3번 같은 측정을 반복해야 하므로 그 수고를 덜기 위해 한 번 측정으로 가능하도록 수동 발전기 대신에 트랜지스터 회로에 의해 일정한 전압을 발생시키는 접지 저항계가 쓰이게 되었다.

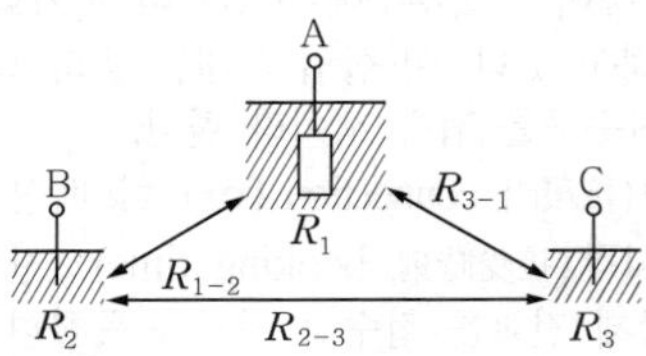

[접지 저항계]

접지 저항기(接地抵抗器, earthing resistor, grounding resistor) 송전선 등에서 접지 사고의 경우 보호 계전기를 동작시켜서 전력을 차단하기 위해 변압기의 중성점을 접지한다. 이 경우의 한 방식으로, 저항기를 통하여 접지하는 것이 있는데, 이 때 사용하는 저항기를 뜻한다.

접지 접속(接地接續, ground connection) 배전 및 배선을 보호하는 금속부분과 기계 기구의 금속제 케이스 등은 회로의 절연 저하 또는 고전압 회로와의 접촉으로 화재를 일으키거나 인축(人畜)에 감전시킬 우려가 있으므로 이것을 방지하기 위해서 시설되는 것으로, 이들을 전기적으로 접속시키는 공사이다. 보통 접지되어야 할 금속체에 접지선을 접속하고, 접지선의 다른 한 끝을 지판(地板)에 접속하여 땅에 매설한다. 지선(地線)공사는 전기설비 기술 기준에 따라 제1종, 제2종, 제3종으로 분류되어 접지 저항값이 규정되어 있다.

접지 차폐 (接地遮蔽, earth screen) 대지의 상태가 나쁠 때 손실을 감소시키기 위해서 안테나 주위의 넓은 면적에 동선망을 가설한 것을 이른다.

접지 클램프 (接地——, earth clamp) 전선을 보호하기 위하여 금속제의 판이나 홈통을 사용해서 그것을 접지하는 경우, 접지선과의 접촉을 좋게 하기 위해서 사용되는 쇠붙이이다.

접지판 (接地板, earth plate) 접지공사에서 땅에 매설되는 동판 또는 철판을 이른다.

접지판 저항 (接地板抵抗, earth plate resistance) 접지공사에서 땅 속에 매설되는 동판 또는 철판 및 거기에 달려 있는 리드와 땅 사이의 저항. 토질 및 함유 수분 등의 영향을 받는다. 제1종, 제2종, 제3종의 지선공사(地線工事)에 각각 보유해야 할 저항값이 정해져 있다. 이 접지판을 사용하면 보통 접지법 보다도 접지 저항을 낮출 수 있다.

접지 회로 (接地回路, earthed circuit) 1개소 또는 수 개소에서 대지와 접촉된 전기회로를 이른다.

접착재 (接着材, binder, binding material) 절연물과 도체, 금속과 금속, 절연물과 절연물 등, 두 종류의 물체를 기계적으로 단단하게 붙일 때 사용되는 재료이다.

접촉 (接觸, contact) 절연되어 있는 두 도체가 서로 닿는 것을 접촉이라 한다.

접촉기 (接觸器, contactor) 정격 전류 또는 그 2~3배의 과전류를 빈번하게 개폐하기 위해 사용되는 개폐장치. 전동기 또는 교·직류(交直流) 회로의 제어에 사용되며, 일반적으로 같은 축상의 전자석으로 조작된다. 기중(氣中) 개폐가 일반적이다.

접촉 레일 (接觸——, contact rail) 제3 레일식 전기철도 등에서, 전차 또는 전기 기관차에 전류를 공급하기 위해 그 궤도측을 따라 부설된 레일. 차량의 집전 장치가 이 표면을 접촉하여 집전한다.

접촉면 (接觸面, contact surface) 어떤 면적으로 접촉하는 부분을 이른다.

접촉 변류기 (接觸變流器, contact converter) ⇨ 접촉 정류기.

접촉 저항 (接觸抵抗, contact resistance) 도체의 기계적 접촉부에 존재하는 저항. 접촉부가 평면 접촉이 아니고 몇 개의 돌기부로 접촉하고 있는 경우, 전류의 유선이 이곳에 집중함으로써 생기는 집중 저항과 접촉부에 발생하는 절연성 피막과 그 밖의 오염 등으로 인한 저항이 그 주 요인이다. 예를 들면 브러시와 정류자, 나이프 스위치의 블레이드와 클립처럼, 접촉부의 전기 저항을 뜻한다.

[절연의 종별]

종별	최고허용 온도(℃)	재 료
Y	90	바니시, 오일 등을 함침하지 않은 면, 견, 종이 등
A	105	바니시, 오일 등을 함침한 위의 재료
E	120	면, 종이 등의 적층품을 함침 처리한 것
B	130	마이카, 유리 섬유 등을 접착한 것
F	155	마이카, 석면 등을 실리콘 등으로 접착한 것
H	180	마이카, 석면 등을 규소 수지 등으로 접착한 것
C	180 이상	생마이카, 석면, 자기 등을 단독 사용한 것

접촉 전기 (接觸電氣, contact electricity) 종류가 다른 도체 또는 절연물을 접촉시켰다가 잡아 당겨서 떼어냄으로써 나타나는 전하를 이른다. 떼어냈을 경우 전하가 도망치지 않도록 하여 각각 검전기로 검사해 보면 + 및 −로 대전(帶電)하고 있는 것을 알 수 있다.

접촉 전위차 (接觸電位差, contact potential) 두 금속의 접촉면 사이에 존재하는 전위차. 이것은 일 함수의 전위차로 인한 것으로, 양쪽 금속의 전자가 같은 페르미 준위에 이르려고 하며 그것이 달성되기까지 전위차가 발생한다. 일 함수를 각각 P_A, P_B라 하면 접촉 전위차를 $V_{AB}=(P_A-P_B)/e$로 주어진다. e는 전자의 전하이다. V_{AB}는 금속을 둘러싼 매질에 따라 변화하며, 그 정확한 측정은 지극히 곤란하다.

접촉 정류기 (接觸整流器, contact converter) 기계적 정류기의 하나로, 동기 전동기로 회전되는 편심륜(偏心輪)에 의해서 전원에 동기하여 개폐되는 압력 접촉자를 이용한 것이다. 접촉자 개방시의 아크를 방지하기 위해서 특수한 포화 리액터를 사용하고 전류가 제로를 통과할 때 리액턴스가 커지며 전류의 변화가 완만하게 된다. 이 때 접촉자를 연다. 접촉부는 은제이기 때문에 접촉저항은 작고 효율이 매우 높다.

접합 (接合, junction) 반도체 내부에서 전기적 성질이 다른 두 영역 사이의 천이(遷移) 부분을 가리키며, pn접합, pp접합, nn접합 등을 이른다.

접합 다이오드 (接合──, junction diode) 접합으로 이루어진 반도체 다이오드. 점접촉 다이오드에 대비된다.

접합 트랜지스터 (接合──, junction transistor) 1개의 베이스 전극과 2개 또는 그 이상의 접합 전극을 가진 트랜지스터. 합금 접합 트랜지스터, 성장 접합 트랜지스터, 확산 접합 트랜지스터, 3극 접합 트랜지스터, 4극 접합 트랜지스터 등이 있다.

접합형 FET (接合形──, junction-type FET) 전계효과 트랜지스터의 한 형식으로, 소스와 드레인 사이의 채널 도중에 설치한 pn 접합에 부여하는 역바이어스 전압을 제어하여 채널 도전율을 변화하도록 한 유니폴러형 트랜지스터. 채널은 p형, n형 두 경우 모두 있다. 입력 임피던스는 높지만 절연 게이트형에는 미치지 못하며, 역바이어스 값이 적으면 임피던스 값은 저하한다.

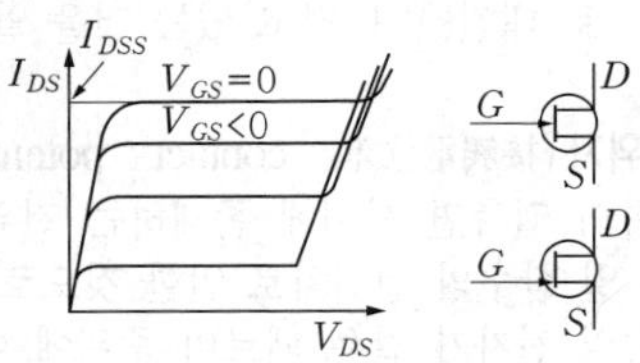

(a) 접합형 FET 의 특성 (b) n채널 접합형 FET의 그림 기호

[접합형 FET]

정 (正, positive) ⇨ 부(負).

정격 (定格, rating) 그 기기에 대하여 메이커가 보증하는 사용 한도를 이른다. 이것은 출력 또는 용량으로 표시하며, 명판(銘板)에 기재한다.

정격 부담 (定格負擔, rated burden) 《계기용 변성기》 정격 1차 전압(하나의 선과 대지간의 전압)에 의해서 공급되고 있을 때 연속하여 통전할 수 있는 최대의 부담(역률 100%)으로, 정격 2차 전압의 와트값으로 주어진다.

정격 부하 (定格負荷, rated load) 정격 출력에 상당하는 부하를 이른다.

정격 속도 (定格速度, rated speed) 정격 출력인 때의 속도를 이른다.

정격 역률 (定格力率, rated power factor) 정격 출력인 때의 역률을 이른다.

정격 용량 (定格容量, rated capacity) 그 기기에 대하여 제조자가 보증하는 사용 한도를 용량으로 표시한 것이다.

정격 전류 (定格電流, rated current) (1) 기기 또는 장치에서 시방서가 명시하고 있는 전류값으로, 그에 의해서 장치의 동작이라든가 온도 상승 조건 등이 산출되는 것. (2) 정격 출력으로 동작하고 있는 기기, 장치가 필요로 하는 전류로, 표준 시험조건에서 정격 출력(전기 출력에 국한하지 않고 기계 출력인 경우도 있다)으로 운전하고 있을 때의 기기, 장치의 전류. (3) 설계의 목적으로 이용되는 전류값. (4) 열적인 전류 정격, 정전압으로 동작하는 저항의 전류 정격은 정격 전압을 부여하였을 때 흐르는 초기 전류의 실효값이다.

정격 전압 (定格電壓, rated voltage) 정격 출력인 때의 전압이다.

정격 주파수 (定格周波數, rated frequency) 정격 출력인 때의 주파수이다.

정격 출력 (定格出力, rated output) 그 기기에 대하여 제조자가 보증하는 사용 한도를 출력으로 표시한 것이다.

정공 (正孔, hole) 《반도체》 반도체에서의 가전자(價電子)구조에서 공위(空位)를 가리키며, 정(正)의 자유 전하처럼 거동한다.

정 궤전선 (正饋電線, positive feeder) 단선식 등의 전기 철도에서 레일에 접속하는 음극 정 궤전선에 비하여 전차선 등에 접속하는 보통 궤전선을 정 궤전선이라 한다.

정궤환 증폭기 (正饋還增幅器, positive feedback amplifier) 진공관 증폭기의 출력 전압의 일부를 입력 전압과 동위상이 되도록 입력측에 되돌리는 방식의 증폭기를 이른다.

정규 글로 (正規──, normal glow) 부(負)

글로가 음극면을 완전히 덮기까지의 전류 범위의 냉음극 방전. 이 범위에서는 음극 전류 밀도는 일정하다고 생각되고 있다.

정규 모드 방해 (正規——妨害, normal-mode interference) 입력 선로의 입력 신호와 직렬로 들어오는 방해 전압. 입력 선로의 두 선에 공통으로 들어오는 동상 모드 방해 전압에 대하여 구별되는 방해 모드이다. 정규 모드 방해는 입력 선로에 전자유도에 의해 들어오는 것이 많고, 주파수 범위가 입력 신호와 다른 경우에는 필터로 제거할 수 있지만 입력 신호와 주파수 범위가 겹쳐 있을 때에는 제거가 곤란하다. 중첩 잡음이라고도 한다.

정규 자속 밀도 (正規磁束密度, normal induction) 이것은 자기 재료의 시료를 소자(消磁)하여 여기에 일정한 자화력을 가하고, 이것을 되풀이 역전시켜 정상에 이르렀을 때의 최대 자속 밀도를 이른다. 단위는 가우스 [G] 또는 웨버 매 평방미터[Wb/m^2]로 나타낸다. 이 때의 자화 곡선을 정규 자화 곡선이라고 한다.

정규 투자율 (正規透磁率, normal permeability) 강자성체 투자율의 일종으로, 정규 자화곡선(⇨ 정규 자속밀도의 항)에서 정해지는 B/H의 값을 이른다. 이 투자율은 교류에 의한 자화를 다루는 경우에 편리하다.

정규화 어드미턴스 (正規化——, normalized admittance) 전송선 상의 1점에서 본 어드미턴스를 그 특성 어드미턴스로 나눈 것이다.

정규화 임피던스 (正規化——, normalized impedance) 임의의 임피던스 값을 기준이 되는 임피던스에 대한 비로 나타낸 것. 예를 들면 선로의 특성 임피던스, 회로망의 영상 임피던스 등을 기준으로 한다. ⇨ 임피던스 정규화(impedance normalization).

정 그리드 특성 (正——特性, positive grid characteristic) 3극관 등의 제어 그리드 전압의 + 범위에서의 특성. 특히 송신용 진공관에서는 그 동작을 결정하는 중요한 요소이다.

정 급전선 (正給電線, positive feeder) 일반적으로 전차선에 의해서만 전 부하 전류를 보내는 것은 곤란하므로 전차 선로를 따라 전류 용량이 큰 경동(硬銅) 연선 또는 경인(硬引) 알루미늄 연선을 가설하여 그것으로 전차선에 급전한다.

정기 시험 (定期試驗, routine test) 전기 기기나 선로 설비 등의 고장을 사전에 방지하기 위하여 정기적으로 시행하는 시험이다.

정기 시험기 (定期試驗器, routiner) 전기 기기나 선로 설비 등의 성능을 정기적으로 시험하는 기계이다.

정기 시험표 (定期試驗表, routine test schedule) 전기 기기나 선로 설비 등의 성능을 정기적으로 시험하는 항목과 주기를 정한 표를 이른다.

정기 점검 (定期點檢, routine inspection) 정기적으로 하는 점검이다.

정기 조정 (定期調整, routine adjustment) 전기 기기의 고장을 사전에 방지하기 위하여 정기적으로 행하는 기계적 조도(調度)와 전기적 성능의 조정을 뜻한다.

정단자 (正端子, positive terminal) ⇨ 양단자(陽端子).

정도 (精度, precision) 정확성과 정밀성을 망라하여 정도라고 한다. 정확성이란 치우침이 작은 정도, 정밀성이란 표준 편차가 작은 정도를 뜻한다.

정동 토크 (停動——, stalling torque) 유도전동기가 정격 전압, 정격 주파수일 때 발생할 수 있는 최대 토크를 이른다.

정류 (整流) (1) rectification 정류기로서 교류를 직류로 변환하는 것. (2) commutation 회전기의 전기자 도체에 흐르는 전류는 전기자의 회전에 따라 각 도체가 브러시 밑을 통과하는 순간에 그 방향이 반대가 된다. 이것을 정류라고 한다. 정류를 기능적인 관점에서 설명한다면 전기자로 유도하는 교류 기전력의 주파수를 외부 회로의 주파수로 변환하는 것인데, 직류기에서는 교류로 전환하는 셈이 된다. ⇨ 정류자.

정류기 (整流器, rectifier) 교류 전류를 정류하는 장치. 가스 든 방전관, 금속 정류기, 반도체 다이오드, 사이리스터 등이 사용된다.

정류대 (整流帶, commutating zone) 어떤 하나의 슬롯 안에 포함되는 모든 코일변에 대해서 정류가 시작하고부터 끝나기까지 슬롯이 움직이는 거리를 이른다. 정류대 b_c는 $b_c=(D/D_k)[b_B+\tau_k\{u(1+\delta)-a/p\}]$ 여기서, D, D_K : 전기자 및 정류자 직경, δ : 슬롯 피치로 나타내는 단절도(短節度), b_B : 브러시 두께, u : 슬롯 안에 옆으로 나란히 배열되는 코일 변수(邊數), τ_K : 정류자편 피치.

정류 속도 (整流速度, commutating speed) 정류작용이 양호할 때에는 정류 속도가 빠르다고 한다.

정류 스택 (整流——, rectifier stack) 정류 다이오드를 복수 개 조합한 것에 전압 평형용 저항, 냉각장치, 스내버(잡음 흡수장치) 등을 설치하여 일체로 조립한 구조를 이른다.

정류 시간 (整流時間, commutating period) 정류시에 어떤 전기자 코일이 브러시에 의해서 단락될 경우, 그 단락의 시작부터 끝날 때까지의 시간 b/v_c [s] (단, b는 브러시의 두께 [m] v_c는 정류자의 주변 속도 [m/s]이다).

정류자 (整流子, commutator) 직류기 또는 교류 정류자기의 일부. 정류자편과 절연편을 엇갈리게 조합하여 만든 원통형의 것으로, 원통 양쪽에서 죄어져 있다. 각 정류자편은 회전 코일에 접속되어 있다. 정류하기 위해서 사용된다.

정류자 개폐기 (整流子開閉器, commutator switch, sampling switch, scanning switch) 많은 양을 원격 측정하기 위해 필요한, 일정한 순서로 연속 개폐 동작을 하는 스위치. 보통은 회전하여 기계적으로 구동된다.

정류 자계 (整流磁界, commutating field) 정류시에 전기자 코일이 브러시에 의해서 단락되는 사이에 그 코일 내의 전류 방향이 반대가 된다. 이 경우 코일 내에 자기 인덕턴스 및 상호 인덕턴스에 의해서 역기전력을 발생하므로 불꽃이 없는 정류를 얻기 위해서는 그 역기전력을 상쇄하는 정류 전압을 코일 내에 발생시킬 필요가 있다. 이 전압을 발생시키기 위한 자계를 정류 자계라고 하며 보극(補極)에 의해서 만들어진다.

정류자 고리 (整流子環, shrink ring of commutator) 고속도 기계의 정류자에서는 기계적으로 정류자편의 강도가 부족하게 되므로 정류자 겉 둘레에 특수 강철제의 고리를 구어 붙인다. 이 고리를 정류자 고리라고 한다.

정류자기 (整流子機, commutator machine) 정류자를 가진 회전기로, 특히 교류용을 가리키는 경우가 많다. 회전자는 직류기와 대략 같으며, 정류자가 가진 주파수 변환작용을 이용하여 회전자의 속도와 상관 없이 고정자 사이에 전력을 주고 받을 수 있는 비동기형의 교류기. 발전기, 전동기, 주파수 변환기로서 단독으로, 혹은 유도 전동기와 결합하여 속도 또는 역률을 조정하는 데 이용된다. 구조적으로는 ① 직권, 분권 전동기, ② 주파수 변환, ③ 셀시우스기 등으로 분류할 수 있다. 또 특성적으로는 ① 직권, ② 분권, ③ 복권으로 나눈다. 전력 공급은 고정자 또는 회전자측에서(혹은 양쪽에서 동시에) 할 수 있다.

정류자 동체 (整流子胴體, commutator sleeve) 정류자를 축으로 조립하는 경우에 축과 정류자편 사이에 개재하는 부분. 먼저 정류자편을 정류자 동체 바깥쪽에 조립하고 클램프 링으로 죄어 동체를 축에 끼워 넣는다. 재료는 주강(鑄鋼)인 경우가 많다.

정류자 라이저 (整流子——, commutator riser) 정류자 편에 회전자 코일을 접속하기에 편리하도록 정류자편 끝에 세운 부분을 이른다.

정류자 리플 (整流子——, commutator ripple) 정류자편 수는 제한이 있기 때문에 생기는 리플. 그 주파수는 $f=kn/60$ [H/z]. (단, k는 정류자 편수, n은 1분간의 회전수이다).

정류자 발전기 (整流子發電機, commutator generator) 정류자를 가지고 항상 이것을 사용하는 발전기를 이른다.

정류자 전동기 (整流子電動機, commutator motor) 정류자를 가진 전동기. 특히 교류용의 것을 가리킨다.

정류자 전동기형 (整流子電動機形, commutator motor type) 직류용 전력량 및 적산 전력계의 하나로, 직류 전동기의 원리에 의하고 정류자와 브러시를 장치한 것을 이른다.

정류자 주파수 변환기 (整流子周波數變換機, commutator frequency changer) 교류 정류자기의 하나로, 회전자에는 정류자와 슬립 링을 가지고 있다. 또 고정자에는 보상권선 등을 갖는 경우도 있다. 이 회전자를 전동기로 운전하면 슬립 링측의 주파수 f_1을 정류자측 주파수 f_2로 변환할 수가 있다. 만약 이것을 극수가 같은 유도 전동기로 운전하면 f_2는 그 유도 전동기의 2차 주파수와 같게 된다.

정류자 편 (整流子片, commutator bar) 쐐기형의 단면을 가지고 있는 경인 순동(硬引純銅)의 구리 조각으로, 이것과 절연편을 엇갈리게 조합하여 정류자를 만든다. 특별한 경우(고속도)에는 소량의 은을 함유시킨 것도 있다.

정류자편용 마이카 (整流子片用 ——, segment mica) 정류자편과 엇갈리게 조합하여 정류자를 만들기 위한 절연편으로, 경질과 연질이 있다. 벗긴 마이카를 바니시로 접합해서 가열 압축하여 제조한다. 운전 중에 가열되어 바니시가 튀어나오는 것을 방지 하기 위하여 아주 적은 분량의 바니시를 사용한다.

정류자 헤드 (整流子 ——, commutator head) 전기자 권선에 가까운 쪽의 정류자 끝 부분이다.

정류 전류 (整流電流, rectified current) 정류기에 의해서 정류된 직류 출력의 전류를 정류 전류라고 한다. 정류기를 통한 직류는 맥류이므로 전원용으로서는 평활회로를 통하여 일정한 전류로 해서 사용한다.

정류 축 (整流軸, axis of commutation) 정류대의 중앙을 통하는 축을 이른다. 보극(補極)이 달린 것은 보극 철심의 중앙이 되어야 한다.

정류 탱크 (整流 ——, rectifier tank) 1개의 진공 외피 내에 양극 및 수은 음극을 갖추고 저압력 수은 증기 아크를 이용해서 정류 작용을 하게 하는 장치를 이른다.

정류형 (整流形, rectifier type) 계기의 동작 원리에 따른 종별을 나타내며, 직류 계기와 정류기를 조합하여 교류 전압 또는 전류를 측정하는 데 사용된다.

정류형 계기 (整流形計器, rectifier instrument) 직류에 응동하는 계기와 정류장치를 조합한 것인데, 이 계기에 의해서 교류 전압, 전류의 평균값을 측정할 수 있다.

정면도 (正面圖, front elevation) 물체를 정면에서 본 그림을 이른다.

정밀급 계기 (精密級計器, precision type instrument) 지시 계기에서는 0.5급에 상당한 정밀도를 갖는 것을 이르며, 통상 판독 정밀도를 좋게 하기 위해서 나이프형 지침을 사용한다. 또 눈금판에는 거울을 달아 시차(視差)를 적게 하는 것이 특징이며 보통은 휴대용이다. 적산 전력계에서는 정밀 교류 적산 전력계가 이에 해당된다.

정밀 주파계 (精密周波計, precision frequencymeter, precision wavemeter) 흡수형 주파계에서 특히 정도(精度)가 높은 것을 보통 이렇게 부른다. 헤테로다인 방식은 일반적으로 정도가 높으며 보통은 헤테로다인 주파계라 부르고 있다. 단, 엄밀하게는 wavemeter는 전파계라 하여 무선주파에 전용하지만 frequency meter는 모든 교류에 사용해도 좋다.

정 바이어스 (正 ——, positive bias) 전자관의 동작점을 정하기 위해서 미리 제어 그리드(일반적으로는 신호를 가하는 전극)에 주어지는 전압이 +인 경우에 이 전압을 이른다.

정반사 (正反射, regular reflection, specular reflection) 연마된 금속면, 유리면으로부터의 반사처럼 정반사의 법칙에 따르는 반사. 즉 입사, 반사의 두 광선은 반사면에 세운 법선과 동일 평면 내에 있으며, 이에 대하여 같은 각을 이룬다.

정방전 (整放電, regular discharge) 예를 들면 구(球)갭과 같은 경우 측정에 앞서 적어도 3회의 예비 방전을 하여 방전의 부정(不整)을 제거한 다음 실시하는 방전을 이른다.

정방 전동기 (精紡電動機, spinning motor) 정방기를 운전하는 전동기로, 2중 농형 전동기 또는 데리모터가 사용된다. 전자는 벨트 운전으로 하고, 사용 대수가 많음으로 고효율 유도 전동기가 많이 사용된다. 후자의 경우에는 정방기와 직결하여 속도를 넓은 범위에 걸쳐 제어한다.

정보 이론 (情報理論, information theory) 통신의 수학적 이론에서 근대 양자적 개념과 통계적 개념을 받아들여 다루는 통신 이론이다.

정비 주파수 변환기 (定比周波數變換機, constant ratio frequency changer) 1차와 2차의 주파수비가 일정한 값을 갖는 주파수 변환기를 이른다. 동기 주파수 변환기, 유도동기 주파수 변환기가 이에 속한다.

정상 (整相, phasing) 위상을 조정하는 일을 뜻한다.

정상 (定常, steady) 변화하지 않는 일정한 상태를 이른다.

정상 굴절 (正常屈折, normal refraction) 전리층 전파(傳播)에서 전파(電波)의 파면의 진행 방향은 전리층의 전자밀도 분포에 따라 굴절하며, 지구 자계가 가해지고 있기 때문에 정할법칙(正割法則)에 따른 정규 굴절과 정할법칙에 따르지 않는 굴절이 있다. 전자를 정상 굴절이라고 한다.

정상 리액턴스 (正相 ——, positive phase sequence reactance) 대칭 좌표법에 의한 동기기의 리액턴스의 하나로, 정상(正相) 회전의 평형 3상 전류에 대한 것이다. 평형 3상 전류에 의한 회전자계가 회전자의 회전 방향과 같은 방향으로 동기 속도로 회전할 경우의 리액턴스이다. 이것은 동기 리액턴스와 같다.

정상 모드 전파 (正常 —— 傳播, normal mode propagation) 전리층의 전파 전파(電波傳播)에는 전리층에 의한 정규 반사파, 전리층 산란파 및 전리층 활행파(滑行波) 등에 의한 각종 전자파태(모드)가 있으며 다음 식에서 나타내는 정할 법칙에 따르는 정규 반사에 의한 전파를 정상 모드위(位) 전파라고 한다. $f\,[\text{kHz}] = f_0\,[\text{kHz}]/\sec i_o$. 여기서, $f\,[\text{kHz}]$는 사용 주파수, $f_o\,[\text{kHz}]$는 반사 전리층의 임계주파수, i_0는 전리층에 대한 전파의 입사각, 또 대류권 전파 전파에서는 대류권 산란, 라디오 덕트 등의 전파에 의하지 않는 표준 대기 속에서 생각할 수 있는 전파 양식을 이른다.

정상 부호 (整相符號, phasing signal) 위상을 맞추기 위해서 제어용으로 보내지는 신호이다.

정상분(正相分, positive phase-sequence component) 대칭 좌표법에서 V_1은 원전압(原電壓)과 위상의 순서가 같게 되므로 정상분이라고 한다. ⇨ 영상분(零相分).

정상 사용 상태 (定常使用狀態, normalseries condition) 냉각 매체의 온도가 공기에서는 40℃, 물에서는 25℃를 넘지 않고, 또 냉각 매체가 공기의 경우는 표고 1,000 m를 넘지 않는 장소에서 사용되는 경우를 말한다.

정상 상태 (定常狀態, stationary state, steady state) 전기 회로에서 일어나는 형상은 어떤 시간 동안 과도적 상태를 경과하고부터 시간과 더불어 변화하지 않는 일정한 상태대로 되는 경우가 많다. 이 상태를 정상 상태라고 한다.

정상 선 (整相線, phasing line) 빔 안테나에서 각 단위 투사기의 위상을 같게 하기 위해서 넣는 선을 이른다.

정상 음극 강하 (正常陰極降下 ——, normal cathode fall 1 mmHg) 전후의 압력을 갖는 기체 중에 음 및 양의 전극을 두고, 안정 저항을 통하여 적당한 전압을 가하면 글로 방전이 일어난다. 이 경우 방전 전류가 극히 적고 방전이 음극면의 일부만을 차지하는 정도일 때의 음극 전압 강하를 이른다.

정상 E층 (正常 —— 層, normal E layer) 지상 100 km 정도 높이의 곳에 항상 존재하는 전리층을 정상 E층이라고 한다. 이밖에 계절적으로 가끔 E층의 아래에 출현하는 스포래딕 E층이라는 것이 있다. 정상 E층은 태양 고도와 매우 밀접한 관계를 가지고 있다.

정상 임피던스 (正相 ——, positive-phase impedance) 다상계에서 정상분 전압과 정상분 전류의 비를 이른다.

㈜ 선로나 기기에 있어서 정상 임피던스와 역상 임피던스가 같은 경우도 있고, 회전기처럼 다른 임피던스를 부여하는 경우도 있다.

정상 자화 곡선 (定常磁化曲線, normal magnetization curve) 정상(正常) 자화곡선과 같은 뜻이다. ⇨ 자화 곡선.

정상 장 (定常場, stationary field) 시간에 따라 분포 상태가 바뀌지 않는 장을 이른다.

정상 전류 (定常電流, steady state current) 회로가 정상 상태로 되었을 때 흐르는 전류를 뜻한다. 회로를 전원에 접속한 직후나 스위치를 닫는 순간에는 이른바 과도전류가 흐르고, 잠시 시간이 경과하여 정상 상태가 되면 해당 회로에는 규칙적인 정상 전류가 흐르게 된다. ⇔ 과도전류(transient current).

정상 전압 (頂上電壓, ceiling voltage) 직류 발전기를 정격 속도, 무부하로 운전하고 분권계자 또는 타려 계자회로에 직렬로 접속한 저항을 단락하였을 때 단자 간에 나타나는 전압을 뜻한다.

정상 전파 (正常傳播, normal propagation) 전리층 전파에 있어, 전리층의 평상 상태에서 생각할 수 있는 전파(傳播). 대류권 전파에서는 표준 대기 중에서 생각할 수 있는 전파를 정상 전파라고 한다. 따라서 전리층 전파에서의 스포래딕 E층 전파, 전리층 산란파, 전파 장해시의 전파 같은 것은 이상 전파라고 볼 수 있으며, 또 대류권 전파에서의 대류권 산란파 전파, 라디오 덕트 전파, 유성에 의한 전파, 이상 대기 중의 전파 등은 이상 전파라고 볼 수 있다.

정상 투자율(定常透磁率, normal permeability) 자성 재료의 상자 자속밀도와 그에 대응하는 자화력의 비율이다.

정상파 (正常波, stationary wave) 안테나에서 발사된 평면 전자파가 전리층 속을 진행할 때 지구 자계의 영향을 받아 일반적으로 타원편파(楕圓偏波)가 되며, 그 중 왼쪽으로 도는 파를 정상파라 하고 오른쪽으로 도는 파를 이상파라고 한다.

정상 편차 (定常偏差, steady-state deviation) 자동 제어계에서 과도현상이 끝난 후에 남은 계의 제어 편차를 이른다.

정속도 전동기 (定速度電動機, constant-speed motor) 공급 전압, 주파수 또는 그 쌍방이 일정한 경우에는 부하에 관계없이 일정 또는 거의 일정한 회전 속도로 동작하는 전동기를 이른다. 직류 분권 전동기, 유도 전동기, 동기 전동기 등이 있다.

정수 (定數, constant) 정수 또는 상수라고 하면 universal constant란 뜻으로 사용되는 경우와 물질의 성질과 상태를 표시하는 뜻으로 사용되는 경우가 있다. 원주율이나 자연 대수의 밑과 같이 수학상 중요한 상수와 전자가 갖는 전하의 진공 중의 광속도나 플랑크의 상수 등은 모두 전자의 예이고, 물질의 유전율과 투자율 및 고유 저항 등은 후자의 예이다. 이 밖에 전기회로를 구성하는 R, C, L을 회로 상수라 하며 비례 관계에 있는 두 양의 비, 즉 비례 상수 등을 정수 또는 상수라고 하는 경우도 있다.

정수 홈 권선 (整數——捲線, integral slot winding) 동기기의 전기자 또는 유도기 권선의 하나로, 1극 1상의 슬롯수가 정수인 것을 이른다.

정시 개폐기 (定時開閉器, time switch) ⇨ 타임 스위치.

정시 계전기 (定時繼電器, time relay) 보조 계전기의 한 종류로, 계전 동작 과정에서 일정한 시연(時延)을 갖도록 하기 위하여 사용하는 계전기를 이른다.

정 연락선 전력 제어 (定連絡線電力制御, flat tie-line control) 《전력 계통》 약어 FTC, 연계 계통의 주파수 변화를 제어하기 위하여 사용되는 방법의 하나로, 연계선을 통과하는 전력을 소정값으로 유지하도록 제어하는 방식이다.

정자 재료 (整磁材料, magnetic adjuster) 퀴리 온도가 상온 가까이에 있는 강자성 재료로서, 계측기 등의 자기회로 여자 권선의 온도에 따른 저항 변화(따라서 발생하는 에어갭 자속의 변화)를 보상하고, 계측기 오차를 감소하기 위하여 에어갭부에 병렬로 사용한다.

정재파 (定在波, standing wave) 선로의 종단 부하 임피던스가 선로의 특성 임피던스와 같지 않으면 입사 에너지의 일부 또는 전부가 반사되어 반사파가 생긴다 이 때 선로상의 전압 및 전류는 이들 입사파와 반사파를 합성한 것으로 된다. 이와 같은 합성파를 정재파라고도 한다. 정재파는 진폭이 큰 피복 부분이나 진폭이 작은 파절(波節) 부분이 동일 위치에 정지하여 움직이지 않는 것처럼 보이므로 이러한 이름이 붙었다. 정상파(正常波)라고도 한다.

정재파 비 (定在波比, standing wave ratio) 약어 SWR, 전송 선로상에 생기는 정재파의 크기를 나타내는 것으로서, 정재파의 최대값과 최소값의 비에 의해 구할 수 있다. 전압 정재파 비와 전류 정재파비가 있으며, 각각 약해서 VSWR, CSWR이라고 한다. 보통 전압 정재파비를 사용하는 경우가 많으며 전압 정재파비를 S라고 하면,

$$S=\frac{|V_{\max}|}{|V_{\min}|}=\frac{1+|r|}{1-|r|}$$ 로 되며,

S는 1~∞의 범위의 값이 되는데 1에 가까울수록 정합 상태가 좋다. 여기서 $V_{\max}$, $V_{\min}$은 정재파 전압의 최대값, 최소값, r은 수전단의 전압 반사 계수 $|r|=\left|\frac{Z_r-Z_0}{Z_r+Z_0}\right|$

여기서, Z_0는 선로의 특성 임피던스, Z_r은 수전단의 부하 임피던스이다.

정재파 비계(定在波比計, standing wave ratio meter) 정재파비를 측정하는 측정기이다. 동축 케이블의 마이크로파 전력의 측정에서 사용되는 C-M형 전력계나 방향성 결합기를 사용한 도파관의 전력 측정장치는 어느 것이나 2개의 지시계를 사용하는 데, 하나는 입사 전력을 다른 하나는 반사파 전력을 지시한다. 따라서 이것을 조합하여 정재파비의 눈금을 매겨 놓으면 정재파비계로 사용할 수 있다.

정재파 전압비(定在波電壓比, standing wave voltage ratio) 균일한 전송로상에 발생하는 정재파 전압의 진폭의 최대값과 최소값의 비. 보통 VSWR로 이를 표시한다. ⇨ 정재파 비.

ㅈ

정재파 측정기(定在波測定器, standing wave detector) 도파관 내의 전자파의 정재파를 측정하는 장치이다. 보통 구형 도파관에 있어서 전자파의 모드는 H_{01}파를 사용하므로 정재파를 측정하려면 도파관 상면의 관벽에 관축을 따라서 길다란 슬릿을 뚫고 탐침, 동축 공진회로, 검파기를 장치해 지지대를 써워 탐침을 스릿에 꽂은 다음 이것을 움직여서 그때마다 검파기의 출력을 측정하여 전기장의 분포상태를 조사하고 정재파의 발생상태와 정재파비를 측정한 것이다.

정저항 방전(定抵抗放電, constant-resistance discharge) 전지의 용량을 구할 때 사용되는 방법으로, 부하에 일정한 저항을 접속하고 시간에 따른 전압의 저하를 측정한다. 이와 같이 일정한 저항을 부하로 하였을 때의 방전상태를 이른다.

정전(靜電, electrostatic) 전하(電荷)와 같이 정태(靜態)에 있는 전기를 이른다.

정전(停電, interruption of service) 전기의 공급이 정지되는 것을 뜻한다.

정전 검루기(靜電檢漏器, electrostatic ground detector) 정전 전압계를 사용하여 대지(大地)에 대한 상전압(相電壓)을 지시하게 함으로써, 비접지 계통에서의 접지사고의 유무와 그 정도를 지시하게 하는 장치이다. ⇨ 전자 검루기.

정전 검전기(靜電檢電器, static voltage detector) 정전형(靜電形) 동작 원리에 의한 검전지. 각종 전위계가 이에 속한다.

정전 결합(靜電結合, capacitive coupling, electrostatic coupling, static coupling) 두 회로를 결합하는 경우 두 회로의 결합소자로서 정전 용량을 사용하는 결합 방식을 이른다. ⇨ 유도 결합(inductive coupling).

정전계(靜電界, electrostatic field) 정지하고 있는 전하에 의해서 발생하는 전기력이 작용하는 장소를 이른다.

정전 구동기(靜電驅動器, electrostatic actuator) 음압 대신 정전적(靜電的) 기계력을 이용하여 마이크로폰의 음압 교정을 하는 기기. 예를 들면 콘덴서 마이크로폰의 진동막 앞 면에 극히 좁은 간극을 두고 격자모양의 금속판을 설치하여 이것과 진동판과의 사이에 직류 바이어스 전압과 중첩하여 교류 전압을 가하고, 여기서 발생하는 기계력에 의해서 진동판을 이것과 동일한 주파수로 진동시킨다. 등가 음압은 간극의 거리와 전압 등으로 계산에 의해서 구한다.

정전기(正電氣, positive electricity) ⇨ 양전기.

정전기(靜電氣, static electricity) 부도체상에 놓여진 전하처럼 거의 이동하지 않는 전하를 이른다. 대전하지 않은 도체가 전계 중에 놓여지면 도체 표면에서 전하의 분리가 이루어져 양·음 등량의 전하가 유기된다(유도 대전). 부도체가 전계 중에 놓여지면 내부에 전기 다이폴이 유기된다(유도 분극). 또 정전기는 마찰에 의하거나 정전 유도에 의해, 혹은 적당한 전기장치를 사용하여 발생시킬 수가 있다. abrasive paper의 제조, 전기 식모, 전기 집진, 정전 도장 등은 정전

기 응용분야의 한 예이다.

정전 기록 (靜電記錄, electrostatic recording) 백지 위에 비닐 등의 절연막을 도포한 기록지를 사용하여 이것에 정보 신호를 다루는 고전계를 인가하여 기록지 위에 전하 잠상을 만들고, 그 정전 흡인력을 이용하여 고분자의 착색 미분말을 살포하여 건식 현상하고 열처리를 가해서 영상을 정착시키는 방식이다.

정전 기억 (靜電記憶, electrostatic memory) 정보를 기억함에 있어 정전하를 사용하는 기억 방법 또는 장치를 이른다. 현재 주로 사용되고 있는 것은 특수 음극선관으로, 강유전체는 유망한 정전 기억 소자이다. ⇨ 정전 기억관, 지연 기억 장치.

정전 기억관 (靜電記憶管, electrostatic memory tube) 정전 기억에 사용되는 정보를 전하를 써서 기억시키는 음극선관이다. ⇐ 축적관 (storage tube), 윌리엄관.

정전 단위 (靜電單位, electrostatic unit) 진공 속에서 등량(等量)의 전하를 1cm 떼어 놓았을 때 서로 작용하는 힘이 1다인(dyne)인 전하를 전하의 1단위로 정하고 이것을 기본으로 하여 전기에 관한 모든 양의 단위를 유도한 단위계(單位系)이다.

정전 도장 (靜電塗裝, electrostatic painting) 수만 V 이상의 고전압을 도선의 그리드에 가하여 이곳을 통하여 도료를 뿜어내어 각 입자를 대전시킨다. 도장하여야 할 금속면은 고전압 회로의 다른 한쪽 단자에 접속한다. 금속면은 도료 입자를 정전적으로 흡착하여 효율적인 도장을 할 수 있다.

정전력 (靜電力, electrostatic force) 전하에 의해서 생기는 흡인력 또는 반발력을 이른다.

정전류 발전기 (定電流發電機, constant-current generator) 부하의 저항 또는 임피던스가 넓은 범위로 변하여도 부하 전류가 거의 일정한 크기인 발전기를 뜻한다.

정전류 방식 (定電流方式, constant-current system) 부하의 임피던스가 변화하여도 부하 전류가 일정하게 유지되는 방식을 이른다. 이 방식은 전원에 대하여 부하를 직렬로 접속하는 경우 등에 많이 요구된다. 이 때 부하 임피던스의 변동에 따라 전원 전압을 변화시키거나 내부 저항이 극히 큰 전원에 부하를 접속하면 된다.

정전류 방전 (定電流放電, constant-current discharge) 축전지를 방전할 때 전류를 일정하게 유지하며 방전하는 방법을 이른다.

정전류 변압기 (定電流變壓器, constant-current transformer) 1차측에 일정한 전압을 가하였을 경우 2차측 부하의 임피던스의 여하에 상관 없이 2차 전류가 거의 일정한 변압기를 정전류 변압기라 한다.

정전류 변조 (定電流變調, constant-current modulation) 양극 변조의 하나로, 초크 변조 또는 병렬 변조라고도 한다. 변조관과 피변조관의 양극을 변조 주파에 대하여 높은 임피던스를 나타내는 초크 코일과 병렬로 결합하고, 피 변조관 양극 직류 전압을 변조관 출력 전압에 따라 변화하는 변조방식을 이른다.

정전류원 (定電流源, constant-current source) 내부 임피던스가 매우 크고 (이상적으로는 무한대) 부하에 상관 없이, 그에 대하여 일정한 전류를 공급할 수 있는 전원. 부하 저항이 변화하면 부하 양단의 전압도 변화한다.

정전류 충전 (定電流充電, constant-current charge) 충전 전류를 일정하게 유지하면서 충전하는 것을 이른다.

정전 방전 (靜電放電, static discharge) 콘덴서 등에 충전된 전기가 불꽃 갭 같은 것을 통하여 방전하는 것을 정전 방전이라 한다.

정전 방전기 (靜電放電器, static discharger) 대지에서 절연된 전기회로에 정전 유도 등의 작용으로 이상 전압이 발생했을 때 그로 인한 장해를 제거하기 위해서 일정한 값 이상의 전압이 되었을 때 이것을 방전시키는 장치. 보통 불꽃 갭이 사용된다.

정전 복사기 (靜電複寫機, electrostatic copier) 감광성 물질을 복사하여야 할 원상 패턴과 같이 대전시키고 이에 미분말 상태의 카본 토너(역극성으로 대전하고 있다)를 사용하여 잠상을 현상하도록 한 것. Xerox라든가 Electrofax 등이 이 예이다.

정전압 다이오드 (定電壓——, voltage regulating diode) 일정한 기준의 전압을 공급하기 위하여 그 역방향 전압-전류 특성의 항복 영역으로 이행하는 일정 전압 값을 이용한 전압 기준용 다이오드를 이른다.

정전압 발전기(定電壓發電機, constant voltage generator) 회전 속도가 일정할 때 단자 전압이 부하에 상관 없이 거의 일정한 발전기를 이른다. 직류 분권 발전기는 그 한 예이다.

정전압 방전관(定電壓放電管, voltage regulator tube) 글로 방전의 전압 전류 특성의 기울기가 매우 완만한 성질을 이용한 방전관. 전압 정격은 음극 물질과 가스의 조합으로 정한다.

정전압 변압기(定電壓變壓器, constant-voltage transformer) 병렬 철공진의 원리를 응용하여 0에서 정격 출력 전력까지의 범위에 걸쳐 거의 일정한 전압을 유지하도록 동작하는 변압기를 이른다.

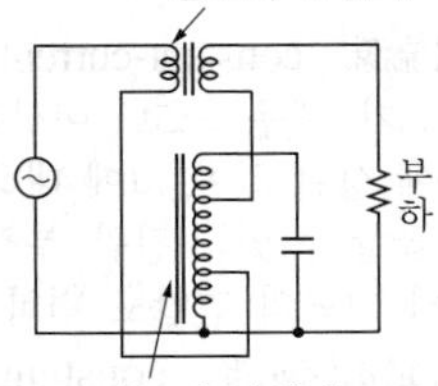

[정전압 변압기]

ㅈ

정전압 변조(定電壓變調, constant voltage modulation) 양극 변조의 하나로, 직렬 변조라고도 한다. 피 변조관 및 변조관의 양극 회로를 직렬로 접속하고, 변조관의 양극의 직류 전압 강하를 변조 입력으로 변화시킴으로써 피 변조관의 양극 직류 전압을 변화시키는 변조법을 이른다.

정전압 송전(定電壓送電, constant voltage transmission) 부하 변동에 상관 없이 송수 양단의 전압을 일정값으로 유지하여 송전하는 것을 뜻한다.

정전압 전원(定電壓電源, constant-voltage power supply) 가변 부하 저항 양단에서 거의 일정한 부하 전압을 유지하도록 동작하는 전원을 이른다. 부하 저항이 감소하면 부하 전류를 증가하도록 제어된다.

정전압 충전(定電壓充電, constant-potential charge, constant-voltage charge) 전원의 전압을 일정하게 하여 충전하는 것으로, 전류는 초기에 크게 흐르고 충전 종료시에는 작아진다.

정전 용량(靜電容量, electrostatic capacity) 두 전극 사이의 정전 용량은 두 전극에 각각 정부(正負)의 전하 Q를 주었을 때 이 전극 사이의 전위차가 V인 경우 $C=Q/V$로 나타낸다.

정전위(靜電位, electrostatic potential) 정전계(靜電界)에서의 전위를 이르며, 일반적으로 스칼라 값으로 나타낸다. 어떤 1점에서의 정전위란, 단위 정전하를 무한히 먼 곳에서 그 점까지 운반하는 데 소요되는 일로 측정된다.

정전 유도(靜電誘導, electrostatic induction, static induction) 대전체(帶電體) 가까이에 도체 또는 유전체를 놓으면 이 두 물체 사이의 정전 용량을 통하여 도체 또는 유전체의 표면에 전하가 생긴다. 이와 같이 어떤 물체의 전하가 다른 물체에 대해 유전속을 생기게 하는 현상을 정전 유도라고 한다. 이 때 대전체에 가까운 도체 표면에는 대전체의 전하와 반대의 전하가 나타나고 먼 쪽에는 같은 종류의 전하가 나타난다. ⇨ 자기유도(magnetic induction), 전자유도(electromagnetic induction).

정전 전력계(靜電電力計, electrostatic wattmeter) 상한 전위계(象限電位計)를 사용한 전력계. 직류값에서 교류값을 결정할 때 등 특별한 경우에 사용한다.

정전 전압계(靜電電壓計, electrostatic voltmeter, static voltmeter) 충전된 고정 전극과 가동 전극 사이에 움직이는 정전력(靜電力)에 의해서 동작하는 전압계로서, 가동 전극이 회전하는 것과 전극 간격이 변화하는 것이 있다. 전자는 휴대용 지시 계기로서 비교적 전압이 낮은 것에 사용되고 후자는 지침형, 광시형(光示形) 등이 있으며 1~200 kV 정도의 것이 있다.

정전 전환 계전기(停電轉換繼電器, power off relay) 상시 사용하는 전원이 무전압이 되었을 때 정전용의 예비 전원으로 전환할 목적으로 사용되는 계전기이다.

정전 차폐 (靜電遮蔽, electrostatic screening, electrostatic shielding) 전기 도체로 둘러 싸는 것. 완전히 둘러 싸인 폐공간 내에는 외부의 정전계는 아무런 영향도 미치지 않는다.

정전 콘덴서 (靜電 ——, static condenser) 보통 콘덴서를 이른다. 전력 송전의 역률 개선용으로 사용하는 콘덴서와 구별하기 위해서 이렇게 부른다.

정전 편향 (靜電偏向, electrostatic deflection) 전자선의 통로를 사이에 두고 두 장의 평행 전극을 마주 보게 놓고 그 전극사이에 톱니 파형의 전압을 가하여 전자선을 편향시키는 것이다. ⇐ 전계 편향.

정전하 (靜電荷, electric charge, electrostatic charge, static charge) 도체의 표면에 분포되어 있거나 유전체의 마찰에 의해서 대전한 전하처럼 정지상태인 전기를 이른다.

정전학 (靜電學, electrostatics) 정전기의 여러 현상을 연구하는 학문이다.

정전형 (靜電形, electrostatic type) 정전기를 이용하는 형식을 이른다.

정접 검류계 (正接檢流計, tangent galvanometer) 원형 코일의 면을 지구 자계의 방향으로 일치시켜 그 중심에 자침을 놓은 것이다. 코일에 전류를 통하면 자침은 회전하여 지구 자계에 의한 토크와 평형한 곳에서 멈춘다. 그 때의 회전 각도를 Θ로 한다면 코일에 흘린 전류와의 사이에는 $i = K\tan\Theta$ 의 관계가 있다. K는 검류계의 상수이다.

정정 (整定, setting) 계전기, 자동장치 등에 있어서 소정의 값을 출현시킬 수 있도록 인위적으로 설정하는 것을 이른다.

정정 시간 (整定時間, setting time) 《자동제어》 자동제어계의 인디셜 응답에서 제어량이 최종값에서 특정 범위에 들기까지의 시간을 이른다.

정주파수 제어 (定周波數制御, flat frequency control) 《전력계통》 약어 FFC, 계통 내에 한 곳 또는 여러 곳의 주파수 조정 발전소를 설치하여 연계선 부하에 관계 없이 주파수만을 규정값으로 유지하도록 제어하는 방식. 계통이 크면 조정 전력도 커지고 또 연계선 부하(조류)가 변화한다.

㊟ 연계선 부하의 상태에 따라 부하 변동을 발생한 원인이 된 계통이 부하 변동에 따른 주파수 제어를 하는 방식을 선택 주파수 제어(selective frequency control, SFC)방식이라 한다.

정지 (靜止, static) (1) 시간적으로 변하지 않는 현상. 혹은 물리량에 대한 용어로, 다이내믹에 대비되는 용어. 안정된(stable) 또는 항구적(permanent)이라는 뜻으로 쓰여질 때도 있다. (2) 기계적인 운동을 수반하지 않는 동작 또는 장치를 의미하는 용어. 직선 운동이나 회전 운동을 하지 않는 전기 기기 혹은 운동부분을 다른 기능으로 대치시킴으로써 운동을 수반하지 않도록 한 기기를 이를 때 사용한다. 예를 들면 정지 스위치, 정지 여자기(회전기에 의하지 않는 것). (3) 장기간에 걸쳐 지속되는 일정한 주기운동(stationary motion)을 의미하는 용어. 예를 들면 정지 위성. (4) 시간 순서적이 아니라 공간 배치적인 것을 뜻한다.

정지 계전기 (靜止繼電器, static relay) 접촉자나 기타 가동 부분을 갖지 않는 계전기로, 그러한 가동 부분의 기능은 전자관, 반도체 디바이스, 자기 디바이스 등에 의해서 행하여지는 것. 소정의 설계 성능이 주로 정지형 디바이스에 의존하고 있는 것은 약간의 전기 기계적 부분을 포함하고 있을지라도 정지형이라 볼 수 있다.

정지궤도 (靜止軌道, stationary orbit) 지구의 적도면 상의 원궤도를 지구 자전과 동기하여 회전하는 위성은 지상의 임의의 점에서 볼 때 정지하고 있는 것처럼 보인다. 이것을 정지 위성이라고 한다. 통신과 텔레비전 중계 등에 사용된다.

㊟ 정지 위성은 지상 35,860 km에 위치하고 속도는 매초 3.057 km이다.

정지 레오나드 방식 (靜止 —— 方式, static Leonard system) 워드레오나드 방식의 전동기 운전용의 직류 발전기 대신 사이리스터 등에 의해서 가변 직류 전압을 공급하도록 한 것으로, 다음과 같은 특징이 있다. ① 보통 레오나드 방식과 같이 3대의 회전기를 결합 사용할 필요가 없다. ② 응답 속도가 매우 빠르다. ③ 보수가 용이하다.

정지 셀비우스 방식 (靜止 —— 方式, static Scher-

ㅈ

bius system) 유도 전동기의 속도와 역률을 제어하기 위한 2차 삽입 전압을 발생하기 위해 회전기를 사용하는 방식 대신 유도 전동기의 2차 슬립 전력을 정류하여 그 직류 출력을 역변환 장치에 의해 교류 전원 주파수의 전력으로서 전원에 반환하도록 한 것으로, 정류 장치, 역변환 장치 모두 정지기를 사용한 것이다.

정지 신호(停止信號, danger signal, stop signal) 철도에서 열차를 정지시킬 때 표시하는 신호이다.

정지 유도기(停止誘導器, stationary induction apparatus) 전자 유도의 원리로 동작하는 정지기. 예를 들면 변압기, 유도 전압조정기, 리액터 등이다.

정지 직축 과도 리액턴스(靜止直軸過渡 ——, static direct transient reactance) 동기기(同期機)의 회전자를 정지시킨 상태에서 전기자 단자에서 단상 전류를 흘린 경우의 리액턴스 중 계자회로를 닫은 상태에서의 직축에 대한 것을 이른다.

정지 직축 리액턴스(靜止直軸 ——, static direct reactance) 동기기의 회전자를 정지시킨 상태에서 전기자 단자에서 단상 전류를 흘린 경우의 리액턴스 중 계자회로를 연 상태에서의 직축에 대한 것을 이른다.

정지 크래머 방식(靜止 —— 方式, static Kramer system) 동기 속도 이하에서의 권선형 유도 전동기의 속도제어 방식이다. 유도 전동기의 2차 권선과 교류 전원 사이에 접속된 정지 변환장치에 의해서 유도 전동기의 2차 슬립 전력(슬립 주파수를 가진 회전자 전력)을 회수하도록 한 것이다.

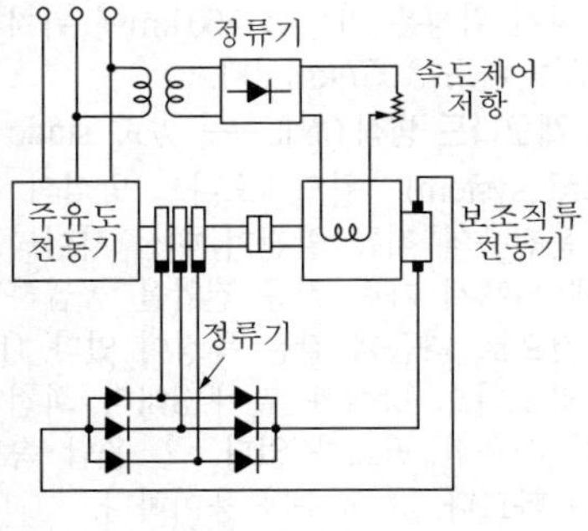

[정지 크래머 방식]

정지 횡축 과도 리액턴스(靜止橫軸過渡 ——, static quadrature transient reactance) 동기기의 회전자를 정지시킨 상태에서 전기자 단자에서 단상 전류를 흘린 경우의 리액턴스 중 계자회로를 닫은 상태에서의 횡축에 대한 것을 이른다.

정지 횡축 리액턴스(靜止橫軸 ——, static quadrature reactance) 동기기의 회전자를 정지시킨 상태에서 전기자 단자에서 단상전류를 흘린 경우의 리액턴스 중 계자회로를 사용한 상태에서의 횡축에 대한 것을 이른다.

정진폭 녹음(定振幅錄音, constant amplitude recording) 같은 세기를 가진 모든 주파수가 동일 진폭으로 녹음되는 녹음방법. 녹음된 소리의 진폭은 주파수와는 무관하다.

㈜ 주어진 진폭의 입력 신호에 대하여 녹음된 결과의 진폭이 주파수에 역비례하는 녹음법을 정속도 녹음이라 한다. 그렇게 하면 커트 침의 속도는 주어진 크기의 진폭을 갖는 모든 입력신호 주파수에 대하여 상등하게 된다. 녹음된 결과의 진폭이 어느 크로스 오버점을 경계로 하여 입력 주파수의 저주파측에서는 정진폭, 또 고주파측에서는 정속도 녹음되는 변형 정속도 녹음법도 있다.

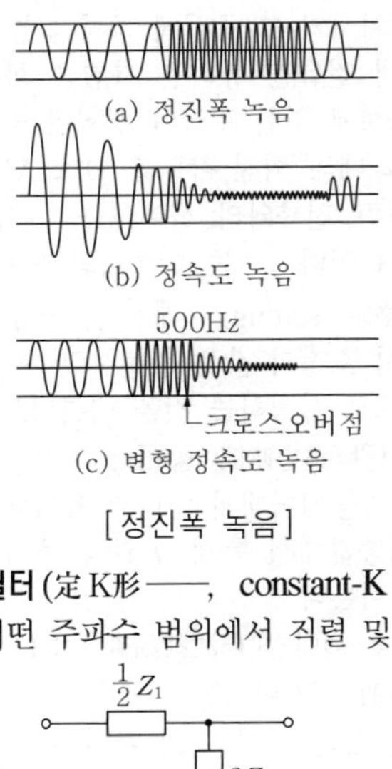

[정진폭 녹음]

정 K형 필터(定 K形 ——, constant-K network) 어떤 주파수 범위에서 직렬 및 병렬

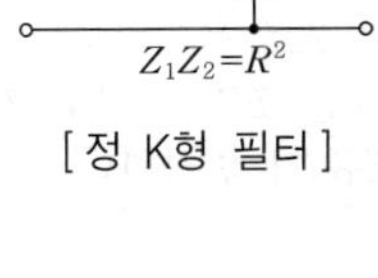

[정 K형 필터]

임피던스의 곱이 주파수에 상관없이 일정값을 갖는 사다리형 회로망이다.

정 크로미넌스 원색 (精——原色, fine chrominance primary) 컬러 텔레비전에서 전송되는 두 크로미넌스 정보 중의 하나로, 전송 대역이 넓은 쪽의 신호(I신호라고 한다)에 결부된 것. 1.5 MHz까지의 주파수 성분을 포함하고, 주로 시안~오렌지계의 색정보를 담당하고 있다.
㊟ 또 하나의 크로미넌스 원색은 Q신호라고 불리우며 녹색-적색계의 색정보를 포함하고 있다. 모두 물리적인 원색이며 휘도 성분은 포함하지 않았다.

정태 리액턴스 (定態——, steady-state reactance) 동기기의 리액턴스의 하나로, 지속 전류, 즉 정태값(定態値)에 대한 것. 동기 리액턴스와 같다.

정태 안정도(定態安定度, static stability, steady-state stability) (1) 동기기에서 부하가 서서히 증가하였을 경우에 어떤 범위까지 안정한 운전을 할 수 있는가의 정도를 이른다. (2) 《전력계통》 계통이 비주기적인 외란을 받지 않고 안정상태로 동작하고 있는 상태. 실제 계통에 있어서는 안정에는 영향을 주지 않지만 부하를 변동시키는 등의 여러 가지 비주기적 외란이 있다. 그러나 이러한 계통의 고유 진동주기와 동기기의 안정 동작에 영향을 줄만한 것은 아니고 매우 완만한 변동이다. (3) 동기기에서 여자는 일정하게 유지하여 두고 그 부하를 서서히 증가하면 부하각을 증대하면서 일정한 한계 전력까지는 동기 운전할 수 있다. 이 극한 전력을 정태 안정 극한 전력이라 한다. 돌극기에 있어서는 부하각은 60~70°이다(비돌극기에서는 90°).
㊟ 부하가 어느 값 만큼 불연속적으로 변화했을 때의 과도 안정 극한 전력은 위에서 설명한 정태 안정 극한 전력보다 월등하게 작다.

정특성 (靜特性, static characteristic) 전자관을 무부하로 하고 직류 전원만을 접속하여 측정되는 특성을 이른다.

정특성 곡선 (靜特性曲線, static characteristic curve) (1) 어떤 회로 또는 장치의 정상 상태에서 입력량과 출력량의 관계를 나타내는 곡선. (2) 전자관에서는 직류 전압과 전류의 관계를 나타내는 곡선이다.

정하중 (靜荷重, static load) 정지상태에서 걸려 있는 하중을 이른다.

정한시 (定限時, definite-time) 《계전기》 정한시라 함은 본질적으로 동작을 일으키게 하는 양이 어느 한도 이상이 되면 그 크기의 여하에 관계 없이 그 동작 시간이 일정한 경우를 이른다.

정합 (整合, matching) 일반적으로 두 회로를 결합할 경우 제1 회로의 출력 단자에서 같은 회로의 입력 단자를 본 임피던스를 $Z_1=R_1+jX_1$, 제2 회로의 입력 임피던스를 $Z_2=R_2+jX_2$로 했을 경우 두 임피던스 사이에 공역(共役)의 관계, 즉 $R_1=R_2$, $X_1=-X_2$가 있으면 손실 최소, 출력 최대인 조건이 얻어진다. 이와 같이 조정을 하는 것을 정합이라고 한다. ⇐ 임피던스 정합.

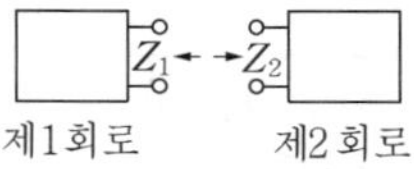

[정합]

정합 변성기 (整合變成器, matching transformer) 임피던스 정합을 잡기 위하여 사용하는 변성기. 정합하여야 할 임피던스를 Z_1, Z_2로 하고 이상 변성기의 권수를 n_1, n_2로 하면 $n_1/n_2=\sqrt{Z_1/Z_2}$의 관계가 얻어지며 Z_1, Z_2의 임피던스 정합을 할 수 있다.

정합 스터브 (整合——, matching stub) 임피던스 정합을 잡기 위해 병행 2선, 동축선, 도파관 등의 전송 선로 일부에 마련한 분기 회로. 그림은 병행 2선의 일부에 설치한 정합 스터브를 보인 것으로, 분기점 ab에서 부하 및 단락편(短絡片)까지의 거리 l_1, l_2를 변화함으로써 임피던스 정합을 잡고, 이렇게 하여 전원으로부터의 최대 에너지를 부하에 공급하려하는 것이다. ⇨ 임피던스 정합.

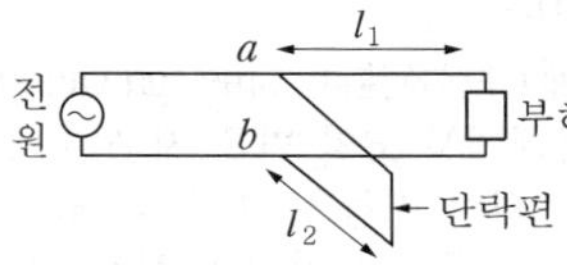

[정합 스터브]

정합 임피던스 (整合 ——, matched impedance) 전원과 부하 또는 두 회로를 접속할 때 전송 전력에서의 손실이 최소가 되도록 출력측에서 입력측을 본 임피던스와 입력측에서 출력측을 본 임피던스가 같아지도록 변성장치 등을 사용한다. 이와 같이 겉보기로 같게 된 임피던스를 정합 임피던스라고 한다.

정합 조리개 (整合 ——, matching iris) 그 구조는 공진 아이어리스와 같으며 도파관의 횡단면상에 2조의 엷은 금속판을 삽입하고 그 창의 틈을 변화시킴으로써 등가적으로 인덕턴스 또는 용량을 변화시켜 도파관계(系)의 임피던스 정합을 잡는 방식을 이른다. ⇨ 공진 조리개.

정합 트랩 (整合 ——, matching trap) 단파의 공중선과 궤전선을 정합하기 위해서 삽입하는 2선식 궤전선. 통상 그림과 같은 선단을 단락한 분포 상수 회로를 사용한다.

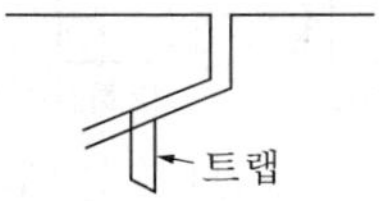

[정합 트랩]

정합 필터 (整合 ——, matched filter) 선형이고 인과율에 따르는(입력에 앞서 출력이 발생하지 않는)계가 $s(t)+N(T)$라는 입력을 부여하였을 때, $t=t_0$의 시점에서 출력의 SN 비가 최대가 되도록 만들어져 있는 경우에 이 계를 정합 필터라고 한다.

정합 함 (整合函, matching box) 공중선과 궤전선과의 정합 장치를 수용하는 케이스. 통상 공중선 가까이에 둔다.

정합 회로 (整合回路, matching circuit) 두 회로를 결합할 경우 한 회로의 출력단에서 입력쪽을 보았을 때의 임피던스와 다른 회로의 입력단의 임피던스를 같게 하고 전력 손실을 가장 작게 하기 위해서 삽입하는 회로를 뜻한다.

정현 검류계 (正弦檢流計, sine galvanometer) 정접 검류계에서 코일 면을 지구 자계와 직각이 되게 하여 자침을 그 면 내에 두고 여기에 전류를 통하면 자침은 회전하게 되므로 코일을 그 수직 직경을 축으로 하여 회전하고 다시 자침을 그 면 내에 넣는다. 그 때 코일이 회전한 각도를 θ로 하면 코일에 의한 자계와 지구 자계에 따른 토크가 평형하고 있으므로 $i=K\sin\theta$의 관계가 있다. K는 상수이고 검류계 상수라고 한다.

정현파 (正弦波, sine wave) 파형이 정현 곡선을 이루는 파동을 이른다. 교류 발전기나 진공관 발진기에 의해서 얻어지는 교류 전압, 전류는 거의 정현파에 가깝다. 또 교류 회로의 계산을 하는 경우의 교류 전원은 어느 것이나 정현파라고 가정하고 있다. ⇔ 비정현파.

정현파 발생기 (正弦波發生器, sine wave generator) 특히 정확한 정현파를 발생시키기 위해서 사용되는 발생기를 이르며 또 구형파나 톱니파를 발생하는 발진기와 구별하기 위해서 사용되는 경우도 있다. 낮은 주파수일 때는 전동 발전기도 사용되며 높은 주파수에서는 주로 전자관에 의한다.

정현파 발전기 (正弦波發電器, sine wave generator) 전기자 반작용에 의해서 발생하는 전압 파형의 일그러짐을 상대하여 순수한 정현파 전압을 발생시키기 위해서 원통형 회전자를 사용하여 계자 권선을 평형 다상 회로로 하고, 전기자 기자력의 분포를 정현파에 가깝게 하는 외에 계자 기자력의 분포도 정현파로 한 구조의 발전기를 이른다.

정현파 인버터 (正鉉波 ——, sine wave inverter) 인버터의 용도로서 정현파를 선택하는 것이 많은데 사이리스터를 스위치로 사용하는 인버터는 방형파로 함으로써 고효율을 얻고 있다. 사이리스터 인버터로부터 정현파 출력을 얻는 데에는 다음과 같은 방법이 있다. ① 직렬형 인버터를 사용하여 부하를 포함한 회로를 공진 상태에서 동작시킨다. ② 방형파 인버터에 의한 출력 전압의 전환에 의한 합성법. ③ 다중 인버터의 상대 위상 제어. ④ 사이크로 인버터. ⑤ LC형 필터에 의한 고조파 제거 등의 방법이 있다.

정형 회로 (整形回路, shaping circuit) 파형 수정 회로의 총칭. 전신에서는 해저 전신에 사용하는 미분 콘덴서, 검파 회로, 계전기의 접점회로 등에 사용한다. 전송에서는 평형 결선망, 장하 케이블에서의 구간 보상용 LC 회로 등은 일반적으로 위상 정형용 회로이다.

정확성 (正確性, accuracy) 정확함, 즉 치우침이 작은 정도와 정밀함, 즉 모표준(母標準) 편차가 작은 정도를 포함해서 정확성이라 한다.

제너 다이오드 (Zener diode) 실리콘 다이오드의 일종. 전자 사태 항복 영역에서 역전압의 한정된 좁은 범위에서 역전류가 급격하게 증가한다. 다이오드를 흐르는 역전류가 어느 정도 변화하여도 다이오드 전압은 거의 일정하게 유지되므로 전압 기준 장치로 이용된다.

제너 전압 (—— 電壓, Zener voltage) ⇨ 항복 전압(breakdown voltage).

제너 항복 (—— 降伏, Zener breakdown) 반도체 디바이스에 있어서 공핍층에서의 캐리어의 전계 방출 효과에 의하여 생기는 항복 현상을 이른다. ⇨ 애벌란시 항복.

제동 (制動, braking, damping) 회전하는 물체에 제동 토크를 가하여 단시간에 정지하는 것. 또는 제동 토크에 의해서 회전 속도를 제어하는 것을 이른다.

제동 고리 (制動——, damping ring) 영구 자석 가동 코일형 계기에 사용하는 제동 장치. 이것은 영구 자석 중간에 있는 가동 코일 주위에 둔 금속 틀이며 영구 자석의 자속을 끊어서 와전류를 발생시켜 전자 제동 작용을 한다.

제동 권선 (制動捲線, amortisseur winding, damper winding) 동기기 자극편의 전기자에 상대하는 면의 슬롯 안에 설치한 권선을 뜻한다.

제동기 (制動器, damper) ⇨ 댐퍼.

제동 방사 (制動放射, braking radiation, Bremsstrahlung) 원자핵의 작용으로 전자가 감속될 때에 생기는 전자 방사를 이른다.

제동 시험 (制動試驗, brake test) (1) 전동기로서 동작하고 있는 회전기의 기계 출력을 계측하는 시험에서, 브레이크 동력계나 그 밖의 유사 장치로 축 토크를 측정하고 이것에 회전 속도를 곱하여 동력을 계산한다. (2) 발전기로 동작하고 있는 회전기에 대한 시험으로, 동력계, 기타 유사 장치를 이용하여 기계 입력을 측정한다.

제동 자석 (制動磁石, brake magnet, damping magnet) 전자 제동에 사용되는 자석. 자극간에 가동부와 직결된 도체, 예를 들면 알루미늄 판을 놓고 가동부의 움직임에 따라 도체 내에 생기는 와전류와 자계의 작용으로 제동하게 하는 것을 이른다.

제동 장치 (制動裝置, damping device) 계기 가동부분의 운동 에너지를 흡수하여 가급적 빨리 읽을 수 있게 한 장치. 크게 나누어 공기 제동, 액체 제동 및 전자 제동의 3종이 있다. 또한 계기 이외에도 널리 이 용어가 사용되고 있다.

제동 저항 (制動抵抗, damping resistance) 가동 코일형 계기에서 가동 부분의 제동을 가동 코일 내에 생기는 역기전력을 이용하여 행하게 할 때의 가동 코일 회로의 저항을 이른다.

제동 코일 (制動——, damping coil) 예를 들면 계기 지침의 움직임을 속히 정지시키기 위한 단락된 코일. 이 코일 내에 흐르는 전류에 의해서 정지할 수 있다.

제동 토크 (制動——, retarding torque) 회전하고 있는 부분에 회전 방향과 반대 방향으로 작용하는 토크를 뜻한다.

제로 엔트로피 (zero entropy) 그 성질이 완전히 예견할 수 있는, 따라서 이용 가능한 에너지 또는 정보를 전혀 갖고 있지 않는 상태를 의미하는 용어이다. ⇨ 엔트로피.

제베크 효과 (—— 效果, Seebeck effect) 두 종류의 금속선을 두 점에서 접합하여 폐회로를 만들고, 이 두 접점을 다른 온도로 유지하면 기전력이 생겨 열전류가 흐르는 현상을 제베크 효과라 한다.

제3고조파 (第三高調波, third harmonic) 기본파의 3배가 되는 주파수의 고조파를 이른다.

제3레일 (第三——, third rail) 제3레일식 전기 철도에서 전차 또는 전기 기관차에 전류를 공급하기 위하여 궤도측을 따라서 부설된 레일을 이른다.

제3레일식 (第三——式, third-rail system) 전기 철도에서의 차량의 집전방식의 하나. 궤도에 따라 제3레일이라고 하는 도전용 레일

ㅈ

을 부설하고 전류는 이 레일에 따라서 집전 장치에 의해서 차량 내에 들어가 전동기를 운전한 다음 주행용 레일을 통해서 변전소로 되돌아간다. 지하 철도는 이 방식이다.

제3브러시 발전기(第三 —— 發電機, third brush generator) 특수한 직류 발전기로서 Bergman식과 Sayers 식이 있다. Bergman식은 정전압식과 정전류식이 있다. 기계적으로는 4극이지만 전기적으로는 2극기이다 브러시를 +, −의 2조 외에 제3의 브러시를 +, −의 브러시에서 90°떨어진 위치에 두고 이곳에서 여자 전류를 얻는다. Sayers식에도 정전압식과 정전류식이 있으나 모두 2극기이고 +, −의 브러시 중간에 제3의 브러시가 있어 이 브러시에서 여자 전류를 얻는다.

제어(制御, control) 일반적으로 어떤 양(피제어량)을 미리 희망하는 값(희망값) 또는 수시로 주어지는 목표의 값(목표값)으로 유지하거나 추적시키거나 하기 위해서 희망값 또는 목표값으로부터의 벗어남을 검출하고 또한 그 벗어남을 없애려고 하는 것을 이른다.

제어 계전기(制御繼電器, control relay) 제어계에서 다음 동작을 진행시키는 것을 주된 기능으로 한 보조 계전기이다.

제어 권선(制御捲線, control winding, signal winding) 《자기 증폭기》 기기의 출력을 제어하기 위한 권선. 자기 증폭기, 증폭 발전기 등이 있다.

제어 그리드(制御 ——, control grid) 3극관 또는 다극관에서 입력 전압으로 전자류를 제어하기 위해 사용하는 그리드. 일반적으로는 제1그리드인 경우가 많다. 방전관에서는 방전을 제어하기 위해서 설치한 전극을 이렇게 부르며 구조는 크게 다르다.

제어기(制御器, controller) 전동기를 자유로이 또는 특정 위치에서 연속 동작에 알맞게 속도를 제어하는 장치이다.

제어 대상(制御對象, controlled system) 《자동제어》 물체, 프로세스, 기계 등에서 제어의 대상이 되는 부분을 이른다.

제어 동작(制御動作, control action) 동작 신호에 대한 제어 장치의 응답으로 제어 편차를 상쇄하도록 작용하는 것을 뜻한다.

제어량(制御量, controlled variable) 제어 대상의 양. 측정되거나 제어되는 것을 이른다.

제어력(制御力, controlling force) 《계기》 제어에 소요되는 힘. 계기에서는 구동력과 평행시켜서 지시를 주기 위한 것, 지시 계기에서는 금속 스프링, 중력 등으로 주어진다.

제어반(制御盤, control board, controlling board, control panel) 조작 스위치, 계전기, 전자 접촉기, 주간(主幹) 제어기 등을 부착하거나 또는 꾸며 넣어 여러 가지 전기적 제어를 반면(盤面)에서 하는 제어반을 이른다.

제어 발전소(制御發電所, controlling power station) 《전력 계통》 계통 제어용의 전력을 발생하는 발전소이다.

제어 발진기(制御發振器, controlled oscillator) 입력 신호에 의해서 주파수 레벨 등이 제어, 변화 또는 흡인되는 발진기이다.

제어 방식(制御方式, control system) 기기, 프로세스 등을 제어하는 방식, 수동제어, 자동제어, 원격 제어 등 각종 방식이 있다.

제어 봉(制御棒, control rod) 원자로 안의 반응도를 조절 제어하기 위해서 사용되는 막대를 지칭한다.

제어선(制御線, control line, control wire) 일반적으로 원격지의 무인 전신 전화 시설을 제어하는 데 사용되는 전송로를 이른다. 마이크로파 전송로, 동축 전송로의 각 무인 시설은 원지(遠地)에서 제어하게 되어 있다. 반송 전신 회선의 직류 루프 회선 등도 제어선이라고 한다. 기기의 시동 정지 및 운전 제어에 사용되는 도선이다.

제어 스위치(制御 ——, control switch) 제어 회로를 개폐하기 위한 스위치이다.

제어 자계(制御磁界, controlling magnetic field) 검류계 등에서 지침이 회전할 때 회전축에 부착된 자석편(磁石片)에 작용하여 정위치로 되돌아오도록 제어하는 자계이다.

제어 자석(制御磁石, controlling magnetic) 목적물을 제어하기 위하여 사용하는 자석을 이른다.

제어 장치(制御裝置, controlling device) 조작 또는 동작에 따라서 어떤 목적하는 양 또는 상태의 변화를 하게 하거나 또는 일정하게 유지시키기 위한 장치이다.

제어점(制御點, control point) 《전파》 전리

층 전파(傳播)에서 전파의 1도약(single hop)으로 도달하는 거리의 한계는 약 4,000 km 이며, 이 경우 어펙스는 약 2,000 km인데 이 통신점에서 2,000 km 떨어진 점에서의 전리층을 가리킨다. 일반적으로 1도약 이상의 거리를 갖는 전파의 전파는 이 제어점에서의 전리층의 상태에 따라서 좌우되며 이 제어점 이외의 반사점 (어펙스)은 거의 영향을 미치지 않는 것으로 관측되고 있다.

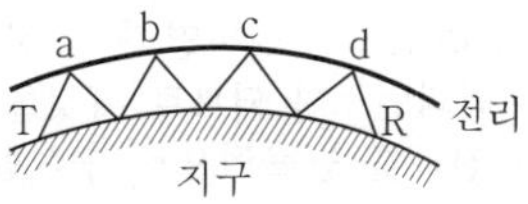

a,d:제어점 a,b,c,d:어펙스

[제어점]

제어 지역 (制御地域, control area) (1) 전력 계통 혹은 그 연계 계통의 지역을 이르는 것으로, 여기서는 공통의 발전량 조정방식이 적용되는 것. 조정 지역이라고 하고 있다. (2) 지표면 위의 규정된 고도로부터 상공으로 퍼진 항공 관제 구역을 이르는 것으로, 관제구역이라 호칭하고 있다.
㈜ 제어 지역 내의 모든 발전기는 강고하게 결합되어 있으며 부하 변화에 대하여 일체로(in unison) 동작하여 이른바 코히어런트 발전기군을 형성하고 있다. 지역 내의 주파수는 정적으로나 동적으로 동일하며 계는 마치 단일 조속기, 발전기, 그리고 부하를 가진 계와 같이 행동한다.

제어 케이블 (制御――, control cable) 계측 제어 회로용에 사용되는 케이블이다.

제어 토크 (制御――, controlling torque) 가동부가 회전체인 경우 그 회전 축 둘레에 주는 모멘트를 이른다. ⇨ 제어력.

제어 편차 (制御偏差, control error) 자동 제어계에 있어서 목표량과 제어량의 차이이다.
㈜ 서보 기구에서는 (목표값 − 제어량)을 의미하고, 프로세스 제어의 경우에는 (제어량 − 목표값)을 의미한다.

제어 회로 (制御回路, control circuit, controlling circuit) 주 회로에 비교해서 제어선의 회로를 뜻한다. 주간(主幹) 제어기 또는 접촉기 제어 회로 사이를 접속하는 전차 안의 배선을 이른다.

제2 검파기 (第二檢波器, second detector) 슈퍼헤테로다인 수신기에서 중간 주파수를 검파하여 신호 파형을 잡아내는 검파기. 더블 슈퍼헤테로다인 수신기의 경우에는 제2검파기로서 더욱 낮은 제2중간 주파수를 만든다.

JIS '일본 공업 규격'의 약어이다.

JISC '일본 공업 표준 조사회'의 약어이다.

JEC '일본 전기 규격 조사회'의 약어이다.

제2E층파 (第二――層波, two-hop-E) 송신 공중선에서 방사된 전파가 수신되기까지 E층 전리층에서 2회 반사된 것이다.

제2조파 (第二調波, second harmonic) 기본파의 2배가 되는 주파수의 고조파이다.

제2종 감쇠 (第二種減衰, attenuation of the second kind) 전파가 전리층에 의해서 반사된 경우 그 전리층 내에서 전파가 받는 감쇠를 이른다.

J 스코프 (J scope) ⇨ J 표시.

J 표시 (――表示, J-display) A표시의 시간축을 원형이 되게 개조한 것으로, 목표는 시간축으로부터 방사상 방향으로의 편향으로 나타난다.

J-플립플롭 (J-K flip flop) 두 플립플롭을 주종으로 조합하여 확실한 동작을 시키도록 클록 제어하는 것. 주 디바이스는 클록의 입상단에서 입력 정보가 기록되고 클록 전압이 제로가 되면 종 디바이스에 그 정보를 전송하는 동시에 자신은 입력단으로부터 절리된다. 따라서 출력 신호의 변화가 입력측으로 귀환되고 그것이 또 주 디바이스의 상태를 변화시키는 사태를 방지 할 수 있다.

J형 안테나 (J type antenna) 반파장의 수직형 안테나에 별도로 4분의 1 파장의 정합부분을 설치한 것인데 이동체용 초단파 안테나로 사용되고 있다.

제1검파기 (第一檢波器, first detector) 슈퍼헤테로다인 수신에서 도래 전파에 근접한 주파수를 더하여 차의 중간 주파수를 잡아내는 장치. 혼합기, 변환기라고도 한다.

제1메이크 접점 (第一――接點, first make contact) 접극자의 동작에 따라서 가장 먼저 동작하는 계전기의 접점이다.

제1E층파 (第一――層波, one-hop-E) 송신

안테나에서 발사된 전파가 E층에서 1회 반사하여 수신 지점에 도달하는 것으로서, E층 1회 반사파이다.

제1종 감쇠 (第一種減衰, attenuation of the first kind) 전파가 전리층을 꿰뚫을 때 그 전리층 내에서 전파가 받는 감쇠를 이른다. ⇐ 제1 감쇠, ⇨ 제2종 감쇠.

제지 임피던스 (制止 ──, blocked impedance) 전기 음향 변환기에서 진동판을 움직이지 않게 멈추어 두고, 전기 단자에서 측정한 전기 임피던스를 제지 임피던스라 한다. 제동 임피던스(damped impedance)라고 하는 경우도 있다. 진동판이 진동할 수 있는 상태의 임피던스는 진동 때문에 역기전력이 생기므로 제지 임피던스는 다른 값이 되며 그 차를 동(動) 임피던스라고 한다.

Z 변환 (── 變換, Z transform) 시간에 대한 연속 함수 $f(t)$로부터 주기 T로 추출한 이산적인 데이터 세트 $\{f(0),\ f(T),\ f(2T)\cdots\}$에 대한 다음과 같은 변환.

$F(z)=\sum_{n=0}^{\infty} f(nT)z^{-n}$, T는 일정한 정의이고 $f(t)$는 $t \geqq 0$에 대하여 정의된 것으로 한다. z는 복소수이고 급수의 수속 반지름을 ρ로 할 때 $|Z| > 1/\rho$로 한다.

㊟ z 변환은 샘플 데이터계의 해석·설계 등에 이용된다.

Z 연입 (── 撚入, right-hand lay) 케이블 심선을 페어 또는 쿼드에 의한 경우 혹은 페어 또는 쿼드를 각 층에 의한 경우 오른쪽으로 감아 꼬는 방법과 왼쪽으로 감아 꼬는 방법이 있다. Z 연입이란 오른쪽으로 감아서 꼬는 방법을 가리킨다. 왼쪽으로 감아서 꼬는 것은 S 연입이라 한다.

Z 접속 (── 接續, Z-connection) 계전기 회로용으로 사용되는 변류기의 접속방법의 일종이다.

Z 파라미터 (Z parameter) 디바이스의 전기 특성을 등가 4단자망으로서 다음과 같이 표현할 때 사용되는 z_{ik} 파라미터로서, 개방 임피던스라고 일컬어진다.

$$\begin{bmatrix} v_1 \\ v_2 \end{bmatrix} = \begin{bmatrix} z_{11} \\ z_{22} \end{bmatrix} \cdot \begin{bmatrix} i_1 \\ i_2 \end{bmatrix}$$

예를 들면 z_{21}은 $z_{21}=[v_2/i_1]^{i2=0}$이고 순방향 개방 임피던스이다. ⇨ 단락 어드미턴스.

제트 복수기 (── 複水器, jet condenser) 배기(排氣)에 직접 냉각수를 분사해서 접촉시켜 이것을 응축시키는 방식의 복수기이다.

제파기 (除波器, rejector) 수신용 안테나 회로의 일부에 동조회로를 부가하여 그것에 의해서 혼신 전파를 제거 또는 미약하게 하는 회로. 예를 들면 그림과 같은 안테나 회로의 일부에 LC 병렬회로를 부가하고 이것을 혼신 전파에 공진하도록 조정하면 혼신 전파에 대해서 높은 임피던스가 되므로 이것을 제거하여 필요한 전파를 능률적으로 수신할 수 있다. ⇐ 웨이브 트랩(wave trap).

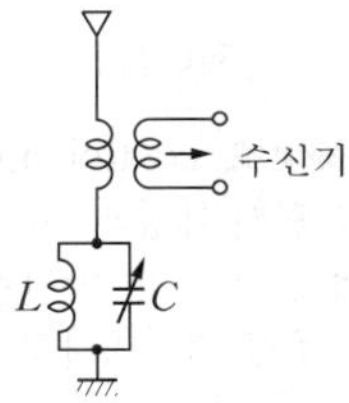

[제파기]

제파 회로 (除波回路, rejector circuit) 제파기로 사용되는 회로이다.

제한 가능 전력 (制限可能電力, interruptible power) 공급자가 공급 제한 또는 공급 정지를 할 수 있게 계약된 전력을 이른다.

제한 증폭기 (制限增幅器, limiting amplifier) 송신기의 과변조를 방지하는 동시에 평균 변조도를 높이기 위해서 방송 계통 등에 삽입되는 일종의 음성 증폭기. 이 증폭기의 특성은 어떤 레벨까지는 출력이 입력에 정비례하고 어떤 레벨을 초과하는 입력에 대해서는 입력이 증가하여도 출력이 증가하지 않거나 증가의 정도가 낮아지도록 되어 있다.

조광기 (調光機, dimmer) 전등의 광도를 가감하기 위하여 그 회로에 넣는 장치. 전에는 직렬 저항이 사용되었으나 현재는 래액터 또는 단권 변압기가 많이 사용된다. 또 리액터의 임피던스를 저압 직류, 전자판 등으로 제어하는 것도 있다.

조광 배전반 (調光配電盤, illuminated diagram switchboard) 피제어(被制御) 계통을 수직반(垂直盤) 또는 지배반상에 조명한 모

의 모선관으로 나타내고 계통 상태를 조명의 색채 및 명암(明暗)에 의하여 명시한 것을 이른다.

조도 (照度, illuminance) 어떤 면소(面素)에 투사하는 광속을 면소의 넓이로 제한 것. 즉 조소되는 면의 생각하고 있는 점에 대한 광속밀도 $d\Phi/ds$ 이다. 단위는 럭스이다.

조도계 (照度計, illuminometer) 생각하고 있는 면상의 조도를 측정하는 계측기. 광전지의 출력을 조도로 교정된 전류계에 접속한 것 같은 것이 사용된다.

조도 곡선 (照度曲線, illumination curve) 조도의 분포를 나타내기 위하여 가로축에 거리, 세로축에 조도를 취해서 그린 곡선이다.

조도체 (條導體, strip conductor) 고주파 케이블의 외부 도체와 정류자편 등에 사용되는 단면이 원형이 아닌 도체를 이른다.

조도 측정 (照度測定, illumination photometry) 조도 측정은 보통 조명 시설의 실태를 조사할 목적에서 실시된다. 조도계를 사용하여 적당히 선정된 점에 대하여 측정하고 그 결과로 평균 조도, 최대 조도, 최소 조도, 조도 분포 상태 등을 구한다.

조동조 (粗同調, coarse tuning) ⇨ 둔 동조.

조력 발전소 (潮力發電調, tidal power plant, tidal power station) 조력 또는 조수의 간만(干滿)의 차를 이용하여 수차 발전기를 구동하는 발전소를 이른다.

조립 (組立, assembly) (1) 둘 이상의 기기 또는 부품을 집합해서 기기를 구성하는 것. (2) 둘 이상의 부품을 집합해서 조립한 장치를 이른다.

조립 단위 (組立單位, derived units) 기본 단위에서 물리적 법칙에 따라 조립되는 단위이다. ⇨ 기본 단위.

조립도 (組立圖, assembly drawing) 둘 이상의 개편(個片) 또는 부품을 집합해서 하나의 기기를 조립하는 공정 또는 기기의 구성을 나타내는 도면이다.

조명 (照明, illumination, lighting) 빛을 인간 생활의 모든 방면에 이바지하게 하는 것을 목적으로 하는 기술. 전기 공학의 한 분과로서 취급된다. 생리학, 심리학, 건축, 공업 의장 등과 깊은 관계가 있다.

조명 공학 (照明工學, illuminating, engineering) 빛 특히 인공광을 인간 생활에 쓸모 있게 하는 것을 목적으로 하는 공학. 현재로서는 인공광 중 가장 적합한 것은 전등에 의해서 얻을 수 있으므로 전기공학의 한 분과로 발전하여 왔다.

조명 궤도반 (照明軌道盤, illuminated track diagram, illuminated track model) 열차의 위치 및 운행 상태를 한 눈으로 알 수 있게 하기 위하여 신호 취급소 내에 설치하는 일종의 표시반으로, 정거장 구내에서의 궤도의 배선도와 열차가 존재하는 구간을 점등하여 표시한다.

조명 기구 (照明器具, lighting equipment, lighting fizture luminaire) 광원으로부터 나온 빛은 그대로는 조명용에 적합하지 않은 때가 많기 때문에 조명 기구를 사용하여 그 광학적 작용(반사, 굴절, 투과, 확산) 등을 이용하여 배광을 조정하고 또 눈부심을 제거한다.

조명률 (照明率, coefficient of utilization) 《조명》 광원의 광속 F_s 에 대한 작업면 광속의 F_w 의 비율. 조명률을 U로 하면 $U=F_w/F_s$ 로 주어진다. 또 조명기구에서 나온 광속을 F_l 로 하면 F_l/F_s는 기구 효율 η 이고, 또 F_w/F_l 는 작업실의 구조, 치수, 벽, 천정재, 기구의 배광 특성 등으로 정해지는 값으로서, 고유 조명률 U_o 라는 것이다. 그리고 $U=\eta U_o$의 관계가 성립한다.

조사 (照射, irradiation) 자재에 저속 중성자, γ선 또는 X선을 쪼이는 것. 또는 원자로 속에 이것들을 넣어 방사선을 쪼이는 것을 이른다.

조사 선량 (照射線量, exposure) X선 또는 γ선에 적용되는 것으로, 어떤 장소에서 권리를 발생하는 능력에 기초하여 표시된 방사선의 양(단위는 뢴트겐)이다.

㊟ 단위 시간당의 조사 선량을 가리켜 조사 선량률이라 한다.

조상기 (調相機, rotary condenser, rotary phase modifier) 기계적으로 무부하 운전하고 여자를 가감하여 회로에서 취하는 진상(進相) 또는 지상(遲相)의 무효전력을 조

ㅈ

정하는 회전 전기. 동기 조상기와 비동기 조상기가 있다.

조선 (弔線, suspension wire) 현수식 계기에서 가동 부분을 매다는 선을 이른다.

조속기 (調速機, speed governor) 기계의 회전 속도를 제어 변수로 측정하여 입력 또는 출력을 조절하여 속도를 제어하는 장치를 조속장치 또는 조속기라 한다. 조속장치 중 회전속도 검출 기구만을 조속기라고 하는 경우도 있다.

조속기 시험 (調速機試驗, governor test) 터빈 발전기 또는 수차 발전기의 부하를 갑자기 끊었을 때의 조속장치의 동작 상태를 조사하여 그것이 안전한가를 확인하는 시험이다.

조속기용 전동기 (調速機用電動機, governor motor) 조속 장치가 제어하는 목표값을 원격지에서 조작하여 변화시키기 위한 전동기이다.

조속 밸브 (調速——, governor valve) 조속 장치의 동작에 따라서 터빈에 흘러드는 유량을 가감하는 밸브이다.

조압기 (調壓器, pressure governor) 오일 펌프의 유압, 터빈의 추기압(抽氣壓), 배기압 등을 일정하게 유지하기 위하여 원동기의 입력을 조정하는 장치를 조압기라 한다.

조인트 (1) joint 전선과 전선을 접속하는 부분. (2) coupling 두 축 사이에 토크를 전달하기 위해서 그 축을 기계적으로 연결하는 장치를 이른다.

조인트 마크 (joint mark) 해저 케이블의 도체가 이 부분에서 접속되어 있다는 것을 표시하기 위해서 외장 철선(外裝鐵線)위에 설치한 표지. 주로 반송 케이블인 경우에 사용된다.

조작량 (操作量, manipulated variable) 《자동제어》 제어량을 지배하기 위하여 제어 장치가 제어 대상에 주는 양을 이른다.

조작부 (操作部, final control element) 《자동제어》 조절부의 신호를 조작량으로 바꾸어 제어 대상에 작용하기 시작하는 부분을 이른다.

조절 (調節, control) ⇨ 제어.

조절부 (調節部, controlling means) 기준 입력과 검출부 출력의 차(동작 신호)에 의해 조작부에 신호를 보내는 부분이다.

조정 (調整, adjustment, regulation) 예를 들면 계측기의 측정값 또는 지시가 규정값에 맞도록 구성 부분을 갖추는 것. 또 장치의 동작 상태를 목적에 적합하도록 갖추는 것을 이른다.

조정 공구 (調整工具, adjustment tool) 전신 전화장치의 조정, 보수, 점검 또는 수리에 사용하는 공구류를 이르는 것으로, 전신용, 교환용, 반송용 공구 등이 있다.

조정 권선 (調整捲線, regulating winding) 조정극(調整極)에 설치한 권선이다.

조정 극 (調整極, regulating pole) 예를 들면 분할극 회전 변류기의 주극과 인접해서 설치한 극. 이 극의 권선 여자 전류의 크기와 방향을 바꾸어서 직류 전압을 조정할 수 있다.

조정기 (調整器, regulator) 전압, 전류, 주파수 또는 속도 등을 어떤 정해진 값으로 유지하기 위해서 사용하는 장치. 예를 들면 계자 조정기, 전압 조정기 등이다.

조정봉 (調整棒, regulating rod) 원자로의 반응도를 신속 세밀하게 조정하기 위한 제어 막대이다.

조정 유량 (調整流量, regulated stream flow) 저수지의 운용을 통해서 조정 제어 되는 유량을 뜻한다.

조정지 (調整池, regulating pondage) 1일 내지 1주간 정도의 비교적 단기간 부하 변동에 따라서 자연 유량을 조정할 수 있는 용량을 갖는 저수지를 이른다.

조정지식 발전소 (調整池式發電所, regulating pondage type power station) 경부하시에 물을 저장하였다가 단시간 피크 부하시에 자연 유량 이상의 유량을 발전에 이용하는 수력 발전소를 조정지식 발전소라 한다.

조조정 막대 (粗調整棒, shim rod) 원자로의 반응도를 조조절하기 위한 제어 봉이다.

조지프슨 기억장치 (——記憶裝置, Josephson storage device) 임계값 가까이의 극저온으로 유지된 조지프슨 접합을 포함하는 기억 셀의 어레이로 구성된 기억장치. 외부 자계가 없을 때는 셀은 초전도성을 나타내지만 자계가 주어지면 초전도성이 상실되어 디바이스 양단에 전압이 발생하기 때문에 자계에 의해 정보를 기록할 수 있다. 정보는 셀 전압으로 검출된다.

조지프슨 효과(——效果, Josephson effect) 매우 얇은 절연층을 사이에 둔 2개의 초전도체로 만들어지는 접합부(조지프슨 접합)에서 볼 수 있는 터널 효과로서, 외부 인가전압이 없어도 접합부를 통하여 초전도 전류가 흐른다. 이것을 직류 조지프슨 효과라고 한다. 접합부에 작은 직류 바이어스 V를 부여하면 교류 조지프슨 효과가 생기고 접합부를 통하여 흐르는 전류는 교류로 되고 그 각 주파수 ω는 $\omega=2\pi\nu=(2e/h)V$로 주어진다. 여기서 e는 전자의 전하, h는 플랑크 상수. 직류 조지프슨 효과는 계산기 기억장치에, 또 교류 조지프슨 효과는 h/e나 주파수의 정밀 측정, RF전파의 검출, 표준 전지 전압의 변동 감시 등에 이용된다.

조파(調波, harmonic wave) 임의의 주기성 파는 하나의 기본파와 여기에 대해서 정수배 또는 분수배의 주파수를 갖는 다수의 정현파로 분해할 수 있다. 이 기본파 이외의 정현파를 총칭하여 조파라 하고, 그 중 기본파보다 주파수가 높은 것을 총칭하여 고조파라 한다. 또 기본파보다 주파수가 낮은 것을 총칭하여 저조파 또는 분수 조파라고 한다. ⇨ 기본파.

조파 발생기(調波發生器, harmonic generator, harmonic producer) ⇨ 조파 발진기.

조파 발진기(調波發振器, harmonic oscillator) 멀티 바이브레이터와 같이 발진 전류 중에 다수의 고조파가 함유된 발진기를 이른다.

조파 분석기(調波分析器, harmonic analyzer) 임의의 파형의 조파 성분을 분석하는 장치. 순전기적인 것과 기계적인 것이 있다. 또 각 순시값을 나타내는 것과 그려진 파형을 추적해서 구하는 것이 있다.

조파 진동(調波振動, harmonic oscillation) 조파의 진동 또는 다수의 고조파를 함유한 진동을 이른다.

조합 논리회로(組合論理回路, combinational logic circuit) 논리 회로에 있어서 그 출력이 생각하고 있는 시점에서 회로 입력값만으로 결정되는 것을 조합 논리회로라 한다. ㈜ 출력이 위와 같이 입력값뿐만 아니라 그 시점의 회로의 상태에 따라서도 좌우되는 회로는 시퀀스 회로이다. 이들의 차이는 회로가 그 상태를 유지하고 있는 기억 기능을 갖고 있는가 아닌가 인데, 조합 회로에는 그러한 기억 기능은 없다.

존슨 라벡 효과(——效果, Johnson Rahbeck effect) 존슨 및 라벡이 발견한 현상으로, 슬레이트와 같은 반도체 판을 두 장의 금속 방전극으로 끼워서 20[V]의 전지 양단과 연결하면 접촉면은 갭이 극히 좁은 평판 콘덴서를 형성하므로 금속판은 슬레이트에 극히 큰 힘으로 밀착한다고 하는 현상을 이른다.

존슨 밸브(Johnson valve) 수차(水車)의 입구 밸브로 사용되는 니들형 밸브이다.

존슨 카운터(Johnson counter) 종속 접속된 몇 개의 플립플롭의 최후의 출력 Q, $\overline{Q}$가 비틀어져 최초의 플립플롭의 두 입력단에 접속된 링 카운터. 시프트 펄스에 의해서 몇 가지 상태 사이를 사이클릭으로 순환한다. 각 상태의 디코드 회로도 비교적 간단하므로 널리 이용되고 있다. 트위스트 링 카운터, 뫼비우스 카운터라고도 한다.

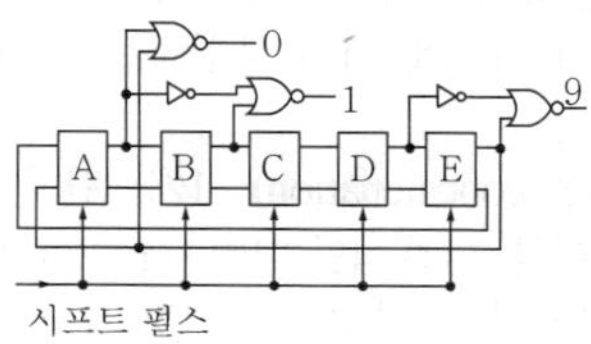

[존슨 카운터]

존슨 효과(——效果, Johnson effect) J. B. Johnson(1925년)이 발견한 현상으로, 진공관의 잡음 주파수 분포를 조사하면 저주파수 영역에서 잡음이 현저하게 증가한다고 하는 것. 이것을 플리커 잡음이라고 한다.

종단면(縱斷面, sectional view) 도면 중에서 물체의 단면을 나타낸 도면을 종단면이라 한다.

종단 손(終端損, terminal loss) 송단(送端)에서 수단(受端)까지의 전송 손실을 이른다. 또는 일반 4단자 회로의 종단에서의 전송 손실을 가리킨다.

종단 임피던스(終端——, terminal impedance) 전송로의 종단에 사용하는 임피던스로서, 선로의 특성 임피던스와 거의 같다. 예를 들면 나선 또는 무장하 케이블의 특성 임피던스 Z_0는 $Z_0 = \frac{\sqrt{R+j\omega L}}{G+j\omega C}$로 주어지므로 종단 임피던스도 이와 같이 선정하면 된다. 또 일반적으로 600Ω, 150Ω 등 순저항으로 종단 임피던스를 주는 경우도 있다.

종단 장치 (終端裝置, terminating set) 4선식 전화 회선의 단말을 2선식 전화 회선에 접속하기 위하여 필요한 하이브리드, 평형 회로망을 다수 실장한 것을 종단 장치라고 한다.

종단 케이블 (終端——, terminal cable) 전화 교환국에의 인입 케이블을 국내 본 배선반 단자 부착부에 연결하기 위한 국내 케이블을 이른다.

종단 클램프 (終端——, terminal clamp) 조선(弔線)의 끝을 전주 등에 인류(引留)할 때 사용하는 금속제 기구이다.

종단 함 (終端函, sealing end) 케이블이 외부 도체에 접속되는 부분에 두어지는 케이스. 외기(外氣)가 케이블 내에 침입하기 어렵게 만든다.

종량 요금제 (從量料金制, meter rate) 사용 전력량의 다과에 따라 계산하는 전기 요금제이다.

ㅈ

종속 (縱續, concatenation) 1개 4단자망의 3, 4의 단자를 다른 4단자망의 1, 2의 단자에 접속하는 것. 가령 3상 권선형 유도 전동기의 2차 단자와 다른 3상 유도 전동기의 1차 단자에 접속하는 방식을 뜻한다.

종속 계기용 변압기 (縱續計器用變壓器, cascade potential transformer) 고압용(110 kV 이상)의 계기용 변압기를 종속 접속으로 한 것을 종속계기용 변압기라 한다.

종속 변류기 (縱續變流器, cascade converter, moter converter) 유도 전동기와 직류 발전기를 기계적으로 직결하여 양자의 회전자 권선을 전기적으로 접속시킨 것으로, 교류 전력을 직류 전력으로 변환시키는 기계이다. 유도 전동기는 변압기, 주파수 및 상수(相數) 변환기와 유도 전동기를 겸한 작용을 하고, 후자는 직류 발전기와 회전 변류기를 겸한 작용을 한다. 이 기계의 특성은 회전 변류기와 직류 발전기의 중간이다.

종속 시험용 변압기 (縱續試驗用變壓器, cascade testing transformer) 시험용 변압기는 보통 구조로서는 전압의 상승과 더불어 절연 거리가 급증하여 재료와 바닥 면적이 불경제적이므로 500 kV 이상이 되면 n개 이상의 단위로 나누어 권선을 직렬로 접속한다. 이렇게 함으로써 각 변압기의 고압측 단자는 다른 단자에 대하여 전압 E의 $1/n$에 견딜 수 있도록 설계할 수 있다. 그 대신 두 번째 변압기는 대지(對地) 절연을 $1/nE$로, 그 다음의 것은 $2/nE$ …… 로 잡을 필요가 있다.

종속 전동기 (從屬電動器, concatenated motor) 2대의 권선형 유도 전동기를 기계적으로 직결하여 제1전동기의 고정자에 전원 전압을 가하고, 그 회전자를 제2전동기의 고정자에 접속시키고 제2전동기의 회전자에 저항을 접속하여 기동 또는 속도 제어에 이용하는 것. 이 1조의 전동기의 무부하 속도는 $60f/(p_1+p_2)$이다. 단, f는 전원 주파수, p_1, p_2는 전동기의 극대수(極對數)이다.

종속 주파수 변환기 (縱續周波數變換機, concatenated frequency changer) 동기기와 유도기를 직결하여 전자(前者)를 저주파, 후자를 고주파측에 접속한다. 유도기의 2차측을 동기기의 고정자측에 직접 또는 변압기를 거쳐 접속한다. 유도기의 슬립 주파수가 저주파측의 주파수와 같게 되도록 각각의 극수와 회전수를 선정한다.

종속 증폭기 (縱續增幅器, cascade amplifier) 다단 증폭을 하는 증폭기이다.

종속 진폭 제한기 (縱續振幅制限器, cascade limiter) 진폭 제한기를 2개 직렬로 한 것이다.

종속 집군 (縱續集群, cascade bunching) 클라이스트론 등으로 집군(集群)의 효율을 좋게 하여 이득을 높인다든지 또는 대역폭을 넓히기 위하여 많은 공동(空洞)을 전자 빔을 따라서 종속적으로 배치하여 집군하는 것을 뜻한다.

종이 권선 (——捲線, paper-covered wire) 도체 위에 열연지를 여러 장 내지 수십 장 엷으로 감은 것으로, 주로 대형 변압기 등의 권선에 사용된다. 이 도체로는 평각선(平角線)이 많이 사용된다.

종이 절연 (——絶緣, paper insulation) 절연

지를 사용해서 도체를 절연하는 것. 예를 들면 케이블과 같이 종이 절연을 한 것을 진공 건조시켜 절연 콤파운드를 함침하고 여기에 연피를 한다.

종이 절연 케이블(—— 絶緣 ——, paper insulated cable) ⇨ 종이 케이블.

종이 케이블(paper-cored cable) 심선 절연 및 층이 지게 종이를 감아서 사용한 케이블. 리본지(紙) 케이블 및 펄프 절연 케이블이 있다.

종이 콘덴서(paper condenser) 특별히 만든 얇은 종이로, 여기에 절연용의 파라핀 등을 함침하여 유전체로 만들어진 콘덴서. 종이 콘덴서는 주로 저주파 회로에 사용된다.

종이 테이프 절연 케이블(paper ribbon insulated cable) 심선 피복에 종이 테이프를 나선형으로 감아서 절연층으로 한 심선을 집합한 케이블을 이른다.

종전류 방지 코일(縱電流防止 ——, longitudinal retardation coil) 외부 도체와 내부 도체에 같은 전위로 유기되는 방해 전류를 종전류라 한다. 일반적으로 비디오 페어 케이블(대칭형)과 동축 케이블을 비교한 경우 전자가 평형형인 것에 대하여 후자는 불평형이기 때문에 유도 종전류 잡음이 생기므로 이것을 저지하기 위하여 사용되는 코일이다.

종 지선(縱支線, longitudinal stay) 전선로 방향으로 시설하는 지선으로 불평균 장력이 걸리는 장소, 도괴로 인하여 인축, 공작물 등에 위험을 미치는 장소 등에 시설한다.

종파(縱波, longitudinal wave) 음파와 같이 파동의 진행 방향으로 조밀파를 형성하는 파를 종파라 한다. 이에 비하여 전자파는 전계나 자계의 주기적 변화가 파동의 진행 방향과 직각인 면 내에 생기므로 횡파라고 할 수 있다. ⇔ 횡파.

종 하중(縱荷重, longitudinal load) 전선로의 지지물에 가해지는 전선로 방향 하중의 수평성분으로, 지지물의 풍압, 불평균 장력 및 비트는 힘 등이 관계한다.

종합 감쇠량(綜合減衰量, overall attenuation) ⇨ 잔류 감쇠량.

종합 계기(綜合計器, sum meter, summation meter, totalizing meter) 둘 또는 그 이상의 회로 전체의 전기량을 계량하는 계기이다.

종합 계량법(綜合計量法, summation metering) 둘 또는 그 이상의 회로 전체의 전기량을 계량하는 것을 이른다.

종합 오차(綜合誤差, combined error) 적산 전력계의 오차를 산출하는 경우 계기와 변류기 또는 계기와 계기용 변압기 및 변류기 또는 계기용 변압 변류기를 조합한 전체 오차를 이르는 것으로, 이는 계기 단독의 오차 합성 오차의 대수합이다.

종합 요금제(綜合料金制, all-in tariff, combined tariff system) 예를 들면, 전등, 전열, 전력을 구별하지 않고 1 수용가에 대하여 한 가지 요율을 적용하는 경우처럼, 사용 목적에 따른 구별을 하지 않는 요금제를 이른다.

종합 전력계(綜合電力計, totalizing wattmeter) 둘 또는 그 이상의 회로 전체의 전력을 계량하는 전력계이다.

종합 특성(綜合特性, overall characteristic) 개개의 특성을 종합하여 전체적 시각에서 본 특성을 총합 특성이라고 한다. 예를 들면 라디오의 수신기에서 검파기, 증폭기, 스피커 등의 개개의 특성을 별개로 생각하지 않고 전체 특성을 평가한 경우를 종합 특성이라 한다.

종합 표시기(綜合表示器, summating receiver) ⇨ 종합 계기.

종합 효율(綜合效率, combined efficiency, overall efficiency) 2대 이상의 기기를 조합해서 사용할 때 그들 기기의 전 손실을 고려에 넣은 효율. 또 발전소 등에서 펌프, 송풍기 등 부속 장치를 사용할 경우에는 그러한 부속 장치에 필요한 전력도 이 경우 손실 중에 포함시킨다.

종형 FET(縱形 ——, vertical FET) 에피택시얼 성장 기판을 사용하여 칩의 아래쪽 층에 드레인 전극, 위쪽 층에 소스 전극을 만들고, 게이트 전극은 중간의 에피택시얼 층 내에 매입한 구조이다. 따라서 수직인 채널을 도중의 게이트로 제어하여 동작한다. 열 방산이 좋으므로 전력용 소자로 사용된다.

좌표 전위차계(座標電位差計, coordinate type potentiometer) 교류 전압의 실효값과 위상

각을 측정 가능한 교류 전위차계. 극좌표 전위차계와 직각 좌표 전위차계가 있다.

주간 거리(柱間距離, span length, pole span) 전주와 전주 간의 거리를 이른다.

주간 부하(晝間負荷, day load) 주간에 동력을 위주로 하는 부하를 이르는 것으로, 야간의 전등 부하와 구별하기 위해서 명명된 단어이다.

주간 제어기(主幹制御器, master controller) 1조의 접촉기의 동작을 제어하는 다접점 개폐기이다.

주간 회선(晝間回線, day time circuit) 단파의 장거리 통신에서 전파 통로가 태양의 조사(照射)를 받고 있는 무선 회선을 이른다.

주 개폐기(主開閉器, main switch) 주 회로용 개폐기이다.

주광 전구(晝光電球, daylight lamp) 전구의 광색을 자연의 주광에 가깝게 하기 위하여 유리구는 산화 코발트 및 산화동이 함유된 것을 사용한 것. 색온도가 3,370°K (40 W)~3,630° K (100 W)가 되지만 빛의 손실은 30~40%이다.

주광 조명(晝光照明, natural illumination, daylight illumination) 태양으로부터의 직접광과 천공으로부터의 확산광을 이용하는 조명을 이른다. 자연 조명이라고도 한다.

ㅈ

주 권선(主捲線, main winding) 기기에 각종 권선이 감겨 있는 경우 가장 기본적인 자속(磁束)을 만들기 위한 권선을 지칭한다. 주 자극의 권선을 주 계자 권선이라 한다.

주 궤전선(主饋電線, main feeder)《전철》 전기 철도에서 궤전선이 많이 있을 때 그 일부의 것을 전차선 직결 궤전선(보조 궤전선)으로서 직접 접속하고 다른 것은 직결 궤전선과 개폐기를 통하여 접속한다. 또 이와 같이 개폐기를 통하여 접속된 궤전선을 주 궤전선이라고 한다. ⇨ 부궤전선.

주기(周期, period) 교번 전압, 전류와 같이 교번량이 1사이클을 완성하는 데 소요되는 시간을 이른다. 그 단위는 초로 표시된다. 주기는 주파수의 역수이므로 주기를 T, 주파수를 f라 하면 $T=1/f$의 관계가 있다. ⇨ 주파수.

주기성(周期性, periodicity) 시계의 흔들이 운동과 같은 현상이 일정한 주기로 반복되는 것을 주기성이라 한다.

주기수(周期數, periodicity) 파동이나 진동에 대하여 일정한 시간 내에 반복되는 사이클 수. 주파수와 같은 의미로 사용된다.

주기 외 반사(周期外反射, second-time around echo) 펄스 반복 간격 후에 수신되는 반사를 이른다.

주기 운동(周期運動, periodic motion) 일정한 주기로 같은 형상의 운동이 반복되는 현상을 주기적 운동이라 한다.

주 로브(主——, main lobe) 안테나의 지향성을 극 좌표로 그리면 그림과 같이 여러 개의 열편(裂片)으로 된 도형을 얻을 수 있으며 이 열편의 하나하나를 로브라 하고, 에너지가 가장 많이 방사되는 방향의 로브를 주 로브라 한다.

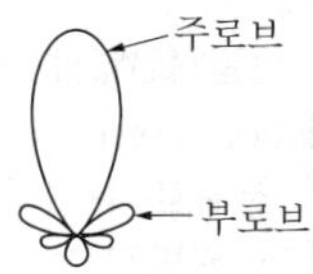

[주 로브]

주 발진기(主發振器, master oscillator) 송신기에서 송신 주파수의 기본이 되는 발진부를 주발진기라 한다. 이 발진기를 기초로하여 소요되는 고주파 전력을 얻도록 되어 있으므로 발진 주파수가 안정될 필요가 있다.

주배전 중심(主配電中心, main distribution center) 급전선에 의해서 직접 공급되는 배전 중심으로, 급전 전력의 분배와 급전선, 부 급전선, 분기회로 등의 제어와 보호를 하고 있는 장소를 이른다.

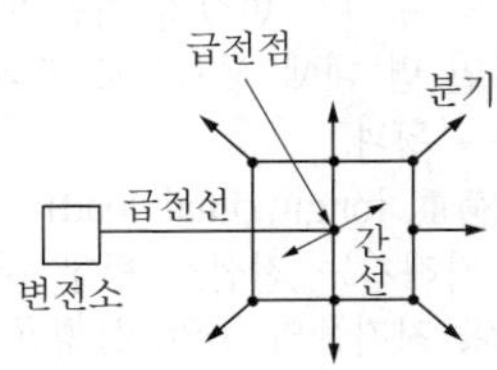

[주배전 중심]

주 밸브(主——, main valve) 주요한 밸브라는 뜻. 수력 발전소에서 수차 입구 밸브,

화력 발전소에서는 보일러 출구 또는 터빈 입구의 주 증기관 계통의 밸브를 가리킨다.

주 보호 (主保護, main protection) 《보호 계전기》 고장이 발생하였을 때 고장 지점을 포함한 이상 부분을 최소한으로 억제하는 제1 선택 계전기의 보호작용을 이른다.

주사 (走査, scan, scanning) 사진 전송이나 텔레비전에서 화상을 만드는 화소(畵素)에 빛의 빔을 조사(照射)하여 각 화소가 갖는 정보(情報)를 일정한 순서에 따라 차례로 전기적 정보로 변환시키는 작용, 또 이와 같이 하여 보내온 전기적 정보를 앞서와 같은 순서에 따라 빛의 에너지로 바꾸어 먼저대로의 화상을 만드는 작용. 요약하면 화상을 화소로 분해하는 것과 화소를 배열하여 화상을 재현하는 것을 이른다.

주사선 (走査線, scanning line) (1) 텔레비전에서 한 번의 주사로 그려지는 한 가닥의 가느다란 띠 모양의 선. (2) 팩시밀리에서 원화 또는 기록지의 1회 주사로 만들어지는 선을 이른다.

주사 속도 (走査速度, scanning speed) 주사의 속도는 1초 동안에 주사하는 주사선의 길이로 표시한다.

주사 손 (走査損, scanning loss) 레이더에서 전자 빔으로 타깃을 주사하는 경우와 타깃에 고정된 경우의 감도의 차를 데시벨로 표시한 것이다.

주사 현미경 (走査顯微鏡, scanning electron microscope) 약어 SEM, 물질 표면에 전자 빔을 주사함으로써 표면으로부터의 반사 전자나 2차 전자에 의해서 물질 표면의 형상이나 구성을 관찰하는 장치를 이른다.
㈜ 보통 통과형 전자현미경(TEM)과는 달리 두꺼운 시료 표면을 미세한 전자 빔으로 주사하는 것이므로 분해능은 방출 2차 전자의 영향으로 투과형보다 떨어진다. 시료를 조사한 전자선에 의하여 발생하는 특성 X선 전자선 발광(cathode luminescence), 오제 전자나 투과 전자의 에너지 손실 등에서 시료 중의 원소와 물질을 분석할 수 있다. ⇨ 전자 현미경.

주상 개폐기 (柱上開閉器, pole switch) 배전 선로의 지지물에 설치되는 유입 개폐기 및 배전 변압기의 1차측에 설치하여 변압기 보호를 위해서 사용하는 애자형 개폐기를 총칭하여 주상 개폐기라 한다.

주상 변압기 (柱上變壓器, pole transformer) 전주상에 얹어 놓은 배전용 변압기이다.

주상 선로 개폐기 (柱上線路開閉器, pole line switch) 선로를 분기(分岐)할 목적으로 가공 선로의 분기점 또는 고장 탐지에 필요한 곳에 설치하는 주상 부착형 개폐기. 일반적으로 유입 개폐기가 사용된다.

주상 유입 개폐기 (柱上油入開閉器, pole oil switch) 개폐 부분이 기름 속에 들어 있는 개폐기. 전주 위에 설치할 수 있도록 만든 구조의 것이다.

주석 도금 (朱錫鍍金, tinning) 방청 및 납땜을 용이하게 하기 위한 주석 도금이다.

주석 도금 선 (朱錫鍍金線, tinning wire) 주로 동선을 주석의 용액 속에 넣어 주석 도금을 한 선을 이르며, 고무 절연 전선의 심선에 사용된다.

주석 외장 케이블 (朱錫外裝──, tinsheathed cable) 케이블에는 보통 연피를 하지만 연피 대신 주석을 사용한 케이블이다.

주수 플래시 오버 시험 (注水──試驗, wet-flashover test) 애자 등에 행하여지는 시험으로, 주수량을 매분 30 mm를 표준으로 하여 불변 수압하에서 강우상(降雨狀)으로 분사하여 그 상태하에서 표준 섬락(閃絡) 전압 값의 약 75%까지 적절하게 상승시키고 그 이후는 1초 동안에 약 1,000 V의 비율로 높여서 섬락시켰을 때의 전압을 측정한다.

주수 플래시 오버 전압 (注水──電壓, wet-flashover voltage) 주수(注水)장치를 이용하여 애자를 강우(降雨)상태로 하고 그 애자에 상용 주파수의 전압을 가하여 그 값을 서서히 증가시켰을 때 애자가 연속성 아크에 의해서 단락이 생긴다. 그 때의 전압의 실효값을 이른다.

주 스위치 (主──, master switch) 가령 주택 등에 도둑이 들었을 때 주인의 침대 머리맡에 있는 스위치를 넣어 일시에 온 집안의 전등 불이 켜져 도둑을 쫓아버릴 수 있는 그러한 회로에 설비하는 스위치. 또 전동기를 제어하는 스위치 또는 스위치군(群)을 작동하는 푸시버튼 스위치를 이른다. ⇐ 주간(主幹) 스위치.

주액 전지 (注液電池, inter-cell) 망간 건전지의 하나로, 사용할 때 물 또는 전해액을 주입하여 기전력을 발생시키는 전지이다.

주 양극 (主陽極, main anode) 수은 정류기의 양극 중 전자류를 흡수하여 전류가 아크 속으로 흘러 들게 하는 작용을 하는 극. 재료는 인조 흑연, 순철 등을 사용한다.

주위 온도 (周圍溫度, ambient temperature) 온도 시험의 경우에 기기의 냉각 매체의 온도를 이른다. ⇨ 기준 온도.

주입 (注入, injection) 《반도체》 소수 캐리어의 밀도를 열 평형 상태보다 증가시키는 것. 트랜지스터에서 이미터로부터 베이스 영역으로 소수 캐리어가 보내지는 현상이 이에 상당하다.

주입 주 (注入柱, treated pole) 방부제가 주입된 목주를 이른다.

주 자극 (主磁極, main pole) 회전 전기의 주자속(主磁束)을 만들어 그것을 갭 부분에서 소요의 형상(形狀)으로 분포시키기 위한 자극. 보극(補極)에 대응하는 용어이다.

주 자속 (主磁束, main magnetic) 전기 기기가 동작하기 위한 유효 자속을 이른다.

ㅈ

주 접점 (主接點, main contact) 접점 중에서 주요 동작 임무를 개폐하는 것을 이른다.

주 접촉자 (主接觸子, main contact) 개폐 장치의 접촉 부분에서 폐로 중 전류를 통해야 할 부분이 개폐시의 아크로 인하여 손상을 입는 것을 방지하기 위해서 아크가 발생하는 부분을 별개의 접촉자로 하는 경우가 있다. 이 때 주 전류가 통하는 부분을 주 접촉자라고 한다.

주 주재 (主柱材, corner post, mainpost) 철탑의 각 모퉁이에 거의 수직으로 세워진 주주(主柱)가 되는 부분의 재료이다.

주철관 (鑄鐵管, cast iron pipe) 주물로 만든 관. 원심 주조법에 의한 관은 두께가 일정하여 기포가 없고 치밀하여 양질인 관계로 모래형 주조법에 의한 관보다 우수하다.

주 철재 (主鐵材, main post) 《철탑》 ⇨ 주주재.

주파계 (周波計, wavemeter) 전파의 파장을 측정하는 장치. 현재는 파장을 쓰지 않고 주파수로 표시하게 되어 있다.

주파수 (周波數, frequency) 교류 전압 또는 전류의 1초간에 반복되는 수를 주파수라 한다. 단위는 헤르츠[Hz]이다.

주파수 감시 장치 (周波數監視裝置, frequency monitor) 발진 주파수가 허용 범위 내에 있는가의 여부를 감시하기 위한 것. 예를 들면 표준 전파, 표준 발진기를 이용하여 주파수 편차에 따른 극성과 크기를 지시하게 한다.

주파수계 (周波數計) (1) frequency indicator 주파수를 지시하는 장치. (2) frequency meter 주파수를 측정하는 장치. 공진기를 사용한 가장 간단한 것에서부터 헤테로다인 주파계와 같은 정밀한 것까지 있다.

주파수 계전기(周波數繼電器, frequency relay) 예정한 주파수로 동작하는 계전기이다.

주파수 공용 (周波數共用, frequency sharing) 동일한 주파수를 공동으로 사용하여 통신하는 것으로, 시간을 달리하여 공용하는 경우와 지역을 달리하여 동시에 공용하는 경우가 있다. 후자의 경우는 전파(伝播)의 특성상 주파수가 높을수록 많이 공용할 수 있다.

주파수대 (周波數帶, frequency band) 어떤 두 주파수의 범위를 이른다.

주파수 바이어스 전력 (周波數——電力, frequency bias) 《전력계통 제어》 연계선 바이어스 제어방식(TBC 방식)을 채용하고 있는 계통에서는 각 계통은 자기계통의 주파수 변화 ΔF에 비례하는 전력 변화 $K\Delta F$와 연계선을 통하여 타 계통과의 사이에서 융통하는 전력의 변화량 ΔP의 합(이것이 자계통의 부하 변화, 즉 지역 요구 전력이다)에 대하여 제어용 발전소의 출력을 조정한다. 상기한 $K\Delta F$를 주파수 바이어스 전력이라 하고, 계통 전파수를 규정값으로 복귀시키기 위한 필요 전력이다.

주파수 변조 (周波數變調, frequency modulation) 음성 또는 그 밖의 신호 전류에 의하여 반송파의 주파수를 변화시키는 변조 방식을 이른다.

주파수 변환 (周波數變換, frequency conversion) 통신계에서 반송 주파수를 f_1이라 할 때 국부 발진기에 f_2의 발진을 일으켜 이것을 혼합함으로써 $f_1 \pm f_2$의 반송 주파수로 변환하는 것. 무선 수신기에서는 같은 이치에 따라서 높은 무선 주파수를 이보다 상당히 낮은 중간 주파수로 변환한다.

주파수 변환소(周波數變換所, frequency changing station) 어느 전력 계통의 전력을 그 주파수를 바꾸어 다른 계통으로 융통하는 시설인데 순변환 장치(정류 장치) 및 역변환 장치(인버터)를 갖추고 있다.

주파수 변환 장치(周波數變換裝置) (1) frequency changer, converter 교류 계통의 전력을 하나의 주파수에서 다른 하나 또는 그 이상의 주파수로 변환하기 위한 장치. 상수와 전압값의 변화를 수반하는 수도 있고 그렇지 않는 수도 있다. 직류를 주파수 제조인 전력이라 생각한다면 정류장치, 인버터도 주파수 변환장치이다. (2) frequency converter 슈퍼 헤테로다인 수신기에서 수신 주파수를 일정한 중간 주파수로 변환하는 회로로서, 국부발진기 및 혼합회로를 일체화한 것이다.

주파수 분리(周波數分離, frequency separation) 주파수 할당에 관한 용어. 할당 주파수의 간격을 이른다.

주파수 분석기(周波數分析器, frequency analyzer) 다수의 주파수가 혼합된 음성이나 그 밖의 신호 중에서 성분의 주파수를 분석하는 장치를 이른다.

주파수 안정도(周波數安定度, frequency stability) 일정한 주파수로 발진하는 경우(예를 들면 송신기의 반송파 등의 경우)에 그 주파수의 안정도의 비율을 이른다. 보통은 $\Delta f/f_0$ (Δf : 변환 주파수, f_0 : 발진 주파수)로 표시하고 안정도 $m \times 10^{-n}$ (m, n : 자연수)으로 표시한다.

주파수 응답(周波數應答, frequency response) 《자동제어》 정현파형 입력에 대한 자동제어계 또는 그 요소의 정상 응답을 주파수의 함수로 나타낸 것을 주파수 응답이라고 한다.

주파수 일그러짐(周波數 ——, frequency distortion) 어떤 파형에서 주파수가 다른 성분 사이의 상대적 진폭이 전송 또는 증폭 과정에서 비 직선으로 일그러지는 것. 예를 들면 증폭기가 입력에 주어지는 모든 주파수 성분을 고르게 증폭하지 못하면 이러한 일그러짐이 발생한다.

주파수 재사용(周波數再使用, frequency reuse) 《통신 위성》 할당된 주파수 대역을 중복하여 사용함으로써 통신 위성의 이용 효율을 높이는 방법. 서로 멀리 떨어진 지역을 향한 통신로라면 동일 주파수를 사용할 수 있다. 물론 안테나는 부 로브가 없는 샤프한 빔을 만드는 것이어야 한다. 동일 빔에서 다시 편파 방향의 반대인 것을 구별하여 사용하는 2중 편파 전송(dual-polarization transmission)방식도 있다.

주파수 제어(周波數制御, frequency control) 계통 주파수를 어느 허용 변동폭 범위 내에 일정하게 유지하기 위해 계통 내의 총 발생 전력과 총 소비전력(손실분도 포함) 사이에 정해진 평형상태를 유지하도록 발전기 조속기의 조정, 출력 조정, 그리고 급전 조정을 하는 것. 주파수 변동폭은 보통 0.1 Hz 로 한다.

주파수 판별기(周波數判別器, frequency discriminator) 주파수 변조를 받은 전파를 진폭 변조로 고쳐 신호파를 검출하는 검파기. 크게 나누어 포스터 시리 판별기와 비검파기의 두 종류가 있다..

주파수 표준(周波數標準, frequency standard) 주파수를 교정하기 위해 사용하는 안정된 발진기로서, 보통은 수정이나 음차를 사용한 것이다.

㈜ 국제적인 주파수 표준은 세슘빔을 사용하여 만들어지는 원자 표준이지만 2차적인 표준으로서 암모니아 메사 루비디움셀, 위에 기술한 수정 발진기 등이 사용된다.

주파수 허용 범위(周波數許容範圍, frequency tolerance) 송신 전파의 주파수 변동이 허용되는 범위를 이르는 것으로, 국제 무선 통신 규칙 및 전파법 설비 규칙에 따라 주파수별 및 무선국의 종류별로 허용 범위가 정해져 있다.

주파장(主波長, dominant wave length) 단색광, 즉 단일 주파수를 가진 빛의 파장을 이르는 것으로, 임의의 색깔의 빛이 이와 같은 단색광과 기준의 백색광을 적당한 비율로 혼색함으로써 만들 수 있다. 주파장을 줄 수 없는 보라빛 등의 경우에는 주파장 대신에 그 보색의 파장(보파장)을 사용한다.

㈜ 단색광은 실제 경우에는 색깔의 차이가 거의 인식되지 않는 좁은 주파수 범위의 빛에 의해서 근사된다.

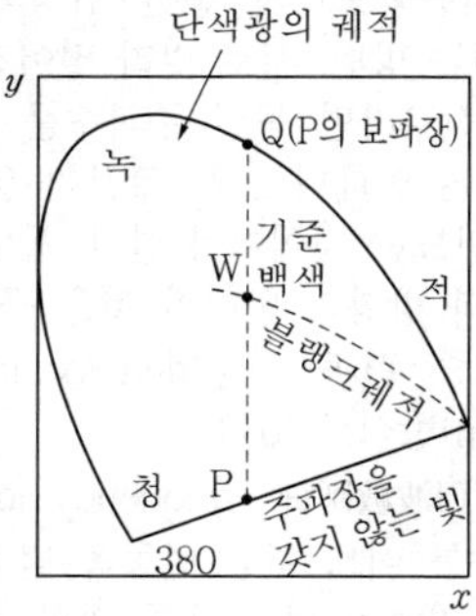

[주파장]

주행 각(走行角, transit angle) ⇨ 전자 주행각.

주행 크레인(走行──, traveling crane) 공장 또는 옥외용의 크레인으로서 많은 자리를 차지하지 않고 권상(捲上), 횡행(橫行), 주행 동작을 할 수 있다.

주 회로(主回路, main circuit) 복수 개의 전기 회로에서 간선이라고 생각되는 회로를 주 회로라 한다. 분기 회로에 비교하여 주회로라고 할 때도 있다.

ㅈ

죽다(死, dead) 도체가 전원으로부터 모두 끊겼을 때의 상태이다.

죽이다(to deenergize) 전동기라든가 기타 전력으로 동작하는 장치에 전력 공급을 정지하는 것을 뜻한다.

준 단측파대 전송방식(準單側波帶傳送方式, quasi-single side-band transmission system) 피변조파 양 측파대 중에서 한쪽 측파대를 필터로 제거하는 경우 그것이 완전히 억압되지 않고 다소 반송파 부근의 주파수 성분이 잔류하고 있는 단측파대 전송 방식을 이른다.

준도(峻度, steepness) 번개(雷) 또는 충격 전압 파형의 파두(波頭)에서의 전압의 시간적 상승률을 준도라 한다.

준 안정 상태(準安定狀態, metastable state) (1) 원자 속에서 전자의 여기상태(勵起狀態)가 상당히 긴 수명을 갖는 경우의 상태. (2) 과냉각, 과포화처럼 하나의 상(相)의 상태가 전이점(轉移點)을 넘어서도 그대로 보전되는 상태를 이른다.

줄(J)(Joule) 에너지 및 일의 MKS 단위. 에르그의 10^7배이다.

줄 열(──熱, Joule heat) 전류에 의해서 도체 내에서 발생하는 열. 발생하는 열량에 대해서는 줄의 법칙이 성립한다. ⇨ 줄의 법칙(Joule's law).

줄의 법칙(──法則, Joule's law) 도체 내에 흐르는 정상 전류에 의해서 일정 시간 동안에 발생하는 줄 열의 양은 전류의 세기의 제곱과 도체의 저항에 비례한다. 이 법칙은 1840년 Joule이 실험적으로 발견한 것으로서 줄의 법칙이라 한다. 전류의 세기 I, 저항을 R로 하면 매초 발생하는 열량 Q는 $Q=(1/4.2)I^2R$의 식으로 주어진다.

줄 효과(──效果, Joule effect) (1) 자기 일그러짐 효과로, 자계의 세기와 일그러짐과의 관계. (2) 전류에 의한 저항체의 발열 현상을 이른다.

중간 밸브(中間──, intercept valve) 재열 터빈의 재열 증기 입구에 설치되는 차단 밸브를 이른다.

중간 변성기(中間變成器, interstage transformer) 증폭기의 중간에 사용되는 변성기이다.

중간 전력 증폭기(中間電力增幅器, intermediate power amplifier) 대전력 방송기 등의 경우, 전력 증폭기에 충분한 여진을 주기 위하여 여진기와 전력 증폭기 사이에 넣는 고주파 증폭기를 이른다.

중간 케이블(中間──, interconnecting cable) 특히 긴 마이크 코드를 필요로 하는 장소에 접속하는 연장용의 코드이다.

중공 댐(中空──, hollow dam) 철근 콘크리트조의 차수벽(遮水壁)과 그것을 지탱하는 구조물로 이루어지며 제체(堤體) 내부가 중공으로 된 댐을 공중댐이라 한다.

중공 전선(中空電線, hollow conductor) 예를 들면 7,000 V를 넘는 특별 고압의 송전선에서 코로나 발생을 방지하기 위하여 선심(線心)을 중공으로 하여 지름을 크게 한 전선. 구조상으로는 헨델하임형과 아나콘다형 등이 있다.

중량 효율 (重量效率, weight efficiency) 1킬로와트시의 출력을 얻는 데 필요한 축전지의 중량. 축전지의 총 중량을 와트시 출력으로 나눈 값이다.

중력 댐 (重力——, gravity dam) 그 자신의 중량으로 수압 등의 외력을 안전하게 지탱하도록 설계된 댐. 안전성, 내구성이 좋고 설계·시공도 용이하기 때문에 많이 채용되고 있다.

중력 전지 (重力電池, gravity cell) 중력의 차이로 기전력을 발생하는 전지. 황산아연 용액주(溶液柱) 상하에 아연극을 둔 것, 요드화 카드뮴의 용액주 상하에 Cd극을 둔 것 등이 있다.

중력 제어 (重力制御, gravity control) 지시 전기 계기에서 중력을 제어력으로 하는 것으로, 주로 배전반용 계기, 특히 전동기용 초과 눈금 전류계에 널리 사용되고 있다. 가동부가 Θ 회전을 하였을 때의 제어 토크는 $T_c = k\sin\Theta$ 로 주어지므로 계기의 0부근의 감도가 나빠져 눈금은 축소한다.

중립대 (中立帶, neutral zone) 제어 동작이 일어나지 않는 동작 신호의 특정 범위를 중립대라 한다.

중부하 보상 장치 (重負荷補償裝置, heavy-load compensating device) 적산전력계는 부하전류가 증가하면 전류 제어작용에 의해서 오차는 마이너스로 되고 부하 특성곡선은 내려간다. 이것을 보상하기 위해서 전류 자극에 자기 분로를 설치하고 전류 자속이 증가하면 점차 포화되어 공극으로 가는 자속의 비율이 증가하게 된다. 이것을 중부하 보상 장치라 한다.

중부하 조정 (重負荷調整, heavy load adjustment) 적산전력계의 중부하점(보통 전부하점)의 오차를 조정하는 것. 통상 제동 자석의 위치 또는 자기 분로를 가감해서 한다.

중성 모선 (中性母線, neutral bus) 2대 이상의 변압기 또는 발전기 등의 중성점을 접속하기 위해서 설치되는 모선이다.

중성 미립자 (中性微粒子, neutral corpuscle) 통례적으로는 중성의 원자 또는 분자란 뜻으로 사용된다. 끊임 없이 태양에서 미립자가 발사되고 있다고 하지만, 오늘날에 있어서도 이 효과는 확인되지 않고 있다. 따라서 태양에서 중성 미립자가 방출되고 있는지의 여부는 명확하지 않다.

중성선 (中性線, neutral conductor) 중성점에 접속되는 전선이다.

중성자 (中性子, neutron) 소립자의 하나. 하전수는 0, 질량수는 1이다. 기호 n, $m_n = 1.67492 \times 10^{-27}$kg이다.

㈜ 중성자는 핵 속에 양성자와 공존하고 있을 때는 안정상태에 있지만 자유 중성자는 불안정하다. 전하를 갖지 않으므로 원자의 개방부에 쉽게 흡수될 수 있지만 보통 입자와는 달리 검출이 어렵다. 자유 중성자는 β 붕괴로 평균수명 932초로 붕괴한다.

중성자 검출기 (中性子檢出器, neutron defector) 중성자가 핵에 포획됨으로써 발생한 핵반응에 의하여 해방된 하전 입자 또는 감마선을 측정함으로써 중성자를 검출하기 위해 사용되는 검출장치. 중성자는 전하를 갖고 있지 않으므로 직접 이온화할 수는 없다.

중성자 경화 (中性子硬化, neutron hardening) 에너지의 증가와 더불어 흡수 단면적이 감소하는 성질을 가진 매질 속에 중성자를 확산시키는 것. 저속 중성자만이 선택적으로 흡수되기 때문에 확산 중성자의 평균 에너지는 증가한다.

㈜ 경화란, 중성자의 높은 에너지 부분의 비율이 증가한다는 뜻이다.

중성자 속 (中性子束, neutron flux) 중성자 방출의 강도를 나타내는 단어. 단위 시간에 단위 면적을 통과하는 중성자 수로, 보통은 단위 체적당의 중성자의 수(n)와 그 평균 속도(v)의 상승적(nv)으로 나타낸다.

중성점 (中性點, neutral point) 성형 결선의 각 선이 모이는 결합점으로 대칭 방식에서는 0전위이다.

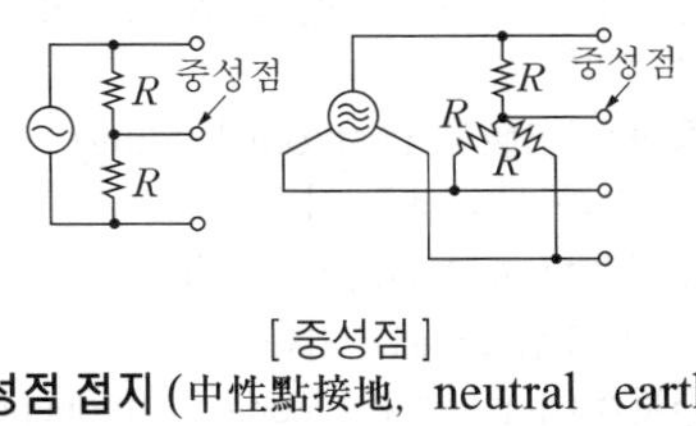

[중성점]

중성점 접지 (中性點接地, neutral earthing,

neutral grounding) 중성점을 접지하는 것을 이른다.

중성점 접지 리액터 (中性點接地——, neutral reactor) 3상 송전선의 중성점 접지방식에 있어서 중성점과 대지 간에 접속하는 리액터를 중성점 접지 리액터라 한다.

중성점 접지 방식 (中性點接地方式, grounded neutral system) 중성점을 접지하는 방식으로, 직접 접지, 저항 접지, 리액터 접지 등이 있다. grounded neutral system은 중성점이 접지되어 있는 계통을 지칭하고 중성점 접지 방식은 neutral grounding system이라고 하는 편이 옳다.

중성점 접지 임피더 (中性點接地——, neutral impeder) 송전선의 중성점 접지방식의 하나로, 계통의 중성점과 대지사이에 접속되는 임피더를 말한다.

중성점 접지저항 (中性點接地抵抗, neutral resistance) 송전선의 중성점 접지 방식에서 중성점과 대지 간에 접속하는 저항을 뜻한다.

중속 중성자로(中速中性子爐, intermediate reactor) 주로 중속 중성자에 의해 반응이 되는 원자로를 말한다.

중수 (重水, heavy water) 물의 분자 중의 수소가 전부 질량수 2의 중수소 동위 원소로 구성되어 있는 물을 이른다. 기호 D_2O, 밀도는 20℃에서 1.1076이고 중수형 원자로에서 감속재로 사용된다.

㈜ 이 용어는 중수의 양이 중성인 물보다도 다량으로 함유되어 있는 물에 대하여서도 사용된다.

중수로 (重水爐, heavy water reactor) 중수를 감속재로 또는 경우에 따라서는 냉각재로 사용하는 원자로. 연료는 천연 우라늄, 농축 우라늄 어느 것이든 사용된다. 냉각재는 중수, 경수, 공기 등이다. 대부분 비균질로이고 중수가 값이 비싸기 때문에 실용보다는 연구로가 많다.

중신 장하 (重信裝荷, phantom loading) 중신 회선을 장하하는 것을 이른다.

중심 도체 (中心導體, inner conductor) 동축 케이블의 중심 도체를 이른다.

중심 주파수 (中心周波數, center frequency) 대역의 중심 주파수. 주파수 변조의 반송파 등에 사용된다.

중심 쿼드 (中心——, center quad) 케이블 내의 중심에 위치하는 쿼드를 이른다.

중압 권선 (中壓捲線, medium-voltage winding) 고압, 저압에 대하여 그 중간 전압의 권선을 뜻한다.

중앙 양극 광전관 (中央陽極光電管, central anode photocell) 관구의 중앙에 양극이 있는 광전관(현재 이 술어는 그다지 쓰이지 않는다).

중앙 영위 눈금 (中心零位——, zero-center scale) 기계적 영위가 그 중앙부에 있는 눈금. 예를 들면 직류용 밀리 암페어계에서 영의 자리가 중앙에 있어 입력의 극성이 바뀌면 지시는 영위치의 반대쪽으로 움직인다.

중앙 제어 (中央制御, centralized control) 최근의 화력 발전소에서는 보일러, 터빈 발전기, 보기(補機) 등의 계측 제어 장치를 한 실에 모아 여기서 통할하여 감시와 제어를 한다. 이와 같이 여러 가지 제어가 한곳에서 행하여지는 것을 말한다.

중앙 주 (中央柱, center pole) 전기 철도에서 궤도의 중앙에 설비되어 있는 가공선 지지주를 이른다.

중 외장 (重外裝, heavy armoring) 외장의 일종. 외장에는 경 외장과 중 외장 등이 있다.

중위 유량 (中位流量, median stream flow) 어떤 기간 동안에 그 유량보다 많은 경우와 적은 경우가 같은 도수로 반복되는 유량. 유량의 도수가 홀수인 때는 중앙값, 짝수인 때는 중앙의 앞 뒤 두 숫자의 평균값이 된다.

중장하 (重裝荷, heavy loading) 장하가 발명되었던 당시에는 중간 정도의 장하, 경장하 등과 함께 일단 분류되었으나 거의 사용되지 않고 있다. 유도량이 큰 장하 코일을 사용하므로 선로 손실은 감소하지만 차단 주파수는 낮고 전송 대역은 좁다.

중첩 권 (重疊捲, lap winding) 직류기의 전기자 권선의 일종. 감기 시작한 코일변에서 후(後) 피치 y_1 으로 제2의 코일변을 두고 제3의 코일변은 감는 방향을 반대로 전(前) 피치 y_2 만큼 제1코일변 쪽으로 되돌아간다. 그 후는 이것을 반복해서 감는다. $y=y_1-y_2=\pm m$의 관계가 있다(m은 임의의 정수). 동기기의 전기자, 유도기, 교류 정류자기에서도 동일한 권선 방법을 지칭한다. 2중권으로서 전절권(全節捲), 단절권(短節捲), 정수 홈통감이, 분수 홈통감이의 어느 것이든 가능하다. 형권(型捲) 코일이 사용된다.

중첩의 원리 (重疊——原理, principle of superposition) 입력이 A가 되는 경우 출력이 C, 입력이 B가 될 때 출력은 D가 되는 것과 같은 회로망에서 입력이 A+B이면 출력은 C+D가 될 수 있는 경우에 중첩의 원리가 성립된다고 한다. 특히 회로이론에서는 다수의 기전력을 포함한 도선망(導線網)의 각 부분의 전류는 각 기전력이 단독으로 인가된 경우에 흐르는 전류를 겹쳐 합친 것과 같다. 이 원리는 선형 회로에 대해서만 성립한다.

중추 접극자 계전기 (中錘接極子繼電器, weighted armature relay) 접극자에 무거운 추를 붙여 그 관성에 의해서 동작을 늦추도록 하는 계전기를 이른다.

중크롬산 전지 (重——電池, bichromate cell) 1차 전지의 하나로, 전해액 및 감극제(減極劑)로는 중크롬산을 사용한 전지. 기전력 2V, 내부 저항 0.2~0.5Ω이다.

중파 (中波, medium frequency wave) 약어 MF, 무선 주파수 스펙트럼에 있어서 300~3,000 kHz까지의 범위의 전파를 중파라 한다.

중하 접점 (重荷接點, heavy contact) 특히 대전류 부하를 개폐할 수 있게 대형으로 만든 전기 기기의 접점을 이른다.

중합 (重合, polymerization) 한 화합물의 2개 이상의 분자가 결합하여 몇 배의 분자량을 갖는 다른 화합물이 되는 것을 뜻한다.

중합 동작 (重合動作, multiple action) 《자동제어》 둘 이상의 제어 동작을 합친 것을 뜻한다.

중합체 (重合體, polymer) 중합에 의해서 생기는 화합물을 중합체라 한다. ⇨ 중합.

중합 필터 (重合——, polymerized filter) T 및 π형 필터를 직렬 또는 병렬로 하여 실효무한 감쇠 주파수를 발생시키는 방식. Zobel의 유도형과는 달리 중합형에서는 중합 구성의 것을 종속해서 감쇠량을 증가시킬 수 밖에 없다. 또한 격자형 회로의 m 변환으로 일반적으로 중합 필터는 유도할 수 있으므로 격자형의 특별한 경우라고도 할 수 있다.

중형 베이스 (中型——, intermediate base) 중형 전구에 사용되는 베이스. 나사형에서는 E 12, E 14, E 17 등, 삽입형에서는 S 15, 정초점(定焦點)에서는 F15 등 (모든 숫자는 바깥 지름의 개략값)이 있다.

중화 (中和, neutralization) (1) 어떤 효과를 그것과 반대되는 효과에 의하여 상쇄시켜서 외부에 대하여서는 무효과의 상태를 출현시키는 것. 예를 들면 음, 양 두 종류의 전하가 서로 그 효과를 상쇄하여 외부에는 전하의 영향이 나타나지 않게 되는 것. (2) 산성 물질과 염기성 물질이 화학 반응(중화 반응)하여 그 어느 것도 아닌 물질을 만드는 것. 보통 산과 염기가 반응하여 소금을 만드는 것. (3) 증폭기의 출력측에서 입력측으로 행하여지는 유해한 내부 귀환 효과를 다른 외부 귀환회로에 의해서 상쇄하는 것. 단향화(unilateralization)라고도 한다.

중화 콘덴서 (中和——, neutralizing condenser) ⇨ 뉴트로돈.

쥬트 (jute) 황마(黃麻)로 만든 섬유로 태닝 또는 타르 염색하여 케이블의 절연 심선의 충전물 및 케이블 외장의 좌상(座床)으로 사용된다.

쥬트권 (——捲, jute serving) 해저 케이블의 외장으로서 철선의 내부 및 외부에 감는 쥬트, 내부는 철선의 좌상으로서, 외부는 기계적 보호 및 전식 방지를 목적으로 한다.

쥬트권 강관 (——捲鋼管, jute covered steel pipe) 지하 관로에 사용되는 것으로 궤도 넘기, 교량 첨가(橋梁添加)와 같이 진동이 많은 곳에 강관이 사용된다. 특히 전식의 우려가 있을 때 방식(防蝕) 재료를 쥬트에 함침시켜 강관 위에 감아서 보호한다.

쥬트 실 (jute yarn) 연피 케이블을 보호하기 위하여 케이블의 외면에 긴밀하게 감는 강인한 마대(麻帶) 또는 면대(綿帶)를 가리킨다. 보통 방수 및 방식성(防蝕性) 콤파운드를 칠하거나 또는 침윤(浸潤)시켜서 사용한다.

즉발 중성자 (卽發中性子, prompt neutron) 핵

분열(核分裂)과 거의 동시에 방출되는 중성자를 이른다. ⇨ 지발 중성자(遲發中性子).

즉시 트립 (卽時 ——, instantaneous trip) 고장 발생(故障發生)과 동시에 차단기의 트립 동작을 일으키게 하는 것을 즉시 트립이라 한다.

증기 (蒸氣, steam vapor) 상온·상압에서 고체 또는 액체의 것이 감압 또는 가열되어 기체로 된 것. 물의 증기는 일반적으로 수증기 또는 증기라 한다. ⇨ 수증기.

증기관 (蒸氣管, steam pipe) 증기가 통하는 관. 일반적으로 증기관(蒸氣管) 또는 기관(汽管)이라 한다.

증기 기관 (蒸氣機關, steam engine) 증기를 각각 유체로 하고, 열 에너지를 기계 에너지로 변환하는 원동기 중 실린더와 피스톤을 갖는 왕복 기관을 말한다. 일반적으로 증기 기관(蒸氣機關)이라 한다.

증기력 (蒸氣力, steam power) 증기에 의해서 얻어지는 동력. 일반적으로 기력(汽力)이라 한다.

증기 발생기 (蒸氣發生器, steam generator, steam raising unit) ⇨ 보일러.

증기 보일러 (蒸氣 ——, steam boiler) ⇨ 보일러.

증기 소비량 (蒸氣消費量, steam consumption) 단위 시간당 소비되는 증기량을 지칭한다. 보통 kg/h, kg/kWh, ton/h 등으로 표시된다. 일반적으로 증기(蒸氣) 소비량이라고 쓴다.

증기압 (蒸氣壓, steam pressure) 증기가 갖는 압력. 보통 증기압 또는 기압(汽壓)이라 한다.

증기 어큐뮬레이터 (蒸氣 ——, steam accumulator) 증기를 고온의 물로 저장하는 장치. 일반적으로 증기 저장기라 한다.

증기 온도 (蒸氣溫度, steam temperature) 증기의 온도. 일반적으로 증기온도(蒸汽溫度) 또는 기온(汽溫)이라고 한다.

증기 재열기 (蒸氣再熱器, steam reheater) 높은 온도의 증기를 열원으로 하는 재열기. 일반적으로 증기 재열기(蒸氣再熱器)라고 쓴다. ⇨ 재열기.

증기 터빈 (蒸氣 ——, steam turbine) 증기를 작업 유체로 하고, 에너지에 의해서 회전하는 터빈. 일반적으로 증기(蒸氣) 터빈이라고 한다.

증발 (蒸發, evaporation) 액체가 기체로 변하는 것을 증발이라 한다.

증발량 (蒸發量, evaporation) 단위 시간에 증발하는 증기량. kg/h 또는 ton/h로 표시한다.

증분 발전 연료비 (增分發電燃料費, incremental fuel cost of generation) 특정한 발전소에서 추가되는 증가 발전을 하기 위하여 소비되는 연료의 비용. 보통 kW·h당의 가격으로 주어진다.

증분 발전 원가 (增分發電原價, incremental generating cost) 발전소에서 증가 발전을 하기 위한 추가 비용을 그 증가 발전량으로 나눈 값. 보수 비용도 포함하여 모든 변동 코스트를 고려해 넣는다.

증분 부하 (增分負荷, incremental loading) 《발전소》 발전기에 대한 부하 할당량이다. 발전비용의 변화 범위 내에서 추가 발전을 하기 위해 모든 발전기에 대하여 동일한 조건하에서 주는 부하 할당량을 이른다.

증분 투자율 (增分透磁率, incremental permeability) 강자성체에서 일정한 자화력에 작은 교류의 자화력 (ΔH)이 가해진 경우의 작은 히스테리시스 루프의 $\Delta B/\Delta H$를 이른다.

증식로 (增殖爐, breeder) 전환로 중 소모되는 분열성 물질의 원자핵 개수보다도 새로 생기는 분열성 물질의 원자핵 개수 쪽이 많은 것을 말한다. 단, 일부에서는 소모되는 분열 물질과 새로 생기는 분열성 물질이 같을 경우(예를 들면 Pu를 소모하여 Pu를 만드는)에 breeder라고 하는 사람도 있다. ⇨ 전환로.

증식비 (增殖比, breeding ratio) 분열한 분열성 원자핵 1개당 생성된 분열성 원자핵의 개수를 이른다.

증식 이득 (增殖利得, breeding gain) 증식비에서 1을 뺀 값을 이른다.

증폭 (增幅, amplification) 전기적인 신호 혹은 빛이나 음향 등에 의한 신호의 진폭을 증대하는 것. 일반적으로 직류적인 에너지가 신호의 에너지로 변환되는 작용을 포함한다. 전기적인 신호의 증폭에는 전자관이나 트랜지스터, 자성체 등이 사용된다.

증폭관 (增幅管, amplifier tube(valve)) 증폭 작용을 하기 위한 전자관. 주로 3극관, 4극관, 5극관이 사용된다. 전압을 증폭하느냐 전력을 증폭하느냐에 따라서 각각 전압 증폭관, 전력 증폭관이라 한다. 또 동작하는 주파수에 따라 고주파 증폭관, 저주파 증폭관으로 구별한다.

증폭기 (增幅器, amplifier) 증폭작용을 하기 위해서 만들어진 기기이다.

증폭도 (增幅度, amplification degree) 증폭기의 출력측과 입력측에서의 교류의 전압 또는 전력비. 전압의 비를 특히 전압 증폭도, 전력의 비를 전력 증폭도라고 한다.

증폭 발전기 (增幅發電機, rotating amplifier) 계자 권선에 근소한 전류 변화를 가하고 전기자에 속응적으로 큰 전력 변화를 생기게 하여 전력을 증폭하는 발전기. 계자 권선의 자려 작용을 이용하는 것에 로트트롤, HT 다이나모, 레귤렉스 등이 있고 전기자 반작용에 의한 여자를 이용하는 것에 앰플리다인 등이 있다.

지관 (紙管, paper jointing tube, paper sleeve) 종이로 만든 관을 이른다.

지구일주 에코 (地球一周——, round-the-world echo) 전파는 보통 짧은 쪽의 대기권 통로를 통하여 전파되며 전리층의 상태, 송신 전력, 송신 안테나의 상태에 따라서는 긴 쪽의 대기권 통로를 통해서 오거나 지구를 1주 또는 2주 하여 오는 경우도 있다. 이와 같은 에코 중 주 신호에 대하여 같은 방향으로 지구를 1주하여 온 후의 신호를 이른다. 이 종류의 에코는 무선통신에 심한 방해를 주므로 날카로운 지향성을 갖는 빔 안테나 등을 사용함으로써 어느 정도 구제할 수 있다.

지구자원 탐사 위성 (地球資源探査衛星, earth resources exploring satellite) 지표에서의 천연 자원, 즉 담수, 농경지, 광맥, 삼림, 초원 등의 성질과 분포를 탐사하기 위한 인공위성을 이른다.

지귀로 (地歸路, earth return) 전신에서 단선식 회선, 동축 전송로의 외부 도체 등은 지귀로이다. 쌍신 회선에서의 전신 회선도 지귀로를 이용한다.

지귀로 방식 (地歸路方式, earth return system) 왕복 2가닥의 선에 의해서 루프를 형성하는 것이 아니고 귀로를 대지로 하는 단선 방식을 뜻한다.

지그재그 델타 결선 (——決選, zigzag delta connection) 3상 교류방식에서 실용되는 결선의 하나이다.

지그재그 성형 결선 (——星形結線, zigzag-star connection) 3상 교류기의 전기자 권선의 결선의 하나. 각 상을 2분하여 각 상의 반으로 형성된 성형 결선의 겉쪽에 각각 같은 방향의 인접한 상의 반을 직렬로 접속한 방법을 뜻한다.

지그재그 성형 접속 (——成形接續, zigzag-star connection) ⇨ 지그재그 성형 결선.

지그재그 자기 누설 (——磁氣漏洩, zigzag leakage) 고정자, 회전자 모두 슬롯이 있는 회전기로서 고정자와 회전자의 치두(齒頭) 부분을 꿰뚫고 상대의 권선에 쇄교(鎖交)하지 않는 자속을 말한다.

지기 (地氣, earth, ground) ⇨ 접지.

지동형 (遲動形, time-lagged type) 수용 전류의 지시가 지연 특성을 갖는 것을 조건으로 하는 원리의 것을 말한다. 그 대표적인 것으로는 열형 수용계가 있다.

지락 계전기 (地絡繼電器, ground relay) 주로 계통의 지락 고장에 응답할 수 있도록 설계되고, 또 그와 같은 목적에 사용되는 계전기를 이른다.

지락 방향 계전기 (地絡方向繼電器, ground directional relay) 방향 계전기의 방향 검출 요소에 접지 고장 검출 요소를 결합한 것을 이른다.

지령 (指令, instruction) 계수형 계산기에서 적당한 부호화된 정보로 연산 코드와 명령된 정보가 기억되어 있는 어드레스로 구성되어 있다.

지령 부호 (指令符號, instruction code) 계수형 계산기에서 지령을 표시하는 부호. 보통 10진 숫자 혹은 알파벳 문자로 구성된 부호를 계산기에 2진 부호로서 축적하는 것이 일반적이다.

지면 반사파 (地面反射波, ground reflected

wave) 송신 안테나에서 방사된 전파 중 대지에서 반사되어 수신 안테나에 도달하는 전파를 지면 반사파라 한다.

지발 중성자(遲發中性子, delayed neutron) 핵분열 후의 붕괴의 단계에서 원자핵에서 방출되는 중성자를 말한다. 즉, 원자핵이 분열하게 되면 거의 동시에 즉발 중성자가 방출되고 계속하여 분열 파편의 붕괴 단계로 들어가 지발 중성자가 사출된다.

지배 전압(支配電壓, lumped voltage) 3극관 그리드의 위치에 양극을 둔 가상 2극관을 생각하여 음극면에서의 전계가 원래의 3극관과 같게 되는 전압을 가하면 음극 전류에는 변화가 없다. 이 전압을 지배 전압이라고 한다. 양극 전압을 증폭 정수로 나눈 값과 그리드 전압과의 합으로 나타낸다.

지붕 부싱(roof bushing) 지붕을 꿰뚫는 부분에 사용하는 부싱을 이른다.

지상 거리(地上距離, ground distance) 한 점에서 다른 한 점에 이르는 거리의 평균을 뜻한다.

지상 관제 요격 레이더(地上管制邀擊──, ground controlled interception) 관제사가 항공기에 다른 항공기를 수색, 추적하는 것을 지시하는 데 사용하는 레이더 방식을 이른다.

지상 관제 진입장치(地上管制進入裝置, ground controlled approach) 약어 GCA, 항공기 착륙용의 지상 레이더 방식으로 수색 레이더(SRE), 정측 진입 레이더(PAR), 무선전화, 부속 설비 등을 트레일러 위에 또는 지상에 고정 장치한 것이다. 그 기능은 비행장 반경 30마일 이내의 항공기를 수색 레이더로 포착하여 그 위치를 측정하고 무선 전화에 의해서 항공기와 연락하면서 그 항공기를 착륙태세로 유도한다. 그리고 공항으로부터 반경 10마일 권 내로 유도한 다음 정측 진입 레이더에 의해서 항공기의 위치를 극히 정밀하게 관측하면서 무선 전화에 의해서 항공기에 지시를 하여 안전하게 착륙시킨다. 군용에 많이 쓰인다.

지상 교란(地上攪亂, ground clutter) 지면 또는 지상의 목적물에서 생기는 교란을 이른다.

지상 위치 지시기(地上位置指示器, ground position indicator) 편류(偏流)를 고려에 넣은 공중 위치 지시기와 유사한 계산기이다.

지상 장치(遲相裝置, lagging device) ⇨ 위상 보상 장치.

지상 조정(遲相調整, lag adjustment) ⇨ 위상 보상 장치.

지상파(地上波, ground wave) 지표파, 직접파, 대지 반사파의 3자를 종합한 것을 지상파라 한다. 또한 이들 외에 대지 침입파를 포함하는 경우도 있다.

지선(支線) (1) branch line 철도망의 간선에서 분기된 선로. (2) guy, stay 지지물의 강도를 보충할 목적으로 장력을 분담하는 목적에 쓰는 금속선을 이른다.

지선(地線, ground wire) 일반적으로 지중에 매설된 선 혹은 일부 또는 한 점이 접지된 선을 지선이라 한다.

지선 딤블(支線──, stay thimble) 상부 지선과 하부 지선을 접속하는 곳에 사용되는 금속제 기구. 이들에 의해서 지선의 장력이 자유로이 되고 또 땅에 접하여 부식한 지선을 대체하기가 용이하다.

지선 로드(支線──, stay rod) 지선의 근입부(根入部)에 쓰이는 철제 막대. 지선의 접지(接地) 부근이 부식하기 쉬운 지역 또는 콘크리트 블록을 지선 근가(根枷)로 사용하는 장소에 쓰인다.

지선 블록(支線──, stay block) 지선이 빠지지 않도록 지선의 아래 부분에 부착하여 지하에 매설하는 것으로, 지선 근가라고 한다. 일반적으로 통나무 또는 콘크리트제의 블록이 사용된다.

지선식 철탑(支線式鐵塔, stay tower) 공중선의 지지에 많이 사용되는 지선을 갖는 철탑. 상당히 높은 것도 건설 가능하다.

지선 애자(支線碍子, guy insulator, stay insulator) 지선의 상부와 하부를 전기적으로 절연하기 위하여 사용되는 애자. 주로 강전선에 접근되어 있어 혼촉 또는 누진 등의 우려가 있는 경우에 사용되는 구슬 애자이다.

지선이 있는 전주(支線──電柱, guyed mast) 지선에 의해서 보강된 전주를 이른다.

지선주(支線柱, stay pole) 도로, 건물 등으

로 인하여 직접 지선을 설치할 수 없을 때에 세우는 기둥. 전주로에서 지선주까지 수평 방향으로 지선을 설치하고 다음에 지선주에서 추가 지선을 설치한다.

지선 클램프 (支線——, guy clamp) 지선을 접속하기 위하여 쓰이는 조임쇠를 이른다.

지속 단락 (持續短絡, sustained short-circuit) 과도 단락은 어떤 시간이 경과하면 단락 전류의 직류분은 감쇠하여 교류분만 남는다. 이와 같은 상태로 된 것을 지속 단락이라 한다. 동기 발전기의 단락 곡선을 구할 경우는 지속 단락이다.

지속 방사 (持續放射, sustained radiation) 일정한 진폭의 지속파의 방사를 이른다. ⇨ 지속파.

지속 시간 선별 (持續時間選別, duration selection) 지속 시간이 다른 두 등진폭(等振幅) 펄스를 선별하는 것. 보통 이런 선별에는 적분회로를 써서 지속 시간의 차를 진폭의 차로 변환하여 진폭 분리한다.

지속 시간 선별기 (持續時間選別器, duration selector) 지속 시간 선별을 하는 회로 또는 장치를 이른다. ⇨ 지속 시간 선별.

지속 진동 (持續振動, continuous oscillation, persistent oscillation, sustained oscillation) 진동 회로는 손실 저항이 있으므로 한번 에너지를 가해서 여진(勵振)하여도 그대로 감쇠하지만 외부에서 에너지를 가하여 손실을 보상해서 진동을 일정한 진폭으로 지속할 수 있다. 이와 같은 진동을 말한다. ⇔ 감쇠진동(damped oscillation).

지속파 (持續波, continuous wave) 진동 진폭이 일정하고 하등의 변조를 받지 않고 있는 전자파를 말한다. 감쇠파와 구별하기 위한 명칭이다. 무선 통신방식에서 그 약어를 사용하여 CW 또는 DW라고 할 때도 있다. ⇨ 감쇠파.

G 스코프 (G scope) 레이더 지시의 한 종류로, F 스코프 휘점의 좌우에 거리의 함수인 길이의 휘선을 나타낸 것을 뜻한다.

지시 계기 (指示計器, indicating instrument) 측정하고자 하는 양의 값을 지침 또는 현시하여 눈으로 볼 수 있게 지시하는 계기이다.

지시 계기법 (指示計器法, indicating instrument method) 지시 계기를 사용하여 예를 들면 적산 전력계의 오차를 시험하는 방법이다. 교류 적산 전력계의 경우에는 표준 지시 전력계로 일정한 전력을 가해 두고 회전 원판의 규정 회전수에 요하는 시간을 측정하여 오차를 구한다.

지시관 (指示管, indicator tube) 레이더, ADF 등의 정보를 표시하는 브라운관이다.

지시기 (指示器, indicator) 여러 가지 동작 상태를 지시하는 것을 이른다.

지시 범위 (指示範圍, indicating range) 계기에 표시된 눈금 전체의 범위를 이른다.

지시 소음계 (指示騷音計, sound level meter) 마이크로폰 증폭기와 지시 계기로 이루어지며 소음의 크기를 지시하는 계기. 단 sound level meter는 미국 규격의 지시 소음계로서, 그 규격에 정해진 주파수 특성에 따라 웨이트가 붙여서 측정되는 지시를 sound level이라 한다. 척도는 [dB]이다.

지시 전력계 (指示電力計, indicating watt meter) 전력을 계측 지시하는 지시 계기를 이른다.

지시형 수용계 (指示形需用計, incrementing demand meter) 마찰 지침이 최대 수용 전력을 지시하도록 나아가게 하는 구조의 수요계, 수요량은 kW, kVA, A, kvar 기타 적당한 단위로 표시된다.

GCA (ground controlled approach) ⇨ 지상관제 진입 장치.

GR계 (——計, gain reductio indicator) 제한 증폭기로 제한의 정도를 측정하는 계기이다.

GS합금 (——合金, GS alloy) 금 10%, 은 90%로 이루어진 전기 기기의 접점용 합금을 이른다.

지역 제어 오차 (地域制御誤差, area control error) 연계 계통의 제어 지역에서의 주파수 편기는 정미의 융통 전력에서 바이어스된 계획 융통 전력을 뺀 것이다. 이것은 서보 메커니즘에서 보통 사용되는 제어 오차(기준량 – 피제어량)와 부호가 반대이다. ⇨ 주파수 바이어스 전력.

지연 (遲延, delay, time lag) 어떤 원인에 대하여 그 결과의 변화가 즉시 따르지 않는 현상을 이른다.

지연 경보 계전기 (遲延警報繼電器, delayed alarm relay) 자동 교환기 등의 고장에 있어서 어떤 사상(事象)이 발생한 다음 일정 시간 후에 경보를 발하기 위한 계전기이다.

지연 기억 장치 (遲延記憶裝置, delayline memory) 순환 기억(장치)의 순환로에서 지연선이 주체가 되는 기억(장치)를 말한다. ⇨ 순환 기억(장치).

지연 시간 (遲延時間) (1) retardation time 어떤 점에서 어떤 시각에 존재하는 전류나 전하에 따른 전자적 영향은 전자파의 속도를 c 라 하면 그 점에서 r 의 거리만큼 떨어진 점에는 r/c 만큼 시간이 경과한 후에 그 영향을 주는 것으로 이 시간을 지연 시간이라 한다. 벡터 퍼텐셜과 스칼라 퍼텐셜은 지연 시간에 관한 것을 도입한 것이다. (2) delay time 전송계의 입력 측에 전류 0인 상태에서 갑자기 일정값의 전류를 가하여 그 때를 시간의 기산점으로 하여 출력측과, 입력측에 가한 전류값의 전류가 흘러나올 때까지의 시간을 그 전송계의 지연 시간이라 한다.

지연 AGC (遲延 ——, delayed automatic gain control) 공간 혹은 선로를 사용하는 통신에 있어서 어떤 레벨 이하의 입력 신호에 대하여서는 (이것을 충분히 증폭하기 위하여) AGC(자동 이득 제어) 효과를 억제하고 입력 레벨이 일정한 임계점(지연점)을 넘은 뒤부터 AGC 효과를 나타내 출력 레벨을 일정하게 유지하도록 한 장치이다.

ㅈ

지연 일그러짐 (遲延 ——, delay distortion) 전송량 중 위상량이 주파수에 정비례하지 않기 때문에 생기는 일그러짐. 입력 신호 파형을 구성하는 각 성분 주파수의 세력이 고른 지연시간을 거쳐서 출력측에 나타나지 않기 때문에 파형 일그러짐이 된다.

지연 조절 (遲延調節, delay control) 로런 수신기에서 2국 간의 신호를 중첩하기 위한 조절을 지연 조절이라 한다.

지연형 레지스터 (遲延形 ——, delay line register) ⇨ 지연형 치수기.

지연형 치수기 (遲延形置數器, delay line register) 음향적 또는 전기적 지연선을 사용한 레지스터이다. ⇨ 레지스터.

지연 회로 (遲延回路, delay circuit) 그 출력 파형이 입력 파형과 비슷하며 또한 일정한 시간 τ만큼 늦게 할 수 있는 회로를 말한다. 해당 회로의 필요 조건으로서는 감쇠가 주파수에 관계 없이 일정할 것, 위상 정수가 주파수에 비례하여 증대하는 것 등이다. 통상 순 리액턴스만으로 이루어지는 격자형 또는 브리지 T형 회로가 쓰이는데 어떤 일정한 길이를 갖는 무왜(無歪) 전송선도 적합하다. 또 펄스용의 장시간 지연 회로로서는 멀티바이브레이터, 팬터스트론 혹은 특수한 계전기 회로 등이 적합하다. ⇐ 지연 회로망, ⇨ 무왜조건.

지연 회로망 (遲延回路網, delay network) 감쇠량이 주파수에 관계 없고 위상량이 주파수에 정비례하는 회로망으로, 입력 신호 파형은 위상량의 크기에 따른 일정한 시간 지연을 받아 상사형으로 출력에 나타난다.

지열 발전소 (地熱發電所, geothermal power station, natural steam power station) 지중으로부터 분출하는 증기를 그대로 혹은 그것을 열원으로 하여 다른 매체를 증기로 하여 터빈을 운전하여 발전하는 발전소를 뜻한다.

㈜ 지열 지대로부터 얻어지는 고온의 증기·열수 외에 지하의 고온 암체에 지상에서 물을 쏟아 부어 그것을 열원으로서 이용하는 고온 암체 발전도 최근 주목을 받고 있다.

지이 (Gee) 동기 펄스를 송신하는 VHF의 항공방식으로, 이들 펄스의 도래 시간차를 측정함으로써 쌍곡선상의 위치선을 결정할 수 있도록 한 것이다.

지자계 (地磁界, earth magnetic field) 지구상의 임의 지점에 자침을 놓으면 거의 남북을 가리키는 것은 부근의 공간이 하나의 자계를 형성하고 있는 것을 의미하는 것으로서, 이것을 지자계라 한다.

지자기 (地磁氣, earth magnetism, terrestrial magnetism) 지구의 자성을 이른다.

지전류 (地電流, earth current, natural current, terrestrial current) 지구의 외각(外殼)을 흐르는 자연적인 전류. 자기람(磁氣嵐) 등의 경

우에 급격한 변화를 한다. 또 조수의 간만(干滿)과도 관계가 있다.

지전류 (遲電流, lagging current) 회로가 유도성인 경우에는 전류는 전압보다 늦으므로 지전류가 흐른다. 예를 들면 직렬회로에서 공진 때보다 높은 주파수 범위에서는 유도 리액턴스 X_L은 용량 리액턴스 X_c 보다 커지므로 회로는 유도성이 되고 따라서 전류는 전압보다 뒤져서 지전류가 흐른다. ⇔ 진전류

지전위 (地電位, earth potential, ground potential) ⇨ 대지 전위.

지주 (支柱, pole brace, push brace, sturt) 전주에 장력이 걸려 전주가 쓰러지는 것을 방지할 목적으로 사용되는 지주. 지선을 사용할 수 없는 곳이나 지선으로는 강도가 부족할 때 사용한다.

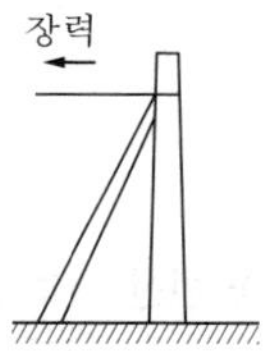

[지주]

지중 관로 (地中管路, underground conduit) 맨홀 등 지하 케이블을 안전하게 보호하기 위한 시설로서 콘크리트관, 철관, 도관(陶管) 등 여러 가지가 사용된다.

지중선 (地中線, underground line) ⇨ 지하선.

지중선 긍장 (地中線亘長, conduit bank km) 관로의 수, 모양, 크기에 상관 없이 관로군을 하나의 구조물로 간주하고 그 길이를 km로 표시한 것. 맨홀, 케이블 갤러리의 길이를 포함한다.

지중 선로 (地中線路, underground line) 땅속에 매설한 전선로를 이른다.

지중 인입선(地中引入線, underground service conductor) 변압탑, 배전함, 가공 전선로의 지지물 등으로부터 직접 수용 장소에 이르는 지중 전선(지상의 입상 부분을 포함)을 지중 인입선이라 한다.

지지물 (支持物, support, supporting structure) 전선을 지지하는 구조물이다.

지지물 긍장 (支持物亘長, pole km) 지지하는 도선수, 회로수에는 관계 없이 지지물(목주, 철탑 등)간의 거리의 합계를 km로 나타낸 것이다.

GGG (gadolinium gallium garnet) 가돌리늄 산화물과 갈륨 산화물을 고온에서 반응시킨 액에서 결정을 건져내서 만든 재료로서 불휘발성, 고밀도의 기억 장치로 사용되지만 아직은 생산 원가가 비싸다.

G 층 (——層, G layer) 1930년경까지는 F_2 층 위에 다시 전리층이 있다고 생각되었으며 이것을 G층이라고 하였으나 현재는 이론적으로나 실험적으로나 G층이라는 것은 존재하고 있지 않다는 것이 증명되었다.

지침 (指針, needle, pointer) 지시 계기의 계량을 지시하기 위한 것으로, 그 재질, 구조, 형상이 제동, 기계적 공진 등 동작과 성능에 영향을 미치고 또 눈금을 읽는 정확도와도 관련이 있기 때문에 중요하다. 끝은 배전반용 계기 등에서는 창 모양과, 하트 모양 등이 있고 휴대용 계기에서는 시차(視差)를 적게 하기 위하여 칼날 모양이나 가는 선을 사용한다. 재료는 알루미늄 또는 두랄루민 등이 사용된다.

지침 검류계 (指針檢流計, pointer galvaometer, point galvanometer) 가동 부분에 지침을 붙여 그 변위에 의해서 전류의 유무를 검출하는 것으로, 매우 예민한 전류계의 일종이다. 보통 가동 부분은 선조식(線弔式) 또는 장선식(張線式)으로 되어 있으며 감도는 10^{-7}A/mm 정도이다.

지침 계량반 (指針計量盤, pointer dial, pointer register) 적산 전력계의 계량 장치의 지시반의 일종. 각 계량 치차의 축이 문자판을 관통하고 그 축에 각각 지침을 붙인 것. 이것은 가스 미터에 많이 사용되고 있다.

지침형 (指針形, pointer type) 지시 계기나 검류계에서는 광시식 (光示式), 반조식(反照式)의 지시 형식이 사용되는 데 비하여 이것은 지침으로 지시하는 형식의 것을 이른다. 적산 계기의 경우는 현자형(現字形)에 비하여 지침으로 계량을 지시하는 형식의 것을 말한다.

지침형 계량 장치 (指針形計量裝置, dial register, pointer counter) 적산 전력계 등의 계량 장치의 하나로, 계량이 지침으로 표시되는 형식의 것을 이른다.

지터 (jitter) 기계적인 교란 또는 전원 전압 및 구조 부분의 특성의 변화로 인하여 생기

는 파형의 근소하고 신속한 변동을 지터라 한다.

GT관 (── 管, GT tube) 그림과 같은 모양의 소형 진공관으로, 전장은 약 9cm로 ST관보다 작고 관구의 지름은 3cm 정도이다. 베이스는 옥탈 베이스를 사용하고 있다.

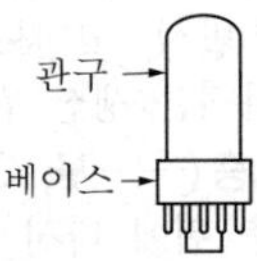

[GT관]

GTO 사이리스터 (gate turn off thyristor) 통상의 사이리스터와 기본적으로 같은 구조이지만 사이리스터에서는 턴 오프 시키기 위하여 애노드 전류를 보조 전류 디바이스 또는 회로에 의하여 딴 곳으로 옮길 필요가 있는 것에 대하여 게이트의 음전류를 흘림으로써 턴 오프할 수 있는 사이리스터이다. 개폐 동작이 빠르고 주로 직류의 개폐에 사용된다.

지표 공중선 (地表空中線, ground antenna) 지상에 두어진 공중선 또는 지표에 접하여 부설된 공중선을 지표 공중선이라 한다. 공전이 많을 경우에 유효하다고 한다.

지표면 덕트 (地表面 ──, surface duct) 지표상에 온도, 습도, 기압(기상의 3요소라 한다) 중 주로 온도 및 습도가 역전하는 층이 있고 이 하한(下限)층이 지표면인 대기의 덕트를 이른다. 일반적으로 지상 높이가 높아짐에 따라 온도는 (표준 대기에서는 0.65°/100m)저하하지만 그림과 같이 역전하면 특히 마이크로파에서는 이에 의하여 굴절된다. 덕트가 주로 발생하는 시기는 여름에 해안선에 많으며 또 야간에 안정된 덕트가 발생하는 경우도 있다.

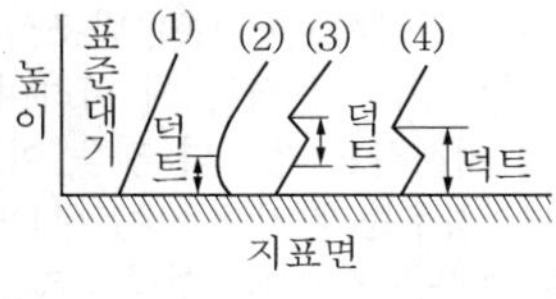

[지표면 덕트]

지표면 트래핑 (地表面 ──, surface trapping) 대류권 전파(對流圈傳播)에 의하여 전파 에너지가 지표면을 따라 전파하는 것. 주로 M곡선이 접지성 S형으로 될 때 발생한다. ⇨ 지표면 덕트.

G 표시 (── 表示, G display) 레이더에서 레이더 안테나가 방위적(方位的)으로 목표를 향하고 있을 때 목표는 가로 좌표의 중앙에 나타나 목표에 이르는 거리가 감소함에 따라서 블립상에 날개 모양이 나타나는 방형 표시. 이 때 수평 수직 조준 오차는 각각 블립의 수평 및 수직 편위로 지시된다.

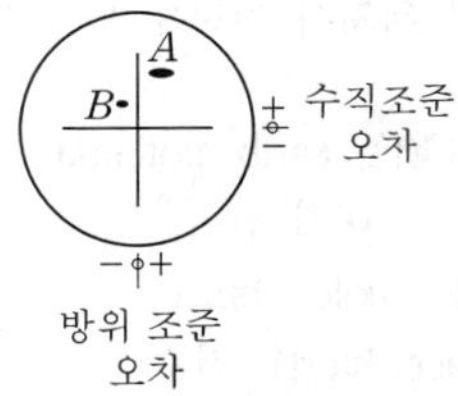

[G 표시]

지하 변전소 (地下變電所, underground substation) 지하에 설치된 변전소를 이른다.

지하선 (地下線, underground line) 지하관로 또는 직접 매설을 하여 지중에 부설된 선로이다.

지하 선로 (地下線路, underground line) ⇨ 지하선.

지하 철도 (地下鐵道, subway) 지하에 시설된 선로상을 운행하는 철도이다.

지하 케이블 (地下 ──, underground cable) 관로 수용하거나 또는 직접 지하에 매설하여 부설한 케이블이다.

지향성 (指向性, directivity) 방향에 따라서 송신 공중선으로부터의 방사 전계 또는 수신 공중선에 대한 입력이 달라지는 특성을 이른다. 지향성을 표시하기 위해서는 송신점 또는 수신점을 원점으로 한 극좌표를 사용하여 각 방향의 벡터의 길이를 전계 강도 또는 방사 전력에 비례하여 취한다. 지향성은 일반적으로 입체적인 것이며 어느 축에 대하여 대칭이므로 실제로는 그 축을 포함한 면에서 자른 단면의 극좌표 곡선을 그리면 된다.

지향성 공중선 (指向性空中線, directional antenna, directive antenna) 어떤 방향에 대하여 날카로운 지향 특성을 나타내는 공중선의 총칭으로, 특히 수직면 내에 지향 특성을 나타내는 것을 수직 지향성 공중선, 그리고 수평면 내에 지향 특성을 나타내는 것을 수평 지향성 공중선이라 한다. ⇔ 무지향성 공중선.

직각 변조 (直角變調, quadrature modulation) 동일 주파수의 반송파를 위상차가 90°인 2개의 다른 것으로 나누어 그것을 각각 진폭 변조(반송파 억압)해서 합성한 변조를 이른다. 따라서 피변조는 위상, 진폭의 변조를 받은 모양이 된다. NTSC 방식의 천연색 TV의 I 및 Q 신호를 전송하는 데 사용된다.

직각분 (直角分, quadrature component) 어떤 벡터양을 기본 성분과 그것에 직교하는 성분으로 나누어서 생각했을 경우 직각 방향의 성분을 이른다. 예를 들면 임피던스에 대해서는 저항분을 기본 성분으로 하면 이것과 직각인 리액턴스분을 지칭한다.

직각분 전위차계 (直角分電位差計, rectangular coordinate type potentiometer) 교류 전위차계의 하나로, 피측 전압의 실효분과 직각분이 각각 별도로 직접 측정되는 원리의 것을 이른다.

직각 위상 (直角位相, quadrature phase) 전압 또는 전류에서 위상이 90°다른 것을 직각 위상이라 한다.

직각 좌표 전위차계 (直角座標電位差計, rectangular coordinate type potentiometer) 교류 전위차계의 하나로, 피측 전압의 실효분과 직각분이 각각 별도로 직접 측정되는 원리의 것을 이른다.

직격뢰 (直擊雷, direct stroke) 뇌운(雷雲)에서 송전선 등에 직접 방전이 되는 경우를 이르는 것으로, 이것을 직격뢰라 한다. 대단히 높은 전압이 송전선에 나타난다. 이에 대하여 뇌운이 송전선 등에 가까워짐으로써 고전압이 정전적으로 유도되는 경우는 유도뢰라 한다.

직결 (直結, direct coupled) 회전기를 구동시킬 경우에 축과 축을 직접 커플링으로 연결시키는 것을 이른다.

직결 공동 (直結空洞, direct coupled cavities) 공동을 여진(勵振)하기 위하여 공동의 일부에 구멍을 내고 도파관과 직접 결합하도록 되어 있는 것. 동축 선로를 통해서 결합할 경우와는 다르다.

직결 증폭기 (直結增幅器, direct-coupled amplifier) 증폭기의 단간 결합에 있어서 커패시터나 변성기를 사용하지 않고 직접 도전 결합하는 것. 동작 주파수 범위가 넓고 직류 전류의 약간의 변화분 등을 증폭하는 데에 적합하지만 직류 증폭기 그 자체는 아니다. DC 증폭기라고 약어를 쓰면 혼동하기 쉽다.

직권 과전류 계전기 (直捲過電流繼電器, series overcurrent relay) 보호해야 할 회로의 전류가 어떤 정정값(整定値) 이상으로 된 것을 검출해서 미리 정정된 시한 또는 순시에 그 접점을 닫거나 개방하는 것으로, 그 계전기의 코일 전류로서 회로 전류가 직접 흐르는 것. 따라서 회로가 고압일 경우에는 전체를 절연시키지 않으면 안 된다.

직권 발전기 (直捲發電機, series generator) 주계자 권선이 전기자 권선과 직렬로 접속되어 있는 발전기이다.

직권 아크등 (直捲——燈, series-wound arc lamp) 탄소 아크등의 시동, 전극의 공급, 조정 등을 자동적으로 하기 위한 전자석이 아크 자신에 직렬로 삽입되어 있는 것으로, 정전류 회로용이다.

직권 전동기 (直捲電動機, series motor) 전기자와 계자 권선이 직렬로 접속되어 있는 정류자 전동기. 기동 토크가 크고 부하에 의한 속도 변동이 크며 경부하 및 무부하에서 위험한 고속이 될 수도 있다.

직권 코일 (直捲——, series coil) 전기자와 직렬로 접속된 주계자 코일을 이른다.

직독 (直讀, direct-reading) 측정되는 양을 직접 측정기의 다이얼 상 또는 지시계 상에서 읽을 수 있는 것을 뜻한다.

직독 계기 (直讀計器, direct-reading instrument) 직독할 수 있도록 눈금을 매긴 계기(판)이다.

직독식 지시기 (直讀式指示器, direct-reading indicator) 눈금을 직접 측정되는 양으로 읽을 수 있도록 되어 있는 지시기. 특히 응용 계기 등으로 불릴 때가 많다.

직동 기록 계기 (直動記錄計器, direct writing recorder) 계기의 동작 부분인 가동부에 직

접 펜 또는 세관(細管)이 붙어 있어서 기록지 상에 직접 기록하는 것을 이른다.

직렬(直列, series) 둘 이상의 저항기나 전원 등을 순서에 따라 차례로 1열로 접속하는 것을 직렬이라 한다.

직렬 공진(直列共振, series resonance) 전원에 대하여 저항 R, 인덕턴스 L, 용량 C를 직렬로 접속했을 경우 전원의 각주파수가 $\omega_0=1/\sqrt{LC}$인 때 회로의 임피던스가 최소로 되고 전류는 최대가 된다. 이 상태를 직렬 공진이라 하고 ω_0을 공진 주파수라 한다. 이 경우 L 및 C의 단자 전압은 전원 전압의 Q배가 되므로 직렬 공진 또는 전압 공진이라고도 한다. ⇔ 병렬 공진.

직렬권(直列捲, series winding) 《전기자》 직류기의 전기자 권선의 파권(波捲)을 이른다. 병렬 회로수가 중첩권에 비하여 적기 때문에 이런 명칭이 붙었다.

직렬 권선(直列捲線, series winding) 어떤 전기 회로에 직렬로 접속된 권선. 또는 복권기에서 전기자에 직렬로 접속된 주계자 권선을 직렬 권선이라 한다.

직렬 궤환 증폭기(直列饋還增幅器, series feed-back amplifier) 출력 회로에 직렬로 삽입한 저항에 발생하는 전압 강하를 입력측으로 되돌려 보내는 궤환 방식을 사용한 증폭기이다. ⇐ 전류 궤환 증폭기, ⇨ 병렬 궤환 증폭기.

직렬 변압기(直列變壓器, series transformer) 한쪽 권선이 회로에 직렬로 접속되어 사용되는 변압기. 또 그 권선을 직렬 권선이라 한다. 직렬 권선을 1차 권선, 다른 권선을 2차 권선이라고 생각한다.

직렬 저항(直列抵抗, series resistance) 일반적으로 어떤 회로에 직렬로 접속된 저항을 이른다. 또한 등가 직렬 회로의 저항을 가리킬 때도 있다. ⇨ 병렬 저항, 분로 저항.

직렬 점등(直列點燈, series lighting) 복수개의 전등을 직렬로 해서 전원에 연결하는 점등 방식. 옛날 탄소 아크등을 도로 조명에 사용했을 당시에는 그 특성, 성능에 따라서 직렬이 병렬로 점등하는 것보다 좋다고 생각되었다. 현재의 백열 전구, 수은등 등의 경우는 반드시 그렇지도 않으며 따라서 별로 사용되지 않는다.

직렬 콘덴서(直列——, series capacitor) 송배전 선로의 부하와 직렬로 접속하여 선로의 인덕턴스에 의한 전압 강하를 보상하여 전압 변동률의 개선, 수전단 전압의 유지, 송전 용량의 증가 또는 송전선의 안정도 증진에 기여하는 것을 직렬 콘덴서라 한다.

직렬 트립 코일(直列——, series trip coil) 병렬 2회선에서 발전단(發電端) 모선 가까이에 고장이 발생했을 경우 먼저 발전단에서 고장 회선을 선택 차단하고 다음에 수전단에서 선택 차단하는 것을 직렬 트립이라 한다. 그 차단 구동용 코일을 직렬 트립 코일이라 한다.

직렬형(直列形, series connected type) 《자기 증폭기》 자기 증폭기에서 두 출력 권선을 직렬로 접속한 회로 형식을 이른다.

직류(直流, direct current) 약어 DC, 한 방향으로, 그리고 대체로 일정한 크기를 가진 전류. 교류의 대응어. 소용량의 경우는 화학전지나 특수한 에너지 변환장치에 의해서 빛 또는 연료인 에너지를 변환하여 얻어지지만 대량의 직류는 현재 교류 전력을 변환하는 이외는 유력한 방법이 없다.

직류 균압기(直流均壓機, DC balancer) 3선식 직류 배전 방식에 사용되는 것으로, 주발전기는 2선식의 것을 사용하고 주발전기의 1/2의 단자 전압과 동일한 직류 발전기를 2대 기계적으로 연결한 것을 전기적으로 직렬로 접속하여 그 2선 간에 병렬로 접속하고 주발전기로부터의 2선과 2대의 직류 발전기 간의 중성점으로부터의 1선으로 3선식 배선을 얻는다. 이 2대의 발전기를 균압기라 한다. 만일 1선과 중성점 사이의 부하와 다른 1선이 중성점 사이와 부하 사이에 불평형이 생기면 균압기는 그 불평형을 없애도록 작용한다.

직류기(直流機, DC machine) 정류자와 브러시에 의해서 외부 회로에 대하여 직류 전력을 공급하는 발전기로, 혹은 외부 전원에서 직류 전력을 공급 받아 전동기로 운전할 수 있는 회전기. 발전기로서나 전동기로서나 제어성이 매우 좋고 부하의 성질상 이와 같은 것을 필요로 하는 용도가 많지만 일반적으로 구조가 복잡하고 값이 비싸므로 널리 쓰이는 기기라고는 보기 어렵다. ⇨ 워드레오나드방식.

직류 기전력 (直流起電力, direct electromotive force) 방향 및 크기가 일정한 기전력. 전지 또는 열기전력은 그 일례이다. ⇨ 교류 기전력.

직류 발전기 (直流發電機, DC generator) 직류 전력을 발생하는 발전기이다.

직류 배전 (直流配電, DC distribution) 직류 전기로 배전하는 것을 이른다.

직류 변류기 (直流變流器, direct current transformer) 직류 대전류를 측정하기 위한 장치로서 피측정 전류를 통하는 1차 권선과 보조 교류 전원에 접속되는 교류 2차 권선이 있으며, 교류 회로의 인덕턴스가 직류에 의해 변화하는 것을 이용한 것. 피측정 전류와 쇄교하는 철심 자로 중에 회전 전기자를 설치한 것 등이 있다.

직류 변압기 (DC converter) 직류 전압을 변성하는 회전기. 넓은 뜻으로는 직류 - 직류 발전기도 그 일종이며 3선식 발전기도 이에 속한다. 특수한 것으로서 크롬톤식 단권 변성기, 오사나식 분극 발전기가 있지만 현재 사용되고 있지 않다.

직류 보상기 (直流補償器, compensator) ⇨ 직류 균압기.

직류 선택 차단장치 (直流選擇遮斷裝置, ground fault selecting device) 전기 철도용 직류 변전소에서 운전 전류와 사고 전류를 선택하여 사고 전류에 의해서 고속도 차단기를 조작시키는 장치을 이른다.

직류 송전 (直流送電, DC transmission) 직류 전력을 송전하는 것. 예를 들면 낙도로 송전하기 위해 고압 직류 케이블을 이용하여 송수 양단에 교직 변환장치를 설치한다. 전력 손실이 적고, 안정도가 좋지만 변환장치를 필요로 하여 비용이 많이 든다.

직류 승압기 (直流昇壓器, DC booster) 직류 회로의 전압을 제어하기 위해서 회로에 직렬로 접속된 직류 발전기를 직류 승압기라 한다.

직류식 (直流式, direct current system) 직류 전원에 의해서 운전하는 전기 철도방식이다.

직류 아크 (直流——, DC arc) 직류로 점등한 아크이다.

직류 안정화 전원 (直流安定化電源, stabilized DC power supply) 입력 전압이나 부하 전류의 어느 범위 내에서의 변화에 상관없이 부하 전압을 일정하게 유지하는 조정기구를 가진 직류 전원. 부하와 직렬 또는 병렬로 접속된 가변 저항요소(예를 들면 트랜지스터)에 의해서 제어하는 경우가 많고, 각각 직렬 및 병렬형의 조정장치(레귤레이터)라고 한다. 장치의 전압 기준으로서는 제너 다이오드와 수은전지 등이 많이 사용된다.

직류 재생 (直流再生, direct-current restoration) 텔레비전에 있어서 교류 전송과정에서 억압된 직류 및 저주파의 비디오 신호성분을 샘플링 과정에 의해서 복원하는 것. 샘플링은 비디오 신호 자신에 의하여 혹은 외부 펄스에 의해 이루어진다. 재생된 직류는 수상관에서 재생되는 평균 휘도를 송신된 화면의 평균 휘도와 합치 시키기 위해 이용된다.

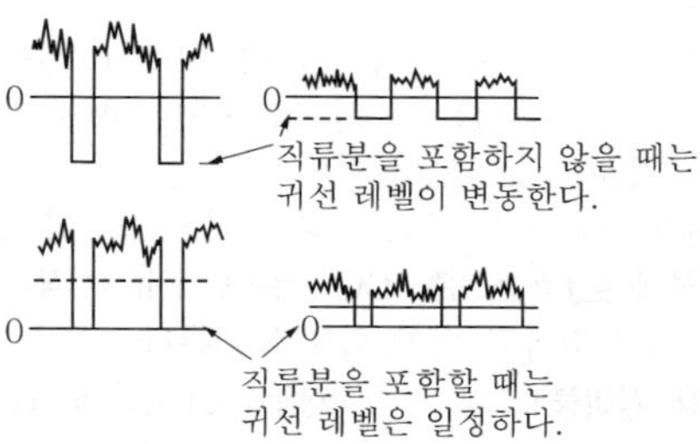

[직류 재생]

직류 저항 (直流抵抗, direct current resistance) 직류 전류에 대한 전기 저항. 교류 저항의 대응어이다.

직류 전동기 (直流電動機, DC motor) 직류 전류에 의해서 동작하는 전동기이다.

직류 전신 (直流電信, direct current telegraphy) 직류를 전신파의 마이크 또는 스페이스를 따라서 on, off하는 가장 간단한 통신 방법의 일종. 단류, 복류, 단신, 2중 등 여러 가지 통신 방식이 있다.

직류 전압 (直流電壓, DC voltage) 2점 간의 전위의 전위차가 전압이다. 그러나 그 극성이 시간에 대하여 변화하지 않는 전압을 말한다.

직류 전위차계 (直流電位差計, DC potentiometer) 두 직류 전압을 비교하는 장치. 통

상 표준 전지의 전압을 표준으로 하여 직접 다른 전압을 비교하는 것인데 정밀도가 가장 높은 측정 방법이다. 직류 전류, 직류 저항의 정밀 측정에도 사용된다.

직류-직류 변환회로 (直流-直流變換回路, DC-to-DC converter) 인버터에 정류기를 조합한 형태의 직류-직류 변환 회로. 회로의 적당한 제어점을 제어하여 안정화 직류 전원 장치로 사용하거나 출력 직류 전압을 변화할 수 있는 가변 직류 전원으로 할 수 있다. 또 직류적으로 입·출력을 절연할 수 있으므로 고전압 직류 전원으로서 또는 극성 반전, 부동(비접지) 전원 등으로서도 사용할 수 있다.

직류 초퍼 (直流——, DC chopper) 직류 전류를 단속하는 전기적 또는 기계적인 단속기로서, 단속된 전류는 맥류 중에 포함되어 있는 신호를 증폭하기 위해 교류 증폭기로 증폭된다.
㊟ 직류 신호뿐만 아니라 빛, 적외선, 중성자 등을 단속하는 장치도 초퍼라고 한다. 모두 직류를 교류로 변환하여 드리프트의 염려가 없는 교류 증폭을 하는 것이 목적이다.

직류 회로 (直流回路, DC direct unit) 직류 전원에 접속된 전기 회로를 이른다.

직매 케이블 (直埋——, buried cable, buried wire) 관로를 사용하지 않고 직접 지하에 매설하는 케이블, 주로 강대(鋼帶)외장 케이블이 직매된다.

직병렬 (直竝列, series-parallel) 직렬과 병렬 양쪽을 겸하고 있는 것을 뜻한다.

직병렬 접속 (直竝列接續, series parallel connection, series multiple connection) 직렬 접속과 병렬 접속의 조합을 이른다.

직병렬 제어 (直竝列制御, series parallel control) 복수 개의 주전동기를 가진 차량에 대하여 기동시 전동기를 직렬, 직병렬, 병렬 등 여러 수단으로 전환해서 행하는 제어 방식을 이른다.

직선 검파 (直線檢波, linear detection) 저항과 콘덴서의 병렬 회로를 부하로 한 2극관 검파방식. 아주 큰 진폭의 피변조 고주파를 가함으로써 일그러짐이 적은 검파 출력을 얻을 수 있다.

직선 대수 특성 수신기 (直線對數特性受信機, line-log receiver) 레이더에서 작은 진폭 신호에 대해서는 직선적 진폭 특성을 가지고 큰 진폭의 신호에 대해서는 대수적(對數的) 특성을 갖는 수신기를 이른다.

직선법 (直線法, straight-line method) 감가상각비 산정 방법의 하나로, 매년도 감가 상각비가 일정액이 되는 것. 정액법이라고도 한다.

직선 변조 (直線變調, linear modulation) 변조 입력 레벨 대 송신기 출력 레벨이 직선성을 보전하는 변조. 이 직선성을 잃으면 진폭 변조 방식에서는 일그러짐이 발생하여 명료도가 떨어진다.

직선성 (直線性, linearity) 원인이 되는 양의 변화분과 그에 의해서 발생하는 결과량 간의 관계로서, 그것이 직선으로 주어지는 경우이다. 직선이 좌표의 원점을 통하는 경우는 비례관계가 있다고 한다.
㊟ 직선성은 실제 특성이 직선 특성에 얼마만큼 벗어나 있는가에 따라 주어진다. 실제 특성과 직선특성의 수평방향의 편차가 최소가 되도록 직선을 그엇을 때 생기는 최대의 편차 Δ_x를 입력량의 최대값 x_{max}의 백분율로 나타낸다.

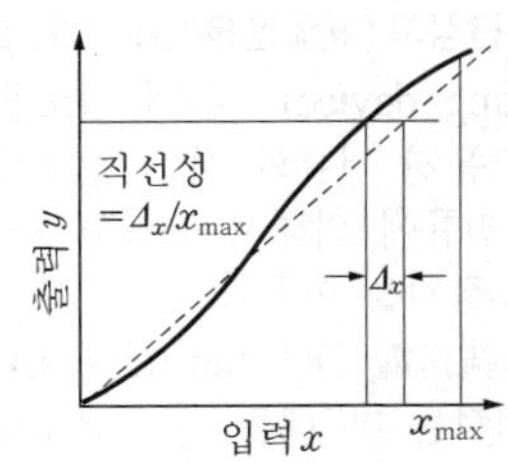

[트랜스듀서의 직선성]

직선성 조절 (直線性調節, linearity control) 음극선관의 편향의 직선성을 조절하는 것. TV 수신기에서는 편향 코일을 흐르는 톱니파형 전류의 직선성을 조절해서 목적을 달성한다.

직선 시간 축 (直線時間軸, linear time base) 톱니파형 전압, 전류처럼 시간에 대해서 그 파형이 직선적으로 변화하는 것은 음극선관 편향판의 시간축에 사용할 수 있다. 이와 같은 목적에 사용되고 또한 시간에 대해서 직선적 변화를 하는 전압, 전류를 이른다.

직선 일그러짐 (直線——, linear distortion) 증폭기나 전송 선로의 이득이 주파수에 대하여 일정하지 않기 때문에 생기는 진폭 일그러짐과 전파 시간이 주파수에 대하여 일정하지 않기 때문에 생기는 위상 일그러짐을 직선 일그러짐이라 한다. 이러한 일그러짐 값은 입력 신호에 대하여 직선 비례한다.

직선적 상한 (直線的上限, linearity sector) 코스 상한 또는 글라이드 패스 상한 내에서 단위 변위당의 DDM 증가가 일정하게 멈추는 코스선 또는 글라이드 패스선을 함유하는 상한을 이른다.

직선 정류(直線整流, straight line commutation) 직류기의 정류를 논할 때 기준이 되는 것으로, 정류를 받는 코일 중의 단락 전류의 시간에 대한 변화가 직선이 되는 것. 이 경우에는 브러시 내의 전류 밀도는 어디에서나 고르다.

직선 증폭 (直線增幅, linear amplification) 입력과 출력 간에 일그러짐이 없는 증폭을 이른다.

직선 철탑 (直線鐵塔, tangent suspension tower) 전선로에 수평 각도가 없는 직선 지점에 사용하는 철탑. 보통 수평각도 3°까지의 곳에도 사용할 수 있는 강도를 가지고 있다. 별칭 A철탑이라고도 한다. ⇨ 각도 철탑.

직선 특성 (直線特性, linear characteristic) 특성 곡선이 직선적인 것을 이른다.

직선 편파 (直線偏波, linearly polarized wave) 전파 방향을 표시하는 선상의 각 점에서의 전계 벡터가 이 선을 포함하는 평면 내에 있는 횡파를 이른다.

㈜ 전파 방향으로 직각인 평면을 생각하면 이 평면 위에서 전계 벡터의 투영은 하나의 직선이 된다. 직선이 아니고 원이나 타원으로 되면 그것은 원편파, 타원 편파라고 한다.

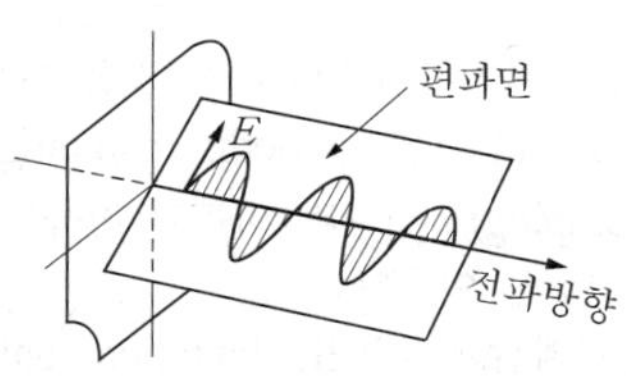

[직선 편파]

직송식 (直送式, straight forward system) 시외선의 접속에 있어서 발신국으로부터 착신국의 중계석에 접속하고 발신국으로부터 착신국에의 접속 의뢰를 시외선을 통해서 직접 접속하는 방식을 직송식이라 한다.

직시 검류계 (直示檢流計, aperiodic galvanometer) ⇨ 속시 검류계.

직열 음극 (直熱陰極, direct heated cathode) 음극 자체에 직접 가열 전류를 통해서 가열시키는 것. 통상 필라멘트의 구조를 이른다.

직열형 서미스터 (直熱型——, direct heated thermister) 발열체와 서미스터가 전기적으로 절연되지 않고 밀착되어 있는 것을 이른다.

직입 전동기 (直入電動機, line-start motor) ⇨ 전전압 기동 전동기.

직접 결합 (直接結合, direct coupling) 진공관 증폭기에서 그 단간(單間)의 결합 방법이 콘덴서 또는 변성기를 사용하지 않고 도전적(導電的)으로 결합하는 방식. 이 방식은 입력 저항을 높게 할 수 있고 또한 주파수도 직류부터 높은 곳까지 고르게 증폭할 수 있는 것이 특징이지만 양극 전압 등의 안정도가 충분하지 않으면 영점 표동(漂動)이 커지는 결점이 있다.

직접법 (直接法, direct method) 물상(物象)의 양을 측정하는 데 직접 그 양을 나타내는 표준기로 측정하는 것을 직접법이라 한다.

직접 에너지 변환 (直接——變換, direct energy conversion) 보통 발전처럼 1차 에너지에서 열 에너지, 기계 에너지 등으로의 변환 과정을 거치지 않고 직접 전기 에너지로 변환하는 것, 태양 전지, 연료 전지 등이 그러하고, MHD 발전은 엄밀하게는 직접 발전은 아니지만 기계 에너지를 경유하지 않았다는 뜻에서 직접 에너지 변환이라고 생각할 수 있다.

직접 재결합 (直接再結合, direct recombination) pn접합에서 주입된 소수 캐리어 혹은 열, 빛 등의 전자파에 의해서 여기된 전자-정공대가 불순물 준위를 매개함이 없이 직접 결합 소멸하는 과정을 이른다.

직접 조명 (直接照明, direct lighting) 광원에서 작업면에 비치는 광속의 대부분이 광원

ㅈ

으로부터 직사광이 되게 하는 조명 방법. 글로브를 사용하는 조명에서는 광원의 빛이 글로브를 투과한 후 작업면에 이르는데 이것도 역시 직접 조명이다.

직접 주파수 변조 (直接周波數變調, direct frequency modulation) 발진 회로의 LC를 음성 등의 진동으로 직접 변화시켜서 하는 주파수 변조를 이른다.

직접파 (直接波, direct wave) 송신 안테나에서 수신 안테나로 향하여 직접 방사되는 전파이다.

직접 현수 (直接懸垂, direct suspension) 《전기철도》 트롤리선의 현수 방식 중 가장 간단한 방식인데, 전차선을 적당한 절연 이어에 의해서 직접 완금(腕金) 또는 스팬선에 현수하는 방법을 이른다.

직축 (直軸, direct axis) 주계자극의 축. 횡축의 대응어이다.

직축 리액턴스 (直軸——, direct axis reactance) 동기기의 2 반작용법에 의한 리액턴스의 하나로서, 전기자 전류의 직축분에 대한 리액턴스이다. 그 전류에 의한 전기자 기자력의 중심은 자극의 중심과 일치한다. 즉 전류의 역률이 0인 경우에 해당한다.

직통 공기 브레이크 (直通空氣——, straight air brake) 제동관이 제동통과 직결되어 있으며 제동관 안은 상시(운전 중) 대기압 상태이고 제동을 할 때에만 제동 밸브로 본래의 공기 저장소로부터 제동관에 압력 공기를 보내서 제동하는 구조의 브레이크. 이 브레이크를 직통 브레이크 또는 직동 브레이크라 한다.

직편법 (直編法, direct deflection method) 측정법의 하나로, 계기 지침의 지시각으로 직접 측정값을 알 수 있는 방법이다. 예를 들면 고저항을 측정하는 경우 그 고저항과 검류계와 직류 전원을 직렬로 연결하여 검류계 지침의 지시로 저항값을 구하는 방법을 이른다.

진공계 (眞空計, vacuum gauge) 진공 장치의 진공도를 측정하는 장치. 마클레오드 진공계, 피라니 진공계가 있다.

진공관 (眞空管, vacuum tube) ⇨ 전자관.

진공관 검파기 (眞空管檢波器, vacuum tube detector) 진공관을 이용하여 전파를 검파하는 장치를 이른다.

진공관 계전기 (眞空管繼電器, vacuum tube relay) 진공관을 이용한 계전기. 정특성의 그리드 제어를 이용하는 것 및 발진 특성을 이용하는 것 등이 있다.

진공관 발진기 (眞空管發振器, vacuum tube oscillator) 진공관을 사용한 발진기. 현재의 발진기가 거의 이에 속한다.

진공 방전 (眞空放電, vacuum discharge) 희박한 기체를 통하여 발생하는 방전. 기압이 수은주 1mm 정도 이하에서 명암의 무늬모양을 가진 안정된 방전. 즉 글로 방전이 얻어진다. 봉입하는 기체의 종류에 따라 다른 색깔을 나타내므로 네온사인, 형광 램프 등에 이용된다. 또 진공도가 높아지면 음극선이 발생하여 광속은 어두워지고 양극 부극에서 관벽이 형광을 낸다.

진공 자외선 (眞空紫外線, vacuum ultraviolet ray) 200 mm 정도 이하의 단파장의 자외선. 이와 같은 파장역에서는 공기는 빛을 흡수하여 버리므로 이용에 있어서는 진공 분위기를 필요로 한다.

진공 증착 (眞空蒸着, vacuum evaporation) 금속을 피복하려고 하는 플라스틱이나 그 밖의 물체를 진공 용기 안에 넣고 진공 중에서 금속을 증발시켜 이 물체의 표면에 그것을 부착시키는 방법. 단순히 증착(vapor deposition)이라고도 한다.

진권 (進捲, progressive winding) 직류기의 전기자 권선의 한 방식. 가령 중권(重捲)인 경우에는 $y=y_1-y_2=+m$의 관계로 표시되는 것. 파권인 경우에는 $y=y_1+y_2=(k+m)/p=$정수의 관계로 표시된다. ⇨ 중첩권, 파권.

진동 (振動, oscillatory) 전기적인 것과 기계적인 것이 있다. 어느 경우이든 모두 일정한 시간마다 반복하여 변화하는 것을 이른다.

진동 감쇠 (振動減衰, periodic damping, under damping) 진동과 더불어 진폭도 감쇠하는 현상을 이른다.

진동 검류계 (振動檢流計, vibration galvanometer) 자석의 자계 안에 처진 가늘고 곧은

선이 그 속을 흐르는 전류의 주파수에 공진하여 진동하도록 되어 있는 검류로, 일정 주파수의 교류로 동작하지만 상용 주파수로 사용하는 경우도 많다.

진동 계전기 (振動繼電器, vibrating relay) 교류에 대한 접극자를 동조 진동시켜 그 접점의 단속으로 외부 회로를 제어하는 교류 계전기이다.

진동 모드 (振動――, oscillation mode) 수화기의 진동판이나 도파관, 공진선과 같이 정재파 진동이 발생하고 있는 경우에는 그 파복부(波腹部)와 파절부에 해당하는 것은 특히 진동 진폭이 크거나 또는 작기 때문에 그 진동 형식을 어떤 방법으로 검출할 수가 있다. 이 진동 형식은 특정한 진동을 특정짓고 있기 때문에 진동 모드라 한다.

진동 상수 (振動常數, oscillation constant) 진동 회로의 고유 진동 f는 인덕턴스 L과 커패시턴스 C의 곱의 평방에서 $2\pi f=\sqrt{LC}$로 정하여 지므로 이 $\sqrt{LC}$를 이른다.

진동성 방전(振動性放電, oscillatory discharge) 전기 방전을 하는 경우 회로의 저항이 비교적 작을 때에 일어나는 진동적인 방전을 이른다.

진동성 회로 (振動性回路, oscillatory circuit) 인덕턴스와 용량을 함유하고 또한 저항이 극히 작은 회로에서 용량 중의 전하를 인덕턴스나 저항을 통하여 방전시키면 진동 전류가 발생한다. 이 때 인덕턴스를 통하여 방전한 전하가 없어져도 진동 전류는 계속하여 흐르므로 콘덴서는 반대로 충전되고 이번에는 역방향의 방전이 시작되어 먼저와 똑같은 진동 전류가 발생한다. 그러므로 이와 같은 회로를 진동 회로라고 한다.

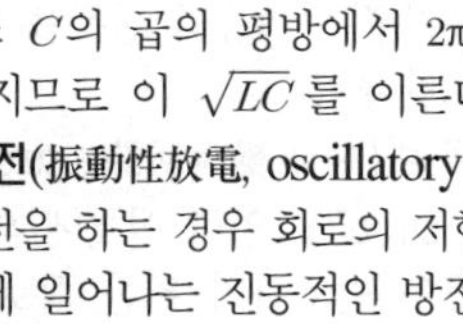

[진동성 회로]

진동자 (振動子, vibrator) 《오실로그래프》 피측 전원의 파형에 따라 진동하고 진동체에 부착한 작은 거울에 의하여 그 파형을 관측 또는 촬영하는 것이다. 예를 들면 가동코일형 전자 오실로그래프용에서는 두 줄의 극히 가는 동대(銅帶)를 팽팽하게 하여 거울을 붙이고 이것을 제동유를 넣은 용기에 넣고 용기마다 자극 사이에 집어넣게 되어 있다. 통상 그 용기도 함께 진동자라고 한다. 피측 전원의 주파수와 과도현상의 속도에 따라 진동자의 고유 주기가 다른 것이 사용된다. ⇨ 오실로그래프.

진동 전류 (振動電流, oscillating current) 고주파 전류를 진동 전류라 한다. 이 말은 최근 별로 사용되지 않으며 불꽃 발진기나 고주파 발진기가 널리 사용되었을 무렵 주파수의 높은 전류를 이와 같이 불렀다.

진동 정류기 (振動整流器, vibrating type rectifier) 영구 자석에 전원의 교류에 의한 교번 자계를 가하여 철 진동자에 전원과 동기가 된 진동을 주어 여기에 붙인 접점의 개폐 정류를 하는 장치를 이른다.

진동 주파수 (振動周波數, oscillation frequency) 단위 시간에 이루어지는 진동의 회수. 진동 주기의 역수에 해당한다. 보통은 단위 시간을 초, 진동 주파수의 단위는 [Hz]로 표시된다.

진동판 (振動板, diaphragm) 송화기, 마이크로폰, 수화기 등에서 음향 신호를 전기 신호로, 또 전기 신호를 음향 신호로 변환시키기 위하여 진동하는 판. 주로 금속 엷은 판이 사용되며 소요 주파수 전역에서 감도가 균일하기 위해서는 가급적 전 면적이 같은 진폭, 동위상으로 진동하는 것이 바람직하므로 평면판이 아니고 얇은 구면 또는 원추면의 판이 사용된다.

진동편 주파계 (振動片周波計, vibrating reed frequency meter) 금속의 가는 조각을 고유 진동순으로 배열하고, 이것을 코일로 구동하게 한 것. 코일에 흐르는 교류의 주파수에 공진한 진동편만을 크게 진동하여 주파수를 알 수 있다.

진동형 전압 조정기 (振動形電壓調整器, vibrating type voltage regulator) 전자석과 이에 대한 스프링에 의하여 진동하는 접점이 있고, 이 접점의 개폐로 여자 회로에 직렬로 접속한 저항을 회로에 넣거나 단락시킴으로써 발전기의 단자 전압을 자동적으로 일정하게 유지하는 장치를 이른다.

진동 회로 (振動回路, oscillation circuit) 진동 전류를 발생하는 전기 회로이다.

진방위 (眞方位, true bearing) 기준선의 방향을 진북(眞北)으로 선정하였을 때의 방위를 진방위라 한다.

진상기 (進相機, phase advancer) (1) 송배 전선로의 역률을 개선하기 위하여 그 선로에 병렬로 접속하는 회전기로서, 동기기 또는 비동기기의 두 종류가 있다. (2) 권선형 유도 전동기의 역률을 개선하기 위하여 그 2차측에 여자 전류를 공급하는 교류 정류자기를 진상기라 한다.

진상 부하 (進相負荷, condensive load) 콘덴서와 같은 정전 용량성의 부하를 이른다.

진성 도전율 (眞性導電率, intrinsic conductivity) 반도체에 있어서 전계의 영향 아래 전자 정공의 이동도에 수반되는 전류에 관한 도전율, 전자 전공의 이동도를 각각 μ_n, μ_p로 하면 진성 도전율은 $\sigma_I = qn_i(\mu_n + \mu_p)$로 주어진다. 여기서 q는 전기 소량의 전화, n_i는 진성 캐리어 농도(전자 정공 농도의 기하 평균값)이다.

진성 반도체 (眞性半導體, intrinsic semiconductor) 전기적 특성에 영향을 미칠만한 불순물을 포함하지 않은 반도체. 고순도의 실리콘이나 게르마늄의 결정은 이에 해당한다.

ㅈ

진입등 (進入燈, approach light) 공항 조명등의 하나. 활주로 끝단에서부터 1,050 m 떨어진 곳에 있는 항공 무선표지(middle marker)에서 활주로 끝단까지 항공기를 유도하기 위한 등. 활주로 말단에서부터 통상 900 m까지 사이에 30 m 간격으로 배치하고, 그 주빔을 진입하는 항공기에 향하게 한다. 광도는 100,000 cd 이상으로 하고 규정에 따라 관제탑에서 제어한다. 200~500 W 전구를 쓰되 백색, 황색 또는 적색이다.

진전류 (進電流, leading current) 전압파보다 위상이 앞서는 전류파이다.

진전하 (眞電荷, true electric charge) 정전유도에 의하지 않고 실제로 물체 등에 대전한 전하를 진전하라 한다.

진 코스 (眞 ——, true course) 기준선의 방향을 진북으로 하였을 때의 코스이다.

진폭 (振幅, amplitude) 파동이 진동하는 최고의 높이. 정현파 교번 전류에서 그 순시값을 i, 각주파수를 ω, 시각을 t 라고 하면 $i = I\sin\omega t$ 가 되며 이 경우 I 를 그 진폭이라 한다.

진폭 변조 (振幅變調, amplitude modulation) 약어 AM, (1) 고주파 지속 전류는 순시값을 i_0, 진폭을 I_0이라 하면 $i_0 = I_0\sin(\omega_0 t + \theta)$로 표시된다. 이 I_0을 신호파에 따라서 변화시키는 것을 진폭 변조라고 한다. 그리드 변조, 양극 변조 등의 방식이 있다. (2) 전기량의 진폭이 제2의 양의 어떤 특정한 성질의 변화에 부응하여 변화를 초래하는 프로세스 또는 그 결과. (3) 파동의 진폭이 정보에 부응하여 그 크기를 변화시키게 되는 것. 신호파를 먼 곳의 지점에 전파시키는 경우에, 혹은 다중 신호를 동일 선로로 전송하고자 할 때에 곧잘 반송파라 불리우는 파동의 진폭을 신호파에 의해서 변조한다.

진폭 변조 회로 (振幅變調回路, amplitude modulation circuit) 입력 신호에 의해서 반송파의 진폭을 변조하기 위한 회로. 다이오드가 갖는 비직선성을 이용하여 신호와 반송파를 혼합하는 회로와 트랜지스터를 사용하는 회로 등이 있다. 후자에서는 예를 들면 이미터 접지 트랜지스터를 사용하여 그 이미터 회로, 베이스 회로에서 다이오드의 경우와 마찬가지의 변조를 하는 이미터 변조회로, 베이스 변조회로 혹은 베이스-이미터 간에 역바이어스를 부여하여 C급 동작을 시켜 이에 반송파를 입력함과 동시에 컬렉터-이미터 간에 입력 신호를 부여하여 변조하는 컬렉터 변조회로 등이 있다.

진폭 분리 (振幅分離, amplitude separation) 일정한 진폭 이하의 것과 이상의 것으로 신호 전류를 분리하고, 동시에 하나 이상의 정보를 전송할 수 있다. 예를 들면 TV에서는 동기 분리가 있다. 이와 같이, 신호의 진폭에 의해서 정보를 분리하는 것을 진폭 분리라고 한다.

진폭 분리기 (振幅分離器, amplitude separator) 둘 이상의 신호를 진폭의 차이에 따라서 분리하는 장치를 이른다.

진폭 왜율 (振幅歪率, amplitude distortion factor) 증폭기와 같은 파형 일그러짐을 발생하게 하는 것의 입력에 순수한 정현파형 전압을 가해서 증폭을 할 때 출력 파형에 생기는 일그러짐의 정도를 진폭 왜율이라 한다.

진폭 일그러짐 (振幅——, amplitude distortion) 증폭기 등의 입력 대 출력 특성이 직선적이 아니기 때문에 출력 중에 고주파를 발생함으로써 출력 파형이 입력 파형과는 다르게 되는 것을 이른다.

진폭 제한기 (振幅制限器, amplitude limiter) 입력 신호가 일정한 진폭 이하인 때에는 직선적으로 전송하고 그 이상인 때에는 일정한 값으로 진폭을 제한하는 장치. 방전관형, 2극관형, 그리드형, 양극형 회로 등이 있다.

진폭 특성 (振幅特性, amplitude characteristic) 증폭기, 검파기 등에서 입력 진폭과 출력 진폭의 관계를 나타내는 특성을 이른다.

진폭 판별기 (振幅判別器, amplitude discriminator) 2개의 신호 상대값의 함수로서의 출력을 갖는 회로를 이른다.

진폭 평형 (振幅平衡, amplitude balance) 진폭의 정부(正負)가 같아지는 평형 상태이다.

진폭 평형 제어 장치 (振幅平衡制御裝置, amplitude balance control) 2개의 관련된 신호의 상대적 출력 레벨을 조정하는 방식의 일부이다.

진행파 (進行波, progressive wave, travelling wave) 선로 위를 일정한 방향으로 전파하는 파동으로서, 전파속도는 선로 주위의 공간의 전자 상수에 의해서 변화하여 $c/\sqrt{\mu_r \varepsilon_r}$ 로 주어진다. $\mu_r \varepsilon_r$ 은 공간의 상대 투자율 및 상대 유전율이고 c는 진공에서의 빛의 속도이다. 무손실 선로에서는 전압파와 전류파는 선로상 어디서나 비례하고, 그 비율은 특성 임피던스 $\sqrt{L/C}$를 준다. L,C 는 선로의 단위 길이당의 인덕턴스 및 커패시턴스이다.

진행파관 (進行波管, travelling wave tube) 약어 TWT, 전자 흐름이 연속적으로 또는 되풀이하여 그것과 평행하여 거의 동기하여 진행하는 전자기파와 상호 간섭하여 전자 흐름에서 전자기파에 대하여 실질적인 에너지의 주고 받음이 이루어지는 전자관. 마이크로파 주파수 영역에서 증폭기 또는 발진기로 사용된다.

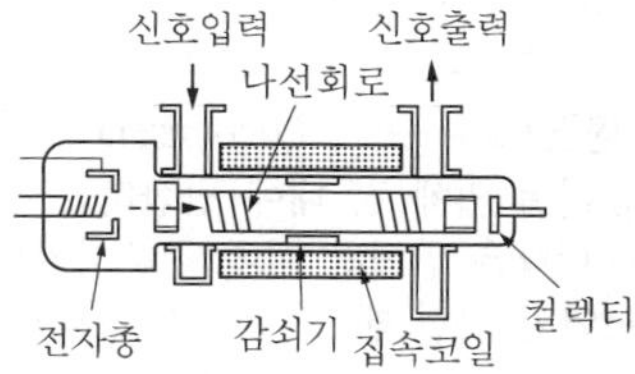

[진행파관]

진행파 클라이스트론 (進行波——, travelling wave klystron) 반사형 클라이스트론의 공동을 나선 회로로 하고 반사 전극에 의해서 전자를 이 나선 속을 왕복시킴으로써 궤환 작용을 시켜 발진시키는 클라이스트론을 이른다.

질량 분석기 (質量分析器, mass spectrometer) 물질을 그 성분의 질량/전기량이라는 비율에 따라 분석하도록 설계된 장치. 전계와 자계의 조합에 의하여 물질의 이온을 편향시켜 출력 전극 상에 분산 수집하여 검출 측정한다.

질량 저항률 (質量抵抗率, mass resistivity) 재질의 단위 질량을 균일한 단면적으로 단위의 길이로 늘렸을 때의 저항값이다.

질문 (質問, interrogation) 1개의 응답기 또는 일군의 응답기를 구동시키기 위한 무선 신호 또는 신호의 조합이다.

질소 봄베 (窒素——, nitrogen gas container, nitrogen gas cylinder) 질소 가스를 고압의 압축 기체로 해서 넣는 고압의 용기. 보통 두꺼운 강철제의 원통형 용기로, 상부에 고압계와 밸브가 달린 출구가 달려 있다.

질소 봉입 변압기 (窒素封入變壓器, nitrogen sealed transformer) 유입 변압기의 외함 속에 공기가 존재할 때는 공기 속의 산소 때문에 오일이 열화하거나 고장시 폭발을 일으킨다. 이것을 방지하기 위하여 외함을 오일을 사용하여 기밀로 하고 오일의 상부에 질소 가스를 봉입한 변압기를 이른다.

질화 규소 (窒化硅素, silicon nitride) 화학적으로 안정된 세라믹 재료. 기호, Si_3N_4. 전기 저항은 상온에서는 그다지 높지 않지만 고온이 되어도 저항값이 다른 세라믹스처럼 저하하지 않으므로 고온 전기 절연물로 사용된다. 또 알칼리 이온이 반도체 표면으로 확산하는 것을 방지하는 패시베이션 막으로서도 유효하다.

집광 렌즈 (集光——, condenser) 광원으로부터 어떤 입체 각 내에 발산하는 광선속을 이보다 작은 입체각 내에 집중시켜 높은 조도를 얻기 위한 렌즈. 볼록 렌즈로서 결상용(結像用)만큼 정도(精度)를 요하지 않고 집광하는 입체각은 가급적 큰 것이 바람직하다. 따라서 초점 거리에 비해서 구경이 크다. 이 때문에 소형은 비구면(非球面)도 많이 쓰이고 대형은 프레넬 형이 많다. 영사기, 투광기에 사용된다.

집광 필라멘트 (集光——, focusing type filament) 투광기, 영사기 등에 사용되는 전구는 발광부의 면적이 가급적 작고, 고휘도여야 한다. 집광 필라멘트는 이와 같은 목적에서 코일형 필라멘트(때로는 2중 코일)를 가능한 한 작게 한 것이다.

집군 (集群, bunching) 전자를 전자계, 전계 또는 양자를 병용하여 속도 제어를 하여 전자의 소밀한 분포를 형성시키는 것을 이른다.

집군기 (集群器, buncher) 클라이스트론에서 음극으로부터의 전자류에 속도 변조를 주는 전극이다.

집군 어드미턴스 (集群——, bunching admittance) 전자류가 집군을 받을 때 집군 전극에 대하여 가지고 있는 어드미턴스를 이른다.

집군 작용 (集群作用, bunching action) 고주파 전계에서 균일한 전자류의 전자의 속도를 변조함으로써 잠시동안 흐르는 사이에 빠른 전자는 느린 전자에 따라 붙어 공간적으로 전자의 소밀(疎密)을 생기게 하는 작용. 속도 변조를 하는 고주파 전계에 대하여 집군이 최적이 되는 곳이 있다. 이것을 optimum bunching이라 한다. 반대로 이것을 지나면 빠른 전자가 느린 전자를 추월하게 된다. 이와 같은 상태를 over bunching이라 한다.

집군 전극 (集群電極, buncher) 집군을 시키는 전극. 보토 buncher 라고 할 때는 클라이스트론의 제1 공동을 지칭한다.

집성 전압 (集成電壓, lumped voltage) ⇨ 지배 전압.

집속 (集束, focusing) 《전자류》 음극선 등의 하전 입자선에 자계 또는 정전계를 작용시켜 1점에서 나온 같은 속도의 입자선을 어느 거리의 점에 모아 묶는 것이다.

집속 조절 (集束調節, focusing control) 음극선관 형광면상의 광점의 크기를 조절하는 것을 이른다.

집속 코일 (集束——, focusing coil) 그 속에 전류를 흘려 거기서 발생하는 자계로 전자류를 집속하기 위한 코일이다.

집어등 (集魚燈, fishing lamp) 수중 동물이 빛을 따르는 성질을 이용하여 수상 또는 수중에 등화를 설치하여 이들을 모아 포획하기 위한 전등을 뜻한다.

집적 회로 (集積回路, integrated circuit) 약어 IC, 능동·수동 두 소자에 의한 둘 또는 그 이상의 회로가 단일 반도체 기판 위에 일체로 만들어진 회로 구조인데, 설계에서 제조, 시험, 운용에 이르기까지 하나의 단위로 다루어지는 것. 입력, 출력 및 전원 단자가 인출되어 외부에 접속된다. 구조상 반도체 직접회로, 막 집적회로 및 혼성 집적회로로 구별된다. 또 기능적으로 디지털 IC와 아날로그 IC로 구별된다.

집전 장치 (集電裝置, current collector) 고정 부분과 운동 부분 사이에 전력을 전달하는 것으로, 전차에서는 트롤리 막대, 뷰겔, 팬터그래프, 집전화(集電靴 : 제3 궤조식) 등이 있다.

집중권 (集中捲, concentrated winding) 교류기의 고정자 권선에서 1극 1상의 슬롯수가 1개인 권선. 직류기와 돌극(突極)형 동기기의 계자 권선도 그 일례이다.

집중 상수 (集中常數, concentrated constant) 전기회로에 있어서 그 파라미터를 장소적으로 집중한 것. 따라서 장소적인 확산에 의한 영향을 고려하지 않아도 되는 회로의 경우에 사용한다.

ㅊ

차내등 (車內燈, room lamp, room light) 차량의 내부 조명에 사용되는 등. 철도 차량용 조명등은 내진(耐振) 전구를 글로브에 넣어 사용하였으나 이제는 형광등이 사용되고 있다. 자동차용으로는 소형 전구가 주로 사용된다.

차내 신호 (車內信號, car signal) 기관차 내에 설치되는 소형 신호기. 궤도의 측면에 설치된 신호기의 표시 및 그 변화를 그대로 표시하게 하여 열차 운전의 전방 구간의 상태를 명백하게 하기 위한 것이다.

차단 거리 (遮斷距離, breaking distance) 차단 장치를 개로(開路)하였을 때의 양아크 접촉자 사이의 최소 거리로서, 개방상태에서 이 사이에 충분한 절연이 유지됨과 동시에 소호 거리의 최대한 이상임이 필요하다. 유입 차단기의 1상당의 합계 차단 거리는 11.5 kV에서 약 300 mm, 69 kV에서 약 700 mm, 161 kV에서 약 1,300 mm이고, 애자형에서는 이보다 약간 작다.

차단기 (遮斷器, circuit breaker) (1) 이상상태, 특히 단락상태에서 전로를 개폐할 수 있는 장치. (2) 《옥내전선》 전지작용 및 바이메탈의 굴곡작용을 응용한 과전류 보호장치로서, 전선 및 기계 기구의 보호에 사용되고 과부하 전류 및 단락 전류에 대한 보호능력이 있다.

차단 속도 (遮斷速度, breaking speed) 차단 장치를 차단할 때 가동 아크 접촉자의 이동 속도. 전 이동 거리의 10 및 90% 사이의 평균 속도를 일컫는 경우가 많다.

차단 시간 (遮斷時間, breaking time, interrupting time) 차단기의 차단 특성의 하나로서, 개극 시간(開極時間 : 폐로상태에 있는 장치의 트립기구에 부세(付勢)한 순간부터 아크 접촉자가 개리(開離)하기 시작할 때까지의 시간)과 아크 시간(아크 접촉자 개리의 순시로부터 각 상 또는 어떤 상이 소호할 때까지의 시간)의 합. 보통형에서는 8~10 Hz, 고속도형은 5Hz, 초고속도형은 3Hz이다.

차단 용량 (遮斷容量, breaking capacity, interrupting capacity, rupturing capacity) 규정된 사용 전압, 회로 조건, 동작임무 등에 따라 장치를 안정하게 차단할 수 있는 차단 전류의 한도를 표시하는 양으로, 전류값 또는 이 전류값과 사용 전압의 곱 VI(3상인 때에는 $\sqrt{3VI}$)의 값. kVA 또는 MVA로 표시한다.

차단 전류 (遮斷電流, breaking current, interrupting current) 차단기의 차단동작 중에 그 각 극을 흐르는 전류. 발호(發弧)순시에서의 값으로 표시한다.

차단 주파수 (遮斷周波數, cut-off frequency) 어떤 주파수를 경계로 하여 전송 에너지가 차단되거나 자유로이 통과하거나 하는 경우 그 주파수를 차단 주파수라고 한다. LC필터나 도파관 필터에는 이와 같은 성질이 있기 때문에 다중 통신 등에 이용된다.

차단 파장 (遮斷波長, cut-off wave-length) 도파관에 마이크로파가 전송되는 경우 어떤 파장보다 긴 파장의 파는 차단되어 전혀 전송되지 않는다. 이런 경우에 그 임계파장을 해당 도파관의 차단 파장이라고 한다. 일반적으로 도파관에는 고역(高域) 필터의 성질이 있고, 그 차단 파장은 도파관의 단면 형상과 치수에 대하여 전송파의 파형에 따라 결정된다. 예를 들면 구형 도파관의 긴변(長邊)과 단파의 길이를 각각 a[cm], b[cm]라 하고 $a=2b$인 경우 TE 파에 대하여는 표와 같은 관계가 있다.

파 형	차단파장
TE_{10} TE_{01}	$2a$ a
TE_{20} TE_{11}	a $0.89a$

차동 (差動, differential) 전압, 전류, 그 밖의 각 양의 두 차이에 의해서 동작하도록 한 것을 차동이라 한다.

차동 검류계 (差動檢流計, differential galvanometer) 두 전류의 차이에 의해서 동작하는 검류계. 가동 코일형 검류계의 경우에는 동일 가동 코일의 틀에 2개의 코일을 같은 방향으로 감고, 여기에 전류를 통했을 때 그 토크가 서로 반대가 되게 하여 사용한다.

차동 계전기 (差動繼電器, differential relay) (1) 다중 권선을 가진 계전기로, 이러한 권선의 전압, 전력 등의 차이가 소정값에 이르렀을 때 동작하도록 되어 있는 것. (2) 보호 계전기에서, 보호하여야 할 구간에 유입하는 전류와 유출하는 전류의 벡터 차이에 의해서 구간 내의 사고를 검지하여 동작하는 계전기. 유입·유출 두 전류의 비율에 따라 동작하는 것을 비율 차동형이라 한다.

ㅊ

차동권 (差動捲, differential winding) ⇨ 차동 권선.

차동 권선 (差動捲線, differential winding) 주 권선의 기자력(起磁力)과 상반되는 방향의 기자력이 발생하는 권선을 이른다.

차동기 속도 (次同期速度, subsynchronous speed) 동기 속도의 분수배의 속도를 이른다.

차동기 운전 (次同期運轉, crawling) 농형 유도 전동기의 이상 기동상태의 하나로, 부하가 요구하는 토크의 근소한 경우일지라도 가속을 할 수 없고 동기속도의 몇 분의 1의 저속도로 운전을 계속한다. 1차 및 1차 권선의 고조파 기자력 등에 의한 것이라 생각된다.

차동법 (差動法, differential method) 차동 이중을 하는 방법을 말한다.

차동 변압기 (差動變壓器, differential transformer) 《변환 계측기》 변압기 철심의 동작(변위)을 두 출력 권선의 유기전압의 차이로서 전압의 크기로 변환하는 트랜스듀서. 철심의 동작 방향이 반대가 되면 출력전압의 위상이 1차 입력 권선 전압의 위상에 대하여 반전한다. 동작 주파수는 상용 주파수인 경우도 있고 400 Hz 정도의 높은 주파수일 경우도 있다.

차동 복권 (差動複捲, differential compound) 《회전기》 직렬 계자 권선의 기자력이 분권 계자 권선의 기자력에 대하여 차동적으로 작용하는 복권 회전기를 이른다.

차동 복권 발전기 (差動複捲發電機, differential compound generator) 복권 발전기에서 직권 계자 기자력이 분권 계자 기자력에 상반되는 방향으로 작용하는 것. 수하(垂下) 특성을 얻기 위해서 사용된다.

차동 복권 전동기 (差動複捲電動機, differential compound motor) 복권 전동기의 직권 계자 기자력(直捲界磁起磁力)이 분권(分捲)계자 기자력과 상반되게 직권 계자 권선을 접속한 복권 전동기이다.

차동 서지 탱크 (差動——, differential surge tank) 수조 내부에 라이저라고 하는 세로관(縱管)을 갖는 서지 탱크를 이른다.

차동 이득 제어회로 (差動利得制御回路, differential gain control circuit) 2개 또는 그 이상의 연쇄적인 부등 입력(不等入力) 신호에서 소망하는 상대 출력 레벨을 얻기 위해서 단일 무선 수신기의 이득 또는 회로를 조절하는 방식의 일부를 이른다. 예를 들면, 계속 도래하는 펄스의 이득을 조정하는 로런 수신기에서의 회로가 이에 상당하다.

차동 이중 (差動二重, differential duplex system, polar duplex system) 송신 전류가 자국(自局) 수신기의 두 부분을 반대 방향으로 분류하여 그 효과가 소멸되고 상대국에 의한 수신 전류는 두 부분을 같은 방향으로 통하여 수신기를 동작하게 하는 2중 전신방식. 일반적으로 차동 유극(有極) 계전기를 거쳐서 한쪽은 선로, 다른 쪽은 의사 회로로 하여 임피던스를 평형시키는 방식이다.

차동 입력 (差動入力, differential input) 두 입력단자 각각과 공통점 사이에 가해져 있는 전압의 크기와는 상관없이 그들 두 전압의 차에 대해서만 응동하게 되는 입력 회로 방식을 이른다.

차동 전류계 (差動電流計, differential ammeter) 두 전류의 차에 의해서 동작하는 전류계이다. ⇨ 차동 검류계.

차동 증폭기 (差動增幅器, differential amplifier) (1) 출력 신호가 두 입력 신호의 차에 비례하는 증폭기. 예를 들면 연산 증폭기 등. (2) 《전송 선로》 두 입력단자에 차동적(중성점에 대하여 역극성이 되도록)으로 주어진 입력 신호에 의해서만 출력을 발생하게 되는 증폭기. 중성점에 대하여 두 입력단자에 동일 극성으로 주어진다. 다시 말해서 동상(同相) 모드 입력 신호는 저지하여 출력측에 나타나지 않도록 하는 것이 바람직하다.

$$R_{in} \gg R_1 + \frac{R_3 R_4}{R_3 + R_4} \quad R_0 \ll R_1,\ R_2$$

폐루프 입력 임피던스 : a단에서 R_1, b단에서 $R_2 + R_4$

폐루프 출력 임피던스 : $R_0/(1+A\beta)$

$$\text{전압이득}\ v_0 = \frac{R_4(R_1+R_2)}{(R_3+R_4)R_1} v_b - \frac{R_2}{R_1} v_a$$

$$= \frac{R_2}{R_1}(v_b - v_a) \left(\text{단},\ \frac{R_1}{R_2} = \frac{R_3}{R_4}\right)$$

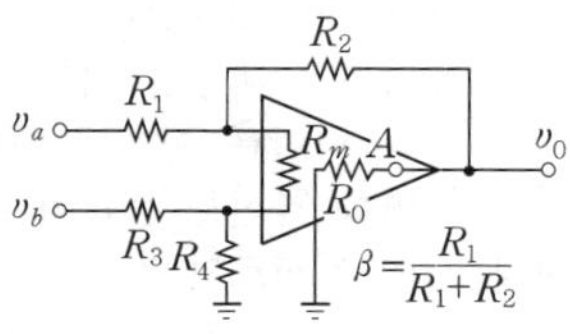

[차동 증폭기]

차동 콘덴서 (差動——, differential condenser) 2조의 고정판과 공통의 가동판을 가진 콘덴서로, 가동판의 회전에 따라서 정전 용량이 차동적으로 변화한다.

차동형 계전기 (差動形繼電器, differential type relay) 둘 또는 그 이상의 종류가 같은 전기량의 벡터차(差)가 예정값을 초과했을 때 동작하는 계전기이다.

차량 조명 (車輛照明, car lighting) 철도 차량이나 자동차 등의 조명. 예전에는 차축 또는 주행용 엔진에 의해 직류 발전기와 플로팅 축전지를 전원으로 하였다. 또 전차에서는 전차선 전압을 사용하였지만 이제는 형광등이 차 실내의 조명으로 사용되기 시작하였기 때문에 전동 발전기 등에 의한 교류 점등도 시도되어 쾌적한 조명이 문제가 된다. 그밖에 전조등(前照燈), 각종 신호등도 있다.

차분 검파 (差分檢波, differential detection) 직전의 신호상태와 현재의 신호상태를 비교하여 그 차를 검출하여 복조하는 것을 이른다.

차압법 (差壓法, differential pressure method) OF 케이블의 오일이 새는 지점을 측정하는 방법의 하나. 예를 들면 그림과 같은 케이블 배치에 있어서, 송단에서 거리 x의 지점에 누유가 발생하였다고 가정하자, 밸브 V_B를 닫고 V_A를 열었을 때의 차압을 D에서 측정하고, 다음에 밸브 V_B를 열고 V_A를 닫았을 때의 차압을 측정한다. 이들 두 차압 D_1, D_2로부터 누유점 x는 $x = 2LD_2/(D_1+D_2)$으로 구할 수 있다.

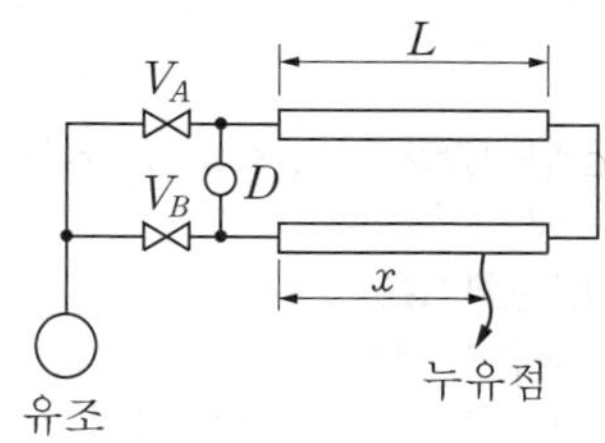

[차압법]

차원 (次元, dimension) (1) 어떤 변수량이 n개의 독립된 좌표의 값으로 정해질 때 그 n을 이 변수량의 차원이라 한다. (2) 물리량을 길이 L, 시간 T, 질량 M 및 계수의 넷을 조합하여 나타낸 것. 예를 들면, 기전력을 $L^{1/2} M^{1/2} T^{1/2} \varepsilon^{1/2}$으로 나타낸다.

차음 (差音, difference tone) 주파수가 상당히 떨어져 있는 2개의 강한 음을 동시에 들을 경우에는 각 주파수 f_1, f_2 외에 주파수 $f_1 - f_2$의 음이 희미하게 들리는 일이 있다. 이것을 차음이라 한다. 비트와는 다른 현상이고, 귀 또는 음원의 비직선성에 기인한다.

차음 (遮音, sound insulation) 소리 및 진동,

정확하게 표현하면, 공기 전송음 및 고체 전송음이 전달되지 않도록 차단하는 것을 차음이라 한다. 옆 방과의 사이의 차음은 60 dB 정도가 바람직하다. 차음을 좋게 하기 위해서는 격벽(隔壁)의 중량뿐만 아니라 구조에도 유의할 필요가 있다.

차트 비교장치 (──比較裝置, chart-comparison unit) 항행상의 점 표시와 항행도를 동시에 볼 수 있도록 서로 겹쳐서 나타나도록 만든 장치이다.

차폐 (遮蔽, screening, shielding) 어떤 공간을 그 곳에 존재하는 전계, 자계로부터 차단하는 것을 이른다. ⇐ 실드.

차폐 검류계 (遮蔽檢流計, shielded galvanometer) 실드를 한 검류계이다. ⇨ 가동 자침 검류계.

차폐관 (遮蔽管) (1) shield tube 관 자체가 외부로부터 정전적으로 관을 차단하는 구조의 진공관으로, 관구 내부에 차폐통을 가지고 있는 것 또는 관의 외면에 금속을 칠한 것 등이 있다. (2) shielding pipe 도선을 차폐할 때 사용하는 것으로, 동관이나 철관을 사용한다.

차폐 그리드 (遮蔽──, screen grid) ⇨ 스크린 그리드.

차폐 그리드관 (遮蔽──管, screen-grid tube) 보통 4극관의 별명으로, 제어 그리드와 플레이트 사이의 정전 용량을 극히 작게 하기 위하여 차폐용으로 그리드를 삽입한 것이다. 입력·출력 회로 사이의 결합이 작아지기 때문에 고주파에서 안정된 증폭을 가능하게 한다.

차폐선 (遮蔽線, shielding wire) 외계의 정전 결합을 저지하기 위하여 그물 모양의 도선을 접지하여 이것을 사용한다.

차폐 케이블(遮蔽──, screened cable, shield cable) 코어절연 위에 금속 화성지(金屬化成紙) 또는 구리 테이프의 차폐를 한 선심을 원형으로 모아서 연피 및 외장을 한 구조의 케이블. 금속 화성지는 연피와 전기적으로 완전히 접촉되어 있으므로 이와 같은 전기 도체막이 심선 주위에 존재하기 때문에 전위 분포는 절연체의 층방향으로 균일하게 된다. 1913년 M.H Öchstädter가 발명하였다.

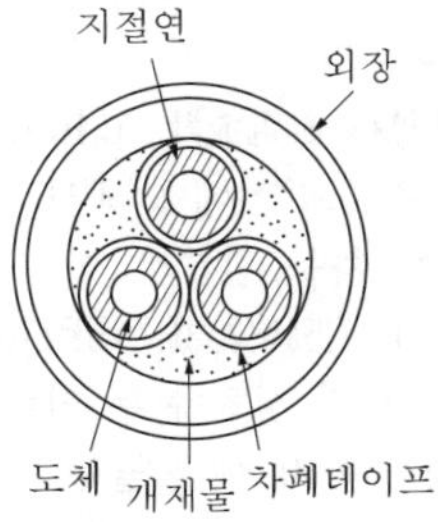

[차폐 케이블]

차폐함 (遮蔽函, screening box, shielding box) 외부와 정전적으로 또는 전자적으로 차단된 함을 이른다. ⇐ 실드 케이스.

차폐 효과 (遮蔽效果, screening effect) 전기, 자기, 음향 등을 차단하는 작용을 이른다. 무선 공학에서는 단순히 차폐라고 하면 정전차폐를 가리킬 때가 많다.

차폐 효율 (遮蔽效率, shielding efficiency) 차폐의 효과가 얼마만큼 있는가 하는 비율을 이른다.

착류 (着流, arrival current, receiving current, received current) 일반적으로 전신 전화방식에서 수단(受端)에서 전송로에 보내진 수신 전류를 착류라 한다.

착류 곡선 (着流曲線, arrival curve) 해저 전신의 착류는 케이블의 대용량 때문에 시정수가 큰 충전전류와 같은 형을 취한다. 이 전류의 이론적 변화 곡선을 톰슨의 착류곡선이라 한다. RC 전신로의 전신 방정식을 풀면 얻어지는 전류의 시정수는 CR에 비례한다. 이것을 CR 법칙이라 한다.

착오 진행 현시 (錯誤進行現示, false clear indication) 열차가 진행해서는 안될 때 신호기가 진행을 표시하는 것을 이른다.

착 이온 (錯──, complex ion) 고차 화합물 중에는 그 성분 이온과는 다른 성질을 가지며 비교적 안정되고 다소 복잡한 이온이 형성되는 일이 많다. 예를 들면 시안화(化) 철 $Fe(CN)_6$ 등이다.

착탄 (着炭, carbonization) 《전자관》 토륨 텅스텐 음극에서 미리 표면에 W_2C 또는 WC의 탄화층을 만들어 두면 토륨의 증발을 방지하고 전자 방출을 안정하게 하는 효과가 있다. 이 조작을 착탄이라 한다. 착탄방법은 벤젠, 나프탈린 등의 증기 내에서 텅스텐선을 2,000~2,200°K 정도로 극히 짧은 시간 가열한다.

찬공기 (鑽孔機, perforator) 테이프 또는 카드에 건반기구(鍵盤機構)로 필요한 찬공을 하는 기계이다.

찬공지 (鑽孔紙, perforator slip) 자동 전신기나 인쇄 전신기 등에서 찬공기에 의한 부호를 찬공 기록하는 종이 테이프이다.

찰음 아크 (擦音 ——, hissing arc) 탄소 아크 등의 전류를 크게 하면 "쉬쉬"하는 소리가 나거나 또는 호광(弧光)이 흔들려서 실용이 되지 않는다. 이것을 찰음 아크라 한다.

채널 (channel) (1) 《放送》 방송 주파수대에서 일정한 주파수 간격을 두고 할당 주파수를 정하여 방송국의 배치를 정한다. 예를 들면 표준 방송에서는 9 kHz마다 120채널, TV방송에서는 6 MHz마다 12채널이 있는 것과 같은 것. (2) 《전파항법》 쌍곡선 항법 중 로런방식과 같이 주파수 넷을 가지고 세계를 서비스하고 있다. 이것을 다시 펄스 반복수로 구분해서 사용하고 있다. 이 주파수를 채널이라 한다.

채널 계획 (——計劃, channel plan) 전파를 할당할 때 미리 주파수 간격, 사용 장소 등을 상정하여 계획되는 것을 말한다. 전파의 도시계획이라고도 할 수 있는 것으로, 국제적, 국내적 등으로 나누어서 계획된다. 예를 들면 라디오, TV 방송국에 관해서는 미리 그 계획을 작성해서 허가를 한다.

채널형 강 (—— 形鋼, channel steel) 형강(形鋼) 속의 단면이 ㄷ자 모양으로 된 것을 지칭한다.

채터링 (chattering) 브러시가 운전 중에 소음을 내고 진동을 일으키는 현상. 또는 계전기 등의 설편(舌片) 접촉부의 튕겨지는 현상을 이른다.

채터톤 콤파운드 (Chatterton's compound) 나무 타르(tar) 1, 수지 1, 구타페르카 3의 혼합물로, 해저 케이블의 절연 재료로 사용된다.

채프론 권 (——捲, Chaperon winding) 교류용 저항기의 권선의 한 방법. 절연체에 권선을 감아서 고저항으로 만들 때 사용되며, 층수를 짝수로 하고 각 층마다 반대로 감아 주는 방법을 이른다.

채프먼 분포 (——分布, Chapman distribution) 영국인 채프먼에 의해서 제안된 전리층 생성의 이론에서, 전리층의 이온 밀도의 분포를 말한다. 채프먼층의 최대 이온 밀도는 태양 천정각의 여현의 평방근에 비례하고, E층의 전리상태는 그 이론에 잘 부합된다.

챌린저 (challenger, interrogaton) ⇨ 질문.

챌린지 (challenge) 트랜스폰더를 작동시키기 위해서 펄스를 발사 하는 것을 이른다. ⇐ interrogation, ⇨ 트랜스폰더(transponder).

천연 가스 (天然 ——, natural gas) 천연, 자연적으로 지하에 매장되어 있는 가스로, 메탄올을 주성분으로 하고 있다. 유전 가스, 수용성 가스, 탄전 가스로 구별된다.

천연 우라늄 (天然 ——, natural uranium) 광석에서 얻어지는 천연산의 우라늄. U_{234}, U_{235}, U_{236}의 3개의 동위원소의 비율은 0.006 %, 0.71%, 99.28%이다.

천연 자석 (天然磁石, natural magnet) 자철광, 황철광 등은 철편을 흡인하고 또 철편에 붙는 성질이 있다. 이와 같이 자연적으로 자성을 갖는 자석을 천연 자석이라 한다.

천정 램프 (天井 ——, ceiling lamp) 설치방법에 따라 구분한 조명기구의 종류의 하나. 전구, 형광등, 또 갓, 글로브 등 그 밖의 무엇이든 천정에 직접 설치한 것을 이른다.

천정 선풍기 (天井扇風機, ceiling fan) 선풍기의 하나로, 천정에 설치한 대좌에서 매달아 연직의 축으로 회전하는 것. 탁상에 놓는 선풍기에 비하여 직경이 크고 회전수가 느리다.

천체 측광 (天體測光, celestial photometry) 측광법의 한 분야로, 천체를 대상으로 한다. 지상의 광원을 대상으로 하는 측광에 비하여 역사가 오래다. 예를 들면, 옛날부터 안시(眼視)에 의하여 별(星)에 등급을 메기기도 했는데, 이것은 지상에서의 조도(照度) E에 대하여 거의 $-2.512(5.65+\log E)$에 해당한다. 현재는 사진 측광, 광전 측광 등의 수단이 사용되며, 그 범위도 분광, 적외, 자외 등에 이르고 있다.

천해선 (淺海線, shallow water cable, shore

end cable) 외장 철선으로 지름 8mm의 것을 사용한 케이블, 수심이 얕은 장소 및 바닥이 불량한 장소에 사용된다. 따라서 육지와 가까운 부분에 사용되는 해저 케이블이다.

철공진 (鐵共振, ferro-resonance) 철심이 든 리액터와 콘덴서의 직렬 또는 병렬회로에 일어나는 공진. 리액터의 비직선성에 기인하는 것으로, 주파수를 바꾸지 않아도 전압을 변화시킴으로써 일어난다. 직렬 철공진에서는 전류의 도약, 히스테리시스 등이 일어나는 경우가 있다. 병렬 철공진은 철공진 전압 안정기에 응용된다.

철관로 (鐵管路, iron pipe conduit) 유체를 수송하기 위하여 설치되는 철제의 관로이다.

철관 장치 (鐵管裝置, signal pipe line)《철도 신호》 기계 연동장치에서 전동(傳動) 매개물로 사용되는 철관류이다.

철근 콘크리트 (鐵筋——, reinforced concrete) 철근을 내부에 조립하여 보강한 콘크리트이다.

철근 콘크리트 관 (筋鐵——管, reinforced concrete pipe) 콘크리트 관 속에 철근이 골조로 들어 있는 관을 이른다.

철근 콘크리트 주 (鐵筋——柱, reinforced concrete pole) 속에 철근을 보강하여 만든 콘크리트 전주를 이른다.

철손 (鐵損, core loss, iron loss) (1) 시간적으로 변화하는 자화력에 의해서 발생하는 철심의 전력 손실로, 히스테리시스 손과 와전류 손으로 구성된다. (2) 동기기에서, 그것을 정상 속도로 운전하고 개방 출력단에 내부 전압(계산값)과 같은 전압을 발생하도록 하였을 때의 소요 전력과 같은 기계를 무려자로 같은 속도로 운전하였을 때의 소요 전력의 차. 내부 전압은 정격 단자 전압을 내부 저항에 의한 전압 강하를 보정한 것에 의해서 계산한다.

ㅊ

철손 시험 (鐵損試驗, core loss test) 회전기, 변압기 등에서 철손을 구하기 위한 시험으로, 무부하 시험이 이에 상당하다. (1) 변압기에서는 1차, 2차의 어느 한쪽 권선을 개방하고 다른 쪽에 전격 전압을 부여하여 입력 전류, 입력 전력을 측정한다. 입력 전력은 대부분 철손을 부여한다. (2) 동기기, 유도기에서는 무부하에서의 입력 전류, 입력 전력을 전원 전압을 몇 가지로 바꾸어 측정하고, 그 데이터로부터 도식적으로 일정한 기계손을 분리함으로써 철손을 구할 수 있다.

철심 (鐵心, core) (1) 회전기에서 자성 재료로 구성되어 자속의 통로로 이바지하고 있는 부분. 고정자와 그 내부에 동심적으로 배치된 회전자로 구성되어 있다. (2) 전자석에서, 접극자와 함께 폐자로를 구성하는 철심 부분으로, 이를 둘러싸고 여자 권선이 감겨 있다. (3) 계산기의 기억장치에서 기억용 자심, 코어 메모리라고도 한다. (4) 자기 테이프를 감기 위한 보빈 코어. (5) 원자로에서 분열성 물질을 수용한 능동부분(노심부). (6) 케이블의 심선. (7) 광 파이버에서 빛을 전송하는 고 굴절률의 중심부를 이른다.

철심 리액터 (鐵心——, iron-core reactor) 리액터에 성층 철심을 넣은 것. 공심으로 된 것에 비하여 철심의 포화에 의한 비직선성, 철공진, 철손 등의 문제가 있다. 실효 리액턴스는 증가하지만 전자 에너지는 별로 증가하지 않는다. 갭을 갖는 성층 철심을 사용한 것은 폐로 철심에 비하여 동일 전류에 대하여 전자 에너지는 크고 파형에 일그러짐이 적으며, 직류에 겹친 맥동(脈動) 전류에 대하여 유효 리액턴스가 커진다.

철심의 길이 (鐵心——, core length) 회전기의 철심의 길이란, 축방향의 철심의 두께를 이른다. 통풍 덕트를 포함하는 것을 전장(全長), 이것을 제외한 것을 정미(正味) 길이, 다시 여기에 점적률을 곱한 것을 유효 길이라 한다.

철심의 깊이 (鐵心——, core depth) 회전자 철심의 지름 방향의 유효 길이를 이르는 것으로, 슬롯의 하단에서 철심의 하단(철심에 풍도가 있을 때에는 풍도의 바깥쪽)까지의 길이를 이른다.

철심 초크 코일 (鐵心——, iron-core choking coil) 초크 코일의 철심을 가진 것을 이른다.

철전기 (鐵電機, iron machine) 자기장하(磁氣裝荷)가 높은 전기 기기. 동전기(銅電機)의 대응어이다.

철제 수은 정류기 (鐵製水銀整流器, steel-tank mercury-arc rectifier) 정류 탱크가 철제의

진공 용기로 만들어져 있는 수은 정류기이다.

철주 (鐵柱, steel pole, steel truss pole) 철관이나 특수한 단면을 가진 철재 등으로 된 전주. Bates(expanded steel) pole도 그 일종이다.

철차 (轍叉, frog) 전기철도 전차선 분기된 곳에 사용되는 금속제 기구로, 전차의 트롤리 호일의 분기 부분에서 통과에 지장이 없도록 하기 위한 포금(砲金) 또는 기타 금속제 기구를 이른다.

철탑 (鐵塔, pylon, steel tower) 가공 전선을 지지하는 구조물의 일종. 보통 앵글 스틸로 조립하여 만들어진다. 주주재(主柱材) 1개마다 독립된 기초를 갖는 것을 철탑, 지지물 1기(基)에 1개의 기초를 갖는 것을 철주라고 한다.

철판 접합 구조 (鐵板接合構造, fabricated construction) 교류기의 고정자틀, 직류기의 자기(磁氣)틀 등을 주물로 만들지 않고 강판(鋼板)을 적당히 절단, 만곡하여 용접해서 조립한 구조를 이른다.

청도 (聽度, audibility) 청각을 기준으로 측정한 소리(신호)의 세기, 그 신호의 세기와 겨우 들리는 소리의 세기를 비율로 나타낸다. ⇨ 청도계, 청도율.

청도계 (聽度計, audibility meter) 청도율을 측정하는 계기. 수화기와 병렬로 들어가는 저항 R_1을 측정하려는 소리가 들리지 않도록 가감하여 다음 식으로 청도율을 산출한다. 청도율$=R_1\,[\Omega]/Z\,[\Omega]$ 또한 R_2는 R_1의 값이 달라져도 입력 임피던스가 항상 R이 되도록 삽입하는 보상저항이다.

청도율 (聽度率, audibility factor) 수화기나 스피커 등에 감지되어 겨우 들리는 소리의 세기에 대비하여 나타내어진 신호 또는 음성의 세기를 이른다. ⇨ 청도계.

청력 (聽力, hearing acuity) 사람이 소리를 듣는 능력. 청력계, 청력 손실 등의 경우는 순음(純音)에 대한 그 사람의 최소 가청값을 가리키는 경우가 많다.

청력계 (聽力計, audiometer) 귀의 감도를 조사하는 장치. 가청 주파 발진기와 감쇠기, 단속기 및 수화기로 이루어지며, 소리를 수 dB마다 차례로 강하게 하거나 약하게 하면서 단속하여 피 측정자의 최소 가청 값을 정한다. 결과를 청력으로 나타낸다.

체감 종량 요금제 (遞減從量料金制, diminishing tariff, declining metered rate system) 사용 전력량에 따라 체감 요율이 적용되는 요금제를 이른다.

체강 변압기 (遞降變壓器, step down transformer) 2차 전압이 1차 전압보다 낮은 변압기를 이른다.

체변 분압기 (遞變分壓器, tapered potentiometer) 저항기의 저항 분배가 균일하지 않고 그 값이 접동자의 회전 또는 노치 번호에 비례하는 이상으로 급격하게 변화하게 한 것으로, 데시벨 눈금이 이것이다. 라디오 수신기의 음량 조절 등에 사용된다.

체변 장하 (遞變裝荷, tapered loading) 용량을 서서히 넣어 임피던스를 연속적으로 변화시키는 장하방식을 이른다.

체승 변압기 (遞昇變壓器, step-up transformer) 2차 전압이 1차 전압보다 높은 변압기를 이른다.

체인 펜던트 (chain pendant, chain drop) 설치 방법에 따른 조명기구의 한 종류. 체인으로 천정에서 달아매는 방법. 배선은 체인에 휘감는다.

체적 속도 (體積速度, volume velocity) 음장(音場) 내의 어떤 면적에 대하여 그 면에서의 매질의 입자 속도의 수직 성분을 적분한 것을 체적 속도라 한다.

체적 저항률 (體積抵抗率, volume resistivity) 어떤 물질의 단위 길이를 한 변으로 하는 입방체의 전기 저항을 그 물질의 체적 저항률이라 한다. 체적 고유 저항이라고도 하며, 보통 단순히 저항률 또는 고유 저항이라고도 한다. 단위는 [Ωm] 또는 [Ωcm]이다. ⇨ 질량 저항률.

체크 밸브 (check valve, non-return valve) 한쪽 방향으로는 흐르지만 역방향으로는 자동적으로 폐쇄되어 흐르지 않게 되어 있는 밸브를 이른다.

초가청 주파수 (超可聽周波數, ultrasonic frequency) 사람의 귀에 소리로 들리는 한계 이상의 주파수, 즉 20 kHz 이상의 주파수를 초가청 주파수라 한다.

초감도 (初感度, sensibility) 《계기》 측정기로 검지(檢知)할 수 있는 최소의 측정량, 예를 들면, 검류계의 지침이 정지된 위치에서 최소의 눈금만큼 움직이는 데 요하는 전류값을 이른다.

초경 장하 (超輕裝荷, extra-light loading) 가공 나선 반송회선, 나선용 사진 전송회선 등의 케이블 인입 부분의 장하 또는 방송회선의 장하는 차단 주파수를 10~15 kHz의 고주파로 할 필요가 있기 때문에 장하 코일의 유도량도 측면 회선에서 3~25 mH와 같이 극히 적어지며 장하 구간도 300 m~1 km로 짧아진다. 이와 같은 장하를 초경 장하라 한다.

초고압 (超高壓) (1) extra-high voltage 일반적으로 200 kV를 초과하는 특별 고압을 초고압이라고 한다. 500 kV급은 초초고압(ultra-high voltage)이라 한다. (2) super-critical pressure 임계 압력 이상의 증기 압력을 이른다.

초과 속도 (超過速度, overspeed) 정격 속도를 초과한 속도를 이른다.

초과속도 시험 (超過速度試驗, overspeed test) 회전기의 기계적, 전기적 또는 안전성을 시험하기 위하여 기계를 초과속도로 단시간 운전하는 시험. 그 속도는 다음과 같다.

수차 직결 발전기	종합 무구속 속도
증기터빈구동발전기	정격속도의 115%
내연기관구동발전기	정격속도의 120%
회전변류기 유도전동기 동기전동기 동기조상기	동기속도의 125%※
분권전동기 복권전동기 직권전동기	정격속도의 125% 무부하속도 125% 정격속도의 200%

※ 동기속도 이상으로 운전되는 유도 전동기에서는 최고 운전 속도를 100%로 잡는다.

초과 저수량 (超過貯水量, surcharge storage capacity) 댐의 설계 조건상 평상 수위 이상, 최고 수위 이하의 저수량을 이른다.

초굴절 (超屈折, superrefraction) 초단파대 이상의 주파수 전파는 지표면에서 수십 m 이내의 대기층 상태에 따라 전파 통로에 영향을 미친다. 특히 불연속선의 경계면에서 라디오 덕트라고 하는 기온의 역전층이 생기면 전파는 가시역(可視域) 밖까지 전파한다. 이러한 이상 전파의 전파현상을 초굴절이라 한다.

초기 과도 리액턴스 (初期過渡 ——, subtransient reactance) 동기기 리액턴스의 일종. 과도전류에 대한 것으로, 제동 권선이 있는 경우에 최초로 흐르는 돌발 전류의 교류분을 제한하는 리액턴스를 이른다. 근사적으로 전기자 누설 리액턴스와 제동 권선의 누설 리액턴스의 합이다.

초기 교류 단락전류 (初期交流短絡電流, initial alternating short-circuit current) 회전기에 있어서 전기자 권선에 돌발 단락이 발생한 직후의 전기자 전류의 실효값으로, 비동기적 성분(만약 있었다고 하면)은 제외한다.

초기 편차 (初期偏差, initial deviation) 《자동제어》 계단형 압력이 가해진 직후에 나타나는 과도 편차의 극 값(極值)을 초기편차라 한다.

초도전 상태 (超導電狀態, super-conductive state) 금속 중에는 온도를 낮추면서 전기저항을 측정할 경우, 어떤 전이온도(轉移溫度) T_c 이하에서 급격하게 저항이 감소하여 제로가 되는 것이 있다. 이 T_c 이하의 상태를 초도전 상태라고 한다.

초 동기속도 (超同期速度, supersynchronous speed) 동기 속도를 초과하는 속도를 이른다.

초 동기전동기 (超同期電動機, super-synchronous motor) 특수한 동기 전동기로, 고정자를 지지하는 축받이와 회전자를 지지하는 축받이의 두 축받이를 가지며, 고정자도 회전하는 구조이다. 부하를 연결한 그대로 기동이 되는 것이 특징이며, 이것은 동기전동기의 탈출 토크가 기동 토크보다도 크기 때문에 이용되는 것이다.

초음파 (超音波, ultrasonic wave) 사람의 귀에 들리는 높은 주파수의 한계는 15~20 kHz인데 그 이상의 들리지 않는 주파수의 음파. 본질적으로 가청 음과는 같으나 사람이 알아 들을 수 없으므로 응용면에서는 가청 음과는 전혀 다르다. 어군 탐지, 측심(測深), 금속 탐상(探傷), 의학상의 진단, 유제의 제조, 액 속의 고체 입자의 분산, 세척(洗滌), 초음파 가공, 알루미늄의 땜, 의료, 기타 기술적 응용이 근래 발전되고 있다. 또 음속의 정확한 측정으로 물질의 탄성률(彈性率) 등을 구할 수 있으므로 물리학의 연구수단이 되고 있다.

초음파 세정기 (超音波洗淨器, ultrasonic cleaner) 초음파 발생용 진동자, 진동자 구동용 고주파 발진기, 피 세정물을 침지하는 탱크로 구성된다. 발진 주파수는 28 kHz 또는 300~500 kHz이다. 사이리스터 발진기의 경우는 직렬 인버터가 사용되고, 주파수는 20 kHz 정도이다.

초음파 증폭 (超音波增幅, ultrasonic amplification) 압전 반도체에 의해서 초음파를 전파시킬 때 반도체 내에 발생하는 캐리어의 드리프트 속도가 초음파의 전파속도 보다 크면 캐리어가 초음파와 서로 작용하여 파동이 증폭되는 것. 초음파는 전자파에 비하여 속도가 매우 늦으므로 전기 신호의 지연 소자 등에 사용된다. 이 때 발생하는 신호의 감쇠를 이것으로 보완할 수 있다. 음파는 고체 내부를 전파하는 벌크파도 있고, 고체 표면을 전파하는 표면파, 이른바 레일리파도 있다. 후자의 경우 증폭기는 표면파 증폭기라 한다.

초음파 지연선 (超音波遲延線, ultrasonic delay line) 용해 석영, 티탄산 바륨 또는 수은 등의 매질 속을 전파하는 초음파의 전파 시간을 이용하여 만들어진 지연 선로를 이른다. 초음파 기억 셀이라고도 한다.

초음파 탐상기 (超音波探傷機, ultrasonic inspection meter) 방사선을 사용한 것과 마찬가지로 초음파에 의해서 재료 내부의 손상이나 결함을 검사하는 비파괴 검사장치이다. 초음파 임펄스를 발사한 다음 내부로부터의 반사파로 흠의 유무와 그 위치를 탐사한다(CRT 상에 A 스코프로 표시한다). 수정이나 티탄산 지르콘연 같은 세라믹 진동자에 의해 1~5 MHz의 초음파를 발생한다.

초장기선 간섭계 (超長基線干涉計, very-large base-line interferometer) 약어 VLBI, 퀘이사(quasar) 등의 천체로부터 발사되는 전파를 이용하여 지구상의 수천 km나 떨어진 두 지점 간의 거리를 수 cm의 정확도로 측정하는 간섭계를 이른다. 두 지점에 설치한 안테나로 수신한 전파를 일단 자기 테이프 등에 기록하고, 상관기에 의해서 양자의 상관관계를 구하여 거리를 계산한다. 두 수신기는 각각 안정된 원자 시계를 사용한 클록에 의해서 동시성을 유지하고 있다.

㈜ 전파망원경(radio telescope)에서 위의 간섭계 원리를 이용할 때는 두 수신기 사이의 거리를 알고 있고, 파원(波源)인 전체의 위치를 정밀하게 측정하게 된다. 안테나는 다수 사용하는 수도 있다.

초재생 (超再生, superregeneration) 발진 진폭이 증가하는 모양은 어느 정도 외부에서의 전압에 의해서 결정되므로 재생 검파기를 발진상태로 하고, 그것을 퀜칭하면서 수신하는 방식. 감도는 좋지만 잡음이 많다.

초재생 수신기 (超再生受信機, superregenerative receiver) 초재생 원리에 의한 수신기. 초재생 검파와 단속 발진을 같은 진공관으로 하는 것과 별개의 진공관으로 하는 것이 있다.

초점 (焦點, focus) (1) 광학 렌즈를 통과한 광선이 한 점에 모여 그곳에 광의 상을 맺는 점. (2) 전자 렌즈를 통과한 전자선이 한 점에 모여 그곳에 전자상(電子像)을 맺는 점을 이른다.

초점 심도 (焦點深度, depth of focus) 피사체(被寫體)에 핀트를 맞추면 피사체 전후의 어느 거리의 범위 내에서도 역시 똑같은 초점이 맺어진다고 생각된다. 렌즈의 조리개를 작게 할수록 또 피사체까지의 거리가 멀수록, 그 전후의 거리는 길어진다. 이 거리를 초점 심도라 한다.

초점 조정 (焦點調整, focusing) 광학 렌즈 또는 전자 렌즈의 초점을 맞추는 것. 또 전자 렌즈에는 전계 렌즈와 자계 렌즈가 있다.

초중하 접점 (超重荷接點, extra-heavy contact) 평형 및 수평형 등의 전화용 계전기에서 그 접점에 흐르는 전류의 크기 또는 개폐회로에 의해서 접점의 크기를 보통형, 중부하형 및 초중부하형의 3종으로 나누었을 경우의 가장 큰 전류를 개폐하거나 또는 특히 많은 회수의 개폐에 적합하도록 대형으로 만들어진 접점을 이른다.

초충전 (初充電, initial charge) 새로운 축전지 또는 전해액을 제외하고 보관해 두었던 축전지를 사용할 때 실시하는 충전으로, 보통 충전과 달리 주의해야 한다. 충전량은 4~5배 정도로 한다.

초크 (choke) (1) 특정한 주파수 이상의 고주파 전류를 저지하기 위한 회로에서 사용되는 인덕턴스 요소. 직류나 저주파 전류에 대해서는 임피던스를 거의 부여하지 않는다. 초크 코일이라고도 한다. (2) 도파관에서 주어진 주파수 범위의 에너지 통과를 저지하기 위해 관벽에 마련한 홈, 기타의 불연속부를 이른다.

초크 결합 (── 結合, choke coupling) 초크 코일로 두 회로가 결합된 경우를 이른다. 이 결합 방식은 가청 주파 증폭을 할 경우에 사용되는 것으로, 초크 코일은 직류에서는 임피던스가 거의 제로에 가깝고 주파수가 증가함에 따라 임피던스는 거의 직선적으로 증가하기 때문에 주파수 특성이 과히 좋지 않은 가청 주파 증폭이 얻어진다.

초크 변조 (── 變調, choke modulation) 초크 코일의 리액턴스를 이용하여 초크 코일을 통해서 2개의 진공관에 양극 전류를 공급, 한쪽 진공관의 그리드 전압을 변화시켜 다른 쪽의 진공관 출력을 변조하는 방식. 정전류 변조, 하이징 변조라고도 한다.

초크 입력 필터 (── 入力 ──, choke input filter) 정류기의 평활 회로에서 정류기측에 초크 코일이 들어있는 것을 말한다. 열음극 수은증기 정류관 등에 사용된다. 초크 코일의 작용으로 돌류(突流)를 방지하고 정류관을 보호한다.

초크 접속기 (── 接續器, choke joint) 초크 플랜지를 사용하는 도파관 접속기를 이른다. ⇨ 초크 플랜지.

초크 코일 (1) choke coil, choking coil 교류를 저지하기 위한 코일. 교류분과 고주파분만을 저지하기 위하여 사용된다. (2) retardation coil 교류분을 저지하기 위한 코일. 인덕턴스 코일 내에서는 교류 전류가 늦기 때문에 이렇게 호칭한다.

초크 플랜지 (choke flange) 도파관 접속용 플랜지의 하나로, 그림에서와 같이 먼저 플랜지 안쪽 면에 깊이가 같은 홈을 파고, 도파관의 내면벽에서 관내 파장의 λ/4의 같은 곳에서 다시금 AB면으로부터 깊이 λ/4인 홈을 가로막으면 내벽면 A에서 본 입력 임피던스는 제로가 되어 이 부근은 거의 완전히 단락이 된다. 이 접속에 따르면 손실을 0.02 dB 이하로 억제할 수 있다. ⇨ 플랜지 커플링, 초크 플랜지 결합.

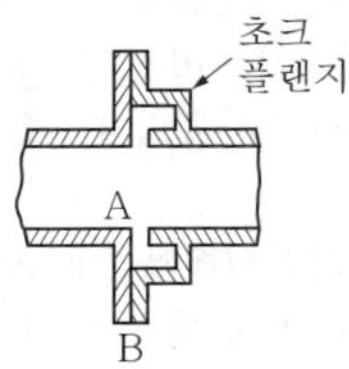

[초크 플랜지]

초크 플랜지 결합 (── 結合, choke flange coupling) 초크 플랜지를 이용한 도파관 결합을 이른다. ⇐ 초크 플랜지 접합, ⇨ 초크 플랜지.

초크 플랜지 접합 (── 接合, choke flange junction) ⇨ 초크 플랜지 결합.

초투자율 (初透磁率, initial permeability) 강자성 물질을 잘 소자(消磁)된 상태에서 자화할 때 자계가 대단히 약한 어떤 범위(초투자율 범위라 한다)에서는 자속 밀도는 자계의 세기에 비례하여 증가한다.

초퍼 (chopper) (1) 전류 또는 광 빔을 규칙적인 시간 간격으로 단속하는 디바이스. 직류 신호를 증폭하기 위한 전단 처리로 자주 사용된다. (2) 직류 또는 저주파 교류를 고주파의, 그리고 본질적인 방형의 전기 신호로 변환하는 장치로서, 기계적, 전기 기계적, 혹은 전자적인 것 등 여러 종류가 있다.

초퍼 안정화 증폭기 (── 安定化增幅器, chopper-stabilized amplifier) 신호 변조기, 교류 증폭기 및 복조기를 사용함으로써 직류 신호를 안정하게 증폭하도록 한 장치. 직결형 직류 증폭기에서 제거되지 않는 드리프트 문제를 해결하기 위하여 사용되는 직류 증폭장치이다.

촉 (燭, candle) 《옛 단위》 과거 사용되었던 광도의 단위. 현행 단위인 칸델라와 비교하면 1,006 cd에 상당하다.

촉광(燭光, candle-power) 촉을 단위로 하여 측정한 광도라는 뜻의 말. 따라서 이것을 단위로 하여 10촉광이라고 하는 것은 잘못이다. 영어의 voltage, wattage 등과 비슷한 말. 현재는 쓰이지 않는다.

촉매(觸媒, catalyzer) 어떤 화학 반응에 관여하여 그 반응 속도를 빠르게 하거나 더디게 하고 스스로는 아무런 변화도 하지 않는 물질을 이른다.

촉매 작용(觸媒作用, catalytic action) 어떤 화학반응이 진행될 경우 그 반응 속도가 그 화학반응과는 관계가 없는 제3물질의 공존에 의하여 빠르게 되거나 더디게 되거나 할 때 그 제3물질은 그 화학반응에 관하여 촉매작용을 한다고 한다. 평행 상태에 이르기까지의 속도를 변화시킬 뿐이며, 궁극의 평형 상태를 변화시키는 것은 아니다.

촉시(燭時, candle-hour) 광도의 시간 적분의 단위이지만 현재는 거의 사용되지 않는다.

촌동(寸動, inching) 회전기를 전기적인 조작에 의해서 그 회전부를 근소한 각도만큼 회전시키는 것. 혹은 이것을 단속적으로 반복하여 서서히 회전하는 것. 수정 제어, 점검 보수 등의 목적으로 회전자 위치를 소정 위치로 가져오는 경우 등에 사용한다. 조깅(jogging)이라고도 한다.

총괄 제어(總括制御, multiple unit control) 한 곳에서 전기적 제어 회로를 통하여 다수의 단위 장치를 종합적으로 제어하는 것을 총괄 제어라 한다.

총괄 제어법(總括制御法, multiple unit control system) 2대 이상의 동력차를 한 곳에서 제어하는 장치를 갖는 제어방식을 이른다.

총낙차(總落差, gross head) 주어진 조건하에서 수조 수면과 방수면 사이의 표고차를 이른다.

총발전량(總發電量, gross generation) 발전소에서 생산한 총 발전 전력량(발전소에서 소비하는 전력량도 포함)을 뜻한다.

총치차비(總齒車比, resultant gear ratio) 수조의 치차를 사용하였을 때의 합성된 치차비를 이른다. ⇨ 치차비.

총합계(總合計, total indicator, totalizer) 둘 또는 그 이상의 회로 전체의 전기량을 계량하는 것을 총합계라 한다.

총효율(總效率, gross efficiency) 총발전량에 대한 효율. 발전단 효율이라고도 한다.

촬상관(撮像管, camera pickup tube, image tube, pickup tube, television camera tube) 텔레비전 카메라가 포착한 광학상을 전기에너지로 바꾸는 특수한 진공관. 이에는 아이코노스코프, 이미지 오디콘, 비디콘 등이 있다.

최갈수기(最渴水期, critical hydroperiod) 수력 발전소의 공급력을 제한하는 자연 유량의 조건이 최악인 시기를 이른다.

최고 가청한(最高可聽限, upper limit of hearing, upper limit of pitch) 어떤 강도로 들리는 소리의 최고 진동수의 한도를 최고 가청한이라 한다.

최고 사용 주파(最高使用周波, maximum usable frequency) 약어 MUF, 어떤 두 지점에서의 전파의 전리층 전파(傳播)를 이용해서 하는 무선 통신에서 사용할 수 있는 최고의 주파수. 즉 전리층의 반사 굴절을 이용하는 단파의 원거리 전파에서는 계절, 시간, 장소 및 태양 흑점수 등에 따라 어떤 주파수보다 높은 주파수에서는 전파는 전리층을 투과하는 주파수가 존재한다. 이 임계의 주파수를 최고 사용 주파수라고 한다. 보통 영어의 머리 글자를 따서 MUF라고 약칭한다. 위와 같은 이유로 MUF를 안다는 것은 단파 통신의 운용상 필요하며, 그 예보를 하기 위한 관측이 세계 주요 국에서 항상 실시되고 있다. 통신에 가장 알맞는 주파수는 이 MUF의 월평균값보다 15% 낮게 잡는 것이 보통이다. 이를 최적 사용 주파수(FOT)라고 한다.

최단 기선(最短基線, geodesic) 두 점을 포함한 특정 표면에 따라 측정한 두 점 사이의 최단 기선을 이른다.

최대 부하(最大負荷, maximum load) 어떤 기간 동안의 부하 전력 중 값이 최대인 것을 이른다.

최대 사용 장력(最大使用張力, maximum working tension) 안전 계수를 고려해서 사용이 허용되는 장력(張力)의 최대값을 이른다.

최대 수용량 (最大需用量, maximum demand) 지정된 기간 중에 발생한 모든 수용량 중에서 최대의 것. 이것은 지정된 기간에 걸쳐 시방에 따라 실시한 측정으로 결정할 수 있다. 최대 수용전력=설치부하(정격)×수용률/부등률.

최대 수용 적산 전력계 (最大需用積算電力計, watt-hour demand meter) 적산 전력계와 최대 수용계를 하나의 계기가 겸하고 있는 것을 이른다.

최대 수용 전력 (最大需用電力, maximum demand) 설비 또는 계통의 최대 수용 전력은 어떤 정해진 기간(예를 들면 1개월)에 발생한 모든 수용 전력 중 최대의 것을 이른다. ⇨ 수용 전력.

최대 수용 전력계 (最大需用電力計, demand meter) 수용량 또는 최대 수용량을 지시하도록 한 장치. 전기적인 요소와 시간적인 요소를 가지고 있으며, 이들 기구가 별개로 되어 있는 것도 있고 일체화되어 있는 것도 있다. 종별로는 도시형, 적산 수용형, 지연 수용형 등이 있다. 디멘드 미터라고도 한다.

최대 시감도 (最大視感度, maximum spectral luminous efficacy) 시감도의 최대값 Km을 이른다. 파장은 대략 555 nm의 곳에 있고, 그 값은 Km=680 lm/W이다.

최대 연속 정격 (最大連續定格, maximum continuous rating) 회전기에 있어서, 그것이 만족스럽고 또한 연속적으로 운전할 수 있는 전기적(또는 기계적) 부하의 최대값을 이른다.

최대 유량 (最大流量, maximum stream flow) 어떤 기간에서의 유량 중 최대의 것이다.

최대 일그러짐 (最大——, maximum distortion) 일그러짐의 종합값을 최대 일그러짐이라고 하는 경우와 불규칙 또는 규칙 일그러짐의 각 값의 최대를 가리키는 경우가 있다. 전자는 일반적으로 종합 일그러짐이라고도 한다.

최대 출력 (最大出力, maximum out-put) 어떤 기간 동안의 출력 중 값이 최대인 것을 이른다.

최대 토크 (最大——, maximum torque) 전동기 등에서 발생하는 토크 중 값이 최대인 것을 이른다. ⇨ 정동 토크.

최대 통달 범위 (最大通達範圍, maximum range) 레이더를 사용할 때 일정한 목적물을 탐지할 수 있는 최대의 거리 범위를 이른다. 레이더의 성능을 나타내는 하나의 팩터이다.

최대 허용 손실 (最大許容損失, maximum power dissipation) 《반도체 디바이스》 주위온도 T_A에서 반도체 디바이스가 소비할 수 있는 최대 전력 $P_{D\max}$로서, 디바이스 접합부의 최고 허용온도를 $T_{j\max}$로 하고, 접합부에서 주위 외기까지의 열저항을 θ로 하면 $P_{D\max}=\dfrac{T_{j\max}-T_A}{\theta}$[W]의 관계가 성립한다.

최소 감도 (最小感度, figure of merit) 계기나 측정기가 검출할 수 있는 최소의 감도. 예를 들면, 검류계에서의 거울면과 스케일의 거리가 1m인 때 광점(光點)을 스케일 상 1mm만큼 이동시키는 데 요하는 전류값이다.

최소 감도법 (最小感度法, minimum signal method) 방향 탐지를 할 경우, 방향 검출을 위한 한 방법. 루프 공중선 등의 8자형 또는 하트형 지향성 등의 최소 감도점 부근의 날카로운 특성을 이용하여 전파의 도래 방향을 살펴 아는 방법이다.

최소 동작 여자 (最小動作勵磁, minimum working excitation) 《계전기》 계전기 기타의 전자(電磁)기구의 구동자로(驅動磁路)에 기자력을 가했을 때 기구가 동작하는 최소의 기자력을 이른다.

최소 동작 전류 (最小動作電流, minimum working current) 계전기 기타의 전자기구의 권선에 전류를 흐르게 할 경우 기구가 동작하는 최소의 전류값을 이른다.

최소 분해각 (最小分解角, limiting resolving angle) 두 물체를 명확하게 분류하여 분별할 수 있는 시각의 최소 극한을 이른다. 이것은 개인에 따라 또는 두 물체와 그 주변의 휘도차(輝度差)에 따라서 그 값이 달라진다. 평균하여 1~2분각 정도이다. 레이더 장치에서는 방위각 3도 이내의 등거리에 있는 두 목표를 따로따로 표시할 수 있다고 무선 설비 규칙에 규정되어 있다.

최소 탐지 거리 (最小探知距離, minimum detectable range) 레이더에서 근접하는 물표(物標)를 스코프에 지시할 수 있는 최소의 거리로서, 주로 펄스 폭에 비례한다.

최소 플래시오버 전압 (最小 —— 電壓, minimum flashover voltage) 주어진 파형과 극성의 전압 임펄스로서, 플래시오버를 발생하는 최저 임펄스 전압의 파고값을 이른다.

최악 수리 조건 (最惡水利條件, adverse hydro condition, adverse water condition) 수력 발전소의 출력을 최저치로 하는 수량이라든가 낙차의 상태를 이른다.

최저 가청 한도 (最低可聽限度, lower limit of hearing) 그 값 이하로 소리가 약해지면 들리지 않게 되는 한계. 그 값은 사람에 따라 또는 소리의 진동수에 따라 다르다.

최저 사용 주파수 (最低使用周波數, lowest useful high frequency) 약어 LUHF, 어떤 지정된 시기에 지정된 두 지점 사이를 전파가 전리층을 전파할 경우, 유효한 최저 유용 주파수를 이른다. 이것은 흡수 송신 전력, 안테나 이득, 수신기 특성, 업무의 형식 및 잡음상황 등의 인자에 따라 결정된다. ⇨ 최적 사용 주파수.

최저 요금 (最低料金, minimum charge) 사용 전력량이 전혀 없을 때 또는 아주 소량일 경우에도 최저 한도로 부과되는 요금을 이른다.

최저 유효 주파수 (最低有效周波數, lowest usable frequency) 약어 LUF, 지정된 전리층 조건, 그리고 지정된 흡수율, 송신기 출력, 안테나 이득, 수신기 특성, 서비스의 형태, 잡음 조건하에서 주어진 2점 간에 전리층 전파에 의해서 무선 통신하는 경우의 유효한 무선 주파수의 하한값을 최저 유효 주파수라 한다.

최적 감도 (最適感度, optimum sensitivity) 가장 좋은 조건이 충족되어 이루어지는 최고의 감도를 최적 감도라 한다.

최적 결합 (最適結合, optimum coupling) 두 회로를 결합하여 한 쪽 회로로부터 다른 쪽 회로로 에너지를 보낼 경우, 결합의 정도에 따라 에너지의 이송량이 변화한다. 이 에너지의 이송량을 최대로 만드는 결합 정도를 최적 결합이라고 한다. 또 최적 결합이 얻어졌을 경우, 두 회로는 임피던스 정합이 잡힌 셈이 된다. ⇨ 임피던스 정합(impedance matching).

최적 사용 주파수 (最適使用周波數, optimum transmission frequency, fréqence optimum transmission(FOT)) 어떤 지정된 두 지점 사이를 전리층 전파할 때의 최적이라고 생각되는 주파수. 일반적으로 FOT는 지정된 시간과 통로에 대해 일변화 곡선(日變化曲線)으로 나타내며 MUF 일변화 곡선보다 약 15% 낮게 잡는다. 실제 통신 회신의 설계를 할 때는 FOT를 고려해서 사용 주파수가 선택된다.

최적 유닛 커미트먼트 (最適 ——, optimal unit commitment) 《발전》 이용할 수 있는 모든 발전 유닛을 전부 상시 운전하는 것은 경제적이 못된다. 특정한 부하에 대하여 가장 경제적인 운전 코스트로 운전하여야 할 유닛의 조합을 결정하는 것을 최적 유닛 커미트먼트(UC)라고 한다. 유닛의 효율에 따라 순위를 설정하여 두고, 부하가 증가하면 고효율적인 것부터 차례로 운전에 들어가도록 하는 것도 한 방법이다. 특정한 부하 조건에 대한 최적 유닛의 조합을 결정하기 위하여 동적 계획법 등이 사용된다.

㊟ commit란 유닛을 발전 운전하기 위하여 투입하는 것을 이른다.

최적점 (最適點, optimum point) 예를 들면, 결합 회로 등에서 최적 결합을 얻을 수 있는 점을 이른다. 이 뜻을 확대하여 회로조정 등에서 최적 상태로 동작하는 점을 가리키는 경우 등에 쓰인다.

최적 집군 (最適集群, optimum bunching) 클라이스트론 등에서, 속도 변조를 받은 전자류와 회로의 에너지 수수(授受) 효율이 최대가 되는 집군 상태를 이른다.

최종 시험 (最終試驗, final test) 공사를 끝내고 마지막 시험을 한 후, 데이터를 제출하여 그 공사의 양부를 확인하는 시험을 이른다.

추기 (抽氣, bleed, bleeding, steam extraction) 증기 터빈을 동작시키는 증기의 일부를 터빈의 적당한 단락에서 추출하는 것을 이른다.

추적(追跡, tracking) 레이더 빔 또는 광학적 방식에 있어서는 그 크로스 헤어(cross hairs)를 목표상에 고정 유지하는 것을 이른다.

추적 지원 방식(追跡支援方式, aided tracking) 방위, 고저 또는 거리, 혹은 이들 변수가 복합된 것으로 인한 신호를 추적하는 방식으로, 그 추적기구의 운동률은 그 기구가 목표를 추종하도록 유지되는 것이다. 또 그 운동률은 오차 개입 변수를 제어함으로써 조절할 수 있다.

추종 비교형(追從比較形, servo-balancing type) 아날로그-디지털 변환기의 하나로, 숫자 표시기가 결합되어 있는 귀환 전압 발생기(D-A 변환기)의 출력 전압을 서보기구에 의해서 입력 전압과 상시 평형시키도록 한 변환형식이다.

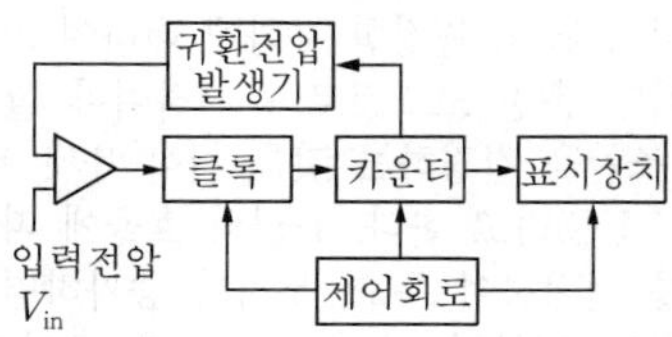

[추종 비교형]

추종 제어(追從制御, follow-up control) 목표값이 임의의 시간적 변화를 할 경우의 차동 제어를 이른다.

추출 게이트(抽出——, sampling gate) 선택 펄스에 의해서 구동될 때만 입력 파형에서의 정보를 추출하는 장치이다.

축(軸, shaft) 회전체의 중심에서 동력을 전달하는 것을 이른다. 회전 변류기와 조상기처럼 단독으로 회전하는 것으로는 동력 전달이 없고 자체의 회전차를 지지하는 것 뿐이다. 벨트차, 치차, 조인트, 그 밖의 지지물로부터 굽힘작용을 받는 경우에는 그만큼 축의 세기에 여유를 줄 필요가 있다. 단강(鍛鋼) 또는 압연 강재가 많이 사용된다.

축거(軸距, wheel base) 차축 간의 중심 거리를 축거라 한다.

축류 터빈(軸流——, axial-flow turbine) 터빈의 회전날개 중을 흐르는 증기의 방향이 터빈의 축방향으로 되어 있는 터빈. 보통 터빈은 축류 터빈이다.

축받이(軸受, bearing) 회전자 축과 고정부분 사이에 장치하여 회전부분의 중량, 추력을 지지하고 또한 양 부분 사이의 마찰손을 될 수 있는 한 적게 하기 위한 장치. 대별해서 미끄럼 축받이와 굴림 축받이가 있다. 전자의 경우는 양 부분 사이는 미끄럼 마찰, 후자는 굴림 마찰이 된다.

축받이 마찰손(軸受摩擦損, bearing friction loss) 축받이와 축 사이의 기계적 마찰에 의한 손실. 미끄럼 축받이에서는 $W_b=(26/t)\,dl_v^{1.5}$ [W]. 여기서, t는 기름의 온도 ℃(16 ~ 50℃ 사이), l은 축받이의 길이 [cm], d는 축받이 지름 [cm], v는 축의 주변 속도 [m/s] (0.5~4 m/s], 축받이 압력 p=30 kg/cm² 이내이다.

축 발전기(軸發電機, shaft generator) 다른 기계의 회전축에 의해서 구동되는 발전기. 예를 들면, 터빈 발전기 축에 직결된 소내용 발전기 같은 것을 이른다.

축소 배전반(縮小配電盤, miniature switchboard) 피제어계를 떨어진 한 장소에서 제어할 목적으로 소형으로 통합하고, 설치한 기구도 소형으로 한 테이블이 붙은 철판제 박스형 배전반을 이른다.

축적관(蓄積管, storage tube) ⇨ 기록관.

축적 원리(蓄積原理, accumulation principle, storage principle) 전송하려는 인포메이션(광학상)을 전하상(電荷像)형태로 절연체 표면에 축적하는 작용. 이미지 오디콘 등은 광학상을 전하상으로 바꾸어 모자이크 전극 또는 타깃 위에 축적하여 두고, 그 각 부분을 전자 빔으로 순차 주사하여 전기 신호를 만든다. ⇨ 기록관.

축적형 오실로스코프(蓄積形——, storage oscilloscope) 축적관이라 불리는 특수한 음극 선관을 사용하여 인광성 잔광과는 다른 원리로 형광면의 상을 장시간 유지할 수 있도록 만들어진 오실로스코프이다.

축적형 촬상관(蓄積形撮像管, storage-type camera tube) 축적효과를 이용하여 빛에 대한 감도를 나타낸 촬상관. 현재의 것은 모두 이 형이다. ⇨ 축적 원리.

축 전류 (軸電流, shaft current) 회전기의 축-축받이-베이스-축받이 회로에 흐르는 전류. 심한 경우에는 축받이를 소손하는 경우도 있다.

축전식 (軸轉式, axle drive system) 《열차 조명용 전원》 열차 조명용으로 차량의 동력을 이용하여 발전기를 운전하여 발전하는 방식을 이른다.

축전지 (蓄電池, storage battery) 전기 에너지를 저장할 수 있도록 접속된 둘 또는 그 이상의 셀로 구성된 어셈브리를 이른다. 일단 방전하여 에너지를 방출한 장치를 충전하여 다시 축적할 수 있기 때문에 이와 같은 충방전 사이클을 반복하여 사용할 수 있다. 연축전지, 알칼리 축전지, 카드뮴 축전지 등이 많이 사용되는 축전지이다. 2차 전지라고도 한다.

축전지실 (蓄電池室, battery room) 발・변전소 등에서 축전지를 수용한 곳으로, 내산성과 배기, 배수에 지장이 없고 일광의 직사를 피하는 구조로 한다.

축중합 (縮重合, condensation polymerization) 저분자가 종래의 축합에 의해서 다른 저분자를 생성하여 고분자를 생성하는 중합을 이른다.

축차 비교법 (逐次比較法, method of successive comparison) 피 측정값과 표준값을 직접 비교하는 대신 전혀 다른 종류의 것의 비(比)로 측정하여 피 측정값을 구하는 방법을 축차 비교법이라 한다.

축차 제어 (逐次制御, sequential control) 계수형 계산기에 대한 지령이 순서적으로 구성되고, 계산 진행 중 축차 계산기에 지령이 전달되도록 한 연산방식으로서, 대부분의 고속도 자동 계산기는 이 제어방식을 택하고 있다.

축퇴 (縮退, degeneracy) (1) 공진장치에 있어서, 둘 또는 그 이상의 진동형식(모드)이 동일한 공진 주파수를 가지고 있는 것. (2) 원자에 있어서, 여러 가지 양자상태가 달라도 특정한 양, 보통 전 에너지량이 같은 값을 가지고 있는 것. (3) 반도체에 있어서, 불순물 농도가 극도로 농밀하게 된 상태를 이른다. ⇨ 축퇴한 반도체.

축퇴한 반도체 (縮退——半導體, degenerate semiconductor) 진성 반도체에 도너 불순물을 가하면(전자의 에너지 준위도에서) 전도대에 접근한 금제대에 도너 준위가 만들어져 반도체의 도전성이 좋아져 n형 반도체로 된다. 전자의 허용 에너지 상태의 분포는 변화하고, 페르미 준위는 금제대 중앙에서 전도대 쪽으로 치우친다. 위와는 반대로 억셉터 불순물을 첨가하여 p형 반도체가 되는 경우에는 페르미 준위는 반대로 가전대 쪽으로 기울어진다. 어느 경우에도 불순물 농도가 짙어지면 페르미 준위는 전도대 또는 가전자대 속으로 들어가는 사태가 일어날 수 있는 셈이며, 이러한 경우 반도체는 축퇴하였다고 하며 금속과 같은 성질을 갖게 된다. 축퇴 상태에서는 여러 가지 상이한 속도(혹은 상이한 실효 질량)를 가진 다수의 전자, 혹은 정공이 동일한 에너지 준위를 가지고 존재하고 있다.

축합 (縮合, condensation) 동종 또는 이종의 2개 이상의 분자가 간단한 화합물(H_2O, HCl …)을 분리하여 하나의 화합물을 형성하는 것을 축합이라 한다.

축합체 (縮合體, condensation product) 간단한 분자가 축합하여 이루어진 고분자 화합물을 이른다.

출력 (出力, output) 전기 기기가 외부에 공급하는 전력 또는 동력. 단위는 와트 또는 킬로 와트이다.

출력 갭 (出力——, output gap) 전자류에서 고주파 출력을 얻기 위하여 설치된 전극의 간극을 출력 갭이라 한다. ⇨ 입력 갭(input gap).

출력계 (出力計, output meter) 보통 증폭기 등의 음성주파 출력을 지시하는 계기를 지칭한다. 대부분 전압을 측정하도록 하고 미터에는 dB 또는 VU 단위의 눈금을 매긴다. 송신기 등의 출력을 측정하는 것은 보통 (고주파)전력계라 한다.

출력 권선 (出力捲線, output winding, power winding) 《자기 증폭기》 자기 증폭기에서 부하에 전력을 공급하기 위한 권선이다.

출력 밀도 (出力密度, power density) 노심(爐心)의 단위 체적당의 발생 동력이다.

출력 변성기 (出力變成器, output transformer) 출력 회로에 있는 변성기. 보통 음성주파용 등의 철심이 든 것을 지칭하며, 플레이트 회로의 직류의 분리와 임피던스를 변성하기 위하여 사용한다.

출력 선로 필터 (出力線路——, outlet line filter) 송단(送端)에서의 음성 주파와 반송 주파 및 각 통화로를 합성하는 데 사용하는 저역(低域) 및 고역 필터이다.

출력 어드미턴스(出力——, output admittance) 출력 단자에서 본 어드미턴스를 이른다. 출력 임피던스의 역수이다. ⇨ 출력 임피던스 (output impedance).

출력 음극 (出力陰極, output cathode) 계수 방전관의 n 개의 음극 중 출력 전압을 얻도록 되어 있는 공통적으로 연결되어 있지 않은 음극을 일컫는다. 다출력형은 양극 전부가 출력 음극이다.

출력 임피던스 (出力——, output impedance) 동작상태에서, 기기나 장치의 출력단에서 기기·장치 쪽(입력측)을 본 임피던스를 이른다.

㈜ 신호 발생기의 경우에는 이것을 정전압원으로 간주하여 그 내부 임피던스를 출력 임피던스라 한다. 4단자망의 경우는 그 z 파라미터를 사용하여 출력 임피던스는 $Z_0 = z_{22} - \left(\dfrac{z_{12}\,z_{21}}{z_{11} + Z_g}\right)$로 주어진다. Z_g는 입력단에서의 전압원의 직렬 임피던스이다.

출력 저항 (出力抵抗, output resistance) 전기 회로의 출력측에 삽입하는 저항. 좁은 뜻으로 공동 반송방식에서의 각 통화로용 반송파 출력을 조정하는 저항을 이른다.

출력 필터 (出力——, output filter) 송단(送端)에서의 반송용 통화로 필터. 넓은 뜻으로는 어떤 전기회로의 출력측에 삽입하는 필터를 이른다.

충격 (衝擊, impulse) 극히 단시간 계속하는 충동적 또는 진동적인 전류를 발생하는 것을 이른다. ⇨ 충격전압, 충격전류.

충격 검류계 (衝擊檢流計, ballistic galvanometer) 과도현상에서의 총 전하 이동량을 측정하기 위한 검류계이다 회전부분의 관성 모멘트를 크게 설계하고, 진동의 주기가 상당히 길다. 이 계기의 지시의 최대값은 통과한 총 전하량에 비례한다.

충격 계수 (衝擊係數, duty cycle, duty factor, duty ratio) 《펄스》 펄스 반복주기와 펄스 폭의 비를 충격 계수라 한다.

충격 발진기 (衝擊發振器, shock excited oscillator) 회로에 자유 진동을 발생시키는데 이 자유 진동의 진동 주기에 비하여 대단히 짧은 여진을 주는 것을 말한다.

충격방전 개시전압 (衝擊放電開始電壓, impulse sparkover voltage) 《피뢰기》 주어진 파형과 극성의 충격 전압이 선로와 피뢰기의 접지 단자 사이에 주어졌을 때 방전 전류가 흐르게 되기까지 도달할 수 있는 최고 전압값. 이 전압과 방전에 이르는 시간의 관계를 그린 곡선을 충격방전 개시전압－시간 곡선이라 한다.

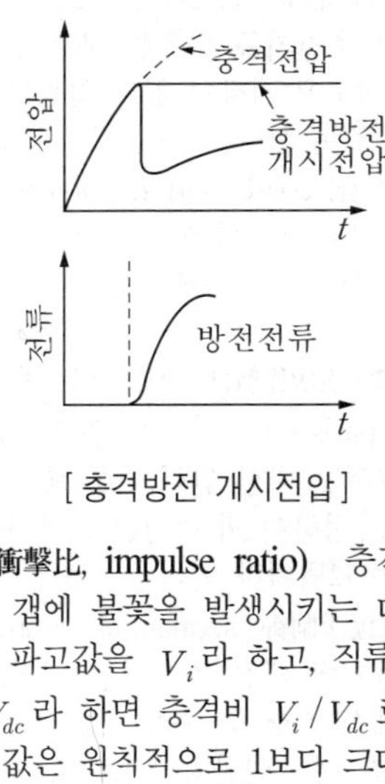

[충격방전 개시전압]

충격비 (衝擊比, impulse ratio) 충격 전압에 의해서 갭에 불꽃을 발생시키는 데 필요한 최소의 파고값을 V_i라 하고, 직류 불꽃 전압을 V_{dc}라 하면 충격비 V_i / V_{dc}로 표시된다. 그 값은 원칙적으로 1보다 크다.

충격 상수 (衝擊常數, ballistic constant) 충격 검류계의 감도를 나타내는 상수로서, 거울과 척도의 거리가 1 m일 때 척도상에 1 mm의 흔들림을 생기게 하는 쿨롬수로 나타낸다. 즉 $Q = K\theta$에서, Q를 통과한 전기량(쿨롬), θ를 충격 흔들림이라 하면 K는 충격 상수이다. 통상적 목적에 따라 콘덴서 또는 상호 임피던스 코일을 사용하여 결정한다.

충격 시험 (衝擊試驗, mechanical shock test)

부품이나 장치에 지정된 값의 충격을 가하여 그 구조적 또는 기계적인 내성을 시험하는 것을 이른다.

충격 용접 (衝擊鎔接, percussion welding) 저항 용접의 하나로, 자동적으로 어떤 단시간만 전류를 통하여 용접하는 방법. 이 충격전류는 주로 콘덴서의 방전에 의해서 얻는다.

충격 잡음 (衝擊雜音, impulsive noise) 전송 중 또는 말단과 중간의 각 국소(各局所)에서 발생하는 피크성의 잡음으로, 통례적인 동일 잡음(同一雜音)에 대한 파고값을 갖는 것. 장해의 원인이 된다. 특히 중계 코일, 진공관, 변조기 등의 비직선성 소자(素子)가 회로에 삽입되면 피크 잡음으로 누화(漏話)의 원인이 된다.

충격 전류 (衝擊電流, impulse current) 극히 단시간 동안만 회로에 흐르는 전류를 이른다. 충격 전류로서는 일반적으로 상승률이 급격함을 요구하는 경우가 많다. 또 전기회로 중에 생기는 급격히 변화하는 전류를 가리킬 때도 있다. ⇨ 충격 전압(impulse voltage).

충격 전류 발생기 (衝擊電流發生器, impulse current generator) 충격파의 전류를 발생하는 장치로, 정전 용량이 큰 콘덴서에 축적된 전하를 일시에 방전하는 것이다.

충격 전압 (衝擊電壓, impulse voltage) 극히 단시간 동안만 회로에 인가되는 전압을 이른다. 또 전기회로 중에 생기는 급격히 변화하는 전압을 가리킬 때도 있다. ⇨ 충격 전류(impulse current).

충격 전압 발생기 (衝擊電壓發生器, impulse voltage generator) 정전 콘덴서를 병렬로 충전하여 이것을 직렬로 전환(轉換)하여 순간적으로 서지 전압을 발생하는 장치. 전력기기의 전압 또는 개폐에 의한 서지의 강도를 시험하기 위하여 사용한다.

충격 전압 시험 (衝擊電壓試驗, impulse voltage test) 충격 전압에 의한 내전압, 섬락전압, 절연파괴 시험의 총칭이다.

충격 진동 (衝擊振動, ballistic throw) 충격 검류계에 단시간 전류를 통하면 검류계는 그 전류의 통과가 끝날 때까지 거의 운동을 방생하지 않고 통과가 끝난 다음에 그 충격으로 인하여 조용히 운동을 시작한다. 그 최초의 진동을 충격 진동이라고 하며, 통과한 전기량에 비례한다.

충격파 (衝擊波, impulse wave) 파고율이 큰 파(波)를 이른다.

충격 하중 (衝擊荷重, impact load) 순간적으로 걸리는 큰 기계적 부하를 충격 하중이라 한다.

충격 함수 (衝擊函數, impulsive function, impulse function) ⇨ 단위 함수(unit function).

충돌 (衝突, collision) 둘 또는 그 이상의 입자, 광자, 원자핵. 핵계가 접근하여 그 사이에 에너지, 운동량, 전하 등의 수수가 이루어지는 것을 이른다.

충돌 전리 (衝突電離, ionization by collision) 고속도의 입자(예를 들면 전자, 양전자 등)가 다른 분자와 충돌하여 그것이 가지고 있는 운동 에너지를 주어 분자 또는 원자를 음양의 이온으로 나누는 현상을 충동 전리라 한다.

충돌 전리 계수 (衝突電離係數, impact ionization coefficient) 《반도체》 pn 접합에 높은 역바이어스 전계를 부여하면 캐리어는 이에 가속되어 반도체 원자에 충돌하여 이것을 이온화한다. 1개 캐리어가 단위 거리를 진행하는 사이에 충돌하여 여기하는 전자-정공쌍의 수를 충돌 전리 계수라 한다.

충동 수차 (衝動水車, impulse water turbine) 충동 날개를 설치한 수차를 이르는 것으로, 펠톤 수차가 이에 속한다. ⇨ 충동 터빈.

충동 터빈 (衝動――, impulse turbine) 압력 에너지를 노즐에 의해서 속도 에너지로 바꾸어 날개에 충돌시켜 그 충격으로 임펠러를 회전시키는 방식의 터빈을 이른다. ⇨ 반동 터빈.

충방전 반 (充放電盤, charge and discharge board) 2차 전지를 사용한 전원 설비에서, 전지의 충전 및 방전을 제어하기 위한 개폐기와 계기류를 장치한 반을 이른다.

충방전 방식 (充放電方式, charge and discharge system) 전신 전화기계 등의 직류 전원으로서 축전지 2조와 충전장치 한 벌을 사용하여 2조의 축전지를 각각 충전 및 방전에 교대로 사용하는 방식이다.

충방전 전건(充放電電鍵, charge and discharge key) 케이블 등의 정전 용량을 직류로 측정할 때는 흡수작용의 영향을 일정하게 하기 위해서 충방전의 시간 및 그 간격을 정하여 시험할 필요가 있다. 이와 같은 목적에 사용되는 충방전을 하는 전건을 이른다.

충실도(充實度, fidelity) 신호파의 주파수, 진폭, 위상 등을 재생할 경우에 재생파가 신호파에 대해서 어느 정도 충실하게 재생되는가를 나타내는 말. 특히 소리를 전기 음향계를 통해서 재생하는 경우, 얼마나 잘 되는가를 나타내는 데 사용된다. 하이파이란 말은 high fidelity의 약어이다.

충전(充電, charge, charging) (1) 축전지 또는 콘덴서에 전원으로부터 방전할 때와는 반대로 전류를 흘려서 에너지를 축적하는 것. 축전지에서는 극판에 일어나는 화학반응의 결과 생기는 화학적 에너지로서, 또 콘덴서에서는 유전체 중의 정전 에너지로서 에너지가 축적된다. (2) 송전선에 전압을 가하는 것을 이른다.

충전 계수(充塡係數, charging coefficient) 《가스압 점검법》 충전 공식 $G=K\cdot L(P_e-P_s)$에서의 K를 충전계수라 일컫는다. 충전계수는 각 케이블 고유의 값으로, 1 km의 케이블 압력을 1g/cm^2 만큼 올리는 데에 필요한 가스량(量) [l] (1kg/cm^{2}에서의 부피)이다. 따라서 단위는 [$l\cdot$cm^2/g$\cdot$km]로 나타낸다. 충전계수의 값으로는 케이블의 연피(鉛被) 안쪽의 단면적을 cm^2 단위로 나타낸 수치에 아래의 상수를 곱한 값을 사용한다. 반송 케이블 0.06, 시외 케이블 0.05이다.

충전 곡선(充電曲線, charging curve) 정전류를 충전할 경우의 시간과 전압과의 관계 그래프이다.

충전 발전기(充電發電機, charging generator) 축전지를 충전하기 위해 사용하는 직류 발전기. 전지의 전압은 충전과 동시에 높아지므로 그것에 따라서 단자 전압을 전지 1개당 2~3V까지 조정할 수 있는 발전기가 필요하다. 분권 발전기가 적당하다.

충전부(充電部, live part) 《배전반》 전압이 걸려 있는 부분을 이른다.

충전 압력(充塡壓力, charging pressure) 《가스압 점검법》 케이블에 가스를 충전할 때의 가스압(壓)을 이른다. 보통 충전 압력으로서는 장시간 충전의 경우는 0.6~0.8 kg/cm^2, 단시간 충전의 경우는 1.0~1.5 kg/cm^{2}의 압력을 사용한다.

충전용 콤파운드(充塡用——, filling compound) 부싱, 케이블 헤드, 접속함(接續函) 등의 빈틈을 채우기 위하여 사용되는 절연 콤파운드. 일반적으로 아스팔트를 주성분으로 한 배합물을 사용하며, 경질과 연질이 있다.

충전율(充電率, charging rate) 축전지를 충전할 때 어떤 전류 i로 h시간 충전하여 충전이 완료했을 때 그것을 i전류에 대한 h시간율 충전이라 하고, h를 충전율이라 한다.

충전 전류(充電電流, charging current) (1) 축전지를 충전할 때 필요한 전류이다. (2) 콘덴서에 전압을 가했을 때 흐르는 전류를 이른다.

충전점(充塡點, charging point) 《가스압 점검법》 한 가스 구간을 2~3의 가스 충전 구간으로 나누어, 그 구간의 중앙에 가까운 밸브점(點)으로부터 가스 충전을 한다. 이 밸브점을 충전점이라고 한다.

취수구(取水口, intake) 《수력발전》 하천, 저수지, 조정지 등에서 흘러 들어오는 물을 수로에 도입하기 위한 설비로, 압력식과 무압력식이 있다.

취수 댐(取水——, intake dam) 하천의 물을 수로로 유도하기 위한 댐으로, 보통 중력식 콘크리트 댐이 많다. 취수구에서 토사가 유입되는 것을 방지하기 위하여 토사 막이 게이트를 설치한다.

취수 설비(取水設備, intakes) 댐, 취수구 및 그 부속 설비 등. 하천의 물을 도수로로 끌어들이기 위한 설비의 총칭이다.

측격(側擊, side stroke) 벼락의 직격(direct stroke)과는 달리 벼락이 곁에 가깝게 떨어지는 것. 유도뢰(誘導雷, induced surge)의 원인이 된다.

측광(測光, photometry) (1) 빛과 관계되는

ㅊ

양을 측정하는 것. 육안을 이용하여 비교측정을 하는 시각(視覺) 측정과 물리적인 수광기(受光器)에 의해서 하는 물리 측광이 있다. (2) 광속 및 그와 관련된 양, 예를 들면 광도, 조도, 휘도, 밝기 등을 측정하는 기술. (3) 방사에 관련되는 양을, 그것이 발생하는 시각효과를 이용하여 측정하는 것을 이른다.
㊟ 방사량을 에너지의 단위를 이용하여 측정하는 경우에는 radiant라는 형용사를 사용하지만 표준 관측자(수광기)에 의해서 분광 비시감도, 최대 시감도를 고려하여 방사량을 측정하는 경우에는 보통 luminous라는 형용사를 붙여 구별한다. 또 시감측광(Visual photometry)이라는 것은 측광 벤치나 적분구 광속계처럼 측광량을 육안으로 비교 측정하는 것으로, 비교하여야 할 광원의 색깔이 상이한 경우에는 교조(交照) 측광기, 또 특별히 광원의 방향 특성을 측정하고자 하는 경우에는 각도형 측광기(goniophotometry) 같은 특수한 측광기가 사용된다. 물리적인 수광기(광전지, 홀로미터 등)를 사용하여 육안에 의존하지 않는 측광을 물리측광(physical photometry)라 한다. 특히 방사량을 에너지나 와트의 단위로 측정하는 측정기를 방사계라 한다.

측광기 (測光器, photometer) ⇨ 광도계.

측광 단위 (測光單位, photometric unit) 측광량의 단위이다. ⇨ 광속, 광도, 조도.

측광량 (測光量, photometric quantity) 조명학, 측광학의 기초가 되는 양. 광속, 조도, 광도, 휘도, 광속 발산도, 광량, 노출, 투과율, 반사율, 흡수율 등이 있다.

측광 벤치 (測光──, photometer bench) 길이 2~3 m인 두 가닥의 평행 레일 양단에 표준 전구와 공시(供詩) 전구를 두고, 레일 중앙부에 광도계 헤드를 놓아 양쪽 전구로 비추어져 발생하는 조도의 평형 위치로부터 $I_x/I_s=(l_x/l_s)^2$의 관계로 공시 전구의 광도 I_x를 구하도록 한 것. 여기서 I_s는 표준 전구의 광도, l_x, l_s는 각각 공시 전구, 표준 전구에서 광도계 헤드까지의 거리이다.
㊟ 표준 전구는 안정성과 재현성이 뛰어난 상용 표준의 측광 광원이다.

측광 시야 (測光視野, photometer field) 시감측광에서 측광기 두부에서 공시등, 비교등에 의해서 조사(照射)되어 측광 평형을 얻기 위하여 관측되는 부분. 이 조도는 10~20 lx가 적당하고 색깔은 가급적 같은 것이 좋다.

측광 시험판 (測光試驗板, photometric test plate) 시감 측광법에 의한 조도계로, 조도를 측정하려고 하는 장소에 두어지는 백색체. 완전 확산체에 가깝고 비선택성 반사 또는 투과를 하고 청정하면서도 광택이 없어야 한다. 반사형으로는 산화 마그네슘 등이 있고 양형(兩形) 모두 유색(乳色) 유리가 많이 쓰인다.

측광 쐐기 (測光──, photometric wedge) 측광용 필터의 일종. 농도 또는 두께를 한 쪽에서 다른 쪽으로 점차 변화시키며 삽입 위치에 따라 투과율이 가감되도록 되어 있다. 측광 평형을 잡는 한 수단으로 이용되고 있다.

측광 축 (測光軸, photometric axis) 측광기의 축. 시험등, 비교등 또는 표준등, 측광 두부, 스크린 등의 중심은 모두 이 축상(軸上)에 있어야 한다.

측광 평형 (測光平衡, photometric balance) 측광 시야의 조도가 시험등, 비교등(또는 표준등)의 양측이 서로 같은 것. 이 때 역2승 법칙 등을 이용하여 소요량을 계산한다.

측광 표준기 (測光標準器, photometric standard) 측광에서 표준이 되는 광원. 광도의 표준기는 1차로는 흑체가, 2차로는 전구가 쓰인다. 실용상으로는 광속, 색광도의 표준기도 있다.

측광학 (測光學, photometry) 측광과 거의 동의어로, 구태여 구별을 한다면 실제 기술이 측광이고, 그 기초 이론이 측광학이다.

측등 (側燈, side lamp) 차체의 측면에 설치한 전등을 이른다.

측량 (測量, location survey) 전선로 시설을 위하여 하는 측량을 이른다.

측로 (側路, bypass, by-pass) 초크 코일과 같이 고주파 전류에 대하여 높은 임피던스를 나타내는 것과 병렬로 콘덴서를 접속하면 콘덴서는 고주파 전류에 대하여 낮은 임피던스를 가지므로 낮은 주파수의 전류는 초크 코일쪽으로, 높은 주파수의 전류는 콘덴서쪽으로 흐르게 된다. 이와 같이 종류가 다른 전류를 구분하기 위하여 별도의 분로를 만드는 것을 일컫는다. 예를 들면 고주파 전류만이 통과하기 쉽도록 제작한 측로 콘덴서(bypass condenser)는 그 한 예이다.

측방 편위 (側方偏位, lateral deviation) 송수신소가 대척(對蹠)점 관계에 있거나 전파가 극지(極地)를 통과하는 경우 및 산란반사를 동반하는 경우 전파의 도래 방향은 송수신소를 연결하는 대기권 통로를 스치는 경우가 있다. 이러한 경우 이외에 전리층의 전자 밀도 분포가 지구면과 평행인 완전 구면 내에서 균일하지 않기 때문에 생기는 현상이 있다. 이것을 측방 편위라고 한다.

측심 (測深, sounding) 바다의 깊이를 측정하는 것. 최근에는 초음파의 임펄스가 배에서 해저까지 왕복하는 시간으로 측심하는 반향 측심(echo sounding)이 주로 사용되고 있다.

측정 (測定, measurement) 실험에 의해서 어떤 성질을 수량적으로 나타내는 것. 그리고 일반적으로는 측정장치의 눈금을 읽어 간접적으로 수치(數値)를 결정하는 경우가 많다.

측정 범위 (測定範圍, measuring range) 하나의 계측기로 측정할 수 있는 범위를 이른다. 동일 눈금 또는 지시를 전환하여 어떤 배수(倍數)를 곱하여 측정하는 것도 있다.

측주 (側柱, side pole) 전기 철도에서 궤도의 한쪽 또는 양쪽에 설비되어 있는 가공선 지지주를 이른다.

ㅊ

측지선 (側支線, lateral stay, side guy) 선로와 직각 방향으로 된 지선으로, 풍압으로 인하여 옆으로 쓰러지지 않게 하기 위한 것. 양측 지선, 편지선(片支線) 등도 있다.

측파대 (側波帶, side band) 반송파를 신호파로 변조하였을 경우, 그 반송파를 중심으로 하여 상, 하에 나타나는 주파수 대역을 이른다.

측파대 억압 (側波帶抑壓, sideband suppression) 변조된 반송파의 주파수 스펙트럼 중에서 한쪽 측파대를 필터에 의해 제거하는 것을 뜻한다.

측판 (側板, side plate) 《마그네트론》 전자관의 전자가 자계에 의해서 관축(管軸)방향으로 유출하는 것을 방지하기 위하여 양극(陽極) 양쪽에 설치한 가지모양(枝狀) 전극으로, 음극과 등전위 또는 마이너스 전위가 주어진다.

측회선 (側回線, side circuit, physical circuit) ⇨ 실회선.

층 (層, layer) (1) 보통 전리층을 지칭한다. (2) 《케이블선》 케이블 심선을 집합하는 경우 중심층, 제1층, 제2층처럼, 층으로 나누어 집합한다.

층간 절연 (層間絶緣, layer insulation) 슬롯에 넣은 상층 코일변과 하층 코일변 사이에 설치한 절연을 층간 절연이라 한다.

층간 절연 시험 (層間絶緣試驗, layer insulation test) 100~500 Hz의 주파수를 사용하여 변압기 권선에 정규(正規) 유기 전압의 2배의 전압을 유기시켜 어느 일정한 시험시간(최장 60 s, 최단 15 s) 견딜 수 있느냐의 여부를 시험하게 되는데, 이 실험을 유도 절연 시험이라고 한다. 시험시간[s] = 60×2×(정격주파수/시험주파수)

층간 화합물 (層間化合物, intercalation compound) 유도체, 특히 그래파이트 유도체가 많이 알려져 있다. 호스트로서 그래파이트의 층상 결정의 홀이나 층 중간에 게스트 분자가 들어가 화합물을 형성하고 있는 것. 게스트 분자(또는 원자)의 거동은 상당히 자유로워 호스트와 게스트 사이에서 전자 교환이 이루어져 전기 전도성을 나타내거나 일렉트로 크로믹한 성질이 발생하기도 한다. 표시장치용 물질로 또는 전지 재료로 주목을 받고 있다.

층별 접속 (層別接續, layer splice) 케이블 심선을 접속하는 경우 층마다 트레이서 다음을 기점으로 하여, 심선 번호 순으로 순차 접속하는 방법. 보통 스트레이트 접속이라고 한다.

치단 자기 누설 (齒端磁氣漏洩, tooth tip leakage) 이(齒)의 선단(先端)에서 캡을 통하여 옆의 이 선단에 이르는 누설 자속을 이른다.

치수 (dimension) 물체의 길이, 폭, 두께 등을 이른다.

치차 (齒車, toothed gear) 치차 구동장치에 사용하는 이(齒)를 갖는 기계 요소를 이른다.

치차비 (齒車比, gear ratio) (1) 계량장치의 최저위(最低位)지침 또는 숫자차(數字車)의

1회전에 대한 회전자의 회전수를 이른다. 약어로 G(미국에서는 R_g)이다. (2) 치차 구동장치의 큰 치차와 그 큰 치차에 물리는 다른 치차의 치수비를 이른다. 치차 전동(傳動)의 두 축의 회전속도는 치수에 역비례한다.

치차 전동기 (齒車電動機, geared motor) 전동기 및 치차를 동일한 틀 속에 짜맞추어 축단(軸端)에서는 낮은 속도의 동력을 발생하게 하는 전동기이다.

치환법 (置還法, substitution method)《측정법》 같은 측정장치에 측정하고자 하는 양을 입력하여 얻어진 값과 측정하고자 하는 양을 이미 알고 있는 같은 종의 양으로 치환하여 측정해서 얻어진 값으로 피측정량을 아는 방법. 이 방법은 측정회로와 측정기의 결함 및 오차, 외부 환경이 측정에 미치는 영향 등을 제거하여 정확한 측정 결과를 제시하여 준다.

치환 전력 (置換電力, substitutional power) 볼로미터에 있어서, 측정하여야 할 RF전력을 공급하기 전과 공급한 후에 저항값을 같게 유지하기 위해 필요한 바이어스 전력의 차. 보통 볼로미터는 휘트스톤 브리지의 한 변에 놓여져 직류 또는 AF 바이어스 전류에 의해서 그 정규 동작 저항으로 유지되고 있다. RF 신호를 부여하였을 때의 바이어스 전력의 감소 P가 치환 전력이고, 이것은 $P=(I_1{}^2-I_2{}^2)R$로 주어진다. 여기서, I_1, I_2는 RF 전력이 주어지기 전 및 후의 바이어스 전류이고 R은 볼로미터의 정규 동작 저항이다

친화력 (親和力, affinity) 전자 친화력, 프로톤 친화력 등이 있으며, 각각 어떤 것이 전자 또는 프로톤 등과 결합하려고 하는 경향의 세기를 뜻한다.

7세그먼트 표시장치 (── 裝置表示, seven-segment display) 7개의 조명편을 아래 그림과 같이 배치하고, 그 몇 개를 선택하여 조광함으로써 0에서 9까지의 10진 디지트를 표시할 수 있도록 한 표시장치. 4비트의 BCD 입력에 의해서 이 표시장치도 동작시키는 복호 드라이버(decoder driver)도 있다.

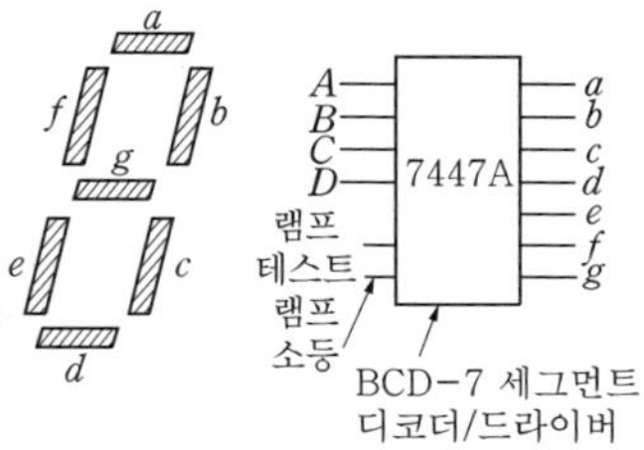

[7세그먼트 표시장치]

침사지 (沈砂池, settling basin) 유수(流水) 중에 포함되어 있는 토사를 침전 배제하기 위한 못이다.

침식 (浸蝕, erosion) 금속 및 기타의 재료가 액체 또는 고체에 의해서 마모되는 것. 보통 표유(漂遊)하고 있는 고체 입자 또는 부식에 의해서 가속된다. 또 급속히 유동하고 있는 경우 국부적으로 감압상태가 되기 때문에 액체의 비등현상 등도 영향을 미친다.

침식 현상 (浸蝕現像, punch through) 트랜지스터의 컬렉터와 베이스 사이에 주어진 역전압이 커지면 컬렉터 접합의 공간 전하 영역이 확산되어 결국에는 이미터 접합과 접촉하여 이미터와 컬렉터 사이가 단락상태로 되는 것. 이 때의 컬렉터 베이스 간의 전압을 침식 전압(punch-through voltage)이라고 한다. 유니폴러 트랜지스터에도 마찬가지 현상이 있다.

침압 (針壓, stylus pressure) 픽업의 바늘 끝에 걸리는 압력을 침압이라 한다.

침전극 (針電極, cat-whisker, needle-electrode) 검파용 광석에 접촉시켜 사용하는 고양이 수염처럼 가는 전선의 전극을 이른다.

침전물 (沈澱物, sediment) 용액 중의 고형물(固形物)이 용액의 하층에 모인 것을 이른다.

침투압 (浸透壓, osmotic pressure) 용매(溶媒)는 통과하지만 용질은 통과하지 못하게 하는 고정된 반투막(半透膜) 양쪽에 각 용액과 순수 용매를 두면 용매의 일부는 용액 중에 침입하여 평형상태에 이르게 된다. 이 때 양쪽의 온도는 같아지지만 압력은 같아지지 않는다. 이 양쪽의 압력의 차를 침투압이라 한다.

ㅋ

카노피 (canopy) 《조명기구》 조명기구를 장치하기 위해 쇠사슬이나 파이프를 천장에 설치할 때 그 설치 부분의 구조를 감추기 위하여 쓰이는 장식 기구. 플랜지라고 부르기도 한다.

카노피 스위치 (canopy switch) (1) 조명 기구의 플랜지 등에 부착하는 소형 단극 스냅 스위치의 하나. 끈을 당겨서 점멸을 한다. (2) 전차용 개폐기의 하나로, 평상시에는 회로를 차단해 두는 것을 정위치로 하는 장소에 사용된다.

카드 모터 (card motor) 소면기(梳綿機)를 운전하는 전동기. 실린더의 플라이휠 효과가 크므로 기동 토크가 큰 것이 필요하다. 전동기는 설치 위치의 관계상 축방향으로 매우 짧은 형이 적당하다. 기계와의 연결은 V벨트 구동이 가장 많다.

카드뮴 시험 (―― 試驗, cadmium test) 연축전지(鉛蓄電池)의 충전 또는 방전에서 +, −전극의 상태를 알기 위하여 카드뮴 막대를 보조 전극으로 사용하여 각 극판의 상태를 알기 위한 시험이다.

카르노 사이클 (Carnot's cycle) 2개의 단열 변화와 2개의 등온 변화로 구성된 가역 사이클로서, 높은 열원에서 열량 Q_1을 취하고, 낮은 열원에 열량 Q_2를 부여하여 $(Q_1 - Q_2)/A$라는 일 W를 외부로 향하여 한다. 혹은 낮은 열원에서 열량 Q_2를 흡수하고, 외부에서 일 AW가 부여되어 높은 열원에 열량 Q_2를 방출한다. 따라서 $AW = Q_1 - Q_2$의 관계가 있다. A는 일의 열당량이며,

$$A = \frac{1}{4.18605}\ \text{kcal/kJ} \fallingdotseq \frac{1}{427}\ \text{kcal/kgf}\cdot\text{m}$$

이다.

카르보닐 철분 (―― 鐵粉, carbonyl iron dust) 순도가 높은 쇠를 만드는 방법으로, 철카르보닐[$Fe(CO)_5$]을 원료로 한다. 화학적 방법으로 만들어진 고운 분말 모양의 것으로 소결(燒結)하거나 압연하여 사용된다.

카 리타더 (car retarder) 차량 감속 장치이다.

카보런덤 (carborundum) SiC. 탄화규소(炭化硅素). 경도가 커서 거의 다이아몬드와 같기 때문에 연마제(硏摩劑)로 쓰인다.

카서 방위 (―― 方位, carsor target bearing) 《레이더》 레이더에서 브라운관의 영상의 방위를 알기 위하여 카서를 사용한다. 이 카서에 의한 방위를 카서 방위라고 한다. PPI에서는 카서의 중심과 PPI의 회전의 중심이 일치하지 않을 때 중심 위치 주변의 오차는 매우 커진다.

카세그레인 안테나 (Cassegrain antenna) 마이크로파 안테나로, 1차 방사기는 주반사기의 표면 또는 근방에 있고, 주반사기의 초점보다 1차 방사기 가까이에 놓여진 쌍곡면 부반사경을 향하여 방사한다. 거울에서 반사된 전파는 주반사기에서 다시금 재반사되어 평행 전파가 되어 전방으로 방사된다. 광학

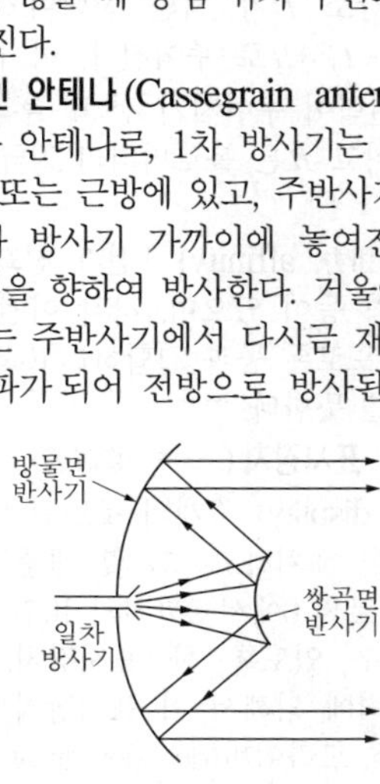

[카세그레인 안테나]

망원경의 원리를 모방한 것으로, 1차 방사기를 주반사기의 전면에 둘 필요가 없다.

카셀등 (—— 燈, Carsel lamp) 1800년에 Carsel이 만든 측광 표준등. 코르자유를 매 시간 42g 태워서 9.4~10 cd를 내었으나 단지 역사적 사실에 불과하다.

카시노트론 (carcinotron) 후진파관(後進波管)을 일컫는다. 영국, 프랑스에서 독립적으로 발명되었으며, 프랑스에서는 카시노트론으로 부르고 있다. 집속 자계를 전자류와 평행하게 부여하는 O형과 지면(紙面)에 수직으로 주어지는 M형이 있다. 후자를 횡형(橫形) 진행파관 또는 진행파 자전관이라 부르기도 한다. 후자는 발진 능률이 높고 큰 전력이 얻어진다. ⇨ 후진파 발진관.

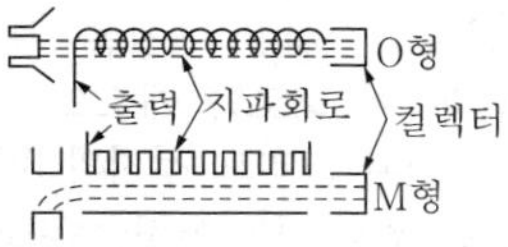

[카시노트론]

카운터 (counter) 전리현상의 발생수를 세는 장치. 계수관이라고도 한다.

카운터포이즈 (counterpoise) 지면 또는 지상 수 미터 정도의 곳에 여러 줄의 도선을 쳐서 대지와의 사이에 가급적 큰 용량을 갖게 한 것. 공중선을 도전적으로 접지하면 그 저항이 커서 손실을 가져오기 쉬운 경우에 사용하는 용량 접지 방법이다. ⇐ 용량접지.

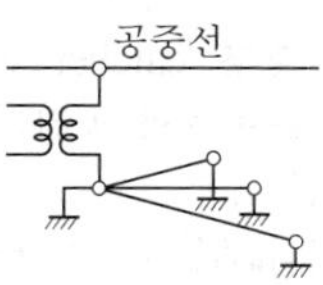

[카운터포이즈]

카크효과 (—— 效果, Kirk effect) 바이폴라 트랜지스터에 있어서, 컬렉터 전류를 증가하였을 때 천이 주파수 f_T가 감소하게 되는 현상. 이것은 다량의 주입 캐리어에 의해서 컬렉터－베이스 접합의 공핍층이 좁아지고, 따라서 상대적으로 베이스층이 확산되기 때문에 생기는 것이다.

㈜ f_T는 이미터 접지 트랜지스터의 전류 이득의 크기가 1이 되는 주파수이다.

카터 계수 (—— 係數, carter's coefficient) 슬롯이 붙은 전기자의 회전 전기 기기의 자기 특성은 갭의 길이가 이보다 얼마간 큰 평활 전기자와 대치하여 계산할 수가 있다. 왜냐하면 슬롯이 있기 때문에 일어나는 자속의 감소가 갭의 길이를 크게 함으로써 마찬가지로 설명할 수 있기 때문이다. 즉 $\delta'=k\delta$(단, $k>1$. 이 k를 카터 계수라고 한다). δ는 슬롯이 붙은 전기자의 갭의 길이, δ'는 이것과 대치한 평활 전기자의 갭의 길이이다.

카트리지 (cartridge) 특히 초고주파의 검파기로서 사용하는 데 적합한 구조로된 반도체 다이오드의 용기를 이른다.

카프 계수 (—— 係數, Kapp's constant) 교류 발전기의 1상(相)의 유도 기전력의 실효값은 $Kfw\Phi$. 여기서, f는 주파수, w는 직렬 코일 회수, Φ는 매 자극(磁極)에서의 자속이라 하면 K가 카프 계수이다.

카플란 수차 (—— 水車, Kaplan turbine) 러너 날개의 각도를 운전 중 임의로 바꿀 수 있게 고안된 프로펠러 수차이다.

칸델라 (cd) (candela) 광도의 단위. 국제적으로는 제2차 세계대전 전에 채택되었고, 전후에 실시되었다. 이것은 백금점에서의 흑체노(黑體爐)의 빛남을 60 cd/cm^{2}으로 정의한 것이다.

칼로리 (calorie) 열량의 단위. 표준 기압 아래서 순수한 물 1cc의 온도를 1℃ 높이는 데 필요한 열량. 국제적으로는 1 kWh＝860kcal로 하고, 1 kcal(＝10^{3}cal)＝4186.05 J로 하고 있다.

칼로리 미터법 (calorimetric test) (1) 회전기 손실을 측정하는 방법으로, 그 손실을 주위의 매체 또는 냉각 물질에 옮기고 그 결과 생긴 온도 상승에서 계산으로 구하는 방법. (2) 마이크로파 전력의 측정으로, 도파관을 무반사 부하로 종단하고, 거기에 입사하는 라디오 주파수 전력을 흡수하여 열로 변환한 다음 수류에 부여한다. 순환하는 물의 출입구 온도차로부터 라디오 주파수 전력을 계산으로 구한다.

칼로멜 반전지 (—— 半電池, calomel half

cell) 감홍 반전지라고도 하며, 전극 전위를 측정할 때 보조 전극으로 쓰인다. 감홍(Hg_2Cl_2)을 포화한 KCl 용액에 수은이 담긴 반전지로, Cl^-에 대해서 가역(可逆)인 전지. 전위는 25℃에서 −0.2415V이다.

칼로멜 전극 (── 電極, calomel electrode) ⇨ 칼로멜 반전지.

캐리어 (carrier) 《반도체》 반도체 내에서 움직일 수 있는 상태에 있는 전도 전자(傳導電子) 또는 정공(正孔)을 이른다.

캐리어 시프트 (carrier shift) 반송파 주파수의 변동을 이른다.

캐리 오버 (carry over) 보일러의 증발면에 거품 또는 플라이밍이 일어나서 수중의 불순물 또는 물방울이 증기 속에 섞여서 운반되는 것을 캐리어 오버라 한다.

캐리 포스터 브리지 (Carey-Foster bridge) 저항 측정용으로서 표준 저항과 비교하여 정밀하게 측정하는 경우와 상호 인덕턴스를 표준으로 하여 콘덴서의 정전 용량을 측정하는 경우에 쓰이는 교류 브리지이다.

캐비테이션 (cavitation) 유체의 흐름 속에 액이 채워지지 않는 공동(空洞)을 발생하는 현상을 이른다.

캐소드 (cathode) ⇨ 음극.

캐소드 스퍼터링 (cathode sputtering) 금속을 음극으로 하여 글로 방전을 하고, 양극 주변에 두어진 물질 위에 음극 금속을 도금하는 것을 이른다.

캐스케이드 정류기 (── 整流器, cascade rectifier) 둘 또는 그 이상의 정류기가, 그 직류 전압이 가합되도록 접속되어 있지만 다만 전류 위상은 일치되어 있지 않은 것을 이른다.
㊟ 둘 또는 그 이상의 정류기의 접속에서, 전류(轉流) 위상이 일치하는 경우에는 만약 직류 전압이 가합하는 경우에는 직렬이고, 직류 전류가 가합하는 경우에는 병렬이라고 한다.

캐스케이드 클라이스트론 (cascade klystron) 복공동(復空洞) 클라이스트론의 공동 공진기수를 많게 하여(보통 3~7개) 능률을 좋게 하거나 공동 공진기의 공진 주파수를 조금씩 다르게 하여 대역폭(帶域幅)을 넓게 한 클라이스트론을 이른다.

ㅋ

캐스케이딩 (cascading) (1)《개폐 장치》 전원과 가장 가까운 개폐기에서 일어날 수 있는 단락전류와 같거나 그보다 큰 전류 차단 용량을 가지고 있고, 전원으로부터 멀어짐에 따라 정격 차단 용량이 작은 개폐기를 사용하도록 한 개폐장치의 배치방법. (2)《배전 변압기》 2차 뱅킹에서 변압기 또는 선로의 고장으로 뱅크 내 변압기의 일부 또는 전부가 차례로 회로로부터 차단되어 버리는 것을 이른다.
㊟ 캐스케이딩 방지를 위해 인접 변압기와의 접속 위치에 퓨즈를 넣거나 혹은 저압측 선로에 구분 차단기를 설치하거나 한다.

캐스코드 증폭기 (── 增幅器, cascode amplifier) 캐스코드 회로에 의한 증폭기이다.

캐스코드 회로 (── 回路, cascode circuit) 월맨회로라고도 하며, 저잡음 증폭회로로 널리 쓰인다. 이 회로는 캐소드 접지의 고(高) g_m 3극관과 그리드 접지의 3극관을 직렬로 연결한 회로인데, 특히 초단파용 수신기의 초단 증폭기에 적합하다.

캐스트 솔더링 (cast soldering) 전선과 전선을 접속할 경우에 직접 꼰다든가 감는다든가 또는 조인트선이라고 하는 가는 동선으로 감는 경우가 있다. 이 때 접속점에 납땜을 하는 것이 보통이다. 이것을 캐스트 솔더링이라고 한다.

캐처 (catcher) 복공동 클라이스트론에서 제1 공동으로 변조한 전자 빔에서 출력을 뽑아내기 위하여 설치된 제2의 공동을 캐처라 한다.

캐처 전압 (── 電壓, catcher voltage) 클라이스트론에서 출력측의 공진기 캐처에 걸리는 전압을 이른다.

캐치 홀더 (catch-holder) 배전용 변압기의 2차측에 부착하는 퓨즈대. 수용가 인입구에 이르는 회로의 사고에 대한 보호장치이다.

캔티훅 (cantihook) 통나무를 굴리는 데 사용하는(보통은 목재의) 지레. 끝에 조절할 수 있는 쇠고리가 붙어 있다.

캠벨 브리지 (Campbell bridge) 표준 커패시턴스 C와 비교함으로써 상호 인덕턴스 M을 측정하기 위하여 사용하는 교류 브리지. R_a와 C의 직렬 분기, R_b, M의 1차 코일 L,

그리고 R_c가 순서대로 고리로 된 브리지의 4변을 구성하고 있다. L과 R_c의 접속점에서 M의 2차 코일을 포함하는 전원 분기가 R_c의 다른 단에, 또 같은 점에서 검출기 분기가 브리지의 대각 접속점에 연결되어 있다. R_a, R_b를 변화하여 검출기가 제로 지시가 되도록 평형을 취함으로써 다음 식이 성립한다.

$$\frac{L}{M}=\frac{R_a+R_c}{R_c},\ \frac{M}{C}=R_bR_c$$

캠브릭 절연선 (―― 絶縁線, cambric insulated wire) 납 도금 연동(軟銅) 연선에 바니시 크로스 테이프를 옆으로 감고 테이프의 층 사이에 절연성 혼합물을 함침시켜 여기에 면 테이프를 겹쳐 감은 다음 검은 색깔의 연면사로 편조한 전선을 이른다. 전기 기기의 인출, 발·변전소 내 또는 공장 내에서 전기 기기 상호 간의 배선에 쓰인다.

캠 축 제어기 (―― 軸制御器, cam-shaft controller) 가동 접촉부가 캠 축에 의해서 조작되는 제어기이다.

캡 (cap) 《전자관》 전자관에서 그리드 등의 인출구를 외부 회로에 접속하는 데 사용한다.

캡 램프 (cap lamp) 광산 기타의 작업용 휴대등으로, 작업모 또는 벨트에 의해서 머리 앞면에 부착해서 사용한다. 보통 축전지에 의해서 점등하며 2~5W 정도이다.

캡스턴 (capstan) 《녹음》 녹음 테이프에 일정한 속도를 주기 위한 송출 롤러이다.

캡타이어 케이블 (cabtyre cable, tough-rubber sheathed cable) 고무 절연을 한 심선 또는 케이블 위에 강인한 캡타이어 고무로 피복한 전선. 광산, 공장, 농장, 기타 이동용의 공기 기기 또는 배선에 사용한다. 최근에는 천연 고무 대용으로 합성 고무 또는 염화비닐 등을 사용한 것이 있다.

캡타이어 코드 (cabtyre cord) 캡타이어 케이블의 외경을 가늘게 만들어 가정용 전기 기구 등에 사용하는 것을 이른다. 코드와 케이블에 대한 명확한 기준은 없다. 미국에서는 대개 BS 10번(5.3mm) 이하를 코드, 그 이상을 케이블이라 한다.

커넥터 (connector) (1) 하나의 회로(또는 선로)와 다른 회로(또는 선로)를 전기적으로 결합하기 위해 사용하는 접속 부품. (2) 둘 또는 그 이상의 전선이나 케이블의 단말에 장치한 부품으로, 영구적인 스프라이스를 사용하지 않고 전기적으로 결합하는 것. (3) 금속, 보통 구리의 슬리브로서, 접속해야 할 도체 끝에 씌워서 교정하는 것. 캡형 커넥터라고도 하며, 옥외 배선공사에서 사용되는 접속 부품이다.

커넥터 반 (―― 盤, connector board) 커넥터 셀프를 여러 개 장치하는 반을 이른다.

커넥터 셸프 (connector shelf) 커넥터를 여러 개 탑재한 셸프이다.

커넥터 시험기 (―― 試驗器, connector tester) 커넥터의 기능을 시험하는 이동형 기계이다.

커뮤니티 발전 (―― 發電, community power generation) 지역 사회의 소규모 분산 발전 형태를 이르는데, 보통 열효율 50% 정도의 고온 가스 터빈을 사용하여 발전함과 동시에 연료의 연소로 발생한 배기열을 지역의 냉난방, 급탕, 온수 풀 같은 열원으로 유효하게 이용하고자 하는 것. ⇨ 로컬 에너지.

커뮤테이션 (commutation) 《자기 증폭기》 자기 증폭기에서 출력 권선에 가해진 교류 전압이 마이너스인 기간에도 궤환용 정류기에 정방향 전류가 흐르는 현상을 이른다.

커뮤테이터 스톤 (commutator stone) 정류자 표면의 극히 작은 손상을 제거하기 위해서 사용하는 카보런덤제의 부품. 그 정류자 면에 접하는 부분은 정류자의 직경에 맞추어 둥글게 한다.

커버 (cover) 습기나 먼지가 들어오는 것을 막기 위한 덮개이다.

커버리지 (coverage) 《방송》 방송을 양호하게 청취할 수 있는 범위를 이른다. ⇐ 서비스 에어리어(service area). ⇨ 통달 범위(coverage).

커버링 (covering) 고무 절연전선을 제조할 경우에 도체에 고무 절연체를 입히는 방법의 하나. 고무 혼합물을 압연(壓延)하여 테이프 모양으로 만든 것을 도체 위에 입혀서 가황을 한다. 다른 방법으로서는 도체에 직접 고무 혼합물을 튜브 모양으로 입히는 방법이 있다.

커 상수 (── 常數, Kerr constant) 《빛》 물질 중의 커 효과의 세기의 척도를 이른다. 이상광과 상광의 굴절률 차를, 빛의 파장과 전기장의 2승의 곱으로 나눈 것과 같다.

커서 (cursor) 총 등의 유표(遊標)를 프랑스어로 curseur라고 하며, 이 발음을 영어식으로 바꾸어 cursor라 하여 계산척의 유표 등을 가리키는 말이다.

커 셀 (Kerr cell) 니트로벤젠과 같은 유도체의 액 속에 2개의 전극을 설치한 것으로, 유전체는 전계의 영향으로 복굴절이 생긴다. 셀 전후에 니콜 프리즘 또는 폴라로이드 필터를 교차시켜 배치하면 전압이 주어지지 않을 때는 위의 장치를 통하여 빛이 통과하지 않지만 셀에 신호 전압을 부여하면 전압에 따라 빛이 제2 프리즘을 통하여 나온다. 광 빔을 변조하거나 고속도 카메라의 셔터 등에 이용된다. 압전 물질에서 커 효과를 특히 포켈스 효과라고 하여, 높은 정도의 거리 측정장치 등에서 이용된다.

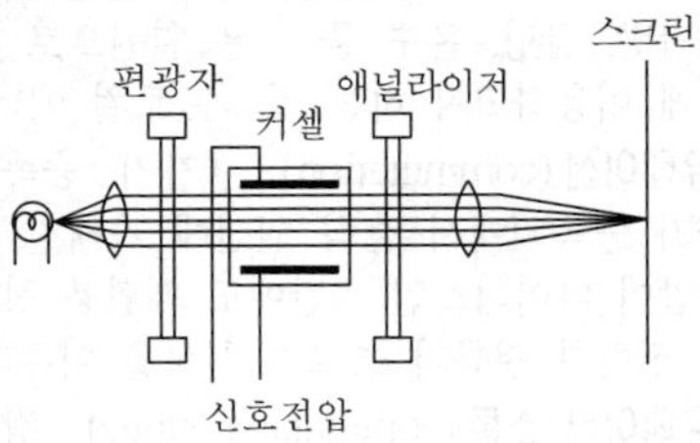

[커 셀]

커티너리 (catenary) ⇨ 커티너리 현수.

커티너리 현수 (── 懸垂, catenary suspension) 트롤리선의 조가(吊架)방법의 하나로, 트롤리선을 따라서 그 상부에 메신저를 가설하여 여기에 트롤리선을 늘어뜨리고 전주에서는 직접 트롤리선을 지지하지 않고 메신저를 지지하는 방법을 커티너리 현수라 한다.

커팅 플라이어 (cuting pliers) 전선을 절단하거나 굽힐 때 쓰는 공구. 가위와 같은 원리로 절단하며, 그것을 견고하게 만든 것이다.

커팅 헤드 (cutting head) 원판 녹음을 할 때 사용하는 것으로, 전력 증폭된 음성 전류가 가동철편을 움직여 그 끝의 녹음용 바늘이 회전하는 납판(蠟板)에 음의 파형에 따른 홈을 판다

커패시터 입력 필터 (capacitor-input filter) 정류 전원장치에서 사용되는 필터로서, 정류기 출력단에 먼저 커패시터가 병렬로 접속되어 있는 것, 초크 입력 필터에 대립하는 것으로, 다음과 같은 차이점이 있다(다음은 커패시터 입력형). ① 출력 전압이 높은 경우에 적합하다. ② 맥동파 함유율은 작다(초크 입력형은 부하 전류가 클수록 작아진다). ③ 전압 변동률이 크다. ④ 이용률(=피크 전류/평균 전류)이 그다지 좋지 않다.

커패시턴스 (capacitance) 정전 용량(靜電容量)을 지칭한다.

커플링 (coupling) (1) 하나의 회로와 다른 회로를 연결하고, 한쪽에서 다른 쪽으로 에너지를 수수하도록 한 것. (2) 어떤 회로에서 다른 회로에 방해 작용이 개입되는 상태로 양자가 배치되어 있는 것. (3) 회전기에서 축을 통하여 결합해서 토크 및 기계 동력을 수수하는 것. 또 그것을 위한 부품을 이른다.

커 효과 (── 效果, Kerr effect) (1) 등방성(等方性) 유전 물질을 정전계 중에서 전계의 방향과 수직인 방향으로 빛을 통과시키면 통과한 빛이 복굴절을 일으키는 현상. (2) 평면 편광을 강한 자석 표면에 대면 그 반사 광의 편파면이 반전하여 타원 편광이 되는 현상을 자기적 커 효과라고 한다. ⇨ 커 셀(Kerr cell).

컨덕턴스 (conductance) 저항의 역수, 단위는 mho[℧]이다.

컨베이어 (conveyer) 재료, 제품 등을 운반하기 위하여 벨트, 쇠사슬 또는 코드 등에 의해서 운반하는 설비를 이른다.

컨트롤 센터 (control center) (1) 시스템의 감시, 제어, 지령 등을 하는 중심부. (2) 복수 개를 집중 설치하여 제어하는 저압 전동기의 제어반. (3) 교류 600V 이하의 부하의 개폐, 보호를 목적으로 하여 배선용 차단기와 전자 개폐기를 조합한 콤비네이션 스타터를 표준 인출 구조에 수용하고, 그 유닛을 캐비닛에 집합 조립한 다단의 폐쇄 비전반을 이른다.

컬러 (color) 예를 들면 돌극 계자(突極界磁) 코일의 전기자측 및 계철측(繼鐵側)에 부착

하여 코일의 기계적 보호를 주된 목적으로 하는 금속제 또는 절연물제의 판으로, 코일의 표면에서 바깥쪽으로 돌출하여 있는 것을 이른다.

컬러 브레이크업 (color breakup) 필드 순차식의 컬러 텔레비전 화면을 보면서 갑자기 머리를 움직이거나 또는 깜박이거나 할 때 나타나며 영상이 하나 또는 이원색으로 보이는 현상을 이른다.

컬러 센서 (color sensor) 빛의 색깔, 즉 광 에너지의 스펙트럼 강도를 검출하는 장치인데, 필터를 사용하여 삼원색으로 분류하고 색깔을 별개의 광 검출기로 측정하는 방법과 슬릿을 통과한 빛을 회절 격자에 의해서 스펙트럼으로 나누고, 그것을 CCD 고체 카메라에 의해서 전기 신호로 검출하는 방법 등이 있다. ⇨ CCD, 고체 카메라, 광 검출기.

컬러 셰이딩 (color shading) 색깔이 붙은 셰이딩을 이른다.

컬러 수상관 (――受像器, color picture tube) 세 가지 색의 형광 물질을 가진 CRT로서, 적당한 방법으로 주사하고, 여기함으로써 컬러 화상이 얻어진다.

㊟ 사용하는 전자총의 수와 배치. 스크린에서의 적색, 녹색, 청색 세 가지 형광 물질을 배열 방법에 따라 여러 종류로 나뉘어진다. 도트 매트릭스형에서는 3각의 전자총이 3각형의 각 정점 위치에 놓이고, 스크린은 3각 배치의 3색 도트를 요소로 하여 구성되어 있다. 스크린 뒤쪽에 놓여진 섀도 마스크에 뚫은 다수의 구멍을 통하여 3가닥의 빔이 형광 도트의 각 점을 적정하게 조사(照射)한다. 슬로트 매트릭스형에서는 3개의 전자총은 수평으로 배치되고, 스크린도 각 형광물질의 스트립을 세로 줄무늬 모양으로 늘어놓은 것으로 구성되어 있다. 섀도 마스크 대신 세로 홈 개구를 가진 애퍼처 그릴(aperture grille)을 사용하고 있으며, 빔의 이용률은 좋지만 3각 배치의 전자총의 경우보다 시야는 약간 좁다. 단일 전자총을 사용하여 3개의 캐소드를 수평 배치하고, 애퍼처 그릴, 세로 줄무늬 스트립형 형광 스크린을 사용한 트리니트론(상품명)도 있다. 3개의 캐소드에 의한 빔은 전자렌즈로 집속되고, 도중의 디플렉터에 의해서 애퍼처 그릴로 다시 집속되도록 되어 있다. 광학계는 간단하여 다빔형에 적합한 구조이다. 그리고 빔의 집중 미스는 수평 방향에서만 존재하는 구조이다. ⇨ 크로마트론.

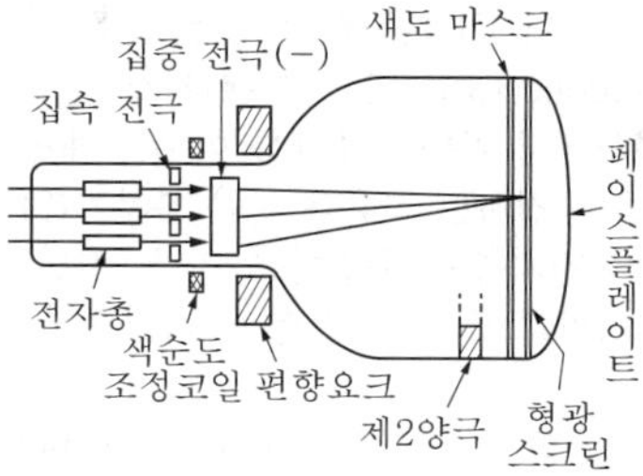

[컬러 수상관]

컬러 신호 (――信號, color signal) 컬러 텔레비전 영상의 색도를 제어하는 신호인데, 방식에 따라 여러 가지 성분으로 나누어 제어한다. 즉, NTSC 방식에서는 흑백 텔레비전 방식과의 양립성을 고려하여 휘도 신호와 크로미넌스 신호를 분리하고 있다. 휘도 신호를 포함하는 비디오 신호는 종전의 흑백 텔레비전 방식과 같은 방법으로 송신되고, 흑백 수상기에 의한 수신은 아무런 변경을 받지 않는다. 크로미넌스 신호는 다시 90°의 위상차를 가진 *I*, *Q* 두 신호로 나누어 송신된다.

컬러 코더 (color coder) 컬러 텔레비전 송신기에 있어서 적색, 녹색, 청색의 카메라 신호를 색차 신호로 변환하고, 그것들을 크로미넌스 부반송파와 같게 하는(변조하는) 것을 컬러 코더라 한다.

㊟ 컬러 엔코더 혹은 컬러 매트릭스라고도 하며, 후자는 데코더 기능도 포함한 용어이다.

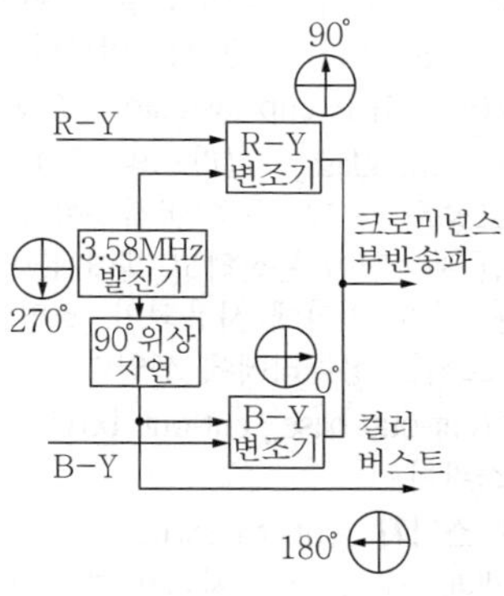

[컬러 코더]

ㅋ

컬러 콘트라스트 (color contrast) 색채 화면(예를 들면 컬러 텔레비전)에서는 물체의 윤곽이 그 주위의 색깔과의 차이로 흑백만인 화면(예를 들면 흑백 텔레비전)보다 확실하게 분별된다. 이 색깔의 콘트라스트를 이른다.

컬렉터 (collector) (1) 《트랜지스터》 베이스 영역에서 기능의 주체를 이루는 캐리어의 흐름을 수집하는 작용을 하는 부분. (2) 《전자관》 전자류를 수집하는 전극. 집전극(集電極)이라고도 한다. 보통 플레이트에 해당한다.

컬렉터 접합 (── 接合, collector junction) 《반도체》 베이스 영역과 컬렉터 사이에 형성되는 접합. 보통 역방향으로 바이어스를 건다.

컬렉터 차단 전류 (── 遮斷電流, collector cutoff current) 트랜지스터에 있어서, 컬렉터 다이오드의 접합부를 통하여 흐르는 역방향 포화 전류(이미터는 개방하여 둔다). 기호는 I_{CO}라고 많이 쓰지만 I_{CBO}라고 쓰는 편이 알기 쉽다(세 첨자의 두 자는 컬렉터-베이스 간 역전류를 의미하고 끝의 o는 제3의 전극, 즉 이미터를 오픈하는 것을 의미하고 있다), 컬렉터 누설 전류라고도 한다. 베이스 접지형 트랜지스터의 컬렉터 전류 i_c와 이미터 전류 i_E의 관계는 다음 식으로 주어진다. $i_c=\alpha i_E+I_{co}$

컴바이너 (combiner) (1) 《CATV 방식》 2개 또는 그 이상의 입력점에서 주어진 신호가 단일 출력 단에 상호 간섭 없이 공급되는 장치. 스프리터와는 반대의 동작을 한다. (2) 복수의 송신기 출력이 단일 안테나를 동시에 사용할 수 있는 장치를 이른다.

컵 애자 (── 碍子, cup insulator) ⇨ 핀 애자.

컷 글라스 (cut glass) 글라스의 표면을 칼로 파서 모양을 낸 것. 특히 굴절률이 큰 유리를 쓰면 투과광이 분산하고 색이 붙어서 아름답다. 식기, 기타에 사용되며, 조명기구의 부품으로서는 샹들리에에 쓰인다.

컷 아웃 (cut-out base, cut-out box) ⇨ 컷 아웃 스위치.

컷 아웃 스위치 (cut-out switch) 주택 등의 인입 개폐기로 쓰이는 자기제 개폐기. 내부에 펄 퓨즈를 장치할 수 있는 구조로 되어 있다.

컷 오프 (cut-off) 《전자관》 전자관의 음극을 정상적으로 가열시켜 두어도 각 전극 전압의 관계로 음극 전류 또는 양극 전류가 전혀 흐르지 않는 경우를 컷 오프 상태에 있다고 한다. 또 전류가 흐르고 있는 상태에서 어떤 전극의 전위를 점차 낮게 하여 어떤 점에서 전류가 흐르지 않게 될 때, 이 점을 컷 오프점이라고 한다.

컷 오프 계전기 (── 繼電器, cut-off relay) 전화 회선에서 통화선에 브리지로 접속되어 있는 선로 계전기 또는 신호 수신 계전기 등을 절단하는 계전기를 이른다.

컷 오프 자계 (── 磁界, cut-off magnetic field) 자전관 등의 원통형 2극관에 자계를 가하여 점차 자계를 강하게 하면 전자는 어떤 점에서 양극을 스쳐서 원점으로 되돌아가 양극 전류가 흐르지 않게 된다. 이 한계의 자계를 이른다. 동축형의 전극에서는

$$eV=\frac{m}{8}\left(\frac{eB}{m}\right)^2 r_a{}^2\left(1-\frac{r_c{}^2}{r_a{}^2}\right)^2$$

관계가 있다. 여기서, r_a, r_c는 양극 및 음극의 반경, V는 컷 오프 전압, B는 컷 오프 자계이다.

컷 오프 전압 (── 電壓, cut-off voltage) (1) 전지에 있어서, 방전이 완료되었다고 간주되는 전압값. 전지의 종류, 방전율, 온도, 사용 조건 등이 영향을 준다. (2) 전자관에 있어서, 종속 변화량이 지정된 낮은 값으로 저하할 때의 전극 전압을 이른다. 차단 전압이라고도 한다. 예를 들면 음극 전류에 대한 양극의 컷 오프 전압, 혹은 스포트 휘점에 대한 그리드 컷 오프 전압 등. (3) 《마그네트론》 주어진 정상 자속 밀도 하에서 음극에서 제로 속도로 방출된 전자가 양극에 도달하지 못하는 경우의 최고의 양극 전압의 이론값. 임계 전압이라고도 한다.

㊟ 컷오프 전압이라는 용어는 1차 전지에 사용된다. 2차 전지에서는 최종 전압이라고 한다.

컷 인 (cut in) 《방송》 라디오 방송의 연출상의 한 수법으로, 갑자기 소리가 들어가는 것을 컷 인이라 한다.

컷 코어 (cut core) 방향성 규소 강대를 원형

ㅋ

또는 방형으로 감아 쌓아서 만든 철심을 절단한 것으로, 형상이 C형이므로 C형 철심이라고 한다. 코일을 링크시킨 다음 2개의 분할 철심을 절단면에서 접착하여 폐자로를 만들어 낸다. 자기 특성이 좋아 배전용 변압기 등에 사용된다.

케노트론 (kenotron) 수만 볼트 이상의 고전압을 정류하는 데 사용되는 고진공의 2극 진공관. X선관, 전자 현미경 등의 고압 전원에 사용된다.

케이블 (cable) 일반적으로 여러 쌍의 도체를 집합해서 피복을 한 선을 이른다.

케이블 가 (── 架, cable rack) 케이블을 소요 위치에 유지하는 쇠붙이. 각 장치 사이를 연락하는 케이블을 이 위에 배열하여 정비하기 위한 철제의 가를 이른다.

케이블 관로 (── 管路, cable conduit, cable duct) ⇨ 덕트.

케이블 그리스 (cable grease) 지하 케이블을 관로 안으로 인입할 때 케이블의 인입을 용이하게 하기 위하여 덕트 입구에 그리스를 칠한다.

케이블 그립 (cable grip) 마 강연선(痲鋼撚線) 등을 가지고 바구니처럼 엮은 것으로, 인장력이 걸리면 죄어져서 케이블을 지지할 수 있게 되어 있다. 비교적 짧은 케이블을 관로나 피트에 끌어넣을 때 사용된다.

케이블 단자 (── 端子, cable terminal) 《통신》 배선 케이블에 가입자 옥내 인입선을 배선할 때 사용하는 것으로, 보통 5~20개 단자를 가지며 전주나 건물 측면에 부착된다.

케이블도 (── 圖, cable map) 어떤 지역이나 지점 간에 케이블망의 구성과 케이블 종별, 대수 분기(對數分岐), 상태 등을 기입한 도면이다. 경우에 따라 배선함, 단자함의 설치 위치, 대수(對數), 배선방법 등과 전주, 맨홀 등의 위치 또는 지형 등을 기입한다.

케이블 도표 (── 圖表, cable chart) 케이블 부설도를 이른다.

케이블 드럼 (cable drum, cable reel) 케이블을 운반 또는 보존하기 위하여 사용하는 나무와 금속으로 만들어진 원통 북 모양의 얼레틀. 드럼의 직경과 구조는 감는 케이블에 따라 다르다. ⇨ 릴.

케이블 드럼 회전대 (── 回轉臺, cable turning table) 케이블을 부설할 때 케이블 드럼을 일정한 장소에 고정해서 회전시키기 위한 중공 지지대(中空支持臺). 케이블 잭은 그 한 예이다.

케이블 링 (cable ring) ⇨ 케이블 행거.

케이블 받침쇠 (cable bearer) 케이블을 지지하는 쇠붙이. 맨홀 내, 공동 갱(共同坑) 및 전화국 지하실이나 도동(導胴)내에서 케이블을 지지할 때 사용된다.

케이블 부설 (── 敷設, cable laying, cable placing) 케이블을 지중이나 관로 또는 해저에 부설하는 것. 지하 케이블을 부설하는 경우에는 관로 케이블과 직매(直埋) 케이블로 구별된다. 일반적으로 지하 케이블의 보호를 위하여 지표면에서 1~1.5 m 깊이로 보전한다.

케이블 부설선 (── 敷設船, cable ship) 해저 케이블을 부설하기 위한 선박으로 특히 부설 및 인양에 필요한 케이블 탱크, 시브, 브레이크 등을 가지고 있다.

케이블 심선 (── 心線, cable core) 케이블 안에 들어 있는 도선을 이른다.

케이블 연장 (── 延長, cable kilometer) 심선 수와는 관계 없이 연피 또는 외장을 케이블의 단위로 보고, 그 길이를 km로 나타낸 것을 이른다.

케이블 윈치 (cable winch) 지하 케이블을 관로 안에 인입할 때 또는 관로 안에서 지하 케이블을 철거할 때 사용한다. 밧줄을 손으로 감을 때와 인입 자동차에 장치하여 기계적으로 감아올리는 경우가 있다.

케이블 잭 (cable jack) 케이블을 부설할 때 케이블 드럼을 회전시키기 위한 중공 지지(中空支持)용 잭이다. ⇨ 케이블 드럼 회전대.

케이블 전용교 (── 專用橋, cable bridge) 지하 선로가 하천이나 개천 등을 횡단할 경우 공도교(公道橋)의 교량 첨가가 불가능할 때 또는 복월(伏越)이 어려울 때 설치한다. 트라스식, 아치식 등 여러 가지 종류가 있다.

케이블 접속 (── 接續, cable splicing) 케이블 피복의 접속 및 케이블 심선의 접속을 뜻하며, 그 완성된 모양에 따라 직선 접속, Y형 접속 및 V형 접속이 있다.

케이블 철도(—— 鐵道, cable railway) 케이블로 차량을 승강할 수 있게 한 철도이다.

케이블 카(cable car) 가공 색도(架空索道)에 사용하는 차량을 이른다. ⇨ 가공 색도.

케이블 탱크(cable tank) 부설선 내에 있는 케이블 적입 부분(積入部分)을 일컬으며, 직경 및 높이가 수 미터인 원통 모양을 하고 있다.

케이블 텔레비전(cable television) 약어 CATV, 재송신에 의한 난시청 지역의 해소 혹은 서비스 에어리어의 확대라는 당초의 목적에서, 최근에는 광역 종합 정보망에서 부분 통신망으로, 또한 지역의 정보센터로서 자주적, 그리고 쌍방향적(회화형)의 정보활동을 하는 시스템으로 성격이 바뀌어지고 있다.

케이블 트레일러(cable trailer) 케이블 드럼 운반 전용의 트레일러이다.

케이블 트로프(cable trough) 콘크리트관 및 철관 등과 함께 지하 케이블의 보호용으로 쓰이는 것. 콘크리트의 홈과 덮개로 구성된다. 용수(湧水)가 없는 곳, 장래 많은 선로가 부설되지 않는 곳에 쓰이는 간이 지하 관로이다.

케이블 피트(cable pit, cable trench) 전화국이나 발변전소 구내에서 많은 케이블을 부설할 경우에 만드는 콘크리트 또는 연와조(練瓦造)의 도량을 이른다. 케이블 도랑의 덮개에는 철근 콘크리트 관을 사용하는 수도 있으며 대부분의 경우 강관이 편리하게 쓰인다. 케이블 덕트라고도 한다.

케이블 하우스(cable house) 해저 케이블의 양륙점(揚陸點)에 있는 건물인데, 이곳에서 육상 선로와 접속된다. 내부에는 보안기 단자 등이 있다.

케이블 행거(cable hanger) 케이블을 전주 사이에 가섭(架涉)할 때 케이블 지지선에 약 50 cm 간격으로 케이블을 매다는 쇠붙이를 이른다.

케이블 헤드(cable head, cable pot head) 케이블이 나선과 접속되는 경우의 케이블 끝을 이른다.

케이블 후크(cable hook) 케이블의 관로 인입용 공구의 하나로, 케이블 그림과 쇠붙이의 접속에 사용하며 그립과의 착탈(着脫)이 용이하다.

K-스코프(K-scope) ⇨ K표시.

케이스 하드닝(case hardening) ⇨ 표면 경화.

케이싱(casing) 터빈, 수차, 펌프 등의 러너를 수용하는 부분. 차실(車室)이라고도 한다.

케이싱 글라스(casing glass) 이종(異種)의 유리를 겹친 것. 특히 실용상 중요한 것은 유백(乳白) 유리나 색유리의 두께 전부를 이와 같은 것으로 만들면 너무 진해서 빛의 흡수가 많은 경우 투명 유리에 이러한 재료의 얇은 층을 겹쳐서 만든다.

K-표시(—— 表示, K-display) 단일 편향이 아니라 목표가 한 쌍의 수직 편향 또는 블립으로 나타내도록 A표시를 개조한 것. 레이더 안테나가 정확하게 목적 방위를 향하고 있을 때 양 블립의 높이가 같고 정확하게 향하고 있지 않을 때는 블립의 높이의 차이가 방향 및 방위쪽 오차의 크기를 나타낸다.

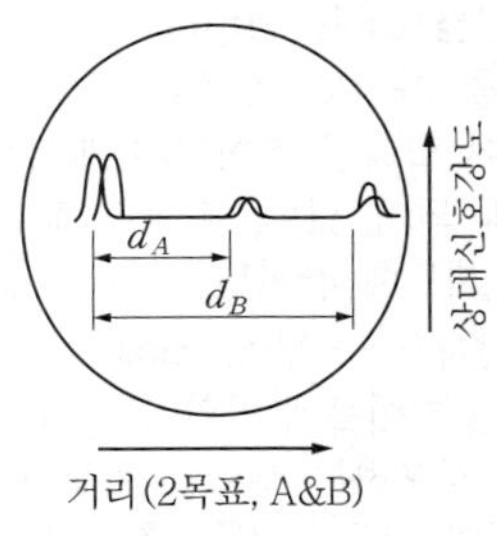

[K-표시]

켈로그 크로스바식(—— 式, Kellogg crossbar system) 미국의 켈로그 교환기 공급회사가 실용화한 크로스바 자동 교환방식을 이른다.

켈빈(kelvin) 열역학적 온도 단위이다. 물의 삼중점에서의 열역학적 온도 1/273.16이다. 기호는 K이다.

㈜ 셀시우스 온도 t=열역학 온도 $T-273.16$ 이다.

켈빈 브리지(Kelvin bridge) 2개의 4단자 저항의 저항값을 비교하기 위한 브리지. R_x를 미지 저항, R_s를 표준 저항으로 하면,

$$R_x = R_s \frac{R_1}{R_2} - \frac{R_3 R_c \left(\frac{R_4}{R_3} - \frac{R_2}{R_1} \right)}{R_3 + R_4 + R_c}$$

의 관계가 있다. 따라서 만약 $R_4/R_3 = R_2/R_1$이면 R_x는 브리지 접속부의 접촉저항, 접속선 저항, 열 기전력 등의 영향을 받지 않고 R_1/R_2와 R_s만으로 정해진다.

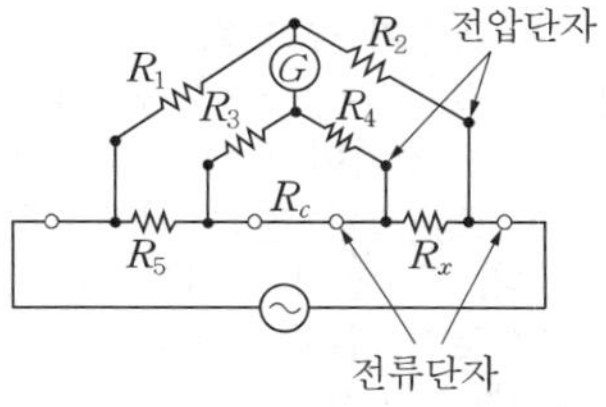

[켈빈 브리지]

코너 도파관 (── 導波管, corner waveguide) 도파관의 굴곡에는 원호형(圓弧形)으로 구부리는 것과 직선적으로 모를 내서 구부리는 것이 있다. 전자(前者)를 굴절 도파관, 후자를 코너 도파관이라고 한다. 또 코너 도파관으로 전계 E에 평행하게 구부리는 것을 E코너, 자계 H에 평행하게 구부리는 것을 H코너라고 한다. ⇨ 굴절 도파관.

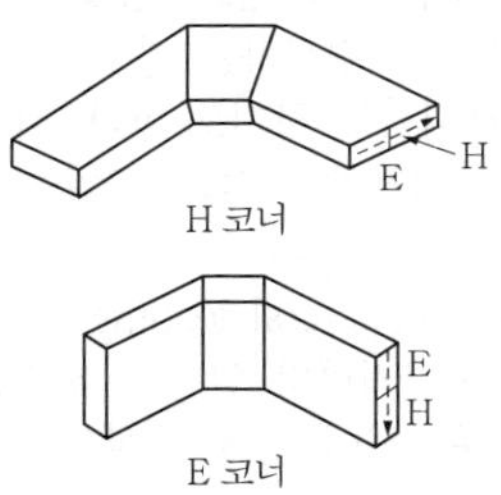

[코너 도파관]

코너 리플렉터 (corner reflector) 《레이더 반사 지표》 레이더에서 동작시험을 목적으로 또는 전파 표지로 사용되는 것으로, 서로 직각인 3개의 평면 금속판을 조합한 구조이다. 입사한 전자파를 같은 방향으로 반사시키는 것을 이른다.

코너 벤드 (corner bend) 《도파관》 도파관의 만곡부는 큰 커브를 갖게 하였었으나 최근에는 바로 구부릴 수도 있게 되었으며, 이것을 코너 벤드라 한다.

코너 안테나 (corner reflector antenna) 두 장의 금속 평면판을 적당한 각도로 콤비네이션한 반사판을 갖는 안테나로, 방사 전파를 전방으로 집중시키는 데 유효하다. 주로 VHF에 사용한다.

코덱 (codec, coder-decoder) 아날로그 신호를 디지털 신호로 변환하고, 처리를 끝낸 디지털 신호를 다시 아날로그 신호로 변환하는 장치 (CAD-DA converter)를 이른다.

코드 (cord, flexible cord) (1) 가는 연동선을 수십 개 꼬아서 고무로 씌운 다음, 그 위에 면사 또는 종이를 감은 것을 심선으로 하고, 그 위를 다시 면사 등으로 조밀하게 편조한 것을 이른다. 옥내의 등, 스탠드, 기타 소형 전기기구에 사용된다. (2) 교환기, 전화기 등에 사용하는 가요 코드를 이른다.

코드 스위치 (cord switch) 소형 전기 기구의 코드 중간에 부착하는 스냅 스위치의 일종이다.

코드 식별도 (── 識別度, code distinguishability) 거리 정보를 주는 비컨에서 발사되는 전파 중에서 하나의 라디오 비컨이 식별될 수 있는 코드화 라디오 비컨의 성능을 이른다.

코드 지연 (── 遲延, code delay) 펄스 신호 전송에서 임의의 시간 지연으로, 보통 이것은 송신국에서 삽입된다.

코드 팬던트 (cord pendant) 조명 기구를 설치 하는 방법의 일종. 천장 또는 건물 골조에서 코드를 드리우고, 거기에 소켓을 붙인 것. 목조 주택에 많이 쓰인다.

코딩 (coding) (1) 통신 계통에서 메시지 혹은 신호를 몇 가지 법칙에 따라 부호로 변환하는 것. 부호화, 부호 선택(code selection)이라고도 한다. (2) 계산기에 있어서 적당한 프로그래밍 언어를 사용하여 계산기에 리딩하여 처리할 수 있는 형태의 프로그램을 작성하는 것을 코딩이라 한다.

코로나 (corona) 고전압이 가해진 도체 표면에 가까운 전위 경도가 큰 부분에만 절연 파괴가 생겨서 방전이 계속되는 현상을 이른다.

코로나 개시 전압 (── 開始電壓, corona starting voltage) 코로나 방전을 개시하는 전압

을 이른다.

코로나 방전 (── 放電, corona discharge) 전계가 균일성을 잃어 전위의 경도가 큰 주변에 전리가 강하게 일어나는 결과 여기에 전류가 집중하여 공간 전하 효과를 증가하여 그 부분만이 발광하는 현상을 코로나 방전이라 한다.

코로나 손 (── 損, corona loss) 코로나 방전으로 인하여 초래되는 전력 손실을 이른다.

코로나 전압 (── 電壓, corona voltage) 코로나를 발생시키는 최저 전압을 이른다.

코먼 캐리어 (common carrier) 일정 지구 내에서 텔레커뮤니케이션 서비스를 제공하는 일을 업으로 하는 기업을 이른다. 공공성이 강한 경우는 서비스의 신뢰성, 계속성, 이용자 차별 금지 등, 여러 가지 규제를 당연히 받아야 하며, 그러한 의미에서 프라이빗 캐리어(private carrier)와는 다르다.

코발 (Kovar) 금속과 글라스나 세라믹의 봉지 부분에서 사용되는 철·니켈·코발트 합금이며, 웨스팅 하우스사의 상품명이다. 전자관이나 반도체 디바이스에 많이 사용된다.

코스 계산기 (── 計算器, course line computer) VOR 수신기에서 방위 정보를, DME 질문기에서 거리 정보를 얻어 그것에 의해서 VOR/DME 지국상 유효 거리 내에서 파일럿이 택한 특정점까지의 거리 및 코스의 편차를 지시한다.

코스 면 (── 面, course surface) ILS 로컬라이저에서 변조도 차(DDM)가 제로인 공간상의 모든 점의 궤적을 이른다.

ㅋ

코스모스형 자전관 (── 形磁電管, strip type magnetron) 양극이 그림과 같은 모양을 하고 있는 분할 양극 자전관의 일종이다.

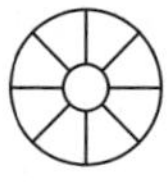

[코스모스형 자전관]

코스 상한 (── 象限, course sector) 변조도 차(DDM)가 0.155인 점의 궤적을 경계로 하여 코스선을 포함하는 수평면 내의 상한을 이른다.

코어 (core) ⇨ 철심.

코어비 (── 比, core ratio) 《해저선》 해저 케이블 심선의 지름과 그 절연이 없는 연선(撚線)의 평균 지름의 비율을 뜻한다.

코일 (coil) (1) 인덕턴스를 갖게 하기 위하여 도선을 통 모양이나 나선 모양으로 감은 것을 코일이라고 한다. 코일에는 공심(空心) 코일과 철심 코일이 있다. 전자(前者)는 라디오용으로 주파수가 높은 회로에 사용되며 솔레노이드 코일, 허니컴 코일 등 여러 종류가 있다. 후자는 전자에 비해서 인덕턴스가 크고 저주파 트랜스나 전원 트랜스용으로 사용되고 있다. (2) 전기 기기의 권선을 구성하는 부품으로서, 원형 거북이의 등 모양으로 도선을 감은 것을 이른다.

코일 가 (── 架, coil rack) 코일을 고정하는 가대이다.

코일단 자기누설 (── 端磁氣漏洩, coil-end leakage) 슬롯에 넣은 코일 끝부분(슬롯 외의 부분)의 자기누설을 이른다.

코일 변 (── 邊, coil side) 거북이의 등 모양으로 감은 코일은 두 슬롯에 나누어 넣는다. 그 각각을 코일 변이라고 한다.

코일 안테나 (coil antenna) (1) 루프 안테나(frame antenna, loop antenna)와 같다. (2) 동조 코일만으로 수신하는 경우에, 이 코일을 코일 안테나라고 하기도 한다. 최근 페라이트 코어를 사용해서 동조 코일을 회전하여 수신하는 것이 있다.

코일 장하 (── 裝荷, coil loading) 장하법의 일종. 일정한 간격마다 일정한 유도량을 가진 코일을 부가하여 선로 손실을 감소시키는 방법이다.

코일 장하 케이블 (── 裝荷 ──, Pupin cable) 유도 코일을 사용해서 장하되는 케이블을 이른다. 창시자인 Pupin의 이름을 따서 명명(命名)되었다.

코일 절연 (── 絶緣, coil insulation) 코일의 절연물, 특히 코일과 대지 간 절연의 주된 역할을 말한다.

코일 필라멘트 (coiled filament) 가스가 든 전구에서는 봉입 가스의 대류(對流) 때문에 손실이 생겨 효율을 저하시킨다. 그것을 막으려고 필라멘트를 코일로 하면 열손실이 코일의 지름과 같은 선의 그것과 같게 되므로 가스 봉입으로 증발을 억제하여 유리하다.

코트렐 집진기 (—— 集塵器, Cottrell precipitator) 전극 간에 직류 고전압을 가해서 코로나 방전을 일으키게 하고, 처리해야 할 가스를 도입하면 미분자의 대부분은 집진 극면상에 포집(捕集)되어 가스는 청결하게 된다. 이 원리를 응용한 수진(收塵)장치를 코트렐 집진기라 한다.

코히어러 (coherer) 유리관 속에 니켈 분말과 은분말을 봉해 넣고, 양단에 전극을 설치한 검파기로, 초기의 무선 전신에서 사용되었다. 평상시는 비교적 높은 저항을 갖지만 고주파 전압이 가해지면 낮은 저항으로 되어 양단에 직류 전압을 가해 두면 직류 전류가 흘러서 고주파 입력이 있었음을 나타낸다.

코히어런스 (coherence) 둘 또는 그 이상되는 파(波)의 위상 간에 시간적인, 혹은 공간적인 일정한 관계가 유지되고 있고, 서로 간섭을 발생하는 것. 가간섭성(可干涉性)이라고도 한다.

코히어런트 발진기 (—— 發振器, coherent oscillator) 레이더의 MTI에서 연속적으로 수신되는 펄스를 무선주파 위상 변화로 식별하기 위한 기준을 주는 기능을 가진 발진기를 뜻한다.

코히어런트 화상 입력장치 (—— 畵像入力裝置, image input device for coherent optical processing) 코히어런트 빔의 파면에 대하여 화상의 농담 분포에 비례한 진폭 변화를 주는 입력장치를 이른다. 예를 들면, 포켈스 효과(전기-광 효과)를 가진 결정을 빔 속에 두고, 이에 화상 패턴에 비례한 전계를 부여하여 변조하는 것이다. 전계를 부여하는 데 있어 광도전체에 인코히어런트 광으로 화상을 투영하면 이것은 인코히어런트-코히어런트 화상 변환장치가 된다.

콕 (cock) 액체가 통하는 관에 부착해서 그 유량을 조절하는 데 사용하는 것으로, 90° 변위함에 따라 전개(全開), 전폐(全閉)가 된다. 주철 또는 청동제로서, 주로 작은 지름용, 토출 등에 많이 쓰인다.

콘덴서 (1) condenser 응축한다는 뜻이다. ⇨ 복수기. (2) capacitor, (electrostatic) condenser 유전체를 사이에 두고 양면에 금속판 또는 금속박(金屬箔)을 둔 구조의 것으로, 정전 용량을 가진 회로 부품을 말한다. 이 정전 용량을 C(패럿)라 하고, 그 유전율 ε, 전극의 면적 A, 전극 간의 거리를 d라고 하면 $C \propto \varepsilon A/d$의 관계가 있다. 유전체로서는 마이카, 유리, 자기, 절연유, 종이, 공기 등이 쓰인다. 용도는 송배전선의 역률 개선, 동조회로 또는 필터 회로, 결합 회로, 이상 전압 진행파의 준도 경감, 고주파 진동의 흡수, 접촉자의 불꽃 방지, 직류 고압 발생장치, 충격전압 발생장치 등이다.

콘덴서 기동 유도 전동기 (—— 起動誘導電動機, capacitor-start inductionmotor) 분상(分相) 기동 단상 유도 전동기의 하나로, 기동 권선에 의해서 발생하는 자속을 콘덴서에 의해서 주권선의 그것보다 약 90°앞선 상(相)으로 이상(移相)한 것이다. 기동이 완료되었을 때는 원심 개폐기에 의해서 이 콘덴서를 끊는다.

콘덴서 마이크로폰 (condenser microphone) 콘덴서의 한쪽 전극이 소리 때문에 진동하고 정전 용량의 변화에 따라 전압을 발생하는 원리를 사용한 마이크로폰. 예를 들면 직류 바이어스식은 팽팽하게 붙여진 금속막 뒷면에 극히 작은 공극을 사이에 두고 고정 전극이 있으며, 고저항을 통해서 그 사이에 200V 정도의 직류 전압을 가해 두고 고저항의 단자 사이에 발생하는 음성 전압을 증폭한다. 라디오, 텔레비전 방송 및 음향표준(마이크 등의 감도 교정의 기준기) 등에 쓰인다.

콘덴서 모터 (capacitor motor, condenser motor) 분상(分相) 유도 전동기의 하나로, 보조 권선과 직렬로 콘덴서를 접속한 것. 토크의 맥동이 적어 운전이 조용하고, 효율 및 역률도 좋다.

콘덴서 부싱형 계기용 변압기 (—— 形計器用變壓器, condenser bushing type potential device) 콘덴서형 부싱을 고전압측과 대지 간에 접속하고, 그 부분 정전 용량의 단자에 나타나는 전압을 계기용 변압기에 의해서 측정함으로써 고전압 회로의 전압을 측정하는 장치를 이른다.

콘덴서 안테나 (condenser antenna) ⇨ 용량 공중선.

콘덴서형 계기용 변압기 (── 形計器用變壓器, capacitance potential device) 콘덴서 분압(分壓)을 이용한 전압 변성기이다. 보통 그 분압 콘덴서의 단자에는 전자형(電磁形)의 전압 변성기를 넣어 2차 전압을 110V로 한다. 이 때 1차 또는 2차측에 리액터를 넣어 변성기 회로의 공진을 잡아 분압비가 측정 회로의 임피던스에 거의 관계가 없게 된다. 결합 콘덴서형과 부싱 콘덴서형이 있다.

콘덴서형 부싱 (condenser type bushing) 도체 주위에 절연지층(絶緣紙層)과 얇은 금속박을 교대로 겹쳐 감고, 이들의 중간에 동심 원통 콘덴서를 만들어 각각의 박 사이의 정전 용량을 거의 같게 한 부싱. 각 절연물에 가해지는 전기력이 고르게 된다.

콘딧식 (── 式, conduit system, slot system) 레일 중간에 선로를 따라서 도랑을 만들고 그 속에 급전용 도체를 2극이 서로 마주보게 하여 배치한 것으로, 차체 하부에 설치된 집전(集電)용 줄기가 이 도랑 속의 도체에 접촉해서 집전하는 방식을 이른다.

콘볼류션 적분 (── 積分, convolution integral) 두 시간함수 $f(t)$, $g(t)$의 푸리에 변환을 각각, $F(\omega)$, $G(\omega)$로 할 때, 이들의 시간 함수의 곱 $f(t)g(t)$의 푸리에 변환은

$$F(\omega)*G(\omega)=\frac{1}{2\pi}\int_{-\infty}^{\infty}F(\lambda)G(\omega-\lambda)d\lambda \cdots(1)$$

로 주어진다. 혹은 주파수 함수의 곱 $F(\omega)*G(\omega)$의 푸리에 역변환은

$$f(t)*g(t)=\int_{-\infty}^{\infty}f(\lambda)g(t-\lambda)d\lambda \quad \cdots\cdots(2)$$

로 주어진다. 식 (1), (2)의 적분을 각각 주파수 및 시간 콘볼류션 적분이라고 한다. 식 (1), (2)는 F와 G를 대입하여도 성립한다. ⇨ 푸리에 적분.

콘서베이터 (conservator) 유입 변압기에서는 오일이 공기에 접촉하면 열화하므로 이것을 방지하기 위하여 외함 상부에 콘서베이터라고 하는 작은 용적의 원통형 용기를 두고, 이것을 외함에 연결하여 외함 안에는 공기가 존재하지 않게 한다. 이로써 오일이 공기에 접촉하는 표면적이 작아지고 또 호흡작용으로 공기가 직접 변압기 외함 내로 출입하지 않으므로 오일의 열화를 방지할 수 있다.

콘센트 (convenience outlet, plug socket) 전기기구와 배선을 접속하기 위하여 배선측에 접속하는 접속기를 이른다.

콘솔 (console) 주파수 약 300 kHz를 사용한 일종의 전방향식 다중 코스형의 레인지 비컨으로, 3개의 안테나에 의해서 다중 로브의 전계를 방사하여 다중 코스를 지시하는 것을 이른다.

콘스탄탄 (constantan) 저항재료의 일종. Cu 54%, Ni 45%, Mn 1%의 합금으로, 계측기, 열전대, 400℃ 이하의 전열용에 사용된다. 고유 저항(20℃) 50 μΩcm, 저항 온도계수(10℃) 0.03×10^{-3}, 최고 사용온도 400℃이다.

콘 스피커 (cone type loudspeaker) 원추형의 진동판(보통 종이로 만듦) 주변을 부드럽게 틀에 고정하고 정점 주변을 전자적(電磁的) 또는 동전적으로 구동하여 소리를 내는 장치. 다이내믹형은 가동 코일을 쓰고, 효율은 5~10 %, 입력은 1~10 W, 마그네틱형은 효율 2~8 %, 입력은 최대 1 W 정도이다. 최근에는 거의 쓰이지 않는다.

콘크리트 관 (── 管, concrete pipe) 지하 관로의 구성 재료의 하나로, 콘크리트(시멘트 1, 모래 2의 비율)로 만들어진다. 보통의 경우 다공관(多孔管)이다.

콘크리트 주 (── 柱, concrete pole) 철근 콘크리트 또는 철골 콘크리트를 골조로 하는 전주. 공장에서 원심력을 이용하여 중공형(中空形)으로 제작한 철근 콘크리트 주를 특히 중공주(中空柱)라고 하는 경우도 있다.

콘택트 (contact) 《레이더》 레이더에서 발사된 전파가 목표물에 부딪치는 것을 콘택트라고 한다.

콘택트 송신 (── 送信, contact sending) 레이더에서 발사된 전파를 수신하여 전파를 발사하는 것을 콘택트 송신이라 한다.

콘트라스트 (contrast) 텔레비전 수상 영상 또는 사진 등에서 가장 밝은(흰)부분과 가장 어두운(검은)부분의 휘도의 차, 즉 흑백의 대비를 이른다.

콘트라스트 범위 (── 範圍, contrast range) 영상의 명암의 최대와 최소의 비. 텔레비전

화면에서는 그 비는 대체로 40 : 1 정도이다.

콜드 플로 (cold flow) 열가소성(熱可塑性) 플라스틱 등에서 상온 정도의 비교적 낮은 온도로 생기는 변형을 이른다.

콜라우시 브리지 (Kohlrausch bridge) 휘트스톤 브리지의 하나로, 직류에 있어서는 표준 저항기를 비교하는 정밀 브리지, 교류에서는 전지의 내부 저항이나 접지판 저항을 가청 주파수로 측정하는 브리지 등이 있다. 비례변이 슬라이딩선 저항으로 되어 있는 것이 특징이며, 고안자인 콜라우시 교수의 이름을 따서 명명(命名)한 것이다.

콜로라마 (coloramas) 색채 조명의 한 수법. 건물의 바깥 면, 실내의 벽, 천장 등에 형판에 따라 색깔이 있는 그림자를 투영하거나 또는 이들 면을 반사광 또는 투과광으로 빛나게 하여 그 조광기 또는 점멸기에 의해서 시간적으로 변화시키는 등, 여러 가지 방식이 있다.

콜로라마 조명 (── 照明, colorama lighting) ⇨ 콜로라마.

콜비노 소자 (── 素子, Corbino disc) 일종의 자기 저항소자인데, InSb와 같은 화합물 반도체로 만든 원판의 중앙과 주변에 전극을 설치하고, 원판에 직각 방향으로 자계를 부여하면 전극 간의 저항이 자계의 세기의 2승에 비례하여 변화하는 성질을 가지고 있다. ⇨ 자기저항 효과.

콜 스루우 테스트 (call through test) 전기 기기나 전선로로 이루어지는 일련의 설비 전체를 통해서 실시하는 동작 또는 성능시험을 이른다.

콜킹 (calking) 《덕트 조인트》 지하 관로의 철관이나 강판을 접속하기 위하여 잭에 플러그를 삽입하여 이음매의 간극에 강하게 꼰 삼을 집어넣고 그 위에 납을 흘려 넣어서 영구적으로 수밀(水密)이 되게 하는 것을 콜킹이라 한다.

콜피츠 발진기 (── 發振器, Colpitts oscillator) 병렬 공진 탱크 회로가 전자관의 격자와 양극 간에 접속되어 있는 형식의 발진 회로. 탱크의 커패시터는 직렬로 접속된 두 분압 커패시터로 구성되고, 그 분압점은 캐소드 단자에 접속되어 있다.

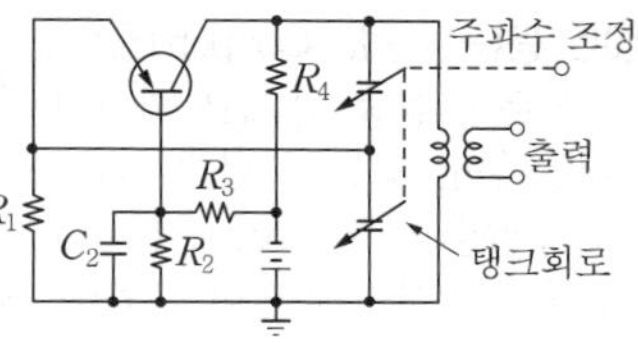

[콜피츠 발진기]

콜피츠 회로 (── 回路, Colpitts circuit) 미국의 전기공학자 E. H. Colpitts가 발명한 발진회로로, 1개의 코일과 2개의 콘덴서로 이루어지는 발진 회로를 가지며, 두 콘덴서의 접속점을 진공관의 음극에 접속하고 다른 끝을 각각 그리드와 플레이트에 접속한다. 발진 주파수는 대체로 그 진동 회로의 고유 주파수와 같다.

콜 픽업 (call pickup) PABX에 있어서, 어느 내선에 걸려온 전화를 다른 어느 내선에서도(특정 번호를 다이얼함으로써) 받을 수 있게 하는 전화 서비스를 이른다.

콤파운드 (compound) 수지 또는 아스팔트질을 주성분으로 하는 열가소성 절연물로, 대별하여 함침용, 충전용 및 봉함용이 있다.

콤파운드 부싱 (compound-filled bushing) 부싱의 도체에 절연물을 감고, 이것과 자기 애관(磁氣碍管) 주위에 콤파운드를 주입하여 기포를 제거함으로써 공기 중의 코로나 발생을 방지한 것. 70 kV 정도까지 쓰인다.

콤팬더 (compander) 압축기와 신장기의 총칭. 전송시의 레벨 범위를 좁게 함으로써 잡음과 누화를 경감하기 위하여 사용한다. 송출측에서 압축하고 수신측에서 신장하여 본래의 것으로 고친다.

콤프톤 효과 (── 效果, Compton effect) 전자에 의한 광자의 탄성 산란. 충돌할 때 전 에너지 및 전 운동량이 보존되므로 산란된 방사 파장은 산란 각도와 전자가 수수되는 광자의 에너지량에 따라 변화한다.

콤플라이언스 (compliance) 기계적 부분의 가요성(可撓性)을 나타내는 양으로, 강도(鋼度)의 역수이다. 1다인의 힘에 대한 일그러짐을 cm로 나타낸 것으로 표시된다. 음향학에서 진동계를 기계 임피던스로 취급할 때 전기적 임피던스의 정전 용량에 상당하는 구실을 하는 양이다.

쿠퍼 휘이트 등(―― 燈, Cooper-Hewitt lamp) 저압 수은등의 일종. 대체로 현재의 형광 램프와 비슷하며, 점등은 현재보다 불편했다. 1901년 미국인 Peter Cooper Hewitt가 발명하였기 때문에 이런 이름이 붙었다. 높은 효율의 광원으로서 공장 조명이나 청사진 인화에 사용되었으며, 고압 수은등과 형광등으로 대치되어 이제는 역사적인 것이 되었다.

쿨롬(coulomb) SI 단위계의 전하(電荷)의 단위이다. 기호는 C. 도체의 단면을 통해서 매초 1C의 전하가 이동했을 때의 전류가 1A이다.

쿨롱 마찰(―― 摩擦, Coulomb friction) 접촉하고 있는 두 면의 상대적인 엇갈림에 의해서 생기는 일정한 마찰력으로, 상대적인 어긋남의 속도와는 관계가 없다.

쿨롱의 법칙(―― 法則, Coulomb's law) 자유 공간 안의 두 점전하 사이에는 인력(引力) 또는 척력(斥力)이 작용하고, 그 힘 F [N]는 $F=q_1q_2/4\pi\varepsilon\gamma^2$로 주어진다는 법칙. 여기서 q_1, q_2는 각각의 전하 [C], γ는 그들 전하의 거리 [m], ε는 진공의 유전율(=8.854 pF/m)이다.

쿨리지 관(―― 管, Coolidge tube) 열음극을 가진 X선관의 초기 무렵의 명칭. W. D. Coolidge가 발명하였다.

쿼드(quad) 4가닥의 심선을 겹쳐 꼰 것을 쿼드라고 한다. 그 구성 방법에 따라 성형(星形)쿼드와 DM 쿼드로 나눈다.

퀴리(curie) 방사능의 단위 기호는 Ci, 1초간에 3.7×10^{10}개의 붕괴를 일으키는 경우를 말한다.

㊟ SI 단위계에서는 방사능의 단위는 Bq이다. 1 Ci=3.7×10^{10} Bq이다.

퀴리 온도(―― 溫度, curie temperature) 물질의 강자성(강유전성, 반강자성 등도 포함하여)과 비강자성이 천이를 발생하게 되는 온도. 강자성 물질은 단일 퀴리점을 가지며, 그 온도 이상의 고온에서는 상자성이 된다. 어떤 종류의 강유전 물질에서는 상하 2개의 퀴리점을 갖고 있는 것도 있다. 실제 문제로서 천이점은 하나의 점이 아니라 어떤 온도 범위라고 생각하는 편이 타당하다.

퀜칭 주파수(―― 周波數, quenching frequency) 초재생 수신(super regeneration) 등에서 검파기를 발진 상태에 두고 그 플레이트 또는 그리드에 10 kHz 내지 수 kHz의 교류 전압을 중첩하여 발진의 성장을 주기적으로 억제한다. 이 중첩하는 교류의 주파수를 이른다.

퀸히드론 전극(―― 電極, quinhydrone electrode) 가역(可逆) 수소 전극의 하나로, 퀸히드론(퀴논과 하이드로 퀴논 등, 몰 화합물)을 포함하는 전해액에 백금 또는 금과 같은 불용성 전극을 침전했을 때 전위는 수소 이온 농도에만 관계한다. pH의 측정 등에 사용된다.

Q(quality factor) 부품의 고주파 성능의 좋은 정도를 나타내는 한 표현이다. 예를 들면, 코일의 좋음을 나타내려면 인덕턴스를 L[헨리], 실효저항을 R[옴], 측정 주파수를 f[헤르츠]로 했을 때 $Q=2\pi fL/R$로 나타낸다.

***Q* 부분**(部分, Q-section) Q정합에 쓰이는 4분의 1파장 선로를 지칭한다. ⟸ 4분의 1파장 변성기. ⇨ Q정합.

큐비클 개폐 장치(―― 開閉裝置, cubicle switchgear) 차단기, 단로기 등의 개폐장치 및 계기, 계전기 등을 부착한 배전반을 내장한 큐비클을 이른다.

***Q* 정합**(―― 整合, Q-matching) 초단파 및 극초단파 정합장치의 한 종류. 특성 임피던스가 Z_0(순저항)이고 길이가 $\lambda/4$인 무손실 선로의 수단에 부하 Z_L을 접속했을 때의 입력 임피던스는 $Z_{in}=Z_0{}^2/Z_L$이 되는 것을 이용하여 그림과 같이 특성 임피던스 Z_{01}인 선로와 부하저항 R의 정합을 한다든지 특성 임피던스가 Z_{01}, Z_{03}인 두 종류의 반무한장(半無限長)선로의 임피던스 정합을 한다든지 하는 정합장치를 이른다. ⟸ 1/4파장 정합.

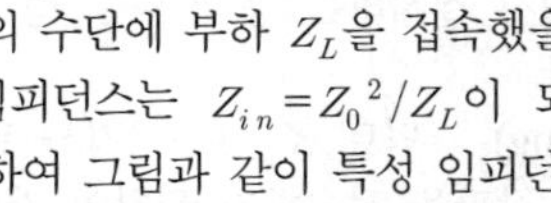

[Q 정합]

크라이오서 (CRYOSAR, cryogenic switching by avalanche and recombination) 액체 헬륨 내에서 동작하는 엷은 게르마늄의 양면에 전극을 설치한 초전도 2단자 부성저항 소자이다. 이 2안정 소자는 전자 상태효과 또는 전리작용으로 온 상태로 되고, 결정 내의 자유 캐리어의 재결합으로 오프한다. 펄스 발생기, 플립플롭 등에 이용된다.

크러셔 (crusher) 광석 기타 큰 덩어리를 작게 분쇄하는 기계이다.

크레머 방식 (── 方式, Kraemer system) 권선형 유도 전동기의 속도 제어방식의 하나로, 주전동기와 직류기를 기계적으로 직결하고, 따로 회전 변류기를 두어 주전동기의 슬립 링을 회전 변류기의 슬립 링에, 또 회전 변류기의 정류자를 직류기의 정류자에 접속한다. 직류기의 여자 전류를 가감함으로써 교류측의 기전력을 가감하여 주전동기의 속도를 제할 수 있다. 이 콤비네이션은 정출력 전동기의 특성을 갖는다.

크레오소트 주입 (── 注入, creosote treatment, creosoting) 방부제로서의 크레오소트를 나무 기둥에 주입하는 것. 베셀법과 롤리법이 있다.

크레오소트 주입주 (── 注入柱, creosote impregnated pole) 크레오소트를 방부제로 주입하여 내후성(耐朽性)을 높힌 나무기둥을 이른다.

크레이터 (crater) 탄소 아크등의 양극 끝머리는 고속도의 전자와 이온의 충격 때문에 중심 언저리가 움푹 들어간다. 이것을 화구(火口)라고 한다. 이 충격 때문에 고온도가 되며 온도방사로 발광(發光)한다. 아크등의 빛의 일부는 이에 의한다.

크레인 (crane) 공장에서 원료, 부품, 제품 등의 중량물을 처리, 운반하기 위해서 사용하는 기계. 그 동작, 형태 등에 따라 주행 기중기, 지브 크레인, 데릭 크레인, 갠트리 크레인 등으로 분류된다.

크레인 모터 (crane motor) 크레인 운전용의 전동기. 보통 전폐형으로, 단시간 정격으로 가혹한 사용에도 견디는 구조이다.

크로노그래프 (chronograph) 두 시계의 초의 눈금을 정밀하게 비교하는 장치. 정속도로 달리는 종이 테이프에 기록하는 방법, 회전 드럼 위에 불꽃에 의해서 기록하는 방법 등이 있다. 또 간단한 것은 임의로 기동·정지할 수 있는 초침(秒針)을 가진 시계로 한다.

크로마트론 (chromatron) 삼원색 형광체의 선조가 형광면에 교대로 칠해져 있으며, 그 앞면에 전자 빔을 소망하는 선조에 비추기 위해 선조와 평행으로 설치한 2짝의 도선군에 전환 전압을 공급하도록 한 단일 빔형의 컬러 수상관. 로렌스관이라고도 한다.

크로미넌스 (chrominance) 임의의 색깔과 그 색깔과 같은 휘도를 가진 기준 색의 차. 색차(色差) 신호로서 얻어진다.

크로미넌스 부반송파 (── 副搬送波, chrominance subcarrier) 컬러 텔레비전에 있어서 I, Q의 두 크로미넌스 신호에 의해서 변조되는 반송파로서, 변조된 측대파가 휘도 신호로 가해진 연후에 영상 반송파를 변조한다. ㈜ 크로미넌스 부반송파와 화상 반송파(휘도 반송파)는 6 MHz의 대역 내에 휘도 정보와 크로미넌스 정보를 잘 끼워넣기 위하여 수평 주사 주파수의 227.5배, 즉 약 3.58 MHz 떨어진 장소에 위치하고 있다. ⇨ 인터리브.

크로바 방호 (── 防護, crowbar protection) 차단기 혹은 기타 회로 보호장치의 작동 요소로 강도의 과부하를 부여하는 장치. 또는 그러한 동작을 크로바라고 한다. 크로바란, 바(대장간)로서, 선로의 양단을 바로 단락하여 차단기라든가 퓨즈를 강제적으로, 그리고 고속으로 동작시키는 장치이다.

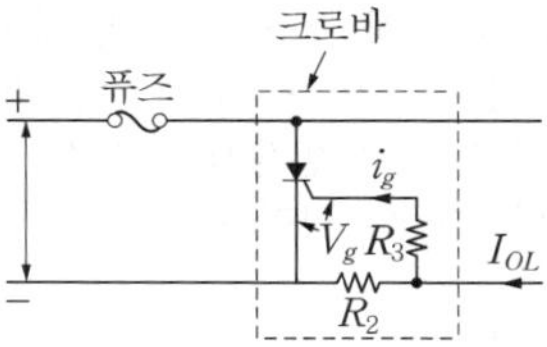

$R_2 \geqq V/I_{OL}$
$R_2 \leqq (V-V_{g'})/I_{g''}$
I_{OL}: 최저 과전류값
$V_{g'}$: 게이트 전압 최소값
$I_{g''}$: 게이트 전류 최대값

[크로바 방호]

크로바 파장 (── 波長, crova wavelength) 분광 분포를 달리한 두 줄기의 빛의 광도를 같게 하였을 때 스펙트럼 명도가 같게 되는 파장을 그 두 빛의 크로바 파장이라고 한다. 이색(異色) 측광에 쓰인다.

크로스바 방식 (── 方式, crossbar system) 다음과 같은 특징을 가진 자동 전화교환 방식. ① 크로스바 스위치에 의해서 선택 접속한다. ② 공통 제어 회로에 의해서 교환 접속로를 선택하여 선택 기구를 동작시킨다. ③ 교환 정보를 받아들여 그것을 기억하고, 그것에 기초하여 접속을 확립시키기 위한 제어 동작을 결정한다.

크로스바 변환 (── 變換, crossbar transition) 동축 선로와 구형 도파의 모드 변환을 이른다.

크로스바 스위치 (crossbar switch) 세로 및 가로로 교차하는 복수 개의 바로 이루어지며, 그들 바 중 세로 및 가로의 바 각 1개를 동작시켜 그 교차점의 접점을 닫아 접속을 하게 끔 한 자동 교환용 선택 스위치이다.

크로스바식 (── 式, crossbar system) 세로 및 가로로 교차되는 여러 개의 막대의 각 교차점에 접점을 배치한 크로스바 스위치를 선택 기구로 사용하는 자동 교환방식을 이른다.

크로스 본드 (cross bond) 단선식 전기 철도와 같은 경우 레일에 전차 등으로부터 전류가 흐를 때 병행되는 레일을 통하여 전류를 평균시키기 위하여 이들 레일 사이를 접속하는 본드. 가로 본드이다.

크로스 본드 방식 (── 方式, cross bonding system) 케이블 접지 방식의 하나인데, 시스의 절연 지점에서 본드선에 의해서 타상에 연락 접속하고, 3상분을 연가시킨 후 접지함으로써 각상 스팬의 차이, 케이블 상수 불평형 등으로 인한 잔류 전압(따라서 이 전압으로 인하여 발생하는 시스 전류손)을 감소시키도록 한 것이다.

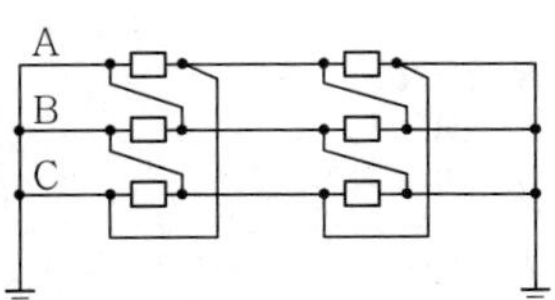

─□─ : 시스 절연부

[크로스 본드 방식]

크로스오버 주파수 (── 周波數, crossover frequency) (1) 크로스오버 회로에서, 고주파 채널과 저주파 채널에 상등한 전력이 공급되는 분할점의 주파수를 이른다. 단, 두 채널 모두 지정된 부하로 종단되어 있는 것으로 한다. (2) 자동 제어계의 보드 선도에서 시스템의 오픈 루프 전달함수의 진폭 이득이 제로 데시벨선을 통과하는 점의 주파수 및 위의 전달함수의 위상 뒤짐이 180°로 되는 점의 주파수를 이른다.

크로스오버 트랙 (crossover track) 병행 또는 교차하는 두 선로 간에 서로 열차 또는 차량을 진출·입시키기 위해서 2조의 분기기(分岐器)로 연락하는 선로를 이른다.

크로스 인렛 수력 터빈 (── 水力 ──, cross inlet water turbine) 수차 축에 직각인 방향에서 수압관으로부터 도수(導水)되는 형태의 외피를 갖는 프란시스 수차. 가로 입 수차라고도 한다.

크로스 터빈 (cross-compound turbine) 터빈 케이싱이 2실 이상으로 이루어져 있으며 이들이 두 줄의 평행축 위에 배치되고 또 동일한 바닥 위에 설치되어 있는 터빈을 이른다.

크로스 페이드 (cross fade) 약어 CF, 라디오 방송의 믹싱의 한 방법. 중복시키면서 어느 사이엔가 앞의 음악 또는 소리에다 다음의 음악이나 음으로 바뀌게 하는 것을 크로스 페이드라 한다.

크롬 동선 (── 銅線, chromium-copper wire) Cu에 Cr 0.5%를 첨가한 합금선으로, Cr 외에 Si, Ag, Be를 첨가하여 성질의 개선을 도모한 것도 있다. 외국에서는 주로 통신선 및 점용접의 전극으로 사용하고 있다.

크룩스 관 (── 管, Crookes tube) 영국의 물리학자 W. Crookes가 진공 방전 연구를 위해서 시작(試作)하여 사용한 방전관을 이른다.

크룩스 암부 (── 暗部, Crookes dark space) 음극 암부라고도 한다. 진공 방전에서 음극광과 부(負)글로 사이에 볼 수 있는 암부로, 방전 전압 강하의 대부분을 맡고 있다.

크리스털 글라스 (crystal glass) (1) 형판(型板) 유리의 하나로, 모양이 결정형(結晶形)으로 되어 있는 것. 조명 기구의 부품이나 창유리로 쓰인다. (2) 컷 글라스의 하나로,

결정형으로 만들어진 것. 샹들리에 등의 부품이 된다.

크리스털 마이크로폰 (crystal microphone) 두 장의 전극 사이에 삽입된 압전 현상을 갖는 결정편(結晶片 : 압전 소자)에 음압에 의해서 기계적 변형을 주면 거기에 비례한 전기적 분극이 생겨 마이크로폰으로 동작한다. 압전소자(壓電素子)에 단일 결정을 사용하는 형과 두 장의 결정판을 앞 뒤 반대로 등지게 붙인 것에 굴곡 진동을 시키는 바이몰프형이 있다. 또 압전 소자가 직접 음압을 받아서 진동하는 사운드셀형과 진동판이 전달 막대를 통해서 소자를 진동시키는 진동판형이 있다.

크리스털 믹서 (crystal mixer) 주파수 혼합에 사용하는 반도체 다이오드를 이른다. 보통 게르마늄 또는 실리콘 다이오드가 사용된다.

크리스털 수화기 (── 受話器, crystal receiver) 압전 현상을 이용한 수화기. 압전 소자는 대부분 바이몰프형(⇨ 크리스털 마이크로폰)을 사용한다. 구조가 간단하고 가벼워서 보청기 등에 사용된다. 전기 임피던스가 높고 기계적으로 약한 결점이 있다.

크리스털 스피커 (crystal loudspeaker) 압전 현상을 갖는 결정편(結晶片), 예를 들면 로셀염 등을 사용해서 진동판을 구동하여 소리를 내는 스피커. 저음의 방사에 난점이 있으므로 주로 고음 확성기로 사용된다.

크리스털 전류 (── 電流, crystal current) 결정 진동자를 흐르는 실제 교류 전류를 이른다.

크리스털 정류기 (── 整流器, crystal rectifier) 반도체 결정을 이용한 정류기의 초창기의 명칭이다.

크리스털 체배기 (── 遞倍器, crystal multiplier) 게르마늄 등의 비직선 특성을 이용한 체배기로서, 진공관을 쓸 수 없는 센티파에 해당하는 높은 주파수까지 체배하는 경우에 사용한다.

크리스털 픽업 (crystal pickup) 로셀염 결정을 사용하여 크리스털 마이크로폰과 같은 원리로 동작하는 픽업. 전자형에 비하면 가벼운 것이 특징이며, 바늘 끝의 변위에 비례한 전압을 유기하므로 일정한 전류에 대해서 주파수에 상관 없이 진폭이 일정하게 되도록 녹음한 레코드의 재생에 적합하다.

크리프 (creeping) 《통신》 통신용 케이블의 연피가 외부 진동에 의한 이동으로 인하여 피로하게 되고, 균열을 일으키는 상태를 이른다.

클라이스트론 (klystron) 입력 공진기, 드리프트 공간 및 출력 공진기를 주요 구성 요소로 하는 마이크로 전자관. 드리프트 공간이란, 외부 전계의 영향을 받지 않는 영역으로서, 그 영역 내에서 전자군의 상대적인 분포가 변화하여 속도 변조가 밀도 변조(전류 변조)로 변한다. 효율은 중간 정도이지만 이득은 크다.

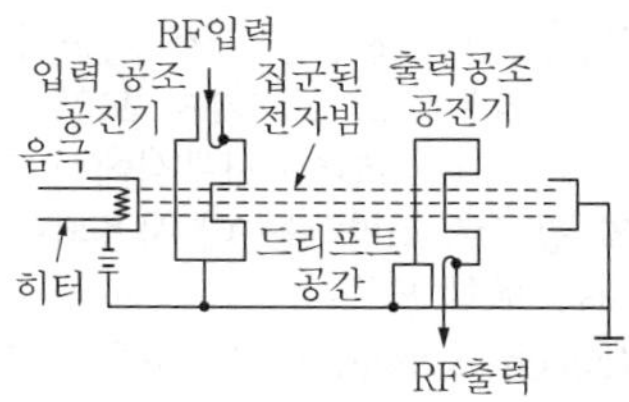

[클라이스트론]

클램프 (clamp) (1) 애자로 전선을 지지할 때 전선을 파지(把持)하기 위하여 사용하는 쇠붙이. 현수 클램프와 내장(耐張) 클램프가 있다. (2) 회로의 어떤 점의 전압을 다른 기준 전압점에 대하여 어느 값 이상으로 변화하지 않도록 하는 것. 기준 전압점으로서는 대지, 무한대 모선, 낮은 임피던스 전압원 등이 사용된다.

클램프 링 (clamp ring, crampring) 《정류자》 정류자편과 절연편을 교대로 겹치고, 축방향의 양단에 V형의 홈을 파서 절연물(마이카나이트)을 사이에 두고 클램프 링으로 양단에서 죈다. 보통 주강제(鑄鋼製)이다.

클램프 회로 (── 回路, clamping circuit) 직류 성분을 포함한 교류를 콘덴서와 변성기를 통해서 결합하면 그 출력측은 직류분을 잃지만(예를 들면 진공관 증폭기와 같은 경우) 여기에 직류분을 보태서 출력 교류의 평균값 레벨을 일정한 기준값으로 되돌리는 회로를 이른다. 그림 (a)는 직류분을 잃는 경우를 나타내고, 그림 (b)는 클램프 회로를 설치한 경우를 보인 것이다. ⇨ 클리퍼(clipper).

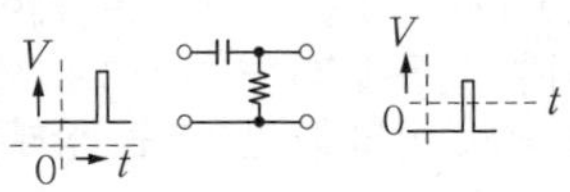

(a) 콘덴서로 직류분을 저지하는 경우

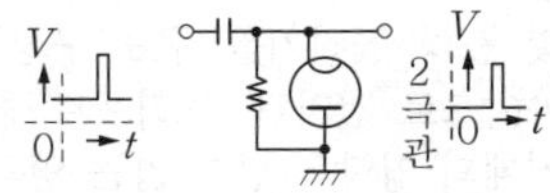

(b) 클램프 회로를 경유한 경우

[클램프 회로]

클랭크 (crank) 전달 기구의 방향 또는 위치를 바꾸는 기소(機素)를 이른다.

클러스터 (cluster) 전등용 배선 기구의 일종. 천장에 부착하여 코드를 가지 모양으로 여러 개 분기(分岐)시킨다. 사무실에서 저용량의 백열 전구로 조명하는 데 사용되어 왔으나 현재는 보기 드물다.

클러치 (clutch coupling) 두 축을 연결하여 동력을 전동(傳動)하는 장치의 일종. 그 전동을 간헐적으로 할 수 있도록 양 축단의 결합부에 서로 맞물리는 클리크가 있어서 전동을 할 때에는 그 라체트를 서로 맞물린다. 라체트의 형태에 따라 운전 중에도 서로 맞물리게 하거나 풀어지게 할 수 있다.

클러치 전동기 (—— 電動機, clutch motor) 전동기 축 끝에 클러치가 달려 있는 전동기를 이른다.

클러치 전자석 (—— 電磁石, clutch magnet) 클러치를 동작시키는 전자석을 이른다.

클레비스형 (—— 形, clevis type) 애자의 형태의 일종. 애자를 연결하는 부분의 쇠붙이의 모양에서 따온 명칭이다. ⇨ 볼 소켓형.

클로라이드 양극판 (—— 陽極板, chloride plate) Plante식 극판에 있어서 납 안티몬 합금판에 내공(內孔)을 여러 개 뚫고 이 속에 톱니 모양의 凹凸을 낸 순납제의 리본을 감아 넣는 극판을 지칭한다.

클로라이드 축전지 (—— 蓄電池, chloride accumulator) 맨체스터형이라고도 한다. 클로라이드 양극판을 사용한 연축전지. 클로라이드 양극판을 이른다.

클로로나프탈린 (chloronaphthalene) $FeCl_3$을 촉매로 하여 용해 나프탈린에 염소를 통해서 감압 증류하여 만들어지는 것으로, 1클로로, 디클로로로, 폴리클로로로 등 여러 종류가 있다. 액과 납모양의 것도 있다. 내화, 내습성이 있고 절연성이 좋기 때문에 용제(溶劑), 가소제(可塑劑), 윤활유, 절연유, 도료, 충전제, 함침제 등에 쓰인다.

클로로디페닐 (chlorodiphenyl) 디페닐계 유기물을 염소화한 합성 절연유를 이르며, 염화 벤졸과 콤비네이션 하여 콘덴서, 변압기 등의 절연유로 쓰인다. 천연 절연유에 비해서 불연성(不燃性)이고, 유전율이 크다. 또 산화에 의한 열화가 적다.

클로로프렌 외장 케이블 (chloroprene armored cable) 전력용의 저압 및 고압 케이블. 심선을 천연 고무 혼합물 또는 부틸 고무로 절연한 것을 단심 또는 복수 개 꼬아서 그 위를 클로로프렌 고무로 외장한 것. 고압 케이블의 경우에는 절연물과 외장 사이에 금속 차폐 테이프를 개재시킨다.

클로 마그넷 (claw magnet) 갈퀴 모양을 한 영구 자석을 클로 마그넷이라 한다.

클로버형 안테나 (clover leaf antenna) 수평 편파의 전방향성 안테나의 일종. 동축 원통의 횡단면상에 내부 도체에서 시작하여 외부 도체에서 끝나는 4개의 루프로 만들어지며, 모양이 흡사 클로버 잎과 비슷해서 이렇게 부른다. 수평면에서는 극히 균일한 지향성을 가지지만 상하에는 별로 좋지 않으므로 여러 개를 상하에 겹쳐서 지향성을 개선한다.

클록동작 로직 (clocked logic) 논리 회로의 모든 기억 요소(플립플롭)의 상태가 클록 신호에 의해서 일제히 변화하는 회로. 클록은 보통 주기적으로 매우 지속 시간이 짧은 펄스로 주어진다.

㊟ 클록 신호가 지속하고 있는 짧은 시간 동안에는 기억 요소의 입력 변화(기억의 고쳐 쓰기)가 되지 않도록 하지 않으면 동작이 애매하게 된다. 따라서 기억의 고쳐 쓰기는 클록이 존재하지 않는 중간 기간에 행할 필요가 있다.

클리어 (clear) 축적된 정보 또는 기억장치를 정보 축적 전의 상태, 보통 0으로 나타내는 상태로 하는 것을 클리어라 한다.

클리트 (cleat) 옥내 배선에 사용되는 애자의 하나로, 전선을 사이에 끼워서 사용하는 것. 건조한 장소의 노출 배선에만 사용된다.

클리퍼 (clipper) 전기 신호 파형을 적당한 레벨로 잘라 내는 회로를 이른다. 주로 2극관과 직류 전원의 콤비네이션 또는 3극관이나 5극관 등을 사용해서 회로를 구성한다. 그림 (a)는 어떤 레벨 이상의 파형을 잘라내는 피크 클리퍼(peak clipper), 그림 (b)는 어떤 레벨 이하를 잘라 내는 베이스 클리퍼(base clipper), 그림(c)는 상하 두 레벨을 동시에 잘라 내는 슬라이서(slicer)를 보인 것이다. ⇐ 클리퍼 회로(clipper circuit).

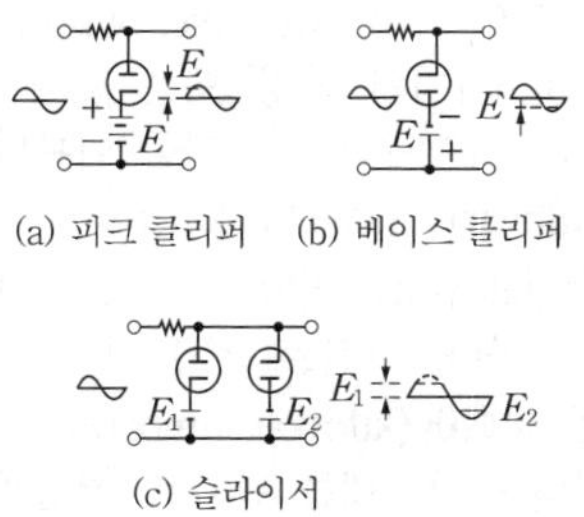

[클리퍼]

클리퍼 회로 (—— 回路, clipper circuit) 전기 신호 파형을 적당한 레벨로 잘라내는 회로를 이른다. ⇐ 클리퍼(clipper).

클리핑 일그러짐 (clipping distortion) 2극관 정류기에서 변조파 주파수에 대한 임피던스와 직류 저항이 다른 경우에 일어나는 파형 일그러짐. 변조도가 깊을 때 나타난다.

클릭 (click) (1) 지정된 조건으로 측정하여 얻어지는 정해진 값 이하의 지속 시간의 방해. (2) 전화 통화 중에 발생하는 높은 전압에 의한 방해 잡음을 이른다.

클린업 효과 (—— 效果, clean-up effect) 《전자관》 송신관, X선관 등, 고전압을 걸어서 사용할 때 점차 그 진공도가 높아지는 형상. 그 원인은 전리된 가스 분자가 음극 또는 대(對)음극에 충돌하여 일어나는 스퍼터링에 의해서 전극 물질이 튀어 관벽(管壁)에 부착할 때의 게터 작용에 의한다고 생각되고 있다.

클린치 이어 (clinch ear) 이어의 하나로, 원형 트롤리선을 조가하기 위하여 사용된다. 아래쪽 한 면에 반원형의 홈을 갖는 가늘고 긴 선을 끼우고, 홈 가장자리를 두들겨 구부린 트롤리쇠. 여기에 트롤리선을 유지시킨다.

키 (key) 축과 스파이더 등의 사이에 마련된 홈 속에 박아 넣어서 그들 사이의 상대적 위치를 확정하고, 경우에 따라서는 토크의 전달을 돕는다.

키네스코프 레코딩 (kinescope recording) ⇨ 녹화.

키드 라인 스위치 (kieth line switch) 키드가 발명한 자동 교환기용의 라인 스위치로, 플랜저(막대 피스톤)의 동작으로 뱅크 접점을 닫는 구조의 예선택형(豫選擇形) 10접점 라인 스위치를 이른다.

키드 AGC (keyed AGC) 《텔레비전 회로》 수상기의 AGC 회로에 연결된 RF 튜너, IF단의 트랜지스터는 상시 플러스 바이어스가 주어져 있으며, 강한 입력 신호가 주어지면 AGC 회로는 그 플러스 바이어스를 증가시켜 트랜지스터를 포화시키고, 따라서 이득을 저하시킨다. AGC 바이어스는 일부분, IF 앰프에 수평 소인 회로에서 얻어지는 15,750 Hz의 키잉 펄스를 부여하여 그것을 키 온함으로써 얻어지는 IF신호 버스트를 정류함으로써 만들어내도록 한다. IF신호의 크기가 변화하면 AGC 증폭기의 바이어스, 그리고 AGC 회로의 전압은 그에 상당하게 변화한다.

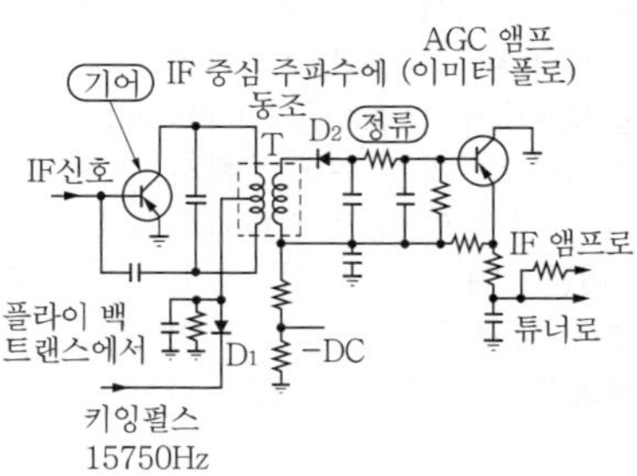

[키드 AGC]

키드 자동 이득 조절 (—— 自動利得調節, keyed automatic gain control) 부변조의 텔레비전 방송 방식의 자동 이득 조절방법. 개개의 동기 신호의 파고값으로 이득을 조절하는 방식은 외부에서 큰 충격이 들어오면 그 영향을 받는다. 그것을 피하기 위하여 수평 동기 신호의 기간에만 자동 이득 조절작용이 동작하도록 한 조절 방식을 이른다.

키르히호프의 법칙 (―― 法則, Kirchhoff's law) 키르히호프가 발견한 전기 회로에 관한 다음의 두 법칙이다. ① 회로망의 임의의 한 접합점에 흘러드는 전류의 대수합은 0이다. ② 회로망 중 하나의 폐회로에 대해서, 그 폐로에 속하는 각 지로(枝路)의 전류와 저항의 곱의 대수합은 그 폐회로에 포함되는 기전력의 대수합과 같다. 이들 법칙은 처음에는 직류에 대해서 서술되었으나 후에 교류의 경우까지도 확장되었다.

키리스의 소켓 (keyless socket) 전구용 소켓으로, 점멸하기 위한 키를 갖지 않은 것을 이른다.

키 소켓 (key socket) 전구를 받아 넣어서 점등하기 위한 소켓. 점멸용 키(간편한 스위치)를 갖는다.

키 스페이서 (key spacer) 수동 교환대의 전건반에 전건을 배치하는 경우 전건의 틈을 막는 판을 이른다.

키잉 (keying) (1) 몇 가지 상태의 유한 개의 조합으로 실시하는 변조. (2) 전신 등에서 사용되는 신호를 만드는 방법으로, 직류 혹은 교류 전원의 출력 진폭 또는 주파수를 다른 값 사이로 변환함으로써 변조하는 불연속 변조(abrupt modulation)이다. (3) 《텔레비전》 정해진 기간 네트워크를 끊거나 접속하거나 하는 신호를 이른다.

ㅋ

키 텔레폰 (key (master) telephone) 소규모 기업이나 큰 개인 주택 등에서 사용하기 적합한 국선 수와 내선 전화기를 보유하고 푸시 버튼 키를 사용하여 여러 가지 편리한 기능을 하게 하는 시스템을 이른다.

킥 변성기 (―― 變聲期, kick transformer) 킥 회로에 사용하는 변성기의 일종. 전신파를 변압기로 미분해서 생기는 2차측의 펄스파를 이용한다.

킥 오프 (kick off) 《라인 스위치》 자동 교환기의 무정위형(無定位形) 라인 스위치가 통화 완료 후 복구할 때 회전하여 다음 호출에 대해서 같은 출선을 되풀이 하여 사용하는 것을 막는 동작을 킥 오프라 한다.

킥 회로 (―― 回路, kick circuit) 직류 전신 부호의 파형 수정에 사용하는 회로로, 전신파의 파두(波頭), 파미(波尾)의 미분 전류를 원래의 부호에 겹쳐서 약간의 일그러짐을 보정할 수 있다. 일반적으로 LC 및 변성기가 쓰인다.

킬로 (kilo) 10^3배. 접두어로 쓰인다.

킬로미터 파 (―― 波, kilometer wave) 1 km에서 10 km까지의 파장 또는 30에서 300 kHz까지의 주파수의 전자파를 이른다.

킬로바 (kilovar) 1,000 바, kvar

킬로 볼트 (kilovolt) 전압의 단위로 1,000V를 1 kV라고 한다. ⇨ 볼트(volt).

킬로 볼트 암페어 (kilovolt ampere) 교류의 피상 전력을 나타내는 단위로, 전압과 전류의 곱으로 나타낸다. 전압 1V, 전류 1A일 때를 1VA라 하며, 1,000 VA는 1kVA에 해당한다. ⇨ 볼트 암페어(volt ampere).

킬로 와트 (kilowatt) 전력의 단위로 1,000W를 1 kW라고 한다. ⇨ 와트(watt).

킬로와트 시 (―― 時, kilowatt-hour) 전력량의 단위로, 1,000 Wh를 1 kWh라고 한다.

킹크 (kink) (1) 필라멘트 또는 케이블이 가설되어 있을 때 도중에 고리 모양으로 된 채로 당겨져서 일종의 매듭이 되어 버리는 경우가 있다. 이것을 킹크라고 한다. (2) 항해에서, 편차 감도가 부호를 바꾸는 크로스오버 영역 내의 일점을 이른다.

ㅌ

타깃 (target) 전자 핵입자 또는 전자기파 등에 의한 충격 혹은 조사(照射)의 표적이 되는 물질 또는 대상물. ① X선관에서의 타깃은 양극이며, 거기에 전자가 충돌하여 X선이 방사된다. ② 원자핵 반응의 경우의 타깃은 최초 정지상태에 있는 원자 또는 핵이다. ③ 레이더와 소너에서는 송신된 전파를 반사하는 물체이다. ④ 텔레비전 카메라에 있어서, 축적 면으로서는 전자 빔에 의해 주사됨으로써 면에 축적된 전하상에 상당한 신호 전류를 얻게 된다.

타려 (他勵, separate excitation) 자기 이외의 다른 전원의 전류에 의해서 여자를 하는 것을 타려라 한다.

타려 발전기 (他勵發電機, separately excited generator) 다른 전원으로부터 주계자 권선에 여자 전류를 흐르게 하여 전압을 발생하는 발전기를 이른다.

타려 전동기 (他勵電動機, separately excited motor) 주여자 전류와 전기자 전류를 각각 다른 전원으로부터 받아 동작하는 전동기이다.

타력 통풍형 전기 (他力通風形電機, separately ventilated machine) 주로 특별한 송풍기의 통풍에 의해서 냉각하는 방식의 회전기이다.

타르 (tar) 석탄, 석유, 목재 등의 유기 물질을 건류하여 얻어지는 흑갈색의 끈끈한 액체의 총칭이다.

타운센드 방전 (── 放電, Townsend discharge) 0.1 mmHg 이상의 중 정도의 압력 가스 중에서의 방전으로, 공간 전하는 존재하지 않는다.

타원 편파 (楕圓偏波, elliptically polarized wave) 어떤 주어진 주파수에서 그 전파 방향에 직각인 평면 내에서 전계 벡터의 성분이 타원을 그리는 전자파를 타원 편파라 한다. 전자파가 전리층에 의해서 전파하는 경우 지구 자기장의 영향으로 인해 일반적으로 타원 편파로 되어 하강한다.

타원형 케이블 (楕圓形 ──, oval cable) 원형 단면 대신 타원형의 단면을 갖는 케이블. 이에 의해서 단면 증가가 가능하여 절연 콤파운드의 열팽창으로 인한 내부 압력을 제거할 수 있다.

타원 회전 자계 (楕圓回轉磁界, elliptic rotating field) 대칭 m상 전류를 $2\pi/m$의 각을 이루도록 놓여진 코일에 통한 경우, 그 중심에서의 자계는 원형 회전 자계를 발생하고, 각 코일에 흐르는 전류는 비대칭이거나 코일의 크기가 각각 다른 경우에는 타원 회전 자계를 발생한다.

타이머 (timer) 자동 교환 기기, 인쇄 전신 기기 등의 자동제어를 하기 위하여 일정한 시간(1초라든가 2초 동안) 신호를 송출하는 장치이다.

타이밍 테이프 (timing tape) 종이로 만든 테이프에 등간격으로 표를 하여 테이프의 사용을 편리하게 하는 것. 속도를 측정하는 데에도 사용한다.

타임 스위치 (time switch) 시계 기구에 의해서 예정한 시각에 자동적으로 회로를 개폐하는 개폐기이다.

타칸 (TACAN) 'tactical air navigation'의 약어로, 이 방식은 거리, 방위의 두 정보를 항공기에 전하려는 것이다. 종래의 DME,

VOR을 결합한 것과는 달리 두 정보를 주기 위하여 동일 주파수 및 펄스군을 사용하고 있다. 또 VOR 부분에 해당하는 방위정보 부분에서는 그 방위 정도(精度) 및 설치 위치 오차를 개량하기 위하여 카디오이드 전계 상에 방위 정측용(精測用) 로브를 중첩한 전계형을 회전하도록 되어 있다. 현재 사용하고 있는 것의 반송주파수는 962~1,213 MHz이다.

타코미터 발전기 (── 發電機, tachometer generator, rate generator) 회전기 등의 회전 속도를 그에 비례하는 전압으로 출력하도록 한 속도 검출 장치이다. 직류, 교류 모든 형이 있다. 파일럿 발전기라고도 한다.

타행 (惰行, coasting) 열차 또는 차량이 동력에 의하지 않고 스스로가 가지고 있는 운동 에너지로 주행하는 것을 이른다.

탄뎀 터빈 (tandem-compound turbine) 케이싱이 2실 이상으로 되어 있고, 또한 그것이 일직선의 축상에 배치되어 있는 터빈을 이른다.

탄산가스 기록계 (炭酸 ── 記錄機, CO_2 recorder) 연소 가스 중의 탄산가스(CO_2)의 비율을 기록하는 계기이다.

탄산가스 레이저 (炭酸 ──, carbon dioxide-laser) 탄산가스(CO_2) 분자의 진동준위 간의 천이에 의한 기체 레이저. 주요 발진 파장은 적외의 10.6 μm이다. 고효율 대출력의 레이저로 널리 이용되고 있다.

탄성 충돌 (彈性衝突, elastic collision) 충돌할 때 나타나는 충격력에 대하여 물체가 그 탄성 한계 내에서 탄성체로서 탄력을 서로 작용하는 충돌을 탄성 충돌이라고 한다.

탄성 한계 일그러짐 (彈性限界 ──, permanent set) 탄성체에 외력을 작용시켜 일그러짐을 일으켰을 때, 외력이 탄성 한도를 넘을 때 또는 작용한 시간이 충분히 길 때는 외력을 제거해도 아직 일그러짐의 일부분이 남는다. 이것을 탄성 한계 일그러짐이라 한다.

탄성 한도 (彈性限度, elastic limit) 고체에 힘을 가하여 변형하는 경우, 응력이 작아서 힘을 제거하면 물체는 원형으로 되돌아가고, 응력의 크기가 어느 정도를 넘으면 외력을 제거해도 변형은 없어지지 않는다. 그 경계의 응력을 탄성 한도라 한다.

탄소 (炭素, carbon) 원자번호 6의 원소로서, 기호 C로 나타낸다.

탄소 가감 저항기 (炭素加減抵抗器, carbon rheostat) 판형의 탄소를 많이 겹쳐서 주로 그 접촉 저항을 이용한 저항기를 이른다. 보통 1 mm 이하의 원판을 수십 내지 수백 겹쳐서 그 겹침 압력을 가감하여 접촉저항의 변화에 따라 저항 조절을 한다. 자동 전압조정기용, 재봉틀 전동기의 속도 조정용으로 사용한다.

탄소립 (炭素粒, carbon granule) 데빌형 송화기에 사용되는 탄소의 알맹이를 가리키며, 탄소의 분말을 소성하여 구슬 모양의 작은 입자로 만들어져 있다.

탄소 마이크로폰 (炭素 ──, carbon microphone) 탄소 알맹이 또는 가루를 성근 접촉(粗接觸)상태로 하고, 그 접촉 저항을 진동판(탄소, 얇은 두랄루민판 또는 마이카제)에 가해지는 음압에 따라 변화시키면 이미 흐르고 있는 직류 전류가 음파에 의해서 변조되어 마이크로폰으로 동작한다. 감도는 좋지만 탄소 잡음이 있고 또 감도가 불안정한 것 등의 결점이 많다.

탄소봉 (炭素棒, carbon) 《아크등》 아크등의 전극으로 사용되며, 현재는 유심 탄소봉이 일반적이고 무심 탄소봉은 분광 분석 정도로만 사용된다.

탄소분 (炭素粉, carbon powder) 델빌형 이외의 전화 송화기, 탄소 마이크로폰에 사용된다.

탄소 브러시 (炭素 ──, carbon brush) 탄소질의 브러시. 브러시 중에서 가장 하급품이다.

탄소 저항 (炭素抵抗, carbon resistance) 탄소를 주체로 한 저항 소자. 탄소 피막을 사용한 것, 또는 탄소에 유기 수지를 혼합하여 굳힌 것 등이 있다.

탄소 저항기 (炭素抵抗器, carbon resistor) 탄소 저항을 소자로 한 저항기이다.

탄소 전구 (炭素電球, carbon-filament lamp) 탄소 필라멘트를 발광체로 하는 백열 전구. 백열 전구는 초기에는 백금을 발광체로 사용하였으나 독일의 Heimich Goebel(1846년)이 처음으로 탄소를 사용하는 것을 시험하였고 이어서 영국의 Joseph W. Swan, W. E. Sawyer, Albon Man을 거쳐서 미국의 Thomas Alva Edison(1878년)이 공업화에 성공하였다. 이것으로 백열 전구가 실용화 되었는데 1907년 텅스텐 전구가 출현함으로써 시장에서 자취를 감추었다.

탄소 차단기 (炭素遮斷器, carbon breaker) 차단기의 아크 접촉자에 탄소 전극을 사용한 것을 이른다.

탄소 피뢰기 (炭素避雷器, carbon arrester) 가입 전화기와 직류기의 보호용으로 사용되는 피뢰기로, 방전 간극으로는 2매의 탄소판 사이에 마이카판을 끼운 탄소 간격을 이용한다. 탄소판의 표면은 많은 첨단으로 이루어지며 방전하기 쉽고 또한 용해되기 어려운 이점이 있다. 가입 전화용 피뢰기에서는 탄소판의 1매 쪽에 비스무스 합금을 매입하여 심한 뇌격의 경우에는 비스무스 합금을 용해시켜 회선을 접지하여 퓨즈가 용단(溶斷)되게 끔 되어 있다.

탈자 (脫磁, deperm) 가급적 실제적으로 선체의 자기특성을 외부의 탈자용 코일에 의해서 제거하는 것. 소자(消磁)라고도 한다.

탈출 속도 (脫出速度, escape velocity) 발사체, 우주 탐사선 등이 행성이나 달 등의 중력장으로부터 탈출하기 위하여 필요한 속도를 이른다. 지구의 경우는 초속 11,200 m/s, 달의 경우는 2,370 m/s이다.

㊟ 지구의 탈출 속도는 제2우주 속도라고도 한다. 제1우주 속도는 지구를 도는 원궤도에 오르기 위하여 필요한 속도이다.

탈출 토크 (脫出 ——, pull-out torque) 동기 전동기에서 정격 전압, 정격 주파수 아래서 여자를 일정하게 유지하고 부하를 서서히 증가하였을 경우에 견딜 수 있는 최대 부하 토크를 이른다.

탐선 (探線, grappling) 《해저 선로》 해저 케이블에 장해가 발생했을 때 케이블을 인양하기 위하여 부설 루트와 거의 직각으로 케이블에 탐묘(探錨)가 걸릴 때까지 끄는 것을 이른다.

탐조등 (探照燈, search light) 투광기의 하나로, 비교적 대형이고 반사경의 정도(精度)가 좋으며, 강하고 가는 빔을 방출하는 것을 특히 이와 같이 부른다. 광원으로는 탄소 아크 등도 많이 쓰인다. 전구는 단평면 형이 쓰이며, 반사경은 포물선 면의 얇은 것이 많다. 광도는 다양하고 빔의 개도(開度)는 1~5° 정도이다.

탐지 (探知, detection) ⇨ 검파.

탐침 (探針, probe) 피 측정점에 측정기를 접근할 수 없을 때 검파부를 작은 상자에 넣어서 본 측정기와 분리하여 측정할 수 있게 한 보조 장치 머리부분에 대모양의 측정 단자가 붙어 있다.

탐침 결합 (探針結合, probe coupling) 동축 회로와 도파관을 탐침을 써서 결합하는 방식을 이른다. 구형 도파관을 동축 선로를 통하여 TE_{10}파로 여진하는 경우 그림과 같이 동축관의 내관 일부를 도파관 안에 삽입하고, 도파관 안의 좌측에 있는 단락판 S의 위치를 변화시켜서 반사기에 작용을 시키면 화살표 방향으로 마이크로파를 능률적으로 전송시킬 수 있다. 이 경우에 탐침 끝을 둥글게 하면 주파수 특성이 좋아진다.

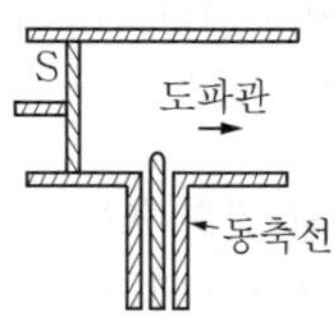

[탐침 결합]

탑각 저항 (塔脚抵抗 tower-footing resistance) 철탑, 철주의 각부(脚部)와 대지의 사이의 접지 저항을 이른다.

탑 공중선 (塔空中線, tower antenna) 철탑 자체를 수직 공중선으로 사용하는 것을 탑 공중선이라 한다. 자립식과 지선식(支線式) 두 종류가 있다.

탑형 복식 증기 터빈 (塔形複式蒸氣 ——, steeple compound steam turbine, vertical compound steam turbine) 케이싱이 2실 이상 있으며, 그것이 아래 위로 겹치듯이 배치되어 있는 터빈을 탑형 복식 증기 터빈이라 한다.

태양광 발전 (太陽光發電, solar-light power generation) 태양 전지에 의해서 태양광을 직접 전력(직류)으로 변환하는 발전방식. 따라서 연료는 불필요하며 에너지원은 무진장이지만 에너지 밀도가 낮고 날씨에 좌우되는 결점이 있다. 로컬 발전으로서 일부 실용화 되었다. 장래는 위성 태양광 발전소(Satellite Solar power Station) 계획도 연구되고 있다. ⇨ 위성 태양 발전.

태양등 (太陽燈, sun lamp) 근자외선의 생리 효과를 이용하기 위한 광원으로서, 전에는 석영 수은등이 사용되었었으나 최근에는 특수 형광등을 사용한다.

태양열 발전소 (太陽熱發電所, solar heat power generation) 태양 에너지를 모아 열로 변환하고, 열기관을 이용하여 전력으로 변환하는 발전 방식. 에너지를 모으는 방식에 따라 물받이형의 포물면 거울 초점 위에 배치된 집열관으로 모으는 방식과 넓게 깔아 놓은 반면경(헬리오스탯)의 중앙부에 열흡수기를 장치한 집광 타워를 설치하는 방식이 있다.

태양 전지 (太陽電池, solar cell, solar battery) 태양 에너지를 직접 전기 에너지로 변환하는 소자. 주로 단결정 실리콘에 의한 pn 접합 소자가 사용되고 있지만 코스트 다운을 목적으로 다결정 실리콘과 아몰퍼스 실리콘의 개발이 추진되고 있다. 솔라셀이라고도 한다.

탭 (tap) 권선의 권수 또는 저항기의 저항값을 변화시키기 위하여 중간에 설치한 인출선을 탭이라 한다.

탭간 유도전압 조정기 (── 誘導電壓調整器, step induction regulator) 부하시 탭 전환 변압기와 유도 전압 조정기를 병용하여 탭 사이의 전압을 평활하게 조정할 수 있게 한 장치이다.

탭 전압 (── 電壓, tap voltage) 탭에 있어서의 전압이다.

탭 전환기 (── 轉換器, tap changer) 탭을 전환하는 장치. 예를 들면 변압기의 경우에는 탭을 전환함으로써 권수비를 바꿀 수 있다. 무부하 상태에서만 전환할 수 있는 것과 부하 상태에서 전환할 수 있는 것으로 구별할 수 있다.

탱크 (tank) 유체의 용기를 이른다.

탱크 용량 (── 容量, tank capacity) 탱크의 용적 또는 탱크에 넣을 수 있는 물량을 이른다.

탱크형 차단기 (── 形遮斷器, tank type circuit breaker) 철판으로 만든 탱크 안에 차단기 부분을 넣어 기름 속에서 개폐조작을 하게 한 차단기. 절연유는 차단 매질인 동시에 차단부와 탱크 간을 절연하는 역할도 한다.

탱크 회로 (── 回路, tank circuit) 공진 회로는 일단 에너지를 축적하였다가 다음 순간에 방출하므로 이와 같이 호칭할 때가 있다.

터널 다이오드 (tunnel diode) 농후하게 도프한 접합 다이오드로서, 정방향 동작특성의 어느 범위에서 양자역학적 터널 효과에 의해서 부저항 특성을 가지고 있다. 게르마늄, 실리콘, 갈륨 비소, 인듐 안티모나이드 등으로 만들어지며 발진기, 증폭기, 스위치 등에 사용된다. 동작 주파수 범위는 마이크로파역에 이르고 있다. 에사키 다이오드라고도 한다.

㊟ 터널 다이오드에 있어서는 반도체는 짙은 도핑 준위에 의하여 축퇴하고 있지만 도핑 농도가 낮은 때에는 역 다이오드가 된다. ⇨ 역 다이오드.

터널 효과 (── 效果, tunnel effect) 반도체에 있어서, 캐리어가 퍼텐셜 장벽을 관통하여 뒤쪽에 나타나는 양자역학 현상이다. 장벽이 비교적 얇으면 입자가 관통하는 확률은 제로는 아니다.

터미널 러그 (terminal lug) 전선 끝에 납땜, 기타의 방법으로 붙이는 쇠붙이. 주로 굵은 전선과 기계 기구의 단자의 접속을 완전하게 하기 위하여 사용된다. 동판 터미널은 그 한 예이다.

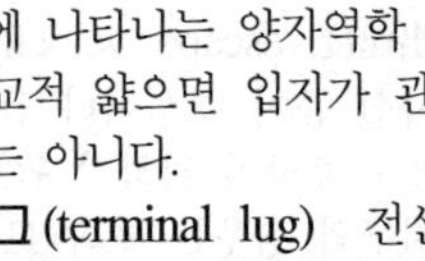

[터미널 러그]

터미널 피팅 (turminal fitting) 금속관 공사로부터 애자 공사로 옮겨가는 부분 등에서 전선의 피복이 손상되는 것을 방지하기 위하여 관의 한쪽 끝에 붙인 것을 이른다.

터보 송풍기 (── 送風機, turbo blower) 뒤로 향한 지름 방향으로 긴 폭에 좁은 날개를 가진 원심식의 송풍기로서, 풍압 500 mmAq 이상을 것을 이른다. 주로 주철제 케이싱을 갖고 있으며, 2,000 mmAq(150 mmHg)까지는 1단, 그 이상은 다단으로 한다.

터빈 날개 (turbine blade) 터빈의 회전 날개 및 고정 날개를 지칭한다.

터빈 발전기 (── 發電機, turbine generator) 증기 터빈에 의해서 구동되는 발전기를 말한다. 고속도인 것이 보통이고, 구조상 냉각 방식에 특히 주의할 필요가 있다.

터빈실 (── 室, turbine room) 터빈을 설치한 실내이다.

턴버클 (turnbuckle) 지선(支線)을 설치할 때나 전선의 긴장 작업에서 장력의 가감을 필요로 하는 곳에 사용하는 공구로, 중앙의 래칫, 스패너로 약간씩 빨리 나사통을 회전 또는 역전하여 쉽게 큰 장력을 걸거나 또는 줄일 수 있다.

턴 절연 (── 絶緣, turn insulation) 권선의 각 턴 사이의 절연을 이른다.

턴키방식 (── 方式, turn-key system) 어떤 시스템을 공급자가 주문자로부터 일괄 수주하고, 그 제조, 설치, 시험 등을 일괄 책임을 지는 문자 그대로 키를 돌리기만 하면 곧 운전 가동할 수 있도록 하여 인도하는 경우를 뜻한다.

텀블러 스위치 (tumbler switch) 손잡이를 상하로 젖힘으로써 개폐를 하는 구조의 스위치로, 매입형과 노출형이 있다.

텅거 정류관 (── 整流管, Tunger valve) 열음극 가스 봉입 정류관의 하나로, 음극은 직렬형 토륨 텅스텐, 봉입 가스는 수십 mmHg 압력의 아르곤이다. 수은 봉입과 수은과 아르곤 가스를 함께 봉입한 것이 있다. 저압용 정류에 사용된다.

텅거 정류기 (── 整流器, Tunger rectifier) 텅거 정류관을 사용한 정류기. 주로 축전지의 충전용에 사용된다.

텅스텐 전구 (── 電球, tungsten-filament lamp) 필라멘트에 텅스텐을 사용한 전구. 현재 사용하고 있는 전구는 전부 텅스텐 전구이다. 그리고 거의 전부가 텅스텐을 코일로 감은 필라멘트이고, 가스가 봉입되어 있다.

테레도 방어 (── 防禦, teredo protection) 해저 선로에서 테레도충(虫)을 방지하기 위하여 GP심선 위에 놋쇠를 감은 구조. 근년에는 별로 쓰이지 않고 있다.

테브난의 정리 (── 定理, Thévenan's theorem) 회로망 중의 임의의 2점 사이에 임피던스 $\dot{Z}$가 접속되었을 경우에 그 임피던스에 흐르는 전류 $\dot{I}$는 $\dot{Z}$를 접속하기 전의 2점 사이의 전위차를 $\dot{V}$, 2점으로부터 본 회로망의 임피던스를 $\dot{Z}$라고 하면 $\dot{I}=\dot{V}/(\dot{Z}+\dot{Z}')$로 주어진다. 이것을 테브난의 정리라고 한다.

테스트 오실레이터 (test oscillator) 신호발생기이지만 특히 교정된 감쇠기와 출력 감시기구(모니터)를 가지고 있다. 단순한 발진기는 아니고, 예를 들면 주파수 변조기능 등을 가진(스위프 제너레이터) 것이 많다. 발생하는 신호 파형도 정현파 이외에 펄스, 방형파 특수 함수파형(함수파형 발생기) 등이 있다. 주파수와 진폭은 매우 안정되고 또한 그 값은 정밀하고 세밀하게 제어할 수 있는 것이어야 한다.

테슬라 (tesla, sI) 단위계에서 자속밀도의 단위. 기호는 T이다. $1T=1Wb/m^2$이다.

테슬라 코일 (tesla coil) 권수비가 극히 높은 공심의 변성기로, 권수가 적은 1차 코일을 불꽃 방전으로 여진하여 고전압을 얻는 변성기를 이른다.

테이퍼 정합 (── 整合, taper matching) 특성 임피던스가 서로 다른 두 도파관이나 전송 선로를 접속할 때 따로 체변부(遞變部)를 설치하여 임피던스 정합을 하는 방법. 그림은 특성 임피던스가 다른 2개의 도파관 T_1, T_2를 임피던스 체변부 T_0을 써서 테이퍼 정합을 하는 한 예이다.

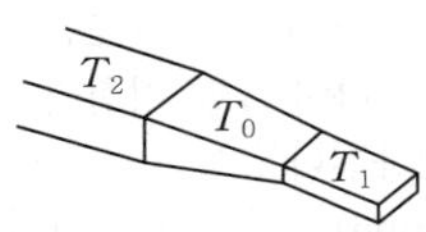

[테이퍼 정합]

테인터 수문 (── 水門, Tainter gate) 단면이 부채꼴로 된 수문으로, 호면(弧面)에 작용하는 수압은 중심의 설치핀에 전달되고, 그 개폐는 설치핀을 지점으로 하여 체인 또는 로프로 감아 올리거나 감아 내림으로써 이루어진다.

텔레미터 (telemeter) (1) 원격 지시계기. 원격점에 존재하는 임의의 양의 값을 지시 또는 기록하기 위한 측정기, 수신기의 세트를 이른다. (2) 원격 지시. 어떤 양의 지시값을 그곳에서 떨어진 원방의 지점에 유선 또는 무선으로 전송하는 것. 피측량은 원방으로 전송하기에 알맞는 형태(보통 전기량)로 변환된다.

텔레 커뮤니케이션 (tele communication) 멀리 떨어져 있는 두 사람이 그들 사이의 거리, 물리적 장애 등으로 초래되는 영향을 극복하기 위한 수단 · 장치를 이용하여 행하는 정보의 전달 프로세스를 이른다. 정보의 흐름은 쌍방향적이 아닌 경우도 있고, 사용되는 장치도 전기(전자)적인 것에 국한되지 않는다. 그러나 전기통신과 커뮤니케이션은 보통 거의 같은 뜻으로 다루어진다.

텔레타이프라이터 (teletypewriter) 약어 TTY, 수동으로 타이핑한 캐릭터에 대하여 그에 대응하는 부호화된 전기 신호를 발생하거나 혹은 마찬가지로 부호화된 신호에서 자동적으로 그에 대응하는 메시지를 타이프하는 전기식 타이프라이터, 전기 신호는 선로에 의해 전송되거나 혹은 천공기를 구동하여 천공 테이프를 만들 수 있다.

텔레폴트 (telefault) 일종의 유도 코일인데, 케이블의 장해 위치 측정에 쓰인다. 장해를 발견하고자 하는 심선에 교류의 시그널을 흘려 두고 케이블 연피 겉쪽에 텔레폴트를 대면 시그널이 유도되어 수화기로 청취할 수 있다. 연피 위에 텔레폴트를 슬라이딩시키면서 유도음이 들리지 않는 점까지 오면 그것이 장해 부분이다. 실제로는 측정을 용이하게 하기 위하여 B.W 시험기, 탐색음 증폭기 등이 병용된다.

템퍼링 (tempering) 담금질한 강철을 그 경도와 성능을 잃지 않을 정도의 적당한 온도로 가열한 후 냉각시켜서 나약성이나 담금질 때의 일그러짐을 제거하는 조작이다.

토글 스위치 (toggle switch) ⇨ 텀블러 스위치.

토너 (toner) 정전 기록에 있어서, 정전 잠상을 가시 기록으로 현상하기 위하여 위의 잠상의 전하와 역극성의 착색 수지 분말(토너)을 부여하여 정전 인력으로 흡착시켜 열처리하여 정착시킨다.

토륨 텅스텐 필라멘트 (thoriated tungsten filament) 텅스텐 중에 약 1~2%의 토리아(ThO_2)가 함유된 필라멘트. 진공 중에 약 2,800°K로 가열하여 함유된 토리아를 환원, 약 2,100°K~2,200°K로 보존하여 두면 환원된 토륨이 텅스텐 표면에 확산하여 단원자층을 만들고 일함수가 적어진다. 즉 활성화하여 전자 방사가 왕성하게 된다.

토압 (土壓, earth load, earth pressure) 토립자(土粒子)에 작동하는 중력에 의해서 생기는 흙의 압력으로, 그 크기는 토질, 깊이, 방향 등에 따라 다르다. 지표면의 재하중(載荷重)은 토립자 간의 마찰력에 의해서 깊이(토피)에 따라 하중 전파 범위 내 각 점의 토압 증가라는 형태로 나타난다.

토치 램프 (blow lamp soldering lamp) 연관 및 연피 케이블 등을 납땜하는 작업을 위해서 설계된 일종의 가스 버너이다. 본체는 가솔린 용기로 형성되고, 간단한 수동 펌프로 용기 내의 압력을 높여 줌으로써 가솔린 증기를 연속 분사시켜 연료로 한다. 전주 위나 맨홀 내 등 어떤 장소에서도 간단히 고열을 얻는 것이 특징이다.

토크 (torque) 회전체가 그 회전축 둘레에 받는 힘의 모멘트로서, 축의 중심에서 힘의 작용점까지의 거리와 힘의 접선 방향의 성분의 곱과 같다. 단위는 Nm, mN, kgwm, kgm · J / rad, Nm / rad, kgwm / rad 등 여러 가지로 쓰인다.

토크계 (——計, torque meter) 토크를 측정하는 계기. 적산 전력계에서는 구동 토크를 무거운 추로 평형시키는 슈시이델의 법이 있다.

토크 모터 (torque motor) 제한된 회전각의 범위 내에서 또는 구속된 상태에서 발생하는 토크를 이용한 전동기를 말한다. 회전하지 않기 때문에 권선의 온도 상승에 대해서 특별히 생각할 필요가 있다. 동기 전동기를 제외한 직류, 교류의 각 전동기가 사용된다.

토크 보상기 (—— 補償器, torque compensator) 분상식 유도형 과전류 계전기에는 두 전자코일이 있어서 그 하나에 2차 코일을 설치하고 이것과 다른 쪽 코일을 변류기로 결합한다. 따라서 두 전자 코일의 전류의 위상이 달라지면 토크를 발생한다. 이 보조 변류기를 토크 보상기라 한다. ⇨ 토크 평형 장치.

토크 평형방식 (—— 平衡方式, torque balance system) 원격 전기 계측에서 피 측정량을 지시하는 계기의 토크와 따로 설치된 안전 전원에 의하여 발생한 원격 전송용 직류 전류에 의한 토크를 평행시키는 방식. 이것을 충류(衝流)주파수로 변환하여 송신한다.

토크 평형장치 (—— 平衡裝置, torque balancer system) 다상 계기로 각 구동 소자의 토크를 같게 하기 위하여 구동 토크의 세밀 조정을 하는 장치. 교류 적산 전력계에서는 구동소자의 공극을 가감하는 법, 구동소자의 회전자에 대한 동작 위치를 가감하는 법, 자기 분로자로 구동 소자의 유효 자속을 가감하는 법 등이 있다.

톰슨 효과 (—— 效果, Thomson effect) 균질(均質)한 금속선에 온도 기울기(勾配)가 있을 때 거기에 전류를 흘리면 열의 흡수 또는 발열이 생긴다. 이것을 톰슨 효과라고 한다. 전류를 고온부에서 저온부로 흘리면 쇠는 열을 흡수하고, 구리는 열을 발생한다. 쇠와 같은 물질을 톰슨 효과가 마이너스라 하고, 구리와 같은 것을 플러스라 한다.

톱니파 발진기 (—— 發振器, saw tooth oscillator) 시간에 대해서 일정한 비율로 변화하여 어떤 값이 되면 순간에 원래의 값이 된다. 이것을 되풀이하는 파형의 발진기. 시간에 대해서 톱니 모양의 파형을 하고 있으므로 이렇게 부른다. 오실로그래프, 텔레비전의 시간축으로 널리 응용되고 있다.

톱니파형 (—— 波形, saw tooth wave form) 톱니 모양의 파형, 즉 시간적으로 일정한 비율로 증가했는가 하면 갑자기 원래의 값으로 되돌아가는 변화를 되풀이하는 파형. 텔레비전과 오실로스코프의 소인(掃引)파형으로 쓰인다.

톱니파형 전류 (—— 波形電流, saw tooth current) 톱니처럼 파형의 변화를 하는 전류를 이른다.

톱니파형 전압 (—— 波形電壓, saw tooth voltage) 톱니처럼 파형의 변화를 하는 전압을 이른다.

통과 대역 (通過帶域, pass band, passing band) 필터 회로를 흐르는 전류가 아무런 감쇠 없이 자유로이 통과되는 주파수 대역. 예를 들면 저역 필터로서 차단 주파수보다 낮은 주파수 영역, 즉 0 내지 f_c영역을 말한다. 이에 대해서 전류를 저지하는 영역을 감쇠 대역이라고 한다. ⇔ 감쇠 대역(attenuation band), ⇨ 저역 필터(low-pass filter).

통달 거리 (通達距離, distance range) 레이더의 유효 거리를 이른다.

통달 범위 (通達範圍, coverage) 《무선통신》 양호한 무선통신을 할 수 있는 범위를 이른다. 방송의 경우는 서비스 에어리어라고도 한다.

통신로 반송 주파수 (通信路搬送周波數, channel carrier frequency) 반송 통신방식에서 각 통화로용 반송파의 주파수를 이른다.

통신로 펄스 (通信路 ——, channel pulse) 시분할 다중 통신방식에서는 각 통화로에 대해서 펄스를 할당하고, 그 펄스간만 통화 내용을 전달하고 그 해당 펄스에 대하여 게이트를 대응시켜 통화로 선별을 한다. 이 때 사용되는 펄스를 통화로 펄스라고 한다.

통신 선로 (通信線路, communication line) 전기 통신용 및 제어용 신호 등의 전송에 쓰이는 선로이다.

통신용 어댑터 (通信用 ——, communication adapter) 통신 회선과 단말장치 사이를 인터 페이스하는 어댑터로서, 모뎀, 회로망 그 밖의 기기를 조합한 것이다. 자동 응답, 부호의 번역, 홀·짝수 검사, 버퍼기능, 에러 진단 등의 제반 기능을 수행하는 것을 지칭한다.

통신위성(국) (通信衛星(局), communication satellite(stations)) 대륙간 통신 등, 원거리 통신을 목적으로 지구 상공의 정당한 회전 궤도에 발사된 인공위성(국)을 이른다. 1965년에 발사된 인텔새트 제1호(Early Bird)는 최초의 이러한 상업 위성이고, 그 후에 이러한 위성이 계속 발사되어 그 수가 늘고 있다. 위성국은 그 가지고 있는 중계기에 의하여 지상국에서 보내오는 송신전파를 수신하여 그것을 원방의 다른 지상국을 향하여 재

송신함으로써 현재 지구상에서 150을 넘는 나라들을 포함한 지구 규모의 통신망 건설이 진행하고 있다. 우리나라의 무궁화 위성 역시 마찬가지다. 지상국은 다시 전파, 케이블 등의 지상 설비에 의하여 지상의 많은 국에 그 망을 확대할 수 있다. 당초의 위성은 수천 개의 별개 음성 채널을 다중화하여 송신하도록 설계되어 있었지만 그 후 음악, 데이터, 영상 등 다양한 정보를 보내기 위하여 전송대역, 채널수의 확대가 시도되었다. 위성의 이용자는 위성통신 서비스 회사의 시설과 소형 파라보라 안테나를 이용하여 직접 송신할 수 있으므로 위성을 이용하여 TV 회사나 CATV국은 그 서비스 지역을 현저하게 확대할 수 있다.

통신 위성 링크 (通信衛星 ——, communication satellite link using TDAM system) 지상의 각 송신국은 위성의 트랜스폰더(중계기)를 거쳐 임의의 상대국을 향하여 고속도의 버스트(지속 시간이 짧은 비트류)를 (제어국의 감시·제어 아래서) 송신하도록 되어 있다. 버스트는 그 머리부에 동기화 정보와 함께 필요한 호출선 정보를 포함한 프리앰플(헤더)이 붙어 있다. 각 지상국과 이것들을 제어하는 지상국의 1회의 버스트에 의해서 하나의 프렘이 구성된다. 1프렘 길이는 대략 1ms 정도이고 지상 제어국에서 시작하여 각 지상국을 일정순으로 일순한다. 이러한 프렘이 m회 반복되어 하나의 마스터 프렘이 된다. 이 사이 제어국은 물론 지상국의 버스트 기간도 일정하게 유지되지만 다음의 마스터 프렘에서는 (제어 지상국을 제외하고) 각 지상국의 송신 패턴은 그 시점에서의 디맨드에 따라 변경할 수 있도록 되어 있다.

E

통신 회로 (通信回路, communication circuit) 전력 계통의 운용 및 보수에 필요한 지시, 연락 등에 사용하는 전기 회로로, 무선과 유선이 있다.

통제국 (統制局, control office) 회선 또는 그 구간 내를 총괄적으로 관리하고 있는 국을 이른다. 회선 통제국과 구내 통제국이 있다. 회선 통제국은 일반 회선을 관리하고, 구간 통제국은 반송 구내를 관리한다.

통제 지국 (統制支局, semicontrol office) 보조적 통제를 하는 국을 이른다.

통풍 (通風) (1) ventilation 기기의 내부에서 발생하는 열을 발산시키기 위하여 냉각용 기체를 기기에 통하는 것. (2) draft, draught 연료가 연소하기 위한 공기의 유압과 연소 가스의 배출의 연속적인 흐름을 이르며, 이 흐름을 일으키는 압력차를 만드는 방식에 따라 자연 통풍, 압입 통풍(押入通風), 평형 통풍 등의 차이가 있다.

통풍기 (通風機, fan) 냉각용 공기를 보내기 위한 송풍기이다.

통풍 날개 (通風 ——, ventilating fan) 선풍 작용에 의해서 통풍용의 바람을 일으키는 날개를 이른다.

통풍 덕트 (通風 ——, air duct, ventilating duct) 크게는 기계실 등의 환기 냉방에, 작게는 전기자의 냉각을 위해서 철심에 마련된 공기의 통로 등, 환기 또는 냉각용 공기의 통로(도관)를 이른다.

통풍형 난방기 (通風形暖房器, hot air type-heater) 전기 난로에 선풍기를 결합하여 더운 바람을 뿜어내게 한 난방기를 통풍형 난방기라 한다.

통형 솔레노이드 (筒形 ——, cylindrical solenoid) 통 모양으로 된 심 위에 전류가 통하는 도선을 고르게 감은 것을 뜻한다.

통형 일그러짐 (筒形 ——, barrel distortion) 브라운관의 편향판과 편향 코일이 조정되지 않았기 때문에 생기는 도형의 일그러짐의 하나로, 네모지게 나타나야 할 화면이 통모양으로 되는 것을 이른다.

통형 접점 (筒形接點, cylindrical contact) 원통형으로 된 전기 기기의 접점이다.

통형 퓨즈 (筒形 ——, cartridge fuse) 가용체를 싼 퓨즈의 하나로, 보통 파이버 통 속에 아연판계의 가용체를 넣은 것이 많이 사용되고 있다. 통 속에 소호 작용을 가진 가스를 넣은 것도 있다.

통호 (通弧, arc-through) 수은 정류기의 그리드는 플레이트 전압이 +가 되어도 그 점호를 저지해야 할 때는 완전히 저지하여 전류를 통하지 않게 하는 구실을 하고 있다. 이 경우에 저지하지 못하고 전류를 흘리는 현상을 통호라 한다. 통호는 직류 전압, 전류의 불안정을 초래하고, 역호 등의 장해를 일으킨다. 수은 역변환 장치에서는 단락 사고를 일으킨다.

투과 (透過, transmission) 광학적으로 빛이 차폐물 밖으로 통과하는 것을 이른다.

투과 계수 (透過係數, transmission coefficient) (1) 선로 상수가 다른 두 전송 선로가 접속된 경우에 입사파 전압 일부는 접합부에서 반사되어 반사파 전압을 형성하고, 나머지는 투과파 전압으로서 제2선로 안으로 진입한다. 지금 제1 및 제2선로의 특성 임피던스를 각각 Z_{01}, Z_{02}라고 하면, 전압 투과계수 r 은 입사파 전압 V_i 에 대한 투과파 전압 V_t 의 벡터비로 $r = V_t / V_i = 2Z_{02} / Z_{02} + Z_{01}$ 이 된다. 또 서로 다른 매질이 서로 접하는 경계면에 대한 투과계수는 양 매질의 고유 임피던스를 각각 Z_{01}, Z_{02}라고 하면, 위 식과 마찬가지로 나타내어진다. ⇔ 반사 계수. (2) 벽 기타 고체의 판을 음파가 투과하는 경우에 입사한 음파의 에너지에 대한 투과 에너지의 비율을 이른다.

투과 손 (透過損, transmission loss) 차음(遮音)의 정도를 나타내는 것으로, 투과손 TL은 $\mathrm{TL} = 10\log_{10} 1/\tau$, τ = (투과 에너지) / (투사 에너지)이다. 투과 손에는 이 밖에 2, 3의 비슷한 정의가 있으며 또 측정값은 측정 방법과 시료(試料)의 크기 등에 따라 다소 그 값을 달리 한다.

투과율 (透過率, transmittivity, transmission factor) 전자파나 음파가 두 매질의 경계면에 진입할 때 일반적으로 경계면에서 반사 현상을 동반하며, 입사파 강도에 대한 투과파 강도의 비율을 일컫는다. 또 전송 회로의 경우에도 특성 임피던스를 달리하는 두 회로의 접속부에서 같은 정의를 내릴 경우가 있다. ⇐ 투과 계수.

투광기 (投光器, projector) 광학계를 이용해서 광원으로부터 발산하는 빛을 집광시켜 빔을 이루어 먼 곳을 비추도록 하는 조명기구. 사용 광원은 전구, 수은등, 아크등, 그 크기에도 여러 가지가 있다. 광학계로서는 포물선 면경이 가장 많고 여기에 전면 유리로 빔을 넓히거나 비대칭으로 하거나 하며, 프레넬 렌즈와 같은 것도 쓰인다. 차량, 선박 등에서 먼 곳을 조사(照射)하는 경우라든가 건물의 외벽, 기념탑 등의 투광 조명, 옥외 작업장, 경기장 등의 조명에 쓰인다.

투광 조명 (投光照明, flood light, flood lighting) 투광기에 의한 조명. 건물의 외벽 면, 기념비, 조각상, 경기장 등에 쓰인다.

투명 눈금판 (透明——板, transparent scale) 전면(全面)이 유리로 되어 있는 눈금판으로, 눈금판과 지침이 모두 보이므로 읽기가 쉬워 배전반용 계기 등에 쓰인다.

투명 유리구 (透明——球, clear bulb) 백열 전구의 유리구. 젖빛(乳色) 또는 실리콘 등을 입히지 않고 투명하게 한 것을 이른다.

투명 전구 (透明電球, clear lamp) 투명 유리구(球)의 백열 전구. 눈부시지 않게 하기 위해서 일반 조명용 전구 중에서 비교적 작은 것은 젖빛(乳色)으로 하였으나 대형의 것은 용도상 그럴 필요가 없고 또 유리구의 재료 관계로 투명하다. 투광용, 영사용 등의 전구는 용도상 역시 투명하다.

투사 (投射, projection) 전자파를 어떤 방향으로 방사시키는 것. 주 공중선에 접근하여 보조 공중선(도파기 또는 반사기)을 배치시켜서 단방향 방사 특성을 나타내게 할 경우, 주 공중선을 보조 공중선에 대하여 투사 공중선이라고 한다. ⇨ 도파기(wave director), 반사기(reflector).

투사각 (投射角, angle of projection) ⇨ 입사각.

투석 (透析, dialysis) 분자, 이온 등을 자유로이 투과시키고 콜로이드 입자는 통과시키지 않는 반투막(半透膜). 예를 들면 방광막(膀胱膜)으로 콜로이드 용액을 정제하는 조작 등을 투석이라 한다.

투 웨이 채널 (two-way channel) (1) 2점 간에서 어느 방향으로도 신호를 보낼 수 있는 2방향 채널을 이른다. 예를 들면 CATV 방식에서 헤드 엔드를 향하여, 혹은 반대로 헤드 엔드로부터 신호를 보낼 수 있도록 되어 있는 경우 등. (2) 서로 다른 두 채널의 신호 출력이 일체가 되어 합성(몽타쥬) 효과를 줄 수 있도록 되어 있는 것을 이른다.

투입 시간 (投入時間, closing time, making

time) 개로(開路)상태에 있는 차단기의 투입 제어 장치가 동작한 순간부터 아크 접촉자가 접촉하기까지의 시간을 이른다. 전자 솔레노이드 조작에서는 11kV급에서 0.4초, 161kV급에서 0.9~1초, 압축공기 등의 축세력을 이용하면 0.3~0.6초가 된다.

투입 용량(投入容量, making capacity) 규정된 회로 조건, 투입 조작 조건하에서 차단 장치가 지장 없이 투입할 수 있는 투입 전류의 한도를 나타내는 양으로, 통상 투입 전류의 최초의 반파의 파고값으로 나타낸다. 투입 용량을 제한하는 것은 투입 전류가 투입 조작력과 접촉자에 주는 전력적 및 열적 두 작용이다.

투입 전류(投入電流, making current) 차단 장치의 투입에 따라 거기에 흐르는 전류를 이른다. 교류인 경우에는 그 열적인 요소뿐만 아니라 전자력적 작용도 고려하여 보통 그 최초의 반파의 파고값으로 이것을 나타낸다.

투입 전열기(投入電熱器, immersion heater) 어떤 용기 안의 물을 가열하기 위한 전열기로, 발열체는 마이카(운모)에 감고 다시 마이카로 절연한 것, 마그네시아 속에 넣은 것, 액관에 넣은 것 등을 금속 용기에 넣었으며, 작은 것은 컵 정도의 물에서부터 큰 것은 욕탕의 물을 가열하는 것까지 있다.

투입 코일(投入 ——, closing coil) 차단 장치의 투입 기구를 작용시키기 위한 코일이다.

투자율(透磁率, permeability) BH 곡선에서 (B: 자속 밀도, H: 자계의 세기) B/H를 투자율(μ)이라고 한다. 단, $\mu=\mu_0\mu_s$ (μ_0: 진공의 투자율$=4\pi\times10^{-1}$, μ_s: 비투자율).

투자율계(透磁率計, permeameter) 자기 재료의 자화력과 자속 밀도의 관계를 구해서 투자율을 측정하는 장치이다.

튜더 양극판(—— 陽極板, Tudor plate) 연축전지에서 양극판의 표면적을 증대시키기 위하여 그림과 같은 치마 주름모양의 단면 구조를 한 양극판을 튜더 양극판이라 한다.

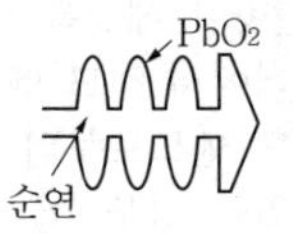

[튜더 양극판]

튜더 축전지(—— 蓄電池, Tudor-type battery) 튜더식 양극판을 사용한 축전지로, 그 양극판의 구조는 많은 가는 틈을 가진 순연제(純鉛製) 극판의 표면을 과산화연(PbO_2)으로 활성한 것이다. 이 전지는 거치용으로 쓰인다.

튜뷸러 콘덴서(tubular condenser) 원통형 구조로 된 콘덴서를 이른다.

트래버서(traverser) 서로 평행한 하나의 선로에서 다른 선로로 차량을 싣고 옮길 목적으로 쓰이는 대차(臺車)를 이른다.

트래킹(tracking) 여러 개의 동조 회로 또는 슈퍼헤테로다인 방식의 동조 회로와 국부 발진 회로를 연결 콘덴서 등으로 단일 조정하는 경우 언제나 각 회로가 동일 주파수 관계에 있도록 하는 것을 뜻한다.

트래킹 오차(—— tracking error) 원반 파형의 진동방향과 픽업의 진동방향 사이의 벗어난 각도를 이른다. ⇐트래킹 에러.

트래픽(traffic) (1) 전신 또는 전화망에 있어 취급되는 통신을 넓은 뜻으로 일컫는 것. (2) 전신 또는 전화망에서 취급되는 통신량은 어떤 시간 내에 발생하는 통신의 수와 개개 통신의 연속 시간의 상승 곱으로 나타내며, 이것을 트래픽 밀도 또는 단지 트래픽이라고 한다.

트래핑(trapping) 하층 대기는 높이와 더불어 온도, 기압, 습도가 일반적으로 감소한다. 그러나 어떤 기상 상태에서는 이와는 역기울기가 되는 경우도 있다. 그러한 경우에는 마이크로파와 같은 높은 주파수에서는 이 역전층(逆轉層)사이에 전파가 갇혀져 가시거리 밖으로 전달되는 수가 있다. 이러한 현상을 트래핑이라고 한다.

트랙(track) 이동체가 실제로 추적하는 경로의 수평 성분을 이른다.

트랜스버터(transverter) 정류기의 하나로, 회전 변류기의 전기자 권선에 해당하는 것을 3상 변압기의 2차 권선과 분할 조립하여 만들고, 이것을 정지한 정류자에 끌어들여 그 위를 전원으로 동기하여 회전하는 브러시로 정류하는 것. 전기자 반작용이 없으므로 정류자편 간 전압을 250V 정도까지 높일 수 있으므로 고압 직류를 얻기 위하여 만들어진 것을 트랜스버터라 한다.

트랜스폰더 (trensponder, transponder) (1) 《레이더》 레이더 비컨의 송신기부. 항공기와 선박의 질문 레이더에 의하여 트리거되어 정형 후 소요 부호를 부가하여 주파수를 바꾸어 반송하는 장치. (2) 《통신위성》 지상에서 보내오는 신호를 수신한 다음 그것을 증폭하여 그 주파수를 바꾸어 지상으로 다시 송신하는 중계장치. 강력한 송신신호 전력이 약한 수신 신호를 방해하지 않도록 송·수신에 서로 다른 주파수를 사용한다. 예를 들어 다운 링크에 4 GHz, 또 업 링크에 6 GHz를 사용한다. 통신위성의 통신 채널 용량은 트랜스폰더의 수에 따라 결성된다 예를 들면 인텔새트 1V-a에서는 20개의 트랜스폰더를 탑재하고 있다. 통신위성의 이용자는 통신위성 보유 회사로부터 트랜스폰더를 직접 구입하는 경우도 있지만 위성통신 서비스 회사가 중간에 개입하여, 위성 보유 회사로부터 트랜스폰더를 일괄 구입하거나 혹은 리스하여 대형 유저에 대하여 회선 서비를 하든가 또는 대형 유저에 대하여서는 트랜스폰더를 재판매하기도 한다.

트랜시버 (transceiver) 송·수신기를 한 케이스에 넣은 소형 송·수신기. 송·수신은 간단한 전환기로 전환하면서 한다.

트랜지션 (transition) 직·병렬 제어에서 주전동기 조합을 전환하는 과도기의 회로 접속상태를 일컫는다.

트랜지션 노치 (transition notch) 전차, 전기기관차의 속도 제어를 여러 개의 주 전동기의 배열 순서를 변경하여 1개당의 단자 전압을 바꾸어서 하는 경우에 직렬, 병렬로 접속 변경을 하는 그 과도상태를 트랜지션이라고 한다. 그 트랜지션에 해당하는 제어기를 노치라고 한다.

트랜지스터 (transistor, transfer resistor 또는 transfer signal through varistor) 축조어. 반도체를 사용한 기능 소자에 대한 일반 명칭인데 바이폴러형과 유니폴러형으로 구별된다. 바이폴로형은 양·음 두 종류의 캐리어를 사용하여 동작하는 것이고 유니폴러형은 MOS 트랜지스터에 의해서 대표되듯이 양·음 모두가 한 캐리어에 의해서 동작하는 디바이스이다.

트랩 회로 (── 回路, trap circuit) 궤도회로 중에 부득이 사구간(死區間)을 만들고 더욱이 그것이 보안상 불안을 느낄 경우에 연속된 궤도 회로와 같은 정도의 효과가 있도록 하기 위하여 구성하는 특별한 회로이다.

트레이서 (tracer) (1) 추적자란 뜻. 전화 케이블 기타 많은 회선이 있을 때 특정한 색깔을 쌍마다 바꾸어서 구별하기 쉽게 한 것. 또 도면 등을 추적한다는 것도 뜻한다. 수신기 등에서 어느 단까지 동작하고 있는지 살펴서 고장을 발견하는 시그널 트레이서도 있다. (2) 마커(marker) 케이블 선심을 선별할 때 기준이 되는 심선을 트레이서라고 하며, 케이블의 각 층에 1개 또는 2개(이 경우는 주 트레이서, 부 트레이서라고 한다)를 배치하고 있다. 다른 일반 선심과 한 눈으로 식별할 수 있게 특별한 착색을 하는 것이 일반적이다.

트레이싱 디스톨션 (tracing distortion) 픽업이 음구(音溝)를 트레이싱할 때 생기는 일그러짐을 뜻한다.

트렌치 (trench) 건조물에 배선, 배관 또는 컨베이어 벨트 등을 설비할 경우에 바닥을 파서 만드는 도랑을 이른다.

트렌치 파기 (trench excavation) 지중선 등을 매설하기 위해서 땅을 같은 넓이로 길게 도랑처럼 파는 것을 이른다.

트로코트론 (trocotron) 전자 빔 전환관으로서, 전자 빔이 관 속에서 트로코이덜 운동을 하므로 지어진 이름이다. 평면형, 원추형(圓錐形), 2진 부호형의 3종이 있으며, 모두 극히 빠른 스위칭 및 펄스의 계수에 쓰인다.

트로프 (trough ⇨ 케이블 트로프(cable trough).

트롤리 (trolley pole catcher) 트롤리 폴식 집전장치에 있어서, 이것이 전차선의 고저에 순응하며 인강(引綱)을 서서히 신축시켜 만일 호일이 전차선에서 이탈되었을 경우 트롤리 캐치는 파아르를 자동적으로 정지시키는 것이다.

트롤리 대 (── 台, trolley base, trolley stand) 트롤리 폴을 지탱하는 받침을 이른다.

트롤리 선 (── 線, contact wire, trolley wire) 전기 철도에 사용되는 나전선으로, 궤도 상부를 따라 가설되고, 차량의 집전

E

장치에 접촉하여 전력을 공급한다. ⇐ 가공 전차선.

트롤리선 구분 (—— 線區分, trolley section) 전기 철도의 트롤리선에서, 어떤 부분에 한해서 다른 부분과 독립하여 송전하거나 또는 송전을 정지할 수 있게 적당한 길이로 구분하는 것을 트롤리선 구분이라고 한다.

트롤리 지지구 (—— 支持具, trolley harp) 트롤리선을 지지하는 기구이다.

트롤리 폴 (trolley pole) 전기 철도의 집전장치의 하나로, 전차의 지붕에 설치된 막대이다. ⇐ 트롤리 막대.

트롤리 휠 (trolley wheel) 트롤리 폴 끝에 있는 금속 차바퀴. 이것이 트롤리선에 접촉 활동(滑動)하고, 여기서 전류를 차내에 끌어들인다.

트리가트론 (trigatron) 부속 캡의 파괴로 도전성이 개시되는 전자 스위치. 방전관의 일종이나 지금은 쓰이지 않는다.

트리거 (trigger) 발진 작용을 이용한 3극관 계전기에서, 그 그리드에 어떤 값 이상의 전압이 가해지면 3극관은 갑자기 발진하여 전압을 끊은 뒤에도 그대로 발진을 계속하며 원래의 상태로 되돌아가지 않는 작용을 이른다.

트리거 계전기 (—— 繼電器, trigger relay) 트리거용 계전기이다.

트리거 회로 (—— 回路, trigger circuit) 트리거 현상을 나타내는 회로를 이른다.

트리머 (trimmer) 트리머 콘덴서의 약어이다.

트리머 커패시터 (trimmer capacitor) 다른 커패시터와 조합하여 사용하는 작은 가조정 커패시터로서, 장치 전체의 커패시턴스 값을 밀접하게 조정하기 위한 것이다.

트리머 콘덴서 (trimmer condenser) 가변 콘덴서 등에 붙어 있는 조정용 미소 가변 콘덴서. 정전 용량의 세밀 조정용이며, 반 고정인 것. 조정 후 고정하는 것이 보통이다. 슈퍼헤테로다인 수신기의 트래킹 조정에도 쓰인다.

트리밍 (trimming) 전주로 쓰는 소재의 마디를 없애는 것을 이른다.

트리핑 (tripping) 수동 또는 전자(電磁) 코일의 전류의 변화에 따라 개폐기의 억제 기구를 풀어 축적된 에너지를 방출하여 개폐장치 등을 조작하는 것을 트리핑이라 한다.

트리핑 계전기 (—— 繼電器, tripping relay) 어떤 원인으로 회로를 개폐하는 경우, 그 개폐장치를 동작시키기 위한 계전기이다.

트리핑 전류 (—— 電流, tripping current) 차단기 또는 개폐기의 트리핑 동작에 필요한 전류이다.

트립 자유 (—— 自由, trip free) 개폐기, 차단기, 기동기 또는 같은 기기에서 폐로 또는 조작 기구의 동작에 관계 없이 자동 트립기구가 동작되는 것을 이른다.

트립 자유 계전기 (—— 自由繼電器, trip free relay) 차단기의 투입 조작의 어떤 단계에서도 자유로이 트립할 수 있게 하는 계전기이다.

트립 코일 (trip coil) 차단기를 개로할 경우에 트립 기구를 동작시키기 위한 코일이다.

트립 회로 (—— 回路, trip circuit) 차단기의 트립 코일이 있는 회로이다.

트위스트 도파관 (—— 導波管, twist wave guide) 관 내 전계 방향을 주축 방향으로 회전하기 위해서 단면 형성을 고르게 한 도파관. 주축에 대하여 반시계 방향으로 돌린 것과 시계 방향으로 돌린 것이 있다. 전계의 방향을 90도 선회시키는 트위스트 도파관에 대하여 그 도파관의 길이를 관내 파장의 2배로 택하면 정재파비를 1.1 이하로 할 수 있다. ⇨ 정재파비.

트위스트 접속 (—— 接續, twist joint, twisting joint) 지름 2.6 mm 이하의 단선으로 장력이 크지 않는 경우에 쓰이는 방법. 두 선을 이어 겹쳐서 2~3회 꼰 다음 끝을 각각 상대의 선에 5~6회 감아서 납땜한다. 절연 전선인 경우는 그 위에 다시 테이프를 적당히 감는다. 통신용 케이블의 심선 접속은 이 방법을 쓰고 있다.

트위스트 조정 (—— 調整, twist regulation) 케이블 쿼드 내의 심선 피치를 조정하여 누화(漏話)의 경감을 도모하는 것이다.

트위스트 플라이어 (twisting pliers) 전선 접속용 슬리브를 꼬는 데 쓰는 공구이다.

특별 계약 (特別契約, special contract) 《공급규정》 보통 일반 공급 규정에 부가하여 또는 별개로 공급자와 수용가 사이에 체결되는 공급 계약을 특별 계약이라 한다.

특별 고압 (特別高壓, extra-high tension, extra high voltage) 7,000 V를 초과하는 전압을 이른다.

특별 고압 케이블 (特別高壓 ——, extra high tension cable) 특별 고압 회로에 사용되는 케이블을 이른다.

특별 목적 (特別目的, special purpose) 《공급 규정》 어떤 종류의 사업에서 특별한 용도 또는 공정(工程)에 한하여 적용되는 요금 제도를 special purpose rate schedule이라 하고 특별한 용도 또는 공정을 특별 목적이라고 한다.

특성 (特性, characteristic) 특유한 성질을 뜻한다.

특성 곡선 (特性曲線, characteristic curve) 계기 또는 기기의 특성을 나타내는 곡선. 가로축에 각종 조건율, 세로축에 각종 특성을 각각 나타내는 수치를 잡아서 그린 것을 특성 곡선이라 한다.

특성 시험 (特性試驗, characteristic test) 여러 가지 기기의 특성 곡선을 구하는 시험을 이른다.

특성 임피던스 (特別 ——, characteristic impedance) 무한정 선로의 전압, 전류는 송전단에서 멀어질수록 그 진폭은 점차 감소하고 그 진폭비는 선상(線上) 어디서나 일정한데 그 비를 특성 임피던스라 한다. 일반적으로 특성 임피던스 Z_0는 선로상수에 따라 결정된다. 단위 길이당의 선로의 임피던스를 Z, 어드미턴스를 Z_Y라고 하면 $Z_0 = V/I = \sqrt{Z/Y} = \sqrt{R + j\omega L} / \sqrt{G + j\omega C} \fallingdotseq \sqrt{L/C}$ 가 된다. 또 유한장 선로의 수단(受端)에 그 선로의 Z_0과 같은 임피던스로 부하하면 무한장 선로의 특성을 나타내게 된다.

특성 전도율 (特性傳導率, characteristic conductivity) 광전관의 감도 특성 상수의 하나로, 지금은 쓰이지 않는다.

특수 성형 케이블 (特殊星形 ——, special four type cable) 성형 쿼드가 변형하지 않게 특히 지지판을 쓴 케이블. 고주파 특성이 좋고 나반송 다중 전화회선(裸搬送多重電話回線)의 인입 또는 중간 케이블 및 야외 반송 케이블 등으로 쓰인다.

특수 전력 (特殊電力, nonfirm power) 상시 전력(常時電力)과 달리 연속 공급의 보증이 없는 전력으로, 가능한 경우에만 공급 또는 구입되는 전력을 특수 전력이라 한다.

틀 (frame) 기기의 철심 등을 붙이는 바깥쪽의 구조 부분을 이른다.

T 결선 (—— 結線, T-connection) ⇨ 스코트 결선.

TW 관 (—— 管, traveling wave tube) ⇨ 진행파관.

티릴 조정기 (—— 調整器, Tirrill regulator) 발전기의 계자 저항기의 일부 또는 전부를 접점에 의해서 단락, 개방을 반복하면서 발전기 전압의 평균값을 일정하게 유지하는 방식의 자동 전압 조종기이다.

TR관 (—— 管, TR tube) 레이더의 전환 방전관으로 ATR관과 병용한다. TR관은 펄스를 송신할 때에는 수신 회로를 닫는 역할을 한다. 이그나이터라고 칭하는 부활(賦活) 전극에 의하여 상시 보조 방전을 하여 방전 개시 시간을 단축시키는 동시에 가스 속에 소량의 수증기를 섞어 넣어 소(消)이온 시간도 빠르게 하여 빠른 전환에 응하고 있다. ⇨ ATR관.

TR 스위치 (TR switch) 공통의 송·수신 안테나를 사용할 경우 송신 때에 안테나에서 수신기를 자동적으로 분리하는 데 사용되는 가스방전형 개폐기를 이른다.

TR 함 (—— 函, TR box, antenna switching box, polyplexer) 송신, 수신을 같은 안테나로 공용할 경우에 송신 에너지가 수신부로, 또 수신 에너지가 송신부로 누설됨이 없이 각각 직접 안테나에 결합되기 위한 장치를 이른다. ⇨ TR 스위치.

TM 모드 (TM-mode (transverse magnetic mode)) 특수한 전송선에 따라서 전파되는 전자파 중에는 그 진행 방향에 전계 성분 E는 있으나 자계 성분 H는 전혀 없는 자기적 횡파를 형성하는 경우가 있다. 전송선에 따르는 이러한 모드를 TM 모드라고 한다. 이 모드는 도파관 내에서 볼 수 있다. ⟸ E모드(E mode), ⇨ TE 모드.

E

TM 파 (── 波, transverse magnetic wave) 특수한 전송계를 따라 전파되는 전자파 중 그 진행방향에 전계 성분 E는 있으나 자계 성분 H가 전혀 없는 자기적 횡파를 형성하는 일이 있다. 이와 같은 파를 TM파 또는 E파라고 하며, 도파관 내에서 볼 수 있다.

TE 파 (── 波, transverse electric wave) 자유 진공관이나 2선식 선로를 따라 전파되는 전자파는 그 진행방향에 전계성분도 자계 성분도 갖지 않는 전기적으로나 자기적으로나 횡파로 TEM파를 형성하는데, 특수한 전송계를 따라 전파되는 파 중에는 진행방향에 자계 성분 H는 있으나 전계성분 E는 전혀 없는 전기적 횡파를 형성하는 경우가 있다. 이러한 전자파를 TE파 또는 H파라고 하며, 도파관 내에서 볼 수 있다.

TE 모드(TE-mode) 'transverse electric mode'의 약어. 특수한 전송선을 따라서 전파되는 전자파 중에는 그 진행방향에 자계 성분 H는 있으나 전계 성분 E가 전혀 없는 전기적 횡파를 형성하는 일이 있다. 전송선에 따르는 이와 같은 모드를 TE 모드 또는 H 모드라고 한다. 이 모드는 도파관 내에서 볼 수 있다.

TEM 모드 (TEM-mode) 'transverse electro magnetic mode'의 약어. 자유 공간이나 2선식 선로를 따라 전파되는 전자파는 그 진행방향에 전계 성분과 자계 성분 모두 갖지 않은 전기적으로나 또 자기적으로나 횡파이므로 이와 같은 모드를 TEM 모드라고 한다. 이 모드는 도파관 내에서는 볼 수 없으나 평행 2선이나 동축 선로를 통하여 전송되는 주파(principal wave)가 나타내는 모드로서, 전자 에너지의 수송을 맡고 있는 것.

T 접속 (── 接續, T connection) ⇨ 스코트 결선. ⇐T 결선.

T 접합기 (── 接合器, T junction) 도파관 분기 회로의 하나로, 분기를 가진 접합부. 그림과 같이 주회로 A에서 들어온 파는 (a), (b) 어느 경우도 B와 C의 두 방향으로 분기되고 전력은 등분하게 분배된다. 전자(前者)는 관내 자계 H에 평행인 면 내에 분로를 가지므로 H 분기라고 한다. 후자는 관내 전계 E를 포함하는 면 내에 분로를 가지므로 E 분기라고 한다. ⇨ E 분기(E branch), H 분기(H branch).

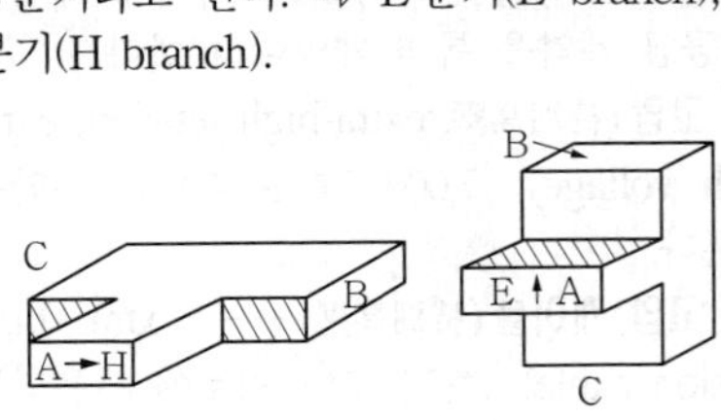

(a) H 분기　　(b) E 분기

[T 접합기]

T 접합부 (── 接合部, T section) ⇨ T 접합기.

T 정합 (── 整合, T-matching) T 접합부를 써서 임피던스 정합을 하는 것. 예를 들면 H 분기에 의한 T 분기회로를 쓰면 분기 회로가 주회로에 병렬로 접속된 것이 되므로 스텁 정합을 할 수가 있다. ⇨ H 분기(H branch), 정합 스터브(matching stub).

티탄산 바륨 (barium titanate) $BaTiO_3$의 분자식을 가진 강유전체 물질로서, 비유전율이 매우 크지만 온도와 주파수의 영향이 크기 때문에 커패시터에는 그다지 사용되지 않는다. 오히려 압전효과가 큰 점을 이용하여 음향－전기변환 소자로 많이 사용된다.

T 형 회로망 (── 形回路網, T- network) 3개의 임피던스 소자 Z_1, Z_2, Z_3을 그림과 같이 T 형으로 접속한 4 단자망을 이른다. ⇨ π형 회로망.

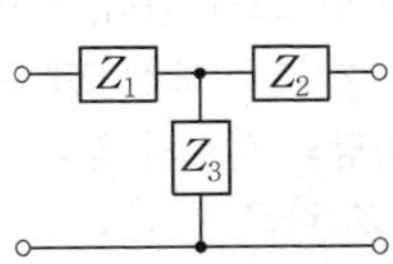

[T형 회로망]

틸트 (tilt, pulse tilt) (1) 지향성 안테나의 축이 수평면에 대하여 갖는 경사각. (2) 펄스파에서의 일그러짐의 일종. 수평이어야 할 펄스 톱 혹은 펄스 베이스에서의 평균 경사 일그러짐. (3) 결정의 전위 방향을 부여하는 각도. (4) 지표를 따라 전파하는 무선 전파의 파두가 전방으로 경사 하는 것. 경사각은 대지의 전기 상수에 관계된다.

ㅍ

파 (波, wave) 일반적으로 공간 내의 일점에 발생한 상태 변화가 유한한 속도로 다음 상태로 전해 퍼져 가는 현상. 파동이라고도 한다.

파고율 (波高率, crest factor, peak factor) 교번(交番)파형의 최대값과 실효값의 비율을 말한다. 정현파의 파고율은 $\sqrt{2}=1.414$가 된다.

파고 전류계 (波高電流計, crest ammeter) 전류의 파고값을 지시하는 계기이다. ⇨ 파고 전압계.

파고 전압계 (波高電壓計, crest voltage meter, crest voltmeter, peak voltmeter) 전압의 파고값을 측정하는 계기로, 콘덴서와 정류기를 조합한 방법을 쓴 것이다.

파고점 (波高點, wave crest) 전압 및 전류의 파형에서 그 최대값의 점을 이른다.

파고치 (波高値, crest value, peak value) 파형의 최대값이다.

파괴 (破壞, breakdown, puncture) 《절연물》 절연물에 전압을 가하는 경우에 어떤 값 이상의 전압이 되면 절연물을 꿰뚫고 불꽃 방전이 일어나서 그 부분이 도전성(導電性)으로 되어 절연성을 잃게 된다. 이것을 절연파괴라고 한다.

파괴 시험 (破壞試驗, breakdown test, puncture test) 절연 파괴를 일으키는 전압을 절연파괴 전압이라 하고, 이 파괴 전압을 측정하기 위한 시험을 절연파괴 시험이라 한다.

파괴 전압 (破壞電壓, breakdown voltage, puncture voltage) 절연물에 전압을 가하여 점차 전압을 높여주면 결국 절연 파괴에 이르게 된다. 그 때의 전압을 파괴 전압이라고 한다.

파괴 하중 (破壞荷重, breaking weight) 재료의 인장시험, 내압(內壓)시험 등에서 시험편(試驗片)이 절단 또는 파괴할 때의 항장력(抗張力) 또는 하중을 파괴 하중이라 한다.

파군 (波群, wave group) 피변조 전자파와 같이 진동수 f가 $f-\Delta f$ 및 $f+\Delta f$와 같은 극히 좁은 범위에 포함되는 다수의 단현 파동군(單弦波動群)으로서 동일 방향으로 진행하는 것. 이 때 개개의 파동 속도는 진동수의 대소에 따라 다르며, 파군의 최대 진폭부의 이동 속도를 군속도라고 한다. 분산성 매질(分散性媒質)내에서는 개개의 단현파는 임의의 방향으로 전파되고 위상 속도도 다르므로 파군의 모양도 변화한다.

파권 (波捲, wave winding) (1) 직류기 전기자 권선의 하나로, 두 번째의 코일변을 맨 처음의 코일변에 대하여 후(後)피치 y_1의 위치에 두고, 세 번째 코일변을 같은 방향으로 전(前)피치 y_2의 위치에 두어 순차적으로 똑같은 방식으로 감는 것을 일컫는다. 이 권선이 이루어지기 위해서는 즉, $y=y_1+y_2=(k\mp m)/p=$상수의 조건이 성립되어야 한다(단, k : 정류자 편수, p : 자극, m : 임의의 상수). (2) 교류기 전기자 권선의 경우에도 두 번째 코일변을 최초의 코일변에 대하여 거의 1자극 피치 간격을 둔 슬롯에 감고, 세 번째 코일변을 두 번째의 코일변에 대하여 거의 1자극 피치 간격으로 슬롯에 감는다. 이와 같이 순차적으로 감아 나가는 방법을 파권이라 한다.

파동 임피던스(波動──, surge impedance) 전송선에 반사를 일으키지 않도록 하기 위하여 필요한 수전단(受電端)의 단락 임피던스이다.

파두(波頭, wave front) 진행하는 파동의 선두. 여하한 파동도 그 에너지를 매질 내의 광속도보다 빨리 전송하는 일은 없으므로 파두가 진행하는 속도는 전자파와 같은 빠른 파라도 기껏 그 매질에서의 광속도에 불과하고, 음파 등은 훨씬 늦다. 매질 중의 파동의 전파 상수(傳播常數)가 주파수에 비례하는 보통 매질에서는 최초의 파두의 모양은 무너지지 않고 그대로 진행하고, 그 속도는 군속도와 일치한다. 이에 비해서 전파 상수가 주파수에 비례하지 않는 이른바 분산성 매질 내에서는 파두는 아주 약하여 이보다 늦게 파동의 주부(主部)가 원래의 모양에서 붕괴되면서 군속도로 진행한다.

파두 길이(波頭長, duration of wave front) 충격 전압 파형의 0점에서 파고점까지의 시간을 이르며, 규약값에서는 파고값의 10%인 점과 90%인 점 간의 시간을 0.8로 제한 것을 이른다.

파라미터(parameter) (1) 시스템의 성질(속성)을 부여하는 물질적인 양으로, 그 값은 계에 고유한 것이다. 계(系)에 주어지는 특정 압력에 따라 발생하는 계 출력, 혹은 계의 상태 변화를 결정하는 데 이바지한다. (2) 《통계》 어떤 확률 분포를 갖는 집단의 상수를 이른다. 예를 들면, 평균값이라든가 분산값이지만 대부분의 경우 이들의 파라미터는 불분명하며 적당한 통계 수법에 의하여 추정된다. (3) 《계산기 프로그램》 수속이나 함수를 호출하는 경우에 발호측(caller)과 피호측(caller) 사이에서 주고 받는 변수를 이른다. 인수라고 하는 경우도 있다.
㈜ 변수란 데이터 항목이 기억되어 있는 하나 또는 복수의 로케이션을 이르며 그 속에 격납(格納)되는 값(이 경우 파라미터의 값)은 호출되는 시점에서 변화할 수 있는 (반드시 같은 값을 취하지 않는다) 것이다.

파라볼라 안테나(parabolic antenna) 회전 포물면의 반사장치를 가진 마이크로파 안테나를 이른다.

파라핀(paraffin) 백색 반투명 밀랍상의 고체로, 비중은 약 0.9, 융점 45~65℃. 단위가 높은 메탄계 탄화수소의 혼합물이다.

파라핀 납(──蠟, paraffin wax) 고형(固形)의 파라핀을 뜻한다.

파라핀 선(──線, paraffin wire) 솜 또는 명주로 감은 선에 파라핀 콤파운드를 함침한 것으로, 통신기 등의 배선용에 쓰인다.

파라핀 유(──油, paraffin oil) 상온에서의 액상(液狀) 파라핀을 이른다.

파련(波連, wave train) 분산성 매질 내에서는 주파수가 비슷한 많은 단현파(單弦波)의 집합, 즉 파군은 일반적으로 임의 방향으로 다른 위상 속도로 전파하며, 이것을 단순화하여 일정한 조건하에 일정한 방향으로 진행하도록 생각한 것을 파련이라고 한다. 따라서 균등 매질에서는 파련과 파군은 같은 뜻으로 해석된다. ⇨ 파군(wave group).

파미(波尾, wave tail) 진행하는 파동이 유한한 경우 그 파동의 꼬리 부분을 이른다. 보통 단속파인 경우에도 전송 회로의 주파수 특성 때문에 상당히 길게 꼬리를 끄는 일이 있다. ⇔ 파두(wave front).

파미 길이(波尾長, duration of wave tail) 충격 전압 파형의 파미의 시간을 이른다. 규약(規約)값에서는 규약 0점에서부터 파미에서의 반파고 점까지의 시간을 이른다. 규약 0점이란, 파고값의 10%인 점과 90%인 점을 이어서 연장하여 시간축과 만나는 점이다.

파복(波腹, antinode, wave loop) 탄성 진동이나 전자 파동(電磁波動)과 같은 경우, 매질의 불연속점 주변에서 입사파와 반사파의 합성에 따라 외견상 진행하지 않는 정재파를 형성하게 된다. 이 때 파동의 산에 해당하는 점을 파복, 골짜기에 해당하는 점을 파절이라고 한다. ⇨ 파절.

파스칼(pascal) 기호 Pa로, 압력, 응력에 대한 SI 단위 조립. $1Pa=1N/m^2$이다.

파시발의 정리(──定理, Parseval's theorem) 비주기 시간함수 $v(t)$가 유한한 정규화 에너지량 E를 갖는다고 하면, 이것은 다음과 같이 표현된다.

$$E = \int_{-\infty}^{\infty} v^2(t)\,dt = \frac{1}{2\pi}\int_{-\infty}^{\infty} S(\omega)\,d\omega$$

여기서, $S(\omega)$는 에너지의 스펙트럼 밀도함

ㅍ

수이고 $S(\omega)=V(\omega)V^*(\omega)=|V(\omega)|^2$로 주어진다. 여기서 $V(\omega)$는 $v(t)$의 푸리에 적분 변환이다. ⇨ 푸리에 적분.

파열 (波列, train of wave, wave train) 파동원에서 같은 시각에 출발한 위상이 같은 계(界)의 궤적으로 이것을 이어서 얻은 면을 파면이라고 한다. 파동의 진행방향은 일반적으로 파열과 직각이 된다. ⇨ 파두(wave front).

파열 방전 (破裂放電, disruptive discharge) 공기 기타 절연물의 절연을 파괴하는 방전을 이른다.

파워 검파 (── 檢波, power detection) 그리드 검파 또는 플레이트 검파에서 일그러짐을 피하기 위하여 신호 전압을 미리 수 V까지 증폭하여 신호 전압의 반파의 대부분이 특성 곡선의 직선 부분으로 오게 한 검파법을 이른다. 이 경우 진공관 특성에 따라 입력 전압 및 회로 상수를 적당히 선정하지 않으면 안 된다.

파워 일렉트로닉스 (power electronics) 사이리스터나 파워 트랜지스터 등의 전력용 반도체 소자를 사용하여 전력회로 기기의 개폐·제어, 주파수 변환(정류를 포함), 전동기의 운전 등 주로 파워 분야를 대상으로 한 일렉트로닉스 장치와 기술 응용을 의미하는 용어이다.

파워 트랜지스터 (power transistor) 비교적 높은 전력으로 동작할 수 있는 혹은 비교적 전력 이득이 큰 트랜지스터로서, 증폭용 또는 스위칭 소자로 사용된다. 소비 전력은 1~100W이고 열방산에 대한 배려가 필요하다.

파이로 전기 (── 電氣, pyro electricity) 어떤 결정체 일부를 가열하면 그 표면에 전기가 나타나는 현상을 말한다. 이것은 전기석에서 현저한 현상을 볼 수 있다.

파이로 전기효과 (── 電氣效果, pyroelectric effect) 국부적으로 가열 또는 냉각함으로써 어떤 종류의 결정에 전하가 유기되는 현상. 초전기 효과라고도 한다. 전기석, 주석산 같은 결정의 자발 분극에 의한 전하의 평형이 가열이나 냉각에 의해서 상실되어 전하가 나타나기 때문이다.

파이버 관 (── 管, fiber pipe) 파이버로 되어 있는 파이프를 이른다.

파이프 캡 (pipe cap) 지하의 본 케이블에서 수직 분선관을 통하여 분기하는 경우 지상에 노출된 분선관(45도 또는 90도 주철관) 정상부에 부착하여 케이블과 분선관 사이의 수밀성(水密性)을 유지하기 위한 뚜껑(대부분이 납으로 만들어져 있다)을 말한다.

파이프 펜던트 (pipe pendant) 조명기구를 설치하는 한 방법. 파이프로 천장에 매어 달아 둔다. 보통 이 파이프 안에 배선한다.

π형 회로망 (── 形回路網, π network) 3개의 임피던스 소자 Z_1, Z_2, Z_3을 그림과 같이 접속한 4단자망을 말한다. ⇨ T형 회로망.

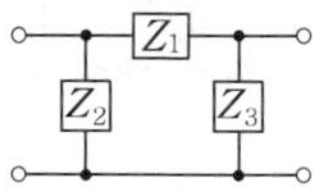

[π형 회로망]

파일럿 (pilot) 다음과 같은 여러 가지 의미를 간단히 파일럿이라고 하는 경우가 많다. (1) 전송계에서 계를 전송하는 단일 주파수의 신호파로서, 그 특성을 표시하거나 또는 시험이나 제어를 하기 위해 사용하는 것. (2) 파일럿 주파수는 주파수 변동이나 레벨 변동을 감시 제어할 목적으로 전송계에 있어서 상시 송출하여 두는 일정 주파수를 이른다. 감시 주파수라고도 한다. (3) 파일럿 반송파는 단일 측파대 전송 또는 독립 측파대 전송에 있어서 국부 반송파 수신 또는 수정 반송파 수신(reconditioned carrier reception)에 사용하기 위하여 송신되는 저감 진폭 반송파를 이른다. (4) 파일럿 장치《공업 제어》 푸시 버튼, 마스터 스위치 등에서 전자 접촉기, 기타 제어기에 제어 신호를 부여하도록 구성된 제어 장치 또는 부분. 그것이 접속되어 있는 회로의 상태를 표시하기 위한 램프를 파일럿 램프라고 한다.

파일럿 계전기 (── 繼電器, pilot relay) ⇨ 보조 계전기.

파일럿 램프 (indicating lamp, pilot lamp) 기기 또는 회로의 상태를 나타내는 램프이다.

파일럿 모터 (pilot motor) 전기회로의 제어에 쓰이는 소형 전동기. 예를 들면 전압 조정을 위해서 계자 저항기의 핸들을 움직인다든지 속도 조정을 위하여 캠 축(軸)제어기를 조작하는 등에 쓰이는 전동기를 이른다.

파일럿 보호 (—— 保護, pilot protection) 《보호 계전방식》 회선의 전기 상태를 비교하기 위하여 상대방 계전기를 향하여 통신로를 사용하여 내부 고장을 확인하도록 한 선로 보호방식. 보호 구간이 고장이라는 사실이 판단 된 때에는 선로 양단에서 동시에 차단기를 차단한다. ① 표시선 계전방식 ② 반송 계전방식이 있으며, 후자는 다시 전력선 반송, 통신선 반송, 마이크로파 반송 등의 각 반송 계전방식이 있다.

파일럿 부반송파 (—— 副搬送波, pilot subcarrier) 《스테레오 방송》 FM 스테레오 방송을 수신하기 위한 제어 신호로 사용되는 부반송파.

파일럿 브러시 (pilot brush) 회전 변류기를 교류측에서 기동할 때에는 정류자 면상에 심한 불꽃이 발생하여 플래시오버를 일으킬 위험이 있다. 정부(正負) 각각 1개씩 고저항의 브러시를 남기고 다른 브러시는 끌어 올린다. 이 남긴 브러시를 파일럿 브러시라고 한다. 이 용도는 극성을 살피는 일과 반대 극성인 경우에는 이것을 바로잡기 위한 여자 전류를 이 브러시에서 얻어내는 일이다.

파일럿 스트리머 (pilot streamer) 방전 현상에서, 전압 경도가 공기의 파괴 전압을 넘었을 때 기동하는 초기 저 전류 방전을 이른다.

파일럿 여자기 (—— 勵磁器, pilot exciter) ⇨ 부 여자기.

파일럿 주파수 (—— 周波數, pilot frequency) 주로 레벨 변동이나 주파수 편위의 자동제어를 하기 위하여 계속 흐르는 주파수를 이른다.

파일럿 케이블 (pilot cable) leader cable이라고도 한다. 운하 또는 항로에 따라 부설되며 교류를 통하게 함으로써 안개가 짙은 때 그 유도 신호를 적당한 수신기로 수신하여 안전하게 항행할 수 있다.

파일럿 통신로 (—— 通信路, pilot channel) ⇨ 감시 통신로(監視通信路).

파일론 안테나 (pylon antenna) 슬롯 안테나의 일종. 금속 원통에 세로로 구멍을 뚫은 것으로, 길이는 약 1파장, 원통 주위가 약 1/2 파장이다. 수평 편파를 발사하고, 수평면 내에서는 무지향성이다. 상하에 여러 개 겹쳐서 사용한다. UHF 텔레비전 또는 FM용 방송 안테나로 쓰인다.

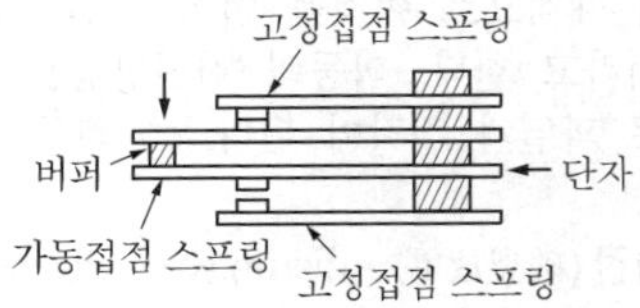

[파일 업]

파일 업 (pile up) 접점 스프링의 어셈블리로서, 한 장의 판 스프링 위에 절연물을 매개하여 다른 접점 스프링을 겹치도록 하여 복수개의 접점 스프링을 조합한 것을 이른다.

파장 (波長, wave length) 음파나 전자파와 같은 파동이 1주기 동안에 진행하는 길이를 파장이라 한다. 자유 공간에서의 전자파의 전파 속도는 광속도와 같아 매초 3×10^8m 이므로 주파수 f [Hz]인 전자파의 파장은 $\frac{3\times10^8}{f}$ [m]가 된다. 파장 30,000 m에서 1 mm에 이르는 전자파는 8종류로 분류되고 있으며 각각 명칭이 붙어 있다.

파장계 (波長計, wavemeter) ⇨ 주파계.

파장 상수 (波長常數, wavelength constant) 위상 상수. 즉, 전파 상수의 허수분(虛數分)을 말한다. ⇐ 위상 상수(phase constant). ⇨ 전파 상수.

파장 전환기 (波長轉換器, wave changing switch) 송신 또는 수신 주파수를 변경하는 경우에 코일 또는 콘덴서를 전환하여 동조 주파수를 바꾸는 개폐기를 파장 전환기라 한다.

파절 (波節, wave node) 매질의 불연속부 주변에서는 입사파의 합성에 의해서 외견상 진행하지 않는 정재적인 파를 형성한다. 이와 같은 정재파 진폭은 불연속부에서 반 파장마다 같은 파동 모드를 반복하는데, 그 진폭의 최대 점을 파복, 최소 점을 파절이라고 한다. ⇔ 파복.

파형 (波形, wave form) 파의 모양. 일반적으로는 정현파형이 이상적이고, 임의의 파형은 정현파의 합성으로 생각할 수 있다.

파형률(波形率, form factor) 교류 파형의 실효값과 평균값의 비를 이른다. 다음 표는 대표적인 파형률이다. ⇨ 실효값(effective value), 평균값(mean value).

파 형	파 형 률
정현파	$\frac{\pi}{2\sqrt{2}}=1.11$
반파 정류파	$\frac{\pi}{2}=1.571$
전파 정류파	$\frac{\pi}{2\sqrt{2}}=1.11$
3각파	$\frac{2}{\sqrt{3}}=1.154$
구형파	1.000

파형 분리(波形分離, wave-form separation) 등진폭(等振幅)의 파형이 다른 두 신호를 그 파형의 차이에 따라서 분리하는 것을 뜻한다.

파형 분석기(波形分析器, wave analyzer) 임의의 파형은 정현파의 합성이라고 생각할 수 있으므로 정현파로 분해하여 그 성분을 분석하는 장치를 이른다.

파형 유리(波形——, corrugated glass) 판유리의 한쪽 면 또는 양 면에 주름 모양의 무늬를 넣은 것. 투과하는 빛을 이 주름에 수직인 평면 내에 산란시킨다. 이 작용을 조명 기구에서 배광 조정에 이용한다.

파형 탱크(波形——, corrugated tank) 변압기 등의 외함 바깥쪽이 물결 모양으로 되어 있어 열의 발산 면적을 크게 한 것이다.

파형 특성(波形特性, wave-form characteristic) 전압 전류 파형의 일그러짐의 특성을 이른다.

판극 관(板極管, planar electrode disc sealed tube) 모든 전극의 유효 부분이 평행 평면으로 되어 상대하고 있는 구조의 진공관. 주로 초고주파용의 3극관에 사용된다. 전극 인출부도 판봉(板封)으로 되어 있는 것이 많고 전극의 인덕턴스를 극도로 작게 할 수 있는 동시에 전극 간의 거리도 극히 작게 할 수 있으므로 몇 1,000 MHz까지 잘 작동하는 것을 만들 수 있다.

판독(判讀) (1) reading 계기의 지시 수치. (2) read 기억장치에 축적되어 있는 정보를 연산 회로에 옮기는 것을 이른다.

판독률(判讀率, readability) 신호의 세기를 귀로 측정할 때 쓰이며, 신호의 세기와 판독할 수 있는 최소의 세기의 비로 나타낸다.

판지(板紙, paper board) 무명, 삼(麻), 우드 펄프를 원료로 하여 만든 두꺼운 종이로, 전기 기기의 절연에 사용된다. 또 프레스 보드, 프레스 판이라고도 한다. ⇨ 프레스 보드.

판 진동(瓣振動, panel vibration) 건축물의 벽, 천장 기타에서 틀로 지지된 판은 음파의 기전력을 받아서 진동한다. 이것을 판 진동이라고 한다. 틀의 간격이 넓은 베니어판 등이 저음을 잘 흡수하는 이유는, 판 진동을 하여 음파의 에너지가 판 내부에서 소비되기 때문이다. 흡음 택스처럼 판 모양으로 만들어진 다공질재(多孔質材)도 판 진동을 일으킨다. 관내 법(管內法)으로 측정한 흡음률과 잔향실법(殘響室法)으로 측정한 흡음률이 저음에서 다른 이유의 하나는 판 진동 때문이다.

판 코일(板——, disc coil) 변압기 코일의 일종. 도체를 평면상에 동심적으로 감은 것이다. 원형인 것과 장방형인 것이 있으며, 원형으로 된 것이 단락 등일 때의 큰 기계력에 대해서 안전하다.

판 퓨즈(板——, ribbon fuse) 아연, 알루미늄 등의 단단한 금속판을 필요한 모양으로 따내서 만들고 양단을 단편(端片)으로 대용하는 퓨즈이다.

판형 서미스터(板形——, disc thermistor) 사용 목적상 판형으로 만들어진 서미스터를 이른다.

판형 피뢰기(瓣形避雷器, valve type arrester) 화성 막과 판의 특성을 구비한 피뢰기. 과전압 방전의 단시간에만 방전 전류가 흐르고 기압에 의한 속류는 거의 흐르지 않는다. 알루미늄 피뢰기, 옥사이드 필름 피뢰기, 펠릿 피뢰기는 이에 속한다.

팔극관(八極管, octode) 음극 및 양극 간에 6개의 그리드를 가지고 있는 다극관. 주 용도는 변환관으로, 제1그리드와 제2그리드는 발진용, 제3, 제5그리드는 실드용, 제4그리드는 제어 그리드, 제6그리드는 억제 그리드로 되어 있다.

패널(panel) 기구나 계기류를 부착하는 판

을 이른다.

패러데이 (faraday) 1화학 당량을 포함하는 전기화학 반응에 있어서 필요로 하는 전기량이며, 1 패러데이는 96.485 C와 같다.

패러데이관 (── 管, Faraday tube) 단위 전하에서 출발하는 유전속관(誘電束管)을 이른다.

패러데이 스크린 (Faraday screen) 두 회로 간의 정전 결합을 저지하고 전자 결합만이 유지되도록 차폐하는 것. 예를 들면 송신기의 플레이트 탱크 회로와 안테나 회로에는 이러한 패러데이 스크린을 갖추어 유해한 고조파 방사를 제거한다. 그러기 위해서는 두 회로 간에 금속 발을 두어 이것을 접지한다.

패러데이의 법칙 (── 法則, Faraday's law) (1) 《전기 회로》 임의의 닫힌 회로 C에 연면한 전계성분의 선적분은 C에 둘러 쌓인 면 S를 관통하는 자속 Φ의 시간 변화율과 같다는 법칙. $\int_c E \cdot d\boldsymbol{l} = -\frac{\partial}{\partial t}\int_s B \cdot n\, da$, 여기서, B는 자속밀도, n은 면소 da에서의 면에 대한 법선이다. (2) 《전기화학》 전극 반응에 의해서 발생한 반응량과 반응에 관여한 전류 사이에는 일정한 대응관계가 있고, 물질의 전기화학 변화를 발생하는 데 필요한 전기량은 26.8A · h(96.485 C)라는 것을 설명한 법칙이다.

㈜ 위의 전기량은 1패럿이라 한다. 또 1C 혹은 1A · h당의 반응량을 전기 화학 당량이라 한다.

패러데이 효과 (── 效果, Faraday effect) (1) 직선 편광(偏光)이 어떤 투명 물질(납 글라스 등) 내부를 강한 자계와 평행 방향으로 통과할 때 편광면이 회전하는 현상. 패러데이 효과를 이용한 편광면 회전장치를 패러데이 선광기(旋光器)라 하고, 광학계에 있어서는 편광자(偏光子), 검광자(檢光子)와 조합하여 사용한다. (2) 도파관 내에 설치한 전자기 이온효과 물질. 예를 들면 페라이트 봉에 의해서 전자기파의 편파면이 회전하는 현상. 마이크로파 서큘레이터, 아이솔레이터 등에 응용되고 있다. ⇨ 아이솔레이터, 서큘레이터

패러메트론 (parametron) 공진 회로의 패러미터 여진(勵振)현상을 이용하여 1/2 분주 발진을 일으키게 하고, 그 진동이 갖는 두 종류의 위상에 의해서 2진수 숫자를 표시하게 함으로써 기억, 논리 연산의 기능을 행하게 하는 장치. 또는 위와 같은 목적으로 사용하는 공진 회로 소자를 이른다.

패럿 (farad) 정전 용량의 실용 단위. 1패럿(F)은 1쿨롬의 전하에 의하여 1볼트의 전위의 변화를 일으키는 정전 용량. 이것은 9×10^{11}esu에 해당한다. 보통은 10^{-6}F, 즉 마이크로 패럿[μF]의 단위가 쓰인다.

패스 (path) 항행에서 공간상의 점렬(點列)을 연결하여 계획 또는 이동 실시 경로를 구성하는 선을 패스라 한다.

패킹 (packing) 전화용 송화기, 탄소 마이크로 폰에서 탄소 알맹이가 꽉 차 있어 저항이 감소되고 감도가 저하하는 것을 이른다.

패턴 (pattern) 일반적으로 도형, 형지(型紙) 등을 이른다. 특히 텔레비전 방송에서는 수상기 또는 송상장치의 특성을 조정하기 위하여 촬상송출되는 시험용 도형을 이른다.

팩시밀리 (facsimile (FAX.)) CCITT에서는 사진 전송과 모사 전송을 통틀어 facsimile telegraphy로 부르고 있다. 즉, 서류, 인쇄물 또는 사진, 회화 등을 될 수 있는 한 그 모양 및 계조 또는 색채를 갖는 상(사진 또는 다른 방법에 의한)의 형식으로 재현하는 전신의 한 방식이다. FAX.는 약어이다.

팬 아웃 (fan-out) ⇨ 팬 인.

팬 인 (fan-in) 논리 게이트에 있어서, 하나의 게이트에 접속할 수 있는 최대 입력의 수이다.

㈜ 하나의 게이트의 출력단에 접속할 수 있는 최대 병렬 부하의 수를 팬 아웃이라 한다. 팬 인과 함께 보통 동종의 게이트 수로 나타낸다.

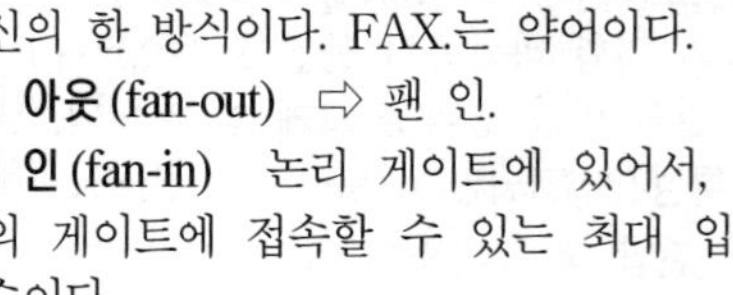

(a) 팬 인 5 (b) 팬 아웃 3

[팬 인과 팬 아웃]

팬탄 등 (── 燈, pentane lamp) 팬탄과 공

기의 혼합 가스를 연료로 하는 광원으로, 흑체(黑體) 표준기 이전에는 여러 나라에서 법정 광도 표준기로 사용했었다. 그 일정한 조건에서의 수평 광도가 당시의 10촉이다.

팬터그래프 (pantograph, pantograph collector) 가공 전차선에 쓰이는 접동형 집전장치로, 다이아몬드형 프레임 위에 활모양의 집전기가 부착되어 있다.

퍼머넌트 글로 램프 (permanent glow lamp, permanent loop lamp) 전화 가입자의 수화기가 제대로 놓이지 않음을 국의 보수원에게 알리는 램프를 이른다.

퍼멀로이 (permalloy) 자성 재료의 일종. 투자율이 크고 손실이 적어야 한다. 퍼멀로이에도 여러 가지 종류가 있으며, 어느 것이나 다 쇠와 니켈을 주성분으로 한 고투자율 자성 재료이다. 고급 소형 변압기 등의 철심용으로 쓰인다.

퍼미언스 (permeance) 자속의 통과하기 쉬움을 나타내는 양. 자기 저항의 역수이고, 단위는 Wb/AT이다. 이것을 헨리 [H]로 하는 것이 보통이다. 자기 회로의 퍼미언스를 P, 권수를 N으로 하면 그 인덕턴스는 $L=N^2P$ [H]가 된다. ⇨ 자기 저항.

퍼블릭 어드레스 장치 (public address system) 군중을 향하여 음성을 전달하도록 설계된 완전한 재생방식. 확성 장치라고도 한다. 복수의 마이크로폰, 전력 증폭기, 그리고 스피커를 소리의 반향과 간섭이 가장 적어지도록 배치한다. 집회 광장, 역, 큰 홀 등에서 사용된다.

퍼비언스 (perviance) 2극관 또는 등가 2극관의 플레이트 전류는 일반적으로 플레이트 전압 또는 지배 전압의 3/2 곱에 비례한다. 이 비례 상수를 퍼비언스라고 한다. 전극 구조만으로 정해지는 것으로, 음극의 유효 면적에 비례하고 플레이트까지의 거리의 제곱(간단한 평면의 경우)에 반비례한다.

퍼센트 도전율 (—— 導電率, percentage conductivity) 이것은 어떤 도체의 도전율과 만국 표준 연동(軟銅)의 도전율, 즉 온도 20℃, 밀도 8.89 g/cm^{3}인 구리의 도전율(그 저항률은 1.724 μΩcm)과의 비를 %로 나타낸 것이다.

퍼센트 임피던스 (percent impedance)《정류기 변압기》 변압기의 직류 권선 단자를 모두 단락한 상태에서 교류 권선에 정격 kVA에 대응하는 전류를 흘리기 위하여 필요한 교류 권선 전압의 정격 전압에 대한 백분율을 이른다.

퍼텐셜 장벽 (—— 障壁, potential barrier) 반도체 영역 내에서 이동하는 전하가 그 곳을 통과하려고 하면 저항을 받거나 때로는 되돌려지는 등의 전위 분포를 가진 장소. 금속 표면 등에는 이러한 장벽이 생긴다.

퍼플 플래그 (purple plague) 반도체 디바이스의 전극과 전극 인출선에, 한쪽은 금, 다른 쪽은 알루미늄을 사용하였을 때 본딩 위치에 금과 알루미늄의 금속간 화합물 $AuAl_2$가 형성되고, 그로 인하여 접촉부의 열화, 접촉 저항의 증가 등을 초래한다.

펀치 블록 (punch block) 인쇄 전신기에 주로 쓰이는 용어로, 테이프에 구멍을 뚫을 경우에 강침(鋼針)을 오르내리게 하는 펀치 기구를 이른다.

펀칭 (punching) 철판에 필요한 모양으로 구멍을 뚫은 것을 뜻한다.

펄서 (pulser) 일반적으로 펄스를 발생하는 장치를 말한다. 또 이것으로부터 전화(轉化)하여 레이더의 마그네트론과 같은 피크 대전력용의 펄스를 공급하는 장치를 가리키는 경우도 있다. 진공관 펄스라든가 방전관 펄스는 그 일례이다. ⇨ 진공관 펄스 발생기(hard tube pulser), 방전관 펄스 발생기.

펄스 (pulse) (1) 파고율이 큰 파동. (2) 고립 현상이라고 생각되는 단기간 내의 에너지 흐름을 펄스라 한다.

펄스 간격 (—— 間隔, pulse (recurrence) interval) 펄스열에서 한 펄스의 첫 동작에서부터 다음 펄스의 첫 동작까지의 시간을 이른다. ⇨ 펄스 폭(pulse width).

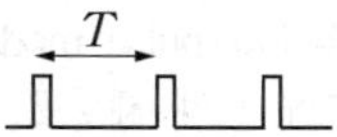

[펄스 간격]

펄스 글라이드 도형 (—— 圖形, pulse glide display) GCA로 진입 각도를 표시하는 도

Ⅱ

형이다.

펄스 끼워 넣기 (pulse interleaving) 둘 또는 그 이상의 펄스원으로부터의 펄스가 시분할 다중적으로 조합되어 공통 전송로로 전송되는 것을 이른다.

펄스 대역 폭 (—— 帶域幅, pulse bandwidth) 어떤 주파수 구간을 이르는 것으로, 그 바깥쪽에서는 스펙트럼 진폭은 지정된 주파수(보통 스펙트럼의 진폭이 최대가 되는 주파수)에서 진폭의 어떤 정해진 비율(예를 들면 10%)을 넘지 않는다.

㈜ 이 용어는 본래 pulse spectrum band width라고 하여야 할 것이지만 spectrum을 생략한 용어가 보편적으로 사용되고 있다.

펄스 디모더 (pulse demoder, constant-delay discriminator) 특정한 펄스 스페이스(그것에 대하여 장치가 조정된)를 갖는 펄스 신호에 대하여서만 응답하는 회로(장치). 펄스 판별기의 일종이다. 펄스 모더와 한 쌍으로 사용된다.

펄스 디코더 (pulse-decoder) 장치가 조정되어 있는 소정 펄스 간격의 펄스 신호에 대해서만 응동(應動)하는 회로를 이른다.

펄스 레이저 (pulsed laser) 출력광이 펄스인 레이저. 이것은 펄스로 여기하는 경우와 Q 스위칭, 모드 동기 등을 한 경우에 얻어진다. 연속파 레이저(CW 레이저)에 대비되는 용어이다.

펄스 매 초 (—— 每秒, pulse per second) 약어 PPS, 1초 동안의 펄스 수를 이른다. 펄스 통신 등에 쓰인다. ⇐ 펄스 반복률.

펄스 모더 (pulse moder) 펄스 모더를 발생하는 장치이다.

펄스 모드 (pulse mode) (1) 통신 채널을 선택하여 아이솔레이트 하기 위해 사용되는, 미리 정하여진 배열 패턴을 가진 유한 개의 펄스 시퀀스. (2) 미리 정하여진 배치를 가진 펄스 패턴을 이른다.

펄스 모드 멀티플렉서 (pulse mode multiplexer) 펄스 모드에 의해 채널을 선택하기 위한 장치 또는 프로세스. 펄스 모드를 만들어 내는 장치(모더)와 특정한 펄스 모드에 대하여서만 응답하는 판별기(디모더)에 의해서 제어함으로써 둘 이상의 채널을 같은 반송주파수로 사용할 수 있다.

펄스 밀도 변조 (—— 密度變調, pulse number modulation) 약어 PNM, 시분할 변조 방식의 하나로, 신호 충격파의 밀도를 신호에 따라 변화시키는 방식이다.

펄스 반복률 (—— 反復率, pulse repetition rate) 약어 PRR, 매초 전송되는 펄스의 수를 이른다. 예를 들면 레이더의 경우는 400 ~3,000 PRR이다. 펄스 반복 주파수라고도 한다.

펄스 발생기 (—— 發生器, pulse generator) 소망하는 파형의 전압 또는 전류 펄스를 발생하는 장치 또는 회로, 펄서라고도 한다. 레이더 등에 있어서 마이크로파 반송파를 펄스 변조하는 장치는 마이크로파 펄서라고 한다. 커패시터 등에 충전한 에너지를 가포화 리액터나 하드한 전자관을 통하여 방전하는 것, 혹은 펄스 형성 선로를 전원에서 공진 충전하고, 이것을 방전관 스위치, 펄스 변압기를 거쳐 출력하는 것 등이 있다.

펄스 발진기 (—— 發振器, pulse oscillator) 구형 충격파를 발생하는 장치이다.

펄스 방출 전류 (—— 放出電流, pulsed emission current) 산화물 음극에 마이크로초 정도의 펄스 전압을 가하면 순간적으로 대전류의, 급속하게 감쇠하는 방출 전류를 얻게 된다. 이 때의 최대값을 방출 전류라고 한다.

펄스 변성기 (—— 變成器, pulse transformer) 일반적으로 각형(角形) 파형의 전류를 변성기에 통하면 출력에 펄스가 발생한다. 이 펄스를 발생하게 하는 변성기를 이른다.

펄스 변조 (—— 變調, pulse modulation) 충격파로 변조하는 방식을 이른다.

펄스 부호 변조 (—— 符號變調, pulse code modulation, pulse count modulation) 약어 PCM, 하나하나의 특성(진폭, 펄스 폭 위치)을 변화하지 않고 인쇄 전신처럼 몇 개의 소(素) 펄스의 유무의 조합으로 신호를 전달하는 방식이다. 특징으로서는 S/N 비가 매우 좋다는 것 등을 들 수 있다.

펄스 세퍼레이션 (pulse separation) (1) 지정한 두 펄스 사이의 정해진 방법으로 정의한 시간 간격. (2) 어느 펄스의 하강 반값 점과 다음에 이어지는 펄스 상승 반값 점 사이의 간격을 이른다.

펄스 수 (pulse number) 《전력 변환기》 출력 전압 파형에서 볼 수 있는 전원 주파수의 상수배로 반복되는 진폭 변화 사이클 수이다.

펄스 스페이스 변조 (pulse spacing modulation) 펄스 시간 변조의 하나로, 펄스 스페이스를 변화시키는 것을 이른다.

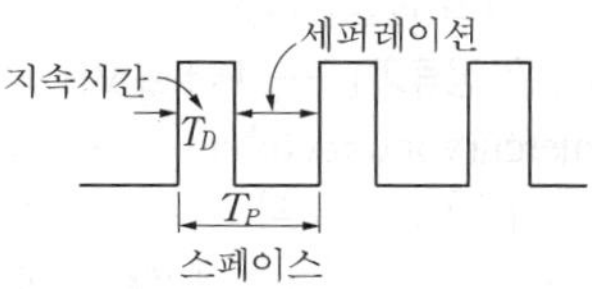

[펄스 스페이스 변조]

펄스 시변조 (——時變調, pulse time modulation) 약어 PTM, 충격파 변조의 하나로, 다중 통신에 적합하다. 즉 반복 주파수가 일정한 펄스파를 반송파로 하여 각 펄스가 나오는 시각을 신호파의 진폭에 따라서 기준 시각에서 벗어나게 하는 변조파. 펄스 위치변조, 펄스 위상 변조와 같다.

펄스 시험기 (——試驗器, wired radar) 나선로의 장해 위치 측정, 동축 케이블의 임피던스 불균형 등의 측정에 쓰인다. 어느 경우이건 정현 제곱파형과 비슷한 펄스 전압을 선로에 송출하고 불량 부분으로부터의 반사파의 전파(傳播) 시간을 측정하여 불량점까지의 거리를 측정한다. 반사파의 형상, 크기에 따라 장해의 종류, 임피던스 불균형 등의 양을 측정할 수 있다.

펄스식 도플러 방식 (——方式, pulsed Doppler system) 목표에 대한 정보(고정 목표로부터의 간단한 분리는 포함하지 않는다)를 얻기 위해 도플러 효과를 이용하는 펄스 레이더 방식을 이른다.

펄스 신호 발생기 (——信號發生器, pulse signal generator) 펄스, 즉 충격적 파형의 고주파를 발생하는 장치를 이른다.

펄스 압축 (——壓縮, pulse compression) 《레이더》 펄스 레이더에 있어서는 짧은 펄스에 큰 피크 전력을 집중시켜야 하지만 그것은 상당히 곤란하므로 펄스를 길게 끌어 전력을 평균화함과 동시에 그에 의해서 분해능이 저하하지 않도록 수신 때에 펄스를 압축하는 방식이 이용된다. 송신 펄스에 f_1에서 f_2까지 주파수가 변화하는 주파수 변조를 걸어, 그것을 주파수에 의해서 지연 시간이 변화하는 지연선을 지나게 함으로써 펄스의 길이를 비 변조시의 T_1에서 T_2로 인장한다. 수신 때는 반대의 방법으로 펄스를 최소의 폭으로 축소한다. T_2/T_1을 펄스의 압축비라고 한다. 압축비는 또 T_2B로 부여할 수도 있다. B는 변조폭 (f_2-f_1)이다. T_2B는 수백 정도가 적당한 것으로 본다.

펄스열 (pulse train) 정상 레벨에서의 진폭 변화가 시간적으로 반복하여 일어나는 따위의 파, 또는 그 파형을 이른다.

펄스 위상 변조 (——位相變調, pulse phase modulation) 약어 PPM, 펄스의 진폭은 일정하게 하고, 위상만을 변조 전압에 따라 변화시키는 변조방식을 이른다. 펄스 위치 변조, PTM과 같다.

펄스 위치 변조 (——位置變調, pulse position modulation) 약어 PPM, 일정한 진폭의 짧은 펄스를 이용해서 그 반복 주파수를 보내야 할 통신 내용에 포함되어 있는 가장 높은 주파수의 적어도 몇 배를 택하여 신호 진폭의 변화에 따라서 펄스 발생 위치를 바꾸어 변조하는 방식. 펄스 시 변조(pulse time modulation)의 일종이다.

펄스 일그러짐 (pulse distortion) 펄스의 파형이 그 기준 파형에 비해서 바람직하지 않은 일그러짐을 뜻한다.

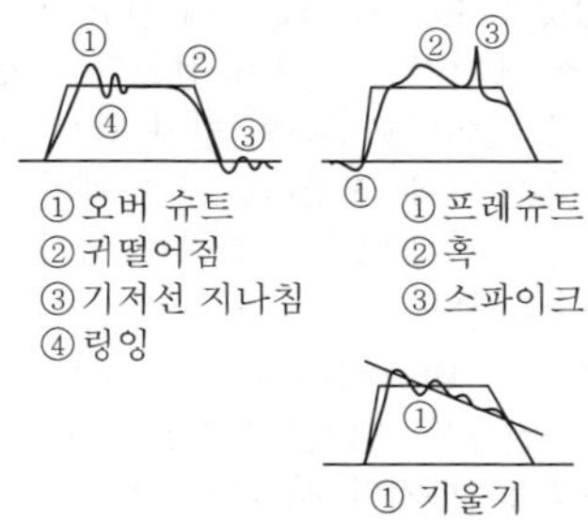

[펄스 일그러짐]

II

펄스 전력 (—— 電力, pulse power) 펄스의 순간 최대 진폭의 제곱 평균 평방근을 이른다.

펄스 점유율 (—— 占有率, pulse duty factor) (1) 주기적 펄스열에서 임의의 펄스의 펄스 지속 시간 T_D 와 펄스 반복 주기 T_P 와의 비. 점유율 $U = T_D / T_p = T_D \times \mathrm{PRR}$, 여기서 PRR은 펄스 반복률. (2) 평균 펄스 지속 시간과 평균 펄스 스페이싱의 비를 이른다.

펄스 정합 (—— 整合, pulse matching) 로런 방식에 있어서 송출 펄스의 동기를 잡는 것을 펄스 정합이라 한다.

펄스 주파수 변조 (—— 周波數變調, pulse frequency modulation) 약어 PFM, 펄스의 폭과 진폭을 일정하게 하고, 반복 주파수를 변조 전압에 따라 변화시키는 변조를 이른다.

펄스 지속 시간 (—— 持續時間, pulse duration) 충격파가 계속하는 시간을 뜻한다.

펄스 진폭 변조 (—— 振幅變調, pulse amplitude modulation) 약어 PAM, 시분할 변조 방식의 하나로, 신호 충격파의 높이를 신호에 따라서 변화시키는 방식이다.

펄스 통신방식 (—— 通信方式, pulse communication system) 펄스를 쓰는 통신방식을 이른다. 펄스를 변조시키는 방법에 따라 여러 가지 방식이 있다. 또 변조된 펄스로 반송파를 진폭 또는 각도 변조한다. 시분할 방식의 다중 통신에 쓰이는 경우가 많다. 펄스 진폭 변조(PAM), 펄스폭 변조(PDM, PWM), 펄스 위치변조(PPM), 펄스 밀도변조(PNM), 펄스 부호변조(PCM) 등이 있다.

펄스 파형 (—— 波形, pulse shape) 충격파 파형을 이른다.

펄스 패킷 (pulse packet) 레이더에서 레이더 펄스 에너지에 의하여 점유되고 있는 공간량. 즉 레이더로부터의 방사 입체각과 1펄스의 시간 내에 진행하는 전자파의 거리의 3승과의 곱의 1/3로 나타내는 체적을 펄스 패킷이라 한다.

ㅍ

펄스 폭 (—— 幅, pulse length, pulse width) 펄스의 진폭이 최대값에 이르고 나서 그것이 종료되기까지의 시간을 이른다. ⇨ 펄스 간격(pulse interval).

펄스 폭 변조 (—— 幅變調) (1) pulse duration modulation, 약어 PDM, 펄스 변조의 하나로, 펄스의 폭을 변화하여 변조를 하는 방식. (2) pulse width modulation, 약어 PWM, 시분할 변조방식의 하나로, 신호 충격파의 폭을 신호에 따라서 변화시키는 방식을 이른다.

펄프 절연 케이블 (—— 絶緣 ——, paper pulp insulated cable) 펄스의 진폭이 최대값에 이르고서 그것이 종료되기까지의 시간이다. ⇨ 펄스 간격(pulse interval).

펌프 무수은 정류기 (—— 無水銀整流器, pumpless mercury-arc-rectifier) 사용 중에 배기할 필요가 없는 구조의 수은 정류기로, 따라서 진공 펌프를 사용하지 않는 것. 전극의 절연 봉입부(絶緣封入部)에는 융착(融着)방식을 채용하고 또 기재의 재료를 충분히 고려하는 등 높은 기밀도(氣密度)가 필요하다.

펌핑 (pumping) (1) 레이저나 메이저에 있어서 낮은 에너지 상태에 있는 원자를 높은 에너지 상태로 그 준위를 높이는 것. 열평형 상태에서는 높은 에너지 준위의 원자의 점유수는 낮은 에너지 준위의 그것보다 적지만 펌핑에 의해서 이른바 반전 분포가 발생하여 원자계는 마이너스 온도상태로 된다. 유도방출이 이루어지기 위하여서는 이와 같은 펌프작용이 필요하다. ⇨ 광학적 펌핑. (2) 파라메트릭 장치에 있어서, 회로 파라미터를 외부 구동 전원에 의해서 일정한 주파수(펌핑 주파수)로 변화시키는 것. 펌핑 주파수와 신호 주파수의 관계에 의해서 디바이스는 증폭기로 혹은 주파수 변환기로서 동작한다. 펌프작용에는 보통 교류 전압(펌프 전압)이 사용된다.

페그 (peg) 플러그를 이르는 것으로, 밀어 넣는 마개이다.

페널티 계수 (—— 係數, penalty factor) 《전력 계통 제어》 특정한 발전소의 증분 발전량에 대한 증분 발전 코스트의 비 $\partial F_i / \partial P_i$ 에 곱하여야 할 계수에서, 이것을 곱함으로써 발전소에서 부하에 공급되는 전력의 전송 손실을 고려한 발전 코스트의 증가량이 얻어진다.

페놀 수지 (—— 樹脂, phenol resin) 페놀과 포르말린의 축합에 의해서 생성된다. 전기적, 기계적으로 우수한 성질을 가지며, 성형

품은 라디오 부품, 진공관 베이스, 전신·전화기 등의 부품, 조명기구 등에, 적층품은 고압 절연 재료, 배전반, 기타 일반 절연 재료로 쓰인다.

페디스털 (pedestal) 축 받침대를 뜻한다.

페디스털 레벨 (pedestal level) 텔레비전 신호에서 귀선(歸線)을 지우는 데 쓰는 귀선 소거 신호의 정상부를 나타내는 레벨. 동기 신호를 그 위에 얹는 받침대(페디스털)라는 뜻에서 이렇게 말한다.

페라리스형 (—— 型, Ferraris type) 유동형 계기의 하나로, 회전 자계형을 이른다.

페라이트 (ferrite) 산화물 자성체로서, 원재료 물질의 분말을 가압 성형하여 소결함으로써 만들어진다. 비교적 저항이 크고 고주파 손실이 작다. 니켈 페라이트, 니켈 코발트 페라이트, 망간마그네슘 페라이트 등 많은 종류가 있다. 보통 구조식은 MFe_2O_4(M은 2가의 금속)이다. 이 일군의 물질은 광물인 스피넬($MgO \cdot Al_2O_3$)의 결정 구조와 같으므로 스피넬형 페라이트라 불리운다.

페라이트 아이솔레이터 (ferrite isolator) 도파관에 있어서, 어느 방향으로는 전자기 에너지를 통과시키지만 반대 방향에 대하여서는 그것을 저지하도록 하는 장치. 짧은 원형 도파관 구간의 중심에 축 방향으로 페라이트 막대를 놓고, 관축 방향에 직류 자계를 부여한 것으로, 이 아이솔레이터의 양단은 각각 방형 도파관에 연속적으로 접속되어 있지만 일단에서 아이솔레이터를 통하여 다른 단으로 나가는 과정에서 45°만큼 기계적으로 비틀어져 있다. 페라이트 막대에 의해서 같은 방향으로 편파면이 45° 회전하는 전자파는 아이솔레이터를 통하여 전송되지만 역방향으로 전파하는 반사파는 페라이트 막대에 의해서 역방향으로 45° 회전하기 때문에 통과가 저지된다.

페라이트 회전자 (—— 回轉子, ferrite rotator) 페라이트 봉을 유전체로 싸고, 그 바깥쪽에 동심으로 링 모양의 영구 자석(그 자계는 페라이트 축방향으로 발생한다)을 설치한 것으로, 도파관 내에 삽입하여 그 곳을 통과하는 전자기파의 편파면을 적당한 각도만큼 회전시키도록 한 것. 편파면을 90° 회전함으로써 통과를 저지하고 누설 전자계를 감쇠재로 흡수하도록 한 스위치도 있다.

페란티 현상 (—— 現狀, Ferranti phenomena) 송전 선로에서 부하가 매우 작은 경우, 특히 무부하인 경우에는 충전 전류의 영향이 증대되어 전류는 진상 전류가 되고 수전단 전압은 송전단 전압보다 높아지는 현상을 이른다.

페란티 효과 (—— 效果, Ferranti effect) 송전 선로가 경부하 또는 무 부하로 되었을 때 선로 분포 커패시턴스로 인한 충전 전류의 영향이 크고, 그로 인한 수전단 전압이 송전단 전압보다 높아지는 현상을 이른다.

페르미-디랙의 분포함수 (—— 分布函數, Fermi-Dirac distribution function) 페르미 디랙 통계에 따른 입자계에 있어서, 절대 온도 T에서 E의 에너지를 갖는 허용 상태의 밀도를 $g(E)$로 하고, 그 중 전자가 점유하고 있는 상태 밀도를 $n(E)$, 비어 있는 상태 밀도를 $v(E)$로 하면, $n=g\times f_D$, $v=g\times(1-f_0)$의 관계가 성립한다. 여기서 f_D를 페르미 디랙의 분포함수라 하며,

$$f_D=\frac{1}{1+\exp[(E-E_F)/kT]}$$

로 주어진다. 여기서, E_F는 페르미 준위, k는 볼츠만 상수이다.

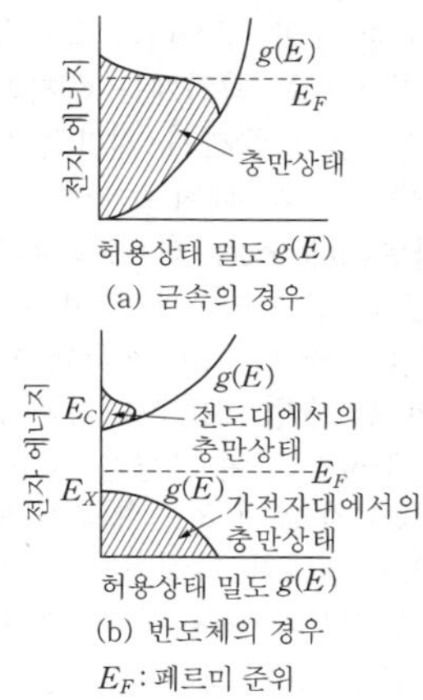

[페르미-디랙의 분포함수]

페리 자성체 (—— 磁性體, ferrimagnetic substance) 자성 물질의 일종인데, 물질 내의 인접한 이온의 자기 모멘트가 서로 역평행

으로 배열하는 성질이 있다. 각 이온의 자기 모멘트는 그 크기가 다르기 때문에 물질 전체로서는 큰 자화를 나타낸다. 페라이트, 그 밖의 화합물 자성체에서 볼 수 있다.

페리 전지 (—— 電池, Fery cell) 공기 전지의 하나로, 염화 암모늄 20%를 전해액으로 하는 르클랑셰 전지의 변형이라 볼 수 있다.

페어링 (pairing, line split) 《텔레비전》 텔레비전 영상의 주사에 있어서, 한쪽 필드의 주사선이 다른 쪽 필드의 주사선의 바로 중간 위치에 오지 않고 두 필드의 주사선이 겹쳐진 한 쌍의 선처럼 되어 수직 방향의 분해능이 나빠지는 것. 라인 스플릿이라고도 한다. 인터레이스 불량이다.

페어 스플릿 (pair split) 한 쌍을 구성하는 각 심선이 각각 다른 쌍으로 접속되는 것을 이른다.

페이더 (fader) (1) 《감쇠기》 일반적으로 전송 도중에 전기 신호를 약하게 하기 위하여 쓰는 전기 회로. 그 뜻을 넓혀 신호의 크기를 적당히 가감하기 위한 전기 회로를 주로 지칭한다. (2) 라디오나 텔레비전에서는 특히 페이드 아웃 등의 수법에 쓰는 전기 감쇠 회로를 페이더라 한다.

페이드 다운 (fade down) 약어 FD, 페이드 아웃에 가까운 영화, 텔레비전, 라디오 등의 연출상의 한 수법, 영상이나 음성을 점차 약하게 하거나 또는 약하게는 하지만 전혀 소거하는 일 없이 끝까지 얼마간 남겨 두는 수법을 뜻한다. ⇨ 페이트 아웃.

페이드 아웃 (fade out) (1) 텔레비전(영화)의 화상 신호를 점차 약하게 하여 화면상의 화상을 점점 흐리게 하고, 결국에는 소거하는 연출상의 한 수법. (2) 라디오의 음성 신호를 점차 약하게 하여 음량을 점차 낮추어서 끝내는 들리지 않게 하는 연출상의 한 수법. 페이딩으로 전파가 약해지고 수신 음이 소실하는 것이다. ⇔ 페이딩. ⇨ 페이드 다운.

페이드 인 (fade in) 약어 FI, (1) 영화, 텔레비전에서는 영상신호(또는 광량)를 점차 크게 하여 전혀 화면에 나타나지 않는 처음의 상태에서 점차 화면에 영상을 나타내는 연출 상의 한 수법. (2) 라디오에서는 음성 신호를 점차 높여가고 전혀 들리지 않는 처음 상태에서 점차 음향을 증가해 가는 연출상의 한 수법이다.

페이딩 (fading) 전파로가 다른 전파의 간섭이나 전파로 상태의 변화에 따라 수신 전계 강도가 변동하는 것. 이 페이딩에는 동기 페이딩, 선택 페이딩 등이 있다. 전자는 점유 주파수대 전부에 걸쳐 고르게 변동하는 것, 후자는 주파수대 내의 부분 부분에 따라서 변동의 상태가 다른 것을 말한다. 주요 구제 방법은 다이버시티이다.

페이스 다운 본딩 (face down bonding) 집적 회로용 반도체 칩에 사전에 부착한 표면 전극 또는 배선용 리드와 절연 기판상에 형성된 배선용 전극을 표면끼리 맞대어 접착하여 전기적으로 접속하는 것을 이른다.
㊟ 플립칩 방식 등이 그 예이다. 와이어 방식과는 달리 전극 수에 관계 없이 한 번에 강고한 본딩을 할 수 있는 특징이 있다.

페이스트 (paste) (1) 건전지나 습식 전해 콘덴서에 있어서 전해액의 취급을 용이하게 하기 위해 녹말 등에 섞어서 만든 풀모양의 물질. (2) 우지(牛脂), 올리브유, 송진, 염화 암모늄을 개어서 풀모양으로 하여 도체가 공기와 접촉하여 산화하는 것을 방지하고 납이 잘 붙도록 하는 약품이다.

페이스트 극판 (—— 極板, pasted plate) 연축전지(鉛蓄電池)의 극판 구조의 일종이다. 납 또는 납-안티몬 합금의 격자(格子)에 산화납 또는 납 등의 분말로 만든 페이스트를 채워 화성(化成)한 것이다. 이 방식은 무게가 가벼우므로 대용량의 것을 제조하는 데 적합하여 이동용 축전지에 많이 쓰인다.

페이저 (phasor) 정상 전현파량(교류 전압, 교류 전류 등)을 복소량으로서 표시한 것. 콤플렉서(complexor)라고도 한다.

페이저 전력 (—— 電力, phasor power) 복소 전력을 공급하는 페이저 양을 이른다. ⇨ 복소 전력.

페이즈 록트 루프 (phase-locked loop) 약어 PLL, 주파수를 변조시킨 반송파 중에서 베이스 밴드 신호를 추출하기(복조하기) 위하여 사용되는 피드백 루프로서, 위상 비교기와 전압제어 발진기(VCO)로 구성된다. 변조된 입력 신호와 VCO 출력의 위상이 비교되고, 그 출력으로 VCO의 주파수가 제어된다. 이 계에 있어서 위상 비교기의 출력 v_0는 입력 신호의 베이스 밴드(변조 신호)에 비례하는 것이 증명된다.

페일 세이프 (fail safe) 기기에 고장이 발생한 경우 그 고장으로 인하여 전체 시스템이 안전모드로 동작하는 것. 예를 들어 철도 신호 등에 있어서 선로 고장이나 기기에 고장이 발생하면 적신호가 명시되는 동작 형식을 이른다.

페히너의 법칙 (── 法則, Fechner's law) 원래의 자극 B가 dB 만큼 변화했을 때 감각의 변화 dS가 dB/B(페히너의 분수)에 비례한다는 법칙. 이를 적분하면 $S=k_{\log} B$가 얻어지며 빛, 소리 등의 세기에 대하여 근사적으로 성립한다. Weber-Fechner의 법칙이라고도 한다.

페히너의 분수 (── 分數, Fechner's constant, Fechner's fraction) 자극 B가 있을 때 이것이 ΔB만큼 변화하면 그 변화를 알 수 있으며 $\Delta B/B$를 페히너의 분수(分數)라고 한다. Weber는 이것이 일정한 것으로 하여 빛의 경우 원래의 자극이 0.01 rlx일 때 0.20, 1 rix일 때 0.037, 100~1,000 rlx일 때 0.017로 최소, 1,000 rlx일 때 0.024가 된다.

펜더 (fender) 완충, 흙받기의 목적으로 설치된 판이다.

펜던트 (pendant) 조명 기구를 설치하는 한 방법. 코드, 쇠사슬, 파이프 등을 써서 천장에 매어달아 놓는 방법으로, 각각 코드 펜던트, 체인 펜던트, 파이프 펜던트 등으로 불린다.

펜던트 스위치 (pendant switch) 코드 끝에 다는 스냅 스위치의 한 종류이다.

펜슬(형)관 (── (形)管, pencil tube) UHF대의 발진, 증폭에 사용할 수 있는 소형 3극관. 라디오 존데 등에 쓰이고 있다.

펜슬 빔 (pencil beam) 날카로운 원추형 빔의 지향 특성을 갖는 방사이다.

펜쥬럼 계전기 (── 繼電器, pendulum relay) 가동 접점 스프링에 흔들이를 붙여 동작시에 일어나는 흔들이의 자유 진동을 이용하여 시간적 지연을 얻는 계전기를 이른다.

펠렛 피뢰기 (── 避雷器, pellet type arrester) 밸브형 피뢰기(避雷器)의 하나로, 과산화납(過酸化鉛)의 분말을 굳혀서 그 표면을 일산화납의 엷은 막으로 덮은 작고 둥근 덩어리를 자기통(磁器筒)에 채워서 직렬 캡을 붙인 것이다. 충격 방전은 일산화납의 층에서 행하여진다.

펠마의 원리 (── 原理, Fermat's principle) 2점 간을 전파하는 전자기파는 전파 시간이 최단이 되는 경로를 취한다는 원리이다.

펠톤 수차 (── 水車, Pelton wheel) 물이 갖는 압력 수두(壓力水頭)를 안내 실(이 경우는 노즐) 안에서 전부 속도 수두로 바꾼 다음 러너에 작용시키는 형의 수차. 낙차가 큰 곳에 쓰인다.

펠티에 계수 (── 係數, Peltier coefficient) (1) 《절대 펠티에 계수》 절대 온도와 물질의 절대 제벡계와의 곱. 부호는 제베크계수의 그것과 같다. (2) 《상대 펠티에 계수》 주어진 재료(이것이 명칭 A-B의 머리에 온다)와 표준 재료(백금, 동, 납 등)로 만들어지는 열전대의 펠티에 계수. 이것은 두 이종(異種) 도체의 접합부에서 흡수되는 펠티에 열의 시간율을 접함점을 통하여 흐르는 전류로 나눈 값이다(아래 식의 π). $P=\pi I$. A-B 열전대에 있어서, 전류가 B에서 A로 흘렀을 때 접합부에서 열이 흡수되었을 때에는 펠티에 계수는 양이다. 열전대의 펠티에 계수는 두 구성 재료의 절대 펠티에 계수의 대수차로 주어진다.

펠티에 효과 (── 效果, Peltier effect) 종류가 다른 두 금속의 접합점을 통해서 전류가 흐를 때 그 접합면에서 줄 열 이외에 열의 발생 또는 흡수가 일어나는 현상. 어떤 방향으로 전류가 흘러 열이 발생했을 때, 전류의 방향을 반대로 하면 그 때는 열이 흡수된다.

편각 (偏角, declination) 진북(眞北)과 컴퍼스 상의 북의 기운 각을 이른다.

편광 (偏光, polarization) 자연광이 일정한 진동 즉 단진동, 타원 진동, 원진동을 할 때의 빛을 편광이라고 한다. 자연광이 반사 또는 굴절(방해석 등에 입사하여)하면 부분 편광이 된다.

편광 광도계 (偏光光度計, polarization photometer) 측광 평형을 잡는 수단으로 편광 프

리즘을 사용하는 광도계. 편광 프리즘 두 장을 평광면 사이의 각을 θ라 하면 이들을 통하는 광도는 $\cos^2\theta$가 된다. 옛날 분광 광도계에 많았다.

편광 측광기 (偏光測光器, polarization photometer) ⇨ 편광 광도계.

편광 필터 (偏光——) (1) polarizing filter 유기 색소의 편향성을 이용한 필터. (2) polaroid filter 브라운관의 영상에서 발생하는 형광 중에 포함되는 유해한 광선을 흡수하기 위한 필터이다.

편조 (編組, braid, braiding) 전선 한 가닥 또는 여러 가닥을 모으거나 꼰 것 위에 씌우는 대편(袋編)을 이른다.

편조기 (編組機, braider, braiding machine) 편조를 하는 기계이다.

편조 선 (編組線, braided wire) 소선(素線)을 한 가닥 또는 여러 가닥 모으거나 또는 꼰 것을 대편(袋編)으로 한 것. 원형 및 평형 두 종류가 있다.

편차 (偏差, deviation) 정확한 값에서 벗어난 값을 편차라 한다.

편토출 스파이럴 수차 (片吐出——水車, single discharge spiral water turbine) 흡출관(吸出管)이 1개인 스파이럴 수차를 이른다.

편파 (偏波, polarization, polarized wave) 자유 공간 내에 방사되는 전자파의 진동면은 보통 안테나상의 전류, 전압 분포에 따라 규정되는 것으로, 이것을 편파라고 한다. 진행하는 평면파의 전자계 성분이 위치 및 시간의 추이(推移)로 그 방향을 변화하지 않는 경우 그 파를 직선 편파라 하고, 전계가 대지에 대해서 수직으로 편파되어 있는 것을 수직 편파, 수평으로 편파되어 있는 것을 수평 편파라고 한다. 또한 위상이 다른 수직 편파와 수평 편파를 조합하면 원편파와 타원 편파가 이루어진다. ⇨ 직선 편파(linear polarized wave), 수직 편파(vertically polarized wave), 수평 편파(horizontally polarized wave).

ㅍ

편파기 (偏波器, polarizer) 전자파에 편파를 주는 장치. 예를 들면 마이크로파 영역에서 원편파를 발생시키는 장치로서, 원형 도파관 도중에 1/4 파장의 유전체판을 전계에 대해서 45° 경사지게 두었을 때, 이 판의 방향의 편파 성분은 이에 직각인 편파 성분보다 전파(傳播)의 위상 속도가 90° 늦어서 원편파로 된다. ⇨ 편파(polarization).

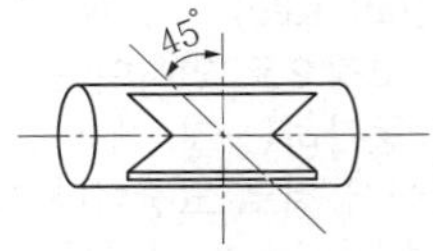

[편파기]

편파 다이버시티 (偏波——, polarization diversity) 송신 안테나에서, 예를 들면 수직 안테나와 수평 안테나의 조합으로 편극(polarization)이 다른 전파를 발사하여 페이딩 등을 경감하려는 방식을 이른다. 또 반대로 송신측은 단일 안테나를 쓰고 수신측에서 조합 안테나를 써도 된다. 단, 이 방식은 현재 실용되고 있지 않으며 마이크로 통신에서는 상당히 효과가 크다.

편파면 (偏波面, plane of polarization) 파동이 특정한 면에서 진동할 때 이것을 편파라고 한다. 이 편파의 진동하는 면을 이른다.

편향 각도 (偏向角度, deflection angle) 브라운관 등의 전자선을 편향하는 각도를 뜻한다.

편향 전극 (偏向電極, deflecting electrode) CRT 등에서 전자 빔을 진동시키기 위해 전압을 공급하는 전극을 이른다. 편향판(deflecting plate)라고도 한다.

편향 제어관 (偏向制御管, deflection control tube) 전자 빔을 편향하여 제어하는 전자관. 일반적으로 상호 컨덕턴스가 매우 커지는 것이 장점이지만 전극 구조는 상당히 복잡하고, 출력 전류도 적다.

편향 중심 (偏向中心, deflection center) CRT의 편향 전 전자 빔의 투사방향의 경로와 편향 후의 전자 빔 경로를 역방향(전자총 방향)으로 연장하였을 때 두 경로가 교차하

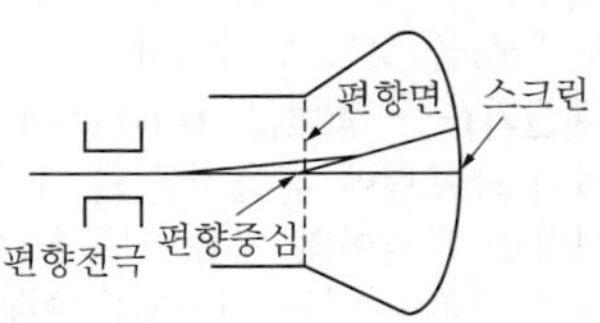

[편향 중심]

는 점을 이른다.

㊟ 편향 중심을 지나 관 축에 직각인 평면을 편향면(deflection plane)이라고 한다.

편향 코일(偏向——, deflecting coil) 텔레비전 등의 전광 또는 광전 변환면을 전자선으로 주사시키는 경우, 전자선의 진행 방향을 전자적으로 편향시키기 위하여 상하 또는 좌우로 마주보게 배치하는 코일을 이른다. ⇨ 편향판.

편향판(偏向板, deflecting plate) 텔레비전이나 오실로스코프의 음극선관에서 전자선을 정전(靜電)적으로 움직이기 위하여 전자선의 통로를 사이에 두고 배치한 두 장의 평행 전극판. 보통 수직, 수평의 각 2조인 4매를 사용한다. ⇨ 편향 코일.

평가 잡음 기전력(評價雜音起電力, psophometric electromotive force) 600Ω의 내부 저항을 가지며, 내부 리액턴스가 없는 전원의 기전력으로, 600Ω의 저항을 가지고 리액턴스가 없는 표준 수화기에 직접 접속된 경우 800Hz로 정현파 전류를 방생하는 기전력을 말한다.

평가 잡음 전압(評價雜音電壓, psophometric voltage) 잡음이 어느 대역 내에 미치는 영향을 보기 위하여 그 대역 내의 잡음으로 환산하여 표시하는 잡음 전압을 말한다.

평각 동선(平角銅線, flat type copper wire, rectangular copper wire) 단면이 평각 모양을 한 동선으로, 경(硬), 반경(半硬), 연질의 것이 있다. 면사, 종이 등으로 절연하여 전기 기기의 권선에 쓰인다.

평각 알루미늄 선(平角——線, flat type aluminum wire, rectangular aluminum wire) 평각 모양을 한 알루미늄 선으로, 면사, 종이 등으로 절연하여 전기 기기의 권선에 쓰인다.

평권 코일(平捲——, flatwise coil) 코일 도체의 긴 변(長邊)을 코일의 축방향이 되도록 감은 코일을 이른다.

평균 고장 간격(平均故障間隔, mean time between(before) failure) 《신뢰성》 약어 MTBF, 몇 개 장치에 대해 시험하여 처음 고장이 발생하기까지의 시간의 평균값, 혹은 수리가 가능한 장치인 경우에는 수리와 다음 수리 때까지 사이의 평균 시간을 이른다.

㊟ MTBF는 몇 가지 장치를 몇 가지의 고장 사고를 통하여 운전하고, 그 총 운전 시간을 고장 횟수로 나누어 구한다. 이 MTBF는 수명 곡선의 평탄한 부분에서 측정하였을 때만 의미를 가지며, 그러한 경우에는 장치의 신뢰성 함수는 $R(t)=\exp(-t/\theta)$로 주어진다. 또 MTBF는 위 식의 θ와 상등하다. 또 이 장치의 θ는 장치를 구성하는 모든 부품의 MTBF를 θ_i로 할 때 $1/\theta=\sum_{i=1}^{n}(1 \geq \theta_i)$ 로 주어진다.

평균 교란 속도(平均攪亂速度, mean velocity of agitation) 기체 분자 또는 대전 입자(帶電粒子)가 열 교란 때문에 운동하는 평균 속도를 이른다.

평균 구면 광도(平均球面光度, mean spherical intensity) 광원으로부터 공간의 여러 방향으로 나가는 광도의 평균값. 전 광속도를 4π로 나눈 것과 같다.

평균 반구면 광도(平均半球面光度, mean hemispherical intensity) 광원의 중심을 통하는 수평면에서 위쪽 또는 아래쪽의 모든 방향에서의 광도의 평균값. 상(하) 반구 광속을 2π로 나눈 것과 같다.

평균 부하(平均負荷, average load) 어떤 기간 동안의 부하 전력의 평균값을 이른다.

평균 수명(平均壽命, mean life) 일군(群)의 시료(試料)에 대한 평균 수명은, 그 시료 개개의 수명의 총계를 전 수로 나눈 값을 이른다. 시료가 많고, 그 불량으로 인한 제외가 시간에 대해서 지수 함수적으로 일어난다고 가정하면, 그 나머지 수가 처음 수의 $1/e$(≒37%)로 될 때의 수명 시간이 그 일군의 평균 수명이 된다.

평균 오차(平均誤差, average error) 오차의 절대값의 평균값을 평균 오차라 한다.

평균 유량(平均流量, average stream flow) 어떤 기간 내의 하천 유향의 계산 평균값이다.

평균 자유 행정(平均自由行程, mean free path) 전자, 원자, 분자 등이 다른 원자, 분자 등에 충돌하면서 운동하는 경우 하나의 충돌에서 다음 충돌까지의 행정의 길이는 일정하지 않고 확률적인 분포 값이 된다. 그 평균을

ㅍ

지칭한다.

평균 적산 수용(平均積算需用, integrated demand) 어떤 기간 동안의 평균 수용 전력으로서, 적산 수용 전력계 또는 부하 곡선의 적산값에서 산정된 것을 뜻한다.

평균 최대 수용(平均最大需用, average maximum demand) 최대 수용전력의 평균값이다.

평균 충돌 회수(平均衝突回數, mean collisional frequency) 전리층과 같은 전리 기체 내에서 전파에 의하여 전자가 중성 분자와 충돌하여 전자의 진동 에너지가 소모하는데, 이 경우의 매초 전자가 충돌하는 평균 회수를 이른다.

평등 장하(平等裝荷, uniform loading) 통신 선로의 장하 방법의 일종. 도선 위에 가늘고 질이 좋은 투자율이 극히 큰 철선을 밀착해서 감고, 선로의 인덕턴스를 증가하여 장하의 목적을 달성하는 방법을 이른다.

평등 장하 케이블(平等裝荷——, Krarup cable) 연속 장하 케이블이라고도 한다. 창시자의 이름을 따서 명명한 것으로, 일반적으로 해저 케이블에 쓰인다. 구조는 심선에 직접 또는 간접적으로 적당한 자성체를 써서 유도량을 연속적으로 부가한 것이다.

평면 교차(平面交叉, level crossing) 보통 도로와 철도 선로가 상호 또는 교대로 1평면상에서 교차하는 것을 이른다.

평면 대지(平面大地, plane earth) 대지를 평면이라고 생각하여, 전파 전파(電波傳播)의 해석을 용이하게 하기 위하여 쓰이는 용어로, 근거리에서는 지구를 평면으로 간주할지라도 시용상 전계 강도에 별로 큰 오차를 초래하지 않는다. 거리가 조금 멀어지면 평면 대지인 때의 전계 강도의 계산값에 보정을 하지 않으면 실측값과 동떨어진 값이 된다. 이 경우의 보정값은 사용 주파수와도 관계가 있다. 또 대지를 평면이라고 생각하면 표면파는 거리의 제곱에 역 비례한 전계 강도가 된다.

평면도(平面圖, plan) 도면 중에서 물체 위에서 투영한 도면을 이른다.

평면 마이카 정류자(平面——整流子, flush-mica commutator) 정류자 표면에서 정류자편(整流子片)과 절연편이 동일한 평면으로 되어 있는 정류자를 말한다. 구리와 절연물의 마모상태가 동일하지 않으므로 하이마이카의 원인이 되는 경우가 있다. 따라서 브러시의 선정에는 주의하여야 한다.

평면파(平面波, plane wave) 등위상면(等位相面)이 일군(群)의 평행한 평면이 되는 파를 이른다. 다이폴에서 방사되어 상당히 멀리 떨어진 경우의 파는 평면파로 간주할 수 있다.

평면 편파(平面偏波, plane polarization) 전계 및 자계의 방향이 서로 직각이고 전파(傳播)방향과 직각인 평면에 있는 파를 이른다.

평복권 발전기(平複捲發電機, flatcompound generator) 전부하 단자 전압이 무부하 단자 전압과 같게 되도록 직권 권선의 기자력을 선택한 복권 발전기이다.

평수량(平水量, six month flow) 1년을 통해서 185일간 이상 저하되는 일이 없는 유량을 평수량이라 한다.

평타권(平打捲, edgewise winding) 동대(銅帶)의 짧은 변(短邊)을 코일의 축방향을 향해서 감은 코일을 이른다.

평탄 이득 제어(平坦利得制御, flat gain control) 주파수 특성을 갖지 않은 이득 제어를 이른다.

평판 콘덴서(平板——, plate condenser) 편평한 판을 전극으로 사용한 콘덴서이다.

평행 2선형 궤전선(平行二線形饋電線, twin lead type feeder) 2개의 도선을 평행으로 하여 그 2개의 선으로 전파를 보내는 선을 말한다. 이 궤전선의 특성 임피던스는 선의 굵기와 선과 선의 간격에 따라 변한다. 평행으로 선형 전선을 사용하면 급전선으로부터의 방사를 거의 생각하지 않아도 되므로 지향성은 공중선 소자만을 생각하면 된다. ⇨ 레체르선(Lecher wire).

평행판 콘덴서(平行——, parallel-plate condenser) 서로 평행한 판을 전극으로 사용한 콘덴서를 이른다.

평형(平衡, balance) 브리지, 전위차계 등의 측정에서, 각 변의 조정이 이루어진 결과로서 검전기가 0을 가리키는 상태를 말한다. 또한 2개 이상의 물리량이 균형이 잡힌 상태가 되어 있는 경우를 말한다.

평형 계전기 (1) (平形繼電器, flat type relay) 철심, 접극자(接極子) 등의 주요 부분이 철판을 꿰뚫고 만들어져, 전체가 평평한 형태의 전자(電磁)계전기. (2) (平衡繼電器, balance relay) 2개 또는 2개 이상의 동종 전기량의 차이가 예정값을 초과했을 때 동작하는 계전기를 이른다.

평형 루프 공중선 (平衡——空中線, balanced loop antenna) 방위 측정기와 전계강도 측정기 등에 사용된 루프 안테나는 대지에 대하여 용량적 불평형이 있으면 수직 안테나 효과를 일으켜 오차 등의 원인이 되기 쉽다. 이 때문에 입력 회로에 평형 회로를 이용하여 이것을 방지하고 있다. 이것을 평형 루프 공중선이라 한다.

평형 방식 (平衡方式, balance system) (1) 비직선적 소자에서 발생하는 일그러짐을 상호 상쇄하도록 하여 그 발생을 막는 방법. (2) 직선 소자의 대칭적인 입력 단자를 가지고 특정 전류를 검출하는 방법. (3) 대지에 대한 불평형을 제거하는 방법 등이다.

평형 복조기 (平衡復調器, balanced demodulator) 그림 (a)는 직렬형 평형 변조기이고 그림 (b)는 병렬형 평형 변조기의 예를 보인 것이다. 그림에 보인 바와 같이 반송파 c는 입·출력 회로에 대하여 중성점에 인가되어 있으며, 따라서 출력에는 p, $c \pm p$가 나타나고 c 및 $2p$, $2c$ 등은 억압되어 나타나지 않는다. 이 예는 금속 변조기의 예로서, 진공관을 사용한 평형 변조기의 경우도 같다. 평형 변조기도 평형 복조기의 경우와 같다.

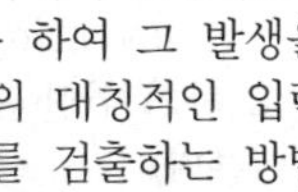

(a)

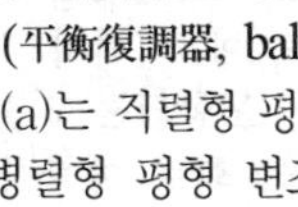

(b)

[평형 복조기]

평형 부하 (平衡負荷, balanced load) 단상 3선식 급전 또는 3상 3선식 급전 등에서 양외선 전류 또는 각 상 전류가 동일하게 되는 부하를 평형 부하라고 한다.

평형 불평형 변성기 (平衡不平衡變成器, balanced-to-unbalanced transformer) (1) 대지에 대하여 평형을 이룬 쌍 케이블과 같은 회로를 1단이 접지되어 있는 증폭기 회로 등에 결합하는 경우에 쓰이는 변성기. 평형 회로의 대지(對地) 평형이 무너지는 것을 방지하는 작용을 한다. (2) balun 마이크로파 전송회로에서 접지에 대하여 평형하고 있는 회로와 동축 회로처럼 한쪽에만 접지 된 불평형 회로를 접속하는 회로를 이른다.

평형 시험 (平衡試驗, balance test) 전기회로 상호 간의 전압 강하가 같은지를 살피는 시험이다.

평형용 가감 저항기 (平衡用加減抵抗器, balancing rheostat) 링 변조기의 반송파 삽입 점에는 소자 저항분 불평형으로 인한 반송파 누설을 억제하기 위하여 양단이 소자 측, 중간 접동자가 반송파 측이 되도록 가변 저항기를 사용하고 있다. 이와 같은 불평형 출력 억압을 위하여 사용되는 가변 저항기를 일반적으로 평형용 가감 저항기 또는 평형 기라고 한다.

평형 용량 (平衡容量, balancing capacity) 여러 쌍(多對)으로 된 케이블의 누화 보상을 위한 용량 결합을 상쇄하는 데 쓰이는 용량을 평형 용량이라 한다. ⇨ 용량 결합.

평형용 회로 (平衡用回路, balancing circuit) 브리지 회로에서, 임의의 임피던스에 대하여 브리지를 평형시키도록 선택된 회로를 평형용 회로라 한다. 4선식, 2선식 전화 회선의 결합부인 하이브리드에서는 2선식측 선로 임피던스에 대하여 하이브리드가 평형하도록 선로 임피던스에 근사한 단자 임피던스가 평형용 회로로 사용되고 있다.

평형 주파수 변환기 (平衡周波數變換機, balanced(frequency) converter) 평행형 엘리먼트로 구성된 변조기이다.

평형 케이블 (平衡——, flat cable) 국내(局內) 케이블의 일종. 여러 층으로 겹쳐 쌓아서 부설된다.

평형 코일 (平衡——) (1) balance coil 저압 단상 3선식 회로에서는 양측 회선의 전압이 그 회로의 부하의 경중에 따라 불평형을 일으킨다. 이것을 시정하기 위하여 쓰이는 단권 변압기를 평형 코일이라 한다. (2) balancing coil 직류 균압기의 중성점을 만들기 위하여 사용하는 리액터이다.

평형 콘덴서 (平衡——, balancing condenser) ⇨ 평형 용량.

평형 통풍 (平衡通風, balanced draft) 압입 통풍(forced draft)과 흡출 통풍(induced draft)이 결합된 것으로, 보통 압입(押入) 통풍기에 의해서 로스톨 아래쪽 또는 버너에 공기 또는 미분탄과 혼합한 공기를 불어넣고 연소로 발생한 열 가스는 흡출하여 통풍기와 굴뚝을 통하여 밖으로 방출된다.

평형 회로 (平衡回路, balanced circuit) 대지에 대해서 서로 같은 임피던스를 갖는 두 점을 구성하는 회로를 평형 회로라 한다. H형 회로, 쌍케이블, 평형 변성기 등이 있다.

평형 회로망 (平衡回路網, balancing network) ⇨ 평형용 회로.

평형 회로용 계기 (平衡回路用計器, balanced load meter) 다상 계기로 전압의 평형을 전제로 하여 만들어진 계기. 예를 들면 3상 무효 적산 전력계의 B방식은 그 일례이다. 이 경우는 반드시 지정 상순(指定相順)으로 사용하여야 한다.

평활 리액터 (平滑——, smoothing reactor) 정류기의 직류 출력회로 등에서 존재하는 전류 변동분을 제거하기 위한 리액터(초크)를 이른다. 내부를 흐르는 전류의 크기에 따라 그 임피던스 값이 변화하는 평활 리액터를 스윙 리액터라 한다. 이것은 철심을 가진 비직선 리액터로서, 낮은 전류에서 큰 인덕턴스를 나타내고, 전류가 증가하면 포화하여 인덕턴스가 감소한다. 전원 필터에서 입력 초크로 사용되고 전압 레귤레이션을 개선하는 효과가 있다.

평활 작용 (平滑作用, smoothing effect) 철심 코일이나 콘덴서로 이루어지는 평활 회로에 의해서 직류 전원의 출력측에 포함되는 리플을 제거하는 작용을 이른다. 즉 직류와 리플 주파수의 교류가 중첩된 것으로부터 일종의 저역 필터를 사용하여 직류만을 꺼내는 작용이다. ⇨ 평활 회로(smoothing circuit).

평활 장치 (平滑裝置, smoothing device) 직류 전원이나 정류기의 출력 속에 포함되는 리플을 제거하기 위하여 전원과 부하 사이에 삽입하는 장치를 이른다. 이에는 보통 평활 회로를 사용하거나 또는 특히 전압이 낮은 경우에는 축전지를 직류 전원에 병렬로 연결한 부동(浮動) 축전지를 사용한다. ⇨ 평활 회로(smoothing circuit), 부동 축전지(floating battery).

평활 전기자 (平滑電機子, smooth core armature) 전기자 철심에 슬롯이 없고 코일을 철심 외부에 감은 주조의 전기자를 이른다. 전압의 맥동을 방지할 목적으로 사용된다.

평활 코일 (平滑——, smoothing coil) 맥류를 평활하여 직류로 만들기 위하여 사용되는 코일. 일반적으로 콘덴서와 결합하는 경우가 많다.

평활 콘덴서 (平滑——, smoothing condenser) 맥류를 직류로 하기 위한 평활 회로에 쓰이는 콘덴서를 이른다.

평활 회로 (平滑回路, smoothing circuit) 직류 발전기나 정류기에 의해서 직류를 얻는 경우에 직류 중에 포함되는 리플을 제거하기 위하여 삽입하는 회로. 예를 들면 그림과 같이 철심 코일이나 콘덴서로 이루어지는 저역 필터로 구성되어 있으며, 그 차단 주파수(cut-off frequency)를 리플 주파수보다 훨씬 작게 택하는 것이 보통이다. ⇨ 평활 장치(smoothing device).

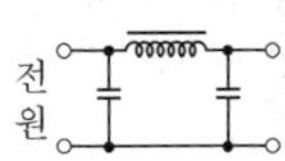

[평활 회로]

폐 (閉, off) 회로를 닫는 것을 뜻한다.

폐기물 처리 (廢棄物處理, waste disposal) 분열 생성물로부터 유용한 동위 원소를 분리 회수한 나머지(폐기물)를 폐기 처리하는 것을 이른다.

폐로 (閉路, closed circuit) 일주하여 완결하는 회로를 이른다. 전기의 경우도 있고 전자기의 경우도 있다.

폐로 전기자 (閉路電機子, closed-coil armature) 전기자 권선이 하나 또는 그 이상의

폐로를 이루고 있는 전기자를 이른다. 직류 기의 전기자는 이에 속하며, 개로 전기자에 대한 반대어이다.

폐루프 이득 (閉—— 利得, closed-loop gain) 폐루프 제어계에 있어서 그 출력단에 나타나는 전압과 입력단에 주어지는 전압의 비율을 이른다.

㊟ 반전 증폭기의 경우에 있어서 만약 오픈 루프 이득이 충분히 큰 때에는 폐루프 이득은 귀환 저항 R_2와 입력 저항 R_1의 비율로 근사적으로 주어진다. ⇨ 반전 증폭기.

폐루프 제어계 (閉—— 制御系, closed-loop control system) 자동 제어계로서, 순방향로, 피드백로, 그리고 가산점에서 형성된 폐루프를 가지고 있으며, 제어되는 양이 측정되어 그 일부가 피드백되고, 이것이 가산점에서 소망하는 동작을 부여하는 기준값과 비교되어 그 편차에 의해 순방향로의 제어 대상에 수정 작용을 하여 편차를 최소가 되도록 구성된 것을 이른다.

폐쇄 계전기 (閉鎖繼電器, lockout relay) 어떤 조건을 구비할 때까지 동작을 저지하는 계전기를 이른다.

폐쇄 모선 (閉鎖母線, metal-enclosed bus) 접지된 금속 울타리 내부의 고정 도체, 그와 관련된 접속, 절연 지주 등의 어셈블리로서, 다음 세 가지 기본적 구조가 사용된다. ① 비 격벽형 ② 격벽형 ③ 변개형(각 상 분리형), ①은 세 상 사이에 격벽(칸막이)을 설치하지 않고 전체를 하나의 함에 수용한 것. ②는 각 상 사이에 격벽을 설치한 것. ③은 각 상을 공간적으로 떨어진 세 개의 함에 각각 수용한 것이다.

폐쇄 배전반 (閉鎖配電盤, metal enclosed switch gear) 주회로 기기 및 감시 제어장치를 수용하고 그 외주의 전후 좌우 및 위면을 접지 금속벽으로 덮은 것. 교류 전력 회로에 사용되는 폐쇄 배전반은 주회로 전압, 보호구조 등에 따라 여러 가지로 분류한다. 전압에 따른 분류는 저압용(교류 600 V 이하), 고압용(600 V를 초과 7kV 이하), 특별고압용(7 kV를 넘은 전압)이다. 저압의 폐쇄 배전반은 로드 센터, 컨트롤 센터라고도 한다.

폐쇄 슬롯 (閉鎖——, enclosed slot, tunnel slot) 슬롯의 개구부(開口部)가 없는 것을 이른다.

폐쇄 시간 (閉鎖時間, closing time) 수차 조속기가 작용하여 안내 날개 또는 니들 밸브가 완전 개방 위치에서 완전 폐쇄 위치에 이를 때까지 요하는 시간. 이 시간은 보통 2~5.5 s로 정한다.

폐쇄 통풍형 전기 (閉鎖通風形電機, enclosed ventilated machine) 특별한 통풍구를 가지고 기타 부분이 폐쇄되어, 이 통풍구에서 자기 통풍 또는 타력(他力)통풍에 의해서 통풍되는 전기 기기를 이른다.

폐쇄형 (閉鎖形, enclosed type) 냉각 공기가 특별히 설치된 통풍구를 통하여 기기의 내부로 출입할 수 있는 구조를 이른다.

폐심형 (閉心形, closed core type) 전자기 회로가 폐회로인 철심을 이른다.

폐자로 (閉磁路, closed magnetic circuit) 전자기 회로에서 투자율이 큰 재료로 만들어진 부분, 즉 철심이 완전히 또는 약간의 공극을 남기고 거의 닫혀 있는 전자기 회로이다.

폐회로 텔레비전 (閉回路——, closed circuit television) 텔레비전 신호를 특정한 수상기에만 보내는 방식. 산업용 텔레비전이나 극장용 텔레비전처럼 특수한 목적에 사용되는 텔레비전은 이 방식에 속한다.

포논 (phonon) 결정 격자의 열진동 에너지로서, 매질 속을 균속도로 운동하는 파속(波束)으로 정의되는 입자의 개념을 가지고 있다. 광자와 마찬가지로 전자와 결정 격자의 상호 작용에 의해서 생성, 소멸 또는 산란한다. 포논이 갖는 에너지량은 $h\upsilon$와 같다. 여기서, h : 플랑크 상수, υ : 열진동의 주파수.

포닉 모터 (phonic motor) 축음기의 원반 회전용의 전동기로, 셰이딩 코일형의 단상 소형 유도기가 많다.

포닉 차 (—— 車, phonic wheel) ⇨ 포닉 모터.

포락선 검파 (包絡線檢波, envelope detection) 수신 신호의 포락선을 검출하는 복조방식으로, 수신 신호를 정류하여 저역 필터를 통해서 포락을 재생하는 것을 이른다.

㊟ 동기 검파처럼 기준 반송파를 필요로 하

Ⅱ

지 않아 간단하지만 두 측파대와 전 진폭의 반송파를 필요로 한다. 포락선 검파, 동기 검파 모두 진폭 변조파를 복조하는 두 가지 주요 복조법의 하나이지만 어느 법을 채용할 것인가는 속도, 대역폭, 비용을 비교할 필요가 있다.

포러스 포트 (porous pot, porous cell) 다공질, 흡수성이 있게 구어진 원통형의 것으로, 밑은 봉해지고 위는 열려 있다. 1차 전지의 2액의 분리에 사용된다. 포러스 셀이라고도 한다.

포르형 극판 (――形極板, Faure type plate) G. Faure가 발명한 경연제(硬鉛製) 그리드에 연산화물 분말의 페이스트를 칠해 넣고 화성(化成)한 축전지의 극판이다.

포물면경 (拋物面鏡, parabolic reflector) 《조명》 포물선을 그 주축을 축으로 하여 회전시켜 생기는 면(面). 즉 회전 포물선 면의 모양을 한 반사경. 그 초점에 있는 점광원(點光源)으로부터 나오는 빛은 반사 후 축에 평행하게 되며, 따라서 대기에 의한 흡수가 없는 한 조도(照度)는 거리에 관계없이 먼 곳에서도 감쇠하지 않으므로, 탐조등이나 투광기에 사용된다. 실제는 광원의 크기가 면의 정점에 포함하는 각만큼 빛이 퍼지고 조도는 멀어질수록 감소한다. 광원으로부터 각 방향으로 발산하는 빛을 좁은 범위 내에 집중하므로 역시 높은 광도를 얻을 수 있다.

포물면 반사기 (拋物面反射器, parabolic reflector) ⇨ 포물면 반사 장치.

포물면 반사 장치 (拋物面反射裝置, parabolic reflector) 전파, 광파 또는 음파를 1방향에 집중하여 방사시키거나 단방향 수파(受波)를 하는 경우에 쓰이는 포물면형의 반사장치이다. 특히 마이크로파에 사용되는 장치는 금속판 또는 철망으로 만들어진 포물면형 반사기의 초점에 안테나를 장치한 것으로, 대단히 지향성이 날카로운 고이득의 빔이 얻어진다. 또한 반사면의 형태에는 2차원 포물면과 3차원 포물면이 있다.

포선 (布線, wiring) ⇨ 전선이나 케이블을 시설하는 것을 이른다.

포선도 (布線圖, wiring diagram) ⇨ 배선도.

포설 (布設, laying) 《케이블》 케이블을 땅속이나 관로 또는 해저 등에 시설하는 것을 이른다.

포스터의 리액턴스 정리 (――定理, Foster's reactance theorem) 순 리액턴스 소자로 구성되는 유한의 2단자 회로망의 구동점 리액턴스는 주파수의 홀수 유리함수로서, 그 함수는 공진 및 반공진 주파수를 부여함으로써 (정계수는 별도로 치고) 완전 결정할 수 있음을 설명한 정리. 구동점 리액턴스는 $-\infty$에서 $+\infty$에 이르는 구간에 의해 구성되어 있다.(영 주파수 또는 ∞ 주파수에 있어서 구간이 영 임피던스에서 출발하거나 혹은 영 임피던스에 끝나는 가는 별도로 치고). 임피던스가 ∞로 되는 점을 극이라 하고, 임피던스가 0이 되는 점을 영점이라 한다.

포인팅 벡터 (Poynting vector) 어떤 전자계(電磁界)에서 전계의 강도 E[V/m], 자계의 세기 H [amp−turn/m]인 점에 있어서는 E와 H를 포함하는 평면에 수직 방향으로 P의 전자 에너지 흐름이 발생한다. 이 P를 포인팅 벡터라 하고 E와 H의 벡터곱으로 나타낼 수가 있다. 즉 $P=E\times H$[W/m^2]이 된다. 오른손의 엄지손가락. 집게손가락 및 가운데 손가락을 서로 직각이 되게 벌리면 세 손가락은 각각 전계 E, 자계 H 및 에너지의 흐름 P의 방향을 가리킨다.

포인팅의 정리 (――定理, Poynting theorem) 표면 S로 둘러싸인 영역 V의 내부에 축적되어 있는 전기 및 전자기 에너지의 시간적 변화율 중 줄 열로 상실되는 것을 예외로 하면 나머지는 표면 S를 통해서 외부로 유출하는, 혹은 S를 통해서 영역 V 내로 유입하는 전자 에너지와 같다는 내용의 정리. S는 단위 면적당 $P=E\times H$[W/m^2]라는 전력 흐름이 존재한다고 가정할 수 있다. E, H는 생각하고 있는 장소의 전계 및 자계의 세기이고 P를 포인팅 벡터라고 한다.

포장 수력 에너지 (包藏水力――, potential hydro-energy) 하천의 기울기와 이용 가능한 유량에 의해서 어떤 기간 내에 개발 이용할 수 있는 전력량을 이른다.

포켈스 효과 (――效果, Pockels effect) 외부에서 인가된 직류 또는 저주파의 교류에 의해서 물질의 광학적 성질이 변화하는 현상을 전기 광학효과라 하는데, 특히 매질의 굴절률이 전계의 세기에 직접 비례하여 변화하는 현상을 1차 전기 광학 효과 혹은 포켈스 효과라고 하고 있다. 또 인가 전계의 두 제곱에 비례하여 변화하는 현상을 2차 전기 광학 효과 또는 커 효과라고 한다. 포켈스 효과는 $LiTaO_3$과 같은 강투전체 혹은 GaAs와 같은 반도체에서 볼 수 있으며, 광 변조, 광 편광 등에 응용되고 있다. ⇨ 커 효과.

포크 결선 (── 結線, fork connection) 고전압 정류에 사용되고 있는 정류용 변압기의 결선법의 하나. 변압기 2차 각 상은 3개의 권선부분으로 나누어져 3개의 성형군이 형성되어 있다. 단순한 6상 결선법에 변압기 교류 권선 (1차 측 권선)의 전류 파형이 개선된다.

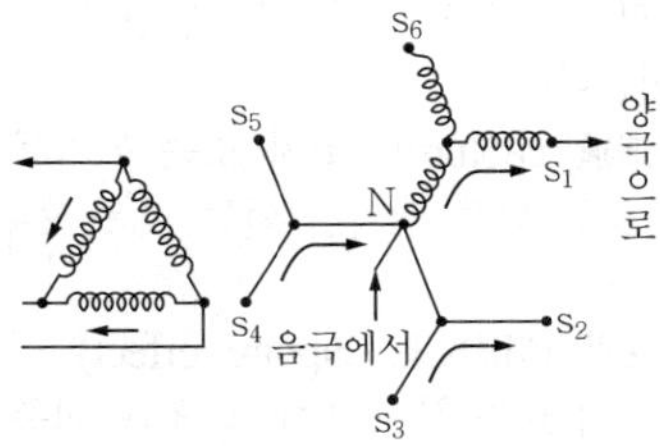

[포크 결선]

포토레지스트 (photoresist) 빛에 노출됨으로써 약품에 대한 내성이 변화하는 고분자 재료를 이른다. 빛에 노출함으로써 약품에 대하여 불용성이 되는 네거형과 반대로 가용성으로 되는 포지형이 있다. 사진 제판이나 반도체 표면에 선택 에칭 처리하는 경우 등에 사용된다.

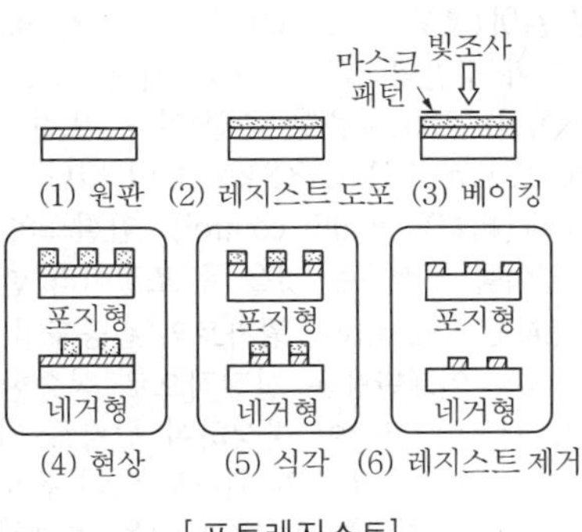

[포토레지스트]

포토루미네선스 (photoluminescence) 광자(보통은 자외 방사, 가시광, 적외 방사 등)로 여기되어 일어나는 루미네선스를 이른다.

포토사이리스터 (photothyristor) 《반도체 디바이스》 pnpn의 4층 디바이스 양단에 전압을 가하여 바깥쪽의 두 접합부를 순방향으로 바이어스한다. 중앙의 역방향으로 바이어스된 접합부에 빛을 조사하면 전자－정공 쌍이 생성되고, 이것이 전계로 가속되어 광 전류가 발생한다. 이 광전류에 의해서 디바이스가 턴온 되는 동작을 하는 것을 이른다.

포토 초 (── 秒, photo-second) 노출의 cgs 단위. $1m \cdot sec/cm^2$에 해당한다.

포토 커플러 (photo-coupler) 빛으로 결합하는 디바이스이다.

포토클라이스트론 (photoklystron) 클라이스트론을 이용한 광검출 장치. 변조된 광 빔이 클라이스트론의 광전 음극을 조사하여 이에 상당한 변조 전자류를 발생한다. 양극은 이들 전자류를 변조 주파수에 공진하고 있는 공동으로 유도하여 클라이스트론의 출력 루프에 소망하는 전기 신호가 취출된다

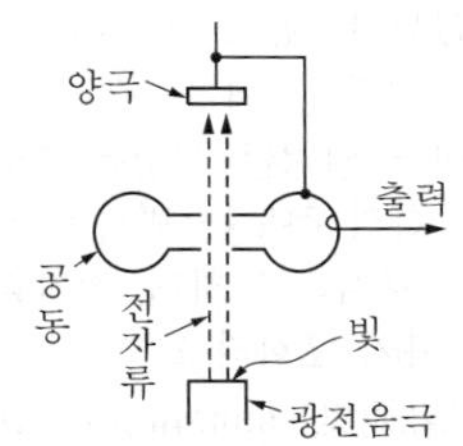

[포토클라이스트론]

포토트랜지스터 (phototransistor) 《반도체 디바이스》 방사를 쪼임으로써 발생하는 캐리어에 의한 전류를 증폭하는 트랜지스터. 하우징이 작은 렌즈를 통해서 베이스에 빛이 쪼여진다. 베이스 접속선을 가진 것과 접속선이 없는 구조의 것이 있다.

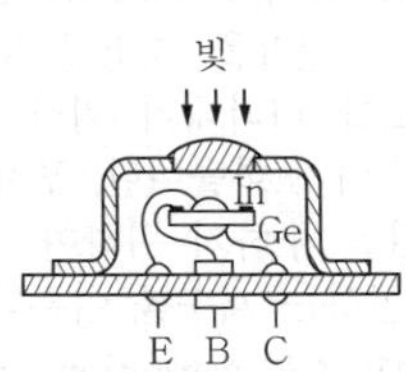

[포토트랜지스터]

포토 포머 (photo-former) 브라운관을 이용한 함수 발생기로서, 브라운관 표면에 준비된 $f(x)$에 비례한 모양의 차례를 만들고 그 상을 전자 빔으로 트레이스 시켰을 때의 제어 편향 전압이 $f(x)$에 비례하는 것을 이용하는 것이다. 절선함수 발생기에 비하여 복잡하지만 복잡한 함수를 정확하게 발생시킬 수 있다.

포트 (phot) 조도의 단위. 기호 ph. 1ph=1m/cm^2=10^4 lm/m^2=10 lx이다.

포트 모터 (pot-motor) 6,000~10,000rpm의 고속도 수직축형 유도 전동기로, 내산, 내수성으로 만들어진 진동을 방지하기 위한 특별한 구조가 필요하다. 또 기동, 제동 시간이 짧아야 하고, 설치·철거 및 분해 조립이 용이해야 한다.

포화 (飽和, saturation) 어떤 양이 일정값까지는 증가하지만 그 이상은 증가하지 않는 현상을 포화라고 한다. 예를 들면, 2극관의 필라멘트 전류를 일정하게 유지하면서 플레이트 전압을 높여 나가면 플레이트 전류는 어떤 일정값까지는 증가하지만 그 이상은 증가하지 않는다. 또 쇠를 자화(磁化)할 때 자화력을 증가하면 쇠가 자화되는 정도는 커지지만 어느 일정값 이상은 자화력을 증대시켜도 자화의 정도는 변하지 않는다. 이러한 현상을 포화라고 하며, 전자를 전류 포화, 후자를 자기 포화라고 한다.

포화 곡선 (飽和曲線, saturation curve) (1) 자화 곡선을 이른다. ⇨ 자화곡선. (2) 전기 기계의 포화곡선이란, 무부하 포화곡선과 부하 포화곡선의 총칭이다.

포화 신호 (飽和信號, saturating signal) 레이더에서 수신계의 동작 범위보다 큰 진폭의 신호를 포화 신호라 한다.

포화율 (飽和率, saturation factor) (1) 갭이 있는 기기의 철심에서 소비되는 기자력의 비를 이른다. 전압을 지정할 필요가 있다. 포화의 정도를 나타내기 위하여 사용된다. (2) 리액턴스의 포화율이란, 포화 상태의 리액턴스의 값을 구하기 위하여 포화가 없는 때의 값에 곱하는 계수를 이른다.

포화 전류 (飽和電流, saturation current) (1) 전리함의 집전 전극 간의 전압이 충분히 높고 모든 이온이 수집되는 상태에서의 이온 전류. (2) 반도체 다이오드에서, 접합부에 인접한 영역 내에서 열적으로 발생한 소수 캐리어가 접합부를 통하여 이동함으로써 발생하는 정상 역전류. (3) 트랜지스터의 베이스와 컬렉터 사이(이미터 접속은 개방)에 흐르는 정상 역전류 I_{CEO}, 또는 이미터와 컬렉터 사이 (베이스 접속은 개방)에 흐르는 정상 역전류 I_{CEO}이다.

포화 증기 (飽和蒸氣, saturated steam) 물을 어떤 압력에서 가열하면 어떤 온도에 이르면 물은 증발을 시작하고, 물이 전부 증발할 때까지 같은 압력 아래서는 온도는 상승하지 않는다. 이 온도를 그 압력에 대한 포화 온도라고 하고, 이와 같은 상태로 증발하는 증기를 포화 증기라고 한다.

포화 코일 (飽和——, saturation coil) 자기 포화의 상태에서 사용하는 철심이 든 코일을 이른다.

포획 (捕獲, capture) 원자 또는 원자핵이 중성자 또는 다른 입자를 얻는 것을 포획이라 한다.

포획 효과 (捕獲效果, capture effect) (1) 트랜스듀서(보통 복조기)에서, 최대 진폭을 가진 입력파가 출력을 제어하는 등의 작용. (2) FM 수신기에 있어서 강한 FM 신호가 같은 주파수 또는 그에 가까운 주파수의 약한 FM 신호를 완전히 억압하는 현상. 약한 전파의 AF 출력을 −30 dB 억압하는 두 전파의 레벨차(데시벨)로 나타낸다. 동일 신호 방해라고도 한다.

폭로 (暴露, exposure) 감광(感光) 물질을 빛에 노출하는 것을 뜻한다.

폭로 길이 (暴露——, length of exposure) 한 교차 구간의 길이. 현재는 최단 275 m(반송 회선), 550 m(음성 회선)이다. 또한 1.1 km, 2.2 km, 4.4 km, 8.8 km 등이 있다.

폭 조절 (幅調節, width control) 임펄스의 시간 길이를 조절하는 것을 폭 조절이라 한다.

폭주 (暴走, runaway) 원자로의 반응도가 정(正)이면 연쇄반응은 발전적으로 상승한다. 조정 기구에 고장이 발생하여 원자로 자체에 자제 작용이 없으면 원자로 안의 온도는 상승하여 마침내는 노심(爐心)을 용해하기에 이른다. 이것을 폭주라고 한다.

폰 (phon) 소음의 크기를 나타내는 척도. 소음은 세기가 같아도 그 성분의 주파수가 다르면 귀에 느껴지는 크기가 다르므로 비교의 기준으로 1 kHz의 순음을 채용하고, 1 kHz의 순음의 크기는 음압 0.0002 μbar를 0 dB로 하여 dB척도로 표시하고, 다른 음은 이것과 비교하여 들어보아 같은 크기라고 판단되는 1 kHz 순음의 크기로 나타낸다. 즉 척도는 dB이지만 소음인 경우에는 이것을 폰이라고 한다.

폰 플러그 잭 (phone plug and jack) 헤드세트나 인터폰을 라디오 수신기 또는 텔레비전 음성 회로에 접속하기 위해 사용하는 1/4~1/8 인치 정도의 작은 접속 부품, 플러그를 삽입함으로써 회로가 닫히는 것과 반대로 열리는 것이 있다. 전화용은 통화 및 제어를 위하여 3단자로 되어 있다.

폴라로그램 (polarogram) 금속 전극을 사용한 전해 분석 과정에서, 전해 전류와 전극 간 전압의 관계를 X－Y 기록장치에 플롯한 것. 전극 표면 상태는 전해의 진행에 따라 불순물의 석출, 표면 박리 등으로 변화한다. 따라서 그 영향을 제거하기 위하여 전해액 속을 적하하는 수은 입자를 한쪽 전극으로 사용한다.

폴러 에코 (polar-echo) 극지 부근을 통과하는 단파는 주파수가 변화하여 신호가 무너지는 일이 있다. 이 주파수 변동은 자극 주변의 전리층 상태가 시간적 및 공간적으로 변화하기 때문에 일어나는 도플러 효과에 의한 것으로 추정되고 있다. 이와 같은 전파를 수신하면 마치 에코처럼 느껴지기 때문에 폴러 에코라 불린다.

폴리 글라스 (polyglass) 진공 봉입에 사용하는 특수 유리 분말이다. 이 분말에 바인더를 혼합하여 진공 봉합용 용기와 함께 가열해서 굳힌다. 트랜지스터용 베이스 등에도 쓰인다.

폴리로드 안테나 (polyrod antenna) 폴리스티렌 등의 유전체 막대를 도파관 또는 동축케이블 끝에 달아 안테나로 한 것. 이것을 다수 배열하여 날카로운 지향성을 갖게 할 수 있다.

폴리스티렌 (polystyrene) 폴리스티롤을 이르는 것으로, 스티롤 수지라고도 한다. 무색투명하고 고주파 절연물로서도 양호하다. 그러나 보존 중에 변질하기 쉽다.

폴리실린더 (polycylinder) 건축 음향 기술에서 실내의 음의 분포를 가급적 고르게 하기 위하여 실내에 다수의 원통면을 갖는 반사체를 배치하여 음파를 산란시킨다. 이 원통면이 벽이나 천정면을 구성하는 경우도 있다. 이와 같은 다수의 원통을 이른다.

폴리아미드 (polyamide) 2염기산(二鹽基酸)과 지아민이 축합(縮合)해서 생기는 아미드 결합에 의한 것의 총칭으로, 이에는 나일론, 아미란 등 전기적, 기계적 성질이 양호한 것이 있으며 합성 섬유 또는 도료로서 전선 등의 절연용으로 쓰인다.

폴리아이언 (polyiron) 도파관과 같은 것 중에서 마이크로파를 흡수 감쇠시키기 위해서 쓰는 것으로, 페라이트 기타 자성 재료의 미재(微材)를 폴리스티롤 수지 속에 분산시킨 것이다.

폴리에스텔 수지 (── 樹脂, polyester resin) 여러 종류의 플라스틱 베이스로 사용되는 수지. 예를 들면 마일러(Mylar) 같은 것으로, 기계적 강도가 강하고 습기에도 강하므로 테이프 상태로 하여 자기 테이프의 기재 등으로 사용된다.

폴리에틸렌 (polyethylene) 에틸렌을 중합시켜 만든 열가소성 수지로, 백색 반투명의 가벼운 고체이다. 유전 손실이 적고 내약품성도 좋지만 내열성이 떨어져 100℃에서 연화(軟化)한다. 고주파 케이블의 절연물로 많이 사용된다. 내열성을 개선하기 위해 방사선이나 초음파를 쪼이거나 다리걸침제를 첨가하여 분자 구조를 망상으로 다리걸침한 것을 가교 폴리에틸렌이라 한다.

폴리 염화 비닐 (── 鹽化 ──, polyvinylloid) 비닐 수지의 한 종류. 착색이 자유롭고 아름다우며 난연성(難燃性), 전기의 절연성이 좋으므로 전선의 피복과 절연 테이프로 쓰인다.

폴리카보네이트 (polycarbonate) 비스페놀과 호스겐을 합성하여 만든 고분자 수지로, 내열성, 전기 절연성이 우수하므로 막상으로 하여 절연물로 사용한다.

폴리클로로프렌 (polychloroprene) 고무상의

화합물이며 전선과 케이블의 피복에 사용되고 습기, 유지, 용제, 화학약품에 견디며 기계적으로도 강하다. 듀퐁사에서는 네오프렌(Neoprene)이라고 한다.

폴리플렉서 (polyplexer) 레이더에서 듀플렉스와 로브 스위치의 기능을 결합한 장치를 이른다.

폴 서포트 (pole support) 전주를 세울 때 밑둥을 구멍쪽에 두고 점차 전주를 일으키면서 구멍에 집어 넣는다. 전주의 원구 등이 사람의 키보다 높아졌을 때 폴 서포트를 써서 전주를 일으켜 세우는 것이다.

폴 컵 (pole cup) 전주 꼭대기 부분의 빗물에 의한 전주의 부식을 막기 위해서 전주 두부(頭部)에 씌우는 금속제의 갓이다.

폴 페어 (pole pair) 예를 들면 6선용 완목을 사용하는 나선로에서, 제3번 선과 제4번 선으로 구성되는 회선은 그 사이에 전주가 끼게 된다. 이 회선을 이른다. 이 회선을 교차시키기 위해서는 특수한 교차용 쇠붙이를 필요로 한다.

표고 (標高, altitude) 해면으로부터의 수직 거리를 뜻한다.

표고 보정률 (標高補正率, altitude correction factor) 기압식(氣壓式) 고도계는 교정점에서의 고도를 고려하여 고도계를 보정한다. 그 계수를 표고 보정률이라 한다.

표면 경화 (表面硬化, case hardening) 철강 표면에 극히 견고한 경화층을 만드는 것을 말한다. 철강 표면의 탄소 농도를 증가시켜 침탄층(侵炭層)의 깊이 정도에 따라 적당한 열처리를 병용하는 방법. 시안화법, 질소 경화법이 있다.

표면 누설 (表面漏洩, surface leakage) 절연물에 전압이 가해지면 그 표면을 통해서 흐르는 얼마간의 전류를 표면 누설 전류라 한다.

표면 밀도 (表面密度, surface density) 어떤 양이 어떤 표면에 분포되어 있을 때 그 표면의 단위 면적에 대한 양을 이른다. 예를 들면, 도체 표면을 흐르는 전류의 표면 밀도를 전류 표면 밀도라 한다.

표면 배선 (表面配線) (1) front wiring 배전반 등에서 계기, 계전기, 스위치 등을 부착한 반(盤)표면에 마련된 배선. (2) surface wiring 전화 교환용 계전기 장치 등에서 각 부품의 전기적 접속을 할 때 절연 전선을 부착판 표면을 따라서 하는 배선방법을 이른다.

표면 복수기 (表面複水器, surface condenser) 세관(細管) 안쪽에 냉각수를 통하게 하고, 그 바깥쪽에 증기를 접촉시켜 그것을 응축(凝縮)하는 형의 복수기이다.

표면 음향파 (表面音響波, surface acoustic wave) 약어 SAW, 고체 혹은 액체 표면을 따라서 전파하는 음향파로서, 물질 내부를 전파하는 벌크파보다 그 전파 속도가 느리다. 신호 등화, 지연, 기억 등의 목적에 사용된다. ⇨ 음향파 디바이스.

표면 장벽 (表面障壁, surface barrier) 반도체 표면에 있어서 캐리어의 포획으로 형성되는 표면의 전위 장벽을 이른다. 장벽의 실효 면적은 점접촉형 트랜지스터의 장벽에 비해서 매우 크다. 기호는 V_s이다.

[注] 표면 전위를 ϕ_s, 벌크 전위를 ϕ_B로 하면 양자의 차가 표면 장벽 전위 V_s이고 ϕ_B와는 역극성을 가지고 있다.

표면 저항률 (表面抵抗率, surface resitivity) 절연물 표면의 저항을 상대하는 극 사이의 $1cm^2$의 저항으로 환산한 것을 이른다.

표면 접속 (表面接續, front connection) 배전반등에서 계기, 계전기, 스위치 등을 부착한 반표면(盤表面)에 전기적 접속을 하는 것을 표면 접속이라 한다.

표면 접촉식 (表面接觸式, surface contact system) 제3레일식 전기 철도로, 차량의 집전주(集電舟)와의 접촉면이 제3레일의 표면에 있는 방식을 이른다.

표면파 (表面波, surface wave) 도체면을 통하여 전파되는 전파를 표면파라 한다. Sommerfeld가 최초로 발견한 것으로서, 이것은 도체가 완전 도체이면 존재하지 않게 된다. 그 후 G. Goubau의 연구에 의해서 도선상을 적은 손실로 전송하는 표면과 전송력이 고안되었다(G-line). 지표면의 전파(傳播)에서는 주파수가 높을수록 감쇠는 커진다.

표면형 (表面形, surface type) 배전반용 또는 패널용 계기의 하나로, 반 표면에 부착하는 형이다. 형상, 치수는 별도로 규정하고 있다.

표시 계전기 (表示繼電器, indication relay) 철도의 신호 보안용 계전기의 하나로, 전철기(轉轍器)의 정위(定位)나 반위(反位) 또는 그 동작에 따라 표시하는 계전기이다.

표시기 (表示器, annunciator, indicator) 전압, 전류값 등을 표시하거나 또는 기타 필요한 양을 지시하는 기기 및 계기를 이른다.

표시 방전관 (表示放電管, discharge indicator tube) 기체 방전의 발생을 이용하여 숫자, 문자, 부호 등을 표시하는 방전관, 액정이나 발광 다이오드(LED)를 사용한 표시장치(소자)와 대비된다.

표시선 (表示線, pilot wire) ⇨ 감시선.

표시선 레귤레이터 (表示線——, pilot-wire regulator) 송전 선로의 이득 또는 손실이 온도에 따라 변화하는 것을 보상하기 위하여 사용하는 자동조정장치로서, 송전선로 도체와 같은 온도 특성을 가진 보조 도체(또는 표시선)의 저항 변화를 이용하여 조정 동작을 하도록 한 것이다.

표시선식 보호방식 (表示線式保護方式, wire-pilot protection system) 표시선이라고 불리우는 신호 회로를 사용하여 회선 양단에 설치된 계전기 사이의 연락을 유지하도록 하여 고장을 판정해서 보호하는 방식. 파일럿 보호방식이라고도 한다. 그림의 화살표는 평상시의 통전 방향을 나타내지만 고장이 발생하면 우측 계전기에서는 전류방향이 반전한다.

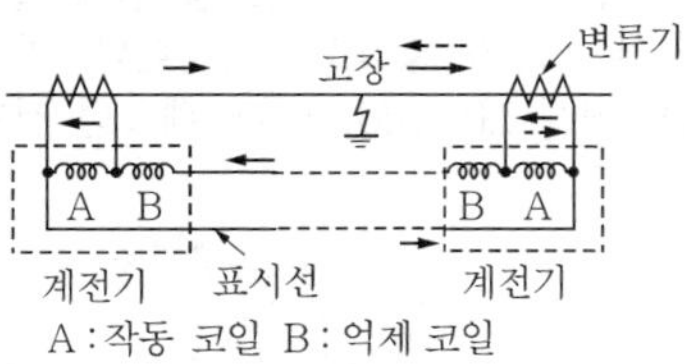

[표시선식 보호방식]

표시 전지 (表示電池, pilot cell) 다수의 전지를 취급할 경우에 그 중 소수의 전지를 골라 전 전지의 특성을 대표케 하여 관리를 용이하게 한다. 이 소수를 대표하는 전지를 표시 전지라고 한다.

표시 제어 스위치 (表示制御——, display control switch) 미국 AEI사의 콜 인디케이터에서 임펄스의 축적이 전부 끝났을 때 그 레코더를 선택 포착하여 번호 표시반의 램프를 점화시키는 회전 스위치를 이른다.

표유 부하 손 (漂遊負荷損, stray-load loss) 전기 기기의 부하 상태에서 부하 전류 때문에 권선의 도체 및 권선 가까운 철심 등에 표유 자속을 일으켜 그로 인하여 그 속에 와류 손(渦流損)을 발생한다. 이것은 무부하 상태에서는 측정을 할 수 없거나 또는 대단히 곤란하다. 이 손실을 표유 부하 손이라 한다.

표유손 (漂遊損, stray-loss) ⇨ 표유 부하 손.

표유 용량 (漂遊容量, stray capacity) 배선 기타 어디에나 분포되어 있는 정정 용량을 이른다.

표유 자계 (漂遊磁界, stray magnetic field) 예상 외의 곳으로부터 스며든 자계를 뜻한다. ⇨ 표유 전(자)계.

표유 자속 (漂遊磁束, stray flux) 누설 자속과 같다. 전기 계기를 사용할 때 외부의 자계로 인한 자속 때문에 오차를 일으킨다. 이 자속을 표유 자속이라고 한다.

표유 전(자)계 (漂遊電(磁)界, stray field) 예상 외의 곳으로부터 새 나오는 전(자)계를 말한다. 대개는 그 원천이나 특성을 규명하기가 곤란하므로 그 대책이 문제가 된다. 그리고 진공관의 표유 용량 및 변압기에서 표유 부하손을 초래하는 유인(誘因)이 된다. ⇨ 표유 용량(stray capacity), 표유 부하 손(stray-load loss).

표유 전류 (漂遊電流, stray current) 회로를 구성하는 도체를 통해서 흐르는 전류의 일부는 도체 간의 절연 불량 및 표유 용량 등으로 인하여 도체 밖으로 새 나온다. 이와 같은 전류를 표유 전류라 한다. 주파수 및 전압이 높아지면 상당히 큰 양으로 된다.

표준 (標準, standard) 비교할 때의 기준을 표준이라 한다.

표준 감도 (標準感度, factor of merit, normal sensitivity) 표준계의 감도를 나타내는 것으로, 저항 1Ω, 주기 10 s의 검류계로 환산한 전류 감도를 이르며, 검류계의 성능을 비교하는 데 사용된다.

표준 공중선 (漂準空中線, standard antenna) 수신기의 성능을 시험하기 위해 사용하는 공중선(artificial antenna). 통상 신호 발생기 및 수신기 사이에 접속된다.

표준 규격 (標準規格, standard) 기기(機器), 재료 및 시험방법 등의 제정된 기준을 이른다.

표준기 (標準器, standard) 비교할 때 기준이 되는 기기로, 표준 저항기, 표준 전지, 표준 인덕턴스, 표준 콘덴서, 기타 측광 표준기, 음향 표준기 등이 있다.

표준 로란 (標準——, standard loran) 로란 방식에서 주국, 종국 간의 동기를 잡는 데 지표파를 사용하는 것을 이른다.

표준시 (漂準時, standard time) 영도(零度) 경도 선의 시각을 기준으로 하여 하루의 어떤 시각을 나타내는 국제 표준시 또는 그리니치 표준시(G.M.T)와 영도의 경선에서 15도씩 사이를 격할 때마다 1시간씩 시간 간격을 둔 지구 표준시가 있다. 우리 나라는 동경 135°를 기준하며 한국 표준시(K.S.T)는 G.M.T보다 9시간 빠르다.

표준 시험 주파수 (標準試驗周波數, standard test frequency) 방송 수신기의 성능을 시험하는 데 사용하는 주파수이다.

표준 신호 발생기 (標準信號發生器, standard signal generator) 교정된 확도가 높은 주파수 및 전압을 발생하는 장치를 이른다. 일반적으로 수신기 등의 시험에 사용하며 광범위한 주파수를 발생하는 것과 어떤 특정한 주파수를 발생하는 것이 있다. 또 출력 신호는 변조되는 것이 있다.

표준 온도 (標準溫度, standard temperature) 피측정물 또는 시험의 규정 조건의 하나로서, 채택한 온도의 표준치이다. 우리 나라 규격에는 보통 표준 온도로는 20℃가 채용되고 있다.

ㅍ

표준 인덕턴스 (標準——, standard inductance) 자기 및 상호 인덕턴스의 2차 및 상용 표준기에는 보통 1~0.0001 H까지 있다. 파라핀 처리를 한 경질 목재 및 대리석, 사문석(蛇紋石) 등의 테두리에 면권 동선을 감아 파라핀을 진공 함침한다. 자기 케패시턴스를 적게 하기 위하여 특히 감는 방법과 순서에 특별한 연구가 적용되며, 표피작용을 적게 하기 위하여 리츠선을 사용한다.

표준 저항기 (標準抵抗器, standard resistance) 전기 저항의 표준기로, 보통 망가닌 선으로 만들어진다. 단자는 접촉저항이 적고 일정하게 하기 위하여 굵은 동봉(銅棒)을 사용해서 그 선단을 아말감으로 하여 수은 컵 속에 담가서 사용한다. 교류용은 시정수를 적게 하기 위하여 저항률이 높은 콘스탄탄 선 등을 사용한다.

표준 전극 (標準電極, standard electrode) 절연물의 고유 저항 시험, 유전 정접 측정(誘電正接測定), 절연 파괴 및 내전압(耐電壓) 시험 등에 사용되는 시험용 전극으로, 규격 등으로 정해진 표준 전극을 이른다.

표준 전극 전위 (標準電極電位, standard electrode potential) 반응에 관계되는 모든 물질이 활량(活量) 1의 상태에 있을 때의 전극의 단위이다.

표준 전류계 (標準電流計, standard ammeter) 전류력계형(電流力計形)의 0.2급 전류계는 휴대용 또는 배전반용의 계기 보전용, 즉 표준 전류계로 사용할 수 있다. 실험소용은 이에 속한다.

표준 전압계 (標準電壓計, standard voltmeter) 전류력계형(電流力計形)의 0.2급 전압계는 휴대용 또는 배전반용 계기의 보전용, 즉 표준 전압계로 사용할 수가 있다. 실험소용이 이에 속한다.

표준 전지 (標準電池, normal cell, standard cell) 황산 카드뮴의 포화 용액을 전해액으로 사용한 중성 포화형 카드뮴 전지(실제로는 산성 전지가 많다.)가 사용된다. 기전력은 20℃에서 1.018636 V이다. 웨스턴 전지라고도 한다.

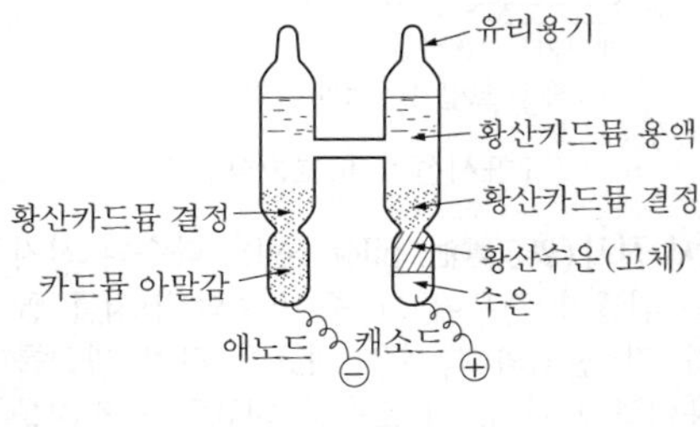

[표준 전지]

표준 전파 (標準電波, standard wave) 매우

정확한 주파수의 전파(오차 ±2×10^{-8}이내)로서, 주파수의 표준으로 발사하고 있는 것을 말한다. 이 전파에는 정확한 시간 및 시각을 알리기 위한 시보 신호와 전파 전파(傳播)의 이상을 알리는 전파경보 등을 싣고 있는 경우도 있지만 그것은 표준 전파의 본래의 목적은 아니다. 애틀랜틱 국제 무선통신회의에서는 2.5, 5, 10, 15, 20 및 25MHz의 6종의 주파수를 정하고 있다.

표준 조정(標準調整, standard adjustment) 전화 교환기용 기구 및 계전기 등의 성능을 확보하기 위해 정해진 규격. 또는 그 규격에 합격 하도록 전기적 및 기계적인 조정을 하는 것을 이른다.

표준 주파계(標準周波計, standard wave-meter) 주파수 측정용 표준 계기. 보통 수정시계를 사용하며 이 기본 발진기로 주파수 측정용 전파계를 교정해서 측정하는 장치를 이른다.

표준 주파수 신호(標準周波數信號, standard frequency signal) 주파수 표준을 부여하기 위하여 표준 유지기관에 의해 방사되는 정확하고 안정된 주파수의 신호 전파. 미국에서는 표준국(NBS)의 WWV국(콜로라도주, 볼터)에 의해 각시(刻時) 신호와 함께 시간을 정하여 2.5, 5, 10, 15, 20, 25, 30 및 35 MHz의 신호가 방사되고 있다. 무선 기기의 교정과 시험에 이용된다.

표준 케이블(標準——, standard cable) 측정할 때 사용되는 표준 용량, 표준 저항을 지닌 케이블을 이른다.

표준 콘덴서(標準——, standard condenser) 표준으로 사용되는 콘덴서. 표준 콘덴서로는 공기 콘덴서, 마이카 콘덴서 등이 있다.

표지(標識) (1) marker, sign 모양, 색깔 등으로 물건의 위치, 방향, 조건 등을 나타내는 것. (2) beacon ⇨ 비컨.

표피 효과(表皮效果, skin effect) 도체를 흐르는 교번 전류와 철심 중의 교번 자속(交番磁束)은 와동(渦動) 전류의 발생 때문에 그 표피에 가까운 부분에 모이는 경향이 있다. 이것을 표피 효과라 한다. 교번 주파수가 높을수록 심하게 나타난다. 이 결과로 실효적인 전기 저항 및 전자기 저항이 증가한다.

푸르키니에 효과(——效果, Purkinje effect) 《조명》 밝은 곳에서는 같은 밝기로 보이는 적색과 청색이, 침침한 곳에서는 적색은 어둡게, 청색은 밝게 보인다. 이것은 시감도(視感度)가 변하기 때문에, 즉 명순응안(明順應眼)에서는 시감도의 극대가 555mμ에 있지만 암순응안에서는 507mμ으로 옮겨지기 때문이다.

푸리에 급수(——級數, Fourier series) 임의의 단값(單値) 주기 함수는 기본 각 주파수 $\omega(=2\pi/T)$ 및 그 수 배의 주파수를 가진 일련의 조파(調波)의 집합으로 표현할 수 있다는 정리(定理). 이처럼 임의의 복잡한 주기파를 그것을 구성하는 조파로 분해하는 프로세스를 푸리에 분석(Fourier analysis)이라 한다. 기본 주기 T가 무한대로 된 경우, 즉 비 주기파의 경우에는 푸리에 적분의 형태를 취한다.

푸리에 변환 홀로그램(Fourier transform hologram) 홀로그램 면에서의 물체파 및 참조파의 복소 진폭 분포가 각각 물체 및 참조 광원의 복소 진폭 분포의 푸리에 변환이 되는 경우의 홀로그램을 지칭한다. 홀로그래픽 메모리, 공간 주파수 필터링 등에 응용된다.

푸리에 적분(——積分, Fourier integral) 적당한 수학적 조건을 만족시키는 단값 비주기 함수는 다음과 같은 푸리에 적분으로 주어진다.

$$x(t)=\frac{1}{2\pi}\int_{-\infty}^{\infty}X(\omega)e^{j\omega t}d\omega$$

$$X(\omega)=\int_{-\infty}^{\infty}x(t)e^{-j\omega t}dt$$

이 두 관계를 푸리에 변환이라고도 한다.

㈜ 위의 두 관계는 물리적으로는 비주기 시간 함수 $x(t)$는 주파수 영역에 있어서 $X(\omega)$의 스펙트럼을 갖는 것을 의미하고 있다. 물론, 변수 t는 시간이 아니고 위치 그 밖의 경우일 수도 있다. 2차원의 공간 함수 $f(x, y)$의 푸리에 변환도 본문과 마찬가지로 정의되지만 예를 들면 영상 처리에 있어서 크기가 한정된 영상면 $f(x, y)$를 N^2개의 요소(이미지 어레이)로 분할하고 각 요소의 영상 정보를 샘플링하는 경우에는 한쪽(one sided)만큼, 즉 변수의 정값(正值)만큼 한정된 이산적인 푸리에 변환(discrete Fourier transform, DFT)을

정의하면 편리하다.

푸셔 표시기 (── 表示器, demand pusher indicator) 《수용계》 적산형 수용계의 경우 디맨드 푸셔의 위치를 표시하는 것이다.

푸시 버튼 (push button) 전신의 중계 교환방법의 하나. 수신 천공(穿孔)테이프를 읽어 보내는 곳에 따라 사람의 손으로 버튼을 눌러 전보의 행선지를 지시하는 방법을 이른다.

푸시 버튼 소켓 (push-button socket) 소켓의 일종이다. 스위치의 점멸을 푸시 버튼으로 하는 것을 이른다.

푸시 버튼 스위치 (push-button switch) 버튼을 누름으로써 온-오프 하게 되어 있는 스위치를 이른다.

푸시 폰 (push-phone) 푸시 버튼을 사용하는 터치톤식 전화기에 대하여 NTT가 부여한 명칭. 0에서 9까지의 10개 숫자에 *, #의 특수 기능을 부가한 12개의 버튼이 있으며 단축 다이얼을 이용하면 시외와 국제 전화도 3회의 터치로 접속된다.

㈜ 푸시 버튼을 누르면 두 주파수에 의해 신호음이 보내지고 이것이 펄스 신호로 변환된다.

푸시풀 (push-pull) 한 쌍의 것이 서로 성질이 반대로 되어 있어서, 예를 들면 한쪽이 누르는 작용을 하게 되면 다른 쪽은 끌어당기는 작용을 하는 성질을 말한다.

푸시풀 동작 (── 動作, push-pull operation) (1) 《전송 선로》 평형 2선 선로의 임의의 장소에서 한 쪽 도체에 어떤 파형의 전류가 흐르고 다른 쪽의 도체에는 같은 전류가 역방향으로 흐르는 것. 각 도체의 그 장소의 대지 전압도 역극성이다. (2) 《증폭기》 인접한 두 증폭 디바이스를 서로 역위상으로 동작하도록 한 증폭기로서, 출력 회로에는 각 디바이스의 출력 전류의 차가 흐른다. (3) 《변압기》 센터 탭을 가진 변압기로서, 푸시풀 증폭기에 사용된다.

ㅍ

푸시풀 발진기 (── 發振器, push-pull oscillator) 2개의 진공관을 써서 대칭적으로 접속시켜 발진 회로를 형성하는 것으로, 2개의 진공관은 서로 반대 위상이 되어 발진 출력이 크고 안정되어 있고 또한 짝수 조파(調波)의 발생이 적다.

푸시풀 증폭기 (── 增幅器, push-pull amplifier) 2개의 진공관을 접지에 대해서 대칭적으로 접속한 증폭기. 동작을 그림으로 표시하면 밀고 당기고 하면서 서로 동작하는 것처럼 보이므로 이런 이름이 붙었다.

푸아송의 방정식 (── 方程式, Poisson's equation) $\frac{\partial^2 V}{\partial x^2}+\frac{\partial^2 V}{\partial y^2}+\frac{\partial^2 V}{\partial z^2}=-\frac{\rho}{\varepsilon}$ 으로 주어지는 방정식. 예를 들면 ρ의 밀도로 분포되어 있는 전하의 장에서의 전위는 위의 식으로 주어진다. ε은 매질의 유전율이다.

푸트라이트 (footlights) 무대 조명 기구의 하나이다. 위쪽 빛만으로는 배우의 얼굴 밑에 그림자가 생기므로 그것을 없애기 위해 무대 앞 끝에 일렬로 광원을 배치한다. 100W 정도의 전구에 반사갓을 붙인 것을 연결한 형을 이루고, 3~4 회로로 나누어 백색, 호박색, 청색, 적색 등의 색이 있다. 보통 조광기에 넣는다.

풀 (pull) 《계전기》 전자 계전기의 접극자(接極子)에 대한 흡인력을 뜻한다.

풀러 전지 (── 電池, Fuller cell) 1차 전지의 일종인 중력(重力) 전지를 이른다.

풀링 아이 (pulling eye) 《케이블》 동축 케이블을 지하 관로에 인입시키기 위하여 사용하는 공구의 하나로, 장력은 out layer와 케이블 연피에 걸리게 되어 있다.

풀 박스 (pull box) 금속관 공사에서 배관이 긴 경우 전선을 끌어들이는 것을 쉽게 하기 위해 도중에 설치해 놓는 박스이다.

풀 소켓 (pull socket) 소켓의 하나로, 스위치의 조작을 쇠사슬 또는 끈 같은 것으로 조작하는 소켓. 현재는 별로 사용되지 않고 있다.

[풀 소켓]

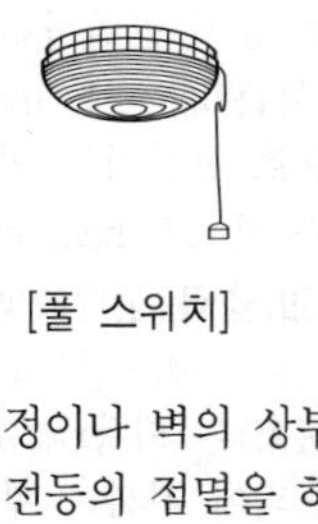

[풀 스위치]

풀 스위치 (pull switch) 천정이나 벽의 상부에 설치하고 끈을 당겨서 전등의 점멸을 하는 단극 스냅 스위치이다.

풀 아웃 (pull out, step out) 동기기가 부하의 점증 또는 급변 등으로 인하여 동기 속도에서 벗어나 운전이 불가능하게 되는 현상. 스텝 아웃이라고도 한다.

풀 오프(pull off) 전기 철도의 곡선 궤도에서 트롤리선을 바른 위치에 유지하기 위하여 사용되는 금속 기구를 이른다.

풍랭식 변압기(風冷式變壓器, aircooled transformer) 송풍기로 냉각용 공기를 불어넣어 냉각하는 변압기를 풍랭식 변압기라 한다.

풍랭식 수은 정류기(風冷式水銀整流器, air-cooled mercury rectifier) 수냉식 수은 정류기에 사용하는 물은 순수한 물을 필요로 하므로 경비가 많이 드는 수가 있다. 특히 물을 사용하지 않고 설치한 송풍기로 냉각하는 수은 정류기를 말한다. 송풍기는 보통 기체의 최하부에 설치하고 바람은 냉각실 주변을 통해 상부로 나간다. 음극은 과냉(過冷)을 피하기 위해 바람의 영향을 받지 않도록 한다.

풍동(風洞, air duct) 풍도(風道)라고도 한다.

풍력 발전소(風力發電所, wind power plant, wind power station) 풍차를 통해서 풍력 에너지를 회전 운동으로 바꾸어 발전기를 구동하는 발전소이다.

풍력 저항(風力抵抗, windage resistance) 열차가 진행할 때 공기에 의해서 발생하는 저항력을 풍력 저항이라 한다.

풍력 하중(風力荷重, wind load) 풍압 때문에 지지물에 가해지는 하중. 전선로에 직각 방향으로 가해지는 하중으로는 지지물, 애자 및 전선의 투영면에 대한 풍압. 전선로 방향에 가해지는 하중으로서는 지지물 및 애자의 투영면에 대한 풍압이 있다.

풍손(風損, windage loss) 회전기의 회전자와 공기 사이의 마찰에 의한 손실을 이른다.

풍수기(豊水期, wet season) 1년 중에서 하천 유량(流量)이 비교적 많은 시기를 풍수기라 한다.

풍수량(豊水量, three month flow) 1년을 통해서 95일간 이보다 낮아지지 않는 유량을 이른다.

풍압(風壓, wind pressure) 공기의 유동에 따라 생기는 압력이다.

풍차(風車, wind turbine) 풍력으로 회전하는 원동기를 풍차라 한다.

풍향 지시기(風向指示器, wind direction indicator) 공항에서 풍향을 표시하기 위하여 설치되는 것으로, 정확한 풍향을 알려주고 또한 항공기 및 관제탑으로부터 시인(視認)이 용이한 장소에 설치된다. 통상 3.5~4 m 정도 나부끼게 하고, 그 위쪽 1.5 m에 100~200W의 갓이 달린 전구 4개를 달아 조명한다. 풍향등, 풍향기 등으로 불린다.

풍화 작용(風化作用, weathering) 풍우, 한서, 공기 등의 작용으로 암석 등이 지표 또는 그 가까운 곳에서 변화를 하여 분해되고 파괴되는 것을 말한다. 풍화는 물리적 변화 및 화학적 변화로 구분되며, 일반적으로는 두 가지 변화가 동시에 진행된다.

퓨즈(fuse) 과전류 보호장치의 일종. 단락 전류 및 과부하 전류를 자동적으로 차단하는 가용체(납, 납·주석의 합금 또는 아연 등)로 만든다.

퓨즈 경보(—— 警報, fuse alarm) 전기 설비의 보호용 퓨즈가 절단된 것을 보선공에게 알리는 경보를 이른다.

퓨즈 반(—— 盤, fuse board, fuse panel) 여러 곳에서 사용되는 퓨즈를 다루기 편리하도록 한 곳에 모아 반면에 부착한 것을 이른다.

프라운호퍼 선(—— 線, Fraunhofer's line) 태양 스펙트럼에 존재하는 많은 흡수 현상에 의한 흑선을 뜻한다.

프라이밍(priming) 보일러의 수면이 지나치게 높을 경우, 수면의 변동이 심하거나 또는 증발률이 급격히 증가했을 경우 등에 생기는 물기이다.

프라이빗 뱅크 접점(—— 接點, private bank contact) 자동 교환기의 프라이빗 뱅크의 접점을 이른다.

프라이빗 선(—— 線, private wire) 자동교환기에서 통화선과는 별도로 통화 중 시험 및 접속의 유지, 복구를 관할하기 위해서 사용되는 교환국 내 중계선의 제3선을 프라이빗 선이라 한다.

프란시스 수차(—— 水車, Francis turbine) 압력 수두(壓力水頭)의 대부분이 러너 속에서 사용되는 수차(반동 수차)의 일종. 중낙차(中落差)에 주로 사용되며, 비교적 다수의 슈라우드 날개를 가진 수차이다.

프레넬 대역 (—— 帶域, Fresnel zone) 눈으로 볼 수 있는 역내(域內)로 직접파 및 회절파(回折波)가 간섭하는 영역. 전파가 산맥 등을 횡단하여 통과하는 경우 그림과 같이 수신 지점의 전계의 세기에 강약의 얼룩이 생겨서 자유 공간의 전계 강도를 1이라 하면, 눈으로 볼 수 있는 위치에서는 0.5, 제1 프레넬 영역의 최대값은 1.2, 제2 이상의 프레넬 대역의 최대값은 점차 작아져서 결국 1로 수속(收束)된다.

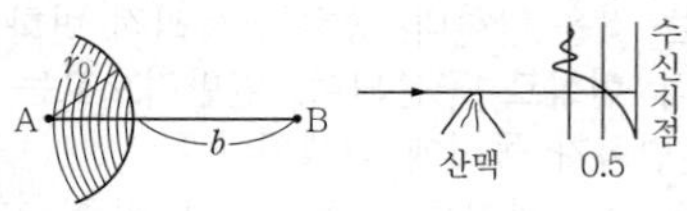

[프레넬 대역]

프레넬 렌즈 (Fresnel lens) 집광용(集光用)의 블록 렌즈로 많은 광속을 얻고자 하면 초점 거리가 짧아지므로 살이 두꺼워진다. 이 때문에 무거워지고 광의 흡수도 증가하므로 여러 개의 원환상(圓環狀)의 띠로 나누어 중심 주변의 부분을 얇게 한다. 발명자 J. A. Fresnel(1788~1827년)의 이름을 따서 프레넬 렌즈라 부른다. 결상용 렌즈로는 사용하지 않는다.

프레모다인 (fremodyne) 주파수 변조용 수신기. 초재생 및 슈퍼헤테로다인을 사용한 간단하고 감도가 좋은 방식이다.

프레스 보드 (pressboard, pressplank) 무명, 삼, 우드 펄프 등의 식물 섬유로 뜬 습지를 겹쳐 놓고 가압 건조시켜 롤에 걸어 만든 것. 전기 기기의 절연용으로 쓰인다.

프레온 (Freon) 디클로로디플루오르메탄(CCl_2F_2)의 상품명. 부식성이 없는 무색, 무취의 기체로서 물에 녹지 않는다. 냉동제, 에어로졸 발사제 등으로 사용한다.

[주] 메탄, 에탄 등의 플루오르 치환체를 일반적으로 플론(flon)이라 한다. 대기 중의 오존이 갖는 자외선 차폐 효과에 유해한 작용을 하므로 문제가 되고 있다.

프레임 주파수 (—— 周波數, frame frequency) 주사(走査)로 만들어지는 텔레비전의 완성된 화면. 영화의 한 장면에 해당된다. 즉 프레임 주파수는 매초 상수(像數)와 같게 된다.

프로그래밍 (programing, programming) (1) 주어진 일을 수행하기 위해 설계된 일련의 사상의 순서가 짜여진 명세표를 작성하는 것. (2) 임의의 전원 장치의 출력 전압, 출력 전류 등을 외부 혹은 원격지의 가변 제어 요소(예를 들면 가변 저항, 가변 전압 혹은 전류원 등)로 제어하는 것. (3) 계산기에서 특정 문제에 대한 일련의 상세한 명령을 작성하는 것을 이른다.

프로그래밍 언어 (—— 言語, programming language) 계산기 프로그램을 표현하기 위하여 사용되는 인공 언어(기계어로 쓰여진 것 이외의 것). 대표적인 범용 언어로서는 사무 처리용의 COBOL, 과학기술용의 FORTRAN, 이것들을 통합한 PL/I가 있다. 또 마이크로 컴퓨터용으로 초보자 입문용으로는 BASIC 등이 있다. 프로그래밍 언어로 쓰여진 것은 언어 처리 프로그램에 입력함으로써 계산기 명령으로 번역된다.

프로그램 (program) (1) 전자계산기의 경우, 일정한 문제를 풀기 위해 부호화 된 일련의 명령. 루틴이라고도 한다. (2) 라디오나 텔레비전의 방송 편성표를 뜻한다.

프로그램 제어 (—— 制御, program control) 추치제어(追値制御)에서 목표값이 정해진 시간적 변화를 하도록 미리 프로그램하여 두는 제어방식을 이른다.

프로그레그 권 (—— 捲, frog-leg winding) 직류기의 전기자 권선의 하나로, 동일 전기자에 겹쳐서 감은 것(重捲)과 파권(波捲)의 양 권선을 조합한 것. 슬롯 중에는 상하 4층의 코일변을 모으고 최상부 및 최하부의 코일변이 파권, 중간의 2층은 겹쳐 감은 부분이다. 파권쪽의 권선이 각 코일변에 대해서 균압환(均壓環)을 두었을 때와 같은 효과를 발생하므로 좋은 종류를 얻을 수 있다.

프로니 브레이크 (Prony brake) 전동기의 토크를 측정하기 위하여 사용하는 장치. 2개의 완목 사이에 축단(벨트차(車))을 끼우고 완목 끝에 저울을 매어달아 전압을 가했을 때의 저울의 흔들림 W[kg]을 읽는다. 토크 $T_g = L(W - W_0)$[kgwm], L은 완목의 길이[m], W_0은 무전류인 때의 저울의 읽는 지시값 [kg]이다.

프로세스 제어 (—— 制御, process control) 제어량이 프로세스 공업(화학 · 석유 · 가스 · 종이 · 철강 등)에서 온도 · 유량 · 압력 · 액면 레벨 · 조성 · pH 등의 공업량인 경우의 자동제어를 이른다.

프로스테드 (frosted) 백열 전구의 유리구 가공의 한 방법. 원래 투명한 유리구를 반투명으로 한다. 처음에는 바깥면에서 모래 마찰 또는 붕산의 부식에 의존하였으나 현재는 거의 전부 내면에서의 붕산 부식에 의한다. 이렇게 함으로 필라멘트의 휘도(輝度)를 약화시키고 눈부심을 감소시킨다.

프로펠러 발전기 (—— 發電機, propeller generator) 프로펠러에 의해서 구동되는 발전기를 이른다.

프로펠러 수차 (propeller water turbine) 러너가 프로펠러형(슈라우드가 없는)인 반동 수차. 회전 날개 바퀴는 고정형과 가동형이 있다.

프로펠러 펌프 (propeller pump) 낮은 곳에서 대량의 물을 양수할 때에 적합한 펌프. 임펠러는 프로펠러형이고 물을 축방향으로 내 보낸다.

프론트 접점 (—— 接點, front contact) 계전기가 동작해서 접점을 닫는 경우 가동 접점에 상대하는 접점을 이른다.

프리세팅 방식 (—— 方式, presetting system) 프리 엠파시스 회로 또는 전치 보상기(前置補償器)처럼 송신측에서 미리 특성을 바꾸어 놓고 수신측에서 양호한 특성을 얻는 방식을 이른다.

프리엠파시스 (pre-emphasis) 신호 전송에 있어서 신호의 어떤 주파수 성분을 다른 성분에 대하여 상대적으로 강하게 하여 SN비를 향상시켜 일그러짐을 줄이도록 하는 것. FM, PM 방식의 송신기 또는 녹음장치 등에서 높은 AF 주파 성분을 증강하는 데에 주로 사용된다.

㊟ 수신 및 재생에 앞서 위와는 반대의 신호처리과정, 즉 디엠파시스를 할 필요가 있다.

프리폼 (preform) 《광파이버》 광파이버의 제조 행정에서 화학적 기상 생장법(CVD)이나 기상 축부법(VAD)에 의해 만들어지는 막대상의 중간 폼을 이른다. 지름 2~4 cm, 길이 50~60 cm의 것이 보통이고, 이것을 가열 연화시켜 파이버로 인장하게 된다.

프린터그램 (printergram) 《전신》 인쇄 전신기를 사용하는 전보를 이른다.

프린트 기판 (—— 基板, print-circuit board) 약어 PCB, 전자 회로의 부품을 장착하는 기판으로, 대부분의 배선은 인쇄 기법으로 만들어진 것. 기판의 한쪽에만 회로가 있는 경우도 있지만 양면에 만들어져 있는 것도 있다.

플라스마 (plasma) 충분히 이온화되어 도전성으로 되고, 전자계에 의해서 영향을 받는 가스를 이른다. 중성 입자와 함께 거의 같은 수의 양음(正負)의 대전 입자가 있으며, 가스 전체로서는 중성으로 되어 있다. 20,000 K 이상의 고온에서는 완전 전리(電離)한다. 고체 안에서는 프라스마는 전자와 양으로 대전한 도너, 혹은 정공(正孔)과 음으로 대전한 억셉터의 형태로 존재한다. 고유 반도체 내에서의 정공 및 전자의 형태로 존재하는 플라스마도 있다. 도전성 플라스마와 전자계의 상호 작용을 대상으로 다루는 학문이 전자기 유체 역학이다.

플라스마 봉입 (—— 封入, plasma confinement) 자계를 이용하여 배기한 용기의 중심 영역에 가스 플라스마를 봉입하는 것. 핵융합 반응을 제어할 수 있을 정도의 기간 지속할 수 있다.

플라스마 CVD법 (plasma chemical vapor deposition) 《반도체 제조》 가스 상태의 물질을 고주파 방전 등으로 플라스마 상태로 하여 기판 위에 엷은 막을 형성시키는 방법이다. 박막 IC 등은 이 방법으로 만들어지고, 광파이버 등에서도 글라스의 고을음을 퇴적시켜 프리폼을 만들기 위해 보통 사용되는 산수소 가스 버너를 대신하여 아르곤 이온에 고주파 전계를 가하여 열을 발생시키는 플라스마법을 이용하면 생산성이 향상된다. ⇨ 기상 성장.

플라스마 진단 (—— 診斷, plasma diagnostics) 플라스마 내의 전자 밀도, 전자나 이온의 온도, 속도 분포, 전계 · 자계의 분포 등을 탐색하는 것. 랭뮤어 탐침(Langmuir probe)을 사용하는 방법이 많이 알려져 있지만 최근에는 플라스마에서 발생하는 전자파의 분광 진단이나 중성자 등의 입자 측정, 레이저를 이용한 계측 등도 실시되고 있다.

플라스토머 (plastomer) 고분자 재료 중 합성수지처럼 가소성이 큰 것. 엘라스토머에 대한 비교어이다.

플라스틱 (plastic) 큰 분자량을 가진 유기물질로 구성된 물질로, 완성된 상태에서는 고체이지만 제조과정 또는 완성품에 대한 가공 과정에서는 유동 성형할 수 있는 것. 대부분의 인조 엘라스토머는 플라스틱이다. 플라스틱은 그 열적 특성에 따라 열 가소성(폴리에틸렌, 염화 폴리 비닐 등)과 열 경화성(페놀포름알데히드, 폴리에스테르, 멜라민수지, 에폭시 수지 등)으로 구별된다. 또 범용 플라스틱에 대하여 내열성, 기계성, 전기적 성질 등 그 기능 면에서 공업용 소재로서 뛰어난 성질을 나타내는 플라스틱을 가리켜 엔지니어링 플라스틱 또는 고기능 수지라고 한다. 폴리아미드(나일론) PA, 폴리아세탈 POM, 폴리카보네이트 PC, 폴리 부틸렌 프탈레이트 PBT, 폴리 페닐렌 옥사이드 PPO 등이 포함된다.

플라스틱 폼 (plastic foam) 플라스틱 재료에 발포제를 혼합하여 성형 가공함으로써 작은 기포가 균일하게 분포한 가공폼이 만들어진다. 폴리우레탄, 폴리스티렌, 폴리 염화비닐 등의 폼이 있다. 단열재, 방음재, 완충재, 포장재 등으로 사용된다.

플라이어 (pliers) 공구의 일종이다.

플라이 접점 (── 接點, fly contact) 계전기가 동작할 때 접극자(接極子)로서 가장 빨리 구동하여 동작하는 접점을 이른다.

플라이휠 (fly-wheel) 1회전 중의 구동기의 발생 토크와 부하 토크의 순시값이 일치하지 않기 때문에 일어나는 회전 속도의 변동을 줄이기 위하여 또는 큰 피크 토크를 통과하기 위하여 특별히 설치한 회전체. 질량과 직경이 큰 것이 효과가 크다.

플라이휠 발전기 (── 發電機, fly wheel generator) 회전자 자신이 플라이휠 효과를 필요한 크기의 것 만큼 가진 발전기이다.

플라이휠 효과 (── 效果, fly-wheel effect) 플라이 휠의 유효한 정도를 나타내는 양으로, 관성 모멘트의 4배에 해당한다. GD^2 [kg · m^2] 으로 나타낸다. G는 회전체의 질량[kg], D는 회전체의 회전 반경의 2배이다. ⇨ 관성 모멘트(moment of inertia).

플랑크의 상수 (── 常數, Planck's constant) 물리 상수로서, 이에 광자(光子)의 주파수 ν를 곱함으로써 광자의 에너지 E를 부여하는 것. 기호h. $E = h\nu$, $h = 6.6260755 \times 10^{-34}$ J · s이고, h의 디멘션은 작용량(action)을 부여한다.

플래그 (flag) (1) 어떤 조건이나 사상의 발생을 알리기 위한 신호, 심벌, 디지트 등. (2) ALU 내 등에서 어떤 조건이 만족된 어떤 한계를 넘은 상태를 표시하는 플립플롭 또는 레지스트를 플래그라 한다.

플래그 알람 (flag alarm) 계기의 지시를 신용하기 곤란하다는 것을 알리기 위하여 어떤 종류의 항해 계기에 사용되고 있는 완목 신호형 지시기이다.

플래니미터 (planimeter) 도형의 면적을 측정하는 장치. 플래니미터 끝에 단 연필로 도형을 완전히 일주하여 드럼 눈금의 처음과 마지막을 읽어 그 차이로 면적을 구할 수 있다. 읽는 것과 실제 면적의 비율은 팔의 길이를 바꾸어 정한다.

플래시 게터 (flash getter) 게터의 일종. 증착(蒸着)게터라고도 한다. 금속 바륨을 철 세관에 넣은 것. 바륨 · 마그네슘의 합금입자, 탄탈 리본에 바륨 화합물을 도포한 바탤럼 게터 등이 있다. 이들을 미리 전자관 내에 부착시켜 놓고 배기 공정 끝에 고주파 가열 또는 직접 전류를 통해서 가열하여 바륨을 관구 면상에 증착시켜 이 막면으로 게터 작용을 하게 한다. ⇨ 게터(getter).

플래시 바리어 (flash barrier) 플래시오버의 경우에 발생하는 아크로 인한 기기의 파손을 방지하기 위하여 사용하는 내화성 절연물의 판과 같은 것. 브러시의 주위, 축받이와 정류자 사이에 설치한다.

플래시오버 (flashover) 직류기 또는 회전 변류기 등, 정류자를 가진 기계에 발생하는 이상 상태의 하나로, 극성이 다른 브러시 간이 아크로 단락되는 현상을 이른다. 직류기는 지나친 과부하로 전기자 반작용 때문에 자극편 밑의 자속 밀도의 분포상태가 일그러져 정류자편 간 전압이 대단히 높아지기 때문에, 또 회전 변류기에서는 난조 때문에 일어난다.

플래시 접지 계전기 (── 接地繼電器, flash-over relay) 회전 변류기의 플래시 보호에 사용되는 것으로, 기계의 프레임과 대지 사이에 접속된다.

플랜지 (flange) 도파관을 접합하기 위하여 관 끝에 단면과 평행하게 붙인 금속판. 여기에 적당한 수의 구멍을 내어 접합할 도파관의 플랜지와 나사로 밀착한다. 정밀하게 공작한 플랜지는 이에 따른 접합부의 정재파비(定在波比 : SWR)를 1.01 이하로 억제할 수가 있다.

플랜지 커플링 (flange coupling) 축 커플링의 하나로, 가장 널리 사용된다. 축에 끼워진 플랜지가 리머볼트로 죄어진다. 토크는 플랜지면의 마찰 저항력으로 전달되고 부족할 때는 볼트의 선단 저항력으로 충당된다. 축단에 타출(打出)한 화조(火造)플랜지나 용접된 플랜지가 사용되며, 이들은 커플링의 외경이 작아진다.

플랩형 감쇠기 (── 減衰器, flap-type attenuator) 도파관용 가변 감쇠기의 하나로, 금속피막 또는 그래파이트를 칠한 유전체 판을 관 내 전계에 평행하게 삽입하고, 그 삽입 면적을 바꿈으로써 전송 전력의 감쇠량을 변화시키는 것. 그림에는 TE_{10}파로 여진한 구형 도파관의 위쪽 벽 중앙부에 설치한 홈통 속에 플랩형 감쇠기를 삽입한 모습을 보여주고 있다.

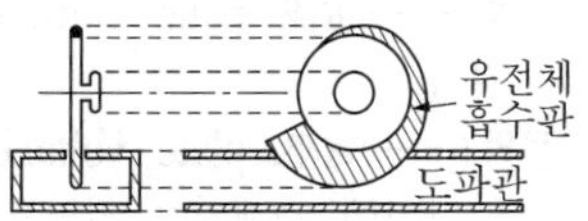

[플랩형 감쇠기]

플랫 팩 (flat pack) 《반도체 디바이스》 디바이스 패키지 본체에서 측방으로 곧게 리드를 인출한 구조로서, 프린트 기판의 도체층에 평면적으로 부착된다. 박형 패키지로 적당하지만 DIP 구조에 비해서 약간 특수 용도용이다. 프린트 배선반에 대한 설치는 포스트나 패드에 용접 또는 납땜한다.

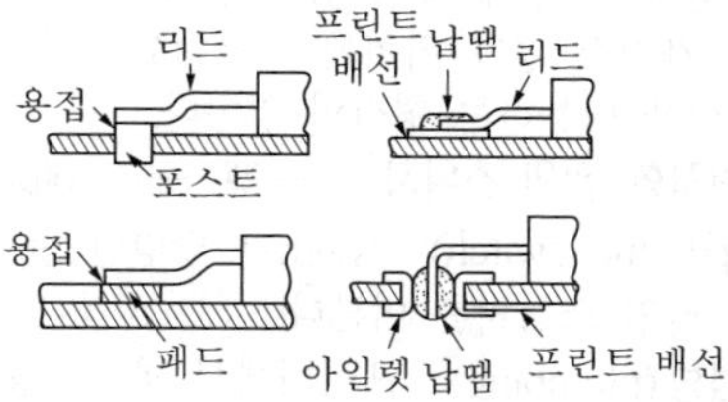

[플랫 팩]

플러그 (plug) (1)《배전소》 리셉터클에 삽입하는 접속 기구. (2) 배관의 끝부분을 막는 캡. (3)《원자로》 방사선 누출을 막기 위해 노심의 상부나 실험 구멍 등을 막는 뚜껑을 이른다.

플러그 퓨즈 (plug fuse) 나사식 구조의 자기(磁器) 또는 특수 유리제 등의 플러그 안에 퓨즈를 넣은 것을 이른다.

플러드 건 (flood gun) CRT에서, 관 내벽을 향하여 주입하는 비변조 전자 빔을 발사하는, 지름이 큰 전자총을 이른다. 관벽에 도포한 도전막이 양극이 되어 스프레이 상태의 전자류는 코리미터에 의해서 평행빔으로 변화하여 스크린에 내리 쏟아진다. 기록총에 의하여 스크린에 그려진 패턴의 휘도가 강해진다.

플러징 (plugging) 전동기의 전원 전압의 극성 혹은 상회전 방향을 역전함으로써 전동기에 역토크를 발생시키고, 그에 의해서 제동하는 것. 역상 제동이라고도 한다.

플러터 에코 (flutter echo) 한 충격 음파의 반향이 극히 짧은 시간 간격으로 되풀이 하여 들리는 현상. 독특한 음색으로 들린다.

플러터 페이딩 (flutter fading) 전파 통로가 오로라 대역에 접근한 경우에 일어나는 변동 주기가 극히 빠른 페이딩. 이 오로라 대역에서는 전리층의 산란 반사가 현저하여 전파 통로에 약간 다른 파가 생겨 그 간섭으로 페이딩이 일어난다.

플런저 (plunger) 전자 코일 안에 쇠조각을 놓고 그 코일에 전류를 통하게 하면 흡인력이 발생한다. 이 작용을 이용하는 구조의 것을 플런저라고 한다.

플런저형 (── 型, plunger type) 전자 코일

에 의해서 발생하는 자속(磁束) 때문에 그 중심의 갭 안에 놓여 있는 철심, 즉 플런저가 자기적 평형 위치에 이르려고 운동하는 현상을 이용하는 형식의 것이다.

플런저형 라인 스위치 (—— 型 ——, plunger type line switch) Kieth가 발명한 플런저형 라인 스위치를 이른다.

플럼빙 (plumbing) 레이더에서 파이프형 도파관 회로 소자에 대한 통속적 표현이다.

플레너 기술 (—— 技術, planar technique) 선택 확산, 이온 타입, 광식각 등의 기술을 이용하여 그 표면이 평탄하게 되도록 기판 결정의 동일 평면상에 소자를 형성하는 반도체 디바이스 제조 기술을 이른다.

플레밍 밸브 (Fleming's valve) 플레밍이 1904년에 최초로 발명한 2극관이다. 무선 전신의 검파관으로 사용되었다.

플레밍의 법칙 (—— 法則, Fleming's rule) 발전기나 전동기에서 자계 F, 운동 M, 전류 I 각 벡터의 방향 관계를 기억하기 쉽게 하기 위한 일종의 기억술이라 할 수 있다. 엄지 손가락(thumb → motion M), 집게손가락(firs-finger → field F), 가운데 손가락(middle-finger → current I)을 서로 직각으로 벌렸을 때 오른손은 발전기의, 또 왼손은 전동기의 경우의 관계를 가리킨다.

㊟ 벡터곱의 관계로서 $I \times F \rightarrow M$(전동기), $M \times F \rightarrow I$(발전기)로 기억하여 두면 양손의 다섯 손가락과 관련시킬 필요가 없다.

플레이 백 (play back) 녹음한 것을 시험하기 위하여 그 자리에서 재생하는 것을 뜻한다.

플레이트 (plate) ⇨ 극판, 양극판.

플레이트 검파 (—— 檢波, plate detection, anode detection) 3극관 등의 그리드 전압에 대한 양극 전류의 특성의 비직선성을 이용한 검파 방법으로, 통상 증폭에 사용하는 경우보다 깊게 바이어스를 걸어서 양극 전류 특성의 곡률이 큰 곳을 사용한다. 검파 작용은 그리드에 진폭 변조를 가했을 때 양극 전류에 나타나는 파형은 +의 반 사이클에의 증폭이 −의 반 사이클에의 증폭보다 크고 그 차이는 입력 파형의 진폭에 비례하므로 양극 전류 중에 신호파를 재현시킬 수 있다는 원리에 의한다.

ㅍ

플레이트 내부 임피던스 (—— 內部 ——, plate impedance) 외부에서 보아 동작하고 있는 진공관의 양극과 음극 사이에 나타나는 임피던스. 낮은 주파수에서는 내부 저항과 같게 보이지만 주파수가 높게 되면 플레이트 커패시턴스에 의한 리액턴스분 외에 도입선의 인덕턴스와 저항, 전자 주행 시간의 영향도 미치게 된다.

플레이트 내부 저항 (—— 內部抵抗, plate resistance) 3극관 3정수의 하나로, 그리드 전압의 일정한 조건하에서 양극 전류의 미소 변화(di)에 대한 양극 전압의 미소 변화(dv)의 비율을 이른다. 이것을 r_p라고 하면, 다음 식의 관계가 성립된다. $r_p = dv/di$. 단위는 옴이다. 물리적으로는 음극−양극 간의 미소 교류에 대한 저항으로 간주되므로 이 명칭이 붙게 되었다.

플레이트 변조 (—— 變調, plate modulation) 진공관의 양극 회로에서 진폭 변조를 하는 것으로, 일그러짐이 적은 안정된 변조가 얻어지게 되며, 변조에 많은 전력을 필요로 한다. 예를 들면, 초크 변조 등은 이에 속한다.

플레이트 손 (—— 損, plate(anode) dissipation, plate(anode) loss) 플레이트에 그 전압에 해당하는 속도로 돌입하는 전자의 에너지는 플레이트를 가열하는 데 소비된다. 이것을 플레이트 손, 양극 손 또는 플레이트 손실이라고 한다. 따라서 플레이트의 재료는 이에 의한 온도 상승에 견디는 것을 쓰고 또 열방산이 양호한 구조로 설계된다.

플레이트 용량 (—— 容量, plate capacity) 양극 커패시턴스와 같다.

플레이트 전류 (—— 電流, plate current) 양극 전류와 같다.

플레이트 전압 (—— 電壓, plate voltage) 전자관의 양극 단자에 가해지는 전압으로, 보통 그 동작점을 정하는 직류 전압을 가리킨다. 수은 정류기의 양극에 가해진 전압을 이른다.

플레이트 전지 (—— 電池, plate battery) 전자관의 양극의 직류 전원으로 사용되는 전지이다.

플레이트 접지 증폭기 (—— 接地增幅器, grounded plate amplifier) 진공관의 양극을 접지한 증폭기. 캐소드 폴로어도 이의 일종이다.

플레이트 커패시턴스 (plate capacitance) 전자관의 양극과 다른 전극 전체 사이의 커패시턴스를 뜻한다.

플레이트 컨덕턴스 (plate conductance) 3극관의 양극측에서 내부를 본 임피던스의 역수이다.

플레이트 회로 (── 回路, plate circuit) 진공관의 플레이트에서 부하 회로를 통해서 직류 전원에 이르는 회로. 넓은 뜻으로는 전원을 통해서 진공관의 음극에 이르는 회로도 포함한다.

플레임 아크등 (── 燈, flame arc lamp) 탄소 아크등의 일종. 전극에 금속 염류를 함침한 것으로, 대부분의 빛은 아크에서 나온다. 광색(光色)은 금속의 종류에 따라 정해지며 예를 들면 Ca는 황색, Sr은 적색, Ce는 청백색이다.

플렉시블 콘딧 (flexible conduit) ⇨ 가요관로.

플로어 램프 (floor lamp) 실내 조명에 사용되는 이동등의 일종. 바닥에 세워 놓여지므로 높이는 비교적 높아 1~1.5 m, 60~100 W 전구 또는 그에 버금하는 크기의 형광등이 사용된다.

플로어 콘센트 (floor box, floor convenience outlet) 바닥에 설치하는 콘센트. 보통 floor box라고 하지 않는다.

플로어 푸시버튼 (foot push-button, floor push-button) 저면(低面)등 밑바닥에서 주로 발로 밟아 조작하는 푸시버튼 스위치를 이른다.

플로 계전기 (── 繼電器, flow relay) 유체의 흐름에 의해 동작하는 계전기이다.

플로 시험 (── 試驗, flow test) ⇨ 유통시험.

플로 차트 (flow chart) (1) 문제의 정의, 해석 또는 도식적으로 표현한 것으로서, 심벌을 사용하여 조작, 데이터, 흐름 또는 장치 등이 가시적으로 표시된다. (2) 계산기에서 루틴을 그림으로 표현한 것이다.

플로어 덕트 (underfloor raceway, underfloor duct) 주로 콘크리트 건조물 밑에 가로 세로 십자로 매설하여 밑에 아우트렛을 설치하는 배선에 사용되는 덕트. 강철제 및 파이버제가 있으나 대부분 강철제가 사용되고 있다.

플로팅 존 용융법 (── 溶融法, floating zone melting method) 물질, 특히 실리콘 등의 반도체 물질의 순도를 높이기 위하여 이용되는 제조법의 일종. 순도를 높이려고 하는 물질의 인고트를 몇가지 고온 영역을 차례로 통과시킨다. 유도 가열장치의 구조에 따라 인고트에는 좁은 용융부분과 고체부분이 교대로 만들어지는데, 각 존의 선단에서 녹은 저순도 금속 중의 불순물은 인고트의 이동과 함께 후단에 모아지고 인고트는 순도가 높혀져 굳는다.

플롭 오버 회로 (── 回路, flop-over circuit) 쌍안정(双安定) 멀티 바이브레이터의 하나로, 양쪽 진공관의 캐소드 회로에 공통 저항을 넣어 반결합(反結合)한 것이다. 입력에 정현파를 가하고 플레이트 회로에서 구형파를 꺼낼 수 있다. 일명 슈미트 트리거 회로라고 한다.

플롯 (plot) 측정값 등을 종이에 기록하는 것을 이른다.

플리커 (flicker, flickering) 광원이 짧은 주기를 가지고 점멸하기 때문에 생기는 어른거리는 느낌. 플리커를 발생하는 한계의 주기는 시야의 광속 발산도 및 시야의 자극을 받는 부분의 위치에 의하며, 약 10Hz 이다.

플리커 잡음 (── 雜音, flicker noise) 도전율의 흔들림으로 인하여 발생하는 잡음. 주파수는 극히 낮고, 드리프트와 전원 잡음, 초퍼 주파수 잡음 등의 중간 주파수를 가지고 있으며, 잡음 전력은 주파수가 낮을수록 크다. 전자관의 경우에는 산화물 음극에서 방출되는 전자의 불규칙한 변동이 원인이고, 반도체에서는 표면 상태가 영향을 미친다.

플리커 효과 (── 效果, flicker effect) 진공관의 음극 표면의 시간적 변화에 따라 열전자류에 맥동 현상이 나타나는 것을 이른다. 진공관 잡음의 한 원인이 된다.

플립 칩 본딩 (flip chip bonding) 페이스 다운 본딩 중 반도체 칩의 표면 전극을 절연 기판 또는 패키지 배선용 전극에 직접 접속하는 것을 이른다.

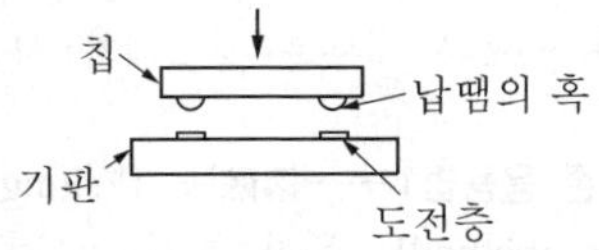

[플립 칩 본딩]

플립플롭 회로(── 回路, flip-flop circuit) 펄스 또는 외부로부터 충격을 가함으로써 하나의 평형 상태에서 쉽게 다른 평형 상태로 옮기는 회로, 즉 쌍안정형(雙安定形) 멀티 바이브레이터를 이르는 경우가 많지만 단안정형 멀티 바이브레이터를 지칭하는 경우도 있다.

피그테일(pigtail) 브러시 끝에 단 지름 0.1m 이하의 담금질이 잘 된 나동선(裸銅線)을 꼬아서 만든 것이다. 고정 부분과 브러시 사이로 전류를 통하게 하기 위해서 사용된다.

피니온(pinion) 톱니바퀴 구동장치의 두 톱니바퀴 중 작은 쪽을 이른다.

피더(feeder) 궤전선을 뜻한다.

피더 리액터(feeder reactor) 피더 회로의 고장 전류를 제한하고 차단기의 차단 용량을 감소시킬 목적으로 피더 출구에 직렬로 접속된 리액터를 이른다.

PWM(pulse width modulation) ⇨ 펄스 폭 변조.

피동 강선(被銅鋼線, copper clad steel wire) ⇨ 웰드선.

피드백(feed-back) 《자동 제어》 제어계의 요소 또는 요소 모임의 출력 신호를 그 입력 신호로 되돌리는 것. 국부적 피드백을 복원(復元)이라 하기도 한다.

피드백 제어(── 制御, feed-back control) 《자동 제어계》 제어된 출력 신호의 일부를 입력측으로 되돌려 보내 목표값 또는 기준값과 비교하여 그 차이를 제어를 위한 조작 신호를 만들어내기 위해 이용하는 제어법. 이와 같은 신호 전송로는 폐루프를 형성하므로 폐루프 제어라고도 한다.

피드포워드 제어(── 制御, feed-forward control) 출력 변수에 영향을 주는 외란을 예측하고, 입력 변수에 대하여 이것을 보상하는 변화를 발생시키는 것. 바른 보상을 하기 위하여서는 프로세스의 같은 특성에 대한 예비 지식이 필요하다.

PDM(pulse duration modulation) ⇨ 펄스 폭 변조.

피라니 진공계(── 眞空計, Pirani gauge) 기압이 떨어져 기체의 평균 자유 행정(行程)이 고온 열선(高溫熱線)과 용기벽(容器壁)의 거리에 비해서 크게 되면 열전도율은 기체 압력의 저하와 함께 갑자기 악화된다. 이 기압과 열전도율의 관계를 이용한 것이 저항 진공계이다. 백금, 니켈, 텅스텐 등의 필라멘트를 희박한 기체 속에서 일정한 전력으로 가열한 경우, 기체 밀도가 증가하면 빼앗기는 열이 많아지고 온도가 내려가 저항이 증가하게 된다. 브리지 회로로 해서 측정한다. 수은 정류기용으로 사용된다. 마크레오드 진공계만큼 정확하지는 못하다.

피뢰기(避雷器, arrester) 전력계통에 발생 혹은 유도된 이상(異常)전압의 파고값을 저감시키기 위하여 에너지의 일부 또는 전부를 방전시키고, 방전 후에는 도전로를 차단하여 선로의 절연을 회복시키는 기능을 가진 일종의 보호 장치이다.

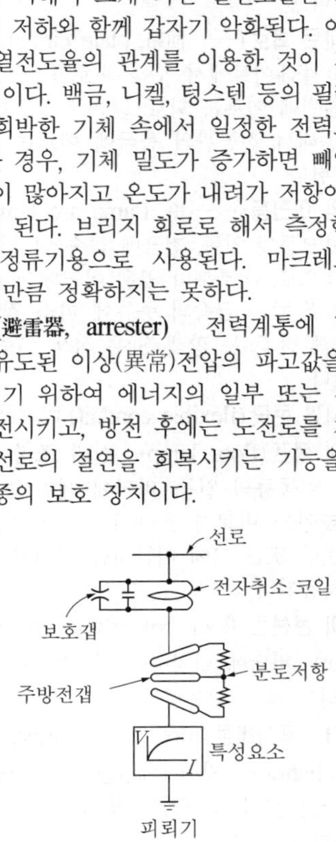

[피뢰기]

피뢰기용 개폐기(避雷器用開閉器, arrester switch) 피뢰기의 회로 개폐기를 이른다.

피뢰침(避雷針, lightning rod) 건축물 등을 낙뢰(落雷)로부터 보호하기 위하여 옥상 등에 독립시켜서 설치한 돌침(突針)을 가진 막대형의 도선으로, 돌침부는 직경 12mm이나 굴뚝 끝에 이상의 경동봉(硬銅棒) 또는 철봉을 사용하며, 돌침부는 피뢰도선에 접속되고 도선은 접지 전극에 의해서 접지된다.

피막 저항기(被膜抵抗器, film resistor) 절연

ㅍ

물에 탄소 또는 금속 피막을 입힌 저항기. 탄소 피막의 경우는 탄소 입자를 포함하는 페인트의 도금이나 탄화수소의 열 분해에 따라 탄소 부착법으로, 금속의 경우는 주로 진공 증착법에 의한다.

피벗 계전기 (── 繼電器, pivoted relay) 첨축에 의해서 접극자를 지지하는 계전기이다.

피변조관 (被變調管, modulated tube) 양극 또는 그리드에 저주파의 변조 신호를 받아서 변조된 고주파 출력을 발생하는 작용을 하는 진공관을 이른다.

피변조 증폭기 (被變調增幅器, modulated amplifier) 약어 MA, 반송파의 증폭기인 동시에 그 그리드 또는 플레이트를 제어하여 반송파를 변조하는 단계에 있는 증폭기를 이른다.

피복 (被覆, coating) 심선 등을 종이 또는 PVC 등으로 피복하는 것을 이른다.

피복선 (被覆線, covered wire) 절연물로 피복된 도전선을 피복선이라 한다.

피복 필라멘트 (被覆 ──, coated filament) 산화물로 피복된 직열(直熱)형 음극을 이른다.

PVC 선 (── 線, polyvinyl chloride wire) ⇨ 비닐선.

PVF 선 (── 線, polyvinyl formal wire) 폴리비닐 포르말을 용제로 용해하여 동선에 피복한 것을 이르며, 유성(油性) 에나멜선보다 내마모성, 내약품성이 좋고, 마그넷 와이어로 사용된다.

피빙 (被氷, ice coating) 《송전선》 전선 주위에 부착된 눈(雪)이 빙화(氷化)한 것을 이른다.

피상 용량 (皮相容量, apparent capacity) 콘덴서를 초고주파로 사용하면 그 유전 물질의 손실 저항은 증대하고 손실각 δ는 일반적으로 커진다. 이 전류의 무효분을 모두 용량의 변화에 기인되는 것으로 간주하여 구한 겉보기의 용량은 저주파에서 구한 용량의 값보다 작아진다. 이와 같은 외견상의 용량을 피상 용량이라고 한다. ⇨ 피상 인덕턴스(apparent inductance).

피상 인덕턴스 (皮相 ──, apparent inductance) 겉보기 인덕턴스를 말한다. 예를 들면 코일에 고주파 전류를 통하면 코일의 참 인덕턴스 L 외에 권선 간의 분포 용량 C_0이 나타나서 L에 병렬로 C_0을 접속한 것과 같이 작용하고, 겉보기의 인덕턴스 L_0는 $L/(1-\omega^2 LC_0)$이 된다. 또 코일의 고유 주파수 이외에서는 참 인덕턴스 L보다 작아진다. ⇐ 실효 인덕턴스(effective inductance). ⇨ 피상 저항(apparent resistance), 피상 용량(apparent capacity).

피상 저항 (皮相抵抗, apparent resistance) 겉보기의 저항. 예를 들면, 코일에 고주파 전류를 흘리면 권선 간에 아주 작은 분포 용량이 나타나서 코일의 인덕턴스 L에 병렬로 이 용량 C_0을 접속한 것과 등가적으로 작용한다. 그 때문에 코일 고유의 고주파 저항 R은 겉보기로 $R_a=R/(1-\omega^2 LC_0)$과 같게 된다. 또한 이 때 코일은 $f_0=1/(2\pi\sqrt{LC_0})$이 되는 고유 주파수를 지니게 되는 것이다. ⇨ 피상 인덕턴스(apparent inductance).

피상 전력 (皮相電力, apparent power) 교류 회로에서 단자 전압의 실효값을 V[V]로 하고, 그 때의 전류의 실효값을 I[A]로 할 때 그 전압 및 전류의 곱(積)을 피상 전력이라고 한다. 단위는 [VA]로 나타낸다. 피상 전력에 역률(力率) $\cos\phi$를 곱한 것이 유효 전력이 된다. 그러므로 피상 전력$=VI$[VA], 유효전력$=VI\cos\phi$[W]이다. ⇨ 유효 전력(active power), 역률(power factor).

피스톤 (piston) 열기관의 중요 부분의 하나로, 실린더 안을 왕복하여 고정된 피스톤 막대에 의해서 피스톤에 가해진 동력을 외부에 전달하여 크랭크 축의 회전 운동으로 바꾼다.

피시 본 안테나 (fish bone antenna, herring bone antenna) 일직선상에 상대를 이루는 여러 가닥의 공중선을 설치하여 절연 애자가 갖는 소 용량을 통해서 전송 선로에 소 결합시킨 것. 전송 선로를 저항으로 종단하고, 그것을 비공진성으로 함으로써 종형 배열의 각 요소의 위상을 적당히 한 일종의 광대역 빔 안테나. 헤링본 안테나라고도 한다.

피시 본 접지 (── 接地, fish-bone earth, herring-bone earth) 지선을 피시본형으로 매설하여 만든 접지로, 안테나 밑의 넓은 면적에 이를 설치하면 얕게 매설하여도 양호한 접지를 얻을 수 있으므로 송신소에 사용된다. 헤링본 접지라고도 한다.

PCM (pulse code modulation, pulse count modulation) ⇨ 펄스 부호 변조.

PRR 스위치 (PRR switch) 레이더에서 그 렌인지에 의해 PRR을 가변으로 한다. 예를 들면 레인지를 크게 할 때는 PRR을 작게 한다. 이렇게 하기 위한 전환 스위치를 이른다.

PAR 'precision approach radar (정밀 측정 전입 레이더)'의 약어이다.

PAM (pulse amplitude modulation) ⇨ 펄스 진폭 변조.

PH가 (——價, pH value) 수소 이온의 농도를 나타내기 위해서 농도의 상용 대수(對數)에 (−)를 붙인 것이다. 일반적으로 이 값이 작을수록 산성이 강하고, 클수록 염기성(鹽基性)이 강한 것을 나타낸다. pH = 7은 중성을 나타낸다.

피에조 저항효과 (——抵抗效果, piezoresistance effect) 반도체 결정에 압력을 가하면 전기 저항이 변화하는 현상. 피에조 저항효과에는 압력에 따라 금제대의 폭이 변화하고, 그에 수반하여 캐리어 농도가 변화하는 것에 따른 등방적인 것과 결정의 등 에너지면이 복잡한 형상을 가지고 있고, 전도 전자의 이동도에 방향성이 있으며, 적당한 방향으로 압력을 가하면 전자의 분포가 변화하는 데에 따른 이방적인 것이 있다. ⇨ 압전효과, 압전 저항소자.

PFM (pulse frequency modulation) ⇨ 펄스 주파수 변조.

PNM (pulse number modulation) ⇨ 펄스 밀도 변조.

PN 훅 (pn hook) 《반도체》 중간층의 전위가 부유(浮游)하고 있는 pnp 또는 npn 접합을 이른다.

ㅍ

PO 박스 (P.O.box, post office box) 비례 저항변(比例低抗邊)과 가변 저항을 가진 부채꼴 브리지. 예전에는 전신 분야에서 저항 측정용으로 사용하였으나 최근에는 거의 쓰이지 않고 있다.

피유도 회로 (被誘導回路, induced circuit) 유도 작용을 받는 회로를 말한다. 결합 회로의 2차 회로 같은 것은 그 일례이다. ⇨ 유도 전류(induced current), 유도 회로(inducing circuit).

피조면 (被照面, plane of illumination) 조도(照度)를 계산할 때, 조도를 받는다고 가정하는 평면을 이른다.

PGS 합금 (——合金, PGS alloy) 전화용 계전기나 전건(電鍵) 등에 사용되는 백금, 금 및 은이 각각 6, 69 및 25%로 되어 있는 전기용 접점 합금을 이른다.

PG 클램프 (PG clamp, parallel-groove clamp) 금속선을 접속시키기 위하여 사용하는 금속 접속기의 일종. 두 가닥의 평행 홈통이 패어 있는 두 장의 편평한 철물 사이에 선을 끼우고 볼트로 죄도록 되어 있다.

피치 (pitch) 회전기에서 자극(磁極)피치, 슬롯 피치, 권선 피치는 각각 그 해당 항목을 참조할 것. 정류자편(整流子片) 피치는 1개의 정류자편과 이웃한 정류자편 사이의 간격을 이른다.

피치 자세 (——姿勢, pitch attitude) 항공기의 세로축과 수평선 사이의 각도이다.

피커 (peaker) 입력에 정현파를 가했을 경우 출력에는 매우 날카로운 물결 모양의 전류 또는 전압을 발생시키는 회로를 이른다.

피코 (P) (pico) 마이크로 마이크로(μμ)와 같이 10^{-12}을 뜻하는 접두어이다.

피코 패럿(pF) (picofarad, micro-micro farad) 10^{-12} 패럿, 즉 10^{-6}마이크로 패럿이다.

피코 헨리(pH) (picohenry) 인덕턴스의 단위. 헨리 [H]의 10^{-12}배이다.

피크 발전소 (——發電所, peak-load station) 피크 출력을 공급하기 위해서 운전되는 발전소를 이른다.

피크 부하 (——負荷, peak load) 지정된 기간 내의 최대 부하. 기간은 하루를 단위로 쓰는 경우가 많지만 주간 피크, 야간 피크라 하기도 한다.

피크 부하 발전소 (——負荷發電所, peak load power station) ⇨ 피크 발전소.

피크시 전력량 (——時電力量, on-peak energy) 어느 한 계통의 피크시의 전력량을 뜻한다.

피크 역전압 (── 逆電壓, peak-inverse voltage) 정류관에 교류 전압을 가해서 동작시킬 경우에 역방향에 걸리는 전압의 파고값.

피크 전력 (── 電力, peak power) ⇨ 피크 부하.

피크책임 전력 (── 責任電力, peak responsibility) 계통이 피크 때의 수용가 부하를 이른다.

피크 출력 (── 出力, peaking capacity) 베이스 부하를 초과하는 피크 부하 부분을 공급하는 데에 도움이 되는 발전력을 뜻한다.

피크 펄스 전력 (peak pulse power) 반송파를 변조한 신호를 보내는 전송계의 피크 펄스 전력은 반송 주파수의 주기에 걸쳐 얻어진 전력의 펄스의 최대값이다. 단, 스파이크는 제외한다.

피크 피크 값 (── 値, peak-to-peak value) 교류량에 있어서 +의 피크값에서 −의 피크값에 이르는 진폭을 이른다. 정현파의 경우에는 어느 한 방향의 피크 진폭의 2배가 피크값이다.

피킹 코일 (peaking coil) 증폭 회로 등의 주파수 특성 저하 부분을 개선하기 위해서 회로에 삽입하는 코일. 영상 증폭기와 텔레비전 수신기 같은 광대역 증폭 회로에 많이 쓰인다.

피토관법 (── 管法, Pitot-tube method) 피토관을 사용해서 속도 수두(速度水頭)에서 유속(流速)을 구하는 유량(流量) 측정법이다.

피트 (fit) 《신뢰성》 부품이나 장치의 우발 고장 기간의 고장률 단위로, 10^9시간에 1회의 고장이 생기는 확률을 1피트라고 한다. ㊟ fit는 1,000시간당 0.0001%의 고장률이기도 하다.

피트 라이너 (pit liner) 피트가 새는 것을 방지하거나 마모 방지 또는 내면 완성의 목적으로 쓰이는 안쪽 바르기를 피트 라이너라 한다.

PTM (pulse time modulation) ⇨ 펄스 시변조.

PPI (plan position indicator) 레이더에서 반사 물표(反射物標) 또는 트랜스폰더로부터의 신호에 의해서 생기는 블립을 보기 쉬운 평면 위치 표시로 브라운관 스코프 상에 나타내는 지시기를 PPI라 한다.

PPI 리피터 (PPI repeater) PPI 표시의 영상을 떨어져 있는 위치에서 나타내는 영상 신호와 특유한 동기 신호 중계장치를 이른다.

PPI 표시 (── 表示, plan position indication) 《레이더》 레이더에서 반사 신호에 의한 블립을 지도상의 평면 위치로 나타내는 표시를 이른다.

PPS (pulse per second) ⇨ 펄스 매 초.

PPM (1) pulse phase modulation ⇨ 펄스 위상 변조. (2) pulse position modulation ⇨ 펄스 위치 변조.

P형 반도체 (── 形導體, p-type semiconductor) 정공(正孔) 밀도가 전도 전자 밀도보다도 많은 불순물 반도체를 이른다.

픽업 (pickup) 레코드 바늘의 진동을 전기적 진동으로 전환하는 기기. 전자형(電磁形), 동전형(動電形), 정전형(靜電形), 압전형(壓電形)등이 있다.

핀 (pin) 현수 애자의 윗면 쇠를 캡이라고 하는 데 대해서 아랫 면의 쇠를 핀이라고 한다.

핀 애자 (── 碍子, pin type insulator) 철강제 핀이 달린 애자. 과거 주택에서 주로 옥외용으로 쓰인다. 전주, 가옥의 옆면 및 옥내 대들보 위의 배선 등에도 쓰였다.

핀 접속 (── 接續, pin connection) 반도체 패키지에 있어서, 패키지에서 돌출한 외부 핀이 디바이스 내부에서 어떻게 접속되어 있는가를 번호로 표시한 것. 패키지에는 핀 번호의 기준 위치를 나타내는 인덱스가 붙어 있다.

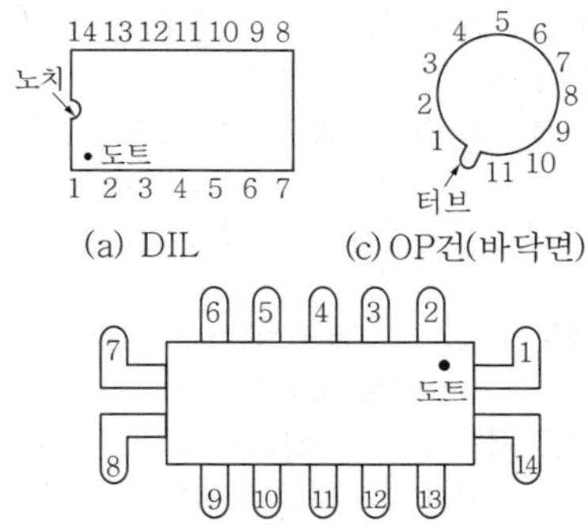

(a) DIL (c) OP건(바닥면)

(b) 플랫 팩 (윗면)

[핀 접속]

핀치 스템 (pinched stem) 스템의 한 형식으로 유리관의 일부를 인출선과 함께 눌러붙인 모양을 한 것이다.

핀치 오프 (pinchoff) 전계효과 트랜지스터(접합형)에 있어서, 역바이어스 전압을 점차 증가시켜 나가면 두 전극으로부터 채널에 공핍층이 생겨서 결국 채널이 폐새되고 드레인 전류가 컷 오프되는 현상. 핀치 오프에 의해서 전류가 흐리지 않게 되는 전극 간 전압을 핀치 오프 전압이라 한다.

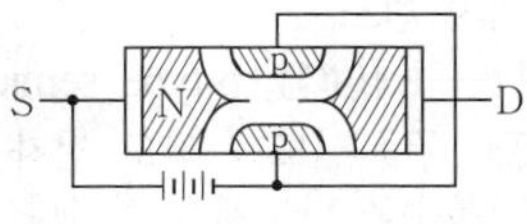

[핀치 오프]

핀치 효과 (—— 效果, pinch effect) (1) 유동성 도전 물질의 경우에는 통전이 되고 있는 각 부분의 상호 작용력에 의해서 통전 방향과 직각 방향에 수출이 발생하고, 경우에 따라서는 파괴 현상이 생기는 것. 유체 수축이라고도 한다. (2) 용융 금속 중에 큰 전류가 흐르고 있을 때 금속이 수축하거나 경우에 따라서는 파괴하는 것을 이른다.

핀홀 (pin hole) 바늘로 뚫은 것 같은 작은 구멍을 핀 홀이라 한다.

필라멘트 (filament) 전구, 진공관 등의 주요 부분인 금속의 가는 선. 오늘날에는 보통 텅스텐의 코일이 쓰인다.

필라멘트 가감 저항기 (—— 加減抵抗器, filament rheostat) 전자관의 필라멘트 전류를 조절하기 위하여 쓰이는 가감 저항기이다.

필라멘트 변압기 (—— 變壓器, filament transformer) (1) 전자관의 필라멘트를 가열하는 전원용(電源用) 변압기. (2)《전철》 고압 회로에서 전기 신호 보안장치의 전원을 얻기 위해서 사용되는 변압기를 이른다.

필라멘트 저항 (—— 抵抗, filament resistance) 전자관의 필라멘트 저항값을 이른다.

필라멘트 저항기 (—— 抵抗器, filament resistance) 전자관의 필라멘트 전류를 조정하기 위하여 필라멘트 회로에 넣는 저항을 이른다.

필라멘트 전력 (—— 電力, filament power) 전자관의 필라멘트를 가열하기 위한 전력을 이른다.

필라멘트 전류 (—— 電流, filament current) 전자관의 필라멘트를 가열하기 위하여 흐르는 전류를 이른다.

필라멘트 전압 (—— 電壓, filament voltage) 전자관의 필라멘트를 가열하기 위하여 전력을 공급할 때의 단자 전압을 이른다.

필라멘트 전지 (—— 電池, filament battery) 전자관의 필라멘트 가열용의 전원으로 쓰이는 전지를 이른다.

필라멘트 활성 (—— 活性, filament activity) 진공관의 필라멘트 전류 또는 전압을 어떤 일정값만 변화시켰을 때의 상호 컨덕턴스의 변화 비율. 이 수치로 그 진공관의 양부를 판정하였으나 현재는 음극 활성률(cathode activity)이라고 한다.

필터 (1) filter, light filter 빛에 대해서는 광로에 넣어서 빛의 분광 분포, 세기, 편광성 등을 가감하는 데 쓰이는 것. 분광 분포를 바꾸는 것은 색 필터, 세기를 바꾸는 것은 회색 필터, 편광성을 주는 것은 편광 필터이다. (2) wave filter 인덕턴스 L, 용량 C 및 저항 R의 조합으로 이루어지는 전송 4단자 회로망으로, 어떤 주파수대의 전류의 통과를 저지하고 다른 주파수대의 전류를 통과시키는 장치를 이른다. 주파수가 매우 높은 VHF대에서는 공진선이나 동축선을 소자로 하는 필터를 사용하고, 주파수가 더욱 높은 마이크로파대에서는 도파관 필터가 쓰인다. 이 밖에 특수한 것으로서 기계적 공진을 이용하는 수정 필터와 C와 R로 이루어지는 CR 필터 등이 있다. 이 밖에 통과 또는 저지대 역 특성에 따라 저역 필터, 고역 필터 또는 대역 통과 필터, 대역 저지 필터 등이 있다.

필터 소자 (—— 素子, filter element) 필터 회로를 구성하는 개개의 인덕턴스 코일이나 콘덴서를 이른다. 필터 회로에는 수 많은 코일과 콘덴서를 사용하므로 그 특성을 좋게 하려면 특히 코일과 콘덴서의 고주파 손실이 적은 것을 선택하지 않으면 안 된다. ⇨ 필터 회로(filter circuit).

필터 콘덴서 (filter condenser) 필터 회로에 쓰이는 콘덴서. 주로 높은 주파수의 전류를 통과 또는 분로시키기 위해서 도움이 되고, 직류나 비교적 낮은 주파수의 전류를 저지하기 위하여 쓰인다. 특히 고주파에 대하여 누설 저항이 작은 것이 요망된다.

ㅎ

하강 시간 (下降時間, fall time) 소멸 시간이라고도 한다. 시간적으로 안정되어 있는 어떤 양이 어떠한 동기로 감소되기 시작하고 나서 소멸되어 버렸다고 인정될 때까지 요하는 시간. 가로축에 시간을 취하여, 이 양의 변화를 그림에 나타내면 일종의 하강 곡선이 그려지므로 이와 같이 부른다. ⇐ 소멸 시간(decay time).

하니스 (harness) 여러 가지 길이를 가진 절연 전선의 다발을 이르는 것으로, 특정 장치에 바로 배선할 수 있도록 각 소선을 만들고, 단자를 붙여 적당히 정리한 것을 이른다.

하다마르 변환 (——變換, Hadamard transformation) 화상 처리 등에 이용되는 직교 변환법의 일종. 변환 때 변환핵은 +1 및 −1을 요소로 하는 정 4각형 매트릭스이고 이것을 하다마르 행렬이라고 한다. $2^n=2M$ (n=1, 2, …)으로 놓고 최저차(n=1)의 하다마르 행렬은 2행×2열의 직교 매트릭스 $H_2=\begin{bmatrix}1 & 1\\ 1 & -1\end{bmatrix}$이고 일반적으로 H_{2M}은 $2M$행×$2M$열의 직교 매트릭스

$$H_{2M}=\begin{bmatrix}H_M & H_M\\ H_M & -H_M\end{bmatrix}$$ 이다.

㊟ 이산적(離散的) 이미지 처리에 사용되는 변환에는 이 하다마르 변환 외에 푸리에 변환, 월슈 변환, 여현 변환, 호테링 변환 등이 있다.

하단 부호 (下段符號, latter signal) 인쇄 전신의 건반(鍵盤)에 하나의 신호를 2단으로 이용할 때의 shift 부호. 주로 letter를 보내는 경우에 사용한다.

하류 편익 (下流便益, down stream benefits) 상류를 개발함으로써 하류의 시설이 받은 편익을 뜻한다.

하부선 (下部線, down line) 전신 회선의 방향을 나타내는 용어로, 폐전식(閉電式) 또는 개전식의 전류 방향을 정하기 위하여 서울 또는 중심국으로 향하는 방향과 반대 방향을 하부선으로 한다. 하부선을 향해서 전류를 흘리도록 하고 있다.

하울링 (howling) 일반적으로 증폭계가 바라지 않는 궤환 때문에 발진하여 가청음이 울리는 것을 이른다. 예를 들면, 확성기에서 나온 음이 마이크로폰으로 들어가 증폭되어서 다시 확성기를 통해 나오는 궤환 루프에 의해 발진하는 경우, 또는 전화기의 수화기에서 나온 음이 송화기로 들어가 증폭되어 전화기 회로의 측음으로서 재차 수화기에서 나오는 궤환 루프에 의해서 발진하는 경우에 나타나는 현상을 하울링이라 한다.

하이라이트 (highlight) 사진, 텔레비전 등에서 화면 중 액센트로서 특히 밝은 부분을 이른다.

하이로 전압계 (——電壓計, high-low voltmeter) 전기 통신 기타 전기를 사용하는 기기의 전원 설비에서 전원 전압의 허용 최고 또는 최저값을 지시한 경우, 그 최고 또는 최저 전압 접점을 폐쇄하고 경보를 발하는 기능을 지닌 전압계를 이른다.

하이 마이카 (high mica) 정류자의 정류자편(整流子片)간의 절연물 마이카나이트가 동편(銅片)보다도 바깥쪽에 돌출되어 있는 상태. 불꽃 발생의 원인이 된다.

하이브리드 링 (hybrid ring) 도파관 접속의 하나로, 내부에 정재파(定在波)를 만들 수

있는 적당한 전기적 치수를 가진 링 모양의 회로 측면에서 4개의 분기가 나와 있다.

하이브리드 접합 (—— 接合, hybrid junction) 전화 회선으로 송・수 양 방향의 통화를 한 쌍의 도선으로 하는 것을 2선식 회선이라 하고, 송・수 각기 별개의 한 쌍의 도선을 사용하는 것을 4선식 회선이라 한다. 사선식 회선 및 2선식 회선의 접합부에 사용하는 접합을 하이브리드 접합이라고 한다.

하이브리드 코일 (hybrid coil) 3권선 변성기라고도 한다. 4선식 회로와 2선식 회로를 접합하기 위하여 사용되며, 그림 (a)와 같이 하나의 자심에 3권선을 한 것과 그림 (b)와 같이 두 변압기를 조합한 것이 있다. 지금 만약 선로측 임피던스 Z_L과 평형 결선망측 임피던스 Z_N이 같다면 R에서 들어오는 전력은 L과 N으로 2등분 되어 T에는 전혀 전력이 전달되지 않고, 단자 R에서 3권선 변성기를 본 임피던스는 (1/2) Z_N이 된다. 또 만약 $Z_r = Z_R$이면 L에서 들어오는 전력은 R과 T로 2등분 되어 N에는 전혀 전력이 전달되지 않고 단자 L에서 하이브리드 코일을 본 임피던스는 2 Z_R이 된다. 그림의 경우도 전적으로 같다.

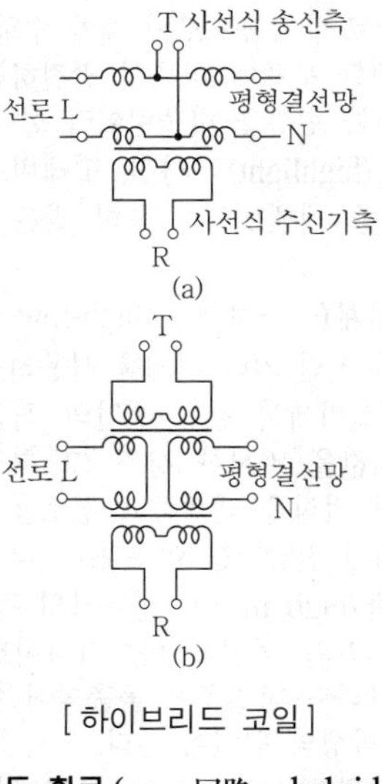

[하이브리드 코일]

하이브리드 회로 (—— 回路, hybrid circuit) 같은 작용을 하는 둘 또는 그 이상의 기본적으로 다른 종류의 부품이 함께 사용된 회로. 예를 들면, 전자관과 트랜지스터를 병용한 회로. 개별 부품과 집적 회로를 혼용한 회로(혼성 집적 회로) 등이 그 예이다. 형식이 다른 복수의 집적 회로의 조합으로 구성된 것도 혼성 집적 회로이다.

하중 (荷重, load) 운반 또는 견디어 낸다는 뜻으로, 기계 하중(mechanical load) 및 풍압 하중(wind load) 등으로 구분한다.

하중 곡선 (荷重曲線, load curve) 《전기철도》 전동차에서 각종 기울기를 바탕으로, 견인 하중 및 균형 속도 그리고 균형 전류의 관계를 나타낸 곡선을 이른다.

하천 유량 (河川流量, water discharge) 하천의 어느 지점을 흐르는 단위 시간당의 유수량을 이르는 것으로, 그 하천에서 연간을 통하여 확보할 수 있는 유량의 일수에 따라 갈수량, 저수량, 평수량, 풍수량 등이 정해진다. 한 해에 2, 3회 또는 수년에 1회 정도 예외적인 유량으로서 고수량, 홍수량 등으로 구분하는 수도 있다. 유량을 발전 가능한 전력으로 환산한 것을 포장 수력(potential hydro energy)이라 한다.

하측파대 (下側波帶, lower side-band) 변조된 주파수의 스펙트럼 중 반송 주파수보다 낮은 부분에 퍼진 측파대를 이른다.

하층 대기 (下層大氣, lower atmosphere) 일반적으로 지상에서 약 70~90 km인 곳에 전리층(D층)이 있다. 이 아래에 있는 것을 하층 대기라고 한다. 단, 전리층(E층) 이하를 이르는 경우도 있다.

하트형 특성 (—— 特性, heart shape characteristic) 루프 안테나는 8자형 지향 특성을 나타내지만 무지향성을 갖는 수직 공중선과도 조합하고, 또 그 전계 강도가 같도록 조정하면 이들의 합성 지향성은 하트형 특성을 나타내게 된다. 지금 수직 공중선을 고정하고, 루프 안테나를 연직축(鉛直軸)을 중심으로 하여 회전하면 하트형 특성을 유지하면서 최소 감도의 위치가 회전하므로 방위 측정 등 여러 가지 이용에 기여할 수 있다.

하틀레이 발진기 (—— 發振器, Hartley oscillator) (1) 하틀레이 회로를 사용한 발진기. (2) 병렬 공진 탱크 회로가 베이스와 컬렉터 사이에 접속되고, 탱크의 인덕턴스 요소는 중간 탭을 가지고 있으며, 이것이 이미터 전위로 유지된다. 그리고 이 인덕턴스 요소의 일단에서 베이스에 대하여 피드백 전압이 주어지고 있는 회로 구조의 발진기를 이른다.

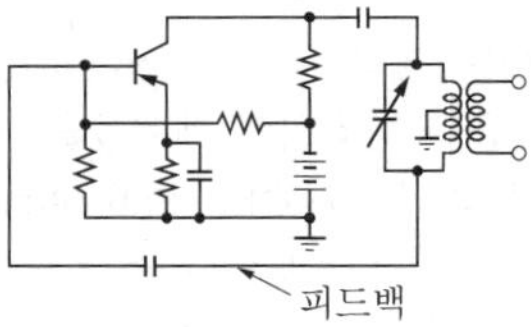

[하틀레이 발진기]

하틀레이 회로 (── 回路, Hartley circuit) 미국인 하틀레이가 고안한 발진 회로로, 진공관의 플레이트-그리드 간에 병렬 공진 회로를 접속하고, 음극(또는 필라멘트)으로의 귀로 코일의 중간 탭에 접속한다. 탭의 위치를 바꿈으로써 그리드 측으로의 궤환량을 가감시킬 수가 있다.

하프 랩 (half-lap) 철판을 포개어 쌓을 때 또는 테이프를 감을 때 순서대로 절반씩 포개어 쌓거나 감는 방법을 이른다.

하프 컷 오프 (half cut-off) 《계전기》 스트로저식 자동 교환기의 라인 스위치 컷 오프 계전기에서 착신의 경우 브레이크 접점을 열고 메이크 접점을 닫지 않는 상태로 하는 것을 이른다.

하프형 안테나 (── 形 ──, harp type antenna) 하프형으로 도선(導線)을 배열한 장파용 안테나를 이른다.

한계 (限界, threshold) ⇨ 임계.

한계 계전기 (限界繼電器, marginal relay) 동작, 복구, 유지 또는 개방 등에 일정한 범위, 예를 들면, 일정한 전류값 이하에서는 절대로 동작하지 않는 조건을 만족시키는 계전기이다.

한계 주파수 (限界周波數, threshold frequency) 어떤 현상이 하나의 주파수를 경계로 하여 그 한편의 주파수역에서는 발생하지 않지만 반대쪽 주파수역에 이동시키면 그 현상이 발생하는 경우에, 그 경계의 주파수를 한계 주파수라고 한다.

한계 파장 (限界波長, threshold wave length) 도파관의 차단 주파수에 대응하는 파장이다.

한국산업규격 (韓國産業規格, Korea industrial standards) 약어 KS, 공업표준화법에 따라 공업진흥청 내의 한국 공업표준조사회가 조사 심의하며 정부가 제정하는 광공업품에 관한 국가 규격을 이른다.

한류 가속 계전기 (限流加速繼電器, current limit relay) 《전철》 주제어에서 캠 축의 회전 또는 단위 스위치의 전환동작을 자동적으로 제어하여 스텝의 진행을 지배하는 것이다. 속도가 증가하고 전류가 감소하여 일정한 전류값에 도달하였을 때 이것이 작동하여 제어단(制御段)을 자동적으로 다음 스텝으로 진행시키는 회로를 만드는 장치를 이른다.

한류 계전기 (限流繼電器, current limit relay, current limiting relay) ⇨ 한류 가속 계전기.

한류 리액터 (限流 ──, current-limiting reactor) 단락 고장에 대하여 고장 전류를 제한하기 위해서 회로에 직렬로 접속되는 리액터이다. 단락 전류에 의한 기계의 기계적 및 열적장해를 방지하고, 차단해야 할 전류를 제한하여 차단기의 소요 차단 용량을 경감하는 용도에 사용된다. 일반적으로 불변 인덕턴스를 갖는 공심형(空心形) 건식(乾式)이나 또는 유입식이 사용된다.

한류 퓨즈 (限流 ──, current-limiting fuse) 지정된 한류 범위 내의 전류에 의해서 용단되었을 때 높은 아크 전압이 발생하고 그로 인하여 전류의 증가를 억제하고, 지속 시간을 짧게 하도록 동작하는 퓨즈, 한류 특성으로서는 통전 최대 전류, I^2t 특성 등이 사용된다.

한시 계전기 (限時繼電器, time limit relay) 어떤 기구의 동작에 의하여 그 동작보다 예정 시간 후에 동작하는 계전기를 한시 계전기라 한다.

한시 해정기 (限時解錠器, time release) 《철도》 철도 신호의 접근 쇄정 장치 등에 사용하는 것으로, 일정 시간을 경과한 후 전기 회로를 만들고 신호 레버를 해정시키기 위하여 사용된다.

한정 데이터 전달 기호 표시장치 (限定 ── 傳達記號表示裝置, limited data transfer and display equipment) 이 장치는 항공 교통관

제국 및 관제탑의 관제사에게 기호적인 표시 정보를 주기 위한 것으로, 이 정보 표시는 관제국 내의 위치간, 관제국과 관제국간 또는 관제국과 관제탑간에서 전달된다. 이 장치는 항공 교통관제 데이터 전달 표시장치(ATC DATA, transfer and display equipment)의 연구 기간 중 종래의 기술과 기기를 이용하여 수동 조작량을 줄여 조작 능률을 증가시킴으로써 항공 교통 관제에 이바지하는 것이다.

한정 신호 (限定信號, limit signal) 레이더에서 장치의 동작 거리에 따라 고의로 진폭을 제한한 신호를 뜻한다.

할당 (割當, allocation, assignment) (1)《통신》 이용 가능한 주파수 스펙트럼을 효과적으로, 상호 간섭이 최소가 되도록 각종 통신 서비스를 위하여 할당하는 것. (2)《계산기》 특정한 루틴(또는 그 일부), 상수, 데이터 등을 위하여 기억장치가 있는 장소(영역)를 할당하는 것. (3)《오퍼레이팅 시스템》 특정 태스크를 실행하기 위하여 그에 필요한 자원을 할당하는 것을 이른다.

할당 주파수 (割當周波數, assigned frequency) 어떤 무선국에 할당된 주파수. 보통 어떤 주파수 대역을 가지므로 그 대역의 중앙에 일치하는 주파수이고, 이 주파수를 발사하지 않는 경우도 있다.

할로겐 전구 (── 電球, tungsten halogen lamp, iodine lamp) 용융 석영의 긴 관의 관축을 따라 텅스텐 필라멘트를 붙이고 관내에 옥소 가스를 봉입한 것. 필라멘트에서 증발한 텅스텐 원자는 관벽에 옥소와 결합하여 옥화 텅스텐이 되어 필라멘트로 환원하고, 여기서 다시 분해되어 텅스텐을 필라멘트에 남긴다. 이와 같은 이른바 옥소 사이클에 의하여 장수명 고효율의 램프가 얻어진다. 광학계와 조합하여 투광 조명에도 이용된다.

할인 종량 요금제 (割引從量料金制, diminishing tariff) 사용 전력량에 따라서 할인 요율이 적용되는 요금제를 이른다.

함수 발생기 (函數發生器, function generator) 반복형(反復形) 상사형 계산기에 필요한 임의의 함수를 전기적으로 표시하게 하는 것. 포토 포머 및 절선(折線) 함수 발생기가 많이 사용된다. ⇨ 포토 포머, 절선 함수 발생기.

함침 (含浸, impregnation) 콤파운드 등을 절연물에 함침시키는 것을 함침이라 한다.

함침용 콤파운드 (含浸用 ──, impregnation compound) 절연물에 함침시키는 콤파운드이다.

함침 케이블 (含浸 ──, impregnated cable) 혼합물 등을 함침시킨 케이블을 이른다.

함침형 음극 (含浸形陰極, impregnated cathode) 다공질 텅스텐에 바륨 화합물을 용해 상태로 함침시켜 만든 음극의 일종. 대전류를 방출할 수 있다.

합계 최대 수용 전력 (合計最大需用電力, noncoincident demand) 어떤 기간 동안 시각과는 상관없이 개개 수용의 최대 수용을 합계한 값을 이른다.

합금 강 (合金鋼, alloyed steel) 강(鋼)에 다른 금속을 용해시킨 것을 뜻한다.

합금 접합 (合金接合, alloy junction)《반도체》 불순물 원소의 고체를 반도체 결정(半導體結晶)에 합금으로 붙임으로써 그 경계면에 만들어지는 접합을 합금 접합이라 한다.

합성 개구 레이더 (合成開口 ──, synthetic aperture radar) 직선 비행하는 항공기에서 일정 간격마다 발사한 레이더 파가 지상 물체에서 반사되어 되돌아오는 에코의 합을 취한 후, 데이터 처리하여 실효적으로 긴 안테나를 사용한 경우와 등가한 상이 얻어져 높은 해상도의 지도를 만들 수 있다. 인공위성에서 지표를 관측하는 레이더의 경우도 위의 항공기의 경우와 같다.

합성 개구법 (合成開口法, synthetic aperture method) 개구(구경이라고도 한다)의 작은 결상계를 복수 개 조합하여 개구가 큰 결상계와 같은 분해능을 얻게 하는 방법, 소개구의 각 상 사이의 위상관계를 유지하면서 합성하는 코히어런트 합성법과 세기만을 합성하는 비코히어런트법이 있다. 전파 망원경에서는 다수의 파라볼라 안테나를 일직선으로 등간격으로 배열하여 개구 합성하는 일이 많다. 안테나는 T, Y 등의 형태로 2차원 배열하는 경우도 있다(미국 국립 전파 천문대의 VLA(very large array 등). ⇨ 초 장기선 간섭계.

합성 고무 (合成——, synthetic rubber) 천연 고무와 같은 높은 탄성(彈性)과 강인도를 나타내는 고분자(高分子) 재료를 이른다. 합성 고무에는 클로로프렌, 부틸고부, 실리콘 고무 등이 있으며 전기적, 물리적 성질이 좋고 내열, 내이온, 내수성이 우수하다.

합성 브러시 (合成——, compound brush) 다른 재질의 것을 두께 방향으로 조합한 브러시를 이른다.

합성 수지 (合成樹脂, synthetic resin) 천연 수지에 대해 인공적으로 합성하여 얻는 고분자 중합(重合) 또는 축합체(縮合體). 석탄산 수지, 요소 수지, 비닐 수지 등 여러 가지가 있다.

합성 오차 (合成誤差, resultant error) 적산 전력계의 오차를 산출하는 경우는 변류기 또는 계기용 변압기와 변기류 및 계기용 변압 변류기가 계량에 영향을 미치는 오차를 합성 오차라 하며, 이것은 비오차(比誤差)와 위상각에 의한 오차를 합성한 것이다.

합성음 (合成音, composite tone) 주파수가 다른 둘 이상의 순 정현파형(正弦波形)의 음(순음)이 합성된 소리. 복합음이라고도 한다. 합성음을 구성하는 개개의 순음을 부분음(partial tone)이라고 한다.

합성 저항 (合成抵抗, combined resistance) 2개 이상의 저항을 조합하였을 때 그 합성된 값을 이른다.

합성 펄스 (合成——, composite pulse) 펄스 항행방식에서, 동일한 파원(波源)으로부터 각종 경로를 거쳐 수신된 일련의 중복 펄스로 이루어지는 펄스를 합성 펄스라 한다.

합성 피치 (合成——, resultant pitch) 직류기 전기자의 권선에서 $y = y_1 \pm y_2$를 이른다. 여기서, y_1은 뒤피치, y_2는 앞피치, +는 파권(波捲), −는 중권(重捲)이다.

핫 웰 (hot well) 복수기(復水器)의 하부에 설치되어 있는 복수가 고인 곳을 이른다.

핫 캐리어 (hot carrier) 고체 내에서 결정 격자와 열 평형하고 있지 않은 전자 또는 정공의 캐리어로서, 박막 트랜지스터 등의 보통 다수 캐리어 디바이스에서 볼 수 있는 캐리어에 대해서 비교적 높은 에너지를 가지고 있다. 핫 캐리어는 금속-반도체 접합부에 존재하는 전위의 벽을 에미션에 의해 혹은 매우 얇은 절연층을 터널 작용에 의해 주입된다.

핫 캐리어 다이오드 (hot-carrier diode) 반도체 다이오드로, 핫 캐리어(전자 또는 정공)가 반도체 층에서 금속 기판에 방출된다. 다수 캐리어가 압도적이므로 소수 캐리어가 주입되거나 축적됨이 없고 스위칭 속도는 매우 빠르다. 쇼트키 다이오드라고도 한다.

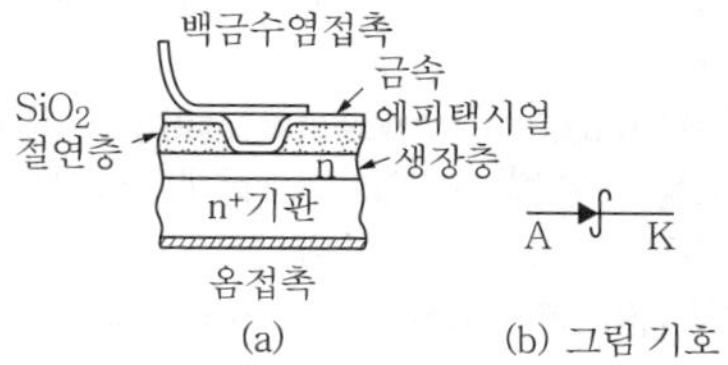

[핫 캐리어 다이오드]

항구 반사 (恒久反射, permanent echo) 1차 레이더에서 레이더 설치 위치에 관하여 그 위치가 고정된 목표물로부터의 반사 신호를 이른다.

항만 무선 (港灣無線, harbor radio) 항만 업무를 수행하기 위한 무선 업무를 이른다.

항복 임피던스 (降伏——, breakdown impedance) 반도체 다이오드의 항복 영역에서 지정된 직류전류의 소신호에 대한 임피던스. 종래 제너 임피던스, 애벌란시 임피던스 등으로 불려 왔지만 항복 임피던스로 통일되고, 그 외는 폐기되었다.

㊟ 임피던스라 하지만 대부분 저항이며, 교류 저항 r_d와 직류 저항 r_D와는 매우 값이 다르다. 모두 동작점에서의 증분 저항이지만 r_D는 변화를 준 정적으로 하여 열평형 상태에서 측정하여 구하는 것에 대해 r_d는 동작점에서 주어진 교류 소신호의 실효값 전압과 실효값 전류의 비이다. r_d와 r_D는 모두 항복 전압 V_B의 영향을 강하게 받아, V_B=7V 정도에서 모두 그 값이 최소로 되지만 V_B가 7V를 넘는 다이오드에서는 플러스 값으로 변화하는 온도 계수의 영향으로 r_D의 증가가 현저하다.

항복 전압 (降伏電壓, breakdown voltage) 《반도체》 역 방향 전류가 갑자기 커지는 전압을 이른다. 수치적으로는 역 방향의 동 저항(動抵抗)이 어떤 값보다 작아지는 전압 값으로 정한다. 다이오드에서는 이 값을 곧잘 제너 전압이라고도 한다.

항온로 (恒溫爐, thermostatic oven) 일정한 온도를 유지할 수 있도록 만든 노(爐). 온도를 자동 제어하여 일정한 온도를 유지한다.

항온실 (恒溫室, thermostatic chamber) 일정한 온도를 보존할 수 있게 냉난방을 자동적으로 하여 조정할 수 있도록 한 공간을 이른다.

항온욕 (恒溫浴, thermostatic bath) 일정한 온도를 보존할 수 있게 레귤레이터 등으로 조정된 물 탱크를 이른다.

항온조 (恒溫槽, constant temperature oven, thermostatic oven) 전열기와 온도 계전기를 조합하여 일정한 온도를 보존하는 용기. 예를 들면, 수정 발진자 등을 일정한 온도로 보존하기 위하여 이용된다.

항전계 (抗電界, coercive electric field) 연속하여 반복되는 강유전체의 주 히스테리시스 곡선상의 전속밀도(電束密度)가 영이 되는 장소에서의 전계의 세기를 이른다.

㈜ 이 값은 인가한 전계의 주파수, 진폭, 파형에 영향을 받는다. 따라서 예를 들면 60 Hz, 정현파로 충분히 큰(강유전체가 충분히 포화할 정도의) 진폭을 가진 전계에서 행한다.

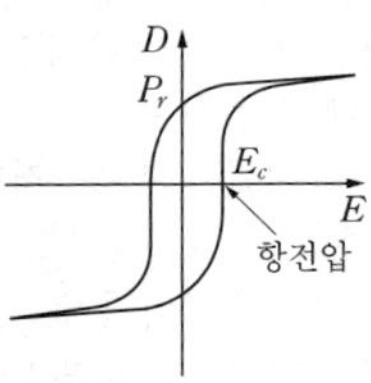

[항전계]

해리 (解離, dissociation) 분자가 보다 단순한 부분, 즉 보다 작은 분자, 원자, 유리기, 이온 등으로 분해하는 프로세스를 이른다. 특히 광화학적, 열적 혹은 이온(전해질)해리의 경우에 사용되며 정량적으로 해리 상수 K로 주어진다. 이것은 해리 반응 $AB \leftrightarrows A+B$에서의 상수 $K=\frac{[A][B]}{[AB]}$이다. 오른쪽의 [ ]는 종의 농도(활량)이다.

해면 반사 (海面反射, sea return) 《레이더》 해면의 불규칙성으로 인하여 생기는 클러터이다.

해면체 (海綿體, sponge) 해면 모양을 한 물체이다.

해시 (hash, garbage, gibberish) (1) 바이브레이터의 접점이나 회전기의 브러시에 의해서 발생하는 전기 잡음. (2) 레이더 스코프에서의 글라스 잡음. (3) 전자 계산기에 있어서 장치의 오작동으로 발생하는 명확한 의미가 없는 데이터. 부적정한 프로그래밍에 의해서 발생하는 경우도 있다. (4) 데이터 길이의 조건을 맞추기 위하여 부가하여 기입되는 의미가 없는 정보를 해시라 한다.

해안선 효과 (海岸線效果, coast line effect, coastal effect) 해상과 육상의 표면파의 전파(傳波) 속도의 차이로 인하여 해안선에서 전파의 굴절 현상이 일어난다는 방향을 탐지할 때 오차를 일으키는 요인이 된다.

해양 에너지 이용 발전 (海洋 —— 利用發電, power generation utilizing ocean energy) 조력, 파력, 해수 온도차 등, 해양이 갖는 에너지를 이용한 발전을 이른다. ⇨ 해양 온도차 발전.

해양 온도차 발전 (海洋溫度差發電, power generation by ocean temperature difference) 해양 표층부와 해면 밑 수백 m의 해수 온도차(10~20℃)를 이용하여 발전을 하는 방식이다. 동작 온도가 낮고 온도차가 작기 때문에 작동 유체로서는 암모니아, 프론 등의 비점이 낮은 매체가 사용된다. OTEC(오테크) 발전이라고도 한다.

해저 선로 (海底線路, submarine line) 육지 선로에 대해서 해저를 경유하는 선로를 이른다.

해저 전신 (海底電信, submarine telegraphy) 해저 전신 케이블을 사용하여 현파 부호 통신을 하는 방식이다.

해저 케이블 (海底 ——, submarine cable) 해저에 부설된 케이블. 특수한 외장을 한다. 바다의 깊고 얕음에 따라 외장 방법이 다른데, 얕은 해선일수록 튼튼하게 만들어져 있다.

해정 (解錠, release) 《철도 신호》 쇄정을 푸는 것을 해정이라 한다.

핵 (核, nucleus) 원자의 중심에 있는 중성자 및 양자로 이루어지는 덩어리를 뜻한다.

핵력 (核力, nuclear force) 핵자(양자, 중성자) 상호 간에 작용하고 있는 대단히 강한 비전자적 인력을 핵력이라 한다.

핵 반응 (核反應, nuclear reaction) 원자핵과 다른 입자의 충돌에 의해서 일어나는 현상의 총칭. 원자핵은 입사하는 다른 원자핵이나 양성자, 중성자, α선 β선 등의 입자 또는 γ선 등의 전자기파와 상호작용하여 원자핵의 에너지 상태를 바꾸거나 다른 원자핵이나 입자를 탄생시키는데, 이 변화를 이른다. 원자핵 반응이라고도 한다. 이 때 변화를 받는 원자핵(표적핵)을 X, 입사하는 입자를 a, 반응 후에 생성되는 원자핵(반조핵 또는 생성핵)을 Y, 방출되는 입자를 b로 하면 이 반응은 $X + a \rightarrow Y + b$로 나타내고, 이를 (a, b)반응이라 한다.

핵 분열 반응 (核分裂反應, nuclear fission reaction) 질량수가 큰 원자핵이 같은 정도의 질량수를 가진 여러 개의 원자핵으로 분열하는 핵반응. 자발성 핵분열과 중성자나 γ선 등의 조사로 일어나는 유도성 핵분열이 있다.

핵 분열 생성물 (核分裂生成物, fission product) 무거운 원자가 분열했을 때 생기는 새로운 원자. 저속 중성자로에서는 30여 종류의 분열 생성물이 생성된다.

핵 분열 파편 (核分裂破片, fission fragment) 분열성 물질의 원자가 분열했을 때 생기는 최초의 것. 분열 파편은 이윽고 잇달아 β선 방사를 하여 분열 생성물로 변하게 된다.

핵 연료 (核燃料, atomic fuel, nuclear fuel) 원자로 속에서 에너지를 발생시키기 위하여 사용되는 핵 분열성 물질. 핵 연료로서는 핵 분열성 핵종인 우라늄 235, 프로토늄 239, 우라늄 233을 함유하는 물질이 사용된다. 천연으로 존재하는 것은 우라늄 235 뿐이고 다른 2종은 인공적으로 생산된다.

핵 연료 사이클 (核燃料——, nuclear fuel cycle) 정제 가공된 핵 연료를 원자로에서 연소시키고 그 사용이 끝난 연료에 함유된 핵 분열성 물질 및 원 물질을 회수, 재처리하여 다시 핵연료로 이용하는 일련의 핵연료 순환 과정을 이른다.

㊟ 재처리 이전의 프로세스를 프론트엔드, 이후의 그것을 백엔드라고 한다. 백엔드 프로세스는 현재 코스트가 매우 높고 또 재처리 자체가 핵연료(프로토늄)를 확산시킨다는 의미에서 강대국에 의해 엄격히 통제되고 있다.

핵 융합 (核融合, nuclear fusion) 가벼운 원자핵끼리의 핵반응으로 무거운 핵이 형성되어, 에너지가 해방되는 것. 융합로에서 제어된 열핵 반응(thermonuclear reaction)을 발생시킬 수 있도록 하기 위한 연구가 계속되고 있다. 사용되는 융합 반응으로는 다음과 같은 것이 검토되고 있다.

$^{2}_{1}H + ^{2}_{1}H \rightarrow ^{3}_{2}He + n + 3.2\,MeV$

$^{2}_{1}H + ^{2}_{1}H \rightarrow ^{3}_{1}H + ^{1}_{1}H + 4.0\,MeV$

$^{6}_{3}Li + ^{1}_{1}H \rightarrow ^{3}_{2}He + ^{4}_{2}He + 4.0\,MeV$ 등이다.

㊟ 원소의 왼쪽 첨자 중 아래 글자는 원자번호(핵 내의 양성자 수), 위의 글자는 질량수(그 원자의 핵자의 수)를 나타낸다. 원자 번호가 같고 질량수가 다른 핵종은 동위체라 한다.

핵자기 공명 (核磁氣共鳴, nuclear magnetic resonance) RF 자계와 일정 자계 내에 놓여진 핵 사이에서 볼 수 있는 에너지 수수에서의 공진 현상을 이른다. 정자계는 충분히 강력하여 원자핵을 그 궤도 전자군으로부터 이격시키기에 충분한 값을 가지고 있다. 공진 상태에서 원자핵이 흡수하는 에너지는 문제로 삼고 있는 원자를 식별하기 위한 실마리가 된다.

핵토미터파 (——波, hectometer wave) 100 ~1,000 m까지의 파장, 즉 300~3,000 kHz까지의 주사수의 전자파를 이른다.

핸드셰이킹 (handshaking) 《데이터 전송》 두 전송장치 사이에서 접속이 확립됨으로써 사전에 정해진 신호의 주고 받음이 이루어지는 것을 이른다.

핸드 용량 (——容量, hand capacity) 고주파 회로, 예를 들면 무선 수신기에서 차폐가 불완전할 때 손을 동조 다이얼에 대었을 때와 떼었을 때에 수신 상태가 크게 다를 때가 있다. 이것은 손과 수신기 사이에 정전 용량이 있기 때문에 동조 회로 및 국부 발진 회로의 실효 용량이 변화하기 때문이다. 이와 같이 손을 가까이 가져감으로써 생기는 용량을 핸드 용량이라고 한다.

핸드 효과 (── 效果, hand effect) 핸드 용량에 의해서 회로의 전기적 상태에 변화가 생기는 것. 이것을 제거하려면 정전차폐를 완전하게 하여야 한다.

행거 (hanger) 《트롤리선》 전기 철도에서 트롤리선을 매어 다는 데 사용하는 철제 장식구. 그 하부에 트롤리선을 유지하는 이어라는 철제 장식구를 설치하고 그 전부를 행거라고 한다. 단, 이어를 별도로 하고 위의 것만을 행거라고 하는 경우도 있다.

허니컴 코일 (honey-comb coil) 겉 모양이 벌집을 닮았다는 뜻에서 이 명칭이 붙은 고주파용 공심(公心) 코일의 일종이다. 소형이지만 임피던스가 큰 이점이 있다.

허브 (hub) 상승 회전 기구에서, 와이퍼 주축에 고정된 상승 및 회전 톱니바퀴의 이를 낸 금속체를 허브라 한다.

허용 범위 (許容範圍, tolerance) 온도, 오차, 편차 등의 허용할 수 있는 한계를 이른다. ⇨ 공차.

허용 선량 (許容線量, permissible dose, tolerance dose) 어떤 정해진 기간, 인체에 조사하여도 유해하지 않는 범위의 방사능의 양을 이른다.

허용 양극손 (許容陽極損, allowable anode (plate) dissipation) 《전자관》 허용할 수 있는 양극 손실의 최대값. 이 값보다 많은 손실을 주면 국부 양극이 과열되어 가스를 발생하거나 또는 적열되어 진공관의 열화를 촉진할 우려가 있다. ⇨ 양극 손(anode-dissipation).

허용 오차 (許容誤差, allowable error, permissible error) 허용 차, 즉 규정된 기준값과 허용된 한계값의 차를 허용 오차라 한다.

허용 온도 (許容溫度, allowable temperature, permissible temperature) 기기 또는 절연물의 성능이 별로 손상됨이 없이 사용할 수 있는 최고의 온도. 예를 들면, 최고 허용 온도는 나전선에서는 100℃, 600V, 고무 절연 전선에서는 60℃, 또 절연 전선에서는 65℃로 규정하고 있다.

허용 전류 (許容電流, allowable current) 도체 또는 절연 전선 등에 흘릴 수 있는 최대의 전류. 이 전류는 도체 또는 절연물에 대한 최고 허용 온도로 정해진다.

헌팅 (hunting) 레이더의 주사 공중선의 회전이 불규칙적으로 되는 현상을 이른다. ⇨ 난조.

헌팅 방지 (── 防止, antihunting) 《레이더》 레이더용 공중선의 회전의 변동을 방지하는 것을 이른다.

험 (hum) 교류 전원을 사용한 수신기 또는 증폭기에서, 진공관을 통하여 그 교류가 증폭되어 출력측에 나타나 전원의 교류음이 들린다. 이것을 험이라고 한다.

헤드엔드 (headend) CATV 방식에서 안테나 쪽에 설치되어 안테나, 증폭기, 주파수 변환기, 복변조기 등을 포함한 제어 센터로서, TV 방송파를 수신하여 케이블 채널로 보내거나 혹은 반대로 송출하기 위한 것을 이른다.

헤드 탱크 (head tank) 수력발전소에서 압력수두(壓力水頭)를 높이기 위하여 높은 장소에 설치하는 탱크. 즉 수로와 수압관이 접속되는 지점에 설치되는 수조이다.

헤드폰 (head phone, head receiver, head set, head telephone) 헤드밴드를 머리에 걸어 사용하는 수화기. 예를 들면 교환수용 전화기의 수화기, 무선 통신용·모니터용의 수화기, 음악 감상용 헤드폰 등이 있다.

헤르츠 (hertz) 주파수의 단위. 사이클 매 초와 같다. 단위는 Hz이다.

헤르츠 발진기 (── 發振器, Hertz oscillator, Hertzian oscillator) 헤르츠는 구형의 단자를 갖는 2개의 금속 막대를 공기 중에 상대시키고 이 간격을 통해서 불꽃 방전을 발생시켜 전파의 존재를 실증하였다. 이와 같은 전자파 발생용 장치를 헤르츠 발진기라고 한다.

헤르츠파 (── 波, Hertzian wave) 전자파. 1887년 헤르츠가 처음 실험적으로 전파의 존재를 입증하였으므로 이와 같이 부른다.

헤링본 반사기 (── 反射器, herring-bone reflector) 도선을 어골형(魚骨形)으로 만들어 포물선형으로 배치하여 초단파용의 반사기로 한 것을 이른다.

헤비사이드 연산자법 (── 演算子法, Heaviside's operational calculus) 정계수(定係數)의 선형 미분 방정식을 풀기 위하여 처음 헤비사이드에 의해 고안된 기계적인 방법. 미분 방정식 내의 d/dt를 p라는 양으로 바꾸어 놓고 몇 개의 특수한 법칙을 마련하는 이외에는 p를 통상의 대수량으로 간주하여 계산하므로 항시 간단한 조작으로 문제를 풀 수 있는 것이 특징이다. 그러나 수학상의 뒷받침이 부족하고, 엄밀성이 결여되어 있으므로 후에 라플라스 변환론에 의해서 확고한 기초를 다지게 되었다.

헤비사이드 층 (── 層, Heaviside layer) 전리층과 같다. 헤비사이드와 케네리가 거의 동시에 발견한 것이므로 케네리-헤비사이드 층이라고도 한다. ⇐ 전리층(ionosphere).

헤이 브리지 (Hey bridge) 미지 임피던스 $R_1 + j\omega L_1$의 인접한 두 변은 순 저항이고, 대향 변이 저항과 커패시터의 직렬 분기인 브리지. 브리지의 평형은 주파수에 관계한다.

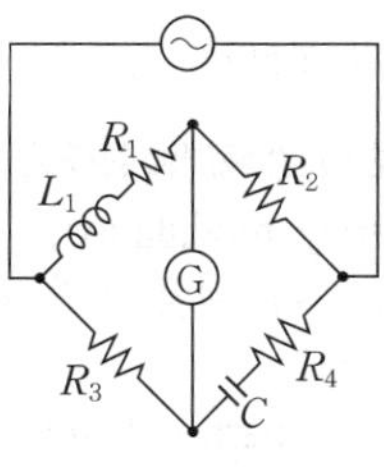

$$L_1 = \frac{R_2 R_3 C}{1+\omega^2 C^2 R_4^2}$$

$$R_1 = \frac{\omega^2 C^2 R_2 R_3 R_4}{1+\omega^2 C^2 R_4^2}$$

[헤이 브리지]

헤테로다인 변환기 (── 變換機, heterodyne converter) 헤테로다인 수신을 하기 위해서 주파수 변환을 하는 부분을 헤테로다인 변환기라고 한다. 이것을 하나의 진공관으로 하는 것과 국부 발진을 별도의 진공관으로 하는 것이 있다.

헤테로다인 수신 (── 受信, heterodyne reception) 수신한 고주파 신호를 수신기의 국부 발진기 신호와 헤테로다인하여 양쪽 신호의 주파수를 차 및 합의 주파수를 가진 출력 신호를 얻는 수신 과정. 수신파가 일정 진폭의 연속파이면 국부 발진 주파수를 조절하여 차 주파수가 가청역에 오도록 한다. 만약, 수신파가 변조파이면 국부 발진기부터의 주파수와 헤테로다인하면 차 신호는 일반적으로 초가청역이 되므로 다시 검파하여 당초의 신호를 재생하여야 한다.

헤테로다인 주파수계 (── 計, heterodyne frequency meter) 이미 알고 있는 가조정의 주파수를 미지의 주파수와 헤테로다인하여 제로 비트 상태로 되기까지 기지 주파수를 조정함으로써 미지 주파수를 측정하도록 한 주파수계. 혹은 미지 주파수를 기지 주파수와 헤테로다인하여 얻어지는 저주파(보통 기청 주파수)를 적당한 계측장치로 읽어서 미지 주파수를 구하는 경우도 있다. 헤테로다인 주파계(heterodyne wave meter)이라고도 한다.

헤테로 에피택시 (hetero-epitaxy) 《반도체》 기판 위에 기판 물질과는 다른 물질을 에피택시얼 성장시키는 것. 예를 들면 Ge의 기판 위에 GaAs를, 또 사파이어 기판 위에 실리콘을 에피택시얼 성장시키는 경우 등이다.

헤테로 접합 (── 接合, heterojunction) 2종류의 서로 다른 반도체의 접합으로 만들어지는 접합으로, 대부분 기상 성장으로 만든다. 예를 들면, GaAs 반도체 레이저 등.

헤프너 칸델라 (Hefner candela) 독일의 구법정(舊法定) 광도 단위. 헤프네르 등에 의해서 주어진다. 구 국제 촉의 약 1/1.1과 같다.

헨리 (henry) 인덕턴스의 단위로 기호는 [H]이다. 1 A의 전류를 통할 때 1 Wb(웨버)의 자속을 발생하게 하는 회로의 인덕턴스가 1 헨리이다.

헬륨 카드뮴 레이저 (helium cadmium laser, He-Cd laser) 헬륨과 카드뮴의 증기 혼합체를 레이저 매질로 하는 연속 발진 레이저로서, 주요 발진 파장은 441.6 nm(출력 100 mW 정도)와 325 nm이다. 사진의 감광원으로 혹은 광화학 등의 광원으로 사용된다. 카드뮴 대신에 네온을 사용한 헬륨·네온 레이저도 있지만 이것은 633 nm, 1,150 nm, 339 nm 등의 네온 스펙트럼선으로 발진한다. 특히 633 nm는 가시역에 있기 때문에 용도가 광범위하다.

헬리컬 그리드 (helical grid) 《전자》 평행으로서 있는 여러 개의 측주(側柱)에 나선 모양으로 선을 감은 구조의 그리드이다.

헬리컬 안테나 (helical antenna) 지향성을 갖는 것과 없는 것의 두 종류가 있다. 둘 다 높은 주파수용이며, 도선을 나선 모양으로 같은 것이다. 전자는 나선의 지름과 전 길이 및 피치를 적당하게 하면 나선축 위에 지향성을 갖게 할 수 있고, 축과 직각이 되게 반사판을 두어 단방향(單方向)으로 할 수 있으며 광대역성이 있다. 후자는 원관 철주(圓管鐵柱) 주위에 감은 것으로, 중심점에서 궤전되어 수직 방향의 방사를 상쇄하게 되어 있다. 주로 UHF대의 텔레비전용으로 쓰인다.

헬리컬 퍼텐쇼미터 (helical potentiometer) 다중 회전형의 고정도 퍼텐쇼미터로, 제어 손잡이를 몇 회전함으로써 나선형으로 감겨진 저항체의 일단에서 타단으로 접촉 암을 나선 축을 따라 원활하게 이동할 수 있도록 되어 있다.

현수식 (懸垂式, suspended pattern) 계기의 가동 부분을 현수선으로 매어단 것이다. 현수선으로는 인청동(燐靑銅), 융해 석영(融解石英), 명주실 등이 사용된다. 검류계, 전위계 등 이외에 고감도 계기, 예를 들면 가동 코일형 열전 온도계, 정전형 전압계, 자속계 등이 있다.

현수 애자 (懸垂碍子, suspension insulator) 적당한 개수를 직렬로 접속하여 지지물에서 현수시켜 사용하는 형태의 애자. 클레비스형, 볼 소켓형, 퓨렛형 등이 있다. ⇨ 내장 애자.

현수 철도 (懸垂鐵道, suspended railway) 중앙에 지지된 레일 밑에 차량을 매어달고 운전하는 철도를 이른다.

현수 클램프 (懸垂 ——, suspension clamp) 현수 상태로 사용되는 애자에 전선을 지지시키기 위하여 사용하는 클램프이다. ⇨ 클램프, 내장 클램프.

현열 (顯熱, sensible heat) 물체의 온도를 높이기 위하여 가해지는 열량. 감열이라고도 한다. 융해열이나 증발열처럼 온도 상승을 수반하지 않고 가하여지는 열량, 즉 잠열에 대한 용어이다.

현자형 계량 장치 (現字型計量裝置, cyclometer counter) 적산 전력계 등의 계량 장치의 일종. 계량의 숫자가 10진법으로 나타나는 형식의 것을 이른다.

현 전위계 (弦電位計, string electrometer) 전기 계기의 일종. 역전하를 갖는 두 금속판 중간에 전기 도전성의 섬유를 치고, 이 섬유가 전극 간의 전압에 비례하여 가로로 움직이는 것으로 전위를 측정하는 것이다.

현탁 연료 (懸濁燃料) (1) slurry fuel 분열성 물질의 입자를 액형(液形)의 냉각재 속에 현수(懸垂)시킨 연료. (2) suspension fuel 액체 또는 기체 속에 현수시킨 연료이다.

협각 확산 (狹角擴散, narrow angle diffusion) 광속이 매질의 경계면에서 확산할 때 거울면에서의 반사 또는 투과할 때 지향하는 방향을 둘러싼 좁은 각도 범위에만 확산이 이루어지는 것을 이른다.

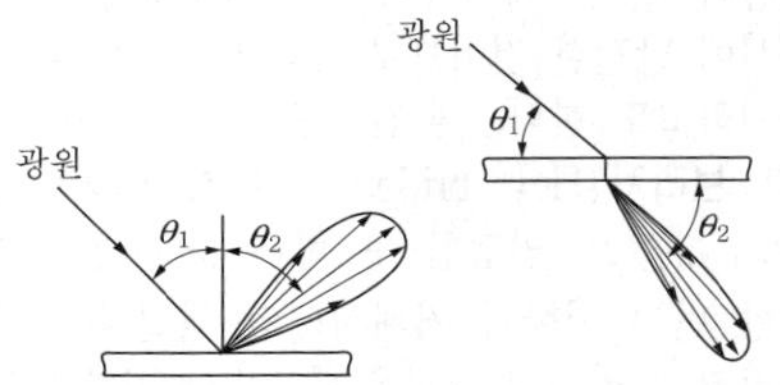

(a) 반사광의 협각 확산 (b) 투과광의 협각 확산

[협각 확산]

협대역 주파수 변조 (狹帶域周波數變造 ——, narrow band frequency modulation) 광대역 주파수 변조의 반대어. 예를 들면, FS방식 등의 변조를 이른다.

협대역 필터 (狹帶域 ——, narrow-band filter) 대역 통과 필터 또는 대역 저지 필터의 통과 대역 폭 또는 저지 대역 폭이 비교적 좁은 필터를 이른다. 특히 대역 폭이 좁은 협대역 필터로서는 기계적 공진계를 이용한 크리스털(결정체) 필터가 주로 사용되고 있다.

협동 계수 (協同係數, cooperation coefficient, index of cooperation) 사진 및 모사 전송에서 송신측 원통과 수신측 원통의 크기가 다른 경우에 송신 원고와 비슷한 수신화(受信畵)를 얻을 수 있게 하기 위한 계수이다. 송신 원통 및 수신 원통의 지름을 각각 D_1, D_2라 하고 화선 밀도를 각각 N_1, N_2라 하면 $D_1N_1 = D_2N_2$의 관계를 유지할 필요가 있다. CCITT에서는 264(66mm, 4개/mm), 352(88 mm, 4개/mm)이다.

형 (型, type) 통신 방식, 변복조(變復調)방식 및 전송 방식 등의 기기와 전송로의 종별,

방식, 형식 또는 기기의 부품, 패널, 가(架) 등의 조립 방법과 형식 등 구별의 총칭이다.

형광 (螢光, fluorescence) 어떤 물체에 빛을 비쳤을 때 그 온도 방사와 다른 냉광(冷光)을 발하고 빛의 조사(照射)를 정지하면 곧 꺼지는 현상을 이른다.

형광등 (螢光燈, fluorescent lamp) 방전등(放電燈)의 일종. 저압 수은등의 관벽(管壁)에 형광체를 칠하고, 수은의 2,537Å의 자외선을 광선으로 바꾸어 이것을 조명에 사용한다. 방전등이므로 안정기가 필요하고 또 시동에는 어떤 수단이 필요하다. 점등관(點燈管)은 그 일종이다. 백열 전구에 비해서 효율이 월등하게 좋고(약 5배), 낮은 휘도(低輝度), 큰 면적의 확산 광원을 얻을 수 있다. 또한 열을 수반하는 일이 적다.

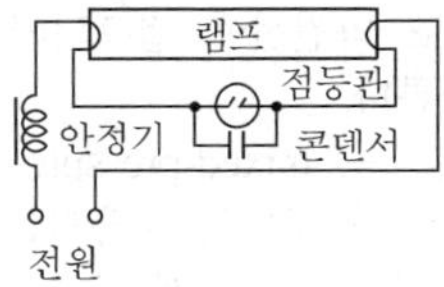

[형광등]

형광면 (螢光面, fluorescent screen) 형광을 퍼뜨리는 면을 이른다.

형광 물질 (螢光物質, fluorescent material) 형광을 내는 물질이다.

형광체 (螢光體, phosphor) ⇨ 형인광체(螢燐光體).

형상 기억 합금 (形狀記憶合金, shape memorizing alloy) 높은 온도와 낮은 온도(예를 들면 실온)에서 결정의 배열 방법이 다르며 저온에서 형상 변화를 주어도 일정 온도 이상으로 가열하면 고온 때의 형상으로 복귀하는 성질을 가진 합금을 이른다. Ni-Ti 합금이나 동 합금이 많이 알려져 있는데, 이들 합금은 고온의 모상(母相)과 저온의 마텐자이트상 사이 어느 온도 영역에서 히스테리시스를 수반한 마텐자이트 변태라고 일컬어지는 상 변태(결정 구조의 변화)를 발생하는 성질이 있다. 실온에서 마텐자이트상에 있는 합금에 형상 변화를 주어도 온도를 높여 모상으로 복귀시켜 주면 변형 전의 모상의 기억 형상으로 되돌아간다. 자심 기억 소자의 자화 상태가 여자 전류에 의해서 히스테리시스를 수반하면서 0과 1의 어느 하나 사이로 변화하는 것과 흡사하다. 위의 합금의 형상 기억성은 파이프의 이음쇠로서 또는 온도 변화에 의하여 제어되는 액추에이터 등에 이용된다.

형 인광체 (螢燐光體, phospher) 형광 또는 인광(燐光)을 발산하는 물질을 이른다. ⇨ 형광, 인광.

호락 (弧絡, arc-over) 아크를 발생하여 하나의 회로와 다른 회로를 단락하는 현상을 이른다.

호리존트 조명 (—— 照明, horizont light) 무대의 뒷면에 오목면을 만들어 천공(天空)처럼 보이게 하여 여기에 비치는 조명. 500~1,000W의 전구를 넣은 등구(燈具)를 관객이 볼 수 없는 장소에 두고 한다.

호밍 (homing) (1) 지시되어 있는 어떤 항행상의 매개 인자(고도를 제외)를 일정하게 보전함으로써 원하는 점에 접근하는 동작. (2) 비체(飛體)의 유도에서는 목표로부터의 방사를 사용하여 충돌 코스를 설정하는 것을 이른다.

호박 (琥珀, amber) 옛날 매몰된 어떤 종류의 수지(樹脂)가 화석화(化石化)한 것으로, 광택이 좋고 단단하므로 세공용(細工用)으로 사용되어 왔다. 이것을 가루로 해서 만든 것이 암브로이드인데, 높은 절연 저항체로 사용된다.

호이스트 (hoist) 하역 운반 기계의 일종. 하중을 감아 올리는 데 사용하는 기계. 일명 권상기(捲上機)라고도 한다.

호이스트 모터 (hoist motor) 전기 호이스트용의 전동기. 일반적으로 유도 전동기가 사용된다.

호이슬러 합금 (—— 合金, Heusler alloy) 강자성 성분을 함유하지 않은, 즉 망간, 아연, 동, 알루미늄 등의 합금으로서 강자성을 나타내는 것을 이른다.

호이겐스의 원리 (—— 原理, Huygen's principle) 전진하는 전자기파의 파두의 각 점은 새로운 파를 송출하는 파원으로 작용한다. 이 조합 효과가 전체로서의 파의 전파에 지나지 않는다는 사실을 설명한 원리이다. 주 상기한 파원에서의 방사 특성은 적당한 배치를 취하여 여진되는 전기 및 전자기 다이폴로서 등가적으로 표현된다. 이것을 호이겐스의 파원이라고 한다.

호프만 발진기 (——發振器, Hoffman oscillator) 진공관 발진기의 일종. 플레이트 측과 그리드 측에 각각 동조 회로가 있으며, 상호 유도적으로 결합되어 있는 발진기이다.

호핑 전도 (——傳導, hopping conduction) 불순물 농도가 낮고 또한 낮은 온도의 반도체 내에서의 전기 전도 기구로서, 불순물 준위 사이를 캐리어가 결정 격자로부터 포논, 즉 열진동의 에너지를 부여받아 호프하는 것이다. 미세한 결정의 집합체 혹은 비정질의 유전체에서도 금제대 내에 있는 많은 국재 트랩 준위 간에서 호핑 전도를 볼 수 있다. 절연물이나 반도체에서 이온 전도와 함께 그 전도 기구를 지배한다. ⇨ 이온 반도체.

혼 (horn) 확성기의 진동판에 큰 방사 저항을 주기 위해서 다는 테이퍼가 달린 관(대기 금속제)을 혼이라고 한다. 진동판에 가까운 쪽의 개구(주둥이)는 진동판의 면적보다 작게 하여 진동판에 가해진다. 방사저항을 크게 하고 끝으로 나감에 따라 혼의 단면적을 크게 하여 지향성이 있는 음파를 공간에 방사시킨다. 목부분의 공기가 일정한 입자 속도로 진동할 때 주파수에 관계 없이 일정한 세력이 공간에 전달되는 것이 바람직하다. 또 전자혼과 같이 도파관(導波管)과 함께 조합하여 날카로운 마이크로파 에너지를 방사시키기 위해서 쓰이는 것도 있다.

혼 리플렉터 안테나 (horn reflector antenna) 회전 포물면의 일부로 구성되는 반사체와 이 면을 교차하는 오프셋 혼으로 구성된 안테나이다. 혼은 보통 피라미드상 또는 원추형을 하고 있다. 혼에서 방사된 전파는 파라볼라로 반사되어 평면파로 변환되고, 전방으로 날카로운 지향성으로 방사된다. 마이크로파 중계용 안테나로 사용된다.

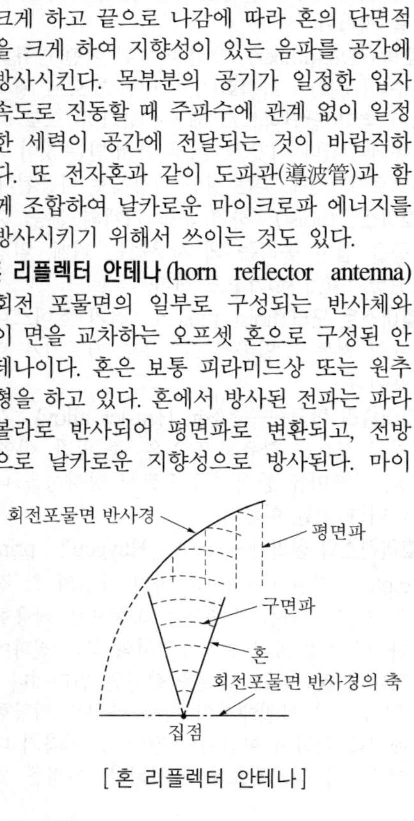

[혼 리플렉터 안테나]

혼 방사기 (——放射器, horn radiator) 도파관의 개구단(開口端)을 나팔 모양으로 개구한 것으로, 도파관을 통해서 전송된 마이크로파를 능률적으로 방사시키는 데 쓰인다.

혼변조 (混變調, cross modulation) ⇨ 상호 변조.

혼 브레이크 스위치 (horn break switch) 소호작용이 잘 되도록 한 개폐기이다.

혼선 (混線, contact) 가공 전선이 절단되거나 흔들리거나 하여 다른 전선과 접촉하는 것을 혼선이라 한다.

혼선 보호 (混線保護, cross protection) 약전선과 강전선이 교차할 때는 위험 방지를 위하여 약전선 위에 지선(地線) 또는 보호망을 설치한다. 예를 들면, 강전선이 단선되어 밑으로 늘어져도 약전선에 접촉되지 않도록 하는 것을 이른다.

혼압 터빈 (混壓——, mixed-pressure turbine) 둘 이상의 압력의 증기를 사용하는 터빈으로, 최고 압력의 증기는 제1단에서 들어와 최종단까지 흐르고, 그밖의 압력의 증기는 각각 적당한 중간단에서 들어와 합류한다.

혼정 (混晶, mixed crystal) 그 결정형이 상등하거나 매우 닮은 결정 구조를 갖는 물질의 복수의 원자 또는 이온이 격자점을 불규칙하게 점유하고 있는 것. GaAa와 GaP의 혼정 등이 그 예이다.

혼합관 (混合管, mixer tube) 슈퍼헤테로다인 수신기에 있어서 외부로부터 국부발진 출력을 받아 이것과 신호 고주파 입력을 혼합해서 그 비트 주파수에 해당하는 중간 주파를 만드는 구실을 하는 진공관. 중파, 단파에서는 거의 5그리드관이 사용되고 초단파에서는 5극관 및 3극관이 사용된다.

혼합 반사 (混合反射, mixed reflection) 정반사와 확산 반사를 동시에 이루는 반사. 현실적인 재료는 정도의 차이는 있으나 혼합 반사를 이루는 것이 많다.

혼합 브리지 정류회로 (混合——整流回路, hybrid bridge rectifier) 사이리스터와 다이오드를 병용한 브리지 정류 회로이다.

홀드업 (hold-up) 처리 공장 또는 처리 공정에 구속되는 재료의 양을 이른다.

홀로 음극 (── 陰極, hollow cathode) 니켈 슬리브 위쪽에 공실(空室)을 만들고 안쪽 내면에 산화물을 칠하여 만든 산화물 음극의 한 구조. 위쪽 구멍에서 전자 밀도가 극히 높은 방출 전류를 꺼내는 것이 특징이다. 가스에도 매우 강하다.

홀 효과 (── 效果, Hall effect) 가늘고 긴 도체 또는 반도체 판에서 그 길이 방향으로 전류 I_x를 흘리고, 여기에 직각으로 자기장 H_x를 작용시킬 때 H_x, I_x에 직각인 방향으로 기전력 E_y가 발생한다. 이 현상을 발견자의 이름을 따서 홀 효과라 하고, 그 때의 비 $R = E_y/(H_x I_x)$의 값을 홀 상수라고 한다.

홉 (hop) 《전파》 어떤 지점 간에 무선 통신을 하는 경우, 송신소에서 발사된 전파가 전리층에서 한번 반사되어 수신소에 도달하면 그 전파를 1홉의 전파라 한다. 또 송신소→전리층→지표면→전리층→수신소 순서로 전리층에서 두 번 반사되어 온 전파를 2홉의 전파라 한다. 일반적으로 근거리에서는 1홉의 전파가 강하고, 원거리일수록 2홉 이상의 전파가 강하게 된다.

홉킨슨 수용 요금 (── 需用料金, Hopkinson demand rate) 2부 요금제의 기본형으로, 수용가의 최대 수용 또는 설비 용량에 비례하는 수용 요금(demand charge)과 사용 전력량에 비례하는 전력량 요금(energy charge)의 2부로 이루어진다.

홉형 자전관 (── 形磁電管, hop type magnetron) 그림과 같이 양극의 공동(空洞) 공진기를 교대로 크고 작은 구멍을 배열한 자전관. 보통은 작은 쪽의 공동과 동조하여 발진시킨다. 이렇게 함으로써 발진 모드를 분리하여 능률적으로 기본 모드인 π모드를 발진시킬 수 있다.

[홉형 자전관]

홍수량 (洪水量, flood discharge) 3~4년에 1회 발생하는 출수의 유량을 이른다. ⇨ 하천 유량.

홍수 저수량 (洪水貯水量, flood storage capacity) 하류의 유량을 감소시키기 위하여 일시적으로 홍수를 저장하는 부분의 저수 용량이다.

홍채 (虹彩, iris) 렌즈계에서 광학계를 통과하는 광량(光量)을 가감하는 구조이다.

화력 (火力, thermal power) 열 에너지에 의해서 얻어지는 동력을 이른다.

화력 발전소 (火力發電所, heat power plant, heat power station, thermal power plant, thermal power station) 열에너지를 원천으로 하여 전기 에너지를 생산하는 발전소를 화력 발전소라 한다.

화살형 지침 (── 形指針, spear pointer) 지시 계기의 지침의 하나로, 끝이 화살 끝모양으로 되어 있는 것. 배전반용 또는 패널용 등, 떨어진 위치에서 읽기 쉽게 한 것이다.

화상 처리장치 (畵像處理裝置, image processor) 사진, 인쇄물 등의 화상을 처리하는 장치, 원 화상을 래스터 주사하여 화면의 각 화소의 흑백 농담을 1비트 내지 수 비트의 디지털 정보로 변환한다(1비트의 경우는 흑백 중 하나이고 중간색인 회색조는 없다). 디지털화된 화상 정보는 기억장치에 기억되거나 혹은 목적하는 장소로 전송된다. 해상도가 좋은 화상을 얻기 위하여서는 주사선을 증가시켜 화소를 미세하게 할 필요가 있다. 컬러 화상의 경우는 삼원색에 대하여 위와 같은 디지털화가 이루어지기 때문에 다루어지는 화상 정보는 방대한 것이 된다.

화성 (化成, formation, forming) (1) 연(鉛)축전지의 극판 표면에 활성 물질의 층을 부착시키는 조작으로, 보통 묽은 황산액 중에서 전해적(電解的)으로 행한다. (2) A1을 붕산 암모니아 등의 전해액 속에서 양극 산화하여 산화물의 피막(被膜)을 붙이는 조작. 전해 콘덴서의 A1 양극의 화성(化成)등. (3) degassing 《수은 정류기》 수은 정류기를 구성하는 쇠, 유리, 흑연 및 기타 재료의 조직 내부에 다량의 가스를 흡장(吸藏)하고 또 그 표면에도 가스를 흡착시키고 있기 때문에 수은 정류기를 사용하여 온도가 상승하면 이 가스가 급격히 방출되어 진공도가 떨어져 안정된 운전을 할 수 없다. 수은 정류기의 사용에 앞서서 이들 가스를 가열에 따라 배제하는 작업을 화성이라고 한다. (4) 셀렌 정류기를 제조할 때 또는 장시간 방치 후에 전압을 서서히 가하여 특성을 좋게 하는 것을 이른다.

화성 전압 (化成電壓, formation voltage) 화성하는 데 필요한 전압이다.

화재 경보기 (火災警報器, fire alarm) 화재가 발생한 경우, 수동 또는 자동으로 경보를 울리는 장치를 이른다.

화학 에너지 (化學――, chemical energy) 화학 반응에 의해 방출되는 에너지. 전지는 축적된 화학 에너지를 전기 에너지로 출력하고 있다.

확률 오차 (確率誤差, probable error) (1) 서로 다른 조(組)의 측정 정확성을 비교하기 위하여 쓰이는 것으로, 보통은 오차 곡선(좌우 대칭)의 오른쪽 또는 왼쪽 절반의 면적을 2등분하는 위치에 해당하는 오차를 사용하다. (2) 정규 분포를 하는 변량(變量)에 있어서 기대하는 값에서 양쪽에 같은 폭을 취했을 때 그 구간 안에 변량이 들어가는 확률이 1/2이 될 수 있는 그 폭의 값을 이른다.

확산 (擴散, diffusion) (1) 고체, 액체 또는 기체 속에서 물질의 어떤 부분의 농도가 물질의 분자 운동에 따라 변화하는 것. 따라서 온도가 높을수록 확산 속도는 빠르다. 또 기체 속에서 가장 빠르게 확산되고 고체 속에서는 보통 매우 느리다. (2) 1차, 2차를 불문하고 광원으로부터 나오는 빛은 어느 방향으로나 거의 같은 휘도(輝度)를 나타내는 경우를 가리킨다. 실제 문제에서는 이와 같은 광원은 특히 넓은 면적에 미치는 경우를 가리키는 경우가 많다. 반사면에서는 거울면처럼 정(正)반사를 하지 않고 어느 방향으로나 거의 같은 빛을 반사하는 경우를 확산 반사라 한다. 여하한 경우에도 휘도가 완전히 같은 것을 완전 확산이라고 한다.

확산광 (擴散光, diffused light) 넓은 뜻으로서는 광원에서 나오는 빛은 모두 확산되고 있다 할 수 있지만 특히 확산광이라고 할 때는, 실내 조명에서 광원으로부터의 직사광 이외에 실내의 각 면에서 반복 반사되어 오는 빛을 이를 때가 많다.

확산 메사형 트랜지스터 (擴散――, diffused mesa transistor) 확산법으로 만든 pn 접합 위에 다시 확산 또는 합금법으로 제2의 pn 접합을 만든 다음 불필요한 확산 영역을 에칭으로 제거하여 메사(대지) 모양의 구조로 완성시킨 트랜지스터를 이른다.

확산면 (擴散面, diffusing surface) 1차 광원의 표면은 모두 어느 정도의 확산면이므로 계산하는 경우에는 완전 확산으로 가정된다(람베르트의 여현 법칙). 빛을 받아서 투과 또는 반사하는 면에는 정(正)투과, 정반사되는 것도 있지만 이들 이외의 것은 모두 확산면이라고 한다. 완전 확산은 실제로는 존재하지 않고, 정투과, 정반사의 중간적인 것이 보통이지만 계산하는 경우에는 간단하게 하기 위하여 완전 확산으로 가정한다.

확산 반사 (擴散反射, diffused reflection) 파장에 비하여 큰 기복이 있는 벽에 음파가 입사하면 빛의 난반사(亂反射)처럼 반사파의 진행 방향이 고르지 않게 되어 파면이 흩어진다. 이것을 확산 반사라 한다. ⇨ 확산.

확산벽 (擴散壁, diffusion wall) 연주실 같은 실내(건물 내) 음장(音場)의 분포 상태를 균일하게 할 목적으로 쓸데 없는 소리의 초점이 생기는 것을 막기 위하여 방의 형태를 바꿀 수 있도록 설치하는 반사벽을 이른다.

확산 상수 (擴散常數, diffusion constant) 균일한 반도체 내부의 확산 전류 밀도 J [A/m^2]를 캐리어의 농도 기울기 ∇n[C/m^4]로 제한 것으로, 아래 식의 D로 주어진다. 이것은 드리프트 이동도와 캐리어의 단위 전하당의 평균 열 에너지의 곱이며 디멘션은 면적/시간이다. $J=-D\cdot\nabla n$이다

확산 저항 (擴散抵抗, spreading resistance) (1) 접지 전극에서 대지로 흘러 들어갈 때 받는 저항처럼, 전극 부근의 전류의 집중 정도에 따라 그 값이 크게 좌우되는 저항. 예를 들면, 지중 H의 깊이까지 묻은 지름 D의 전극봉의 확산 저항R은 $R=(\rho/2\pi H)\ln(4H/D)$로 주어진다. 여기서 ρ는 대지의 저항률. (2) 반도체의 베이스 확산 저항처럼 접합부나 전극부에서 약간 떨어진 장소에 있는 벌크 물질에 의한 직렬 저항을 이른다.

확산 접합 (擴散接合, diffused junction) 반도체 결정 중에 불순물 원소를 확산시킴으로써 만들어지는 접합이다.

확산체 (擴散體, diffuser) (1) 벽에 입사하는 음파를 확산 반사시키기 위하여 사용하는 물체로, 폴리실린더, 셀레티드, 패널(병풍형으로 접어 말은 판) 등 종류가 다양하다. 실내의 음향 효과를 향상시키기 위하여 사용한다. (2) 빛이 확산 반사 또는 확산 투과를 하는 물체를 이른다.

확산 펌프 (擴散——, diffusion pump) 기체의 확산을 이용하여 배기를 하는 진공 펌프. 수은 확산 펌프 및 오일 확산 펌프가 있다.

확산형 트랜지스터 (擴散形——, diffused type transistor) pn 접합을 확산법으로 작성한 트랜지스터, 메사형 트랜지스터, 플레너형 트랜지스터 등 여러 종류가 있으며, 고주파용으로 적합하다.

환 검류계 (環檢流計, loop galvanometer) 피측정 전류가 생성하는 자기장 내에 단락환(短絡環) 코일을 달아매면 코일은 최소 자속을 끊는 위치까지 회전하려고 진동한다. 이 진동수는 자속에 비례하고 주파수에는 관계가 없으므로 전류의 크기를 알 수 있다. 큰 고주파 전류를 측정하는 데 사용된다.

환경 시험 (環境試驗, environmental test) 부품이나 장치 등이 환경으로 인하여 받는 영향을 조사하기 위한 시험. 자연 환경에서 실시하기도 하지만 인공적으로 만든 환경에서 시험하는 경우가 많다.

㊟ 시험 항목으로는 고도(외기 압력), 일조, 오존, 염수 분무, 곰팡이, 방사선, 음향, 폭발성 분위기 등이 있다.

환산 계수 (換算係數, scale factor) 상사형(相似形) 계산기에서는 물리적 양을 전압과 시간으로 변환하여 답을 구하는 경우가 많으므로 변수 변환(變數變換)과 시간 변환을 하지 않으면 안 된다. 그리고 이들은 계산기가 다룰 수 있는 범위에 들도록, 또 드리프트, 잡음 등의 오차를 최소화하도록 연산(演算)할 때마다 적당히 선택하지 않으면 안 된다. 이것과 실제의 양과의 환산계수를 이른다.

환상 결선 (環狀結線, mesh connection, ring connection) ⇨ 환상 접속.

환상 구동 (環狀驅動, ring around) (1) 2차 레이더에서 응답기(應答機)의 송신기에 의해서 자기 응답기가 받는 원하지 않는 구동. (2) 2차 레이더에서 도식(圖式) 위치 표시기상에 환상의 표시를 나타내게 하는 전방위에 걸친 응답기의 구동을 이른다.

환상권 (環狀捲, ring winding) 직류기 전기자의 권선의 하나로, 환상 철심에 코일을 그 철심 안쪽을 통해서 바깥쪽에 나선형으로 전 원주에 감은 권선을 이른다. 안쪽의 코일변은 유효 자속을 끊지 않으므로 이것은 기전력의 발생에는 기여하지 않는다. 하나하나 철심의 안쪽을 통해서 손으로 감지 않으면 안 되므로 권선 작업도 어렵고, 리액턴스 전압이 커서 정류도 어렵다. 현재 실용상 사용되지 않으나 직류기의 이론을 연구하는 데 편리하다.

환상 급전 (環狀給電, loop service) 루프 급전선과 인접한 구간에서 공급되는 거의 같은 용량의, 그리고 같은 특성의 두 서비스를 이른다. 루프 급전선의 두 구간은 보통 수용가의 모선에 대하여 개폐장치에 의해서 함께 접속되어 있다.

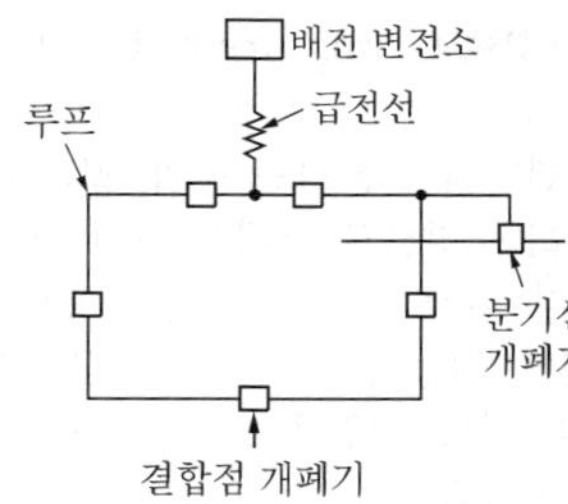

[환상 급전]

환상 모선 (環狀母線, ring bus) 환상으로 접속된 모선을 이른다.

환상 솔레노이드 (環狀——, ring solenoid) 나선형으로 감고, 그것을 다시 고리 모양으로 만든 코일이다.

환상식 (環狀式, loop system) 급전선 및 배

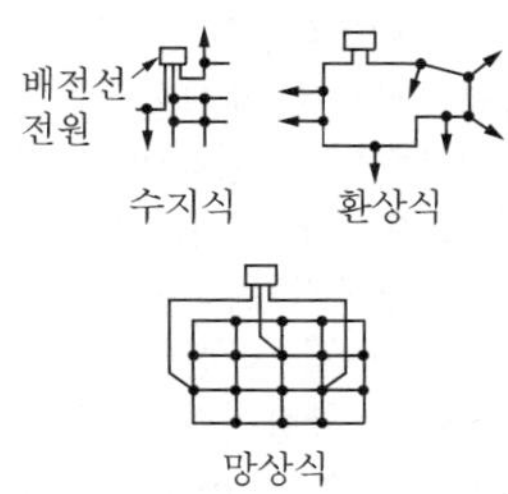

[환상식]

ㅎ

전선의 배선방식. 변전소 또는 변압기를 중심으로 하여 환상으로 선로를 시설한다. 배전 방식에는 이밖에 수지식(樹枝式), 망상식(네트워크식)이 있다.

환상 전기자 (環狀電機子, ring armature) 환상권(環狀捲)을 가진 직류기의 전기자를 이른다.

환상 전류 (環狀電流, ring current) 다상 방식에서, 각 변에 흐르는 전류를 이른다. 3상의 경우는 ⊿라고 한다.

환상 접속 (環狀接續, ring connection, mesh connection) 다상 방식에서 각 상을 차례로 직렬로 결합한 것을 이른다.

환상 코일 (環狀——, toroidal coil) 도넛형의 코어에 감은 코일. 이 경우 철심을 가진 것과 공심(空心)인 것이 있다.

환상 필라멘트 (環狀——, ring filament) 둥근 고리 모양으로 이어진 필라멘트. 단, 코일 전구에 사용된다.

환철법 (環鐵法, ring method) 《자기 측정》 자기 재료의 자화 특성 및 히스테리시스 특성 시험법의 기본적인 방법, 엷은 판 재료에서 고리 모양으로 따내어 포갠 것, 와류형으로 감은 권철심, 기타 고리 모양으로 다듬어진 것에 적용되므로 시료(試料) 위에 탐색 코일과 자화 코일을 고르게 분포하여 감아서 측정한다.

활동률 (活動率, activity ratio) 계산기에 있어서 마스터 파일의 정보를 사용하거나 혹은 그것을 변경하는 결과를 낳는 트랜지션(처리 행위)을 활동이라 하는데, 마스터 파일에 있어서 주어진 일정한 시간 내에 고쳐 쓰거나 혹은 처리된 레코드와 전체 레코드의 비율을 활동률이라 한다.

활량 (活量, activity) 용액(溶液)속의 용질(溶質) 또는 용매(溶媒)의 농도, 기체의 농도 등을 열역학적으로 계산할 때 농도 (m)를 그대로 사용하면 정량적인 추리에서 약간 불합리를 일으키게 된다. 그래서 이것을 합리적으로 보정하기 위하여 농도에 어떤 계수(활량계수 γ)를 곱한 양 ($m\gamma$)을 쓰면 되는데, 이것을 활량이라고 한다.

활량 계수 (活量係數, activity coefficient) 활량을 얻기 위하여 실제 농도에 곱하는 계수를 이른다.

활선 작업 (活線作業, hotline job, hotline work) 고압 전선로에서 송전을 계속하면서 애자, 완목, 전주 및 주상(柱上) 변압기 등을 교체하는 작업을 이른다.

활성 물질 (活性物質, active material) 산화물 음극의 BaO의 환원을 용이하게 하고 유리(遊離)된 Ba를 풍부하게 만들어 전자 방출을 좋게 하기 위하여 음극의 대금속(臺金屬) 중에 Mg, Al, Si 및 W 등의 환원제를 약간 첨가한다. 이 첨가물을 활성 물질이라고 한다. (2) 축전지의 양 극판에서 반응에 관계되는 활성인 PbO_2(양극)와 Pb(음극)을 활성 물질이라 한다.

활성 슬리브 (活性——, active sleeve) 산화물 음극의 대금속(臺金屬)인 슬리브의 하나로, 그 재료 중에 산화 바륨을 환원하기 쉽도록 미량의 Mg, Al, Si 및 W 등의 활성 물질을 함유한 것. ⇨ 슬리브(전자관의)(sleeve), 활성 물질(전자관의)(active material).

활성체 (活性體, activator) (1) 어떤 물질의 물리 화학적 작용을 조장하기 위하여 첨가하는 약간의 불순 물질. 예를 들면, 루미네선스를 증강하기 위해 황화아연에 첨가하는 약간의 동, 염화 칼리에 가하는 약간의 탈륨 등. (2) 촬상관의 타깃을 활성화하기 위한 불순물 원자. 증감제(센시타이저)라고도 한다.

활성화 (活性化, activation) 산화물 음극 또는 토륨 텅스텐 음극에서 봉합한 후 수 십 분간 정격보다 약간 높은 온도로 유지함으로써 전자 방출을 증가시켜 안정화를 이룩하는 처리를 이른다.

활주로 로컬라이저 비컨 (滑走路——, runway localizing beacon) 공항의 활주로를 따라 항공기에 정확한 방향을 유도하기 위한 소형의 라디오 레인지이다.

활주로 비컨 (滑走路——, airport runway beacon) 공항의 활주로 위치를 항공기에 알리기 위한 표지등으로, 활주로의 윤곽을 표시하기 위한 활주로등(20,000 cd 이상, 1,000 cd 이상, 50 cd 이상의 3종이 있고, 백색 또는 황색으로 활주로 양쪽에 60 m 간격으로 배치한다)과 활주로의 끝을 표시하기 위한 활주로 말단등(녹색이고 활주로등의

15% 이상의 광도)도 있다.

황산(黃酸, sulfuric acid) H_2SO_4 무수(無水)의 순수한 것은 무색의 끈적끈적한 유상(油狀) 액체이고, 시판되는 진한 황산은 보통 농도가 96%, 비중은 1.84, 36N(노르말)이다.

황산 동(黃酸銅, blue vitriol, copper sulfate) 통상 $CuSO_4 \cdot 5H_2O$를 황산동이라 한다. 청색의 결정이고 풍해성(風解性)이 있으며, 가열하면 물을 잃고 백색의 $CuSO_4$에 가까워진다.

황산 동 주입(黃酸銅注入, boucherizing) 목주의 부식을 막기 위하여 황산동을 주입하는 것을 이른다.

황산 동 주입주(黃酸銅注入柱, coppersulfate impregnated pole) 나무 기둥의 부식을 막기 위하여 황산동을 주입한 목주이다.

황산화(黃酸化, sulfation) 방전 상태에서 연축전지(鉛畜電池)를 방치해 두면 극판에 $PbSO_4$의 미립자가 응집 성장하여 극판이 백색을 나타내게 된다. 이 현상을 황산화라 한다. 축전지의 용량이 줄어들지만, 과충전을 함으로써 어느 정도 회복될 수도 있다.

황화 카드뮴(硫化——, cadmium sulfide) 분자식 CdS, 2.4 eV의 금제대를 가진 Ⅱ-Ⅵ족 화합물 반도체로, 녹는점은 1,750℃이다. 광도전체나 광전지 등에 사용된다. 300K에서의 드리프트 이동도는 전자의 경우 $300 cm^2/(V \cdot s)$이다.

회로(回路, circuit) (1) 전류의 통로가 되는 단일(혹은 복수의) 닫힌 도체 배치. (2) 필요로 하는 전기적 특성을 얻을 수 있도록 전원과 부품을 접속하는 것. (3) 소자의 기능을 결합하여 필요한 신호 또는 에너지 처리 기능을 갖게 한 것(⇨ 전기회로). (4)회선과 같은 뜻으로 쓰이기도 한다.

회로계(回路計, circuit tester) 직류 또는 교류의 전압, 전류 회로저항 등을 측정하기 위해 배율기, 분류기, 전환 스위치, 전지, 정류소자 등을 내장한 만능형 측정기, 지시계기는 직류 전류계이다. 간편하게 테스터라고도 한다.

회로도(回路圖, circuit diagram) 여러 가지 부품을 조합한 전기 회로의 접속을 기호로 나타낸 그림이다.

회로망(回路網, network) 복잡한 전기 회로를 이른다. 즉 저항, 인덕턴스 코일, 콘덴서 및 진공관, 모터 등의 각종 부품을 임의로 조합한 회로로서, 그 내부에 전원을 가진 능동 회로망, 전원을 갖지 않은 수동 회로망, 또 선형 소자(線形素子)만으로 구성되는 선형 회로망, 비선형 소자를 가진 비선형 회로망과 단자 수에 따른 2단자 회로망, 4단자 회로망 등으로 분류된다.

회로망 함수(回路網函數, networkfunction) 회로망의 거동을 기술하는 함수로서, 회로망의 응답(출력) 변수의 라플라스 변환과 여진(응답) 변수의 라플라스 변환의 비율로 주어진다. 다만, 회로망은 초기 축적 에너지는 없는 것으로 한다. 시스템 함수라고도 한다. 회로망 함수로서는, ① 구동점 함수, ② 전달함수의 둘을 생각할 수 있으며 그 디멘션은 임피던스 또는 어드미턴스이지만 ②의 전달함수는 디멘션을 갖지 않을 수도 있다.

회로망 합성(回路網合成, network synthesis) 지정된 시스템 함수를 구체적인 회로망으로 만들어내는 것. 시스템 함수는 출력 변수의 라플라스 변환과 입력 변수의 라플라스 변환의 비로 정의된다. L, R, C 및 실제(또는 이상적인)변성기를 포함하는 회로망에서는 시스템 함수는 복소 주파수 s의 유리 실함수로 주어지지만 특히 구동점 함수 및 전달 함수가 문제되어 이것들은 다음과 같은 형태로 표현된다.

$$H\frac{p(s)}{q(s)}=H\frac{(s-s_1)(s-s_2)\cdots(s-s_n)}{(s-s_1')(s-s_2')\cdots(s-s_n')}$$

여기서 H는 양의 정계수, s_p, s_q'는 각각 시스템 함수의 유한의 영점 및 극. 회로망이 L, C 뿐이고 저항 R을 포함하지 않을 때의 시스템 함수를 리액턴스 함수라고 한다.

회로 상수(回路常數, circuit constant) 전기 회로는 집중 상수 회로 및 분포 상수 회로로 구별된다. 회로 상수란, 집중 상수 회로에서는 회로를 구성하는 저항, 인덕턴스, 용량 등을 가리키고, 분포 상수회로에서는 평행 2선(平行二線)과 동축선로 등의 단위 길이당의 저항, 인덕턴스 및 용량 등을 가리킨다.

회로 시험기(回路試驗器, circuit tester) 회로

의 저항과 전압, 전류를 간단한 스위치의 전환으로 읽을 수 있게 한 시험장치. 쉽게 테스터라고 하는 경우도 많다.

회로 역률 (回路力率, circuit power factor) 교류 회로에서는 전압과 전류는 반드시 위상이 같지는 않으므로 전력은 일반적으로 전압과 전류의 곱(積)보다 작다. 지금 전압, 전류의 실효값을 각각 V, I라 하고, 그 위상값을 ϕ라 하면, 전력 P는 $P=VI\cos\phi$가 된다. 이 $\cos\phi$를 역률이라 하고, 유효전력 P와 피상전력 VI의 비로 나타낸다. 지금 부하의 저항을 r, 리액턴스를 x라 하면 $\phi=\tan^{-1}x/r$ 가 되므로 역률은 부하가 순저항일 때 1이 되고, 순 리액턴스일 때 0이 된다. 역률은 보통 이 값을 100배하여 퍼센트로 나타낸다.

회로 이론 (回路理論, circuit theory) 전기 회로를 이론적으로 다루는 것. 즉 정현파 교류의 전압 및 전류의 관계를 규정하는 임피던스의 개념을 바탕으로 하여, 정상 상태에서의 회로현상을 다루는 교류 이론과 정상 상태에 이르기까지의 과도적인 회로 현상을 다루는 과도 현상론 등이 있다. 이들 회로상수는 그 곳을 흐르는 전류의 대소, 전압의 고저, 주파수 범위 등에 따라서 여러 가지 현상을 나타내고, 반드시 일정하지는 않지만 회로 구성의 기본이 되므로 중요한 뜻을 갖는다.

회복 전압 (回復電壓, recovery voltage) 차단 직후 차단기의 극간에 나타나는 과도현상의 파형 중 상용(商用)주파 성분을 이르는 것으로, 정격 전압에 대한 백분율로 나타낸다.

회생 브레이크 (回生 ——, regeneration brake) 전동기를 발전기로 접속하고, 운동체의 관성으로 그것을 구동하여 운동체가 지닌 기계적 에너지를 전기적 에너지로 바꾸어 전원으로 되돌리는 제동장치를 이른다.

회생 제동 (回生制動, regenerative braking) 전동기의 제동법의 하나로, 전동기를 발전기로 동작시켜 그 발생 전력을 전원에 되돌려서 하는 제동방법. 직류 전동기에서는 무부하 속도 이상일 때, 유도 전동기에서는 동기속도 이상일 때 이 방식이 적용된다. 직권 전동기의 경우는 보통 계자를 타려(他勵)로 전환하여 타려자 발전기로 한다.

회생 제어 (回生制御, regenerative control) 회생 브레이크를 주체로 하여 전동기를 제어하는 방식을 이른다.

회선 (回線, circuit) ⇨ 회로.

회선 교환 (回線交換, line switching, call switching) 《데이터 전송》 요구할 때마다 둘 이상의 데이터 단말 장치를 접속하고 그 접속이 해방되기까지 그들 사이의 데이터 회선을 배타적으로 사용할 수 있는 처리 프로세스를 회선 교환이라 한다.

회선도 (回線圖, circuit diagram) ⇨ 회로도.

회선 연장 (回線延長, circuit km, circuit length) 도선수에 상관 없이 선로회선의 길이를 km로 나타낸 것. 반송을 사용하는 경우에는 그 채널수를 곱한 거리를 이른다. ⇨ 긍장(亘長).

회전 계자형 (回轉界磁型, revolving field type) 전기자가 고정 부분이고, 계자가 회전 부분인 회전기. 동기 발전기는 보통 이 형의 것을 사용한다.

회전기 (回轉機, rotating machine) 회전 기계를 이른다. 전기공학에서는 발전기, 전동기 등을 회전기라 말한다.

회전 날개 (回轉 ——, moving blade, moving vane) 회전 원판 또는 회전통 주변에 일렬 또는 여러 열로 박아 넣어 축과 함께 회전하는 날개를 이른다.

회전 단속 계전기 (回轉斷續繼電器, rotary interrupter relay) 《자동 교환기》 자동 교환기의 선택기 등에서 회전 운동을 시키기 위하여 회전 전자석 회로를 단속하는 계전기이다.

회전 단속 스프링 (回轉斷續 ——, rotary interrupting spring) 회전 스위치 또는 상승 회전 스위치의 회전 동작에 따라 단속하는 접점 스프링을 이른다.

회전 밸브 (回轉 ——, rotary valve) 콕과 같은 구조의 밸브로, 그 개폐는 수압을 이용해서 밸브체를 90도 회전시켜 한다.

회전 변류기 (回轉變流機, rotary converter, synchronous converter) 교류 전력을 직류 전력으로 바꾸는 회전기로, 전기자는 직류 발전기의 전기자에 슬립 링을 붙인 구조이고 고정자는 직류 발전기의 고정자에 자극면으로 제동 권선을 붙인 구조의 것이다. 슬립 링에서 교류 전력을 가하면 회전자는 동기 전동기의 전기자로서 동기 속도로 회전하고, 동시에 직류 발전기의 전기자로서 정류자에서 직류 전력을 발생한다.

회전 복구 (回轉復舊, rotary release) 상승 회전 기구에서 일단 회전한 후 회전 기구만을 복구시키는 동작을 이른다.

회전 불꽃 갭 (回轉——, rotary spark gap) 회전하는 전극과 고정 전극의 간극에 높은 전압을 가하여 불꽃 방전을 하는 장치. 초기의 무선 송신기와 X선용 정류기로 사용된 적이 있다.

회전 속도계 (回轉速度計, tachometer) 전동기와 발전기 등의 회전 속도를 측정하는 기계식 계기이다.

회전 스위치 (回轉——, rotary switch) 원형으로 배열된 뱅크 접점상에 와이퍼를 회전시켜 소요되는 선택 접속을 하는 자동교환기용 선택 기구이다.

회전식 무선 표지 (回轉式無線標識, rotating radio beacon) 송신측에서 8자형 지향 특성의 전계를 회전하고 수신측에서는 8자형 전계의 최소 감도 방향이 진북을 향하였을 때 해당하는 전파를 듣고부터 신호가 최소음이 되기까지의 시간 또는 각도를 측정하여 방위를 결정한다. 이와 같은 무선 표지를 이른다.

회전 오프 노멀 스프링 (回轉——, rotary off-normal spring) 상승 회전기구의 회전 제1보로 동작하는 접점 스프링이다.

회전 원판 (回轉圓板, rotating disc) 적산 전력계에서 구동 소자(驅動素子) 사이에 생기는 전자작용에 의해서 직접 구동되는 원판으로, 보통 알루미늄 판으로 만들어진다.

회전 이 (回轉齒, rotary teeth) 회전 기구 또는 상승 회전 기구의 회전 역할을 하는 래칫식 구동 기구에 있는 톱니바퀴를 이른다.

회전자 (回轉子, rotor) 회전 전기 기기의 회전 부분. 고정자에 대해서 회전자의 대응어이다.

회전 자계 (回轉磁界, revolving magnetic field, rotating(magnetic)field) 예를 들면 3상 발전기의 고정자에 3상 교류를 통하면 합성 자계는 진상(進相) 코일 축에서 뒤진 위상에 있는 코일축 쪽으로 회전한다. 이것이 회전 자계이다.

회전 자계형 (回轉磁界形, rotating-field type) 계기의 동작 원리를 나타내는 유도형의 하나로, 고정 코일에 측정하고자 하는 전류를 통해서 회전 자계를 발생시켜 그 자계 중에 있는 가동 도체의 변위에 따라 지시를 부여하는 원리의 것이다.

회전자 철심 (回轉子鐵心, rotor core) 회전자의 철심을 이른다.

회전자형 계전기 (回轉子形繼電器, rotor type relay) 계전기의 동작 부분이 전동기의 회전자 구조로 된 것이다.

회전 전기자형 (回轉電機子形, revolving armature type) 《회전기》 전기자 회로가 회전자 위에 마련된 구조. 회전 자계형의 대응어이다.

회전 전자석 (回轉電磁石, rotary magnet) 상승 회전 스위치 및 회전 스위치의 회전 운동을 시키는 구동 전자석을 이른다.

회전 접합 (回轉接合, rotary joint) 일종의 도파관 전환식의 접합 방식으로, 호상(弧狀)의 금속형 콕의 회전에 따라 두 분기 회로를 상호 개폐시켜 주회로로부터의 전송파를 상호 분류시키는 접합방식이다. ⇨ 도파관 전환기.

회전 정류기 (回轉整流器, rotary rectifier) 예를 들면, 트랜스버터처럼 동기 속도로 회전함으로써 정류를 하는 정류기이다.

회전 진공 펌프 (回轉眞空——, rotary vacuum pump) 기름 속에서 운전되는 진공 펌프. 하나의 실린더에 대해서 편심적으로 회전하는 회전자가 있고, 후자에는 2개의 날개가 스프링로 실린더 안쪽 벽에 접촉되어 있다. 회전자가 회전하면 흡기공(吸氣孔)으로부터 들어온 가스를 압축하여 배기공의 밸브를 밀어 올려서 대기중에 배출한다. $10^{-1} \sim 10^{-2}$ mmHg 정도의 진공을 얻을 수 있다.

회전 파울 (回轉——, rotary pawl) 회전 기구 또는 상승 회전 가구의 회전 역할을 하는 래칫식 구동 기구에 있는 파울을 이른다.

회전 파울 가이드 (回轉——, rotary pawl guide) 래칫식 회전 기구에 있는 구동 파울의 안내. 상승 회전 기구의 회전 파울을 회전이에 꽉 물리게 하기 위하여 회전 파울을 정확한 위치에 유도하는 금속편을 이른다.

회전 표준기 (回轉標準器, rotating standard) 교류 적산 전력계를 시험할 때 표준으로 사용하는 적산 전력계. 보통 계기보다 특히 정밀하게 만들어졌으며, 보통 전류, 전압은 전환하여 변경할 수 있게 하고, 피시험 계기의 각 시험점에 대해서 표준기의 회전수는 항상 전부하 회전수의 1/2 이상으로 사용하도록 한다. 계량장치 대신 초(秒)시계식의 지침이 있어 회전자 축에 직접 붙인 지침은 100 등분 다이얼 위를 진행하고, 다시 10위 또는 100위의 지침을 두고 있다. 최근 회전수를 펄스에 의해서 카운트하는 정밀 회전 표준기가 사용되고 있다.

회절 (回折, diffraction) 어떤 파동이 그 파장에 비하여 작은 통로를 통할 때는 인접한 부분에서 간섭되지 않으므로 직진하는 외에 비슷한 방향으로도 진행한다. 이 현상을 회절이라고 한다. 빛과 같이 그 파장이 장해물이나 스크린의 구멍의 치수에 비하여 작을 때는 현상을 관측하기 어렵지만 음파 및 전자파에서는 자주 경험하게 된다. 안테나에서 방사된 마이크로파는 눈으로 볼 수 있는 한도의 거리 이내에서만 전달되지만 대지의 그늘을 회절하여 전하는 약한 전파를 이용하는 큰 전력의 원거리 통신방식도 있다. ⇨ 굴절(refraction), 반사(reflection).

회절 격자 (回折格子, diffraction grating) 연마한 금속 또는 글라스 표면에 다수의 평행한 반사 홈을 밀접하게 새긴 것으로, 백색광이 면에 대하여 어떤 각도로 입사할 때 파장에 의해서 회절각이 다르므로 여러 가지 빛의 스펙트럼이 얻어진다.

회절대 (回折帶, diffraction zone) 전파가 회절하여 장해물의 배후에 전달되는 영역을 이른다.

회절 손 (回折損, diffraction loss) 전파가 어떤 장해물에 부딪치면 일부 전파는 반사하고 일부는 장해물의 배후를 돌아 들어간다. 돌아 들어가는 이 전파 현상을 전파 회절이라 하고, 이로 인한 손실을 회절 손이라고 한다. 즉 회절 손 S는 장해물이 없을 때의 수신점의 전계강도를 E_0, 장해물이 있을 때의 값을 E라 하면, 다음 식으로 정의된다. $S=E/E_0$ 구면 대지(球面大地)에 의한 회절 손은 나이프형에 의한 손실보다도 일반적으로 크고 또 파장이 짧을수록 커진다. 나이프형에 의한 회절손 S는 다음 식과 같다.

$$S=j/\pi\int_0^{\infty} e^{-j}\omega^2 d\omega \quad \text{단, } \omega=h\sqrt{\frac{\pi}{\lambda}}\left(\frac{1}{d_1}+\frac{1}{d_2}\right)$$

여기서, h : 회절 높이, λ : 파장, d_1, d_2 : 송수신 점에서 회절 점까지의 거리이다.

회절파 (回折波, diffracted ray, diffracted wave) 장해물 둘레를 돌아서 배후에 도달하는 전파를 이른다.

회절 효과 (回折效果, diffraction effect) 전파 또는 음파가 장해물 주위를 돌아서 배후에 도달하는 현상에 따라 생기는 영향을 이른다. 일반적으로 파장이 길수록 회절 효과는 크다.

횡권 철선 외장 (橫捲鐵線外張, closed armoring) 외장의 일종. 횡권 철선을 사용한 것이다.

횡단 지점 (橫斷地點, traveres) 전선로가 도로, 하천 등과 교차하는 지점을 이른다.

횡류 (橫流, cross current) 2대의 기기가 병행 운전되고 있을 경우, 두 기기의 유기 기전력이 다르기 때문에 두 기기의 권선 간에 흐르는 순환 전류를 이른다. 1대의 기기의 경우라도 권선이 여러 개의 병렬 회로로 성립되어 있는 경우에는 같은 원인으로 그들 병렬 회로 속에 횡류가 흐른다.

횡류 보상 (橫流補償, cross-current compensation) 자동 전압조정을 하고 있는 2대 이상의 발전기가 변압기의 저압 측에서 병렬 운전하고 있을 때에는 발전기 임피던스는 외관상 매우 작아지므로 발전기 발생 전압의 약간의 차이로 인하여 두 기기 간에 큰 무효 전류가(횡류)가 흐른다. 이것을 방지하기 위해 무효 전류의 증가와 더불어 발전기 출력 전압이 저하하는 수하 특성을 가지게 하는 것을 이른다.

횡축 (橫軸, quadrature axis) 동기기에서 자극의 축(직축)과 직각(전기적)으로 교차하는 축을 횡축이라 한다.

횡축 리액턴스 (橫軸——, quadrature axis reactance) 동기기의 2반 작용법에 의한 리액턴스의 하나로, 전기자 전류의 횡축분에 대한 리액턴스를 이른다. 이 전류에 의한 전기자 기자력의 중심은 N, S 양극의 중간축과 일치한다. 즉, 전류의 역률이 1인 경우에 해당한다.

횡축 발전기 (橫軸發電機, horizontal type generator) 축이 수평 방향으로 되어 있는 발전기이다.

횡축 수차 (橫軸水車, horizontal(shaft)water turbine) 주축이 수평으로 장치된 수차이다.

횡파 (橫波, transverse wave) 매질 내의 각 점의 편파 방향이 전파 방향에 대하여 직각인 것 같은 파동을 이른다. 편파가 전파 방향에 대하여 예각으로 교차하고 있을 때에는 가로 방향의 성분과 함께 전파 방향의 편파 성분도 갖게 된다.

횡하량 (橫荷量, transverse load) 지지물에 가해지는 수평 하중. 즉 직각 방향에서 지지물, 전선, 애자 등에 가해지는 풍압과 전선로에 수평 각도가 있는 경우 전선 장력의 수평 횡분력도 횡하중에 가해진다.

효과 (效果, effect) 어떤 원인에 기인하는 현상 또는 받는 영향을 이른다.

효율 (效率, efficiency) 출력과 입력의 비율, 백분율로 나타낸다. 입력에서 손실을 뺀 것이 출력이므로 효율은 출력/(출력+손실) 또는 (입력−손실)/입력으로 나타낸 수도 있다.

효율 시험 (效率試驗, efficiency test) 효율을 결정하기 위하여 행하는 시험이다.

후단 가속 (後段加速, after-acceleration, post acceleration) 브라운관의 편향 감도를 악화시키지 않기 위해서 취해지는 전자 가속방법. 전자의 속도가 낮은 부분에서 편향을 하고 그 후 전자를 가속하는 것을 이른다.

후 동작형 조정기 (後動作形調整器, backward acting regulator) ⇨ 전 동작형 조정기.

후막 집적회로 (厚膜集積回路, thick film integrated circuit) 기판 위에 잉크 상태의 페이스트 등을 도포, 스프레이 또는 인쇄하여 부착시킨 뒤, 소성하여 후막 소자를 만든 것. 막 두께는 약 5μm 정도이다.

후부 동환 (後部銅環, heel end slug, rear end slug) 《계전기》 전자 계전기를 지완 복구형(遲緩復舊型)으로 하기 위하여 철심의 후부, 즉 접극자(接極子)와 반대쪽에 둔 동환을 이른다.

후부 에어 갭 (後部——, heel air gap) 《계전기》 전자 계전기의 자기회로에서 철심 및 계철의 연결이 어떤 계전기 후부에 존재하는 간극을 이른다.

후진파 (後進波, retrograding wave, retrogressing wave) 파동 방정식의 풀이는 일반적으로 두 임의 함수의 합으로 나타내지만 양의 방향으로 진행하는 파동을 전진파라 하고, 음의 방향으로 진행하는 파동을 후진파라고 한다. ⇔ 전진파.

후진파 발진관 (後進波發振管, backward-wave oscillator) 전자 빔이 저속파 회로를 전파하는 후진파와 연속적으로 상호 작용하여 광대역 전자 동조 발진관으로 동작하는 마이크로파관을 이른다.
㊟ 사용하는 빔의 형식에 따라 O형과 카시노트론 같은 M형이 있다.

후 피치 (後——, back pitch) 직류기 전기자의 권선에서 정류자와 반대쪽에서 연결되는 코일변 사이의 피치. 정류자쪽에서 연결되는 코일변 사이의 피치를 앞 피치라 한다. ⇨ 권선 피치, 합성 피치.

훅형 변류기 (——型變流器, hook-type current transformer) 관통형 변류기의 하나로, 철심 일부를 분리하여 열고 모선에 삽입한 후 재차 철심을 닫아 폐자로로 하는 것이다.

휘도 (輝度, brightness) 광원에서 어떤 방향으로 향하는 빛의 광도를 그 방향에 대한 광원의 정사영(正射影) 넓이로 나눈 값을 이른다.

휘도 변조 (輝度變調, brilliance modulation, intensity modulation) 음극 선관과 같이 전자선이 형광면에 부딪쳐서 나타나는 광점의 밝기를 제어 그리드 또는 음극에 가해지는 신호 전압의 크기에 따라 변화시키는 것을 휘도 변조라 한다.

휘도 조절 (輝度調節, brightness control) 브라운관의 형광면의 밝기를 조절하는 것을 이른다. 그 방법은 브라운관의 그리드에 걸리는 직류 바이어스 전압을 가감해서 한다.

휘선 (輝線, bright line) 선(線)스펙트럼에서 발광물질 특유의 위치에 볼 수 있는 밝은 선을 이른다.

휘트스톤 브리지 (Wheatstone bridge) 브리지의 하나로, 4개의 저항을 서로 직렬로 접속하여 폐회로를 형성하고, 상대되는 접속점 사이에 각각 전원과 검류계를 접속한 것이다. 상대되는 저항을 각각 a, b 및 c, d 라고 하면 $ab=cd$ 일 때는 검류계에 전류가 흐르지 않는다. 그 때 브리지는 평형되어 있다고 한다. 이 평형 조건에서 만일 a가 미지이고 b, c, d 또는 c와 b의 비(比) c/b의 값을 알고 있다면 $a=(c/b)d$ 에서 a를 측정할 수가 있다. 낮은 저항 이외의 저항 측정에 많이 사용된다.

휴대 검전기 (携帶檢電器, line-man's detector) 전선의 충전 유무를 검사하는 휴대 계기이다.

휴대 시험기 (携帶試驗器, portable testing set) 휴대형으로 꾸며 넣은 직류 브리지 회로로, 선로 장해점까지의 전기 저항을 측정하여 장해 위치를 측정한다. 측정 방법으로는 바레이법, 머레이법이 있다.

휴대 측정기 (携帶測定器, portable instrument) 휴대가 가능한 측정기이다. 고정형이나 부착형에 대비되는 측정기이다.

흄 관로 (—— 管路, hume pipe duct) 흄관은 일명 원심력 철근 콘크리트 관이라고도 한다. 제관 공정에서 원심력을 이용하여 높은 밀도의 콘크리트를 철근 주위에 부착시켜 관으로 만든 것. 수도관에 사용하는 압력관과 하수(下水), 케이블 관로에 사용하는 보통관 등 2종이 있다. 그 특징은 대단히 큰 내외 압력에 견디는 것, 그 공정은 대량 생산이 가능하므로 경제적으로 유리한 점 등이다. 흄관을 사용하는 관로를 흄 관로라고 한다.

흑연 (黑鉛, graphite) 탄소 동소체(同素體)의 하나로, 경도 1~2, 비중 2.3의 흑회색 고체이다. 전기의 양도체(良導體), 감마제(減摩劑), 중성자의 감속제 등으로 쓰인다.

흑연 브러시 (黑鉛 ——, graphite brush) 천연 흑연을 주성분으로 한 브러시 또는 카본 블랙, 기타 탄소를 주성분으로 한 것을 전기로 속에서 흑연화한 브러시이다.

ㅎ

흑연 저항 (黑鉛抵抗, graphite resistance) 흑연을 저항체로 한 것을 이른다.

흑연화 탄소 (黑鉛化炭素, graphitized carbon) 비정형(非晶形) 탄소를 전열로 2,000℃ 이상으로 가열하여 재결정(再結晶)시켜 흑연화한 것이다.

흑체 (黑體, black body) 모든 파장의 방사선을 완전히 흡수하는 물체를 이른다.

흑체 방사 (黑體放射, black body radiation) 완전 흑체로부터의 방사. 온도에 대한 분광 분포는 플랑크의 법칙에 따른다.

흡수 (吸收, absorption) 광속, X선, 방사선 등이 어떤 두께의 물질의 층을 투과할 때 약화되는 현상을 이른다. ⇨ 흡수 전류.

흡수 계수 (吸收係數, absorption coefficient, coefficient of absorption) 광속, X선, 방사선, 전파 등이 어떤 두께의 물질의 층을 통과할 때 감쇠되는 비율을 나타내는 계수로, $A=A_0 e^{-\mu x}$로 나타내는 식의 μ가 흡수계수이다. 여기서 x는 물질의 두께, A_0는 $x=0$일 때의, 또 A는 x를 투과하였을 때의 광속. X선 등의 세기를 나타낸다. 전파에서 μ는 감쇠 계수라고도 불리운다.

흡수 단면적 (吸收斷面積, absorption cross section) 물질에 들어오는 양자(量子) 또는 입자(粒子)의 수가 그 물질에서 나오는 수보다도 많을 때 이 현상을 흡수라 하고, 단면적은 단위 유속(單位流束), 단위 시간당에 어떤 현상이 일어나는 확률을 이른다. 따라서 흡수 단면적은 흡수가 일어나는 확률이란 뜻이므로 핵 반응에서 단면적은 ($1\text{barn}=10^{-24}\text{cm}^2$)을 단위로 나타낸다.

흡수 변조 (吸收變調, absorping modulation) 진동 회로와 궤전선 등에서 에너지를 흡수함으로써 변조 작용을 하는 것을 이른다.

흡수역 (吸收域, absorption region) 대류권을 전파하는 전파의 파장이 짧아지면 물방울이나 대기 가스에 의해서 흡수되며, 이 파장 영역을 이른다. 일반적으로 파장이 3 cm 이하가 되면 흡수는 커지고 수증기에서는 1.25 cm, 산소에서는 0.5 cm의 파장인 곳에서 흡수가 떨어진다.

흡수율 (吸收率, absorption factor) 빛이 재료에 의해 투과 또는 반사를 받을 때 나머지 흡수되는 만큼의 입사 광속에 대한 비를 이른다. CIE에서는 이 기호를 α로 나타낸다.

반사율 ρ, 투과율 τ의 사이에 $\rho+\tau+\alpha=1$의 관계가 있다.

흡수 전류 (吸收電流, absorption current) 유전체(誘電體)를 전극 사이에 끼우고 직류 전압을 가할 경우 순시에 흐르는 충전 전류 이외에 시간과 함께 점차 감소하는 전류가 흐르고, 결국 거의 일정한 전류가 된다. 이 시간과 더불어 점차 감소하는 부분의 전류를 흡수 전류라 한다. ⇨ 유전 흡수.

흡수체 (吸收體, absorber) (1) 일반적으로 물질이나 에너지를 빼앗는 물질, 매질 혹은 기능 부분으로서 특히 방사원과 검출기의 중간에 있으며, 다음과 같은 목적에서 삽입된다. ① 방사 에너지나 물질을 측정하기 위해, ② 검출기를 방사원으로부터 차폐하기 위해, ③ 방사 성분의 하나 또는 몇 가지를 투과하여 방사의 에너지 스펙트럼에 변화를 주기 위해, 이와 같은 흡수체는 본분인 흡수 이외에 충돌에 의한 산란이나 감속 등의 조합으로 기능하다. (2) 원자로에서 중성자나 그 밖의 전리성 방사를 흡수하는 재료를 이른다.

흡수 코일 (吸收 ——, absorping coil) 적당하게 결합해서 전력을 흡수시키는 코일이다.

흡수 파장계 (吸收波長計, absorption wave-meter) 교정된 공진 회로와 공진 지시장치로 구성된 파장계로서, 측정하고자 하는 신호원에 드문드문 결합하여 공진 상태로 조정함으로써 신호원으로부터 최대의 에너지를 흡수한다. 그리고 교정된 동조 다이얼에 조정하여야 할 주파수(또는 파장)가 표시된다. 주 공동(空胴) 공진기를 사용한 도파관용의 것도 흡수 파장계라 불리우고 있다. 공진 지시장치의 일부가 전자관(또는 트랜지스터)으로 되어 있는 그리디프 미터 등도 같은 원리의 것이다.

흡수 회로 (吸收回路, absorbing circuit) (1) 결합된 1차 회로의 에너지를 흡수하는 2차 회로. (2) 외부로부터 도래하는 전파를 동조하여 흡수되도록 한 회로. 흡수형 전파계는 그 실례이다.

흡습 시험 (吸濕試驗, porosity test) 《애자》 애자의 공시 파편(供試破片)을 시험액에 담가서 4시간 이상 100 kg/cm^3 이상의 압력을 가하고, 방치한 후 꺼내서 다시 파괴하여 파쇄면에 액이 스며들었는지의 여부를 조사하는 시험이다.

흡양 자석 (吸揚磁石, lifting magnet) 철괴 등을 운반할 때 사용되는 전자석이다.

흡음률 (吸音率, acoustic absorptivity) 흡음재의 표면이 음향 에너지를 흡수하는 비율을 나타내는 양으로, 정확하게는 1−(입사측에 매초 반사되는 에너지)/(매초 입사하는 에너지)로 정의된다. 이에 의하면 흡음재를 투과하는 에너지도 흡음률 속에 포함된다. 흡음 계수라고 하는 경우도 있다.

흡입 비중계 (吸入比重計, syringe hydrometer) 스포이트 속에 비중계를 집어넣은 구조의 것으로, 비중을 측정하는 액을 빨아들여 속에 있는 부칭(浮秤)으로 비중을 측정한다. 축전지의 전해액 비중 측정에 사용한다.

흡입 자석 브레이크 (吸入磁石 ——, plunger type brake) 플런저의 흡입력을 이용한 구조의 브레이크이다.

흡입형 (吸入型, attraction type) 《계기》 계기의 동작 원리를 나타낸다. 가동 철편형의 일종인데, 가동 철편이 고정 코일 속으로 빨려드는 형의 것을 이른다.

흡장 (吸藏, occulusion) 고체 또는 액체에 기체가 흡수되어 그것이 고체 또는 액체의 내부에 들어가는 현상(수소가 팔라듐에 그 부피의 980배나 흡장되는 수가 있다).

흡착 (吸着, absorption) 어떤 물질(기상(氣相) 또는 액상)이 그것과 접하는 다른 상 (액상 또는 고상(固相))과의 경계면에서 그 상의 내부와 다른 농도를 유지하여 평형에 이르는 현상을 가리킨다.

흡출관 (吸出管, draft tube) 반동 수차의 러너 출구로부터 방수로까지의 접속관을 이른다.

흡출 통풍 (吸出通風, induced draft) 연도(煙道) 말단 가까이에 통풍기를 설치하여 노(爐) 내의 연소 가스를 흡출하여 연통을 통해서 바깥으로 토출하는 통풍방식을 이른다.

희석의 법칙 (稀釋-法則, dilution law) 전해질 용액을 묽게 하면 그 전해질의 전리가 증가하지만 이 희석도와 전리도의 관계 질량작용 법칙을 적용해서 낸 전리 평형의 법칙. 약한 전해질에 대해서는 적용되지만 강한 전해질에서는 이 법칙에 따르지 않아 적용되지 않는다. Ostwald의 희석률(稀釋律)이라고도 한다.

히스테리시스 (hysteresis) 상호 관련이 있는 두 양의 한 쪽을 변화시켰을 때, 같은 값임에도 불구하고 증가한 경우와 감소한 경우에 따라 다른 양이 다른 값을 가질 때 이 양은 히스테리시스를 갖는다고 한다. 예를 들면, 자기 히스테리시스, 탄성 히스테리시스 등이 그것이다.

히스테리시스 계수 (—— 係數, hysteresis coefficient) 철심을 교번(交番)자계로 자화시킨 경우의 히스테리시스 손은 스타인메츠의 실험에 의하면 $W_h = \eta f B_m{}^{1.6}$[W/m²]로 주어진다(단, f는 교번 자계의 주파수, B_m은 자속 밀도의 최대값이다). 위 식의 η를 히스테리시스 계수라고 한다.

히스테리시스 루프 (hysteresis loop) 자기 유도 B와 유호 자계의 세기 H_0의 관계를 나타내는 곡선으로, H_0을 제로에서 +의 방향으로 증가하고 다음에 다시 반전해서 −의 방향으로 증가하고, 다시 반전해서 +의 방향으로 증가하면 $B-H_0$ 곡선은 루프를 그리게 된다. 이것이 히스테리시스 루프이다.

히스테리시스 모터 (hysteresis motor) 유도 전동기의 회전자의 철심 뿐이고 권선이 없는 1차 단자에 전압을 가하면, 1차와 2차에 히스테리시스 손을 발생한다. 회전자가 슬립 S로 회전하면 2차 주파수는 Sf가 되고, 2차의 히스테리시스 손은 주파수의 감소에 따라 감소한다. 그 히스테리시스 손의 감소분만이 회전자의 출력이 된다. 이 전동기를 히스테리시스 모터라고 한다. 전축 또는 전기 시계 등에 사용된다.

히스테리시스 손 (—— 損, hysteresis loss) 히스테리시스에 의해 발생하는 손실을 이른다. 강자성체에서는 히스테리시스 루프를 1회 돌 때마다 $w_h = \oint H dB$ [J/m²]의 히스테리시스 손이 발생하여 강자성체 내에서 열로 된다. ⇨ 히스테리시스.

히싱 (hissing) 탄소 아크등에서 점등 전압은 아크의 길이에 따라 정해진다. 어떤 아크의 길이에 대해서 전압이 지나치게 낮으면 불안정한 점등 상태가 되어 "슈우슈우"하는 소리를 발생하는데, 이 상태를 히싱이라 한다.

히치 결선 (—— 結線, hitch) 《해저 선로》 해저선 작업에서 사용하는 로프의 결선법. 임시로 장력을 억류시킬 때 사용한다.

힌지 (hinge) 예를 들면, 상자와 뚜껑의 결합부분에 붙여서 뚜껑이 자유로이 회전하도록 하는 것. 즉 경첩 등을 이른다.

힌지 에어 갭 (hinge air gap) 《계전기》 전자 계전기의 접극자(接極子)와 철심 또는 계철(繼鐵)의 연결부에 존재하는 간격을 이른다.

힌지 클립 (hinge clip) (1) 나이프 스위치의 브레이드를 부착하는 부분. (2) 경첩과 같은 모양을 한 클립을 이른다.

부록

Electric

- 전자기적인 양의 디멘션
- 전자기적인 양의 환산표
- 단위 환산표
- 주요 단위
- 주요 인물 및 업적
- 주요 법칙 및 원리

(1) 전자기적인 양의 디멘션

양	관용 기호	MKSA계 (L, M, T, I)*	전자 단위계 (L, M, T, μ)	가우스 단위계 (L, M, T)	정전 단위계 (L, M, T, ε)
전 하	Q	TI	$L^{\frac{1}{2}} M^{\frac{1}{2}} \mu^{-\frac{1}{2}}$	$L^{\frac{3}{2}} M^{\frac{1}{2}} T^{-1}$	$L^{\frac{3}{2}} M^{\frac{1}{2}} T^{-1} \varepsilon^{\frac{1}{2}}$
전 류	I	I	$L^{\frac{1}{2}} M^{\frac{1}{2}} T^{-1} \mu^{-\frac{1}{2}}$	$L^{\frac{3}{2}} M^{\frac{1}{2}} T^{-2}$	$L^{\frac{3}{2}} M^{\frac{1}{2}} T^{-2} \varepsilon^{\frac{1}{2}}$
전위차, 기전력	V, E	$L^2 M T^{-3} I^{-1}$	$L^{\frac{3}{2}} M^{\frac{1}{2}} T^{-2} \mu^{\frac{1}{2}}$	$L^{\frac{1}{2}} M^{\frac{1}{2}} T^{-1}$	$L^{\frac{1}{2}} M^{\frac{1}{2}} T^{-1} \varepsilon^{-\frac{1}{2}}$
전 속 밀 도	D	$L^{-2} TI$	$L^{-\frac{3}{2}} M^{\frac{1}{2}} \mu^{-\frac{1}{2}}$	$L^{-\frac{1}{2}} M^{\frac{1}{2}} T^{-1}$	$L^{-\frac{1}{2}} M^{\frac{1}{2}} T^{-1} \varepsilon^{\frac{1}{2}}$
전기장의 강도	E	$LMT^{-3} I^{-1}$	$L^{\frac{1}{2}} M^{\frac{1}{2}} T^{-2} \mu^{\frac{1}{2}}$	$L^{-\frac{1}{2}} M^{\frac{1}{2}} T^{-1}$	$L^{-\frac{1}{2}} M^{\frac{1}{2}} T^{-1} \varepsilon^{-\frac{1}{2}}$
전 기 저 항	R	$L^2 M T^{-3} I^{-2}$	$LT^{-1} \mu$	$L^{-1} T$	$L^{-1} T \varepsilon^{-1}$
전 기 전 도 도	σ	$L^{-3} M^{-1} T^3 I^2$	$L^{-2} T \mu^{-1}$	T^{-1}	$T^{-1} \varepsilon$
전 기 용 량	C	$L^{-2} M^{-1} T^4 I^2$	$L^{-1} T^2 \mu^{-1}$	L	$L\varepsilon$
유 전 율	ε	$L^{-3} M^{-1} T^4 I^2$	$L^{-2} T^2 \mu^{-1}$	1	ε
자 속	Φ	$L^2 M T^{-2} I^{-1}$	$L^{\frac{3}{2}} M^{\frac{1}{2}} T^{-1} \mu^{\frac{1}{2}}$	$L^{\frac{3}{2}} M^{\frac{1}{2}} T^{-1}$	$L^{\frac{1}{2}} M^{\frac{1}{2}} \varepsilon^{-\frac{1}{2}}$
기 자 력	m.m.f	I	$L^{\frac{1}{2}} M^{\frac{1}{2}} T^{-1} \mu^{-\frac{1}{2}}$	$L^{\frac{1}{2}} M^{\frac{1}{2}} T^{-1}$	$L^{\frac{3}{2}} M^{\frac{1}{2}} T^{-2} \varepsilon^{\frac{1}{2}}$
자기장의 강도	H	$L^{-1} I$	$L^{-\frac{1}{2}} M^{\frac{1}{2}} T^{-1} \mu^{-\frac{1}{2}}$	$L^{-\frac{1}{2}} M^{\frac{1}{2}} T^{-1}$	$L^{-\frac{1}{2}} M^{\frac{1}{2}} T^{-2} \varepsilon^{\frac{1}{2}}$
자 화	M	$L^{-1} I$	$L^{-\frac{1}{2}} M^{\frac{1}{2}} T^{-1} \mu^{\frac{1}{2}}$	$L^{-\frac{1}{2}} M^{\frac{1}{2}} T^{-1}$	$L^{-\frac{3}{2}} M^{\frac{1}{2}} \varepsilon^{-\frac{1}{2}}$
자 기 유 도	B	$M T^{-2} I^{-1}$	$L^{-\frac{1}{2}} M^{\frac{1}{2}} T^{-1} \mu^{\frac{1}{2}}$	$L^{-\frac{1}{2}} M^{\frac{1}{2}} T^{-1}$	$L^{-\frac{3}{2}} M^{\frac{1}{2}} \varepsilon^{-\frac{1}{2}}$
자기 인덕턴스 상호 인덕턴스	L, M	$L^2 M T^{-2} I^{-2}$	$L\mu$	L	$L^{-1} T^2 \varepsilon^{-1}$
자 기 량	m	LI	$L^{\frac{3}{2}} M^{\frac{1}{2}} T^{-1} \mu^{\frac{1}{2}}$	$L^{\frac{3}{2}} M^{\frac{1}{2}} T^{-1}$	$L^{\frac{1}{2}} M^{\frac{1}{2}} \varepsilon^{-\frac{1}{2}}$
자 기 모 멘 트	m	$L^2 I$	$L^{\frac{3}{2}} M^{\frac{1}{2}} T^{-1} \mu^{\frac{1}{2}}$	$L^{\frac{3}{2}} M^{\frac{1}{2}} T^{-1}$	$L^{\frac{3}{2}} M^{\frac{1}{2}} \varepsilon^{-\frac{1}{2}}$
투 자 율	μ	$LMT^{-2} I^{-2}$	μ	1	$L^{-2} T^2 \varepsilon^{-1}$

* 이 밖에 (L, M, T, Q)로 나타내는 방법, (I, V, L, T)로 나타내는 방법, (R, I, L, T)로 나타내는 방법이 있다.

(2) 전자기적인 양의 환산표

양	관용 기호	MKSA 유리화 절대 단위계	CGS 비유리화 절대 단위계($c \approx 3\times10^{10}$)		
		MKSA 단위**	전자 단위***	가우스 단위	정전 단위***
전 하	Q	1 C=1 As	$=10^{-1}$	$=c\times10^{-1}$	$=c\times10^{-1}$
전 류	I	1 A	$=10^{-1}$	$=c\times10^{-1}$	$=c\times10^{-1}$
전위차, 기전력	V, E	1 V=1 W/A	$=10^{8}$	$=c^{-1}\times10^{8}$	$=c^{-1}\times10^{8}$
전 기 분 극	P	1 C/m^2	$=10^{-5}$	$=c\times10^{-5}$	$=c\times10^{-5}$
전 속 밀 도	D	1 C/m^2	$=4\pi\times10^{-5}$	$=4\pi c\times10^{-5}$	$=4\pi c\times10^{-5}$
전기장의 강도	E	1 V/m	$=10^{6}$	$=c^{-1}\times10^{6}$	$=c^{-1}\times10^{6}$
전 기 저 항	R	1 Ω=1 V/A	$=10^{9}$	$=c^{-2}\times10^{9}$	$=c^{-2}\times10^{9}$
컨 덕 턴 스	G	1 S	$=10^{-9}$	$=c^{2}\times10^{-9}$	$=c^{2}\times10^{-9}$
전 기 용 량	C	1 F=1 C/V	$=10^{-9}$	$=c^{2}\times10^{-9}$	$=c^{2}\times10^{-9}$
유 전 율	ε	1 F/m	$=4\pi\times10^{-11}$	$=4\pi c^{2}\times10^{-11}$	$=4\pi c^{2}\times10^{-11}$
자 속	Φ	1 Wb=1 Vs	$=10^{8}$(Mx)	$=10^{8}$(Mx)	$=c^{-1}\times10^{8}$
기 자 력	m.m.f	1 A	$=4\pi\times10^{-1}$(Gb)	$=4\pi\times10^{-1}$(Gb)	$=4\pi c\times10^{-1}$
자기장의 강도	H	1 A/m	$=4\pi\times10^{-3}$(Oe)	$=4\pi\times10^{-3}$(Oe)	$=4\pi c\times10^{-3}$
자 화I	M	1 A/m	$=4\pi\times10^{-3}$	$=4\pi\times10^{-3}$	$=4\pi c\times10^{-3}$
자 기 유 도 (자 속 밀 도)	B	1 T=1 Wb/m^2	$=10^{4}$(G)	$=10^{4}$(G)	$=c^{-1}\times10^{4}$
자기 인덕턴스 상호 인덕턴스	L, M	1 H=1 Ωs	$=10^{9}$	$=10^{9}$	$=c^{-2}\times10^{9}$
자 기 량	m	1 Am	$=(4\pi)^{-1}\times10^{8}$	$=(4\pi)^{-1}\times10^{8}$	$=c^{-1}\times10^{8}$
자 기 모 멘 트	m	1 Am^2	$=10^{3}$	$=10^{3}$	$=c^{-1}\times10^{3}$
투 자 율	μ	1 H/m	$=(4\pi)^{-1}\times10^{7}$	$=(4\pi)^{-1}\times10^{7}$	$=(4\pi)^{-1}c\times10^{7}$

㈜ 표의 계수는 MKSA 단위로 나타낸 수치를 CGS 단위로 직접 쓸 때에 곱하는 인수이다.

* $B=\mu H=\mu_0(H+M)$이지만, $B=\mu_0 H+M$으로 정의하는 방법도 있다.

** 일반적으로 실용 단위는 MKSA 계의 단위를 사용하지만 ϕ, m.m.f, H 및 B의 단위는 가우스 계를 많이 사용한다.

*** 전자 단위는 ab를 붙여서 abvolt, abcoulomb, abohm 등의 명칭을 이용한다. 이를테면, 1 abvolt=10^{-8} V, 1 abcoulomb=10 C, 또 정전 단위에서는 stat를 붙여서 statcoulomb과 같이 나타낸다.

(3) 단위 환산표

1. 속 도

초 속		분 속		시 속			
m/sec	ft/sec	m/min	ft/min	里/hr	knot	mile/hr	km/hr
1	3.2808	60	196.85	0.9167	1.9426	2.2369	3.6000
0.30480	1	18.288	60	0.2795	0.5921	0.6818	1.0973
0.016667	0.05468	1	3.2808	0.015278	0.03238	0.03728	0.06000
0.005080	0.016667	0.30480	1	0.004668	0.009868	0.011364	0.018288
0.0909	3.578	65.45	214.70	1	2.1192	2.4403	3.9273
0.5148	1.6889	30.898	101.34	0.4719	1	1.1515	1.8532
0.4470	1.4667	26.822	88.00	0.4098	0.8684	1	1.6093
0.27778	0.9113	16.667	54.68	0.25463	0.5396	0.6214	1

㈜ 1 knot=1해리/hr=6080 ft/hr

2. 유 속

l/sec	ft^3/sec	m^3/sec	gal/min (미)	gal/min (영)	m^3/min	ft^3/hr	m^3/hr
1	0.03531	0.001	15.850	13.198	0.0600	127.13	3.600
28.32	1	0.02832	448.8	373.7	1.6992	3600	101.94
1000	35.31	1	15850	13198	60	127130	3600
0.06309	0.002228	0.0_46309	1	0.8327	0.003785	8.021	0.2271
0.07578	0.002676	0.0_47577	1.2010	1	0.004546	9.632	0.2728
16.667	0.5885	0.016667	264.2	219.9	1	2119	60.00
0.007866	0.0002778	0.0_57866	0.12468	0.10381	0.0004720	1	0.02832
0.2778	0.00981	0.0002778	4.403	3.666	0.016667	35.31	1

㈜ 수량 1 t/hr=$1m^3$/hr

3. 힘 및 중량

mega dyne	Kg	Lb	poundal	중량(영) ton	중량(미) ton
1	1.0197	2.248	72.33	0.0010036	0.0011240
0.9807	1	2.205	70.93	0.0009842	0.0011023
0.4448	0.4536	1	32.17	0.0004464	0.0005000
0.013825	0.014098	0.03108	1	0.0_413875	0.0_415540
996.4	1016.05	2240	72070	1	1.1200
889.6	907.2	200	64348	0.8929	1

㈜ 1 mega dyne=10^6 dyne, 1Kg(중량 kg)=1kg× g_0, 1Lb (중량 1b)=1lb× g_0

1 poundal=1lb의 물체에 1ft/sec^2 의 가속도를 준 힘

4. 밀 도

g / l=kg / m^3	lb / ft^3	lb / (영) gal	lb / (미) gal
1	0.06243	0.010022	0.008345
16.018	1	0.16043	0.13358
99.78	6.229	1	0.8327
119.83	7.481	1.2010	1
1000	62.43	10.022	8.345
1186.5	74.07	11.892	9.902
1328.9	82.96	13.319	11.090
27680	1728.0	277.4	231.0
g / cm^3=ton / m^3	**(미) ton / yd^3**	**(영) ton / yd^3**	**lb / in^3**
0.001	0.0008428	0.0007525	$0.0_{4}3613$
0.016018	0.013500	0.012054	0.0005787
0.09978	0.08409	0.07508	0.003605
0.11983	0.10099	0.09017	0.004329
1	0.8428	0.7525	0.03613
1.1865	1	0.8929	0.04287
1.3289	1.1200	1	0.04801
27.68	23.33	20.83	1

5. 압 력

atm	bar	Kg / cm^2	Lb / in^2	Hg (0℃)		H_2O (15℃)	
				mm	in	m	ft
1	1.01325	1.03323	14.6960	760.00	29.921	10.3416	33.929
0.98692	1	1.01972	14.5038	750.06	29.530	10.2063	33.485
0.96785	0.98067	1	14.2235	735.57	28.959	10.0091	32.838
0.068046	0.068948	0.070307	1	51.715	2.0360	0.70370	2.3087
0.00131579	0.00133322	0.00135951	0.0193368	1	0.039370	0.0136073	0.044643
0.033421	0.033864	0.034542	0.49115	25.400	1	0.34563	1.13394
0.096782	0.098064	0.099997	1.42231	73.554	2.8958	1	3.2808
0.029499	0.029890	0.030479	0.43352	22.419	0.88265	0.30480	1

주 1 bar=10^6dyne / cm^2, 1psia (pound per square inch, absolute)=1 Lb / in^2

6. 비 열

cal / g · ℃	kcal / kg · ℃	Btu / lb · °F	Chu / lb · ℃	Joule / g · ℃
1	1	1	1	4.186
0.2389	0.2389	0.2389	0.2389	1

7. 일, 에너지 및 열량

$cm^3 \cdot atm$	Joule	VA · sec	ft · Lb
1	0.101325	0.101325	0.74733
9.8692	1	1	0.73756
13.3809	1.35582	1.35582	1
41.349	4.1897	4.1897	3.0902
96.784	9.8067	9.8067	7.2330
967.87	98.069	98.069	72.332
10419.8	1055.79	1055.79	778.71
cal_{mean}	m · Kg	$l \cdot Kg/cm^2$	$B.t.u._{mean}$
0.024184	0.0103323	0.00103320	0.000095971
0.23868	0.101972	0.0101969	0.00094780
0.32361	0.138255	0.0138251	0.00128418
1	0.42723	0.042722	0.0039710
2.34066	1	0.099997	0.0092885
23.4073	10.0003	1	0.092887
251.998	107.661	10.7658	1

㈜ • 1erg = 1dyne · cm = 10^{-7}Joule, 1Watt · sec = 1Joule, 1kW · hr = 3.6×10^6AV · sec, 1c.h.u. = 1.8B.t.u.
• 1eV(electron-volt) = 1.6020×10^{-12} erg

8. 동 력

kW	$HP_{electer}$	HP	PS
1	1.34048	1.34102	1.35962
0.74600	1	1.00040	1.01428
0.74570	0.99960	1	1.01387
0.73550	0.98592	0.98632	1
0.0175965	0.023588	0.023597	0.023925
0.0098067	0.0131457	0.0131509	0.0133333
0.0041897	0.0056162	0.0056185	0.0056964
0.00135582	0.00181745	0.00181818	0.00184340
B.t.u. / min	Kg · m / sec	cal / sec	ft · Lb / sec
56.868	101.972	238.92	737.56
42.424	76.071	178.234	550.22
42.406	76.040	178.163	550.00
41.826	75.000	175.726	542.48
1	1.79435	4.2042	12.9785
0.55769	1	2.34302	7.2330
0.238260	0.42723	1	3.0902
0.077103	0.138255	0.32393	1

9. 점성계수

kg / m · hr	centi poise	poise	kg / m · sec
1	0.2778	0.002778	0.0002778
3.600	1	0.01	0.001
360	100	1	0.1
3600	1000	10	1
5357	1488.1	14.881	1.4881
35304	9806.65	98.0665	9.80665
172368	47880	478.80	47.880
353039	98066.5	980.665	98.0665
lb / ft · sec	**Kg · sec / m²**	**Lb · sec / ft²**	**G · sec / cm²**
0.00018667			
0.0006720	0.00010197		
0.06720	0.010197	0.0020886	0.0010197
1	0.10197	0.020886	0.010197
6.5898	0.15175	0.031081	0.015175
32.174	1	0.20482	0.1
65.898	4.8824	1	0.48824
	10	2.0482	1

㈜ 1poise=1g/cm · sec, Kg=重量 kg, Lb=重量 lb, G=重量 g

10. 동점도, 온도전도도, 확산상수

cm² / sec	m² / hr	ft² / hr	in² / sec
1	0.3600	3.875	0.15500
2.778	1	10.764	0.4306
0.2581	0.09290	1	0.0400
6.452	2.323	25.00	1

㈜ 1stokes=1cm² / sec

11. 전열계수

cal / cm² · sec · ℃	Btu / ft² · hr · °F	kcal / m² · hr · ℃
1	7374	36000
0.00013562	1	4.882
0.00002778	0.2048	1

12. 발열량

cal / g	kcal / kg	Chu / lb	Btu / lb
1	1	1	1.8
0.5555	0.5555	0.5555	1

13. 열유량

cal / sec · cm^2	Watt / cm^2	cal / hr · cm^2	Btu / hr · ft^2	kcal / hr · m^2
1	4.1858	3600	13272	36000
0.2391	1	860.6	3173	8606
0.0002778	0.0011625	1	3.687	10
0.00007535	0.0003152	0.2712	1	2.712
0.00002778	0.00011625	0.1	0.3687	1

14. 열전도율

cal / sec · cm · ℃	Joule / sec · cm · ℃	Watt / cm · ℃	Btu / hr · ft · °F	kcal / hr · m · ℃
1	4.1858	4.1858	241.9	360
0.2389	1	1	57.79	86.00
0.004134	0.017300	0.017300	1	1.4881
0.002778	0.011625	0.011625	0.6720	1

(4) 주요 단위

1. 단위(單位, unit)의 정의

어떤 물리량을 측정할 때 그것과 같은 종류의 어떤 일정량을 기준으로 하여 주어진 양이 그 일정량의 몇 배가 되는가를 측정하게 되는데, 그 기준이 되는 일정량을 단위라고 한다. 그러므로 단위는 어떤 양에 대해서도 임의의 크기로 약속할 수 있다. 그러나 단위를 여러 양에 대하여 하나하나 개별적으로 규정하면 이것을 다룰 때 대단히 불편하므로 기본이 되는 몇 개의 단위만을 정하고, 다른 양의 단위는 물리법칙 또는 그 정의에 따라 이 기본단위를 조립해서 만들 수 있다. 이렇게 만들어진 단위를 일반적으로 유도단위(誘導單位, derived unit) 또는 보조단위라 하며, 이 밖에 특수한 계량의 용도에 쓰이는 특수단위가 있다. 예를 들면 길이의 단위를 센티미터(cm), 시간의 단위를 초(s)로 했을 때, 속도의 단위 cm/s, 가속도의 단위 cm/s^2이 유도단위이다. 한국 계량법에서 특수단위는 섬도(纖度 : 계량단위 데니어, D), 입도(粒度 : 계량단위 mm), 렌즈의 굴절도(디옵터, D), 습도(백분율, %), 비중(무차원수), 진동레벨(데시벨, dB) 등이 있다.

2. 단위계(單位系, system of units)의 정의

한 무리의 기본단위를 바탕으로 하여 다른 양의 단위를 유도하면 계통적인 단위의 모임이 된다. 이것을 단위계라고 한다. 현재 세계 각국에서 사용되고 있는 단위계로는 국제단위계(SI단위계)·MKS단위계·MKSA단위계·CGS단위계, 그 밖에 중력단위계 등이 있다.

3. 단위계의 분류

① 미터법

계량법의 국제적 통일을 위해서 1790년 프랑스의 C. 탈레랑의 제안에 의해 아카데미 프랑세즈가 정부의 위탁을 받고 만든 것이다. 지구자오선 길이의 1/40000000을 1m, 각 모서리의 길이가 1/10 m인 정육면체와 같은 부피의 4℃ 물의 질량을 1kg, 그 부피를 1l로 하고, 배량(곱하기 양)에는 그리스어, 분량(나누기 양)에는 라틴어에서 따온 접두어 등을 각각 붙였다. 미터법에 속하는 단위계로서 MKS단위계·CGS단위계·MKSA단위계가 있으며, 이 외에도 CGS정전기단위계·CGS전자기단위계·가우스절대단위계·중력단위계 등이 있다.

② 국제단위계

미터법은 처음에는 도량형에 국한되었으나 차차 다른 물리량에도 적용되기에 이르러 1960년의 제11회 국제도량형총회에서 미터계의 국제단위계(International System of Units : SI)를 채용하게 되었다. 미터계의 단위는 점차 SI단위계로 통일되어가고 있다.

③ 야드-파운드단위법

피트-파운드단위법·푸트-파운드단위법이라고도 한다. 고대 이집트·바빌로니아에서 비롯되었고, 영국에서 엘리자베스 1세 때 단위로서 확립되었다. 길이에 야드(yd), 질량에 파운드(lb), 시간에 초(s), 온도에 화씨온도(°F)를 쓰고 있다. 한국에서는 1963년 12월 이후 야드-파운드법에 의한 계량단위는 비법정계량단위로서 일반의 거래·증명에 사용할 수 없게 되었다.

④ **척관법**

고대 중국에서 전래되어 한국·일본 등에서 옛날부터 사용해왔던 도량형의 단위계로서, 길이의 단위로서 자(尺), 질량의 단위로서 관(貫), 넓이의 단위로서 평(坪 : 또는 步), 부피의 단위로서 되(升)를 쓴다. 한국에서는 1905년부터 미터법과 혼용되어 오다가 1961년 미터법만을 사용하도록 법이 제정되었고, 이에 따라 1964년부터는 토지 건물이나 수출입, 무기·항공·선박 및 연구분야의 특수한 경우를 제외하고는 척관법은 거래상 또는 증명상의 계량에서 그 사용이 금지되었다. 1983년부터는 토지 건물에 사용되는 평도 사용이 금지되었다.

이상의 여러 단위 이외에도 몇 개·몇 대·몇 사람 등 수량의 기준이 되는 자연단위가 있다. 또한 각 나라마다의 고유단위도 있다. 예를 들어 길이의 단위로서 그리스의 그라메(gramme : 1mm), 독일의 스트리히(strich : 1mm), 미국의 온스(ounce : 0.397mm), 영국의 포인트(point : 0.353mm), 중국의 쿵리(kung li : 1mm) 등이 있다. 질량의 단위로는 그리스의 그라마(gramma : 1.25g), 독일의 푼트(pfund : 500g), 미국의 배럴(barrel : 90.72kg) 등이 있다.

4. 단위계의 종류

① **국제단위계**(SI단위계, International System of Units)

미터계의 MKSA단위계를 발전시킨 것으로 길이(m), 질량(kg), 시간(s), 전류(A(암페어))의 4개의 기본단위에 열역학적 온도(K(켈빈)), 광도(cd(칸델라)), 물질량(mol)을 합쳐 7개의 단위를 SI기본단위로 채용하였다. 한국의 계량법에서도 여기에 준해서 규정하고 있다. 또한 SI보조단위로서 평면각 라디안(rad)과 입체각 스테라디안(Sr)을 채용하고 있다. SI유도단위로서는 기본단위에서 유도된 SI유도단위, 특수명칭을 가지는 SI유도단위, 특수명칭으로 표시된 SI유도단위, 보조단위를 사용한 SI유도단위의 4가지로 나눌 수 있다. 또한 각 단위의 양을 실제에 맞도록 쉽게 나타내기 위해 10의 거듭제곱(10^n 또는 10^{-n})을 나타내는 SI접두어를 사용하고 있으며, 원래는 16가지였던 것을 1991년 10월 국제도량형총회에서 제타·요타·젭토·욥토 등 4가지를 추가하여 20가지가 되었다.

② CGS **단위계** (CGS system of units)

기본이 되는 길이·질량·시간의 단위로서 센티미터(cm)·그램(g)·초(s)를 채택하고 이를 기준 삼아 다른 물리량의 단위를 정한 단위계. 일이나 에너지의 단위인 에르그(erg), 힘의 단위인 다인(dyne)은 이에 속한다. 1881년 국제적으로 정해진 단위계로서 이화학의 이론 전개에 편리하지만, 실용적으로는 단위가 너무 작고 전기의 실용단위와의 관계도 복잡해지는 결함이 있다. 그리고, 전기·자기(磁氣)에 대한 단위를 정함에 있어서 쿨롱의 법칙에서 힘과 거리를 CGS 단위로 나타냈을 때 계수가 1이 되도록 전하의 단위를 정한 CGS 정전단위계와, 자기에 대한 쿨롱의 법칙에서 계수가 1이 되도록 자극(磁極)의 단위를 정한 CGS 전자기단위계가 있다. 또한 전기와 자기를 대칭적인 관계에 놓이도록 고친 가우스단위계가 있다.

③ MKS **단위계** (MKS system)

길이·질량·시간의 단위를 각각 미터(m)·킬로그램(kg)·초(s)로 하고, 이 셋을 기본단위로 삼은 단위계. 1901년 G. 조르지가 제안하였다. 이들 기본단위의 크기를 시간·공간 및 물질의 성질과 관계없이 정할 수 있으므로 절대단위계이다. 이 단위계에 온도를 더할 경우에는 섭씨온도(℃)를 사용한다. 각 단위의 크기가 실용적(實用的)이므로 세계적으로 이를 바탕으로 한 단위계로 통일되는 경향이 있으며, 한국에서 계량법(計量法)에 이용되고 있는 단위도 주로 이 단위계에 속한다. 이 단위계에서는 전자기적 단위로서 자기력선속(磁氣力線束)에 웨버

(Wb), 자기장의 세기에 (암페어횟수)/m를 쓰는 것 외에는 실용단위(實用單位)인 볼트(V), 쿨롱(C), 옴(Ω), 패럿(F), 헨리(H) 등이 그대로 쓰인다. 이 단위계에서 기본 전자기방정식은 4π의 인자를 포함하지 않고 유리화(有理化)되어 있다.

④ MKSA **단위계** (MKSA system of units)

MKS 단위계에 전류의 단위를 추가한 단위계. 길이・질량・시간의 단위를 각각 미터(m)・킬로그램(kg)・초(s)라 하고, 이 세 개를 기본단위로 하는 단위계를 MKS 단위계라 하는데, 여기에 전류의 기본 단위인 암페어(A)를 추가하고 동시에 유리화한 것이다. 유도단위 가운데 힘의 단위는 뉴턴(N)이며, 일 및 에너지의 단위는 줄(J)이다.

⑤ **중력단위계** (gravitational system of units)

기본단위로서 길이・시간・무게를 취하여 역학적인 여러 양을 유도하는 단위. 즉, 질량 대신 무게를 기본단위로 하는데, 예를 들면 CGS중력단위계에서는 힘의 단위를 질량 1g의 물체의 무게를 그램중(gw)으로 하므로, 힘의 표시법이 간단해진다. 주로 공학 방면에서 사용되어 공학단위계라고도 한다.

5. 기본 단위

뉴턴 (newton) : 힘의 MKSA 단위. 질량 1kg의 물체에 작용하여 $1m/s^2$의 가속도(加速度)를 발생시키는 힘을 나타낸다. 뉴턴의 기호는 N이다. 1N은 10^5dyn(다인)에 해당한다. 중력가속도가 $9.8m/s^2$인 지점에서 1kg의 물체에 작용하는 중력(重力)의 크기는 9.8N이고, 1N의 힘으로 물체를 힘의 방향으로 1m만큼 움직이는 동안에 한 일은 1J(줄)이다.

니트 (nit) : MKS 단위계의 휘도(輝度)의 단위. 니트란 $1cd/m^2$ 또는 0.00001sb(스틸브)의 광도를 가지는 표면의 밝기를 가리킨다. 기호 nt. 1948년부터 쓰이기 시작한 단위로, 맑은 하늘의 밝기는 $2\times10^3 \sim 6\times10^3$nt이다.

데시벨 (decibel) : 통신공학 등에서 전력비(電力比)나 전기기기의 이득을 표시하거나 음향학에서 소리의 강도를 표준음(標準音)과 비교하여 표시하는 데 쓰는 수치. 모두 dB라는 기호로 표시한다.

라디안 (radian) : 호도법에 의한 각도의 단위. 호도(弧度)라고도 한다. 기호는 rad. 주로 이론상의 연구에 사용된다. 반지름 r인 원에서 원주상에 길이 r인 원호(圓弧)를 잡았을 때의 중심각의 크기를 1라디안 또는 1호도라 한다. 따라서, 원을 일주(一周)하는 각도 360°는 2π라디안이고, 반원의 각도 180°는 π라디안이다. 같은 각도를 60분법(分法)으로 나타냈을 때를 $x°$, 라디안으로 나타냈을 때를 θ라디안이라 하면, x와 θ의 관계는 $x/180=\theta/\pi$이다. 또, $\pi=$ 3.1415…을 원주율로 하여,

$$1라디안(rad)=180°/\pi \fallingdotseq 57°17'45''$$

럭스 (lux) : 조명도의 실용단위. 기호는 lx. $1m^2$의 넓이에 1lm(루멘)의 광속(光束)이 균일하게 분포되어 있을 때의 면의 조명도, 즉 1cd(칸델라)의 점광원으로부터 1m 떨어진 곳에 있는 광선에 수직인 면의 조명도가 1lx이다.

루멘 (lumen) : 광속(光束)의 실용단위로서 기호는 lm으로 나타내며, 국제단위계에 속한다. 1cd의 균일한 광도의 광원으로부터 단위입체각의 부분에 방출되는 광속을 1lm으로 한다. 전구

면(全球面)의 중심에 대한 입체각은 4π이므로, 1cd의 점광원(點光源)에서 방출되는 전광속(全光束)은 4πlm이 된다.

맥스웰 (Maxwell) : 자기력선속(磁氣力線束)의 CGS 전자기단위. 기호 Mx.

$$1Mx=10^{-8}Wb(웨버).$$

1G(가우스)의 자기력선속밀도를 가진 자기장 속에서 자기장에 수직인 $1cm^2$의 넓이를 가진 공간을 관통하는 자기력선속의 총량으로 정의된다. 1900년 국제전기회의에서 채택된 것으로, 명칭은 전자기학에 큰 공적을 남긴 영국의 물리학자 J. C. 맥스웰의 이름을 딴 것이다.

모 (mho) : 직류회로에서의 컨덕턴스, 교류회로에서의 어드미턴스(임피던스의 역수)의 MKSA 단위. 기호 ℧. 모(mho : ℧)는 저항 옴(ohm : Ω)을 거꾸로 한 것이다. 기호 전기저항의 역수 값으로서 1Ω인 저항체가 가지고 있는 컨덕턴스를 1℧라 한다.

몰 (mol) : 국제계량단위계에 의한 7가지 기본단위 중에서 물질의 양을 나타내는 계량 단위. 기호는 mol, M 또는 mole로 표시한다. 1몰은 원자량의 기준에 따라 탄소의 질량수 12인 동위원소 ^{12}C의 12g 중에 포함되는 원자의 수(아보가드로 수)와 같은 수의 물질 입자(원자 · 분자 · 자유라디칼 · 이온 · 전자)를 포함하는 물질의 집단(또는 그 집단의 질량 또는 전하)을 1몰로 정의한다.

미터 (meter) : 미터법의 길이의 기본단위. 기호 m. 크립톤 86(^{86}Kr)의 원자준위(原子準位) $2P^{10}$과 $5d^5$ 사이의 전이(轉移)에 대응하는 빛의 진공 속에서 파장의 165만 763.73배와 같은 길이로 정한다. 미터란 그리스어의 '재다'라는 뜻에서 유래한다.

스토크스 (stokes) : 동적점성 률(動的粘性率)의 CGS단위. 기호 St. 밀도가 $1m^3$ 당 100kg일 때의 점성률 1P(푸아즈)의 유체를 1St라 한다. 흐름의 모양을 검토할 때 요긴하게 쓰이는 것으로서, 온도 20℃에서 물의 동적점성률은 약 1.0038cSt이다. 1928년 유체의 점성을 연구한 영국의 수학자 · 물리학자인 G. G. 스토크스의 이름을 따서 채택되었다.

에르그 (erg) : CGS단위계의 일의 단위. 기호 erg. 1dyn(다인)의 힘이 그 힘의 방향으로 물체(질점)를 1cm 움직이는 일이 1erg이다. MKS단위계인 J(줄)의 1000만분의 1에 해당한다. 즉,

$$1erg=1dyn \cdot cm=10^{-7}J.$$

명칭은 일을 뜻하는 그리스어 ergon에서 유래한다. 1873년 영국에서 제안되었다.

옴 (ohm) : 전기저항의 MKS단위. 기호 Ω. 기전력이 존재하지 않는 도체의 2점 사이에 1V의 전위차(電位差)를 주었을 때, 1A의 전류가 흐르는 2점 사이의 저항을 말한다. 이 정의는 1948년 이후 채택된 절대(絶對)옴이다.

옹스트롬 (angstrom) : 길이의 단위. 기호 A 또는 Å.

$$1Å=10^{-8}cm.$$

빛의 파장이나 물질 내의 원자간 거리 등을 나타내는 데 쓴다.

와트(watt) : 일률의 MKSA 단위로서 기호 W. 1s(초)에 1J(줄)의 일을 하는 일률을 1W로 정한다.

$$1W=1J/s=10^7erg/s.$$

증기기관의 발명자 J. 와트의 이름을 딴 단위이다. 주로 전력의 단위로 쓰는데, 이 경우에는 1V(볼트)의 전압으로 1A(암페어)의 전류가 흐를 때의 전력의 크기에 해당한다. 한편 공업분

야에서 쓰는 실용단위(實用單位) 1hp(영국 마력)는 746W에 해당하는 양이다.

와트시(watt-hour) : 일·열량·에너지·전기량의 단위. 기호 Wh. 1W의 공률로 1시간에 하는 일(전기량일 경우에는 1W의 전력을 1시간 동안 계속해서 사용했을 때의 전력량)에 해당한다. 1W=1J/s, 1h(시간)=3600s이므로,

$$1Wh=3600J$$

보통 kWh(킬로와트시 : 1kWh=1000Wh)가 쓰인다.

웨버(weber) : 자기력선속(磁氣力線束)의 MKSA단위. 기호 Wb. 자기력선속밀도(자기유도율)가 1만 G(가우스)인 균일한 자기장에 수직인 넓이 $1m^2$의 평면을 통과하는 자기력선속이 1Wb이다. 그 1억분의 1에 해당하는 CGS전자기단위를 1Mx(맥스웰)이라 한다. 즉, 1Wb=10^{-8}Mx. 명칭은 독일의 물리학자 W. E. 베버의 이름에 유래한 것이다.

지멘스(Siemens) : 전도도(傳導度, 컨덕턴스)의 MKSA 단위이다. 기호는 S. 전기저항의 단위 옴의 역수이므로 모(mho)라고도 부르며, 피(皮)라는 단위명으로 보급되어 있다. 그러므로 1S=1/Ω=1皮이다. 지멘스 단위(1860년에 전기저항의 실용상의 단위로서 제안된 단면적 $1mm^2$, 길이 1m의 수은주의 0℃에서의 값)를 제안한 W. 지멘스의 이름에서 유래되었다.

초(秒, second) : 시간의 단위. 1967년 국제도량형총회에서는 다음과 같은 정의를 채택하였다. '초는 원자번호 133인 세슘원자의 바닥상태에 있어서의 두 초미세구조준위(超微細構造準位) 사이의 전이(轉移)에 대응하는 복사(輻射)의 91억 9263만 1770주기의 계속시간으로 한다.' 이 정의에 의거한 초를 실현하는 장치를 세슘원자시계라고 한다. 옛날부터 평균태양시의 초와 초 사이의 간격이 시간의 단위로 사용되어 왔으나, 지구의 자전속도가 일정하지 않기 때문에 이렇게 정하는 초에는 변동이 생기므로, 1960년 국제도량형총회는 지구의 공전에 의거하는 초의 정의를 개정해서 채택하였다.

칸델라(candela) : 광도(光度)의 단위. 기호 cd. 1948년 국제도량형총회에서 채택되고 1960년 국제단위계의 기본단위로 승인되었다. 1967년 개정된 정의는, 10만 1325Pa(파스칼)의 압력에서 백금의 응고점온도에 있는 흑체(黑體)의 $1/(60\times10^4)\,m^2$의 표면에 수직인 방향의 광도를 1cd라 하는데, 이것을 신촉(新燭)이라고도 한다. 이전에 쓰이던 광도의 단위인 1촉은 1.067cd이다. 칸델라라는 이름은 수지(獸脂) 밀초라는 뜻의 라틴어에서 유래되었다.

칼로리(calorie) : 열량의 단위. 기호 cal. 1atm에서 순수한 물 1g을 14.5℃에서 15.5℃까지 1℃ 올리는 데 필요한 열량을 말한다. 국제도량형위원회는 1cal=4.186 J(줄)이라 정하고 줄을 쓰도록 권장하고 있다. 또 평균칼로리는 0℃의 순수한 물 1g을 100℃까지 올리는 데 필요한 열량의 1/100이다. 영양학에서 말하는 칼로리는 이 평균칼로리의 1000배를 가리키는 경우도 있으며 이것을 대(大)칼로리(기호 Cal) 또는 킬로칼로리(기호 kcal)라 하기도 한다.

쿨롬(coulomb) : 1A의 전류가 1초 동안에 운반하는 전기량(電氣量). 쿨롱이라고도 한다. 전기량의 MKS 단위이며 기호는 C. CGS 단위계의 1/10에 해당한다. 국제단위로는 1가(價)의 은(銀)이온 0.00111807g이 가지고 있는 전기량이라 정의된다. 1쿨롬은 정전기적으로는 상당히 많은 양이며, 3×10^9 cgs 정전단위에 해당한다.

패럿(farad) : MKSA단위계의 전기용량단위. 기호 F. 1F은 1C(쿨롬)의 전하(電荷)를 주었을 때 전위가 1V가 되는 전기용량이다. 1881년 국제전기표준회의에서 국제볼트로 처음 정의되었으나 1948년 절대단위에 의한 정의로 변경되어 1국제패럿=0.99951절대패럿의 관계가 생

졌다. 패럿은 실용상 너무 클 경우가 많으므로, 1F의 10^{-6}배를 1μF(마이크로패럿), 10^{-12}배를 1pF(피코패럿)이라 하여 흔히 사용된다.

포트 (phot) : CGS 단위계의 조명도(照明度) 단위로서 기호 ph. 1cm^2당 1lm(루멘)의 조명도를 말한다. 1919년 프랑스에서 결정되었는데, 흔히 쓰이는 것은 mph이다. 또한 포트세크(photsec)는 CGS 단위계의 노출(露出) 단위로서 사용된다.

푸트캔들 (foot-candle) : 야드-파운드법에서의 조명도 단위로서 기호 fc. 1lm(루멘)의 광속(光束)으로 1ft^2의 넓이를 똑같이 비출 때의 조명도이다.

$$1\text{fc}=1\text{lm}/\text{ft}^2=10.764\ \text{lx}(\text{럭스}).$$

헨리 (henry) : 인덕턴스의 실용단위. 기호 H. 즉, 전자기유도(電磁氣誘導)의 단위이다. 매초 1A의 비율로 일정하게 변화하는 전류를 흘렸을 때, 1V의 기전력을 일으키는 자체(自體) 인덕턴스 및 상호 인덕턴스의 값을 1H라고 한다. 1H는 10^9 cgs 전자기단위와 같다. 자기감응현상(自己感應現象)을 발견한 J.헨리의 이름을 따서 붙인 것이다.

(5) 주요 인물 및 업적

가이슬러 (*Geissler, Heinrich* ; 1815 ~ 1879) 독일, 기술과학

가이슬러관(管)이라고 하는 진공방전관을 만들어 진공방전현상의 연구에 기여하였다. 1854년 이화학기계(理化學器械) 공장을 차려 독창적인 작업으로 유명해졌다. 1895년 수은펌프를 써서 유리관 안을 진공으로 하는 데 성공하였다. 이 관은 최초의 진공방전관으로, 플뤼커는 이것으로 방전에 의한 여러 가지 현상(예를 들면, 수소스펙트럼의 3개의 주선)을 발견하였다. 또한 가이슬러는 수은공기 펌프나 기상학기계(氣象學器械)를 개량하였고, 유리기계의 제작에서 세계적으로 이름을 떨쳤다.

갈바니 (*Galvani, Luigi* ; 1737 ~ 1798) 이탈리아, 의학 · 생리학 · 물리학

볼로냐대학에서 의학을 공부했다. 해부실험중 개구리의 다리가 기전기(起電機)의 불꽃이나 해부도(解部刀)와 접촉할 때 경련을 일으키는 것을 발견하고, 그 현상을 연구한 결과 이것이 전기와 관계가 있다는 사실을 알게 되었다. 그러나 이때 작용하는 전기는 공중전기(空中電氣)와는 관계가 없고, 전기가 뇌(腦)에서 발생하여 동물의 근육에 흘러들어간다고 생각하여 '동물전기(動物電氣)'의 존재를 주장하였다. 이 동물전기설은 후에 A. 볼타에 의해 수정되었다. 1791년 발표한 갈바니 전기에 관한 논문은 당시의 학계에 큰 자극을 주었으며, 전기생리학 · 전자기학 · 전기화학 발전의 계기가 되었다.

네른스트 (*Nernst, Walter Herrmann* ; 1864 ~ 1941) 독일, 물리화학

금속전자론의 바탕이 되는 '네른스트 효과'를 발견하였다. 1887년 '전지의 기전력 발생'의 이론을 세웠으며, '용해도곱'의 개념을 도입하였다. 1906년 열역학 제3법칙(네른스트의 열정리 : 네른스트-플랑크의 정리라고도 한다)을 발표하고 "물질을 절대영도로 하는 열량계를 만들어내는 일은 불가능하다"라고 주장하였다. 그 밖에 저온에서 고체의 비열 측정(네른스트-린데만 비열식), 원자연쇄반응이론을 성립(1918년). 또 전극전위차를 열역학적으로 구하는 네른스트방식의 도입과 적외선분광분석의 광원(光源)으로서 중요한 네른스트전구를 발명하였다.

뉴턴 (*Newton, Isaac* ; 1642 ~ 1727) 영국, 물리학 · 천문학 · 수학

1668년 뉴턴식 반사망원경을 제작했다. 또 생리적 색과 물리적 색의 구별, 색과 굴절률과의 관련 등을 논했다. 1675년 박막(薄膜)의 간섭현상인 '뉴턴의 원무늬'를 발견하였으며, 빛의 성질에 관한 연구로 광학 발전에 크게 기여하였고, 《광학》(1704년)을 저술했다. 수학에서는 1666년 유분법(流分法), 즉 플럭션법을 발견하고, 이것을 구적(求積) 및 접선(接線) 문제에 응용하였다. 이것은 오늘날의 미적분법(微積分法)에 해당하는 것이다. 또한 역학분야에서 '만유인력의 법칙'을 확립하였다. 뉴턴은 근대과학 성립의 최고의 공로자이며, 그가 주장한 '자연은 일정한 법칙에 따라 운동하는 복잡하고 거대한 기계'라고 하는 역학적 자연관은 18세기 계몽사상의 발전에 지대한 영향을 주었다.

니프코 (*Nipkow, Paul Gottlieb* ; 1860 ~ 1940) 독일, 과학

포메라니아 라윈부르크 출생으로, 베를린대학에서 헬름홀츠에게 수학하였으며, 망원경 · 광학 · 전화에 흥미를 가졌다. 1884년 원판(圓板)에 다수의 작은 구멍을 나선형으로 뚫어 전송 물상(物像)을 렌즈를 통해 원판 위에서 연결해 놓고 즉시 광전관(光電管)을 놓으면 원판이 회전하면서 구멍에 의해 물상의 명암 모양을 주사하는 니프코 원판을 발명하였는데, 이

것이 최초의 주사방식(走査方式)으로서 텔레비전 개발의 선구가 되었다.

도플러 (*Doppler, Christian Johann* ; 1803 ~ 1853) 오스트리아, 물리학

도플러의 초기 논문은 수학에 관한 것이었으나, 1842년 <이중성(二重星) 및 그 밖의 몇개 항성의 착색광(着色光)에 관하여>라는 논문을 발표하고 그 속에서 파동의 근원과 관측자의 상대운동(相對運動)이 가져오는 효과(도플러 효과)의 존재를 지적하였다. 이 사실은 음향면에서는 얼마 후 C. H. D. 보이스 발로트에 의하여 실험적으로 확인되었고, 빛에 관해서도 항성의 스펙트럼선(線)의 어긋남을 통하여 확인되어 천체물리학 진보에 공헌하였다. 그 밖에도 수차(收差)·항성·색채론에 관한 연구와 망원경·광학거리계의 개량 등의 업적이 있다.

디랙 (*Dirac, Paul Adrien Maurice* ; 1902 ~ 1984) 영국, 이론물리학

주요업적은 양자역학과 전자스핀 연구이다. 1925년 별도의 양자역학 이론체계를 건설했으며, 1926년 E. P. 요르단과 함께 '변환이론(變換理論)'을 제출, 행렬역학과 파동역학의 통일에 공헌하였다. 또 모순이 있는 것처럼 보이는 상대성이론과 양자론과의 통합 문제에 따라, 전자론(電子論)(1928년)과 구멍이론(空孔理論)(1930년)을 잇달아 발표, 디랙방정식이라는 상대론적 파동방정식을 세워 상대론적 양자역학을 개척하였다. 이 밖에 F. 페르미와는 별도로 제시한 페르미-디랙통계 등이 있다. 양자역학 연구의 업적으로 1933년 E. 슈뢰딩거와 함께 노벨물리학상을 받았다.

라그랑주 (*Lagrange, Joseph Louis* ; 1736 ~ 1813) 프랑스, 수학·천문학

학문적인 초기의 업적에는 등주문제(等周問題)에서 시작한 변분법(變分法)이 있다. 그는 이 변분법을 역학의 여러 문제에 응용하였다. 그의 해석역학은, I. 뉴턴의 미적분에 의한 운동방정식이 확립된 후 100년만의 일로, 그때까지 발전한 해석학을 역학에 응용한 것이며, 그의 저서 《해석역학》(1788년)에 의해, 역학은 하나의 새로운 발전의 단계로 들어서게 되었다. 이 외에도 정수론·타원함수론·불변식론(不變式論) 등에 관해 많은 연구 업적이 있으며, 천체역학 분야에도 기여하였다.

라만 (*Raman, Chandrasekhara Venkata* ; 1888 ~ 1970) 인도, 물리학

광학 및 음향학에 관한 초기의 연구는 학생시절에 이루어졌다. 라만이 개척한 연구분야는 진동·음향·빛의 회절, 콜로이드에 의한 빛의 분산, X선 회절, 결정의 자성(磁性)·유전체·초음파 등 다방면에 걸쳐 있었다. 또한 <빛의 분자에 의한 회절>로 시작되는 일련의 연구는 '라만효과'의 발견(1928년)으로 이어졌고, 양자론의 실험적 증명으로 인정받아 1930년 노벨물리학상을 받았다. 1948년 라만연구소 소장이 되어 많은 연구자들을 양성하였다.

라플라스 (*Laplace, Pierre Simon de* ; 1749 ~ 1827) 프랑스, 천문학·수학

1773년 수리론(數理論)을 태양계의 천체운동에 적용하여 태양계의 안정성을 발표하였다. 또한 오일러와 라그랑주 이래 미해결문제로 남아 있던 목성과 토성의 상호섭동(相互攝動)에 의한 궤도의 이심률과 경사각은 오랫동안 변화하지 않고 장주기변동을 한다는 사실을 증명하였다. 1787년 달의 공전가속도는 지구 궤도의 이심률 변동에 기인하는 것으로 결론지었다. 이와 같은 획기적 성과를 체계화하여 1799 ~ 1825년 《천체역학》(전 5권)을 출판하였다. 이것은 뉴턴의 《프린키피아》와 맞먹는 명저로 간주된다.

람베르트 (*Lambert, Johann Heinrich* ; 1728 ~ 1777) 독일, 물리학·천문학·수학·철학

천문학 연구에는 혜성의 궤도 결정의 기본문제처리(람베르트의 정리)에서 시작하여 우주구조설을 통해 은하설명을 시도하였고, 물리학에서는 광도측정에 대한 기초 확립에 뜻을 두

고 실험(람베르트의 법칙)하여 람베르트의 광도계를 제작하였다. 또 자기장의 역제곱의 법칙을 발견하여 쿨롱의 선구자가 되었고, 열학에서는 습도측정 연구로 습도계·열도계를 제작해서 열복사 연구의 기초를 세웠다. 또 기체의 부피가 0이 되는 점을 절대영도로 정의하여 그 값을 −273 ℃라고 정하였다. 수학에서는 화법기하학(畵法幾何學)을 도입하였고, 평행선공리문제를 연구하여 비(非)유클리드기하학을 개척하였다.

랭킨 (*Rankine, William John Macquorn* ; 1820 ~ 1872) 영국, 과학

16세 때 뉴턴의 《프린키피아, Principia》를 독파하고 17세 때 '빛의 진동'에 관한 논문을 써서 상을 받았다. 에든버러대학에서 토목공학을 배우고, 철도기사로서 곡선부설법, 차량파손의 원리 등에 관하여 업적을 올렸다. 1855년 글래스고대학 교수로 취임하여 토목공학을 강의하며, 재료역학·열역학·탄성학·파동이론 등을 연구하고, 논문을 발표하여 공학의 진보, 특히 열역학의 건설과 보급에 크게 공헌하였다. 또 《응용역학편람》(1858년) 《증기기관편람》(1859년) 《토목공학편람》(1862년) 등을 저술하여 공학이론을 정리·체계화하였다.

레나르트 (*Lenard, Philipp Eduard Anton* ; 1862 ~ 1947) 독일, 물리학

1888년경부터 음극선 연구를 시작, 특히 음극선의 석영창(石英窓) 통과 가능성을 연구하였다. 이 결과는 부정적이었으나, 그 후 헤르츠의 힌트를 받아 1894년 알루미늄박(箔)의 창(窓)을 이용하여 음극선을 관외(管外)로 끌어내는 '레나르트의 창'의 제작에 성공하여, 음극선 연구에 신기원을 열었다. 이 업적으로 1905년 노벨 물리학상을 받았다. 그 후 광전효과(光電效果)의 연구에 착수하여 입사광(入射光)의 에너지를 증가시키면 방출전자의 수는 늘지만, 에너지는 증가하지 않는다는 사실을 알아냈다.

레일리 (*Rayleigh, John William Strutt* ; 1842 ~ 1919) 영국, 물리학

1870년 논문 <공명(共鳴)의 이론에 대하여>를 발표했는데, 이것은 음향학에 대한 연구의 시초가 되었다. 1871년 색의 연구에서 하늘이 파랗게 보이는 것으로부터 레일리산란(散亂)의 법칙을 도출해냈다. 초기 연구는 광학 및 진동계(振動系)에 관한 수리적인 것이었으나, 후에는 물리학 거의 전반에 걸친 이론적·실험적 연구로 나아가, 음향학·파동론·색채론·전기역학·전자기학·빛의 산란·유체역학·기체의 밀도와 점성, 모세관현상·탄성·사진술 등을 연구했다. 또한, 전기저항·전류·기전력(起電力)에 대한 표준측정을 하였다. 1894년 W. 램지와 함께 아르곤을 발견한 공로로 1904년 노벨물리학상을 받았다. 후년에는 전자기(電磁氣)에 관한 여러 문제를 다루어 복사(輻射)에 관한 레일리진스의 공식을 유도했다.

렌츠 (*Lenz, Heinrich Friedrich Emil* ; 1804 ~ 1865) 러시아 →독일, 물리학

러시아의 상트페테르부르크대학 교수를 지내고, 전자기학(電磁氣學)을 연구, 1834년 전자기유도(電磁氣誘導)가 일어나는 방향에 대해 처음으로 일반적인 법칙을 발견, 이를 '렌츠의 법칙'이라 했다. 또 유도기전력의 세기를 측정하여 그것이 회로를 만드는 도체의 종류와는 관계가 없다고 하는 '렌츠의 실험'을 하여 전자기유도 연구를 개척했다.

로스코 (*Roscoe, Henry Enfield* ; 1833 ~ 1915) 영국, 화학

1853년부터 독일 하이델베르크대학의 R. 분젠 밑에서 염소와 수소의 광화학반응을 연구하고, '분젠-로스코의 법칙'(1855~1857년)을 발견하여 광화학의 기초를 닦았다. 귀국하여 1857년부터 30년간 맨체스터의 오웬스칼리지(현 맨체스터대학) 화학 교수가 되었고 후에 런던대학의 총장을 지냈다. 업적으로는 1865년 이후 순수한 바나듐을 추출하고 그 화합물을 연구하였다. 니오브·바나듐·우라늄 등에 관한 연구도 하였다. C. 쇼를레머와 공저한 《화학교과서》(1877년)는 잘 알려져 있다.

뢴트겐 (*Röntgen, Wilhelm Konrad* ; 1845 ~ 1923) 독일, 물리학

초기에는 기체의 비열(比熱), 결정의 열전도(熱傳導) 등을 연구하였고, 이어서 석영(石英)의 전자기적 성질, 여러 가지 액체의 굴절률에 대한 압력의 영향, 전자기장에 의한 편광면(偏光面)의 변이(變移)의 문제 등을 다루었으며, 1880년 전자기장내에서 운동하는 유전체(誘電體)에 생기는 전류(뢴트겐 전류)를 발견하였다. 1895년 검은 종이로 완전히 싼 크룩스관(管)으로 음극선 실험을 통해 여러 가지 물체에 대하여 기존의 광선보다 훨씬 큰 투과력을 가진 방사선의 존재를 확인, 이를 다른 방사와 구별하기 위해 'X선'이라 명명하였다. 이 업적으로 1901년 최초의 노벨물리학상 수상자가 되었다.

룸머 (*Lummer, Otto Richard* ; 1860 ~ 1925) 독일, 물리학

주로 측광학(測光學) 및 열복사의 연구에 힘을 기울였고, 정밀기기도 제작했다. 정밀측광에 사용되는 룸머-브로둔측광기(1889년), 분해능(分解能)이 뛰어난 루머-게르케간섭계(1902년) 등이 그 예이다. 실험연구로는 F. 쿠를바움과 함께 시행한 고온물체의 온도측정(1892년)이 있다. 또 E. 프링스하임 및 F. 쿠를바움과 협력하여 진행한 복사스펙트럼 연구는 M. 플랑크의 양자설(量子說)의 지표가 됨과 함께 그 증명도 되어 20세기 초의 물리학 전개에 중요한 역할을 했다.

리처드슨 (*Richardson, Owen Willans* ; 1879 ~ 1959) 영국, 물리학

캐번디시연구소에서 고온물체(高溫物體)의 전자복사(電子輻射)에 관한 연구에 착수하였다. 1901년 포화전류의 온도의존식을 창안하고 '리처드슨 효과'의 이론적 · 실험적 연구를 실시했다. 연구 업적에는 자성(磁性) · 전자론, 수소분자의 스펙트럼, 연질 X선, Hi 및 Di의 미세구조 연구 등이 있다. 열전자방출 등에 대한 연구 업적으로 1928년 노벨물리학상을 받았다.

리히텐베르크 (*Lichtenberg, Georg Christoph* ; 1742 ~ 1799) 독일, 물리학

괴팅겐대학에서 자연과학을 전공, 계몽사 초기의 대표적 사상가이기도 하다. 1777년 '리히텐베르크도형(圖形)'을 발견하였고, 1778년부터 《괴팅겐포켓연감》을 발행, 여기에 많은 자연과학 및 철학 논문을 수록 · 발표하였고, 대학시절부터 써왔던 《잠언집(箴言集)》은 후에 니체 등에게 많은 영향을 미쳤으며, 심리적 인간관찰의 집대성으로 오늘날에도 높이 평가된다.

모스 (*Morse, Samuel Finley Breese* ; 1791 ~ 1872) 미국, 예술 · 과학

예일대학에서 수학하고 초상화가가 되었으며, 내셔널 디자인 아카데미의 초대 교장과 뉴욕대학의 미술교수를 지내기도 했다. 대학 동료인 L. D. 게일과 공장주(工場主) A. 베일의 협력을 얻어 독자적인 알파벳 기호와 자기장치(自記裝置)를 1837년에 완성하였다. 그 기호가 개량된 것이 모스부호이다. 1856년 H. 시블리가 웨스턴유니언 전신회사를 설립한 다음부터 모스는 특허를 통해 처음으로 그의 발명의 보상을 받았다.

뫼비우스 (*Möbius, A.F.* ; 1790 ~ 1868) 독일, 수학 · 천문학

프로이센 출생. 라이프치히 · 괴팅겐 · 할레 등지의 여러 대학에서 공부하고, K. F. 가우스의 문하생이 되었다. 1815년 라이프치히대학 천문학 교수, 1844년 동 대학 천문대장이 되었다. 천문학 이외에도 기하학 · 역학 등을 연구하여 업적을 남겼다. 기하학에서는 동차좌표(同次座標)의 일종인 중심좌표를 처음으로 도입한 업적으로 유명해졌다. 사영기하학(射影幾何學)의 기초를 굳혔으며, 직선기하학 연구의 선구적인 역할을 하였다. 면(面)의 표리(表裏)의 구별이 없는 '뫼비우스의 띠'에 대한 연구로 널리 알려져 있다.

밀러 (*Miller, Oskar von* ; 1855 ~ 1934) 독일, 과학

바이에른주 뮌헨 출생. 1882년 뮌헨전기박람회를 주최하였고, 이듬해 미국으로 건너가 에

디슨과 의논하여 라테나우와 함께 독일 에디슨회사(후의 AEG社)를 설립하였다. 1891년 프랑크푸르트의 만국전기박람회 회장을 지냈으며 세계의 이목을 끌었던 전력 원거리수송 실험을 지도하는 등 독일 전기사업 발전에 크게 공헌하였다. 또한 1925년 뮌헨에 자연과학과 기술의 대박물관을 완성시켜 관장이 되었다.

바르크하우젠 (*Barkhausen, Heinrich Georg* ; 1881 ~ 1956) 독일, 과학

1918년 쿠르츠와 함께 바르크하우젠-쿠르츠 진동을 발견하였고, 1919년 '바르크하우젠 효과'를 발견하였다. 즉, 삼극관(三極管)의 그리드에 정전압을 주고 플레이트를 필라멘트에 연결하면, 파장(波長)이 짧은 전파가 생긴다. 이 현상을 BK진동이라고도 하는데, BK진동용으로 BK관이라는 발진관(發振管)이 만들어졌으며, 그 후의 초단파용 전자관(電子管)이 발달하는 기초가 되었다.

베버 (*Weber, Wilhelm Eduard* ; 1804 ~ 1891) 독일, 물리학

전자기학의 개척자 중의 한 사람이다. 그의 업적은 전기역학(電氣力學)의 연구에서 탁월하다. 전자기현상에 관해서는 '베버의 법칙'을 도출(1846년), 정밀한 수학 형식을 갖춘 전기역학을 내놓았다. 이 법칙에 나오는 상수(常數) C는 '베버수(數)'라고 불린다. 또한 정밀한 정절전류계(正切電流計)를 제작하여 전류세기의 절대측정을 하였고(1840년), 열작용(熱作用)과 전기분해의 실험적 연구와 합쳐서 전기량의 절대단위를 정하였다(1842년). 전자기 단위계를 만들어 정전기적작용으로 정해지는 정전기단위계를 관련시켜서 생각하였다. 이 두 가지를 연결시키는 상수(베버수 C)를 콜라우시와 실측하고(1856년), 그 값이 진공(眞空) 속의 광속(光速)과 거의 같다는 것을 밝혔다.

볼츠만 (*Boltzmann, Ludwig Eduard* ; 1844 ~ 1906) 오스트리아, 이론물리학

통계역학(統計力學) 건설자의 한 사람. 기체분자의 운동에 관한 J. C. 맥스웰의 이론을 발전시켜 열의 평형상태를 논한 맥스웰-볼츠만분포를 확립하여 통계역학의 기초가 되는 에르고드가설(假說)의 연구, 기체분자운동론에서 상태함수를 결정하는 기초방정식인 '볼츠만방정식'을 도입했다. 또한 볼츠만방정식을 근거로 H정리를 유도, 열역학 제2법칙의 비가역성을 역학의 입장에서 해명했고, 제2법칙의 통계적·확률론적 의미를 명확히 하여 엔트로피 개념을 통계역학적으로 정식화하였다.

볼타 (*Volta, Alessandro Giuseppe Antonio Anastasio* ; 1745 ~ 1827) 이탈리아, 물리학

1791년 갈바니가 보여준 유명한 '개구리 다리의 실험'을 보고 곧 '갈바니전기' 연구에 착수, 그것을 생명현상으로 취급될 것이 아니라 그 기원은 물질에서 찾아야 한다는 것을 통찰, 동물전기설을 비판했다(1792년). 이러한 생각에 입각하여 금속물질의 볼타계열을 만들고(1794년) 1800년 '볼타의 열전기더미'를 고안하여 처음으로 화학작용에 의하여 전류를 만들어냈다. 이는 전지의 발명이며, 그 후의 전기현상 연구에 크게 공헌하여 축전기, 검전기 등을 고안하였다.

분젠 (*Bunsen, Robert Wilhelm von* ; 1811 ~ 1899) 독일, 화학

주요업적은 화학의 각 분야에 이른다. 유기화학에서는 카코딜화합물을 연구하였다. 세슘(1860년)과 루비듐(1861년)을 발견하였으며, 분석화학에서는 기체분석(1857년), 요오드적정법(1852년), 염색분석(焰色分析)(1859년), 키르히호프와 함께 분광분석(1859년)의 각 방법을 확립하였다. 또한 물리화학에서는 광화학변화를 연구하여(1855 ~ 1862년), 로스코와 함께 광화학의 기초가 되는 분젠로스코의 법칙을 발견하고(1855 ~ 1857년), 기체의 성질을 밝혔다. 이밖에 분젠버너·분젠전지, 광도계·분광기·열량계·수류(水流) 펌프 등을 고안하였다.

브라운 (*Braun, Karl Ferdinand* ; 1850 ~ 1918) 독일, 물리학

초기에는 현(弦)이나 막대의 진동에 관한 연구와 열역학(熱力學)의 문제(르 샤틀리에 브라운의 법칙 등)에 관한 연구를 하다가, 전자기학(電磁氣學)의 분야로 옮겨, 옴의 법칙의 편의(偏倚)와 열기전력(熱起電力)의 문제 등을 검토하였으며, 실험상의 필요에서 브라운의 전기계(電氣計)와 음극선(陰極線)오실로그래프를 제작하였다. 그 후 무선전신의 연구에 들어가 고주파에 의한 수중(水中)에서의 전파송달, 폐회로의 도입에 의한 정방향(定方向)에의 발신, 경사(傾斜) 빔 안테나에 의한 수신 등 여러 업적을 남겼다.

브루스터 (*Brewster, David* ; 1781 ~ 1868) 영국, 물리학

1800년경부터 광학(光學)의 실험연구에서 많은 연구성과를 발표하였다. 초기의 만화경 제작과 입체거울의 개량(1849년), 등대의 조명기구 개량(1833년 실용화) 등 광학기기에 관한 연구와, 형광(螢光)의 발견과 연구도 있다. 특히 빛의 반사와 편광(偏光)에 관련된 연구로서 반사에 의한 편광에 관한 '브루스터의 법칙', 복굴절(複屈折) 연구, 쌍축결정(雙軸結晶) 발견 등이 알려져 있다.

비데만 (*Wiedemann, Gustav Heinrich* ; 1826 ~ 1899) 독일, 물리학·화학

전자기학(電磁氣學)의 실험연구로 유명하다. 1853년 금속의 열전도도와 전기전도도의 비(比)가 동일 온도에서는 모든 금속이 같다고 하는 법칙을 발견하였다. 이를 비데만-프란츠의 법칙이라 하고, 이때 나오는 상수(常數)를 비데만-프란츠상수라 한다. 바젤대학·라이프치히대학 등에서 교수를 역임하였다.

비오 (*Biot, Jean-Baptiste* ; 1774 ~ 1862) 프랑스, 천문학·수학·물리학

1804년 게이뤼삭과 함께 기구를 타고 공중으로 올라가 대기(大氣)에 대한 여러 현상을 연구했으며, 1806년 D. F. J. 아라고와 함께 에스파냐로 가서 자오선(子午線)을 관측하였다. 전자기현상을 연구하여, 1820년 전류의 자기작용(磁氣作用)에 대한 '비오-사바르의 법칙'을 발표했다. 광학(光學)에서는 니콜이 만든 프리즘을 이용해서 수정(水晶)의 광학작용을 연구, 원편광(圓偏光)과 쌍축결정(雙軸結晶)을 발견했다. 용액을 포함한 많은 물질에 대하여 실행한 편광면(偏光面)의 회전에 관한 연구는, 우회전성·좌회전성의 관찰에까지 미쳤으며 광학의 진전에 크게 공헌하였다.

빈 (*Wien, Wilhelm* ; 1864 ~ 1928) 독일, 물리학

1889년 헬름홀츠의 조수가 되어, 열복사(熱輻射)에 대한 연구를 시작하였다. 1893년 복사 자체에 열역학을 적용하는, 당시로서는 지극히 대담한 방법으로 복사의 변위법칙(變位法則), 즉 빈의 변위법칙을 이론적으로 이끌어냈고, 1896년 볼츠만분포를 이용하여 복사의 분포식(빈의 분포식)을 만들어, 플랑크의 양자가설(量子假說)의 선구가 되었다. 그 밖에도 뢴트겐선 연구, 흑체복사 실험에 착수했으며, 음극선과 커낼선의 실험연구에서 뛰어난 업적을 남겼다. 1911년 흑체복사 연구의 업적으로 노벨물리학상을 받았다.

사바르 (*Savart* ; 1791 ~ 1841) 프랑스, 물리학

처음에는 의학을 배워 개업의가 되었으나, 후에 물리학으로 관심을 돌렸다. 1819년 음향학에 관한 논문을 써서 J. B. 비오에게 인정 받아 함께 물리학 연구에 종사했다. 특히 1820년 전류가 자석에 미치는 힘에 대한 '비오-사바르의 법칙'을 제출하여 널리 알려졌고, 음향학에 많은 공헌을 하였다. '사바르의 편광판(偏光板)' 제작도 중요한 업적이다. 과학아카데미 회원이 되었고, 후에 A. M. 앙페르의 뒤를 이어 콜레주 드 프랑스 교수가 되었다.

셀시우스 (*Celsius, Anders* ; 1701 ~ 1744) 스웨덴, 천문학·물리학

16년간에 걸쳐 오로라를 관측하고, 1733년 그 결과를 발표하였다. 라플란드 지방의 자오선 측정을 제안하고, 1736년 프랑스탐험대에 참가하였다. 물리학에서는 1742년에 100분 눈금의 한란계를 창시하여, 현재의 섭씨온도계의 기원이 된 것으로 잘 알려져 있다. 주요 저서로는 《지구와 태양간 거리측정의 새 방법》(1730년) 《지구의 형태를 결정하기 위한 관측에 관하여》(1738년) 등이 있다.

슈뢰딩거 (*Schrodinger, Erwin* ; 1887 ~ 1961) 오스트리아, 이론물리학

파동역학(波動力學)의 건설자이다. 1926년 파동역학 연구를 하여, N. D. 보어의 양자(量子)조건에 만족하지 않고 이것을 고유값 문제에 관련시키려 하였다. L. V. 드브로이가 제출한 물질파(物質波)의 개념을 받아들여 미시 세계에서는 고전역학(古典力學)이 파동역학으로 옮겨간다는 생각을 기초방정식으로서의 슈뢰딩거의 파동방정식에 집약하였다. 이것은 당시 W.하이젠베르크 등이 탐구하고 있던 행렬역학(行列力學)과는 전혀 각도가 다른 길을 걸어 양자역학(量子力學)에 도달하는 것이었다. 이러한 '원자이론의 새로운 형식의 발견'으로 P. 디랙과 함께 1933년 노벨물리학상을 수상했다.

슈테판 (*Stefan, Josef* ; 1835 ~ 1893) 오스트리아, 실험물리학

19세기 후반 독일 공업의 비약적 발전에 자극을 받아 고온(高溫)에 대한 연구가 활발할 무렵인 1879년 열복사 연구를 시작, 복사에너지가 절대온도의 4제곱에 비례한다는 법칙을 실험으로 보였다. 한때 그의 조수를 지냈던 L. 볼츠만이 5년 뒤에 이것을 이론적으로 증명(1884년), '슈테판-볼츠만의 법칙'을 세웠다. 이것은 열복사 연구의 중요한 법칙이 되어, 후에 양자론의 개막에 한 계기를 마련했다. 이 밖에 전기·기체분자운동량·유체역학에 대해서도 연구했다.

아라고 (*Arago* ; 1786 ~ 1853) 프랑스, 물리학

광학 분야에서는 파동설(波動說)의 입장에 서서 A. J. 프레넬을 지지하고, 편광의 연구를 진행, 편광면의 회전, 굴절광의 기울기를 확인, 복굴절(複屈折)로부터 광선은 횡파(橫波)임을 발표했다. 또한 파동설을 검증하려고 회전거울을 이용 광속도측정을 제안했으나, 이것은 후에 J. 푸코가 실지로 측정하여 입자설을 뒷받침하는 학설이 되었다. 1824년 '아라고의 원판'이라고 하는 맴돌이전류현상을 발견했다. M. 패러데이는 이 맴돌이전류를 실마리로 하여 전자기반응을 연구하여, 전자기학을 개척했다.

아인슈타인 (*Einstein, Albert* ; 1879 ~ 1955) 미국, 이론물리학

광양자설, 브라운운동의 이론, 특수상대성이론을 연구하여 1905년 발표하였다. 특수상대성이론은 당시까지 지배적이었던 갈릴레이나 뉴턴의 역학을 송두리째 흔들어 놓았고, 종래의 시간·공간 개념을 근본적으로 변혁시켰으며, 철학사상에도 영향을 주었으며, 몇 가지 뜻밖의 이론, 특히 질량과 에너지의 등가성(等價性)의 발견은 원자폭탄의 가능성을 예언한 것이었다. 1916년 일반상대성이론을 발표, 이 이론에서 유도되는 하나의 결론으로서 강한 중력장(重力場) 속에서는 빛은 구부러진다는 현상을 예언하였다. 이것이 영국의 일식관측대에 의하여 확인되었다.

암스트롱 (*Armstrong, Edwin Howard* ; 1890 ~ 1954) 미국, 과학

무선회로(無線回路)의 발달에 크게 공헌하였다. 1913년에 컬럼비아 대학을 졸업하였으며, 재학 중에 스승인 M. I. 푸핀의 지도로 무선을 연구하였다. 1914년에 3극관의 증폭 및 검파작용을 설명하고, 피드백회로를 발명하였다. 1919년 슈퍼헤테로다인 회로, 1922년에 초재생식회로(超再生式回路)를 창안하였다. 1935년부터는 주파수변조방식(FM)을 연구·완성하여,

초단파통신의 발달을 촉진시켰다.

앙페르 (*Ampère, André Marie* ; 1775 ~ 1836) 프랑스, 물리학 · 수학

여러 방면의 연구에 종사하여, 특히 전자기(電磁氣)현상과 전기역학(電氣力學)의 연구에 공헌하였다. 가동도선(可動導線)을 사용, 두 전류 간의 상호작용을 조사하여 앙페르의 법칙(암페어의 법칙)을 확립하고, 원형(圓形)전류와 자석과의 동등성(同等性)에서 분자(分子)전류에 의해 물질의 자성(磁性)을 설명하는 가설(假說)을 세웠다. 수학에도 뛰어나, 물리법칙을 수학적으로 정식화(定式化)함과 동시에 독자적인 수학 연구도 진행하여, 미분방정식에 관한 논문 등을 남겼고, 과학철학에도 힘을 기울였다.

애플턴 (*Appleton, Edward Victor* ; 1892 ~ 1965) 영국, 물리학

1920 ~ 1924년 캐번디시연구소에서 일했다. 1924년 케임브리지 및 옥스퍼드의 무선국을 이용하여 대기 약 60마일 높이에서 전파가 반사되는 사실을 확인, 이론적으로 예상되던 헤비사이드 전리층(電離層)의 존재를 실증했다. 같은 해 런던대학 킹스 칼리지의 물리학 교수가 되었고, 1926년 헤비사이드 전리층보다도 2 ~ 3배 높은 곳에 위치하는 전리층을 발견했다. 애플턴층 발견의 업적으로 1947년 노벨물리학상을 수상했다.

앤더슨 (*Anderson, Thomas* ; 1819 ~ 1874) 영국, 화학

에든버러의 리스 출생. 에든버러대학에서 의학을 수학하고, 1842년 스톡홀름에서 J. J. 베르셀리우스에게, 이듬해에는 기센에서 J. 리비히에게서 배웠다. 1852년 글래스고대학 화학교수가 되었다. 1847 ~ 1851년 골유(骨油) 중에서 루티딘 · 콜리딘 · 퓨린 · 피리딘을 발견하였으며, 1854년에는 이들이 피리딘 유도체임을 밝혀냈다. 또 피롤을 발견하여 C_4H_5N의 올바른 식(式)을 제출하였다. 한편 C. C. 윌리엄스는 1855년 피리딘을 콜타르 속에서 추출해냈다.

에디슨 (*Edison, Thomas Alva* ; 1847 ~ 1931) 미국, 과학, 발명가

특허수가 1,000종을 넘어 '발명왕'이라 불리고 있다. 1868년에 전기 투표기록기를 발명하여 최초의 특허를 받았다. 1871년에 인자전신기, 1872년에 이중전신기, 1876년에 탄소전화기, 1877년에 축음기, 1879년에 백열전등, 1891년에 영화 촬영기 · 영사기, 1891 ~ 1900년에 자기선광법, 1900 ~ 1910년에 에디슨 축전기 등을 계속 발명했다. 그의 발명중 전등의 발명이 특히 중요하였다. 그는 다시 전구를 보급하기 위하여 소켓 · 스위치 · 안전퓨즈 · 적산전력계(積算電力計) · 배전방식 등을 고안하고, 효율이 높은 발전기와 배전반(配電盤)의 설계 등, 전등의 부대설비에서 배전 · 충전 · 발전에 이르기까지의 전 기기체계(機器體系)를 창조해 냈다.

온사거 (*Onsager, Lars* ; 1903 ~ 1976) 노르웨이 → 미국, 화학 · 물리학

1927년 미국으로 건너가 귀화하였다. 주로 물리화학 물성(物性)의 기초론을 연구했고, 열역학평형상태를 논하여 비가역과정에도 적용할 수 있는 상반정리(相反定理 : 可逆定理)를 증명했다(1931년). '온사거의 상반정리'가 알려져 있다. 전해질용액의 전기전도도 및 점성을 연구했고, 유극성(有極性) 액체 이론을 세웠다. 또 2차원합금에 관한 협동현상의 이론을 유도했으며, 액체헬륨의 이론적 연구도 하였다. 비가역반응의 열역학에서의 기초이론 연구의 업적으로 1968년 노벨화학상을 수상했다.

옴 (*Ohm, Georg Simon* ; 1789 ~ 1854) 독일, 물리학

1826년 베를린에서 실험에 전념, 얼마 후 '옴의 법칙'을 풀이한 논문을 발표, 이듬해에는 《갈바니회로》(1827년)를 출판하였다. 이러한 노작은 한동안 세상에서 인정을 받지 못했다. 1833년 뉘른베르크대학 교수가 되었다. 이윽고 프랑스의 과학아카데미를 통하여 영국학자들에

게 옴의 업적이 알려져, 1841년 왕립학회는 최고의 영예인 코프리상을 수여했다. 이것을 계기로 독일 학회에서도 인정받아, 1841년 뮌헨대학 초청교수, 1849년 정교수에 취임했다. 전기저항의 단위 '옴'은 그의 이름에서 연유한다.

옹스트룀 (*Aogström* ; 1814 ~ 1874) 스웨덴, 물리학

뢰그되 출생. 1858년 이후 웁살라대학교 교수로 근무했다. 스펙트럼분석을 연구, 태양광 스펙트럼 · 북극광 스펙트럼에 관한 연구 업적이 있다. 1868년 태양의 프라운호퍼선(線) 파장을 측정할 때 새로운 길이의 단위를 도입했는데, 이 단위는 10^{-10}m, 즉 10^{-8} cm로서 후에 옹스트롬(기호 Å 또는 A)이라 하게 되었다. 열전도율에 대해서도 연구하여 열전도율이 전기전도도에 비례한다는 사실을 증명하였다.

외르스테드 (*Oersted, Hans Christian* ; 1777 ~ 1851) 덴마크, 물리학 · 화학

코펜하겐대학교에서 약물학을 배웠다. 졸업 후 약제사로 근무하면서 화학실험을 하던 중, 볼타전기더미 발견에 자극을 받고 연구에 전념, 염화알루미늄 제조에 성공했다. 이 발견은 후에 F. 뵐러에 의한 금속알루미늄 제조의 기초가 되었다. 1820년 자유로이 움직일 수 있도록 한 자침이 전류에 의해 흔들리는 것을 발견했고(외르스테드의 법칙), D. F. J. 아라고, A. M. 앙페르, M. 패러데이, W. E. 베버 등이 전자기학(電磁氣學)을 이루는 단서를 열었다. 자연과학 진흥에 힘써 코펜하겐공과대학을 설립하고, 과학 보급운동에 진력했다.

위그너 (*Wigner, Eugene Paul* ; 1902 ~ 1995) 미국, 이론물리학

제2차 세계대전 때는 시카고대학 야금연구소에서 E. 페르미 등과 함께 원자력 연구에 참여, 원자로(原子爐) 건설에 진력했다. 이론물리학 분야에 많은 업적이 있으며 분자 · 원자이론에서의 군론적(群論的) 연구, 고체론의 연구(위그너-자이츠의 방법), 원자핵의 반응론(브라이트-위그너의 이론), 핵력(위그너力), 장(場)의 이론 등 수학적 방법을 구사한 것이 많다. 1963년 원자핵과 소립자(素粒子) 구조 연구의 업적으로 노벨물리학상을 수상했다.

윌슨 (*Wilson, Charles Thomson Rees* ; 1869 ~1959) 영국, 물리학

구름의 발생을 연구하여 물방울이 하전(荷電)이온을 중심으로 하여 발생하는 사실을 발견하고, 톰슨의 이온전하 측정을 도와 성공을 거두는 한편, 이 발견을 이용해 고속하전입자의 비적(飛跡)을 관측할 수 있는 '윌슨의 안개상자'를 제작했다. 그 후 이 장치는 원자핵 · 우주선(宇宙線) 연구에 널리 이용되어 큰 효과를 올렸다. 콤프턴산란(散亂)을 실증하여 1927년 A. H. 콤프턴과 함께 노벨물리학상을 받았다. 그 밖에 우주선의 존재를 암시했으며, 뇌우(雷雨)의 전기적 구조에 관한 윌슨설(說)을 발표했다.

윌콕스 (*Wilcox, Stephen* ; 1830 ~ 1893) 미국, 기계

1856년 최초로 스틸먼과 함께 수관식 보일러를 발명하여 특허를 얻었다. 다시 그때의 설계를 기초로 보일러 연구를 계속하여 G. H. 배브콕과 공동으로 신형(新型)의 수관식 보일러의 특허를 얻었다. 이것이 현재 가장 널리 사용되고 있는 수관식 보일러의 일종인 '배브콕-윌콕스 보일러(Babcock and Wilcox boiler)'의 원형이 되었다. 1881년 배브콕과 함께 배브콕-윌콕스사(社)를 설립하였으며, 1880년 미국 기계학회의 종신회원으로 추대되었다.

제베크 (*Seebeck, Thomas Johann* ; 1770 ~ 1831) 독일, 물리학

베를린대학과 괴팅겐대학에서 공부하였고, 바이로이트 · 예나 · 베를린 등지에 살면서 직업을 가지지 않고 연구 생활을 하였다. 괴테와 더불어 색채론을 연구하기도 했지만, 주요 업적은 '제베크 효과'라는 열기전력(熱起電力)의 발견으로, 후에 열전기쌍(熱電氣雙 : 열기전력을 이용하는 온도계)으로 널리 응용되었다. 이 밖에 열복사 연구, 사탕의 광회전성(光回轉性 : 직

선 편광이 어떤 물질을 통과할 때, 그 물질의 편광면을 회전시키는 성질) 연구 등이 있다.

조지프슨 (*Josephson, Brian David* ; 1940. 1. 4 ~) 영국, 물리학

카디프 출생. 1964년 케임브리지대학을 졸업, 1965~1966년 미국 일리노이대학 조교를 거쳐, 1967 ~ 1972년 케임브리지대학 주임연구원 보좌, 1974년부터 물리학 교수로 있다. 초전도체(超傳導體)의 터널효과에 관한 각종 현상을 이론적으로 예언했는데(1962년), 이것이 '조지프슨효과'이다. 1974년 I. 예이버, 에사키 레오나(江崎玲於奈)와 함께 노벨물리학상을 수상하였다.

줄 (*Joule, James Prescott* ; 1818 ~ 1889) 영국, 물리학

'열역학 제1법칙(에너지보존법칙)'의 창설자이다. 또한 전류(갈바니전류)가 지나는 도선에서 열이 발생하는 사실을 알게 되어 발생하는 열량과 전류의 관계를 조사해서 전류의 발열작용에 관한 법칙(줄의 법칙)을 발견하였다(1840년). 1847년 W. 톰슨과 알게 되어, 이후 톰슨과 오랫동안 공동연구를 하여 '줄-톰슨 효과'(1853년) 등 많은 업적을 남겼다. 열의 본질에 대해서는 그것이 물체의 미소입자의 운동이라는 생각에 도달하여, 기체운동론의 선구적 입장을 취하였다.

지멘스 (*Siemens, Charles William* ; 1823 ~ 1883) 독일 → 영국, 과학

전기기기 발명가 E. W.지멘스의 동생이다. 1844년 증기기관의 차동조속기(差動調速機)를 발명하고 영국으로 건너가, 1859년 특허 보호에 유리한 영국에 귀화하였으며, 1847년 형 베르너가 베를린에 설립한 '지멘스'의 영국 대표로 일하였다. 동생 프리드리히와 공동으로 고온용의 축열식 가스 발생로를 연구, P. 마르탱과 협력하여 이를 제강용 평로(平爐)로 만들었다. 그리고 교류용 동력계의 발명, 아크로(爐)의 시작(試作), 대서양 해저케이블 부설선의 설계 외에, 아일랜드에 영국 최초의 전기철도를 부설하는 등 많은 업적을 남겼다.

채프먼 (*Chapman, Sydney* ; 1888 ~ 1970) 영국, 지구물리학 · 수학

1951년 이후 알래스카대학 지구물리학 교수를 지냈고, 국제지구관측년의 국제위원회 위원장을 역임하였다. 수학에서는 발산급수(發散級數)의 연구가 있으나, 물리학 연구로 전향하여 기체의 운동학적 이론을 전개, '마르코프 과정'의 전이확률(轉移確率)에 관한 채프먼 방정식을 성립시켜 지구자기(地球磁氣) · 전리층 · 기상학 · 기상광학 등의 분야에 뛰어난 업적을 올렸다. Cowling과 공저한 《불균일 기체의 수학적 이론》, 《지구자기학》은 명저로서 널리 애독되고 있다.

카르노 (*Carnot* ; 1796 ~ 1832) 프랑스, 물리학

물리학 사상 열역학의 선구자로 1824년 《불의 동력 및 그 힘의 발생에 적당한 기계에 관한 고찰》 을 발표하여 열역학(熱力學), 특히 제2법칙의 기초를 닦았다. 즉 열을 동력으로 변화시키는 과정을 고찰, 카르노사이클의 개념을 도입하여, 동력은 열이 뜨거운 물체에서 찬 물체로 이동할 때 발생한다는 것을 깨닫고, 온도차(溫度差)의 역할과 '열평형(熱平衡) 회복'의 중요성을 지적하였다. 이 논문은 클라우지우스에 의하여 전개되어, 열역학 제2법칙으로 결실을 보게 되었다.

캐번디시 (*Cavendish, Henry* ; 1731 ~ 1810) 영국, 물리학, 화학

열을 물체입자의 운동이라 규정하였고, 1756년의 논문 <인공공기의 실험>에는 J. 블랙이 1755년 발견한 탄산가스의 성질과 함께 유명한 수소가스의 발견이 있다. 1784년 논문 <공기에 관한 여러 실험>에서는 고대 그리스 이래 원소(元素)라 생각되었던 물이 화합물이란 것을 입증하였다. 또 질소가스와 산소가스가 전기불꽃에 의해서 질산이 된다는 것도 알아냈

다(1785년). 많은 실험과 여러 논문을 남겼으나, 그 3/4은 미발표였다. 약 1세기 후 J. C. 맥스웰이 유고를 정리할 때 그의 많은 선구적 실험들이 밝혀졌다.

캠벨 (*Campbell, William Wallace* ; 1862 ~ 1938) 미국, 천문학

캘리포니아대학의 리크천문대 연구원으로 있다가, 1901년 천문대 대장이 되었다. 1898 ~ 1922년 7회의 일식(日蝕)관측 원정에 참가하였고, 건판이동법(乾板移動法)을 고안하여 일식 때 흡수선 스펙트럼에서 휘선(輝線)으로의 연속적인 이행을 나타내는 사진촬영에 성공했다. 항성(恒星)의 분광관측으로 시선(視線)방향 속도를 구했으며, 항성의 고유운동, 태양의 공간운동, 분광쌍성(分光雙星)을 연구하였다.

커 (*Kerr, John* ; 1824 ~ 1907) 영국, 물리학

물질의 전기광학현상 및 자기광학현상을 조사한 결과, '커효과'와 '자기적 커효과'를 발견하였다(1875~1877년). 커효과는 유전체(誘電體)가 전기장(電氣場) 내에서 광학적 이방성(異方性)을 갖는다는 것으로, 물질의 전기적 구조에 대한 중요한 기초가 되었다. 자기적 커효과는 자성체에 의해 반사된 직선편광(直線偏光)이 타원편광으로 변한다는 것으로, 광전지(光電池)에 이용되고 있다.

케넬리 (*Kennelly, Arthur Edwin* ; 1861 ~ 1939) 미국, 과학

인도 뭄바이 출신. 런던전신협회 서기보를 거쳐, 1886년 이스턴 텔레그래프 회사에 입사, 해저 케이블의 계산에 전념하였다. 1887년 미국으로 건너가 1894년까지 에디슨의 조수, 1902 ~ 1930년 하버드대학교 전기공학 교수를 역임하였다. 1902년 O. 헤비사이드와는 별도로 대기상공 중에 전자기파(電磁氣波)를 반사하는 전리층이 있음을 발견, 원거리와의 무선통신이 가능하다는 것을 예견하였다. 그 전리층을 케넬리-헤비사이드층이라고도 한다.

켈빈 (*Kelvin(of Largs)* ; 1824 ~ 1907), 영국, 물리학

본명은 W.톰슨(William Thomson)이다. 물리학의 여러 분야와 그 응용부문, 공업기술 등 매우 다방면에 걸쳐 연구를 했다. 초기 연구는 고체 내의 열전도 및 전기전도에 관한 것으로, 정전기(靜電氣)에서의 영상법(映像法), 역선(力線) 개념 제시 등이 있고(1842년), 열학(熱學) 분야에서 열과 일의 동등성(열역학 제1법칙)을 강조하였다(1915년). S. 카르노의 열기관(熱機關) 이론을 바탕으로 절대온도눈금(켈빈온도)을 도입하였고(1848년), 열역학 제2법칙을 클라우지우스와는 독립적으로 정식화(定式化)하였다. 열역학을 확립한 공헌자이다.

콤프턴 (*Compton, Arthur Holly* ; 1892 ~ 1962) 미국, 실험물리학

X선 산란(散亂)에 관한 '콤프턴 효과'를 발견하여, 복사(輻射)의 입자성을 시사하는 실험사실을 제시하였다. 이 효과의 발견으로, 이것의 이론을 실증한 C. T. R. 윌슨과 함께 1927년 노벨물리학상을 수상하였다. 이 밖에 X선의 전반사(全反射)와 편차, 회절격자에 의한 스펙트럼 연구도 있다. 1941년이후 E.페르미, E. P. 위그너 등과 함께 우라늄 핵분열로(核分裂爐) 건설을 추진, 플루토늄로를 완성하였다. 이것이 일본 나가사키에 투하된 원자폭탄의 재료가 되었으며, 원자폭탄 투하의 정부 결정에 중요한 역할을 하였다.

쿠퍼 (*Cooper, Leon N.* ; 1930 ~) 미국, 물리학

고체물리학이 전공(專攻)이지만, 과학철학적(科學哲學的) 연구도 하고 있다. 2개의 금속 내 전자가 짝을 이루고 보존(보스 입자)과 같이 행동하는 기구(機構), 즉 쿠퍼쌍(雙)을 고안함으로써, 초전도(超傳導) 해명의 기초를 확립하였다. J. 바딘 및 R. 슈리퍼와 함께 초전도의 BCS이론을 수립한 공로로 1972년 노벨물리학상을 수상하였다.

쿤트 (*Kundt, August Adolph Eduard Eberhard* ; 1839 ~ 1894) 독일, 실험물리학

음향학(音響學)과 광학(光學) 분야에서 업적을 남겼으며, 음향학에서는 기체와 고체 중에서의 음속을 측정하는 '쿤트의 실험' 장치의 고안이 있다. 광학에서는 이상분산(異常分散)의 현상을 시안 · 아닐린 등의 물질에서도 볼 수 있다는 것을 알아내고, 용액뿐만 아니라 나트륨 증기 중에서도 볼 수 있다는 사실을 발견하였다(1880년). 이것을 계기로 금속의 이상분산을 검토한 결과, 이 현상이 물질의 전기적 성질과 관련된다는 것을 밝혀냈다. 그 밖에 자기광학(磁氣光學) 분야에서도 업적을 남겼는데, 패러데이효과에서의 '쿤트의 상수(常數)' 등이 있다.

쿨롱 (*Coulomb, Charles Augustin de* ; 1736 ~ 1806) 프랑스, 토목학 · 물리학 · 전기학

초기에는 토목공학에 관련한 토압론(土壓論)을 연구하였고, 그로부터 마찰에서의 쿨롱의 법칙, 비틀림 현상, 재료강약(材料强弱)의 문제를 다루었다. 전기현상의 연구는 아카데미에서 현상모집한 나침반의 제작법이 동기가 되었다. 즉 비틀림 현상을 기초로 하여 1784년 정밀한 비틀림저울을 제작, 이것을 이용하여 하전간(荷電間)과 자극간(磁極間)에 작용하는 인력(引力) · 척력(斥力)에 관한 정전기(靜電氣)에서의 '쿨롱의 법칙'을 발견하였다(1785년). 이것은 후에 이루어진 정자기(靜磁氣)의 법칙과 함께 전자기학의 정량적 연구의 계기가 되었다. 전기량의 단위(MKS)로 사용되는 '쿨롬'은 그의 이름을 딴 것이다.

쿨리지 (*Coolidge, William David* ; 1873 ~ 1975) 미국, 실험물리학

매사추세츠공과대학, 라이프치히대학에서 배우고 매사추세츠 공과대학 조교수로 근무하였다. 1945년 제너럴 일렉트릭사의 연구소에서 간부로 있다가 후에 연구소장이 되었다(1932 ~ 1944년). 텅스텐이 연성(延性)을 지니게 하는 데 성공하여 텅스텐선(線)을 이용한 전구(電球)를 실용화하고(1910년), 기체X선관을 대신하는 열음극(熱陰極)X선관(쿨리지관)을 제작하여(1913년) X선 연구와 응용면에 크게 공헌하였다.

크룩스 (*Crookes, William* ; 1832 ~ 1919) 영국, 물리학 · 화학

방사성물질의 스펙트럼 분석을 행하여 탈륨을 발견하였으며(1861년), 그 원자량을 측정하였다. 그 때 진공천칭(眞空天秤)을 사용한 것을 기회로 1874년부터 진공관 안의 방전(放電)에 관하여 세밀한 실험을 하였으며, 1875년 라디오미터(복사계)를 발명, 기체분자의 운동을 확인하였다. 그 후 물체에 따라 음극선(陰極線)의 그림자가 생긴다는 사실을 발견하였다(1878년). 이러한 여러 연구의 결론으로서 음극선은 물질 미립자(微粒子)의 흐름이라고 발표하였으며, 이를 물질의 제4상태라 하고, 액체 · 기체 · 고체와 대비(對比)시켰다. 크룩스관은 이 연구에 사용된 진공관이다. 또한 1883년 희토류원소를 연구하여 이트륨 분리에 성공하였다.

키르히호프 (*Kirchhoff, Gustav Robert* ; 1824 ~ 1887년) 독일, 물리학

전자기학분야에서 '키르히호프의 법칙', 유체역학에서 '불연속면의 이론'을 전개하고, 각종 물질에 대한 스펙트럼표를 작성하였다. 이것으로 미량의 원소도 검출할 수 있는 스펙트럼분석이 시작되었고, 루비듐과 세슘을 발견하였다. 또한 태양과 대기 중에 나트륨 · 철 등의 원소가 존재한다는 결론을 내려 항성물리학의 기초를 개척하였다. 이 연구를 계기로 1859년 복사의 흡수능과 반사능에 관한 키르히호프의 법칙을 증명하여 열복사론의 기초를 세웠다. 특히 흑체복사(黑體輻射)의 개념을 도입, 이것이 공동복사(空洞輻射)와 동등하다는 점을 제시하였는데 이는 양자론을 뒷받침하였다.

타운센드 (*Townsend, John Sealy Edward* ; 1868 ~ 1957) 영국, 물리학

더블린대학 졸업 후, 캐번디시연구소에 근무하였다. 1900년부터 옥스퍼드대학 교수로 있

으면서 기체 중의 전기현상에 관하여 연구하였다. 기체 속의 하전입자(荷電粒子)의 전하가 물의 전기분해에 의하여 발생하는 수소이온의 전하와 같다는 것을 밝힘으로써 기본전하량 확립에 공헌하였다. 1903년 영국 학사원 회원이 되었다.

토리첼리 (*Torricelli, Evangelista* ; 1608 ~ 1647) 이탈리아, 수학 · 물리학

갈릴레이의 계통을 이어받은 학자로서 갈릴레이의 역학(力學)을 전개하였다. 즉 유체동역학(流體動力學)을 개척, 1644년 발표한 유속(流速)과 가압(加壓)의 크기에 관한 법칙이 '토리첼리의 정리'이다. 분출하는 물이 그리는 곡선의 연구와 포물체의 운동에 대한 연구도 있다. 1643년 V. 비비아니와 함께 수은을 채운 폐관(閉管)을 수은용기 속에 거꾸로 세워, 폐관 상부에 진공이 생기는 것(토리첼리의 진공)을 발견하고, 이것이 대기압에 의한 것임을 설명하여 수은기압계(水銀氣壓計)를 발명, 진공 연구에 신기원을 이룩하였다.

톰슨 (*Thomson, Joseph John* ; 1856 ~ 1940) 영국, 실험물리학

1885년부터 기체방전의 실험연구를 시작하였다. 회전거울에 의한 음극선의 속도측정 연구도 하였는데, 이것은 음극선의 본성을 파동이라고 하는 H. R. 헤르츠의 학설에 대하여 영국의 학자들이 주장한 입자설을 강력히 뒷받침하는 것이었다. 1899년 전자의 존재를 결정적으로 증명하였다. 전자의 발견은 원자보다 미소한 물질의 구성요소 발견으로서, 원자구조 연구에 중요한 한 걸음이었으며, 이 연구로부터 원자구조론, 물질구성, 원소의 주기율 등으로 연구를 진행시켜 나아갔다. 1912년 네온의 동위원소 분리에 성공하였다.

틴들 (*Tyndall, John* ; 1820 ~ 1893) 영국, 물리학

미립자(微粒子)에 의한 빛의 산란 연구로 '틴들현상'을 발견했으며, 음파의 투과에 미치는 대기밀도의 영향 등 음향에 관한 연구가 있다. 열현상에 대해서는 분자운동론적 해석을 하였다. 문필과 강연에도 뛰어나 많은 과학해설서를 썼으며, 19세기 후반의 과학계몽가로서 공헌하였다.

파셴 (*Paschen, Friedrich* ; 1865 ~ 1947) 독일, 실험물리학

분광학(分光學) 분야에서 여러 가지 중요한 실험적 연구를 하여, 수소(水素)스펙트럼에서의 파셴계열(系列)을 발견했다. 그 밖에 제만효과에 관련한 파셴백 효과, 흑체복사(黑體輻射)의 에너지 분포 측정, 접촉전위차(接觸電位差)에 관한 연구 등이 있다.

패러데이 (*Faraday, Michael* ; 1791 ~ 1867) 영국, 화학 · 물리학

염화질소 연구로부터 여러 가지 특수강(特殊鋼)을 연구(1819 ~ 1824년), 염소의 액화 연구(1823년), 벤젠 발견(1825년) 등 실험화학상 뛰어난 연구를 하였다. 또한 전자기학(電磁氣學)에 흥미를 가져 연쇄적 회전(전자기 회전)을 만들어내는 데 성공하였다. 그 역현상인 자기의 작용에 의해 전류를 만들어내는 연구에 착수하여, 회로(回路)의 개폐에 의하여 제2의 회로에 발생하는 전류, 전자석, 이어 자석에 의한 똑같은 전류를 검토하여 전자기유도를 발견하였다(1831년). 이것으로 맴돌이전류와 지구자기(地球磁氣)에 대한 응용에서도 성공하였으며, 자체유도(自體誘導)를 발견 · 해석하였다.

페란티 (*Ferranti, Sebastian Ziani de* ; 1864 ~ 1930) 영국, 과학

교류방식에 의한 고압원거리 송전을 주장하여, 1885년에 세계 최초의 단상교류(單相交流) 발전소를 템스 강변 데트퍼드에 건설하고 1888년부터 송전을 시작하였다. 또 1895년에는 광유(鑛油) 속에서 소호(消弧)작용을 시키는 방식의 고압차단기의 발명특허를 내어 제작하고 이를 데트퍼드 발전소에 장치하였다. 그 밖에 변압기 · 케이블 등 176종의 발명특허를 취득하였다.

페르미 (*Fermi, Enrico* ; 1901 ~ 1954) 이탈리아, 물리학

상대성이론(相對性理論)과 원자의 양자론(量子論)을 연구, 1926년 P. A. M. 디랙과는 별도로 '페르미통계(페르미-디랙통계)'를 제안하였고, 분광학을 연구하였다. 원자핵 연구로 옮겨 1934년 β붕괴이론을 제출, 복사이론(輻射理論)과 W. 파울리의 중성미자가설을 결합시켰다. 1938년 중성자에 의한 인공방사능 연구의 업적으로 노벨물리학상을 수상하였다. 1942년 시카고대학 야금연구소로 옮겨 대형 원자로를 건설, 제어된 연쇄반응을 실현시켜, 핵에너지 해방이라는 업적을 쌓았다.

페히너 (*Fechner, Gustav Theodor* ; 1801 ~ 1887) 독일, 물리학 · 철학

물리학자로서는 자극과 감각의 세기의 관계를 양적으로 연구하고 '페히너의 법칙(베버-페히너의 법칙)'으로 알려진 공식을 정리하여, 정신물리학 및 이후의 실험심리학의 개척자가 되었다. 이와 같은 실증과학을 토대로 스피노자적 물심병행론(物心竝行論)에 바탕을 둔 신비주의적 · 사변적(思辨的)인 실재론적 유심론(唯心論)의 철학을 설파하였다. 심리학적 실험미학(實驗美學)의 시조이기도 하다.

펠티에 (*Peltier, Jean Charles Athanase* ; 1785 ~ 1845) 프랑스, 물리학

시계수리공이었으나 30세경에 그만두고 물리학 연구를 시작했다. T. J. 제베크가 발견한 열전효과(熱電效果)와 관련하여 그 역현상의 유무에 관심을 쏟았는데, 1834년 2개의 다른 금속의 접점(接點)을 통해서 전류를 보내면 열의 흡수 또는 발생이 일어남을 발견하였다. 이것이 '펠티에 효과'이다.

푸리에 (*Fourier, J.B.J.* ; 1768 ~ 1830) 프랑스, 수학 · 수리과학

열전도론(熱傳導論)을 연구하여 1807년 '열의 해석적 이론'을 제출하였고, 1822년 완성된 이 이론에는 '푸리에의 정리'가 포함되어 있으며, '푸리에급수'의 전개에 따라서 그 후의 수리물리학 발전에 크게 공헌하였다. 1816년 프랑스 학사원 회원으로 추천되었다. 또 실계수방정식의 해법에 관한 연구로도 알려져 있다.

푸아송 (*Poisson, S.D,* ; 1781 ~ 1840) 프랑스, 수학 · 물리학

에콜 폴리테크니크에서 J. 라그랑주, P. 라플라스에게 배웠으며, 수학 · 응용수학의 넓은 분야에 걸쳐 업적이 있으며, 정적분 · 미분방정식론을 연구하여, 1813년 퍼텐셜 개념을 도입하였는데, 이와 관련하여 '푸아송 방정식'은 잘 알려져 있다. 그 밖에 변분법(變分法) · 푸리에급수 · 확률론의 연구, 물리학에 대한 응용면에서의 열학(熱學) · 모세관 현상 · 전자기장론(電磁氣場論) · 인력론(引力論) 등의 연구가 있으며, 탄성(彈性) 실험에서는 '푸아송비(比)'를 도입하였다.

푸코 (*Foucault* ; 1819 ~ 1868) 프랑스, 물리학

1845년경부터 광속도(光速度) 측정을 연구하였다. 특히 아라고가 제창하던 매질(물) 속에서의 광속도를 측정하여 그것이 공기 중에서보다 늦다는 것을 실증하였고(1850년), 파동설을 최종적으로 확정한 것은 유명하다. 1851년 진자(振子)를 사용해서 지구의 자전을 실험적으로 증명할 수 있음을 보여 주었다(푸코의 진자). 1855년 푸코전류(맴돌이전류) 발견에 이어 니콜프리즘의 일종을 제작(1857년), 반사망원경 연구에 업적을 올리는(1856년) 등 광학 발전에 기여하였다.

프라운호퍼 (*Fraunhofer, Joseph von* ; 1787 ~ 1826) 독일, 물리학

광학기기(光學機器)의 개량으로 광학연구에 큰 업적을 남겼으며, 뛰어난 광학 유리와 렌즈를 제작하였다. 특히 색지움렌즈 연구 중에 휘선(輝線)스펙트럼에 주목, 이 관측을 진행시키면서 태양스펙트럼 속에 많은 암선(暗線 : 프라운호퍼선)을 발견하여, 상세한 기록을 남겼

다. 다른 천체의 스펙트럼 연구도 계속하여, 스펙트럼분석학의 기초를 이루었다. 헬리오미터를 제작했으며, 회절발(回折格子)에 의한 회절 연구, 빛의 파장 산출 등의 업적도 있다.

프레넬 (*Fresnel, Augustin Jean* ; 1788 ~ 1827) 프랑스, 물리학

수학적 해석을 활용하여 이론적 정식화에 힘써 그때까지의 파동설로는 설명이 불가능했던 빛의 직진, 그림자의 존재, 빛의 반사·굴절, 결정(結晶) 속의 전파(傳播) 등을 설명하여 빛의 파동설을 확립하였다. D.아라고와 공동으로 편광(偏光) 실험을 하였는데, 이 실험에서 프레넬은 빛이 횡파(橫波)라는 결론을 내렸다(1820년). 빛의 매질(媒質) 에테르에 대해서는 광행차(光行差)의 현상 등에서 정지(靜止)에테르설을 취하고(1818년), 에테르 속에서의 물체의 운동에 대하여 자기수반계수(自己隨伴係數)를 도입하였다. 이들 기본적인 연구로 파동설을 결정적으로 전진시킨 공적은 크다.

플랑크 (*Planck, Max Karl Ernst Ludwig* ; 1858 ~ 1947) 독일, 물리학

1910년 '플랑크의 복사식(輻射式)'을 발표하였다. 이어서 그 물리적 해석을 둘러싸고 독창적인 에너지양자(量子)에 대한 생각에 도달, 보편상수 h(플랑크상수)를 도입하였다. 이것은 매우 혁명적인 생각으로서 마침내 양자론의 전개를 초래하였고 물리학에 커다란 전기(轉期)를 가져왔으며, 이 공로로 1918년 노벨물리학상을 받았다. 상대성이론에도 관심을 가져 1914년 아인슈타인을 베를린대학에 초빙하였다. 저서로서《열역학 강의》가 있다.

플레밍 (*Fleming, John Ambrose* ; 1849 ~ 1945) 영국, 과학

전자기학(電磁氣學) 연구에서는 전류·자기장·도체(導體) 운동의 3방향에 관한 법칙(플레밍의 법칙)으로 알려졌다. 1883년 에디슨이 우연히 발견한 에디슨 효과에서 힌트를 얻어 '진동 밸브'라고 하는 2극 진공관(二極眞空管)을 발명하였고, 무선전신용 검파장치(檢波裝置)로써 1904년 특허를 받았다. 1906년 미국 L. 드 포리스트도 2극관을 발명하고 다시 3극관으로 발전시킨 데서, 두 사람의 관계 회사 간에는 약 10년에 걸친 특허 경쟁이 있었다.

플뤼커 (*Flücker, Julius* ; 1801 ~ 1868) 독일, 수학·물리학

슈타이너의 선속(線束)에 대응하는 일차함수를 도입하여 해석기하학에 가동적 요소를 첨가하고 사영기하학(射影幾何學)과의 종합에 진력하였으며, 만년에는 대수기하학 개척에 공헌하였다. 1847년 방전관을 이용하여 스펙트럼의 휘선이 물질에 고유하다는 사실과 이에 의해 물질을 검출할 수 있다는 사실을 발견하였고, 수소스펙트럼의 3개의 주선(主線)을 부여하였다. 1859년 방전관의 음극에 가까운 유리벽에서 형광의 발생을 발견하고, 그 원인이 음극에서 나오는 방사선에 의한 것임을 밝혔다.

피셔 (*Fischer, Franz* ; 1877 ~ 1948) 독일, 화학

1904년 베를린의 화학연구소를 거쳐 1911년 샤를로텐부르크공과대학 교수, 1914년 카이저 빌헬름 석탄연구소 소장이 되었다. 1926년 피셔법에 의한 인공석유합성법을 발명함으로써, 석탄의 수소화에 의한 인공석유제조법을 발명한 F. 베르기우스와 함께 인공석유계의 경쟁자로서 유명해졌다. 제2차 세계대전 중에 액체연료를 생산하기도 했다.

피조 (*Fizeau, Armand Hippolyte Louis* ; 1819 ~ 1896) 프랑스, 물리학

J. B. L. 푸코와 공동으로 열(熱)과 빛의 문제를 연구, 빛의 간섭을 조사하고, 간섭계(干涉計)를 제작하여 그것을 열팽창에 응용한 '피조의 팽창계'를 고안하였다. 1849년 광속도를 측정하였는데, 그것은 회전하는 톱니바퀴를 이용하는 것으로, 종전의 천문학적 방법과는 달리 지상(地上)의 실험실 규모로 하였다는 것이 획기적인 일이었다. 1851년 흐르는 물 속에서 광속도를 측정하였는데(피조의 간섭실험), 이것이 후에 마이컬슨-몰리의 실험으로 이어졌

다. 그 밖에 도플러 효과에 의해 별의 시선속도(視線速度)가 결정된다는 것도 지적하였다.

해밀턴 (*Hamilton, William Rowan* ; 1805 ~ 1865) 영국, 수학・이론물리학

1825년 해밍턴의 특성함수 도입을 통해 기하광학의 기초이론을 세웠다. 이어 원뿔굴절을 예견하였는데(1832년), 이것은 H.로이드에 의하여 실증되었다. 1834년 변분원리(變分原理)라고 하여 '해밀턴의 원리'를 확립하였다. 또한 '해밀턴의 정준운동(正準運動) 방정식'을 수립함으로써, 해석역학(解析力學)의 기초를 확립하기도 하였다. 한편, '4차원법'을 착상하여 그 이론의 전개에 노력하였다. 그의 노력은 대수학 및 물리학에 대한 응용에 커다란 영향을 끼쳤다.

헤르츠 (*Hertz, Gustav Ludwig* ; 1887 ~ 1975) 독일, 물리학

1913년 베를린대학 연구조수가 되어 J. 프랑크와 공동으로 전자(電子)의 충돌실험을 수행하여 보어의 원자모형의 기초 가정(假定)인 정상상태의 존재를 보여주었다. 이것은 많은 기체에 대한 이온화 퍼텐셜의 측정을 시도한 후에 전자에너지 손실과 원자스펙트럼항(項)과의 관련을 살핀 것으로, 원자구조론, 따라서 양자론(量子論)의 진보에 큰 영향을 주었다. 이 업적으로 프랑크와 함께 1925년 노벨물리학상을 수상하였다.

헤비사이드 (*Heaviside, Oliver* ; 1850 ~ 1925) 영국, 물리학・전기공학

J. C. 맥스웰의 전자기이론을 연구하여 전자기파(電磁氣波)의 전파(傳播)에 관한 수학적 업적을 많이 남겼다. 1902년경 대기(大氣)의 상층에 전자기파를 반사하는 전리층이 존재한다는 것을 예언하였는데, 이 전리층은 '케넬리-헤비사이드층(層)'이라 불린다. 또한 이중통신의 가능성을 제안, 헤비사이드 단위를 만든 업적이 있다. 현재 라플라스 변환으로 더욱 잘 알려져 있는 전기회로의 미분방정식을 푸는 '헤비사이드 연산자법(演算子法)'을 제창한 것으로도 유명하다.

헨리 (*Henry, Joseph* ; 1797 ~ 1878) 미국, 물리학

1830년 W. 스터전(1783 ~ 1850년)의 전자기석(電磁氣石)보다 훨씬 강력한 전자기석을 만들어 M. 패러데이와는 독립적으로 1830년 전자기유도를, 1832년 패러데이에 앞서 전류의 자체유도(自體誘導)를 발견하였다. 이 2가지 유도현상의 발견은 전자기학(電磁氣學) 및 전기기술에 획기적 진보를 가져왔는데, 그 자신도 전자기식(電磁氣式) 전동기・전신기 등을 고안하였다. 그 후에도 전류계 제작, 방전에 의한 전자기진동 발생 관찰(1842년) 등 전자기학의 발전에 공헌하였다.

히토르프 (*Hittorf, Johann Wilhelm* ; 1824 ~ 1914) 독일, 물리학

1853년경부터 전해질의 이온 이동을 연구하여, 이동도(移動度)의 개념을 확립해 전기화학의 기초를 구축하였는데 이 연구는 20년 후 그 가치가 인정되었다. J. 플뤼커와 협력하여 저압 가스방전(放電)을 연구, 질소 등의 스펙트럼을 관찰하여 음극에서 직진하는 복사선으로서의 음극선을 발견, 이것이 자기장(磁氣場)에 의해 작용을 받아 방향이 구부러질 수 있다는 것을 확인하였으며, 이 연구로 음극선 연구의 선구자가 되었다.

(6) 주요 법칙 및 원리

네른스트 효과 (Nernst's equation)

금속이나 반도체에서의 전류자기 효과의 하나이며, 네른스트-에팅하우젠 효과라고도 한다. 온도기울기와 열의 흐름이 있을 때, 그 열의 흐름에 수직방향으로 자기장을 걸면, 그 양자(兩者)에 수직방향으로 전위차가 생기는 현상을 말한다.

$$E=E_0+(RT/nF)\ \ln(a_A{}^w a_B{}^x / a_C{}^y a_D{}^z)$$

여기서, n : 전하이행수 E_0 : 표준산화환원전위 a : 반응화학종의 활량 E : 전극전위

도플러 효과 (Doppler effect)

파원(波源)에 대하여 상대속도를 가진 관측자에게 파동의 주파수가 파원에서 나온 수치와는 다르게 관측되는 현상을 말한다. 1842년 C. J. 도플러가 음향현상에 대하여 발견하였다. 예를 들면, 기차가 서로 다가올 때 상대 기차의 기적소리는 크게 들리고, 서로 멀어질 때의 기차의 기적소리는 낮게 들리는 것은 도플러 효과에 의한 것이다. 도플러 효과는 음파 이외의 파동에서도 볼 수 있는데, 이 효과에 의한 주파수의 관측값 변화는 파동의 전파속도와 파원에 대한 관측자의 상대속도에 의존하며, 파동속도에 대하여 파원과 관측자 사이의 상대속도가 아주 작은 경우에는 관측하기 어렵다.

리히텐베르크 도형 (Lichtenberg's figure)

방전이 일어난 경로나 발생한 이온의 분포를 나타내는 도형을 이른다. 사진건판이나 필름에 방전상(放電像)이 찍히게 하여 현상하는 것과 황(黃) 등의 대전된 가루를 뿌려 전하의 분포를 빛깔로 판별하는 전하도(電荷圖)가 있다. 독일의 G. C. 리히텐베르크가 1777년 황가루를 사용하여 방전로(放電路)를 관찰한 데서 비롯되었다.

몬테카를로법 (Monte Carlo method)

우연현상(偶然現象)의 경과를, 난수를 써서 수치적·모형적으로 실현시켜 그것을 관찰함으로써 문제의 근사해를 얻는 방법을 이른다. 원자로의 중성자차폐, 표본분포, 대기행렬이론, 재고량관리 등의 문제를 이 방법으로 다루면 손쉽게 해결된다. 한편, 원래 우연현상이 아닌 연립 1차방정식·적분방정식·편미분방정식을 푸는 문제를 같은 방정식으로 지배되는 마르코프방정식이나 브라운운동과 대응시켜, 이것을 몬테카를로법으로써 해결하려는 시도도 있다.

상반정리 (reciprocity theorem)

역학·전자기학·열역학 등 물리학의 여러 분야에서 나타나는 일반적 법칙의 하나이다. 상반법칙 또는 가역정리(可逆定理)라고도 한다. 이 상반정리를 계(系)가 비평형(非平衡)인 경우까지 확장한 것이 1931년 미국의 물리학자 L. 온사거에 의해서 도입되었다. 예를 들면 수송계의 대칭성을 나타내는 정리로서 몇 가지 힘 X_i가 작용하고 그에 공역적인 흐름 J_j가 있을 때,

$$(\partial J_j/\partial X_i)=(\partial J_i/\partial X_j)$$

가 성립된다.

샘플링정리 (sampling theorem)

연속되는 시간파형(時間波形)은, 그 주파수대역이 정해져 있다면 이산적(離散的)인 시점에 있어서의 파고값만으로 충분히 정할 수 있다는 정리이다. 구체적으로 말하면, 파형의 주파수 대역을 WHz라고 할 때 그 파형을 나타내는 데 있어서 모든 시각에서의 파고값이 반

드시 필요한 것은 아니며, 1/2W 간격의 표본값만으로 충분하다. 이것은 펄스통신에 의하여 올바르게 신호를 전송할 수 있는 근거가 된다.

쇼트키효과 (Schottky effect)

열전자 방출에서 양극전위(陽極電位)를 높이면 전류가 완전히 포화되지 않고 조금씩 증가하는 현상을 이른다. 1915년 W. 쇼트키가 발견하였다. 예를 들면, 금속을 가열했을 때 표면에서 방출되는 전자를 열전자라 하는데, 진공관 안에서 음극으로부터 방출되는 이 열전자는 양극으로 끌리며, 양극의 전압이 충분히 높으면 모두 플레이트에 도달한다. 즉 양극전류가 포화하여 일정 온도인 음극에서는 일정한 값이 된다. 그러나 이 때 양극의 전압을 더욱 올리면 포화전류는 더욱 증가한다. 이러한 쇼트키 효과에 의해 전자전류가 더욱 증가하는 것은 강한 외부전기장의 작용에 의해 음극으로부터 전자를 끌어내는 데 필요한 에너지가 작아지기 때문이다. 이 전자를 방출시키는 데 필요한 에너지를 보통 일함수라 한다.

스넬의 법칙 (Snell's law)

굴절의 법칙이라고도 한다. 네덜란드의 W. 스넬이 1615년 발견했으며, 빛뿐만 아니라 일반 파동에 대해서도 성립하는 법칙이다. 매질 1 및 2에서의 빛의 속도를 v_1, v_2, 입사각을 i, 굴절률을 r로 할 때,

$$v_1/v_2 = \sin i / \sin r = n\lambda(1,2)$$

이때 $n\lambda(1,2)$를 파장 λ에서의 매질2의 매질 1에 대한 굴절률 또는 상대굴절률이라 한다.

스토크스의 법칙 (Stokes' law)

영국의 수학자·물리학자인 G. G. 스토크스가 발견한 다음의 두 법칙으로 1852년 확립된 것이다.

<형광에 관한 법칙> 형광체나 인광체에 빛을 조사(照射)했을 때 발생하는 형광이나 인광의 파장은 원래 빛의 파장과 같거나 그보다 길어진다고 하는 법칙.

<유체의 저항에 관한 법칙> 기체나 액체 속을 천천히 움직이는 구체(球體)가 기체나 액체로부터 받는 저항에 대한 법칙.

옴의 법칙 (Ohm's law)

도체 내의 2점간을 흐르는 전류의 세기는 2점간의 전위차(電位差)에 비례하고, 그 사이의 전기저항에 반비례한다는 법칙으로 1826년 G. S. 옴이 발견한 물리학의 기본법칙의 하나이다. 전위차를 V, 전류의 세기를 I, 전기저항을 R라 하면, $V=IR$의 관계가 성립한다. 균일한 크기의 물질에서 R는 길이 l에 비례하고 단면적 S에 반비례하며 $R=\rho l/S$이다. 여기서 ρ는 물질 고유의 상수이며 비저항이라 한다(ρ의 역수 σ는 전도율).

윔스허스트의 기전기 (Wimshurst's generator)

정전유도(靜電誘導)를 응용해서 고전압을 발생시키는 기계로서 1883년 영국의 공학자인 J.윔스허스트가 고안한 것이다. 주된 부분은 얇은 금속조각을 같은 간격으로 붙여서 서로 반대방향으로 회전하도록 조립한 두 장의 평행회전판과 두 쌍의 금속브러시 및 머리빗 모양의 집전극(集電極)으로 되어 있는데, 원판의 회전에 따라 다른 부호의 전하(電荷)가 두 개의 집전극을 거쳐 따로따로 라이덴병(Leyden jar : 축전기) L에 저장되고, 공기의 절연성이 파괴되어 전극에 불꽃방전이 이루어지게 될 때까지 전극 사이에 큰 전위차를 주게 되어 있다.

조지프슨 효과 (Josephson effect)

2개의 초전도체가 매우 얇은 절연막을 사이에 두고 격리되어 있을 경우, 터널효과에 의해서 전자가 특수한 쌍(쿠퍼쌍)을 이루어 절연막을 통과하는 현상을 이른다. 1962년 B. D. 조

지프슨이 예언하였고, P. W. 앤더슨 등이 실험적으로 확인하였다. 반도체나 일반적인 금속 속의 전자는 각각 별개로 행동하지만, 조지프슨 접합 안의 전자는 나란히 운동하며, 그 모양은 간섭성의 파동으로서 기술된다. 조지프슨접합을 통해서 직류전류를 흘려보낼 때, 한계전류까지는 절연막이 있음에도 불구하고 초전도체 사이에 전위차(電位差)가 발생하지 않고, 직류전류가 흐른다(직류조지프슨 효과). 그런데 직류전류가 한계전류를 넘으면, 초전도체 사이에 전위차가 생겨 교류전류가 흐르게 된다(교류조지프슨 효과). 이 때 교류주파수는 직류전압에 비례하고, 외부로부터 전자기파(마이크로파)를 조사(照射)하면 간섭현상이 생겨, 교류주파수가 전자기파 주파수와 같을 때 직류전류가 생긴다.

존슨-라벡 효과 (Johnson-Rahbeck effect)

존슨 및 라벡이 발견한 현상으로, 슬레이트와 같은 반도체 판을 두 장의 금속 방전극으로 끼워서 20(V)의 전지 양단과 연결하면 접촉면은 갭이극히 좁은 평판 콘덴서를 형성하므로 금속판은 슬레이트에 극히 큰 힘으로 밀착한다고 하는 현상을 이른다.

줄의 법칙 (Joule's law)

저항체에 흐르는 전류의 크기와, 이 저항체에서 단위시간당 발생하는 열량과의 관계를 나타낸 법칙이다. 도체에 전류가 흐를 때 발생하는 열, 즉 줄열에 대해 1840년 J. P. 줄이 실험적으로 발견하였다. 전류에 의해 생기는 열량 Q는 전류의 세기 I의 제곱과, 도체의 전기저항 R와, 전류를 통한 시간 t에 비례한다는 법칙이다. 전류의 단위를 A(암페어), 전기저항의 단위로 Ω(옴)을 사용하면, 이 전류를 t초 동안 통했을 때 발생하는 열량은 칼로리단위로

$$Q = 0.24\ I^2 R t$$

라는 식이 얻어진다. 이 법칙은 전류의 정상·비정상에 관계없이 적용된다.

카르노의 정리 (Carnot's theorem)

프랑스의 물리학자 N. L. S. 카르노가 제창한 열기관의 효율에 관한 정리로서, 두 열원 사이에 작용하는 사이클 중 그 열효율이 최대인 것은 가역(可逆)사이클인데, 그 열효율은 두 열원의 절대온도에 의해서만 정해지며 작업물질과는 관계가 없다. 이상기체인 경우 고온열원(高溫熱源)의 절대온도를 T_1, 저온열원의 절대온도를 T_2라 하면, 그 열효율은 $(T_1 - T_2) / T_1$으로 주어진다. 이 정리는 열역학 제1법칙 및 제2법칙으로부터 얻어진다.

커효과 (Kerr effect)

전자기장(電磁氣場)이 편광(偏光) 또는 물질의 광학적 성질에 미치는 효과이다. J. 커가 1875년 발견한 전기광학적 현상과, 1877년 발견한 자기광학적(磁氣光學的) 현상이 있다.

<전기광학적 현상> 등방성(等方性) 물체를 정전기장(靜電氣場) 속에 두면, 마치 변형을 가한 경우처럼 일시적인 비등방성을 띠고 복굴절성(複屈折性) 물질로 변하는 현상.

<자기광학적 현상> 직선편광이 자기장 속의 물체 또는 자성체에 의해 반사하면 타원편광으로 변하는 현상. 강한 자기장 속에 등방성인 물질을 두었을 때, 그것을 통과하는 빛의 편광면이 회전한다고 하는 패러데이효과와 더불어, 빛과 자기 사이에 밀접한 관계가 있다는 것을 나타내는 중요한 현상이다.

콤프턴효과 (Compton effect)

X선 또는 α선을 물질에 조사(照射)해 산란(散亂)시켰을 때, 산란 X선(α선) 속에 입사(入射) X선(α선)보다 파장이 긴 것이 포함되는 현상. 1923년 A. H. 콤프턴이 발견하였으며, 이 산란을 콤프턴산란이라 한다. 이 현상은 X선(γ선)을 전자기파(電磁氣波)로만 다루었을 때에는 설명되지 않지만 광양자설(光量子說)을 원용하여 입자(粒子)로 생각하고, 이 입자가 물

질 속의 전자와 충돌하는 현상이라고 보면 간단하게 설명할 수 있다.

쿨롱의 법칙 (Coulomb's law)

1785년 프랑스의 물리학자인 C. A. 쿨롱이 비틀림저울을 사용해서 실험에 의해 발견한 기본법칙으로 자유공간 안의 두 점전하 사이에는 인력 또는 척력이 작용하고 그 힘

$$F(N) = q_1 q_2 / 4\pi \varepsilon \gamma^2$$

여기서, q_1, q_2는 각각의 전하(C), γ는 그들 전하의 거리(m), ε는 진공의 유전율(= 8.854 pF/m)

키르히호프의 법칙 (Kirchhoff's law)

독일의 물리학자 G. R. 키르히호프가 발견한 법칙으로 전기회로에서의 옴의 법칙을 확장한 것과 열복사에 관한 법칙이 있다.

<전기회로에 관한 법칙> 1849년 발표된 것으로, 복잡한 회로를 흐르는 전류를 구할 때 사용되며, 옴의 법칙을 일반화한 것이라고 할 수 있다.

<복사에 관한 법칙> 1859년 발표된 것으로 일정한 온도에서 같은 파장의 복사(전자기파)에 대한 물체의 흡수능과 반사능의 비는 물체의 성질에 관계없이 일정한 값을 가진다는 법칙이다.

톰슨효과 (Thomson effect)

1개의 금속도선의 각부에 온도차가 있을 때, 이것에 전류를 흘리면, 부분적으로 전자(電子)의 운동에너지가 다르기 때문에 온도가 변화하는 곳에서 줄열 이외의 열이 발생하거나 흡수가 일어나는 현상으로, 1851년 영국의 물리학자 켈빈(본명은 W. 톰슨)이 발견한 현상이다. 예를 들면 구리나 은은 전류를 고온부에서 저온부로 흘리면 열이 발생하고, 철이나 백금에서는 열의 흡수가 일어난다. 또 전류를 반대로 흘리면, 열의 발생 · 흡수는 반대가 된다. 단, 납에서는 이 효과가 거의 나타나지 않는다.

틴들현상 (Tyndall phenomenon)

빛의 파장과 같은 정도 또는 그것보다 더 작은 미립자가 분산되어 있을 때 빛을 조사(照射)하면 광선이 통로에 떠 있는 미립자에 의해 산란되기 때문에 옆 방향에서 보면 광선의 통로가 밝게 나타나는 현상을 이른다. 이 현상은 영국의 물리학자 J. 틴들에 의해 연구되었으며, 후에 레일리에 의하여 이론적으로 해명되었다.

패러데이의 법칙 (Faraday's law)

M. 패러데이가 발견한 법칙으로, 1833년 발견한 전기분해 법칙과 그보다 2년 전에 발견한 전자기유도 법칙이 있다.

<전자기유도> 전자기유도에 의해 회로 내에 유발되는 기전력의 크기는, 회로를 관통하는 자기력선속(磁氣力線束)의 시간적 변화율에 비례한다는 것. 기전력의 방향을 정하는 렌츠의 법칙과 함께 전자기유도가 일어나는 방식을 나타낸다.

<전기분해> 전극반응에 의해서 발생한 반응량과 반응에 관여한 전류 사이에는 일정한 대응관계가 있고, 물질의 전기화학 변화를 발생하는 데 필요한 전기량은 96.485C라는 것을 설명한 법칙이다.

포인팅 정리(Poynting theorem)

표면 S로 둘러쌓인 영역 V의 내부에 축적되어 있는 전기 및 전자기 에너지의 시간적 변화율 중 줄열로 상실되는 것을 예외로 하면 나머지는 표면 S를 통해서 외부로 유출하는, 혹은 S를 통해서 영역 V내로 유입하는 전자 에너지와 같다는 내용의 정리를 말한다.

푸리에 변환 (Fourier transform)

함수의 근사값을 계산하는 알고리즘으로서, 시간 t와 더불어 변동하는 양 $f(t)$이 있다고 하면 이 속에는 여러 가지 진동수 성분이 포함되어 있으므로 이러한 성분을 추출, 정리하여 각 주파수 ω에 대한 성분강도의 분포 $F(\omega)$로서 재배열할 수 있다면 현상의 본질을 보다 쉽게 파악할 수 있다. 이처럼 주어진 $f(t)$에서 $F(\omega)$를 구하는 조작이 푸리에 변환에 상당하다. 수학적으로,

$$F(\omega) = \frac{1}{\sqrt{2}\,\pi} \int_{-\infty}^{\infty} f(t) e^{-iwt} dt$$

플레밍의 법칙 (Fleming's rule)

전자기현상(電磁氣現象)에 대해 J. A. 플레밍이 발견한 법칙이다. 오른손법칙과 왼손법칙이 있다.

<오른손법칙> 자기장 속을 움직이는 도체 내에 흐르는 유도전류의 방향과 자기장의 방향(N극에서 S극으로 향한다), 도체의 운동방향과의 관계를 나타내는 법칙이다. 자기장 속에서 자기력선에 놓은 도선을 자기장에 대해 수직으로 움직일 경우, 오른손의 엄지를 도선이 운동하는 방향으로, 검지를 자기력선의 방향으로 향하게 하면, 도선 속에 발생하는 유도전류는 이것들에 대해 수직으로 구부린 중지(中指) 방향으로 흐른다.

<왼손법칙> 전류가 흐르고 있는 도선에 대해 자기장이 미치는 힘의 작용방향을 정하는 법칙이다. 전류가 흐르는 도선 하나하나의 부분이 자기장에 의해서 받는 힘은, 왼손의 중지를 전류가 흐르는 방향으로, 검지를 자기력선의 방향으로 향하게 하여, 이것들에 대해 수직으로 편 엄지가 가리키는 방향으로 작용한다. 단, 전류와 자기장의 방향이 평행일 때는 이와 같은 힘은 작용하지 않는다.

허블의 법칙 (Hubble's law)

외부은하의 스펙트럼에서 나타나는 적색이동(赤色移動)이 그 거리에 비례한다는 법칙으로, 속도-거리법칙이라고도 한다. 1929년 미국의 E.허블이 발견하였다. 도플러효과에 의하면 적색이동은 광원(光源)이 관측자로부터 멀어질 때 생기며, 그 이동의 크기는 후퇴속도에 비례한다. 그러므로 허블의 법칙은 외부은하의 후퇴속도가 그것들까지의 거리에 비례함을 보여 준다. 이것은 은하들이 속한 우주가 팽창하고 있기 때문이라고 생각되어, 당시 제창된 상대론적 팽창우주론의 관측적 근거가 되었다.

호이겐스의 원리 (Huygens's principle)

파가 진행하는 모양을 그림으로 구하는 방법을 나타내는 원리. 어느 순간의 파면이 주어지면 다음 순간의 파면은 주어진 파면상의 각 점이 각각 독립한 파원(波源)이 되어 발생하는 2차적인 구면파(球面波)에 공통으로 접하는 면, 즉 포락면(包絡面)이 된다는 것이다. 1678년 C. 호이겐스가 발표한 빛의 파동설(波動說)에서 광파의 진행상태를 나타내는 데 사용한 것이며, 빛의 직진성이나 굴절·반사 등 당시 뉴턴의 빛의 입자설(粒子說)에 기초가 된 여러 가지 현상도 이 원리를 바탕으로 해서 파동설의 입장에서도 설명할 수 있다.

찾아보기

한/글/색/인

ㄱ

ㄴ

·◆ ㄷ ◆·

·◆ ㄹ ◆·

◆ ㅁ ◆

색인

ㅂ

ㅅ

색인

ㅇ

색인

ㅊ

ㅋ

ㅍ

·◆ ㅎ ◆·

영 / 문 / 색 / 인

A

색인

B

색인

D

색인

E

◆ Ⓕ ◆

색인

G

H

I

J

K

L

M

색인

N

O

P

색인

Q

R

S

색인

T

U

V

색인

W

X

Y

Z

기타부호

편찬위원 (가나다 순)
김동희 : 영남대학교 전자정보공학부 전기공학 전공 교수
유도현 : 안산공과대학 전기과 교수
육재호 : 유한대학 전기과 교수
윤만수 : 정수기능대학 전기과 교수
이상희 : 동해대학교 정보전자학부 전기공학과 교수
임경범 : 인하대학교 연구원
정해상 : 도서출판 겸지사 대표

전기 용어 사전

2003년 2월 25일 1판1쇄
2025년 7월 25일 1판7쇄

엮은이 : 전기용어사전편찬위원회
펴낸이 : 이정일

펴낸곳 : 도서출판 **일진사**
www.iljinsa.com
(우) 04317 서울시 용산구 효창원로 64길 6
전화 : 704-1616 / 팩스 : 715-3536
등록 : 제1979-000009호 (1979.4.2)

값 48,000 원

ISBN : 978-89-429-0690-1